主编简介

    Clyde F. Coombs, Jr. 已经从惠普公司退休了，他曾在惠普公司担任电子工程师和经理。在现今的专业出版领域，他是一位非常成功的编辑，他开发和编辑了所有先前 5 个版本的《印制电路手册》，还编辑了《电子仪器手册》和《通信网络测试与测量手册》——3 本麦格劳 - 希尔最畅销的技术手册。

印制电路手册

（原书第6版·中文修订版）

〔美〕Clyde F. Coombs, Jr. 主编

乔书晓　王雪涛　陈黎阳　等　编译

科学出版社

北京

图字：01-2012-4734号

内 容 简 介

本书是Printed Circuits Handbook第6版的中文简体修订版。由来自世界各地的印制电路领域的专家团队撰写，内容包含设计方法、材料、制造技术、焊接和组装技术、测试技术、质量和可接受性、可焊性、可靠性、废物处理，也涵盖高密度互连（HDI）技术、挠性和刚挠结合印制电路板技术，还包括无铅印制电路板的设计、制造及焊接技术，无铅材料和无铅可靠性模型的最新信息等，为印制电路各个相关的方面都提供权威的指导，是印制电路学术界和行业内最新研究成果与最佳工程实践经验的总结。

本书是印制电路制造行业的技术手册，适合行业管理者、设计者、工程师和相关技术人员参阅。

图书在版编目（CIP）数据

印制电路手册：原书第6版·中文修订版/（美）克莱德·F.库姆斯（Clyde F. Coombs, Jr.）主编；乔书晓等编译.—北京：科学出版社，2018.8（2023.2重印）

书名原文：Printed Circuits Handbook, Sixth Edition

ISBN 978-7-03-058141-9

Ⅰ.印… Ⅱ.①克…②乔… Ⅲ.印制电路–电路设计–手册 Ⅳ.TN41-62

中国版本图书馆CIP数据核字（2018）第135054号

责任编辑：喻永光 杨 凯/责任制作：魏 谨
责任印制：师艳茹/封面设计：张 凌
北京东方科龙图文有限公司 制作
http://www.okbook.com.cn

科 学 出 版 社 出版
北京东黄城根北街16号
邮政编码：100717
http://www.sciencep.com
中国科学院印刷厂 印刷
科学出版社发行 各地新华书店经销
＊

2018年8月第 一 版 开本：787×1092 1/16
2023年2月第二次印刷 印张：84
字数：2 200 000

定价：398.00元
（如有印装质量问题，我社负责调换）

中译本修订版序

《印制电路手册（原书第 6 版）》原著（Printed Circuits Handbook，Sixth Edition）的出版，距今已有近 10 年。在这 10 年中，印制电路技术一直在先进的元器件封装技术、无铅焊接技术和 3D 打印技术等的推动下快速发展，一些 10 年前刚刚崭露头角、很不成熟的技术得到了大量应用。因此，《印制电路手册（原书第 6 版）》有必要及时修订内容，以适应新的技术发展的需要。

2015 年，在《印制电路手册（原书第 6 版）》的翻译阶段，我们就注意到，作为占全球 PCB 产值 50% 以上的中国，还没有这样全面、系统的行业技术工具书，译者们和不少同行都希望尽快推出符合中国印制电路行业现状、反映中国制造先进技术水平的中文修订版。

而近几年来，尤其是《印制电路手册（原书第 6 版）》出版后的 2 年来，中国印制电路行业迎来了大的发展机遇，更多的公司受到资本市场的青睐，成功在国内上市，这为中国印制电路行业的转型升级和高速发展注入了强大的动力。我们有理由相信，中国的印制电路行业能够抓住这个机遇，在未来 10 年或者更短的时间内完成从印制电路大国到印制电路强国的转变，完成从传统技术到先进技术的转变，完成先进材料和设备从进口到国产的转变，完成从传统制造到信息化或智能化制造的转变。这个行业，需要更多的中国声音。

正因如此，科学出版社于 2017 年 4 月份开始筹备《印制电路手册（原书第 6 版）》的修订工作，寄望于反映印制电路技术在国际和国内的最新发展状况，并为中国印制电路行业带来新的有具体意义的指南。

本修订版中，20% 的章节为新增或者新编，超过 24% 的章节进行了大幅度修订，30% 的章节进行了小幅度修订。新增的《PCB 的信号完整性》和《PCB 的电源完整性》，很好地反映了业内在设计部分关注的重点。《PCB 制造的信息化》更是中国印制电路行业从传统制造到智能化制造所必经阶段，最能反映目前国内印制电路行业变革的阶段性需求，提供了 PCB 制造业信息化建设的基本方向和思路。新增的《金属基 PCB 的制造》和《高速 PCB 的制造》，则及时反映了这些特定要求产品的迅速发展。新增的《PCB 的失效分析》，是笔者多年积累的失效分析经验提炼，对 PCB 的失效分析很有指导意义。来自业内的专家们对各部分，尤其是制造、工程和设计、裸板测试、挠性印制板部分的各章节进行了大幅度修订，从而使这些内容能跟上技术的进步，贴近中国印制电路行业，具有中国温度。除此之外，其他章节也都进行了不同程度的审校。

感谢梁景鸣 、巫勤富、李子达（第 3~6 章）、柳珩（第 11~14 章）、吕峰（第 40 章、第 47 章、第 52 章）、莫欣满（第 62~64 章、66 章）的编译和审校。王雪涛、陈黎阳和乔书晓亦完成了部分内容的编译和审校，并对全部内容进行了复核。全书由乔书晓统稿和总审。感谢他们将近一年时间的辛苦付出，感谢他们家人的理解和支持！感谢深圳市兴森快捷电路科技股份有限公司对本书修订工作的大力支持！

再次感谢为《印制电路手册（原书第 6 版）》出版做出过贡献的译者、审校者，以及所有关心、支持本书出版和修订工作的学者、专家和业内人士。

显然，在有限的时间内把所有先进的印制电路技术悉数纳入修订版是困难的。但毫无疑问，所有参与修订的人员都希望尽可能把前沿的技术与思路分享给读者，以希望为印制电路行业的发展贡献自己的力量。同时因为能力有限和时间关系，我们再次恳请广大读者不吝赐教！同学习，共进步！

关于本书的任何交流与意见，可邮件联系：
乔书晓（技术）qsx@chinafastprint.com
喻永光（编辑）597070376@qq.com

前　言

随着欧盟（EU）有害物质限制指令（RoHS）的实施，印制电路行业已被迫在经历一场史无前例的技术革命，其结果通常被称为"无铅"。除了铅，限制的材料还有几种，但读者会发现这个术语贯穿了整本书。这样强调的原因是，消除元件和电路板互连焊料中的铅对行业的影响巨大。

这些变化并不是由市场或技术的进步需求所驱动的。相反，他们立法的理由是这样可以造福社会。虽然实际的效果，无论是正面还是负面的，消除印制电路板组件中的铅对全球环境的影响，成了争论的来源。但现实是它已经在全球范围内被采用，并成为设计、制造、组装印制电路的事实。

自印制电路板开始使用以来，锡铅焊料一直是互连的基础，所有已经开发的相关材料和工艺都以此为中心。因此，向新焊接合金的突然转变，必定会给相关的或受其影响的工艺和技术带来许多问题，因为它们现在必须适应和改变，以满足无铅的要求。不能依靠过去的经验或以前的文献来寻求这些问题的解决办法。本书的目的就是提供尽可能具体且尽可能多的细节信息，使用已经存在的行业标准，或具有良好的技术基础并已经在工作中被证明的最佳实践。

其中，焊料的冶金和配合面的变化最明显。然而，所有的替代焊料合金都比共晶焊料有更高的熔化温度，这就需要新的基材、新的组装工艺，以及新的测试、检验和可靠性的标准和方法。谈及具体的无铅替代合金时，我们开始从元素周期表中寻找候选元素，并考虑当这些元素组成合金时的效果。因此，对于给定的应用，我们依靠物理学和材料学来帮助确定合适的替代材料。同样，为了帮助读者选择在更高的组装和操作温度、更快的组装速度下的最好的基材，我们也对材料的化学性质做了描述。

自欧盟颁布无铅指令以来，在这种新形势下定义和预测产品的可靠性问题，已经采纳了大量的企业意见。预测模型和历史都是基于锡铅合金的，而无铅合金需要新的模型。在这个版本中，我们已经增加了新的材料，并且扩大了关于该主题现有的讨论。

虽然无铅技术革命已经得到了很多的关注，但是随着行业继续满足更高的电路和元件密度、更快的电路的需要，无铅技术仍然有着重要的渐进式改变。因此，印制电路板将被设计得越来越小，或者越来越大，以满足具体应用的需要。本书的更新能帮助读者取得这方面的进步。此外，随着印制电路行业持续地全球性发展，以及同时来自减少上市时间和量产时间的持续压力，迫切需要一个覆盖布局和设计信息及通信的，使供应链中的每一个组织元素，在最少的人工干预和最小的设计说明延迟下，能够有效运行的国际标准。我们首次在章节中增加了描述整个过程的这部分内容。另外，我们也引入了关于埋入式元件和敷形涂层的讨论，二者都是许多技术应用的重要问题。

　　本版讲述了印制电路工艺中的这些新元素，包括革命性的和渐进性的，同时仍然保持了其在技术基础中的基本地位。无论前沿技术变得多么复杂，所有印制电路板的核心仍是各种形式的镀覆孔。这仍然是 20 世纪的重要技术成就之一。虽然在镀覆孔基础上，印制电路技术经过多年的发展，变得更加可靠、高效和可复制，但在本书第 1 版中描述的内容在第 6 版中仍然适用。因此，这些新技术仍然能找到介绍性信息，经验丰富的从业者则能找到标准工艺技术和最佳实践来帮助他们了解该领域的最新发展。

　　随着工业的不断发展，印制电路板已经变得更加专业化。这就需要人们去规范标准文档和通信技术，以及去了解所有供应商在整个产业链中的特定功能。因此，必须知道每一步的工艺能力和工艺局限性。在设计电路板时，头脑中必须对这些十分清楚。并且必须在电路板产品的责任从设计者到制造者，再到装配者，一直到最终用户之前，事先达成一致的可接受标准。这也形成了之前没有深入涉足印制电路问题，而现在需要在工作中找到对印制电路性能至关重要的应用知识的一群人。本书也同样为这些人提供了信息。在书中，他们不仅能找到对理解问题有用的基本信息，也能找到对所有成功的价值链的开发和管理的具体指南。

　　虽然业界倾向于用术语"印制线路"或"蚀刻线路"作为本书的主题，但"印制电路"已成为世界认可的代表工艺和产品的术语。因此，我们将交替使用这些术语。

　　印制电路技术中所有这些变化的影响都体现在这本书中，超过 75% 的章节要么是被修订过，要么是新添加到本版中的。这意味着，第 6 版包含第 1 版以来的最新信息。

　　感谢国际电子工业联接协会（IPC）的领导和员工们的合作和支持，不只是这个版本，先前的所有版本也一样。IPC 在 Ray Pritchard（现已退休）和 Dieter Bergman 的领导下，到 2007 年已成立 50 周年。IPC 已经做出了巨大的贡献，不仅仅是对电子行业，还对这个越来越依赖电子产品的世界。特别感谢 Jack Crawford 在提供和确认 IPC 材料上的帮助，这些材料对本版的筹备至关重要。

　　最后，我由衷地感谢所有参与本书编写工作的作者们，他们耗费了大量的时间和精力来准备这本书的内容，他们为这本著作和行业做出了巨大的贡献！

主编　Clyde F. Coombs, Jr.

目　录

第 1 部分　PCB 的技术驱动因素

第 1 章　电子封装和高密度互连

1.1　引　言 3
1.2　互连（HDI）变革的衡量 3
1.3　互连的层次结构 5
1.4　互连选择的影响因素 6
1.5　IC 和封装 8
1.6　密度评估 10
1.7　提高 PCB 密度的方法 11

第 2 章　PCB 的类型

2.1　引　言 16
2.2　PCB 的分类 16
2.3　有机与无机基板 17
2.4　图形法和分立布线法印制板 18
2.5　刚性和挠性印制板 18
2.6　图形法制作的印制板 19
2.7　模制互连器件（MID） 22
2.8　镀覆孔技术 22
2.9　总　结 24

第 2 部分　材　料

第 3 章　基材介绍

3.1　引　言 27
3.2　等级与标准 27
3.3　基材的性能指标 31
3.4　FR-4 的种类 34
3.5　层压板的鉴别 35
3.6　粘结片的鉴别 38
3.7　层压板和粘结片的制造工艺 39

第 4 章　基材的成分

4.1　引　言 43
4.2　环氧树脂体系 44

4.3 其他树脂体系 ··· 46

4.4 添加剂 ··· 48

4.5 增强材料 ··· 51

4.6 导体材料 ··· 56

第 5 章 基材的性能

5.1 引 言 ··· 62

5.2 热性能、物理性能及机械性能 ·· 62

5.3 电气性能 ··· 72

第 6 章 基材的性能问题

6.1 引 言 ··· 75

6.2 提高线路密度的方法 ·· 75

6.3 铜 箔 ··· 76

6.4 层压板的配本结构 ·· 79

6.5 粘结片的选择和厚度 ·· 81

6.6 尺寸稳定性 ··· 81

6.7 高密度互连 / 微孔材料 ··· 83

6.8 CAF 的形成 ·· 85

6.9 电气性能 ··· 90

6.10 低 D_k/D_f 无铅兼容材料的电气性能 ··· 100

第 7 章 无铅组装对基材的影响

7.1 引 言 ·· 102

7.2 RoHS 基础知识 ·· 102

7.3 基材的兼容性问题 ··· 103

7.4 无铅组装对基材成分的影响 ··· 104

7.5 关键的基材性能 ··· 105

7.6 无铅组装对 PCB 可靠性和材料选择的影响 ····································· 116

7.7 总 结 ·· 118

第 8 章 无铅组装的基材选型

8.1 引 言 ·· 120

8.2 PCB 制造与组装的相互影响 ·· 120

8.3 为具体的应用选择合适的基材 ··· 124

8.4 应用举例 ·· 129

8.5 无铅组装峰值温度范围的讨论 ··· 130

8.6 无铅应用及 IPC-4101 规格单 ··· 130

8.7 为无铅应用附加的基材选择 ··· 131

8.8 总 结 ·· 132

第 9 章　层压板的认证和测试

9.1　引　言 ·· *133*

9.2　行业标准 ··· *134*

9.3　层压板的测试方案 ·· *136*

9.4　基础性测试 ··· *137*

9.5　完整的材料测试 ·· *140*

9.6　鉴定测试计划 ··· *150*

9.7　可制造性 ··· *151*

第 3 部分　工程和设计

第 10 章　PCB 的物理特性

10.1　PCB 的设计类型 ·· *155*

10.2　PCB 类型和电子电路封装类型 ·· *159*

10.3　连接元件的方法 ·· *163*

10.4　元件封装类型 ··· *163*

10.5　材料的选择 ··· *166*

10.6　制造方法 ·· *169*

10.7　选择封装类型和制造商 ·· *170*

第 11 章　PCB 设计流程

11.1　设计目标 ··· *172*

11.2　设计流程 ··· *172*

11.3　设计工具 ··· *178*

11.4　选择一套设计工具 ·· *183*

11.5　CAE、CAD 和 CAM 工具的彼此接口 ·· *184*

11.6　设计流程的输入 ·· *184*

第 12 章　电子和机械设计参数

12.1　PCB 设计要求 ·· *186*

12.2　电气信号完整性介绍 ··· *186*

12.3　电磁兼容性概述 ·· *189*

12.4　噪声预算 ·· *190*

12.5　信号完整性设计与电磁兼容 ··· *191*

12.6　电磁干扰（EMI）的设计要求 ·· *195*

12.7　机械设计要求 ··· *199*

第 13 章　PCB 的电流承载能力

13.1　引　言 ··· *207*

13.2　导体（线路）尺寸图表 ··· *207*

13.3　载流量 ·· *208*

13.4 图 表 210
13.5 基线图表 214
13.6 奇形怪状的几何形状与"瑞士奶酪"效应 220
13.7 铜 厚 221

第 14 章 PCB 的热性能设计

14.1 引 言 223
14.2 PCB 作为焊接元件的散热器 223
14.3 优化 PCB 热性能 224
14.4 热传导到机箱 231
14.5 大功率 PCB 散热器连接的要求 233
14.6 PCB 的热性能建模 233

第 15 章 数据格式化和交换

15.1 数据交换简介 237
15.2 数据交换过程 238
15.3 数据交换格式 242
15.4 进化的驱动力 253
15.5 致 谢 253

第 16 章 设计、制造和组装的规划

16.1 引 言 255
16.2 一般注意事项 256
16.3 新产品设计 257
16.4 布局权衡规划 261
16.5 PCB 制造权衡规划 267
16.6 组装规划权衡 273

第 17 章 制造信息、文档和 CAM 工具转换（含 PCB 制造与组装）

17.1 引 言 276
17.2 制造信息 276
17.3 初步设计审查 281
17.4 设计导入 286
17.5 设计审查和分析 291
17.6 CAM 工装工艺 291
17.7 额外的流程 300
17.8 致 谢 301

第 18 章 PCB 制造的信息化

18.1 引 言 302
18.2 PCB 企业信息化战略匹配 304
18.3 PCB 企业信息化总体架构 307

18.4　PCB 企业信息化总体架构的建立和实施 ·················· 311

18.5　主要信息化系统介绍 ······················· 316

18.6　总　结 ······················· 320

第 19 章　埋入式元件

19.1　引　言 ······················· 322

19.2　定义和范例 ······················· 322

19.3　埋入式电阻 ······················· 323

19.4　埋入式电容 ······················· 331

19.5　埋入式电感 ······················· 332

19.6　将分立的 SMT 元件埋入多层 PCB 内部 ·················· 332

19.7　埋入式电阻、电容的相关标准 ··················· 333

第 20 章　PCB 的信号完整性

20.1　引　言 ······················· 335

20.2　传输线与特征阻抗 ······················· 336

20.3　传输线仿真建模 ······················· 339

20.4　反射的产生与抑制 ······················· 341

20.5　串扰的产生与抑制 ······················· 343

20.6　仿真案例 ······················· 347

第 21 章　PCB 的电源完整性

21.1　引　言 ······················· 353

21.2　电源分配网络 ······················· 353

21.3　电源噪声的来源 ······················· 354

21.4　目标阻抗 ······················· 355

21.5　去耦电容 ······················· 356

21.6　IR Drop（直流压降） ······················· 360

21.7　电源 / 地平面噪声 ······················· 361

21.8　仿真案例 ······················· 361

第 4 部分　高密度互连

第 22 章　HDI 技术介绍

22.1　引　言 ······················· 369

22.2　定　义 ······················· 369

22.3　HDI 的结构 ······················· 372

22.4　设　计 ······················· 375

22.5　介质材料与涂敷方法 ······················· 376

22.6　HDI 制造工艺 ······················· 386

第 23 章 先进的 HDI 技术

23.1 引 言 395

23.2 HDI 工艺因素的定义 395

23.3 HDI 制造工艺 397

23.4 下一代 HDI 工艺 420

第 5 部分 制 造

第 24 章 钻孔工艺

24.1 引 言 427

24.2 孔及其评价方法 427

24.3 钻孔方法 430

24.4 钻孔流程 432

24.5 钻 头 432

24.6 涂层刀具 437

24.7 PCB 钻机 439

24.8 盖板和垫板 441

24.9 钻孔常见问题及原因分析与对策 443

24.10 特殊孔的加工方法 445

第 25 章 成 像

25.1 引 言 448

25.2 感光材料 448

25.3 干膜型抗蚀剂 450

25.4 液体光致抗蚀剂 451

25.5 打印光致抗蚀剂 452

25.6 光致抗蚀剂工艺 452

25.7 可制造性设计 468

第 26 章 多层板材料和工艺

26.1 引 言 471

26.2 PCB 材料 472

26.3 多层结构的类型 483

26.4 ML-PCB 工艺流程 499

26.5 层压工艺 510

26.6 层压过程控制及故障处理 517

26.7 层压综述 520

第 27 章 电镀前的准备

27.1 引 言 521

27.2 工艺用水 521

27.3　孔壁的预处理 ·· *524*

27.4　化学镀铜 ··· *528*

27.5　常见问题 ··· *533*

27.6　孔金属化的新技术 ·· *536*

27.7　致　谢 ··· *537*

第 28 章　电　镀

28.1　引　言 ··· *539*

28.2　电镀的基本原理 ··· *539*

28.3　电镀铜 ··· *544*

28.4　镀铜液检测技术 ··· *549*

28.5　电镀锡 ··· *554*

28.6　电镀镍 ··· *557*

28.7　电镀金 ··· *559*

28.8　致　谢 ··· *561*

第 29 章　直接电镀

29.1　引　言 ··· *562*

29.2　直接金属化技术概述 ·· *562*

29.3　钯基体系 ··· *563*

29.4　碳 / 石墨体系 ··· *565*

29.5　导电聚合物体系 ··· *566*

29.6　其他方法 ··· *566*

29.7　不同体系的工艺步骤比较 ·· *567*

29.8　水平工艺设备 ··· *568*

29.9　工艺问题 ··· *568*

29.10　总　结 ··· *568*

第 30 章　PCB 的表面处理

30.1　引　言 ··· *570*

30.2　可供选择的表面处理 ·· *572*

30.3　热风焊料整平 ··· *573*

30.4　化学镀镍 / 浸金（ENIG） ·· *575*

30.5　有机可焊性保护膜 ·· *578*

30.6　化学沉银 ··· *581*

30.7　化学沉锡 ··· *584*

30.8　电镀镍 / 金 ··· *586*

30.9　其他表面处理 ··· *589*

30.10　组装兼容性 ·· *590*

30.11　可靠性测试 ·· *592*

30.12　特定主题 ··· *593*

第 31 章 阻焊工艺与技术

31.1 引 言 595
31.2 常用阻焊油墨类型 595
31.3 工艺流程 596
31.4 阻焊与表面处理和表面组装的兼容性 607
31.5 阻焊涂层的性能要求及测试标准 607
31.6 发展趋势 611

第 32 章 蚀刻工艺和技术

32.1 引 言 612
32.2 一般注意事项 612
32.3 抗蚀层的去除 615
32.4 蚀刻剂 618
32.5 其他 PCB 构成材料 628
32.6 其他非铜金属 629
32.7 蚀刻线路形成的基础 630
32.8 设备和技术 635

第 33 章 机械加工和铣外形

33.1 引 言 643
33.2 冲孔（穿孔） 643
33.3 覆铜箔层压板的冲裁、剪切及切割 645
33.4 机械铣外形 647
33.5 激光铣外形 653
33.6 刻 痕 655
33.7 板边倒角 656
33.8 平底盲槽的加工 657
33.9 特殊平底槽的加工 657

第 34 章 高速 PCB 的制造

34.1 引 言 659
34.2 材料的选择 659
34.3 关键加工工艺 673
34.4 性能检测 683

第 35 章 金属基 PCB 的制造

35.1 引 言 689
35.2 散热原理 690
35.3 结构与特性 691
35.4 主要类别 693
35.5 工艺流程与制作要点 694

第 6 部分　裸板测试

第 36 章　裸板测试的目标及定义

36.1　引　言 ··· 699
36.2　HDI 的影响 ··· 699
36.3　为什么测试? ·· 700
36.4　电路板故障 ·· 702

第 37 章　裸板测试方法

37.1　引　言 ··· 705
37.2　非电气测试方法 ··· 705
37.3　基本电气测试方法 ··· 706
37.4　专业电气测试方法 ··· 711
37.5　数据和夹具的准备 ··· 715
37.6　组合测试方法 ··· 720

第 38 章　裸板测试设备

38.1　引　言 ··· 722
38.2　针床夹具系统 ··· 722
38.3　专用的（硬连线的）夹具系统 ·· 722
38.4　飞针测试系统 ··· 724
38.5　通用网格测试系统 ··· 724
38.6　飞针 / 移动探针测试系统 ··· 734
38.7　验证和修复 ·· 736
38.8　测试部门的规划和管理 ·· 737

第 39 章　HDI 裸板的特殊测试方法

39.1　引　言 ··· 739
39.2　精细节距倾斜针夹具 ··· 740
39.3　弯梁夹具 ··· 740
39.4　飞　针 ··· 741
39.5　耦合板 ··· 741
39.6　短路平板 ··· 741
39.7　导电橡胶夹具 ··· 742
39.8　光学检测 ··· 742
39.9　非接触式测试方法 ··· 742
39.10　组合测试方法 ·· 743

第 7 部分　组　装

第 40 章　组装工艺

40.1　引　言 747
40.2　通孔焊接技术 749
40.3　表面贴装技术 757
40.4　异型元件组装 778
40.5　过程控制 782
40.6　工艺设备的选择 787
40.7　返修和返工 789
40.8　敷形涂层、封装和底部填充材料 795
40.9　致　谢 796

第 41 章　敷形涂层

41.1　引　言 797
41.2　敷形涂层的特性 799
41.3　产品准备 802
41.4　涂敷方法 803
41.5　固化、检查和修整 805
41.6　返修方法 807
41.7　敷形涂层设计 807

第 8 部分　可焊性技术

第 42 章　可焊性：来料检验与润湿天平法

42.1　引　言 813
42.2　可焊性 814
42.3　可焊性测试——科学方法 817
42.4　温度对测试结果的影响 820
42.5　润湿天平可焊性测试结果的解释 821
42.6　锡球测试法 822
42.7　PCB 表面处理和可焊性测试 823
42.8　元件的可焊性 829

第 43 章　助焊剂和清洗

43.1　引　言 831
43.2　组装工艺 832
43.3　表面处理 833
43.4　助焊剂 834
43.5　助焊剂的形式与焊接工艺 835
43.6　松香助焊剂 835

43.7　水溶性助焊剂 ⋯⋯⋯⋯⋯⋯⋯⋯⋯⋯⋯⋯⋯⋯⋯⋯⋯⋯⋯⋯⋯⋯⋯ *837*

43.8　低固助焊剂 ⋯⋯⋯⋯⋯⋯⋯⋯⋯⋯⋯⋯⋯⋯⋯⋯⋯⋯⋯⋯⋯⋯⋯⋯ *838*

43.9　清洗问题 ⋯⋯⋯⋯⋯⋯⋯⋯⋯⋯⋯⋯⋯⋯⋯⋯⋯⋯⋯⋯⋯⋯⋯⋯⋯ *838*

第 9 部分　焊接材料和工艺

第 44 章　焊接的基本原理

44.1　引　言 ⋯⋯⋯⋯⋯⋯⋯⋯⋯⋯⋯⋯⋯⋯⋯⋯⋯⋯⋯⋯⋯⋯⋯⋯⋯⋯ 845

44.2　焊点的组成要素 ⋯⋯⋯⋯⋯⋯⋯⋯⋯⋯⋯⋯⋯⋯⋯⋯⋯⋯⋯⋯⋯⋯ 846

44.3　常用的金属接合方法 ⋯⋯⋯⋯⋯⋯⋯⋯⋯⋯⋯⋯⋯⋯⋯⋯⋯⋯⋯⋯ 846

44.4　焊料概述 ⋯⋯⋯⋯⋯⋯⋯⋯⋯⋯⋯⋯⋯⋯⋯⋯⋯⋯⋯⋯⋯⋯⋯⋯⋯ 846

44.5　焊接基础 ⋯⋯⋯⋯⋯⋯⋯⋯⋯⋯⋯⋯⋯⋯⋯⋯⋯⋯⋯⋯⋯⋯⋯⋯⋯ 847

第 45 章　焊接材料与冶金学

45.1　引　言 ⋯⋯⋯⋯⋯⋯⋯⋯⋯⋯⋯⋯⋯⋯⋯⋯⋯⋯⋯⋯⋯⋯⋯⋯⋯⋯ 851

45.2　焊　料 ⋯⋯⋯⋯⋯⋯⋯⋯⋯⋯⋯⋯⋯⋯⋯⋯⋯⋯⋯⋯⋯⋯⋯⋯⋯⋯ 852

45.3　焊料合金与腐蚀 ⋯⋯⋯⋯⋯⋯⋯⋯⋯⋯⋯⋯⋯⋯⋯⋯⋯⋯⋯⋯⋯⋯ 854

45.4　无铅焊料：寻找替代品 ⋯⋯⋯⋯⋯⋯⋯⋯⋯⋯⋯⋯⋯⋯⋯⋯⋯⋯⋯ 854

45.5　无铅元素合金的候选者 ⋯⋯⋯⋯⋯⋯⋯⋯⋯⋯⋯⋯⋯⋯⋯⋯⋯⋯⋯ 855

45.6　PCB 表面处理 ⋯⋯⋯⋯⋯⋯⋯⋯⋯⋯⋯⋯⋯⋯⋯⋯⋯⋯⋯⋯⋯⋯⋯ 859

第 46 章　助焊剂

46.1　引　言 ⋯⋯⋯⋯⋯⋯⋯⋯⋯⋯⋯⋯⋯⋯⋯⋯⋯⋯⋯⋯⋯⋯⋯⋯⋯⋯ 867

46.2　助焊剂的活性和属性 ⋯⋯⋯⋯⋯⋯⋯⋯⋯⋯⋯⋯⋯⋯⋯⋯⋯⋯⋯⋯ 868

46.3　助焊剂：理想与现实 ⋯⋯⋯⋯⋯⋯⋯⋯⋯⋯⋯⋯⋯⋯⋯⋯⋯⋯⋯⋯ 869

46.4　助焊剂类型 ⋯⋯⋯⋯⋯⋯⋯⋯⋯⋯⋯⋯⋯⋯⋯⋯⋯⋯⋯⋯⋯⋯⋯⋯ 869

46.5　水洗（水性）助焊剂 ⋯⋯⋯⋯⋯⋯⋯⋯⋯⋯⋯⋯⋯⋯⋯⋯⋯⋯⋯⋯ 870

46.6　免洗型助焊剂 ⋯⋯⋯⋯⋯⋯⋯⋯⋯⋯⋯⋯⋯⋯⋯⋯⋯⋯⋯⋯⋯⋯⋯ 871

46.7　其他助焊剂警告 ⋯⋯⋯⋯⋯⋯⋯⋯⋯⋯⋯⋯⋯⋯⋯⋯⋯⋯⋯⋯⋯⋯ 873

46.8　焊接气氛 ⋯⋯⋯⋯⋯⋯⋯⋯⋯⋯⋯⋯⋯⋯⋯⋯⋯⋯⋯⋯⋯⋯⋯⋯⋯ 876

第 47 章　焊接技术

47.1　引　言 ⋯⋯⋯⋯⋯⋯⋯⋯⋯⋯⋯⋯⋯⋯⋯⋯⋯⋯⋯⋯⋯⋯⋯⋯⋯⋯ 880

47.2　群　焊 ⋯⋯⋯⋯⋯⋯⋯⋯⋯⋯⋯⋯⋯⋯⋯⋯⋯⋯⋯⋯⋯⋯⋯⋯⋯⋯ 880

47.3　回流焊 ⋯⋯⋯⋯⋯⋯⋯⋯⋯⋯⋯⋯⋯⋯⋯⋯⋯⋯⋯⋯⋯⋯⋯⋯⋯⋯ 880

47.4　波峰焊 ⋯⋯⋯⋯⋯⋯⋯⋯⋯⋯⋯⋯⋯⋯⋯⋯⋯⋯⋯⋯⋯⋯⋯⋯⋯⋯ 901

47.5　气相回流焊 ⋯⋯⋯⋯⋯⋯⋯⋯⋯⋯⋯⋯⋯⋯⋯⋯⋯⋯⋯⋯⋯⋯⋯⋯ *911*

47.6　激光回流焊 ⋯⋯⋯⋯⋯⋯⋯⋯⋯⋯⋯⋯⋯⋯⋯⋯⋯⋯⋯⋯⋯⋯⋯⋯ 912

47.7　工具和对共面性及紧密接触的要求 ⋯⋯⋯⋯⋯⋯⋯⋯⋯⋯⋯⋯⋯⋯ 917

47.8　补充信息 ⋯⋯⋯⋯⋯⋯⋯⋯⋯⋯⋯⋯⋯⋯⋯⋯⋯⋯⋯⋯⋯⋯⋯⋯⋯ 920

47.9　热棒焊接 ⋯⋯⋯⋯⋯⋯⋯⋯⋯⋯⋯⋯⋯⋯⋯⋯⋯⋯⋯⋯⋯⋯⋯⋯⋯ *920*

47.10 热气焊接 ……………………………………………………………………… *924*

47.11 超声波焊接 ……………………………………………………………………… *924*

第 48 章 焊接返修和返工

48.1 引 言 ………………………………………………………………………… *927*

48.2 热气法 ………………………………………………………………………… *927*

48.3 手工焊料喷流法 ……………………………………………………………… *931*

48.4 自动焊料喷流法 ……………………………………………………………… *931*

48.5 激光法 ………………………………………………………………………… *931*

48.6 返修注意事项 ………………………………………………………………… *931*

第 10 部分 非焊接互连

第 49 章 压接互连

49.1 引 言 ………………………………………………………………………… *935*

49.2 压接技术的崛起 ……………………………………………………………… *936*

49.3 顺应针结构 …………………………………………………………………… *936*

49.4 压接注意事项 ………………………………………………………………… *937*

49.5 压接引线材料 ………………………………………………………………… *938*

49.6 表面处理及效果 ……………………………………………………………… *939*

49.7 压接设备 ……………………………………………………………………… *940*

49.8 组装工艺 ……………………………………………………………………… *941*

49.9 常用压接方式 ………………………………………………………………… *941*

49.10 PCB 设计和采购建议 ……………………………………………………… *943*

49.11 压接工艺建议 ………………………………………………………………… *944*

49.12 检验和测试 …………………………………………………………………… *945*

49.13 焊接和压接引线 ……………………………………………………………… *946*

第 50 章 触点阵列互连

50.1 引 言 ………………………………………………………………………… *947*

50.2 LGA 和环境 ………………………………………………………………… *947*

50.3 LGA 的系统要素 …………………………………………………………… *947*

50.4 组 装 ………………………………………………………………………… *950*

50.5 PCBA 的返工 ……………………………………………………………… *952*

50.6 设计指南 ……………………………………………………………………… *952*

第 11 部分 质 量

第 51 章 PCB 的可接受性和质量

51.1 引 言 ………………………………………………………………………… *955*

51.2 不同类型 PCB 的特定质量和可接受性标准 ……………………………… *956*

51.3 验证可接受性的方法 ⋯⋯⋯⋯⋯⋯⋯⋯⋯⋯⋯⋯⋯⋯⋯⋯⋯⋯⋯⋯⋯ *957*

51.4 检验批的形成 ⋯⋯⋯⋯⋯⋯⋯⋯⋯⋯⋯⋯⋯⋯⋯⋯⋯⋯⋯⋯⋯⋯⋯⋯ *958*

51.5 检验类别 ⋯⋯⋯⋯⋯⋯⋯⋯⋯⋯⋯⋯⋯⋯⋯⋯⋯⋯⋯⋯⋯⋯⋯⋯⋯⋯ *959*

51.6 模拟回流焊后的可接受性和质量 ⋯⋯⋯⋯⋯⋯⋯⋯⋯⋯⋯⋯⋯⋯⋯ *960*

51.7 不合格 PCB 和材料审查委员会的职责 ⋯⋯⋯⋯⋯⋯⋯⋯⋯⋯⋯⋯ *961*

51.8 PCB 组装的成本 ⋯⋯⋯⋯⋯⋯⋯⋯⋯⋯⋯⋯⋯⋯⋯⋯⋯⋯⋯⋯⋯⋯ *961*

51.9 如何开发可接受性标准和质量标准 ⋯⋯⋯⋯⋯⋯⋯⋯⋯⋯⋯⋯⋯⋯ *962*

51.10 服务级别 ⋯⋯⋯⋯⋯⋯⋯⋯⋯⋯⋯⋯⋯⋯⋯⋯⋯⋯⋯⋯⋯⋯⋯⋯⋯ *963*

51.11 检验标准 ⋯⋯⋯⋯⋯⋯⋯⋯⋯⋯⋯⋯⋯⋯⋯⋯⋯⋯⋯⋯⋯⋯⋯⋯⋯ *964*

51.12 加速环境暴露的可靠性检验 ⋯⋯⋯⋯⋯⋯⋯⋯⋯⋯⋯⋯⋯⋯⋯⋯ *977*

第 52 章　PCBA 的可接受性

52.1 理解客户的需求 ⋯⋯⋯⋯⋯⋯⋯⋯⋯⋯⋯⋯⋯⋯⋯⋯⋯⋯⋯⋯⋯⋯⋯ *979*

52.2 PCBA 的保护处理 ⋯⋯⋯⋯⋯⋯⋯⋯⋯⋯⋯⋯⋯⋯⋯⋯⋯⋯⋯⋯⋯⋯ *983*

52.3 PCBA 硬件可接受性的注意事项 ⋯⋯⋯⋯⋯⋯⋯⋯⋯⋯⋯⋯⋯⋯⋯ *985*

52.4 元件安装或贴装要求 ⋯⋯⋯⋯⋯⋯⋯⋯⋯⋯⋯⋯⋯⋯⋯⋯⋯⋯⋯⋯ *989*

52.5 元件和 PCB 可焊性要求 ⋯⋯⋯⋯⋯⋯⋯⋯⋯⋯⋯⋯⋯⋯⋯⋯⋯⋯⋯ *995*

52.6 焊接的相关缺陷 ⋯⋯⋯⋯⋯⋯⋯⋯⋯⋯⋯⋯⋯⋯⋯⋯⋯⋯⋯⋯⋯⋯ *995*

52.7 PCBA 层压板状况、清洁度和标记要求 ⋯⋯⋯⋯⋯⋯⋯⋯⋯⋯⋯ *999*

52.8 PCBA 涂层 ⋯⋯⋯⋯⋯⋯⋯⋯⋯⋯⋯⋯⋯⋯⋯⋯⋯⋯⋯⋯⋯⋯⋯⋯ *1001*

52.9 无焊绕接（导线绕接）⋯⋯⋯⋯⋯⋯⋯⋯⋯⋯⋯⋯⋯⋯⋯⋯⋯⋯⋯ *1002*

52.10 PCBA 的改动 ⋯⋯⋯⋯⋯⋯⋯⋯⋯⋯⋯⋯⋯⋯⋯⋯⋯⋯⋯⋯⋯⋯⋯ *1003*

第 53 章　组装检验

53.1 引　言 ⋯⋯⋯⋯⋯⋯⋯⋯⋯⋯⋯⋯⋯⋯⋯⋯⋯⋯⋯⋯⋯⋯⋯⋯⋯⋯ *1005*

53.2 缺陷、故障、过程指标及潜在缺陷的定义 ⋯⋯⋯⋯⋯⋯⋯⋯⋯⋯ *1006*

53.3 检验的原因 ⋯⋯⋯⋯⋯⋯⋯⋯⋯⋯⋯⋯⋯⋯⋯⋯⋯⋯⋯⋯⋯⋯⋯⋯ *1007*

53.4 检验时无铅的影响 ⋯⋯⋯⋯⋯⋯⋯⋯⋯⋯⋯⋯⋯⋯⋯⋯⋯⋯⋯⋯⋯ *1009*

53.5 小型化及更高复杂性 ⋯⋯⋯⋯⋯⋯⋯⋯⋯⋯⋯⋯⋯⋯⋯⋯⋯⋯⋯⋯ *1010*

53.6 目　检 ⋯⋯⋯⋯⋯⋯⋯⋯⋯⋯⋯⋯⋯⋯⋯⋯⋯⋯⋯⋯⋯⋯⋯⋯⋯⋯ *1011*

53.7 自动检测 ⋯⋯⋯⋯⋯⋯⋯⋯⋯⋯⋯⋯⋯⋯⋯⋯⋯⋯⋯⋯⋯⋯⋯⋯⋯ *1014*

53.8 3D 自动焊膏检测 ⋯⋯⋯⋯⋯⋯⋯⋯⋯⋯⋯⋯⋯⋯⋯⋯⋯⋯⋯⋯⋯⋯ *1016*

53.9 回流焊前自动光学检测 ⋯⋯⋯⋯⋯⋯⋯⋯⋯⋯⋯⋯⋯⋯⋯⋯⋯⋯⋯ *1017*

53.10 回流焊后自动检测 ⋯⋯⋯⋯⋯⋯⋯⋯⋯⋯⋯⋯⋯⋯⋯⋯⋯⋯⋯⋯ *1018*

53.11 检测系统的实施 ⋯⋯⋯⋯⋯⋯⋯⋯⋯⋯⋯⋯⋯⋯⋯⋯⋯⋯⋯⋯⋯ *1023*

53.12 检测系统的设计意义 ⋯⋯⋯⋯⋯⋯⋯⋯⋯⋯⋯⋯⋯⋯⋯⋯⋯⋯⋯ *1024*

第 54 章　可测性设计

54.1 引　言 ⋯⋯⋯⋯⋯⋯⋯⋯⋯⋯⋯⋯⋯⋯⋯⋯⋯⋯⋯⋯⋯⋯⋯⋯⋯⋯ *1026*

54.2 定　义 ⋯⋯⋯⋯⋯⋯⋯⋯⋯⋯⋯⋯⋯⋯⋯⋯⋯⋯⋯⋯⋯⋯⋯⋯⋯⋯ *1026*

54.3 专项可测性设计 ⋯⋯⋯⋯⋯⋯⋯⋯⋯⋯⋯⋯⋯⋯⋯⋯⋯⋯⋯⋯⋯⋯ *1027*

54.4 可测性结构化设计 ⋯⋯⋯⋯⋯⋯⋯⋯⋯⋯⋯⋯⋯⋯⋯⋯⋯⋯⋯⋯⋯ *1028*

54.5　基于标准的测试 ·· *1029*

54.6　可测性设计的发展 ·· *1035*

第 55 章　PCBA 的测试

55.1　引　言 ·· *1037*

55.2　测试过程 ·· *1038*

55.3　定　义 ··· *1039*

55.4　测试方法 ·· *1042*

55.5　在线测试技术 ·· *1047*

55.6　传统电气测试的替代方案 ·· *1051*

55.7　测试仪比较 ··· *1053*

第 12 部分　可靠性

第 56 章　导电阳极丝的形成

56.1　引　言 ·· *1057*

56.2　了解 CAF 的形成 ·· *1057*

56.3　电化学迁移和 CAF 的形成 ·· *1061*

56.4　影响 CAF 形成的因素 ·· *1062*

56.5　耐 CAF 材料的测试方法 ··· *1065*

56.6　制造公差的注意事项 ·· *1065*

第 57 章　PCBA 的可靠性

57.1　可靠性的基本原理 ·· *1069*

57.2　PCB 及其互连的失效机理 ··· *1071*

57.3　设计对可靠性的影响 ·· *1081*

57.4　制造和组装对 PCB 可靠性的影响 ·· *1082*

57.5　材料选择对可靠性的影响 ·· *1088*

57.6　老化、验收测试和加速可靠性测试 ··· *1096*

57.7　总　结 ··· *1103*

第 58 章　元件到 PCB 的可靠性：设计变量和无铅的影响

58.1　引　言 ·· *1106*

58.2　封装的挑战 ··· *1107*

58.3　影响可靠性的变量 ·· *1109*

第 59 章　元件到 PCB 的可靠性：焊点可靠性的评估和无铅焊料的影响

59.1　引　言 ·· *1131*

59.2　热机械可靠性 ·· *1132*

59.3　机械可靠性 ··· *1145*

59.4　有限元分析 ··· *1151*

第 60 章　PCB 的失效分析

60.1　引　言 *1161*

60.2　常用的失效分析手段 *1161*

60.3　分层失效分析 *1171*

60.4　可焊性失效分析 *1182*

60.5　金线键合失效分析 *1192*

60.6　导通失效分析 *1195*

60.7　绝缘失效分析 *1201*

第 13 部分　环境问题

第 61 章　过程废物最少化和处理

61.1　引　言 *1211*

61.2　合规性 *1211*

61.3　PCB 制造中废物的主要来源和数量 *1213*

61.4　废物最少化 *1214*

61.5　污染预防技术 *1215*

61.6　回收和再利用技术 *1222*

61.7　可以替代的方法 *1225*

61.8　化学处理系统 *1227*

61.9　各种处理方法的优缺点 *1231*

第 14 部分　挠性板

第 62 章　挠性板的应用和材料

62.1　引　言 *1235*

62.2　挠性板的应用 *1236*

62.3　高密度互连挠性板 *1237*

62.4　挠性板材料 *1238*

62.5　基材的特性 *1239*

62.6　导体材料 *1243*

62.7　挠性覆铜板 *1244*

62.8　覆盖层材料 *1248*

62.9　补强材料 *1251*

62.10　黏合材料 *1252*

62.11　屏蔽材料 *1252*

62.12　限制使用有毒害物质（RoHS）的问题 *1253*

第 63 章　挠性板设计

63.1　引　言 *1254*

63.2 设计流程 ·· *1254*

63.3 挠性板的类型 ·· *1255*

63.4 线路弯曲设计 ·· *1261*

63.5 电气设计 ·· *1264*

63.6 高可靠性设计 ·· *1264*

63.7 PCB 设计中的环保要求 ··· *1265*

第 64 章 挠性板的制造

64.1 引 言 ··· *1266*

64.2 加工 HDI 挠性板的特殊问题 ·· *1266*

64.3 基本流程要素 ·· *1267*

64.4 加工精细线路的新工艺 ··· *1276*

64.5 覆盖膜加工技术 ··· *1282*

64.6 表面处理 ·· *1286*

64.7 外形冲切 ·· *1286*

64.8 补强工艺 ·· *1287*

64.9 包 装 ··· *1288*

64.10 RTR 制造 ·· *1288*

64.11 尺寸控制 ··· *1289*

第 65 章 多层挠性板和刚挠结合板

65.1 引 言 ··· *1292*

65.2 多层刚挠结合板 ··· *1292*

第 66 章 挠性板的特殊结构

66.1 引 言 ··· *1300*

66.2 飞线结构 ·· *1300*

66.3 微凸点阵列 ·· *1305*

66.4 厚膜导体挠性板 ··· *1306*

66.5 挠性电缆屏蔽层 ··· *1308*

66.6 功能性挠性板 ·· *1308*

第 67 章 挠性板的质量保证

67.1 引 言 ··· *1310*

67.2 挠性板质量保证的基本理念 ·· *1310*

67.3 自动光学检测设备 ··· *1311*

67.4 尺寸测量 ·· *1311*

67.5 电气性能测试 ·· *1311*

67.6 检验顺序 ·· *1313*

67.7 原材料 ··· *1313*

67.8 挠性板的功能检测 ··· *1313*

67.9 挠性板的质量标准和规范 ··· *1315*

第1部分

PCB 的
技术驱动因素

第 *1* 章
电子封装和高密度互连

Clyde F. Coombs Jr.
美国加利福尼亚州洛思阿图斯

Happy T. Holden
美国科罗拉多州拉夫兰，西木联合公司

乔书晓　审校
深圳市兴森快捷电路科技股份有限公司

1.1　引　言

　　所有的电子元件必须互连和组装在一起，从而形成功能完整且可工作的系统。这些互连的设计和制造已经演变成一门独立的学科，即电子封装。自 20 世纪 50 年代初，印制电路板（PCB）成为电子封装的基本构造模块，在可预见的未来也将不会改变。本书概括了生产这些 PCB 所需的基本设计方法和制造工艺。

　　本章主要介绍电子系统选择互连方法时必须注意的基本事项、要点，以及潜在的权衡。重点介绍各种 PCB 类型的选择和设计方案对整个电子产品成本和性能的潜在影响。

1.2　互连（HDI）变革的衡量

　　随着封装尺寸的不断减小，元件性能和引线密度的不断上升，要求 PCB 技术必须有相应的方法来提升基板的互连密度。随着球阵列封装（BGA）、芯片级封装（CSP）、板上芯片（COB）等封装技术的引入和不断演进，传统 PCB 技术发展已达到瓶颈，必定会被高密度互连（HDI）技术所替代。在这个有时被称为高密度互连、互连变革或密度变革的时代，如果再用同样的方法解决同样的问题，只是缩小尺寸，已不能奏效。

1.2.1　互连密度的影响因素

　　这些互连密度的程度问题并不是显而易见的，但可以通过图 1.1[1] 帮助了解。图 1.1 描绘了元件封装、表面贴装技术（SMT）组装、PCB 密度之间的内在关系。可以看出，这 3 个因素是相互关联的，其中一个条件发生变化对整个互连密度将有很大的影响。度量方法如下。

　　组装的复杂性　以每平方英寸上表面贴装的元件数量和引线数来衡量组装的复杂性。

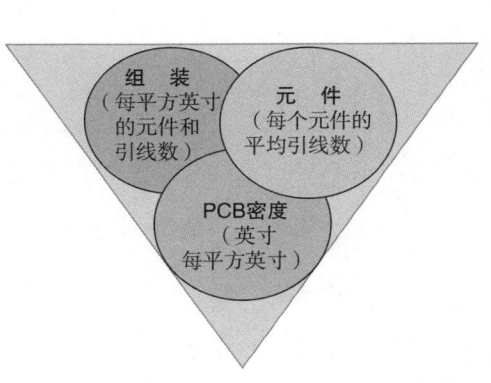

图 1.1　组装、元件、PCB 技术的度量指标和它们的相互关系

　　元件封装的复杂性　以平均每个元件的引线数（I/O）来衡量元件的复杂性。

　　PCB 密度　电路板所有信号层的每平方英寸面积或区域内走线长度的平均值，作为衡量 PCB 布线密度的标准。衡量单位是英寸每平方英寸（in/in^2）[1]。

1.2.2　互连技术图

　　图 1.2 直观地展示了以 3 个因素的相互关系为轴线的三维技术图，诠释了从常规 PCB 结构向先进技术的发展，并展示了某一个因素的增加或减少如何改变整个电子封装的总密度。

　　描述组装元件的复杂性，即用全部元件的连接数（I/O）（包括组件的两面及板边金手指或接触点）除以整个组件中元件的数目。图 1.2 中 X 轴表示的是每个元件的平均引线数。横向的椭圆形展示了元件的复杂性，从每个分立电路元件的两个引线，到 BGA 及特定应用集成电路（IC）中常见的非常多的引线。

　　图 1.2 用于描述 SMT 组装，纵轴（Y 轴）尺寸（垂直的椭圆）表明 PCB 表面的复杂性，一般以每平方英寸或每平方厘米的元件数来表示。这个垂直椭圆可以从每平方英寸 1 个到超过 100 个元件，随着元件变得越来越小、越来越密，数目自然就上升了。每平方英寸或每平方厘米的平均引线数（I/O）作为组装复杂性的第二个衡量标准，即用 X 轴的值乘以 Y 轴的值（对于这个问题更进一步的说明和量化公式，请参阅第 16 章《设计、制造和组装的规划》）。

　　图 1.2 中 Z 轴的椭圆形代表 PCB 的密度。即假设每个网络有 3 个节点，在指定的组件尺寸下连接所有元件的引线所需的布线。该轴的单位为英寸每平方英寸（in/in^2）或厘米每平方厘米（cm/cm^2）。本章将进一步描述有关度量方法，在第 16 章中也有更详细的介绍。

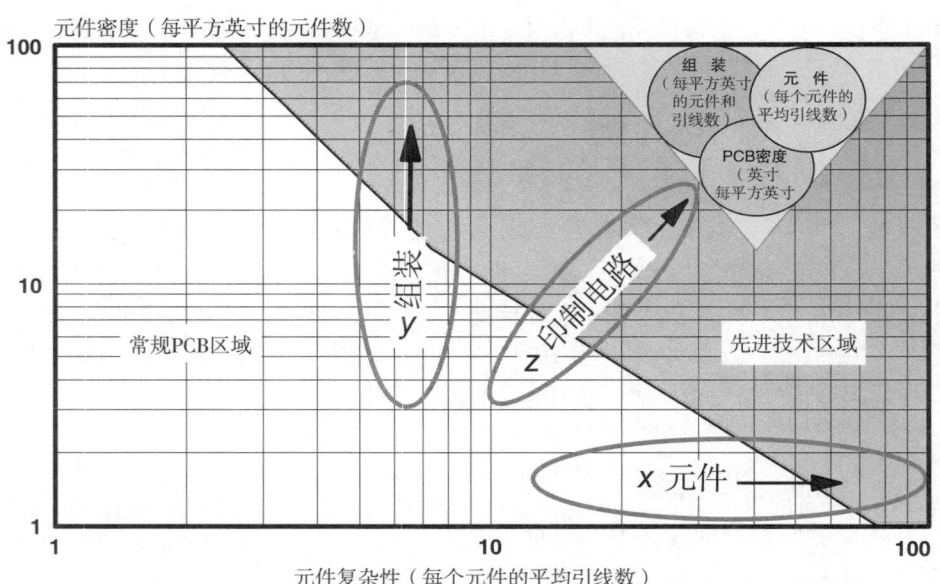

图 1.2　互连技术图：组装、PCB 和元件技术对整体封装密度和技术的影响

1.2.3　互连变革实例

　　通过一个特定类型的产品随时间演变的示意图，展示互连技术如何变化、如何持续变化及其

变化率和变化方向。图 1.3 展示了元件技术、组装技术、PCB 技术如何使得一台计算机的 CPU 从 1986 年表面积为 128in^2 的 14 层金属化通孔电路板，到 1991 年表面积为 16in^2 的 10 层表面贴装技术（SMT）电路板，再到 1995 年表面积为 4in^2 且已经实现顺序层压微孔、埋孔和盲孔的 HDI 板的演变。

1.2.4 先进技术区域

图 1.2 中第二个有意义的特征是标明先进技术区域。其中，计算公式和数据都表明 HDI 结构将成为必然趋势。

1.3 互连的层次结构

从 PCB 适应于电子系统的角度来看，有益于简要描述电子系统的封装层次。IPC[2] 提出了按系统要素的规模和复杂性升序排列的 8 个类别，以此来说明典型的电子封装结构。

A 类 包含全部有源和无源元件。裸露或无外壳芯片和分立电容、电阻，或其构成的网络是此类别的典型例子。

B 类 包括所有塑料封装中的封装元件（有源和无源），如 DIP（双列直插封装）、TSOP（薄型小外形封装）、QFP（四面扁平封装）和 BGA（球阵列封装）；以及陶瓷封装，如 PGA（引脚阵列封装）、连接器、插座、开关。所有这些都可以连接形成互连结构。

（a）第一代 RISC 处理器（1986 年）
（8in×16in，14 层，通孔）

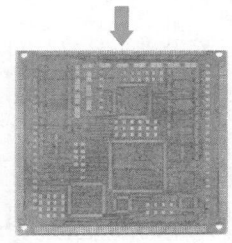

（b）与 RISC 处理器相同的 MCM-L（1991 年）
（4in×4in，10 层，通孔/盲孔顺序层压）

（c）与 RISC 处理器相同的 HDI（1995 年）
（2in×2in,2+2+2，HDI 微孔）

图 1.3 使用不同元件、组件和 PCB 技术制作的相同计算机 CPU 板

C 类 一种基板，通过互连裸露或无外壳芯片（A 类元件）形成的独立封装，包括所有多芯片模块（MCM）封装、板上芯片封装及两者混合的类型。

D 类 包括各种各样的基板，是已经互连和形成组件的封装元件。也就是说，这些封装元件来自于 B 类和 C 类,此类别包含了所有的刚性 PCB、挠性 PCB 和刚挠结合 PCB 及分立布线电路板。

E 类 包括采用印制电路和分立布线方法或与挠性电路板制成的背板，互连前面类别的 PCB，但不是元件。

F 类 包括所有的机箱内部连接线，包括配线、接地和电源分配总线、射频管、同轴线或光纤线路。

G 类 包括系统组装硬件、卡架、机械构件和温度控制元件。

H 类 包括整个集成系统所有的托架、机架、盒和外壳，及所有辅助和支持的子系统。

从上面的分类可以看出，PCB 已完全成为层次结构的中心和电子封装中最重要且最普遍使用的要素。

F、G 和 H 类封装主要用于大型主机、超级计算机、中央交换设备，以及一些军事系统。由于大多数电子封装设计迅速向便携式电子产品和小型化方面发展，应明智地在应用和选择前 5 类的要素中进行权衡。这些将在本章讨论。

1.4 互连选择的影响因素

上述各元件之间封装方法的选择不仅取决于系统功能，还与所选元件的类型和系统运行参数有关，如时钟速度、功耗、散热处理方法及系统运行环境。本节主要简述电子系统选择合适封装设计时必须考虑的这些基本约束条件。

1.4.1 运行速度

电子系统运行的速度，在互连设计中是一个非常重要的技术因素。如今许多数码系统运行主频已经超过 100MHz 这一水平。系统运行速度的提高得益于封装工程师的精心设计和 PCB 基板的材料性能。

信号的传播速度与基板材料的介电常数的平方根成反比，设计者需要了解要使用的基板材料的介电性能。信号在基板上芯片之间传递的时间，即所谓的渡越时间，与导体的长度成正比，且渡越时间必须很短，以确保操作系统高速运行时的优越电气性能。

当操作系统的运行速度达到 25MHz 以上时，互连必须具有传输线特点，以最大限度地减少信号损失和失真。这种传输线的正确设计需要仔细计算导体和介质层厚度，以及它们的制造精度，以确保预期的性能。对于 PCB，有两种基本传输线类型：

- 带状线
- 微带线

1.4.2 功 耗

随着芯片运行主频的提高和每个芯片门数的增多，其功耗也相应增加。有些芯片的运行功耗高达 30W，这样就需要越来越多的端子接入电源，以及满足回流接地。几乎 20%～30% 的芯片端子用于连接电源和地。在需要电气隔离信号的高速运行的系统中，其比例可能高达 50%。

设计工程师在设计多层电路板（MLB）时，必须确保高效率、低电阻的电流，来提供足够的功率和布线接地分布，以便大量功耗几十瓦的高速芯片在 5V、3.3V 或更低的电压下运行。合适的功率和接地分布对高速系统中减少开关（di/dt）的干扰，以及改善散热效果至关重要。在某些情况下，为了满足高功耗需求，须采用独立的汇流条结构。

1.4.3 热管理

提供给 IC 的能量所生产的热量必须有效地从系统中散去，以确保其正常运行和延长使用寿命。系统散热是电子封装最大的难题之一。在大型系统中，IC 与巨大的散热片结构相形见绌，它们需利用空气冷却，有些计算机公司已经为自己的计算机建立和安装了巨型液体冷却模块。也有些计算机设计者使用浸液方式冷却。大型系统同样需要采用现有的冷却方法，但冷却负荷更重。

较小的台式计算机或便携式电子设备的情况并非如此严峻，但仍然需要封装工程师改善散热，以确保工作寿命。众所周知，PCB 导热性很差，设计者必须仔细评估使用散热孔、埋入金属块和导热平面层等类似方法改善散热。

1.4.4 电子干扰

随着电子设备工作频率的增加，许多 IC、模块、元件可以作为射频（RF）信号发生器发出射频信号。像这样的电磁干扰（EMI）辐射，会严重危及邻近电子产品的正常运行，甚至导致设备其他元件出现死机、失效、错误等，这是必须要预防的。EMI 标准已详细定义了此类辐射的允许水平，这些水平都很低。

封装工程师，尤其是 PCB 设计者，必须熟知降低或消除 EMI 辐射的方法，以确保设备不会超过这种干扰的允许限度。

1.4.5　系统运行环境

电子产品特定封装方法的选择还取决于设计产品的最终用途和市场分布。封装设计者必须了解产品选用封装方法背后的主要驱动力，是成本驱动、性能驱动，还是介于两者之间？它会使用在哪里？如汽车的引擎盖下面，这里的环境条件比较严峻；或在运行环境良好的办公室。IPC[2] 已建立了根据设备运行环境严峻程度的整套分类，见表 1.1。

表 1.1　按现实的典型使用环境、使用寿命和使用类别划分的 SMT 电子产品可接受的累积失效概率

使用类别	最坏情况下的使用环境						可接受的失效风险/%
	最低温度/°C	最高温度/°C	ΔT/°C	渡越时间/h	周期/年	使用寿命/年	
1：消费电子	0	60	35	12	365	1～3	约 1
2：计算机	15	60	20	2	1460	约 5	约 0.1
3：通信	−40	85	20	12	365	7～20	约 0.01
4：商用飞机	−55	95	20	12	365	约 20	约 0.001
5：工业与汽车	−55	95	20	12	185		
（乘客舱）			&40	12	100	约 10	约 0.1
			&60	12	60		
			&80	12	20		
6：军事	−55	95	40	12	100		
陆地与船只			&60	12	265	约 5	约 0.1
7：近地轨道	−40	85	35	1	8760	5～0	约 0.001
航天 GEO				12	365		
8：军事				40	2	365	
航空电子设备	−55	95	60	2	365	约 10	约 0.01
			80	2	365		
			&20	1	365		
9：汽车			60	1	1000		
（引擎盖下）	−55	125	&100	1	300	约 5	约 0.1
			&140	2	40		

注：& 表示"与"。ΔT 代表最大温差，但不包括功耗的影响；功耗可根据 ΔT_e 计算。

成　本

大多数电子功能普及数字化，使得消费电子、计算机和通信技术融合在一起。这种发展提高了电子产品的吸引力，并促进了大批量生产。因此，产品的成本已成为任何电子系统设计的最重要的选择依据。当符合上述所有的设计和运行条件时，设计工程师必须将成本作为主要评判标准，选择出最具性价比的实现方案。

在电子产品设计过程中，遵循严格的成本权衡分析是非常重要的。实际上，产品设计的第一

个阶段就决定了约 60% 的制造成本, 而这时仅完成了约 35% 的总设计工作量。

当注意到制造和组装的要求和能力 (所谓的制造和组装设计, DFM/A) 时, 产品设计可以减少高达 35% 的组装成本和 25% 的 PCB 成本。

最符合经济效益的电子封装设计必须考虑的要素:

- 优化 PCB 设计和布局来降低制造成本
- 优化 PCB 设计来减少组装成本
- 优化 PCB 设计来减少测试和修理费用

以下部分就如何设计和优化 PCB 提供一些指南。基本上, 电子组件的成本与设计的复杂性直接相关, 并有许多涉及各种 PCB 设计要素与成本关系的衡量准则, 来指引设计工程师选择最具经济效益的方法。

1.5 IC 和封装

影响 PCB 设计和布局的最重要因素是元件端子类型和节距, 尤其是 IC 及其封装决定了互连基板密度。因此, 这些要素必须优先考虑。

在改进成本和性能需求的带动下, IC 的复杂性不断增加。由于 IC 技术不断进步, 单个芯片上的门密度每年增加约 75%, 这导致 IC 芯片的 I/O 端子每年增长 40%, 对封装和互连方法的需求不断增长。

因此, 电子设备的物理尺寸每年持续缩小 10% ~ 20%, 而基板的表面积正以每年约 7% 的速度减小。这是不断增加布线密度和减小线宽导致的结果, PCB 制造商将面临制造难度加大、良率降低、成本增加的压力。

1.5.1 IC 封装

自创建以来, IC 芯片已可以使用陶瓷或塑料封装。直到 1980 年左右, 所有 IC 封装都是把端子引线焊接到 PCB 镀覆孔 (PTH)。从那时起, 越来越多的 IC 封装把端子制成适合 SMT 的尺寸, 这已经成为当前流行的元件安装方法。

随着 IC 封装类型的激增, 通孔组装和表面安装都发生了变化, 如引线配置、布局和节距方面。此外, IPC-SM-782[3] 提供了一个非常好用的 SMT 封装和它们组装所需 PCB 焊盘格式的编排目录。

基本的 IC 封装 I/O 端接方法:

- 外围型, 端子位于芯片或封装的周围边缘
- 栅阵列, 端子位于芯片或封装的底面

基于这方面的考虑, 采用面阵列焊料凸点方式的 IC 和 MCM 封装有了进一步发展。统称为盘栅阵列、触点阵列、球阵列。

使用栅阵列有很多好处。最重要的是它可以使互连基板上的焊盘最小, 而在高速运行情况下, 栅阵列不仅提供了较好的电气性能, 且具有较低的寄生电流效应, 能简化地适应 SMT 生产线, 虽然无法直接目测连接点, 但其具有更高的组装产量。

封装产品的端子节距持续下降, 对 PCB 设计者来说, 须仔细权衡 PCB 基板制造技术和组装技术, 以达到小节距端子的要求, 确保产品具有高良率和低成本。

1.5.2 直接芯片安装

电子产品的大小、质量和体积不断减小的压力，使得直接芯片安装（DCA）方法越来越盛行，即裸露的 IC 芯片直接安装在基板上。这些方法广泛用于 COB 和 MCM 组件。

裸芯片安装到基板有 3 种方法。

（1）引线键合是最古老、最灵活和最广泛使用的方法（目前超过 96% 的芯片使用引线键合）。

（2）载带自动键合（TAB）对小 I/O 节距很有效，并提供了组装前预先测试芯片的能力。

（3）倒装芯片用于致密和改进的电气产品，其中典型的是 IBM 的 C4 工艺。

硅芯片直接倒装贴片到层压基板时，由于热膨胀系数（CTE）不匹配会发生错位问题，通过在芯片和基板之间使用底部填充（环氧树脂）封装技术可以有效消除。这种方法将应力分布于整个芯片表面，从而显著提高组装方法的可靠性。

而需要面阵列或带端子的倒装芯片———些引线数非常多的芯片——是 IC 中增长最快的种类，但它们还只是代表所有使用的 IC 的非常小的一部分。因此，设计者必须确定实际采用哪种 DCA 方法最具经济效益。

1.5.3 芯片级封装（CSP）

未封装的芯片安装到互连基板上时，总是不能确定安装的芯片是否都能正常运行。如今，已经有很多方法可以解决这个已知合格芯片（KGD）的问题。

例如，一些微型封装产品，只稍大于芯片本身，可以保护芯片和重新分配芯片端子到栅阵列。组装前，这些芯片可以在这个微型封装产品中测试和刻录。

然而，设计者必须分析这些 CSP 的端子节距，因为有些使用了非常密的网格，如端子节距为 0.5mm（0.020in）或更小，这就需要特殊的 PCB 技术把封装芯片的信号重新分配到电路板的其他地方。

一般情况下，如果裸芯片互连基板使用引线键合方法或 TAB 技术，当前的 PCB 技术提供给直接芯片连接的端子是非常充足的。它需要按节距在芯片位置放置合适的一排或两排键合焊盘。虽然这会稍稍降低电路板封装效率，但仍然是一个有效的 DCA 组装方法。

有了栅阵列后，情形不容乐观。由于从栅阵列内部的网格端子出来的信号必须排布在更靠近边缘的端子，它不允许超过一条或最多两条导体穿过。大多数情况下，这些来自栅阵列内部行列的信号会分别接入多层板（MLB）的内层。

如今，传统 PCB 结构已不能适应节距小于 0.020in 的任何栅阵列，而一些倒装芯片球阵列则要低于 0.010in。在阵列端子的节距低于 0.50mm（0.020in）的情况下，经常使用特殊的再分配层技术，通过常规多层板的 PTH 来连通信号。

这些层由无增强材料的介质层组成，通过小的导通孔或盲孔实现连通，即通过激光或等离子体蚀刻或成像技术形成，然后使用加成或半加成金属化工艺。但是，这种方法需要超过芯片外围尺寸的额外面积来完成信号传输，它允许倒装芯片和 CSP 安装到 PCB 上，这样就增加了基板的成本。有一种典型方法可以形成这种再分配层，即表面层合电路（SLC）[4]，目前已被 IBM 的 Yasu 工厂开发出来。

1.6 密度评估

1.6.1 元件密度分析

因为元件及其端子的选择对 PCB 设计影响重大，所以制定了大量指标来确定元件密度和 PCB 密度之间的关系。H.Holden[5] 已经做了这些关系的主要分析，其中的一些图表和推算给设计工程师合理设计 PCB 提供了指导性建议。

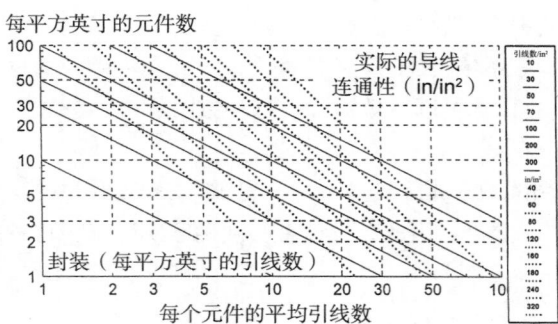

图 1.4 元件和布线密度之间的一般关系

上述资料对于判断已完成设计的产品是否满足元件密度范围等是非常有用的，因此，也可预估 PCB 的密度。

图 1.4 展示了元件密度和它们的端子密度，以及为适应所选元件的复杂性所需的布线密度之间的一般关系，并提供了导体连通性 W_f 的定义。

1.6.2 PCB 的密度指标

确定了密度需求的 PCB 的恰当设计，且分析选择最具经济效益的电路板结构是必不可少的，也有一些基本术语和公式用于计算和分析 PCB 布线密度。

$$W_c = \frac{T \times L}{G} \tag{1.1}$$

式中，W_c 为布线能力（in/in²）；T 为每个通道的导体数；L 为信号层数；G 为通道宽度。

但更重要的是，确定所需的布线密度足够所有元件在所需的电路板尺寸上互连。目前已经有许多经过验证的公式（这种布线需求的计算方法）。Sersphim[6] 博士推出了最简单的公式：

$$W_d = 2.25 N_t \times P \tag{1.2}$$

式中，W_d 为布线需求量；N_t 为 I/O 数；P 为封装间的节距。

1.6.3 芯片直装的特殊指标

未封装和裸芯片基板组装已成为主流，主要是因为这类组装可以减少实现互连所需的面积。这种组装最理想的极限是，将所有的芯片紧密地排在一起，不留任何空隙。使得封装率达到 100%——将硅面积与基板面积的比值作为衡量指标。自然，100% 是无法实现的，但这个指标对各种基板制造和裸芯片组装仍然有用，如图 1.5 所示。

封装率达到 100% 是不可能的，因为所有的芯片安装方法都需要与周围芯片保持一定的空间距离。即使是倒装芯片，也必须在芯片间留出贴片工具的使用空隙。

约翰斯·霍普金斯大学的 Charles 博士[7] 列出了各种芯片安装方法中芯片间所需的最小间距（或芯片周边结构总宽度），见表 1.2。这些或非常相似的间距已被许多文献引用。

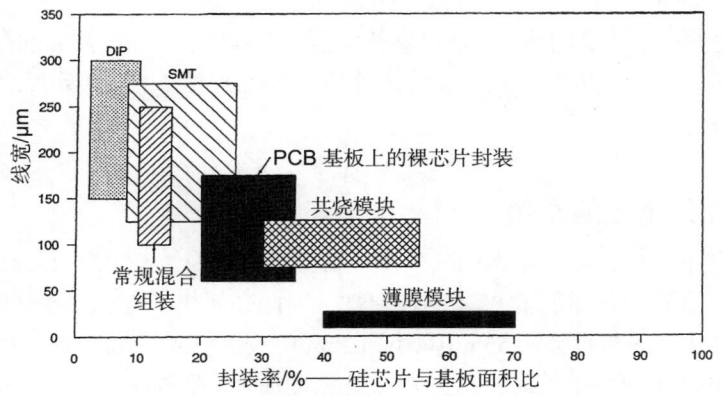

图 1.5 封装率（来源：BPA，已授权）

即使是倒装芯片安装，封装率也会降至 90%，引线键合降至 70%，TAB 降至 50%，且在某些情况下下降更多。图 1.6 以图形的方式说明了非常相似的情况。图 1.6 中，封装率的下降表示基板上需容纳的引线键合焊盘。但安装在 PCB 上的裸芯片需要额外的信号再分配面积，通过放置较大直径的 PTH 达到与内层的互连。显而易见，PCB 的封装率就减少到只有 20% ～ 30%，除非使用由非增强型介质材料制成的特殊表面信号再分配层（如前所述）。在这种情况下，封装率和芯片间的间距也与表 1.2 中引用的值相似。

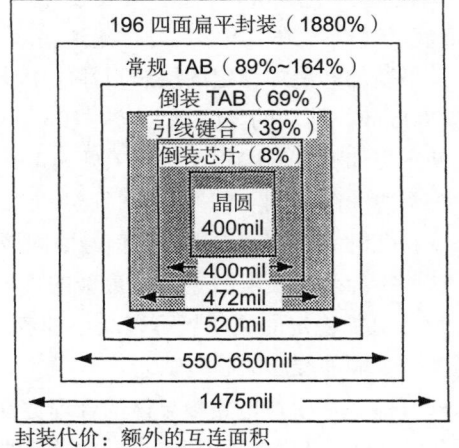

封装代价：额外的互连面积

图 1.6 满足键合方法要求的芯片面积

表 1.2 芯片间需要的间距

安装方法	芯片间距 /mil[1]
倒装芯片	15 ～ 20
引线键合	70 ～ 80
倒装 TAB	100 ～ 120
常规 TAB	150 ～ 400

除了可以安装在 PCB 基板两面的元件，一般芯片直装在 PCB 上将导致元件的封装率明显降低。引线键合可以用在带有特殊固定装置的 PCB 两面，外引线键合（OLB）的 TAB 同样可以使用在 PCB 基板的两面。因此，PCB 上单面裸芯片组装比其他方法的封装率降低了一半；如果在 PCB 两面安装，封装率与其他方法持平。

1.7 提高 PCB 密度的方法

提高 PCB 连通性和有效导体容量[8]的 3 种基本方法：

- 缩小孔和焊盘的直径
- 通过减小导体宽度来增加焊盘之间导体通道的数量

1）1mil=1/1000in=0.0254mm。

● 增加信号层数量

本节依次讨论每种方法对制造良率和电路板成本方面的影响。需要注意的是，最后一个办法是最简单但成本最高的解决方案，只有在前两种情况已经被证实不能达到理想的电路板密度时才使用。

1.7.1 焊盘对布线密度的影响

影响导体通道能力的最大因素是 PTH 周围焊盘的直径较大，鉴于当前的技术水平，PCB 要求焊盘比导体宽。这些焊盘降低了 PCB 的连通性，因此必须找出合适互连密度 I_d 的分析方法。例如，在一个设计中，焊盘直径从 55mil 减小到 25mil（减少 55%）将增加一倍互连密度，而导体节距 C_p 从 18mil 减小到 7mil（减少 61%），互连密度却只增加 50%。显然，减小焊盘直径或彻底删除，可能是 PCB 增加布线量、复杂性的一个有效方法。

在 PCB 钻孔的周围设计焊盘的目的是适应任何潜在的层间或图形与孔对位不准的问题，防止孔从焊盘中破出。对位不准主要是 PCB 或多层板制造过程中基板的不稳定和偏移造成的。

基材标准中明确指出这样的偏移不大于 300ppm[1]，但实际基板偏移了近 500ppm，导致 20in 的距离内偏移了 10mil。对于大多数应用，这个公差太大，因此在钻孔周围的孔环最少要求 10mil 宽，这会导致相当多的导体通道堵塞。

从最新的和更加稳定的层压板性能中获得的数据可知，基材的偏移已减少，如从 500ppm 降到了 200ppm，孔环的宽度要求也从 10mil 降低到了 4mil。

使用更加稳定的层压板材料（见表 1.3），使得互连密度增加成为可能，保持导体节距不变时可允许焊盘（第 1 列）的原始直径减少 0.5mm（0.020in）。当焊盘被完全去除和 Z 轴互连被限制在形成盲孔的导体宽度以内时，信号面区域将达到最高互连使用率。

这些推导基于真实数据（从最新的且更加稳定的层压板的性能中获得），多层板使用这些新的且尺寸更加稳定的层压板可以减小焊盘直径，且都可以通过传统方法制造。多层板盲孔加工则需要一个顺序层压的制造工艺。

PCB 制造商生产电路板导体的合理宽度为 4 ~ 5mil，但仍然需要在镀覆孔周围有一个大焊盘，以防孔位破出。从表 1.3 可以看出，这样就把目前每个信号层的布线密度限制在 40 ~ 60in/in²。PCB 制造商加工盲孔的技术可以增加每个 PCB 信号层的连通性，已从当前的范围提高到了 100 ~ 140 in/in² 的水平。宽度为 0.002in 的导体将使每个信号层的布线密度达到 200 ~ 250in/in²。

表 1.4 表明，增强每层连通性的最重要的结果是，减少信号层数需要提供相同的布线密度 W_d。表 1.4 是用表 1.3 的连通性数据（布线总长为 10 000in，面积为 50in² 的多层板）构建的。还需注意的是，表 1.3 中已经提升到更高的层数了，即计算出的 1.4 层已经变为 2 层。

表 1.3　焊盘直径对互连密度的影响

焊盘直径 /in	导体节距 /in	I_d@500ppm/（in/in²）	I_d@200ppm/（in/in²）	I_d@ 盲孔 /（in/in²）
0.055	0.010	20	37	55
0.036	0.018	30	48	55
0.025	0.009	40	96	100
0.025	0.007	60	130	143

1）ppm 定义为百万分之一，1ppm 即一百万分之一。

减少层数的好处主要是可以显著降低制造成本，同时提供相同的总互连长度。

表 1.4   板层数减少对提高连通性的影响

焊盘直径 /in	导体节距 /in	层数（I_d@500ppm）	层数（I_d@200ppm）	层数（I_d@ 盲孔）
0.055	0.010	10	6	4
0.036	0.018	7	4	4
0.025	0.009	5	2	2
0.025	0.007	4	2	2

1.7.2   减小导体宽度

增强 PCB 连通性的一个显著方法就是减小导体宽度和间距，这样就可以（如前所述）增加每个信号层可用的布线通道的数量。IC 和 PCB 行业已朝这个方向发展了很多年。但是，也不可能无限制地减小导体宽度和间距。导体宽度的减小受制于细小导体的电流承载能力，尤其是在 PCB 表面且较长的导体。减小导体宽度将制约相应的生产工艺，因为如果超出了正常工艺能力范围，制造良率可能会大幅下降。

导体间距的减小还有一个制约因素，这主要是基于电气方面的考虑，即防止过度串扰、降低噪声，并提供适当的信号传播条件和特性阻抗。

尽管如此，在上述范围内实现减小导体宽度可能是增加 PCB 密度和节约 PCB 制造成本的有效途径。从来源于 BPA 哥伦布计划得到的成本数据表 1.5 中可看出，导体宽度从 6mil 减小到 3mil，必要的信号层减少了一半，但可确保同样的连通性（良率、互连密度和电路板面积保持不变）。减少层数可以明显降低 PCB 的制造成本。

表 1.5   导体宽度对电路板层数和成本的影响
（6in × 8in 的多层板，I_d=450in/in², 良率为 65% ~ 68%）

线宽 /mil- 线距 /mil	总层数	信号层数	电路板的成本 /%
3-3	8	4	55
4-4	10	6	64
5-6	12	7	77
5-7	14	8	87
6-6	16	8	90
7-8	20	10	100

1.7.3   导体宽度对电路板良率的影响

显然，只有满足合理的制造良率时，增加 PCB 导体密度 I_d 才是成功和有效的。如图 1.7 所示，遗憾的是当导体宽度减小到 5mil 以下时，PCB 中细导体的良率迅速下降。所以，在分析制造工艺是否最具经济效益时，了解制造良率是非常重要的，因为制程良率与互连基板的成本息息相关。

制造成本的经验计算公式如下：

$$成本\, C = \frac{材料 + 工艺\,成本}{良率\,Y} \tag{1.3}$$

互连密度 I_d 对基板最终良率将产生影响，总的制程良率可分为两个组成部分：第一，取决于

导体密度,即 Y_{ld};第二,其他制造部分的综合良率,即

$$Y_{总} = Y_{ld} \times Y_{过程} \tag{1.4}$$

要很好地控制制造作业,对于给定的技术参数,主要取决于此过程持续稳定的良率(如电镀),良率的函数方程式计算仅以导体宽度为基础变量。

从图 1.8 可以看出,导体之间的开路和短路缺陷影响与密度相关的良率函数 I_d。假设基板上导体总长为 TL 的这些缺陷服从合理的泊松分布,平均缺陷率为 v,在整个导体的总长 TL 中良率达到零缺陷的概率为($n=0$)。因此,

$$Y(n=0) = e^{(-v \times TL)} \text{(泊松分布)} \tag{1.5}$$

从图 1.7 和图 1.8 可以看出,缺陷率 v 也取决于导体宽度和间距,即导体节距 C_p。随着 C_p 的减小,缺陷率 v 将上升,但是对于非常大的 C_p,缺陷率 v 为 0,Y_{ld} 将为 100%。

例如,当使用隐藏焊盘设计时,其中 $C_p = 2W$,互连密度 I_d 可以表示为 $I_d = TL/A$,且 I_d 与 C_p 成正比,即 $I_d \cdot C_p = 1$,且 $TL = A/C_p$。因此,缺陷率 v 在这个方程中表示为

$$v = -\ln \frac{Y_0}{TL_0} \times \left(\frac{C_{p0}}{C_p} \right)^b \tag{1.6}$$

其中,指数 b 取决于导体制作的工艺或技术。指数 b 在设备之间及各种图形制作方法之间会大幅变化,每种情况必须根据经验确定。

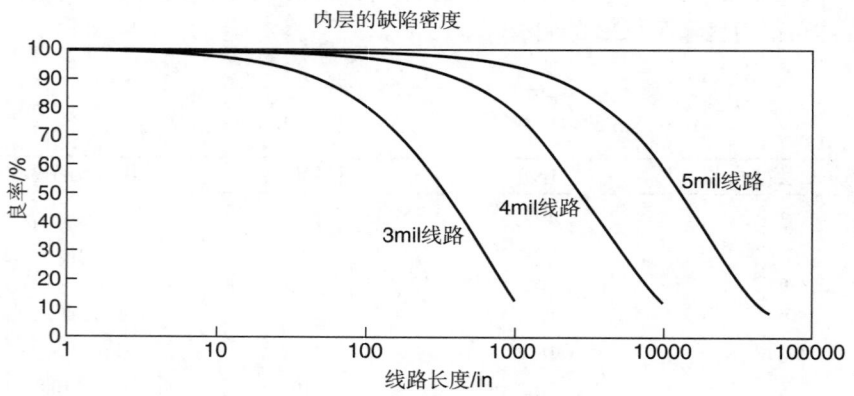

图 1.7 电路板良率与导体宽度的关系

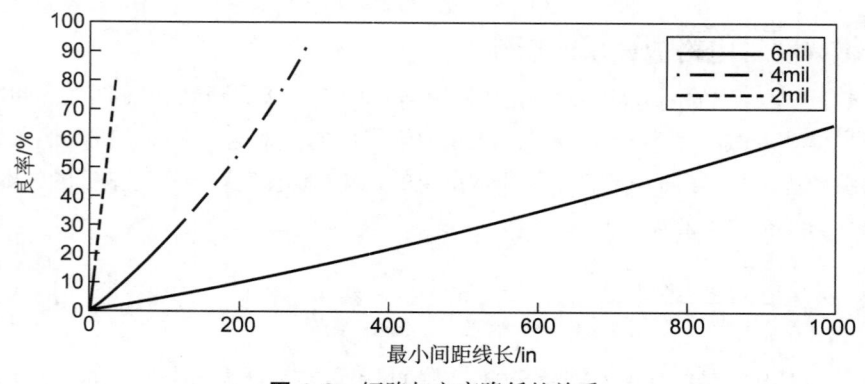

图 1.8 短路与良率降低的关系

1.7.4 增加导体层数

增加导体层数是最简单、最直接的解决方案：当现有层上没有足够的空间来放置所有必需的连接路径时，增加一层导体。这种方法在过去已被广泛推行，但是当基板的成本至关重要时，在多层板设计方案中就必须慎重考虑，尽量减少基板层数。因为在电路板中每额外增加一层，成本就明显增加。根据式（1.6），当6in×8in多层板大规模生产时，保持良率和导体密度不变，电路板成本和层数几乎呈线性关系。

式（1.6）还表明，电路板在需要传输线特性的频率下工作时，由于信号层之间需要交错接地或接直流电源层，只要增加信号层数，总层数将翻倍。

图 1.9 就是一个数年前由 BPA 准备的典型例子，即层数对多层板的成品良率的影响。由此可以看出，任何类型的导体宽度，增加层数一定会使制造良率下降。这是电路板制造中的典型状况，因为随着层数增加，很多层数的多层板的复杂性和厚度的增加常常会导致生产车间出现更多问题。

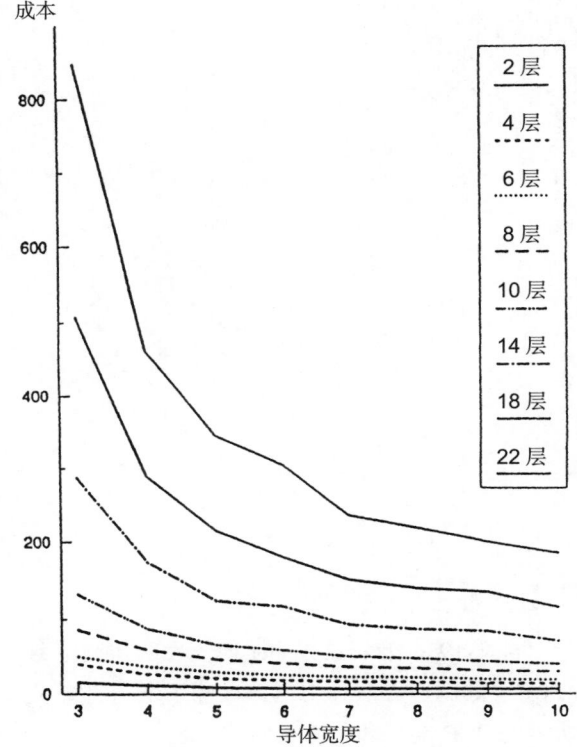

图 1.9 层数和导体宽度与成本的关系

参考文献

[1] Toshiba, "New Polymeric Multilayer and Packaging," Proceedings of the Printed Circuit World Conference V, Glasgow, Scotland, January 1991

[2] The Institute for Interconnecting and Packaging Electronic Circuits, 7380 N. Lincoln Ave, Lincolnwood, IL 60646

[3] IPC-SM-782, "Surface Mount Design and Land Pattern Standard," The Institute for Interconnecting and Packaging Electronic Circuits

[4] Y. Tsukada et al., "A Novel Solution for MCM-L Utilizing Surface Laminar Circuit and Flip Chip Attach Technology," Proceedings of the 2d International Conference on Multichip Modules, Denver, CO, April 1993, pp. 252–259

[5] H. Holden, "Metrics for MCM-L Design," Proceedings of the IPC National Conference on MCM-L, Minneapolis, MN, May 1994

[6] D. Seraphim, "Chip-Module-Package Interface," Proceedings of Insulation Conference, Chicago, IL, September 1977, pp. 90–93

[7] H. Charles, "Design Rules for Advanced Packaging," Proceedings of ISHM, 1993, pp. 301–307

[8] G. Messner, "Analysis of the Density and Yield Relationships Leading Toward the Optimal Interconnection Methods," Proceedings of Printed Circuits World Conference VI, San Francisco, CA, May 1993, pp. M 19 1–20

第 2 章
PCB 的类型

Dr. Hayao Nakahara
美国纽约州亨廷顿，N.T. Information Ltd.

乔书晓 审校
深圳市兴森快捷电路科技股份有限公司

2.1 引 言

自从 1936 年 Paul Eisner 博士发明印制电路技术以来，已开发了一些不同类型的印制电路板（PCB）的制造方法和工艺，这些年来一直都没太大变化。但是，一些具体的趋势在持续地影响所需的 PCB 类型和制造它们的工艺。

（1）计算机和便携式通信设备要求更高频率的电路、印制板和材料，同时需要使用功能更多的元件，这些元件会产生相当大需要散掉的热量。

（2）数码产品融入消费电子产品设计的同时，在保持较低总成本的情况下，要求的功能越来越多。

（3）产品体积不断变小和功能不断增多，促使整个电路封装本身变得更加密集，导致 PCB 要不断发展，以满足这些需求。

这些趋势导致 PCB 大量使用无机基材的基板，如陶瓷、铝和软铁。此外，已经研发出替代的制板方法。本章将讨论这些方法，以及传统的 PCB 结构和工艺。印制线路板（PWB）、印制电路板（PCB）、印制板等术语将作为同义词使用。此外，层压板、基板和在制板也可以互换使用。

2.2 PCB 的分类

根据不同的属性，PCB 有许多不同的分类方式。所有分类方式的基本常见结构是，提供导电路径，使安装在它们上面的元件产生互连。

2.2.1 PCB 的基本分类

形成导体有两种基本方法。

减成法 在减成过程中，将基板上不需要的铜箔蚀刻掉，留下所需的导体图形。

加成法 在加成过程中，在裸板（无铜箔）上需要图形的位置添加铜，从而形成导体图形，通过电镀铜、丝印导电膏或在预定的基板导体路径上铺设绝缘线路。

图 2.1 为 PCB 分类。所有的因素都考虑在内，如制造工艺和基材。此图的作用如下：

- 第 1 列，按 PCB 基材性质分类

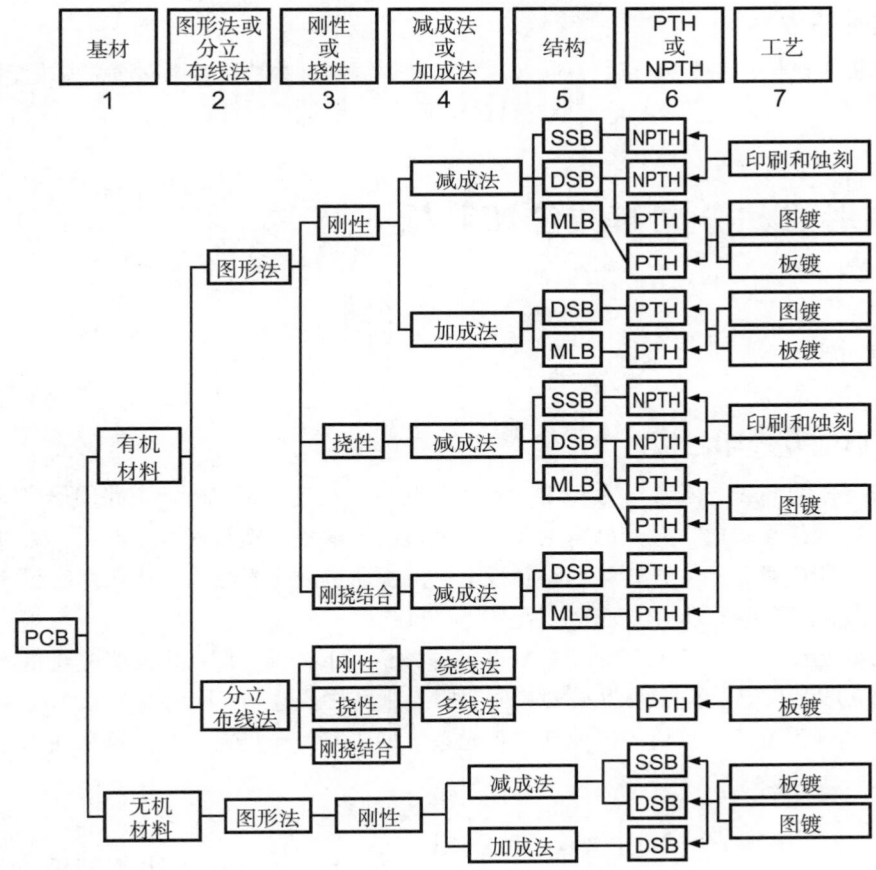

图 2.1 PCB 分类

- 第 2 列，按 PCB 的导体图形成像方式分类
- 第 3 列，按 PCB 物理性质分类
- 第 4 列，按 PCB 实际导体形成的方法分类
- 第 5 列，按 PCB 导体层数分类
- 第 6 列，按 PCB 中是否含镀覆孔（PTH）分类
- 第 7 列，按 PCB 的生产工艺分类

2.3 有机与无机基板

随着计算机和通信设备中使用的元件速度越来越快，功能要求越来越多，产生的一个主要问题是 PCB 基材的可用性与产品和工艺的兼容性。这包括在组装过程中长时间暴露在焊接温度下给基材带来的应力，以及所需的基板与元件热膨胀系数的匹配性。第 3 ~ 8 章将详细介绍这些在探索中发现的新型材料，本章主要概述两种类型基材的基本特征。

2.3.1 有机基板

有机基板由酚醛树脂浸渍的多层纸层或环氧树脂、聚酰亚胺、氰酸酯、BT 树脂等浸渍的无纺布或玻璃布层组成。这些基板的用途取决于 PCB 应用所需的物理特性，如工作温度、频率或机械强度。

2.3.2 无机基板

无机基板主要包括陶瓷和金属材料，如铝、软铁、铜。这些基板的用途通常取决于散热需要，除了软铁，无机基板提供了软盘电机驱动器的磁通路径。

2.4 图形法和分立布线法印制板

基于 PCB 的制造方式，可分为两种基本类型：
- 图形法
- 分立布线法

2.4.1 图形法互连印制板

图形法制作的 PCB，经常作为 PCB 标准类型讨论。在这种情况下，电路图形底图的图像是通过感光材料成像形成的，感光材料主要是处理过的玻璃板或塑料底片。然后，通过底图所产生的底片以丝印或影印的方式转移到印制板上。由于通过激光光绘机制作照相底图的速度和成本的原因，照相底图也可以用作工作底片。

可以用激光在 PCB 上对抗蚀剂直接成像，这种情况下，导体图形由激光光绘机绘制在感光材料（已贴在印制板上）上，而无须通过中间步骤绘制底片。这往往比用工作底片的加工速度慢，一般不用于大规模量产。更快的抗蚀剂和曝光系统的研究工作仍在继续，这种加工方法毫无疑问将会继续向前发展。

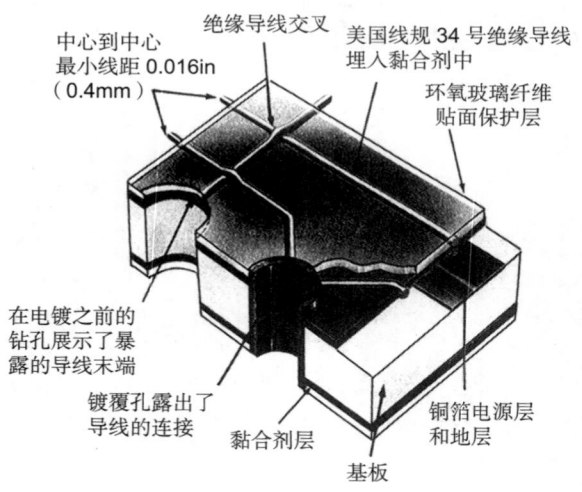

中心到中心最小线距 0.016in（0.4mm）
绝缘导线交叉
美国线规 34 号绝缘导线埋入黏合剂中
环氧玻璃纤维贴面保护层
在电镀之前的钻孔展示了暴露的导线末端
镀覆孔露出了导线的连接
黏合剂层
基板
铜箔电源层和地层

图 2.2 分立布线板的例子

2.4.2 分立布线法印制板

分立布线法印制板不涉及信号线的成像过程。相反，导体是绝缘铜线直接在线路板上形成的。绕线®和多线®是最负盛名的分立布线互连技术。由于允许线路交叉，所以一个单层布线可以匹配多个导体层在印制板上产生图形，从而达到非常高密度的布线。然而，布线过程在本质上是连续的，分立布线技术的生产效率不适合大规模生产。尽管有这些缺点，分立布线板仍用于一些非常高密度封装的应用中。图 2.2 就是分立布线板的一个例子。

2.5 刚性和挠性印制板

另一种印制板的分类包括刚性和挠性 PCB。刚性板由各种材料制成，挠性板一般由聚酯和聚酰亚胺基制作。刚挠结合印制板通常由黏合在一起的刚性板和挠性板组合而成，在电子封装中已获得广泛应用（见图 2.3）。大多数刚挠结合板是三维（3D）结构，将挠性部分连接到刚性板部分，刚性板通常用于支撑元件。因此，其封装率非常高。

图 2.3 刚挠结合印制板（来源：深圳市兴森快捷电路科技股份有限公司）

2.6 图形法制作的印制板

世界上的大多数印制板都是图形法制作的，有以下 3 种可供选择的类型：

- 单面印制板（SSB）
- 双面印制板（DSB）
- 多层印制板（MLB）

2.6.1 单面印制板

单面印制板是指只在印制板的一面有电路，也常被称为印刷 - 蚀刻印制板。蚀刻抗蚀剂通常通过丝印技术来印刷，导体图形通过化学蚀刻去掉暴露不要的铜箔形成。

1. 典型的单面印制板材料

这种印制板制造方法一般用于低成本、大批量、功能相对较少的印制板。例如，在远东地区，大部分 SSB 由成本最低的纸质基材制作，采用最流行的纸基阻燃酚醛树脂材料 XPC-FR。它是一种具有高可冲压性的层压板。在欧洲，对于 SSB，FR-2 纸基层压板是最流行的基板，因为当放置在高电压、高温度环境中时，它发出的气味比 XPC-FR 少，如在电视机机箱内。在美国，CEM-1 材料（纸和玻璃浸渍环氧树脂的复合材料）是最流行的 SSB 基材。虽然没有 XPC-FR 或 FR-2 成本低，但由于其相对于纸基酚醛树脂层压板的较高机械强度性能，CEM-1 已获得普及。

2. 单面印制板的制造工艺

由于强调低成本和低复杂性，且流程简单，SSB 一般采用高度自动化生产，使用传送带化的印刷和蚀刻生产线。

自动印刷和蚀刻线的传送带速度为 30～45ft/min。一些生产线配备了线上光学检测，这样可以免去最后的电气开路 / 短路测试。

如前所述，在印刷和蚀刻的导体图形产生后，通过冲压在纸质基材制成的在制板上制作元件的插入孔，而玻璃纤维制成的基板则必须进行钻孔加工。

3. 工艺的变化

在一些工艺变化中，PCB 导体表面被绝缘，只露出焊盘，然后丝印导电膏，在印制板同一面形成额外的导体，从而在一个单面层形成双导体层。

大多数金属基 PCB 的消费产品，一般选用覆铜的铝基材料。这种材料制成的印制板没有通孔，元件通常是表面贴装类型。这些电路经常形成三维形状。

2.6.2 双面印制板（DBS）

根据定义，双面印制板两面都有电路。一般可以分为两类：

- 没有金属化通孔
- 有金属化通孔

有金属化通孔的类别可进一步细分为两种类型：

- 电镀金属化通孔（PTH）
- 银浆灌孔金属化通孔（STH）

1. 电镀金属化通孔技术

2.8 节中将详细讨论 PTH 技术，这里只做一些简述。

20 世纪 50 年代中期以来，一直沿用电镀铜形成金属化孔。因为 PCB 基材是不导电的绝缘材料，所以孔必须金属化后才能镀铜。通常，金属化过程是用钯催化剂催化，随后化学镀铜，然后通过电镀加厚铜。另外，化学镀也可以用于产生所需厚度的镀层，被称为加成法沉积。

双面 PTH 印制板和多层印制板（MLB）制造过程中最大的变化是直接金属化技术（第 29 章详细讨论了通孔印制板的化学和直接金属化）的使用。简单地说，它免去了化学镀铜过程。孔壁通过钯催化剂、碳或聚合物导电膜导电，然后通过电镀铜沉积加厚。化学镀铜的取消，反过来可以消除对环境有害的化学物质，如甲醛和 EDTA。这是传统化学镀铜溶液的两种主要成分。

2. 银浆灌孔金属化通孔技术

STH 印制板通常由纸基酚醛树脂材料或复合环氧复合纸和玻璃材料制作，如 CEM-1 和 CEM-3。双面铜复合材料通过蚀刻在板两面形成导体图形，通过钻孔形成孔，然后对在制板丝印含银的导电膏（也可以使用铜膏代替）。

STH 与 PTH 相比有相对较高的电阻，所以 STH 印制板的应用具有局限性。但是，因为它们更具经济优势（STH 印制板的成本通常是功能相当的 PTH 印制板的 1/2 ~ 2/3），已大批量应用到低成本产品中，如音响设备、软盘控制器、汽车收音机、遥控器等。

2.6.3 多层印制板（MLB）

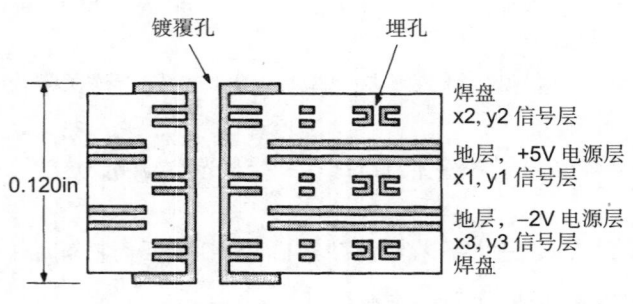

图 2.4 带埋孔的多层印制板截面图。最后的多层结构由每个内置的埋孔双面印制板构成

顾名思义，MLB 有 3 层或更多的线路层（见图 2.4）。它们应用于所有的主流电子设备，包括消费产品，如便携式摄像机、手机、音频光盘机。

1. 层 数

随着个人计算机和工作站变得越来越强大，在许多应用中，大型计算机和超级计算机正在被这些小型化机器所取代。这正是使用高度复杂的多层印制板的结果，层数已超过 70 层，虽然目前的使用正在减少，但其生产技术已被证明。在层数范围的另一端，4 ~ 8 层薄的和高密度 MLB 成为主流。材料轻薄化和相应工艺设备的持续更新将引领 MLB 继续朝更薄的方向发展。

2. 导通孔及其生产技术

由于 PCB 不得不解决更高速度、更高密度、元件表面贴装（两面贴装元件）增加等问题，所以层与层之间通信的需求也大幅提升。同时，通孔的可用空间也在减小，造成印制板不断朝着更小孔径、更高孔密度的方向发展。贯穿整个印制板的通孔及其在所有层的空间都在减小，在封装密度增加的需求推动下，使得埋孔和盲孔成为多层印制板技术标准的一部分（见图 2.4）。

这些变化趋势中出现的最紧迫的问题之一就是，钻孔加工中的相关费用。PCB 在钻机的每个轴上的叠板一次不超过 3 块，为满足各种导通孔需要，每块印制板中相应的孔数将增加。这就增加了对机器的要求，导致增加了资金投入，钻孔成本将持续大幅增加。因此，导通孔加工替代方法正在研发当中。这些压力将持续存在，因此，这里列出的或一些等效的工艺，无疑将对继续推动小型化更加重要，钻孔单一化变得越来越不实际。

这些工艺已经发展到不用钻孔而量产导通孔。

表面层合电路（SLC） 发展最显著的 MLB 导通孔成型技术，不需要顺序层压操作来加工多层板。这一点对于表面盲孔加工尤为重要。

使用表面层合电路技术的印制板制造工艺如下：

- 形成内层地层和电源层的分布图形
- 板面氧化处理
- 通过幕帘或丝印涂敷的方法将在制板表面涂满绝缘光敏树脂
- 通过底片曝光和显影成孔
- 通过铜还原工艺（包括催化、化学镀铜或直接金属化工艺）使在制板金属化
- 继续使用化学镀铜或电镀铜加厚铜层
- 通过干膜封孔工艺蚀刻形成电路图形（见图 2.5）

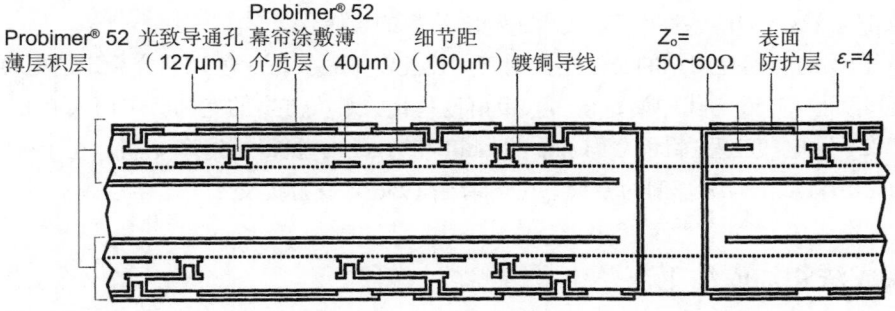

图 2.5 表面层合印制板横截面示例（来源：IBM Yasu and Ciba-Geigy Limited）

等离子体蚀孔增层法（DYCOstrate®） 瑞士 Dyconex 公司采取不同的方法来制作微盲孔。先在板面上形成地层和电源层图形，然后进行板面氧化处理，将背面有聚酰亚胺的铜箔层压在板面上。通过化学蚀刻工艺将孔位置处的铜蚀刻掉，用等离子体刻蚀去除绝缘聚酰亚胺材料而成孔。这种方式制作的 PCB 被称为 DYCOstrate。还有其他类似的技术，使用不同介质材料，用碱性溶液除去它们。其余的过程类似于 SLC，即孔金属化通过化学镀或电镀沉积一层厚铜，采用盖孔和蚀刻工艺形成电路图形（见图 2.5）。

钻通孔 除了表面盲孔，在 SLC 和 DYCOstrate 技术中，通孔也可以按传统的钻孔和电镀工艺来制作。

对成本的影响 这些顺序加工技术的直接制造成本不一定比传统 MLB 技术便宜，这取决于

层压操作过程。但是，由于印制板中标准孔的成本占总制造成本的比例高达 30%，成孔在这些工艺中相对低廉，同等功能下其整体成本可能降低。此外，该工艺有非常出色的精细线路图形加工能力。例如，一个 8 层的常规结构往往可以被减少到 4 层结构，相同的封装密度下，总成本降低了。

2.7　模制互连器件（MID）

从早期到 20 世纪 80 年代中期，3D 电路技术极受欢迎。但是，这项技术的支持者认识到直接与传统平面电路竞争是错误的，并研发成一种有利可图并提供其他功能的电路基板，如给产品提供结构支撑等。

3D 电路制造商一般称其为模制互连器件（MID）。在 MID 的许多应用中，因其互连的电子和电气元件的数量可以减少，从而使总的组装成本更加便宜，最终结构更可靠。

2.8　镀覆孔技术

在 1953 年，摩托罗拉公司研发出了镀覆孔（PTH）工艺，称为 Placirl 法[1]，在裸露的整个板面和孔壁通过氯化亚锡敏化后用双喷枪喷撒银使其金属化。接着，使用抗镀油墨通过丝印在制板上形成负片导体图形，留下暴露的金属导体。然后，板面通过电镀铜的方法镀上铜。最后，通过剥离抗镀油墨和除去银来完成 PTH 板。与银使用相关的一个问题是，铜导体下方的银发生的银迁移。

20 世纪 50 年代中期是化学镀铜解决方案领域的繁荣时期。1955 年，Fred Pearlstein[2] 发表了涉及绝缘材料的化学镀镍金属化工艺。其催化过程包括两个步骤。板面先经 $SnCl_2$ 溶液敏化，然后在 $PdCl_2$ 溶液中活化。这个工艺实现了绝缘材料的金属化。

化学沉积镍的蚀刻是困难的。但是其附着力比化学镀铜要好，所以研究稳定的电镀铜解决方案就变得自然而然。50 年代中期，很多人申请这些相关解决方案的专利。申请人 P. B. Atkinson、Sam Wein 和一个电气工程师团队（Luke、Cahill 和 Agens）赢得了这个专利，在 1964 年 1 月颁布了使用 Cu-EDTA 作为络合剂的专利[3]（申请在 1956 年 9 月提交）。

2.8.1　减成法和加成法工艺

在整个 20 世纪 50 年代，Photocircuits 公司是另一家从事 PTH 工艺化学药品研发的公司。覆铜箔层压板是昂贵的，并且大部分昂贵的铜箔必须被蚀刻掉（减去），以形成所需的导体图形。因此，Photocircuits 工程师在裸露的板面材料上需要的地方通过沉积（加成）铜导体，达到节约成本的目的。他们的努力得到了回报。他们不仅成功地研发出 PTH 工艺必需的化学物质，而且也研发出全加成法 PCB 制造技术，被称为 CC-4[1) 工艺。

在 20 世纪 60 年代，使用 $SnCl_2$-$PdCl_2$ 催化剂和基于 EDTA 的化学镀铜方法已经根深蒂固。金属化孔壁与化学药品反应随后形成 PTH 的过程通常被称为铜还原过程。在减成法工艺中，开始使用覆铜箔层压板，通过图镀或板镀这两种广泛使用的方法制造 PTH 印制电路板，以下将讨论这些方法。

1）CC-4 是 Kollmorgen 公司的注册商标。

2.8.2 图 镀

在图镀法中，铜还原过程之后，在板子两面丝印负片导体图形的抗镀剂；精细线路印制板选用感光干膜。图镀法有一些微小的变化（见图 2.6）。

（1）催化（预处理绝缘表面使铜从溶液中转移到表面上）。

（2）化学镀薄铜（0.00001in）后初步电镀铜；化学镀厚铜（0.0001in）。

（3）成像（涂敷所需完成电路的负片图形的抗镀剂）。

（4）电镀铜。

（5）电镀锡铅（作为蚀刻抗蚀剂）0.0002in 或 0.0006in。

（6）退抗镀剂。

（7）蚀刻基铜。

（8）退锡（0.0002in 的情况下）；锡铅回流（0.0006in 的情况下）。

（9）阻焊后热风焊料整平（选用退锡工艺时）。

（10）最后的加工和检测。

大多数较宽导体的 DSB 板制造商采用化学镀厚铜。化学镀薄铜后再镀铜能更好地制作精细线路，因为大面积表面

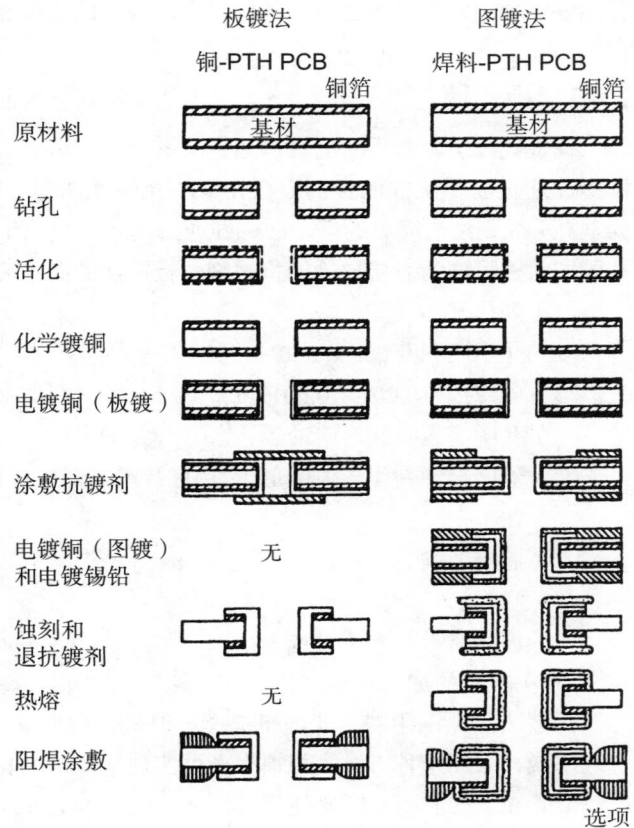

图 2.6 板镀和图镀的关键制造步骤

的磨刷使得干膜的附着力更好。这样使得 PTH 的可靠性更高。焊料回流印制板已成为众多客户的首选，特别是军事和电信应用，直到热风焊料整平出现。尽管焊料覆盖铜导体可以保护铜不被氧化，但焊料回流印制板有一定的局限性。阻焊很难应用于回流后的焊料上，在焊接元件时印制板的某些区域的阻焊容易起皱和脱落。更严重的问题是，当导体宽度和间距变得非常小时，容易出现焊料桥接。

在第（9）步中，印制板整个表面除焊盘外覆盖阻焊剂，然后对印制板进行热风焊料整平，这在焊盘和孔壁上形成薄焊料涂层。这个操作听起来很简单，但热风焊料整平需要不断微调和维护，否则一些孔可能会产生严重的焊料阻塞而导致无法插入元件。

在蚀刻方面，图镀法优于板镀法。图镀法只有基铜需要蚀刻。使用通常为 1/8 或 1/4 oz 厚超薄铜箔（UTC），会使其具有明显的优势。但是，只要使用电镀，无论基铜箔多厚，目前图镀法都无法避免电镀均匀性的问题。板镀法也遇到了同样的问题，但受影响程度较轻。当印制板的大小或类型不相同，尤其是外层有大面积地层时，很难实现良好、均匀的电流分布。当印制板上有远离主要电路的孤立孔时，它们往往被过度电镀，导致组装过程中元件引线很难插入。为了减少这种电镀电流分布的问题，有各种对策。例如，特殊的阳极位置、阳极屏蔽、搅拌和阴极分流。但是，这些方法中没有一个能彻底解决均匀性问题，它们很难始终灵活、有效地处理大量混合产品的电镀操作。

图镀法的另一个优点是它能够形成无焊盘微导通孔，其直径范围为 0.012 ~ 0.016in。微导通孔能够实现更多的导体通道，从而提高印制板的连接能力。

2.8.3 板　镀

在板镀法中，当板面电镀铜达到所需厚度之后，有两种不同的方法完成印制板加工。在塞孔法中，通过丝印抗蚀混合剂，在孔中填充碱性油墨，以保护孔壁不被蚀刻。另一种方法，被称为盖孔 - 蚀刻法或简单的盖孔法，即通过覆盖孔或用干膜覆盖孔以保护孔铜不被蚀刻，其在保护孔的同时也可作为表层导体的抗蚀剂。板镀法的简单流程如下（见图 2.6）。

（1）催化。

（2）化学沉积薄铜（0.0001in）。

（3）电镀铜（0.001 ~ 0.0012in）。

（4）孔中塞入碱性可溶油墨；盖孔（贴干膜）。

（5）丝印抗蚀剂（导体图形）；用底片曝光形成板面导体图形。

（6）蚀刻铜。

（7）退抗蚀剂。

（8）阻焊。

（9）焊料涂敷整平（可选）。

（10）最后的加工和检测。

板镀法是裸铜印制板的理想选择。但是，它难以制作正在变得越来越流行的无焊盘导通孔。一般来说，采用这种方法大规模生产可实现最低 0.004in 的导体宽度。

尽管在美国和西欧限制使用板镀法，但日本近 60% 的 PTH 印制板是用这种方法制造的。

2.8.4 加成法沉积铜

可以通过加成（化学）沉积铜来形成镀覆孔，其中有 3 种基本方法：全加成法、半加成法和部分加成法。其中，半加成法涉及用非常薄的表面铜通过图镀法制作 PTH，但其他两种方法完全用化学沉积铜形成 PTH。加成法工艺与减成法工艺相比具有更多优点，如制作精细导体和高厚径比的 PTH 印制板。

2.9 总　结

现代电子封装已变得非常复杂，互连被更多地推入低级别的封装中。使用何种封装技术受多种因素影响：成本、电气要求、散热要求、互连密度要求等。与此同时，材料也起着非常重要的作用。考虑所有的因素，PCB 在电子封装中仍然发挥着重要的作用。

参考文献

［1］Robert L. Swiggett, Introduction to Printed Circuits, John F. Rider Publisher, Inc., New York, 1956

［2］Private communication with John McCormack, PCK Technology, Division of Kollmorgen Corporation

［3］R. J. Zebliski, U.S. Patent 3,672,938, June 27, 1972

第 2 部分

材　料

第3章
基材介绍

Edward J. Kelley
美国亚利桑那州钱德勒，Isola 集团

梁景鸣　巫勤富　李子达　审校
台燿科技（中山）有限公司

3.1　引　言

印制电路板（PCB）基材看似很简单。简言之，其包括 3 个组成部分：树脂、增强材料、导电铜箔。但是，每种成分的变化会产生很多种组合，使基材可讨论的议题变得复杂得多。造成其复杂性的主要原因之一便是，PCB 应用领域很广泛，导致其在成本和性能方面包含多种不同的需求，因而造成了 PCB 基材存在着多种等级划分标准。

另外，由于基材是 PCB 最基本的组成部分，它们几乎与 PCB 制造的每个工艺都有关系。因此，不仅材料的物理性质和电气性能是至关重要的，它们与 PCB 制造工艺的兼容性即 PCB 的加工性也非常重要。

此外，随着欧盟限制使用有毒害物质指令（RoHS）的出台及无铅焊接工艺的出现，对基材的使用又提出了新的要求。RoHS 指令对 PCB 基材的各项指标都有着严格的技术要求。

无铅焊接对基材的影响，及无铅焊接条件下选择材料的方法将在第 7 章和第 8 章加以讨论和说明。支撑 PCB 的高密度化、可靠性和电气性能等要求也同样重要，这部分将在第 6 章讨论。本章主要讨论基材的等级和标准，以及基材的制造工艺。

3.2　等级与标准

基材可以按照增强材料类型、树脂体系类型、树脂体系的玻璃化转变温度（T_g），或按材料的其他性能进行分类。随着无铅焊接工艺的出现，基材的选择不仅仅限于玻璃化转变温度这一项指标。热分解温度（T_d）就是需要考虑的一项指标，后面的章节将会进行详细说明。

PCB 基材最常参照的国际标准为 IPC-4101，即《刚性及多层印制板基材规范》，另外 IPC-4103《高速/高频应用基材规范》是关于高速/高频基材的重要标准。美国国家电气制造商协会（NEMA）也对 PCB 基材进行过具体说明。

3.2.1　NEMA 工业层压热固化产品

PCB 基材（及其他电气元件）的首次分类，是由 NEMA 完成的。NEMA 工业层压热固化产品，对 PCB 中使用的材料的部分特殊性能进行了说明。NEMA 标准对 PCB 基材的分类见表 3.1，IPC-4101 对基材的分类和说明在表 3.2 中列出。常用的材料有 FR-2、CEM-1、CEM-3，当然还有 FR-4。

表 3.1 NEMA 标准对基材的分类

等 级	树 脂	增强材料	是否阻燃
XXXPC	酚醛	棉纸	否
FR-2	酚醛	棉纸	是
FR-3	环氧	棉纸	是
FR-4	环氧	玻璃布	是
FR-5	环氧	玻璃布	是
FR-6	聚酯	玻纤纸	是
G-10	环氧	玻璃布	否
CEM-1	环氧	棉纸 / 玻璃布	是
CEM-2	环氧	棉纸 / 玻璃布	无
CEM-3	环氧	玻璃布 / 玻璃纸	是
CEM-4	环氧	玻璃布 / 玻纤纸	无
CRM-5	聚酯	玻璃布 / 玻纤纸	是
CRM-6	聚酯	玻璃布 / 玻纤纸	否
CRM-7	聚酯	玻纤纸 / 玻璃纱	是
CRM-8	聚酯	玻纤纸 / 玻璃纱	否

FR-2 由多层纤维纸浸渍阻燃型酚醛树脂而成。它具有良好的抗冲压性能，且成本相对较低。通常被用于一些简单的应用，如收音机、计算器或玩具等对尺寸稳定性及性能要求不高的产品。FR-3 也是纸基的，但浸渍环氧树脂体系搭配使用。

CEM-1，芯料增强材料采用木浆纸，面料增强材料为玻纤布，两者均浸渍环氧树脂。这种材料易于冲压，并具有较好的电气和物理性能。CEM-1 已被广泛应用于消费品和工业电子产品领域。

CEM-3 则不同，芯料增强材料为玻纤纸（非编织玻璃布），浸渍环氧树脂，面料则采用玻璃布增强并浸渍环氧树脂。它比 CEM-1 成本高，但更适合加工镀覆孔。CEM-3 已应用于早期的家用计算机、汽车和家庭娱乐产品中。

FR-4 是迄今为止最常用的 PCB 基材，由玻璃布浸渍环氧树脂或混合型环氧树脂而成。FR-4 基材具有优良的电气、机械和热性能，广泛应用于计算机及外设、服务器和存储网络、通信、航空航天、工业控制和汽车等领域，是最理想的基材。后面还有更详细的讨论。

美国国家标准协会（ANSI），也参照这种基材分类。

表 3.2 IPC-4101 基材汇总

序 号	增强材料类型	树脂体系	ID 参考[①]	T_g 范围	其他属性
00	纤维素纸	酚醛树脂	XPC	N/A	UL94 HB
01	纤维素纸	酚醛树脂	XXXPC	N/A	UL94 HB
02	纤维素纸	酚醛树脂，阻燃	FR-1	N/A	UL94 V-1
03	纤维素纸	酚醛树脂，阻燃	FR-2	N/A	UL94 V-1
04	纤维素纸	环氧树脂，阻燃	FR-3	N/A	UL94 V-1
05	纤维素纸	酚醛树脂，磷阻燃	FR-2	N/A	UL94 V-1，限制溴和氯的含量

序 号	增强材料类型	树脂体系	ID 参考[①]	T_g 范围	其他属性
10	E 玻璃面 / 纤维素纸芯	环氧 / 酚醛树脂，阻燃	CEM-1	最低 100℃	UL94 V-0
11	E 玻璃面 / 玻纤纸芯	聚酯 / 乙烯酯，阻燃	CRM-5	N/A	UL94 V-1，无机填料
12	E 玻璃面 / 玻纤纸芯	环氧，阻燃	CEM-3	N/A	UL94 V-0，含或不含无机填料
14	E 玻璃面 / 玻纤纸芯	环氧，阻燃	CEM-3	N/A	UL94 V-0，限制溴和氯的含量
20	E 玻璃	环氧，不阻燃	G-10，MIL-S-13949/03–GE/GE	N/A	UL94 HB
21	E 玻璃	双官能团和多官能团环氧，阻燃	FR-4，MIL-S-13949/04–GF/ GFN/GFK/GFP/GFM	最低 100℃	UL94 V-0
22	E 玻璃	环氧，保持热强度，不阻燃	G-11，MIL-S-13949/02–GB/ GBN/GBP	135 ~ 175℃	UL 94 HB
23	E 玻璃	环氧，保持热强度，阻燃	FR-5，MIL-S-13949/05–GH/ GHN/GHP	135 ~ 185℃	UL94 V-1
24	E 玻璃	氧 / 多官能团环氧，阻燃	FR-4，MIL-S-13949/04–GF/ GFG/GFN	最低 150℃	UL94 V-0
25	E 玻璃	环氧 /PPO，阻燃	MIL-S-13949/04–GF/ GFG/GFN	150 ~ 200℃	UL94 V-1
26	E 玻璃	环氧 / 多官能团环氧，阻燃	FR-4，MIL-S-13949/04–GF/GFT	最低 170℃	UL94 V-0
27	单向 E 玻璃交叉叠合	环氧 / 多官能团环氧，阻燃	N/A	最低 110℃	UL94 V-1
28	E 玻璃	环氧 / 非环氧，阻燃	MIL-S-13949/04–GFN/GFT	170 ~ 220℃	UL94 V-1
29	E 玻璃	环氧 / 氰酸酯，阻燃	MIL-S-13949/04–GFN/GFT	170 ~ 220℃	UL94 V-1
30	E 玻璃	双马来酰亚胺三嗪（BT）/ 环氧	GPY，MIL-S-13949/ 26–GIT/GMT	170 ~ 220℃	UL94 HB
31	N/A	环氧 / 多官能团环氧	N/A	最低 90℃	非增强薄膜，无机填料，热传导
32	E 玻璃	环氧 / 多官能团环氧	N/A	最低 90℃	无机填料，热传导
33	N/A	环氧 / 多官能团环氧	N/A	最低 150℃	非增强薄膜，无机填料，热传导
40	E 玻璃	聚酰亚胺	GPY，MIL-S-13949/10–GI/ GIN/GIJ/GIP/GIL	最低 200℃	UL94 HB，含或不含无机填料
41	E 玻璃	聚酰亚胺	GPY，MIL-S-13949/10–GIL/GIP	最低 250℃	UL94 HB，含或不含无机填料
42	E 玻璃	聚酰亚胺 / 环氧	GPY，MIL-S-13949/10–GIJ	最低 200℃	UL94 HB，含或不含无机填料
50	聚芳酰胺布	环氧 / 多官能团环氧	MIL-S-13949/15–AF/ AFN/AFG	150 ~ 200℃	UL94 V-1
53	聚芳酰胺纸	聚酰亚胺	MIL-S-13949/31–BIN/BIJ	最低 220℃	UL94 HB
54	单向聚芳酰胺布交叉叠合	氰酸酯	N/A	最低 230℃	UL94 V-1
55	聚芳酰胺纸	环氧 / 多官能团环氧	MIL-S-13949/22-BF/ BFN/BFG	150 ~ 200℃	UL94 V-1
58	聚芳酰胺纸	多官能团环氧 / 非环氧，磷阻燃	N/A	135 ~ 185℃	UL94 V-0，限制溴和氯的含量

序号	增强材料类型	树脂体系	ID 参考[①]	T_g 范围	其他属性
60	石英纤维布	环氧	MIL-S-13949/19–QIL	最低 250℃	UL94 HB
70	S-2 纤维布	氰酸酯		最低 230℃	UL94 V-1
71	E 玻璃	氰酸酯	MIL-S-13949/29–GCN	最低 230℃	UL94 V-1
80	E 玻璃面 / 纤维素纸芯	环氧 / 酚醛树脂（适用于加成工艺），阻燃（溴或锑）	CEM-1	最低 100℃	UL94 V-0, 高岭土或无机催化剂
81	E 玻璃面 / 玻纤纸芯	环氧（适用于加成工艺），阻燃	CEM-3	N/A	UL94 V-0, 高岭土或无机催化剂
82	E 玻璃	环氧 / 多官能团环氧（适用于加成工艺），阻燃	FR-4	最低 110℃	UL94 V-1, 高岭土或无机催化剂
83	E 玻璃	环氧 / 多官能团环氧	FR-4	150 ~ 200℃	UL94 V-1, 高岭土或无机催化剂
90	E 玻璃	聚苯醚，溴 / 锑阻燃	N/A	最低 175℃	UL94 V-1
91	E 玻璃	聚苯醚，阻燃	N/A	最低 175℃	UL94 V-1
92	E 玻璃	环氧 / 多官能团环氧，磷阻燃	FR-4	110 ~ 150℃	UL94 V-1, 限制溴和氯的含量
93	E 玻璃	环氧 / 多官能团环氧，氢氧化铝阻燃	FR-4	110 ~ 150℃	UL94 V-1, 限制溴和氯的含量
94	E 玻璃	环氧 / 多官能团环氧，磷阻燃	FR-4	150 ~ 200℃	UL94 V-1, 限制溴和氯的含量
95	E 玻璃	环氧 / 多官能团环氧，氢氧化铝阻燃	FR-4	150 ~ 200℃	UL94 V-1, 限制溴和氯的含量
96	E 玻璃	聚苯醚	N/A	最低 175℃	UL94 V-1, 限制溴和氯的含量
97	E 玻璃	双官能团环氧 / 多官能团环氧	FR-4，MIL-S-13949/04–GF/GFN/GFK/ GFP/GFM	最低 110℃	UL94 V-0, 无机填料
98	E 玻璃	环氧 / 多官能团环氧，阻燃	FR-4，MIL-S-13949/04–GF/GFG/GFN	最低 150℃	UL94 V-0, 无机填料
99	E 玻璃	环氧 / 多官能团环氧 / 改性环氧或非环氧（质量分数最大为 5%）	FR-4	最低 150℃	U L94 V-0, 无机填料、T_d、Z 轴 CTE 和分层时间要求
101	E 玻璃	环氧 / 多官能团环氧 / 改性环氧或非环氧（质量分数最大为 5%）	FR-4	最低 110℃	UL94 V-0, 无机填料，T_d、Z 轴 CTE 和分层时间要求
121	E 玻璃	双官能 / 多官能团环氧 / 改性环氧或非环氧（质量分数最大为 5%）	FR-4	最低 110℃	UL94 V-0, T_d、Z 轴 CTE 和分层时间要求
124	E 玻璃	环氧 / 多官能团环氧 / 改性环氧或非环氧（质量分数最大为 5%）	FR-4	最低 150℃	UL94 V-0, T_d、Z 轴 CTE 和分层时间要求
126	E 玻璃	环氧 / 多官能团环氧 / 改性环氧或非环氧（质量分数最大为 5%）	FR-4	最低 170℃	UL94 V-0, 无机填料，T_d、Z 轴 CTE 和分层时间要求，最大操作温度 130℃
129	E 玻璃	环氧 / 多官能团环氧 / 改性环氧或非环氧（质量分数最大为 5%）	FR-4	最低 170℃	UL94 V-0, 低 Z 轴 CTE, 无机填料, 高 T_d, 耐 CAF 性, 低卤素含量
130	E 玻璃	环氧	FR-4	最低 170℃	UL94 V-0, 低 Z 轴 CTE, 无机填料, 高 T_d, 耐 CAF 性, 低卤素含量

续表 3.2

序　号	增强材料类型	树脂体系	ID 参考①	T_g 范围	其他属性
131	E 玻璃	双官能团环氧	FR-4	最低 170℃	UL94 V-0，低 Z 轴 CTE，无机填料，高 T_d，耐 CAF 性，低卤素含量

① ANSI、NEMA 和（或）MIL-S-1394 分类。

3.2.2　IPC-4101《刚性及多层印制板基材规范》

最常用的基材规范是 IPC-4101，它基本代表了当前使用的各类材料的分类和规格。表 3.2 按照基材的规格序号对各种基材进行了总结和说明。IPC-4101[1] 中的每个规格，都针对特定的基材性能要求进行了说明。由于规范中说明的规格均会定期更新，因此建议参照 IPC-4101 规范的最新版本。特别是针对满足无铅焊接条件的基材要求，更要以最新版本要求为准。表 3.2 仅作参考，并不包含所有的条件。此外，表 3.2 中针对 UL94 的说明，代表该材料的最低可燃性标准。当然，各项基材的指标实际往往都在这个最低范围以上。另外需注意，对于无卤阻燃基材，同时也标明了使用的阻燃剂。第 5 章中将对 UL 可燃性等级进行说明。

IPC-4101 规范中，针对基材性能指标，包括 T_g、不同测试条件的剥离强度值、体积电阻率、表面电阻、吸水率、介质击穿电压、介电常数、损耗角正切值、抗弯强度和耐电弧性等，在第 5 章进一步说明。

同时，IPC-4101 规范还分别针对板材和粘结片进行了分类，3.5 节和 3.6 节将加以说明。

3.3　基材的性能指标

长期以来，T_g 值是最常见的用来划分 FR-4 基材等级的指标，也是 IPC-4101 规范中最主要的性能指标之一。通常认为，基材的 T_g 值越高，意味着材料的可靠性越高。然而在无铅焊接工艺中，对仅以 T_g 值来判断材料可靠性的质疑，引起了一系列根本性研究：到底需要哪些性能指标来衡量基材的可靠性。因为在无铅焊接工艺中，焊料合金往往需要比有铅焊接工艺更高的回流温度，而这个温度值可能已接近很多基材中树脂的热分解温度了。因此，热分解温度便成为划分基材等级的另一项指标。

其他重要的性能指标，则包括 Z 轴热膨胀系数、吸水率、材料的附着力特性，以及常用的分层时间测试，如 T260 和 T288 测试。T_g 值及其对 Z 轴热膨胀的影响，将与热分解温度一起，在下面进行说明。其他性能指标将在第 5 章和第 7 章说明。

3.3.1　玻璃化转变温度 T_g

树脂体系的 T_g 值，指的是材料从一个相对刚性或"玻璃"状态转变为易变形或软化状态的温度转变点。只要树脂没有发生分解，这种热力学变化总是可逆的。这就是说，当材料从常温状态加热到高于 T_g 值温度，然后冷却至 T_g 值以下时，它可以变回之前性质相同的刚性状态。但是，当材料被加热到的温度远高于其 T_g 值时，可能会导致不可逆的相态变化。这种温度造成的影响，与材料的类型有很大关系，与树脂的热分解也有关系，后面将继续说明。

许多关于 T_g 值的讨论已说明，当温度高于 T_g 值时，材料并非处于液体状态。在此温度值时，

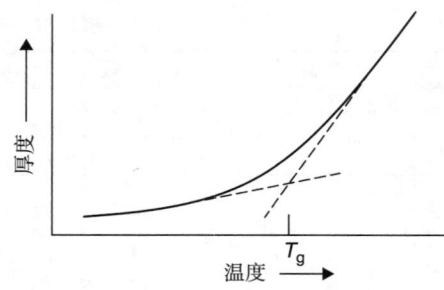

图 3.1　玻璃化转变温度（TMA）

材料内的分子键变弱，从而引起物理变化的发生。了解 T_g 值的重要性，是因为在 T_g 值以上时材料的性能和在 T_g 值以下时材料的性能差异很大。T_g 通常被描述为一个非常精确的温度，事实上这是错误的理解，因为当温度接近 T_g 值时，材料的物理性能会开始改变，分子键也会发生变化。随着温度的继续升高，越来越多的分子键变弱，直到所有的键均开始发生物理变化。图 3.1 解释了此曲线的变化，后面将进一步进行说明。

树脂体系的 T_g 值，对材料有几个方面的重要影响。包括：

- 热膨胀的影响，尤其是 Z 轴
- 树脂体系固化程度

1．热膨胀

随着温度的变化，所有材料的物理尺寸都会发生变化。温度低于 T_g 值时的材料膨胀速率远低于 T_g 值以上的材料膨胀速率。图 3.1 中的 TMA（热机械分析）是一种用于测量随温度变化时材料尺寸变化的方法。曲线的斜率部分相交，该交点即为 T_g。T_g 以上和 T_g 以下曲线对应的线性斜率，分别代表了各阶段的热膨胀率，或者叫作热膨胀系数（CTE）。CTE 值很重要，因为它直接影响最终的电路板可靠性。其他性能指标值相同时，低的热膨胀系数使电路板可靠性更高，受热膨胀变形时发生在镀覆孔上的应力更小，CTE 分为 X 轴、Y 轴、Z 轴热膨胀系数，未做特别说明时，一般指的是 Z 轴热膨胀系数，因为 Z 轴热膨胀系数对材料可靠性影响最大。

2．固化度

基材中树脂体系从单体开始，其分子结构中均含有活性基团。加热将促使树脂和固化剂发生固化反应并生成交联结构或结合在一起。固化交联反应发生的同时，随着不同的交联反应程度，树脂同样也在发生着物理变化，包括 T_g 值的增长。当大部分活性基团交联反应完成后，材料已基本固化完全，将形成最终的材料物理性能。

除 TMA 方法之外，还有两种热分析技术也通常用来测量 T_g 值：差示扫描量热（DSC）和动态力学分析（DMA）。

（1）DSC 测量热流与温度的变化，而不是像 TMA 一样测量尺寸变化。当温度在树脂体系 T_g 值点附近增加时，吸热或放热也将发生改变。由 DSC 测定的 T_g 值通常稍微高于通过 TMA 测量的值。

（2）DMA 是测量材料的模量随温度的变化，得到的 T_g 值也往往稍高些。

固化不完全的材料会影响 PCB 制造工艺及最终产品的可靠性问题。例如，一个固化不充分的多层板，在钻孔过程中容易出现内层孔环与孔壁连接处产生过多的树脂。究其原因，主要是因为树脂体系固化不完全，导致 T_g 值低于正常值，因而钻孔过程中产生的热量将树脂过度软化。如果不能完全除去这层胶渣，当孔电镀后就将影响其电气连接性能。此外，树脂固化不完全时，完成的电路板会具有较大的 Z 轴热膨胀率，从而在电路板受热膨胀时急剧增加镀覆孔的应力，对电路板的可靠性产生不利的影响。

当树脂发生交联反应后，因为需要更多的能量（热量）来削弱树脂体系内分子键力，因而可

以采用测量 T_g 值的方法来衡量树脂的固化程度。例如，可以通过对同一样品采用前后两次热分析测试的方法来判断其固化程度。第一次热循环中，样品在受热作用下其树脂内部可能会发生额外的交联反应，然后再进行第二次热循环。固化度则可以通过比较前后两次测得的 T_g 值之间的差异来衡量（见图 3.2）：如果材料固化完全，T_{g2} 和 T_{g1} 的差异将非常小，通常在几摄氏度之间；如果前后两次测试出现负的 ΔT_g 值，即 T_{g1} 大于 T_{g2}，也表示树脂是完全固化的。

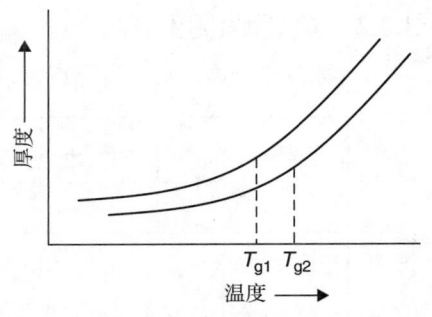

图 3.2　通过 TMA 法测量 T_g 值

但使用该方法评估固化程度需谨慎判断，因为并非所有的树脂按这个测试方法测试时表现都类似，所以充分了解树脂体系是非常重要的。一些高性能树脂的固化程度用这种技术往往较难评判。此外，样品的制备方法，特别是测试前对样品的烘烤，也会影响测试结果。

3. 高 T_g 值的利弊

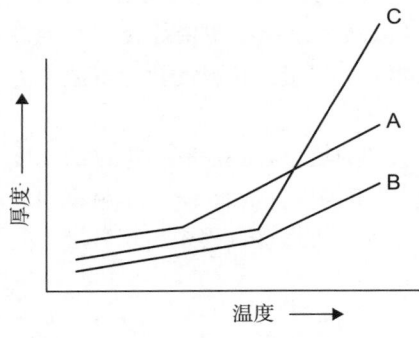

图 3.3　T_g 与热膨胀率

在关于 T_g 值的许多讨论中，往往认为较高的 T_g 值总会对基材有利，但情况并非总是如此。可以确定的是，对一种给定的树脂体系，高 T_g 值基材在受热时的材料高速率膨胀开始的时间要晚一些，而整体膨胀则与材料的种类有很大关系。低 T_g 值的基材可能会比高 T_g 值的基材表现出更小的整体膨胀，这主要与树脂本身的 CTE 值，或者树脂配方中加入无机填料降低了整体基材的 CTE 有关。如图 3.3 所示，材料 C 比材料 A 的 T_g 值高，但材料 C 整体的热膨胀率更高，因为基材 C 在 T_g 值以上时的热膨胀率随温度变化增长更快。图中还可以看到，A 和 B 在 T_g 以上和 T_g 以下的热膨胀率都相同，B 比 A 的 T_g 值要高，B 具有较低的整体膨胀。最后，尽管材料 B 和材料 C 的 T_g 值相同，但 B 比 C 的整体热膨胀率要低，因为材料 B 在 T_g 值以上时的热膨胀率低。这将在第 7 章中进一步讨论。

另外，还有其他因素需要考虑。最需要注意的是，同样的 FR-4 材料，很多标准 T_g 值是 140℃的基材比标准 T_g 值是 170℃的基材具有更高的热分解温度（T_d）。T_d 对无铅焊接来说是一个很重要的指标，一般建议选择数值较大的。高端的 FR-4 树脂体系往往具备高 T_g 值和高 T_d 值。这一内容将在第 7 章详细讨论。

此外，高 T_g 值的基材往往比低 T_g 值的基材刚性更大且更脆。这往往会影响 PCB 制造过程的生产效率。特别是在钻孔工序，高 T_g 材料往往要求降低钻孔速度，降低钻头的孔限，减少叠板的厚度。

尽管有其他因素的影响，较低的铜剥离强度值和较短的分层测试时间也与高 T_g 值有关。分层时间测试是指，测试树脂和铜之间，或树脂和增强材料之间出现分离或分层的时间，与材料的 T_d 值有关。这也将在第 5 章和第 7 章中进行说明。分层时间测试是利用 TMA 设备，将测试样品加热至指定温度，然后测量样品发生分层失效所耗用的时间。失效通常发生在树脂和铜箔之间，或树脂和玻纤之间。测试温度通常选用 260℃（T260）或 288℃（T288）。

3.3.2　热分解温度（T_d）

当材料被加热至某一高温点时，树脂体系开始分解。树脂内的化学键将开始断裂，材料裂解

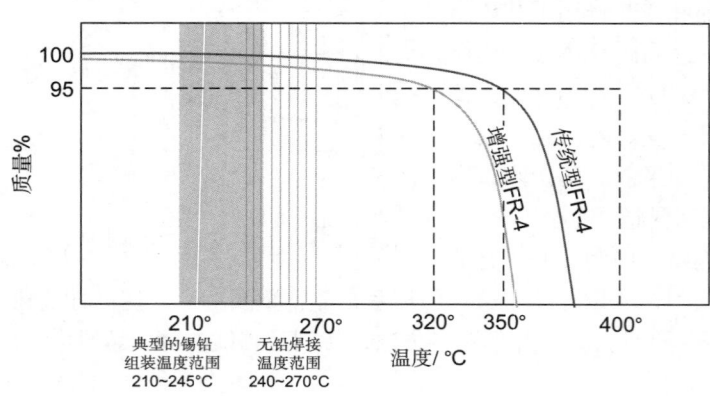

变成气体并挥发掉，这样样品质量就减小了。T_d 则指这个过程开始发生的温度点。T_d 一般定义为分解掉 5% 原始质量时对应的温度点。然而，考虑到多层 PCB 可靠性，5% 通常被认为是一个非常大的比值，并且对电路板来说出现一些低级热分解的温度也需关注，尤其是在无铅工艺中，如图 3.4 所示。

图 3.4　热分解曲线图

在图 3.4 中可以看到两种 FR-4 材料的曲线。"传统型 FR-4"的材料 T_g 值为 140℃，按定义损失 5% 质量时的温度 320℃ 为热分解温度。"增强型 FR-4"的热分解温度为 350℃。阴影区域表示标准锡铅焊接和无铅焊接的峰值温度范围。一个很常见的问题便是，如果 PCB 在 260℃ 下焊接，材料的热分解温度为 310 ~ 320℃，为什么会认为它与无铅焊接工艺不兼容呢？

问题在于，在焊接工艺的温度范围内，材料发生了一定水平的热分解。在有铅焊接的温度范围内，基本不会出现明显的热分解。但是，在无铅焊接的温度范围内，传统 FR-4 基材将损失 1.5% ~ 3% 的质量。这个水平的分解，可能会危及长期可靠性或导致焊接过程中出现分层，尤其是在多次焊接或出现返工焊接时。

3.4　FR-4 的种类

在表 3.2 中，有一些列出的基材是 FR-4。这就引出一个问题：什么是 FR-4？从表 3.2 中可以看出，被认为是 FR-4 的基材都具有阻燃性，且使用 E 玻璃作为增强材料，主要为环氧树脂体系。

3.4.1　FR-4 的多样性

那么，这些材料有什么不同呢？最明显的区别便在于 FR-4 基材的 T_g 值。规格表中的第 21 项是 T_g 值最小为 110℃ 的 FR-4 基材。最常见的 FR-4 基材 T_g 值范围为 130 ~ 140℃ 及 170 ~ 180℃。因此，很明显，FR-4 材料可以包括不同类型的环氧树脂。确实如此，环氧树脂类型多样，可用于生产多种不同 T_g 值及不同性能的 FR-4 基材。

规格表第 92 ~ 95 项列出了无卤阻燃的 FR-4 基材，以及不同的 T_g 值范围。第 92、94 项标明使用了磷系阻燃剂，而第 93、95 项则标明使用了氢氧化铝。可见，FR-4 基材可以包括不同类型的阻燃剂。

另外几种 FR-4 材料，如表 3.2 中第 99、101 和 126 项列出的材料，它们当中含有无机填料。这些填料通常用于减小基材的 Z 轴膨胀。其中有些材料对 T_d、Z 轴膨胀及分层测试时间均有要求，以往的规格表则不包括这些指标。规格表中增加这些指标，是因为一定程度上它们与无铅焊接工艺的兼容性有关。

最后，规格表中第82项的 FR-4 材料，包含一种用于加成法铜沉积工艺的催化添加剂。该材料所用的催化剂是用钯涂敷的高岭土填料。总之，有很多种组合的树脂体系、阻燃剂和填料，可以产生许多类型的 FR-4。

还需要注意的是，IPC-4101 可能会修改各项的 T_g、Z 轴热膨胀系数、阻燃剂等，详细请参考最新版本的 IPC-4101。其中 UL 已于 2014 年在原有 FR-4 的基础上细分为 FR 4.1 和 FR 4.0，2017 年增加 FR-15.0 和 FR-15.1 标准（见表 3.3），详情请参阅 UL 相关文件，注意，下文和后续章节提及的 FR-4 指的就是这 4 种分类的总称。

表 3.3　4 种 FR-4

ANSI 或 MIL-S-1394 分类	修改后	备　注
FR-4	FR-4.0	有卤材料
	FR-4.1	低卤素含量材料
	FR-15.0	RTI 150℃ 有卤材料
	FR-15.1	RTI 150℃ 低卤素含量材料

3.4.2　FR-4 的寿命

FR-4 材料是多年来在 PCB 制造中最成功、应用最广泛的材料。这主要是因为，如前面所述，FR-4 基材尽管包含类似的性能并且大部分都是环氧树脂体系的，但这个范围很广。其结果是，现在的 FR-4 材料通常应用于最常见的终端产品中。对于相对简单的应用，可以选择 T_g 值为 130 ~ 140℃ 的 FR-4 材料。对多层或厚度较大的电路板，以及对耐热性能要求较高的产品，应选择 T_g 值为 170 ~ 180℃ 的 FR-4 材料。随着无铅焊接工艺的出现，除 T_g 外，T_d 和其他指标也需一起予以考虑。另外，如上面所提到的，无铅焊接工艺应用中，较高的 T_g 值并不总是意味着更好的性能。换言之，随着终端应用范围的扩大，可用 FR-4 材料的范围也将随之增加。

此外，FR-4 材料中的成分，特别是玻璃布和环氧树脂，使 FR-4 基材成为一个具有很好的性能组合、可加工性和低成本的材料。可用的玻璃布类型范围内，可以很容易地控制介质层或整体电路板的厚度。正如前面所提到的，环氧树脂的多样性使其极容易调整材料的性能，以匹配终端应用的需要。也正因为环氧树脂兼具良好的电学、热学和力学性能，使它们成了 PCB 中使用最广泛的树脂类型。与其他类型的材料相比较，环氧树脂更容易匹配传统的 PCB 制造工艺。良好的可制造性有助于控制 FR-4 PCB 的成本。

最后，FR-4 材料的发展，充分利用了完善成熟的制造工艺和材料体系。编织工艺已经发展了很多年，将玻璃布纱线编织进玻璃布的工艺，基本与编织纱线进纺织面料的工艺没有太大的区别。使用相同的基础制造技术可以避免额外的前期研究及开发成本，但更重要的是，它可以避免一定程度上高度专业化的固定资产投资，以及帮助玻璃布的供应商达到一定的规模，其结果是很好地控制了这些材料的成本。同样，环氧树脂已被使用在 PCB 范围以外的其他应用中，从而为这类材料建立了非常大的制造基础，这给环氧树脂带来了良好的成本竞争力。综上所述，FR-4 基材的类型范围、独特的组合性能、可加工性和低成本等特性，使其成为 PCB 行业的主力。

3.5　层压板的鉴别

IPC 规范会定期进行审查和更新，因此实际应用中需使用最新版本的 IPC 规范。在 IPC-4101

中，一个典型的层压板名称例子如下：

L	25	1500	C1/C1	A	A
材料代号	规格单号	标称层压板厚度	覆金属箔类型和标称质量/厚度	厚度公差等级	表观质量等级

材料代号 "L"指的是层压板。

规格单号 可以参考表3.2的编号。

标称层压板厚度 用4位数字表示。它用以规定覆箔基材或绝缘基材的厚度。对于公制规格，第一个数字代表 10^0mm，第二个代表 10^{-1} mm，依此类推。对于英制单位，则其4位数字表示的厚度为 10^{-4}in（0.1mil）。在所示的例子中，1500表示层压板的厚度为1.5mm，用英制表示为0590。

覆金属箔类型和标称质量/厚度 一般由5个字符表示覆金属箔的类型和标称质量/厚度。第1个和第4个表示覆金属箔的类型；第2个和第5个表示所覆金属箔的标称质量或厚度；第3个字符是一条斜线，用来区分基材不同的面。表3.4列出金属覆层的类型。表3.5列出铜箔的质量和厚度。

厚度公差等级 作为供需双方共同参考的厚度公差标准（表3.6）。A、B和C类为通过千分尺测量的不包含覆金属箔的基材厚度。D类要求通过微切片测量（见图3.5）。K、L和M类为通过千分尺测量的包含覆金属箔基材的厚度。X类由供需双方协议规定。

表观质量等级 分为A、B、C、D或X（供需双方协议规定）共5级。样品应用正常视力或校正20/20视力检查。最差的50mm×50mm区域应用10倍放大镜检查。凹陷直接用正常或

表3.4　IPC-4101中覆金属箔的类型汇总
（IPC-CF-148、IPC-4562、IPC-CF-152实际是PCB用复合金属材料规范）[2]

型　号	金属覆层类型
A	精炼铜，压延（IPC-4562，5型）
B	精炼铜，压延（处理的）
C	电解铜（IPC-4562，1型）
D	电解铜，两面处理（IPC-4562，1型）
G	电解铜，高延展性（IPC-4562，2型）
H	电解铜，高温延伸性（IPC-4562，3型）
J	电解铜，退火（IPC-4562，4型）
K	精炼铜，锻造，低温压延（IPC-4562，6型）
L	精炼铜，退火（IPC-4562，7型）
M	精炼铜，压延，低温退火（IPC-4562，8型）
N	镍
O	未覆箔
P	电解铜，高温延伸性，双面处理（IPC-4562，3型）
R	电解铜，反面处理（IPC-4562，1型）
S	电解铜，反面处理，高温延伸性（IPC-4562，3型）
T	铜，铜箔参数由合同或采购订单规定
U	铝
V	电解铜，反面处理，高温延伸性（IPC-4562，3型）埋入式电容用
X	其他，由供需双方商定
Y	铜-因瓦合金-铜
Z	电解铜，双面处理，高温延伸性（IPC-4562，3型），埋入式电容用

校正 20/20 视力检查。样品中凹陷的最长尺寸用合适的 4 倍放大镜观察，缺陷仲裁时需要 10 倍放大镜测量。A 点值根据最长缺陷的尺寸而定，见表 3.7。表观质量等级应根据任一 300mm × 300mm 面积上金属箔凹痕的总点值来确定，见表 3.8。

表 3.5　IPC-4101 中铜箔的质量和厚度
（IPC-CF-148、IPC-4562、IPC-CF-152 实际是 PCB 用复合金属材料规范）

箔代号	常用的行业术语	单位面积质量 /(g/m²)	标准厚度 / μm	单位面积质量 / (oz/ft²)	单位面积质量 / (g/254 in²)	标称厚度 / mil
E	5 μm	45.1	5.1	0.148	7.4	0.20
Q	9 μm	75.9	8.5	0.249	12.5	0.34
T	12 μm	106.8	12.0	0.350	17.5	0.47
H	1/2 oz	152.5	17.1	0.500	25.0	0.68
M	3/4 oz	228.8	25.7	0.750	37.5	1.01
1	1 oz	305.0	34.3	1	50.0	1.35
2	2 oz	610.0	68.6	2	100.0	2.70
3	3 oz	915.0	102.9	3	150.0	4.05
4	4 oz	1220.0	137.2	4	200.0	5.40
5	5 oz	1525.0	171.5	5	250.0	6.75
6	6 oz	1830.0	205.7	6	300.0	8.10
7	7 oz	2135.0	240.0	7	350.0	9.45
10	10 oz	3050.0	342.9	10	500.0	13.50
14	14 oz	4270.0	480.1	14	700.0	18.90

表 3.6　IPC-4101 中的层压板基材厚度公差 [mm（in）]

层压板标称厚度	等级 A/K	等级 B/L	等级 C/M	等级 D
0.025 ~ 0.119 （0.0009 ~ 0.0047）	+/− 0.025 （+/−0.000984）	+/− 0.018 （+/−0.000709）	+/− 0.013 （+/−0.000512）	−0.013 +0.025 （−0.000512 +0.000984）
0.120 ~ 0.164 （0.0047 ~ 0.0065）	+/− 0.038 （+/−0.00150）	+/− 0.025 （+/−0.000984）	+/− 0.018 （+/−0.000709）	−0.018 +0.030 （−0.000709 +0.00118）
0.165 ~ 0.299 （0.0065 ~ 0.0118）	+/− 0.050 （+/−0.00197）	+/− 0.038 （+/−0.000150）	+/− 0.025 （+/−0.000984）	−0.025 +0.038 （−0.000984 +0.00150）
0.300 ~ 0.499 （0.0118 ~ 0.0196）	+/−0.064 （+/−0.00252）	+/− 0.050 （+/−0.00197）	+/− 0.038 （+/−0.00150）	−0.038 +0.050 （−0.00150 +0.00197）
0.500 ~ 0.785 （0.0197 ~ 0.0309）	+/− 0.075 （+/−0.00295）	+/− 0.064 （+/−0.00252）	+/− 0.050 （+/−0.00197）	−0.050 +0.064 （−0.00197 +0.00252）
0.786 ~ 1.039 （0.0309 ~ 0.04091）	+/− 0.165 （+/−0.006496）	+/− 0.10 （+/−0.00394）	+/− 0.075 （+/−0.00295）	N/A
1.040 ~ 1.674 （0.04091 ~ 0.06594）	+/−0.190 （+/−0.007480）	+/−0.13 （+/−0.00512）	+/− 0.075 （+/−0.00295）	N/A
1.675 ~ 2.564 （0.06594 ~ 0.10094）	+/−0.23 （+/−0.00906）	+/− 0.18 （+/−0.00709）	+/− 0.10 （+/−0.00394）	N/A
2.565 ~ 3.579 （0.10094 ~ 0.14091）	+/−0.30 （+/−0.0118）	+/− 0.23 （+/−0.00906）	+/− 0.13 （+/−0.00512）	N/A
3.580 ~ 6.35 （0.14094 ~ 0.250）	+/− 0.56 （+/−0.0220）	+/− 0.30 （+/−0.0118）	+/− 0.15 （+/−0.00591）	N/A

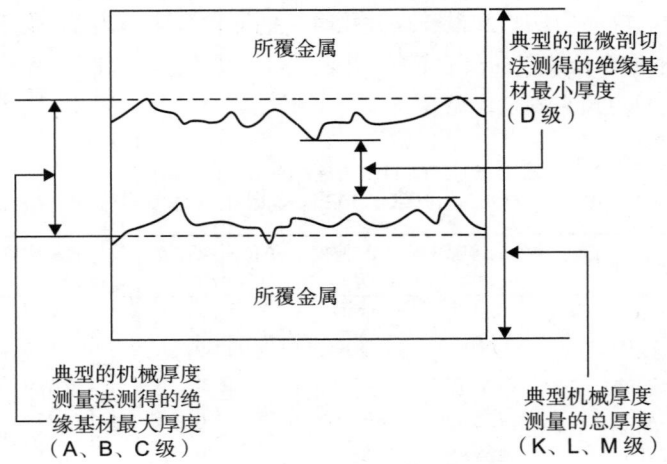

图 3.5　微切片测量的最小介质厚度（IPC-4101）

表 3.7　IPC-4101 中的凹坑和凹陷测量点值

最大尺寸 /mm(in)	点　值
0.13~0.25（0.005~0.009）	1
0.26~0.50（0.009~0.019）	2
0.51~0.75（0.019~0.029）	4
0.76~1.00（0.029~0.039）	7
>1.00（0.039）	30

表 3.8　IPC-4101 中的表观质量等级

表观质量等级	最大点值	其他要求
等级 A	29	
等级 B	17	
等级 C	5	最大尺寸 ≤ 380μm (14.96mil)
等级 D	0	最大尺寸 < 125μm (4.92mil) 树脂点 =0
等级 X	由供需双方商定（AABUS）	

3.6　粘结片的鉴别

在 IPC-4101 中，一个典型的粘结片标示例子：

P	25	E7628	TW	RE	VC
材料代号	规格单号	增强材料类型	树脂含量方法	流动参数方法	可选的粘结片方法

材料代号　P 表示粘结片。

规格单号　指定引用规格表 3.2 中的序号。

增强材料类型　增强材料类型和种类，用增强材料的化学类型和种类的 5 位数表示。如 E 表示电子玻璃级，而 7628 表示玻璃布的种类。

树脂含量方法　用不同粘结片的树脂含量进行分类的方法。一般有两种表示方法，RC 表示粘结片的树脂含量，TW 表示上胶后粘结片的质量。A00 标志符表示没有明确分类方法。

流动参数方法　粘结片中有多少树脂量会在指定的条件下发生流动，是一个非常重要的特性，具体选项如下。

- MF：树脂流动度
- SC：比例流动度
- NF：不流动

- RE：流变学流动
- DH：ΔH
- PC：固化度
- 00：没有指定方式

可任选的粘结片方法 也可以指定其他测试方法。

- VC：挥发物含量
- DY：双氰胺检测
- GT：凝胶时间
- 00：无规定

测试方法及所需的标称值和公差通常由供需双方协商选择。

除了规格表中的性能，IPC-4101 还包括其他性能参数的等级分类，包括长度和宽度、弓曲和扭曲、热导率等。

3.7 层压板和粘结片的制造工艺

虽然有众多不同的工艺来生产 PCB 的各种原材料，但这些材料绝大多数仍然是用常规方法制造的。然而，在最近几年中，新的技术已被研发出来并在深入探索中。这些新的工艺旨在降低制造成本或提高材料性能，或两者兼而有之。通常，这些用来制造多层电路板的覆铜板、粘结片或半固化片的工艺都基本类似。

3.7.1 传统的制造工艺

图 3.6 为整个传统工艺的制造流程。这个流程可以细分为粘结片生产和层压板生产两个过程。粘结片也被称为 B 阶段或半固化片，而层压板有时也被称为 C 阶段。术语"B 阶段"和"C 阶段"表述的是树脂体系聚合或固化的程度。B 阶段是指部分固化状态。在高温条件下，B 阶段粘结片将出现熔化并继续发生聚合反应。C 阶段是指"完全"固化的状态（通常 100% 完全固化是不存在的，C 阶段也并不意味所有树脂分子的活性基团都完全发生交联反应。但是，

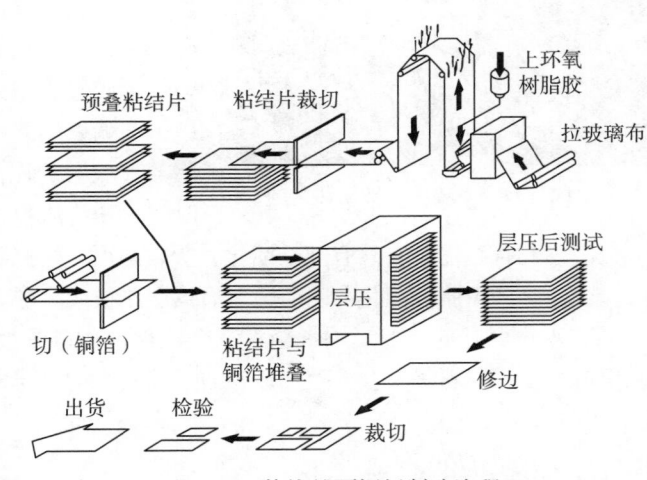

图 3.6 传统的覆铜板制造流程

我们使用完全固化这个术语意指绝大多数活性基团发生了交联反应，即使继续在高温作用下也不会出现继续固化的情形）。

3.7.2 粘结片的制造

大多数工艺中，第一个步骤是将树脂涂敷到所选择的增强材料上，最常用的是玻璃布。卷状的玻璃布或其他增强材料通过设备运转，称为上胶。在图 3.7 所示的流程中可以看到，在涂敷玻

璃布之前，树脂和其他配方成分均在反应釜中进行混合和熟化处理。图 3.8 展示了整个上胶过程，玻璃布浸入并通过含树脂配方的胶水槽，利用精确的计量辊控制玻璃布上胶后的厚度，以将胶水充分浸入玻璃布束之间的缝隙中（见图 3.9）。

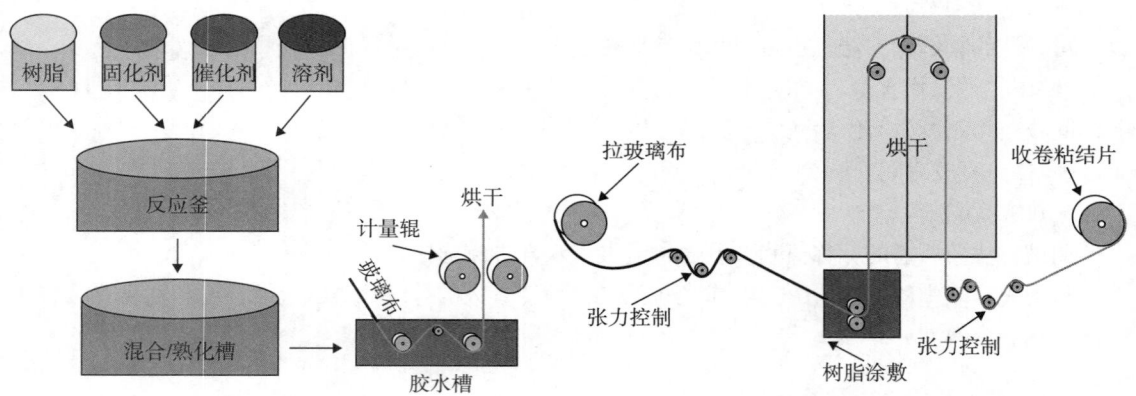

图 3.7　树脂混胶、熟化上胶　　　　　　图 3.8　玻璃布上胶

图 3.9　上胶后的粘结片

接着便是将上胶完成的玻璃布通过一系列加热区进行烘干。这些加热区通常利用强空气对流、红外线加热法或两者组合。 在第一个温度区间，树脂配方中的溶剂将蒸发，随后的温度区间专门用于树脂的半固化，或将树脂 B 阶段化。最后，加工成的粘结片重新回绕成卷，或切成片。

上述操作中需控制几个过程：树脂配方中各成分浓度必须加以控制，以便于管控胶水黏度在可接受的范围内；整个上胶过程中的张力控制很重要；此外，整个上胶过程中，玻璃束不能出现扭曲变形也是至关重要的；控制好树脂与玻璃布的比值（树脂含量）、树脂的固化程度（凝胶时间）和清洁程度（粘结片异物控制）也很关键。

因为此状态下树脂只有部分固化，所以必须严格控制粘结片存储环境的温度和湿度。温度很明显会影响到树脂的固化，因而会对后续层压板或多层电路板的性能造成影响。由于水分会对固化剂和固化促进剂造成影响，会对整个压板过程造成很大的影响，所以存储过程中湿度控制必须十分严格。材料吸水会导致层压板或后续加工的多层电路板内出现气泡或分层等严重的问题。

3.7.3　层压板的制造

覆铜板的制造工艺开始于粘结片，不同的玻纤和树脂含量的粘结片，配上指定规格的铜箔，结合在一起便成了层压板。首先，粘结片和铜箔被裁切至所需的尺寸。图 3.10 展示了一个自动裁切铜箔的工艺。

接着，将这些材料按合适的顺序进行堆叠，生产想要的覆铜板。图 3.11 和图 3.12 展示了自动

图 3.10　卷状铜箔的分切

堆叠的过程，其中粘结片和铜箔在层压前先进行预叠组合在一起。若干预叠后的粘结片和铜箔的三明治结构，彼此依次堆叠，之间用不锈钢板、铝或其他材料相互隔开。然后将这些依次堆叠的结构一起送入多开口层压机中（见图 3.13 和图 3.14），开始加压、升温并保持真空。因为树脂体系、粘结片固化程度和其他因素的影响，层压参数和压合周期会有所不同。层压机结构中有很多热盘，它们能被流经热盘的蒸汽或热油加热，也可以采用电加热的方式。

　　层压 / 压板工艺的过程控制也很关键。为了达到良好的表观质量，避免层压板内嵌入杂物，生产车间的洁净度和分离钢板的清洁都是至关重要的。在层压过程中控制升温速率和压力以保证树脂充分流动和浸润玻璃布，控制降温速率来防止层压板的弓曲和扭曲。控制树脂固化温度点以上时间的长短，将决定固化反应的程度。

　　以上虽然对粘结片及层压板的制造工艺进行了简单的描述，但需要明白，还有很多方面的因素会影响最终产品的质量和性能。另外，这些因素相互关联，这意味着一个变量的变化可能影响到其他变量，因此工艺变化时可能需要同时调整其他变量。总之，粘结片及层压板的制造工艺要比乍看起来复杂得多。

图 3.11　粘结片和铜箔自动预叠（1）

图 3.12　粘结片和铜箔自动预叠（2）

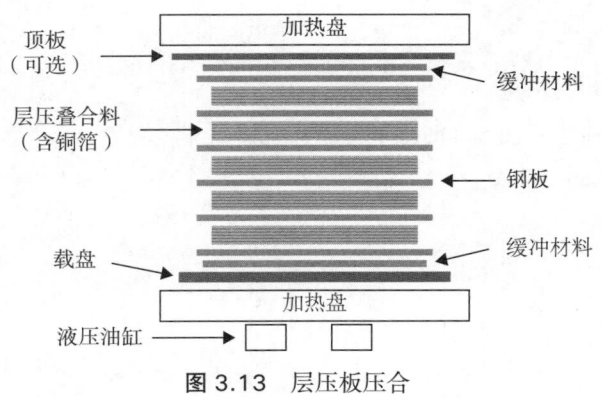

图 3.13　层压板压合

图 3.14　多开口层压机
（来源：Polyclad Laminates）

3.7.4　直流或连续金属箔制造工艺

　　连续金属箔或直流生产工艺，是当前制造覆铜箔层压板的一种替代方法（见图 3.15），也可以用于生产薄的 PCB。这个工艺中仍然使用粘结片，但是预叠和层压操作有些不同。此工艺中铜箔不是片状，而是保持卷曲状。开始时，铜箔的一面要贴合到粘结片的一面上，同时仍然有一部分继续卷曲。粘结片按合适的顺序放置后，然后卷曲铜箔穿过粘结片的另一面，以便形成一块

图 3.15 使用连续铜箔和直流电加热工艺的层压（来源：Cedal 公司）

层压板。一般可以使用不同质量或种类的两卷铜箔，各自贴合到一张层压板的上下两面。层压板之间使用阳极氧化的铝板隔开。这种三明治结构依次堆叠，构成多张层压板的叠合结构。

然后把堆叠好的多张层压板结构装载到层压机中，开始进行加热、加压和抽真空。相比常规方法，这种技术通过卷绕铜箔于各叠层之间，采用直流电加热金属铜箔来制作层压板。通过控制电流大小，就可以控制叠层中材料的温度和升温速率等。

3.7.5 连续制造工艺

多年以来，连续层压工艺已经被设计了出来。传统工艺采用片状料的粘结片和铜箔，预叠在一起后再压合成单张的层压板。但连续层压工艺，使用卷状粘结片或玻璃布、卷状铜箔，在生产过程中连续展开并一起进入水平层压机。一种工艺是从展开卷曲的粘结片开始。另一种工艺则是展开卷曲的未上胶的玻璃布，在玻璃布上胶之后就和连续展开的铜箔一起形成三明治结构，连续进入层压机。层压完成后，连续生产的层压板可以切成片料，较薄层压板就可以直接制成卷状覆铜箔层压板，此工艺局限性在于只能用于生产大批量订单，小规模生产需要的规格切换操作比较复杂而效率较低。

参考文献

［1］IPC-4101, "Specification for Base Materials for Rigid and Multilayer Printed Boards"

［2］IPC-4562, "Metal Foil for Printed Wiring Applications"

第4章
基材的成分

Edward J. Kelley

美国亚利桑那州钱德勒，Isola 集团

梁景鸣　巫勤富　李子达　审校

台燿科技（中山）有限公司

4.1 引　言

基材的类型较多，但基本上都由 3 种主要成分构成：

- 树脂，包括添加剂
- 增强材料
- 导体

成分在材料配方中都有很重要的作用，它们结合在一起就确定了材料的性能和成本。

环境法规，如欧盟的有害物质限制指令（RoHS），对电子产品供应链的各个层面均产生了深远的影响，包括上述的 3 种基材成分。RoHS 指令限制使用印制电路板（PCB）上元件组装焊料中的一种元素——铅。对基材和元件的主要影响是与之相关的无铅组装的高温。表 4.1 总结了基材成分满足无铅化的主要问题。RoHS 问题将在第 7 章中作进一步讨论。

表 4.1　无铅组装对基材成分的影响

成分	无铅组装的影响	可能的解决方案	相关注意事项
树脂体系	1）焊接工艺的温度峰值可达到树脂的热分解温度 2）温度提高导致材料热膨胀增加及镀覆孔上的应力增加 3）无铅焊接高温下，基材内部吸收或者残余的水分的膨胀更剧烈，导致起泡/分层 4）"酚醛"无铅兼容材料的电气性能往往不太好，特别是 D_f 值	1）研究具有更高热分解温度的树脂配方 2）研究具有更低热膨胀率的树脂配方 3）评估材料吸水或挥发的特性，在 PCB 制造中和（或）组装前烘烤 4）评估非双氰胺/非酚醛体系基材	1）调整树脂配方可能会影响基材的电气性能和可制造性 2）会影响基材机械性能和可制造性 3）PCB 制造中及组装前的保存特别重要，特别是湿度的管控 4）权衡成本/性能，新材料提供了更多的选择
玻璃布	热和机械作用破坏树脂-玻璃布之间附着力，挥发成分也有影响	洁净度、抗湿性、合适偶联剂的选择确保附着力	热循环时树脂-玻璃布之间附着力的下降会促进 CAF 生长
铜箔	热和机械作用破坏树脂-铜箔附着力	铜箔表面蜂窝状结构和粗糙度，增强附着力的处理，如使用偶联剂	粗糙度会导致信号衰减，特别是高频信号传输时

来源：Brist，Gary，Hall，Stephen，Clauser，Sidney，and Liang，Tao，"Non-Classical Conductor Losses Due to Copper Foil Roughness and Treatment," ECWC 10/IPC/APEX Conference，February 2005.

RoHS 指令也对具体含卤阻燃剂的使用进行了限制。但是，大多数 PCB 基材基本不含 RoHS 限制的阻燃剂。不过，近年来无卤材料在市场中越来越受欢迎，本章中将会深入讨论。

4.2 环氧树脂体系

PCB 基材中应用最广泛和最成功的树脂体系为环氧树脂。环氧树脂种类众多，并且今后 PCB 材料仍将主要使用环氧树脂。与性能更高的树脂相比，环氧树脂基本综合了优良的机械、电气和物理性能，成本相对较低的优点。此外，环氧树脂体系的制造工艺相对简单，这有助于降低其制造成本。

4.2.1 环氧树脂

环氧氯丙烷和双酚 A 进行化学反应，是制备 PCB 用环氧树脂最常见的合成方法。化学合成反应如图 4.1 所示。双酚 A 的溴化结构给生成的环氧树脂提供了阻燃性。

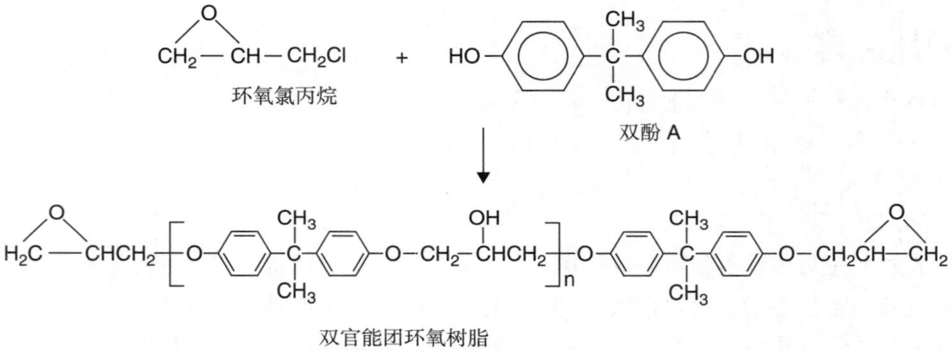

图 4.1 反应生成双官能团环氧树脂

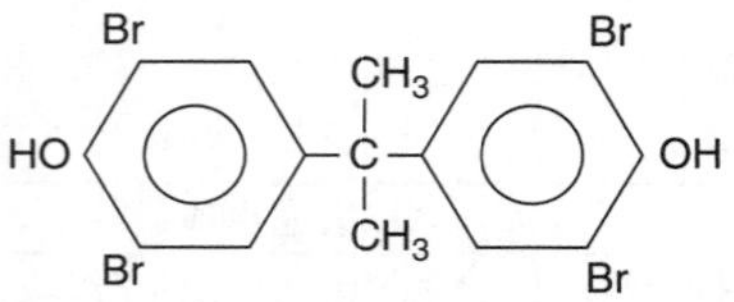

图 4.2 四溴双酚 A（TBBPA）

图 4.2 为四溴双酚 A（或 TBBPA）的化学结构式。图 4.3 为制备溴化环氧树脂的反应过程。相比非卤素阻燃剂的使用，溴化环氧树脂是有卤基材中最常使用的阻燃剂类型，这将在 4.4.2 节中说明。该双官能团环氧两端的三元环为环氧化物特征官能团，树脂聚合过程中这些基团发生化学反应并促进树脂的固化。

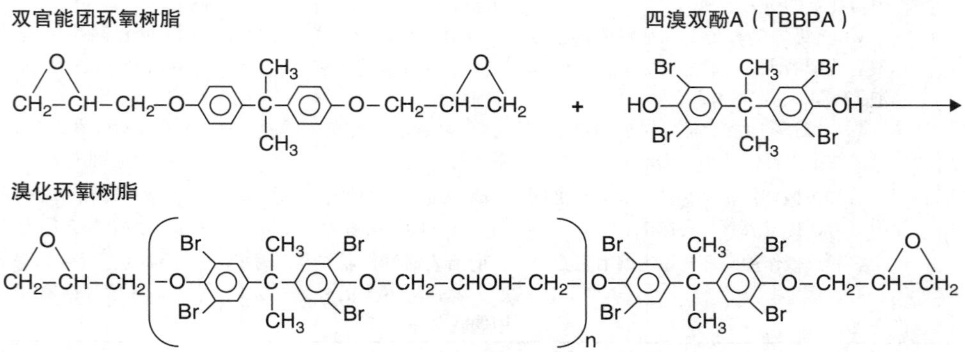

图 4.3 溴化双官能团环氧树脂

环氧分子链上的—OH羟基也会与环氧基团发生反应,促进环氧分子链之间的交联反应(见图4.4)。

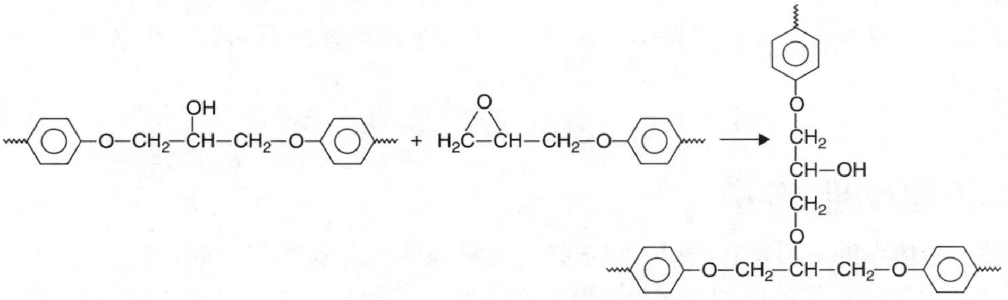

图 4.4　—OH 和环氧化物官能团的交联反应

4.2.2　双官能团环氧树脂

图 4.1 和图 4.3 所展示的环氧树脂为双官能团环氧树脂。其分子量范围较广,这主要与分子链中间部分重复出现的基团数量有关。在分子的两端,你可以看到环氧官能团。双官能环氧树脂名称就来源于分子的两端各有一个环氧基团。分子量、固化剂种类等其他因素均会影响树脂的最终性能,包括 T_g 值和 T_d 值。T_g 值指的是树脂从刚性或玻璃态转变为更柔软、更易变形的形态的温度。T_g 值对材料来说特别重要,因为会影响到基材和电路板的耐热性能及其他物理性能,特别是热膨胀系数。T_d 值为热分解温度,会影响 PCB 的热稳定性。第 3 章和第 5 章详细讨论了 T_g 和 T_d,第 7 章则会讨论无铅焊接工艺兼容性的问题。

双官能团环氧树脂的 T_g 值有一个范围,但通常低于 120℃。这类型环氧树脂有时用于相对简单的产品,如双面 PCB,但通常会与其他环氧树脂一起混合应用于性能更高的产品中。

4.2.3　四官能团和多官能团环氧树脂

分子链中含有两个以上环氧基团的环氧化合物称为多官能团环氧树脂,这种树脂固化交联反应更强。除其他因素,官能团数量是影响 T_g 值的一个重要因素,并且有助于提高材料的耐热性能和物理性能。然而,固化化学反应也会影响一些其他性能,如通常 T_g 值较高的材料更硬、更脆,因此在 PCB 制造时工艺参数需进行调整。市场上常用的环氧体系覆铜板材料,可以划分为几个 T_g 值范围:125 ~ 145℃,150 ~ 165℃,大于 170℃。也有 T_g 值在 190℃ 以上的环氧材料,但不常见。这些树脂系统通常是双官能团、四官能团和多官能团环氧树脂的混合物。图 4.5 和图 4.6 中为四官能团和多官能团环氧树脂。

常用的环氧树脂体系之间存在成

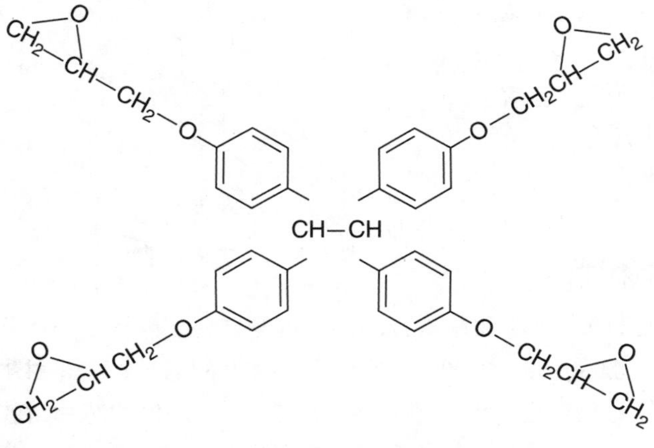

图 4.5　四官能团环氧树脂

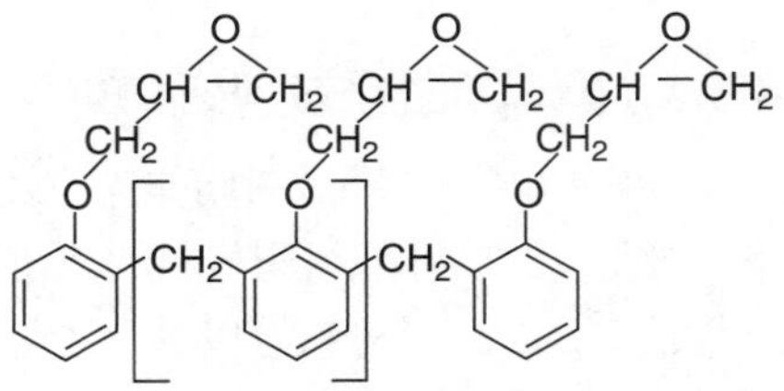

图 4.6　多官能团环氧线型酚醛树脂

本 - 性能的权衡关系。一般情况下，高 T_g 值和高 T_d 值树脂的成本更高。此外，高 T_g 值的材料会增加电路板的制造成本，主要是增加了多层板层压时间，降低了钻孔效率。但是，使用高性能材料往往是为了满足设计和高可靠性的需要。第 8 章概括了各种 PCB 设计中选择最具经济效益基材的过程。

4.3 其他树脂体系

其他树脂体系的材料也有应用。在选择电路板基材树脂体系时，设计者和制造者都必须综合考虑产品对材料性能等级的要求，这就需要在材料成本和性能两者间达到一个很好的平衡。成本 - 性能的关系不仅取决于材料本身的价格，而且与该材料的制造成本、层压板和粘结片的制造，以及 PCB 制造工艺，都有很大的关系。

4.3.1 环氧树脂混合物

环氧树脂与其他类型树脂混合材料早已被研发出来。这种材料主要是应用于产品性能要求超出常规 T_g / T_d 值环氧基材性能的领域，但高性能的材料必定带来成本的提高。在大多数情况下，相比标准环氧树脂，对材料电气性能需求的不断提升是推动这些材料发展的主要因素。具体而言，就是对材料介电常数（电容率）和损耗因子（损耗角正切）的改进。电路板在高频下工作时，就需要低介电常数和低损耗因子性能的材料。

这些混合物包括环氧聚苯醚（PPO）（见图 4.7）、环氧氰酸酯和环氧异氰脲酸酯（见图 4.8）。当前通过工艺优化，已使这些材料对普通 PCB 制造的影响降到最低，但仍然对多层板层压及钻孔工艺的效率造成一定影响，并需要特殊的除胶和孔壁调整工艺。当然，这种影响还同时取决于

2,6-二甲基苯酚

图 4.7 聚苯醚（PPO）

PCB 的设计和使用的制造工艺本身。另一方面，相比性能更高的材料，这几种基材对这些工艺的影响已经算是比较小的了。

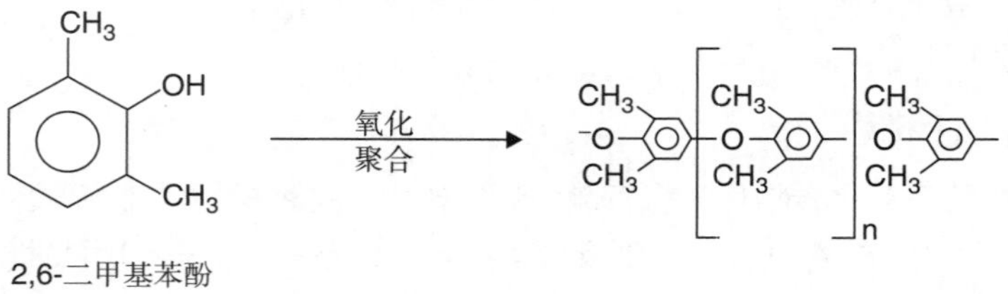

这些环氧树脂混合物通常应用于高频领域，包括天线、射频（RF）、无线通信设备和高速计算机，以及高速以太网连接等。

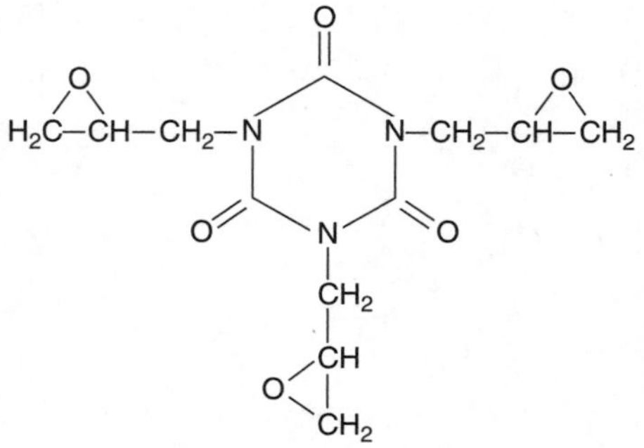

图 4.8 环氧异氰脲酸酯

4.3.2 双马来酰胺三嗪（BT）/ 环氧树脂

通常情况下，环氧树脂作为改性树脂材料加入 BT 树脂中。因此，这些材料常被认为是环氧混合树脂。BT/ 环氧树脂材料的 T_g 值范围一般为 180 ~ 300℃，它综合了优良的电气、热和耐化学性能。BT/ 环氧树脂可以满足半导体芯片封装规范要求，因此常应用于 BGA 基板和芯片封装用基板产品中。它也适用于制造具备优良热、电和化学性能的高密度多层板。

　　BT 材料的主要问题是成本过高。BT 树脂含量越大，材料的成本就越高。BT 材料比纯环氧树脂材料更脆，吸水率更高。

4.3.3　氰酸酯

　　氰酸酯树脂基材具有很高的 T_g 值，通常为 250℃左右，并表现出非常优良的电气性能、高温力学性能和热稳定性，弯曲强度和拉伸强度都比双官能团环氧树脂高。然而，氰酸酯非常昂贵，且需要特殊的加工工艺，这就额外增加了电路板的成本，但随着改性的氰酸酯树脂出现，如双酚 A 型氰酸酯树脂，改性后可在 170℃固化；耐湿热性、阻燃性、粘结性都很好，不过因为改性后氰酸酯较脆，一般还需要进行增韧处理。利用环氧树脂改性氰酸酯则大大提升了材料的工艺性能和降低了成本。此前氰酸酯材料仅应用于一些特殊产品，改性后主要用于高频 PCB 板，应用领域与环氧聚苯醚（PPO）类似。

4.3.4　聚酰亚胺

　　聚酰亚胺树脂具有极其出色的耐热性。纯聚酰亚胺树脂基材 T_g 值为 260℃，改性或增韧的聚酰亚胺树脂基材 T_g 值为 220℃，热分解温度很高，并具有很高的热可靠性。高 T_g 值也有助于降低聚酰亚胺基材的热膨胀，因为热膨胀主要出现在 T_g 前，并且很小。这种材料常应用于耐老化性要求较高的电路板，如航空航天电子设备、石油钻井和耐热性能至关重要的军事领域中。然而，聚酰亚胺材料也非常昂贵，并且工艺性能不佳，一般仅限特殊产品使用，目前大批量应用的主要是挠性基材（FCCL）。

4.3.5　聚四氟乙烯（PTFE，特氟龙）

　　PTFE 基材主要应用于电气性能要求特别高的产品。这些材料需要非常特殊的加工，并且很昂贵。基于 PTFE 材料的性能优点，PTFE 材料常与其他材料一起用于制作混压结构的电路板，即在多层电路板的某些层使用成本相对较低的常规材料，以达到控制整体电路板成本的目的。

4.3.6　聚苯醚（PPE）

　　前面已提及，PPE 材料比环氧树脂具有更优良的电气性能和耐热性能。该树脂材料非常适合应用于射频、无线通信和高速计算机产品。虽然早期这种树脂的加工较困难，但后续通过对树脂配方的调整及材料流变性能的控制，在常规 PCB 加工基础上稍做调整即可满足该材料的加工要求。

4.3.7　其他类型的树脂及配方

　　由上述树脂可知，一些不同类型的分子结构足以改变基材最终的产品性能。此外，针对目前 PCB 行业剧增的材料应用要求，一些其他类型的树脂也得到了广泛应用和研究。通常情况下，由于这些树脂本身就具有特定的性能，因此研究的重点便是这些树脂制备的材料的性能，而非研究化学物质和树脂反应，因为后者是覆铜板的专业内容，PCB 更多是关系材料的特性和加工性。此外，填料被广泛应用于改善材料热膨胀或电气性能，或两者兼具。填料将在本章的后面讨论。

4.4 添加剂

上面讨论的树脂配方中通常含有各种添加剂，要么用于促进树脂体系固化，要么以某种方式改变材料的性能（如热膨胀系数、T_g 值等），还有就是促进树脂与玻璃布的结合力。下面介绍几种重要的添加剂。

4.4.1 固化剂和固化促进剂

每种树脂的有机成分必须在一起进行化学反应，才能产生聚合交联反应。通常使用固化剂和固化促进剂来加速反应。氨基固化剂常用于环氧树脂的固化，如脂族二胺可用于促进环氧树脂在室温条件下固化。其他固化剂，如芳族二胺，则需要在高温条件下才能促进环氧树脂的固化。图 4.9 为苯胺类固化剂固化环氧树脂的反应。注意：在—OH 基团上形成了新的分子链。如图 4.4 所示，—OH 还可以与其他环氧化物基团进行交联反应。

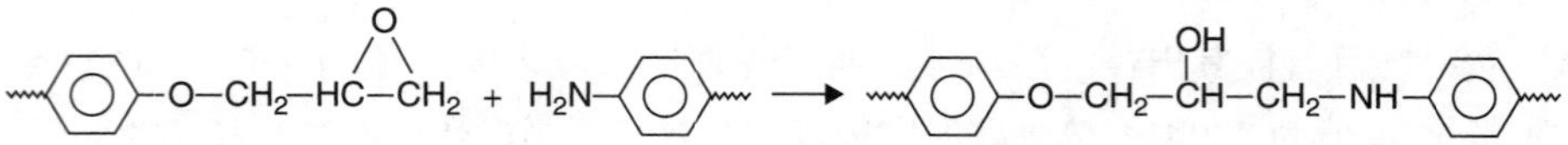

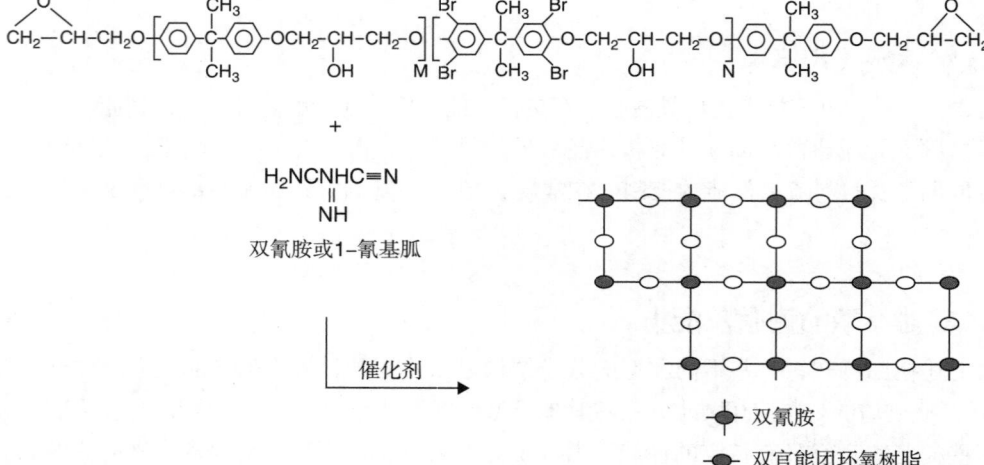

图 4.9 芳香族胺与环氧树脂固化反应

长久以来，用于 PCB 基材的环氧树脂体系中使用最多的固化剂为双氰酰胺，或称之为"双氰胺"。双氰酰胺自身具有很强的吸水性，聚合后仍有亲水基团，容易吸水，从而导致其 PCB 成品容易发生吸水导致的分层爆板，一般不用于有无铅焊接要求的 PCB 板。图 4.10 为环氧树脂与双氰胺的聚合反应。为了降低材料吸水率，以及提高材料的耐热性能，非双氰胺固化体系的配方也早已研制出来。也就是说，固化剂和固化促进剂的研制往往伴随着新型树脂的研发。第 3 章中已讨论了广泛应用于无铅焊接工艺的非双氰胺固化环氧材料。图 4.11 为树脂固化中常见的化学反应。图 4.12 为苯酚固化环氧树脂的原理。

图 4.10 环氧树脂与双氰胺固化反应（DICY）

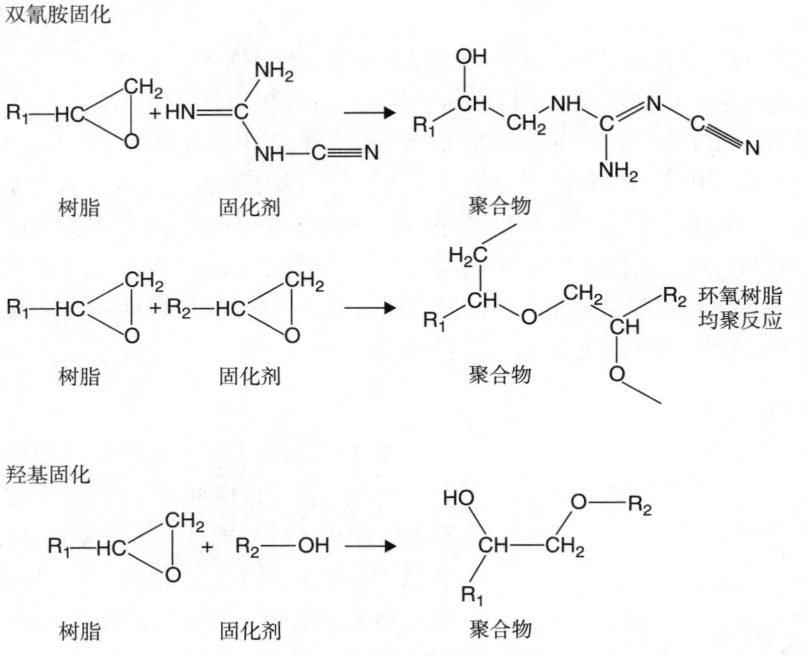

双氰胺固化

树脂　　　　　　固化剂　　　　　　　　聚合物

树脂　　　　　　固化剂　　　　　　　　聚合物　　环氧树脂均聚反应

羟基固化

树脂　　　　　　固化剂　　　　　　　　聚合物

图 4.11　环氧树脂固化机理

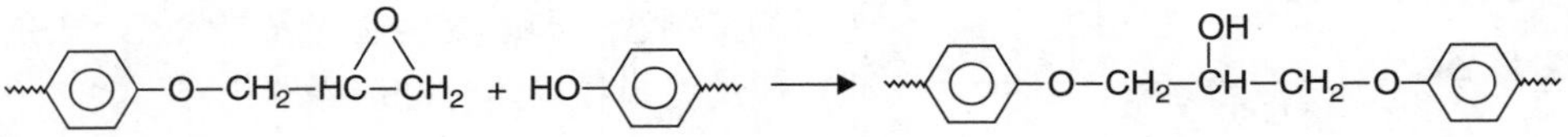

图 4.12　苯酚固化机理

4.4.2　阻燃剂

　　虽然过去一度受关注较少，但现今树脂配方中的阻燃剂已成为一个非常重要的因素。这主要是因为一些法规对这些阻燃化合物的毒性，以及对环保要求的重视。尽管研究证据表明有些阻燃化合物的确存在潜在威胁，但科学研究普遍认为另一些阻燃剂是安全的。不幸的是，政治经常影响决策的制订过程，此外市场关于环境友好或"绿色"产品的呼声很高，因此这些法规的制订很大程度上基于感性认识而非科学现实。有些人甚至认为，替代阻燃产品可能比当前使用的阻燃剂威胁更大。但是，关于基材阻燃剂的探讨已成为并将继续成为人们关注的话题，这方面的研究将持续下去。

1. 立法问题

　　欧盟的 RoHS 指令和 WEEE 指令（处理废弃电子设备和回收利用的要求）不仅限定了 PCB 中铅的使用，而且对树脂配方中的阻燃剂也有使用限定。RoHS 指令明确限制使用一些具体类型的溴化阻燃剂，包括多溴联苯（PBB）和多溴联苯的氧化物（PBBO），也被称为多溴苯醚（PBDE）。图 4.13 是阻燃剂的结构。这一系列阻燃剂中，彼此之间毒性和威胁性存在较大差异，因此在现有的立法措施变动情况下，应该明确这类型阻燃化合物的状态并以此确定哪些材料能够使用，这

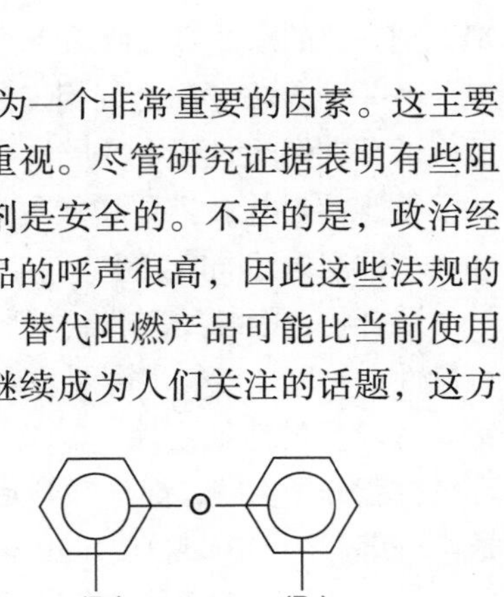

多溴联苯的氧化物（PBBO 或 PBDE）

多溴联苯（PBB）

图 4.13　限制使用的溴化阻燃剂

才是最重要的。

PCB 中使用的环氧树脂材料，通常是通过溴化反应实现阻燃性能的。因而，这就包括用分子主链中含有溴元素的四溴双酚 A（TBBPA）制成的环氧树脂材料（见图 4.2）。RoHS 指令没有限制四溴双酚 A，其反应后成了环氧树脂的一部分，因此就不会释放到环境中去。当四溴双酚 A 受热时，溴就被释放出来，从而阻碍燃烧反应的进行。多年来，四溴双酚 A 已成功地作为阻燃剂使用，且绝大多数树脂配方依然采用它。欧盟 RoHS 指令仅适用于特殊溴化阻燃剂，但 WEEE 指令却要求分离和特殊处理任何含溴阻燃剂材料，主要是考虑到其焚烧产生的副产物，特别是在较低温度下进行的焚烧反应。甚至，一些国家还考虑针对这些阻燃剂推出自己的立法方案。所以对审核和选择阻燃剂所付出的努力，还是很重要的。

2. 化学阻燃剂

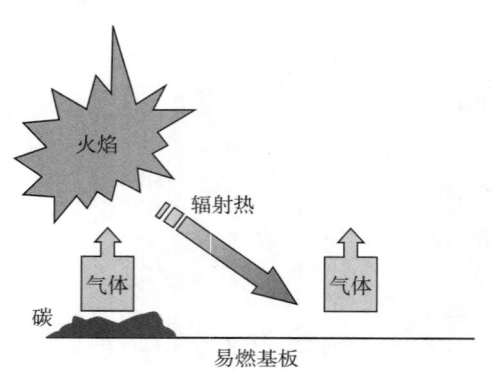

图 4.14 聚合物燃烧

图 4.14 展示了聚合物燃烧时发生的一个连续循环。燃烧中产生的热被转移到聚合物表面，产生挥发性聚合物碎片并变成进一步燃烧的燃料。聚合物碎片扩散到火焰中，通过与氧发生自由基链式反应，并产生更多的热量以继续循环反应。阻燃剂便通过中断该循环反应实现阻燃功能。

有两种方法来中断这种循环反应。一种方法被称为固相抑制法，即改变聚合物表层状态。表层高度交联反应的材料在受热时会形成碳化层，并将下面的聚合物和热源进行隔离，防止产生新的燃料并阻碍进一步燃烧反应。还有的阻燃剂在加热过程中变成可冷却聚合物表层的水，要维持燃烧就需要增加更多的能量。

另一种方法被称为气相抑制法，阻燃剂参与改变燃烧中的化学反应。聚合物结构中的活性反应成分在燃烧过程中变成具有挥发性的自由基抑制剂，扩散至火焰中并抑制侧链自由基反应。如果要维持燃烧就需要增加更多的能量，这样燃烧循环反应便被终止。对于大多数材料，固相和气相抑制作用同时发生。

聚合物包括各类型环氧树脂，分别具有不同的可燃性。树脂和固化剂类型会影响材料的基本可燃性，并以此能得出需要多少阻燃剂，以确定材料的燃烧等级。例如，高浓度芳香族聚合物通常具有较高的热稳定性，以及在燃烧时的碳化能力。TBBPA 添加剂或以 TBBPA 为原料合成的环氧树脂分子主链，都含有溴元素。大多数有机卤素化合物都能通过气相抑制法抑制燃烧。它们通常分解产生 HBr 或 HCl（HBr 为以 TBBPA 为基材的情况），并在燃烧中终止侧链自由基的反应。同时，一些氢卤酸也能催化碳化反应。

3. 无卤体系

无卤阻燃剂和无卤树脂体系早已进入市场，包括磷类化合物、氮类阻燃剂、无机阻燃剂和氢氧化物填料。这些又可以被细分为反应型和添加型。反应型是指阻燃剂直接合成在树脂结构中，如有卤树脂使用四溴双酚 A。四溴双酚 A 作为反应物，主要优点在于无法通过过滤或溶剂萃取的方式将溴释放到环境中去。非卤素树脂如使用含磷的环氧化合物，通过与环氧基团反应键合到聚合物主链中。添加型与此相反，红磷是一种无机固体，它可以直接溶解在环氧树脂的配方中达到阻燃目的。添加型还有氢氧化物，如氢氧化铝或氢氧化镁直接作为填料加入到树脂中，它们受热后发生分解反应生成水，可冷却抑制燃烧过程。

在选择阻燃剂时，必须综合考虑其对树脂体系和基材产品性能的影响。这些物质所需的阻燃性水平，可能会影响材料的物理性质，甚至改变材料的流变性能或改变树脂体系的固化动力。一般情况下优先选择反应型阻燃剂，其通过化学键连接至聚合物主链中，从而较难释放到环境中去。并且，与添加剂或填充型阻燃剂相比较，反应型阻燃剂对材料性能的影响更小。表4.2整理了一些常见的无卤阻燃剂。

有机磷系阻燃剂已成为PCB基材中最常用的阻燃剂类型之一，通常用于无卤基材。其他类型的阻燃剂也有应用，两种或者多种类型的无卤阻燃剂混合在一起使用，以达到足够的燃烧等级并最大限度地减少对材料性能的不利影响，如吸水、铜剥离强度退化、玻璃化转变温度降低、树脂流动的变化、机械或电气性能的退化，以及对导电阳极丝（CAF）生长的影响。

表4.2　无卤阻燃剂

类　型	主要机制	例　子	注意事项
磷	形成碳	红磷，聚磷酸铵，有机磷化合物	红磷难以加工且有毒，有机磷化合物是一种常见的替代品，但一般更昂贵并会降低树脂 T_g
无机/氢氧化物填料	生成水，吸热，可促进碳化	氢氧化铝，氢氧化镁，硼酸锌，氧化锑	价格便宜，通常需要高填充量，从而会降低机械性能和其他性能。锑系阻燃剂的毒性太大，可以与其他阻燃剂一同使用
氮	膨胀体系，产生气体生成碳沫	三聚氰胺，三聚氰胺氰尿酸酯	注意对材料性能的影响和对环境的影响

4.4.3　紫外线抑制剂/荧光辅助剂

一些树脂能吸收紫外线，另外一些则吸收较少。UV光抑制的作用很重要，主要有两个原因：自动光学检测（AOI）通常为激光型，依赖树脂在照射条件下发射荧光。AOI设备以这种方式区分基材和导电图形区域；另一个原因存在于阻焊曝光过程，对较薄电路板的影响更为明显。这个过程通常是通过紫外光（UV）曝光的方式将底片上的图形转移到涂敷有阻焊或光致抗蚀剂的电路板两面，从而形成一层阻焊层。UV光引发阻焊材料发生化学变化，生成不溶于显影液的聚合物。因此在薄电路板中，如果基材不能充分地吸收UV光，那么UV光将从电路板曝光的一面透射到另一面并引发曝光反应。因此，如果树脂不能充分吸收UV光，则需要在配方中加入吸收UV光能力较强的成分。

4.5　增强材料

虽然基材使用很多种类型的增强材料，但平纹编织的玻璃布（由玻璃纤维编织而成）是到目前为止最常见的增强材料。其他材料包括纸、玻璃纸、非编织芳族聚酰胺纤维、非编织玻璃布，以及各种填料。编织玻璃布的优点包括优良的机械和电气性能，能用于各种厚度的层压板的制造，同时成本比较低。

4.5.1　编织玻璃纤维

编织玻璃纤维的制造方法：首先熔化能使玻璃达到一定级别的各种无机物质，其次将熔融物质穿过熔炉，并最终流入专门的套管形成单股玻璃纤维丝和纱线。用这些纱线编织成玻璃布。所用元素的相对含量会影响玻璃纤维的化学、机械和电气性能。表4.3列出了一些类型的玻璃纤维的成

表 4.3 玻璃纤维成分的比例

成 分	E 玻璃	NE 玻璃	S 玻璃	D 玻璃	石 英
二氧化硅	52 ~ 56	52 ~ 56	64 ~ 66	72 ~ 75	99.97
氧化钙	16 ~ 25	0 ~ 10	0 ~ 0.3	0 ~ 1	
三氧化二铝	12 ~ 16	10 ~ 15	24 ~ 26	0 ~ 1	
氧化硼	5 ~ 10	15 ~ 20		21 ~ 24	
氧化钠和氧化钾	0 ~ 2	0 ~ 1	0 ~ 0.3	0 ~ 4	
氧化镁	0 ~ 5	0 ~ 5	9 ~ 11		
氧化铁	0.05 ~ 0.4	0 ~ 0.3	0 ~ 0.3	0.3	
二氧化钛	0 ~ 0.8	0.5 ~ 5			
氟化物	0 ~ 1.0				

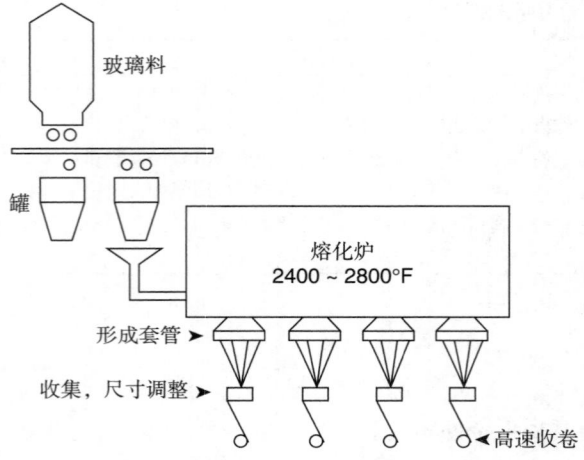

图 4.15 玻璃纤维纱线制造过程

分。图 4.15 展示了制造玻璃纤维纱线的过程。

E 玻璃是迄今为止 PCB 中最常用的玻璃纤维。其成本合理，很好地结合了电气、机械和化学性能。NE 玻璃是日本日东坊公司的专利，因为它能有效改善基材的介电常数（D_k）和损耗（D_f）属性（见表 4.4）。但是，NE 玻璃比 E 玻璃更贵，目前使用逐渐变多，但较 E 玻璃数量仍很少。近年有其他制造玻璃纤维（AGY）的公司研究出 L 玻璃，特性与 NE 玻璃接近，在市面上已有销售。S 玻璃具有较高的强度，但机械钻孔加工困难。其他类型的玻璃则使用较少。

表 4.4 E 玻璃、NE 玻璃和 L 玻璃的对比

属 性	E 玻璃	NE 玻璃	L 玻璃
热膨胀系数 /（ppm/℃）	5.5	3.4	3.9
介电常数（1MHz）	6.6	4.4	4.4
介质损耗（1MHz）	0.0012	0.0006	< 0.001

纱线的类型及直径都有很多种规格，见表 4.5。D、DE、E 和 G 类纱线是目前最常用的。玻璃布的类型也因编织纱线的区别而存在多种类型。此外，尽管编织方式多样，但在 PCB 中使用的玻璃布均采用平纹编织方式（见图 4.16）。平纹编织是指纱线以交替的方式交织，所有的纱线一个在上、一个在下。这种编织方式提供了良好的结构稳定性。PCB 中常用的一些平纹编织玻璃布类型见表 4.6。玻璃布上涂敷偶联剂，增强玻璃纤维和树脂之间的附着力。这种偶联剂的使用，很重要的另一个作用就是抑制 CAF 的生长。这将在第 6 章中进行讨论。

4.5.2 纱线命名

不同的玻璃等级和不同的玻璃丝直径，可以制造出多种玻璃布纱线类型。因此，分别有两个特定的命名系统，即 U.S. 系统和 TEX/ 公制系统，对玻璃纱线进行命名。

表 4.5　玻璃丝直径

纱线名称	标称直径 /μm	标称直径 /in
B	3.5	0.00015
C	4.5	0.00018
D	5	0.00021
DE	6	0.00025
E	7	0.00028
G	9	0.00037
H	10	0.00043
K	13	0.00051

图 4.16　平纹编织

表 4.6　PCB 基材常见玻璃布类型

类　型	玻璃布大致厚度 /in	经　纱	纬　纱	经纱数 × 纬纱数 （每英寸）	质量 /（oz/yd²）
104	0.0013	ECD 900-1/0	ECD 1800-1/0	60 × 52	0.55
106	0.0014	ECD 900-1/0	ECD 900-1/0	56 × 56	0.73
1067	0.0014	ECD 900-1/0	ECD 900-1/0	69 × 69	0.71
1080	0.0023	ECD 450-1/0	ECD 450-1/0	60 × 47	1.42
1280	0.0026	ECD 450-1/0	ECD 450-1/0	60 × 60	1.55
1500	0.0052	ECE 110-1/0	ECE 110-1/0	49 × 42	4.95
1652	0.0045	ECG 150-1/0	ECG 150-1/0	52 × 52	4.06
2113	0.0028	ECE 225-1/0	ECD 450-1/0	60 × 56	2.31
2116	0.0038	ECE 225-1/0	ECE 225-1/0	60 × 58	3.22
2157	0.0051	ECE 225-1/0	ECG 75-1/0	60 × 35	4.36
2165	0.0040	ECE 225-1/0	ECG 150-1/0	60 × 52	3.55
2313	0.0029	ECE 225-1/0	ECD 450-1/0	60 × 64	2.38
3070	0.0031	ECDE 300-1/0	ECDE 300-1/0	70 × 70	2.74
3313	0.0033	ECDE 300-1/0	ECDE 300-1/0	60 × 62	2.40
7628	0.0068	ECG 75-1/0	ECG 75-1/0	44 × 32	6.00
7629	0.0070	ECG 75-1/0	ECG 75-1/0	44 × 34	6.25
7635	0.0080	ECG 75-1/0	ECG 50-1/0	44 × 29	6.90

1. U.S. 系统

如 U.S. 系统中用于制造 1080 玻璃布的 ECD 450-1/0 纱线，名称中的字母和数字代表的意义如下。

第 1 个字母　代表玻璃的组成。电子级别玻璃或称为 E 玻璃，目前是 PCB 中最常使用等级。

第 2 个字母　C 表示纱线是由连续细丝组成的，S 表示短细丝，T 表示卷曲变形的连续细丝。

第 3 个字母　代表单根玻璃丝直径，见表 4.5。

第 1 个数字　代表每 1%lb 的质量纱线，其正常的裸玻璃纱码数。在前面的例子中，450 乘以 100，得到 1lb 玻璃纱有 45 000 码。

第 2 个数字　1/0 表示纱线中的基本股数。第 1 个数字代表原始的扭曲股数，由斜线分开的第 2 个数字则表示缠绕或扭合在一起的股数。因此，1/0 代表该纱线是单股（没有或 "0" 缠绕股）。

命名中还可以包括一个指示，它表明纱线中每 1in 最终扭曲的圈数及扭曲方向。以 3.0S 为例，它表示每 1in 有 3 个 "S" 方向的扭曲。"S" 为方向向左的缠绕圈，"Z" 为方向向右的缠绕圈。

2.TEX/ 公制系统

以纱线名称 EC9 33 1X2 作为 TEX/ 公制系统中的一个范例，说明如下。

第 1 个字母　指明了玻璃的组成。

第 2 个字母　C 表示是由连续纱线组成的，T 表示连续纱线的纹理，D 表示短纱线。

第 1 个数字　9 表示单个玻璃丝直径为 9μm。

第 2 个数字　33 表示裸玻璃纱线的非线性质量。TEX 是以克为单位来计算的每 1000m 纱线的质量。

第 3 个数字　1X2 表示纱线结构或纱线股数。第 1 个数字代表原始的扭曲股数，X 后面的第 2 个数字则表示缠绕或扭合在一起的股数。

4.5.3　玻璃布

E 玻璃组成成分、玻璃丝的直径、纱线类型、编织图案差异等，使玻璃布种类繁多。玻璃布对基材的影响主要取决于这些变量。此外，织物的数目、经纱和纬纱的数目，也对玻璃布和基材的性能有很大影响。经纱方向为编织物的长度的方向（机器方向），而纬纱方向则为横穿经纱的方向。经纱方向通常也称为纹理方向。

正如前面所述，PCB 用玻璃布通常是 E 玻璃类型（虽然不总是），但制造几乎全使用平纹编织法。平纹编织结构，主要是织物的经纱依次穿过纬纱的上方和下方（反之亦然）。这种编织图案能有效防止纱线滑动和织物变形。PCB 材料中常使用的玻璃布见表 4.6。图 4.17 为 3 种最常见的玻璃布。给定树脂含量的情况下，每一种类型玻璃布的标称厚度都不相同。玻璃布的类型和厚度的灵活控制，对于满足阻抗控制要求和整体电路板的厚度是非常重要的。

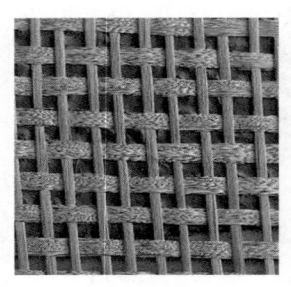  

（a）1080 玻璃布　　　　（b）2116 玻璃布　　　　（c）7628 玻璃布

图 4.17　PCB 基材中最常用的 3 种玻璃布

$(CH_3O)_3$—Si—R—CH—CH$_2$（带环氧基 O）

环氧硅烷

$(CH_3O)_3$—Si—R—NH$_2$

氨基硅烷

GLASS(Si)—O—Si—R—Z

GLASS(Si)—O—Si—R—Z

GLASS(Si)—O—Si—R—Z

键合到玻璃布　　**键合到树脂**

图 4.18　硅烷偶联剂

在玻璃纱和玻璃布生产过程中，可以使用多种表面处理技术，提高玻璃的可制造性、防止磨损和静电、纱线缠绕。对层压板和 PCB 而言，最重要的表面处理技术便是玻璃布的偶联处理。图 4.18 为硅烷偶联剂的化学结构。偶联剂一般为有机硅烷化合物，有润湿作用并能增强玻璃布与树脂之间的附着力，这对电路板的可靠性保证非常重要，包括在电路板制造过程中（如在机械钻孔中）以及在电路板终端使用环境中。同时，偶联剂的使用也对抑制 CAF 长期生长有很大帮助，这将在第 6 章讨论。常规偶联剂在市场上均有销售，特殊产品则取决于要匹配的玻璃布的树脂类型，这个技术大部分都掌握在玻璃布生产厂商手中，一般都不对外销售。

4.5.4　其他增强材料

虽然 PCB 中使用的增强材料主要为玻璃布，但其他类型的材料或组合型编织玻璃纤维增强材料也有较多应用。以下为其他类型的增强材料。

1. 毛玻璃

与玻璃布相比，作为增强材料，毛玻璃的方向随机性更强。玻璃纤维纱淬火得到毛玻璃丝，并被拉成 1 ~ 2in 长的纱线。正如其名，螺旋方向随机的毛玻璃丝通过连续编制成为最终的毛玻璃。毛玻璃用于制备 CEM-3 的芯料部分，应用于相对简单的产品。

2. 尼龙纤维

与玻璃纤维增强材料为无机化合物不同，尼龙纤维由芳香族聚酰胺有机化合物组成，后者表现出不同性能。尼龙纤维的独特性能，在某些高性能 PCB 或以层压板为基础的多芯片模块（MCM-L）中具有较强的优势。如尼龙纤维增强材料比较容易被等离子体或激光烧蚀，因而可应用于 PCB 的微孔加工。尼龙纤维还有其他优点，如质量轻、强度高，以及在轴向上的热膨胀系数（CTE）为负值。尼龙纤维作为增强材料的基材，与常规基材相比，整体 X-Y 平面的热膨胀系数（CTE）明显降低。

3. 线性连续玻璃纤维丝

以线性连续玻璃纤维丝作为增强材料制造层压板的技术是独一无二的。生产的层压板具有 3 层玻璃纤维丝，外层彼此平行而中间层则垂直于外层。具有相等数目的线性玻璃丝在各个方向上连续编织，获得的增强材料能有效增强层压板尺寸稳定性。

4. 纸

纤维纸也可以用作基材的增强材料。纤维纸也可以和其他材料，如玻璃布，一起作为增强材料使用。这种复合材料只能使用冲压，而不能使用钻孔工艺。因此，这种复合材料在一些大批量、低技术的消费电子产品中显得经济而实用，如收音机、玩具、计算器和视频游戏机。纸基材料主要应用于 FR-2、FR-3 中，以及 CEM-1 的芯料。

5. 填　料

填料主要是固体小颗粒，添加到树脂中，以改变材料的性能。包括滑石粉、二氧化硅（改性二氧化硅）、高岭土粉末和微型空心玻璃球等各种无机物材料。这些材料通常应用于特殊用途的基材中。例如，在高岭土粉末上涂敷钯层后一起分散于基材中，可以作为化学沉铜工艺的催化剂使用。微型空心玻璃球则用于降低材料的介电常数。其他填料被用于降低热膨胀性能、提高可靠性、增强钻孔可加工性、改变电气性能（如 D_k 和 D_f），并降低材料总成本。使用填料来减少 Z 轴膨胀率是常见的方法，尤其是对无铅焊接材料而言。受无铅焊接温度较高的影响，通过降低 Z 轴膨胀率，能有效减弱镀覆孔承受的拉伸和应力。第 6 章将进一步讨论这个问题。

6. 膨体聚四氟乙烯

其一般并不被认为是增强材料。但通过"膨体",聚四氟乙烯具有类似海绵状的微观结构,目前被应用于要求极低介质常数或损耗特性的粘结片中。

树脂搭配膨体聚四氟乙烯,并被制成 B 阶段粘结片,能确保 PCB 各层黏合在一起。用这种材料制备成的粘结片被广泛应用于高频产品制作,如图 4.19 所示。

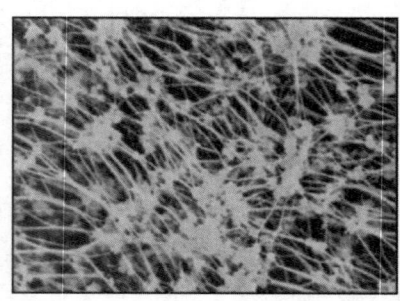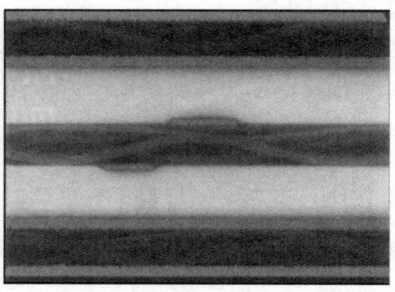

图 4.19　膨体聚四氟乙烯(左)和使用了膨体聚四氟乙烯粘结片的 PCB 截面图(右)
(来源:戈尔公司)

4.6　导体材料

表 4.7　IPC-4562 的铜箔等级

等 级	铜箔说明
1	标准电解铜(STD-E 型)
2	高延展性电解铜(HD-E 型)
3	高温延伸性电解铜(HTE-E 型)
4	退火电解铜(ANN-E 型)
5	精炼铜(AR-W 型)
6	低温压延铜(LCR-W 型)
7	退火压延铜(ANN-W 型)
8	压延铜,低温退火(LTA-W 型)
9	标准电解镍
10	电解铜,低温退火(LTA-E 型)
11	电解铜,退火(A-E 型)

PCB 中主要使用的导体材料为铜箔。电路高密度化趋势也给铜箔技术带来了最新的发展。此外,铜箔可以被电镀上其他金属合金,用于制作埋入多层 PCB 内部的电阻元件。铜箔等级见表 4.7。

4.6.1　电解铜箔

印制线路中最常使用的铜箔为电解铜箔(ED 铜箔)。ED 铜箔的制造,首先是将铜原料或废铜线溶解于硫酸溶液中,然后在净化后的硫酸铜/硫酸溶液中,将铜电镀到由不锈钢或钛制作的圆柱形滚筒上。图 4.20 展示了整个电解铜箔的生产工艺。这种工艺产生的铜箔一面相对平滑、有光泽,另一面较粗糙、无光泽,如图 4.21 所示。

光面紧贴电镀滚筒表面,而微观粗糙、无光泽的毛面由铜晶粒结构形成。铜箔的性能可以通过控制电镀溶液的化学成分、电镀滚筒的表面状态及电镀参数,使其应用于各种不同的环境。例如,机械性能(如抗拉强度或延伸率)或毛面轮廓都可以通过控制这些变量进行调整。然后,将这个工艺中生成的铜箔经过一个处理过程,通过在铜箔表面电镀铜瘤得到更粗糙的表面,以获得更好的附着力;这个处理过程还要使用其他金属生成阻挡层和涂敷抗氧化涂层,如图 4.22 所示。标准铜箔的单位面积质量和厚度见表 3.4。

PCB 中最常用的铜箔为 1 级和 3 级铜箔。与 1 级铜箔不同,3 级铜箔要求在较高的温度(180℃)下仍能满足特定的延展性要求。3 级铜箔通常也被称为"高温延伸铜箔",或简称"HTE 铜箔",是多层 PCB 基材主要的铜箔类型。在高温条件下,当多层 PCB 承受热应力和发生 Z 轴膨胀时,铜箔具有的优良延展性将有效减小铜箔出现裂缝的可能性。改变电镀参数能改变 HTE 铜箔的晶

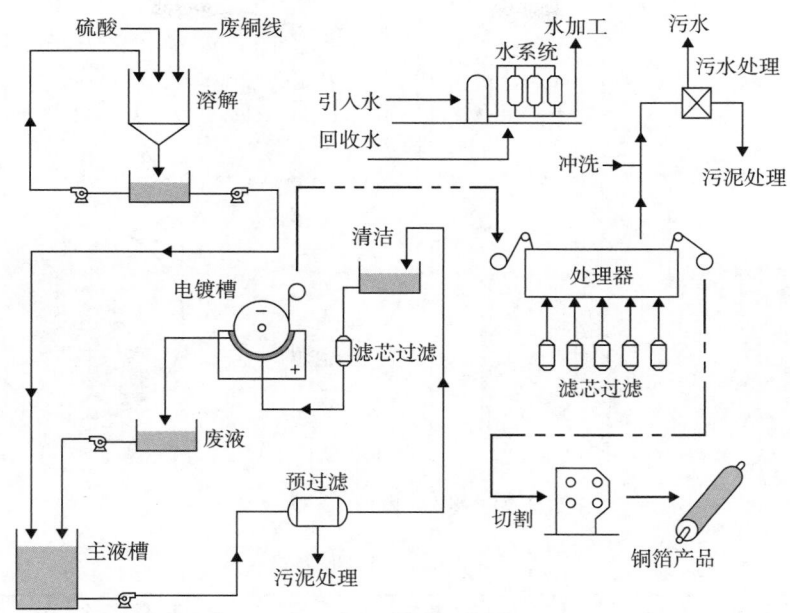

图 4.20 电解铜箔的制造工艺

粒结构,但这会导致铜箔机械性能的变化。表 4.8 和表 4.9 为标准 1 级铜箔抗拉强度和延展性要求,以及高温延伸的 3 级铜箔的要求。这些规定均来自 IPC-4562《印制板用金属箔》,其他等级金属铜箔的要求在此规范中也都有说明。

　　铜箔的表面粗糙度对 PCB 制造也是同样重要的。一方面,相对粗糙的表面轮廓有助于增强铜箔与树脂体系的附着力。但是,粗糙的表面轮廓可能需要更长的蚀刻时间,这会影响电路板的生产效率和线路图形精度。增加蚀刻时间意味着导体的横向蚀刻加剧,导体的侧蚀会更严重。这就对精细线路制作及阻抗控制带来了较大困难。IPC-4562 规范中关于低粗糙度和超低粗糙度铜箔特

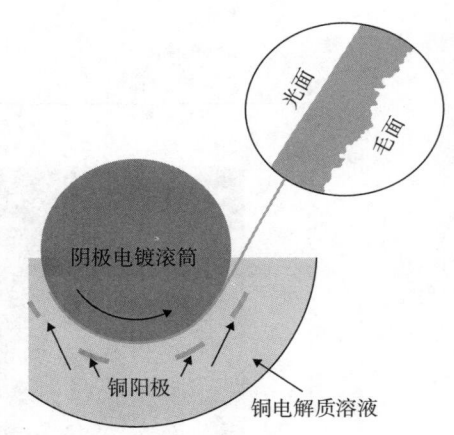

图 4.21 电解铜箔

性的说明,见表 4.10。标准粗糙度铜箔和低粗糙度铜箔表面轮廓的对比,如图 4.23 和图 4.24 所示。此外,随着电路工作频率的增加,铜箔粗糙度对信号衰减的影响变得明显。频率较高时,因为趋肤效应更多的电信号会通过导体的表面传输,粗糙的表面会使信号传输的距离变长和不稳

表 4.8 1 级铜箔的抗拉强度和延伸性能

性能(23℃)	1/2oz	1oz	2oz
抗拉强度 /kpsi	30	40	40
抗拉强度 /MPa	207	276	276
延伸率 /%	2	3	3

表 4.9 3 级铜箔的抗拉强度和延伸率

性　能	1/2oz	1oz	2oz
抗拉强度(23℃)/ kpsi	30	40	40
抗拉强度(23℃)/ MPa	207	276	276
延伸率(23℃)/%	2	3	3
抗拉强度(180℃)/ kpsi	15	20	20
抗拉强度(180℃)/ MPa	103	138	13
延伸率(180℃)/%	2	2	3

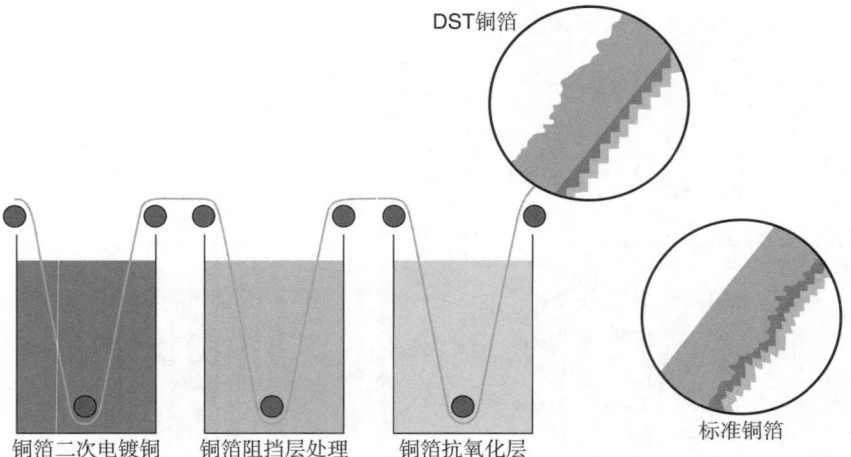

图 4.22 铜箔的处理

表 4.10 铜箔粗糙度标准

铜箔粗糙度类型	最大铜箔粗糙度 /μm	最大铜箔粗糙度 /μin
S：标准	N/A（不适用）	N/A（不适用）
L：低粗糙度	10.2	400
V：超低粗糙度	5.1	200
X：无处理或粗糙	N/A（不适用）	N/A（不适用）

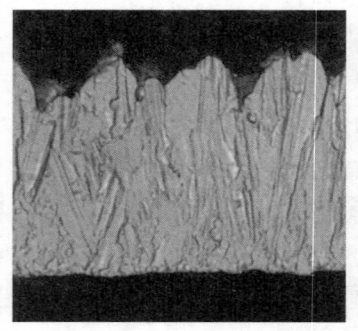

图 4.23 标准的 1 级铜箔截面及毛面形态（来源：Gould Electronics）

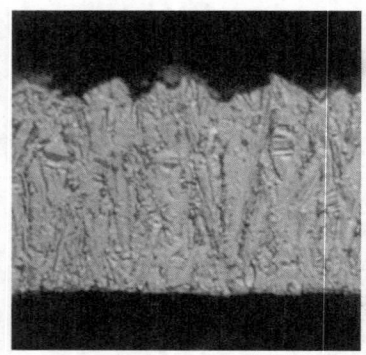

图 4.24 低粗糙度的 1 级铜箔截面及毛面形态（来源：Gould Electronics）

定，导致更大的衰减或损耗。所以，高性能基材需要低粗糙度的铜箔，同时要保证足够的附着力，以搭配高性能的树脂体系。

基铜箔制造出来后，有多种表面处理方式，而具体选用哪种方式则取决于铜箔的使用环境要求。这些处理方法可分为四大类。

1．瘤化处理

瘤化是指电镀铜或氧化铜瘤到铜箔表面，以增大铜箔的表面积，这种处理能增强铜箔与树脂间的附着力。处理层厚度相对较薄，但能大大增强铜箔与一些高性能树脂（如聚酰亚胺，氰酸酯，或 BT 树脂）之间的附着力。图 4.23 和图 4.24 展示的铜箔毛面就包含了这种球状瘤。

2．阻挡层

含有锌、镍或黄铜的涂层会处理到铜箔蜂窝结构的表面。进行层压板制造、PCB 加工及电路板组装时，这种涂层可以有效防止热或化学降解对铜箔与树脂间附着力的影响。这种涂层一般厚度为几百埃（Å），颜色则与特定的金属合金种类有关，大多数处理为棕色、灰色或黄芥末色。

3．钝化和抗氧化层

与其他涂层不同，铜箔两侧一般都会用到这种处理。钝化和抗氧化层一般使用铬合物，有时也会使用有机涂层，主要目的是防止铜箔在存储和层压过程中出现氧化。涂层厚度通常小于 100 Å，会在 PCB 制造工艺前，如清洗、蚀刻或磨刷工艺中被除去。

4．偶联剂

偶联剂主要为硅烷，主要用于增强玻璃纤维与树脂附着力，也可用于铜箔上。这些偶联剂可以增强铜箔与树脂间的化学键，也可以防止铜箔氧化或被污染。

4.6.2　光面处理铜箔（DSTF）或反向处理铜箔（RTF）

光面处理铜箔（DSTFoil®）或反向处理铜箔（RTF）也为电解铜箔类型，但 RTF 是在光面进行处理，与常规电解铜箔在毛面处理不同（见图 4.25 和图 4.26）。因此，与树脂层黏合的一面则

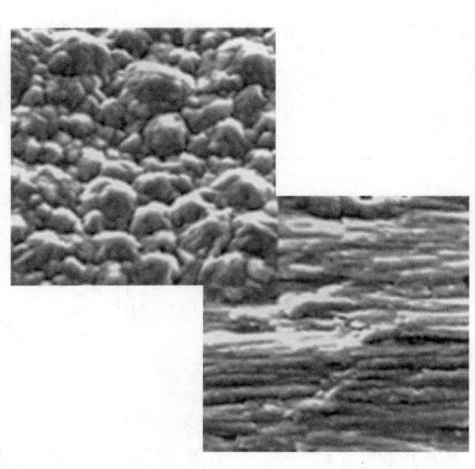

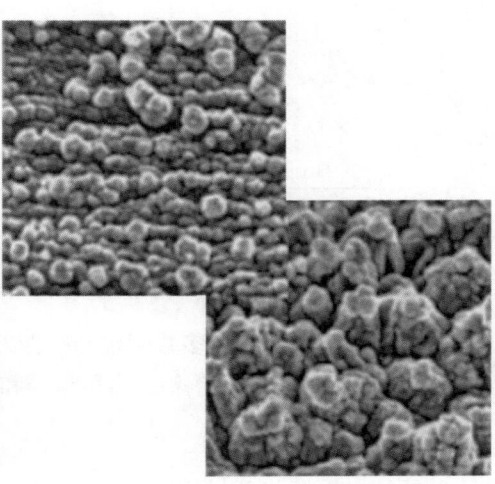

图 4.25　RTF 光面（上图）和标准铜箔光面（下图）（来源：Gould Electronics）

图 4.26　RTF 毛面（上图）和标准铜箔毛面（下图）（来源：Gould Electronics）

具有很低的粗糙度，而粗糙的面朝外。层压板的低铜箔粗糙度对内层制作精细电路图形有很大帮助，毛面则确保附着力。低粗糙度表面应用在高频信号时，电气性能表现有很大提升。此外，对薄板而言，低粗糙度表面有利于介质厚度均匀，减少上下铜箔突出的牙齿间介质厚度的不足，可以提升基材耐电压能力，但这些好处带来了剥离强度的轻微减弱。

4.6.3 压延退火铜箔

表 4.11　压延退火铜箔的抗拉强度和延伸率

性　能	1/2 oz	1oz	2oz
抗拉强度（23℃）/ kpsi	15	20	25
抗拉强度（23℃）/MPa	103	138	172
疲劳延伸率（23℃）/%	65	65	65
延伸率（23℃）/%	10	10	20
抗拉强度（180℃）/ kpsi	TBD	14	22
抗拉强度（180℃）/MPa		97	152
延伸率（180℃）/%	TBD	6	11

压延退火铜箔具有优良的延展性，所以通常应用于挠性电路板的制造。与电解铜箔不同，压延铜箔是将厚铜片或铜锭在高温热循环作用下经过一系列的轧辊，获得所需的铜箔厚度和机械性能。与柱状或细晶粒结构的电解铜箔相比，压延铜箔晶粒结构随机，因而机械性能更加卓越。此外，压延处理后的铜箔两面均具有较低的粗糙度，因此后续针对表面的粗化处理可以在任一面进行。7 级压延退火铜箔的抗拉强度和延伸率性能见表 4.11。IPC-4562 针对其他压延铜箔的要求也均有说明。

4.6.4 铜箔纯度和电阻率

IPC-4562《印制板用金属箔》针对电解铜箔和压延铜箔的纯度和电阻率进行了说明。未经处理的电解铜箔的最低纯度为 99.8%，含银部分计为铜含量。压延铜箔的纯度值为 99.9%。

表 4.12 为电解铜箔的电阻率要求。压延铜箔最大电阻率与铜箔质量有关，一般范围为 0.155 ～ 0.160 ohm-gram/m²。

表 4.12　电解铜箔的最大电阻率

质量代号	通用行业术语	最大电阻率 / (ohm-gram/m²)
E	5μm	0.181
Q	9μm	0.171
T	12μm	0.170
H	1/2 oz	0.166
M	3/4 oz	0.164
1oz（305g/m²）	1 oz	0.162

4.6.5 其他类型铜箔

上述电解铜箔适合作为大多数刚性和挠性 PCB 的导电箔。但是，一些特殊应用中会使用到一些改性铜箔，包括双面处理铜箔、电阻铜箔和超薄电解铜箔。

1. 双面处理铜箔

如上节所述，铜箔与基材相接触的一面经过特殊处理，主要是为了增强铜箔与树脂之间的附着力和确保可靠性。在双面处理铜箔中，基材靠外的一面铜箔表面也会进行处理。"反向处理"

的双面处理铜箔，光面与基材接触，而毛面朝向基材的外面，两面都经过了处理。

　　双面处理铜箔的优点是，可以省去多层板层压前内层芯板的棕化或其他表面工艺。但是存在一个问题，即双面处理过的铜箔不能出现任何擦花；而且去除铜箔表面任何污染都变得困难。因此，在电路板制造过程中，如果使用双面处理铜箔，则生产操作要非常留心。此类型铜箔在PCB 生产中实际应用很少。

2. 电阻铜箔

　　在基铜箔上进行处理可以用于制作带埋阻的内层电路。该技术能省去很多在多层电路板外层的组装电阻，而直接在多层电路板内层制作出电阻。这可以提高电路板的可靠性，并释放电路板上的多余空间给其他主动元件。这些铜箔通常是将金属合金材料电阻涂敷到基铜箔上制成。使用这种电阻铜箔制成的层压板，随后可以经过感光成像和蚀刻工艺，加工成具有电阻元件的图形。

3. 超薄电解铜箔

　　超薄电解铜箔，如 2μm 铜箔，不能独立存放，容易发生褶皱，导致报废，一般都是黏附在载体铜箔上。载体铜箔一般选用较厚的铜箔，如 15μm。压合完毕后，分离载体铜箔，一般用于超细线路 PCB 的制作，目前主要应用于封装用基板。

参考文献

［ 1 ］IPC-4101, "Specification for Base Materials for Rigid and Multilayer Printed Boards"

［ 2 ］Polyclad Product Reference Materials

［ 3 ］Kelley, Edward, "Meeting the Needs of the Density Revolution with Non-Woven Fiberglass Reinforced Laminates," EIPC/Productronica Conference, November 1999

［ 4 ］W.L. Gore Technical Literature

［ 5 ］Levchik, Sergei V., Weil, Edward D., "Thermal Decomposition, Combustion and Flame-Retardancy of Epoxy Resins—a Review of the Recent Literature," Polymer International/Society of Chemical Industry, 2004

［ 6 ］Nelson, Gordon L., Fire and Polymers II, Materials and Tests for Hazard Prevention, American Chemical Society, 1995

［ 7 ］IPC-WP/TR-584, "IPC White Paper and Technical Report on Halogen-Free Materials Used for Printed Circuit Boards and Assemblies"

［ 8 ］Clark-Schwebel Industrial Fabrics Guide

［ 9 ］BGF Industries, Inc. Fiberglass Guide

［10］Gould Electronics Product Reference Materials

［11］Kelley, Edward J., and Micha, Richard A., "Improved Printed Circuit Manufacturing with Reverse Treated Copper Foils." IPC Printed Circuits Expo, March 1997

［12］Jawitz, Martin W., Printed Circuit Materials Handbook, McGraw-Hill Companies, Inc., 1997

［13］IPC-4562, "Metal Foil for Printed Wiring Applications"

［14］Brist, Gary, Hall, Stephen, Clauser, Sidney, and Liang, Tao, "Non-Classical Conductor Losses Due to Copper Foil Roughness and Treatment," ECWC 10/IPC/APEX Conference, February 2005

［15］IPC-4412, "Specification for Finished Fabric Woven from E-Glass for Printed Boards"

第5章
基材的性能

Edward J. Kelley
美国亚利桑那州钱德勒，Isola 集团

梁景鸣　巫勤富　李子达　审校
台耀科技（中山）有限公司

5.1　引　言

对于印制电路板（PCB）制造商、组装厂商和原始设备制造商（OEM），基材的各种性能一直是他们所关注的。这些性能包括热性能、物理性能、机械性能和电气性能。本章除了介绍最重要的一些性能外，还提供不同类型材料之间的一些对比。评估这些性能的大部分测试方法都可以在《IPC 测试方法手册》（IPC-TM-650）中找到。

5.2　热性能、物理性能及机械性能

过去受到最多关注的基材性能是玻璃化转变温度（T_g）和热膨胀系数（CTE），尤其是 Z 轴 CTE。随着无铅焊接工艺的到来，其他性能也变得同等重要，最值得提及的便是热分解温度（T_d）。第 3 章中已详细地介绍了这些性能，第 7 章将再次重点讨论无铅焊接工艺对基材的影响。同时，本章也罗列了一些测试数据、附加信息，以及一些常见材料的对比。

5.2.1　热机械分析 T_g 和 CTE

随着温度的变化，材料的物理尺寸也随之变化。受增强材料方向性的影响，玻纤布增强的基材在不同轴向上的 CTE 均不相同。层压板或 PCB 的长度和宽度方向被称为 X/Y 轴，而垂直于这个平面的方向就是 Z 轴。

CTE 可以通过热机械分析法（TMA）测量。TMA 通过使用特定设备来测量样品尺寸随温度变化的关系。根据设备中样品的不同方向，X/Y 轴 CTE 和 Z 轴 CTE 都可以测量。

图 5.1 所示为一种样品 TMA 扫描示例，该样品是一种高 T_g 且无铅兼容的 FR-4 材料。T_g 值是指在高于和低于转变温度的部分曲线中各绘制直线切线，两条直线的交点对应的温度值，即玻璃化转变温度。示例中，T_g 测量值 154.45℃。T_g 前的 Z 轴 CTE 被称为 "Alpha 1"（α1），T_g 后的则被称为 "Alpha 2"（α2）。在本例中，T_g 前的 CTE 测量值刚刚超过 45ppm /℃，T_g 后的 CTE 测量值刚刚超过 219ppm/℃，50 ~ 250℃的总膨胀率为 2.58%。

Z 轴 CTE 对 PCB 的可靠性有很重要的影响。由于镀覆孔贯穿 PCB 的 Z 轴，所以基材中的热

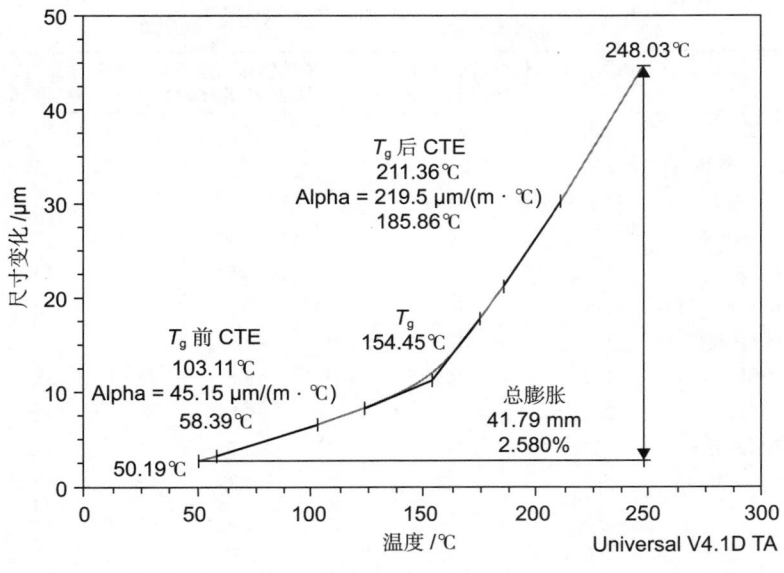

图 5.1   TMA 测量 T_g 和 CTE

胀缩会导致镀覆孔扭曲和产生塑性变形，也会使 PCB 表面的铜焊盘变形。在热应力作用下，当外层焊盘上应力足够大时,焊盘被拉扯向镀覆孔,并在随后冷却时出现表面"抬起"现象。这些"抬起"或"旋转"的焊盘是一种过度热膨胀的迹象。过度的热循环会使镀覆孔与内层导体连接处变得脆弱，造成孔壁上的铜开裂或铜层从孔壁分离，最终出现失效。

在讨论 PCB 的元件贴装时，X / Y 轴 CTE 则变得非常重要。当使用芯片级封装（CSP）和芯片直接贴装时，CTE 的重要性更为突出，因为 PCB 和元件在进行热循环时，它们彼此之间 CTE 的差别会降低结合的可靠性。X / Y 轴 CTE 也会影响覆铜箔层压板或 PCB 的内层附着力和抗分层能力。如果 X / Y 轴 CTE 差异较大的不同材料各层彼此相邻，热循环或热偏移可能会在这些层的界面处产生足够的应力，导致分离或分层。PCB 焊接工艺中的热效应会严重破坏界面附着力，而无铅焊接的高温环境会造成附加应力。出于这个原因，对应用于无铅焊接的 PCB 来说，关注每一层中的 X / Y 轴 CTE 值就显得尤其重要了。对于一种给定的材料类型，通常要确定玻璃布的型号，以及相邻铜层之间树脂的含量。此外，混压结构中使用了不同类型的基材，因此对于选择和分析各材料 CTE 值要格外注意，因为即使玻璃布类型和树脂含量均相同，不同材料的 CTE 值还是会有较大差异。

1. CTE 值

常见基材的 T_d 和 CTE 值见表 5.1。

2. 热膨胀率的控制

热膨胀率是基材成分及其相对含量的一个函数。相比于玻璃布或其他类型的无机增强材料，树脂具有相对较高的 CTE。

在控制 Z 轴热膨胀方面,关键考虑因素是树脂体系的选择,包括 T_g 及树脂含量。除了玻璃布，树脂配方中的填料也可以用于降低材料的 CTE。表 5.1 比较了一些常见基材的 CTE。随着测试基材或 PCB 中树脂含量的不同，相应的结果也大不相同。在多层 PCB 中，样品中铜含量对测试结果的影响也很显著，因为铜的 Z 轴膨胀率相比于树脂是非常低的，因此含铜测试的 CTE 普遍都

表 5.1 常见基材的 T_d 和 CTE 值（树脂含量 40%）

材 料	T_g/℃	热分解温度 T_d/℃（5% 质量损失）	Z 轴热膨胀率 /%（从 50℃到 260℃）	X/Y 轴 CTE/（ppm /℃）（从 40 到 125℃）
FR-4 环氧树脂	140	315	4.5	13 ~ 16
增强型 FR-4 环氧树脂	140	345	4.4	13 ~ 16
增强型，含填料 FR-4	150	345	3.4	13 ~ 16
高 T_g FR-4 环氧树脂	175	305	3.5	13 ~ 16
增强型高 T_g FR-4	175	345	3.4	13 ~ 16
增强型含填料高 T_g FR-4	175	345	2.8	12 ~ 15
BT/ 环氧树脂共混物	190	320	3.3	14 ~ 16
PPO/ 环氧树脂	175	345	3.8	15 ~ 16
低 D_k/D_f 环氧共混 A	200	350	2.8	11 ~ 15
低 D_k/D_f 环氧共混 B	180	380	3.5	13 ~ 15
改良的低 D_k/D_f 基材	215	363	2.8	13 ~ 14
氰酸酯	245	375	2.5	11 ~ 13
聚酰亚胺	260	415	1.75	12 ~ 16
无卤含填料高 T_g FR-4	175	380	2.8	13 ~ 16

比不含铜样品低。

需要注意，随着 T_g 值的增加，CTE 值一般存在差异，大多会是降低。T_g 较高则意味着推迟了 T_g 后急剧热膨胀的起点。还需注意，有填料的基材，相比等量却没有填料的基材，Z 轴膨胀率要更低。

5.2.2 测量 T_g 的其他方法

除了热机械分析法（TMA），还有其他两种方法常用来测量 T_g，即差示扫描量热法（DSC）和动态力学分析法（DMA）。与 TMA 测量尺寸的变化不同，DSC 是测量热流随温度的变化。当温度超过树脂 T_g 点时，吸收或放出的热量就会发生改变。由 DSC 测得的 T_g 值通常高于 TMA 测量值。DMA 是测量材料模量随温度的变化，通常测得的 T_g 值也稍高于 DSC 和 TMA 法。

随着复杂树脂体系的开发和基材中存在多种树脂组合，利用 TMA 测量 T_g 值变得更加困难。例如，使用 TMA 测量包含两种 T_g 值树脂的基材，膨胀率的转变实际是很难获得的。但对这类型材料而言，采用 DSC 法，尤其是 DMA 法，是测量 T_g 值的最佳方法。图 5.2 和图 5.3 分别为采用 DSC 和 DMA 测量 T_g 值的例子，及其对应的 T_g 值。

5.2.3 热分解温度

加热材料至较高温度时，树脂会在一定温度点开始出现分解。树脂系统内的化学键开始断裂并伴随有挥发成分逸出，样品质量减少。热分解温度（T_d）是描述在某一温度点开始出现树脂分解的性能。T_d 通常定义为分解失去原始质量 5% 时对应的温度点。表 5.1 为几种常见材料出现 5% 热分解时对应的温度点。考虑到多层 PCB 的可靠性，其实 5% 是一个非常大的数值。尤其对无铅焊接工艺来说，降低热分解的温度水平非常重要。为了解释这个，可以参考图 5.4。

在图 5.4 中，可见两种 FR-4 材料的热分解曲线。"传统型 FR-4"是指 T_g 为 140℃的材料，图中通过损失 5% 质量定义其热分解温度为 320℃。"增强型 FR-4"通过损失 5% 质量定义其热分

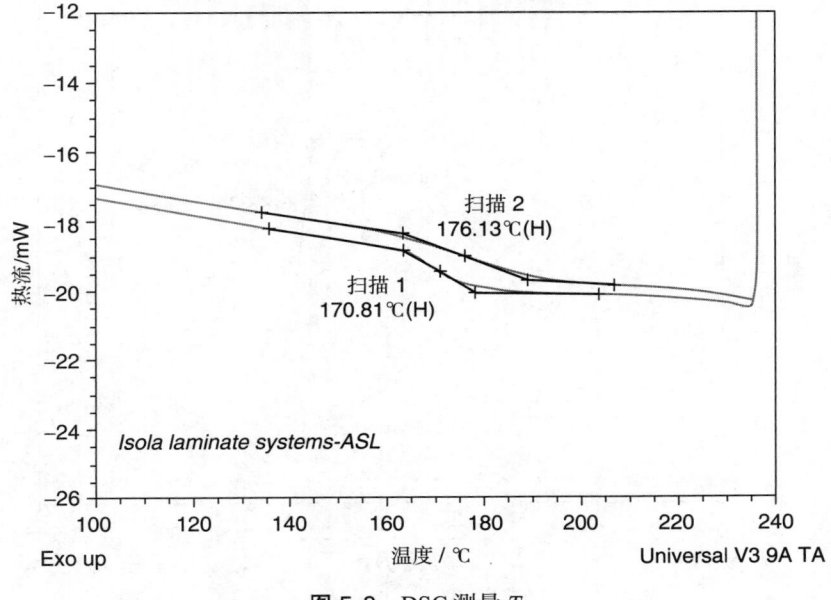

图 5.2 DSC 测量 T_g

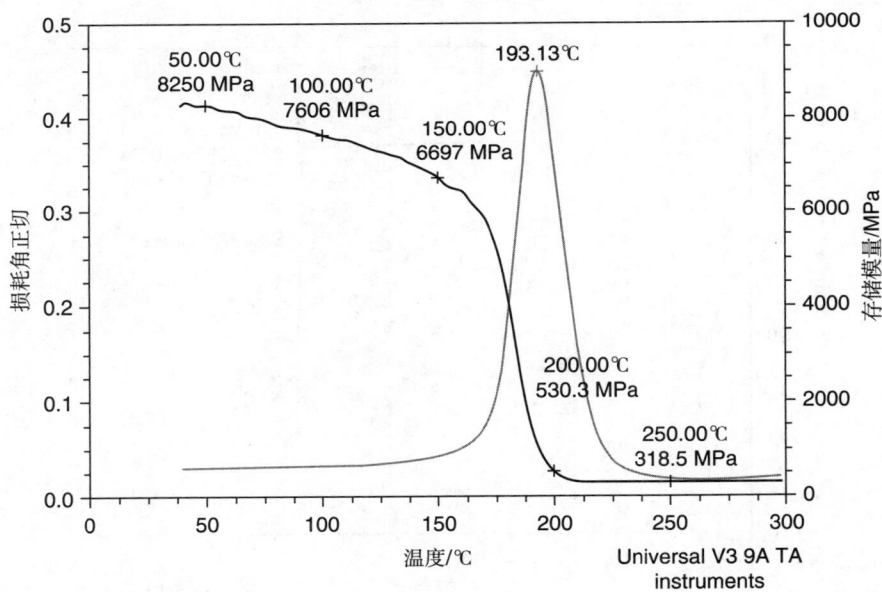

图 5.3 DMA 测量 T_g

解温度为 350℃。实际上，也有许多标准高 T_g FR-4 基材的热分解温度在 290 ~ 310℃，而 T_g 为 140℃的 FR-4 基材往往具有稍高一些的 T_d 值。阴影区域表示标准锡铅焊接工艺和无铅焊接工艺的峰值温度范围。这样就会有一个简单的问题：如果 PCB 在 260℃温度下进行焊接，而材料的热分解温度为 310 ~ 320℃，那为什么会描述为无铅焊接不兼容呢？

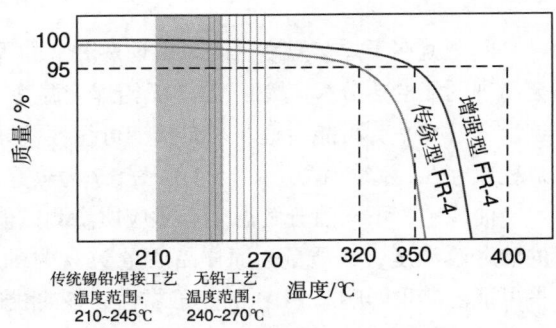

图 5.4 热分解温度测试

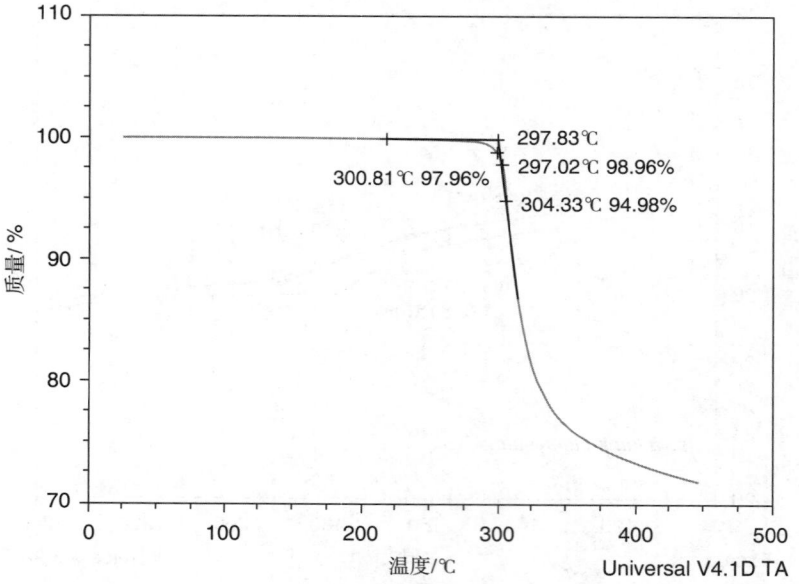

图 5.5 标准高 T_g FR-4 基材热分解曲线

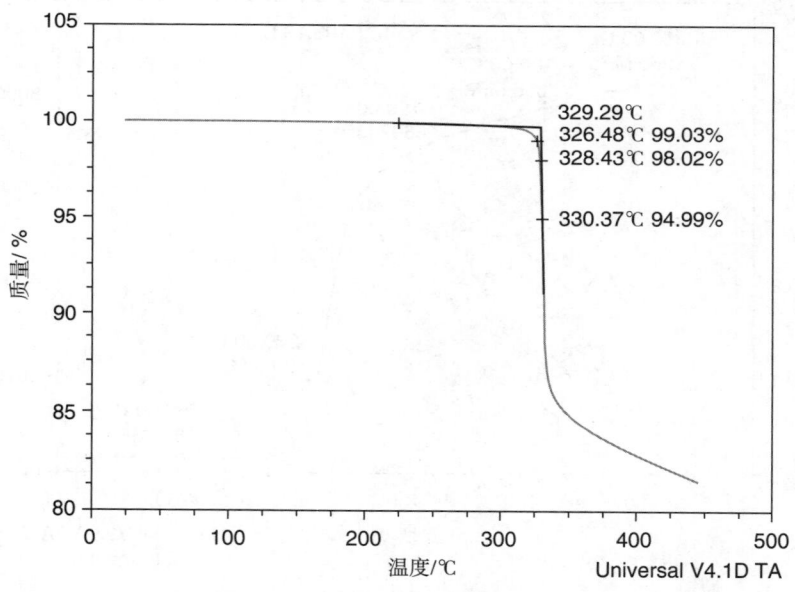

图 5.6 增强型高 T_g FR-4 基材热分解曲线

问题就在于焊接温度区间内出现热分解的程度。对于锡铅焊接工艺的温度区间，材料基本不会出现明显的热分解。然而，对于无铅焊接温度区间，传统 FR-4 基材已开始损失 1.5% ~ 3% 质量。这个分解水平，可能会危及材料长期可靠性或导致焊接过程中出现分层的缺陷，特别是多次焊接过程或存在返修的情形。图 5.5 ~ 图 5.7 为热重分析（TGA）曲线，分析了 3 种基材的热分解温度。

曲线中，不同热分解温度点对应质量测试值。而在常规测试曲线中，只记录损失 5% 质量时的热分解温度，或质量为原样品质量 95% 时的热分解温度。但前面已经讨论过，这种热分解水平可能已严重影响了 PCB 的热可靠性。该曲线也显示了 1% 和 2% 质量损失的热分解温度，以及起始热分解温度。起始温度是从曲线图中的直线部分外推出来的，把两条直线相交的点（两段

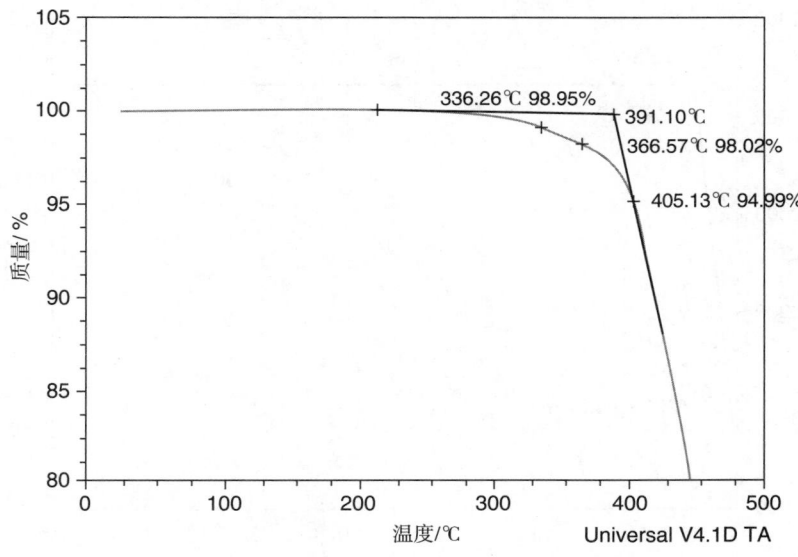

图 5.7 低 D_k/ D_f 基材热分解曲线

曲线切线的交点）记为起始热分解温度点。

在图 5.5 和图 5.6 中的热分解非常迅速，而在图 5.7 中的热分解则较为缓慢，并且在 1%、2% 和 5% 质量损失之间的温度区间比前两图中要更大。图 5.7 对应材料的 5% 热分解温度值为 405℃，虽然起始热分解温度约为 336℃。这突出表明，不仅 5% 质量损失的热分解重要，低于 5% 质量损失的热分解也同样需要关注。

5.2.4 分层时间

分层时间测试利用一个特定的测试过程测量特定温度下材料经历多长时间出现分层或爆板。该过程采用了热机械分析仪（TMA），样品在设备中被加热至指定的温度。通常采用 260℃作为测试温度值，因此该测试也称为 T260 测试。也可使用其他测试温度，如 288℃或 300℃。表 5.2 对比了各种材料的热性能。需注意，由于材料制造商不同，类似材料之间的性能会相差很大。T260 受材料使用的树脂类型、固化剂、CTE 的影响。例如，T_g 值为 175℃的环氧树脂，比 T_g 值为 140℃的环氧树脂具有更低的 T260 值。尽管 T260 值较低，前者高 T_g（175℃）的基材却在热循环测试中显示出更高的可靠性，原因主要还是该高 T_g 的材料具有较低的 CTE。使用了不同固化剂的增强型 FR-4 材料，一般在分层时间测试和热循环试验中都能表现较好。图 5.8 为一个多层 PCB 采用 TMA 评估 T260 性能的例子。最上面的曲线为温度值，而另一条曲线为样品的厚度测量值。分层导致样品厚度迅速增加，出现分层时就是测试的终点。图 5.9 为该相同材料的 T288 测试结果。需要注意的是，PCB 测试的分层时间一般比覆铜箔层压板或无铜箔层压板的测试值短得多。

随着无铅工艺的广泛应用，人们也越来越重视热应力下分层时间测试，但有一点很重要，那就是并不能只关注一项性能或一个类型的测试。首先，分层时间与无铅焊接的兼容性，这两者之间并没有很明显的相关性，因为分层时间还受到了 CTE 和树脂使用的不同固化剂的影响。具有较长的 T260 或 T288 时间，并不等于就能保证无铅焊接时材料具有良好的可靠性。相反，有些材料的 T260 或 T288 时间不一定很长，却在无铅焊接中表现出优异的性能。因此，确定用于无铅

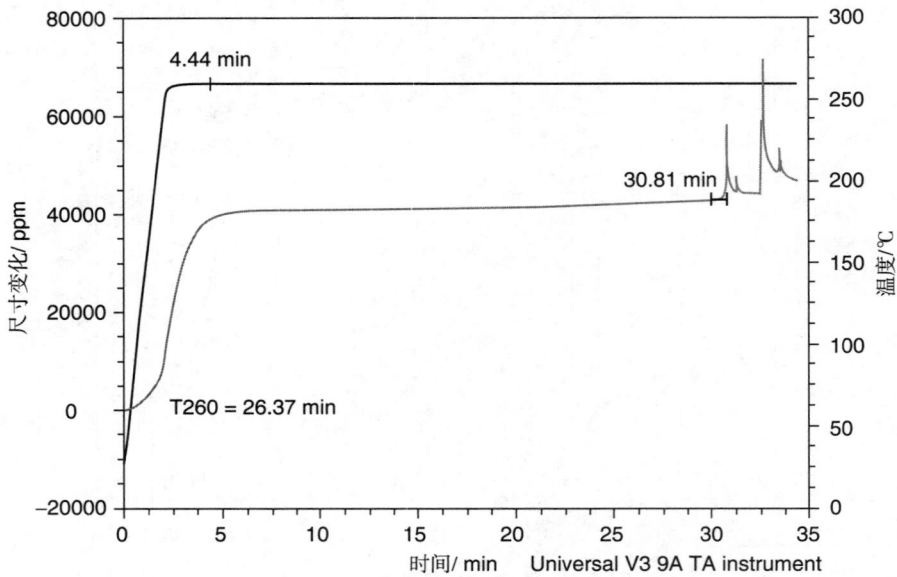

图 5.8 增强型高 T_g FR-4 材料的 T260 测试

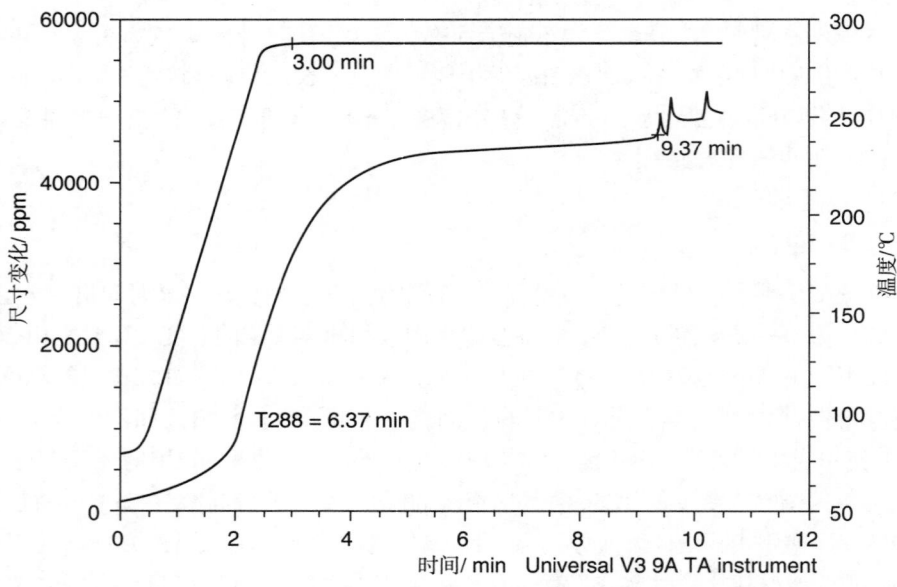

图 5.9 增强型高 T_g FR-4 材料的 T288 测试

焊接工艺中的材料时,考虑分层时间性能很重要,但不能仅仅通过这项能力表征材料的综合性能。保证材料各项性能平衡是非常必要的,这将在第 7 章中讨论。

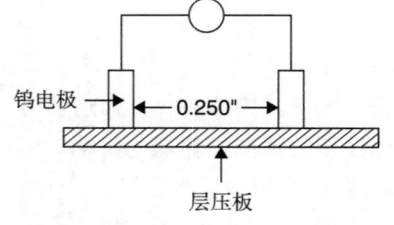

图 5.10 耐电弧性测试技术

5.2.5 耐电弧性

在测试中,材料的表面被设置一种小电流电弧。耐电弧性被描述为,在该条件下材料能抵挡出现漏电痕迹或形成导电通道的时间。图 5.10 讨论了测试技术。表 5.2 给出一些常见材料的耐电弧性数据。

表 5.2 常见材料的分层时间和耐电弧性数据

材　料	T_g/℃	T260/min	T288/min	耐电弧性/s
标准 FR-4 环氧树脂	140	8 ~ 18	-	65 ~ 120
增强型 FR-4 环氧树脂	140	20 ~ 30	5 ~ 10	75 ~ 120
增强型含填料 FR-4	150	25 ~ 45	6 ~ 12	80 ~ 120
高 T_g FR-4 环氧树脂	175	4 ~ 10	-	70 ~ 120
增强型高 T_g FR-4	175	30+	7 ~ 15	70 ~ 120
增强型高 T_g 含填料 FR-4	175	30+	8 ~ 16	80 ~ 120
BT/ 环氧树脂共混物	190	30+	2 ~ 8	100 ~ 120
PPO/ 环氧树脂	175	30+	8 ~ 20	110 ~ 120
低 D_k/D_f 的环氧混合 A	200	30	6 ~ 12	110 ~ 125
低 D_k/D_f 的环氧混合 B	180	30+	10 ~ 20	110 ~ 120
改良的低 D_k/D_f 基材	220	30+	15 ~ 35	110
聚酰亚胺	260	30+	30+	120 ~ 130
无卤素高 T_g 含填料 FR-4	175	20 ~ 30	8 ~ 12	120 ~ 130

5.2.6 密　度

表 5.3 给出了各种材料的密度。注意，表 5.3 的密度会因为不同的固化体系发生变化，而且加入填料后也会发生变化。

表 5.3 常见基材类型的密度

材　料	密度 / (g/cm³)
FR-4 环氧树脂	1.79
含填料 FR-4 环氧树脂	1.97
高 T_g FR-4 环氧树脂	1.79
BT / 环氧树脂共混物	1.77
低 D_k 环氧树脂共混物	1.77
氰酸酯	1.71
聚酰亚胺	1.68
APPE	1.51

5.2.7 铜箔剥离强度

剥离强度试验是测量导体与基体材料之间的结合力的最常用方法。剥离强度可以在接收态、热应力处理后、高温时或经化学试剂处理后等状态下测量。标准样品是线型或条状铜箔，或其他待测金属，它们先通过标准的 PCB 制造工艺制作成测试条样品。测试工业试剂处理后的剥离强度，要求条状铜箔宽度应该至少大于 0.79mm（ 0.032in ），其他条件则至少要求 3.18mm（ 0.125in ）的样条宽度。铜箔厚度会影响所测得的剥离强度值，因此默认用 1oz 厚的铜。如果要测试一种较薄的铜的剥离强度，则先将其电镀至 1oz 厚。

样条的一端剥离后连接到负载测试仪上。这种测试仪类似于装有负载测试单元的抗拉强度测试仪器。剥离强度的计算公式：

$$剥离强度（ lbf/in ）= L_m/W_s$$

其中，L_m 为最小负载；W_s 为测试条的实测宽度。

对于测试热应力处理下的剥离强度，处理条件是首先将样品在 288℃锡炉中漂锡 10s。对于测试化学试剂处理下的剥离强度，处理条件是首先将样品置于 23℃有机溶剂中浸泡 75s。以前是使用二氯甲烷，但因环境问题，现在要求使用其他替代物。处理后干燥样品，再将其浸泡于 90℃、10g/L 的 NaOH 溶液中 5min。冲洗干净，再将样品依次在 60℃、10g/L 的 H_2SO_4 和 60℃、30 g/L 的 H_3BO_3 中浸泡 30min。再次冲洗样品并干燥，然后浸入 220℃热油中保持 40s。最后，在

23℃下将该样品浸入除油剂中保持 75s，以充分除去油层，最终干燥得到样品。高温条件下的剥离强度测试，是将样品放置在热流体或热空气中再进行测试，FR-4 材料通常要求温度为 125℃。

表 5.4 为几种常见材料在不同条件下的 1oz 铜箔剥离强度值。

表 5.4　常见基材标准铜箔剥离强度

材　料	T_g/℃	漂锡后的剥离强度 /（lbf/in）	高温下的剥离强度 /（lbf/in）	化学试剂处理后的剥离强度 /（lbf/in）
标准 FR-4 环氧树脂	140	9.0	7.0	9.0
增强型 FR-4 环氧树脂	140	8 ~ 9	6 ~ 7	8 ~ 9
增强型含填料 FR-4	150	8 ~ 9	6 ~ 7	8 ~ 9
高 T_g FR-4 环氧树脂	175	8.5 ~ 9	6.5 ~ 7.0	8.5 ~ 9.0
增强型高 T_g FR-4	175	8 ~ 9	6 ~ 7	8 ~ 9
增强型含填料高 T_g FR-4	175	8 ~ 9	6 ~ 7	8 ~ 9
BT / 环氧树脂共混物	190	8 ~ 9	7.5 ~ 8.5	8 ~ 9
PPO / 环氧树脂	175	7 ~ 8	6 ~ 7	7 ~ 8
低 D_k/ D_f 的环氧共混 A	200	6 ~ 7	6 ~ 8	7 ~ 9
低 D_k/ D_f 的环氧共混 B	180	7 ~ 8	6 ~ 7	7 ~ 8
改良的低 D_k/ D_f 基材	215	7.0	6.0	7.0
氰酸酯	245	8.0	7.5	8.0
聚酰亚胺	260	7.0	6.0	7.0
无卤素，含填料高 T_g FR-4	175	7 ~ 9	6 ~ 8	7 ~ 9

需要注意的是，长期应用于热可靠性要求很高的聚酰亚胺材料，其剥离强度值最低。这表明，剥离强度的绝对值大小并不总是衡量基材品质或可靠性的最佳指标。测量和监控某一材料的剥离强度值，并与其常规要求值进行比较分析，可作为过程控制的方法或一项检测标准，也可用于失效分析，但材料选择时较高的剥离强度并不一定意味着更高的可靠性。最后，如果是光面处理铜箔（也叫反向处理铜箔）和超低轮廓铜箔，因具有较低的表面轮廓，其剥离强度值将更低。

5.2.8　抗弯强度

抗弯强度是一种衡量材料在两端支撑的条件下，中心承受载荷而不出现断裂的性能指标（见图 5.11）。IPC-4101 描述了各种材料的最小抗弯强度，表 5.5 也对部分材料进行了总结。

另外，IPC-4101 还定义了 150℃ 高温下的平均最小抗弯强度，需要时可查询 IPC-4101 最新版本。

图 5.11　抗弯强度测试

5.2.9　吸水和吸湿

当材料在空气中或浸没在水中时，其抵抗吸水的能力对于 PCB 的可靠性非常重要。一方面，水分容易受热膨胀扩散，从而导致基材出现一些明显的缺陷，主要是分层；此外，当电路施加偏压时，水分也会影响基材抵抗导电阳极丝（CAF）生长的能力。

覆箔层压板吸水率的测量方法是，将样品蚀刻掉金属层后在 23℃蒸馏水中处理 24h，然后在 105 ~ 110℃下干燥 1h，最后在干燥器中冷却。样品干燥后称重，在规定条件下浸入水中，并再次称重。吸水量的计算方法如下：

表 5.5 基材抗弯强度要求

材料类型	最小纵向抗弯强度 / (kgf/m²)	最小横向抗弯强度 / (kgf/m²)
XXXPC	8.44×10^6	7.39×10^6
CEM-1	2.11×10^7	1.76×10^7
CEM-3	2.32×10^7	1.90×10^7
FR-1	8.44×10^6	7.04×10^6
FR-2	8.44×10^6	7.39×10^6
FR-3	1.41×10^7	1.13×10^7
FR-4	4.23×10^7	3.52×10^7
FR-5	4.23×10^7	3.52×10^7
聚酰亚胺 / 编织 E 玻璃	4.23×10^7	3.17×10^7
氰酸酯 / 编织 E 玻璃	3.52×10^7	3.52×10^7

增加的质量百分比 =（含湿质量—干燥质量）/ 干燥质量 ×100%

另一个吸水率的测量方法是，将样品在 15psi 下处理 60min 后测量其质量变化。表 5.6 列出了一些常见材料的吸水性数据，可以看到数据随树脂类型的变化而改变。

表 5.6 常见基材吸水率和抗吸收二氯甲烷能力

材 料	T_g/℃	吸水率 /%	吸收二氯甲烷 /%
FR-4 环氧树脂	140	0.1	0.7
含填料 FR-4 环氧树脂	155	0.22	0.42
高 T_g FR-4 环氧树脂	180	0.1	0.7
BT / 环氧共混物	185	< 0.5	0.7
低介电常数环氧混合物	210	0.1	0.7
氰酸酯	250	< 0.5	0.32
聚酰亚胺	250	0.35	0.41

5.2.10 耐化学性

一种用来评估层压板耐化学性的常用方法就是测量二氯甲烷的吸收量。跟吸水率测试相似，将蚀刻后的样品暴露于二氯甲烷中并测量增加的质量。标准步骤是，首先蚀刻掉样品的金属覆层，然后在 105 ~ 110℃烘箱中干燥 1h，并测量初始质量。然后，将样品放入 23℃的二氯甲烷中浸泡 30min，再次干燥 10min 后称重。计算方法如下：

质量变化百分比 =（最终质量—初始质量）/ 初始质量 ×100%

5.2.11 阻燃性

美国保险商实验室（UL）将阻燃性能分类为 94V-0、94V-1、94V-2，定义如下。

94V-0 样品在每次燃烧处理后 10s 内必须熄灭（图 5.12），且 10 次燃烧处理后总的燃烧时间小于 50s。样品没有淌落燃烧颗粒，或第二次燃烧测试后持续燃烧不超过 30s。

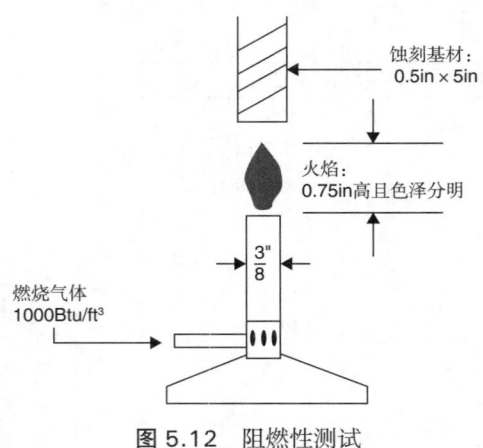

燃烧气体
1000Btu/ft³

蚀刻基材:
0.5in × 5in

火焰:
0.75in高且色泽分明

$\frac{3}{8}$"

图 5.12 阻燃性测试

94V-1 样品在每次燃烧处理后 30s 内必须熄灭,且 10 次燃烧处理后总的燃烧时间小于 250s。样品没有淌落燃烧颗粒,或第二次燃烧测试后持续燃烧不超过 60s。

94V-2 样品在每次燃烧处理后 30s 内必须熄灭,且 10 次燃烧处理后总的燃烧时间小于 250s。样品可能会淌落燃烧颗粒,再燃烧片刻,或第二次燃烧测试后样品持续燃烧不超过 60s。

5.2.12 热应力

热应力用于评估蚀刻的和未蚀刻的层压板短期暴露于焊锡的热完整性,是区别于使用 TMA 测试应力下分层时间的一种方法。测试方法可参照 TM-650、IPC-4101 定义的要求,在 288℃下测试 10s,目测没有分层或者气泡等缺陷,在后面的 第 9 章中会详细叙述。

5.3 电气性能

设计和制造 PCB 时,了解各种基材的电气性能是非常重要的。本节将讨论一些最重要的性能。前面章节中已分析,在高频下工作的电路要求材料具有良好的介电常数和损耗特性。这些属性将在第 6 章中进一步讨论。

5.3.1 介电常数或电容率

介电常数可以定义为,电容器在介电材料存在下的电容与空气存在下的电容的比值,如图 5.13 所示。换句话说,介电常数是一种用来衡量材料存储电荷能力的物理量。实际上有多种方法测量介电常数或电容率,全部讨论可能会大大超出本章的范围。但需要说明的是,高频下测量介电常数是非常困难的,此外测得的介电常数值也随测试方法改变而不同。因此,对比不同材料的介电常数值时,最好采用相同的测试方法。

此外,介电常数不是一个确定的常数。正如刚才提到的,介电常数随频率变化而变化。它也受温度和湿度的影响而出现变化。因此,除了测试方法,也必须考虑频率、温度和湿度等条件的影响。最后甚至是使用相同的材料类型,树脂含量(树脂与增强材料的比例)的变化也会影响介电常数,另外,增强材料也有介电常数,不同增强材料的介电常数不同,如 NE 玻璃布就是低介电常数的增强材料。第 7 章将对这些变化作进一步讨论。表 5.7 罗列了一些常见玻璃布(E 玻璃)增强基材在树脂含量为 50% 时的介电常数数据。

5.3.2 损耗因子($\tan \delta$)

绝缘材料的损耗因子定义为,电容器中绝缘介质层的总功率损耗与电容器中施加的电压、电流乘积的比值。许多用于测量介电常数的测试方法(见图 5.14),也可测量损耗因子。损耗因子也随频率、树脂含量、温度和湿度的变化而变化。损耗因子将在第 7 章中作更详细的讨论。表 5.7 列举了一些常见的玻璃布(E 玻璃)增强基材的损耗因子。

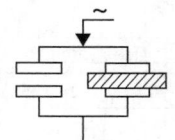 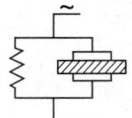

图 5.13　介电常数测试　　　　　图 5.14　损耗因子测试

表 5.7　常见材料的介电常数和损耗因子

材　　料	介电常数		损耗因子	
	1MHz	1GHz	1MHz	1GHz
标准 FR-4 环氧树脂	4.7	4.3	0.025	0.016
含填料 FR-4 环氧树脂	4.7	4.4	0.023	0.016
高 T_g FR-4 环氧树脂	4.7	4.3	0.023	0.018
BT/ 环氧树脂共混物	4.1	3.8	0.013	0.010
环氧树脂 /PPO	3.9	3.8	0.010	0.011
低介电常数环氧共混物	3.9	3.8	0.009	0.010
氰酸酯	3.8	3.5	0.008	0.006
聚酰亚胺	4.3	3.7	0.013	0.007
APPE	3.7	3.4	0.005	0.007

5.3.3　绝缘电阻

两个导体或镀覆孔之间的绝缘电阻定义为，导体之间总电压与总电流的比值。基材电阻的两种测量值分别为体积电阻率和表面电阻。绝缘电阻值随温度和湿度变化而变化，因此绝缘电阻测试通常定义在两个标准环境条件下进行：湿度条件和高温环境。湿度条件是将样品置于 90% 相对湿度和 35℃下处理 96h（ 96/35/90 ）。高温环境通常是将样品置于 125℃环境下处理 24h（ 24/125 ）。

5.3.4　体积电阻率

体积电阻率定义为，嵌入基材的两端电极上施加的直流电压与通过电极的电流的比值，一般用 $\Omega \cdot cm$ 表示。如图 5.15 所示，电极 1 和电极 3 之间为测量电流，电极 2 和电极 3 之间为保护电流。表 5.8 展示了一些常见类型的玻璃布增强基材的体积电阻率。

5.3.5　表面电阻

表面绝缘电阻定义为，任一绝缘材料表面上的两个点之间施加的直流电压与通过两点之间的总电流的比值。对于表面电阻，电极 1 和电极 2 之间为测量电流，而电极 1 和电极 3 之间为保护电流，如图 5.16 所示。表 5.8 展示了一些常见玻璃布增强基材的表面电阻值。

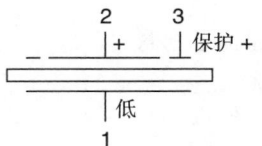 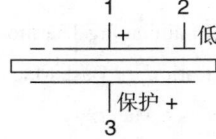

图 5.15　体积电阻率测试　　　　图 5.16　表面电阻测试

表 5.8 常见基材的电气性能

材 料	体积电阻率 /（Ω·cm）		表面电阻 /Ω		电气强度 /（V/mil）
	96/35/90	24/125	96/35/90	24/125	
FR-4 环氧树脂	10^8	10^7	10^7	10^7	1250
含填料 FR-4 环氧树脂	10^{11}	10^{10}	10^8	10^9	1250
高 T_g FR-4 环氧树脂	10^8	10^7	10^7	10^7	1300
BT / 环氧树脂共混物	10^7	10^7	10^6	10^7	1200
低介电常数环氧共混物	10^8	10^7	10^7	10^7	1200
氰酸酯	10^7	10^7	10^7	10^7	1650
聚酰亚胺	10^7	10^7	10^7	10^7	1350

5.3.6 电气强度

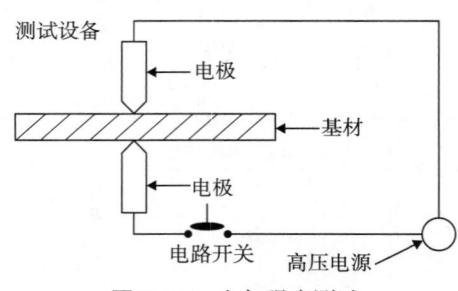

图 5.17 电气强度测试

电气强度定义为，在频率为 50 ～ 60Hz 的标准交流电源下，绝缘材料经受短时间高压时垂直于板面击穿的能力，电气强度值记为 V/mil（见图 5.17）。测量结果可能会受到样品中水分含量的影响，所以采用不同的预处理会对测试结果产生影响。除非特别要求，测试一般在 23℃下进行。样品首先在 50℃的蒸馏水中预处理 48h，接着在 23℃环境温度下浸泡于蒸馏水中至少 30min，最长 4h。测试时，样品浸入绝缘油中，以防止火花。对于同一种基材，样品厚度增加可能会引起测量值降低。表 5.8 比较了一些常见玻璃布增强基材的电气强度。

5.3.7 介质击穿

介质击穿定义为，在频率为 50 ～ 60Hz 的标准交流高压下，当施加极高电压时，刚性绝缘基材耐平行于板面击穿（或基材平面上）的能力（见图 5.18）。大多数材料的电气强度值很大程度上取决于吸收的水分的含量和预处理的方法。除非特别要求，测试一般在 23℃下进行。样品首先在 50℃的蒸馏水中预处理

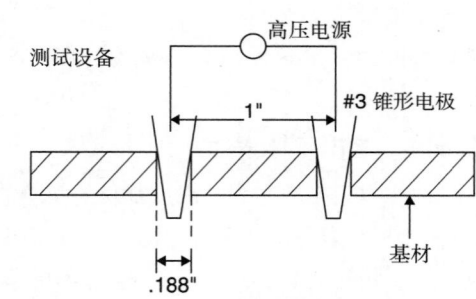

图 5.18 平行于板面的介质击穿测试

48h，接着在 23℃环境温度下浸泡于蒸馏水中至少 30min，最长 4h。介质击穿也需将样品浸入绝缘油中进行测试。表 5.8 所列材料的介质击穿能力通常高于 50kV。

参考文献

［1］ NEMA, "Industrial Laminating Thermosetting Products" Standard, 1998

［2］ IPC-4101, "Specification for Base Materials for Rigid and Multilayer Printed Boards"

［3］ Isola Product Reference Materials

［4］ IPC-TM-650 T

第 *6* 章
基材的性能问题

Edward J. Kelley

美国亚利桑那州钱德勒，Isola 集团

梁景鸣　巫勤富　李子达　审校

台燿科技（中山）有限公司

6.1　引　言

　　PCB 基材必须满足印制电路板（PCB）制造商、电路板组装厂，以及原始设备制造商（OEM）的需求。获得性能平衡的同时，必须能够满足供应链的每个要求。在某些情况下，供给链中某一环节的需求会与另一环节发生冲突。如 OEM 需要改善材料电气性能，或组装厂需要改善材料的热性能，从而导致可能使用某种树脂体系的材料成为必需，或因此导致需要延长多层板层压时间或降低钻孔效率，或两者兼而有之。

　　无铅焊接工艺对耐热稳定性能的要求更高，这将在第 7 章和第 8 章作进一步讨论。其他发展趋势则是对产品高性能的追求，包括：

- 电路高密度化
- 电路工作高频化

　　诸如 BGA 和 CSP 等形式的封装密度不断提高，相应地，PCB 组件的互连密度就要求更大。PCB 布线密度的增加影响了基材中的每种成分及其制造方式。为了实现高密度互连，元件设计节距变得越来越小，这就不得不要求镀覆孔和图形线路间距减小。随着孔和图形间距的不断减小，导电阳极丝（CAF）的潜在失效风险就大幅上升。

　　较高的工作频率也会影响基材中的 3 个主要成分。线路在高频率下工作时，就要求所用材料具有较低的介电常数、较低的损耗因子和更严格的厚度公差。本章将讨论这些性能问题，以及它们对 PCB 制造工艺的影响。

6.2　提高线路密度的方法

　　基本上，有 3 种方法可用来提高 PCB 线路密度：

- 减小导体宽度和间距
- 增加 PCB 中的线路层数
- 缩小导通孔尺寸和焊盘尺寸

但为了提高线路蚀刻工艺的良率，减小导体宽度则需使用低粗糙度的铜箔。然而，在其他条件相同的情况下，较低的粗糙度会降低铜箔与介质层之间的附着力。综合平衡铜面粗糙度对附着力和精细线路蚀刻的影响，以及铜面粗糙度对高频率下工作时电气性能的影响，这都是很重要的考虑因素。铜箔制造商一直在研究，在降低铜箔粗糙度的同时如何提高铜箔与各种介质材料之间的机械附着力，主要是如何获得合适的粗糙表面轮廓，同时又要求较低的粗糙度，以满足精细蚀刻及高频工作时较低的导体损耗。

增加线路层数会导致整板变厚和单层介质厚度变薄，这时的厚度控制和热稳定性比以往显得更加重要。在 PCB 上增加层数还需要提高对位能力。控制层间对位能力的关键因素之一，就是管控层压板的尺寸稳定性。多层板通常采用薄芯板来增加层数，薄芯板的尺寸稳定性较难控制，这样就使层间对位控制变得更难。当设计要求减小孔和焊盘尺寸时，材料尺寸稳定性越好，多层板加工对位良率越高。

6.3　铜　箔

增加 PCB 功能的最好方法，就是在单位面积中布置更多的线路。印制线路高密度化使得铜箔技术迅速发展，首先是铜箔的高温延伸性（HTE）的提升，其他则包括低粗糙度和超低粗糙度的铜箔、薄铜箔、高性能树脂体系用铜箔。

6.3.1　HTE 铜箔

高温下，HTE 或 3 级铜箔与标准电镀铜箔或 1 级铜箔相比，前者具有更高的延伸率。180℃条件下，一般 HTE 铜箔的延伸率范围为 4% ~ 10%。

随着多层 PCB 的发展，HTE 铜箔成为最常用的铜箔类型，主要还是因为在高温条件下铜箔延伸性表现优异，可以有效防止内层铜箔出现破裂。当 PCB 经历热循环时，材料 Z 轴热膨胀会给内层铜箔和镀覆孔之间的连接施加较高的应力。使用 HTE 铜箔，则使连接处的可靠性得到有效改善。这个特性，对于厚电路板或树脂含量较高的结构尤其重要，因为树脂含量提高会在一定程度上增大 Z 轴热膨胀率。

6.3.2　低粗糙度铜箔和反向处理铜箔

表 6.1　铜箔粗糙度

铜箔类型	最大粗糙度 /μm	最大粗糙度 /μin
S：标准	N/A	N/A
L：低粗糙度	10.2	400
V：超低粗糙度	5.1	200
X：无处理或无粗糙度	N/A	N/A

表 6.1 罗列了 3 种不同粗糙度的铜箔。铜箔的粗糙度对精细线路蚀刻非常重要。图 4.23 和图 4.24 描述了标准粗糙度铜箔和低粗糙度铜箔之间的差异。可以看出，标准粗糙度铜箔的"铜牙"更加明显。而使用低粗糙度铜箔能蚀刻出更好的线路几何形状。此外，在非常薄的层压板中，标准粗糙度的铜箔的大"铜牙"结构会引起介质层厚度和线路的粗细不一致，阻抗控制变得困难。如果层压板相对两侧的"铜牙"结构凸出太大，甚至会导致电气失效，如耐电弧性。

反向处理铜箔（RTF）进一步完善了这个概念。铜箔的生产过程中有一个非常光滑的光泽面（光面）和粗糙的磨砂面（毛面）。传统技术是处理毛面，并将这一面层压至基材面。反向处理铜箔正如其名，处理铜箔的光泽面并将这一面层压至基材面。这有两个重要的作用，首先，处理后的光面与基材面结合，使其具有非常低的粗糙度，这样就非常有助于精细线路的蚀刻。其次，粗糙毛面位于层压板的表面，这样可以提高光致抗蚀剂的附着力。这种工艺能够省去 PCB 制造过程中的表面粗化，还可以提高内层成像和蚀刻良率。图 6.1 分别对传统铜箔和 RTF 铜箔加工的层压板进行了比较。

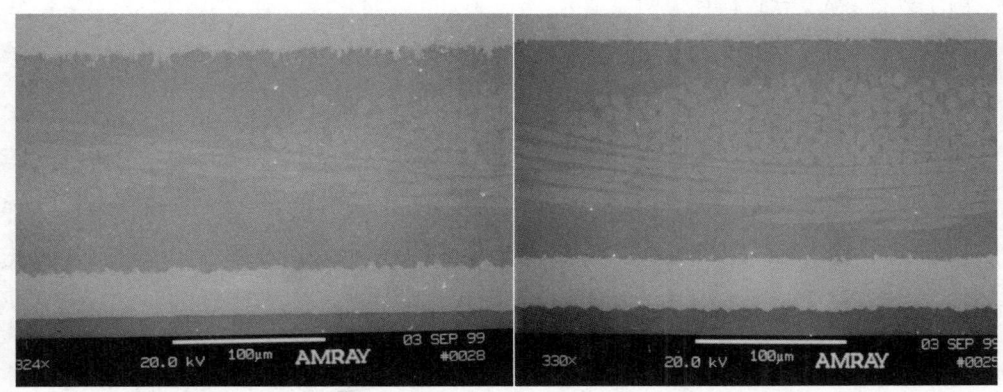

图 6.1　标准铜箔（左）与 RTF 铜箔（右）层压板比较

6.3.3　薄铜箔

使用薄铜箔能提高精细线路蚀刻能力。虽然电气因素限制了内层线路上非常薄的铜箔的使用，但其可以使用在外层，因为外层加工时能将铜箔电镀至所需的厚度。对于密集精细线路，通常使用 3.0μm、5.0μm 和 9.0μm 铜箔。2.0μm 铜箔的工艺也已经开发出来。

6.3.4　高性能树脂体系用铜箔

许多高性能树脂，如 BT、聚酰亚胺、氰酸酯，甚至一些高 T_g 的环氧树脂基材，在腐蚀性化学物质侵蚀下，都表现出较低的剥离强度和抵抗力。对于这些应用，铜箔通常需要增加瘤化处理，或在树脂配方中加入偶联剂。瘤化处理可以增大机械黏合的表面积，而特定的偶联剂有助于铜箔与树脂间的化学键合作用。

6.3.5　铜箔粗糙度和信号衰减

随着电路工作频率的增加，更多的信号将转移至导体的最外层。趋肤深度——即大部分信号传输的区域，与频率之间的函数关系如图 6.2 所示。当工作频率超过 1GHz 时，趋肤深度接近 0.5oz 铜箔的光面平均粗糙度值 R_a。因为铜箔粗糙度造成导体损耗从而引起的信号衰减，成为高频设计时的一个重要考虑因素，所以设计工程师们必须着重考虑。

选定几种不同类型的铜箔，研究其粗糙度和信号衰减的关系。从图 6.3 和图 6.4 中可见这几种铜箔粗糙度的相对差异。图 6.5 显示了这些铜箔的粗糙度分布情况。最后，这些不同类型铜箔损耗与频率的关系如图 6.6 所示。1GHz 左右时，这几种类型的铜箔所观察到的损耗差异非常小。但在较高的频率下，每种类型的铜箔粗糙度对应引起的损耗差异很大：粗糙度越大，所测得的衰减值越大。

在 PCB 制造过程中，棕化制程使用氧化物或氧化替代物对铜面进行表面粗化的工艺很重要。

图6.7和图6.8对两种处理方式得到的粗糙度进行了对比测试。测试时,铜箔和FR-4基材保持一致。取横截面切片前,先对测试模块进行信号衰减测量。同时,测量信号衰减能用来计算有效损耗因子(D_f)。在1GHz下,图6.7中的样品(相对光滑的轮廓)的D_f测量值为0.021。图6.8中的样品(相对粗糙的轮廓)的D_f测量值为0.026。显然,在图6.8中可见,采用氧化替代物进行表面粗化的工艺产生的较大粗糙度导致损耗值明显增大。

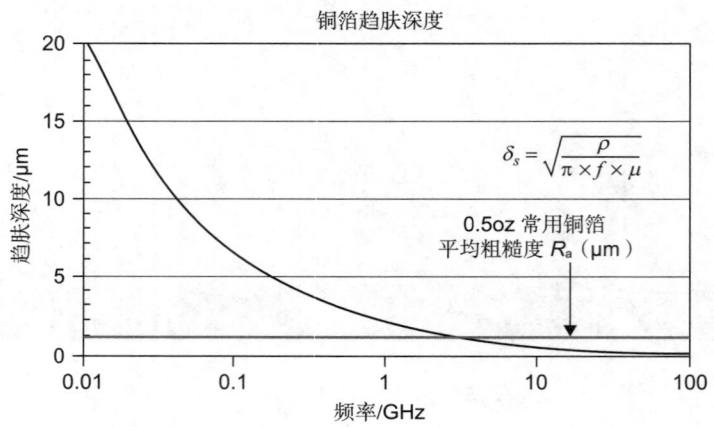

图 6.2　趋肤深度与频率的关系

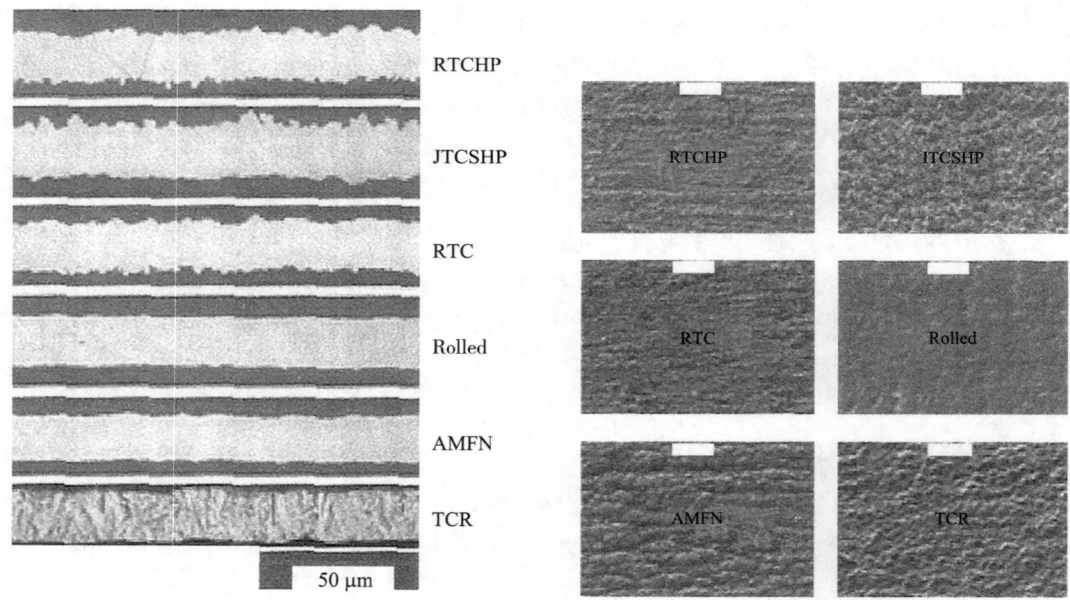

图 6.3　几种铜箔的横截面图[1]　　　　图 6.4　几种铜箔的扫描电子显微镜图

---

1)图中铜箔为美国 GOULD 公司的产品, "J"代表加工过程中增加了防止氧化的镀层; "TC"代表有黄铜镀层,能提高高温应用可靠性; "JTC"代表高性能高可靠性多用途一级铜箔; "JTCS"代表用于多层 PCB 的三级高温延展性铜箔; "RTC"代表反向处理铜箔; "HP"代表高性能铜箔; "AMFN"代表高机械强度低轮廓铜箔; "TCR"代表带埋电阻的铜箔; "Rolled"代表压延铜箔。图 6.4 ~ 图 6.6 也是如此。

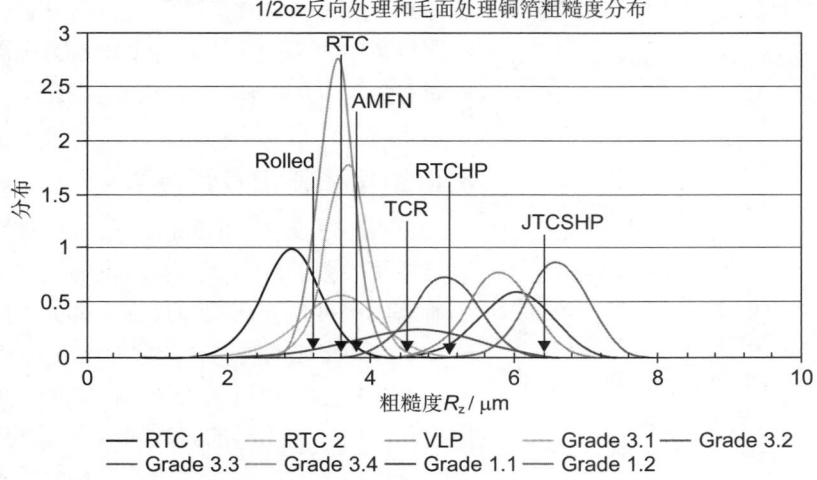

图 6.5　不同类型铜箔的粗糙度分布

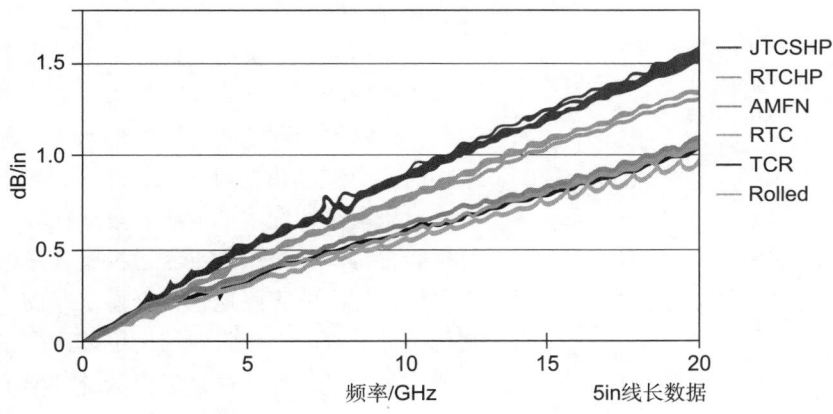

图 6.6　不同类型铜箔对应损耗与频率的关系

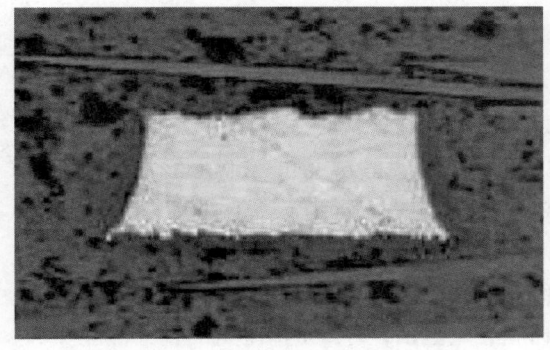

图 6.7　工艺 A 获得的铜箔粗糙轮廓　　　**图 6.8**　工艺 B 获得的铜箔粗糙轮廓

6.4　层压板的配本结构

为了满足阻抗、层数和整体 PCB 板厚控制要求，层压板介质层厚度具有较大的变化范围，是很有必要的。表 6.2 为多种常见的层压板介质层厚度，以及它们的大致配本结构和树脂含量。每家层压板供应商都会有其特有的配本结构，因此表格中对应的每个配本结构可以在层压板供应商那

表 6.2 常见的层压板配本结构

层压板厚度 /in	玻璃布类型	树脂含量 /%
0.0020	1-106	71 ~ 72
0.0025	1-1080	53 ~ 54
0.0030	1-2113	46 ~ 47
0.0035	1-2113	52 ~ 53
0.0040	1-2113	53 ~ 54
0.0040	1-2116	43 ~ 44
0.0040	1-106/1-1080	59 ~ 60
0.0040	2-106	68 ~ 69
0.0045	1-2116	50 ~ 51
0.0045	2-1080	55 ~ 56
0.0050	1-2116	52 ~ 53
0.0050	1-2165	47 ~ 48
0.0050	1-1652	42 ~ 43
0.0050	2-1080	56 ~ 57
0.0050	1-2113/1-106	52 ~ 53
0.0060	2-2113	46 ~ 47
0.0062	1-1080/1-2113	53 ~ 54
0.0080	1-7628	44 ~ 45
0.0080	1-2116/1-2313	49 ~ 50
0.0080	2-2116	45 ~ 46
0.0090	2-2116	50 ~ 51
0.0100	2-1652	42 ~ 43
0.0100	2-2165	47 ~ 78
0.0120	2-1080/1-7628	47 ~ 48
0.0140	2-7628	40 ~ 41
0.0210	3-7628	40 ~ 41

里得到。此外，一些高性能的树脂基材，会针对配本结构或树脂含量进行微调，主要是为了满足某些特定性能需要，如介电常数，从而控制阻抗。

6.4.1 单张料和多张料结构

介质层厚度在 0.003in 以下，往往没有其他选择，只能使用单张的玻璃布或者昂贵的超薄玻璃布，以达到所需的厚度。介质层厚度在 0.003 ~ 0.008in，可以选择单张和多张两种。介质层厚度在 0.008in 以上，通常需要使用多张料以达到所需的厚度。可见，在每个厚度范围内，利用料的张数和树脂含量组合能有效调节介质层厚度。层压板结构的选择对成本和性能的影响显著。具体使用单张料还是多张料，可以有多种选择，没有特例。

显而易见，单张料结构通常比多张料结构更节约成本。节省的幅度则取决于具体的玻璃布类型和其他参数。性能也受到这些因素的影响，特别是使用特定结构时，更应考虑对性能的影响。首先，在表 6.2 中可见单张料结构配本的树脂含量往往较低。下一章将对树脂含量进行讨论。不考虑树脂含量的影响时，单张料结构配本能很好地控制介质层厚度。树脂含量等其他条件一致时，单张料结构可以比多张料结构实现更严格的厚度公差，这是因为从统计学上分析，单张料结构的厚度变化肯定比多张料结构的厚度变化要小。

6.4.2 树脂含量

见表 6.2，在介质层厚度相同的情况下，可以实现玻璃布和树脂含量的多种组合方式。建议优先选择具有相对较低树脂含量的配本结构，因为较低的树脂含量对应较低的 Z 轴膨胀率，这样能提高产品的可靠性。此外，较低的树脂含量也有助于提高尺寸稳定性、抗翘曲变形及控制介质层厚度。而较高的树脂含量会降低基材的介电常数，这对电气性能有很大帮助，在 6.8 节中将作进一步讨论。此外，为了保证树脂 - 玻璃纤维足够浸润及防止层压板内出现空洞，使用较低的树脂含量也有下限要求。确保树脂能充分浸润玻璃纤维，对材料的耐 CAF 性能和热可靠性很重要。总之，对于特定玻璃布类型，必定存在一个较佳的树脂含量范围，用以平衡基材的各种性能要求。

6.4.3 层压板的平整度和抗弯强度

在制作电路板内层线路图形时，基材具有较好的平整度和抗弯强度能有效通过传送设备。对于很薄的压层板，就显得更加重要了。如果层压板卷曲，就可能被卡住或在设备内部被损坏。同样，如果带电路图形的薄层压板在传送设备上弯曲变形，也会产生同样的损坏。

出于这些原因，有时也会优先使用玻璃布含量相对较高的配本结构，尽可能使用较厚的玻璃布，以增强其抗弯强度，但需确保 6.4.2 节中讨论的那些性能要求。此外，通常优先选择平衡结构或使用对称结构，以避免翘曲。非对称结构容易出现翘曲，造成层压板传送过程中的问题。用一个 0.008in 的层压板来举例说明：表 6.2 中可见 3 种配本结构：1 张 7628、1 张 2313/1 张 2116、2 张 2116。需注意，不对称的 1 张 2313/1 张 2116 的结构将比其他配本结构更容易出现翘曲。但是，翘曲只是其中一项必须考虑的因素。选择配本结构时，必须综合考虑尺寸稳定性、厚度控制及其他性能的影响。

6.5　粘结片的选择和厚度

　　正如层压板基材有多种配本结构，粘结片也有多种不同的选择。每种类型玻璃纤维的涂敷可以控制不同的树脂含量和流动度。和基材一样，粘结片也要考虑类似的一些性能，但后者还需考虑树脂具有足够的流动性，使其能充分填充到多层电路板的内层线路中。因为内层电路与铜厚和线路密度有关系，所以在指定粘结片类型时，通常需要提供各种不同的树脂含量和流动度以便选择。填充厚铜电路及信号层时，需要较高的树脂含量；反之，填充薄铜电路及电源层或地层时，可以使用较低的树脂含量。表 6.3 列出了一些常见的粘结片类型，以及其树脂含量和厚度。

表 6.3　常见的粘结片类型

玻璃布类型	树脂含量 /%	厚度 /in [1]
106	62	0.0015
106	66	0.00175
106	71	0.0020
106	75	0.0022
1080	54	0.00225
1080	57	0.0025
1080	64	0.0030
1080	66	0.00325
2113	50	0.0035
2113	55	0.0040
2116	50	0.0045
2116	52	0.00475
2116	55	0.00525
2165	47	0.0050
7628	40	0.0070
7628	42	0.00725
7628	44	0.0075
7628	45	0.00775

[1] 给定树脂流动度且没有填充线路时的典型厚度。

6.6　尺寸稳定性

　　随着电路板层数的增长，以及导通孔到焊盘距离的变小，线路层之间的对位能力变得非常重要。虽然通过选择材料或工艺优化，对层与层、导通孔与内层图形之间的对位有很大帮助，但层压板的尺寸稳定性仍是最重要的一个因素，尤其是使用薄层压板的多层板，因为较薄的层压板的尺寸稳定性一般比厚板差。如下例子将说明这一点。

表 6.4　多层板对位精度变量

过程变量	工序 σ（A 材料）	工序 σ（B 材料）
底片绘制	0.33	0.33
底片对位	0.70	0.70
蚀刻后冲孔	0.40	0.40
层压板稳定性	1.70	0.90
钻孔定位	0.80	0.80
钻孔孔位	1.00	1.00
整体精度 σ	2.30	1.79
整体精度 ±3σ	6.90	5.37
钻孔对位标准差	13.80	10.75

6.6.1　PCB 对位能力模型

　　表 6.4 列出了几个关键变量，它们影响 PCB 制造过程中导通孔与内层焊盘的对位能力。表中的值表示一个特定的多层电路板加工时，单一工序引起的标准差。我们做个假设，如果这些过程均按正常加工条件，各工艺参数均按标准中心值控制，我们则可以用一个变量来衡量整体的对位能力。换句话说，对每个单一工序的标准差的平方进行取和，再开平方，最后得到一个整体过程的标准差，可以用此来评估对位精度。

也就是说，如果我们使 13.5mil 的钻孔与内层焊盘至少相切，则对于材料 A，需要焊盘直径约为 27.5mil（13.5+13.8= 27.3）。相同的方法也可以用来计算隔离盘或反焊盘的直径，这在设计时要重点关注。值得注意的是，诸如尺寸稳定性和孔的位置，它们受特定的材料类型、电路板设计和制造工艺的影响非常明显。当然，实际的对位系统比这里描述的更加复杂。分析这一点就是为了显示层压板的尺寸稳定性对 PCB 设计的影响。从这个例子可以看出，将层压板的尺寸稳定性从标准差 1.70 降到 0.90 后，整体对位的能力从 13.8mil 提高到了 10.75mil，或者说内层焊盘直径降低了 3mil 以上。如果要求提高布线密度，则需要缩小线路尺寸，如内部焊盘尺寸等。相应地，这就要求对位能力的提升，因此也就需要提高层压板的尺寸稳定性，就如模型要求的一样。

6.6.2 尺寸稳定性的测试方法

常见的用于评估基材尺寸稳定性的测试方法是，在覆铜箔层压板的 4 个角上蚀刻特定的图形或钻孔。在加工前，先测试这些孔之间的原始基线距离。需要注意的是，蚀刻图形后需要再次测量尺寸的变化，并与原始基线距离进行对比。第二种测试方法需要采用加热，即在 150℃下烘烤 2h。同样，处理之后要测量尺寸并与基线尺寸对比。第三种方法：首先将图形蚀刻出来并测量，然后烘烤样品，接着再次测量，详细可以参照 TM-650。在层压板制造过程中，每种方法都可作为过程控制的手段。

但对 PCB 制造商来说，这些测试方法的价值是有限的，因为他们要在蚀刻完成后，接着在一定温度和压力下将粘结片和其他芯板层压在一起，以形成多层电路板。PCB 制造时，对于整个电路图形制作尤其是多层板层压过程，希望提高线路密度的电路板制造商和设计者最关注的问题，便是内层芯板的偏位能满足一定的预测性和一致性。多层板层压温度通常达到 185℃或更高，通常会超过基材的 T_g 值。温度高于 T_g 后，树脂软化使层压板内的张力得以释放，同时也会受到周围材料的应力和层压压力的影响，因此层压板的偏位大部分发生在层压过程中。

6.6.3 提高尺寸稳定性

尽管层压板和电路板制造过程中的许多变量会影响尺寸稳定性，但一些常见的技术，包括优化层压工艺、控制树脂含量、使用高 T_g 材料，并研发新型材料和工艺技术，可以用来提高基材的尺寸稳定性。

1. 层压板制造过程中的注意事项

过去，一些 PCB 制造商要求层压板制造商在装运前烘烤层压板，或 PCB 制造商在使用前烘烤。这样做的目的是释放存储在层压板内部的部分应力。尽管这个过程可能有帮助，但这种方法增加了材料的加工周期，通常不利于生产。相反，许多层压板制造商会在层压过程中的某一特定点降低压力值，以减小可能会聚集在成品中的应力。

新的层压板制造技术对基材的尺寸稳定性也有很大帮助。第 3 章中所述的直流电流和连续制造工艺可以使用较低的压力，压板时每块层压板之间能保持热量的均匀分布，这些参数的优化使得尺寸稳定性的一致性得到改善。

其他过程对尺寸稳定性的控制也很重要。原料的管控，特别是玻璃布，对尺寸稳定性作用很大。加工过程中在玻璃布上施加的张力，层压过程中的升温速率、温度和压力的曲线，以及芯板叠板预排工艺，都会影响尺寸稳定性。并且，这些参数的一致性也会提高 PCB 制造过程的一致性。

2. 反向处理铜箔（RTF）的影响

在内层线路成像时，RTF 铜箔通常可以省去表面粗糙化工艺。这些表面粗糙化工艺通常是机械磨刷，它会拉长或使薄板变形。不过，层压板的这种变形大多数是弹性形变，有变回原始尺寸的趋势，但需要一定的时间。内层芯板在磨刷后停留不同的时间，测得的形变量是有变化的。因此，如果芯板没有充分恢复机械磨刷带来的形变，就提前进行曝光成像，那么形变恢复过程就会一直延续至成像之后，从而造成板上的图形出现偏位。此外，改变磨刷的工艺参数会造成不同批次板件之间的差异，从而给对位精度造成很大的影响。RTF 铜箔因为外侧粗糙面提高了与感光干膜的附着能力，因此可以省去机械磨刷，从而有助于改善对位精度。

3. 玻璃布类型和树脂含量

层压板和粘结片中使用的每种玻璃布类型，都对应一个树脂含量范围，从而使得玻璃布能够充分得到浸润且容易管控，使得厚度更均匀、尺寸稳定性更一致。管控层压板和粘结片的树脂含量在要求范围内，可以较好地改善层压板的尺寸稳定性及对位能力。因此，选择一系列玻璃布类型，对实现较宽的介质层厚度范围非常重要。

4. 非编织型增强材料

由于纱线在玻璃布中为弯曲的几何形状，所以它们作为增强材料使用时可以表现得像弹簧一样。在粘结片的加工和层压板的层压过程中，玻璃纤维承受的应力在树脂固化后会被储存在层压板中。然而，这些应力在电路板制造过程中会被释放，引起尺寸的变化。

非编织型材料可避免这些应力。在一种非编织型材料中，有树脂浸润时间短且方向随机的纤维。在第二个类型中，线性的纱线均匀分布，不同方向上分别交叉，能有效抵抗层压过程中产生的应力，不过目前应用最广泛的还是编织型玻璃布。

5. 优化多层板层压工艺

绝大多数层压板尺寸的变化发生在多层板的层压过程中，当温度超过层压板树脂的 T_g 时，层压板出现软化，增强材料中储存的应力被释放，且层压板还会受到相邻材料和层压过程中压力的影响。

设计多层板层压工艺时，了解粘结片中树脂的流变性能非常重要。掌握树脂在某个温度范围开始融化、在某个温度范围开始固化，掌握热量上升和树脂的黏度曲线之间的关系都是很重要的。对于黏度，不仅知道树脂的最低熔融黏度非常重要，掌握树脂低于某一黏度值的时长，对确保树脂流入并充分填充内部线路图形来说，也是很重要的。只有了解这些参数，才能分别设计吻压或浸润工艺的压力和温度曲线，充分提高包括尺寸稳定性在内的性能。

如果能确保粘结片中的树脂体系能在层压板树脂体系 T_g 值以上的温度充分固化，可避免层压板树脂软化，从而防止出现太大的偏位。但实际操作中很少这样做。使用这种技术的主要阻力是，要保证该多层 PCB 全部使用相同的树脂体系，实际多层 PCB 用的层压板树脂体系都是非单一的，故固化的温度和时间需要咨询材料供应商。

6.7　高密度互连 / 微孔材料

一种增加线路密度的方法是使用盲孔和埋孔，而不是全部用通孔贯穿 PCB，盲孔和埋孔仅通过部分多层电路板并连通需要连接的层。如果不延长这些孔，那么多层电路板上其他层不被占用的空间就能额外布线。成品电路板的外部看不到埋孔，它有可能是多层板子板的通孔，或者是一张芯板的通孔。盲孔从多层电路板的外部是可以看见的，但其并未穿透电路板。显著提高互连密度的方法之一便是限制这些孔的孔径。微孔或高密度互连（HDI）印制电路的设计就是利用这些方法来提高布线密度的。

使用传统工艺制作盲孔或埋孔的材料已讨论过，但还可以使用其他类型材料搭配更加专业的技术来增加布线密度。形成微孔的专业技术包括激光钻孔、等离子体蚀刻、光致成孔，但激光钻孔是目前应用最广泛的。

激光钻孔过程中切割树脂的速度很快，并且可以切割玻璃布。但等离子体蚀刻不能有效蚀刻掉玻璃纤维，因此，业界已研发出替代增强材料或不含无机增强材料的基材类型。

对于盲孔的应用，涂树脂铜箔可以用于形成外层线路与介质层之间的 1 ~ 2 层和 $n \sim n-1$ 层，使用激光钻孔或等离子体工艺形成盲孔。埋孔加工则需要通过几个连续工序完成。有两种涂树脂铜箔材料。第一种使用一层部分固化的树脂（见图 6.9），然后层压在多层电路板中。第二种使用两层树脂（见图 6.10 和图 6.11），第一层已完全固化，而第二层部分固化。该技术中已固化的树脂层可以控制内层图形与外层铜箔之间的电气间距，对确保外层铜箔与次外层线路之间的最小介质层厚度有很大的帮助。

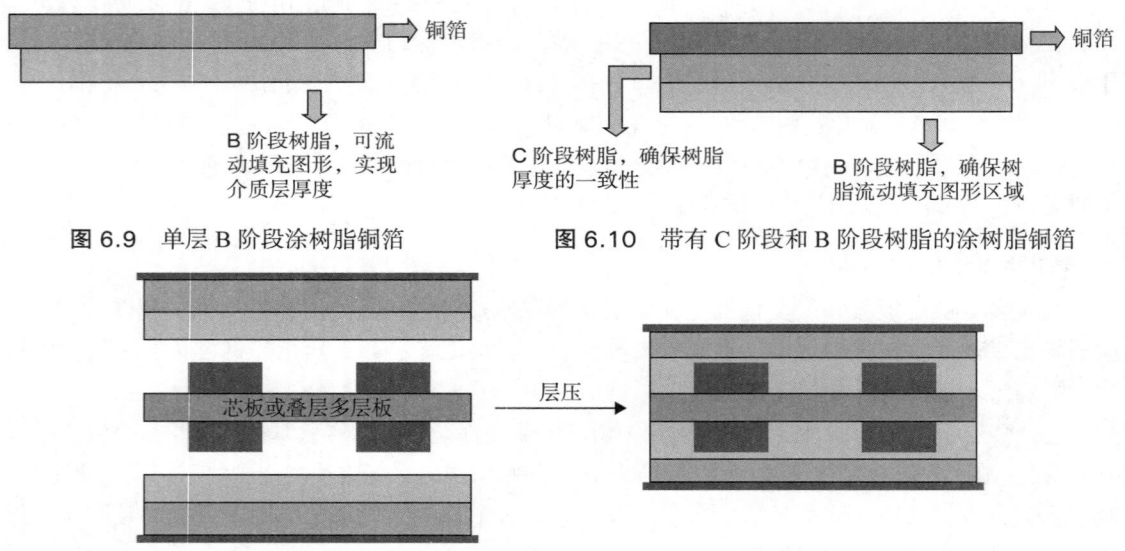

图 6.9　单层 B 阶段涂树脂铜箔　　　　图 6.10　带有 C 阶段和 B 阶段树脂的涂树脂铜箔

图 6.11　使用带有 C 阶段和 B 阶段树脂的涂树脂铜箔压制成 PCB

HDI 设计中还使用了另一种有机增强材料，它可以用激光切除或等离子体蚀刻。最常用的有机增强材料为芳族聚酰胺纤维。芳族聚酰胺纤维方向随机，制成片材后与树脂体系浸润。用这种方式制作的层压板和粘结片，能应用于多层电路板的制造，但因为价格原因使用很少。表 6.5 展示了一些树脂含量为 50% 的聚酰胺纤维增强材料的常用厚度。还可以使用另一种增强材料来制作粘结片，即膨体聚四氟乙烯（PTFE）。这种材料具有海绵状结构，也可以用于制作粘结片及 HDI 产品（见图 4.19）。膨体 PTFE 具有非常低的介电常数和损耗因子。

第三种工艺技术，则是需要形成一层感光的永久型介质材料，用来形成微孔。这种感光介质层类似于电镀抗蚀剂，但在随后的电镀工序必须能被催化以便形成外部图形层，并且能与多层电路板的其他部分产生足够的附着力，以提供长期可靠性。

表 6.5　常用的聚酰胺厚度

聚酰胺类型	粘结片厚度	层压板厚度
E210	0.0018 in（46μm）	0.0020 in（51μm）
E220	0.0030 in（76μm）	0.0032 in（81μm）
E230	0.0037 in（94μm）	0.0039 in（99μm）

6.8　CAF 的形成

导电阳极丝（CAF）是用于描述一种电化学反应的术语，这种导电通道的形成是通过金属或金属盐在介质材料中的传输产生的。如图 6.12 所示，这些通道可以形成于两条线路之间、两个导通孔之间，或线路与导通孔之间。CAF 也有可能形成在孔与电路板内某一层之间，在概念上类似于孔到线路的 CAF。根据定义可知，随着线路密度的增加，图形之间的间距在减小，意味着图形之间的通道变短，所以 CAF 的形成也就成为一个与可靠性相关的比较重要的一个因素。

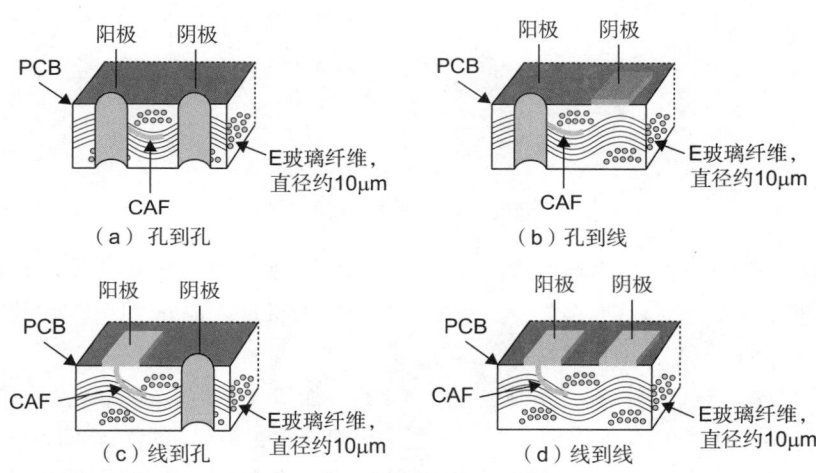

图 6.12　CAF 形成的通道

出现 CAF 时，一般会存在导电细丝产生的路径和偏压。在玻璃纤维增强材料中，树脂和玻璃纤维丝之间的间隙是最常见的路径。如果玻璃纤维与树脂没有完全浸润，或者树脂与玻璃布纱线之间的结合强度不够，又或者两者的结合受到破坏，那么产生的间隙就很有可能成为 CAF 形成的通道。空心的玻璃纤维丝也可以提供这样的通道。此外，电子迁移中必须存在介质，如吸收水分后允许溶解的离子发生迁移，并促进电化学反应，最后形成 CAF。图 6.13 为 CAF 形成的一个实际例子。

CAF 研究已经进行了很多年，主要结果如下。

（1）CAF 的形成存在两个步骤：通道形成和电化学反应。

（2）细丝通常以一种铜盐的形式存在。

（3）吸水率会影响 CAF 的形成率。但吸收水分

图 6.13　两个镀覆孔之间的 CAF 失效图例

量低于某一最小值时，CAF 较难形成。

（4）温度会影响电化学反应的速率。

（5）偏压大小也会影响 CAF 形成的速度。

（6）树脂与玻璃布的浸润至关重要，良好的浸润效果能消除潜在的 CAF 形成通道。

（7）除了玻璃布浸润，树脂与玻璃布之间的附着力也很重要。良好的附着力，能确保树脂与玻璃布之间的结合在受潮或热应力条件下不会失效。玻璃布偶联剂的选择非常重要，它用于改善树脂与玻璃布之间的附着力，但不同的树脂体系要使用不同类型的偶联剂。图 6.14 为硅烷偶联剂，其中"R"代表用于不同应用的化学结构。

（8）硅烷及树脂涂敷前，玻璃布的清洁度对于保证树脂与玻璃布良好的浸润性和结合性很重要。

（9）树脂配方中的固化剂会影响 CAF 形成。这可能是由于某些固化剂容易吸收水分，或电化学性质比较特别，或两者兼而有之。

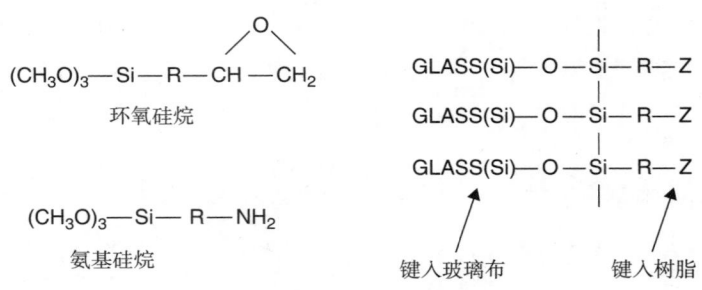

图 6.14　硅烷偶联剂

（10）玻璃布或树脂内，污染物也会促进 CAF 形成。例如，某些环氧树脂中存在的可水解氯化残留物，能够催化电化学反应促进 CAF 形成。另外，如果是其他外来污染物与树脂不相容形成通道也会导致 CAF 形成。

（11）树脂体系的热稳定性和热膨胀也会对 CAF 性能造成影响，特别是无铅焊接工艺会导致 PCB 受到更严重的热应力。这主要是由于树脂出现热分解，引起树脂到玻璃布的附着力下降，甚至层压板内的小气泡也可能提供 CAF 形成的通道。至于热膨胀，主要还是树脂与玻璃布之间的 CTE 匹配问题，无铅焊接的温度越高，导致的树脂与玻璃布界面的总压力越大。如果这种压力足够大，在附着力较低的情况下就可能会出现玻璃纤维从树脂中分离，从而产生 CAF 通道。

PCB 制造过程也会影响 CAF。一些在 PCB 制造中需要考虑的因素如下。

（1）内层芯板表面必须洁净。化学反应后对内层芯板的充分清洗很重要，这样可以尽量减少残留的离子污染。

（2）严格管控粘结片的存储环境和保质期，这样可以确保多层板层压时粘结片具有足够的流动性，保证与玻璃布的浸润性。

（3）严格管控多层板层压过程，确保粘结片层的树脂充分流动并良好地浸润玻璃布。此外，真空度、温度和压力都需重点监控，这很重要。

（4）钻孔质量也很重要。考虑 CAF 的性能，应尽量减少树脂与玻璃布之间的裂纹，这种裂纹会导致化学镀的过度灯芯，这也非常关键。

（5）控制除胶和化学沉铜中的化学物质也很重要，尽量减小其进一步对树脂 - 玻璃布界面的破坏，减少化学成分浸入介质层，都是很重要的因素。良好的清洗可以尽量减少加工过程残留的离子污染，这非常重要。

6.8.1 CAF 测试

虽然有许多不同类型的测试方法可用来评估 CAF 性能，但大多数都包括图 6.12 中描述的设计特点。不同方法的差异，包括图形间的距离、PCB 厚度和层数、玻璃布类型和树脂含量，所有的这些因素都会对 CAF 造成影响。即使不是直接的影响，但作为过程的结果，它们也被用来建立特定的测试方法。此外，偏置电压、温度和湿度等测试参数也会影响测试结果。不同的 OEM 对测试时间也有不同的要求，一般为 240 ~ 1000h。

图 6.15 为 PCB 测试中出现的一个 CAF 失效的例子，在这种情况下，几根玻璃纤维丝之间形成了通道，可能是由于它们没有得到充分的树脂浸润，或者因为树脂分解、水分或其他挥发性化合物引起形成的一个细小的空隙。

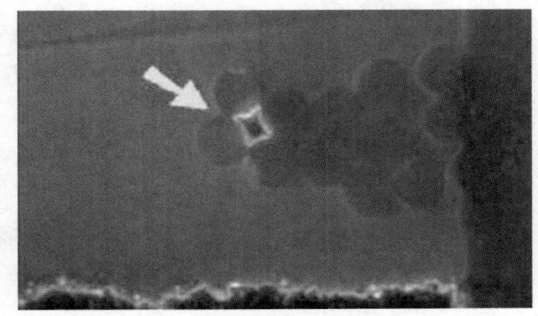

图 6.15 PCB 测试中玻璃细丝之间出现的 CAF

1. CAF 测试例 1

其中一个常用的评估 CAF 性能的测试方法，包括一个 10 层 PCB，芯板和粘结片均由单张 2116 组成。常用的测试条件为 65℃ /85%RH 或 85℃ /85%RH 环境，偏压为 10V 或 100V。此测试方法包括图 6.12 所示的设计特点，但重点在于考察孔到孔的性能。另外，孔相对于玻璃布编织结构的位置，也会影响测试结果。当钻孔在玻璃布的编织纱线上时，纱丝就会连接两个孔，提供了一个潜在的 CAF 路径。如果钻孔在编织纱线的对角线方向上，则测试时就没有纱丝连接两个孔，这样潜在的路径就被消除。在实际中，评估材料抗 CAF 性能往往都是选择在玻璃布的编织纱线上钻孔。孔间距是一个很重要的参数，该方法测试孔间距分别为 10mil、15mil、20mil 和 25mil。虽然不同 OEM 对测试结果要求有差异，但通常评估标准包括最小绝缘电阻值，或者要求电阻降低最大不超过一个或两个数量级，或称之为"电阻下降 10 倍"。图 6.16 是某 PCB 制造商对某款层压板测试的结果（每 50h 取一个值）。

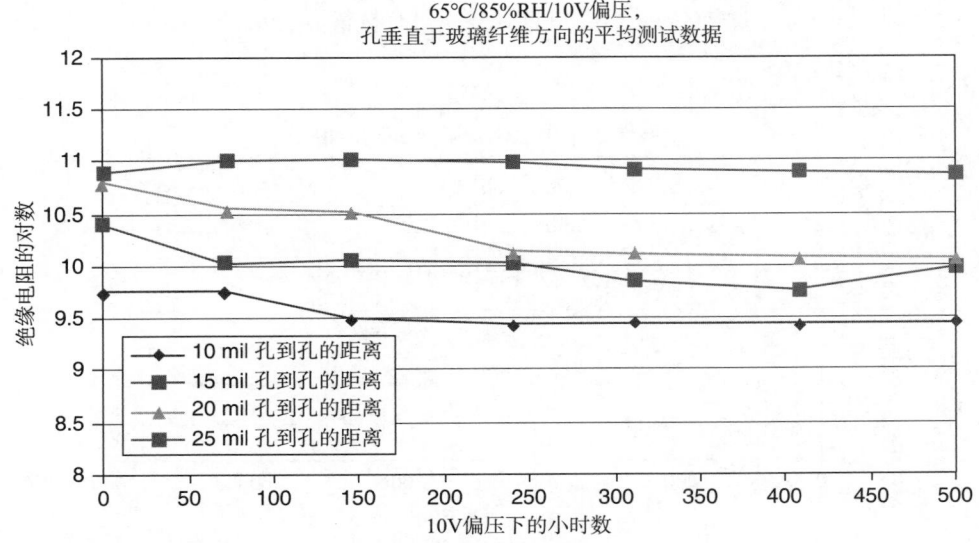

图 6.16 CAF 测试例 1 中的绝缘电阻测试结果

该图表显示测试附连板为 25 个（在此例子中为对数标度），分别在 10V 偏压，65℃ /85%RH 的环境条件下，测试平均绝缘电阻值随时间（h）的变化。孔间距分别为 10mil、15mil、20mil 和 25mil。在其他条件都相同的情况下，孔间距越大，平均绝缘电阻值越高，这意味着孔与孔之间的绝缘性能越好。在这个特定的测试案例中，每个间距对应测试的平均绝缘电阻值并没有下降一个数量级，说明测试结果令人满意。但也需要评估个别测试附连板，评估方法就是计算测试附连板通过或失效的百分比。图 6.17 提供了同次测试的对比数据，展示了图 6.16 中使用的材料与使用不同材料对照组的对比结果。

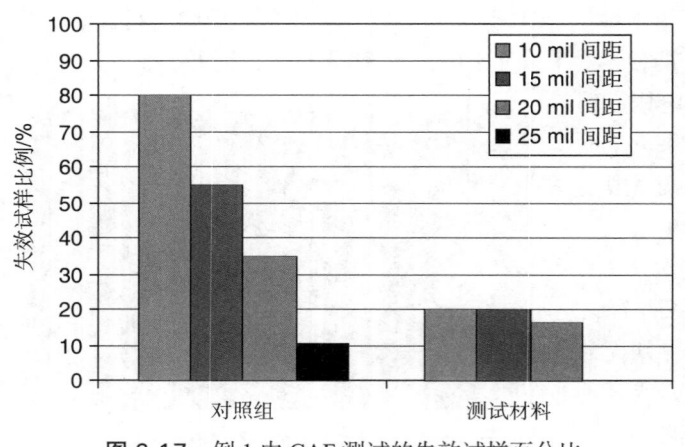

图 6.17　例 1 中 CAF 测试的失效试样百分比

与往常一样，孔间距增大时对照组表现出较少的失效比例，而测试材料在每种孔间距上都表现出更小的失效比例。

2. CAF 测试例 2

在第二个例子中，采用与例 1 相同的 CAF 测试方法，对比 4 种常用的 FR-4 材料。这些材料都是改性的材料，专门设计为"耐 CAF 性能"。同一 PCB 制造商在同一时间内加工了这些测试附连板。在这次测试中，测试条件为 100V 偏压、85℃ /85%RH 环境。测试取相同的孔间距，为简化描述，图 6.18 和图 6.19 只显示了间距分别为 15mil 和 25mil 的测试数据。在这些测试中，常使用一个 1MΩ 电阻来串联测试点，所以平均绝缘电阻值下降到 $10^6 \Omega$（"6"位于图表的 Y 轴），这表明最后测量的电阻值已下降很多。这次评估中，15mil 的孔间距，材料 A、C 和 D 的抗 CAF 能力下降至 500h。25mil 的孔间距，材料 A 和 C 的抗 CAF 能力同样下降至 500h。材料 B 和 C 中，材料 C 下降的电阻值在一个数量级以上，只有材料 B 在两种间距的测量电阻降幅小于一个数量级。由标准可见，判定这次测试中材料 A、C 和 D 失效，只有材料 B 合格。

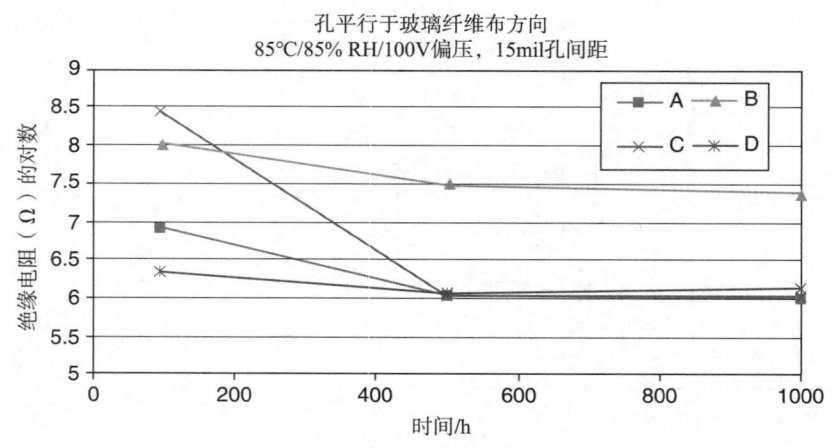

图 6.18　例 2 中 15 mil 孔间距的 CAF 测试结果

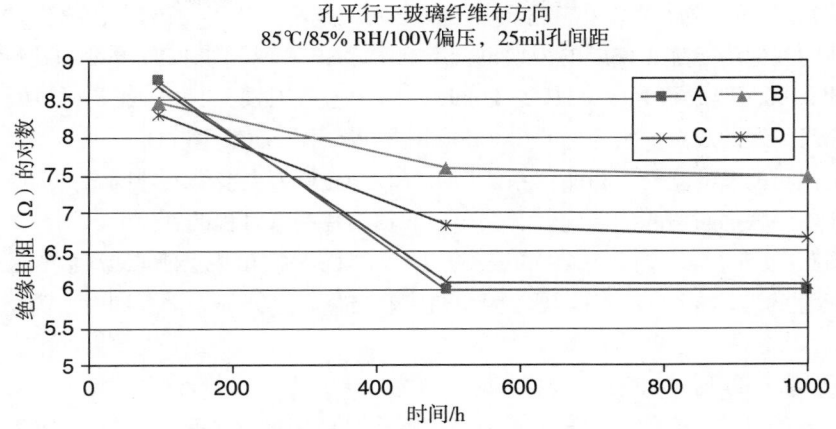

图 6.19　例 2 中 25mil 孔间距的 CAF 测试结果

3. CAF 测试例 3

CAF 测试例 3 采用不同的测试方法，并设计不同的温度、湿度和偏压。测试附连板由同一 PCB 制造商在同一时间制造，此外 1 ~ 4 组试验采用相同树脂体系。1 ~ 4 组试验的差异包括：玻璃布不同，树脂和玻璃布偶联处理工艺不同。这是第 3 个例子的关键点。

如图 6.20 所示，各组使用了完全相同类型的层压板材料。不同的玻璃布类型和处理工艺，导致了不同的 CAF 性能水平。图中显示了试样平均绝缘电阻值随时间变化的情况。各组之间的平均绝缘电阻的测试结果的差异明显，第 1 组测试的电阻值下降最为明显。此外，评估各组试验中单个附连板的失效情况，能有效反映实际性能。在第 1 组中，40% 的试样在 600h 前失效，第一次失效发生在 400h 时。在第 2 组中，20% 的附连板在 600h 前失效。第 3、4 组测试没有发生任何失效。因此，即使各组的树脂体系是一样的，不同的玻璃布和层压板制造工艺对 CAF 性能的影响也很显著。

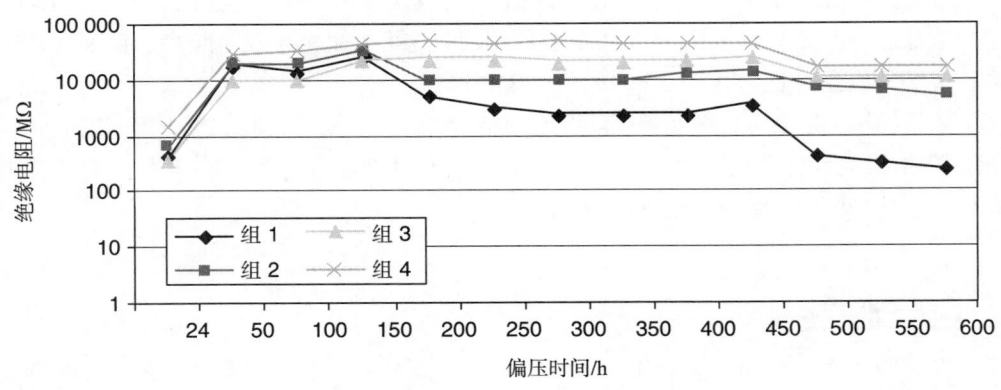

图 6.20　例 3 中的 CAF 测试结果

6.8.2　选择耐 CAF 的基材

通过上述例子，结合行业对 CAF 的研究，一些关键的结论如下。

（1）所有的基材都有某种程度的耐 CAF 能力，但是即使材料升级至"耐 CAF"，也会在实际表现中有较大差异。

（2）测试附连板的设计对结果影响显著。图形间距越小，越容易出现 CAF 失效。此外，测试附连板设计的其他影响加工偏差的因素也会影响耐 CAF 表现，如 PCB 厚度和孔径尺寸可导致很高的厚径比，从而造成很大的 PCB 加工难度。由于这些因素，"耐 CAF"材料的要求并没有在业界形成普遍一致的观点。它会随 OEM 和应用要求的不同而发生改变。

（3）即使相同类型的基材（树脂体系类型），耐 CAF 能力也会受其他因素的影响，如玻璃布的质量和其硅烷偶联剂与树脂的匹配性、层压板和粘结片制造过程的管控。

（4）玻璃布类型也会影响耐 CAF 的表现。虽然在 CAF 测试中会重点考察 7628 玻璃布，但 106 和 1080 类型的玻璃布也会遇到问题，因为树脂和玻璃布之间的完全浸润对这类型的玻璃布是一种挑战。

当为应用选择一款耐 CAF 性能的材料时，考虑以下几点。

（1）恰当定义所需的性能要求至关重要，依据产品应用的要求采取相应的测试方法和设计。如果不这样做，可能会过低评估产品耐 CAF 要求而造成 PCB 失效，或过高评估产品耐 CAF 要求而导致成本太高。

（2）随着耐 CAF 性能要求的提高，树脂与玻璃纤维之间的附着力成为重点考虑因素。常用的硅烷偶联剂，可以用来增强玻璃布与树脂之间的附着力。偶联剂分子结构的部分键连接到玻璃纤维表面，其他部分键则连接到树脂。目前已研发出应用于特殊树脂的偶联剂，能很好地结合玻璃布和树脂，防止两者界面破裂而成为 CAF 形成的路径。

（3）使用膨体玻璃布可以有效促进树脂与玻璃布完全浸润，但成本很高。重要的一点是，对每一种玻璃类型来说，所有的玻璃纤维丝都需要确保良好浸润。

（4）吸水率较低和低离子污染水平的树脂，有助于防止 CAF 形成。环氧氯丙烷是用于制作环氧树脂的原料，使用该化合物会造成环氧树脂中残留可水解的氯化物。在潮湿的空气下，这些可水解的氯化物会形成离子化合物，从而促进电子迁移。当对材料的耐 CAF 性能有要求时，需使用高纯度树脂。

（5）双氰胺固化材料与非双氰胺固化材料相比，尤其是应用于无铅焊接的"酚醛"FR-4 材料，没有使用双氰胺，对耐 CAF 性能产生了积极的帮助。这可能是由于双氰胺容易吸收水分和在高温下容易裂解，或会促进电化学反应，或两者兼而有之。

（6）无铅焊接工艺会破坏树脂与玻璃纤维的结合，甚至会使得树脂发生一定程度的分解，从而在 PCB 内形成空洞。这些现象使得形成 CAF 通道变得更容易。当耐 CAF 要求的产品应用于无铅焊接时，则需要使用热稳定性更高的树脂。

6.9　电气性能

对于在高频率下工作的复杂 PCB，基材的电气性能是一个重要的考虑因素。高速信号以每秒千兆比特（Gbps）的传输速率和高时钟速度传输时，基材的介电常数（D_k）和损耗因子（D_f）变得非常重要。在超高频率下运行的无线与射频（RF）应用，则要求更低的 D_k 和 D_f 值。此外，电气性能在一个大的频率范围内保持一致性也是很重要的。第 5 章对这些性能的定义如下。

介电常数 / 电容率　电容器在介电材料存在下的电容与空气存在下的电容的比值。它代表材料存储电荷的能力。

损耗因子 / 损耗角正切　电容器中绝缘介质层的总功率损耗与电容器中施加的电压、电流的乘积的比值。

6.9.1　介电常数和损耗因子的重要性

在 PCB 中，介电常数（D_k）和损耗因子（D_f）性能很重要，因为它们会影响信号的传输。低频时，印制线路的信号路径通常可以在电气上表示为电容并联电阻。但是，随着频率的增加，某些点之间的信号路径必须考虑传输线，其中基材的电气特性和介电性能对信号传输影响更大。全面讨论电容与传输线之间的关系超出了本章的范围，但前提是要确定，对于给定上升时间的脉冲信号传输，在沿导体长度方向上出现明显电压差之前的可接受的导体长度。导体超过这个临界值则被视为传输线。因为信号传输的速度反比于介电常数的平方根，所以低介电常数的介质信号传输速度更快、上升距离更长。有了更长的上升距离，出现可以接受的电压降之前的导体长度更大。然而，如果导体长度与上升距离的比值足够大，在脉冲已达到其最大的平稳值后，不匹配的负载阻抗的信号反射也可能会返回到信号源，并且在这种情况下，出现的脉冲增加可能会导致元件的错误触发。

另一方面，信号的衰减会导致信号丢失。信号衰减的原因之一是介质损耗。由于线路运行，介质从信号中吸收能量。介质的信号衰减直接正比于介电常数的平方根和损耗角正切。此外，介质损耗随着工作频率的增加而增加。当需要较高的带宽时，这种效应对高频元件影响更大，传输脉冲的带宽减小，上升时间减少。

因为介电常数和损耗角正切随频率变化而变化，在本章的后面将讨论其他因素，这些性能的变化程度也是线路设计的一个重要考虑因素。如果这些性能随频率的变化明显，那线路中的元件在各种频率下的运行会变得更加复杂。此外，在给定的带宽内运行也会变得更加困难，因为不同频率下元件表现出不同的介电性能，它反过来又会导致信号传输和损耗的差异。

因此，高频高速设计的 PCB 需要较低介电常数和低损耗因子的基材。此外，这些性能也必须满足相对频率的一致性。除了与频率相关，由于运行环境也各不相同，这些属性及环境条件的一致性也很重要，下面会讨论。

6.9.2　高速数字信号基础

图 6.21 代表一个高速数字通信，发送波形编码数据。1 表示高电压，0 表示低电压。上升时间越短，信号的速度越快。为了实现更短的上升时间，正弦波相互叠加。所使用的频率范围被称之为带宽，其中确定的带宽为 0.35/ 上升时间。简而言之，上升得越快，允许频率范围就越大，或带宽更大。

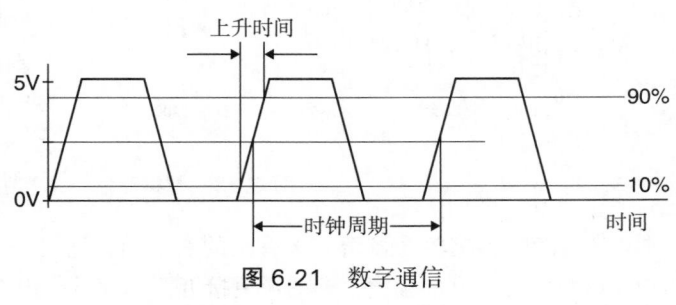

图 6.21　数字通信

图 6.22 提供了一个眼图分析的例子。在这种分析中，眼图中心张开的高度表示所接收信号中的噪声容限。"眼角"处的信号宽度表示抖动。"眼睛"顶部和底部的信号线厚度与接收器输出的噪声和失真成正比。"眼睛"的顶部和底部之间的转换表示信号的上升和下降时间。

图 6.23 展示了使用不同的基材时，信号完整性存在的显著差异。最上方的图展示了一个源端 10Gbps 信号的例子。请注意这个图，它在 X 轴（0）中的 0 到其峰值 1 之间变化。现在看图 6.23 的左下角，它使用了标准的 FR-4 材料。注意图形中的变化，特别是振幅的减小。当信号衰减时，

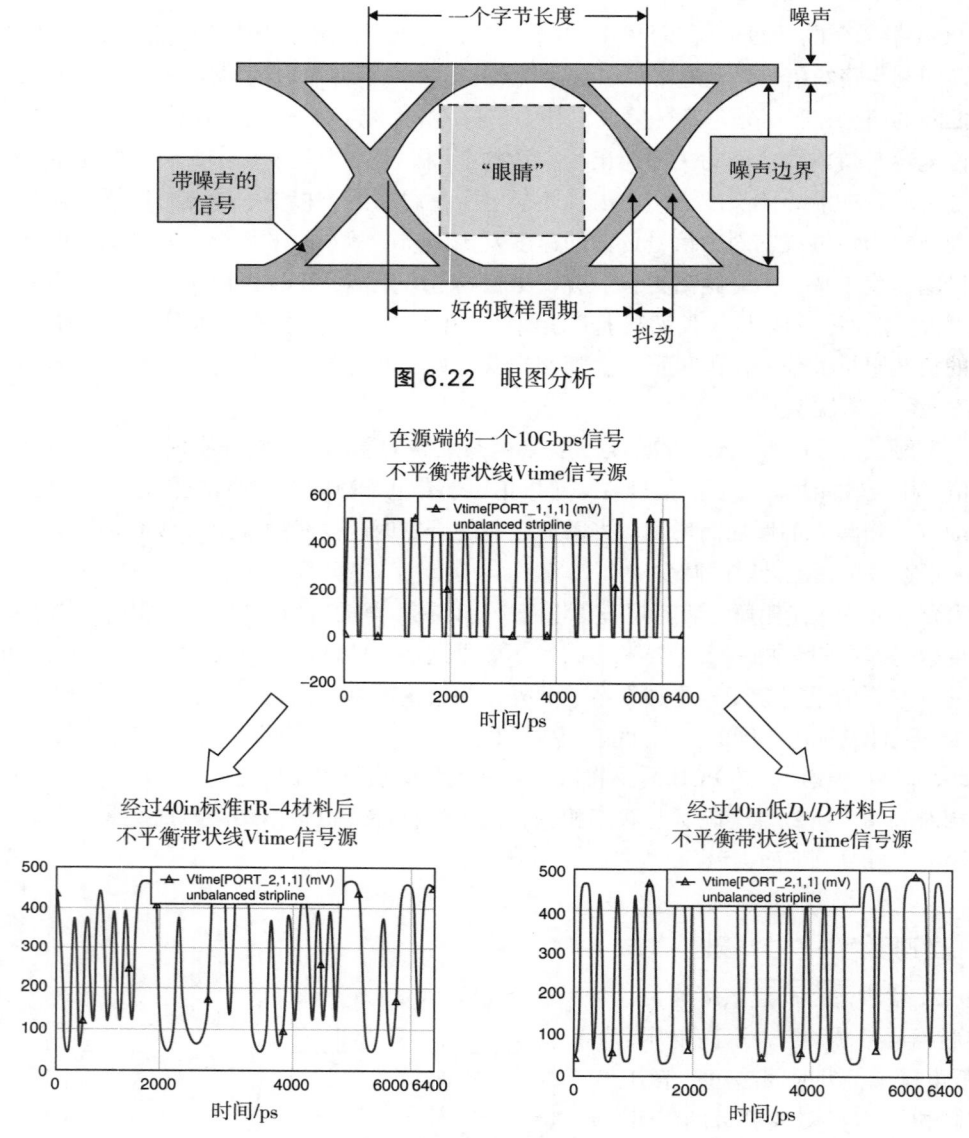

图 6.22 眼图分析

图 6.23 基材对信号完整性的影响

对电路功能的影响较为显著。来看图的右下角,这是一个低 D_k/D_f 的材料。请注意,与标准的 FR-4 材料对比上升的幅度,该图形更接近源端信号。图 6.24 对此做出了进一步分析。图的左上角是源端信号。输出的信号和它得到的源端信号一样好。其余的图表明了材料 D_f 的增大如何影响信号。注意标准 FR-4 在这些条件下的框图,"眼睛"几乎完全关闭,是一种不可接受的情况。当材料的 D_f 从 FR-4 水平减小时,眼图性能可以得到提升。

另一种说明 D_f 影响的方法是绘制损耗与 D_f 的关系图。图 6.25 提供了一个 5mil 线宽的仿真图。由于减小了趋肤效应,导体越宽则"损耗"越小,其中一些可以通过调整线宽来补偿。但是,这种方法对线路密度有负面影响。图 6.26 展示了两种不同的低 D_k、D_f 材料的线宽损耗的影响因素。在本例中,材料 B 可让设计者使用较细的导体以增加线路密度,同时保持了一定程度的损耗。

在这个例子中，为保持损耗低于 15dB/m，材料 A 将需要约 8mil 的线宽。但是相同的损耗要求，材料 B 的线宽可以减小到约 5mil，这对提高线路密度有益。

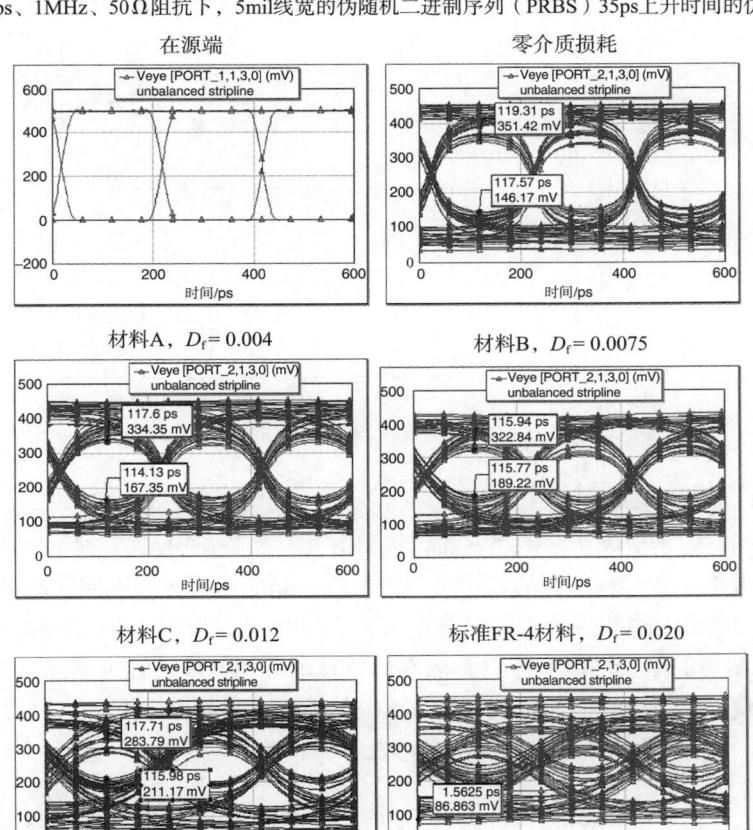

图 6.24　5Gbps、1MHz、50Ω 阻抗下 5mil 线宽的仿真眼图

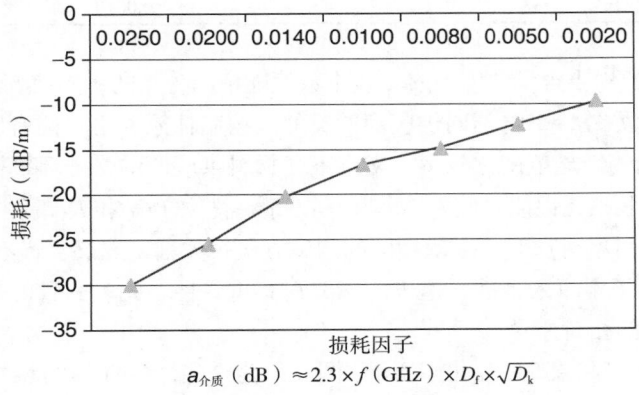

$$a_{介质}（dB）\approx 2.3 \times f（GHz）\times D_f \times \sqrt{D_k}$$

图 6.25　模拟 5mil 线宽时 D_f 对介质损耗（单位为 dB/m）的影响

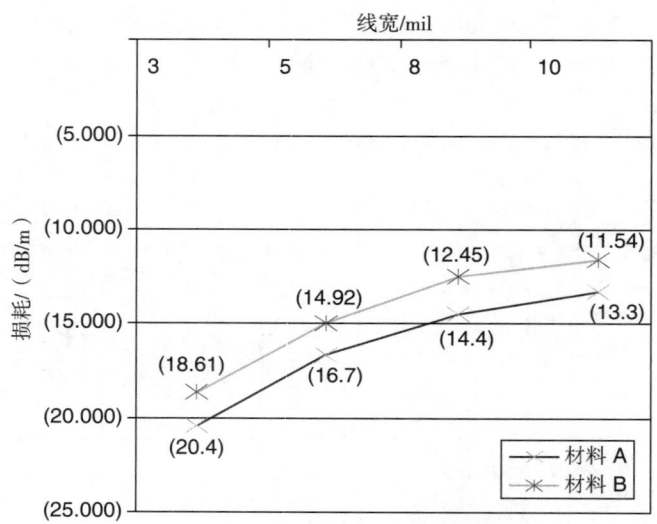

图 6.26　两种类型材料的线宽 - 损耗影响

6.9.3　针对电气性能选择基材

　　介电常数和损耗因子取决于树脂和增强材料类型。因此，在选择材料时，两者都应进行考虑。

　　有一系列低介电常数、低损耗的树脂可用于高速线路应用，包括聚四氟乙烯（PTFE 或 Tef-lon®）、氰酸酯、环氧树脂共混物和烯丙基化聚苯醚（APPE）。同样，一些不同的增强材料和填料也可以用来改变基材的电气性能。虽然 E 玻璃仍然是最常用的玻璃纤维增强材料，但也可以使用其他替代物。此外，有时也用无机填料来改变电气性能。表 6.6 提供了一些常用玻璃纤维材料的电气性能数据。表 6.7 提供了一些可用的基础复合材料的数据。

表 6.6　常用玻璃类型的介电常数和损耗因子

增强材料	D_k（1MHz）	D_k（1GHz）	D_f（1MHz）	D_f（1GHz）
E 玻璃	6.6	6.1	0.0020	0.0035
NE 玻璃	4.4	4.1	0.0006	0.0018
S 玻璃	5.3	5.2	0.0020	0.0068
D 玻璃	3.8	4.0	0.0010	0.0026

　　表 6.7 所列数据的树脂含量约为 50%。表中数值随树脂含量的不同而变化，变化的幅度取决于具体的树脂体系。另外，来自不同供应商的类似的树脂体系，也可能有所不同。例如，有许多类型环氧树脂的电气性能范围比较宽，来自不同材料供应商的特殊环氧树脂配方就会表现出稍微不同的介电常数和损耗性能。此外，尤其是较高频率下的 D_k 和 D_f 的测试方法，对测量值也有明显的影响。进行材料对比时，采用相同的测试方法很关键，建议了解不同测试方法的差异。测试方法的差异超出了本章的范围，但不应该忽视其重要性。此表的目的是突出各种树脂体系和增强材料类型之间的相对差异。

　　D_k 和 D_f 随树脂含量和频率的变化而变化。图 6.27 为一些材料的介电常数与树脂含量之间的关系。图 6.28 为树脂含量对低 D_k 的环氧树脂共混物损耗因子的影响，图 6.29 为频率对材料 D_k 的影响。除了频率和树脂含量的影响，介电常数和介质损耗因子也会随温度和吸水率的变化而变化。

表 6.7　常见树脂 / 增强复合材料的介电常数和损耗因子

树脂体系	增强材料	D_k（1MHz）	D_k（1GHz）	D_f（1MHz）	D_f（1GHz）
环氧树脂	E 玻璃	4.4	3.9	0.020	0.018
环氧树脂	芳纶纤维	3.9	3.8	0.024	0.020
无卤素环氧树脂	E 玻璃	4.3	4.0	0.015	0.013
环氧树脂 / PPO	E 玻璃	3.9	3.9	0.011	0.010
改良的环氧树脂	E 玻璃	3.9	3.7	0.012	0.012
环氧共混物	E 玻璃	3.9	3.7	0.009	0.009
环氧共混物	SI ™玻璃	3.6	3.4	0.008	0.008
低损耗共混物	E 玻璃	3.8	3.7	0.006	0.007
极低损耗共混物	E 玻璃	3.5	3.4	0.003	0.0036
氰酸酯	E 玻璃	3.8	3.7	0.008	0.011
聚酰亚胺	E 玻璃	4.3	3.9	0.014	0.015
APPE	E 玻璃	3.7	3.4	0.005	0.007
PTFE	E 玻璃	2.3	2.3	0.0013	0.0009
碳氢化合物	E 玻璃 / 陶瓷	3.4	3.3	0.0025	0.0024

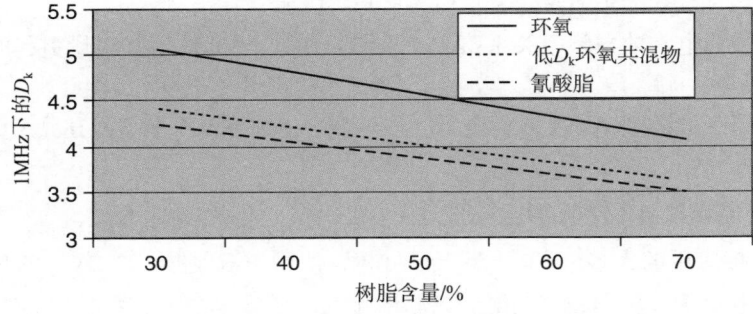

图 6.27　介电常数与树脂含量的关系

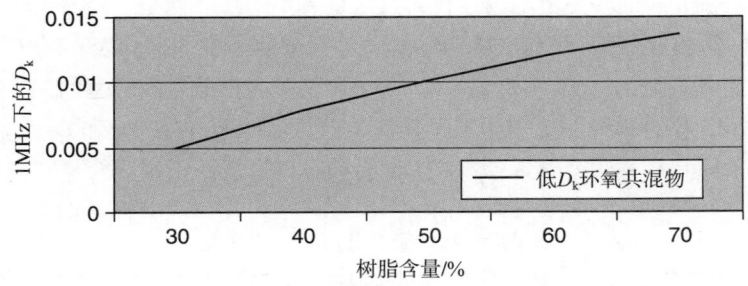

图 6.28　低 D_k 环氧共混物介质损耗因子与树脂含量的关系

　　为某种具体应用选择一种材料时，很重要的一点便是了解设计电路的工作条件和环境要求。有些树脂体系的材料相比其他材料，表现出对这些条件更低的灵敏度。例如，基材供应商不断提升树脂体系，以满足严格的高速电气性能和无线应用的要求，其中还包括在较宽频率范围和环境条件下性能一致性的要求。总之，不同的材料在频率、树脂含量、温度和湿度条件变化时，其反应也不相同。这些反应对了解高速、射频（RF）和无线应用非常重要。

　　此外，选择材料不是简单地选择介电常数和损耗因子最低的材料。这点非常重要，因为通常需要对成本和综合性能进行平衡。在一般情况下，介电常数和损耗因子越低，材料就越昂贵，

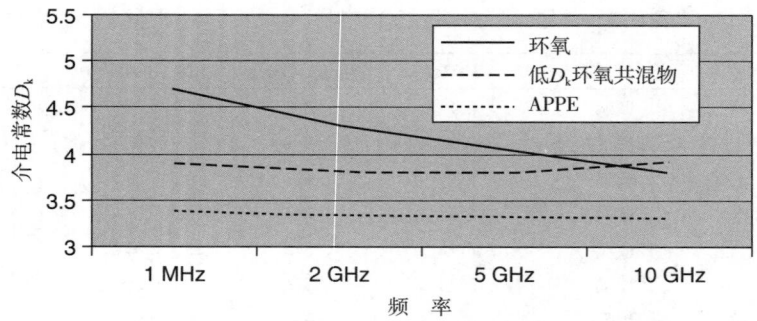

图 6.29 介电常数与频率之间的关系

而且加工往往也越困难。

综上所述，一些一般的关系如下。

（1）介电常数一般随树脂含量的增加而减小，是因为大部分树脂的介电常数都比玻璃布小。

（2）损耗因子往往随树脂含量的增加而增加，是因为大部分树脂的损耗因子通常都比玻璃布大。

（3）介电常数一般随频率的增加而下降。

（4）介电常数和损耗因子通常随吸水率的上升而增加。

（5）E 玻璃的介电常数与频率关系不大（见图 6.29），因此低树脂含量引起的介电常数相对频率的变化较小。

（6）损耗因子一般随频率的上升而上升，但可能会出现在某个频率点达到最大值的情况。

6.9.4 无铅兼容 FR-4 材料的电气性能

用于无铅焊接应用的大多数 FR-4 层压板材料，使用非双氰胺（DICY）的替代物作为固化剂。最常见的替代品为"酚"或"酚醛"树脂固化剂。尽管作为一个类别，连接树脂进行固化，但是因为树脂的成分差异，它们的电气性能往往表现出一定程度的差异，特别是介电损耗或 D_f。对于大多数应用，在一般的频率范围内运行，其区别并不明显。但是，随着工作频率向更高端的 FR-4 应用增加时，阻抗控制变得越来越重要，这些差异变得非常明显。表 6.8 为几种材料的对比，包括两种常见的双氰胺固化的 FR-4 材料（A 和 C），和两种无铅兼容酚醛型的 FR-4 材料（B 和 D）。还包括另一种无铅兼容的材料（E），相比于酚醛型无铅兼容材料，它在 D_k 和 D_f 性能上得到了提升。需要注意的是，不同测量方法会导致 D_k 和 D_f 测量值不同。层压板树脂含量和其他因素也会影响

表 6.8 几种类型基材的电气性能

产品	描述	T_g/℃	T_d/℃	Z 轴膨胀率 /% (50 ~ 260℃，40%RC)	D_k (2GHz)	D_k (5GHz)	D_f (2GHz)	D_f (5GHz)
A	双氰胺固化，140℃ T_g FR-4	140	320	4.2	3.9	3.8	0.021	0.022
B	酚醛树脂固化，中 T_g FR-4	150	335	3.4	4.0	3.9	0.026	0.027
C	酚醛树脂固化，高 T_g FR-4	175	310	3.5	3.8	3.7	0.020	0.021
D	酚醛树脂固化，高 T_g FR-4	175	335	2.8	3.9	3.8	0.026	0.026
E	非双氰胺，非酚醛树脂	200	370	2.8	3.7	3.7	0.013	0.014

这些性能。因此在表 6.8 中平行对比的这些材料，比每个材料的绝对值更重要。在这些对比测试中，使用的测试方法和材料的树脂含量均相同。

从表 6.8 可知，改良的酚醛树脂固化 FR-4 材料在高频下的电气性能显然没有传统双氰胺固化的材料好，特别是 D_f。然而，材料 E 表现出的热性能至少和酚醛树脂材料一样好。此外，材料 E 的电气性能甚至优于传统双氰胺固化材料，尤其是 D_f。图 6.30 和图 6.31 指出，使用分离空腔谐振测试方法测试的几个无铅兼容的 FR-4 材料，在较高频率时比标准双氰胺固化、高 T_g FR-4 材料具有更高的 D_f 和 D_k。图中还包括了非双氰胺 / 非酚醛树脂固化类材料的数据。需注意的是，酚醛树脂材料的 D_f 值范围较广，D_k 值也会发生较小程度变化。相比较而言，非双氰胺 / 非酚类材料能提供更低、更稳定的 D_f 特性及稍低的 D_k 值。

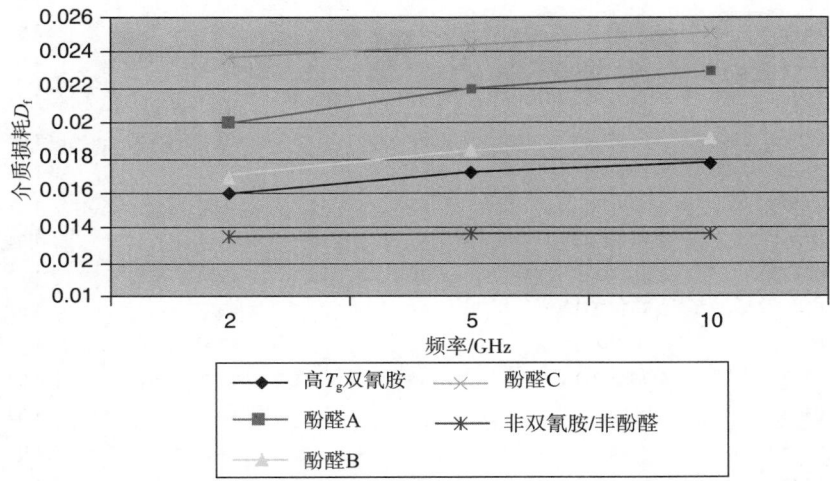

图 6.30　无铅兼容 FR-4 材料 D_f 与频率的关系

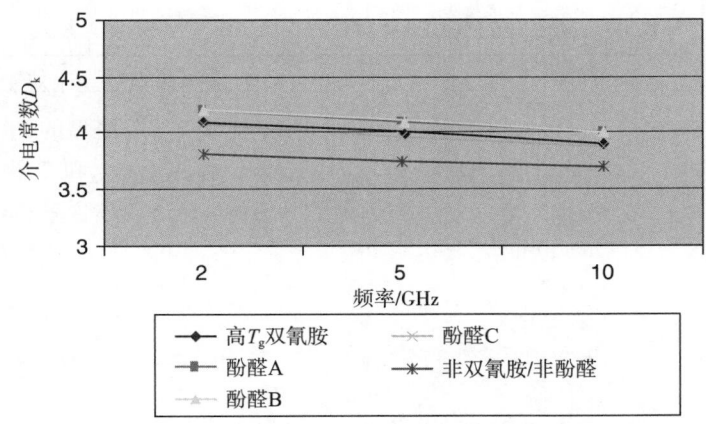

图 6.31　无铅兼容 FR-4 材料的 D_k 与频率的关系

表 6.9 为某酚醛树脂材料的不同配本结构、树脂含量，2 ~ 5GHz 下的 D_k 数据。注意，不同的配本结构和树脂含量会引起 D_k 值的变化。表 6.10 提供了 2 ~ 5GHz 相同配本结构的 D_f 值数据。表 6.11 和表 6.12 补充了非双氰胺 / 非酚类材料在 10GHz 下的数据。

表 6.9　常见酚醛树脂 FR-4 材料的层压板配本结构和 D_k 数据

芯板厚度	标准配本	树脂含量	D_k（2.0GHz）	D_f（5.0GHz）
0.0025	1-1080	58	3.72	3.65
0.0030	1-2113	44	4.04	3.98
0.0035	2-106	65	3.58	3.50
0.0040	1-2116	45	4.02	3.96
0.0043	106/1080	60	3.68	3.60
0.0050	1-1652	42	4.10	4.04
0.0053	106/2113	56	3.76	3.69
0.0060	1080/2113	53	3.83	3.76
0.0070	1-7628	41	4.12	4.07
0.0070	2-2113	51	3.87	3.81
0.0080	2-2116	45	4.02	3.96
0.0095	2-2116	52	3.85	3.78
0.0100	2-1652	42	4.10	4.04
0.0120	2-1080/7628	47	3.97	3.91
0.0140	2-7628	41	4.12	4.07
0.0180	2-7628/2116	42	4.10	4.04
0.0210	3-7628	39	4.18	4.12
0.0240	3-7628/2113	41	4.12	4.07
0.0280	4-7628	40	4.15	4.09
0.0310	4-7628/2116	40	4.15	4.09
0.0340	5-7628	40	4.15	4.09
0.0350	5-7628	41	4.12	4.07
0.0390	6-7628	37	4.23	4.18

表 6.10　常见酚醛树脂 FR-4 材料的层压板配本结构和 D_f 数据

芯板厚度	标准配本	树脂含量	D_f（2.0GHz）	D_f（5.0GHz）
0.0025	1-1080	58	0.026	0.027
0.0030	1-1080	44	0.021	0.022
0.0035	2-106	65	0.028	0.029
0.0040	1-2116	45	0.021	0.027
0.0043	106/1080	60	0.026	0.028
0.0050	1-1652	42	0.020	0.021
0.0053	106/2113	56	0.025	0.026
0.0060	1080/2113	53	0.024	0.025
0.0070	1-7628	41	0.020	0.021
0.0070	2-2113	51	0.023	0.024
0.0080	2-2116	45	0.021	0.027
0.0095	2-2116	52	0.024	0.025
0.0100	2-1652	42	0.020	0.021
0.0120	2-1080/7628	47	0.022	0.023
0.0140	2-7628	41	0.020	0.021
0.0180	2-7628/2116	42	0.020	0.021

芯板厚度	标准配本	树脂含量	D_f（2.0GHz）	D_f（5.0GHz）
0.0210	3-7628	39	0.019	0.020
0.0240	3-7628/2113	41	0.020	0.021
0.0280	4-7628	40	0.020	0.021
0.0310	4-7628/2116	40	0.020	0.021
0.0340	5-7628	40	0.020	0.021
0.0350	5-7628	41	0.020	0.021
0.0390	6-7628	37	0.019	0.020

表 6.11　非双氰胺 / 非酚醛材料的层压板配本结构和 D_k 数据

芯板厚度	标准配本	树脂含量	D_k（2.0GHz）	D_k（5.0GHz）	D_k（10.0GHz）
0.0020	1-106	70	3.40	3.38	3.37
0.0025	1-1080	57	3.67	3.66	3.65
0.0027	1-1080	59	3.63	3.61	3.61
0.0030	1-1080	63	3.54	3.53	3.52
0.0032	1-2113	49	3.87	3.85	3.85
0.0035	1-2113	51	3.82	3.80	3.80
0.0035	2-106	65	3.50	3.48	3.48
0.0040	1-3070	49	3.87	3.85	3.85
0.0040	1-2116	45	3.97	3.96	3.95
0.0043	106/1080	61	3.59	3.57	3.56
0.0045	1-2116	49	3.87	3.85	3.85
0.0050	1-1652	42	4.06	4.04	4.03
0.0053	106/2113	56	3.70	3.68	3.68
0.0060	1080/2113	53	3.77	3.76	3.75
0.0070	1-7628	40	4.12	4.10	4.09
0.0070	2-2113	51	3.82	3.80	3.80
0.0080	2-2116	45	3.97	3.96	3.95
0.0100	2-1652	42	4.06	4.04	4.03
0.0120	2-1080/7628	47	3.92	3.91	3.90
0.0140	2-7628	40	4.12	4.10	4.09
0.0160	2-2116/7628	45	3.97	3.96	3.95
0.0180	2-7628/2116	41	4.09	4.07	4.06
0.0210	3-7628	40	4.12	4.10	4.09
0.0240	2-1652/2-7628	41	4.09	4.07	4.06
0.0280	4-7628	40	4.12	4.10	4.09

表 6.12　非双氰胺 / 非酚醛材料的层压板配本结构和 D_f 数据

芯板厚度	标准配本	树脂含量	D_f（2.0GHz）	D_f（5.0GHz）	D_f（10.0GHz）
0.0020	1-106	70	0.0151	0.0154	0.0154
0.0025	1-1080	57	0.0136	0.0139	0.0139
0.0027	1-1080	59	0.0138	0.0141	0.0141
0.0030	1-1080	63	0.0143	0.0146	0.0146
0.0032	1-2113	49	0.0121	0.0130	0.0130

续表 6.12

芯板厚度	标准配本	树脂含量	D_f（2.0GHz）	D_f（5.0GHz）	D_f（10.0GHz）
0.0035	1-2113	51	0.0130	0.0132	0.0132
0.0035	2-106	65	0.0145	0.0148	0.0148
0.0040	1-3070	49	0.0122	0.0130	0.0130
0.0040	1-2116	45	0.0121	0.0125	0.0125
0.0043	106/1080	61	0.0141	0.0123	0.0123
0.0045	1-2116	49	0.0122	0.0130	0.0130
0.0050	1-1652	42	0.0110	0.0122	0.0122
0.0053	106/2113	56	0.0135	0.0138	0.0138
0.0060	1080/2113	53	0.0132	0.0134	0.0134
0.0070	1-7628	40	0.0104	0.0119	0.0119
0.0070	2-2113	51	0.0130	0.0132	0.0132
0.0080	2-2116	45	0.0123	0.0125	0.0125
0.0100	2-1652	42	0.0111	0.0120	0.0120
0.0120	2-1080/7628	47	0.0125	0.0127	0.0127
0.0140	2-7628	40	0.0114	0.0119	0.0119
0.0160	2-2116/7628	45	0.0123	0.0125	0.0125
0.0180	2-7628/2116	41	0.0115	0.0120	0.0120
0.0210	3-7628	40	0.0114	0.0129	0.0129
0.0240	2-1652/2-7628	41	0.0115	0.0120	0.0120
0.0280	4-7628	40	0.0114	0.0119	0.0119

6.10　低 D_k/D_f 无铅兼容材料的电气性能

　　然而，为了实现很高频率下的电气性能表现，要优先使用更低 D_k/D_f 的材料。虽然低 D_k/D_f 的材料已经问世多年，但无铅焊接工艺的出现使材料的选择变得复杂，因为应用时不仅 D_k 和 D_f 很关键，耐热性也同样重要。无铅焊接中各种材料之间的兼容性，将在随后的章节中讨论。图 6.32 和图 6.33 提供了 3 种不同的低 D_k/D_f 无铅兼容材料的 D_f 和 D_k 值数据。

　　表 6.13 为超低 D_k/D_f 材料的层压板配本结构、树脂含量及 D_k/D_f 值数据。从配本结构可见，在不同频率下工作时，电气性能随树脂含量的变化而变化。如果想了解完整的配本结构对应的性能，建议咨询材料供应商。

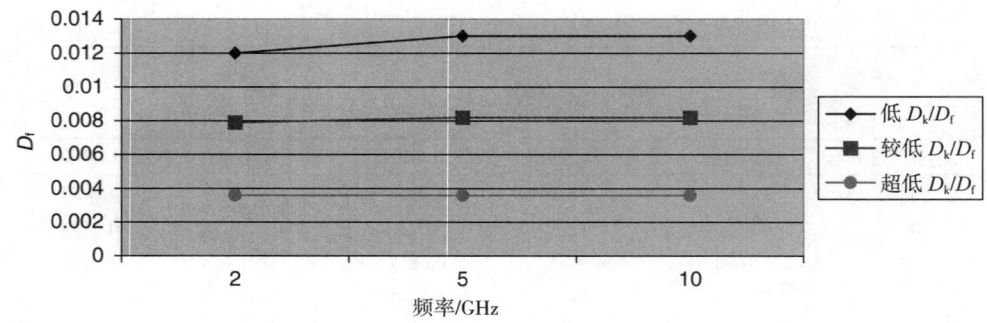

图 6.32　低 D_k / D_f 无铅兼容材料的 D_f 与频率的关系

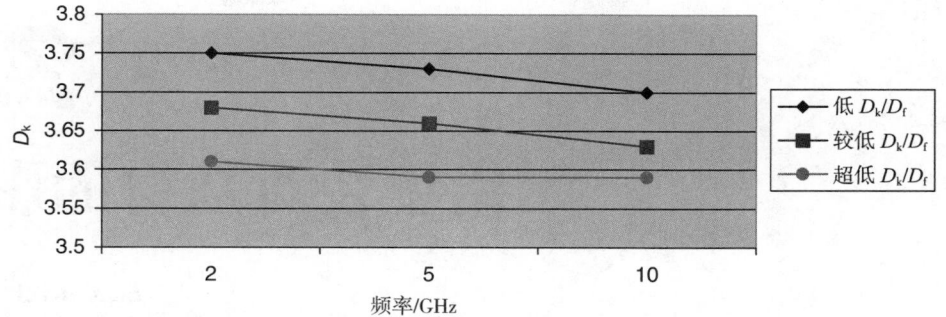

图 6.33 低 D_k/D_f 无铅兼容材料的 D_k 与频率的关系

表 6.13 超低 D_k/D_f 材料的层压板配本结构和 D_k/D_f 数据

厚度 /in	配本结构	树脂含量 /%	D_k (2.0GHz)	D_k (5.0GHz)	D_k (10.0GHz)	D_f (2.0GHz)	D_f (5.0GHz)	D_f (10.0GHz)
0.0020	1-106	70	3.28	3.24	3.24	0.0058	0.0066	0.0072
0.0027	1-1080	60	3.51	3.47	3.47	0.0059	0.0066	0.0071
0.0030	1-1080	63	3.44	3.40	3.40	0.0059	0.0066	0.0071
0.0035	1-2113	51	3.73	3.70	3.70	0.0060	0.0066	0.0070
0.0040	1-3070	49	3.78	3.75	3.75	0.0060	0.0066	0.0070
0.0043	106/1080	62	3.46	3.42	3.42	0.0059	0.0066	0.0072
0.0050	106/2113	55	3.63	3.59	3.59	0.0060	0.0066	0.0071
0.0060	1080/2113	54	3.65	3.62	3.62	0.0060	0.0066	0.0071
0.0070	2-2113	52	3.70	3.67	3.67	0.0060	0.0066	0.0071
0.0080	2-3070	49	3.78	3.75	3.75	0.0061	0.0066	0.0070

参考文献

[1] IPC-4101, "Specification for Base Materials for Rigid and Multilayer Printed Boards"

[2] Isola Group Product Reference Materials

[3] Clark-Schwebel Industrial Fabrics Guide

[4] BGF Industries, Inc. Fiberglass Guide

[5] Gould Electronics Product Reference Materials

[6] Brist, Gary, Hall, Stephen, Clouser, Sidney, and Liang Tao, "Non-Classical Conductor Losses Due to Copper Foil Roughness and Treatment," ECWC 10/IPC Expo 2005

[7] Kelley, Edward J. and Micha, Richard A., "Improved Printed Circuit Manufacturing with Reverse Treated Copper Foils," IPC Printed Circuits Expo, March 1997

[8] IPC-TM-650 Test Methods Manual

[9] IPC-4562 Metal Foil for Printed Wiring Applications

[10] Kelley, Edward and Christofferson, Owen, "Multilayer Printed Circuits with Exacting Registration Requirements, Achieving Next Generation Design Capabilities," IPC Printed Circuits Expo, May 1998

[11] Kelley, Edward, "Meeting the Needs of the Density Revolution with Non-Woven Fiberglass Reinforced Laminates," EIPC/Productronica Conference, November, 1999

第 7 章
无铅组装对基材的影响

Edward J. Kelley
美国亚利桑那州钱德勒，Isola 集团

7.1 引 言

  欧盟出台的限制有害物质使用的指令（RoHS），对所有层级的电子产业供应链产生了巨大的影响，包括用于印制电路板（PCB）的基材。很显然，所有供应链的上下游产业都必须积极响应这个要求。2006 年 7 月是第一批产品实施 RoHS 指令的最后期限，其他产品的最后期限也都已经确定。实际上，那些最初豁免可以拥有更长时间去转换满足 RoHS 要求的产品，最后都被勒令提前了最后期限，主要原因是元件的可获得性，以及产品在组装产业中受到的种种限制。一般来说，那些最初获得豁免资格的产品，通常都有着严格的可靠性要求。就基材而言，获得豁免资格涉及复杂的 PCB 设计，这会将问题进一步复杂化。本章将介绍关于基材的主要问题、重要性能、无铅组装兼容性和材料评估的案例。关于基材的选择，我们将在第 8 章进一步讨论。

7.2 RoHS 基础知识

  RoHS 限制使用的物质如下：

- 铅（Pb）
- 镉（Cd）
- 汞（Hg）
- 六价铬（Cr^{6+}）
- 多溴联苯（PBB）
- 多溴联苯醚（PBDE）

  前 4 种金属物质有多种应用，而后 2 种材料通常作为塑料材料的阻燃剂。这里需要注意的是，这些卤化阻燃剂一般都没有使用在 PCB 层压板材料中。溴（Br），作为阻燃剂中的卤素，其本身不受限制。第 4 章对阻燃剂的细节问题进行了更具体的讨论。这里的关键点是，四溴双酚 A（TBBPA）作为基材中最常见的阻燃剂，没有受到 RoHS 的限制。此外，在 FR-4 基材中，四溴双酚 A 通过化学反应进入其中一种环氧树脂，因此不是以游离的分子存在，而是化合到了树脂体系的分子主链中。

  受 RoHS 限制的金属同样不会在基材中使用。因此按要求来说，多数层压板材料是符合规定的。目前的关键问题是限制铅的使用，以及这对 PCB 上元件组装可能产生的影响。一直以来，锡铅（Sn-Pb）合金是印制电路板组件（PCBA）中主要的组装材料，其共熔点为183℃。使用锡铅合金焊料的最高组装温度一般可以达到230～235℃。随着电子组装中禁止使用铅，替代锡铅合金的焊料合金便开始出现了。这些无铅合金通常具有更高的熔点。锡银铜（Sn-Ag-Cu）合金，也称为SAC合金，是最常见的无铅焊料。这种合金的熔点通常在217℃，其最高组装温度可以达到260℃，而组装返工的温度可能更高。因此，对基材而言，首要考虑的问题就是，PCB会不会受到更高回流温度的影响。换句话说，基材面临的问题，不是限制化学物质造成的影响，而是解决电子组装制造工艺中所用焊料类型和组装温度的兼容性问题。

7.3　基材的兼容性问题

　　基材的兼容性问题非常复杂，这是多种因素造成的。首先，PCB设计和制造工艺对基材的性能要求有重要的影响。与厚或高层数的PCB相比，薄或低层数的PCB有着不同的要求。铜厚、厚径比和其他设计特征也会有影响。成品的最终应用和长期可靠性，以及电气性能的相关要求，都会影响设计过程。正如一部手机、一款电子游戏机，甚至是一块计算机主板的需求，与那些高端服务器、电信设备、航空电子设备，以及重要的医疗和汽车电子的需求相比，对基材的选择也会有很大的不同。最后，并非所有无铅组装过程都是一成不变的。在某些组装过程中，可能会遇到245℃左右的最高温度，而另一些组装过程会达到峰值为260℃的温度，甚至更高。一些电路板可能会经历2～3个组装热循环周期，另一些会达到5个、6个，甚至更多，这些都取决于允许返工的次数。所有因素使得不可能推荐一种基材类型满足所有的应用，因为层压板材料性能不足，会导致在组装过程或后续使用过程中出现缺陷及隐患；或材料性能过高，造成成本太高而限制了材料的可用范围。

　　除了PCB设计和制造过程引入的复杂性，这里还有两个基本问题需要进行说明：

- PCB能承受无铅组装工艺条件而不出现缺陷
- PCB在无铅组装工艺后仍能保持既定应用条件下的长期可靠性

　　以上两点所要求的关键基材性能在下面进行简要归纳，并稍后在本节进行更详细的讨论。无铅组装对基材成分的影响将在7.4节讨论。

7.3.1　无铅组装的缺陷问题

　　在使用基材进行无铅组装的过程中，可能出现的主要缺陷：白斑、起泡、分层。这些缺陷与基材的热机械性能有关，也与PCB吸水后在组装加热时产生的挥发物有很大关系。从本质上来说，这些缺陷要么是基材内的水分、残留的溶剂、其他有机成分（包括树脂分解的副产物）受热变成蒸汽挥发，从而形成空洞。要么是玻璃布、树脂体系和铜箔之间附着力的丧失造成的空洞或缝隙。而伴随着这种附着力的丧失出现的气泡和分层现象，则可能是以下情况造成的：基材内部蒸汽挥发产生的压力、成分之间的热膨胀率不匹配、界面成分的降解，或者是这几种因素的综合作用。如图7.1所示，这是一个PCB进行无铅组装

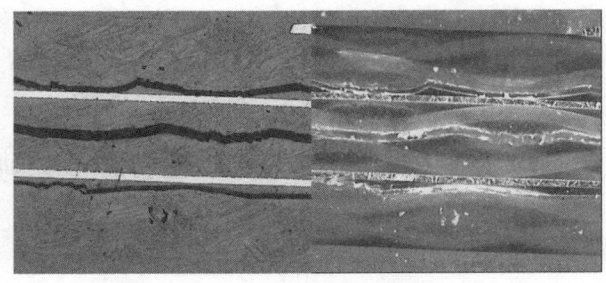

图7.1　PCB无铅组装后出现的分层

后出现的分层现象。这种 PCB 为普通双氰胺固化的高 T_g FR-4 基材。左图和右图为 PCB 的同一地方，只是拍摄过程中使用了不同的光线，以对分层产生的缝隙位置进行处理，突出显示了分层产生的区域。

无铅组装过程中，涉及基材耐热特性的关键因素包括：

- 热分解温度（T_d）
- 热膨胀系数（CTE）
- 吸水率
- 分层时间

分层时间，又称为 T260、T288 时间，是指样品被 260℃或者 288℃恒温加热到发生分层现象所需的时间。分层时间测试本身并不是基材的基本性能测试，而是与材料的其他性能相关的功能测试。在多层 PCB 中，这种性能会受到内层铜的表面处理和多层板层压质量的影响。

7.3.2 无铅组装及长期可靠性问题

假设基材和 PCB 都能无缺陷地满足无铅组装工艺，那面临的第二个基本问题就是能否保证长期可靠性。一般来说，其他条件都相同的情况下，较高温度的无铅组装工艺，与较低温度的锡铅组装工艺相比，后者的 PCB 长期可靠性会更好。这个差异的大小取决于很多的因素，其中包括所使用的基材类型。与长期可靠性相关的重要基材性能包括：

- 热膨胀系数（CTE）
- 玻璃化转变温度（T_g）
- 热分解温度（T_d）
- 吸水率

另外，PCB 在树脂含量方面的特定结构、使用的玻璃布类型、导通孔中的树脂与电镀铜层之间的附着力和长期热化学相容性，都对长期可靠性有重大影响。其中一些因素，会对 Z 轴和 X-Y 轴 CTE 产生影响。例如，在相邻的层压结构中，分别使用高树脂含量的半固化片和低树脂含量的半固化片，由于两层材料的 CTE 不同，其界面产生的应力将会增大。在无铅组装过程中，温度越高，造成的绝对膨胀水平或界面应力就越大，越容易导致材料发生起泡或分层现象。在树脂体系中，玻璃纤维的分布也有同样的作用。在给定的层或半固化片中，如果"富树脂"区域和"富玻璃布"区域相邻，这些区域的不同 CTE 将引发应力，导致分层现象；在镀覆孔（PTH）的孔壁处，因为 Z 轴方向树脂与铜箔的 CTE 不同，会导致应力 - 应变而产生孔壁断裂点。经常看到的 PTH 孔壁上的裂缝，都是由这种断裂点开始产生的，这种缺陷最终将导致产品的失效。

7.5 节讨论了与无铅组装缺陷和确保长期可靠性有关的材料性能。虽然，评估长期可靠性的测试方法不在本节的讨论范围内，但相关部分还是做了一个简短的描述，以帮助理解性能的差别。然而，在更详细地讨论这些性能之前，7.4 节将先介绍一些关于基材成分的问题。

7.4 无铅组装对基材成分的影响

无铅组装过程中的高温，将会对层压板材料中的 3 种主要成分产生影响：树脂体系、玻璃布和铜箔。表 7.1 总结了每个主要成分的关键问题。

表 7.1　无铅组装中基材成分的基本问题

成　分	无铅组装的影响	解决方案	相关注意事项
树脂体系	1）组装回流峰值温度可能达到树脂分解的温度	1）制定热分解温度较高的树脂体系配方	1）新配方可能对电气性能和可制造性有不利的影响
	2）高温引起热膨胀和镀覆孔应力增大	2）制定热膨胀系数较低的树脂体系配方	2）也会对力学性能和可制造性产生影响
	3）在无铅组装温度下，吸水产生的蒸汽压很高，会导致起泡/分层现象	3）评估材料吸水/释放的特性；在 PCB 制造和（或）组装前进行烘板处理	3）PCB 在制造过程中或组装前的存储条件非常重要，尤其是湿度条件
	4）酚醛类无铅兼容材料的电气性能一般不理想，尤其是介质损耗（D_f）	4）评估无双氰胺/无酚醛树脂的层压材料	4）成本/性能权衡。现在，可用的新材料提供了更多选择
玻璃布	高温引起树脂与玻璃布界面热机械应力增大，挥发性成分对增强附着力也有一定的影响	清洁、防潮和适当的偶联剂对树脂的附着力非常重要	热循环中，树脂-玻璃布附着力的破坏可能对 CAF 性能产生影响
铜箔	高温引起树脂与铜箔的热机械压力增大	铜箔瘤化和粗化，和其他提高附着力的方法，如使用偶联剂	粗糙度影响信号的损耗，尤其在高频方面[1]

7.5　关键的基材性能

　　大量工作表明了无铅组装温度对基材和成品电路板的影响[2-7]，指明了为无铅组装应用选择材料时必须考虑的关键基材性能。当然，这项工作还在继续。表 7.2 归纳这了些关键特性。

　　关于这些问题，必须强调一个非常关键的观点：基材制造商可能很容易改善材料的一项性能，但这样做通常会对其他重要的性能产生不利且不易察觉的影响。例如，在常见的 T260 或 T280 测试中，可以做到树脂体系的分层时间很长，设计树脂体系具有较高的热分解温度是相对简单的。然而，这些往往都是以影响机械性能为代价的，而且会影响材料在传统 PCB 工艺中的可制造性，还会牺牲设计的灵活性。材料的这些特性与其他诸如硬度、模量、断裂韧性等特性在 PCB 制造

表 7.2　无铅组装应用中关键的基材特性

性　质	定　义	问　题
热分解温度 T_d	衡量加热作用下树脂体系降解导致的质量损失。热分解温度通常用分解失去原始质量 5% 时的温度来表示，也有其他损失程度，如 1%、2% 或起始温度	树脂分解可能会导致附着力的损失和分层现象的产生。5% 质量损失已经是严重分解程度，分解初始温度对于可靠性评估相当重要，因为无铅组装过程中最高温度可能会达到分解初始温度。所以，一个高的 5% 质量损失的分解温度并不一定能保证性能，而如果分解初始温度比较高，那较低的 5% 分解温度也不一定很差
玻璃化转变温度 T_g	聚合物发生热力学变化，从相对刚性的玻璃状态转变到一种软化、更易变形的状态时的温度	超过玻璃化转变温度时，很多性质将会改变，包括材料随温度变化的膨胀系数。超过玻璃化转变温度时，材料模量也明显减小
热膨胀系数 CTE	表示在温度作用下样品发生的尺寸变化大小，也表示为一定温度范围内的膨胀百分比	T_g 后树脂体系的 CTE 远高于 T_g 前。Z 轴膨胀涉及导通孔的拉力。对于特定材料，无铅组装温度越高，导致的热膨胀越大。目前，几种比较成熟的无铅兼容材料都含有降低 CTE 的无机填料。X 轴和 Y 轴 CTE 对于材料的可靠性也非常重要
吸水率	表征材料吸收外界水分的能力。测试方法：将样品浸在水中；或置于加压加湿的环境中	无铅组装时，材料内部的蒸汽压力是相当大的。材料吸收的水分在回流组装过程中发生挥发，导致基材空洞或分层。通过无铅组装测试的电路板在不受控的环境中存放可能会出现缺陷。这些在评估材料和设计 PCB 时需要考虑
分层时间	一定温度下，如 260℃（T260）或 288℃（T288），加热到分层所需的时间。不是材料的基本性能	这个性能和材料的分解温度及成分之间的附着力有关。热膨胀和吸水同样有影响。在多层板中，内层铜箔的表面处理同样非常关键

过程中相互作用，对 PCB 组装过程和 PCB 组装之后的可靠性产生极大的影响。例如，热分解温度的升高同时伴随着断裂韧性的下降，会产生不好的影响，如在 V-CUT 过程中出现破裂或断裂现象，或者在细节距镀覆孔的机械钻孔中出现同样的缺陷。因此，在性能之间取得最好的平衡，来满足制造商（OEM）、电子制造服务公司（EMS）和 PCB 制造商，是非常关键的。

7.5.1　对玻璃化转变温度的关注

第 3 章解释了玻璃化转变温度作为基材分类的重要性能的原因，第 5 章则提供了玻璃化转变温度的其他信息。简言之，由于对 Z 轴热膨胀率有很大影响，行业内一直将 T_g 看成衡量可靠性的重要指标。然而，因为 CTE 值的不同，玻璃化转变温度和热膨胀率之间的关系需要具体分析。图 7.2 描述了表 7.3 中的材料的玻璃化转变温度和热膨胀率之间的关系。

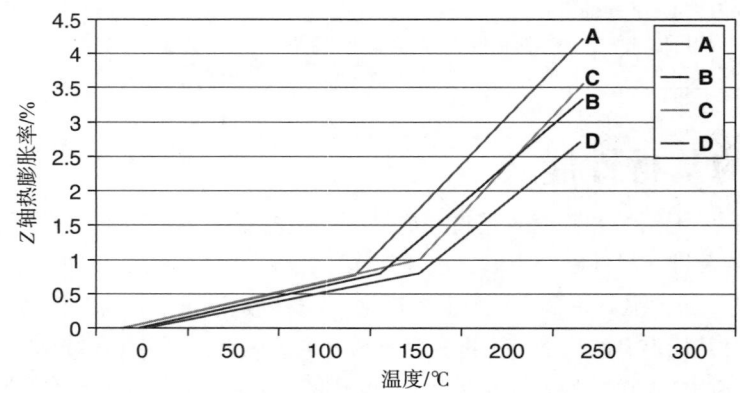

图 7.2　T_g 和 CTE 值对整体热膨胀率的影响

表 7.3　一些常见 FR-4 基材的性能

产品	描　　述	玻璃化转变温度 /℃	热分解温度 /℃	50 ~ 260℃热膨胀率（40%RC）/%
A	传统双氰胺固化 140℃ T_g FR-4	140	320	4.2
B	酚醛型中 T_g FR-4	150	335	3.4
C	传统双氰胺固化高 T_g FR-4	175	310	3.5
D	增强型高 T_g FR-4	175	335	2.8

图 7.2 中，产品具有相同的 T_g 前热膨胀率和 T_g 后热膨胀率（如 A 和 C 在高于 T_g 后的直线是平行的），它们在膨胀率上的不同主要基于 T_g 值不同。例如，常规 175℃ T_g 的材料（C），比常规 140℃ T_g 的材料（A），总膨胀要少。这是因为高 T_g 材料的 T_g 后热膨胀的发生推迟了 35℃。T_g 为 175℃的材料（D）和传统 T_g 为 175℃的材料相比，虽然 T_g 值是一样的，但前者具有更低的热膨胀率。此外，150℃ T_g 的材料（B），具有较低的热膨胀率（3.4%），和传统的 175℃ T_g 的材料的膨胀率（3.5%）基本相同，但前者的热分解温度明显要高，在无铅组装中，这种中 T_g 的 FR-4 材料比传统 175℃ T_g 的材料具有更好的兼容性。

7.5.2　热分解温度的重要性

虽然之前主要关注玻璃化转变温度（T_g）和 Z 轴热膨胀率，但引入无铅组装后，热分解温度引起了更重要的关注。热分解温度是衡量材料可靠性的一个非常重要的指标，虽然行业内多用 T_g 作为材料可靠性的主要指标。其中一个原因是，在其他条件相同情况下，较高的 T_g 会使得热膨胀率大幅变小，因此镀覆孔承受的应力更小。不必讨论的是，通常情况下，传统双氰胺固化的高 T_g 的 FR-4 材料和传统双氰胺固化的 140℃ T_g 的 FR-4 材料相比，前者表现出更低的热分解温度。这些突显了一个事实，大多数传统 140℃ T_g 的 FR-4 材料比传统高 T_g 的 FR-4 材料具有更长的 T260 时间。为了突出分解温度的重要性，请看图 7.3。

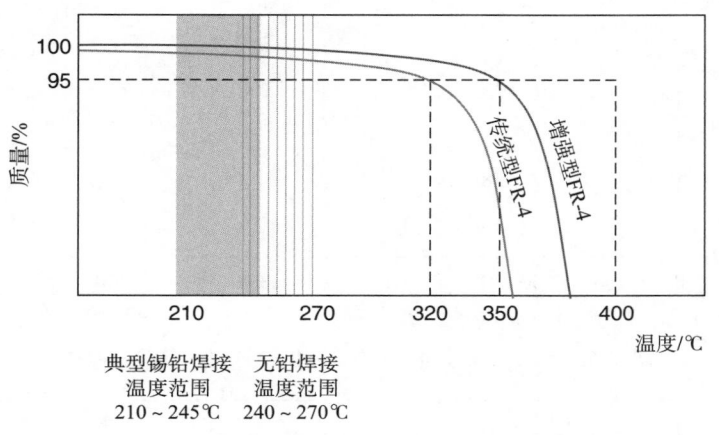

图 7.3　传统型和增强型 FR-4 材料的分解曲线

我们已经熟悉，传统双氰胺固化高 T_g 的 FR-4 材料的热分解温度范围大概是 290 ~ 310℃。传统 140℃ T_g 的 FR-4 材料的热分解温度一般更高，由图 7.3 可见一个热分解温度为 320℃ 的材料。在典型的锡铅组装环境中，无论是传统产品还是增强型产品，峰值温度都达不到材料出现明显热分解的温度点。而对于传统材料，在无铅组装环境下，峰值温度可以达到一个点，引起基材出现较小但影响很大的热分解。增强型产品则不会出现这个问题。这个看似很小的热分解现象，对于传统产品的可靠性有非常明显的影响，尤其是需要进行多个回流热循环的情形。

另一方面，如果组装和返工温度不超过起始分解温度，那么即使材料的热分解温度再高，作用也没那么明显。此外，改变树脂体系来提高其热分解温度，也会导致其他问题的产生，如使材料变脆或影响树脂体系的硬度，这会对 PCB 的可制造性（如钻孔、V-CUT 和铣板）或对细节距中 PTH 的断裂韧性产生较大影响。不是所有无铅组装兼容材料使用的树脂体系都相同，在选择材料时要非常小心，最好能够兼顾 OEM、组装厂和 PCB 制造商的需求。要想保证材料应用成功，仅仅查阅材料的说明或 IPC 标准的说明是不够的。和基材供应商一起提高全面理解材料的能力和工艺要求，对成功实现无铅应用而言更加重要。这一点，请参见图 7.4 ~ 图 7.6，或者参照第 5 章的相关内容。

首先，注意图 7.6 所示热分解曲线的斜率。通过 5% 分解的定义，这个材料的热分解温度为 405℃。然而，观察 1% 和 2% 的值，对应的温度是 336℃ 和 367℃，它们比 5% 所对应的 405℃ 低很多。这并不是说 1% 对应的 336℃ 热分解温度不好。事实上，这个材料在无铅组装应用中展示出了非常好的可靠性。但它确实指出，我们也需要关注除 5% 以外的其他热分解水平。与此相反，图 7.5 中材料热分解 5% 的温度为 330℃，而热分解 1% 和 2% 的温度分别为 326℃ 和 328℃。在这种情况下，热分解 1%、2% 和 5% 所对应的温度差别很小，在广泛的无铅组装应用中，这种材料也被证明具有出色的性能。最后，图 7.4 中标准高 T_g 材料分解 5% 的温度为 305℃，分解 1% 和 2%

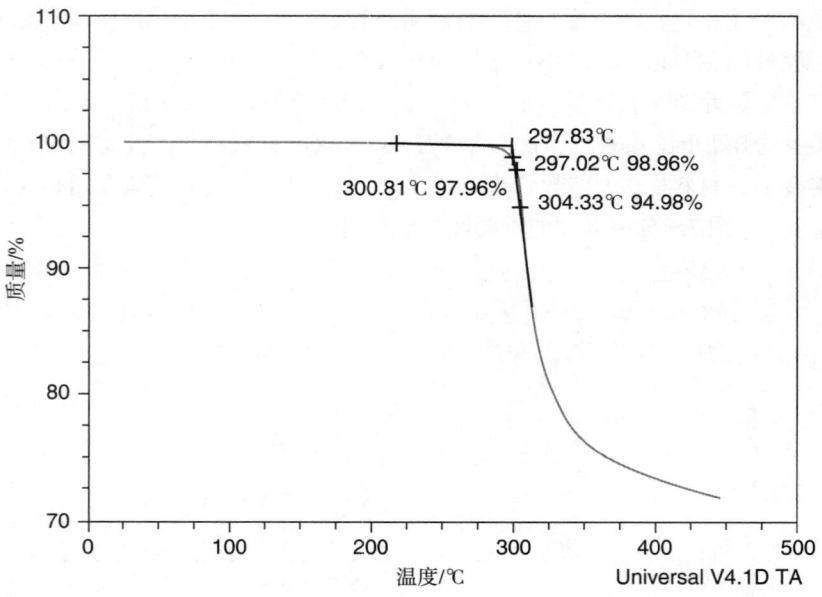

图7.4 标准双氰胺固化的高 T_g 的 FR-4 材料热分解曲线

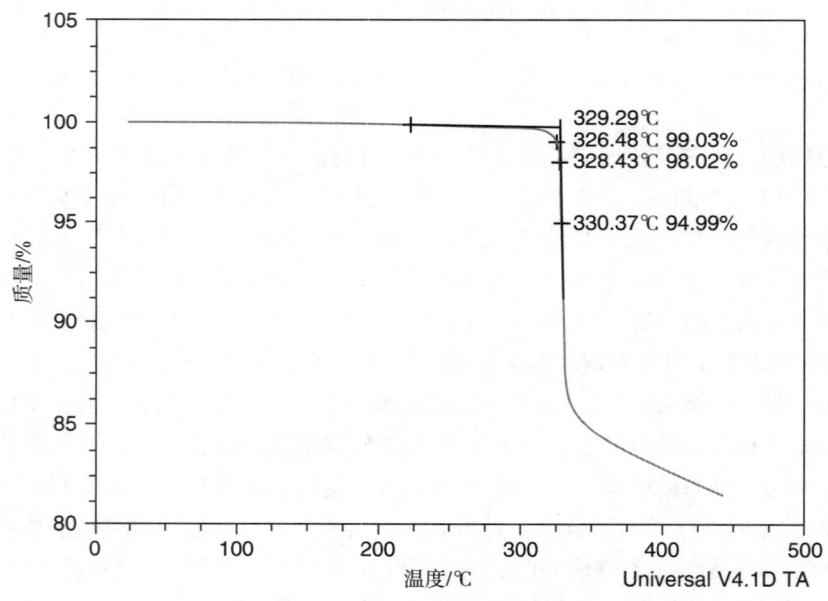

图7.5 酚醛型高 T_g 的 FR-4 材料的热分解曲线

的温度分别为297℃和301℃。这也是一个小范围的值，但在这种情况下热分解温度的绝对值较低，已经开始接近PCB无铅组装和返工所要经历的温度范围。可以认为这种材料没有足够可靠性，可能无法胜任最简单的无铅组装应用。此外，如果用这些材料制造的PCB产品存储在不受控的环境中，并且吸收了适度的水分，其本身较低的热分解温度，再加上吸水引起的较高的蒸汽压，在无铅组装的高温下，可能会导致灾难性缺陷或长期可靠性的严重降低。

更进一步，看看表7.3所列材料。它们是4种FR-4材料，材料C与图7.4所示材料相同，材料D与图7.5所示材料相同。当这些材料经历不同峰值温度下的多次回流后，热分解温度对它们的影响被突出显示在图7.7和图7.8中。图7.7描绘了当这些材料经室温至235℃的多次热循环后，累积的质量损失（分解）量。显然，峰值温度为 235℃时，对树脂的分解几乎没有影响。

图 7.8 同样显示了当峰值温度增加到 260℃时的结果。当传统 FR-4 材料经历室温至 260℃峰值温度的多次热循环后，树脂分解很严重，尤其是传统高 T_g 材料（产品 C）。产品 C 仅经过几次热循环后就急速分解，因此较难应用于无铅组装工艺。事实上，随着收集到更多的数据，可见经历多次热循环后，材料性能影响似乎比在高温下进行一次循环（即使循环的时间很长）的影响更大。举个例子，图 7.9 描绘了标准双氰胺固化的高 T_g 的 FR-4 材料（如图 7.7 和图 7.8 中的材料 C）在不同温度下的热分解水平与时间的关系。由图 7.9 可见，即使材料长时间处在 260℃和275℃的温度下，也只有相对较低的热分解水平。同样的材料（都是图 7.8 中的 C 材料），经历室温至 260℃的多次热循环后，迅速出现较大的热分解，因此需要根据应用多样的测试方法去验证材料的可靠性。

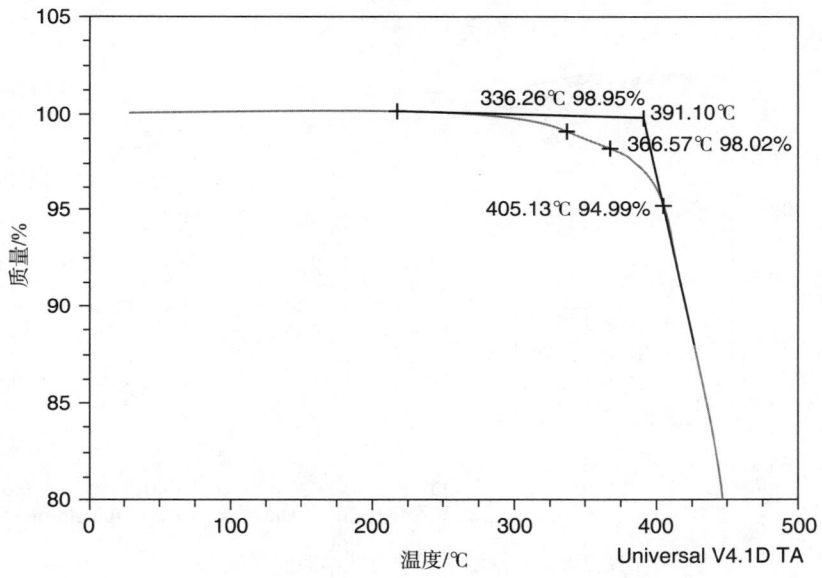

图 7.6　另一种高 T_g/T_d 的 FR-4 材料的热分解曲线

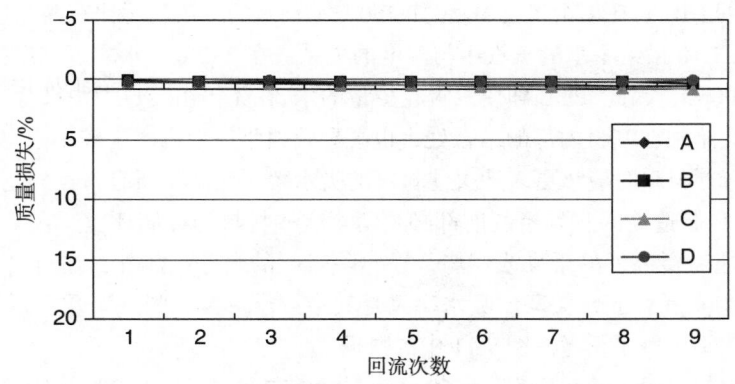

图 7.7　多次 235℃回流后的热分解

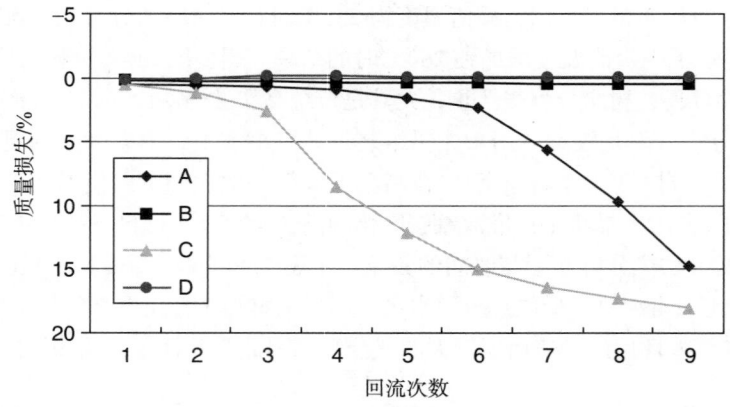

图 7.8   多次 260℃回流后的热分解

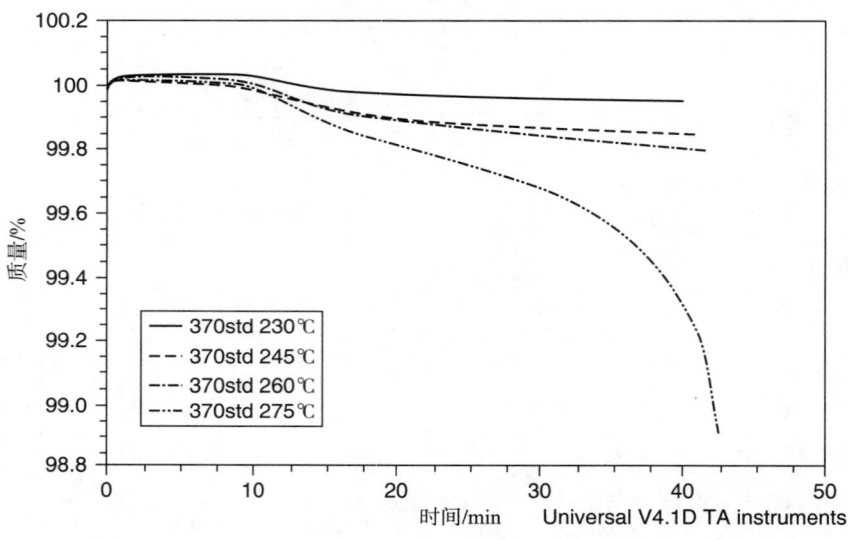

图 7.9   不同温度下热分解与时间的关系

7.5.3   吸水率

正如表 7.2 中指出的,在无铅组装温度(如 260℃)下,水的蒸汽压远比在共晶锡铅组装温度(如 230℃)下高。图 7.10 描绘了水的蒸汽压与温度的关系。在 230℃下水的蒸汽压接近 400psi,而在 260℃下它接近 700psi。因此,PCB 即使只吸收少量的水,在无铅组装过程中都会产生很大的影响。因为更大的压力会施加在基材内部的结合处,也会导致树脂体系内产生较小的空洞。

这意味着,选择材料时应该更多地关注材料的吸水率。然而,所有常见的基材都有一定的吸水性,所以在 PCB 制造期间直到组装前都必须留意这些材料的存储环境。在某些应用中,暴露于高温之前,可能需要额外的干燥或烘烤,以驱除吸收的水分。此外,在材料数据表中找到的吸水率数据很难与实际性能相关联。吸水率只是其中一个影响,另一个重要因素便是水分从材料中挥发的速率。举个例子,考虑图 7.11 中的数据。

这些材料先被放置于 15psi 蒸汽压下 60min,然后在 288℃下进行 20s 热应力测试。在热冲击测试中测量它们的吸水率与性能的关系。特别注意,图中无卤材料因为材料特性原因较有卤材料呈现出较高的吸水率,因此表现出较差的抗热应力能力。除了这一个例外,其他所有材料在

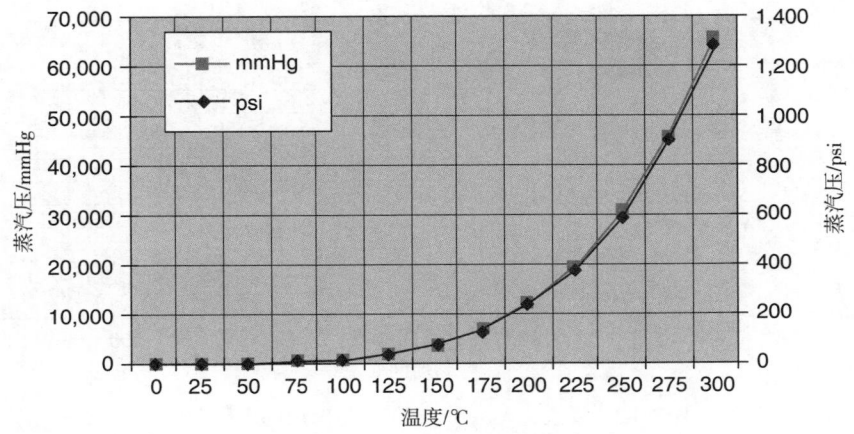

图 7.10 水的蒸汽压与温度的关系

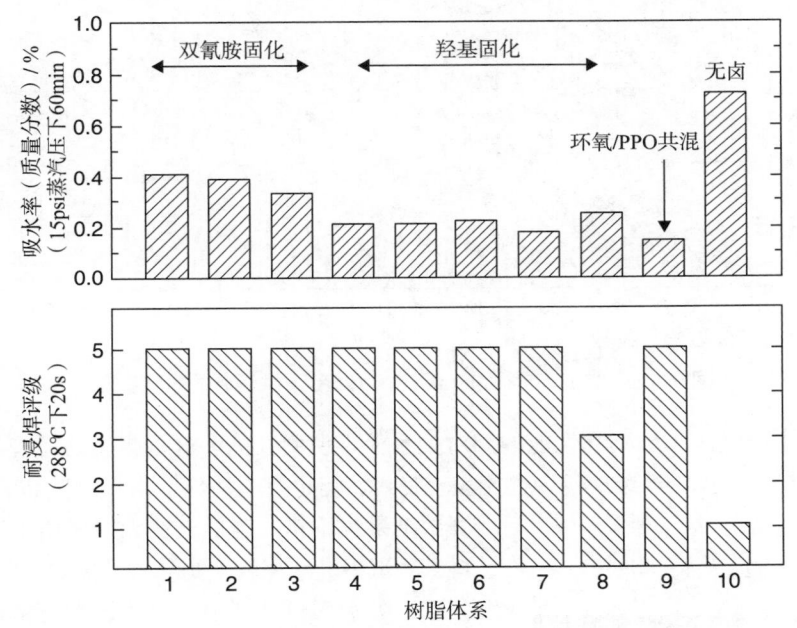

图 7.11 几种材料的吸水率与抗热应力能力的关系

该测试中都表现较好，即使它们的吸水率从不到 0.2% 到刚刚超过 0.4%。另一个中等程度吸水率（大约 0.3%）的材料，也出现了一定程度的失效。但需注意，基于这些材料的吸水率，其实是很难得出其与材料性能之间的关系的。因为，关系到材料应用性能的一些其他可靠性测试项目均需要考虑，这样才能判断出材料的兼容性。

从吸水率及随后的 PCB 干燥或烘烤方面看，测试结果如图 7.12 和图 7.13 总结。每个测试都对几种不同类型的基材作了评估，包括双氰胺固化、酚醛固化的 FR-4 材料，以及低 D_k/D_f 和无卤材料。图 7.12 显示的是这些干燥样品先在室温下浸泡在水中 5 天（测 1 次），再在 125℃ 下分别烘烤 24h、96h 和 120h 后测得的吸水率（水分含量）数据。该测试中的样品随后被放置到温度为 35℃，相对湿度为 85% 的环境中 7 天（测 1 次），再在 125℃ 下分别烘烤 24h 和 48h 后测量。第二次测试的结果显示在图 7.13 中。虽然这些曲线显示的材料吸水率情况有差异，但每一种情况都能通过烘烤驱除水分。除此之外，受到产品设计的影响和 PCB 加工过程湿流程对材料的攻击，

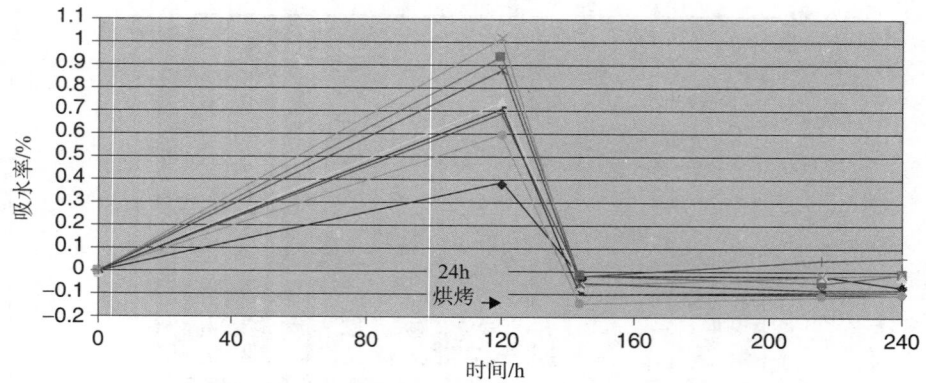

图 7.12 浸泡 5 天，在 125℃下烘烤后的质量变化

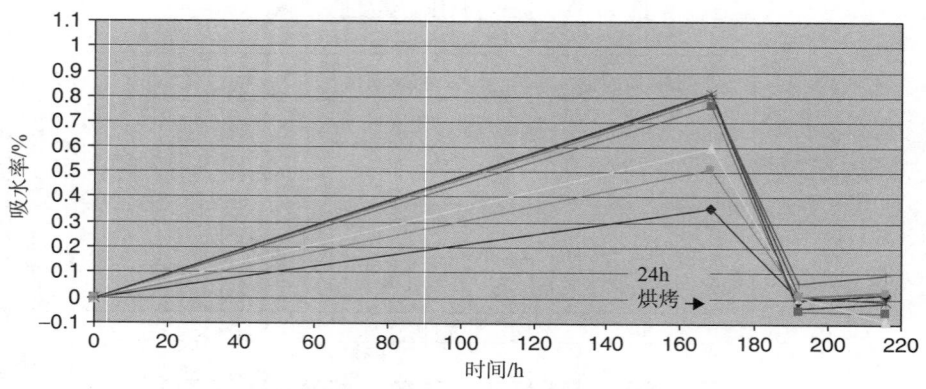

图 7.13 35℃/85%RH 7 天，在 125℃下烘烤后的质量变化

无铅组装应用中的吸水率级别和性能的相对关系很难说明。虽然这里测试的那些显示出相对较低吸水率的材料，在无铅组装应用中性能表现良好，但也有一些显示出相对较高吸水率的材料，测试结果也不错。当然，在无铅应用中表现较差的材料，测试中吸水率较大是导致其失效的主要原因之一。所以，吸水率只是其中一个关键性能指标，但对于材料评估仍需综合考虑其他性能指标的影响。

40层FR-4 PCB，
TMA法T260分层时间样本

图 7.14 T260 测试后的分层和树脂分解

7.5.4 分层时间

关于如何测试分层时间，在第 5 章已详细讨论过。实验方法是，在热机械分析仪（TMA）中放置一个层压板或 PCB 的样品，将样品加热到一个特定的恒温温度，最常用的是 260℃（T260）或 288℃（T288），然后测试和报告样品分层所用的时间。图 7.14 就是一个复杂的 PCB 背板进行 T260 测试的例子。这个 PCB 采用了传统双氰胺固化高 T_g 的 FR-4 材料，还没到 2min 就分层了。树脂还存在碳化和老化的现象。其他树脂体系，包括其他 FR-4 材料类型，可能会有更优越的性

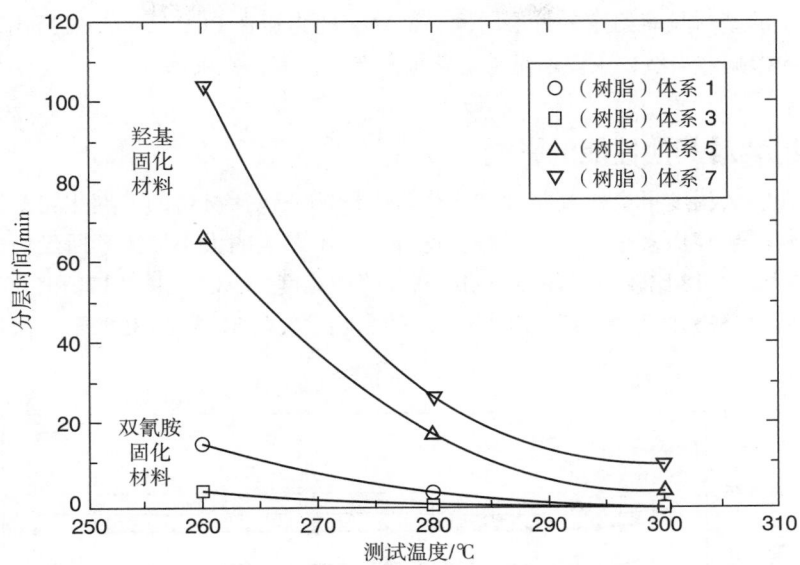

图 7.15 不同树脂体系的分层时间与温度的关系

能。图 7.15 比较了 4 个不同的树脂体系在不同温度下的分层时间,两个为双氰胺固化 FR-4,两个使用其他类型固化剂。值得注意的是,尽管整体都表现出随着温度的升高而出现分层时间变短,但使用其他类型固化剂的材料比使用双氰胺固化剂的材料要经历更长的时间才出现分层。

分层时间也和测试样品的类型有关。因为铜箔与树脂的结合力相对较树脂和玻璃布直接结合力弱,故没有铜箔的层压板通常比带铜箔的层压板的分层时间更长。相应地,覆铜板表现出比多层 PCB 具有更长的分层时间。图 7.16 提供了几种含铜和不含铜材料的 T260 或 T288 测试数据比较。在多层 PCB 中,树脂和内层铜表面之间的界面一般最先发生分层。多层 PCB 的分层时间受到以下几个因素的影响:内层铜的表面处理质量、多层板层压质量优劣、半固化片的类型和条件。

多层 PCB 的分层时间测试,已经成为一种常见的无铅组装兼容性测试项目。而除了材料类型,还有很多因素会对性能产生影响。因此,在分析一种特定的 PCB 的分层时间时,我们就要注意了,如果一种基材本身的分层时间很短,那么加工成 PCB 后,很难采用其他方法提高其分层时间。

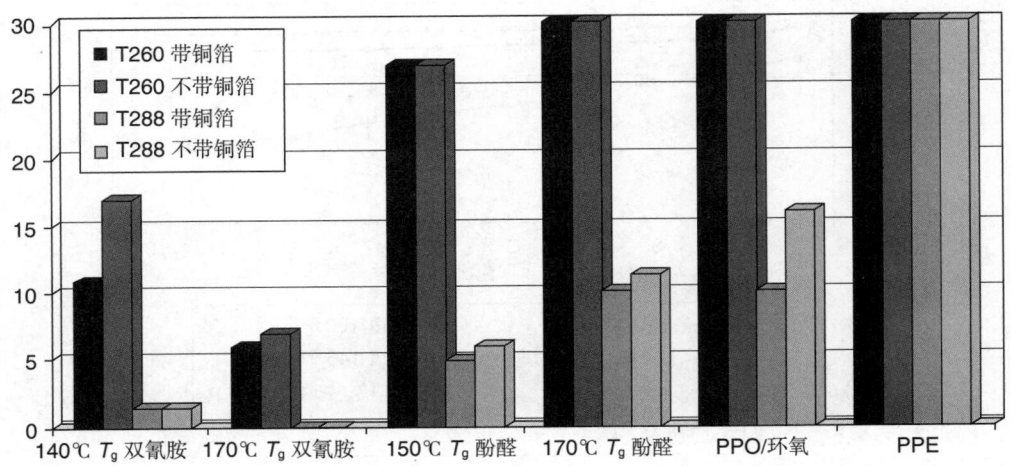

图 7.16 几种含铜和不含铜材料的 T260 和 T288 测试

简而言之，给定的基材具有给定的分层时间，而这个能力能在 PCB 成品中发挥出来多少，就受到多方面因素的影响。当然，主要还是与电路板制造工艺有很大关系。

7.5.5 无铅组装对其他性能的影响

材料暴露在组装温度下会对基材性能产生重大影响，包括材料的玻璃化转变温度和模量性能。尤其是材料需要经历多个热循环过程。此外，这个影响的大小取决于所经历的具体回流峰值温度。图 7.17 和图 7.18 比较了多种类型的材料在峰值温度 235℃(见图 7.17)和 260℃(见图 7.18)下，多次回流后对动态热机械分析（DMA）T_g 的影响。在峰值温度 235℃下多次回流时，这些

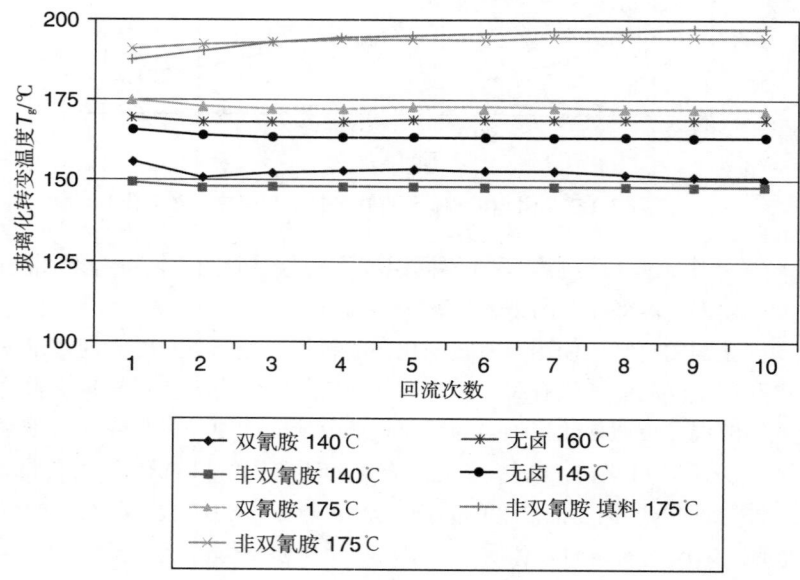

图 7.17　在峰值温度 235℃下多次回流后 DMA 测试的 T_g 变化

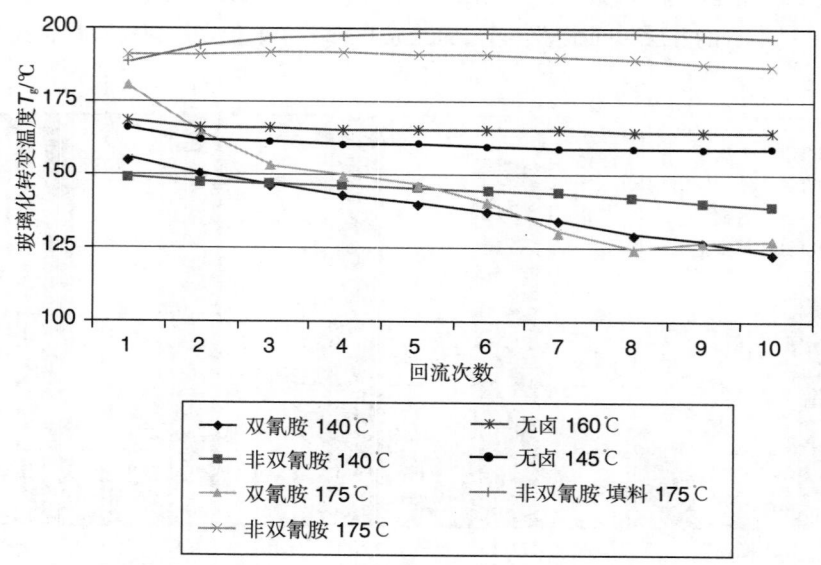

图 7.18　在峰值温度 260℃下多次回流后 DMA 测试的 T_g 变化

材料在 DMA 测得的 T_g 上均没有表现出明显的改变。但是，在峰值温度 260℃下多次回流时，在 DMA 测得的 T_g 上，双氰胺固化材料表现出明显的下降现象，特别是高 T_g 双氰胺固化材料。

图 7.19 和图 7.20 展示了通过多次回流后，动态力学分析模量的测量数据值有相似的百分比变化。值得注意的是，在峰值温度 235℃下回流时，高 T_g 的双氰胺固化 FR-4 材料表现出 DMA 模量的持续下降，140℃ T_g 的双氰胺固化材料在几个循环之后才表现出下降的现象。在峰值温度 260℃下回流时，两个双氰胺固化 FR-4 材料都表现出 DMA 模量迅速下降的趋势。在所有这些情况下，无论是在峰值温度 235℃或 260℃下，非双氰胺（酚醛）FR-4 材料都表现出较小的影响。如果一定要说有影响，它们在玻璃化转变温度和模量上表现出非常小的增幅。可见，不能仅通过 T_g 去判定材料可靠性，而要依据用途选择不同的测试方法。

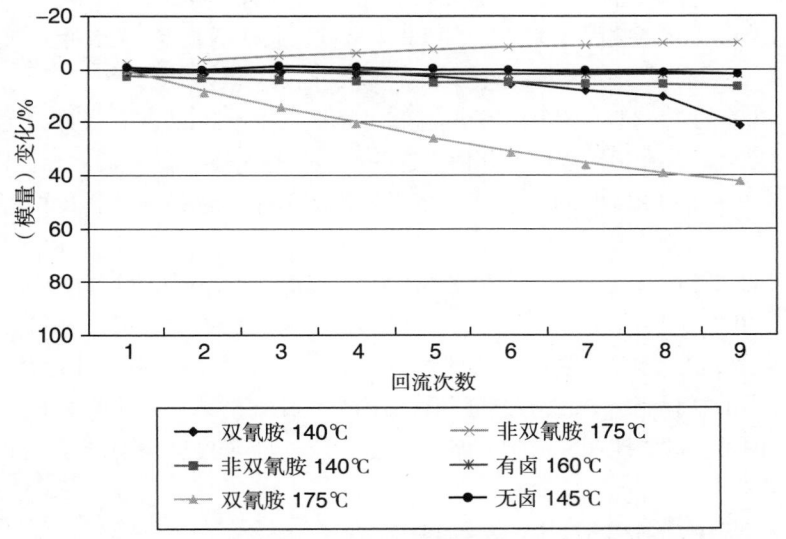

图 7.19 在峰值温度 235℃下多次回流后 DMA 模量变化百分比

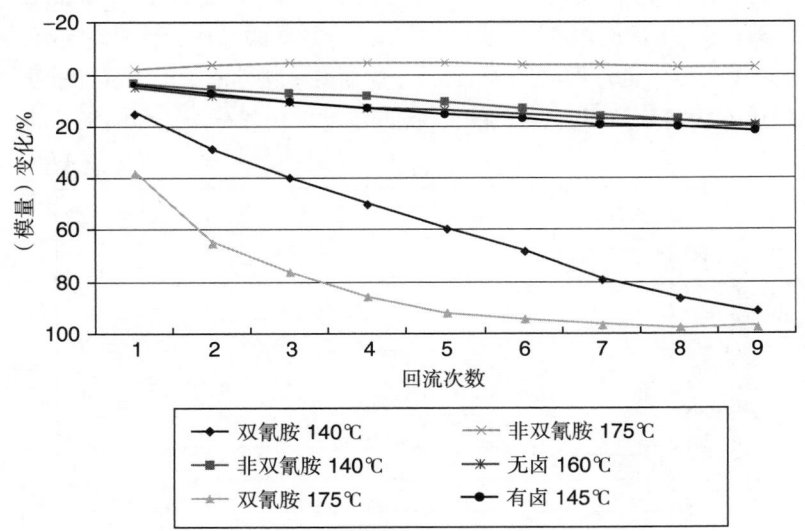

图 7.20 在峰值温度 260℃下多次回流后 DMA 模量变化百分比

7.6 无铅组装对 PCB 可靠性和材料选择的影响

除了本文已经引用的研究工作,还有非常出色的关于无铅组装(尤其是对 PCB 可靠性的影响)的研究 [8~10]。这些工作进行了统计分析,阐述了无铅组装对 PCB 可靠性的影响,并得出了关于基材问题的重要结论。虽然所有已发表的作品之间并不完全一致,但它们之间的区别通常是侧重点不同造成的。例如,复杂的、可靠性要求严格的厚 PCB,相对于不太复杂的、预期使用寿命较短的 PCB,或者可靠性要求不太严格的 PCB,侧重点是不一样的。这些结论如下。

(1)最低热分解温度对于无铅组装的兼容性至关重要,尽管较高的 T_d 并不意味着总是更好。和其他性能,如可制造性、断裂韧性等进行权衡,取得各性能的良好平衡显得尤其重要。

(2)T_g 和 CTE 很重要,因为这影响热膨胀,尤其是较厚的 PCB。

(3)大多数传统(双氰胺固化)高 T_g 的 FR-4 材料,通常不兼容无铅组装,或仅能用在非常有限的应用范围。

(4)传统 140℃的 T_g 材料仍然适用于厚度和可靠性要求不高的 PCB 设计,尤其是在组装中使用中等峰值温度时。这在很大程度上是由于这些材料具有比传统高 T_g 材料略高的热分解温度。

(5)高 T_d、中 T_g 的 FR-4 材料,对于许多无铅组装应用(包括复杂程度中等的 PCB 设计)是可行的选择。

(6)足够高的 T_d 和 T_g,以及 CTE 值较小的材料适用的应用范围最广,包括在 260℃峰值温度下的复杂 PCB 组装。

(7)平衡材料性能与 PCB 可制造性是至关重要的。性能优异的材料有时无法用于 PCB 制造,因为使用性能优异的材料制造 PCB 时会遇到许多困难。比如,钻孔、外形加工或刻痕时的裂纹;在织物上钻孔的困难,对电镀铜、树脂内缩、热应力下的孔铜拉脱的影响等。

7.6.1 材料类型和性能与组装可靠性的例子

为了强调这些结论,进行下面的测试。首先,对用表 7.3 中的材料制作的多层 PCB 在不同峰值温度下进行红外线(IR)回流处理。测试用的 PCB 是 10 层、0.093in(2.6mm)厚、"设计失败"的板子,对铜的厚度、图形和结构,以及树脂含量进行特殊的选择设计,以使板子对回流循环更加敏感。此外,在峰值温度下的停留时间为 1.5min。这使得材料性能中的差异能被更清晰地侦测到。图 7.21 描绘了经历 6 次回流循环后表现完好,无起泡、白斑或分层迹象的板子的比例。

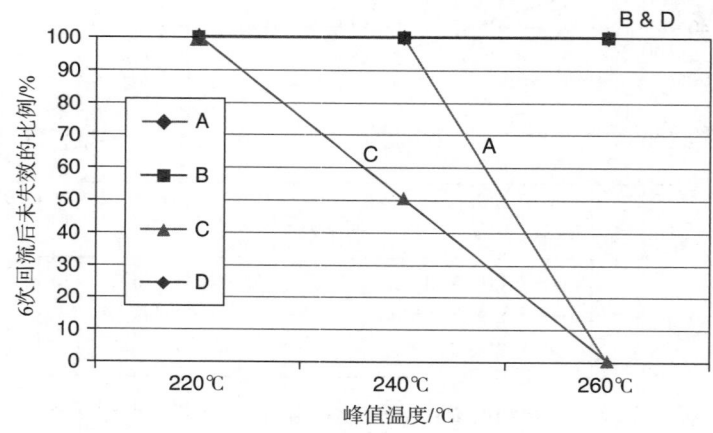

图 7.21 不同峰值温度、6 次回流循环、未失效 PCB 的比例

可以看到，第一个显现出缺陷的材料是传统双氰胺固化的高 T_g 的 FR-4 材料。在 240℃的峰值温度下，该材料开始出现缺陷。在 260℃的峰值温度下，传统双氰胺固化 FR-4 材料，无论是 175℃ T_g 的产品，还是 140℃ T_g 的产品，都出现了缺陷。另一方面，具有更高热分解温度的材料，无论是 150℃ T_g 的产品，还是 175℃ T_g 的产品，都在 260℃的 6 次循环中表现完好。

7.6.2 材料类型 / 性能与长期可靠性例子

另一项测试，通过互连应力测试（IST）对 3 种高 T_g 材料进行评估[11]。这项特别的测试有助于我们深入理解热膨胀和热分解温度对长期可靠性的影响。IST 测试方法使用电流来加热包含镀覆孔网络的电路试样。该测试试样通常被预处理多次，以模拟组装过程中的情形，然后将其在高温（通常是 150℃）和室温之间来回循环。在这种方式下循环样品，直到产生失效——电阻变化超过 10%。对这个例子中评估的材料，表 7.4 进行了描述。

表 7.4 经过 IST 测试评价的材料

产品	描述	T_g/℃	T_d/℃	50 ~ 260℃热膨胀率（RC40%）/%
C	普通高 T_g	175	310	3.5
D*	高 T_g，高 T_d	175	335	3.4
D	高 T_g，高 T_d，较低 CTE	175	335	2.7

我们注意到，这些材料的 T_g 值是相同的，但热分解温度和热膨胀率存在差异。产品 D* 与产品 D 类似，不同的是产品 D* 具有较高的热膨胀率。产品 D* 显示出与产品 C 近似的热膨胀率，但产品 D* 具有较高的热分解温度。产品 D 不但热分解温度高，而且热膨胀率很低。所测试的 PCB 是 14 层、0.120in（3.1mm）厚、0.012in（0.30mm）直径镀覆孔的多层板；导通孔内的铜镀层平均厚度为 0.8mil（20.3μm），虽然要求的是 1.0mil（25.4μm）。图 7.22 显示了每一种类型材料在不同的预处理级别下产生损坏（导通孔孔链电阻值变化 10%）所需的平均循环次数。这些测试级别包括：没有预处理、230℃下 3 次回流、230℃下 6 次回流、255℃下 3 次回流、255℃下 6 次回流。

显然，热分解温度较高的两种材料表现出比传统高 T_g 产品更好的性能。同样可以看到，在比较产品 D 和产品 D* 时，热膨胀率更低的产品 D 产生损坏所需的热循环次数确实增加了。但

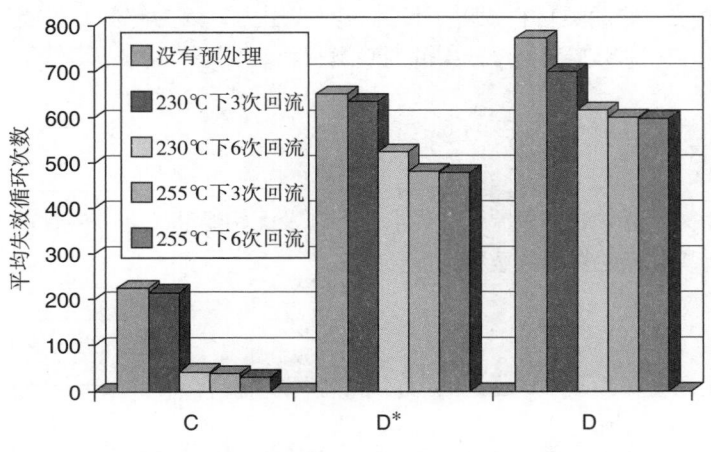

图 7.22 3 种 175℃ T_g 的材料的 IST 测试结果

相对于较高的热分解温度，至少对于该 PCB 设计，其影响太有限了。随着 PCB 厚度的增加，降低热膨胀率变得更加重要。另外，该实例中用于降低热膨胀率的技术也为 PCB 的可制造性带来了好处。

7.6.3　理解对电气性能的潜在影响

大多数为无铅组装应用开发的 FR-4 层压板材料，相较于传统双氰胺固化 FR-4，它使用的是一种替代树脂。最常见的替代品是通常被称作诸如酚或酚醛树脂固化的材料。尽管在这些材料之间有一些变化，但作为一个大的类别，它们往往表现出不同的电气性能，特别是对于介质损耗或介质损耗因子（D_f）。对于运行在典型频率范围内的大多数应用，差异并不明显。然而，随着运行频率增加到趋于 FR-4 应用可接受频率范围的高端，以及阻抗控制变得更加关键时，它们之间的差异会变得非常明显。表 7.5 包含了与表 7.3 相同的材料，不过表 7.5 还显示了介电常数（D_k）和损耗因子（D_f）方面的差异。它也包含了一种被设计用于改善 D_k 和 D_f 性能（相对于酚醛树脂型无铅兼容材料）的无铅兼容材料。注意：不同类型的测量系统会导致 D_k 和 D_f 的测量值不同。层压板树脂含量及其他因素也会影响这些性能。所以，查阅表 7.5 时，这些材料之间的对比结果，往往比每一个材料单独测试的结果更重要。进行对比时，应选择使用相同的测试方法，以及使用树脂含量相同的材料。

表 7.5　几种基材类型的性能

产品	描述	T_g/℃	T_d/℃	50 ~ 260℃的热膨胀率（RC40%）/%	D_k（2GHz）	D_k（5GHz）	D_f（2GHz）	D_f（5GHz）
A	传统 140℃ T_g FR-4	140	320	4.2	3.9	3.8	0.026	0.022
B	增强型中 T_g FR-4	150	335	3.4	4.0	3.9	0.026	0.027
C	传统高 T_g FR-4	175	310	3.5	3.8	3.7	0.020	0.021
D	增强型高 T_g FR-4	175	335	2.8	3.9	3.8	0.026	0.026
E	非双氰胺非酚醛	200	370	2.8	3.7	3.7	0.013	0.014

从该表中可明显看到，改良型酚醛树脂 FR-4 材料在 2 ~ 5GHz 的电气性能并不像传统双氰胺固化材料一样好，特别是对 D_f 值而言。然而，材料 E 表现的耐热性能，至少和增强型 FR-4 材料的能力一样好。此外，材料 E 的电气性能甚至比传统双氰胺固化的材料好，尤其在 D_f 性能方面。这种非双氰胺、非酚类材料，对于设计很有吸引力，因为它们不仅能满足无铅兼容，而且电气性能优于现在已应用于无铅设计中的酚醛类材料。

7.7　总　结

虽然大多数基材都遵守 RoHS 指令的要求，但涉及无铅组装工艺兼容性的问题，就变得更加复杂了。与无铅组装兼容的材料的重要性能包括：

- 热分解温度（T_d）
- 热膨胀系数（CTE）
- 玻璃化转变温度（T_g）（主要是因为它对热膨胀有影响）
- 吸水率

- 分层时间（并非基本材料性能，却是用来评估复合材料在不同温度下热稳定性的一种简单指标）

虽然层压板制造商可以很容易地改善这些性能之一，但要想在改善该性能时不影响其他性能（其中包括在 PCB 制造过程中可降低加工难度的一些很重要的性能），却没那么容易。实现供应链每一层级（从 OEM 到 EMS 再到 PCB 制造商）需求的最佳性能平衡，对在无铅组装应用中取得成功是至关重要的。

传统双氰胺固化 FR-4 材料（尤其是高 T_g 的）受无铅组装温度的影响很大，一般不推荐用于无铅应用。替代树脂，特别是酚醛固化的 FR-4 材料，已被广泛用于无铅应用，而且热性能和电气性能都表现较好。当然，一些非双氰胺、非酚醛类的材料也是可以使用的。第 8 章将更详细讨论无铅应用中对材料的选择。

参考文献

[1] Brist, Gary, Hall, Stephen, Clauser, Sidney, and Liang, Tao, "Non-Classical Conductor Losses Due to Copper Foil Roughness and Treatment," ECWC 10/IPC/APEX Conference, February 2005

[2] Bergum, Erik, "Application of Thermal Analysis Techniques to Determine Performance of Base Materials through Assembly," IPC Expo Technical Conference Proceedings, Spring 2003

[3] Kelley, Edward, "An Assessment of the Impact of Lead-Free Assembly Processes on Base Material and PCB Reliability," IPC/Soldertec Conference, Amsterdam, June 2004

[4] Hoevel. Dr. Bernd, "Resin Developments Targeting Lead-Free and Low D_k Requirements," EIPC Conference, 2005

[5] Christiansen, Walter, Shirrell, Dave, Aguirre, Beth, and Wilkins, Jeanine, "Thermal Stability of Electrical Grade Laminates Based on Epoxy Resins," IPC Printed Circuits Expo, Anaheim, CA, Spring 2001

[6] Kelley, Ed, Bergum, Erik, Humby, David, Hornsby, Ron, Varnell, William, "Lead-Free Assembly: Identifying Compatible Base Materials for Your Application," IPC/Apex Technical Conference, February 2006

[7] St. Cyr, Valerie A., "New Laminates for High Reliability Printed Circuit Boards." Proceedings of IPC Technical Conference, February, 2006

[8] Freda, Michael, and Furlong, Jason, "Application of Reliability/Survival Statistics to Analyze Interconnect Stress Test Data to Make Life Predictions on Complex, Lead-Free Printed Circuit Assemblies," EPC 2004, October 2004

[9] Brist, Gary, and Long, Gary, "Lead-Free Product Transition: Impact on Printed Circuit Board Design and Material Selection," ECWC 10/APEX/IPC Conference, February 2005

[10] Ehrler, Sylvia, "Compatibility of Epoxy-Based PCBs to Lead-Free Assembly," EIPC Winter Conference, 2005, Circuitree, June 2005

[11] IST procedure developed and offered through PWB Interconnect Solutions, Inc., www.pwbcorp.com

第 *8* 章
无铅组装的基材选型

Edward J. Kelley
美国亚利桑那州钱德勒，Isola 集团

8.1 引 言

第 7 章讨论了无铅组装对印制电路板（PCB）及其基材的影响，还讨论了基材在无铅应用中的许多关键性能。这些性能包括：

- 热分解温度（T_d）
- 玻璃化转变温度（T_g）
- 热膨胀系数（CTE）
- 吸水率
- 分层时间，如 T260 和 T288 测试

此外，基材的应用还需要平衡 PCB 制造过程中各项性能之间的关系，还需要平衡组装厂、原始设备制造商（OEM）对材料性能的要求。

这主要是基材性能对 PCB 制造过程，以及 PCB 成品在终端制造商组装应用过程中的影响造成的。对于给定的基材，其成品 PCB 具有一定的性能水平。然而，这种性能水平是否可能会体现出来，这取决于基材在 PCB 制造过程中是如何加工的。这样，对特定应用提出使用何种材料的建议就变得非常复杂。本章会介绍一个应用得很成功的方法，可以有效地解决这个问题。当然，我们首先要对一些会影响材料性能的 PCB 制造过程和组装问题，做一个简单的概述。

8.2 PCB 制造与组装的相互影响[1]

PCB 在终端应用中的长期可靠性，并不仅仅是所选基材类型作用的结果，同样与 PCB 制造过程和组装条件有很大关系。不同类型的基材，可能需要不同的工艺条件，而且需要兼顾制作成本，以求在最终产品中表现出最佳性能和最佳性价比。所以，当需要评估某款材料时，应考虑最基本的 PCB 制造和 PCB 组装过程的影响。此外，PCB 长期可靠性的要求也必须着重考虑。因此，尽管无法针对所有的应用给出确切、最佳的工艺条件，但当产品转换为无铅组装时，下文中描述的参数都应该加以考虑。

8.2.1 PCB 制造注意事项

正如刚才所说的，当要求进行无铅转换时，对于给定的产品应用条件选择一款合适的基材，

只是关键问题之一。与 PCB 制造相关的几个因素也很重要。

8.2.2　吸　水

正如第 7 章中讨论的，一个给定吸水率级别的材料，在无铅条件应用中会比在传统锡铅组装应用中的影响更大。这是由于无铅组装具有更高的温度，会增加水的蒸汽压，从而增加了应力。图 8.1 为水的蒸汽压随温度变化的曲线。在无铅组装温度下，蒸汽压要高很多。这实质上会导致层压板内和 PCB 内的界面处被施加了更大的应力，包括树脂 - 玻璃布、玻璃布 - 玻璃布、树脂 - 氧化物、树脂 - 铜，以及树脂 - 树脂界面处。因此，建议在热循环之前进行额外的干燥或烘烤处理，以驱除水分，制造过程中的水分控制需要特别注意，因为不是所有水分都可以通过后烘烤去除。

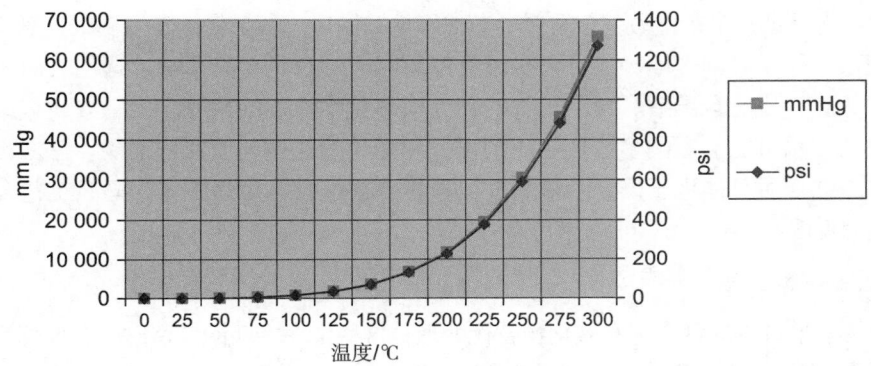

图 8.1　水的蒸汽压与温度的关系

1. PCB 结构与 CTE 值

所有 PCB 结构在每层之间都存在一定程度的 CTE 值不匹配，加上无铅应用温度更高，这就使得界面处膨胀和压力的总量更大。因此，即使给定的结构中 CTE 值相同，但 PCB 从标准的锡铅组装转换到无铅组装时，PCB 内也会产生更大的应力。在某些情况下，增加的应力会导致出现分层等缺陷，尤其是 PCB 吸水后增加的应力会更大。对于由两种或更多不同类型基材组成的混合结构，热膨胀产生的应力会很严重，特别是当两种类型材料 CTE 值相差很大的时候。然而，即使整个 PCB 结构中使用相同的材料类型，在选择特定的玻璃布类型和树脂含量时也应该多加考虑。这是因为，使用的不同玻璃布类型和树脂含量之间的 X/Y 轴和 Z 轴 CTE 值都不同。CTE 值相差很大的相邻层，在较高的温度下会导致应力水平增加，引起附着力下降，容易出现分层的结果。表 8.1 为一些常见玻璃布类型的 X 轴和 Y 轴的 CTE 值，如有可能，相邻层之间选择玻璃布类型时尽量选择 CTE 值差异最小的玻璃布类型。

表 8.1　一些常见玻璃布类型 X 轴和 Y 轴的 CTE 值

玻璃布类型	X 轴 CTE/（ppm/℃）	Y 轴 CTE/（ppm/℃）
106	22.2	22.2
1080	16.9	19.4
2113	15.3	15.9
2116	14.7	14.9
1652	14.1	14.1
7628	12.1	15.9

2. 铜面氧化和氧化替代处理

在 PCB 制造过程中,内层铜表面一般要经过化学处理,以提高树脂体系和铜层之间的附着力。有两种主要的处理方法。第一种方法是对铜表面进行氧化,以形成微观粗糙表面,随后通常会进行一步还原,来提高其在后续工序中的耐化学性。第二种处理方法是氧化物替代或氧化物替换工艺。这些工艺通常使用化学蚀刻反应使铜表面变粗糙,以提供更大的与树脂结合的表面积,并经常使用特有的化学药水来进一步增强附着力和耐化学性。简言之,树脂体系与氧化物或氧化替代物的兼容性,对任何应用都很关键,而在无铅组装应用中,这种兼容性变得更加重要。

通常,验证附着力需要评估处理后的铜和树脂体系之间的剥离强度,并进行分层时间测试,如 T260 和 T288 测试。测试时,样品应选择具有代表性的半固化片材料,而且应该使用与实际 PCB 工艺相同的层压程序。

潜在的吸水是这些工艺中另一个重要的考虑因素。同时,如果暴露在高温下,氧化物和氧化物替代处理层可能会受到影响,甚至在常温下停留时间过长也会有影响。这些表面在后烘干或烘烤期间的氧化,可能会导致后续工艺中的黏性或耐化学性能的问题。另一方面,这些工艺中层压板材料的吸水可能会影响多层板层压的质量和随后的热循环期间的性能。总之,重要的是在经过这些工艺后尽可能地干燥,一般是在层压预叠前进行再烘烤工序,同时工艺要严格参照供应商提供的说明。

3. 多层板层压前的预叠

除了上一节中讨论的氧化物和氧化物替代处理,这些工序之间的停留时间,处理后到多层板层压前的预叠,以及预叠后到层压的停留时间也很重要。这不仅是由于内层表面有氧化的可能性,而且由于长时间暴露,容易导致内层树脂表面潜在吸水,原因在前面已经讨论过了。这个停留时间应该越短越好,并且内层在层压预叠前应该存储在温度和湿度受控的环境中,以减少吸水的可能性。这种存储的环境条件通常是 68 ℉ 或 20℃ 和最高 50% 的相对湿度(RH),当然湿度越低越好。

同样地,PCB 的半固化材料必须存储在温度和湿度受控的环境中。不仅因为有吸水的可能,而且粘结片保质期和使用性能均会受到温度和湿度条件的影响。这往往是一个敏感点,但它却很关键,尤其对基材性能要求更高的无铅应用。同样,对于典型 FR-4 材料,储存条件一般要不高于 68 ℉ 或 20℃ 和 50%RH。不过,对温湿度更加敏感的某些高性能材料,应存储在更低温度或更干燥的环境中。某些高性能材料,在使用前甚至可能需要真空干燥。例如,真空干燥对聚酰亚胺材料就是相当普遍的做法。最后,多层板预叠后,需确保在层压前都存储在理想且受控的环境中,同时预叠和层压之间的停留时间也应控制到最短。

4. 多层板层压工艺

多层板层压周期必须围绕所使用的具体材料进行设计。当然,针对大多数应用材料,也有一些一般性的建议。

层压前抽真空　在升温和固化树脂之前,对层压叠层施加真空很重要,这样能有效赶走层压周期内挥发的水分。抽真空也可以去掉其他挥发性成分,如粘结片中剩余的溶剂。这是个极为重要却经常被忽视的因素。使用多长的预抽真空时间取决于所用材料的实际水分含量和压机里面的真空度,但一般在 10 ~ 30min。需要注意的是,在施加真空的这段时间内,材料不应进入高温段。此外,如前一节中提到的某些材料,如聚酰亚胺,在层压前通常要经过真空干燥。

升温和加压　对于给定的树脂体系类型,掌握半固化材料中树脂的流变性,对于控制升温速率极其重要，升温速率设定取决于材料类型和 PCB 的设计。升温速率，加上适当的压力，才能确保树脂很好地填充到内部线路的间隙中，并充分浸润玻璃纤维。内层线路的完全浸润，以及树脂在氧化物或氧化替代物表面的良好流动，对于产品后续热循环的可靠性很重要。

应力消除压力曲线　随着粘结片中的树脂开始被加热，树脂流入内层线路间隔中，这时就要保证有足够的压力持续作用在层压的叠层上。实际所需的压力可随使用的材料类型和真空度而异。然而，当树脂固化到停止流动后，降低压强有助于降低多层 PCB 内的应力水平。这能改善其在随后热循环中的可靠性。压强通常降低到 50 ~ 75psi。

冷却速率　产品在恰当的时间段内保持恰当的温度之后（取决于使用的材料类型），产品的冷却速率也很重要。通常，冷却得越慢，所造成的最终产品中的翘曲和残余应力越小。但是，过低的冷却速率势必会影响生产效率，所以必须取得一个合理的平衡。在许多情况下，当温度在树脂体系的 T_g 以上时，对其冷却要慢一些；当产品温度降低到低于 T_g 时，可采用相对快速的冷却，这样性能和生产效率就能达到一个较好的平衡。

5. 钻　孔

许多为兼容无铅组装设计的材料都需要优化钻孔参数。酚醛树脂和其他高性能树脂体系具有更高的模量，因此会比传统双氰胺固化的 FR-4 材料更硬。使用这些材料，UC 型钻头通常能钻出质量更好的孔。钻孔工艺的其他变量也必须检查，包括：

- 最大钻孔次数
- 钻头的切屑负荷（进给量和转速）
- 进刀速度和退刀速度
- 钻头返磨次数和刃长
- 堆叠高度
- 真空度
- 盖板和垫板材料类型
- 分部或者分段下钻

6. 去钻污工艺

许多具有无铅组装兼容性的树脂体系，包括酚醛型材料，其耐化学性比传统双氰胺固化材料更强。然而，对大多数材料来说，仍需使用传统的化学去钻污对其进行处理。切换为无铅兼容性材料后，流程中溶剂膨胀和高锰酸盐去钻污的温度或时间可能需要调整，这就需要咨询药水供应商。由层压板材料供应商提供的处理说明通常也会给出除钻污处理的建议。对于某些树脂体系的产品，会推荐等离子体除钻污。

7. 表面处理

如果使用无铅热风焊料平整（HASL）工艺，那么在选择基材时就要考虑到无铅焊料合金需要的更高温度，这将在 8.3 节中讨论。随着无铅组装的应用，HASL 的常用替代工艺被越来越广泛运用，这些工艺通常不涉及烘烤过程或显著的热循环。虽然这减少了基材经受热循环的机会，但会减少 PCB 组装前驱除水分的机会。所以，在组装前需要考虑是否应对 PCB 进行干燥处理。

8.2.3　PCB 组装注意事项

虽然全面讨论 PCB 组装超出了本章的范围，但针对材料的选择和无铅组装的影响因素，有几个关键点需要进行说明。首先，如前面强调过的，应该在组装 PCB 前检查存储条件。PCB 组装前吸收的水分有一个显著的影响，在严重的情况下，可能会导致 PCB 内部分层。建议将 PCB 存储在受控环境中，也可能需要考虑在组装前先烘烤 PCB。组装前烘烤 PCB 时，挑战之一是需要注意避免对表面处理层造成负面影响，以免影响可焊性。强烈建议在进行这些烘烤干燥之前咨询表面处理供应商。不过，表 8.2 提供了一些组装前基于不同表面处理的烘烤建议。

表 8.2　基于不同表面处理的组装前的烘烤建议

处理类型	温度 /℃	时间 /h	说　明
锡	125	4	过高的温度会降低可焊性
银	150	4	可能会使银面失去光泽，但可焊性不会受到影响
镍 / 金	150	4	对镍 / 金表面延长烘烤周期不会产生问题
有机涂层	105	2	延长烘烤周期可能会对多次组装产生负面影响

其次就是回流温度曲线，不仅仅对实现元件的组装是必要条件，对有效确保经过热循环后的 PCB 不出现失效也很重要。同时实现这两个目标，有时经常会发生矛盾。回流曲线会随着 PCB 厚度、铜分布、元件密度和其他因素而变化。制订一个同时满足两个目的的回流曲线，是一个非常复杂的过程。但从对 PCB 和基材的影响方面看，应该关心的是升温速率、最高峰值温度和峰值温度以上 PCB 停留的时间和冷却速率。当然，把分布在 PCB 上的温度梯度减到最小也很重要，这样能减小热膨胀产生的应力。PCB 上不规则的铜分布及元件质量的不同会导致热点产生，热点可能会接近热分解温度，或者由于热膨胀的程度不同而形成应力区域。为提高生产速率，把回流炉区温度升得很高将会加剧这些热点或温度梯度风险。可以通过设置"浸泡"曲线来减少这些热点和温度梯度，这允许 PCB 在加热到峰值温度前稳定在一个指定的温度区间。

出于同样的原因，也必须控制冷却速率。冷却速度过快，可能会导致巨大的温度梯度，引起较大热应力，这些压力可能导致焊料内部产生气泡、分层或焊盘坑裂。焊盘坑裂是 PCB 基材上的裂缝，并延伸到在 PCB 表面的铜焊盘下。最后，必须严格检查和控制无铅应用的返工程序。返工温度和 PCB 暴露在这种温度下的时间控制是至关重要的。因为返工牵涉对 PCB 上指定区域的局部加热，温度梯度的问题会更严重。

出于所有的这些原因，我们强烈建议制造商研究评估基材、PCB 制造工艺及组装工艺之间的兼容性。在特定的 PCB 设计过渡到无铅组装时，强烈推荐进行首件确认。一个 PCB 设计成功，并不一定意味着其他设计也可以使用相同的材料或制造工艺。简而言之，无铅组装对 PCB 和所使用的基材有更严格的要求，并需要大量的工程工作，以验证组装工艺中的兼容性和达到长期可靠性的要求。

8.3　为具体的应用选择合适的基材[2, 3]

基材是否无铅兼容，现已成为 PCB 制造商、电子专业制造服务公司（EMS）和 OEM 的一个共同要求。虽然大家都在寻找一个简单的答案，但由于 PCB 设计的范围（板厚、层数、厚径比、导通孔节距等），以及无铅组装工艺的差异（如具体的峰值温度、PCB 经受的热循环次数），使解答这个问题变得非常复杂。前面的章节也概述了 PCB 制造工艺和组装工艺如何影响兼容性。此外，人们通常都想在给定应用的情形下选择最便宜的材料。所以，尽管选择一款高端材料来满足无铅化是相当简单的，但常采用的方法仍然是平衡材料的成本和性能。为了简化这个讨论，本节描述了一个已经开发出来的选择材料的工具，说明在给定应用的情形下建议如何考虑材料。

这个工具基于大量数据（如第 7 章所介绍的，见参考文献），以及无铅组装应用的样品和生产经验的实证结果。一些有着"数百年"综合经验的人的经验已经被利用在这些设计工具上。然而，没有一种工具有 100% 的信心可以解决每一个具体的应用。此外，各种 PCB 制造工艺的能力也会影响成品 PCB 的性能。所以，虽然这些工具都是基于获取的大量数据和经验，但它们的目的是为典型应用提供一个总的指南，因此，确认任何推荐材料的可接受性仍然是用户的责任。对于长期可靠性的要求尤其如此。例如，手机 PCB 的现场可靠性要求，与非常复杂的高端计算机或电信基础设施的 PCB 要求差异很大。

开发这个工具的目的是，找出一个简单的方法来处理 PCB 设计和组装中的多元变量。图 8.2 显示了为此而选择的基本颜色编码。图 8.3 显示了实际图表格式的例子。水平轴是将 PCB 按厚度分类，垂直轴是以回流次数将它们区别开来。

这种格式要求对 X 轴上显示的每一个厚度范围做一个"典型"的 PCB 定义。虽然这很困难，而且一给出"典型"的定义，"规则中的例外"就会显而易见，但这些定义代表了一个广泛的产品范围的合理描述。此外，人们会试图定义一个过程的意外来容纳例外。图 8.4 概括了图表中每个厚度范围中 PCB 的"典型"特征。

为了使例外也适应这些标准，于是开发了一个基于具体设计特征或工艺条件对选择工具进行调整的方法。图 8.5 为调整的基本概念，具体的调整见图 8.6。

为举例说明，将表 7.5 中概括的材料放到此处，在表 8.3 中显示。

颜色代码	应用建议
绿	材料通常被推荐给该类型的典型应用
黄	对于该类型的应用，材料可能是可接受的，但通常并不推荐
红	不推荐

图 8.2 颜色代码表

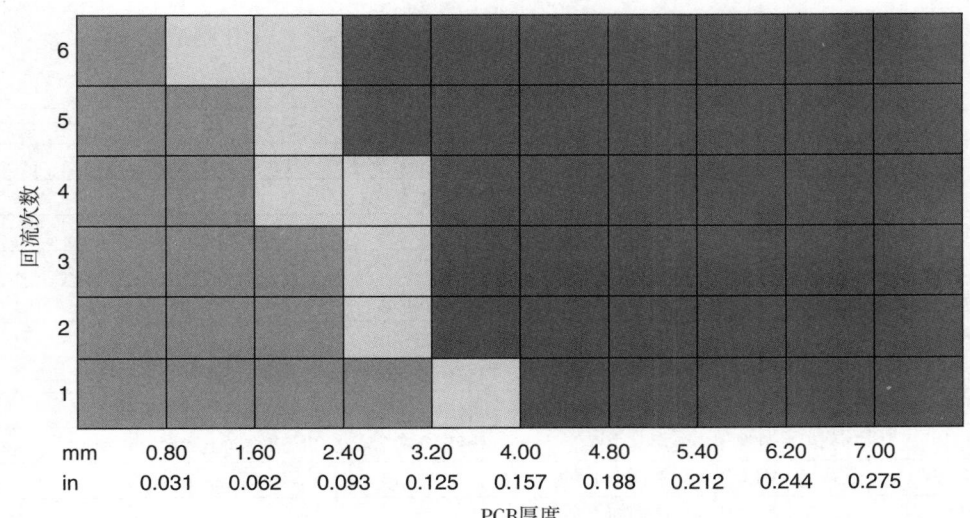

材料应用适用性举例
峰值回流温度范围：XXX

图 8.3 图表格式举例

层数	2 ~ 6	2 ~ 8	2 ~ 14	2 ~ 18	6 ~ 22	10 ~ 26	10 ~ 30	14 ~ 34	14 ~ 40	14 ~ 50
盲孔	Yes	Yes	No	No	No	No	No	No	No	No
铜厚 /oz	< 2	< 2	< 2	< 2	< 2	< 2	< 2	< 2	< 2	< 2
RC/%	35~55	35~55	35~55	35~55	45~60	45~60	45~60	45~60	45~60	45~60
厚径比	< 3:1	< 5:1	< 8:1	< 10:1	< 10:1	< 10:1	< 10:1	< 10:1	< 10:1	< 10:1
残铜率 /%	< 50	< 25	< 25	< 25	< 25	< 25	< 25	< 25	< 25	< 25
PTH 铜厚 /μm	> 18	> 18	> 25	> 25	> 25	> 25	> 25	> 25	> 25	> 25
表面处理	镍 / 金、银、锡、OSP									
层压次数	1	1	1	1	1	1	1	1	1	1
材料混压	No	No	No	No	No	No	No	No	No	No
盲埋孔	No	No	No	No	No	No	No	No	No	No
外层铜皮层	No	No	No	No	No	No	No	No	No	No
PCB 厚度 /mm PCB 厚度 /in	0.80 0.031	1.60 0.062	2.40 0.093	3.20 0.125	4.00 0.157	4.80 0.188	5.40 0.212	6.20 0.244	7.00 0.275	

图 8.4 选择工具的 "典型" PCB 特征

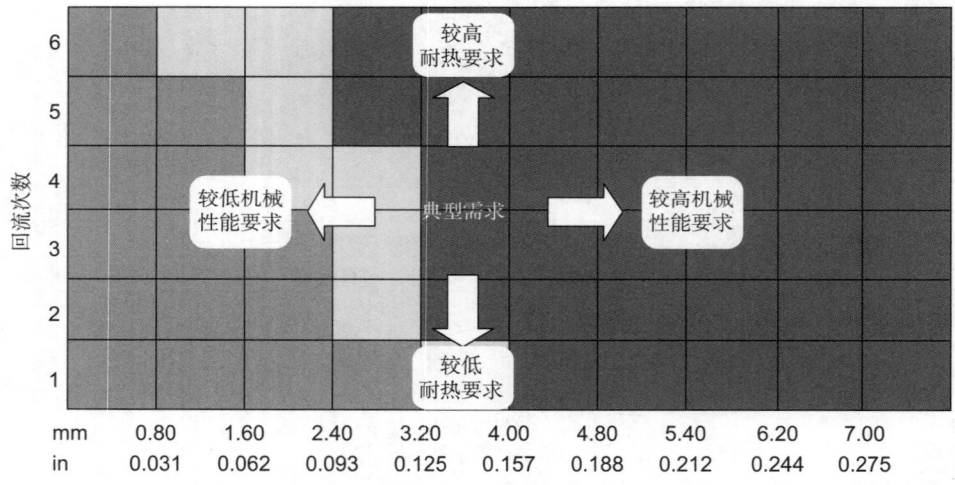

图 8.5 材料选择调整的原理

PCB 调整的参照工具

层	如果大于典型值，则考虑在图表内向上和向右移动
微孔	对于厚度超过 1.6mm（0.062in）的 PCB，可能需要额外的评估
铜厚	如果大于 2oz（70μm），则考虑在图表内向上和向右移动
树脂含量	如果超过最大范围，则考虑在图表内向右移动
厚径比	如果超过最大范围，则考虑在图表内向右移动
残铜率	如果超过最大值，则考虑在图表内向上和向右移动
镀覆孔铜厚	如果小于典型值，则考虑在图表内向上和向右移动
表面处理	如果为喷锡或回流焊料，考虑为每次热循环在图表内向上移动（当作一个额外的回流循环）
层压次数	如果为多次层压，考虑为每次层压在图表内向上移动（当作一个额外的回流循环）
材料混压	如果材料混压，使用其中性能最低的材料作参考，考虑在图表内向上和向右移动
盲埋孔	若是，则考虑在图表内向上和向右移动
外层铜皮层	若是，则考虑在图表内向上和向右移动

图 8.6 基于设计性能或工艺条件的调整

表 8.3 一个无铅材料选择工具的例子

产 品	描 述	玻璃化转变温度 /℃	热分解温度 /℃	50 ~ 260℃膨胀率（40%RC）/%	D_k（2GHz）	D_k（5GHz）	D_f（2GHz）	D_f（5GHz）
A	传统 140℃ T_g 的 FR-4	140	320	4.2	3.9	3.8	0.021	0.022
B	酚醛树脂中 T_g 的 FR-4	150	335	3.4	4.0	3.9	0.026	0.027
C	传统高 T_g 的 FR-4	175	310	3.5	3.8	3.7	0.020	0.021
D	酚醛树脂高 T_g 的 FR-4	175	335	2.8	3.9	3.8	0.026	0.026
E	非双氰胺，非酚醛树脂	200	370	2.8	3.7	3.7	0.013	0.014

图 8.7 显示的图表是在两种不同组装温度下的产品 A，分别为 210 ~ 235℃下的锡铅组装和 235 ~ 260℃下的无铅组装。

当用这些图表一起进行说明时，可以认为产品的设计范围会随组装温度的升高而减小。基于前面对材料性能的讨论，可以预料到这点。另一关键点是，尽管更有限，如可能某一系列的产品，标准 140℃ T_g 的材料就可以满足其要求，且是成本效益最好的选择。这可能有助于澄清一些关于标准 FR-4 材料是否无铅兼容的困惑。对于拥有具体可靠性要求的具体设计，答案是肯定的。对于其他设计、应用或可靠性要求，其答案则是否定的。这个工具的价值在于，它试图定义 PCB 设计中应考虑的具体材料的范围。

图 8.8 给出了产品 C（ T_g 更高的传统 FR-4 材料）的类似图表。这使讨论变得很复杂。在表 8.3

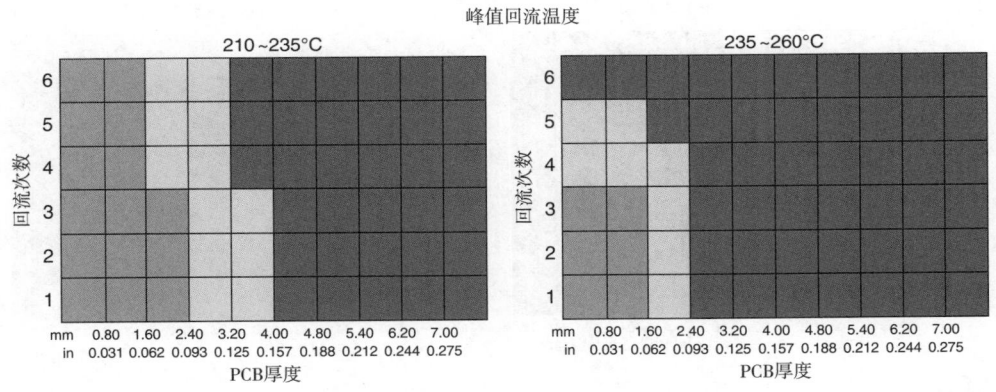

图 8.7 产品 A 的图表（传统 140℃ T_g 的 FR-4 材料）

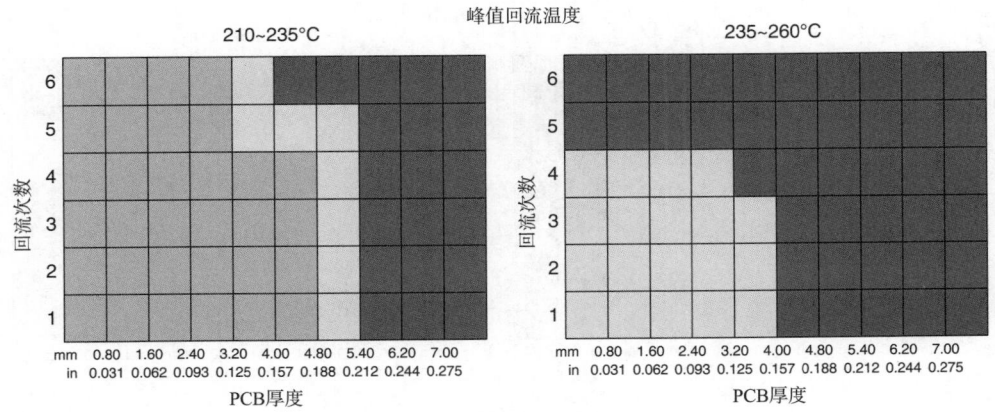

图 8.8 产品 C 的图表（传统 175℃ T_g 的 FR-4 材料）

中，可以看到该产品的热分解温度是 310℃，这是所描述的材料中的最低温度。一方面，此产品较高的 T_g 有助于减少 Z 轴膨胀和镀层上的应力。另一方面，较低的热分解温度使这种材料在更高的组装温度下变得特别敏感。事实上，235 ~ 260℃对该产品来说是个很宽的温度范围。在这个温度范围的下段时，较易获得成功，但随着温度的升高，尤其是趋向于这个温度范围的上段时，不推荐在该环境下生产这种产品，因为此时树脂可能会分解而产生缺陷。事实上，出于这些原因，以及 PCB 制造和组装工艺之间潜在的相互影响——更别提潜在的吸水及对其后续性能的影响——传统高 T_g 的 FR-4 材料完全不应该用于无铅应用。诸如 B、D 和 E 这样的产品，在这些应用中性能更好，而且显示出更具吸引力的性价比。

综上所述，在考虑将传统高 T_g 的 FR-4 材料应用于无铅组装时需要谨慎，而且应该和材料供应商交流这些问题。相比之下，要分别考虑图 8.9 ~ 图 8.11 中显示的产品 B、D 和 E。

B 产品，虽然其 T_g 为 150℃，但比具有 175℃ T_g 的产品 C 更适合无铅组装。这是因为，事实上产品 B 的热分解温度比产品 C 高约 25℃。此外，如表 8.3 所示，在 50 ~ 260℃内，产品 B 和 C 表现出大致相同的热膨胀总量。图 8.9 显示了相同的产品 B 在不同峰值温度下的图表，这是因为到目前为止，设计厚 PCB 产品的经验有限。此外，在较低的峰值温度下，该产品可以承受的回流循环次数可以超过 6 次（6 次是较薄 PCB 可以承受的回流循环次数）。如果两个图表扩展到超出 6 次循环，将会看到它们之间更多的差异。

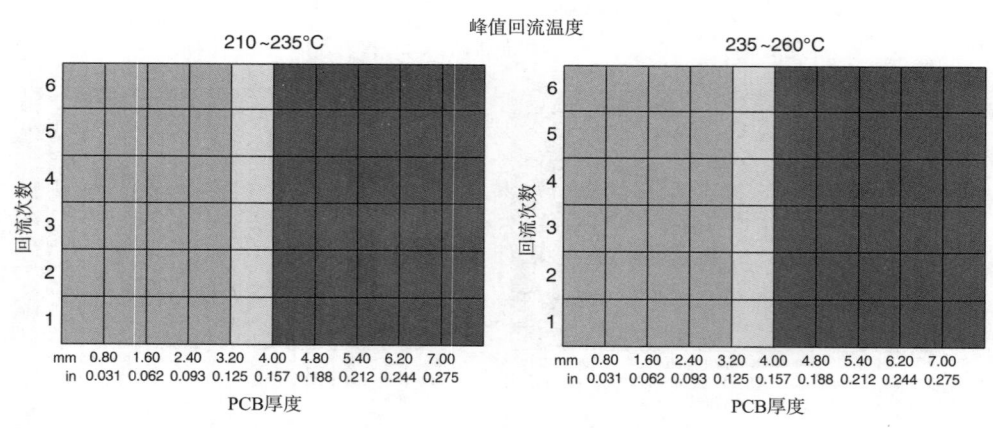

图 8.9 产品 B 的图表（酚醛树脂 150℃ T_g 的 FR-4 材料）

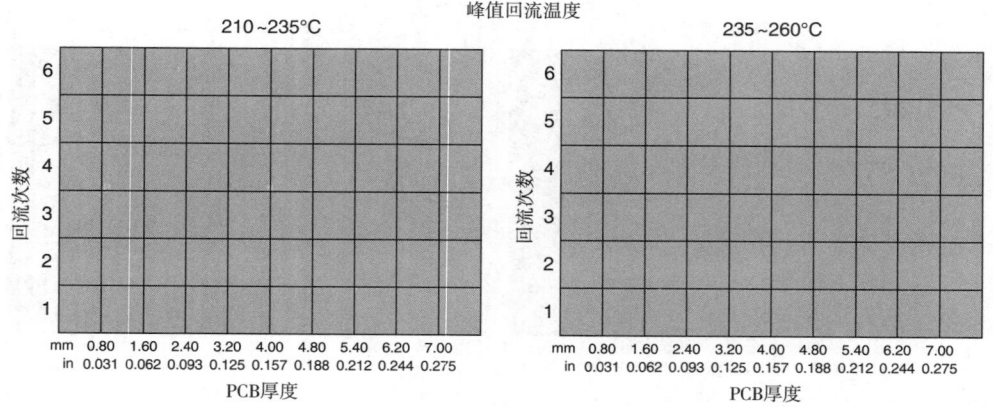

图 8.10 产品 D 的图表（酚醛树脂 175℃ T_g 的 FR-4 材料）

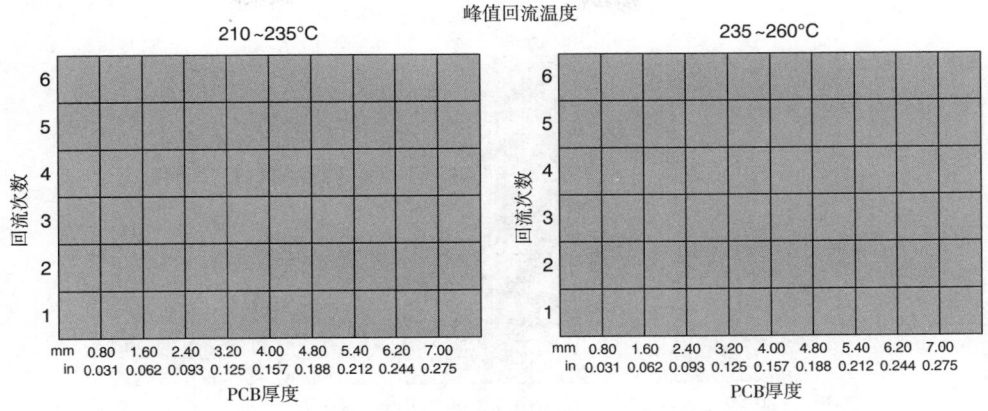

图 8.11 产品 E 的图表（改进了电气性能的非双氰胺、非酚醛树脂材料）

如图 8.10 所示，产品 D 具有高的热分解温度和非常低的热膨胀水平，适合的应用范围最广。产品 E，不但具有高的热分解温度和非常低的热膨胀水平，还显著提高了电气性能。结合这些建议，我们可以做一些将材料成本也考虑进去的一般性建议。图 8.12 总结了材料 A ~ D 在无铅应用中的成本和性能建议。如果需要更高电气性能的材料，则可以考虑产品 E。

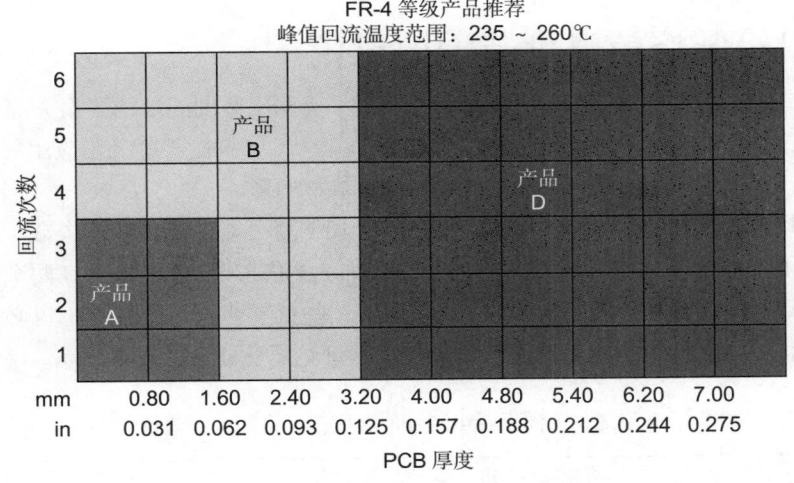

图 8.12 从材料 A 至 D 的无铅组装推荐总结

8.4 应用举例

举一个简单的例子来帮助说明这个工具的实际应用。这个例子基于一个实际的 PCB 设计，并且该设计正在被转换为无铅组装工艺。该 PCB 的一些关键性能（如与图 8.4 中定义的"典型" PCB 有什么不同）和推荐调整建议在表 8.4 中显示。

图 8.13 显示了按照建议调整后的结果，并表明了这种材料不适合这个应用。图 8.12 建议

表 8.4 一个正在转换为无铅组装 PCB 的例子

PCB 设计特征	属 性	建议的调整
厚度	1.60mm（0.062in）	-
回流次数	3	-
材料	传统 140℃ T_g FR-4	-
表面处理	无铅喷锡（HASL 不是典型的）	当作一个额外的回流循环处理
层数	10（≤8 层是典型的）	考虑在图表内向上和向右移动

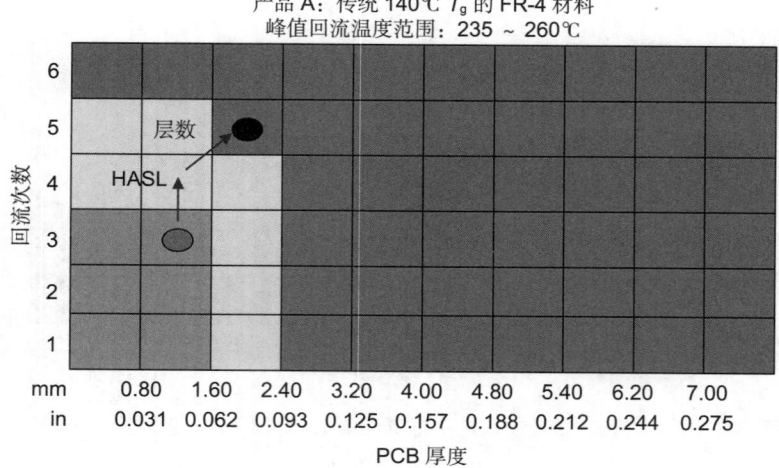

图 8.13　选择工具的实际应用举例

将材料 B 用于这个应用，而且经验证据表明，使用标准 140℃ T_g 的材料时，会观察到一定程度的与组装相关的缺陷，而使用材料 B 就不会有这种缺陷。

8.5　无铅组装峰值温度范围的讨论

正如第 8 章对热分解温度的讨论，对于许多基材，无铅组装的温度范围很关键。在 8.3 和 8.4 节中讨论的图表，无铅组装的温度范围给定为 235 ~ 260℃。虽然某些无铅应用的温度可能在该范围之外，但大部分会落在该范围之内。然而，对基材的影响，235 ~ 260℃ 是个太宽的范围。虽然这仅有 25℃差距，但对于许多材料，仅仅升高 10℃ 就可能由成功转向失败。在做出更具体的建议之前，必须收集更多的试验数据，但当选择如 8.3 和 8.4 节中讨论的在两个不同无铅组装峰值温度范围下的 FR-4 材料时，表 8.5 为其提供了一些更具普遍性的指导。也必须考虑所有涉及这一点的其他变量，所以再强调一遍，建议用户验证这里所建议的材料。

表 8.5　不同无铅组装峰值温度范围下的一般建议

类　型	峰值温度 230 ~ 245℃	峰值温度 246 ~ 260℃
传统 140℃ T_g 的 FR-4	适用于厚度和复杂度较小且回流次数较少的 PCB	通常不推荐，但可能适合热循环次数较少的较低等级的应用
传统高 T_g 的 FR-4	通常不推荐。即使刚开始结果是好的，但在组装前，不受控环境下的存储可能会产生问题	不推荐
酚醛型中 T_g 的 FR-4	由于热分解温度更高且热膨胀与标准高 T_g 的材料相似，所以适用范围较宽	由于热分解温度更高且整体热膨胀与标准高 T_g 的材料相似，所以适用范围较宽。对于较厚、较复杂的 PCB，考虑更高 T_g 的类型
酚醛型高 T_g 的 FR-4	兼容的设计和应用的范围最宽。当长期可靠性很重要时，推荐使用	兼容的设计和应用的范围最宽。当长期可靠性很重要时，推荐使用

8.6　无铅应用及 IPC-4101 规格单

IPC-4101 规格的 D 修订版发布于 2014 年 4 月，负责该规格的委员会已尽力将包含在第 7 章和第 8 章中的一些跟无铅组装性能有关的材料规格单添加进来。表 8.6 是部分规格单，其中包括热分解温度、Z 轴 CTE 和分层时间等性能，其中 "/130" 与 "/131" 为 IPC-4101D 中新增的规格单。

要注意的是，这些适用于层压板材料，而不是 PCB。此外，分层时间的要求是对不带铜的样品而言的。选材时也必须参考 8.2 节中概括的所有跟 PCB 制造和组装有关的变量。同样重要的是，不可能单靠材料的某一个性能，就能够在无铅应用中确保成功。面对不确定性时，我们自然的做法是使用过剩的性能。这不仅会导致用户为一种材料而花费过多，而且过剩的性能也可能导致功能性问题。出现这些问题的原因，便是高端材料和制造高可靠性 PCB 工艺之间的相互冲突。

表 8.6　IPC-4101 中的部分规格单

规格单	最低 T_g	是否含填料	T_d(5%)	T260	T288	T300	T_g 前 CTE	T_g 后 CTE	50 ~ 260℃热膨胀率 /%
/101	110	是	310	30	5	NA	60	300	4.0
/121	110	否	310	30	5	NA	60	300	4.0
/99	150	是	325	30	5	NA	60	300	3.5
/124	150	否	325	30	5	NA	60	300	3.5
/126	170	是	340	30	15	2	60	300	3.0
/129	170	否	340	30	15	2	60	300	3.5
/130	170	是	340	30	15	2	60	300	3.0
/131	170	否	340	30	15	2	60	300	3.5

以热分解温度 T_d 为例。7.2.2 节讨论了 T_d 在无铅组装兼容性上的重要性。虽然 5% 的分解水平一直是标准的报告值，但从 PCB 可靠性的角度来看，5% 仍然是一个非常高的分解程度。知道分解是何时开始的，以及该情况下的温度与实际组装和返工工艺的温度差多少，这是更重要的。一种 T_d（基于 5% 的水平）为 325℃ 的材料可能刚好，甚至比一种 T_d（同样基于 5% 的水平）为 340℃ 的材料更可靠，这取决于在无铅组装和返工温度下的分解性能。指定的某款具有很高 T_d 值的材料，其可靠性可能没有得到太大提升，因为高 T_d 值的材料加工更加困难（如层压时间更长、钻孔或切割更困难），同时还可能增加制造成本和难度。虽然，将来的规格单中可能会包含更低 T_d 值的材料，但更重要的是，要理解材料性能的细节，结合特定的应用来选择合适的材料。

总之，迄今为止的经验表明，"/99" 和 "/124" 规格单适用的范围非常广泛。用户应该将这些作为无铅兼容的基准。简单的低技术含量的 PCB 或那些没有严格的长期可靠性要求的 PCB，使用 "/101" 或 "/121" 规格单所涵盖的材料就可以；而高级的产品，可能需要更严格的要求，如 "/126" 和 "/129" 规格单所涵盖的材料。最后，要经常查看 IPC-4101 的最新修订版，因为随着制造经验和实验数据的逐渐丰富，规格单也会更新。

8.7　为无铅应用附加的基材选择

8.3 ~ 8.6 节，包括表 8.6 所示的 IPC-4101 规格单，都是以 FR-4 基材为重点，迄今为止这些仍然是最常用的材料类型。第 3 章提及了 FR-4 材料的历史和随着需求的改变而出现的增强型 FR-4 的发展。此外，还有一些无铅兼容的非 FR-4 材料，如以热可靠性好和低 D_k/D_f 而著称的聚酰亚胺材料。表 8.7 列举了无铅兼容的材料类型，以及它们的各种性能。正如本章通篇讨论的，材料并非在所有的应用中都兼容。不管怎样，希望在此表中包含的性能，能帮助确定用于评估的候选材料。

表 8.7 与具体无铅应用兼容的材料类型范围

树脂类型	DSC 法 T_g /℃	T_d /℃	T260 /min	T288 /min	50 ~ 260℃膨胀率 /%	D_k （2GHz）	D_k （10GHz）	D_f （2GHz）	D_f （10GHz）
非双氰胺，填料 FR-4	140	330	> 30	> 5	3.0	4.0	3.9	0.020	0.022
非双氰胺，填料 FR-4	150	330	> 30	> 5	3.0	4.0	3.9	0.020	0.022
酚醛填料 FR-4	150	335	> 30	> 5	3.4	4.0	3.9	0.020	0.022
酚醛环氧 FR-4	175	340	> 30	> 10	3.5	4.1	4.0	0.021	0.023
酚醛环氧 FR-4	180	350	> 30	> 15	3.5	4.0	3.9	0.022	0.024
酚醛环氧填料 FR-4	180	340	> 30	> 15	2.8	4.2	4.1	0.020	0.022
非酚醛非双氰胺	200	370	> 30	> 20	2.8	3.7	3.7	0.013	0.014
无卤 FR-4	150	380	> 30	> 5	3.0	4.0	3.9	0.020	0.022
高 T_g 无卤 FR-4	170	390	> 30	> 15	2.8	4.0	3.9	0.018	0.019
改性环氧低 $D_k\backslash D_f$	180	360	> 30	> 15	3.5	3.6	3.5	0.011	0.012
低 $D_k\backslash D_f$ 共混	225	365	> 30	> 15	2.8	3.6	3.5	0.011	0.012
低 $D_k\backslash D_f$ 共混 \ 射频	220	350	> 30	> 10	3.6	3.0 ~ 3.6	3.0 ~ 3.6	< 0.045	0.045
聚酰亚胺	260	415	> 30	> 30	1.5	3.9	3.9	0.017	0.018

8.8 总 结

由于在 PCB 设计和制造中存在许多变量，使得给定的层压板材料与无铅组装是否兼容这个问题变得非常复杂。此外，无铅组装工艺中也存在很多变化，具体来说，峰值温度、峰值温度的停留时间、升温速率、冷却速率和返工工艺都可能使问题复杂化。如前所述，235 ~ 260℃温度范围对层压板材料很关键：有些材料在此范围的下段可能会通过，但在上段可能就会失败。更多关于这些与组装相关的变量的研究工作还在继续。伴随着更多的数据，目前为无铅组装选择基材的方法会得到进一步发展和改善。

有关无铅组装应用的关键材料性能如下。

热分解温度 需要限定最低值，但在此最低水平之上，更高的值并不一定最好。

热膨胀性能 增强型材料的热膨胀水平会较低。

玻璃化转变温度 较高的 T_g 会使快速热膨胀的开始时间延迟，从而降低一定温度范围内的总膨胀量。

吸水率 特别地，如果 PCB 在组装前被存储在一个不受控的或潮湿的环境中，则应考虑在组装前烘烤电路板，或选择吸水率更低的材料。

分层时间 T260 和 T288 值是筛选兼容无铅组装材料的简单方法，而且该方法不必在较高的温度下进行测试，也不需要过多的时间。

把以上这些性能和要求的可靠性，以及 PCB 的可制造性和组装的关注点综合起来，取得一个平衡，是非常有必要的。

参考文献

［1］Isola "Lead-Free Assembly Compatible PWB Fabrication and Assembly Processing Guide-lines"

［2］Bergum, Erik J., and Humby, David, "Lead Free Assembly: A Practical Tool for Laminate Materials Selection," IPC-Soldertec, June 2005

［3］Kelley, Edward, Bergum, Erik, Humby, David, Hornsby, Ron, and Varnell, William, "Lead-Free Assembly: Identifying Compatible Base Materials For Your Application," IPC Expo, 2006

第 *9* 章
层压板的认证和测试

Michael Roesch
美国加利福尼亚州帕洛阿尔托，惠普公司

Sylvia Ehrler
德国赫伦贝格，Feinmetall 公司

梁景鸣　巫勤富　李子达　审校
台燿科技（中山）有限公司

9.1　引　言

覆铜箔层压板材料（单面或双面）几乎是所有印制电路板（PCB）的基材。这些材料的性能对最终产品的质量有很大的影响，因此需要在材料使用前充分了解和测试其性能。

9.1.1　RoHS 及无铅焊接要求的影响

随着欧盟推行 RoHS 标准（《关于限制在电子电器设备中使用某些有害成分的指令》），要求焊料不含有害物质铅元素，故焊接工艺开始从有铅向无铅的转变，焊接温度的上升使得基材及 PCB 正面临着日益严峻的挑战。

1. 层压板

由于无铅焊料的熔融温度较高，实际回流焊峰值温度在 260℃（比锡铅共熔焊料高 30 ~ 40℃）。大多数 PCB 必须能承受至少 5 次回流焊，更复杂的组装甚至要增加到 6 次及以上。按经验说法，温度每升高 10℃，树脂化合物开始降解或分解的反应能量会增加一倍，同时材料受到热应力变大，增加了出现分层爆板的风险。因此焊接峰值温度的增加，需要新的或改进的具有更高热分解温度和增强热稳定性的材料。新的层压板测试方法也需要对无铅焊接的影响进行重新评估。

2. PCB 可靠性

与使用传统焊接方法相比，PCB 在无铅焊接中的可靠性不应该有任何降低。相同的层压板材料且焊接次数相同，但回流焊的峰值温度增加时，镀覆孔聚集的热膨胀应力会明显增加。这意味着，使用相同的层压板材料，PCB 的可靠性风险加大。为确保无铅焊接工艺具有与有铅共熔焊接工艺相同的可靠性，改变基材的性能是大势所趋。其他相关的 PCB 可靠性问题，则包括内层结合力、导电阳极丝（CAF）的生长、介电强度，以及热机械性能，如剥离强度、玻璃化转变温度 T_g 或热膨胀系数（CTE）。这些性能不能因无铅焊接峰值温度的增加而受到影响。

9.1.2 万兆以太网发展要求的影响

随着以太网从千兆发展到万兆，高频和高速信号开始流行，PCB 设计都需要考虑信号完整性，从而对材料提出了新的要求。

1. 层压板

高频和高速信号对层压板而言，主要是要求更低的介电常数 D_k 来提高传输速率，和更低的介质损耗 D_f 来降低传输损耗。

2. PCB 设计

高频和高速信号在 PCB 上传输，对设计提出了更高的要求，主要有阻抗控制、过孔残桩控制、层间对准度等。

9.1.3 材料的评估过程

在几乎所有情况下，板材制造商均会提供一组具体的材料性能数据表。此数据表可作为一个很好的起点，用来在项目初期评估和选择板材。不过，通常有必要在 PCB 产品上补充一些测试项目，以验证或补充板材制造商提供的数据，从而确保材料在制造和焊接过程中符合要求。

本章将重点介绍层压板的性能和测试方法，并对满足 RoHS 无铅焊接工艺和温度、万兆以太网的要求进行了修订。它将会作为 PCB 工作人员的一个快速参考指南，以及该领域初学者了解层压板测试的一个很好的介绍。本章借鉴行业标准，如 NEMA 和 IPC 对层压板性能的介绍。同时，对一些测试方法的说明可作为实操指南，帮助 PCB 专业人员在测试过程中快速做出决定。本章还描述了 PCB 的机械性能、热机械性能和电气性能的测试方法，讨论重点在于怎样进行测试、在现代制造环境中测试结果意味着什么，以及测试数据的相关性。除了基材测试说明，本章可作为一个最佳的实操指南，以评估 PCB 制造工艺和层压板性能之间的相互作用。

9.2 行业标准

可以使用一些不同的行业标准对覆铜箔层压板的性能进行评估。虽然许多类似的性能测试方法具有可比性，但材料工程师必须最终决定到底使用哪个标准进行表征。在某些情况下，甚至有必要定义新的表征方法，以限定面向特定客户应用或特定要求的层压板材料。

9.2.1 IPC-TM-650

这份文件是最全面、最广泛使用的覆铜箔层压板测试方法。由 IPC 负责管理，可以从网上获取或打印 [1]。

本章描述的大部分测试方法都基于测试手册 IPC-TM-650。它包含了行业认可的化工、机械、电气、环境等方面各种形式的印制线路和连接器的测试技术和程序。一个 IPC 测试方法是一种程序，通过该程序可以测试材料的性能或成分、材料的组装性能或一个可以检测的产品。这些测试程序不包含特定性能的可接受水平。

1）http://www.ipc.org/html/testmethods.htm

9.2.2 IPC 规格单

IPC 发布了很多种类的 PCB 和印制电路板组件（PCBA）产品的技术说明，其中重要的部分列举如下。

1. IPC-4101《刚性多层印制电路板基材规范》，Rev. D 04/2014

该文件包含用于制造商业和军事用途的印制电路板层压板材料的规格单。可以从规格单中找到关键材料的最低性能要求。

2. IPC-4103《高速 / 高频基材应用规范》，Rev. A 12/2011

该文件包含特氟龙（聚四氟乙烯或 PTFE）和其他用于高速或高频印制电路板的层压板材料的规格单。

3. IPC-4104《高密度互连（HDI）和微孔材料规范》，05/99

本文件包含 HDI 及微孔加工用基材的规格单。

9.2.3 美国材料试验学会

美国材料试验学会（ASTM）发布了一些与层压板材料相关的标准测试方法及规范，可作为参考使用。在网上可找到更多相关的信息[1]。

9.2.4 美国国家电气制造业协会

美国国家电气制造业协会（NEMA）发布了层压热固性材料标准。工业级层压热固性产品发布的最新版本是 LI 1-1998，其中包括关于层压热固性材料制造、测试和性能的最新信息。大多数覆铜箔层压板材料是根据 NEMA 等级命名的，但重要的是，NEMA 等级仅代表材料类别而非单独的材料。其中最常见的材料等级为 FR-4，它通常被认为是一个特定的层压板材料类型。然而，实际情况并非如此，每个 NEMA 等级代表一个被性能定义的属于某一类的材料分类。因此，来自不同供应商的基材可划分为同一类型（如 FR-4），性能却不相同。这些信息在网上都能找得到[2]。（对于 FR-4 更详细的讨论，见 3.4 节）

9.2.5 NEMA 等级

表 9.1 为应用于最重要的 PCB 基材的技术和工业等级。

表 9.1 不同 NEMA 等级材料性能

等 级	树脂体系	增强材料	说 明
XXXPC	酚醛树脂	纸基	酚醛纸，可冲压
FR-2	酚醛树脂	纸基	酚醛纸，可冲压，阻燃
FR-3	环氧树脂	纸基	酚醛纸，低温可冲压，高绝缘电阻，阻燃
CEM-1	环氧树脂	纸 - 玻璃	环氧纸芯料和玻璃布面料，阻燃
CEM-2	环氧树脂	纸 - 玻璃	环氧纸芯料和玻璃布面料，阻燃

1）http://www.astm.org

2）http://www.nema.org

等　级	树脂体系	增强材料	说　明
CEM-3	环氧树脂	玻璃纸	环氧玻璃纸芯料和玻璃布面料，阻燃
CEM-4	环氧树脂	玻璃纸	环氧玻璃纸芯料和玻璃布面料
FR-6	聚酯	玻璃纸	聚酯玻璃，阻燃
G-10	环氧树脂	编织布	环氧玻璃布，不阻燃
FR-4	环氧树脂	编织布	环氧玻璃布，阻燃
G-11	环氧树脂	编织布	高温环氧玻璃布，不阻燃
FR-5	环氧树脂	编织布	高温环氧玻璃布，阻燃

9.3　层压板的测试方案

层压板包含不同的增强材料（玻璃纤维编织布/非编织布/有机纤维、膨体 PTFE 等）、树脂类型（酚醛树脂、环氧树脂、氰酸酯、聚酰亚胺、BT 等）、树脂配方（混合、官能度等）、固化剂（双氰胺、苯酚-酚醛、甲酚-酚醛、对氨基苯酚、异氰酸酯等），有些加入填料颗粒（陶瓷或无机粉料）进行增强，但配方不同，成分的比例变化很大。定义层压板的测试方法，重要的是要先了解不同材料的主要组成部分，以及在制造过程中的不同生产条件对材料的潜在影响，因为这些对层压板的性能和质量有很大的影响。

层压板材料的评价和认证是一个相当复杂的过程，特别是对无铅焊接工艺来说，增加了对层压板材料热可靠性的关注。材料工程师有许多不同的认证测试方法。可是，并非所有的测试都是最终产品相关的或必需的。与此同时，材料工程师面临缩短开发周期、提高产品和工艺要求的压力。本章描述的测试方法遵循已提出的最佳实践指南，旨在进行充分的板材评估，同时强调适应无铅焊接的新要求。适当时允许迅速决策，特别是同时评估一批不同的材料时。

9.3.1　材料基础数据比较

评估每个材料的第一步是数据比较和评价。该步骤的目的是在不进行实际测试的情况下剔除部分待选的材料。

首先和最重要的是理解待评估材料在 PCB 的应用状态。需要分析待评估材料是一款具有已定配方且已有稳定使用历史的材料，还是一款新开发的且没有批量生产应用的材料。新开发的材料往往数据不充分，难以满足预选的评估，而使用已成熟的材料则可以依靠板材供应商提供详细的材料特性数据表。

成本是另一个重要因素。板材供应商可以提供关于新材料批量定价的指导。

其他考虑因素则是供应商的历史，评判依据供应商之前承诺的该材料以往的表现或材料是否已经有大批量生产应用。如果它是一个新的材料且尚未大批量生产应用，不超过一家 PCB 制造商在使用，或者说没法确定第二家，那么这些事实都可能成为考虑是否使用该材料的重要因素。

9.3.2　双重测试方案

本章提出的鉴定程序遵循一个双重的测试方案，在材料资格认证期间可以快速做决定。第一组测试简便易行，且着眼于评估测试一种新材料的关键性能指标。一旦某材料未能通过其中任一项测试，则可以不选择。如果需要评估多款材料，那么第一次测试就比较容易剔除表现最差的那些材料。

第二组测试则是扩展性资格测试，着重于评估板材的所有关键性能指标。然而，最终对一款新材料的认证，应始终紧密联系最终产品的性能要求，这就意味着一些额外的测试项目可能会使用到。关于这一点，会在下面的部分进行说明。

9.4　基础性测试

第一组测试常用于材料评估和认证项目刚启动时，主要是一些简单的测试，用于探测材料是否会在后续出现任何重大问题的一些早期迹象。

9.4.1　表　观

这个测试是评估新材料的前期测试之一。目测检查层压板的铜面外观品质。通常情况下，材料工程师无须引用相关规范来进行这一步测试。包装和运输材料对外观的影响也要考虑进来，用以评估层压板的整体质量控制。

IPC-TM-650 方法 2.1.2 和 2.1.5 定义了如何检查覆铜箔层压板的表面和外观。这些标准应仅适用于成品板的表面检测。在 PCB 制造过程中，大部分的铜都会被蚀刻掉，因此一款新的材料不能仅因为表观问题而被剔除。另一方面，如果边缘设计有连接器焊盘或精细线路，则必须应用这些表观评判的标准。

表 9.2 对铜面凹坑或凹痕允许的最大尺寸进行了分类，并定义了一个基于点值的评级系统。

表 9.3 根据 300mm × 300mm 层压板的总点值确定了材料的外观等级。

除了凹坑和凹陷，规范上也包含了如何检查是否有划痕、皱褶和夹杂物的说明。PCB 工厂需要依照产品的要求自行选择材料的外观等级。

表 9.2　最大允许尺寸

缺陷的最大尺寸 /mm	点　值
0.13 ~ 0.25	1
0.26 ~ 0.50	2
0.51 ~ 0.75	4
0.76 ~ 1.00	7
> 1.00	30

表 9.3　材料分级

表面质量等级	最大点值	其他要求
A 级[①]	29	
B 级	17	
C 级	5	最长尺寸 ≤ 380 μm
D 级[②]	0	最长尺寸 < 125 μm 树脂点 =0
X 级	由供需双方商定	

注：①除非另有规定，应采用 A 级规定。
　　②如果规定了 D 级，其他相关的质量性能也按 IPC-4562 的规定。

9.4.2　铜箔剥离强度

铜箔剥离强度是衡量层压板性能的一项重要指标。它表示双面 PCB 在经过加工、连续组装或修理之后，外层图形的附着力。为了精确评估多层电路板外层铜箔的附着力，很有必要分析生产电路板使用的叠层结构和铜箔类型，并以此建立与原始叠层结构相似的特定的覆铜板剥离强度测试方法，多层板剥离强度则需要使用供应商提供的粘结片搭配 PCB 使用的铜箔压合双面板或者多层板进行测试。随着电路布线和焊盘变得越来精细,剥离强度的测量也变得越来越重要。

图 9.1 用于铜剥离强度测试的测试图形

此外，该测试可作为多层板潜在缺陷的评估，以及确定热应力之后可能出现的界面分层。材料的原始附着力越高越好。对于无铅焊接温度范围内热应力之后的所有特性，了解剥离强度的降低也是很重要的。对于需要多次回流焊和一个或多个修理周期的应用，观察剥离强度的降低尤其重要。

该测试方法在 IPC-TM-650 方法 2.4.8 中规定，适用的测试模式在 IPC-TM-650 方法 5.8.3 中规定。图 9.1 为实际测试模式，使用 100mm × 100mm 的样品及 4mm 宽的铜条。

被测试材料的加工步骤，应与材料实际生产的要求相同。IPC-TM-650 方法 2.4.8 规定试样的尺寸为 50.8mm × 50.8mm（2.0in × 2.0in），这是满足经纬向（X 和 Y）尺寸要求的最小样品规格。测试条的一端被剥离，这样拉力试验机可以夹紧它。称重传感器应进行校准，并刨除夹钳的质量。然后，铜箔测试条以 2in/min 的速度从材料上剥离。测量值与铜箔的厚度有关。铜箔越厚，就需要越大的力进行可塑性变形剥离。该值也与测试条被牵引的角度有关。因此，对指定的铜箔厚度测试，保持 90° 半径的剥离是很重要的。最小负荷按规定来确定，剥离强度通过式（9.1）计算。

$$\text{剥离强度（lbf / in）} = L_{\mathrm{m}} / W_{\mathrm{s}} \tag{9.1}$$

这里，L_{m} 为最小负载；W_{s} 为铜箔测试条的宽度。

IPC-TM-650 方法 2.4.8 条件 B 规定，测试需要在焊接或锡锅或接触式高温下进行。测试样品漂浮在 288℃的锡锅内 5~20s，漂锡前用硅脂预处理，以避免测试条上出现锡污染。如前面所述，样品冷却至室温后去除硅脂，按同样的方式进行测试。重要的一点，就是检查试样在测试前是否已出现任何起泡或分层（见 9.5.2 节热冲击试验的讨论），因为这可能会影响测试，并可判定该层压板材料耐热性表现较差。

另一个可以影响铜箔剥离强度的因素，便是化学品对附着力的影响。可以在 IPC-TM-650 方法 2.4.8 条件 C 中找到该测试方法的详细信息。该测试通常只在最终产品有特定要求，或材料在制造过程中出现较低铜箔附着力时进行。

对于无应力的材料，其最小铜剥离强度值应为 1N/mm 或更高的值。经受热应力后，可接受的值是 0.8N/mm 和 0.55N/mm。在高温（125℃）测量时，最小值为 0.7N/mm。作者建议使用上述值作为实际产品要求的最低可接受参考值。

9.4.3　焊接热冲击试验

焊接热冲击试验是用来评估覆铜箔层压板耐热能力的方法之一。该试验容易操作，是材料评估前期测试的一个关键性测试项目。9.5.2 节详细描述了多种不同的测试方法。在材料初始评估中，重要的是至少要选择一个试验方法，以确定该材料是否满足最低的要求，特别是当材料用于温度较高的无铅焊接工艺时。除了测试层压板材料耐焊接热冲击，还推荐 PCB 工程师考虑 PCB 级的热冲击测试，以及反复回流测试，以特别考察树脂和增强材料之间的抗分层能力。这将确保不仅板材，还有成品 PCB 均能够承受所要求温度的能力。

9.4.4 玻璃化转变温度

材料前期评估测试中，另一个重要的测定数据便是玻璃化转变温度（T_g）。测试方法在 9.5.2 节中有更详细的描述。首次评估 T_g 值要选择一种合适的方法。选择该方法时，应该最少测试两个样品，更重要的是确保测试方法与测试材料的兼容性［对于某些材料，可以只使用动态热机械分析（DMA）测试玻璃化转变温度，更加常规的还是使用差示扫描量热（DSC）和热机械分析（TMA）测试］。测量值应该符合板材制造商提供的数据（在设备的测量精度内）。在相同样品上测量的 T_{g1} 值和 T_{g2} 值不应相差 7℃ 以上（或者参考材料供应商提供的标准）。如果测得的 T_{g2} 值显著低于 T_{g1} 值，则表明树脂体系可能在测量过程中已经开始分解。因此，建议测试材料的 T_d 值以证实这一发现。

9.4.5 热分解温度

材料前期评估测试中，最后一个便是热分解温度（T_d）。这是一种新的测试方法，ASTM 和 IPC 测试程序都适用。IPC-TM-650 方法 2.3.40，被称为"利用热重分析（TGA）来确定热分解温度 T_d 的方法"。ASTM 方法被称为"通过热重分析法测试固体绝缘材料快速热降解的标准试验方法"。在这两种情况下，测试方法都建立在热重分析（TGA）基础上，通过设定好的升温速率加热测试样品，评估分解的开始和过程。首先，热固性树脂通过玻璃化转变点，即聚合物从刚性、脆性和玻璃态转变到较柔软，如橡胶的材料形态的变化。当材料进一步受热，三维交联结构开始分解，聚合物结构中的一些化学键断裂。继续分解的同时，产生气体小分子释放，因此在测试中可以检测到质量减少。通常能见到样品明显的损坏（分层或变色），以及层压板力学性能的显著变化。

2 ～ 20mg 的干燥试样，以 5℃ /min 的速率加热至 150℃，然后在该温度下保持 15min。这就可确保样品完全干燥，并建立基重，用于后续表征样品质量的损失。然后以 5℃ /min 的速率加热样品到 800℃，持续记录质量的损失。定义检测到样品质量损失 5% 时的温度点为 T_d 值。

虽然这种测试方法是衡量层压板材料热稳定性的一个很好的指标，但必须仔细评估这种方法和结果，以确保从这些结果得出正确的结论。例如，该测试的结果依赖于相同质量的测试试样的表面积与体积比，不同的表面积会表现出不同的结果。表面积大的样品质量损失得更快，从而显示更低的 T_d。对有很大比例非分解填料或增强材料的样品，测得的质量变化仅是基于样品的树脂含量，表现也不一样。这又会导致一个看似高的测量 T_d，但可能导致错误的结论。最后，使用这种方法评估比较层压板材料时，分解的过程与 T_d 值确定一样重要，比较开始出现质量损失的温度可能也是一个有价值的参数。

在一般情况下，更高 T_d 值的材料被视为能更好地适应无铅焊接工艺，因为这表明层压板能够承受较高的焊接温度。

图 9.2 为 3 种不同层压板材料的 T_d 测量结果。它显示了一些典型的样品材料的热分解率，也凸显了选择不同的标准对评估材料的判断。按照 IPC 选择 5% 的质量损失，那么 M_3 优于 M_1 和 M_2。但是，材料工程师选择质量损失（分解）起始温度对应用是至关重要的，M_3 是表现最差的材料。作者推荐综合选择同时具有高的分解起始温度，以及高的 5% 分解温度的材料。

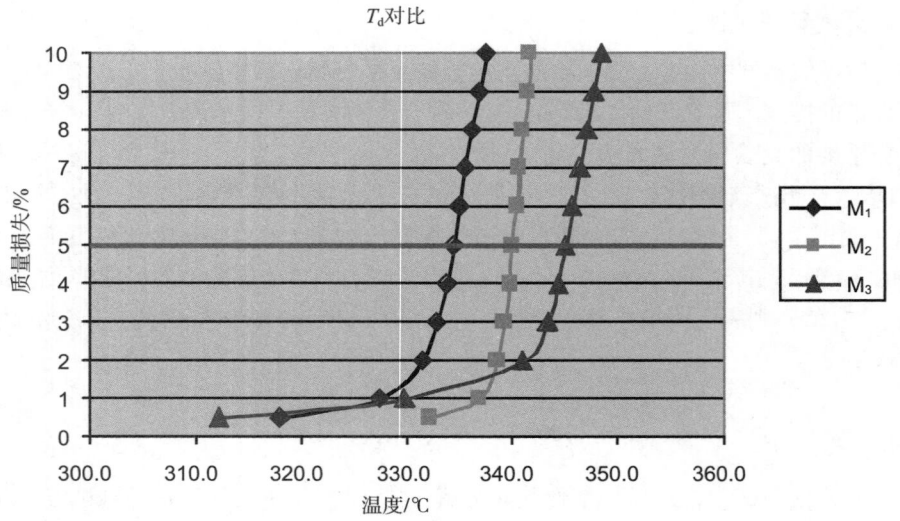

图 9.2 3 种不同的层压板材料 T_d 测量值（来源：Helmut Kroener，Multek）

9.5 完整的材料测试

下面的一组测试总结了最常用的评估覆铜箔层压板的测试方法，其目的是指导材料工程师了解材料测试过程。然而，它只能作为一个实操指南，因为最终的评估会因材料的不同而有所差异，这主要取决于材料的最终应用。

9.5.1 机械测试

常用的机械性能试验包括抗拉试验、抗弯强度测试、铜箔剥离强度测试。

1. 模量和抗拉强度（抗拉试验）

本节描述的确定覆铜箔层压板模量和屈服应力的测试方法基于 ASTM D 882《薄塑料片拉伸性能的标准试验方法》，其他相关行业标准有 IPC-TM-650 方法 2.4.19（挠性层压板材料）和 IPC-TM-650 方法 2.4.18.3（不含有机物的沉积薄膜）。弹性模量和屈服应力按同样的方法测试。

弹性模量是负载下复合材料的刚度和强度的指标值，而屈服应力表示该材料在 X/Y 轴失效前的最大载荷。模量是两个值中更为重要的，在资格测试中用来区分材料和它们的实际强度。弹性模量是进行封装模型计算和 PCB 组装时要考虑的关键指标之一。在许多应用中，结合在一起的不同特性的材料会引起热机械应力，从而导致疲劳或界面失效。在没有足够的时间或资源进行实际测试时，常用计算模型代替，但快速的可靠性评估是必需的。

测试的标准试样由 152.4mm（6in）长、12.7mm（0.5in）宽的层压板材料条组成。需要准备至少 10 个样品，且必须在测试前蚀刻掉铜。重要的是，材料对比测试只针对具有相同厚度和玻璃布的样品，因为这样的比较才有意义。测试工程师还必须确保对层压板的经向和纬向分别测量和记录。

样品被切断后，需要沿着样品边缘检查是否有裂缝、分层或粗糙，并在必要时对样品进行打磨。每个试样的横截面积可由测量区域的宽度和厚度计算得到。之后，样品需要在 23℃（73.4 ℉）和 50% 相对湿度（RH）的条件下放置 24h。虽然大多数标准书建议在材料切割和准备样品之前进行处理，但作者建议先切割试样到一定尺寸后再处理，这样可以确保每个样品的性能一致。

使用一个标准的张力和压缩装置进行测试，并按控制的速度以十字方向运动，记录负载扩展曲线并测试试样直至其断裂。如果使用了伸长计，有必要在样品和指示器的接触点处减小压力值。

抗拉强度通过断裂时的最大载荷除以原始最小横截面积计算得到，单位是 MPa。断裂伸长长度除以初始计量长度，再乘以 100 得到拉断伸长率。伸长计只使用了它们之间的部分的长度，否则夹具之间的距离代表初始计量长度。杨氏模量是通过绘制应力 - 应变曲线，取线性部分的切线，并在该切线上任取一点，用该点的拉伸应力除以相应的应变，单位是 GPa。对于所有的计算，应该记录 10 个样品的值并计算平均值。

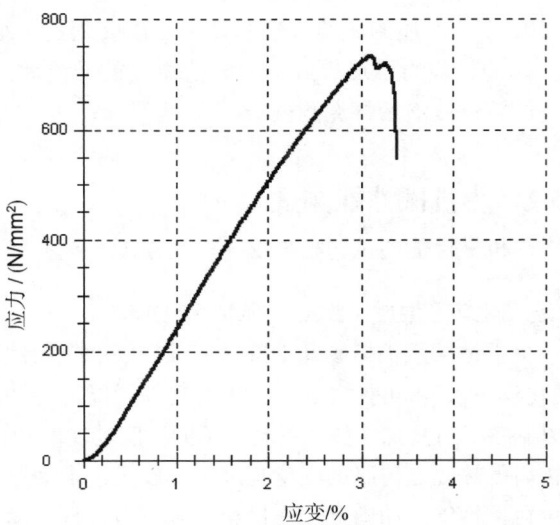

图 9.3 典型的应力 - 应变曲线

除了不同机械属性的绝对值，应力 - 应变曲线为材料工程师提供了关于层压板样品弹性和塑性变形部分的信息。变形的弹性（线性）部分是可恢复原状的，而材料的可塑性变化不可恢复。图 9.3 为典型的应力 - 应变曲线。

2. 抗弯强度

确定覆铜箔层压板的抗弯强度的测试方法基于 ASTM D 790《未增强和增强塑料、绝缘材料的抗弯性能》和 IPC-TM-650 方法 2.4.4B《层压板在环境温度下的抗弯强度》。在前一节所述的试验方法中，拉伸模式测量弹性模量也有固有的问题，即玻璃布增强材料和其性能会对测试结果产生较大的影响。在挠曲模式下测试覆铜箔层压板则可以避免上述影响，但树脂体系的性能又会对挠曲模式测试结果产生较大影响。综上所述，测试不同层压板材料的抗弯强度时，需明确采用相同的测试方法。

此测试仍需要蚀刻掉全部层压板上的铜。样品的具体尺寸（长度和宽度）和测试参数（测试跨度和速度）取决于层压板的厚度，可以在 IPC-TM-650 方法 2.4.4 中找到。图 9.4 为一个典型的抗弯强度测量曲线。

将样品温度调至室温，然后将样品放置在标准张力和压缩测试设备的夹具上，样品的长方向垂直于夹具。以定义的速度加载和测试样品，直

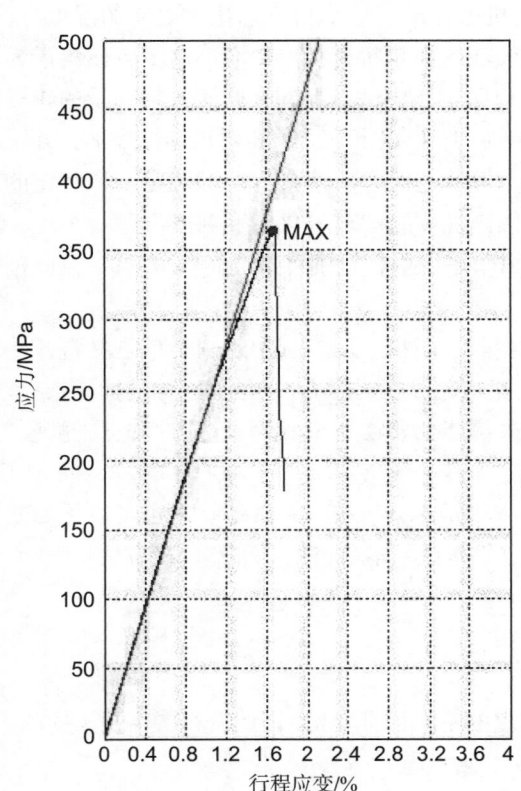

图 9.4 典型抗弯强度测量曲线（来源：译者）

到断裂。记录断裂时的载荷，利用式（9.2）计算抗弯强度。

$$S = 3PL / 2bd^2 \tag{9.2}$$

这里，S 为抗弯强度（psi）；P 为断裂时的载荷（lbf）；L 为跨度（in）；b 为样品宽度（in）；d 为样品厚度（in）。

3. 铜剥离强度（热应力前、热应力后）

9.4.2 节所述的试验方法和结果可以转到这里继续说明。要完成评估数据，如有必要，可以在具体的热应力［浸焊或不同峰值温度的回流焊，和（或）不同的停留时间］后补充测试，或进行电镀液浸泡后补充测试。

9.5.2 热机械性能测试

热机械性能测试包括玻璃化转变温度、热膨胀系数、耐热性、耐浸焊和耐漂锡测试。

1. 玻璃化转变温度（DSC、TMA 和 DMA）

覆铜箔层压板树脂几乎都是三维交联的热固性聚合物。这意味着材料是一个坚硬的最终产品（固化反应），不可能和热塑性聚合物一样能进行多次熔融。在许多情况下，不同的树脂体系混合可以制备具有特殊性能的材料。不同树脂的功能和其在共混物中的比例决定了热固性材料的性能。固化后的热固性树脂的固化程度，可以通过未固化的配方比例，以及最终固化的热量特征，或者通过机械性能，如硬度、模量和屈服应力进行描述。但是，描述一种热固性聚合物的固化和交联程度，最常用的性能表征就是玻璃化转变温度（T_g）。

定义层压板 T_g 值的最简单方法，就是层压板的机械性能迅速变化（恶化）对应的温度点。在该温度下，聚合物从刚性的、脆的玻璃态变化为较软的橡胶状材料。然而，这不应该混淆为晶体物质的熔点或热塑性聚合物的极端软化。在 T_g 点时，热固性材料的交联聚合物分子的相对迁移率发生变化。T_g 以下，它们是不动的，材料是刚性的；T_g 以上，分子相对运动性增加，并可能轻微移动，从而导致材料机械强度的损失。虽然本节所述的方法使我们能够确定一个特定的层压板材料的玻璃化转变温度，但需要强调的是，热固性树脂的玻璃化转变温度不是一个单一定义的温度点，它通常发生在某温度范围内（某些树脂系统中，范围可以高达 100℃），在此范围内确定 T_g。

另外，在这里必须指出 T_g 和 T_d 的区别。T_g 是材料机械性能变化的温度，而 T_d 是材料开始不可逆降解时的温度。如果要评估层压板承受高温无铅工艺温度的能力，T_d 是更相关的性能指标。T_g 在评估机械强度的损失时是相关的，机械强度的损失可能会导致 PCB 的弓曲、扭曲和 Z 轴膨胀，当然这对 PCB 的可靠性也有显著影响。

有许多不同的测量方法来确定 T_g 值，最常用的方法是热分析技术。其他技术也可以（如光谱分析和电气特性），但它们的应用有限，因此不在这里讨论。本节讨论 3 种热分析方法：

- 差示扫描量热（DSC）
- 热机械分析（TMA）
- 动态热机械分析（DMA）

在层压板材料中，所有的测量技术会因测试侧重点的不同稍有变化，因此获得的值是不同的。它们通常会遵循这一简单的法则：

$$T_g \ (DMA) > T_g \ (DSC) > T_g \ (TMA)$$

热机械分析法（TMA）T_g 测量　热机械分析是将材料从室温加热到预先设定的最终温度，来测量材料的尺寸变化。样品长度（宽度或高度）的变化伴随着温度的变化，决定了材料的热膨胀系数。在 T_g 温度时，材料的热膨胀系数发生变化，TMA 可以通过该属性的变化来确定 T_g。

IPC-TM-650 方法 2.4.24C 中规定了测试程序。样品应具有最小 0.51mm 的厚度，并需要从材料任意位置随机取至少两个样品进行测试。任何铜箔层都需要先蚀刻掉。铜箔的处理面会在层压板表面上留下一个负像痕迹，这可能会导致在玻璃化转变温度以下的实际测量过程中产生问题。因此，在测试之前需对试样表面轻轻打磨。样品的边缘也应该光滑且无毛刺。小心处理好样品，使应力或温度对样品的影响降到最低。

样品需在 105℃下（221 ℉）下预处理 2h，然后在干燥器中冷却至室温。应在不高于 35℃（95 ℉）的温度下开始实际测量，建议初始温度为 23℃。除非另有说明，最常用的扫描速率为 10℃（18 ℉）/min。需要继续升温到至少高于预期转变温度 30℃（54 ℉）。T_g 被定义为代表不同热膨胀系数的两条切线交点处的温度。图 9.5 为一个典型 TMA 扫描实例。该材料具有 141.11℃ 的 T_g，建议使其冷却到室温后再重新检测相同的样品，以确定 T_{g2} 的测量值与 T_{g1} 的测量值是否相当。如果 T_{g1} 显著低于 T_{g2}，这可能表明样品材料在第一次测量时未完全固化。如果 T_{g1} 显著高于 T_{g2}，并接近于 T_d，这可能表明样品材料已经开始分解。如果这些测量结果差异超过 5℃，作者建议进一步测试。

差示扫描量热法（DSC）T_g 测量　差示扫描量热法是通过比较测试样品与参考样品（通常是氮气）的吸热或放热得到 T_g。这使得该技术适用于聚合物材料中各种属性变化。差示扫描量热法可以检测到固化反应的放热、结晶能量和在聚合物中残留的反应，以及吸热熔点。对于环氧类树脂系统，DSC 是一种非常适合的技术，因为这些材料在 T_g 点经过一个明显的玻璃化转变，这个属性的变化可以被用来确定玻璃化转变温度。对于其他更多非晶树脂系统，由于 T_g 在更宽的范围内（如聚酰亚胺和 BT），采用 DSC 可能会比 TMA 更加困难。

该测试过程在 IPC-TM-650 方法 2.4.25C 中规定。样品应该是一个重 15 ~ 25mg 的固体块状物。对于非常薄的材料，可以使用多块。试样的大小和配置应适合 DSC 设备的样品盘。需要在预处理前进行所有试样的制备，以避免任何水分对测试造成影响。样品边缘应通过砂纸打磨光滑和去毛刺，或采用等效的方法以实现适当的热传导。小心处理好样品，使应力或温度对样品的影响降低到最低。尽管 IPC 测试方法允许对含铜样品进行测试，但作者建议只测试不含铜的样品，

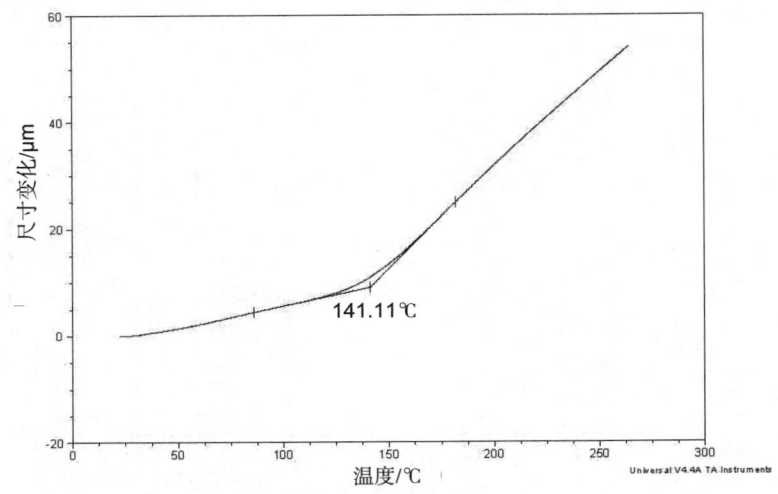

图 9.5　典型 TMA 扫描（来源：译者）

因为这会增加 DSC 样品盘中聚合物的相对质量，并产生更好的检测 T_g 的信号。

样品需在 105℃（221 ℉）下预处理 2h，测试前至少在干燥器中冷却 1.5h 至室温。试样放置在一个带有铝盖的铝制样品标准盘中。为便于参考，应该使用有波纹的样品盘盖。在温度低于预期 T_g 出现至少 30℃时开始扫描。除另有规定外，建议扫描速率为 20℃/min（36 ℉/min），需要继续升温到至少高于预期 30℃（54 ℉）的玻璃化转变区域。玻璃化转变温度使用热流曲线确定。在许多情况下，DSC 设备通过安装具有适合功能的软件来确定 T_g。第一条切线配合转变区上面的曲线，第二条切线配合转变区下面的曲线。两条切线之间的曲线的一半处的温度就是玻璃化转变温度点 T_g。图 9.6 为 DSC 扫描实例，该材料的两次扫描的 T_g 分别为 193.5℃和 194.5℃。

动态热机械分析（DMA）T_g 测量　动态热机械分析实验过程中，温度增加会给样品施加一个振荡的应力或应变。当材料从玻璃态改变到橡胶状的黏弹性行为，材料存储机械应变能的能力在热循环中会发生变化。通过 DMA 检测这个性质变化的点即玻璃化转变温度点。

测试程序通过 IPC-TM-650 方法 2.4.24.2 规定。测试试样应制成与测量设备要求一致的带状层压板。对于所有玻璃布增强的样品，有必要确认该样品的编织结构是平行或是垂直切割的。分析基于一个几何形状不变的假设，因此，测试样品必须足够坚硬，在实验过程中不发生塑性变形。同样，铜需要被蚀刻掉。

虽然 IPC 方法建议样品在测试前要经过 23℃和 50%RH 预处理至少 24h，但作者建议采用与 TMA 或 DSC 测量类似的预处理。样品在 105℃（221 ℉）下烘烤 2h，然后测试前至少在干燥器中冷却 1.5h 至室温。样品安装在夹具上，并确定它是垂直于夹具的。使用扭矩螺丝刀夹紧，以确保样品在测量过程中不打滑，如果样品周围有应力，会对结果造成负面影响。将样品加载 1Hz（6.28 rad/s）的频率、以不高于 2℃/min 的速率在干燥氮气或干燥空气中加热。升温到至少高于转变区 50℃。玻璃化转变温度定义为在 1Hz 的频率下与最大 $\tan\delta$ 相对应的温度曲线的温度。$\tan\delta$ 通过式（9.3）计算。

$$\tan\delta = E'' / E' \tag{9.3}$$

这里，E'' 是损耗模量；E' 是储能模量。

图 9.7 为一个典型 DMA 扫描的例子，该材料的 T_g 值为 193.17℃。

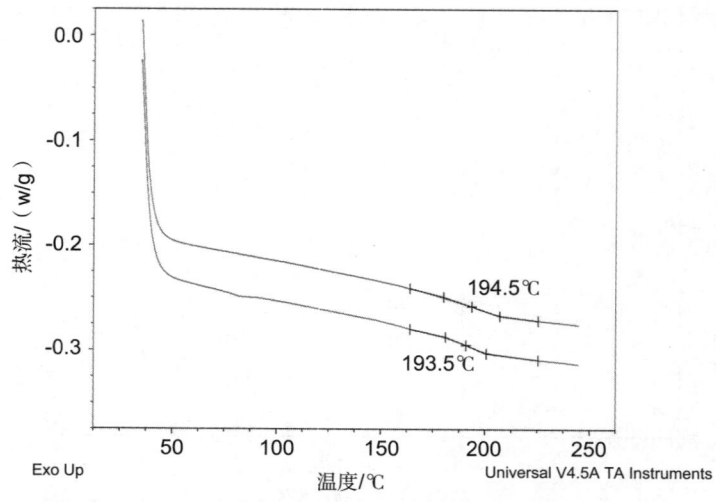

图 9.6　DSC 结果实例（来源：台燿科技（中山）有限公司）

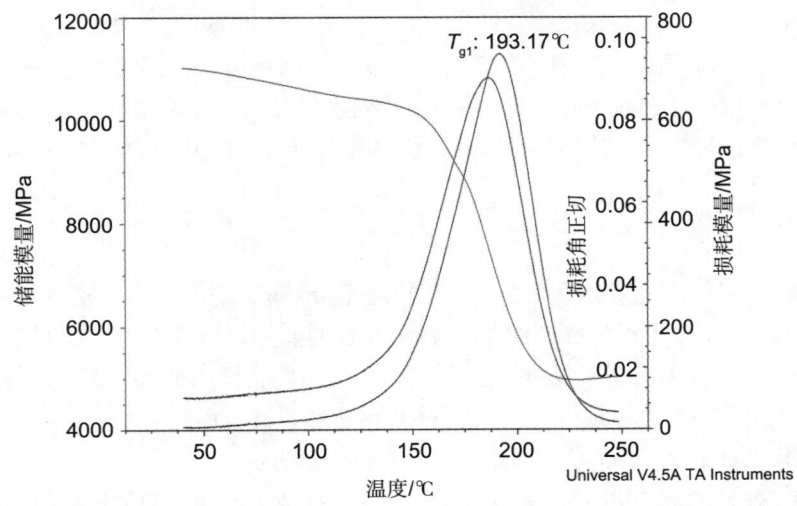

图 9.7 典型的 DMA 扫描（来源：台燿科技（中山）有限公司）

2. 热膨胀系数 (CTE)

热膨胀系数描述加热时材料膨胀的属性。由于大多数层压板是增强复合材料结构，因此在 X 和 Y 轴上的热膨胀系数和在 Z 轴上的热膨胀系数通常是不同的。按照惯例，X 轴对应于增强材料的经纱方向，而 Y 轴对应于增强织物的纬纱方向，Z 轴是与层压板的平面垂直的方向。测试值之间的差异与增强材料有关，其较大程度限制了材料在 X 轴和 Y 轴的热膨胀，然而树脂可以在无增强材料限制的 Z 轴上出现热膨胀。

PCB 使用的覆铜箔层压板材料中，X、Y 和 Z 轴上的热膨胀系数是非常重要的。对于将被安装在成品 PCB 上的所有元件，尤其是用于封装基板的材料，X 和 Y 轴是至关重要的。层压板材料和焊接元件之间的热膨胀系数差别越大，风险就越高，因为温度的变化会导致焊料疲劳、可靠性减小。Z 轴上具有同等的重要性，因为热循环过程中，层压板的热膨胀将导致 PCB 镀覆孔或埋孔的镀铜（CTE 为 17ppm/K）层上聚集应力，从而有发生断裂导致开路的风险，板厚越大，风险越大。因此，为确保通孔的可靠性，通常需要用低 Z 轴热膨胀系数和高 T_g 值的材料。

可以用一些不同的测量技术来确定覆铜箔层压板的热膨胀系数。最常用的是 TMA，按照 IPC-TM-650 方法 2.4.24C，如 9.2.1 节中的描述。确定层压板热膨胀系数时，温度扫描必须在足够低的温度下开始，低于指定的温度范围，因为热膨胀系数的确定应能容许稳定的热耗率。典型的扫描速率只有 10℃（18 ℉）/min，扫描应至少持续到 260℃（500 ℉）。因为材料的膨胀性能在 T_g 点是变化的，通常有两个 CTE 值：T_g 以下的热膨胀系数通常被称为 α_1，T_g 以上的热膨胀系数为 α_2，见式（9.4）。

$$\alpha = \Delta L / \Delta T / \text{℃} \tag{9.4}$$

这里，ΔL 为长度的变化；ΔT 为温度的变化。

在 TMA 的扫描例子（见图 9.5）中，被测材料的 Z 轴热膨胀系数 α_1 约为 65ppm/℃，α_2 约为 250ppm/℃。

在 X 和 Y 轴上的热膨胀系数也可以通过 TMA 测定，但样品在制备过程中必须小心，避免增强材料对 TMA 探针的影响，但是结果高度依赖于增强织物的性能。确定层压板材料在 X 和 Y 轴的热膨胀系数的另一种方法是采用应变计。该方法在 IPC-TM-650 方法 2.4.41.2 中描述。使用这个方法时，许多细节需要加以考虑。在特定的温度范围内都需要特别注意应变仪的校准，全程都要将它们附着所用的黏合剂保持稳定。在样品准备和样品与应变仪接触期间，都必须特别小心。建议在实际测量之前运行一个热循环，以除去任何残余应力。在 IPC-TM-650 中可以找到更详细的测试细节。

3. 耐热性

层压板材料的耐热性是关键性能之一，尤其是无铅工艺。它是衡量焊接过程中 PCB 性能的最重要指标。正如 9.1 节中已经提到的，大多数 PCB 需要能够承受至少 5 次回流焊周期，范围内的峰值温度为 260℃。但对于更复杂的组装工艺，次数可能会增加至 6 次及以上。在这些过程中，层压板在高温作用下不允许出现分层。评估 PCB 耐热性，其应用的另一个重要指标就是层压板能承受高工作温度的性能。评估层压板耐热性有多种测试方法。

浸　锡　该测试方法在 IPC-TM-650 方法 2.4.23 中描述。此测试的最初目的是评估层压板表面的可焊性，但如今经常被用来评估层压板材料承受熔融焊料温度的能力。重要的是，要注意原来的 IPC 方法在很长一段时间没有修改，目前的版本也没有反映出满足无铅工艺要求的实际温度值。作者仍然认为这是一个很好的用于层压板材料评估和测试的方法，但需要强调的是，如果应用于无铅焊接的材料，浸锡的温度需要提高或时间需要延长。该测试评估的指标有抗软化、表面树脂的损失、烧焦、分层、起泡和白斑。

材料将在 3 种不同表面配置下测试：（1）没有压过铜箔的层压板表面（如果可能），（2）铜箔被标准蚀刻方法蚀刻掉，（3）覆铜箔的表面。所有试样大小为 1.25in × 1.25in，同时每个表面配置准备 3 个样品。使用相同的程序测试所有样品。

用 10% 的盐酸（HCl）（体积比）浸渍预清洗样品，持续 15s，然后在水中漂洗。该盐酸（HCl）的温度应该在 60℃（140 °F）。通过快速干燥样品来避免过度氧化。样品浸入助熔剂，允许测试前在助焊剂中放置 60s。然后，在温度为 245℃（473 °F）时，用干净的不锈钢铲在熔融的焊料表面搅动并撇干净表面，以确保焊料表层均匀。试样沿边缘浸入熔融焊料，并以 1in/s 的速率插入和抽出，确保样品在焊料中的停留时间为 4s。一旦抽出，允许样品垂直放置，使焊料在空气中自然冷却凝固。彻底清除助焊剂。

检验样品出现的变化，如变色或表面污染、表面树脂损失、变柔软、分层、层间起泡或露织物。有铜箔的样品还要检查起泡或金属箔与层压板材料的分层。

漂　锡　此测试采用漂锡的方法对层压板材料的耐热性进行测试。因为该测试条件引起样品 Z 轴热传导的梯度类似于实际波峰焊工艺，因此测试结果显得特别重要。如果层压板用于无铅焊接，则锡炉温度需要提高或漂锡时间需要延长。

该测试根据 IPC-TM-650 方法 2.4.13，至少需要对每款材料测试 2 个在随机位置获取的样品。对于双面覆铜板，需要使用标准蚀刻工艺蚀刻掉每个试样的背面铜箔。随后在空气循环烘箱中将样品在 135℃下进行 1h 预处理，以去除任何多余的水分，否则可能会导致过早的失效。预处理后，样品在室温下保存于干燥器中。将样品夹持在测试夹具上，金属箔的一面朝下，持续浮锡 10s，保持熔融焊料的表面温度为 260℃（方法 A）或 288℃（方法 B）。然后取出样品，轻敲边缘以去掉任何多余的焊料。彻底清洁后，目视检查样品是否存在起泡、分层、起皱等缺陷。

如果多种材料一起测试，并且测试持续 10s 后都无失效，或者目标是确定层压板失效的最薄弱点和测试直至失效，那么作者建议增加漂锡时间，或者重复测试相同的样品，直到出现失效为止。

T260（TMA）　除了在焊料槽中测试材料的耐热性，还有另一个验证层压板耐热性的方法，该方法在 IPC-TM-650 方法 2.4.24.1 中有描述。使用 TMA 确定层压板及 PCB 分层的时间［同样见 9.5.2/1/（1）部分］。

样品要求与通过 TMA 测定 T_g 的样品要求是相同的。应至少对两个样品进行测试，样品来自于材料的随机位置。材料取样后,铜箔无须蚀刻掉。对样品在 105℃下（221 ℉）进行 2h 预处理，然后在干燥器中冷却至室温。TMA 升温应该从初始温度不高于 35℃（95 ℉）开始，扫描速率为 10℃/min。扫描达到指定的温度后，在该温度下（开始）保持 60min（不同材料失效时标准时间差别很大，一般参考材料供应商提供的数据），或者直至出现失效。分层时间被确定为从到达指定温度点后，恒温至出现失效的时间长度。失效被定义为数据图上厚度出现不可逆变化的记录数据或现象。有时，一些材料在升温至恒温点前就出现分层。在这种情况下，则记录出现失效的温度。环氧层压板和类似的材料，推荐恒温点温度为 260℃（500 ℉）。对于应用于无铅工艺的材料或聚酰亚胺等其他耐高温材料，建议恒温点温度为 288℃（550 ℉）。

9.5.3　电气性能

电气性能包括介电常数 D_k 和损耗因子 D_f、表面电阻、体积电阻率、介质击穿电压。

1. 介电常数和损耗因子

介电常数（也被称为电容率、D_k 和 ε_T）被定义为一个给定介质的电容器的电容（层压板）与空气作为介质的电容器的电容的比例值。它是衡量材料存储静电能量能力的指标，并决定了电信号在材料内传输的相对速度。D_k 越大，产生的信号传输速度越低。信号的传输速度与介电常数的平方根成反比。这并不是一个容易被测量或指定的性能，因为它不仅取决于材料的性能，还和树脂与玻璃布的体积比有关，而且受测试方法、测试信号频率和样品测试之前和期间的条件影响。测试结果还受温度的影响。还有，预测控制高多层板阻抗时，D_k 值对计算机模拟计算很重要，特别是考虑是否要采用新的层压板材料时。图 9.8 为测试示意图。

与介电常数相联系的是损耗因子（D_f）或损耗角正切。这是一个衡量电子耗散到层压板材料时丢失的总发射功率的百分比。图 9.9 为该测试的示意图。

 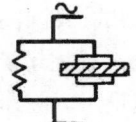

图 9.8　介电常数测试　　　　　图 9.9　损耗因子测试

几种确定介电常数和介质损耗因数（方法 2.5.5、2.5.5.1 和 2.5.5.2）的测试方法在 IPC-TM-650 中有规定，方法 2.5.5 和 2.5.5.2 用完全蚀刻掉铜的介质来测试。因为测试值受介质厚度的影响，因此需要至少 3 个样品。方法 2.5.5.1 采用一个带有蚀刻图形的样品。所有这些测量都基于相应样品的电容。有了这个电容和测试样品的面积和厚度，就可以计算介电常数。

损耗因子是利用方法 2.5.5.1 和 2.5.5.2 测定的。在一种情况中，这个值可以从设备（keysight4271A）显示器读取。另外，它可以通过被测样品的电导、电容及测量频率计算出。

2. 表面电阻和体积电阻率

层压板材料的电阻率与特定的表面电阻和体积电阻率之间是有区别的。表面电阻 σ 指的是沿层压板的表面，描述两个导体之间的电阻。体积电阻率 ρ 指的是指沿层压板材料的 Z 轴，描述两层导体之间的电阻。这些电气性能的值越高越好，因为这确保了 PCB 不同铜导体间的电气隔离。

两个值的确定都是根据 IPC-TM-650 方法 2.5.17。所有电阻的测量采用量程高达 10^{12}MΩ 的设备，同时采用 500V 直流电测试样品（keysight 16008A）。层压板厚度厚于 0.51mm 时，样品大小为 101.6mm × 101.6mm；层压板厚度低于 0.51mm 时，样品大小为 50.8mm × 50.8mm。根据方法 2.5.17 使用标准成像和蚀刻工艺制备样品测试图形。

所有的测量都是在 500V 直流电压下进行的，电压被施加到样品并持续 60s。电阻读数之前，保证测试结构稳定。表面电阻由外环电极与内固体电极之间确定。体积电阻率是适当改变连接电缆后由正面、背面电极之间确定。体积电阻率和表面电阻可以从测得的电阻值计算得出，如式（9.5）和式（9.6）所示。

体积电阻率 ρ（MΩ·cm）：

$$\rho = (R \cdot A) / T \tag{9.5}$$

这里，R 为测量电阻（MΩ）；A 为有效面积（cm^2）；T 是样品平均厚度（cm）。

表面电阻 σ（MΩ）：

$$\sigma = (R \cdot P) / D \tag{9.6}$$

这里，R 是测量电阻（MΩ）；P 是电极的有效周长（cm）；D 为测量间隙的宽度（cm）。

3. 介质击穿电压

层压板材料的介电强度是其抗电击穿能力。介电强度定义了层压板在指定时间内抵抗的特定电压，而介质击穿电压定义的则是该层压板失效的最大电压。这些属性可以垂直于增强层（Z 轴）或平行于增强层（X/Y 轴）进行测量。更重要的值是 Z 轴的强度，因为越来越薄的半固化片和层压芯板在高端多层板应用中使用。层压板的最小厚度被定义为铜箔毛面轮廓最高点之间的最短距离，要能抵挡所需测试的电压值。介电强度的值随测试装置、温度、湿度、频率和波形变化有关，但如果在受控条件下进行测试，材料之间具备可比性。

IPC-TM-650 方法 2.5.6.2 描述了层压板垂直介质击穿电压的测定。应测试 4 个样品，建议样品大小为 4in × 4in，且无覆铜层。除非另有规定，样品需要在 50℃蒸馏水中放置 48h。在这之后，需要将样品在环境温度的蒸馏水中浸泡至少 30min，确保样品含水率在没有显著变化下达到温度平衡。该试验在室温（23℃）下进行。测试在油中进行，因此相对湿度不会有较大影响。样品被插入到高电压的测试设备中，并在 500V/s 的增加速率下测试直至失效。测试结果单位为 V/mil。

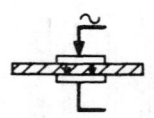

图 9.10　介电强度击穿

IPC-TM-650 方法 2.5.6（见图 9.10）描述了层压板平行介质击穿电压的测定。对 4 个样品进行测试：两个在机器方向上，两个在增强材料的横向方向上。建议样品大小为 3in 长，2in 宽，去除所有覆铜层。在样品的长轴线上钻 2 个直径为 0.188in 的孔，并使其以短轴线对称，孔到孔的间距为 1in。在油内的条件和测试设置是相同的。电极被插入孔中，在 500V/s 的增压速率下测试直至失效。测试结果单位为千伏（kV）。

9.5.4 其他层压板性能

其他要考虑的层压板性能包括阻燃性和吸水率。

1. 阻燃性

层压板材料的阻燃性根据美国保险商实验室（UL）的规范分类。所有测试都使用一个标准的测试设置，排气罩下使用本生灯作为火焰源。类别如下：

UL-94-V-0 每次火焰处理后，样品必须在10s内熄灭。共10次火焰处理后，总时间要在50s内。第二次火焰测试之后，没有样品滴落燃烧的颗粒或出现持续30s以上无焰燃烧。

UL-94-V-1 每次火焰处理后，样品必须在30s内熄灭。共10次火焰处理后，总时间要在250s内。第二次火焰测试之后，没有样品滴落燃烧的颗粒或出现持续60s以上无焰燃烧。

UL-94-V-2 每次火焰处理后，样品必须在30s内熄灭。共10次火焰处理后，总时间要在250s内。样品可能会滴落燃烧的颗粒或短暂燃烧，但第二次火焰测试之后，没有样品会出现持续60s以上无焰燃烧。

在大多数情况下，层压板供应商提供这些常规测试的结果。对于新材料，层压板供应商不提供任何可燃性数据的情况下，检查该属性就显得有必要。或者可以通过查询材料供应商提供的UL认证证书，证书上详细资料会说明材料满足何种UL等级。这并不需要复杂的测试设置，你可以通过用打火机在排气罩下点燃样品，获得第一个迹象。

2. 吸水率

根据其特定的分子组成，每种层压板材料都会吸收一定量的水分。这不仅会发生在许多PCB制造的湿流程中，也可能是暴露在正常环境条件下的结果。所吸收的水分可能会改变层压板的属性，增加高温过程中（如回流焊）起泡和分层等风险。

根据IPC-TM-650方法2.6.2.1，可以确定层压板样品浸泡在水中24h吸收的水的量。该测试容易执行，且不同板材的测试结果容易比较。

此测试的测试样品需要2in长，2in宽。当测试一种以上的材料时，没有指定厚度，但不应该在很宽的范围内变化。需要将样品的边缘打磨光滑，采用标准蚀刻方法蚀刻掉表面铜箔。把样品放在预处理的烘箱中用105℃（221℉）烘干1h，在干燥器中冷却至室温，取出后立即称重。然后将样品放置在23℃的蒸馏水中，重要的是将样品靠在它们的边缘上，以最大限度地提高层压板与水接触的面积。24h后，移开样品，用干布干燥，并立即称重。根据质量增加的百分比进行吸水率计算。

9.5.5 额外测试

除了前面描述的测试方法，还可以在IPC-4101和IPC-TM-650中找到更多测试方法。所有这些测试的层压板性能，都可能会对最终产品的性能有显著影响。最终判定测试是否合格，总是需要在具体分析基础上根据PCB的性能要求得出。

同时，也有一些层压板材的鉴定测试很少在PCB制造工厂进行。在多数情况下，层压板供应商本身会完成很多标准测试，并与客户共享这些结果。在多数情况下，这可能是足够的，特别是在供应商与PCB制造商之间的密切关系已经建立的情况下。

9.5.6 粘结片测试

新的层压板材料的资格鉴定中，也可能需要进行特定粘结片的测试，以验证其质量。最常测试的属性是粘结片的树脂含量、层压流动度和凝胶时间，其他性能和相应测试方法的详细信息见 IPC-4101，或者参考材料供应商提供的出货报告。

9.6 鉴定测试计划

表 9.4 总结了所有的测试程序。

表 9.4 基材鉴定测试计划

第1步	数据对比	单 位	测试结果	
	材料产量	是 / 否		
	材料成本	\$ / m²		
	可得到材料数据表	是 / 否		
第2步	**小批量第一次测试**	**单 位**	**测试方法**	**条 件**
	表观		IPC-TM-650 方法 2.1.2 与 2.1.5	接收态
	条件 A 下层压板剥离强度	N/mm	IPC-TM-650 方法 2.4.8	接收态
	条件 B 下层压板剥离强度	N/mm	IPC-TM-650 方法 2.4.8	锡锅内 288℃ /10s
	层压板热冲击 288℃ /10s	合格 / 失效	IPC-TM-650 方法 2.4.23	接收态
	层压板热冲击 288℃ /60s	合格 / 失效	IPC-TM-650 方法 2.4.23	接收态
	T_g（DSC、TMA 或 DMA）	℃	IPC-TM-650（如适用）	接收态
	T_d	℃	IPC-TM-650 方法 2.3.40	接收态
	层压板 Z 轴 CTE（TMA）	ppm/℃	IPC-TM-650 方法 2.3.24	接收态
第3步	**材料特性**	**单 位**	**测试方法**	**条 件**
	介电常数（1M Hz）		IPC-TM-650 方法 2.5.5.2	24h/23℃ /50%
	介电常数（1M Hz）		IPC-TM-650 方法 2.5.5.2	96h/35℃ /90%
	介电损耗（1M Hz）		IPC-TM-650 方法 2.5.5.2	24h/23℃ /50%
	介电损耗（1M Hz）		IPC-TM-650 方法 2.5.5.2	96h/35℃ /90%
	表面电阻	MΩ	IPC-TM-650 方法 2.5.17	24h/23℃ /50%
	表面电阻	MΩ	IPC-TM-650 方法 2.5.17	96h/35℃ /90%
	体积电阻率	MΩ • cm	IPC-TM-650 方法 2.5.17	24h/23℃ /50%
	体积电阻率	MΩ • cm	IPC-TM-650 方法 2.5.17	96h/35℃ /90%
	介质耐压	V/mil	IPC-TM-650 方法 2.5.6	50℃纯水中 48h
	T_g（DSC）	℃	IPC-TM-650 方法 2.4.25C	
	T_g（TMA）	℃	IPC-TM-650 方法 2.4.24C	
	T_g（DMA）	℃	IPC-TM-650 方法 2.4.24.2	
	T_d	℃	IPC-TM-650 方法 2.3.40	接收态
	X-Y 轴 CTE（α_1）	ppm/℃	IPC-TM-650 方法 2.4.41.2	
	X-Y 轴 CTE（α_2）	ppm/℃	IPC-TM-650 方法 2.4.41.2	
	Z 轴 CTE（α_1）	ppm/℃	IPC-TM-650 方法 2.4.24	
	Z 轴 CTE（α_2）	ppm/℃	IPC-TM-650 方法 2.4.24	
	吸水率	%	IPC-TM-650 方法 2.6.2.1	
	可燃性		UL-94	

9.7 可制造性

在新材料的认证过程中，至关重要的便是将层压板走完整个 PCB 生产流程，来验证材料与 PCB 工艺的兼容性。表 9.5 总结了所有要控制的步骤。

第一步是内层加工。新材料的刚性程度，对水平生产线中的可加工性有很显著的影响，对于较薄的芯板尤其重要。新材料铜面的品质状态，对内层光致抗蚀层的附着力和铜的蚀刻速率会有很重要的影响。在自动光学检测（AOI）过程中，有必要验证铜线路与层压板的对比度，如果有必要还需要对 AOI 的设置进行调整。如果内层芯板需要进行修补，则可能需要调整焊接参数设置，以避免损伤基材及影响产品的可靠互连。内层加工的最后一步便是铜面黑化和棕化，这里有必要验证所采用的黑化或者棕化工艺（减铜 / 非减铜或替代工艺）与基材的兼容性，以确保多层板各内层芯板间足够的附着力。层压后必须测量内层各芯板的尺寸胀缩情况，以方便调整新材料的内层缩放系数。

多层板压合和锣边后，下一步便是钻孔。新材料的热机械性能将影响钻孔的品质，调整钻孔速度或除胶参数可能是必需的。孔金属化和电镀后，则必须验证孔铜与孔壁的附着力，以及与各内层连接的可靠性。

表 9.5 生产步骤总结

内层兼容性加工步骤	锣边
预清洗	尺寸稳定性检查
贴膜	**钻孔到化学沉铜兼容性加工步骤**
曝光	钻孔
显影，蚀刻，退膜	刷板 / 火山灰磨板 / 去毛刺
冲孔	除胶 / 等离子 / 其他
内层自动光学检测	化学沉铜 / 类似工艺
内层修补 / 外层（OL）修补	**阻焊兼容性加工步骤**
黑化 / 氧化替代工艺	**不同金属化表面处理工艺兼容性加工步骤**
多层兼容性加工步骤	化学镀镍 / 金
内层烘干	化学沉锡
叠板	化学沉银
层压	**铣板兼容性加工步骤**

引入一款新材料时，阻焊层与基材的附着力可能也会受影响。此外，尤其重要的是材料与任何金属表面处理（如化学镀镍 / 浸金、化学沉锡、化学沉银）的结合。除了对阻焊附着力的不利影响，这几种表面处理在新材料使用过程中可能会出现漏镀或跳镀问题。引入一款新材料，最后一项重点评估的加工步骤便是铣外形和刻槽。因为一款新基材可能在刚性上有差异，或因为使用了不同的增强材料，而这些都可能导致必要的参数调整。

第 3 部分

工程和设计

第 **10** 章
PCB 的物理特性

Lee W. Ritchey

美国加利福尼亚州圣克拉拉，3Com 公司

陈黎阳　审校

广州兴森快捷电路科技有限公司

10.1　PCB 的设计类型

　　PCB 或 PWB[1] 根据最终使用功能的不同可分为两大基本类型。这两大类型使用的材料、设计要求和功能都不相同，因此，在设计和制造过程中要区别对待。第一类包含模拟、射频（RF）和微波 PCB，如立体声系统、信号传送器、接收器、电源、自动控制、微波炉等类似的产品。第二类是数字电路，如计算机、信号处理器、电子游戏机、打印机和其他具有复杂数字电路的产品。表 10.1 列出了各类 PCB 的特征。

表 10.1　射频/模拟与数字电路 PCB 的特征

射频、微波、模拟 PCB	数字电路 PCB
电路复杂度低	电路复杂度高
通常要求精确的阻抗匹配	阻抗匹配要求不高
材料的信号损失要求最小	材料的信号损失要求不高
小电路元件往往必不可少	小电路元件是非必需品
多为 1 层或 2 层	多信号层和电路层
需要高的图形精度	需要适中的图形精度
低的/均匀的介电常数	介电常数为次要因素

10.1.1　模拟、射频和微波 PCB 的特性

　　如表 10.1 所示，这类 PCB 的材料、设计和制造的要求与数字电路 PCB 完全不同。

　　（1）电路复杂度低，因为大多数的元件有 2、3 或 4 个引线，主要是采用了电阻、晶体管、电容、变压器和电感。

　　（2）线路、焊盘和导通孔在实际电路中起到电感、电容和耦合元件的作用。它们的形状对电

1）PCB，Printed Circuit Board，印制电路板；PWB，Printed Wiring Board，印制线路板。为保证内容的一致性，全书统一称为 PCB。——译者注

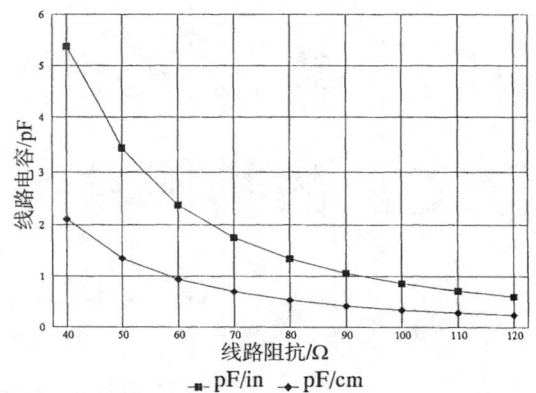

图 10.1　$L_0 = 8.5 \text{nH/in}$ 时，线路电容和阻抗的关系
（来源：Ritch Tech，1992 年）

路的整体性能有影响。例如，一个晶体管集成电路（IC）里的导体寄生电感和电容可以充当射频放大器的谐共振部分，同时在不需要的时候也会降低系统性能。图 10.1 显示线路的阻抗可以起到电容的作用。

（3）两条线路并排会造成信号之间耦合，就如微波功放的定向耦合器（相同的耦合作用在数字电路里却可能引发故障）。

（4）若干导体并联可以充当带通滤波器。滤波器的性能与其他宽带射频电路一样，取决于所有在相同速率下通过结构物的传输频率。在某种程度上，这种说法不正确，最后到达的频率会造成信号失真，这个现象叫作相位失真。

图 10.2 举例说明了各种 PCB 材料的介电常数与频率之间的函数关系。注意，一些材料的介电常数随着频率上升会出现急剧下降。信号传输的速率与介电常数之间是一种函数关系。图 10.3 举例说明了信号速率与介电常数之间的函数关系。从这两幅图片可以看出，在射频应用中，使用一种介电常数不均匀的介质材料可能会造成严重的相位失真，这是因为高频信号部分会先于低频信号到达输出端。

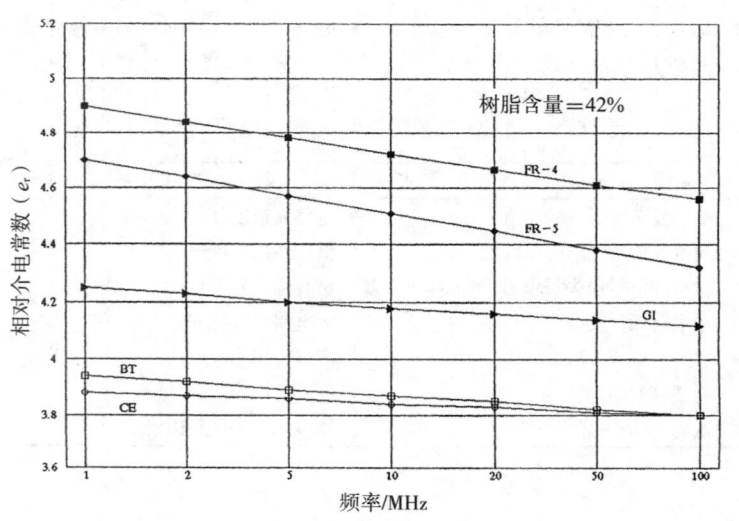

图 10.2　各种 PCB 材料的频率与介电常数的关系（来源：Shared Resources，Inc.，1991）

（5）电源电路中的导体，即使在没有显著加热或电压降的情况下，也可能会负载几安培电流。其阻值甚至可以充当探测电流的感应器。同样，如果线路上的铜不足以承载大电流，会导致压降从而降低电路的性能。图 10.4 举例说明了铜线路的阻值与其宽度、厚度的函数关系。图 10.5 和图 10.6 举例说明了导体发热与线路宽度、厚度和负载电流之间的函数关系。

（6）消费类电子使用的 PCB 与射频、模拟 PCB 一样，趋向于简单电路。但其对性能的要求远远低于射频、模拟 PCB，所以其成本要尽可能低。为了达到降低成本的目的，所有电路连接须尽可能保持在同一面，并且用冲床一次性把所有孔冲出来，这样就避免了钻孔和电镀。作为

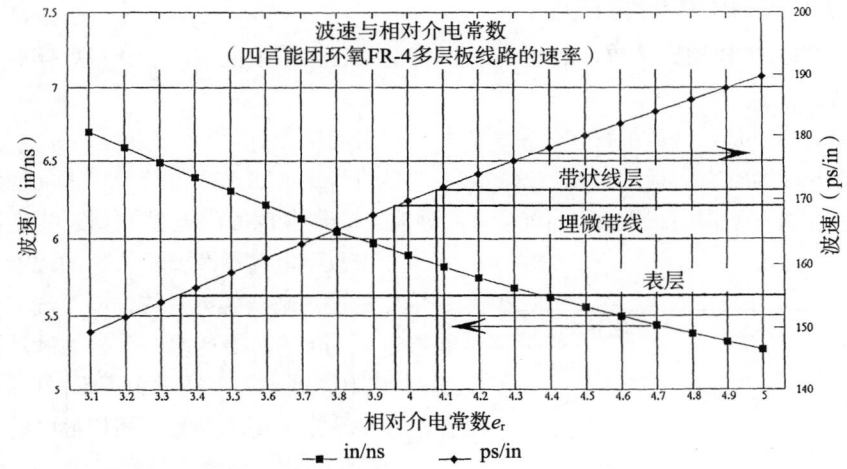

图 10.3 信号速率与介电常数的函数关系（来源：Shared Resources，Inc.，1991）

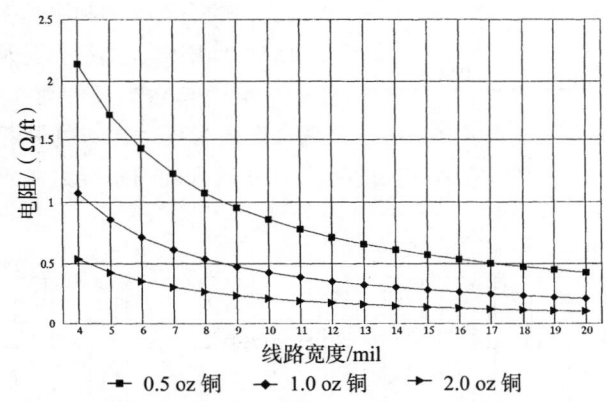

图 10.4 线路电阻与线路宽度、厚度的关系（来源：Ritch Tech）

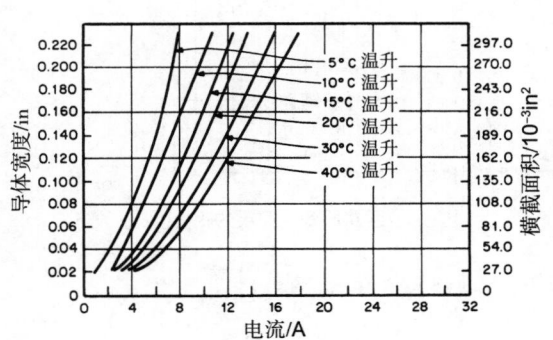

图 10.5 温升与电流的关系（铜厚为 1oz）

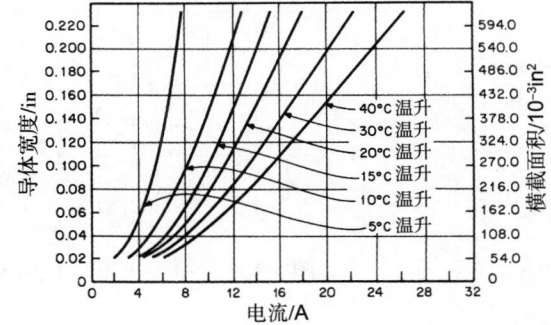

图 10.6 温升与电流的关系（铜厚为 2oz）

基材部分，采用电子封装中最低成本的纸基树脂基材。

　　总的来说，成功的射频和模拟产品的设计严重依赖于所用材料的性能、导体的物理图形及它们之间的距离，而不是同时处理大量电路的能力。设计过程基本是手工布线，将各个独立导体连接起来，所以设计团队必须选择合适、方便的设计工具。

10.1.2 数字电路 PCB 的特性

与射频、模拟 PCB 相比，数字电路 PCB 的内部互连电路很复杂，但其对导体形状大小和材料的要求不高。

（1）它们的特征是元件数量很多，常常以数百计甚至数千计。

数字电路元件通常有大量的引线。这种多引线数设计，源于 128 位甚至更大的地址和数据总线的逻辑架构。通常使用引线数多达 1000 的板对板连接器将 PCB 与这些数据总线连接。

表 10.2 典型逻辑器件的切换速率

逻辑系列	边沿速率 /ns	临界长度 /in
STD TTL	5.0	14.5
ASTTL	1.9	5.45
FTTL	1.2	3.45
HCTTL	1.5	4.5
10KECL	2.5	7.2
BICMOS	0.7	2.0
10KHECL	0.7	2.0
GaAs	0.3	0.86

（2）数字电路逐渐要求快速的边沿速率和更低的传播延迟，来获得更快的性能。现在产品的器件能够达到 1ns 的边沿速率，普遍能满足视频游戏的要求。表 10.2 列出了一些常用逻辑器件的边沿速率。边沿速率决定了逻辑信号之间切换的时间（转换速度）。信号通过一个器件的延迟时间，会随着边沿速率一起降低。

更快的边沿速率和更短的传播延迟会导致传输线效应，如耦合、接地弹跳及反射之类的效应，这些效应会引起 PCB 不正常工作。表 10.2 说明了信号快速交换时会与相邻线路产生耦合作用，该耦合作用为线路边到边距离及信号层与下面电源层之间距离的函数。表 10.2 列出的临界长度是图 10.7 所列的两条线路在所能达到的耦合水平的平行长度。

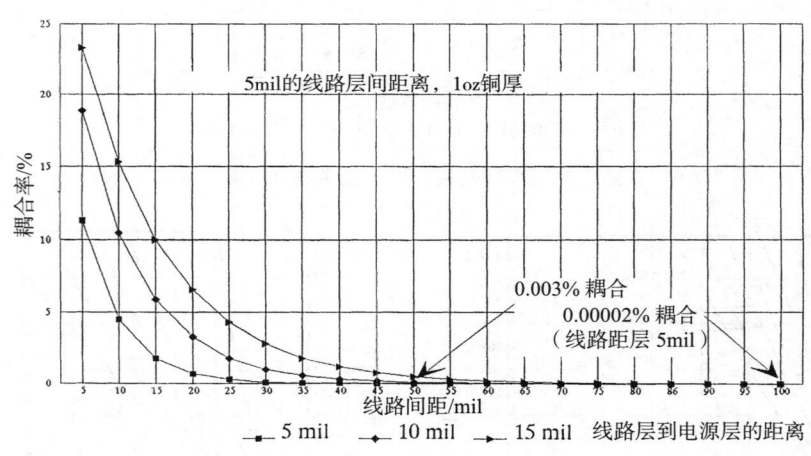

图 10.7 线路间的耦合作用（来源：Shared Resources，Inc.）

数字电路被设计用于确保在相对宽范围数值变化的输入信号的正确工作。图 10.8 说明了 ECL（发射极耦合逻辑）电路中典型逻辑系列的信号等级。从 ECL 驱动中输出的最小信号是 V_{OLmax} 和 V_{OHmin} 之间的差值或 0.99V。设计逻辑器件最小输入电压值为 V_{ILmax} 与 V_{IHmin} 的差值或 0.37V。这两种等级之间的差异，即 0.62V 的噪声容限，可以用来抵消布线和介质及其他（如耦合和反射）之间的损失。从这一点可以看出，数字逻辑电路可以容忍更高的插入损耗，和更高的噪声隔离度。

这种对噪声和损耗的高容忍度，使其在线路特征和材料能引起较大损耗和失真的情况下仍能保证良好运行成为可能。正是因为对失真要求容忍度较高，使其在数字电路 PCB 方面具有成本优势。

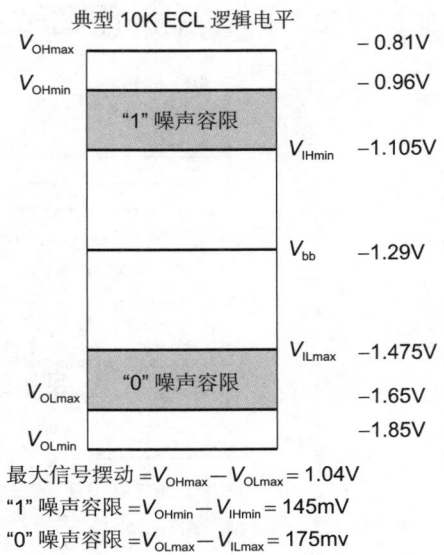

$$\text{最大信号摆动} = V_{OHmax} - V_{OLmax} = 1.04V$$
$$\text{"1" 噪声容限} = V_{OHmin} - V_{IHmin} = 145mV$$
$$\text{"0" 噪声容限} = V_{OLmax} - V_{ILmax} = 175mv$$

图 10.8　ECL 噪声频带表（来源：Ritch Tech，1992 年）

总的来说，数字电路 PCB 的大量电路连接通常要求多层布线，以便分配电源和连接各种器件。这样一来，设计的任务主要落在如何在遵循传输布线原则的同时，还将许多连接点布置在数量有限的布线层内。材料需要有以下特征：制造成本低廉，能够承受焊接的同时保留高速互连性能。相比于射频 PCB，介质中的损耗对数字电路 PCB 往往影响更小。导体、焊盘、孔的实际形状及其他特性对性能几乎没有影响。（该专题的详细讲解见 Howard W.Johnson and Martin Graham，High Speed Digital Design: A Handbook of Black Magic，Prentice-Hall，New York，1993）

为了满足大量元件实现高速互连的需要，必须优化数字 PCB 的设计系统和设计技巧。为了在合理的时间内完成这一目标，需要选择一种具有连接线路功能的自动 CAD 布线设计工具。

10.2　PCB 类型和电子电路封装类型

电子电路封装的选择范围非常广泛。一些影响选择的参数包括质量、尺寸、成本、速度、制造的难易程度、可修补性，以及电路的功能。如下是一些常见类型的特性说明。

对电子电路进行封装时常常会谈及封装等级。封装的第 1 级是单个元件的外壳，一般指封装的外层包衣，如塑壳；或腔式封装，如引脚阵列（PGA）。第 2 级是将各种元件安装在 PCB 或基板上。第 3 级是前两者之外的封装形式，常常采用多芯片模块（MCM）的形式，与其他元件一起安装在 PCB 上。

10.2.1　单面和双面 PCB

这类 PCB 有一面或两面线路，有些有连接两面线路的镀覆孔，有些则没有。它们主要应用在消费类电子、汽车电子和射频／微波领域，是消费产品的最低成本方案。其层压板材料的跨度，从消费类的纸基树脂板到射频应用的低损耗聚四氟乙烯。

10.2.2　多层 PCB

这类 PCB 除了在外表两面有导体层（通常是电源层）之外，还有 1 层或多层线路埋在内部（见图 10.9）。内层通过导通孔或镀覆孔互相连接，并与外层连接。它几乎涵盖所有的数字应用领域，即从个人计算机到超级计算机。根据应用的需求，层数从 3~50 不等。而所用的层压板材料基本是玻璃布与一种或几种树脂体系的混合体，能够满足抗高温、低成本、介电常数和耐化学性的要求。

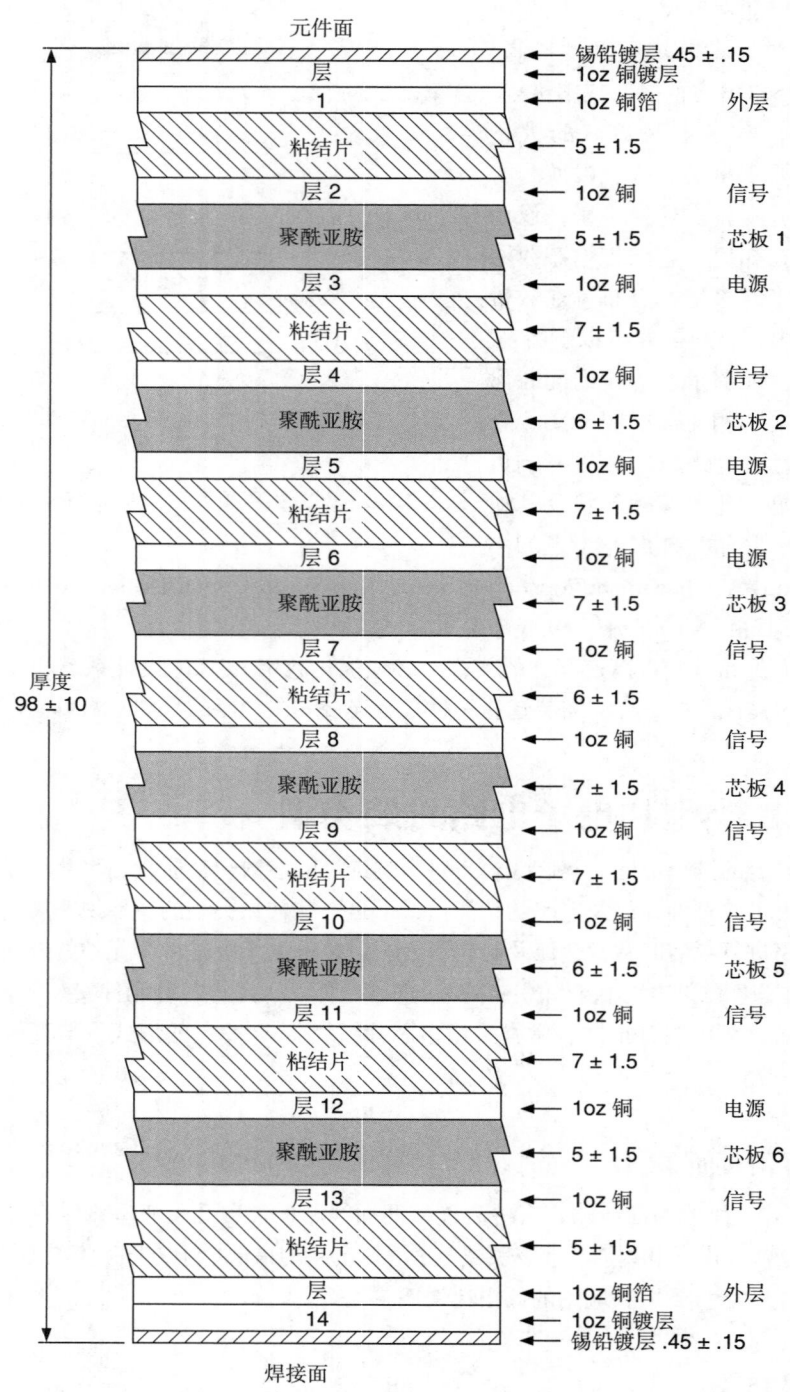

图 10.9 14 层 PCB 的横截面，显示了典型的内层和粘结片材料的关系：为了减小 Z 轴膨胀，内层采用聚酰亚胺材料，粘结片层是半固化状态的聚酰亚胺；还显示了信号层、电源层、地层，以及每层铜箔的厚度

10.2.3　分立线路或多线 PCB

这种 PCB 是多层封装的演化。通过对基板上背靠背的电源层蚀刻来构建电路板，将部分固化的还有黏性的层压板黏附到电源层的每一面，然后分立线路按图形放到该有黏性的层压板上，图形作为引线或表面安装元件的焊盘。

一旦这些引线成型，就在这些引线上覆第二层层压板。然后将该三明治结构层压、钻孔，并如其他多层 PCB 那样进行加工。合成的 PCB 正如其他多层 PCB，一样有外层及电路层，其本质区别在于印制线路信号层被分立线路层取代。在某些高密度布线的情况下，选择电源层布置在引线层之间作为隔离。

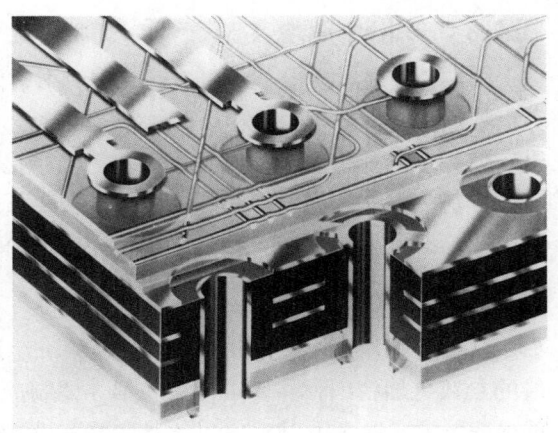

图 10.10　分立线路 PCB 的横截面
（来源：Icon Industries）

分立线路 PCB 的设计将一种特殊的分立线路加入标准 PCB 设计系统，以便生成将引线辊压到介质中的文件（见图 10.10）。分立线路曾为多层线路的制造提供更快的布线方式。目前，这两种技术在原型设计中均能达到快速、低成本要求。然而，对于大批量的生产，多层技术比分立线路更加经济。

10.2.4　混合电路板

这类电路板通常是单面或双面的陶瓷基板，带有一些表面贴装的主动元件和用金属材料印刷的电阻层，通常应用在助听器及其他小型设备中。

10.2.5　挠性电路板

这类电路板通过压合的方式将铜箔层压在挠性基片，如芳纶纤维或聚酰亚胺薄膜上面。其导电层从单层到多层不等。它们通常以扁平电路的方式替换线束，或减小质量，或节省空间。挠性电路一般包含主动和被动元件，广泛应用在摄像机、打印机、磁碟机、航空用电子设备及磁带录像机中。

10.2.6　刚挠结合板

顾名思义，这类线路板是将挠性 PCB 与刚性 PCB 结合在了一起。先制作电路的挠性部分，并用层压工艺包含在刚性部分内。这个工艺避免了电子线束和相关的连接器，通常应用于航空电子设备和移动设备（如笔记本电脑）。一般说来，刚挠结合板比用 PCB 和电缆的组合更昂贵。

10.2.7　背　板

背板是多层 PCB 的特例，含有大量使用压接引脚安装的连接器。另外，背板还给系统分配大量的直流电。这是通过将多个电源层压合在背板里面，并将母线通过螺柱连接在外表面的方式实现的。一些应用要求使用有源元件焊接在其表面，如表面贴装 IC。这样一来，在又大又厚的 PCB 上面焊接细微的零件会大大增加组装的难度。

10.2.8 多芯片模块（MCM）

多芯片模块本质上是一种微型 PCB。小型化是依靠去掉元件实现的，如将 IC 从封装中去掉，然后使用引线键合、倒装芯片、载带自动键合（TAB）或倒装载带自动键合将其直接安装在基板上。使用多芯片模块的动机是小型化、轻量化，或者尽可能把高速元件安装在一起达到更高速度的性能。多芯片模块等同于第 3 级封装，介于封装元件和载体 PCB 之间。所以，这种封装实际上比标准封装更加复杂，成本更高。多芯片模块的封装通常有几种类型。

1. MCM-L，层压型多芯片模块

这种多芯片模块采用非常薄的层压板和金属层，使用的是标准 PCB 制造技术。如孔、盘和线的参数更加精细，并要求使用与半导体制造相同的工具。这是设计、组装和制造多芯片模块的最廉价方式，而用于 PCB 的设计工具和设计方法同样适用于多芯片模块。

2. MCM-C，陶瓷基多芯片模块

陶瓷基板多芯片模块是通过将导体层放置在未经过处理的陶瓷薄膜上，打孔并回填导通孔，叠加各层，最后将其烧制成多层硬陶瓷基片。这是第二便宜的设计、组装和生产多芯片模块的方法。它在 IBM 大型计算机中已经应用了至少 20 年。而用于 PCB 的设计工具和设计方法同样可以应用到此多芯片模块中。

3. MCM-D，薄膜多芯片模块

薄膜多芯片模块是采用薄膜技术，将有机绝缘薄膜材料和金属导体薄膜材料交替沉积到硅、陶瓷或金属基板上。其设计和制造技术与 IC 金属化类似。这种基板的热传导性很好，但是用于支持薄膜多芯片模块的设计和制造方法很有限。

4. MCM-D/C，薄膜 / 烧结多芯片模块

薄膜 / 烧结多芯片模块是将烧结、含有一系列模块布线的多层陶瓷基板、导体和绝缘层结合一起。除了含有每种应用技术的问题外，还存在两种材料体系烧结温度系数不匹配的问题。

5. MCM-Si，硅基板多芯片模块

顾名思义，这种多芯片模块技术始于制造 IC 的硅基板。导体图案采用铝或其他金属在二氧化硅上制作，与 IC 布线模式相同。实际上，IC 和硅基板多芯片模块的设计工具和制造方法相同。

硅基板多芯片模块的一个明显的优势是，其基板材料与 IC 是一样的。因此，它与 IC 能够形成热匹配，在极限高温下也能保证可靠性。

6. 多芯片模块技术总结

多芯片模块封装是被视为能够实现高性能的一种封装方式，与将高速 IC 和元件安装在 PCB 上相比，更能减小尺寸和质量。实际上，高度集成化是一种更加经济的解决方案。除了低容量及一些特殊应用（如航空电子和高性能设备的特殊处理器）外，这种方法已经被很多次证明是正确的。这就好比使用半导体技术的 IC 的集成度越来越高，人们只需观察微处理器性能的发展就会发现这种现象。

高性能产品往往要求 IC 使用不同的处理技术，如模拟和 CMOS，或 ECL 和 CMOS，集成并不代表能替代多芯片模块。这类产品的典型应用有高性能图形产品和视频信号处理设备。

10.3 连接元件的方法

人们已经发明了很多将元件组装在 PCB 上的方法。如何选择及如何组装对产品最后的成本、组装的难易、元件的可用性、测试的难易及再加工的难易有很大的影响。有 5 个基本的元件组装方式：仅通孔插装、通孔插装及单面贴装、仅单面贴装、双面贴装、双面贴装并插装。

10.3.1 仅通孔插装

所有元件的引线通过嵌入 PCB 的孔中，实现与 PCB 的通孔连接。这些元件可以靠波峰焊或将其压入孔内（压接）。组装涉及元件放置和之后的波峰焊操作。这种方法仍然是低成本消费电子行业的主流。

10.3.2 单面贴装并有通孔插装

连接器和 PGA 等元件通过插装技术与 PCB 连接，其他的所有元件使用表面贴装技术。这是组装电子产品行业最常用的方法。组装分两步，首先将所有表面贴装元件放置好，通过焊料回流系统对其进行焊接，然后根据位置插入所有插装元件进行波峰焊。另外，如果数量少，可以对插装进行手工焊接。

10.3.3 单面贴装

将表面贴装元件只安装在 PCB 的一面。组装过程只有一步，即把所有元件放置在正确位置，并通过焊料、回流焊将元件焊接在相应位置。

10.3.4 双面贴装

将元件表面贴装在 PCB 的两面。组装过程分两步，首先将元件放置在一面并对其进行回流焊，接着将其他元件放在另一面并进行回流焊。由于在 PCB 两面的相对位置都安装元件，定位导通孔和测试点时常常会引起冲突，使得这种方式的组装、设计和测试较为复杂。

10.3.5 双面贴装并有通孔插装

顾名思义，表面贴装元件在 PCB 两侧，并使用插装元件（如连接器）。大多数情况下，一面的表面贴装元件是无源的，如旁路电容器和电阻，能够承受波峰焊。组装分为 3 步，首先将表面贴装元件放置在一面，然后对其回流焊；一旦完成，把另一面表面贴装元件黏合在相应位置，嵌入插装元件；对 PCB 进行波峰焊。

由于额外的操作且第二面元件暴露在焊料中，这类组装势必引起许多缺陷。重要的是，在第二步使用波峰焊时，要避免在精细节距处出现桥连。除此之外，IC 等主动元件也会因为过热而损坏。

10.4 元件封装类型

随着时间的推移，元件封装也在迅速发展。在设计过程中，为各个元件选择正确的封装类型是最重要的部分之一。封装类型的选择影响设计、组装、测试和返工，即产品的成本和元件的实用性。

10.4.1 通孔式

这类元件的特点是有引脚或引线部分。这些引线通过 PCB 上钻或冲压形成的镀覆孔焊接在板子的背面。这是电子元件最原始的封装方式。插装元件最主要的优势是，所有元件的引线都在 PCB 上。正因为如此，可自动访问 PCB 的任何层。而且在 PCB 的背面可以见到每个引线，这样测试就很容易进行。随着表面贴装元件的问世，通孔主要用于连接器和插接式连接器件，如 PGA 封装类型的微处理器。

由于可以相对容易与散热器件安装在一起，通孔封装通常首选 IC 及其他散热量大的元件。另外，为插装元件提供插座更加容易。如此一来，需要给系统升级时，就简化了改动可编程器件和微处理器的任务。

注意：通孔封装的集成电路由于被等效的表面贴装所取代，因而变得更难购买，因此在新设计中应该予以避免，除非用于设计的元件在产品寿命期内供应充足。

10.4.2 表面贴装

这种类型的封装是包括连接器在内的各种类型电子元件封装的主流趋势。主要特点是，所有元件引线与 PCB 或基板的连接，都是与 PCB 表面的焊盘进行搭接。这样做既有优势，也有劣势。就优势来说，由于没有孔贯穿 PCB，所以内层及反面的布线空间不会占用元件引线孔。正因为如此，与通孔布线相比，可以用较少的布线层。另一个较大的好处就是，表面贴装元件总是比通孔元件体积小，这样可以在特定的面积上放置尽可能多的元件。

表面贴装元件的主要缺点是，没有可以很容易地与仪器探头连接的引线，以及不能从反面通过引线进行生产测试。为了生产测试，需要在背面的网络增加测试焊盘。同时，也需要非常昂贵、复杂的适配器，提供与处理器及其他复杂元件连接的引线，以便进行诊断工作时测试其输入和输出。

表面贴装元件的另一个缺点来源于它们的小体积。比起插装，表面贴装更难散热。在一些案例中，如高性能处理器，IC 产生的热量太高，以至于其在 SMT 封装中不能很好地散热。

10.4.3 细节距

细节距是表面贴装元件，它的特点是引线节距低于 0.65mm（25mil），通常应用于引线数量大（160 以上）的 ASIC 或具有极端小型化需求的 PCM-CIA（个人计算机存储卡行业协会）卡、手机和其他小的高性能产品上面。要想成功测试、组装和返工这些 PCB 上的细节距元件，在 PCB 制造过程中形成精确的图形，和通过焊接连接细节距元件的引线都格外困难。在运行良好的表面贴装组装线上，大部分生产的缺陷来源于细节距元件，主要源于缺乏共面引线、引线弯曲、焊点焊料不足、引线与 PCB 焊盘不能对准。

要想成功使用细节距元件制造，需要 PCB 设计者、制造者、元件制造商和 PCB 组装、测试人员之间非常紧密地合作，还需要专业的组装、测试和返工设备。设计往往是通过所有工程技术人员召开一系列会议，制订一套规范、工艺、设备、工具和元件来实现。这些会议往往在产品开发阶段就已经开始，并一直持续到图形规格确定和生产工艺稳定阶段。

10.4.4 压　接

压接是插装技术的一个特殊组成部分。元件通过特意设计的引脚和 PCB 上的通孔压合连接。压接技术主要应用于将连接器连接到背板上。这样做的原因是，早期的背板使用引线将信号连接至连接器的插针，从而延伸到背板的背面。将连接器的插针焊接到背板并非不可能，但是非常困难。解决办法就是压接。

压接背板的成功组装依赖于设计尺寸足够小的孔与引线进行紧密连接，并且确保这个孔足够大，避免引线造成孔破裂。

注意：对背板进行热风焊料整平会导致孔的直径不合格。这种不合格基本会导致插入后造成孔损伤。务必在压接背板的制造图上备注清楚：禁止用热风焊料整平。

10.4.5 载带自动键合

载带自动键合（TAB），是一种将裸露的 IC 与 PCB 键合在一起的技术。它使用了一个超小型的直接连接到 IC 键合焊盘的引线框架，向四周展开一个很大的节距，并且连接到 PCB 焊盘。在组装之前，先将 IC 嵌入 TAB 引脚框架并形成带状，再将其卷起来。载带自动键合主要应用于传呼机和便携式电话这些产品的大批量生产，并且可将 TAB 部分自动连接至基板。

10.4.6 倒装芯片

倒装芯片技术包括将在 IC 的键合焊盘上电镀出金属柱，然后翻转过来，将它们按匹配图形连接到基板。基板是最常见的硅和精密陶瓷。由此可以看出，这是一种很专业的封装方法。为了成功，必须有足够的电镀好金属柱的测试合格的裸芯片。这种办法仅应用于非常高性能的超级计算机，如特殊应用的 IC 或手机。

10.4.7 BGA 封装

BGA 是将引脚阵列和表面贴装综合在一起的应用。将高引线数的裸芯片贴装在由陶瓷或有机材料制成的多层基板上。裸芯片与基板用引线键合技术连接，并用环氧树脂或其他壳体进行封装。基板的最底层包括一排高熔点锡球，用来连接穿过多层基板的引线键合焊盘。这些锡球与 PCB 上焊盘的排列位置匹配，用同其他贴装元件相同的方法进行回流焊（见图 10.11）。

BGA 封装技术引人注目的地方在于，它是高引线数、细节距表面贴装 IC 组装的一种替代方法。正如之前提到的，组装高引线数、细节距的 SMT 元件很困难，主要归结于元件引线易碎的本质。而 BGA 是一种在元件级测试和组装过程中更稳健的封装技术。

正如大多数技术一样，BGA 也有一些劣势。

（1）焊点隐藏，因而检查它们需要 X 射线。

（2）不能对焊点返工，所以焊接工艺必须具备非

图 10.11　典型的 BGA 封装
（来源：Icon Industries）

常高的一次通过率。

（3）拆掉元件需要特殊的工具。

（4）PCB 表面图形是一系列需要通过导通孔连接的焊盘，阻碍了快速布线。

与细节距 SMT 封装相比，所有的元件引线集中在一个更小的范围。在这个集中区域有许多导通孔从布线中穿过，从而使 BGA PCB 会比 SMT PCB 有更多的布线层。

（5）BGA 封装比细节距 SMT 昂贵。

10.4.8　裸芯片烧结

顾名思义，这种组装方法是将裸芯片使用黏合剂或回流焊工艺烧结在基板上，再使用引线键合技术连接基板与 PCB 焊盘。几乎所有的数字手表和许多其他类似消费类产品都使用此组装技术。如果在大批量生产中仅使用单芯片烧结技术，其成本是很有优势的。

10.5　材料的选择

电子电路封装所用的材料可分为三大类：增强型有机物、非增强型有机物和无机物。这些主要应用于刚性、挠性 PCB，微波 / 射频（RF）PCB 和多芯片模块。以下是 PCB 设计中的可用材料及其基本性能。详细数据见本手册第 3 章和第 5 章，主要有介质损耗、热膨胀系数、玻璃化转变温度及其他电气性能。

IPC 发布了一系列综合标准，详细列出 PCB 制造中所有类型层压板、树脂、金属箔、增强布的性能及工艺。这些标准从 IPC-L-108B 一直到 IPC-CF-152。建议将适用的标准副本附在项目的开始部分，以确保对设计中用到的所有材料的重要性能都有一个透彻的了解。

表 10.3　一些常用 PCB 材料的性能

	T_g/℃	e_r	tan δ	DBV/（V/mil）	WA/%
标准 FR-4 环氧	125	4.1	0.02	1100	0.14
多官能团环氧	145	4.1	0.022	1050	0.13
四官能团环氧	150	4.1	0.022	1050	0.13
BT/ 环氧	185	4.1	0.013	1350	0.20
氰酸酯	245	3.8	0.005	800	0.70
聚酰亚胺	285	4.1	0.015	1200	0.43
四氟乙烯	N.A.	2.2	0.0002	450	0.01

注：除聚四氟乙烯，其他均为 E 玻璃增强。

对 PCB 制造很重要的性能见表 10.3。

（1）T_g，玻璃化转变温度。在这个温度点，树脂的热膨胀系数从缓慢变化的速率急剧上升到快速变化速率。高 T_g 值对很厚的 PCB 很重要，这意味着板子可以有效地防止焊接工艺中出现孔铜断裂或焊盘断裂。

（2）热膨胀系数（CTE）。SMT 组装工艺比典型通孔工艺的印制电路组装承受更多的温度冲击。同时，引线密度的增加使得设计者使用越来越多的层数，使板材更容易受到材料的热膨胀系数的影响。材料在 Z 轴上的热膨胀系数会使镀覆孔产生应力，引发可靠性问题。图 10.12 显示了各种典型印制电路层压板材料的 Z 轴膨胀情况。

（3）相对介电常数 e_r：衡量电介质对传输线和周围结构之间的电容的影响。这种电容对阻抗的影响，就像对射频模型中信号在信号线中传送速度的影响（见图 10.3 和图 10.4）。e_r 值升高会导致阻抗值变低、电容值升高及信号速率降低。

（4）损耗角正切、$\tan\delta$ 或耗散因子：衡量绝缘材料从电磁场中穿过时对交流能量吸收的趋势。虽然对逻辑应用不重要，但是低损耗角正切对射频应用很重要。

（5）电气强度或介质击穿电压（DBV）：单位厚度绝缘体所能承受的电压，在该电压下电弧可能会穿过绝缘体。

（6）吸水率因子 WA：相对湿度较高的环境中，绝缘材料会吸收水分，表现为占总质量的百分比。增加的水分使相对介电常数增加，并降低 DBV 值。

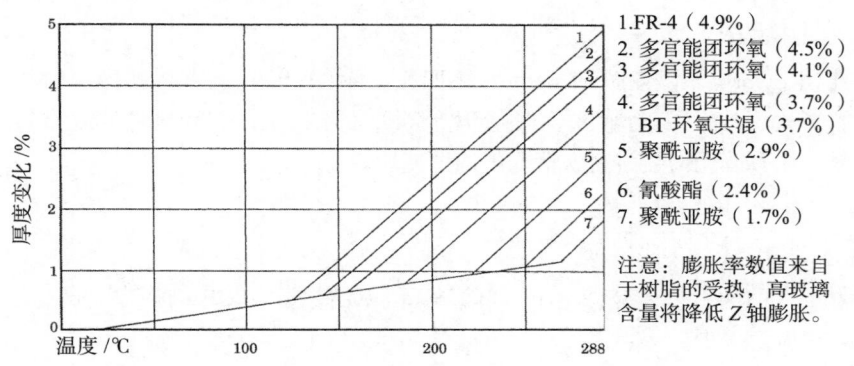

图 10.12　典型的 Z 轴膨胀热机械分析（来源：Nelco International Corp.）

10.5.1　增强材料

PCB 的主要增强材料是玻璃布。玻璃布由石英纤维制成。这种材料较普通玻璃的介电常数低，但成本较昂贵，且钻孔较难。芳纶是一种替代增强材料，可使介电常数变小，且材料质量减小，但也存在成本高和工艺难度大的问题。

PCB 最初的增强材料是某种形式的纸或纸板。在需要尽可能低成本及性能非主要考虑因素的场合，仍然使用浸树脂的纸作为增强材料。

10.5.2　聚酰亚胺树脂体系

基于聚酰亚胺树脂体系的层压板，是应用在特殊场合的主力，如必须在较高温度下工作、组装或维修的电子产品。常见的应用包括井下钻井的设备、航空电子、导弹、超级计算机，以及具有非常高层数的 PCB。聚酰亚胺的主要优点是，它能够承受高温。它具有与环氧树脂体系大致相同的介电常数，但其制造比较困难，比 FR-4 更加昂贵、更易吸收水分。

10.5.3　环氧树脂体系

基于环氧树脂体系的层压板，几乎是所有消费和商用电子产品的主力。这类层压板有几种变化形式，每种形式都能满足一种特定需求。其中有标准 FR-4、多官能团环氧树脂、双官能团环氧树脂、四官能团环氧树脂、BT 或双马来酰亚胺三嗪混合物。这些全部被开发用来满足具有较高 T_g 的需求。多官能团环氧树脂是最常用的形式。

10.5.4 氰酸酯体系

基于氰酸酯的树脂体系是近年来新出现的高性能树脂体系类型，具有比 FR-4 共混树脂更优越的工艺特性，同时有较高的 T_g 值。

10.5.5 陶 瓷

各种各样的陶瓷或氧化铝基板材料已被开发并用于混合动力汽车和多芯片模块领域。这些材料具有专门的制造工艺，已超过本手册的范围。若读者需要这方面的信息，建议与陶瓷材料的主要制造商联系。

10.5.6 特殊层压板

芳纶纤维（Kevlar）、聚酰亚胺（Kapton）、聚四氟乙烯（Teflon）等是为特殊应用而开发的材料。前两个是薄膜形式，常常用于挠性电路的基片。聚四氟乙烯是微波和射频电路的主要介质材料。所有这些材料，在有或无增强材料的情况下均可使用。

10.5.7 埋入式元件材料

已经开发了专门的材料，允许电阻、电容等无源元件埋入 PCB 结构内。这些材料大多数有专利限制，且供应商很少。

1. 埋入式电阻

将很薄的镍或其他金属电镀到铜箔层，并将此铜箔的电镀面与 FR-4 或其他基板压合。在铜箔上面开一个小口，露出底部的镍电阻层，这样就在电阻材料上形成了一个具有相应阻值的电阻。电阻与铜箔层通过蚀刻形成的焊盘相连，对这些焊盘进行钻孔、电镀，从而形成连接（见图 10.13）。

电阻材料的方阻为 25 ~ 100Ω。埋入式电阻主要用作类似 ECL 传输线的终端电阻器，或者为照相机、便携式录音机和 CD 播放器的挠性电路提供阻值。实际应用阻值范围是 10 ~ 1000Ω。

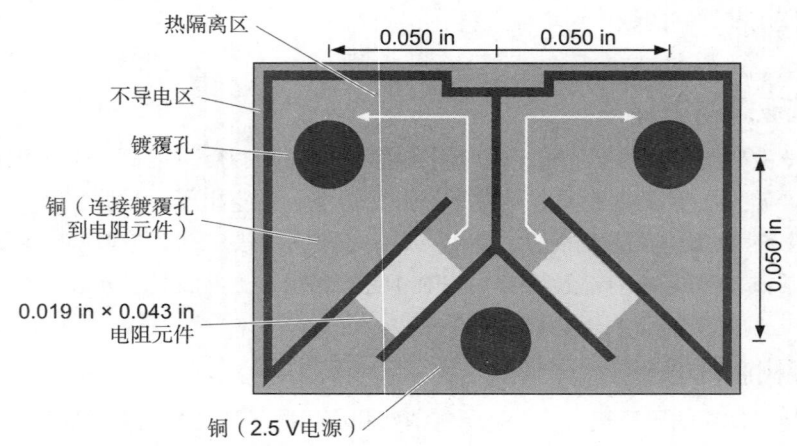

图 10.13　两处亮的对角线图形为 ELC 传输线终端电阻器，由 VTT 电源层上镍电阻层上的铜蚀刻而成。电阻器的一端通过导通孔连接到器件端子，另一端则直接连接到 2.5V 电源层（来源：Ohmega Industries）

2. 埋入式电容

通过非常薄的介质层（0.4~2.0mil）使两个铜层尽量靠近来形成。主要是促使两个电源层之间产生更高质量、更高频的电容。这样做确实产生了高质量的电容，但是为了产生这样的电容值，需要在 PCB 中增加额外的两层，往往使得成本较高（见图 10.14）。

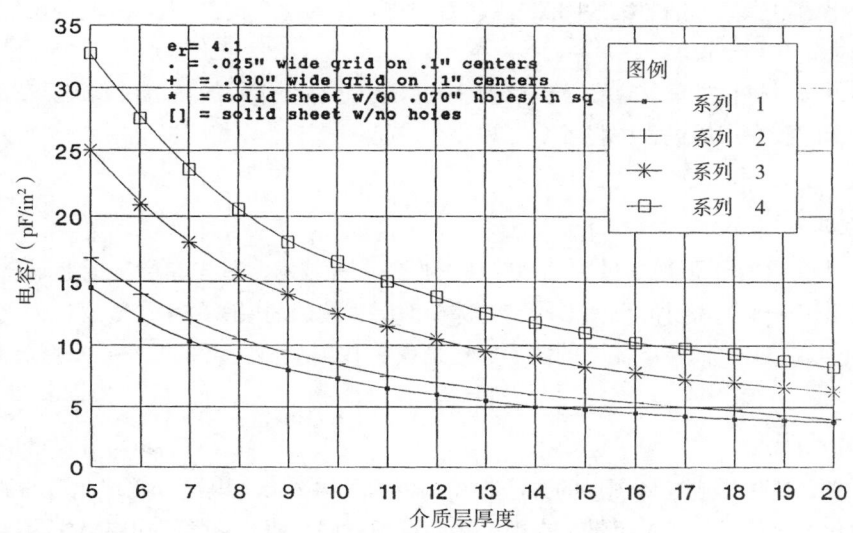

图 10.14　单位面积电容值与介质层厚度的关系

10.6　制造方法

为了满足电子行业的需求，现已开发了很多种制造方法。下面简要总结每种方法，主要是为了让读者了解它们的优缺点和可能的应用。

10.6.1　冲压成型

冲压成型应用于低成本、单面 PCB 的制作，如一些消费类电子产品中。这个过程包括线路图形的印制和蚀刻，通常采用纸纤维增强环氧树脂板。所有的孔通过冲模一次冲压完成。PCB 轮廓在第二个冲模形成，从大板中"冲裁"出来。

通常情况下，单一尺寸的生产板中会包含几块 PCB。当一块 PCB 从生产板冲压出来后，它会被反冲到空孔上面并依靠 PCB 边缘的咬合来固定。组装和测试后，就完成了生产板到 PCB 的过程。这就是所谓的"切板"，降低了整体制造成本。

10.6.2　卷对卷成型

卷对卷成型是制作大量挠性电路的工艺，是制造挠性电路的最低成本方法。然而，它需要大量的模具，所以只适用于大批量的产品。这种方法制造的 PCB，用于打印头连接、磁盘驱动器磁头连接、摄像机和摄录一体机中的电路。PCB 可为单面或双面。

卷对卷成型与报纸印制类似，一大卷覆铜箔层压板经过一个连续操作过程：从印制导体图形开始，蚀刻、成孔、测试并从卷中切断。这个过程也包括在绝缘层和导体表面压合覆盖膜。

10.6.3 层　压

　　制作两层以上的 PCB 需要使用层压工艺。首先将内层的导体图形蚀刻在称为"芯板"的层压板上。其次，这些芯板随后被粘结片分隔，并按照"配本"的堆叠方式将粘结片层放置在顶层和底层，然后将箔片放置在外面。将叠层放入热压机中，加热该组合物使粘结片树脂达到液化状态。液化的树脂流入铜图案的间隙，冷却后制成固化的生产板。一旦冷却，与两层 PCB 类似，生产板被送去钻孔和电镀。

　　请注意，一些材料，如聚酰亚胺，没有在层压过程中起黏合作用的粘结片形式。在这些情况下，必须使用特殊的胶在层压过程中将各个层黏合在一起。

10.6.4 减成法

　　减成法是在 PCB 上形成导体和其他导体图形的一种技术，首先在层压板上压合一整片的铜箔。抗蚀剂层用来遮挡需要的铜图形。带有保护涂层（抗蚀剂层）的生产板通过蚀刻机，从而蚀掉（减去）不需要的铜，而留下需要的图形。这是现在 PCB 行业主导的几乎唯一普遍使用的方法。

10.6.5 加成法

　　顾名思义，这种形成导体图形的方法是在裸板的导体图形上电镀。实现此目的的方法是：对化学沉铜敏化的部位进行化学沉铜，在整个表面沉积一层很薄的化学沉铜层，作为导电路径，随后再对整个部分进行镀厚。

　　加成法被看作是一种在 PCB 制造中可以减少一定量化学药品的方法，事实也确实如此。

10.6.6 分立线路

　　分立线路是将圆金属丝轧制在软绝缘材料上（绝缘材料涂敷到电源层核心的外面），形成布线层的方法。这种方法常被称为多线，只有极少数厂家采用，与传统多层处理相比只占极小的优势。更全面的描述见 10.2.3 节。

10.7　选择封装类型和制造商

　　完成一个成功设计的关键是选择 PCB 材料、元件安装技术，以及达到产品设计要求的同时尽可能低成本的制造方法。在制造过程中需要决定，是把产品封装在一个大的 PCB 上，还是几个较小的 PCB 上；是将元件放在外面并减小层数，还是增加层数使元件更加紧密从而设计一个较小的 PCB；是否将一些元件封装成多芯片模块，然后安装在 PCB 上，以及其他因素。

　　这种实现全部封装的决策过程，往往由主流制造商和组装厂完成。如果不这样做，就会由于缺乏有竞争力的供应商体系，而导致价格过高且交货时间过长。极端情况下，一些使用特殊材料体系的，有可能少至只有一家供应商。在一个有很大价格压力的市场中，如磁盘驱动器和个人计算机市场，将 PCB 制造的设计决定权交给境外制造商是很有必要的，否则会使产品在竞争中处于劣势。

10.7.1 权衡层数与面积

PCB 裸板的成本通常是影响组件总成本的重要因素。随着 PCB 层数的增加，成本也会增加。一个标准的做法是将元件移出，为布线腾出空间，以避免增加额外的布线层。正如预期的那样，会达到这样一个点，即设计尺寸逐渐变大的 PCB 到一个较多层数的较小尺寸 PCB 成为更经济的解决方案。而确定这个转效点，就需要 PCB 制造工艺的相关知识。

例如：有 6 层甚至更多层的多层 PCB，常常使用四槽定位层压制成标准 18in×24in 的生产板。许多 4 层 PCB 在海外使用叠合层压的方式来生产，生产板尺寸为 36in×48in（是"标准"生产板的 4 倍）。单块 PCB 的定价基于标准生产板有多少块 PCB。因此，设计人员需要考虑完成后的 PCB 尺寸（如果尺寸是可以商议的）。

每块生产板价格的定价基础需要考虑：使用的基材类型、层数（刚性和挠性）、最小导通孔孔径、线宽与间距、阻焊印刷的面、内外层铜厚、厚度精度要求、阻抗要求、孔铜厚度、孔的数量、表面处理、生产交期、生产数量、成品尺寸等。

由于 PCB 的制造基于标准生产板，因而每块 PCB 的成本受生产板的利用率及报废的生产板数量的影响。显然，生产板利用率越高，每块 PCB 的平均成本就会越低。当选择每块 PCB 的尺寸和形状因素时，为了减少材料的浪费，应该注意在每块标准生产板中可以放下多少块 PCB。

10.7.2 一种 PCB 与多种 PCB

一种使单块 PCB 层数减小的方法是，将电路分为更小、更简单的几块 PCB。这样做有隐藏的成本。隐藏的成本分散在几个部分，包括从设计活动到制造、销售和服务机构的各个环节。成本与处理多个组件存在较大的关系，如管理多个设计及文档、采购管理、库存管理、多个组件的测试和互连。在大部分情况下，这些成本超过了那些可能由多个组件节省下来的部分。

第11章
PCB 设计流程

Lee W. Ritchey
美国加利福尼亚州圣克拉拉，3Com 公司

柳 珩 编译
上海柯金电子科技有限公司

11.1 设计目标

PCB 设计流程的目标，是完成一个 PCB，包括其所有的有源电路，在元件值的正常变化、元件速率、材料公差、温度范围、电源电压范围、不同制造公差等条件下均能正常工作；同时可以生成裸 PCB 和组装后 PCB 制作、组装、测试及故障排除的所有文件与数据。做不到上述的任何部分，均会造成 PCB 制造商和组装厂终端用户的额外良率损失、过高的制造成本，以及不稳定的性能。

为了实现该目标，需要仔细针对最终产品量身定制设计流程，选择具备控制和分析工具的设计工具，并选择一个与之匹配的材料和元件体系。

随着电子系统的复杂化、小型化和集中化的发展趋势，PCB 的设计目标，已经从完成系统功能晋级为更优化设计。例如，在通信设备的 PCB 中，如何实现基站等设备的小型化、轻量化等实际应用要求；同时，随着芯片技术的不断升级换代，如何使得 PCB 这一信号的高速公路和芯片这样的信号源，更有效地配合，也成为对 PCB 设计工程师的挑战。在完成 PCB 的设计之后，如何解决基站内部的散热问题、电磁屏蔽（EMI）问题、PCBA 和机壳材料的相关问题也逐步纳入 PCB 设计工程师的考评范围。因此，现代的 PCB 设计目的，可以说已经从 PCB 电路本身，扩大到诸多系统和实际的应用。

11.2 设计流程

图 11.1 是一个完整的 PCB 设计主要步骤流程图，起始于最终产品的标准设定，然后通过归档或存储设计数据库的形式，允许后续的设计修改或更新必要的文档来支持持续的生产。这一基本流程利用了所有基于计算机的已经开发的确保"一次成功"的设计工具，适用于模拟和数字 PCB。而这二者的设计区别，如第 10 章所述，是由两种类型电路的复杂性带来的。

从 PCB 的设计而言，模拟电路和数字电路在很多方面有显著区别。就模拟和数字两者比较而言：从频率上，模拟是低频信号，数字是高频信号；从功率上，模拟相对是大功率，数字是小功率；从电流上，模拟是大电流，数字是小电流。由于这些不同，在电路的散热、电磁屏蔽等各个方面，这两部分的设计也都有各自的特色。

普通的 PCB 电路设计中，模拟和数字部分基本是分开设计的，随着电子设备小型化的趋势，目前的设计大多会将这两部分统一考虑，在实际的 PCB 中也有融合的趋势。例如，在移动通信基站的 PCB 设计中，目前的小型化、轻量化设计趋势，已经使得数字和模拟电路部分进行了融合，在 PCB 中也体现为多功能区在同一 PCB 中完成。

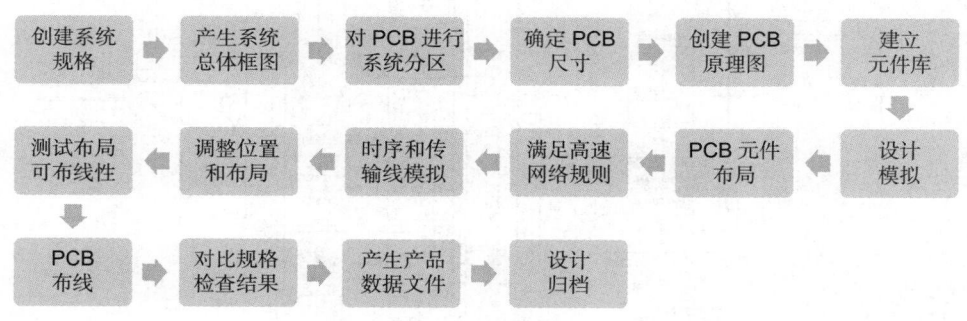

图 11.1　PCB 设计步骤

11.2.1　系统规格

在进行新项目时，设计团队要建立一套完整的系统规格。该规格由一份表格组成，包括设计执行的功能、运行的条件、成本目标、开发时间表、开发费用、维修协议、采用的技术、尺寸质量，以及其他相应的需求。每一项指标都需要一个粗略的定义，以便在开始时选择合适的材料、工具及设备。例如，设计一款便携式计算机，要求质量在 5lb 以内、可以放入手提箱、电池供电可工作 4h、平均无故障工作时间（MTBF）在 200 000h 以上、成本在 1000 美元以内、8GB 内存、240GB 以上硬盘、Windows 兼容系统。这些在新项目中都尤为重要。

现在的电路系统越来越复杂，各部门、各功能设计人员分工合作已经成为普遍现象。这使得系统规格的重要性越来越突出。在统一的规格中，各子功能设计人员遵循一致的格式和规范，才能在系统整合时实现效率化和灵活性的统一结合。从而降低设计返工率，保证团队的设计效率。

11.2.2　系统总体框图

一旦系统规格确定，就可以创建主要功能框图，用来指示系统的分段和它们之间的功能连接或关系。图 11.2 是一个分段的实例。

在目前的 PCB 设计中，如前所述，模块化设计是比较普遍的方法。由于对模拟和数字电路，以及低频和高频信号的设计方法不同，模块化设计可以使各个工程师集中于自己最擅长的领域，从而保证整体设计进程。

11.2.3　对 PCB 进行系统分区

当明确了系统的主要功能和实现的技术，电路板的设计会细分为 PCB 组装、必须工作在一个 PCB 上的各个分组功能等。通常，分区是由数据总线来协调统一的，具体通过各个子板插入高速背板完成。在个人计算机中，很多小模块如内存、显示驱动、硬盘控制、PC 卡（PCMCIA），都是通过插入母板实现的。

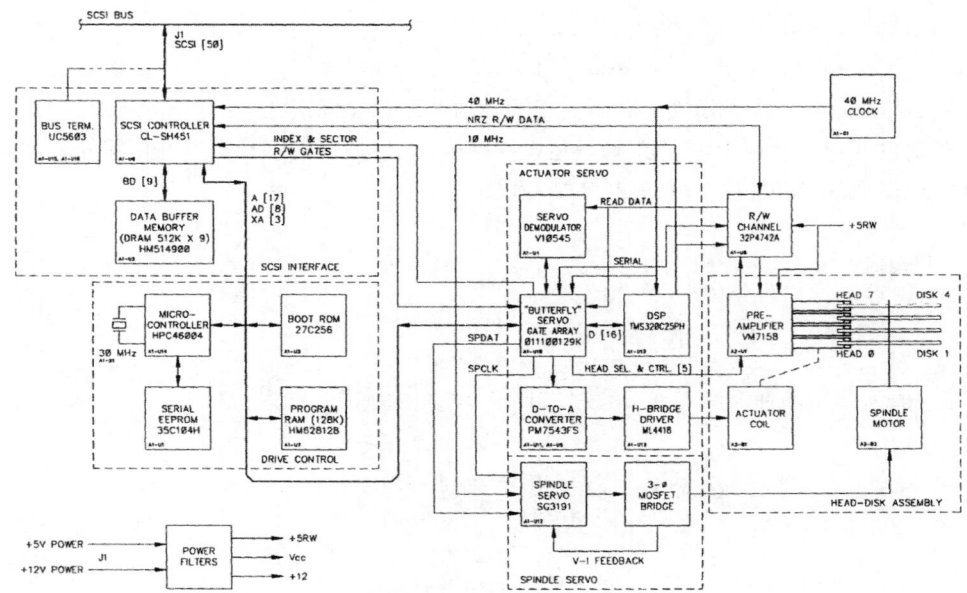

图 11.2 一个数字设备（硬盘驱动）的组件级框图。虚线代表整个 PCBA 产品的初始分区，
和预期的接口（连接器）需求

  比较具体的应用是在移动通信和数字通信机柜方面，在设备的背面是高速背板，也称之为高速母板，各个功能模块插入插槽中，在背后的母板上实现互连。即使是单个单元出现故障，也不会影响系统的运行。同时，当通信基站需要扩容时，可以通过增加收发信单元等方式，实现子系统的扩容和增容。

11.2.4　确定 PCB 尺寸

  随着 PCB 线路设计思路和技术的确定，每块 PCB 的面积和尺寸就要确定下来。通常，PCB尺寸由最终用途决定。例如，基于 VME 或多总线技术的系统，PCB 尺寸是有标准的。在这种情况下，系统的分区、元件的封装技术等均需满足该标准 PCB 尺寸。

  PCB 的最终成本，往往体现在层数及符合标准生产板尺寸的拼版数量。一般 PCB 生产板长18in、宽 24in，而可用面积长 16.5in、宽 22.5in。最大可能地使用原材料标准面积，能得到理想的成本效益（见表 10.4）。

  在实际的 PCB 生产环节，考虑到材料成本和加工成本，以及工艺要求，往往需要在 PCB 的设计环节就对最终 PCB 的尺寸进行综合考量，如采取 PCB 的多项目拼板等灵活方法，可以节约成品的成本。

11.2.5　创建 PCB 原理图

  一旦系统功能、分区、技术已经明确，就可以生成原理图和元件的详细链接了。原理图和框图设计通常由 CAE（计算机辅助工程）系统完成。该系统容许工程师在 LED 屏幕或终端进行设计。后续设计步骤的所有数据都是通过 CAE 系统从原理图产生的。

  随着 CAE 软件功能的不断完善，目前在 PCB 设计的基础上，CAE 还有模拟、仿真等功能模块。这样就大大简化了设计人员的设计强度和系统调试成本。有些 CAE 还可以对整个系统进行热仿真和 EMI 仿真等，这无疑可以使设计工作更加有效和合理，也方便 PCB 设计工作和系统设计工作的衔接和优化。

11.2.6 建立元件库

PCB 设计流程中的这些工具必须提供每个元件各种各样的信息，以便完成每个步骤。这些信息将进入一个库或一套库，每个元件都有一个条目。其中所需的信息包括：

- 元件封装类型，如通孔、QFP、DIP、BGA、CSP
- 元件尺寸、引线间隔、引线尺寸、引线编号模式
- 各引线执行的功能，如输出、输入、电源
- 各引线电气特性，如电容、输出电感

建立元件库的意义，尤其在较大 PCB 设计工作中尤为突出。一方面，可以精简采购供应链，简化常规物料的备货流程，避免个别元件的短缺造成的最终交货延期；另外一方面，设计工程师在元件库中集中选料，可以方便各开发部门分工协作，也保证了所选元件是市场主流产品。

随着微电子和材料科学的日新月异，建立元件库的另外一个意义，在于保证了最终产品所选元件的技术更新，使得更多新技术和新元件可以应用于最终产品。

11.2.7 设计模拟

为了确保设计在预期范围的条件能实现预期功能，某种形式的验证环节必不可少。这些情况可能包括：元件值的精度、元件速率范围、工作和存储温度范围、冲击与振动条件、湿度范围、电压范围。就经验而言，在制作电路试验板与原型板时就要对它们进行严格的测试。随着系统及操作软件越来越复杂，该部分往往不能完全涵盖所有需求。为了解决该问题，已经开发出来的模拟器允许计算机进行功能模拟，而不用实际生产出来。这些模拟器使更快速的测试成为可能，并且比电路试验板或原型板更严格、更全面。

在实际的硬件生产之前，通过模拟器检测的缺陷，在模拟模型上就可以轻易纠正和重新运行测试。

目前，工程师可以选择主流的计算机辅助软件，完成大部分电路的模拟工作。在电路基本功能的基础上，通过计算机软件可以模拟包括散热（Thermal）、电磁屏蔽（EMI）、材料导热效果等多种设计中需要考虑的因素。有些功能强大的计算机软件系统，还可以提供到设备机柜级别的设计优化、材料推荐等功能，这无疑会大大增强设计效率和正确性。

11.2.8 PCB 元件布局

在成功完成逻辑和总时序仿真之后，实际的实体布局就开始了。首先要把设计的元件布局到 PCB 相应逻辑功能分组图形的表面。做完这些后，各组位于 PCB 表面相邻元件的功能就相互作用，发热的元件被适当散热，元件与外界的接口靠近连接器等。该步骤可由设计者人工通过基于图形的工具或由 PCB 的 CAD 系统自动完成。

在元件布局部分，对工程师而言，散热和电磁屏蔽（EMI）往往是设计中必须要考虑的要素。对于散热，由于很多有源芯片的功率越来越高，而 PCB 的设计小型化，使得系统的散热成为一个重要的因素。如果芯片和 PCB 长时间工作在高温下，对电路的稳定性和芯片的效率等都有很多不利影响。除了可以应用导热材料外，在 PCB 设计中就能降低热源的温度，往往更能有效的

解决这一问题。

电磁屏蔽（EMI）的要求，也随着很多系统工作频段的逐步提高而纳入工程师的视野。很多高频元件对于电磁信号比较敏感，电磁干扰对整个系统，特别是射频电路的工作稳定性是至关重要的。近几年来，电磁屏蔽的要求在高频电路系统中也成为一个热点。

11.2.9 满足高速网络规则

很多逻辑电路都有足够快的上升与下降时间和足够短的传播延迟，承受诸如耦合和反射的高速问题。为了确保这些高速效果不产生故障，必须对负载、终端及驱动之间的连接进行合理安排，以便控制高速信号。网络中的这部分节点或点被称作排序或调度。一旦元件添加到 PCB 表面，每个网络上的所有节点的空间布局就确定了。这时，可以确定驱动如何连接负载与终端来完成传输线功能，确保不会产生不当的毛刺，并且终端在网络的末端。

例如，在现代通信系统中，高速数据背板的设计中，就对总线的时钟信号有严格的要求。随着系统主频的升高，电路中信号的上升和下降必须高速和精准。而任何诸如干扰的毛刺信号等，对于数字电路 0 与 1 的阈值判断都会有直接的影响。这一潜在的影响，在低频信号不明显，而在高频信号中对系统的稳定性却是至关重要的。

11.2.10 模拟时序和传输线的影响

完成元件的布局与每个网络节点的排序后，就有可能估计每个网络的长度和特性。因为网络中每个点的 X-Y 位置、连接顺序是已知的，而实际必须在 X 或 Y 方向的布线也是已知的。这个长度信息可以用于对每个网络的高速开关特性建模、预测过度的噪声和反射的存在、估算信号经过每个传输线的时长。所有这些都在实际布线或 PCB 创建之前完成。

该模拟步骤使得在布线之前检测出潜在的故障信号和采取措施解决问题成为可能，且花费在设计上的时间仍然不大的时候。

对于噪声问题，可以分为两方面：有系统本身产生的噪声，这部分包含热噪声、信号噪声等，其特点是电路系统与生俱来的特性。信号和噪声是相辅相成的，而优秀的电路设计可以提高信噪比，降低热噪声。

另外一部分是干扰噪声，这部分往往是从外部的噪声源带来的。尤其在某些敏感的电路中，工程师需要设计防干扰噪声的保护电路，或者保护附件，从而避免外界部分对敏感电路的噪声干扰。

11.2.11 调整时序与布局

如果在 11.2.10 节的模拟部分反映出过多的时间延迟和反射问题，布局可能需要进行调整，移动关键元件使之联系更紧密，或在网络上添加终端来适配多反射系统。通过这样的模拟和调整，可以保证设计满足"一次成功"的目标，而这对高性能设计尤为重要。

这一问题在高频数字电路中经常出现，尤其是主频已经在 GHz 以上，而电路板的物理尺寸较大时。优秀的电路设计可以看到采用耦合补偿等方法来优化时序，从而保证该信号的全局完整性和实时性。

11.2.12　测试布局的可布线性

此时，已经完成的足够的分析使我们知道是否可以正常布线。然而，由于成本的因素，不可能在每个信号层都进行布线。大多数 CAD 系统工具，如布线分析仪，可以帮助设计者确定信号层设计是否合理。如果不合理，布线分析仪会给出如何修改元件位置，以达到成功布线的建议。一旦布局进行了调整，就必须重复时序和传输线的模拟步骤，以确保设计目标都能达成。

这部分功能一部分由设计工程师的经验来完成，一部分也由使用的设计软件来辅助完成。近年来，电路的优化功能在计算机优化布线方面已经有了长足的进步。另外，在多层混压线路板、数字 / 模拟整体布板方面，这部分工作就更加重要。

11.2.13　PCB 布线

该步骤涉及对所有信号层的铜传输线，依照间距和长度规则连接并进行合理调整。它通常包含对特殊信号的手工布线，和其余部分的自动布线。

由于目前计算机辅助设计软件的功能逐步完善，在布线后就可以进行诸如信号完整性等各方面的模拟仿真，从而保证了设计的正确性和高效性。

在 PCB 布线中，建议在项目设计的开始，就确定一个布线总则。这样设定总则的好处如下。

（1）如果是单独部分设计，可以保证部门内部设计的一致性，新的设计成员和已有设计成员均按照统一的原则进行布线，保证复杂电路多单元的设计一致性。

（2）如果是跨区域、跨部门设计，确定了总则后，在最后电路设计合并时可以避免设计返工，保证各个部门的设计标准一致。

（3）当系统设计完成后，方便进行预检和排错，在已经确定优化或修正的电路部分完成后，可以快速和系统设计进行联调。

11.2.14　检查布线结果

在所有信号层的布线完成后，实际的传输线形状和长度就已经确定了，也包括哪些板层已经被布线，哪些网络是相邻的。为确保达到设计目标，这些物理数据可以加载到时序和传输线分析模块做最后的检查。任何检测出的异常，在需要的情况下，均可由手工重新布线、修复。一旦这套检查完成后又进行了任何调整，最终的布线结果要参考原理图的网表进行核对，以确保没有差异。最后对 Gerber 数据进行检查，以确保线宽和线距规则得到遵守、任何焊盘上都没有阻焊和字符，以及传输线和其他图形必须被阻焊保护而不能有焊料。

随着计算机辅助设计的不断进步，目前很多 PCB 布线软件均提供优化和排错功能。对于设计工程师，可以在完成设计后，在各个单元内先进行预检和优化，避免在系统布线工作完成后，再去定位单元内的错误所引发的系统功能无法实现。通过多年的设计经验，我们发现这部分工作在多部门协调设计中尤为重要。完成各设计单元的预检，可以大大降低系统整体排错的时间和设计成本。

11.2.15　生成制造文件

该部分包括产生光绘文件、拾取和放置文件、裸板与成品板测试文件、图纸和实际制造的材料清单。典型的列表可参阅表 11.1 和表 11.2。

表 11.1 发送给 PCB 制造商的典型设计文件集

文件名称	文件内容	参考译文
BBBBpCCC[①].arc	Arc file of Gerber files containing:	Gerber 压缩文件包括:
applist.p	List of photoplot apertures for artwork	照相底图文件光绘光圈表
ly1 thru lyx.ger	Gerber photoplot data for x PCB layers	PCB 第 x 层 Gerber 光绘数据
topmsk.ger	Gerber photoplot data for top solder mask	顶层阻焊 Gerber 光绘数据
botmsk.ger	Gerber photoplot data for bottom solder mask	底层阻焊 Gerber 光绘数据
topslk.ger	Gerber photoplot data for top silk screen	顶层丝印 Gerber 光绘数据
botslk.ger	Gerber photoplot data for bottom silk screen	底层丝印 Gerber 光绘数据
pc_356.out	IPC 356 data for blank PCB netlist testing	空白 PCB 网表测试用 IPC365 数据
name0.rep	Drill allocation report for plated holes	镀孔的钻孔孔位报告
name0.prf	Excellon drill file for all plated holes	所有镀孔的 Excellon 格式钻孔文件
name1.rep	Drill allocation report for all nonplated holes	所有非镀孔的钻孔孔位报告
XX.XX.fab	Fabrication drawing in HPGL format, sheet XX of XX	HPGL 格式的制造图纸，总 xx 页第 xx 页

① BBBBpCCC 是 PCB 的产品型号。

表 11.2 发送给 PCB 组装厂的典型设计文件集

文件名称	文件内容	参考译文
BBBBaCCC[①].arc	Arc file of all assembly data containing:	所有组装数据压缩文件，包括:
applist.a	Aperture list for plotting paste mask	焊膏层光绘光圈表
readme.asy	Readme file describing assembly	描述组装的自述文件
tpstmsk.ger	Gerber photoplot data for top paste mask	顶层焊膏层光绘数据
bpstmsk.ger	Gerber photoplot data for bottom paste mask	底层焊膏层光绘数据
BBBB-CCC.dbg	Mfg. output, data format info.	制造输出，数据信息格式
BBBB-CCC.dip	Mfg. output, x-y loc. dip components	制造输出，双列直插元件 X-Y 位置
BBBB-CCC.log	Mfg. output, component log.	制造输出，元件日志
BBBB-CCC.man	Mfg. output, x-y loc. manual insert components	制造输出，手动插入元件 X-Y 位置
BBBB-CCC.smt	Mfg. output, x-y loc. top smt components	制造输出，顶层 AMT 元件 X-Y 位置
BBBB-CCC.smb	Mfg. output, x-y loc. bottom smt components	制造输出，底层 AMT 元件 X-Y 位置
BBBB-CCC.unp	Mfg. output, parts not mounted	制造输出，不安装的元件
BBBB-CCC.vcd	Mfg. output	制造输出
XX_XX.asy	Assembly drawing in HPGL format, sheet XX of XX	HPGL 格式的组装图纸，总 xx 页第 xx 页
XX_XX.fab	Fabrication drawing in HPGL format, sheet XX of XX	HPGL 格式的制造图纸，总 xx 页第 xx 页

① BBBBaCCC 是装配的零件号。

11.2.16 设计归档

一旦所有制造数据创建完成，该设计的数据库和所有制造数据文件要存储在磁带或其他存储介质中，方便日后使用中的更改和丢失及破坏时进行备份。

随着网络技术的发展，对于多点设计团队而言，也可以将设计归档利用网络工具而更安全、更高效。

11.3 设计工具

从 PCB 设计流程可以看出，其涵盖了从概念到所有的制造、组装和测试。基于计算机的工具已经发展到完全自动化，可以在流程的每一步提高速度和准确性。根据使用的地方，这些工具可以分为三大类：

- CAE（计算机辅助工程）工具
- CAD（计算机辅助设计）工具
- CAM（计算机辅助制造）工具

从这些工具的名称可以明显地看出，它们分别用于电路设计、PCB 实体布局、PCB 裸板制造和 PCB 组装。

11.3.1 CAE 工具

CAE 工具一般指以计算机为基础的工具和系统，用于物理布局步骤之前的设计阶段，或者对最终物理布局的电气性能做分析和评估。

1. 原理图捕获系统

顾名思义，设计工程师使用这些工具绘制原理图和电路图。最简单的系统是用图形对经典的画图板进行替代，让工程师把逻辑和电子符号设置在绘图表面并用端子连接。更多先进的系统执行大量的检错步骤，如防止相同引线和网络名称的重复使用。未能连接的关键引线，如电源引线，可利用每个元件库的信息来完成。此外，这些系统可以生成模拟器使用的网表、PCB 布线和 PCB 组装制造中使用的物料清单。

2. 合成器

合成器是专业的 CAE 工具，允许设计者指定逻辑功能，有望在逻辑运算形式中实现双加法器、16 位寄存器和其他宏功能。该合成器将从功能函数库中提取等效电路，把它们连接在一起，完成由设计者指定的完整逻辑图。该合成器电路可以作为更大的设计的一部分。合成器的一些优点是，给定类型的所有功能将使用相同的方式实现，能保证其无误性，通过减少设计重复电路的工作量来缩短组成系统原理图的时间。

3. 模拟器

模拟器是软件工具，通过建立基于计算机模型的电路，输入测试模式来验证该电路是否能完成需要硬件实现的功能。即使在大型计算机上运行，模拟器运行速度相对实际电路也慢很多。当电路变得复杂时，如 32 位微处理器或数字信号处理器，完成一次完整模拟的时间会非常长，有时长得以至于该方法验证电路的可靠性变得不现实。典型的模拟速度是每个机器循环 1s 或 2s。一个机器循环可能小到 2ns，或者在 500MHz 时钟下 $1/(5 \times 10^8)$ s！随着电路变得更加复杂、更多模拟耗时，工程师不得不建立物理模型电路并运行实际代码，取代为确保设计准确性的模型与方法。显然，这增加了时间成本和开发周期，既增加了建立模型的时间，也增加了定位设计错误并改正的时间。电路仿真是解决该问题的有效方法。

4. 仿真器

仿真器或电路仿真器集成可编程逻辑单元，如 PLA（可编程逻辑阵列），可以配置成任何一种逻辑电路的仿真。这些仿真器已经是标准产品，由很多 EDA（电子自动化设计）公司提供。硬件仿真器的运算速度比软件模拟快得多，有时实际最终运行速度要快 100 倍。如此速率，对一个电路的验证可以进行得更快。在某些情况下，仿真器可作为实际电路的替代，提前验证运行其上的软件是否无误，确保产品承诺是否能够最终实现。这种技术被广泛地使用在复杂的芯片设计中，如微处理器和定制 ASIC 设计。事实上，英特尔 Pentium™ 处理器及其操作系统都是在实际芯片制造之前，先在一个大型硬件仿真器上进行了成功的全面运行。

仿真技术的采用，消除了检测到错误后需要重复或修改设计的多余工作量，节约了大量的开发资金投入与项目开发时间。在某些情况下，它成为电路设计不可或缺的环节。例如，大多数超级计算机和其他一些先进产品都采用了多层陶瓷电路板和 MCM。这种封装技术不能由外部连接线的修改来完成自身的错误更正。结果，为了纠正设计错误，就必须生产全新的组件。该情况也适用于系统中的集成电路。

5. 电路分析

电路分析作为一种工具，通过检测电路以确保它们在合理的电路时序变化范围内，以及在正常生产中出现的元件公差变化范围内，仍可正常工作。这些分析是通过对每个电路建立数学模型，然后对每个元件预期公差范围内不同的值进行运算完成的。电路的性能，由模型计算值和与预先设定的极限值进行对比来评估，通过显示违规标记来提醒设计工程师。在检查条件下随机取样，包括邻近电路的过度互扰、反射耦合、过冲和下冲、振铃现象等，看是否在限定的范围内。这种类型的分析，被称作最坏情况下的耐受性和时序分析。在实际线路布局之前或之后都可以进行。

一些实际的电路分析例子是 SPICE 和 PSPICE。SPICE 和 PSPICE 首先建立每个电路的数学模型，然后进行大量复杂的运算，来预测电路对输入信号的反应。大多数 CAD 系统供应商也提供自己的类似分析工具。

现在的电子电路越来越复杂，多层混压板等复杂电路经常在设计中有所体现。在产品设计的初期，测试板的生产成本相对是比较高的。另外，样品电路板的投板和测试周期也是必须要考虑的时间成本。这使得对电路板的模拟与仿真重要性越来越高。通过长期的实践积累，我们发现在模拟与仿真时的修改成本，往往是样品板的 10% 或者更低。所以，在进行线路板投板测试之前，我们应该尽量充分的对电路板的性能等方面进行模拟与仿真。

6. 阻抗预测工具

该工具用于检测横截面、导体尺寸和 PCB 材料性能，确保电路阻抗在允许的范围内，或通过交互调整这些参数达到最终的阻抗合格。这是 PCB 设计本身必不可少的一步。很多用于高速设计的 CAD 系统供应商会在其系统中提供在线阻抗分析工具，作为其产品的一部分。

电路阻抗设计是电路原理的基本组成部分，在低频模拟电路时代，阻抗对整个系统的影响还没有表现的很明显。而随着近年来射频电路、高速数据电路技术的日新月异，越来越多的阻抗问题都在实际的电路板中造成了很多性能困扰。例如，在射频功率放大器等具体的应用中，阻抗匹配不仅仅影响高频电路部分，也对整个系统的性能有不可忽视的影响。

随着射频电路工作频段的逐步升高，高速数据电路的工作频率不断提升，阻抗匹配会成为电路设计的一项重要指标。

11.3.2 CAD 工具

CAD 工具把电子电路由原理图描述变成实际封装和 PCB。该工具往往由熟悉 PCB 制造和组装的设计专家而非电气工程师来操作。这些工具包括网表、元件清单、布线规则和其他来自原理图捕获或 CAE 工具的布局信息。在其最简单的形式下，允许设计者创建元件引线的形状、PCB 形状，然后手动用铜线连接各元件引线。最先进的 CAD 工具可以自动确定 PCB 上每个元件的最佳位置（自动布局），然后自动依照高速布线原则连接所有元件引线（自动布线）。通过提供给 CAD 工具一个规则表，指定元件必须集中放置，或者邻近连接器，以及指定相邻线路的间距、布线网络中两点之间的最大距离等。

CAD 工具输出的是制造、组装和测试 PCBA 所需的信息文件，包括测试网表、光绘文件、材料清单、拾取和放置文件、组装图纸。CAD 工具由布线工具、定位工具、检查工具和输出文件生成工具组成。

1. 布局工具

布局工具用来设置元件在 PCB 表面的分布。布局工具往往是完整 CAD 系统的一部分，而不是作为一个模块单独购买。定位工具需要的输入包括：

- 元件清单或材料清单
- 网表或元件彼此相互连接的方式
- 元件引线的形状、尺寸或特殊位置要求
- PCB 不能放置元件区域（禁布区）的形状
- 固定位置的元件的放置规则，如连接器
- 电气规则，如网络中不同点之间的最大和最小距离
- 散热规则，如哪些元件需要远离或靠近空气流动区

布局工具可以是完全手工或全自动。都有某种形式的图形化反馈给设计者，依据所需信号层的布线和连接能力来衡量定位的质量。大多数有间距规则，确保元件之间有足够的空间，以成功完成组装、返工和测试。

在实际设计中，如果是经验丰富的工程师，可以选择完全手工布局；而对于设计经验一般的工程师，建议先采用全自动布局，然后在局部进行电路优化。这样一方面可以缩减整体布局的时间，同时，也可以在自己有经验的局部电路，根据实际情况进行优化设计。另外一方面，这样的布局可以方便地进行模拟与仿真，尽早进行修改，节约设计时间成本。

2. 布线器

布线器是 CAD 系统的一部分，完成网表指定的元件之间的物理连接。PCB 网表和布局上的布线开始于布局步骤完成之后。布线器的范围从完全的手工，在这种情况下，设计者使用图形化显示、鼠标和光笔来完成导体的定位；到全自动模式，在这种情况下，有专门的软件程序用网表、位置、间距规则、布线规则，来精确完成所有元件的连接。手工模式的优势在于，设计者可以根据自己喜好来完成每个连接设计；缺点是相当缓慢和耗时，通常要花几分钟的时间完成一个网络的布线和检查。自动布线或自动布线器解决了速度问题。而在每个网络的细节方面，自动布线在遵循布线规则的条件下，其能力往往显得不足。一些先进的自动布线器能够严格遵守非常复杂的布线规则，而其中一个重要的问题在于：事实上，它们不可能成功完成所有布线。发生这种情况时，设计者必须增加电路板层数来得到更多布线空间，或者尝试手工完成布线。一个好的自动布线器的重要特征是，它可以提供手工布线选项，这大大影响了完成设计所必要的收尾步骤的难易程度。几乎所有的布线器都有一套检测工具，以确保最终的线路满足网表和所有间距规则。

布线器有多种实现形式，可以购买一个已经植入该工具的 CAD 系统，或者单独的模块添加到现有的 CAD 系统中。一些布线器类型如下。

网格布线器　通过在预设的网格线上放置连线来完成。布线表面被划分为均匀的网格，提供

的合适间距使得导体可以自如地完成布线。它是第一种由 CAD 系统提供的手工或自动化布线方式。其主要缺点是，在不失布线密度的原则下，很难管理一个以上的线宽。为了保证成功连接，它要求终点必须放置在网格上。网格外的元件通常由手工连接和检测。

无网格布线器　该方式不依赖网格的定位线来完成。相反，它在一个空间中放置很多连线，并且依然保持由设计者建立的间距规则，确保合理的电气性能和制造的最优化。该方式很容易处理同层多个线宽的布线。一旦布线完成，任何未使用空间被平分。优势在于，它能通过保持尽可能大的间距来优化可制造性，能够完成制造能力的最优化。缺点在于，它通常依赖给定线路层的全部水平化或垂直化——SMT 应用中不需要通孔连接，这是缺点；但是在非常规则的高引线数元件阵列中非常有用，如大 CPU 和大规模并行处理器。在非常复杂的数字设计中，该布线方式是主力军，那里有很多规则和实现可预测间距、线长的需要，以保证速度与性能。

基于形状的布线器　该类布线器可以识别表面已有线路并能绕开它们。导体和其他对象之间的间距，如导通孔、过去常常改变的层和元件的焊盘，现在可以保留了，好像布线已经在该空间存在一样。这种布线器在基于 SMT 的设计中渐渐成为主流。

3. 检查工具

这些工具验证已经布线的 PCB 遵守规则的情况，如线和线间距、线和孔间距，比较在完成的底图上找到的实际间距与设计者提供的间距规则。它们还能确保所有网格的完整连接，不该连接的对象的确没有连接；通过 CAD 系统提供的数据和实际布线结果的比较，完成如其他网络和 PCB 上的某些机械特征的检查。一些检查工具还可以确保传输线规则被遵守，和相邻传输线的耦合效应在限定的范围内。检查工具通常是 CAD 系统的一部分。

随着计算机硬件和软件的技术革新，目前的检查工具可以大大降低设计中的错误，加快设计周期。同时，检查工具的合理使用，可以降低寻找错误的成本，尤其在跨部门的电路设计中，建议多使用检查工具来降低设计成本。

4. 输出文件生成器

一旦 PCB 布线完成，所有的连接得到了精确验证，CAD 系统会在自己的操作系统中将所有信息保存为一个中立的格式。为了确保数据在制造中的可用性，它必须可转换成其他设备，如光绘机、测试机、组装设备和 MRP 系统可识别的。输出文件生成器完成这种转换。大多数 CAD 系统在交付的时候就已经装了有限的部分，额外的生成器或转换器必须作为附加订购。

在这里需要说明的是，由于不同的文件格式属于各设计程序，所以在转换过程中，有可能会产生一些不可预知的问题。一旦遇到文件相互识别的问题，建议可以多转换几次，以避免由于运算法则中带来的问题。

11.3.3　CAM 工具

CAM 工具用于满足制造工艺的需要。PCB 设计的产出是一套 CAD 文件，描述 PCB 每层的底图、丝网印刷的要求、钻孔的要求和网表信息。这个信息必须在制造 PCB 之前被合理修改。如果要在同一块生产板上制造几块同样 PCB 的副本，制造商需要在底图上添加专门的工具图形，并改变线宽以补偿蚀刻导致的线宽变化。最初，这些操作由手工完成，但存在很高的错误风险和劳动成本。CAM 工作站或工具允许制造商自动快速地完成该步骤。

CAM 工作站对比底图与间距规则、破出规则、连通性规则，并且在必要时进行更正。在客户没有提供网表的情况下，CAM 工作站可以从用于裸 PCB 测试的 Gerber 数据合成网表（设计中连接点的方式）。当客户提供网表时，可以比对 Gerber 合成的网表和 CAD 生成的网表，作为验证底图的最终方法。事实上，在数据转换的过程中都可能会引起错误，而与原理图匹配是更好的保障。

11.4　选择一套设计工具

选择适当的 CAE、CAD 和 CAM 工具，对一个项目或公司往往是成败的最关键步骤。为了减少接口工具带来的问题，最好选择可提供所有工具的单一供应商。然而，很少有供应商能够提供在每一设计阶段都表现最佳的完美工具。此外，单一 CAD/CAE 系统，在处理一个涵盖非常大的流程或涵盖整个公司的各种各样的设计类型时，会非常困难。例如，一个具备强大功能的自动布线器的 CAD 系统，很少会被一个设计团队应用于单面 PCB 设计，其带有很多诸如变压器和功率晶体管等非规则元件。相反，在电源供应部分设计很出色的系统，在设计带有许多高速总线的 CPU 应用时，也会表现很差。那么，如何选择"最优"的工具呢？

11.4.1　规　格

工具选择的第一步是对需要处理的设计进行归类。其次，模拟和设计检查所要达到的水准必须提前确定，来确保"一次成功"的设计，在此基础上，才能选择合适的模拟和检查工具。例如，在立体声 PCB 设计中进行传输线分析是一个优雅的步骤，但也是一种资源浪费。而在高速磁盘驱动电路 PCB 设计中选择不进行该水准的分析，会导致在整个产品设计寿命期内的稳定性问题。

任何工具成功的关键是有具备资质的设计者来操作它。对每种候选的系统，有资质的设计者需要对其进行全面评估。如果一个选出的系统或工具没有具备资质的操作人员，学习时间太短，结果可能会因为开发必要的专业知识而导致出现实质性的进程延误，或不合格的设计。

11.4.2　供应商调查

一旦这些事实明确了，必须对潜在工具供应商的进行调查。基本要素如下。

（1）确定每个候选工具与最终需求的接近程度，以及获取、建立和维护的成本。

（2）评估供应商的长期生存能力，确保在供应商出现问题时，其产品不会变成"孤儿"。

（3）对其他已用候选工具的用户进行调查，确保工具与广告的一致性。

11.4.3　基准设计对比

对每个候选系统进行代表基准的设计，以评估其表现。根据潜在的销售规模和基准设计的大小，供应商有可能免费完成基准设计。如果不是，应该准备好评估过程中这个有价值的步骤的预算。只有完成所有评估步骤，才有可能做出明智的选择。做得少，如依靠外部推荐工具或太信任供应商，将存在因工具的原因导致开发延误的风险，更糟糕的是，在项目中不得不重复该选择流程。

11.4.4 多种工具

了解设计中可能遇到的各种各样的问题，所有的 CAD 和 CAE 工具在一些设计类型的子集内都会表现优异，指望一个供应商的一套工具能处理所有问题是不切合实际的。一个需要广泛设计类型的公司，如从事计算机和仪器仪表设计，应该拥有一套以上的工具集，每部分各有所长。试图迫使一套工具解决所有遇到的问题，要么会把简单的设计复杂化，要么会把复杂的设计简单化。

11.5 CAE、CAD 和 CAM 工具的彼此接口

从单一供应商处购买所有 CAE、CAD 和 CAM 工具的论点，在于所有模块工作的和谐性。过去，由于没有行业标准，各个供应商会采用专有的数据格式，互通性是一个很严重的问题。IPC、IEEE 和其他行业协会已经设定了系统之间数据交换的标准格式。它已经被很多供应商接受，可以在各个供应商之间实现无缝转换。

在电路设计的过程中，往往出现反复修改和模拟仿真的工作，在跨部门的设计中，这部分工作量比较大。如果软件工具彼此接口存在问题，将导致大型设计工作中，各种隐患风险和潜在的错误。建议采用市场主流的设计软件，而且保证各设计部门软件版本的一致性。

11.6 设计流程的输入

11.6.1 库

每个 CAE 和 CAD 工具都使用一系列包含可能在设计中使用的描述每个元件信息的库。范围从简单焊盘的物理尺寸和相对位置的描述，到可以在模拟器中运算的完整逻辑模型。库通常不作为系统的一部分。它们必须单独购买或由用户自行开发。在成熟的系统中，库是相当大的，也需要很多时间来开发。不幸的是，库通常给单独的给定工具使用，不能很容易地被其他新工具所转换使用。

随着技术的进步和新产品的涌现，库的维护的重要性逐步显现，而且，建立一个完整的库也越来越重要。比如，对于一些技术比较落后的产品，如果在设计时从库内更新，就可以避免在实际生产中发现该产品已经停产等问题。同时，对于库的维护也可以使得一些新颖的、更优化的产品和物料进入备选库，方便工程师采用更有优势的元件和物料。

1. 焊盘的形状和物理特征

被 CAD 系统使用的最基本的库，描述了元件的物理特征，使得 CAD 系统可以创建其安装孔的图形和焊盘，以及丝网印刷的轮廓和阻焊图形。该库的入口包含焊盘信息，描述元件引线孔大小，以及将出现在每种类型 PCB 层上的焊盘大小和形状。例如，外层焊盘必须足够大，以确保足够的焊环；反焊盘需要在电源层中确保镀覆孔孔壁不和电源层接触；或者一个散热平面需要连接地层的方式，确保在焊接中的可靠性。这些库条目可能包含公司根据材料清单制定的独特零件编号，在这种情况下，CAD 系统能产生随时可用的格式的物料清单。

一些物理特征库还包含了引线信息，如它是否是一个输入、输出或电源引线。检查程序利用这些数据确保网格各点在高速性能下的合理排序，或者保证网格内各引线都是正确的类型。

2. 功能模型

模拟 PCB 工作的 CAE 工具需要模型库来描述各部分工作的逻辑性。这些就是功能模型。功能模型不包含传输延迟；为了验证时序规则一致性所需的上升沿时间等信息，功能模型通常用于配置仿真器。

3. 模拟模型

模拟模型是功能模型的扩展版本。它们包含所有功能信息及线路传输延时、上升和下降沿时间等细节。它们用来保证最坏情况下，在正常工作条件下的时序状况。

11.6.2　PCB 特性

完成系统物理布局所需的数据集之一，就是对 PCB 或其物理性能的描述。它包括 PCB 的大小、数量和层的类型，介质层厚度、铜箔厚度、不可布线或放置元件区域的信息。

11.6.3　线宽与线距规则

为确保生产和传输线规则的适用性，每层的线宽和线距必须输入 CAD 系统。这通常通过表格的形式完成。

11.6.4　网　表

网表描述了 CAD 系统中每个元件的引线彼此如何连接。管理高速设计的布线或布局规则的系统需要网表，其包含如何处理每一个网格的指令，如使用什么阻抗值、保持怎样的邻近间距、是否有终端或其他特殊要求。

11.6.5　元件清单

元件清单告诉 CAD 系统设计每个部分时要输入哪种库。

第 *12* 章
电子和机械设计参数

Ralph J. Hersey, Jr.

美国加利福尼亚州利弗莫尔，劳伦斯·利弗莫尔国家实验室

柳　珩　编译

上海柯金电子科技有限公司

12.1　PCB 设计要求

印制电路板（PCB）和多芯片电气互连基板的电气性能，已经成为许多电子和电气产品定义产品功能和设计要求的关键。直到 20 世纪 80 年代末，大多数的 PCB 设计，实际上是印制线路设计。因此，除了电源和地的分布，元件布局、导电与非导电图形的布局模式对电气功能性的需求不是很关键。对大多数数字应用而言，尤其如此。然而，自 80 年代末以来，电气信号完整性已经成为一个越来越重要的设计考虑，目的是满足功能性和合规性要求。

随着电子产品的小型化，在 PCB 的设计中，小尺寸一方面可以降低原材料和生产成本，另外，也可以减小最终产品的外形。同时，由于芯片技术的不断进步，现在单个芯片往往集成了以往多个芯片的功能。这使得 PCB 在设计中不断有新的挑战和需求，体现在射频电路、高速数据电路等多个方面。

随着电子技术、芯片材料等日新月异的变化，信号完整性无论对射频信号，还是对高速数字信号，都提出了越来越高的要求。本章将对这部分内容进行介绍。

12.2　电气信号完整性介绍

电气信号完整性是频率和电压/电流的组合，取决于实际应用。对于低端的模拟电路，非常小的漏电压或漏电流、热不稳定性、电磁耦合，都可能导致超过警戒值的信号失真。类似的，大多数数字元件在小于 1V 的直流和交流混合应用中，也会产生开关错误。

随着电子设备小型化、轻量化的设计趋势，从元件的尺寸和引线，到 PCBA 电路板的整体尺寸都较以前的设计有了明显的变化。考虑到系统的低功耗和低温度需求，无论是元件和 PCB 线路都大大提高了对信号的敏感性。这些变化都导致对信号的完整性有了新的要求。

同时，考虑到低功耗的设计趋势，PCB 内部往往是小信号传输为主，那么对信号的敏感度会大大增强。以往，对信号完整性要求不高的设计，在如今的设计中已经被取代。如何保证小信号电路的信号完整性已经成为一个新的设计热点。

例如，在射频通信系统中，信号完整性对功率放大电路的失真、自激、内绕等有严重影响。

这一问题，也在高速数据电路中频繁出现。所以，信号完整性将会带来模拟、数字电路等诸方面的设计问题。

12.2.1 影响电气信号完整性的因素

很多因素会导致模拟和数字信号的失真和完整性的降低。有些和信号的传输有关，有些和回路有关。

1. 术 语

表 12.1 提供了影响信号传输的许多问题的清单。

2. 回 路

所有电气信号都有信号导线和信号回路。通

表 12.1 影响模拟和数字信号的代表性问题清单

上升时间	热偏移电压
下降时间	热偏移电流
偏离	低电平放大器
跳动	高阻抗放大器
高斜率	电荷放大器
互调失真	积分放大器
谐波失真	宽带放大器
相位失真	视频放大器
交越失真	精密放大器

常，信号导线经常出现在示意图中，而回路导线要么没有显示，要么在原理图 / 逻辑图中很少提及。这在 PCB 计算机辅助设计（CAD）工具中也是一个问题。一些 CAD 工具较"愚蠢"，它们会自动为信号导线布线，而不会在相邻的导电图形层之一布上必要的信号地。

对信号完整性而言，系统的接地性能十分重要。如果没有良好的接地性能，很多噪声、杂波、毛刺等干扰信号将对系统的电气性能带来很多困扰，有一些干扰将导致系统的稳定性大大降低。

从接地性能，也会引出目前电路设计的电磁屏蔽（EMI）等问题。随着信号高频化、电路板小型化等趋势，这个问题也成为设计必须要考虑的重要因素。

在后面的部分中，我们将对模拟信号和数字信号进行讨论。

12.2.2 模拟电气信号完整性

一些模拟信号的 PCB 设计是所有已知参数和特性的临界平衡，包括完整的设计到使用的产品开发、制造、组装、测试和使用环节。模拟设计覆盖完整的电磁频谱的全部或部分，从直流一直到吉赫兹的频率范围。有源和无源的电气 / 电子元件和材料对工作环境和条件有不同的敏感度，如温度、热冲击、振动、电压、电流、电磁场和光。特别地，信号输入端、电压连接，尤其是模拟信号的接地，都是影响模拟信号完整性的关键因素。

对信号完整性而言，工作频率越高，其对系统的重要性也越高。尤其在射频电路部分，由于射频元件对外界信号比较敏感，而元件本身如果具备信号发大功能，一旦出现信号完整性的问题，整个射频电路的稳定性都会受到很大的影响。例如，对于通信基站射频发射电路部分，输入信号的杂波、干扰等信号均会被放大，造成信号失真和通信基站无法正常工作。

1. 敏感电路的隔离

提高模拟信号完整性的重要手段之一是，孤立或分离设计中的敏感部分。敏感电路易受到外界的一个或更多因素的影响，如电磁波、电压和接地系统、机械冲击 / 振动、热。有时，更敏感的电路会被单独重新封装，自身提供隔离和与外界干扰的分离。隔离和分离可以由物理距离、电磁与热屏蔽、改进接地做法和设计、电源滤波、信号隔离器、冲击和振动阻尼器、升高或降低温度等方式实现。

　　在有的电路设计中，该部分是靠增加隔离电路部分，在 PCB 上实现的；而在另外一些设计中，是通过增加隔离元件或材料，在 PCB 外实现的。采用哪种隔离方式，是由具体的设计应用和 PCB 成本、尺寸等多个因素决定的。

2. 热电动势

　　即使低于几毫伏，热电动势（EMF）也会对低端模拟信号的完整性造成显著的影响。对不同温度下不对称序列的多个金属连接（导体），或对称序列的多金属连接所产生的热电动势，将产生并加载干扰电压（或引发干扰电流）到电路信号线路中。在温度测量中，该热电耦合效应正是所需的。然而，在其他低端测量仪器中，这是要避免的。因此，对小信号 PCD 的要求是，确保所有元件和电气互连网络、与之相应的电气端子（如锡焊的、焊制的、引线键合的、导电黏合剂）都是对称和等温的。电气元件，如薄 / 厚膜不同值的电阻（电阻值），因为可能由不同的材料、配方和工艺制造，会由于元件选择的不同，带来设计中的 EMF 误差。

　　热电动势在信号放大电路中尤其应当得到足够的重视。因为该部分电路本身元件就是热源，这部分热能对敏感的射频小信号已经是干扰隐患。再加上放大功能，微小的电流波动将会被放大，也会造成大功率信号的稳定性问题。

　　另外，热电动势对芯片本身的性能也有影响。从早期的计算机 CPU 的散热功能，到现在的射频功率放大器芯片等，热电动势会造成芯片本身的稳定度大幅降低，也会造成芯片对外界抗干扰性能的下降。考虑到很多电子产品是长期工作，热电动势对芯片造成的影响将会是一个长期需要考虑的因素。

12.2.3　数字电气信号完整性

　　集成电路的每个数字逻辑系列，都有制造商指定的电气工作参数和信号传输特性。由于元件系列需要多方采购（制造），其中很多已经成为行业标准。数字集成电路的电气信号完整性要求，主要是高、低（电压 / 电流）电气要求，包括输入、输出、时钟、设置、复位、清除和其他信号要求，信号上升 / 下降时间、时钟频率（s）和建立 / 保持时间、电压和接地等都是保证集成电路可靠工作的因素。

　　数字集成电路的输入、输出、数字信号传输参数和特性，因其逻辑电路或微处理器系列而不同。信号集成电路是元件的大矩阵，包括半导体基材，如硅、硅 / 锗、砷化镓，和由此组成的各种晶体管。如表 12.2 所示，数字集成电路系列创建了一个设计问题和需求的复杂矩阵。

　　对于高速和高频 PCB，电气信号完整性的上升和下降时间是一个主要驱动和影响因素。表 12.2 列出了主流数字逻辑系列中的一些典型的上升 / 下降时间。

表 12.2　典型的数字逻辑上升和下降时间

逻辑系列	典型上升 / 下降时间 /ns	逻辑系列	典型上升 / 下降时间 /ns
STD TTL	5	HCT	8
L	6.5	AC	3
S	3.5	ACT	
ALS	1.9	10K ECL	0.7
FTTL	1.2	100ECL	0.5
BiCMOS	0.7	GaAs	0.3
H	6		

举例说明，目前高速数据电路设计中，随着主频的提高，时钟信号的间隙变得很微小。对数字信号 0 和 1 的判断，会决定整个系统的容错率。如果信号完整性不能保证，在每个判断时间点，判断电平的报错是完全不可预测的，将会导致整个数据电路的可靠性急剧降低，而对于系统而言，该段数据信号将完全错误而无法确定数据的准确性。

12.3 电磁兼容性概述

电磁兼容性（EMC）是一个严格的功能性设计要求和合规要求。EMC 包括控制和减少电磁场（EMF）、电磁干扰（EMI）、射频干扰（RFI），并要求覆盖从直流到 20GHz 的频谱范围。世界范围内，电子行业已经越来越关注符合国家和国际标准、法规的 EMC。

例如，在通信系统中，目前基站与天线通常是一体化设计。这导致信号的产生、放大、发射各单元的距离很近，同时，这部分电路四周也是无线射频信号。为了确保射频信号的免干扰，电磁兼容和电磁屏蔽就尤为重要。一个电磁屏蔽出现问题的产品，会导致干扰信号进入射频电路，该干扰信号被放大后，将严重的影响通信系统的稳定性和安全性。

同样的问题，也出现在以智能手机为代表的小型电子设备中。由于智能手机的体积较小，电磁屏蔽的功能将直接影响设备的性能和客户的体验。可见，电磁屏蔽问题和我们的日常生活息息相关。

例如，现在大家都在使用的智能手机，由于采用了触摸屏，大大方便了人机交互，也提高了用户体验。而就在这个应用里面，就有电磁屏蔽的设计和应用。人体本身会带有的静电，而且随着外界环境温度、湿度等变化，这个静电量是一个变量。如果没有电磁屏蔽的设计保护电路，这个静电量就可能在瞬间产生很大的电击量，导致智能手机内部敏感电路的损害和信号问题。

还是以智能手机为例，如果没有电磁屏蔽的设计，空中各种电磁干扰信号虽然功率都不高，但是经过智能手机内部的功率放大电路，这些干扰信号被放大后，对正常的通信信号和电路将产生难以预测的干扰和损害。所以，电磁屏蔽问题时刻都发生在我们身边。全球几百亿的智能机器，诸如智能手机、电脑、平板等，时时刻刻都在为人类提供便捷的服务，所以电磁屏蔽问题与我们的生活息息相关。

为了确保电路的电磁兼容性能，各国都有自己的设计标准。各企业需要严格按照该标准进行设计，同时，也必须完成测试工作。目前，世界上大多数国家都有规定：只有达到电磁兼容标准的产品，才可以面向市场进行销售。这使得电磁兼容的重要性越来越重要。而由于使用者往往对电磁兼容比较敏感，所以在该部分的设计中，尤其应该得到工程师的重视，以及对测试关键环节的理解。以便最终的产品可以通过严格的电磁屏蔽测试环节。

EMC 涉及主要的设计考虑，来确保元件、组件和系统的功能正常，以便：

- 限制从一个电子元件、组件或系统对另一个的发射（辐射或导通）干扰
- 减少一个电子元件、组件或系统对外来 EMF、EMI 或 RFI 的敏感度

EMC 有 3 个关键：

- 设计产品使其产生更少的杂散电磁能量
- 设计产品使其对杂散电磁能量不敏感
- 设计产品防止杂散电磁能量进入和离开产品自身

电磁兼容问题的解决思路，目前有如下几个方向。

1. 在电磁信号源，或者对电磁信号特别敏感的元件处进行解决

例如，在通讯系统中，在射频芯片处进行特殊的电磁屏蔽处理。可以分为在芯片内部涂覆特殊材料和在芯片外部进行屏蔽壳体处理两种。近年来，很多材料技术也在这两个方面进行了突破，已经实现了产品化。

2. 在 PCBA 和最终产品设计时，进行产品的电磁屏蔽处理

例如，目前智能手机超薄化、轻量化的设计潮流下，在如此有限的空间如何解决电磁屏蔽问题就成为一个设计挑战。如果拆解现在的智能手机，会发现很多导电凝胶、导电垫片等材料的应用，其意义就在于将对电磁波敏感的电路部分，通过屏蔽罩、屏蔽材料等进行保护处理，一方面保证该部分电路或者 PCBA 不容易受到外界噪声电磁波的干扰；另外一方面，也可以避免该部分电路产生的噪声电磁波对智能手机内部的其他电路部分进行干扰。

12.4 噪声预算

好的设计需要对噪声提前进行预算，并把其包括在产品定义要求内。噪声预算是所有直流和交流电压（电流）的一个集合，规定了范围，使元件、组件或系统设计工作于其中。

$$e_{noise} = e_{dc} + e_{ac} \tag{12.1}$$

其中，e_{dc} 为直流电气噪声；e_{ac} 为交流电气噪声。

直流噪声预算包括电压设定（预设）的电源、工作中电源的公差和电压分布系统中的一系列直流电压降。

交流噪声预算包括本地旁路电容的有效性、负载间的解耦量、解耦电容和电源分配系统，元件的电压/接地导体的本地压降和元件的输入电压公差。

进行噪声预算的意义，在于衡量一个系统能承受最大的噪声值，从而在电路设计和元件选择方面都可以有一个参考标准。同时，通过噪声预算，也能明确该电子产品适用的环境等因素，避免由于噪声导致的系统故障和设备损坏。

如 12.5.3 节所述，很多工作中的电气、机械、热和环境参数及条件对噪声预算会有主要影响。如果对数字设计重视不足，可能需要考虑额外的噪声，如从其他电磁设备和由于不同温度中工作的不同金属层的电气连接的存在，导致热产生的电压（热电偶效应）造成的电磁辐射和传导发射。表 12.3 是做噪声容限分析时要考虑的电压因素。

表 12.3 做噪声容限分析时要考虑的电压因素

开关噪声[1]	供应电压变化
交叉串扰[1]	在交界处的温度变化
阻抗失配[1]	在芯片处接地电压变化（IR）
元件引线键合（IR）[2]	元件引线（IR）

[1] 对于数字电路，这 3 项的噪声预算可达 50% ~ 60%。
[2] IR 表示电压降（电流 × 电阻）。

12.5 信号完整性设计与电磁兼容

12.5.1 高速与高频

高的运行速度和频率对整个电子封装，尤其对 PCB 和 PCBA，有一个戏剧性的影响。更高的运行速度迫使传统的适合低速的 PWD[1] 方式和应用，向严格的 PCD[2] 领域演变。为大多数数字而服务的许多设计技术，已经不得不适应高频模拟技术来完成设计、合成和分析。此外，元件封装的密度增加，功能电子封装密度增加，更多的属于 CMOS 系列设计的数字元件、与工作频率有关的 CMOS 功耗也在增加。

我们知道，通常将实际电路区分为模拟电路和数字电路。而随着高速和高频的设计趋势，这两种电路的界限也逐步变得不会泾渭分明。这使得设计工程师往往需要兼顾两种电路的特点。信号完整性的设计也和电磁兼容的问题融合在一起，产生于实际的电路设计中。而且两者之间也会产生彼此的联系，这些问题都在近年来的产品设计中成为衡量设计是否可靠的重要因素。

12.5.2 泄漏电流和电压

输入端防止杂散电流和电压泄漏的设计考虑很重要，尤其是一些模拟和数字设计（特别是 CMOS）。很多模拟设计需求是基于热、压力、应力、拉力和其他有很微弱的电压和电流等电气输出信号的传感器技术。此外，很多需要百分之几或更少的测量精度。综合起来，这些要求对电子和 PCB 人员是一个挑战。对电气输出参数而言，很少有传感器是稳健的；大多数电压和电流信号输出在模拟世界被称为"低水平"。因此，许多传感器需要信号整形和放大电路来提高电气信号完整性。很多信号整形和放大电路有高输入电阻的特性，从而使它们更易被错误信号干扰。因此，后面介绍的保护环，就对杂散电压和电流控制很有效。

从实际的应用而言，芯片的工作电压都在逐步减小，一方面是考虑到节约功耗的因素，也是为了系统设计小型化的趋势。这使得小信号，低电压逐步成为电路特征，而泄漏电流和电压往往和实际工作电流和电压很难区分，带来很多设计的新要求。

微小、有害、无意的电流和电压泄漏，对模拟和数字应用的电信号完整性有影响。小于几纳安的泄漏电流、几毫伏的泄漏电压，对设计好的电子组件的功能特性都有影响。从实际角度，对高输入电阻电路区分正常和干扰信号几乎是不可能的。因此，在设计、制造和组装高输入电阻的产品时，必须格外小心。所以，合适的 PCB 概念必须包含在控制和减少漏电压和电流的设计过程中。

以下是在 PCBA 中泄漏电流和电压的常见原因。

（1）基材的绝缘电阻（表面和体积）不足。

（2）环境污染、指纹和皮肤油、呼吸、制造和处理过程残留的化学品、不当的固化材料、助焊剂，以及表面水分，如湿度。

（3）表面和次表面的污染，如能找到：

● 在组装的元件上或元件内

1）PWD：Pulse With Distortion，扭曲脉冲。——译者注

2）PCD：Power Cycle Detect，电源周期探测。——译者注

- 在敷形涂层和要保护的表面间
- 在阻焊上面、内部或下面
- 在电气互连基板的上面或内部的导电图形之间

1. 控制泄漏电流和电压的设计理念

输入保护的主要理念是，限制和控制不良的泄漏电流和电压，或在第一点即阻止其生成。理论上，这是简单的：如果没有电位差，就不会有泄漏。实际中，这是很难实现或不可行的。然而，通过最小化（消除目标）关键电气互连、元件（引线及本体）、其他所有材料之间潜在的差异，可以控制（最低效果）或消除（最佳效果）泄漏电流和电压的形成。

- 在关键导电图形和元件周围生成一个法拉第笼，使用混合导电图形（通常被称为输入保护和保护环）与屏蔽罩
- 将没有保护的电压部分从法拉第笼和保护区域中移开
- 将法拉第笼电气连接到一个低阻抗的跟随关键（保护）电压的电压源

2. 保护环——控制泄漏电流和电压的设计方法

更关键的信号端子 / 引线的漏电控制，可以通过元件选择、设计来实现各层次的输入保护，通过电气互连基板材料的选择来优化。

有些元件会造成无关联、无用的保护端子 / 引线相邻于输入端子。必须注意平衡或优化端子 / 引线。在大多数情况下，这些端子直接连接（内部）元件与不同的输入放大电路元件；因此，任何这些端子 / 引线中的泄漏电流和电压，都可能导致工作性能降低。一些线性运算放大器（运放）和其他线性元件更适合输入保护：有的有两个（或更多）未使用的端子 / 引线，用于改善被保护的元件本身的端子 / 引线、元件所占空间和电气互连基板之间的电气隔离。

提供输入防范来控制输入泄漏电流和电压的最简单方法是，在所有 PCB 导电图形层使用导电图形保护环，而端子 / 引线和相关电路都被其包围。保护环连接到一个低阻抗的，最好跟随输入信号电压源，或如一些模拟集成电路制造商推荐的元件金属壳。这样一来，高阻抗输入、低旁路电流、低偏置电压的运放，都可以提供针对杂散泄漏电流和电压的保护。

以上讨论的两点，都是提供预防功能的设计考评点。结合实际电路的复杂程度，建议除了在各个分电路系统建立预防机制，重点是在电路的前端就开始进行预防措施，而且越早越有利于整个系统的稳定度。

12.5.3 电压和接地分布的概念

有几个关于 PCB 电压分布和它们的组件、其他电路接地的主要概念。通常，很多重要的 PCD 为常见电气连接、电气电源、参考回路或电气回路，使用一个或多个地层。好的电压和接地分布系统在于：

- 提供低阻抗电压和接地分布系统
- 满足产品的功能需求和设计要求
- 优化的电磁兼容

根据设计，接地系统也可用于接地导体互连的电气安全和类似的合规要求。出于电气信号完整性的考虑，它通常最好有既满足接地（信号和电源）和地面（电气安全）连通，又分开但平行的电气互连网络。例如，虽然有些设计的导电图形或总线布线可能是一个功能可接受的选择，

但关键 PCD 的接地、电压分布一般包括一个或多个电压层（或其部分）。一个基于总线的电压和接地系统可能被一些设计接受，但它们一般限于低频、缓慢上升和下降时间的 PCD。电压和接地分布、旁路电容的位置和类型，对 EMC 和电气信号完整性有显著影响。

1. 接地的概念

电气接地是最重要的概念之一，可能是最不被理解的电气信号完整性和电磁兼容的体现。所有电气导体，包括地层，其形状精妙但很灵敏，电气互连网络是对产品定义要求的信号完整性和电磁兼容的明显妥协。特别是，接地系统是保证符合功能性和规范要求的关键。接地（和电压分布）概念是要求、理念、关注点、注意事项和实践的矩阵。通常，没有通用解决方案应对所有应用。接地是一种艺术，在一些完全非结构化接地系统可工作，而在另一些系统中不能工作，该原因还不明确。结果是正在试图找到一套可以用于接地系统设计的规则，不幸的是很多规则彼此冲突。例如，一个模块化的调制解调器 PCMCIA 电子组件，可能在正常的电信电路上有合适的接地系统。然而，这可能是完全不够的，如一个 100～1000A 电流连接 PCMCIA 组件到个人计算机电气接地系统，原因是其易于被电信线路附近的闪电或断落的电线所干扰。类似的，一个于电力线频率下工作适当的电气安全接地系统，可能就不适合附近有大功率、高频无线电、电视或通信发射机。

下面是一些为了良好接地需要重点关注和注意的事项：

- 模拟和数字信号转换器的集成，特别是超过 12 位的精度——接地回路和噪声
- 高速和高频运行——接地上拉和电磁兼容
- 高速和高频总线驱动和接收器——主要的接地上拉和电磁兼容问题
- 低电平信号模拟传感器（变频器）
- 电压 / 接地系统中导体的长度，在电磁兼容信号频率的范围内，相当于一个电子波长
- 设计接地系统时，考虑开发一个接地图，确定所有的接地要求和电压 / 电流 / 频率要求

2. 接地系统

以下是几种接地和电压分布系统及其电气性能的介绍。

单点和点源接地　单点接地是一种方法，使接地电气互连网络在单一的点接地，该点在电气互连网络的源或负载端。各接地节点之间的电压降，是包含互连网络的阻抗、工作频率和电流的函数。点源或星形接地系统有一个所有电气负载的单点接地位置。点源的接地点到另一个接地点，使用低阻抗母线或接地导体。

多点接地　多点接地系统可有一个回路或树状结构形式。在一个回路接地系统中，沿着回路的电压降可能有所不同，依赖于回路中每个连接的负载的电气特性。在树状结构内，接地系统具有良好的稳压，并允许导体各自连接或断开树状结构，而对其余负载没有显著影响。

接地平面　接地平面是 PCD 要求的最重要的接地系统选择。接地平面可以提高接地系统电气信号完整性和电磁兼容，假如所有关键导体被预埋（仅接地焊盘）在 PCB 组件的外层。

分离接地　识别和分离自然接地组为类似的需求，更加保证了产品符合定义的需求。一些自然分组如下：

- 电气安全接地
- 电源接地
- 低电平模拟接地

- 高电平模拟接地
- 数字接地
- 输入 / 输出接地
- 脉冲功率 / 能量接地

一旦为特定的组件定义了 PCB 设计要求，必须包含对接地元件的适当功能性必要分析结果。

通过以上的分析，需要理解接地问题在高频和高速电路系统中的重要性尤为突出。特别是现在信号电平逐步变低，信号和干扰往往难以区分。如果接地系统有问题，会导致噪声信号被放大，而造成信噪比急剧下降。从电路的第一级开始，就要把接地问题作为衡量高信噪比的重要因素。否则，很容易造成后继电路的工作紊乱。

在实际的产品中，也可以看到，从 PCB 的接地，到分系统的接地，都成了设计的关键。

3. 旁路电容

PCD 的旁路电容（多个）的选型、位置、数量和电容值对电路的功能性有影响。旁路电容的目的是提供必要的电能，最小化正常工作中元件的瞬态开关和负载电流带来的冲击。旁路电容的选型、位置和摆放对电磁兼容影响显著，对功能性影响较小。电磁兼容管理的关键之一是，在最早的地方防止或减少电磁场的产生和后续辐射。

在高频电路中，旁路电容的实际应用比比皆是，其核心意义在于对高频冲击电路进行有效的遏制和降低。

4. 电压和接地总线

由于工作频率和速度的增加，电压和接地总线分布系统可视为一块不断产生激励的振荡器。振荡频率依赖于电压的串联电感、接地总线系统和并联电容。其中一个最糟的情况是，把电压和接地总线布为"铁轨"，旁路电容和数字集成电路交替位置像铁轨之间的枕木。

5. 电压和接地平面

电压和接地平面可以有效地提供一个相对较低的电阻和阻抗[1]，在 PCB 中分配电压和接地。然而，最佳效果——固体金属，没有孔或镀覆孔的挖掉部分或其他必要图形——是可望而不可即的条件。因此，由于电气内部连接和元件组装所需平面上孔的存在，导致电压和接地平面是设计和要求的妥协。

电压和接地平面电阻 对于大多数铜箔厚度，电压和接地平面的表面电阻是相对较低的。35μm 厚的铜箔，其直流（固体）表面电阻小于 1mΩ/□。铜箔直流电阻见式（12.2）。指定铜箔的表面电阻（固体）见表 12.4。由于几乎无限变化的尺寸、位置、多孔网状平面形状，以下数据仅仅为参考信息。

表 12.4 固体铜箔的表面电阻

铜箔厚度 /μm	表面电阻 /（mΩ/□）
5	3.44
9	1.911
12	1.433
17	1.012
26	0.662
35	0.491
70	0.246

$$R_{DC} = \frac{17.2}{t_{\mu m}} \, m\Omega/\square \quad (12.2)$$

式中，$t_{\mu m}$ 的单位为 μm。

周期性网格平面层[2]的电阻模型适用于均匀网格，但对不规则网格平面和交流电网格的分析效果有限。

电压和接地平面阻抗　由于尺寸、布局和多孔网状平面形状的多样性，多孔网状的电压和接地平面的阻抗是很难测量的。

12.6　电磁干扰（EMI）的设计要求

12.6.1　电磁干扰（EMI）简介

电磁兼容性（Electromagnetic Compatibility）缩写为 EMC，就是指某电子设备既不干扰其他设备，同时也不受其他设备的影响。电磁兼容性和我们所熟悉的安全性一样，是产品质量最重要的指标之一。安全性涉及人身和财产，而电磁兼容性涉及人身和环境保护。

电子元件对外界的干扰，称为电磁干扰（Electromagnetic Interference，EMI）；电磁波会与电子元件作用，产生被干扰现象，称为电磁敏感度（Electromagnetic Susceptibility，EMS）。例如，TV 荧光屏上常见的"雪花"，便表示接收到的讯号被干扰。

因为屏蔽体对来自导线、电缆、元部件、电路或系统等外部的干扰电磁波和内部电磁波均起着吸收能量（涡流损耗）、反射能量（电磁波在屏蔽体上的界面反射）和抵消能量（电磁感应在屏蔽层上产生反向电磁场，可抵消部分干扰电磁波）的作用，所以屏蔽体具有减弱干扰的功能。

（1）当干扰电磁场的频率较高时，利用低电阻率的金属材料中产生的涡流，形成对外来电磁波的抵消作用，从而达到屏蔽的效果。

（2）当干扰电磁波的频率较低时，要采用高导磁率的材料，从而使磁力线限制在屏蔽体内部，防止扩散到屏蔽的空间去。

（3）在某些场合下，如果要求对高频和低频电磁场都具有良好的屏蔽效果时，往往采用不同的金属材料组成多层屏蔽体。

下面，我们对电磁屏蔽的机理进行分析。

（1）当电磁波到达屏蔽体表面时，由于空气与金属的交界面上阻抗的不连续，对入射波产生的反射。这种反射不要求屏蔽材料必须有一定的厚度，只要求交界面上的不连续。

（2）未被表面反射掉而进入屏蔽体的能量，在体内向前传播的过程中，被屏蔽材料所衰减。也就是所谓的吸收；在屏蔽体内尚未衰减掉的剩余能量，传到材料的另一表面时，遇到金属—空气阻抗不连续的交界面，会形成再次反射，并重新返回屏蔽体内。这种反射在两个金属的交界面上可能有多次的反射。总之，电磁屏蔽体对电磁的衰减主要是基于电磁波的反射和电磁波的吸收。

如今有许多关于产品辐射和传导发射限制的国家标准和国际标准，有些还规定了对各种干扰的最低敏感度要求。通常，对于不同类型的电子设备，有着不同的标准。虽然一个产品要获得市场的成功，满足这些标准是必要的，但符合这些标准是自愿的。

电磁屏蔽的常见应用见图 12.1。

根据干扰源相对于屏蔽体的位置（在屏蔽体的内部或外部），可分为主动屏蔽与被动屏蔽。若屏蔽体用来防止干扰场进入被屏蔽空间，则称这种屏蔽结构为被动屏蔽。若干扰源在屏蔽体内部，屏蔽体用来防止干扰场泄露到外部空间，则称这种屏蔽结构为主动屏蔽。主动屏蔽不适用于高频，而专门用于低频。被动屏蔽体多用于屏蔽对象与干扰源相距较远的场合，如屏蔽室等。

图 12.1 常见的电磁屏蔽应用

12.6.2 电磁屏蔽的屏蔽体和效能

1. 屏蔽体

根据屏蔽目的的不同，屏蔽体可分为静电屏蔽体、磁屏蔽体和电磁屏蔽体三种。

静电屏蔽体 由逆磁材料（如铜、铝）制成，并和地连接。静电屏蔽体的作用是使电场终止在屏蔽体的金属表面上，并把电荷转送入地。

磁屏蔽体 由磁导率很高的强磁材料（如钢）制成，可把磁力线限制于屏蔽体内。

电磁屏蔽体 主要用来遏止高频电磁场的影响，使干扰场在屏蔽体内形成涡流并在屏蔽体与被保护空间的分界面上产生反射，从而大大削弱干扰场在被保护空间的场强值，达到屏蔽效果。有时为了增强屏蔽效果，还可采用多层屏蔽体，其外层一般采用电导率高的材料，以加大反射作用，而其内层则采用磁导率高的材料，以加大涡流效应。

如果屏蔽体上出现洞穴或缝隙，将会直接降低屏蔽效果。频率愈高，这种现象愈显著。

2. 屏蔽效能

屏蔽体的屏蔽效能可用屏蔽系数或屏蔽衰减来表示。

在空间防护区内，有屏蔽体存在时的场强（E0 或 H0）与无屏蔽体存在时的场强（E 或 H）的比值，即 E0/H0 或 H0/H 就称为屏蔽系数。屏蔽系数愈小，说明屏蔽效果愈好。

屏蔽效果也可用屏蔽衰减来表示，屏蔽衰减代表干扰场强通过屏蔽体受到的衰减值。屏蔽衰减可由公式

$$20\lg\left|\frac{E}{E_0}\right| \quad \text{或} \quad 20\lg\left|\frac{H}{H_0}\right|$$

求得。单位为分贝（dB）。屏蔽衰减值越大，屏蔽效果越好。

12.6.3 电磁屏蔽的实现方法

1. 屏蔽罩

由支腿及罩体组成，支腿与罩体为活动连接；罩体呈球冠状。此部件主要应用于手机，GPS等领域，防止电磁干扰（EMI），对 PCB 上的元件及液晶显示模组（LCM）起屏蔽作用。

屏蔽罩的材料一般采用导体金属，如 0.2mm 厚的不锈钢和洋白铜为材料，其中洋白铜是一种容易上锡的金属屏蔽材料。采用 SMT 贴片时应考虑吸盘的设计。

分为固定式和可拆式两种类型。

固定式 用 SMT 直接焊到 PCB 上。

可拆式 用结构和液晶显示模组（LCM）结合或直接用屏蔽罩上的突起扣在屏蔽框架上。

在实际的设计中，对于屏蔽罩的大小、厚度、尺寸等因素，要根据实际应用中的如下因素进行考虑：

- 屏蔽部分元件的尺寸和高度
- 该部分电路的功率等级，如在功放电路中，信号发射的 dB 功率值
- 电路实际的工作频率和需要考虑的频率范围，如在 WiFi 通讯系统中，2.4GHz，5.8GHz 就是工作频段
- 屏蔽罩和 PCB 之间的缝隙设计，这里需要理解的是，并非屏蔽罩和 PCB 紧密贴合才是唯一的设计方法。在数据服务中心中，现在广泛使用的为铍铜弹片，可以达到设计的屏蔽效果
- 屏蔽罩的金属材料的选择和厚度要根据实际的应用频率来确定

屏蔽罩往往应用于产品空间没有限制的场合，在小型化的设计中采用得相对较少。屏蔽罩的优点和缺点见表 12.5。

表 12.5 屏蔽罩的优点和缺点

优 点	缺 点
结构简单	在高度有限的空间无法使用
加工和材料成本低	对芯片的散热等有影响
安装方便	和 PCB 的结合处需要填缝处理

2. 导电涂料 / 导电漆

笔记本电脑、GPS、ADSL 和移动电话等 3C 产品都会因高频电磁波干扰产生杂讯，影响通信品质。如果人体长期暴露于强力电磁场下，则可能易患癌症病变。因此防电磁干扰已是必备而且势在必行的制程。导电漆 EMI 喷涂技术具有高导电性、高电磁屏蔽效率、喷涂操作简单（同表面喷漆操作一样，只须要在塑胶外壳内喷上薄薄一层导电漆）等特点，广泛应用于通信制品（移动电话）、电脑（笔记本）、便携式电子产品、消费电子、网络硬件（服务器等）、医疗仪器、家用电子产品和航天及国防等电子设备的 EMI 屏蔽。

喷涂导电漆解决了金属屏蔽罩所受空间限制、 操作、 成本压力的限制， 因其导电漆喷涂操作极其简单， 做到了塑胶金属化， 而受到越来越多的关注及推广， 逐渐取代了以往贴锡箔、铜纸、 做金属屏蔽罩的工艺。

屏蔽导电漆就是能用于喷涂的一种油漆，干燥后形成的漆膜能起到导电的作用，从而屏蔽电

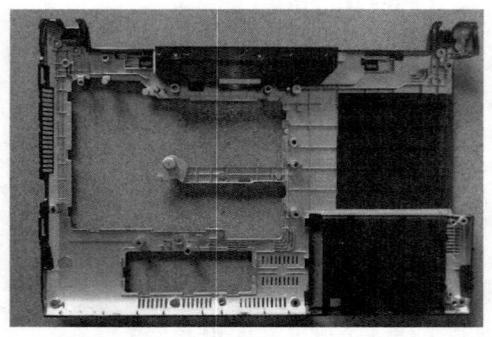

图 12.2 通信机柜的导电漆应用

磁波干扰的功能。导电漆就是用导电金属粉末添加于特定的树脂原料中以制成能够喷涂的一种油漆涂料，如图 12.2 所示。

下面介绍导电涂料的基本使用方法。

（1）使用前，应将涂料于漆罐内完全搅拌均匀，方可使用。搅拌均匀后，镍金属粒子分散均匀，喷涂出来的漆膜才能达到导电性能。

（2）涂料稀释后，使用时最好经常搅拌，做到不超过 5min 搅拌一次，以达到最佳涂装导电效果；已稀释的产品应尽快用完，避免长期存放；

稀释后较易沉淀，但经搅拌后仍不影响使用效果。

（3）防护措施：使用期间，确保作业环境通风良好，避免长期直接接触或吸入，切勿将涂料倒入水渠或下水道污染环境。

3. 导电胶

导电胶是一种固化或干燥后具有一定导电性能的胶黏剂，通常以基体树脂和导电填料即导电粒子为主要组成成分，通过基体树脂的黏合作用把导电粒子（如银）结合在一起，形成导电通路，实现被黏合材料的导电连接。由于导电胶的基体树脂是一种黏合剂，可以选择适宜的固化温度进行黏合，同时，导电胶可以制成浆料，实现很高的线分辨率，可以满足电子元件的小型化、微型化及印制电路板的高密度化、高集成化的发展要求。导电胶的工艺简单，易于操作，可提高生产效率，是替代锡铅焊接，实现导电连接的理想选择。

导电胶的导电原理如下。

（1）导电粒子间相互接触形成导电通路，使导电胶具有导电性。胶层中粒子间的稳定接触是导电胶固化或干燥造成的。导电胶固化或干燥前，导电粒子在黏合剂中是分离存在的，相互间没有连续接触，因而处于绝缘状态。导电胶固化或干燥后，溶剂的挥发和黏合剂的固化而引起黏合剂体积的收缩，使导电粒子相互间呈稳定的连续状态，因而表现出导电性。

（2）隧道效应使粒子间形成一定的电流通路。导电粒子中自由电子的定向运动受到阻碍，这种阻碍可视为一种具有一定势能的势垒。根据量子力学的概念可知，对于一个微观粒子，即使其能量小于势垒的能量，它除了有被反射的可能性，也有穿过势垒的可能性。微观粒子穿过势垒的现象称为贯穿效应，也称为隧道效应。电子是一种微观粒子，具有穿过导电粒子间隔离层阻碍的可能性。电子穿过隔离层的概率与隔离层的厚度、隔离层势垒的能量与电子能量的差值有关，厚度和差值越小，电子穿过隔离层的概率越大。当隔离层的厚度小到一定值时，电子就很容易穿过这个薄的隔离层，使导电粒子间的隔离层变为导电层。由隧道效应产生的导电层可用一个电阻和一个电容来等效。

导电胶的分类方式有两种。

（1）按导电方向可分为各向同性导电胶（Isotropic Conductive Adhesive，ICA）和各向异性导电胶（Anisotropic Conductive Adhesives，ACA）。ICA 是各个方向均导电的黏合剂，可广泛用于多种电子领域；ACA 则是在一个方向（如 Z 方向）导电，而在 X 和 Y 方向不导电的黏合剂。一般来说，ACA 的制备对设备和工艺的要求较高，不容易实现，较多用于 PCB 精细印刷等场合，如平板显示器（FPD）中的 PCB 印刷。

（2）按固化体系可分为室温固化导电胶、中温固化导电胶、高温固化导电胶、紫外光固化导电胶等。室温固化导电胶较不稳定，室温储存时其体积电阻率容易发生变化。高温导电胶在高温固化时易发生金属粒子氧化，要求固化时间必须较短。目前国内外应用较多的是中温固化导电胶，其固化温度适中（低于 150℃），与电子元件的耐温能力和使用温度匹配，力学性能也较优异。紫外光固化导电胶将紫外光固化技术和导电胶结合起来，赋予了导电胶新的性能并扩大了导电胶的应用范围，可用于液晶显示电致发光等电子显示技术，国外从 20 世纪 90 年代开始研究，我国也于近年开始研究。

导电胶主要由树脂基体、导电粒子和分散添加剂、助剂等组成。基体主要包括环氧树脂、丙烯酸酯树脂、聚氯酯等。虽然高度共轭类型的高分子结构本身也具有导电性，如大分子吡啶类结构等，可以通过电子或离子导电，但这类导电胶的导电性最多只能达到半导体的程度，不能具有像金属一样低的电阻，难以起到导电连接的作用。目前市场上使用的导电胶大都是填料型。

填料型导电胶的树脂基体，原则上讲，可以采用各种的树脂基体，常用的一般是热固性黏合剂体系，如环氧树脂、有机硅树脂、聚酰亚胺树脂、酚醛树脂、聚氨酯、丙烯酸树脂等。这些黏合剂在固化后形成导电胶的分子骨架结构，提供了力学性能和黏合性能保障，并使导电填料粒子形成通道。由于环氧树脂可以在室温或低于 150℃固化，并且具有丰富的配方可设计性能，目前环氧树脂基导电胶占主导地位。

导电胶要求导电粒子本身要有良好的导电性能，粒径要在合适的范围内，能够添加到导电胶基体中形成导电通路。导电填料可以是金、银、铜、铝、锌、铁、镍的粉末，和石墨及一些导电化合物。

导电胶的另一个重要成分是溶剂。由于导电填料的加入量至少在 50% 以上，所以导电胶树脂基体的黏度大幅度增加，常常影响黏合剂的工艺性能。为了降低黏度，实现良好的工艺性和流变性，除了选用低黏度的树脂，一般需要加入溶剂或者活性稀释剂。其中活性稀释剂可以直接作为树脂基体，反应固化。溶剂或者活性稀释剂的量虽然不大，但在导电胶中起重要作用，不但影响导电性，还影响固化物的力学性能。常用的溶剂（或稀释剂）一般应具有较大的分子量，挥发较慢，并且分子结构中应含有极性结构，如碳—氧极性链段等。溶剂的加入量要控制在一定范围内，以免影响导电胶胶体的整体黏合性能。

除了树脂基体、导电填料和稀释剂，导电胶其他成分和黏合剂一样，还包括交联剂、偶联剂、防腐剂、增韧剂和触变剂等。

12.7 机械设计要求

设计 PCB 及其组件的意图，主要是借助机械安装和支撑元件，提供所有必要的电气互连。然而，PCBA（印制电路板组件）不应该作为（主要）结构件。

PCBA 有以下 3 种基本类型。

功能模块 利用插件和机械安装 PCBA。功能模块以元件的形式存在，其引线或其他电气端子既提供电气互连，又提供机械安装模块到更高一级的电子封装。

插件模块 提供一个或更多个板边连接器的电气互连。插件模块通常插在母板上，有时候需要电缆。插件模块由板边连接器和一个或多个导引卡、插件轨道或一个安装架提供单边机械支撑。

机械安装 PCBA 使用一批机械紧固件在模块壳的周围（如果需要，还要包括对内部 PCBA 额外的支持）完成安装和（或）机械支撑。最常见的机械安装 PCBA 是个人计算机中常用的主板。

机械安装 PCBA 是电气 / 电子组件的一种，组件中使用一个或多个机械紧固件，如螺钉、夹子、压铆螺母柱。模块化电源就是机械安装 PCBA 的一个常见案例。

所有形式的 PCBA，虽然由于特定的形状和应用有不同的要求，但都有许多满足其产品定义的共同要求。例如，由翘曲度引起的 PCBA 平整度要求，插件和机械安装 PCBA 是不同的。用于机械安装的紧固件数量和位置要求也不同，如相对较厚的低元件密度多层 PCB，和高元件密度的更简单的 PCB 就不同。

下面列出一些在设计 PCB 和组件中必须要考虑和评估的因素（主要基于 Ginsberg[3]）：

- PCB 的配置、大小和形状因素
- 需要的机械附件、安装和元件类型
- 电磁屏蔽和其他环境的兼容性
- PCBA 安装（水平或垂直）作为其他因素的后果，如粉尘和环境
- 需要特别关注的环境因素，如热管理、冲击和振动、湿度、盐雾、灰尘、高度和辐射
- 支持度
- 保持和紧固
- 易于取出

12.7.1 机械设计的一般要求

PCB 和 PCBA 的机械设计要求，通常包括尺寸标注方法、安装、插入和拔除元件或组件、保留、取出的指导。通常，PCBA 安装方法是预先确定一个与已有硬件兼容的设计要求。在其他情况下，PCB 设计者需要考虑以下设计因素，选择一个更适合的 PCBA 安装方法：

- 根据形式、适用性和功能要求，确定 PCB 的大小和形状
- 输入 / 输出端子和位置
- 面积和体积的限制
- 可达性需求
- 易于修理 / 维护
- 模块化要求
- 安装硬件类型
- 热管理
- 电磁兼容
- 电路与其他电路的关系类型

1. 尺寸和公差

PCB 和 PCBA 的尺寸和公差系统，必须确保产品适当定义了所有形状、尺寸，以及其生命周期中包括从制造到使用的功能要求。尺寸和公差至少在设计、制造、组装、检验、测试和验收阶段都至关重要。

在尺寸和公差中，要考虑到在实际的工作环境中，有如下几个因素影响 PCB 和 PCBA 的尺寸：

- 工作中热膨胀，包括不同材质材料的热膨胀系数不同
- 停止工作后，材料本身带来的收缩
- 在不同的湿度环境下，材料吸收湿气带来体积变化，而不同材料的吸湿性能是不同的
- 不同的工作温度，造成的电路板尺寸的变化和差异

　　无论尺寸和公差标准是否用于建立和记录产品定义的机械设计和验收要求[4]，每个PCB（见图12.3）至少应该有两个（主要）的数据参考特征。其目的是，确保PCB和PCBA的基准参考在生产和验收阶段的完整性。一般来说，它应该有一个非功能性孔（在PCB情况下）或表面图形，作为最终尺寸测量和产品验收的主要参考基准。参考基准不应是形成于制造、加工或组装过程的最后阶段，通过二次机加工形成的一个边。

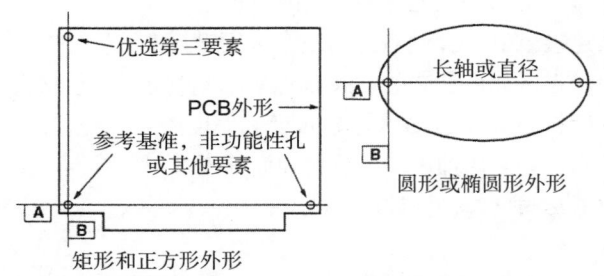

图12.3 为确保参考基准的完整性，在完整的设计生产和验收周期内，
所有PCB和PCBA都应该有自己的参考基准

2. 机械安装 PCBA

　　PCBA安装应确保其整个产品生命周期的机械（有时电气接地）完整性。以下是一些普遍接受的机械安装PCBA的要求和做法：

- PCBA三侧边缘应至少预留25mm
- 作为良好的做法，大约0.7～1.6mm厚的PCB应采用100mm或更小的机械支撑间隔；PCB厚度大于2.3mm时，应采用130mm或更小的支撑间隔
- 紧固件不应位于比PCB厚度或紧固件头的直径（以较低者为准）低的位置，从板边算起

3.PCBA 指南

　　使用插件PCBA而非其他电子封装技术的主要优势是，利用机械PCBA插件导轨易于维护、易于改变、功能或性能可升级。有很多PCBA硬件系统指南，既可以作为行业标准商用、又可作为专属品。PCBA可以作为预定的设计要求，或可基于PCBA的大小和形状，需要确保适当的连接系统匹配的尺寸精度，以及所需的复杂程度而开发。一些PCBA指南系统内包含内置的、提供机械保持和热管理（导电）的锁定系统。

　　注意：一些PCBA卡指南系统已变成部分行业标准，可经获得或组合来适合大多数PCBA。然而，并非所有的行业标准像PCBA指南系统那样，对PCBA的保持或拔取是兼容或可互换的。

4. 固定 PCBA

　　通常，冲击、振动和平时工作要求PCBA被机械装置固定在设备内。一些PCBA固定系统在PCB组装过程中如硬件般被连接；其他支护系统是建立在PCBA安装硬件上的，通常被称为笼。选择适当的PCBA支护系统是很重要的，因为固定装置可以减少用于元件安装和互连的区域，并对电子设备的成本增加有明显影响。

5. 拔取 PCBA

　　一些独特的原则已被开发并应用于解决从插件外壳拔取PCBA的各种问题，结果是专利的扩散和一些工业标准的拔取系统。最常见的行业标准拔取器是注塑成型的塑料件，当其通过压入销连接到PCBA时，可自由地部分旋转。这些PCBA拔取工具占用最小的PCB空间，而最大

化元件和导体布线 PCB 区域。它们还保护 PCBA 和相关配套连接器，以免在拔取过程中损坏。

以下是不同类型 PCBA 拔取工具要考虑的：

- 可连接的 PCBA 区域
- 拔取器对 PCBA 之间安装间距的影响
- 对 PCB 特别规定的要求，如安装孔、安装间隙孔和缺口
- 拔取器的尺寸，特别是如果放置在使用它的设备上
- 对于拔取器永久连接到 PCBA 的需求，通常采用铆接
- 专门设计的需求考虑，如承载法兰、PCBA 内的硬件安装底盘或笼硬件
- 拔取器的适合程度，如各种 PCB 大小、尺寸和厚度
- 使用拔取器的成本，同时增加了单位价格和设计成本
- 所需设备内拔取器参与度与访问程度

12.7.2 冲击和振动

冲击、振动、挠曲和弓曲是 PCBA 的功能性和可靠性问题，对于大型 PCBA 尤为重要。对于许多 PCBA，冲击和振动的最坏情况发生在非工作或功能使用中，如在运输和从一个地方到另一个地方的传送方式中；或可能在功能使用中，如含有 PCBA 的产品不慎掉到地面。其他 PCBA 的设计应足以承受运输和使用中规定的冲击和振动。冲击和振动设计要求有所不同，这取决于一系列的基本要求。例如，承受车辆、火车、船舶及国内和国际的 1、2、3 级空运要求，会有非工作的冲击和振动，其中也包括了各种包装的程序和要求。冲击和振动的功能设计要求是多种多样的，对应用非常依赖。一些冲击和振动的来源很明显，而其他都是很不易察觉的。冲击和振动水平与持续时间在应用中也差异明显：安装在车辆轮轴上的电子传感器应用不同于仪表板上的无线电。在地面上的、安装在机架上的、工业控制设备上的、航空器上的、航天器上的、军事用途上的，应用之间都存在差异。有些振动是难以察觉的，它是低水平持续的并经常由电动或气动发动机驱动旋转机械和设备造成的。连续的低级振动容易诱发一些电气 / 电子设备的机械疲劳。

1. 冲 击

机械冲击可以被定义为一个脉冲、一步或瞬态振动，其激励是非周期性的[5]。冲击是一个突然施加或增强的力，是一个速度矢量的方向和大小的突然变化。除了少数例外，冲击不易由相对较轻的安装架和结构传输到电子设备。很多电子设备的冲击是消费、商业和工业市场，在操作和运输过程中的跌落；除非电子传感器或设备安装在更重的安装支架上，如车辆车轴和冲床等设备，或军事装备进行空投或爆炸，如弹药。大多数瞬间冲击力导致由安装架的固有频率影响的抑制振动暂态。一般来说，冲击要么导致瞬时失效或降低连接强度的有效应力集中，要么导致后续附加的冲击和振动引发的失效。

2. 振 动

振动是一个术语，描述了机械系统的振动，并通过振荡频率（或多个频率）和振幅来定义。PCBA 经历长时间的振动往往会导致疲劳失效，表现形式包括线路断裂或元件引线断裂、焊点断裂、导电图案断裂或电气连接器断路。振动的频率、共振和振幅都会引发失效。

PCBA 的挠曲和弓曲是冲击和振动诱发的结果。不同的 PCBA 安装方法对冲击和振动有不同的敏感度。一般来说，大多数小 PCBA 功能模块采用如元件一样的工艺来制造，经常与聚合物

灌封材料形成固体封装，因此模块内部对冲击和振动的要求最小。插件 PCBA 被板边连接器限制在一个边缘，并在某种程度上沿着 PCBA 两侧机械的导引，导致只剩下一个边缘的 PCBA 在冲击和振动下自由挠曲，或在制造或组装中剩余应力的作用下弓曲。然而，一起处理 PCBA 自由边或限制杆，可以在位于 PCBA 自由边的中心，在支撑约束条的末端增加机械连接到 PCBA 安装硬件（插件箱）。通常，匹配板边连接器有一个模塑体，以配合边板连接器提供机械支撑，并在电接触上足够合规，在连接器的性能规范内保持良好的电气连接。机械安装 PCBA 除冲击和振动外，还有以下 3 项主要原因。

（1）PCBA 有可能非常大，有时为 600mm²。更多的是，最大宽度为 430mm（一个标准的电子机柜宽）和小于 600mm 长。虽然大多数小于 300 mm²，但仍是一个大面积，如果没有支撑，也是一个问题。

（2）PCBA 不适合作为高质量元件的机械支撑结构，如磁性元件（铁芯变压器和电感器）、电源和大（物理尺寸）功能模块。

（3）PCBA 不包括在机械设计定义内。

3. 冲击和振动的主要关注点

（1）PCBA 之间的挠曲会导致与相邻 PCBA 或外壳的短路。

（2）基本模式是引起关注的主要模式，因为它具有大量位移，会引起焊点、元件引线和连接器连接的疲劳损坏。

（3）连续挠曲 PCBA 会导致元件引线和更重要的表面贴装元件焊点，会由于机械疲劳失效（PCBA 上机械引起的挠曲或振动用于可控条件下对焊点诱导失效的质量和可靠性研究）。

（4）由于冲击和振动共振或谐波共振，PCBA 在机械导轨的运动幅度会被放大。

（5）安装元件后的 PCBA 的疲劳寿命模型会变得更加复杂，由于在振动和热循环中使用，会发生叠加效应。振动应变和热应变应该叠加考虑，以利于更具有代表性的建模。

4. 边缘安装的类型

对 PCBA 冲击和振动影响存在的问题、分析的方法、最小化方法，在其他工程应用中也相同，类似的解决方案可以使用。PCBA 被设计和制造时，形状和尺寸范围很广，矩形最常见，因为大多数电气／电子设备，特别是插接件，都是这个形状。虽然 PCBA 是一个多自由度系统，基本模式是最重要的，因为它有大量的位移，是造成焊点、元件引线、导体和连接器的接触等疲劳失效的主要原因[6]。由于位移和应力最大，大多数的振动疲劳损伤发生在基本或固有频率。边缘或边界条件是用来定义 PCBA（或更一般的，一个在制板）到安装架的连接方法的术语。术语"自由边"用来定义那些不受限制的边，可以自由移动和（或）沿 PCBA 边超出正常安装平面旋转。术语"支撑边"或"简支撑"用于定义一个边被限制在平面外运动，但允许沿着 PCBA 边旋转运动。术语"固定边"或"夹紧边"用来定义对平面外和旋转运动都有限制的边。固定边、支撑边、自由边及其应用于 PCBA 的插件安装，具体如图 12.4 所示。

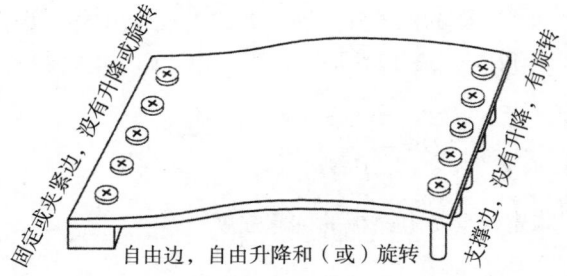

图 12.4 PCBA 安装方法有助于解决冲击和振动问题，但可以通过良好的设计去降低

5. 电路板挠度

PCBA 元件应力是 PCBA 受到冲击和振动时最大挠度的函数。这些安装在组件中心的元件受到最大的应力，如图 12.5 所示。

经验最大挠度（δ）公式由 Steinberg[7] 开发，而他最近的方程比以前具有更多参数，反映了复杂性和现代 PCB 的需求（单位从英寸调整到毫米）：

$$\delta = \frac{k0.00022B}{ct\sqrt{L}}$$

（12.3）

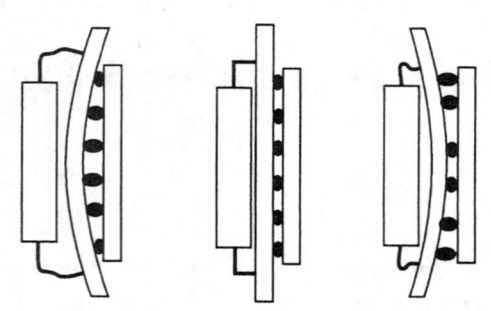

图 12.5 在冲击和振动过程中，最苛刻的应力作用于组件正中间的元件时，PCBA 中的 PCB 弯曲度

这里，k 为单位换算系数，对于英寸，$k = 1$；对于毫米，$k = \sqrt{25.4}$。B 为平行于板中心元件的 PCB 边的长度（最坏情况下），单位为 mm。L 为元件的长度，单位为 mm。t 为 PCB 厚度，单位为 mm。对于标准 DIP，$c = 1.0$；对于带侧焊引线的 DIP，$c = 1.26$；对于带 4 排引线的 PGA（一列沿着每条边的周边排布），$c = 1.0$；对于 CLCC，$c = 2.25$。

对最大挠度计算公式的分析揭示（如预期），内置某种顺应性元件的安装和电气端子（如 DIP 和 PGA）可以承受的振动挠度两倍于 SMT CLCC 封装，在元件尺寸、PCB 尺寸和 PCB 厚度相同的情况下。最新最大挠度计算公式是，当受到谐波（正弦）振动时，反向应力是额定的 1000 万倍；受到随机振动时，反向应力为额定的 2000 万倍。

必须要理解这个方程是第一个近似预测焊点寿命的公式。必须包括很多因素，以得到更严格的分析和预测。更深入的讨论可以在 Barker[6] 中找到。

6. PCBA 的固有（基本）共振

机械安装 PCBA 及其元件是考虑 PCBA 承受冲击和振动的重点。 PCBA 总体尺寸不是一个主要因素， 提供合适的机械支撑结构是 PCBA 产品定义的一个要求。 安装 PCBA 有很多不同的方法， 包括使用不同方式的自由边、 支撑边、 固定边， 和通过计算基本共振得到的支撑点。下面用 4 个例子比较基本的固有共振，它们都是相同的矩形 PCBA，但使用不同的边安装技术。计算其他固有共振的更多公式在 Barker[6]、 Steinberg[7] 及其他文献中可以找到。

下面的例子——展示 PCBA 安装方式的敏感性——用相同的 PCBA 达到直接对比的目的（见图 12.6）。表 12.6 是设计要求和计算用的材料参数。

$$D = \frac{Et^3}{12(1 - \mu^2)}$$

（12.4）

式中，D 是电路板的抗弯强度。

$$M = \frac{W}{g}$$

（12.5）

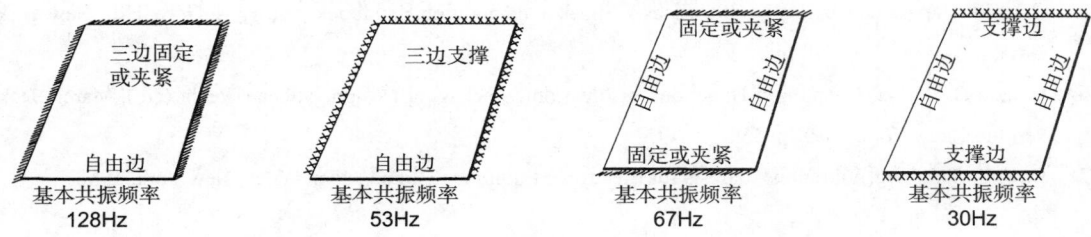

图12.6 相同的PCBA可以有很大范围的固有共振，这取决于安装方法。
这就是为什么冲击和振动问题是一个关键的设计考虑

表12.6 设计要求和计算用的材料参数

参　数	名　称	值
E	弹性模量(GF型环氧-玻璃)	1.378×10^4 MPa
μ	泊松比	0.12（无量纲）
a	PCBA的长边	200mm
b	PCBA的短边	150mm
t	PCBA的厚度	1.6mm
W	含元件的PCBA的质量	0.25kg

$$f_n = C_0 P_0 \sqrt{\frac{Dab}{M}} \text{Hz} \qquad (12.6)$$

式中，f_n是固有共振频率。

12.7.3　增强和缓冲的方法

　　PCBA结构可以采用一个或多个方法提高固有共振频率，使其远离冲击和振动的威胁。最明显的是在改变固定或安装方法，在更高级水平内组装PCBA。不过，由于资源和计划的改变，需要重新设计，这通常可能不是一个可接受的选择。然而，一些简单的修改设计可以满足要求。有时，将PCBA插件导轨从松散支撑导轨调整为很紧的弹簧或夹持式导轨，可能就足够了。其他方法包括加筋或补强、额外的单点安装位置，或在PCBA表面放置缓冲器。

参考文献

［1］Donald R. J. White and Michel Mardiguian, "EMI Control, Methodology and Procedures," Interference Control Technologies, emf-emi Control, 4th ed., Gainsville, Va., pp. 5.5–5.6

［2］Ruey-Beei Wu, "Resistance Modeling of Periodically Perforated Mesh Planes in Multilayer Packaging Structures," IEEE Transactions on Components, Hybrids, and Manufacturing Technology, vol. 12, no. 3, September 1989, pp. 365–372

［3］G. L. Ginsberg, "Engineering Packaging Interconnection System," Chap. 4 in Clyde F. Coombs, Jr. (ed), Printed Circuits Handbook 3d ed., McGraw-Hill, New York, 1988 pp. 4–17

［4］ANSI-YI4.5 "Dimensioning and Tolerancing," American National Standards Institute, New York, (date of current issue)

［ 5 ］Cyril M. Harris and Charles E. Crede (eds.), Shock and Vibration Handbook, vol. 1, McGraw-Hill, New York, 1961, p. 1–2

［ 6 ］Donald B. Barker, Chap. 9, in Handbook of Electronic Packaging Design, Michael Pecht (ed.), Marcel Dekker, Inc., New York, 1991, p. 550

［ 7 ］Dave S. Steinberg, Vibration Analysis for Electronic Equipment, 2d ed., John Wiley, New York, 1988

第 13 章
PCB 的电流承载能力

Mike Jouppi
美国科罗拉多州森特尼尔，热管理有限公司

柳　珩　编译
上海柯金电子科技有限公司

13.1　引　言

设计电子产品时，一个重要的考虑因素是确保电气元件能够在一定温度下工作，并能保持长寿命和可靠运行。印制电路板（PCB）线路的电流承载能力是管理 PCB 温度的一部分，这些都直接影响元件（线路是 PCB 上的铜导体。印制电路"导线"（导体）和"线路"这两个术语在本章中可以互换使用。"轨迹"是线路或导体的另一个常用术语）。要想在 PCB 平面得到预期的温升，有必要按规定的尺寸正确制作电流线路。

为所有的印制电路及其应用总结电流承载能力是一项困难的任务。简化这项任务的唯一安全方法是超安全标准设计。然而，由于技术上在推高电流水平上限，以及使用较小的线路宽度和间距，导致超过安全的设计不是一个解决方案。

本章介绍了按规定尺寸制作线路的几组图表，并对它们进行了解释，也展示了其他表格。PCB 的热管理常常要求对线路的温度进行精确估计。本章介绍了作为 PCB 设计助手的导体尺寸表格和线路温度信息。

13.2　导体（线路）尺寸图表

在给定的电流水平和温升，可以使用图表定义线路尺寸。线路的温升被定义为温度的升高，即当电流流过时线路能达到的高于 PCB 的温度。元件功耗较低时，PCB 温度与环境温度类似。但是，当元件功耗为几瓦或更高时，PCB 温度远高于环境温度，尤其是在静止空气或真空环境中。

13.2.1　导体尺寸图表的发展

图表已经存在了许多年。即使本身有很多限制，它们仍在大多数实践中应用。在 IPC-2152《印制板设计中确定载流能力的标准》中，外层和内层导体尺寸图表是规定线路尺寸的标准，并且两者的图表是统一的，见图 13.1。该图表的数据是可靠的，但是也比较保守。实际应用中的数据，很可能会比表格中的小。

本章的图表，基于聚酰亚胺或 FR-4 环氧树脂基材，但是不包含 PCB 上任何铜层的铜导体的性能。详细说明请参考 IPC-TM-650 方法 2.5.4.1。

　　最原始的外层导体尺寸图表于 1956 年制成。从不同材料、不同厚度和不同铜质量的板子，以及有无铜面层的 PCB 的线路加热试验数据，收集和整理而成。外层的图表对于无铜面层的薄双面 PCB 是不保守的（电源、地或散热平面）。"不保守"在这里的意思是，线路温度比图表显示的给定电流条件下的温度高。温度差异将在后面的章节中讨论。

　　内层导体尺寸图表对于横截面积高达 700mil² 的线路是保守的。对于高电流水平或更大的横截面积，则变得不是很保守。内层导体尺寸图表相当于外层导体图表一半的电流，不能代表内层导体测试数据。内层线路图表有很大的余量，且可能的话，应该被用于确定内层和外层导体的尺寸；如果不可能，可选择更具体的方法。第一步是使用专注于基线组图表的新图表。

13.2.2　新导体（线路）尺寸图表

　　IPC-2152《印制板设计中确定载流能力的标准》，是专门为导体载流能力编制的。提供的补充图表用来分开通过电流时影响线路温升的多个变量。

　　内层和外层导体有一组基线图表。对于大多数设计，基线是保守的，即使一般来说不比 IPC-2152 内层导体尺寸图表保守。新旧的不同在于是否注意了影响线路温升的参数，其中的一些包括 PCB 厚度、是否有铜面层及 PCB 的周围环境。本章介绍 IPC-2152 现存图表之外的补充信息，以帮助缩小新旧图表的差距。

13.3　载流量

　　载流量通常定义为，将特定数量的电流加入特定尺寸的线路所引起的线路温升。温升依赖于：

- 电流的大小
- PCB 的厚度
- 线路的横截面积
- 给定横截面积的线路的厚度
- 线路到铜面层的距离
- PCB 的材料
- 环境（静态空气、加压气流、真空等）
- 高速下的趋肤效应（GHz）

13.3.1　PCB 的设计

　　PCB 的设计可能完全不同。它们的范围从一枚邮票大小的双面板，到 2ft 宽、4ft 长的 40 层电路板。它们的工作环境也是一个考虑因素——例如，它们是否在地球上，在宇宙空间或在一些其他星球上使用。

　　因为有范围广泛的 PCB 结构和材料，不能指望单一线路大小的图表，来描述所有 PCB 引起电流功能的线路温升。即使在相同的电流下，小的线路与间距、铜厚、单层板及多层板等所有构成都有不同的结构形式，导致相同横截面积的线路温升从 10℃ 到 70℃ 或更高。

13.3.2 导体（线路）尺寸图表的应用

本章介绍 5 个不同的图表。第 1 个大约开始于 PCB 行业开始之时，专门针对外层线路。第 2 个针对内层线路尺寸。第 3 个和第 4 个针对内层和外层线路。这些都是从最近的研究中得出的，被称为基线图表。第 5 个在 PCB 中有铜面层时，使用基线图表解释散热和冷却效果。即使有这些图表，图表本身也不能提供足够的信息，必须使用分析工具解决电流承载能力的问题。

本章的图表作为规定铜线路尺寸的指南。它们的使用是有限制的，且这些限制条件将在线路尺寸指南中讨论。线路尺寸图表被用来管理线路发热，其中包括平行导体或导通孔的尺寸规定。最后，设计领域的问题，如"瑞士奶酪"效应和环境问题在本章最后讨论。

对于每组图表，包括讨论了每组图表代表什么，以及它最好应用在 PCB 设计的何处。图表如下。

（1）IPC-2152-2009 外层和内层图表（见图 13.1），PCB 设计的行业标准。

（2）基线图表：规定导体尺寸的额外图表，显示了施加电流时影响线路温升的变量效应

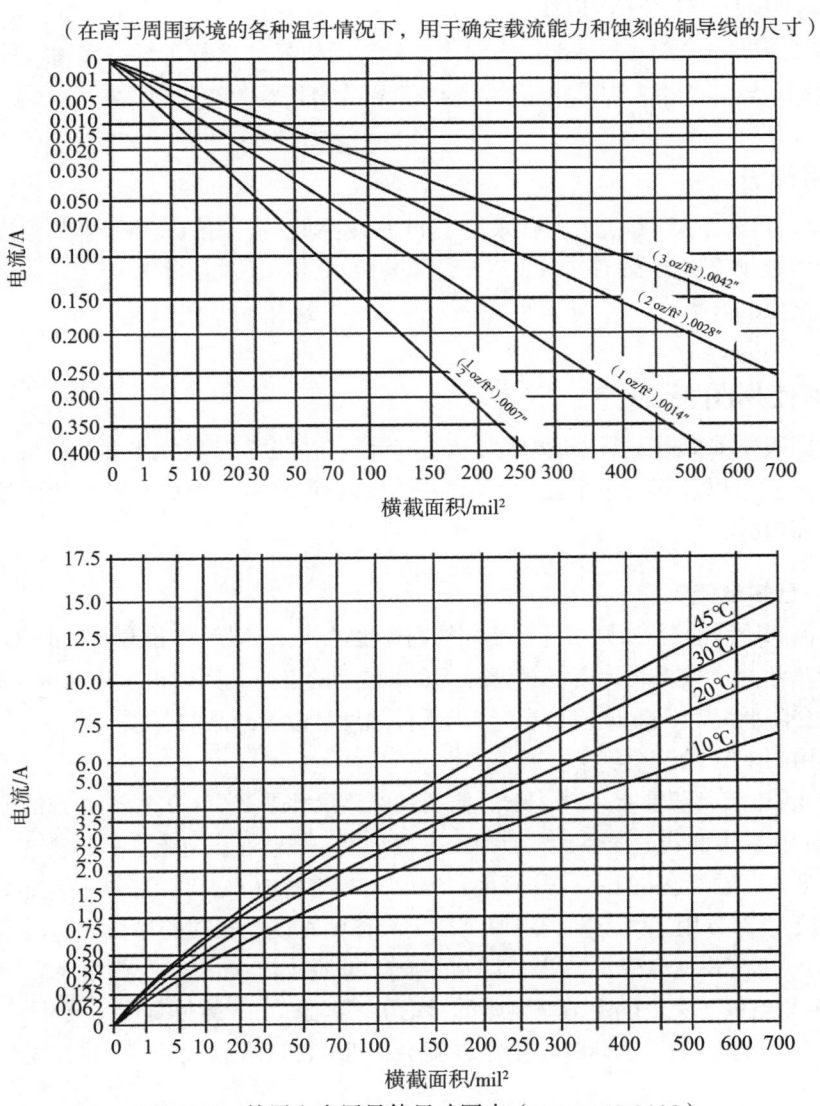

图 13.1　外层和内层导体尺寸图表（IPC-2152-2009）

的例子（另外的基线图表可从热管理有限公司获得，其中考虑了 FR-4、BT、铜面层和板厚 0.038 ~ 0.059in）。关于铜的质量或厚度、板材、板厚和铜面层的影响，进一步的讨论如下。

内层导体尺寸图表为 1.78mm（0.07in）厚的聚酰亚胺板内 1oz 铜的情况（通常用质量表示铜厚，如 1/4oz、1/2oz、1oz、2oz 等，是指面积为 1ft² 的特定厚度铜片的质量。例如，1oz 铜是 1ft²、0.00135in 厚的铜。质量可使用铜的密度 0.323lb/in 来计算）[3]。

外层导体尺寸图表为 1.78mm（0.07in）厚聚酰亚胺板上 2oz 外层铜导体的情况。

铜面层图表为 1.78mm 厚的聚酰亚胺 PCB。本表描述了线路温升的减少根据与单面铜面层距离变化的情况。本表用来结合内层和外层基线图表一起使用。

13.4 图 表

13.4.1 外层和内层导体尺寸图表

图 13.1 来自 IPC-2152-2009 标准，它对内、外层导体尺寸进行了统一表述。外层是指 PCB 的最外层。直到最近这些年，内层线路热量的数据都没有广泛公布。

13.4.2 线路温升

源于导体尺寸图表的线路温升，代表高于 PCB 线路周围温度的线路增加的温度。例如，若由元件热量导致板子温度为 85℃，而线路设计温升为 10℃，则线路将为 95℃。温升是当施加电流时，线路温度上的升幅。

13.4.3 如何使用图表

导体尺寸图表要求知道 3 个变量中的 2 个：电流、导体温升或线路尺寸。如果知道 3 个变量中的任意 2 个，就可以计算另一个变量。当需要对线路温升有一个更精确的估计时，也需要考虑板厚、铜厚和板材。

1. 图表基础：已知电流

若已知电流和所需的温升，则可计算不同线路厚度的线宽。设计中普遍设计 10℃为一个温升。温升应该始终最小化。如果设计者能够管理 1℃或更小的温升，则会最小化对板子热量的贡献。增加线路尺寸会降低温升、降低电压降、降低元件温度且改善产品的可靠性。

下面是使用图 13.1 的一个例子。

如果施加 6A 电流，想要有 10℃温升，需要的线路尺寸是多少？开始于顶部的图表，接着是一条从 6A 到标示 10℃曲线的线。10℃曲线代表特定尺寸线路在该电流水平的轨迹。接下来，从 10℃曲线顺延下去，看看它与坐标"横截面积/mil²"相交的地方。最后一步是决定线路的宽度。

图 13.1 的下半部分用来为不同铜层厚度决定导体的宽度。相同的横截面，对厚铜来说，宽度会变小，而对薄铜来说就会变宽。继续上面的例子，按照从 200mil² 到下面图表的标记线"（1oz/ft²）0.0014"的垂直线（见 13.4.5 节对铜厚的讨论），穿过标有"导体宽度（英寸）"的直线表明铜线路应该为 0.15in 宽。如果选择 3oz 的铜，线宽会接近 0.05in；而对于 1oz 的铜，线宽则是 0.15in。

2. 图表基础: 已知横截面积

如果已知线路尺寸, 就可决定温升和电流。只能在温升常量的曲线范围内估计温升。如果给定温升, 则可估计电流值。计算可使用图 13.1 介绍的方法。

13.4.4 图表数据

为了开发导体尺寸图表, 下面的测试程序根据 IPC-TM-650 2.5.4.1a "随导体电流变化的导体温升" 定义了数据采集。理解导体尺寸图表导出的这些数据、测试方法和测试条件, 对理解这些图表的局限性很重要。

图 13.1 显示的图表是由双面板外层线路温度数据建立的。内层线路图表不是通过内层线路数据获得的。

13.4.5 节《导体尺寸设计指南》对内层线路图表有更进一步的讨论。

外层线路图表描绘了穿过线路温度数据点的最佳拟合线, 这些数据来自不同材料 (环氧和酚醛树脂)、不同 PCB 厚度 [3.175mm (0.125in)、1.587mm (0.0625in) 和 0.794mm (0.0312 in) 及不同的铜厚 (1/2 oz、1oz、2oz 和 3oz)]。以及最重要的, 来自 PCB 铜面层。PCB 材料、厚度、铜厚, 尤其是铜面层, 对线路的温升都有影响。将这些变量平均在一起会得到扭曲的结果。

图 13.2 顶部曲线显示, 原始的 10℃温升线被用来在图 13.1 中创建 10℃温升曲线。图 13.2 的所有曲线展示 10℃的温升, 但每条曲线代表一组不同的条件。从上到下, 下一条曲线用来代表涂层, 虽然它是线路与涂层、薄 PCB 和已浸焊 PCB 的混合。再下一条曲线代表被浸焊过的测试板。最后一条曲线代表线路从 PCB 移出并在自由空气中测试。图 13.2 方框内的区域在尺寸上进行了放大, 且在图 13.3 中进行了展示。

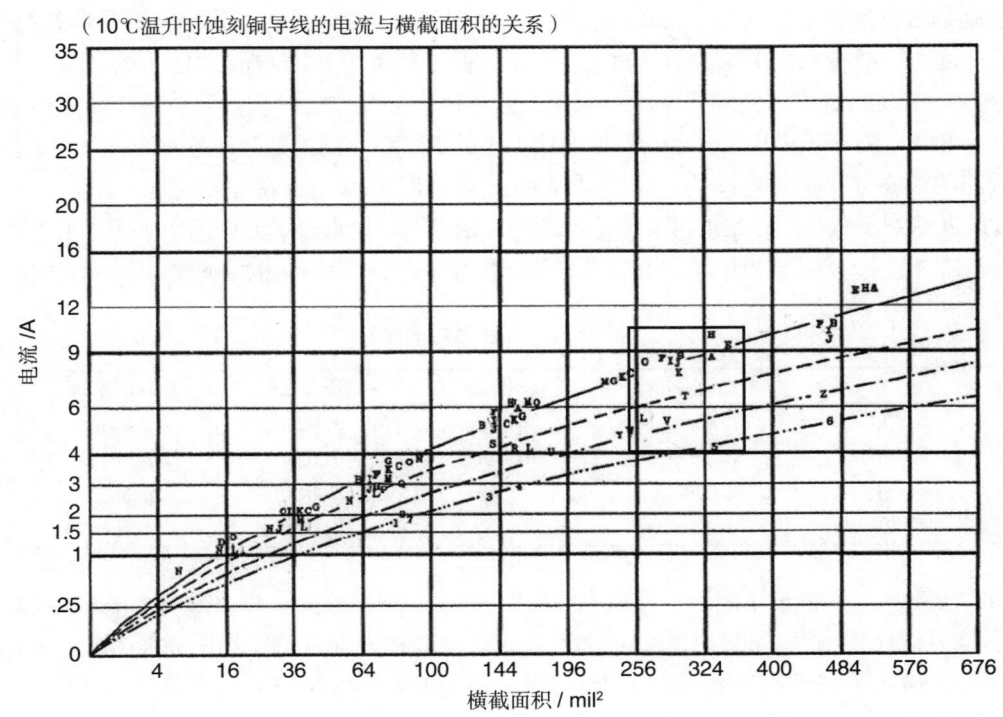

图 13.2 美国国家标准局 10℃图表[1]

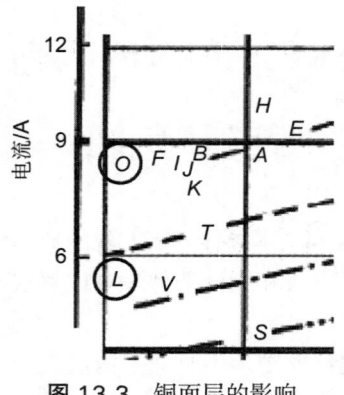

图 13.3 铜面层的影响

正如之前图 13.2 顶部曲线包括不同的数据点描述的那样。在图 13.3 中，可以观察到点 O、L 的几个特征，尤其是 PCB 厚度的影响和铜面层的影响。O 和 L 是同一块电路板的相同尺寸的线路，有一个意外：线路 O 的板子在其背面有铜面层。两个例子在 10℃ 温升时可以观察到 3A 电流的区别。

数据点 L 代表外层、1oz 铜线路、0.03in 厚的 PCB。导体在薄板比在厚板上的工作温度高。薄板上的线路更能在较低的电流水平达到 10℃ 温升。数据点 O 也可代表 0.794mm（0.0312in）厚、外层 1oz 铜线路的 PCB，即使在其背面有一个 1oz 的铜面层。由于 PCB 的热扩散能力，带有铜面层的 PCB 上的线路在达到 10℃ 温升之前，比 PCB 上没有铜面层的线路能承载更多的电流。

作为图 13.1 曲线形成的方法，有保守的区域，也有不保守的区域。已有准备好的指南来帮助定义曲线的这些区域。

13.4.5 导体尺寸设计指南

该部分总结和扩展的设计说明来自 IPC-2152。

（1）设计图表已经被当作估计线路高于 PCB 温度的温升，和评估各种蚀刻铜导体横截面积的电流的辅助手段。前提是针对目前流行的正常的设计、条件，导体表面积比相邻自由铜面的面积小，相邻自由铜面的面积接近 3in × 3in 或更大一些。

（2）显示的曲线是未降级的。应考虑允许在蚀刻技术、导体宽度估计和铜厚上的变化。

（3）标准化的流程通常并不用于确定通过 PCB 铜层蚀刻工艺制作的线路的侧蚀量。PCB 制造商有他们自己的技术，调整照相底图以达到设计期望的线路尺寸。不同制造商的调整都不同。IPC 工艺能力、质量和相关可靠性（PCQR[2]）数据库是决定 PCB 制造商能力的源头。搜集到的两条数据是线路宽度和厚度来源。与原始工艺相比，这个数据库是找到最终产品线路横截面积的一个来源。对于纵横比（宽度与厚度之比）小的细线路，侧蚀是最先考虑的一个因素。

线路的最终宽度应该考虑制造中发生的侧蚀，请咨询 PCB 制造商有关侧蚀的估计。

IPC PCQR[2] 数据库是最终产品铜厚的源头。铜厚有一个最小的允许值，小于本书中的假定厚度（见 13.7 节）。从附连板中任意选择半打线路尺寸，搜集 4 种不同铜的质量，展示在表 13.1 中。

表 13.1 样品内层铜厚

	1/2 oz 铜 /in	1oz 铜 /in	2oz 铜 /in	3oz 铜 /in
最大值	0.0006	0.0015	0.00260	0.00400
最小值	0.0006	0.0010	0.00230	0.00380
中间值	0.0006	0.0011	0.00245	0.00385
平均值	0.0006	0.00117	0.00247	0.00387

（4）应该一直保持最小线路温升值。线路温升也可叫作 "Delta T"（ΔT），是线路温度升高到高于 PCB 线路周围温度的温度。元件和其他因素导致 PCB 温度高于周围环境温度。图表中的温升（ΔT）描述了高于 PCB 温度的温升。例如，若 PCB 温度为 75℃ 且线路规定温升为 10℃，则线路温度将为 85℃。

（5）IPC 内层导体尺寸图表的建议建立在下面的条件下：

- 板子没有内层或外层铜面层
- 在制板厚度是 0.8mm（0.315in）或更小
- 导体厚度为 0.108mm（0.00425in）或更厚

（6）对于单条导体的应用，图表可以直接用来决定导体宽度、导体厚度、横截面积和不同温升的承载电流值。

（7）对于几组相似的平行导体，如果间距很紧密，可以通过使用等效横截面和相当的电流得出温升值。等效横截面积等于几个平行导体横截面积的总和，而等效电流值为导体电流值的总和。平行导体即 PCB 所有层的导体。紧密排列的导体间距为 25.4mm（1in）及更小。

（8）密切相关的平行导体是线圈。"对于蚀刻线圈应用，最大温升可通过使用等效横截面等于导体横截面的 $2n$ 倍来获得，等效电流值则等于线圈电流的 $2n$ 倍。其中，n 等于匝数"[2]。

（9）功率元件附加产生的热效应不包括在内。元件热量会影响板子的温升。温度升高而产生的线路电阻的增大，是影响线路温升的第二个效应。最终线路温度的估计值是 PCB 温度加上选择线路的 ΔT。

（10）所有介绍的设计指南都是在静态空气环境中。

（11）IPC 内层导体尺寸图表介绍如下：

- 挠性电路
- 所有线路尺寸，可能的话，还包括外层线路
- 太空（真空）和高海拔环境

（12）IPC 外层导体尺寸图表应该在 PCB 至少有一个铜面层（电源或地）时使用。

（13）对于图表范围以外的线路尺寸（大于 700mil^2），考虑以下：

- 不推荐根据外层 IPC 图表外推使用
- 如果要进行推断，使用基线图表，而不推荐根据 IPC 图表外推使用
- 使用热分析软件工具确定温升

（14）对于必须工作在太空或真空环境的内层和外层线路，内层导体尺寸图表是最适合的尺寸。

（15）规定 PCB 内（静态空气）线路尺寸和考虑铜面层时，考虑如下。

使用从内层无铜面层的 PCB 的线路热量数据得到的图表，并遵循 IPC-TM-650 指南确定线路尺寸的推荐方法。铜面层影响的图表应该用来决定尺寸的设计余量。0.127mm（0.005in）或更小的线路铜面层可以减少 70% 的温升。

PCB 铜面层的存在提供了热扩散和较低的线路温升。当考虑使用铜面层的数据规定线路的尺寸时，需要改变线路设计。热扩散是值得注意的，而来自铜面层区域的所有导体的热量是互相影响的。当根据平行导体规则计算线路电流之和时，必须考虑铜面层区域的所有线路（为了使用考虑铜面层在内的图表，线路必须在铜面层的上面或下面，不能与铜面层相邻，且铜面层面积必须大于 3in × 3in）。

从线路到铜面层的距离，对线路温升有很大的影响。当需要规定线路尺寸，使用由于铜面层出现而将热扩散考虑在内的图表时，许多因素都将参与其中：

- 线路温升是铜面层尺寸的函数
- 低于 9in^2（3in × 3in），影响还没有被完全表征，虽然冷却效果不足以在基线估计基础上考虑热扩散
- 从 9in^2 到 40in^2，增加面积的冷却效果提高了接近 10%

- 高于 40in², 线路温升的效果保持不变
- 线路温升是所有线路总功率损耗的一个函数, 当线路热量损耗超过板子热量传播和扩散能力时, 有一个递减的趋势
- 铜面层的厚度对线路温升有直接影响

下部分介绍一组非常具体的线路加热数据。数据按组分开展示, 以分开影响通电线路温升的变量, 并包括了对每组数据的讨论。

13.5 基线图表

图 13.4 ~ 图 13.7 为基线图表, 是通过无内层铜面层聚酰亚胺 PCB 的电流承载能力测试得到的。

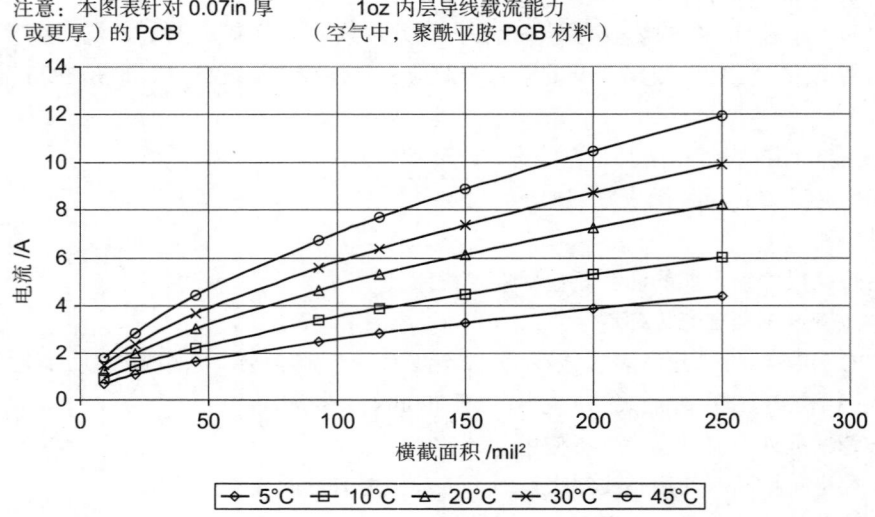

图 13.4 1oz 内层导体基线（Jouppi）图表［基线（Jouppi）图表代表作者个人的数据收集］

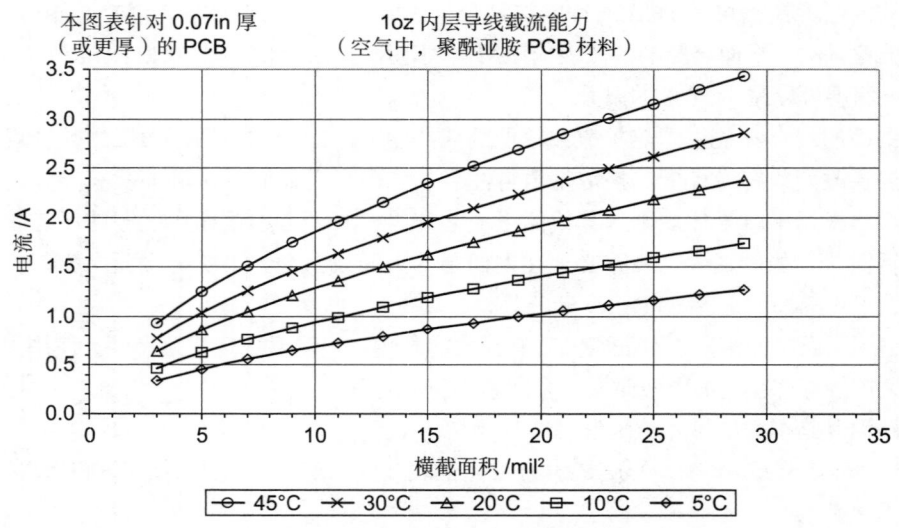

图 13.5 1oz 内层导体图表（细线路）［基线（Jouppi）图表代表作者个人的数据收集］

测试工具已经被开发出来，且根据 IPC-TM-650-2.5.4.1a "由电流改变引起的导体温升" 进行电流承载能力的测试。

一个内层数据集、1oz 内层线路，及一个外层数据集、2oz 外层线路，在 0.07in 厚的聚酰亚胺 PCB 上。这两个数据集为以下数据集的子集：1/2oz、1oz、2oz 和 3oz 铜质量，FR-4、聚酰亚胺板及板厚为 0.965mm（0.038in）、1.498mm（0.059in）和 1.78mm（0.07in）的 PCB。另一个数据集用来讨论关于图 13.4 ~ 图 13.7 的其他变量的影响。

板　厚　0.965mm（0.038in）厚的 PCB 的线路温度比 1.78mm（0.07in）厚的 PCB 温度高出 30% ~ 35%，且比 1.498mm（0.059in）厚的 PCB 高出 20%。

铜质量　0.5oz 铜线路与相同横截面积 1oz 的线路在温升上是相似的。相同横截面积的 1oz

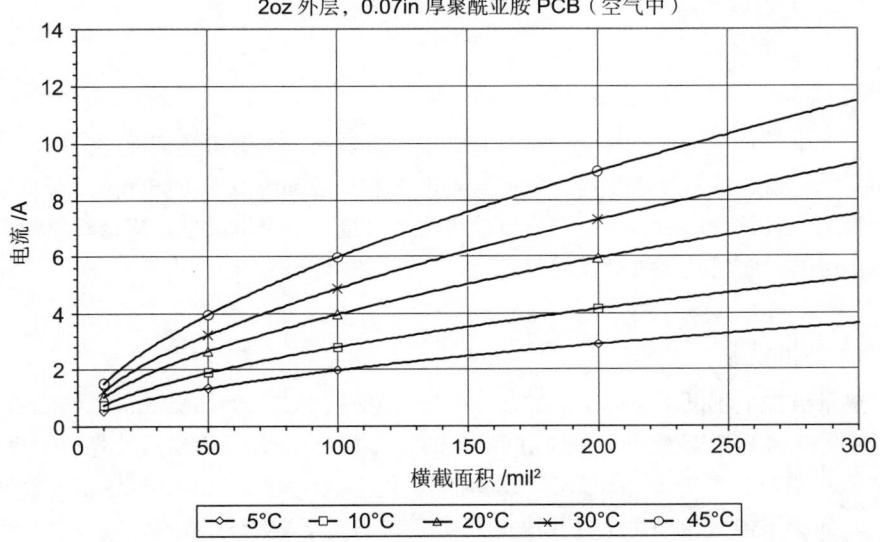

图 13.6　2oz 外层导体图表［基线（Jouppi）图表代表作者个人的数据收集］

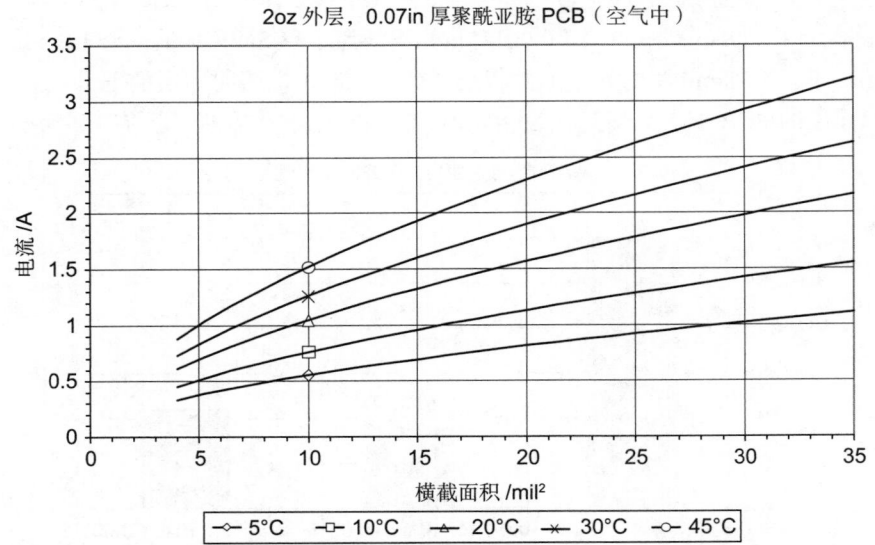

图 13.7　2oz 外层导体图表（细线路）［基线（Jouppi）图表代表作者个人的数据收集］

线路比 2oz 线路温升提高 10% ~ 15%，比 3oz 线路增大 15% ~ 20%。对于 45℃的温升，比例更高；而对于 10℃的温升，比例更低。

板　材　FR-4 的性质与聚酰亚胺板材相比，对线路温度并没有重大影响，这主要由介质层压复合材料结构的导热系数决定。表 13.2 列出了每个测试板的导热系数测量值。K_Z 列代表通过板子的厚度方向，并代表了树脂的导热系数。K_X 列和 K_Y 列的数值是"在平面内"的导热系数，且差异归因于玻璃纤维的影响。

表 13.2　介质导热系数

材　料	k_X/ [W/ (in·℃)]	k_Y/ [W/ (in·℃)]	k_Z/ [W/ (in·℃)]
FR-4	0.0124	0.0124	0.0076
聚酰亚胺	0.0138	0.0138	0.0085

13.5.1　铜面层

对于给定的电流水平和线路尺寸，对温升有重大影响的一个因素是铜面层的影响。不管它们是不是电源层、地层，或只是散热层，铜面层有助于热扩散和为原本可能的热点降低温升。

使用基线图表进行设计时，铜面层为设计增加了余量。多个铜面层对降低线路温升有更大的影响，尽管 1oz 的铜面层是基线配置的起点。

13.5.2　单个铜面层

铜面层热量数据是测试 1.78mm（0.07in）厚的聚酰亚胺 PCB 和 0.965mm（0.038in）及 1.49mm（0.059in）厚的 FR-4 PCB 收集的。测试在空气和真空中进行。开发出来的计算机（热量）模型，对每个测试板线路热量模拟稳态和瞬态（随时间变化）温度响应。该模型与测试数据相关。关联模型后，铜面层被加到模型之上，用来开发代表有铜面层 PCB 线路的电流函数的线路温升的图表 [有限元模型是使用热量分析软件包 ANSYS 热分析系统（TAS）开发出来。热量模型与静态空气环境中收集的线路热量数据相关]。图 13.8 展示了该工作的一些结果。

图 13.8 显示了 0.010in 宽、1oz（0.00135in）铜线路（13.5mil²）在一个 127mm（5in）宽、127mm（5in）长、1.78mm 厚的聚酰亚胺板上，通过 1.85A 电流时内层的温升。基线列代表线路在没有铜面层的 PCB 上。另两列代表相同的线路和电流，但在板子上有一个 1oz 的铜面层。

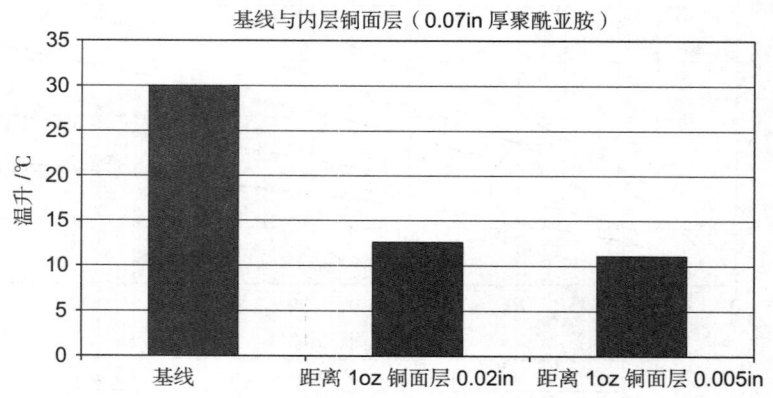

图 13.8　铜面层对线路温度的影响

线路在板子中央,可以在铜面层的上面或下面。中间一列说明了线路距离铜面层0.508mm(0.02in)时的线路温升。右边的一列显示了线路距离铜面层0.127mm(0.005in)时的线路温升。

观察以上图表并与 IPC-2152 内层导体尺寸图表比较,可发现几个关键点。

(1)使用 IPC-2152 内层导体尺寸图表估计相同线路的温升是 266℃。

● 在 PCB 应用中,IPC 内层导体尺寸图表对规定导体尺寸方面是保守的

● 如果有铜面层存在,则线路尺寸中存在很大的余量

● 设计指南要求对它们的来源有一个完整的描述

● 当多变量影响线路温升时,要定义每个变量的影响来改善设计优化水平

(2)单个铜面层的存在,对线路温升有重大的影响。

线路温升通过板厚、铜的质量、板材、内层与外层、空气与真空、距离铜面层的距离表征。单个铜面层对本章描述的所有变量有最重大的影响。有铜面层时,估计线路温升的指南描述如下。

(1)对于给定电流和线路尺寸,使用基线图计算线路温升:

● 基线显示了只有介质层的 PCB 的线路温升(无内层铜面层)

● 基线代表特定 PCB(介质层)材料和板厚(本章提供 1.78mm 厚聚酰亚胺 PCB 的基线导体图表)

● 铜面层对基线线路温升的影响,比含有较低介质热传导系数的和较薄的 PCB 意义更重大

(2)线路到铜面层的距离必须已知。线路距铜面层的距离越小,线路温升越小。

(3)必须已知铜面层的厚度。随着铜厚增大,线路的温升会减小。

(4)铜面层的数目不重要,虽然铜面层应该是带有极少蚀刻面积的连续平面:

● 单个铜面层的引入使温升有最显著的减小

● 随着铜面层数目的增加,线路温升减小,但是不及来自第 1 层的影响

(5)铜面层在特定层覆盖的面积很重要。铜面层必须完全覆盖线路以便影响线路温升。内层铜面层的尺寸能够影响产生热量的扩散量:

● 低于 58cm²(9in²),影响尚未完全表征,即使影响变小也可在图 13.10 左边的曲线图上观察到

● 从 58cm²(9in²)到 258.1cm²(40in²),影响增大近 10%

● 40in² 以上,影响保持不变

(6)图 13.9 所示的图表用来决定线路温升的减小——线路到铜面层距离的函数。

图 13.9 显示,在 0.07in(1.78mm)厚聚酰亚胺板上,估计线路温升是铜面层尺寸和线路到平面距离的函数。图 13.9 的这组曲线与基线图一起使用,从图 13.4 到图 13.7。第一步是使用图 13.4 ~ 图 13.7 中适当的图来估计 ΔT。

第二步是确定 PCB 铜面层的尺寸和线路到铜面层的距离。例如,开始于 127mm(5in)长和 203.2mm(8in)宽的 258.1mm(40in²)板子上的 1oz 铜地层。假定线路距离地层有几个介质层,如果线路到平面的距离是 0.02in,则图 13.9 可用来找到与基线线路温升一起使用的系数。

铜面层的尺寸,40in²,在图 13.9 的 X 轴选择。线路到铜面层的距离,0.02in,是图 13.9 顶部开始的第 2 条曲线。该系数在 Y 轴直接穿过曲线的交点和铜面层的面积。线路温升是使用图 13.4 或图 13.5 计算的温升的大约 0.42 倍。

如果线路位于距离 2oz 铜面层 0.127mm(0.005in),图 13.9 顶部算起的第 3 条曲线,温升将增加 0.29 倍。所以,如果从基线图计算得到 10℃温升,则在第一个例子中的温升会是 4.2℃,而在第二个例子中为 2.9℃。

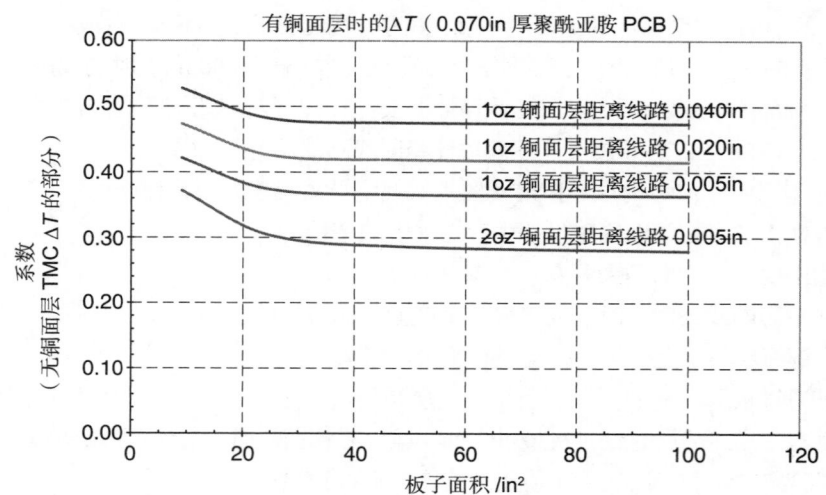

图 13.9 线路到铜面层的距离
（铜面层不考虑来自导通孔的"瑞士奶酪"效应，假定为连续的实体平面）

13.5.3 平行导体

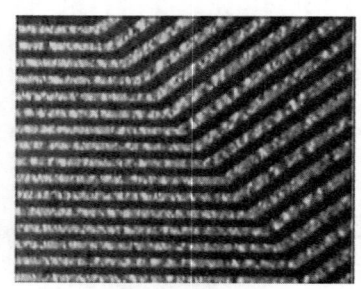

1.1/1.1 l/s, 1/4oz

图 13.10 平行线路（照片经 Richard Snogren 允许使用）

平行导体是指互相平行的线路，如图 13.10 所示。平行导体也指相邻层之间互相平行的线路。本部分开始陈述在设计线路中规定平行线路的设计规则。

对几组相似的平行线路使用基线图表时，如果它们间距相近或很小［即达到 25.4mm（1.0in）］，温升可能通过等价横截面积和等价电流找到。等价横截面积等于平行导体横截面积的总和，而等价电流是导体电流的总和。

例：确定 16 条 0.28mm（0.0011in）宽、1/4oz 铜（0.00035in 厚）的平行线路的电流最大值。

（1）单条线路的横截面积 =0.00035in × 0.0011in =3.85E-07in² =0.385mil²。

（2）16 条线路的横截面积 =3.85E-07in² × 16=6.2mil²。

（3）寻找整体横截面积（6.2mil²）的电流和 10℃的温升，通过图 13.5 得到 0.7A。

（4）用 16 条线路分配电流，0.7/16=0.0438（A）。

（5）四舍五入得每条线路为 0.04A。

（6）对于低于 0.07in 厚的板子，温升会更高。

（7）如果板子上有铜面层，则温升会更小。

（8）对于 1/4oz 铜，这些线路数据无法使用，所以假设温度上升。据推测，1/4oz 铜与 1oz 铜定义的横截面积表现出类似的温升。

与平行导体最接近的是线圈。"对于使用蚀刻线圈的应用，最大温升可以通过等价于导体 2n 倍的横截面积，和等价于 2n 倍的线圈电流得到，其中 n 等于匝数"[2]。

例：确定 10 匝线圈的最大电流（线路尺寸与前面例子相同）。

（1）线路横截面积 =0.385mil² 或 3.85E-07in²。

（2）匝数 n = 10。

（3）$2 \times n \times$ 横截面积 $= 2 \times 10 \times 0.385 \mathrm{in}^2 = 7.7 \mathrm{mil}^2$。

（4）等价电流 $= 2 \times n \times$ 电流 $= 0.8\mathrm{A}$。

（5）10℃温升的线圈电流 $= 0.8\mathrm{A}/2n = 0.04\mathrm{A}$。

13.5.4 板 厚

板厚是为创建导体尺寸图表定义基线的一部分，且对导体热量有直接影响。板厚影响热传导路径，引起能量从线路上流失。随着板厚增大，线路热传导路径增加。当热传导路径增加后，热阻减小且温升减小。

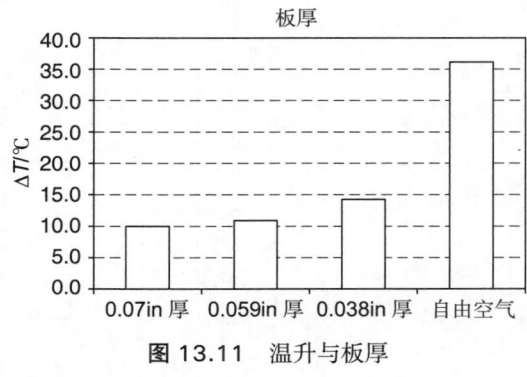

图 13.11　温升与板厚

介质材料是从线路开始传导热量的第一种材料。板材虽然在导热方面较差，但比空气本身要好。图 13.11 说明了板厚对线路温升的影响。每列代表相同的线路和电流水平。X 轴代表板厚（in）。可以看到，板厚从 0.07in 到 0.059in，温升增大 9%；从 0.07in 到 0.038in，温升增大 43%；从 0.07in 厚到将线路放置在空气中，温升增大 260%。自由空气的情况与 IPC 内层导体尺寸图表相同。

13.5.5 板 材

板材，或更准确地说是 PCB 材料，其导热系数对线路温升有直接影响。FR-4 材料与聚酰亚胺材料的导热系数不同，见表 13.3，对温升有接近 2% 的影响。

表 13.3　材料导热系数

材　料	$k_X/$[W/（in·℃）] /[W/（m·K）]	$k_Y/$[W/（in·℃）] /[W/（m·K）]	$k_Z/$[W/（in·℃）] /[W/（m·K）]
FR-4	0.0124/0.488	0.0124/0.488	0.0076/0.299
聚酰亚胺	0.0138/0.543	0.0138/0.543	0.0085/0.335
无氧高导电性铜	9.935/391.2	9.935/391.2	9.935/391.2
空气	0.000879/0.0346	0.000879/0.0346	0.000879/0.0346

大多数资料表单中显示的 Z 轴导热系数，代表材料中的树脂。由于层压板中的编织纤维，X 和 Y 轴导热系数更高。对于层压板材料的导热系数，没有非常多的信息提供，而表 13.3 所列的 FR-4 的值是由电流承载能力测试板的附连板测得的。

铜的导热性几乎是介质材料的 1000 倍，这就是内层铜面层对线路温升有重大影响的原因。空气的导热性比介质材料小 10 倍，这有助于解释为什么运行时外层线路一般比内层线路更热。

13.5.6 环 境

"环境"指的是 PCB 暴露的环境及其工作的环境。PCB 可以安装在一个真空的或被静态空气包围的电气盒里。PCB 和电子元件可能暴露于加压气流中或浸渍在惰性流体中。

可能有必要来估计一个环境条件对另一个的影响。因此，了解基线配置的环境是静态空气条件下，这点很重要。

不比静态空气保守的一种环境是，在真空或在宇宙环境中（见图 13.12）。在真空中，内层和外层线路在几乎相同的温度下运行。IPC 内层导体尺寸图表用来确定真空环境内层和外层线路的尺寸。如果使用基线图表，内层线路温升应减小 55%，而外层线路应减小 35%。

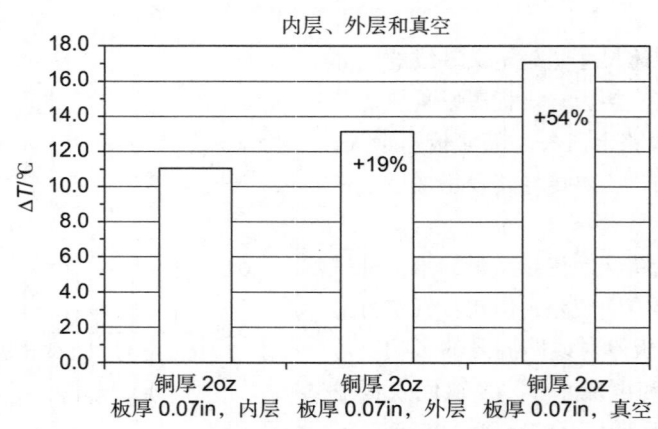

图 13.12 真空环境与基线环境

13.5.7 导通孔

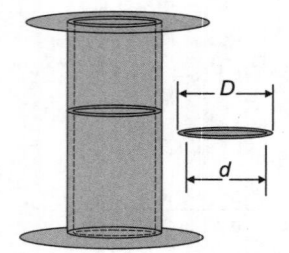

图 13.13 导通孔横截面积

导通孔的横截面积应该与线路的横截面积相同，或大于通过它的线路。如果导通孔的横截面积比线路小，则需要多个导通孔，以保持横截面积。横截面积可根据孔的直径和镀铜厚度计算。咨询 PCB 制造商，确定镀铜厚度。图 13.13 阐明了导通孔的横截面积。

$$面积 = \frac{\pi \times D^2}{4} - \frac{\pi \times d^2}{4}$$

$D - d = 镀铜厚度$

13.5.8 线路 - 导通孔 - 铜面层

如果线路与导通孔连接，而导通孔与铜面层连接，则铜面层将传导来自导通孔的热量，且导通孔比线路更易冷却。

13.5.9 微 孔

微孔对电流的响应与导通孔相同。横截面积是与电流水平和温升匹配的参数。

13.6 奇形怪状的几何形状与"瑞士奶酪"效应

高电流总是被应用于铜面层，而铜面层传送电流到 PCB 的各个位置。对这些铜面层来说，奇形怪状的几何图形或"瑞士奶酪"（指由于导通孔、孔及从铜面层蚀刻掉的部分铜在铜面层上形成的洞）现象并不罕见。简单的规定导体尺寸图表用在以上这些应用中会比较局限。

估计奇形怪状的几何图形，以及有许多导通孔和切口的铜面层的温度分布，方法是通过电压降来分析。

13.6.1 电压降分析

畸形几何形状的电压降只能通过数值方法进行精确计算。最简单的方法是使用设计来解决这类问题的软件工具，如 ANSYS 热分析系统（TAS）热模型软件。

在热阻和电阻之间有直接的类推。正因为如此，热分析工具可以用来计算电压降，而不是温升。表 13.4 总结了热量和电压降分析之间的类比（S 是电导的单位，等于欧姆的倒数，读作"西门子"，即安培 / 伏特）。

表 13.4　热量和电压降分析之间的类比[3]

热　学	关　系	电　学
温度 /℃	类似于	电压 /V
热通量 /W	类似于	电流 /A
热导率 /[W/(in℃)]	类似于	电导率 / (S/in)
热阻 / (℃ /W)	类似于	阻值 /Ω

根据实际尺寸来计算电压降问题。如果用金属平板代表 PCB 的铜平面，则需要实际的 PCB 尺寸和铜厚。

13.6.2 电压源

电压源定义为电压在电路中应用的一个点。这是典型的电源供应。在热分析工具中，这类似于定义温度范围。

13.6.3 电流源

添加或删除规定电流量的一点是热分析工具的一个热负荷。如果元件在 PCB 模型的某点通过一个特定的电流值，该电流就代表那点的负的热负荷。如果一个电压源作为一个恒定的电流源，而不是恒定的电压源，则它将表示为一个正的热负荷。

13.6.4 电导率

对于几何元件，如平面、砖形和四面体，电导率单位应该是 S/ 长度。长度单位必须与其他模型一致。

13.7　铜　厚

1oz 铜的厚度假定为 35.6μm（0.0014in），或可能为 34.3μm（0.001 35in）。2oz 铜则认为是以上值的 2 倍，而 1/2oz 为以上厚度的一半。IPC-2152 对内层指定的最小可接受铜厚，见表 13.5。最小值比设计者认为的小很多，且应考虑什么时候用电流限制细线路的宽度。例如，1oz 允许厚度最小值为 0.000 98in，而不是 0.0014in。这个显著的不同会引起线路温升 50% 的差异。幸运的是，铜厚往往向标称运行，即使应该注意最小厚度确实存在的事实。并且，如果限制温升和电流水平，可能存在潜在的问题。

表 13.5   最小内层导体厚度（加工后的内层导体厚度）[4]

基铜箔	最小厚度	
	μm	in
1/8oz	3.5	0.000138
1/4oz	6	0.000236
3/8oz	8	0.000315
1/2oz	12	0.000472
1oz	25	0.000984
2oz	56	0.002205
3oz	91	0.003583
4oz	122	0.004803

根据制造商最后工艺步骤的电镀，电镀外层导体具有较厚的最小值（见表 13.6）。始终建议与 PCB 制造商讨论细节问题。每块 PCB 之间的设计各不相同，PCB 制造商知道最终产品的典型厚度是什么。最终的厚度值也可通过发给制造商的图纸确定。

表 13.6   最小外层导体厚度（电镀后的外层导体厚度）

基铜箔	最小厚度	
	μm	in
1/8oz	20	0.000787
1/4oz	20	0.000787
3/8oz	25	0.000984
1/2oz	33	0.001299
1oz	46	0.001811
2oz	76	0.002992
3oz	107	0.004213
4oz	137	0.005394

参考文献

[1] Hoynes, D. S., "Characterization of Metal-Insulator Laminates, by Progress Report to Navy Bureau of Ships," National Bureau of Standards Report 4283, January 1955–December 1955. (The National Bureau of Standards is now the National Institute of Standards and Technology [NIST]）

[2] Ibid., May 1, 1956, p. 25

[3] IPC-2221, "Internal Layer Foil Thickness after Processing, Copper Foil Minimum," Table 10-1

[4] Ibid., Table 10-2

第 14 章

PCB 的热性能设计

Darvin Edwards
美国得克萨斯州达拉斯市，德州仪器公司

柳 珩 编译
上海柯金电子科技有限公司

14.1 引 言

电子元件的可靠性及电气功能在一定程度上受其工作环境温度的影响。因此，元件温度的控制是系统设计中需要考虑的非常重要的因素。影响设备温度的因素包括设备工作电源、其周围流过的空气、逆流而上的自身发热、系统工作环境（室内或室外）、系统位置方向（垂直或水平），以及各种 PCB 的布局和设计属性。另外，PCB 设计因素包括连接元件的铜导体的设计、连接它们的铜面层的面积、在其与热扩散平面层之间设计的任何热导通孔、附近耗散功率的其他元件，以及任何热导电层上的切口。其他影响元件热性能的 PCB 特征还包括底座螺丝、连接器、边缘导轨及屏蔽层等。

为了控制元件温度，在 PCB 设计的布局阶段就必须考虑影响热能流的 PCB 因素。这些因素包括很多复杂的交互，且使利用简单的方程计算系统温度成为不可能。例如，原来用于计算元件温度的、基于热敏电阻参数的方程，式（14.1），将不适用于现代系统。电子元件工业联合会（JEDEC）标准中对 θ_{ja}[1] 做了明确声明，θ_{ja} 不是一个常数，而是 PCB 设计的一个函数：可以通过元件的位置及两个或更多因子的改变，作为 PCB 设计布局的函数。因此，如果通过式（14.1）计算元件温度，将得到许多错误的估计，导致系统热性能设计上的错误。

$$T_{节点} = T_{环境} + (\theta_{ja} \times P) \tag{14.1}$$

其中，$T_{节点}$ 为元件主动部分的温度值；$T_{环境}$ 为特定位置的周围空气温度；θ_{ja} 为 JEDEC 定义的元件的热阻；P 为元件功率。

本章节描述了几个最佳的设计实例，让 PCB 设计者获得给定设计的最好热性能。因为无法计算分析所述方法的联合影响，所以建议设计者运用精密仪器模拟最终的元件温度。

14.2 PCB 作为焊接元件的散热器

PCB 可以作为焊接在电子元件引线或焊点上的散热器。图 14.1 说明 PCB 的物理设计极大地影响了其作为散热器的功效，以及元件工作温度。这里，已封装的元件（见横截面）被连接到

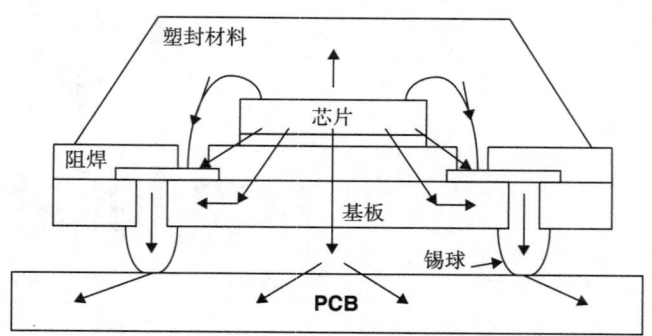

图 14.1   PCB 上电子元件横截面，箭头所示为热传导路径

PCB。热量是在电流流过芯片有效表面的电阻时产生的。这样升高了表面温度，形成了热梯度。热能从高温区域传递到低温区域。如图 14.1 所示，热流从芯片到芯片连接，再通过封装基板上的任意铜质金属镀层，最后通过焊点到达 PCB。如果 PCB 中存在良好的热传导路径，热能扩展到 PCB 的大区域内，则潜在的高效热对流和热辐射进入环境中。如果 PCB 没有良好的传热路径，元件是隔热的，温度就相应升高。

那么，PCB 对于元件的热性能有多重要呢？根据 PCB 的不同设计，高达 60% ~ 95% 的热能量能通过 PCB 散出。具有这些优良性能的 PCB 需要符合下列标准：

- 利用大面积的扩散平面层，将元件的热传导出去
- 稀疏分布 PCB，使之拥有大面积对流和辐射区域
- 连接元件的较长路线，同样用于将元件热量传导出去
- 系统架构中，PCB 间需要有适当的间距来保证足够的对流

如果不能满足这些条件，将导致 PCB 的热耗散减少、元件工作温度过高、设备可靠性退化，甚至缺乏某些电气功能。

14.3   优化 PCB 热性能

为了优化 PCB 热性能，其布线设计、散热平面层、热导通孔至关重要。PCB 上的元件间距及 PCB 功率耗散（热饱和）同样不容忽视。

14.3.1   布线设计的影响

材料的热导率用来衡量热能在一个应用温度梯度下能够流过该材料的量。图 14.2 所示为两边温度分别为 T_1 和 T_2 的金属板材料。实验时，传递过该板单面的热能由式（14.2）决定。

$$q = \frac{kA}{l}(T_1 - T_2)$$
（14.2）

这里，q 为热能；A 为板面积；l 为板厚；k 是该材料的热导率；T_1、T_2 是电路板两个相对面的温度。

表 14.1 列出了对 PCB 及电子元件非常重要的典型热导率值。确定材料属性的范围时，多因素决定了准确的热导率值。这些因素包括聚合物中的填充比例及构成；对于硅（Si），则是掺杂类型和水平。材料测试特性或供应商数据，都应该作为感兴趣的特定材料热导率的决定因素。一种铜合金表明了铜合金成分在金属热导率中扮演了重要的角色。这些材料特性在室温（23℃）下

有效。由于热导率随温度变化而变化，在工作温度高于 85℃或低于 –25℃时，这些特性的进一步应用应该研究。

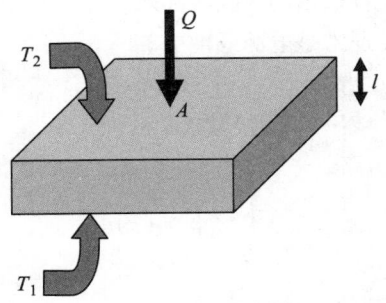

图 14.2 典型的热导率测试原理图：面积为 A 的一块材料，两个相对的面被限制在两个不同的温度——T_1 和 T_2，Q 表示 T_2 大于 T_1 时的热流方向

表 14.1 典型热导率值[2, 3]

材　料	25℃时 $k/$[w/（m·℃）]
空气	0.0026
铜（纯）	386
铜（EFTEC-64T）	301
FR-4（铜面层内）	0.6 ~ 0.85
FR-4（铜面层外）	0.25 ~ 0.3
阻焊材料	0.15 ~ 0.5
芯片密封材料	0.6 ~ 1.0
硅	110 ~ 149

　　关键要注意的是，铜的热导率比大部分聚合物，如 PCB 及阻焊材料大 3 个数量级。这意味着大部分热能可通过铜传导，铜导体及电源层的布局对 PCB 作为散热器的热性能至关重要。图 14.3 生动地说明了这点。在该模型中，一个功率为 1W 的 8 引线的小外形集成电路（SOIC）封装，焊接于一个单面 FR-4、厚 1.57mm 的 PCB 基板上。温度升高到高于周围环境，被绘制为连接到元件引线的线路长度的函数。据显示，元件温度因引线长度的变化会改变40%。该数据显示，为了获得尽量低的温度，需要采用尽可能长的线路散去元件温度。同样重要的是，

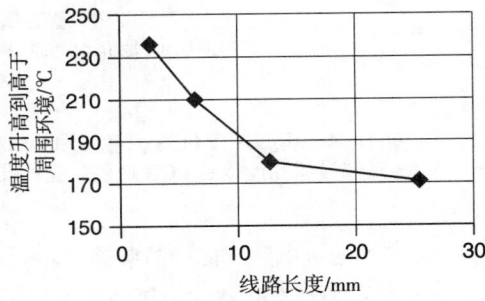

图 14.3 1W 功率的 8 引脚 SOIC 模型的温度升高到高于周围环境的热性能作为线路长度的函数

线路还要尽可能宽。这些热性能设计优化需要在电气性能要求的限制内，如系统延时预算。

　　从这张图中可以明显看到热管理的重要特征。在线路长度为 15mm 之后，通过增大线路长度已经没有了额外的改进表现。这意味着，在线路长度方面寻找更进一步的优化已经达到功效递减点。通常，一旦一个特定的参数已经进行了优化，进一步改变该参数几乎不能获得额外功效。直观地说，可将热流类比为流体流过不同直径的管道。最小直径的管道限制了给定液体压力的流量。如果该限制直径增大，下一个最小直径的管道成为下一个束缚处。热阻类似于管道实例中流体流动的阻力。一旦一个热阻限制已经最小化，热传导"瓶颈"会移动到问题的另一个不同部分。

　　PCB 线路厚度是与长度和宽度相互作用的另一个重要参数。如果线路较厚，它们将提供更小的热阻。如果线路较薄，热阻增大，其热量将不会传递很远。为获得最佳热性能，应使用尽可能厚的铜箔材料和尽可能厚的镀层。遗憾的是，通常规定线路厚度要达到紧密节距布线的最佳蚀刻性能，反而形成了使用最少的信号层和最低成本的最小 PCB。在这些限制内，保证铜导体尽可能地厚。利用它们的热要素，如热导通孔、热边缘导轨或热传导螺丝孔，提供直接的热传导路径。

14.3.2　散热平面层

　　PCB 的铜平面层能够为电子元件提供高效的热扩散。其目的是在尽可能大的区域传热，以

优化从 PCB 散失的对流和辐射热量。图 14.4 所示为一个采用了好的散热平面层而性能突出的 PCB 横截面视图。包括：

- 散热平面（有时称为热收集板）或焊接平面将元件散出的热收集起来
- 热导通孔将热能从散热平面传到埋入的平面层（通常是电源或地层）
- 连续的铜用来散热
- 可能分布在 PCB 底面的散热平面，那里可能连接着一个间接散热器
- 绝缘区域用来保证 PCB 上热导通孔不使所有层短路

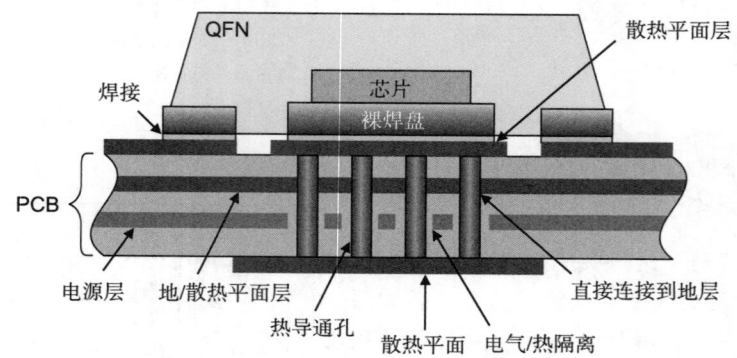

图 14.4 典型 4 层 PCB 横截面图：焊接到 PCB 散热层的带有裸焊盘的封装结构，散热平面通过热导通孔连接到 PCB 地层。这些孔因电气原因与电源层绝缘。这里，地层作为热扩散平面层，假设它在一大区域连续

许多的集成电路（IC）封装通过将耗散功率"倾泻"到 PCB 的散热层中，以达到优化目的。图 14.5 所示为带有裸露"金属块"的封装示意图，用于焊接到 PCB 的热收集板上。将封装的芯片直接粘到暴露的焊盘上，提供了一个到 PCB 的非常小的热阻。热阻可以从供应商数据表中找到：θ_{jc} 表示结壳热阻（结点到外壳），θ_{jp} 表示结板热阻（结点到焊盘）。球阵列封装（BGA），通常包括通过设计优化后，连接封装内部芯片的热传导路径的锡球。锡球焊接到热收集平面层，用来将热能扩散到整个 PCB。通常，锡球阵列包括电源及地的焊点，允许至少两个 PCB 平面层用来扩散，从而增加 PCB 的热扩散效率。

必须焊接到 PCB 上的大型热扩散元素，有时存在制造难题。焊膏控制不当会导致大的散热盘下有太多的焊膏，可能导致回流焊过程中软焊料池上元件的"浮动"。当这种情况发生时，封装会倾斜向一边或另一边，抬高的一侧会离开焊接平面层。一些面临这个问题的用户，消除了裸焊盘和 PCB 之间的焊料，这样做导致工作温度高及可靠性严重退化。解决"浮动"封装问题的方法是优化焊膏的用量，而不是消除 PCB 的热传导路径。通常将电子元件的热管理要素连接

图 14.5 两种在封装底部带有裸露热"金属块"，用于焊接到 PCB 的热扩散元素上

到适当的热收集板，然后通过热导通孔连接到散热平面层。如果做不到这样，将导致元件无法在预期的热效率下运行。

图 14.6 所示为散热平面层面积的影响。该散热平面层在一个有 49 个锡球、12mm×12mm 的芯片级封装（CSP）的 BGA 型封装上。当散热平面层尺寸小时，热性能差；而当散热平面层尺寸大时，热性能提高 2 倍或更多。通常，裸露热连接盘元件的供应商，也会提供建议散热平面层大小和形状的指南。最好能够保证与元件面积接近的最大平面层面积，元件到散热平面层不应该有太大的热阻。最终，最大化散热平面层面积，可以达到最大限度的热耗散。

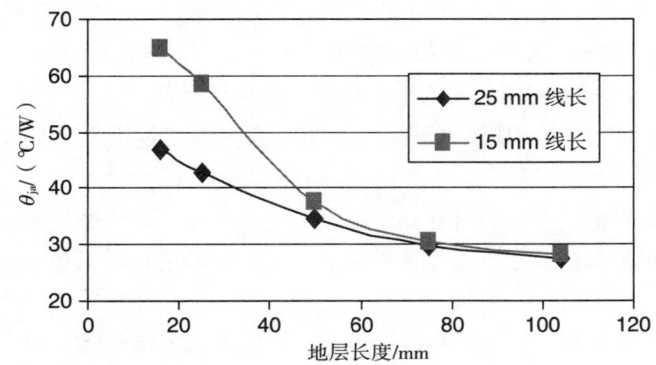

图 14.6　一个有 49 个锡球的 12mm×12mm 的 CSP 的有效 θ_{ja} 作为封装下连续的散热平面层（X，Y）长度的函数。假设了两个线路长度，显示从线路到散热平面层的不同耦合热量

需要指出的是，散热平面层必须是连续的，即铜平面层没有或很少有绝缘断层。因为铜的热导率差不多比 FR-4 高 1000 倍，一个 1mm 的 FR-4 断层能够提供与 1000mm 跨度的铜相同的热阻。散热层的电气路径断层模型结果如图 14.7 所示。一个 7mm×7mm 的带有裸焊盘的元件试图通过特定尺寸的 PCB 区域进行冷却。然而，因为电气约束，0.25mm 的电气噪声绝缘断层放置在平面中，形成了一个孤岛。PCB 设计者认为这没有多大影响，但是在热性能方面，它减小到了平面尺寸的一半。如图所示，在这个 0.25mm 散热平面层的边缘，温度下降了 29℃，而元件温度增大了 33℃。为了获得最好的热性能，不能在散热平面层内使用连续的电气隔离切口来阻碍热扩散。

有时，PCB 整体的热性能可以通过 PCB 上的隔离切口进行元件的热分割而增强，且能在更高工作温度下运行。例如，若一系列功率调整元件可以在 150℃ 的结温下工作，但会传导大量的热到 PCB，以至于超过数字元件的最大结温，那么对功率调整元件和 PCB 的数字部分进行散热平面层切割将很有效。这个设计技术将造成电源元件温度升高，但是会降低数字元件的温度。当然，需要注意的是，要保证连接到功率调整元件的铜导体能够承载所需的电流，这样才能保证

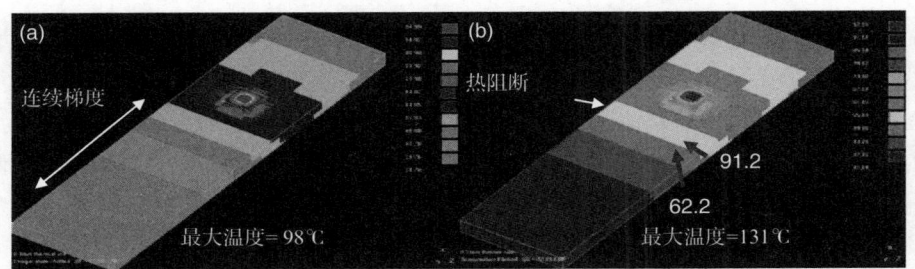

图 14.7　一个 PCB 孤立部分上的两种配置的元件热轮廓：（a）PCB 部分有完整的散热平面层；（b）散热平面层有 0.25mm 电气隔离区域，隔离区域使元件温度增大了 33℃

该设计技术的正确应用。

为了得到最佳的扩散性能,散热平面层构造中需要尽可能厚的铜。如果散热平面层铜的厚度是 0.5oz(17.8μm),明智的做法是将该层加倍,换成更有效的 1oz 的铜层来扩散 PCB 表面的热量。当所有的散热层增加到高于 2.8oz 的铜厚时,就很少有额外的好处了。

14.3.3 热导通孔

热导通孔是连接散热平面或热收集板与散热平面层的简单结构,利用与 PCB 电气导通孔相同的处理技术形成。然而,与电气导通孔不同的是,热导通孔的主要目的是将热能高效地传导到散热平面层。就这点而论,需要满足以下条件:

- 应该至少有一个与 BGA 封装的每个锡球相连的热导通孔
- 热平面下热导通孔的密度应该在不降低 PCB 机械完整性的限度下最大化
- 如果 PCB 利用了通孔导通孔,电镀厚度需要最大化来优化导热性
- 如果 PCB 采用积层技术,同时叠孔也是可用的,那应该采用叠孔连接散热平面层
- 如果 PCB 采用了积层技术,但不支持叠孔,采用导通孔间尽可能短的路径将热能送到散热平面层

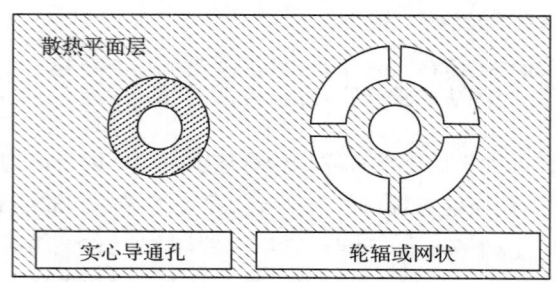

图 14.8 两种可能的热导通孔到散热平面层的连接方式:第一种导通孔是推荐的实心连接;第二种孔是轮辐或网状连接到散热平面层,这种方式在热导通孔中不推荐使用

图 14.8 所示为热导通孔连接到电源层或地层的正确方式。不推荐轮辐或网状连接,因为热流会被束紧着流到散热平面层。热导通孔的出口端要有一个铜环,将其固定到 PCB。通常,裸焊盘封装要求热导通孔尺寸为 1.0~1.2mm 孔节距、0.3mm 钻孔直径、0.025mm 或更厚的铜镀层。热导通孔需要填充焊料、环氧树脂或阻焊来避免从焊点或锡球带走焊料,否则将出现开路或可靠性隐患。

一个单独的热导通孔的热阻值,可以通过孔的尺寸、孔的镀层厚度及散热平面与散热平面层间的孔长度计算出来:

$$\theta_{via} = \frac{l_{via}}{k \times \pi \times \left(\left(\frac{d_{via}}{2} \right) - \left(\frac{d_{via} - \left(2 \times T_{plating} \right)}{2} \right)^2 \right)} \tag{14.3}$$

这里,θ_{via} 为导通孔的热阻(℃/W);k 为铜的热导率[W/(mm·℃)];d_{via} 为导通孔的钻孔直径(mm);$T_{plating}$ 为导通孔上铜镀层的厚度(mm);l_{via} 为散热平面和散热平面层间的导通孔长度。

将一些典型值代入上式,如钻孔尺寸为 0.3mm、镀层厚度为 0.025mm、导通孔长度为 0.38mm、热导率为 0.389W/(mm·℃),那么得出热导通孔的典型热阻为 45℃/W。因为热阻类似于电阻,因此计算电阻的公式可以用来计算热导通孔阵列的有效热阻。利用式(14.4),得出一个 4×4 导通孔阵列的热阻为 2.8℃/W。十分明显,可以通过相对较少的热导通孔数目来优化元件的热性能。

$$\frac{1}{R_{总}} = \sum_{i=1}^{n} \frac{1}{R_i} \tag{14.4}$$

这里，$R_总$ = 热导通孔组的总阻值；R_i 为每个单独的热导通孔的阻值。

评估热导通孔阻值作为线路施镀变量的函数，一个镀层厚 0.015 mm 的导通孔，尺寸与之前相同时，得到的热阻为 73℃ /W。因此，PCB 的热性能对其热导通孔的镀层厚度的变化较为敏感。为了保证热导通孔的性能，需要检查热导通孔的镀层厚度。这经常通过从 PCB 表面平行向下抛光进行，而不是通过导通孔的截面抛光。取一个导通孔的横截面时，如果横截面不能穿过导通孔的确切中心，会测量到一个不正确的镀层厚度。而平行抛光到 PCB 纵深处时，就不会出现这个问题。

14.3.4　PCB 上元件的间距

任何 PCB 都有一个有限的扩散热阻，作为其厚度和 PCB 中铜面层数的函数。式（14.5）是计算 PCB 铜面层内热导率的方程，它作为散热平面层厚度和 FR-4 材料层的函数。例如，若 1.57mm 厚的 FR-4 板有单层厚 0.036mm 的实心散热平面层，那么有效铜面层内热导率就是 8.9W/(m · ℃)。这实际上小于纯铜的热导率 386W/（ m · ℃ ）。因此，单一平面层 PCB 的热扩散性能比相同厚度铜层的 PCB 更差。

$$k_{有效} = \frac{\sum_i k_i t_i}{\sum_i t_i} \tag{14.5}$$

这里，$k_{有效}$ 为 PCB 有效平面层内热导率；k_i 为第 i 层的热导率；t_i 为第 i 层的厚度。

PCB 有限的扩散热阻的净效应是，元件温度将随着它们在 PCB 上给定的尺寸和结构集群更紧密而升高。例如，表 14.2 中包含 2 个埋入平面层的 100mm × 100mm PCB 上的 4 个小元件的最高元件温度。随着元件之间的距离越来越小，元件温度从 81.6℃ 升高到 98.4℃，较 25℃ 环境温度同比增大了 30%。为充分利用 PCB 作为散热器，单独元件的电源应尽可能地均匀分布于 PCB 上，以最小化热点。

表 14.2　PCB 元件温度与间距的案例说明

元件间距 /mm	最高温度 /℃
50	81.6
25	84.4
12.5	92.9
8	98.4

考虑气流时，元件位置同样很重要。因为当气流流过 PCB 上的电源时，会带走热量，增大温度。气流从大功率元件顺流而下，下游元件会被热空气加热。空气仅经过一个大功率元件，如微处理器、功率放大器或功率调整器，温度就可以很容易地从 10℃ 升高到 30℃。如果一个元件工作得太热，可能的解决方案是将它尽可能移动到气流的上游，让它接受最冷的空气。

14.3.5　PCB 的热饱和

如果单独元件的功率均匀分布在 PCB 表面，那么类似元件的几何重排或布线和散热平面层的更进一步优化设计，对元件的冷却将不再起作用，即出现了传说中的热饱和。基于这点，PCB 的功率耗散能力成为限制元件温度的因素。带有散热平面层和均匀分布电源层的 PCB 的最大耗散功率，反过来被许多几何的和系统级因素限制。这些因素包括：

- 空气流动速率
- PCB 周围的任何导风装置或覆盖物

- PCB 周围热表面的形态
- PCB 工作的海拔
- PCB 相对于重力的取向

每个参数都会影响来自 PCB 的对流和辐射。对流是指将热量从 PCB 通过热传导到达 PCB 周围空气或液体。在自然对流环境中，PCB 周围空气的加热会引起其密度的减小。在存在重力的领域，稀薄的空气带着热量会升高，新鲜冷却的空气会代替这些热的空气。在强制对流环境中，热空气被冷空气从 PCB 表面吹走，又反过来被来自 PCB 的热能变热。热量因为对流从区域 A 表面移走，不论是自然的还是强制的，都可以通过简化的一维方程表示：

$$q = hA\left(T_{表面} - T_{环境}\right) \tag{14.6}$$

这里，q 为热量；h 为对流系数；A 为表面面积；$T_{表面}$ 为表面平均温度；$T_{环境}$ 为周围空气温度。

计算对流系数 h 的方程已超出本章范围。对流是以下参数的函数：（1）PCB 尺寸，越小的 PCB 具有越高的对流系数；（2）PCB 的方向，垂直的 PCB 具有更高的效率；（3）海拔，更低的高度更加有效；（4）导风装置，能使 PCB 在强制空气环境中更高效[4]。

辐射是指通过散发或"照射"的方式将热量或光子从表面转移走。这些光子是热激活的原子相互碰撞产生的，形成了重叠的电子能级。因为电子是费密子，意味着两个电子不能处于一个相同的能量带，若能级中两个电子在碰撞时重叠，一个电子会被迫跃迁到一个更高的空的能级状态。这样能够减少碰撞原子的动量，保证能量的稳定。碰撞之后，被代替的电子衰退到原始能级，在该过程中释放出一个能量光子。在物体表面，光子被释放出去，并带走了部分热能；而在材料内部，这些光子则被周围的原子重新吸收。描述因辐射从表面带走的总能量的简单一维方程，见式（14.7）。该辐射方程忽略了 PCB 可能从附近能源体等热物体对热的再吸收，包括对环境温度辐射热的再吸收。

$$q = \varepsilon\sigma A\left(T_{表面}^{4} - T_{环境}^{4}\right) \tag{14.7}$$

这里，q 为热量；ε 为表面辐射系数；σ 为 Stefan-Boltzmann 常数，$5.67 \times 10^{-8}\mathrm{W/(m^2 \cdot K^4)}$；$T_{表面}$ 为 PCB 表面温度；$T_{环境}$ 为周围环境温度。

物体的辐射系数是描述表面辐射效率的无单位数值。它从 0 变化到 1，0 指全反射，表面无辐射；1 指全辐射的和吸收性的黑表面。表面的辐射系数是表面材料类型及表面粗糙度的函数。典型的阻焊材料的辐射系数，从 0.85 ~ 0.95 不等。典型的裸露铜质导体，根据铜的粗糙度和氧化情况，从 0.1 ~ 0.3 不等。

重要的是，要注意 PCB 面积在这些方程中扮演了主要角色。这是很直观的，PCB 越大，散去的热量也越多。与之前的方程联系起来，可以用来估计给定 PCB 在一定温度下能够耗散的能量。例如，图 14.9 显示了尺寸为 10cm×10cm ~ 20cm×20cm 的一系列 PCB，在最佳设计情况下能够耗散的能量。假设 PCB 在通畅的 25℃ 自然对流环境中的水平方向，没有重要的相邻辐射表面，允许对流作为温度的函数而变化。最重要的是，假

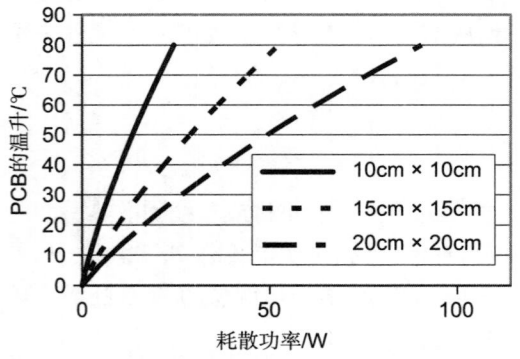

图 14.9 水平的 PCB 在自然对流环境中温升超过 25℃，作为 PCB 尺寸及耗散功率的函数。对流和辐射都会耗散功率

设能量均匀分布在 PCB 上，PCB 上就没有热梯度。这是一个主要的假设，意味着表中的功率耗散是在最佳情况下设计的，该情况下得不到实际的 PCB 耗散。这个图表明，50W 不能实际地从 10cm×10cm 的 PCB 耗散在自然对流环境中，但可以通过 15cm×15cm 和 20cm×20cm 的 PCB 耗散。15cm×15cm 的 PCB 在温度升高到高于周围环境 80℃ 时，耗散 50W 功率；而 20cm×20cm 的 PCB 在耗散相同功率时，温度仅仅升高 50℃。这张图已经被格式化，以便看起来像典型的散热器曲线，它可以从许多供应商处得到。

14.4 热传导到机箱

当 PCB 达到热饱和，在系统最大可接受的空气流速下，元件温度依然太高而无法承受时，需要其他的从 PCB 到更大区域系统结构的导热方法。系统机箱通常是系统中的最大表面结构，裸露在周围空气中，对 PCB 不能散去的热量具有很好的散热效果。将热量传导到机箱的装置包括机箱螺丝、缝隙填充物、连接器及边轨。有时，射频（RF）屏蔽罩适当连接到元件，也能够提供额外的散热。

14.4.1 机箱螺丝

正确设计的 PCB 机箱螺丝散热连接，包括通过孔的镀层到 PCB 散热平面层的连接、螺丝的热接触面积、用来固定夹紧的套筒，结构如图 14.10 所示。热螺丝需要尽可能接近热电子元件，从而最小化接入机箱的热阻。同时，热螺丝附着的机箱应该有高的热传导率，从而更好地从螺丝导出热。最好的情况是，机箱应采用金属制作。采用塑料机箱时，将铝层镀在塑料上能够改善其热扩散能力。纯塑料机箱通常是很差的散热器，不能提供实质性的热性能改善。

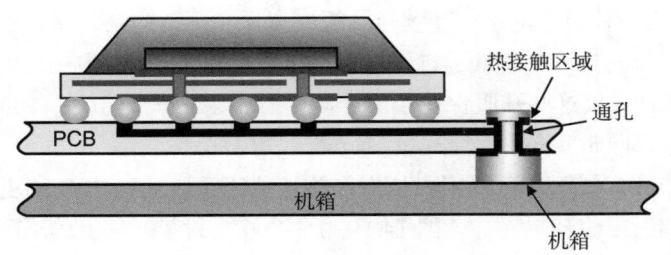

图 14.10 通过机箱螺丝实现导热到机箱的原理图：
热螺丝通过镀覆导通孔与散热平面层短路连接，散热平面层从 PBGA 封装的锡球上传热

通过机箱外壳的冷却能取得多大的改善期望呢？这主要取决于外壳结构，以及相当于热元件的机箱螺丝的位置。例如，用热螺丝连接在硬盘驱动器 PCB 与硬盘驱动器的外壳之间，将元件的热连接到硬盘驱动器，产生了 10% 的热性能改善。

14.4.2 缝隙填充物

有时，利用螺丝导热到机箱是不可能的。在其他情况下，大面积的高密度热能可能需要散到机箱。因此，其他类型的热传导路径用来将热量传到机箱是有效的，如缝隙填充物。缝隙填充物是填充 PCB 与机箱之间的导热化合物，其唯一目的就是将热量传导到机箱。缝隙填充物的种类很多，最常见的是一种柔性、有弹性的硅橡胶材料，填充了导热粒子，以提高其体积热导率。

有时采用热填充泡棉。柔软顺应的材料被压缩在 PCB 和机箱之间，它顺应了 PCB 上凸出的元件，因而获得了一个很好的热连接。需要的厚度、要求的热导率和材料的柔软性，是选择弹性橡胶体间隙填充材料时考虑的重要标准。市场上常见的是各种不同成分的材料。通常在材料的适应性和热导率间取舍，高热导率的材料呈现低顺应性。

充满热流体的塑料腔体有时用作缝隙填充材料。流体通常在目标缝隙内得到优化，以产生对流。流体中的对流可以得到一个有效热导率，且大大高于液体自身的热导率。

14.4.3　连接器

连接器可以提供直接或间接从 PCB 导热的手段。直接传导发生于 PCB 中插入边缘连接器或背板插座的系统配置中，或者将 PCB 放置在有边轨的地方。为了利于直接连接热要素，有必要扩展散热层到连接或夹紧区域。连接器、夹具或边轨应该有尽可能大的接触面积，从而优化来自低热导率的 PCB 材料的热传导。在一些军事应用中，PCB 制作在厚铜芯板上，该铜芯板被插件箱的边轨夹紧。厚铜芯板提供了从 PCB 到边轨的非常有效的热传导，然后通过包含流动空气或流动水的通道系统进行冷却。

当电缆插入 PCB 连接器时，会发生 PCB 的间接热传导。间接传导路径更难准确包括在系统级的热分析中，但可以提供一些 PCB 热设计余量。然而，更重要的是，确保这些插件电缆不能阻塞关键的空气流通路径，否则将导致过热。

14.4.4　射频屏蔽罩

射频（RF）屏蔽罩用于敏感的射频和模拟电路，最小化电路功能的电气干扰，或减少电路发散到周围环境中的电气辐射。RF 屏蔽罩通常由焊接到 PCB 地层的薄金属制作而成。在大多数情况下，RF 屏蔽罩是一种包围电路的连续金属板或盒子。不幸的是，这种连续盒子使得内部元件正上方形成了空气流通盲区，降低了自然对流。为了提高 RF 屏蔽内元件的热性能，推荐穿孔或啮合的 RF 屏蔽架。如果这些孔眼保持小于屏蔽电磁辐射波长的 1/10，RF 屏蔽就既能给电路降噪和阻挡无用信号，同时又允许气流通过屏蔽器冷却内部元件。

如果采取额外步骤，屏蔽器可以用来从内部热元件传播热量到 PCB 的更大区域，从而最大限度地增加对流和辐射来冷却热元件。图 14.11 为一个堆叠封装元件上的屏蔽原理图。它通常很难从堆叠的顶部到 PCB 进行热传导，但是当 RF 屏蔽接触元件顶部时，热量能够传导到屏蔽罩，再到 PCB。有人建议，在屏蔽焊接到某个地方后，可用热环氧树脂或导热油脂制成屏蔽罩与电气元件之间的热连接，以避免屏蔽罩和元件之间的机械公差或干扰问题。如果要冷却的高功率元件正好位于屏蔽罩外，有可能将热量传导到屏蔽罩，使得屏蔽罩的工作类似于散热器。

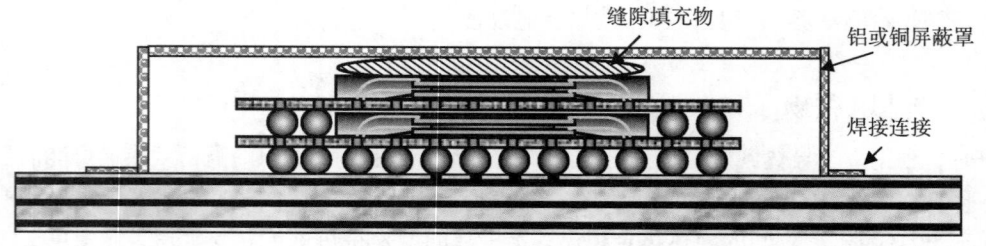

图 14.11　PCB 上的堆叠封装结构，带有穿孔的 RF 屏蔽罩，用于从封装顶部散热。缝隙填充
　　　　物材料，如热油脂用于将热量从封装顶部传导到 RF 屏蔽罩

14.5　大功率 PCB 散热器连接的要求

大部分 IC 元件的功率耗散会达到 2.5W 或更高，需要附着散热器。这些散热器通常黏合或夹紧到元件上，放置于 PCB 上，且很少有特别限制。如果有大量需要散热器的元件置于 PCB 上，重要的是，PCB 需要具有足够的厚度来承载附着散热器的质量，特别是当系统环境使其处于振动或机械振动中时。50 ~ 300W 的大功率元件，需要特别的 PCB 设计特性来控制散热器对抗电子元件的高承载力。为获得尽可能最佳的散热片和元件之间的热接触，对于这些高功率散热片，20 ~ 200lb 的夹紧力是可以接受的。这一类大功率散热器配置如图 14.12[5] 所示。散热器利用螺丝将弹簧装到封装，压紧到一个压床垫板。压床垫板提供了需要的硬度，避免弯曲损坏弹簧加载下的 PCB。压床垫板和 PCB 之间的聚酯薄膜最小化了夹具到 PCB 间的电气短路。对于这样的散热器工作结构，PCB 与压床垫板之间就无法再放置任何元件了。

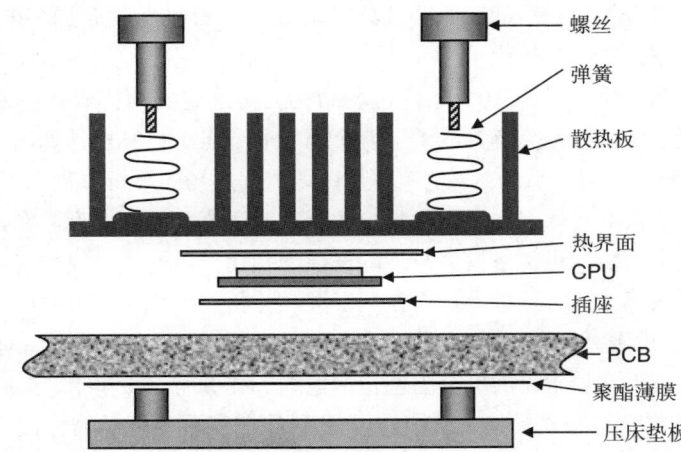

图 14.12　一种高功率的散热片固定在微处理器上的机械设计的横截面图。
PCB 底部的压床垫板最大限度地减少了 PCB 的翘曲变形和破坏

14.6　PCB 的热性能建模

本章中描述的每个 PCB 热优化技术都对系统的热性能有一定影响，只确定单个优化的相对影响还难以进行分析。当整体优化技术应用在多功率工作的各个元件时，热性能问题的分析解决方法成为不可能。式（14.1）推导的系统级温度简单性计算是存在误导的，除非每个元件的 θ_{ja} 在具体系统中是已知的先验。既然设计对系统热性能的影响必须在设计完成和制作模具之前，问题就变成了如何量化 PCB 热性能的影响。一旦模具形成，重新布局和设计 PCB 来修复热性能问题会过于昂贵，同时会导致不具备竞争性的设计周期。目前唯一可满足这一需求的预测方法是计算机模拟，它可以对所有相关的 PCB 设计功能进行热分析，并返回元件温度报告，以定位问题。

有许多商业的计算机模拟工具，其复杂度、精确度及花费不等。计算流体动力学（CFD）的程序包括解决 PCB 周围空气流问题的方程，如 PCB 到空气的热传导及 PCB 内部的热传导。采用流体动力学（CFD）的解决方案，不需要对对流系数方程有特殊的了解，从而使建模过程更容易，不易出现对流系数计算错误。CFD 分析的精确度可以高达 ±5%。CFD 代码运行往往是缓慢的，但可以采取大量的计算机资源来运行复杂的模型。CFD 的下一步是采用用户提供的代码，应用到 PCB 和元件表面的对流系数。在没有大量相关实验数据的情况下,这些解决方案会很准确,其精确度在 ±10% 以内。

任何一个分析代码都应该能够从用户的 PCB 布局工具读入数据,并能合并特定的热传导路径,优化元件的性能。它应该能够处理相对复杂的系统级结构,应能输入各种元件的热特性。PCB 区域的后期处理识别及高于限制温度的元件,是增加项。代码应该跑得足够快,从而允许多次设计迭代,在不放慢设计周期的情况下优化 PCB 布局。

14.6.1　系统级热建模阶段

根据任务的复杂度和将详细的系统设计输入到工具的难度,系统级的热分析通常包括 3 个阶段。第 1 阶段集中于通过系统气流的优化,尽可能减小机壳内的盲区,包括 PCB、电缆、风扇及其他空气障碍。第 2 阶段包括将功率区域应用于 PCB 的功率耗散。在此阶段,改变功率源位置优化空气冷却通道相对容易。最后的阶段非常具体,包括 PCB 的几何布局和电气元件的细节,这时就没有更多热性能方面的优化迭代了。

在热建模的各个阶段,元件、PCB 及系统包覆结构,必须定义为代码。在通过代码将实体转换为网格形式的过程中,目标被分解为成千上万个离散的节点。计算机计算出的热参数,如温度和各个节点的热流,作为相邻节点的函数,而不是试图求解热场的解析方程。如果网格足够细,计算出的解决方案将是非常准确的。如果网格划分太粗,错误会蔓延到模型。在计算机模拟的精度和运行时间之间有一个权衡,粗网格模型与细网格模型相比,运行速度快很多。用户最好对所选择的建模工具的网格敏感性非常熟悉,从而在运行关键分析之前优化运行时间和精确度。

当进行系统级的 CFD 分析,以确定 PCB 上的温度时,重要的是要考虑所有可能改变 PCB 及其元件上的对流的气流阻塞。常见的气流阻塞包括电缆、RF 屏蔽罩、子卡、支架、空气过滤器、电容器、变压器、内存单列直插式模块(SIM)、电源稳压器和硬盘驱动器。没有包括在建模过程中的空气堵塞,会导致系统运行太热或遭受热关机。外部阻塞也应该考虑在内。不应该随便放置机箱通风口,如用户可能会漫不经心地扔一本杂志或 CD 封面的地方。系统使用中累积的灰尘也应该考虑,因为灰尘会大大地影响对流。

从 PCB 布局角度来看,如果它们阻止气流路径,可能在两个高大元件之间出现板上最高速度的气流。这些阻塞引起气流通过缝隙,引起更高速度的气流。高功率电子元件有时会通过放置在引导空气流中,以更有效地进行冷却。高功率元件的位置应避免有空气阻塞的背风处,高功率元件的气流直接顺流而下的地方,或者自然对流冷却 PCB 的底部中心。

14.6.2　所需元件的热性能参数

PCB 的热模型因装有系统中元件的详细模型,带有很多节点,所以变得非常复杂。这样的分析需要运行数天或数周,因此使其变得不切实际。而且,得到系统中运用的每个元件的详细模型通常是不可能的。为了解决这些问题,业界制定了两个级别的元件热抽象。第一种方法是将电子元件的热反应减少到两个热阻:θ_{jc},从元件的有源部分到元件顶部表面的热阻;θ_{jb},元件的有源部分到元件边缘的 PCB 上的点之间的热阻。该元件由系统建模代表,如图 14.13 所示。从元件顶部到周围环境的热阻 R_a,可以通过 CFD 或热对流系数计算。它也包括辐射热损耗。经过 PCB 到其他元件和空气的热传导可以通过模拟工具计算。即使采用 CFD 方法,双热阻元件的热模型温度相对于周围环境的温度增量精度仍在 ±20% 内。参数 θ_{jc} 和 θ_{jb} 通常在元件供应商的数

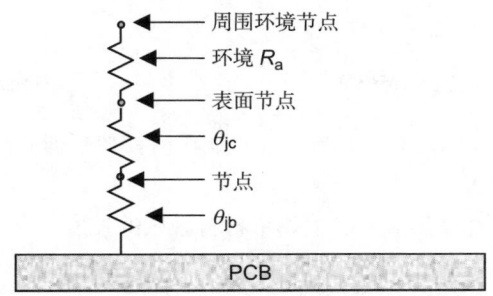

图 14.13 由两个热阻 θ_{jc} 和 θ_{jb} 组成的电子元件的热传导表示方法。
周围环境的热阻（R_a）是对流和辐射热损耗的结果

据表里显示。如果没有，要求供应商提供这些信息。

已开发出来的更复杂的建模配置，可以把热估计量从 ±20% 改善到 ±5%。这些电阻网络拓扑结构称为简洁模式，能更好地代表封装内及封装面和面之间的热流。因此，可用简洁模式时就应该使用。通常，系统设计工程师必须要求元件供应商提供之，因为它们通常不印在数据表上。许多工具允许用户混合使用简洁元件模式和更简单的双热阻模式[6]。

14.6.3 铜导体和电源层处理

因为 PCB 线路布局几何网格方式的复杂性，许多（如果不是大多数）建模工具都包括将铜"涂抹"为一体片状的能力。一个涂抹层是一个单片，其平均热导率等于具体布线层的热导率。不幸的是，大多数工具使用一个不正确的平均技术来确定一层的有效热导率。该工具需要布线层的铜覆盖率百分比。基于这些输入，该工具计算布线层的热导率作为铜热导率与绝缘体热导率的加权平均。例如，一个 100% 覆盖率的铜层，其热导率为 380W/（m·℃）；95% 覆盖率的铜层，则有效热导率为 360W/（m·℃）；0% 覆盖率的铜层，热导率为 0.8W/（m·℃）。涂抹这种方式忽略了极为重要的细节，如可能会切断散热平面层的隔离区。因此，应该避免利用热导率平均方式进行布线涂抹。

如果建模工具不能代表 PCB 的全部复杂性，则应该尝试更好地估计铜散热平面层连接到关键元件的热导率。金属板的总体涂抹热导率应该用热导率补丁代替，该补丁说明了平行或垂直于铜导体的热流。式（14.8）和式（14.9）分别用于估计并联和串联的热导率。图 14.14 显示了平行热导率的原理。这里，导热材料的多个条纹从顶部到底部传输热能。每个材料通道都可以看成一个热敏电阻。每个电阻的热阻值可以通过横截面（厚度 × 宽度）及热导率计算。有效并联电阻可以退回到式（14.8）计算。

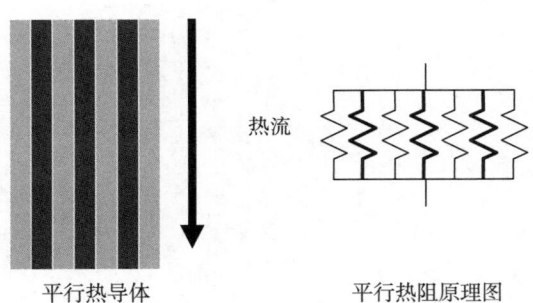

平行热导体   平行热阻原理图

图 14.14 热量沿平行导体流动的示意图。可以类比于并联电阻，适用于式（14.8）的推导

$$k_{平行} = \frac{\sum_i k_i \cdot A_i}{\sum_i A_i} \qquad\qquad (14.8)$$

这里，$k_{平行}$ 为热流平行流到导体的有效热导率；k_i 为第 i 种材料的热导率；A_i 为第 i 种材料的面积（条纹的厚度 × 条纹的宽度）。

对于串联热阻，兴趣尺寸是热流方向上每个材料区域的长度，见式（14.9）和图 14.14。

$$k_{垂直} = \frac{\sum_i L_i}{\sum_i \dfrac{L_i}{k_i}} \qquad\qquad (14.9)$$

这里，$k_{垂直}$ 为热量垂直流动的有效热导率；k_i 为第 i 种材料的热导率；L_i 为平行于热流方向的第 i 个条纹的长度。

参考文献

［1］ JEDS-51.2, "Integrated Circuits Thermal Test Method Environment Conditions–Natural Convection (Still Air)," Section 1.1

［2］ The SRC/CINDAS Microelectronics Packaging Materials Database, Purdue University, 1999

［3］ Azar, K., and Graebner, J. E., "Experimental Determination of Thermal Conductivity of Printed Wiring Boards," Twelfth IEEE Semiconductor Thermal Measurement and Management Symposium, 1996, pp. 169–182

［4］ Holman, J. P., Heat Transfer, McGraw-Hill, New York, 1990, pp. 281–368

［5］ Lopez, Leoncio D., Nathan, Swami, and Santos, Sarah, "Preparation of Loading Information for Reliability Simulation," IEEE Transactions on Components and Packaging Technologies, Vol. 27, No. 4, December 2004, pp. 732–735

［6］ Vinke, Heinz, and Lasance, Clemens J. M., "Compact Models for Accurate Thermal Characterization of Electronic Parts," IEEE Transactions on Components, Packaging, and Manufacturing Technology—Part A, Vol. 20, No. 4, December 1997, pp. 411–419

第 *15* 章
数据格式化和交换

Bini Elhanan
以色列雅弗尼，华尔莱科技有限公司

15.1　数据交换简介

本章介绍了数据交换的元素、数据交换的过程、数据交换的缺点和最佳实践，使用最广泛的数据交换格式及其主要特征，和数据交换演化的驱动力。

在以进入市场时间和效益为成功关键因素的全球经济中，电子制造业是贸易伙伴供应链竞争的动态领域。外包正变得越来越普遍：20 世纪 80 年代和 90 年代初，印制电路板（PCB）制造就已经外包了，随后是组装部分。数据通信对于供应链管理非常关键。高效、准确的数据交换是客户供应网络中一个极其重要的因素。

更高效和准确的数据交换的挑战只是在最近才开始解决，并且数据交换的未来改进具有很大的潜力。

15.1.1　数据交换格式的定义

PCB 设计完成后，需要将设计意图传递给内部或外部的供应商来制造和组装，主要是通过电子数据文件进行传输。

数据交换格式在字典上的简短定义：一个计算机程序的输出和另一个计算机程序读取的虚拟格式，并创建一个可以处理和输出的内部表征。评价数据交换格式质量的主要标准，是将设计意图传递给贸易伙伴的清晰度和准确性。

15.1.2　PCB 设计过程概述

PCB 设计和制造过程如图 15.1 所示。

（1）在原理图阶段，元件及其之间的互连图案（网表）被定义、模拟，并可以采用原理图捕捉工具，如 Mentor（明导国际）公司的"设计图输入工具"（Design Architect）和 Cadence 公司的"概念"（Concept）进行

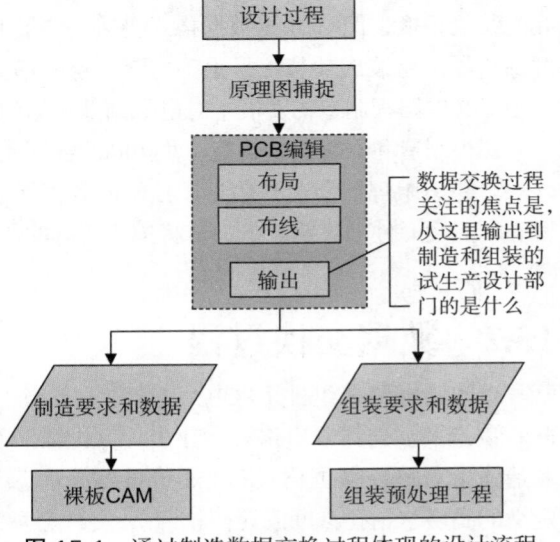

图 15.1　通过制造数据交换过程体现的设计流程

模拟和功能性验证。原理图内部互连列表通常被称为原理图网表。它是一个形成元件 ID 和引线 ID 相互连接点的基于电子网络的分组。物理的或 PCB 级的网表是相同的分组，而这些点用它们在板上和可以测试它们的板的那面（或两面）的物理（几何）位置描述。

（2）编辑阶段开始于布局。元件的形状（依然是在设计工具内虚拟的）和互连列表被转移到目标 PCB 的设计工具，如 Mentor 公司的 Boardstation 或 Cadence 公司的 Allegro，并且由系统的机械工程和制造规则决定是手动还是（半）自动放置在 PCB 上。

（3）还是在 PCB 编辑阶段，布局之后是布线。（手动和自动）布线实现了在 PCB 上由导体、平面层、导通孔（垂直导体）组成的导电图案的互连列表。

（4）PCB 布线和布局完成之后，是输出阶段。设计从 PCB 编辑系统输出，并被发送给裸板制造商来生产实际的裸板层，然后层压、钻孔并完成。

（5）当 PCB 准备好后，电路板连同其设计数据被发送到组装厂，根据材料清单（BOM）上的元件，按设计指定的位置组装到成品裸板上。

15.1.3 PCB 制造数据

除了 PCB 设计数据，与电路板制造相关的大量信息在制造和组装过程中，在合作伙伴之间进行交换。这些信息包括标准的合规性要求（如 UL）、做工说明（SOW），以及交货和包装说明。现代的数据交换方式指出了一些综合的数据交换问题。数据交换过程从设计到制造，理想的进展应该成为在线协作。进步的动力来自于全球化、供应链和进入市场的时间压力。

从历史上看，PCB 从设计到制造流程，开始于手工设计照相底图，其图像被印在覆铜板上，然后在同一个垂直整合的组织内显影、蚀刻和剥离。微型化和多层板技术的发展导致了对专业化的需求，并使得裸板制造外包成为常态。随着 PCB 制造工具和数字通信的进步，外包供应商的沟通从快递交付的照相底图、数据磁带和磁盘，到通过调制解调器的电子传输，最终到互联网。经济全球化和外包业务继续推进着电子业务通信在 PCB 行业及我们周围各行业的进步。

推动数据交换发展历史的 PCB 制造工具，大多是成像工具和贴片机。PCB 的光刻开始于手工布线的照相底图工艺，发展到光绘机、光圈轮、计算机数控（CNC）。Gerbera Scientific 是早期照片光绘机供应商中最成功的，因此 Gerber 274D 格式流行开来[1]。虽然后来被无光圈轮的激光光绘机替换，但 Gerber 数据格式仍然是"最低标准"格式。在 PCB 组装的舞台上，不同复杂度的机器人组装成功替代了手工组装。这种趋势导致了对电子组装数据的需求，正如图形激光光绘机在电路板制造的发展中对电子制造数据的需求一样。

裸板制造和电路板组装有一些相同的数据元素，但也有不同的数据需求。例如，通用元素有外层电路、阻焊层和通孔信息。独特的数据元素，如电路板制造的内层、组装厂的元件贴装位置和功能性元件的说明。下一节将描述所有的数据元素。

15.2 数据交换过程

当印制电路板组件（PCBA）设计（布局、布线和验证）完成后，电路板数据必须发送给 PCB 制造商。选择输出格式，导出计算机辅助设计（CAD）系统中的数据。从历史上看，裸板制造输出 Gerber 数据格式和 Excellon 钻孔信息，并伴随着一些"自述"文字文件（不包含精确定义的叠层、钻孔跨度或元件轮廓）。文件会被发送，或者更确切地说，有时甚至没有检查就直接"扔过墙"给制造者。电路板组装者在电路板组装阶段，将收到外层的 Gerber 图，元件 X、Y 轴位置和 BOM 文件。由于错误和缺乏沟通，这些方法被认为很麻烦，需要许多澄清电话、传真和电子邮件，从而延缓了过程。

15.2.1　数据交换格式的质量评估

设计者和编辑者，在核实数据输出的正确性和可制造性后，开始与 CAD 和计算机辅助制造（CAM）工具供应商和产业联盟合作，开发出更好的数据交换格式和方法。他们寻求明确的、智能的、优化的和双向的数据交换格式。

明确的　不该有任何猜测或逆向工程设计，不需要外部文件（见图 15.2）。

图 15.2 所示例子包括了以下内容。

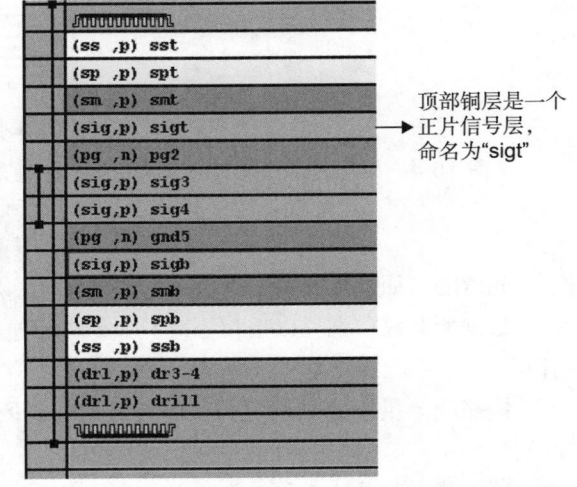

图 15.2　CAM 系统，基于一个典型的输入明确定义层顺序和特征的"智能"格式的 6 层 PCBA。如果采用 Gerber 文件，则需花费一些时间来手动安排层的顺序和特征

顶部铜层是一个正片信号层，命名为"sigt"

- 丝印字符文件：sst（顶层）和 ssb（底层）
- 焊料钢网层：spt 和 spb
- 阻焊图形：smt 和 smb
- 外层铜线路层：sigt 和 sigb
- 第 2 层：pg2（电源层，负片）
- 第 5 层：gnd5（地层，负片）
- 内层电路层：sig3 和 sig4
- 钻孔层：drill（通孔钻孔层）和 dr3-4（连接 sig3 和 sig4 的埋孔）

智能的　该格式保留 CAD 信息，可以帮助到制造商（见图 15.3）。

优化的　表面应该有清晰的轮廓，而不是重叠的矢量绘制（见图 15.4）。

双向的　格式本质上应该能够往返传递数据，而不只是单向传输。免费查看软件、注释工具等可以完成该作业。

数据交换情况下考虑的其他重要问题，主要有以下几种。

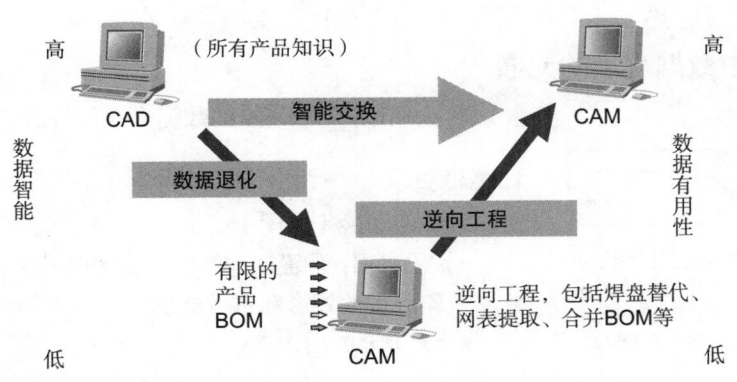

图 15.3　OEM、CEM 和制造商的沟通层级：Y 轴表示智能化水平，X 轴表示数据交换过程中的时间进度。当使用的格式带有更少的智能设计时，它就迷失了（数据退化）。为制造要求重建智能化，需要增加没有附加值的逆向工程（如手动重建电路板叠层）。如果使用智能交换格式，就没有数据丢失和逆向工程，成为一个更快、更准确和更有效的过程

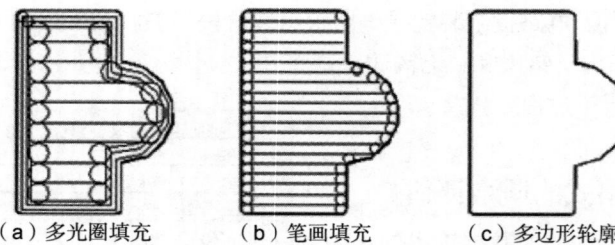

（a）多光圈填充　　　　（b）笔画填充　　　　（c）多边形轮廓

图 15.4 优化的曲面：（a）一种由不同矢量宽度填充的多边形；（b）由笔式光绘机绘制的相同的多边形；（c）由外轮廓定义的多边形。选项（c）显然更有效、更经济。（c）中的轮廓是多边形的实际轮廓，而（a）和（b）代表的是近似值

问责的 如果被误解，谁负责？如果交换总是成功的，则更容易区分设计和制造的错误。

数据所有权 谁可以授权更改？如果进行逆向工程，微小的设计变化没有 OEM 授权也可以引入。

信赖的 供应商是可以提供所有可用数据的盟友吗？或者要隐瞒一些设计细节来保护知识产权吗？

下一节详述设计者和制造者之间需要交换的所有数据元素。

15.2.2　数据交换的元素：智能设计数据

供应链的目标是上市时间短、质量高、成本最低，实现这一目标需要高清晰度和有效的沟通，而不是只交接一个极其简单的数据。

尽管 PCB 可以仅由提供的照相底图和钻带制造，但是发送准确和可核查的电子数据会更高效。这些数据可以包括图形图像和元件位置信息以外的，为提高制造所需的最低的"纯"设计数据：

- 机械规格
- 元件几何形状
- 元件公差和供应商信息
- 产品需符合的标准

有些信息在 SOW 中已经包含，且在建立了合作伙伴关系的情况下不需要重复，包括标记指示、包装说明和确保符合标准的信息。

15.2.3　制造中数据交换的元素

本节列出了用于制造的数据交换所需的信息。

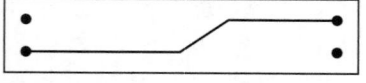

图 15.5 层的图形代表计算机可读的几何实体所表达的电路（或文档）要素，涉及 X 和 Y 轴的坐标和几何对象——线、圆弧、圆等

1. 最低要求

- 层的图形（见图 15.5）
- 钻孔数据：位置、跨度（对盲孔和埋孔）、公差与镀层厚度
- 印制板的外形和布线信息
- 叠层要求（层序）

2. 重要的附加信息

对于制造，这些元素是重要而非必需的：

- 网表信息，用来验证图形和钻孔数据是否真正传达了设计意图（强烈建议包含网表数据，

以核实图形）

- 组装拼版的定义是有必要的，以便在现成的组装阵列形式中提供多个 PCB（由于尺寸小，4 个或更多的手机板可以在一起组装）

3. 额外信息

额外信息不包含在计算机格式文件中，但对制造是有用的。

- 电气（阻抗）和材料要求（阻焊、字符等）（阻抗要求不仅指线宽和严格的公差，还有以欧姆为单位的实际阻抗值、使用的频率和阻抗模型）
- 制造图纸（额外的指令、尺寸）
- 表面处理类型和质量要求［热风焊料整平（HASL）、有机可焊性保护膜（OSP）或其他表面处理、阻焊等］
- 包装和交货说明
- 测试附连板的要求

这些额外的信息元素可以提供：

- 可制造性设计（DFM）的分析结果和标准（如间距标准和违规行为）
- 元件布局信息，有助于制造商提供适合焊接的阻焊隔离

15.2.4　组装中数据交换的元素

本节列出了组装工艺中考虑的数据元素。

1. 制造及组装的通用元素

- 外层图形（电路、阻焊和字符图形说明）
- 钻孔信息（特别是通孔钻孔和机械钻孔）
- 电路板尺寸和外形

2. 组装要求

- 元件布局信息，包括旋转
- BOM 和批准的供应商列表（AVL）信息（如果零件是寄售提供的，AVL 就不是必需的）
- 机械组装及位置（螺丝、屏蔽罩和散热器等）
- 测试的电气原理图（见图 15.6）［这种信息通常作为 CAD 数据库的元素，或作为人和机器均可读的绘图格式传输。通常是惠普笔式光绘机 HPGL 或数据交换格式 DXF 文件。这时的机器可读意味着网络（信号）的文本标签、引线和元件名称的识别。计算机程序无法理解原理图内的线条图连通的意义］

3. 额外的信息

目前电子格式并未包含的信息，必须阅读并理解：

- 测试要求
- 材料说明
- 交货和包装说明

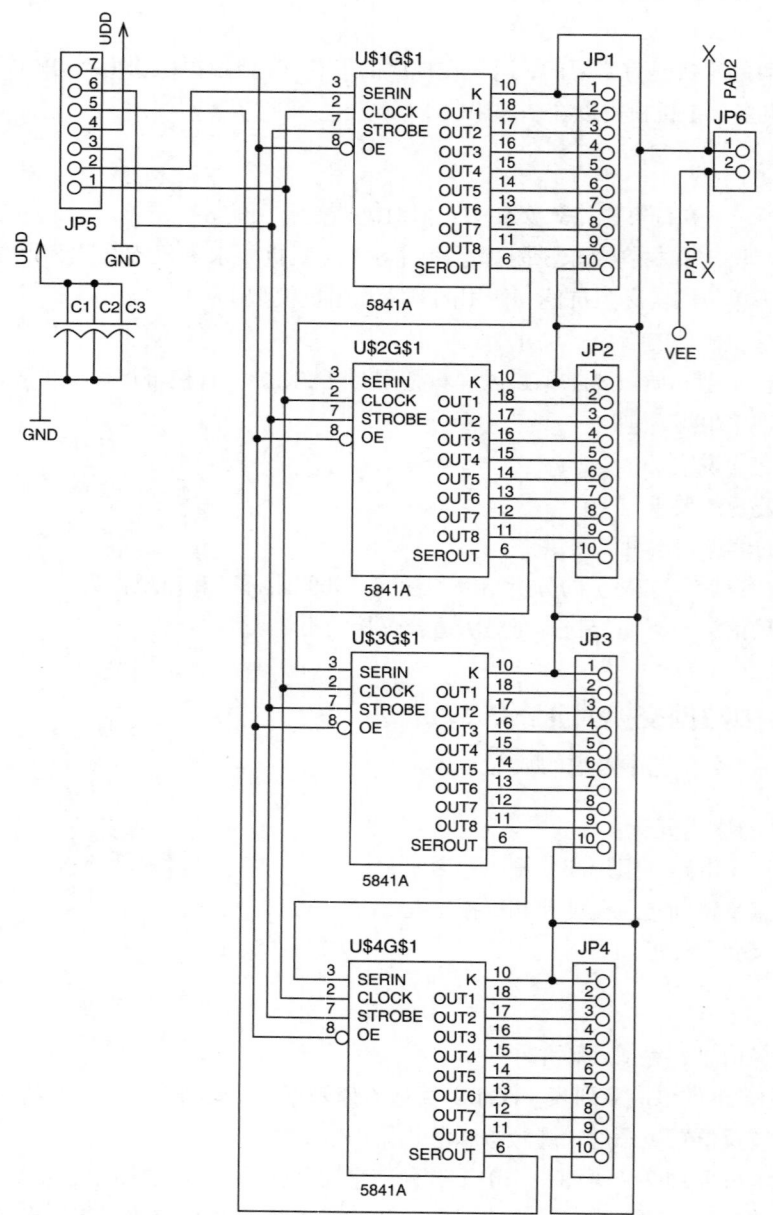

图 15.6 产品原理图（元件、信号和互连），由该产品的电气设计者发送给 PCB 编辑者。有 4 个 18 引线的逻辑元件，每个元件具有 SERIN（串行）和 8 个输出（OUT1 ~ OUT8）引线，每个引线都连接到输出连接器（JP1 ~ JP4）、输入连接器（JP5）和 3 个与地连接的电容器

15.3   数据交换格式

根据一个共同特性列表，本节描述了电子行业最广泛使用的数据交换格式。对每种格式的优缺点都进行了讨论。

15.3.1   格式类型及其特征

根据起源、性能和用法的不同，有几种格式体系，它们分为 4 类：

- 历史文件集合
- 全设计数据库
- 元件信息（BOM 和 AVL）
- 支持完整的设计到制造的格式

1. 历史文件集合

用来传输设计数据的历史文件由 3 种类型组成。

图形图像格式 Gerber 274D 和 274X[2] 属于这个组（见 15.3.2 节）。该组中还有其他格式，其中大部分用于 CAM 系统内部，并且作为裸板的制造存档格式。Pentax Format、DaiNippon Screen 和 MDA Autoplot 都属于这个组。这些格式多数起源于光绘机语言，它们描述了单一图形（钻孔、绘图）的二维层。它们通常伴随着表示钻孔位置和直径的钻孔文件。图形图像格式的主要缺点是，它们代表单层，而不是整个 PCB，并且不能被验证，除非随附一个网表文件。

网 表 网表提供了网络编号的列表、每个网络中由 X 和 Y 坐标确定的点的列表，以及它们所在的平面（见图 15.7）。这是代表 PCB 连通性的基本信息，对 PCB 图形可以验证，并且电气测试设备可以由此构建测试程序。一种类型的网表标识 PCB 设计实现的位置，另一种类型的网表是标识各元件之间连接［元件和引线数作为输入/输出（I/O）引线标识］的 CAD 软件设计方案原理图网表。

```
327LDIN_47        IC52  -U5       A01X+110078Y+030997X0200Y    R180
317LDIN_47        VIA   -    MD0100PA00X+110274Y+031194X0230Y  R180
327LDIN_47        IC10  -J2       A01X+134371Y+039414X0200Y
317LDIN_47        VIA   -    MD0100PA00X+134174Y+039217X0230Y
```
(a)

```
Signal LDIN_47
IC52 U5
IC10 J2
```
(b)

图 15.7 网表例子：（a）包括 X 和 Y 坐标的物理网表，如第 1 行翻译为"将元件 IC52 的 U5 引线连接到网络 LDIN_47 并定位到 [11.0078, 3.0997]"；（b）相同的网表但只有元件和引线名，LDIN_47 将 IC52 的 U5 引线与 IC10 的 J2 引线通过两个导通孔连接

元件信息 除了作为历史文件集合的一部分，BOM 和 AVL 文件作为独立文件类的一部分也是有需要的，甚至在使用更先进的格式时（参见 15.3.5 节）。

2. 全设计数据库：CAD 格式

全设计数据库，使用 CAD 系统的数据库格式或从美国信息交换标准码（ASCII）[1] 中提取的格式，代表元件及其连接信息，通过电路板的层来安排网络，而子网被分解为导体、导通孔和平面层。它们被传送到电路板的组装和测试部分，但不用于电路板制造。由于 OEM 制造商认为这些格式存在自身的信息安全风险，他们往往更愿采用其他低质量格式，以保护隐私。

3. 明确的设计制造格式

全设计制造格式是为从设计到制造的数据交换明确建立的，在精心设计的、明确的、智能的

1）http://www.lookuptables.com/

布局里包含了几乎所有所需的计算机可读的数据元素。这些格式起源于 DFM/CAM 供应商格式，而其他格式都是由行业协会委员会制订的。

4. 元件信息：BOM 和 AVL

PCBA 可以设计成超过一个的产品变形，并支持未来的功能。因此，对于几乎所有的设计，一些参考标示符（或实际裸板上留下的可以放置元件的焊盘）将不会在全部组装订单上填充。BOM 文件用来告诉组装者，对于特定的订单，给定 PCB 上哪些参考标示符应该被实际贴装元件。

元件的电气功能和实际采购之间的分离，导致需要 AVL 文件。CAD 数据库通常包含表示功能和内部设计机构的零件编号，而不是客户可以预订（包括供应商和产品目录号）的零件编号。元件工程师负责寻找真正的零件编号来实现内部流程，而这些信息通常有序地存在于电子表格或称为 AVL 的文本文件或批准的元件列表（ACL）中。

15.3.2 历史文件格式说明

每个格式描述如下，包括其领域（所涵盖的元素）、历史和预期的未来发展、鲜明的特性和一个简短的例子。格式表述的参考文献在本章的结尾处。

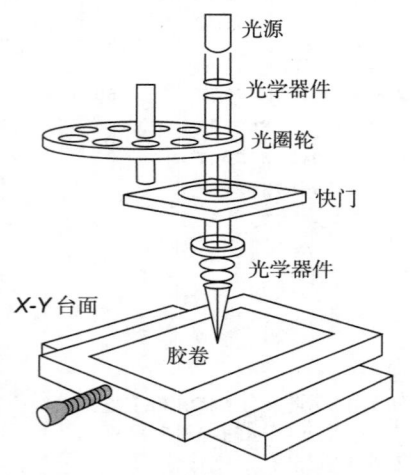

图 15.8 光绘机使用固定光源，通过一个旋转的可变大小的光圈轮（其确定台面上光斑的大小），到一个可以在 X 和 Y 方向移动的台平面。快门可以根据需要关闭或允许光线通过，精密光学控制光斑的焦点

1. Gerber（274D 和 274X），钻孔和"自述"文件

Gerber 格式是传输裸板制造信息的"最低标准"格式。它们由每个图形层的一个文件、每个钻孔层的一个文件、列出 PCB 叠层的文本文件、列出关键尺寸和要求的可选图纸文件组成。每个 Gerber 传输中都包含网表文件，以确保电路板的正确制造。

Gerber 274D 和钻孔格式（通常是 Excellon I 和 II）的一个共同问题是，缺乏定义单位和比例因子的数字（Excellon 是一个精密钻机制造商）。每个坐标给出数字集合，而转换者或用户必须定义单位（英寸或毫米）和小数点的位置。另一个问题源于使用任意数（"Dcodes"表示光圈轮上的光圈数字）来描述线路的宽度和焊盘的大小。准确翻译这些文件，取决于正确地定义一个单独描述的光圈轮。图 15.8 是解释术语来源的光绘机示意图。

驱动该机制的命令：X 和 Y 坐标移动命令台面的位置、打开和关闭快门、Dcode 命令光圈轮旋转到所需的位置。

Gerber 274X 是 20 世纪 90 年代初由两位工程师组成的团队（一位来自 Gerber Scientific，另一位来自曾经的美国最大 PCB 工厂，位于弗吉尼亚州里士满的 AT&T）设计的，以解决 Gerber 274D 的一些问题。起初 Gerber 274X 使用得较少，但是现在使用越来越多，而 Gerber 274D 使用的频率少了。

274D 和 274X 都用来传输电路的图形图像和掩膜层，以及使用说明文件层。其他绘图格式偶尔用来传输电路板和绘图数据。最常见的格式是 HPGL（HP 笔式光绘机格式）和 DXF（AutoCAD 的交换格式）。

一些来自 Excellon（Sieb 和 Mayer、Posalux 等）以外的钻机制造商的格式，有时用来传输钻孔数据或存档旧的钻孔数据。它们遇到了同样的 Dcode（见图 15.9）和单位的定义问题。

Example	
G90*	G90 表示绝对坐标。这意味着每组坐标参照台面的原点（0,0），与绝对值相反的就是增量；每个坐标相对于以前的坐标值进行测量，并由 G91 命令设置
G70*	G70 表示英制单位
G54D10*	G54，工具选择（第 3 行），是最常遇到的 G 代码，指示光绘机旋转光圈轮紧随 G54 命令 DXX 描述的位置。如果省略此代码，照片光绘机就会识别下一个 DXX 命令，以选择一个工具
G01X0Y0D02*	D 代码是照片光绘机的指令，当然包括字母 D。前 3 行 D 代码控制 X,Y 坐标的移动。D02（D2）告诉光绘机移动 X,Y 到快门关闭的指定位置
X450Y330D01*	D01（D1）告诉光绘机移动开启的快门到 X,Y 指定位置
.X455Y300D03*	D03（D3）告诉光绘机移动关闭的快门到 X,Y 指定位置，然后打开并关闭快门，即闪烁曝光
G54D11*	
Y250D03*	
Y200D03*	
Y150D03*	
X0Y0D02*	
M02*	M 命令中的 M 代表杂项，在这种情况下，M02 表示文件的停止或结束

图 15.9 一个带注释部分的 Gerber 文件

Gerber 274D Gerber RS-274-D 一直是描述 PCB 绘图数据的最常见格式。其最初旨在推动矢量光绘机（图 15.8），由 Gerber 系统公司生产（图 15.9 是一个带注释的 Gerber 文件快照）。

该格式的基本命令包括：

- 选择光圈
- 打开和关闭光圈快门
- 移动头部到给定的 X、Y 坐标处

通常情况下，命令之间用星号（*）隔开[3]。

Gerber 274X Gerber RS - 274X 是现在描述 PCB 数据的一种常见格式。这个格式可以分为两部分。

（1）Gerber 部分。

（2）扩展部分，包括以下命令：

- 标准光圈定义
- 光圈宏定义（特殊符号）
- 层极性选择

一般来说，扩展部分起始于"%"，结束于"*%"。

与 Gerber 274D 格式不同，Gerber 274X 包含了定义坐标用的 FS 命令（见图 15.10）。阅读 Gerber 部分时，阅读软件需要使用这些信息。

Gerber 274X 格式的最大局限性是多边形的表示。没有用于描述内部切口或间隙的解决方案。每个基于 Gerber 274X 格式的 CAD 输出，以自己的方式解决这些问题。最有问题的方法是使用自相交多边形（SIP），绘制内部切口的同时"笔"不离开电路板，而是"转向"外部轮廓的内部绘制内部切口，然后返回（见图 15.11）。

Example

```
%FSLAX23Y23*%          该命令表示前导消零（L），绝对值（A），2.3，或 xx.xxx 和 yy.yyy
                       小数点位置

%MOIN*%                该命令指定英寸

%SFA1.000B1.000*%

%ADD11C,0.00500*%      光圈定义命令，定义各种直径的圆圈（分别为 5mil、8mil、10mil、
                       20mil、25mil）

%ADD13C,0.00800*%

%ADD14C,0.01000*%

%ADD70C,0.02000*%

%ADD71C,0.02500*%

G54D11*                Gerber 部分开始

%LPD*%                 表示数字化的数据是模糊的。而当整个胶片逆转时，数字化的数据
                       将是清晰的

G11*G70*G01*D02*G54D10*X-0020000Y-0250000D02*X-0020000Y-0265200D01*
X0010000Y-0255000D02*X0010000Y-0250000D01*X0025200Y-0344800D02*
X0025200Y-0285000D01*X0022800Y-0265200D02*X0022800Y-0270000D01*
```

这是单行多命令的连续 Gerber 代码

图 15.10 一个带注释部分的 Gerber 274X 文件

SIP 是一种由两个非连续边缘（段或曲线）相互接触的多边形。CAM 系统定义合法的多边形只在有连续边缘的端点处相交，因此 SIP 在 CAM 系统中是非法的。

274X 数据转换成 CAM 系统，可能会因"自相交多边形"错误而失败，因为一些 CAD 系统使用自相交多边形创建平面。

SIP 在数学上并不健全，以下 SIP 操作是有问题的：

- 调整大小（放大、缩小、比例——尤其是有不同的 X 和 Y 值）
- 精确的铜计算（这些需要清楚定义铜的位置）

在大多数 CAM 系统中，表面是描述平面的数学实体。它可以包含孤岛（正片多边形）和孔洞（负片多边形）。该层为正时，孤岛代表铜，而孔洞代表非铜（见图 15.12）。铜面用来连接电源或地，其上的间隙提供数据信号通过平面层的距离，但必须保证电气隔断。

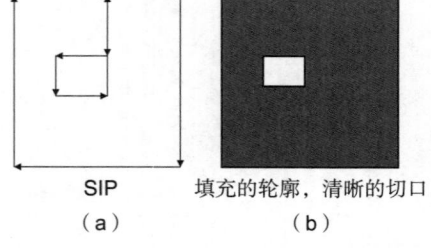

SIP
（a）

填充的轮廓，清晰的切口
（b）

**图 15.11 SIP 和非 SIP 方法绘制相同的
多边形：（a）SIP，自相交绘制，用单
一路径且"笔"不离开电路板；（b）非
SIP 以填充矩形勾勒出清晰的矩形切口**

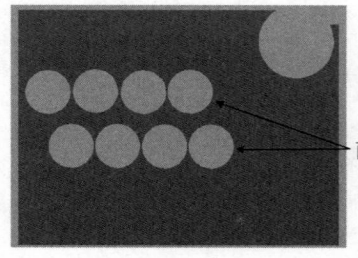

两行，每行 4 个隔离

**图 15.12 该平面由一个长方形的区域组成，右上
角的圆形切口代表铜，8 个圆孔代表隔离**

绘制有切口的 274X 平面，有两种无歧义的方法。第一种是孤岛使用正极性（正片），孔洞使用负极性（负片）。第二种是将平面层分解为正片表面，组合在一起时，勾勒出孔的轮廓。

2. 网表格式

网表是一组连接起来形成网络的点的集合。每个点代表裸板表面上的一个连接点。连接点可以是一个钻孔或表面贴装焊盘。属于一个网络的所有点，都应该通过 PCB 层电路和（或）电源、地层彼此连接。

IPC-D-356[1] IPC-D-356 是 ANSI 认可的现在使用最广泛的传输网表信息的标准。IPC-D-356 格式用于 PCB 设计和制造内部传输的网表信息。此信息可用于 Gerber 图形提取出来的网表验证设计完整性，并与 IPC-D-356 CAD 参考进行比较。这些信息也同样在裸板和组装板测试领域使用。

IPC-D-356 文件（见图 15.13）中的大多数数据包括两种类型的电气测试记录：

- 钻孔记录（以 "317" 开头）
- 表面贴装焊盘记录（以 "327" 开头）

也有其他的一般参数记录。

```
C This is a comment field
P UNITS CUST
317A01AUXNEG A10 -1 D0380PA00X+068250Y+002250X0620Y0620
317UN2CAP62PCA0 A10 -2 D0380PA00X+068250Y+001250X0620Y0000
327UN2CAP62PCA0 A9 -1 A01X+066330Y+001500X0800Y0250
327A01AUXPOS A9 -2 A01X+066330Y+002000X0800Y0250
327N/C A9 -3 A01X+066330Y+002500X0800Y0250
327N/C A9 -4 A01X+066330Y+003000X0800Y0250
327N/C A9 -5 A01X+064170Y+003000X0800Y0250
327N/C A9 -6 A01X+064170Y+002500X0800Y0250
```

图 15.13 IPC-D-356 文件的一部分。它包含 2 个钻孔记录（317）和 6 个表面贴装记录（327）。4 个底层阻焊（SMT）点不应连接，因为它们的 "网名" 字段中包含 "N/C"，表示 "未连接"

每个 IPC-D-356 记录包含 1 行，并且（由于历史原因）有固定长度，最多 80 个字符。

从 IPC-D-356 文件提取的信息翻译到内部网表，可能包括阻焊覆盖和中点标志，还有连接点的尺寸位置和它们分组组成的网络。元件和引脚识别字段的信息不必出于比较的目的而提取。

IPC-D-356 有两项修正方案：IPC-D-356A 和 IPC-D-356B。对于裸板电气测试，这些格式中包含的绝大多数额外信息是重要的，除非使用埋入式无源元件，该信息在 CAD 到 CAM 数据一致性的验证中是不需要的。如果使用埋入式无源元件，最好由供应商核实可读性后转换为 IPC-D-356A 格式。

Mentor Graphics 中间文件 一些非标准的网表格式可以通过各种 CAD 软件输出。这些格式包含连接点的记录和它们的分组网。美国的设计者和制造者偶尔使用 Mentor CAD 格式的中间文件精简版本传输网表信息，以下是对该版本的描述。

Mentor Graphics Board Station Fablink 应用程序产生 Mentor Graphics 中间文件格式。它由 6 个部分组成，每个部分描述电路板的一个部分（元件、网表、孔等）。

一个完整的中间文件中包含以下信息。

1）参考由 IPC 发布的 ANSI/IPC-D-356。

- 电路板：电路板的属性
- 网络：网络点
- 几何：封装和引脚
- 排版：元件和"趾印"——焊盘图形轮廓的另一个称呼
- 孔：钻孔
- 焊盘：焊盘的近似外形

电路板和网络部分包含了得到一个网表的足够信息。如果文件中包含所有部分，它有可能获得元件和钻孔，但不是完整的布线信息。

Fablink 用户可以控制文件中包含的部分（见图 15.14）。

```
# file: /tmp_mnt/disk/ed8/mj/demo/1/pcb/mfg/
neutral_file
# date: Monday June 2, 2005; 18:46:15
#
###########################################
###Panel Added Part Information
###########################################
###########################################
###Board Information
###########################################
BOARD SYSTEST_BOARD OFFSET x:0.0 y:0.0
ORIENTATION 0
B_UNITS Inches
###########################################
###Attribute Information
###########################################
B_ATTR 'MILLING_ORIGIN' 'MILLING 0 0.0 0' -0.4
-4.0
B_ATTR 'DRILL_ORIGIN' '' 0.0 0.0
B_ATTR 'BOARD_DEFINITION_IDENTIFIER' '' 0 0
....
###Nets Information
###########################################
NET /+8VTO10V
N_PIN J1-1 0.5 -3.2 term_1 0
N_PIN CR1-1 -0.2 -2.7 term_1 0
N_PIN W2-3 0.3 -2.5 term_1 0
NET /DATA_BIT_1
N_PIN J2-1 0.8 -1.7 term_1 0
N_PIN U2-3 1.1 -3.1 term_1 0
....
###########################################
###Geometry Information
###########################################
GEOM DIP20
G_PIN 1 0.0 0.0 term_1 Thru 0.033
G_PIN 2 0.0 -0.1 term_1 Thru 0.033
G_PIN 3 0.0 -0.2 term_1 Thru 0.033
G_PIN 4 0.0 -0.3 term_1 Thru 0.033
....
###########################################
###Component Information
```

表示文件节分界线的注释

图 15.14 Mentor 中间文件节选。因为使用明确的关键词，节的名称和代码的作用很明显。数字符号"#"表示注释

3. 元件布局列表

元件布局列表（CPL）是 ASCII 或 CAD 数据文件不能发送时用于传输元件 X、Y 位置的电子表格文件。CPL 文件通常最低限度地格式化为列。所需的列是参考标识、X、Y 位置和元件的旋转。在图 15.15 所示 CPL 文件的例子中，还包含了 CAD 软件包信息。

```
!
! SIDE 1
!
R101        0    R0805            10467C      5065000     880000      90    SMT
R141        0    R0805            10467C      6670000     585000      270   SMT
R127        0    R0805            10467C      6595000     585000      270   SMT
R182        0    R0805            10467C      3850000     1260000     0     SMT
R199        0    R0805            10467C      4015000     1020000     0     SMT
R62         0    R0805            10467C      7885000     810000      180   SMT
R512        0    R0805            10467C      -45000      1065000     90    SMT
R6          0    R0805            10467C      3475000     140000      180   SMT
R214        0    R0805            10467C      3000000     1580000     0     SMT
R76         0    R0805            10467C      7940000     505000      90    SMT
R128        0    R0805            10488C      4275000     895000      0     SMT
R44         0    R0805            10488C      3850000     1415000     0     SMT
R59         0    R0805            10512C      8495000     1035000     90    SMT
M9          0    M_74F153_SO16    105328C     4835000     1305000     270   SMT
```

图 15.15　一个简单的 CPL 文本文件的典型例子。第 1 行的意思为"在 X=5.065，Y= 0.88 位置，以 90° 放置电阻 R101。使用零件号为 10467C。详细信息请参阅 CAD 软件包 R0805。安装工艺是 SMT"

15.3.3　CAD 格式

CAD 系统供应商的领导者已经建立了几种格式。当客户和供应商之间有高水平的合作时，设计客户可以发送在 CAD 系统中创建（并实现图 15.3 描述的智能交换的目标）的全设计数据库。由于包括原理图信息，CAD 是测试组装电路板的优秀格式。此外，它们包括元件的位置和封装，以及绘制任何电路板层图形的足够数据。它们必须附有 BOM 信息和 AVL 信息（除非元件被委托），定义贴装于电路板的哪些元件不同、哪些元件需采购。

CAD 格式不适用于电路板制造，因为它们缺乏扁平的 WYSIWYG（所见即所得）的电路层表示法。CAD 格式的例子中包括 Mentor Board Station Neutral 和 Geoms 文件，以及 Cadence 或 OrCAD 布局文件。

当 CAD 格式用于数据交换时，其格式根据特定的用于布局和布线 CAD 系统的格式定义。设计者必须确认供应商可以阅读它，或冒着转换错误的风险，用一些翻译工具将该数据转换为供应商可读的格式。

15.3.4　现代数据交换格式

ODB++ 和 IPC-2581 是专门为 CAD 和 CAM 数据交换设计的格式。早期作为交换格式开发的 ODB++ 是 Valor[1] 工具的内部格式。IPC-2581 是一个独立于供应商，由 Valor 和一个由 IPC 发

1）Valor Computerized Systems，华尔莱科技有限公司，为电子行业提供领先的 CAD、CAM 和 DFM 工具的供应商，见 www.valor.com。

起的委员会共同制订的纠正数据交换历史问题的格式。

ODB++ 和 IPC-2581 是包括 BOM 和 AVL 信息在内的制造所需所有数据的"唯一"格式。它们最接近图 15.3 所示的智能交换思想。

1. ODB++

ODB++ 数据格式是一种常见的用于 DFM 和 CAD/CAM 数据交换的语言（见图 15.16）。它克服了许多设计 / 制造供应链的数据通信障碍。这个强大的开放式数据库中的数据，赋予所有裸板、元件集成和准确的物理模型和测试相关信息。它简单而全面地描述了所有用于 PCB 制造和组装的实体。

Valor 通用浏览器（VUV）是一款在 Windows、Sun 或 HP-UX 工作站[1]，以图形方式查看 ODB ++ 设计数据的免费软件。

ODB++ 采用标准的系统文件结构[6]。ODB++ 使用一个简单的，可以在系统间无数据丢失的目录树来完成作业（见图 15.16）。

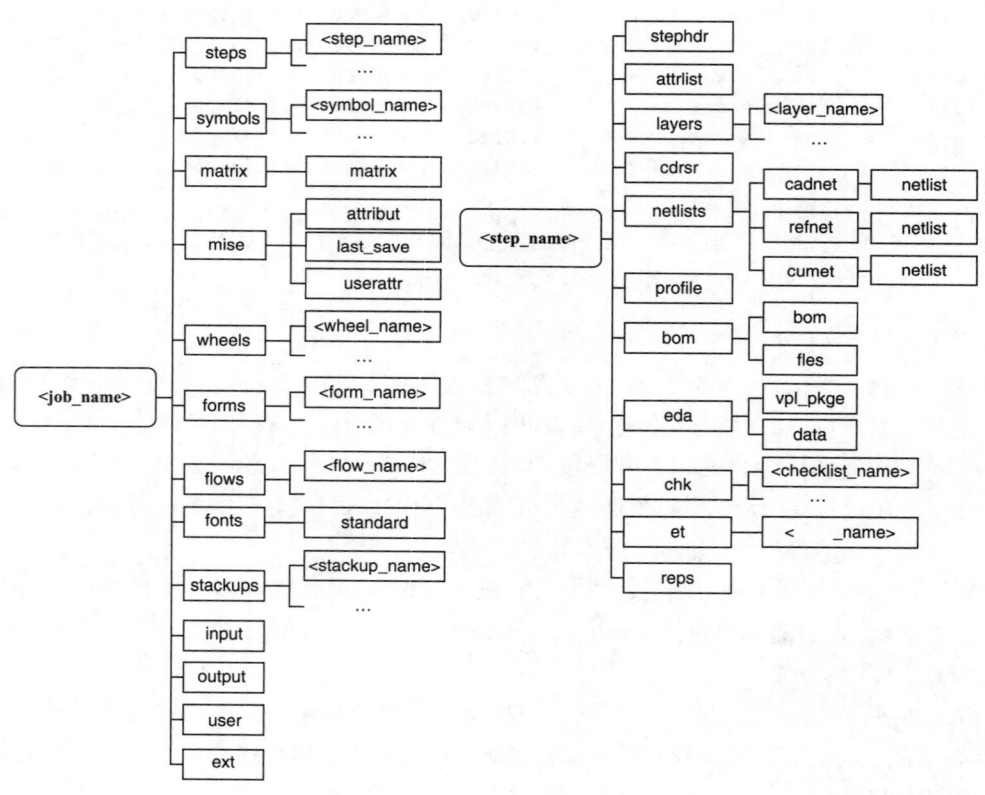

图 15.16 ODB++ 作业树：
左图描述了作业级下的最顶层元素，右图介绍步骤级下的最顶层元素

当作业被读取或保存时，目录树相比大文件有显而易见的优点。灵活的树结构允许只选择部分作业读取或保存，避免了大文件读写的开销。

1）要下载免费的 VUV，访问 http://www.valor.com/，选择 Solutions → Valor Universal Viewer → Download，并按照简单的注册过程操作即可。

当一个作业必须被转移时，标准的压缩实用程序可以用来将一个目录树转换成一个单一的文件。

ODB++ 广泛应用于 PCB 行业并获得许多供应商工具的支持，包括一些提供输出 ODB++ 格式的 CAD 系统。ODB++ 格式元素的描述已经超出了本章的范围，图 15.17 是一个电路层特征文件的小节选，可以体现其明确性和清晰性。

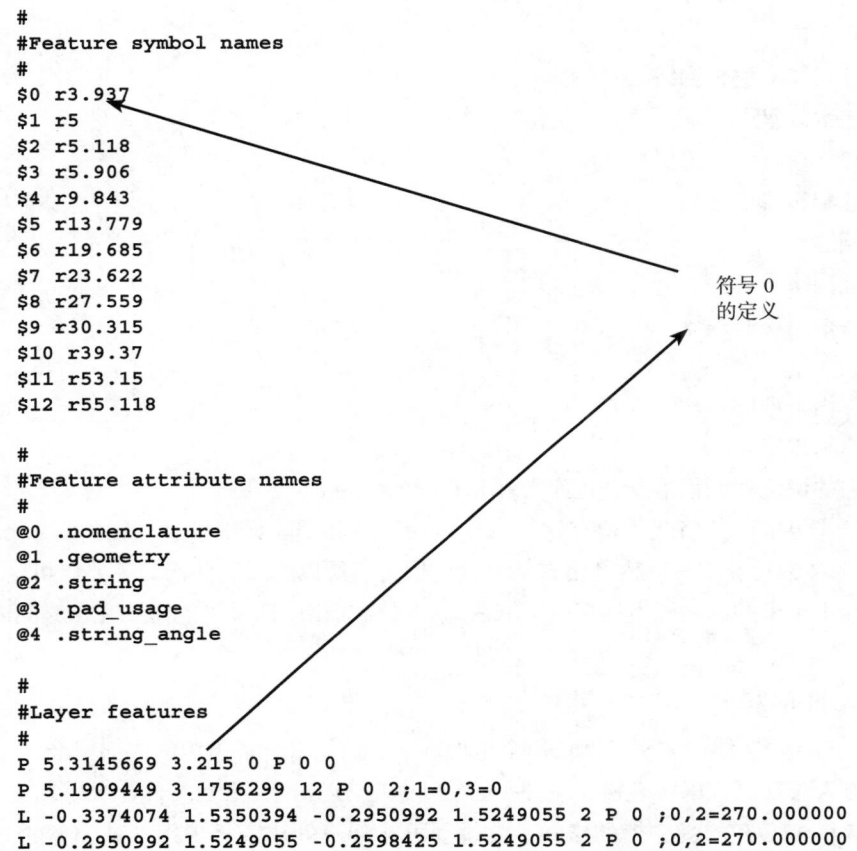

```
#
#Feature symbol names
#
$0  r3.937
$1  r5
$2  r5.118
$3  r5.906
$4  r9.843
$5  r13.779
$6  r19.685
$7  r23.622
$8  r27.559
$9  r30.315
$10 r39.37
$11 r53.15
$12 r55.118

#
#Feature attribute names
#
@0 .nomenclature
@1 .geometry
@2 .string
@3 .pad_usage
@4 .string_angle

#
#Layer features
#
P 5.3145669 3.215 0 P 0 0
P 5.1909449 3.1756299 12 P 0 2;1=0,3=0
L -0.3374074 1.5350394 -0.2950992 1.5249055 2 P 0 ;0,2=270.000000
L -0.2950992 1.5249055 -0.2598425 1.5249055 2 P 0 ;0,2=270.000000
```

符号 0
的定义

图 15.17 带注释的 ODB++ 特征文件。"P 5.3145669 3.215 0 P 0 0"表示一个直径为 3.937mil（5.314…，3.215）的焊盘。第一个"0"表示符号 0，通过"$0 r3.937"中的符号节明确地表示，"P 0 0"表示焊盘具有"P"（正极性），旋转 0°，并具有属性值 0

2. IPC-2581

IPC-2581 是 IPC 和电子行业的一个通用的独立于供应商的数据交换格式[1]。第一个这样的格式是 19 世纪 70 年代的 IPC-D-350，随后是 90 年代的 IPC-2511 GenCAM，到了 21 世纪演变为 IPC-2581。

IPC-2581（绰号"后代"）基于 ODB++，且是 ODB++ 的巅峰状态，并是美国国家电子制造业协会（NEMI）赞助的 GenCAM 融合项目。IPC-2581 继承了一些 IPC-2511 GenCAM 的特征。

IPC-2581 实际上是一个系列的 IPC-258x 文档，其中"x"代表 1 ~ 9。IPC-2581 包括通用要求（或者，在这种情况下，是完整格式的说明），而 IPC-2582 及以上的只包括部分要求。如 IPC-2584 包

---

[1] 对于 IPC-2581 查看器，可以在 IPC 网站（http://www.ipc.org）上找到。

含用于制造的部分要求，并解释了哪些 IPC-2581 元素对于裸板制造是通用的，哪些元素是可选的。

IPC-2581 是一种完整的、明确的、准确的、智能的格式，包含制造和组装所需的所有数据。下面的数据元素会在全模式 IPC-2581 文件中描述：

- 原始原理图捕获文件
- 原始层 / 叠层实例文件
- 原始导体布线文件
- BOM 和 AVL
- 元件封装和逻辑网络
- 外层铜焊盘
- 阻焊、焊膏和字符层
- 钻孔和布线层
- 文档层
- 物理网络
- 外层铜层（非焊盘）
- 内层
- 非文档杂项层
- 说明和规格
- 元件的调优和编程指令、程序文件和其中的引用

这种格式包含以往格式不曾有的信息（包括人员和企业详细信息、物料需求和元件的调优和编程）。大多数行业工具的内部格式缺乏这些项目，所以此时这些部分主要以可读形式使用。

IPC-2581 未来的演化和市场接受度取决于委员会与供应商，可能需要几年时间才能实现。

15.3.5 元件信息

BOM 和 AVL 文件通常不遵循任何全球性标准，而是符合各组织的内部标准。它们的格式可能是简单的 ASCII 码或电子表格（见图 15.18）。解读 BOM 和 AVL 文件需要手动或半自动解析，然后转化成一个已知的受支持的格式。此过程可能涉及创建模板识别各种类型的 BOM 和 AVL 文件，并半自动地翻译它们。

BOM 和 AVL 文件有时被合并成一个 BOM/AVL 文件，其中列出了参考标示符的布置和部分订购信息。

ITEM	CPN	GEOM	COUNT	DESCRIPTION	REFERENCE
1	1016975		1	SPROM_ASSY	
2	13r010c0	smd0402	6	cap, 1.0pF, sheet5	C502 C503 C504
					C519 C587 C618
3	13r030c0	smd0402	2	cap, 3.0pF, sheet6	C517 C545
4	13r040c0	smd0402	1	cap, 4.0pF, sheet6	C531
5	13r0r5c0	smd0402	1	cap, 0.5pF, sheet5	C591
6	13r101j0	smd0402	3	cap, 100pF, sheet6	C500 C533 C536
7	13r102k1	smd0402	5	cap, 1000pF, sheet5	C518 C571 C573
					C581 C617

图 15.18 一个典型的电子表格样式的 BOM 文件，包含客户零件号、零件信息和参考标示符

图 15.19 是一个典型的 AVL 文件例子，如在已列表格样式中所看到的。

行号不是文件的一部分，1 ~ 5 行是标题行，6 ~ 15 行是数据行。有两种类型的数据行，第 1 行包含第 1 种类型的列标题，第 3 行包含第 2 种类型的列标题。第 6 行和第 12 行是第 1 种类型，代表功能器件［通常称为顾客零件编号（CPN）］。8 ~ 10 行和 14、15 行是第 2 种类型，代表代购零件编号［通常简称为制造商零件编号（MPN）］。

第 6 行表示："CAP CHIP 1PF 0.25PF 50V COG 0402"描述的零件编号 "XYZ00001" 是一个 1pF 的芯片电容器。而第 8 行表示：从 KEMET 电子公司获得 "XYZ00001" 的功能，指定目录号为 "C0402C109C5GACTU"。

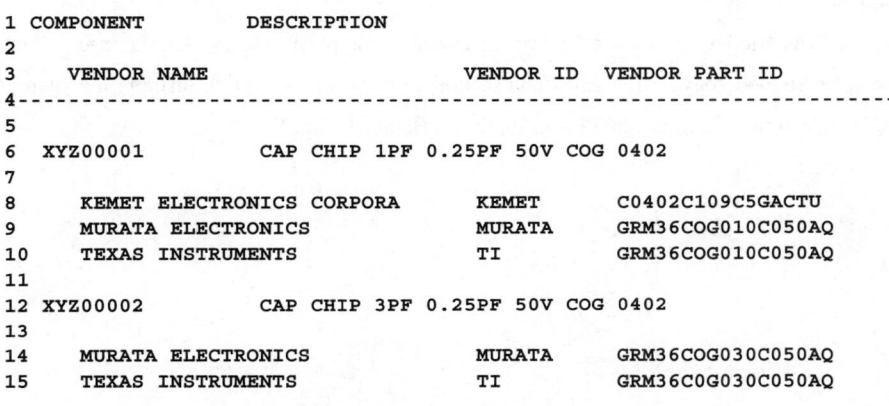

```
 1 COMPONENT          DESCRIPTION
 2
 3   VENDOR NAME                    VENDOR ID   VENDOR PART ID
 4-------------------------------------------------------------------
 5
 6 XYZ00001           CAP CHIP 1PF 0.25PF 50V COG 0402
 7
 8   KEMET ELECTRONICS CORPORA      KEMET       C0402C109C5GACTU
 9   MURATA ELECTRONICS             MURATA      GRM36COG010C050AQ
10   TEXAS INSTRUMENTS              TI          GRM36COG010C050AQ
11
12 XYZ00002           CAP CHIP 3PF 0.25PF 50V COG 0402
13
14   MURATA ELECTRONICS             MURATA      GRM36COG030C050AQ
15   TEXAS INSTRUMENTS              TI          GRM36C0G030C050AQ
```

图 15.19 典型的简单文本表格 AVL 文件节选

15.4 进化的驱动力

PCB 制造数据交换必须在两个方向发展：

- 基于技术的进化
- 在高速、竞争的全球经济中改善沟通手段

随着 PCB 行业技术的快速发展，数据交换格式必须适应增加的新信息。

当然还有其他需要解决的技术挑战，包括更好集成来自设计公司的 BOM、AVL 和 CAD 数据格式，规范的工具支持、标准、版本信息，以及在一个在线框架内的 ECO 数据等。

随着全球化和供应链的发展，沟通将会不只是单纯的数据交换。该技术已经存在，但尚未最大程度应用。在线协作工具应该替换文件传输。维护问题列表并跟进它们的解决方案，将在不影响设计完整性的前提下，确保满足制造要求。在没有完整的制造再造情况下，逐布发布设计修订的方法将会加速原型的演进。

15.5 致 谢

感谢 Susan Kayesar 对本章的贡献。

参考文献

［ 1 ］ Dean, Graham, "A Review of Modern Photoplotting Formats," Electronics Manufacturing Technology,
http://www.everythingpcb.com/p13447.htm

［ 2 ］ Document 40101-S00-066A, Mania Barco Corporation (http://members.optusnet.com.au/~eseychell/ rs274x-revd_e.pdf)

［ 3 ］ http://www.artwork.com/gerber/appl2.htm

［ 4 ］ Mentor Graphics Fablink User's Manual (www.mentor.com/)

［ 5 ］ ANSI/IPC-D-356, Institute for Interconnecting and Packaging Electronic Circuits, 3000 Lakeside Drive Bannockburn, IL, USA

［ 6 ］ Valor ODB++ manual, available upon request from Paul Barrow at Paul.Barrow@valor.com; Tel, +972-8-9432430 (ext. 165); Fax, +972-8 – 9432429; Valor Computerized Systems, Ltd., P.O. Box 152, Yavne 70600, Israel

［ 7 ］ IPC-2581, "Generic Requirements for Printed Board Assembly Products Manufacturing Description Data and Transfer Methodology"; IPC-258x and sectional requirements thereof, Institute for Interconnecting and Packaging Electronic Circuits, 3000 Lakeside Drive, Bannockburn, IL, USA

## 第 16 章

设计、制造和组装的规划

Happy T.Holden

美国科罗拉多州朗蒙特，明导国际

16.1 引 言

随着元件封装、电子技术的进步，相应的先进互连技术也快速发展，功能日益复杂。因此，各种形式的印制电路板（PCB）仍然是最流行的和最具有成本优势的互连方法也就不足为奇了。

制造、组装和测试技术也与时俱进。这些增加的功能使得技术、设计规范和特征的选择变得如此复杂，以致开发出了一个新功能，允许预测和选择设计参数、性能，并兼顾制造成本。这就是设计、制造、组装的规划。这项活动也被称为制造和组装的设计或预测工程。它本质上是设计要素的选择和提升制造、组装和测试成本竞争力的选项。在本章的后面部分，我们将提供一个过程，定义每个设计或制造工艺的独特的可制造性。

本章的目的是为一个经过深思熟虑和有竞争力的 PCB 设计提供信息、概念和过程，并确保考虑到所有相关的设计和布局变量。

16.1.1 设计规划和成本预测

降低成本、保持竞争力是产品规划的原则。一般来说，通常制造成本的 75% 是由原理图的设计和规格决定的[1]。通用电气公司在广泛研究后，得出了一条关于产品开发竞争力的规律。制造业通常决定了生产准备、材料管理、过程管理成本（见图 16.1），这是总体生产成本的一个小的组成部分。

上市时间及具有竞争力的价格决定了产品最终是否成功。作为市场上第一个新的电子产品有很多优势。通过规划 PCB 的布局、PCB 制造和组装方面所需考虑的成本，设计的整个过程和原型可以实现最低程度的重新设计。

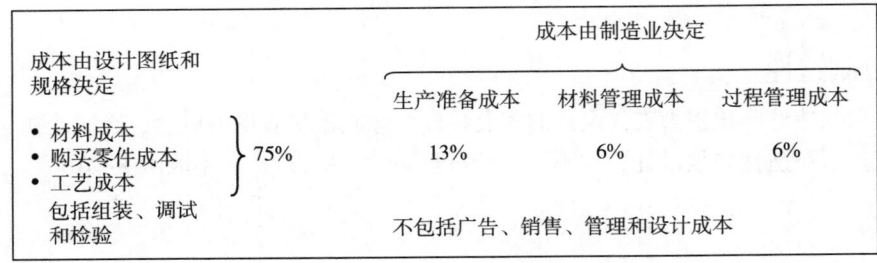

图 16.1 设计决定了产品的大部分成本

16.1.2 设计规划和生产规划

电子行业是全球最大的行业之一。设计在一个半球，而制造在另一个半球是常见的现象。在许多不同的地方同时制造也是常见的现象。必须采取集成系统方法，意图是将合理的制造和组装作为生产系统的一部分，而不是单独的实体，如图16.2所示。在设计规划和布局过程中，必须考虑这种分散的制造。没有成品比原设计或制造它的材料更好。

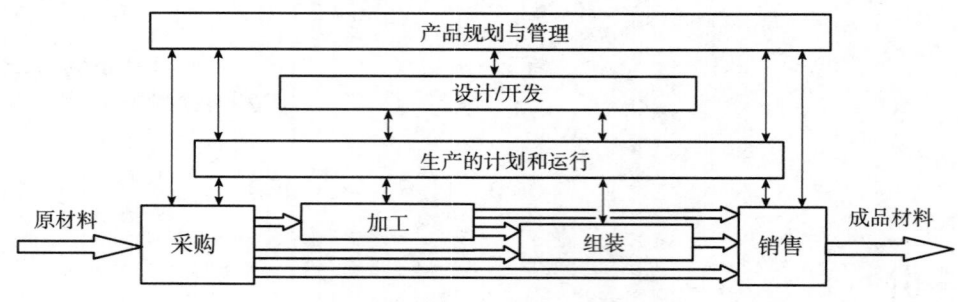

图16.2 规划和设计使制造和组装合理化

16.2 一般注意事项

规划过程的关键是权衡布局性能、制造、组装、测试和成本这些领域间的得失。因此，一些重要的注意事项将在以下部分讨论：

- 新产品设计过程（16.3.1和16.3.2节）
- 指标的作用（16.3.3和16.3.4节）
- 布局权衡规划（16.4节）
- PCB制造权衡规划（16.5节）
- 组装权衡规划（16.6节）
- 制造审核工具

16.2.1 规划的概念

规划设计、制造和组装（PDFA）是一种解决所有影响生产和客户满意度因素的方法论。在设计过程的早期，PDFA的中心思想是使设计决策优化特定的领域，如可制造性、可组装性和可测试性；以及融入一个产品系列，如自定义的自动化生产。在电子设计环境中，规划不断地发生（见图16.3）。数据和规格在一个方向流动，从产品概念到制造。在设计过程中，有60%的制造成本由第一阶段设计确定，只有35%的工程设计费用被使用。典型的响应如图16.4所示。

16.2.2 可制造性

目前，可制造性已被视为现代设计的固有特性。像制造中质量的概念，必须建立这样的特性而无须检查。可制造性必须设计，它不是设计过程中的"检查点"，不能由工具检查。

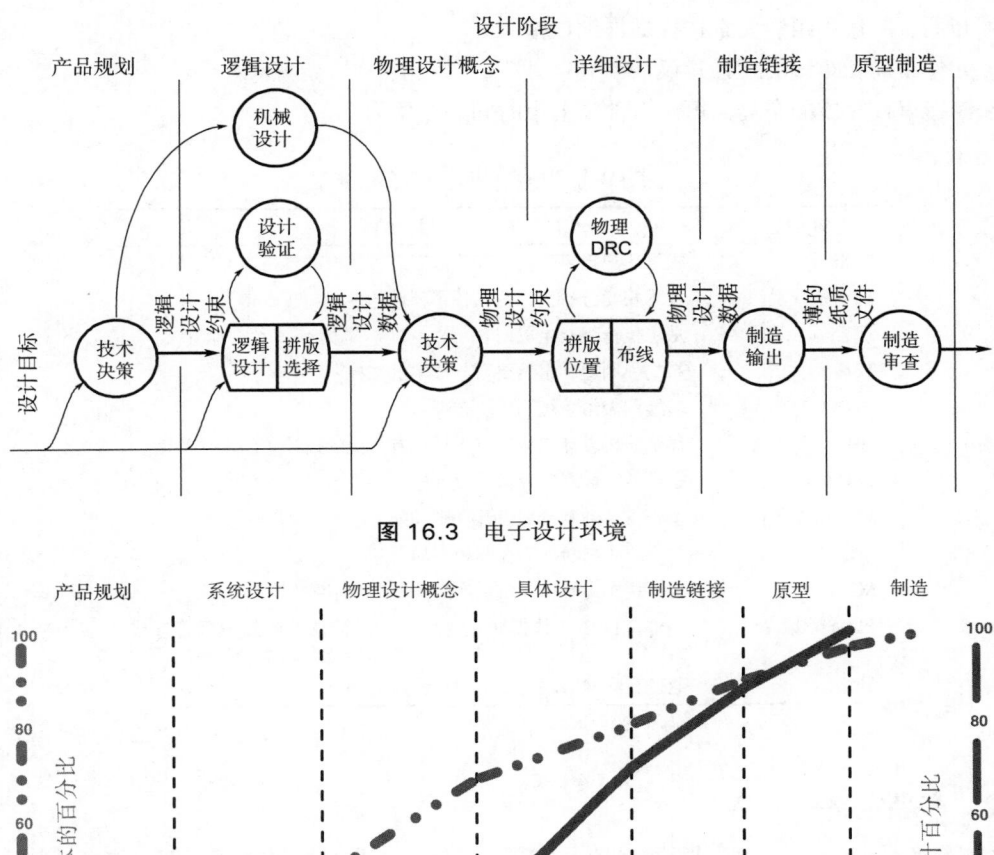

图 16.3 电子设计环境

图 16.4 设计成本的累积与内在的制造成本

16.3 新产品设计

在新产品设计中,可以在扩展设计过程中找到较优越的可制造性的关键点。其中一个关键点是,基于数据分析的规划指标的权衡。

16.3.1 扩展设计过程

新的扩展设计过程包括规划、权衡和制造审计表,见表 16.1。这个过程由 12 个独立的功能组成。

这不同于传统的设计过程(如图 16.3 中看到的),包括 4 个重要的功能:

- 在特性定义阶段的正式的技术权衡分析

- 布局、制造和组装要素选择的详细权衡
- 元件布局和布线的设计建议
- 制造审核完成的布局的可制造性、上市时间和竞争力

表 16.1 扩展的电子设计流程

功　能	目　的
规格	根据用户提供的约束和想法制订可执行的规格
捕获系统说明	技术权衡分析：权衡在各个领域的性能与成本得失
综合	从可执行规格生成网表
权衡	布局、制造和组装要素与成本的选择
物理 CAD	转换网表给系统和模块布局
模拟	详细分析设计结构，以支持所有其他的设计（CAD）活动
设计顾问	按照性能规则连续显示设计
可制造性审核	检查设计到制造的设计规则和能力
工装	将模块布局转换为在制板布局
MFG	将模块布局转换为实物产品（制造或组装）
PDM 数据库	企业范围内的数据库包含所有产品信息（产品数据管理或 PDM），包括设计文件、库、制造信息和版本等
网络	通过互联网访问的多个团队设计

16.3.2 产品定义

最初新产品设计阶段主要是规格和产品定义。关键的一步是根据创意、用户需求、机遇和技术，制订一个新产品的可执行的规格。在这个操作过程中，缺乏制造经验的技术人员无法精确预测制造过程中可能出现的问题，这将会影响产品的上市时间和产品最终的成本。图 16.5 描述了各领域性能与成本的损失和增益权衡分析。集成电路（IC）和专用集成电路（ASIC）的大小和分区，必须与整体包装成本和电气性能平衡。所有这些因素都影响生产和产品成本。

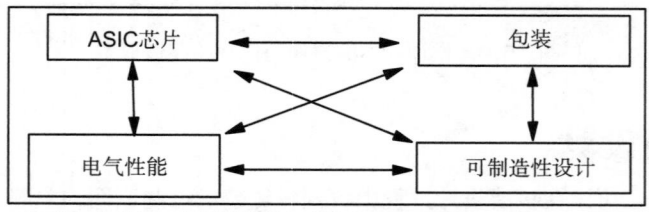

图 16.5 规格确定的产品分区和可制造性

这个过程的另一个定义是"验证设计"[2]。验证设计由与过去设计相关的模型或方法来预测。与传统方法形成比照，那是"未验证设计"，或试验和错误。这在图 16.6 中说明了。验证设计的优势是可以显著减少实现原来产品目标的重新设计。

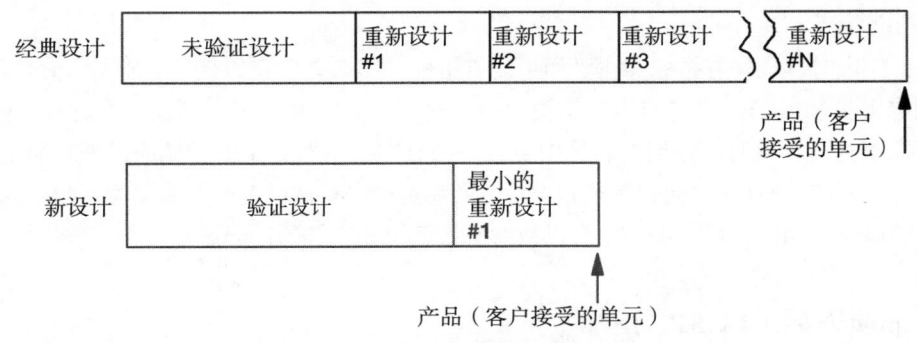

图 16.6 结合权衡的设计与传统设计

16.3.3 预测指标和可制造性规划

指标是数据和基于统计学的措施，如布线需求（W_d）（见 16.4.1 节）。这些措施可以是密度、连通性，或者是这里的可制造性。这些措施是进行预测和规划的基础。当在设计过程中采取这些措施时，有 2 种类别应用于产品。所有设计团队共同参与的过程中，只有指标可以共享。非指标在设计过程中只能提供很少的帮助。

1. 指 标

指 标 产品和过程都是利用统计过程控制（SPC）和全面质量管理（TQM）技术测量的物理数据（预测工程过程）。

品质因数 产品和过程都是根据专家的一致意见开发的线性方程的评分（专家意见过程）。

2. 非指标

意 见 专家提出的意见也要在设计之后，或伴随着设计过程被采用（制造工程检验流程）。

没有意见 在规格、分区或设计阶段不尝试检查或改进设计（串行过程）。

指标也确立了连接制造和设计的共同语言。产品的评分形成一个不自以为是的基础，使得团队获得在质量和成本方面都具有竞争力的产品（见图 16.7）。

应用这些措施的策略在图 16.8 中显示。每个人和公司的分析过程都是独一无二的，如果产品想要取得成功，必须满足和考虑某些条件。若评分满足生产要求则选择这种方法，如果没有满足则评估其他方法，并重复这个过程。本章的剩余部分介绍了洞悉布局、制造和组装规划的方法和指标。

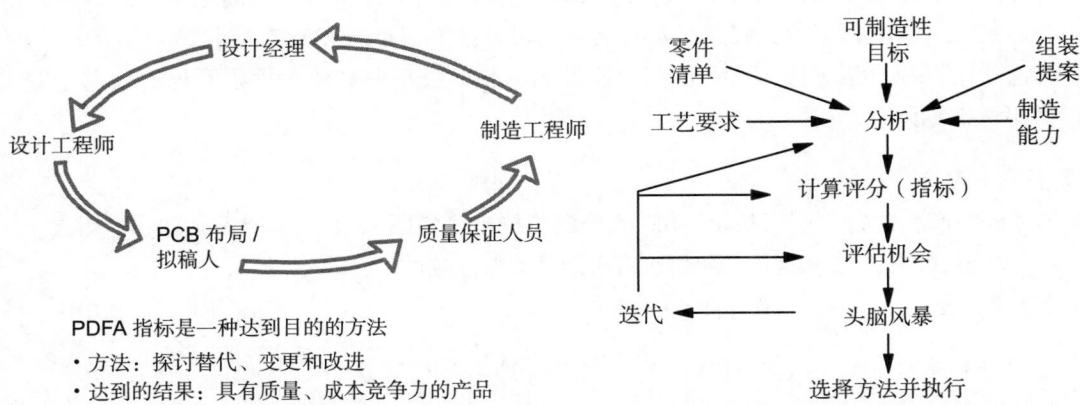

图 16.7 作为常见设计语言的指标的优点 **图 16.8 使用测量和指标的过程获得可生产的产品**

16.3.4　非指标

在讨论生产时，最好有指标存在。如果没有指标，那么有专家的意见总比没有意见好。问题是意见很难辩护和解释，当它们用于相关的生产时，很多时候会因人而异。有时候，经验丰富的生产专家审查新设计时，他们的意见中包含好的意图。虽然专家提意见的过程有时是成功的，但它是难以复制的，而且通常会在制造和设计之间制造壁垒。这就是为什么品质因数如此受欢迎。通过专家的很少劳动量，可产生一个可以被所有人使用和理解的评分过程。

16.3.5　品质因数（FOM）指标

指标是规划设计的首选措施，但其预测生产的能力往往是有限的。指标开发也会持续很多个月，并且大量的实验可能会使它们的成本变得昂贵。措施更具成本效益和开发更快速是指标的特点。FOM 是一群设计和制造专家组一天或两天的工作结果。该过程由 8 步组成。

（1）定义或确定要开发的新措施。

（2）确定为什么选择这项措施。确保措施之间沟通的相关性。

（3）调查客户。与客户沟通，确定需要什么样的措施。

（4）明确需求和期望，并收集数据。

（5）集思广益产生因素和变量。

（6）明确主要贡献者和标准化的评分。使用多票制、排名配对、投票排名的方法或 Pareto 技术去验证数据是否可用。这些是方程的系数（C_x）。

（7）构建因数 FOM 的权重（FW_x）。填写 FOM 表值 1、25、50、75 和 100。

（8）构造一个线性方程模型（系数评分 ×FOM 权重）。

16.3.6　品质因数线性方程

FOM 过程采用典型 TQM 技术集思广益，产生排名，并制订一个公式对可制造性、可组装性或任何其他用于设计规划措施评分。可制造性评分使用的两个因素：（1）系数 C_x；（2）权重因子 FW_x。

1. 系数 C_x

可制造性评分的系数是集体讨论所有可能会影响产品可制造性的因素后，产生的结果，如图 16.9（a）所示。通过如云亲和力或 Kay-Jay 技术，这些被分组为常见的想法或因素，如图 16.9（b）所示。这些因素通过投票进行排名或通过其他 Pareto 技术成对排名，如图 16.9（c）所示。无论采用哪种投票方法，这些值都将除以归一化的最小非零值。投票评分的结果产生系数 C_x。不考虑零票和弃权。

2. 权重因子 FW_x

排名过程中产生的每个因素被 1 ~ 100 的分配值校准，如图 16.9（d）所示。现在，因素 1 容易制造，因素 100 不可能实现，几年后也有可能是非常困难的。

评分结果方程：

$$评分 = (C_1)(FW_1) + (C_2)(FW_2) + (C_3)(FW_3) + (C_n)(FW_n)+\cdots \qquad (16.1)$$

这里，C_x 为基于排名的系数；FW_x 为指定的因素权重值（1 ~ 100）。

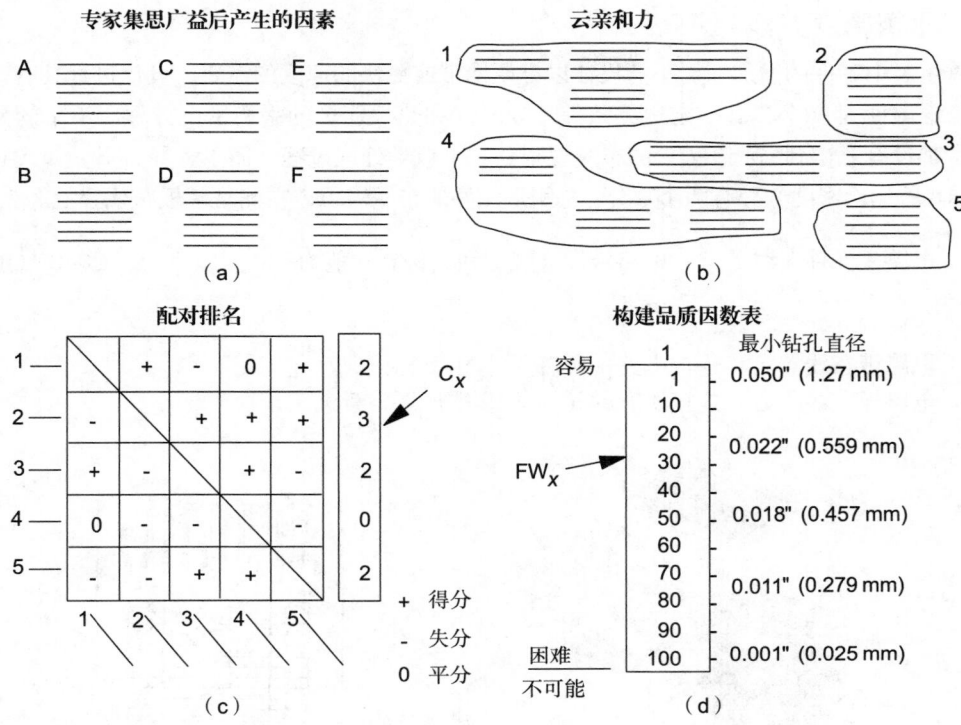

图 16.9 品质因数计算：
（a）集思广益后产生的因素；（b）分组类似的想法；（c）排名因素；（d）给因素分配值

假设由前面的公式对裸板的可制造性进行评分，如果 FOM 过程中包含以下因素：

- 基板尺寸 C_1=1.5
- 钻孔数目 C_2=3.0
- 最小线宽 C_3=4.0

现在，假设 PCB 设计规定了以下内容：

- 基板尺寸 FW_1= 36
- 钻孔数目 FW_2= 18
- 最小线宽 FW_3= 31

可制造性的评分将等于：

$$232 = 54 + 54 + 124 = 1.5 \times 36 + 3.0 \times 18 + 4.0 \times 31$$

如果评分经过基于该类型产品的历史数据校准过，则这个评分可以使用。在此之前的产品都是采用 FOM 线性方程［式（16.1）］评分。这些产品顺利投产，并表现出最少的问题来寻求最低的评分。如果产品的评分是个问题，不得不重新设计，或者说明会延期，就确定该设计超过了假定发生的问题和要从可制造性获得的评分。

16.4　布局权衡规划

密度预测和设计规则选择是布局的两个主要规划活动。电路板的实际布局包含在第 10 ~ 12 章。设计规则的选择不仅影响电路布线，而且深刻影响着制造、组装和测试。

16.4.1 平衡密度方程

随着组装中零件的增加、更小的尺寸以方便携带或更快的速度的需要，设计过程具有一定的挑战性。该过程是一个具有一定边界条件（如电气和热性能）的平衡密度方程。不幸的是，许多设计者都没有意识到,确定 PCB 的布线规则是一个数学处理过程。简单解释一下。如式（16.2）和图 16.10 所示，密度方程有两个部分：左侧是元件的布线需求，右侧是基板布线容量。

$$电路板元件布线需求 < 电路板设计规则和结构布线能力 \qquad (16.2)$$

这里：

电路板布线需求 = 连接电路中所有元件的总连接长度
电路板布线能力 = 连接所有的元件的基板布线长度

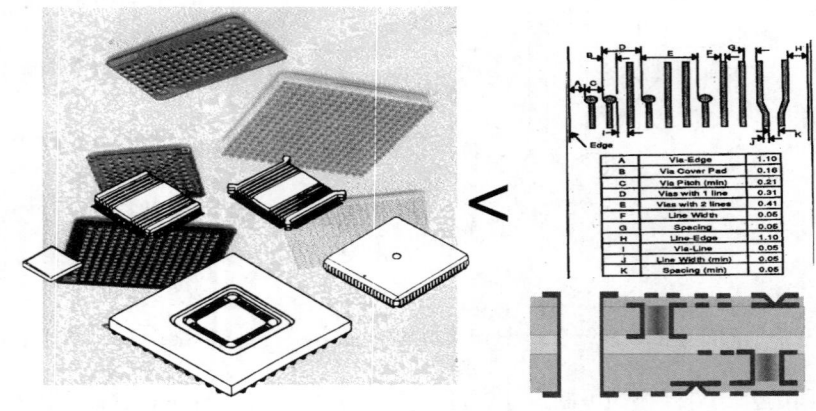

图 16.10 通过平衡密度方程实现最优的布局

布线需求和基板能力存在 4 种情形。

布线需求 > 基板容量 如果基板容量与需求不相等，设计不可能完全完成。不论是导体，还是导通孔，都没有足够的空间。为了纠正这一点，需要基板变大或删除元件。

布线需求 = 基板容量 虽然理论上最优，这个条件不会留下任何可变空间和需要几乎不可接受的大量时间来完成设计。

布线需求 < 基板容量 这种条件应该是目标。应该具有足够的额外能力按时完成设计，并且是只超过规格和成本的最小额度。

布线需求 << 基板容量 通常存在的是这种条件。PCB布局的进度安排很紧,时间是最重要的。许多人选择更紧密的布线或额外的层，以帮助缩短布局时间。制造成本增加 15% ~ 50% 是必要的，它有时也被称为"沙袋"方法。然而，以前的模型有助于创建一个更好的规划环境。

16.4.2 布线需求（W_d）

布线需求是指连接电路中所需所有零件的总连接长度（in）。如果设计指定组件的大小（in^2），则布线密度的单位为 in/in^2 或 cm/cm^2。模型在初期设计规划过程中可以估计布线需求。有 3 种情况可以控制最大布线需求：

- 布线需要突破，如倒装芯片或芯片级封装元件
- 布线由 2 个或更多紧密相连的元件构建，如中央处理单元（CPU）和它的缓存或数字信

号处理器（DSP）、输入/输出（I/O）控制端口
- 所有的集成电路和分立元件需要布线

模型可以用来计算这 3 种情况下的元件布线需求，见 16.4.3 节。因为并不总是很容易知道哪种情况主导一个特定的设计，因此通常计算所有的 3 种情况，从而找出哪个是最需要的。

布线需求由式（16.3）定义。

$$W_d = W_c \times \varepsilon \ (\text{cm/cm}^2 \ \text{或 in/in}^2) \tag{16.3}^{[3]}$$

其中，W_d 为布线需求；W_c 为布线容量；ε 为 PCB 布局效率（在 16.4.4 节定义）。

16.4.3 布线容量（W_c）

基板布线容量是指连接所有元件的线路长度。它由两个因素决定。

设计规则 这些规则指定了导体、间距、导通孔焊盘、禁止布线区和基板的表面处理。

结 构 结构决定了信号层的数量、导通孔和埋孔的组合，以允许高密度互连（HDI）技术下电路层在复杂的盲孔、叠孔和各种深度的导通孔下实现连接。

这两个因素决定了基板上的最大布线能力。为了弄清楚满足需求的可用布线，用最大布线能力乘以布局效率。除了布局效率，这些数据是非常简单的。布局效率指的是在设计中可以使用的布线容量的百分比。式（16.4）用于确定每个信号层的布线能力。基板总容量是所有信号层的总和。

$$W_c = T \times L/G \ (\text{cm/cm}^2 \ \text{或 in/in}^2) \tag{16.4}$$

其中，T 表示每个线路通道内或两个导通孔焊盘间的线路数量；L 表示信号层数；G 表示导通孔焊盘中心之间线路通道的宽度或长度。

16.4.4 布局效率

布局效率是指设计者根据设计规则和结构可以在电路板上布局的百分比。布局效率是将原理图与最大布线密度联系在一起的实际布线密度的比例，或 W_d 除以 W_c。为了便于计算，布局效率通常假定为 50%。表 16.2 中提供了更详细的效率选择。

表 16.2 典型的布局效率

设计方案	条 件	效 率[①]/%
通孔，刚性板	网格化 CAD	6 ~ 12
表面贴装/混合	有/无背面无源元件，无网格 CAD	8 ~ 15
表面贴装/混合	有背面有源元件，网格化 CAD	9 ~ 18
仅表面贴装	有/无背面无源元件，无网格 CAD	最多 20
表面贴装/混合	单面盲孔，无网格 CAD	最多 25
表面贴装/混合	双面盲孔，无网格 CAD	最多 30
叠层技术	双面微盲孔，无网格 CAD	最多 50

①由 PCB 设计分析确定［实际 CAD 系统布线能力除以最大布线能力，式（16.4）］。

16.4.5 选择设计规则

为了计算潜在的一组设计规则和信号层，首先需要计算布线需求（W_d）。这可以通过线路模

型帮助完成。

布线需求模型

文献中描述了 7 种布线模型，但前 3 个是常用的。3 种布线模型包括：

- Coors, Anderson & Seward 统计线路长度[4]
- Toshiba 技术图[5]
- HP 设计密度指数[6]

其他 4 种布线模型包括：

- 每平方英寸的等效 IC 数[7]
- 兰特规则[8]
- 部分交叉[9]
- 几何分析[10]

Coors, Anderson& Seward 统计线路长度　布线需求模型是基于随机模型，涉及所有终端的布线。可能的线路长度是基于第二终端和其他所有终端空间的几何距离计算的。这是最近确定的布线模型，代表了表面贴装技术最实际的近似。式（16.5）给出了结果的数学模型。

$$d = D \times N_i / A \ (\text{in/in}^2) \tag{16.5}$$

$$D = E(x) \times G$$

其中，D 为线路的平均互连距离（in）；$E(x)$ 为发生的期望值；G 为焊盘贴装的网格（in）；N_i 为互连总数；A 为布线面积（in^2）。

$E(x)$ 的方程式是

$$E(x) = \frac{1}{a} \cdot \frac{[(S-T)(Sa-2)]e^a S + S[2-(S-T)a]e^a(S-T) - 2T}{(S-T)e^a S - Se^a(S-T) + T} \tag{16.6}$$

这里：

$$S = M + N$$
$$T = (M^2 + N^2)^5$$
$$a = \ln \alpha$$

其中，α 为经验导出常数 0.94。

$$M = \text{PCB 网点宽度} = (\text{宽度} /G) + 1$$
$$N = \text{PCB 网点长度} = (\text{长度} /G) + 1$$
$$N_i = 2 \times N_t / 3$$

Toshiba 技术图　封装技术图是一个简单的预测电路板、板上芯片或 MCM-L 的布线需求和组装复杂性的技术。通过绘制每平方英寸（或每平方厘米）的元件数和每个元件的平均引线数的双对数曲线图（见图 16.11），可以计算出每平方英寸的布线需求 W_d（cm/cm^2）和每平方英寸（或每平方厘米）的组装复杂性。式（16.7）和式（16.8）描述了这两个指标方程。

布线需求 $W_d = \beta \times$ 单位面积内的元件数$^{0.5} \times$ 每个元件的平均引线数 　（16.7）

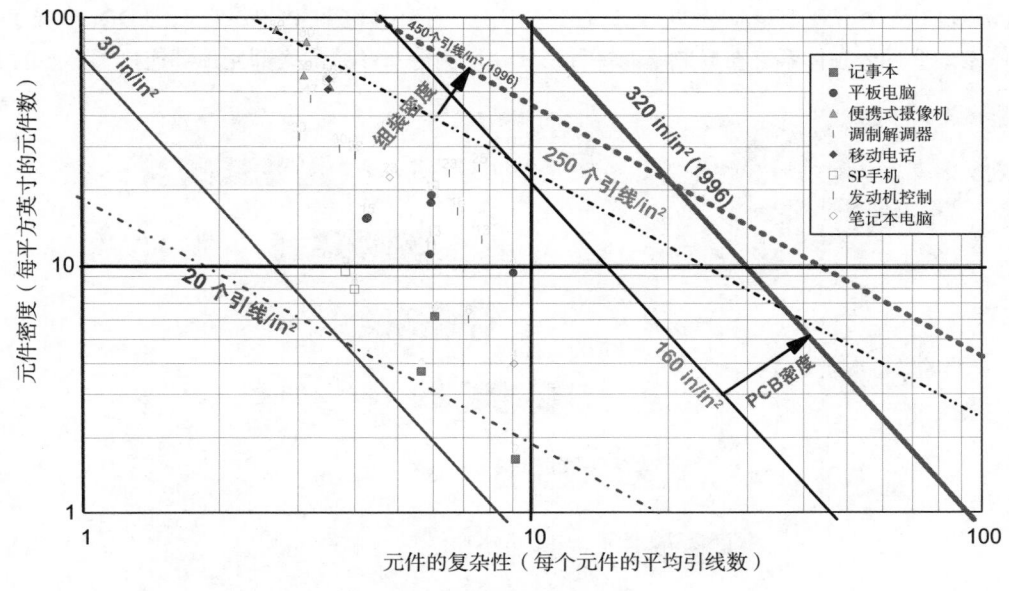

图 16.11 封装技术图

$$组装复杂性 = 单位面积内的元件数 \times 每个元件的平均引线数 \qquad (16.8)$$

其中，β 为布线系数（典型值是 3.5，但平均水平在 2.5 ～ 4.0，节点 / 网是一个很好的近似值）。

使用这两个方程，图 16.12 显示的绘制在图表中的恒定线上的布线需求（cm/cm² 或 in/in²）和组装复杂性（每平方厘米或每平方英寸的引线数），都可以在表格里查到。

HP 设计密度指数 另一个规则是设计密度指数（DDI）。与 DDI 指标相比，它是 PCB 实际设计规则的相关性指标。式（16.9）定义了 DDI，图 16.13 描述了一个典型的校准图表。

$$DDI = 13.6 \times (EIC/A_{Board})^{1.53} \qquad (16.9)$$

其中，EIC（等效 IC 数）= 所有元件引线数 /16；A_{Board} 为 PCB 上表面的面积（in²）。

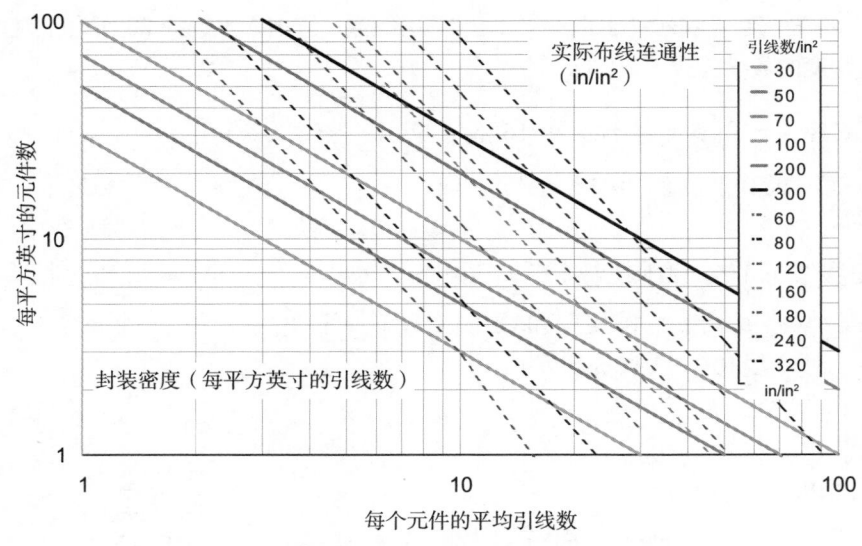

图 16.12 布线和组装密度

图 16.13 清楚直观地记录了 PCB 布局效率。由于绘制了各种 PCB，它们的 DDI 形成了一个分布体系。这种分布体系是布局效率的一种形式，因为分布体系的底部比顶部连接了更多的 EIC。

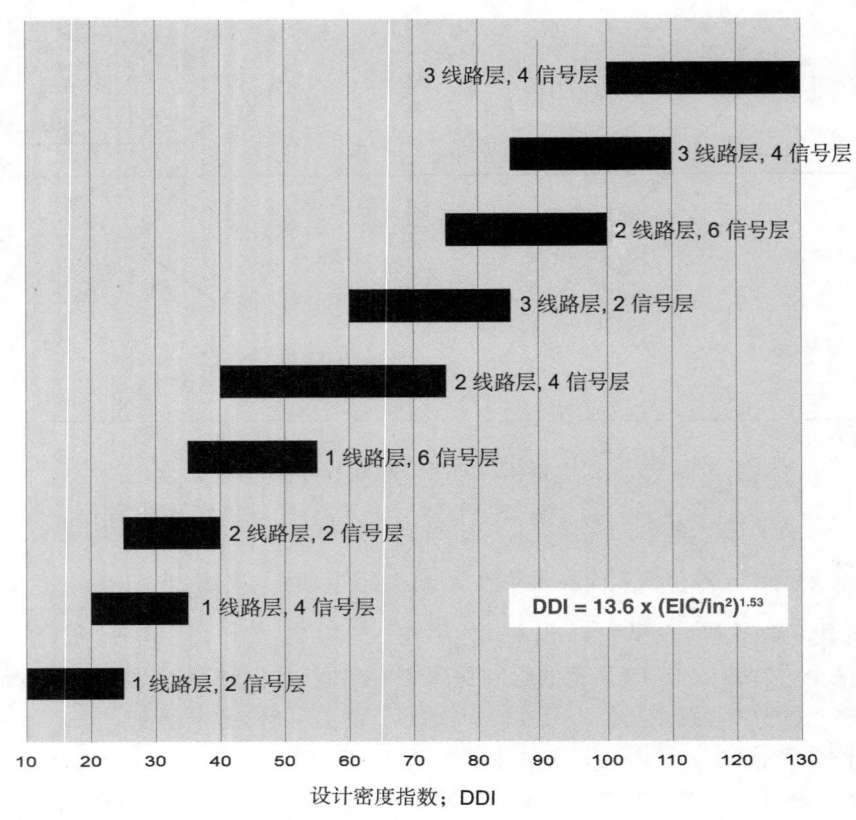

图 16.13　各种 DDI 的设计规则和层数

等效 IC 密度　自 20 世纪 70 年代初引进 CAD 系统，一直是采用传统的密度来测量每单位面积的 EIC。每单位面积电路板所需电气连接数，通常被称为 EIC 密度。EIC 表示元件引线的总数除以 14 或 16——老式双列直插式封装（DIP）的引线数。许多人也选择 20 作为除数。式（16.10）定义了 EIC 密度的数学公式（EIC/in²）。

$$\text{EIC 密度} = \text{所有元件引线数} /16/A_{\text{Board}} \tag{16.10}$$

其中，A_{Board} 表示 PCB 上表面的面积（in²）。

16.4.6　布线需求计算的典型例子

例如，某个典型的消费类电子产品 PCB 具有以下特征。
- 设计：消费类 PCB，全部为通孔元件
- 元件数：86
- 引线数：1540
- 尺寸：19.6in × 19.5in=57in²
- EIC/in²=110/57in²=1.93/in²［使用式（16.10）］

- DDI=$13.6 \times (1.93)^{1.53} \approx 319.7$

根据图 16.13，建议在 2 个信号层采用 2 种线径［使用式（16.9）］。

16.5 PCB 制造权衡规划

PCB 和芯片（COB）制造的指标涉及性能目标与 PCB 价格之间的权衡。计算价格需要 PCB 的特征和制造良率。制造良率需要由可制造性预测。有 3 个项目用于预测 PCB 的价格：

- 制造复杂性矩阵
- 可制造性预测和一次通过良率
- 相对价格作为价格指数的函数

16.5.1 制造复杂性矩阵

制造复杂性矩阵由电路板制造者提供。它涉及对电路板设计要点的各种设计选择。基于这些设计要点，制造者根据这些特征来确定实际价格。它们的计算方法是，用实际成本和价格除以最小的非零数。制造者用来确定 PCB 价格的典型因素如下：

- 电路板的尺寸和一块在制板中电路板的数量
- 层数
- 结构材料
- 线宽和线距
- 总孔数
- 最小的钻孔直径
- 阻焊和元件字符
- 成品金属化层或表面处理
- 镀金的边缘连接器
- 特定的设计因素

表 16.3 显示了一个典型的制造复杂性矩阵。这不是一个完整的矩阵，但它确实显示了分配给每个矩阵的设计因素和设计要点。

表 16.3　制造复杂性矩阵的例子

因　素	得分数	最　高	得分数	中　高	得分数	中　低	得分数	最　低
层数	12	8	8	6	4	4	1	2
线宽 /mil	8	4	5	5 ~ 6	3	7 ~ 8	1	10
孔数	10	5000 ~ 8000	5	3000 ~ 5000	3	3000 ~ 10000	1	> 10000

16.5.2 预测可制造性

PCB、MCM 和混合电路的一个简单实质是，如前面列出的设计因素，会对制造良率产生累积效应。这些因素都会影响可制造性。规格可选，导致个别因素可能不会对良率产生不利影响，但累计起来则会明显降低良率。一个简单的算法是，可以收集这些因素形成一个单一指标，这里称为复杂性指数（CI）。

$$CI = \frac{\text{基板顶层面积} \times \left(\dfrac{\text{总孔数}}{\text{单元板面积}}\right)^2 \times \text{总层数}^3}{\text{基板最小线宽} \times \text{最小环宽} \times \text{最小成品孔径}} \qquad (16.11)$$

这里,总钻孔数包括盲孔、埋孔和通孔,环宽取导通孔焊盘和孔直径差值的 1/2。其中,面积、孔数、最小线宽、层数和最小公差(绝对值)都是电路板的设计因素。

1. 一次通过良率

一次通过良率方程源自 Wiebel 失效概率方程[11]。式(16.12)是通过缺陷密度预测 ASIC 良率的一般形式。

$$FPY = \frac{100}{\exp\left[(\log CI/A)^B\right]} \qquad (16.12)$$

其中,FPY 为一次通过良率;CI 为复杂性指数;A、B 为常数。

为了确定式(16.12)中的常数 A 和 B,制造者需要表征其制造过程。选择目前已在生产的 PCB 数目,有各种复杂性指标,理想化分为低、中、高。记录这些 PCB 的几个生产运行过程的初步收益。任何具有基于模型的回归分析的统计软件程序[12]现在都可以从模型中确定 A 和 B。

$$FPY = f(x) = 100 \div \exp\left\{\log\left[\text{复杂性} \div PARM(1)\right]^{PARM(2)}\right\} \qquad (16.13)$$

其中,PARM(1) = A;PARM(2) = B。

一次通过良率将遵循图 16.14 的例子。常数 A 决定了良率曲线拐点的斜率,而常数 B 决定了拐点的 X 轴点。

或者,可以使用任何电子表格来确定常数 A 和 B,如使用电子表格(如 Excel™ 或 Lotus 1-2-3™)中的 [REGR] 函数功能。[REGR] 函数被定义为(=LINEST(known_y's, known_x's,

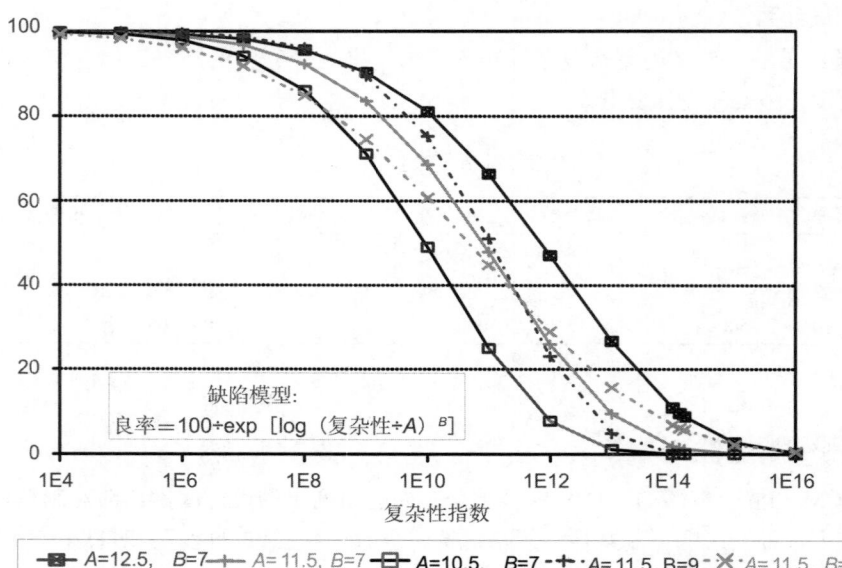

图 16.14 估算一次通过良率作为 PCB 设计复杂性的函数

TRUE, TRUE)。为了用这个函数，必须首先把 FPY 函数加入公式 $Y = AX + B$。这是通过创建两列实现的：复杂性指数(我们将其称为 X_1)和良率。第 3 列创建 {log[log(X1)]}，第 4 列创建 {log[ln (-yield/100)]}。列 4 为已知 X，列 3 为已知 Y 的回归函数。该回归函数返回值 10；FIT(slope & int.)，sig-M (slope & int.)，r2，sig-B (slope & int.)，F，df (slope & int.)，总平方和 (slope & int.)。常数 B 等于 FIT(slope)，常数 A 为 $10^{[-FIT(int)/FIT(slope)]}$ (计算阵列请记得按照下列步骤操作：突出电子表格上的阵列；输入数组公式，确保光标在编辑栏；然后按 Ctrl + Shift + Enter 键)。

2. 良率计算步骤

计算一次通过良率系数有 6 个步骤。

（1）收集当前生产的各种尺寸和层数的电路板的 10 ~ 15 个设计属性（见表 16.4）。

表 16.4　PCB 型号信息和计算复杂性指数的例子

产品型号	PCB 尺寸		孔数	孔密度 / (孔数 /in²)	层数	厚度 /mil	最小线宽 /mil	最小环宽 /mil	最小孔径 /mil	厚径比	复杂性 X_1
	长 /in	宽 /in									
#1	11.500	9.210	4842	45.7	6	82.7	6	4	12	6.89	1.14E+06
#2	11.500	8.900	3217	31.4	8	62.0	5	5	8	7.75	2.01E+06
#3	6.050	1.090	379	57.5	4	46.2	6	5	12	3.85	1.49E+04
#4	5.210	4.330	1538	68.2	6	72.4	6	5	10	7.24	5.46E+05
#5	6.050	1.410	868	101.8	6	50.0	6	5	14	3.57	1.62E+05
#6	7.240	11.460	5274	63.6	8	61.9	5	5	14	4.42	2.17E+06
#7	11.460	6.510	6015	80.6	8	61.9	6	5	8	7.74	8.00E+06
#8	9.600	10.370	4970	49.9	12	47.0	5	5	13	3.62	4.77E+06
#9	11.790	9.490	6034	53.9	10	62.0	5	5	10	5.17	5.60E+06
#10	12.780	4.200	4038	75.2	12	62.0	5	5	10	6.20	1.08E+07
#11	6.050	1.455	554	62.9	6	50.0	6	5	14	3.57	6.40E+04
#12	5.380	5.670	1118	36.7	4	55.1	7	5	18	3.06	1.27E+04
#13	1.250	2.660	220	66.2	4	32.0	7	8	14	2.29	2.72E+03

（2）收集这些选定电路板的一次通过良率信息，至少 10 次（见表 16.5）。

表 16.5　10 次的 PCB 生产良率的例子

产品型号	一次通过良率（电气测试）%										平均 %
	1	2	3	4	5	6	7	8	9	10	
#1	92.6	84.9	86.9	82.9	90.0	95.2	90.1	92.4	93.0	92.0	90.0
#2	85.6	85.7	94.2	86.2	86.6	86.7	86.6	89.7	95.6	85.6	88.2
#3	95.6	93.9	93.6	97.8	97.3	95.1	94.2	96.2	96.9	91.6	95.2
#4	92.3	93.3	95.0	92.6	94.5	95.5	93.5	89.7	88.8	89.8	92.5
#5	94.8	97.6	96.4	96.6	94.1	93.2	94.3	93.2	91.8	91.2	94.3
#6	86.8	85.3	88.1	90.8	86.5	87.0	88.0	87.2	86.5	88.9	87.5
#7	90.3	80.9	86.3	87.9	87.1	92.7	87.3	87.6	82.4	88.9	87.1
#8	89.3	87.0	86.6	83.5	91.6	90.1	87.5	86.2	88.1	87.3	87.7
#9	87.2	87.9	86.6	85.7	89.4	87.3	90.6	86.5	85.9	82.9	87.0
#10	86.6	88.1	82.6	84.4	88.0	87.0	79.0	87.0	88.0	80.0	85.1
#11	92.7	92.7	97.2	95.1	96.9	94.3	93.4	95.3	91.6	96.6	94.6
#12	93.8	95.3	98.2	96.3	94.1	95.9	94.2	92.3	94.8	95.6	95.0
#13	99.9	98.6	99.1	98.7	97.9	99.6	99.6	99.1	99.0	99.3	99.0

（3）计算电路板的复杂性指数和平均良率。

（4）准备转化 CI（X_1）和良率（Y）的电子表格（见表 16.6）。

表 16.6　复杂性和良率数据的 Excel 转换设置例子

例子	复杂性 X_1	良率 Y/%	log[log(X_1)]	log[−in（Y/100）]	log｛log［平均失效率（所有数据）］｝	误差值（所有数据）	log｛log［平均失效率（仅平均值）］｝	误差值（仅平均值）
#1-1	1144136	92.6	0.78	−1.11	90.6	−2.0	90.1	−2.5
#2-1	2006116	85.6	0.80	−0.81	89.4	3.8	88.9	3.3
#3-1	14909	95.6	0.62	−1.35	97.0	1.4	96.7	1.1
#4-1	546435	92.3	0.76	−1.10	92.0	−0.3	91.5	−0.7
#5-1	162158	94.8	0.72	−1.27	94.1	−0.7	93.6	−1.1
#6-1	2167611	86.8	0.80	−0.85	89.2	2.5	88.7	1.9
#7-1	8002482	90.3	0.84	−0.99	86.1	−4.2	85.6	−4.7
#8-1	4773612	89.3	0.82	−0.95	87.4	−1.9	86.9	−2.4
#9-1	5604279	87.2	0.83	−0.86	87.0	−0.2	86.5	−0.7
#10-1	10848424	86.6	0.85	−0.84	85.3	−1.3	84.8	−1.8
#11-1	64014	92.7	0.68	−1.12	95.4	2.7	95.0	2.3
#12-1	12737	93.8	0.61	−1.19	97.2	3.4	96.9	3.1
#13-1	2716	99.2	0.54	−2.10	98.4	−0.8	98.2	−1.0
#1-2	1144136	84.9	0.78	−0.78	90.6	5.7	90.1	5.2
#2-2	2006116	85.7	0.80	−0.81	89.4	3.7	88.9	3.2
#3-2	14909	93.9	0.62	−1.20	97.0	3.1	96.7	2.8
#4-2	546435	93.3	0.76	−1.16	92.0	−1.3	91.5	−1.7
#5-2	162158	97.6	0.72	−1.62	94.1	−3.5	93.6	−4.0
***	***	***	***	***	***	***	***	***
#11-13	64014	96.6	0.68	−1.46	95.4	−1.2	95.0	−1.6
#12-13	12737	95.6	0.61	−1.35	97.2	1.6	96.9	1.3
#13-13	2716	99.3	0.54	−2.13	98.4	−0.9	98.2	−1.1
			平均误差	—		0.4	—	0.0
			标准差	—		4.4	—	4.5

（5）计算回归系数（见表 16.7）。

表 16.7　Excel 回归结果实例

log[log（平均失效率）]	所有数据		仅平均值	
	slope 函数	int 函数	slope 函数	int 函数
FIT	3.17	−3.48	3.06	−3.38
Sig-M	0.18	0.13	0.34	0.25
R2,sig-B	0.73	0.19	0.88	0.12
F, df	312.60	115	81.75	11
Reg sum sq	11.01	4.05	1.14	0.15
B	3.17		3.06	
A	12.57		12.66	

（6）从回归拟合计算 A 和 B。

3. PCB 型号信息

收集当前生产的各种尺寸和层数电路板的 10 ～ 15 个设计属性（见表 16.3）。

4. PCB 生产良率信息

收集这些选定电路板的一次通过良率信息，至少 10 次的生产信息（见表 16.5）。

5. 电路板复杂性指数和平均良率计算：回归分析法

为了确定式（16.12）中的常数 A 和 B，可以使用任何基于回归分析模型的统计软件程序。该模型显示为式（16.13）。表 16.6 显示了 Excel 电子表格设置的例子，表 16.7 显示了回归结果。

16.5.3 完整的电路板复杂性矩阵例子

本节介绍一个例子：公司如何完成规划过程来作为电路板制造方案设计的一部分？

1. 电路板制造复杂性矩阵（FCM）

该公司开发的 PCB 制造复杂性矩阵见表 16.8。FCM 建立在 18in × 24in 的每块在制板上，而不是以每个电路板为基础。此外，产量被假定为预先设定的常数。

表 16.8 某公司的制造复杂性矩阵例子

制造因素	得分数	最 高	得分数	中 高	得分数	中 低	得分数	最 低
结构材料	147	聚酰亚胺	88	BT 材料	49	FR-4	40	CEM III
层数	196	12 层	137	8 层	89	4 层	36	2 层
每块在制板孔数	270	< 20001	180	10001 ~ 20000	90	3001 ~ 10000	27	> 3000
最小线宽	25	2mil	10	3 ~ 4	6mil	5 ~ 6mil	1	≤ 6mil
金手指	48	3 边	32	2 边	16	1 边	0	无
环宽	30	> 2mil	21	2 ~ 4mil		4 ~ 6mil	1	< 6mil
阻焊	25	2 面干膜	17	2 面 LPI	7	1 面 LPI	5	丝印
金属化	75	化学镀镍 / 浸金	69	选择性无铅焊料涂敷	46	化学沉银	29	SMOBC/ 有机保护涂敷
最小孔径	166	≤ 8mil	84	9 ~ 12mil	69	13 ~ 20mil	5	< 20mil
受控阻抗公差	105	± 5%	62	± 10 %	30	± 20%	0	无

注：得分数针对的是每块在制板；而对电路板，需要除以在制板中的单元数。

2. 电路板的复杂性

图 16.14 显示了这家公司的一次通过良率。A = 11.5 和 B = 9.0 的曲线是当前 6 个月的数据。价格指数等于复杂矩阵的总分除以一次通过良率。

3. 相对成本

图 16.15 显示了这家公司的价格指数数据。价格指数（PI）可从 150、对应 70% 的降价，变化到 1000、对应 275% 的加价。

4. 电路板制造实例

继续 16.4.5 节消费类电子产品电路板的例子。表 16.9 列出了 PCB 最初的设计特点和全部设计要点。表 16.10 显示了计算的复杂性指数和价格指数、估计的初步良率，和由此产生的价格调整。

布线需求表明，线宽 0.007in 和线距 0.008in（两条导体）对于 0.1000in 网格（通道），代表了比所需更高的密度（见 16.4.5 节）。一个在两个信号层上的单导体能达到所需的布线密度，或 0.012in 线宽和 0.013in 线距。所需尺寸的在制板布局，如图 16.16（a）所

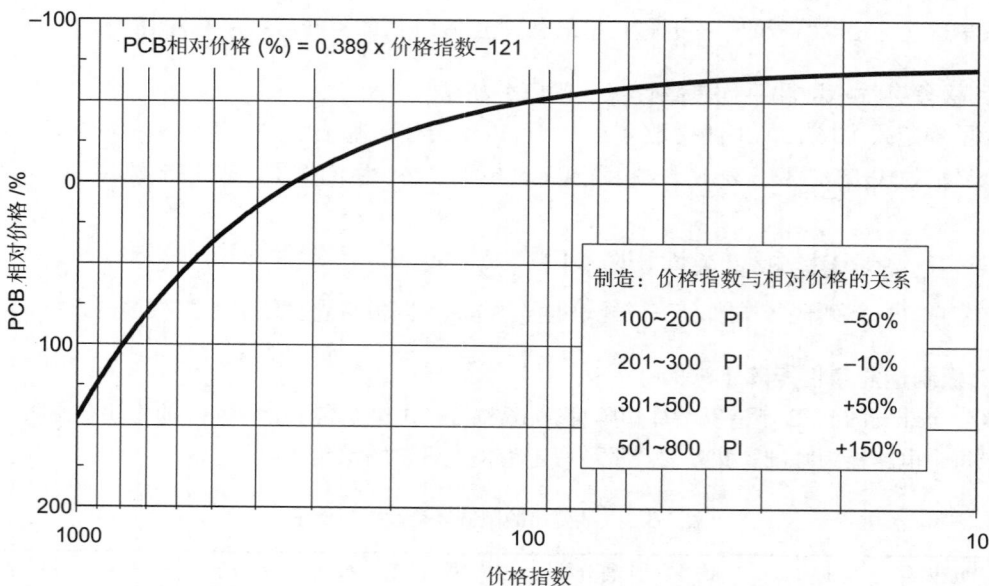

图 16.15 PCB 的相对价格作为价格指数的函数

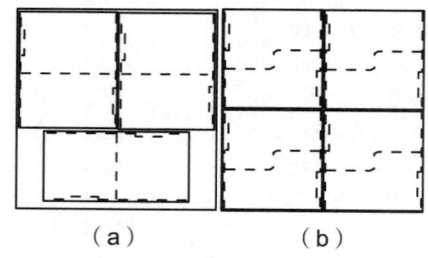

图 16.16 消费类电子产品 PCB 的在制板布局：（a）原设计（b）最终布局

示，每块在制板都有 6 个单元板。当电路板面积减小到 14in² 时，允许 8 块单元板拼版在一个 18in × 24in 在制板上，如图 16.16（b）所示。

简单的门阵列 ASIC 可以用来减小 IC 的空间，直到 14in² 的空间被释放。最终优化的 PCB 制造因素详见表 16.11。如图 16.16（b）所示，生产板由 8 块单元板组成，具备更高的生产效率，如复杂性减小了 18%，成本减小了 24.7%。

表 16.9 一个印制板的制造复杂性组成

制造因素	PCB 设计 #1	得分数	FCM
结构材料	FR-4	49	FR-4
层数	6	137	6
孔数	1655 × 6 = 9930	90	3001 ~ 10000
最小线宽	0.008in	6	6 ~ 8mil
金手指	无	0	无
环宽	0.010in	1	< 6mil
阻焊	2 面 LPI	17	2 面 LPI
金属化	SMOBC/SSC	69	SMOBC/SSC
最小孔径	0.025in	5	< 20mil
阻抗控制	无	0	无
总得分数		374	

表 16.10	一家公司的初始消费类电路板的特征
尺寸	519.0in^2
层数	6
孔数	1655
最小线宽	0.008in
公差	0.003
复杂性指数	68.06
一次通过良率	90.7%
价格指数	412.3
相对价格	+14.5%

注: $A = 35, H = 1000, L = 2, T = 0.01, T_o = 0.01$。

表 16.11	一家公司的最终消费类电子产品 PCB 的特征
尺寸	43.6in^2
层数	4
孔数	1156
最小线宽	0.012in
公差	0.003
复杂性指数	55.8（24.0）
一次通过良率	96.7%
价格指数	331.9
相对价格	−10.2%

16.6 组装规划权衡

涉及组装权衡的因素有工艺、元件选择和组装测试的价格。良率和返工数作为组装报告卡的评分因素。总得分数提供了组装和测试的相对价格估计。

16.6.1 组装复杂性矩阵

组装复杂性矩阵由 PCB 组装者提供。此矩阵涉及组装和测试的选择，和其他各种提供这些设计选择的已知品质的成本，这些选择由组装者根据元件尺寸、方向、复杂性和其他各种已知的品质，以及这些设计选择的成本依据确定。对这些与品质相关的成本，矩阵分配了设计要点。影响组装成本的典型因素有：

- 通过一次或两次回流
- 波峰焊工艺
- 手工或自动贴装零件
- 异形零件
- 零件的质量水平
- 连接器的放置
- 测试覆盖率
- 诊断测试的能力
- 组装应力测试
- 修理设备的兼容性

收集与组装、测试和修理相关的所有费用，然后用最小非零值标准化成本，就可以产生表 16.12 所示的矩阵。

表 16.12 组装复杂性矩阵因素

因素	得分数	最高	得分数	中	得分数	最低
焊接工艺	35	1 次回流	20	2 次回流	0	回流或波峰焊
贴装	8	100% 自动	5	99% ~ 90% 自动	0	> 90% 自动
数字测试覆盖率	9	< 98%	3	98% ~ 90%	0	> 90%
手工连接	8	100% 自动	25	装托架	0	回流后组装

16.6.2 组装复杂性矩阵例子

组装复杂性矩阵的一个例子是 IBM 奥斯丁分公司创建的组装报告卡。复杂性矩阵中有得分数范围为 0 ~ 35 的 10 个因素。总得分数会影响价格从 30% 的折扣到 30% 的罚款。表 16.13 说明了组装复杂性矩阵与设计点之间的权衡。

表 16.13 作为组装报告卡的组装复杂性矩阵定义

组装因素	得分数	A	得分数	B	得分数	C	得分数	D
组装工艺	35	2 次回流	25	回流 / 波峰 B/S 无源元件	20	回流 / 波峰 ≤ 5B/S 有源元件	0	回流 / 波峰 ≤ 5B/S 有源元件

- 因为低的缺陷 / 维修水平，2 次回流是成本最低的工艺
- 最大化 SMT 部分，可以有一些 PTH
- 波峰焊时背面 SMT 连接需要使用黏合剂
- 使用波峰焊时，背面有源元件的缺陷率比较高

应力测试	15	0h	12	≤ 3h 原地	6	≤ 6h 原地 ≤ 3h 静态	0	小于 6h

- 因为试验箱、夹具和工艺时间的支出，应力测试是一个高成本的工艺步骤
- 通过使用鲁棒元件、设计和工艺，应力测试可以取消

零件 SPQL	10	没有高风险零件	7	< 2 个高风险零件	4	< 4 个高风险零件	0	> 5 个高风险零件

- 零件 SPQL 是过程中使用的零件的品质等级（发货产品的品质等级）
- 高风险零件是已知有高缺陷率的零件

ICT 数字测试覆盖率	9	> 98% 覆盖率	6	> 95% 覆盖率	3	> 90% 覆盖率	0	< 90% 覆盖率

- 高测试覆盖率的关键是，选择内建可测试性元件，PCB 每个网络都有 1 个测试点

可诊断性	9	≤ 10min	6	≤ 20min	3	≤ 30min	0	> 40min

- 由报告卡设计者提供的诊断工具的有效性会影响诊断时间

贴装 / 插装	6	100% 自动	4	≥ 95% 自动	2	≥ 90% 自动	0	< 90% 自动

- 取消手工的元件贴装和插装会减少工艺时间、缺陷和工艺成本

手工连接	6	100% 自动	4	简单托架	2	复杂托架	0	焊接后组装

- 简单托架 ≤ 1min
- 复杂托架 ≥ 1min
- 焊接后组装 = 手工焊接操作

连接器选择	4	自动组装和锁扣键控	2	手工安装和锁扣键控	1	手工安装锁扣	0	手工

- 手工插入锁扣和键控连接器可以减少缺陷
- 可以自动放置的预封装 SMT 连接器被认为与键控的锁扣等效

装运损坏	3	没有违反装运清单	2	< 3 个违反装运清单	1	< 5 个违反装运清单	0	> 6 个违反装运清单

- 单列式封装（SIP）> 0.5in 高
- 存储器 SIMM 连接器带塑料锁存
- 无罩的元件头部超过 0.5in 高

修理	3	100% 自动	2	≥ 90% 自动	1	< 90% 自动	0	< 90% 自动和困难

- 自动修理是指使用半自动修理工具来摘取大型元件和连接器
- "困难"是指修理超过 10min 以上

SMT 组装报告卡

IBM 的组装报告卡[13]的 10 个组装权衡因素见表 16.13。报告卡是许多组装工程师在会计部门的帮助下完成。早在 20 世纪 90 年代，报告卡就已经采用；最近两年内，通过使用报告卡，组

装点评分的高斯分布平均值从原先的 50 变为了 75。需要记住的是，值越大表示可制造性越好。图 16.17 描述了这种关系。评分不再符合正态分布。

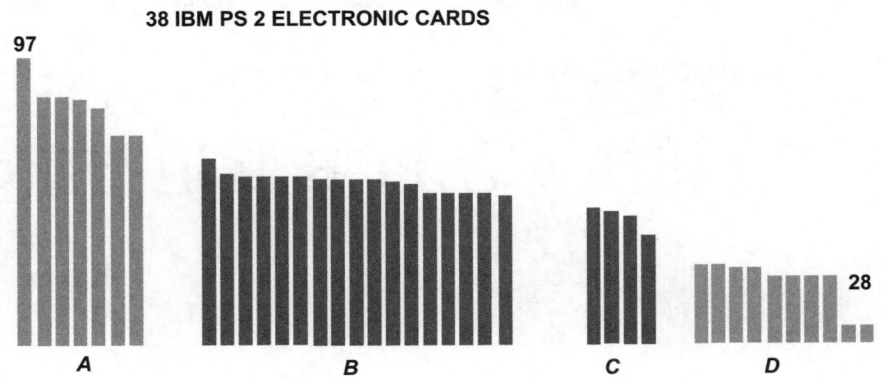

图 16.17 改善可制造性评分是组装报告卡的结果之一

参考文献

［ 1 ］General Electric, "Review of DFM Principles," Internal DFM Conference Paper, Charlottesville, VI, 1982

［ 2 ］Hawiszczak, Robert, "Integrating Design for Producibility into a CAE Design Environment," NEPCON EAST, June 1989, pp. 3–14

［ 3 ］Seraphim, D. P., Lasky, R.C., and Li, C.Y., Principles of Electronic Packaging, McGraw-Hill, 1989, pp. 39–52

［ 4 ］Coors, G., Anderson, P., and Seward, L., "A Statistical Approach to Wiring Requirements," Proceedings of International Electronics Packaging Society (IEPS), 1990, pp. 774–783

［ 5 ］Ohdaira, H., Yoshida, K., and Sassoka, K., "New Polymeric Multilayer and Packaging," Proceedings of Printed Circuit World Conference V, Glasgow, Scotland, reprinted in Circuit World, Vol. 17, No. 12, January 1991

［ 6 ］Holden, H., "Design Density Index," HP DFM Worksheet, Hewlett Packard, April 1991

［ 7 ］IPC-D-275 Task Group, "ANSI/IPC-D-275 Design Standard for Rigid Printed Boards and Rigid Printed Board Assemblies," IPC, September 1991, pp. 50–52

［ 8 ］Donath, W., "Placement and Average Interconnection Lengths of Computer Logic," IEEE Transactions on Circuits and Systems, No. 4, 1979, pp. 272–277

［ 9 ］Sutherland, S. and Oestreicher, D., "How Big Should a Printed Circuit Board Be?" IEEE Transactions on Computers, Vol. C-22, No. 5, May 1973, pp. 537–542

［10］Moresco, L., "Electronic System Packaging: The Search for Manufacturing the Optimum in a Sea of Constraints," IEEE Transactions on Components, Hybrids and Manufacturing Technology, Vol. 13, 1990, pp. 494–508

［11］Holden, H. T., "PWB Complexity Factor: CI," IPC Technical Review, March 1986, p.19

［12］STATGRAPHICS, Ver. 2.6, by Statistical Graphics Corp., 2115 East Jefferson St., Rockville, MD 20852, (301) 984–5123

［13］Hume, H., Komm, R., and Garrison, T., IBM, "Design Report Card: A Method for Measuring Design for Manufacturability," Surface Mount International Conference, September 1992, pp. 986–991

第*17*章
制造信息、文档和 CAM 工具转换（含 PCB 制造与组装）

Happy T. Holden
美国科罗拉多州朗蒙特，明导国际

17.1 引 言

印制电路板（PCB）和印制电路组件（PCBA）的制造开始于软件工具的处理。该处理是将客户的 CAD 数据和规格转换为制造 PCB 光板和 PCBA 组件所必需的工具。制造 PCB 所需的典型工具，包括用于内层和外层导电层、阻焊图形转移的照相底图。照相底图是为丝印图形和导通孔塞孔层的工具。所需的其他工具，包括钻孔和数控（NC）铣切程序、电气测试的网络和测试夹具、CAD 参考软件工具。

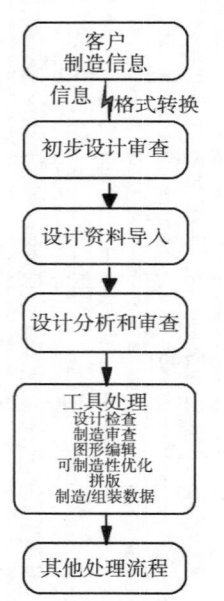

图 17.1 PCB 制造和组装的软件处理流程（计算机辅助制造，CAM）

组装加工过程需要组装图、物料清单（BOM）、原理图或逻辑图、钢网文件、组装阵列布局，生成计算机数控（CNC）元件放置程序、创建在线测试程序，以及创建可能的功能测试程序。更多工序将包含在本手册后续章节的"组装"部分。

在加工过程中，通过分析客户的文件来确定设计特征与制造工艺能力的兼容性。此外，以最低的成本来制造产品是主要目的。然而，在设计图纸转给制造商之前，PCB 设计者早已经把绝大部分成本确定下来了。通过 PCB 设计团队和软件工具处理团队早期而及时的投入，能最为显著地节约整体的产品成本。

本章介绍 PCB 的工具处理，如图 17.1 所示，包括导入的信息资料转化、设计审查、物料优化、BOM 和流程的确定、工具的创建，以及必需的额外流程。

17.2 制造信息

加工过程始于接收的客户资料。遗憾的是，尽管发送资料给到制造商的时间已经由几天缩减到几小时乃至几分钟，提供给制造商的资料的完整性仍是一个显著问题。IPC 标准定义了一个完整的文档包，包括以下内容：

- IPC-2611《电子产品文档的通用要求》
- IPC-2612《电子图表文档部分的要求（原理图和逻辑说明）》
- IPC-2613《组装文档部分的要求（PCB 和模块组装描述）》
- IPC-2614《PCB 制造文档部分的要求（PCB 的描述，包括埋入式无源元件）》
- IPC-2615《尺寸和公差部分的要求》
- IPC-2616《电气层和机械层部分的要求（规格说明书和源控制部分描述）》
- IPC-2617《分立线路文档部分的要求（线束、点到点和挠性电缆描述）》
- IPC-2618《物料清单部分的要求（完整的零件清单、物料和采购文件）》

　　一个料号的及时处理取决于获得正确的资料信息。PCB 上所需的所有功能，必须向制造商定义好。该资料信息应当确定导通孔设计数据、图纸说明及文本信息，并尽可能地鼓励数据自动化。

17.2.1　所需信息

　　PCB 制造所需的信息和常见数据格式包括以下内容。

1. 部件号信息

　　资　料　定义将生成的部件号，包括修订编号、版本、日期等。

　　格　式　通常由文件的图纸说明提供，或者由另一个文本文档提供。

2. 制造图纸

　　信　息　图纸描述了 PCB 及其组成部分的所有功能。它包含具体的设计要求，如物料需求、多层板叠层结构图、层间介质厚度、阻抗管控要求、阻焊类型、定义的颜色、位置、制造商 ID 的尺寸要求、UL 认证标记、防静电（ESD）标识、原产国、尺寸公差，以及电气性能和测试要求。尺寸数据应当清楚地标识出来（见图 17.2）。

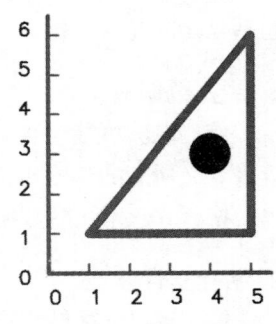

　　格　式　常见的图纸格式有 Adobe PDF、HP-GL、HP-GL-II 和 PostScript。

图 17.2　尺寸标识的例子

3. 钻孔图

　　信　息　虽然导通孔数据文件提供了钻孔数据，但此类信息通常仅包含孔的位置和孔符。钻孔图纸确定了基准参考平面的位置和电路板的坐标尺寸标注系统（见图 17.2）。参照钻孔图来确定刀具的编号，以确定所需的直径、电镀类型、孔径公差和校验总数，包括镀覆孔（PTH）、非镀覆孔（NPTH）、盲 / 埋孔、沉头孔。

　　格　式　常见的图纸格式有 Adobe PDF、HP-GL、HP-GL-II 和 PostScript。

4. 拼版图

　　信　息　许多组装操作需要将 PCB 设置为拼版形式（多个单板拼在一个出货单元里）。拼版图定义了每个单板的方向和位置、工具孔信息、拼版尺寸特殊标记，以及具体的制造工艺和公差。

　　格　式　常见的图纸格式有 Adobe PDF、HP-GL、HP-GL-II 和 PostScript。

5. 制造注意事项

　　信　息　通常包括制造图纸或附加文档。文档详细内容如下。

（1）电路板详细信息：PCB 类型、大小和形状，弓曲和扭曲要求，板厚和公差要求、工具孔信息、特殊标记，以及具体的制造工艺和公差。

（2）材料：材料的类型和等级，可能包含颜色；镀层和涂敷材料，类型、厚度和公差；阻焊和字符油墨的类型、最小厚度和耐久性。

（3）导体：导电和非导电区域的形状和布局，厚度、尺寸和公差，包括导体宽度和间距要求。

（4）可接受性：附连板或电路质量一致性参照标准、可接受的管控文档，打"×"板的接受度和组装拼版的注意事项。

格　式　常见的图纸格式有 Adobe PDF、HP-GL、HP-GL-II 和 PostScript。

6. 照相底图数据

信　息　包括每个电路层的文件、涂层（如阻焊）、标记（即字符）、焊膏层、塞孔要求和可能的电气测试层。

格　式　所需的数据通常是 RS-274X，俗称 Gerber 数据或 ODB++（Orbitech Data Base）。Gerber 和 ODB++ 是大多数 PCB/CAD 系统的数据输出标准，其他可能的格式包括 GenCAM 和 IPC-2581（更多详细信息请参阅 15.3.4 节）。

7. 光圈表文件

信　息　图纸中形状的定义是由各个电路层所提供的照相底图数据来支持的。特殊形状，如热焊盘，应明确定义它们的结构方式。

格　式　该资料信息通常作为文本文件提供，尽管也可能在单独的照相底图文件的开头定义，包括复杂的光绘结构。

8. 钻孔数据

信　息　可能包含单个或多个文件，并定义 PCB 中每个孔的位置和刀具编号。所需的文件应该定义所有的镀覆孔、非镀覆孔（若已完整定义，则可以与镀覆孔组合）、埋孔和盲孔层。

格　式　常用的数据文件是 Excellon 格式。

9. 钻孔文件

信　息　描述钻头直径、电镀类型、钻孔的起始和终止层数据格式及文件名（有盲 / 埋孔情况时），这些信息参考钻孔图。

格　式　通常作为文本文件提供，尽管该资料信息也可能在单独的钻孔文件的开头定义。

10. 特殊要求信息

信　息　此类图纸或文件应该描述任何在其他信息中没有定义的特殊要求。典型的要求可能包括拼版图的分板细节和放大图，或者塞孔要求。对于 PCB 设计者，不要假定需求会被理解，而是要参照规格说明书或明确的定义要求。

格　式　该信息通常由文件图纸提供，或者作为附加文本或图形文件提供。

11. 网表数据

信　息　网表数据定义电路的连接。

格　式　由 CAD 系统以各种格式提供，或者从钻孔和网络数据提取出来。如果希望直接提供网表数据，则联系 PCB 制造商以确定兼容格式。IPC 定义了兼容格式 IPC-356，提供了生成网表和电气性能测试资料必需的所有信息（参见 15.3.1 节和 15.3.2 节的例子）。

此外，对于大多数之前定义的数据，IPC 定义了另一种中立的标准格式，为制造商提供更简单的处理，包括 IPC-D-350、IPC-2511（GenCAM）、IPC-2581（ODB++ 和 GenCAM 的升级版）。这些格式可以由大多数 CAD 系统生成，以及大多数 PCB/CAM 工具系统处理。PCB 客户在给制造商发送数据之前，应该与 PCB 制造商一起检查格式的兼容性。

17.2.2　制造信息的格式

制造信息的格式包括 Gerber、ODB++、GenCAM、IPC-2581。

1. Gerber 数据

Gerber 数据格式是最原始的网络格式。在 20 世纪 70 年代初，它伴随着第一个数控光绘机产生，是"最不完整"的数据格式。Gerber 数据格式包括光圈轮定义、X-Y 起始坐标、"打开快门"命令、X-Y 终点坐标、"关闭快门"命令。图 17.3 所示为一个典型的 Gerber。

```
*                       (Always a good idea to start a plot with an asterisk)
G04 *                   (Comment; Date: Sun Feb 26 16:48:19 2006)
G04 *                   (Comment; Layer 1: Layer_1.gbr )
G54D12*                 (G54, tool select Aperture number D12)
D2*                     (D02: move to the x-y location specified with the shutter
                        closed.)
X40000Y30000D03*        (Go to X-4.0000", Y-3.0000, D03 (D3): move to the x-y
                        location specified with the shutter closed; then open and
                        close the shutter-known as flashing the exposure.)
G54D10*                 (Select Aperture number D10)
X10000Y10000D02*        (Go to X-1.0000", Y-1.0000, not drawing  a line)
G01X50000D01*           (Go to X-5.0000", Y-1.0000, drawing the base of the
triangle)
Y60000*                 (Go to X-5.0000", Y-6.0000, still drawing)
X10000Y10000*           (Go to X-1.0000", Y-1.0000, drawing the hypotenuse)
M02*                    (End of plot)
```

图 17.3　Gerber 格式程序例子

Gerber 274X 是目前的首选版本，因该版本中已嵌入光圈表文件。图 17.4 显示了最为主流的 RS-274D2.5 格式。关于 Gerber 的进一步解释，见 15.3.2 节。

2. ODB++ 格式

作为一个"完整"的数据描述格式，Orbitech 开发的 ODB++ 用于可制造性设计（DFM）和 CAD/CAM 数据转换。它包含制造和组装的所有设计相关数据。15.3.4 节描述了 ODB++ 格式的细节。

3. GenCAM

在 20 世纪 80 年代，为提高制造端的数据转换，IPC 开发了 GenCAM。GenCAM 是一种基于 ASCII 的、以英文方式识别的、与供应商无关的通用数据转换格式。IPC-D-350 是 20 世纪 70 年代的第一个这样的格式。其次是 20 世纪 90 年代的 IPC-2511/GenCAM，在 21 世纪升级为 IPC-2581。

```
GERBER RS-274 X          FIRE 9xxx
                         BARCO BDP
G04 Date:  Sun Feb       G04 Date:  Sun Feb 26      ;
26 16:57:09 2006 *       16:57:39 2006 *            ;        Sun Feb 26 16:57:58 2006
G04 Layer_1:             G04 Layer 1:               ;        Layer 1: Layer_1.gbr
Layer_1.gbr *            Layer_1.gbr *              ;
%FSLAX25Y25*%            G04%FILE="Layer_1.gbr";
%MOIN*%                  %*                         U=MIL
%SFA1.000B1.000*%        G04%PAR.%*                 X90.0,510.0 Y90.0,610.0
%MIA0B0*%                G04%MODE=A;%*              A10=C,20.00
%IPPOS*%                 G04%UNIT=I;%*              A12=C,100.00
%ADD10C,0.02000*%        G04%ZERO=L;%*              A12
                         G04%FORM=2.5;%*            F400.00,300.00
%ADD12C,0.10000*%        G04%IMTP=POSITIVE;%*       A10
%LNLayer_1'.gbr*%        G04%ADRS=Q;%*              M100.00,100.00D500.00,D,600.00D100.00,100.00
%SRX1Y1I0J0*%            G04%MIRR=N;%*
G54D10*                  G04%CROS=X;%*
%LPD*%                   G04%EMUL=UP;%*
G54D12*                  G04%XSCL=1.000000;%*
X40000Y30000D03*         G04%YSCL=1.000000;%*
G54D10*                  G04%POEX=11,13;%*
X10000Y10000D02*         G04%POIN=14,15;%*
G01X50000D01*            G04%MRGE=PAINT;%*
Y60000*                  G04%NEXT=="-";%*
X10000Y10000*            G04%NFLG=P;%*
M02*                     G04%EOP.%*
                         G04%APR,100000.%*
                         G04%A10:CIR,2000,X0,Y0.
                         %*
                         G04%A12:CIR,10000,X0,Y0
                         .%*
                         G04%EOA.%*
                         G54D10*
                         G54D12*
                         X40000Y30000D03*
                         G54D10*
                         X10000Y10000D02*
                         G01X50000D01*
                         Y60000*
                         X10000Y10000*
                         M02*
IPC D-350
C    Date:  Sun  Feb  26  16:58:20  2006
C    Database:   (Untitled)
C
P    UNITS   CUST
P    IMAGE   NCON POS
P    IMAGE   NCON POS
322D1000L01S              NULL                  GO    X 00004000Y 00003000
112D0200L01S              NULL                  GO    X 00001000Y 00001000X
00005000Y     00001000
000                                             X
00005000Y   00006000X   00001000Y    00001000
999
```

图 17.4　领先的纯 RS-274D2.5 格式例子

4. IPC-2581

IPC-2581 是 IPC 相关资料转化格式。IPC-2581 始于 20 世纪 90 年代末，适用于某些 CAD 系统。15.3.4 节有详细的描述。

17.3　初步设计审查

　　初始设计审查的目的是确定大致的成本信息，并为制造做准备。在产品制造或加工前，适当的前期分析可以节省时间和材料。

　　制造工厂的责任是确定它的工艺能力能否满足给定的产品。PCB 制造工厂应该监控和维护制造能力表及技术路线图，并随设备开发额外的工艺能力。该能力表定义了所制造的产品的可接受性，或者该产品是否为一个研发项目。

17.3.1　设计评审

　　参照 PCB 制造能力确定的生产能力，评审所收到的设计和性能要求（如线宽和线距、阻抗等）压缩包，并预测由此所产生的良率。在设计特性中，需要再次评审表 17.1 中的工艺能力。

表 17.1　设计特性中需要再次评审的工艺能力

项　目	问　题
最高层数	层数越高的产品，需要越严的工艺和加工公差控制
电路板厚度	某些工艺或手动设备可能会限制电路板的厚度（不是太厚就是太薄）
最小特征宽度	线越细，越需要控制好照相底图和工艺公差。此外，线宽和铜厚的关系对于提供轮廓清晰的线路很重要。同样的线宽，铜越薄，越容易制造；铜越厚，越难以加工。对常规阻抗，如 50Ω 阻抗控制，线越细，则需要越薄的层间介质
最小特征间距	特征间距越小，就越需要控制好照相底图和工艺公差。此外，图形间距和铜厚的关系很明显。薄铜细间距比厚铜细间距容易加工。最小特征间距影响电气性能串扰：到参考层的间距越小，电气性能串扰就越小
最小成品孔径尺寸	较小的孔需要更高的制造工艺能力，并意味着（由于设计特征）加工和内层定位系统需要更精细的误差。厚径比（AR）是一个主要的工艺关注点
最大厚径比	孔较小和电路板较厚都会在电镀过程中遇到困难并导致产品缺陷，此类缺陷可能通过或不能通过电气测试。电镀高厚径比的孔，需要调整化学药水和工艺参数
PCB 尺寸公差	与铣切设备相比，冲孔 / 冲裁设备能形成良好的 PCB 外形或切割公差；或者修改铣切参数，或者优化铣切程序，形成良好的 PCB 外形或切割公差
特征之间的公差	电路板上特征之间的相对位置，可能需要替代材料或工艺变更来减少公差
孔径尺寸公差	电镀的一致性和选择的钻孔尺寸及电镀密度共同显著地影响着孔径公差的控制能力。需要通过调整 PCB 设计，调整钻孔尺寸选择或调整工艺参数，以生产出对公差有更严格要求的产品
阻抗要求	多层板的叠层结构厚度和公差，和铜厚及线宽一起，必须与要求的阻抗和所能接受的上下限相匹配。通常，不同的阻抗不能在同一层加工

17.3.2　材料要求

　　设计的初步分析过程中，需要确定物料清单。根据 BOM 和其他材料与工艺的确定性要求，确定制造设备的生产能力和材料成本结构。此外，对材料要求的定义是需求转换过程的生成基础。

　　物料清单（BOM）中包含了需要确定的关键性材料，包括层压板板材、粘结片、铜箔、阻焊和金。材料可以由 PCB 客户明确定义（如使用特定的阻焊），或者隐含在图纸或规格说明书中。

　　影响材料选择的因素，包括以下几个。

　　（1）由客户确定的物理约束，如导体层间物理尺寸（厚度）的定义。

　　（2）客户规定的电气性能，如某些层上阻抗要求的定义。

（3）关于层压板厚度和公差的制造工艺能力。

（4）材料的电气性能规格说明，如使用 FR-4 或聚酰亚胺。

（5）物理操作参数规格说明，如玻璃化转变温度的最低要求。

层压板、粘结片和铜箔的确定基于以下几点。

（1）给到 PCB 制造商的标准结构包含的 PCB 层数、最终厚度、铜厚和电气间距。

（2）基于既定的物理性能限制的自定义结构（如最小绝缘间距）。这些自定义结构是通过了解材料的层压厚度与电路覆铜区密度对应关系和供应商提供的材料的适用性来定义的。

（3）基于既定的电气性能限制的自定义结构，如控制阻抗、串扰及电容。这些自定义结构通常是通过方程式或软件模型来确定的，从而提供了某些产品参数。

阻焊层是根据客户的规格说明书及图纸确定的。一旦阻焊层的接受标准确定下来，PCB 制造商要么基于更优的工艺（取决于数量或成本），要么基于设计特性与阻焊的相互影响，来选择可接受的阻焊方式。其设计特征包括以下内容。

导通孔盖油或塞孔 环氧树脂塞孔优于液态感光型油墨的二次塞孔。

高电流密度区 / 高外层铜厚 薄的阻焊膜可能无法保证高电流密度区的覆盖。

二次加工 阻焊后的工艺可能从化学或机械方面改变某些阻焊层的外观。

金的需求由其厚度和面积决定。这些因素可以用来计算每个 PCB 对金的需求量。

17.3.3 工艺要求

对于前面所分析的产品制造可接受标准，选择合适的生产流程至关重要。就一个典型的多层电路板而言，生产流程可以分为两部分：内层线路部分和外层线路部分。

内层部分的生产流程是相当标准的，一般如表 17.2 所示。

表 17.2 内层部分的生产流程

步 骤	典型的工艺要求
内层清洗	通过机械或化学清洗方式处理层压板的表面
成像	将光致抗蚀剂涂敷于内层铜箔表面，并通过内层胶片对其进行曝光
显影、蚀刻、退膜（DES）	光致抗蚀剂的显影处理，蚀刻掉露铜区，退掉剩下的光致抗蚀剂
内层检查	检查内层部分以达到 PCB 设计要求
棕化	在层压之前，在内层铜箔表面形成氧化物层

外层部分的生产流程决定了成品的外观，因此也是最为复杂的。典型 SMOBC/HASL（裸铜上阻焊 / 热风焊料整平）产品的工艺流程见表 17.3。

表 17.3 外层部分的生产流程

步 骤	典型的工艺要求
层压	用粘结片加铜箔的方式层压，生成外层
钻孔	增加钻孔，是为了给内外层线路的连通提供通路，以及其他设计目的
化学沉铜	在外层表面和孔内沉积铜，为电镀提供必要的电导率
成像	将光致抗蚀剂涂敷于外层铜箔表面，并通过外层胶片对其进行曝光处理
显影、蚀刻、退膜（SES）	退掉剩下的光致抗蚀剂，蚀刻掉露铜区，退掉牺牲电镀层
阻焊	将干膜或湿膜涂敷于 PCB 外层，用外层胶片曝光、显影外层图形（即曝光需要阻焊的区域），并对阻焊进行固化

步　骤	典型的工艺要求
字符	将字符丝印到外层并进行固化
热风焊料整平（HASL）	在露铜部位涂敷焊料，并整平到客户的厚度要求
分板	从生产板上数控铣切出 PCB 产品
电气性能测试	参照设计要求对 PCB 进行电气性能测试
检验	在把 PCB 发给客户之前，参照客户规格要求，进行产品检验

在镀铜操作后，可以通过改变工艺来满足表面处理要求。一些影响外层生产流程的替代步骤见表 17.4。

表 17.4　一些影响外层生产流程的替代步骤

步　骤	典型的工艺要求
选择性镀金	在显影、蚀刻、退膜（SES）之前，将生产板上的选择性镀金区域裸露出来，而其他区域覆盖抗镀剂。这些裸露区域随后被镀上镍金。然后，生产板通过 SES，而 HASL 步骤取消
铜皮上无孔环的非镀覆孔	如果此类孔被确定为通过铜皮或超过盖孔工艺能力，那么此类通孔需要进行二钻操作。这个步骤可能在分板之前进行
刻痕	需要额外的工具孔来定位生产板到设备刀具。需要刻痕程序来设置刀具位置和切割深度。该步骤可能在数控铣切流程进行
沉头孔	一般情况下，沉头孔工艺在分板之前
电镀金手指	将镍／金电镀到接插部分的手指区域。该工艺需要将拼版切割或数控铣切处理，而将金手指布置在生产板板边上，然后给生产板贴上胶带，只露出镀金手指区域，退锡，镀镍，镀金，然后去掉胶带。以上操作发生在分板之前。金手指电镀产品通常需要倒角手指
导通孔塞孔	导通孔塞孔可能发生在阻焊之前或 HASL 操作之后
倒角	将 PCB 从生产板上分板后，通过设备加工，使 PCB 金手指所在的板边增加一定的角度
有机可焊性保护剂（OSP）	表面处理为 OSP 的 PCB，将取消 HASL 流程，并在检验之前进行 OSP 处理

17.3.4　多层板叠层结构

多层板的叠层结构已经在 10.2.2 节和第 26 章定义，必须谨慎指定。叠层定义的功能可参照图 10.9、26.1 节和 26.2 节，其通常是制造图纸的一部分。阻抗说明（来自电气性能数据列表）应当与叠层结构相匹配。图 17.5 展示了某一多层板的叠层剖面图。图 17.6 展示了叠层结构顺序列表。

17.3.5　拼　版

拼版选择是获得 PCB 数量最重要的步骤之一。影响特定 PCB 拼版尺寸的几个因素如下：
- 材料利用率
- 特定的产品工艺限制
- 工艺的限制

所有的这些因素都影响了生产拼版尺寸的选择和生产能力。

Description	Stock No	Usage	Base	Finish	Er
Liquid Photoimageable Mask	PSR-4000 BL-0	Mask	0.600		4.100
Copper Foil	H oz	Copper	0.600	2.000	
Prepreg 2313	NP-170B	Dielectric	3.700	3.700	3.840
2116 Core	NP-170TL	Copper	1.300	1.300	
2116 Core	NP-170TL	Dielectric	4.000	4.000	4.270
2116 Core	NP-170TL	Copper	1.300	1.300	
Prepreg 2313	NP-170B	Dielectric	3.700	3.700	3.840
2-1080 Core	NP-170TL	Copper	0.600	0.600	
2-1080 Core	NP-170TL	Dielectric	4.000	4.000	3.900
2-1080 Core	NP-170TL	Copper	0.600	0.600	
Prepreg 2313	NP-170B	Dielectric	3.700	3.700	3.840
2-2116	NP-170TL	Copper	1.300	1.300	
2-2116	NP-170TL	Dielectric	10.000	10.000	3.990
2-2116	NP-170TL	Copper	1.300	1.300	
Prepreg 2313	NP-170B	Dielectric	3.700	3.700	3.840
2116 Core	NP-170TL	Copper	0.600	0.600	
2116 Core	NP-170TL	Dielectric	4.000	4.000	4.270
2116 Core	NP-170TL	Copper	0.600	0.600	
Prepreg 2313	NP-170B	Dielectric	3.700	3.700	3.840
2116 Core	NP-170TL	Copper	1.300	1.300	
2116 Core	NP-170TL	Dielectric	4.000	4.000	4.270
2116 Core	NP-170TL	Copper	1.300	1.300	
Prepreg 2313	NP-170B	Dielectric	3.700	3.700	3.840
Copper Foil	H oz	Copper	0.600	2.000	
Liquid Photoimageable Mask	PSR-4000 BL-0	Mask	0.600		4.100

图 17.5 已确定板厚、叠层顺序和公差的某叠层结构图

PRIMARY (Component) Side Reference	主面（元件面）参考图形
Plating layer and thickness	电镀层和厚度
Copper foil thickness, layer_1 reference and name	铜箔厚度，第1层参考图形与命名
Prepreg layer finished thickness and tolerance	粘结片层完成厚度和公差
Copper foil thickness, layer_2 reference and name	铜箔厚度，第2层参考图形与命名
Copper-clad-core thickness and tolerance	芯板厚度和公差
Copper foil thickness, layer_3 reference and name	铜箔厚度，第3层参考图形与命名
Prepreg layer finished thickness and tolerance	粘结片层完成厚度和公差
: continue with stackup	叠层继续
Prepreg layer finished thickness and tolerance	粘结片层完成厚度和公差
Copper foil thickness, layer_N reference and name	铜箔厚度，第N层参考图形与命名
Plating layer and thickness	电镀层和厚度
SECONDARY (Solder) Side Reference	第二面（焊接面）参考图形

图 17.6 叠层结构顺序列表

1．材料利用率

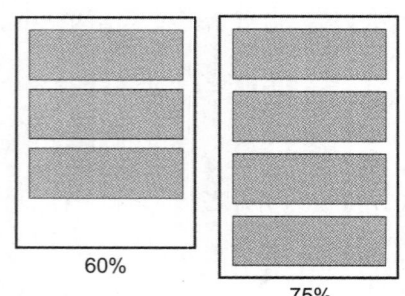

60%

75%

图 17.7 选择最佳尺寸以提高
材料出货产品利用率

材料的制造成本占据了总成本的 30% ~ 40%，因此直接与开料尺寸相关联。材料成本包括以下内容：层压板、粘结片、铜箔、表面处理、阻焊剂、钻孔、化学药水，等等。总之，这些材料的消耗是与所加工的拼版面积相关联的。

应当选择合理的拼版加工尺寸（见图 17.7），使出货 PCB 以最高百分比消耗生产板，从而减少边角料和生产成本。

在 PCB 的设计阶段，电路板的外形轮廓便已确定。如果所设计的外形轮廓得出的生产板利用率很低，便会显著影响产品成本。在确定 PCB 的轮廓时，PCB 设计者应当要求生产厂提供可制造性设计（DFM）的反馈。通过将 PCB 嵌

套到生产板中，奇形怪状的 PCB 轮廓最终也能得出理想的材料利用率。

限制选择合适生产板尺寸的因素一般包括以下内容：分板工艺中 PCB 与 PCB 的最小间距（通常为 0.100in），工具孔和对位系统允许的 PCB 到生产板板边的最小间距（通常为 1.0in）。

在亚洲，最大限度地减少材料来获得最小化成本演绎着非常重要的角色。而在北美或欧洲，可能更关注快速的交货时间。表 17.5 是一组典型的亚洲大型 PCB 制造商的多层生产板尺寸。

2. 特定的产品工艺限制

在选择生产板尺寸时，特定工艺会限制使用特定的生产板尺寸，或者制约出货 PCB 在生产板上的拼版方式。例如，镀金手指产品的制造需要额外的 PCB 与 PCB 之间的间距，以及 PCB 的旋转限制和嵌套限制。这些限制可能会迫使生产板的使用尺寸小于最优材料利用率。

3. 工艺的限制

由于工艺的限制，可能需要使用非最佳生产板尺寸。例如，产品的对位精度测试需求，可能需要额外的工具孔 / 边，从而减小了交付产品的可用面积，并且降低了材料利用率。另一种情况是，受到设备的机械加工能力限制，某些工艺不允许使用更大的生产板尺寸。

在初步设计审核过程的拼版确定步骤，拼版处理使得单板 PCB 图形被确定在既定位置。此外，单板 PCB 图形可以进行旋转和嵌套（见图 17.8），以下特征可以被加入生产板的制造。

表 17.5　典型的多层生产板尺寸

类　型	生产板尺寸 /in	可用面积（包括阻焊）/in
标准	12 × 14	10.2 × 12.2
标准	12 × 16	10.2 × 14.2
标准	12 × 20	10.2 × 18.2
标准	13 × 16	11.2 × 14.2
标准	13 × 20	11.2 × 18.2
标准	14 × 16	12.2 × 14.2
标准	14 × 20	12.2 × 18.2
标准	14 × 21	12.2 × 19.2
标准	14 × 22	12.2 × 20.2
标准	14 × 23	12.2 × 21.2
标准	14 × 24	12.2 × 22.2
标准	16 × 20	14.2 × 18.2
标准	16 × 21	14.2 × 19.2
标准	16 × 22	14.2 × 20.2
标准	16 × 23	14.2 × 21.2
标准	16 × 24	14.2 × 22.2
标准	17 × 14	15.2 × 12.2
标准	18 × 14	16.2 × 12.2
标准	18 × 16	16.2 × 14.2
标准	18 × 20	16.2 × 18.2
标准	18 × 22	16.2 × 20.2
标准	18 × 23	16.2 × 21.2
标准	18 × 24	16.2 × 22.2
芯片封装	12 × 18	10 × 16
HDI- 微孔	16 × 18	14 × 16

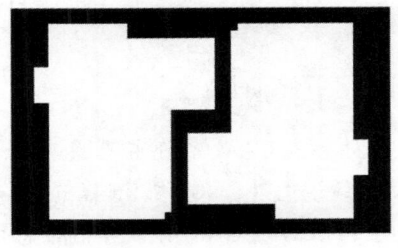

图 17.8　一个嵌套和旋转的多图形生产板

17.3.6　初步设计分析

初步设计审查后，（制板厂）已经知晓基本的设计情况，且决定是否按照该设计来生产。如果决定生产，则必须确定产品的成本。成本一经确定，那么产品价格就可以提供给 PCB 客户。

结合在设计审查基础上的良率预测，所选择的生产板的材料和工艺要求决定了大致的成本。

1. 自动设计分析

有许多自动设计分析软件系统。通过搜索关键词可以在互联网上找到它们，如"自动设计分析""计算机辅助制造"或"设计验证"。图 17.9 显示了一个由 CAM 脚本生成的 8 层板报告（该

8 层板脚本是由 ODB++ 设计文件中导出的）。

2. 设计分析检查清单

图 17.10 显示了某设计分析检查清单，用于确定此 PCB 设计是否可以制造。

DATE Sun Mar 12 17:48:51 2006	AGENT FILE USED		
QUOTE REPORT			
OPERATOR: H HOLDEN	JOB #: 8-Layer	REV: 1st.	
NO LOGO	PCB Fabricator 612 Wheelers Farms Road Milford CT 06461 USA 203-283-3000	CUSTOMER: XYZ Corporation HOLDEN Cust street address Anywhere CT 00000 USA PHONE: Cust phone　FAX: Cust fax E-MAIL: CustEmail	

BOARD INFORMATION

BOARD SIZE:	9.050" X 5.377"	THICKNESS:	0.062mil	BORDER LAYER PRESENT?	No
PANEL SIZE:	22.000" X 16.000"	CORE SIZE:	4.000mil	# OF NETS	562
LAMINATE TYPE:	NP-170			COPPER WEIGHT	0.50 oz.
TOTAL (Elec.) layers: 8	# of INTERNAL layers: 2	# of PLANE layers: 6	POS 2	NEG 0	

DRILL INFORMATION

# OF DRILL TOOLS / TOTAL COUNT:	10	1768	BLIND/BURIED VIAS?	Yes
SMALLEST DRILL / TOTAL COUNT	13.000mil	1484	# OF DRILL FILES:	1
TIGHTEST DRILL TO TRACE:	0.064mil			

DESIGN ANALYSIS

	Internals	Other (user defined):
SMALLEST TRACE:	6.000mil	6.000mil
SMALLEST AIR GAP:	5.000mil	5.000mil
SMALLEST ANNULAR RING:	N/A	0.000mil
SMALLEST THERMAL ANNULAR RING:	N/A	0.000mil
SMALLEST PAD:	20.000mil	20.000mil

SMT PADS:

	TOP	BOTTOM	TOTAL
# OF PADS:	912	1288	2200
Smallest PITCH:	19.680mil	2.000mil	

GOLD TABS:

# OF FINGERS: TOP	BOTTOM	FINGER SIZE: LENGTH	WIDTH
0	22	600.0 mil	250.0 mil
GOLD THICKNESS		0.000015mil	

SOLDERMASK INFO:

TOP:	Yes	BOTTOM:	Yes
VIAS Tented / Plugged:	Yes		

SILKSCREEN INFO:

TOP	Yes	BOTTOM	Yes
COLOR:	White		

图 17.9　ODB++ 文件的自动设计分析报告图

检查列表

CAD网表对比
环宽错误
焊盘检查项
电源层隔离环错误
可制造性分析-设计规则检查（DRC）
不合理的隔离热焊盘脚数
电路检查项
未终止的线
抗裂
孤铜区域
阻焊检查项
焊料短路违规
阻焊覆盖
导通孔阻焊检查
焊膏检查
丝网剪裁
添加泪滴焊盘
零件间的间隙/自动操作
高级零件
孔审核/引线直径
零件密度
高度间隙
机器允许跨度
零件间距
钻孔优化
自动阻焊曝光机
裸板测试点
在线测试点分析
在线测试检查表
边界扫描审核
测试点管理
设计外形
对位生成
禁布层审核

图 17.10　设计分析检查清单

17.4　设计导入

设计导入 CAM 系统主要通过定义所使用的光圈格式和图形，将 Gerber 数据输入 PCB 的 CAM 系统。另外，大多数 PCB 的 CAM 系统接受 IPC-350 格式。

导入 PCB 的 CAM 系统中的信息包括所有的图层（如电路层和阻焊层）和钻孔文件。虽然某些 PCB 的 CAM 系统可以接受数控布线文件（如电路板外形），但这些文件通常不是 PCB 设计系统功能创建的一部分，因此不会提供给 PCB 制造商。

加载 PCB 设计文件之前，PCB 的 CAM 工程师必须将设计文件内的光圈编码（即 D 码，Dcode）与 PCB 的 CAM 系统的机械图形联系在一起。这些形状通常是圆形、方形、矩形，也可能包括复杂的形状（如内层线路中的热焊盘）。PCB 设计者所提供的信息，在导入 CAM 系统后，生成了以上复杂的图形。PCB 设计者对这些复杂形状的完整定义是取得设计成功的关键。描述的非完整性可能会导致非功能性设计。

在设计文件的加载过程中至关重要的是，检查每个日志文件和屏幕上的信息，从而发现缺省的光圈定义或已损毁的设计文件。加载文件后，PCB 的 CAM 工程师在对数据做进一步处理的同时，应当参照设计数据或光圈说明来检查设计当中的任何问题。PCB 的 CAM 工程师也必须确保光圈与 PCB 设计者定义的（光圈）相匹配，以及确保设计输入过程中没有失败提示，因为细微的错误只能在 PCB 客户端被发现，而在制造端是无法被发现的，而这样的错误可能会导致非功能性设计问题。

17.4.1 文 档

1. 钻孔图纸
图 17.11 展示了一个钻孔图纸的例子。

2. 制造图纸
图 17.12 展示了一个制造图纸的例子。

3. 拼版结构
图 17.13 展示了一个拼版结构的例子。

4. 叠层结构数据列表
表 17.6 展示了一个叠层结构数据列表的例子。

表 17.6 叠层结构数据列表示例

P/N	ABC-d	
Title	Sheet	
S/M top	（SH14）	
Component	L1-（SH 1）	→
Ground	L2-（SH 2）	→
Power	L3-（SH 3）	→
Signal_1	L4-（SH 4）	→
Signal_2	L5-（SH 5）	→
Power	L6-（SH 6）	→
Power	L7-（SH 7）	→
Signal_3	L8-（SH 8）	→
Signal_4	L9-（SH 9）	→
Power	L10-（SH 10）	→
Ground	L11-（SH 11）	→
Solder	L12-（SH 12）	→
S/M	（SH 13）	
Bottom		

5. 制造说明
图 17.11 和图 17.12 展示了制造说明的例子。

6. 电气性能数据列表
表 17.7 展示了一个电气性能数据列表的例子。

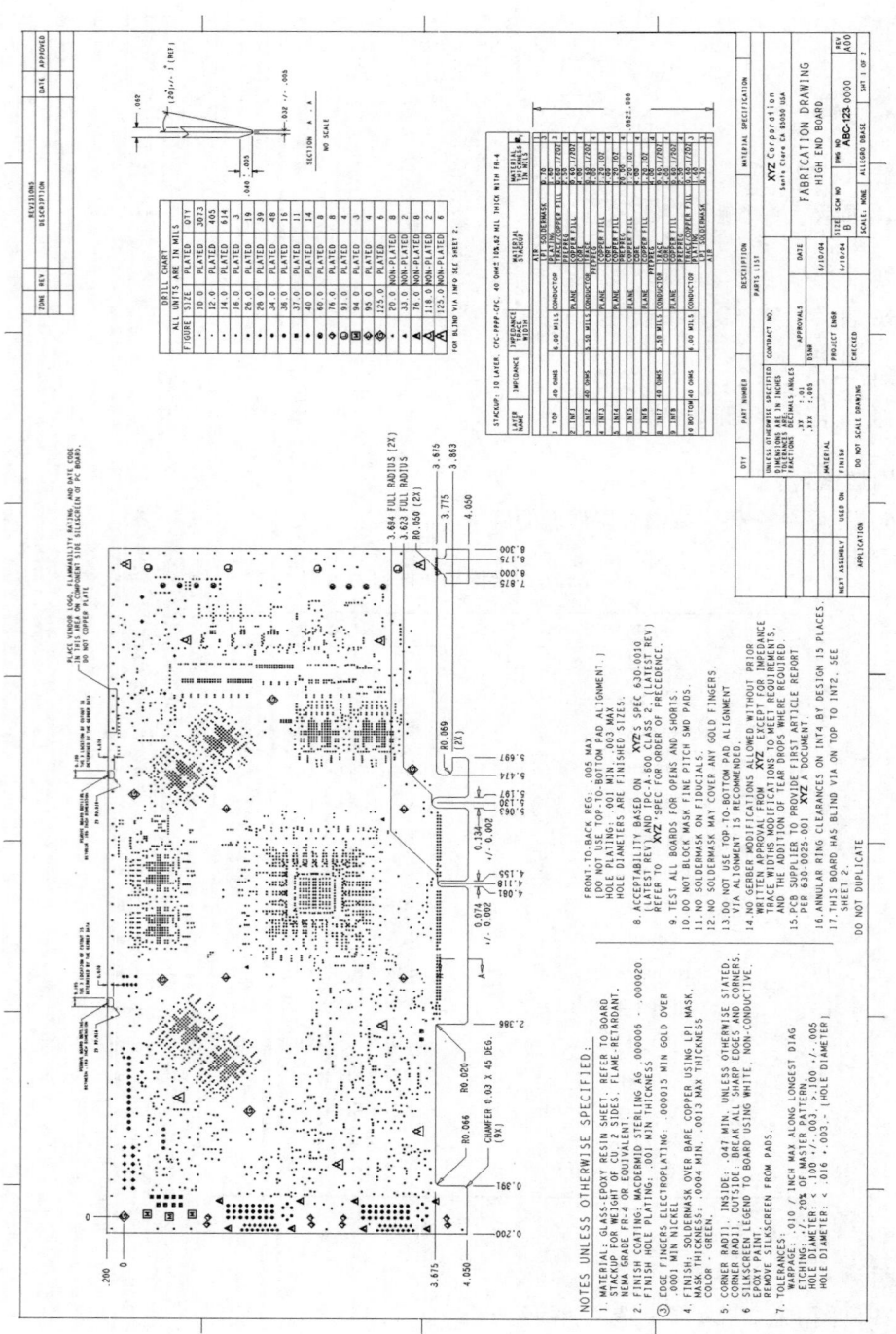

图 17.11 钻孔图图纸示例

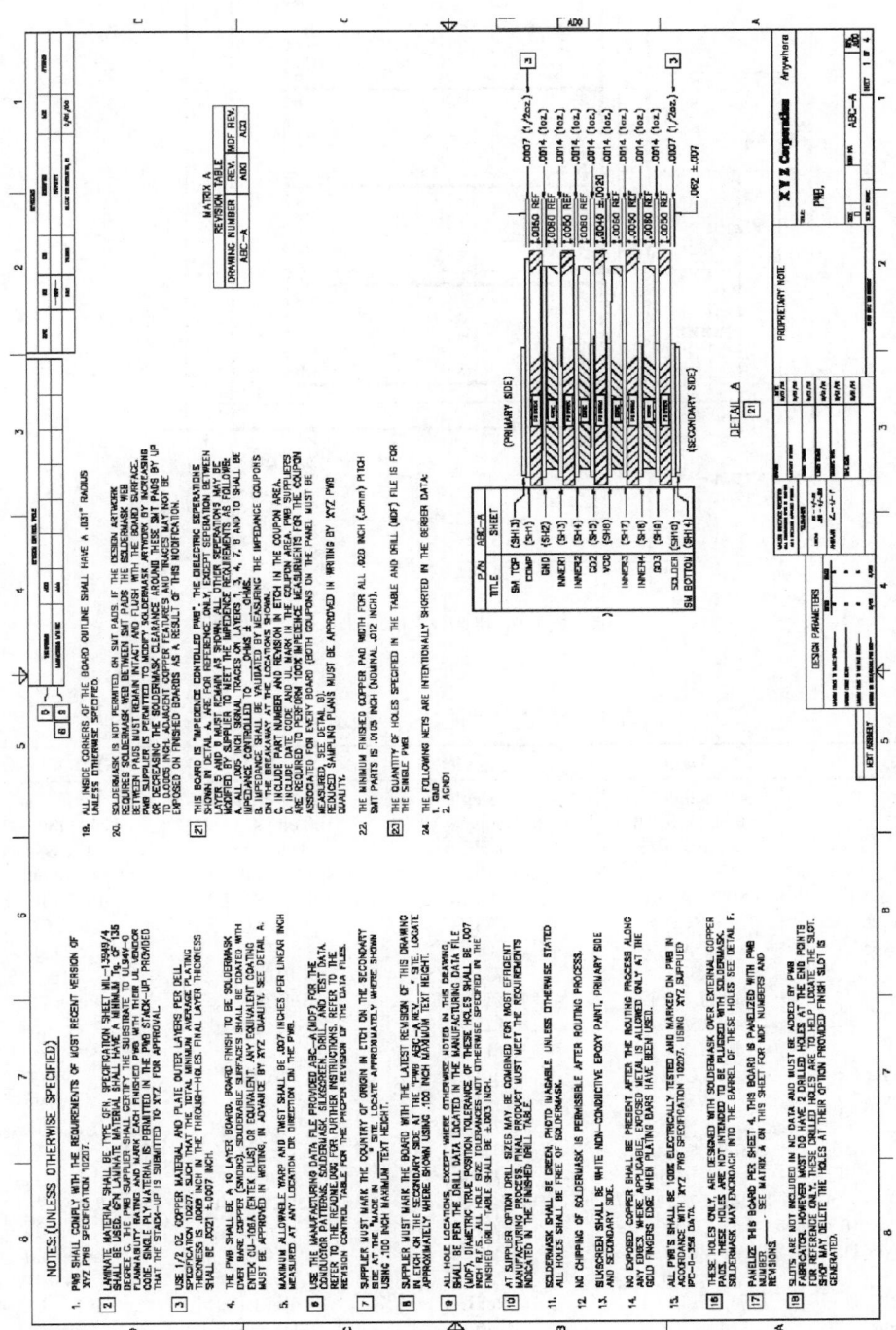

图 17.12 制造图纸示例

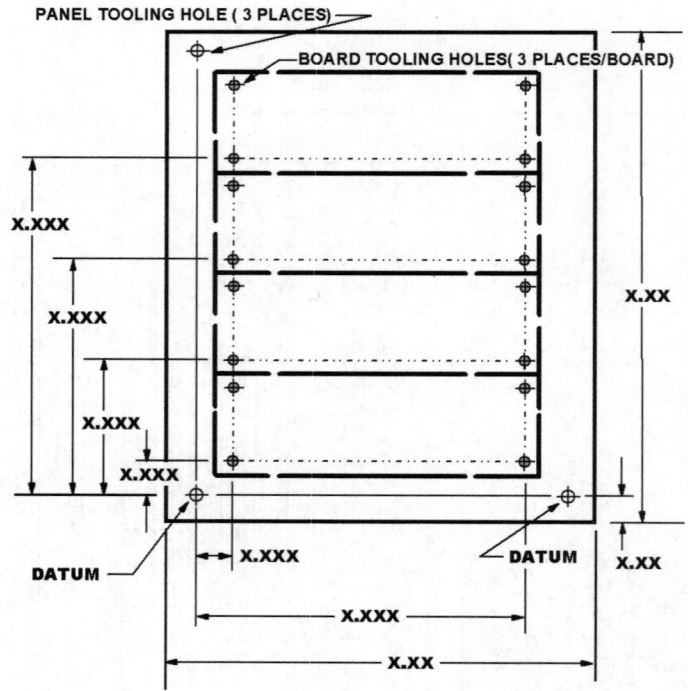

图 17.13 拼版结构图示例

表 17.7 电气性能数据列表示例

Bus	Data	Agp 8x	PCI	DDR2/3 clocks
Type	Single	Single	Differential	Differential
Tolerance	50 ohms ± 10%	55 ohms ± 10%	100 ohms ± 10%	120 ohms ± 10%
Geometry （mils）	Trace/space	Trace/space	Trace/space Space to other pair	Trace/space Space to other pair
Top （Layer 1）	9.5/10 （Ref L2）	7.75/10 （Ref L2）	5.0/6 （Ref L2）	4.0/10 （Ref L2）
PWR （Layer 2）	VCC	VCC	VCC	VCC
GND （Layer 3）	GND	GND	GND	GND
Signal 1 （Layer 4）	4.5/4.5 （Ref L3 & L6）	3.725./4.25 （Ref L3 & L6）	4/10/4/10 （Ref L3 & L6）	3/10/3/10 （Ref L3 & L6）
Signal 2 （Layer 5）	4.5/4.5 （Ref L3 & L6）	3.725./4.25 （Ref L3 & L6）	Not allowed	Not allowed
PWR （Layer 6）	VCC2	VCC2	VCC2	VCC2
PWR （Layer 7）	VDD	VDD	VDD	VDD
Signal 3 （Layer 8）	4.5/4.5 （Ref L7 & L10）	3.725/4.25 （Ref L7 & L10）	Not allowed	Not allowed
Signal 4 （Layer 9）	4.5/4.5 （Ref L7 & L10）	3.725/4.25 （Ref L7 & L10）	4/10/4/10 （Ref L7 & L10）	3/10/3/10 （Ref L7 & L10）
GND （Layer 10）	GND	GND	GND	GND
PWR （Layer 11）	VCC1	VCC1	VCC1	VCC1
Bottom （Layer 12）	9.5/10 （Ref L11）	7.75/10 （Ref L11）	5.0/6 （Ref L11）	4.0/10 （Ref L11）
Measurement requirement	Measure on coupon	Measure on coupon	Measure on coupon	Measure on coupon

17.5 设计审查和分析

设计分析和审查是在加工之前对原稿审查的优化过程，同时也是 CAM（软件处理）流程的第一步。这个步骤主要是为制造和组装提交实际设计数据。设计分析和审查步骤包括以下任务：

- 检查设计规则
- 可制造性分析
- 编辑单元图形
- 提升可制造性设计（DFM）
- 拼版
- 加工参数的提取

参照 PCB 制造者的能力和制造设计的准备工作，这些任务对原稿设计要求做了最终的检查。在原稿优化阶段（即 CAM 流程），会出现诸多制造问题。以下是产生这些问题的原因：

- 缺乏设计文档
- 钻孔文件格式不当
- 对单独的光圈表（D 码表）采用了 Gerber 274D 格式
- 阻焊开窗缺少适当的隔离
- 钻孔到铜皮的隔离不够
- 层间错位
- 不合理的制造间隙
- 缺少 IPC-D-356 网表
- 使用正片层代替负片层
- 设计者和制造者之间缺乏沟通

上述问题，最好是在设计阶段就加以解决。考虑以下预防措施和注意事项：

- 尽量不要对单独的光圈表使用 Gerber 274D 格式。
- 光圈表没有标准格式，从而会增加错误概率，所以制造者必须通过额外的工作来匹配光圈表格式。
- 尽可能使用 Gerber 274X 格式。274X 植入了光圈表，而 PCB 制造者更容易处理此类格式文档。274X 格式能更好地兼容特殊光圈类型。
- 如果可能，更好的是使用"智能"格式，如 GenCAM、DirectCA 或 ODB++。上述格式能够让制造者更好地理解设计资料。而且，此类格式也嵌入了网表信息。
- 设计规则可以嵌在一些格式中。

17.6 CAM 工装工艺

CAM 工装工艺包括 6 个或更多不同的制造工程活动。包括以下内容：

- 设计规则检查（DRC）
- 制造审查
- 单元图形编辑
- 提升可制造性设计（DFM）

- 拼版
- 加工和组装参数的提取

17.6.1 设计规则检查

设计系统依据既定规则布线，然而，由于系统性失效或人工干预，这些设计系统可能无法遵循此类规则。除了评审设计文档的限制因素，审查数据包的目的还包括：确定该 PCB 是否可以在制造端生产出来，以及能否达到预期的制造良率。数据分析对于产品的成功是至关重要的，其描述了 PCB 电路所对应的制造设备生产能力。

表 17.8 包含了常用的设计检查项目、检查原因及检查方法。

表 17.8 设计规则检查

DRC 项目	检查原因	检查方法
钻孔层的重复坐标	重复钻孔会消耗制造能力，并可能导致钻头破损	提供既定半径的公差范围，大部分的 PCB CAM 系统拥有对该问题做出详尽检查的功能
孔到孔的最小距离	钻孔到钻孔的距离太近会导致相邻钻孔之间的板损	大部分的 PCB CAM 系统拥有对特征间距做出详尽检查的功能
板边到 NPTH 的最小距离	钻孔离板边太近会导致对应板边的板损	合并布线轮廓和 NPTH 层并复制出一层，然后执行焊盘到线路的检查（外框层被视为布线层）
少孔	缺少安装孔或定位孔，会导致设计失效或产品无法使用	以某一线路层作为参考，检查对位焊盘，然后验证没有 PTH 的焊盘
多孔	多孔会导致开 / 短路的设计失效（如果这些孔被加工成 PTH）	以某一线路层作为参考，检查对位焊盘，然后验证没有焊盘的 PTH
板边到板边的最小间距	铣切会导致留下较少的材料，可能导致断板或成型边的板损	将外形层视为布线层，检查图形间距，无须考虑其电气连接性能
板边到铜皮的最小距离	外形公差可能会导致 PCB 边露铜	将外形层视为布线层，与线路层一一对应来检查图形间距
最小焊环	大部分客户的规格说明书确定了 PCB 所能接受的最小焊环。焊环大小取决于 PCB 设计及制造过程中的对位公差	大部分 PCB CAM 系统拥有对孔环做出详尽检查的功能
焊盘到焊盘的最小间距	除影响图形间距和潜在短路之外，焊盘间距还会影响产品在电气性能方面的测试能力	大部分 PCB CAM 系统拥有对图形到图形的间距做出详尽检查的功能
焊盘到线的最小间距	超出工艺能力的图形间距可能会导致短路及较低的制造良率	大部分 PCB CAM 系统拥有对图形到图形的间距做出详尽检查的功能
线与线之间的最小间距	超出工艺能力的图形间距可能会导致短路及较低的制造良率	大部分 PCB CAM 系统拥有对图形到图形的间距做出详尽检查的功能
NPTH 到铜皮的最小间距	NPTH 距离铜皮太近的话，可能会妨碍适当的孔的阻焊覆盖，且可能需要进行二钻。NPTH 之间相邻太近最终会导致图形损坏（如钻断线）	合并 NPTH 和线路层并复制出一层，检查该层中图形的最小间距
最小线宽	线宽低于制造能力可能导致较低的产品良率	某些 PCB CAM 系统拥有对此类问题做出详尽检查的功能；其他 CAM 系统可能需要检查所使用的光圈，且高亮显示此类光圈，以便目检
布线末端无焊盘	尽管这可能出于设计目的，但焊盘缺失会导致设计信息缺失或信息加载失败。这些问题会导致非功能性设计	大部分 PCB CAM 系统拥有对此类问题做出详尽检查的功能
焊盘对准	焊盘未对准，最终会形成不可预测的焊环、错误的对位补偿和产品报废	大部分 PCB CAM 系统拥有对焊盘对位问题做出详尽检查的功能

DRC 项目	检查原因	检查方法
阻焊开窗的最小值	阻焊开窗超出工艺能力，会导致阻焊上焊盘及较低的产品良率	使用焊环检查功能，以线路层做参考，检查阻焊层（阻焊层也被视为线路层）
阻焊边到图形的最小间距	阻焊到图形的间隙超出工艺能力，会导致图形裸露及较低的产品良率	合并阻焊层和线路层并复制出单独一层，检查该复制层中最小的图形间距
NPTH 的最小阻焊环宽	NPTH 的阻焊开窗补偿需要大一些，以避免光线从产品底片衍射过来	以 NPTH 层为参考层，检查阻焊层（阻焊层也被视为线路层），然后验证 NPTH 是否与阻焊层相匹配
阻焊到板边的最小隔离	PCB 板边的阻焊开窗补偿需要大一些，以避免光线从产品底片衍射过来	合并该阻焊层和外形层并复制出一负片层，检查该负片复制层中的最小图形间距
最小阻焊桥	阻焊桥超出工艺能力，会导致阻焊残缺及较低的产品良率。该缺陷可能会导致需要阻焊桥的 PCB 组装失效	使用该阻焊层上的最小图形到图形的间距检查
电源层到板边的最小隔离	间距超出外形公差，会导致 PCB 板边露铜	以电源层为参照层，检查外形层中的最小图形间距
最小的电源层环宽	焊环超出对位和公差能力，会导致开路及较低的产品良率	绝大部分 CAM 系统拥有详尽的孔环检查功能
最小的电源层隔离	电源层开窗超出对位和公差能力，会导致短路及较低的产品良率	绝大部分 CAM 系统拥有详尽的孔环检查功能
内电层孤岛	内电层孤岛通常是由不合理设计或光圈列表衍生出来的，孤岛会导致设计失效	绝大部分 CAM 系统拥有详尽的层与层之间的孤岛检查功能
字符到 NPTH 的最小间距	字符间距超出工艺能力，会导致字符入孔，这可能是因为对位偏差或油墨的流动	合并 NPTH 层与该字符层并复制出一层，检查该复制层中的最小图形间距
字符到阻焊的最小间距	字符间距超出工艺能力，会导致字符上图形，这可能是因为对位偏差或油墨的流动	合并字符层和对应的阻焊层并复制出一层，检查该复制层中的最小图形间距
字符到图形的最小间距	字符间距超出工艺能力，会导致字符上图形，可能是因为对位偏差、油墨的流动、丝网套印在图形上，这会导致错误的字符标识	合并字符层和对应的外层线路层并复制出一层，检查该复制层中的最小图形间距
字符的最小图形尺寸	字符的尺寸低于制造能力可能导致难以辨认的字符及较低的产品良率	某些 PCB CAM 系统拥有详尽的最小线宽的检查功能；而其他 CAM 系统则可能需要检查所使用的光圈，并高亮显示此类光圈，以便目检

17.6.2　制造能力评审

设计规则检查的结果依据 PCB 工艺能力，同时对超出工艺能力的设计做出处理。对于不符合设计的地方，PCB 制造商可以联系 PCB 客户加以修正，或者重发设计资料，或者要求他们修改设计资料，以达到可制造 PCB 的目的。

此外，基于设计的实际要求，在原稿设计审查阶段所评审的要素要重新确认。如果发现差异，则需要改变所预测的成本或良率。在（CAM）工具优化步骤，对于制造商，最关心的是电路板是否满足设计的意图？是否可以制造出来？是否能够实现预期的功能？它能否满足主要的规则？是否可以改善，也就是可以做得更便宜或更好？元件之间是否互连？ IPC-D-356 网表是否可以显示任何网络的短路或断路？是否有电源层限制？资料处理过程中是否有系统本身的错误？

1. 裸板分析

通过设计规则检查无法发现诸多原理图问题，且此类原理图问题并非准确描述了设计规则违例。然而，这些问题会影响电路板的制造及良率。表 17.9 介绍了部分问题。

表 17.9 原理图问题

原理图问题	问题描述	图 示
锐角布线区的蚀刻陷阱（光致抗蚀剂碎片）	细小的光致抗蚀剂碎片的附着力极低且容易剥离，从而导致被镀或再沉积	图 17.14（a）
针孔	电源/地层的细小开窗会导致附着力缺失	图 17.14（b）
铜碎片	图形较小会导致附着力缺失或剥离	图 17.14（c）
堵死/孤立散热平面	散热平面铜腿被电源层其他部分切割开	图 17.14（d）
阻焊桥	阻焊图形太小会导致无法光成像及无法附着	图 17.14（e）
阻焊到线路的间距	间距较小反而生成了阻焊桥	图 17.14（f）
阻焊覆盖	预留的图形开窗可能会被桥连	图 17.14（g）
阻焊桥连	无阻焊区的贴片图形之间的狭窄处可能连上焊料	图 17.14（h）
字符上 PAD	表层的丝印或字符印在了贴片区上面	图 17.14（i）

图 17.14 显示了许多这些问题的例子。大多数现代 CAM 优化系统可以纠正这些制造性问题。因此，制造图纸上的注释应该标明这一点，并允许制造者改正。其他难以发现的原理图错误包括：

- 信号完整性和性能问题
- 最后一刻变化的核查［救生员和工程变更单（ECO）］
- "XX 制造"和版本控制

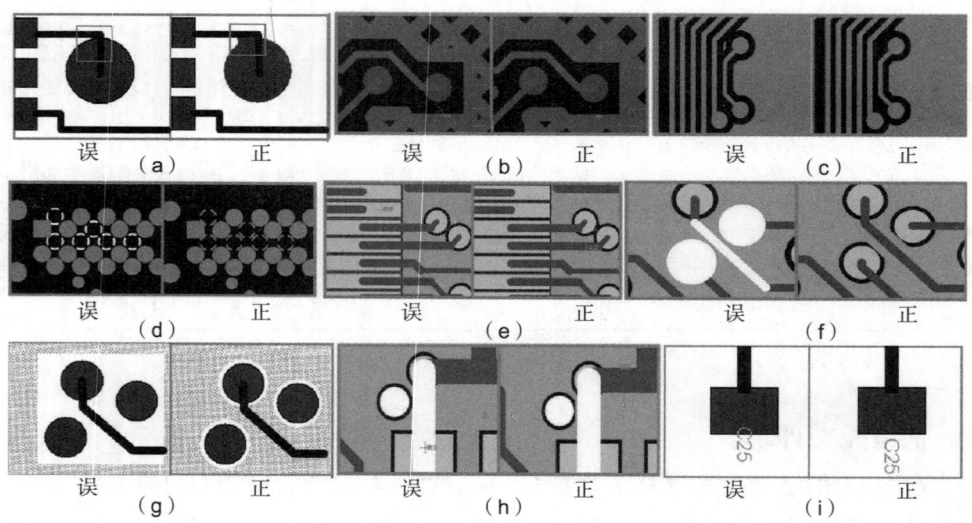

图 17.14 设计中产生的典型可制造性问题（原理图）

2. PCB 组装

在类似的情况下，组装加工需要检查和分析提供的物料清单、钢网文件和组装工艺所需的照相底图。专门设计这些步骤的目的：确定组装过程中潜在的制造性问题，以及收集设计资料数据以便于报价、排期和分配资源。每个步骤涵盖电路板组装的一个具体方面，包括元件的位置、基准覆盖和可测试性问题。

这些工作包括但并不限于以下内容。

基准分析 SMT 元件贴装需要将机器对准单个电路板。通过分析总体和间距的基准，可以找出并纠正潜在的问题。表 17.10（A）显示了一个典型的检查项目。

表 17.10 加工前所需准备的各种组装和测试分析清单

A. 基准点分析	B. 元件分析	C. 焊盘堆叠分析	D. 测试点分析	E. 焊膏分析
整体基准点概况	元件最大高度	盘趾到盘趾的距离	盘趾测试点	焊膏不在 SMD 焊盘上
局部基准点概况	元件节距	阻焊桥过大	导通孔测试点	SMD 焊盘无焊膏
没用统一的局部基准点	元件旋转	没有阻焊桥	其他测试点	焊膏印在焊盘外面
基准点到线路距离	最小元件长度	特殊的盘趾	测试点到外形边的距离	焊膏被阻焊遮盖
基准点到孔距离	最大元件长度	导通孔到导通孔中心的距离	测试点到 NPTH 的距离	焊膏与阻焊的距离
过近的基准点	元件间距	导通孔边到导通孔边的距离	测试点到测试点的距离	最小焊料趾部距离（矩形引线）
过远的基准点	元件到盘趾距离	导通孔在 SMD 中	测试点到盘趾的距离	最小焊料根部距离（矩形引线）
基准点太像焊盘	分板间隔	导通孔到盘趾的距离	测试点到覆盖的导通孔的距离	最小左侧距离（矩形引线）
基准点与外形边距离太近	载具墙间距	没有分流焊盘	测试点形状错误	最小右侧距离（矩形引线）
基准点与外形边距离太远	PTH 到载具的距离	盘趾到电源的距离	测试点到 THMT 盘趾的距离	最大焊料趾部距离（矩形引线）
基准点与背景颜色	NPTH 到载具的距离	盘趾的环宽	测试点到工具孔的距离	最大焊料根部距离（矩形引线）
基准点到阻焊的距离	导通孔到载具的距离	盘趾的阻焊开窗	测试点到未覆盖导通孔的距离	最大左侧距离（矩形引线）
基准点到焊膏的距离	标签到元件的距离	盘趾到外形边的距离	测试点到开窗铜皮的距离	最大右侧距离（矩形引线）
基准点到字符的距离	元件的厚度	孔在 SMD 中	测试点到未开窗铜皮的距离	最小引线 / 焊盘面积
基准点到传输边的距离	元件接触字符	焊料流动方向	测试点在元件下面	最小大引线 / 焊盘面积
基准点在元件中心	元件到传输边的距离	金手指到覆盖的导通孔的距离	测试点到元件的距离	最大引线 / 焊盘面积
元件覆盖基准点	SMT 元件到传输边的距离	金手指到孔的转接点的距离	测试点到元件的角度	最大大引线 / 焊盘面积
元件局部基准点	另一面禁止区域	金手指到表面转接点的距离	测试点到阻焊的距离	引线宽度 / 焊盘节距
元件整体基准点	另一面插件禁止区域	金手指到未覆盖的导通孔的距离	覆盖测试点导通孔	引线节距 / 焊盘宽度
大节距元件整体基准点	元件到金手指的距离	内连遮蔽元件	有一个测试点的网络	直接连接到电源层
小节距元件基准点	元件到工具孔的距离	堆叠遮蔽元件	没有测试点的网络	电源层没有隔离
	元件到安装孔的距离	盘趾到 V 型刻痕的距离	有多个测试点的网络	ET 引线没有 PTH
	孔在元件下面	盘趾到传输边的距离	导通孔双面覆盖	MP 引线在 PTH 上
	未覆盖的导通孔在元件下面	盘趾到传输边的距离	未覆盖的非测试点导通孔	边到边
	没有方向标识	盘趾到传输边的距离	测试点到传输边的距离	少孔

续表 17.10

A. 基准点分析	B. 元件分析	C. 焊盘堆叠分析	D. 测试点分析	E. 焊膏分析
	不正常的元件方向	盘趾到折断边的距离	禁布区外测试点外	多孔
	错误的方向标识	开窗盘趾到开窗导通孔的距离	测试点到字符的距离	引线太大
	THMT 的 1 号插针没有方焊盘	不规则开窗盘趾	禁布区内测试点	引线太小
	芯片边保护丢失	导通孔到盘趾覆盖线路的距离	网络测试点缺失	引线接触
	芯片角保护丢失	盘趾/导通孔过密	有必需测试点的网络	无焊盘引线
	元件禁布区外	SMD 焊盘大小不一致	有多余测试点的网络	多焊盘引线
	元件禁布区内		网络测试点概况	引线中心到焊盘根部距离
	元件超出最大高度		网络测试点数量报告	引线中心到焊盘趾部最小距离
	元件低于最小高度			引线中心到焊盘根部最小距离
	元件与开窗导通孔距离			引线中心到焊盘趾部最大距离
	元件到参考标识距离			引线直径与孔直径
	元件没有参考标识			大引线右侧最大距离（矩形引线）
	误放的参考标识			大引线趾部距离与根部距离
	波峰焊元件方向			大引线左侧距离与右侧距离（矩形引线）
	元件相对方向			引线直径与焊盘直径最小百分比
				引线直径与焊盘直径最小比值（绝对值）
				大引线直径与焊盘直径最小百分比
				大引线直径与焊盘直径最小比值（绝对值）
				引线直径与焊盘直径最大百分比
				引线直径与焊盘直径最大比值（绝对值）
				大引线直径与焊盘直径最大百分比
				大引线直径与焊盘直径最大比值（绝对值）
				最大引线宽度与最小焊盘宽度百分比（矩形引脚）

　　元件分析　SMT 元件会有大量的缺失、不正确或不完整的特征或属性。元件分析寻找这些潜在的问题，如一个元件根据另一个元件延伸而来。表 17.10（B）提供了该分析的一个典型清单。

　　焊盘堆叠分析　SMT 元件具有关键趾形（TPS），需要检查孔、平面、阻焊、板边、金手指。表 17.10（C）显示了一个典型的分析清单。

　　测试点分析　SMT 元件需要进行在线测试（ICT）。这些分析检查测试点到导通孔、表面特征、工具孔和电气网络。表 17.10（D）显示了测试点的一个典型的分析清单。

焊膏分析 SMT 元件必须正确焊接。继将正确零件摆放在正确位置之后，这是组装的第二个最重要的方面。为确保可制造性，许多检查是必要的，见表 17.10（E）。

进行全面和彻底的组装分析的好处如下。

（1）从分析的结果可以推导出成本预测。

（2）在组装线上，加工前可以识别和纠正制造缺陷。

（3）这种分析可以帮助发现潜在的问题，提早在设计过程中实施任何必要的返工。每个分析类别都有一套工程参考文件（ERF）值，通常独立于每一个生产厂，从而支持不同组装厂之间完整的工作可移植性。

对 PCB 或组装的制造能力矩阵的设计规则检查结果进行审查，对可接受性违规做出处置。PCB 和组装客户可能接触到违规的设计；设计者可能需要发送校正的设计或允许 PCB 制造者或组装者对设计进行变更。

此外，初步设计审查期间，需要重新确认审查的因素是否基于实际设计的结果。如果存在误差，产品良率和成本预测就可能需要改变。

若问题在制造或组装阶段解决，设计的数据库可能无法得到更新以反映重大变化，从而影响设计的完整性。如果设计在将来出错，则这个问题可能会被忽略从而造成报废；或者更糟的是，生产出有故障的电路板。

17.6.3　单元图形编辑

在制造 PCB 之前，几乎所有的设计信息都必须删除。在 PCB 布线阶段，大多数信息项目用来作为参考，以辅助工程师了解有价值的信息。然后，为了制造出设计要求的 PCB，必须删除或修改这些参考信息。其中典型的（设计）项目见表 17.11。

表 17.11　删除或修改参考信息的典型项目

项　目	没有删除或修改所带来的影响
外层 NPTH 焊盘	孔金属化
外形裁切标志	板边露铜
钻孔与内层电源层标志直接接触	开路
缩减字符和阻焊数据	字符上焊盘或者字符入孔
缩放和补偿	错误的成品线宽或图形

17.6.4　可制造性设计（DFM）优化

可以通过改善设计来增强 PCB 的可制造性。CAD 系统可以进行许多优化（或通过专门的后期 CAD 软件），其他优化可以在生产厂执行。

较为理想的情况是，所有的设计提升都在设计端加以执行，以维持产品的一致性（产品有可能来自于不同的制造商）；然而，某些 DFM 优化可能会影响 CAD 系统的进一步设计变更。特别地，线路到图形间距的优化可能会导致布线通道的阻塞，从而妨碍系统自动布线功能。表 17.12 是典型的 DFM 优化（见图 17.15）。

表 17.12 典型的 DFM 优化

项　目	优化后的结果
铜箔平衡分布	PCB 铜箔的平衡分布会促进电流的分布（在图镀流程），以避免因图形孤岛的出现而导致渗镀问题。这一改进能够使制造者将金属化孔控制在孔径公差范围以内，且能减小电镀高度（电镀高度会影响阻焊涂敷）。见图 17.15（a）
焊盘加泪滴	由于更严格的设计规范，焊环减小，从而可能会因对位偏差或焊环无法加大而导致产品缺陷。而加泪滴增大了焊盘与线路的结合面积，从而提高连接可靠性和产品良率。见图 17.15（b）
删除内层非功能性焊盘	内层短路源于诸多因素，其中包括电路之间距离过近。发生短路的关联因素可能是走线过长，以及某些最小线距之间的走线过长（基于工艺能力）。减小最小走线间距处的总长度将减小短路的概率，从而提高良率。见图 17.15（c）
优化线路到图形的间距	如在非功能性焊盘部分描述的一样，发生短路的关联因素可能是走线过长，以及某些最小线距之间的走线过长（基于工艺能力）。减小最小间距处的总长度将减小短路的概率，从而提高良率。见图 17.15（d）
线宽优化	发生开路的关联因素可能是走线过长，以及某些最小线距之间的走线过长（基于工艺能力）。减小最小线距之间的走线长度将减小开路的概率，从而提高良率。见图 17.15（e）

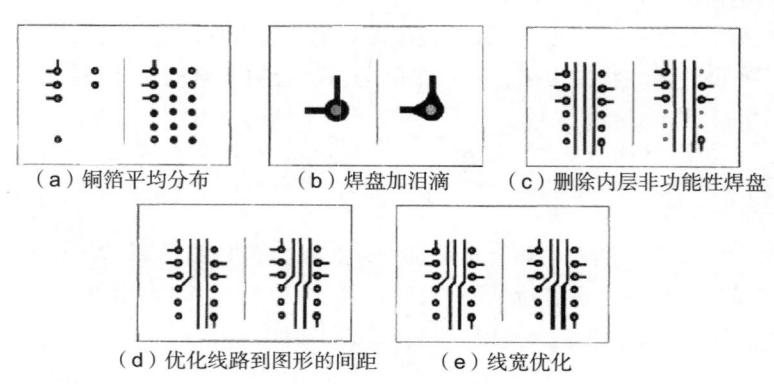

（a）铜箔平均分布　　（b）焊盘加泪滴　　（c）删除内层非功能性焊盘

（d）优化线路到图形的间距　　（e）线宽优化

图 17.15 设计中典型的可制造性问题

17.6.5 拼　版

　　在拼版流程，单元 PCB 图形被放置在初步设计审查的拼版确定步骤中定义的位置。此外，表 17.13 中的图形可能被添加到生产板中，以利于生产。

表 17.13 可能被添加到生产板中的图形

项　目	目　的
客户测试条	向客户提供，以便于客户检验 PCB 产品。这些测试条通常被视为一个独立的图形
内部测试条	制造过程中可能需要通过破坏性试验来检测产品的质量。这些测试条通常被视为一个独立的图形
工具孔	此类孔被加在生产板的板边，以便用于生产板中的图形、钻孔或外形加工流程的对位
外层分流图形	有时需要外层分流图形来平衡生产板的电镀区域
内层分流图形	对 PCB 图形以外区域的内层做铺铜处理，这样在层压流程能提供更好的一致性
字符标识	PCB 单板图形以外的字符标识能够提升生产质量

17.6.6 制造和组装参数提取

　　在 PCB 制造和组装之前，需要从设计文件中提取或计算额外的制造信息。该信息加载并存储在几个文件和数据库中，用来运行各种制造和组装设备。除了既定的基本优化流程，大多数

PCB 生产厂也需要设计者提供以下信息。

- 开料和品牌说明
- 铜箔厚度和蚀刻速度
- 自动光学检测文件
- 层压叠层物料清单（BOM）和叠层顺序 / 叠板高度
- 层压的压合周期、热量输入、压力设定值
- 钻孔文件的位置和版本级别
- 电镀面积计算和电流密度设置
- 铜箔厚度和蚀刻速度
- 铣切文件的定位和版本级别
- 电气性能测试程序
- 质量控制程序和测试条处置
- 最终包装及出货说明

1. AOI 文件

CAD 参考文件，如果需要，一般由 PCB 生产厂生成。这些文件是为自动光学检测系统（AOI）准备的数据。根据这些文件能确定所制造的 PCB 是否在所设计的 PCB 公差范围以内。

2. 层压参数

每个多层板叠层和材料都可能需要特定的层压工艺。现代的层压机具有控制时间、温度和压力的微处理系统，加工流程需要这些参数。

3. 钻孔文件

钻孔文件和相应的钻头加工资料必须归档，以便生产需要时可以下载到相应的钻机。钻孔文件的准备先于实际的钻机作业流程，以便于生成钻带。

4. 电镀参数

电镀需要应用特定的直流电（DC）。通过每个生产夹具上的电镀面积，计算出适当的板镀电流。在首板生产之后，直接测量电镀金属厚度，以便调整电镀面积，得到正确的电镀厚度。

5. 铣切文件

铣切文件和相应的铣切加工资料必须存档，并当生产需要时可以下载到相应的锣机。铣切文件的准备先于实际生产的铣切或二钻流程，以便于生成最终的铣带。

6. 电气性能测试程序和夹具的制作

电气性能测试网表文件可以由内部线路网络创建，或由 IPC-D-356 文件提供。测试文件必须与客户提供的照相底图中提取的网表文件进行比较。在实际的电气性能测试文件定稿之前，必须解决所有的差异。此外，必须制作电气性能测试的夹具，或者将此电气性能测试的夹具制作发给外协供应商去准备。

7. 从 CAD 到组装流程

组装作业流程包括从 CAD 对接到元件参数及物料清单（BOM）。这些操作包括钢网文件的生成和运用贴片机管理系统进行组装作业（见图 17.16）、方案优化、生产线调配（见图 17.17）。

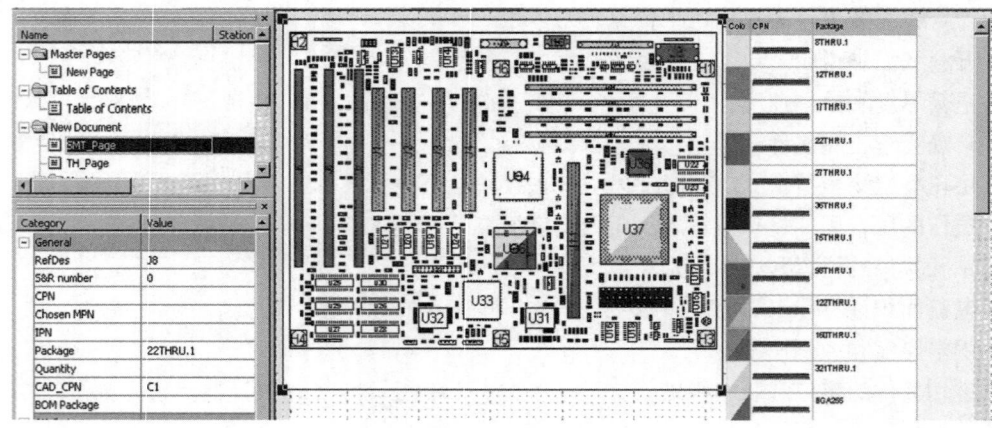

图 17.16 组装制造文件和指令生成

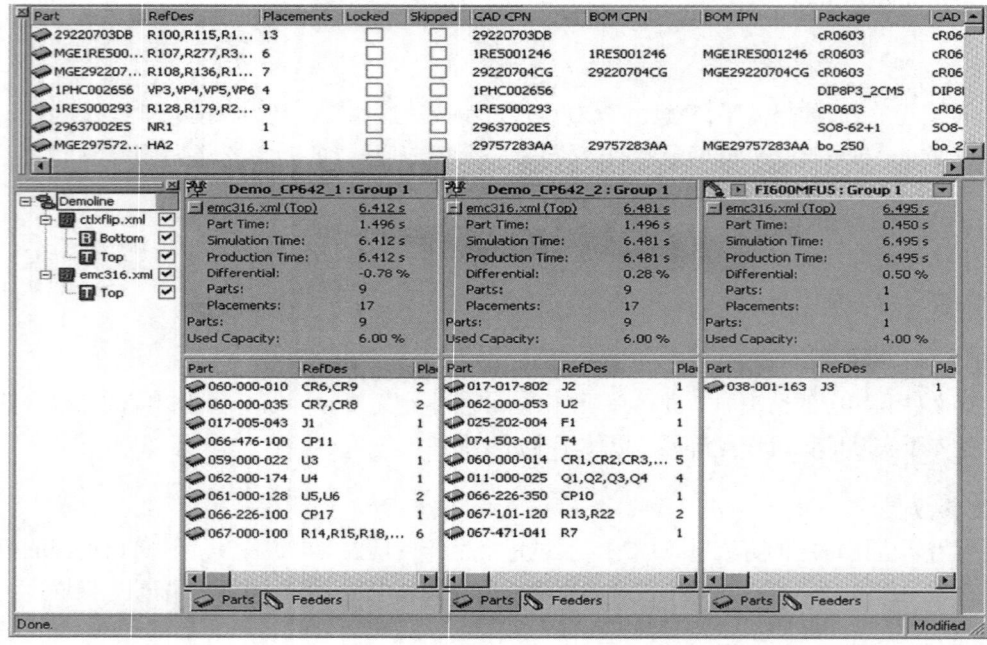

图 17.17 一个融合了在线调配自动送料生产线的组装 BOM 控制优化流程

17.7 额外的流程

在 PCB 制造过程中的变更，可能需要额外的 CAM 处理流程。制造流程的变更，可能需要以下额外工具的处理流程：

- 铆钉层压与四槽定位层压
- 激光钻孔
- 多种生产板尺寸
- 超大板尺寸层压（48in × 48in）
- 更高程度的自动化处理

新的工艺或新的 PCB 特征可能都需要额外工具的处理流程，包括如下方面：

- 埋入式无源元件
- 埋入式波导管

在生产中实现埋入式无源元件和埋入式波导管是复杂的，对准和重叠至关重要。设置恰当的尺寸对于特定的埋入式材料特别重要，这取决于材料是加成或减成。图 17.18 显示了一些关键的图形尺寸。

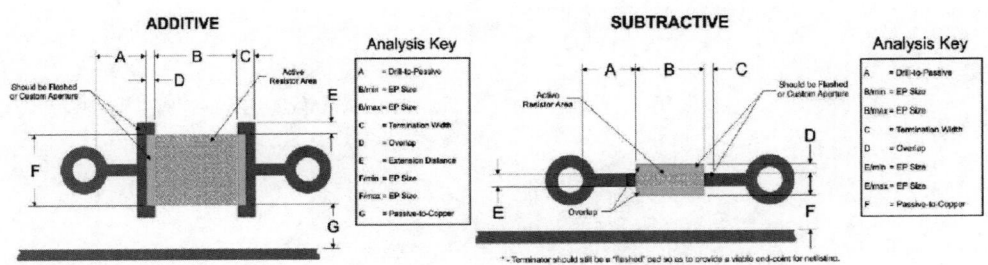

图 17.18　埋入式无源元件的关键图形数据

在所有既定的处理流程中，合理的信息管理是一个重要步骤。PCB 客户提供的信息档案和处理流程中生成的文件，对于灾难恢复至关重要。市场上现有的档案管理系统同样提供了数据的集中化管理，使得信息能够在一个组织内部进行流转。

17.7.1　宏

宏（有时被称为脚本）用于自动化操作。如今，大多数 CAM 系统能更方便地创建、编辑、修复和运行宏。图 17.9 展示了一个宏的例子。这个宏会自动扫描 CAM 信息（网络和钻孔文件），以及报告最小、最大和关键的几何形状。

17.7.2　从设计到制造和组装的自动化

虽然现在有大量复杂的 CAD 和 CAM 软件包，但经验丰富的操作者仍然需要练习这些软件。在由原始设备制造商（OEM）制造获得 PCB 的时期，内部开发的软件工具应运而生，这实际上使得整个 CAM 处理流程自动化了。该自动化流程能从 CAD 数据库自动生成钻孔资料、线路图形、制造信息，以及拼版图纸和制造要点。通过以上操作，数字形式的头文件被该软件所提取，所有相关信息以图形的形式展现。头文件可以自动提供宏来完成所有的处理。虽然这种软件从来没有扩展到商业市场，但如今新的自动蓝图生成软件已经可以脱离 CAD 数据库运行了。

17.8　致　谢

感谢 Jeff Miller、WISE Software Solutions（www.wssi.com）、DownStream Technologies（www.downstreamtech.com）和 Julian Coates of Valor，Inc.（www.valor.com）对本章的大力帮助。

第 *18* 章
PCB 制造的信息化

18.1 引 言

　　近年来，工业 4.0 概念在全球范围内快速发展，新一轮科技革命和产业变革加紧孕育兴起，已成为制造业重要的发展趋势。工业 4.0 是按工业发展的不同阶段做出的时代划分，简单解释，工业 1.0 是蒸汽机时代，工业 2.0 是电气化时代，工业 3.0 是信息化时代，工业 4.0 则是利用信息化技术促进产业变革的时代，也就是智能化时代。目前，国内制造业开始进入转型升级阶段，与智能制造、工业 4.0 浪潮形成历史性的交汇，未来产业发展和分工格局受到深刻的影响。基于信息化技术、自动化技术、大数据和云计算技术的应用，随着步入万物互联（IoE）的技术趋势，企业看到了进一步提升效率、改善质量、降低成本的广阔空间，通过决定生产制造过程的网络和信息化技术，智能制造系统在实践中不断地充实知识库、自学习，在搜集与理解环境信息和自身信息的同时，能够分析判断和规划自身行为，让企业看到了实现实时和自我管理的可能。

　　PCB 行业是典型的离散制造行业，工艺流程复杂，设备自动化程度较高，具有资产密集和技术密集的特点，管理难度大。经过 20 多年的积累和发展，一批具有代表性的中国 PCB 企业已经发展起来。面对持续快速发展的要求，面对 PCB 制造工艺技术不断升级的要求，着眼不断提升市场的核心竞争能力，PCB 行业对智能化生产有着更多的渴望。PCB 企业工业 4.0 的实现依赖于智能化设备和先进的信息化管理系统等核心技术的发展，目前市面上已经可以看到不少智能化设备，尽管处于起步阶段，但设备开发商已经投入到实践之中。另外，信息化系统的开发和应用主要由 PCB 企业主导，结合自身的管理特点，PCB 工厂将各类业务系统实施到日常工作上，已经积累了一定的经验。但是，能够将智能化核心技术有效应用于生产的实际案例还少之又少，工业 4.0 的蓝图实现在 PCB 行业还有相当长的路要走。

　　企业信息化是指企业应用先进的信息技术（包括计算机技术、通信技术、自动化技术）和现代管理方法来优化产品的生命周期，包括市场需求分析、产品定义、研发、设计、制造、服务等，信息化的目标是使制造企业更灵活、更强大，适应性更强，并最终获得市场竞争力。企业信息化不仅是一个技术问题，更是一个管理问题，除了技术要素，还涉及业务流程、组织结构、企业文化等组织要素。因此，信息化建设必须同时兼顾技术要素和组织要素。企业实施信息化系统的过程，要对业务流程的全面梳理，对业务运作的各种规则明确，对业务运作的各种数据规范和统一，是提升企业管理水平的重要内容。

　　依据企业信息化管理成熟度模型评价（见图 18.1），中国大多数 PCB 企业信息化水平介于级

级别1：无管理

主要特征：

1. 无信息化应用系统

2. 无信息化规划

3. 无信息化管理部门

级别2：单机级管理

主要特征：

1. 面向事物处理功能的部门级信息化应用系统

2. IT系统间未集成

3. 无信息化规划

4. 有系统管理员，无独立的网络/信息中心

5. 业务和IT脱节

级别3：技术系统级管理

主要特征：

1. 支持业务运作的部门/企业级信息化应用系统

2. IT系统初步实现集成

3. 有独立于企业业务战略的信息系统规划

4. 业务运作需求驱动信息系统实施，但业务需求与IT应用建立依然存在脱节

5. 有独立网络/信息中心，仅负责信息系统实施维护

6. 无CIO[1]，未建立IT服务管理体系

7. 未考虑信息资源的管理和应用

级别4：IT服务级管理

主要特征：

1. 支持企业战略业务目标的企业级/跨企业信息化应用系统

2. IT系统全面集成

3. 有服务于企业业务战略的信息化规划

4. 企业战略需求驱动信息系统实施

5. 有独立网络/信息技术中心，但依然是一个IT技术服务部门

6. 有CIO，建立了IT服务管理体系

7. 重视信息资源的管理和应用

级别5：战略一致性管理

主要特征：

1. 支持企业战略业务目标的企业级/跨企业信息化应用系统

2. 有全面的、细致的信息化战略规划，并与企业业务战略规划具有一致性

3. 信息化战略成为企业重要的发展战略之一，业务与IT全面融合，共同驱动企业的业务发展和信息系统实施

4. 信息资源成为企业的战略资源，其管理和应用得到高度的重视

5. 有信息化管理部门，不仅负责IT技术，同时也负责企业运作管理

6. 有效的IT服务管理体系

7. CIO成为企业的重要高层管理者

图 18.1 企业信息化管理成熟度模型

别2和级别3之间，快速提升企业信息化能力非常必要。本章侧重于对 PCB 企业信息化的讨论，包括企业战略、企业架构和系统实施的内容，简单总结了关于 PCB 企业信息化系统开发和应用的一些经验。

1）CIO：Chief Information Officer，首席信息官。

18.2 PCB 企业信息化战略匹配

18.2.1 概 念

企业战略是企业获得竞争优势的一系列综合的、协调性的约定和行动，与企业使命、目标、战略选择、战略实施等内容关系密切。企业信息化（IT）战略是企业职能战略，企业战略的组成部分，明确有关信息化方面的目标及实现计划，促使企业获得竞争优势。

对于生产管理复杂度较高的 PCB 制造企业，信息技术（IT/IS）作为支持企业发展的重要手段和工具，作用愈来愈明显。成功的企业，业务战略规划和 IT 战略规划几乎同等重要，信息化战略与企业业务战略匹配，能促使企业信息化建设和应用有更强的目的性，依据企业信息化战略进行 IT 系统规划和实施，才能真正发挥出 IT/IS 技术提升企业管理水平和企业核心竞争力的作用，这不仅是 PCB 企业 CEO[1] 和 CIO 在 IT 建设方面关注的主要问题，也受到信息系统学术领域的重视，并长期被重点研究。

Pyburn（1983）最早对 IT/IS 战略匹配规划过程进行了案例研究，提出了一些决定 IT/IS 战略匹配规划成败的关键因素。Henderson and Venkatraman（1993）提出了一个完整的 IT- 业务匹配战略模型，为后续研究奠定了基础。IT- 业务战略一致性模型（Strategic Alignment Model，SAM）是实现企业业务战略与信息化战略相互匹配的技术，其一直在 IT- 业务匹配研究领域处于核心地位，见图 18.2。

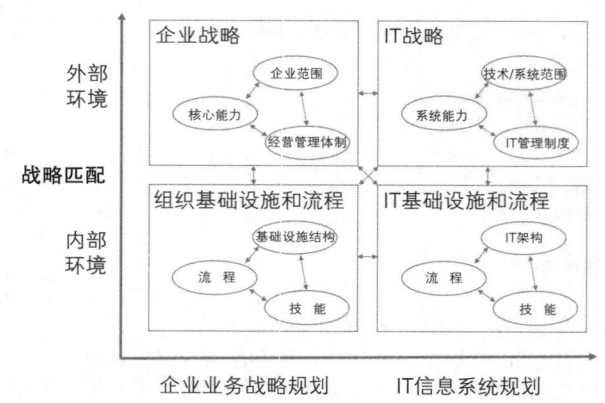

图 18.2 Henderson 和 Venkatraman 的 IT- 业务战略一致性模型（SAM）

18.2.2 SAM 模型企业战略和 IT 战略的关系

1. 外部环境

外部环境是指公司所处市场竞争的行业范围，区别于竞争对手的竞争战略选择和信息化战略选择，提供具有个性特征的产品或 IT 系统。外部环境包括企业战略和 IT 战略两部分。企业战略是用来建立公司的核心竞争能力，对产品和市场在竞争领域方面选择的策略，包括企业的经营范围、核心能力和经营管理制度三方面要素。IT 战略是指企业为支撑业务发展要求，在 IT 系统

1）CEO：Chief Executive Officer，首席执行官。

方面选择的策略，包括 IT 技术的范围、系统能力和 IT 管理制度三方面要素。

2. 内部环境

内部环境是关于公司管理组织和信息系统组织的情况——通过业务流程的设计，获取所需的人力资源和技术、技巧等，获得要求的组织和系统能力。主要包括组织基础设施和流程、IT 基础设施和流程。组织基础设施和流程对企业所选择的市场竞争战略提供有效的支持，包括管理基础设施结构、业务流程、管理技能三方面要素。IT 基础设施和流程是根据业务运作和 IT 战略来确定企业目前和未来的信息系统的应用需求，包括信息系统架构、IT 流程和 IT 技能三方面要素。

除内容和要素之外，SAM 模型阐述了各区域之间的关系，包括以下 3 种。

双变量适配　包括图 18.2 中的横向和纵向的箭头。纵向箭头代表的是"战略适配"，横向箭头代表的是"功能集成"关系。双变量适配描述的情形对于 IT- 业务匹配战略模型过于狭隘，不适合单独用来进行匹配研究。

交叉区域的匹配　模型中用一个三角形连接起其中的 3 个域，也就是我们所说的匹配模式。可以发现，这种交叉域的匹配可以画出 8 种匹配模式，其中有管理意义的 4 种主导模式如图 18.2 所示。

战略匹配　代表 SAM 模型中的 4 个域同时全面匹配的情况，这是一种目标性愿景，在现实中难以实现。

18.2.3　SAM 模型有 4 种主导模式

1. 战略执行

企业战略由高管层制定，IT 部门是战略的执行者。按企业战略 - 组织基础设施和流程 -IT 基础设施和流程（见图 18.3），实施一致性匹配，其前提条件是具有清晰的企业战略和稳定的外部环境，企业的组织基础和流程也相对稳定，在没有大的变动的条件下，进行信息系统设计所选择的路径。对于已经处于成熟阶段的 PCB 企业，这是一种合适的 IT- 业务匹配战略模型。

2. 技术潜力

按企业战略 -IT 战略 -IT 基础设施和流程（见图 18.4），实施一致性匹配，驱动力是企业战略——企业管理者不仅制定企业战略，也提出 IT 技术愿景。IT 管理者负责完成 IT 技术架构，在寻找

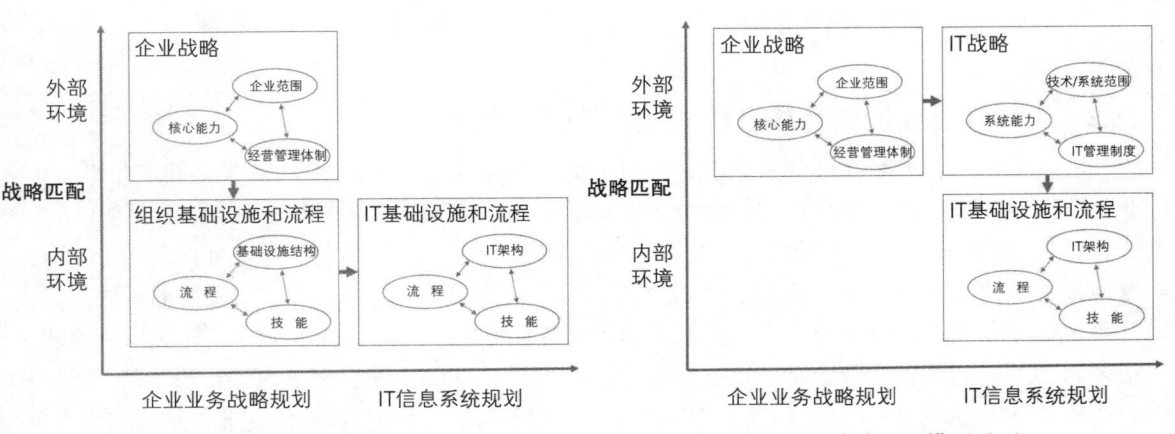

图 18.3　战略匹配模型（1）　　　　　　　　　图 18.4　战略匹配模型（2）

和采用最先进的 IT 技术和流程的条件下，进行信息系统的实施，同时对业务部门的组织和流程提出明确的配合要求。另外，兼顾最高管理团队的管理经验和理念，促成企业流程再造，使业务部门在效率提升、质量提升和协同配合方面获得良好的支持。目前，对于处于正在转型升级、组织规模提升阶段的多数 PCB 企业，这是一种合适的 IT- 业务匹配战略模型。

3. 竞争潜力

按 IT 战略 - 企业战略 - 组织基础设施和流程（见图 18.5），通过 IT 战略驱动，对原有业务战略进行改造或提升，实施一致性匹配。这一模型要求企业管理者能够从商业视角审视 IT 技术，以新的 IT 技术帮助改变现有的管理模式，提升企业的运营业绩。当企业战略中存在不明晰或不稳定的要素时，良好的 IT 技术系统可以提供他人在这方面的成熟经验或管理规则，使企业战略实现有了新的选择，为组织基础设施和流程指出改善的方向，也会使组织依据更高的管理要求进行流程优化或重组的难度降低。显然，PCB 企业普遍对 IT 技术的掌握有限，直接从 IT 技术角度触动企业战略调整的能力有限。

4. 服务水准

按 IT 战略 -IT 基础设施和流程 - 组织基础设施和流程（见图 18.6），实施一致性匹配，驱动力是 IT 战略——建立一流的 IT 服务组织来改进组织的能力。在 IT 战略下，这一模型的实质是服务和创新，改善 IT 基础设施，从而改善组织结构的效率，影响组织战略的实现。囿于 PCB 行业的特点，这一模式对 PCB 企业的适用性不强。

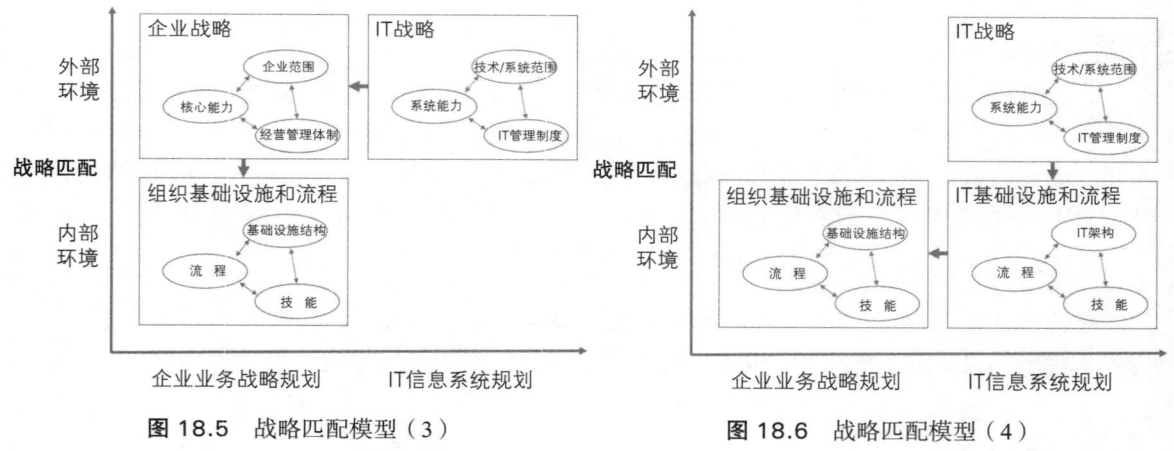

图 18.5 战略匹配模型（3）　　　　　　图 18.6 战略匹配模型（4）

18.2.4 PCB 行业的企业战略和 IT 战略匹配

可以看到，不同特点的 PCB 企业，可以根据自身业务战略，参考 SAM 模型确定与自己企业匹配的 IT 战略。企业竞争战略一般分为低成本策略、差异化和专注某一目标市场 3 种，大多数企业竞争战略是 3 种策略的组合，其中一种战略处于主导地位。同样，与之相匹配的 IT 战略也通常是多种战略的组合，不同的 IT 战略所占权重是不同的。另外，在企业发展的不同阶段，其表现的业务战略也会有所不同，组织结构的设置和稳定性实际也会不完全一样。举例说明，很多 PCB 企业目前正处于发展的战略升级转型期，组织结构向企业集团转变的阶段，其 IT 战略应选择 SAM 模型（2）和（3）来匹配，避免因战略层面的不清晰导致组织对业务架构和流程等需要的理解和判断出现偏差，带来 IT 选择的失误。同时，也可以通过模型（3）的匹配，发现新的技术手段，用 IT 创新支持企业战略调整，虽然这样的选择频次不高，但一次就足以改变企业的竞争优势。

正确选择 SAM 匹配模型并进行组合应用，能有效帮助 PCB 企业快速实现战略目标、提升竞争力，借助 IT 技术改变企业原有的运营模式或服务模式，甚至可能会改变原有的行业竞争格局，为创新者带来更大的商业利益。

18.3　PCB 企业信息化总体架构

18.3.1　概　念

企业架构（Enterprise Architecture，EA）　在 ANSI/IEEE 1471-2000 标准中，对架构的定义是"一个系统的基础模块和集成的组件，简述了在这些模块内部、组件内部、模块与组件间的关系和环境，以及设计和改进原则"。企业架构是构建企业业务蓝图的路径、方法、原则，它指导构建企业信息化 IT 系统。企业架构包括业务架构及 IT 架构两个部分，见图 18.7。

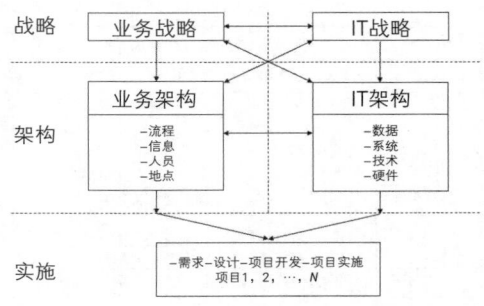

图 18.7　企业架构和业务战略关系

业务架构（Business Architecture，BA）　指企业的管理模式，包括企业的组织架构、流程架构、业务组件、治理模式等，又称为商业架构，是企业信息化战略和信息化架构的基础。

信息化架构（IT Architecture，ITA）　指企业 IT 建设的综合框架和蓝图，指导 IT 规划、选型、建设的决策。信息化架构由数据架构、应用架构和技术架构组成。

数据架构（Data Architecture，DA）　指企业的数据类型和定义，数据属性及相互关系。是从总体看整个企业的信息流结构和数据资源，包括数据管理和维护的策略和原则，企业数据模型的建立方法，数据标准和格式、数据字典，数据的采集、存储、转换、发布和传输等。

应用架构（Application Architecture，AA）　指企业 IT 应用系统的组成、功能及相互关系。支持关键业务的运行，按照企业业务架构的层次模型，细分为各个应用系统的功能和范围，应用系统之间的关联关系，应用系统与外围系统的关联关系，应用系统的分布模式、接口定义及数据流向。

技术架构（Technology Architecture，TA）　它定义了企业 IT 的技术标准，即实现数据架构和应用架构运行的硬件和网络等基础环境，包括硬件、软件操作系统、数据库系统、网络系统等企业数据和应用程序可以运行的环境，能同时满足企业的数据量、用户数、反应速度、在线率等要求。

架构框架（Architecture Framework）　是开发信息化架构的工具和方法论，是企业信息化建模的基础，它描述了用一系列的信息技术模块化地设计一个信息系统，并明确这些模块是如何结合在一起的。

18.3.2　主流企业信息化总体架构的框架理论

1. Zachman 框架

美国学者 John A. Zachman 于 1987 年首次提出的企业信息化架构，是最早出现的信息化框架理论，影响广泛。它具有 6 个层次和 6 个维度，是关于结构的，而不是过程的框架，是企业架构 AE 的基础，被称为 Zachman 框架（Zachman Framework），见图 18.8。6 个层次代表企业信息化规划者、拥有者、设计者、建造者、分包者与产品等不同的角色，6 个维度代表数据、功能、网络、人员、时间和原因。

图中的每一行反映了组织中不同涉众的观点，每一列表示在系统中使用的各种元素，统一建模时应当彼此之间保持相互一致。Zachman 框架不是一个完整框架方案，很多问题都没有描述，没有给出一步一步构造构架的过程，主要用于解决系统建设问题，不涉及业务和流程的设计。它提醒在架构中重点考虑哪些问题，有助于识别架构中的空白。

	数据 什么（What）	功能 如何（How）	网络 哪里（Where）	人员 谁（Who）	时间 何时（When）	原因 为什么（Why）
企业规划 （规划者）	重要业务事务列表 实体 = 业务对象类	业务流程列表 功能 = 业务流程分类	业务执行地点列表 节点 = 主要业务地点	重要组织单元列表 人员 = 主要组织单元	重要事件列表 时间 = 主要业务事件 / 周期	业务目标列表 结果 = 主要业务目标 方式 = 成功要素
企业模型 （拥有者）	例如：语义模型 实体 = 业务实体 联系 = 业务联系	例如：业务流程模型 流程 = 业务流程 I/O= 业务资源	例如：业务分布模型 节点 = 业务地点 连接 = 业务连接	例如：工作流模型 人员 = 组织单元 工作 = 工作成果	例如：主进度表 时间 = 业务事件 周期 = 业务周期	例如：业务规划 结果 = 业务目标 方式 = 业务策略
系统模型 （设计者）	例如：逻辑数据模型 实体 = 数据实体 联系 = 数据关系	例如：系统结构 流程 = 应用功能 I/O= 用户接口	例如：分布式系统架构 节点 = 处理器 / 存储器 连接 = 线路属性	例如：人机接口架构 人员 = 角色 工作 = 交付物	例如：处理结构 时间 = 系统事件 周期 = 处理周期	例如：业务规划模型 结果 = 结构声明 方式 = 行动声明
技术模型 （建造者）	例如：物理数据模型 实体 = 表 联系 = 指针 / 链	例如：系统设计 流程 = 功能模块 I/O= 数据单元	例如：技术体系结构 节点 = 硬件 / 软件 连接 = 线路说明	例如：描述体系结构 人员 = 用户 工作 = 筛选方式	例如：控制结构 时间 = 执行 周期 = 分量周期	例如：规划设计 结果 = 条件 方试 = 行动
详细描述 （分包者）	如：数据定义 实体 = 字段 联系 = 地址	如：应用程序 流程 = 语言描述 I/O= 控制块	如：网络结构 节点 = 网络地址 连接 = 协议	如：安全结构 人员 = 标识 工作 = 任务	如：时序定义 时间 = 中断 周期 = 机器周期	如：规则说明 结果 = 子条件 方式 = 步骤
实施企业 （产品）	例如：数据、信息	例如：功能、结构	例如：网络、线路	例如：组织	例如：进度表	例如：战略、策略

图 18.8　Zachman 框架

2. TOGAF

TOGAF（The Open Group Architecture Framework）是欧洲共同体 IT 协会开放群组提出的架构框架，1993 年开始应客户要求制定系统架构的标准，2009 年发布最新版本 TOGAF v9.0，是一个跨行业、开放的免费架构框架，在全球广泛使用。

TOGAF 是开发企业架构的一个详细方法和相关支持资源的集合，可以灵活、高效地构建企业 IT 架构。TOGAF 支持开放、标准的面向服务的参考架构，同时支持传统的面向对象、CS 或 BS 的三层架构。建立业务架构时，TOGAF 架构能够起到业务和信息技术沟通的桥梁作用，帮助业务人员和技术人员统一语言，描绘业务和信息技术之间的联系，从目标逐步分解为流程、功能及业务服务。业务服务通过信息系统服务及应用构件来实现。同时，企业信息系统需要适应企业战略、管理和业务的变化，TOGAF 架构建立的内容包括各种业务和技术标准，能够把握企业信息化方向，适应业务流程的变革，能够解决企业信息化过程中通常遇到的信息孤岛、集成和互操作等问题。

TOGAF 架构内容由企业业务架构、企业信息架构、企业应用架构、数据架构和企业技术架构组成，是一个多视角的体系结构，实现了几方面的协同，如图 18.9 所示。

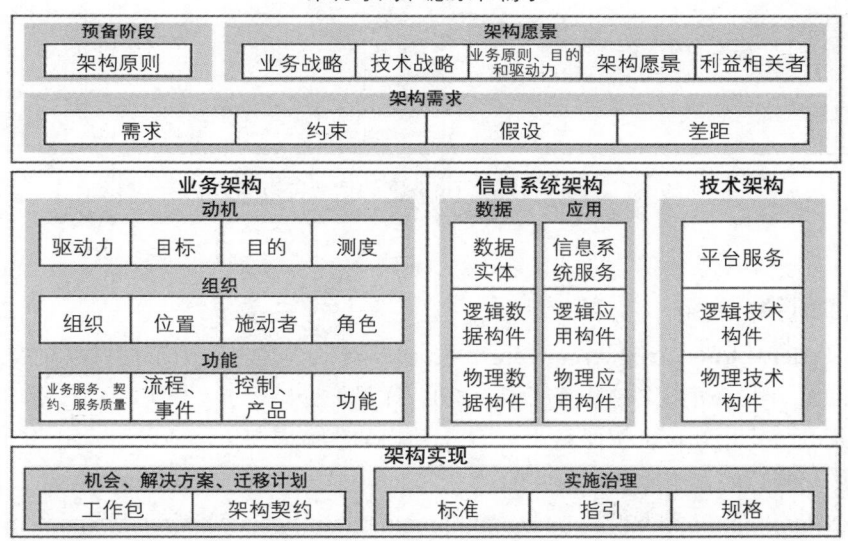

图 18.9 TOGAF 架构内容

TOGAF 架构开发方法（ADM）：ADM 是一个可靠的行之有效的方法，能够发展满足商务需求的企业架构，它是 TOGAF 的关键，如图 18.10 所示。

TOGAF 架构提供了一个详细的架构工件模型，包括交付物、交付物的工件和架构构建块，如图 18.11 所示。

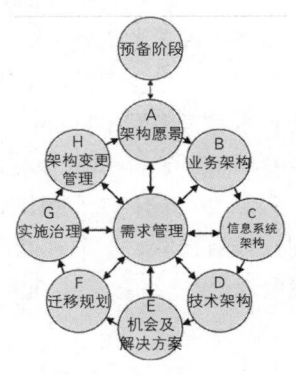

图 18.10 TOGAF 架构开发方法

TOGAF v9.0 交付物：目录、矩阵、图

预备阶段 原则目录	阶段 B. 业务架构 组织 / 施动者目录 驱动力 / 目录 / 目标目录 角色目录 业务服务 / 功能目录 位置目录 流程 / 事件 / 控制 / 产品目录 契约 / 测度目录	阶段 C. 数据结构 数据实体 / 数据构件目录 数据实体 / 业务功能矩阵 系统 / 数据矩阵 类图 数据发布图 数据安全图 类阶层图	阶段 D. 应用架构 应用组合目录 接口目录 系统 / 组织矩阵 角色 / 系统矩阵 系统 / 功能矩阵 应用互动矩阵 应用通信图
阶段 A. 架构愿景 利益关系者映射矩阵 价值链图 解决方案概念图	业务互动矩阵 施动者 / 角色矩阵 业务轨迹图 业务服务 / 信息图 功能分解图 产品生命周期图 目的 / 目标 / 服务图 用例图 组织分解图 流程图 事件图	数据迁移图 数据生命周期图	应用和用户位置图 系统用例图 企业可管理性图 流程 / 系统实现图 软件工程图 应用迁移图 软件分布图
阶段 D. 技术架构 技术标准目录 技术组合目录 系统 / 技术矩阵 环境和位置图 平台分解图 处理图 网络计算 / 硬件图 通信工程图		**阶段 E. 机会及解决方案** 项目背景图 效益图	**需求管理** 需求目录

图 18.11　TOGAF 架构交付物

18.3.3　其他框架

FEAF（Federal Enterprise Architecture Framework） 是美国国家信息安全委员会提出的结构框架。2001 年发布的《FEAF 实用指南 1.0》详尽地介绍了 EA 相关概念、驱动因素、建立原则、实施经验等实用知识，按照企业 IT 架构建立的生命周期（包括启动、定义、开发、使用和维护等阶段）来指导具体的 FEAF 实施。

2002 年发布的 FEAF 参考模型（Federal Enterprise Architecture reference model，FEA - RM）：

- 绩效指标参考模型（Performance Reference Model，PRM）
- 业务参考模型（Business Reference Model，BRM）
- 服务组件参考模型（Service Component Reference Model，SRM）
- 数据和信息参考模型（Date Reference Model，DRM）
- 技术参考模型（Technical Reference Model，TRM）

DoDAF（DoD Architecture Framework） 是美国国防部体系结构框架，于 2009 年定稿 2.0 版。在 2.0 版中，共计有 49 个视图，可根据需要选择必要视图，如全局视图、功能视图、数据和信息视图、作战视图、服务视图和项目视图等，揭示企业当前状况，勾画企业未来蓝图，确定企业的发展规划，从而奠定企业可视、可控、和谐和持续发展的基础。

18.4 PCB 企业信息化总体架构的建立和实施

18.4.1 建立 IT 组织和职能

PCB 企业启动信息化建设，需要建立具备信息化建设职能的 IT 部门来统领相关工作，任命信息化工作的总体负责人和专业团队。一般来说，PCB 企业的 CIO 需要对 PCB 制造过程有深入的理解，甚至需要具备丰富的行业管理经验。PCB 企业的信息化团队包括计划、工艺、生产、品质等专业的 PCB 业务人员和开发人员，大型的 PCB 信息化项目实施需要这些专业人员组成团队，利于项目的沟通和实施。

IT 组织形态可以分为集中管理型和分散管理型，PCB 企业根据公司工厂地理分布情况、产品类型等实际情况，选择集团统一管理或业务部门分散管理的策略。在 IT 系统的建设期，集团管理 IT 系统统一规划非常重要。

PCB 企业主要关注 QDCS（质量、交期、成本和服务）4 个业务指标，IT 部门应该关注的重点是大幅度地改善和提升业务指标，而不仅仅是以信息化系统建立为目标。实际上，IT 部门已经不是一个成本中心，而是能够协助业务部门创造利润的业务伙伴和服务提供者。

另外，IT 部门需要按公司战略和业务部门需求完成各个业务系统建设，更需要能协助业务部门推动业务变革，有时大刀阔斧地进行流程变革也是重要的工作内容之一。对于 PCB 企业，IT 部门能够成为业务部门的伙伴非常重要。IT 能力会帮助企业提升管理水平。

18.4.2 总体架构设计

企业架构是 IT 规划的核心，是业务战略与 IT 系统间的桥梁。简单比方，建起一座高楼大厦必须经过建筑设计阶段，设计房屋结构框架、管道系统、配电系统和给排水系统等。对于业务复杂、规则复杂、涉及变革的 IT 系统建设过程，也必须有一个清晰的架构，才能开发出合格的应用系统。

一些规模较小的 PCB 制造企业，少量计算机、服务器、网络设备和业务系统就构成了整个的信息化架构，比较简单。但是，对于大型的 PCB 企业，复杂的业务过程依赖完整的信息化系统完成，财务、销售、供应链管理、工程管理、生产制造、仓储发运和质量管理等，以及对大数据分析决策的需求、对生产线智能化管控的需求等，需要信息系统架构和信息系统标准提供指导，使 IT 系统的构建受控，发挥出支撑业务和提升管理的作用。

PCB 企业的信息化规划，主要是对信息化总体架构包括的数据架构、应用架构、技术架构等内容，进行现状认识和分析，着眼未来进行规划。这是个复杂的过程，基于 PCB 行业是典型的离散制造行业的特点，PCB 公司只有自己的企业文化特征、商业竞争特点、管理特点和技术能力等资源状况，选择适宜的框架理论，才能设计出合适自身发展的企业总体架构。同时，应该注意，PCB 企业的原有信息化框架向新架构迁移时，也需要提前设计规划，考虑新旧架构迁移平稳过渡的问题。

在需要的情况下，企业 IT 部门可以按前面介绍的 EA 框架和架构工具，梳理和设计信息化总体架构的关键内容。以 Zachman 框架举例明确重点，具体见表 18.1。

表 18.1 Zachman 框架矩阵

对　象	数据架构（数据）	应用架构（功能）	技术架构（网络）
规划者	关键业务事项目标清单	业务流程清单	业务地点清单
拥有者	概念定义	业务流程定义	系统地点定义
设计者	逻辑数据模型	应用架构	系统分布架构
建造者	物理数据模型	系统设计	技术架构
分包者	数据字典	程序	网络架构

1. PCB 企业应用架构（AA）

图 18.12 展示了通常情况下 PCB 制造企业的价值链活动业务流程，以及主要业务模块的 IT 系统情况。已经建立流程管理能力的 PCB 企业有清晰的业务流程清单，对每个流程进行了定义，并确定了流程所有者（Owner），在此基础上设计业务系统相对更容易，系统应用架构能够符合实际业务运作需要。PCB 制造过程重点要关注的端到端业务流程主线有三条：产品流程、物料流程和资金流程。

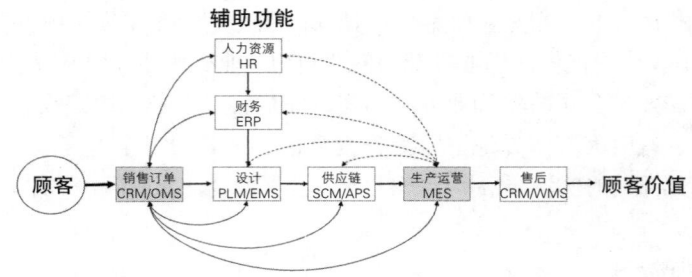

图 18.12　PCB 制造企业价值链活动业务流程

图 18.13 展示了基于一般 PCB 制造运作流程设计的业务系统应用架构，具有一定的代表性。当然，不同特点的 PCB 企业，需要按自己情况进行适当调整。

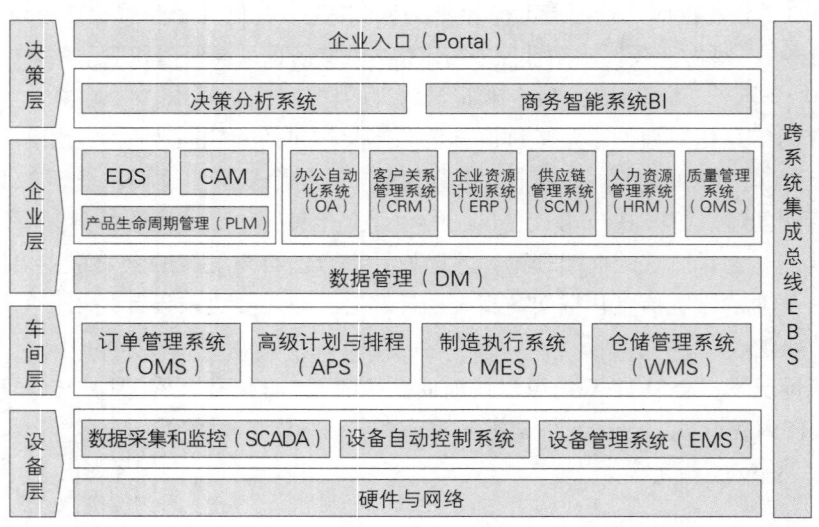

图 18.13　PCB 企业信息化应用系统架构

2. PCB 企业数据架构（DA）

主数据（Master Data）是指具有高业务价值的、跨各个业务部门的、被重复使用的数据，是单一、准确、权威的数据来源。主数据管理（Master Data Management）描述了一组规程、技术和解决方案，有利于利益相关方（用户、应用程序、数据仓库、流程以及贸易伙伴）创建并维护业务数据的一致性、完整性、相关性和精确性。

PCB 企业数据架构设计的主要内容是将业务运作过程的静态和动态数据标准化，明确各种信息编码，明确在系统中如何展现、在哪里存储、如何使用，并制定数据管理的制度和规范。PCB 企业数据分类汇总见表 18.2。

表 18.2 PCB 企业数据分类汇总

标准与类型		说　明
按性态分	静态数据	主要包括物料基本信息、客户和供应商数据、财务科目体系、各种比率参数、库位、BOM、固定资产、配件、原辅料、员工基本档案等
	动态数据	期初数据：系统期初上线时点的初始数据，系统上线切换时点的总账余额、车间在制品余额、库存余额、未结的采购、生产、销售订单等
		日常数据：系统上线时，所有物料库存的数量、金额、财务科目的余额，未完成的业务单据、未付款的采购订单等
按主次分	主要数据	物料清单、生产报表、库存数据、供应商/客户信息、财务资料等
	辅助数据	人力资源信息、设备资源、费率等
按职能分	计划数据	生产进度表、成品库总账信息、销售计划、MPS 等
	产能数据	每班班次、小时数、人数、设备数、效率、下达生产指令的任务单数据等
	工艺路线数据	工厂生产日历、工序、工作中心的加工时间等数据
	采购数据	采购提前期、订货、交货方式、采购员资料、供应商资料等
	库存数据	生产领料单、销售提货单、采购入库单、出入库、移动数据，凭单记录库存账目等
	销售数据	销售预测、销售计划和销售合同（订单）、客户信用信息、产品订货情况、产品销售及获利情况等
	财务数据	各种收入、收益、成本费用、各种原始凭证、账簿、报表等

信息编码，是指对赋予特定意义的数据建立计算机和人能够识别和处理的编号，这是 PCB 信息化项目的难点和重点。信息编码依据的原则有唯一性原则、可扩充性原则和易用性原则等。图 18.14 是常用的信息编码方式。企业可以根据具体的信息内容决定类别数量，根据信息量大小决定编码位数和字符选择方式。要注意的是，

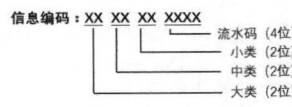

图 18.14　信息编码方式

编码中不能夹带物料属性类信息，如供应商名称、自制/外购等，这些信息不适合计算机处理。

图 18.15 是从总体看整个 PCB 企业的数据业务流程，从宏观视角聚焦数据信息总体的业务流程情况，可以看到各个业务系统中的数据信息内容、分布情况。当数据信息统一规划，明确相互之间的关系，不仅规范了在各自系统中的设计规则，也能兼顾各个系统间的数据共享要求，明确数据信息的唯一来源，防止数据重复录入、信息不准确的情况发生。数据信息统一规划，决定了业务系统集成的成败。数据信息归纳和格式转换，逻辑上应一致设计，使数据仓库建设合理和可靠。

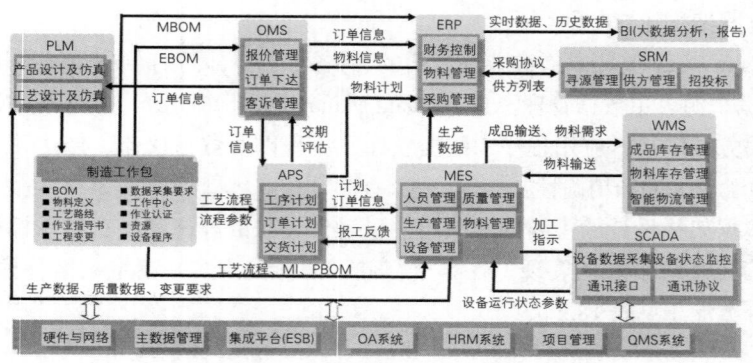

图 18.15　PCB 企业信息化系统数据业务流程

3. PCB 信息化项目开发

  PCB 企业一般不会自己大规模开发 IT 系统产品，在明确企业的 IT 战略和 IT 架构要求的基础上，选择成熟的行业业务软件是比较稳妥的做法。对于部分有特殊需求的软件系统，需要企业自己完成开发和二次开发。组织完成成熟系统的实施应用，是 PCB 公司 IT 项目实施的重点。

  PCB 信息化系统立项应该科学决策、严格审批，"做正确的事"能够避免企业投资浪费或失败。立项后的项目管理是"正确地做事"，能够确保项目实施如期完成，达到规划效果和目标。IT 系统项目立项应编写《项目立项报告》，主要包括项目背景、项目小组、项目目标、项目基本方案、项目时间计划、项目沟通方式、项目预算等内容。

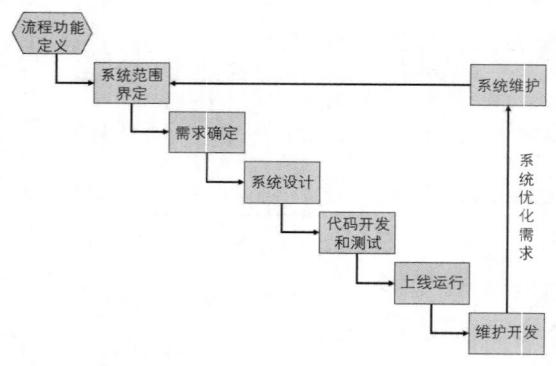

  PCB 信息化系统的开发可遵循软件系统开发生命周期（Systems Development Life Cycle，SDLC）这一传统方法，分为流程功能定义、系统范围界定、需求确定、系统设计、代码开发和测试、上线运行、维护开发等阶段（见图 18.16）。这种按时间分段的方法是软件工程中的一种思想，即逐步推进、迭代、完善，每个阶段都要有定义、工作、审查、形成文档以供备查，以提高系统的质量。

图 18.16　系统开发生命周期（SDLC）阶段

18.4.3　信息安全管理

  随着企业信息化水平的不断发展，信息安全管理问题不能忽视。PCB 企业信息安全需要综合管理，建立一套科学有效的信息安全管理体系（ISMS），以保证信息安全符合企业的商业利益。目前，国际标准化组织（ISO）发布的 ISO 27001:2013 是世界上广泛应用的信息安全管理标准。

  信息安全管理的目的是针对各种信息安全风险，建立布局合理、风险可控、成本适宜的管理系统，保持信息的 CIA 三元素——机密性（Confidentiality）、完整性（Integrity）和可用性（Availability）达到可信赖的水平，涉及数据安全、网络安全、服务器安全、应用程序安全、操作安全、物理环境安全和制度体系等内容。

  表 18.3 简单汇总了 PCB 企业部分常见的信息安全风险。

表 18.3　PCB 企业常见的信息安全风险

部　门	信息资产	影响载体	风　险	风险处置方法简述
财务	资金日报表、付款报告、收款信息、资金调拨计划表等	电脑	电脑故障导致无法使用，影响可用性和完整性损失；电脑未经允许被他人使用，导致文件被泄漏	定期升级杀毒软件和病毒库；定期查杀病毒；限制登录次数；设置屏保时间
	U-KEY	U 盘	密钥和口令同时被非法使用	密钥管理，专人管理、专人使用 U-KEY，并设置口令保护
工程	顾客原文件（PCB文件、GERBER 文件、说明文件等）	服务器（含 FTP）	非授权人员通过不法渠道获得访问及读写权限，导致顾客文件泄漏或丢失；服务器故障，导致文件无法下载，从而影响文件的完整性及可用性	授权密码不能随意告诉他人，一旦发现密码泄漏应立即变更密码；离开电脑立即锁屏
		电脑	工程人员电脑存有顾客原始资料，当电脑硬盘更换及调离时，顾客资料信息会被泄漏	建立明晰的电脑清单及状态记录；建立电脑维修、报废、转移规程并严格执行
		Email	工程师 Email 可进行外网发送，顾客原始资料可通过 Email 发送出去，导致顾客资料信息泄漏	限制个人邮箱对外发送附件
	预审指示（CAD文件、预审指示表）	电脑	工程人员电脑存有顾客资料和CAM 制作要求，当电脑硬盘更换及调离时，导致顾客资料及工程说明信息被泄漏	建立明晰的电脑清单及状态记录；建立电脑维修、报废、转移规程并严格执行
营销	顾客信息（客户名称、客户地址、关键联系人、订单需求）	电脑	销售人员电脑存有顾客信息，当电脑硬盘更换及人员离职时，顾客信息被泄漏	建立明晰的电脑清单及状态记录；建立电脑维修、报废、转移规程并严格执行
		软件系统	非授权人员通过不法渠道（如偷看他人密码，使用他人登录帐号等）获得访问及读写权限，导致顾客信息泄漏或丢失	通过后台系统设置，强制要求设定优质密码
	权属资料、价格文件（PO、合同、对账单、送货单）	电脑	销售专员电脑存有权属资料和价格文件等资料，当电脑硬盘更换及人员离职时，顾客原文件会被泄漏	建立明晰的电脑清单及状态记录；建立电脑维修、报废、转移规程并严格执行
研发	技术规划及资料	电脑	电脑故障，导致文件不能恢复，资产完整性损失	增加硬盘备份数据
	测试数据	测试设备	非授权人员访问并使用测试设备，导致影响测试设备性能或数据泄漏；测试电脑数据拷贝过程使电脑中毒或者重要文件泄漏	关键测试设备区域设置门禁系统
IT	程序源代码	SVN 系统	人员随意散播或程序被竞争对手公司使用，影响保密性	制订规范，限制流出途径
	主业务应用系统数据	数据库	系统或数据库权限因人员离职或岗位变化没有及时注销或调整，导致数据泄漏或篡改；因灾难导致数据丢失	制订规范，人员调岗后由调岗人员及时通知流程与 IT 部调整系统权限；制订数据备份策略；
			增加新信息系统时未充分评估系统安全性，导致系统存在安全风险	在系统选型评估中增加安全性要求；定期检查系统是否符合相关安全策略和标准
			管理员误操作导致系统故障，影响使用	重要的操作制订 SOP；变更管理

18.5 主要信息化系统介绍

18.5.1 ERP 系统

企业资源计划 ERP（Enterprise Resource Planning）是 PCB 行业最重要的信息化管理系统。多年以来，国际上并没有统一的 ERP 定义，不同行业、不同国家基于不同的角度提出了众多的 ERP 概念。对于 PCB 行业，ERP 是企业将主要资源进行整合集成的管理系统，将物流、资金流、数据流进行全面一体化的信息系统，一般主要管理三方面的内容：生产控制（计划、制造）、供应链（分销、采购、库存管理）和财务管理（会计核算、财务管理）。ERP 系统包括以下主要模块：供应链管理、销售与市场、客户服务、财务管理、制造管理、库存管理、工厂与设备管理、人力资源等。近年来，由于专业的业务系统不断发展，如 APS、MES 系统的功能不断完善，ERP 系统不再扮演大而全的角色，在 PCB 企业的实际运作中逐渐向核心骨干系统发展，更重要是在发挥财务管理功能、多系统集成协同的作用。

表 18.4 简单整理了国内市场占据主导地位的 ERP 产品。按企业不同的经营策略选择合适的 ERP 产品固然重要，但"三分软件，七分实施，十二分数据"也是重要的行业经验，实施是 ERP 项目至关重要的环节。主流的 ERP 供应商通过大量实践都提出了自己的实施方法论，如 SAP 公司为更简单、更有效使项目实施，使用 ASAP 方法论；Oracle 公司对小企业有 AIM FastForward 方法，对中型企业有 AIM FastTrack 方法，对大企业有 AIM Classic 方法；金蝶公司有 Kingdee-Way 方法论；用友公司有 C-UFIDA 方法论等。这些方法论基本上是以照项目管理的要求为主线来实施 ERP 系统的，包括项目准备、业务蓝图、系统开发、测试切换和上线、技术支持等 5 个过程阶段。

表 18.4 国内外主要的 ERP 产品和特点

企 业	代表产品	主要特点	主要适用范围
SAP（德国）	R/3	功能强大，集成性高、系统开放，各模块间关联性强，用户界面友好，模块化结构，售后服务完善，二次开发工作量少，产品经严格测试和质量认证，但价格高、操作较复杂，实施难度较高	数据量大、复杂的大型、生产型、国际化企业
Oracle（美国）	EBS	集成度高、技术先进，系统灵活和开放，数据结构清晰严谨，成本、风险低，但二次开发复杂，实施难度较高	业务复杂、对灵活性要求较高的大型、国际化企业
金碟（Kingdee）	K3	功能全、管账、管货、管生产、管客户、管税，价格低，界面简单，产品架构不错，提供多种决策支持工具，但预算性能、操作性有待提高	大中小型企业；政府、金融、电信、制造等行业
用友（UFERP）	U8	应用全面，支持多组织、多地点、多语言、多账簿、多会计制度，财务分析能力强，业务过程管理全面，易升级扩展，符合用户业务习惯，能覆盖用户特定要求，但模块相对简单，操作性有待提高	大中小型企业；制造、流通企业
浪潮	PS、GS	性能稳定、扩展性、伸缩性好，各流程引导图方便业务操作，财务业务一体化管理，按企业个性化需求快速组装、配置，实现随需应变，但功能覆盖面、软件模块设计的精细度、系统可配置性与软件适应性等有待提高	多地点、多组织的集团企业、业；政府、金融、通信、教育、制造等行业

ERP 项目应用成功将给 PCB 企业带来以下变化。

（1）业务流程构建合理，职能部门根据优化后的流程开展业务。

（2）系统集成全面打通，业务运作跨部门实现高效协同。

（3）动态监控运营，数据信息报表（特别是财务类报表）能即时反馈企业运作实时状态，反馈存在的问题。

（4）管理绩效改善持续，企业建立绩效改善机制，主要运营指标不断提升。

18.5.2　APS 系统

1. 概　念

高级计划与排程（Advanced Planning and Scheduling，APS）　一种基于约束理论的高级计划与排产工具，其优势表现在拥有实时的、基于约束的计划功能。

排程（Scheduling）　对需要完成的工作进行资源分配的过程，即将产能规划与生产计划分配到各项工作、活动上，求取最佳效率和成本的过程。

正向排程　从第一个工序开始，按顺序向后工序计划每个工序的开始日期。

逆向排程　从最后工序开始，按顺序向前工序计划每工序的开始日期。

正逆混合排程　同时采用正向排程和逆向排程，对瓶颈工序之前的工序作逆向排程，对之后的工序作正向排程，使工序间的等待时间最短。

2. APS 发展及主要功能

APS 的主要思想在计算机出现前就已经存在，早期使用的甘特图和线性规划，让人们可以直观地看到事件进程的时间表。根据艾利·高德拉特（Eli Goldratt）博士在 20 世纪 80 年代创立的 TOC 约束理论，以 TOC 原理开发的 OPT 软件是第一款为生产领域提供的有限产能排产软件。1990 年以后，市场上出现了大量以 ERP 供应商主导的 APS 排程产品。

PCB 企业按计划层次，可将 APS 分为：高级计划 AP（Advanced Planning）和高级排程 AS（Advanced Scheduling）两层。AP 也可以称为交货期计划，目的是评估客户订单交付时间，制定计划确保按时生产时间，以及交货需要准备的生产物料数量和准备等。AS 也可以称为工序计划，通过提供详细的工序级计划，明确计划执行的详细要求，制定最终工作顺序的优先级。对于拥有多个工厂的 PCB 企业，实际上还存在订单分派到不同工厂的订单排程需求。图 18.17 说明了实际应用的计划内容层次。

3. APS 软件建立

实现 APS 系统需求预测、交期承诺、多工厂分销计划和高级计划功能，首先要梳理排程的静态制造基础数据和动态订单库存等数据，主要包括产品及工艺相关信息、客户订单相关信息、工厂资源相关信息。依据企业排产的目标和策略，包括客户优先级、订单交期、相同产品连续生产、资源负载均衡等，进行基于约束理论等多种优化算法的设置和开发，建立和配置得到订单交期的评估结果、精细的工序级生产计划、准确的投料

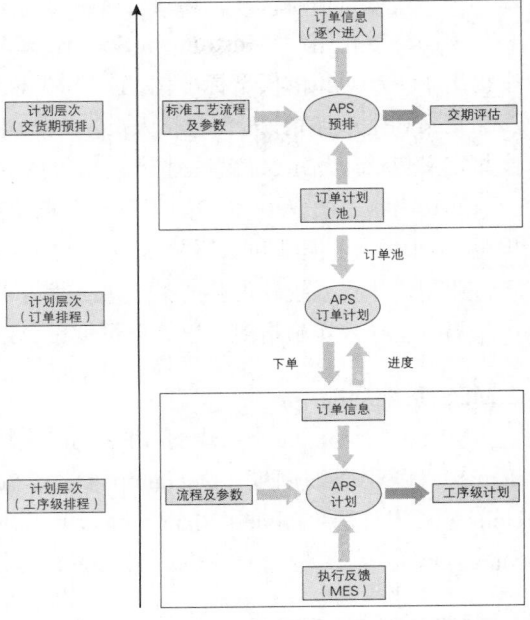

图 18.17　PCB 企业 APS 计划层次图

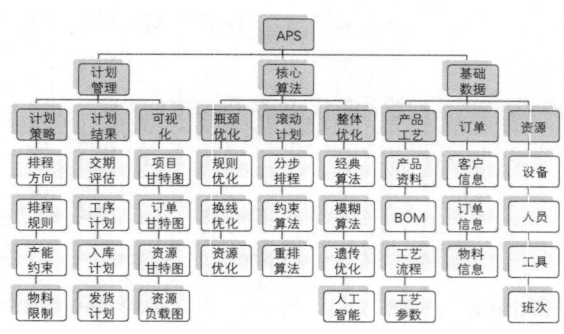

图 18.18 PCB 企业 APS 系统软件结构

计划，以多种甘特图和报表的形式展示结果的 APS 系统，其软件模块结构见图 18.18。

APS 系统的应用能够给企业带来运营绩效的变化，实现交货准期率最大化、库存周转率最大化和运营收益的最大化。

4. 主要的 APS 厂家

目前主流的 APS 产品有 Asprova APS（日本）、I2 APS（美国）、ILOG APS（法国）、Quintiq APS（荷兰）、Aspen Tech APS（美国），以及 SAP APO 和 Oracle ASCP 等 ERP 厂家的高级排程产品。它们经过几十年的发展，已经广泛应用在钢铁、化工、电子等各个制造行业。近年来，国产的一些 APS 产品也开始出现，这些高定制化、高柔性化的 APS 产品具备一定的市场竞争能力，已经能满足国内企业的需要。

18.5.3 MES[1]

1. 概　念

和 ERP 系统一样，近些年不同组织机构从各自角度对 MES 进行了定义。

美国先进制造机构（Advanced Manufacturing Research，AMR）将 MES 定义为"位于上层计划管理系统与底层工业控制之间的，面向车间的管理信息系统"。

国际制造执行系统协会（Manufacturing Execution System Association，MESA）对 MES 的定义强调了三点：（1）MES 是对整个车间制造过程的优化，而不是单一解决某个生产瓶颈；（2）MES 须提供实时收集生产过程数据的功能，并做出相应分析和处理；（3）MES 需要与计划层和控制层进行信息交互，通过连续信息流实现企业信息集成。

美国标准化组织（Instrument Society of America，ISA）在《ISA-95 企业控制系统集成标准》中提出了生产对象的模型标准化，生产对象模型根据功能分成了 4 类 9 个模型。4 类为资源、能力、产品定义和生产计划，资源包括人员、设备、材料和过程段对象；能力包括生产能力、过程段能力；产品定义包括产品定义信息；生产计划包括生产计划和生产性能。

2016 年，中华人民共和国工业和信息化部颁布了 SJ/T 11666.1-2016《制造执行系统（MES）规范 第 1 部分：模型和术语》-SJ/T 11666.15-2016《制造执行系统（MES）规范 第 15 部分：化工行业制造执行系统软件功能》，完整定义了模型和术语、功能构件、接口与信息交换、产品开发、产品测试、导入实施指南、服务质量度量，以及各种制造行业的标准内容。

2.MES 系统功能

MESA 归纳了 11 个主要的 MES 功能模块，分别是资源配置及状态（Resource Allocation and Status）、作业详细调度（Operations/Detail Scheduling）、分派生产单元（Dispatching Production Units）、过程管理（Process Management）、人力管理（Labor Management）、维修管理（Maintenance Management）、质量管理（Quality Control）、文档控制（Document Control）、产品跟踪与谱系

1）MES：Manufacturing Execution System，制造执行系统。

（Product Tracking and Genealogy）、性能分析（Performance Analysis）、数据采集（Data Collection/Acquisition），具体如图 18.19 所示。

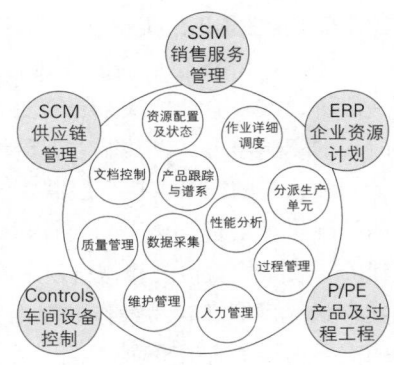

图 18.19　MES 系统功能图
（来源：e-works）

　　PCB 企业可以根据需要选择自己的几个功能模块，建立符合企业管理特点的 MES。数据采集功能通过数据采集接口来获取与生产管理相关的各种数据和参数，包括产品跟踪、维护记录等。目前，PCB 产品已经能够利用条形码、RFID 和二维码方式实现数据采集，如产品位置和数量、产品相关物料信息、产品在工序的停留和生产时间。文档控制功能控制、管理并传递与产品 MI 指示、BOM、工程更改通知、客户质量标准要求等内容，向作业员工清晰地传递各种加工要求。质量管理功能建立不合格品控制（NCN）等流程，及时处理 PCB 质量问题，形成可追溯记录，从人员、机器、物料、方法、环境等方面对生产现场各项控制参数和操作规定有效管控出发，防错和防呆，减小质量事故风险。维修管理功能通过生产设备和工具的维修行为指示及跟踪，实现设备和工具的最佳利用效率。人力管理功能通过时间对比、出勤状况等，给出各个工序、部门中每个人的业绩状态。过程管理功能通过数据采集接口，实现智能设备与 MES 之间的数据交换，监控生产过程并向用户提供决策支持以提高生产效率。

　　不同工厂的经营策略会各有侧重，选择成本领先战略和选择差异化战略的厂家，MES 模块的选择会有区别，如物料状态的核算、防错和防呆方法的采用、异常品的处理等，根据对这些功能选择的开发和应用，PCB 企业的 MES 能够实现图 18.20 的现实效果。

　　MES 的使用，工厂运营透明化，对工序生产管控更加精细，生产设备利用率最大化，生产过程信息实时分析并报告，企业实现运营无纸化，数据实时记录并可追溯，必然带来产能提升、生产周期缩短、成本降低、产品质量提高等绩效。

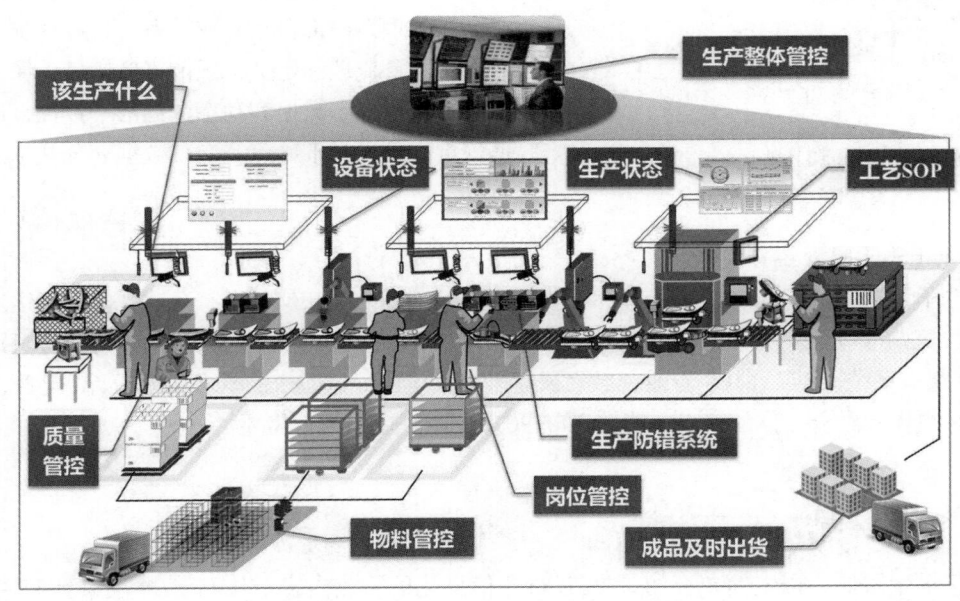

图 18.20　MES 在工厂的功能实现效果图（来源：网络）

3. PCB 企业 MES 实现

在确定 MES 供应商的基础上,PCB 企业建立 MES 的首要前提是明确内部各层级用户的需求。一般讲,PCB 企业的决策层需要 MES 信息进行经营决策,判断企业未来半年、一年,甚至更长时间的资源需求,以及能力满足状况。管理层需要依据系统信息确定未来一至数月的运营重点,计划和物料的准备。执行层需要 MES 信息监控每天到当月的工厂各方面运行情况,组织对突发的情况进行处理。员工需要针对每个订单的要求,按时完成生产计划指令,以及完成设备维护保养、质量检验检测和物料领用等工作任务。MES 需要为不同层级的用户提供准确的数据信息、异常状况反馈、容易操作的界面等不同层次的功能。表 18.5 对 PCB 企业不同层级用户对 MES 的需要进行了概括整理。

表 18.5 PCB 企业的 MES 用户需求

使用者		要 求
MES	决策层	实现以设备为中心的制造控制系统,与智能制造模式对接
		可用于决策依据
	管理层	实际以订单生产为中心的全流程控制系统,提供日常生产和管理自动化
		系统达到信息准确,管控有效
	执行层	拥有完整业务流程的信息化系统
		系统具有易用、方便和可靠性
	IT 部门	系统符合 IT 架构设计规范,能形成集成应用

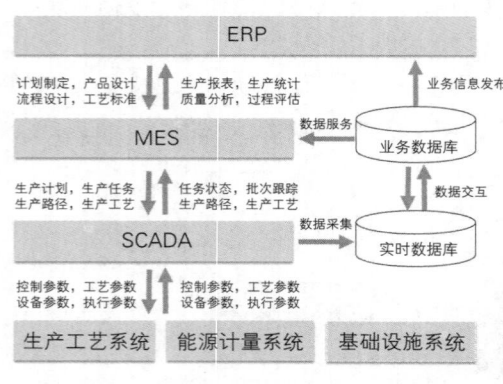

图 18.21 MES 和其他系统的集成关系
(来源:e-works)

MES 有向生产设备主动控制发展的趋势,基于 APS 计划的要求,自动运行的设备能够接受指令,自主完成生产作业。图 18.21 表述了 MES 和 ERP、SCADA 的集成关系。此外,MES 与专业的工程设计系统、质量管理系统、人力资源管理系统、高级计划与排程系统,产品生命周期管理系统,以及仓储管理系统都存在集成关系,这些系统的业务数据都需要梳理和定义,规范集成接口,保证相关系统中企业静态数据和动态数据的一致性,避免数据的重复录入和不一致,实现数据充分共享。

4. 主要 MES 厂商介绍

在电子制造领域,知名的 MES 厂商有 Camstar、Eyelit、SIEMENS、三星数据、安达发、比邻软件、广州今朝、广州一思泰成、广州易脉、明基逐鹿等。它们中的多数是从自动识别、质量管理、组态系统等某个 MES 专业领域发展起来的供应商。这些产品具有协同设计、规划、供应、制造与客户体验融合一体的特点,能够适应 PCB 生产企业的管理需要。

18.6 总 结

囿于篇幅限制,以上简单介绍了 PCB 行业信息化的重点内容,从 IT 战略决策到 IT 系统架构设计,再到关键的 IT 业务系统。由于偏向业务视角,对于信息系统技术架构和程序开发的内容谈及较少。对于 PCB 行业的从业人员，更多地了解信息化的全貌，形成一定的把握能力，清晰提出业务需求才是 PCB 企业信息化和智能化的关键。以上内容更多源于软件行业的技术和资料，结合 PCB 企业的应用实践进行的总结，对于可能存在的问题，欢迎提出交流。

参考文献

［1］CHENHI，MADZ，FANFY.A Methodology for Evaluating Enterprise Informatization in Chinese Manufacturing Enterprise. International Journal of Advanced Manufacturing Technology，2004，23:541-545

［2］范玉顺，企业信息化管理的战略框架和成熟度模型 . 计算机制造集成系统，2008

［3］赵捷，企业信息化总体架构，北京 : 清华大学出版社，2011

［4］Mark Rhodes-Ousley. 信息安全完全参考手册 : 第 2 版 . 李洋，段洋，叶天斌，译 . 北京 : 清华大学出版社，2014

［5］野村综合研究所系统咨询事业本部 . 图解 CIO 工作指南 : 第 4 版 . 周自恒，译 . 北京 : 人民邮电出版社，2014

［6］David M. Kroenke. 管理信息系统 : 第 6 版 . 贾素玲，王强，王虹森，译 . 北京 : 机械工业出版社，2014

［7］Mahesh Gupta，Amarpreet Kohli.Enterprise Resource Planning Systems and its Implicationsfor Operations Function.Technovation.2006，26（5）:687-696

［8］e-Works Research. 制造执行系统（MES）选型与实施指南 .2013

第 *19* 章
埋入式元件

李 海
上海劲创电子有限公司

19.1 引 言

传统意义的印制电路板（PCB）是有源和无源元件组装和互连的平台，元件通常安装在 PCB 的表面。随着电子组件的高密度化，信号传输速率、频率越来越高，以及对特殊 PCB 可靠性的要求，有些印制电路结构中加入了埋入式元件。

埋入式元件多种多样，有将 SMT（表面安装技术）电阻电容甚至有源模块直接埋入 PCB 内层的，也有通过特殊的材料，采用常规的 PCB 工艺制造出有电阻和电容功能的。例如，电阻可以通过在一张电阻材料上蚀刻图形形成，然后通过标准的多层板制造工艺与其他部分的电路连接起来。此外，电容是在间隔很小的铜箔间用薄的介电材料形成的，而电感是在内层制造过程中通过蚀刻铜箔线圈来实现的。

19.2 定义和范例

元 件 构成所有电气设备的电子单元。

无源元件 这类元件——包括电阻、电容或电感——会影响电路中电流的流动，但不会提供电流或电压增益。

有源元件 与无源元件相反，这类元件可以提供电子电路中的增益。

埋入式元件 这类元件在互连基板的内部形成或嵌入互连基板的内部，叫作埋入式元件。埋入式元件可以是有源或无源的。

埋入式元件（成形） 这类元件是制造互连基板的同时，在其内部形成的，所用材料与制造 PCB 的材料相同。

埋入式元件（嵌入） 与位于 PCB 表面的元件不同，此类元件为嵌入主互连基板的层与层之间的功能性元件。

图 19.1 展示了有源和无源埋入式元件的多层电路板的截面图。

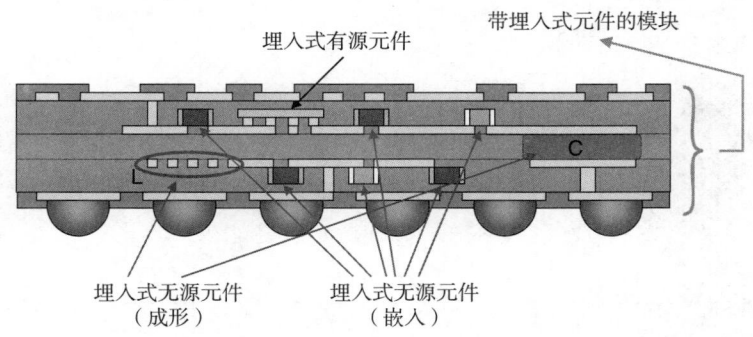

图 19.1　包括了有源和无源埋入式元件的多层电路板的截面图

（来源：Jisso International Council [JIC]）

19.3　埋入式电阻

电子产品的功能在增加，而体积在减小，采用埋入式元件可以节省表面安装及相应过孔的空间。将元件埋入内部，还可以使整个 PCB 的尺寸减小。其实，从越来越多的应用中可以看到大量的埋入式元件，尤其是成形类埋入式元件，最大的收益是信号完整性的提升。下面分别介绍各类埋入式元件的工艺流程、设计方法和优缺点，设计工程师可以从产品需求出发来进行权衡和选择。

埋入式电阻的形式很多，产品也较为丰富。但目前用量最大、技术最成熟的还是薄膜埋入式电阻（成形）。

19.3.1　埋入式电阻（成形）

这类电阻也称为平面（薄膜）电阻。采用含电阻层的铜箔与介质层压，通过 PCB 减成法工艺形成电阻，是最成熟和常用的埋入式电阻技术。这样的电阻可以形成于 PCB 内层或外层。其材料结构如图 19.2 所示。埋入式电阻铜箔可以和任何类型的介质层压，如 FR-4、聚酰亚胺、聚四氟乙烯等，同样适用于挠性印制电路。

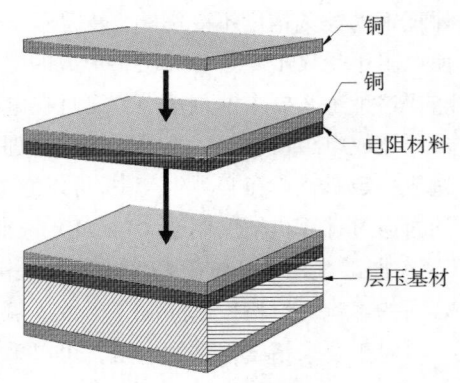

图 19.2　埋入式电阻（成形）材料结构

19.3.2　埋入式电阻（成形）的工艺流程

埋入式电阻的工艺流程如图 19.3 所示。

第 1 步　涂敷光致抗蚀剂。

第 2 步　感光和显影光致抗蚀剂，形成图形（电阻和铜组合图形）。

第 3 步　利用传统蚀刻剂，蚀刻不需要的铜（第 1 次蚀刻）。

第 4 步　用硫酸铜溶液蚀刻掉不需要的电阻层（第 2 次蚀刻）。

第 5 步　去膜。

第 6 步　再次涂敷光致抗蚀剂，显影出图形（电阻和铜组合图形）。

第 7 步　用碱性蚀刻液选择性蚀刻掉铜，露出需要的电阻（第 3 次蚀刻）。

第 8 步　去膜。

图 19.3 埋入式电阻的工艺流程（来源：Ohmega）

电阻蚀刻采用 PCB 工厂的常规流程。其中，采用硫酸铜溶液去掉不需要的电阻层，是为了保证铜的蚀刻精度不受影响；最后形成电阻的蚀刻一定要采用碱性蚀刻液，露出需要的电阻，且使电阻不受攻击。作为外层，形成的电阻可用阻焊油墨进行保护。

这种工艺要求蚀刻精准，而且在电阻露出以后的所有流程，都要使电阻不被其他化学溶液攻击而造成电阻值改变。由于阻焊前处理和内层棕化不可避免地采用酸性微蚀液，因此会对电阻值造成一定影响。在实际生产中，可以通过调整和严格控制阻焊前处理溶液或者内层棕氧化的工艺，同时通过计算机辅助制造（CAM）的前期补偿来得到需要的阻值。

加工过程中，电阻精度控制的关键在于控制蚀刻终点，即保证电阻图形准确；减少对电阻表面的影响，严格控制酸洗、微蚀、氧化等可能对电阻表面造成蚀刻的流程。

对于要求精度很高的电阻，可以采用激光调阻，如图 19.4 所示。

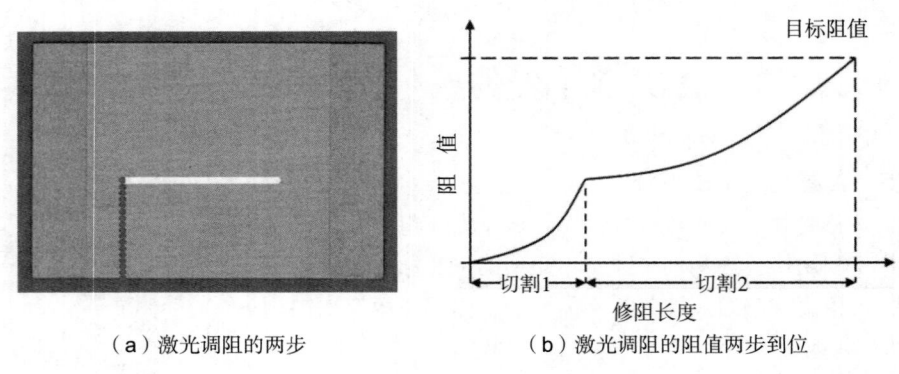

（a）激光调阻的两步 （b）激光调阻的阻值两步到位

图 19.4 激光调阻（来源 :Ohmega）

19.3.3 埋入式电阻（成形）的设计

1. 方阻的概念

只要电阻材料确定了，方阻就是确定的。方阻与电阻材料本身的电阻层厚度及成分相关。例如，Ohmega 电阻材料的方阻见表 19.1。

一个 1mm×1mm 的电阻和一个 12mm×12mm 的电阻的阻值是一样的，因为长宽比都是 1：1。

实际电阻值是电阻图形的长宽比乘以方阻得到的，即可以通过如下公式计算：

$$R=R_s（L/W）$$

表 19.1　方阻与材料允差

方阻/（Ω/□）	允　差
10	3%
25	5%
40	5%
50	5%
100	5%
250	10%

其中，R 为实际电阻阻值；R_s 为电阻材料的方阻；L 为电阻的长度；W 为电阻的宽度。如下为几个不同类型的阻值设计与计算案例。

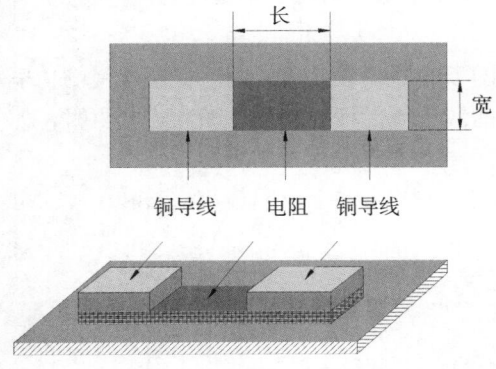

图 19.5　矩形电阻阻值的计算

例 1　矩形电阻的阻值计算如图 19.5 所示，长 30mil，宽 15mil。材料的方阻为 25Ω/□，则该矩形电阻的实际阻值为

$$R =25Ω/□ ×（30mil/15mil）$$
$$=25Ω/□ × 2mil^2$$
$$=50Ω$$

例 2　长城型电阻的阻值计算如图 19.6 所示。材料的方阻为 100Ω/□，拐角的方形等效系数为 0.56。图中正方形电阻的数量为 37 个，拐角处正方形电阻的数量为 16 个，则总的有效正方形数量 N=37+（16×0.56）=45.9，实际电阻值为

$$R=R_s × N =100 × 45.9=4590（Ω）$$

一层电阻铜箔只可能有一种方阻，但可以通过不同的长宽比在同一层上设计出不同阻值的电阻（见图 19.7）。

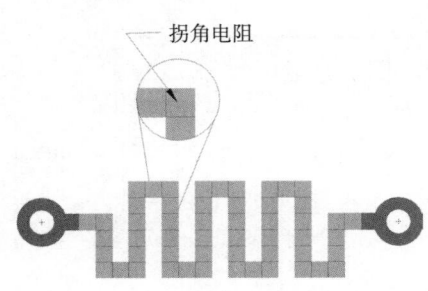

图 19.6　长城型电阻的阻值计算

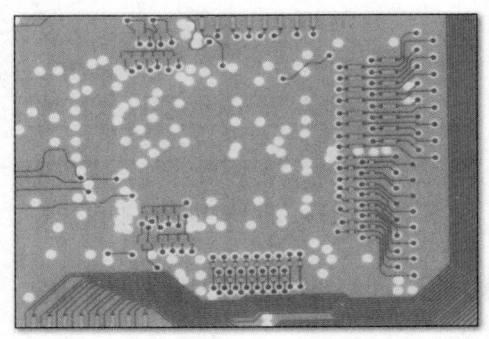

图 19.7　ATM 开关卡中不同阻值的上下拉端接电阻
（来源：Ohmega）

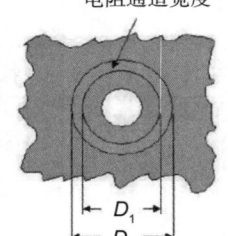

电阻通道宽度

图 19.8 环形电阻的阻值计算

例 3 环形电阻的阻值计算如图 19.8 所示:

$$R=(R_s/2\pi)\times\ln(D_2/D_1)$$

其中，R 为实际阻值；R_s 为材料的方阻；D_2 为环形电阻外径；D_1 为环形电阻内径；ln 为自然对数函数。

若材料的方阻为 250Ω/□，D_1 为 20mil，D_2 为 40mil，则

$$R=(250/2\pi)\times\ln(40/20)=26.5(\Omega)$$

2. 功率和静电（ESD）承受能力

可见，电阻的长宽比决定了阻值，那么如何确定电阻的最小边长呢？这有几个考虑因素：

（1）实际的空间限制。电阻尺寸较大有利于加工和提高功率承受能力。

（2）PCB 细导线的加工能力。

电阻的功率承受能力和面积直接相关，以 Ohmega 薄膜电阻材料的功率密度为例进行说明，如图 19.9 所示。

理论上，电阻面积越大，能承受的功率也越大；同样尺寸的电阻，方阻越小，能承受的功率越大。功率承受能力还和环境温度、PCB 基材及结构的散热特性相关。设计埋入式电阻时，如果信号允许，一般让其靠近电源或地层，目的是通过大面积铜散热。

此外，还要考虑静电放电（ESD）的承受能力。同样，它也取决于电阻最小边长和厚度。电流流过的横截面积越大，ESD 承受能力越强。

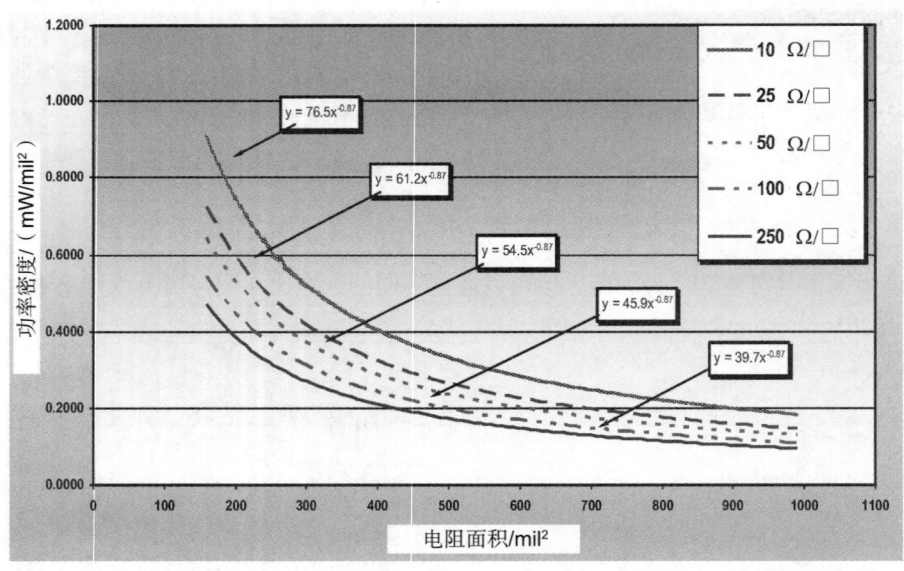

图 19.9 室温 25℃时方阻为 10 ~ 250Ω/□的材料，不同面积电阻的功率密度（来源：Ohmega）

19.3.4 埋入式电阻（成形）的应用

1. 信号端接和匹配

电阻并联端接如图 19.10 所示。

电阻串联端接如图 19.11 所示。

导线上的串联端接电阻如图 19.12 所示。

上下拉电阻如图 19.13 所示。

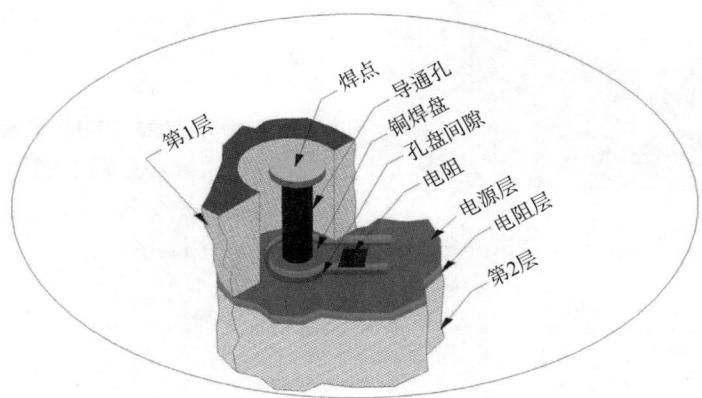

图 19.10　BGA 中电阻并联端接（来源：Ohmega）

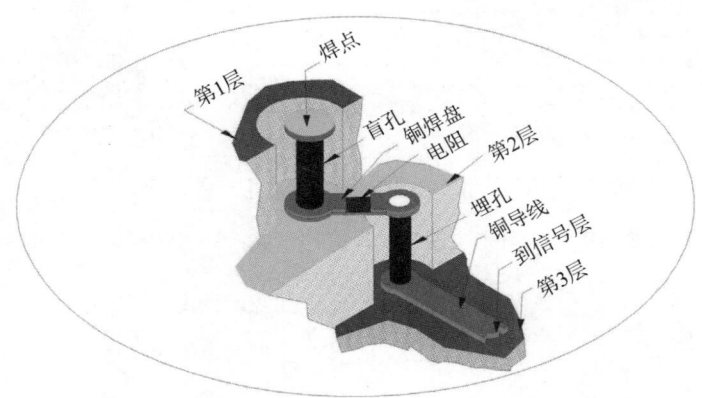

图 19.11　BGA 串联端接（来源：Ohmega）

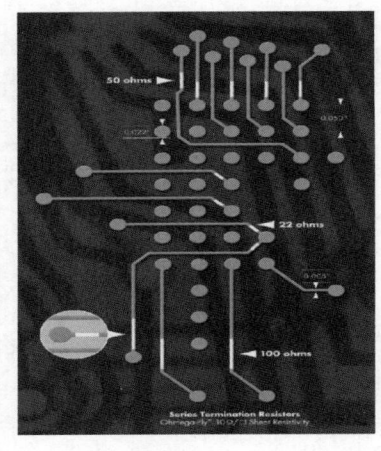

图 19.12　导线上的串联端接电阻（来源：Ohmega）

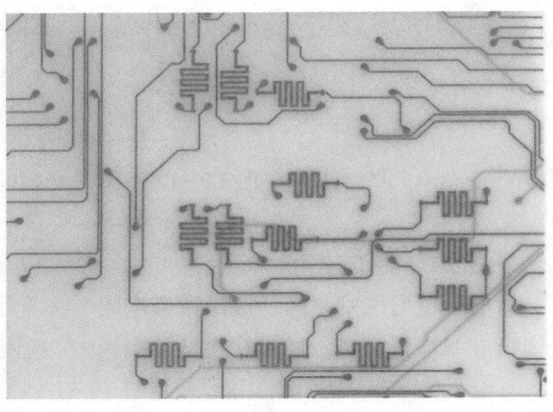

图 19.13　上下拉电阻（来源：Ohmega）

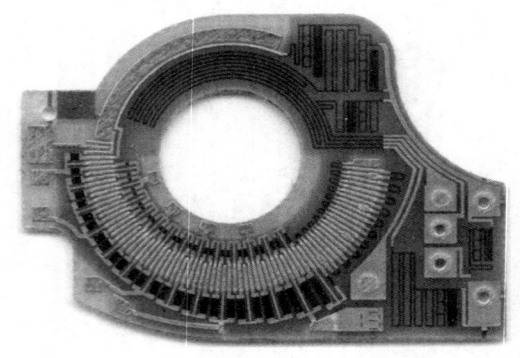

图 19.14 照相机中的电位计（来源：Ohmega）

2. 电位计

照相机中的电位计如图 19.14 所示。

3. 环形电阻

环形电阻可用来替代背钻，如图 19.15 所示。

4. 微波功分器中的隔离电阻

在微波功分器中使用隔离电阻，可在最大程度上避免片式电阻及其孔的高频寄生效应，如图 19.16 所示。

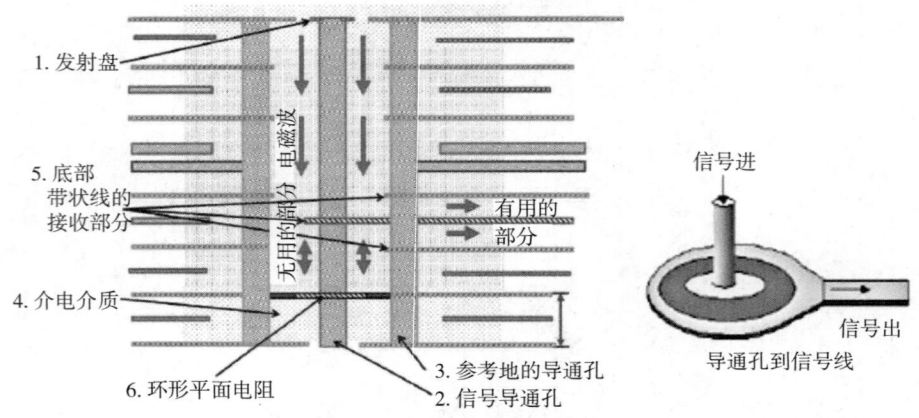

图 19.15 环形电阻替代背钻（来源：SANMINA-SCI）

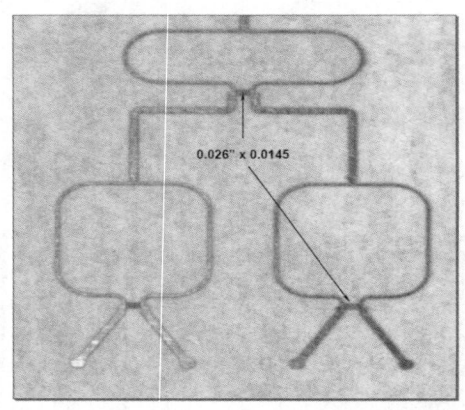

图 19.16 微波功分器的隔离电阻（来源：Ohmega）

5. 内置加热器的应用

电阻是可以发热的。成形薄膜电阻也大量用于医疗、航空航天电子领域，以及加热老化测试中精准的内置加热。如用在柔性印制板中，还可以做成共性加热器。

电阻的发热温度和功率可参照图 19.17（以方阻 $10\Omega/\square$ 为例）。

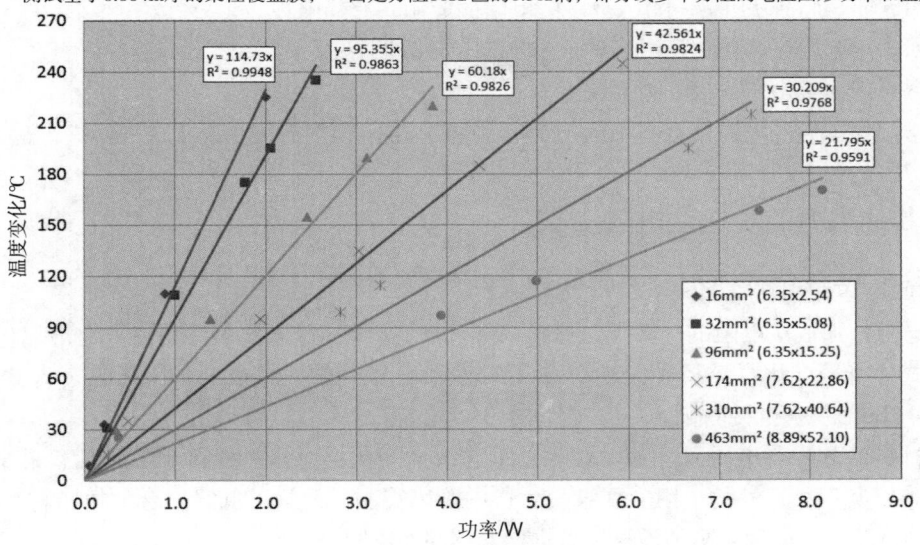

温度和功率
测试基于0.004in厚的柔性覆盖膜，一面是方阻10Ω/□的0.5oz铜，部分或多个方阻的电阻图形功率和温度

图19.17 不同方阻材料的发热温度与功率的相关性（来源：Ohmega）

19.3.5 成形薄膜电阻的优势和劣势

1. 成形薄膜电阻的优势

（1）减少寄生效应，提高自谐振频率，减小信号噪声。

埋入式电阻可以直接在离信号最近的地方进行端接或匹配，无需额外的导通孔和焊盘，所以极大地减少了高频寄生效应，提高了匹配效果，减小了电磁干扰。

0402 片式电阻和 Ohmega 电阻的寄生效应比较见表 19.2。

（2）减小电磁干扰（EMI）。和埋入式电容一起用作滤波元件，可大大减小开关噪声，减小电磁干扰。

（3）减少了不必要的导通孔走线，大大提高了 PCB 设计效率、电性能和热效应。

（4）减少了导通孔与焊点，提高了 PCBA 的可靠性，且薄膜电阻受热变化小于常规片式电阻，尤其是在航空航天应用中，能显著减小大重力加速度应用的失效率。

（5）在高电阻密度的应用中，因为电阻是同时加工的，采用薄膜电阻可以减少成本，减小 PCB 面积。

表 19.2 0402 片式电阻和 Ohmega 电阻的寄生效应比较

项 目	尺 寸	寄生电感 /nH
表面贴装电阻	402	0.7
导通孔	h=0.1in,d=0.01in	4.76
焊盘	0.05in,50Ω,FR-4	0.83
总的电感		6.29

频率 /MHz	OhmegaPly-R 寄生感抗 /Ω	SMT-R 寄生感抗 /Ω
500	1.89	19.76
1000	3.77	39.52
5000	18.85	197.6

2. 成形薄膜电阻的劣势

（1）对于阻值特别大（超过 10kΩ）的电阻的应用，有局限性。

（2）对于电阻密度小的应用，平均成本增加会比较明显。

（3）一旦埋入式电阻失效，就无法返修和更换。

（4）常规加工后的电阻精度在 10%~15%。如果对电阻精度有很高要求，需要进行激光调阻。

19.3.6 其他类型的加成法电阻

1. 聚合物厚膜电阻（PTF）

碳浆电阻是加成法电阻的一大类，材料以环氧树脂掺碳粉 / 石墨体系为主。一般以丝网 / 钢网印刷方式，将聚合物厚膜浆料（PTF）直接添加到已蚀刻的内层板上，在正常的 PCB 组装温度（150 ~ 200℃）下直接固化。

这种材料的方阻与电阻尺寸相关性大，呈非线性变化，允差一般在 30% 以上。相对来说，这种材料难以实现小尺寸的电阻。在批量生产中难以控制。而且，低温聚合的树脂材料在经过高温可靠性试验后可能发生阻值漂移（根据厂家不同而不同）。

除了丝网印刷，也可采用喷墨打印的方式打印聚合物电阻浆料，采用激光固化形成电阻。电阻本身的固化和热稳定性带来的影响和丝网印刷没有本质区别。这种方式更适用于电阻较少的设计。

2. 陶瓷厚膜电阻（CTF）

为了达到电阻高温稳定性的要求，有的公司预先将陶瓷厚膜电阻浆料（CTF）高温烧结（900度氮气环境）在铜箔内层，然后精确定位层压在 PCB 基材上，再蚀刻掉电阻表面的铜，露出电阻。但一般的 PCB 企业不具备这样的烧结工艺，定位精度难以保证。

3. 选择性镀 Ni/P 合金

还有一种加成法电阻采用的是化学镀沉积 Ni/P 的方式，先在 PCB 上蚀刻导体图形，再进行电阻图形制作，露出要形成电阻的位置，最后进行化学镀，形成电阻。化学镀的控制是工艺的关键。

19.3.7 各种埋入式电阻材料和工艺的比较

目前进入大量生产阶段的埋入式电阻以成形薄膜电阻为主，其加工流程与现有 PCB 工艺较匹配，电阻精度和一致性能满足大多数信号的要求。如有特别高精度的要求，可以进行激光调阻。

碳浆厚膜电阻由于精度和稳定性受限，主要应用在低成本的电子产品上。

其他埋入式电阻主要受限于工艺的可实现性和材料局限，未得到广泛应用。

各种埋入式电阻材料和工艺的比较见表 19.3。

表 19.3 各种埋入式电阻材料和工艺的比较

电阻工艺	电阻材料	工艺技术	方阻 /（Ω/□）
成形薄膜电阻	镍磷合金	电镀	10 ~ 250
	镍铬合金、镍铬铝硅	溅射	25 ~ 100，250 ~ 1k
丝网或钢网印刷	环氧 / 碳浆（石墨）	聚合物厚膜（PTF）	1 ~ 1M
	电阻浆料	陶瓷厚膜（CTF）	1 ~ 10k，100k

电阻工艺	电阻材料	工艺技术	方阻 / (Ω/ □)
选择性化学镀	镍磷合金	化学镀	25 ~ 100
喷墨打印	环氧 / 碳浆（石墨）	聚合物厚膜（PTF）	10 ~ 10k

19.4　埋入式电容

　　电容在分立元件应用中的占比非常高。其中，去耦电容约占 48%，滤波电容约占 40%，还包括少量的交流耦合电容、时基电容和储能电容等。

　　和埋入式电阻类似，真正推动埋入式电容发展的依然是信号完整性，而不仅仅是封装密度的提高。

　　埋入式电容主要有两大类，一类是平面埋容，另一类是厚膜埋容（见图 19.18）。

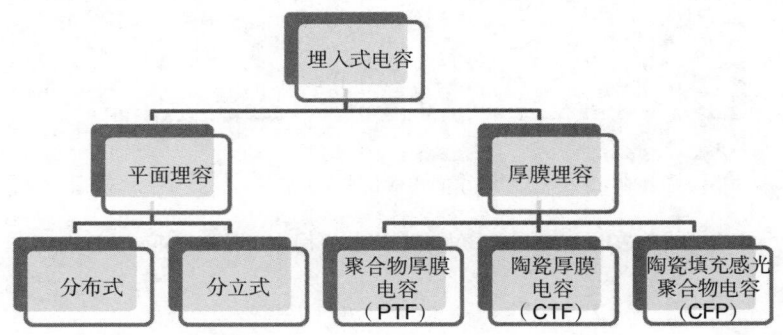

图 19.18　埋入式电容的分类

19.4.1　平面埋容

　　所有的平面埋容都具有类似结构，如图 19.19 所示。

　　平面埋容的容值可以通过下式计算：

$$C=(D_k \times A)/(t \times D)$$

图 19.19　平面埋容的结构及容值计算

其中，D_k 为介质层的介电常数；A 为面积；t 为介质层厚度；D 为法拉第常量，此处为 4.5。

19.4.2　厚膜埋容

1. 聚合物厚膜电容（PTF）

　　聚合物厚膜电容通常将聚合物浆料通过丝印、沉积等加成法方式附着于蚀刻后的铜上，然后在其上丝印或沉积导电银浆或铜浆，形成电容的另一极。这种电容的容值一般较小，每平方厘米通常在 1 ~ 10pF。

2. 陶瓷厚膜电容（CTF）

　　陶瓷厚膜电容通常采用钛酸钡作为主体陶瓷。由于钛酸钡的烧结温度较高(900 度氮气环境)，一般提前将钛酸钡印刷或沉积在铜箔上，再用这种带陶瓷的铜箔去压合，在 PCB 内形成电容。其容值一般在每平方厘米 1pF ~ 1nF。

3. 陶瓷填充感光聚合物电容（CFP）

陶瓷填充感光聚合物电容的最大特点是介质可以感光，在生产过程中通过感光显影来形成定义介质的图形。其工艺流程如图 19.20 所示。

产品的最初形态也是两面覆铜的介质，层压后先蚀刻一面铜，然后蚀刻介质，再蚀刻另一面铜，最后用加成法完成整板工艺。

用这种方法生成的电容属于薄膜电容，损耗较高，耐击穿电压比较低。

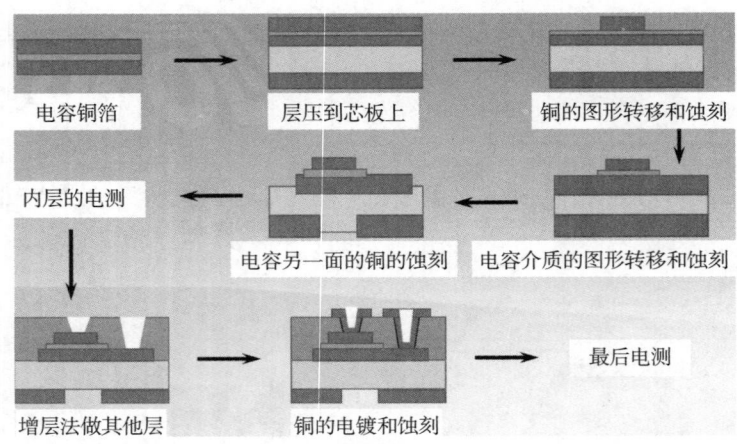

图 19.20 感光聚合物电容的工艺流程（来源：Rohm-Hass）

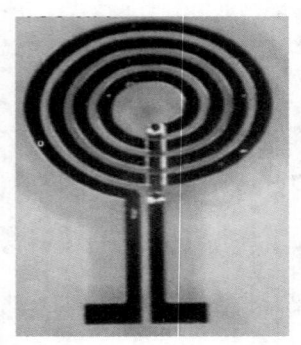

图 19.21 将线圈作为电感

19.5 埋入式电感

成形电感主要靠电流回路形成的磁场来存储和控制电感能量。目前，大多数电路结构中的电感是蚀刻的螺旋形线路，或者将线圈埋入 PCB 内层，如图 19.21 所示。导体的长度、弯折数、间距都是影响电感值的关键参数。这类应用在天线和射频识别技术（RFID）领域的滤波器中比较常见。

目前有公司利用铁氧体材料作为芯板材料，或作为其他介质层，开发的电感可达 100nH 级。可以根据 IPC-2316 计算螺旋电感的电阻和电感。

19.6 将分立的 SMT 元件埋入多层 PCB 内部

最近几年出现了将 SMT 电阻（电容）埋入 PCB 内层的应用。这样的应用需要埋入的电阻（电容）数量很少，或者阻值（容值）比较特殊，而且 PCB 厚度不受限制（特定层介质厚度必须超过片式元件本身的高度）。SMT 元件埋入 PCB 内层的示意图如图 19.22 所示。

将片式元件埋入 PCB 内层的方法主要有两种。

（1）将片式元件用黏合剂固定在内层，层压，然后在电极两端打激光盲孔，通过盲孔进行信号互连，如图 19.23 所示。

（2）将片式元件直接焊接在内层焊盘上，然后层压。

这两种技术对加工来说有几大挑战。

（1）元件的定位需要十分准确，元件不能在层压过程中因为粘结片的流动而发生移位。

（2）层压的细节，如层压的材料选择，通常会用一层薄的 FR-4 介质作为增强层，其开口大小和粘结片的流胶十分重要；内层表面处理不得伤及元件，层压的压力不得压裂元件。

（3）所有的内层尺寸胀缩、图形之间的对位都十分重要。

（4）采用激光盲孔技术时，激光能量的掌握要非常精准，要刚好打在元件电极的表面又不至于击穿电极。同样，对激光钻孔的对准度有要求。

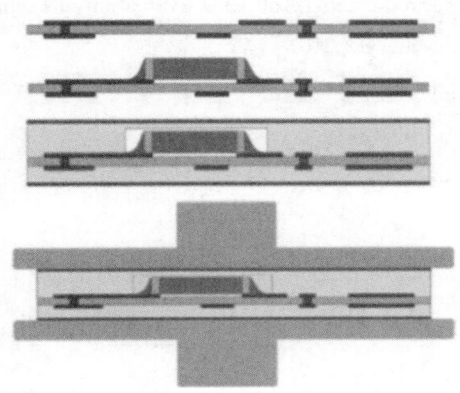

图 19.22 SMT 元件埋入 PCB 内层

（来源：Hofmann Leiterplatten）

图 19.23 盲孔电镀后与元件电极导通

（来源：深南电路）

19.7 埋入式电阻、电容的相关标准

埋入式电阻、电容的相关标准如下。

- IPC-4902《印制电路板用埋入式无源元件的材料规范》
- IPC-2227《采用埋入式无源元件的印制电路板部分设计分标准》
- IPC-7092《埋入式元件的设计与组装工艺实施》
- IPC-4811《刚性及多层印制电路板用埋入式无源电阻材料规范》
- IPC-4821《刚性及多层印制电路板用埋入式无源电容材料规范》
- IPC-2316《埋入式无源元件的印制电路板设计指南》
- IPC-6017《含有埋入式无源元件的印制板鉴定与性能规范》
- IEC PAS 62326-14《埋入式元件基板 术语、可靠性试验、设计导则》
- JPCA-UB01《埋入式元件电子电路板范围、构造、术语、试验、检验、设计》

参考文献

［1］Mahler, Bruce, "New Applications for Embedded Thin Film Heaters." Paper presented at BiTS Workshop, March 2017

［2］Mahler, Bruce & Brandler , Dan "Printed Circuit Board Embedded Thin Film Resistors Applications and Implementation in MEMs and RF Devices," IMS, 2017

［ 3 ］Dennis Fritz, "Buried components," Printed Handbook version 6

［ 4 ］Ruth Kastner , "Embeded components technology," Adcom

［ 5 ］Thomas Hofmann, "EMBEDDING ACTIVE AND PASSIVE COMPONENTS IN ORGANIC PCBS," The PCB magazine ,June 2017

［ 6 ］Tom Buck , "Power distribution Basic " DDI 2006

［ 7 ］彭勤卫，丁鲲鹏 . 埋入分立元件技术开发，印制电路信息，2013，(5)

［ 8 ］黄立湘，"Analysis of Power Modul based on embeddedcomponent technology，" 2017 ECWC

［ 9 ］Richard Snogren，"Designing Resistors to Embed，" IPC works，2004

［10］Jiming Zhou,John D. Myers,Graeme R. Dickinson "Thermal cycling And ESD Evaluation of Embedded Resistors and Capacitors in PWB，" IPC Technical Conference，Oct.2001

［11］Vladimir Duvanenko, Nicholas Biunno，"Matched Termination Stub VIA Technology for Higher Bandwidth Transmission in Line Cards and BackPlanes" Design Con，2010

第 20 章
PCB 的信号完整性

雷勇锋

深圳市兴森快捷电路科技股份有限公司

20.1 引 言

伴随着电子科学与技术的发展，新一代的电子产品正朝着高速的趋势发展。这样，PCB 设计中的信号完整性就变得尤其重要，甚至成了评价电子产品电路系统质量优劣的一个重要指标。信号完整性（Signal Integrity，SI）表征的是信号在传输线上的质量，是衡量信号以正确的时序和电压对输出做出正确响应的能力。信号完整性设计关注的是，在高速板卡设计中怎样使电气互连的性能达到最优，且同时保证成本最低。影响信号完整性的反射、串扰、传输延时、开关噪声（SSN）等，是高速电路设计中要解决的主要问题。

那么，到底什么是"高速电路"？有人认为，当数字逻辑电路的频率达到或者超过 50MHz，并且工作在这个频率之上的电路占整个电子系统的 1/3 时，就称其为高速电路。实际上，电路系统是否为高速电路取决于系统中信号的上升或下降时间。信号从驱动端到接收端有一定的传输延时，如果这个传输时间小于上升或下降时间的 1/2，那么来自接收端的反射信号将在信号改变状态之前到达驱动端；相反，如果传输时间大于上升或下降时间的 1/2，反射信号则会在改变状态之后到达驱动端。反射信号叠加后，会改变电路波形（如过冲、振铃等），严重时将影响电路采样。也就是说，当电路的信号上升或下降时间足够短，传输线对频率产生的阻抗能够对信号产生影响时，就称该电路为高速电路。

然而，在实际工作中，为了追求低成本，一些终端产品只能被设计成 2 层板，高速信号阻抗没法按照常规控制到 50Ω。这时，要保证高速信号的质量，就必须进行信号完整性设计，用信号完整性分析的结果来指导布局、布线、匹配、屏蔽等设计约束。

信号完整性问题是多种因素的综合作用造成的，往往无法将问题单一化。当信号的边沿速率上升时，时钟信号将会越来越易受到影响，在传输线上出现的过冲（overshoot）、下冲（undershoot）和振铃（ringing）都有可能超过 I/O 口可接受的噪声容限值。在低速电路系统中，信号的同步时间较为宽裕，较易保持传播波形，互连延迟和振铃可以忽略不计；在高速系统下，信号的边沿速率加快，信号调整时间较短，无法在不受干扰的情况下完成信号传输。

当信号的上升沿或下降沿时间小于 1ns 时，由于大多数信号的传播时间无法满足安全区域要求，串扰问题将会显现出来。对于高密度、高边沿速率的 PCB，出现串扰问题的概率较大，这是走线的耦合造成的。同样，纳秒级的边沿速率会向周围辐射同频率电磁场，使邻近的导线产生高频谐振，走线之间相互耦合进而产生串扰。

如果高速信号的边沿速率继续升高，上升或下降时间小于 0.5ns 时，这些高速信号同时开关就会使电源系统产生较大的平面谐振。由于大容量数据总线的传输速率非常高，当其在电源层中产生足以影响信号的强波纹时，就会产生电源稳定性问题。这样的高速信号也会产生一定的空间辐射，电磁干扰（EMI）因而也成为要关注的另一个设计问题。

20.2　传输线与特征阻抗

传输线理论是现代微波电路设计、射频电路设计的理论基础，连接着传统的电路分析方法和电磁场与电磁波的分析方法，是"路"与"场"的完美结合。

20.2.1　传输线方程

传输线方程主要研究分布参数电路中传输线电压与电流的关系及规律。线长大于所传输电磁波的波长的传输线为长线，为分布参数（高频的时候，一般采用分布参数电路）。反之，则为短线、集总参数（低频的时候，一般采用集总参数电路）。由于传输线有分布参数特性，对于传输线的分析，我们取 z 微元。这时，此微元可以视作具有分布参数特性的电路。如图 20.1 所示，z 微元可以用电感 L、电阻 R、电容 C、电导 G 来表示。

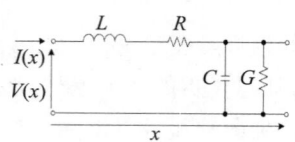

图 20.1　传输线微元的等效电路

传输线传输微波具有波动性，由波动性得到方程组表达式：

$$\frac{\partial V(x)}{\partial(x)} = -RI(x) - L\frac{\partial I(x)}{\partial t} \tag{20.1}$$

$$\frac{\partial I(x)}{\partial x} = -GV(x) - C\frac{\partial V(x)}{\partial t} \tag{20.2}$$

以上为传输线基本方程，它表示传输线微元的 L、R、C、G 与 $I(x)$、$V(y)$ 之间的关系。一般情况下我们视传输线为无耗传输线，即 $R=G=0$。这样就得到了传输线方程的通解：

$$V(x) = A_1 e^{-\gamma x} + A_2 e^{\gamma x} \tag{20.3}$$

$$I(x) = \frac{1}{Z_0}(A_1 e^{-\gamma x} + A_2 e^{\gamma x}) \tag{20.4}$$

式中，Z_0 为特性阻抗，其表达式为

$$Z_0 = \sqrt{\frac{R_0 + j\omega L_0}{G_0 + j\omega C_0}} \tag{20.5}$$

γ 为传输线的传输常数，其表达式为

$$\gamma = \alpha + j\beta = \sqrt{(R + j\omega L)(G + j\omega C)} \tag{20.6}$$

对无耗特性的传输线而言，即 $R=G=0$，Z_0 的简化式为

$$Z_0 = \sqrt{\frac{L_0}{C_0}}$$ （20.7）

可以看出，无耗传输线的阻抗由分布参数 L_0、C_0 决定，与其他参量无关。

20.2.2　传输线分类

传输线按几何形状可以分为微带线、带状线、双绞线、共面线、同轴电缆、嵌入式微带线、非对称带状线等，如图 20.2 所示。有些传输线的两条导线是对称的，如双绞线、共面线，我们通常称之为平衡传输线。有些是不对称的，如微带线、同轴电缆、非对称带状线，称为非平衡传输线。一般情况下，平衡传输线与非平衡传输线对串扰问题、信号传输的质量没有什么影响。平衡传输线是对称的，因此哪一条导线都可以作为信号线。而非平衡传输线是非对称的，应区分信号线与返回信号线。一般较窄的导线为信号线，较宽的为返回信号线，这样可以有效减少地弹现象和电磁干扰问题。

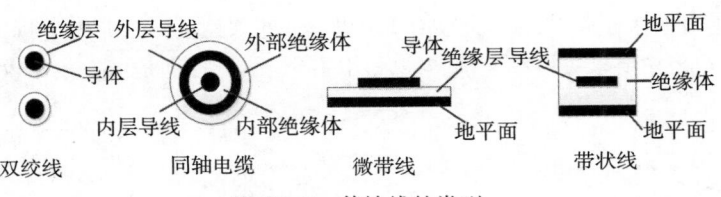

图 20.2　传输线的类型

20.2.3　传输线特性

传输线的一个重要电气特性是均匀性。均匀传输线的导线横截面都相同，均匀传输线不考虑对称性，同轴电缆、双绞线、微带线是均匀传输线。均匀传输线的阻抗是可控的，或者说传输线各处的阻抗是相同的。这个处处相同的阻抗，我们称为特性阻抗。换句话说，如果一条传输线的阻抗是变化的，那么说明它不存在特性阻抗。特性阻抗是描述传输线电气特性和信号完整性的重要参数。

阻抗是以驱动器为源，从信号的角度定义的。传输线的阻抗随时间、传输线长度的变化而变化，同时还与终端匹配情况有关。终端可以是任意不匹配的阻值，也可以是与传输线匹配的阻值，还可以是开路、短路。

20.2.4　微带线、带状线特性阻抗

对于时钟信号、数据信号这样非常重要的信号，对阻抗的控制十分重要。这些信号在阻抗变化处产生反射，严重影响信号完整性，使信号失真，甚至造成系统无法工作。下面首先分析微带线的阻抗，如图 20.3 所示。

设传输线宽度为 w，传输线厚度为 t，基板介电常数为 ε_r，基板厚度为 h，可以得到一个微带线特性阻抗的经验公式：

$$Z_0 = \frac{87}{\sqrt{\varepsilon_r + 1.41}} \ln \frac{5.98h}{0.8w + t}$$ （20.8）

接下来分析带状线的阻抗，如图 20.4 所示。

设传输线宽度为 w，传输线厚度为 t，基板介电常数为 ε_r，基板厚度为 h，可以得到一个带状线特性阻抗的经验公式：

$$Z_0 = \frac{60}{\sqrt{\varepsilon_r}} \ln \frac{4h}{0.67\pi(0.8w+t)} \tag{20.9}$$

带状线的阻抗公式与微带线的阻抗公式不同，是因为带状线与微带线的基板的介质环境不同。带状线的介质环境是均匀的，不存在介质不连续的现象，且上下平面均为参考地，完全与空气隔离。而微带线的介质环境是不连续的，它存在空气介质与基板介质的交接，交接平面的 ε_r 是不连续的，这对信号在微带线的传播速度、阻抗均有影响。微带线与空气外界环境接触，所以微带线的辐射能量更容易辐射到外界空间，且容易受外界环境的影响。带状线在两个参考平面之间，两个参考地对信号辐射有良好的屏蔽效果，所以对外辐射较小，且不易受外界环境的影响。

微带线的辐射场一半在空气中，一半在基板介质中。根据电磁场的传播速度公式 $v = 1/\sqrt{\varepsilon_0 \varepsilon_r \mu_0 \mu_r}$，空气的介电常数 $\varepsilon_0=1$，普通 FR-4 的介电常数 $\varepsilon_r=4.2$，基板介质中的辐射场传播速度要小于空气介质中的辐射场传播速度。带状线的辐射场几乎全部在基板介质中，所以微带线的信号传播速度要大于带状线的信号传播速度。一些大型通信企业为了减少单板 EMC 问题，在内部 PCB 设计规范中要求关键高速信号线采用内部走线，特别是谐波量比较丰富的时钟线。

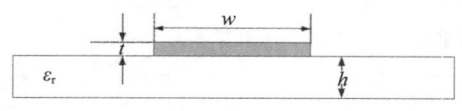

图 20.3　微带线的模型

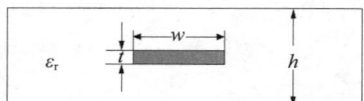

图 20.4　带状线的模型

20.2.5　差分传输线

差分传输线由两条互相耦合的具有相似电气特性的单体传输线组成，两条传输线上的信号以差分信号对的形式传输。差分传输线因具有良好的抗电磁干扰特性而得到了广泛的应用。差分传输线按几何形状可以分为微带差分传输线、带状差分传输线、双绞差分传输线、共面差分传输线等。它们的电气特性取决于差分传输线的相似对称、两条导线的均匀度以及相对位置。差分传输线用于传输具有互补特性的信号，其中一条导线传输信号，另一条传输这个信号的互补信号。这样，在源端分别对这两个信号进行驱动，在接收端接收这两个信号，这两个信号的差值就是差分信号。如图 20.5 所示，得到的差分信号为

$$V_{\text{diff}} = V_1 - V_2 \tag{20.10}$$

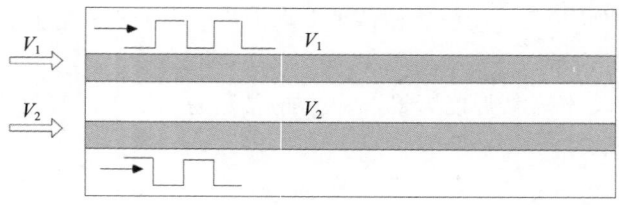

图 20.5　PCB 差分传输线模型

严格来说，差分传输线上有差分信号就足够了，但实际还存在一个不传递任何信号的共模信号。共模信号被定义为这两条传输线上的电压的平均值，即

$$V_{\text{comm}} = \frac{1}{2}(V_1 + V_2) \qquad (20.11)$$

在理想情况下，通常认为只有差分信号在变化，而共模信号是不变的——就像直流电一样是恒定的，不会带来任何信号完整性问题。但实际上，复杂的电磁环境中存在各种干扰，使得共模信号不再是恒定的，其变化会引起各种潜在的问题：共模信号电压过高会导致下级电路出现过饱和现象，共模信号的变化会引起潜在的 EMI。事实上，共模信号的变化所引起的辐射干扰往往远大于差模信号所产生的干扰。

与单端传输方式相比，差分传输具有以下几个优点。

1. 有较好的抗干扰性

在单端传输过程中，当出现外界干扰时，传输线上的信号会受到影响并发生变化，而地电位则保持不变。这样就会使噪声直接进入接收端，如图 20.6 所示，严重时还会导致逻辑判

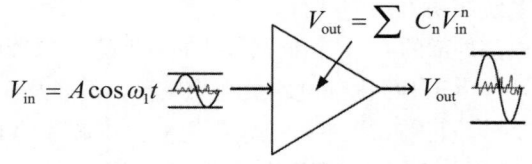

图 20.6　单端信号与干扰

断错误。

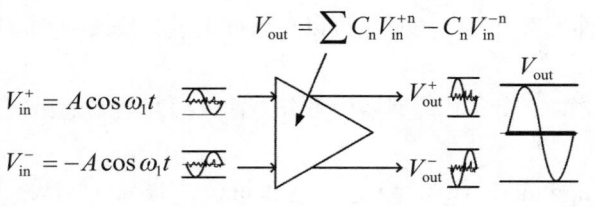

图 20.7　差分信号与干扰

相对于单端信号以固定电位为参考，差分信号在接收端表现为两条传输线的电压差。当受到外界干扰时，差分传输的两条信号线同时被干扰，两者之间的电压差保持不变，共模噪声被抵消，如图 20.7 所示。

2. 能有效抑制电磁干扰

数字电路中，信号的逻辑切换会引起 EMI 辐射，对相邻线路产生干扰。这种干扰会随着电流及信号频率的增大而越发明显。要想减小这种干扰，就得减小磁场或电场的强度。而差分传输中两条传输线上信号的极性相反、大小相等，所产生的磁场会相互抵消，电场会紧密耦合——耦合度越高，对外辐射的电磁能量就越小，对相邻信号的干扰也越小。

3. 时序定位精确

对于单端信号，开关的切换是根据信号电压的大小阈值来判断的。差分信号在两个信号的交点处完成切换，受温度、工艺的影响较小，时序定位更精确，在低摆幅电路中优势明显。

20.3　传输线仿真建模

20.3.1　SPICE 模型

目前用得最多的是 HSPICE 模型和 PSPICE 模型。HSPICE 模型精度高、仿真功能强大，在集成电路设计中使用较多；而 PSPICE 模型的应用侧重于板级和系统级的设计。模型的主体由参

数和方程两部分构成。模型参数既可以通过实际测量获得，也可以通过仿真获取。模型方程主要是根据电路元件的连接关系建立的。电路元件包括电阻、电容等无源元件和电压源等信号源以及传输线等。SPICE 模型可以精确地仿真和计算静、动态工作特性，验证逻辑功能，因此得到广大设计人员的青睐。但是它泄露了包括工艺参数在内的电路机密，出于自身知识产权保护的需要，愿意提供 SPICE 模型的企业很少。此外，这种模型要与大量算法结合，计算量大，运行速度慢，这些都制约了它的广泛应用。

20.3.2　IBIS 模型

IBIS 模型最初由 Intel 公司在 20 世纪 90 年代初开发。IBIS 的全称是 Input/Output Buffer Information Specification（输入 / 输出缓冲信息规范），也被称为 ANSI/EIA-656。顾名思义，这是一种基于电压 / 电流特性曲线对输入 / 输出缓冲器进行快速建模的方法。它是适用于板级仿真和系统级仿真的一种行为级模型标准。所谓行为级模型，即不是从电路结构出发建模，而是根据电路外部的 I、V 和瞬态特性的数据建立 I/O 缓冲器模型。

由于 I/O 内部电路被视为黑盒，不涉及任何结构信息，因此获得了芯片企业和 EDA 软件的支持。目前，大多数企业都愿意提供芯片的 IBIS 模型，几乎所有的 EDA 仿真软件都可以使用 IBIS 模型。IBIS 模型有助于设计者在设计规则约束下，获取精确的信息进行分析、计算，使板级的系统仿真更准确。仿真时所需的模型既可以通过芯片企业的官网下载获得，也可以通过实际的测量数据得到。如果下载下来的 IBIS 文件不符合实际要求，可以在软件上进行修改，也可以由设计者另行创建。

IBIS 模型是一种从元件的行为出发来定义的模型，其模型结构可分为输入缓冲器和输出缓冲器，如图 20.8 所示。

输入端结构由上拉 / 下拉晶体管（Pull up/Pull down），静电放电和箝位二极管（Power_Clamp/Gnd_Clamp），硅晶圆电容（C_comp）和寄生电阻、电感、电容（R_pkg/L_pkg/C_pkg）六部分构成。与输入端结构相比，输出端结构没有上拉 / 下拉晶体管。

从文件结构上看，IBIS 文件不是可执行文件，而是以 ASCII 格式书写的，囊括了可以描述元件电气性能的所有数据文件，主要由文件头、元件及引线、模型数据信息三部分组成。其中，元件及引线信息包括了封装参数和制定的引线模型；模型数据信息包括了对模型、时序测试负载和芯片电容的描述，以及 I/V 下拉数据、切换波形、斜波速率等信息。

目前还没有能够独自分析解决所有 PCB 板级设计中遇到的 SI 问题的仿真模型。因此在高速电路设计中，有必要使用各种模型，尽可能地将关键网络和敏感网络的传输模型建立起来。

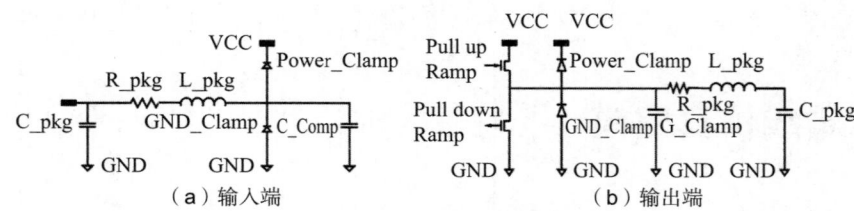

（a）输入端　　　　　　　　　　　（b）输出端

图 20.8　IBIS 模型结构

20.3.3 IBIS 模型和 SPICE 模型的比较

IBIS 模型和 SPICE 模型的比较见表 20.1。

表 20.1 IBIS 模型和 SPICE 模型的比较

比较项目	IBIS 模型	SPICE 模型
模型特征	基于缓冲器模型，模拟所有外界阻抗变化条件下对应的输出端电压和电流，从而得到 IBIS 数据	所使用的电路模型都是最基本的元件和单管，仿真时按时间关系对每一个节点的 V/I 关系进行计算
	不涉及电路设计细节；不会泄漏元件内部逻辑电路的结构	模型内容含有元件本身逻辑电路架构，为了保护自身权益和知识产权，企业提供给使用者的模型都是经过加密的
优点/缺点	根据此模型建模及软件使用十分简易，适用于很多仿真软件且仿真速度很快	模型精度比较高，使用者可以在多种需求级别上使用，适用性广泛，可用于不同精度要求
	支持频率在 1GHz 以下	支持频率在 10GHz 以上
	仿真速度较快	仿真速度较慢
	仿真精度没有 SPICE 模型高	SPICE 模型较为复杂，仿真操作较为繁复，仿真时间比较长

通过比较，可知，IBIS 模型具有以下优点。

（1）IBIS 模型支持更多的模型层次，不仅支持晶体管级等低层次应用，也支持 I/O 单元级和单元组等高层次应用。

（2）模型可以免费下载或自行修改、创建。

（3）兼容业界几乎所有的仿真平台。

（4）可用于板级和系统级的设计和仿真。

（5）由于模型简单，仿真速度很快且没有收敛性问题。

但是，IBIS 并不是万能的模型，它也有不少缺点和使用瓶颈，例如：

（1）仍有一些芯片企业不支持 IBIS 模型。虽然 IBIS 文件可以创建或通过 SPICE 模型转换，但需要芯片的最小上升时间关键参数，否则无法转换和创建。

（2）IBIS 不支持地弹噪声和回流的建模。

（3）IBIS 模型不描述驱动端和接收端电路特性，因而没有考虑内部延时。

（4）当电路的驱动器类型是上升时间受控的，尤其是包含复杂反馈时，IBIS 模型都不能很好地处理。

20.4 反射的产生与抑制

反射是高速电路设计中最常见的单端网络信号完整性问题，它会引起信号波形畸变，破坏信号的完整性，产生振铃和过冲现象，如图 20.9 所示。

20.4.1 反射的原理

依据传输线理论，当信号从传输线 A 过渡到阻抗不相等的传输线 B 时，由于阻抗发生变化，会产生反射现象：一部分入射波传播到下一条传输线上；一部分入射波从阻抗突变处发生反射，以反射波的形式返回到发射源。如图 20.10 所示，传输线 A 的特性阻抗为 Z_{01}，传输线 B 的特性阻抗为 Z_{02}。

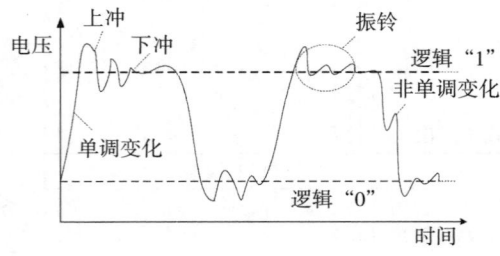

图 20.9　存在反射的信号波形

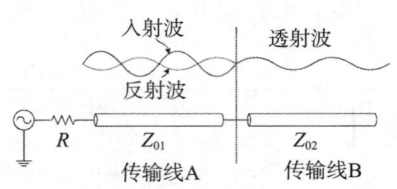

图 20.10　传输线反射

通常用反射系数来表征反射信号的大小。反射波电压与入射波电压的比值 ρ 被称为反射系数，其可以用发生突变的两个特性阻抗进行计算：

$$\rho = \frac{V_{\text{ref}}}{V_{\text{in}}} = \frac{Z_{02} - Z_{01}}{Z_{02} + Z_{01}} \qquad (20.12)$$

式中，V_{ref} 和 V_{in} 分别为反射波与入射波的电压幅值。

两条传输线的特性阻抗的差异越大，反射就越强烈。由式（20.12）可以看出，$-1 \leqslant \rho \leqslant 1$。如果 $Z_{01} < Z_{02}$，$\rho > 0$，那么传输线 B 没有完全吸收入射波能量，未吸收的能量将会被反射到发射源，这种情况称为欠阻尼。如果 $Z_{01} > Z_{02}$，$\rho < 0$，那么传输线 B 希望能够消耗的能量比发射源所提供的能量还多，这种情况称为过阻尼。如果 $Z_{01} = Z_{02}$，$\rho = 0$，那么传输线 B 吸收了所有的入射波能量，没有多余能量反射到发射源，此时称为临界阻尼。在实际的电路设计中，很难实现临界阻尼，轻微过阻尼能够避免能量反射到发射源，是最可靠的方式。在信号的传输过程中，继续沿传输线 B 传播的信号称为传输信号，即透射波。传输系数 t 为透射波电压与入射波电压的比值。由电磁场理论可以得出，在交界面处，透射波等于入射波与反射波之和。所以，其传输系数：

$$t = \frac{V_{\text{trans}}}{V_{\text{in}}} = \frac{2Z_{02}}{Z_{02} + Z_{01}} = 1 + \rho \qquad (20.13)$$

式中，V_{trans} 和 V_{in} 分别为透射波与入射波的电压幅值；ρ 为反射系数。

20.4.2　反射的抑制

采用端接技术能够减小振铃，抑制反射。常用的端接技术有串行端接和并行端接两种。

1. 串行端接

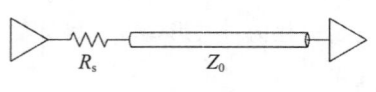

图 20.11　串行端接

串行端接也称为源端端接，是因为匹配电阻串行插入靠近源端的位置，如图 20.11 所示。采用这种方法能够使源端的反射系数为零，这样就可以防止从负载反射回来的能量在源端发生二次反射。

端接的匹配电阻与源端的输出电阻之和应该等于（源端的反射系数为零）或者大于（轻微过阻尼）传输线的特性阻抗。在实际的 PCB 设计中，匹配电阻要尽可能地靠近驱动器的输出端口，避免匹配电阻与驱动器之间再次发生反射现象。

2. 并行端接

并行端接是实现负载端阻抗匹配的，通过在靠近负载端的位置并行插入匹配元件来抑制反射。

（1）简单并行端接：在负载端添加一个阻值等于传输线特性阻抗的下拉电阻，来实现负载端的阻抗匹配，如图 20.12（a）所示。

（2）并行 AC 端接：采用一个 RC 串联网络作为匹配阻抗对反射进行吸收，要求匹配电阻 $R \leqslant Z_0$，电容 $C > 100\text{pF}$，如图 20.12（b）所示。

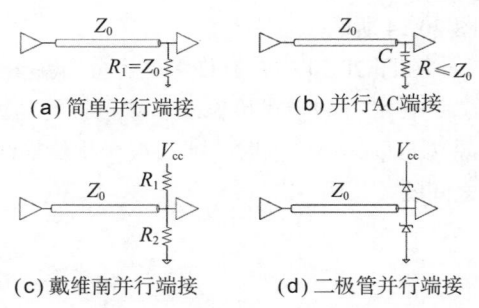

(a) 简单并行端接　　(b) 并行AC端接

(c) 戴维南并行端接　(d) 二极管并行端接

图 20.12　并联端接

（3）戴维南并行端接：采用上拉电阻 R_1 和下拉电阻 R_2 相结合的方式对反射进行吸收，也称为分压器端接，如图 20.12（c）所示。

（4）二极管并行端接：通常使用肖特基二极管对传输线进行匹配，但需要保证肖特基二极管的开关速率大于 4 倍的信号上升时间，图 20.12（d）为一个典型的二极管并行端接。

20.5　串扰的产生与抑制

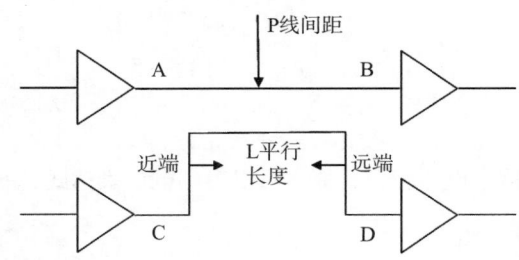

图 20.13　干扰源网络与被干扰对象网络

串扰现象是指信号在传输线上传播时，因为电磁耦合的作用，对相邻的传输线产生电压噪声的干扰。如图 20.13 所示，A 处的驱动源和 D 处的接收器分别表示干扰源和被干扰对象，A、B 之间的线网和 C、D 之间的线网则分别表示干扰源网络和被干扰对象网络。被干扰对象网络靠近干扰源网络驱动端的串扰和靠近干扰源网络接收端的串扰分别称为近端串扰和远端串扰。其中，近端串扰也可称为后向串扰，远端串扰也称为前向串扰。

在传输路径上，传输信号的上升时间并不影响总的瞬时耦合噪声电流或电压。当耦合区域长度大于上升时间的空间延伸长度时，瞬时耦合噪声可以达到一个饱和的稳定值。这个上升时间的空间延伸长度就被称为饱和长度：

$$\text{Len}_{\text{sat}} = \text{RT} \times \upsilon \approx \text{RT} \times 6\text{in}/\text{ns} \tag{20.14}$$

其中，Len_{sat} 为近端串扰的饱和长度（in）；RT 为信号上升时间（ns）；υ 为信号在动态线上传播的速度（in/ns）。

传输线之间存在着耦合电容以及耦合电感，根据串扰是互容造成的还是由互感造成的，可以将串扰分为容性耦合、感性耦合两种。

20.5.1　容性耦合

众所周知，在任何耦合的两个导体之间都存在着互容现象。干扰传输线上的电压变化，通过互容耦合到被干扰传输线上，从而导致的电磁干扰现象称为容性耦合。容性耦合的原理如

图 20.14 所示。

在图 20.14 中，有许多电容分布在干扰传输线和被干扰传输线之间，设每单位长度的互容是 C_m，在平行的干扰传输线和被干扰传输线中截取一小段 Δx，当激励信号 v_s 通过干扰传输线的源端向负载端传输时，那么被干扰传输线上将会产生前向耦合电压 v_f 和后向耦合电压 v_b，它们之间的关系为

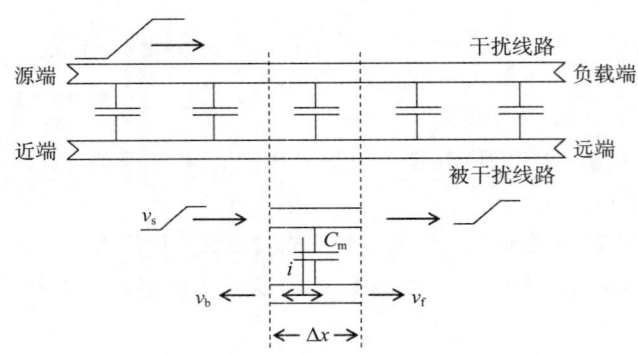

图 20.14　容性耦合的原理

$$\frac{v_b}{Z_0} + \frac{v_f}{Z_0} = C_m \Delta x \frac{dv_s}{dt} \tag{20.15}$$

在这里，由于对称，所以前向耦合电压与后向耦合电压相等，那么可以得到电压表达式：

$$v_f = v_b = \frac{1}{2} Z_0 C_m \Delta x \frac{dv_s}{dt} \tag{20.16}$$

干扰源信号沿着自己的传播路径向接收端传输，而前向串扰信号则沿着自己的路径向远端传输。在这里，假设这两条平行传输线的长度为 L，那么可以得到远端总串扰：

$$v_{FE} = \frac{1}{2} Z_0 C_m L \frac{dv_s}{dt} \tag{20.17}$$

其中，脉冲宽度与信号上升沿宽度近似相等。

干扰源信号和后向串扰信号都是沿着相反的方向传输的，信号上升时间是电流交迭时间的两倍。串扰信号经过这样的传输过程以后，会很稳定地到达近端。在这个过程中，干扰源会不断地产生串扰脉冲，产生的脉冲会不断地传向近端，当从远端传回近端的最后一个脉冲到达时，近端经过了 $2T_d$（T_d 为发送端到接收端的传播延迟）的时间才接收到相应的串扰波形。那么式（20.16）中的 $\Delta x = v \cdot \Delta t / 2$，其中 v 是传播速度。为了进行简化，设干扰源的边沿是斜线，那么 $dv_s/dt = v_0/\Delta t$，其中 v_0 为峰值电压。代入式（20.16）得到近端串扰噪声：

$$v_{NE} = \frac{1}{4} Z_0 C_m v v_0 \tag{20.18}$$

又由于 $Z_0 v = \sqrt{l/c} / \sqrt{lc}$ ，其中 c 为传输线单位长度电容，那么化简得到：

$$v_{\mathrm{NE}} = \frac{1}{4} \frac{C_{\mathrm{m}}}{c} v_0 \qquad (20.19)$$

写成系数形式，可以得到近端串扰系数：

$$K_{\mathrm{NE}} = \frac{1}{4} \frac{C_{\mathrm{m}}}{c} \qquad (20.20)$$

可见，容性耦合在远端和近端产生的串扰噪声是不一样的，在远端产生的是一个窄脉冲响应串扰噪声，而在近端产生的是一个矩形响应串扰噪声。远端脉冲的幅度和近端噪声的宽度都与传输线的长度成正比。信号沿的变化影响着串扰的正负性，如果串扰是正值，就说明信号沿是由低往高变化的；如果串扰是负值，则说明信号沿是由高往低变化的。

20.5.2 感性耦合

感性耦合的原理如图 20.15 所示。

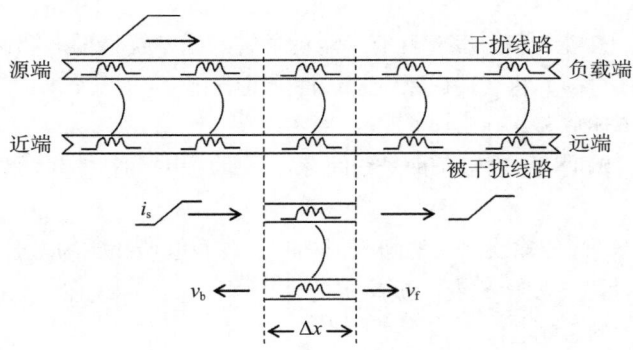

图 20.15 感性耦合的原理

相对于容性耦合，感性耦合中的前向耦合电压和后向耦合电压的极性是相反的，它们之间的关系为

$$v_{\mathrm{b}} = m \Delta x \frac{\mathrm{d}i_{\mathrm{s}}}{\mathrm{d}t} + v_{\mathrm{f}} \qquad (20.21)$$

在式（20.21）中，m 为单位长度互感，因为电流的连续性，前向串扰和后向串扰的电流是等大反向的，$v_{\mathrm{b}}/Z_0 = -v_{\mathrm{f}}/Z_0$，再把 $i_{\mathrm{s}} = v_{\mathrm{s}}/Z_0$ 代入式（20.21）可得：

$$v_{\mathrm{b}} = \frac{1}{2} \frac{m}{Z_0} \Delta x \frac{\mathrm{d}v_{\mathrm{s}}}{\mathrm{d}t} \qquad (20.22)$$

$$v_{\mathrm{f}} = -\frac{1}{2} \frac{m}{Z_0} \Delta x \frac{\mathrm{d}v_{\mathrm{s}}}{\mathrm{d}t} \qquad (20.23)$$

由分析可以得出，干扰源信号会在被干扰对象上产生相应的脉冲，脉冲宽度与源信号沿的斜率大致相同，但向着两个相反的方向进行传播。前向负脉冲和后向正脉冲的产生是源信号的正跳变引起的；前向正脉冲和后向负脉冲是源信号的负跳变而产生的。

不管是感性串扰还是容性串扰，随着传播过程的进行，前向串扰的噪声是不断增大的，而后向噪声的幅度则保持不变，会持续一段时间。根据式（20.21）、式（20.22）和式（20.23）可得：

$$v_{FE} = -\frac{1}{2}\frac{m}{Z_0}L\frac{dv_s}{dt} \tag{20.24}$$

$$v_{NE} = \frac{1}{4}\frac{m}{l}v_0 \tag{20.25}$$

$$K_{NE} = \frac{1}{4}\frac{m}{l} \tag{20.26}$$

20.5.3 串扰的危害

串扰对系统时序、性能和信号完整性有一定的危害。当串扰将噪声耦合到邻近的传输线上，如果相互耦合的传输线过多，将会造成系统整体性能的恶化。

串扰通常会带来下述危害。

（1）改变信号的传输时间：当多条信号线间存在严重的串扰时，串扰幅度会比较大，会导致信号传输延迟。

（2）影响开关状态：当传输线之间的间距很小时，线间电场和磁场将会以不同的方式相互作用，使得传输线的特性阻抗发生改变。更严重的是，当这些传输线在同一时间开关时，会对信号的传输性能产生很大的影响。

（3）引起误触发：接收器在信号幅度满足门限条件时被触发，若信号中有串扰电压存在，那么信号幅度会大于门限电压，很有可能引起误触发，甚至导致数据传输丢失和传输错误。

20.5.4 串扰的抑制方法

在实际设计中，串扰是普遍存在的，只能减小，无法完全消除。常见的抑制方法如下。

（1）在排线能够接受的范畴内，将传输线之间的距离尽量加大，或者减小相邻连接线之间互相平行的距离。

（2）在带状线层布线，尽可能抵消远端串扰。

（3）在进行层叠设计时，应该在达到目标阻抗的前提下，尽量减小排线与地平面之间的介质层长度，使连接线与地平面之间的耦合减到最小，从而起到减小相邻连接线耦合的目的。

（4）在叠层设计中，尽可能地使用介电常数相对较小的介质材料。

（5）进行防护布线，使用两端和整条线上都有短路导通孔的防护布线。

（6）在确保信号传递稳定的前提下，使用一些转换速率低的元件，从而使电场与磁场的变换速度降低，进而减弱串扰。

（7）选择合适的端接技术，这样不仅可以减小反射，也可以减小串扰。

（8）一般多层级的排线应该保证相邻层排线呈垂直状态。由于平行的排线会产生最大的串扰，因此应该尽量不采用平行排线，而采用正交布线的方式，以减小耦合。

20.6 仿真案例

20.6.1 DDR 信号完整性仿真

DDR 信号完整性仿真的目的是基于仿真模型（IBIS，SPICE 模型等），综合评估 DDR 信号的信号质量，如过冲、振铃、单调性、噪声裕量、ISI（码间干扰）等，合理优化信号拓扑结构，评估 DDR 并行走线的线间串扰情况，并结合仿真结果给出最佳的优化改善方案。

本例拓扑结构如图 20.16 所示，FPGA 芯片和 DDR3L 芯片通过 PCB 互连。在仿真中，PCB 及板上的阻容元件共同构成 PCB 模型。其中，Data 信号为点对点直连结构；控制信号、地址信号及时钟信号为菊花链结构，并在末端经 $50\,\Omega$ 上拉电阻接 0.675V 电源，CLK 信号在末端并联了一个 $100\,\Omega$ 电阻。

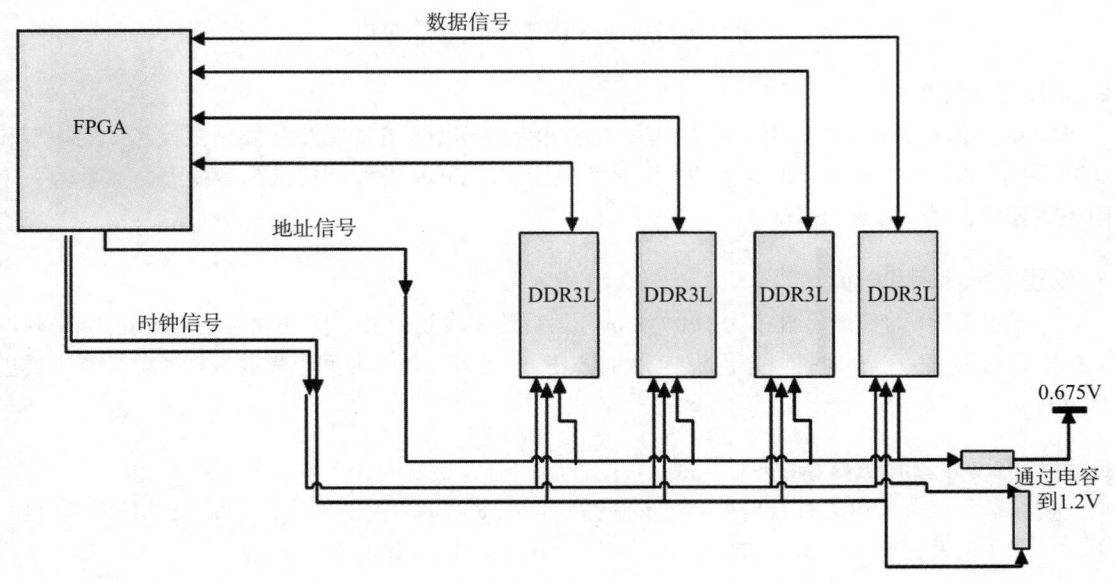

图 20.16 DDR 仿真案例的电路拓扑结构

关键的仿真步骤如下。

1. 叠层确认及设置

根据实际用于生产的叠层文件，对叠层的厚度、材料的介电常数、损耗因子等进行编辑，使其与用于生产的参数一致，如图 20.17 所示。

2. 电源网络设置

这里设置的主要是 DDR 相关的电源网络，如该 DDR 总线中共用到两个电源，一个是芯片的供电电源 1.35V，另一个是地址控制信号的上拉电源 0.675V。

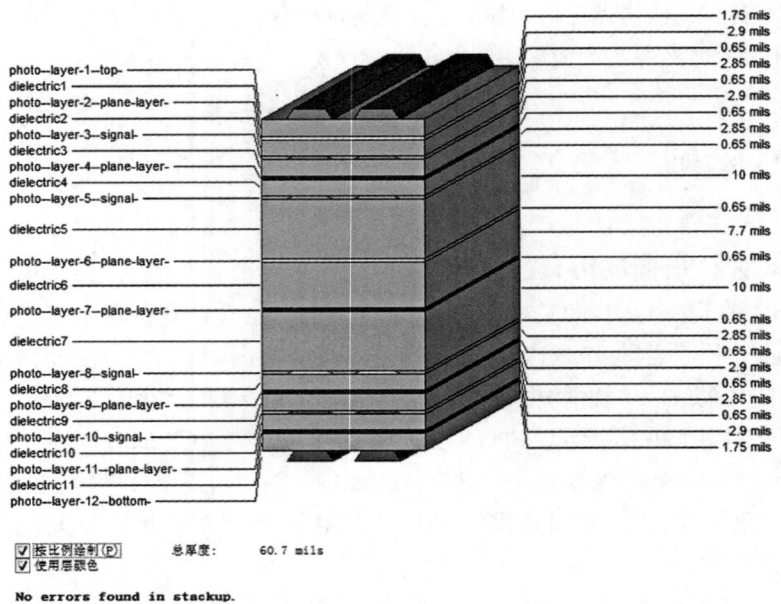

图 20.17　DDR 仿真案例的叠层结构

3. 添加元件模型

　　DDR 仿真中需要添加的模型分为有源模型和无源模型。有源模型主要是主控芯片的模型和 DDR 颗粒的模型，一般为 IBIS 模型；无源模型主要是 DDR 总线相关的阻容模型，通常为一个阻值或容值，或 s 参数的模型。

4. 设置运行速率和时间

　　本项目 DDR 的数据传输率为 1600Mbps，运行速率设置中需对应设置为 1.6Gbps。如果软件支持的是时钟频率，则时钟频率应设置为 800MHz。另外，仿真时间也需要根据实际仿真需要进行填写。

5. 运行仿真并查看仿真结果

　　仿真运行结束后可以查看信号的波形图，如图 20.18 所示。从波形图上可以看到，信号的过冲、下冲、非单调及振铃等，由于信号完整性问题对波形造成了影响。

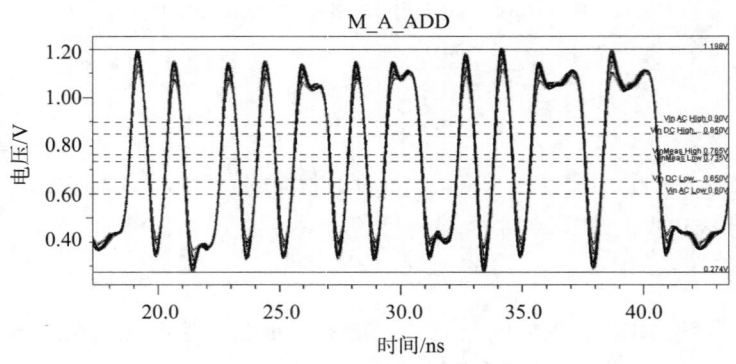

图 20.18　DDR 仿真波形

将结果波形和判定标准进行比较，看结果是否满足判定的要求。图 20.18 为接收端地址信号的波形，可以看出，地址信号在接收端满足电平规范的要求（虚线为信号高低电平判定规范）。同理，可以依次对数据信号、时钟、DQS 信号等进行判定。

20.6.2 高速串行信号仿真

常见的高速信号，如 PCIE、SATA、GTX、GTP、SRIO、USB3.0、XFP、SFP、XAUI 等，在整条链路上从发射端到接收端的表现情况，要通过频域上（如 s 参数）和时域上（如信号波形、眼图）的仿真来评估，以确保信号的有效传输。

以 PCIE 3.0 信号为例，高速信号的仿真流程如图 20.19 所示。

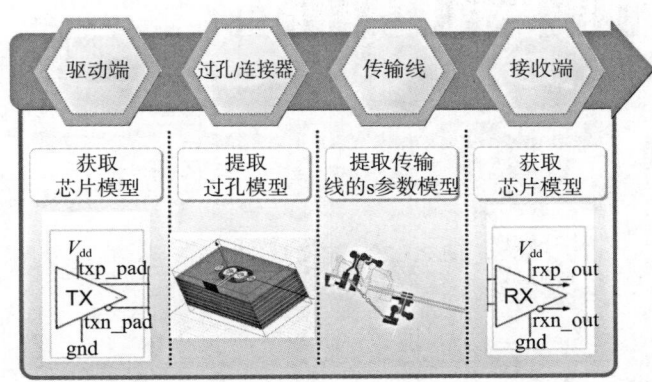

图 20.19　高速信号的仿真流程

1. 设置 PCB 的叠层结构

根据实际用于生产的叠层文件，对叠层的厚度、材料的介电常数、损耗因子等进行编辑，使其与用于生产的参数一致。

2. 定义差分走线

检查信号是否为差分信号。定义好的差分信号前面会有差分信号的标示，如图 20.20 所示。

3. 提取走线的 s 参数

设置端口　高速差分信号仿真主要针对网络端口进行分析，需要对仿真信号指定仿真端口。选择需要仿真的差分信号，并附上端口，如图 20.21 所示，共提取了 2 对 PCIE 差分信号，因此需要 8 个端口。

设置运行频率　设置的频率上限一般为信号基频的 3 ~ 5 倍，如 PCIE 3.0 的速率为 8Gbps，对应的基频为 4GHz，则设置的提取频率为 12GHz 以上。本次设置的频率上限为 5 倍频，即 20GHz，如图 20.22 所示。

（1）保存后进行仿真，可以得到通道的 s 参数。因为设置了差分信号，因此可以看到相关信息，如图 20.23 所示。

（2）保存波形为 s 参数的形式，用于通道的仿真，如图 20.24 所示。

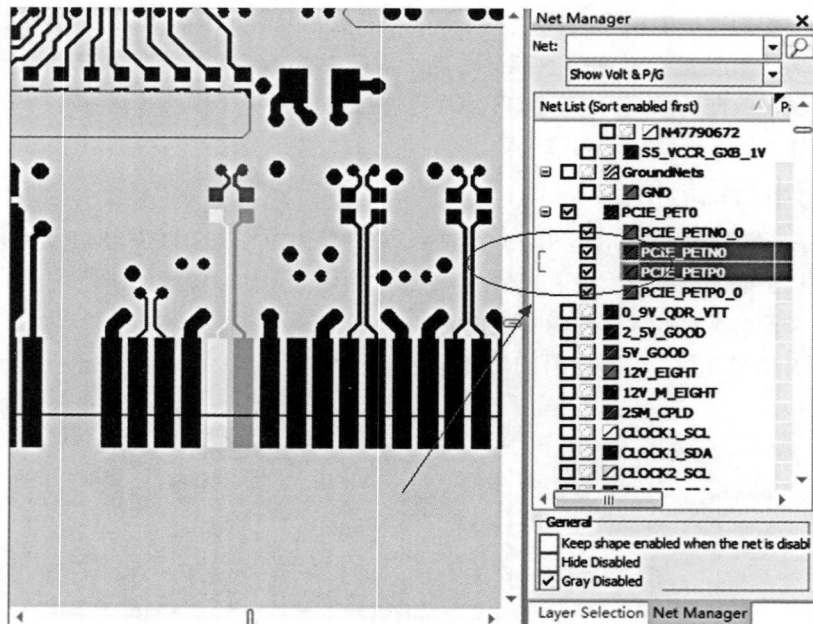

图 20.20　定义差分走线

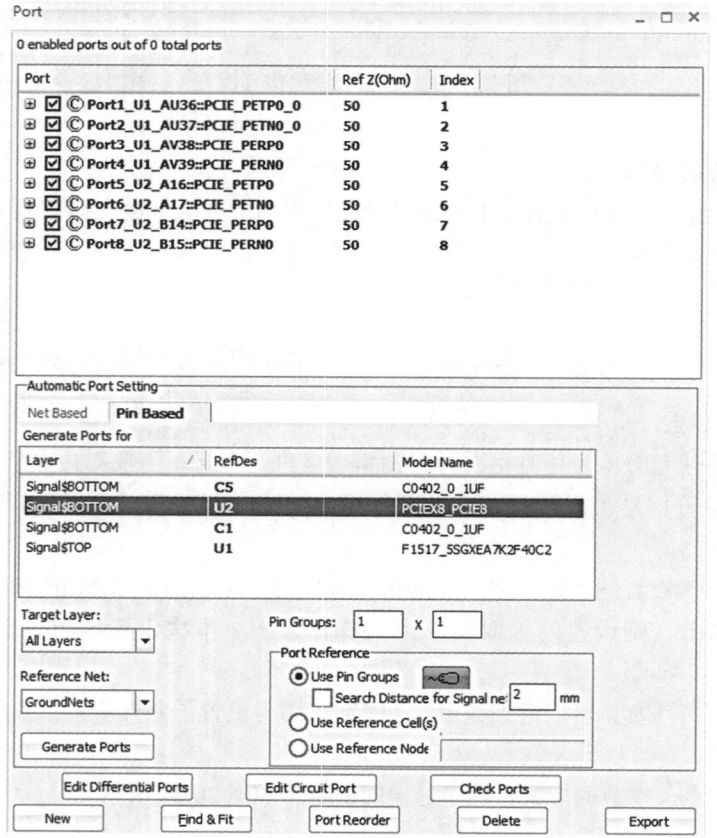

图 20.21　选择要仿真的差分信号与端口

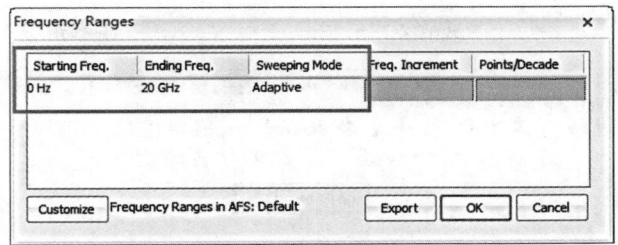

图 20.22 设置运行频率

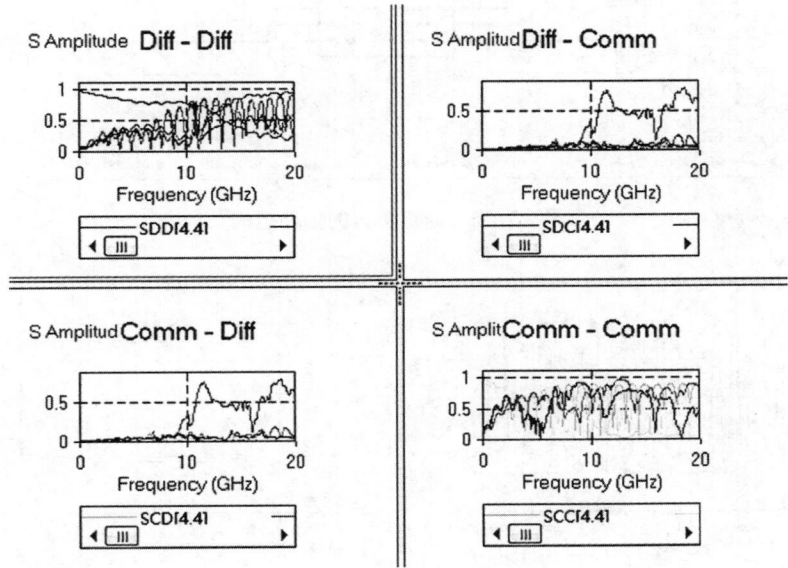

图 20.23 s 参数的仿真波形

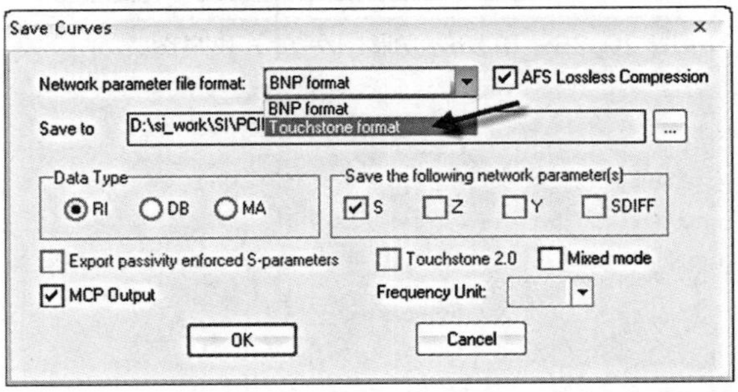

图 20.24 保存 s 参数

4. 通道仿真，得到信号波形及眼图

在对应的通道仿真软件中搭建通道仿真的拓扑结构，本次用 ADS 搭建拓扑结构，如图 20.25 所示。

给对应元件附上模型，这里用的是 IBIS-AMI 模型，因此需要选择通道仿真的仿真器。运行仿真后，可以在结果串口中观察对应的波形及眼图，如图 20.26 所示。

眼图中间的菱形为 Eye Mark，即对应的规范要求。由图可知，"眼睛的睁开大小"满足 Eye

Mark 的要求，也就是说信号满足规范要求。

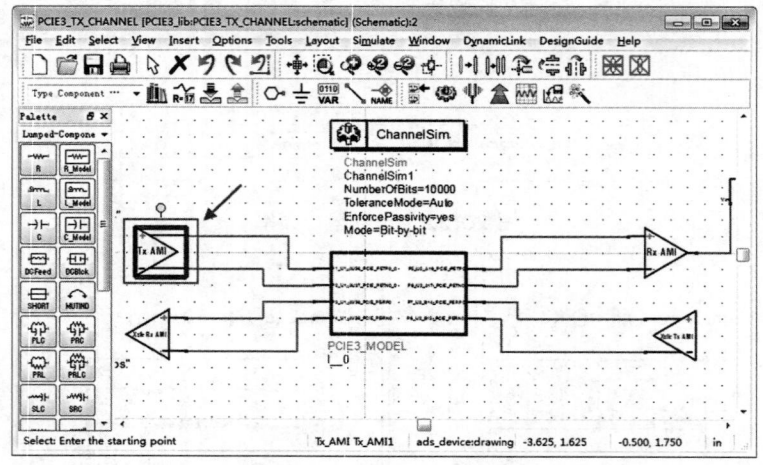

图 20.25　通道仿真的拓扑结构

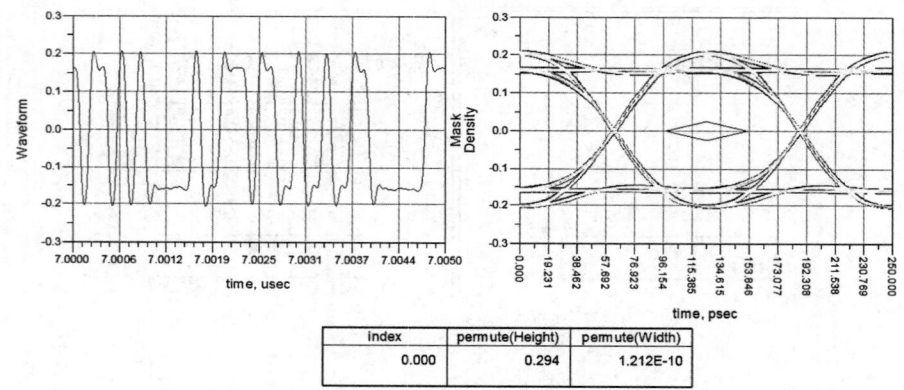

index	permute(Height)	permute(Width)
0.000	0.294	1.212E-10

图 20.26　仿真的波形图（左）和眼图（右）

第 *21* 章
PCB 的电源完整性

雷勇锋
深圳市兴森快捷电路科技股份有限公司

21.1 引 言

电源完整性是指电源在负载变化的情况下，与其理想情况（或恒定输出电压）的接近程度。随着超大规模集成电路工艺的发展，芯片的工作电压越来越低，而工作速度越来越快，功耗越来越高，单板的密度也越来越大，对电源供应系统在整个工作频带内的稳定性提出了更高的要求。电源完整性设计的水平直接影响着系统的性能，如整机可靠性、信噪比与误码率、及 EMI/EMC 等重要指标。设计一个高性能的电源供应系统，实质上是要使系统工作时的电源、地噪声得到有效的控制，在很宽的频带范围内为芯片提供充足的能量，并充分抑制芯片通信引起的回流、辐射及串扰。

电源、地平面在供电的同时也给信号线提供参考回路，直接决定回流路径，从而影响信号的完整性；同样，不同的信号完整性处理方法也会给电源系统带来不同的冲击，进而影响电源完整性的设计。所以在对电源完整性和信号完整性进行设计时，两者需要融会贯通。

电源完整性问题，就其根本原理而言是一个较为复杂的电路与电磁场互动的问题。电源模块自身、带分布参数的滤波电容、集成电路的输入/输出等都属于电路问题，在原理图上是显现的；电源系统相关元件的物理位置和 PCB 叠层结构等则属于物理问题，即电磁场分布问题，在原理图上是隐含的。孤立地分析电路或电磁场都不能解决电源完整性问题。

21.2 电源分配网络

电源分配网络（Power Delivery Network，PDN）是给系统中所有元件或者芯片提供足够的电源，并能满足系统对电源传输稳定电流信号要求的网络。如果在高速电路设计中没有进行特定的 PDN 设计，那么芯片上的电源噪声极有可能会影响整个供电系统，甚至在高温、低温、冲击振动、电磁干扰等环境恶劣的情况下，影响芯片的正常工作。PDN 阻抗一般定义为从电路电源消耗的一点看向整个 PDN 供电方向的阻抗，是 PDN 研究中最重要的电子特性。PDN 模型系统框图如图 21.1 所示。

PDN 由稳压器模型（Voltage Regulator Model，VRM），所有板上的和封装内部的去耦电容，以及 PCB 上芯片工作电源电压（VDD）和信号地（GND）的铜走线构成，如图 21.2 所示。在电源完整性分析中，每一条电源地走线都不再视为理想的连接，而是视为电路的元件，而这些元件包含了电阻、电容和电感。借用这个原则，理想的电源 VDD 和地 GND 只能存在于 VRM 输出口的某一点,更重要的是,整个 PDN 会被分成两个部分,VDD PDN 和公共接地端电源电压（VSS）PDN,一般会用去耦电容连接 PDN 上的不同端点。

将 PDN 拆分成两部分考虑,主要有以下原因:高速电路充放电所走的信号线路径并不一样。充电时,电流通过 VDD,放电时则通过 VSS。VSS 对于去耦电容实现的功能扮演着一个特殊的角色,一般来说 VSS PDN 的阻抗最好比 VDD PDN 小。

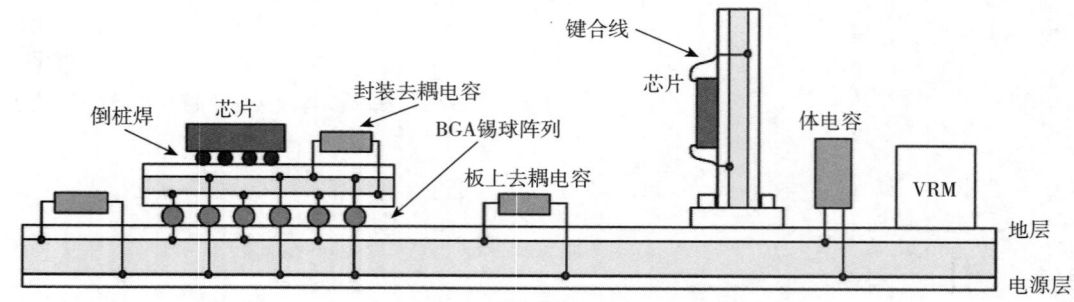

图 21.1　PDN 模型系统框图

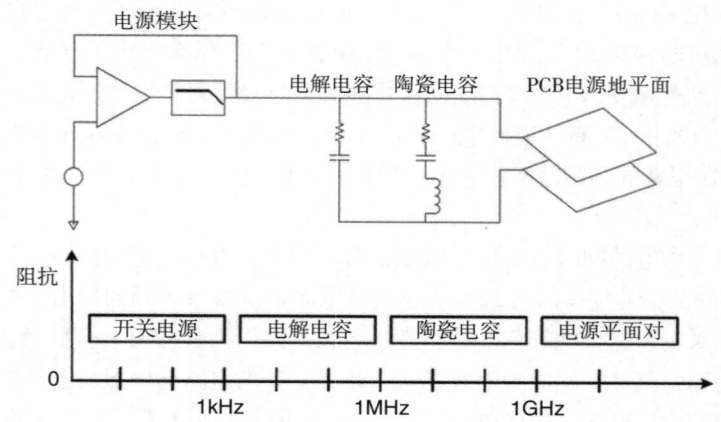

图 21.2　电源分配系统以及各元件对目标阻抗的影响

21.3　电源噪声的来源

稳压芯片的输出电压有一定的动态范围,并不是恒定的。它是通过控制自身的输出电流将输出电压调整到额定值的,这一过程需要时间。当负载电压变化的频率不到兆赫兹级时,稳压芯片能够提供稳定的输出电压。一旦负载电压变化的频率超过这个范围,稳压芯片就不能实时对电压变化做出响应,导致输出电压出现跌落,产生电源噪声。

同步开关噪声　系统中多个元件同时开关会产生瞬间变化的电流（dI/dt）。如图 21.3（a）所示,当变化的电流流经电感时,会产生交流压降,从而产生噪声。该噪声被称为同步开关噪声（Simultameous Switch Noise,SSN）,也称为 ΔI 噪声。SSN 的基本原理可以用式（21.1）来描述:

$$V_{SSN} = NL_{tot}\frac{dI}{dt} \tag{21.1}$$

式中,V_{SSN} 为同步开关噪声;N 为同时开关的元件数;L_{tot} 为回路的总等效电感;dI/dt 为电流的变化速率。从式（21.1）可以看出，V_{SSN} 与 N、L_{tot} 和 dI/dt 成正比，即同时开关的元件越多，SSN 越严重。

谐振效应与边缘效应　从图 21.3（c）中可以看到，电源平面可以等效成由很多电容和电感构成的网络。当频率上升到一定值时，由于分布电感的影响，电源/地平面可等效成一个谐振腔。发生谐振时，电源层阻抗会发生变化，可能会造成电压波动。

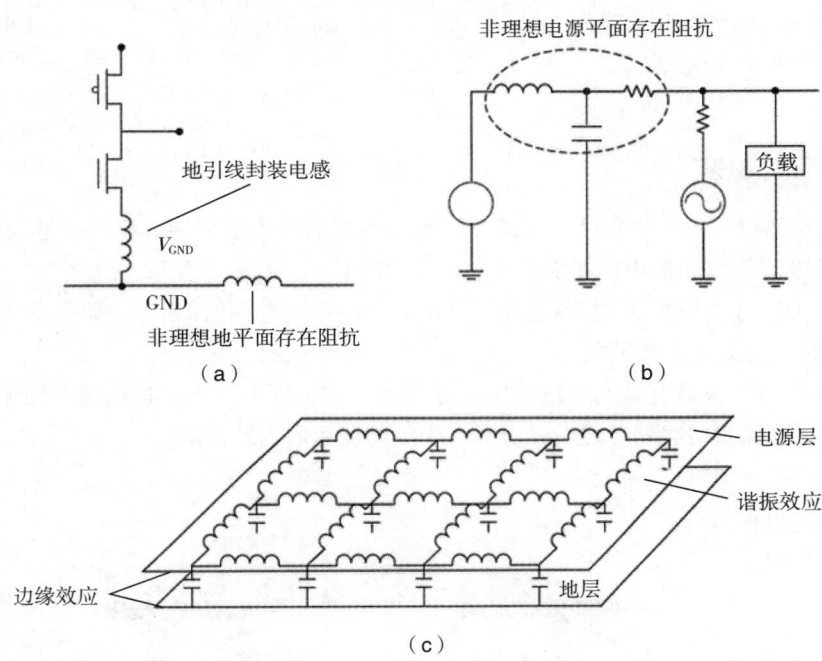

图 21.3　电源系统噪声的来源

21.4　目标阻抗

目标阻抗法是当前电源分配网路设计中广泛使用的方法：首先确定满足系统要求的目标阻抗，然后对 PDN 阻抗进行设计，使其在一定的带宽范围内（一般为网络的工作带宽）不超过目标阻抗，如图 21.4 所示。

由欧姆定律可以得到一个 PDN 目标阻抗的计算公式：

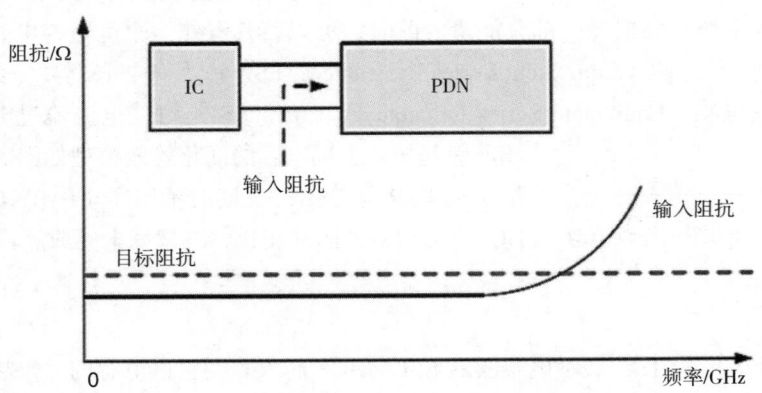

图 21.4　目标阻抗

$$Z_{目标} = \frac{\Delta V}{I_{平均}} = \frac{\Delta V \cdot V}{P} \tag{21.2}$$

式中，ΔV 为电源噪声容限；$I_{平均}$ 为平均电流；V 为供电电压；P 为平均功率。

要使电压的波动范围小于电源的噪声容限，那么所设计 PDN 的输入阻抗不能大于目标阻抗。由于电容器在谐振频率周围的阻抗最小，可以利用这一特性来获取较小的输入阻抗，因此在频域上设计 PDN 很容易找到出现噪声的频率点。电源平面的阻抗$z = \sqrt{L/C}$，可见减小目标阻抗的方法是减小电感和增大电容。

21.5   去耦电容

在设计电路的过程中，工程师会为芯片的每个电源引线添加去耦电容，这是因为 PDN 提供电流对负载供电。但是当输出阻抗突然变大时，VRM 会"措手不及"，无法实时响应，此时就需要另一个电源进行"补救"。去耦电容相当于一个小型"电源"，当输出阻抗太大时，它们可以把 VRM 旁路，直接为负载供电。

如图 21.5 所示，旁路电容的两端分别接在电源端和地端，电流经过电源平面流出，经过电源平面上的导通孔流过电容器，之后经过另一个导通孔返回到地平面。

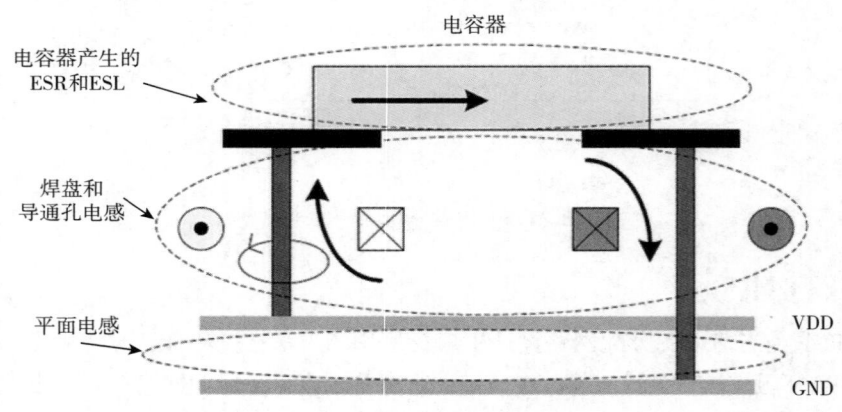

图 21.5   旁路电容的工作原理

在理想情况下，电容的作用类似于"中转站"，不会消耗任何能量，但是由于制造材料的电导率有限，电容工作时会损耗一部分能量。此时，可以将其看作一个电阻与电容的串联，这个电阻就称为等效串联电阻（Equivalent Series Resistance，ESR）。另外，还需要考虑另一个重要参数——等效串联电感（Equivalent Series Inductance，ESL），它是时变电流流过电容器产生的磁场所引起的。去耦电容的简化等效模型如图 21.6 所示。对于给定的 ESR 与 ESL，去耦质量因子（Bypass Quality Factor，BQF）与串联电阻成正比，与串联电感成反比，即

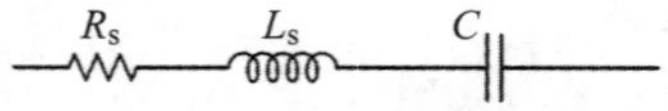

图 21.6   去耦电容的简化等效模型

$$BQF = C / L \tag{21.3}$$

其中，C 为电容器的容值；L 表示电容器的 ESL。BQF 越大表明去耦电容的效果越好。

电容的阻抗为

$$Z = R + \mathrm{j}\omega L + \frac{1}{\mathrm{j}\omega C} \quad\quad (21.4)$$

式中，Z 为阻抗；R 为电阻；L 为电感；C 为电容；j 为虚部；ω 为角频率。

对式（21.4）进行求解，得到电容器的谐振频率为

$$f = \frac{1}{2\pi\sqrt{LC}} \quad\quad (21.5)$$

去耦电容的频率响应变化曲线如图 21.7 所示，表达式为式（21.6）。显而易见，以谐振频率为分界点，在分界点左侧，电容起主导作用，表现为容性；在分界点右侧，寄生电感起主导作用，表现为感性，此时的电容器去耦作用逐渐减小。电容器的等效阻抗与频率有关，在分界点处，等效阻抗最小，其值等于 ESR；在分界点左侧，阻抗一直减小；而在分界点右侧，阻抗一直增大。

$$20\log|Z| = \begin{cases} -20\log(2\pi f C_{\mathrm{DA}}),\ f < f_0 \\ 20\log(R_{\mathrm{S}}),\ f = f_0 \\ 20\log(2\pi f L_{\mathrm{DA}}),\ f > f_0 \end{cases} \quad\quad (21.6)$$

式中，Z 为阻抗；f 为频率；f_0 为谐振频率；L_{DA} 为介质吸收电感；C_{DA} 为介质吸收电容；R_{S} 为频率分界点的等效电阻。

对于给定的一个电容器，为了保证在系统工作频带内一直保持较小的阻抗，有两个办法。第一，减小电容的 ESR 和 ESL，以确保阻抗最小；第二，减小电容工作频率超出谐振频率 f_0 时的阻抗。

除了上面介绍的电容高频特性及频率响应等内容外，还需要关注以下几个方面。

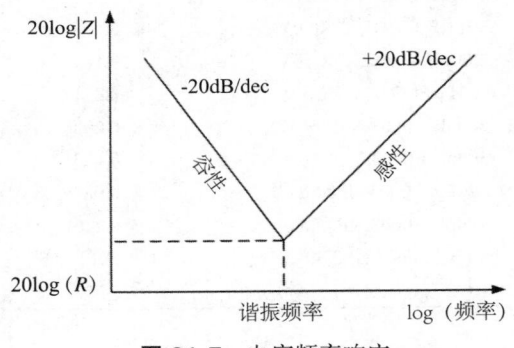

图 21.7　电容频率响应

1. 电容的并联

实际的 PDN 系统中存在很多电容，它们通常连接芯片的电源引线和地引线，实际上，这些电容是并联的关系。这么多的电容并联在一起的阻抗特性决定了 PDN 系统的阻抗曲线形状。首先考虑相同电容并联的情况。单一电容器的阻抗表达式为式（21.4），若忽略平面引入的寄生参数的影响，并将 $\omega = 2\pi f$ 代入，当 N 个完全一样的电容并联时，阻抗表达式为

$$Z_{\mathrm{P}} = \underbrace{Z /\!/ Z \cdots /\!/ Z}_{N} = \frac{Z}{N} = \frac{R}{N} + \mathrm{j}\left(\frac{2\pi f L}{N} - \frac{1}{2\pi f N C}\right) \quad\quad (21.7)$$

式中，Z_{P} 为并联阻抗；Z 为单个电容阻抗；R 为电阻；f 为频率；C 为单个电容大小；N 为并联电容的数量；j 为虚部。

显而易见，当 N 个相同的电容并联后，电容值变成原来的 N 倍，ESR 及 ESL 均是单一电容对应参数的 $1/N$，那么新谐振点频率的表达式为

$$f_{\mathrm{P0}} = \frac{1}{2\pi\sqrt{\dfrac{L}{N}\cdot NC}} = \frac{1}{2\pi\sqrt{LC}} = f \quad\quad (21.8)$$

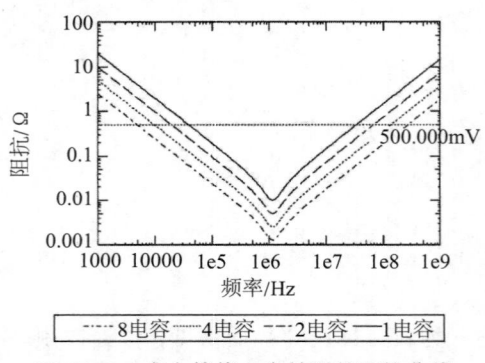

图 21.8 多个等值电容并联的阻抗曲线

式中，f_{P0} 为新谐振点频率；C 为单个电容大小；N 为并联电容的数量；L 为电感；f 为频率。

式（21.8）与式（21.5）的结果相同。也就是说，N 个相同容值的电容并联后，对谐振频率没有影响，但是谐振点处的阻抗是原来的 $1/N$。所以，阻抗曲线的整体走势不变，仍保持"V"形，但是由于每个频点处的阻抗均变小了，所以曲线会整体下移，如图 21.8 所示。

常用陶瓷贴片电容的分布参数与自谐振频率见表 21.1。

表 21.1 常用陶瓷贴片电容的分布参数与自谐振频率

电容类型	ESR/Ω	ESL/nH	SRF/MHz
10 μF（1210,Y5V,25V）	0.012	0.900	1.678
1.0 μF（1206,X7R,25V）	0.015	1.000	5.033
0.1 μF（0805,X7R,50V）	0.025	0.6000	20.547
0.047 μF（0603,X7R,25V）	0.053	0.500	32.831
0.01 μF（0603,X7R,50V）	0.098	0.500	71.176
2200pF（0603,X7R,50V）	0.189	0.5	151.748
0.001 μF（0603,X7R,50V）	0.271	0.500	225.079
820pF（0603,X7R,50V）	0.298	0.5	248.558
390pF（0603,X7R,50V）	0.423	0.5	360.415
220PF（0603,NP0,50V）	0.085	0.5	479.87
100pF（0603,NP0,50V）	0.116	0.5	711.763
68pF（0603,NP0,50V）	0.14	0.55	863.139
10pF（0603,NP0,50V）	0.378	0.5	2250.791

2. 去耦电容的 PCB 设计

对于去耦电容的放置位置，最基本的设计要求是尽量靠近需要去耦的芯片引线。考虑去耦电容与噪声源之间补偿电流的相位关系，以及电流在传输路径上的损耗，噪声源距离去耦电容的最大距离由下式决定：

$$S < \frac{C}{50 f_0 \sqrt{\varepsilon_r}} \tag{21.9}$$

其中，S 称为去耦电容的有效去耦半径；f_0 表示去耦电容的自谐振频率；ε_r 为介电常数。只有当噪声源与电容的距离在这个范围之内时，电容才能对其进行有效去耦。

当电容安装到 PCB 上后，其总的寄生电感不仅包括电容自身的内部电感（Intrinsic Induction），还包括引线的安装电感（Mounted Induction）。总的寄生电感主要由图 21.9 所示的电流回路决定。

去耦电容设计的原则之一是尽量减小自身寄生电感，最主要的措施是减短电容的电流回路，一般通过 PCB 设计来达到这个目的。常见的几种电容的 PCB 设计方式如图 21.10 所示。

图 21.10（a）的寄生电感最大，在电容高速去耦设计中一般不采用；图 21.10（b）和（c）

的寄生电感小于图 21.10（a）的寄生电感，是最常用的两种 PCB 设计方式；图 21.10（d）的回路电感更小，如果布线空间允许，应尽量采用这种方法，但是它可能会破坏电源 / 地平面的完整性，以及造成布线拥挤；图 21.10（e）的是寄生电感最小的 PCB 设计方式，如果 PCB 加工及焊接工艺允许，这种方式是最好的选择。

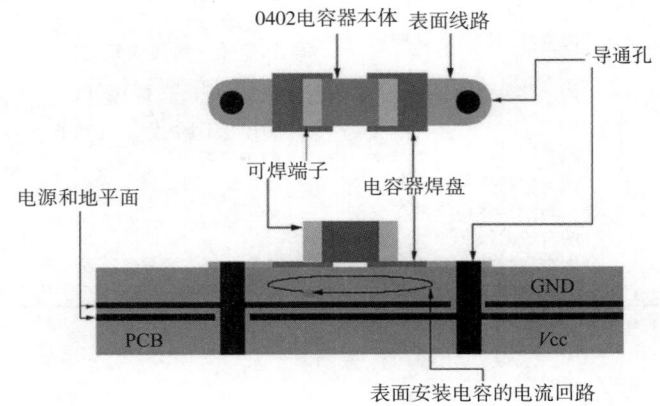

图 21.9 流经电容的电流回路

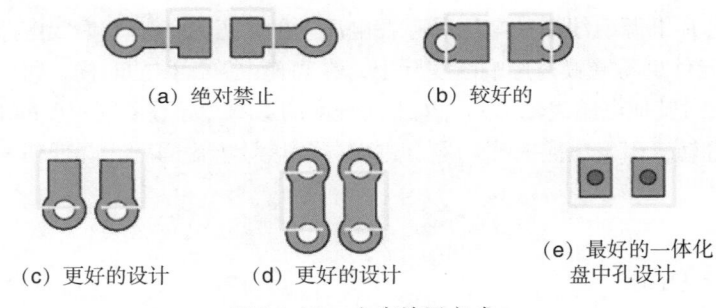

（a）绝对禁止　　　　（b）较好的

（c）更好的设计　　　（d）更好的设计　　　（e）最好的一体化盘中孔设计

图 21.10 电容放置方式

3. 电容的种类

电容的种类有很多，如 CBB 电容（聚乙烯）、涤纶电容、瓷片电容、云母电容、独石电容、电解电容和钽电容等。表 21.2 列出了各种电容的优缺点。

去耦、滤波通常采用铝电解电容、钽电容、陶瓷电容。其中，铝电解电容主要用在电源模块部分，它的容值可以做得很大，但是它的工作温度通常在 –20 ~ +70℃，工作频率在 10kHz 以下。固体钽电容的低频特性非常好，容量大，而且 ESR 也很小，但由于压电效应，容量随偏置电压变化较大。陶瓷电容高频特性非常好，性能稳定，ESR 很小。下面是几类典型陶瓷电容的特性。

NPO 一类陶瓷电容，ESR 最小，电压特性与温度特性最好，但通常容量较小，最大容量到数十 nF。

X7R 二类陶瓷电容，电压特性与温度特性较好，容量通常在几纳法至几微法。

X5R 二类陶瓷电容，电压特性与温度特性同 X7R，但可靠性较 X7R 差，容量可达 100 μF。

Y5V 二类陶瓷电容，电压特性与温度特性差，但容量可以做到很大。

表 21.2 各种常用电容的优缺点

名　称	极　性	制　作	优　点	缺　点
无感 CBB 电容	无	2 层聚丙乙烯塑料和 2 层金属箔交叠后捆绑	无感，高频特性好，体积较小	不适合做大容量，价格较高，耐热性能较差
CBB 电容	无	2 层聚乙烯塑料和 2 层金属箔交叠后捆绑	有感，其他同上	
瓷片电容	无	薄瓷片两面镀金属膜银	体积小，耐压高，价格低，频率高(有一种是高频电容)	易碎！容量低
云母电容	无	云母片上镀两层金属薄膜	容易生产，技术含量低	体积大，容量小（几乎不再使用）
独石电容	无		体积比 CBB 更小，其他同 CBB，有感	
电解电容	有	两片铝带和两层绝缘膜交叠，转捆后浸电解液（含酸性的合成溶液）	容量大	高频特性不好
钽电容	有	用金属钽作为正极，在电解质外喷上金属作为负极	稳定性好，容量大，高频特性好	造价高（一般用于关键地方）

21.6　IR Drop（直流压降）

IR Drop 通常被定义为直流电流流过导体时产生的直流压降。受 PDN 阻抗的影响，电源芯片的输出电压与芯片电源引线端的电压是存在电压差的。近几年随着集成电路供电电压减小至 1.2V 甚至更低，元件更易受噪声影响。实际上，在高速电路工作的时候，每一个工作的逻辑门都会以电流的形式对其他电路逻辑单元产生不同程度的影响，导致不同程度的 IR Drop。IR Drop 会影响逻辑门的翻转，引发电路时序问题，进而导致信号传输问题，降低信号传输速度，甚至会导致芯片失效。

21.6.1　静态 IR Drop

所谓静态 IR Drop，通常指的是 PCB 上主要电源网络从 VDD 到 GND 的金属连线电阻造成的不可忽略的分压，使电压传到远端时看上去好像发生了压降。根据欧姆定律，静态电流流过电源内部连线时，会因为连线本身的电阻产生压降。

可见，形成静态 IR Drop 的两大因素，一个是稳定的直流电流，一个是电源线的内阻。电源线的内阻由电阻率和传导的电流确定。电阻率是金属导电能力的衡量标准，是材料本身的参数。集成电路设计中常用的金属导电材料是铜，铜导体、导通孔构成了供电端和集成电路上所有元件之间的电源分配网络 PDN。

21.6.2　动态 IR Drop

不同于静态 IR Drop，动态 IR Drop 是电路逻辑开关快速切换时的电流波动引起的，在时钟沿翻转时发生。时钟沿的变化导致瞬时电流增大，使电源走线上的电压下降，开关晶体管数量越多，这种情况越容易发生。如果 PDN 到达触发器的 IR Drop 太大，触发器可能会因为 VDD 过低而停止工作，响应速度变慢。一般情况下，在时钟路径上的 IR Drop 会影响信号保持时间，在数据路径上的 IR Drop 会影响信号建立时间。另外，如果传播过程中的噪声太大，那么小信号很容易被压迫，进而产生不可预估的信号完整性问题。在高速电路中，由于时钟非常快，电流对时间的变化率不可忽略，传输线的电感可以视为定值，动态 IR Drop 仿真主要是针对电流对时间的变化率（Ramp）和电路上压降的关系展开的。

21.7　电源 / 地平面噪声

不仅仅是 PCB 中的电源层和地层可以构成电源 / 地平面，PCB 上的芯片封装也可以构成电源 / 地平面。电源 / 地平面会形成一个电磁谐振腔，这个电磁谐振腔会使得其边缘出现一个幅值比较大的谐振电压，谐振频率在进行 PCB 设计时，可以根据 PCB 的物理特性和介质材料的参数计算：

$$f_{\text{res}}(m,n) = \frac{1}{2\pi\sqrt{\mu_0 \varepsilon_0 \varepsilon_r}} \sqrt{\left(\frac{m\pi}{a}\right)^2 + \left(\frac{n\pi}{b}\right)^2} \tag{21.10}$$

式中，μ_0、ε_0 和 ε_r 分别为自由空间磁导率、自由空间的介电常数和相对介电常数；a 和 b 分别为平面的长和宽；$f_{\text{res}}(m,n)$ 为平面谐振频率，m，n 为模数。

当电源 / 地平面进入谐振模式后，平面会对 PCB 和 IC 封装元件产生很大的影响，成为一个边缘辐射源、电源噪声源。谐振腔的驻波会以耦合的形式向其周围的电路辐射，产生电磁干扰。相对于 PCB，封装的面积很小，所以产生的电源 / 地平面的谐振频率非常高。电源 / 地平面之间添加的去耦电容越多，平面谐振腔的有效电感和电容变化越明显，从而使谐振电压发生改变。谐振感应电压的变化会导致周围的电场分布和谐振频率产生偏移。

如果一个平面产生了谐振现象，自阻抗和互阻抗的幅值就会随之增大，增大到门限值时就会产生信号完整性问题。抑制平面谐振的方法有很多种，最常见的是添加 VRM 和去耦电容。但是添加 VRM 的效果不是很明显，添加去耦电容是一个比较好用又方便的措施。

21.8　仿真案例

这里采用的电源仿真软件为 Cadence 的 Sigrity 系列。

叠层结构为 TOP-GND02-ART03-ART04-POWER05-BOTTOM。进行电源仿真分析前，需要整理单板的 PDN 分布关系，以确定电源的参数设计要求，见表 21.3。

表 21.3　仿真案例的 PDN 分布关系

电源网络	供电模块	供电芯片	最大电流 /A	目标阻抗 /Ω	总电流 /A
VCC_3P3	U35	U32	0.5	0.33	1.75A
		U33	0.5	0.33	
		U34	0.2	0.825	
		U36	0.2	0.825	
		U37	0.15	1.1	
		U38	0.2	0.825	

21.8.1　IR Drop 仿真分析

IR Drop 仿真分析主要包括直流压降仿真分析和电流密度仿真分析，通过仿真电源平面层的直流压降，以及导通孔、铜皮的电流密度与电流方向，考察平面层的载流能力。主要步骤如下。

（1）对仿真文件进行相关设置，包括叠层结构设置、电源 / 地网络设置、仿真网络的 VRM

和 SINK 设置等。选取仿真网络时，必须包括电源网络和地网络，仿真电源网络的 VRMS 设置
如图 21.11 所示。

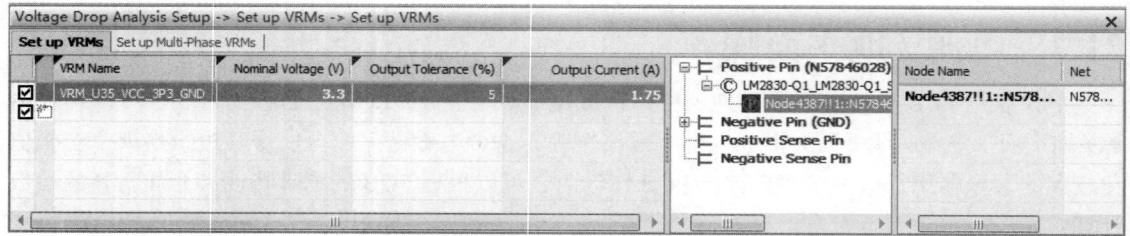

图 21.11 VRM 设置

（2）根据 PDN 分布关系表中负载芯片的耗电情况，设置 SINK，如图 21.12 所示。

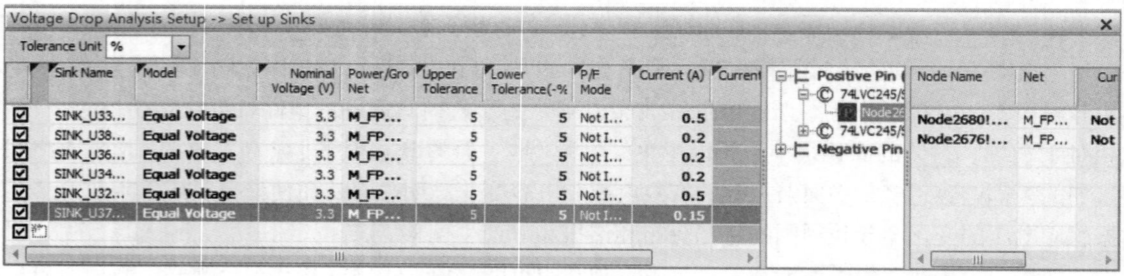

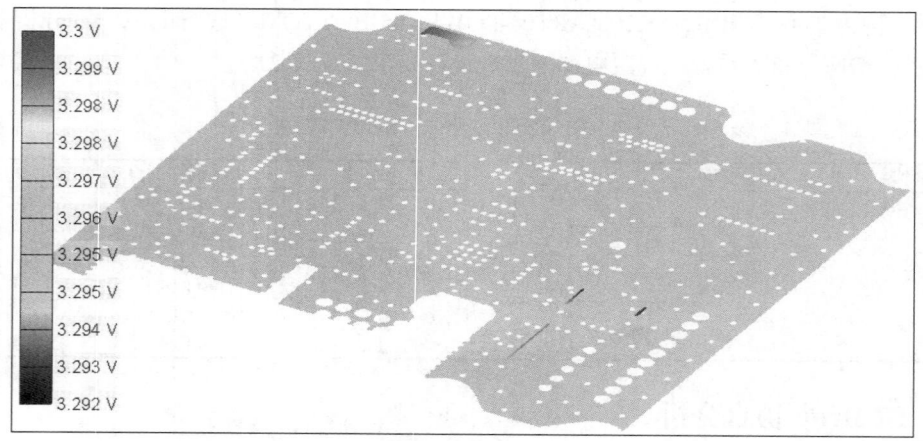

图 21.12 SINK 设置

（3）各项设置检查无误后，进行仿真分析，可得到所选 VCC_3P3 电源网络的直流压降和电
流密度仿真结果，如图 21.13 和图 21.14 所示。

按照 5% 纹波估算，3.3V 电压的最小参考值为 3.135V。可见，电源满足压降的要求。

图 21.13 直流压降仿真结果

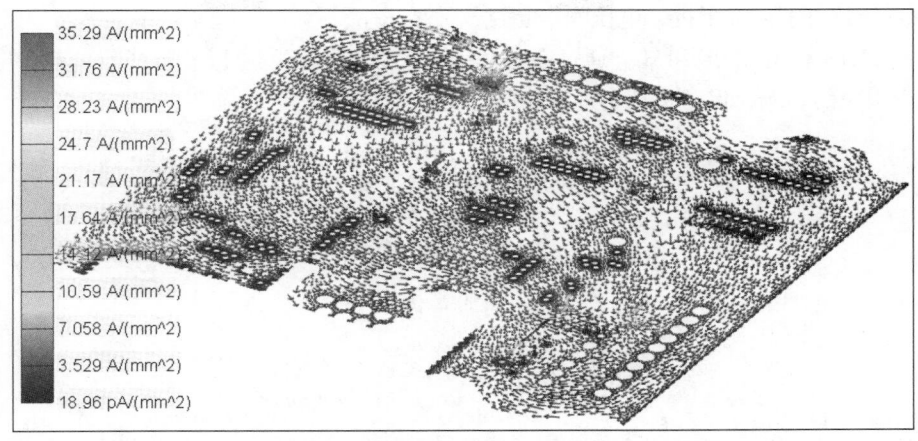

图 21.14　平面电流密度仿真结果

21.8.2　平面阻抗分析

根据目标阻抗的定义，估算出电源平面目标阻抗。平面阻抗设计的目标就是在一定的频率范围内，使电源网络的阻抗不超过目标阻抗。如果某些频点或频段的阻抗超标，可以添加相应的去耦电容。主要步骤如下。

（1）仿真电源平面阻抗，需要设置电容模型，如图 21.15 所示。

	A	RefDes	Model Name	Tags	X(mm)	Y(r
✓	A	L10	INDUCTOR_SPRH62_S...	IC	17....	70.
✓	A	C249	C_SC0402_0_1UF_0_1UF	DISCRETE	20....	11.
✓	A	C237	C_SC0603_1UF_1UF	DISCRETE	25....	55.
✓	A	C236	C_SC0402_0_1UF_0_1UF	DISCRETE	58....	20.
✓	A	C232	C_SC0603_1UF_1UF	DISCRETE	27....	43.
✓	A	C231	C_SC0402_0_1UF_0_1UF	DISCRETE	55....	10.
✓	A	C227	C_SC0603_1UF_1UF	DISCRETE	18....	63.
✓	A	C226	C_SC1206_22UF_22UF	DISCRETE	18....	65.
✓	A	C224	C_SC0402_0_1UF_0_1UF	DISCRETE	54....	24.
✓	A	C221	CAP_SC0402_0_1UF_...	DISCRETE	63....	24.
✓	A	C64	C_SC0402_0_1UF_0_1UF	DISCRETE	58....	50.

图 21.15　设置电容模型

（2）对负载芯片设置分析端口，如图 21.16 所示。

Port	Ref Z(Ohm)	Index
⊞ ☑ Ⓒ Port1_U32_16::VCC_3P3	0.1	1
⊞ ☑ Ⓒ Port2_U33_19::VCC_3P3	0.1	2
⊞ ☑ Ⓒ Port3_U34_4::VCC_3P3	0.1	3
⊞ ☑ Ⓒ Port4_U36_1::VCC_3P3	0.1	4
⊞ ☑ Ⓒ Port5_U37::VCC_3P3	0.1	5
⊞ ☑ Ⓒ Port6_U38_1::VCC_3P3	0.1	6

图 21.16　设置端口（Port）

（3）设置扫描频率。仿真平面阻抗时，频率上限一般设置在 1GHz 以内，如图 21.17 所示。

（4）进行仿真分析，电源 VCC_3P3 平面的阻抗曲线如图 21.18 所示。可见，在 130MHz 以下，给 U34、U36 和 U38 供电时，电源 VCC_3P3 平面的阻抗满足要求。

（5）把滤波电容去掉后，电源平面的阻抗曲线如图 21.19 所示，电源 PDN 阻抗曲线在

50MHz 频点处超过了目标阻抗，电压噪声超过纹波要求。

　　对比图 21.18 和图 21.19 可知，通过在芯片引线上添加电容，可以有效滤波，减小电源平面阻抗，减少噪声的影响，保证负载芯片工作的稳定性。

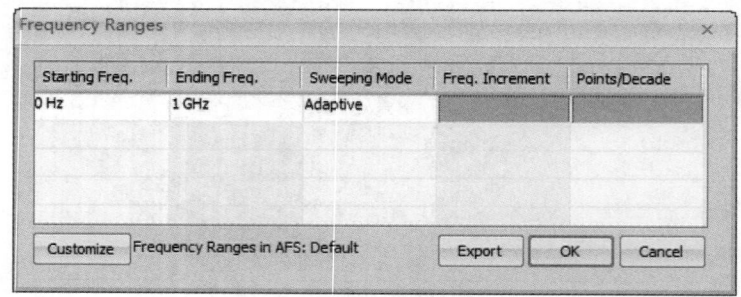

图 21.17　设置扫描频率

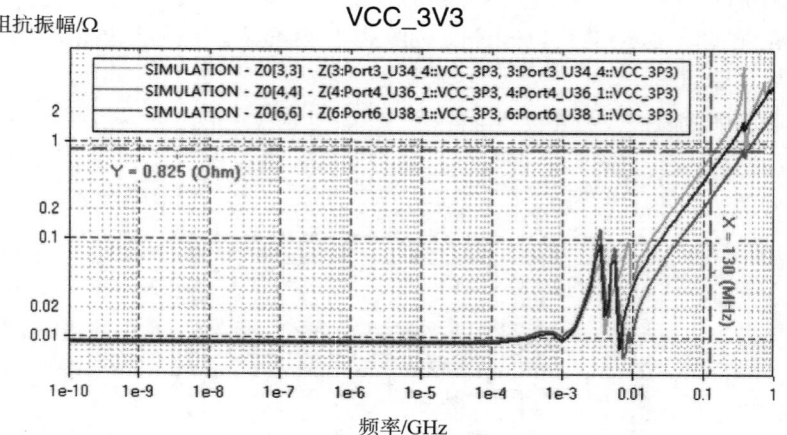

图 21.18　平面阻抗曲线（U34/U36/U38）

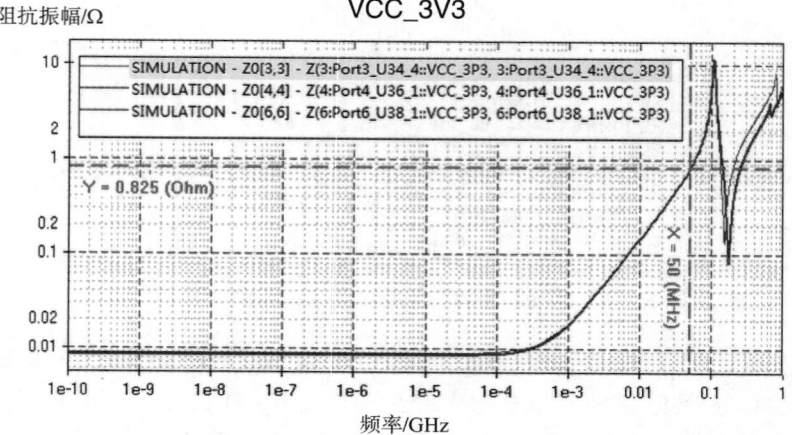

图 21.19　去掉电容后的平面阻抗曲线（U34/U36/U38）

21.8.3 平面谐振分析

良好的 PDN 设计应保证谐振点上无此谐振频率的激励源或信号走线，否则建议在谐振点添加此频率的去耦电容，将因平面本征谐振引起的地弹效应减到最小。主要步骤如下。

（1）PCB 中 POWER05 层为整层 VCC_3V3 电源平面，分析 VCC_3V3 平面的谐振的设置如图 21.20 所示。

（2）设置频率扫描范围为 0 ~ 1GHz。

（3）进行仿真分析，在频率扫描范围内，详细列出电源平面谐振较大的频率点。这里，电源平面在 14.666MHz 频率点处存在相对较大的谐振，最大谐振幅值为 320.276mV，如图 21.21 所示。

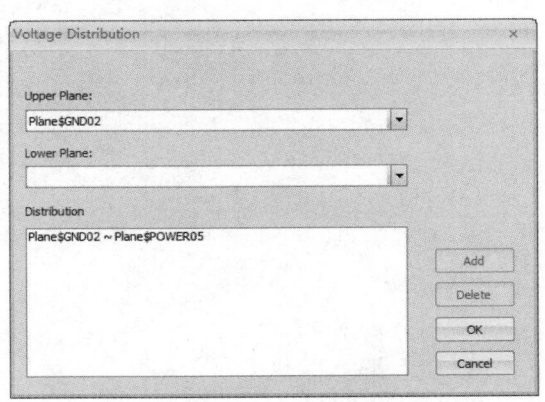

图 21.20　电源 / 地平面谐振分析设置

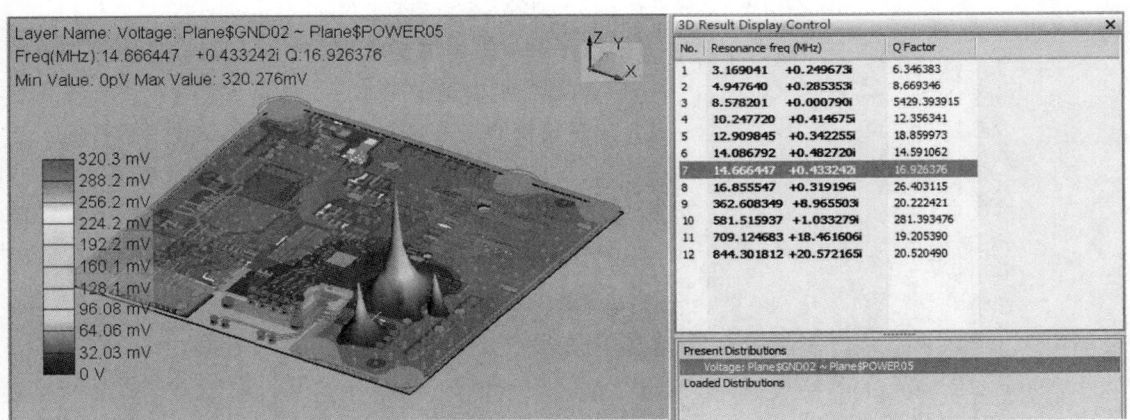

图 21.21　电源平面最大谐振频率点及幅值

Device Name	Model Value	Resonant Frequency
CAP_SC0402_0.1UF 0.1uF	100 nF	26 MHz
C_SC0402_0.1UF 0.1uF	100 nF	26 MHz
C_SC0603_1UF 1uF	1 uF	8.2 MHz
C_SC1206_22UF 22uF	22 uF	1.8 MHz

图 21.22　不同电容的谐振频率

（4）不同电容的谐振频率是不一样的，如图 21.22 所示。在最高谐振点附近分别增加 0603_1μF 的电容，和原来的 0402_0.1μF 电容组合，仿真结果如图 21.23 所示，可见谐振幅值减小到 126.7mV。

（5）不改变电容，只增加电源导通孔和加粗芯片引线电源线连接，电源平面谐振仿真结果如图 21.24 所示。可见，在 16.779MHz 频率点处，平面最大谐振幅值减小到了 234.1mV。

比较图 21.21、图 21.23 和图 21.24 可知，通过改变平面结构和去耦电容，可以改变谐振的频率和分布。在 PCB 设计中，尽可能地不要将关键的元件和走线落在工作频率谐振较大的平面上；在后面的仿真中，若关键元件和走线落在谐振点，则在相应位置添加去耦电容，改变谐振特性。

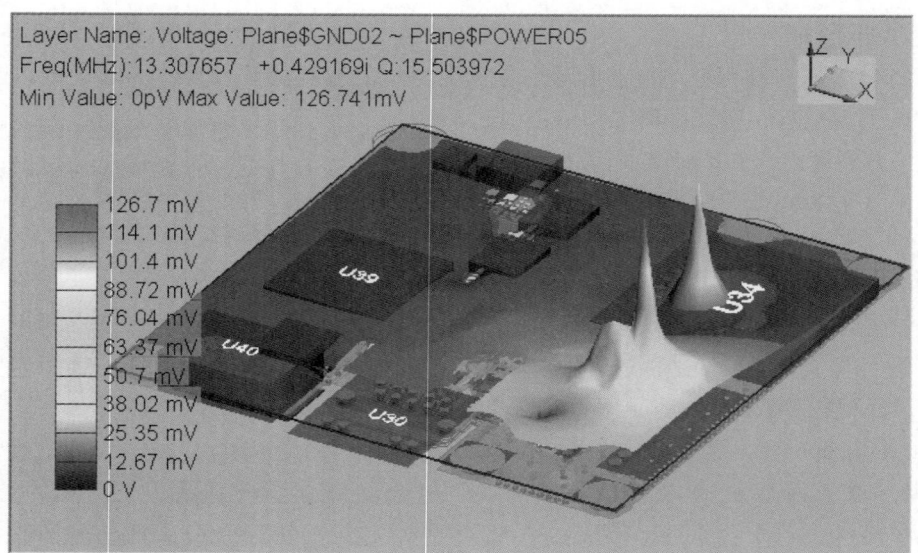

图 21.23　增加电容后的平面最大谐振频率点及幅值

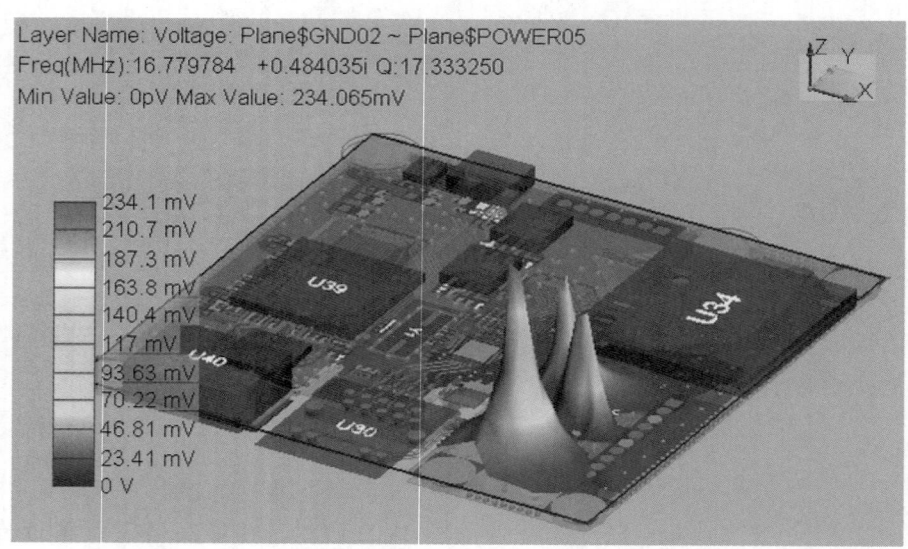

图 21.24　增加电源孔和加粗走线后的平面最大谐振频率点及幅值

第 4 部分

高密度互连

第22章
HDI 技术介绍

Happy T. Holden
美国科罗拉多州朗蒙特，明导国际

22.1 引 言

越来越多的具有更多输入/输出（I/O）数的元件的使用，促使 PCB 制造商不断改进孔加工技术，并开发更多的新技术。这些新技术包括激光钻孔、微冲孔及批量蚀刻等改进的孔加工技术，采用感光材料实现积层、使用导电黏合剂及实心接线柱等新的孔金属化方法。这些新方法都有一些共同特征，它们均允许设计者在表面贴装焊盘中使用微孔技术，以大幅提高布线密度，从而减小产品的尺寸与质量，提高系统的电气性能。这些类型的 PCB 被统称为高密度互连(HDI)板。在 HDI 板的两面，每平方英寸通常会有超过 110 个甚至 130 个电气连接（20 个 /cm²）。

22.2 定 义

含有微孔结构的 PCB 有多种表述方式，如 HDI、SBU（顺序积层）、BUM（积层多层）。但是 HDI 的覆盖范围更广，如不含微孔的极高层数多层板（MLB）。MLB 与微孔没有必然联系，也不一定是积层结构。这些概念并不适合在本章讨论，因此我们将只讨论含有微孔的 MLB 产品(所有含有微孔的电路板本质上都是多层板)。

部分行业及学术组织定义，微孔是指小于或等于某一特定直径的孔。例如，IPC 对这一直径的定义为 150μm。但是，当表面盲孔（SBV）连接第 1 层（L1）与第 3 层（L3）时，为了提高连接的可靠性，孔径放大到 250μm，此时仍可被称为微孔。由于所有的微孔基本上都是盲孔且直径较小，利于提高布线密度，以一个孔是否具有盲孔结构来判断其是否为微孔比限制其直径更合适。因此在本章中，只要一个孔具有盲孔结构就将它定义为微孔。

第一个采用微孔技术的 PCB 是惠普于 1984 年制造的 FINSTRATE 板，它是一个铜芯板的，采用直接引线键合的集成电路（IC）。用等离子体金属化的聚四氟乙烯（PTFE）层层压到铜芯后，采用机械钻在铜芯板上加工微孔，再采用 PTFE 进行绝缘。之后加工出另外的 5mil 盲孔。第一个采用感光介质制作的微孔板由 IBM Yasu 在日本制造。这是在传统 FR-4 材料 4 层板的一面再增加 2 层的 SLC 技术。

22.2.1 HDI 的特征

这一类 PCB 的显著特征是，都有非机械钻孔制作的非常小的盲孔、埋孔和导通孔。要使盲孔变成埋孔，需要重复用到积层技术，因此其又称为积层或顺序积层电路板（SBU）。

这种类型的印制电路技术实际上开始于 1980 年，当时的研究人员开始研究如何减小导通孔。最初的开发者无从考证，但一些早期的开拓者，包括 MicroPak 实验室的 Larry Burgess（激光钻孔技术的开发者）、Tektronixs 的 Charles Bauer 博士（开发了感光成孔技术）[1]、Contraves 的 Walter Schmidt 博士（开发了等离子体蚀刻成孔技术）。20 世纪 70 年代末，激光钻孔技术被应用于制造大型计算机的多层板。这些激光孔并非今天的这么小，也只能在 FR-4 材料上制作，并且非常困难，还需要付出很高的成本。

1984 年出现的采用激光钻孔的惠普 FINSTRATE 计算机的电路板，为首次生产的积层或顺序积层电路板。随后是 1991 年 IBM 在日本应用的表面层合电路（SLC）[2]，以及瑞士 Dyconex 的 DYCOstrate[3]。

自 1991 年引进 SLC 技术（请参阅第 2 章图 2.5），大量不同的技术被开发及应用于大规模 HDI 制造。然而，激光钻孔技术是这些技术中的佼佼者。其他技术也有部分 PCB 制造商使用，但是规模要小得多。

本章的目的是研究多种微孔技术、结构和材料。

但是，本章将着重介绍激光钻孔技术（下文简称激光钻孔），因为它是当今最流行的技术，并且在未来受欢迎的程度将继续增加。必须明白的一点是，孔加工技术只是制造 HDI 板的一个因素，含有微孔的 HDI 板还需用到很多不同于常规电路板的制造工艺。因此，更多的重点将放在这些新的制造工艺与其他微孔技术的共同点。

22.2.2　优点和好处

以下为迫使 PCB 提高布线密度的 4 个因素：

- 在 PCB 两面可放置更多的元件
- 元件可放置得更加紧密
- 元件的尺寸及引线节距在减小，而 I/O 数量在增加
- 小的几何尺寸可以获得更快的信号传输及减小信号的交叉延迟

同时，增强性能需要减少信号上升时间、减小寄生效应、减小射频干扰（RFI）和电磁干扰（EMI），较少的层数和改进的耐高温性能及可靠性。HDI 拥有上述所有的优势，甚至更多。

22.2.3　HDI 与传统 PCB 的对比

封装技术路线图（参照第 1 章图 1.2）可以清楚地展示 PCB、元件及系统之间的交互作用。元件的特征在于每个元件的 I/O 数，系统的特征在于每平方英寸的元件数及 I/O 数，而 PCB 的特征在于每平方英寸的布线密度。图 22.1 大致展示了传统 PCB 与新一代含有微孔的 PCB 之间的关系[4]。

22.2.4　设计、成本及性能之间的平衡

HDI 是最具性价比的高密度系统。图 22.2 展示了 HDI 的成本与性能的关系。采用 4 层 HDI 板可以获得常规 8 层通孔板的性能（在相同的布线密度下）。一个合理设计的低成本 HDI 板，可以实现大于常规设计 8 层普通 PCB 的布线容量及密度。在密度非常高的设计中，为了满足布线容量及密度，必须采用无通孔设计，而 HDI 可以轻松满足这一要求。

通孔密度障碍

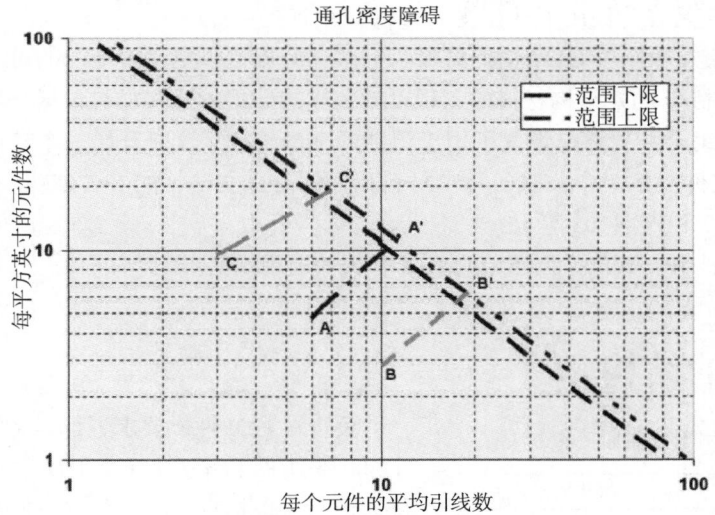

图 22.1　通孔密度障碍。如果一个电气网络的末端包含一个通过导体和导通孔连接的 SMT 焊盘，那么它就只能拥有不超过可放置在任何正方形区域的连接数（采用传统间距的设计规则）。这个通孔的阻碍作用展示在技术线路图上。为了穿越这个阻碍（同时避免导通孔堵死），必须采用盲、埋孔等叠孔技术

N	A THRU-HOLE N blind via^a / buried via none		B HDI BLIND 1+N+1 L1-L2 none		C HDI BL/BU 1+bN+1 L1-L2 L2-L(N.1)		D 2BU BLIND 2+N+2 staggered L1-L2 none		E 2BU BL.BU 2+N+2 staggered L1-L2, L L3-L(N.2)		F 2BU BLIND 2+N+2 skip via L1-L3 none		G 2BU BL.BU 2+N+2 skip via L1-L3 L2-L(N.1)	
	RCI	DEN	RCI	DEN	RCI	DEN	RCI	DEN	RCI	DEN	RCI	DEN	RCI	DEN
4L	0.67	--	0.90	40	1.20	80	1.20	120	--	--	1.40	135	--	--
6L	0.84	20	1.26	60	1.44	160	1.80	200	2.16	260	1.62	200	1.98	260
8L	1.00	30	1.68	120	1.92	180	2.40	240	2.88	300	2.16	240	2.64	300
10L	1.28	40	2.10	200	2.40	210	3.00	260	3.60	400	2.70	260	3.30	400
12L	1.55	60	2.46	210	3.11	230	3.64	300	4.33	600	3.41	300	4.00	600
14L	2.22	70	2.72	220	3.50	250	4.29	360	5.05	800	3.89	360	4.67	800
16L	2.89	80	3.32	260	4.00	300	4.89	420	5.78	1000	4.45	420	6.33	1000
18L	3.72	100	4.03	300	4.50	400	5.58	480	6.50	1300	5.00	480	6.00	1250
20L	4.80	105	4.32	360	5.15	500								
22L	5.70	110												
24L	9.29	125												
26L	10.80	130												
28L	13.30	135												
30L	16.10	140												
36L	22.10	160												
40L	28.10	200												

RCI：相对成本指数
DEN：密度

FR-4（低 D_k 和 D_f 材料有利于节省更多的成本）

图 22.2　不同结构 HDI 板与常规通孔板的成本及密度对比。其中的相对成本指数（RCI）以常规 8 层通孔 PCB 的成本为基数。密度（DEN）是指每平方英寸（PCB 的两面）的平均引线（引脚）数（对角线等密度 FR-4 PCB）

22.2.5　规格和标准

可以在 IPC 中查询到相应的 3 个标准和 1 个指南。

- IPC-2315《HDI 结构与微孔设计指南》
- IPC-2226《HDI 结构与微孔设计标准》
- IPC-4104《HDI 结构与微孔材料标准》
- IPC-6016《HDI 结构的鉴定与性能标准》

包括 HDI 设计规则、材料和规格的 IPC 标准如下。

IPC-2226　在微孔的形成、布线密度的选择、设计规则的选择、互连结构及材料特性方面

对用户进行指导。它旨在为使用了微孔技术的 PCB 设计提供标准。

　　IPC-4104 确定了用于 HDI 结构的材料。一系列的规格单定义了专门的可用材料。每个规格单都包括了用于制造 HDI 结构材料的工程设计和性能数据。这些材料包括介质材料、导体及介质材料与导体的组合。规格单设置了用于识别的字母与数字。要开始一个订单流程，用户可以使用 IPC-4104 文件规格单中关联的每个材料相关的 IPC 文档（如 IPC-CF-148、IPC-MF-150、IPC-4101、IPC-4102、IPC-4103 等）。

　　IPC-6016 未被 IPC 其他文档涵盖的 HDI 基板的通用规范。

22.3　HDI 的结构

表 22.1　10 种用于微孔加工的方法

孔加工技术	微孔加工方法
机械钻	A
干法蚀刻（等离子体）	A
机械冲孔	A
喷砂	A
激光钻孔	A
后穿刺	B
感光成孔	A
介质置换	B、C
湿法蚀刻	A
导电粘结片	C

注：A，制作孔，然后使其导电；B，制作导电微孔，然后填充介质；C，同时形成导电微孔和介质。

　　负责对 HDI 性能要求进行定义的 IPC HDI 结构小组，采用如下方法来定义 HDI 产品。微孔可以是任何形状，包括直壁、正负锥形或杯状。用于微孔加工的方法可分成 3 种（A、B、C），见表 22.1。

　　所有的技术均可提供相似的高密度布线规则。这些设计规则所赋予的积层技术可以获得 4 ~ 8 倍的传统通孔设计布线密度。10 种类型的微孔如图 22.3 所示。

　　HDI 结构可分为几类：类型 Ⅰ、类型 Ⅱ、类型 Ⅲ、类型 Ⅳ、类型 Ⅴ、类型 Ⅵ（见表 22.2）。但是，部分类型的结构基于使用的微孔材料。因此，如下定义可适用于所有的高密度互连基板（HDIS）。

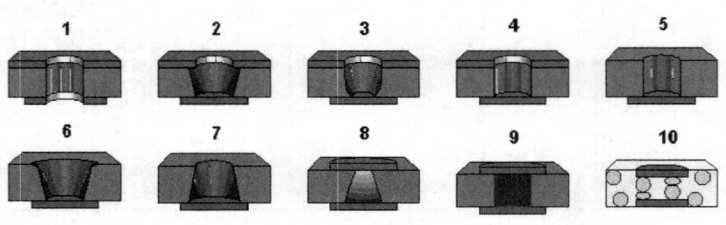

机械钻孔：1　　　　干法蚀刻：2、3、6　　　介质置换：8
机械冲孔：1　　　　干法蚀刻（等离子体）：2　导电膏微孔：9
激光钻孔：1、4、5　喷砂：3　　　　　　　　导电粘结片：10
感光成孔：5、6、7　后穿刺：8

图 22.3　代表性微孔及其加工方法

表 22.2　IPC-2226 中对 6 种 IPC HDI 结构类型的描述

类型Ⅰ	1［C］0 或 1［C］1，包含从一面到另一面的通孔
类型Ⅱ	1［C］0 或 1［C］1，包含埋孔及从一面到另一面的通孔
类型Ⅲ	≥2［C］≥0，2 层以上的 HDI 层附加于核心层，包含埋孔及从一面到另一面的通孔
类型Ⅳ	≥2［P］≥0，"P" 是无源的 "没有电气连接功能的基板"
类型Ⅴ	成对的无芯板层结构
类型Ⅵ	使用导电膏的替代结构

注：［C］，印制电路核心层；［P］，无源基板核心层；0、1 和 2，在核心层［C］或［P］表面积层的层数。

　　标识为[C]的基板,可同时支持 A、B 或 C 类基板。因此[CA]为仅包含内部导通孔的核心层,可与外部相连接。[CB]是一个内外相连的核心层(通过微孔结构),HDI 结构连通核心层的内层。[CC]是无电气互连的无源核心层。

22.3.1　结　构

　　类型 I~VI 可描述当前已知的所有 HDI 积层结构,但随着技术的发展,可能会出现新的类型。所用的符号如下:

$$x[C]x$$

其中,x 代表 0、1、2、3……(在核心层上积层的层数);[C]代表一个有/无孔的 n 层标准层压材料的核心层。

1.类型 I 结构

　　这种结构(1[C]0 或 1[C]1)是一种同时包含金属化微孔与金属化通孔的结构。类型 I 表示的是在印制电路基板核心层某一面(1[C]0)或双面(1[C]1)制备单一微孔层的类型。印制电路核心层基板通常采用传统的印制电路技术制造。基板可以是刚性的或挠性的,并可以有少至一个电路层或很复杂,如包含多层印制电路与埋孔。单层的介质材料随后放置在核心层基板顶部,再采用盲孔连接 1 到 2 和 n 到 n-1 层。接着是机械钻通孔,将第 1 层与第 n 层连通,然后将微孔和通孔金属化或填充导电材料。最后制作第 1 层与第 n 层的线路,制造完成。图 22.4(a)展示了这种如 IPC-2226 插图的结构。

2.类型 II 结构

　　类型 II(1[C]0 或 1[C]1)与类型 I 的 HDI 层结构相同,区别在于核心层[C]。类型

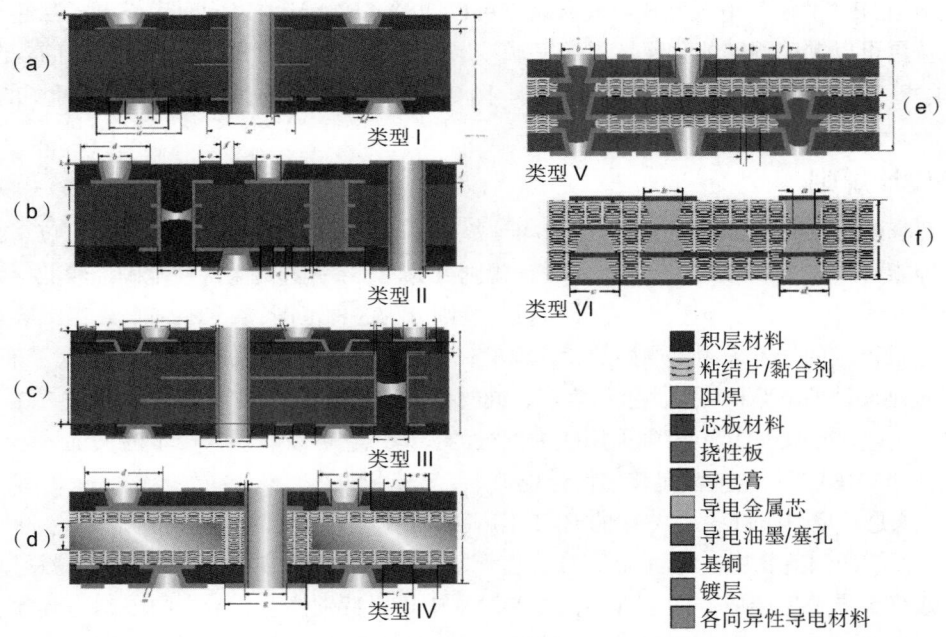

图 22.4　IPC-2226 类型 I ~ VI 的微孔结构

Ⅱ 允许在积层前的基板中存在金属化通孔，除此之外均相同。图 22.4（b）展示了这种如 IPC-2226 插图的结构。

3. 类型 Ⅲ 结构

这种结构（2［C］0）是一种同时包含金属化微孔与金属化通孔的结构。类型 Ⅲ 表示有两个微孔层在钻孔或未钻孔的印制电路基板核心层的单面（2［C］0）或两面（2［C］2）的结构。印制电路核心层基板通常是使用印制电路技术制造的。基板可以是刚性的或挠性的，并可以有少至一个电路层或很复杂，如包含多层印制电路与埋孔。单层的介质材料随后放置在核心层基板顶部，再采用盲孔连接 2 到 3 和 $n-1$ 到 $n-2$ 层。这样，第一个微孔层进行金属化或填充导电材料后制作线路。然后，将第 2 层介质材料放置于已制作线路的层顶部，制作盲孔连接 1 到 2 层和 n 到 $n-1$ 层。机械钻通 1 到 n 层的通孔，接着将微孔和通孔金属化或填充导电材料。最后制作第 1 层与第 n 层的线路。图 22.4（c）展示了这种如 IPC-2226 插图的结构。

4. 类型 Ⅳ 结构

这种结构（1［P］0 或 1［P］1 或 ＞ 2［P］＞ 0）是一种存在于一个已有钻孔及镀层的基板上的 HDI 结构。印制电路或金属核心层基板通常是采用传统印制技术制造的。基板可以是刚性或挠性的。图 22.4（d）展示了这种如 IPC-2226 插图的结构。

5. 类型 Ⅴ 结构

结构 Ⅴ 是一种无芯的 HDI 结构。两个镀层或填充导电膏的层通过一个共同的中间层连通。层数成对增加（两个刚性层或挠性层），同时偶数层或奇数层之间的互连也是一起完成的。这不是一个积层的过程，它本质上是一个单次层压合并的过程。图 22.4（e）展示了这种如 IPC-2226 插图的结构。

6. 类型 Ⅵ 结构

这种结构 HDI 的层间电气互连与线路制作可以同时完成，还可以同时完成电气互连与机械结构。这些层可以顺序积层或一次性层压完成。层间电气互连可能通过不同于电镀的各向异性薄膜 / 黏合剂、导电膏、介质穿刺等手段完成。图 22.4（f）展示了这种如 IPC-2226 插图的结构。

22.3.2　设计规则

设计者应该意识到，不是所有的制造商均具备相同的细线路成像、蚀刻、层间对位、微孔加工及电镀等能力。因此，HDI 设计指南将设计规则分为两类：首选可生产性范围，较低可生产性范围。为了设计简单起见，本手册进一步将设计规则分为 3 种范围：A、B、C，A 是最容易加工的，而 C 是最困难的。若采用更严格的设计标准，则可生产这种电路板的工厂的数量是有限的。采用 A 类规则设计的电路板可以大批量生产，同时仅需付出较低的生产成本。

A 类　允许在常规 HDI 工艺中采用较为宽松的公差，它可以实现低成本的大批量生产。据估计，100% 的 HDI 工厂均能满足该类设计规则。

B 类　这是常规 HDI 工艺，75% 的 HDI 工厂能满足该类设计规则。

C 类　顶级的制造要求，约 20% 的 HDI 工厂能满足该类设计规则。通过减小拼版尺寸来提高良率，最终会导致生产成本的上升。在生产过程中需要特别注意，最大的限制是产量。这些规则要求较小的拼版尺寸及非常规的工厂技术，通常只适用于电子封装、板上芯片（COB）、倒装芯片内插器或 MCM。

典型的 HDI 设计规则如图 22.5 所示，这个图涉及 IPC-2226《HDI 结构与微孔设计标准》规范中的两个设计类别[5]。这是一个类型Ⅲ的 HDI 结构。

符号	要素	类别 A μm/mil	类别 B μm/mil	类别 C μm/mil
a	目标盘上的微孔直径（成孔）	125～200/(5~8)	100～200/(4~8)	75～250/(3~10)
b	捕获盘上的微孔直径（成孔，未电镀）	350 / 14	300 / 12	250 / 10
b-1	在 SMT 焊盘上的微孔宽度	300 / 12	250 / 10	250 / 10
c	着陆盘直径	350 / 14	300 / 12	250 / 10
d-1	刚性内层上导体 / 着陆盘间距	125 / 5	100 / 4	75 / 3
d	内层盘到盘间距	125 / 5	75 / 3	75 / 3
e-1	着陆层导线宽度	125 / 5	100 / 4	75 / 3
e	内层导线宽度	125 / 5	75 / 3	75 / 3
f	最小成品孔径 fhs（通孔）	250 / 10	200 / 8	150 / 6
g.o	最小表面微孔焊盘（fhs+2 倍环宽）	fhs + 350 / 14	fhs + 300 / 12	fhs + 250 / 10
	通孔焊盘直径	600 / 24	500 / 20	400 / 16
h	刚性外层导线间距	125 / 5	100 / 4	87 / 3.5
l	刚性外层导线宽度	125 / 5	100 / 4	87 / 3.5
k	成品孔径钻孔在内层平面层的隔离（fhs+2 倍环宽）	fhs + 700 / 28	fhs + 66 / 24	fhs + 500 / 20
	表面导体到非金属化孔	250 / 10	200 / 8	200 / 8
n	最小非金属化孔直径	350 / 14	300 / 12	300 / 12
m-1	最小 HDI 层介质厚度	75 / 3	62.5 / 2.5	50 /2
ar	最小厚径比［(m-1) /a］	<1.0	1.0	1.0
z	最小板厚	725 / 29	600 / 24	500 / 20
m	最小芯板厚度	100 / 4	62.5 / 2.5	50 /2
p	最小粘结片厚度	100 / 4	62.5 / 2.5	50 /2
	最小镀层厚度	25 / 1	25 / 1	30 / 1.2

图 22.5　与 IPC-2226 插图对应的典型 HDI 设计规则及二维符号：一个 IPC 类型Ⅲ的 A、B、C 类 HDI 结构（来源：IPC-2226《HDI 结构及微孔设计标准》）

22.4　设　计

HDI 和微孔给 PCB 设计带来了新的负担。与传统多层板相比，各种 IPC 类型的 HDI 板均有较大变化。此外，微孔可以通过许多不同的方式和不同的设计规则来实现。本节介绍了几个设计问题。

22.4.1　多层板与微孔

对于互连 IC 基板及数以百计的 I/O 端子，一个包含单一微孔层的板可能无法满足互连需求。对于 2 层、3 层甚至 4 层微孔板，很有必要区分其是 IC 基板还是主板。当微孔仅用于连通相邻层时（见图 22.6），

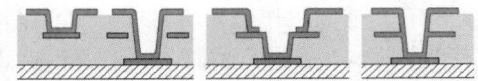

图 22.6　超过相邻层的微孔连接

3 种微孔加工方式——感光成孔、等离子体蚀刻、激光钻孔，都是可以使用的。但是，当微孔设计需要连接超过相邻层时，如 L1 与 L3（跳跃孔），则激光钻孔是唯一的选择。

22.4.2　设计工具

印制电路设计已经成为电子产品制造中的重要环节之一[6]。对印制电路设计的要求不断增加的原因如下：

- 为了缩短产品生产周期
- 为了降低生产及组装成本
- 为了适应新的面阵列，如芯片级封装（CSP）、微型 BGA 及倒装芯片内插器

- 为了缩短上市时间
- 为了提高高频电气性能和减小 EMI

为了使过程重复可控，需要一个包括在印制电路布线过程中预测布线密度的模型的方法。其他的好处包括降低印制电路生产与组装成本。

1.HDI CAD 工具集和自动布线器所需的功能

针对 HDI 板的计算机辅助设计（CAD）工具，需要包括以下功能：

- 通过布线器优化混合导通孔
- 大规模生成导通孔的自动布线成本预算
- 层上埋孔或盲孔控制
- 导通孔焊盘堆叠控制（无连接盘）
- 交错导通孔控制
- 盘中盘
- 手动布线过程中的盲孔排布与放置
- 任意角度布线
- 所有设计阶段的制造工艺规则
- 埋入式元件

2. 自动布线器

多年前自动布线器就已经是印制电路设计系统的一部分。自动布线器会在原理图及元件几何形状的基础上，自动走线及排布微孔。精心设置的菜单将这些功能放置在合适的位置。HDI 结构需要一个特殊的自动布线器，因为很多用于 SLC 技术的 HDI 工艺会产生大量的导通孔。这个过程同时生成所有的导通孔及任何想要的直径。导通孔的成本微不足道，自动布线器要具备实现几乎零导通孔成本的能力，当布线完成后产生更优化的设计结果。

22.4.3 权衡分析

产品分区后，在电路设计及零件选择完成的情况下，物理设计者必须着手于在最低成本下满足所有性能及操作边界的需求。HDI 设计尤其是如此。这些年，常规的通孔印制电路设计并没有太多改变：增加了更细的几何形状、更高层数和表面贴装，传统设计过程基本上保持不变。但是，盲孔和 HDI 的引入导致了很多设计过程的变化，需要新的设计规则和层间结构。这是没有经验和案例的。关于印制电路布线的一个不幸的事实是，存在无数种层叠结构及设计规则，可以满足原理图及物料清单要求的组合。所有的这些选择，尤其是新引入 HDI 的，需要找到一个可以满足印制电路快速设计、可制造并同时满足低生产成本等预期的最好的设计规则的工具。在早期的设计中，在印制电路实际物理设计之前，这个工具要能进行成本与性能预测。在图 22.2 中可以看到通孔密度与相对成本的权衡信息。

22.5 介质材料与涂敷方法

本节介绍用于微孔及导通孔填充的介质及导电材料。一些材料可同时用于 IC 基板与 HDI 板。这里主要讨论 HDI 板及现成的材料信息。22.5.2 节交叉引用了 IPC-4104 规范中有关 HDI 和微孔材料的规格，包含一份简要材料路线图的讨论，以说明材料特性的发展趋势。

图 22.7 展示了通过感光成孔、激光钻孔和等离子体成孔方法在 4 种基本介质结构表面制备微孔的兼容性。如图所示，尽管激光钻孔适用于所有 4 种介质材料，但是感光成孔与等离子体成孔只能分别适用于其中一种。这就是为什么当今激光钻孔应用范围更广。另一个布线层建立在现有的将成为埋孔（BVH）的微孔之上。

IPC-4104 定义了应用于 HDI 的材料的要求。这个 IPC 规范仅适用于表层的 HDI 层，常规的多层 HDI 芯板层材料在 IPC-4101B 中有要求。

	标准配置 铜箔	RCC 铜箔	热固化树脂	感光树脂
感光成孔	X	X	X	O
激光钻孔,CO_2	O	O	O	O
激光钻孔,YAG	O	O	O	O
等离子体成孔	X	O	X	X

图 22.7　微孔形成方法与 4 种介质材料的兼容性

22.5.1　HDI 微孔加工材料

图 22.8 展示了选择介质材料时使用的材料与技术流程图。使用该流程图时，要考虑以下问题。

（1）使用的介质材料与当前使用的基板材料的化学兼容性如何？

（2）介质材料与沉积铜的附着力如何？（很多 OEM 要求剥离强度 > 6lbf/in）

（3）介质材料能为金属层间提供足够及可靠的间距吗？

（4）它满足热要求吗？

（5）介质材料具备用于引线键合及返工的理想高 T_g 吗？

（6）存在多个 SBU 层时满足热冲击吗？（如漂锡、加速热循环及多次回流焊）

（7）具备可沉积性及微孔可靠性吗？（即是否有足够好的角度可确保盲孔底部的良好沉积）

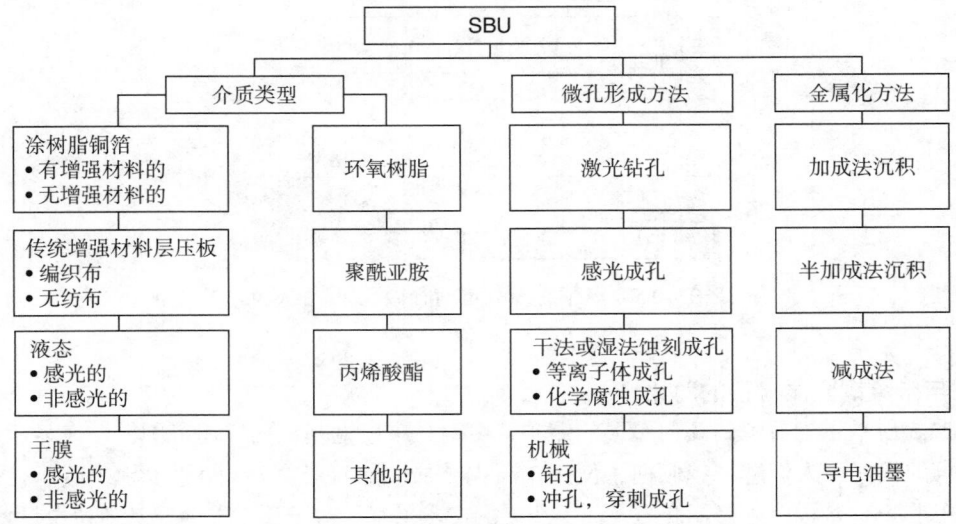

图 22.8　SBU 生产的材料与技术选择（来源：杜邦公司）

1. 覆铜介质材料

由于相对易于实现，覆铜介质材料比未覆铜介质的应用更广泛。覆铜介质材料对制造流程的要求最少，因为它们通常使用与标准 PCB 相同的介质材料和增强材料。基于用覆铜材料制作盲孔的历史比其他任何方法都长，许多设计师、OEM 及 PCB 制造商更多倾向于使用覆铜材料。

这些材料可以有或无增强材料，增强材料可以是编织的，也可以是非编织的，还可以是聚酰亚胺或玻璃等。这些介质材料适合激光烧蚀或其他机械方法去除，以制作微孔。

因其广泛的可用性及普及性，FR-4 材料通常要先进行激光钻孔评估。薄增强材料的 106 或 1080 编织玻璃布（厚玻璃布难以被激光气化，而 1086 扁平布适合激光烧蚀），选择树脂含量接近 70% 的一层或两层进行层压。激光钻孔通过 UV 光或 CO_2 激光开铜窗，或直接聚焦光束烧蚀。这些材料也可以是涂敷在铜箔上的。典型应用中使用单层涂敷材料，其中覆铜层作为外层和 C 阶段类型树脂与内层基板连接。这些材料可以用于等离子体或激光钻孔。可以使用非常薄的铜用于精细线路及微孔加工。作为另一种方法，亚洲的许多 PCB 工厂采用减薄铜技术使表面铜厚符合要求。

2. 未覆铜介质材料

如果介质材料有增强材料，那么微孔只能通过激光钻孔或机械钻孔加工。如果它是无增强材料的，可以采用感光成孔方式制作。要增加导电性，在美国和欧洲的标准生产方法是减成法。在日本持续大量使用的是半加成法或全加成法。日本的微孔加工技术世界领先，很早以前就采用加成法在板面制作线路及通孔连接。

覆铜与未覆铜材料之间的利益取舍关系，类似于减成法与加成法之间的对比。覆铜基材是大多数制造商的标准做法。但是，由于它采用的是减成法，因此会产生更多的废物及更高的成本。此外，采用覆铜基材在细线路制作能力方面与当今标准生产方法相同。

采用未覆铜介质，需要对沉积铜技术进行较大的优化，以实现可靠及一致的剥离强度。未覆铜介质及薄铜介质具备制作线宽 / 线距及微孔直径小于 75μm 的能力。图 22.9 展示了基铜对微孔厚径比的影响。基铜增大了厚径比，使得孔底沉积更加困难，同时可能造成孔口沉积封死而使孔内无法沉积足够厚的铜。其他数据表明，薄铜蚀刻均匀性更好，更利于阻抗控制。

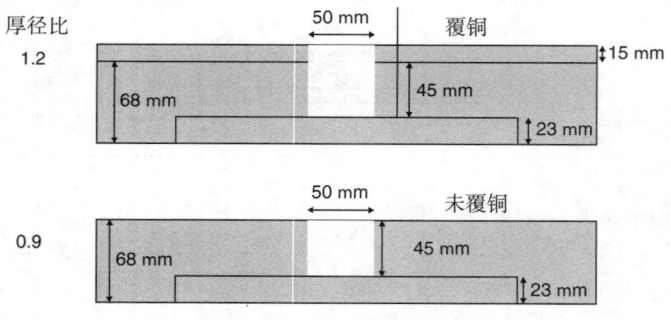

图 22.9 0.5oz 基铜对 50μm 直径微孔的厚径比的影响

3. 覆铜与未覆铜介质材料的对比

表 22.3 展示了随着电路几何图形的缩小，覆铜与未覆铜基材的应用范围。该表显示，随着技术要求的提高，人们越来越倾向于使用未覆铜介质。随着线宽 / 线距要求越来越小，并且微孔直径变小，IC 基板对未覆铜介质及薄铜介质的需求增加。对于移动电话及其他便携设备应用，2017 年的线宽 / 线距减小到 20 ~ 40μm，微孔直径减小到 50μm，未覆铜介质的后续使用将增长。

表 22.3　应用未覆铜基材的主要细分市场

	芯片封装基板	手机、摄像机、PDA	计算机、通信[①]
HDI 渗透率	高	高	低
线宽/线距	10/10μm	30/30μm	75/75μm
微孔直径	25μm	50μm	100μm
使用无增强材料介质	高	高	低
使用未覆铜介质	高	中，但是在增长	低

① 不包括笔记本电脑。

22.5.2　HDI 微孔有机基材示例

从力学角度分析，如图 22.8 所示，材料可被分为增强材料、无增强材料层压板及粘结片。增强材料通常具有良好的尺寸稳定性、低的热膨胀系数（CTE）并难以热分解，而非增强材料通常具有较低 D_k（介电常数）并可感光成像。由图 22.10 可看出，各种树脂及增强材料 D_f 与 D_k 的对比。

1. 无增强介质材料

无增强介质材料包括涂树脂铜箔（RCC）、未覆铜的感光介质材料、非感光的介质材料。

涂树脂铜箔　涂树脂铜箔是应用于积层式 HDI 的常见材料。基于环氧树脂的涂树脂铜箔是最常用的，且与 FR-4 最具相似性能的无玻璃布增强材料，剥离强度、耐热性及电气性能均良好。各种其他体系的树脂正在开发并用于涂树脂铜箔的生产。涂树脂铜箔有各种介质层厚度，如 1～3mil。铜箔通常为 0.5oz 与 0.375oz，对提高激光效率及制作更细线路来说，薄铜箔更为有利。

其他树脂　虽然积层技术仍处于起步阶段，但是发展迅速，许多不同及多样化的方法正被用于树脂及微孔加工。低 D_k/D_f 树脂，如聚苯硫醚（PPE）涂树脂铜箔积层结构被用于处理信号速度与完整性要求。另一个方法是使用加成可沉积的树脂，并且将铜作为牺牲载体，不需要开铜窗的激光。使用加成法的树脂具有高表面附着力的特性，以便沉积铜或直接金属化。所述牺牲金属铜箔与正常多层板层压工艺兼容，节省了昂贵的涂敷机器，同时也保护了介质免受伤害，直到其被压合。其也带来了优异的表面形貌与良好的剥离强度。涂树脂铜箔的性能见表 22.4。更完整的材料性能信息见 IPC-4104 规格单 12、13、19～22。

表 22.4　RCC 的常规特性

	单　位	数　值	条　件
D_k（1MHz）	\	3.4	C-24/23/50
D_f（1MHz）	\	0.0205	C-24/23/50
耐压强度	V/mil	1776	D-48/50
绝缘电阻	MΩ	2.65×10^5	C-96/35/90
表面电阻	MΩ	6.60×10^8	E-24/125
	MΩ	4.71×10^8	C-96/35/90
体积电阻率	MΩ·cm	7.17×10^7	E-24/125

来源：Allied-Signal。

有特殊需求时，应联系板材供应商，了解由此产生的生产与设计问题。

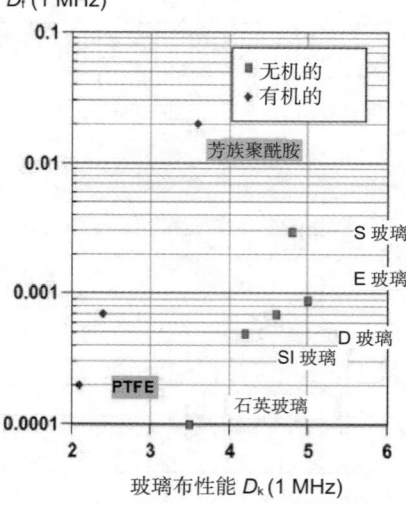

图 22.10　树脂及增强材料的介电损耗（D_f）与介电常数（D_k）对比
（来源：Holden Consulting）

涂树脂铜箔通常有两种类型。

（1）单涂层铜箔，含有单一的 B 阶段层，设计成可流动与填胶，并同时做厚度控制。

（2）双涂层铜箔，含有一个靠近铜箔的 C 阶段层与一个用来流动与填胶的 B 阶段层。完全固化的 C 阶段层在层压时不会发生变化，可以实现更好的厚度控制。

除激光钻孔工艺外，所有使用涂树脂铜箔生产 SBU 的技术基本相同。

另一种替代方法为使用加成法可沉积的树脂。在这种方法中，将铜箔作为牺牲载体。该工艺与前述工艺类似，但是层压后的第一步是采用化学方法蚀刻掉所有铜。这使得激光钻孔时不必烧蚀铜层，钻孔变得简单。由于留下了粗糙的树脂表面形貌，为后续沉积铜提供了良好的剥离强度。这种方法可用于制作更细的线路，有更高的激光钻孔效率。

未覆铜无增强材料的感光介质材料　其化学成分包括环氧树脂、环氧共混物、聚降冰片烯及聚酰亚胺。它们可以是液态或固态，可用于负片或正片曝光，并且可以在溶剂或水中显影。为了改善介质与铜的附着力问题，多数供应商需要对铜进行黑化、转化膜（氧化物替代）等预处理。这些材料通常要么是环氧树脂，要么基于环氧和基于酚醛——提供高 T_g 和良好的沉积，并且多数能提供 25μm 铜厚下至少 1.1kg/cm² 的剥离强度。通常，这些介质使用常规的溶胀和高锰酸钾蚀刻技术来金属化。液态材料只可使用对人体和环境安全的溶剂。典型的微孔见第 23 章图 23.27。

表 22.5　市售的 6 种感光介质材料

Ciba	Probelec 81/7081 液体介质
Dupont	ViaLux 81 感光介质干膜
Enthone-OMI	Envision PDD-9015 液态感光介质
MacDermid	MACu Via-C 液态感光介质
Shipley	MultiPosit 9500 CC 液态介质
Morton	DynaVia2000 感光介质干膜

感光材料的独特优势是，加工小孔与大孔的速度是一样的。随着埋入式反应物（无源）不断增长的需求，需开辟大的矩形区域来放置这些元件。目前，成像制作是唯一经济的选择。感光材料是最容易快速激光钻孔的，因为它们没有增强材料。更完整的材料性能信息见 IPC-4104 规格单 1、2、7 ～ 10 和 16。可用的材料部分列表见表 22.5。感光材料的性能见表 22.6 和表 22.7。

表 22.6　4 种感光介质的电气和机械性能比较（来源：Holden Consulting）

因　素	环　氧	丙烯酸酯	聚酰亚胺
成本	非常好（+2）	非常好（+2）	差（−1）
工艺性能	非常好（+2）	非常好（+2）	差（−1）
MIR	好（+1）	一般（0）	一般（0）
D_k	一般（0）	一般（0）	好（+1）
T_g	一般（0）	差（−1）	非常好（+2）
CTE	好（+1）	差（−1）	非常好（+2）
吸水率	好（+1）	好（+1）	差（−1）
层压铜剥离强度	非常好（+2）	好（+1）	差（−1）
沉积铜剥离强度	好（+1）	好（+1）	差（−1）
整体评级	+10	+5	+0

注：非常好，+2；好，+1；一般，0；差，-1。

表 22.7　市售的部分 HDI 用液态和薄膜介质材料

	产品 A	产品 B	产品 C	产品 D
产品	L-PID，Neg.	L-PID，Neg.	L-PID，Neg.	DF-PID，Neg.
材料	环氧树脂	环氧树脂	聚酰亚胺	环氧树脂
绝缘电阻		（1～10）×$10^{13}\Omega$		$8\times10^{13}\Omega$
MIR		（1～4）×$10^9\Omega$		$1.5\times10^{11}\Omega$
D_k（1MHz）	3.2	4.0～3.4	2.8	3.4
D_k（10MHz）				4.1
D_k（1GHz）				4.2
D_f（1MHz）	< 0.01	0.02	0.004	0.007
D_f（1GHz）		0.015		
层间击穿电压		> 2000		
电子迁移	通过	通过		通过
T_g	140～180℃	135℃	300℃	170℃
剥离强度	> 9N/cm	14N/cm		
	> 5lbf/in	8lbf/in		
CTE/（ppm/℃）	60～70	60～70		60～70
拉伸模量		3000～3500N/mm²		4.0×10^5psi

非感光且无增强材料的介质材料　可以通过激光钻孔、等离子体蚀刻和（或）机械钻孔进行孔加工。如上文所述，许多感光介质也是可以激光钻孔的。

与感光介质材料相同，绝大多数介质材料供应商要求对铜进行黑化、转化膜（氧化物替代）处理，以增大铜与基材的附着力。完整的材料性能信息见 IPC-4104 规格单 6、11、17 和 18。部分材料清单见表 22.8。

表 22.8　市售部分非感光且无增强材料的介质材料及供应商

Osada Ajinonomoto	ABF 干膜	乐思化学	Envision 液态介质
田村	TBR-25A-3 热塑型油墨	3M	电子粘结膜
太阳	HBI-200BC 热固型油墨	B. F. Goodrich	聚降冰片烯液态介质
麦德美	MACuVia-L 液态介质		

2. 含增强材料的介质材料

用于 HDI 的覆铜介质材料，可以有增强材料，如同 FR-4，或者无增强材料，如同涂树脂铜箔。介质材料可以是环氧树脂，如 FR-4、聚酰亚胺、氰酸酯、BT、PPE 或 PTFE。增强材料通常是玻璃布，但也有其他各种玻璃以及芳纶纸和特种纤维，如石英或碳纤维。

3. 可激光钻孔的玻璃布层压板

用于 HDI 的新系列增强型粘结片玻璃布，如 1086 和 1087，比常规的 1080 玻璃布薄，它有更多层玻璃，但织物分布均匀。表 22.9 描述了常规的 1080 玻璃布和 1080 LD（可激光钻孔）及 1086 LD 粘结片之间的差异。图 22.11 展示了这两种玻璃布的粘结片。表 22.10 比较了 RCC、常规 1080 粘结片和 1086 LD 粘结片，而图 22.12 展示了这两种不同的 PP 粘结片的激光微孔。

表 22.9 常规 1080、1080 LD 及 1086 LD 粘结片的对比（来源：南亚塑料）

玻璃布类型	基本质量 /（g/cm²）	树脂含量	经纱 × 纬纱	经纱宽度 mm	经纱宽度 mil	纬纱宽度 mm	纬纱宽度 mil	厚度 mm	厚度 mil
1080	48	62	60 × 48	0.19	7.48	0.264	10.39	0.057	2.24
1080LD	48	62	60 × 48	0.28	11.02	0.47	18.5	0.045	1.77
1086LD	55	62	60 × 61	0.288	11.3	0.41	16.1	0.045	1.77

表 22.10 RCC、常规粘结片和可激光加工的 1086 LD 粘结片的性能比较（来源：南亚塑料）

积层	RCC	常规粘结片	1086 LDP
尺寸稳定性	差	好	更好
厚度控制	差	好	好
表面光滑度	好	好	更好
硬度	差	好	好
操作性	好	好	好
钻孔能力	非常好	差	好

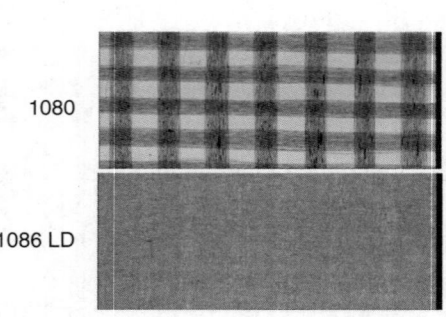

图 22.11 常规 1080 粘结片与可激光钻孔的 1086 LD 均匀玻璃布粘结片的对比（来源：南亚塑料）

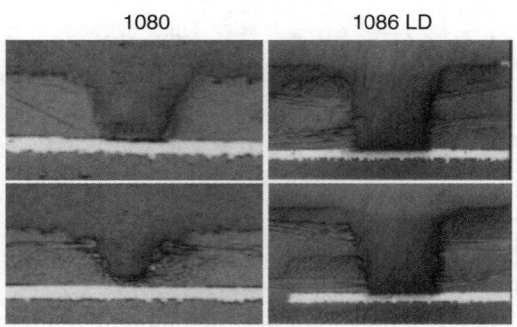

图 22.12 常规 1080 粘结片与 1086 LD 粘结片的激光钻孔切片对比（来源：南亚塑料）

4. 芳纶增强非编织非玻璃布层压板

1965 年，杜邦公司的科学家发现了一种几近完美的用聚合物链延伸生产聚对苯甲酰胺的方法。这种分子的主要结构特征是苯环上的对位取代，这使得它通过简单地重复分子骨架形成棒状结构。术语"芳纶"现在通常指芳族聚酰亚胺族的有机纤维。凯夫拉是最早的对位芳纶纤维，因其在防弹背心中的应用和作为轻质、高强度结构增强材料而变得流行起来。芳纶增强粘结片和层压板在高可靠性应用上已经使用了数年，最近在消费电子产品上也已开始应用。

芳纶非编织粘结片和基板的低 CTE 与硅芯片的 CTE 相匹配。根据粘结片和基板的树脂类型、树脂与铜的比例的不同，PCB 的 CTE 可量身定做在 10 ~ 16ppm/℃（见图 22.13）。这允许设计者寻找 PCB 与元件 CTE 的最佳匹配选项。

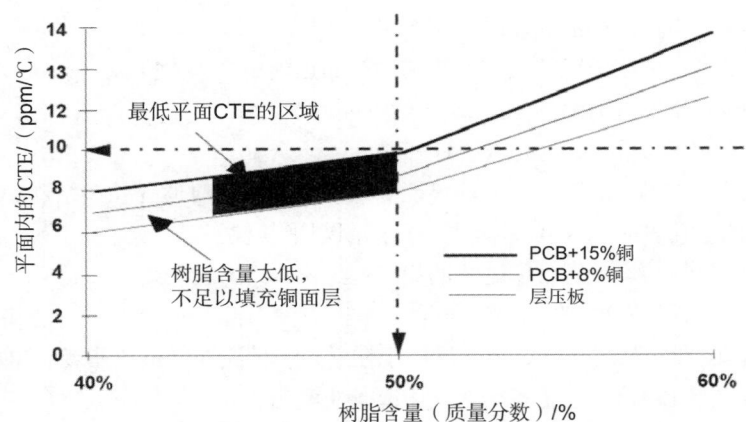

图 22.13　铜和树脂含量对平面内 CTE 的影响（来源：杜邦公司）

PCB 设计者可根据所用的元件封装、封装对 CTE 的要求、电子设备的寿命要求进行可靠性设计。非编织芳纶增强的 PCB 的可调整平面 CTE 的能力，使得其在航空电子设备、卫星、电信等需要长使用寿命、高可靠性特征的领域成为最佳材料之一。

在常使用芯片级封装（CSP）的移动电话领域，低 CTE 非编织增强芳纶材料可延长焊点寿命到 FR-4 涂树脂铜箔的 3 倍以上。经过 1000 次以上的热循环（−40 ~ 125℃），非编织增强芳纶树脂不开裂，而这种特性通常只有无增强材料介质具备。

芳纶增强层压板及粘结片能在快速激光钻孔的同时保持表面光滑，以利于保持精细线路制作能力。非编织（芳纶）层压板及粘结片的烧蚀速率与涂树脂铜箔、干膜或液态介质等无增强材料相近。芳纶层压板非常稳定，可用于制作双面的、非常薄的、蚀刻的内层，然后通过一个简单层压周期形成多层的结构。因此，这些薄内层可以同时处理。芳纶增强材料是单层或多层激光孔互连结构应用中性价比较高的方案，并且可以将芳纶与 FR-4 芯板进行混压。在后续操作中完成激光钻阶梯孔（见图 22.14）。这允许设计者在 4 层板两面连接 4 层中的任意层而不需要顺序处理——PCB 制造商在尽可能低的制造成本上实现生产效率的大幅度提高。

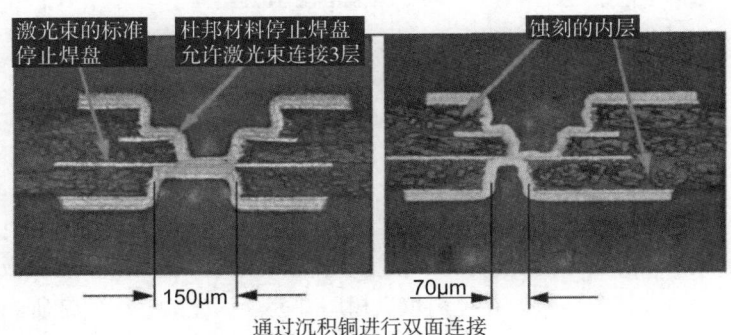

图 22.14　Thermount 材料中激光钻孔与跳微孔（来源：杜邦公司）

22.5.3 微孔填充

自从 PCB 行业应用表面贴装技术后，环氧树脂或导电膏填孔的需求一直在增长。

1. 基本原理

以下是需要微孔填充工艺能力的传统应用示例：

- 防止酸性残留物腐蚀孔铜，导致开路
- 避免操作不当导致在板级组装或真空辅助产品运输中失去真空
- 避免组装和回流焊时助焊剂和（或）溶剂残留物喷溅
- 阻止焊料从 PCB 通孔的一面流到另一面
- 防止丝印过程中阻焊油墨入孔，这可能导致镀锡或镀金时通孔孔口结瘤
- 优化填孔的通孔表面和 SBU 芯板层表面的阻焊平整性
- 提高盘中孔设计的焊盘焊膏印刷量的稳定性
- 防止盘中孔设计的孔内进入焊膏

点涂、丝网印刷和涂敷的方法，被广泛用于在通孔中填充非导电树脂或导电材料的评估和测试。其中，丝网印刷最常见，它能实现高效、选择性填孔。

2. 微孔填充材料

采用丝网印刷工艺填充积层多层板芯板层通孔时，最重要的是选择合适的树脂材料。特别注意，选择合适的填充材料时要考虑的主要问题：

- 易于印刷
- 易于打磨（平整化）
- 对孔壁和表面的附着力

常用填孔材料包括单固化（热）树脂、感光成像介质、导电膏、双固化（UV+ 热）环氧树脂。以下对每种类型的填孔树脂特征进行简要描述与对比。

常规粘结片与 RCC 在制造有图形的芯板层时，基板通常通过板镀和干膜盖孔蚀刻实现。但一些制造商似乎更喜欢图镀，这取决于制造商对这些方法的熟悉程度。形成图形后，根据不同的镀覆孔直径和基板厚度，介质材料与基板层压在一起（如粘结片、铜箔），孔内被填胶。人们普遍认为，当孔径 ≤ 0.3mm 和基板厚度 ≤ 0.6mm 时，这些孔可以由层压工艺有效填胶（尽管胶厚 80μm 的 RCC 是首选），如图 22.15 所示。

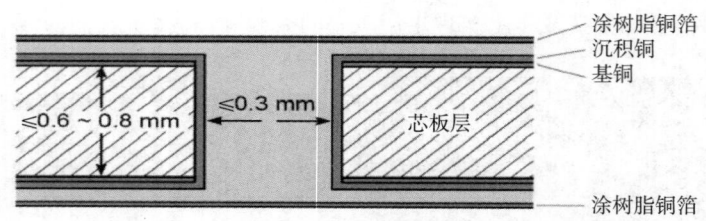

图 22.15 通孔可以在 RCC 层压中被树脂填充的条件

当孔径/厚度条件不满足时，就必须使用单独的填孔工艺。主要过程是在板的一面覆盖比孔径大的丝网，在丝网中挤入树脂。在孔内填满树脂并完全固化后，用砂带研磨机（600～800#）或陶瓷磨板机将多余的树脂打磨掉。图 22.16 说明了这个过程。对于微孔板制造商，这是一个棘

手但必要的操作，特别是感光成孔的处理。

相对于层压粘结片或 RCC 填胶，树脂填孔花费巨大且收益少。镀覆孔的边缘应得到很好的保护，以便在芯板层盖孔蚀刻时可以制作更细的孔环，同时在后流程中没有因孔位置凹陷导致的加工困难。

双固化（UV+ 热）环氧树脂　使用双固化环氧树脂主要是为了获得 B 固化阶段材料的稳定性以及易于打磨。因为 UV 曝光系统的液态环境利于控制温度和稳定的 UV 光强度，是可以达到均匀的半固化状态的。此外，因为液体环境保持在较低温度水平，可以防止在室温下填充材料混入气泡而膨胀。

在配制环氧树脂填孔油墨时，必须考虑填充材料与沉积铜之间的附着力。通常，选择不含丙烯酸类成分的材料比较合适。然而一些供应商发现，添加丙烯酸成分的因具有耐吸水性而更有优势。树脂与沉积铜的附着力可以通过黑化或化学微蚀前处理工艺来提高，这与很多介质供应商的做法相似。

感光介质　感光介质的一个优势是，不需要的材料可在显影过程中被冲洗掉，从而省略了打磨过程。通常

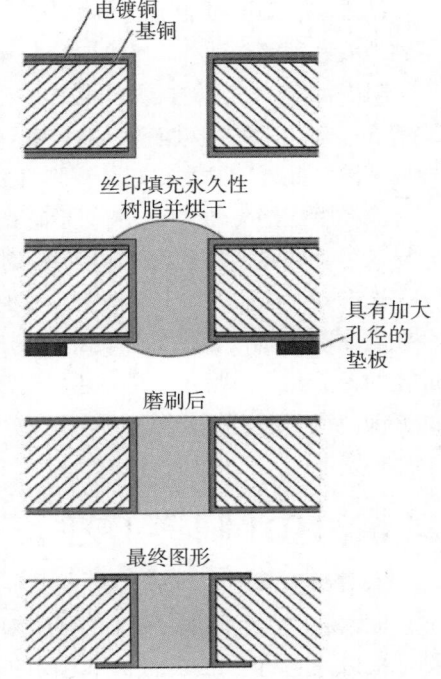

图 22.16　填孔及表面磨刷

一次印刷足以填满或堵塞通孔，两次可以充分填充。标准的丝印设备需要钉床或凹槽板，以排出孔内空气。若使用刮胶，建议使用单面的。建议进行二次印刷，以尽量减小材料的影响。芯板层小于或等于 0.03in（0.76mm）时，需要二次印刷。

导电膏　除了前面所述的优点，导电膏填孔还具有散热、增大孔电导率、允许在通孔上设计焊盘的优势（见图 22.17）。另一个优势是，以另一种方式节约空间。

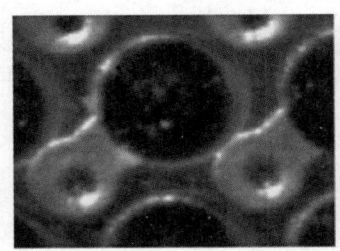
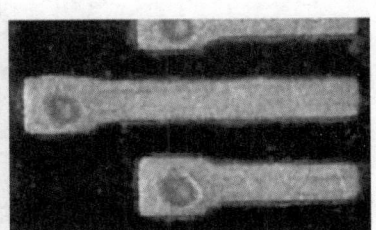

（a）传统"狗骨"设计　　　　　　（b）盘中孔设计
图 22.17　导电膏填充的盘中孔设计（来源：杜邦公司）

例如，由银、铜和环氧树脂组成的可丝印的膏状物中，金属粒子形状、大小与环氧树脂的最优组合，基本不产生收缩量。通常情况下，使用有图形的丝网将导电膏填满已金属化或未经金属化的通孔，干燥或固化之后，对插件孔整平并沉积铜，使其具有可焊性。典型设计是，孔径为 6 ~ 25mil（152 ~ 635μm），板厚为 6 ~ 85mil（152 ~ 2159μm），厚径比为 1∶1 ~ 6∶1 并有真空辅助。这类产品在组装过程中是非常可靠的。

单固化（热）树脂　通常，热固性树脂具有良好的铜附着力。劣势是填孔材料的整体散热速率不稳定，因而很难在整平之前实现可靠的半固化态。

结果是，温度可能迅速和无法预测地上升。因此，若此类材料用于填孔，必须完全地、没有空隙地将孔填满。

阻焊油墨 使用这类材料是相对容易填孔的。但是，在烘烤固化的过程中存在挥发溶剂及收缩情况，对生产稳定性有明显影响。在通孔直径较小的情况下，溶剂残留于孔口或孔盘上可能导致开路。此外，这类材料的铜附着力通常小于其他填孔材料。

涂树脂铜箔（RCC） 类似于感光介质面临的潜在问题，填孔介质与内层覆铜介质之间存在差异。尽管如此，RCC 还是可以在较低厚径比等有限范围内的填孔中应用。

液态介质涂敷树脂与感光介质成孔存在或多或少的相同点。但是，感光介质成孔与激光钻孔存在着本质区别。在激光钻孔中，树脂在激光钻孔（微孔形成）前已经完全固化，与感光介质成孔的先成孔（树脂在成孔后还可能流动）再固化相比稳定得多，这是一大优势。这种树脂（孔）的流动使得图形定位较为困难。

22.6 HDI 制造工艺

本节讨论采用非机械钻孔方式加工微孔的技术。通孔钻孔技术可以得到小于 0.2mm 的孔，但是成本和实用性限制了它的应用。对于 0.2mm 的孔，通过激光钻孔或其他方式加工更具性价比。接下来讨论应用于 PCB 的 5 种主要的孔加工技术。

- 感光成孔
- 等离子体成孔
- 激光钻孔
- 固体（膏）成孔
- 介质置换成孔

每种微孔加工工艺都起始于基础基板，它可以是简单的包含地层和电源层的双面板，也可以是除电源层和地层外还有一些信号层的多层板。芯板层通常已有镀覆孔（PTH）。这些镀覆孔会成为埋孔。这种芯板层通常也被称为有源芯板。

22.6.1 感光成孔工艺

在介质材料上用前述所有方法涂敷之前，基材表面的铜必须经过附着力增强处理，以确保介质材料与铜有良好的附着力。现在很少有制造商为此使用氧化处理。最流行的是使用特制的蚀刻粗化工艺来增大附着力，这一步骤常见于所有的微孔加工。

将涂敷的介质树脂半固化后，孔图形通过曝光形成。在 160℃、1h 下，待感光成像的微孔和介质完全固化，然后采用高锰酸盐蚀刻，去除孔内树脂，并同时在表面产生微孔，以增大后续铜层的剥离强度。

剥离强度的合格标准是有争议的。芯片封装基板所需的最小剥离强度是 0.6kgf/mm，但是主板用户，尤其是手机制造商，通常最小 1.0kgf/mm 才能使手机通过跌落试验。由于可以在树脂中增加填料，激光钻孔材料通常可以通过测试。蚀刻后，这些填料产生优良的微孔表面结构，提供较大的剥离强度。

在高锰酸盐蚀刻后，板被催化并在化学镀铜（沉铜）溶液中金属化，且表面被电镀至所需镀层厚度。部分厂家在催化前通过机械磨刷或液体咬蚀来增大粗糙度。然后，通过干膜及蚀刻形成导体图形。一些制造商更喜欢采用图镀的方式制作。很少有微孔板制造商在使用直接金属化之前对孔进行闪镀。多家日本制造商直接用化学镀铜得到所需的铜厚度,再采用正相电沉积(ED)系统实现精细线路与非常小的孔环。

微孔板制造的一个重要步骤是,选择树脂作为介质时,不论采用感光成孔还是激光钻孔,都要去除微孔表面残留的可能导致迁移的催化剂(通常为钯)。这个步骤通常是商业秘密。

感光成孔工艺当前主要应用于封装基板,因为可以在曝光与显影过程中形成大量的孔。然而,如前所述,感光成孔工艺相比激光钻孔工艺会受树脂完全固化时收缩的影响,而孔位置移动的方向是随机的,造成随后图形制作时定位困难。由于这一问题的存在,感光成孔拼版尺寸比通常的拼版小得多,约为 400mm × 400mm。感光成孔工艺也难以加工更小的孔。其结果是,封装基板制造商开始转向提高速度的激光钻孔技术。所有的感光介质技术都具有一些相同的特征,表 22.11 列举了典型的工艺特征。图 22.18(a)描述了标准的感光成孔处理工艺。

表 22.11 4 种典型的感光介质材料(3 种环氧树脂和 1 种聚酰亚胺)和
涂敷、曝光、显影、除胶、金属化的工艺参数

	产品 A	产品 B	产品 C	产品 D
产品	L-PID,负片	L-PID,负片	L-PID,负片	L-PID,负片
材料	环氧树脂	环氧树脂	聚酰亚胺	环氧树脂
预清洗	化学清洗	火山灰	棕化	化学清洗
应用 PID	帘式涂敷	帘式涂敷	挤压涂敷	Vac,Iam.
	150 ~ 400 cps	200 ~ 600cps	12000 ~ 25000cps	60s,65℃
厚度	50μm	50μm	37μm	63μm
干燥条件	15h,90℃	6h,25/40℃	5h,25℃	N/A
		3h,140℃	15h,125℃	
曝光能量	800 ~ 1200 mJ/cm²	800 ~ 1600 mJ/cm²	2000 ~ 3000 mJ/cm²	700 ~ 1200 mJ/cm²
热冲击	15h,90℃	12h,125℃	N.R.	20h,85℃
显影	专用药水 75min,35℃	有机 GBL 60min,30℃	专用有机液 150min,30℃	专用药水 60min,35℃
终固化	UV:1.0J/cm²,60h,145℃	60h,150℃	120h,175℃	UV:2.0J/cm²;60h,150℃
粗化 膨胀	4h,65℃	4h,75℃	2h,65℃	5h,60℃
蚀刻	4h,80℃	8h,75℃	1h,75℃	10h,75℃
中和	6h,50℃	6h,50℃	3h,45℃	3h,25℃
沉铜厚度	0.3 ~ 0.5μm	0.7 ~ 1.0μm	0.3 ~ 0.5μm	0.4μm
电镀后烘烤	20h,90℃	60h,150℃	60h,150℃	15h,90℃

22.6.2 等离子体成孔工艺

等离子体成孔工艺是瑞士 PCB 制造商 Dyconex 开发的。采用等离子体成孔工艺加工的产品被称为 DYCOstrate。

等离子体成孔工艺有很多变形工艺,图 22.18(b)是其中一种。如今它主要用于小批量复杂挠性或刚挠结合电路板的生产。

首先通过正常蚀刻方式在铜箔表面开窗。等离子体蚀刻通过这个窗口进行,孔形往往是碗状[见图 22.18(b)],这不利于可靠的电镀(尽管新的等离子体蚀刻设备宣称已解决这个问题)[7,8]。

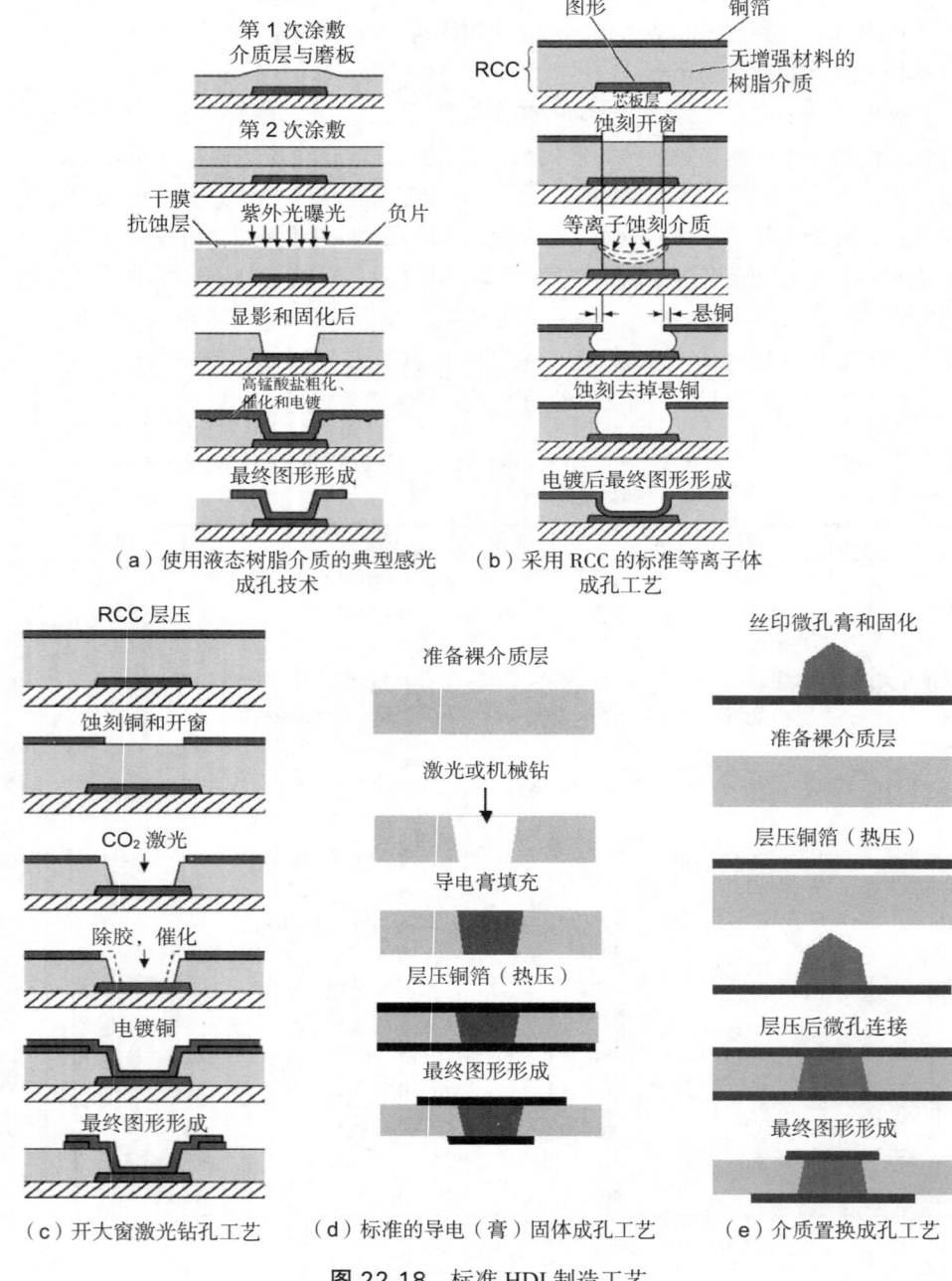

图 22.18 标准 HDI 制造工艺

另一个问题关系到微孔是如何形成的。窗口边缘的铜会悬空，这导致电镀可靠性非常差。因此，为了保证电镀的可靠性，必须通过二次蚀刻将凸出的铜蚀刻掉。有利的是，二次蚀刻使得表面铜厚变薄，更容易制作细线路。然而，在大批量生产中，当板子准备好电镀以便后续图形制作时，它需要花费的时间是其他工艺的几倍。

等离子体成孔方式可以用于在挠性材料上制作通孔，因为孔是等离子体从两面进行蚀刻的，可以将碗形效应减到最小。

　　等离子体微孔蚀刻是从传统的通孔等离子体除胶渣工艺发展而来的。等离子体微孔蚀刻设备采用不同的气体、磁控管及设备夹具。等离子体是在局部真空中填充氧气、氮气和氯氟化碳（CF_4）的混合气体产生的。微波磁控管产生的等离子场和特殊的低频千波单元可以使有机物快速腐蚀。

22.6.3　激光钻孔工艺

　　激光钻孔是迄今最流行的微孔加工方法，但不是速度最快的。如图 22.19 所示，化学蚀刻微孔是最快的，估计每秒能加工 40 000 ~ 50 000 个微孔，与等离子体法和感光法加工微孔的效率相当，都是批量加工微孔的工艺。

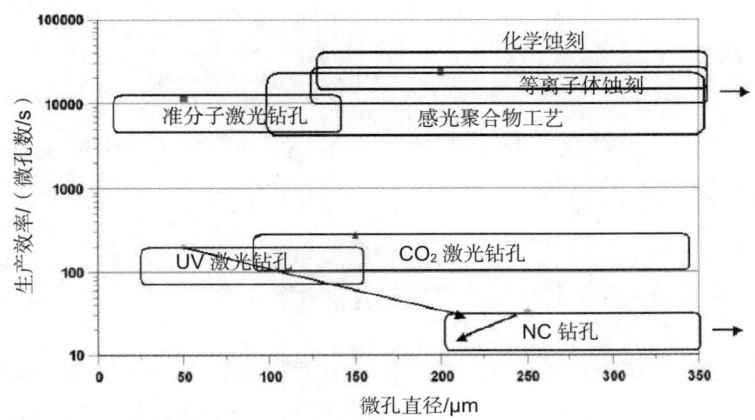

图 22.19　效率对比图，基于各种成孔方法和孔径：
化学、等离子体、感光、激光

　　激光钻孔也是最早的微孔加工技术[9]，其激光波长处于红外线和紫外线区域之间。如图 22.20 所示，当前主要的 5 种波长都被用于激光钻孔。图 22.21 展示了各种材料的吸收率曲线，如有机环氧树脂、聚酰亚胺、粗化铜箔及玻璃布等。激光钻孔必须设计光束的尺寸和能量，高能量的光束可以切割金属、玻璃布，而低能量光束只清除树脂，不破坏金属。大约 20μm（< 1mil）大小的激光光斑会采用高能量光束，而 100 ~ 350μm（4 ~ 14mil）的激光光斑会采用低能量光束[10, 11]。

　　有多种激光类型被用于加工微孔。其中，有 4 种方法：UV/YAG 激光、CO_2 激光、YAG/CO_2 或 CO_2/CO_2 结合。有 3 种介质材料：RCC、纯树脂（干法或液态树脂）、增强型粘结片。因此，采用激光系统加工微孔的方法取决于 4 种激光和 3 种材料的组合方式。

　　激光钻孔工艺中有几个因素必须注意：微孔的位置精度、孔径的均匀性、介质固化后的尺寸

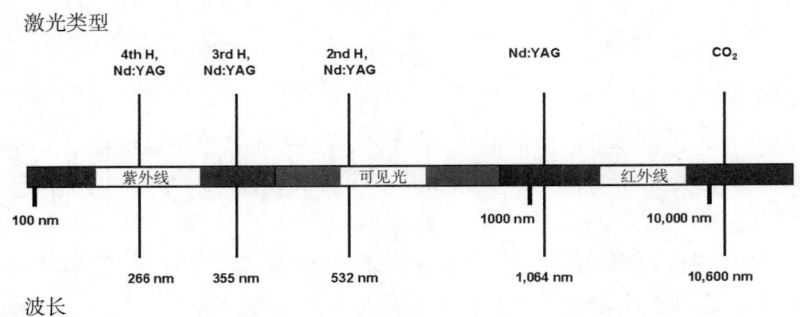

图 22.20　使用激光钻孔波长从红外线到紫外线的区域，包括 Nd:YAG 激光

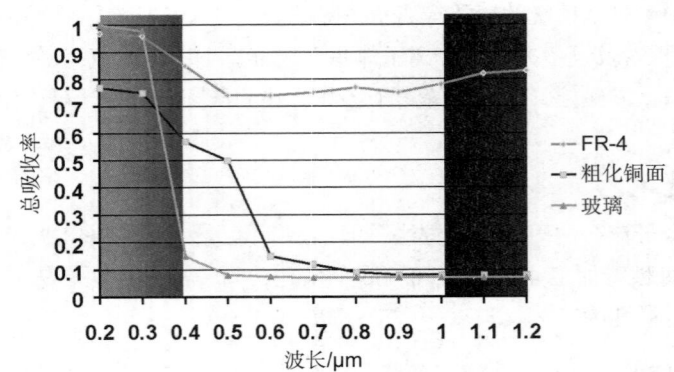

图 22.21 不同材料对不同波长激光能量的吸收：环氧树脂、铜箔、玻璃布
采用 UV 波长烧蚀，仅树脂用 CO_2 波长烧蚀

变化、受温湿度影响的尺寸变化、曝光设备的对位精度、负片的不稳定性，等等。这些在整个
微孔加工过程中必须得到仔细监控。

1. UV/YAG 激光

UV/YAG 激光可以穿透铜，因此没有必要进行预开窗，选择的介质可以是 RCC 或铜箔与粘
结片的结合体。

位置精度关系到目标盘的好坏，这与 YAG 激光有直接联系。YAG 激光的钻孔速度比 CO_2 慢，
特别是孔径大于或等于 125μm 时，因为其激光束非常小。由于其过长的钻孔时间，在微孔上面
开窗就非常有必要。另外，YAG 激光对介质层厚度非常敏感，如果 RCC 的树脂不够平整，用于
清除偏厚区域的激光能量可能会损坏目标盘；若能量过小，则有可能无法达到目标盘。

虽然 YAG 激光可以穿透铜及玻璃纤维增强型粘结片，但效果要差于采用 RCC 材料。激光
能量必须调整到可以穿透玻璃纤维交叉处，否则很可能会损坏目标盘。为了规避这个问题，操
作者必须减小能量，延长激光烧蚀的周期，这样就增加了钻孔时间。根据 YAG 激光必须穿过的
介质材料的结构，采用玻璃纤维增强型材料时，必须调整钻孔速度到 3 ~ 50 孔 /s。

当介质材料为 RCC 时，可以调整 UV 激光钻孔速度到 300 ~ 500 孔 /s。

当介质材料是树脂而没有铜时，采用 CO_2 激光是最好的，因为 CO_2 能够提供更快的速度（一
个单头的激光每分钟可以加工 25 000 个孔，包含前期操作，如放板及对位等）。

UV/YAG 激光设备最大的特点是，当材料采用 RCC 时，有能力加工非常小的孔（如
20 ~ 30μm 的微孔，而在大批量生产时 CO_2 激光能加工最小 50μm 的微孔）和具备优秀的对位精度。

对于更快的加工方式，尽管 YAG 激光用户通常会将铜蚀刻到 6 ~ 9μm 厚，但这种方式也更
常见于 CO_2 激光钻孔。

2. CO_2 及双 CO_2 激光

一个 CO_2 激光束无法穿透铜箔，除非铜箔达到非常薄的 5μm，且铜经过黑化处理，能够吸
收激光能量（这个工艺也称作 CO_2 激光直接钻孔，稍后讲述）。

当表面仅仅是树脂时，CO_2 激光钻孔速度可以达到 20 000 ~ 25 000 孔 /min，具体取决于孔
的分布和密度。钻孔速度可以持续提升，孔越密集，速度越快，因为位置移动耗时会更少。相
比单激光头的设备，双激光头设备的钻孔效率可以提升约 70%。

材料制造商在树脂中混入了填料，以增大剥离强度。有些填料会降低 CO_2 激光的加工速度，

因为激光束的能量会损耗在这些填料当中。例如，要求介质层厚度是 60μm 时，树脂覆盖两次是一种常见的生产增厚方式。第一次覆盖树脂 40μm，没有混入填料。第二次 20μm，加入了填料。虽然激光束也能穿透到含填料的介质层，但是速度明显下降。

最理想的激光孔形是锥形，通过脉冲钻孔实现。通常会用到 2 ~ 3 次脉冲，当 2 次脉冲被用在同一个点上时，会导致目标盘过热且产生过多的环氧树脂污点。因此采用 3 次脉冲，当全板在经过 2 次脉冲后，还有 1 次脉冲清理所有的孔。这样，孔的质量得到了保证，尽管时间上有所延长。

当介质材料选用 RCC 时，使用等离子体成孔必须提前在铜箔上开孔或开窗。而在形成开窗前，常用蚀刻减薄铜的工艺将铜减小至 6 ~ 7μm，这个工艺通常称为"半蚀刻"。

减薄铜，它使得开窗更容易，也使得形成细线路更容易。过氧化氢 / 硫酸体系的蚀刻剂常用于减小面铜厚度，如前面提及的，减薄铜工艺在 UV/YAG 激光应用中变得更常用。

有两种开窗加工激光孔的方式，一种称为开整窗，另一种称为开大窗，如图 22.18（c）所示。

在开整窗的方式中，激光束的直径大于开窗尺寸，经过等离子体处理后，直接烧蚀形成一个碗状孔形。改善点在于，使激光束直径微大于开窗直径，以便激光束在脉冲加工时尽量减小碗状效应。

在开大窗的方式中，激光束的直径略小于开窗尺寸，电镀后形成一个小"台阶"，如图 22.18（c）所示。要减小这个"台阶"，开大窗工艺的减薄铜就显得非常重要。

有些制造商在 RCC 层压后采用 CO_2 激光加工完全蚀刻掉铜的表面。铜面下的介质材料表面已经是多孔状态，可以形成优于 RCC 的良好附着力。因此，有些特殊处理方式被用在树脂表面，如在电镀铜前增加化学镀镍层，但类似的处理方式仍处于保密状态。

RCC 的方式存在开窗与目标盘对位错误的问题，当其直径小于 250μm 时，将产生严重的缺陷，如图 22.22 所示。激光钻孔工艺实践者们有多种方案来解决这一问题，可以使用液态树脂以及 YAG 或 YAG/CO_2 设备。既然 YAG 激光能够击穿铜箔，激光束就可直接对目标盘进行对位加工；另一种办法是采用激光直接成像（LDI）开窗后蚀刻，以优化 CO_2 激光的加工速度。

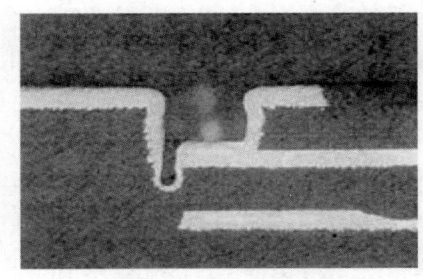

图 22.22　激光孔与目标盘偏位（来源：Ibiden）

另一种解决方案是，采用 CO_2 激光直接钻孔。采用 RCC 的优势是提前确保了剥离强度。采用液体树脂时，制造商通过精细控制来达到恰当的剥离强度。固化度控制、高锰酸盐的蚀刻量，以及高锰酸盐的再生控制，都影响剥离强度及加工成本。

在激光直接钻孔的方法中，铜箔厚度减小到约 5μm，表面须经过氧化处理，如黑化或其他方式。典型的氧化物替代方式是采用蚀刻工艺，将铜厚进一步减小 1μm，而表面变成深色，允许 CO_2 激光进行烧蚀。

另一种方案是，使用超薄的 RCC 铜箔。作为载体的铜箔，通常厚度在 2oz，覆盖一层非常薄的 10 ~ 20μm 的导电覆盖膜，然后电镀上 3 ~ 5μm 的铜。类似的 RCC 被覆盖在芯板上，将承载膜剥离后，其表面特性与减铜的状态一样。CO_2 激光直接钻孔的速度约为钻树脂的 30% ~ 40%，但目标盘的对位精度得到了保证。

3. YAG/CO_2

这种组合被特别用于铜与粘结片的结构。YAG 激光提供良好的对位精度并能击穿铜，但它更容易在粘结片钻孔后留下玻璃布的凸出点。正如前面提到的,其对介质层厚度偏差很敏感。但 CO_2 激光在击穿玻璃布上比 YAG 激光更彻底,在这个组合激光钻孔过程中,YAG 激光束被调整用于击穿铜及清除一部分玻璃布,其他的则由 CO_2 激光完成。钻孔速度受 YAG 激光的限制,比纯 CO_2 激光慢一些。然而,这是 PCB 行业中优先选用的加工设备,服务器、网络路由器及基站设备的 PCB,通常使用铜与粘结片的结构。这类板的生产尺寸通常比较大,YAG 激光能够保证精度。汽车行业中的微孔板,通常也是此类设计结构。

YAG/CO_2 设备的钻孔速度比 CO_2 激光慢许多。然而,基础设施用 PCB 的微孔数量通常比手机板少一个数量级以上,手机微孔数量达到 650 000 ~ 700 000 个 /m^2。另外,基础设施用 PCB 的价格比批量生产的移动手机的母板高很多。因此,尽管更慢的钻孔速度意味着更高的钻孔成本,但并不影响总体的加工成本。

残留在孔里的玻璃布会影响可靠性,可以通过化学或机械方式清除,优先推荐采用机械方式清除。常采用氧化铝(约 20μm 直径的颗粒)喷射的方式清理孔内残留玻璃布及污点。还有一种采用准分子激光全面扫描铜开窗的方式清理孔内污点。上述两种方法,清洁一块在制板的一面大概都需要 30s 的时间。

22.6.4 干法金属化(导电油墨、导电膏及介质置换)

导电油墨金属化是利用成像作用、激光或介质置换方式,在单层介质上形成微孔的方式。

导电膏金属化用导电膏填充微孔,作为层间电气连接路径。表层的金属化可以通过在介质层表面压合铜箔或采用化学沉积方法完成。该工艺如图 22.18(d)所示。

介质置换金属化是一种独特的工艺,将导电银膏丝印在铜箔上并固化,导电膏在压合过程中穿透传统半固化层,形成点状导通孔,并连接到背面的铜箔,形成互连导通孔。图 22.18(e)展示了该导通孔的加工工艺。

干法金属化集成了成像及丝印,规避了传统工艺(电镀和蚀刻)的局限性和高成本。它基于感光介质制作微孔和电路通道,然后填充导电油墨,避免为获得隔离的介质层和覆金属层而采用蚀刻或电镀和蚀刻相结合的方式形成线路,也没有沉积抗蚀层和确定线路前预先退膜的要求。事实上,导电油墨金属化技术消除了金属浪费。

而传统的多层 PCB 必须通过钻孔、沉铜形成内层互连。这些孔导致了 PCB 上无效区域的增加。而且,为了连接印制线路和元件焊盘,一些通孔必须设计在焊盘以外的区域。

参考文献

[1] Bauer, Charles E., and Bold, William A., Tektronix, Inc., U.S. Patent 4,566,186, "Multilayer Interconnect Circuitry Using Photoimageable Dielectric," January 28, 1985

[2] Tsukada, Y., and Tsuchida, S., "Surface Laminar Circuit, A Low Cost High Density Printed-Circuit Board," Proceedings of the Surface Mount International Conference and Exposition, San Jose, CA, September 1992

[3] Schmidt, W., "A Revolutionary Answer to Today's and Future Interconnect Challenges," Proceedings of the Sixth PC World Conference, San Francisco, May 1993

[4] Holden, H., "Segmentation of Assemblies: A Way to Predict Printed Circuit Characteristics," Proceedings of IPC T/MRC, New Orleans, December 6, 1994

［ 5 ］Holden, H., IPC-2315, "Design Guidelines for HDI and Microvias," IPC, 1998, pp. 55

［ 6 ］Holden, H., "The Challenge: To Plan Successful Products When Packaging Is So Complicated," Future Circuits, Vol. 2, No. 1, 1997, pp.106–109

［ 7 ］Seraphim, D. P., Lasky, R. C., and Li, C.Y., Principles of Electronic Packaging, McGraw-Hill, 1989, pp. 39–52

［ 8 ］Heller, W. R., His, C. G., and Mikhail, W. F., "Wireability: Designing Wiring Space for Chips and Chip Packages," IEEE Design Test, August 1984, pp. 43–51

［ 9 ］Sweetman, E., "Characteristics and Performance of PHP-92: AT&T' s Triazine-Based Dielectric for Polyhic MCMs," International Journal of Microcircuits and Electronic Packaging, Vol. 15, No. 4, 1992, pp. 195–204

［ 10 ］Gonzalez, Ceferino G., "Materials for Sequential Build-Up (SBU) of HDI-Microvia Organic Substrates," , The Board Authority, June 1999, pp 56–58

［ 11 ］Circuit Tree HDI Materials, The Board Authority Journals on HDI, June 1999 and April 2000, CircuiTree magazine, BNP Publishing

［ 12 ］Bakoglu, H. B., Circuits, Interconnections and Packaging for VLSI, Addison Wesley, 1990

［ 13 ］Hannemann, R. J., "Introduction: The Physical Architecture of Electronic Systems," Physical Architecture of VLSI Systems, R. Hannemann, A. D. Kraus, and M. Pecht (eds.), John Wiley & Sons, 1994, pp. 1–21

［ 14 ］Moresco, L., "Electronic System Packaging: The Search for Manufacturing the Optimum in a Sea of Constraints," IEEE Transactions on Components, Hybrids and Manufacturing Technology, Vol. 13, 1990, pp. 494–508

［ 15 ］Maliniak, D., "Future Packaging Depends Heavily on Materials," Electronic Design, January 1992, pp. 83–97

［ 16 ］Powell, D., and Weinhold, M., "Laser Ablation of Microvia Holes in Woven Aramid-reinforced PWBs," Chip Scale Review, September 1997, pp 38–45

［ 17 ］Poulin, D., Reid, J., and Znotins, T. A., "Materials Processing with Excimer Lasers," International Congress on Application of Lasers and Electro-Optics (ICALEO) paper, November 1982

［ 18 ］Knudsen, P. D., et al., U.S. Patent 5,262,280, November 16, 1993

［ 19 ］Shipley, C. R., U.S. Patent 4,902,610, February 20, 1990

［ 20 ］Shipley, C. R., U.S. Patent 5,246,817, September 21, 1993

［ 21 ］Sakamoto, Kazunori, Yoshida, Shingo, Fukuoka, Kazuyoshi, and Andô, Daizo, "The Evolution and Continuing Development of ALIVH High-Density Printed Wiring Board," presented at IPC Expo 2000; featured in Circuit Tree, May 2000, pp 34–37

［ 22 ］Itou, Motoaki, "High-Density PCBs Provide for More Portable Design," http://www.nikkeibp.com/ nea/ nov99/tech/

［ 23 ］"Microvia Substrates: An Enabling Technology for Minimalist Packaging 1998–2008," BPA Group Ltd., 1999, pp. 4–3 to 4–17

［ 24 ］Tsukada, Yutaka, et al., "Surface Laminar Circuit and Flip Chip Attach Packaging," Proceedings of the Seventh IMC, 1998

［ 25 ］Tsukada, Yutaka, Introduction to Build-Up Printed Wiring Board (in Japanese), Nikkan Kogyo Shinbun, 1999

［ 26 ］ Holden, Happy, "Special Construction Printed Wiring Boards," Printed Circuit Handbook, 4th ed., Clyde F. Coombs, Jr. (ed.), McGraw-Hill, 1995, chap. 4

［ 27 ］ Takahashi, Akio, "Thin Film Laminated Multilayer Wiring Substrate," JIPC Proceeding, Vol. 11, No. 7, November 1996, pp. 481–484

［ 28 ］ Shiraishi, Kazuoki, "Any Layer IVH Multilayer Printed Wiring Board," JIPC Proceeding, Vol. 11, No. 7, November 1996, pp. 485–486

［ 29 ］ Fukuoka, Yoshitaka, "New High Density Printed Wiring Board Technology Named B2it," JIPC Proceeding, Vol. 11, No. 7, November 1996, pp. 475–478

［ 30 ］ Apol, Tim, "Directional Plasma Etching—Straight Sidewalls, No Undercut," PC Fabrication, Vol. 20, No.12, December 1997, pp. 38–40

［ 31 ］ Tsuyama, Koichi, et al., "New Multi-Layer Boards Incorporating IVH: HITAVIA," Hitachi Chemical Technical Report, No. 24, 1995-1, pp. 17–20

［ 32 ］ Tokyo Ohka Company Brochure

第23章
先进的 HDI 技术

Happy T.Holden
美国科罗拉多州朗蒙特,明导国际

23.1 引 言

自 20 世纪 80 年代中期推出高密度互连(HDI)技术 [惠普 Finstrate、西门子 Micro Wiring、IBM 表面层合电路(SLC)技术] 以来,为适应大规模生产,高密度互连(HDI)印制电路板(PCB)取得了许多技术进展。如果要从中选择出一个发展最快的,那就是激光钻孔技术。其他方法仍然被一些 PCB 制造商采用,但规模要小得多。

本章的目的是介绍图 23.1 所示的各种 HDI 制造工艺。然而,重点将放在激光钻孔(以下也称为激光微孔),因为它现在最普及并且将来会取得更大增长。必须要认识到,互连导通孔(IVH)加工只是 HDI 板制造的其中一个因素。带有微孔的 HDI 板涉及许多不同于传统电路板制造的新工艺。因此,更多的重点将放在这些新的、其他微孔技术能够通用的制造工艺上。

23.2 HDI 工艺因素的定义

图 23.1 展示了 21 种不同的 HDI 工艺,这些工艺中有 3 个基本的制造因素:
- 介质材料
- 互连导通孔加工
- 金属化方法

23.2.1 介质材料

目前和过去的 HDI 工艺中共用到 8 种不同的介质材料。
- 感光液体介质
- 感光干膜介质
- 聚酰亚胺挠性薄膜
- 热固化干膜
- 热固化液体介质
- 涂树脂铜箔(RCC)
- 传统 FR-4 芯板和粘结片
- 热塑性塑料

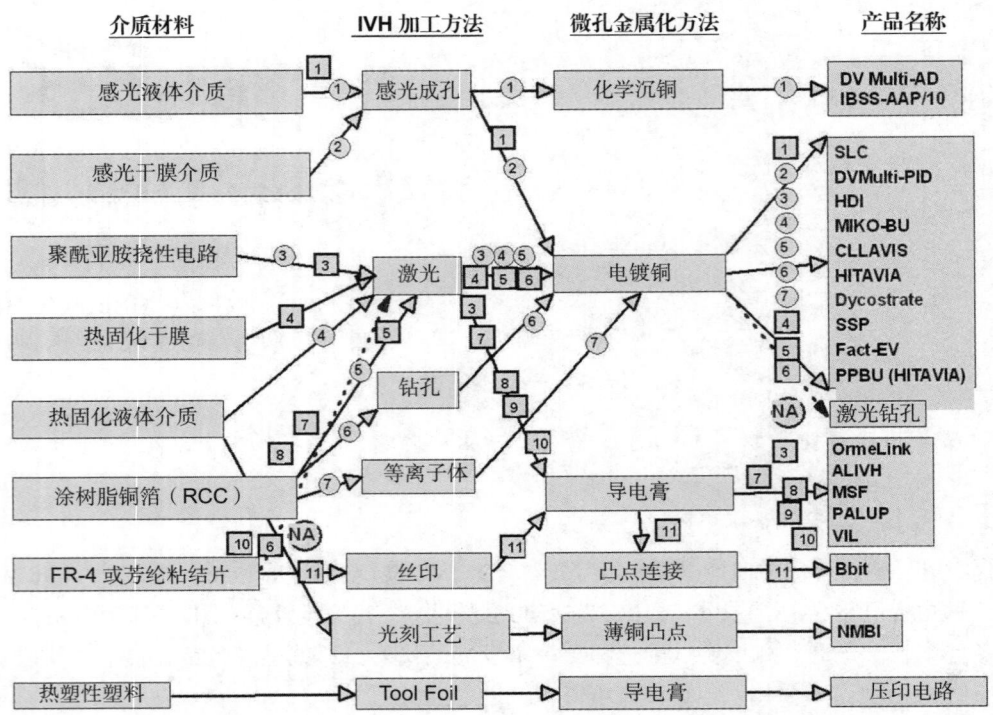

图 23.1 当今使用的 HDI 技术由 3 个因素组成：介质材料、IVH 形成方法和实现 Z 轴导通孔金属化的方法。近些年，有 21 种不同的 HDI 工艺被采用过

23.2.2 互连导通孔的形成

目前和过去的 HDI 工艺中共用到 7 种不同的 IVH 加工方法。其中激光钻孔最常见，其他 6 种也有应用。

- 用成像工艺对感光介质定义导通孔
- 各种激光钻孔方法，包括 UV-YAG、紫外 - 准分子和 CO_2
- 机械钻孔
- 等离子体成孔
- 丝印导电膏成孔
- 成像和蚀刻固体导通孔
- Tool Foil

23.2.3 金属化的方法

目前和过去的 HDI 工艺中共用到 4 种不同的 IVH 金属化方法。

- 全加成法化学沉铜
- 传统化学沉铜和电镀铜
- 导电膏
- 制作实心金属导通孔

23.3　HDI 制造工艺

　　3 个基本、原始的 HDI 工艺是激光钻孔积层（Finstrate）、挠性材料（Micro Wiring）与感光介质表面层合电路（SLC）技术、等离子体蚀刻聚酰亚胺介质（DYCOstrate）。这 3 种工艺和其他 18 种 HDI 工艺已经被集成到了标准 PCB 制造流程中。没有标准方法来组织这些工艺，但是 IVH 加工方法是每个工艺独有的特征。

23.3.1　感光成孔技术[1,2]

1. IBSS/AAP10 体系

　　互穿聚合物网络积层结构体系（IBSS）是专门开发感光介质材料的日本 Ibiden 集团开发的，它完善了 Ibiden 旧的环氧型感光再分配层技术 IP-10。

　　结　构　IBSS 结构专门用于集成电路（IC）和倒装芯片封装，具有较高的 T_g 值和挠性。BT 基板具有较好的耐高温能力。典型的 IBSS 结构及其特点如图 23.2 所示。

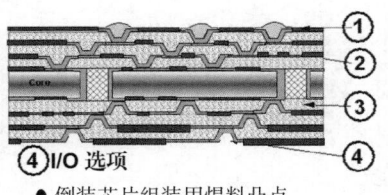

① 精细线路加成技术

	减成法	全加成法
截面图		
蚀刻因子	$L = l - h$	$L = l$
线宽	100 ± 30（μm）	50 ± 10（μm）
线厚	h ± 6（μm）	h ± 3（μm）

② 成像显影的导通孔

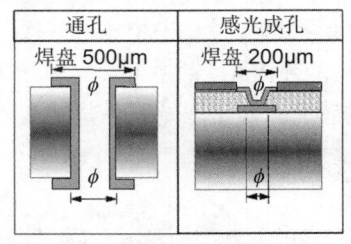

① I/O 选项
- 倒装芯片组装用焊料凸点
- BGA 用锡球

③ IPN 材料
- 表面电阻
  - $>10^{12}\Omega$ L/S = 50/50μm
  - $>10^{10}\Omega$, 85℃/85%RH / 24V / 1000h
- 微孔连接可靠性
  - >1000 次热循环测试
    （ $-65℃$, 30min <=> 125℃, 30min ）
- 介电常数（ε），T_g，伸长率
  - <3.9, 200℃, 38%
- 耐浸焊性
  - >15, 290℃

图 23.2　IBSS/AAP10 多层基板结构

　　制造工艺　IBSS 是一种可以用滚筒涂敷到刚性基板（通常是 BT）上的液态体系。涂敷层经过烘烤后，曝光显影形成导通孔。由于感光介质（PD）的耐高温特性，IBSS 需要更强的膨胀和蚀刻剂。金属化采用全加成法化学镀铜（沉铜）——还是 Ibiden 独有的专利。对于加成法金属化工艺，成像使用永久性感光树脂干膜。为了进行介质积层，表铜使用了一种附着力增强剂。图 23.3 是简要的 IBSS 工艺。

2. SLC 技术

　　SLC 技术是为实现高密度互连最先发展起来的感光成像介质（PID）微孔积层技术。SLC 技术的发展始于 20 世纪 80 年代末的日本 IBM Yasu 工厂，第一个产品在 1990 年问世[1]，第一个

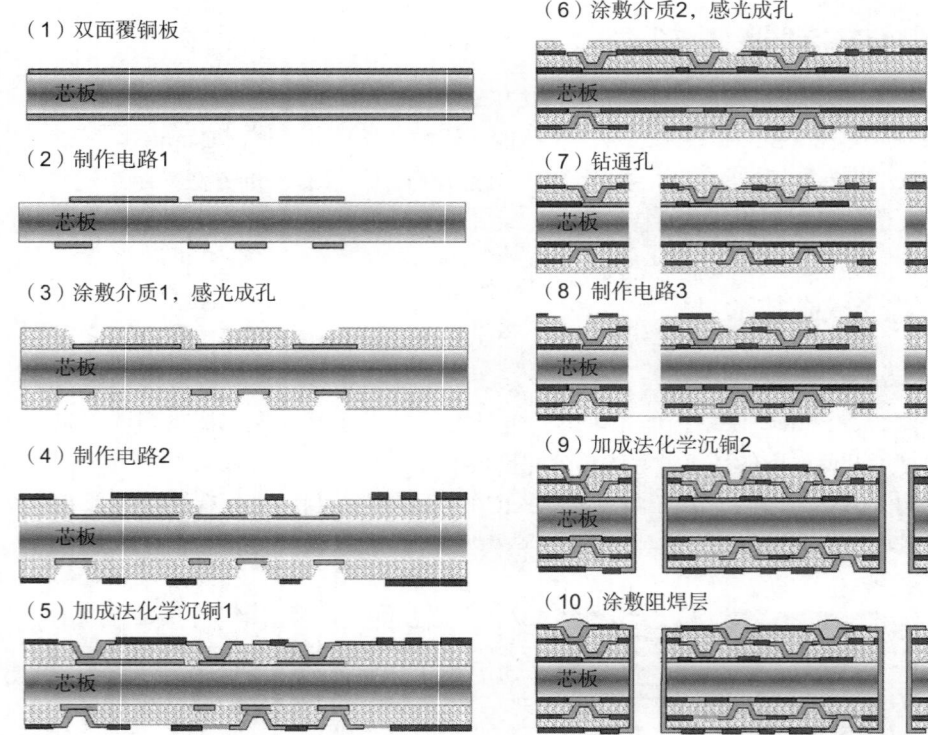

（1）双面覆铜板

芯板

（2）制作电路1

芯板

（3）涂敷介质1，感光成孔

芯板

（4）制作电路2

芯板

（5）加成法化学沉铜1

芯板

（6）涂敷介质2，感光成孔

芯板

（7）钻通孔

芯板

（8）制作电路3

芯板

（9）加成法化学沉铜2

芯板

（10）涂敷阻焊层

芯板

图 23.3   IBSS/AAP10 多层基板的制造工艺

采用 SLC 技术制作的倒装芯片 / 直接芯片安装（FC/DCA）的产品，分别于 1992 年在 IBM Yasu 工厂、1995 年在纽约恩迪科特工厂发货[2]。在日本，许多原始设备制造商（OEM）采用 SLC 技术的高密度互连工艺给索尼的第一代数字摄像机（DCR-PC7）的诞生提供了支持[2]，如图 23.4 所示。这个 8 层板结构是在一个 4 层基板两面各有 2 个 SLC 层。由于采用了 0.5mm 节距的芯片级封装（CSP），封装密度超过 612 个引线每平方英寸[3]。

最合适的感光介质是感光阻焊材料，其具有 PCB 组装工艺兼容性、暴露于服务环境的能力、

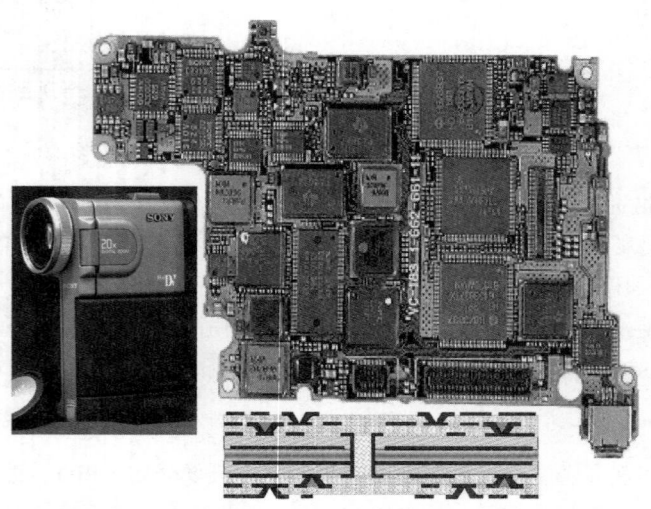

图 23.4   索尼 DCR-PC7 数码摄像机利用 SLC 工艺制作的 2+4+2 积层结构和 0.5 mm 节距的 CSP

必要的感光成孔特性。SLC 技术最初通过帘式涂敷来实现液态 PID 阻焊材料应用的。1995 年，SLC 也采用了拥有几乎相同电气性能的干膜 PID。干膜 PID 不像液态 PID 那样需要大量的表面研磨工艺。

PID 技术基于感光聚合体系在电路层的介质材料之间形成微盲孔。PID 的使用使得在制板上所有的微孔可以同时形成，而不会增加孔的单位成本。因此，它在高密度孔的应用中特别有利（如超过 50 000 个孔的 18in × 24in 在制板）。

液态与干膜 PID PID 技术的典型工艺流程是在一个多层基板上形成多个积层，如图 23.5 所示。在该工艺中，不管使用的是液态还是干膜 PID，PID 技术是相同的。

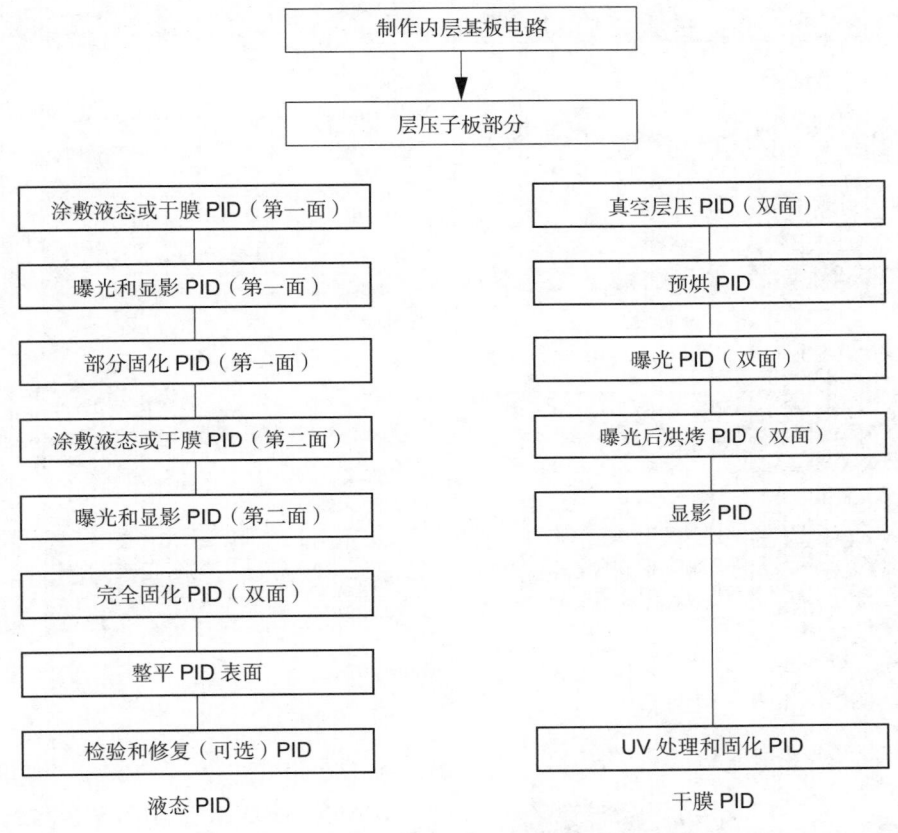

图 23.5 两种主要的 SLC 工艺流程

液态和干膜 PID 的孔壁剖面稍微不同。液态 PID 的孔壁剖面呈锥形，而干膜 PID 的孔壁剖面基本上是垂直的。锥形孔的孔壁与底部能形成良好的镀层覆盖。对于给定的底部直径，如果垂直孔的顶部开口较小，则孔的底部焊盘相应地就要小一些[4, 5]。

设 备 液态 PID 需要两种独特的设备：某种类型的涂敷设备，帘式、槽式、滚筒涂敷机或丝网印刷机（带相应的烘干炉）；水平研磨设备（表面砂磨机）。水平砂磨机用来整平液态 PID 固化后的表面，以方便后续表面精细线路的光刻加工。液态 PID 会因下面电路敷形涂层的存在，产生不均匀的平面。通过这些水平操作，还可以去除曝光后 PID 导通孔开口的浮空。很多液态 PID 有自流平特性，不需要任何其他的整平。

干膜 PID 需要的特殊设备的只有一种：真空压膜机。真空压膜机在 PCB 工厂是常见的设备。此外，其设备购置成本远低于帘式涂敷机或槽式涂敷机。由于干膜的溶剂含量低、收缩性小，采用真空层压工艺，干膜 PID 具有优异的平整性[6, 7]。

PID 技术的最初设想是，作为一种替代多层层压的方案制作多层 PCB。PID 技术以顺序积层的方式在基板上以建立新的信号层。所有外部积层的基础是传统双层板或多层板（含有电源层、地层，甚至是信号层）。机械钻孔和镀孔只用于芯板层，在层压板的背面形成连接，并容纳有安装引线的元件。镀覆孔只存在于芯板层，而不贯穿积层，这就可以实现更高的布线密度，特别是采用两层或多层积层时。图 23.6 提供了 SLC 多层 PCB 制造工艺的积层细节[8, 9]。

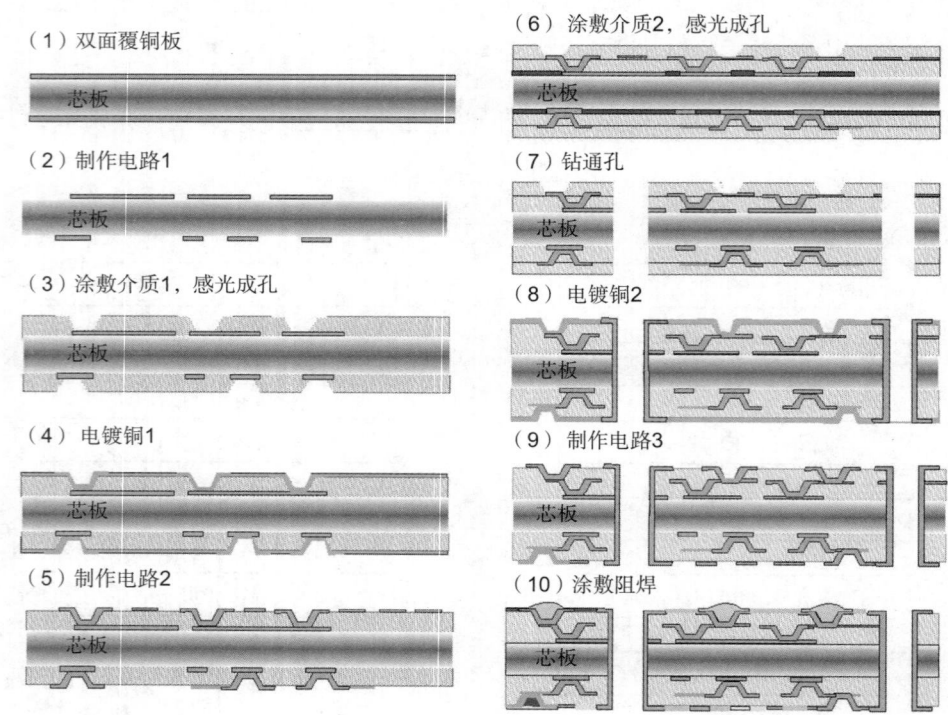

图 23.6 SLC 制造工艺的积层细节

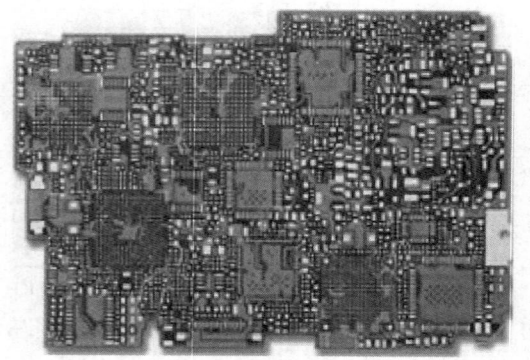

图 23.7 一个 NEC 的典型高密度 DV Mult-PID

3. DV Mult-PID

DV Mult-PID 来自于 NEC 公司。这个结构主要采用 PID 作为 IC 基底并用于高密度电子产品。它能在芯板层的每面制作 3 个积层。图 23.7 显示了一个典型的 NEC 的高密度板。使用干膜 PID 仅需要一种特殊设备：真空压膜机。真空压膜机在 PCB 工厂是比较常见的设备。此外，它们的成本比帘式涂敷机或槽式涂敷机低得多。改良后的 DV Mult-PID 结构使用层压基板、涂树脂铜箔（RCC）和全加成法化学沉铜制作积层。图 23.8 说明了这种结构和制造工艺。

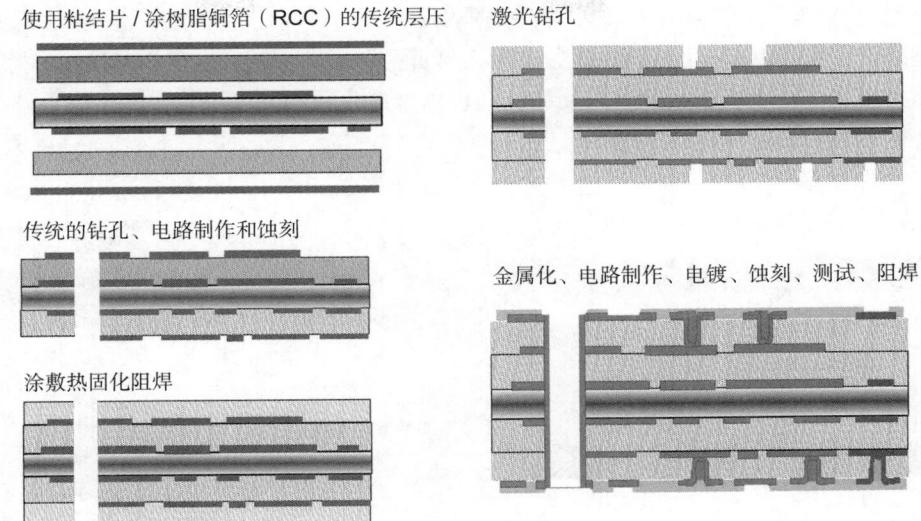

图 23.8 DV Mult-PID 板制造工艺

23.3.2 激光钻导通孔技术

在图 23.1 中，工艺 3～5 及小方块 3～10 利用了激光钻导通孔技术。这种工艺最早应用于 20 世纪 70 年代后期，IBM 的 Burroughs 在 G-10 层压板上钻埋孔，用以制作 3081 系统的大型计算机主板（这些产品的图片无法考证）。采用激光钻孔的惠普 Finstrate 系列板卡，最早生产于 1983 年；西门子 Micro Wiring 于 1987 年问世。

1. HDI

由通用电气开发，现在归属于洛克希德·马丁公司的 HDI 工艺，跟 IC 工艺非常相似。这就是所谓的"芯片优先"，组装在基底完成前进行，而 IC 直接黏合到基底上。它不使用倒装芯片和引线键合，但可以直接利用未改性芯片，能实现若干积层和非常精细的几何图形。这在制造多芯片模块和使用标准芯片时有明显优势。材料和键合技术已经被证明是非常可靠的，适用于军事应用。缺点是最大的在制板会被溅射。如果未来使用物理气相沉积/化学气相沉积（PVD/CVD）金属化，可能会使这个工艺更符合成本效益。

结 构 HDI 电路结构主要包括常见的传统挠性电路或更先进的微孔挠性结构。聚酰亚胺薄膜通常是 25μm 或 50μm 的粘结片。激光烧蚀聚酰亚胺产生盲孔或通孔。通孔打在 IC 的键合焊盘上。这样做，引线键合设计的 IC 就可以直接连接。图 23.9 显示了一个典型的高密度互连结构。

制造工艺 这个工艺始于单层、双层或多层聚酰亚胺挠性电路，黏合剂层贴在挠性电路层上。

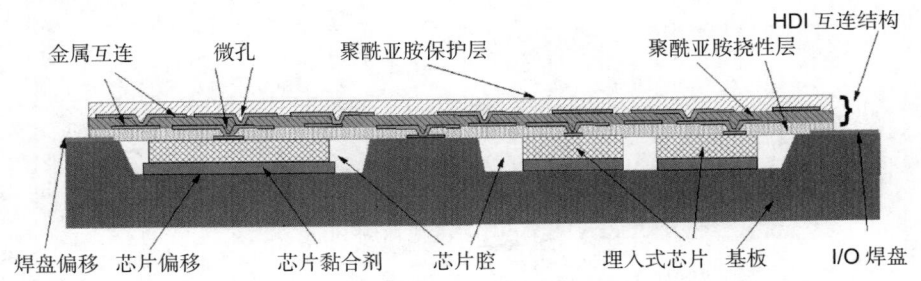

图 23.9 具有激光盲孔和直接 IC 连接的 HDI 多层基底结构

所有 IC 和元件黏合到挠性印制面的聚酰亚胺薄膜层上，然后固化。把组件翻过来，激光钻孔通过挠性电路，在包括 IC 芯片的键合焊盘上加工出盲孔和通孔。金，凸点下的冶金，或者 C4 凸点都不是必需的。在制板通过钨溅射使微孔和表层金属化后，就可以制作电路图形、电镀和蚀刻整个电路。工艺流程如图 23.10 所示[10, 11]。

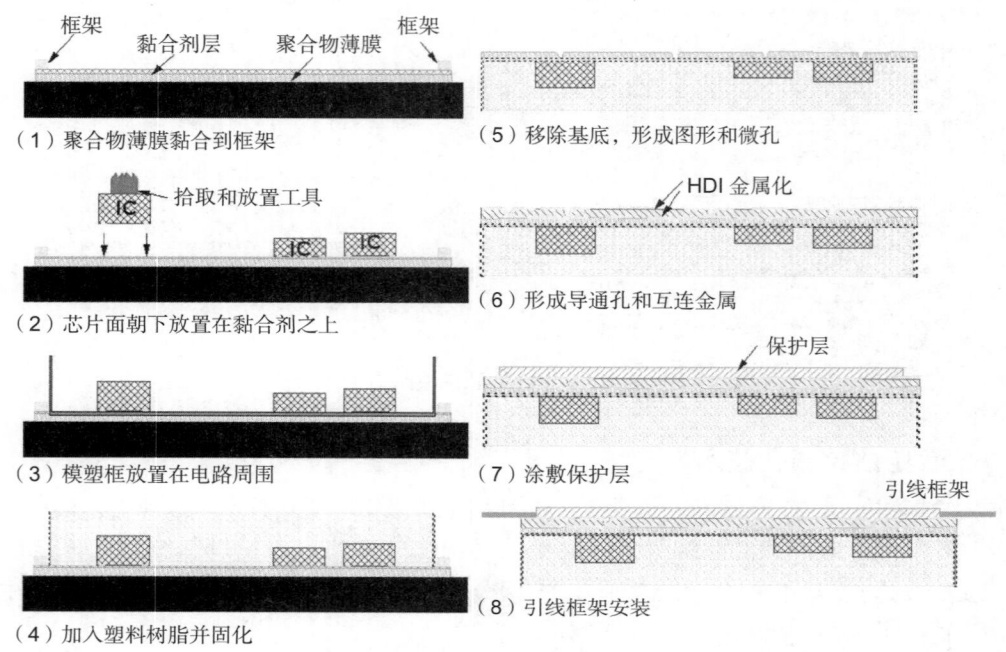

（1）聚合物薄膜黏合到框架

（2）芯片面朝下放置在黏合剂之上

（3）模塑框放置在电路周围

（4）加入塑料树脂并固化

（5）移除基底，形成图形和微孔

（6）形成导通孔和互连金属

（7）涂敷保护层

（8）引线框架安装

图 23.10 具有激光盲孔的 HDI 多层基底的制造流程

2. Meiko-BU

日本的 Meiko 电路公司采用把光致抗蚀剂涂到不锈钢板表面的不同寻常的高密度互连结构（HDIS）生产工艺。其优点是表面的几何形状不取决于蚀刻或全加成金属化，微孔在表面焊盘下，电路间充满了介质，可以不使用阻焊。不利的是，由于涉及载体，这个工艺的成本较高。

结　构　图 23.11 显示了 Meiko 积层电路的结构。不锈钢载体是感光介质的基础，导通孔是通过激光钻孔形成的。得到的结构类似于其他 HDI。中间的基板仍然是刚性板，积层方式是 PID。

制造工艺　制造工艺（见图 23.12）始于将光致抗蚀剂涂敷到不锈钢板面，通过曝光和显影形成表面图形。接着，先是镀金，然后是镀镍，最后是镀铜。当抗蚀剂被剥离时，在整个在制

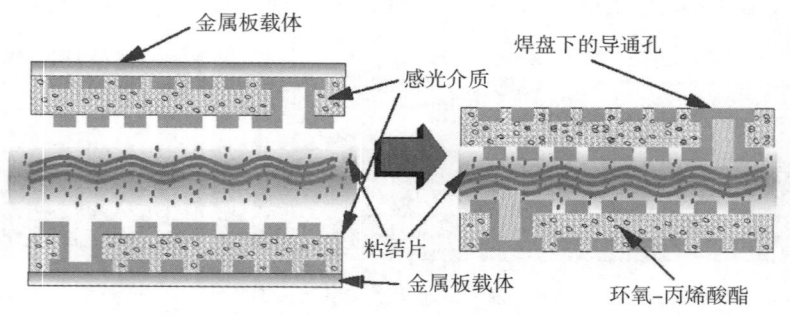

图 23.11 载体成型多层电路的结构

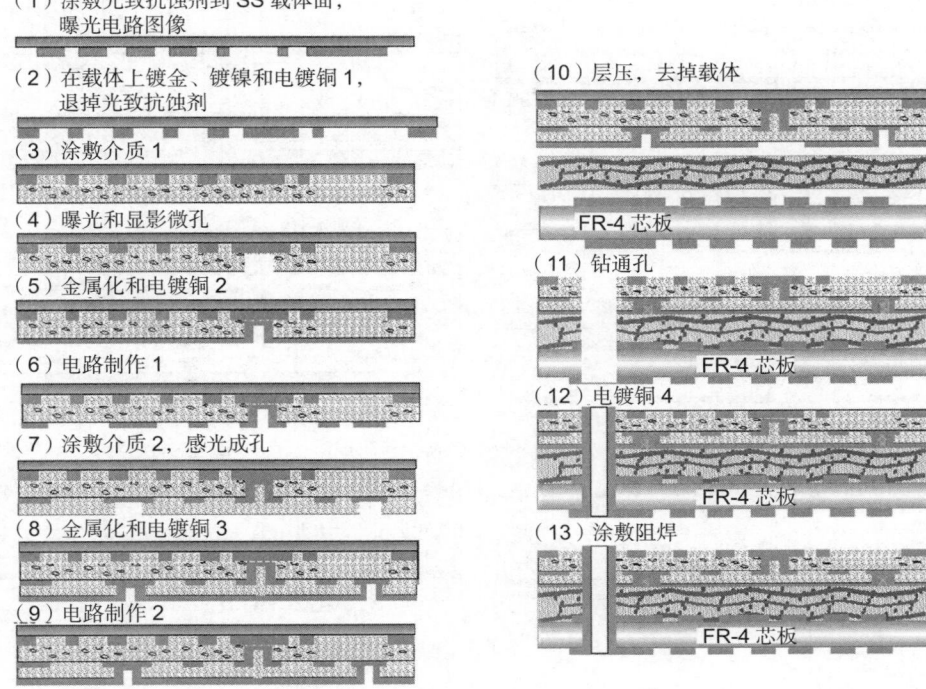

（1）涂敷光致抗蚀剂到 SS 载体面，
曝光电路图像

（2）在载体上镀金、镀镍和电镀铜1，
退掉光致抗蚀剂

（3）涂敷介质 1

（4）曝光和显影微孔

（5）金属化和电镀铜 2

（6）电路制作 1

（7）涂敷介质 2，感光成孔

（8）金属化和电镀铜 3

（9）电路制作 2

（10）层压，去掉载体

FR-4 芯板

（11）钻通孔

FR-4 芯板

（12）电镀铜 4

FR-4 芯板

（13）涂敷阻焊

FR-4 芯板

图 23.12 载体成型电路的多层基体的制造工艺

板上涂敷 PID 膜层，并用激光在介质上钻孔。金属化和电镀后，利用光致抗蚀剂可以完成图形电路的蚀刻。这个过程可以重复进行，直到电路完成，或者压到作为刚性骨架的 FR-4 材料上[12]。

3. CLLAVIS

CLLAVIS 积层是日本 CMK 公司推出的。这种激光钻微孔技术是最常见的 HDI 工艺。图 23.13 所示的剖视图显示的是多层芯板的填埋孔，以及可以堆叠盲孔的填微孔。这种结构也适合简单的、未填孔的交错微孔。

制造工艺 CLLAVIS 制造工艺如图 23.14 所示，跟大多数激光钻微孔积层技术相似。

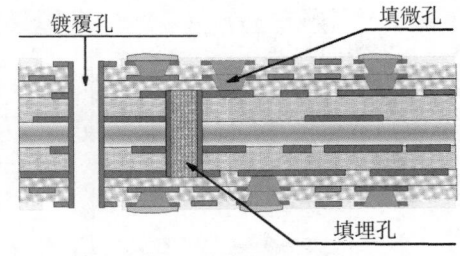

镀覆孔 　填微孔
填埋孔

图 23.13 一个典型的高密度 CLLAVIS

4. SSP

SSP 技术是由日本 Ibiden 开发的。它使用标准的 FR-4、电镀铜和激光钻孔。积层的关键步骤是，在每个金属化铜柱芯板的成品单面再涂一层薄的黏合剂。工艺流程如下，如图 23.15 所示。

（1）选用单面覆铜箔层压板。

（2）从无铜面进行激光钻孔。

（3）激光孔去钻污、化学沉铜。

（4）镀铜柱。

（5）通过图像转移等在铜箔层形成电路图形。

（6）在未敷铜面涂敷一层薄的黏合剂。

对多层板的其他芯板层重复步骤（1）~（6）。

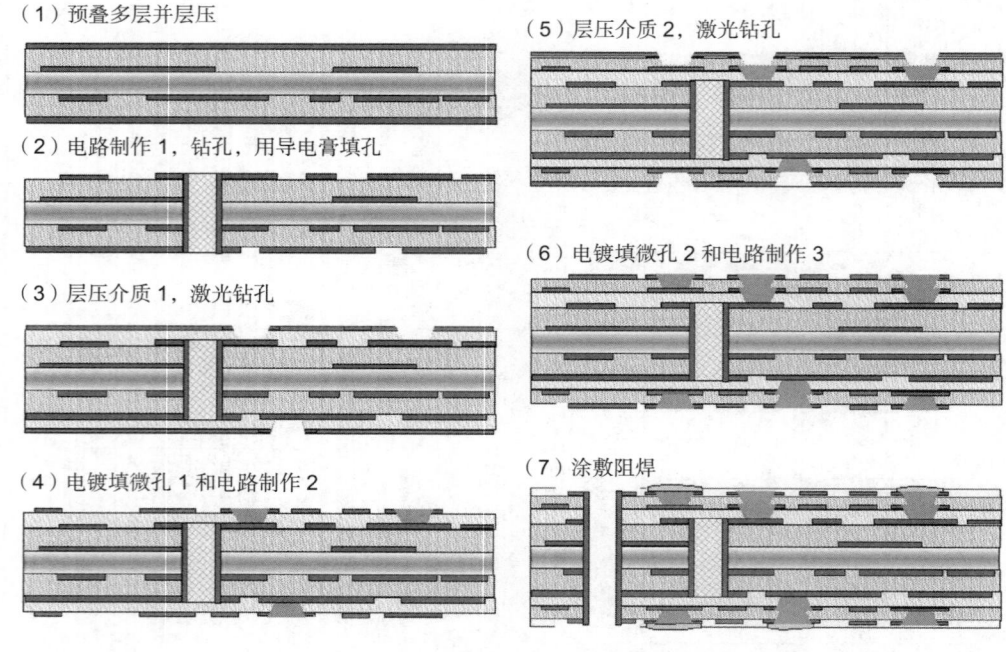

（1）预叠多层并层压

（2）电路制作 1，钻孔，用导电膏填孔

（3）层压介质 1，激光钻孔

（4）电镀填微孔 1 和电路制作 2

（5）层压介质 2，激光钻孔

（6）电镀填微孔 2 和电路制作 3

（7）涂敷阻焊

图 23.14　典型的 CLLAVIS 板制造工艺

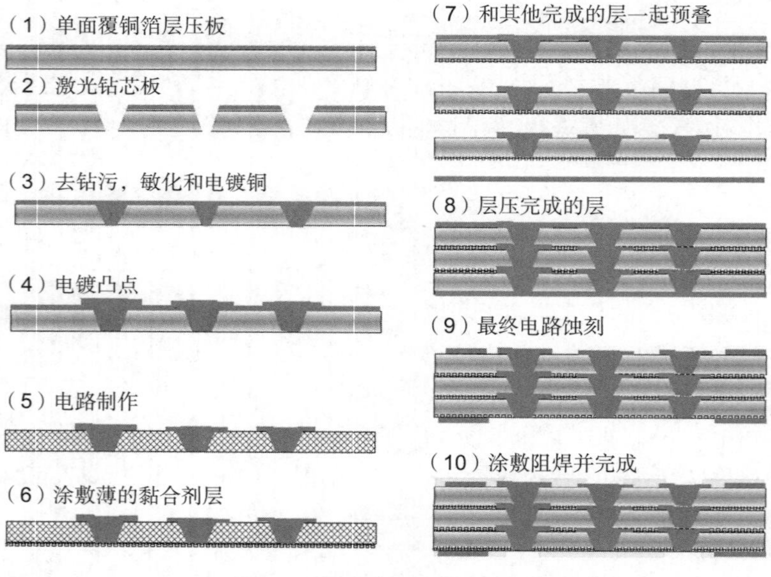

（1）单面覆铜箔层压板

（2）激光钻芯板

（3）去钻污，敏化和电镀铜

（4）电镀凸点

（5）电路制作

（6）涂敷薄的黏合剂层

（7）和其他完成的层一起预叠

（8）层压完成的层

（9）最终电路蚀刻

（10）涂敷阻焊并完成

图 23.15　典型的 SSP 板制造工艺

（7）将完成的芯板与铜箔进行预叠。

（8）真空层压完成芯板层。

（9）曝光蚀刻完成外层图形制作。

（10）涂敷阻焊层并完成。

5. FACT-EV

FACT-EV 源自日本 Fujikiko。与 SSP 工艺一样，导通孔通过镀铜柱实现。在这种情况下，使用标准的干膜光致抗蚀剂来确定铜柱，并用薄的液体介质材料涂敷铜柱。然而，不像 SSP，这个过程是连续的，两面分别在前一层之上处理。工艺概要如图 23.16 所示。

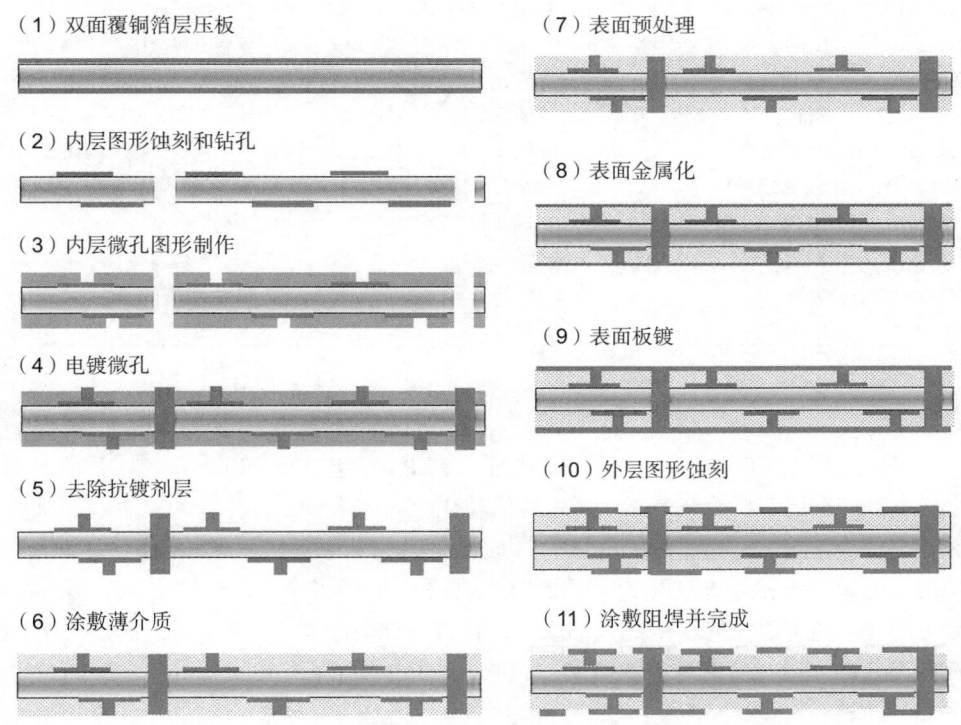

图 23.16 典型的 FACT-EV 板制造工艺

6. PPBU

PPBU（粘结片积层板）源自日本 CMK，是一种利用激光钻孔、顺序积层的工艺，类似于 CLLAVIS 工艺。图 23.17 显示了两个结构，一个标准的 2+4+2 积层和一个先进的 3+2+3 积层。

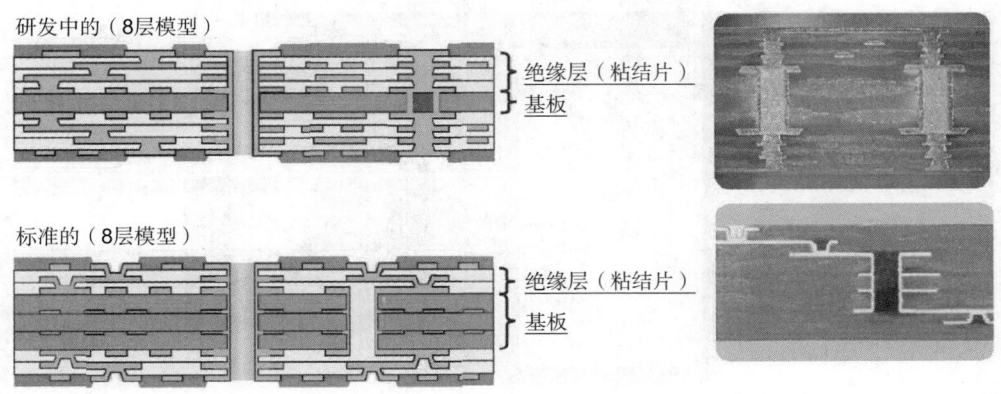

图 23.17 典型的 FACT-EV 板制造工艺

7. 固体导电胶填孔

该 HDI 技术利用固体导电胶等形成连接铜柱。表 23.1 列出了可用来形成 IVH 连接的电镀铜的替代物。

表 23.1　HDI 技术的替代

制造商	商　标	IVH 连接	金属化
Dyconex	DYCOre	铜蚀刻	蚀刻铜凸点
Ormet	OrmeLink	激光，等离子体，感光介质	铜锡有机金属
松下电器	ALIVH	激光	环氧树脂中的铜微粒
东芝	Bbit	绝缘替代	银 / 环氧膏
Parelec	PARMOD	钻孔，激光，感光介质	有机金属分解，铜或银
Namics	Unimec	冲孔，钻孔	银，钯，铜微粒膏
North Corp.	NMBI NMTI（Neo-Manhattan）	成像和蚀刻	蚀刻铜凸点
日本电装	PALUP	激光	铜或有机金属
Ibiden	SSP	激光	电镀铜凸点
Fujikiko	Fact-Ev	成像工艺	电镀铜柱

8. OrmeLink

CTS 的共同层压工艺和 Ormet 的瞬态液相烧结（TLPS）工艺（OrmeLink），类似于 ALIVH 工艺，导通孔中导电膏的铜锡有机金属基体，通过烧结转化为固体冶金导通孔。

CTS 工艺称为 ViaPly。通过 OrmeLink 可以连接两个 4 层板（8 个金属层）。

结　构　由聚酰亚胺或成对的 FR-4 层组成。如果有刚性需求或散热需求，不同的材料可以混压。导电胶是一种 TLPS 的铜锡混合油墨。结构如图 23.18 所示。图 23.19 显示了两个成品电路板的横截面，激光通过每对聚酰亚胺层，TLPS 冶金实心导通孔连接每对层，并通过 TLPS 导通孔连接 FR-4 内层芯板。

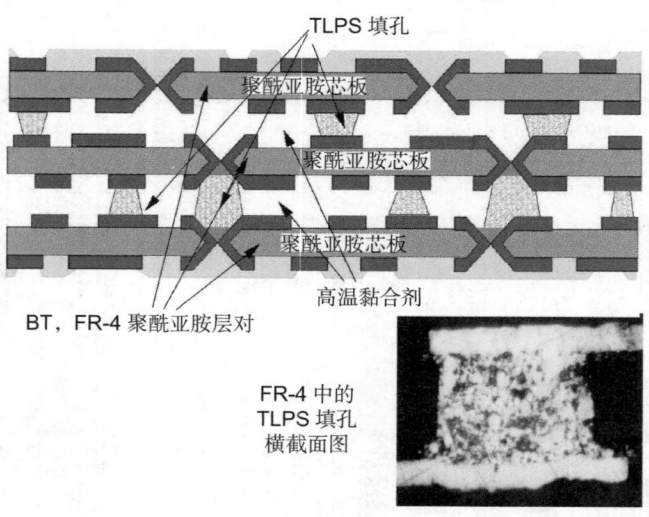

图 23.18　共同层压（OrmeLink）的多层结构

制造工艺　如图 23.20 所示，在聚酰亚胺黏合剂层上冲孔或者用激光钻孔，然后用 TLPS 进行填充。现在，该结构可以将任何其他 HDI 工艺的基板通过烧结转化为多层结构。导电胶在 21℃的碳氟化合物冷凝蒸气中烧结 2min，然后在 175℃下烘烤 40min 使结构固化。相关工艺参数见表 23.2。

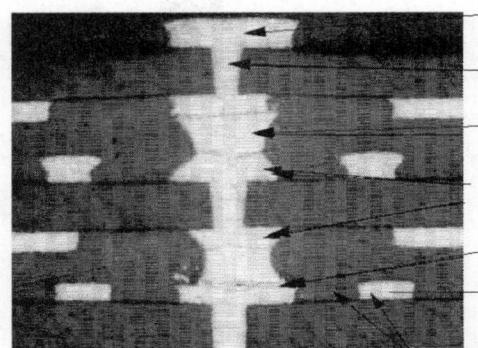

100μm焊盘上的电镀铜柱

25μm (.001in)导通孔

100 μm (.004in)焊盘

100μm焊盘上的
导电复合物和电镀铜柱

37 μm (.0015in)导线
50 μm (.002in)间距

具有 25 μm 导通孔的双面挠性电路

OrmeLink® TLPS 烧结导通孔

穿孔的黏合介质

（图片来源：Ormet Technology）

图 23.19 3 对具有 TLPS 膏填充的激光微孔和 FR-4 内层埋孔的横截面图

（1）获得线路层对

（2）在黏合剂层加工出孔

（3）用 TLPS 膏填充黏合剂层

（4）层压 TLPS 膏填充的黏合剂层

（5）烧结 TLPS 膏并涂敷阻焊

图 23.20 OrmeLink 多层基板的制造工艺

表 23.2 Ormet TLPS 导电膏的性能和工艺参数

Ormet 2005 系列油墨	规范和工艺参数
电导率	散装 $4.0 \times 10^{-3} \Omega \cdot cm$
	薄层电阻 $10.0 \times 10^{-3} \Omega / in^2$

续表 23.2

Ormet 2005 系列汕墨	规范和工艺参数
在 FR-4（$T_g = 125℃$）上的附着力	最小 1300psi
在铜上的附着力	平均 2921psi
可印刷性	用 230 不锈钢金属丝网和 7.5μm 厚的乳剂，烧结厚度为 28 ~ 38μm
	在 400μm 节距下可形成 200μm 宽的导体
固化周期	在 85℃下烘烤 30min
	在 215℃蒸气中固化 2min
	在 175℃下后固化 40min

9. ALIVH

ALIVH（任意层内部导通孔）工艺由日本大阪的松下电器公司开发并已发展多年。新的方法不再使用加成金属化与电镀，通过铜箔减成法蚀刻定义所有特征图形。积层的过程是不连续的。它使用成对的层和芳纶环氧粘结片，具有铜膏微孔，可以同时层压成三维结构。CMK 和其他一些日本公司已经认可此工艺。采用这种方法可加工 6 ~ 10 层的积层板。

结　构　图 23.21 显示了一个 ALIVH 产品结构和横截面。用激光在 PCB 上生成盲孔。芯板材料是芳香族聚酰胺非编织环氧树脂基板。人造芳纶纤维可以很好地用 CO_2 或 UV 激光进行切割。如果添加杜邦凯夫拉纤维，那么由此产生的材料将会有非常低的热膨胀系数（CTE），可以用于陶瓷封装的安装和倒装芯片 IC 的直接连接。这个结构可以是一个简单的双层 PCB，也可以是一个复杂的多层 PCB。导通孔由导电铜膏连接顶部和底部的铜箔形成。如果作为一个没有铜箔的粘结片层使用，导通孔连接各种 ALIVH 层对可形成多层结构。这不是一个顺序积层的过程，而是一个平行积层的过程。

制造工艺　ALIVH 工艺如图 23.22 所示。这个工艺开始于环氧芳纶 B 阶段粘结片。激光钻孔进行得非常迅速。之后，用含有铜粉和环氧树脂的导电胶填充这些孔。铜箔应用在结构的两面，在层压过程中，粘结片与导电膏都会固化。外层铜箔通过成像和蚀刻形成各种电路。对位

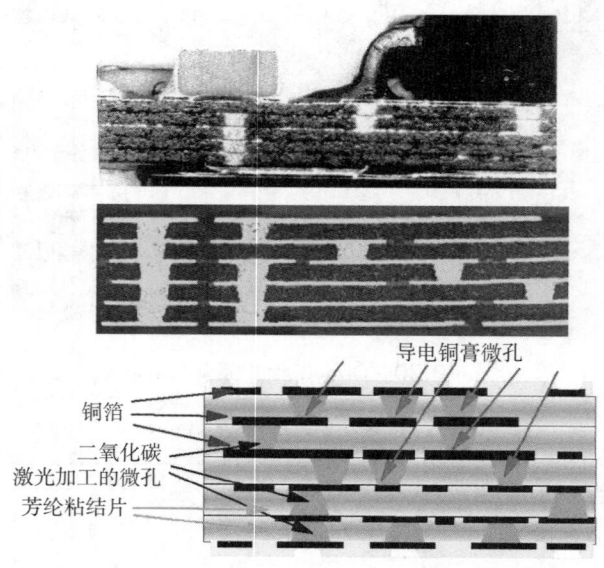

导电铜膏微孔

铜箔

二氧化碳

激光加工的微孔

芳纶粘结片

图 23.21　ALIVH 多层平行黏结实心微孔结构的横截面实例

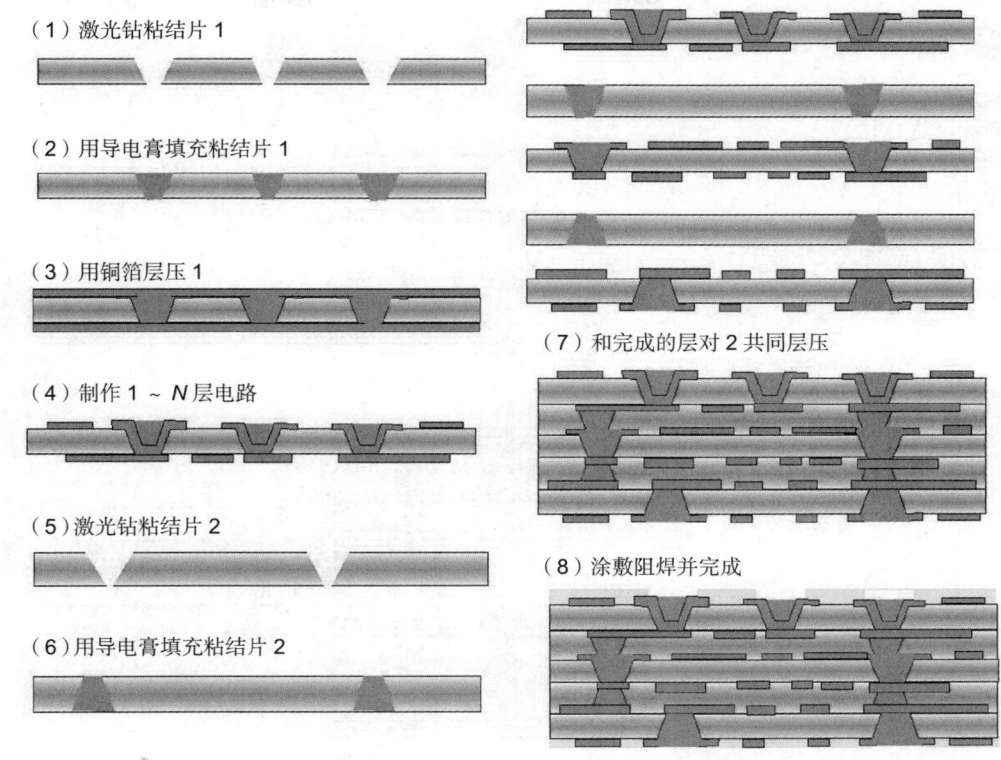

（1）激光钻粘结片 1

（2）用导电膏填充粘结片 1

（3）用铜箔层压 1

（4）制作 1 ~ N 层电路

（5）激光钻粘结片 2

（6）用导电膏填充粘结片 2

（7）和完成的层对 2 共同层压

（8）涂敷阻焊并完成

图 23.22　ALIVH 多层基板的制造流程

精度不是最关键的因素,因为现在导通孔在表面焊盘之下。这些双面层对中的一些可以进行生产、检验和测试。这种双面结构板可以与 B 阶段 / 导电膏层及铜箔在一面或两面层压,以增加额外的层。外层可以像普通 PCB 一样,通过成像、蚀刻完成图形。

ALIVH-FB 是一种先进的制造工艺。它具有精细线路、适合金线键合与倒装芯片的密集导通孔结构, 如图 23.23 所示。每种微盲孔技术的制造工艺都始于基础芯板,可能是简单的有电源层与地层的双面电路板, 或是除了电源层和地层外还有一些信号层的多层电路板。芯板通常有镀覆孔,这些孔最终会成为盲孔（BVH）。这样的芯板通常被称为有源芯板。

在制造芯板时, 制造商通常是将芯板板镀后,采用盖孔干膜工艺制作图形。然而,某些制造商似乎更喜欢选择图镀工艺来制作图形。选择哪种工艺取决于制造商对这些工艺的熟悉程度。图形制作完成后, 将粘结片、铜箔、芯板层层压（在有粘结片和铜箔的情况下）, 层压过程中根据镀覆孔直径与芯板厚度,镀覆孔内可以填充满树脂。一般认为,当镀覆孔直径小于等于 0.3mm,芯板层厚度小于等于 0.6mm 时, 层压过程中这些孔可以被有效填满树脂［尽管在使用涂树脂铜箔（RCC）的情况下, 80μm 的厚度被认为比较合适］。

直径和厚度不符合条件时, 有必要通过单独的工艺先填充孔。通过网板印刷方式填充孔,在聚酯网板上开比孔图形还要大的孔,从网板面进行填充,完成填孔的步骤后,将树脂完全固化。

10. MSF

日本 Shinko 开发了 MSF HDI 技术。它利用激光对涂树脂铜箔钻孔, 然后对微孔填导电膏。经过测试后, 将这些涂树脂铜箔层压到平行积层板结构中。图 23.24 展示了这种 HDI 技术的典型制造流程。

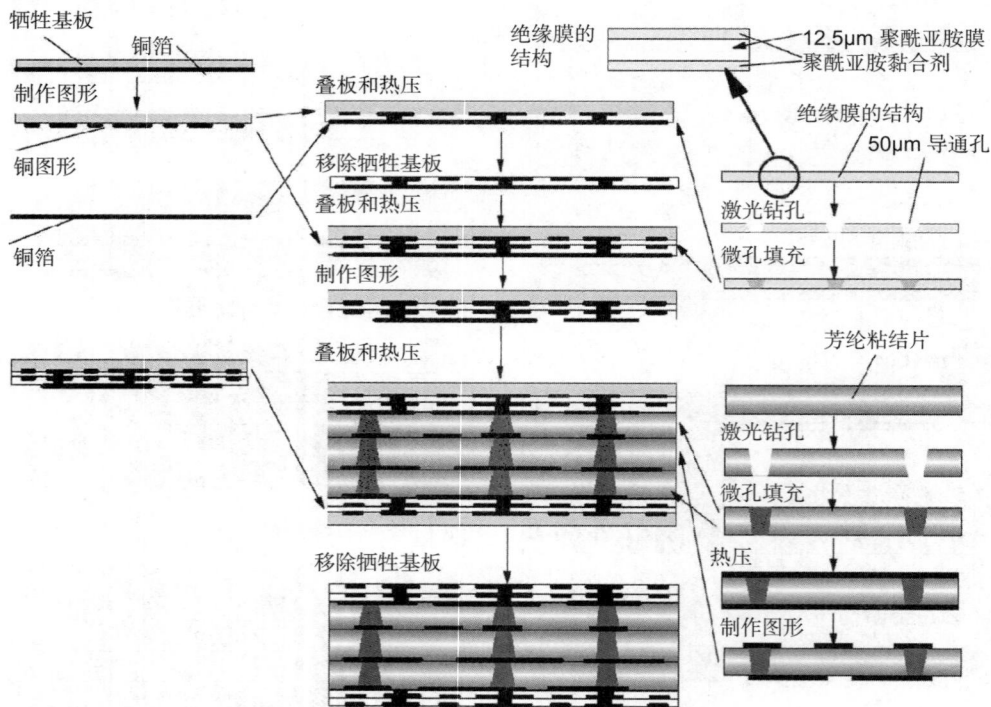

图 23.23 多层基板的 ALIVH-FB 制造工艺（来源：CircuiTree）

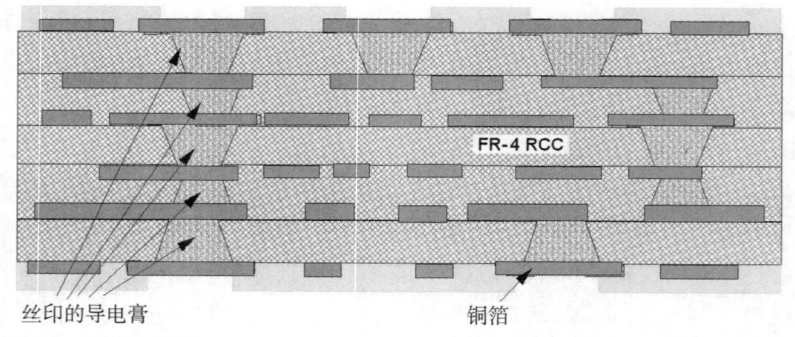

图 23.24 多层基板的 MSF 制造流程

11. PALAP

PALAP（有图形的粘结片积层工艺）是一个由日本电装公司、Wako、Airex、Kyosha、Noda Screen 和 O.K. Print 所组成的财团开发的。起初，这个工艺使用覆铜板（CCL），但现在利用热塑性塑料，如聚醚醚酮（PEEK）树脂或一种称为 PLA-CLAD 的新型塑料。PAL-CLAD 以电气性能和耐热性著称，它是由日本 Gore-Tex 公司生产的一种可回收的热塑性树脂薄膜。

单层压工艺在层压、固化和线路图形叠层方面优于传统 PCB 工艺。PALAP 板可以将所有热塑性树脂层一起层压成多层板，且每层都有线路图形，如图 23.25 所示。这将大大提高质量，降低成本，缩短交付时间。由于采用金属膏填充导通孔，PALAP 板具有高连接可靠性和低介电常数特性，也具有良好的高频特性。

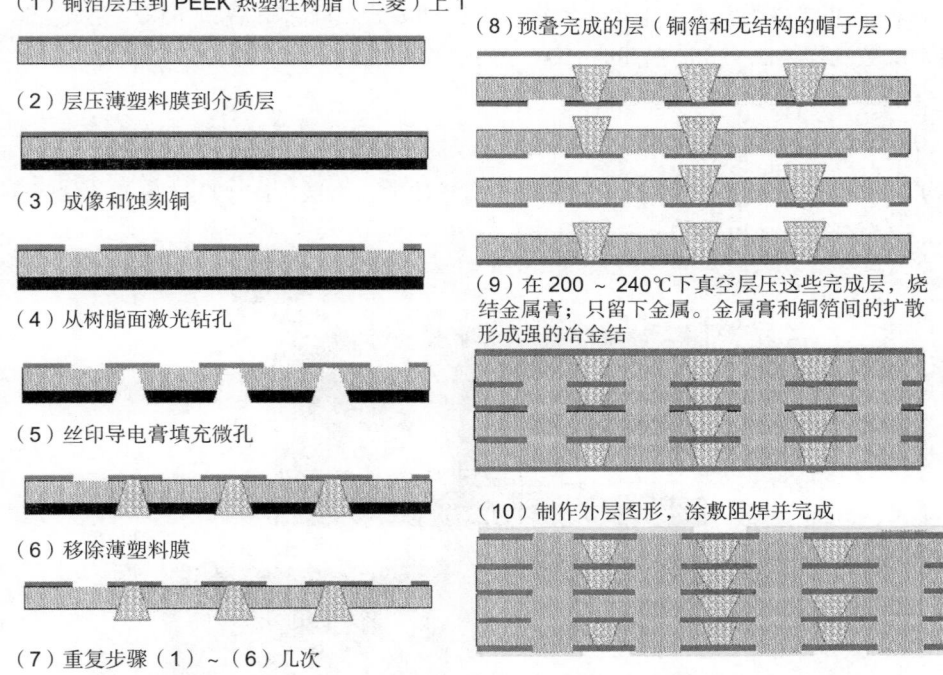

（1）铜箔层压到 PEEK 热塑性树脂（三菱）上 1

（2）层压薄塑料膜到介质层

（3）成像和蚀刻铜

（4）从树脂面激光钻孔

（5）丝印导电膏填充微孔

（6）移除薄塑料膜

（7）重复步骤（1）~（6）几次

（8）预叠完成的层（铜箔和无结构的帽子层）

（9）在 200 ~ 240℃下真空层压这些完成层，烧结金属膏；只留下金属。金属膏和铜箔间的扩散形成强的冶金结

（10）制作外层图形，涂敷阻焊并完成

图 23.25 多层基板的 PALAP 制造流程

作为应用到包括信息技术、汽车在内的电子产品领域的主要问题，PALAP 板也充分考虑到了环境因素。PALAP 板以热塑性树脂为基材，其中的树脂可以被分离和再利用，从而使材料得以循环使用。

12. VIL

VIL（维克多互连层）HDI 技术是由日本维克多公司开发的。它利用 FR-4 粘结片材料进行激光钻孔，然后用导电膏填孔，最后顺序积层完成。图 23.26 显示了这个 HDI 技术的典型制造工艺。

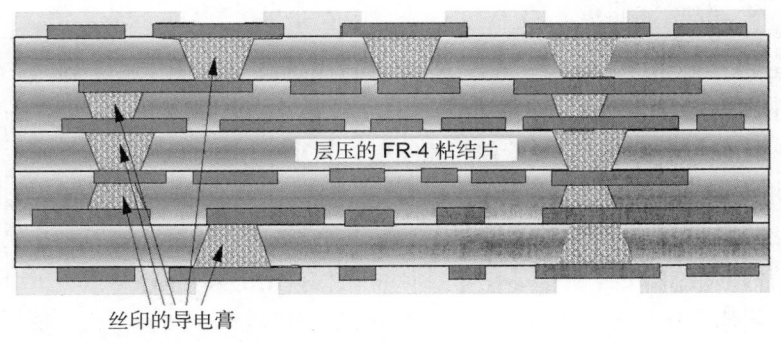

层压的 FR-4 粘结片

丝印的导电膏

图 23.26 多层基板的 VIL 制造流程

23.3.3　机械钻孔技术

日立 HITAVIA 技术是一个有效利用机械钻孔技术的典型例子，如图 23.26 所示。

日立 HITAVIA 技术是唯一一个通过传统机械钻孔实现 HDI 的技术。它采用涂树脂铜箔材料或粘结片材料，机械钻孔后用传统化学沉铜或电镀铜方式填孔，然后顺序积层完成。这个 HDI 技术的典型制造流程类似于先前描述的 HDI 工艺，如 CLLAVIS 和 PPBU。

23.3.4　等离子体成孔技术

等离子体成孔技术如图 23.27 所示，包括等离子体蚀孔增层（DYCOstrate）、等离子体微铣、等离子体蚀刻再分配层（PERL）。

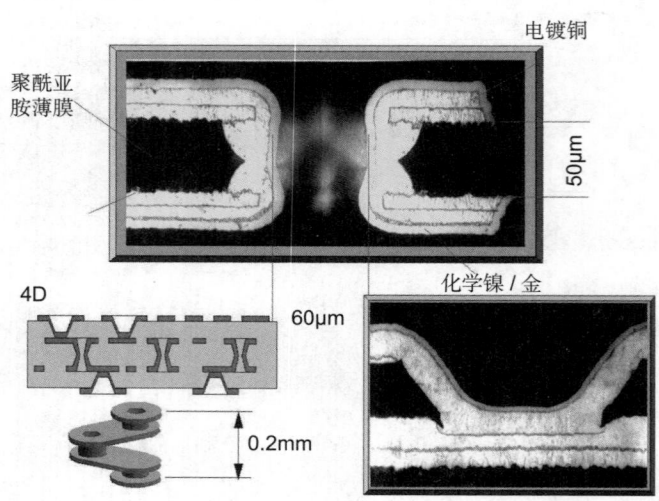

图 23.27　DYCOstrate 多层结构和通孔、盲孔的横截面图

1. DYCOstrate

1989 年，瑞士 Contraves 的 Walter Schmidt 博士完善了等离子体微孔蚀刻工艺。从传统的等离子体除胶工艺中进化出来的等离子体蚀刻成孔，是由 Dyconex（Contraves 的继任者）和德国的等离子体技术公司共同开发的。Dyconex 对 DYCOstrate 技术享有商标和专利权。1993 年，惠普公司获得授权并用于大规模、低成本的生产。惠普公司的低成本生产工艺称为 PERL（等离子体蚀刻再分配层）。

DYCOstrate 跟 SLC 和 Finstrate 一样，是微孔制作持续最久的工艺。1991 年，DYCOstrate 工艺首次应用于高可靠性的军事、航空航天、医疗和 IC 封装。自那时起，Dyconex 利用该工艺生产了数百种不同的聚酰亚胺薄膜和涂树脂铜箔材料 PCB。Dyconex 称之为 DYCOstrate-C。

结　构　图 23.27 显示了 DYCOstrate 的结构。芯板材料是用等离子体蚀刻成孔的聚酰亚胺膜、环氧玻璃纤维，或其他等离子体可以蚀刻的材料，如液晶高分子聚合物等。多层板可以通过积层形成埋盲孔结构来增加密度，但双面 DYCOstrate 结构可用于具有高密度 0.075mm 通孔的产品。

制造工艺　采用常规的 PCB 技术，只有导通孔的制作过程不同。制造商使用两三个特殊工艺取代传统的机械钻、去毛刺、去钻污，进行等离子体蚀刻导通孔加工。

（1）定义图形的位置和导通孔的几何形状。

（2）在铜箔上蚀刻出开口，后续作为抗蚀掩模。

（3）对于盲孔要减小铜箔厚度，以消除悬铜。

图 23.27 展示了一个聚酰亚胺薄膜结构的镀覆孔和盲孔的切片。等离子体蚀刻基本上是各向

同性的过程，加工通孔时会产生悬铜。然而，考虑到实际尺寸，这个悬铜还很小，不会造成任何电镀问题。

随着蚀刻深度的增加，在加工盲孔时，由此产生的悬铜通常很大而影响电镀可靠性。为了解决这个问题，制造商可以通过蚀刻铜箔减小铜厚，消除悬铜部分，并且较薄的铜箔也有利于精细线路的制作。

图 23.28 展示了两种常见的 DYCOstrate 工艺的产品（一个助听器上的 4 层挠性多层 COB 板）和 PERL 工艺的产品（一个网络模块上的 6 层 FR-4 COB 板）。

一个标准的 4 层 DYCOstrate 基板制造工艺如图 23.29 所示。从预制的双面 DYCOstrate 箔开始，

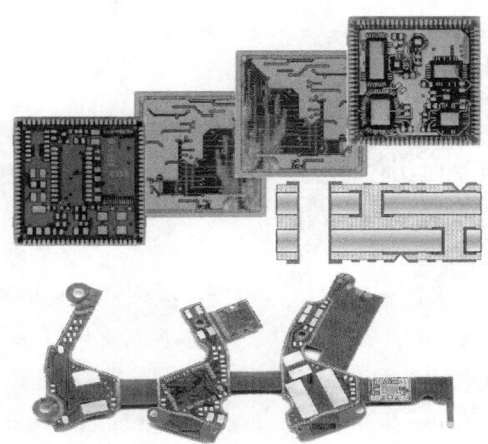

图 23.28 DYCOstrate 和 PERL 多层板示例

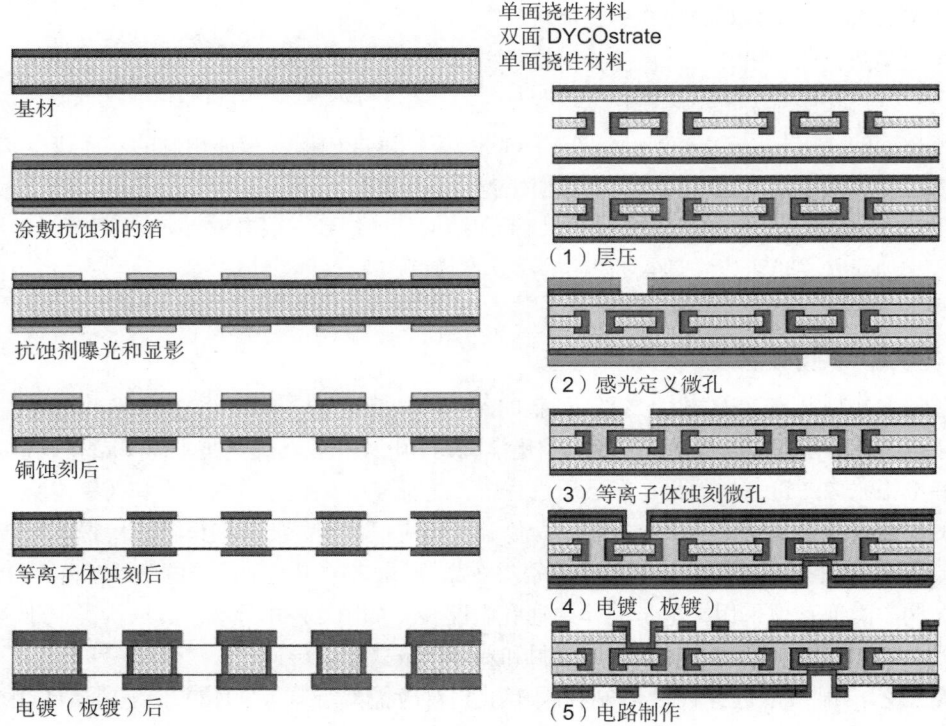

单面挠性材料
双面 DYCOstrate
单面挠性材料

基材

涂敷抗蚀剂的箔

抗蚀剂曝光和显影

铜蚀刻后

等离子体蚀刻后

电镀（板镀）后

（1）层压

（2）感光定义微孔

（3）等离子体蚀刻微孔

（4）电镀（板镀）

（5）电路制作

图 23.29 一个 4 层基板的 DYCOstrate 制造流程

制造商通过普通层压工艺将两个单面覆铜箔层压到芯板。然后，产生的 4 层结构被加工和结构化模拟到双层铜箔，制作盲孔而不是通孔。

IC 制造磁控管的进一步改进，给精细等离子体蚀刻微孔提供了机会。此外，Dyconex 表明无焊盘的导通孔是简单和可靠的，能以较低的成本和更简化的制造流程提供更高的密度。

2. 等离子体微铣

钻孔并不是唯一使用等离子体蚀刻的工艺。等离子体还可以用来雕刻基板的表面或制作槽、沟槽、台阶窗口等，甚至可以加工倾斜的导通孔或管状系统。这非常有用，因为空腔可形成引线的键合或元件的埋入式安装。通过照相底图简单地定义外围轮廓，可以提供精确的最终加工，或者在最后蚀刻的步骤定义将要弯曲的区域。

3. 等离子体蚀刻再分配层（PERL）

PERL 工艺是惠普公司在使用 DYCOstrate 等离子体工艺生产微孔和埋孔的过程中开发的，使用 FR-4 环氧涂树脂铜箔（RCC）代替普通多层板工艺中的环氧树脂玻璃布粘结片。这些铜箔都涂敷 B 阶段环氧树脂，或同时有 C 阶段 /B 阶段环氧树脂膜层。

结　构　DYCOstrate PERL 的结构如图 23.28 所示。芯板材料可以是标准 FR-4 多层板，或具有镀覆孔的双面或多层板。多层板可以通过积层形成埋盲孔来提高密度。当前可生产具有各种埋孔结构的 4 ~ 12 层板。与 DYCOstrate 类似，许多材料都可以用等离子体蚀刻，涂树脂铜箔的厚度和树脂的类型也有很多，如 BT、氰酸酯和 PPE。

制造工艺　DYCOstrate PERL 基板的制造工艺采用常规的 PCB 技术，只有导通孔的制作过程不同。生成等离子体蚀刻导通孔只需要两三个步骤，便可取代传统的机械钻、去毛刺、去钻污步骤。

（1）定义图形的位置和导通孔的几何形状。

（2）在铜箔上蚀刻出开口，后续作为抗蚀掩模。

（3）对于盲孔要减小铜箔厚度，以消除悬铜。

制造标准的 4 层积层 DYCOstrate PERL 基板，从 FR-4 内层芯板或预制的双面或多层电路板开始。通过标准层压技术，将两个单面涂树脂铜箔层压到芯板上。这种结构也可以通过标准的批量层压工艺完成。然后，产生的 4 层结构被加工和结构化模拟到双层 DYCOstrate 铜箔以制作盲孔。可以继续添加通孔，也可以在埋入的内层板中预制通孔。

23.3.5　丝印导通孔技术 [11]

东芝的新的埋凸点互连技术，是一种新的丝印导通孔工艺，称为 BBIT（埋凸点互连技术）。在这个工艺中，用导电膏取代导通孔钻孔、化学沉铜、电镀孔。其优点是不需要钻孔设备。相反，丝印的导电银浆像图钉一样固化。在层压过程中，这种导电膏刺穿玻璃纤维和环氧树脂，与粘结片外侧的铜箔连通。规模化生成导通孔、简化金属化流程，不需要钻孔设备，使得这项新技术颇具潜力。目前，设计规则和特征针对的是消费类产品，但未来的用途是简单的塑料球阵列（PBGA）。

结　构　类似其他采用导电膏制作的通孔电路板。如图 23.30 所示，其结构类似于 ALIVH。不同的是，BBIT 结构使用标准的 FR-4 材料和新颖的方式形成导通孔。

制造工艺　银浆被选择性地印刷在铜箔上，对应需要导通孔的位置。这个铜箔用于标准FR-4 的层压。在层压固化粘结片的过程中，银浆像图钉一样通过玻璃布连接层压板的另一面铜箔。

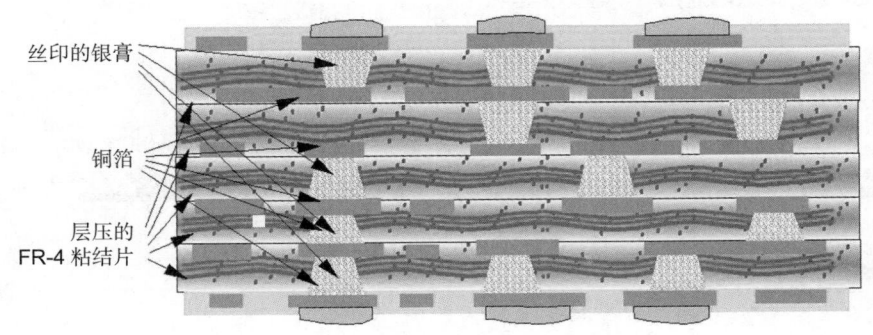

图 23.30　BBIT 基板的结构

制作的基板通过成像和蚀刻形成各种电路图形。对位精度不是最关键的因素，因为现在导通孔在表面焊盘下。这些双面层对中的一些可以进行生产、检验、测试。然后，这种双面结构板可以与 B 阶段 / 导电膏层及铜箔在一面或两面层压，以增加额外的层，或者将这些 B 阶段 / 导电膏层附加于一个平行层压板的多个层对。外层可以像普通 PCB 一样，通过成像、蚀刻完成图形，如图 23.31 所示。

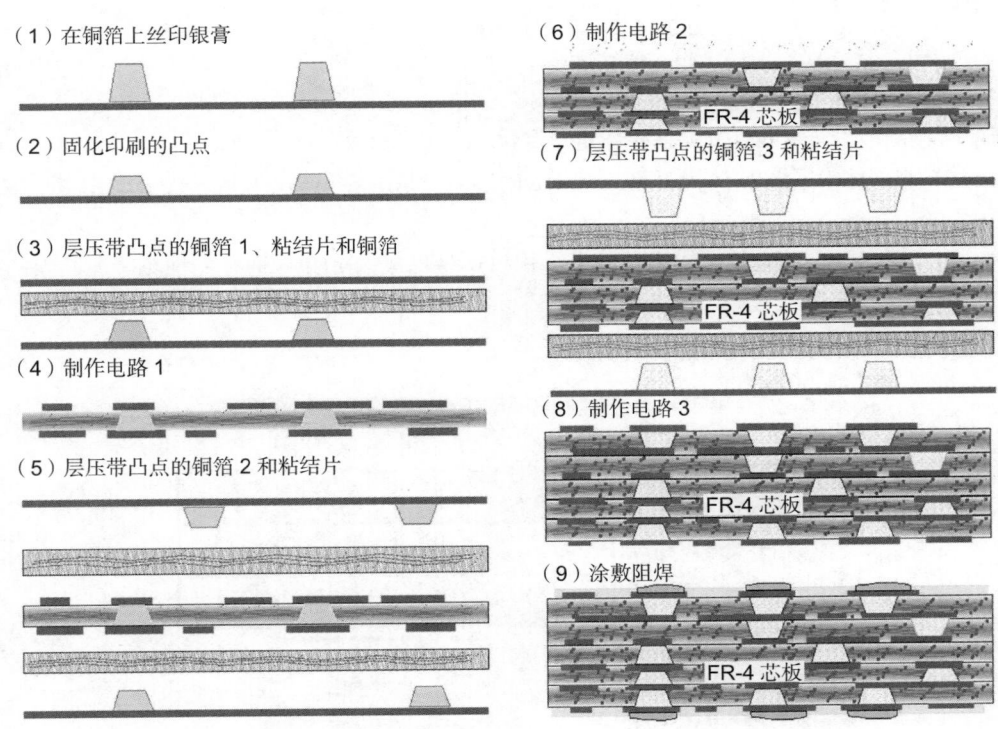

（1）在铜箔上丝印银膏

（2）固化印刷的凸点

（3）层压带凸点的铜箔 1、粘结片和铜箔

（4）制作电路 1

（5）层压带凸点的铜箔 2 和粘结片

（6）制作电路 2

（7）层压带凸点的铜箔 3 和粘结片

（8）制作电路 3

（9）涂敷阻焊

图 23.31　BBIT 板制造工艺

更新的 BBIT 工艺已被定义为引线键合和倒装芯片基板制造工艺（见图 23.32），粘结片被激光钻孔，使得银膏焊料可以黏合到铜。

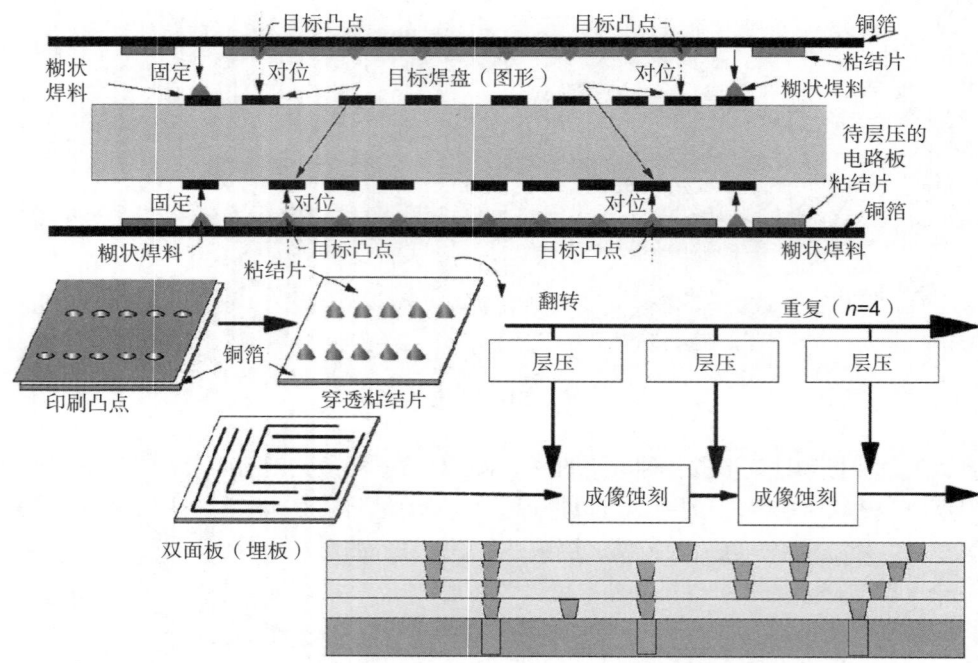

图 23.32 细节距 BBIT 基板制造工艺

23.3.6 成像定义 / 蚀刻成孔技术

新曼哈顿凸点互连（NMBI）是成像定义和蚀刻成孔技术的典型例子。

ALIVH HDI 技术通常被认为是第二代 HDI 技术，NMBI 可被视为第三代 HDI 技术。NMBI 最先是由日本 North 公司开发的。

结　构　图 23.33 显示了 NMBI 的基板结构。这是形成 NMBI 导通孔的蚀刻金属凸点的扫描电子显微镜（SEM）图。

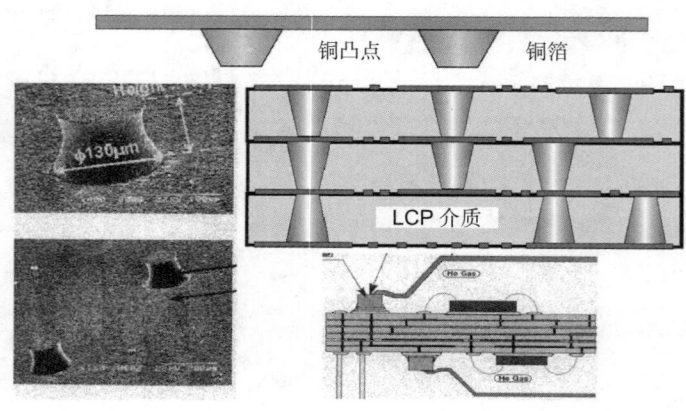

图 23.33 新曼哈顿凸点互连结构

制造工艺　NMBI 制造工艺的不同寻常之处在于，它不钻互连导通孔。相反，是通过两种不同的铜（一个较另一个更厚）组成的新材料黏合在一起来使用的。较厚的铜通过成像和蚀刻来形成内层互连导通孔。然后，用干膜或液态介质材料填充，黏合到铜箔后同时进行固化。最后，这些表面铜箔通过成像和蚀刻完成两面的图形。这些双面板随后可进行测试，然后与未固化的 NMBI 结构叠层形成最终的多层板。与第二代 ALIVH HDI 结构一样，NMBI 结构允许任意层互连。这种制造工艺如图 23.34 所示。

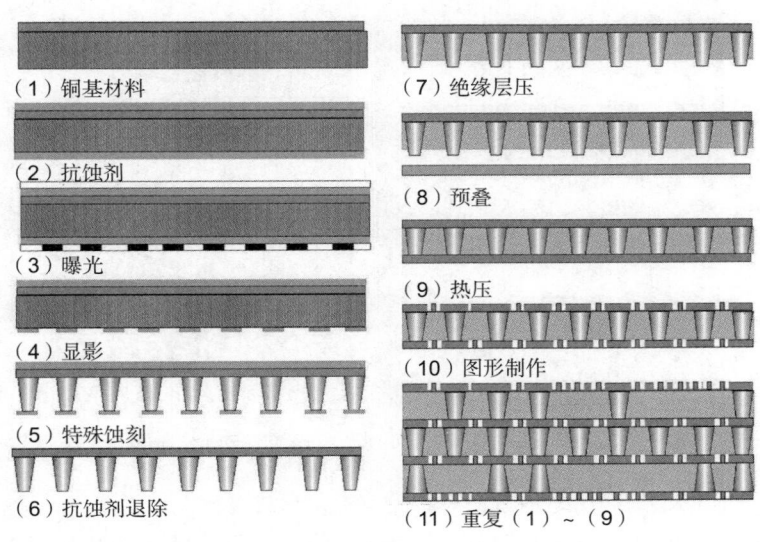

（1）铜基材料　　　　　　　　　（7）绝缘层压

（2）抗蚀剂　　　　　　　　　　（8）预叠

（3）曝光　　　　　　　　　　　（9）热压

（4）显影　　　　　　　　　　　（10）图形制作

（5）特殊蚀刻

（6）抗蚀剂退除　　　　　　　　（11）重复（1）~（9）

图 23.34　NMBI 基板的制造工艺

23.3.7　ToolFoil 技术

压印电路是 ToolFoil 技术的一个例子。

1. 压印电路

压印图形和制造光盘（CD）的技术类似，不需要运用光致抗蚀剂、对位设备或传统方法。

基板是模具的副本，每一个都可以按顺序来制作积层板。CD 和 DVD 独一无二的特点是，其有数以百万计的 0.5μm 凹坑。一个典型的 CD 包含 3km 长的这样的结构。简单的制造工艺和对底片的完美复制，创造了廉价和精确的基板。目前该专利方法还是实验室过程，实际生产的复杂性仍在评估中。

结　构　图 23.35 显示了压印电路的结构图，而图 23.36 显示了扫描电子显微镜（SEM）下压印的图形电路。

这种结构独一无二的特征是，所有的图形都是嵌入基板内的。关键介质在压印或模制部分。长纤维的模塑料，如用于元件成型的塑料，是最适合这项任务的。这种模塑料可以使用或不使用 FR-4 衬垫。压印电路的横截面显示与 CD 或 DVD 类似，即不同的压痕；都金属化了，但导通孔很深。这有利于导通孔连接到下一层的压印电路，如图 23.37 所示。

导电膏　　压印电路　　　　　　　　　　任何塑料或层压板

压印导通孔

芯板

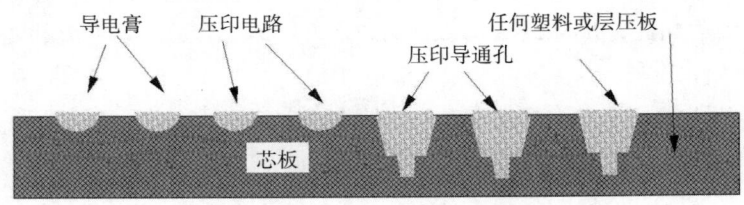

图 23.35　压印电路结构简图

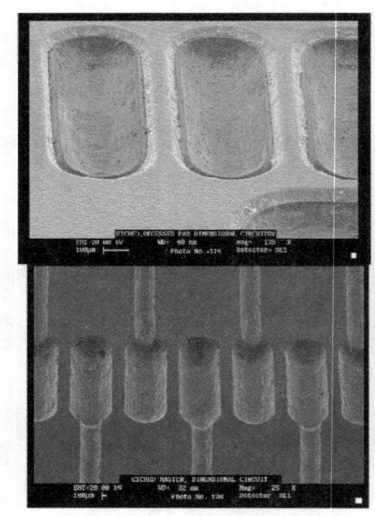
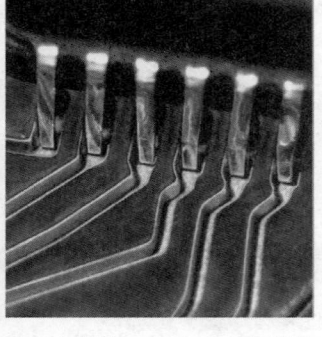

12mil 的 SMT 焊盘和约 17μm 的铜

没有锡膏的 30mil 节距的 SMT

25 mil 节距的 SMT 和 4mil 的线路

图 23.36　SEM 下压印电路的各种视图（来源：Dimensional Circuits）

　　制造工艺　基板图形的底版是通过 UV 激光或光化学法在铜上加工的。导通孔深，电路和焊盘浅。因为只有一个被称为 ToolFoil 的主工具是必需的，有充足的时间可以确保主工具是完美的。使用激光，可以确保焊盘与导通孔的完美对位，甚至制作无焊盘的导通孔。主工具是通过电铸镍和回填形成的。ToolFoil 样品如图 23.38 所示。

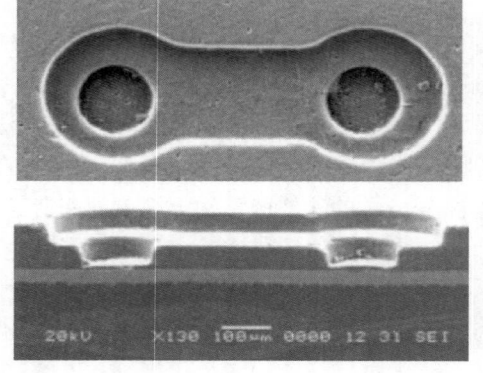

图 23.37　采用 Dexter LF6790 环氧的压印电路

图 23.38　ToolFoil 压印示例
（来源：Dimensional Circuits）

　　生产中，模具填充热固性或热塑性树脂，然后固化。基板采用加成或半加成金属化，然后通过电镀加厚铜。凹陷的地方用抗蚀剂填充，表面抗蚀剂通过抛光或研磨剂除去，从而暴露出铜表面。暴露的铜被蚀刻掉，然后抗蚀剂被溶解掉。整个制造过程中不用光致抗蚀剂，也不用曝光或对位。正因为如此，预计良率将非常高。图 23.39 显示了工具生成和基板生产的过程。图 23.40 显示了金属化过程。

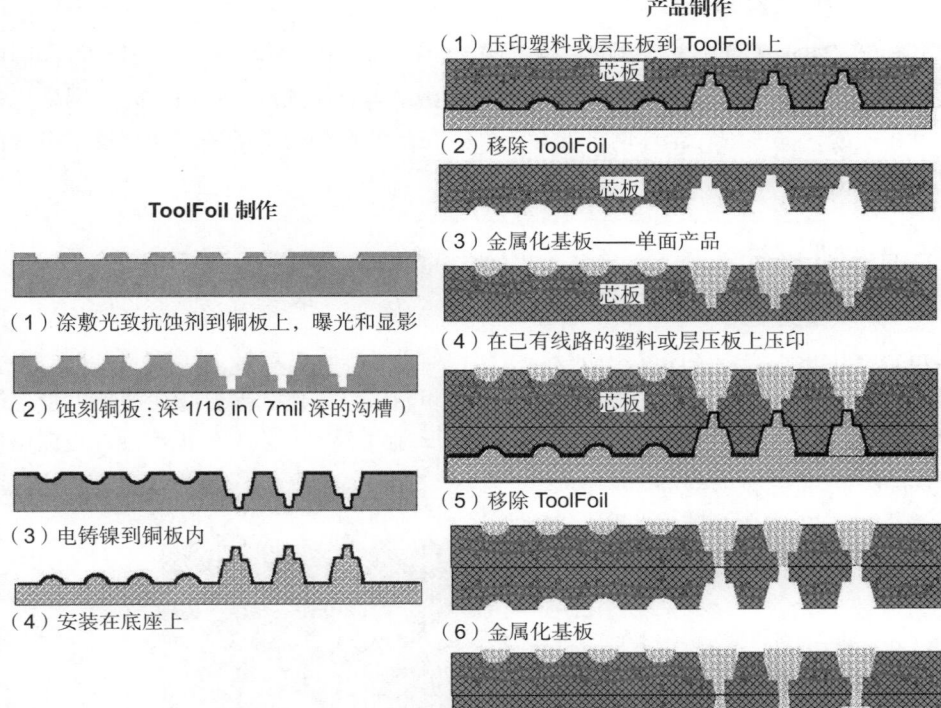

图 23.39 使用工具制作压印电路的 ToolFoil 制造工艺

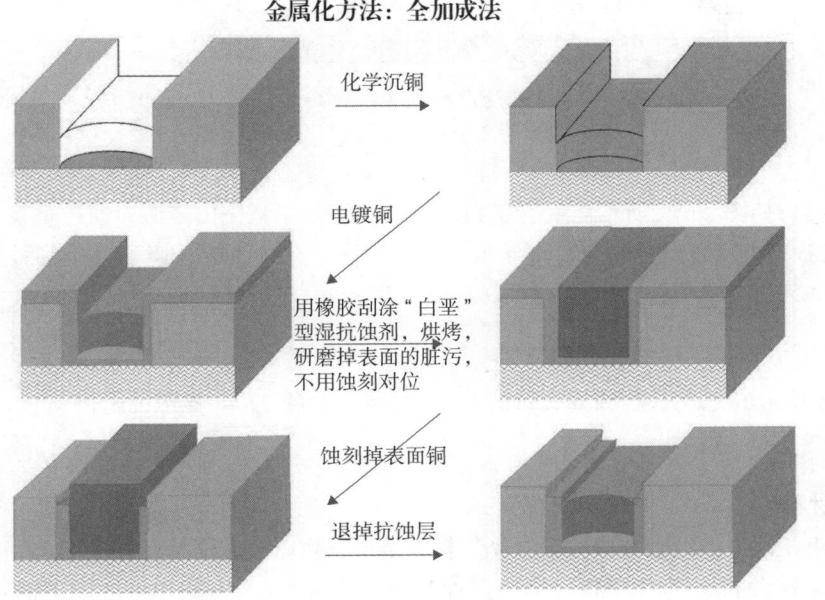

图 23.40 采用化学沉铜、填孔和蚀刻的金属化方法（来源：Dimensional Circuits）

23.4 下一代 HDI 工艺

为了小型化，HDI 和微孔为高密度提供了巨大的推动作用。这些技术将跟随 IC 晶圆的几何形状继续发展，变得更小。所以下一次革命将发生在光学导体领域。目前，光纤网络将各大洲和城市联系在一起，提供现代全球网络的骨干网。在激烈竞争的市场中，什么技术将提供最后一公里的连接？光学导体将参与这个市场的激烈竞争。

23.4.1 印刷光波导

电信号可以被多路复用于单一的 100μm 电线或导体，但是许多独特的激光波长都可以在单一的 100μm 波导中携带很多多路复用信号。这样，信息处理量可增长 10 000 倍，同时不会像电信号那样被磁场和电场影响。这些光纤现在可以在印制电路中作为聚合物光波导大量生产，如图 23.41 所示。就像当初行业从单点焊接电线转移到印制电路，单点光纤电缆现在可以由低成本的印刷波导替代。

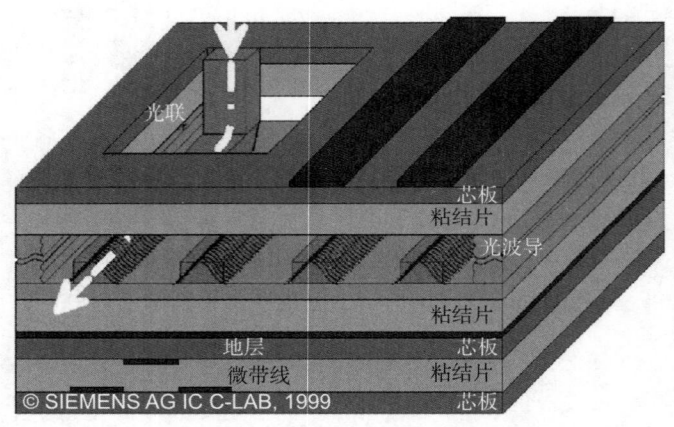

图 23.41 印刷光波导结构（来源：西门子 C-Lab）

1. 结 构

光波导结构如图 23.42 所示。发射机封装提供多路复用激光信号源，通过垂直空腔表面发射激光（VCSEL）阵列到光学聚合物波导水平面的镜子。在接收端，镜子直接将激光信号反射到光电二极管阵列。

2. 元 件

图 23.43 显示的是发射器和接收器的 BGA 封装，而图 23.44 显示的是微镜、VCSEL 和光受体传感器。

3. 光波导材料

目前，正在被考虑用于集成波导的光学材料是聚合物。聚合物具有许多优点。

稳定性 这种材料具有较高的热稳定性和长期耐光性，可通过 600h 以下的贝尔通信实验室 Telecordia 兼容性（即 1209，1221）测试。在 85℃/85% RH 的条件下，材料耐焊接温度＞230℃，热分解温度＞350℃。

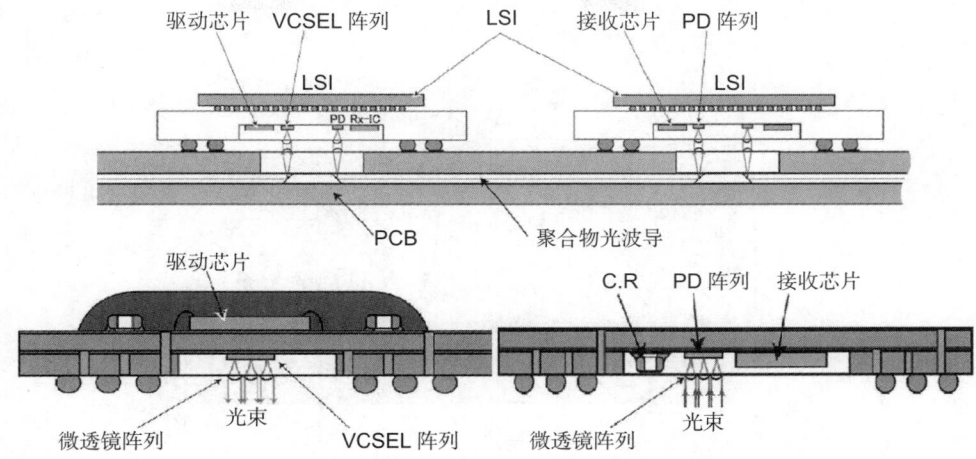

图 23.42 具有 OptoBump 封装的 NTT 波导板原型（来源：NTT-Lab）

Tx: 15mm², 84pin，1.27mm   Rx: 20mm², 134pin，1.27mm

图 23.43 NTT 芯片到芯片的光学互连，Tx 和 Rx（来源：NTT-Lab）

具备数据基础 过去的 100 年，已经收集了大量的聚合物数据，包括所有流行的光致抗蚀剂。

实用性 聚合物具有许多在其他材料中无法获得的独特性能（如弯曲半径、调节器和指数调整）。这些特性也包括一些独特的处理选项［光刻、反应离子蚀刻（RIE）、激光直写、模塑和印刷］。它们也有一些缺点。

不稳定性 许多有较低的热稳定性（POF 低于 80℃）和光降解（激光染料＜多天），对分层、湿度和化学物质敏感。

未知性 新材料需要新工艺、设备和经验。

损耗性 一些聚合物光纤的损耗约 20dB/km，而光学玻璃小于 0.1dB/km。聚合物封装成本费用占元件成本的 80%。

候选材料是丙烯酸酯、卤代丙烯酸酯、环丁烯、聚酰亚胺和聚硅氧烷。表 23.3 列出了许多流行材料，其中聚合物的光学损耗（dB/cm）是在接近 840nm 的低波段测得的。

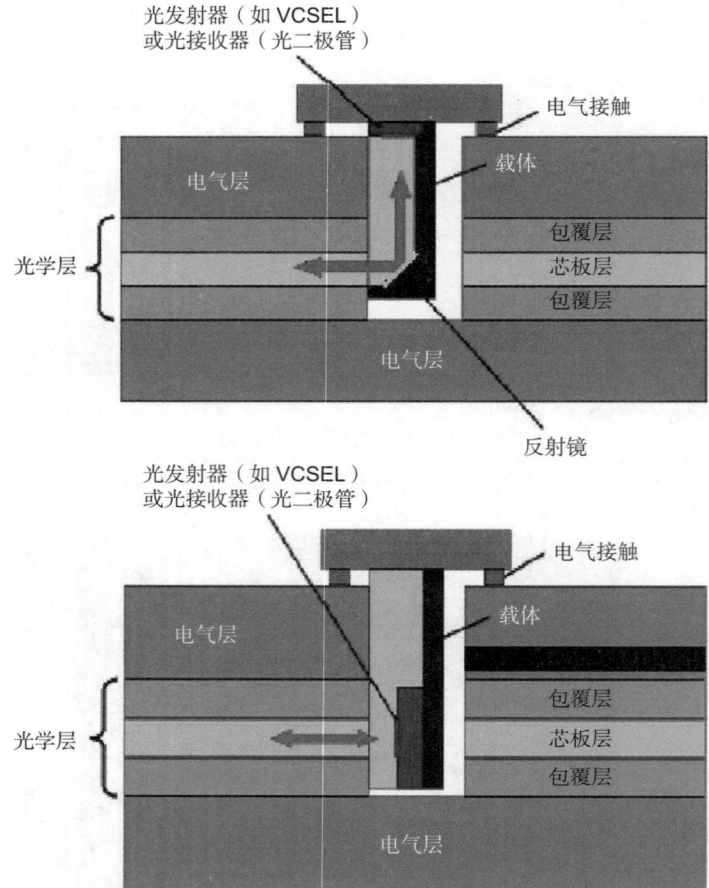

图 23.44 VCSEL、反射镜和光受体的不同元件和安装方案（来源：西门子 C-Lab）

表 23.3 光波导聚合物和候选材料

制造商	聚合物类型	图形技术	波导光损耗 /（dB/cm）		
			840nm	1300nm	1550nm
美国联信公司	卤化丙烯酸酯	光刻，RIE 激光	0.01	0.030	0.07
	丙烯酸酯	光刻，RIE 激光	0.02	0.2	0.5
美国陶氏化学	苯并环丁烯	RIE	0.8	1.5	
Chemical	全氟环丁烯	RIE	0.01	0.02	0.03
杜邦	聚四氟乙烯 AF	光刻，RIE	0.2	0.6	
美国石油公司	氟化聚酰亚胺	光刻		0.4	1
BF Goodrich	聚降冰片烯	光刻	0.18		
创电	聚醚酰亚胺	RIE，激光	0.24		
JDSU	丙烯酸酯	RIE			
TeraHertz	丙烯酸酯	光刻	0.03	0.4	0.8
NTT	卤代丙烯酸酯	RIE	0.02	0.07	1.7
	聚硅氧烷	RIE	0.17	0.43	
日本朝日公司	氟树脂	RIE		0.3	
立邦涂料公司	光敏聚硅烷	光刻，光漂白	0.1	0.06 ~ 0.2	0.04 ~ 0.9

4. 制造工艺

聚合物光波导的制造工艺，很像使用液体光致抗蚀剂的工艺。辊涂或弯月面涂敷液体光学聚合物到标准多层板内层芯板上。干燥后，光聚合物通过标准底片曝光和显影。在终固化后，通过粘结片层压到标准多层板。图 23.45 显示了 Terahertz 公司 Truemode 光学聚合物的预叠。

图 23.45　一个传统的多层板在层压之前预叠光波导（来源：Terahertz 公司）

参考文献

[1] Sakamoto, Kazunori, Yoshida, Shingo, Fukuoka, Kazuyoshi, and Andô, Daizo, "The Evolution and Continuing Development of ALIVH High-Density Printed Wiring Board," paper presented at IPC Expo 2000; featured in CircuiTree, May 2000

[2] Itou, Motoaki, tp://www.nikkeibp.com/nea/nov99/tech/

[3] "Microvia Substrates: An Enabling Technology for Minimalist Packaging 1998–2008," BPA Group, Ltd., 1999, pp. 4-3–4-17

[4] Tsukada, Yutaka, et al., "Surface Laminar Circuit and Flip Chip Attach Packaging," Proc. 7th IMC, 1992

[5] Tsukada, Yutaka, Introduction to Build-Up Printed Wiring Board (in Japanese), Nikkan Kogyo Shinbun, Tokyo, 1998

[6] Holden, Happy, "Special Construction Printed Wiring Boards," Printed Circuit Handbook, 4th ed., Clyde F. Coombs, Jr. (ed.), McGraw-Hill, 1995, chap. 4

[7] Takahashi, Akio, "Thin Film Laminated Multilayer Wiring Substrate," JIPC Proceeding, Vol. 11, No. 7, November 1996, pp. 481–484

[8] Shiraishi, Kazuoki, "Any Layer IVH Multilayer Printed Wiring Board," JIPC Proceeding, Vol. 11, No. 7, November 1996, pp. 485–486

[9] Fukuoka, Yoshitaka, "New High Density Printed Wiring Board Technology Named B2it," JIPC Proceeding, Vol. 11, No. 7, November 1996, pp. 475–478

[10] Apol,Tim, "Directional Plasma Etching—Straight Sidewalls, No Undercut," PC Fabrication, Vol. 20, No.12, December 1997, pp. 38–40

[11] Tsuyama, Koichi, et al., "New Multi-Layer Boards Incorporating IVH: HITAVIA," Hitachi Chemical Technical Report, No. 24 (1995-1), 1995, pp. 17–20

[12] Tokyo Ohka company brochure

[13] Holden, Happy, "Micro-Via Printed Wiring Boards: The Challenges of the Next Generation of Substrates and Packages," Future Circuits International, pp 76–79, Vol. 1, 1997

[14] Eric, Bogatin, "Signal Integrity and HDI Substrates," Board Authority, Vol. 1, No. 2, June 1999, pp. 22–26; a PDF copy is available for download at www.Megatest.com

[15] Figure 12—Integrated 3-D Assembly with Thin-Film, Flip Chip, MEMS and PWB

[16] Erben, Christoph, "New Materials in Optoelectronics: Advantages and Challenges for Polymers," Second Optoelectronics Packaging Workshop, Austin, TX, August 21–22, 2001, pp. B1– B22

[17] Schroder, Henning, "Photonic and Optical Wiring—Advantages and Challenges for Polymers," Second Optoelectronics Packaging Workshop, Austin, TX, August 21–22, 2001, pp.B1–B22

[18] Watsun, Jim, "Chip-to-Chip Optical Interconnec—Optical Pipedream?" First Optoelectronics Packaging Workshop, February 21–22, 2001, Austin, TX, pp.B1–B22

[19] Griese, Elmar, "Optical Interconnection Technology for PCB Applications." PCB Fab, June 2002, pp. 20–36

[20] Griese, E., Himmler, A., Klimke, K., Koske, A., Kropp, J.-R., Lehmacher, S., Neyer, A., and Süllau, W., "Self-Ligned Coupling of Optical Transmitter and Receiver Modules to Board-Integrated Multimode Waveguides," Micro- and Nano-Optics for Optical Interconnection and Information Processing, Proceedings of SPIE, Vol. 4455, 2001, M., pp. 243–250

[21] Griese, E., "A High-Performance Hybrid Electrical-Optical Interconnection Technology for High-Speed Electronic Systems," IEEE Transactions Advanced Packaging, Vol. 24, No. 3, August 2001, pp. 375–383

[22] Krabe, D., and Scheel, W., "Optical Interconnects by Hot Embossing for Module and PCB technology: The EOCB Approach," Proceedings of 49th Electronics Components & Technology Conference, June 1999, pp. 1164–1166

[23] Krabe, D., Ebling, F., Arndt-Staufenbiel, N., Lang, G., and Scheel, W., "New Technology for Electrical/Optical Systems on Module and Board Level: The EOCB Approach," Proceedings of 50th Electronics Components & Technology Conference, May 2000, pp. 970–974

第5部分

制　　造

第 *24* 章
钻孔工艺

屈建国　厉学广　陈　成　杨　涛

深圳市金洲精工科技股份有限公司

24.1　引　言

作为 PCB 的重要组成部分，孔的加工质量对 PCB 的性能有着非常重要的影响。在包括机械钻孔、激光钻孔和冲孔等的孔加工方法中，利用机械钻孔为最主要的孔加工方式。本章将首先介绍 PCB 孔的类型、孔的评价及加工方法，在此基础上对包括涂层钻头在内的孔加工的主要工具——钻头进行重点阐述；介绍机械钻机的主要结构和工作要求，给出钻孔用盖、垫板的功用、分类和选型方法；分析钻孔过程中存在的常见问题，并且给出相应的解决方案；最后介绍常见的 PCB 特殊孔的加工刀具和加工方法。

24.2　孔及其评价方法

24.2.1　孔的作用及类型

PCB 上的孔根据其是否参与电气连接分为镀覆孔（PTH）和非镀覆孔（NPTH）。

镀覆孔（PTH）　是指孔壁镀覆有金属的孔，其可以实现 PCB 内层、外层或内外层上导电图形之间的电气连接。其大小由钻孔的大小以及镀覆金属层的厚度共同决定。

非镀覆孔（NPTH）　不参与 PCB 电气连接的孔。

根据孔贯穿 PCB 内外层的层次，孔可分为通孔、埋孔和盲孔。

通　孔　贯穿整个 PCB，可用于实现内层连接和/或元件的定位安装等。其中，用于元件端子（包括插针和导线）与 PCB 固定和/或实现电气连接的孔称为元件孔。用于内层连接，但并不插装元件引线或其他增强材料的镀覆孔称为导通孔。在 PCB 上钻通孔的目的主要有两个：一是产生一个穿过板子的开口，允许随后的工序在板子的顶层、底层和内层线路间形成电气连接；二是使板上元件的安装保持结构完整性和位置精度。

埋　孔　未延伸到 PCB 表面的导通孔。

盲　孔　只延伸至 PCB 一个表面的导通孔。

根据孔的用途及 PCB 工厂的工艺要求，会有一些辅助功能类的孔，如槽孔、背钻孔、定位孔、内层对位孔、代码孔、安装孔、尾孔、切片孔、阻抗测试孔、防呆孔、工具孔、铆钉孔等。

槽　孔　钻机钻孔程序中自动转化为多个单孔的集合或通过铣的方式加工出来的槽，一般可作为接插芯片等的安装。

背钻孔　在已经电镀的通孔上钻出来的有一定深度的孔（比前面电镀通孔大），用于阻断线路，减小信号传输过程中的干扰。

定位孔　在 PCB 顶部、底部的三四个孔，板上其他孔以此为基准，又称为靶孔或靶位孔，钻孔前通过靶孔机（光学冲孔机或 X-RAY 钻靶机等）制作，钻孔时用于销钉定位和固定。

内层对位孔　在多层板边缘的一些孔，用于在在制板图形内钻孔前判别多层板是否有偏移，从而判定钻孔程序是否需要调整。

代码孔　在在制板底部一侧的一排小孔，用于注明生产的一些信息，如产品型号、加工机台、操作员工代码等，现在很多工厂会以激光打字代替。

安装孔　PCB 上直径较大的孔，用于固定 PCB 到载体上。

尾　孔　在在制板边缘的一些大小不同的孔，用来辨别钻头使用过程中的钻径大小是否正确，现在很多工厂会以其他技术代替。

切片孔　用于 PCB 切片分析的镀覆孔，能反映孔的品质。

阻抗测试孔　用于测试 PCB 阻抗的镀覆孔。

防呆孔　一般为非镀覆孔，用来防止板位置放反，在成型或成像等工序定位中经常用到。

工具孔　一般为非镀覆孔，用于相关工序。

铆钉孔　非镀覆孔，用于多层板压合时各层芯板与粘结片的铆钉固定。钻孔时需把铆钉位置钻穿，防止此位置残留气泡，导致后续出现爆板。

24.2.2　PCB 钻孔的评价方法

PCB 钻孔为 PCB 制程的重要工序，钻孔的品质会对后工序产生重大影响，也会对 PCB 的性能有严重影响。因此，合适的孔的评价方法尤为重要。

1. 钻孔孔径

钻孔孔径是指钻孔的直径，是单双面板或多层板压合后用钻头直接钻出的，此时孔内无导通层。成品孔径是指成品 PCB 的孔径，对镀覆孔来说，因为孔内镀铜或有其他金属层，其成品孔径会比之前的钻孔孔径小，且孔内会有铜层导通。

检测孔径的常用工具及方法有塞规、二次元测量仪、孔位检测机及制作水平切片等。

钻孔孔径的评判标准一般为 $D \pm 0.025\text{mm}$[1]，具体尺寸需根据 PCB 工厂的实际控制需求确定。

2. 孔位精度

在 PCB 行业，一般用过程能力指数（Cpk）来衡量钻孔的孔位精度。过程能力指数（Cpk 或 Cp）是指工序在一定时间里，处于控制状态（稳定状态）下的实际加工能力。它是工序固有的能力，或者说它是工序保证质量的能力。这里的工序，是操作者、机器、原材料、工艺方法和生产环境等 5 个基本质量因素综合作用的过程，也就是产品的生产过程。

孔位精度 Cpk 的检测通常使用孔位检测机。而定性有无偏孔时，可以使用红胶片、点图等。在 PCB 制程中，一般要求 Cpk ≥ 1.33（±3mil）。孔位精度的示例如图 24.1 所示。

3. 孔壁粗糙度

孔壁粗糙度（简称孔粗）用于衡量钻孔过程中钻头的切削及摩擦作用造成的 PCB 孔壁凹凸不平的程度，如图 24.2 所示。

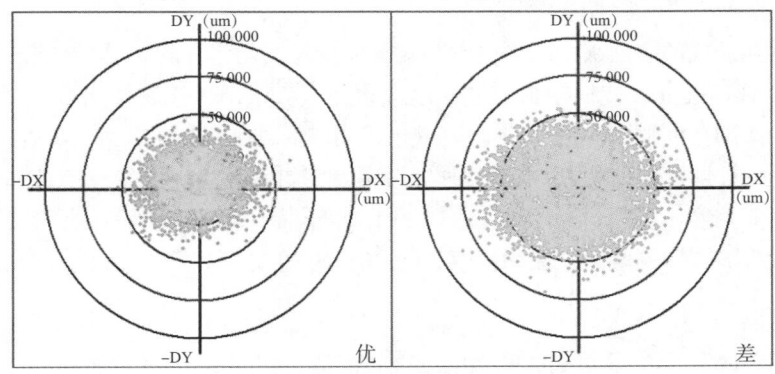

图 24.1　孔位精度的示例

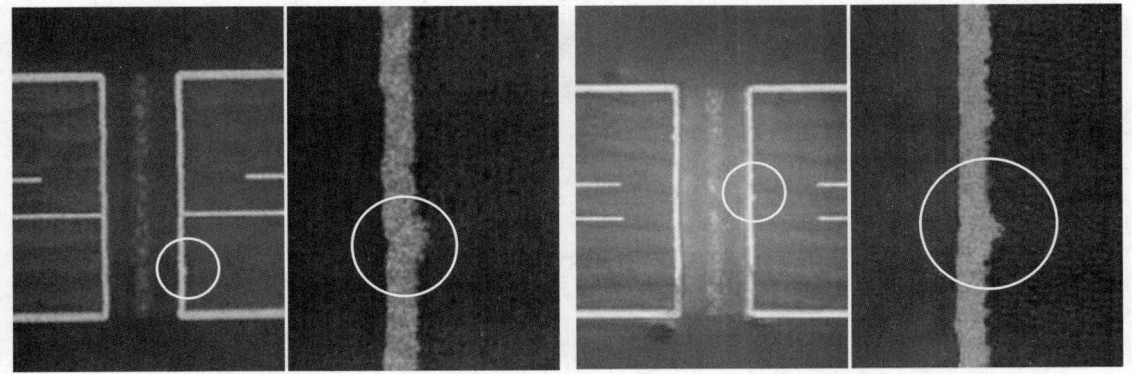

（a）90° 切片方向孔粗（玻纤截面是圆形）　　（b）45° 切片方向孔粗（玻纤截面是椭圆形）

图 24.2　孔粗的示例

　　由于板材玻璃布编织方向的关系，孔粗切片方向可以与玻璃布成 90° 方向或 45° 方向；两种切片方法对孔粗的影响如图 24.2 所示，45° 切片的孔粗明显大于 90° 切片的孔粗。业内默认的切片方向是与玻璃布成 90° 方向，孔粗控制在 30 μm 以内。《印制板钻孔指南》（IPC-DR-572A）建议将孔粗控制在 25 μm 以内，但未指明孔的切片方向和直径大小。实际中，对孔径 1.0mm 以上或使用了多张 7628 配本的 PCB 沿玻璃布 45° 方向切片时，孔粗很难控制在 25 μm 以内。建议 PCB 工厂根据实际情况与终端客户协商制定接受标准。

4. 毛刺（披锋）

　　毛刺是指板面铜箔因具有良好的延展性，在钻孔切割过程中受力，未完全切断而产生的凸起。未去除的毛刺会导致后续沉铜和电镀后形成大的凸起物，如图 24.3 所示。

　　毛刺常见于面板入口及底板出口，造成毛刺的主要原因有盖、垫板的支撑不够、钻头不够锋利、钻孔孔限过高等。

　　孔径 ≤ 1.25mm 时，推荐的最大可接受毛刺高度为钻头直径的 1%；孔径 > 1.25mm 时，推荐的最大可接受毛刺高度为 12 μm[1]。

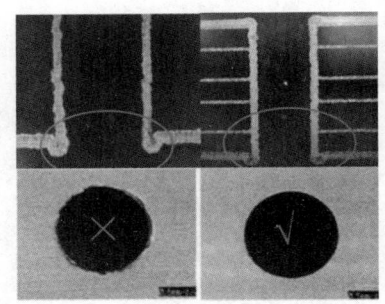

（a）不可接受的　（b）可以接受的
　　过大毛刺　　　　毛刺

图 24.3　毛刺（披锋）的示例

5. 钉 头

钉头是指钻孔造成的多层板内层导电铜箔端部向铜层两侧张开的状况。钉头的起因是钻头磨损，或钻孔作业管理不良，使得钻头在钻孔过程中并未对铜箔做正常切削，在不锋利的钻头强行切削之际，对铜箔产生侧向推挤，孔环的侧壁于瞬间高温及强压下被挤扁，如图 24.4（a）所示。

在 PCB 制程中，通过制作切片，在金相显微镜下判定钉头大小。例如，MIL-P-55110E 中规定，多层板内环的钉头宽度不可超过该层铜箔厚度的 1.5 倍。在《刚性印制板通用规范》（GJB 362B-2009）和《航天用多层印制电路板通用规范》（QJ 831B-2011）标准中也都有相同的要求。

6. 芯 吸

又称"灯芯效应"，是指沿着基材纤维毛细吸收液体。如图 24.4（b）所示，在切片的孔壁上，其玻璃束断面的单丝间有化学铜层渗镀其中，出现了扫把、刷子般的画面。

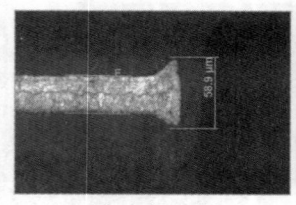 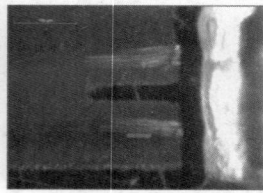 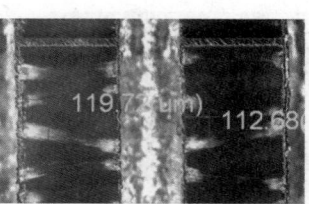

（a）钉 头　　　　　　（b）芯 吸　　　　　　（c）晕圈（玻纤发白）

图 24.4　钻孔缺陷的示例

7. 晕圈（玻纤发白）

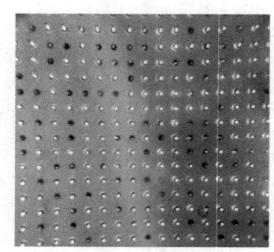

图 24.5　塞孔的示例

如图 24.4（c）所示，晕圈亦称白圈，是机加工引起的基材表面上或表面下的碎裂或分层现象，通常表现为在孔的周围或其他机加工部位泛白。

晕圈渗透的距离不能超过 2.5mm，或与最近导体的距离的 50%[1]。

8. 塞 孔

在 PCB 钻孔过程中，因钻头的排屑空间不足或钻机吸尘力不足以及板材厚度过大等，导致钻屑不能有效排出，堵在孔内，形成塞孔，如图 24.5 所示。

24.3　钻孔方法

根据不同生产板或产品类型及品质要求，有如下几种钻孔方法。

24.3.1　一次钻孔

每个孔用一次钻孔加工完成，是最常用的钻孔方法，操作方法简单、生产效率高。

24.3.2　分段钻孔

针对厚板及孔壁质量要求严格的钻孔板，可使用分段钻孔。这种加工方法会随着高厚径比产品的增加而普遍使用。

每一个小孔，是用同一支钻头钻成的，如图 24.6 所示。

这种加工方法有一些特殊要求：

- 钻机主轴孔位精度要高
- 钻机有很好的加工性能
- 钻头必须不容易折断

图 24.6 所示的加工中的移动量是 $A_1 > A_2 > A_3 \geq A_4$，进刀速度 $F_1 > F_2 > F_3 \geq F_4$，这样切屑的排出有较好效果。

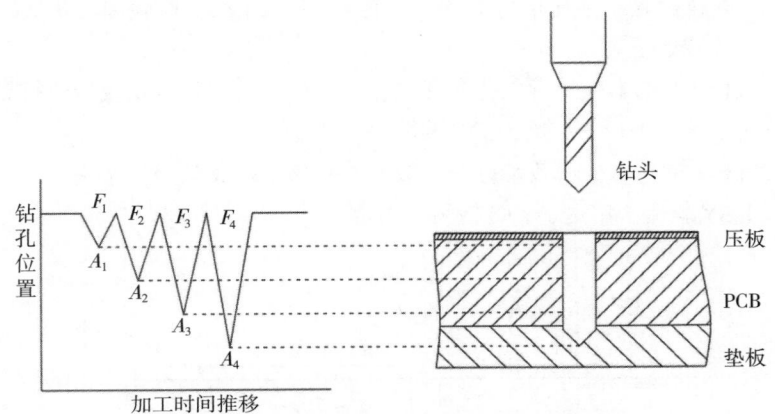

图 24.6　分段钻孔进刀

24.3.3　预　钻

为预防机器主轴受损，钻大孔时先用小规格钻头做引孔预钻，再用大钻头钻透。

这种加工方法主要用于厚径比达 20 及以上的孔的加工，并不常用。这是因为大厚径比的板必须用刃长长一点的小规格钻头加工，长刃钻头入板时会导致孔斜，而且容易断钻。

这种加工方法同样适用于扩孔加工，但对钻机孔位精度、主轴跳动有严格要求。

24.3.4　正反钻

当板厚超过正常钻孔厚度时先在正面钻约一半的深度，再从反面将板钻透。

24.3.5　调头钻

当在制板尺寸超过钻机的钻孔范围时，先钻在制板长方向约一半的孔，再调头钻另一半孔。

24.3.6　钻孔深度控制

按设计要求钻到板子的规定层或深度，主要用于背钻孔，也可以用于控制深度的盲孔的加工。加工顺序为先层压再钻孔。目前，大部分钻机都有此功能，但钻孔深度不好控制。

24.3.7　狭槽加工

当槽的长度大于钻头直径的 2 倍时，正确的钻槽方法不是连续钻孔，而是钻孔与孔之间的间隙，如图 24.7 所示。

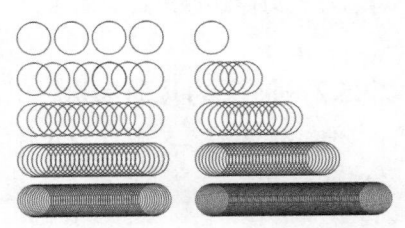

（a）正确的方法　（b）不恰当的方法

图 24.7　钻槽的方法

当槽的长度小于钻头直径的 2 倍，而大于钻头直径的 1.5 倍时，这种短槽的加工误差会更大，要采用一些特殊的加工方法。

24.4 钻孔流程

单面或双面板都是在下料之后直接钻孔，多层板则是在完成层压之后才钻孔。钻孔流程基本可分为 5 个步骤：进料检验、钻孔辅材准备、钻孔（见图 24.8）、检验和出货。其中，双面板和多层板的钻孔流程分别如下。

双面板钻孔流程：上电木板→管位孔→栽销钉→上板→盖铝片→贴胶纸→排钻头→调程序→调参数→调零位→钻孔→下板→打磨→QC 检验→出货。

多层板钻孔流程：上电木板→栽销钉→上板→盖铝片→贴胶纸→排钻头→调程序→调参数→钻孔→下板→X-RAY 检验→打磨→QC 检验→出货。

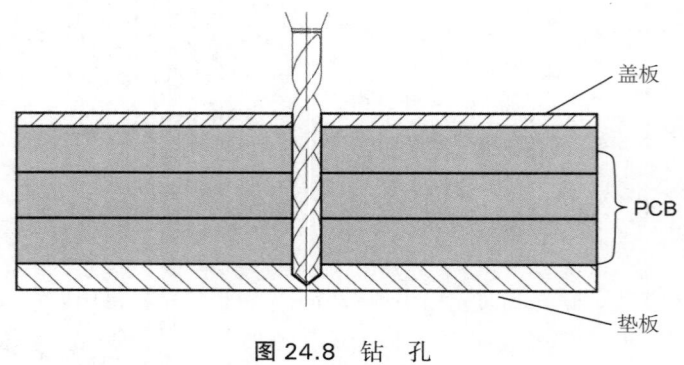

图 24.8 钻 孔

24.5 钻 头

24.5.1 钻头的材料

钻头分为刀体和刀柄两部分。为节省成本，钻头（直径小于 3.175mm）的刀柄部分一般采用不锈钢材料，刀体部分采用硬质合金材料，两个部分通过焊接连接在一起。

钻头刀体部分由硬质合金制成，良好的耐磨性（和相对较低的成本）使它成为加工耐磨层压板材料的理想材料。这种非常坚硬的材料（硬质合金）的不足是比较脆，如果操作不谨慎或不正确，容易导致刀体缺口形式的损坏。

24.5.2 钻头的几何参数

钻头的几何参数如图 24.9 所示。

1. 钻头直径

刀体刃带上两外缘转点之间的距离为钻头直径（钻径），它直接决定了钻孔的孔径。

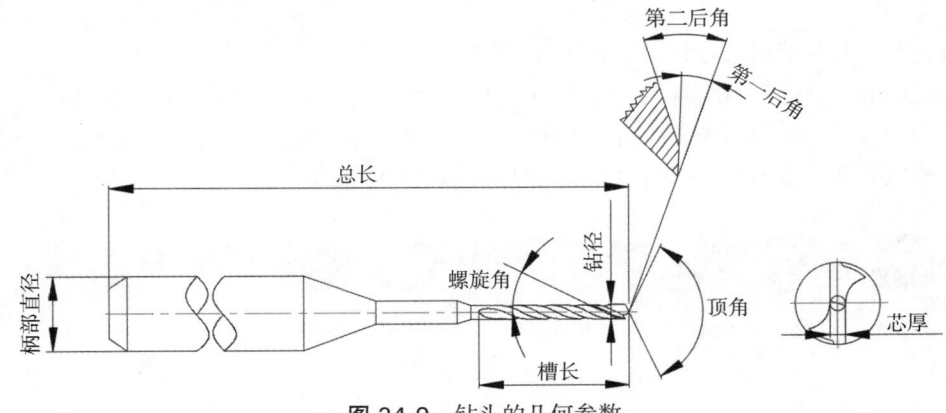

图 24.9 钻头的几何参数

2. 钻芯厚度

钻芯厚度（芯厚）是在垂直于轴线平面内测得的两容屑槽之间的最小尺寸。

钻芯厚度是决定钻头性能的主要参数之一，直接影响钻头的切削负荷、刚度、强度、排屑空间。芯厚决定了钻头的抗弯强度及抗扭断能力。但是，增大芯厚的同时也会导致排屑空间不足，增大了刀具磨损，影响孔壁质量。不同芯厚的对比如图 24.10 所示。

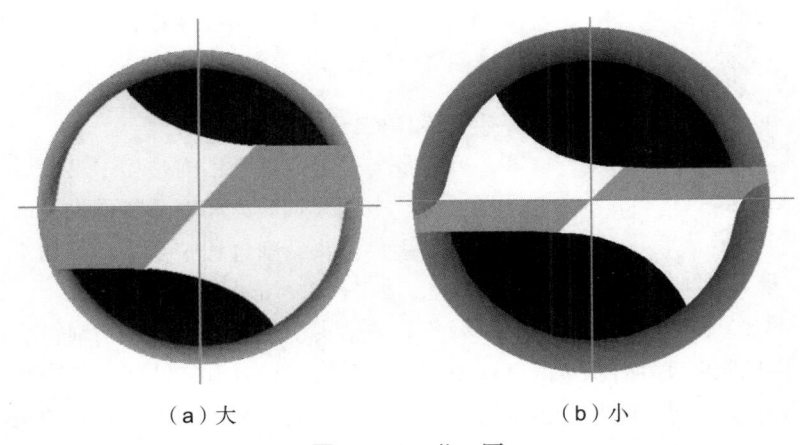

（a）大 （b）小

图 24.10 芯 厚

3. 螺旋角

钻头外圆柱面与螺旋槽交线的切线与钻头轴线之间的夹角为螺旋角。

由于螺旋槽上各点的导程相等，因此钻头主切削刃上各点的螺旋角是不一样的。刃带（副切削刃）处的螺旋角最大，越靠近钻头中心，则螺旋角越小。螺旋角约等于钻头的进给前角，决定了钻头的切削锋利性。螺旋角越大，则前角越大，切削刃越锋利，排屑能力越强。但是，螺旋角过大会导致排屑路径变长，刀体的刚性和切削刃的强度会降低，切削中易出现刀刃缺口和磨损等问题。不同螺旋角的对比如图 24.11 所示。

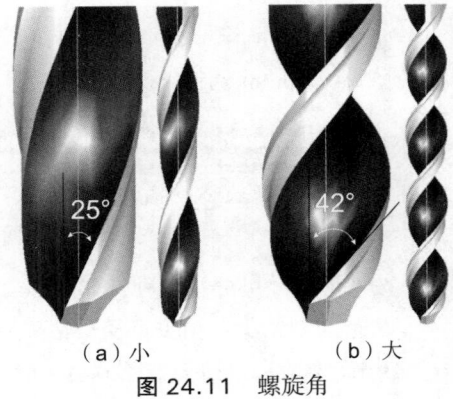

（a）小 （b）大

图 24.11 螺旋角

4. 沟幅比

沟幅比是钻头排屑槽宽度和钻体部分的比值。

沟幅比越大，则容屑空间越大，有利于排屑，有利于孔壁质量，但同时也会降低钻头的整体刚性和强度。反之，沟幅比越小，钻头刚性和强度越高，但排屑空间越小，会增大切屑和孔壁的摩擦，导致孔壁质量不良。不同沟幅比的对比如图 24.12 所示。

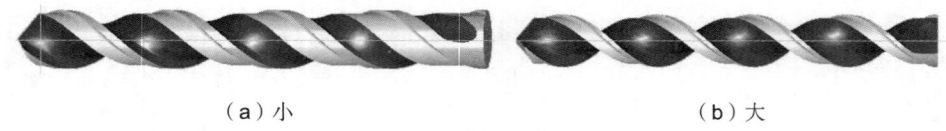

（a）小 （b）大

图 24.12 沟幅比

5. 顶 角

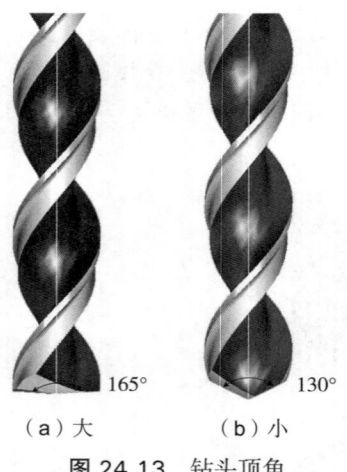

165° 130°

（a）大 （b）小

图 24.13 钻头顶角

顶角是两个主切削刃的平行平面投影的夹角。

顶角大小直接影响主切削刃的长度和切削宽度，进而影响切屑形状和排屑方向。顶角大，则切屑厚而短，切屑离开刃口后，直接向钻头根部方向排出，易于排屑，但钻削轴向力较大；钻头顶角小，则切屑呈螺旋条状，切屑不易排出，会影响孔壁质量，但钻削轴向力较小，且有利于提高钻孔定位稳定性。不同顶角的对比如图 24.13 所示。

6. 第一后角和第二后角

第一后角是为了避免钻头钻削过程中第一后刀面与已加工表面接触，而产生过大轴向力和摩擦热而设计的钻头角度，第二后角是为了避免钻头钻削过程中刀体和已加工表面发生干涉而设计的角度，如图 24.9 所示。

两个后角影响钻头切削刃的强度和切削锋利性，同时也影响钻头与已加工表面的摩擦面积。两个后角越大，对切削越有利，钻削过程中钻头与已加工表面的摩擦面积越小，切削力越小，但主切削刃的强度越低，易出现刀刃缺口现象。反之，则主切削刃强度越高，钻头与已加工表面的摩擦面积越大，钻削过程中的切削力越大。

24.5.3 钻头种类

如图 24.14 所示，根据客户机床需求，一般常用 PCB 加工钻头可按柄径分为两种：3.175mm 柄径钻头、2.0mm 柄径钻头。

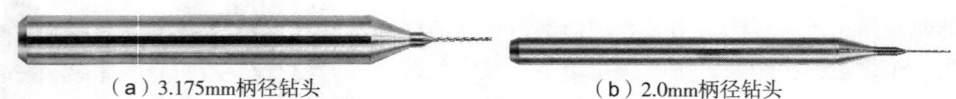

（a）3.175mm 柄径钻头 （b）2.0mm 柄径钻头

图 24.14 不同柄径钻头

按外形尺寸可分为两种，如图 24.15 所示。

- 常规型钻头：钻头直径≤钻头柄径
- ID 型钻头：钻头直径>钻头柄径

（a）常规型钻头 （b）ID型钻头

图 24.15 不同尺寸规格钻头

普通钻头为双刃双槽设计，但随着近年对钻孔品质（孔位、孔粗等）的要求越来越高，逐步发展出了双刃单槽、单刃单槽等新型设计。

根据不同的刀刃和槽数设计，可把钻头分为三种：双刃双槽钻（见图 24.16）、双刃单槽钻（见图 24.17）、单刃单槽钻（见图 24.18）。其特点见表 24.1。

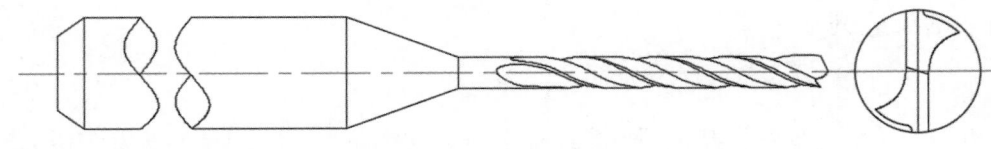

图 24.16 双刃双槽钻头

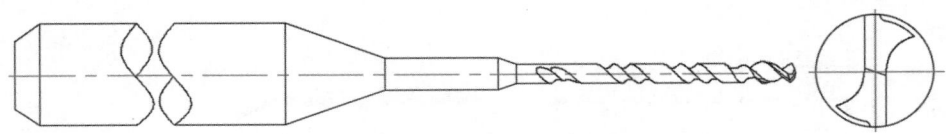

图 24.17 双刃单槽钻头

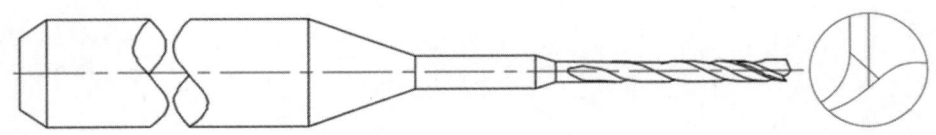

图 24.18 单刃单槽钻头

表 24.1 3种不同结构设计的钻头的特点

特点	双刃双槽钻头	单刃单槽钻头	双刃单槽钻头
刃数	2	1	2
槽数	2	1	1（合二为一）
尺寸范围	0.05 ~ 6.5mm	0.20 ~ 0.50mm	0.05 ~ 1.0mm
优点	两刃切削，受力平衡	刚性好，钻孔的孔位精度好，寿命有明显提升	两刃切削，刚性好且排屑空间足够，保证孔位与孔粗
缺点	钻头设计的刚性与排屑矛盾突出，难以两者兼顾	单刃切削，受力不平衡；刃带与孔壁的接触面积大，钻孔时摩擦大，钉头问题突出	刚性没有单刃单槽钻头好
应用场合	适用于软板，孔粗要求不高场合的硬板，以及大尺寸钻孔	中高 T_g 板材场合	普通 T_g、中高 T_g 板材、高速板材、含有厚铜层板材以及对孔壁质量（孔粗、钉头、灯芯、玻纤发白等）要求高的场合等

根据前端形状，可把钻头分为两种：ST（Straight Drill）型和 UC（Under Cut Drill）型。

ST 型钻头 刀体母线为直线的普通钻头，如图 24.19 所示。由于孔壁和钻头的接触面积大，钻削过程中会产生大量的切削热，导致孔壁质量不良。其最大的优点是生产简单，返磨次数多，整体刚性较好。

UC 型钻头 刀体后端直径较小的钻头,如图 24.20 所示。其特点是钻头和孔壁的接触面积小,有效减少了切削热,有效减少了孔壁质量不良现象。但由于返磨次数较 ST 型钻头明显减少,对钻孔成本有一定影响。

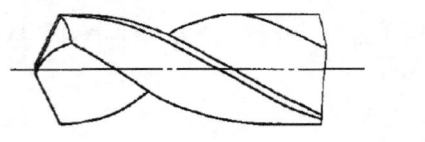

图 24.19 ST 型钻头

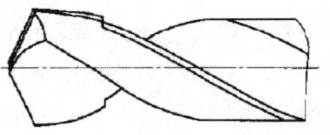

图 24.20 UC 型钻头

24.5.4 钻头返磨

1. 返磨量

如图 24.21 所示,浅色线表示未使用过的新钻头的直径曲线,深色线表示使用过的旧钻头的直径曲线。钻头返磨不仅要去除刃面的磨损,还要磨去一定的长度以去除刃带的磨损,图中的返磨量即需要返磨的长度。

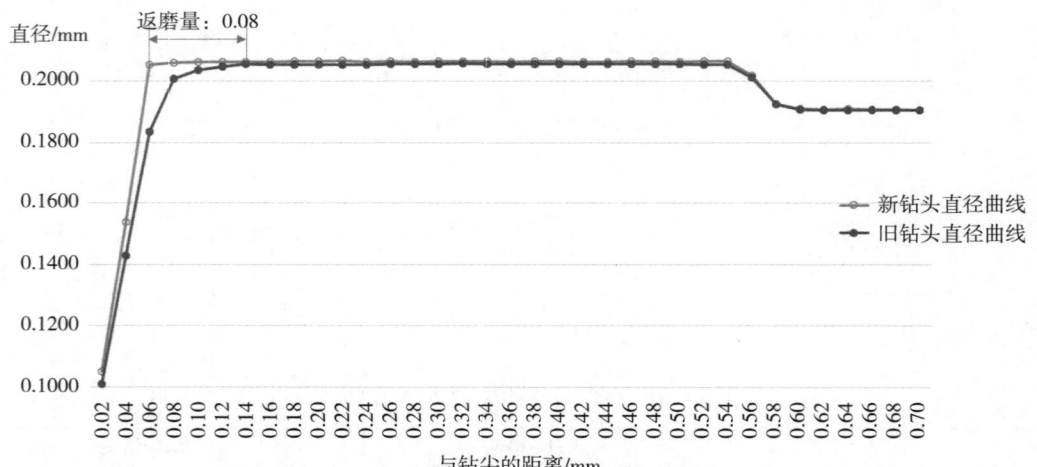

图 24.21 钻头返磨量(φ0.20mm 钻头)

2. 返磨品质

钻头返磨后要确保边缘磨损部分被完全清除,否则会影响孔位精度、孔壁质量等,甚至导致断刀,如图 24.22 和图 24.23 所示。

图 24.22 边缘磨损被完全清除

图 24.23 边缘磨损未被完全清除(圆角)

3. 返磨次数

UC 型钻头需保证 UC 头不至于过短，其返磨次数由 UC 头长决定。一般情况下，$\phi D \leq 0.50mm$ 钻头，建议将 UC 头长控制在 0.25mm 以上，否则会对孔内质量造成不良影响，且容易造成孔小。

24.6 涂层刀具

24.6.1 行业背景

涂层技术是构成现代切削技术的重要基础，并且是支持现代切削技术的核心技术，对切削技术的发展起着重要的推动作用。目前，可用于涂层材料生产的方法包括化学气相沉积法（CVD）和物理气相沉积法（PVD）。由于 CVD 沉积温度（一般为 900 ~ 1100℃）较高，涂层较厚（通常为 10 μm），在一定程度上限制了其在刀具涂层上的应用。而 PVD 沉积温度低，涂层细腻、表面光滑、涂层薄等优点，在刀具涂层技术中有更好的发展前景。

随着 PCB 行业的发展，刀具的使用量显著增加，这就需要新型涂层材料来提升刀具寿命，以降低加工成本；同时随着大量新材料的涌现，高频高速板、陶瓷填充板、挠性板和封装基板等的加工难度显著增大。这些都对刀具的磨损、排屑等提出了更高的要求。另外，随着刀具消耗量的增加，钨资源的消耗量也逐年上升，形势不容乐观。

24.6.2 涂层钻头的应用

根据加工对象选择合适涂层才能最大程度的发挥涂层产品的作用，如多元复合硬质涂层钻头适用于普通 PCB（普通 FR-4、中高 T_g FR-4、无卤素板材等）的加工；类金刚石涂层钻头适用于挠性线路板、封装基板、铝基板等的加工；金刚石涂层钻头适用于陶瓷填充板、陶瓷铝基板等的加工。

下面以深圳市金洲科技股份有限公司的 HAC 型多元复合硬质涂层钻头、SHC 类金刚石涂层钻头、SHD 金刚石涂层钻头为例，说明涂层钻头和未涂层钻头的区别。

1.HAC 型多元复合硬质涂层钻头的刚性板加工

测试条件 高 T_g 板材，板厚1.6mm，3块一叠，10层板。加工参数：转速 S=140 000r/min，进给速度 F=40mm/s。分别使用 ϕ0.30 ~ 6.0mm HAC 型涂层钻头和未涂层钻头加工。

测试结果 未涂层钻头加工 2500 孔的磨损情况如图 24.24 所示，HAC 涂层钻头加工 2500 孔的磨损情况如图 24.25 所示。可见，未涂层钻头的磨损更严重。

未涂层钻头加工 2500 孔的 Cpk 为 1.675，如图 24.26 所示；HAC 涂层钻头加工 2500 孔的 Cpk 为 2.962，如图 24.27 所示。可见，HAC 涂层钻头可以显著提升孔位精度。

2.SHC 型涂层钻头加工挠性板

测试条件 双面挠性板，板厚 0.025mm，10块一叠。加工参数：转速 S=160 000r/min，进给速度 F=22mm/s。分别使用 ASFP ϕ0.15 ~ 1.8mm SHC 涂层钻头和未涂层钻头加工。

测试结果 SHC 涂层钻头加工 6000 孔的磨损情况如图 24.28 所示，未涂层钻头加工 3000 孔的磨损情况如图 24.29 所示。可见，未涂层钻头的横刃粘刀严重，而 SHC 涂层钻头的刃口无粘刀现象，保持锋利。

SHC 涂层钻头加工 6000 孔的孔壁形貌如图 24.30 所示，未涂层钻头加工 3000 孔的孔壁形貌如图 24.31 所示。可见，未涂层钻头加工的聚酰亚胺（PI）变形严重，而 SHC 涂层钻头加工的变形较小。

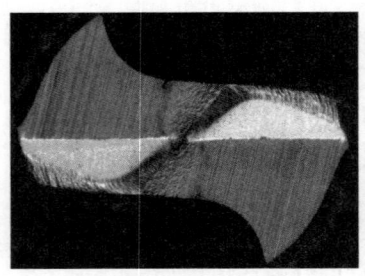

图 24.24 未涂层钻头加工 2500 孔的磨损情况

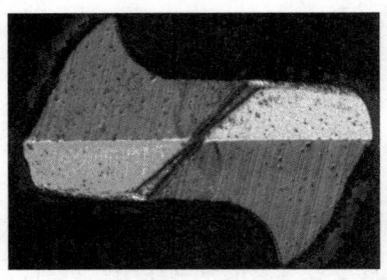

图 24.25 HAC 涂层钻头加工 2500 孔的磨损情况

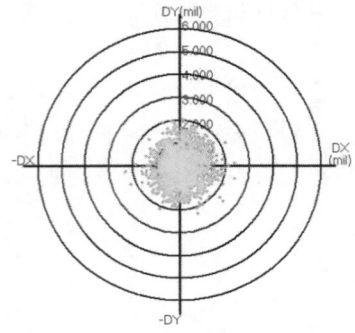

图 24.26 未涂层钻头加工 2500 孔的
Cpk 为 1.675

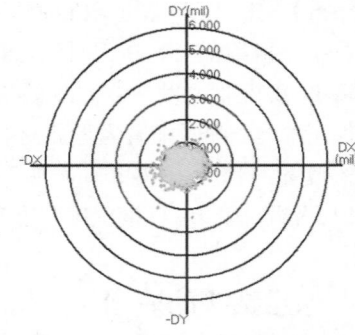

图 24.27 HAC 涂层钻头加工 2500 孔的
Cpk 为 2.962

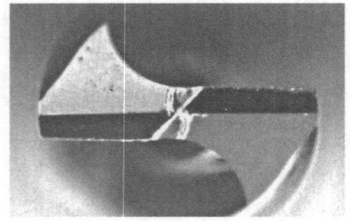

图 24.28 SHC 涂层钻头加工 6000 孔的磨损情况

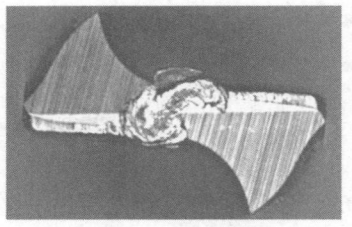

图 24.29 未涂层钻头加工 3000 孔的磨损情况

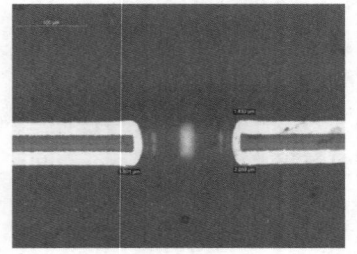

图 24.30 SHC 涂层钻头加工 6000 孔的孔壁

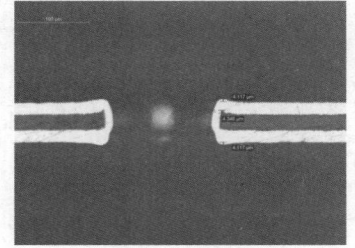

图 24.31 未涂层钻头加工 3000 孔的孔壁

3.SHD 金刚石涂层钻头加工陶瓷填充刚性板

测试条件 Rogers TC350 板材，板厚 0.8mm，2 块一叠。加工参数：转速 S=90 000r/min，进

给速度 F=16mm/s。分别使用 UQM ϕ0.60 ～ 6.0mm SHD 金刚石涂层钻头和未涂层钻头加工。

　　测试结果　未涂层钻头加工 20 000 孔的磨损情况如图 24.32 所示，SHD 金刚石涂层钻头加工 20 000 孔的磨损情况如图 24.33 所示。可见，未涂层钻头磨损更严重。

　　未涂层钻头加工 20 000 孔的孔壁形貌如图 24.34 所示，SHD 金刚石涂层钻头加工 20 000 孔的孔壁形貌如图 24.35 所示。可见未涂层钻头加工的孔壁粗糙、变形严重，而且钉头严重超标；而 SHD 金刚石涂层钻头加工的孔壁良好，变形轻微，且钉头极小。

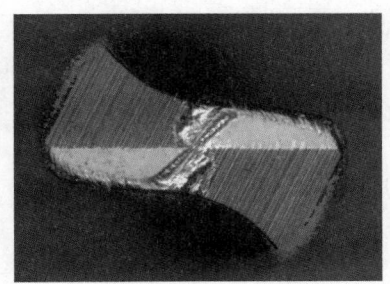

图 24.32　未涂层钻头加工 20 000 孔的磨损情况

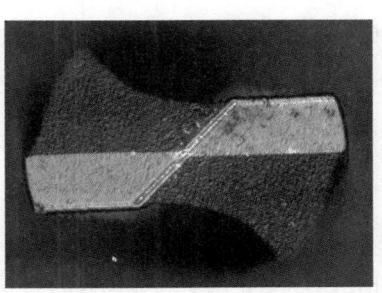

图 24.33　SHD 涂层钻头加工 20 000 孔的磨损情况

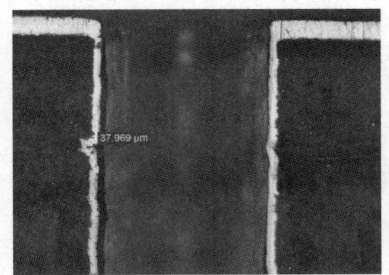

图 24.34　未涂层钻头加工 20 000 孔的孔壁形貌

图 24.35　SHD 金刚石涂层钻头加工 20 000 孔的孔壁形貌

24.7　PCB 钻机

24.7.1　钻机的结构及工作原理

1. 钻机的结构

　　钻机主要由基座、工作台面、X/Y 轴导轨及驱动电机、Z 轴钻轴及驱动电机、$X/Y/Z$ 轴伺服驱动卡、钻轴转速控制卡、控制计算机、可编程控制器等主要模块组成。

2. 钻机的工作原理

　　将钻孔坐标程序输入机台控制计算机后，计算机会根据程序中的坐标及指令，发送指令给可编程控制器（CNC 系统）自动控制机台 X、Y、Z 各轴的伺服驱动装置，使机台各轴根据坐标指令移动到指定的位置进行钻孔。

　　在进行钻孔前，机台自动选用指定的刀具，经激光检测装置检测合格（直径和长度）后，转轴便开始转动并由 X 轴和 Y 轴电机驱动到指定的坐标，Z 轴便会向下钻入板内。钻孔后钻轴升起，再由 X 和 Y 轴电机移动至新坐标位置钻孔，直至完成程序内所有的坐标及指令。

24.7.2 PCB 钻机的分类

根据钻机的机台轴数，钻机可分为单轴机、两轴机、四轴机、六轴机等。

根据钻机的机台主轴最高转速，钻机可分为 120 000r/min 钻机、160 000r/min 钻机、200 000r/min 钻机、300 000r/min 钻机、350 000r/min 钻机等。

24.7.3 PCB 钻孔的日常维护

在机台的移动、定位精度正常的情况下，影响 PCB 钻孔品质的主要因素如下。

主轴跳动 为了检查主轴在各转速时所产生的偏摆度数是否过大，要进行主轴跳动测量。一般要求生产中的主轴偏摆在 15μm 以内，所用的钻头直径越小，要求跳动值越低。钻机主轴如图 24.36 所示。

夹头清洗 一天两次（通常早、晚班各一次）。钻机夹头如图 24.37 所示。

压缩空气 7kg/cm², 640L/min 以上。

主轴扭力 主轴扭力 ≥ 350N·m。

压力脚 常见的压力脚有金属和塑料之分，如图 24.38 所示。对于直径在 0.40mm 以下的钻头，钻机会自动切换成小压力脚，使得单位面积上能够获得更大的吸尘力，这对于钻孔的排尘、孔位、孔粗都有明显的好处。平常要经常检查压力脚的平整度——看在铝片上有无压痕。

吸尘力（负压） 建议为 8 ~ 13kPa。

图 24.36　钻机主轴　　　　　　　　图 24.37　钻机夹头

图 24.38　钻机压力脚

24.7.4 钻机摆放的地基要求

单台钻机的质量在 8 ~ 15t，因此要求地基有较大的承重能力。同时，由于钻机均设计为高转速、高移动速度，尽管钻机制造商会在设计中考虑消除振动对钻孔精度的影响，但实际钻孔过程中不可避免会产生机台振动，如何更大程度地吸收这些振动也对地基提出了更高要求。

目前，钻机承载地基一般采用钢筋混凝土层结构，如图 24.39 和图 24.40 所示。

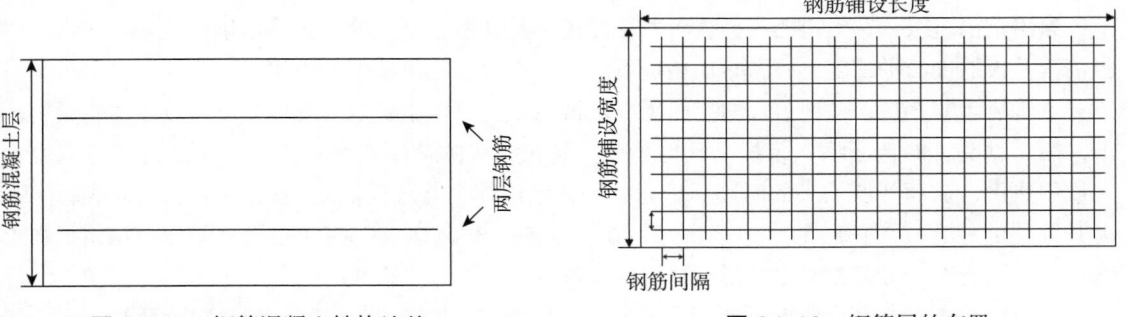

图 24.39　钢筋混凝土结构地基　　　　　图 24.40　钢筋层的布置

24.8　盖板和垫板

盖板和垫板是在 PCB 钻孔过程中，放置在 PCB 上下两侧，改善钻孔效果的板材。其中，放置在 PCB 上方的是盖板，置于 PCB 底部的是垫板，如图 24.8 所示。

24.8.1　盖　板

1. 盖板的作用

提升孔位精度　钻头入板时，由于板材具备一定的弹性，盖板能够起到提高定位精度的作用。钻头入板后，盖板能够防止钻头偏摆或者接触板面时打滑，从而导致钻头断裂。

保护 PCB 的板面　盖板处于 PCB 的上方，承受压力脚的集中作用力，可防止压力脚压伤 PCB 上的铜箔。

防止毛刺的产生　盖板与 PCB 紧密贴合，它的表面硬度适中，能够有效地防止落钻时产生毛刺。

降低钻头的温度　不断地钻削加工使得钻头的温度很高，而盖板处于最上层，且热导率大，散热较快，可以起到降低钻头温度的作用。

清洁钻头　在钻穿盖板的过程中，钻头沟槽中的胶渣得到了有效清洁。

2. 盖板的分类

不同材料的盖板的使用范围不尽相同，中国印制电路板行业标准 CPCA 4402-2010[2] 中的盖板分类见表 24.2。

表 24.2　盖板分类

序　号	名　称	构　成	推荐适用范围
1	铝箔盖板	铝箔	普通线路板及精细线路板钻孔
2	酚醛纸盖板	木浆纸和酚醛树脂	挠性板钻孔
3	涂树脂铝盖板	树脂和铝箔	HDI 板等微孔钻孔
4	复合铝盖板	木浆纸（芯）和铝箔	厚铜板、背板、PTFE 等特殊板材钻孔

铝箔盖板 由铝箔板切成的标准规格的盖板。铝箔的散热性好，能有效降低钻头的温度，防止毛刺的产生。铝箔盖板适用于普通电路板和精细电路板的加工。

酚醛纸盖板 主要由木浆纸浸渍酚醛树脂经热压制成。酚醛纸盖板的平整度好，能够有效地抑制毛刺的产生，散热性不如铝箔板，适用于挠性板加工。

涂树脂铝盖板 在铝箔的一面或者两面涂覆热塑性树脂制成的。与普通铝箔盖板相比，涂树脂铝箔盖板的表面平整度更好，表面粗糙度更小，有提高孔位精度的作用。

由于树脂的存在，这种盖板的表面硬度较低，钻孔时树脂受压易变形，可有效缓冲钻头的冲击，固定钻头，降低断钻率，提高孔位精度，延长钻头的使用寿命。树脂的熔融过程可以带走大量的热，从而降低钻头的温度。熔化后的树脂液体会与改性油脂一起对钻头起到润滑作用，提升钻孔的稳定性。树脂的水溶性良好，在纯水或者弱碱性水中放置一段时间便会溶解。PCB钻孔后用水清洗，可有效清除黏附在孔壁的残胶。

复合铝盖板 由木浆和单面涂胶的铝箔压制而成，纤维芯置于中间，铝箔置于两侧。复合铝盖板的芯部具有一定的弹性，即使在制板板面有微量的毛刺，仍然可以完美贴合，避免因在制板和盖板之间存在间隙而导致断刀。它的成本相对较高，适用于厚铜板、背板等特殊板材的加工。

3.盖板的特性要求

（1）有一定的表面硬度，防止钻孔表面产生毛刺，但硬度不能过大，否则钻头的磨损过高。

（2）盖板材料应层次分布均匀，防止钻头钻削时因抗力不断变化而折断。

（3）盖板材料的热传导率要大，以便钻头降温。

（4）盖板材料应满足瞬时耐高温的要求，避免高温树脂回黏，污染钻头。

24.8.2 垫 板

1.垫板的作用

抑制 PCB 下出口毛刺的产生 垫板与 PCB 紧密贴合，它的表面硬度适中，能够有效防止落钻时下出口产生毛刺。

降低钻头的温度 钻头在钻削过程必然产生大量的热，垫板的温度比钻头要低，且热导率大，能起到降低钻头温度的作用。

保护钻机的工作台面 垫板的存在可避免钻头接触台面，起到保护台面的作用。

清洁钻头 钻头钻削垫板的过程能够清除钻头沟槽中的胶渣。

2.垫板的分类

中国印制电路板行业标准 CPCA 4403-2010[3] 中的垫板分类见表 24.3。

表 24.3 垫板的分类

序 号	名 称	构 成	推荐适用范围
1	酚醛纸层压垫板	牛皮纸（或木浆纸）和酚醛树脂	用于厚铜板、HDI 板、PTFE、挠性板或孔径不大于 0.20mm 的钻孔
2	密胺木垫板	木浆纸、脲醛树脂、密胺树脂、纤维板	用于 HDI、背板或孔径不大于 0.20mm 的钻孔
3	树脂涂层-纸-纤维板复合木垫板（复合木垫板）	木浆纸、纤维板和室温固化树脂层	用于 HDI、孔径不大于 0.30mm 的钻孔
4	双面涂胶木垫板（涂胶木垫板）	纤维板双面涂紫外光树脂常温固化	用于孔径不大于 0.30mm 的钻孔

序 号	名 称	构 成	推荐适用范围
4	紫外光固化树脂涂层木垫板（UV 木垫板）	纤维板和紫外光固化树脂涂层木垫板	用于孔径不大于 0.30mm 的钻孔
5	中密度木纤维垫板 高密度木纤维垫板	植物纤维及树脂 植物纤维及树脂	用于孔径不小于 0.30mm 的中低档板钻孔 用于孔径 0.25mm 及以上的中低档板钻孔

3. 垫板的特性要求

（1）垫板表面硬度适宜。硬度过小会出现毛刺，过大会出现翘曲且对钻头的磨损很大。

（2）垫板内层材料的硬度应尽量小，以减小钻头在垫板上的磨损，延长钻头的使用寿命。内层材料具有钻头降温和润滑作用则更佳。

（3）垫板表面应光滑、平整度高，能紧密贴合 PCB，减少毛刺的产生。

（4）垫板材质应满足瞬时耐高温的要求，避免树脂出现高温回黏，污染钻头和孔壁。

（5）垫板材质的层次分布应均匀，以便排屑，防止钻头折断。

24.9 钻孔常见问题及原因分析与对策

钻孔质量主要体现在孔位精度、孔壁粗糙度、钉头等指标上。下面给出了影响各项指标的常见问题及对策。

24.9.1 孔位精度不良的常见因素及对策

钻孔过程中孔位精度不良的常见因素及对策见表 24.4。

表 24.4 孔位精度的常见因素及对策

序 号	影响因素	造成结果	解决对策
1	主轴跳动过大	钻头钻孔偏摆过大	维修并确保控制在 15μm 以内
2	机台移动速度过快	移动定位精度下降	降低机台台面的移动速度
3	机台台面不水平	造成 PCB 不平，孔易钻斜	调校机台台面的平整度
4	吸尘不良	排屑受阻，粉尘堆积	每日按时抽测负压，生产中发现吸尘不良时及时维修
5	台面或板间有杂物	PCB 局部板不平，易引起单点飞孔	上机前清洁机台面或板面，打好底板管位孔
6	压脚磨损严重	PCB 无法压平，吸力下降	每班检查，定期更换
7	铝板有较深折痕	下钻受力不均，吸尘力下降	上机时检查铝板，轻微折痕的整平后上机，严重折痕的不能使用
8	管位钉偏低，面板跳出	面板移动，导致偏孔	注意钻管位孔深度，确保上板后管位钉高出板面 1mm 以内，盖铝板后四周贴紧胶纸
9	管位钉弯曲	整体偏孔	检查管位钉是否弯曲，种钉时用铁饼扶正
10	夹头内有脏物	钻头钻孔偏摆过大	每班清洁夹头
11	叠板太多	钻孔时钻头形变大	减少叠板数
12	钻头刚性不够	钻孔刚性不足以抵抗阻力导致偏孔	选用刚性好的钻头
13	孔太密集	移动定位精度下降	采取跳孔或者降低落速
14	孔限设定高、返磨次数多	钻头切削不锋利，阻力大	降低钻孔寿命和返磨次数
15	加工参数不合适	钻头切削阻力大	调整转速和进给速度等参数
16	板料伸缩	有规律偏孔	将伸缩板与正常板分开，使用伸缩钻带
17	环境温度变化过大	移动定位精度下降	控制温湿度

24.9.2 孔粗超标的常见因素及对策

钻孔过程中孔粗超标的常见因素及对策见表 24.5。

表 24.5 孔粗超标的常见因素及对策

序 号	影响因素	造成结果	解决对策
1	吸尘力	低的吸尘力使排屑环境变差	设置合适的吸尘力,对吸尘系统做好保养
2	压力脚	大压力脚影响吸尘,造成排屑困难	使用小压力脚
3	较大的切削量	切屑体积变大,增大摩擦	根据钻头本身结构选择合适的切削量
4	切削量过小	使钻头磨损加剧	根据钻头本身结构选择合适的切削量
5	钻头入垫板过深	产生大颗粒钻屑,黏附钻头,摩擦加剧	设置合适的钻孔深度
6	叠板太厚	屑过多造成排屑困难	降低切削量,减小叠板数
7	返磨次数过多	排屑堵塞	减少返磨次数或控制每次返磨量,检查返磨钻头全长
8	PCB 铜层过厚	螺旋状的铜屑很难排出,过多的铜屑易使钻头磨钝	减小切削量和叠板数,采用分段钻孔
9	难加工的 PCB 基材	加剧钻头磨损	减小叠板数,降低孔限及研磨次数
10	钻头型号选用不当	排屑、高温及钻头磨损导致孔粗超标	选用合适的钻头
11	盖板、垫板	盖板、垫板材料问题	更换更高质量的盖板、垫板
12	盖板与 PCB 结合不平整	结合间隙容易滞留排屑物	使盖板与 PCB 结合尽量平整
13	PCB 基材本身的质量差	树脂与玻璃纤维的铰接极不均匀,导致同一板材上存在孔粗差异	严格控制 PCB 基材的质量

24.9.3 钉头超标的常见因素及对策

钻孔过程中钉头超标的常见因素及对策见表 24.6。

表 24.6 钉头超标的常见因素及对策

序 号	影响因素	造成结果	解决对策
1	主轴跳动过大	钻头钻孔偏摆过大	维修并确保控制在 $15\mu m$ 以内
2	吸尘不良	排屑受阻,粉尘堆积,温度升高	每日按时抽测负压,生产中发现吸尘不良时及时维修
3	压力脚与盖板接触不平整	加速钻头磨损	检查压力脚,必要时更换
4	夹头磨损、塞尘等	大的动挠曲使加工精度变差,钻头磨损加剧	保养夹头
5	ST 型钻头	钻头与孔壁接触面积过大,导致钻头温度高	使用 UC 型钻头
6	返磨钻头	钻头直径磨损,切削温度高	减少加工孔限,控制返磨次数
7	每转进给量过低	钻孔温度高,易产生钉头	提高每转进给量(可通过降低转速或者提高落速实现)
8	叠板数过多	切削抵抗力增大,钻孔温度升高	减小叠板数和孔限,采用分段钻孔
9	钻头磨损过大	板材对钻头的磨损大或钻头寿命设定过大,或返磨次数过多	设定合适的钻头使用寿命或返磨次数

24.9.4 断钻的常见因素及对策

钻孔过程中断钻的常见因素及对策表 24.7。

表 24.7 断钻的常见因素及对策

序 号	影响因素	造成结果	解决对策
1	主轴跳动过大	大的动挠曲使加工精度变差，易断钻	控制主轴跳动
2	吸尘力不足	排屑不畅造成断钻	设置合适的吸尘力，定期维护保养吸尘系统
3	压力脚压力	不合适的压力脚压力影响压力脚与盖板的贴合，造成排屑不良、断钻	设置合适的压力脚压力
4	钻机环境	钻台不平整，轴弯曲等	钻机的维修保养
5	钻头入垫板过深	产生的颗粒黏附在钻头上，排屑不良造成断钻	设置合适的深度
6	叠板或铜层过厚	轴向力过大，磨损加剧，造成断钻	减小叠板数和孔限
7	难切削的 PCB 基材	增大切削阻力，加速磨损	减小叠板数和孔限
8	盖板塞尘	胶纸未粘牢	检查胶纸粘贴情况
9	底板过硬	增大切削抵抗力，加剧磨损	更换垫板
10	PCB 表面不平整	下钻受力不均	加强板材的来料检测
11	钻头槽长过长	不能承受较大的弯曲和扭曲力	选用合适的槽长
12	钻头刚性差、排屑槽小	偏摆大，易塞尘，增大扭曲载荷造成断钻	选用合适的钻头
13	钻头磨损过大	切削抵抗力增大，易断钻	减小孔限，及时返磨
14	低切削量	加速磨损	根据钻头参数选择合理的切削量
15	切削量过大	轴向力增大，排屑困难	根据钻头参数选择合理的切削量
16	主轴转速过低	切削抵抗力大，易断钻	适当提高转速
17	主轴转速过高	摩擦加剧，钻头磨损加剧	适当降低转速

24.9.5 缠丝的常见因素及对策

钻孔过程中缠丝的因素及见表 24.8。

表 24.8 缠丝的因素及对策

序 号	影响因素	造成结果	解决对策
1	吸尘力不够	排屑不畅	加大吸尘力
2	钻头型号不合适	排屑不畅，切屑在后端堆积	选择合适的钻头
3	盖板太厚	未切断的铝丝容易引起缠丝	使用较薄的盖板
4	每转进给量过小	切屑太长，排出困难	增大每转进给量
5	钻头入垫板过深	产生的颗粒黏附在钻槽内	设置合适的深度
6	钻孔行程中未设置停留时间	没有足够的排屑时间	设置停留时间
7	加工某些特殊板材（如 PTFE）	不易切割，排屑不畅	调整参数、寿命
8	铜层较厚	排出螺旋状的铜屑	减小切削量或采用分段钻孔

24.10 特殊孔的加工方法

有一些特殊的孔，如沉头孔和平底盲孔等，其加工方法及使用的刀具与常规孔有很大的不同，本节主要介绍沉头孔和平底盲孔的加工方法。

24.10.1 沉头孔的加工

沉头孔主要是用作螺钉的定位孔，一般要先预钻孔，再加工锥形孔。沉头孔对于加工形状和尺寸的要求较高，且不允许出现任何形式的碎屑残留与表面披锋。其加工过程如图 24.41 所示。

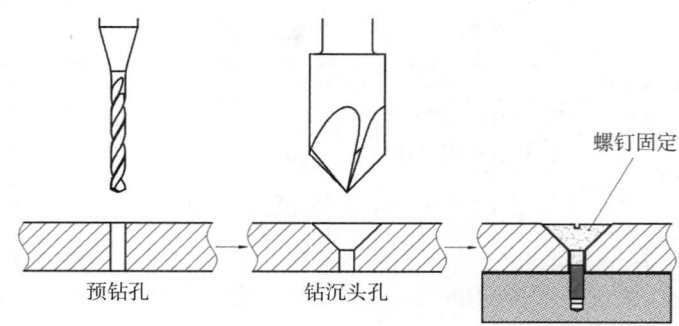

图 24.41　沉头孔加工

图 24.42　锥面锪钻

沉头孔通常采用锥面锪钻（也称为沉头钻，见图 24.42）加工，一般采用四刃锥面锪钻——具有较大排屑空间与较稳定的切削能力。

由于大多数 PCB 工厂使用的是直径 3.175mm 的钻机与铣床的夹头，而沉头孔的外孔直径往往在 6.0mm 以上，因此，用来加工沉头孔的锥面锪钻为头大柄小的结构。这种锥面锪钻的头部直径可达 10.0mm 及以上，而柄部直径仅有 3.175mm，对加工条件的要求高。

在沉头孔的加工过程中，切削面积是逐步增大的，切削力也是逐步增大的，变化的切削力使得整个切削过程极不稳定，对刀具的加工条件与刀具的强度有很高的要求。目前，在柄径只能为 3.175mm 的情况下，应选择刚性较好的硬质合金材质锥面锪钻，在结构上要尽可能地减小头部质量。加工时，应选用夹持力大的夹头，使用较低的转速与进给速度，如条件允许，刀具的夹持位置应尽可能地靠近头部。

24.10.2　平底盲孔的加工

平底盲孔的加工，在保证底面平整度的同时，对孔壁质量的要求也较高。不过，其加工深度一般在 2mm 以下。

目前，部分 PCB 工厂采用平底铣刀加工平底盲孔。铣刀的周刃具有切削能力，钻孔时刀具径向受力不均，会导致刀具出现细微的偏心，最终导致加工出来的平底盲孔并不是圆柱形，而是上面大、下面小的圆台形。这种偏心在大部分情况下可以忽略，但对孔粗不利，影响加工质量。平底铣刀钻孔时的排屑能力较差，由于不具备有效的向上排屑空间，因而易导致碎屑黏附在铣刀的端齿槽区域，影响加工质量，严重时会导致刀具刃口崩裂，造成板材报废。

平底盲孔的加工，推荐使用特殊的平底钻——它具有钻头的开槽结构与铣刀的磨尖结构。使用这种平底钻钻孔时，不仅能保证底面的平整，而且具有较大的排屑空间及良好的定心作用，在加工质量与加工寿命上均优于平底铣刀。使用平底钻加工平底盲孔的过程如图 22.43 所示。

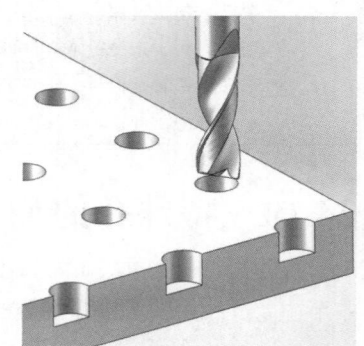

图 24.43　平底盲孔的加工

参考文献

［ 1 ］IPC-DR-572A, "Drilling Guidelines for Printed Boards"

［ 2 ］中国印制电路行业协会. 印制板钻孔用盖板: CPCA 4402-2010

［ 3 ］中国印制电路行业协会. 印制板钻孔用垫板: CPCA 4403-2010

第25章
成像

Brian F.Conaghan
美国新泽西州洛基山，Parelec Inc.

陈春红　编译
盛展线路板材料（深圳）有限公司

25.1　引　言

　　成像是把金属导体模拟成电路的过程。这个过程是用成像材料、成像设备，通过金属化的方式在基板上复制照相底版图形的工艺条件的多步整合。对于一个给定的图形尺寸，为了实现可重复、高良率、低成本的成像，需要仔细平衡各种要素。这一章概述了光刻成像工艺的化学药品与设备的选择，着重强调了工艺工程师、设计者、印制电路板（PCB）和HDI制造商改进可制造的产品的工艺时需要考虑的因素。

　　以下几种方法可用于成像。

　　丝　印　在金属箔上印刷抗蚀剂，或在聚酯上印刷银油。

　　喷墨打印　喷墨生成抗蚀剂图形、字符和银导体。有一种喷墨打印系统，可在化学镀铜板上打印厚度为0.05～5μm的可紫外线固化的催化剂层[1]，或直接在基板上打印抗蚀刻/抗电镀油墨，如荷兰Mutracx公司提供的LunarisTM"登月"PCB喷墨打印机。传统PCB生产工艺从电脑设计图到蚀刻要花费几个小时到几天的时间，需要多重复杂的工艺流程，从电脑设计图到内层准备和检查总共需要15道工序。LunarisTM"登月"PCB喷墨打印机节省了15道传统工艺中的11道，可节省净化间的费用，不需要传统的涂覆/压膜、曝光、显影/AOI工序，不需要处理显影废水。

　　光刻工艺　通过对基板涂覆/压膜（光致抗蚀剂），用曝光的方式进行图形转移。光刻的工艺流程：前处理→涂覆/压膜→曝光→显影→蚀刻/电镀→退膜（去除光致抗蚀剂）。

　　光刻工艺是目前的主流方法，本章将重点讲述。

25.2　感光材料

　　作为光致抗蚀剂的光敏聚合物体系通常都是液体，或使用液体溶液形成的干膜。干膜光致抗蚀剂是行业标准指定的，但液体光致抗蚀剂的应用也十分广泛，尤其是有着复杂图形的电路。这两种光致抗蚀剂都可以满足多种工艺处理的需求。

25.2.1 正像和负像作用体系

光致抗蚀剂的功能类似正片型或负片型摄像术。不同之处在于，如图 25.1 所示，它是暴露在光下的特定化学反应。对普通的负像作用体系来说，曝光引发了聚合物基体上的一个或多个成分间的交联反应，降低了显影溶液中光致抗蚀剂的溶解度。半导体行业经常使用基于酚醛树脂的材料作为正像型光致抗蚀剂。曝光过程中会发生一种酸催化反应，使得显影溶液中光致抗蚀剂的溶解度增加。在这种情况下，这些曝光区域就会在显影液中被去除。正像型光致抗蚀剂不在本章讨论范围之列。

摄像色调会因为在照相底版和底片及光致抗蚀剂之间的污染物而对产品良率产生影响。对负像型光致抗蚀剂而言，污染物遮住了光并阻止了交联作用，导致线路"鼠咬"（线宽的部分减少）或蚀刻后的导体开路。因此必须尽量减少任何成像过程中的污染物。

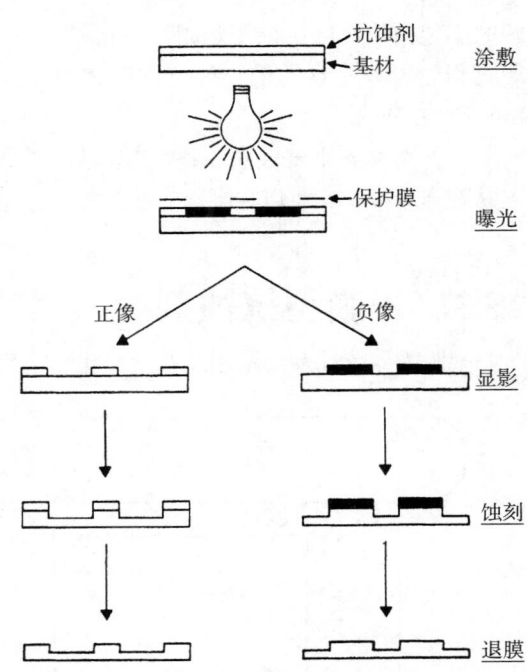

图 25.1 正像和负像型光致抗蚀剂的光刻工艺流程（经授权转载自 C.G.Willson,Introduction to Microlithography, Theory, Materials and Processing,ACS Symposium Series 219,Washington,D.C., 1983, p.89）

25.2.2 决定因素

市场上销售的光致抗蚀剂品种繁多，因此如何选择在给定应用条件下表现最好的光致抗蚀剂就成了一个挑战。图 25.2 总结了需要考虑的主要技术和经济因素。最基本的考虑因素是图形的最终用途。

选择光致抗蚀剂的主要考虑因素

金属化工艺
- 蚀刻
  - 酸性
  - 碱性
- 金属化
  - 镀铜
  - 镀锡
  - 镀锡铅
  - 镀金
  - 镀镍
  - 全加成化学沉铜

在制板设计
- 基板形貌
- 所需的铜厚
- 孔的数量和大小
- 最小图形尺寸

经济因素
- 与现有的应用和曝光设备兼容
- 新的设备投资需求
- 生产效率
- 高良率的工艺宽容度
- 材料成本

图 25.2 选择光致抗蚀剂材料的标准

（1）光致抗蚀剂必须与后续的图形转移步骤化学兼容（如可以承受诸如溶液 pH 的化学环境），以提高图形转移的精度。

（2）基板自身的形貌和表面特征等自然性质也要考虑。光致抗蚀剂是否需要封住镀覆孔或工具孔图形？它必须在现有的图形上敷形吗？这些考虑因素会指出是用干膜光致抗蚀剂合适，还是用液体光致抗蚀剂合适，并在某些情况下指出需要正像型还是负像型。

（3）所需的产品特征尺寸也同样重要。它们经常以给定线宽或线距的允许偏差的形式给出。因为这些产品规格是最终导体的特性，所以必须明确光致抗蚀剂对临界尺寸的影响。每种光致抗蚀剂都有其内在的差别，这些差别和抗蚀剂厚度、底片、用于曝光的光源及显影条件等，共同决定了可以成像的最精细图形。对于 PCB 行业所用的光致抗蚀剂，生产过程中可以实现的最小线宽通常比光致抗蚀剂厚度大 10 ~ 25μm。

新的工艺方法已经论证了超越这一传统障碍的可能性[2]。对于 ICS 行业所用的光致抗蚀剂，生产过程中可以实现的最小线宽可以达到光致抗蚀剂厚度的一半，如 NM（Nikko-Materials Co., Ltd）的 LDF 系列。

（4）光致抗蚀剂的另一个关键属性是黏性。我们选择的光致抗蚀剂，需要既可以在成像时牢牢黏附于基板，又可以在剥离时从基板上完全去除。

25.3　干膜型抗蚀剂

干膜光致抗蚀剂通常用来在金属化和蚀刻之前形成图像。

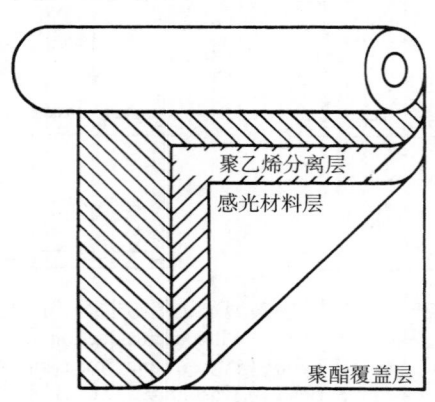

干膜有 3 层结构，包括聚酯覆盖层和聚乙烯分离层，以及夹在中间的感光材料层（见图 25.3）。典型的干膜厚度在 25～50μm，但也有特殊用途的更薄或更厚的干膜。干膜被压在 PCB 基板上：去掉聚乙烯分离层后，干膜在压辊的温度和压力作用下黏附在基板上。聚酯覆盖层有几个关键功能：它可以在处理过程中保护光致抗蚀剂，防止其接触成像时沾到底片上，并在曝光时隔绝氧气。聚酯覆盖层的光学性能非常重要，尤其是生产图形尺寸小于 100μm 的产品时。干膜制造商增加了聚酯覆盖层的透光度，并减小了其厚度，以满足所需的图像质量。厚度在 25μm 及以下的较薄的干膜通常使用高品质的覆盖层。

图 25.3　干膜光致抗蚀剂的组成
（经授权转载自 DuPont Electronics, DuPont Technical Literature）

干膜光致抗蚀剂具有化学和力学性能，可以承受各种电镀溶液及酸性或碱性溶液的腐蚀。它们可以根据用来成像的化学物质分组。

水溶显影　行业标准做法。

半水显影　用于特殊应用。

25.3.1　化学成分概述

干膜光致抗蚀剂的化学成分多种多样，但都包含以下几种成分：

- 黏合剂
- 单体
- 感光起始剂
- 染料
- 其他添加剂

曝光时，感光化合物吸收适当波长的光并随后与单体反应，改变曝光区域干膜的溶解度。被曝光的染料会改变颜色，在干膜上显示出可视的潜在图像，这被称为打印图像。虽然消耗了一部分曝光的感光化合物，降低了光学反应的效率，但打印图像对生产提供了很大的帮助，几乎被用在所有的干膜光致抗蚀剂上。

其他添加剂包括黏性促进剂、软化剂及可以提高所需性能的其他化合物。所有这些成分共同作用，以满足光致抗蚀剂的具体应用需求。

25.3.2 水溶显影干膜

大多数感光材料都是基于拥有不同形式感光起始剂的丙烯酸类聚合物。这些起始剂被设计成与汞弧灯发出的紫外光谱区 365nm 波长相一致。

许多干膜都基于米酮的使用，及随后的三重态敏化促进自由基链式聚合反应。这也解释了材料对氧的敏感度，它能有效地让三重态失去活性。由于自由基链的反应，这些材料可以高效地利用光能进行化学反应，吸收一个光子可以引发聚合物基体上的很多交联反应。通常，曝光能量以波长为 330 ~ 405nm 能够使材料发生交联反应的光的辐照度来衡量，一般在 25 ~ 90mJ/cm^2，依具体材料的化学性质和厚度而定，这比半导体集成电路（IC）生产中光刻工艺所用的正像型材料更有优势。这些正像型材料所需的辐照度一般在 200 ~ 500 mJ/cm^2。

一般以不高于质量分数为 1% 的碳酸钾或碳酸钠的碱性溶液来成像。要在图像转移后完全去除光致抗蚀剂，需要在 1M 或更高浓度的氢氧化钾或氢氧化钠溶液中加热，通常还要加一些抗氧化添加剂来减少铜的氧化。

一般来说，这些材料在酸性溶液中的稳定性很好，但在更强的酸性或碱性溶液中的稳定性会有变化。事实上，这些材料可以分成 3 个子类：用于酸性蚀刻铜的、用于酸性电镀铜的、用于碱性蚀刻铜（通常含氨水）的。用于酸性电镀铜的稳定性需要提高，因为酸性电镀铜溶液的 pH 通常小于 1。同样，在 pH 为 8 ~ 9 的氨水中做铜蚀刻的稳定性也需要提高。后者的功能说明了材料在最终使用时的灵活性，因为这些材料都是在类似的碱性物质中成像的：在 pH 为 10.3 的条件下显影，在 pH 为 13 的条件下去除。通常，这些碱性稳定的材料都是在高温下开发出来的。

基于 360 ~ 405nm 波长的激光直接成像（LDI）设备已经商业化了。传统的光致抗蚀剂可以在 LDI 设备中曝光，但更高的成像速度已经成为影响 LDI 生产效率和经济性的关键因素。

目前，对大多数应用，只需要 10mJ/cm^2 曝光能量的光致抗蚀剂已经实现了产业化。通常，这些高速光致抗蚀剂工艺流程与过去类似，改进之处包括成像速度、对黄色安全光的敏感度，以及贴膜后的静止时间[3]。

可以在释酸性介质中处理的新型水溶显影干膜也开发出来了。一种基于电泳沉积（ED）材料的干膜在强碱性溶液中展示了很好的稳定性，在聚酰亚胺蚀刻或全加成化学沉铜工艺中有着很好的应用潜力[4]。

25.4 液体光致抗蚀剂

液体光致抗蚀剂拥有多种化学成分[5]。许多只是干膜材料的简单涂敷形式。它们主要用于内层成像，使用滚涂、喷涂、帘式或静电涂敷技术。这些方法会在后面的章节讨论。典型的应用厚度在 6 ~ 15μm，相比于更厚的干膜，拥有更高的分辨率。因为分辨率与厚度相近，因此其适用于制作小于 25μm 的图形。液体光致抗蚀剂与铜质基板的表面贴合很好，有助于实现 50μm 及以下线路图形的高良率[6]。但是，基板的清洁度、涂敷和干燥处理非常关键。液体光致抗蚀剂要烘干变硬，曝光时与底片紧紧贴一起，才可以最大化分辨率。如果是软的或没有接触底片，分辨率和良率就会下降，尤其是 100μm 及以下的线路图形。对大多数液体光致抗蚀剂来说，显影和剥离条件与水溶显影干膜类似：弱碱性碳酸钠和强碱性氢氧化钠。正像型酚醛基光致抗蚀剂、热光致抗蚀剂[7]、负像型酸显影光致抗蚀剂则是例外。

25.5 打印光致抗蚀剂

打印光致抗蚀剂通常是一种可紫外固化的丙烯酸混合油墨，使用专用的打印设备将其打印到铜面上，打印后利用波长为365nm的紫外光进行快速固化，固化光的密度通常为 750 ~ 1000mJ/cm²。蚀刻时，可以使用酸性的氯化铁或者碱性的氯化铜体系，或者遵从油墨厂商的建议。退膜时可以使用油墨厂商推荐的碱性溶液。目前,打印光致抗蚀剂技术已经可以做到0.075mm的线宽与间距。由于打印光致抗蚀剂的一系列优点，这项新技术正在引起业内的关注。

25.6 光致抗蚀剂工艺

成像是一个顺序流程，各个步骤是高度相关的。设备和工艺条件在图像质量、良率和生产效率上起着重要的作用。如何选取每一步的各种选项，依赖于成像基板的类型、要生产的图形尺寸、现有设备、光致抗蚀剂类型，以及生产线的生产效率和经济性。

25.6.1 清洁度的考虑

清洁度是整个成像工艺中始终要考虑的因素，图形特征尺寸越小，清洁度就越重要。必须实现并保持可以满足生产最精细特征要求的可接受良率的清洁度等级，包括以下要素：

- 空气
- 净化间
- 净化间的工作人员
- 净化间的维护与物质供给
- 工艺 / 设备

1. 空气的洁净度

空气的洁净度通常以尘埃量——1ft³ 中含有的大于 0.5μm 的尘埃的数量表示：在美国联邦规范 FS209E《空气洁净度级别》（见表 25.1）中，10000 个以下则称 Class10000。一般要求 PCB 生产厂的成像无尘室达到 Class10000 或更高，封装基板生产厂的成像无尘室达到 Class1000 或更高。

表 25.1 美国联邦规范 FS209E《空气洁净度级别》摘要

洁净级别	尘埃数 / ft³				
	0.1 μm	0.2 μm	0.3 μm	0.5 μm	5 μm
M-1	9.8	2.12	0.865	0.28	
1	35	7.5	3	1	
10	350	75	30	10	
100		750	300	100	
1000				1000	7
10000				10000	70

2. 温度和湿度控制

除了控制空气洁净度，还要控制空气中的温度和湿度。温湿度控制对操作员的舒适性与工艺控制都很重要。例如，在相对湿度下，底片的尺寸会随着温度的上升而胀大，随着温度的下降而缩小；干膜在高温环境下容易发生流胶异常等。典型的温度控制为 $21 \pm 2 \, \text{℃}$，湿度控制为 $40\% \sim 60\%$。

3. 净化间的建设

净化间建设标准的选择与净化空气的方法是净化间设计的主要问题。每个净化间都要在洁净程度与建造费用间取得平衡。净化间建造的基本原则，主要是有一个封闭的房间，由非污染物、不易脱落的材料建造，提供洁净的空气，防止外部污染源或操作员带入意外污染，减少卫生死角。外部污染源主要包括以下几方面内容。

黏性地板垫　收集灰尘等。

更衣室　净化间与厂区的缓冲部分。为更好的洁净度管控考虑，净化间与厂区的门不能同时打开，以免厂区环境影响净化间。

空气压力　设计上，净化间的压力最高，更衣室次之，厂区再次之。防止空气灰尘进入净化间。

风淋间　在净化间与更衣室之间建造风淋间，用于吹掉无尘服上的灰尘。两扇门不能同时打开。

双层门进出通道　物料的进出通道要有防止进出门同时打开的互锁装置。

人员着装　净化间的操作员是最大的污染源之一，要进行着装控制与人员数量控制。

4. 人员着装控制

由于头发的脱落和皮肤的自然代谢，即使操作员经过了风淋室，当他坐着不动时，每分钟也可释放 10 万到 100 万个微粒，走动时会释放更多污染微粒。表 25.2 列出了操作员的各种动作产生的污染水平。

普通的衣服，即使在无尘服内，也会给净化间增加上百万个微粒。人类的呼吸也会产生大量的污染。总体来看，为适应净化间工作要求，要把人完全包裹起来，身体的每一部分都要被罩住，只能穿用无脱落材料紧密编织的洁净服。穿衣的顺序应该是从头向下穿，使上一部位扬起的灰尘被下一部位的衣服盖住。最有效的预防手段是，对操作员进行培训并落实，区域中工作人员的纪律松懈，很容易使净化间的污染水平升高。

表 25.2　操作员的各种动作产生的污染水平

动　作	污染水平
正常呼吸	0
吸烟后的呼吸	500%
打喷嚏	2000%
静坐	20%
摩擦脸	200%
步行	200%
跺脚	5000%

5. 净化间的物质供给与维护

记录单、表格等纸张类物品要用符合无尘室要求的、无脱落表面的纸张或聚酯材料制品。不允许使用铅笔等能擦除字迹的笔。不符合要求的纸质包装盒不允许出现在净化间。不允许使用未经清洁的运载车、工具。

清洁工具要在使用之前仔细确认，一般家用的清洁工具太脏，不适用于净化间。擦净工作台要使用特殊的不脱落的聚酯材料或尼龙制成的抹布。注意，墙面的擦拭要从上到下，从后向前。

6. 工艺方法和设备

好的工艺方法和设备可以减少污染源的产生，如自动贴膜机对干膜屑的控制要比手动贴膜机好很多。提高自动化程度可减少人员、人工操作和对工作板的接触。

25.6.2　表面预处理

R_a:　在取样长度内，被测实际轮廓上各点
　　　至轮廓中线距离绝对值的平均值

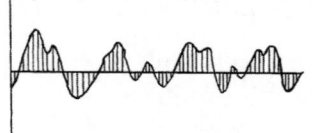

R_{max}:　在取样长度内，表面轮廓峰谷间的
　　　　最大高度

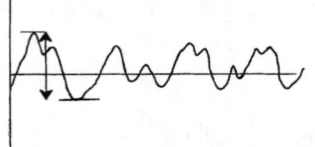

S_m:　在取样长度内，在平均线上测量的
　　　轮廓峰间的平均间距

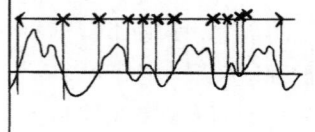

图 25.4　表面粗糙度参数

只有保证光致抗蚀剂与基板之间紧密黏合，才能保证剩余流程的成功进行。所有到达成像区域的层压板都很脏，要根据污染物的性质来选择具体的表面预处理工艺。修剪和处理层压板时产生的环氧树脂粉尘要通过机械清除。铜表面不是铜箔就是铜箔与化学沉铜或电镀铜的混合物。典型的铜箔包含由铬和锌构成的防锈剂，要得到可重复的图形结果，就必须先把它们去掉。清洗过程也改变了铜的纹理和表面粗糙度，相应地增大了铜和光致抗蚀剂之间的机械附着力。纹理化的程度可以用表征表面粗糙度的常用参数来衡量，如用轮廓测试仪可以测量轮廓的高度与间距（见图 25.4）。

化学清洁度可以由多种方法确定。润湿通常采用水破试验，更多的分析也可以用接触角测量，成本比较低。

此外，也可以用分析技术（俄歇和 X 射线光电子能谱）估计表面的化学成分（见表 25.3）[8]。

表 25.3　通过 X 射线光电子能谱（XPS）仪测量的铜表面的化学成分

样　品	铜 /%	氧 /%	碳 /%	氮 /%	锌 /%	铬 /%
未处理的		46	24		16	12
预清洗 1	12	19	68			
预清洗 2	6	10	70	14		

1. 机械清洗

大多数机械清洗设备使用浮石粉（火山灰）或氧化铝浆，通过直接擦洗或喷砂清洗，或者浸渍到刷子上刷洗的方法来清理铜表面。通过擦洗可以得到均匀的最终表面纹理，而刷洗会造成沟壑（见图 25.5）。铜必须有足够的厚度，才能在清洗之后满足最终的导体厚度要求。机械清洗难以处理很薄的挠性在制板。

机械清洗后的表面纹理，影响光致抗蚀剂与铜之间的附着。抗蚀剂必须与板面形貌相一致，因此，纹理的深度和类型必须调整得和光致抗蚀剂一致。如果沟壑太深，使用传统方法贴压的干膜就很难与表面相符而产生瑕疵：蚀刻后接近或完全开路，图镀后渗镀或短路。因此，清洗工艺、光致抗蚀剂类型、使用方法必须与图形相一致才能实现高良率。

在制板在水平传输设备上传送到刷子或浆水处进行清洗，并送入漂洗室进行漂洗，最后进行干燥。如果漂洗得不够，残余的浮石粉就会留在铜的表面。保证接触产品的机械零件的正常功能非常重要，因为刷子和浆水会随着使用次数变差。把研磨料与大部分机械分开设计的设备的耐用性更好。

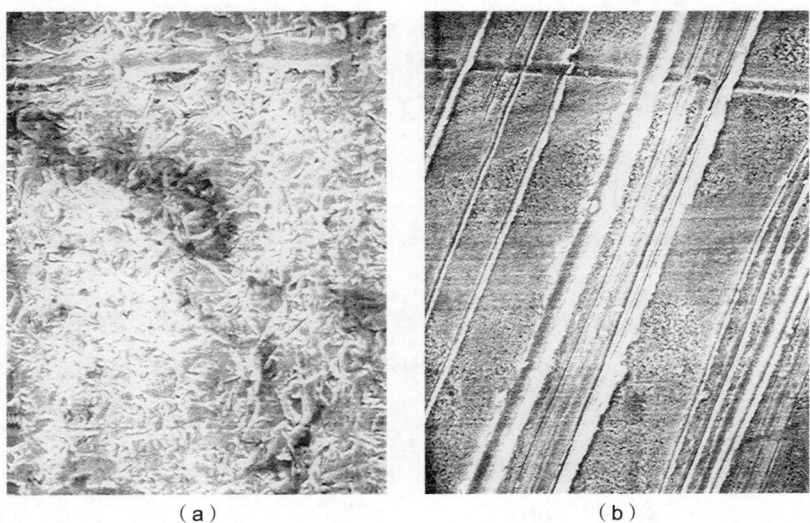

（a）　　　　　　　　　　　　　（b）

图 25.5　浮石粉清洗（a）和机械磨刷铜表面（b）的 1200 倍放大效果（经授权转载自 D. P.Seraphim, R.C.Lasky, and C-Y Li, Principles of Electronic Packaging, McGraw-Hill, 1989, p.383）

2. 化学清洗

污染物的溶解性差别很大（见表 25.4），化学清洗要用到多种类型的溶液。油脂和指纹要用肥皂溶液或溶剂来溶解。防锈剂去除及铜的粗化要用铜温和性蚀刻剂，如过硫酸铵、过硫酸钠或过氧化氢/硫酸。根据氧化的程度和防锈剂处理的量，通常会有一个去除铜的时间。使用的溶液可以是普通的化学品或专用的混合溶液，这些专用溶液包含了表面活性剂和其他添加剂。另一种方法是，先去掉氧化物和防锈剂，再做表面粗化。在这种情况下，使用硫酸等温和性酸性清洗溶液去除氧化物。

表 25.4　用于去除各种污染物的清洁方法

清洗技术	工艺用化学品	去除的污染物
磨刷	浮石、氧化铝	所有
等离子体	CF_4/O_2、O_2/H_2O	有机物
化学溶液（蚀刻剂溶液）	H_2SO_4、HCl 等	无机物
化学溶液（非水的）	酒精等	有机物
热	N_2	H_2O

来源：改编自 Introduction to Microlithography，1st ed.，L.F.Thompson and M.J.Bowden，American Chemical Society Symposium Series 219，Washington，D.C.，1983，p.184。

清洗溶液的选择也取决于铜厚。用于图镀的薄的"种子"层的抗蚀刻能力很差，因此要用高度稀释的溶液或干法处理。因此，化学黏附性比机械黏附性更重要[9]。选择合适的工艺化学品和流程，取决于整个导体成型的处理方法和所选用的光致抗蚀剂。

化学清理流程通常是在带喷淋的水平传送设备上完成的，每一步之间都有漂洗操作。也可以使用在槽式系统内批量处理的方式，这需要将篮子吊起并在不同的溶液之间传送；还需要对篮子内在制板的蚀刻一致性进行测量，但是由于浸泡时间很短且浸浴的化学成分基本一致，所以蚀刻的结果一般都很好且可以重复。

3. 表面预处理的烘干

表面预处理后，尤其是带 PTH 的通孔板，当厚孔径比较大时，如果孔内水气没有烘干，就容易导致光致抗蚀剂流入孔内，最终引起（干膜）入孔缺陷。

25.6.3 光致抗蚀剂的使用

将光致抗蚀剂应用到基板上的技术，取决于所选光致抗蚀剂的类型。下面讨论使用干膜和液体光致抗蚀剂的各种技术。

对所有这些技术来说，操作的清洁度非常重要，不仅包括设备和房间的清洁度，也包括对产品的执握，尤其是高密度的产品。另外，建议使用自动化的在线设备进行预清洗，实现自动装卸，以尽量减少执握。

1. 干膜热压轮压合

在这个过程中，必须要有一定的温度和压力，才能将干膜光致抗蚀剂贴压在制板上。热量降低了光致抗蚀剂的黏性，压力使其流动，使干膜与铜面紧密贴合。

最重要的工艺参数是贴膜速度、压轮温度，以及与芯板材料匹配的压轮橡胶硬度。对水溶显影材料来说，湿法贴膜被证明是提高内层贴附性和良率的有效方法。通过使用纯水及湿法贴膜装置，湿法贴膜能用于内层板的生产。

压膜可以使用自动化和手动工具（见图 25.6）。通过手动工具，将在制板放在压轮组成的轧缝中，并通过压轮的旋转被拉出。每块在制板上的光致抗蚀剂膜至少要在两个边做修边。这是一项劳动密集型技术，并且由于修边过程中不可避免地产生膜屑，容易引起品质不良。然而，这种方式对很薄的材料和有很多非标准尺寸的在制板非常有效。通过使用自动化设备，在制板可

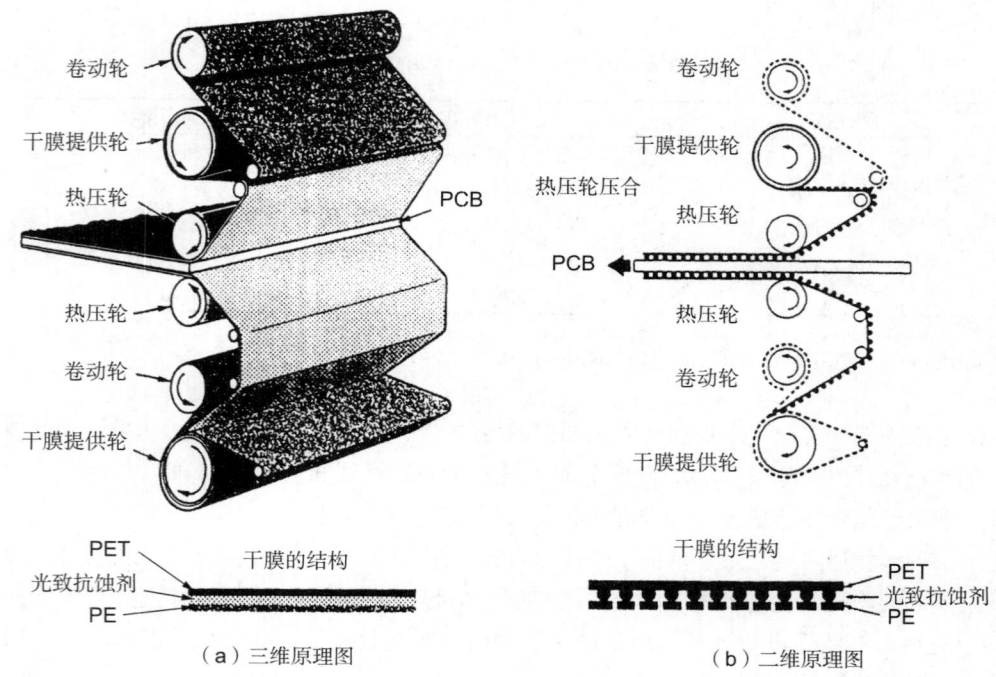

（a）三维原理图 （b）二维原理图

图 25.6 热压轮的结构（经授权转载自 E.S.W.Kong, Polymers for High Technology, ACS Symposium Series 346, Washington,D.C., 1987, p.280）

以通过自动装载机或水平传送的预清洗机直接进入压膜机。

这是一个相对清洁的操作，因为光致抗蚀剂被自动剪裁成合适的尺寸并放置在在制板的板边以内，因此对在制板的操作很少。设备可以传送非常薄的在制板。在制板通常要加热、浸湿（湿法压膜），或在实际压膜之前清洗干净。

2. 湿法贴膜

湿法贴膜的基本要点是，首先在即将进行热压贴膜的基板表面涂布一层薄的低黏度液体，如水。涂布的水的黏度比经热压而熔化的光致抗蚀剂低 100~1000 倍，很容易取代不规则表面内的空气。然后，光致抗蚀剂在正常的温度和压力条件下，被覆压在基板铜的表面。基板表面的水膜起着很重要的作用，对于水溶性光致抗蚀剂是非常有效的可塑剂。因为水是不可压缩的介质，不会因凹陷表面的压膜压力而产生压缩力，而会在光致抗蚀剂和铜表面的界面处流出。

而留在基板表面的水将完全扩散到亲水性的光致抗蚀剂，以降低光致抗蚀剂的黏度，有效地促使其流入不规则表面。水扩散并软化光致抗蚀剂，使光致抗蚀剂完全填入较深的不规则表面，有效消除任何在蚀刻或电镀条件下产生的缺口、断路或短路的空气泡。适当的含水量能促进光致抗蚀剂快速流动，使基板表面存在的缺陷完全被水填满，并均匀扩散到整个基板的表面，直到整个光致抗蚀剂区域获得均匀的水浓度及光致抗蚀剂。水溶性光致抗蚀剂特别适合湿法压膜，因为它含有许多有机亲水基，如醇、酯和羧基。这些有机亲水的官能基都能提供氢键及离子位置，以促进水扩散到光致抗蚀剂。

湿法贴膜不仅能改善干膜的黏附性，还能有效的克服玻璃纤维粗糙导致的起伏不平及铜箔表面存在的各种缺陷，而提高多层板内层的良率。特别是制作细导线时，该工艺能有效提高其图形转移的精度。当然，湿法贴膜也有局限性，它仅适用于非钻孔的多层板内层图形的加工。对于已钻孔的双面及多层板表面精细导线的制作，水膜会入孔内，造成孔内镀层严重氧化，直接影响后续工序的质量。同时，在使用干膜时，也必须选择适用于工艺的干膜种类，不是所有的干膜都可以用此工艺。因为不是专用的干膜，贴膜后，水渍处的干膜会锁定在铜表面，造成显影后导线部位出现残胶。特别贴膜后到显影前，干膜停滞时间越长，锁定更严重，残胶就会越多，导致图形精度降低，直接影响图形质量。

湿法贴膜有利于提高精细导线和使用表面较粗糙的基材时的良率，降低其制造成本。因为选择基材的范围可以扩大，许多表面不良的成低本基材可以获得应用，所以能获得更大的经济效益。

湿法贴膜的关键是水的质量。从理论上讲，用于湿法贴膜的液体不一定是水，但实践证明水是唯一能有效地代替光致抗蚀剂与铜之间的空气，能提高贴膜质量可靠性的有效液体。选择蒸馏水较为有利，因为它不但不含有害成分，而且也不含过饱和状态的空气。同样，采用反渗透水系统处理过的水也可用于湿法贴膜工艺。软水也可接受，不过由于含有氯、pH 变化等因素的影响，使用时会产生一些问题。硬水的使用会受到一定的限制，因为高硬度的水可能会与光致抗蚀剂产生不可预知的化学反应，以及在水的运输系统中积累水垢，直接影响工艺规定的供水流量，无法确保湿法贴膜质量。

理论上，采用去离子水也是一种选择，但从去离子水处理系统的实际分析，因为去离子水通常是采用离子交换树脂处理的。采用此类水进行湿法压膜，常会发现基板表面有残留树脂或用于离子交换树脂再生的化学物，导致基板铜箔表面与膜的表面附着力小。所以，用于湿式贴膜的水最好是蒸馏水。

3. 干膜真空压合

这个方法与热压轮压合类似，但把光致抗蚀剂贴附在基板上的温度和压力来自加热过的真空压盘，而非压轮。真空压合对于那些很高或图形间距密集的不易敷形的产品很有效。真空吸走了空气并将光致抗蚀剂吸紧，使其能很好地敷形。这种类型的设备也可用于在压轮压力下易发生不规则形变的材料，如薄的非增强型聚酰亚胺等。通过真空压合，压力可以均匀分散在整个在制板上，提高了尺度稳定性的控制能力。

4. 液态涂敷

有很多方法可以将液态光致抗蚀剂贴附在在制板上，如滚筒涂敷、喷涂、静电，都可用于双面贴附，并适合大批量产品的生产。在任何情况下，周边环境、设备及溶液的清洁度都是实现高良率的要素。绝大多数设备都被设计得尽可能地减少材料的消耗，收集和过滤多余的液体，以循环使用。

5. 滚筒涂敷

通过把液体光致抗蚀剂从一组滚筒转移到另一组滚筒的方式，将光致抗蚀剂涂敷在基板上（见图 25.7）。通常使用凹版滚筒的方式进行涂敷。接触在制板的滚筒上的沟槽和交叉线决定了沉积的液体量[10]。光致抗蚀剂的黏性也影响涂敷的厚度。通过处理在制板和限制溶液流向在制板中间等方面的改进，可以同时进行双面"邮票"式涂敷，效果和使用干膜光致抗蚀剂类似，并在材料上留下清晰的工具孔和定位孔。在商业系统中，涂敷设备装有传送带，在制板完成涂敷后迅速送入清洁的烤箱烘干。整套系统每小时可以加工 240 块在制板。

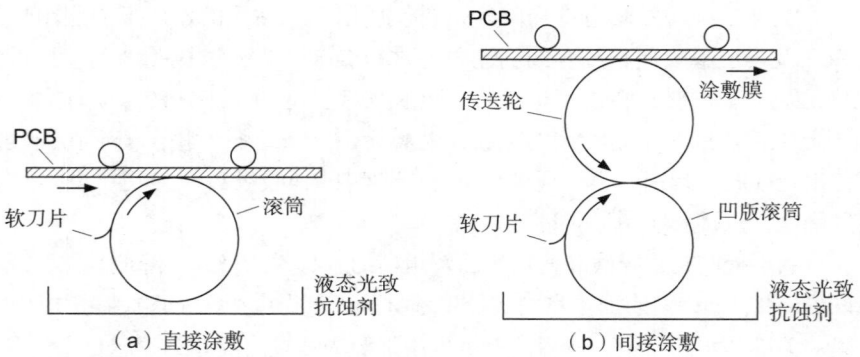

图 25.7 滚筒涂敷机的配置

6. 丝印涂敷

丝印是另一种采用图形或溢出覆盖的方式涂敷油墨的方法。丝网目数和油墨的黏度决定了湿膜厚度。丝网固定在在制板上面，油墨通过丝网上的开口被挤压到板面而形成薄膜。这种设备可以单面或双面印刷。单面印刷时，必须等待单面油墨部分干燥后，才能印刷另一面，这会造成在制板两面油墨溶剂浓度的差异，从而导致油墨厚度的不一致。另外，在连续印刷油墨的过程中，会有碎屑或杂物嵌入第一面涂敷油墨中。双面印刷可以减少一个干燥步骤，并且最小化在制板操作。丝网印刷的优势在于，设备的购买和运行成本相对较低，并且可以实现"邮票"大小（很小的嵌入面积）的涂层，使油墨的浪费最小化。

25.6.4 曝 光

曝光是在光致抗蚀剂上复制真实照相底版的成像步骤，曝光显影后就会形成图形。曝光的工艺要素有底片的制作、底片与在制板的对位、采用光源透过底片进行曝光。曝光光源有多种选择，如接触晒印，有平行光源或非平行光源；近距晒印；投影式晒印；激光直接成像。非接触式曝光方式把底片与板面分离开，这样底片与光致抗蚀剂之间的杂物减少，有利于提升良率。而激光成像不需要底片，它直接将原始图形的设计文件，在光致抗蚀剂上进行曝光成像。

底片可以在薄膜或玻璃基片上制作，这取决于所绘图形的特征尺寸和所需底片的耐用时限。在制板可以采用机械对位方式，用销钉定位底片到产品上；也可以采用光学点对位方式，底片和在制板相对运动对准后再生产产品。对位系统是与层压和钻孔相互关联的，曝光设备中包含对位规则。

1. 常见的成像技术

绘制照相底图 聚酯和玻璃都可以用作底片的基材，它们的不同点在于光学性能、尺寸稳定性和耐用时限。卤化银聚酯底片用于在激光光绘机上制作出第一代底片，然后通过接触曝光的方式将底片图形复制到重氮化合物聚酯上，最后才应用到生产。图25.8展现的是不同基材的底片对应的光学吸收波长。

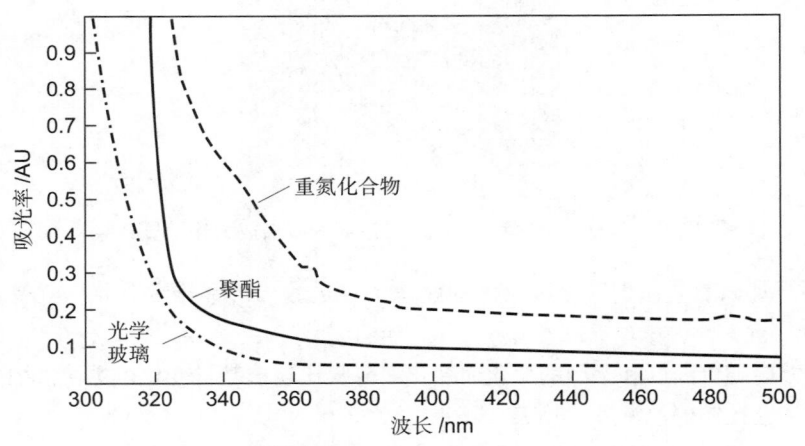

图25.8 常见底片材料在PCB光致抗蚀剂曝光光谱区内的吸光率

重氮化合物底片成本最低，玻璃基材成本最高。虽然便宜的基材底片的透光率较低，但性能一般不会太差，除非是高强度应用。表25.5显示了不同基材底片对曝光时间的影响。线路边缘分辨率是几种不同基材底片的最大的不同点，如图25.9所示。由图可见，玻璃基材上的铬原子有最清晰的边缘。图形边缘分辨率还受底片光绘机像素大小和光斑寻址能力的影响。对于应用于低对比度和对位精度要求不高的线路制作，这种分辨率差异在绘制光致抗蚀剂图形和导体线

表25.5 不同基材底片的透光率对比表

性 能	重氮化合物	聚 酯	玻 璃
吸光度（波长365nm）	0.271	0.107	0.047
透光率（波长365nm）	54%	54%	90%
相对于玻璃材质增加的曝光时间	40	13	0

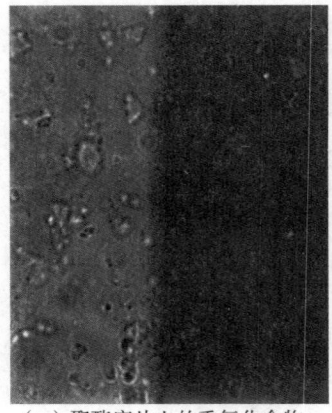
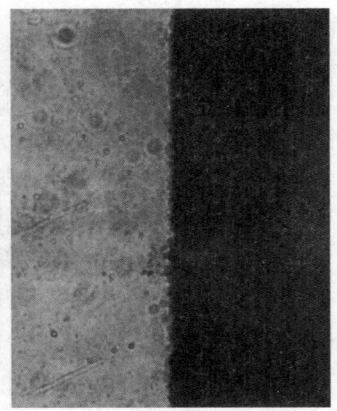

（a）聚酯底片上的重氮化合物　　　　　　（b）聚酯底片上的银

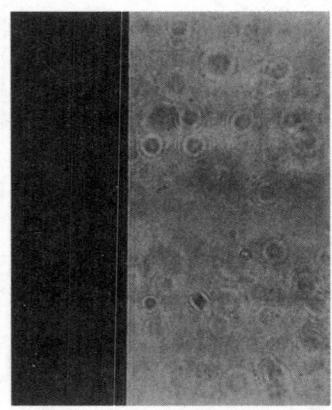

（c）玻璃底片上的铬

图 25.9　常见基材底片的图形边缘的 1600 倍放大光学显微照片

路上的表现不是那么重要。但对于高密度线路图形，边缘分辨率非常重要，就像底片的尺寸稳定性那么重要。

底片的尺寸会随着温度和湿度的变化而变化，薄膜比玻璃基材变化得更快。因此在底片的寿命期内，必须注意控制好温湿度，见表 25.6。

表 25.6 不同基材底片的尺寸稳定性与温度和相对湿度之间的关系

基　材	膨胀系数 /（ppm/℃）	膨胀系数 /（ppm/%RH）
钙钠玻璃	9.2	0
低膨胀系数玻璃	3.7	0
派热克斯（耐热）玻璃	3.2	0
石英	0.5	0
聚酯	18	9

来源：Kodak Technical Literature（ACCUMAX 2000）for polyester film;Tables of Physical and Chemical Constants, Longman, London, 1973, p.254; H.J.Fischbeck and K.H.Fischbeck, Formulas, Facts and Constants, Springer-Verlag, Berlin, 1987, for glass data。

底片的耐用性也非常重要，尤其是那些应用于人工对位曝光的底片，底片损坏的主要影响因素有底片的人为操作、曝光工具、操作过程中底片的清洁水平，以及在制板表面的摩擦等。通常，在可修复的情况下，玻璃基材底片可以用 100 ~ 400 次，而薄膜底片只能用 200 ~ 500 次。对于同一型号大量相同的在制板，玻璃基材底片每生产一次所损失的寿命实际上会更低；而对于样板型号，薄膜底片是很理想的。但是，绝大多数在制板都采用薄膜底片曝光。在高密集度线路的应用领域，如芯片级封装和多芯片模块（MCM-L）使用的基板，可能需要使用玻璃底片。

对　位　相对于参考点，将图像放置到在制板上，使得图像与之前和以后的图形特征能很好地对准。多层板的所有内层图像前后对准，以成功通过层压和镀覆孔（PTH）的钻孔，使外层图像与内层对位。单面板也是类似的情况。因此，精准对位是图形转移过程很重要的环节，也与在制板的尺寸稳定性控制有关。图形在曝光的时候就必须拉伸到与在制板外形尺寸一致。对于需多次图形成像的多层板，在生产板量产前要测量一系列尺寸数据。

曝光时，机械对位方式需要定位销钉或其他机械装置，在适当的位置把底片和在制板固定好。定位销钉的实际配置和形状是可以变化的，两点或三点式定位系统都会用到。三点式定位系统可以很好地定义中心的位置，因为它们都位于图形的角上。

定位销钉的形状呈圆形，或者是有着细长、平坦的侧面。对于后者，平坦的侧面定义了边缘，而圆形销钉用在在制板和底片孔的中心。

薄膜底片的对位孔是参照绘制有目标对位靶标、光学对位点、槽孔或孔的靶标的产品图形冲出来的。冲孔的孔边缘有损伤，那么对位时也会存在对位不准确的问题。对于玻璃底片，是在对位点位置钻孔，而且在孔的中心放置一个衬套，然后将定位销钉穿过衬套和顶面、底面底片及在制板的定位孔。使用时，如果衬套发生了移动，就必须重新设定，以最大限度地保证可再现性。

光学对位系统的操作可以通过手动或自动方式来实现。在两种对位方式里，底片上都绘制有对位靶标。对位靶标往往是比在制板上钻的孔或冲的孔小一点的不透光的圆点。在背光作用下，在制板上的孔中心和底片上的圆点对准。通常都会使用板边的3个对位点来对位。在手动对位方式中，用千分尺测量后，再去移动底片或在制板。在自动对位设备中，视觉系统先测算是否有必要进行移动，再通过电机移动底片或在制板进行对位。底片上没有任何损坏的话，光学对位的精度是可以维持的。采用光学对位方式获得的绝对精度要优于机械对位方式，自动光学系统可以获得最佳的精度和可再现性。如果需要满足更严格的产品对位需求，额外的自动化操作设备投入是基本保障。

曝光控制和能量测量　曝光的作用是使光致抗蚀剂发生化学变化，然后让它能溶解于显影液中。适当的能量大小是通过试验测试出来的，主要是结合曝光能量大小和显影考虑，要能生产出很整齐的图形侧壁。光致抗蚀剂覆盖在光学清洁的基材上，从背面开始曝光（远离基材面的干膜面）。图25.10所示的曲线图为曝光能量大小与未曝光干膜厚度的函数关系，这个曲线用来确定官能团的固化点，如损失小于10%干膜厚度的能量的大小。

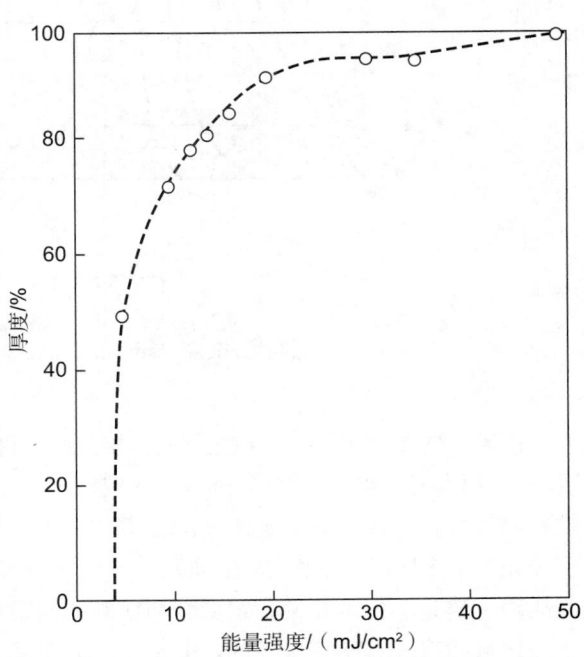

图25.10　负像干膜光致抗蚀剂未曝光干膜厚度的百分比与能量强度（mJ/cm²）的关系曲线

在稳定区域曝光要保证材料的基底都已经发生反应。曝光能量分级尺，具有系列中性密度滤光片的薄膜条，俗称曝光尺，也是用来确定合适的能量大小的。根据设备供应商推荐的步进值，改变能量大小可以得到某一区域光致抗蚀剂的残留。这也取决于适合稳定的显影条件。曝光能量分级尺通常用来控制曝光过程或曝光 - 显影过程。表 25.7 是几种曝光能量尺的对比。

表 25.7　几种曝光能量尺的对比

光密度	0.50	0.55	0.60	0.65	0.70	0.75	0.80	0.85	0.90	0.95	1.00	1.05	1.10	1.15	1.20	1.25
Stouffer 21 级	4			5			6			7			8			9
Stouffer 41 级	10	11	12	13	14	15	16	17	18	19	20	21	22	23	24	25
DuPont 25 级	1	2	3	4	5	6	7	8	9	10	11	12	13	14	15	16

照射到光致抗蚀剂上的能量与灯的光照强度和曝光时间有关：

$$能量大小 = 能量强度 \times 时间 \tag{25.1}$$

因此，曝光能量大小可以使用集成的辐射计直接测量，也可以间接测量曝光时间和通过辐射计测量能量密度来计算。辐射计测量范围必须与使用的输出光谱相匹配，代表性测试如图 25.11 所示。绝大部分曝光设备提供直接测量能量大小或曝光时间测量的选择。对于一个稳定的光源，两种途径都是可以同等再现的。

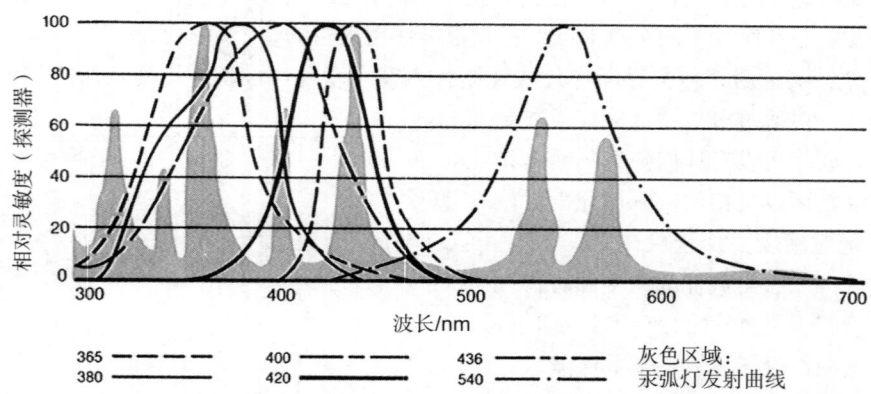

图 25.11　汞 / 氙光源输出光谱和辐射计
（经授权转载自 Optical Associates, Inc., Milpitas, California,Technical Literature）

接触式曝光设备　底片和在制板直接接触，再在其间抽真空形成硬接触。光源通常是汞或汞 / 氙气光源发射出来的一系列光波长，比较稳定，可以发射出高强度的 UV/V 波长，如图 25.11 所示。把在制板放置在离光源一定距离的地方，不管是平行光光源还是非平行光光源，光都可以分散到曝光的整个区域，如图 25.12 所示。平行光指的是光入射角垂直照射到光致抗蚀剂上，这对精细线路来讲是非常重要的。定义精细线路的间距对加成法和减成法形成导体都是挑战，因为不透光区域被曝光是不可接受的。非平行光光源的光强度较大，因此曝光的时间就会短一点，对于需要大剂量光强度的光致抗蚀，工序的产量会显著增加。

除了平行光光源，底片和在制板之间的良好接触是控制精细线路制作的一个非常重要的影响

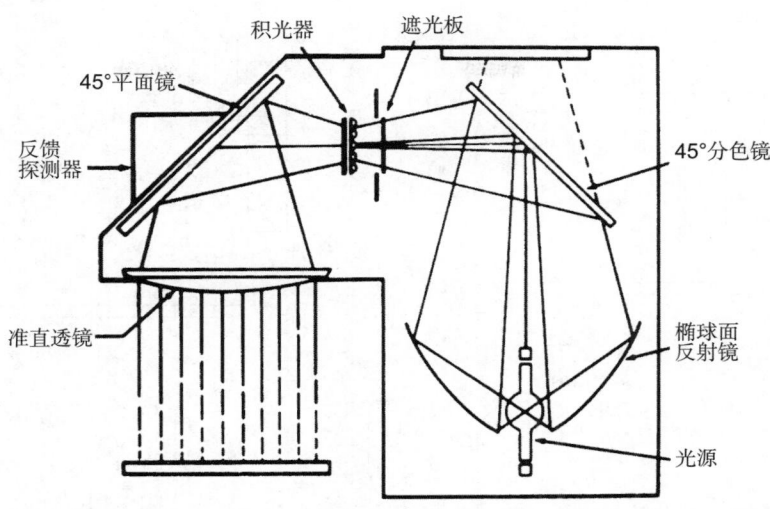

图 25.12　曝光灯和平行光接触式曝光机的光学结构。非平行光光源除了左下方的准直透镜,其他和平行光光源一样(经授权转载自 Optical Associates, Inc., Milpitas, California, Technical Literature)

因素。在底片不透明区下的任何一个小间隙曝光后,都会导致线宽控制变差,以及分辨率的降低。非接触式曝光的敏感性随着光致抗蚀剂改变,而且新的抗蚀剂配方也增加了宽容度。因为曝光灯的光谱输出会随时间衰减,所以曝光灯必须定期更换,以维持一个稳定的图形制作过程。更换的精确频率取决于制作的线宽/线距需求,曝光灯的寿命一般为 1000h。

　　未及时更换曝光灯,将会导致爆炸,也会破坏曝光装置中的光学元件,这远远比日常维修昂贵。

　　非接触式曝光设备　使用接触式曝光设备成像半导体的良率受到了限制,研发出来的非接触型曝光机可以达到可接受的导体良率,而且临界尺寸降低到了 0.18μm 及以下。

　　受 25μm 及以下精细线路产品需求急剧增加的影响,PCB 行业发生了一些变革。半导体底片的思路不能直接应用,因为 IC 和 PCB 产品间有很多重要的不同点,如基板的尺寸、图形的特征、基板的平面度。非接触型曝光方式的关键点在于使用了适当的光学器件,使清晰的图像转移至光致抗蚀剂上(见图 25.13),即使是图像转移功能有所降低。而对于 PCB 应用,这包含了考虑板翘的焦深,以及给定对比度的抗蚀剂的分辨能力。接下来介绍的方法解决了这些问题,同时也是接触式曝光的有效替代。

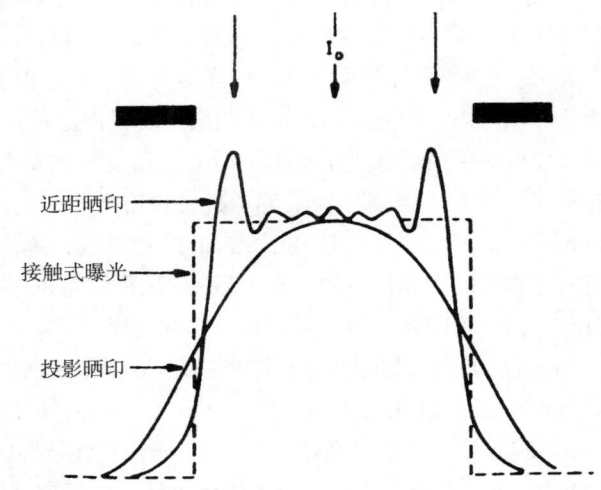

图 25.13　接触式曝光、近距晒印和投影晒印的图像转移

　　投影晒印　投影晒印有 3 种可能的实现方式:扫描、拼接、放大投影晒印。扫描和拼接源自半导体集成电路和 MCM-D 薄膜技术,这些领域使用的基板尺寸小,平面度好。在曝光的时候,需要移动底片或基板,或者两者同时移动。放大投影晒印成像对 PCB 应用来讲是非常独特的,无需移动任何光学器件。图 25.14 给出了 3 种成像技术的原理图。

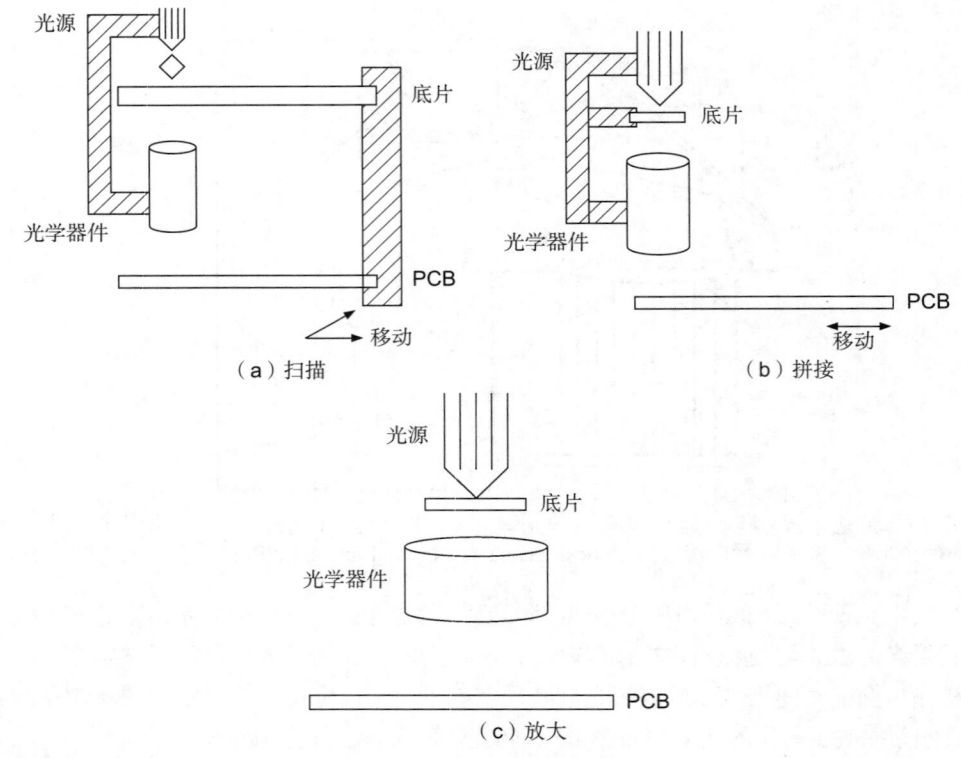

图 25.14 投影成像设备结构

（1）扫描晒印在曝光时需要零件和底片做同步移动。在移动过程中，必须保持待曝光产品和底片的精准对位。因为这样的设备有一个小的焦深，所以往往需要定期校准平面度。对典型的 PCB 来讲，需要很大的底片，一张昂贵的玻璃底片，以满足其平面度、硬度及清晰的线路分辨率要求。这种曝光技术使用一种高对比度的抗蚀剂，可以在一片很大的、相对平整的区域实现高分辨率[11]。虽然很少在 PCB 领域应用，但这种技术对平板显示器制造非常有用。

（2）拼接投影曝光机是将图像分步和重复，或者将几张图像拼接在一起的设备。设备内底片的生成和管理很复杂，这阻碍了拼接投影曝光广泛应用于大板的生产。通常，曝光的区域大约为 6in×6in。因此，对于 18in×24in 的在制板，单面曝光就需要更换 12 张底片。这种设备有很高的分辨率能力和很大的焦深。另外，这种设备也需要使用玻璃底片，但是这些玻璃底片比较小，因此比扫描晒印曝光用的更容易制作和使用。

（3）放大投影晒印的概念最早是在 20 世纪 80 年代末提出的，使用的是 SeriFLASH 曝光装置，采用 436nm 波段光谱和一个 5in×5in 大小的液晶显示器作为底片。图形要放大 6 倍去曝光一块 18in×24in 的板，但是光致抗蚀剂的分辨率被限制到 125μm，这是因为液晶线宽是最终产品导体宽度的 1/6。后来，这样的设备优化改良，使用玻璃底片，采用 365nm 波段光谱去曝光，以提高设备的分辨率，有报道称可以制作出 50μm/63μm 的线宽 / 线距[12]。将投影晒印设备的光学系统优化至最佳，它可能会变成一台可使用传统光致抗蚀剂和底片的高分辨率曝光设备。

2．激光直接成像（LDI）

激光直接成像是直接利用 CAM 工作站输出数据，驱动激光成像装置，在涂有光致抗蚀剂的在制板上进行图形成像的技术。无需底片，非接触曝光，提供了自定义图形补偿系数和产品设计工程更改的最大灵活性。同时，LDI 采用 CCD 相机对位技术，可以使在制板的对位精度更高。

20世纪80年代的激光直接成像技术采用可见光-氩离子激光，也需要对可见光敏感的特殊光致抗蚀剂。改进的氩离子激光体系使用紫外光波段，可以使用常规的光致抗蚀剂。但是，只有高速光致抗蚀剂才能满足大批量的生产效率。气体激光发射器的寿命短（3000～5000h）和功耗大（60～80kW），这促进了多波段的固体激光发射器的发展[13~15]。最初的固体激光发射器使用355nm波段，采用多棱镜进行整个在制板的扫描。进一步发展的LDI系统采用数字微镜器件（DMD）代替多棱镜，使用405nm波段扫描成像。滤光片可以用来阻挡355nm波段，这样可以延长DMD的寿命。由于单个镜片尺寸太小，只有大约1.5μm，DMD技术提供的分辨率比多棱镜的8000dpi更高。但是，单个DMD所覆盖的区域较小，需要多个平行的DMD同时工作，才能对一块大板进行曝光。后来，人们引入激光来烧蚀锡抗蚀层，或者烧蚀在聚酰亚胺基板上物理气相沉积（PVD）的铜层，这样就不用光致抗蚀剂了[16,17]。除了激光类型和波长的变化，具体的设备在光学器件上的设计也有所差异：单波或多波束操作、台面设计、单面或双面曝光、像素形状、光斑大小和分辨率。多波束操作体系可以增加曝光的生产效率，这是大批量生产经济可行性的关键要求。各种不同系统的目标生产效率为60～180块板/h（18in×24in，50μm线宽）。但是，当前的LDI曝光设备主要用来制作样品板、小批量板和快速更新换代的高密度板。对于这些领域的应用，可以达到节省的目的，主要是无需底片和减少了曝光前的准备时间。对于中高科技的批量板，凭借良率的提升，以及常规成像技术所没有的技术和成本上的优势，LDI也可以实现经济回报[18]。LDI技术可以实现电子文件按一定比例拉伸，可以对顺序积层结构（SBU）印制板的尺寸变化进行补偿。虽然UV光系统能曝光常规的光致抗蚀剂，但最大化产量需要高速光致抗蚀剂。大多数LDI系统使用平板台面设计，可以曝光内层和外层线路。

激光直接成像技术早期的最突出优点是无需采用底片，缩短生产周期。但进入20世纪90年代后，高精度、高密度、高层数多层板和HDI及IC载板的出现，对传统影像转移技术提出了挑战。随着PCB向高精度化和精细化的发展，传统的曝光设备技术越来越满足不了需求，激光直接成像（LDI）成了主角。

目前的激光直接成像技术主要为UV光的LDI，从成像原理来说主要分为两大类：以奥宝为主的多棱镜技术；以富士、ORC及网屏等传统企业，中国的影速、大族等新兴企业为主的数字微镜器件（DMD）技术，如图25.15所示。

最近10年，中国的激光成像技术（LDI）取得了巨大的进步。如无锡影速推出的左右双台

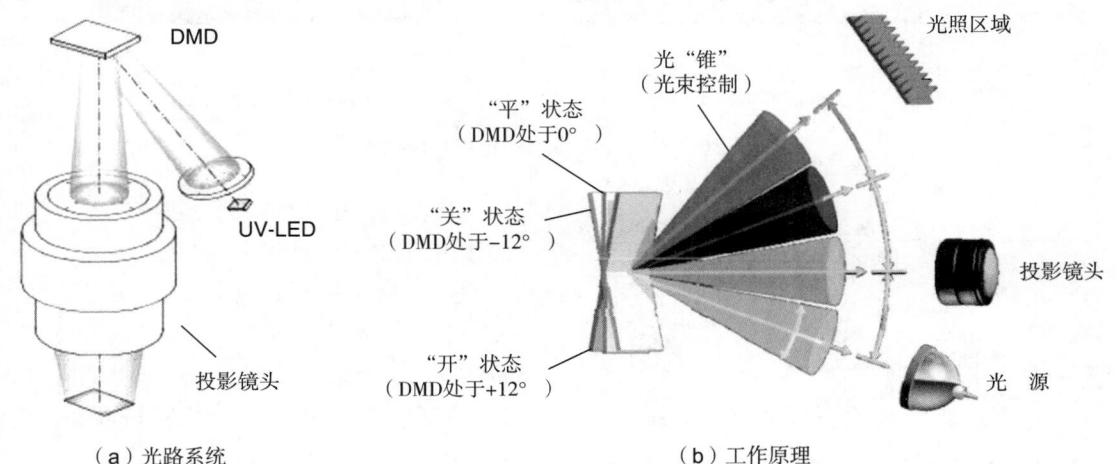

（a）光路系统　　　　　　　　　　　　　（b）工作原理

图25.15　DMD技术

面设备，可使 LDI 产能达到 300 片 /h。

具有外置桶式结构的 LDI，类似于激光光绘机的设计，这种设备只限于内层板的生产——在制板必须有足够的柔韧性，以满足桶式装置的要求（见图 25.16）。像素是正方形或高斯分布形。正方形像素由很多个来自光源的光点组成，理论上这些光点可以达到完美的拼接，但实际上会存在光强的变化——主要来自机械振动和边缘倒角的影响。高斯分布形像素使用的是单点光源，光强变化较小。由于光有衍射极限的本性，可以得到较大的焦深[19]。图 25.17 显示，激光光斑直径越小，成像所形成的图形侧壁越陡峭，这样也扩大了曝光范围[20]。另外，激光光斑大小及

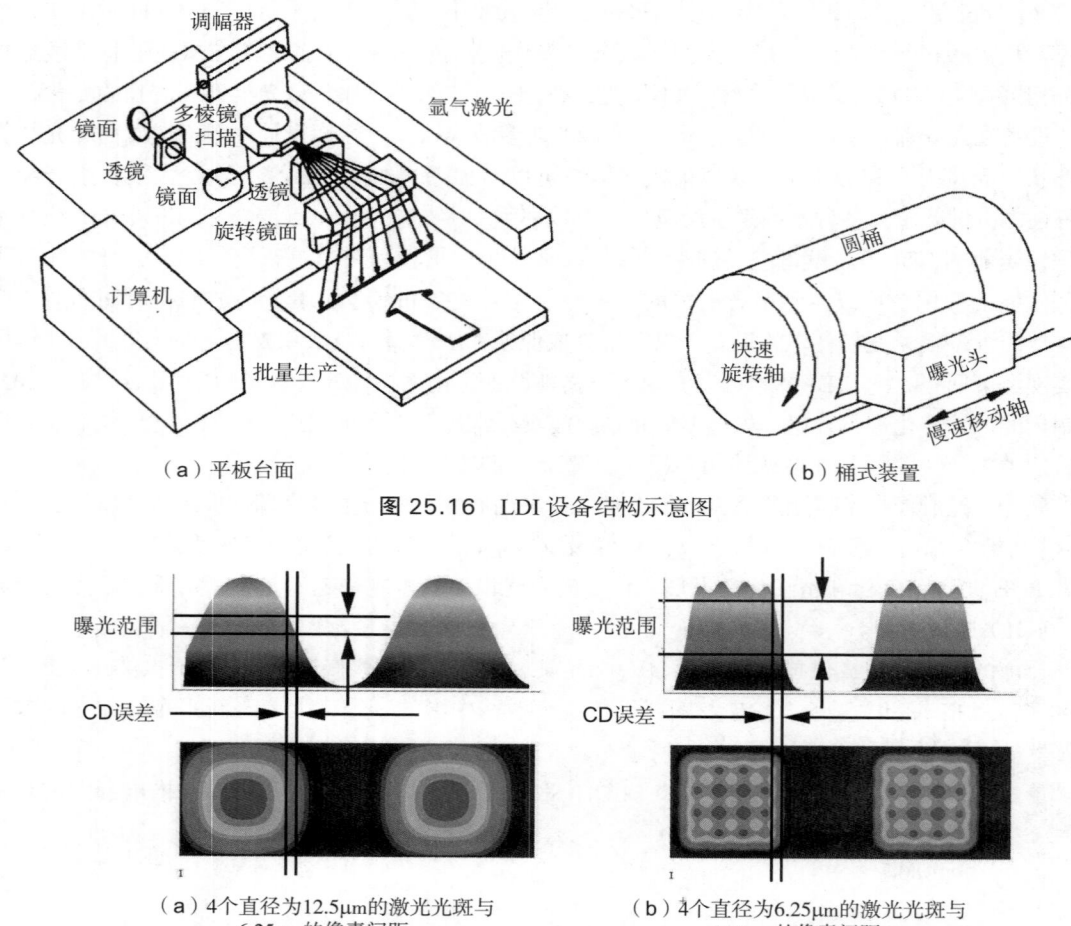

（a）平板台面   （b）桶式装置

图 25.16   LDI 设备结构示意图

（a）4 个直径为 12.5μm 的激光光斑与 6.25μm 的像素间距   （b）4 个直径为 6.25μm 的激光光斑与 6.25μm 的像素间距

图 25.17   25μm 图形的计算机模拟图

激光参数		绘制 2mil 线宽	绘制 2.5mil 线宽
定位精度	1.0mil		不可能
光斑大小	1.0mil		
定位精度	0.5mil		
光斑大小	1.0mil		
定位精度	0.5mil		
光斑大小	0.5mil		

图 25.18   最终的图像尺寸受光绘机或 LDI 曝光机激光光斑的大小和定位精度的影响

定位精度能力也对图像的分辨率起着很重要的作用，如图 25.18 所示。

选择 LDI 曝光设备时，一定要考虑设备投资和运行成本。但是，关键是设备与光致抗蚀剂材料有能力达到多种产品类型所需的分辨率和产量，可用的 LDI 光致抗蚀剂可兼容各种金属化工艺[21]。

25.6.5 显 影

在这个工艺步骤中，经过曝光与未曝光区域的干膜在显影药水中溶解度的差异，形成板面上的线路图形。在制板浸入适当的溶液中，并通过恰当的过程来控制显影时间，用来溶解负像型光致抗蚀剂的未曝光区域，或者正像型光致抗蚀剂的曝光区域。

整个显影浸浴时间通常按光致抗蚀剂的显影点来控制，一般显影点控制在 50% ~ 75%，50% 的显影点对应光致抗蚀剂被清除干净时间的 2 倍。简易显影点的测定方法：开启显影，把贴好干膜的铜板传送到显影缸的中央处，关掉显影段药水喷嘴，待板传送出后计算铜板（上、下两面）的显影点（见图 25.19），计算方法如下：

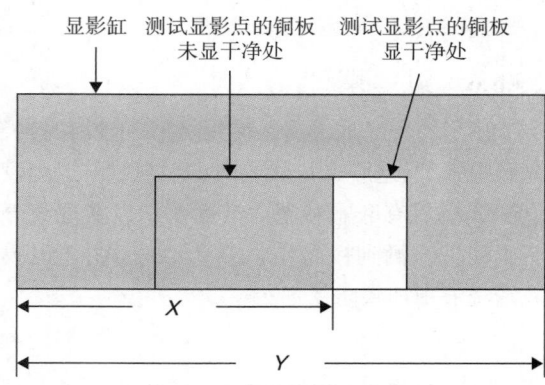

图 25.19 简易显影点的测定方法

$$显影点 \% = X \div Y \times 100\% \tag{25.2}$$

药水浓度、温度、速度和喷淋压力是主要的过程控制点。显影制作出来的图形应该是清晰的和没有锯齿的；若没有得到清晰的图形，说明需要对前述的几个方面进行调整。显影出来的图形比使用的底片尺寸大，可能是以下原因之一：显影不充分、曝光过度、底片与干膜间存在间隙。显影出来的图形比底片小，可能是曝光能量不够或显影过度。图形失真可能来自于清洗、贴膜或曝光。常用的显影设备一般是喷淋传输式的，可以是水平式的，也可以是垂直式的。

氯化铜测试可用于检查显影是否干净，检查方法：显影后做氯化铜测试的板面，先经过电镀前处理（显影后经过酸性除油、水洗、微蚀、水洗，时间与电镀相同），再把氯化铜测试板放入 3% ~ 6% 的氯化铜溶液里约 30s，然后水洗、吹干、目检。显影正常的板，氯化铜测试后的板面是一层灰色氧化层；显影不正常的板，氯化铜测试后的板面有铜原色。

显影药水中需要加入一些添加剂，以防止起泡。需要对药水中溶解下来的干膜碎屑进行过滤，并不断补充药水，以维持显影药水的负荷量；或者在生产一定量的产品后进行倒槽，以保证显影过程的有效进行。水洗对于阻止干膜继续溶解很重要，而且对于水溶性光致抗蚀剂，具有高矿物质含量的水（硬水）可改善抗蚀剂图像和导体良率。自动添加可用于维持药水流动，及保持一个较宽的显影控制范围。

通常，显影药水负荷量按以下方法计算：

$$负荷量（mil \cdot ft^2/L）= 干膜面积（ft^2）\times 干膜厚度（mil）\div 显影药水体积（L）$$

其中，干膜面积指显影掉的干膜面积；显影药水体积则包含缸体积和自动添加的药水量。

负荷量一般控制在 2.5 以下。

显影的水洗效果非常重要，对减成法（蚀刻工艺）而言，差的水洗效果会造成短路及残铜缺陷不良率升高。对加成法而言，差的水洗效果会造成电镀缺陷，如镀层剥离、开路、缺口等。

显影机的保养，如吸水滚轮等的清洁程度，也会影响水洗的结果，因此必须小心留意。规范的日常保养、周保养、月保养必不可少。

还有一些额外的步骤，可用于改善抗蚀剂的在线去除效果及提高导体形成的良率。等离子体处理是一个有效提高产品良率的方法，对成像和蚀刻工艺中的短路，或者 MSAP 工艺中的镀层剥离特别有效。另外，对于一些水溶显影的干膜，曝光后的热处理流程可以改善间距的清晰度，以及间距等于或小于抗蚀剂高度的问题。因此，这些工艺步骤可以确保精细分辨率的需求得到满足。

25.6.6 退 膜

图形转移完成之后，使用类似于显影的设备清除掉基材上的光致抗蚀剂。退膜液溶胀后分解光致抗蚀剂，退膜成片状或微小颗粒状。退膜设备的结构设计必须能有效清除并隔离膜碎。通常，退膜线配置有磨刷和超声波振荡，以实现充分退膜。和显影一样，过滤对保持喷嘴的清洁和使新鲜药液喷洒到板面是非常重要的。由于退膜时的化学反应会氧化铜面，所以往往会在退膜液或清洗液中加入防锈剂。

25.7 可制造性设计

随着设计特征不断减小至高密度互连（HDI）板，导体形成工艺的每个步骤都必须更严格地控制，才能达到较高的良率。蚀刻或电镀的最大可能良率取决于导体的尺寸，如线宽 / 线距、导体厚度、镀覆孔和通孔的焊盘大小和形状。

25.7.1 工艺步骤：蚀刻与电镀的注意事项

对一个具体的电路板设计而言，通常都存在工艺步骤是否合适的问题。虽然成像技术能力和图形转移有整体的限制因素，但工艺步骤的选择主要取决于所用的生产线的能力。一些一般性的注意事项可以阐明大多数生产情况的真正问题。

光致抗蚀剂图形对蚀刻和电镀有不同的限制。对于蚀刻，薄的光致抗蚀剂层可以在显影后的通道内最大化蚀刻药液的攻击。分辨率不是线路制作的关键问题，因为采用液态光致抗蚀剂或薄干膜可以解决小间距线路问题。蚀刻工艺本身就是导体形成的关键。

随着特征尺寸的减小，从通道内蚀刻铜变得愈加困难，尤其是那些比较厚的铜层。因此，界定线路蚀刻能力的关键指标是能蚀刻出的最小导体间距，而它受最终导体的成品铜厚和蚀刻药水、蚀刻设备约束。

对图镀而言，光致抗蚀剂的厚度必须大于等于最后的成品铜厚，而且显影后通道的宽度要等于最终导体的宽度。随着导体铜厚的增大，生产出高纵横比通道的难度变大。由于光致抗蚀剂的分辨率与它本身的厚度在数值上近似，因此在不考虑导体间距的情况下，为厚 25μm 的镀层制作出小于 38μm 的光致抗蚀剂通道是非常困难的。可见，对图镀的挑战是在厚干膜条件下显影出精细的通道，并且随后能保证电镀溶液能润湿狭窄的干膜通道的底部。

因此，在选择导体形成工艺时，导体厚度和线宽 / 线距是关键参数。图 25.20 建立了这几者之间的一般关系。在工艺流程确定前，这种类型的关系图对生产是非常重要的。

25.7.2 线路和间距按固定节距分割

产品设计中有一些固定节距是很常见的，不论是直接芯片或封装连接的 I/O，还是镀覆孔之间的间距。线宽和间距通常是均分的。对于蚀刻或图镀工艺，避免它们各自分辨率的限制，可以有效提高图形转移良率。

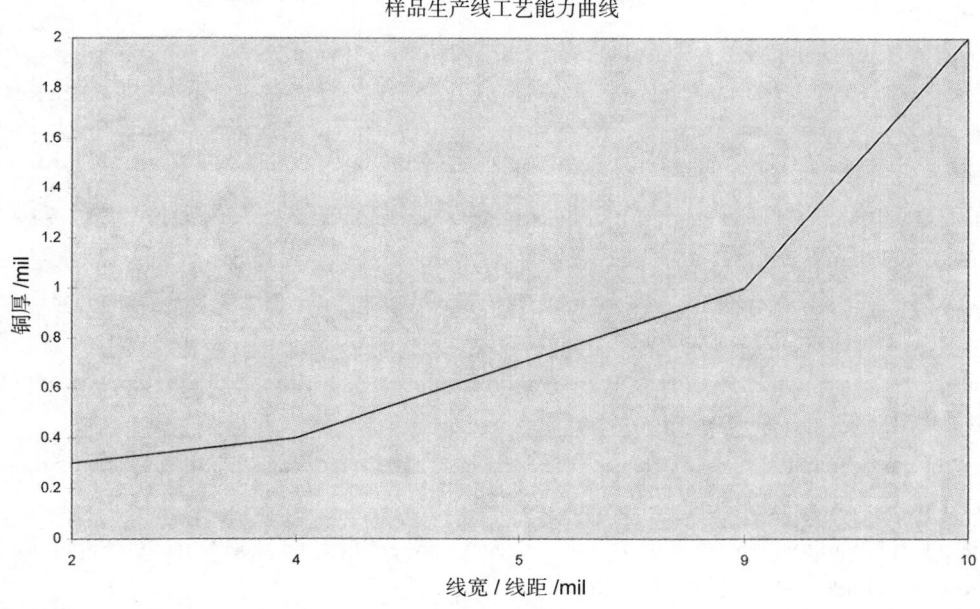

图 25.20　样品生产线工艺能力样图，用以辅助决定工艺步骤

　　蚀刻时，蚀刻液攻击光致抗蚀剂的底部。常用蚀刻因子表征线路侧壁垂直度情况，以进行线宽控制。假如在电路设计中，线路和间距对等分割，那么光致抗蚀剂必须制作出比线路更小的间距。对精细线路来讲，这是非常困难的，除非使用非常薄的光致抗蚀剂。对精细节距而言，间距比线宽大得越多，产品良率越高。对图镀而言，光致抗蚀剂的间距是限制因素。图形转移完成后，光致抗蚀剂之间的间距就变成了线路。在这样的情况下，等量的线宽/线距更容易被接受。但是，如果以光致抗蚀剂为关注点，成品线宽最好比间距大一些。与此同时，加大线路间距可以有效降低线路短路的缺陷率，转换出来就是更宽的光致抗蚀剂"线路"。相比之下，前者显得更重要。因此，要在线宽/线距之间找到完美的平衡点。

25.7.3　形成最佳线路的镀覆孔焊盘尺寸和形状

　　就如线路和间距可以被优化一样，镀覆孔焊盘的形状和尺寸同样可以进行优化，以提高良率。线路图形的绝对尺寸由钻孔加工的精度和整个在制板的尺寸稳定性决定。线路图形的尺寸需保证镀覆孔与线路导体互连，有不同的达到要求的规格。

　　图形尺寸高出线路的部分会被图镀，在线路以下的部分会被蚀刻。

　　根据尺寸稳定性的方向和程度及钻孔精度，可以改变所需镀覆孔的焊盘形状。这将减少至少一个方向的尺寸。结果是线路和焊盘间的间距得以增大。因为这个位置改变了线路与线路之间的标称间距，图形间距的减小可能导致曝光和蚀刻、加成工艺的难度加大。在之前的一些例子中，很难控制线路间距，而在后来，较细的抗蚀剂宽度经常导致电镀渗镀。因此，在可能的情况下，细长形状的焊盘将有益于最终的导体良率。

参考文献

［1］Woznicki, T., "Flex Circuit Manufacturing in a Box?" Printed Circuit Design and Manufacture, February

2006, p.26

[2] Stoll, R., "High Definition Imaging," PC Fab, Vol.17, No.6, June 1994, p.31

[3] McKeever, M.R., "Laser Direct Imaging—Trends for the Next Generation of High Performance Resists for Electronic Packaging," Proceedings, S12-1, 2000 IPC Expo and Technical Conference, San Diego, California, 2000

[4] Choi, J.H., "Chemistry and Photoresist for Electroless Deposition," presentation at the IPC Spring 1992 Conference, Bal Harbor, Florida

[5] Sutter, T.C., "Liquid Photoresist Systems—An Overview," Board Authority supplement to CircuiTree, Vol.1, No.3, October 1999, p.22

[6] Gangei, J., "Pushing the Envelope in Innerlayer Primary Imaging," Board Authority supplement to Circui-Tree, Vol.1, No.3, October 1999, p.30

[7] Taff, I., and Benron, H., "Liquid Photoresist for Thermal Laser Direct Imaging," Board Authority supplement to CircuiTree, Vol.1, No.3, October 1999, p.66

[8] Dietz, K.H., "Surface Preparation for Primary Imaging," presentation and paper at the IPC Spring 1992 Conference, Bal Harbor, Florida, p.TP-1025

[9] Moreau, W., Semiconductor Lithography, Plenum Press, New York, 1989, pp.651–664

[10] Patel, R., and Benkreira, H., "Gravure Roll Coating of Newtonian Liquids," Chemical Engineering Science, Vol.46, No.3, 1991, p.751

[11] Muller, H.G., Yuan, Y., and Sheets, R.E., "Large Area Fine Line Patterning by Scanning Projection Lithography," IEEE Transactions on Components, Packaging and Manufacturing Technology Part B: Advanced Packaging, Vol.18, No.1, 1995, p.33

[12] Feilchenfeld, N.B., Baron, P.J., Kovacs, R.K., Au, D.T.W., and Rust, R.D., "Further Progress with Magnified Image Projection Printing for Fine Conductor Formation," presentation at the IPC Fall 1995 Conference, Providence, Rhode Island

[13] Dietz, K.H., "Alternatives to Contact Printing," CircuiTree, Vol.12, No.5, May 1999, p.12

[14] Vaucher, C., "Solid or Gas?" CircuiTree, Vol.14, No.1, January 2001, pp.96–97

[15] Stone, D., "Use of a Solid State Laser to Expose High Speed LDI Resists in PCB Fabrication," presentation at EPC 2000 Conference, Maastricht, Belgium, October 4, 2000

[16] Siemens news release at IPC Expo 2000, San Diego, California

[17] Kickelhain, J., "New Excimer Laser Technology—Ultra Fine Lines (15 mm) without Etching," poster presentation at Electronic Circuits World Convention 8, Tokyo, Japan, September 1999

[18] Waxler, S., and Spinzi, S., "Direct Imaging Implementation: Real World Case Studies," presentation at IPC Printed Circuit Expo 2000, San Diego, California

[19] Kesler, M., "Direct Write for HDI Substrates," presentation at HDI Expo, Phoenix, Arizona, September 2000

[20] Tamkin, J.M., "The Impact of HDI on Fine-Line Lithography," Board Authority supplement to Circui-Tree, Vol.1, No.3, October 1999, p.59

[21] Liebsch, W., "New Dry Film Developments for Laser Direct Imaging," CircuiTree, Vol 19, No.10, October, 2006, p.32

[22] Peter Van Zant. 芯片制造——半导体工艺制程实用教程: 第五版 . 韩郑生，赵树武，译 . 北京: 电子工业出版社，2010: 68

第 *26* 章
多层板材料和工艺

C.D.(Don) Dupriest
美国得克萨斯州达拉斯，洛克希德·马丁公司导弹与火控

Valerie A.St. Cyr
美国马萨诸塞州北瑞丁，泰瑞达公司半导体事业部

王东辉　审校
东莞森玛仕格里菲电路有限公司

26.1　引　言

电子设备的小型化、功能致密化和高速化驱使印制电路板（PCB）的结构和工艺不断发展。PCB 层数和叠层设计（如铜厚）由有源元件、无源元件和连接器决定。芯片电压的降低与电流需求的增大相匹配，这就要求增加平面层的数量和厚度。元件数量的增加要求减小导通孔节距，增加层间互连，而产品级的小型化和轻量化还要求减小产品的物理封装尺寸。

为实现互连，需要新的产品结构或对现有结构进行优化。盲埋孔、多次层压（子板层压）和积层技术直接影响多层板的工艺。盲埋孔厚径比变大，使其对填孔材料的可靠性和填孔方法的需求增加。

信号频率的不断增加，要求材料具有更小的信号衰减和传输延时。为保证产品的电气性能并从增加的原材料和加工成本中获益，行业中对结构中各个要素的规格要求比过去更多，波动幅度要求更小。例如，对粘结片填充部分的压合后厚度、铜箔毛面粗糙度、粘结片或芯板的树脂含量等公差的要求更严格。

PCB 全球化的发展对 PCB 的物理设计、生产工艺产生了重大影响。大量的层压技术已应用于高层数板，材料利用率和产量的增加则受益于替代的加工方法和拼版方法。这些方法扩大了产量并降低了成本，详细内容将在 26.4.4 和 26.4.6 节进行讨论。

近年来，环保的要求正在成为 PCB 面临的最大挑战，即要求材料满足无铅或符合 RoHS（《关于限制在电子电器设备中使用某些有害成分的指令》）。本章不会详细讨论这些指令，但会阐述其对 PCB 材料（见 26.2.3 节）和工艺（见 26.5.5 节和 26.6.2 节）的影响。

无铅焊接，其焊料熔点较有铅共晶焊料高 30~40℃。焊接温度的提高要求开发新型树脂或共混树脂体系，以及新型固化剂和填料，以便在更高焊接温度下保持材料的可靠性。覆铜板材料本身的变化已在第 3 章和第 4 章中详细论述，26.2.2 节将讨论哪些属性直接适用于 PCB 性能。

在某些市场领域，尤其是消费类市场，绿色环保技术是一个区别于其他产品的重要差异，甚至是一个市场需求。26.2 节将介绍无卤素材料。

工业标准组织如 IPC 定义了覆铜板材料选型的属性要求和性能指标。通过设计标准可以知道材料的选择过程，以实现理想的形式、组装或功能。标准化性能测试可以提供性能参数的一般测试方法，并能就测试结果进行解释。最常用的标准如下。

- IPC-2221《印制电路板设计通用标准》
- IPC-4101《刚性及多层印制电路板的基材规范》
- IPC-4104《高密度互连（HDI）和微孔材料规范》
- IPC-4652《印制电路用金属箔》
- IPC-TM-650《测试方法手册》

表 26.1 列出了 IPC-TM-650 给出的覆铜板测试方法。

表 26.1　IPC-TM-650 中的覆铜板测试方法

测试方法	标　题
2.4.24C	TMA 法测试玻璃化转变温度和 Z 轴热膨胀
2.4.24.1	TMA 法测试材料分层时间
2.4.24.2	DMA 法测试有机膜的玻璃化转变温度
2.4.24.3	TMA 法测试有机膜的玻璃化转变温度
2.4.24.4	DMA 法测试高密度互连（HDI）及微孔用材料的玻璃化转变温度和弹性模量
2.4.24.5	TMA 法测试高密度互连（HDI）及微孔用材料的玻璃化转变温度和热膨胀系数
2.4.24.6	TGA 法测试覆铜板材料的热分解温度（T_d）
2.4.25C	DSC 法测试玻璃化转变温度和固化因子
2.6.25	导电阳极丝（CAF）电阻测试：X-Y 轴

26.2　PCB 材料

PCB 的设计者、制造者必须对材料的性能有基本的认识。了解所用材料是进行可制造性和性能设计的主要任务之一。必须使材料的性能与产品的最终性能要求，以及与制造和 PCB 组装工艺相匹配。PCB 在组装中一般需要经历 5 次热循环。

随着 RoHS 指令的引入，PCB 组装温度通常要比有铅回流焊温度高 30 ~ 40℃。目前，使用无铅焊膏焊接时的峰值温度为 230 ~ 260℃。对于任何 PCB 组装，实际的峰值温度依据具体的合金焊料、元件引线的冶金，以及要组装的元件和 PCB 的质量综合而定。研究表明，由于材料膨胀，连续回流焊温度的提高，导致其对镀覆孔的破坏性增大。还有研究表明，峰值温度是 PCB 组装时是否出现分层或导通孔破裂的主要因素。目前已开发出能够承受更高无铅组装（LFA）温度的材料，其具有较高的残留寿命周期可靠性。然而，任何特定零件的质量和可靠性都依赖于工艺、设计参数及适当的材料选择。

26.2.1　IPC-4101 规范

为方便对众多覆铜板及相关性能进行筛选，行业标准组织（如 IPC）定义了最低的性能规格，并公布了一些技术规范来说明选择过程。最常用的材料技术规范针对的是覆铜板、粘结片和铜箔。IPC-4101《刚性和多层印制电路板基材规范》和 IPC-4652《印制电路用金属箔》是两个针对覆铜板、粘结片和铜箔的主要规范。IPC-4104《高密度互连（HDI）和微孔材料规范》针对的是 HDI 新材料，如涂环氧树脂的薄铜箔，这将在本章进行讨论。

通过 IPC-4101 中的分类方法可以鉴别印制电路裸板的基材，其对不同等级的材料都给出了具体的规格单。规格单也被称为斜线表，因为每个材料规格前面都有一个斜杠（/）。通常，根据每个规格单的表头都可以识别树脂体系、增强材料、阻燃剂、填料，以及一些性能参数，如玻璃化转变温度（T_g）或热分解温度（T_d）。详细内容参见 26.2.2 节。

1. 关键词

IPC-4101 中的关键词用于帮助使用者选择合适的斜线表。需注意，关键词并不是规范要求的，并且在标题部分有一个特定的关键词并不能保证这种材料针对一个具体应用的适应性。而且，这些关键词不意味着这些材料仅有这些用途。本章中使用的关键词用于指出斜线表中的特定材料：符合 RoHS 指令、低卤素含量、耐 CAF 性能和高热分解温度。

2. 规范的局限性

IPC-4101 还包含对基材质量评估的指导。然而，规范的使用者应该意识到该规范的使用范围和注意事项。在 IPC-4101 中描述的测试，是针对芯板或粘结片的。芯板制造商必须在生产过程转化前对基材的固有性能进行测试。这意味着，相关测试数据只能用于对比基准值及同类材料，尽管这些测试结果可以表明其在特定应用条件下的可靠性，但并不能反映加工后产品的可靠性或终端环境下的使用寿命（耐 CAF 性能除外）。

耐 CAF　关键词"耐 CAF"更多的是一个描述性词汇，而非定量。耐 CAF 性能通过测试方法 2.6.25 测试，但是测试结果只有"通过 / 失效"。接受标准由使用者与供应者达成一致(AABUS)。而且，尽管规范中推荐材料评估的测试电压为 $100V_{DC}$，但测试中使用的电压是变化的，测试电压由使用者确定。"耐 CAF"关键词在本质上意味着层压板制造商已经对材料进行了某些水平的 CAF 性能测试，和（或）已经优化了材料体系以减少 CAF 倾向。回顾 CAF 测试结果，使用者可以知道材料是否满足产品可靠性要求及材料的耐电压性能，通过大量的测试，可以知道 CAF 失效与距离、时间的关系。

符合 RoHS 指令　关键词"符合 RoHS 指令"也是描述性词汇，旨在告诉使用者材料满足无铅回流组装要求。作为一个更加量化的方法，可以查看斜线表中的热机械分析（TMA）测得的材料热分解温度（T_d）。这个测试是可选的，并且结果包含了 260℃、288℃ 和 300℃ 这 3 个基准温度下材料的分层时间。根据 3 个基准温度下材料的分层时间，可以对材料热性能进行分级，但这些测试结果不能证明多层板也能在该温度下承受相同时间。

表 26.2 给出了 IPC-4104 中斜线表中定义的要素。表 26.3 显示了 IPC-4101 中的 20 个斜线表，以及一些关键元素。

表 26.2　IPC-4104 系列斜线表

IPC-4104 斜线表	T_g/℃	树脂体系	增强材料
4104/12	> 140	环氧树脂	N/A
4104/19	240	聚苯醚	N/A
4104/20	180	环氧共混	N/A
4104/21	150	环氧共混	N/A
4104/22	120	液体环氧树脂、环氧涂层	N/A
4104/23	240	环氧树脂	非编织芳纶

26.2.2　关键性能

多层印制电路板（ML-PCB）为电路互连系统提供了电气和机械支撑平台。这意味着，

ML-PCB 的电气性能及热性能对于维持该系统的正常运转十分重要。这些特性包括介电常数 D_k（或 ε_r）、介电损耗 D_f（或 $\tan\delta$）、玻璃化转变温度 T_g、热膨胀系数 CTE 和吸水率。接下来的部分将讨论这些性能对 ML-PCB 基板的重要性。

1. 电气性能

电气性能包括介电常数和介质损耗。

介电常数（D_k） 阻抗及传输速度受 D_k 影响。因为在一个高速线路中，阻抗必须匹配，这就意味着其他电路元件的阻抗决定着线路的阻抗。设计者可以通过标准方程选择线宽、介质层厚度和介电常数，从而达到所需的阻抗（通常阻抗要求是 50Ω、75Ω 和 100Ω）。然而，互连密度、ML-PCB 线宽能力因素会限制线宽设计，这要求设计者在介质层厚度及介电常数之间进行权衡。随着 ML-PCB 层数的增加，必须减小层间介质厚度，以保证总板厚不变。介质层变薄要求材料具有低 D_k 值，或者减小线宽来满足阻抗要求。一般来说，采用低 D_k 材料更容易实现高层数板的制作。

表 26.3　IPC-4101 中的部分斜线表及一些关键元素

IPC-4101 斜线表	树脂体系	增强材料	填 料	阻燃剂	最小 T_g/℃	最小 T_d/℃
/13	聚酯、乙烯酯	编织 E 玻璃	无机填料	溴	N/A	未说明
/24	多官能团环氧树脂	编织 E 玻璃	无	溴	150	未说明
/41	多官能团环氧树脂	编织芳纶	无	溴	150 ~ 200	未说明
/42	聚酰亚胺	编织 E 玻璃	有或没有	N/A	220	未说明
/53	聚酰亚胺	非编织芳纶纸	无	N/A	220	未说明
/55	多官能团环氧树脂	非编织芳纶纸	无	溴	150 ~ 200	未说明
/70	氰酸酯	编织 S2 玻璃	无	溴	230	未说明
/71	氰酸酯	编织 E 玻璃	无	溴	230	未说明
/92	多官能团环氧树脂	编织 E 玻璃	无	磷	110 ~ 150	未说明
/93	多官能团环氧树脂	编织 E 玻璃	无	氢氧化铝	110 ~ 150	未说明
/94	多官能团环氧树脂	编织 E 玻璃	无	磷	150 ~ 200	未说明
/95	多官能团环氧树脂	编织 E 玻璃	无	氢氧化铝	150 ~ 200	未说明
/96	聚苯醚	编织 E 玻璃	无	磷	175	未说明
/97	多官能团环氧树脂	编织 E 玻璃	无机填料	溴	110	未说明
/99	多官能团环氧树脂	编织 E 玻璃	无机填料	溴	150	325
/101	双官能环氧树脂	编织 E 玻璃	无机填料	溴	110	310
/121	双官能环氧树脂	编织 E 玻璃	无	溴	110	310
/124	多官能团环氧树脂	编织 E 玻璃	无	溴	150	325
/126	多官能团环氧树脂	编织 E 玻璃	无机填料	溴	170	340
/129	多官能团环氧树脂	编织 E 玻璃	无	溴	170	340

当然，也有应用高 D_k 值材料的情况。当介质层厚度已经确定时，就需要更细的线来满足阻抗要求，并提供更高的布线密度和产品的小型化。

信号传输速度很重要，因为信号传输时间会影响元件延时，并且确定在什么样的传输线长下会产生影响变得很关键。电磁波在介质中的传输速度等于光速除以 D_k 的平方根。空气的 D_k 值为 1.0，电磁波以光速进行传播（12in/ns）。在 1GHz 时，标准 FR-4 材料的 D_k 值是 4.4，介质中电磁波的传输速度减小至 5.7in/ns。当材料的 D_k 值是 3.4 时，电磁波的传输速度达到 6.5in/ns。对于更低 D_k 值的材料，传输速度可以达到 8in/ns。虽然这只是一些小小的提高，但是低 D_k 值材料提供的更高传输速度对高速应用相当重要。

介质损耗（D_f 或 tanδ）　传输介质吸收的能量称为介质损耗。信号衰减与 tanδ 及频率成正比。对于标准 FR-4 材料，tanδ 值是 0.02；当频率高于 1GHz 时，损耗很严重。对于工作在 1GHz 以上的电路，需要低损耗材料。目前有很多低损耗材料可供选择，包括改性环氧树脂、有机陶瓷、聚四氟乙烯（PTFE），以及添加陶瓷的聚四氟乙烯，这些材料的 tanδ 值分别为 0.01、0.004、0.002 和 0.001。

2. 热性能

玻璃化转变温度、热膨胀系数、分层时间及热分解温度是层压板热性能最重要的指标[1~3]。这些特性反映了材料在极端温度下的反应，因此可以作为材料对于某种特定温度曲线是否适用的指示，以及承受热输入的能力（如返工或热工作环境）。仅用 T_g 预测材料对 LFA 温度的响应是不够的。实际上，每种测试度量了对温度的不同响应，需要将所有测试结果汇总才能确定材料是否满足特定应用。

玻璃化转变温度（T_g）　T_g 指的是树脂由玻璃态转化为高弹态的温度。这种模量的损失对系统的工作温度产生了有效的限制。T_g 也影响 ML-PCB 中镀覆孔(PTH)的热疲劳寿命。T_g 值越高，Z 轴膨胀越低，当其他参数保持不变时，这意味着对镀覆孔产生的应力越小。通常有 3 种方法用于 T_g 值测试：差示扫描量热（DSC）、热机械分析（TMA）、动态力学分析（DMA）。因为这 3 种方法测量玻璃化过程中的不同特征，所以检测结果各不相同。每种方法都有各自的基本理论、优势及劣势。需要注意的是，不仅某种材料的 T_g 值是重要的，其测试方法也同样重要。只有在相同的测量条件下，两种材料 T_g 值的比较才有意义。

通过 DSC 法的 T_g 测量，将 T_g 定义为材料热容的变化。热吸收率曲线的偏差，单位为 W/(g·℃)，通常用于鉴别玻璃化转变过程中由玻璃固体到非晶体固体转化中的二阶热力学变化。

DSC 法是层压板制造商最常使用的测量 T_g 值的方法。DSC 法测量 T_g 的样品质量在 15~25mg，且保留覆铜板材料两面的铜箔。该方法可以为层压板制造商提供一个精确测量芯板和固化后粘结片 T_g 值的方法。测量结果用于产品验收及过程控制。DSC 法的测量结果通常比 TMA 法的高 5~10℃。

TMA 法测量的 T_g 是通过聚合物从玻璃态转变为高弹态时，由于自由分子体积变化而引起的热膨胀来确定的。通过 Z 轴膨胀率曲线的斜率变化可得出玻璃化转变温度。通常情况下，数据表会给出 T_g 值，及 Z 轴在 T_g 值之上和 T_g 值之下的 CTE（"%CTE < T_g" 及 "%CTE > T_g"，详细内容将在本章后续部分进行讨论），玻璃化转变温度以上的曲线的斜率更大（其中 X 轴表示温度，Y 轴表示膨胀率）。此外，数据表也会给出热膨胀百分比（PTE），即一个温度范围内的总体厚度变化，如从一个低于 T_g 值的温度到预期焊接温度（如 245℃、260℃）。IPC-4101 斜线表 99、101、121、124、126 及 129 中，对 50~260℃时的 Z 轴 CTE 值都有规定。

T_g 及 T_g 以上的温度曲线的斜率对理解材料的总体膨胀均具有重要意义。通过数据表列出的 PTE 和最高使用温度，很容易对材料进行比较，并对比材料在组装温度下的膨胀响应。

对于 TM-2.4.24（TMA）测试方法，样品最小尺寸为 0.25in × 0.25in × 0.20in；为提高测试精度，样品尺寸应在 0.030~0.060in。样品应不含铜，只有树脂和填料（如果适用），而且增强体系会影响测试结果。使用 2.4.24.5（TMA）方法 B 可用于测定薄样品（≤ 0.020in）的 X 轴、Y

轴 CTE（ppm/℃）；用该方法还能用于测定 T_g 和 PTE。TM 2.4.24.5（TMA）方法 A 可用于测定厚样品（≥ 0.020in）的 Z 轴膨胀（不包括 X 轴及 Y 轴膨胀）、T_g 及 PTE。

由于 TMA 测量的 T_g 是材料膨胀的函数，还能提供 Z 轴 CTE，因此 T_g 常用于表征材料在组装过程中的热稳定性。对于用于 HDI 板（较薄的层，邻近或构成外层的介质只有 4mil 或更薄，并且由结构平衡的微孔提供互连）的介质材料，在 IPC-4104 中规定的 T_g 值，以及在 T_g 值上、下的 CTE 最佳测试方法是测试方法 2.4.24.5。

DMA 法测定 T_g 利用的是弹性模量（或储能模量）与温度的函数关系，因此可以识别树脂的玻璃转化转变区域。温度超过 T_g 时，伴随着抗弯强度的快速下降。通常情况下，DMA 法测得的 T_g 值要比 DSC 法高 10 ～ 15℃。

通常情况下，层压板制造商不使用 DMA 法测试 T_g。然而，DMA 的 T_g 结合了扭转震荡，有证据表明该方法可有效测试 LFA 回流环境中材料固有的热稳定性，且该测试方法用于测试薄膜材料时具有更好的灵敏度及准确度。

分层时间（T×××） 分层时间是测试材料在高温下的工作时间，即材料在高温下突然产生不可逆的膨胀（指分层）时所经历的时间。这种测试在高于材料 T_g 温度的情况下进行。一般来说，该测试需要在 260℃的恒温条件下进行（T260 测试），直到 TMA 法检测到材料分层。图 26.1 给出了一个 TMA 曲线的例子。对于一般的材料，T260 测试结果从几分钟到数小时不等。随着 LFA 的出现，可以使用更高的温度（288℃和 300℃）评估并区分材料，除了温度差异，测试方法与 T260 相同。使用 2.4.24.1 方法进行测试时，IPC-4101 规定符合 RoHS 的层压板的 T260 时间最少为 30min，T288 时间最少需要 15min，T300 时间最少为 2min。

热分解温度（T_d） 板材热分解特定质量损失百分比时的温度。该测试用于表明系统中化学键的不可逆降解及板材物理特性的改变，或产品的挥发性产物释放。测试时需首先称出样品的质

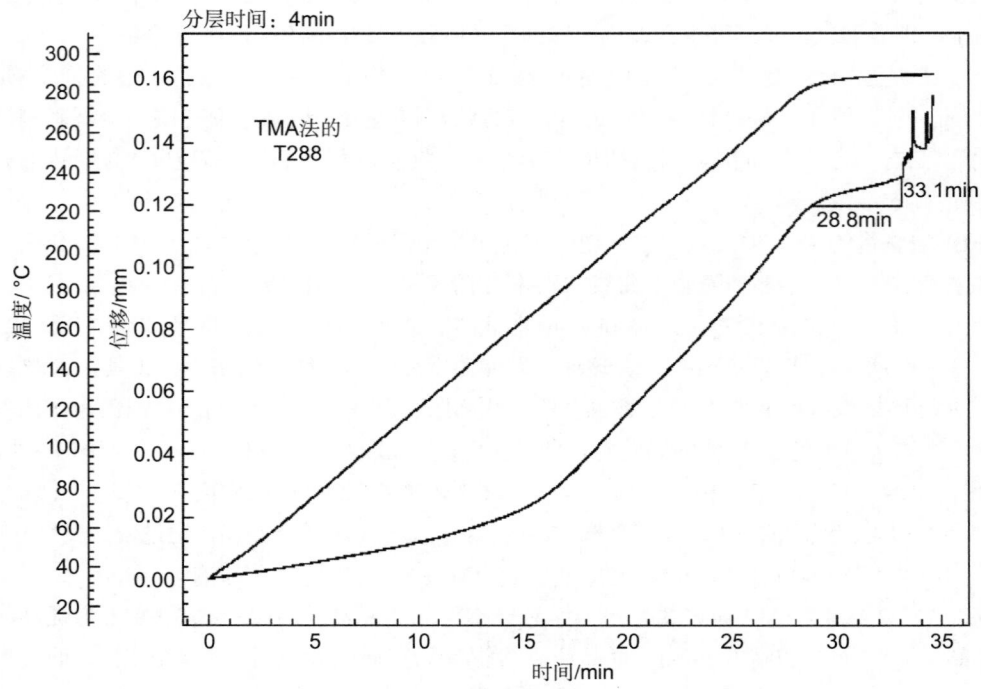

图 26.1 TMA 曲线：在 288℃下的分层时间

量，再将样品放置在热重分析仪（TGA）中。然后，记录质量减少 2% 时的温度（$T_{d2\%}$），以及质量减少 5% 时的温度（$T_{d5\%}$）。IPC-4101 要求符合 RoHS 的板材 $T_{d5\%}$ 的最低温度是 340℃。ΔT_d（$T_{d5\%} - T_{d2\%}$）可作为材料出现快速分解的指标。对于具有相同 $T_{d5\%}$ 但不同 $T_{d2\%}$ 的板材，ΔT_d 值越低，表明材料的热性能越好。需要注意，T_d 与 T_g 无直接关系，即低 T_g 的材料可能有高 T_d 值，也可能是低 T_d 值。具有相同 T_g 值的材料可能具有不同的 T_d 值。图 26.2 给出了一个 TGA 曲线的例子。

热膨胀系数（CTE） 材料的 CTE 包括 X-Y 轴值或平面膨胀、Z 轴值或垂直膨胀（包括玻璃化转变温度前后的膨胀率），单位为 ppm/℃。图 26.3 给出了典型的测试曲线。

标准 FR-4 的 X-Y 轴 CTE 在 14 ~ 20 ppm/℃，要比陶瓷或硅的高。当系统经历多个热循环时，ML-PCB 与组装元件的 CTE 不匹配容易导致焊点疲劳失效。兼容有铅的封装容许 CTE 不匹配，所以可以使用标准 ML-PCB 材料体系。

T_g 在 130 ~ 135℃ 的标准 FR-4 材料，低于 T_g 的 Z 轴 CTE 通常是 40ppm/℃，高于 T_g 的 CTE 约 250ppm/℃。在 245 ~ 260℃ 的 LFA 温度下，材料膨胀变化很大，以至于常规材料会出现分层和 PTH 破裂现象。新一代无铅组装（LFAC）FR-4 板材通常通过以下方法减小 T_g 以上温度时的CTE：使用非双氰胺固化剂（常规为酚醛），或在树脂中填充无机物，以限制 Z 轴膨胀。

吸水率 水分是 ML-PCB 的劲敌。材料吸收水分会导致其 D_k 和 $\tan\delta$ 增大，从而影响材料的高频性能。潮湿环境下，应该选择吸水率低的材料。另外，吸收水分会使电流泄漏增大，并降低材料的耐 CAF 能力。

锁住的水分随温度膨胀，组装时材料更容易出现热膨胀（板材 CTE 增大），并容易引起分层、起泡或裂纹等缺陷。问题的严重程度依赖于焊接之前的存储环境，以及回流的峰值温度。如果存储时间短、湿度低，并且回流温度适宜，水分就不是一个严重问题。然而，如果 ML-PCB 材料吸水率高，或者较长时间遭受高湿度，或组装温度特别高，则必须采取一些特殊的处理。这

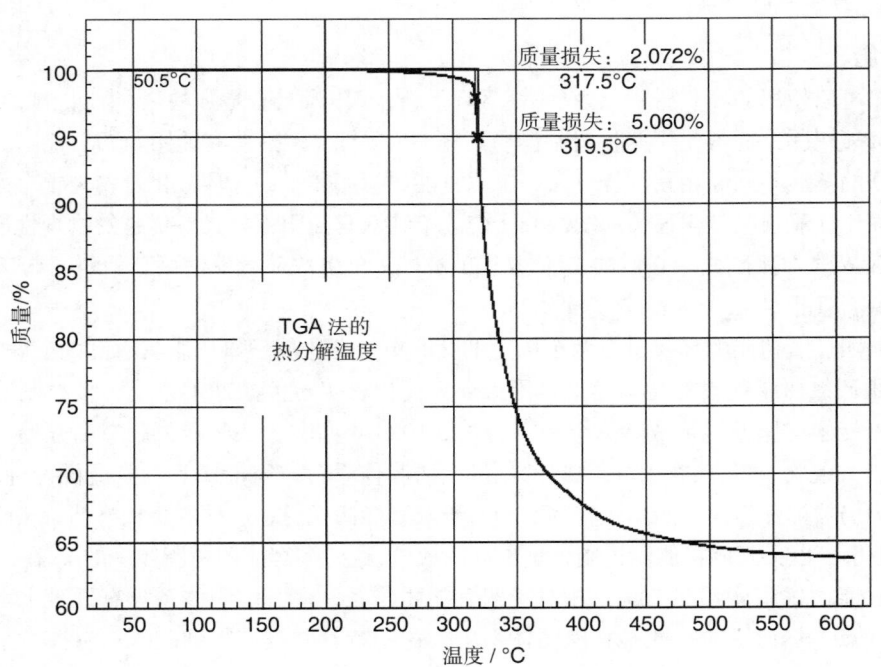

图 26.2　TGA 曲线：热分解温度

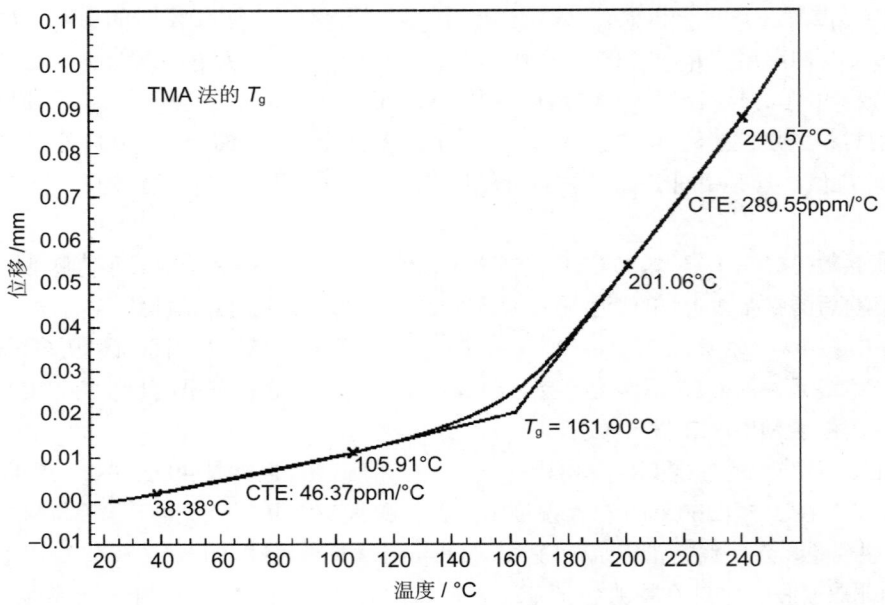

图 26.3 TMA 曲线：T_g 和 CTE

些方法包括附干燥剂存储，或者在组装前进行烘烤，或者同时采用两种措施。

26.2.3 树脂体系的特性

最常用的树脂体系是环氧树脂，并采用玻璃布增强。溴与环氧树脂进行反应，以提供阻燃性能。大多数的环氧基材料满足 UL V-0 关于阻燃性的要求。环氧基树脂材料的通用术语是"FR-4"，其中"FR"代表阻燃，"4"代表环氧基数量。

1. 环氧树脂

有许多可以使用的环氧树脂，包括无卤素环氧树脂，以及具有增强的热、电、机械性能的材料。

标准环氧树脂 通常使用两种树脂体系制作 GF 板材，包括双官能团及四官能团。这些体系因环氧交联的本质不同而相互区分。在一个双官能团树脂体系中，环氧化合物分子有两个交联单元，并且固化环氧树脂包含很长的线性分子链。单纯双官能团板材具有优越的物理性能，多年来一直是工业界的中流砥柱。它们的 T_g 值是 120℃，适合多数环境下使用，但对一些应用来说 T_g 值显得较低，且相对 LFA 来说 T_g 过低。

四官能团环氧树脂的环氧具有两个以上的交联单元，这使环氧树脂具有高的交联密度和 T_g。纯四官能团环氧树脂很贵，使用起来也困难。为使板材 T_g 达到 120℃以上，板材制造商将双官能团和四官能团树脂共混形成多官能团混合物。1985 年左右，一些板材制造商开始出售多官能团环氧树脂共混物，其 T_g 在 130~145℃。虽然树脂体系含双官能团和四官能团两种环氧树脂，这种混合物仍然被称为四官能团化合物。相对于双官能团板材，这种混合板材的价格略高或者相当。市面上也可以买到四官能团树脂含量更高的板材，这些多官能团树脂体系的 T_g 在 170℃以上，价格较双官能团树脂体系高 10%。相对于双官能团体系，多官能团体系具有低吸水率和高热分解温度的优点。然而，在一些多官能团体系中，这些特性并没有得到改善。选择一个多官能团体系时，需要确保所有关键性能都得到了增强。

由于半导体元件工作时会发热，ML-PCB 通常工作于高温情况。随着 PCB 变得越来越厚，钻孔越来越小，热循环会严重威胁到镀覆孔的可靠性。例如，当多个热循环的温度接近基材的 T_g 时，镀覆孔会出现失效问题。在大功率设备开关时，很容易出现热循环。解决这个问题的方法就是使用更高 T_g 的材料。

ML-PCB 通常需要在两面进行组装，在连接器和器件组装过程中，它们将承受 3 次及以上的焊接操作。另外，考虑到系统组装的成本，板材必须能够承受偶尔出现的移除和更换缺陷元件时的焊接。利用双官能团 GF 环氧树脂制作的 PCB，在多次焊接操作中会出现焊盘剥离、镀覆孔裂纹和起泡缺陷，解决方法就是使用具有低吸水率和高热分解温度的板材。

符合 RoHS 的环氧树脂（非双氰胺固化剂） 传统的环氧树脂体系使用双氰胺作为固化剂。实验表明，以双氰胺作为固化剂的 FR-4 板材虽然具有较高的 T_g，易于制造，但是不能承受无铅组装时的热冲击。相对于双氰胺固化体系，酚醛固化环氧体系具有更好的热稳定性。很多符合 RoHS 指令的 LFAC 板材都使用酚醛树脂作为固化剂。除了改变固化剂，许多新的板材也添加一定比例的无机填料，以限制体系的 Z 轴膨胀 [4]。

这些改变在根本上影响了 ML-PCB 板材的制造，尤其是层压、钻孔和钻孔后的处理工艺。对这些工艺的影响将在后续部分讨论。

2. 无卤素

欧盟要求原始设备制造商（OEM）回收电子产品，从废物流中除去有害物质（这里对什么是有害物质及这些物质有何危害不做讨论），针对这一规定，出现了无卤素板材。含有卤素的废弃板的处理成本较高。无卤素（HF）技术是指不含 FR-4 材料常用的阻燃剂四溴双酚 A（TBBPA）。TBBPA 是一种有机化合物，其溴含量约为 59%。目前虽没有立法或规定要求去除 TBBPA，但是无卤素技术驱动了环保消费市场的发展。因此，HF 板材有时也被称为"绿色"板材。应用时可通过材料成分中是否含无卤阻燃剂来识别。

非卤素阻燃剂包括含磷化合物、含氮化合物、无机填料，以及含铝、镁或红磷化合物。固化剂改进了环氧树脂体系的交联反应，使树脂完全固化。相对于多官能团环氧树脂，将固化剂与填料，如氢氧化铝（ATH）混合，且氧化铝含量达到 50%，可以得到更高的 T_g 值，并能够提供更好的阻燃性。通过不同成分的组合优化，还可以降低 CTE 和吸水率。

然而，HF 材料的层压、钻孔和湿流程处理工艺与溴化 FR-4 材料不同。并且对于不同的阻燃体系，HF 板材的处理工艺也各式各样，它们不像常规 FR-4 材料彼此相似。PCB 制造商需要与板材制造商紧密合作，开发符合特定材料的制造工艺。指定使用 HF 材料的工程师不仅需要知道特定 HF 材料的特性，还要了解在给定设计特性及性能要求时，制造商生产 MLB 的能力 [5-7]。

3. 耐热性能增强材料

对于要求耐热性能的应用，有 3 种替代的树脂体系优于增强型多官能团环氧树脂：聚酰亚胺（PI）、氰酸酯混合物（CE 和 BT）、聚苯醚（PPO）共混物。

聚酰亚胺 聚酰亚胺类材料具有最佳的热稳定性。这类材料的 T_g 超过 250℃，具有较高的热分解温度，并且 CTE 要比环氧树脂的低。聚酰亚胺树脂可涂敷在玻璃布上用于制造 ML-PCB，工艺流程与环氧树脂类似。因聚酰亚胺较高的 T_g 和热分解温度，聚酰亚胺基 ML-PCB 具有高温可靠性。

对于必须在 200℃以上温度工作的系统，聚酰亚胺是一个很好的选择。高的 T_g 及相对低的

CTE 使金属化孔具有优良的抗疲劳寿命。对于较厚且需在较宽温度范围内经历多次热循环的板，聚酰亚胺是一个不错的选择。

聚酰亚胺的第 1 个缺点是吸水快。一般情况下，聚酰亚胺的使用者在板材制造及组装过程中利用多次烘烤去除水分。聚酰亚胺的第 2 个缺点是成本高。聚酰亚胺板材的价格大约是环氧树脂的 2 ～ 3 倍，且 ML-PCB 生产需要高温层压。

20 世纪 80 年代初，聚酰亚胺材料开始在小范围内使用。由于成本及生产问题，其推广应用受到了限制。该类材料仅用于极端环境下要求具有高可靠性的系统，如高温或极端热循环中。这包括一些军事应用和潜在的几种消费应用，如汽车电子。对于大多数商业应用，通常选用价格低廉的材料，如传统环氧树脂与 CE 或 PPO 的共混材料。

氰酸酯共混物　第二稳定的体系是三嗪或氰酸酯类。对于纯氰酸酯树脂，很脆，钻孔时很容易产生裂纹，使用中的剥离强度较低。氰酸酯也是一种高成本树脂体系。所以，通常将氰酸酯与环氧树脂及少量聚酰亚胺共混，这称为 BT（后两种成分，双马来酰亚胺和三嗪的缩写），该共混物能够涂敷在常规玻璃布上，以生产板材。

BT 板材的 T_g 是 180℃，且热分解温度高。对于大多数高温应用，它们是聚酰亚胺的直接替代物。它们还有其他优势，与聚酰亚胺相比，BT 的湿度敏感性和可加工性更接近于传统的环氧树脂。除为了完全固化需要在层压后烘烤外，BT 与环氧树脂的加工过程无异。BT 板材的主要缺点是价格贵。尽管 BT 树脂比聚酰亚胺便宜，但其价格仍是环氧树脂的 1.5 倍。鉴于此，BT 是聚酰亚胺的优选替代物，但是其应用限制在一些专门领域。对于大多数高温商业应用，通常选用多官能团环氧树脂，或者环氧树脂与 PPO 的混合物。

聚苯醚（PPO）- 环氧树脂共混物　一种低成本的高温材料，是基于 PPO 与环氧树脂的共混物。这种材料的 T_g 值是 180℃，T260 时间是 60min 或更长。涂敷在玻璃纤维上时，PPO 共混物的处理工艺与环氧树脂类似。唯一的不同是，需要高温烘烤达到完全固化。这种板材的主要优点就是吸水率低，价格适中。PPO 的缺点是它有一个比较宽泛的 T_g 值，在 150℃下便开始软化，这对高厚径比孔的疲劳寿命有不利影响。对于工作于有大量热循环，且温度超过 130℃的系统，使用该材料时需格外注意。

4. 电气性能增强材料

树脂及增强材料成分决定了复合材料的 D_k 和 $\tan\delta$。由环氧树脂和玻璃布组成的标准 FR-4，其 D_k 值的范围是 4.0 ～ 4.4，$\tan\delta$ 值是 0.02。如果用 PPO、氰酸酯或 PTFE 替换部分或所有的环氧树脂，该值在一定程度上会有所减小。若想进一步减小该值，则需要替换增强玻璃布，其有效介电常数 D_k 值为 6.0。

氰酸酯共混物　氰酸酯树脂的 $\tan\delta$ 和 D_k 值均比环氧树脂的低很多。最好的效果是使用纯氰酸酯。然而，正如前面所述，这种树脂太脆且很难进行钻孔。BT 共混物提供了一种很好的折中。BT 的 D_k 值是 2.94，$\tan\delta$ 值是 0.01。这种改进在某些应用中非常有用，但在高性能应用领域显得不足，并且 BT 成本翻倍也妨碍人们广泛接受这种板材。

PPO 共混物　与氰酸酯相同，PPO 树脂的 $\tan\delta$ 和 D_k 值要比环氧树脂的小。由于可加工性及成本原因，通常使用大约 50% 的 PPO 与 50% 的环氧树脂的共混物。这就使得其电气性能与 BT 类似，但是比常规环氧树脂的成本高出 20% ～ 50%。PPO 将在电气性能需要提升的领域获得了广泛应用，如高性能工作站。然而，PPO- 环氧共混物的特性并不能满足超级计算机、无线（RF）等高速应用领域的要求。

基于 PTFE 的板材   该类树脂体系以铁氟龙著称。在通常使用的树脂体系中，PTFE 的电气特性最好。PTFE 的 D_k 值接近 2.0，其 $\tan\delta$ 值小于 0.001。相对于其他材料，电气性能有了显著提高。除了极佳的电气性能，PTFE 还具有极好的热性能。PTFE 是一种热塑性塑料，可以在 300℃ 以上温度下工作，且不会出现软化、氧化或其他形式的分解问题。PTFE 本身就是阻燃剂，所以不需要添加溴的化合物以满足 UL 中 V-0 阻燃的要求，且具有较低的吸水率。

对于 ML-PCB 应用，PTFE 有 3 个严重的不足。

（1）可加工性差。因为 PTFE 是高温热塑性塑料，通常需要高温层压，传统的层压工艺难以达到这个要求。可以通过使用低温固化黏合剂来避免可加工性差的问题，但是这将极大地降低板材的电气性能及热性能。PTFE 材料可加工性的第二个难点是材料的疏水性。这导致孔很难清洁和金属化。通常情况下，在进行特定氟化物的蚀刻活化后，需立即进行金属化。特定氟化物的蚀刻是为了对孔壁进行活化，并提高孔壁的润湿性。作为一种替代方法，一些 PTFE 体系可以采用等离子体蚀刻进行活化，但这个方法并不适合所有 PTFE 材料。

（2）CTE 高。在达到及高于焊接温度时，PTFE 仍能维持其强度。当这种强度与高 CTE 值结合时，就需要注意 PTH 可靠性的严重隐患。对于玻璃布增强的 PTFE，这是一个特殊的问题，其中玻璃布的约束加大了 X-Y 平面外（或 Z 轴）的膨胀。高 CTE 导致的第二个问题就是翘曲，尤其是 PTFE 与环氧基板材形成不对称混压结构时。

（3）成本高。通常情况下，基于 PTFE 的板材价格要比基于环氧树脂的板材高 10 ~ 50 倍。所以，如果有其他的替代品存在，就不会选用 PTFE 了。

PTFE 体系板材有 3 种类型。

（1）玻璃布增强 PTFE 材料。虽然这类板材的构造很像标准的 FR-4，但是不建议在多层板中使用。PTFE 的 CTE 值较大，加上玻璃布增强的平面强度，导致平面外的膨胀较大，镀覆孔很容易在焊接过程中发生断裂。另外，玻璃布使复合材料的 D_k 值增加。这类 PTFE 材料通常用于天线、RF 微带线领域，线路置于基板一面，另一面作为地层。这种情况下，不需要金属化孔，也不要求很低的 D_k 值。

（2）含氰酸酯或环氧树脂的 PTFE 膜。这种材料不含玻璃布增强，导致平面方向 CTE 增大，Z 轴 CTE 减小，可以保证镀覆孔的可靠性。相比纯 PTFE，虽然用非 PTFE 树脂浸渍 PTFE 膜增大了材料的 D_k 和 $\tan\delta$，但是这种复合材料与玻璃布增强 PTFE 相当。因为 PTFE 材料表面的常规树脂可以采用传统方法层压，并可以用于制作含有环氧树脂和 PTFE 的 ML-PCB。PTFE 平面方向高 CTE 会导致任意非对称叠层出现严重翘曲。混压结构可采用常规方法层压，以降低 PTFE 材料的使用成本。然而，由于 PTFE 价格较高，且需要氟化氢蚀刻，混压板的成本还是很高。该材料主要应用在电气性能要求高，并具有高速电路设计的超级计算机上，非高速的电路在 FR-4 材料上运行。这种方法并不适用于一面是低损耗材料、另一面是标准材料的非对称设计的 RF 信号与数字逻辑电路的混合应用。

（3）与低 D_k 陶瓷共混的 PTFE。将质量比达 60% 的陶瓷与 PTFE 树脂进行共混，得到一种非常有趣的材料。这种材料的 CTE、$\tan\delta$、D_k 均较低，并且通过选择合适的陶瓷，可以使其平面 CTE 与环氧树脂相匹配。这就可以制造满足翘曲要求的不对称叠层的多层板。这种材料添加高比例的陶瓷，可以减少 PTFE 的用量，有效降低了材料成本。这种商用材料的价格大概是标准 FR-4 材料的 4 ~ 5 倍，而不像其他 PTFE 是 FR-4 价格的 10 ~ 50 倍。这种材料的最大缺陷是，需要等离子体蚀刻来保证孔壁的润湿。实验结果表明，H_2 或 He 与 O_2 混合气体，可用于孔壁的活化。

5. 增强机械或传导性能的材料

当电子元件封装（无铅球阵列）与标准材料的 CTE 不兼容时，必须使用低膨胀率的基板。这可以通过几种方式实现。在过去，无铅表面贴装技术（SMT）关注使用编织石英或芳香族聚酰胺纤维替换标准 FR-4 中的玻璃布。尽管这种方式减小了基板的膨胀，但是这两种材料都很昂贵且很难加工。

芳　纶　针对 CTE 的匹配问题，一种较好的解决方法是使用含有树脂浸渍的非编织芳纶材料，树脂可以是改性环氧树脂或聚酰亚胺树脂。受热时非编织芳纶具有较小的平面膨胀，并且与无铅陶瓷芯片载体（LCCC）或薄型小尺寸封装（TSOP）的平面膨胀接近。小的膨胀可以减小焊接处的张力，提高封装良率及可靠性。

作为一种非编织纤维，它也能够为高频信号提供更加一致的使用环境，因为信号在其长度上的任意一点都有相同的介电常数（玻璃布增强的板材在导体的长度上具有不连续的介电常数，树脂富集位置与玻璃纤维上的 D_k 存在较大差异）。此外，与导体底部的接触面更加平滑，减小了线路的信号衰减。芳纶层通常用在用于芯片连接的最外层，但平衡叠层则由标准的玻璃布增强材料组成。芳纶增强材料的生产工艺必须与传统 FR-4 相似，且可与其他材料混压。这种材料还可以用于激光钻孔。

使用芳纶时需要进行权衡，通常要求板子的总体厚度要低，因为芳纶的 Z 轴膨胀较高。通常情况下，至少需要 0.015in 的厚度，以抵消多层板 X-Y 方向的膨胀，这也就意味外层 50Ω 的阻抗线会更宽。另外需要注意的是，该材料与铜箔的剥离强度低，且吸水率高。

碳复合板材　过去使用的另一个方法是将低膨胀的金属，如殷钢，层压到 ML-PCB 中。殷钢两面都可以起到散热作用，也可用作电源 / 地层。但是，这种方法增大了产品的质量及厚度，应用受到了限制。

新型材料，如 STABLCOR[8] 更薄、更轻。环氧树脂玻璃布体系的导热系数约为 0.3 W/(m·K)，铜的导热系数约为 385 W/(m·K)，STABLCOR 产品的导热系数有 325 W/(m·K) 及 650 W/(m·K)。碳复合板材有较低的负向 CTE，约为 −1.10ppm/℃，因此当温度升高时其收缩较小。用户可以定制标准 ML-PCB 表面的 CTE，使其为 3 ~ 12ppm/℃。因为具有较高的拉伸弹性模量，故这种材料为高强度应用提供了相当大的硬度。

在线路中，通常将这种材料用于地层（GND）。如果只用于 GND，则必须将其放置在中心。如果使用了两个这种材料的层，就不需要放置在中心了，但是它们在叠层中必须对称；也可以使用 3 个，这时有一个放置在中心位置，其余两个放置在对称位置；4 个也是如此类推。对于偶数个 GND，需将其对称放置，最后一个（奇数时）GND 放置在中心位置。这确实增加了电路板的厚度。虽然其 D_k 值高达 13.36，但是因为这种材料只用作 GND，故不会影响线路的电气性能。

不需要连接到 GND 的孔必须提前钻孔并填充，以保证相互间的隔离（与常规覆铜板只有表面铜箔导电不同，该材料是完全导电的）。这些额外的处理、额外的层及材料的花费使其成为高散热、非常低 CTE 或高硬度的特定应用的特定解决方法。

26.2.4　材料部分总结

材料性能严重影响 PCB 的性能。前面的讨论主要集中在热性能和电气性能上。厚板上高厚径比孔的应用，需要进一步提高材料的热性能。过渡到 LFA 后，要求材料具有高的热稳定性。与此类似，高速电子元件，如无线射频电路的应用，驱动着材料电气性能的改善。材料的性能虽然得到了提高，但尚没有同时具有低成本、高耐热性和高电气性能的理想材料。因此，设计者在每个设计前必须考虑更具成本效益的材料。

材料热性能的改善包括高 T_g、低 CTE、高热分解温度、长分层时间及低吸水率。聚酰亚胺满足前 4 个要求，但是吸水率和成本较高。BT 满足所有的要求，但成本仍然是一个问题。最经济的解决方法是，使用多官能团环氧树脂和 PPO- 环氧共混物。相对而言，多官能团环氧树脂更便宜，在 T_g 上可以提供更显著的改进；在热分解温度和吸水率方面，从某种程度上说也可以有一定的改进。PPO- 环氧共混物在各个方面均有较显著的改进，但是成本会高一些。如果要保证低吸水率，PPO- 环氧共混物是最佳选择。对于 LFA，符合 RoHS 指令很关键。

在电气性能上，BT 和 PPO- 环氧树脂板都有一定的改善。如确实需要降低 D_k 以减小板厚，可以考虑使用这些材料。然而，如果介质损耗是一个严重的问题，唯一的解决方法就是使用 PTFE 材料。但 PTFE 成本很高，且难以加工，所以仅在必须使用这种材料的情况下才使用它，如 RF 线路经常需要使用 PTFE。

对于这些应用，使用陶瓷 -PTFE 共混物可能是最经济的解决方法。

26.3　多层结构的类型

刚性 ML-PCB 的结构有很多种。为了对不同的结构进行分类，IPC 给出了 PCB 的设计规范，对其等级和类型进行定义。ML-PCB 的归类有利于设计者及制造商使用统一准则进行沟通。

26.3.1　IPC 分类

IPC 的分类详细说明了通用 PCB 的设计及刚性有机印制板的结构。

1.IPC-2221《印制板通用设计标准》

ML-PCB 的结构有很多种。本部分主要介绍常用结构及几种高级结构印制板的制作方法和材料。关于刚性印制电路设计，IPC 中有两个综合标准，分别是 IPC-2222 和 IPC-2226。下面给出了这些标准下的分类系统结构，这两种标准的区别是后者聚焦于微孔方面。

2.IPC-2222《刚性有机印制板设计分标准》

该标准覆盖了具有通用特征尺寸的产品。

类型 3　非盲埋孔多层板（见图 26.4）。

类型 4　具有盲孔和 / 或埋孔的多层板（见图 26.5）。

3.IPC-2226《高密度互连（HDI）印制板设计分标准》

该标准涵盖了具有高密度特征尺寸的产品。

类型 I　1[C]0 或 1[C]1 有通孔连接外层（见图 26.6）。

类型 II　1[C]0 或 1[C] 芯板含有埋孔，并可能有通孔连接外层（见图 26.7）。

类型 III　>2[C]>0 芯板可能有埋孔，也可能有通孔连接外层（见图 26.8）。

26.3.2　类型 3 ML-PCB 叠层

类型 3 叠层结构可以说是最基本的多层板技术。通过将蚀刻出图形的双面板和铜箔压合一起，就可以生产 ML-PCB 了。黏合介质称为粘结片，是一种 B 阶段（部分固化）树脂。成像的图形

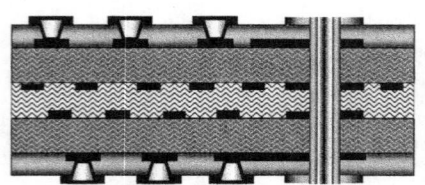

图 26.4 类型 3（8 层 ML-PCB）非盲
埋孔多层板

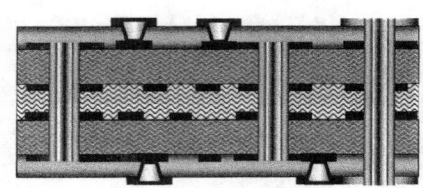

图 26.5 类型 4（8 层 B/V ML-PCB）
带埋孔的多层板

图 26.6 类型 I（6 层 HDI
ML-PCB）具有顶层和底层盲孔及通孔
连接外层的 HDI 板

图 26.7 类型 II（6 层 HDI ML-PCB）
芯板含有埋孔及通孔连接外层的 HDI 板

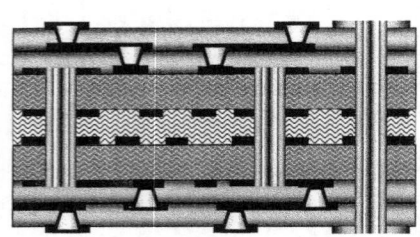

图 26.8 类型 III（8 层 HDI ML-PCB）
具有盲孔，芯板含有埋孔及通孔连接外
层的 HDI 板

由 C 阶段（完全固化）的层压板组成。根据设计文件，这些材料通过层压进行组合。这种成层的方法在制造中被称为叠层，即根据设计的层编号排列。在设计文献中，对于叠层方法的定义通常比较宽松，因此有必要对层压方法进行很好的理解。本部分描述的层压方法指的是用于形成外层及多层的方法。在设计资料中，应当定义材料树脂体系。设计资料指示的最低要求可以参见 IPC-2221/2222。

可以利用 2 种方法形成外层及多层，并构建基本的 ML-PCB 叠层。第 3 种利用单面覆铜板的方法很少使用。通常情况下，当设计的层数是奇数时，可以使用该方法。

1. 外层采用铜箔的叠层结构

外层使用两张铜箔，与一个或多个内层图形层压形成多层板。铜箔用于形成 ML-PCB 外层图形。这种叠层方法是生产 ML-PCB 的最经济的方法，并且是至今最流行的方式。图 26.9 显示了外层采用铜箔制作 8 层板的典型叠层结构。

图中的叠层包括 3 个已形成图形的覆铜板，相邻覆铜板间有 2 张粘结片，外层使用 2 张铜箔。如可以，高树脂含量的粘结片应该放在靠近信号层的那一面。尤其是当信号层采用厚铜箔（2oz 或更厚）时。序号从 L1 到 L8 的铜层，由顶层的箔层开始（通常被称为首层）。在设计图中，

L2、L4、L5 和 L7 代表信号层。L3 和 L6 代表电源 / 地层。生产出最终图形后，外层两张铜箔还可以提供另一对信号层或地层，同时还包括组装电子元件的焊盘及对应的扇出孔。这种叠层结构的优点如下。

原材料成本低 铜箔与粘结片的价格要比覆铜板低。

较低的消耗材料成本 减少了光致抗蚀剂及化学药品的用量。

较低的人工成本 减少了预叠和图形制作过程中的操作，总人工成本降低。

2. 外层采用覆铜板的叠层结构

图 26.10 给出了与图 26.9 一样的 8 层板叠层，区别在于该结构外层采用覆铜板。该叠层结构需要 4 张覆铜板，而图 26.9 中的叠层只需要 3 张覆铜板。与常规叠层结构相比，该叠层结构的成本较高。

该叠层结构的外层设计少了 B 阶段粘结片和铜箔。另外，在层压之前，双面覆铜板只有一面制作成图形。在图 26.10 中，可注意到层对是如何转换位置的。L3、L6 分别与信号层组合，这有利于控制介质层厚度。关于控制阻抗的讨论，参见 26.3.3 节。这种叠层结构的优点如下。

表面形貌改善 当表面平整度很关键时，外层采用覆铜板叠层结构可以提供相对平整的表面。当厚铜信号层是次外层时，很可能出现编织纹理印记；使用铜箔积层时，这种有时被称为"浮印"的现象出现在外层电路图形上。

操作优化 根据叠层设计，有时需要保留额外的铜，如芯板两面都是信号图形时。当层对在非常薄的芯板上时，这种情况很容易出现。

介质厚度控制改善 有时需要严格控制层间介质层厚度。这样做出于高压考虑，或者精确控制信号层与地层的距离以便控制阻抗。因为 C 阶段（固化）覆铜板介质层的厚度公差较好。

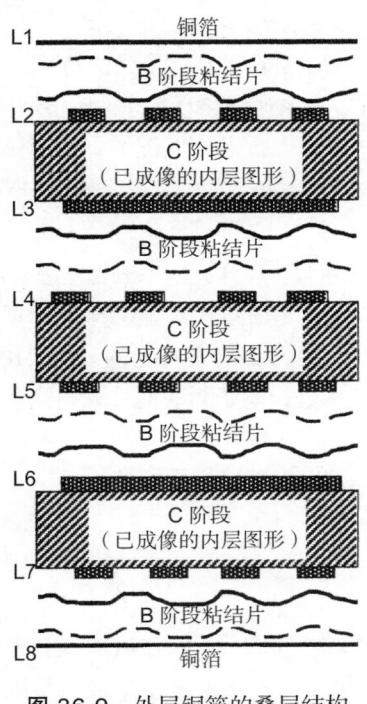

图 26.9 外层铜箔的叠层结构（8 层 ML-PCB）

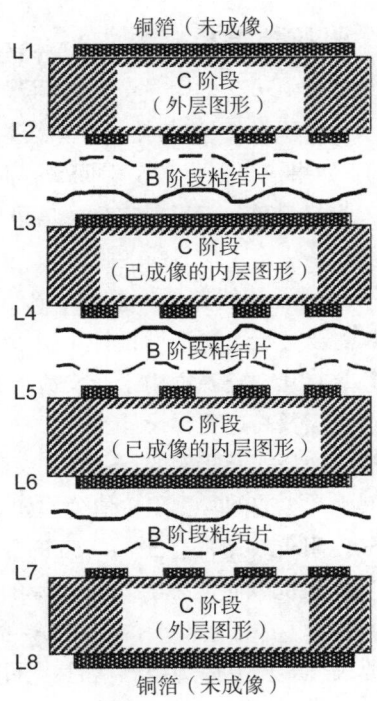

图 26.10 外层使用覆铜板的叠层结构（8 层 ML-PCB）

外层采用覆铜板设计的主要缺点是良率低。这是因为在内层图形转移、蚀刻、退膜和棕化阶段，必须对外层铜箔进行保护，后续工序还必须将外层铜箔防护层去除并制作外层图形。在各处理阶段，外层铜箔保护层都存在被划伤的风险，这会导致线路出现短路或开路缺陷（短路还是开路取决于划伤发生的工序）。

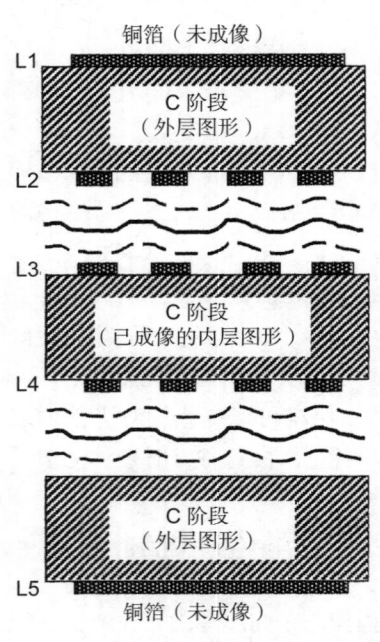

图 26.11　外层使用覆铜板的奇数层叠层结构（5 层 ML-PCB）

3. 奇数层叠层结构

当信号线路需要更大的介电空间时，就要采用奇数层叠层结构。与外层采用覆铜板的叠层结构类似，奇数叠层结构采用了一个未成像的单面覆铜板。单面板材料容易获得，但需要注意的是其没有结合性。当单面覆铜板由板材供应商提供时，无铜面往往会比较光滑，结合性差，因此无铜面需要进行特殊处理。另一种获得单面覆铜板的方法是将双面覆铜板的一面铜蚀掉，这样蚀掉铜的一边就成为了结合表面，铜牙形成的粗糙度使其具有更高的结合性。图 26.11 给出了一种奇数层叠层结构的例子。

外层单面覆铜板奇数层叠层结构的使用出于以下考虑。

奇数层结构选择　为奇数层的电路设计提供了机会。

奇数层芯板平衡　奇数层板叠层结构的主要问题是如何维持芯板结构的平衡。根据叠层板厚和层数，结构平衡是减小翘曲的重要因素。图 26.11 给出一个奇数层板采用 3 张相同厚度覆铜板的叠层结构。

26.3.3　阻抗控制叠层

ML-PCB 中包含的阻抗受控信号线的数量很重要。ML-PCB 中信号线的特征阻抗值用欧姆（Ω）表示。有源元件、连接器及传输线路也有特征阻抗。在高速线路环境中（典型情况：$2 \sim 3$MHz 及以上），如果信号能量被反射回来，而没有被传输，说明阻抗是不匹配的，即阻抗不连续。也就是说，为了避免由于反射产生的信号损失，所有的特征阻抗应当匹配。信号线与周围电源 / 地层的物理关系决定了信号线的阻抗。

为了维持设计线路的完整性，阻抗控制叠层需要遵守特定的生产规范。进行阻抗控制的 ML-PCB 需要进行可制造性设计（DFM），需要设计者与制造者进行沟通，避免出现可制造性问题及误差。有几个资源可用于开发适当的制造参数，以保证产品满足特定的公差。IPC-2141《控制阻抗电路板及高速逻辑设计》、IPC-317《使用高速技术进行电子封装的设计指南》是两个包含不同阻抗匹配公式及实例的行业标准文献。

典型生产工艺的常见阻抗值公差如下：

- 50Ω 阻抗线通常有 5% ~ 7% 的公差
- 75Ω 阻抗线通常有 12% ~ 15% 的公差
- 100Ω 阻抗线通常有 17% ~ 20% 的公差

当要求公差比上述规定严格时，叠层及蚀刻就变得相当重要了。ML-PCB 设计资料中应该明确说明设计要求。说明一种阻抗要求的最好方式是使用图注，而不是使用尺寸界限，固定尺寸界限并不利于制造商基于制程情况满足最终的要求。

建议设计者在制造前进行阻抗设计过程的软件建模时与制造商进行确认。目前有数款较好的商用模拟软件，有一些软件可以免费获得。然而，最好的方法是通过实际过程验证软件模型模拟的结果。最常用的验证方法是使用测试附连条。附连条应该能够精确代表叠层结构，为得到可靠的测试数据，需要几个特殊的先决条件。图 26.12 为一个典型的阻抗附连条叠层结构。需注意的是，附连条上的信号线参考层是短接在一起的，而模拟信号线是绝缘并远端开路的；信号线通常的最小长度是 6in（不同测试设备的要求有差别）；测试附连条的外层测试孔，须与时域反射仪（TDR）设备的探头匹配。IPC 测试方法 IPC-TM-650 2.5.5.7 给出了建议间距，但是最好与设备供应商进行确认。图 26.13 展示了一些常用的阻抗模型。

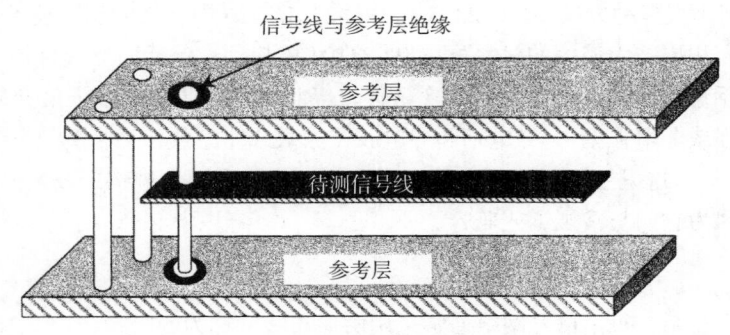

图 26.12　阻抗测试附连条的设计示例

影响特性阻抗的主要因素如下。

介质层厚度（H） 参考层与信号线间的距离是影响特性阻抗的主要因素。必须减小介质层的变化量，以最小化其对阻抗容差的影响。决定信号层 - 参考层间使用覆铜板还是粘结片，在叠层设计中非常关键。同时，玻璃布规格的选择也变得很重要，因为玻璃布规格及树脂含量对介质层厚度有不同程度的影响。

导体宽度（W） 由于生产问题，批次间导体宽度会有波动。因此，生产阻抗受控线路时，需要采取过程控制措施。周围临近线路的密度会对蚀刻线宽产生一定影响。通常，改变底片上的产品线宽有利于消除误差。

介电常数（D_k） 选择介电常数一致的树脂体系材料，对高频时的特性阻抗有一定影响。对于高层 ML-PCB 设计，介电常数的影响变得至关重要。树脂体系的介电常数 D_k 越低，板子的总体厚度就会越小。通常情况下，介电常数是材料的固有特性，制造过程几乎不会对板材的介电常数产生影响。因此，设计者 / 制造商掌握板材树脂体系的 D_k 范围是很重要的。需注意的是，不要使用纯树脂的 D_k，而要用复合后板材的 D_k，该值会随玻璃布规格发生变化。这就是常说的有效介电常数 D_k（Eff Dk）。

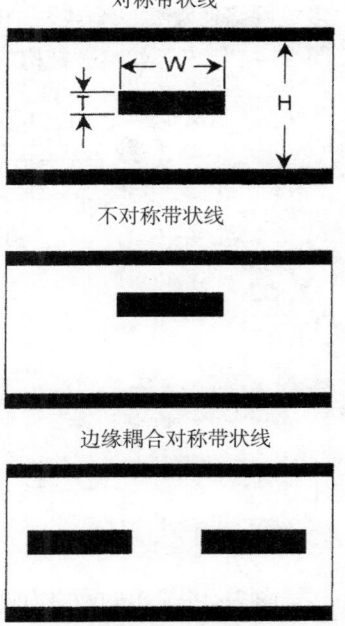

图 26.13　常用的阻抗模型

导体厚度（T） 导体厚度或铜箔厚度也会影响最终的阻抗值。因此，与导体宽度类似，制造过程中的偏差对阻抗精度也有不利影响。一些现代软件模拟工具，如 Polar 公司的软件，模拟计算过程中需要包括导体的剖面轮廓。采用厚铜制作线路时，这一点就尤为重要。并且，应该尽量避免将阻抗线布设在需要电镀的子板面，以避免增加铜厚的不确定性。

对于外部阻抗线或需要电镀的内层阻抗线的子板，动态补偿可以缩小线路密集区域与线路稀疏区域的电镀铜厚差别。这可以增加制造商生产阻抗板的一致性能力，使产品的阻抗在很小的范围内波动。

26.3.4　顺序层压

当设计有盲埋孔时，通常需要顺序层压和电镀。该技术在 IPC-2221/2222 设计标准中定义为类型 4 ML-PCB。当使用行业标准的特征尺寸时，该类型在工业上是比较成熟的。利用顺序层压制作含 0.15mm 以下微孔的 ML-PCB，被称为积层技术。积层技术包含多种叠层设计，可以有多种形式，并且可利用很多种方法。IPC-2315 和 IPC-2221/2226 中定义的积层技术包括类型 Ⅰ、Ⅱ、Ⅲ、Ⅳ、Ⅴ、Ⅵ。积层技术使用的材料可在 IPC-4104 中找到，包括层形成材料、介质绝缘材料、互连材料，还包括感光型或非感光型材料（液体、糊状物或干膜等非增强型介质）、涂敷黏合剂的介质材料（增强或非增强型）、导电箔和导电胶（涂敷或非涂敷，感光型）。这些工艺的详细描述参见第 22、23 章。这里主要讨论标准的类型 4 的工艺及采用先进积层技术制作的类型 Ⅰ、Ⅱ和Ⅲ ML-PCB，因为它们与常规工艺兼容。

1. 埋孔叠层

为避免布线太复杂，每个信号网络通常采用两层布线，称为曼哈顿结构。这意味着可以避免倾斜布线，所有的信号线在水平或垂直方向布线。为了避免布线堵塞和线路层间串扰，一般采用一层水平布线、另一层垂直布线的方式。这就意味着，除了网络每端需要一个导通孔（I/O 孔），多数网络还需要一个或两个额外的导通孔（布线导通孔），以将布线从水平方向变为垂直方向。图 26.14 给出了曼哈顿结构的例子。

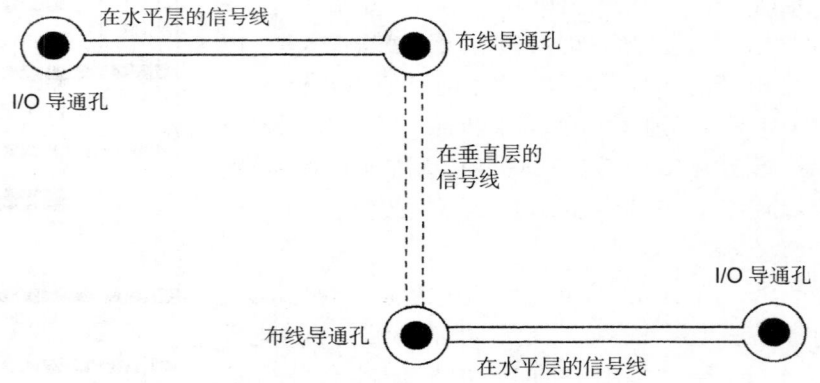

图 26.14　曼哈顿结构的应用实例

图 26.14 显示的网络有两个 I/O 导通孔和两个布线导通孔。I/O 导通孔将信号线连接至板面，通过网络形成有源电路的输入端和输出端连接。布线导通孔用于线路水平和垂直方向的走向转换。如果采用通孔贯穿所有层，会占用有用的空间。对于高层数板，很多信号层对通过导通孔布线。在这种情况下，增加层数并不能解决板内空间被导通孔占据的问题，应使用埋孔来解决问题。埋孔可连接相邻信号层，并不会对其他层的布线造成影响。图 26.15 为带有两层埋孔的 8 层板。

埋孔不贯穿整个板子，所以它们不会妨碍其他层的布线。此外，板内同一位置可以采用不同埋孔单元连接不同层间的信号线。由于埋孔加工是在层压前对薄芯板进行钻孔、电镀，所以孔径可以做得很小，且孔位精度很高，能够有效节约空间。在一些应用中，埋孔可以放置在任何需要的地方，不需要参考预先确定的网格。这种无网格布线方式可以实现非常高的计算机辅助设计（CAD）自动布线完成率。

为了实现埋孔设计，一对信号层对必须布在一张芯板的正反面。在图 26.15 中，L4 和 L5 层是采用埋孔设计的最佳选择。而图 26.10 所示结构，没有办法采用埋孔设计。由于电源 / 地层已经被分离出来，图 26.15 中展示的结构设计中有两个层对可以采用埋孔设计。对于非埋孔设计，最好在每个信号层对间布设一个电源 / 地层。这样可以防止串扰，并给阻抗线提供阻抗参考层。对于埋孔设计，需要使用另一个芯板来保证下一个信号层对间也能够采用埋孔。换句话说，要对高层数板设计中的每个信号层对使用埋孔，就必须在两个信号层对间

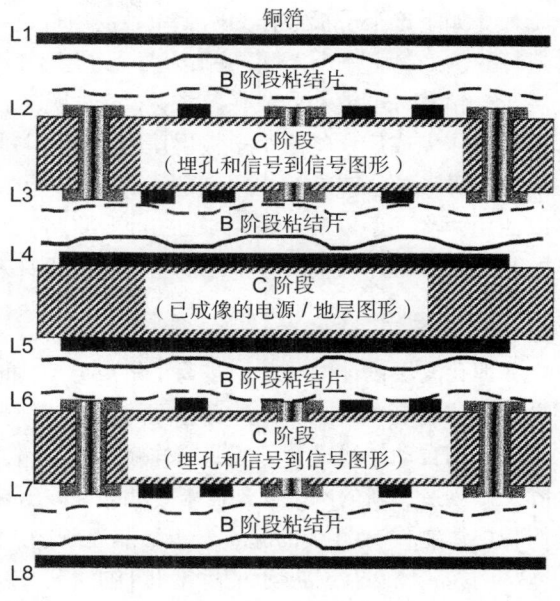

图 26.15　类型 4（8 层埋孔多层板），一个具有两个埋孔层的 8 层板

加入一个电源 / 地层，这会导致板的层数和成本增加。埋孔设计的另一个缺点是，钻孔、电镀的成本也增加了。

2. 盲孔叠层

另一种导通孔称为盲孔，可以用于外层和内层间的连接，而不需要贯穿到板的另一面。图 26.16 展示的是一个 8 层的采用盲 / 埋孔设计的 ML-PCB，埋孔用于 L5 和 L6 连通，盲孔用于 L1 和 L2 连通。埋孔可以采用前面所述的方法或盲钻的方法制作。当板两面组装密度非常高的时候，埋孔非常重要，它可以使两面的 I/O 不产生相互影响。如果这个问题很麻烦，可以使用盘中孔（VIP）设计方式或狗骨样式。VIP 法直接将盲孔放置于 I/O 焊盘上。狗骨设计将盲孔置于组装焊盘临近的焊盘上。

埋孔还可以保证层与层间的电气绝缘。这一点在无线设计中相当重要。在无线设计中，RF 电路必须与其他电路屏蔽开来。通孔会导致 RF 电场从屏蔽区域逃逸。盲孔能消除这个问题，允许 RF 的功能与逻辑及控制功能相结合。

盲孔的最终作用是，可以有效地将一个高密度的双面表面贴装设计转变为相对低密度的单面表面贴装设计。为说明这点的可能性，可以想象用一个两面都有小节距 SMD 的 ML-PCB，作为具有层间互连的两个独立

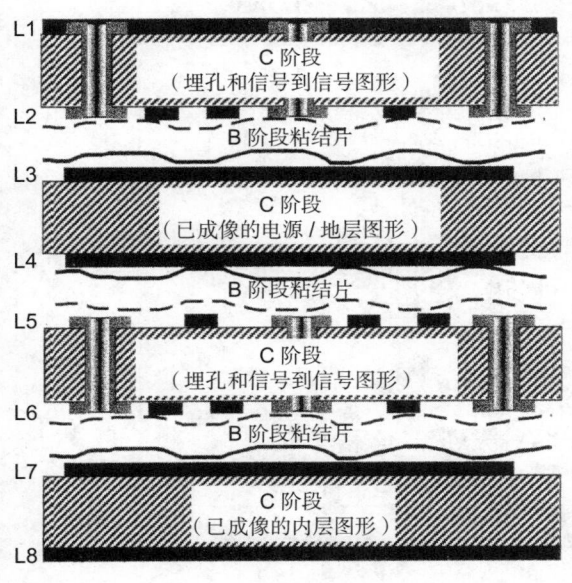

图 26.16　类型 4（盲 / 埋孔设计的 8 层 ML-PCB）：埋孔连通 L5 和 L6 层，盲孔连通 L1 和 L2 层

子板。如果这个子板被作为两个单独的组件进行制造，一面的 I/O 连接就不会干扰另一面的 I/O 连接。例如，将一个 16 层板作为两个 8 层子板制作。子板制作方法与标准 ML-PCB 一样，采用层压、钻孔、电镀和光成像等工艺。不同点在于，作为外层图形的一面全部被铜箔覆盖。内层图形制作完成后，将两个子板层压到一起并按标准 ML-PCB 工艺继续加工。该工艺是多次层压的另一种形式。该设计中采用的通孔相对较少，多用于顶底层的互连。由于每个导通孔区域可以使用两次，所以可以采用 100mil 网格代替 50mil 的，显著提高内层的互连效率。该结构类型的 ML-PCB 成本较高，多采用高密度布线设计。

3. 高密度叠层

埋孔叠层设计的出现，是为了解决 CAD 布线方案有限的信号布线问题。早期时候，类型 4 设计被认为是专用产品，具有标准的尺寸特征。随着更加复杂的 CAD 布线工具的出现，具有更高效率的自动布线成为可能，这样就可以尽量避免使用埋孔，节约成本。很快，高速 I/O、全矩阵元件创造了新的网络互连需求。如今，在 IPC-2221/2226 中被定义为具有埋孔的芯板，用于采用积层法制作 HDI 板的起点。正如前面所述，高密度设计与传统类型 4 的区分，就在于特征尺寸。例如，图 26.7 中展示的类型 II HDI 板，使用传统方式加工的类型 3 ML-PCB 作为子板（L2 到 L5），子板的镀覆孔在完成 L1 和 L6 后变为埋孔。微孔用于 L2 和 L5 的连通，通孔用于 L1 和 L6 的连通。微孔和通孔在一个制作周期中金属化。出于微孔连通和保证金属化工艺可制造性的要求，积层时应采用薄介质层，使层间距尽量减小。

图 26.17 ～ 图 26.19 给出了类型 I、II、III 3 种类型积层 HDI 结构的对比。在每种情况下，按顺序构造积层都增加了复杂性。通常情况下，积层法的每层都是信号层，铜箔较薄。涂敷非增强介质的薄铜箔（9 ～ 12μm）可保证镀铜后的铜厚很小，这有利于 HDI 板精细线路的制作。通过使用不同类型的介质，可以降低这类电路板的制造成本。结构类型必须满足产品预期的应用

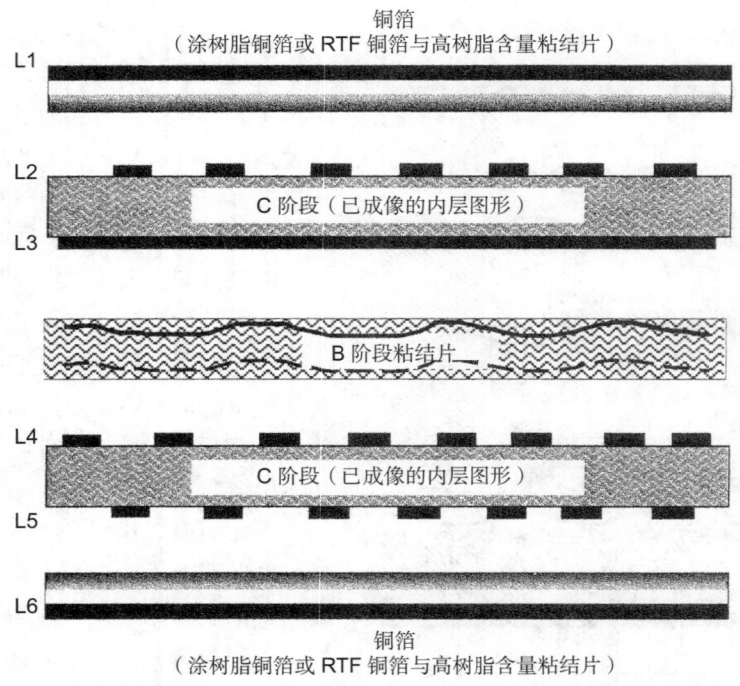

图 26.17 类型 I 给出的 6 层 ML-PCB 的 HDI 叠层结构

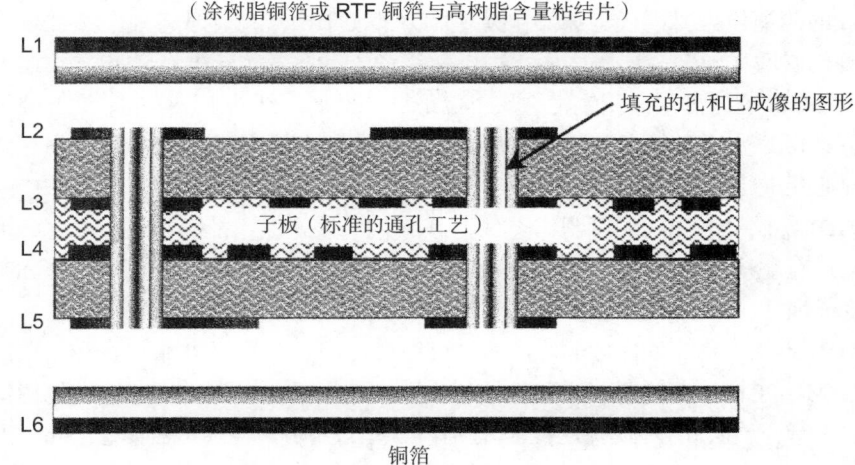

铜箔
（涂树脂铜箔或 RTF 铜箔与高树脂含量粘结片）

图 26.18 类型 II 6 层叠层，以含有通孔的 4 层板做子板，层压后成为埋孔

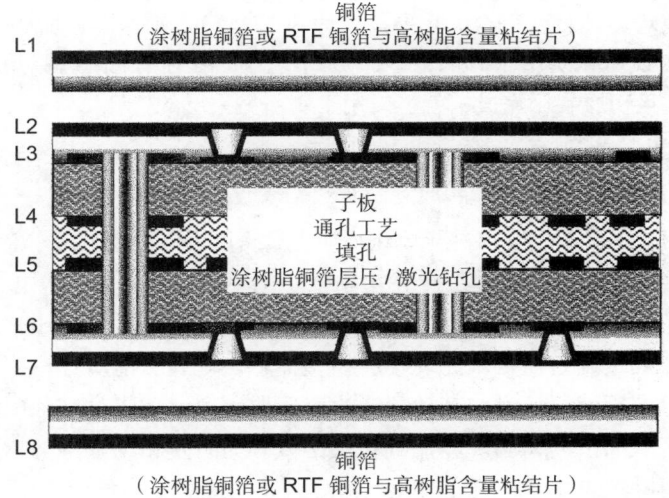

图 26.19 采用常规多次层压技术制作的类型 III 8 层 HDI

环境和寿命要求。为与面阵列元件的 CTE 匹配，要求在表面使用非编织芳纶层。树脂体系的选择需基于 CTE 是否匹配，如将一个陶瓷元件表面贴装到组件上。当 CTE 不匹配时，电源开启及关闭导致的热循环会引起装置提前失效。

为了获得具有目标特征的 HDI 板，工厂的工艺能力很关键。IPC 已经着手开发新的行业标准，以帮助确定规范及量化能力的限制。如成像、蚀刻、成孔、电镀及层压等生产工艺的要求较高，需要进一步提升。具有同样挑战性的其他工艺，还包括为了获取高密度特征的产品而进行的连续性测试。

类型 I HDI 叠层结构　图 26.17 展示了具有 HDI 特征的 ML-PCB 叠层实例。这种结构设计比较经济，仅需要一次层压。该类型 HDI 密度的增加，主要体现在图形和微孔的布局上。通过高密度布线，可以更好地利用板面区域。一般情况下，外层线路的介质层相对较薄。采用常规层压方式时，常使用涂树脂铜箔或黏附高流动性非编织芳纶粘结片的薄铜箔。目前已开发出特殊的非编织芳纶纤维板材，等效介质层厚度为 1.9mil。

9 ~ 12μm 的薄铜箔需要进行特殊操作处理。为了便于操作，有时将一个牺牲载体箔黏合在微米箔的外侧，以增加硬度。层压之后，可以使用激光钻孔及传统通孔钻孔方式加工微孔。根据所选的激光技术，有时外层采用铜箔叠层可能最好。例如，红外（IR）CO_2 激光烧蚀法可以先在外层铜箔上进行开窗处理（蚀刻出孔径大小的开窗图形），以提高对位精度。用一个金属化工艺对所有的导通孔进行电气连接，与顺序层压相比，这降低了成本。

类型 II HDI 叠层 当一次层压制作类型 I HDI 的布线密度不能满足要求时，必须采用标准 ML-PCB 技术进行顺序层压。图 26.18 给出了类型 II 叠层结构，中间是一个带通孔的 4 层子板，二次层压后变成埋孔。

类型 III HDI 叠层 当布线密度非常高时，可能会使用类型 III HDI 结构。在复杂性上，由于需要重复常规 ML-PCB 处理过程，导致额外的成本增加，因此应当优先考虑其他替代方法。可通过其他方法进行介质层和导体层积层，选择前应当先与制造商沟通。需注意，与生产相关的制造工艺对 CAD 选择的布线设计规则有很大影响。图 26.19 诠释了如何利用常规层压技术制作类型 III HDI。这里，芯板是一个 4 层板，与之前讨论的类型 II 叠层结构类似。第一次积层的工艺与类型 II HDI 的类似。与其他积层法铜箔一样，铜应尽可能做薄。如果通过感光成像 / 蚀刻制作高密度线路，电镀均匀性就变得至关重要。在完成 L2 与 L7 制作后，最后层压形成 L1 和 L8。因为子板没有通孔，最后积层层压时铜箔上涂敷的树脂或粘结片上的树脂足以填充微孔，并可以再在上面布线。一旦积层层压完成，就可以用于制作另一层的微孔。

26.3.5 填孔工艺和顺序层压

大多数情况下，高密度布线要求进行填孔。使用高密度面阵列元件时，板上局部区域每平方英寸上通孔的数量急剧增加。对于通孔占用空间的问题，埋孔或盲孔是常用的解决方法。

除非提前填孔，埋孔将在层压过程中被填充。填孔所需树脂量取决于孔径、孔长和孔数。根据直径、长度及总体数量确定需要填充埋孔的树脂体积。埋孔可能贯穿一张芯板，也有可能连通着几张芯板，并且在后续层压时与其他层通过介质层隔离。如果粘结片中没有足够的树脂用以填充埋孔，埋孔区域周围的树脂就会流到盲孔区域。为阻止粘结片中的树脂进入埋孔，通常需要在积层层压前用树脂或导电胶填充埋孔。部分组装元件的结构设计需要盲孔焊盘表面平整，这种 VIP 结构组装焊盘可以节约空间，并增强高频信号的完整性。提前用填孔树脂对内部埋孔或 VIP 盲孔进行预填，可增强互连结构的稳定性，并提高层压后盲孔表面的平整度。

1. 填孔材料

既然填孔材料是一种附加的制造原料，并已作为结构设计的一部分，就需要采购文档指定的填孔材料类型及填孔工艺。填孔材料的选择和文档说明需要与板材同等对待。这对于处理无铅兼容工艺尤其重要。现如今，并没有关于填孔材料的行业规范出台。因此，应该对具体填孔材料型号进行书面指定，或使用者与供应商间必须在其他某种形式上达成协议。对于填孔材料的类型，PCB 制造商有优先选择权。正如供应商可以选择特定品牌的阻焊，制造商也喜欢使用制造工艺成熟的填孔材料。供应商可以根据具体填孔材料得到的便捷性、设备兼容性、工艺可支持性、可电镀性及储存 / 开罐寿命等特征进行选择。这可能会使资源的选择变得复杂化，或者会影响填孔工艺专门服务中心的运行。对于给定的导通孔结构和终端使用环境，制造者通常很难知道所选材料的可靠性。

　　使用者很难确定不同填孔材料的性能。从供应商提供的数据资料清单上可以获得填孔材料的部分性能，而其他部分性能很难获得。例如，许多制造商的数据资料清单省略了模量。表 26.4 为一些常见类型的填孔材料对比，其特征及性能数据或许可以在特定厂商的网页上获得。

表 26.4　常见填孔材料制造商及材料性能

制造商	类　型	材料代码	铅笔硬度	颜色 &可电镀性	导热系数 /[W/(m · K)]	T_g/℃	T_g 下的CTE/ppm	T_g 上的CTE/ppm
Peters	非导电型（陶瓷填充）	PP 2795	9H	白色 &浅灰色①	N/A	140	40	150
Peters	非导电型（陶瓷填充）	PP 2794③	N/A	白色①	N/A	115	40	105
SAN-EI	非导电型	PHP-900IR-10F③	N/A	白色①	N/A	160	32	83
Taiyo	非导电型	TCHP-200DB4(双组分)	8H	绿色①	N/A	130	24	78
DuPont	导电型	CB-100铜 / 银	4H	银②	3.5	115	35	47
Tatsuta	导电型	AE 3030铜 / 银③	N/A	银②	7.8	171	40	86
Taiyo	导电型	SCHP-7901银	4H	银②	6.7	110	45	120

注：一些填孔材料与高锰酸钾的化学处理工艺不兼容，使用之前需要与特定的供应商进行确认。N/A 表示没有现成的数据。
① 与等离子体去钻污工艺兼容，需要化学沉铜。
② 与等离子体去钻污工艺兼容，建议使用传统的化学沉铜，但也可以使用直接电镀工艺。
③ 需要验证无铅工艺的兼容性。通常情况下，T_g 以上温度具有低 CTE 的高 T_g 材料的兼容性更好。

2. 关注点及常见缺陷

　　填孔结构的主要问题是工艺不成熟，存在潜在可靠性问题。这些问题包括镀层附着力、填孔空洞、与本体树脂 CTE 不匹配，以及填孔后过度磨板整平除去多余树脂的风险。由于排气，填孔时产生的气泡会影响孔壁的完整性；CTE 不匹配会对材料和铜箔的相互作用产生不良影响；填孔后磨板过度会磨损孔壁拐角，减弱与孔铜的连接。这通常称为包覆铜减少。缺少包覆铜将会导致在互连处留下一个对接接点，易产生焊盘浮离和孔壁拐角断裂。在行业中可以获取的这些结构的可靠性数据有限。由于没有切实可靠的可靠性数据，所以填孔方法的性能指标难以量化。此外，为了使用最具成本效益的填孔方法，制造者必须了解组装工艺及与目标任务标准的兼容性。鉴于以上原因，建议在生产前构建最终使用环境，对产品进行资格认证测试。

　　设计者需要注意特定填孔工艺中存在的潜在问题。即使对风险有了更深入的理解，也很难通过标准附连条检测出制造问题。通常很难发现结构完整性缺陷，直到潜在的缺陷出现，或者通过严格的热应力筛选使这些缺陷暴露出来。图 26.20 给出了同时与表层连接的采用导电树脂填充的两种导通孔结构（盲孔和通孔）实例。该导通孔结构不存在电镀互连缺陷，埋孔结构的制造不需要电镀盖覆铜。导电树脂填孔的典型特征是会形成空洞。

　　图 26.21 是非导电树脂填孔结构的特写，该图说明了非导电树脂电镀要求及表面平整度要求。该结构需要进行板镀，而不是单独地镀孔。图中可明显看出包覆铜界限，并且在电镀盖覆铜处没有发生分离。

　　图 26.22 展示了一些常见的失效机理，用于阐释有关填孔技术的风险。图片显示，填孔上电镀铜的结合力差，且孔口无包覆铜，容易产生分层。

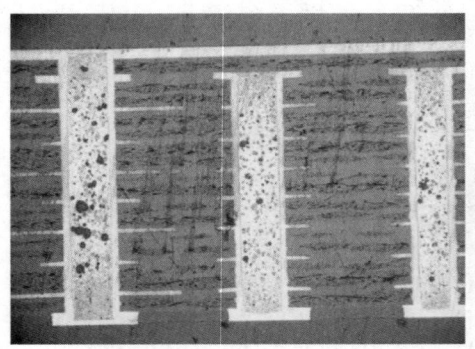

图 26.20　导通孔填充导电树脂的显微照片

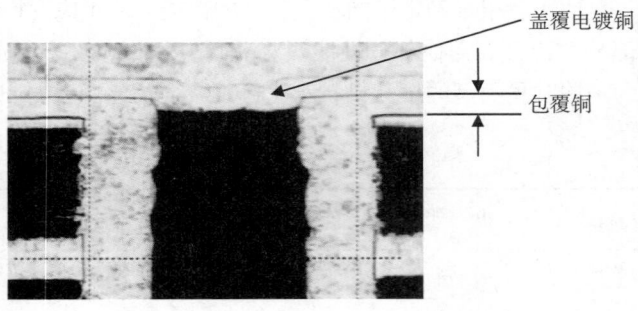

图 26.21　非导电树脂填孔结构的显微
照片，具有良好的电镀特征

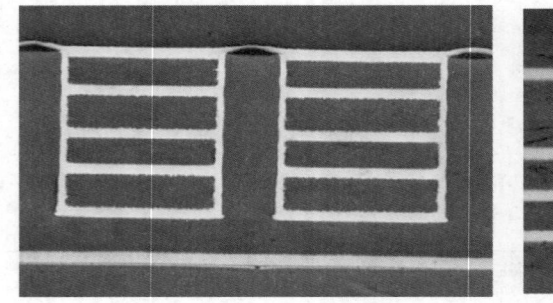
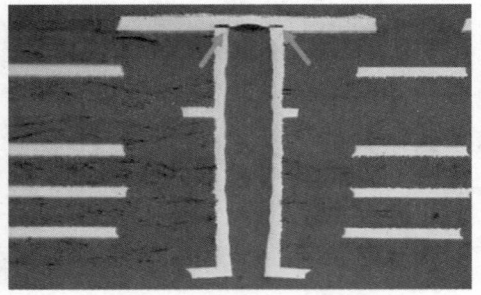

图 26.22　非导电树脂填孔缺陷的显微照片

3. 填孔工艺及流程

可以使用填孔流程图对典型制造流程进行调整。可以使用两个流程图说明典型的盖覆铜和非盖覆铜两种填孔工艺的差异。选择流程设计前，应先对盖覆铜和非盖覆铜填孔材料的可靠性进行测试。

当导通孔表面需要进行电镀时，填孔材料的可电镀性是需要考虑的主要因素。制造者应在其电镀过程中筛选各种填孔材料的兼容性，以确定金属化的完整性。流程图阐释了使用板镀工艺的制造方法。该工艺也可以修改为图镀方法。图 26.23 及图 26.24 说明了这两个填孔工艺，深色部分是关键步骤。

填孔预处理（电镀）　行业趋势表明，盖覆铜在某些结构设计中可能存在问题，填孔材料的可电镀性需重点考虑。在顺序层压或热应力条件下，填孔材料的脱气可能会导致金属分离。分

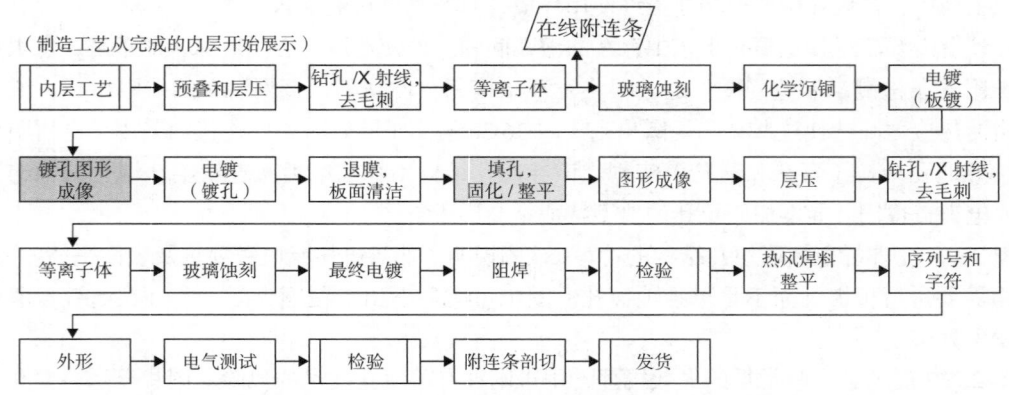

图 26.23　非盖覆铜工艺中填孔的流程（板镀 / 镀孔）

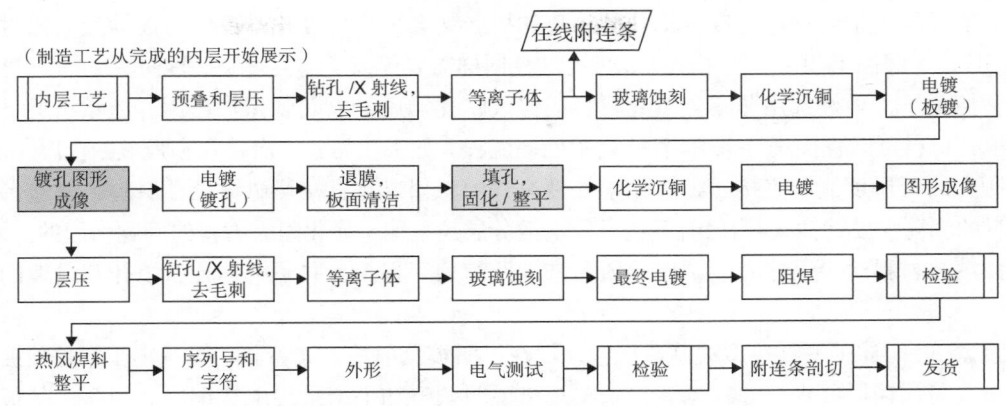

图 26.24　盖覆铜工艺中填孔的流程（板镀 / 镀孔）

层也可能是附着力小导致的，但这可以通过标准胶带剥离实验进行筛选。图 26.25 展示了电镀盖覆铜埋孔结构及发生分离的显微照片。

当填孔设计的主要目的是限制后续层压时树脂流到孔里时，可以不在填孔表面进行电镀。这时，填孔板进行整平处理后即可用于层压。图 26.26 展示了一种非盖覆铜埋孔结构，显微照片显示了非盖覆铜导通孔位置的层压分层。

这些技术都需要制造者了解填孔材料与基材体系及电镀工艺的兼容性。一般情况下，可以用简单的漂锡热应力分析和切片来验证工艺的兼容性。

在电镀之前，制造者必须了解填孔材料接受沉积层处理的能力。据报道，一些填孔材料与化学沉铜中的高锰酸钾化学处理工艺不兼容。早期的一些盖覆铜电镀结构失效就是该工艺导致的。消除高锰酸钾化学处理工艺可以避免这种不兼容。可以使用等离子体去污工艺进行电镀预处理。

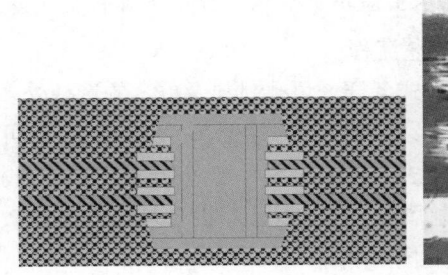

图 26.25　盖覆铜填孔结构

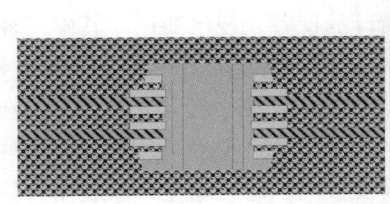

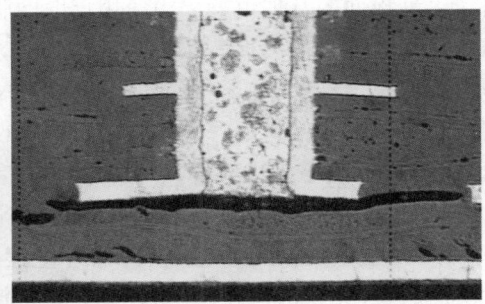

图 26.26　非盖覆铜填孔结构

但是，如果等离子体处理过度，填孔的陶瓷和树脂就会出现过度化学反应，而导致表面过度粗糙，尤其是在凹蚀工艺中。当第二次非填孔的孔同样需要等离子体处理和凹蚀时，就会成为问题。在这种情况下，最好选用非陶瓷填充材料或修改钻孔顺序，以起到保护作用。通常情况下，导电型填孔材料可以直接进行电镀，省略化学处理流程。如果还需要二次钻孔和板镀的金属化流程，那么所有的图形可能会直接暴露在化学处理过程中。如果是直接可电镀填孔材料，制造者应确认材料的剥离强度特性，因为已有案例显示电镀分层是直接金属化附着力差的问题引起的。因此，在选择填孔材料时，最好先绘制出导通孔结构所需的流程图，并了解钻孔、填孔和电镀的流程顺序。

图26.27阐述了一种典型的制造工艺，旨在说明填孔前的电镀步骤。第一个步骤是板镀，满足最小包覆铜铜厚要求，并根据客户采购规格说明调整和平衡最终电镀铜厚。因此，基板首先进行板镀，之后是镀孔。镀孔的一个优点是，可以将平整化过程可视化。镀孔的孔口铜厚，作为一种标尺，完全打磨后，任何多余的打磨都可能会导致板镀铜的减少。

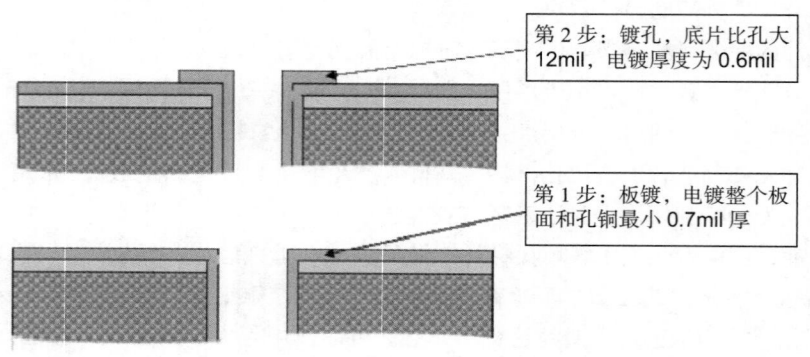

第2步：镀孔，底片比孔大12mil，电镀厚度为0.6mil

第1步：板镀，电镀整个板面和孔铜最小0.7mil厚

图26.27 填孔预处理电镀

填孔工艺 当填孔预处理电镀完成后，下一个主要步骤就是填孔。填孔材料主要分为两类：导电型和非导电型。图26.28给出了填孔的一般工艺流程。

根据使用的材料类型，具体的设备和技术也各式各样。填孔材料及方法的选择受多种因素影响，如材料成本、存储期、黏度、设备资源，以及处理板子的数量。一些填孔材料可以适用于多种填孔方法。图26.28给出了一些常用的填孔方法。应用的参数指南应当遵守各自材料供应商数据表中的规范。填孔可以说是一个需要技巧的工艺，其对设计、设备性能等参数较敏感。根据所使用的技术不同，不同的应用方法都有各自的优缺点。

当制造者采用丝印填孔时，需要采用开窗比导通孔尺寸稍大的模板进行印刷，从而避免多余的填孔材料覆盖到板面的其他位置。当使用点图网版（圆点掩膜开窗比镀覆孔略大）印刷，和使用带有比电镀孔大的垫板模板填孔时，会产生半球形填充凸起。这些凸起可以作为与镀孔孔口凸盘类似的可视指示器，以监测表面的整平情况。其他方法包括改良的滚轮涂敷法，用橡胶刮板将在制板表面的多余材料刮掉。专门用于填孔设计的设备，现已商用。其中一种机器使用压力辅助喷射的方法在真空中将材料填充到孔中，其主要优点是减少了孔内空洞。

图26.29展示了非盖覆铜填孔结构形成过程的实例。图中注明了镀孔孔口凸起铜在整平过程中是如何被消除的。工艺开发的目标应该聚焦于电镀沉积的方法，以优化对整平过程的控制。这意味着，无论使用怎样的电镀方法，都必须了解在制板上沉积层的厚度，以及作为整平结果去除的沉积层厚度。在整平打磨前后，建议采用简单的涡流测量法对板面多个位置区域的铜厚进

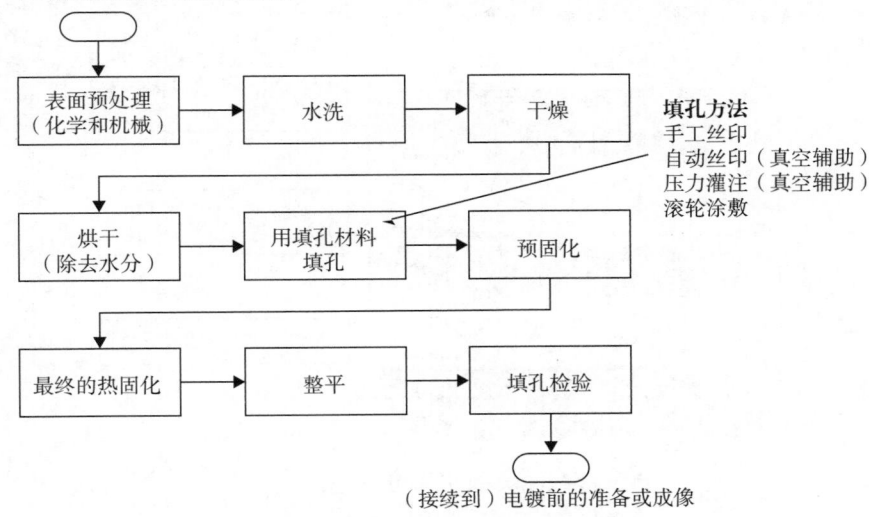

图 26.28　通用的导通孔填孔流程

行测试。

　　整平完成后，板子便可以根据其结构类型采用特定的处理工艺来完成图形转移和蚀刻。电镀方法的选择，应该根据表面图形及结构的难度。如果同一表面需要进行多次填孔，则往往需要多个电镀周期。过度电镀铜会使图形制作变得复杂，因此基铜厚度应该尽量薄。图 26.30 说明了在填孔材料上进行盖覆电镀的方法。要注意需要蚀刻的铜厚是如何快速增加的，它使图形制作变得困难。

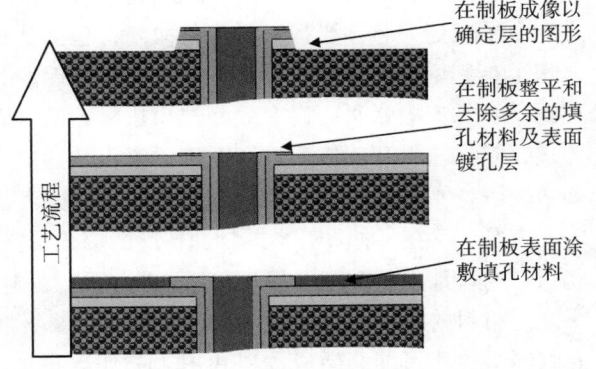

图 26.29　非盖覆铜填孔及整平

4. 规范说明

　　IPC-4761《印制电路板导通孔结构防护的设计指南》包含许多技术的组合，增加了一种用于塞孔、盖孔、表面覆盖或填充导通孔结构的材料。许多这样的技术都用于第 1、2 级硬件上或作为主要关注点的 PCB 组件上。与填孔相比，IPC-4761 标准中的许多孔防护方法的成本、制作难度相对较低。建议设计者在布线及选择设计方法之前，查询 IPC-4761 表 5-1 中包含的应用指南，以缩小选择范围。本部分描述的填孔技术属于类型 Ⅴ~Ⅶ。由于可以得到这部分的可靠性数据，所以集中研究这些类型的基本性能要求。

　　IPC-6012《刚性印制板的鉴定与性能规范》中引入了关于最小包覆铜的要求。规范确定包覆铜最小厚度为 0.0005in，通过横截面图验证。由于过程铜厚的不均匀，这个值可以认为是一个保守值。对比数据显示，板周边附连条的测试结果很少能与实际产品的测试结果一致。很难做到在整个在制板上保持平整度的一致性，因此设立一个保守值以保证各部分包覆铜厚度能满足要求。由于增加的制造步骤可能会导致额外的制造风险，搜集的可靠性数据也支持该值。然而，MRB 评估结果显示，在一些终端应用环境中，厚度低至 0.0002in 的包覆铜也可以满足要求。

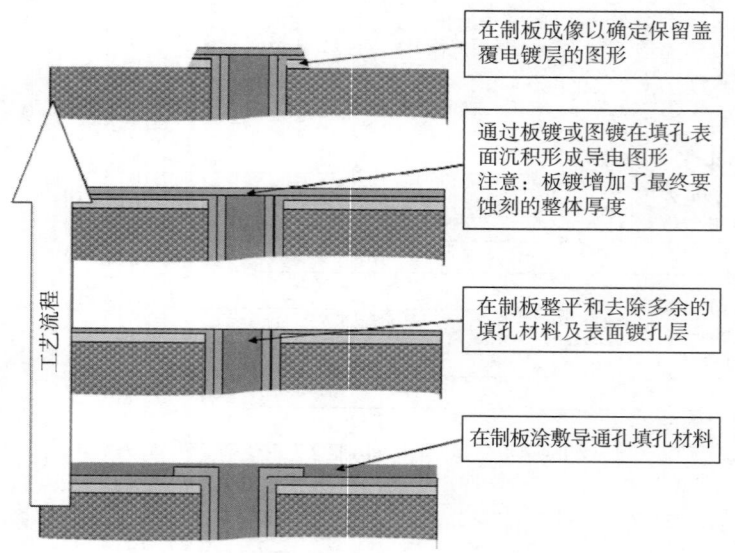

在制板成像以确定保留盖覆电镀层的图形

通过板镀或图镀在填孔表面沉积形成导电图形
注意：板镀增加了最终要蚀刻的整体厚度

在制板整平和去除多余的填孔材料及表面镀孔层

在制板涂敷导通孔填孔材料

图26.30 填孔盖覆铜及整平

5. 注意事项

不能低估填孔制造的可靠性。需要重点研究填孔工艺，明确包覆铜与降低填孔整平风险的关系。由于互连完整性受损而报告的故障，包括从早期的组装失效到潜在的现场失效，这些失效机理很难利用标准的性能验证方法来筛选处理。即使是组装后的环境应力筛选（ESS），也不能达到足够的应力水平，以有效筛选出边际产品。因此，一些使用者明确要求对每批裸板产品都要进行热冲击循环验收测试。对于无铅组装热应力环境，批量产品的验收变得非常关键，这就要求使用者要更加了解所选的填孔材料。

市场上存在多种具有不同物理特性的填孔材料。在图纸上指定一种具体的材料之前，有必要将材料与设计类型匹配。行业有意愿为填孔材料建立与 IPC SM-840 阻焊膜类似的性能规范。如果缺乏材料的规格说明，使用者应通过使用者 - 供应商协议明确可接受填孔材料的品牌。指定填孔材料的过程可能会使成本和 PCB 制造难度增加。过程中的人工成本差异相对较小，而材料成本变化较大。部分导电银浆填孔材料的价格差不多是非导电填孔材料的 2 ~ 5 倍。粗略估计每块在制板增加的工艺时间、材料（非导电填孔材料）成本为 25 ~ 50 美元，不包括工程费用或最低收费。

对于可靠性影响的判断，更多取决于供应商在不降低电镀互连性的前提下成功处理在制板的能力，而不是填充材料的型号。这也与制造商对具体填孔材料的金属化能力有关。行业报道的最大量的失效，都与整平处理工艺有关。出于这个目的，商用高效的整平设备已经进入市场。由于填孔工艺的快速引入，而工艺流程不成熟，许多供应商需要用改造的去毛刺设备或完全用手工砂纸打磨的方法。即使是使用自动化整平设备，对于厚铜或刚挠结构的设计，选择填孔工艺时也要仔细斟酌。任何会在板面产生压印图形的结构，对整平工艺都不利。导通孔位置的板厚往往会比无铜区域厚几密耳。高度的变化并不能很容易地识别出来，但是对于生产均匀的砂磨表面是有问题的。此外，厚度在 0.5mm 和以下的薄板、软质材料或非玻璃布增强材料，在整平处理时会出现变形。

随着更多的设计趋向于选择高密度布线方案，预计填孔技术的使用会不断增加。第 3 级硬件填孔工艺逐渐成熟，但这也正是被可靠性问题影响的细分市场。许多终端用户在吸取教训后，迅速推出了自己的填孔技术规范。使用者定义的规范通常不会将自己局限在可制造性层面，因此对填孔技术的考虑应该是设计布局周期中 DFM 意见交换的一部分。使用者与供应商必须紧密合作，了解选定的填孔技术对采用的各设计结构的影响。

26.4 ML-PCB 工艺流程

26.4.1 流程图

将多层印制线路产品的制造处理流程可视化是必然的趋势。流程图有助于制造者绘制出板子的多个制作路线。图 26.31（a）工艺 1 ~ 4 是以内层图形制作为起点的典型工艺流程。图 26.31（b）是层压及钻孔之后典型的成品板工艺流程图。图 26.32 中提供了代表 HDI 产品后续可能需要的 3 个额外的工艺。差异在于工艺 5、6 和 7，它们指代不同的 HDI 类型。

26.4.2 内层芯板

多层板是由内层芯板经层压获得的。

1. 文档和规格

ML-PCB 的设计文件应指定制造工艺中使用的具体材料体系。通常情况下，材料可以通过 IPC-4101 的标注或斜线表指定，如 IPC-4101/24。在绘制的工程文件中，还需要说明铜厚规格要求。IPC-4562《印制板用金属箔》给出了不同规格铜箔的应用指南。通常术语对小于 $1oz/ft^2$ 的铜箔以公制的微米厚度来衡量。使用最多的铜箔是 E 型标准电解铜箔，其电解沉积的质量是 $1oz/ft^2$（IPC-4562/1），标称厚度是 1.35 mil（35.5μm）。

2. 铜 箔

大电流应用需要使用 2oz 甚至更厚的铜箔。对于 3oz 或更厚的铜箔，处理困难随之增加。具有低电压及主要考虑信号传输的高密度电路设计，可以使用更薄的铜箔，如 18μm 或更薄。在埋孔设计的多次层压中，制造商必须使用薄的基铜箔，以提升图形制作的精度，如需要控制阻抗的线路。

铜箔通过电解沉积方法进行生产，生产时铜沉积在旋转滚筒上，从而获得粗粒度的柱状铜箔。出于箔处理工艺的成本考虑，一般铜箔厚度按公差的最小值控制。对应铜箔加工速度，快速结晶形成的铜箔延伸性较差。延伸性是减少线路断裂的重要特性指标。通常情况下，标准铜箔在 3% 左右的延伸率处失效。IPC-4562/3 高温延伸（HTE）对铜箔延伸性有了一个微弱但很重要的改进，将延伸率从 5% 提高到 8%。类型为 HD-E（IPC-4562/2）的高延伸性电解铜箔的延伸率最小可以达到 10%。铜箔供应商也出售特殊的精细颗粒结构、经退火的或压延的铜箔。高延伸性铜箔被认为具有优良的蚀刻性能，可用于制作精细线路。

标准铜箔有铜牙的一面为粗面（背对鼓面），另一面为光面（鼓面）。使用附着力增强剂处理的粗糙表面，与 C 阶段介质层进行层压，以保证附着力。由于铜箔光面附着力较小，ML-PCB 制造商必须在层压前对铜箔光面进行处理，以增强附着力。双面处理的铜箔在两面均有附着力增强处理，适合大批量应用。虽然双面处理的铜箔不需要进一步的附着力增强处理，它仍有几个需要克服的工艺缺点：

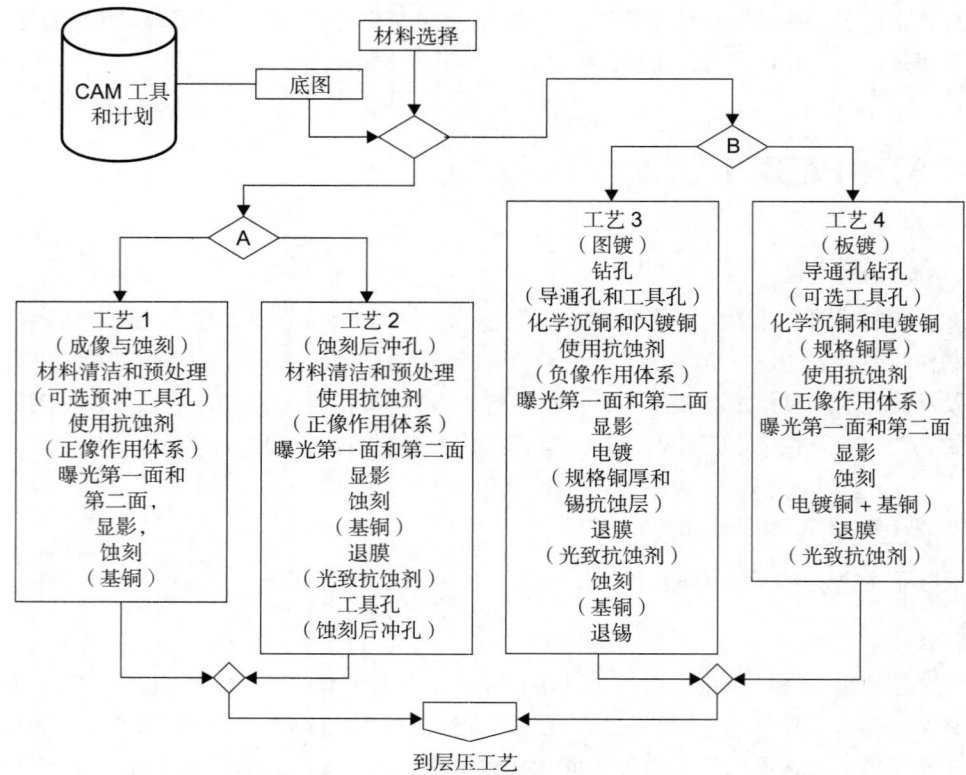

（a）从内层工艺开始的典型工艺流程 1 ~ 4

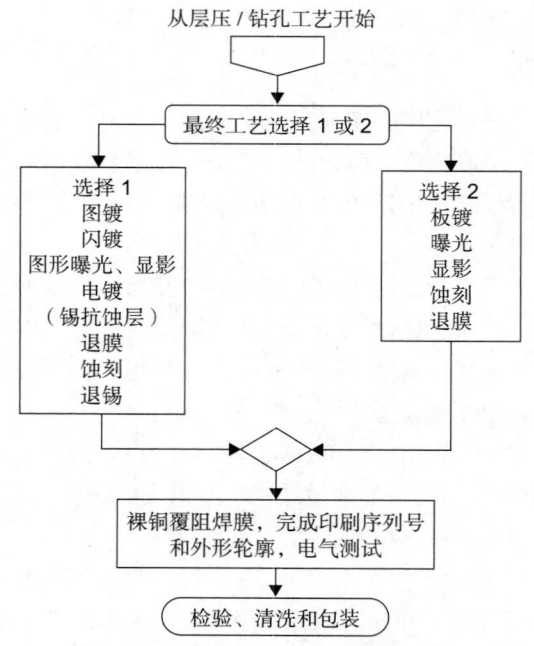

（b）层压及钻孔之后的典型成品板工艺流程

图 26.31 工艺流程图

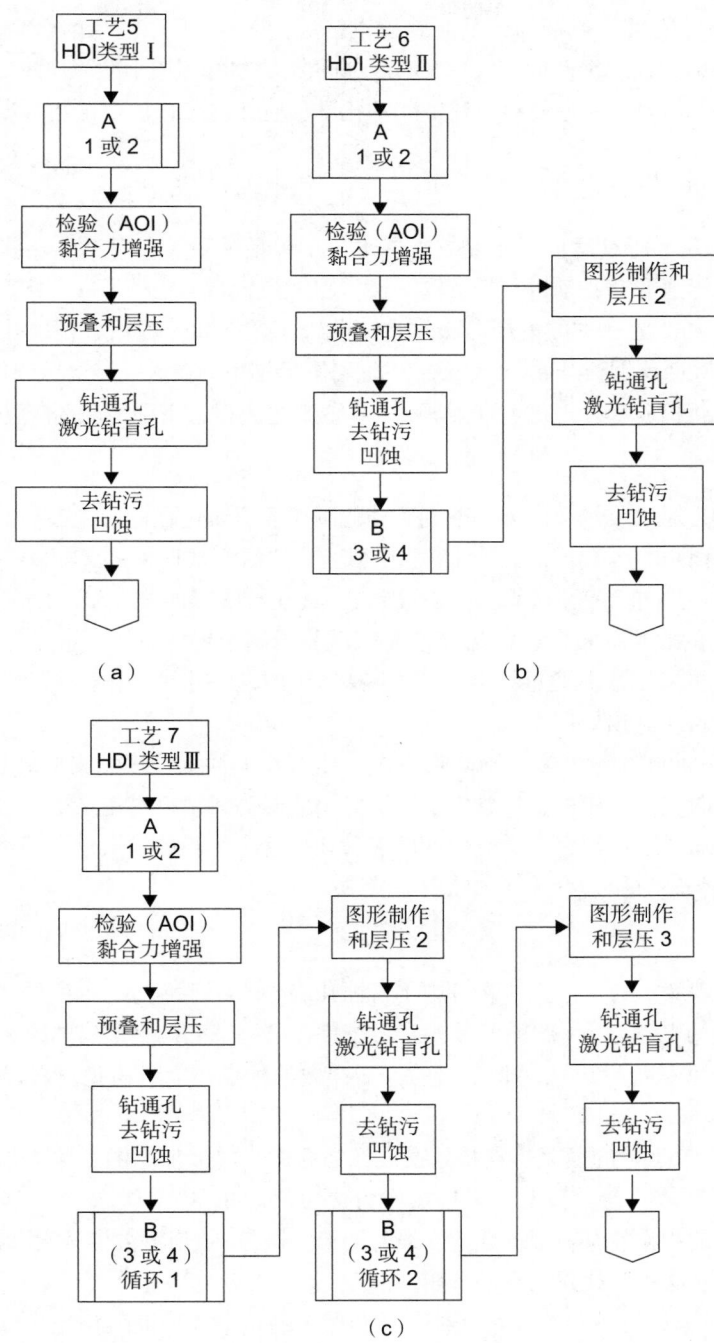

图 26.32 代表 HDI 产品可能工艺流程的图解。
工艺 5、6、7，指的是文中提到的不同类型 HDI 的工艺流程

- 清洁及材料操作的敏感性很关键
- 材料成本的增加抵消了通过减少流程节省的成本
- 在某种程度上比较脆，所以很难返工
- 完全的抗蚀剂显影很困难，这样会导致高的短路发生率
- 与盲埋孔制作时的电镀工艺不兼容

板材供应商提供的另一类铜箔，反向处理铜箔（RTF），对于生产精细线路有一定的优势。RTF 铜箔将附着力增强剂用于两面，在 IPC-4562 中的分类为代码 R（阴极面反向处理附着力增强，双面防污）。当铜牙反转后，制造商可以让蚀刻的化学反应在层压板表面停止，以提高线路的质量。

26.4.3 内层工艺

内层实际上是一个薄双面板。标准的内层工艺不包括镀孔，只有图形转移和蚀刻。盲埋孔及层压的芯板包含导通孔，必须进行板镀和图镀。图 26.31（a）展示了一个典型的 4 层内层芯板的流程图。工艺 1 和 2 为标准的内层芯板制造工艺，工艺 3 和 4 可用于含埋孔芯板或子板的制造。这 4 个工艺从双面覆铜板开始，到双面形成电路图形结束。在进一步层压制作 ML-PCB 之前，必须对图形电路进行检验和处理，增强附着力。4 种工艺流程适用于当前的各种材料体系。

1. 工艺 1 和 2

工艺 1 和 2 就是通过成像和蚀刻，蚀刻后冲孔制作无金属化孔标准内层板的方法。

工艺 1：成像和蚀刻 将光致抗蚀剂覆盖在板上。然后，根据预定义模式在板上冲孔，使其与层压模具匹配。随后进行图形曝光，使冲出的工具孔与图形匹配。曝光之后，进行显影和后续的蚀刻。该工艺的底片为负片，即曝光使光照区域的图形保留下来。显影后保留的抗蚀层可以保护铜，并形成电路图形。通过蚀刻工艺去除剩余的未被保护的铜箔，退膜工艺去除抗蚀层，此时图形就可以进行层压预处理了。

工艺 2：蚀刻后冲孔 该工艺的不同点在于层压板材的冲孔顺序。内层芯板被抗蚀层覆盖，并且曝光。在曝光时，图形层被底片分为顶底层对。此时为无销钉对位系统。之后进行显影、蚀刻和退膜。最后，通过蚀刻靶标光学对位冲出工具孔。这个工艺的优点是内层对位精度较高，这是由于它补偿了蚀刻之后压力释放导致的内层膨胀。

2. 工艺 3 和 4

图 26.31（a）中展示的工艺 3 和 4 可用于盲埋孔层对或层压芯板的电镀处理。这两个工艺代表了两种明显不同的电镀方法：图镀及板镀。需注意，这些工艺最终形成的图形也是通过工具孔对位的。工具孔通常是与导通孔同时钻出的。这样做的优点是，可避免材料尺寸的变化影响钻孔和图形的对位。

工艺 3：图镀 该工艺的显著特点是，在成像之后进行电镀加厚铜。该工艺需要额外的步骤保护之前的金属化区域。通常情况下采用锡作为抗蚀剂，并在蚀刻后退锡。需注意，该工艺适用于精细线路图形的制作。电镀选择性地在线路图形上进行，蚀刻工艺仅需除去基铜和定义线路，光致抗蚀材料的厚度必须与线路图形的分辨率匹配。

工艺 4：板镀 电镀沉积层覆盖在基板（在制板）的整个表面区域。光致抗蚀材料在电镀后使用，目的是保护电路图形和金属化导通孔。导通孔的保护被称为盖孔。选择的光致抗蚀剂材料必须具有盖孔特性，避免蚀刻时出现破孔问题。需注意，由于高电流密度电镀时的电镀边缘效应，该方法面临板镀均匀性的极大考验。由于基铜和电镀铜需要一起蚀刻，该方法很难用于精细线路的制作。此外，薄芯板进行板镀后会出现尺寸收缩。过程中应该通过实验对相关参数进行优化，以减小电镀铜的应力。

26.4.4　ML-PCB 的工具孔

ML-PCB 制造过程中使用的工具孔系统是工艺中最关键的环节，需要预先计划好。工具孔系统的投资很重要，且不易改变。需要制定计划，以确定基于 ML-PCB 的工具孔系统的灵活程度。ML-PCB 工具孔系统可以分解为 4 个方面：在制板尺寸规划、前端工具、工具孔的制作方法、钢板上的工具孔。

1. 在制板尺寸规划

第一个决定从本质上就是 3 种选择板尺寸的方法：整张大料或大型压板层压；基于标准在制板尺寸对整张大料进行开料；基于自定义（灵活的）在制板尺寸对整张大料进行开料。也可能利用其他设备，而不只是局限于一种方式。

大型压板　片料的尺寸可以是 24in×48in、48in×52in、1.5m×2m，或其他类似的大尺寸。这种方式适用于线宽和线距、孔与焊盘的比例中等或主流的技术要求。这种方式很适合大尺寸的PCB，因为太多小的 PCB 将留下许多空白空间，就浪费了整张大料或大型压板的主要优势。通常情况下，铜箔是标准厚度的。芯板主流厚度为 0.04 in（1.0mm）或以上，一些大型压板能够达到 0.002 in（0.05mm）。层压板通常是单树脂体系，而不是混压的介质结构。最常见的是环氧树脂体系，因为大多数的电气或热性能增强树脂体系可能没有大料的尺寸。

标准尺寸的在制板　在高端技术的 PCB 方面占主导地位。常见的在制板尺寸为 18in×24in，以及 20in×27in 或 21in×27in。尽量使用最小数目的标准尺寸在制板，以适应客户典型的 MLB 的主要尺寸规格。根据这些在制板尺寸，模具是完全固定的或模块化的。但是，如果没有新的刚性模具及冲模，其他新的在制板尺寸是不能使用的。通常有 4~8 个常用的在制板尺寸。这些尺寸都基于层压板制造商整张大料的 100% 利用率：例如，层压板制造商可能提供 36in×48in 或 42in×54in 的整张大料，制造商就可以预定（或从整张大料上开料）14in×18in、12in×24in、18in×24in 及 21in×27in 的在制板。系统就可以将模具标准化，使其具有最小数量的不同尺寸的刚性模具（如底板及分离板，参见 26.5.1 节）。该方法最适合先进的特征尺寸，将在制板尺寸限制到仅比 MLB 尺寸略大，这就降低一些难度，如在较大面积上的定位要求。固定在制板尺寸能很好地适用于混合介质结构及顺序层压板。较大的在制板尺寸如 24in×36in，接近大型压板的尺寸，并不常用，但是可以用于大批量板或背板制造。

定制尺寸的在制板　使用灵活的定制切割尺寸，可以最大化材料利用率，削减成本。标准尺寸与灵活切割尺寸之间的区别是，标准切割的在制板有有限数量的预定义尺寸，以及随后的刚性模具配置；灵活切割的在制板提供了一个尺寸的连续范围，因为模具不是固定的，而是高度可配置的。灵活切割在制板使用配对铆合来层压，而不是用销钉定位芯板、粘结片及铜箔来层压。许多设备可以同时提供这两种方法，请选择最适合手头产品的那一种。

2. 前端工具

ML-PCB 工具集的第一个层面通常被称为前端工具，或者简单的计算机自动制造（CAM）模具（参见 IPC-2514A《GenCAM[BDFAB] 印制板制造数据描述实施的分要求》）。GenCAM 格式旨在提供从 CAD 到 CAM 或从 CAM 到 CAM 的数据转移规则，以及与制造印制板及印制板组件相关的参数。IPC-2514 是 IPC-2511 的分要求《产品制造描述数据实施的通用要求和 XML 图表转换方法论》)。在前端，制造者使用一个 CAM 软件包生成所有底片、与之相关的计算机数控（CNC）电子文件（如用于钻机和铣床设备）、叠层结构，以及部分制造指示或"工单"。CAM

软件覆盖了每个电路层的加工图形，以产生与照相底版的对位。然后，照相底版图形被光绘成底片工具用于成像。几个重要的制造功能均可由前端工具实现。

设计规则检查（DRC） 使用一套具体的制造规则针对电子设计数据进行分析，是一种虚拟的可制造性设计（DFM）。这些规则的功能和属性都基于行业认可的与目标结构技术相匹配的数值。CAM 的默认值是由制造者作为技术文件输入的。这些文件应根据正在生产的 ML-PCB 的类型来使用，反映制造商的设备及工艺能力。

拼　版 为了在制造过程中获益，个性化设计的印制板在底片工具中进行排布及重复。拼版就是用于描述这种方法的术语。基本目标是，在一个在制板上生产出尽可能多的单元板。CAM 软件支持单一设计图形在选定的在制板尺寸内进行放置或嵌套操作。

底片生成（光绘） 一旦将设计格式化为所需的在制板拼版，就可为其制作工作底片。将 CAM 数据输出到服务器，服务器将数据转化为光绘设备可以识别的语言。光绘机将电路图形曝光在底片上。通常情况下，底片是带有银盐乳剂的聚酯膜，通过激光或光纤光源进行曝光。光源的分辨率直接影响成像技术类型的能力。需注意，当技术类型接近于 HDI 的特征尺寸时，可以使用替代底片的方法。这就是我们熟知的激光直接成像——图形直接曝光到产品上，不需要用底片。

CNC 钻孔和外形加工 钻孔和外形加工中的自动操作通常使用的机器通信方法是从作为 CNC 程序的 CAM 工具产生的。前端工具软件促进了 CNC 外形加工的组织及最优化。程序必须与生产工艺流程相匹配。当需要顺序处理时，必须将钻孔和外形数据分解到单独程序。当技术类型包括需要进行激光钻孔的 HDI 特征时，必须考虑特定的工具孔，以匹配激光设备的使用要求，如使用特殊的成像基准靶标或与钻孔位置对准用的特殊的圆点。

自动光学检测（AOI） 工具集的另一个层面是用以支持自动光学检测的数据配置。AOI 被认为是图形检测过程的一部分。当 AOI 设备支持 CAD 数据引用时，原始的设计数据（在底片中重现的）作为配置文件输出，将成像的电路层与原始设计的电路进行比较（对于检验的完整讨论可参见第 53 章）。

电气测试 工具集的最后一个层面是用于支持电气测试程序的电气设计数据的准备。在 ML-PCB 产品制造过程中，电气测试的目的是验证电路的连续性是否完整。测试所需的电气数据必须从电路图形中提取，除非提供一种包含连通性的单独网表。电气测试的标准数据格式是 IPC-356（也可参见 IPC-2515A《裸板产品电气测试数据描述实施的分要求 [BDTST]》）。

电气测试的方法主要划分为两大类：针床和飞针。针床测试的工具包括用于制造适用于探针夹具的输出数据（探针与电路网络进行接触）。使用飞针测试时，将网络数据输入机器，使用设备本身的软件程序配置来测试连续性及绝缘性能。

测试工具选择基于对 ML-PCB 数量和技术的成本考虑。对于短周期要求的样板，飞针测试方法可能比针床测试更合适。虽然飞针测试的产量比针床测试的低，但是飞针的成本低。当技术类型包括 HDI 特征时，由于针床测试网格间距的限制，只能选择飞针测试。高密度的测试要求也趋向于选择飞针技术（对于电气测试的完整讨论，可参见第 54、55 章）。

26.4.5　工具孔的形成

工具孔或槽的形状、尺寸及位置，取决于制造工程为给定设施确定的工具孔系统，有一系列的形成方法。工具孔尺寸及形状的直径范围是 0.125 ~ 0.250in，槽孔的尺寸是 0.187in × 0.250in。

内层机械对齐的常用方法是冲孔或钻孔，但是过程中形成工具孔的具体流程点要依据整体的加工方案而定。

1. 蚀刻后冲孔

在成像／蚀刻之后，可以用光学对准冲孔产生孔／槽。完成处理的内层靠边对齐放在冲孔机中，通过放置在基准靶标对角线上的一对相机，伺服系统将在制板对齐，使在制板变形产生的对位误差降低到最小，然后冲出工具孔。该过程用于在层压之前在板子上打出一套最佳的工具孔／槽。蚀刻后冲孔可以自动进行，因此它具有较高的生产效率，但是与简单的成套冲孔模具相比，速度较低。然而，不使用模具，通过成像获得的生产效率的提高，弥补了一些蚀刻后冲孔产生的生产效率损失。

2. 钻工具孔

当工艺流程遵循前面描述的工艺 3 和 4 时，工具孔可以被钻出。这就允许工具孔的形成与导通孔的钻孔同时进行。为了最小化将会影响最终对位精度的变形，建议钻孔程序按比例进行缩放。必须通过实验确定缩放比例因子。缩放有助于将生产过程中对孔实际位置的影响降到最小。或者，可以为成像过程产生额外的一套工具孔，之后进行蚀刻后冲孔操作，以最优化层压对位。

26.4.6 工具孔系统

对于内层工具孔的设计方案，有许多理论的阐述，这就导致了制造商使用的工具孔系统各不相同。多年来，许多工具孔系统不断发展，范围从板四周分布工具孔到中心轴线上仅有 4 个孔。工具孔系统需要大量的投资，因此值得进行周全的工程概念判断。由于转换早期的设计成本较高，许多商家很难移除构思较差的工具方案。因此，在选定一个方案之前，应仔细分析制造的产品结构及技术类型。

ML-PCB 制造中工具孔系统的主要用途是便于层压时的层与层对齐，同时为后续加工过程建立参考位置。工具孔的安排反映在前面提到的前端工具孔程序中。各部分图形的对位是工具孔方案的关键。在所有的处理步骤中，都有可能使用到主要的工具孔位置，有时工具孔也会用于引入二级参考孔。

图 26.33 展示了 3 种不同的模具方案。图 26.33（a）展示了一个被称为 4 槽孔的工具孔系统。

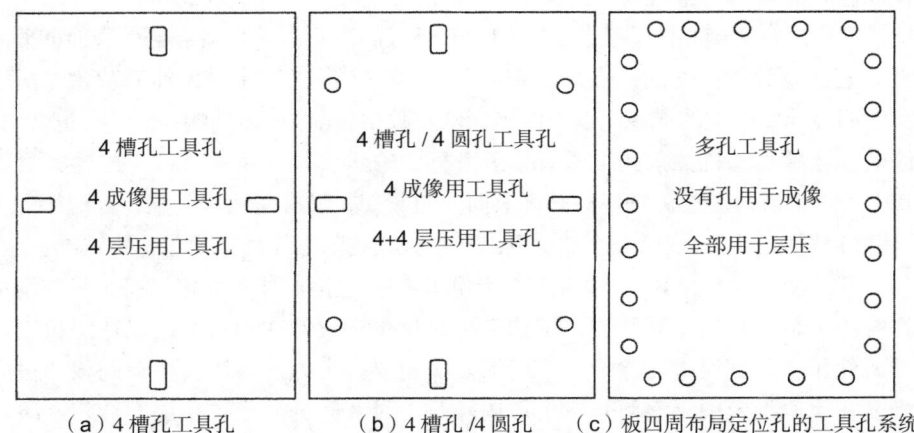

（a）4 槽孔工具孔　　　（b）4 槽孔／4 圆孔　　（c）板四周布局定位孔的工具孔系统

图 26.33　3 种不同的工具孔方案

这是一个很好的系统，因为 4 槽孔的使用允许加工胀缩。这 4 槽孔可用于检验及层压。图 26.33（b）展示了一个被称为 4 槽孔 /4 圆孔的工具孔系统。这在预冲孔系统中很常见，槽孔和圆孔都可以用于图形的成像、检验及层压。图 26.33（c）展示了一个板周围布满一圈定位孔的工具孔系统。这种类型需要慎重考虑。因为蚀刻后的在制板不得不在定位销钉处伸展，所以在层压时该方法存在不足。没有展示的第 4 种工具系统使用了长度适中的铆钉进行层间对位。铆钉可以被安排在图形区域的外侧，并不伸入钢板中。应根据在制板的厚度选择合适的铆钉长度。

26.4.7　成　像

1. 表面预处理

成像操作的第一步是表面预处理，以增强光致抗蚀剂的附着力。双面处理铜箔（DTF）及铜牙向上铜箔（RTF）对表面处理的要求相对较少。一般来说，需要用黏尘机去除板面灰尘及异物。对于"光面向上"（非铜牙面或光面）的标准铜箔，需要更有效的处理工艺。通常的选择包括具有传送带的水平化学清洗和（或）磨刷清洗。可以使用带有浮石粉或铝氧化物浆的自动设备。

另外，铜箔也可以用酸性 4F 沙浆浮石粉进行清洗。标准铜箔表面含有一层铬酸盐转化膜，用以防止存储过程中的严重氧化。PCB 制造时必须将转化膜及其他氧化物去除，以保证表面形成微观粗化。使用任何一种机械清洁方法时，一定要注意避免覆铜板变形（拉伸）——蚀刻图形后，应力会释放，这将引起图形位置的偏移。

2. 光致抗蚀剂

有干膜及湿膜两种形式的光致抗蚀剂。因为使用简单，通常选用干膜。对于内层埋孔，干膜更合适，因为很难在通孔中使用湿膜。干膜的主要缺点是，对表面杂物敏感，以及在表面处理不佳时会出现干膜剥离现象。

3. 干　膜

光致抗蚀剂膜的厚度通常是 1.5 ~ 2.0mil，也有特殊的较薄或较厚的干膜。为了解决细线路及板面凹坑问题，可用湿膜帮助填充表面凹陷。板面平整度和温度一致性同等重要。高密度线路应用经常使用对激光技术具有高灵敏度的干膜。

4. 液态光致抗蚀剂

液态抗蚀剂很适合印刷和蚀刻工艺。它们具有极好的附着力并且能够容忍表面的瑕疵，成本也相对较低。液态光致抗蚀剂的缺点是，它需要产生一个完美的涂层，外来杂物、漏涂敷、薄涂敷及退润湿都会导致严重的成像问题。湿膜涂敷过程中传输系统的抗蚀剂污染，也会引起问题。

滚筒涂敷　涂敷液态抗蚀剂的最便宜、最流行的方法就是使用一对包含压轮的滚筒式涂敷机，使用其中的一个或两个滚筒进行涂敷。滚筒间距紧密，具有精确切割螺纹。液体先黏附在滚筒上，之后转移到板面。好的滚筒式涂敷机可以产生极其均匀的涂层。通过仔细选择涂敷机参数，涂敷厚度差异可以控制到 0.1mil。一些滚筒式涂敷机使用上滚筒作为涂敷滚筒，将在制板在清洁的传送带系统中运输。在这些系统中，抗蚀剂可以烘干，或者在制板可以保持湿状态。其他的滚筒式涂敷机使用上下滚筒进行涂敷。滚筒涂敷机需要一个搬运系统夹持在制板的边缘，直到抗蚀剂干燥。在滚筒涂敷中，滚筒是一个薄弱环节。对齐问题会导致涂层不均匀。滚筒的瑕疵会在涂敷过程中产生重复的缺陷。磨损或不合适的切割凹槽会导致低质量的涂层。

帘式涂敷 通过泵送液体经过一个狭槽，形成液体瀑布来完成涂敷的操作。通过仔细控制狭槽的宽度、泵压及黏度，可以实现控制良好的液体帘幕。当在制板沿着帘幕移动时，一面就涂上了一层薄的涂层。帘式涂敷机可以产生高质量的涂层，但并不是所有的光致抗蚀剂都有适合帘式涂敷的合适黏度。

5. 感光成像

感光成像有 3 种类型：点光源泛光曝光、平行光曝光及直接曝光。大多数的泛光曝光机包含大型反射物覆盖的高紫外光（5000W）光源，将光均匀地分布在成像表面。底片及内层芯板间需要通过真空辅助硬接触。聚酯底片的银乳剂面与抗蚀剂直接接触。这就允许在没有平行光的条件下进行较好的图像复制。接触曝光的缺点是，会因接触不良而导致缺陷，存在建立硬接触所需时间导致的低生产效率及底片损坏的潜在危险。另一种方案，平行光曝光，一种非接触式的曝光方法，将底片放置在内层表面上的一小段距离处，利用平行光进行曝光。平行光曝光使用一个带有反射镜的高紫外光照射器，将强光直接反射到内层芯板上。这种方法有利于高度自动化。曝光湿膜层必须使用非接触式曝光。非接触式曝光的缺点是，不完全平行会导致分辨率下降，以及对底片上的灰尘及划痕极度敏感。

直接成像是需要高密度线路及间距特征的产品的常用技术选择。在这个工艺中，电子数据输入到直接成像机，而不是被用作生产底片。直接成像通常采用激光输出，通过一系列在 *X-Y* 轴上操纵的开 / 关脉冲进行图像曝光。由于光致抗蚀剂灵敏度（敏感度）的原因，该工艺的良率有限。

26.4.8 显影、蚀刻及退膜

1. 显 影

所有的现代内层光致抗蚀剂材料都是水溶的，这意味着它们需要在温和的碱性溶液中显影。显影时，通过在喷淋的碱性溶液中传送在制板，工艺很容易自动化进行。显影溶液去除了没有被光源聚合过的非图像部分的抗蚀剂。因此，实际上光"看到"的部分保留了下来。根据之前曝光的密度梯级表，可以量化显影图像的质量。通过比较成像的在制板两面的梯级，可以确定过程控制。

2. 蚀 刻

蚀刻化学是由图 26.32 中列出的工艺流程确定的。当使用工艺 1、2 或 4，并使用固化了的光致抗蚀剂时，蚀刻可以被分为成像和蚀刻。当使用牺牲金属层作为蚀刻抗蚀剂的工艺 3 时，蚀刻可以被分为成像、电镀、蚀刻。

成像和蚀刻工艺中推荐的蚀刻化学药品是氯化铜。比起外层蚀刻使用的含氨蚀刻剂，氯化铜更容易控制，且容易再生。用高负载（≤ 25oz/gal）的可溶性铜溶液进行喷淋腐蚀，进行蚀刻。成像和蚀刻工艺的自动化程度较高。因为没有电镀步骤，所以可以将成像的内层在制板直接送入带有传送带的在线设备，进行显影抗蚀剂、蚀刻电路及退膜。这可以减少因操作引起的缺陷，改善生产效率。

成像、电镀、蚀刻工艺与外层线路制作的常用方法相同（参见第 28 章）。金属抗蚀层需要使用含氨的蚀刻剂，通过一个电镀步骤将抗蚀剂显影与蚀刻分离开来，所以需要一个独立的抗蚀剂显影机。

26.4.9 检 验

内层蚀刻一旦完成，就必须对内层进行检验。内层检验标准遵循行业规范（IPC-600 及 IPC-6000 系列）。在层压成昂贵的多层板之前，必须对照规范进行确认，以降低报废率。将瑕疵进行分类，以反映层压板材料及线路的相关工艺缺陷。对于致密的信号层，线宽及线距都很重要。对于阻抗控制层，需要测量线宽及线距。大多数现代电路系统不包括人工目检，因为其不能精确地检测出瑕疵，并且要求劳动力密集。

AOI（自动光学检测）具有能够检测出电路缺口及凸出的优点。其缺点是会虚报假点，这需要时间来确认。使用 CAD 参考（电路图像与设计数据的比较）的 AOI 技术有较低的漏检率。板面不清洁及铜面氧化是 AOI 检验中导致性能不佳的主要因素。电路成像有两种常用的方法，一种是用微型激光光斑扫描内层，该微型激光光斑会引起基板发出荧光。相对于基板发出的光，电路被看作暗像。另一种方法用强光将电路照亮，这样在基板黑暗的背景下，图像就会显得比较明亮。两种方法都各有自己的优缺点：荧光方法不能检测到表面瑕疵及基板上的瑕疵，顶部强光的方法对于表面铜的形貌太过敏感。高密度特征图形的 AOI 检验对最小化虚报假点的相关技术提出了新的挑战。现代机器使用了图像采集技术的组合，同时针对与设计图像数据相比较的设计规划的背景扫描进行虚拟推理。

26.4.10 附着力增强处理

环氧树脂并不能与未处理的铜表面黏合，这意味着在层压之前必须对内层进行处理。一种方法是使用之前讨论的双面处理铜箔。双面处理铜箔具有材料供应商处理的粗糙表面。许多 ML-PCB 制造商报道，说使用双面处理铜箔的结果很好。其他的也有报道，说有污染及很难返工。使用预处理铜箔的替代选择是，在蚀刻之后使用化学处理。

1. 氧化铜、还原型氧化铜、替代氧化物

有许多铜的氧化物变体，它们都通过产生粗糙的表面拓扑结构以增强附着力。根据处理的确切性质，颜色从浅棕色变化到类似于天鹅绒般的黑色外观。处理的差异包括氧化物的密度，以及氧化铜与氧化亚铜的比例。为了最大化附着力，制造商应该避免采用高垂直晶体结构的氧化物配方。通常情况下，低轮廓、自限制的配方可以提供一致的附着力。

通过将内层在热的（85 ~ 95℃）腐蚀性浴液中浸渍 1min 或更长时间，进行铜氧化处理。通常情况下，氧化工艺使用一个要求芯板层垂直倾斜插架的分批处理过程。插架设计很重要，可以阻止内层损坏或污染问题。通过最小化接触点，制造商可以消除这点担心。插架需要进行绝缘传导接触的镀膜，以减少氧化过程中电动势的影响，这将会使导体发生极化，并防止随机隔离的导体被氧化。因为氧化处理是在检验之后、层压之前进行的，所以如果操作不当，将会导致质量问题。

铜表面的氧化物在酸性溶液中是易溶的，如在化学沉铜线中。如果在钻孔过程中环氧树脂与铜接触面发生破裂，在电镀过程中黑色的氧化物将会溶解，在孔的周围留下一个明显的粉红圈。这并不是一个严重的可靠性威胁，通常被认为是外观不良问题，但是这经常会引起误判。将粉红圈问题降低到最小的一种方式是，在氧化物形成之后，使用一个氧化还原步骤。这个步骤可以使氧化铜结晶转换为铜金属，保护它们的拓扑结构。还原的氧化物表面会限制其自身的寿命，因此在该工艺后的 48h 之内应进行层压。

对于层压温度明显需要在 180℃之上的材料体系，不建议使用铜氧化物处理，包括聚四氟乙烯及某些形式的聚酰亚胺薄膜材料。在这个温度之上，会自发发生氧化物还原反应，降低附着力。

聚酰亚胺薄膜的第二个问题是，它会溶解于强碱溶液，因此如果氧化的处理时间过长，可能会出现严重的基板损失。处理具有高密度特征的薄铜箔线路时，制造商应该缩短处理时间，因为氧化物化学反应会减小铜厚。

LFAC 板材可以和现在的棕色氧化物及还原铜氧化物处理相兼容。氧化物处理层应该保持比较薄，不超过 $0.4mg/cm^2$。替代氧化物处理，如过氧化硫氧化物，非常适合某些 HF 板材。用于 LFA 的 ML-PCB 芯板应该对氧化物进行烘干，以去除水分：一般情况下，在 120℃ 的条件下，对于信号层需要烘干至少 30min，对于电源 / 地层应该烘干至少 60min。

2. 基于硅烷的附着力增强处理（氧化替代处理）

基于硅烷的工艺是铜氧化处理的一个替代选择。可以使用硅烷将环氧树脂与其他材料结合。硅烷分子的一端与环氧树脂结合。如果分子的另一端被改性，以与第二种材料结合，则硅烷可以被看作一个桥梁，极大地增强了附着力。通常使用这种模式增强环氧树脂与玻璃的附着力。也可以用硅烷增加环氧树脂与铜的附着力。

硅烷工艺将一个薄的硅烷层覆盖在铜表面。层压时，活化的环氧树脂分子与硅烷结合。这就使硅烷层成了一个黏合层，将环氧树脂与铜黏合在了一起。其目的就是在硅烷和铜之间形成稳定的结合。应用得当时，硅烷处理很稳定，并且可以抵制化学侵蚀及分层。硅烷处理的优点是，可以在在线处理系统中实现传送带化。该工艺的主要缺点是，硅烷层会吸水，并且可能会在一些环境中失效。合理选择硅烷化学过程可以降低这种风险。

26.4.11 钻 孔

钻孔工艺发生的点是由选定的 ML-PCB 制造流程决定的。

1. 标准的内层钻孔

标准的埋孔内层要在层压之前进行钻孔、电镀，与层压后 ML-PCB 的处理相同。通常情况下，埋孔内层的子板比较薄，很容易在其上钻出比较小的孔（4 ~ 10mil）。

带有填料的 LFAC 板材比标准 FR-4 更坚韧，也更易碎，需要不同的钻孔参数。比如，标准 FR-4 可能会在高达 450sfm[1] 下钻孔，进给速度可以达到 2.0mil/r，并且最多可以钻 1500 个孔；LFAC 环氧树脂 - 玻璃纤维兼容板材则会在 350sfm 下钻孔，进给速度是 1.5mil/r，最多只可以钻 1000 个孔。具体条件应查阅板材制造商的指南或咨询材料应用工程师。

埋孔工艺中最大的挑战就是操作。在诸如去毛刺的机械操作中一定要格外注意，避免机械损伤或扭曲。通常在电镀过程中使用框架加固芯板。盲孔可以用类似埋孔的方式进行制作，在全板层压之前对顶部（或底部）的子板进行机械钻孔，或者在层压之后使用控制深度钻孔。

控制深度钻孔的优点是可以使用标准内层板工艺，包括使用铜箔叠层。但控制深度钻孔有以下几个局限。

（1）盲孔不能进行叠板钻孔，这严重限制了钻孔效率。

（2）很难电镀一个深度超过直径的盲孔，这就要求限制孔的最大深度或增大钻孔直径，保持最大的厚径比，即 1：1。

（3）钻孔深度公差容易导致盲孔深度不足或过深，这会产生质量或可靠性风险。

1）1sfm=0.305m/min。

当盲孔通过叠层中用于外层的双面板及相邻内层时，所有的这些限制都应该避免。这些孔应在层压之前钻，正如一个薄的两面电镀的通孔板。在这种情况下，盲孔层的处理步骤与埋孔层的完全相同。这样的层也可以进行叠板钻孔。

如果没有厚径比的限制，则可以完全消除对控制深度钻孔的需要。为了能够在层压之前钻盲孔，需要使用芯板做外层的叠层。外层芯板的一面在层压之前进行线路制作，另一面则在层压之后进行线路制作。这就意味着，当盲孔进行金属化时，无线路的一面是金属覆盖的。不管是图镀还是板镀，这一点都是事实。层压的 ML-PCB 上的通孔金属化后，外层需再次进行金属化。结果是，在盲孔板的外层会有很厚的镀层。为了将这个问题最小化，制造商应该在覆盖金属的一面用尽可能小的电流密度电镀盲孔层。

2. 层压子板的钻孔

层压子板钻孔工艺通常遵循完整板子的钻孔规则，并且与设计相关。当设计遵循这种方法时，通常可突破电镀厚径比限制。考虑高密度布线的情况，使用激光钻孔的盲孔可以增加密度。

3. 激光钻孔

激光钻孔的盲孔可以放置在 ML-PCB 的一面或两面，并且具有固有的精确深度控制。激光的生产效率很高。使用激光钻盲孔时，需要使用薄的绝缘介质，以产生薄的叠层子板。根据使用的激光类型，有时为了对齐，需要成像次外层的基准靶标。当使用可以穿透铜的紫外（UV）或掺钕杂钇铝石榴石（Nd:YAG）激光时，就是这种情况。当使用仅能穿透介质层的二氧化碳（CO_2）激光时，就需要其他的激光钻孔对齐靶标了。扫描 CO_2 激光器可以实现非常高的钻孔效率。此时，需要在铜上蚀刻一个掩膜图形，用于暴露需要激光束加工的介质层。激光可以移除介质层，而停止在下面的铜焊盘上。通过在不同层进行掩膜开口，可以使用这种方法实现多个盲孔的叠孔。应当时刻注意盲孔的厚径比。当掩膜直径比盲孔孔径大 0.003in 时，成功率较高。为了获得最好的精度，最少需要 3 个蚀刻靶标，且应当参照 CNC 钻孔数据。

26.5　层压工艺

层压工艺是 ML-PCB 制造中的基本步骤，也是周期时间最长的操作之一。因此，当工艺方法需要重复层压周期，即进行顺序层压时，成本就很高了（注意：顺序层压经常与子板钻孔及电镀工艺相匹配，这些工艺进一步增加了成本，因为它们也是费时的操作）。层压工艺包括两个不同但相互联系的操作：叠层及层压。

26.5.1　叠层及材料

叠层发生在一个干净、受控的室内环境中。环境的控制等级取决于制造线路图形的技术。标准多层板的叠层工艺的空间相对较宽大。但是，使用吸水材料时，需要额外的措施。内层芯板需要一个烘干环节（通常情况，在 120℃ 条件下至少 1h），以去除水分。使用特定氧化物还原化学过程时，烘干时间需要减少。一旦完成叠层，应当尽快层压。如果需要延长停留时间，建议在使用纯净氮的干燥箱子里存储。

叠层操作通常被称为"配本"，通常遵循被称为叠层单的指南。该指南描述了 ML-PCB 的工程设计，是强烈推荐的建议，以尽量减少错误。叠层建立过程的书面及说明指南是工作计划的一部分。由于某些产品的复杂性，操作员应遵守该指南，按"配本"结构进行系统化构建。叠层可能包含多种 PCB 材料的芯板或其他子板。完成叠层时会形成一个大的预叠件，包括工装板、层压耗材及 ML-PCB。详细说明可参见图 26.34 及图 26.35。

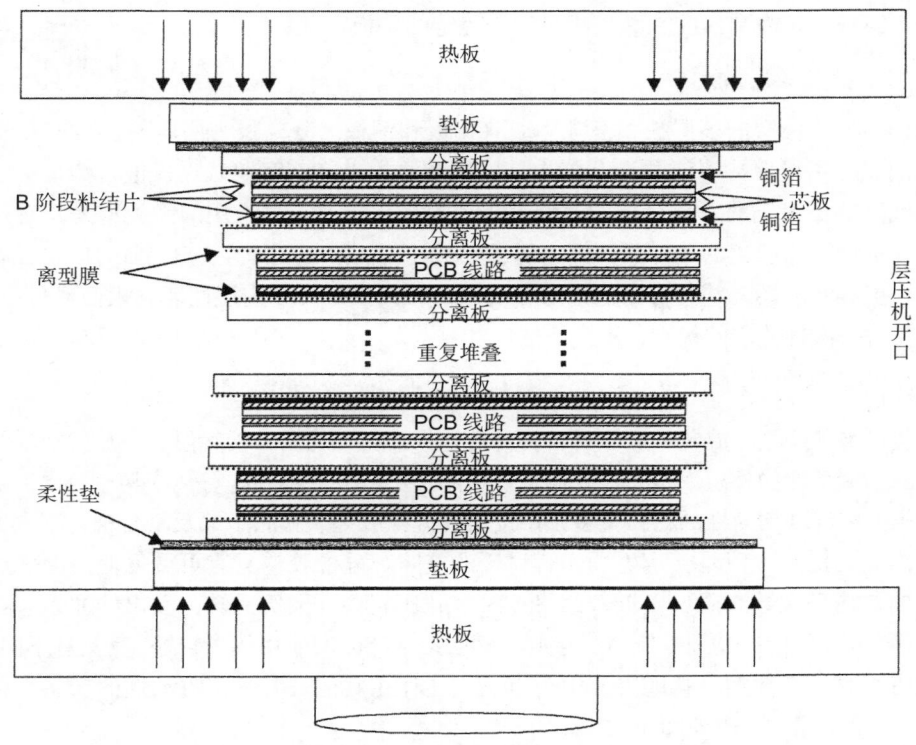

图 26.34 典型的液压 ML-PCB 叠层

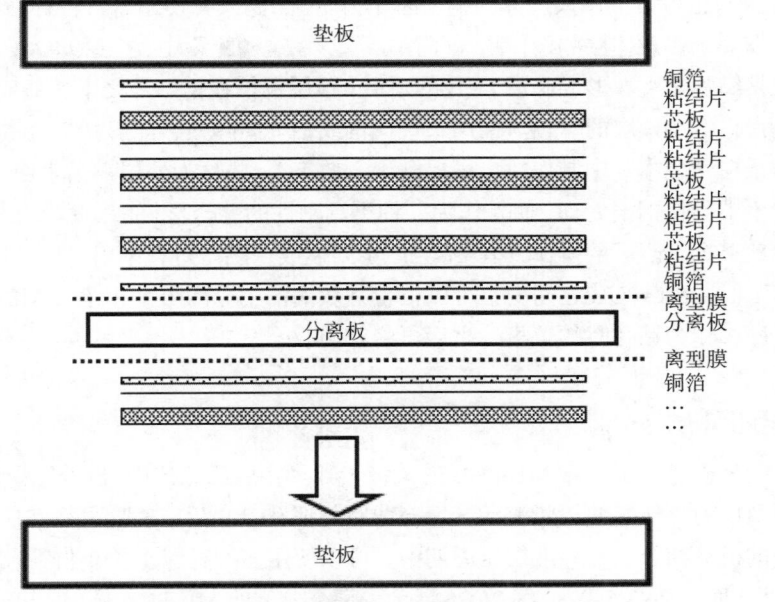

图 26.35 使用离型膜与分离板的叠层

1. 工装板

叠层的最外层被称为垫板或载体板。这些板子很厚，是很大的金属板，通常由 3/8in（9.525mm/0.375in）厚的钢板组成。通常选择 4130 合金钢，因为对于槽孔的位置，它有精确的机械加工能力。有时会选择一种硬铝合金，但是由于其较高的平面内膨胀，一般不建议使用。使用钢板的目的是为运输 ML-PCB 叠层提供一个稳定的基板。

2. 分离板

金属分离板使叠层的多层板相互独立，有铝板和钢板。分离板为层压的 ML-PCB 提供了一个模具表面。分离板保持清洁并没有碎片是极其重要的。应该定期对隔板进行清理。层压将要制作精细线路的微米箔时，金属板的表面处理变得十分重要。最常用的钢类型是具有耐用表面的 400 系列不锈钢。硬化的 300 系列钢也偶尔会被使用。隔板的厚度范围是 0.015 ~ 0.062in。较厚的金属板更具有刚性，并且可以阻止内层线路图形从 ML-PCB 内层凸印到表面或另一块板上。薄的铝板具有一次性使用的优点，不需清洁。

3. 缓压材料

在工装板与顶层之间放置有缓压材料，目的是保证压力均匀，缓解温升。放置在铜箔接触处的离型膜的用途是保护外层铜箔，使它们不被树脂污染，并使铜箔与分离板易于分离。

提供压力和温度均匀性的材料是多张牛皮纸、硅橡胶垫、膨胀垫纸及复合板。牛皮纸及复合板具有成本低的优点，但是会产生操作者讨厌的气味。硅橡胶垫具有可重复使用的优点，但是所能承受的热循环次数有限。接近寿命终点时，硅橡胶垫会经历逆转，浸出硅油，这会成为污染源。并且，其并不能成功地控制边缘空洞。膨胀垫纸产品的使用效果较好，其具有不同的厚度，有时甚至将其黏合在离型材料的夹层中。市场上还存在其他具有一定流动性的产品，可以在带有盲孔的子板的层压过程中阻止树脂流出。

某些形式的离型材料被要求依附在 ML-PCB 外层铜箔的表面。离型材料作为一种不黏的滑片，可以保持铜表面的光滑，最小化金属板的清理难度，并且阻止树脂流出。图 26.35 展示了离型材料的位置。此外，也可以使用大尺寸的铜箔阻止树脂流出。或者使用一种被称为 C-A-C（铜 - 铝 - 铜）的产品——在一个铝载体层的两侧层压了两层箔。在这种配置中，一层 C-A-C 在两层 PCB 之间，底层铜箔在粘结片之上，形成底部 PCB 的顶层；顶层铜箔在粘结片之下，形成顶部 PCB 的底层。图 26.36 展示了 C-A-C 层的位置。铝用来替代钢或铝分离隔板，能够减少叠层高度（有时，通过使另一块板子在"配本"中制作，也可提升生产效率），并且为外层铜箔表面提供了较好的保护。因为它们并不被当作铜箔处理，而是作为一种更具刚性的复合材料，因此没有起皱的倾向。并且，因为它们覆盖整个"配本"的操作，因此不会产生划痕或在层压过程中引入引起凹陷的碎片。最后，拆解"配本"时，ML-PCB 之间的铝可以很容易从铜箔中分离出来，留下 ML-PCB。有时会将铝送到钻孔工序，作为钻孔时的盖板，之后再将其回收。

26.5.2　层压叠层

层压工艺是构建一个可靠 ML-PCB 的关键步骤。在层压工艺中，板子经受使 B 阶段（粘结片）熔化的高温及压力，然后使树脂流动，填充线路与埋孔。之后，B 阶段粘结片固化，与内部芯板层建立良好的机械结合。在标准层压周期中，可以使用多种材料（关于材料及预填充工艺的详细讨论，可参见前面的 26.3.5 节）。图 26.35 展示了一个典型的 ML-PCB 叠层。出于生产效率的原因，

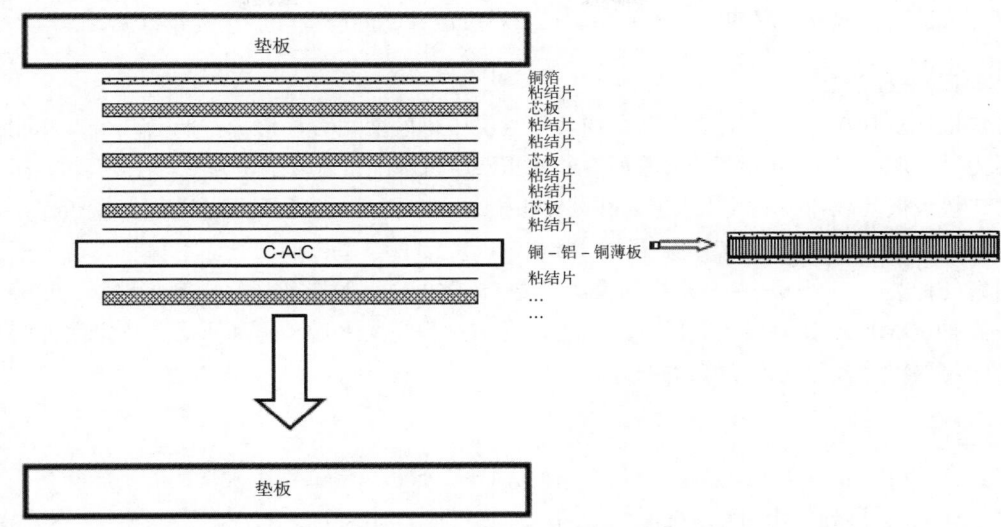

图 26.36 采用 C-A-C 替代两张铜箔、两张离型膜和分离钢板进行叠层

会在每个开口重复堆叠多块板。图中展示了不同组件及其在"配本"中的位置。

标准的层压，使用从垫板到垫板的工具销钉，穿过每一层板子及所有的分离隔板。因为不锈钢的 CTE 大致可以和多层板平面内的 CTE 相匹配，所以可对销钉进行紧配合操作。铝有更高的 CTE，因此如果使用铝，就需要对销钉进行松配合操作。一些制造商仅使用 4 个工具销钉，其他的则可能使用更多。4 槽销钉系统可以减少多因素决定的工具系统中由材料膨胀及收缩引发的问题，使叠层更容易。另一方面，使用带有大量销钉系统的使用者认为，将 ML-PCB 稳固地锚在不锈钢板上可以获得更好的尺寸稳定性。

26.5.3 层压拆板

ML-PCB 一旦完全固化，按照制造商的指南冷却到室温后，就要对"配本"实施拆分，这个过程被称为拆板。这通常是一个手工过程，包含去掉"配本"上的销钉，之后在分离钢板或 C-A-C 边界处分离出单独的 ML-PCB，如图 26.36 所示。接着，在制板被送往自动厚度检测机，之后送往铣边设备。铣边设备将粗糙的、固化的粘结片从边缘移除（被称为"溢胶"），并且将四边任何铜箔的凸出部分去除。最后，机器将边缘切成斜面并磨光，以使它们不会太尖锐并没有凸出的玻璃纤维或铜碎片。整理过程还可能包括钻孔，以移除工具孔或槽周围表面的环氧树脂。

26.5.4 层压工艺方法

1. 标准液压层压

标准的液压机通常会有一个顶部或底部的活塞，以及几个用于形成多个层压开口的浮动热板。典型的层压机有 4~8 个开口。层压机的产出取决于每个开口的叠层高度。基于叠层高度为 12 层和 8 个开口，对于低层数板，每个层压周期至多可以产出 96 块在制板。高层数板及厚板的叠层高度应减小，以保证从外部到最内层的均匀传热速率。蒸气及热油层压机具有加热速度快的优点，但是加热流体的温度限制了它们的最高温度。对于蒸气层压机，温度一般会在高温材料需要的层压温度之下。如果必须使用蒸气层压机，聚酰亚胺、PPO 及氰酸酯必须进行烘箱烘烤，以使其完成固化。但是，聚四氟乙烯使用的热塑料胶层并不能与蒸气层压机兼容。

2. 真空辅助液压层压

许多液压层压机使用真空消除挥发物。真空层压机的使用者称边缘空洞会减少，并能在较低的压力下层压。自 1990 年起，几乎所有的液压层压机都配备有真空室。在一个典型的过程中，ML-PCB 垫板被装载到一个载体板上。在载体板上，一个用弹簧顶住的围栏与层压钢板保持一定距离，限制热量转移到 ML-PCB 叠层上。接下来，关闭真空室、抽出气体、保持真空。根据待层压材料的种类，一个典型的真空周期大约需要 15 ~ 60min。这就给了真空室将空气、水分及其他挥发物抽出 ML-PCB 叠层的时间。当这个预真空过程完成之后，施加压力，压紧用弹簧顶住的围栏，与层压钢板建立起良好的热接触。

3. 高压釜

在复合材料行业，高压釜是很流行的一种工具，但是板材制造商很少使用。高压釜是一个密封的圆柱形室，可以使 ML-PCB 叠层经受高压加热气体。ML-PCB 叠层被密封在一个真空袋中，来自于气体的静水压力会产生层压所需的力。原则上，对于生产无空洞的层压板，高压釜是一个很好的机器。因为压力是静水压力，所以消除了在制板边缘压力较低的问题。这就可以产生无空洞的在制板边缘，并且增加在制板的使用面积。实际上，高压釜需要较长的预真空周期，并且加热速率较低。如果真空袋损坏，它也很容易产生问题。结果就是高压釜并没有得到广泛应用。

26.5.5 关键的层压参数

到目前为止，液压机是最通用的层压机类型，因此接下来围绕它进行讨论。加压速率和升温速率都会影响 ML-PCB 的层压质量。通常情况下，层压周期可以分为 4 个阶段：B 阶段粘结片熔化、B 阶段粘结片流动、B 阶段粘结片固化、冷却。图 26.37 展示了一个带有这些关键变量的典型层压周期。

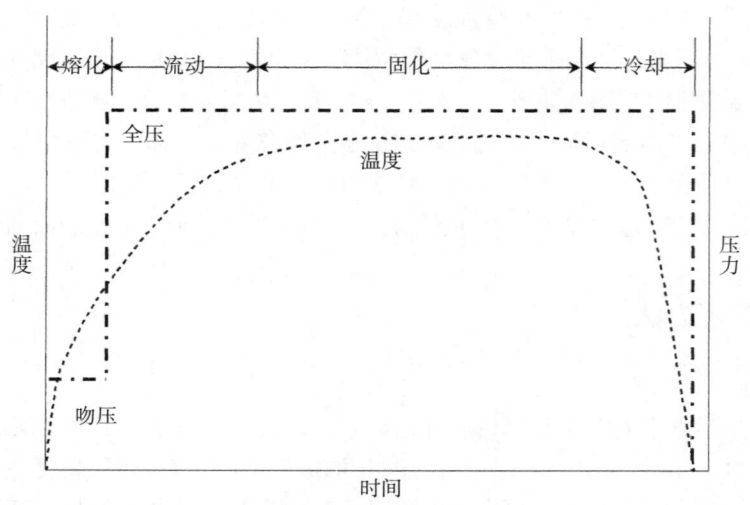

图 26.37 典型的液压层压的温度及压力周期

1.B 阶段粘结片熔化

在熔化周期中，B 阶段粘结片是一体的，压力应比较低。在周期的这个部分，过度的压力会损坏玻璃织物，并且增大图形复印效应（也称为浮印）。大多数的热压周期开始于一个被称为吻压的低压。接触压力应该足够高，以保证良好的热接触，但不会损坏 ML-PCB。接触周期的长度取决于 B 阶段粘结片的加热速率及固化动力学。在一个热压周期中，ML-PCB 被装载到预先加热的压机中，加热速率接近 20℃/min。在热压机中，吻压周期应限制在几分钟内，或者流动完成之后，B 阶段粘结片开始固化之前。在相反的极端情况下，压机进行冷加载，加热速率由压机的温度斜率决定。对于一个 5℃/min 的较低的加热速率，15min 的吻压周期是合适的。

但是，一些 LFAC 层压板的工艺指南中提出，具有 0psi 的吻压周期应采用不超过 15℃/min 的缓慢加热速率，直到内部温度达到大约 90℃。在施加压力及流动阶段开始之前，这个过程应持续 30～40min，以去除水分。

2. B 阶段粘结片的流动

当 B 阶段粘结片熔化时，周期的第二个部分就开始了，这在固化使黏度增加之前。在此期间，液态 B 阶段粘结片流动并对整个线路进行填充。只要液态 B 阶段粘结片能完全包围住内部图形，复印效应就不再是问题了。产生良好结果的关键是选择一个允许树脂再生流动的压力，但是在固化阻止流动之前，并不会挤出所有的树脂。再一次，精确的压力取决于温度周期、B 阶段粘结片的黏度特征及 B 阶段粘结片的固化动力学。对于快速固化的 B 阶段粘结片及快速的升温速率，可能需要高达 600psi 的压力，以保证完成线路的填充。另一方面，在缓慢的升温速率及较长的 B 阶段粘结片作用时间的情况下，高压会导致过大的流动，在 200psi 时可以获得最好的结果。不合适的熔化阶段会导致"足球效应"——中心比外围厚很多。为了确定合适的熔化温度，建议在中心叠层的边缘安装一个热电偶，以绘制层压的实际温升曲线。

典型的双氰胺固化 FR-4 多官能团环氧树脂有一个被称为临界范围的流动温度范围：70～130℃。HF 及 LFAC 板材的临界范围通常是 80～140℃。在这个临界范围内，输入的加热速率及压力是很重要的变量。典型的双氰胺固化 FR-4 层压配方是 4～8℃/min 的升温速率，压力为 200～300psi。HF 及 LFAC 层压配方中，通常升温速率较低，压力较高，如 2～4℃/min，225～360psi。

表 26.5 展示了一些层压配方，它们来自于张贴在层压机制造商网页上的工艺指南。该表格旨在说明从标准 FR-4 转换到 HF 或 LFAC 层压板时，需要开发新的层压配方。

表 26.5　挑选的材料的层压配方

材料	T_g/℃(DSC)	升温速率/(℃/min)	临界范围/℃	压力/psi	固化条件/(min/℃)
标准双氰胺固化 FR-4	175	4～7	70～130	200～300	60/182
非双氰胺固化 FR-4	155	2～4	80～140	275～360	90/193
HF 层压板	160	2.3～5.6	＞100	380	90/200
LFAC 层压板 A	185	4.4～7	70～130	200～300	75/185
LFAC 层压板 B	190	2.3～5.6	83～139	225～325	75/193
LFAC 层压板 C	210	2～4	80～140	275～360	90/193
LFAC 层压板 D	190	2～4.5	80～135	200～300	120/200
LFAC 层压板 E	215	2	80～135	300	120/200
聚酰亚胺	250	2～4	80～138	225～275	200/218

3. B 阶段粘结片固化

在周期的第 3 个阶段，流动已经停止，树脂开始固化。将温度保持在最大值，以使获得完全固化的时间最短。对于典型的环氧树脂体系，通常是在大约180℃下持续60min。但是，LFAC层压板倾向于要求更长的时间和温度更高的固化阶段：内部温度达到200℃，持续120min；对于更厚的板子，持续时间会更长。一些材料，如聚酰亚胺需要更高的固化温度，持续时间也更久。

4. 冷 却

周期的最后阶段是冷却。在图26.37中，建议在部分冷却发生之后，就开始释放压力，但是要在叠层达到室温之前。在许多现代系统中，ML-PCB叠层加热后送入低压冷却压机，控制冷却速率，使变形最小。

26.5.6 关键的 B 阶段粘结片参数

在典型的层压周期中，B阶段粘结片经历了几个重要的变化。在周期的开始，B阶段粘结片是带有低交联密度的固体，熔化温度接近于90℃。随着温度的上升，B阶段粘结片开始熔化，成为一种高黏度的液体。随着层压机的进一步加热，液体的黏度开始下降。当B阶段粘结片开始固化时，黏度达到最小值，转而开始上升。黏度最小值附近的区域被称为最大流动性区域。区域越大，黏度最小值越低，则流动性更大。图26.38展示了一个典型固化周期的黏度曲线。在B阶段粘结片的高流动性阶段，初始固化水平较低。这就意味着在固化导致B阶段粘结片黏度上升之前，会有更长的时间。这通常被称为长凝胶时间。在图26.38中，高流动性B阶段粘结片有较低的最小黏度值，以及较宽的最大流动性区域。低流动性B阶段粘结片有更高的初始固化水平，并且可能包括限流剂，以增大最小黏度值。高流动性B阶段粘结片有益于高加热速率的层压机，树脂在流动完成之前就有可能开始固化。如果应用在一个缓慢升温速率的压力周期中，则会产生过度流动。

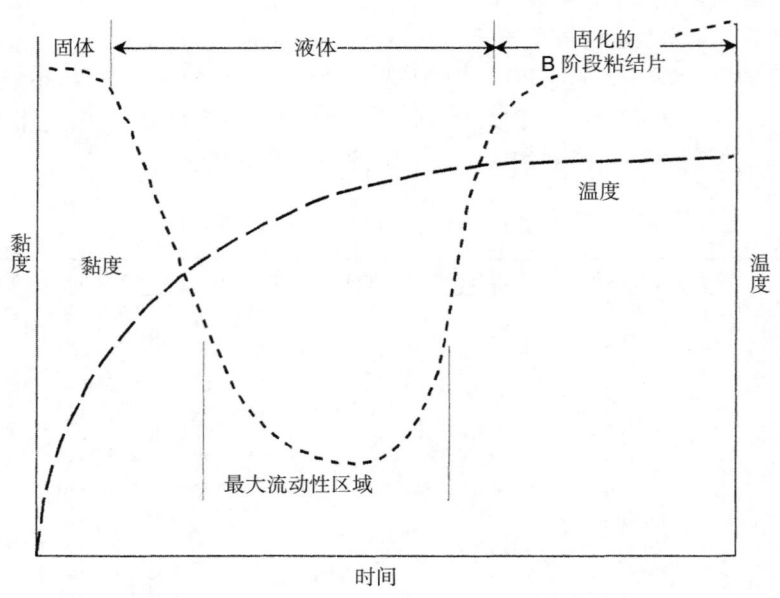

图 26.38 层压中 B 阶段粘结片的典型黏度曲线

26.5.7 使用单张或多张 B 阶段粘结片填充材料的注意事项

对于介质层厚度，要么被一张厚的B阶段粘结片层填充（如型号7628），要么被两张薄的B

阶段粘结片层填充（如型号 1080），制造者及工程师需要基于每个产品决定哪种方法是最好的。

利用单层 B 阶段粘结片填充材料构建 ML-PCB 是很常见的一种方法，具有如下优点：

- 去除粘结片层后，成本显著降低，这是主要的优势
- Z 轴膨胀很容易控制，因为较厚粘结片的树脂含量较少
- 叠层结构中有较少的组成材料，因此总体厚度变化较小
- 当任意类型的两张粘结片被相同类型的一张或更薄的粘结片代替时，单层填充允许整体厚度减小

利用两张粘结片的方法要么是推荐的，要么满足下面的条件。

（1）待填充的层间间隔在产生较大偏压的两个平面层之间，并且需要额外的层间间隔以最小化潜在的介质层击穿风险。

（2）预填充的层间间隔在有较厚（70μm）铜箔的两层之间。在这种情况下，用单张粘结片经常会存在树脂不充足，不能填充线路以阻止蚀刻空白区域内的气泡。

26.6 层压过程控制及故障处理

一个好的层压周期会产生一个没有水分及空洞的平整的 ML-PCB，并且是完全固化的基板。所有的层必须对位良好。ML-PCB 必须没有变形，并且厚度应该符合规范内。在任何阻抗受控层之上及之下必须有正确层压的介质层厚度。每一个规范都对层压工艺提出了特殊的要求。为了帮助评估控制措施，应用统计过程控制（SPC）方法监视表 26.6 中的过程指标。

表 26.6 过程变量及限制

过程指标	规范限制	仪器类型或方法
厚度控制	按照工程图纸或内部规范要求	悬臂千分尺
熔化过程中的温升 / (℃ /min)	按照树脂体系要求	图形记录器
固化	树脂体系的 T_g	TMA
后固化	保压时间 / 温度，按照树脂体系要求	图形记录器
层间对位	按照工程图纸或内部规范要求	适当的附连条或 X 射线检查设备
层间介质层厚度	按照工程图纸	横截面切片

26.6.1 常见问题

1. 空洞及水分

在层压工艺中，基材空洞是一个很严重的问题。该问题的原因之一就是水分。B 阶段粘结片的吸水性很强，必须储存在低湿度环境中，以避免严重空洞的问题。C 阶段树脂也有吸水的趋势，许多制造商在层压之前对各层进行烘烤。但是，对于氧化线中具有较好烘干效果的快速内层线，就不需要进行内层烘烤了。空洞一般容易在在制板边缘附近的低压区域聚集。使用真空层压可以将这种影响降到最低。增加层压的压力也可以减少空洞。但是，对于高流动性的材料，使用高压会导致流胶过度，这会导致其他的基板瑕疵，如树脂不足。

2. 起泡及分层

起泡及分层也是低压区域聚集的与复印效应相关的受限的挥发物导致的。如果板子在每一层上都有较宽的铜边界，则与边界相邻的低压线路区域经常会发现起泡。最好解决方式是，用点状或条状图形替代一体铺铜，避免厚铜区域与低密度线路区域相邻接。此外，粘结片中的玻璃布类型及树脂含量也应该要与粘结片相邻的铜厚度相匹配。

3. 固化不足

如果固化时间及温度适宜，完全固化的要求相对容易达到。固化水平的检验方式之一就是测量 T_g。T_g 的周期测量对于材料及过程一致性是一个很好的检验方法。另一种检验固化度的方法是，对 T_g 进行两次连续测量：如果环氧树脂仅发生部分固化，它将在第一次测量过程中继续固化，所以在第二次测量中将会检测到更高的 T_g。T_g 变化超过 5℃，是固化不足的一个表现。通常在 TMA 上进行这个测量。图 26.39 展示了一个环氧树脂的 TMA 测量实例。需注意，第二次 TMA 测量时，发现了一个 3℃ 的增量（Delta）。

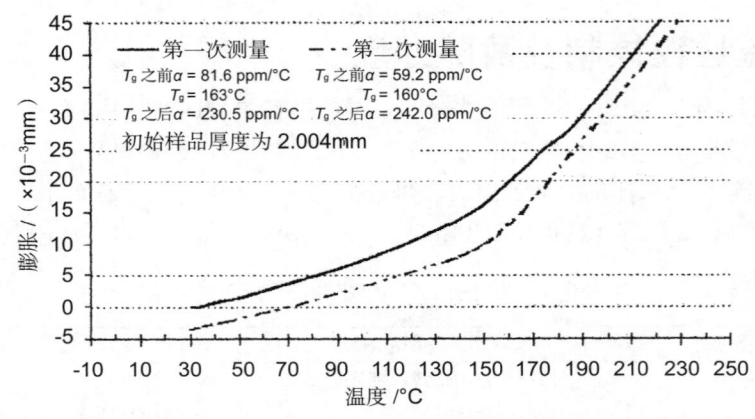

图 26.39　含玻璃布环氧树脂的 TMA 分析（来源：MicrotekLabs, Anaheim, CA）

4. 层压后烘烤

许多制造商在 150℃ 的条件下，烘烤层压后的 ML-PCB 达 4h。该烘烤的目的之一就是保证完全固化。虽然烘烤会促进固化，但如果使用的层压周期得当，也没有必要进行烘烤（聚酰亚胺是一个例外）。正如前所述，这可以通过 T_g 测量证实。但是，超过完全固化的额外烘烤会使材料降解，并使 T_g 变小。

烘烤的第 2 个目的是减小叠层外围板子的常见翘曲。虽然在层压之后进行烘烤会使板子变平，但这只是一个修补方法，并不是一个根本的解决方法。如果在制板在层压机中进行固化，保证它们在等温无压力状态下经过 T_g，翘曲就不会发生了。叠层外围板子的常见翘曲是冷却不均匀的表现。

烘烤的第 3 个目的是释放内部压力，改善对位精度。内部应力是过多工具孔系统产生的症状。如果使用这样的系统，烘烤可以改善对位精度。如果使用更加流行的 4 槽销钉系统，烘烤就没有必要了。要与材料供应商沟通，确认是否需要后固化。

26.6.2　非双氰胺、非溴及 LFAC 层压板的特别考虑因素

数十年来，大多数 PCB 都是使用环氧树脂、双氰胺固化和溴阻燃剂构造的。根据标准

FR-4，钻头及钻孔、化学过程、层压、印制板组装都得到了很好的了解。有些制造商不用标准 FR-4 层压板制造 PCB ，但这些知识并没有广泛传播：特别是 HF 和高耐热性及改进电气特性的 LFAC 要求的交集，如材料中的低损耗。

许多层压板制造商认为其产品线的核心需要进行修订，从入门级注重节省成本的材料一直到高性能材料。这是一个很大的任务，需要很多不同的尝试，以找到正确的成分与所需性能的正确组合，特别是对新的高温回流的响应。经常需要对此进行权衡。例如，通过增加填料来减小 CTE 是值得的；填料的增加会增大材料的介电常数及介质耗损特性，使其不适用于高速数字产品。

制造业中没有与标准环氧树脂体系使用时间一样长的材料。并且，正是因为使用了它们，它们才被不断地优化，导致工艺不断更新。针对非标准 FR-4 层压板，需要改进及优化的主要工艺是内层附着力增强、层压、钻孔及孔壁处理。制造者必须与层压板及化学过程提供者紧密合作，开发适用于其层压板设备及化学过程的具体工艺参数。

主要的问题是分层（黏合及结合失效）、空洞及孔壁分离。通过截面分析，在发货之前，可以发现一些质量问题，但是有些问题直到高温回流之后才会发现。因为层压板制造者测试的是层压板，而不是成品 PCB，制造工艺及设计特征都会影响最终产品，所以谨慎的制造者会测试成品 PCB 部分的质量及可靠性，模拟将要使用的焊接曲线。相应地，提交一个实际的最终 ML-PCB 去经过多次无铅回流，可能是危险的。在回流暴露之后，目检就可以发现起泡，然后在高密度孔区域及低密度孔区域的横截面图上寻找内部分层或层压板裂纹、空洞及孔壁分离。图 26.40 ~ 图 26.43 展示了这些缺陷的实例。

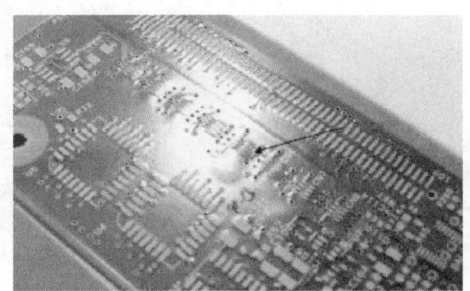

图 26.40　起　泡

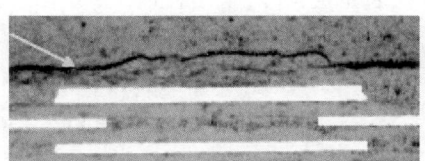

图 26.41　层压裂纹

图 26.42　空　洞

图 26.43　孔壁分离

26.7　层压综述

　　标准的液压真空层压周期是很灵活的，并且具有较高的产出。使用多个开口及叠层层压，可以获得高的生产效率。液压层压可以有效地应用于所有的现代材料体系。

　　ML-PCB 层压板制造者使用着多种不同的层压板系统、层压周期，以及 B 阶段粘结片配方。层压周期中最显著的区别是升温速率、固化温度及固化时间。一种极端情况是，ML-PCB 加载到冷的压机中。这样会有一个缓慢的升温速率，但需要具有低流动的 B 阶段粘结片，以避免过度流胶。这种材料适用于低压情况，并能将复印效应及内层变形减至最小。建议使用真空层压，以最小化在制板边缘附近低压区域中的空洞。另一种极端情况是，加载到温度快速上升的热压机中。这样的周期需要高流动材料及高压，以完成固化开始前的树脂流动周期。虽然这样的周期中真空不是很重要，但是真空可以最小化边缘空洞。某些材料需要在加热之前，使用 0psi 保持低温环境，以去除水分。

　　一些制造者在层压之前及之后都进行烘烤。层压之前的烘烤用以保证在进行附着力增强之后，将水分从芯板上移除。如果内层在层压之前存储在高湿度环境中，那么要进行烘烤；或者作为吸水性材料的一个标准步骤，如某些 LFAC 层压板或聚酰亚胺，也要进行烘烤。其他制造者在层压之后进行烘烤，以完成固化、减小翘曲、释放应力。虽然后烘烤可以达到这些目标，但在一个受控的层压过程中，这通常是不需要的。对于高温材料，如聚酰亚胺、氰酸酯、PPO，在最大层压温度受限的情况下，后烘烤是实现完全固化的有效方式。

参考文献

［ 1 ］ Bergum, Erik J., "Application of Thermal Analysis Techniques to Determine Performance Entitlement of Base Materials through Assembly," presented at IPC Printed Circuits Expo, 2003

［ 2 ］ Plastics Technology Laboratories, Inc., "Dynamic Mechanical Analysis (DMA)," from http://www.ptli.com/

［ 3 ］ Murray, Cameron, "Testing and Evaluation of HDIS Materials," presented at IPC Printed Circuits Expo, April 1998

［ 4 ］ Ehrler, Sylvia, "Compatibility of Epoxy-based Printed Circuit Boards to Lead Free Assembly," presented at IPC Printed Circuits Expo, March 2003

［ 5 ］ Luttrull, D., and Hickman, F., "New Halogen-Free PCB Materials for High-Speed Applications and Lead-Free Solder Processes," Future Circuits, March 2001

［ 6 ］ Levchik, S., "New Phosphorous-Based Curing Agent for Copper Clad Laminates," presented at IPC Printed Circuits Expo, February 2006

［ 7 ］ Fisher, Jack, "The Impact of Non-Brominated Flame-Retardants on PWB Manufacturing," *IPC Review*, May 2000

［ 8 ］ Burch, C., and Vasoya, K., "The Thermal and Thermo-mechanical Properties of Carbon Composite Laminate," presented at IPC Printed Circuits Expo, February 2006

第 *27* 章
电镀前的准备

李 荣

深圳，贝加尔

27.1 引　言

　　印制电路板（PCB）制造技术是一种非常复杂的综合性加工技术，可分为干法工艺和湿法工艺。一般情况下，如按工时计算，干法工艺同湿法工艺的比例大致为 3∶7。PCB 孔金属化的经典湿法化学工艺中包括化学镀铜（沉铜）和酸性电镀铜两部分。化学镀铜是传统的孔金属化工艺，因为大量使用络合剂、甲醛等非环境友好物质而引发诸多诟病，在近年来其市场受到了更加环保的直接电镀工艺（如导电高聚物直接电镀、导电碳系列直接电镀等）的冲击。但是，化学镀铜具有导电性优异、孔壁结合可靠以及工艺成熟度高等优势，始终在 PCB 制造过程中占据着不可或缺的地位，尤其是高端 PCB 的制造。

　　本章主要介绍工艺用水的水质要求，孔壁处理工艺和化学镀铜工艺技术原理、操作条件、过程控制、常见异常情况、相关测试和接受标准，高纵横比 PCB 和特种 PCB 的化学镀铜技术，以及为提高产品品质和工艺环保性要求而开发的新技术：水平化学镀铜、导电高聚物直接电镀、导电碳系列直接电镀等。

27.2 工艺用水

　　PCB 生产过程中需用水配制溶液和清洗板件，对用水有一定的质量要求，水质的好坏直接影响 PCB 质量。通过一定的水处理工艺，把不合格的水变成合乎生产要求的水，这就是纯水制造技术。而在生产过程中，清洗时排出的废水带有大量的有害物质。通过一定的水处理工艺，除去有害物质，使废水符合国家或地方排放标准，这就是废水处理技术[1]。无论是从水的质量，还是合理成本上考虑，生产 PCB 时必须要很容易获得大量的原水。此外，零排放虽然是期望目标，但代价相当昂贵，对于目前的 PCB 制造业还难以实现。在规划阶段，新工厂的选址和工艺策划必须考虑到供水。

27.2.1 水的用途

　　水是 PCB 生产中最基本的、大量使用的原材料，具体用途如下。

1. 配制溶液

　　PCB 生产中用于孔金属化、镀铜、镀抗蚀性金属（Sn/Pb、Sn、Ni、Au 等）及插头镀金等的工作溶液，以及酸性蚀刻液、碱性蚀刻液、去膜液、显影液等，都要用大量的水配制。

2. 清 洗

PCB 生产中的很多工序都要用水来清洗，以免上一道工序的残液污染下一道工序，保证在制板以最清洁的"面孔"投入每一道工序而获得最佳效果。

3. 分 析

为保证 PCB 生产的正常进行，需要不断地对各种溶液进行维护和调整，这样就离不开各种化学分析和仪器分析。这些分析也需要使用高质量的水，以得到正确的分析结果。

27.2.2 水的质量要求

各种用水场合对水质有不同要求，工业用水的一般要求如下。

物理性能 水质澄清、无色、无嗅、温度适当。

化学性能 不含腐蚀性成分，水的化学性能稳定，含盐量低。

PCB 生产用水对含盐量、颗粒和 pH 都有特殊的要求。

1. 含盐量

含盐量是指在水中所有正负离子的总和。水中含盐量高或某些离子含量高，对 PCB 生产工艺是有害的。如 Ca^{2+}、Mg^{2+}（硬度）高，可能会在金属表面产生沉积，生成斑点，使镀层结合不牢；还原性物质和氧化性物质过多，会使溶液不稳定，等等。含盐量的多少，一般是用电阻率或电导率来衡量。

2. 颗 粒

在 PCB 生产工艺中，颗粒会使镀层产生针孔或结瘤，还可能使贴膜产生缺陷，使干膜黏附不实，以致显影或腐蚀后线路开路或短路。因此，一定要除去工艺用水中的固体颗粒。根据半导体行业的用水经验，一般要求固体颗粒的直径小至最小图形尺寸的 1/5 ~ 1/10。目前的 PCB 导线图形，最小线宽已至 0.05mm 以下。因此，工艺用水中不允许有大于 5μm 粒径的固体颗粒。

3. pH

工艺用水的 pH，对 PCB 质量有一定的影响，如把偏酸性水用作全板镀铜或显影的冲洗水时，板面会发生氧化，影响贴膜质量，使检验和修板的难度加大。有时，偏碱性水用于溶液配制时也会产生混浊，影响溶液的质量。工艺用水的 pH 应控制在 6.5 ~ 8.0 的近中性范围。

4. 溶液配制用水的水质要求

溶液配制是将一定量的化学试剂溶解于一定量的水中。因此，水的质量一定要适合化学试剂的纯度，否则化学试剂的纯度就失去了意义。如果用 CP（化学纯）级试剂溶解于自来水中来配制溶液，配制好的溶液就不是 CP 级，而是工业级，这会造成很大浪费。试剂用水的 ASTM 标准（ASTM：D1193-99）见表 27.1。

I 类水和 II 类水的 pH 测试非常困难，也没有意义。若用化学纯试剂配制溶液，就得用 III 类水。

表 27.1 试剂用水的 ASTM 标准

	类型 I	类型 II	类型 III	类型 IV
最大电导率 /（μS/cm，25℃）	0.056	1	0.25	5
最小电阻率 /（MΩ·cm，25℃）	18	1	4	0.2
pH（25℃）	-	-	-	5.0 ~ 8.0
最大 TOC/（mg/L）	50	50	200	无要求
最大钠含量 /（mg/L）	1	5	10	50
最大硅含量 /（mg/L）	3	3	500	无要求
最大氯化物 /（mg/L）	1	5	10	50

注：I 类试剂相当于优级纯试剂；II 类试剂相当于分析纯试剂；III 类试剂相当于化学纯试剂；IV 类试剂相当于实验试剂。

5. 分析用水的水质要求

分析用水的水质要求可以参照国家标准《分析实验室用水规格和试验方法》（GB/T 6682-2008），见表 27.2。

表 27.2 分析实验室用水规格

名 称	一 级	二 级	三 级
pH 范围（25℃）	-	-	5.0 ~ 7.5
电导率（25℃，mS/m）	≤ 0.01	≤ 0.10	≤ 0.50
可氧化物质含量（以 O 计，mg/L）	-	≤ 0.08	≤ 0.40
吸光度（254nm，1cm 光程）	≤ 0.001	≤ 0.01	
蒸发残渣（105 ± 2℃，mg/L）	-	≤ 1.0	≤ 2.0
可溶性硅含量（以 SiO_2 计，mg/L）	≤ 0.01	≤ 0.02	-

用于 PCB 生产质量监控的，大多是一般的分析方法，因此用 III 类水比较合适。

6. 清洗用水的水质要求

一般来说，清洗用水的水质要求应该不低于试剂用水。但有些 PCB 的清洗要求十分严格，如我国的军用标准 GJB 362B-2009 规定，清洗待涂覆阻焊的印制板后的萃取液中，氯化钠等效离子污染试验所测值应小于 $1.56\,\mu g/cm^2$（相当于萃取液的电阻率为 2MΩ·cm）。可见，清洗用水的电阻率应该在 2MΩ·cm 以上。

从以上可看出，PCB 生产用水，最低限度要用软化水，以避免 Ca^{2+}、Mg^{2+} 过多而引起质量问题，最好用去离子水。高电阻率去离子水的制水设备造价高，一般认为比较适合 PCB 生产的是电阻率不低于 2MΩ·cm 的去离子水。

27.2.3 水质净化

水质净化中应用得最多的两种技术是反渗透和离子交换[2]。反渗透是指原水在特定压力（1.4 ~ 2.0MPa 或者 200 ~ 600lb/in²）下，通过孔隙度可控的半透膜。这种半透膜可以阻止溶解盐、有机物和颗粒物透过，但允许水通过。当纯净水和盐溶液分布在半透膜的两侧时，纯净水会扩散至隔膜的另一侧，从而稀释盐溶液（渗透）。盐溶液的有效驱动力称为渗透压。与此相反，如果给盐溶液施加压力，渗透过程可以逆转，这就是所谓的反渗透工艺。

反渗透技术可以除去水中溶解的 90% ~ 98% 矿物质和 100% 分子量超过 200 的有机物，见表 27.3。

表 27.3 纯净水的相关值（典型的输入 / 输出反渗透值）

总溶解固体（TDS）/ppm	SiO$_2$/ppm	电导率 /（μS/cm）	碳酸盐硬度（CaCO$_3$）/ppm
170/4	30/1	130/8	24/1
240/7	45/2	200/14	35/2
300/10	60/2	250/20	45/3

配制药水、电镀前浸洗和电镀后浸洗均需采用高纯度的水，以保证工作溶液品质和板件洁净度。对于军用印制板，则必须通过 GJB 362B-2009 离子清洁度测试，这一般也是通过去离子水冲洗实现的。去离子水是通过离子交换技术得到的，含有离子的水流经有机树脂固体床，可将水中含有的离子转换为 H$^+$ 和 OH$^-$。

27.3　孔壁的预处理

钻孔加工时产生的钻污会影响化学镀铜层与基体的结合力。普通双面板可以通过高压水洗或高压湿喷砂等方法去钻污，但是这种方法对多层板或高厚径比板不适用。多层板内层铜环上的钻污，会降低内层连接的可靠性，所以必须彻底去除。

去钻污的方法分为干法和湿法两种。干法处理是在真空环境下通过等离子体去除孔壁内钻污，此方法需要使用专用等离子体处理设备，同时生产效率较低，处理成本高，只在处理挠性多层板、刚挠结合多层板、聚酰亚胺多层板、聚四氟乙烯双面和多层（含混压）、部分高速材料印制板时使用。湿法处理包括浓硫酸（H$_2$SO$_4$）、浓铬酸（CrO$_3$）或碱性高锰酸盐处理。另外，针对挠性印制板（FPC）的聚酰亚胺和丙烯酸树脂等不耐强碱材料，还可使用聚酰亚胺（PI）调整法。其中，浓硫酸和浓铬酸处理法由于处理效果、作业安全性和环保性不佳等原因已基本被 PCB 制造业淘汰。

27.3.1　钻污 / 凹蚀的形成

1. 钻　污

通常，刚性印制板中环氧树脂或环氧玻璃布的玻璃转化温度在 110 ~ 180℃，挠性印制板中丙烯酸或环氧热固胶膜的玻璃转化温度在 120℃左右。高速钻孔时，钻头和基材的摩擦会产生大量的热，钻头温度达到 200℃以上，导致环氧树脂熔化。当钻头退出时，熔化的环氧树脂残胶会附着在孔壁上，造成俗称"钻污"的现象。PCB 去钻污的前后对比如图 27.1 所示。

2. 凹　蚀

去钻污过程是针对孔壁非导电材料的蚀刻，而后续沉铜过程中的微蚀是针对内层导电铜箔的蚀刻。当前者的蚀刻量大于后者的时，为正凹蚀；当后者的蚀刻量大于前者的时，为负凹蚀。

正凹蚀是指去除环氧树脂和玻璃纤维时导致内层铜凸出的现象，如图 27.2 所示。当内层有两个铜面露出时，称为两点连接；有 3 个铜面露出时，称为三点连接 [3, 4]。GJB 362B-2009 及美国军用标准均规定正凹蚀的最大深度为 80 μm，最小深度为 5 μm，最合适的凹蚀深度为 13 μm。

根据 IPC-6012D 的规定，按照图 27.3（a）所示方法测量，负凹蚀不应当超过图中的尺寸。如果采购文件中要求正凹蚀，则不允许出现负凹蚀。

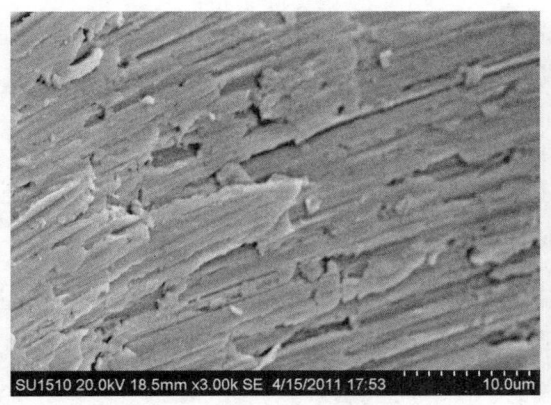 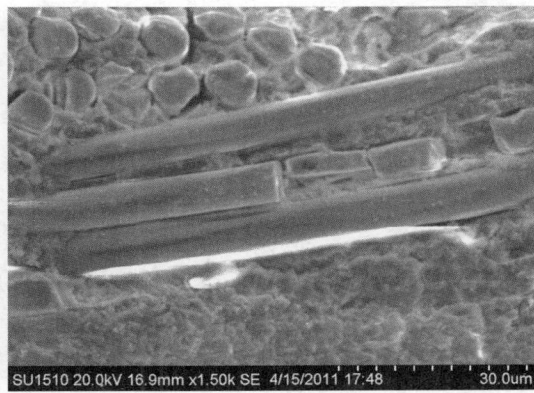

（a）去钻污前 （b）去钻污后

图 27.1 PCB 去钻污的前后对比

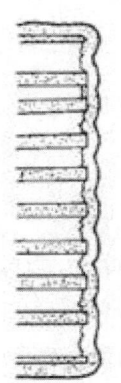 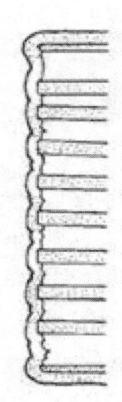

（a）预期截面 （b）实际截面

图 27.2 正凹蚀

镀覆孔孔壁

距离Z

距离X

内层铜箔

距离 "X" 不应当超过：
1级，–25μm（984μin）
2级，–25μm（984μin）
3级，–13μm（512μin）
距离 "Z" 不应当超过：
1级，–37.5μm（1476μin）
2级，–37.5μm（1476μin）
3级，–19.5μm（768μin）

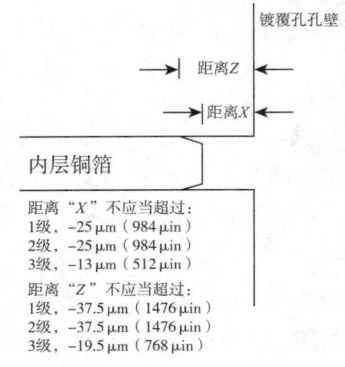 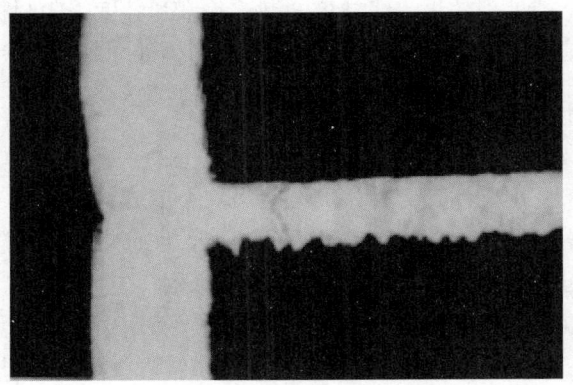

（a）允收标准 （b）实际截面

图 27.3 负凹蚀

27.3.2 去钻污 / 凹蚀的方法

1. 等离子体处理

等离子体去钻污是一个动态的化学反应平衡过程[5]，高度活化状态的等离子气体与孔壁高分子材料、玻璃纤维发生气固化学反应，同时生成的气体产物和部分未发生反应的粒子被抽气泵排出。下面以 O_2+CF_4 为例，说明等离子体处理的基本机理。

等离子体形成的反应式如下：

$$O_2+CF_4 \xrightarrow{\text{真空、RF}} O+OF+CO+COF+F+e\cdots$$

等离子体与高分子材料（C、H、O、N）的反应式如下：

$$（C、H、O、N）+（O+OF+CO+COF+F+e\cdots）\longrightarrow CO_2\uparrow+H_2O\uparrow+NO_2\uparrow+\cdots$$

有 Si 和 SiO_2 组成的玻璃纤维时，其反应式还有：

$$Si+HF \longrightarrow SiF_4\uparrow+H_2\uparrow$$

$$SiO_2+HF \longrightarrow SiF_4\uparrow+H_2O\uparrow$$

如果玻璃纤维的含钙量足够高，玻璃纤维的四周会形成一层氟化钙隔离层。反应式如下：

$$CaO+2HF \longrightarrow CaF+H_2O$$

采用等离子体去钻污时，各种材料的凹蚀速度各不相同，从快到慢的顺序：丙烯酸膜、环氧树脂、聚酰亚胺、玻璃纤维和铜。去钻污后，为了保证化学镀铜溶液能充分接触孔壁，使铜层不产生空隙和空洞，须将孔壁上等离子体反应的残余物、凸出的玻璃纤维和聚酰亚胺膜除去——可采用化学法和机械法或二者相结合的方法。化学法是用氟化氢胺溶液浸泡印制板，再用离子表面活性剂（KOH 溶液）调整孔壁带电性；机械法包括高压湿喷砂和高压水冲洗；化学法和机械法相结合的效果最好。

等离子体去钻污 / 凹蚀受许多因素的影响，包括材料的种类、气体的种类、工艺参数、钻孔质量、前处理效果、印制板的潮湿程度和温度、印制板上孔的分布和大小等。只有充分考虑各类影响因素，合理制定前处理和等离子体处理的工艺参数，才能确保去钻污凹蚀的质量。

2. 碱性高锰酸盐处理[6-9]

碱性高锰酸盐处理是广泛使用的一种去钻污 / 凹蚀的方法，其药水易于控制，且可进行电解再生。使用碱性高锰酸盐能有效去除大部分材料的钻污，并使树脂具有一定的蜂窝状形貌，从而可增大孔壁附着力。碱性高锰酸盐处理也常与其他处理方法配合使用，以提高孔的质量。其流程包括三道工序：溶胀（膨松）、除胶渣、中和。

溶胀（膨松） 利用相似相溶原理，借由溶剂分子扩散进入树脂分子间，扩大树脂分子碳 - 碳键结，达到环氧树脂基材膨松和润湿的效果，为碱性高锰酸盐去钻污做准备（见图 27.4）。根据相似相溶的经验规律，醚类有机物一般极性较弱，且与环氧树脂有相似的分子结构（R-O-R'），所以对环氧树脂有一定

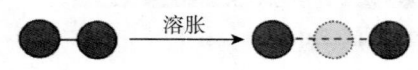

图 27.4 溶胀作用

的溶解（溶胀）性。同时，醚能与水发生氢键缔合，在水中有一定的溶解性。因此，常用水溶性醚类有机物作为去钻污的溶胀剂。溶胀剂中通常还会添加 NaOH 来提高处理效果，但要注意：NaOH 含量不能太高，否则会破坏氢键缔合，使溶液分层。

除胶渣　高锰酸盐（一般使用高锰酸钾或高锰酸钠）是强氧化剂，在强酸性溶液中，与还原剂作用，被还原为 Mn^{2+}；在中性和弱碱性环境中，被还原为 MnO_2；在 NaOH 浓度大于 2mol/L 的环境中，被还原为 MnO_4^{2-}。高锰酸钾在强酸性环境中具有更强的氧化性，但氧化有机物在碱性条件下的反应速度比在酸性条件下更快。在高温碱性条件下，高锰酸盐使环氧树脂碳链氧化裂解：

$$4MnO_4^- + C（环氧树脂）+ 4OH^- \longrightarrow 4MnO_4^{2-} + CO_2（g）+ 2H_2O$$

同时，高锰酸盐发生以下副反应：

$$4MnO_4^- + 4OH^- \longrightarrow 4MnO_4^{2-} + O_2（g）+ 2H_2O$$

MnO_4^{2-} 在碱性介质中也发生以下副反应：

$$MnO_4^{2-} + 2H_2O + 2e^- \longrightarrow MnO_2（s）+ 4OH^-$$

MnO_4^{2-} 与 MnO_2 的产生，将降低溶液的活性和氧化能力。通常采用电解或加入再生盐的方法，将 MnO_4^{2-} 再生为具有强氧化能力的 MnO_4^-。MnO_2 可用循环过滤的方法除去。例如，将 NaClO 作为高锰酸钾的再生剂，利用其强氧化性使 MnO_4^{2-} 氧化为 MnO_4^-。使用加入再生盐的方法时，随着再生盐添加量的增大，溶液中的副产物会增多，从而影响工作液的寿命，需频繁更换溶液，所以成本也随之增加。此方法目前在 PCB 行业已不多见。利用高锰酸钾再生器电解 MnO_4^{2-} 再生出 MnO_4^- 是一种比较经济的方法。电解再生器的原理如图 27.5 所示，阴极通常为具有大表面积的不锈钢柱形圆筒。

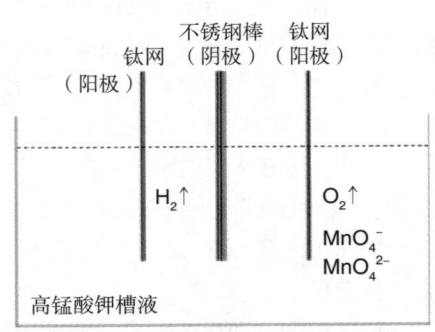

图 27.5　电解再生器的原理

高锰酸钾工作液的氧化能力，一般用氧化系数表示。正常的高锰酸钾工作液的氧化系数应大于 0.75。氧化系数 < 0.75 意味着工作液的氧化能力差，需增大电解电流或延长电解再生器的工作时间，或增加电解再生器的数目。由于 MnO_4^{2-} 不断氧化形成 MnO_4^-，故工作液中不需大量添加高锰酸盐（小量添加只是为了平衡工作液的带出损耗），因而生产成本大大降低。但寿命久的工作液也有部分 MnO_4^{2-} 转为 MnO_2 沉淀，需在定时清理药水槽时除去，并且每 3～6 个月需更换一次槽液。

中　和　锰离子是重金属离子，它的存在会引起"钯中毒"，使钯离子或原子失去活性，从而导致孔金属化失败。因此，化学镀铜前必须去除锰。中和是指在酸性介质中利用还原剂将高价态锰（7/6/4 价）还原为二价锰，再通过水洗除去。例如，典型的使用草酸盐为还原剂的中和反应如下：

$$3MnO_4^{2-} + 4H^+ \longrightarrow 2MnO_4^- + MnO_2（s）+ 2H_2O$$

$$2MnO_4^- + 5C_2O_4^{2-} + 16H^+ \longrightarrow 2Mn^{2+} + 10CO_2（g）+ 8H_2O$$

$$C_2O_4^{2-}+MnO_2+4H^+ \longrightarrow Mn^{2+}+2CO_2（g）+2H_2O$$

3. 聚酰亚胺（PI）调整法 [10]

挠性板和刚挠结合板基材中含有聚酰亚胺和丙烯酸树脂等不耐强碱和强氧化剂的材料，不能用碱性高锰酸盐去钻污，实际生产中一般使用 PI 调整法。PI 调整剂一般由有机碱和无机碱（如氢氧化钾）组成，其碱度比碱性高锰酸盐低很多，且无需使用强氧化剂。采用这种方法能凹蚀 1 ~ 3μm 的聚酰亚胺，使沉铜层与孔壁产生三维结合，结合力牢固。

27.4　化学镀铜 [11-16]

27.4.1　工艺流程

去钻污后，需对 PCB 层间互连进行金属化处理。化学镀铜是经典的孔金属化处理工艺，其典型的工艺步骤如下。

除油调整　常用碱性除油剂去除污垢和调整孔壁的电荷。

微　蚀　利用缓慢的酸性蚀刻作用去除铜表面预处理层和氧化层，使铜面呈现均匀的活性铜。此工序常用硫酸 / 过硫酸盐体系或硫酸 / 过氧化氢体系。

酸　洗　使用 3% ~ 5%（体积比）稀硫酸溶液，去除残留的过硫酸盐。

预　浸　维持下一工序的稳定性，防止带入杂质污染药水。

活化（催化）　采用胶体钯或离子钯溶液在非导电表面沉积一层薄的催化金属。在此工序中，也会有部分钯吸附在铜箔和内层铜表面。

加速（或还原）　改变钯锡胶体的电荷，使钯外露，或通过还原剂将表面吸附的钯离子还原为活化钯核。

化学镀铜　利用碱性络合铜还原溶液，在孔内和表面沉积一层薄铜（20 ~ 100μin）。

27.4.2　机　理

1. 除油调整

化学镀铜在孔壁和铜箔表面发生反应。孔壁和铜箔表面的油污、指纹印或氧化层会影响化学镀铜层与基体的结合力，甚至会导致沉积不上铜，所以必须进行清洁处理。在钻孔过程中，金属钻头与 PCB 基材的机械摩擦使孔壁带有负电荷，不利于孔壁随后吸附带负电性的胶体钯催化剂。除油调整处理通常采用阳离子型表面活性剂，以调整孔壁基材的表面静电荷，提高孔壁对胶体钯的吸附能力。孔壁的钯吸附量因调整剂的种类、浓度、温度、pH 而异。清洁调整剂通常是碱性溶液，但也可能是酸性或中性溶液，只要能满足清洗调整的功能，并具有优良的润湿性和水溶性即可。在生产过程中，需要监控 pH、调整剂的浓度、溶解铜的浓度、温度、处理时间等。

2. 微　蚀

在除油调整的过程中，孔壁基材吸附有机表面活性剂，同时铜表面也吸附了一层有机薄膜。如果不加以清理，这层薄膜将使铜表面在活化液中吸附大量钯离子，造成钯离子的大量浪费。同时，薄膜的存在还将减小基体铜层和化学镀铜层的结合力。此时，通过微蚀处理可去除铜面的有机膜层，同时形成微观粗化铜表面，增大化学镀铜层与基底铜层间的结合力。微蚀处理通常使用硫酸/过硫酸钠（NPS）或硫酸/双氧水微蚀刻溶液，其反应式如下：

$$Na_2S_2O_8+Cu \longrightarrow Na_2SO_4+CuSO_4$$

$$Cu+H_2O_2+H_2SO_4 \longrightarrow CuSO_4+2H_2O$$

3. 预　浸

为防止将水带到其后的活化液中，防止活化液的浓度和 pH 发生变化，通常在活化前先将 PCB 浸入预浸液进行处理。预浸液的具体组成随后续活化液的不同而不同，通常与活化液配套使用，需按规定要求进行浓度分析、成分调整和补加溶液等。预浸液中铜离子的浓度需特别关注，铜离子被带到活化液中，会造成活化液的分解或聚沉，因此需经常更换预浸液。

4. 活化（催化）

活化的作用是在绝缘基体上吸附一层具有催化能力的金属颗粒，使经过活化的基体表面具有催化还原金属的能力，从而使化学镀铜反应在基体表面顺利进行。使绝缘基体表面具有活化性能的方法通常有分步活化法、螯合离子钯活化法、胶体钯活化法，以及胶体铜活化法等。

分步活化法　早期化学镀铜的活化，一直采用敏化-活化两步处理法。

先用 5% 的氯化亚锡水溶液进行敏化处理，然后用 1% ~ 3% 的 $PdCl_2$、$AuCl_3$ 或 $AgNO_3$ 水溶液进行活化处理。在基体表面产生金属沉积的离子反应式为

$$Sn^{2+}+Pd^{2+}=Sn^{4+}+Pd$$

这种方法存在两个严重的问题，一是孔金属化良率低，在化学镀铜后总是会发现个别孔沉积不上铜：Sn^{2+} 离子对环氧玻璃基体表面的湿润性不是很强；Sn^{2+} 易氧化，特别是敏化后水清洗时间稍长就会使 Sn^{2+} 氧化为 Sn^{4+}，失去敏化效果，使孔金属化后个别孔沉积不上铜。二是活化剂采用的单盐化合物，会和铜箔产生置换反应，在铜表面产生一层松散的贵金属置换层，如果直接进行化学镀铜，就会导致镀层结合不牢，极易造成多层板金属化孔和内层铜环连接不可靠。

为了解决该问题，经过多次实验，最后真正用于实际生产的是螯合离子钯活化法和胶体钯活化法。

螯合离子钯活化法　螯合离子钯活化法分为两步，首先是活化处理，然后是还原处理。活化剂的主要成分是硫酸钯/氯化钯和螯合剂，它们在碱性条件下产生溶于水的钯离子络合物，这样所形成的钯离子络合物溶于碱性溶液（一般 pH ≥ 10）。活化处理后，螯合钯离子沉积在孔壁和板面（少量）上。由于钯离子和络合剂之间是强的配位键化合，钯离子的氧化电位降低了，所以钯和铜之间不会产生置换反应。但是，用常规的 Sn^{2+} 不能将螯合物的 Pd^{2+} 离子还原，必须用强还原剂将钯离子还原成有催化性的金属钯。

胶体钯活化法　胶体钯活化不会在铜基体上形成钯置换层，从根本上解决了化学镀铜层与基体铜之间的结合力问题，并节约了大量的贵金属。胶体钯活化性能非常好，消除了以往个别金属化孔沉积不上铜的问题。

酸基胶体钯活化液的基本配方如下：

A 液	PdCl$_2$	1g/L
	HCl（37%）	200ml/L
	SnCl$_2$-2H$_2$O	2.54g/L
B 液	HCl	100ml/L
	SnCl$_2$-2H$_2$O	70g/L
	Na$_2$SnO$_3$-7H$_2$O	7g/L

酸基胶体钯活化液的活性和稳定性取决于 A 液中 Sn^{2+} 离子和 Pd^{2+} 离子的浓度比，以及溶液的配制方法。Sn^{2+} 离子和 Pd^{2+} 离子的浓度比为 2∶1 时，活化液的活化性能最好。参照美国专利（U.S.Pat.No.3874882），盐基胶体钯活化液的基本配方如下：

PdCl$_2$	0.25g/L
SnCl$_2$·2H$_2$O	3.2g/L
HCl（37%）	10ml/L
Na$_2$SnO$_3$·7H$_2$O	0.5g/L
NaCl	150/220g/L
（NH$_2$）$_2$CO	50g/L

5. 加速（或还原）

胶体钯活化处理之后，基体表面吸附的是以金属钯为核心的胶团，钯核的周围包围着碱式锡酸盐化合物。化学镀铜之前应除去一部分碱式锡酸盐化合物，使钯核完全露出来，增强胶体钯的活性，这一处理称为加速。加速处理不但提高了胶体钯的活化性能，而且去除了多余的碱式锡酸盐化合物，显著提高了化学镀铜层与基体间的结合力。加速可以用酸性处理液，也可以用碱性处理液，如用 5%NaOH 水溶液或 1% 氟硼酸水溶液，处理 1~2min，然后水洗，就可以进行化学镀铜了。加速处理液的浓度过高，处理时间过长，会导致吸附的钯脱落，化学镀铜后出现孔壁空洞。

6. 化学镀铜 [17]

根据电化学混合电位理论 [18]，化学镀铜发生在水溶液与具有催化活性的固体的界面，由还原剂将铜离子还原成金属铜层。它是一种自催化氧化还原反应，其反应实质和电解过程是相同的，只是得失电子的过程在短路状态下进行，外部看不到电流的流通。失电子的过程可以表达为

还原反应　Cu^{2+}+2e$^-$ → Cu

氧化反应　R → O+2e$^-$

式中，R 为还原剂，O 为还原剂的氧化态；铜离子的还原电子全部由还原剂提供。

用于化学镀铜的还原剂有甲醛、二甲胺基硼烷、硼氢化钠、肼等，但目前人们普遍使用的是甲醛。甲醛价格低，且具有优良的还原性能，可以有选择性地在活化过的基体表面自催化沉积铜。但是，甲醛对眼睛和皮肤有刺激性，甚至会致癌。20 世纪 80 年代初，采用次磷酸钠作为还原剂的化学镀铜工艺开始投入使用。

次磷酸钠能还原铜离子，但是次磷酸钠的氧化反应必须在催化表面发生，当已被催化的表面被铜（<1μm）覆盖时，反应便停止。金属催化活性依次为 Au > Ni > Pd > Co > Pt > Cu。在镀液中加入少量镍离子，能还原成催化活性很高的金属镍，使自催化反应得以继续进行。镀液中的主要氧化还原反应是铜离子还原成金属铜，次磷酸根离子氧化成亚磷酸根离子。由于反应只能在催化表面上发生，故第一步反应是还原剂的去氧反应：

$$H_2PO^{2-} \longrightarrow HPO^{2-} + H \tag{27.1}$$

生成的 HPO^{2-} 和 OH^- 反应生成 H_2PO^{3-}，并释放电子：

$$HPO^{2-} + OH^- \longrightarrow H_2PO^{3-} + e^- \tag{27.2}$$

Cu^{2+} 和 Ni^{2+} 得到电子还原成金属。水与 Cu^{2+} 和 Ni^{2+} 争夺电子而发生反应：

$$H_2O + e^- \longrightarrow OH^- + H \tag{27.3}$$

式（27.1）和式（27.3）中生成的氢原子结合成氢气：

$$H + H \longrightarrow H_2\uparrow$$

因此，利用次亚磷酸钠作为还原剂进行化学镀铜的主要反应式为

$$2H_2PO^{2-} + Cu^{2+} + 2OH^- \longrightarrow Cu + 2H_2PO^{3-} + H_2\uparrow$$

副反应式为

$$2H_2PO^{2-} + H_2O \longrightarrow H_2PO^{3-} + H_2\uparrow$$

产生副反应的原因是铜离子浓度过低，H_2PO^{2-} 含量过高。这时，沉铜速率降低，溶液中大量析氢。

生成的金属镍催化次磷酸盐的氧化反应与溶液中的铜离子反应为

$$Ni + Cu^{2+} \longrightarrow Ni^{2+} + Cu$$

经过电子能谱化学分析（ESCA）发现，铜层上没有镍沉积，这说明镍又重新进入了溶液。

27.4.3　工艺过程控制

1. 工艺参数

新材料的发展和可靠性标准的提高促进了化学镀铜工艺的改革，无铅组装要求 PCB 能承受更高的热冲击，而这会增加镀覆孔的应力。专用添加剂会影响化学镀铜的完整性。如何选择现有的化学镀铜工艺，取决于图形转移的类型。

化学镀铜的工艺参数见表 27.4。

表 27.4　化学镀铜工艺参数

	低速沉积	中速沉积	高速沉积
铜	1.8g/L	2.0g/L	2.0g/L
甲醛	6 ~ 8g/L	4.5g/L	3.5g/L
氢氧化钠	10 ~ 14g/L	10 ~ 11g/L	8 ~ 13g/L
温度	28 ~ 32℃	36 ~ 42℃	36 ~ 42℃
空气搅拌	轻度	轻度 / 适中	适中
过滤	定期	连续	连续
加热装置	铁氟龙	铁氟龙	铁氟龙

续表 27.4

	低速沉积	中速沉积	高速沉积
生产板负荷	$0.5 \sim 3m^2/100L$	$0.5 \sim 3m^2/100L$	$0.5 \sim 3m^2/100L$
沉积时间	$14 \sim 18min$	$18 \sim 25min$	$25 \sim 35min$
厚度	$12 \sim 22\mu in$	$30 \sim 50\mu in$	$40 \sim 80\mu in$

2. 化学药水控制参数

化学药水控制参数见表 27.5。

表 27.5 化学药水控制参数

缸 名	组 分	控制项目	控制范围	分析频率	温度控制
膨松缸	M1601	M1601	$40 \pm 5\%$	一次 / 班	$75 \pm 5℃$
除胶	$KMnO_4$	$KMnO_4$	$55 \pm 5g/L$	一次 / 班	$75 \pm 5℃$
	NaOH	NaOH	$40 \pm 5\ g/L$		
	副产物	K_2MnO_4	$< 20g/L$		
预中和	H_2SO_4	H_2SO_4	$1 \pm 0.5\%$	一次 / 班	室温
	H_2O_2	H_2O_2	$1 \pm 0.5\%$		
中和	M1603	M1603	$20 \pm 4\%$	一次 / 班	$40 \pm 5℃$
	H_2SO_4	H_2SO_4	$5 \pm 1\%$		
除油	M105H	M105H	$10 \pm 2\%$	一次 / 班	$60 \pm 5℃$
		Cu^{2+}	$< 1g/L$		
微蚀	NPS	NPS	$80 \pm 20\ g/L$	三次 / 班	$30 \pm 5℃$
	H_2SO_4	H_2SO_4	$3 \pm 1\%$		
	/	Cu^{2+}	$\leqslant 25g/L$		
预浸缸	M201	SG	1.13 ± 0.02	一次 / 班	室温
	HCl	HCl	$0.4 \pm 0.2N$		
活化缸	M201	SG	1.13 ± 0.02	一次 / 班	$40 \pm 3℃$
	HCl	HCl	$0.6 \pm 0.2N$		
	M202	M202	$2.0 \pm 0.3\%$		
		PD	$40 \sim 50ppm$		
加速	M204	M204	$10 \pm 2\%$	一次 / 班	$40 \pm 5℃$
	M204S	PH	8.8 ± 0.5		
沉铜缸	N1000A	Cu^{2+}	$2.0 \pm 0.5\ g/L$	三次 / 班	$31 \pm 3℃$
	N1000B	NaOH	$11.5 \pm 2.5\ g/L$		
	N1000M	HCHO	$7 \pm 2\ g/L$		

（来源：贝加尔 N1000 系列）

3. 设备配置方案

建议的设备配置方案见表 27.6。

表 27.6　建议的设备配置方案

缸体	加热	冰水管	气顶 （加速率：≥ 3m/s²）	振动 （频率：50 ~ 80mm/s）	超声波 （电流：1 ~ 2A）
膨松	●	●	●	●	●
除胶	●	●		▲	●
中和	▲	▲	●	●	●
中和后水洗	●	●			●
除油	●	●	●		●
PI 调整	▲	▲		▲	
微蚀	●	●		●	
活化	●	●		●	
加速	●	●		●	
沉铜	●	●	●	●	

注：●表示一般性配置，▲表示选择性配置。（来源：贝加尔）

4. 树脂填孔 PCB 的化学镀铜

树脂填孔 PCB 的第一次化学镀铜的流程与普通 PCB 相同，难点在于需要进行盖覆电镀的树脂填孔 PCB 的第二次化学镀铜。树脂填孔板在机械打磨整平之后，化学镀铜之前，必须进行除胶渣处理，对树脂填孔位置进行化学凹蚀粗化，以提高化学镀铜层与树脂之间的结合力。由于受镀总面积极少（仅考虑基材位置），连续批量生产时易造成化学镀铜的活性下降，化学镀铜反应不良。鉴于此，板厚 < 0.8mm 的 PCB 薄板，一般也不建议连续进缸，与较厚的 PCB 错开进缸。

5. 高厚径比 PCB 的化学镀铜

生产厚径比超过 10∶1 或板厚大于 3.2mm 的 PCB 时，一般需要将板边锣薄以匹配电镀时的阴极夹具。在化学镀铜工序，插架时应采用隔卡槽插板的方法（见图 27.6），且一般建议进行两次化学镀铜（第二次化学镀铜由预浸槽开始）。

图 27.6　隔卡槽插板实例

27.5　常见问题

1. 孔内空洞

孔内空洞常表现为孔呈黑色或深色，改善措施包括检查工艺参数设置是否正确，如各前处理缸的时间、温度及药水浓度，尤其是去钻污的工艺参数。同时，化学镀铜缸的药水成分和镀铜时间也要进行确认。一般而言，化学镀铜缸的负载过低、温度过低或空气搅拌过大均会降低药水活性，导致化学镀铜反应不良。此外，孔内空洞有可能是过于剧烈的前处理清洗导致的，也有可能是前工序层压异常导致孔内的断开现象（见表 27.7）。

表 27.7　孔内空洞的案例

孔内断开图例特征	原因分析	预防对策
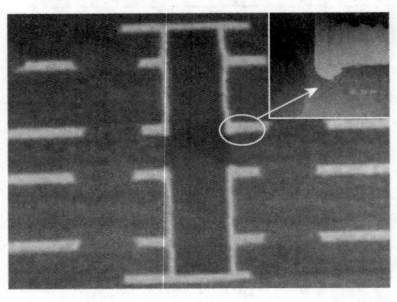	层压粘结片与芯板表面的附着力不足，膨松／除胶渣后存在缝隙，经微蚀后缝隙变大，这条又深又窄的缝隙无法沉上铜，使得板面电镀时电流无法经过中间段	检查层压前棕化处理的咬蚀效果，提高铜箔与芯板的粗糙度，规范层压烘板参数

2. 孔壁分离

孔壁分离表现为铜与基材分离，通常可用垂直切片检出。当孔壁分离很严重时，用肉眼可以看到孔附近出现大的裂缝。孔壁分离可能是去钻污时环氧基材表面纹理化不足、过度处理、过度催化或加速不足等造成的，还可能是化学镀铜药水活性过高，使得沉积层应力过大引起的，改善措施包括确保镀铜工艺的停留时间、药水浓度及温度等均在正常工作范围。孔壁分离的案例见表 27.8。

表 27.8　孔壁分离的案例

孔壁分离图例特征	原因分析	预防对策
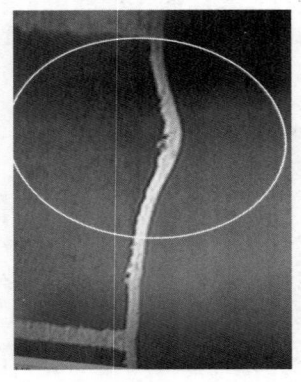	测试板材的玻璃化转变温度为 T_g=170℃，属于高 T_g 板材，导入新材料，需重新确认其除胶速率	高 T_g 板材需延长膨松、除胶渣时间，或进行 2 次除胶渣

3. 化学镀铜和基铜结合不良

表面铜层结合不良通常是铜面清洁不够导致的，如板面有干膜和（或）显影液残渣、调节过度、清洗不净、微蚀不足、过度催化等。内层铜与电镀孔铜结合不良，即通常所说的内层连接缺陷（ICD），也可由上述因素导致。此外，也有可能是化学镀铜药水本身因素所致。化学镀铜和基铜结合不良的案例见表 27.9。

表 27.9　化学镀铜和基铜结合不良的案例

ICD 图片	原因分析	预防对策
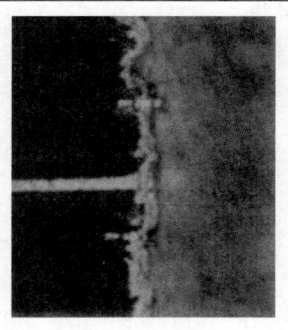	内层铜呈钉头状，且孔粗较大，钉头处因凝胶而难于彻底除胶渣，最终造成内层铜连续缺陷	优化钻孔参数，改善孔粗，分析、调整除胶量，以及调整中和缸药水的浓度

4. 沉铜凹点

沉铜凹点是指沉铜过程药水的侵蚀，导致底铜局部出现点状缺失或穿孔，但沉铜层、电镀层完好，蚀刻后受蚀处铜面呈现凹点状。沉铜凹点的案例见表 27.10。

表 27.10　沉铜凹点的案例

缺　陷	图　片	反应原理	原因分析
沉铜凹点	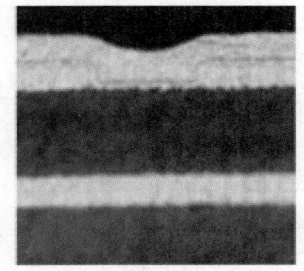	$MnO_4^- + H^+ + R \longrightarrow 2MnO_4^{2-} + 1/2O_2 + 2H_2O$ $O + 2Cu \longrightarrow Cu_2O$ $Cu_2O + O \longrightarrow CuO$ $CuO + 2H^+ \longrightarrow Cu^{2+} + H_2O$	除胶缸的药水到了寿命末期，存在一些悬浮物（主要为二氧化锰及高锰酸钾结晶等）。悬浮物会附着于板面上，当 PCB 进入中和缸时，悬浮物中残留的高锰酸钾与硫酸、中和剂发生剧烈反应，迅速将铜腐蚀，造成凹点

5. 沉铜铜瘤

在除胶渣和化学沉铜过程中，由于除胶缸存在副产物的积累，当再生器或循环失效时，孔内因清洁不足，部分胶渣残留在孔壁内侧，极易形成铜瘤。另外，对于 PTH，除油缸药水污染或化学沉铜缸碱性药水的变化，也会导致板镀后孔内形成铜瘤。沉铜铜瘤的案例见表 27.11。

表 27.11　沉铜铜瘤的案例

缺　陷	图　片	EDX 成分分析					原因分析
		元素	质量/%	原子/%	净强度	Error/%	Kratio	
沉铜铜瘤		C K	7.61	28.52	53.82	13.67	0.02	除胶渣缸的过滤失效、除油缸滋生的异物、过滤棉芯超期使用、水洗清洁不足
		O K	2.59	7.30	71.95	11.23	0.01	
		BrL	0.54	0.30	12.36	20.91	0.00	
		SiK	0.56	0.88	31.31	21.16	0.00	
		CaK	0.43	0.48	28.60	22.96	0.00	
		CuK	88.27	62.51	1780.43	2.11	0.85	

27.6 孔金属化的新技术

进入 20 世纪 90 年代以来，以传统化学镀铜为主体的孔金属化（PTH）工艺受到了多方面的压力和挑战。特别是进入 21 世纪之后，随着各种直接电镀技术的不断成熟，传统化学镀铜技术甚至面临被更换和逐步淘汰的处境。目前比较有市场前景的孔金属化的新技术有水平化学镀铜、导电高分子聚合物直接电镀和导电碳直接电镀等。

27.6.1 水平化学镀铜

水平化学镀铜工艺保持了无电解铜层的导电性优异、孔壁结合可靠性优良以及工艺成熟度高等优势，适合 HDI、高纵横比及高厚径比 PCB 的生产，近年来得到了快速推广。

水平化学镀铜与传统垂直化学镀铜的机理是一样的，但在药水方案、工艺流程要求等方面都有巨大差异，见表 27.12 与表 27.13。

表 27.12 水平化学镀铜与垂直化学镀铜的生产制程对比

水平化学镀铜	垂直化学镀铜
封闭式药水反应体系	敞开式药水反应体系
片式进板方式	插架子母篮式进板方式
药水贯孔依靠设备喷淋、水刀及超声波等	药水贯孔依靠震动、摇摆及打气等
流程时间短	流程时间长
药水循环速度快	药水循环速度慢
水洗更新周期短	水洗更新周期长

表 27.13 FPC 垂直化学镀铜和水平化学镀铜的工序时间对比

工艺流程	有效反应时间	
	垂直化学镀铜	水平化学镀铜
膨松	5 ~ 7min	60 ~ 180s
除胶	10 ~ 15min	180 ~ 300s
预中和	4 ~ 7min	40 ~ 90s
中和	4 ~ 7min	50 ~ 90s
PI 调整	4 ~ 6min	30 ~ 60s
整孔	5 ~ 7min	50 ~ 100s
微蚀	1 ~ 2min	60 ~ 100s
预浸	1 ~ 2min	20 ~ 40s
活化	4 ~ 7min	50 ~ 90s
还原（加速）	4 ~ 7min	30 ~ 60s
化学镀铜	10 ~ 15min	240 ~ 480s

27.6.2 导电高分子聚合物

导电高分子聚合物直接电镀具有流程短、选择多、适合微孔及多层板的电镀、聚合物层薄——没有导致镀层起泡或粗糙的颗粒物质、设备小——用水量低等优势。

　　高分子聚合物一般被视为非导体，但经过某些特殊处理后可具有一定程度的导电性。例如，吡咯为一种有机单体，在酸性溶液中，在二氧化锰的作用下进行聚合反应，可形成导电聚吡咯化合物。在采用高锰酸盐（高锰酸钾或高锰酸钠）的碱溶液处理印制板时，高锰酸根与非导体基材发生化学反应，可在非导体表面形成二氧化锰吸附层。然后，将经过处理的印制板置于导电高分子聚合物单体弱酸性溶液中，当吸附有二氧化锰的印制板基材接触酸性单体溶液时，便在非导体孔壁表面生成不溶性导电聚合物层（如聚吡咯、聚呋喃类高聚物等）——可作为以后电镀的导电层（见图 27.7）。其基本处理流程为整孔（调整孔壁电荷为正电荷）→水洗→氧化（高锰酸盐氧化处理）→水洗→催化（导电高分子聚合物膜层形成）。

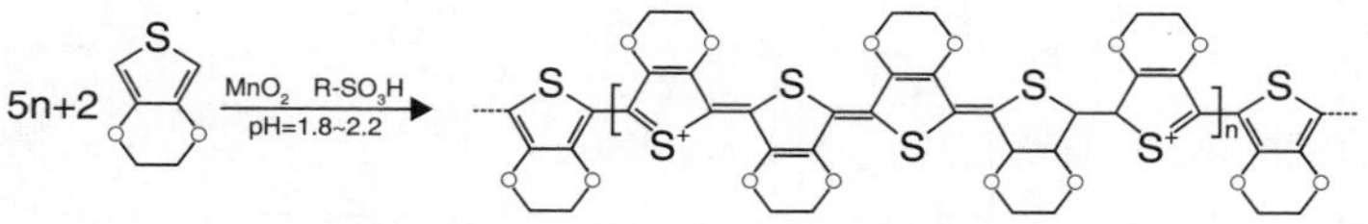

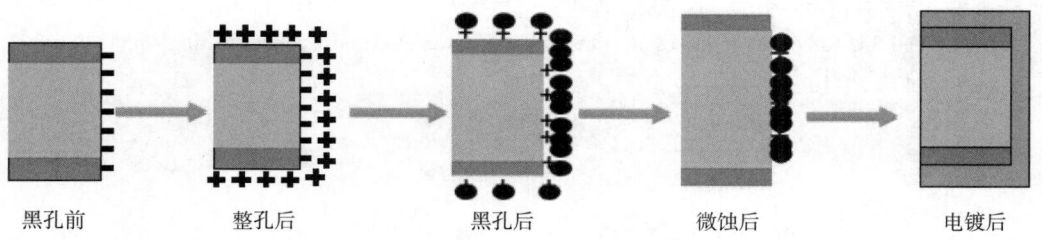

图 27.7　导电聚合物反应原理

27.6.3　导电碳直接电镀

　　导电碳直接电镀的最大特点，利用物理作用形成的导电膜就可以直接进行电镀。由于其工艺流程简单，减少了控制因素，与传统 PTH 工艺流程相比较，使用药品的数量减少了，污水处理量减少了，总成本降低了。

　　导电碳直接孔金属化技术主要包括：黑孔、黑影和日蚀等工艺。其基本原理是利用阳离子表面活性剂将钻孔后的孔壁调节为正电荷，从而利用正负电性相吸原理，使带负电荷的导电碳粉吸附于孔壁，为孔金属化电镀提供初始导电层。

　　黑孔的基本原理如图 27.8 所示。

黑孔前　　　　整孔后　　　　黑孔后　　　　微蚀后　　　　电镀后

图 27.8　黑孔的基本原理

27.7　致　谢

　　本章的部分内容引用自各行业前辈、专家的技术论文和书籍，感谢他们所做的开创性贡献。同时，感谢王恒义先生对本章内容成文过程的指导和帮助。

参考文献

［1］Carano,M.,Proceedings of 16th AESF/EPA Pollution Prevention & Control Conference,1995,p.179

［2］吴桂芹.离子交换与反渗透水处理技术在工业水处理中的应用.林业科技情报,2010,42（3）:80-82

［ 3 ］崔荣 , 蒋忠明 . 多层印制板凹蚀工艺的实现 //2013 中日电子电路秋季大会暨秋季国际 PCB 技术 / 信息论坛 .2013

［ 4 ］王海燕 , 黄力 , 姜磊华 , 等 . 多层印制板凹蚀技术研究 . 印制电路信息 ,2017,25（1）:31-35

［ 5 ］周国云 , 何为 , 王守绪 , 等 . 等离子对刚挠结合印制板用材料蚀刻的均匀性及其机理研究 . 印制电路信息 ,2010（s1）:206-214

［ 6 ］Deckert,C.A.,Couble,E.C.,and Bonetti,W.F., "Improved Post-Desmear Process for Multi-layer Boards," IPC Technical Review, January 1985,pp.12-19

［ 7 ］Batchelder,G.,Letize,R.,and Durso,Frank,Advances in Multilayer Hole Processing,MacDer-mid Company

［ 8 ］李卫明 , 孙国权 , 刘善东 . 一种同时适用于垂直与水平去钻污工艺的膨胀剂 . 印制电路信息 ,2017, 25（a01）:171-180

［ 9 ］汪洋 . 刚挠结合板的孔金属化研究 . 电子科技大学 ,2005

［10］陈兵 . 用于聚酰亚胺表面粗化的处理液及其制备方法 , CN 102747343 A[P]. 2012

［11］Stone,F.E., "Electroless Plating-Fundamentals and Applications," G.Mallory and J.B.Hajdu（eds.）,American Electroplaters and Surface Finishers Society,Inc.,1990,Chap.13

［12］Deckert,C.A., "Electroless Copper Plating," ASM Handbook,Vol.5,1994,pp.311-322

［13］Murray,J., "Plating, Part 1:Electroless Copper," Circuits Manufacturing,Vol.25,No.2,February 1985,pp. 116-124

［14］Polakovic,F., "Contaminants and Their Effect on the Electroless Copper Process," IPC Technical Review, October 1984,pp.12-16

［15］Blurton,K.F., "High Quality Copper Deposited from Electroless Copper Baths," Plating and Surface Finishing,Vol.73,No.1,1986,pp.52-55

［16］Lea,C., "The Importance of High Quality Electroless Copper Deposition in the Production of Plated-Through Hole PCBs," Circuit World,Vol.12,No.2,1986,pp.16-21

［17］李能斌 , 罗韦因 , 刘钧泉 , 等 . 化学镀铜原理、应用及研究展望 . 电镀与涂饰 ,2005,24（10）:46-50

［18］Lin Y M,Yen S C.Effects of additives and chelating agents on electroless copper plating.Applied Surface Science,2001,178（1-4）:116-126

第28章 电镀

李 荣

深圳，贝加尔

28.1 引 言

印制电路板（PCB）的基本功能是形成电气元件的电气信号通路，其核心要求是保证电子产品在各种应用环境中的电气信号可靠性。PCB层间互连及线路导通均依靠以铜为基底的金属层，第27章主要介绍了实现层间互连的电镀前的准备工作，本章聚焦于电镀的各方面内容。由于酸性镀铜是PCB提供内部电气连接的关键工序，这里将对其进行重点阐述。同时，锡、镍和金等作为重要的电镀材料，本章也将进行介绍。此外，本章还将介绍为满足产品复杂性、生产自动化、精细化要求而开发的电镀新技术，如垂直连续电镀、脉冲电镀和水平电镀等。

28.2 电镀的基本原理

电镀是利用电解作用在金属或其他材料制品的表面附着一层金属膜的过程。具体来说，就是在含有金属离子的溶液中插入金属板，从外部接通电源，加载一定的电压，通过电解反应在阴极形成金属膜层。和电源正极相连的电极称为阳极，和电源负极相连的电极称为阴极。例如，PCB常用的酸性电镀铜的工作槽如图28.1所示。

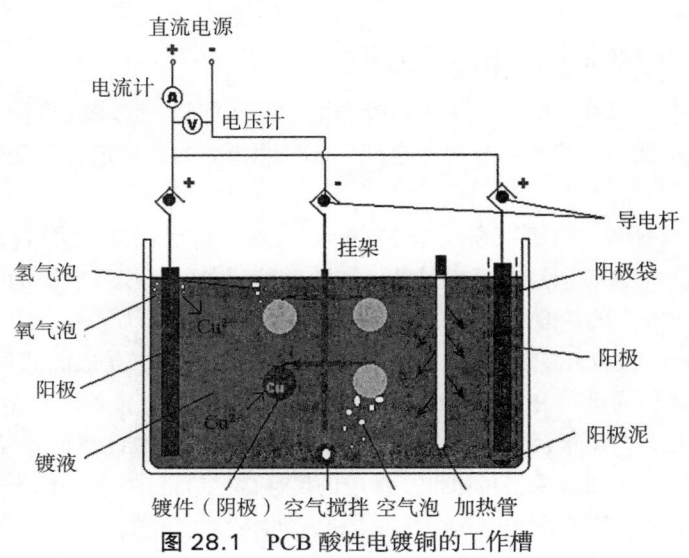

图28.1 PCB酸性电镀铜的工作槽

图 28.1 中，阳极为金属铜板，工作溶液（镀液）为硫酸铜、硫酸、氯离子及有机添加剂的混合溶液。由于外加电源的作用，在阳极发生 $Cu \rightarrow Cu^{2+} + 2e^-$ 的化学反应，阳极不断溶解；在阴极则发生 $Cu^{2+} + 2e^- \rightarrow Cu$ 的反应，即铜在阴极（工件）上不断沉积。

28.2.1　电镀过程中的法拉第定律 [2]

法拉第定律又称为电解定律，即电极上通过的电量与电极反应中反应物的消耗或产物的生成量成正比。

法拉第定律可用下式表示：

$$m = \frac{ItM}{zF}$$

式中，I 为电流（A）；t 为通电时间（s）；M 为被镀物质的摩尔质量；z 为反应的电子的量；m 为析出物质的质量（g）；F 为法拉第常数。M/zF 仅与物质的性质有关，表示 1A 电流下通电 1h 析出的物质的量，称为该物质的电化学当量。

在电化学中，把 1 mol 电子的电量称为法拉第常数，用 F 表示，单位为 C/mol。计算时，一般取 1F = 96500C/mol。在电镀行业，一般使用安时（A·h）表示电量，1F = 26.8A·h。

电化学沉积发生在阴极（负极），电镀时的金属沉积厚度由电镀时间和施加在受镀产品表面的电流密度决定。例如，使用前面的公式，可以很容易地计算出沉积金属的质量，质量可以换算成已知面积的镀层厚度。常见金属的沉积速率见表 28.1。

表 28.1　常见金属的沉积速率

金　属	每 A·h 沉积的质量 /g	每平方英尺沉积 0.001in 厚所需的 A·h	每平方分米沉积 25μm 厚所需的 A·h
铜	1.186	17.8	1.88
锡	2.214	7.8	0.82
铅	3.865	6.9	0.73
镍	1.095	19.0	2.00
金	7.348	6.2	0.65

28.2.2　电镀过程中的扩散层和双电层 [3]

酸性镀铜过程中，镀液中的铜离子在阴极表面不断地登陆，使得其接触表面微观液膜中的铜离子浓度呈现逐步低于镀液浓度的梯度递减。这种阴极表面浓度渐稀的变异液膜称为扩散层或阴极膜。

扩散层越薄，越有利于电镀沉积反应的进行。镀液的过滤循环、阴极搅拌、打气、射流、振动等都是为了逼薄电镀扩散层，赶走氢气，加速槽液死角的交换，以协助金属离子通过双电层顺利沉积。电镀过程中的扩散层如图 28.2 所示。

双电层（Electro-Chemical Double Layer, Helmholtz-Perrin Layer）是极面液膜中超薄的一层（厚度仅是水合离子的半径而已），出自正负静电感应的物理层，为金属离子抛弃各种水合物与配位基（Ligands）而单独奔向阴极沉积成铜金属的最后一个关卡。就酸性镀铜而言，是铜离子（Cu^{2+}）配位团在氯离子（Cl^-）与双电层搭桥协助下形成的传递链。镀液中的电极双电层如图 28.3 所示，Cu^{2+} 配位团在 Cl^- 与双电层搭桥协助下形成的传递链如图 28.4 所示。

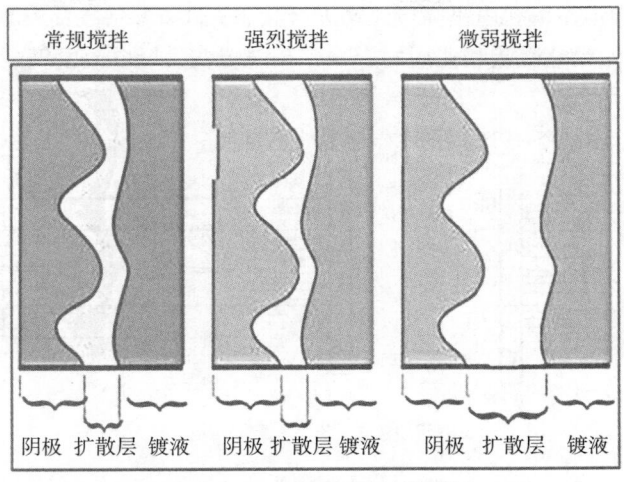

图 28.2 电镀过程中的扩散层

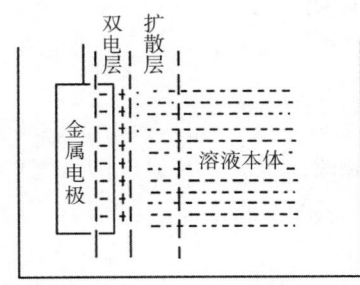

图 28.3 镀液中的电极双电层

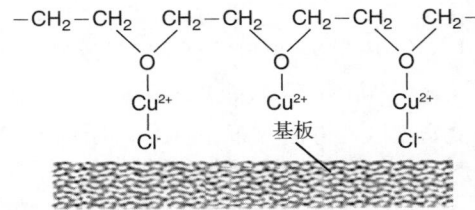

图 28.4 Cu^{2+} 配位团在 Cl^- 与双电层搭桥协助下形成的传递链

28.2.3 电镀过程中的电流密度分布

1. 一级电流分布

在电极没有极化和受到其他因素干扰的情况下，由于阴极与阳极的相对位置存在远近区别，所产生的高低电流分布称为一级电流分布。它完全取决于镀槽的几何形状，即阴极与阳极的距离、排列方式、大小、形状等。一级电流分布是影响镀层表面结构的主要因素。例如，高电流密度区会形成尖端效应，亦即电流集中在板中凸出部份、板边或孔口，造成板面镀铜均匀性不佳或孔内镀铜狗骨现象，如图 28.5 所示。

不同厚度的 PCB，其孔内电流分布呈现不同的状态。对于很薄（≤ 0.3mm）的双面及多层

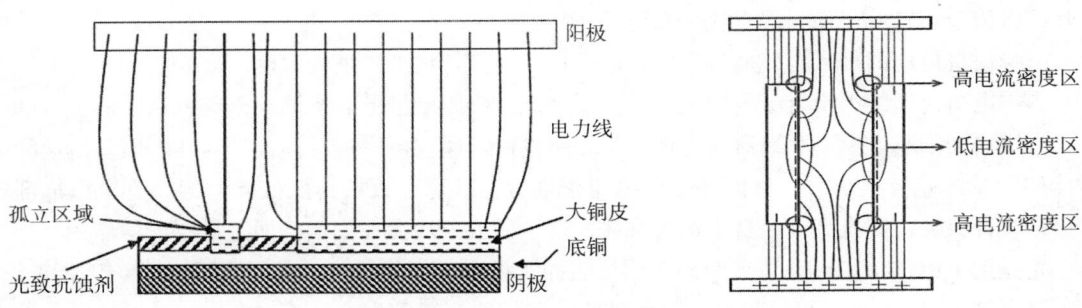

图 28.5 一级电流分布的影响

FPC，尖端效应占主导地位，孔内呈高电流密度区状态；而随着层数及板厚增加，尤其是刚性板和刚挠结合板，受孔内导电性能和孔深的影响，孔内转变为低电流密度区状态。孔内电流分布如图28.6所示。

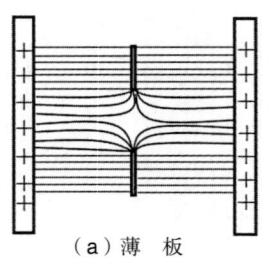 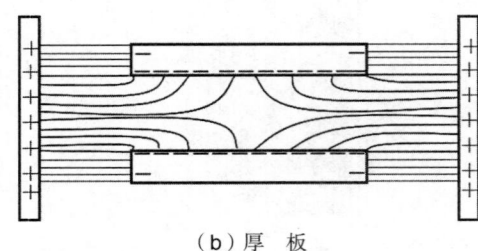

（a）薄 板　　　　　　　　　　　　　（b）厚 板

图 28.6　孔内电流分布

一级电流分布的影响因子包括槽体设计，阳极设计，挂架与接点设计，阳/阴极的大小、形状、导电性，阴极工件板的大小与形状，电极的相对位置，阳/阴极的排列方式，阳/阴极的方位与镀槽的关系，镀件与镀槽的距离，摆动状况，空气搅拌，镀液的界面，遮蔽物，窃镀装置（辅助阴极）等。

一级电流分布是自然形成的，不容易改变，若要改变一级电流分布不均的现象，只能改变电镀设备和设计：调整阴/阳极距离、阳极面积、使用绝缘屏蔽物改变等电位平面、采用辅助阳极改善低电流密度区的电流分布、使用辅助阴极分散高电流密度区的电流分布、镀面按正方形或长方形密集上架，以降低电流差异。

2. 二级电流分布

有电流通过电极时，电极的电势偏离平衡电势而发生变化，这种变化称为电极极化。

在电镀过程中，电极附近发生了电化学反应，增大了镀液的电阻，称之为电阻极化。由于电极附近浓度与镀液内部体相浓度不一致而产生的极化称为浓差极化，由此产生的超电势称为浓差超电势。

电极极化是电极反应速度、电子传递速度及离子扩散速度三者不相适应造成的。阴极浓差极化是因为电极反应消耗离子的速度大于离子扩散速度，电化学极化则是因为电极反应消耗电子的速度小于电子传递速度。

由于电极产生极化，使局部实际电流分布与一级电流分布的状态有所不同，这种改变后的电流分布状态称之为二级电流分布。二级电流分布效应源自电镀槽液的化学成分与浓度，特别是硫酸铜、硫酸及氯化物等浓度的变化。因此可通过电荷传递与质量传递来改善电流分布，使得实际的电流分布较原先的一级电流分布更趋于均匀。

影响质量传递的因素有硫酸铜浓度、电镀速率、搅拌情形、槽液温度。

影响电荷传递的因素有吸附阴极的有机添加剂，吸附阴极的有机添加剂与铜离子的复合物。

有机添加剂基本上不影响质量传递，却影响电荷传递。当阴极板面各处与孔内质量传递和电荷传递的总体差异很小时，板面各处的电流密度也会接近，镀层自然分布均匀。有机添加剂通常包括3种成分，即光亮剂、整平剂与载体，这3种成分均会在阴极表面边界层产生作用。

光亮剂（Brightener）　主要吸附于阴极表面，可取代部分载体，增大该区域的电镀速率。

整平剂（Leveler）　可被吸附并取代某些特定位置（通常为高电流密度区或高搅拌区）的光

亮剂或载体，能减小电镀速率。

载体（Carrier）　主要吸附于阴极表面，阻碍该区域离子的还原反应。

28.2.4　极限电流密度 [3]

在电镀过程中，当待镀件在阴极杆妥当就位时，直流电源即开始供电。电压虽已就位，但所需电流却要慢慢爬升而无法立即到位，其原因是电镀电流虽已按面积设定在很大数值（如数百到上千安培），但其电压仍然很低，只有 2 ~ 3V。镀液导电是靠配位离子（Anion/Cation）的缓慢泳动实现的，并非像固态导体中的电子那样飞快传递。因此所设定的电流密度虽已到位，但待镀件瞬间所能用以沉积的电流却很小，需要足够的时间才能爬升到所设定的电流。电镀过程中的电流密度与镀层品质的关系如图 28.7 所示。

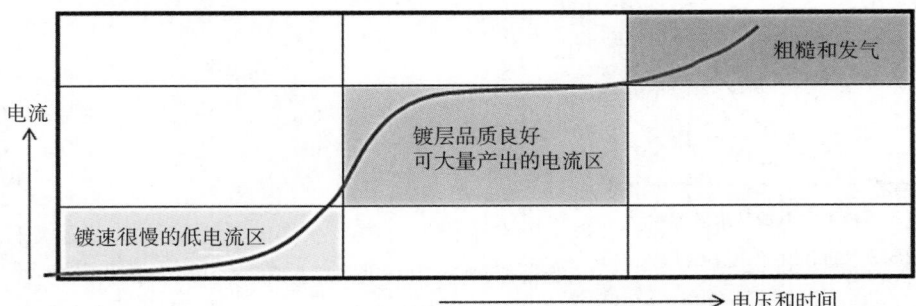

图 28.7　电镀过程中的电流密度与镀层品质的关系

在启镀瞬间，电流尚未到位前，所镀出的铜层不但很薄，且在低电流中参与反应的有机物也较多，导致结晶不但细小而且组织松散，犹如冬材[3]。随后，当电流攀升到设定电流时，所镀层才达到正常结晶且有机物随之降低。

在设定电流下，镀层厚度增大、晶格变大、质地扎实而成为"夏材"（此处引喻只谈厚度，不讨论组织）。于是，在微切片的微蚀画面（见图 28.8）中可见，"冬材"的松散处很容易被咬蚀而成为分界线。

超过极限电流密度时，由于铜层堆积的速度太快，则生成十分粗糙甚至呈粉状的镀层，同时伴随着水的电解而析出氢气。

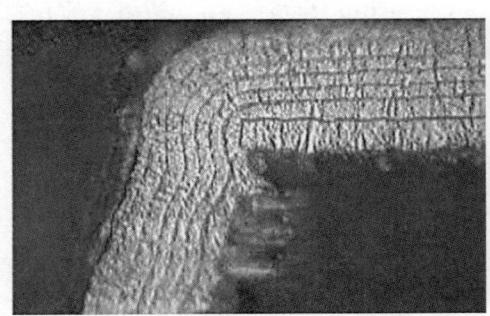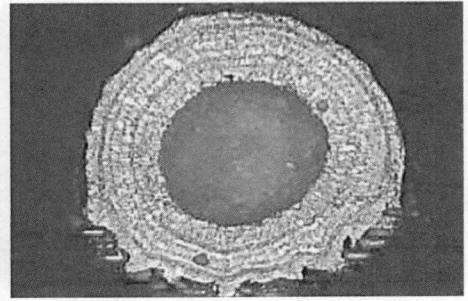

图 28.8　微切片的微蚀画面

28.3 电镀铜

电镀行业使用的镀液可以分为氰化物镀液、焦磷酸铜镀液、HEDP 铜镀液以及酸性硫酸铜镀液等。早期的 PCB 电镀铜采用高温（60℃）微碱性焦磷酸铜镀液，1990 年之后逐渐改为使用温度稍低于室温的酸性硫酸铜镀液。

PCB 酸性硫酸铜镀液的基本成分为硫酸铜、硫酸和氯离子，加入适当的添加剂便可以获得外观光亮、均匀细致的镀层，还可以获得很好的分散能力和覆盖能力。

28.3.1 电化学反应机理

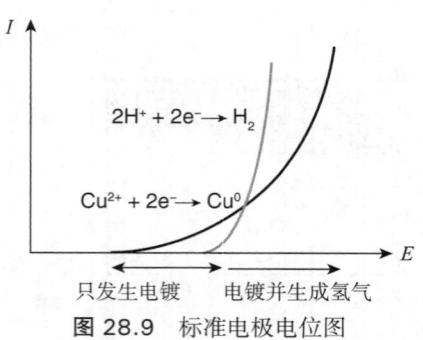

图 28.9 标准电极电位图

PCB 酸性硫酸铜镀液的主盐是硫酸铜，在直流电压的作用下，在阴极和阳极上发生的反应如图 28.9 所示。

阴极：

主反应	$Cu^{2+}+2e^- \rightarrow Cu$	$E^0 = +0.34V$
副反应	$Cu^{2+}+e^- \rightarrow Cu^+$	$E^0 = +0.15V$
	$Cu^++e^- \rightarrow Cu$	$E^0 = +0.52V$
	$H^++2e^- \rightarrow H_2\uparrow$	$E^0 = 0V$

在阴极上，Cu^{2+} 获得电子而被还原成金属铜。由于铜的标准电极电位比 H^+ 标准电位高，因此在阴极上不会发生析氢[4]。但当 Cu^{2+} 还原不充分时，会出现氧化亚铜 Cu^+，Cu^+ 的生成会使镀层粗糙或呈海绵状。

可溶性阳极：

主反应　　$Cu-2e^- \rightarrow Cu^{2+}$　　　　$E^0 = -0.34V$

副反应　　$Cu-e^- \rightarrow Cu^+$

　　　　　$2Cl^--2e^- \rightarrow Cl_2\uparrow$

　　　　　$2Cu^+ + 1/2O_2 + 2H^+ \rightarrow 2Cu^{2+} + H_2O$

　　　　　$2Cu^+ + 2H_2O \rightarrow 2Cu(OH)_2 + 2H^+ \rightarrow Cu_2O + H_2O$

　　　　　$2Cu^+ = Cu^{2+} + Cu$

阳极反应是溶液中 Cu^{2+} 的来源。在少数情况下，阳极也可能生成氧化亚铜 Cu^+。当溶液中有足够量的硫酸及空气时，Cu^+ 可以被氧气氧化成 Cu^{2+}；当溶液酸度不足时，Cu^+ 会水解形成 Cu_2O，形成所谓的"铜粉"，并以电泳方式沉积在阴极上，产生毛刺。

Cu^+ 不稳定，因此还会发生歧化反应：$2Cu^+ = Cu^{2+} + Cu$。生成的 Cu 会以电泳的方式沉积于镀层，产生铜粉、毛刺，导致镀层粗糙。因此，在电镀过程中应尽量避免 Cu^+ 的出现。

不溶性阳极：

主反应　　$Cu^{2+}+ 2e \rightarrow Cu$

　　　　　$H_2O \rightarrow 1/2O_2 + 2H^+ + 2e^-$

铜离子补充：

　　　　$CuO + 2H^+ \rightarrow Cu^{2+} + H_2O$ 或 $Cu + 2Fe^{3+} \rightarrow Cu^{2+} + 2Fe^{2+}$

28.3.2 镀液 [1]

常用的 PCB 镀铜基础液配比见表 28.2。

表 28.2　不同类型的 PCB 镀铜参数（来源：贝加尔）

参数 \ 类型	通孔电镀	通盲孔同步电镀	填孔电镀
硫酸	180～220 g/L	150～250 g/L	30～50 g/L
硫酸铜	50～90 g/L	45～150 g/L	200～240 g/L
氯离子	40～80 ppm	20～60 ppm	30～50 ppm

1. 硫酸铜

硫酸铜是镀液中的主盐，PCB 行业一般使用分析纯级五水硫酸铜（$CuSO_4 \cdot 5H_2O$）。其作用是提供电镀所需的铜离子，铜离子在阴极上获得电子而沉积出铜层。硫酸铜含量较低时，镀液的分散能力和覆盖能力均提高，但电镀效率下降，镀层的光亮度和平整度也会下降；硫酸铜含量较高时，电镀效率提高，容许电流密度增加，沉积速度加快，但沉积速率过快可能会导致镀层颗粒粗大。

2. 硫　酸

在 PCB 行业，酸性镀铜液一般使用 98% 或 50%（质量分数）分析纯级（AR 级）硫酸（H_2SO_4），其主要作用是增强溶液的导电性，防止硫酸铜水解成 $Cu(OH)_2$ 沉淀。硫酸铜和硫酸溶液的电阻率见表 28.3。硫酸的浓度对镀液的分散能力和镀层的机械性能均有影响：硫酸浓度太低，镀液分散能力下降，镀层光亮范围缩小；硫酸浓度太高，镀液分散能力较好，但镀层的延展性可能会降低。

表 28.3　硫酸铜和硫酸溶液的电阻率（$\Omega \cdot cm$）（25℃）

硫酸铜 /（g/L） \ 硫酸 /（g/L）	0	50	100	150	200
0	/	4.8	2.44	1.77	1.46
50	65	4.9	2.58	1.88	1.55
100	45	5.1	2.86	2.00	1.67
150	29	5.3	3.64	2.18	1.79
200	24	5.3	3.14	2.31	/

3. 氯离子

氯离子是阳极活化剂，又是镀层的应力消除剂[1]。在 PCB 行业，酸性镀铜液一般使用 37%（质量分数）以上的分析纯级（AR 级）盐酸作为氯离子源。氯离子可以帮助磷铜阳极溶解，与磷铜阳极组成黑色皮膜，减少溶铜及浮游颗粒。同时，它和添加剂协同作用，使镀层光亮、整平，还可以减小镀层的张应力。氯离子的浓度太低，会导致镀层无光泽，并出现台阶状粗糙镀层，易出现针孔和烧焦；氯离子的浓度过高，可导致阳极钝化，使阳极上产生一层白色膜且大量放出气泡，导致电极效率大大降低，还会增大光亮剂的消耗。

28.3.3　添加剂

1. 光亮剂

光亮剂通常是含硫的小分子量的有机物（R-S），在氯离子的协助下，与铜离子形成络离子，进而吸附在微孔底部，加速铜的沉积，也称为加速剂；由于它能使铜层更为致密光亮，故又称为光泽剂与细晶剂。常用的光亮剂有二硫二丙烷磺酸钠（SPS）及硫代丙烷磺酸钠（MPS）等。

2. 载　体

载体一般是较大分子量的表面活性剂类化合物。载体被加入镀液后，吸附在电极表面，能减小槽液表面张力，增强阴极极化，促进不溶于水的光亮剂均匀分散到镀液中。一些载体还具有增强溶液对电极的润湿作用，可以减少针孔、麻点等。由于载体一般都稍带正电性，且分子量大，多吸附在 PCB 板面，通电时会与溶液中的络合铜离子竞争而抑制铜的沉积，故又称为抑制剂。常用做载体的有聚醚类化合物，如聚乙二醇（PEG）；氧化乙基（EO）与氧化丙基（PO）的共物聚；聚乙烯亚胺及其季铵盐；聚乙烯亚胺烷基盐（PN）等[5]。

3. 整平剂

整平剂通常是杂环化合物或染料，分子中含 N，带强烈正电性。电镀时高电流密度区的镀铜速度较快，整平剂在这些地方优先吸附，产生局部抑制作用，使电镀时低电流密度区的镀铜速度赶上高电流密度区，从而达到整平的目的，使得整体镀铜厚度更加均匀。当整平剂的浓度过低时，高、低电流密度区无整平剂或其浓度太低，不显示整平作用；当整平剂的浓度太高时，高、低电流密度区同时受到严重抑制，也不显示整平效果；只有整平剂的浓度适当时才显示整平效果。

整平剂的作用机理[3]是 1974 年 O.Kardos 提出的，基本理论点如下。

（1）整平作用只有在金属沉积是受电化学极化控制时才出现。

（2）只有可在电极上吸附，并对电沉积过程具有抑制作用的添加剂才有整平作用。

（3）附着在表面上的整平剂分子在电沉积过程中是不断消耗的，其消耗速度比整平剂从溶液本体向电极表面的扩散要快，即整平剂的整平作用是受扩散控制的。

28.3.4　工艺过程的影响因素

1. 温　度

温度对镀液性能的影响很大，温度升高，电极反应速度加快，容许电流密度增大，镀层沉积速度加快。但温度过高会使铜离子的还原速率过快，还原出的铜原子来不及排列就快速沉积在镀件表面，致使镀层结晶粗糙、光亮度差，且会增加添加剂的消耗。温度太低时，容许电流密度降低，电流效率和生产效率都较低，且高电流密度区容易烧焦，同样会导致镀层结晶粗糙。目前，大多数 PCB 用酸性镀铜液添加剂的最佳温度在 15 ~ 25℃，也有少量电镀哑铜添加剂的最佳温度在 30 ~ 40℃。

为防止镀液温升过高，应根据加工量合理选择镀槽体积，使镀液负荷一般不大于 0.2A/L，同时选择导电优良的挂具，以减少电能损耗，并使用冷水机控制镀液温度。

2. 电流密度

当镀液成分、添加剂、温度、搅拌等因素一定时，容许电流密度范围也就一定了。为了提高生产效率，很多 PCB 制造商会尽量使用较高的电流密度。一般龙门线的电流密度范围为 1 ~ 3ASD[1]，垂直连续电镀线的电流密度范围为 2 ~ 5ASD。

同一块 PCB 上的电流密度分布是不均匀的，由于存在尖端效应，电流集中在板中凸出部分或板边，造成镀层均匀性不佳。为此，可采取一些措施，如传统龙门线，可使用中央控制器独立控制两面电流，增加阴阳极挡板、浮架和辅助阴极等；或改变设计理念，使用新工艺，如 VCP 电镀、脉冲电镀、水平电镀等。

1）1 ASD=1 A/dm^2。

3. 循环搅拌

循环搅拌可以消除镀液的浓差极化，有利于提高镀液的均匀性，还有利于提高离子的移动速率，从而提高容许电流密度，提高生产效率。搅拌主要包括阴极移动、空气搅拌、机械振动和射流等方式。

4. 过　滤

连续过滤能及时除去镀液中的机械杂质，防止毛刺的出现。对电镀槽来说，过滤可以除去镀液中的灰尘、阳极泥，以及一些杂物，如干膜残渣、铜粉等。过滤应采用连续过滤方式，在有压力和流量显示的情况下，当压力增大 1 倍或流量减小 1 倍时，应及时更换滤芯。

28.3.5　新型电镀铜技术

以下几种新型电镀铜技术在行业内得到了更多关注。
- 垂直连续电镀技术
- 脉冲电镀技术
- 水平电镀技术

1. 垂直连续电镀

垂直连续电镀（Vertical Continuous Plating，VCP）水平方向的阳极如图 28.10 所示，电流密度分布均匀性很高；在垂直方向上，VCP 电镀与龙门电镀一样，受阴极和阳极面积差异的影响，需要用挡板分散电流。

VCP 设备通过射流喷嘴设计和提高循环量——VCP 设备的循环量为 20 ~ 30 T.O./h（Turn Over per Hour，每小时循环量），而龙门线电镀设备的循环量通常在 5 ~ 10 T.O./h。VCP 射流喷嘴的设计如图 28.11 所示。

与传统的龙门线设备相比，VCP 设备的优势见表 28.4。

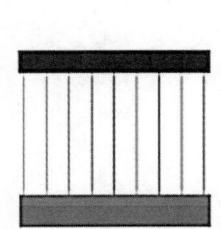

图 28.10　水平方向电流分布

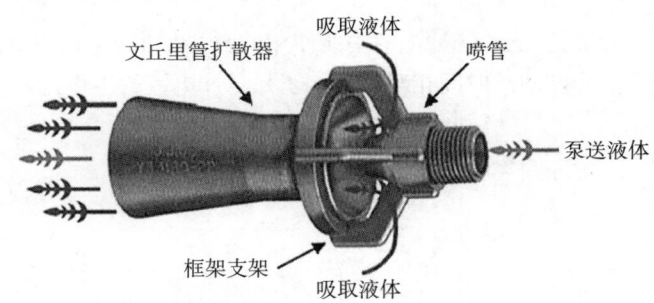

文丘里管扩散器　吸取液体　喷管

泵送液体

框架支架　吸取液体

图 28.11　VCP 射流喷嘴

表 28.4　VCP 线与传统龙门线优劣势对比

对比项目	VCP 线	传统龙门线
均镀能力 /CoV	CoV 值≤ 5%	理想状况 CoV 值：7% ~ 10%
贯孔能力	采用增压式喷嘴近距离喷淋，药水贯孔能力强	采用振动与摇摆打气方式，贯孔能力有限
镀液循环效果	铜槽全部连通，循环均匀	各铜槽单独作业
上下料装置	可实现自动上下料	手动上下料
生产环境	可实现封闭生产，安全舒适	作业环境较差
占地空间	占地面积小	占地面积较大
维护保养	维护保养便捷	维护保养繁琐

2. 脉冲电镀

脉冲电镀使用的是一个周期性地起伏或通断的直流冲击电流,实质上是一种通断直流电镀。脉冲电流的波形有多种,常见的有方波、三角波、锯齿波、阶梯波等。从目前的应用情况来看,典型脉冲电源产生的方波脉冲电流的应用最普遍。因此,对脉冲电镀的研究一般都是围绕着方波进行的,如图 28.12 所示。

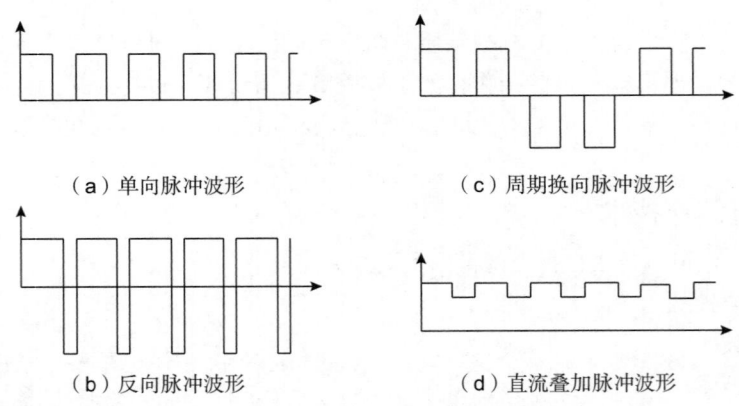

(a) 单向脉冲波形　　　　　　　　(c) 周期换向脉冲波形

(b) 反向脉冲波形　　　　　　　　(d) 直流叠加脉冲波形

图 28.12　各种脉冲波形

脉冲电镀的基本参数(见图 28.13):

- 脉冲导通时间(即脉宽)t_{on}
- 脉冲间隔 t_{off}
- 脉冲周期 $T = t_{on} + t_{off}$
- 峰值电流密度 i_p
- 平均电流密度 i_m
- 脉冲频率 $f = \dfrac{1}{T}$

一般情况下,脉冲电镀中所使用的脉宽 t_{on} 很小,即电镀的工作时间很短;而脉冲间隔 t_{off} 很大,即不工作的间歇时间相对很长。于是脉冲电镀的工作比 r 就很小。

$$r = \frac{t_{on}}{T} = \frac{t_{on}}{t_{on} + t_{off}} \times 100\%$$

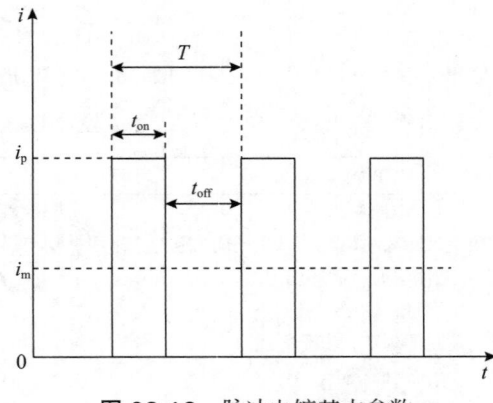

图 28.13　脉冲电镀基本参数

峰值电流密度 i_p 和平均电流密度 i_m、工作比 r 之间的关系为

$$i_p = \frac{i_m}{r} = \frac{t_{on} + t_{off}}{t_{on}} i_m = \frac{T}{t_{on}} i_m$$

可见，脉冲峰值电流是平均电流的 $1/r$ 倍。

脉冲电镀之所以能克服直流电镀的不足，主要是因为脉宽（即导通时间）很小，峰值电流密度很大，在 t_{on} 期间靠近阴极处金属离子急剧减少，扩散层来不及长厚就被切断电源；在脉冲间歇时间里，阴极表面缺少的金属离子及时由主体溶液得到补充，脉冲扩散层基本被消除，使电解液中金属离子的浓度趋于一致。

3. 水平电镀

水平电镀时，工件在镀液中水平放置并随传送装置传送，其上方和下方有固定的阳极。电流的供应采用导电夹子和导电滚轮，并且采用不溶性阳极。镀液的流动依靠泵及喷嘴组成的系统，使镀液在封闭的渡槽内前后、上下交替迅速流动，确保镀液流动的均一性。镀液垂直喷向 PCB，在板面和孔内流动并在孔内形成涡流，加快了孔内镀液的交换，减小了板面与孔内的电流密度差别。

和垂直电镀相比，水平电镀有以下优势：

- 工艺方法先进，能实现全部自动化作业，产品的品质更稳定
- 表面镀层厚度有良好的均匀性
- 阳极与阴极相互靠近，可在较大电流密度下保持镀铜品质
- 良好的深镀能力，水平电镀溶液的贯孔性更佳，可有效降低孔内与表面的镀铜差异

受限于设备成本，水平电镀技术暂时未得到广泛应用。

28.4 镀铜液检测技术

目前，针对电镀槽液中有机添加剂的测试方法主要有两种：一种是赫尔槽测试，这种方法使用比较广泛，结果直观，缺点是不能提供定量的分析数据，无法帮助用户精确监控槽液；另一种是循环伏安剥离分析技术（Cyclic Voltammetry Stripping，CVS），它能够分析添加剂有效含量并将结果定量化，精确分析的结果可以作为离线或在线添加有机添加剂的依据。

28.4.1 赫尔槽试验 [11]

赫尔槽（Hull Cell）是一种简单而又快速的小型电镀试验槽，是现代镀液添加剂开发、控制，镀液故障检查，镀液维护等的基本设备。它有着特殊的形状和固定的尺寸，如图 28.14 和表 28.5 所示。槽子的容积一般有 250mL、267mL 和 1000mL 三种，使用最多的是 267mL（英制用）和 250mL（公制用）两种。

1. 赫尔槽试验的基本要求

电　源　输出电流为 0 ~ 10A、电压为 0 ~ 15V 的小电源。

镀铜阳极　磷铜阳极（含磷量为 0.035% ~ 0.07%），宽 63mm、长 65 ~ 68mm。

阴极试片　一般可用黄铜片，标准尺寸为长 100mm、宽 65 ~ 68mm、厚 0.3 ~ 0.5mm。

搅 拌 一般采用空气搅拌。

电镀参数 一般情况下，镀铜为 2A×5min，镀锡为 1A×5min。

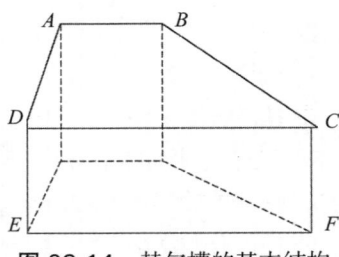

图 28.14 赫尔槽的基本结构

表 28.5 赫尔槽的尺寸数据（内径）

长 度	体 积 1000mL	267mL	250mL
AB	119mm	47.6mm	
BC	127mm	103mm	
AD	86mm	63.5mm	同 267mL 规格
CD	213mm	127mm	
DE	81mm	63.5mm	

2. 赫尔槽阴极上的电流分布

试验时，在 AD 边放阳极试片，BC 边放阴极试片。试片 B 端距离阳极最近，镀液电阻最小，因而电流密度最大，称为高端或近端；C 端正好相反，称为低端或远端。标准尺寸 267mL 赫尔槽的阴极试片上，电流密度的分布可用下式计算：

$$J_k = I (5.1 - 5.24 \lg L)$$

表 28.6 电流密度的分布

L/cm	J_k/（A/dm^2）				
	I=1A	I=2A	I=3A	I=4A	I=5A
1	5.1	10.2	15.3	20.4	25.5
2	3.5	7	10.5	14	17.5
3	2.9	5.8	8.7	11.6	14.5
4	1.9	3.8	5.7	7.6	9.5
5	1.4	2.8	4.2	5.6	7
6	1.02	2.04	3.06	4.08	5.1
7	0.67	1.34	2.01	2.68	3.35
8	0.37	0.74	1.11	1.48	1.85
9	0.1	0.2	0.3	0.4	0.5

式中，J_k 为阴极上某位置的电流密度（A/dm^2）；I 为选用的电流强度，即试验用电流（A）；L 为阴极试片上该位置距近端的距离（cm）。

此公式仅适于 L 为 1～9cm 的计算，计算结果参见表 28.6。

若电流强度非整数，如 0.3A、1.5A 等，以 1A 为基数，按比例换算。阴、阳极（特别是阳极）过厚时，同样装 250mL 镀液，液位上升过多，阴极试片受镀面积加大，实际的阴极电流密度会有所下降，但规律不变，可用作相对比较。

28.4.2 CVS 分析

CVS 分析是通过一个带有 3 个电极（工作电极、参比电极、辅助电极）的电化学槽来实现的。在 CVS 测试过程中，工作电极上的电流会在设定的正、负电压之间以固定的速率进行扫描，槽液中的金属会不断地被剥离或沉积在电极上，工作电极上的电量也会被记录下来。不同特性、不同浓度的添加剂最终会影响金属沉积的速率，而沉积速率可以通过从工作电极上剥离金属所要的电流来计算，根据剥离电流和添加剂的特性就可以计算添加剂的成分，最后的测试结果以有效浓度来表现。

下面以瑞士万通公司的 CVS 分析仪（797 VA Computrace 1.3.2）和贝加尔镀铜添加剂为例，分别介绍光亮剂、抑制剂、整平剂的 CVS 测试原理。

1. 光亮剂的测试

目前，CVS 采用修正线性近似技术（Modified Linear Approximation Technique，MLAT）来分析光亮剂。其做法是根据不同的光亮剂和控制浓度确定其线性区间，用含有饱和抑制剂的溶液作为截距，加入一定体积的样品（标液或槽液）；再经过两次光亮剂标准液的添加，以循环电镀时的电量为纵坐标，槽液中光亮剂的有效含量为横坐标，得到循环伏安曲线图；根据曲线图上的数据确定其线性斜率，进一步计算得到测试结果。图 28.15 是以贝加尔 CU603B 系列光亮剂（5.0mL/L 的标准溶液）为例的测试结果。

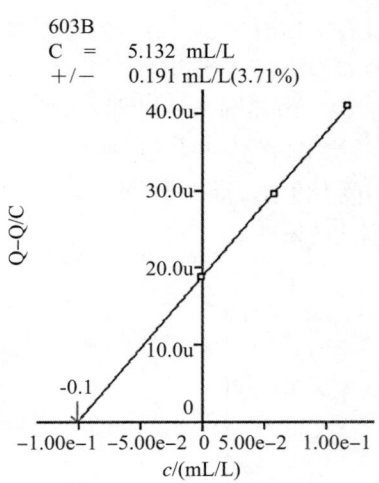

图 28.15　光亮剂的测试

2. 抑制剂的测试

CVS 采用稀释滴定分析法（Dilution Titration，DT）分析抑制剂浓度。测试时先根据槽液的抑制剂浓度范围，模拟配制一个已知抑制剂浓度的标准溶液，试验合适的添加量。通过在不添加任何添加剂的纯镀液（主要成分是 H_2SO_4、$CuSO_4 \cdot 5H_2O$ 和 Cl^-）中分几次滴入已知体积的标准溶液，以添加前后电量比值 $Q/Q(0)$ 为纵坐标，溶液中抑制剂的有效含量为横坐标，得到校准曲线。图 28.16 是以贝加尔 CU603B 系列抑制剂标准溶液为例测试出来的校准曲线。

通过校准曲线可以得到其校准因子 Z，分析样品时导入校准曲线，分几次添加已知体积的标准溶液样品，以添加前后电量比值 $Q/Q(0)$ 为纵坐标，溶液中抑制剂的有效含量为横坐标，得到测试曲线，再根据校准因子计算得出该样品的抑制剂浓度 C。图 28.17 是以贝加尔 CU603B 系列抑制剂（10mL/L 的标准溶液）为例的测试结果。

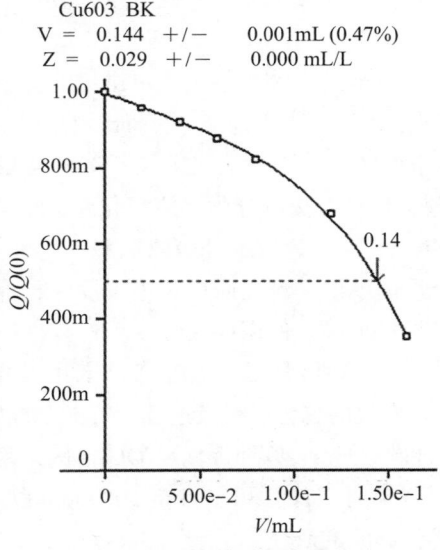

图 28.16　抑制剂的校准曲线

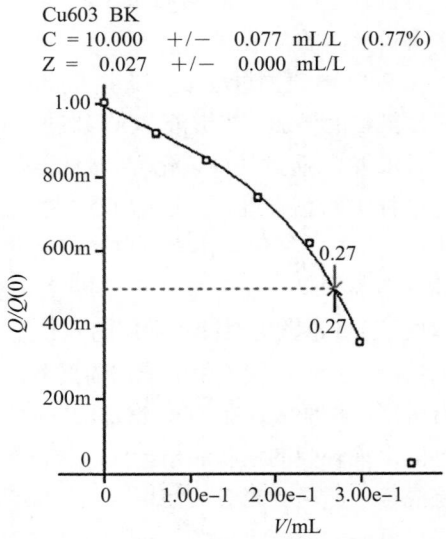

图 28.17　抑制剂的测试曲线

3. 整平剂的测试

CVS 采用特性曲线法（Referece Curve，RC）来分析整平剂，利用其对电镀的抑制作用，通过在空白液中加入适量的光亮剂和抑制剂，再分几次加入整平剂的标准液，以添加前后电量比值 Q/Q（0）为纵坐标，溶液中整平剂的有效含量为横坐标，制作标准曲线。图 28.18 是以贝加尔 CU610 系列整平剂的标准溶液为例测试出来的标准曲线。

测试样品时导入标准曲线，加入固定体积的整平剂样品，然后根据测试样品的初始电位值进行对比，最后得出结果。图 28.19 是以贝加尔 CU610 系列整平剂（8mL/L 的标准溶液）为例的测试结果。

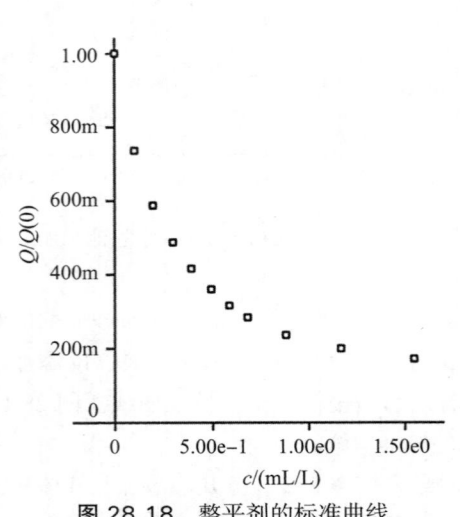

图 28.18　整平剂的标准曲线

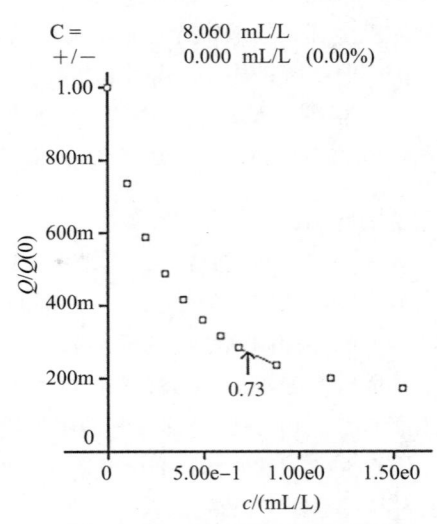

图 28.19　整平剂的测试曲线

28.4.3　镀铜液有机物碳总量检测

有机碳总量（Total Organic Carbon，TOC）是以有机物中的主要元素——碳的量来表示的溶液中有机物质的含量。

在 PCB 电镀铜过程中，随着镀液的长期运行，添加剂分解的产物积累是无可避免的。随着有机污染物的增加，当镀液 TOC 超过一定量后，会对镀铜过程和镀层性能产生负面影响。

TOC 检测通过各种氧化方式将溶液中的总有机物氧化成 CO_2，然后通过测定 CO_2 的含量来标定试样中的总有机碳。根据 TOC 检测设备的工作原理，检测方法可分为燃烧氧化 - 非分散红外吸收法、UV 氧化 - 电导法、气相色谱法等。其中燃烧氧化 - 非分散红外吸收法和 UV 氧化 - 电导法更为常见。前者是日系设备常用的，其优点是分析速度快、流程简单、重现性好、维护成本低；后者是欧美系设备常用的，其优点是操作简单、灵敏度高、便携性较好。

从镀层微观结构（用电子扫描显微镜观察镀层微观晶格）的研究来看，随着镀液老化，槽液中有机副产物增多，在 TOC 增加的同时，镀层结晶有逐渐变大的趋势。镀液连续运行 6 个月后，有可能出现轻微的柱状晶格。此时，需要对镀液进行活性碳处理，以降低镀液 TOC 含量，改善镀层晶格。但是，当镀液使用寿命不断延长，达 18 个月以上时，TOC 可上升至 5000ppm 以上，镀层也可能出现柱状晶格。表 28.7 为 TOC 含量对镀层晶格影响的研究。

表 28.7　TOC 含量对镀层晶格的影响

序　号	TOC	SEM	备　注
1	新配槽，TOC=280ppm		镀铜层晶格正常
2	使用 3 个月，TOC=509ppm		镀铜层晶格正常
3	使用 6 个月，TOC=1509ppm		镀铜层有轻微柱状晶格
4	碳处理后，TOC=1171ppm		晶格正常
5	使用 1 年，TOC=4033ppm		镀铜层有轻微柱状晶格
6	碳处理后，TOC=3504ppm		晶格正常
7	使用 1.5 年，TOC=5407ppm		镀铜层有轻微柱状晶格

28.5 电镀锡

金属锡具有优良的抗蚀性和可焊性。在 PCB 中，电镀锡主要应用在两方面。一方面是用于抗蚀层的电镀纯锡和电镀锡铅，但后者在无铅法令的推动下已经基本消失；另一方面是用于 PCB 焊盘最终表面处理的镀锡层，如电镀锡铜等。

28.5.1 用于抗蚀层的电镀锡工艺

1. 工艺参数

PCB 电镀锡抗蚀工艺主要有酸性硫酸镀锡工艺和酸性甲基磺酸镀锡工艺。

酸性硫酸镀锡工艺的参数见表 28.8。酸性甲基磺酸镀锡工艺的参数见表 28.9。

<table>
<tr><td colspan="2">表 28.8　酸性硫酸镀锡工艺的参数
（来源：贝加尔）</td><td colspan="2">表 28.9　酸性甲基磺酸镀锡工艺的参数
（来源：贝加尔）</td></tr>
<tr><td>项　目</td><td>参数范围</td><td>项　目</td><td>参数范围</td></tr>
<tr><td>硫酸亚锡</td><td>$30 \sim 40$g/L</td><td>甲基磺酸锡</td><td>$12 \sim 18$g/L</td></tr>
<tr><td>H_2SO_4（CP 级）</td><td>$165 \sim 220$g/L</td><td>甲基磺酸</td><td>$120 \sim 180$g/L</td></tr>
<tr><td>纯锡添加剂 Sn601A</td><td>$13 \sim 20$mL/L</td><td>锡添加剂 Sn602</td><td>$25 \sim 35$mL/L</td></tr>
<tr><td>温度</td><td>$18 \sim 25$℃</td><td>温度</td><td>$15 \sim 25$℃</td></tr>
<tr><td>四价锡</td><td>< 5g/L</td><td>四价锡</td><td>< 5g/L</td></tr>
<tr><td>阴极电流密度</td><td>$5 \sim 20$ASF</td><td>阴极电流密度</td><td>$5 \sim 20$ASF</td></tr>
</table>

2. 镀液中的主要成分

硫酸亚锡／甲基磺酸锡　镀液中的主盐，用来提高 Sn^{2+} 浓度，提高容许电流密度范围，但浓度过高会导致溶液分散能力下降，也会加速 Sn^{2+} 的水解和被氧化，使镀层结晶粗糙。Sn^{2+} 浓度太低，镀液的容许电流密度低，高电流密度区容易烧焦。

硫酸／甲基磺酸　提高镀液的导电率和深镀能力，在一定程度上防止 Sn^{2+} 被氧化和水解。

添加剂　酸性镀锡添加剂的主要成分为晶粒细化剂、载体及稳定剂，按工艺操作可以得到均匀、细致的半光亮镀锡抗蚀层。

3. 操作条件的影响

温　度　操作温度最好在 20℃左右。温度太低，沉积速度慢，镀液的容许电流密度范围小，高电流密度区容易烧焦；温度太高会加速添加剂的消耗，加速 Sn^{2+} 的氧化，使溶液很快变混浊。

电流密度　在有连续过滤和阴极移动的情况下，电流密度一般为 $5 \sim 20$ASF。增大电流密度，沉积速度加快，但电流太大会导致镀层粗糙。

循环过滤与搅拌　搅拌可以消除浓差极化，使电极过程顺利进行。搅拌方式可以使用阴极移动和依靠泵的循环，但不可使用空气搅拌，避免 Sn^{2+} 的氧化。另外，为了除去沉淀物和尘粒等，要采用连续循环过滤。

阳　极　阳极纯度应高于 99%，阳极要求低杂质含量，不能含有氧化物和其他金属杂质，否则会污染镀液，并使阳极泥增加，阻碍阳极的正常溶解，降低阳极的电流效率。要用聚丙烯材料制作阳极袋，防止阳极泥进入溶液。

4.镀液维护

- 要经常分析药水的浓度，并及时调整和补充药水
- 注意阳极与阴极的面积比，一般为 2 : 1 到 3 : 1，阳极面积减小时要及时补充
- 镀液的污染主要是铜离子和有机物。铜含量达 100ppm 时，镀层粗糙，高电流密度区变黑。重金属污染可通过小电流电解除去
- 有机污染物可用活性炭处理消除
- 氯离子达到 300ppm 或硝酸根浓度达到 2g/L 都会严重影响镀液的深镀能力，操作时需多加注意。为防止氯离子污染，可采用 5% ~ 10% 硫酸或甲基磺酸做预浸，预浸酸后可以不经水洗直接进入镀液
- 锡盐水解会造成镀液混浊，少量沉淀不会影响作业。若沉淀太多，则需要用絮凝剂凝结沉淀后过滤除去

28.5.2 电镀锡基合金

虽然金属锡有良好的焊接性能，但是锡镀层有生长晶须的潜在危险，这种倾向随着锡浓度的提高、内应力的增大和添加剂的夹杂等因素而增加。同时，锡镀层与基体铜有互相渗透形成 Cu_6Sn_5 合金扩散层的倾向，这个扩散层的熔点高而且脆，影响锡镀层的可焊性。为了克服以上问题，需要在锡中加入少量的其他元素，如铈、锑、铋、铜、银等，生成合金。几种焊接用镀锡合金层的性能比较见表 28.10[1]。

表 28.10　几种焊接用镀锡合金层的性能比较

镀　层	镀层成分	熔点℃	电阻 / (Ω·cm)	延伸率 /%	毒　性	成　本
Sn-Pb	Sn63/Pb37	183	14.99	28 ~ 30	高	中
Sn	Sn	232	11.5	> 30	低	低
Sn-Bi	Sn42/Bi28	138	34.48	20	低	高
Sn-Ag	Sn96.5/Ag3.5	221	12.31	70	低	高
Sn-Cu	Sn99.3/Cu0.3	227	11.67	> 30	低	低

1.镀锡铜合金的工艺参数

目前，PCB 行业已经很少使用镀锡合金作为焊接用最终表面处理工艺，但镀锡铜合金作为无铅表面处理工艺得到了保留，仍有少量应用。镀锡铜合金的工艺参数如表 28.11 所示。

表 28.11　镀锡铜合金的工艺参数（来源：贝加尔）

参　数	范　围
锡含量	28 ~ 32g/L
铜含量	0.15 ~ 0.35g/L
游离酸含量	130 ~ 170g/L
光亮剂（TC-A）	30mL/L
起始剂（TC-B）	2mL/L
温度	16 ~ 20℃
阴极电流密度	1 ~ 3 A/dm²

2.锡铜合金镀层的特征

杂质碳含量对镀层可焊性的影响　杂质碳几乎不会存在于镀层表面，不会影响镀层的可焊性。但是，在室温下长期保存或者加热处理后，碳就会由于热扩散而浮到镀层表面，影响镀层的可焊性。杂质碳含量控制在 0.3%（质量分数）以下时，可保证镀层可焊性。

铜含量对镀层可焊性的影响　考虑到焊接强度和焊接温度，铜含量一般控制在 0.1% ~ 2.5%（质量分数），最好为 0.5% ~ 2.0%（质量分数）。铜含量低于 0.1%，容易发生锡须现象而导致短路；铜含量高于 2.5%，镀层熔点就会超过 300℃，难以焊接。

电镀阳极　可以采用锡、锡铜合金等可溶性阳极，镀有铂或铑的钛或钽等不溶性阳极。

镀层厚度　一般控制在 $1 \sim 30\,\mu m$。镀层厚度低于 $1\,\mu m$，镀层的可焊性降低；镀层厚度高于 $30\,\mu m$，镀层可焊性不会进一步提高，但经济性不佳。

28.5.3　电镀锡 - 退锡体系

中国发明专利 ZL 2016 1 0139203.8 介绍了一种电镀锡 - 退锡体系的药水，适用于 PCB 电镀锡及退锡工序。它由有机磺酸锡盐、烷基磺酸、稳定剂、加速剂、促进剂、光亮剂、细晶剂、氧化剂、消泡剂等多种成分构成，由于不使用可溶性阳极，因此避免了其他金属杂质的干扰，实现了退锡液及电镀锡液的循环利用。

1. 电镀锡体系

在退锡段，PCB 上的锡溶解回到退镀锡液中，所以在镀锡段不需再以锡球作为阳极来补充退镀锡液的锡含量，可将阳极改为不溶性阳极。烷基磺酸主要作为锡离子的载体，起导电的作用。烷基磺酸锡提供锡离子，使其在阴极上产生锡还原反应：

$$Sn^{2+} + 2e^- \rightarrow Sn$$
$$Sn^{4+} + 4e^- \rightarrow Sn$$
$$2H^+ + 2e^- \rightarrow H_2\uparrow$$

不溶性阳极是贵金属氧化物涂层的惰性钛基电极，具有高电化学催化能，与阴极和镀液组成电解池，传导电流并进行氧化反应，但不存在金属溶解的电化学反应。

在阳极区发生的主要是氧化反应，不溶性阳极在电镀时发生的主要是水电解反应，会大量析出氧气：

$$Sn^{2+} \rightarrow Sn^{4+} + 2e^-$$
$$2H_2O \rightarrow O_2\uparrow + 4e^- + 4H^+$$

2. 退锡体系

氧化剂将 Sn 氧化成 Sn^{2+}，使锡溶解回到退镀锡液里，完成锡的循环使用。退锡时，以氧化剂来控制退锡速度。

电镀锡 - 退锡体系工作的时候，电镀锡和退锡可以同时进行。电镀锡缸和退锡缸之间用循环泵连通，在不通电的条件下，体系药水具有剥离 PCB 上锡的功能；在通电的条件下，可实现电镀锡到 PCB 上。在电镀锡缸，需要根据耗电量添加光亮剂（手动或自动）；在退锡缸，需要根据退锡速度添加氧化剂。

3. 电镀锡 - 退锡体系的特点

- 使用不溶性阳极，不需添加阳极锡球或锡块，可循环利用锡资源
- 退锡时只能退掉纯锡层，对铜锡合金无退除功能，这样能避免药水到电镀锡缸循环使用时，铜离子对电镀锡缸的污染
- 不使用传统的硝酸型退锡液退锡，不会产生含有铜、铁等金属离子和氮氧化物等的废液

4. 应用电镀锡 - 退锡体系需要的设备调整

- 镀锡槽与退锡槽需增加连通管道和循环泵
- 镀锡槽的阳极需改为不溶性阳极

- 退锡段需要用浸泡方式，同时需使用特殊设备，以匹配退锡速度与电镀锡速度
- 增设深镀退锡段，退掉铜锡合金层

28.6 电镀镍

用于 PCB 的镀镍工艺主要用于产生半光亮镍（又称为低应力镍或哑镍）。常用的镀液体系有硫酸盐体系和氨基磺酸盐体系两种。

28.6.1 镀液的参数

氨基磺酸镍体系镀液的参数见表 28.12。硫酸镍体系镀液的参数见表 28.13。

表 28.12 氨基磺酸镍体系电镀液的参数（来源：贝加尔）

项　目	范　围	最佳值
氨基磺酸镍（180g/L）	330 ~ 440mL/L	400mL/L
氯化镍	10 ~ 20g/L	15g/L
硼酸	35 ~ 45g/L	40g/L
温度	45 ~ 55℃	50℃
pH	3.8 ~ 4.2	4.0
光亮剂 Ni605A	3 ~ 8mL/L	6 mL/L
润湿剂 Ni605W	0.5 ~ 1.5mL/L	1.0mL/L
阴极电流密度	10 ~ 30ASF	20ASF
沉积速率	0.35μm/min（2ASD）	
阳极	纯镍角或镍球（99.9%）	
搅拌	机械性或打气	

表 28.13 硫酸镍体系电镀液的参数（来源：贝加尔）

项　目	范　围	最佳值
硫酸镍	250 ~ 350g/L	300g/L
氯化镍	35 ~ 45g/L	40g/L
硼酸	30 ~ 50g/L	40g/L
温度	45 ~ 55℃	50℃
pH	3.8 ~ 4.5	4.2
光亮剂 Ni605A	6 ~ 10mL/L	8 mL/L
润湿剂 Ni605W	1 ~ 2mL/L	1.0mL/L
阴极电流密度	10 ~ 30ASF	20ASF
沉积速率	0.35μm/min（2ASD）	
阳极	纯镍角或镍球（99.9%）	
搅拌	机械性或打气	

28.6.2 镀液主要成分的作用

硫酸镍／氨基磺酸镍　镀液的主盐。提高主盐浓度，可以提高镀层的沉积速度，并能使容许电流密度范围扩大，但主盐浓度太高会导致镀液分散能力降低。主盐浓度降低，会导致镀层沉积速度降低，严重时会使高电流密度区的镀层烧焦。表 28.14 列出了两种体系的镀层主要性能比较。氨基磺酸镍体系的镀层性能更佳，但其稳定性较差，价格较贵。

表 28.14 两种体系的镀层主要性能比较 [1]

	硫酸镍体系	氨基磺酸镍体系
镀层应力 /（kg/cm²）	5	-3.2
镀层孔隙率 /（点 /cm²）	13	2
显微硬度 mHV$_{20}$/（kg/mm²）	630 ~ 670	400 ~ 500

氯化镍　为了保证阳极的正常溶解，防止阳极钝化，镀液中一般使用氯化镍作为阳极活化剂。氯化镍浓度不能太高，否则会使镀层应力增大。

硼　酸　硼酸是镀镍溶液的 pH 缓冲剂，可以将镀液的酸度控制在一定范围之内。此外，硼酸还能提高阴极极化，改善镀液性能，使镀层在较高的电流密度下不易烧焦。而且，硼酸也有利于改善镀层的机械性能。

润湿剂 润湿剂能将镀液的表面张力降至 35 ~ 37dyn/cm[1]，有利于消除镀层的针孔、麻点。用于 PCB 的镀镍溶液宜使用低泡润湿剂。

28.6.3 操作条件的影响

pH pH 高，镍的沉积速率升高，但 pH 过高将导致阴极附近出现碱式镍盐沉淀，从而产生杂质，导致镀层粗糙，产生毛刺和变脆性。pH 过低会导致阴极电流效率降低，镍的沉积速率下降；严重时阴极大量析氢，镀层难以沉积。

温 度 操作温度对镀层内应力影响较大。提高温度可降低镀层内应力，可提高镀液中离子的迁移速度，改善溶液的导电性，从而改善镀液的分散能力和深镀能力，使镀层分布均匀。同时，提高温度也有利于使用较高的电流密度，这对高速电镀极为重要。

电流密度 在达到最高的容许电流密度之前，阴极电流效率随电流密度的增大而增大。在正常的操作条件下，当阴极电流密度为 4A/dm² 时，电流效率可达 97%，且镀层外观和延展性都很好。对于 PCB 的电镀，由于拼版面积比较大，中心区域与边缘的电流密度可相差数倍，所以实际操作时，电流密度以 2A/dm² 左右为宜。

搅 拌 搅拌能有效地减少浓差极化，也有利于阴极表面产生的少量氢气很快逸出，减少可能出现的镀层针孔、麻点。搅拌可采用镀液连续过滤、阴极移动和空气搅拌的方式。

镍阳极 理想的阳极要能够均匀溶解，不产生杂质，不形成任何残渣。因此对阳极材料的成分及阳极的结构都有严格的要求。目前，一般采用盛有镍球（角）的钛篮作为阳极。阳极材料的成分可参考国家标准 GB/T 6516-2010（见表 28.15）和 ISO 6283-2017。

表 28.15 镀镍阳极材料的成分（GB/T 6516-2010）

	牌 号		Ni9999	Ni9996	Ni9990	Ni9950	Ni9920
化学成分（质量分数）	（Ni+Co）/% 不小于		99.99	99.96	99.90	99.50	99.20
	Co/% 不大于		0.005	0.02	0.08	0.15	0.5
	杂质含量 /%不大于	C	0.005	0.01	0.01	0.02	0.10
		Si	0.001	0.002	0.002	/	/
		P	0.001	0.001	0.001	0.003	0.02
		S	0.001	0.001	0.001	0.003	0.02
		Fe	0.002	0.01	0.02	0.20	0.5
		Cu	0.015	0.01	0.02	0.04	0.15
		Zn	0.001	0.0015	0.002	0.005	/
		As	0.0008	0.0008	0.001	0.002	/
		Cd	0.0003	0.0003	0.0008	0.002	/
		Sn	0.0003	0.0003	0.0008	0.0025	/
		Sb	0.0003	0.0003	0.0008	0.0025	/
		Pb	0.0003	0.0005	0.0015	0.002	0.005
		Bi	0.0003	0.0003	0.0008	0.0025	/
		Al	0.001	/	/	/	/
		Mn	0.001	/	/	/	/
		Mg	0.001	0.001	0.002	/	/

注：镍加钴含量由 100% 减去表中所列其他元素的含量而得。

1）1 dyn/cm=1 × 10⁻³N/m。

28.6.4　镀液维护

（1）定期分析镀液成分并及时补充，以保持镀液成分稳定。补入主盐时，应预先溶解主盐并进行活性炭处理。添加硼酸的最好方式是将它置于阳极袋中，使其在镀液中缓慢溶解。

（2）及时检查和调整镀液的 pH。

（3）根据耗电量补充添加剂，并由赫尔槽试验测试效果。

镀液的主要污染来自重金属离子和有机污染物，可以使用碳芯过滤，并同时进行小电流电解处理，以达到清除污染的效果。

28.7　电镀金

PCB 镀金工艺分为两类：板面镀金和插头镀金。

板面镀金是通常以电镀镍为底层，一般镍层厚 $3 \sim 5\mu m$。作为金和铜之间的阻挡层，镍层可以阻止金、铜间的相互扩散。镍层的存在，相当于提高了金层的硬度。

插头镀金也称为镀硬金，俗称"镀金手指"。硬金镀层是含有 Co、Ni、Fe、Sb 等合金元素的合金镀层，它的硬度、耐磨性都高于纯金镀层。插头镀金层一般厚 $0.5 \sim 1.5\mu m$，甚至更厚，合金元素含量 $\leqslant 0.2\%$（质量分数）。插头镀金用于高稳定性、高可靠性的电接触连接，对镀层厚度、耐磨性、孔隙率均有要求。硬金镀层的技术指标见表 28.16。

表 28.16　硬金镀层的技术指标

项　目	指　标	测试方法
外观	光亮金黄色	目　视
纯度	钴含量 $\leqslant 0.2\%$（质量分数）	原子吸收分光光度计或 XBF
显微硬度 mHV_{20}	$140 \sim 190kg/mm^2$	显微硬度计
耐磨	$0.5\mu m$，插拔 500 次不露底、不起皮 $1\mu m$，插拔 1000 次不露底、不起皮	耐磨试验机或模拟插拔
耐温	金层厚 $0.5 \sim 1.5\mu m$，350℃不变色	
孔隙率	金镀层在 $2\mu m$ 厚的情况下为 0	

28.7.1　工艺参数

PCB 镀金溶液以弱酸性柠檬酸系列微氰镀液为佳。中性镀液由于其耐污染能力差，很少应用。考虑到本身的特点，碱性镀液不适用。

镀金液中引入 Co、Ni、Fe、Sb 等合金元素可以获得硬金镀层，不同元素带来的效果也不尽相同，当前生产中用得最多的当属 Au-Co 镀层。常用镀液的配方及操作条件见表 28.17 和表 28.18。

表 28.17 PCB 板面镀金工艺参数 （来源：贝加尔）	
项 目	使用范围
金含量	0.8 ~ 1.2g/L
pH	3.6 ~ 4.2
比重（Be^0）	10 ~ 15
开缸剂 Au608A	4mL/L
添加剂 Au608K	余 量
温度	40 ~ 50℃
阴极电流密度	2 ~ 15ASF

表 28.18 PCB 插头镀金工艺参数 （来源：贝加尔）	
项 目	使用范围
金含量	4.0 ~ 8.0g/L
pH	4.0 ~ 5.0
比重（Be^0）	15 ~ 19
开缸剂 Au608H	10mL/L
添加剂 Au608HK	余 量
温度	40 ~ 50℃
阴极电流密度	2 ~ 20ASF

28.7.2 镀液主要成分的作用

氰化亚金钾 KAu（CN）₂ 氰化亚金钾是镀金液的主盐，含金量为 68.3%。主盐浓度过低会导致金的沉积速率低，镀层呈暗红色。提高主盐的含量，可提高金的沉积速度，改善镀层光亮度、均匀度。

28.7.3 操作条件的影响

镀液比重 镀金液需要大量的导电盐来支持电解反应，导电盐的浓度可通过镀液的比重来反映。镀金液使用初期，镀液比重用偏下限值；随着使用时间的延长、镀液中杂质的累积，可通过补加导电盐来提高镀液比重。

pH 提高 pH 有利于提高镀层的金含量，降低镀层内应力，提高容许电流密度。

温 度 提高温度可提高电流效率和镀层的金含量；降低温度，可以减小镀层内应力，降低硬度，减小镀层的金含量。但是，金钴合金镀液忌局部温度过高，否则 Co^{2+} 会转化为无效的 Co^{3+}。

电流密度 弱酸性镀金液的阴极电流效率一般为 30% ~ 40%，阴极上不可避免地有氢气析出。电流密度一般控制在 $1A/dm^2$ 左右。

过滤和搅拌 镀金液应使用 1μm 的 PP 滤芯进行连续过滤。连续过滤能够及时净化镀液，并带来溶液的流动，有利于电解反应进行。注意，镀金液不可使用空气搅拌。

28.7.4 镀液维护

（1）镀金槽应配有连续过滤设备。

（2）金盐质量至关重要，质量差的金盐会导致镀液混浊，镀层质量差。

表 28.19 杂质对镀金的影响

杂 质	浓度控制	对镀金层的影响
Cu	≤ 100ppm	镀液电流效率降低，镀层可焊性差
Fe	≤ 200ppm	镀液电流效率降低
Zn	≤ 200ppm	镀液电流效率降低
Pb	≤ 5ppm	镀层低电流密度区发暗
有机物	-	镀层上出现黑条，结合力差

（3）经常检查和调整镀液的 pH 和比重。

（4）工件进槽前应清洗彻底，避免将镀镍液带入镀金槽。过量的镍污染可用除杂水除去。

（5）应尽量避免有机物污染，绝缘油墨一定要彻底固化。有机物污染将导致镀层结合力差、易变色等。处理方法是用优质炭滤芯处理 2h 以上。杂质对镀金的影响见表 28.19。

28.8 致 谢

　　PCB 电镀技术从属于电化学技术，是专业性很强的应用型技术分支。对于 PCB 从业者，实际应用中的工艺技术问题总是层出不穷，人、机、料、法、环对 PCB 电镀过程都有着显著影响。本章内容参考了大量行业专家、学者的成果，在此一并感谢。同时，也感谢黎坊贤、黄扬扬、王颖和龚思红的贡献。

参考文献

［ 1 ］最新印制电路设计、制作工艺与故障诊断、排除技术实用手册 . 长春：吉林文化音像出版社 .2005

［ 2 ］励小雯 . 印制线路板酸性镀铜整平剂的研制 . 中南大学 ,2011.DOI：10.7666/d.y1914624

［ 3 ］白蓉生 . 好图会说话 . 北京：印制电路资讯 .2009：6-14

［ 4 ］方景礼 . 电镀添加剂理论与应用 . 北京：国防工业出版社 .2007：150-181

［ 5 ］白蓉生 . 镀铜原理与实战及添加剂机制 .2009.http://www.docin.com/p-83103160,html

［ 6 ］郝成强 .DSA(R) 钛阳极在电镀行业中的应用 . 印制电路信息 ,2006,(3)：22-24,42

［ 7 ］袁中圣 . 酸性光亮镀铜的磷铜阳极 . 电路板资讯 .(25)

［ 8 ］张怀武 . 现代印制电路原理与工艺（第 2 版）. 北京：机械工业出版社，2012

［ 9 ］王立新 . 脉冲电源在印制板电镀中的应用 . 山东大学 ,2008.DOI：10.7666/d.y1420365

［10］王瑾，黄云钟 . 微晶磷铜阳极对 PCB 电镀品质改善方面的应用研究 . 第四届全国青年印制电路学术年会论文集 .2010：146-154

［11］袁诗璞 . 第十七讲——赫尔槽试验（一）. 电镀与涂饰 ,2010,29(3)：41-42

［12］董强 . 酸性光亮镀铜工艺的研究 . 机械科学研究总院武汉材料保护研究所 ,2007

［13］王雪涛，乔书晓 . 印制线路板电镀均匀性概述 . 印制电路信息 ,2010,(z1)：116-120

［14］郁祖湛 . 电子电镀中若干新工艺和新技术 . 电镀与涂饰，2006,25(9)：4-7

［15］余德超，谈定生 . 电镀铜技术在电子材料中的应用 . 电镀与涂饰 ,2007,26(2)：43-47

［16］曾曙，王阿红 . 不溶性阳极及其在 PCB 电镀中的应用 //2005 春季国际 PCB 技术信息论坛论文集 .2005：272-282

［17］高岩，王欣平，何金江，等 . 集成电路用磷铜阳极及相关问题研究 . 中国集成电路 ,2011,11：64-68

［18］周腾芳，程量，邝少林 . 再谈硫酸盐光亮镀铜的磷铜阳极 . 印制电路与贴装 ,2001,5：11-17

第 **29** 章
直接电镀

宫崎骏中原

美国纽约州亨廷顿，N.T. Information Ltd.

29.1 引 言[1]

    40 年来，使用钯的化学镀铜（沉铜）工艺一直是孔金属化工艺的选择。但是至少已经有 12 种直接金属化工艺、几百个装置，一直挑战着已经建立的工艺，这 12 个工艺在 PCB 工厂总量中占相当大的比例。钯系统的基本概念可以追溯到 1963 年的 Radovsky 专利[1]，该专利提出了一种方法，用半胶体状不导电的钯膜去直接金属化印制电路板（PCB）的孔。Radovsky 的发明从未被商业化。碳／石墨系统的基本概念可以追溯到很早以前的孔板，那时 Photocircuits 用石墨、银和其他介质进行试验，将单面板转变为可靠的双面板。

29.2 直接金属化技术概述

    由于介质和技术的变化，许多共同要素已经发生了进化。

1. 直接金属化技术的常见要素

    直接金属化技术主要有两个常见要素。

    （1）孔必须被调整得比化学镀铜更独特和彻底。

    （2）在大多数的技术中，导电介质必须从铜箔上去除（DMS-E 技术是个例外）。可以理解的是，在多层板加工中，额外的表面沾污去除步骤是必要或可取的。

    所有水平传送直接金属化技术体系的常见要素：

- 生产一块板通常需要 6～15min，1in 后跟着下一块板
- 清洗用水十分节约
- 化学品的消耗水平比较低
- 比垂直模式的步骤少
- 生产板的品质一致

    在拥有诸如聚四氟乙烯、氰酸酯或聚酰亚胺这样"困难"的树脂体系的基板上，许多直接金属化工艺比化学镀铜表现得要好。

1）所有专有名词已经成为各所有者的注册商标。

2. 直接金属化的类别

直接金属化体系分为四大类：

- 钯基体系
- 碳 / 石墨体系
- 导电聚合物体系
- 其他方法

29.3　钯基体系

1. 钯 / 锡催化剂加闪镀

EE-1[2]，第一个商业化直接金属化技术，是 1982 年在 Photocircuits and PCK 公司发明的，它采用钯 / 锡催化剂，然后强制闪镀。闪镀液中含有聚氧乙烯化合物，抑制铜沉积在铜箔表面，但不抑制沉积在有钯的不导电位置（孔、边、基材）。沉积沿着铜箔和孔内活化的部位外延生长，覆盖需要 5 ~ 6min。随后可以在任何镀液中用图镀或板镀的方法闪镀铜到需要的厚度。加速剂中含有微蚀成分，目的是把钯位点和钉头从内层去除。这个工艺还需要专用的清洁剂 / 调节剂。该工艺不适用于水平传送设备（见图 29.1）。

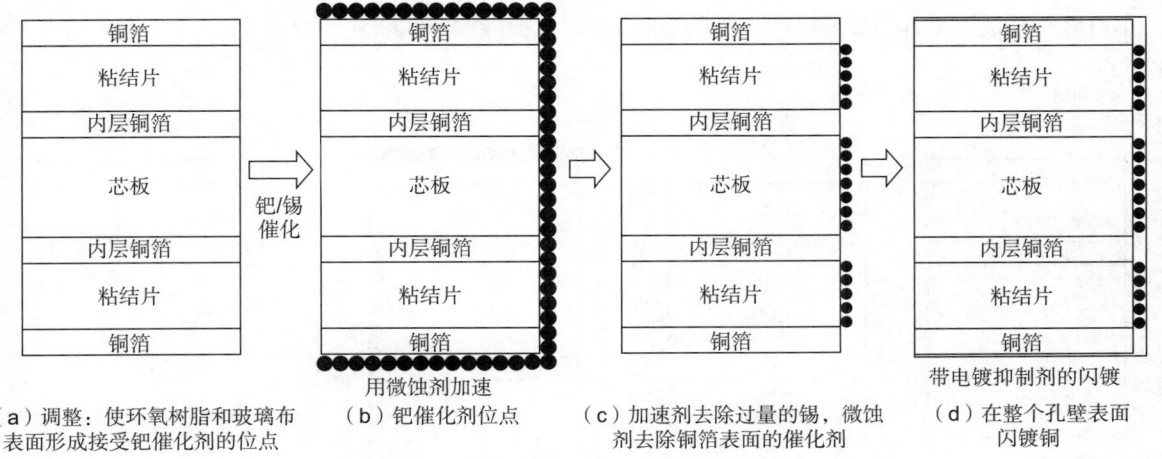

（a）调整：使环氧树脂和玻璃布
表面形成接受钯催化剂的位点

用微蚀剂加速
（b）钯催化剂位点

（c）加速剂去除过量的锡，微蚀
剂去除铜箔表面的催化剂

带电镀抑制剂的闪镀
（d）在整个孔壁表面
闪镀铜

图 29.1　EE-1 的工艺原理

2. 有香草醛的钯 / 锡催化剂

DPS[3] 工艺出现在 20 世纪 80 年代末的日本。它使用的是含香草醛的钯 / 锡催化剂，之后连接图镀或电镀。它采用了特殊的清洁剂 / 调节剂和碳酸盐加速剂。3 种关键的溶液——清洁剂 / 调节剂、活化剂、加速剂——都是在高温下才能运行。DPS 已可用于水平传送设备，但是在手工和自动的垂直设备中可以工作得很好。接着在最后一步，安着，DPS 在孔内产生稳定、灰色的导电钯膜。据报道，清洁剂 / 调节剂轻微地溶解了催化剂，将其吸引到不导电的表面，香草醛连接的钯分子引导着它们，因此拥有更小的电阻并在绝缘的表面拥有更好的附着力。据称，很少有钯 / 锡残留在铜箔上，因此在一般的电镀前处理中很容易被软蚀刻掉（见图 29.2）。DPS 是第一个提出将欧姆米作为标准的质量评价工具用于直接金属化技术的工艺。

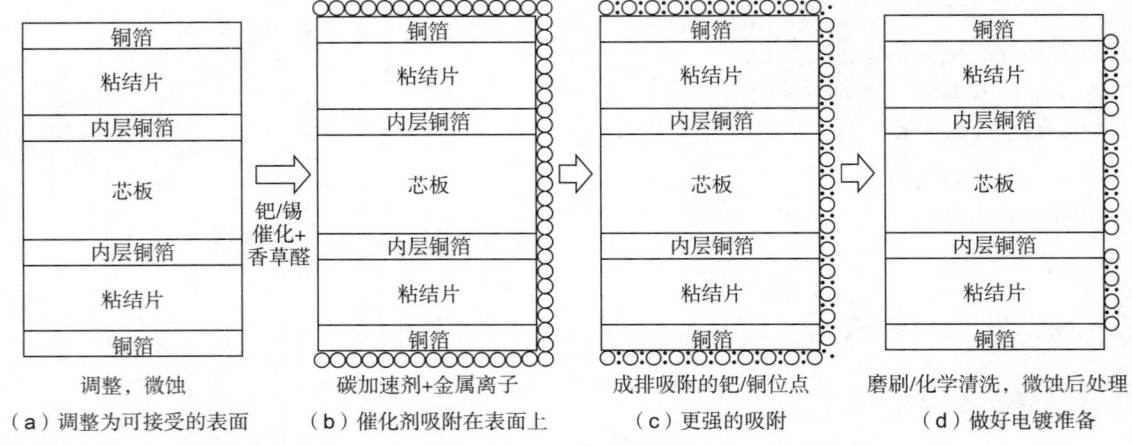

图 29.2 DPS 的工艺原理

3. 将钯转化为硫化钯

Crimson[4] 是由 Shipley 公司发明的，在将钯转化为硫化钯催化剂后采用了一步转化，据称具有更好的导电性，更利于随后的镀铜。增强剂使导电膜稳定，对图形转移步骤有更好的化学抵抗力。稳定剂中和了增强剂的残余部分，因而防止了对后续步骤的污染。微蚀剂选择性地将催化剂从铜表面去除，以达到最佳的铜 - 铜结合和可靠的干膜附着。这个工艺在水平传送设备上最有效，随后可以是图镀或板镀（见图 29.3）。

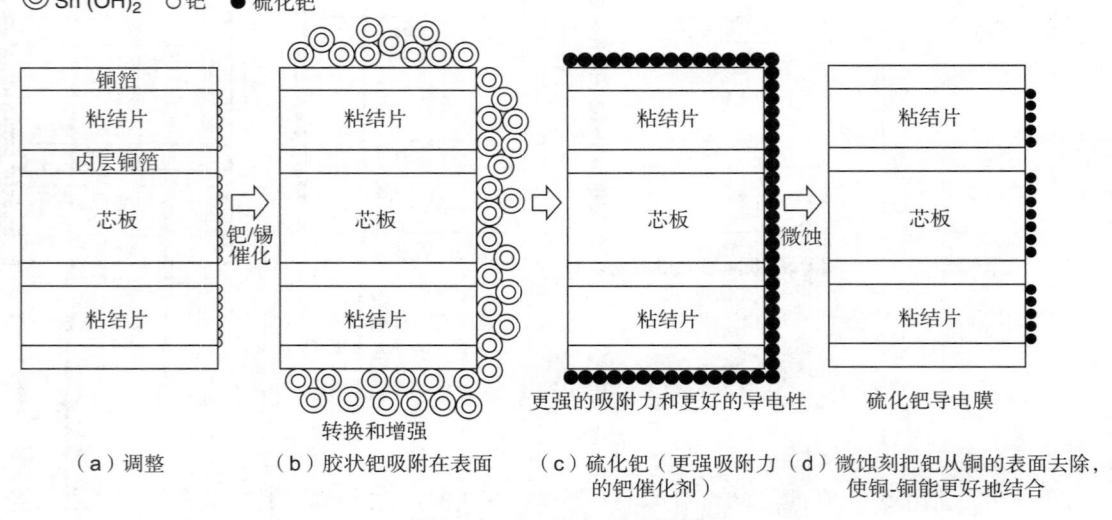

图 29.3 Crimson 工艺的原理

4. 工艺变化

Holtzman 等人在以色列发明了与 EE-1 相似的工艺 ABC[5]。它适用于水平传送设备，但是随后必须在专门的镀液中闪镀。

从 LeaRonal 开始，直接金属化工艺都增加了类似于 DPS 的专门清洁剂 / 调节剂和一个玻璃蚀刻步骤。它已经适用于水平传送设备，并可以连接图镀或板镀。

设想一下 DPS，从 Enthone-OMI 和 Connect、M & T（现在为 Atotech）到 DPS，即使它们都

有专门的清洁剂/调节剂和改良的加速剂，但互相都很相似。都没有适用于水平线的工艺，两种工艺后都可连接图镀或板镀。

Neopact[6]，从 Atotech 开始使用的一种无锡、胶体形式的钯催化剂。随后的化学浸洗将保护性有机聚合物从钯胶体中移除，使其暴露出来，导电性增加。它可用于水平传送设备，在垂直传送设备中的效果也很好，并可以连接图镀或板镀（见图 29.4）。

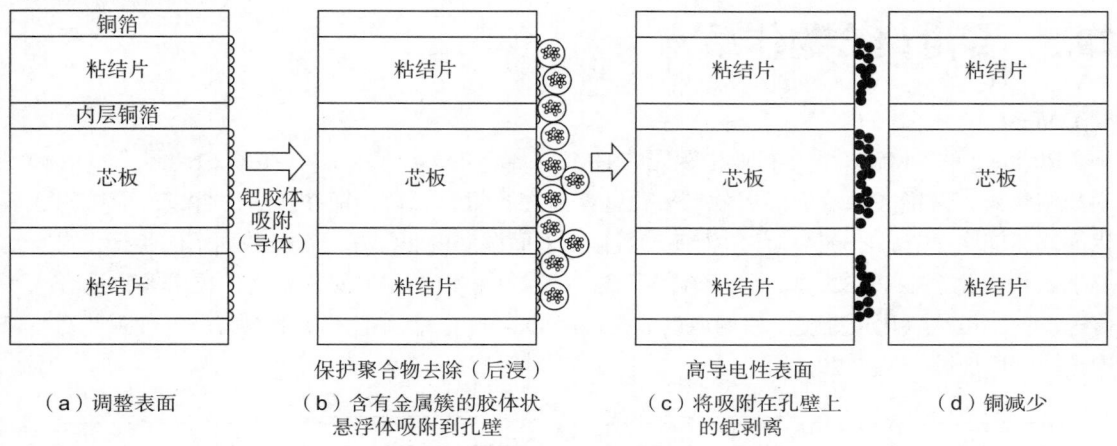

图 29.4 Neopact 工艺原理

29.4 碳/石墨体系

1. 碳悬浮液

黑孔[7]，第二个直接金属化技术，由 Olin Hunt 开创，Carl Minten 博士在 1988 年拥有了专利权。1991 年，Olin Hunt 将技术出售给了 MacDermid。MacDermid 极大地推进了该工艺，并称其为黑孔 II。黑孔 II 将碳悬浮液作为导电介质，替代钯催化剂。聚合电解质的调整使绝缘表面形成吸附碳的位点，并在加热后排成一列。为了确保有足够的导电性，碳处理要进行两次。铜箔表面的碳点残留必须用微清洁剂去除。

黑孔 II 能很好地适用于水平传送设备，随后可以连接图镀或板镀（见图 29.5）。

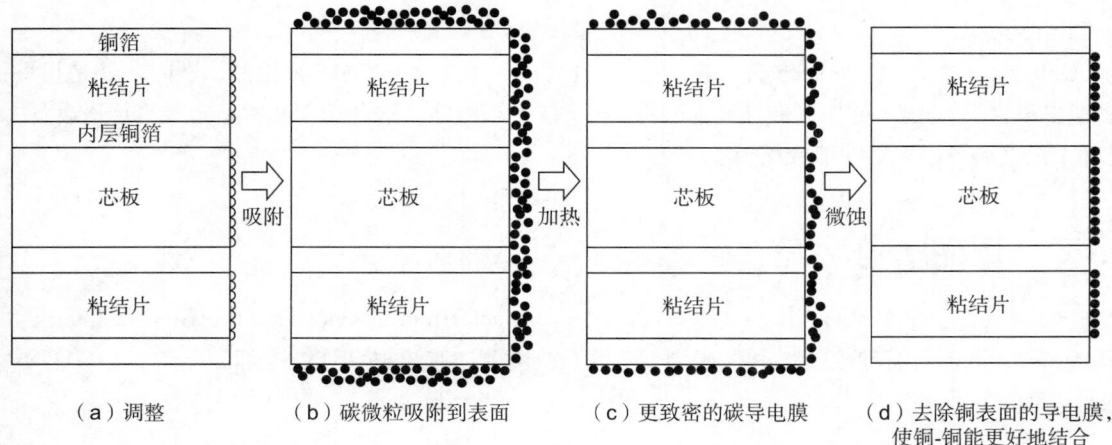

图 29.5 碳/石墨的工艺原理

2. 石 墨

Shadow[8]来自 Electrochemicals（LaPorte 公司英国分部），使用石墨作为导电介质。Shadow 工艺的流程非常简单，比大部分直接金属化技术的步骤都要少。Electrochemicals 和他们的制造商之一——Eidschun Engineering，在廉价、紧凑和水平传送设备方面取得了突破性进展，Shadow 工艺很好地适应了这种模式。这种工艺后可以连接图镀或板镀。

29.5 导电聚合物体系

1. DMS-E

Blasberg 的 DMS-E[9]是行业中领先的 DMS-2 工艺的第二代，DMS-1 和 EE-1 类似。在微蚀刻和调整后，高锰酸钾溶液形成的二氧化锰覆盖在孔里，二氧化锰在随后的合成反应中担任氧化剂。在催化环节，EDT[1] 单体溶液使二氧化锰表面湿润得非常好。在硫酸固定的步骤，自发地发生氧化极化，在 PCB 的非导电区形成一层黑色导电 Poly-EDT 薄膜。这种技术非常适合水平传送设备，虽然氧化预处理阶段的温度非常高（80 ~ 90℃），并且有溶剂参与。这种工艺后可以连接图镀或板镀（见图 29.6）。

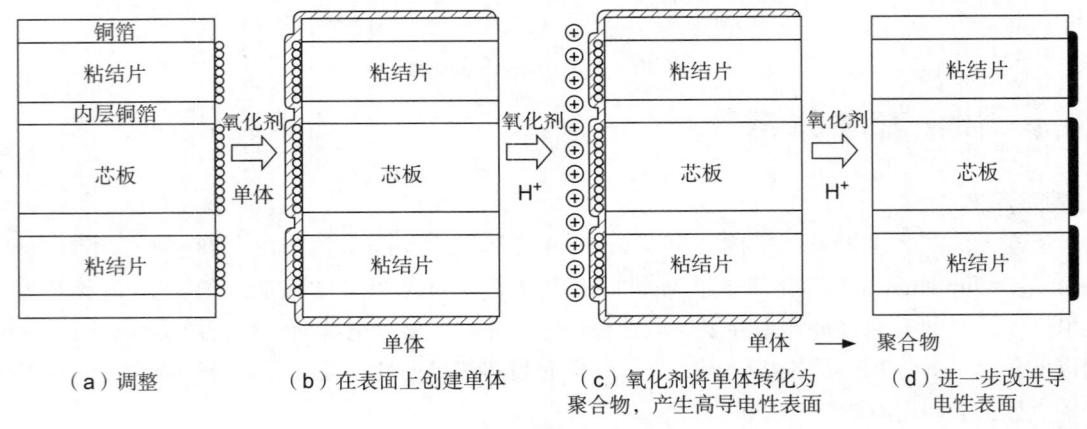

图 29.6 导电聚合物的工艺原理

2. Compact CP

Compact CP[10]是 Atotech 公司在 1987 年开发的，本质上与 DMS-E 相似，不同之处是它将催化和安着结合起来，使用了酸性高锰酸钾，导电膜是聚吡咯。这种技术非常适合水平传送设备，这种工艺之后可以连接图镀或板镀。

29.6 其他方法

PCB 的孔金属化还有很多新颖的方法，如 MacDermid 的 Phoenix and EBP, Schlötter 的 Schlötoposit 工艺。有导电油墨和激光划线 / 填充技术，还有溅射和连续电镀技术等，但它们不属于本章的范围。

1）EDT =3，4 - 乙烯二氧噻吩。

29.7 不同体系的工艺步骤比较

1. 钯基体系

出于比较的目的，所有只能用于垂直模式的钯基体系见表 29.1。

2. 碳 / 石墨体系 - 水平传送

水平传送碳 / 石墨体系见表 29.2。

3. 导电聚合物体系

可选择闪镀的自动水平传送导电聚合物体系见表 29.3。

表 29.1 DMT.1：钯基体系——所有只能用于垂直模式的

EE-1	DPS	Crimson	ABC	Conductron	Envision DPS	Neopact
清洁调整	清洁调整	清洁调整	清洁调整蚀刻	清洁调整	玻璃调整	蚀刻清洁
水洗	水洗	水洗	水洗	水洗	水洗	水洗
微蚀	微蚀	预浸	活化	清洁调整	转运	调整
水洗	水洗	活化	水洗	水洗	活化	水洗
预浸	预浸	水洗	盐去除	微蚀	水洗	预浸
活化	活化	加速	水洗	水洗	生成	导体
水洗	水洗	水洗	烘干	预浸	水洗	水洗
加速	加速	增强	微蚀	活化	稳定	后浸
水洗	水洗	水洗	水洗	水洗	水洗	水洗
EE-1 闪镀	安着	微蚀	再活化	加速	微蚀	烘干
水洗	水洗	水洗	水洗	水洗	水洗	
烘干	烘干	烘干	ABC 闪镀	酸浸	烘干	
			水洗	水洗		
			烘干	烘干		

表 29.2 DMT.2：碳 / 石墨体系——水平传送

黑孔 II	Shadow
清洁	清洁调整
水洗	水洗
黑孔 I	Shadow 浴
烘干	热烘干
水洗	检查段
调整	微蚀
水洗	水洗
黑孔 II	防变色
热烘干	烘干
微清洁	
水洗	
防变色	
水洗	
烘干	

表 29.3 DMT.3：导电聚合物体系——水平传送，可选择闪镀

DMS-E	Compact CP
微蚀	微蚀
水洗	水洗
调整	清洁 / 调整
水洗	水洗
氧化调整	高锰酸钾
水洗	水洗
催化	聚合导电物
固定	水洗
水洗	软蚀刻
酸浸	水洗
镀铜	酸浸
水洗	镀铜
烘干	水洗
	烘干

29.8 水平工艺设备

虽然很多直接金属化技术能够轻松适用于现有的手动和自动化学镀铜线，在垂直模式下表现得很好，但是正在不可避免地被人们将其与水平传送工艺联系起来。与许多发明一样，必要性是源头。某些直接金属化技术工艺在垂直/篮子模式中被边缘化，单独处理每块板是唯一的解决办法。紧凑且廉价的水平直接金属化技术设备的出现是催化剂。虽然 Atotech 依靠 Uniplate 系统领先了水平电镀设备，但是直到水平直接金属化技术设备的出现，它才在水平孔金属化设备中有所进展。然而，对那些只想要闪镀，甚至是全板电镀的人来说，整个孔金属化和电镀工艺都可能使用自动水平传送设备：它拥有能减少化学品消耗等优点；能从根本上减少水洗用水；做到板到板均匀、可靠、品质一致；减少操作人员；减少人员接触产品；一个完全封闭的操作环境；准时交付。

29.9 工艺问题

任何新事物在开始都会经历一些"萌芽期的困难"，直接金属化技术也不例外。但是本章中提到的大部分工艺都至少是第二代了，还有些是第三代，所以在使用直接金属化技术时没什么禁忌。

然而，还有一些注意事项。

（1）复杂的基材在所有的直接金属化技术中都表现得不太好。

（2）并不是所有的直接金属化技术在垂直模式中都能像在水平模式中运行得那样好。

（3）某些直接金属化技术更适合多层板生产的严格要求。

（4）某些直接金属化技术在非常小的孔上的表现要比其他的要好。

（5）某些工艺比另一些更清洁。

（6）与化学镀铜相比，某些直接金属化技术对电镀铜缸中的有机污染更敏感。

（7）清洗是非常重要的，一些直接金属化技术需要专门的清洗。

（8）返工在大多数直接金属化技术中是简单的，但它可能会被滥用，从而改变成本结构。

（9）直接金属化技术还缺少质量保证工具（你如何知道孔内是否有电镀空洞？），现在唯一绝对有把握的方法就是闪镀。不像化学镀铜，直接金属化后几乎看不到孔内情况。

（10）一些直接金属化技术的分析和操作控制还不成熟。

29.10 总 结

强烈的生态和健康因素将驱使直接金属化技术在有金属化孔的 PCB 制造中的应用。因为孔金属化成本在 PCB 制造成本中只占 2%~3%，所以直接金属化技术带来的成本节省非常有限。然而，这项技术的附加效益是非常可观的：节约水资源，无有毒化学品，最少的人员板面接触，废弃物处理减少，劳动力成本降低，较少的拒收等。

参考文献

［1］Radovsky, U.S. Patent 3,099,608, 1963

［2］Morrissey, et al. (Amp/Akzo), U.S. Patent 4,683,036, July 1987

［ 3 ］ Okabayashi (STS), U.S. Patent 4,933,010, June 1990

［ 4 ］ Gulla, et al. (Shipley), U.S. Patent 4,810,333, March 1989

［ 5 ］ Holtzman, et al. (APT), U.S. Patent 4,891,069, January 1990

［ 6 ］ Stamp, et al. (Atotech), PCT WO 93/17153, September 1993

［ 7 ］ Minten, et al. (MacDermid), U.S. Patent 4,724,005, February 1988

［ 8 ］ Thorn, et al. (Electrochemicals), U.S. Patent 5,389,270, February 1995

［ 9 ］ Blasberg, Europatent 0489759

［ 10 ］ Bressel, et al., U.S. Patent 5,183,552, 1993

第30章
PCB 的表面处理

Don Cullen
美国康涅狄格州沃特伯里，麦德美公司

陈黎阳 编译
广州兴森快捷电路科技有限公司

30.1 引 言

30.1.1 表面处理的目的和功能

印制电路板（PCB）导体的表面处理，形成了元件和互连电路之间的关键界面。作为最基本的功能，表面处理工艺的最终目的是提供了一层保护膜，保护暴露的铜面，以维护其良好的可焊性。更广泛地说，表面处理必须满足一系列的功能标准，包括可焊性、环境要求、电气性能、物理性能和耐久性的要求。在表面贴装工业时代的 PCB 制造工艺中，相比表面处理，也许没有任何其他工艺经历了如此多的变革——各种各样的功能性、环境、工艺、成本、生产效率、失效模式……

30.1.2 无铅转换的影响

无铅工艺发展的影响，以及基于 WEEE 和 RoHS 的要求，促进了 PCB 表面处理的要求和组装端焊料的变革。

无铅组装几乎改变了表面处理技术的发展方向。在绝大多数设计中，为了规避铅的存在，原本标准表面处理的热风焊料整平（HASL）工艺已经越来越多地被淘汰。在无铅焊接工艺中，采用的新焊接合金材料直接影响表面处理与焊点冶金性能的兼容性。许多无铅组装过程中发生的问题受到了表面处理的影响，如表面贴装技术（SMT）工艺中焊盘的润湿性能、镀覆孔（PTH）的爬锡性能、焊点空洞加剧的现象。另外，无铅焊接需要更高温度的问题也对使用寿命和可焊性产生了巨大的影响。

30.1.3 技术驱动

制造业供应链中每个工艺的实现都需要特定的加工步骤。这些加工工艺的升级发展，驱动着 PCB 技术不断发展与变革。从历史上看，技术人员曾需要使用强活性助焊剂才能在铜面上焊接元件。但当 PCB 开始大批量制造时，化学家发明了用金属或有机物保护铜面的方法。镀锡铅由于其金属层可以随后进行回流焊，一开始很受欢迎。但当裸铜涂敷阻焊（SMOBC）设计出现后，电镀锡铅不再是主流选择，因为在焊接过程中，锡铅镀层容易出现熔解液化的现象。HASL（热风焊料整平）是电镀锡铅的继承者，逐步成为全球范围内的主流选择。随着 PCB 布线密度的增加，激发了有机涂层的再次出现，如新配方的有机可焊性保护膜（OSP），以及金属化层，如化学镀镍 / 浸金（ENIG）等表面工艺。减少消耗臭氧层的化学物质的环保倡议，导致表面处理工艺进入下一个变革。使用清洁组装操作促使 OSP 方式占比下降，而 ENIG 工艺逐步增加。OSP 和 ENIG 继续被广泛应用，但是都有其各自的弱点，这促进了新的具有低成本、高性能的新型金属表面处理工艺的产生，如化学沉银（IMS）、化学沉锡（IMT）、化学镍钯金（ENEPIG）、化学镍银（ENIAg）、自催化银沉金（ASIG）等。

1. 制造要求

生产裸 PCB 的公司，对表面处理有如下特殊要求：

- 较低的化学药剂消耗水平和加工成本
- 操作简单（低的工艺要求）
- 具有可返工性
- 厚度容易测量
- 流水线生产
- 外层适用于电气测试
- 适应可操作性要求
- 保质期长
- 工艺设备相对便宜且高产出
- 对阻焊层没有影响
- 没有有毒的化学物质（废物可被轻松处理）
- 规格为大多数原始设备制造商（OEM）客户所接受
- 具备选择性镀金的能力

2. 组装要求

无论是电子制造服务商（EMS）合同的提供者、独立的原始设计制造商（ODM），还是相关的原始设备制造商（OEM），都与 PCB 制造商的要求有很大的不同：

- 适合钢网印刷焊膏的平整表面
- 适合在线测试（ICT）的低接触电阻
- 适合对误印焊膏的清洁
- 较长的存储寿命（一年以上）
- 长的组装保质期（两个星期以上）
- 兼容所有焊膏和助焊剂
- 可适应铝线和金线的键合
- 可目检缺陷的能力（避免阻焊残留导致不润湿）
- 易于操作
- 出色的和可预测的润湿性
- 基准点识别
- PCB 没有扭曲或弓曲

- 良好的顺应针和连接器接触性
- 不需要氮气的良好的无铅焊接
- 没有焊料桥接或堵孔

3.OEM 的要求

OEM 有以下附加要求：

- 良好的焊点可靠性，牢固的金属间化合物
- 不影响 PCB 裸板的成本
- 预防缺陷（黑盘、空洞、晶须）
- 在不受控现场环境中的耐腐蚀性
- 作为电气测试点和 EMI 屏蔽的实用性
- 作为触摸板 / 键盘接触的功能
- 适应高速信号传输的优良电气性能
- 遵守行业共识规范
- 来自化学药剂提供商的全套文件
- 制造商建立有供应基地
- 经审核的制造商

30.2 可供选择的表面处理

PCB 行业可用的表面处理如下：

- 热风焊料整平（HASL）
- 回流锡铅
- 化学镀镍 / 浸金（ENIG）
- 有机可焊性保护膜（OSP）
- 抗氧化助焊膜
- 化学沉银
- 化学沉锡
- 化学镀钯（Pd）
- 电镀镍 / 金
- 沉镍银
- 自催化银沉金

表 30.1 列出了这些可供选择的表面工艺类型和它们的典型厚度。

图 30.1 反映了世界范围内各种表面处理的使用占比。从图中可知，没有一种表面处理能满足所有的需求。

表 30.1 主要表面处理选择与典型厚度

PCB 表面处理类型	典型厚度
热风焊料整平	1 ~ 40μm（40 ~ 1600μin）
有机可焊性保护膜	0.1 ~ 0.6μm（4 ~ 24μin）
化学镀镍 / 浸金	镍：3 ~ 5μm（120 ~ 200μin）
	金：0.05 ~ 0.15μm（2 ~ 6μin）
化学沉银	0.1 ~ 0.4μm（4 ~ 16μin）
化学沉锡	0.6 ~ 1.2μm（24 ~ 48μin）

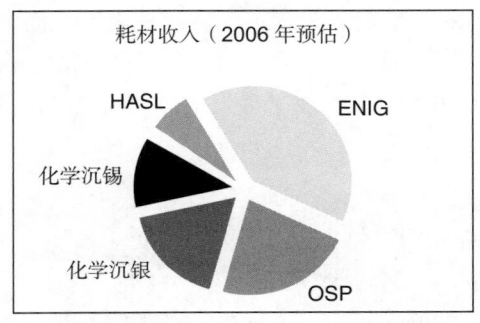
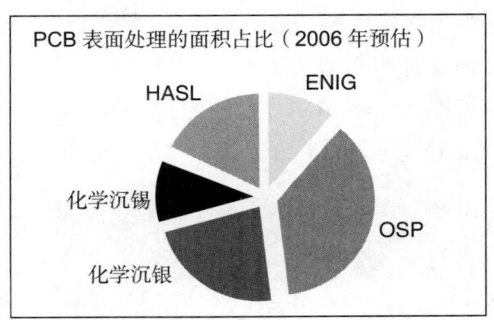

图 30.1　根据金额（左）及面积（右）分布预估的世界范围内 PCB 制造中
表面处理的使用情况

30.3　热风焊料整平

热风焊料整平（HASL）是将 PCB 沉浸到熔化的焊料中的工艺。对于大多数 HASL 工艺，合金焊料是锡铅。对于无铅应用，合金焊料主要包括锡铜、锡银铜、锡铜镍、锡铜镍锗合金。在 HASL 过程中，附着于板面的熔融焊料的表面张力决定了最终形成锡层的不同厚度及表面纹理。因此，表面锡厚的变化从 1μm 到 40μm 或更多。HASL 处理表现出了优秀的存储寿命、可焊性保护、对可操作性的耐受力，但是它们往往会因助焊剂的使用而残留较多的杂质离子。在 PCB 工厂，HASL 形成了锡与焊盘铜面之间的合金，这个处理过程使部分焊盘铜向合金锡铜转化，导致焊盘铜层变薄，这是推广无铅工艺的一个考虑因素。PCB 基板在高温下的膨胀会使电路板扭曲和变形。尺寸的变化、焊盘的不平整及可能出现的锡堵孔，使密集电路（小于 0.5mm 节距）的组装变得相当困难，甚至是不可能的。有铅 HASL 工艺使用规模在世界范围内的衰退一方面源于对组装的顾虑，另一方面是因为对含铅产品的限制。

30.3.1　制造工艺

HASL 可以使用垂直或水平的设备。作为预处理，铜被清洁、微蚀并涂敷助焊剂。一种常见的方式是，在一套传送设备中完成预处理，然后板件被逐一浸入充满熔融焊料的锡炉中。在板件被提起时，风刀吹走板面多余的焊料。为应对熔融合金极高的温度，设备由不锈钢、钛及其他合金制造。为清洗掉板面的残留助焊剂，足够的水洗是必需的，因为热风整平工艺比其他表面处理工艺都要脏。表面处理工程师必须意识到安全问题，如铅的裸露和设备发生火灾的可能性。

30.3.2　优缺点

表 30.2 比较了 HASL 的优缺点。

30.3.3　失效模式

HASL 关系到控制焊料保证有效覆盖且又不过量的微妙平衡。焊料厚度不足将导致锡铜合金的暴露及存储寿命的减少。过厚的焊料（较常见）易导致密集节距焊盘焊接时产生桥连。如果孔内焊料不能有效移除，那么将不能完成有引线元件的自动插装。

表 30.2　HASL 的优缺点

HASL 的优点	HASL 的缺点
成本低廉	表面不平整
铜锡焊点	焊膏印刷错误
广泛适用	不适应高密度组装
可返工	金属间化合物层厚
	含有铅
	热冲击致电路板损坏
	焊桥
	镀覆孔（PTH）堵孔

主要失效模式是，热风整平后的表面不平整。在组装时，钢网不能有效贴附于板面，因此可能出现焊膏印刷错误和（或）漏印的问题。组装者发现，对于热风整平处理的 PCB，在技术上很难实现 0.5mm 节距焊盘的焊膏钢网印刷。当 PCB 经过热风整平后发生尺寸变化时，在夹具中的定位（见图 30.2）将变得十分有挑战性。

（a）HASL 设备

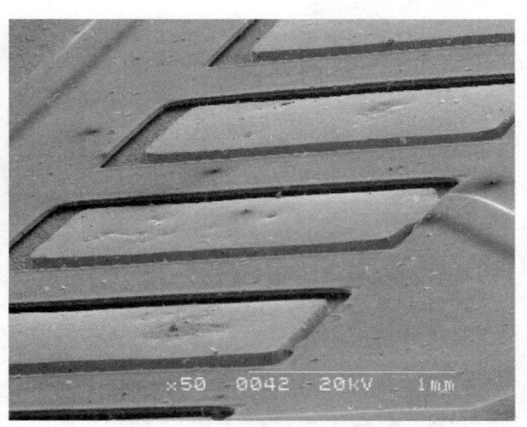

（b）HASL 表面的扫描电子显微镜（SEM）图

图 30.2　HASL 设备与经过 HASL 后的表面

另一种常见的失效模式是润湿不良，特别容易发生在无铅热风整平（LF-HASL）工艺中。如前文所述，随着无铅化的发展，传统 HASL 工艺逐步被替代，特别是在消费电子、通讯类产品的生产中。而基于 HASL 在 SMT 贴装前已经在铜焊盘表面形成金属间化合物的优良焊接特性的考虑，无铅热风整平表面工艺应运而生。无铅热风整平正是在物理及化学特征上最接近传统 HASL 的一种工艺。但事实上，研究表明，无铅热风整平在工艺控制难度以及焊接风险上都远远大于传统 HASL。根本的原因在于焊料的组成发生变化，导致了金属间化合物及其生长环境的变化。

目前主流应用的无铅热风整平焊料为锡铜镍合金，有些还添加了微量元素锗。其中，锡的占比超过 95%，相比于 63/37 锡铅的组成，锡的含量提高以及合金焊料的变化带来的是，浸浴工作温度提高近 30℃以上，导致金属间化合物（IMC）的生长速度更快，在完成涂敷的焊盘上，IMC 厚度远大于传统 HASL 中的 IMC 厚度。通常传统 HASL 的 IMC 厚度在 1.0μm 以上。一旦过程控制不良，如镍含量控制不当、返工、温度过高等，IMC 还会更厚，剩余的有效保护锡层更加被削弱。那么，在制造后端或回流焊接过程中，当 PCB 经历高温处理时，受分子间扩散的影响，IMC 很容易扩散到焊盘表层（见图 30.3），有效保护锡层消失殆尽。这个时候，不润湿的现象就发生了。因为 IMC 一旦在高温条件下氧化，将呈现不可焊的非晶态结构。

无铅热风整平的焊盘表面变色，也是贴装过程中经常出现的问题。这种现象在传统 HASL 工艺中是难得一见的，所以让 PCB 及组装工程师常感到困惑不已，对其焊接性能也颇为忧虑。该现象还是源于焊料合金组成的变化，由于焊料中纯锡含量占比相比 63/37 锡铅焊料有大幅提高，锡在高温环境下与空气接触而发生的氧化更严重，采用 X 射线光电子能谱（XPS）进行浅表面分析后发现，随着刻蚀深度的增加，其锡面浅表层的氧元素不断下降（见图 30.4）。在新的无铅热风整平焊料中，需要借助微量元素锗（Ge）来发挥抗氧化作用。锗元素具有表面偏析的特性，当微量元素锗的浓度达到一定范围时，它会在液态锡表面高度富集，并形成一种致密的保护性氧化膜，从而提高锡面的抗氧化能力。但是要注意，锗是一种稀有金属，且在高温熔融焊料中消耗极快，如何有效长期保持恰当的浓度，控制成本在合理范围内，是 PCB 工厂需要考虑的问题。

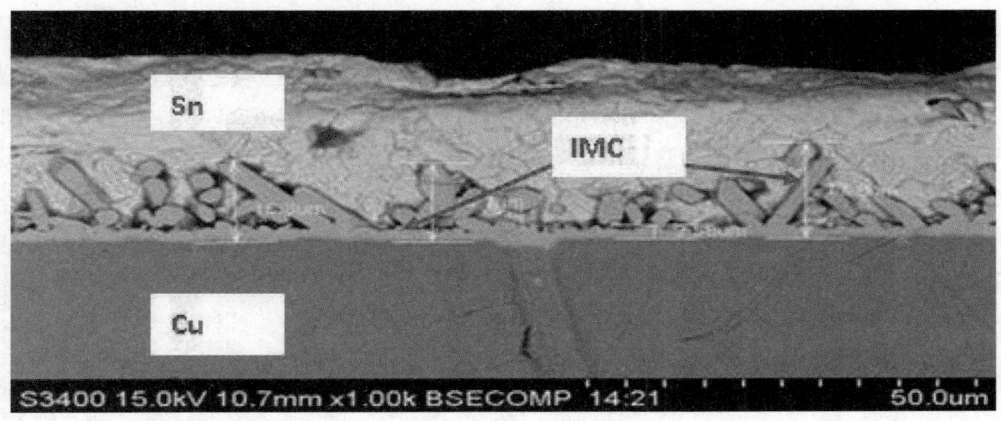

图 30.3 垂直切面的扫描电子显微镜（SEM）图

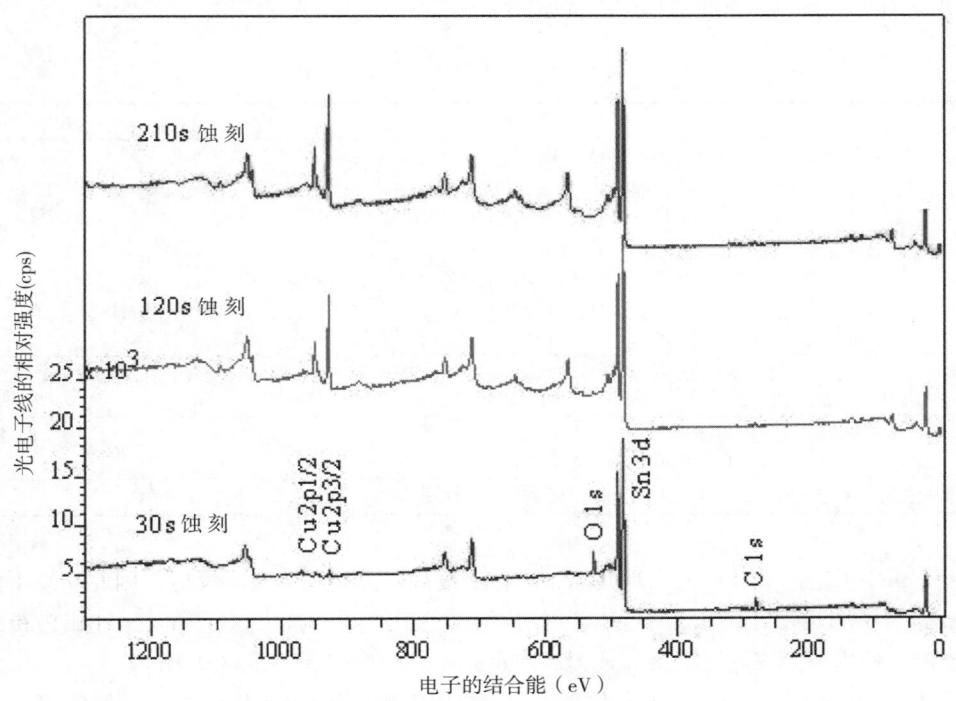

图 30.4 变色焊盘在不同深度下的 XPS 谱图

30.4 化学镀镍/浸金（ENIG）

从化学上讲，金是作为 PCB 外部涂层的最理想元素。金并不形成氧化物，用金作为外部涂层不会像其他表面处理一样受温度和存储条件的影响，而减少存储寿命。此外，在焊接时金几乎瞬间熔解到焊料中，具有极好的润湿性。

然而，金的用量必须严格限制。当金含量超过焊料质量的 3% 时，会使焊点变脆，所以焊接中金层的最大厚度是 $0.3\mu m$。金熔解入铜也非常迅速。为了防止金与铜融合并最终使铜外露氧化，产生可焊性问题，使用镀镍的方式使金与铜分离开。镀镍/浸金并不依赖于电化学作用，在实践中，镍作为氧化剂被磷还原而最终沉积下来。

30.4.1 化学机理

ENIG 依赖于溶液中一系列元素的化合价的变化。金作为浸浴物质,容易直接沉积在铜上,但如前所述,沉镍作为铜层与金层的屏障是必要的。通常情况下,在浸金时会先沉 3~5μm 的镍,在镍上再沉 0.05~0.15μm 的金来防止镍氧化。

镍需要经过活化后再沉积在铜面上。在活化过程中,金属钯或钌在铜面上沉积成一层薄金属层,起到沉镍催化作用。活化过程采用的是化学沉积方式,而不是电镀上钯。

跟其他所有的表面处理一样,在沉积催化剂、镍、金之前,还需要额外的处理步骤。目前所有已经商用的 ENIG 工艺,均在浸金前采用清洁及微蚀的预处理来去除退锡及阻焊工艺的少量残留物。微蚀通常采用过氧化氢、过硫酸盐或单一的过硫酸盐体系。

30.4.2 制造工艺

表 30.3 展示了 ENIG 表面处理的工艺流程。

表 30.3 ENIG 的工艺流程

工 艺	化学过程	处理时间 /min
除油清洁	水溶剂、清洁剂和乳化剂,溶液中的酸能帮助去除铜面的氧化残留	2~5
微蚀	在酸性环境下,铜被过硫酸根($S_2O_8^{2+}$)或过氧化氢(H_2O_2)氧化。硫酸适用于所有类型的微蚀,1~2μm 的铜会在此过程中被氧化溶解成 Cu^{2+}	1
活化	浸镀沉积(贾凡尼置换): $Pd^{2+}+Cu(0) \rightarrow Pd(0)+Cu^{2+}$ 或 $Ru^{3+}+Cu(0) \rightarrow Ru(0)+Cu^{2+}$	1~5
沉镍	镍沉积通过次磷酸钠的还原实现,沉积速度由 pH、温度决定,磷含量通常按质量比控制在 8%~11%	10~20
	通常情况下,应使用自动控制系统来控制这个动态浸浴过程。镍离子浓度可使用离子分光计或滴定方式测量,使用氨水来维持槽液内 pH 的稳定	
浸金	浸镀沉积(贾凡尼置换): $Au^++Ni(0) \rightarrow Au(0)+Ni^{2+}$	8~15
	采用添加氰化亚金钾[$KAu(CN)_2$]的方式补充金,不能使用含钴(Co)或镍(Ni)的金盐	

由于 ENIG 工艺需要较长的处理时间,工作温度高,并且均为化学反应,因此均使用垂直龙门线生产。为了满足量产需求,很多工厂配置两个或三个沉镍缸,这样可以允许加热新的缸液或进行退镍。使用两个镍缸可以极大地提高产量,但一个生产周期将超过 1h。

除了普通的塑料材料能用于制作缸体,不锈钢也同样可用于制作沉镍缸。但使用不锈钢缸体时要防止镍离子还原沉积在缸体表面,这需要进行阳极钝化处理,即在缸体上施加一个偏压。通过使用不锈钢缸体,制造商可避免因镍在不平整缸壁或个别尖端位置缓慢析出而频繁洗缸。

表 30.4 ENIG 的优缺点

ENIG 的优点	ENIG 的缺点
平整,易贴装	成本昂贵
可表面接触	镍锡焊点较脆
广泛适用	不可返工
没有铜熔解	攻击阻焊
无铅	镍黑盘、黑线
PTH 结合力强	射频信号易损失
存储期长	工艺复杂

30.4.3 优缺点

表 30.4 显示了 ENIG 表面处理的优缺点。

30.4.4 失效模式

ENIG 的失效模式主要归咎于化学工艺步骤。不充分的活化会导致沉镍时的漏镀，漏镍导致铜会迁移到金层以外，从而影响焊接润湿性能。活性过强的催化会导致线路之间出现金属连接，即众所周知的渗镀，而这会导致短路。活性过强的镍浴会导致低磷含量的镍沉积，而这会导致被称为黑盘的相关失效。活性过强的浸金药水会沿着金层晶格的缝隙对镍产生攻击，从而形成黑盘。这类异常的金面形态易被频繁的 X 射线厚度检测发现。活性不够的镍浴与金浴会导致之后的漏镀问题。金层剥离可能是因为沉镍后的水洗时间过长或水洗质量较差，因此浸金后的胶带测试是强制性的。镍层粗糙可能是因为镍缸没有进行有效保养。最后，上锡后的 ENIG 表面会形成镍锡合金层。相比于铜锡合金，这个合金层结构被证明更脆，更易受外力而发生断裂。这种脆性是 ENIG 处理无法避免的，因此，多数高可靠性设备会尽量避免使用 ENIG 表面处理。

镍腐蚀现象　如图 30.5 所示，ENIG 的特性缺陷是 ENIG 发展前期面临的挑战，也是工程师们非常关注的问题。在化学反应的原子沉积过程中，由于金原子粒径大于镍原子，在金、镍原子界面处难以形成完全整齐致密的排列，当局部位置存在晶体结构裂缝时，可能使底部镍层反应过度，导致金层下面形成镍层空洞现象，一般把这类现象称为镍腐蚀现象。这种空洞的严重程度呈

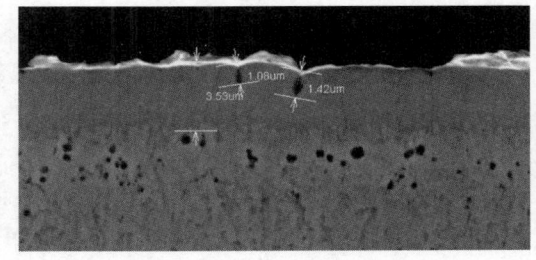

图 30.5　正常镍腐蚀的 SEM 图

现深度不同、密度不一，最严重的时候就是黑盘现象（见图 30.6），或在组装完成后发生界面断裂。研究表明，镍腐蚀的程度对 ENIG 焊盘的表面润湿性能及焊接强度都有显著影响。目前还没有一个通用的标准来衡量镍腐蚀的可接受性。一般来说，镍腐蚀深度小于镍层厚度的 1/3 是能被普遍接受的，而发生密集镍腐蚀而形成黑盘是不可接受的——一般通过垂直微切片用扫描电子显微镜来观测，也可以采用褪除金层的方法进行表面观测。

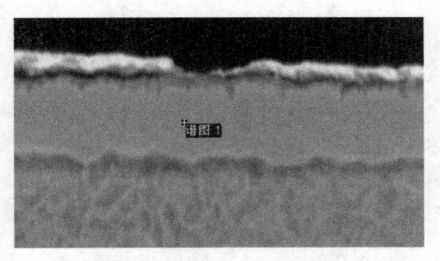

图 30.6　严重镍腐蚀的黑盘 SEM 图

镍腐蚀的失效模式与 ENIG 的各项过程控制有密切关联。

首先是镍层厚度的影响，这常被从业者忽视。镍层厚度越大，镍原子堆积愈加致密，呈现出来的镍腐蚀越小。一旦沉积镍层厚度小于 3μm，必定会出现严重的镍腐蚀问题。

其次是镍层磷含量的影响，磷含量低于 7% 时，镍层易被浸金药水凶猛攻击，而产生严重镍腐蚀现象。过高的磷含量（大于 12%）易使镍原子的分布呈非晶态结构（见图 30.7），从而抑制反应速率，减少镍腐蚀，但是可焊性能堪忧。所以，避免黑盘问题的最简单的解决办法是，通过调整操作参数，改变镍缸药水的化学成分来提高磷的含量，包括定期的重新建浴。但无论哪种条件的镍浴，都容易因固化不完全的阻焊中二价硫的影响而失去稳定性。不稳定的镍浴会加快沉积速率，相应降低磷的含量。

再者，是金缸药液的活性的影响。随着金缸使用寿命的增加，有机物质的带入消耗了反应络合剂的成分，包括无机

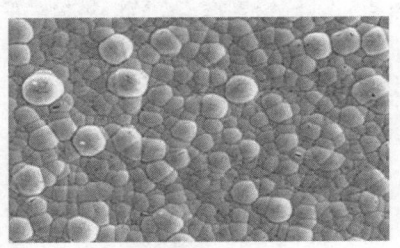

（a）正常结构

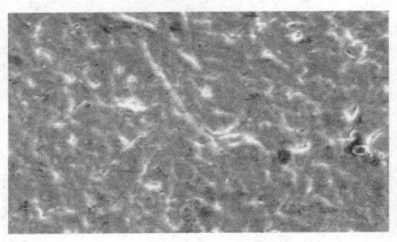

（b）非晶态结构

图 30.7　镍层结构 SEM 的对比图

杂质离子的增加，都会导致镍腐蚀的程度愈加严重。所以，必须在一定周期后重新开缸建浴。

即使有合适的药水配方、正确的操作条件、良好的过程检验，黑盘仍可能在 PCB 组装过程中产生。在极限的阴阳极比情况下，部分 PCB 设计由于镀液中的贾凡尼效应而更易产生黑盘现象，如图 30.8 所示。目前还没有完全解决黑盘的办法，但强烈建议采取以下措施：

- 尽可能实现阻焊完全固化，避免阻焊油墨中的感光剂或其他成分进入镍缸造成污染
- 在镍浴前增加一个清洁除油段，以清洁掉可能进入镍缸的板面阻焊残留物
- 维护镍缸，以产生对应控制要求质量百分比的磷
- 使用硝酸暴露的方式测试沉积镍层的抗蚀性
- 使用较温和的金浴，以实现 $0.07 \sim 0.15\mu m$ 的金层厚度
- 采用胶带测试或 X 射线荧光光谱仪、SEM 定期监控镍腐蚀程度

脆性微裂纹现象 如图 30.9 所示，该现象一般发生于化学沉金板金属化孔的孔口位置及贴装焊盘的边缘位置，通常在高温回流焊后被发现。化学镍层的固有脆性，在高温条件下，一旦基材热膨胀应力超过镍层自身承受能力，以及镍层存在不同程度的镍腐蚀，就会造成微裂纹。有研究表明，化学沉金的微裂纹几乎是无法规避的，但多年的实践中尚无微裂纹带来恶劣可靠性的证据与案例，故不必过度忧虑。在长期使用环境中，这种裂纹可能是影响长期寿命的一个因素，有必要在生产工艺中加以控制。建议使用高温条件下 CTE 较低的材料，严格控制沉金过程中的镍腐蚀，回流焊接中不使用活性过高的助焊剂，对不需要焊接的导通孔进行填孔处理。

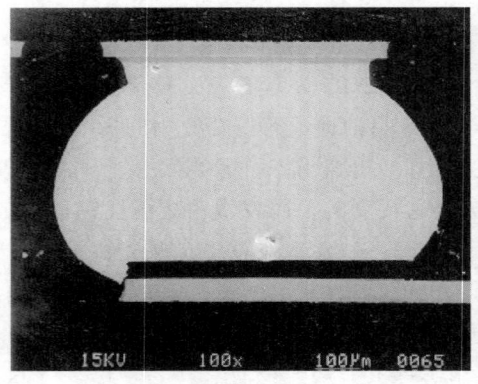 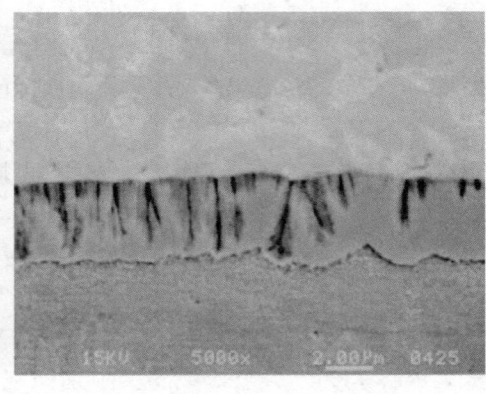

图 30.8　黑盘的结果（左）和黑盘界面的微观结构（右）

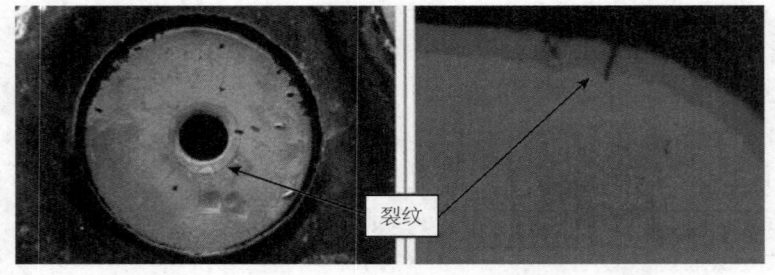

图 30.9　金属化孔的孔口位置的脆性微裂纹 SEM 图

30.5　有机可焊性保护膜

顾名思义，有机可焊性保护膜（OSP）是非常薄的有机涂层，用于保持 PCB 表面铜的可焊性。不同于其他试图服务于 PCB 其他功能的表面处理，OSP 通常只限于可焊性保护，苯并咪唑和苯

基咪唑是使用最广泛的 OSP，它们是从早期防锈涂料进化而来，可以承受多次焊接操作。OSP 在所有的表面处理中是最便宜、最简单的，所以它在世界上广受欢迎。然而，OSP 在 ICT 和电气测试中的接触性能不良，使用上有局限。同时，它经过多次热操作后会退化，在无铅焊接中可能会引起可焊性问题。

30.5.1　化学机理

　　OSP 是所有表面处理方式中最简单的一种工艺，但是，OSP 本身的成分实际上相当复杂。简而言之就是，一个大型有机分子（见图 30.10）溶解到水和有机酸溶液中，PCB 浸浴到溶液中，OSP 分子接触 PCB 裸露的铜表面。在 OSP 工艺中，铜和氮基团之间形成化学键。铜存在于化学浴中，因此可以在铜面形成一个由许多层 OSP- 铜配合物组成的沉积层，其厚度可达到 0.10 ~ 0.60μm。

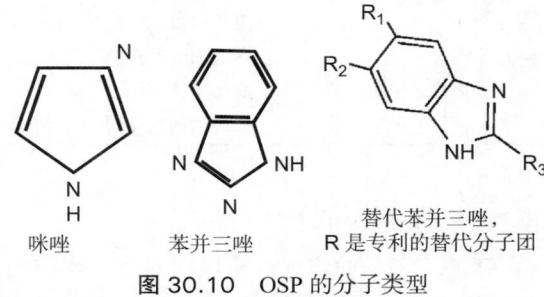

图 30.10　OSP 的分子类型

　　新一代 OSP 可以耐受多次高温焊接操作，这些化学物质通常基于拥有附加功能团的苯并咪唑，以增加分子量和耐热性。用于替代的苯基咪唑和拥有金属沉积的 OSP 系统也已投入使用。新一代 OSP 的目的就是抵抗无铅焊接的温度。这些耐高温的 OSP 涂层，能够沉积到更大的厚度，经测量可达 1.0μm，完全适用于无铅合金和相关的助焊剂。

30.5.2　制造工艺

　　表 30.5 显示了 OSP 的工艺流程，包括化学成分和处理时间。

表 30.5　有机可焊性保护膜的工艺流程

工 艺	化学过程	时间 /min
除油清洁	水溶剂、清洁剂和乳化剂，溶液中的酸有助于去除铜面的氧化残留	1 ~ 4
微蚀	1 ~ 2μm 的铜会在此过程中被氧化、溶解成 Cu^{2+}	1.0
预浸	通常，预浸使用除 OSP 化学品本身以外的 OSP 浴的成分	0.5
OSP	OSP，乙酸或甲酸，铜或其他金属的来源	0.5 ~ 1.0

　　OSP 应用于水平设备是非常普遍的。清洁和微蚀可以使用浸浴法或喷淋法，但 OSP 只使用浸浴法。因为 OSP 工艺对于 PCB 材料是非常温和的，清洗非常重要，需确保之前所有制造步骤中的污染均被去除。通常情况下，PCB 在完成电气测试、外形加工，成为最终成品后再进行 OSP 处理，这是为了保护 OSP 脆弱的表面。OSP 对工艺处理、环境污染及手指印均比较敏感。经过 OSP 处理的产品，在包装前应当放置在温湿度受控的环境下，包装过程中的任何水分均可能导致 OSP 表面发黑。

　　OSP 膜厚通常由间接取样测定，目前没有办法在生产过程中直接测量 OSP 的膜厚。因此，测试样片跟随生产板同时处理，接着将样片浸入酸性药水中溶解 OSP，然后通过紫外光分光光度计检测溶膜前后药水透光率的变化，来间接测量 OSP 的膜厚。这个测量方式用于生产板的质量控制。

表 30.6　OSP 的优缺点比较

OSP 的优点	OSP 的缺点
平整，适合精细节距组装	不能直接测量厚度
成本最低	表面接触电阻较高
工艺简单	PTH 爬锡性能较差
广泛适用	存储期短
铜锡焊点	最后组装时露铜
无铅	组装前可检测性
可返工	多次回流后性能下降
生产效率高	操作敏感
	焊膏印刷错误后的清洁问题

对于需要控制指标的 OEM，缺少真正的厚度测量控制是关键问题。如果 OSP 涂层太薄，PCB 将得不到足够的保护；如果 OSP 涂层太厚，可能导致焊接润湿性和金属化孔的覆盖质量太差。OSP 涂层是肉眼看不见的，因此，如果 OSP 涂层不够完整，也没有办法检查出铜有没有受到保护。

30.5.3　优缺点

表 30.6 比较了 OSP 的优缺点。

30.5.4　失效模式

　　OSP 工艺是简单的，所以在制造过程中很少有因化学稳定性而产生的失效模式。过度的微蚀和不充分的清洗可导致阻焊和暴露的 PCB 金属界面处受到攻击，特别是边缘连接器镀镍金的 PCB 需要制作 OSP 时，界面的贾凡尼效应可能导致导体开路。边缘连接器选择性镀镍金的 PCB 仍有可能在金面上沉积上 OSP，金面上及铜面上的 OSP 可能导致电气测试及在线测试不良；在边缘连接器上选择性沉积的 OSP 可能会影响边缘连接器原本设计的接触式导通功能。漏沉积也应引起人们的关注，即使是很薄的阻焊残留，也会阻止 OSP 的沉积。OSP 不可视且难以进行目检，漏沉积会导致组装焊接时的焊盘润湿不良。

　　（1）OSP 是对操作方式、存储环境和存储期最敏感的表面涂层。OSP 膜在长时间存储过程中，由于存在分子结构间隙，无法抵抗氧气的入侵，膜下铜面仍然会与氧气逐步发生化学反应，生成氧化亚铜与氧化铜。一旦氧化程度过高，氧化物厚度足够，就会影响贴装的焊接性能。传统 OSP 的存储周期在 3～6 个月，在所有表面处理工艺中是寿命最低的，这也造成在组装终端大量的存储成本与返工浪费。随着近年来 OSP 的迭代研究，市面上出现了寿命延长到 6～12 个月的新型 OSP：通过加大分子的结构增强 OSP 膜的整体致密性（见图 30.11），并强化分子化学键的极性来增强其与铜面的结合力，降低了氧气对膜下铜面的入侵概率。有研究表明，在模拟长周期的寿命试验中采用新型分子结构的 OSP 膜的膜下氧化铜厚度能够被控制在几微米，抗氧化性能获得了极大提高。需要指出的是，OSP 的存储寿命与包装方式也是息息相关的，铝箔袋真空包装方式，要比 PE 膜或珍珠膜包装方式的可靠性更高。

　　（2）OSP 的膜下铜面会随着时间和受热的影响而发生氧化，因此效果不好的助焊剂会导致可焊性问题。无铅回流温度的提高使 OSP 的工艺窗口变小，并可能产生不满足 IPC 标准的 PTH

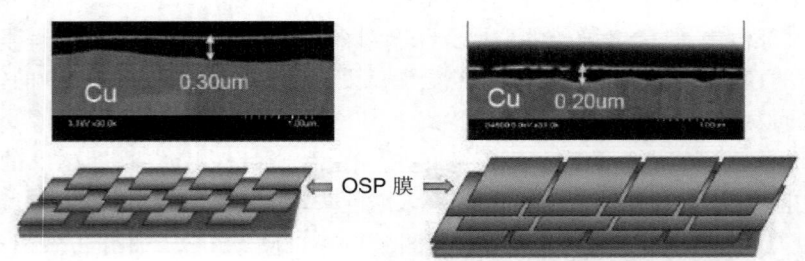

图 30.11　OSP 的大分子结构（来源：四国化成）

可焊性问题[1-3]。OSP 膜成分中存在大量挥发性
分子，遇见高温条件后就马上逃逸出，所以无铅
回流条件对 OSP 膜的影响显著。在一项测试中：
经过首次高温回流后测量 OSP 膜厚，会发现膜厚
下降非常明显，但增加回流次数之后膜厚变化就
很轻微。只是多次高温回流会使氧气透过膜面密
集的空隙（见图 30.12），在高温条件下急剧发生
氧化反应，焊盘表面的润湿性能随之下降明显。
尤其是插件孔的爬锡问题，一直是 OSP 的软肋。
实际上，孔的爬锡性能与孔的 OSP 膜厚也有直
接关联，只是长期以来，连表面的 OSP 膜都无法

图 30.12　OSP 膜高温后空隙结构 SEM 图

直接测量，孔壁 OSP 膜的控制更易被忽略了。适当增加孔壁的膜厚对孔的爬锡性能有明显提升，
特别是在高温条件下，如高温回流之后，孔壁膜厚的贡献效果显著。但是过厚的 OSP 膜需要警

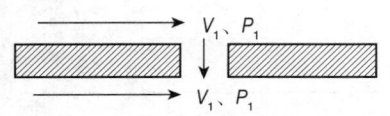

图 30.13　孔内 OSP 膜沉积的流体力学
（箭头为 PCB 行进方向）

惕助焊剂的溶解能力是否足够，否则可能出现负面效果。
有趣的是，孔壁的膜厚往往大于表层焊盘的膜厚，并且
孔径越大，膜厚越大。这点决然不同于电镀工艺中孔铜
与面铜的关系。

　　OSP 的这个现象，需要应用流体力学的原理来解释
（见图 30.13）——符合伯努利方程的条件。

$$P_1+\rho g H_1+\rho\frac{V_1^2}{2}=P_2+\rho g H_2+\rho\frac{V_2^2}{2}\Leftrightarrow P_1-P_2=\rho g(H_1-H_2)+\rho\frac{V_1^2-V_2^2}{2}$$

式中，ρ 为液体密度；P_1 为上表面位置的压力；V_1 为上表面液体的流动速度；P_2 为下表面位置的
压力；V_2 为下表面液体的流动速度。

　　当 PCB 过线成膜时，板子上下的液体流速差异，会在孔上下产生一个负压。加上液体势位
高低差异以及孔内毛细现象，这个负压更加明显，药液在孔内的交换效率就会大于表面的交换
效率，致使孔壁膜厚高于表面膜厚。

30.6　化学沉银

　　由于存在许多固有优点，所以在 PCB 行业的早期，银即被用于 PCB 表面处理。银是最好的导体，
并且同任何金属都存在最低的接触电阻。作为一种贵金属，它比其他许多基础金属相对更抗氧化。
在早期的 PCB 上发现，电镀银会在金属导体之间形成枝晶。在 20 世纪 90 年代，新的化学沉银工
艺作为一种 HASL 的替代品被引进，公开的用户数据显示，枝晶不再是问题。随着无铅工艺的推进，
化学沉银得到了广泛使用。拥有特定需求的 OEM 需要特定的银来克服其他表面处理产生的问题。
化学沉银是一种电化学工艺，其典型厚度为 0.1 ~ 0.4μm。沉银工艺十分简单，但沉积层在组装后
现场使用中可能会发黑、发黄、变暗，严重的发黑可能预示着腐蚀和功能丧失。

30.6.1 化学机理

PCB 上的铜使用单独的清洗和微蚀步骤进行预处理。随着时间的推移，这些步骤可能是理所当然的，但使用不当会导致许多缺陷。预浸可以清除 PCB 上过多的酸性杂质，并防止氯化物进入银溶液。在银溶液中，银氯化物会迅速沉淀。银浴是很简单的化学方法，依靠较有惰性的铜和惰性更强的两个银原子之间的贾凡尼置换。适当的清洗和干燥很关键。

30.6.2 制造工艺

表 30.7 显示了化学沉银的工艺流程，包括使用的化学药水和浸浴时间。

表 30.7 化学沉银的工艺流程

工 艺	化学过程	时间 /min
除油清洁	水溶剂、清洁剂和乳化剂，溶液中的酸有助于去除铜面的氧化残留	1 ~ 4
微蚀	1 ~ 2μm 的铜会在此过程中被氧化、溶解成 Cu^{2+}	1
预浸	通常使用除银金属以外的所有沉银缸药水	0.5
沉银	银溶液、酸、晶粒细化剂、络合剂 $Ag^+ + Cu(0) \rightarrow Ag(0) + Cu^{2+}$	0.5 ~ 3.0
后浸（可选择）	用于防止银面变色或满足离子污染度的清洁要求	

大多数进行批量化学沉银生产的工厂均使用水平传输设备，清洁、微蚀可以使用浸浴或喷淋方式，但沉银工艺需要使用浸浴方式。因为沉银工艺对 PCB 材料的影响比较温和，因此沉银的水洗相当重要，需要保证前工艺的所有脏污、杂质均被有效去除。通常情况下，PCB 在完成外形加工、电气测试之后再进行沉银，这是为了保护相对脆弱的银面。银面对工艺处理、环境污染及手指印均比较敏感，需要用无硫纸隔离，并佩戴无硫手套，限制一定时间内完成包装，以尽量规避腐蚀性气体的污染。在小规模生产的条件下，也可以使用垂直龙门线进行沉银生产。

表 30.8 化学沉银的优缺点

沉银的优点	沉银的缺点
平整，适合精细节距组装	操作敏感
成本较低	焊点微空洞
工艺简单	组装后银面易被腐蚀发黑
广泛适用	银有枝晶形成的历史
铜锡焊点	与阻焊接触界面易受攻击
无铅	
可返工	
生产效率高	
厚度易测量	
极佳的表面接触功能	
多次回流不退化	

30.6.3 优缺点

表 30.8 比较了化学沉银的优缺点。

30.6.4 失效模式

（1）当银暴露在硫和氯的环境中时，表面易出现脏污。银面过度脏污可能会对可焊性造成一定的影响。作为一个电化学过程，活性较高的银溶液易对铜质线路造成攻击。这种攻击常常出现在与阻焊接触的界面上或化学沉铜层的侧壁。如果 PCB 在化学沉银段经过了多次返工，或者银层厚度超过 0.5μm，这种贾凡尼效应导致的对铜的攻击会更剧烈。对铜线路的攻击会导致最终产品的电气开路。这种现象经常发生在细小线路与焊盘的连接处，并且与阻焊的质量关联密切。连接处阻焊层的侧蚀愈大，往往给银离子攻击带来愈多的可乘之机。在一个狭小的缝隙里面，银离子无法及时完整地覆盖，使得单质铜不断被氧化为离子态，连接处的铜层凹陷不断加深（见

图 30.14），最终形成"断脖子"形态的开路问题。在大规模生产中，经常将焊盘与细小线路连接处的设计优化为泪滴式焊盘，以减少反应电势差，削弱贾凡尼效应的攻击。

（2）焊点空洞（断裂）。焊点空洞（断裂）可能是由不同的原因造成的，如助焊剂的类型、PTH 吹孔、润湿不良、Kirkeldall 效应和不适当的表面处理沉积层。表面处理经有机材料污染，容易在焊接后形成焊点空洞（断裂）。银与一系列空洞现象有联系，如微空洞、香槟空洞、平面微空洞。当银沉积在粗糙的铜表面时，活性过强的银浴溶液可能会对焊盘表面造成攻击，形成铜"洞穴"。研究表明，这类"洞穴"可能形成焊接后铜锡

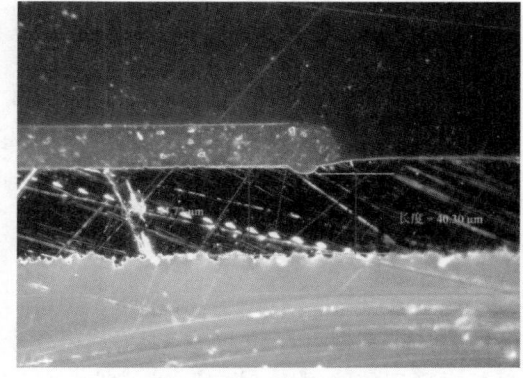

图 30.14 焊盘连接处的贾凡尼效应

界面间的裂缝。这些结构可称为微空洞，可能会极大地降低焊点强度并导致电气开路。这些微小空洞隐藏在银层下面，加之银层的一些特性，以往很难被发现和检查出来。随着检测技术的发展，借助离子蚀刻及场发射扫描电子显微镜等手段，这些可能严重影响焊点可靠性的元凶被清晰显现出来（见图 30.15）。这

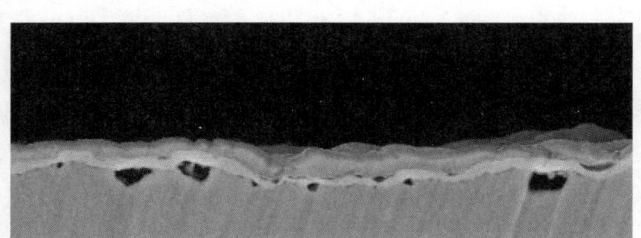

图 30.15 焊接前的银面微空洞

类微空洞的形成机制被认为是活性过强的银沉积在了未处理洁净的铜面上，银与铜的转换反应会导致铜面的不平整，铜面会因为局部贾凡尼效应而产生小空洞。空洞中裹挟的助焊剂或水分，会导致合金层上形成一系列空洞。

（3）化学沉银在回流焊后发黄也是一种常见现象，特别在无铅化的今天，这种情况可能会被误解为银层表面被卤族元素或硫化物污染。研究表明，常温下，铜与银原子之间的迁移扩散非常缓慢，基本可以维持稳定。但受分子间扩散作用的影响，随着高温回流次数的增加，铜原子与银原子不断相互扩散，当银层厚度不足时，铜原子在高温条件下很容易穿越银层，从而暴露在空气中，在高温空气中轻易被氧化，使得沉银表面逐渐从白色转变为黄色。随着回流次数的增加，银层焊盘浅表面的银元素消失殆尽，颜色也不断加深。这时如果助焊剂处理得当，控制好回流时间，也不会过多影响焊盘的润湿性能。有厂家采用水相银封孔剂来保护银层：在沉银层上浸泡、覆盖上一层非常薄的有机物质保护膜，对银层的微观空隙进行保护，以免银层受外界的污染。

（4）化学沉银的抗爬行腐蚀性能是所有表面处理工艺中最差的。爬行腐蚀一般是指 PCB 或者 PCBA 暴露于潮湿、含硫及其他气体的环境中，在一定时间内缓慢产生腐蚀晶体的现象，可能会引发短路或者开路问题（见图 30.16）。爬行腐蚀过程中

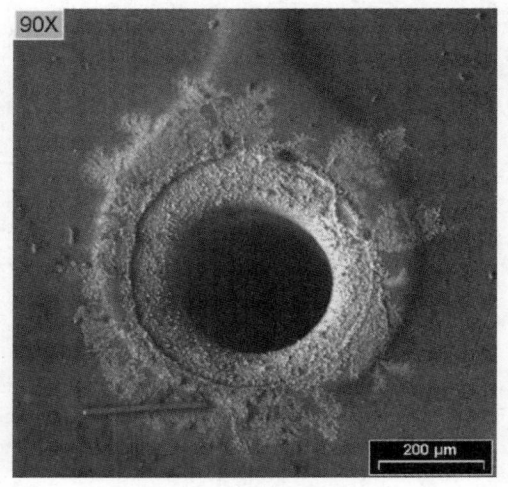

图 30.16 沉银的爬行腐蚀

首先发生的是电化学反应，同时伴随着体积膨胀以及腐蚀产物的溶解、扩散、沉淀，铜基被氧化生成一价铜离子并溶解在水膜中。由于腐蚀点附近的离子浓度高，在浓度梯度的驱动下，被腐蚀的金属离子自发地向周围低浓度区域扩散。当环境相对湿度降低、水膜变薄或消失时，金属离子与水溶液中的硫等阴离子结合，生成相应的盐并沉积在材料表面，呈现出类似爬行的枝晶。

30.7　化学沉锡

化学沉锡形成的是一层很薄的纯锡涂层，一般为 0.6～1.2μm 厚，它可以保护底层铜不被氧化，并提供一个高度可焊的表面。锡通过电化学方式沉积，可以使用水平或垂直生产设备。化学沉锡板适用于传统焊接，同时有非常良好的顺应针功能性。锡很容易与铜形成合金层，因此沉锡工艺易受存储期、多次焊接操作及接触功能的影响。由于沉锡工艺中用到了对环境有负面影响的硫脲成分，因此在一些地区的使用受到了限制。

30.7.1　化学机理

像所有其他的化学沉积表面处理一样，铜面在沉锡之前也应该被有效清洁。预浸可以起到维持锡缸化学平衡并防止污染的目的。由于锡比铜的金属活性更强（锡的电负性更低），因此锡的沉积不是一个直接的贾凡尼置换过程。在沉积过程中，硫脲用于参与形成铜表面的铜硫脲络合物结构。这个电负性比锡更低的络合物，随后便会参与沉积反应。出于激发反应的需要，沉锡缸内有较高浓度的药水，故沉锡之后必须彻底水洗。由于生产中用到了高浓度硫脲，因此生产废水的处理变得十分复杂。

30.7.2　制造工艺

表 30.9 显示了化学沉锡的制造工艺，包括化学药水和浸浴时间。

表 30.9　化学沉锡的工艺流程

工　艺	化学过程	时间 /min
清洁	水溶剂、清洁剂和乳化剂，溶液中的酸有助于去除铜面的氧化残留	1～4
微蚀	1～2μm 的铜会在此过程中被氧化、溶解成 Cu^{2+}	0.5～1.0
预浸	通常使用除锡金属以外的所有沉锡缸药水	1.0
沉锡	锡、硫脲、酸、晶须抑制微量金属、络合剂	4.0～12.0
后浸（可选择）	可为满足离子清洁度应用额外清洗	

由于化学处理的时间较长，且处理温度较高，使用水平传送设备进行化学沉锡并不容易。相应地，水平传送设备的占地面积大，设备也很昂贵。在垂直龙门设备上，采用挂板架进行生产的模式，可以更好地利用有限的生产车间。由于硫脲中含有较高浓度的硫，因此沉锡线应专用，而不能与 OSP、化学沉银或 ENIG 线混合生产，因为硫成分会对后面几种表面处理的结构造成破坏。另外，锡是一种两性金属，与酸、碱均会发生反应，所以沉积完成后，应避免与强酸、强碱接触。

30.7.3 优缺点

表 30.10 比较了化学沉锡的优缺点。

30.7.4 失效模式

（1）化学沉锡在沉积过程中已经形成了金属间化合物（IMC），这点类似于喷锡（HASL）。金属间化合物，一方面为沉锡提供了良好的焊接基础，另一

表 30.10 化学沉锡的优缺点

化学沉锡的优点	化学沉锡的缺点
平整，适合精细节距组装	操作敏感
成本较低	需要使用硫脲（致癌物质）
无铅	组装后锡面暴露易产生锡须
铜／锡焊点	随时间、加热及多次回流产生老化
极佳的顺应针功能性	攻击阻焊
较少可视脏污	
可返工	

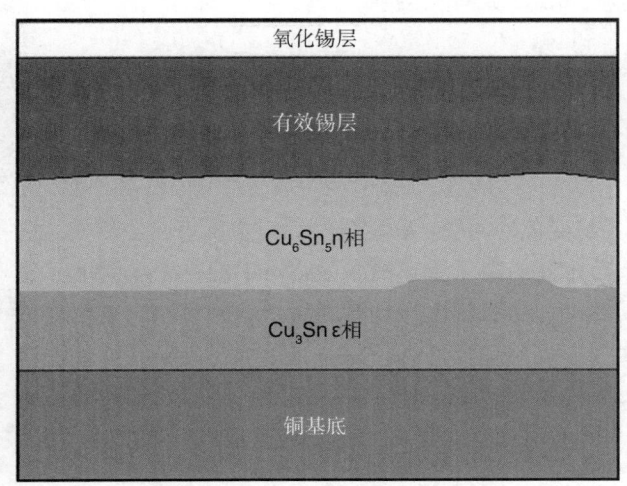

图 30.17 沉锡层的剖面结构

方面也是影响其使用寿命及焊接可靠性的潜在因素。从沉锡层的剖面结构（见图 30.17）可以看出，纯锡层覆盖在一层薄的铜锡金属间化合物（IMC）上。在高温条件下，金属间化合物随时效增长而不断生长，有效锡层逐渐被吞没并转化为金属间化合物，使得有效纯锡层厚度不断减小，当其无法完全覆盖底层的金属间化合物时，就会影响可焊性。所以，化学沉锡必须保证有效锡层的厚度。但矛盾的是，随着锡厚的增长，沉积速率不断下降，当锡厚超过 1.5μm 后，沉积速率变得非常缓慢。而锡层的总厚度如果低于 1μm，将很难适应无铅回流三次的焊接要求。在一个等效试验测试中，将化学沉锡后的产品自然放置一年，其锡层内部的金属间化合物厚度大约增长 0.5μm。因此，对应于存储周期要求更长的 PCB，需要考虑适当增加锡层厚度来抵消这种自然消耗。另外，在完成化学沉锡后，各种烤板等高温动作都是不推荐的，此类操作常是引发可焊接性问题的诱因。一些药水在预浸阶段加入了银（Ag）等添加剂，用于抑制金属间化合物的生长。一旦过程控制失当，银含量过高时，焊盘合金熔点提高，润湿性能下降，也会导致焊接失效。新一代的沉锡技术中，采用纳米技术增强预浸的致密性，可以缓解金属间化合物的生长速度。

（2）锡晶须也称锡须，是生长在纯锡涂层表面的单晶（见图 30.18）。晶须体积很小，但其生长的长度可以超过线路间距或线路与元件引线的间距。由于纯锡是导电的，可靠性工程师担心这些生长过长的锡晶须会导致短路。晶须的生长曾经有过一些引人注目的失效案例。在铜或黄铜上沉积的纯锡上，晶须形成得更快，尽管一些文献认为是其他因素导致的，但大多数晶须还是来自于沉锡本身。

锡须也是沉锡的一个典型特征，长度可以达到几微米，甚至几毫米，在精细线路的电子产品中易导致短路问题。近年来，随着新型沉锡药水的开发，锡须问题得到了有效控制。锡须是多种影响力综合作用的结果，如沉积层晶粒大小、镀层内有机物质、内应力、外应力、环境温湿度等，主要原因在于内应力的作用。在长期的存储过程中，锡层与铜基之间存在金属间化合物 Cu_6Sn_5 以及 Cu_3Sn，铜原子扩散到锡基体的速度比锡原子扩散到铜基更快，会在镀层内部产生内应力。

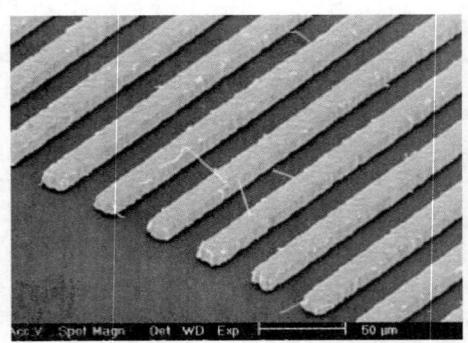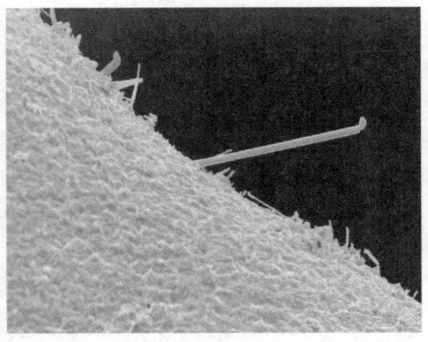

图 30.18 锡晶须在精细节距间产生接触

最表层的 SnO 层一定程度上阻止了锡的发展,当内应力足够大时,锡须会从 SnO 层的薄弱处突破,以释放应力,锡须也就产生了。

在实践中,抑制锡须生长的有效手段只有加入镍阻挡层,或加入其他足量金属,以影响锡的纯度,如 2% 的铅。

(3)化学沉锡同样面临着在高温环境下容易变色的问题。在空气中,锡金属表面会形成一层薄薄的氧化膜。这层氧化膜会在一定程度上阻止氧阴离子及其他腐蚀物对锡的进一步深度氧化腐蚀。但是,由于金属氧化膜存在致密性问题,在高温作用下,氧阴离子有机会通过氧化膜疏松处进一步快速与锡结合,形成较厚的氧化锡,进而导致外观变色。而且锡厚越厚,往往锡面表层的结晶越粗糙、疏松,高温时氧离子更容易与锡结合,氧化反应剧烈。研究表明,随着氧化膜厚度的增加,表面会呈现不同的颜色,见表 30.11。

表 30.11 化学沉锡层氧化膜厚度与呈现色泽的对应关系

表面氧化膜厚 /nm	2 ~ 8	8 ~ 15	15 ~ 20	20 ~ 50	50 以上
颜 色	白色	淡黄	深黄	紫色	棕色

(4)对阻焊的攻击。化学沉锡药水会直接通过化学分解方式对阻焊进行攻击,锡缸中的硫脲会扮演溶剂的角色而对阻焊造成溶解,因此浸浴时间和接触温度应该严格受控。化学沉锡后,使用胶带测试方法进行阻焊附着力测试,就会发现潜在的附着力下降问题。

30.8 电镀镍 / 金

电镀镍 / 金采用的是电镀工艺。将 PCB 放置在与整流器连通的夹具上,并浸浴在充满金属离子的溶液中。在电场的驱动下,溶液中的金属离子获得离子而还原,覆盖在 PCB 铜面上。金属镀层的厚度可通过电镀时间、电流密度、电镀面积及反应效率进行有效控制。一般分为电镀硬金和电镀软金,电镀硬金的硬度约为 180HV,电镀软金的硬度约为 80HV。在电镀硬金层内含有不超过 0.2% 钴成分具有良好的耐磨性能,一般应用于边缘连接、按键位置等。只有很少部分的 PCB 产品会进行整板的电镀镍 / 金处理,通常会选择电镀镍 / 金和其他表面处理的结合,如 OSP+ 电镀镍 / 金。很大一部分 PCB 会应用于边缘连接,因此可通过电镀引线导电,只让板边需要电镀的部分浸入电镀槽。电镀镍 / 金的生产成本高,很难大规模生产,常用于通过插拔实现物理连接的情况或需要打金线的工艺。生产时通常会沉积几微米的镍,再在镍上镀 0.5 ~ 1.5μm 厚的金，以保护镍层不被氧化。过厚的金层会在焊接时形成含金的焊缝，由于这类结构质地较脆、易断裂，因此限制了电镀镍／金作为可焊性表面处理的推广。全板电镀镍／金的一种应用场景是，在镍层上电镀 0.025 ~ 0.1μm 的薄金，也称之为闪金，俗称"水金"。在光模块板卡领域，当全板线路及焊盘上电镀沉积上闪金后，进行二次选择性电镀金，只针对边缘连接区域进行局部电镀硬金，蚀刻掉多余的基铜即可。

30.8.1 化学机理

PCB 工艺中的电镀镍层一般为低应力镍层。根据不同的配方，低应力镍镀液的主盐有两种：硫酸镍和氨基磺酸镍。前者成本较低且易于维护，但镀层的应力相对较大，延展性相对较差；后者成本较高，但镀镍层均匀细致、空隙率低、内应力低、延展性好，且宜于钎焊或压焊。镀镍包括镍阳极和镍镀液，镍镀液包含主盐、阳极活化剂、缓冲剂、添加剂以及润湿剂等。

电镀镍的可溶性阳极——镍币，在电镀时发生氧化反应失去电子而生成镍离子，进入镀液：

$$Ni \rightarrow 2e+Ni^{2+}$$

由于金属镍具有强烈的钝化性能，故镍币需要定期清洗，以保证正常溶解。

电镀金的主盐主要采用氰化亚金钾 $[KAu(CN)_2]$。金在镀液中以 $Au(CN)_2^-$ 的形式存在，在电场作用下，金氰络离子在阴极放电，还原出来。由于阳极网上还伴有析氧反应，氧气的生成会引起强烈的氧化反应，容易造成腐蚀问题，故常用耐蚀金属做不溶性阳极，如镀铂钛网。

30.8.2 制造工艺

表 30.12 显示了电镀镍／金的工艺流程，包括化学药水和浸浴时间。

表 30.12　电镀镍／金的工艺流程

工 艺	化学过程	时间 /min
清洁	水溶剂、清洁剂和乳化剂，溶液中的酸有助于去除铜面的氧化残留	1 ~ 4
微蚀	1 ~ 2μm 的铜会在此过程中被氧化、溶解成 Cu^{2+}	0.5 ~ 1.0
镍预浸	通常使用与主盐对应的酸	0.5 ~ 2.0
镀镍	主盐、阳极活化剂、缓冲剂、添加剂以及润湿剂	4 ~ 30
金预浸	可为满足镍面驱除氧化效果的酸类物质，如盐酸等	0.5 ~ 2.0
镀金	氰化亚金钾、络合剂、钴浓缩液、导电盐（可选）	1 ~ 20

电镀镍／金工艺由于涉及剧毒物质，且处理时间较长、环境复杂，几乎没有水平传送设备，一般采用垂直龙门式或夹板链条传动的方式生产。夹板链条传动的方式适用于板边连接位置有受镀需求的产品。金是昂贵的金属，非功能位置的镀金会造成浪费，因此通常需要提前保护功能区域，如贴胶带等。不同于化学沉金缸受外部带入的影响，电镀金缸通常具有很长的寿命，重点在于监控镀液中的无机杂质离子浓度，以免影响镀金质量。

30.8.3 优缺点

表 30.13 比较了电镀镍／金的优缺点。

表 30.13　电镀镍金的优缺点

电镀镍金的优点	电镀镍金的缺点
平整，适合精细节距组装	操作、环境敏感（氰化物剧毒物质）
生产效率高	高昂成本
无铅	过厚金焊点较脆
表面接触功能极佳	返工性能差
厚度易测量	渗金风险
可复合表面处理	
存储周期长	
较强耐腐蚀性	

30.8.4　失效模式

（1）焊盘不润湿或反润湿是必须面对的一种失效现象。闪金的电镀时间通常很短，金层很薄（0.025 ~ 0.1μm），几近无法完全覆盖住底部的镍层，特别经过一次回流焊之后，焊盘的润湿性能明显下降。适度提高金层厚度，有利于提高金层致密性，促使 PCB 能够稳定经受 3 次及以上高温回流焊。需要特别注意的是，作为镍基底保护层的金，必须严格控制金属杂质含量，如镍。镍很容易被氧化，而氧化镍几乎是不可焊的。一旦金表层出现氧化镍，严重者时会导致金属间化合物界面出现明显的分层（见图 30.19），极大影响焊点的拉脱强度，造成贴装之后的电气连接隐患。

（2）电镀渗金（见图 30.20），与电镀铜一样，采用电化学方式镀金时，同样面临着一个问题：

图 30.19　镍锡之间金属间化合物的分层断裂 SEM 图

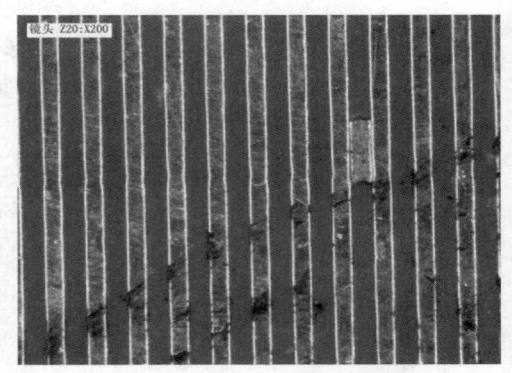

图 30.20　电镀镍金的典型渗金图片

图 30.21　电镀镍金连接部位经 MFG 测试后腐蚀的 SEM 图

加载电流密度越大，溶液的金盐浓度与阴极表面的金盐浓度极化越大，电流越接近极限扩散电流密度，越容易发生析氢反应，在抗镀干膜周边形成弱碱性环境，迫使干膜的分子基团被破坏而产生干膜浮空现象，随着金属离子入侵而在线路蚀刻过程导致短路或线路残留。

大气环境影响造成的精密部件在长期使用过程中的可靠性问题（见图 30.21）对一些连接部位提出了非常高的耐腐蚀性要求。恰恰，金是最好的抗腐蚀性金属，几乎不会氧化。常用的金手指耐腐蚀性能评判主要采用 IPC、EIA 的硝酸蒸汽法进行测试：将 PCB 放置在一定浓度的硝酸蒸汽环境中，考察其表面的腐蚀程度。这种方法较为简便，能够快速反映连接部位的耐腐蚀情况，但难以精准表征耐腐蚀性能。连接器行业采用的是更复杂和精确的测试方法——混合流动气体测试（MFG）：在密闭箱体内提供稳定的温、湿度条件，恒定比例的 Cl_2、NO_2、H_2S、SO_2 等气体，将连接部位长时间置入，进行环境测试，最终考察连接部位表层的腐蚀情况以及各时间段的接触电阻变化。

30.9 其他表面处理

其他表面处理包括回流锡铅、化学镀钯/金、化学镍银和自催化银沉金等。

30.9.1 回流锡铅

在阻焊广泛使用之前，保护铜线路的基本方法是在铜线路上电镀一层锡或锡铅。在完成元件插装后，锡层可以使用烘箱或气相回流进行液化，从而形成焊点。采用阻焊涂敷裸铜之后，可以用表面贴装、波峰焊或二者混合的组装方式，但限制了锡层的表面处理。而对于简单的产品，锡或锡铅回流仍然是一种可行的表面处理工艺。

30.9.2 化学镀钯/金

化学镀钯最初是高成本电镀金的一种替代工艺。钯表现出贵金属常见的抗氧化性，且能够提供适应电气连接及键合的良好性能。但是，钯的化学沉积十分困难，生产中需要频繁的工艺维护，并可能带来运营亏损。成本的提高，几乎将钯从全球市场份额中除名了。作为一个可以解决 ENIG 黑盘问题的方案，化学镀钯再度出现在 OEM 的测试项目中，但并没有被广泛使用。由于钯对环境变化比较敏感，因此出现了一种在沉钯后再沉薄金的新工艺，称为化学镍钯金（ENE-PIG），这种工艺被认为是无法返工的。但是化学镀钯具备优秀的键合性能以及良好的耐磨能力，某种程度上克服了化学镀镍/浸金的一些短板，且钯厚达到要求时可以在一定范围内替代电镀硬金，使表面焊接的要求与连接部位的耐磨要求同时得到满足，可大大减少 PCB 工艺流程。另外，在一些研究中，钯厚达到某种程度时呈现出来的耐腐蚀性能也非常优异。近年来，随着化学镍钯金应用的推广，尤其在 IC 封装基板领域，其可能会变成一种应用趋势。要注意的是，化学镍钯金依然缺乏类似 HASL、ENIG 等经历了多年的、大量的电子装联实践基础数据的验证，在 PCB生产过程中，也有一些稳定性的问题需要完善。钯合金的脆性，在焊接时对焊点也有一定的负面影响。

30.9.3 化学镍银（ENIAg）

这种新型表面处理工艺的设计意图在于，通过较廉价的银来替代昂贵的金，以及消除现有 ENIG 的氰化物的使用环境，试图获得一个较温顺平和、绿色环保的表面处理工艺，以替代现有的 ENIG。ENIAg 的镍层仍然与化学沉镍的结构类似，银层略微低于化学沉银的厚度，在 $0.1 \sim 0.2\mu m$。由于镍基底的存在，以往化学沉银在高温变色以及爬行腐蚀方面的劣势或许将有明显改观。

30.9.4 自催化银沉金（ASIG）

这种新型表面处理工艺的研发初衷在于，一方面摒除现有化学沉银的固有劣势，另一方面期望彻底规避 ENIG 的劣根性。这种表面处理工艺，可以选择只通过自催化反应在铜基底上沉积银层，也可以选择在银层上继续沉积一层薄金层。区别于现有的置换反应化学沉银技术，ASIG 采用自催化反应方式沉银，从而提高银层的致密性。高密度银层可以更好地预防铜扩散至银表面，而减少氧化铜的形成，因此抗腐蚀性得到有效的保证。或许前文所探讨的化学沉银的银层下空洞、高温变色问题可以因此而得到改良。而相比于 ENIG，ASIG 提供了较好的金属键合性能，以及焊接基底为铜的金属间化合物，避免了 ENIG 的镍腐蚀、镍脆性等问题。

30.10 组装兼容性

图 30.22 显示了一个 PCB 表面在组装和焊接过程中的变化。

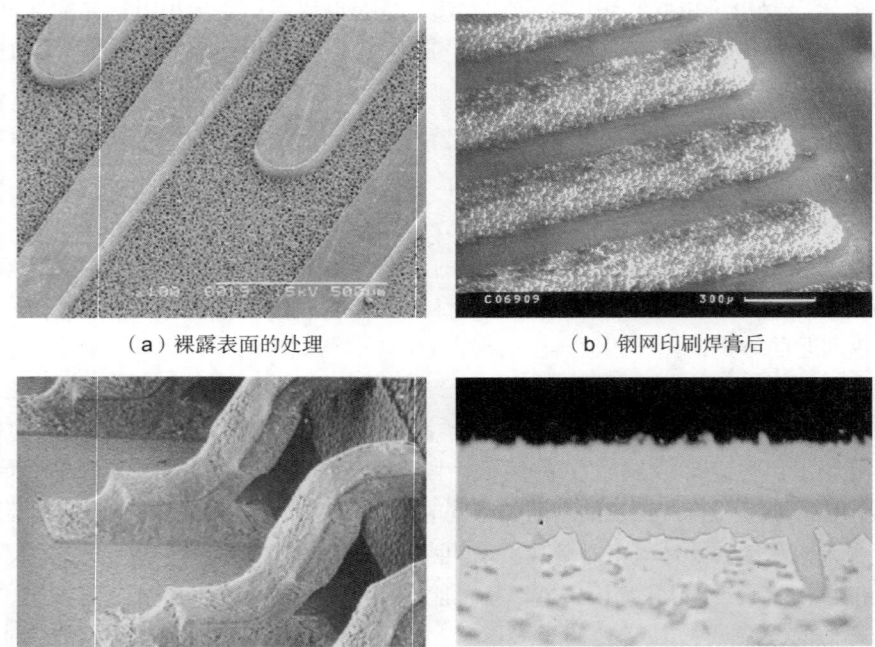

（a）裸露表面的处理 　　　　　　（b）钢网印刷焊膏后

（c）焊接后 　　　　　　（d）焊接位置的金属间化合物剖面图

图 30.22　PCB 表面在组装过程中的变化

30.10.1 可焊性测试方法

参考第 42 章有关 PCB 表面处理可焊性的详细信息。测试方法包含在联合行业规范 IPC J-STD003 中。PCB 制造商常采用漂锡或浸锡的方式进行可焊性检测。当表面处理经生产商检验合格后，OEM 或组装商会使用更多特定设备进行测试，如润湿天平、摆动沾锡或涂敷焊料等方法。可焊性应当是每一批次的必检项，必须具备耐受 3 次组装回流焊的能力。

30.10.2 焊膏印刷错误

一直以来，贴装时的焊膏印刷错误是 PCB 组装工艺的基本失效模式之一。焊膏印刷错误常出现在透锡钢网或丝网不能与电路图形紧密贴合的情况下。当钢网和铜面之间存在间隙，或者丝网有轻微的错位时，焊膏被挤入图形之间，会导致焊料桥接或需要焊料的焊盘位缺锡。HASL形成的不平整表面是焊膏印刷错误的一个主要原因，而化学沉银、化学沉锡或 OSP 等焊盘面平整的表面处理，基本上可消除焊膏印刷错误问题。如果焊膏印刷错误是由偏位等其他原因引起的，经表面处理的焊盘应该能被清洗及重印焊膏，以在不影响润湿性能的情况下进行再次焊接。OSP会在清洗错误印刷焊膏时一并被清除，如果这种情况真的发生了，PCB 应该在清洁后迅速进行贴装。

30.10.3 保质期、存储

任何一种表面处理，在没有得到有效存储的情况下，可焊性均可能会受到影响。OSP 通常的存储期是 3 ~ 6 个月，新一代 OSP 可能达到 6 ~ 12 个月，因为有机膜和底层铜可能会出现氧化，所以会受时间和温度影响而逐步发生老化。化学沉银的存储期是 12 个月，当暴露在含硫或氯的环境中时，银面会发生老化并发黑。化学沉锡的存储期是 6 ~ 12 个月，超过一定时间或受高温影响后，锡和铜会形成金属间化合物。ENIG 的存储期超过 12 个月，并且可以在大多数环境中存储，但对蒸汽老化很敏感，而在混合流动气体测试（MFG）环境中比其他表面处理老化得更快。HASL 被认为有几乎无限制的存储期。如果暴露在有污染性的材料中，任何表面处理都可能迅速老化，表面处理之外任何可能导致焊料与焊盘有效接触的薄膜均可能引起润湿不良。

30.10.4 焊点冶金学

焊接时，焊料中的金属和 PCB 表层的金属均参与了金属间化合物的形成。金属间化合物扮演着类似物理胶的角色，将焊料与 PCB 电路紧紧粘在一起。金属间化合物的类型取决于焊料和PCB 表面处理的类型。

电子行业所用的焊料基本以锡为主体（锡铅、锡银铜、锡铜、锡铜镍），通常由锡与铜形成金属间化合物（Cu_3Sn 和 Cu_6Sn_5）。例外的是 ENIG 或电镀镍 / 金，基于镍的焊接形成的是镍与锡之间的金属间化合物（Ni_3Sn_4 和 $NiSn_3$）。其与锡铜金属间化合物的物理和电气性能差异，可能会影响电子元件的设计。一般来说，含镍的金属间化合物形成的焊点更脆，会导致物理冲击测试中更早失效。

HASL 会在锡沉积在 PCB 上时形成锡铜金属间化合物。在组装厂进行 HASL 表面处理时，HASL 涂层受热液化，并与熔化的焊膏或波峰焊焊料迅速融合。金属间化合物会随着每次热偏移逐渐加深。HASL 形成的锡铜金属间化合物层的厚度，可能会达到需要关注其焊接可靠性的程度。使用高锡含量焊料（无铅）时，金属间化合物层生长得更快，这归因于可用的锡的增加和焊接温度的升高。金属间化合物中铜的消耗，会带来铜层偏薄的担忧，特别是在镀覆孔的孔口拐角位置。

OSP 涂层在 SMT 贴装或波峰焊中会被助焊剂替代，暴露的铜会与焊料形成锡铜金属间化合物。如果助焊剂比焊料涂敷的区域更大，就会在焊盘边缘形成一圈无保护的铜，有的工程师认为这一圈裸露的铜环会带来腐蚀风险。对于无铅焊接，选择一个能在整个焊接温度区间内均能有效保持润湿的助焊剂体系，能有效解决这类问题。

化学沉银会熔融到熔化的焊料中。银不会熔化，但会形成一个固熔体。银在标准焊接温度下的熔融速率大概是 0.5 ~ 1.5μm/s。银一旦熔融，底层的铜便会如之前所说的那样形成金属间化合物。助焊剂对银的影响很小，但是有助于清除微量污染并降低表面张力。

化学沉锡层在 SMT 或波峰焊过程中的熔解十分迅速，锡不会熔化（熔点 232℃），但是会迅速熔解到液态焊料中。在焊接之前，锡便开始与底层的铜形成金属间化合物。实际上，如果超期存储，锡可能在焊接前因形成金属间化合物而被完全消耗掉。在焊接温度下，锡铜金属间化合物的形成速率会更高，PCB 暴露在组装温度下而未焊接的焊接区域会形成越来越厚的金属间化合物层，直到表面的纯锡被消耗完。

ENIG 是一个特例。在常规焊接温度下，当金层与焊料接触时，金会以大约 3μm/s 的速度熔解到锡中。而镍暴露时，其会与锡形成金属间化合物。镍的熔解速度极慢（低于 0.002μm/s），所以镍会在铜和焊料之间形成一个阻挡层。镍和锡形成的金属间化合物层非常薄，且比锡铜金属间化合物层更脆。

如果能沉积到足够的厚度，化学镀钯也可以作为铜和焊料之间的屏蔽层。20 世纪 90 年代生产的汽车 PCB 设定了一个最大 0.2μm 的钯层厚度，目标是将整个钯层都熔化到焊料中。

图 30.23 显示了组装过程中 4 种表面处理与焊料的相互作用。

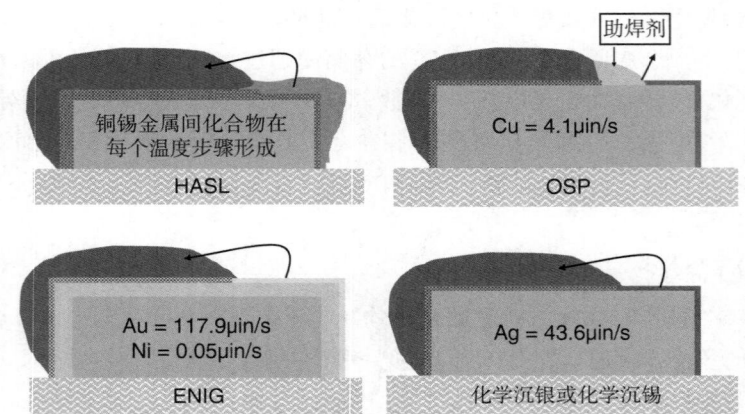

图 30.23　PCB 表面处理在元件组装和焊接过程中的变化。HASL：在热风焊料整平过程中，金属间化合物已经形成；在随后的组装过程中，HASL 层熔化到焊膏或波峰焊焊料中，使金属间化合物层的厚度增加。OSP：OSP 膜在助焊剂涂敷过程中被移除，底层的铜与锡在焊接时逐步形成金属间化合物。ENIG：金迅速熔解到焊膏的锡中或波峰焊焊料中，由于镍的熔解速度极慢，导致形成镍锡金属间化合物。化学沉银或化学沉锡：银和锡迅速熔解到焊膏的锡中，底层的铜迅速和锡形成金属间化合物

30.11　可靠性测试

可靠性测试取决于一系列的测试方法，通常是多种测试方法的组合。通常将未组装的 PCB 放置于一定测试条件下或老化环境中。测试条件一般包括时间、温度、湿度及杂质污染度。测试环境通常比产品实际使用环境更加严苛，以得到加速老化的测试条件。

PCB 的温度暴露测试通常设置为 155℃条件下 4～8h，以研究存储寿命。为研究焊接影响，设置无助焊剂和焊料接触的实际回流温度的模拟条件。组装设备的热循环控制可以模拟终端使用时的复杂温度环境。虽然个别循环在 0～100℃运行，但大多数更剧烈的循环测试温度区间为 –55～125℃。组件通常还会接受其他物理测试，如机械冲击、振动、弯折、扭曲和撞击。

环境暴露测试对 PCB 表面处理而言是一项很普通的测试项目。通常的回流环境暴露是极寻常的，因为这些组件需要在工作时长期暴露于不洁净的混合气体环境中，接触污染物质，如助焊剂、组装材料、燃料，甚至柴油和碳酸饮料。

电气测试是另一类可靠性测试。表面处理后形成焊点的功能，可以被老化测试、电气功能测试和（或）高电流密度应用长时间所检测出来。未贴装 PCB 的表面处理涂层的表面接触电阻是一个重要的测试项目。当 PCB 暴露在湿热环境下时，可以通过灵敏的四端接线法测试接触电阻。

湿热绝缘测试，主要考察枝晶和电化学迁移。当作为导体图形并置于电气偏压之下时，金属可能会受电化学迁移影响。当金属导体暴露在电解液环境中（如污水）时，PCB 会形成电解池。在阳极，金属由于失电子（电离）而以离子态溶解到电解液中。金属的腐蚀溶解、运动和再沉积被称为电化学迁移，会形成有趣的结构，如金属枝晶。所有的金属都容易形成枝晶。实际上，PCB 上的枝晶通常包含来自于外层电路的铜。IPC、Battelle 和 UL 都曾对电化学迁移进行研究。这些机构的研究报告显示，电化学迁移的原因包括表面清洁度、电偏压、环境湿度和导体间距。表面处理工艺的选择并不是枝晶增长的主要原因，然而，金属在污染环境下会腐蚀迁移得更快。一般来说，贵金属（如金）的抗腐蚀能力比铜强，这是保护性表面处理使用金的主要原因。金属（如银、锡）会受硫的影响产生腐蚀。用于某些元件端子的电镀银，有更明显的枝晶生长倾向。在 20 世纪 60 年代，由于枝晶生长，电镀银不再作为一种 PCB 表面处理工艺。化学沉银则没有和电镀银类似的理化性质。

30.12 特定主题

30.12.1 高速信号

电子在电路中沿导体的边缘位置行进，这个现象被称为趋肤效应。这个现象在采用高频高速信号的全球定位系统（GPS）、航空航天、航海、移动电话、计算机服务器及防碰撞系统中被提到得最多。在高频条件下，电子在导体表面移动的深度与 PCB 表面处理的厚度相近。例如，在 10GHz 条件下，趋肤深度小于 $1\mu m$，因此表面处理材料的电导率就显得尤为重要。在超过 2GHz 时，电路设计者发现化学镀镍的使用会妨碍信号完整性。银，作为导电性能最好的金属，适用于在高频条件下使用的设备。

30.12.2 可检验性

为了保证良好的可焊性，确保所有的线路铜面均被有效保护且没有阻焊残留在待焊点上，对于组装者十分关键。通过检验裸板，工程师可以拒收存在露铜或有阻焊残留的产品。OSP 有些特殊，由于很难通过目检方法区别板面是否露铜或有很薄的阻焊残留，人工检验是不现实的。

30.12.3 接触功能

许多电路板组件依赖于表面接触功能来工作，如触摸板、用于接地或屏蔽的板边接触式导轨、测试探针接触点、零插入力连接器、底盘和外壳螺栓、与不焊接的连接器和插入器匹配的表面接触。由于 OSP 不满足表面接触要求，因此必须采用选择性电镀或其他焊接方式。由于金属间化合物层的氧化，化学沉锡可能会导致接触功能不良。HASL 可以保持接触能力，但由于锡质地较软，在应力下会变形，可能会在现场使用后产生连接松动。银在受到腐蚀后仍能保持接触性能，但受环境严重腐蚀后将影响接触功能。ENIG 可以长时间保持接触功能，但也会因过度腐蚀而失效。电镀镍 / 金是保持接触功能最好的表面处理工艺。

30.12.4 引线键合

一些元件的设计要求直接使用键合方式连接到 PCB 或 IC 基板。一般来说，大多数表面处理工艺均可以满足铝线键合要求。但铝线对于 OSP 或 HASL 是不可行的。而对于金线键合，只有电镀镍/金是被广泛使用的。金线键合在 ENIG、镍钯金、化学镀金、直接浸金及化学沉银上均实现了良好的结合强度，但目前大多数产品使用"软"的电镀镍/金来满足键合需要。

30.12.5 顺应针、压接连接器

顺应针、压接连接器依赖于与镀覆孔内表面处理的紧密接触。使用 HASL 时，主要的顾虑在于最终的成品孔径。PCB 设计者需要考虑孔内过厚的锡对 PTH 孔径的影响。替代 HASL 的表面处理都是很平整的，对成品孔径的影响微不足道，因为表面处理涂层的厚度比钻孔或电镀的允许公差小得多。表面处理材料的性能对顺应针的能力有一些影响：柔软的材料，如 HASL 和化学沉锡，因为插入力更小而有更好的表现；质地偏硬的材料，如铜和镍，需要更大的插入力。OSP 和化学沉银由于涂层厚度较薄，因此在应力表现上更像铜。

参考文献

［ 1 ］ IPC-4552, "Specification for Electroless Nickel/Immersion Gold (ENIG) Plating for Printed Circuit Boards," October 2002

［ 2 ］ IPC-4553, "Specification for Immersion Silver Plating for Printed Circuit Boards," June 2005

［ 3 ］ IPC-4554, "Specification for Immersion Tin Plating for Printed Circuit Boards," January 2007

第31章
阻焊工艺与技术

吕赛赛

江苏海田电子材料有限公司

31.1 引　言

阻焊，又称防焊、绿油、绿漆等，是涂敷在印制电路板（PCB）表面的具有绝缘性能的永久性保护涂层。

阻焊最初的作用是在 PCB 组装焊接时，提供对线路的保护，防止短路。随着阻焊材料性能的不断提升，阻焊被赋予了更多的功能，如防腐性能、介电性能等。

早期，阻焊主要使用双组分热固化油墨，涂敷时使用带有图形的丝网进行印刷，加工精度低。随后，出现了单组分的紫外光固化阻焊油墨，虽然 UV 固化效率高，对环境友好，但也只能使用带有图形的丝网进行印刷，加工精度依然较低。

19 世纪 70 年代中期，出现了可进行图形转移的感光显像型阻焊油墨。目前市面上 95% 以上的阻焊油墨都属于这种类型。其主要特点是，可通过曝光显影等工艺实现图形转移，从而实现精密加工。

31.2 常用阻焊油墨类型

阻焊油墨按照不同的固化方式，可分为热固化阻焊油墨、紫外光固化阻焊油墨、碱溶性感光阻焊油墨。三种油墨的主要成分见表 31.1、表 31.2 和表 31.3。

表 31.1　热固化阻焊油墨的主要成分

主要成分		作　用	占　比
主剂	环氧树脂	主体成膜树脂	30% ~ 40%
	颜料	提供颜色	1% ~ 2%
	填料	降低固化收缩、提高涂膜硬度、耐热性	25% ~ 35%
	有机溶剂	调节黏度	5% ~ 10%
	助剂	消除气泡、调节流动性	3% ~ 5%
固化剂	环氧树脂固化剂	与主体树脂热交联反应，实现涂膜性能	5% ~ 15%
	固化促进剂	提高热反应程度或降低热反应温度	1% ~ 2%
	有机溶剂	调节黏度	5% ~ 10%

表 31.2　紫外光固化阻焊油墨的主要成分

主要成分		作　用	占　比
单一组份	感光树脂低聚物	主体成膜树脂	30% ~ 40%
	感光单体	与主体树脂光聚合，实现涂膜性能	10% ~ 20%
	光引发剂	引发感光树脂与感光单体之间的聚合	3% ~ 5%
	颜料	提供颜色	1% ~ 2%
	填料	降低固化收缩、提高涂膜硬度、耐热性	25% ~ 35%
	活性稀释剂	调节黏度、参与光反应	5% ~ 10%
	助剂	消除气泡、调节流动性	5% ~ 10%

表 31.3　碱溶性感光阻焊油墨的主要成分

主要成分		作　用	占　比
主剂	碱溶性感光树脂	主体成膜树脂，决定油墨主要性能	30% ~ 40%
	光引发剂	引发感光树脂与感光单体之间的聚合	3% ~ 6%
	颜料	提供颜色	1% ~ 2%
	填料	降低固化收缩、提高涂膜硬度、耐热性、调节涂膜表面光泽度	25% ~ 35%
	有机溶剂	溶解感光树脂、调节黏度	5% ~ 10%
	助剂	消除气泡、调节流动性	3% ~ 5%
固化剂	环氧树脂	与主体树脂热交联反应	10% ~ 15%
	感光单体	与主体树脂光聚合反应	3% ~ 5%
	热固化促进剂	提高涂膜热交联密度，增强涂膜性能	1% ~ 2%
	有机溶剂	溶解环氧树脂、调节黏度	5% ~ 10%

31.3　工艺流程

31.3.1　前处理

1. 工艺说明

　　前处理的主要目的是清除 PCB 表面的铜锈、油污、灰尘颗粒等，获得洁净的铜面，同时使板面具有一定的表面粗糙度，以提高阻焊油墨在板面上的附着力。前处理的工序与作用见表 31.4。

表 31.4　前处理的工序与作用

步　骤	作　用
除油酸洗	清除板面的铜锈、油污、灰尘
磨板	提高板面的表面粗糙度
高压水洗	清洗板面的杂物、残余磨料
超声波水洗	清洗密集线路间、孔内的残余磨料
强风吹干	基本清除板面和孔内水分
热风吹干	彻底清除板面和孔内水分，烘干板子

2. 表面粗糙度

　　表面粗糙度是指加工表面具有的较小间距和微小峰谷的不平度。一般通过 R_a 和 R_z 值来衡量，如图 31.1 所示。

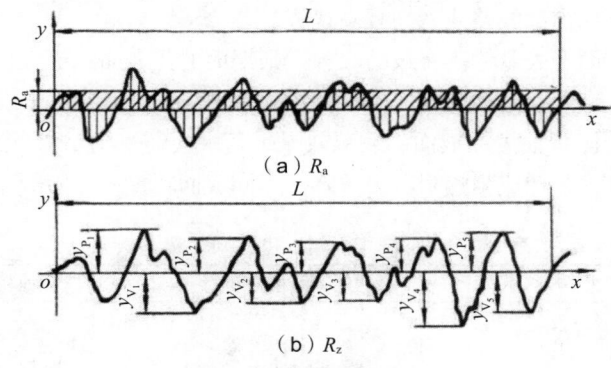

（a）R_a

（b）R_z

图 31.1　表面粗糙度

R_a 是取样长度 L 内轮廓偏距绝对值的算术平均值，如图 31.1（a）所示。

$$R_a = \frac{1}{n} \sum_{i=1}^{n} | y_i |$$

R_z 是取样长度 L 内 5 个最大的轮廓峰高的平均值与 5 个最大的轮廓谷深的平均值之和，如图 33.1（b）所示。

$$R_z = \frac{\sum_{i=1}^{5} y_{P_i} + \sum_{i=1}^{5} y_{V_i}}{5}$$

经过前处理的板面的表面粗糙度要求：$R_a = 0.2 \sim 0.5 \mu m$；$R_z = 2.0 \sim 5.0 \mu m$。

3. 磨　板

常用磨板方式有机械磨刷、喷砂磨板、火山灰磨板、化学前处理等。

机械磨刷　根据切削能力，可选择尼龙磨刷、不织布磨刷、陶瓷磨刷。阻焊前处理一般使用尼龙磨刷或不织布磨刷。刷辊中的磨料主要为碳化硅、氧化铝、纯尼龙或纯不织布。一般采用 600~1000 目的磨料。

机械磨刷的特点是刷轮耐磨，使用寿命长，成本较低，研磨效果适中，但易产生耕地式沟槽。和尼龙磨刷相比，不织布磨刷的研磨精细度更佳，表面粗糙度的均匀性更好。

火山灰磨板　将火山灰和水的混合液喷淋在高速旋转的磨刷上，使磨刷带动火山灰颗粒对板面进行研磨。

喷砂磨板　将磨料颗粒（石英砂、海砂、金刚砂等）置于水中，利用高压泵从喷嘴中喷出强力的砂流，高速撞击板面。

和火山灰磨板相比，喷砂磨板的表面粗糙度小，但均匀性更好。喷砂磨板和火山灰磨板的 R_a 值一般在 0.15~0.25μm。

化学前处理　主要包括微蚀（硫酸 / 过硫酸钠、硫酸 / 双氧水体系）、中粗化（有机酸 /$CuCl_2$ 体系）、超粗化（有机酸 /$CuCl_2$ 体系）。化学药水处理后的铜面的表面粗糙度相对较高，且表面轮廓更加一致，超粗化磨板的 R_a 值可达到 0.5μm 以上。

微蚀应用较广泛，经常和不织布磨刷、火山灰磨板组合使用。相比超粗化，中粗化对铜面的粗化效果略差，适用于保护细线路或者高频高速板。

经处理后，如果铜面是大量错落有致的峰谷，则铜面的比表面积更大，可显著提高阻焊附着力，以及耐化学镀镍／浸金、化学沉锡性能；如果铜面的表面粗糙度过小或有很多平行的、深度较大的沟壑，则会降低阻焊油墨在板面的润湿效果，药水会通过沟壑渗透进入阻焊覆盖的底部，降低阻焊与铜面的结合力，造成阻焊附着力下降。不同表面粗糙度的阻焊覆盖效果见表 31.5。

表 31.5　不同表面粗糙度的阻焊覆盖效果

表面粗糙度过小	合适的表面粗糙度	表面粗糙度过大
阻焊 / PCB	阻焊 / PCB	阻焊 / PCB
接触面积小，阻焊与板面结合力相对较弱	接触面积大，阻焊与板面结合力相对较强	阻焊无法完全润湿板面，易受药水攻击，使阻焊与板面结合力降低

不同磨板方法处理后铜表面状态见表 31.6。

表 31.6　不同磨板方法后的铜面表面状态

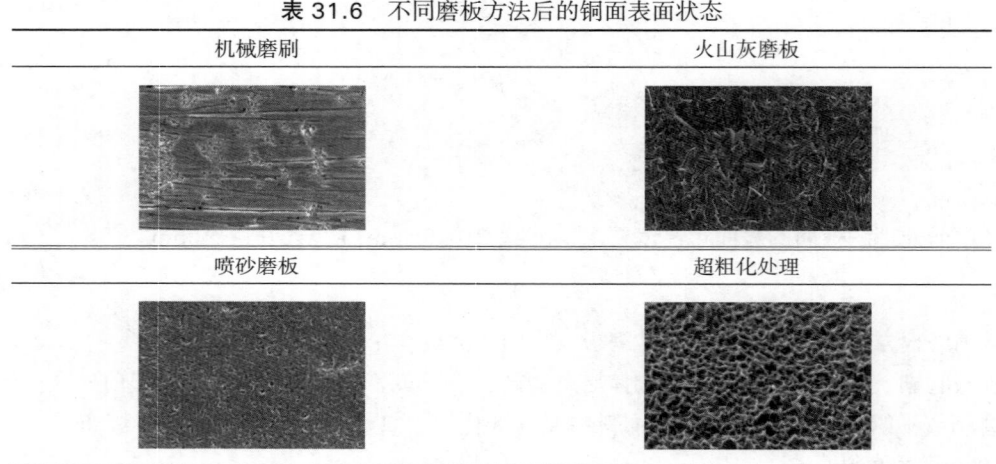

机械磨刷	火山灰磨板
喷砂磨板	超粗化处理

4. 注意事项

（1）板面的表面粗糙度太小或洁净度不高，会影响阻焊在板面的附着力，可通过磨痕宽度和水破时间来判断磨板效果。磨痕宽度以 10 ~ 15mm 为佳。磨痕宽度决定了板面的表面粗糙程度。水破时间以 20~30s 为佳。

（2）磨板机的酸洗段、水洗段的过滤袋和过滤棉芯要定期检查和清洁，防止堵塞，以免影响喷淋压力以及清洗效果。

（3）干板部分，要调节合适的风刀风向和风压，建议热风温度为 80 ~ 90℃，以提高板面和孔内水分的蒸发效果，防止残留水分导致铜面氧化。

31.3.2　开　油

黏度对阻焊油墨的可涂敷性、流平性、消泡性、线路拐角覆盖性都有很大的影响。不同阻焊涂敷方式的适用黏度及开油水（稀释剂）类型见表 31.7。常用开油水见表 31.8。

表 31.7　不同阻焊涂敷方式的适用黏度及开油水类型

涂敷方式	黏度（25℃）	常用开油水
丝网印刷	100 ~ 180dPa•s	DPM、DBE、DCAC、BCS
低压喷涂	岩田杯 40 ~ 70s	PM、PMA
静电喷涂	岩田杯 50 ~ 70s	PM、PMA

表 31.8　常用开油水

溶剂代号	化学名	引火点 /℃	沸点 /℃	挥发性
PM	丙二醇甲醚	31	125	快干
PMA	丙二醇甲醚醋酸酯	42	145	快干
BCS	乙二醇丁醚	61	171	中干
DPM	二丙二醇甲醚	75	190	慢干
DBE	二价酸酯	100	196	慢干
DCAC	二乙二醇乙醚醋酸酯	107	217	慢干

　　阻焊油墨的黏度受温度影响较大：温度高，测量黏度偏低；温度低，测量黏度偏高。一般来说，油墨温度每降低 1℃，油墨黏度增加 15 ~ 30dPa·s。

　　油墨混合均匀后，黏度会在 20min 内逐步增加 20 ~ 50dPa·s 后才保持稳定，因此应在油墨混合均匀放置 20min 后，再测量油墨黏度。

31.3.3　塞　孔

　　油墨塞孔的主要目的如下。

　　（1）防止 SMT 助焊剂或焊锡通过导通孔从焊接面贯穿到元件面。

　　（2）防止粘贴 IC 集成电路等电子封装元件的胶水从导通孔中流失。

　　（3）避免助焊剂残留在孔内，防止制程环境中的化学药品和潮气进入 BGA 元件与 PCB 之间的狭小缝隙而难以清洗，进而产生可靠性隐患。

　　（4）自动化装配线用负压吸附 PCB 而完成传输，这就要求导通孔填充油墨，以防止漏气，导致夹持不牢。

　　常用的塞孔方式有连塞带印（丝网印刷）、铝片塞孔（可用薄基板代替铝片）、树脂塞孔，见表 31.9。

表 31.9　不同塞孔方式的比较

项　目	连塞带印	铝片 / 基板塞孔	树脂塞孔
工艺说明	在丝印表面阻焊的同时进行导通孔塞孔	先用阻焊油墨塞孔，再印刷表面阻焊	先用油墨塞孔，固化后把孔口油墨磨平，再印刷表面阻焊
油墨类型	感光型阻焊油墨	感光型塞孔油墨	热固型塞孔油墨
油墨成本	低	较高	高
生产效率	高	低	低
孔口覆盖效果	一般	良好	优异
孔内效果（空洞、裂纹）	差	良好	优异

1. 塞孔油墨与阻焊油墨的区别

　　塞孔油墨与阻焊油墨的区别见表 31.10。

表 31.10　塞孔油墨与阻焊油墨的区别

项　目	阻焊油墨	感光塞孔油墨	树脂塞孔油墨
固形分含量	75% ~ 80%	80% ~ 90%	95% 以上
固化方式	光固化 + 热固化	光固化 + 热固化	热固化
能否显影	可以	可以	不可以
固化后收缩	大	较小	小
热膨胀系数	高	中等	低
无铅喷锡耐热性	一般	良好	优异

　　塞孔油墨既要有良好的填充性能，如固化后收缩小、与孔壁的结合力好、不易产生裂纹等，以阻止药水进入，腐蚀孔铜；又要有优异的耐热性，如低热膨胀系数（CTE）、高玻璃化转变温度（T_g）等，防止高温固化或热风整平时出现孔口油墨发白、起泡等。

2. 注意事项

　　（1）塞孔时，要注意孔内油墨的饱满度。孔内油墨过少，易造成孔口发红、假漏等外观缺陷。

　　（2）对于使用喷涂工艺的 PCB，塞孔结束后需对孔口溢出的油墨进行整平，以减少喷涂后孔边聚油和色差的问题。

　　（3）对于高厚径比板（厚径比 ≥ 10），建议使用专用塞孔油墨或塞孔树脂进行塞孔，塞孔时要保证孔内油墨饱满。

　　（4）在塞孔位置，塞孔油量和阻焊油墨经常存在色差问题，需注意选择与阻焊油墨颜色和透明性匹配的塞孔油墨。

31.3.4　油墨涂敷

　　常见的油墨涂敷方式有丝网印刷、静电喷涂、低压空气喷涂。

1. 丝网印刷

　　丝网印刷利用了丝印网板图文部分网孔透油墨，非图文部分网孔不透墨的原理。印刷时，在丝印网板一端倒入油墨，用刮刀在丝印网板上的油墨部位施加一定压力，朝丝印网板另一端移动，油墨在移动中被刮刀从图文部分的网孔中挤压到承印物上。油墨具有的触变性可使印迹固着在一定范围内。其原理如图 31.2 所示。阻焊丝印网板的常用规格见表 31.11。

　　丝网印刷的重点在于控制油墨厚度及其均匀性。油墨厚度过薄，会出现线路发红，孔口假漏

表 31.11　阻焊丝印网板的常用规格

项　目	规　格
网纱目数	36T、43T、51T
拉网角度	20° ~ 25° 斜拉网
网浆厚度	约 25μm
刮刀厚度	10mm
刮刀硬度	65° ~ 75°
刮刀角度	10° ~ 15°
刮刀速度	10cm/s
刮刀压力	6kg/cm²

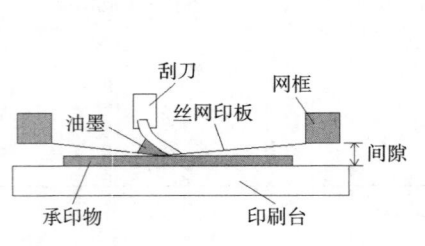

图 31.2　丝网印刷的原理

等外观缺陷。油墨厚度过厚，易造成显影后阻焊桥脱落，开窗边缘侧蚀过大等品质问题。油墨的均匀性不好，会造成色差、聚油等外观品质缺陷。

丝网印刷的优点如下。

（1）设备成本低、占地面积少、操作简单，能形成大批量规模生产。

（2）节约油墨。

丝网印刷的缺点如下。

（1）印刷时很难控制油墨入孔，油墨入孔越多，孔内显影不净的隐患越大。

（2）密集线路容易产生跳印，油墨无法完全覆盖线路。

（3）膜厚难以控制。

2. 低压空气喷涂

低压空气喷涂的基本原理如图 31.3 所示，油墨在压缩空气的气流的作用下雾化，并在气流的带动下涂敷到被涂物表面。

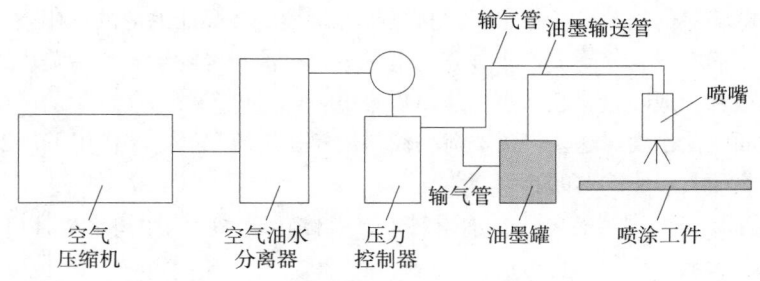

图 31.3 低压空气喷涂的原理

低压空气喷涂的主要设备包括空气压缩机、输气管、空气油水分离器、储气罐、喷嘴、油墨罐、喷涂室等。空气压缩机用来产生压缩空气。输气管用来连接空气压缩机和其他设备。空气油水分离器用于分离压缩空气中的水分、油分及其他杂质，以保证涂膜质量。储气罐用于储存压缩空气，可通过压力控制阀调节储气罐的压力并消除压力波动。

低压空气喷涂的气流稳定性、压力大小、雾化效果，对喷涂的膜厚均匀性和油墨外观均匀性有直接影响。

低压空气喷涂要求油墨黏度较低，因此需要油墨具有良好的抗垂流性能。根据 PCB 面铜的不同，需要调节合适的涂膜厚度，防止出现线路发红等外观缺陷。一般油墨涂膜厚度是铜厚的 1.3 ~ 1.8 倍。

低压空气喷涂的优点如下。

（1）可满足自动化生产的需要，生产效率高。

（2）能减少不需要填充油墨的导通孔的油墨入孔量。随着 PCB 孔越来越小，孔内阻焊油墨的去除越来越困难，喷涂工艺的这一优势就体现出来了。

（3）膜厚均匀性佳，能解决密集线路的跳印问题。

低压空气喷涂的缺点如下。

（1）油墨黏度较低，固形分含量低，对线路拐角的覆盖性差。当线路拐角膜厚符合要求时，铜面膜厚会偏厚。

（2）设备成本高，油墨浪费也比较大。

3. 静电喷涂

　　静电喷涂是利用高压静电场使带负电的涂料微粒沿着电场相反的方向定向运动，并吸附在带正电工件表面的一种喷涂方法。静电喷涂的原理如图 31.4 所示。

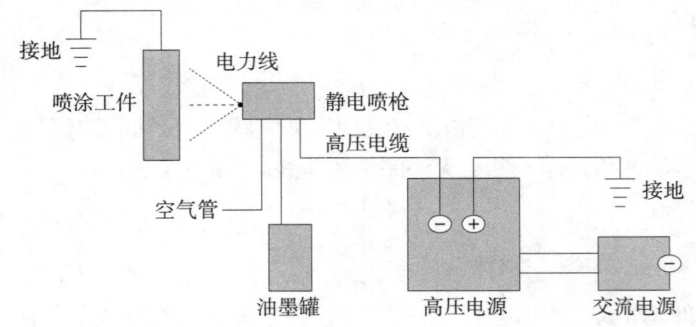

图 31.4　静电喷涂的原理

　　工作时，静电喷涂的喷枪接负极，工件接正极并接地。在高压电源的作用下，喷枪的端部与工件之间形成一个静电场，使空气产生强烈的电晕放电。涂料经喷嘴雾化后喷出，被雾化的涂料微粒通过枪口的极针（或喷盘、喷杯）边缘时而带电，经过电晕放电所产生的气体电离区时，将再一次增加其表面电荷密度。这些带负电荷的涂料微粒在气流和静电场作用下，飞向接地的工件，并被沉积在工件表面，形成均匀的涂膜。

　　影响静电喷涂质量的因素有电压、油墨黏度、喷枪转速、喷涂距离、旋杯口径、喷涂量等，这些因素之间相互影响，必须综合考虑。

　　静电喷涂的优点如下。

　　（1）自动化程度高，人为干扰因素少。

　　（2）可控制小孔的油墨入孔量，减少孔内油墨显影不净的问题。

　　（3）可解决密集线路的跳印问题。

　　静电喷涂的缺点如下。

　　（1）设备成本高，维护费用大。

　　（2）油墨浪费大。

31.3.5　预　烘

1. 工艺说明

　　预烘的目的是让阻焊油墨中的有机溶剂挥发出去，使涂膜表面干燥，以满足阻焊表面和底片进行接触式曝光的需要。

　　因油墨中感光树脂的合成工艺不同，或油墨中使用的有机溶剂挥发速率不同，或出于成本问题的考虑，不同油墨可操作的预烘温度和时间亦不同。常用预烘设备是热风循环式烤箱，预烘温度一般在 70 ~ 80℃，时间在 30 ~ 60min。预烘温度越高，需要的预烘时间越短。为了提高生产效率或自动化程度，也有厂家使用红外（IR）烤炉进行预烘，温度一般在 90 ~ 115℃，时间在 5 ~ 8min。阻焊的最佳预烘温度和时间，可根据油墨供应商提供的数据，或工厂的实际生产情况来制定。

　　预烘后阻焊油墨的干燥效果，可简单地用指触试验来判断：用拇指按压板面阻焊，表面会残留指纹印，用无尘布擦拭指纹印，指纹印可以擦除说明阻焊油墨的干燥效果好，否则说明阻焊油墨的干燥效果差。

2. 注意事项

（1）预烘后的板子需注意放置的环境和时间。环境湿度超过 60% 时，油墨中部分基团会在湿气作用下发生交联反应（环氧基与胺基或羧基），降低油墨在显影药水中的溶解能力，带来显影不净的隐患；放置时间超过 24h 时，阻焊油墨中的部分基团也会发生缓慢的热交联反应，带来显影不净的隐患。

（2）预烘不足时，阻焊涂膜不够干燥，曝光时会产生严重的底片压痕（不仅和预烘是否充分有关，也和油墨固化剂中所用环氧树脂的 T_g 值有关），同时影响阻焊涂膜底部的光固化效果，会导致显影后开窗边缘侧蚀过大。

（3）预烘过度时，阻焊涂膜中的羧基和环氧基会在胺类催化剂的作用下发生热交联反应，出现显影不净等现象。

（4）需定期检查烤箱的温度均匀性，以及排风系统的畅通性。烤箱内局部温度过高（或过低）、排风不畅等都会降低预烘效果，带来品质隐患。

31.3.6 曝 光

1. 目 的

通过紫外光照射，把掩膜上的图案转移到阻焊层上。受到紫外光照射的油墨发生光聚合反应，没有受到紫外光照射的油墨不发生光聚合反应，未发生光聚合反应的油墨可被显影药水冲洗掉。

2. 紫外光

紫外光（UV），在电磁辐射中的位置是波长在 100 ~ 400nm 的光，能量在 3.1 ~ 12.4eV。紫外光根据波长可分为 4 个波段。

真空紫外光（UVD） 波长在 100 ~ 200nm，能量在 12.4 ~ 6.2eV。真空紫外光只能在真空中传播，在空气中会被严重吸收，故在光化学和光固化中无实际应用。

长波紫外光（UVA） 波长在 315 ~ 400nm，能量在 3.9 ~ 3.2eV。这是大多数光引发剂的最大吸收光谱所处波段，是光固化产品最敏感的紫外光波段。

中波紫外光（UVB） 波长在 280 ~ 315nm，能量在 4.4 ~ 3.9eV。不少光引发剂在此波段也有较大吸收光谱，因此也是光固化产品可利用的紫外光波段。

短波紫外光（UVC） 波长在 200 ~ 280nm，能量在 6.2 ~ 4.4eV。此波段的能量较高，易引起分子化学键的激发，甚至发生光化学反应，部分光引发剂在此波段也有吸收光谱。

3. 曝光机

市面上常见的曝光机有 CCD 曝光机、UV-LED 曝光机、LDI（激光直接成像）曝光机。

CCD 曝光机 应用时间最长、技术最成熟的曝光机，既有半自动的散射光曝光机，也有全自动的平行光曝光机。

UV-LED 曝光机 近年来逐步兴起的一种比 CCD 曝光机更节能、灯管寿命更长、使用成本更低的曝光机，但可用紫外光波段较窄，阻焊光固化效果不如传统 CCD 曝光机。

LDI 曝光机 具有较高的加工精细度，一开始主要用于 HDI 板内层或外层光致抗蚀剂的曝光。近年来逐步应用于外层阻焊的曝光。曝光时不需要底片，但目前只能发射单一的 355nm 或 405nm 波长的可用光，曝光效率较低。

4. 油墨光反应

油墨光反应是指油墨中的感光树脂和单体在光引发剂的作用下聚合成高分子的过程，一般由链引发、链增长、链转移、链终止等基元反应串并联而成。

（1）链引发：分为两步。

第一步，光引发剂 I 分解，形成初级自由基 R*。

$$I \rightarrow 2R^*$$

第二步，初级自由基与单体加成，形成单体自由基。

$$R^* + H_2C = CH \rightarrow CH_2CHR^*$$
$$\quad\quad\quad\quad | \quad\quad\quad |$$
$$\quad\quad\quad\quad X \quad\quad\quad X$$

（2）链增长：单体自由基打开烯类分子的 π 键，加成，形成新的自由基。新自由基的活性并不衰减，继续与烯类单体连锁加成，形成结构单元更多的链自由基。

$$RCH_2CH^* + CH_2 = CH \rightarrow RCH_2CHCH_2CH^* \rightarrow RCH_2CH(CH_2CH)_nCH_2CH^*$$
$$\quad | \quad\quad\quad\quad | \quad\quad\quad\quad | \quad\quad | \quad\quad\quad\quad | \quad\quad | \quad\quad\quad |$$
$$\quad X \quad\quad\quad\quad X \quad\quad\quad\quad X \quad\quad X \quad\quad\quad\quad X \quad\quad X \quad\quad\quad X$$

（3）链转移：链自由基可能从单体、引发剂、溶剂或大分子上夺取一个原子而终止，将电子转移给失去原子的分子而成为新的自由基，继续新链的增长。

（4）链终止：自由基的活性高，难以孤立存在，容易相互作用而终止，最终形成高分子聚合物。

5. 注意事项

曝光时，一般以 9 ~ 12 格曝光尺（Stouffer 21 级）为能量标准。

（1）能量过高，阻焊光反应过度，易出现阻焊上焊盘、"鬼影"等曝光不良现象。

（2）能量过低，阻焊光固化不足，易出现表面无光泽、掉阻焊桥、阻焊开窗边缘侧蚀过大等现象。

（3）要定期检测曝光机台面的不同位置的能量均匀性。

表 31.12　显影的工艺流程

步骤	作用
显影	溶解并清洗未曝光的部分油墨
高压水洗	清除板面油墨残渣及显影药水
循环水洗	彻底清除板面油墨残渣
风干	冷风和热风把板面吹干

31.3.7　显　影

1. 工艺说明

显影是指将没有发生光聚合反应的油墨去除掉，在板面形成所需的阻焊层图案。显影的工艺流程见表 31.12。

显影药水一般是 1% 的碳酸钠或碳酸钾的水溶液。显影时，工作温度控制在 30 ± 2℃，药水的压力控制在 1.5 ~ 2.5kg/cm²。

阻焊油墨的显影时间过短，会出现板面或孔内阻焊冲洗不干净等缺陷；显影时间过长，会出现掉阻焊桥，阻焊开窗边缘侧蚀过大等缺陷。最佳的显影时间取决于油墨的显影点。显影点是指进入显影段后板面油墨完全冲干净时所处的显影段内的位置。显影点通常控制在显影段总长度的 40% ~ 60%。

2. 显影原理

显影药水中的碳酸钠与主剂中的感光树脂发生酸碱中和反应：

$$Na_2CO_3 + HOOC\text{-}R\text{-}COOH \rightarrow {}^+NaOOC\text{-}R\text{-}COONa^+ + H_2O + CO_2$$

3. 注意事项

（1）显影时间过长或过短都会带来品质缺陷。

（2）水洗段的水温不宜超过 40℃，否则易增大阻焊侧蚀。

（3）水洗段要注意过滤和换水，否则易出现板面阻焊反粘等品质缺陷。

（4）烘干段的温度不宜超过 60℃，否则易出现孔口冒油等品质缺陷。

31.3.8 后固化

1. 工艺说明

后固化，俗称后烤，目的是让油墨发生热反应，以提高阻焊膜的交联密度，进而提高阻焊膜的耐热性、耐化学药品攻击性、绝缘阻抗等。

对于非塞孔板，后烤参数一般 150℃，60 ~ 90min。

对于塞孔板，为了实现较好的效果（减少孔内空洞、裂纹、冒油、孔口阻焊发白等），需要从低温到高温分段烤板，如 60℃（60min）+80℃（30min）+100℃（30min）+120℃（30min）+150℃（60min）等。板子越厚，孔径越小，低温段要求的温度越低、时间越长。

2. 油墨热反应

油墨热反应包括两部分，一是主剂中的感光树脂与硬化剂中的环氧树脂之间的热反应，二是油墨中的热固化促进剂（主要是胺类树脂）与环氧树脂之间的热反应。

感光树脂与环氧树脂的热交联反应：

热固化促进剂与环氧树脂的热交联反应：

31.3.9 字符油墨

在阻焊层制作完成后，还需要用字符油墨在 PCB 上印刷元件编号和位置、公司标志、日期等信息。

按照固化方式，字符油墨可分为热固化型、紫外光固化型、光热双重固化型。

按照加工方式，字符油墨可分为丝网印刷型和喷墨打印型。

各种字符油墨的主要成分见表 31.13、表 31.14 和表 31.15。

表 31.13 热固化字符油墨的主要成分

主要化学成分	作 用	占 比
环氧树脂	主体树脂	30% ~ 40%
环氧树脂固化剂	与环氧树脂热交联反应	5% ~ 20%
颜料	提供颜色、降低固化收缩、提高硬度	20% ~ 30%
有机溶剂	调节油墨黏度	5% ~ 10%
助剂	消泡、流平、润湿底材等	5% ~ 10%

表 31.14 紫外光固化字符油墨的主要成分

主要化学成分	作 用	占 比
感光树脂低聚物	主体树脂	30% ~ 40%
感光单体	与主体树脂光聚合反应	10% ~ 20%
光引发剂	引发感光树脂和单体聚合反应	3% ~ 5%
颜料	提供颜色、降低固化收缩、提高硬度	20% ~ 40%
活性稀释剂	调节油墨黏度	5% ~ 10%
助剂	消泡、流平、控制触变等	5% ~ 10%

表 31.15 喷墨打印字符油墨的主要成分

主要化学成分	作 用	占 比
双重固化感光树脂	主体树脂	30% ~ 40%
感光单体	与主体树脂光聚合反应	10% ~ 20%
热固化单体	与主体树脂热聚合反应	10% ~ 20%
光引发剂	引发感光树脂和单体聚合反应	3% ~ 5%
颜料	提供颜色、降低固化收缩、提高硬度	10% ~ 30%
活性稀释剂	调节油墨黏度	5% ~ 10%
助剂	消泡、流平、控制触变等	5% ~ 10%

1. 丝网印刷

目前，字符油墨的主流工艺是丝网印刷。为了使字符具有较高的清晰度和分辨率，丝网印刷所用丝网通常在 300 目以上。字符油墨需要有足够的细度，以保证连续印刷过程中油墨颗粒不会堵塞网孔；也要有合适的触变性，以防止印刷后字符扩散。

对于热固化字符油墨，印刷结束后，需要 150℃高温烘烤 30min 才可完成固化。采用高温固化体系是为了提高字符油墨的耐热性和耐化学药品攻击性。

对于紫外光固化字符油墨，印刷结束后，使用 UV 固化机照射 1000 ~ 2000 mJ/cm² 的能量，即可完成固化。固化时间短，能耗低，生产效率较高。此类字符油墨固化后的交联密度相对较低，阻焊膜附着力、耐热性、耐化学药品攻击性比热固化字符油墨的差一些。

不管是热固化字符油墨，还是紫外光固化字符油墨，均要求具有极佳的阻焊膜附着力，同时与各种表面处理工艺具有良好的兼容性。

2. 喷墨打印

随着打印技术和打印材料的发展，越来越多的 PCB 制造商开始使用专用的喷墨打印机来打印 PCB 上的字符标识。相比丝网印刷工艺，喷墨打印节省人力、节约物料，提高了生产的自动化程度。

适用于喷墨打印的字符油墨，既要可以光固化，使字符在打印后可以迅速干燥，保持字符的清晰度，又要可以热固化，使油墨具有较高的耐热性和阻焊膜附着力，提高与各种表面处理工艺的兼容性。此类型字符油墨还需要具有较低的黏度和极佳的细度，以提高打印质量和预防打印头的堵塞。

31.4　阻焊与表面处理和表面组装的兼容性

阻焊制作完成后，裸露的铜面需要进行各种表面处理，如热风整平（HASL）、化学镀镍浸金（ENIG）、化学沉银、电镀镍金、化学沉锡、OSP 等，以保护铜面不被氧化，提供良好的可焊性。

各种表面处理工艺，对阻焊膜都有一定的攻击性，因此需要阻焊膜与对应的表面处理工艺具有良好的兼容性。阻焊油墨与表面处理和表面组装的兼容性问题见表 31.16。

表 31.16　阻焊油墨与表面处理和表面组装的兼容性问题

表面处理	常见品质缺陷	原因分析
热风整平 （HASL）	1）铜面或线路掉油； 2）孔口空泡； 3）水纹印	1）固化不充分导致阻焊膜交联密度不够，耐热性下降 2）阻焊本身耐热性不足 3）水洗温差过大，水汽冷凝白化
化学镀镍浸金 （ENIG）	1）开窗边缘阻焊发白、掉油； 2）铜面或线路掉油	1）阻焊润湿性不足与铜面结合效果差，药水攻击至开窗边缘阻焊底部 2）阻焊固化不足或交联密度不够
有机可焊性保护膜 （OSP）	孔口发白	1）药水残留入孔内，阻焊耐酸性不足 2）后烤后孔口阻焊轻微发白
化学沉银	1）开窗边缘阻焊发白、掉油； 2）铜面或线路掉油	1）阻焊润湿性不足与铜面结合效果差，药水攻击至开窗边缘阻焊底部 2）阻焊固化不足或交联密度不够
化学沉锡	1）开窗边缘阻焊发白、掉油； 2）铜面或线路掉油	1）阻焊耐化锡药水攻击性差 2）阻焊固化不足或交联密度不够
助焊剂 （波峰焊/回流焊）	铜面或线路掉油	阻焊耐助焊剂攻击性差
三防漆	无法涂覆或附着力欠佳	1）阻焊层残留助焊剂 2）阻焊层表面自由能偏低 3）阻焊表面清洁度差

31.5　阻焊涂层的性能要求及测试标准

阻焊涂层的性能要求通常参照 IPC-SM-840《永久性阻焊剂和挠性覆盖材料的鉴定及性能规范》，目前的最新版本是 IPC-SM-840E-2010，测试方法参照 IPC-TM-650《试验方法手册》或 GB/T 4677-2002《印制板测试方法》，见表 31.17。

表 31.17 阻焊涂层的性能要求及测试标准

编 号	评价项目	行业标准	参考测试方法
1	光泽度	-	GB/T 9754-2007
2	铅笔硬度	IPC-SM-840E 3.5.1	IPC-TM-650 2.4.27.2 GB/T 6739-2006
3	附着力	IPC-SM-840E 3.5.2	IPC-TM-650 2.4.28.1 GB/T 9286-1998
4	耐化学药品攻击性	IPC-SM-840E 3.6.1	IPC-TM-650 2.3.42
5	可焊性	IPC-SM-840E 3.7.1	J-STD-003 IPC-TM-650 2.4.12
6	耐锡铅/无铅焊料	IPC-SM-840E 3.7.2 IPC-SM-840E 3.7.3	IPC-TM-650 2.6.8 GB/T 4677-2002 9.2.3
7	热应力	IPC-SM-840E 3.7.3.1	IPC-TM-650 2.6.8
8	绝缘电阻	IPC-SM-840E 3.8.2 IPC-SM-840E 3.9.1	IPC-TM-650 2.6.3.1 GB/T 4677-2002 6.4.1
9	电迁移	IPC-SM-840E 3.9.2	IPC-TM-650 2.6.14 GB/T 4677-2002 6.5.1
10	电气强度	IPC-SM-840E 3.8.1	IPC-TM-650 2.5.6.1 GB/T 1408.1-2006
11	热冲击	IPC-SM-840E 3.9.3	IPC-TM-650 2.6.7.3 GB/T 2423.22-2002
12	水解稳定性	IPC-SM-840E 3.6.2	IPC-TM-650 2.6.11
13	相对漏电起痕指数（CTI）	-	GB/T 4207-2012

31.5.1 光泽度

光泽度是用于一组规定几何条件下的材料表面反射光的能力的物理量，用来表示物体表面接近镜面的程度。阻焊涂层的光泽度一般可分为：亮光（亮面、高光）、半亚光、亚光（雾面）三种。

光泽度一般用光泽度测量仪测量，测量时通常采用 20°、60°、85° 角度来照明和输出数值。按照 60° 角的测量标准，亮光 > 70、30 < 半亚光 ≤ 70、亚光 ≤ 30。

31.5.2 铅笔硬度

铅笔硬度是表征阻焊涂层硬度的一个指标。铅笔笔芯硬度按照标准，由软到硬分别是 9B、8B、7B、6B、5B、4B、3B、2B、B、HB、F、H、2H、3H、4H、5H、6H、7H、8H、9H。

测试方法 铅笔笔芯与阻焊涂层成 45° 角，笔尖施加 750gf • cm 的压力，均速在阻焊涂层上划行 7mm 以上距离，30s 后，用软布、脱脂棉擦、橡皮擦等擦掉铅笔碎屑，观察测试区域有无划痕。以 7mm 距离中出现划痕小于 3mm 的最硬的铅笔硬度标号作为阻焊涂层的铅笔硬度等级。

31.5.3 附着力

阻焊涂层的附着力，包括在 PCB 基材上的附着力、在不熔金属涂层上的附着力，通常以百格试验来测试。

测试方法 用百格刀在样品表面划 10×10 个 1mm×1mm 的小网格，每条划线需深至涂层底层，把表面的碎片擦拭干净后，用 3M 胶带粘住被测试的小网格，并用橡皮擦擦拭胶带，增加胶带与被测试区域的接触面积和结合力，抓住胶带一端在垂直方向迅速扯下，同一位置进行 3 次相同试验，以网格内阻焊涂层无剥落或剥落数量在规定范围内为合格。

31.5.4 耐化学药品攻击性

在 PCB 加工过程中,阻焊涂层经常会接触各种化学药品,如稀硫酸、稀盐酸、有机酸、稀碱水、有机溶剂、助焊剂等。因此要求阻焊涂层对上述化学药品具有一定的耐受性,不能出现阻焊发白、起泡、剥离等品质缺陷。

测试方法 把测试样品浸泡在化学药品中(如 10% 稀硫酸水溶液、10% 氢氧化钠水溶液、有机溶剂、助焊剂等)30min 后拿出,洗净,晾干。观察样品表面阻焊有无发白、起泡等外观问题,同时用 3M 胶带做剥离试验,判断有无阻焊剥离等品质缺陷。

31.5.5 可焊性

可焊性主要是用来判断焊料在板面需要焊接的区域的可润湿情况。阻焊层的应用和固化过程不应产生对焊接区域的可焊性有影响的残留物。

测试方法 把样品浸入 10% 的盐酸水溶液中 15s 后,取出水洗干净,吹干。再把测试样品浸入助焊剂中 60s 后取出,浸入 245±5℃的熔融焊料中 4±0.5s 后取出,洗净表面残余助焊剂,检查表面焊盘和孔壁的焊料润湿情况及其均匀性。

31.5.6 耐锡铅 / 无铅焊料

PCB 暴露于焊料之后,阻焊层应可以阻止焊料附着。

测试方法 将测试样品均匀涂敷助焊剂,放置 5min 后,再放置在规定温度的熔融焊料表面 10±1s 后取出,冷却至室温,把样品洗净、晾干,观察样品表面阻焊上有无附着焊料。

31.5.7 热应力

PCB 进行热风整平、回流焊、波峰焊等表面处理和组装时,会暴露在 260~290℃高温的焊料中,因此需要阻焊涂层可以经受住高温焊料的热应力冲击。

测试方法 将测试样品均匀涂敷助焊剂 5min 后,放置在焊锡炉内温度为 265±5℃或 288±5℃的熔融焊料表面 10±1s 后取出,冷却至室温。重复上述过程 2 次,把样品洗净、吹干,观察表面阻焊有无发白、起泡等问题。同时,用 3M 胶带做剥离试验,观察有无阻焊剥离等品质缺陷。

31.5.8 绝缘电阻

绝缘电阻是指在电介质上施加直流电压,经过一定时间的极化过程后,流过电介质的泄漏电流所对应的电阻。绝缘电阻是电气设备最基本的绝缘指标。阻焊工艺既要求固化后的涂层绝缘电阻符合要求,又要求经历湿热条件后的涂层绝缘电阻符合要求,具体测试要求见表 31.18。

表 31.18 湿热后绝缘电阻试验

等　级	温度 /℃	相对湿度 /%	偏置 直流电压 /V	直流 测试电压 /V	时间 /h	测试图形 IPC-B-25A	要求 /MΩ
T	65±2	87 ~ 93	0	100	24	E、F、C	500
H	25 ~ 65±2 循环 *	85 ~ 93	50	100	160 循环 20 次	D、C	500

* 循环步骤:(1)从 25℃开始升温至 65℃,升温时间 1 ~ 2.5h;(2)65℃保持 3 ~ 3.5h;(3)从 65℃降温到 25℃,降温时间 1.25 ~ 2.25h;(4)重复(1)-(3)20 次,完成循环。

31.5.9 电迁移

电迁移用于判断固化好的阻焊涂层，在高温、高湿和外加电压下放置规定时间，是否会出现绝缘失效的缓慢漏电。具体测试要求见表 31.19。

表 31.19 电迁移的测试条件

等 级	温度 /℃	相对湿度 /%	偏置 直流电压 /V	直流 测试电压 /V	时间 /h	测试图形 IPC-B-25A	要求 /MΩ
T	85 ± 2	≥ 85	10	100	500	D、C	电阻下降小于一个数量级
H	85 ± 2	87 ~ 93	10	100	168	D、C	电阻 ≥ 2MΩ

31.5.10 电气强度

电气强度是绝缘材料抗高电压而不被击穿能力的量度，通常用 V/mil 表示。阻焊涂层的介电强度要求为大于 500V/mil。

31.5.11 热冲击

热冲击测试主要用来评估阻焊涂层在温度突然变化时的物理忍耐力。具体的测试要求见表 31.20。要求完成试验后的阻焊涂层不能有起泡、裂纹、分层等品质缺陷。

测试方法 （1）将样品暴露于 125℃下 15min；（2）将样品移至 –65℃的低温箱，转移时间 ≤ 2min；（3）将样品暴露于 –65℃下 15min；（4）将样品移至 125℃的高温箱，转移时间 ≤ 2min；（5）重复（1）–（4）100 次，完成循环。

表 31.20 热冲击条件

等 级	循环温度 /℃	循环次数
H 或 T	–65 ~ 125	100 次

31.5.12 水解稳定性

水解稳定性主要用于评价阻焊涂层在规定的温度和时间条件下有无发白、起泡、裂纹、电气性能下降等品质缺陷。具体的测试要求见表 31.21。

测试方法 制备硫酸钾（纯度级别为化学纯或以上）饱和水溶液（每 100mL 蒸馏水中约含 35g 硫酸钾）放置于干燥器中，将样品垂直置于干燥器内硫酸钾溶液上方的陶瓷板上，密封干燥器后，将其放入表 31.21 规定的温度的试验烘箱中，经规定的时间后取出晾干，检查样品外观有无品质缺陷。

表 31.21 不同级别电路板用阻焊油墨的水解稳定性试验条件

等 级	温度 /℃	相对湿度 /%	时间 / 天
1	38 ~ 42	90 ~ 98	4
2	83 ~ 87	90 ~ 98	7
3	95 ~ 99	90 ~ 98	28

31.5.13　相对漏电起痕指数

相对漏电起痕指数(Comparative Tracking Index,CTI)是指材料表面经受住 50 滴电解液(0.1% 氯化铵水溶液) 而没有出现漏电痕迹的最大电压值,单位为 V。

IEC950 根据在上述实验条件下基板所经受住的不同电压值,规定了 3 个 CTI 等级:即 I 级 (CTI ≥ 600V)、II 级 (400V ≤ CTI < 600V)、III 级 (175V ≤ CTI < 400V)。CTI 等级越小, 说明绝缘材料的耐漏电起痕性能越好。

31.6　发展趋势

展望未来,PCB 的加工精度会越来越高,电气性能要求也越来越高,同时 PCB 企业面临的 环保压力也越来越大。这些新的更高的要求,势必要求阻焊油墨也能紧跟行业发展。

(1)阻焊油墨工艺:缩减工艺流程,提高生产效率,降低生产成本。目前市面上已经存在的 激光固化阻焊技术、喷墨打印阻焊技术等,都代表着提高生产效率的发展趋势,只是目前技术 上尚不成熟,需要进一步完善。

(2)环保:降低阻焊油墨中挥发性有机物(VOC)含量,直至完全不含 VOC。目前,阻焊 油墨中含有 2% ~ 25% 的有机溶剂。在生产和使用时,这些有机挥发物会对大气环境造成很大 的污染,同时对操作人员的身体也会产生一定程度的伤害。因此,为了能够实现 PCB 清洁加工 的长期目标,势必会对阻焊油墨的 VOC 含量提出更加严格的管控标准。

(3)电气可靠性能:更佳的耐 PCT 性、更佳的耐热冲击性、满足高速数据传输的低 D_k/D_f 要 求等。

第32章

蚀刻工艺和技术

Marshall I. Gurian

美国亚利桑那州坦佩，Marshall Gurian Consulting

谢景雄　编译

东莞市广华化工有限公司

32.1　引　言

在用减成法制作印制线路图形的过程中，主要的化学处理步骤是通过蚀刻去除多余的铜。蚀刻还用于内层氧化膜的形成，以及化学镀铜（沉铜）和电镀铜的预处理。技术、经济和环境的实际控制需要带动了蚀刻工艺的重大改进。可变蚀刻速率和长停机时间的批量式操作工艺已被连续恒定蚀刻速率的工艺完全替代。此外，持续不断的工艺需求促进了广泛的自动化，以及全集成系统的形成。

常见的蚀刻基于氨水、氯化铜的碱性体系。其他蚀刻体系有硫酸、过硫酸盐和氯化铁。蚀刻的一般工艺流程为退抗蚀剂、预清洗、蚀刻、中和、水洗、干燥等。本章主要介绍高精度蚀刻技术，涵盖大批量实际生产应用的高质量精细线路（2～5mil）的制作、连续生产、恒定蚀刻速率、控制高溶铜能力等方面的内容。目前，随着对产品特征图形一致性要求的日益增长，电路制作相关的工艺和材料需要更加精准和可统计的鲁棒控制。

面对日益增长的需求，工艺的选择需要考虑成本、环境、法律法规、生产效率、人工干预、PCB 设计兼容性，以及结构的创新等因素。出于环境方面的考虑，目前已经取消了铬 - 硫酸、过硫酸铵蚀刻剂及氯化溶剂的使用。对氯气和挥发性有机化合物排放的限制，也是决定未来工艺选择的一个重要因素。同时，生产过程中消除溴化物的使用和降低铅含量，更加依赖于新材料的发展。

本章给出了有机（即干膜）和金属抗蚀层 PCB 及内层板的典型蚀刻流程，基于抗蚀剂的选择、成本和污染问题，介绍退抗蚀剂的退膜剂和程序。还从抗蚀剂的兼容性、控制方法、是否易于控制，以及设备维护方面介绍可用蚀刻剂的性质。其他方面的注意事项，包括化学品和蚀刻剂对层压介质层的影响、薄的覆铜板和半加成板的蚀刻、裸铜覆阻焊（SMOBC）、设备选型技术、生产能力、质量和设施等。

32.2　一般注意事项

好的蚀刻效果取决于在内层丝印和蚀刻的有机抗蚀层，以及电镀金属抗蚀层形成的适当图形。蚀刻人员必须熟悉常用的丝印、光致和电镀抗蚀剂。PCB 必须经过适当的清洗、检查及其他蚀刻前的处理步骤，方可保证产品质量。此外，金属箔或电镀层结构的厚度均匀性，以及涂层和缺陷必须加以控制，才能够实现精细特征的一致性。电镀板也需要完全去除抗蚀层。蚀刻后的步骤也很重要，因为需要去除表面污染物并产生良好的表面。本节讨论各种类型的抗蚀剂，并概述蚀刻使用有机和电镀抗蚀层的印制电路板（PCB）的典型程序。

32.2.1 丝印抗蚀剂

丝印是在覆铜板或其他基板上制作标准铜印制电路的常用方法。若蚀刻时只需蚀刻铜，则抗蚀层需要制作成正片图形（只有电路）；相反，需要电镀通孔或有金属抗蚀层时，要将抗蚀层制作成负片图形（只有无铜区）。

抗蚀剂材料必须满足印刷机图形转移，以及退膜化学药品兼容性的要求。从金属蚀刻的角度来看，抗蚀材料需要具有良好的附着力和耐药液腐蚀能力；无针孔、无油或树脂渗出，并可被稳定地去除而不损坏基板或电路。

蚀刻过程中的典型问题包括过蚀、蚀刻碎屑、蚀刻不尽、多层电路板中的内层短路。此外，当 PCB 剥离强度（或表面污染）低于规范时，会发生导体剥离。

32.2.2 填 孔

填孔，只有铜面的电路板丝印碱性可溶抗蚀层时使用的一种独特方式。这种技术使得 SMOBC 成为可能。该种技术可以用于丝印抗蚀层图形，以及增强对小孔环结构的封孔和蚀刻处理。

32.2.3 UV 固化丝印抗蚀剂

无溶剂 UV 固化体系可用于印刷 - 蚀刻和电镀工艺。这类产品与常用的酸性电镀液和蚀刻液兼容，但对退膜要进行仔细评估。

32.2.4 光致抗蚀剂

使用干膜和湿膜（液态）光致抗蚀剂能获得精细线路（2～5mil），可满足表面贴装 PCB 的需要。同丝印抗蚀剂一样，光致抗蚀剂可以用于正片和负片的线路图形。虽然干膜和湿膜在物理和化学性质上不同，但在实现制作线路目标上可以一起考虑。

一般来讲，无论是正片抗蚀剂还是负片抗蚀剂，在酸性蚀刻液中比在碱性蚀刻液中能提供更好的保护，但负片抗蚀剂具有更好的耐碱腐蚀性。负片抗蚀剂曝光显影之后，就不再对光敏感，因而可以在正常白光环境下生产和放置。正片抗蚀剂即使在显影后也保持光敏感，因此必须避免接触白光。液态光致抗蚀剂虽然不耐用，但具有更精细线路的制作能力和分辨率。

曝光后，在将被蚀刻或电镀的地方，虽然正片抗蚀剂可能会更容易清理干净，但正片抗蚀剂和负片抗蚀剂存在相同的问题。

32.2.5 电镀抗蚀层

目前，电镀抗蚀层常用于双面板及多层镀覆孔板。最常用的抗蚀层是锡层（哑光和亮光）。含锡 60% 及含铅 40% 的焊料电镀，仍然用于一些热熔可焊性镀层。但因为抗蚀层会在 SMOBC 工艺中被剥离，所以并不被看好。有时也会使用镍、锡镍、金作为抗蚀层。银用于某种发光及液晶应用。

1. 锡

厚度为 0.2mil 的薄锡层可以用在 SMOBC 板中，蚀刻后进行退锡即可退去锡层，这里常用氨基碱性蚀刻剂。其他蚀刻剂，如硫酸 - 过氧化氢和过硫酸铵 - 磷酸，都用于亮光锡抗蚀层。锡层（直接覆盖在镍层或锡镍阻挡层上）具有良好的可焊性，而氯化铜和氯化铁蚀刻剂因会与锡反应而不被使用。

2. 焊 料

锡铅焊料形成的电镀抗蚀层（厚度为 0.3 ~ 1mil），可进一步"熔化"形成一种可焊接的表面。60Sn-40Pb 合金具有良好的抗蚀刻能力，但其必须配合使用光亮剂，以保持其可焊性。在锡镍面使用焊料电镀可以增加可靠性[1]。焊料沉积层（厚度为 0.2mil）可用于 SMOBC 工艺，但对该目的而言，在锡面上电镀没有任何益处。最合适的焊料蚀刻剂是氨碱和硫酸 - 过氧化氢。含氯化铁和氯化铜的酸性蚀刻剂容易使焊料受损，不能用作焊料蚀刻剂。蚀刻后要用中性溶液冲洗，特别是碱性蚀刻剂，可以通过水洗除去残留的蚀刻剂，从而使焊接面保持最佳的表面性能。

3. 锡镍和镍

锡镍合金（65% 锡，35% 镍）、镍，或表面覆盖有电镀金、焊料或锡的锡镍合金、镍，均可在氨碱、硫酸 - 过氧化氢和过硫酸盐中用作金属抗蚀层。

4. 金

金通常和电镀镍或锡镍一起应用，对所有的铜蚀刻剂都具有优良的抗蚀性。但部分蚀刻剂也可能会使金面轻微溶解。

5. 贵金属及合金

对于有边缘连接器的 PCB，铑是一种非常合适的抗蚀剂。然而，电镀铑工艺难以控制。在镍上沉积时，铑往往变得薄且多孔，并在蚀刻过程中与镍分离。考虑到不同的表面性能，如果想用 18 克拉的金合金或镍钯合金替代纯金体系，必须经过仔细评估。

6. 银

虽然银在很多 PCB 中不被采用（MIL-STD-275 指出不应被使用），但目前已经应用于照相、发光和液晶显示领域。铜基蚀刻体系使用银作为抗蚀层，可以用在氨碱溶液中。银的损耗大概为 0.1mil/min。

7. 蚀刻流程

对于有电镀抗蚀层的 PCB，蚀刻前要用退膜剂除去抗镀层。在退膜过程中，还要保证夹在抗镀层边缘的膜能够被去除。金、焊料、锡抗蚀层很容易被刮伤，所以要非常谨慎地操作。锡镍合金或镍抗蚀层则比较硬，耐磨损。

蚀刻后的工艺包括水洗和酸洗，酸洗的目的是中和残留在板面的蚀刻剂。碱性蚀刻剂需配有专用的酸性氯化铵溶液，如三氯化铁和氯化铜配合盐酸或草酸、过硫酸铵配合硫酸。锡铅板用氧化铬 - 硫酸蚀刻后，要用碱清洗。蚀刻残留物如果不能在烘干和回流前清除干净，将会导致基板介质层绝缘电阻降低、导电表面的电接触和焊接不良[2]。必须注意，要尽可能最小化侧蚀和镀层凸沿，以消除镀层断裂的碎片及电路的桥连。

蚀刻过程中的常见问题是，没有同时把全部要蚀刻的区域蚀刻干净。当 PCB 线路区域的蚀刻速度比大面积铜区域快时，这种情况就发生了。制作非常精细的图形和线路时，过度侧蚀会导致图形的丢失，特别是当 PCB 在蚀刻机中一直停留到大铜面区域全部蚀刻完时。能够改善水池效应的蚀刻设备的出现，使得这个问题得到了改善。

大批量生产精细线路产品需要特殊的精细线路蚀刻剂、高分辨率的光致抗蚀剂、受控的电镀均匀性和薄铜层压板。必须注意平衡蚀刻和铜厚。有时候，精细线路蚀刻剂在 3mil 及更窄的间距内难以蚀刻干净。

32.3　抗蚀层的去除

选择抗蚀层时，必须仔细评估抗蚀层的去除方法。板材、成本、生产要求及安全性和环境污染情况等，都必须考虑在内。溶剂型去除抗蚀层的方法目前面临着很大的环境压力。因此水溶液或主要含水的抗蚀层去除体系的广泛使用成为必然。

32.3.1　丝印抗蚀层的去除

通常优先考虑碱溶性油墨抗蚀层。对于热敏和 UV 固化型抗蚀层，抗蚀层的去除主要依靠 2% 氢氧化钠或专有解决方案。抗蚀层变蓬松后，再用水喷淋冲洗掉。因为过程中会有氢氧化钠的存在，所以一定要采取足够的安全预防措施。

传送型抗蚀层退膜和蚀刻设备使用高压泵系统，使电路板两侧可喷淋热碱溶液。某些层压板材料，如聚酰亚胺板材，可能会附着碱性退膜剂。当蚀刻剂腐蚀环氧树脂或其他基板时，白斑、染色或其他缺陷问题应当引起注意。控制浓度、温度及停留时间，通常可以防止出现严重问题。

最常见的退膜剂是酸性配方，含有铜光亮剂、膨胀剂、溶解剂和水漂洗剂。静态槽退膜工艺在退膜过程中，至少需要在两个退膜槽里浸泡。特别是印刷 - 蚀刻的或单面的 PCB，停留时间不宜过长，否则会造成奶油层（顶层的环氧树脂）被腐蚀。水是大多数冷退膜剂工艺的污染物之一。

32.3.2　光致抗蚀剂的去除

1. 干　膜

目前，易溶于碱性溶液的干膜已经被广泛使用。退膜剂既可用于静态槽，也可以用于传送带系统，但传送带系统更好，因为喷淋过程有助于铜表面的抗蚀剂从在制板上洗掉。蚀刻后及时处理，可避免抗蚀剂粘连、锁定而造成的清除困难。碱性退膜液会产生部分不溶解的软化抗蚀剂膜残留物。这些残留物会在过滤系统中被分离，并根据废物处置要求被处理掉。根据特定过滤器的设计和可用性去匹配退膜是选择抗蚀剂的一个重要因素。在环境方面，还需要考虑如何对待和处理光致抗蚀剂残留物。残留物中含有金属（尤其是铅），可能需要将这些残留物归类为有毒废物。

2. 负片液态光致抗蚀剂

负片液态光致抗蚀剂容易去除。烘干过程至关重要，它直接关系到湿膜的聚合度。由于过度烘烤会破坏绝缘基板，所以操作过程中应该强调最小的烘烤，以承受所涉及的操作。负片湿膜可以用溶剂和商用退膜剂去除。在这种情况下，抗蚀层可能不溶解；相反，通过软化和膨胀，促使其与基板分离。一旦整个涂层区域发生反应，水洗喷淋即可冲掉负片湿膜。

3. 正片光致抗蚀剂

未被过度烘干的正片光致抗蚀剂，可用有机和无机的商业退膜剂去除。经过 UV 曝光后，浸渍在氢氧化钠、TSP 或其他强碱性溶液中能够有效去除。过度烘干将导致正片光致抗蚀剂去除困难。退膜过程所需的溶剂包括含 0.5N 的氢氧化钠溶液、非离子型表面活性剂和消泡剂。

4. 常用退膜剂的性能比较

退膜制程常用的化学品是氢氧化钠（NaOH）和氢氧化钾（KOH），一般以氢氧化钠为主，药水浓度为 1% ~ 3%（质量比），工作液的温度为 45 ~ 55℃；NaOH 对已硬化的干膜有不错的溶解性能，且价格低廉、操作方便；KOH 的化学性质与 NaOH 大致相似，虽然碱性较弱，但其中钾离子对干膜的溶解性极佳，可提升干膜的剥离效果。

NaOH 和 KOH 同属传统无机退膜剂，其退膜原理如图 32.1 所示。

有机退膜剂的主要成分是有机胺类及有机溶剂，在反应原理上与无机退膜液相差较大，退膜速度比无机退膜剂更快，药液中能溶解的干膜更多，如图 32.2 所示。

有机退膜剂去除干膜的常见方式是，退膜剂攻击干膜后，干膜快速膨胀，干膜与铜面发生化学作用，干膜蓬松，结合力减弱；同时，干膜因内部产生巨大的应力而裂解成无数的小碎片，然后被冲洗、退除[47]。

无机和有机退膜剂退膜后的膜碎状态见图 32.3。无机和有机退膜剂的性能对比见表 32.1。

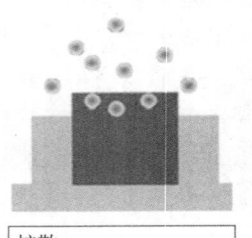 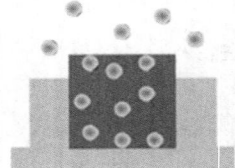 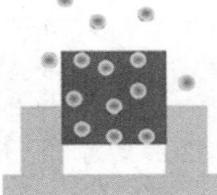 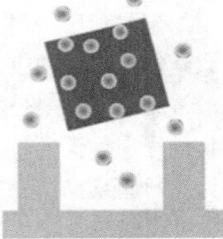

| 扩散：
退膜剂有效成分进入干膜 | 膨胀：
干膜吸收退膜剂和水后发生膨胀 | 界面攻击：
干膜溶胀后期，直接攻击干膜与铜面的界面，导致结合力消失 | 干膜脱离：
铜面与干膜失去结合力后，干膜整体脱落 |

图 32.1　无机退膜剂的反应原理

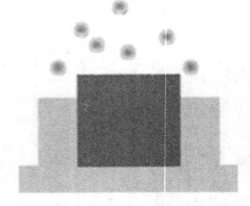 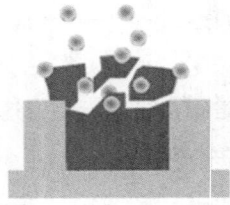  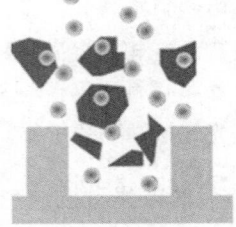

| 扩散：
退膜剂渗透到干膜内部 | 膨胀：
干膜吸收退膜剂后快速膨胀 | 裂解：
内部应力使干膜裂解成小碎片 | 干膜脱离：
裂解和扩散，辅以冲刷，干膜退除 |

图 32.2　有机退膜剂的反应原理

无机退膜剂膜碎 　　　　　　　　　有机退膜剂膜碎

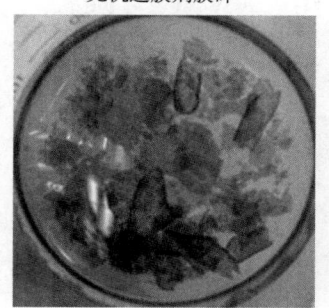

图 32.3　退膜后的膜碎状态

表 32.1　有机退膜剂和无机退膜剂的性能对比

对比项目	有机退膜剂	氢氧化钾	氢氧化钠
退膜时间	35 ~ 45s	40 ~ 50s	45 ~ 55s
膜碎尺寸	不会堵塞喷嘴 不会缠绕行辊	会堵塞喷嘴	容易堵塞喷嘴 易缠绕行辊
对铜面、锡面、金面的氧化性	铜面、锡面光亮无氧化、金面不变色	铜面容易氧化、锡面容易发黑	铜面容易氧化、锡面容易发黑
线路处理能力	线宽/线距：2.5mil/3mil	线宽/线距：3mil/3mil	线宽/线距：4mil/4mil
退膜速率	1.5 ~ 2 倍（以 NaOH 速率为基准）	1 ~ 1.5 倍（以 NaOH 速率为基准）	1
锡厚要求	0.12 ~ 0.28mil	0.2 ~ 0.4mil	0.2 ~ 0.4mil

32.3.3　锡和锡铅抗蚀层的去除

在 SMOBC 工艺中，金属电镀抗蚀层去除后呈现平坦、干净的铜表面。锡铅合金可以在氟氧化物溶液中剥离，如氟硼酸和过氧化氢、二氟化铵和过氧化氢或硝酸（注意：机器构造必须兼容氟化物，避免使用钛金属和玻璃零件）。蚀刻机清洗后，可以在线使用商业配方。累积的废溶液或过滤后的氟化铅残留物必须按危险废物处理，要与供应商达成可接受的处理方案和处理费用。如今常用的无铅电镀锡抗蚀层，正如前面讨论的，它可以是含硝酸的氟化物或氯化铁混合物。在任何一种情况下，定期通过过滤系统添加和排出溶液、清洁退锡槽，都是保证成功的关键。

目前 90% 的 PCB 工厂采用硝酸型退锡剂，它具有放热轻微、沉淀少、不腐蚀环氧树脂表面、铜基体腐蚀小、废液易处理等优点。

1. 硝酸型退锡剂的主要成分

（1）硝酸 300 ~ 350g/L，用于分解锡层。

（2）促进剂 10 ~ 20g/L，用于去除 Sn-Cu 合金层，可选用 HCl、$FeNO_3$。

（3）缓蚀剂 0.1 ~ 1g/L，用于抑制腐蚀铜，可选用氨基磺酸、唑类（如甲基苯并三氮唑）。

（4）光亮剂 10 ~ 20g/L，用于增强铜面光亮。

（5）增溶剂 0.1 ~ 0.5g/L，用于增加锡及锡合金溶解，抑制淤泥形成。

（6）表面活性剂，用于增强退除效果。

（7）NO_x 化合物抑制剂，可以选用醇类。

2. 硝酸型退锡剂的工作原理 [48]

（1）主反应：

$$4HNO_3+Sn/Pb+O_x \rightarrow Pb（NO_3）+Sn（NO_3）_2+R \tag{32.1}$$

$$R+O_2 \rightarrow O_x \tag{32.2}$$

由于氧化剂 O_x 能再生，所以反应过程中的消耗量小。

氧化剂的作用类似于催化，加速退锡。

（2）副反应：

$$2HNO_3+Cu \rightarrow Cu（NO_3）_2+NO_x \tag{32.3}$$

$$5HNO_3+Sn/Pb \rightarrow Sn（NO_3）_2+Pb（NO_3）_2+NO_x \tag{32.4}$$

NO_x 的作用是抑制上述副反应的发生，保证退锡后板面保持光泽。

NO_x 是分解硝酸的毒素：

$$NO_x+e \xrightarrow{H^+} NO_x^- \xrightarrow{HNO_3} HNO_x \rightarrow H_2O+2NO_x \tag{32.5}$$

特别是在有铜存在的条件下会加速 HNO_3 的分解，Cu 会加速 e 的转移：

$$Cu+NO_x \qquad HNO_3 \rightarrow NO_x \uparrow \tag{32.6}$$

32.4 蚀刻剂

在实际生产过程中，蚀刻剂的选择受经济、运营及环境监管的限制。两种蚀刻剂——铬 - 硫酸和过硫酸铵，由于环境压力都不再被考虑。

蚀刻剂需满足两种基本需求。第一个需求是传统的铜箔蚀刻、印刷和蚀刻、电镀 / 掩膜和蚀刻、图镀和蚀刻。在美国和欧洲，几乎所有的蚀刻工艺都采用恒定速率系统，并使用氨碱或氯化铜蚀刻剂。第二个需求是开发新技术，以满足特定精细线路的制作，包括用于 HDI 结构和精细图形需要的减薄铜箔和薄金属化层的蚀刻。

连续恒定速率系统与过程自动化，是当前蚀刻工艺的典型特征。这些系统在生产过程用检测仪表实时监控，实时响应工作液的变化，不断补给和排出化学补充剂，以保证正常的工作环境。蚀刻液的排出物通常会退给供应商，以回收铜和循环利用化学品。恒定的蚀刻速率可以确保生产过程的稳定性和可重复性。

选择化学蚀刻剂的关键因素：

- 电路板设计要求
- 高良率
- 抗蚀剂的兼容性
- 蚀刻速率（速度）
- 蚀刻速率的过程控制、再生及补充对设备的要求
- 设备维护容易

- 副产品处理及污染控制
- 操作人员和环境保护

32.4.1 碱性氨

用氢氧化铵配成的碱性蚀刻剂正越来越多地被使用。因为它的连续操作性好，与大多数金属和有机抗蚀剂兼容，对铜具有良好的溶解能力和高的蚀刻速率。普遍使用的是连续喷淋化学控制系统。这样可以得到恒定的蚀刻速率、高产出，也易于控制和补充溶液，并且可以改进污染控制。然而，蚀刻后的清洗至关重要，铵离子的存在使得废液处理变成一个新问题。利用化学试剂现场闭环再生，商业上是可行的，但实际过程不常用，因为要考虑设备的要求、资金投入、铜的价格波动和人工的要求。通常，比较经济和环保的操作策略是回收蚀刻剂副产品。供应商根据合同回收或再造含氨成分的溶液，使其变成可用的补充液再次回到工厂而被再次利用。

1. 化学过程

主要化学成分的功能如下。

（1）氢氧化铵（NH_4OH）作为络合剂，将铜保持在溶液中。

（2）氯化铵（NH_4Cl）提高刻蚀速率，控制溶液中的铜含量，保持溶液稳定。

（3）铜离子（Cu^{2+}）作为氧化剂，与铜起反应，溶解金属铜。

（4）碳酸氢铵（NH_4HCO_3）作为缓冲剂，保持镀覆孔和表面的清洁。

（5）磷酸铵 [（NH_4）$_3PO_4$] 保持焊料和镀覆孔的清洁。

（6）硝酸铵（NH_4NO_3）提高蚀刻速率，保持焊料的清洁。

（7）其他添加剂大多数用来提高速率和（或）保护侧壁。虽然目前较新的无硫脲制剂能够改进侧蚀效应，但硫脲或其衍生物目前仍被经常使用。

（8）连续作业需要用单一溶液缓冲剂，使溶液 pH 保持在 7.5 ~ 9.5。

碱性蚀刻溶液通过氧化、溶解、络合反应来溶解铜。氢氧化铵和铵盐与铜离子结合，形成 $Cu(NH_3)_4^{2+}$，从而使铜的溶解和蚀刻浓度保持在 18 ~ 30 oz/gal。

闭环系统中的典型氧化反应是铜与铜离子和空气（O_2）及氧化亚铜的反应：

$$Cu + Cu(NH_3)_4^{2+} \rightarrow 2Cu(NH_3)_2^+ \qquad (32.7)$$

$$2Cu(NH_3)_2^+ + 2NH_4^+ + 2NH_3 + 1/2O_2 \rightarrow 2Cu(NH_3)_4^{2+} + H_2O \qquad (32.8)$$

强有力的证据表明，刻蚀速率依赖于 $Cu(NH_3)^{2+}$ 从铜表面到活性溶液的扩散 [式（32.7）]。只要不超过 Cl^- 保持铜的能力，随着 $Cu(NH_3)_4^{2+}$ 的生成 [式（32.8）][3]，在喷淋蚀刻过程中空气中氧气的作用下，蚀刻可以持续进行。

2. 性能和控制

蚀刻溶液温度控制在 120 ~ 130°F，非常适合喷淋系统。有效的排气系统是必需的，因为操作过程中会产生氨气[7]。蚀刻设备需处于轻微负压力环境中并适度排气，以保证溶解铜所必需的氨充足。同时，蚀刻过程中必须保证新鲜空气充足以提供氧气。目前，蚀刻速率保持在 1min 或更短时间内能够溶解 1oz（35μm）的铜，溶液中的铜含量保持在 18 ~ 24 oz/gal。

3. 连续系统

以最小的污染保持恒定蚀刻速率的方法是，通过控制比重或密度自动补给添加物料[6]。该过程通常被称为排出和补给系统，如图 32.4 所示。随着蚀刻的进行，铜不断被溶解，蚀刻溶液中 Cu^{2+} 的密度不断增加。随后，检测器通过检测蚀刻槽中溶液的密度来确定溶液中铜的含量。当密度达到上限时，开关泵激活自动添加补充溶液的装置，并同时排出原有的蚀刻剂，直到达到较低的密度。使用水溶性光致抗蚀剂时，研究表明，低 pH（7.9～8.1）可以增强蚀刻的可靠性。通过测量 pH 和控制添加自由氨，能很好地提高蚀刻均匀性。除了自由氨，恒定蚀刻速率还跟氯化铵及氧含量相关。当低铜和高铜蚀刻过程需要时，为稳定蚀刻速率，可以直接注入氧气。

典型的操作条件如下[1]：

温度	120～130°F（49～50℃）
pH	8.0～8.8
120°F（49℃）比重	1.207～1.227
波美度（°Bé）	25～27
铜浓度	20～22oz/gal
蚀刻速率（mil/min）	1.4～2.0
氯化物含量	4.9～5.7mol/L

蚀刻速率与 Cu^{2+} 含量的关系的研究结果如下：

0～11oz/gal	较长的蚀刻时间
11～16oz/gal	较短的蚀刻时间，但溶液控制困难
18～22oz/gal	刻蚀速率高且溶液稳定
22～30oz/gal	溶液不稳定和易于沉淀

在离开蚀刻线前，所有工件都必须彻底清洗。补充液冲洗和多级水洗技术，有助于污水控制[8]。在未彻底清洗干净工件前，不可直接进行烘干。电镀锡铅抗蚀层还要用酸性焊料光亮剂保证涂层的回流焊性能。由于牺牲电镀抗蚀层（SMOBC）的应用及迫于环境的压力，含有增白剂的硫脲

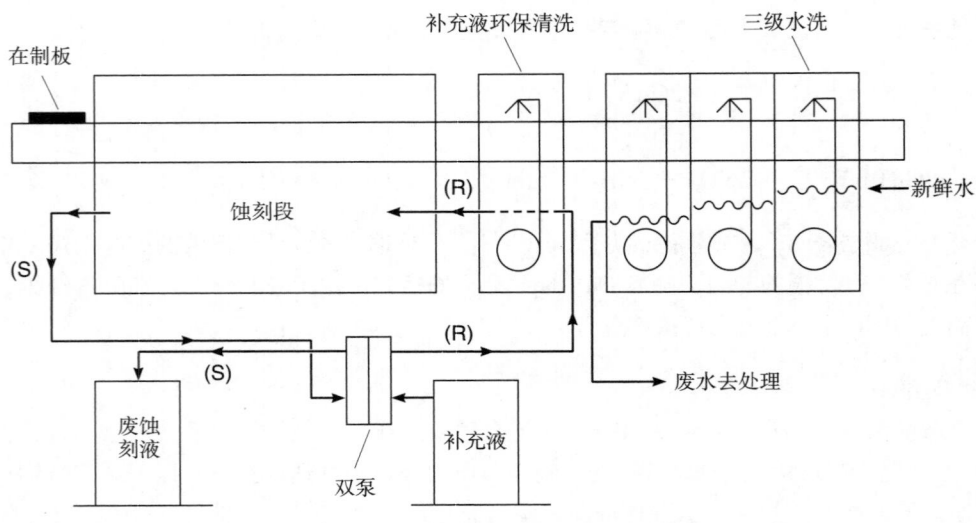

图 32.4 自动流水线式碱性蚀刻系统

1）PA Hunt Chemical Corporation，新泽西州西帕特森。

被大量淘汰。冲洗过程只有完全清除干净线路边缘下面、表面及镀覆孔的蚀刻剂，才算达到要求[8]。多级高压水洗及风刀吹干，可以确保板面干净无污染（见图 32.4）。现代工艺蚀刻线经常与金属抗蚀层去除及清洗线配套使用。

4. 闭环再生

真正的再生要求如下。

（1）在可控制的情况下，根据蚀刻缸的溶铜量，从蚀刻缸除去部分废蚀刻液。

（2）化学恢复废蚀刻液（即去除多余的副产物并调整溶液参数以再利用）。

（3）补充蚀刻剂，以平衡实际生产需要。当再生持续时，恒定蚀刻条件就可以实现。再生的成本较高，所以仅限于大型 PCB 工厂。再生的主要方法是结晶、液 - 液萃取、电解还原。通过冷却结晶和过滤降低蚀刻剂中的铜含量，再调整生产参数。

液 - 液萃取正在被逐步认可[9, 10]，因为它具有更好的可持续性和安全性。该工艺将蚀刻废液与有机溶剂（即羟基肟）混合，而达到萃取铜的目的。随后，含有铜的有机层与硫酸溶液混合在一起，以硫酸铜形式提取铜。此时即可得到无铜蚀刻剂，而硫酸铜通过电解沉积也可得到铜。闭合再生系统减少了化学成本、环境污染、停产时间，但需要更多的空间、财力和技术支持。经济效益直接受铜的市场价格影响。

通过直接电解还原铜和通过离子膜电解槽沉积氨络合硫酸铜蚀刻剂中的铜也可带来效益，如减少废物的排放和节约成本[11, 12]。

5. 蚀刻过程中的特殊问题[13]

（1）pH < 8.0 时，蚀刻速率低。主要原因是过度通风、加热、过长的停机时间、在溶液热的时候喷淋、溶液在补充剂不足或低氨的情况下仍然喷淋。pH 必须用无水氨提高，一定要定时检查自动添加设备。

（2）pH > 8.8 时，蚀刻速率低。主要原因是铜含量高、蚀刻剂中有水、设备通风不足。

（3）酸碱度适宜，但蚀刻速率低。主要原因是铜厚错误、蚀刻段缺少氧气、蚀刻剂受到污染。

（4）焊料攻击。主要原因是蚀刻剂中含过量氯化物、不当的锡铅沉淀、磷酸盐含量不足。

（5）焊接平面、孔和导体上的残留物。可能原因是蚀刻液不平衡或整平剂用尽。

（6）侧蚀或过蚀。可能是不当的 pH 或设备的调整造成的。

（7）pH < 8.0 造成蚀刻缸有沉淀，见（1），沉淀呈沙粒状和深蓝色。通过加入无水氨可以得到改善。

（8）pH > 8.8 造成蚀刻缸有沉淀，见（2），沉淀呈蓬松状和浅蓝色。这可能是铜离子浓度超过氯离子浓度的能力导致的，添加氯化铵可以解决该问题。也可能是蚀刻剂中添加了水。

（9）存在氨气。这是蚀刻装置泄漏造成的。为了操作人员的安全，应该保持通风。

（10）污染。蚀刻缸中溶解有铜的溶液未经处理而排放。如果是这样，则必须经过化学处理和用氨水冲洗分离。薄覆铜板存在另一个问题，它们通过蚀刻装置时速度变得更快，加快了蚀刻剂进入清洗槽。所以，要评估隔离滚轮的位置和清洁度、蚀刻段的喷淋，以及使用合适的化学和水冲洗。

6. 除 钯

在 PCB 制作过程中，进行孔金属化时，需在基材孔壁上吸附一层胶体钯。经过碱性蚀刻后，非金属化孔内的铜会被药液全部蚀掉，而化学镀铜前吸附在孔壁表面的钯却不能被去除，导致化

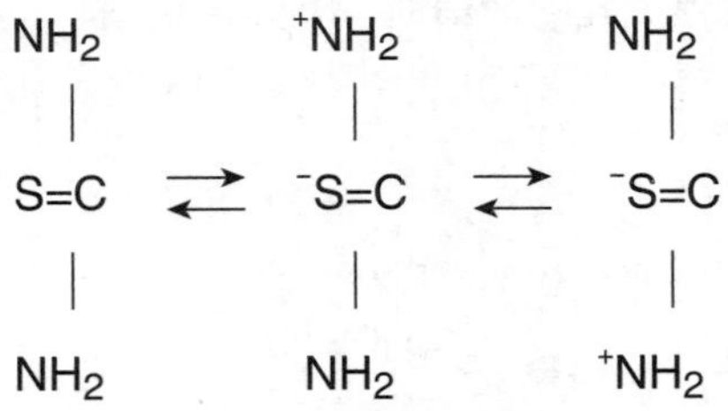

图 32.5 硫脲的共振结构

学镀镍浸金时非金属化孔内沉上镍金，从而影响 PCB 外观及可靠性。因此，在完成孔金属化后，进行化学镀镍浸金前，需向 PCB 喷淋除钯剂，将非导通孔内的钯毒化，使其失去催化作用，确保后续孔内不会上金。

除钯剂一般由 3%~6% 的硫脲、0.5%~1.5%HCl 和水组成，除钯温度一般控制在 35 ~ 40℃，浸泡时间为 3 ~ 5min。硫脲的化学结构如图 32.5 所示。

硫脲中硫离子和氮离子都带有弧对电子，是一种强配对体。在强酸条件下，硫脲能很快与钯金属配对生成络合物而溶解，从而达到去钯的目的。除钯反应的控制见表 32.2。

$$Pd+4SC（NH_2）_2 \rightarrow Pd \cdot 4SC（NH_2）_2 \qquad (32.9)$$

表 32.2 除钯反应的控制

控制项目	功能与控制要求
硫脲	主要有效成分，可与 Pd 形成络合物
HCl	维持酸性的反应条件，为反应提供阴离子，提高浓度有利于提高反应速度，但高浓度盐酸容易挥发
温度	维持反应活性，提高温度有利于提高反应速度，但会加速盐酸挥发，一般控制在 35 ~ 40℃

32.4.2 氯化铜

氯化铜是排在第二位的主流蚀刻剂，见表 32.3。它不仅具有很好的光致聚合物抗蚀剂兼容性，而且是精细蚀刻的首选。铜离子积累会使蚀刻变得非常慢，在连续氧化剂管理和控制下，氯化铜与抗蚀剂可构成一个循环再生系统。该系统的主要优势是成本低，蚀刻速率可控、稳定；产量高，材料回收和污染少；与批量处理相比，溶解铜的能力高。氯化铜溶液主要用于多层板内层精细线路制作、印刷 - 蚀刻板、板镀 / 盖孔 - 蚀刻板[14]。除了光致抗蚀剂，氯化铜蚀刻剂也兼容于丝印油墨、金和锡镍抗蚀剂。但是，焊料和锡抗蚀层与氯化铜蚀刻剂不兼容。

表 32.3 典型的氯化铜蚀刻液的成分

成　分	方案 1[15]	方案 2[16]	方案 3[17]	方案 4[18]
$CuCl_2 \cdot 2H_2O$	1.42lb	2.2M	2.2M	0.5 ~ 2.5M
HCl（20°Bé）	0.6gal	30mL/gal	0.5N	0.2 ~ 0.6M
NaCl		4M	3M	
NH_4Cl				2.4 ~ 0.5M
H_2O	加水配到 1gal	同	同	同

1. 化学反应

蚀刻反应：

$$Cu+CuCl_2 \rightarrow Cu_2Cl_2 \qquad (32.10)$$

当添加过量盐酸、氯化钠或氯化铵，提高氯离子浓度时，可以加速不溶性氯化亚铜的溶解，从而维持稳定的蚀刻速率。

络离子反应：

$$CuCl + 2Cl^- \rightarrow CuCl_3^- \tag{32.11}$$

这时，Cu^+ 离子与 Cl^- 离子形成的络离子决定了铜的蚀刻速率。因此，可以说蚀刻速率受氯离子浓度及扩散浓度和膜厚的影响。

蚀刻剂通过氯化亚铜与空气中的氧气反应生成氯化铜，再生：

$$2Cu_2Cl_2 + 4HCl + O_2 \rightarrow 4CuCl_2 + 2H_2O \tag{32.12}$$

由于酸性环境中氧化的反应速率低，以及热溶液中氧气的溶解度低（4 ~ 8ppm），所以该方法不可行。喷淋会引起空气导致的氧化，但不足以支撑实际蚀刻速率。使用臭氧可以加速这一过程，但臭氧浓度在氧气流中很难保持在 3% 以上，因此限制了该方法的使用。

使用氯气直接氧化：

$$Cu_2Cl_2 + Cl_2 \rightarrow 2CuCl_2 \tag{32.13}$$

作为再生的常用选择，氯气能够加速该反应，且容易控制。最近，迫于安全和环境法规的压力，氯气的使用变得更加昂贵和困难。值得注意的是，化学反应式表明，蚀刻过程中的亚铜离子直接转化成了铜离子［结合式（32.10）和式（32.13）］。因此，蚀刻反应不会影响水或酸溶液的平衡。

使用过氧化氢直接氧化：

$$Cu_2Cl_2 + 2H_2O_2 + HCl \rightarrow 2CuCl_2 + 2H_2O \tag{32.14}$$

这个反应过程更复杂，因为过氧化氢和盐酸反应的过程中添加了水。当过氧化氢浓度超过 35% 时，存储和处理过程会存在安全隐患。其结果是限制了蚀刻剂的铜溶解能力。由于可以根据过氧化氢与盐酸的直接比例进行简易控制，并且能保持溶液中的铜不断氧化，所以这个配方一直受欧洲及亚洲部分 PCB 企业的青睐。

使用氯酸钠直接氧化：

$$3Cu_2Cl_2 + NaClO_3 + 6HCl \rightarrow 6CuCl_2 + NaCl + 3H_2O \tag{32.15}$$

氯酸钠是目前使用最广泛的一个配方。氧化剂溶液可以直接用相应的粉末配制而得，或者直接购买浓度为 45% 的氯酸钠溶液。水的含量一定要严格控制，可以通过添加氧化剂提高溶液中氯化钠的含量。通过提供式（32.13）所需的氯离子，可以提高化学反应速率。由于氯离子是通过盐酸单独添加的，所以游离酸可以维持在非常低的水平（通常 < 0.1）。

电解反应式：

$$（\text{阴极}） \quad Cu^+ + e^- \rightarrow Cu \tag{32.16}$$

$$（\text{阳极}） \quad Cu^+ \rightarrow Cu^{2+} + e^- \tag{32.17}$$

2. 性能与控制

在 130°F 下使用常规喷淋蚀刻设备时，氯化铜 - 氯化钠 -HCl 系统的蚀刻速率较高，55s 内可蚀刻 1oz 的铜。铜的溶解能力保持在 20 oz/gal 及以上。目前，对于 1oz 的铜，高铜含量的化学反应速率控制在 125°F 下 75 ~ 90s。

3. 连续蚀刻和再生

氯化再生 直接氯化在铜蚀刻剂的再生系统中具有很大的优势，成本低、速度快、回收铜的效率高、污染可控。氯化铜 - 氯化钠体系（表 32.3 中的配方 3）是合适的。图 32.6 显示了大致的工艺流程[17]。氯气、盐酸、氯化钠的溶液按要求自动添加。传感设备包括氧化还原计（铜氧化态）、密度（铜浓度）、液位传感器和温度控制器。氯化反应是可靠和可控的，其他需要考虑的因素还包括安全性和溶液控制。光学比色传感器可以用来检测亚铜含量。然而，这些控制单元容易受有机物污染和结晶物堆积的影响，可能造成化学品添加过当，从而造成缺陷和释放氯气到工作区。

安全性：使用氯气时，要保持通风，保证储气罐安全，配备渗漏检测设备、应急措施、个人防护设备，还要对操作员进行培训，离不开消防部门的批准和相关检查。

溶液控制：溶液浑浊造成的 pH 增加，将导致铜色度计的读数错误，有机沉积物也可能引起控制不准。当溶液中存在过量的氯化钠，铜含量在 18 ~ 20oz/gal 时，溶液的冷却会造成盐的共沉淀。溶液过滤器和蚀刻缸必须保持清洁。同时，要定期更换电极、仪器、计量设备。

氯酸盐再生 目前这种方法得到了广泛应用，使用氯酸钠、氯化钠、盐酸，相当于氯化作用的替代方法。工艺流程类似于图 32.6。氯酸钠溶液的优势在于，可以将集中强度的商业溶液和一定程度的配制剂（通常是氯化钠）直接加入到混合物。这些溶液中都需要盐酸，主要起到协调作用，或在非常低的游离酸环境中起到特殊的控制作用。

安全性：氯酸钠是一种强氧化剂，能支持燃烧。要确保泄漏的溶液得到及时清理，清理过程中不可使用干燥的抹布或其他材料。过量添加氯酸钠可能会形成氯气，并有可能进入蚀刻机或环境中，所以必须配备适当的仪器并对操作员进行必要的培训。

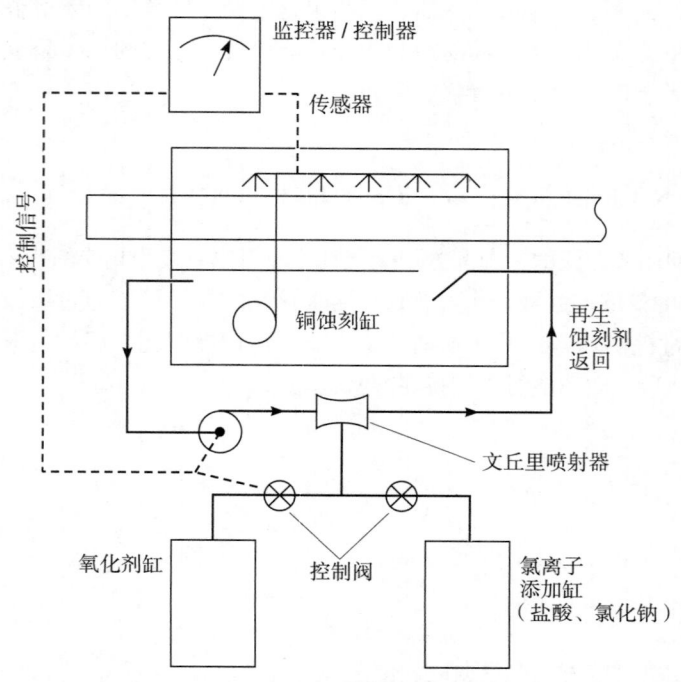

图 32.6 氯化铜氯化再生系统

溶液控制：如果蚀刻液中没有足够的游离酸与氧化剂和铜［式（32.15）］反应，则有失衡的危险。首先，仪器和控制可能无法正常响应，蚀刻速率也会下降。其次，任何后续添加酸或与含有酸的废物进行混合，都有可能以不受控和危险的方式释放氯气。另外，化学添加物中都含有水，并随着反应也会有水产生。因此，任何过多添加的化学物，都会造成化学成分的稀释，并改变蚀刻剂的控铜能力。

过氧化氢再生　过氧化氢如同氯酸钠，具有双重化学性质。在控制氧化剂和盐酸的添加上，ORP（氧化还原电位）计的作用是相同的。过氧化物容易分解，所以泄漏后并不是十分危险。

安全性：过氧化氢溶液不稳定，在分解过程中会产生氧气，释放热量。若将其存储在密闭容器（如桶）中，当有阳光照射或受热时，可能会引起爆炸；在关闭阀门的管道中，由于金属（包括铜、镍和铁）的催化作用，也有可能发生爆炸。如果管道中的金属或金属盐不可避免，那么设施必须具备减压功能，以避免管道爆炸、破裂。

电解再生　蚀刻液中铜的电化学反应见式（32.16）和式（32.17），这种方式不仅有效，而且经济。相关体系在参考文献中有着详尽的叙述[15]。电解再利用很大程度上依赖于高昂的设备投资和物料，以及大量的电能消耗。化学配方中的酸相对较高，而铜相对较低，对于蚀刻效果或电镀效率，这并不是最优条件。

4. 氯化铜体系的问题

蚀刻慢　根据化学性质，氯化铜在本质上是慢于氨气的，在预期产能建立之前，必须有正确的评估。蚀刻前，应确保没有抗蚀层或铬酸盐涂层仍留在板面。温度低、蚀刻液底部混合不到位、化学溶液控制不良，都会导致蚀刻速率下降。如果温度和搅拌正常，溶液呈暗绿色，蚀刻速率低可能是铜离子含量低导致的，这表明氧化剂不足。添加酸可使浑浊的溶液澄清（添加酸之前要确保氧化剂不超标）。在再生系统中，氧化剂可能会耗尽。建议定期分析化学成分的比重、游离酸和总氯含量，确保各工艺参数正确和流程正常进行。

沉　淀　如果酸含量低或水过多，就会发生这种现象。

蚀刻缸中的黏稠物　这是光致抗蚀剂化合物积累造成的，高酸环境中更容易产生。通过适度曝光、使用连续的碳纤维过滤系统，可以避免黏稠物的形成。定期排掉蚀刻液，用氨基磺酸型商业清洗剂对蚀刻设备进行彻底的物理和化学清洗，可以最大限度地避免该问题。

铜表面的黄色或白色残留物　黄色残留物通常是氢氧化亚铜，它不溶于水，是蚀刻和碱清洗时留下的。白色残留物可能是氯化亚铜，蚀刻过程中氯离子浓度较低，或者酸不足时容易产生。为消除黄色和白色残留物，在蚀刻后水洗前应当用 5% 的盐酸喷淋清洗 PCB。

废物处理　废弃物或蚀刻副产品，通常在厂外进行铜回收处理。根据废液中铜含量的不同及不同的地理位置，回收费用不同。溶液不能含有未反应的氧化剂。废蚀刻液中可能含有痕量的来自铜箔处理的锌、铬和砷。

32.4.3　硫酸 - 过氧化氢

硫酸 - 过氧化物体系广泛用于铜表面的处理，通过微蚀可以获得纹理清晰和活化能很高的铜面。这些配方主要用于早期的电路蚀刻工艺。现在，由于蚀刻速率低、伴有热量释放，以及控制铜结晶的需要而不再使用。然而，随着精细线路发展的需要，这种蚀刻剂有可能被再次使用。其实，该体系与厚度低于 1/2oz 的铜箔配套使用，通过更慢的蚀刻可以实现更精细的控制，并且与金属抗蚀层和许多有机物抗蚀层都兼容。

1. 化学反应

典型的浸渍和喷淋蚀刻液的成分及其功能如下。

（1）过氧化氢作为氧化剂，与铜反应溶解铜。

（2）硫酸使铜溶解，在溶液中以硫酸铜的形式存在。

（3）硫酸铜有助于稳定蚀刻速率。

（4）钼离子是一种氧化剂，有助于提高蚀刻速率[22]。

（5）芳基磺酸是过氧化物稳定剂[23]。

（6）硫代硫酸盐可起到提高反应速率、控制氯离子的作用，允许较低的过氧化物含量[24]。

（7）磷酸可以起到保持焊接面和镀覆孔清洁的作用[25, 26]。

蚀刻反应：

$$Cu + H_2O_2 + H_2SO_4 \rightarrow CuSO_4 + 2H_2O \qquad (32.18)$$

2. 性能和控制

蚀刻速率低、过氧化物分解、喷淋泡沫等早期遇到的技术问题现已解决，但还存在其他问题，如在蚀刻过程中产生热量、蚀刻过程中副产物品的平衡、蚀刻剂污染及浓缩过氧化氢溶液处理的危险性。在设备空闲时，过氧化氢的分解问题会造成设备的灾难性损坏，因此需要在设备不运行时进行相应的热管理。

3. 闭环系统

生产设备要求能够通过蚀刻缸或机器持续回收蚀刻液，以及回收处理硫酸铜。蚀刻液的补充通过化学分析及浓缩液添加完成。硫酸铜的回收通过将蚀刻液温度降至 50 ~ 70°F，进而降低 $CuSO_4 \cdot 5H_2O$ 的溶解度进行。目前已有相关结晶、回收设备被投入使用。

4. 过氧化氢体系的问题

蚀刻速率降低 这可能是操作条件、溶液失衡或氯污染造成的。

蚀刻不足和蚀刻过度 从整个蚀刻条件来看，可能是溶液控制和抗蚀层与设计图形的偏差导致的。对于浸渍蚀刻方式，溶液和 PCB 可能需要增加搅动；而对于喷淋蚀刻方式，应当着重注意喷嘴和管路是否堵塞。

温度变化 循环水量和温度控制器需要定期检查。温度过高可能是由于铜含量过高、存在污染物，或者过氧化物快速分解。

硫酸铜回收中断 这可能需要检查溶液是否平衡、热交换器和其他还原设备。余热可能造成出料传输设备堵塞故障，晶体尺寸和液体含量变化会造成主要的车间出现问题。

32.4.4 过硫酸盐

铵、钠和钾的过硫酸盐添加某些催化剂后，可以用于 PCB 制造中的铜蚀刻工艺。过硫酸盐常用于内层氧化物层和化学镀铜，以及电镀工艺的微蚀。像常见的焊料、锡、锡镍合金、丝印油墨、感光膜等多数类型抗蚀层，都可用过硫酸盐作为蚀刻剂。一般来说，过硫酸盐蚀刻剂不稳定，会出现分解，表现为低蚀刻速率与溶铜能力。

1. 化学反应

铵、钾的过硫酸盐是过硫酸（$H_2S_2O_8$）的稳定盐。这些盐溶于水中后，以 $S_2O_8^{2-}$ 形式存在。在常用的过氧化物中，它是最强的氧化剂。过硫酸盐与铜的氧化还原反应：

$$Cu + Na_2S_2O_8 \rightarrow CuSO_4 + Na_2SO_4 \tag{32.19}$$

过硫酸盐溶液水解形成 HSO_4^{1-}，随后形成过氧化氢和氧。水解过程中，酸起到催化作用，酸也可能造成蚀刻溶液不稳定。

过硫酸铵溶液，浓度通常是 20%，为酸性。水解反应和蚀刻剂的使用导致 pH 从 4 降到 2。过硫酸盐的浓度降低，会导致水合铜硫酸铵［$CuSO_4 \cdot (NH_4)_2SO_4 \cdot 6H_2O$）］的形成，该沉淀物可能会影响蚀刻。

固体过硫酸盐化合物是稳定的，存储在干燥封闭容器中是不会变质的。溶液成分包括各种催化剂、有机物和过渡金属（铁、铬、铜、铅、银等）。存储的材料必须仔细筛选，过硫酸盐不能与还原剂或可被氧化的有机物混合存放。

蚀刻剂的有效溶铜能力在 100 ~ 130℉ 下大概为 7oz/gal。当溶铜能力在 5oz/gal 以上时，需要特别注意，防止过硫酸盐在 130℉ 下结晶。在 118℉，含铜量为 7oz/gal 的蚀刻液溶液的蚀刻速率为 0.27mil/min。

2. 分批操作

首选过硫酸钠，因为问题最少，溶铜量和蚀刻速率高。3lb/gal 的过硫酸钠与 15ppm 的氯化汞（$HgCl_2$），加 1gal 的专用添加剂，再配 57mL/gal 的 H_3PO_4 进行混合，可以成功用于间歇式喷淋蚀刻[27]。蚀刻速率在整个蚀刻过程中有所不同，大致在 1.8 ~ 0.6mil/min。用专用添加剂蚀刻时，蚀刻液配成后应在 16 ~ 72h 内使用。

3. 过硫酸盐体系的问题

蚀刻速率低 因为溶液可能会分解，所以需要对整缸溶液进行更换。如果溶液是新的，可以添加更多的催化剂，或者检查是否有铁离子污染。

过硫酸盐结晶 板上的盐结晶会引起条痕、焊盘损坏、喷嘴或过滤器堵塞。当铜含量过高时，会出现蓝色盐沉淀。

蚀刻溶液的自分解 主要原因是污染、过热或放置时间过长。过硫酸铵蚀刻剂，特别是在较高的温度下，将变得不稳定。在大概 150℉ 时，溶液会迅速分解，所以混合后的蚀刻液要尽快使用。

废物处理 废蚀刻液的 pH 约为 2，含有铵盐、钠盐和硫酸铜。废液的两种处理方法如下。

（1）通过电解将铜沉积在钝化的 300 系列不锈钢的表面。含有硫酸的废蚀刻液更容易发生电解。一旦铜被电解还原完全，剩余的溶液可以稀释、中和、检验并最终丢弃。铜可以从阴极得到，废旧的硫酸钠可以用氢氧化钠处理。

（2）将铝屑或铁屑添加到微酸化的溶液中。这可能意味着溶解铜的去除变得更困难。特别是存在氯离子时，反应将更加剧烈。如果溶液不稀释，将会产生大量的热。

32.4.5　氯化铁

在 PC、电子、照相凸版印刷术及金属表面处理应用中，氯化铁蚀刻液可以用来蚀刻铜、铜合金、铁镍合金及钢。当前，美国对 PCB 制造中使用的氯化铁蚀刻剂的管制十分严格，因为其包含铜蚀刻液，处理费用昂贵。同时，商业上也更倾向于氯化铜和氯化铵蚀刻剂。不过，氯化铁蚀刻液仍大量应用在合金蚀刻和光化学加工方面。

氯化铁可以用在丝印油墨、光致抗蚀剂和含金的图形线路中，但是不能用于锡或锡铅抗蚀层。氯化铁是非常好的喷淋蚀刻剂，易于使用，溶铜能力强，个别情况下可批量应用。

溶液中蚀刻剂的主要成分是氯化铁，质量含量为 28% ~ 42%。水解反应会产生游离酸，用于维持蚀刻剂所需的酸性环境。自然的酸度，辅以额外的盐酸（5%），可以防止形成不溶性氢氧化铁沉淀。铜合金蚀刻剂的商业配方通常是 36°Bé 或大约 4.0lb/gal 的 $FeCl_3$ 溶液，并可能含有消泡剂和湿润剂。习惯上，盐酸含量为 1.5% ~ 2.0%。

关于氯化铁的浓度、溶铜量、温度和搅拌速率与蚀刻质量的介绍，参考文献中有相关报道[28, 29]。

32.4.6 硝 酸

基于硝酸的蚀刻剂在 PCB 制造中也获得了广泛应用。硝酸在蚀刻铜的过程中释放大量的热，容易造成反应不可控。硝酸蚀刻剂的问题包括溶液控制问题、对抗蚀层和基材的损害，以及在反应过程中产生有毒气体。然而，硝酸也具有很大的优势，包括蚀刻速率快、铜溶解能力高、没有沉淀物的高溶解度、有效和成本低等。

硝酸与铜的化学反应：

$$3Cu + 2NO_3^- + 4H^+ \rightarrow 3Cu^{2+} + 2NO_2 + 2H_2O \qquad (32.20)$$

文献的研究表明，工艺改进还是有可能的[30, 31]。在 30% 硝酸铜加水溶性聚合物和表面活性剂的蚀刻液中，可以对蚀刻状态进行控制。干膜抗蚀层能与该蚀刻剂很好地配合使用。另一个重要发现是，硝酸无侧蚀效应。这可能会在高良率和精细电路板中有所应用。获得无侧蚀效应线路的主要困难在于，需要使用特殊结构的铜箔，目前还不能量产。

32.5 其他 PCB 构成材料

PCB 通常包含铜箔、有机介质材料、陶瓷材料及其他金属材料。

有机介质材料 有机介质材料通常都由热固型和热塑型树脂与增强填料混合而成。用于刚性板和挠性板的热固型增强材料具有很好的稳定性、耐化学性和介电性能。热塑性材料也用于挠性板。材料的选择需要考虑加工过程中使用的溶液、蚀刻剂和溶剂的影响。此外，用于金属和层压基板结合的黏合剂，在加工过程中可能会被一些溶液软化、疏松和损害。表面越平坦，越有助于精密蚀刻。

薄铜板 PCB 使用 1/4oz（9μm）或更薄的铜箔时，侧蚀效应最小，可以保证图形不失真。但覆铜板存在的问题是，层压时非常薄的铜箔会有针孔问题，并使铜箔脆性增加。避免这些问题的一个方法是，首先使用常用的 1/2oz（18μm）的铜箔，再通过减薄铜的方法使其厚度到达较薄的状态（3 ~ 9μm）[32]。这项技术的关键点在于，起始铜箔的厚度均匀性要好，蚀刻过程也要严格控制。氯化铜和过硫酸钠配方已经应用在这个工艺中。

反转铜箔 这个结构的铜箔是在改善蚀刻精度和控制蚀刻线路的过程中受到关注的。为了实现这样的铜箔结构，必须控制铜牙结构和结晶状况。通常情况下，铜牙面与介质层结合可以增加剥离强度，留下光面用于加工。然而，这种结构却相反，把"鼓"面或光面与介质层压，留下铜牙面朝外。这样就形成了一个光面界面，使蚀刻到此面为止，而不像传统蚀刻过程中需要额外蚀刻掉埋在介质中的多余铜牙。

半加成铜 在厚度为 0.000 050 ~ 0.000 200in 的铜上继续电镀铜和其他抗蚀层，不会有悬铜和碎屑形成。这些层必须有足够的厚度和均匀性，以满足电镀导体要求的清洗和准备步骤。

32.6 其他非铜金属

32.6.1 铝

覆铝挠性板适用于微带线[33]和抗辐射电路。铝及其合金具有良好的导电性、质量小，且可电镀、焊接、钎焊和化学研磨，阳极化处理效果好。覆铝层压板介质包括 PPO[33]、聚酰亚胺[34]、环氧玻璃和聚酯。

覆铝挠性板蚀刻前的处理包括碱性浸泡预清洗、铬硫酸冲洗 5 ~ 10s、水洗和干燥。优化后的蚀刻剂成分包括氯化铁（12 ~ 18°Bé）、氢氧化钠（5% ~ 10%），抑制盐酸、磷酸混合物、盐酸和氢氟酸的混合溶液、氯化铁 - 盐酸混合物。

丝印聚乙烯抗蚀层和干膜光致抗蚀剂，可用于深度蚀刻或化学研磨。浸在 10% 硝酸或铬酸溶液中，可以去除留在导体表面或边缘的残留物。稀释铬酸也可用于此，但在蚀刻后需用喷淋去离子水的方式彻底清洗。

32.6.2 镍和镍基合金

由于焊接性能良好，镍被越来越多地用于 PCB 的金属覆盖层、电镀层或电铸结构。镍铬和镍基合金需要特殊蚀刻技术。

前面讲到的方法适用于镍基材料的图像转移和蚀刻。使用氯化铁（42°Bé）在 100°F 下可进行蚀刻。其他蚀刻剂包括 1 份硝酸、1 份盐酸和 3 份水，或 1 份硝酸、4 份盐酸和 1 份水。

32.6.3 不锈钢

不锈钢合金可用于电阻元件，或者用作高抗拉强度材料。常见的 300 ~ 400 系列钢的蚀刻，可以用以下蚀刻液。

（1）含有 3% 盐酸（可选）的氯化铁（38 ~ 42°Bé）。

（2）按体积配制：1 份盐酸（37%），1 份硝酸（70%），1 ~ 3 份水。对于高速 300 ~ 400 系列钢，在 175°F 下，有效蚀刻速率大约是 3mil/min。

（3）氯化铁和硝酸的溶液。

（4）按质量配制：100 份盐酸（37%），6.5 份硝酸，100 份水。

32.6.4 银

银，作为最便宜的贵金属，具有优良的性能，包括优越的电气性能，热导率大、延展性好、可见光反射率高、熔点高和耐化学药品攻击性好，广泛应用于整个电子行业。在挠性板领域，银主要应用在电子相机和 LED 产品中。

标准图形转移方法也适用于银。蚀刻前先用稀硝酸进行清洁。硝酸和硫酸的混合酸是银的有效蚀刻剂。对于黄铜或铜基板，1 份硝酸（70%）和 19 份硫酸（96%）的混酸在蚀刻银的过程中不会对基材造成损害。溶液要经常更换，以防止吸水和铜上沉银。

文献中报道，银蚀刻液的成分为 40g 铬酸、20ml 硫酸（96%）和 2000ml 水[35]。蚀刻后用 25% 的氢氧化铵冲洗。银薄膜可在水溶液或乙二醇溶液中使用 55% 硝酸铁（按质量配制）进行蚀刻。碱性氰化物和过氧化氢溶液也会溶解银。在 2V 电压下、15% 硝酸中和不锈钢阴极条件下，电解蚀刻也是可能的。

32.7 蚀刻线路形成的基础

化学蚀刻形成基本特征的过程已经被广泛研究和建模。然而，研究得出的结果只能针对生产过程中最显著的影响因素提出改进。为了制造更加精细的电路产品，需要理解所有生产技术，这样可以不断地克服困难。本节的目的是简要回顾与蚀刻相关的基础科学，讨论跟精细蚀刻相关的因素。

32.7.1 成 像

1. 成像工具

照相底图是形成线路图形的第一步。如果成像工具定义不清晰、完整性不够或尺寸不稳定，就不可能提高线路图形的质量。边缘清晰度和对比度尤为重要。多个脉冲或点形成的图形必须重叠，使图形边缘的波纹最小。随着图形线路越来越精细，必须提高成像的完整性和精度。这里要求照相底图质量至少比最终产品所要求的公差好一个数量级（10 倍）。也就是说，如果线路公差要求是 ±0.1mil，那么照相底图的公差至少要达到 ±0.01mil。

2. 图形完整性

通过照相底图 / 曝光工艺转移的图形的有效性，可以通过优化整个过程来最好地实现。表面准备、抗蚀剂使用、曝光、显影，维持整个生产环境的清洁是保证图形完整性的关键。同时也要定期使用导体分析技术等，对图形完整性进行评估。短路、开路等缺陷可能与抗蚀层的完整性有关，持续的线宽问题则可能与成像相关。通常情况下，光致抗蚀剂越薄，所需光路越短；光源和铜表面的界面越少，成像与成像工具的保真度越好。然而，随着薄膜、曝光、成像工具的持续改善，精细图形质量的改善取决于适当的优化、技术和清洁度的一致性，以及技术的选择。

32.7.2 工艺基础

1. 扩散——控制机制

32.4 节讨论了蚀刻过程中的化学反应。为了解铜箔实际截面的形成过程，首先要了解扩散和液体流动的影响[32]。在铜表面发生蚀刻反应的结果是，络离子的堆积和活性蚀刻剂的耗尽。蚀刻反应过程中，络离子须穿过静态边界层，需要供应新鲜的蚀刻剂，才能使蚀刻反应完全，并运走蚀刻产物（见图 32.6）。这个边界层的形状与抗蚀剂和蚀刻壁的具体形状、流过表面的流体、抗蚀剂和蚀刻出的侧壁形成的通道内的临界流体流动有关。

2. 流体流动的影响

观察图 32.7 会发现，边界层的轮廓与其厚度随着通道的形状和宽窄而变化。如果表面是平的且没有蚀刻图形，那么边界层是薄的，且只与表面的流体性质和速度有关。另一方面，抗蚀剂图像形成深的通道，并且蚀刻铜线路形成更深的通道，此时的蚀刻状况与表面蚀刻有很大的不同。更令人混乱的是，线路及抗蚀层图像在表面形成了实际通道。就像在一条河流的底部，处在单个通道内的流体的流动受到影响，但不同于液体从整体表面流过。一般来说，越窄和越深的通道，蚀刻液流得越慢。更严重的是，扩散边界层更重要，蚀刻速率变得更加缓慢。概略地说，这是为什么靠近平行线的中间部分比外面部分的蚀刻速率慢。同样地，这也解释了为什么 90° 拐角的线路，其内弯处的蚀刻速率较慢。

喷淋蚀刻为流体力学又增加了一个维度。板面并非真正的自由液体膜。板子的顶部有蚀刻液体，蚀刻液在喷淋传送及向边缘流动的过程中一直存在。流动过程的影响因素包括数量、流量、喷嘴形状、喷嘴间的交互喷流、板子运动的方向、滚辊，以及其他接触和遮挡物。板子底部残留有时是由于表面张力的作用，同时也会受喷嘴流量的影响。最后，图形是复杂的流动模式下共同作用的结果，最终结果仍需制造者测试和优化。

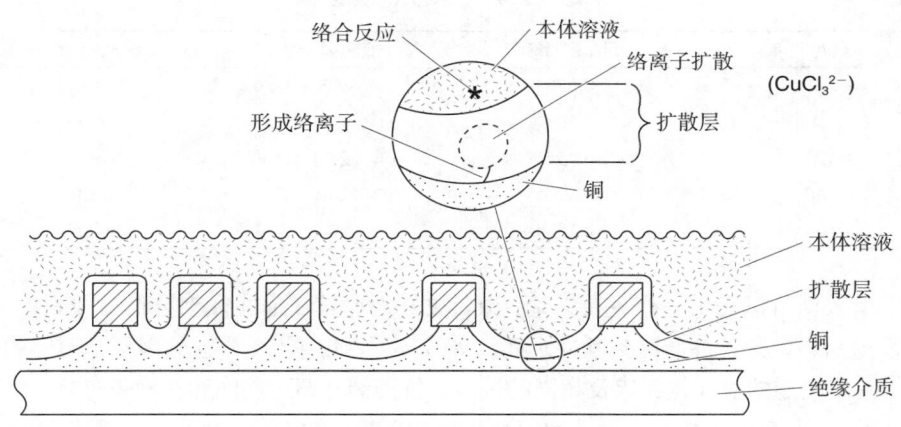

图 32.7 蚀刻扩散力学

32.7.3 线路形状的发展

1. 蚀刻线路形状的描述

蚀刻过程中，抗蚀层之间的区域首先被移除，然后逐步形成杯状，直到中心区域被打破。这之后，板面基材逐步打开，侧蚀也同时进行，蚀刻同时向下和向里进行，蚀刻暴露出更多的绝缘和隔离图形（中心区域被打开之前，侧蚀量是非常小的）。图 32.8 说明了对线路的攻击，使用了标准定义：R（抗蚀层宽度）、B（蚀刻下线宽）、T（蚀刻上线宽）和 t（铜箔厚度）。

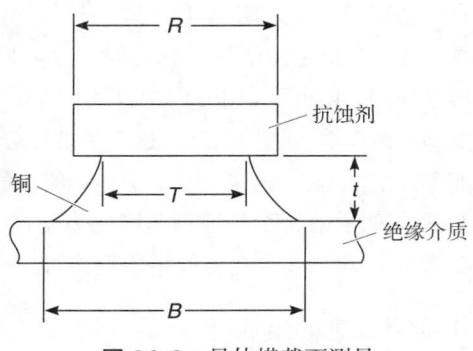

图 32.8 导体横截面测量

有两种方式可以衡量蚀刻过程——侧蚀和蚀刻因子，其定义见式（32.21）和式（32.22）。这些定义并不是一劳永逸的，所以需要明确这些参数的意义，正确理解使用这些因素的原因。侧蚀定义了顶面线路减少后抗蚀剂的平均悬空。蚀刻因子定义了单位厚度蚀刻后线路的侧壁内锥形平均大小。有时，蚀刻因子也会分子、分母互换使用，或使用不同的测量值进行计算。在衡量蚀刻状况的问题上，这两种方式都是有用的。U 最小化和 F 最大化能形成最优的蚀刻图形。

$$侧蚀 \qquad U = (R - T) / 2 \tag{32.21}$$

$$蚀刻因子 \qquad F = 2t / (B - T) \tag{32.22}$$

2. 侧蚀和蚀刻因子的发展

关于蚀刻线路形状，已在蚀刻过程逐步观察中被研究过多次[36, 37]。同时也引申出另一个相关参数——蚀刻度，也就是 R/B。这个系数等于 1.0 时，下线宽等于抗蚀层宽度，这是一个非常理想的蚀刻情况。注意，如果 $R < B$，则表示欠蚀；$R > B$，则意味着过蚀。线路在氯化铜溶液中蚀刻，设线宽、线距为 3mil，抗蚀层厚度为 1mil，铜箔厚度为 1oz（1.4mil），蚀刻值的演变见表 32.4 和图 32.9。

表 32.4　蚀刻值的演变

蚀刻时间 /s	侧蚀 U / mil	蚀刻因子 F	蚀刻度 R/B
90	0.05	0.90	0.5
110	0.30	1.75	0.75
125	0.45	2.33	1.1
140	0.525	2.67	1.0
165	0.75	3.11	1.25

通过以上数据可以得出一个重要结论：想要更好地比较或描述蚀刻过程（蚀刻机与蚀刻机、蚀刻剂与蚀刻剂、蚀刻条件与蚀刻条件之间，等等），仅使用侧蚀或蚀刻因子是不够的。数据评估必须基于一个给定的 R/B 点，以及相同的铜箔、抗蚀剂、照相底图和在制板尺寸。如果这些因素不能保持不变，那么"过程 A 有更少的侧蚀"就变得毫无意义——额外蚀刻可能会使侧蚀更大，侧壁变得更直。

3. 灵敏度分析

在前面分析的基础上，又引申出一个评估参数——灵敏度。这是对额外蚀刻（相对时间）结果（R/B）变化的研究。相对时间是实际蚀刻时间与正常蚀刻（R/B 为 1.0 时）时间的比值。还是以表 32.4 为例，140s 时 R/B 达到 1.0；但是，仅仅多了 25s 的蚀刻时间（18%），过蚀就增加了25%，R/B 就达到了 1.25。这个灵敏度分析表明，即使过蚀时间很少，也可能会对 3mil 的线路造成很大的过蚀。在这个例子中，蚀刻过程足够慢，以至于可以通过控制蚀刻速度来控制蚀刻过程。然而，如果蚀刻剂的蚀刻速度变为现在的 2 倍（如碱性），则很难准确地描述适当的结果。通过文献可以获知多个变量的累积变化对生产能力的整体影响[38]。

4. 改善工艺的启示

在实际应用过程中，常常希望改善蚀刻因子，以得到更好的线形轮廓。一个可行的方法是，用成像工具获得比要求线宽更宽的线，然后通过过蚀达到所希望的蚀刻完成点。这种做法通过牺牲 U 来增加 F。然而，随着蚀刻间距越来越小，增大抗蚀层的做法受到了限制，因为蚀刻液

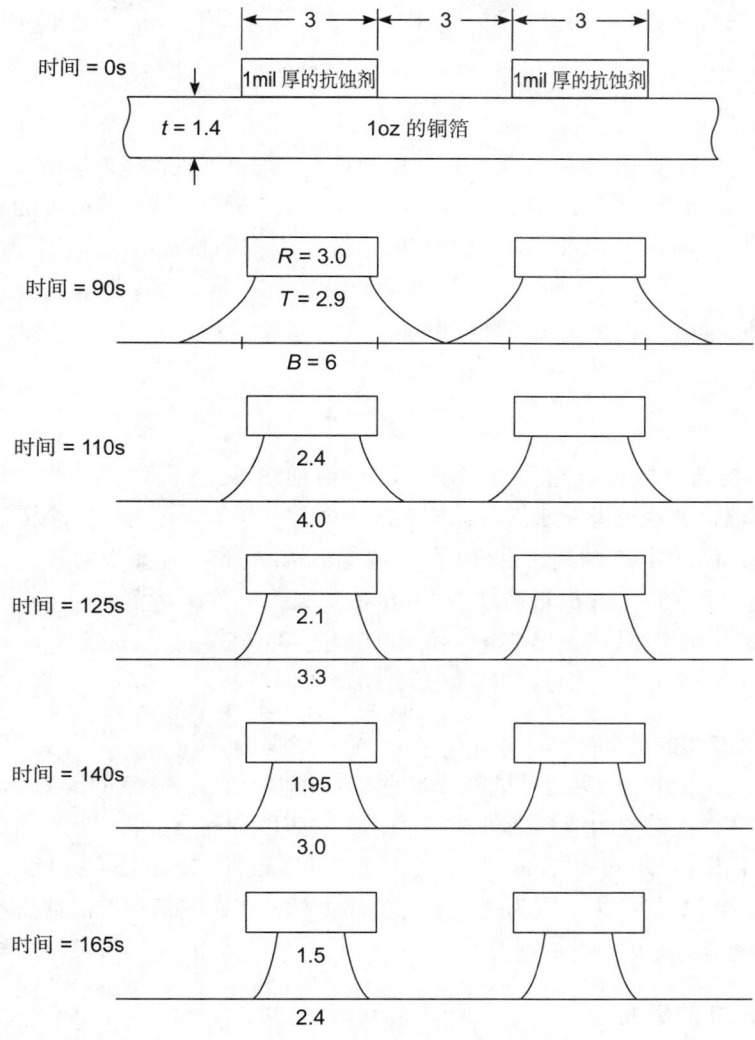

图 32.9 蚀刻过程中的线形变化

的活动受到限制，蚀刻剂会停在蚀刻线路之间。因此，当抗蚀层宽度接近要求线宽时，为了使 $R/B = 1$，蚀刻过程中必须进行非常精准的控制。随着特征规格的收紧，蚀刻过程要做到这一点可能需要进行改动。一个专利方法是，用非常慢的具有微调功能的化学蚀刻剂，精确地达到正确的蚀刻完成点[39]。

32.7.4 精细线路的蚀刻要求

1. 精细线路的定义

精细线路的术语是相对的，因为当前常规可用技术的加工状态也在不断改进。因此，精细线路可以是未来要实现的比现有技术所能提供的更好的线路。这可以通过统计和标准测量工具来理解。C_p（简单工艺能力）评估了输出结果的变化（$6s$，s 是线宽分布的标准偏差）与限制规格的变异[40]。C_p 测量可以使用标准化的测试方法（IPC 9251）或商业测试软件 CAT。一般而言，精细线路可以被定义为这样的线宽点：在这个点，生产能力开始下降到正常水平之下。注意，线宽可接受偏差（一般是线宽的百分比）通常是由客户和工厂确定的。很明显，这取决于可用的技术和单个工厂的操作。

2. 局限性——实际的经验法则

知道当前的技术瓶颈是什么很重要。抗蚀层的总厚度加上蚀刻铜箔的厚度限制了蚀刻线路的间距。例如，1.2mil 厚的干膜加上 1oz 的铜箔，总厚度是 2.6mil，这个厚度可能直接决定了蚀刻的线宽和线距。相同类型的蚀刻图形所能达到的极限，可以通过侧蚀和蚀刻因子进一步确定。因此，从表 32.4 中 $U = 0.525$mil 的 $R/B = 1$ 数据可以看出，一个 2.6mil 的总厚度（含抗蚀层），当蚀刻线宽底部为 2.6mil 时，将有 1.5mil 的侧蚀，顶部就只剩下 1.1mil 了。所以，必须确定这些图形尺寸（和允许的变化）是否符合设计要求。

3. 越薄越好

一般来说，铜箔及抗蚀层越薄，越利于制作精细线路。然而，如果使用薄铜箔（9μm，1/4oz），线路可能需要通过电镀来满足载流要求。薄抗蚀层的问题是，蚀刻图形在加工设备中容易受损。但是，使用 0.4mil 的抗蚀层和 1/4oz 的铜箔（0.35mil），结果表明其上限可能为 0.75mil（19μm）。事实上，使用 3～5μm 铜箔外加 14μm 的电镀铜（总铜厚为 17～19μm），可以用来制作线宽为 30μm 的精细线路，该方法在板镀和图镀工艺中都在使用[41]。加工薄铜板的一种方法是，使用较厚铜箔的商业覆铜板，通过减薄铜来达到所需的铜厚。

4. 改变微通道内液体的流动

正如前面所说，线路间微通道中蚀刻液体的流动性对形成均匀一致的精细线路至关重要。有专门的技术可改变微通道内的液体流动[42]，但需要特定的专利设备和工艺。研究结果显示，使用 1oz（34μm）铜厚、1.4mil（37μm）厚的抗蚀剂，可以制作 50μm 的线宽和 2mil 的线距。这是一个非常独特和重要的结果，因为通过改善流体力学，传统铜箔和抗蚀剂技术可以用来制造特征明显小于常规能力的更精细的图形。

5. 超越精细？ HDI 的影响

高密度互连（HDI）涉及多项技术。HDI 板是通过积层法，采用薄介质和薄铜箔制作出的具有微孔结构的 PCB。为实现互连，需要更薄的、更精确的线路图形控制。随着电路层数的增加，累积效应变得更加明显，所以每个工序都必须保证缺陷最少。对于蚀刻，面临的最大挑战之一是，让抗蚀层与表面吻合——这就需要结构材料和工艺之间能够做好衔接。蚀刻能力要求提高工艺的精度、稳定性和能力。图 32.10 所示的流程图显示了蚀刻的问题和解决方法[44]。

6. 稳定性及控制

测量和分析差异来源能更好地消除差异。前面提到的测量工具对收集数据并进行分析非常有用。一个重要因素是线路位置和走向差异。通过研究整个在制板的位置和相对运动的情况，可以得到很多结论。通过反复测量的数据，可以观察到工艺条件的变化（如堵塞的喷嘴和其他缺陷）。

另一个因素伴随着特定时间间隔的变化，可以通过研究一系列的评估板来逐步获得。如果蚀刻化学控制不足，蚀刻速率随之发生变化，就会导致蚀刻线宽也随时间会发生变化。通常，可通过调整或修改设备参数来缩小差异。仪器设备参数调整升级后导致的差异很容易确定，直接通过数据记录、缺陷发生的类型和程度就可以确定。

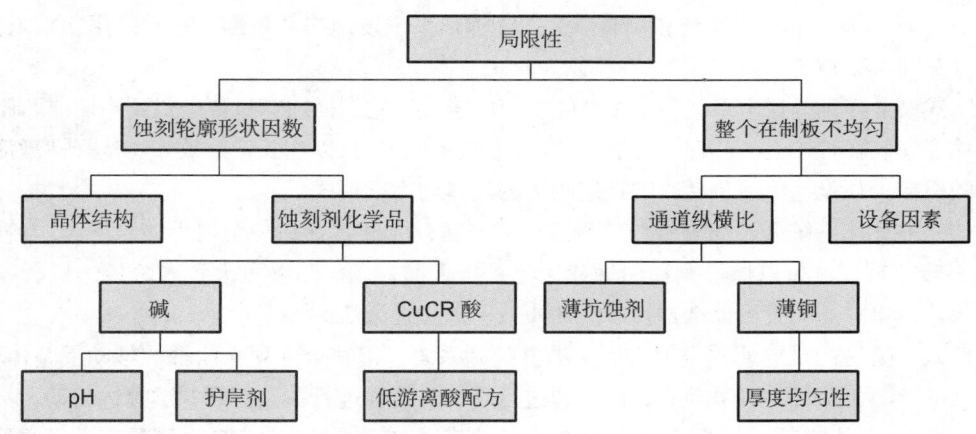

图 32.10　HDI 蚀刻产品局限性问题的研究：轮廓和均匀性限制可以从工艺上改进

32.8 设备和技术

蚀刻设备的喷淋系统上已经有了很多工艺改进。微蚀刻和表面处理用的浸泡式微蚀缸有很多种。然而，对于单独的在制板，传送喷淋工艺由于其有效性和可操作性而被广泛使用。

32.8.1 基本喷淋设备

1. 结　构

蚀刻设备必须具有使用寿命长、尺寸稳定性良好、耐化学药品攻击和耐高温（130℉ 和更高）等特性。涉及的物料包括硬质塑料（PVC、PP、CPVC 和 PVDF）、金属（钛、哈氏合金 C）、弹性体（乙烯、氟橡胶、聚三氟氯乙烯聚合体、乙烯 - 丙烯）、专业复合材料（玻璃 - 环氧树脂、石墨、碳填充聚合物和其他专门配方）、玻璃或具有一定透明度的化合物。所面临的主要问题是，要选择适当的等级、成分、机械性能、功能和耐久性。设备制造商在其设计过程中会考虑这些因素。

2. 控　制

控制和电子线路部分是重要的，健壮性和精度要求的增加，对成本会有显著影响。因此，成本效益和技术的权衡及市场价格决定了妥协的结果。买方必须进行成本效益分析，以评估仪器的可用升级。生产过程中，关键是要控制好温度、压力、传送速度和安全联锁装置。温度最重要，因为蚀刻反应通常是放热的，热量需通过冷水盘管散出去，这样才能保持稳定。可以添加电导率、pH、密度、ORP 和其他化学品控制仪器监测和控制过程。这些工具可以集成到 PLC 或计算机控制系统中，也可以是独立的轻型电器仪表控制面板。生产线和控制柜本身必须保持适当通风，远离水和化学飞溅及腐蚀性气体。理想的做法是，仪器仪表控制面板上能给操作者提供关键状态显示，以及一些监视和记录过程信息的一些手段。

3. 喷淋方法

个别设计者在在制板上应用了与常规设备不同的喷淋类型和机理。重要的是要认识到，喷淋系统的设计与传送和机械设计紧密集成，以最小化对机械杆、传送轮、在制板控制装置和其他机械装置的影响，从而实现线路的均匀性和几何形状。同时，也必须意识到，喷淋效果不仅仅是表面液体的反映，还与喷淋方向及线路沟道内的微流体流动有效性相关。因此，必须对上、下喷淋系统分别提供单独的控制和仪表。为了能够最大限度地提高精度，通常采用四象限控制。机械喷淋阵列可以描述为以下类型的变形。

固定式喷淋阵列 这个系统包含多个喷嘴管的连接，它们横向穿过传送机到一侧或两侧的集流管。喷嘴安装在管子上，安装时必须小心和注意喷嘴的方向，以达到设计效果。选择性激活（或关闭）的机械干预设计应该包括影响特定图形的流体动力学模式。

摆动喷淋 该系统采用喷淋管与传送方向对齐排列（通常存在一个很小的角度）。喷管的末端使用旋转密封件，可以通过摆动曲柄或齿轮机构来回移动。喷嘴以大致横跨传送机行程的图案移动液体。单独的喷管可以选择性节流和（或）选择性激活。

交替式 喷嘴的摆放通常类似于固定喷淋阵列系统，但整个阵列在曲轴的带动下整体移动。最大精度的产品包括各种喷嘴模式，可以通过计算机对喷嘴进行单独打开并选择性启动。

喷 嘴 可以选择不同类型、大小和材料的喷嘴。对于蚀刻，PVDF 喷嘴具有良好的可靠性和一致性。喷嘴方式有扇形、全锥（圆的和方的）形和开放锥形。一般来说，对于给定流量，扁平、扇形喷嘴具有大开口和高冲击力，而圆锥形喷嘴具有较低的冲击力和孔口限制，以确保实现图形的填充。喷嘴的主要缺点是，容易发生堵塞。最好的阵列设计可能会简单地因为小数目的喷嘴发生堵塞，而造成危险的非均匀蚀刻。商业上已经有了具有自洁风扇的喷嘴设计。可以在泵和喷嘴之间安装过滤器，防止喷嘴堵塞。

32.8.2 喷淋设备的选择

1. 垂直线

分批操作 最早应用的设备，在样板的制造中仍然是有用的。夹持一块在制板的工件绕轴旋转，有时也会摆动。喷淋可以从一面或两面进行，可以是固定的或摇摆的。这种类型的设备局限于小尺寸在制板的生产。液体全部从在制板上排出后，进入收集液体的池子中。蚀刻后必须将在制板放在单独的清洗容器中清洗（有些设备已设计成分流排水，和喷淋有相同的工作方向）。这种设备的生产能力不高，但能够完成高质量的蚀刻工作。

传送式生产 有好几类大型设备接受垂直方向的工件，通过在制板下面的系列辊轮传送在制板，用辊轮或线束稳定在制板。而有一些生产设备使在制板顶部悬空。垂直方向的喷嘴阵列，无论是固定的还是移动的在制板，都可以进行表面喷淋。这类机器在显影上的应用比蚀刻更成功，因为图形的显影深度是由曝光而不是完全由蚀刻液流体形成的。在制板上残留的喷淋液体通过洗涮从板面下边缘去除，因此，必须采用特殊的喷嘴设计，补偿流动的蚀刻剂对在制板下边缘的液体数量和速度的影响。很明显，非常薄的在制板在传送过程中会有困难。

2. 水平线

一般性操作 常规生产中，最常用的是采用辊轮支撑水平传送在制板的设备结构。板子放在辊轮上，以恒定速率传送，同时蚀刻液体喷洒在在制板的上 / 下方。设计者面临的主要挑战是在制板上方堆积的蚀刻液的控制。各种喷淋系统的设计必须满足在制板上下两面的蚀刻效果一致。在成熟的设计中，通过简单地调整喷淋压力即可达到这种平衡。

传 送 传送机的设计至关重要。辊轮必须保持恒定的传送速度，以确保表面没有擦花和损坏。潜在的问题是，在板子进入和送出时，以及经过不同机械传动部分时容易刮花。辊轮材料的选择，要保证与在制板能产生平面接触区域。要用兼容的材料：圆角接触区域允许的点接触可能会对抗蚀层造成损害，特别是辊轮随着时间变硬。辊轮必须间隔足够远，以保证在制板底部的喷淋系统让蚀刻液的阴影区域最小；但又要接近，以使在制板不发生下垂或变形。

薄的在制板（1.5～3mil）很难传送，尽管有流体向下的重力，但板子的前边缘必须始终从一组辊轮进入下一组辊轮。此外，液体载荷在两个辊轮之间引起的在制板翘曲可能会导致蚀刻不均匀。通常用特殊机械导轨（如夹子）克服这些困难。若导轨在生产过程中被拉伸或误放，就会产生问题。如果一个板子发生了卡堵，后面的板子会继续堵塞和堆积，导致很大的问题。要解决卡堵，一般要移除辊轮，这会使导轨、工件变得一团糟。不仅损坏的生产板价格昂贵，而且停机更新设备和重新生产会造成重大的生产延迟。有一种特殊的专利设计，将辊轮和喷淋压力相结合，可在确保稳健传送的同时提高喷淋作用的平面度[45]。

真正的挠性板需要更加可靠的传送。过去曾使用框架和围板，但这些方法都需要额外的处理，同时会引起转运和清洁问题。对于片状在制板，最好的解决方案是在板前缘部分贴胶带或使用机械夹具。这些通常需要手动实现，但也可以使用自动系统。挠性板也可以用连续卷绕的方式通过多个工序。此外，前面提到的拖曳与平面化的困难，要求辊轮的速度在整个工艺流程中必须是精确同步的。因此，机器和加工速度必须在最初生产前仔细规划，以提供适当的驻留设置和宽容度。清洗和拖曳是目前存在的问题。

32.8.3 蚀刻均匀性

目前的主流蚀刻设备是水平传送喷淋蚀刻机，药水流动性、板面线路结构、设备喷淋摇摆等的影响，会导致蚀刻过程中出现板面蚀刻不均匀的情况。本节阐述影响蚀刻均匀性的几种效应及解决方法，简单介绍消除水池效应的真空蚀刻设备以及新兴的二流体蚀刻技术。

1. 影响蚀刻均匀性的 4 种效应及解决方法

水池效应　蚀刻过程中，蚀刻液因重力作用在板面形成一层水膜，阻碍新鲜药水与铜面接触，降低该区域的蚀刻速率，从而使 PCB 上表面呈现出四周蚀刻量大、中间蚀刻量小的状况，见图 32.11。

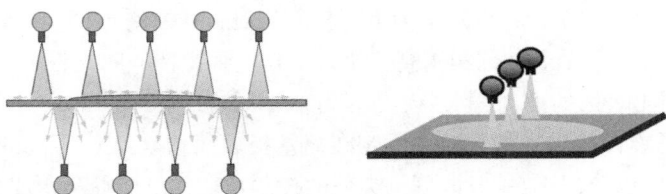

图 32.11　水池效应

为了消除水池效应的影响，常规的蚀刻设备会在蚀刻段采用喷淋摇摆、斜面蚀刻和加装补偿蚀刻系统等方式，对蚀刻不均匀位置进行补充蚀刻，削平"铜山"。

蚀刻均匀性的评估，一般利用 2oz 基铜板子进行蚀刻，蚀刻后留下约 1oz 余铜，然后测量板面面铜厚度，最后根据测量数据计算出蚀刻铜厚的平均值及标准差，按下式计算蚀刻均匀性[49]：

$$COV=（1-蚀铜量标准差/蚀铜量平均值）\times100\% \quad\quad （32.23）$$

水沟效应　蚀刻药水具有一定黏性，容易黏附在线路与线路之间，在蚀刻密集区域时，药

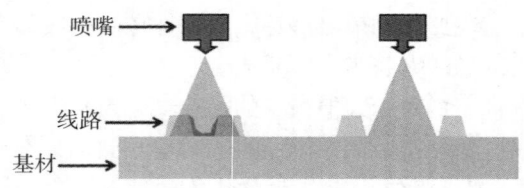

图 32.12 水沟效应

水在线路之间流动性差，循环更新慢，蚀刻量低；而在空旷区域，线路周边药水更新速度快，蚀刻量大，如图 32.12 所示。因此，为了保证密集区和空旷区蚀刻后线宽的一致性，在制作工程资料时，需对空旷区的线路多做补偿。

过孔效应　在蚀刻非导通孔区域线路时，上板面的药水通过孔流出，导致孔边缘区域更新速度加快，蚀刻量加大，如图 32.13 所示。针对有过孔效应的孔边缘线路，一般采用加大线路补偿的方法，来保证线宽一致。

喷嘴摇摆效应　在常规的水平蚀刻机上，为了改善板面蚀刻的均匀性，一般会在设备上安装喷嘴摇摆装置，喷嘴摇摆方向与板子的行进方向垂直，如图 32.14 所示。在蚀刻过程中，板子上的线路与喷嘴摇摆方向平行时，线路之间的药水很容易被新药水冲走，药水更新速度快，蚀刻量大；与喷嘴摇摆方向垂直时，线路之间的药水相对不容易被新药水冲走，药水更新慢，蚀刻量小。为此，生产过程中会针对线宽调整蚀刻方向，或者选用蚀刻能力更好的真空蚀刻设备蚀刻。

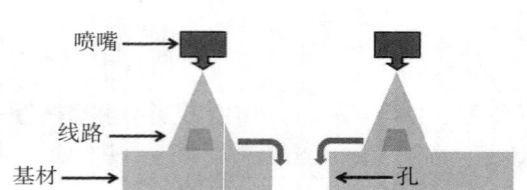

图 32.13 过孔效应

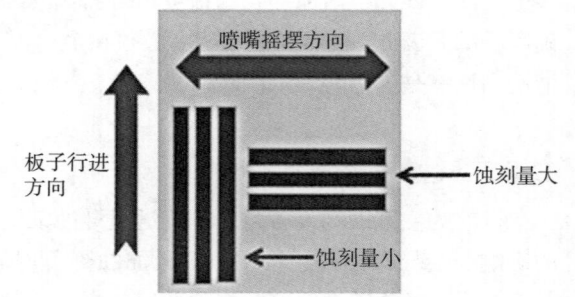

图 32.14 喷嘴摇摆效应

2. 真空蚀刻设备

德国 Pillek 公司最早研发出真空蚀刻机，并于 2001 年推出，在美国、德国、日本与中国均申请了专利，经过多年的发展，设备得到了改良[50]。

真空蚀刻机有两台磁力泵，一台用于为上下板面喷射新鲜蚀刻药水，一台为产生真空的文丘里喷管服务，如图 32.15 所示。蚀刻药水高速流过文丘里管，在斜向支管中产生负压，通过管道连接的吸引水刀，将上表面的蚀刻药水吸走，消除水池效应[50]。

真空吸引水刀是设计为扁平的狭缝，固定在离基板表面约 0.5mm 距离的位置，可随板子厚薄而升降。真空蚀刻机具有其他一般蚀刻机类似的控制功能，可监控药水成分、比重、温度等，有喷淋压力、流量检测 / 调节系统，有喷头堵塞报警装置等。真空蚀刻机可使用酸性氯化铜、碱性氯化铜和三氯化铁等多种蚀刻液。

采用真空蚀刻机可有效改善板面蚀刻均匀性。在 600mm 长度内，常规蚀刻的中央与边缘厚度差约为 ±10μm（蚀刻铜厚 35μm），而真空蚀刻可控制在 ±4μm（蚀刻铜厚 35μm）以内[50]，效果对比如图 32.16 所示。

3. 二流体技术

二流体技术是一种液体雾化技术：压缩空气与液体在喷嘴出口处相遇时，使液体的液膜分裂成雾滴。

二流体喷嘴根据结构可分为内部混合型、外部混合型，如图 32.17 所示。对于内部混合型喷嘴，液体和气体在喷嘴的细小通道内混合后，气体与液体一起喷出，缺点是在高温下容易堵塞喷嘴，

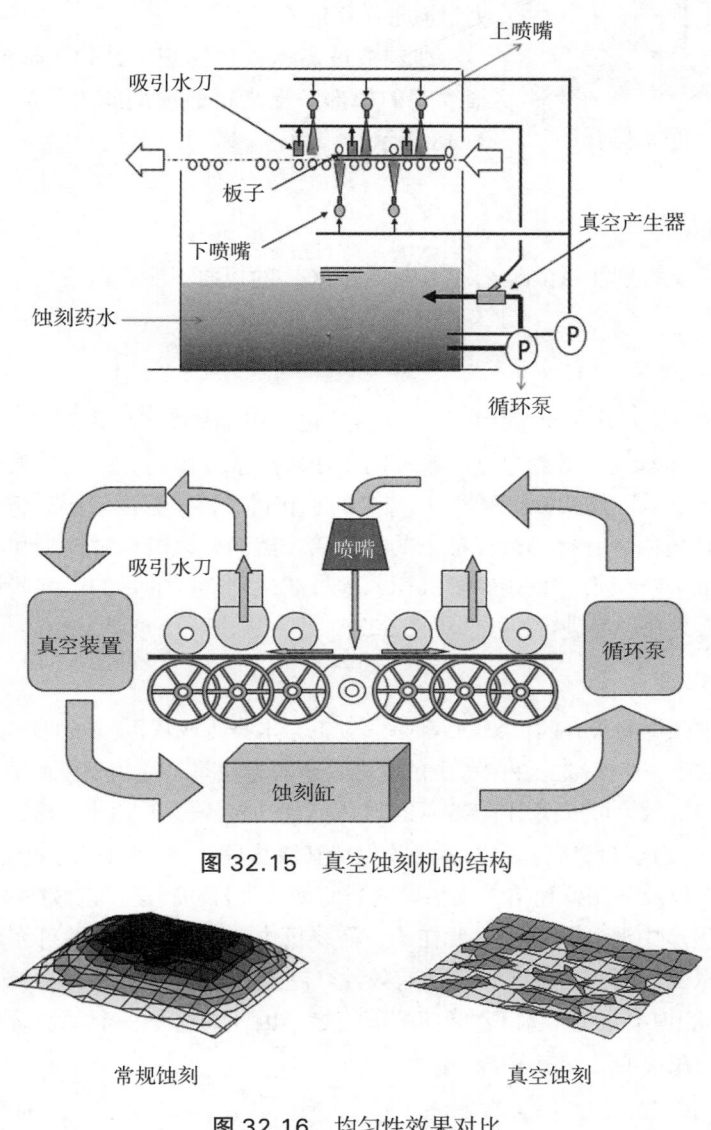

图 32.15　真空蚀刻机的结构

常规蚀刻　　　　　　　　　真空蚀刻

图 32.16　均匀性效果对比

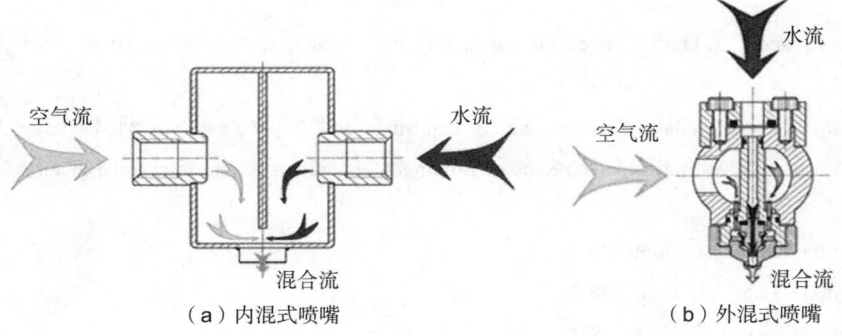

（a）内混式喷嘴　　　　　　　　　（b）外混式喷嘴

图 32.17　二流体喷嘴的结构

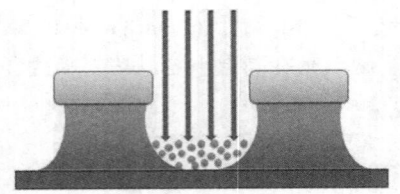

图 32.18　二流体蚀刻

应用不广泛。而外部混合型喷嘴，气体与液体在喷嘴出口处相遇混合，液体被高速螺旋前进的气体雾化，其气体耗量稍大，但工作稳定[51]。

蚀刻液被高速气体撕裂，细化为雾滴，从而能够深入细线路的根部，提高正面蚀刻能力，提高蚀刻因子，如图32.18 所示。

32.8.4　水　洗

水洗是一项需要特别注意的工艺，因为要求 PCB 的板面不能有污染物、节约用水，符合环保排放规定[46]。

1. 级联水洗

该工艺在在制板上形成一个强大的循环水流，可以用少量的水使表面浓度降低到一个非常低的水平。较低流量的水流，随着穿过一系列的工作段后浓度增加，而此时工件上的浓度随之降低（与进水方向相反）。最终的结果是，用较少的水获得了污染程度较小的板面。此时，污水系统的污染水平是环境限制直接排放标准值的许多倍。然而，废液相对较少和高度集中，适合通过一定的方法，如离子交换、直接电解沉积或膜过滤达到回收的目的。某些情况下，废液可能会与主要工艺液汇集在一起进行回收（见图32.4）。

2. 转运最小化

最终在水流中产生的所有的污染物，都是通过工艺本身（或从再循环的环境中冲洗）引入的。因此，水洗成功的第一步是减少在制板上的废液。常规方法是，在化学模块的输出处采用一组夹具或挤压轮。这些挤压轮可以使用柔软或压紧材料来增加有效性。通常，聚乙烯泡沫材质的挤压轮更有效。然而，为使这些挤压轮有效，就必须保持其清洁且湿润。其他方法包括使用改进的挡板、确保不喷淋过度，以及采用低速空气吹扫。适当的传送带自动转运可以减少 10 倍或更多的污染物残留。薄板在生产中遇到的困难主要在于，需要折中考虑传送设备的可靠性、板子与挤压轮接触的平面度，以及表面张力减小保持的有效性。超过 125mil 的厚板也会带来问题，因为清洗在制板依靠挤压轮和挡板的抬起，才能使溶液流走。因此，这是一个工程研究和过程管控权衡决策的课题，必须在规范过程中考虑这一点。

参考文献

［ 1 ］E. Armstrong and E. F. Duffek, Electronic Packaging and Production, vol. 14, no. 10, October 1974, pp. 125–130

［ 2 ］W. Chaikin, C. E. McClelland, J. Janney, and S. Landsman, Ind. Eng. Chem., vol. 51, 1959, pp. 305–308

［ 3 ］Jieh-Hwa Shyu, "Electrochemical Studies of Etching Mechanisms in Ammoniacal Etchants," IPC TP-751, October 1988

［ 4 ］U.S. Patent 3,466,208, J. Slominski, 1969

［ 5 ］U.S. Patent 3,231,503, E. Laue, 1966

［ 6 ］U.S. Patent 3,705,061, E. King, 1972

[7] I. Sax, Dangerous Properties of Industrial Materials, rev. ed., Reinhold Publishing Corp., New York, 1957, p. 464

[8] Marshall I. Gurian, "Rinsing as a Process Technology," Paper T14, Proceedings of Printed Circuit World Convention VI, San Francisco, May 1993

[9] U.S. Patent 3,440,036, W. Spinney, 1966

[10] Solvent Extraction Technology, Center for Professional Advancement, Somerville, NJ, 1975

[11] Galvano Organo, Printed Circuit Fabrication, vol. 16, no. 1, January 1993, pp. 42–47

[12] Atotech USA, Inc., State College, PA

[13] K. Murski and P. M. Wible, "Problem-Solving Processes for Resist Developing, Stripping, and Etching," Insulation/Circuits, February 1981

[14] C. Swartzell, Printed Circuit Fabrication, vol. 5, no. 1, January 1982, pp. 42–47, 65

[15] G. Parikh, E. C. Gayer, and W. Willard, Western Electric Engineer, vol. XVI, no. 2, April 1972, pp. 2–8; Metal Finishing, March 1972, pp. 42, 43

[16] L. Missel and F. D. Murphy, Metal Finishing, December 1969, pp. 47–52, 58

[17] F. Gorman, "Regenerative Cupric Chloride Copper Etchant," Proceedings of the California Circuits Association Meeting, 1973; Electronic Packaging and Production, January 1974, pp. 43–46

[18] U.S. Patent 3,306,792, W. Thurmal, 1963

[19] L. H. Sharpe and P. D. Garn, Ind. Eng. Chem., vol. 51, 1959, pp. 293–298

[20] J. O. E. Clark, Marconi Rev., vol. 24, no. 142, 1961, pp. 134–152

[21] O. D. Black and L. H. Cutler, Ind. Eng. Chem., vol. 50, 1958, pp. 1539–1540

[22] U.S. Patent 4,130,454, B. Dutkewych, C. Gaputis, and M. Gulla, 1978

[23] U.S. Patent 3,801,512, C. Solenberger, 1974

[24] U.S. Patent 4,130,455, L. Elias and M. F. Good, 1978

[25] U.S. Patent 3,476,624, J. Hogya and W. J. Tillis, 1969

[26] A. Luke, Printed Circuit Fabrication, vol. 8, no. 10, October 1985, pp. 63–76

[27] U.S. Patent 2,978,301, P. A. Margulies and J. E. Kressbach, 1961

[28] E. B. Saubestre, Ind. Eng. Chem., vol. 51, 1959, pp. 288–290

[29] W. F. Nekervis, The Use of Ferric Chloride in the Etching of Copper, Dow Chemical Co., Midland, MI, 1962

[30] U.S. Patent 4,482,425, J. F. Battey, 1984

[31] U.S. Patent 4,497,687, N. J. Nelson, 1985

[32] Don Ball, "The Surface Mechanics of Fine-Line Etching," Printed Circuit Fabrication, vol. 21, no. 11, 1998

[33] F. T. Mansur and R. G. Autiello, Insulation, March 1968, pp. 58–61

[34] H. R. Johnson and J. W. Dini, Insulation, August 1975, p. 31

[35] P. F. Kury, J. Electrochem. Soc., vol. 103, 1956, p. 257

[36] Marshall Gurian, "Process Effects Analysis for Fine Line Production," IPC Paper WCIV-28, Printed Circuit World Convention IV, Tokyo, 1987

[37] Marshall Gurian, "Reliable Fine Line Wet Processing," Printed Circuit Fabrication, vol. 10, no. 12, 1987

[38] Marshall Gurian, "Fine Line Processing: The ' 90 ' s Are Here!" Printed Circuit Fabrication, vol. 13, no. 5, 1990

[39] U.S. Patent 5,904,863, Michael Hatfield and Marshall Gurian

[40] Michael Brassard and Diane Ritter, "The Memory Jogger II," Goal/QPC, Methuen, MA

[41] Yasuo Tanaka, Hireyuki Urabe, and Morio Gaku, "Three Micron Copper Foil Clad Laminate for 30/30 Micron Line/Space Circuit," CircuiTree, vol. 10, no. 11, 1997

[42] Igor Kadija and James Russel, "New Wet Processing for HDI's," CircuiTree, vol. 12, no. 5, 1999

[43] U.S. Patents 5,024,735, 5,114,558, and 5,167,747, Igor Kadija

[44] Karl Dietz, "Process and Material Adaptations for HDI Requirements," CircuiTree, vol. 13, no. 12, 2000

[45] U.S. Patent 4,607,590, Don Pender

[46] Marshall Gurian, "Rinsing as a Process Technology," Paper T14, Proceedings of the Printed Circuit World Convention VI, 1993; summarized in Printed Circuit Fabrication, vol. 20, no. 7, 1997

[47] 叶绍明，龙松，刘彬云 . 水溶性有机去膜液的主要成分及其作用原理概述，印制电路信息，2014 ,（6）: 50-53

[48] 林金堵，龚永林 . 现代印制电路基础，2001

[49] 贝俊涛 . 补蚀系统改善蚀刻均匀性的研究，印制电路信息，2014,（4）: 26-28

[50] 龚永林 . 谈蚀刻设备与真空蚀刻机，印制电路资讯，2007,（1）: 56-59

[51] 朱晓光，李景侠 . 喷头的雾化机理和特点分析，化工装备技术，2010, 31（3）: 10-11

第**33**章
机械加工和铣外形

Gary Roper
美国得克萨斯州达拉斯，One Source Group

尤志敏　编译
广州兴森快捷电路科技有限公司

33.1　引　言

　　在经过一些重要的化学处理过程，如图像转移、电镀、蚀刻之后，还需要对印制电路板（PCB）进行机械加工。如切割、钻孔和成型等工艺，对 PCB 的最终质量有着重要影响。本章将讨论对生产成品至关重要的机械加工工艺。

33.2　冲孔（穿孔）

33.2.1　冲模设计

　　冲孔时很有可能只打穿 XXXPC 和 FR-2 层压板厚度的一半，或者 FR-3 层压板的 1/3（见图 33.1）。许多冲模设计者忽略了这样的事实：要求撤回冲模的力量与将冲头打入板子的力量一样大。那么，需要对冲模设计多大的脱模回弹压力？大多数模具制造商的回答是"越大越好"。当冲模上没有足够的回弹空间时，可以使用液压结构。弹簧应该放置在均匀脱模的部位。如果冲模不均匀地弹出板子，孔的周围就很有可能产生裂纹。在穿孔器开始穿孔之前，脱模立即压紧板子，就会加工出高质量的孔。如果脱模压力接近于材料的抗压强度，那么所需的力就小，并且孔会更加干净。

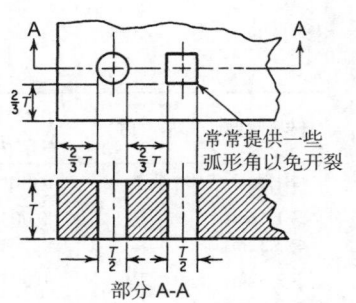

图 33.1　相对于另一个孔和纸基层压板边缘的合理冲孔尺寸及位置说明。给出的最小尺寸是层压板厚度 T 的倍数

　　发生小孔破裂时，需确定是穿孔过程中造成的，还是退回过程中造成的。如果保持器锁发生故障，那么孔破裂的原因很可能是退回应变。补救措施是在冲头上磨一个小锥形。另外，穿孔破裂还有两个原因：一是对位精度差，对工具进行仔细检查可以很容易发现这个问题；二是设计不良，通常是冲头太小而无法完成任务。

33.2.2 纸基层压板的收缩

对纸基层压板进行冲孔时，由于材料具有弹性，形变特性不同，故在不同的速度和模具刃口下压深度下，冲裁质量也不同。回弹的趋势会导致实际冲出的孔比穿孔器打出的孔小一点。另外，尺寸偏差还与材料厚度有关。表 33.1 显示了穿孔器尺寸应较要求尺寸放大的比例。注意，表中列出的值不适用于玻璃 - 环氧树脂层压板工具的设计，因为其收缩比例仅是纸基材料的 1/3。

表 33.1 纸基层压板的穿孔直径收缩

材料厚度 /mm	室温 /in	90 ℉及以上 /in
1.64	0.001	0.002
1.32	0.002	0.003
3.64	0.003	0.005
1.16	0.004	0.007
3.32	0.006	0.010
1.80	0.010	0.013

33.2.3 冲孔的公差

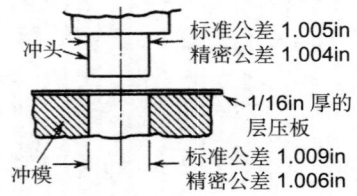

冲头 — 标准公差 1.005in 精密公差 1.004in

1/16in 厚的层压板

冲模 — 标准公差 1.009in 精密公差 1.006in

图 33.2 冲头与冲模合适公差的例子

需要精确的孔尺寸公差时，冲头与冲模之间的间隙应很小；冲模孔应该比纸基材料的穿孔仅大 0.002 ~ 0.004in（见图 33.2 及表 33.2）。一般情况下，玻璃基层压板仅需要其公差的一半。然而，冲模构造中的冲头与冲模之间的间隙达到了 0.010in 之大。它们一般适用于检测标准允许粗糙的孔。

模具间隙较大的冲模比用于精密加工的冲模便宜，较大的间隙会相应地引起更多的破裂及更少的切变。结果是，产生漏斗状的孔，使元件的插入变得更加容易。

表 33.2 纸基层压板的冲孔公差

材料厚度	基 材	孔尺寸公差 /in	90℉ 时，孔与槽的公差及间距公差				被冲掉部分及整体尺寸的公差 /in
			2in 以下	2 ~ 3in	3 ~ 4in	4 ~ 5in	
≤ 1.16in	纸基	0.0015	0.003	0.004	0.005	0.006	0.003
> 1.16in，≤ 3.32in	纸基	0.003	0.005	0.006	0.007	0.008	0.005
> 3.32in，≤ 3.8in	纸基	0.005	0.006	0.007	0.008	0.009	0.008

33.2.4 孔的位置及尺寸

孔与板子边缘或其他孔的距离接近材料厚度时比较麻烦，应尽量避免这样的设计。但是当孔距必须很小时，可以使用构造最好的冲模。在冲头与冲模之间及冲头与脱模之间，使用较小的间隙；在冲头进入之前，保证脱模具有足够大的压力用于作业。如果孔之间的距离太小，即使用最好的工具，也有可能导致孔破裂。作为改善措施，可以对工艺进行规划，在铜被蚀刻之前完成穿孔。铜箔的增强效应有助于消除破裂。可以对大多数的玻璃 - 环氧树脂层压板进行穿孔，但是孔内过于光洁并不利于通孔电镀。

冲孔时应该保持铜面向上。不要对两面都有线路的 PCB 进行冲孔，否则可能导致焊盘剥离。

33.2.5 预 烘

加热到 90°F 或 100°F，纸基层压板的冲孔过程通常会更加可靠。这同样适用于所谓的冷冲孔或 PC 级层压板。

不要使材料过热，否则不利于碎屑和残留物以分散的小块喷射出来。过热的材料通常会导致冲模中的孔阻塞，并导致次品产生。

冲头上的锥形会减少阻塞，但是最直接的方法是在低温时冲孔。不要对玻璃 - 环氧树脂层压板加热后进行冲孔或冲裁。

33.2.6 冲压大小

冲床必须在每个冲程上所做的功决定了冲压大小。所用材料的剪切强度会在覆铜板供应商的说明书中列出。一般情况下，纸基层压板的剪切强度大约是 12 000lbf/in^2，玻璃 - 环氧树脂层压板的剪切强度大约是 20 000lbf/in^2。冲孔部分的总周长乘以板厚，就是冲模剪切的面积。例如，一个冲 50 个圆孔的冲模，每个孔的直径是 0.100in，需要板厚是 0.062in，则冲切面积为

$$50 \times 0.100\text{in} \times 3.1416 \times 0.062\text{in} = 0.974\text{in}^2$$

如果纸基层压板的剪切强度是 12 000lbf/in^2，则需要 11 688lbf，或者大约 6 × 10^{3}kgf 的冲力，才能将板材穿透。需要注意的是，使用装有弹簧的脱模机时，冲力不得不克服弹簧压力，至少应该和剪切强度一样大。因此，需要考虑的最小冲力应该是 12 × 10^{3}kgf，使用 15 × 10^{3}kgf 或 20 × 10^{3}kgf 的冲力才会更加安全。

33.3 覆铜箔层压板的冲裁、剪切及切割

33.3.1 纸基层压板的冲裁

当设计形状不是矩形，并且有足够大的量，构造冲裁模的费用合理时，通常使用冲裁模将这部分从板上冲出。冲裁作业很适合纸基层压板，有时也用于玻璃基层压板。

对于纸基层压板的冲裁模的设计，材料的回弹能力或产量，应在穿孔前充分讨论。冲裁出的部分应该比冲模略微大一些，因此根据材料的厚度，制造的冲模要比冲压出的尺寸略小一点。有时将冲孔与冲裁模组合使用。

冲模可以穿孔，也可以冲裁出成品板部分。

当配置较复杂时，建议设计者使用多级冲模：用冲模的每个冲程，将材料一级一级地去除。

通常，在开始的一两级，孔被冲穿。在最后一级，成品板部分被冲裁出来。通过加热，可以改进纸基层压板的剪切、穿孔或冲裁质量。加热温度超过 100°F 时，热膨胀较大的材料冷缩会严重影响公差。关于热膨胀，纸基层压板是各向异性的。也就是说，在 X 与 Y 维度上的膨胀有很大的区别。在设计一个公差较小的冲模之前，应向制造商咨询材料的膨胀数据。

33.3.2 玻璃基层压板的冲裁

特殊形状无法通过剪切或锯切加工，但可以进行冲裁或铣外形加工。玻璃基层压板的冲裁通常在室温下进行。假设冲头与冲模紧密配合，则冲裁出的部件会比冲头大 0.001in。机床就是这样设计的，目的是保证部件就可以从冲模上移除，而不像纸基层压板那样依靠随后的部件推出去。冲裁厚度大于 0.062in 的材料时，部件边缘会较粗糙。

冲模、穿孔模或冲裁模的寿命应参照不同的覆铜板进行评估。评估不同材料引起的冲模磨损的一种方式是，精确称出穿孔器或冲头的质量；冲 5000 个孔之后，再次对冲头进行称重。评估大约需要 5000 次冲孔，因为试运转期的冲模磨损率较高。当然，必须评估每个测试开始及结尾处的孔质量。也可以根据穿孔器的显微照片，对冲模的变化进行目测评估。

33.3.3 剪 切

对覆铜板进行剪切时，刀的间隙应设置为 0.001 ~ 0.002in（见图 33.3）。材料越厚，上下剪切刀的斜角（或剪切角）就越大；反之，材料越薄，斜角越小。

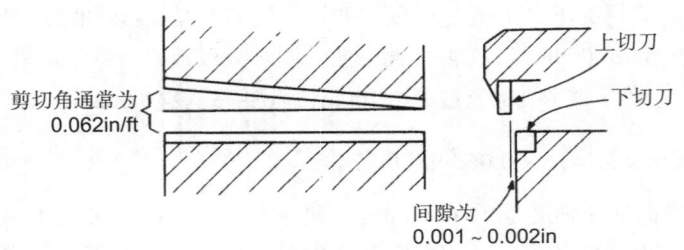

剪切角通常为 0.062in/ft

上切刀

下切刀

间隙为 0.001 ~ 0.002in

图 33.3 典型的用于覆铜板的可调节剪切刀

正如在许多金属剪切中的剪切角及剪切刀间隙是固定的，切断部分会发生扭曲或卷曲。剪切纸基层压板时也会出现边缘羽毛状裂缝，这是由于间隙太大或剪切角太大。通过在剪切作业中添加支撑块，同时支撑待剪切和剪切掉的部分，并减小剪切角，可以将该问题最小化。玻璃 - 环氧树脂层压板的抗弯强度较大，通常不会发生断裂。但是，如果剪切刀间隙太大或剪切角太大，层压板也会发生变形。至于冲裁，可以通过作业前的加热来改善纸基层压板的冲裁质量。

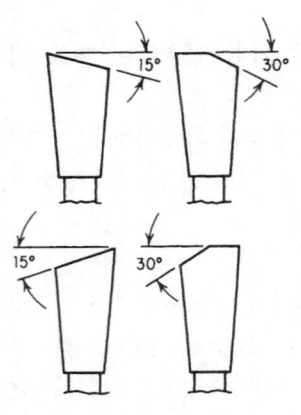

图 33.4 通常用于纸基及布基层压板的锯齿：左侧，两个相邻锯齿有 15° 的交替斜角；右侧，两个相邻锯齿有 30° 的交替斜角（AC-30）

33.3.4 纸基层压板的锯切

对于锯片，纸基层压板比最坚硬的木材还要坚硬。切刀使用每英寸带有 10 ~ 12 个锯齿的圆形锯片，转速为 7500ft/min 或 10 000ft/min 的锯，可以很好地完成纸基层压板的锯切。双凹面圆锯可以产生更平滑的切割；考虑到层压板材料的磨损本性，硬质合金锯齿是不错的选择（锯齿形状可见图 33.4）。

当锯片不能在两次刃磨之间持续足够长的时间时，可以按以下步骤检查和改善。

（1）检查轴承的紧固度，它们之间应该没有可察觉的间隙。

（2）检查刀片跳动，达到 0.005in 时应当引起注意。

（3）硬质合金锯齿要使用放大镜检查，使用不粗于 180 号的金刚石工具磨尖。

（4）锯片较薄时，可用加强环减小振动。

（5）使用多个 V 型皮带滑轮。系统旋转部件应该有足够的动量，以平稳地带动锯齿而不发生振动。

（6）检查轴心与电机的安装对位情况。

所有的这些步骤都旨在减小或消除振动。振动是锯片最大的威胁。

33.3.5 玻璃基层压板的锯切

锯切玻璃基层压板时，可以使用硬质合金锯齿的圆形锯片。但是，除非工作量相当低，否则使用金刚石 - 钢锯片增加的投资会在未来体现出来。应该遵守制造商的锯速建议，一般情况下，锯片外缘处的速度在 15 000ft/min 左右。当成本要求使用硬质合金锯齿的圆形锯片锯切玻璃基层压板时，应遵照预先给定的纸基层压板的说明（锯齿形状见图 33.4）。并且，锯切玻璃布增强层压板时，跳动、振动及对齐的每个警示都变得更加重要。

33.4 机械铣外形

现代 PCB 制造商主要依靠铣外形进行仿形切削作业。

冲模所需的高昂花费、较长的交付周期，以及刚性工具缺乏设计灵活性，将冲孔作业限制在了孔数巨大的应用中。剪切或锯切限制在矩形形状的加工，对于大多数应用，一般不是很精确。

在现代 PCB 制造行业，铣外形可以很好地快速响应顾客对交付周期的要求，以及节约成本，特别是数控（CNC）铣外形。铣外形包含两个看似相似，实际上区别巨大的制造工艺：

- CNC 多主轴铣外形
- 手动铣外形

相似处包含 CNC 的使用、硬质合金刀具的使用，并都能进行高速切割。

33.4.1 手动铣外形

手动铣外形采用手动方式，利用一个使用铝、FR-4 层压板或纤维增强酚醛树脂机械加工出来的模板。模板是按成品板尺寸设计的，并且装有固定板子的工具销。利用铣削台伸出的导销，可跟踪模板的踪迹进行一个包装（最多可以叠 4 块）的铣外形加工。销的高度要小于模板厚度。通常情况下，机器导销的直径与铣刀的直径相同，可以消除操作员调整尺寸的灵活性。工件前进的方向应与刀具旋转的方向相反，以防止刀具卡住。

当生产的板子不多，或要求的形状相对简单时，铣外形是一种比较经济的处理方式。为了使手动铣外形有效，通常需要熟练的操作工进行模板制作及板子的铣外形。针对机械铣外形，加工厂可以为每个顾客应用铝制夹具；但是，必须考虑每个订单的交付周期及成本。一些小的加工厂无力投资 CNC 设备，通常使用手动铣外形。

即使是最好的手动铣外形作业，产量和加工精度也不及多主轴 CNC 铣外形。作为一个专业流程，必须采用 CNC 铣外形。

33.4.2 CNC 铣外形的典型应用

CNC 铣外形不限于外形加工，还能进行长槽孔、沉头孔、工件内部挖剪、台阶槽等，而且能进行多图形拼版加工。

图 33.5 展示了附连板或多图形拼版铣外形的例子。

图 33.6 展示了连接在带有可移除附连板的框架上的每个单元板。

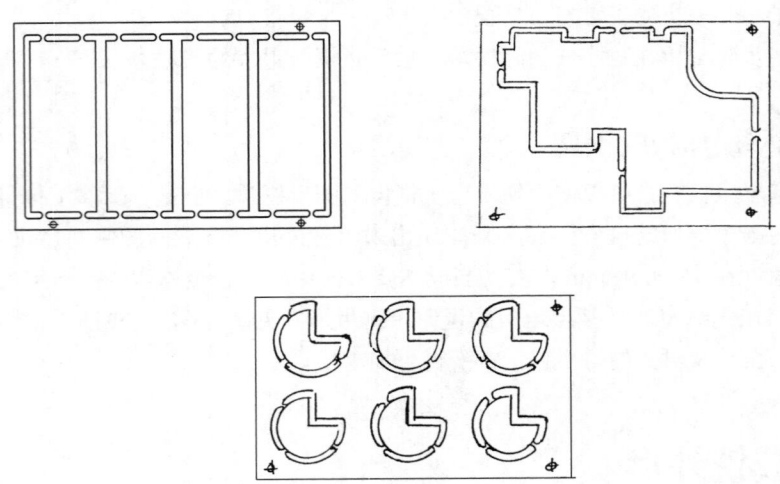

图 33.5 附连板或多图形拼版铣外形的例子

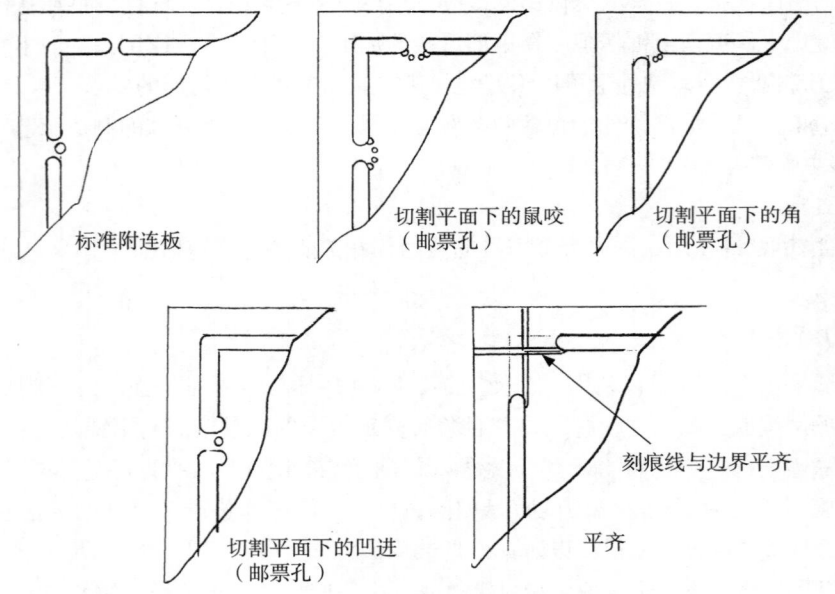

图 33.6 连接在带有可移除附连板的框架上的每个单元板

33.4.3 数控（CNC）铣床

CNC 铣床在普通铣床的基础上集成了数字控制系统，可以在程序的控制下精确地进行铣削加工。CNC 铣床一般由主轴系统、进给伺服系统、控制系统、辅助装置及机床基础附件系统等几大部分组成（见表 33.3）。

用于铣外形的 CNC 铣床通常包含多个主轴（2 ~ 6 个），作业时的主轴转速能达到 6000 ~ 36000r/min 或更高。铣外形的路径（X-Y 平面移动及主轴下刀和起刀）是由程序设定的，可以设定任意数量的路径及任何位置。

表 33.3　CNC 铣床的组成部分

名　称	结　构	作　用
主轴系统	包括主轴箱体和主轴传动系统	用于装夹刀具并带动刀具旋转，主轴转速和输出扭矩对加工有直接的影响
进给伺服系统	由进给电机和进给执行机构组成	按照程序设定的进给速度实现刀具和 PCB 之间的相对运动，包括直线进给运动和旋转运动
控制系统	数控铣床运动的控制中心	执行数控加工程序，控制机床进行加工
辅助装置	液压、气动、润滑、冷却系统，排屑、防护装置等	辅助铣床正常工作
机床基础附件系统	指底座、立柱、横梁等	整个机床的基础和框架

33.4.4　CNC 铣床铣外形的参数设置

1. 刀具补偿

刀具半径补偿　如果直接沿工件的轮廓线编程，则加工内轮廓时，实际轮廓线将会大一个刀具半径值；加工外轮廓时，实际轮廓线又会小了一个刀具半径值。使用刀具半径补偿的方法，通过数控系统自动计算刀具中心轨迹，使刀具中心偏离板子轮廓一个刀具半径值，即可加工出符合图纸要求的轮廓。利用刀具半径补偿功能，改变刀具半径补偿量，还可以补偿刀具磨损量和加工误差，实现粗加工和精加工。

铣刀的刀具半径误差取决于制造误差和刀具磨损。铣刀的磨损会对加工表面质量和加工精度产生较大影响，影响主要来自刀刃在加工表面法向上的磨损，即刀具的尺寸磨损。铣削直线时，铣刀的逐渐磨损还会导致工件出现斜向误差。

如图 33.7 所示，调小刀具半径补偿量，铣刀向右侧偏移，若此时加工的是外形轮廓，则外形轮廓尺寸会减小；而若加工的是槽，则槽的尺寸会增大，在实际加工中往往难以找到平衡点。此时，可以分设不同的刀具半径补偿量。同时，随着刀具磨损的增加，需要不断调整刀具半径

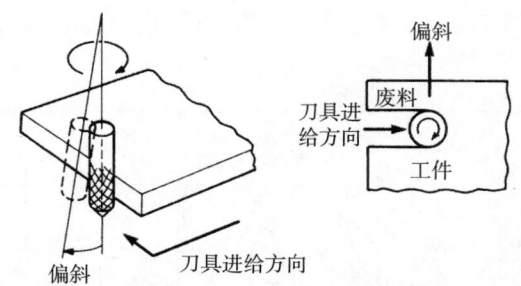

（a）顺时针铣外形（建议在外框铣切中使用）时刀具偏离工件，使得外部尺寸在第一遍时较大

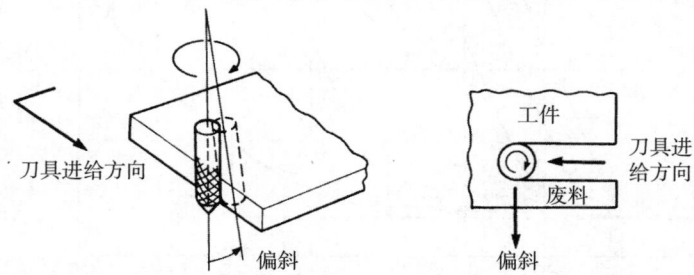

（b）逆时针铣外形（建议在内部铣切及口袋型铣切中使用）时刀具偏离进废料区，孔或挖剪图形的内部尺寸减小

图 33.7　刀具偏斜对加工尺寸和几何尺寸的影响

补偿量。补偿设置不当，就有可能产生外形尺寸偏差。

刀具长度补偿 铣刀本身就存在长度公差。在铣外形的过程中，铣刀会不断磨损，导致铣刀实际长度与设计长度存在偏差。改变刀具长度补偿量，可以补偿换刀后的长度偏差。

影响偏差的变量有厚度、材料类型、铣切方向、进给速率及主轴速率，制造商应该：

- 使铣刀制造商、选择的直径、齿形及槽形标准化
- 固定主轴速度（针对玻璃 - 环氧树脂层压板，建议使用 24 000r/min）
- 外部铣切使用顺时针方向，内部铣切使用逆时针方向
- 将一次铣或两次铣标准化
- 针对给定材料，固定进给速率（较高的速率将会增大工件尺寸，较低的速率会减小工件尺寸）
- 对不同的参数进行试验，开发过程控制记录

2. 切割方向

由于铣刀刀刃和旋转方向的关系，铣外形后的板一边光滑，另一边相对粗糙。为了保证两边是光滑的，铣外框时应进行逆时针右补偿，而铣内槽时应进行顺时针右补偿。

由上向下看铣刀动作，应该是顺时针转动，这样除了产生切削作用，还产生一种将板子下压的力，以保证需要的一面相对光滑。逆时针方向的进给（垂直爬升）将会产生小半径内角，导致外角轻微凸出。顺时针方向的进给（斜度铣切）将会产生小半径外角，内角可能会产生轻微凹陷。通过减小进给速率或进行两次切割，可以改善这种不规则的情况。

3. 主轴转速及进给速率

主轴转速越高，切削面越光滑。进给速率越大，铣刀受到的扭矩越大，越容易断刀。生产中需根据材料特性、板厚以及铣刀直径确定合适的进给速率。大多数板材可以使用的有效铣刀转速为 24 000r/min，进给速率为 150in/min。聚四氟乙烯 - 玻璃及类似的材料，需采用较低的主轴转速（12 000r/min）及较高的进给速率（200in/ min），以减少发热，防止板材黏合剂熔融、流动。图 33.8 展示了不同的叠板高度下，大多数标准层压板适用的进给速率及刀具补偿量。

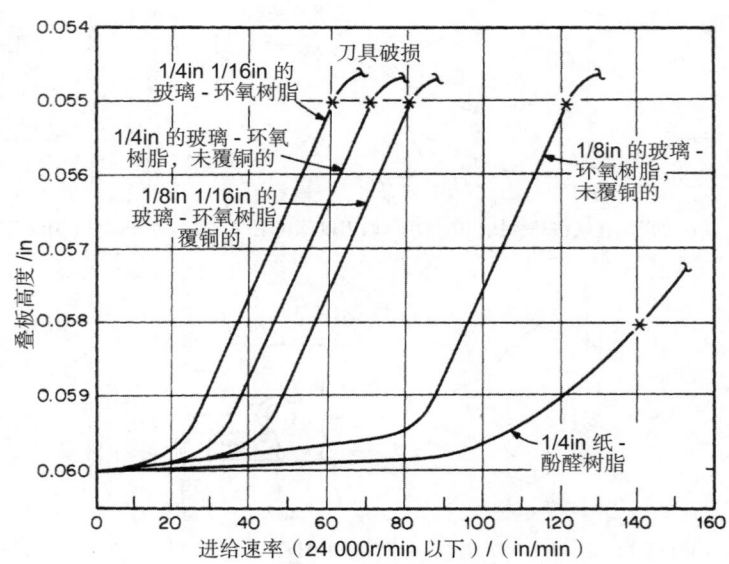

图 33.8 不同叠板高度适用的进给速率：使用直径 0.124in 的毛刺型刀具，建议进给速率为 24 000r/min

4. 刀 具

常见的刀具有平底型、鱼尾型及钻尖型三种铣刀（见图33.9），其结构均有差异。鱼尾型铣刀有小的正前角、大的后角，有铲背，切削刃强度高、锋利，适合加工常规 FR-4 高 T_g 板、无卤素填料板以及带有铜面修边的板。平底型铣刀主要用于加工平槽或要求很平整的面。钻尖型铣刀形似钻头，和普通鱼尾型铣刀相比，它具有大的容屑槽，因此排屑性能较好，同时也保证了较好的板边光洁度。钻尖型铣刀主要用于金属基板和 PTFE 材料的加工，既可以钻孔，又可以频繁起落刀，适用于 BT 材料、铝基材、厚铜板、铁氟龙板、柔性基材等的铣形。

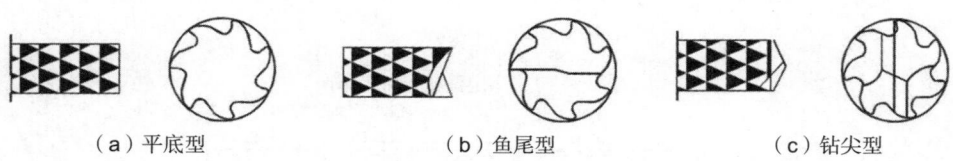

（a）平底型　　　　　　（b）鱼尾型　　　　　　（c）钻尖型

图 33.9 常用硬质合金铣刀的类型

前角 R_A 与后角 R_B　如图33.10所示，加大前角会减小切削变形和切削力、切削热，但会导致刀尖强度下降、散热条件恶化。加工脆性材料时，取较小的前角；加工塑性材料时，取大前角；工件强度高时，取小前角。

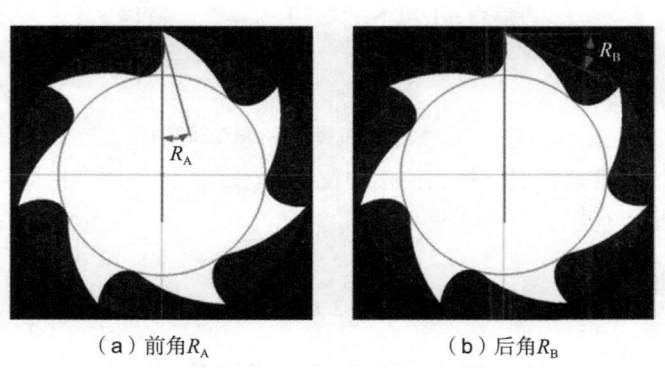

（a）前角R_A　　　　　　　（b）后角R_B

图 33.10 硬质合金铣刀的前角与后角

铣刀的后角决定了后刀面与加工表面间的摩擦力，加大后角，可以使切削刃更锋利，还可以延长刀具使用寿命。精加工时，提高加工表面质量应以减少摩擦为主，宜取较大的后角；粗加工时，为提高切削刃的强度，宜取较小的后角。在加工高强度、高硬度的材料时，为保证切削刃强度，宜取小后角；加工挠性、塑性材料时，后刀面摩擦严重影响表面加工质量，加剧刀具磨损，宜取大后角；加工脆性材料时，宜取小后角。

相对于普通 FR-4 材料，高含量陶瓷填料基板和金属基板等的外形加工对铣刀的寿命影响非常大，建议使用涂层铣刀，降低生产成本，提高生产效率。目前，应用化学气相沉积（CVD）和物理气相沉积（PVD）涂层的铣刀已经得到较广泛的应用。尤其是金刚石涂层铣刀，在金属基（如铝基）PCB 的外形加工上能显著提高铣刀寿命，改善板边毛刺。

33.4.5 工 装

为了简化工装，加快装载与卸载操作，应该提供有效的压紧及移除系统。可以设计不同的方法将板子安装在工作台上，并且进行适当定位，以方便铣外形。一些机械设计有移动工作台，可以在铣切时完成装载及卸载。其他的可使用迅速换装的辅助工具托盘，在几秒钟内快速切换。

1. 工装板

工装板通过每个主轴下活动图形中心线上的套管和槽定位在工作台上，如图 33.11 所示。工装板可以在普通的机械加工厂按常规方法生产，也可以自己使用铣床在工装板上定位和钻孔。工装板上固定销的配合应轻滑。

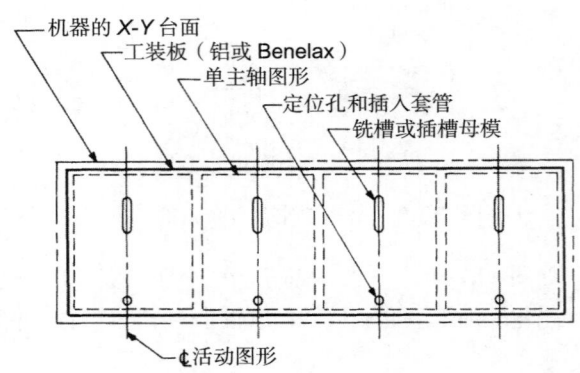

图 33.11　CNC 铣外形的典型工装板

2. 子工装板

子工装板应该由 Benelax、亚麻酚醛或其他类似材料制成。待加工的图形定位到其表面。该图案作为真空路径，并帮助排屑。根据使用的铣切技术，工件的固定销应与子工装板上的定位孔配合，与工件松配合（见图 33.12）。

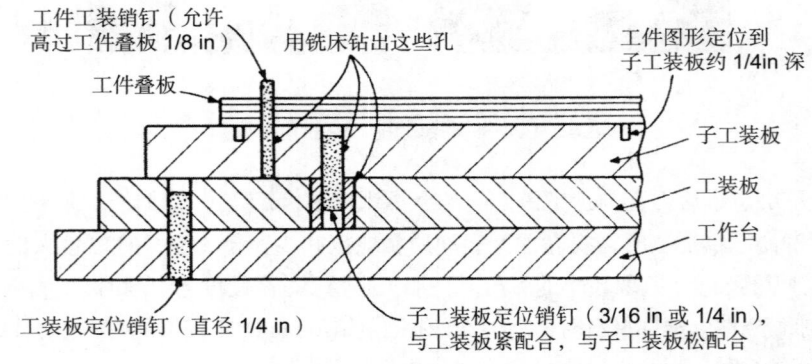

图 33.12　数控铣外形的工装

33.4.6　铣切及支撑技术

根据 PCB 的外形及工具孔放置的精确性，可以使用许多不同的铣切及支撑技术。这里介绍 3 种最基本的方法。

无内定位销钉　如果不使用内定位销钉，可以使用图 33.13 所示的方法。但是，这种方法一般仅在其他方法不可行的情况下使用，特征：精确度，±0.005in；速度，缓慢（在制板上有很多小单元时最好使用这种方法）；装载，一块一叠板。

单定位销钉　如图 33.14 所示，特征：精确度，±0.005in；速度，快（快速装载及卸载）；装载，多块一叠。

双定位销钉　适用于两次铣的刀具补偿，如图 33.15 所示。对每个单元板完整地铣两遍，第一遍使用建议的进给速率，第二遍的进给速率是 200 in/min。在第一遍之后移除碎片。特征：精确度，±0.002in；速度，慢（装载及卸载速度较慢）；装载，多块一叠。

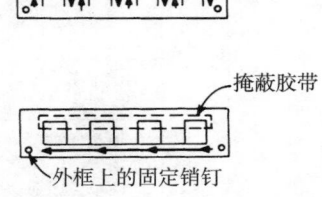

图 33.13　无内定位销钉：（1）切割 3 条边；（2）应用掩蔽胶带；（3）切掉工件

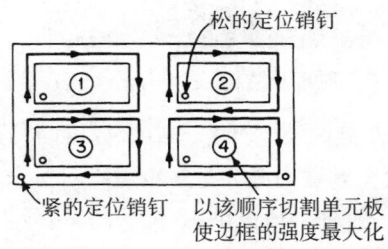

图 33.14　单定位销钉

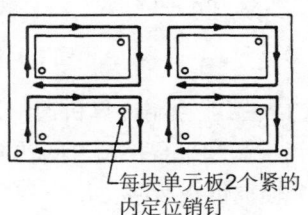

图 33.15　双定位销钉

33.5　激光铣外形

近年来，随着 FPC 的精密小型化发展，带来外形加工的高精度、低损伤的要求，传统的机械加工已无法满足市场要求。激光铣外形是机械铣外形的有效替代，特别是对于挠性板。激光切割非常精准，可以对非常小的工件进行仿形切削。同时，材料与激光类型的匹配很重要，使用错误的激光类型会导致材料烧焦。业内有几种正在使用的激光类型，并且有些单一的设备使用不止一种激光类型。

激光类型有以下几种：

- Nd：YAG（掺钕钇铝石榴石，Nd：$Y_3Al_5O_{12}$），用作固态激光的激光介质晶体
- 仅使用 CO_2 高温切割
- 既使用热反应又使用化学反应的 UV 切割

目前，铣外形以 UV 和 CO_2 为主。区别于 CO_2 激光切割技术，UV 激光"冷"光源具有良好的聚焦性能，热影响区小，切割质量优，无接触式加工避免了加工产生的应力，可有效提高材料的切割质量和效率，并且边缘整齐、光滑。UV 激光切割机硬件系统主要由紫外激光器及其水冷装置、工业控制计算机、直线电机及驱动器、CCD 摄像装置、工作移动平台、高速度双振镜、运动控制卡、吸尘器以及其他辅助装置组成，如图 33.16 所示。

33.5.1　工作原理

UV 激光切割机主要有运动控制、激光控制及软件系统三部分。运动控制及激光控制均依赖于运动控制卡的协调处理，而软件系统则是运动控制卡协调处理的大脑，在整个切割过程中起着至关重要的地位。

1. 运动控制

运动控制分为平台控制和振镜控制，由一块 DSP+FPGA 组成的运动控制卡来实现。运动控

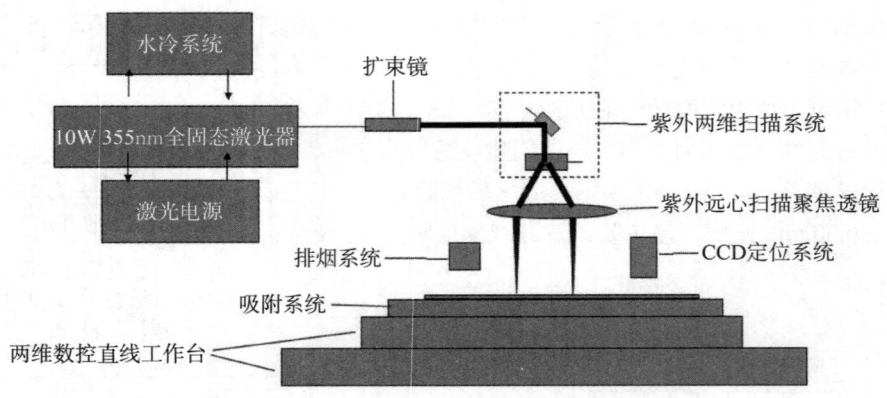

图 33.16 UV 激光的工作原理及结构

制卡通过 PCI 与工业控制计算机通信，可以实现高性能的控制计算。该卡提供两轴运动控制输出，可在振镜控制和平台控制之间转换；既可以对每个轴输出脉冲量，也可以对每个轴输出模拟量；还为每个轴提供正负限位信号和原点信号输入，为每个轴提供 16 位状态寄存器，软件系统可以随时通过指令来获取当前状况下各轴的运行状态。UV 激光切割机的振镜扫描范围约为 1.5 in × 1.5 in，而实际切割图形通常大于这个范围，因此需要振镜和平台协调工作：将图形分割为振镜扫描范围大小的多个区域，每次仅切割一个区域的图形，此时平台运动停止，通过振镜运动实现切割；切割完当前区域后移动平台到另一个区域，此时振镜运动停止；重复上述振镜及平台运动，直至图形切割完毕。

2. 激光控制

UV 激光切割机的激光器通过串口与工业控制计算机通信，实现软件对激光器的智能控制，包括激光开 / 关、延时控制、激光能量控制模式选择、激光能量输出方式选择和相关参数设置。其中，延时控制及激光能量输出方式选择等，需要软件通过运动控制卡实时作用于激光器，才能解决激光控制和运动控制的协调工作。

3. 软件系统

UV 激光切割机拥有图形文档处理模块、设备控制模块、定位及校正模块、切割加工模块及实时显示模块。下面主要介绍图形文档处理模块和定位及校正模块。

图形文档处理模块 UV 激光切割机读取图形后，通常需要对图形进行处理，软件系统支持对图形的平移、旋转、镜像、剪切等编辑工作。另外，根据不同 FPC 材料的差异以及同一块板不同区域的差异（如软硬结合板），软件在切割过程中对图形分区域处理，并对不同区域设置不同的切割参数，从而使切割效果最佳。

定位及校正模块 双振镜扫描是一种在光栅或矢量模式下对 X-Y 平面场进行扫描的简单、低成本方式。其主要缺点是在双轴平面场扫描时存在固有的几何失真，主要表现为枕形失真、线性失真和在平面场上成像光束的焦点误差。在双振镜扫描系统后增加一个 f-θ 透镜，可以校正焦点误差，使得激光束能够聚焦在同一焦平面上，并对扫描系统进行一定的失真校正。另外，UV 激光切割机支持覆盖膜和 FPC 的切割，对于覆盖膜切割，切割图形的位置出现微小的整体平移并不影响切割。对于工件切割，则必须使切割图形准确地位于指定的位置或线路，因此要在切割前进行定位。通过移动平台至工件定位孔，采用高清 CCD 读取并计算定位孔坐标的实际位置，可以实现精确定位。

33.5.2 胀缩补偿

对于不同制造工艺及材料的胀缩造成的 FPC 形变差异，切割定位时必须分别加以补偿，否则会致使切割出来的工件完全无法使用，最终导致整板报废。目前，图形定位后的变换大都采用线性图形变换。对于复杂的不规则的胀缩图形，变换后的尺寸与实际图形相差过大，甚至会超过误差范围。UV 激光切割软件一方面改进图形变换，一方面引入角度偏差和胀缩比的概念，在定位过程中对定位点进行计算，当定位超过角度误差或胀缩比限制时均提示定位失败，这就保证了定位切割的准确性。

33.6 刻 痕

刻痕是使用刻痕刀在固定转速下快速直线切割工件的一种加工方法，常用于在工件上做出 V槽，让客户在组装前后可轻易地将大块折断成小块。更常见的是与 CNC 铣外形结合，用于复杂形状的外形加工，为复杂的轮廓提供简单的分割方法，如图 33.17 所示。

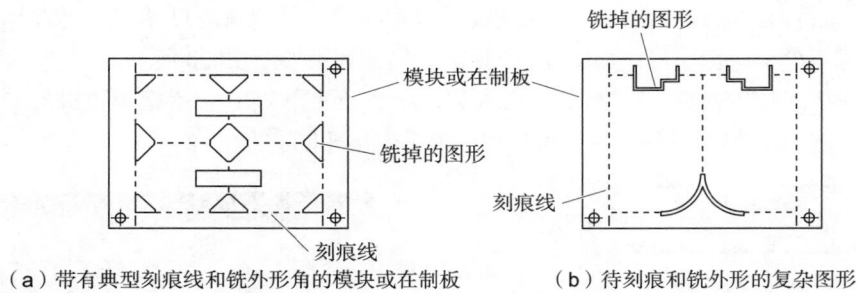

（a）带有典型刻痕线和铣外形角的模块或在制板　　（b）待刻痕和铣外形的复杂图形

图 33.17　刻痕工艺

最重要的两个刻痕因素如下：

- 来自参考要素（通常是定位孔）的定位精度
- 刻痕的深度，决定了余厚

在刻痕线处折断在制板或板边，可以获得刻痕成品板的最终边缘，如图 33.18 所示。切割工具的角度反映在 V 槽的几何结构上，将这个角度限制在 30° ~ 90° 将会最小化刻痕侵入靠近板边的导体的风险。刻痕会暴露板材的玻璃纤维及树脂。即使刻痕是精确加工的，从加工表面测量到的变化也很大。这些不规则表面会被看作尺寸的增大，指定刻痕时应该在设计中考虑到这点。

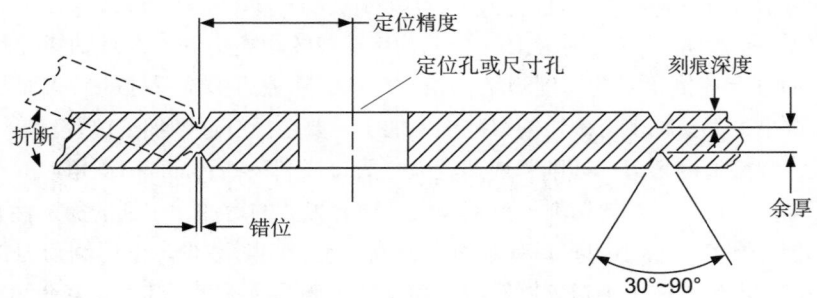

图 33.18　刻痕成品板的横截面

成品板的尺寸精度一般要求如下：

- 刻痕线与要求位置的错位在 ±0.003in 以内
- 刻痕线上下 V 槽对称度在 ±0.004in 以内
- 余厚在指定尺寸的 ±0.006in 以内

余厚保证了足够的模块强度，将决定大板分成小板所需的作用力大小。余厚过大，不易折断；过小，容易导致大板在搬运、转移过程中折断。余厚要求与板厚有关，推荐的余厚见表 33.4。

对称度取决于刻痕机上下刻痕刀的对准度，决定了余厚：对称度越差，则余厚偏差越大，折断时出现两个受力点，越不容易折断。

表 33.4　FR-4 材料刻痕余厚对照表

板厚 /in	余厚 /in
0.024 ≤板厚≤ 0.032	0.014 ± 0.004
0.032 <板厚< 0.062	0.016 ± 0.004
板厚≥ 0.062	0.02 ± 0.005

33.7　板边倒角

板边倒角一般是为了方便 PCB 插入卡槽，如金手指等。板边倒角对加工质量的要求较高，不允许出现任何形式的碎屑残留与表面披锋，但实际上其对倒角的尺寸偏差要求并不严，一般在 ±5°。常见的板边倒角形式如图 33.19 所示，实际效果如图 33.20 所示。

目前，板边倒角的加工方式可分为两大类，一类是使用 PCB 金手指斜边机加工，另一类是使用普通铣床加工。这两种加工方式所使用的刀具也不相同。

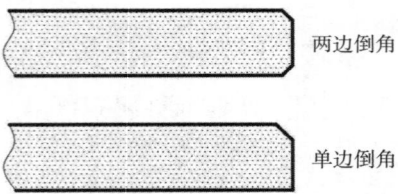

两边倒角

单边倒角

图 33.19　常见的板边倒角形式

图 33.20　金手指倒角的实际效果

PCB 金手指斜边机（见图 33.21），能控制刀具在一定角度范围内旋转，用一把刀具加工各个角度的板边倒角，且板材两边可以同时进行倒角。板边倒角所用的刀具是一种多刃铣刀，包括右旋右切与左旋左切两种。这种加工方式能保证板材表面的金手指不被破坏（倾斜或脱落），基本不会产生碎屑残留，加工表面质量较好，加工效率与刀具寿命较高。

用铣床进行板边倒角时，需要使用倒角刀，每个特定的角度都需要特定的倒角刀加工，且每次只能对板材的一边进行加工。

倒角刀按槽型可分为螺旋槽、直槽等，按刃数可分为单刃、两刃、多刃等，如图 33.22 所示。与钻头、铣刀不同，倒角刀的切削刃上的每一点与轴线的距离不等，靠近轴线处的切削刃不具备切削能力，而且有些倒角刀的切削刃结构相对特殊，靠近刃尖位置处的后刃面不能完全避空或者排屑空间过小，都会减少有效切削刃范围，加工时要选择合适的加工位置。

一般来说，螺旋槽倒角刀的切削刃前角较大，刃口锋利一些；而直槽倒角刀的角度尺寸精度高，角度可变化范围较大，有效切削刃范围较大。随着刃数的增加，切削的稳定性要好一些，寿命要高一些，但排屑空间要小一些，有效切削刃范围也会相对减少。使用倒角刀加工金手指斜边时，刃口磨损后容易造成金手指碎屑残留，甚至导致金手指脱落，其刀具寿命相对较低。

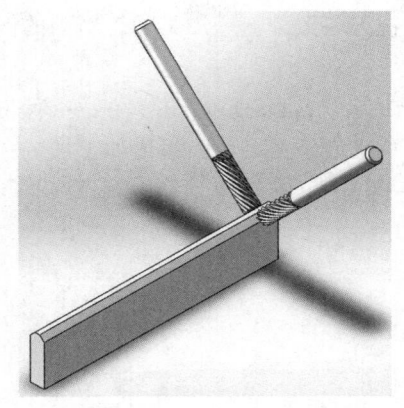

图 33.21　PCB 金手指斜边机加工示例

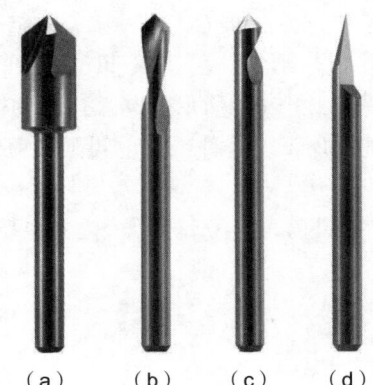

图 33.22　常见的几种倒角刀

33.8　平底盲槽的加工

　　平底盲槽往往是镶嵌电子元件的定位槽，加工时除了保证槽形和尺寸还要求有较高的槽底平整度，且不允许出现任何形式的碎屑残留与表面披锋，如图 33.23 所示。但一般来说，这类平底盲槽对底面粗糙度的要求不算高。

　　平底盲槽一般采用平底铣刀加工，最好使用两刃平底铣刀——具有较锋利的刃口与较大的排屑槽。两刃平底铣刀如图 33.24 所示。加工时，由于切削量（铣空整个槽）较大，需分为粗铣与精铣：粗铣去掉绝大部分切削余量，精铣保证槽形、尺寸与加工质量。精铣刀具达到使用寿命后，还可用于粗铣加工。

　　加工平底盲槽时易产生表面披锋，这是判定刀具刃口磨损的主要依据。实际加工中，应选用较耐磨的硬质合金材质合适涂层的刀具。此外，使用左旋铣刀对槽壁进行精铣能有效抑制披锋的产生。

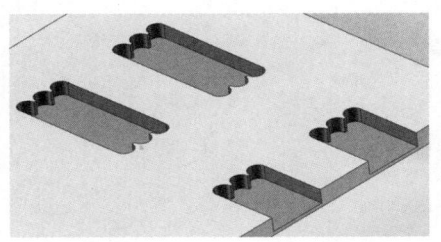

图 33.23　平底盲槽

图 33.24　两刃平底铣刀

33.9　特殊平底槽的加工

　　图 33.25 为两种常见的特殊槽形的截面图，其槽壁与槽底并不是直角过渡，而是斜面过渡或圆弧过渡。这种过渡形式能有效减少过渡位置的应力集中效应，减少因应力过大而导致板材出现裂纹的可能性。

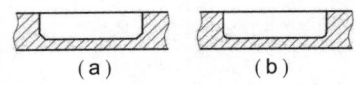

图 33.25　特殊平底槽的截面图

　　图 33.25（a）所示的斜面过渡的槽，可使用 C 立铣刀（Chamfer Endmill）——一种带倒角

的平底铣刀进行加工。这种铣刀的结构大体上与平底铣刀一致，但增加了加工斜面的倒角切削刃结构，其倒角宽度一般不超过刃径的四分之一。

图 33.25（b）所示的圆弧过渡的槽，可使用 R 立铣刀（Radius Endmill）——一种带圆弧的平底铣刀加工。这种铣刀也叫圆鼻刀，其结构大体上与平底铣刀一致，但增加了加工圆弧面的圆弧切削刃结构。

C 立铣刀与 R 立铣刀如图 33.26 所示，加工示例如图 33.27 所示。

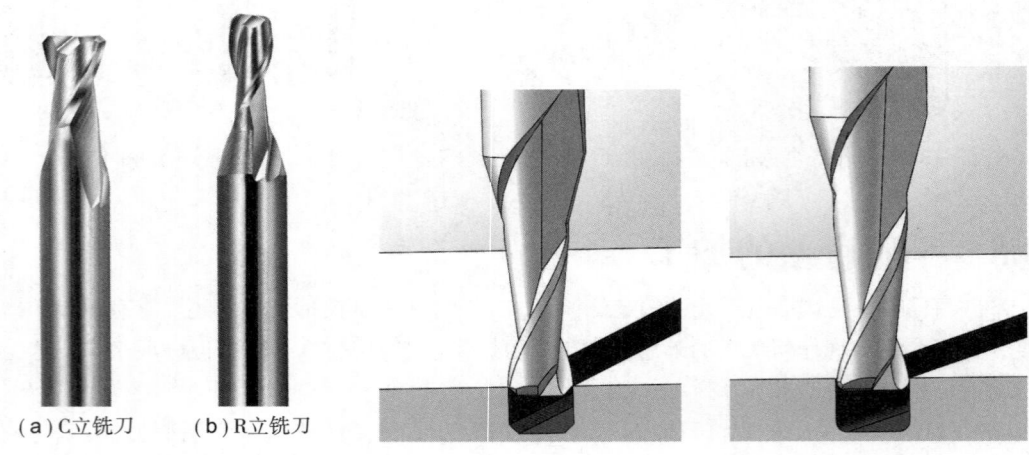

（a）C立铣刀   （b）R立铣刀

图 33.26   C 立铣刀与 R 立铣刀

图 33.27   C 立铣刀与 R 立铣刀的加工示例

参考文献

［1］宋刘洋，梁前，吴伟钦 . 挠性电路板紫外激光切割技术研究与突破 // 中国印制电路行业协会 .2010 中日电子电路秋季大会暨秋季国际 PCB 技术 / 信息论坛论文集 .2010：183-189

程柳军

广州兴森快捷电路科技有限公司

34.1 引　言

近年来，随着云计算、数据中心、物联网、车联网等新兴产业的兴起，通信速度不断提高，以太网的传输标准（IEEE 802.3ba）从 100Mbps 迅速升级到 40Gbps、100Gbps、400Gbps，同时衍生出许多高速网络产品，如高速交换机、高速路由器、高速转换接口、高速服务器等。

随着互联链路信号的传输速率不断提高，印制电路板（PCB）中信号传输速率也日益提高，高速 PCB 的信号完整性对通信系统的电气性能影响越来越突出。与传统 PCB 相比，高速 PCB 的设计、选材、加工工艺、测试方法等均有其特殊性，主要表现为以下 3 个方面。

（1）信号质量控制，包括高速 PCB 设计、材料的选择（基材、玻璃布、铜箔、阻焊油墨等）、高精度阻抗控制、链路损耗控制等。

（2）特殊材料的加工（层压、钻孔、除钻污）、多余短柱（Stub）长度、铜面粗化处理、表面处理工艺的选择等。

（3）高速 PCB 的测试，除阻抗测试外，还需要对 PCB 的传输线损耗进行监控。

34.2　材料的选择

高性能 PCB 必须以高性能材料为基础，用酚醛树脂 - 纸基板不可能加工出高强度、高电性能的 PCB，用普通环氧树脂 - 玻璃布基板加工出的 PCB 不适用于高频高速电路。对于高速 PCB，要提高传输线的信号完整性，必须降低基材的介质损耗因子；要提高信号传输速率，必须降低基材的介电常数。介质损耗因子（D_f）和介电常数（D_k）取决于基材所采用的树脂、玻璃布、填料等，基材上搭配的铜箔也对信号完整性有极大影响。另外，对于 PCB 中的微带线，阻焊油墨也会影响传输线的信号完整性。

34.2.1　基材的选择

一般而言，基材 D_f 的大小分为 5 个传输损耗等级（见图 34.1）——标准损耗（Standard Loss）、中损耗（Middle Loss）、低损耗（Low Loss）、甚低损耗（Very Low Loss）、超低损耗（Ultra Low Loss），分别对应终端产品的不同传输速率要求——1Gbps、5Gbps、10Gbps、25Gbps、56Gbps。部分高速基材的 D_k 和 D_f 见表 34.1。

部分高速基材的 D_k 和 D_f 参见表34.1。

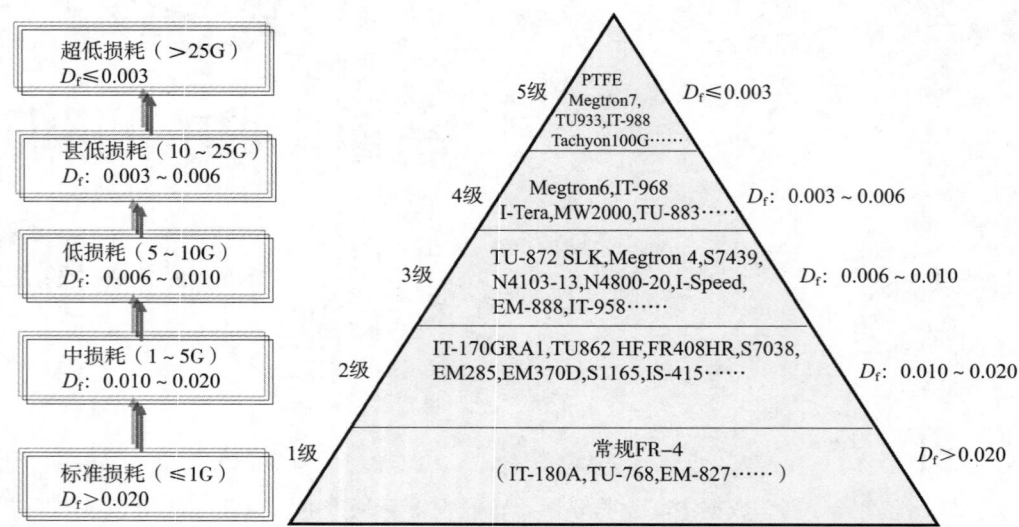

图 34.1 以 D_f 划分的材料等级

表 34.1 部分高速基材的 D_k 和 D_f

厂 家	型 号	材料等级	D_k	D_f
松下	M4	低损耗（5~10Gbps）	3.80	0.0070
	M4S	低损耗（5~10Gbps）	3.80	0.0070
	M6G	甚低损耗（10~25Gbps）	3.61	0.0040
	M6K	甚低损耗（10~25Gbps）	3.61	0.0040
	M6N	甚低损耗（10~25Gbps）	3.35	0.0040
	M7	超低损耗（>25Gbps）	3.60	0.0030
	M7N	超低损耗（>25Gbps）	3.30	0.0020
台燿	TU-862 HF	中损耗（1~5Gbps）	4.40	0.0150
	TU-863	低损耗（5~10Gbps）	3.90	0.0085
	TU-872 LK	低损耗（5~10Gbps）	3.80	0.0090
	TU-872 SLK	低损耗（5~10Gbps）	3.80	0.0090
	TU-872 SLK-SP	低损耗（5~10Gbps）	3.50	0.0080
	TU-883	甚低损耗（10~25Gbps）	3.57	0.0046
	TU-933	超低损耗（>25Gbps）	3.40	0.0025
台光	EM-370（Z）	Standard Loss（≤1Gbps）	4.50	0.0150
	EM-370（D）	中损耗（1~5Gbps）	4.10	0.0110
	EM-828G	中损耗（1~5Gbps）	3.77	0.0110
	EM-888	低损耗（5~10Gbps）	3.70	0.0070
	EM-888（S）	低损耗（5~10Gbps）	3.70	0.0070
	EM-888K	甚低损耗（10~25Gbps）	3.50	0.0070
	EM-891	甚低损耗（10~25Gbps）	3.60	0.0050
	EM-891K	甚低损耗（10~25Gbps）	3.20	0.0040
Nelco	N4000-13	低损耗（5~10Gbps）	3.70	0.0080
	N4000-13 SI	低损耗（5~10Gbps）	3.30	0.0070

厂家	型号	材料等级	D_k	D_f
Nelco	N4800-20 SI	低损耗（5～10Gbps）	3.35	0.0060
	Meteorwave 1000	甚低损耗（10～25Gbps）	3.70	0.0055
	Meteorwave 2000	甚低损耗（10～25Gbps）	3.40	0.0040
	Meteorwave 3000	甚低损耗（10～25Gbps）	3.80	0.0048
	Meteorwave 4000	超低损耗（＞25Gbps）	3.50	0.0028
Isola	FR-408 HR	中损耗（1～5Gbps）	3.65	0.0095
	I-Speed	低损耗（5～10Gbps）	3.57	0.0071
	I-Tera MT40	甚低损耗（10～25Gbps）	3.45	0.0031
	Tachyon 100G	超低损耗（＞25Gbps）	3.02	0.0021
联茂	IT-170GRA1	中损耗（1～5Gbps）	4.00	0.0080
	IT-958G	低损耗（5～10Gbps）	3.90	0.0070
	IT-968	甚低损耗（10～25Gbps）	3.74	0.0047
	IT-988	超低损耗（＞25Gbps）	3.52	0.0030
生益	S1165	中损耗（1~5Gbps）	4.80	0.0070
	S7038	中损耗（1～5Gbps）	3.80	0.0070
	S7439	低损耗（5～10Gbps）	4.05	0.0068
	Synamic 6	甚低损耗（10～25Gbps）	3.85	0.0049
	Synamic 6N	甚低损耗（10～25Gbps）	3.40	0.0025

如高速交换机、高速路由器、高速服务器等对 PCB 有着高信号传输速率、低信号传输损耗的要求，通过选用不同损耗等级的基材，可获得具有不同传输线损耗的 PCB。表 34.2 为业内使用较多的 3 种材料（代号：X7、X8 和 X9）的特性参数。

表 34.2　3 种低损耗材料的特性参数

材料代号	X7	X8	X9
材料等级	低损耗	甚低损耗	超低损耗
D_k@10GHz	3.8	3.6	3.4
D_f@10GHz	0.0080	0.0046	0.0025

34.2.2　铜箔的选择

电子产品中的信号传输频率的迅速提升（ 50kHz → 500kHz → 1Mz → 10Mz → 100Mz → 1GHz → 10GHz → 40GHz → 60GHz → 100GHz →……），使得信号传输过程中的趋肤效应越来越严重，信号传输损耗（失真）越来越大。

所谓趋肤效应，是指交变电流通过传输线（导体）时，自感电动势将阻碍交变电流通过。阻碍能力与导体单位时间所切割的磁力线有关，越靠近导体中心，切割磁力线产生的自感电动势越大，对交变电流的阻碍能力越大，交变电流越靠近导体的表面传输（见图 34.2）。信号传输时的趋肤深度与导体的磁导率、电导率、信号频率等因素有关：

$$\delta = \sqrt{\frac{2}{\pi\mu\sigma f}} \tag{34.1}$$

式中，δ 为趋肤深度（m）；μ 为磁导率（H/m）；σ 为电导率（S/m）；f 为信号频率（Hz）。

由式（34.1）可知，信号频率越高，在导体中的传输厚度越小（越靠近导体的表面）。对于铜导体（PCB 中的导体材料），不同信号频率下的趋肤深度见表 34.3。可见，当信号频率增大到

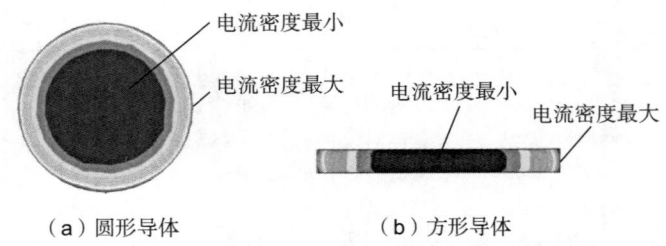

（a）圆形导体　　　　　　　（b）方形导体

图 34.2　趋肤效应

500 MHz 时,信号在导体表面的传输厚度仅为 3 μm 左右,而基材搭配的铜箔的表面粗糙度(R_z 值)为 3 ~ 5 μm,此时信号仅在铜箔表面粗糙度的厚度范围内传输,会产生严重的信号"驻波"和"反射"等现象,产生传输损耗,甚至导致严重的信号失真。

表 34.3　信号传输频率与趋肤深度

频率 f/Hz	1k	10k	100k	1M	10M	100M	500M	1G	5G	10G
趋肤深度 δ/μm	2140.0	680.0	210.0	60.0	20.0	6.6	3.0	2.1	0.9	0.7

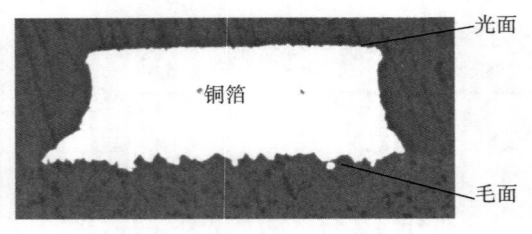

图 34.3　铜箔的光面和毛面

一般基材搭配的铜箔为标准电解铜箔（STD 铜箔）或高温延伸性电解铜箔（HTE 铜箔）。为了改善信号传输特性,高速基板通常采用低损耗、甚低损耗和超低损耗材料,搭配低表面粗糙度铜箔,通过减小铜箔光面和毛面（见图 34.3）的粗糙度,从而减小趋肤效应对信号完整性的影响。目前常用的低表面粗糙度铜箔主要有反向处理铜箔（RTF 铜箔）、低轮廓铜箔（VLP 铜箔）和超低轮廓铜箔（HVLP 铜箔）3 种。与 STD 或 HTE 铜箔相比,低表面粗糙度铜箔的使用有利于提高高速/高频 PCB 的电气性能,且有利于提升介质层的厚度均匀性,但会减小铜箔与树脂间的结合力,因此需要对毛面进行处理。

图 34.4 和图 34.5 分别是 HTE 铜箔、RTF 铜箔和 HVLP 铜箔的表面形貌图和切片图。可见,HVLP 铜箔的毛面起伏落差小于 RTF 和 HTE 铜箔,它的表面粗糙度远小于 RTF 和 HTE 铜箔的表面粗糙度。

表 34.4 是采用光学轮廓仪测得的 3 种铜箔的表面粗糙度,18 μm 的 HTE 铜箔、RTF 铜箔和 HVLP 铜箔毛面的 R_z 值分别为 5.790 μm、3.660 μm 和 2.340 μm。

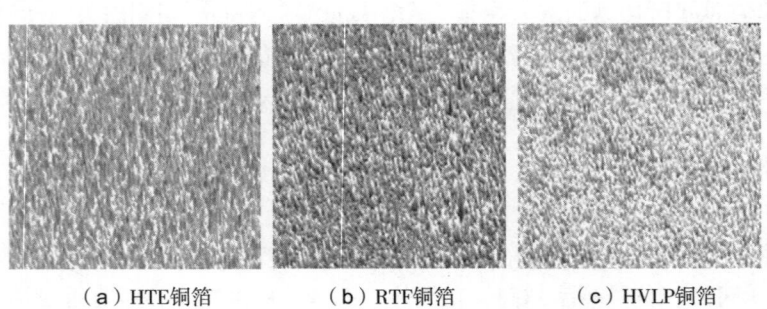

（a）HTE铜箔　　　（b）RTF铜箔　　　（c）HVLP铜箔

图 34.4　0.5oz 铜箔的毛面 3D 形貌图

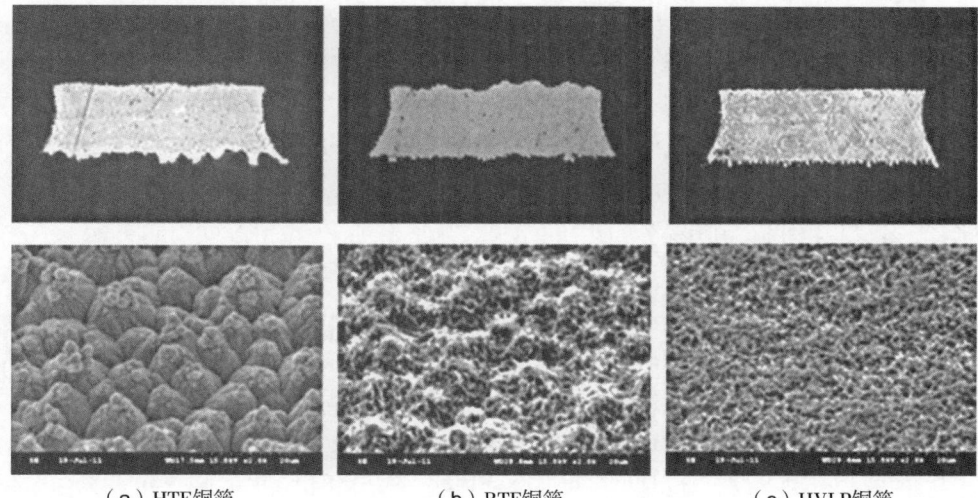

|（a）HTE铜箔|（b）RTF铜箔|（c）HVLP铜箔|

图 34.5　不同类型铜箔的切片和毛面 SEM 图

表 34.4　不同类型铜箔的表面粗糙度

铜箔类型	光　面			毛　面		
	R_a	R_q	R_z	R_a	R_q	R_z
HTE	0.735	0.944	3.070	1.410	1.740	5.790
RTF	0.746	0.939	3.350	0.619	0.887	3.660
HVLP	0.442	0.579	1.970	0.513	0.660	2.340

R_a：轮廓算术平均偏差，表示测试面积上铜箔表面形貌的粗糙程度；
R_q：轮廓均方根偏差；
R_z：轮廓峰高与轮廓谷深的落差（微观不平度十点高度），表示测试范围内一定宽度带上铜箔表面形貌的高低落差。

为分析不同铜箔的信号损耗，业内常用某甚低损耗级材料，分别搭配 HTE 铜箔、RTF 铜箔和 HVLP 铜箔制成损耗测试板，而后采用 FD 法测得相应的损耗值，见表 34.5。可见，采用 HVLP 铜箔能显著减小信号传输损耗。

表 34.5　不同类型铜箔微带线和带状线的损耗值（dB/cm）

频率 / GHz	HVLP[1]	RTF[1]		HTE[1]		HVLP[2]	RTF[2]		HTE[2]	
	S21	S21	S21：HVLP	S21	S21：HVLP	S21	S21	S21：HVLP	S21	S21：HVLP
5.0	−0.13	−0.14	6.06%	−0.15	15.15%	−0.13	−0.14	9.37%	−0.15	15.63%
10.0	−0.26	−0.28	4.48%	−0.30	13.43%	−0.21	−0.24	11.11%	−0.24	14.81%
12.5	−0.33	−0.34	3.61%	−0.37	12.05%	−0.26	−0.28	9.23%	−0.29	12.31%
15.0	−0.39	−0.40	4.08%	−0.43	10.20%	−0.30	−0.32	7.89%	−0.33	11.84%
20.0	−0.48	−0.52	7.38%	−0.56	15.57%	−0.38	−0.41	7.22%	−0.43	12.37%

注：①微带线（线宽 200 μm）；②带状线（线宽 170 μm）。

34.2.3　玻璃布的选择

玻璃布是基材的骨架，可以提高强度，维持尺寸稳定性。目前，覆铜板中应用的电子级玻璃布主要有 E 玻璃布、扁平 E 玻璃布和 NE 玻璃布三种。

1. 玻纤效应

PCB 介质层的介电常数差异主要取决于所用的玻璃布类别。常见玻璃布参数见表 34.6，以 3313 玻纤为例，其经纬向玻纤束之间的间距是 3.1mil × 5.3mil。不难看出，玻纤束的尺寸要比线路板上传输线的宽度大（传输线的宽度一般在 10mil 以下）。由于多数布线策略是将系统总线中的传输线与基板边缘成 0° 或者 90° 方向布线，导致传输线方向与玻纤束的经纬向相平行，此时可能会出现以下几种极端情况（见图 34.6）。

表 34.6 常见玻璃布参数

| 粘结片规格 | 经纱宽 /mil | 纬纱宽 /mil | 经纬向间隙 /mil | | D_k 极差 | 50Ω 阻抗差异 /Ω |
			X	Y		
106	4.8	10.2	13.7	10.4	1.0	6.35
1080	8.2	12.1	8.8	10.3	0.7	4.17
3313	13.1	11.0	3.1	5.3	0.5	2.76
2116	14.1	15.5	3.1	2.8	0.3	1.66

注：50Ω 阻抗差异限单端微带线，且微带线下方只有单张粘结片的情况。

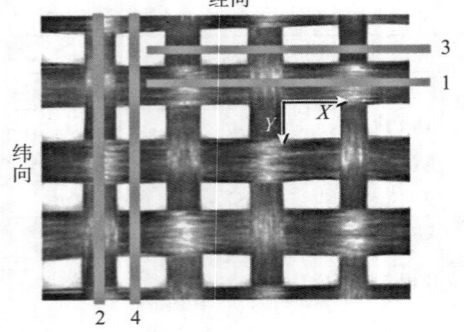

图 34.6 PCB 线路与玻纤束的位置

- 传输线在经向玻纤束的正上方
- 传输线在纬向玻纤束的正上方
- 传输线在两根经向玻纤束的中间
- 传输线在两根纬向玻纤束的中间

由于玻纤束与环氧树脂的介电常数差异较大，因此板面不同位置的介质层的介电常数也存在一定的差异（见图 34.7），从而会导致板面不同位置的阻抗产生差异，阻抗精度控制的不确定性增大。同时，同一阻抗线不同位置的介电常数不均匀，会导致 TDR（时域反射）曲线出现较大波动，影响信号传输质量。

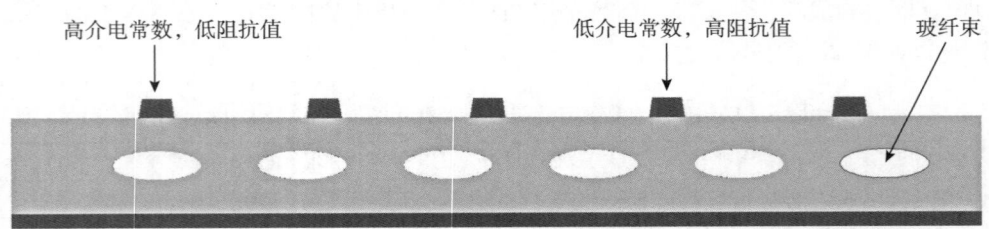

图 34.7 传输线与玻纤束之间的关系

由于玻璃纤维束之间存在明显的间隙，设计、制作 PCB 时，信号线的介电常数具有不确定性。对于差分信号线，可能存在一种情况：D^+ 布在玻纤束上，而 D^- 布在玻纤束之间的间隙上（见图 34.8），导致 D^+ 相比于线路 D^- 有着较高的有效介电常数和较低的阻抗（Z_0）。因此，当同一对差分信号传输在不同介质上（玻纤束的 ε_r 约为 6，树脂的 ε_r 约为 3）时，由于两条差分信号线的介电常数不一致，而信号传输速度与介质层介电常数的平方根成反

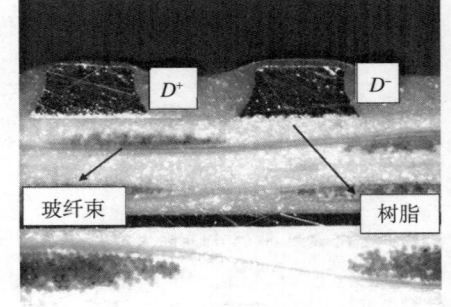

图 34.8 差分线的切片

比，会使两条差分信号线产生不同的信号延迟，导致差分信号偏斜失真（见图34.9）。有资料表明，玻纤效应导致的差分的偏斜失真可达 3 ~ 10ps/in。另外，高速率数据传输时，偏斜失真会导致共模电压增大和相应的差分信号电压降低,且产生的交流共模（ACCM）效应会导致系统串扰和 EMI 问题。

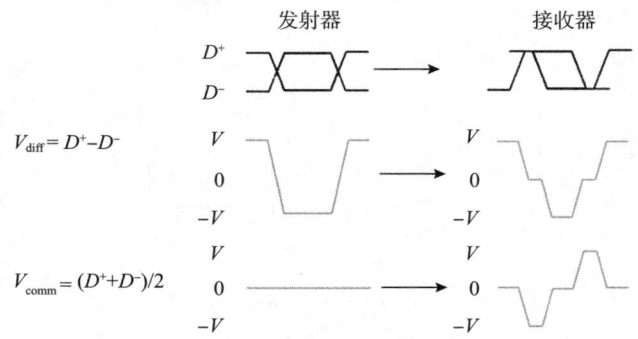

图 34.9 玻纤效应带来的信号失真

2. 不同规格粘结片的玻纤效应对阻抗波动的影响

图 34.10 是采用某厂家 1080、3313 和 2116 粘结片（高 T_g），平行于玻璃布经纬向布线时介质层的介电常数波动曲线。可以看出，3 种规格的粘结片布线的介质层有效介电常数均出现了周期性波动，波动幅度高达 0.6。测试表明由此带来的阻抗波动可高达 4Ω，且不同规格玻璃布的有效介电常数波动幅度存在一定的差异。同时，相同规格的玻璃布，其纬向走线阻抗的波动幅度要小于经向走线。

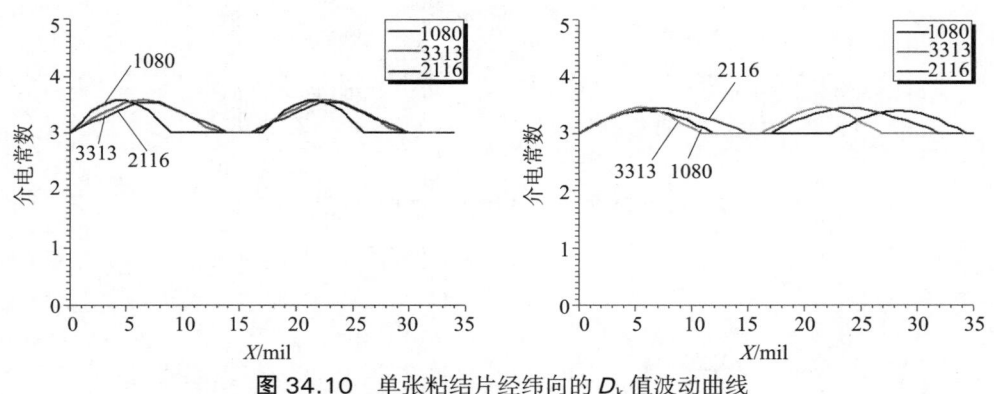

图 34.10 单张粘结片经纬向的 D_k 值波动曲线

3. 扁平玻璃布及 NE 玻璃布对阻抗波动的改善

为了减小玻纤效应带来的传输线阻抗波动，提高信号传输质量，目前常采用扁平 E 玻璃布或性能更好的 NE 玻璃布。

图 34.11 是 1080 和 1078 粘结片经纬向走线的介电常数波动曲线。可以看出，与 1080 相比，采用 1078 扁平玻璃布粘结片后，介质层的介电常数波动幅度显著减小，其经向走线 D_k 波动幅度由 0.58 减小为 0.25（见表 34.7）。如图 34.12 所示，采用 1078 粘结片后，传输线的阻抗波动明显减弱，玻纤效应带来的经纬向走线阻抗波动可减小至 1.5Ω。

图 34.13 为采用不同的 2116 粘结片（E玻璃布和 NE 玻璃布）经向走线的阻抗波动情况。

表 34.7 1080 和 1078 粘结片的经纬向 D_k 和阻抗波动

规　格	经向走线 D_k 波动		纬向走线 D_k 波动	
	D_k 波动	阻抗波动 / Ω	D_k 波动	阻抗波动 / Ω
1080	0.58	3.80	0.44	2.73
1078	0.25	1.56	0.18	1.11

动情况。可以看出，E 玻璃布的经向走线阻抗波动幅度为 3.17Ω，而 NE 玻璃布的经向走线阻抗波动幅度为 1.42Ω。与 E 玻璃布相比，NE 玻璃布具有更低的 D_k 值，且经过了开纤处理，玻纤

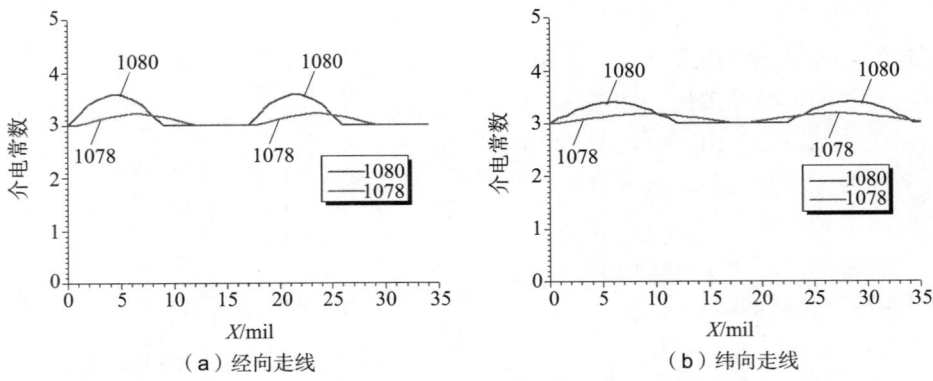

（a）经向走线 （b）纬向走线

图 34.11 1080 和 1078 粘结片经纬向走线的 D_k 波动曲线

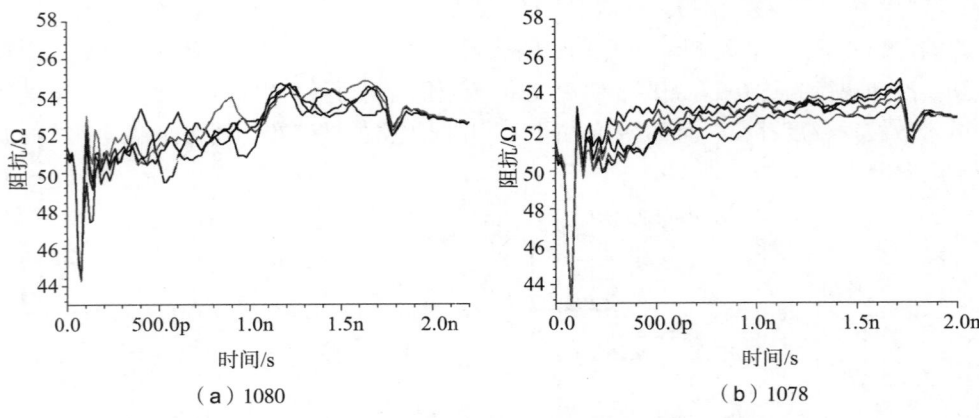

（a）1080 （b）1078

图 34.12 1080 和 1078 粘结片经纬向走线的阻抗波动曲线

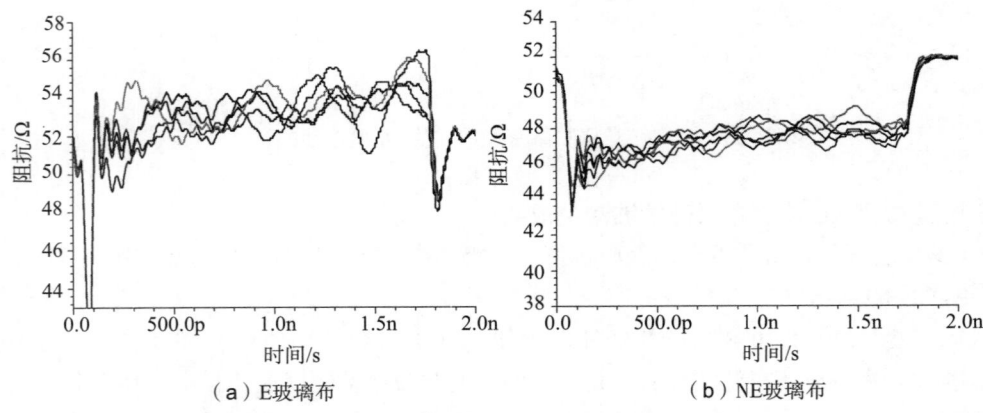

（a）E 玻璃布 （b）NE 玻璃布

图 34.13 2116 粘结片经向走线的阻抗波动曲线

之间的间隙减小，能有效地减小阻抗波动幅度。

4. NE 玻璃布对信号传输损耗的改善

如图 34.14 所示，对于差分带状线，E 玻璃布和 NE 玻璃布在不同频率下的损耗值相差 4%～12%；对于差分微带线，E 玻璃布和 NE 玻璃布在不同频率下的损耗值相差 12%～22%。同时，信号传输频率越高，NE 玻璃布对插入损耗的改善越明显。

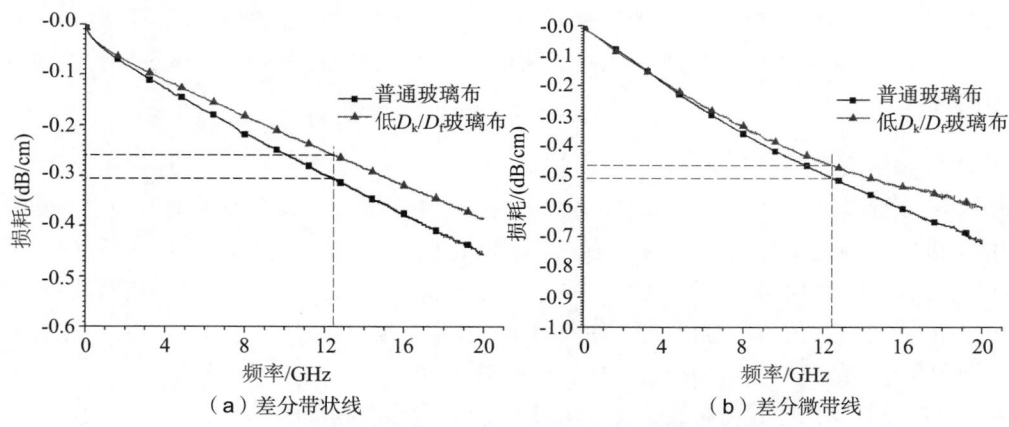

（a）差分带状线　　　　　　　　（b）差分微带线

图 34.14　不同类型玻璃布的差分带状线的损耗测试

5. 玻纤效应对差分信号偏斜失真的影响

由于信号传输速度与介质层介电常数的平方根成反比，当一对差分信号传输在不均匀介质上时，两条差分信号线之间会产生不同的信号延迟，从而导致信号偏斜失真。微带线和带状线的传输延迟可分别通过式（34.2）和式（34.3）计算，因而差分线的偏斜失真可通过式（34.4）计算。

$$微带线 \quad t_{pd} = 85\sqrt{0.475\varepsilon_r + 0.67} \tag{34.2}$$

$$带状线 \quad t_{pd} = 85\sqrt{\varepsilon_r} \tag{34.3}$$

式中，t_{pd} 表示传输延时，单位为 ps/in；ε_r 表示板材的介电常数。

$$\text{Skew} = \left| t_{pd1} - t_{pd2} \right| = \frac{\left(\left| \Delta \text{Phase} \right| / 360 \right)}{\text{Frequency}} \tag{34.4}$$

式中，Skew 表示偏斜失真；t_{pd1} 表示差分对的一条传输线的传输延时；t_{pd2} 表示差分对的另一条传输线的传输延时，单位为 ps/in；Δ Phase 表示相位差，单位为（°），Frequency 表示频率，单位为 Hz。

图 34.15　玻纤上的差分信号线

如图 34.15 所示，介质层中经纬向玻纤之间存在的重叠和空隙区域，导致差分传输线的延迟不一致。图 34.16 是采用 VNA

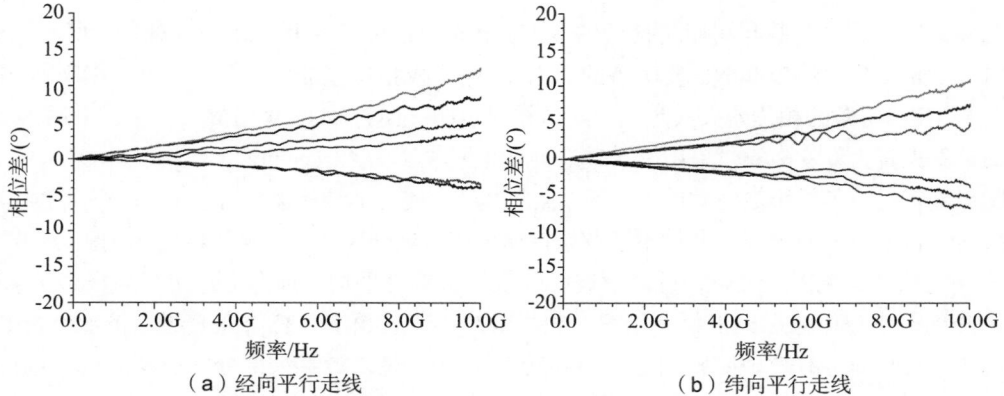

（a）经向平行走线　　　　　　　　（b）纬向平行走线

图 34.16　单张 1035 粘结片经纬向走线的差分线相位差

测量 1035 粘结片经纬向走线的差分相位差曲线。可以看出，当传输线平行于经纬向玻纤束时，会产生一定的信号延迟。对于 1035 粘结片，测量出的纬向偏斜失真可达 0.46 ps/in，经向偏斜失真可达 0.43ps/in。

6. 差分信号偏斜失真的改善

进行布线设计时，当差分传输线的线宽与间距之和接近或等于玻纤节距时，理论上偏斜失真值为 0。因此，可通过调整线宽／间距值改善偏斜失真。实际上，这并不现实：工程师需要了解各种玻璃布的玻纤节距（不同厂家是不一致的）。鉴于此，可以从以下 3 个方面进行改善：

- 采用玻纤排布更密集、间隙更小的玻璃布（如扁平玻璃布）
- 采用介电常数与树脂更加接近的玻璃布（NE 玻璃布）
- 设计时进行特殊布置与布线，使传输线不平行于经纬向玻纤束

采用扁平玻璃布和 NE 玻璃布　与常规玻璃布相比，扁平玻璃布的玻纤束更分散，玻纤束之间的间隙更小，介质均匀性更好，介电常数差异更小。因此，采用扁平玻璃布时，玻纤效应带来的差分信号偏斜失真更小。图 34.17 分别为使用扁平玻璃布的 1078 粘结片和常规 E 玻璃布 1080 粘结片的相位差曲线。可以看出，相比于 1080，使用 1078 时两条差分线的相位差显著降低。根据测得的相位差，可计算出 1078 粘结片的偏斜失真为 0.65 ps/in，而 1080 粘结片的偏斜失真为 1.91ps/in。

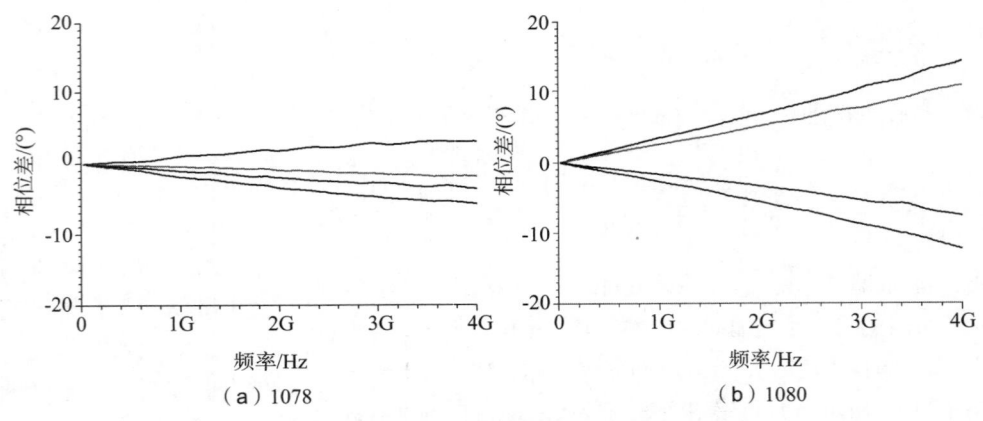

图 34.17　1078 和 1080 的外层差分线相位差

此外，使用介电常数与树脂更接近的 NE 玻璃布，也可以降低玻纤效应对差分信号的影响。图 34.18 是常规 E 玻璃布和 NE 玻璃布的 2116 的差分线相位差曲线。可以看出，相比于常规 E 玻璃布，NE 玻璃布的相位差大大降低。测试结果表明，同为 2116 规格的粘结片，采用 NE 玻璃布时的偏斜失真为 0.34ps/in，采用 E 玻璃布时的偏斜失真为 1.21ps/in。

图形旋转　为了减小玻纤效应，还可以调整布线，使之不与板边平行；或者进行辐射状走线，避免线路平行于经纬向玻纤。通过不断调整传输线相对玻纤束的位置，将传输线走线方向与纤维交织成一定角度（见图 34.19），可以使玻纤效应的影响更平均。理论上，走线与板边呈 45° 可使影响降到最小。但考虑到板材利用率，须尽量减小旋转角度。有研究表明，将传输线走线方向旋转 1°～2° 即可有效地减轻问题，而旋转 5°～10° 足以缓解大部分的空间效应。进行布线设计时，旋转角度可采用式（34.5）计算，传输线长度为 1in 时，需要旋转的角度为 2.3°，即

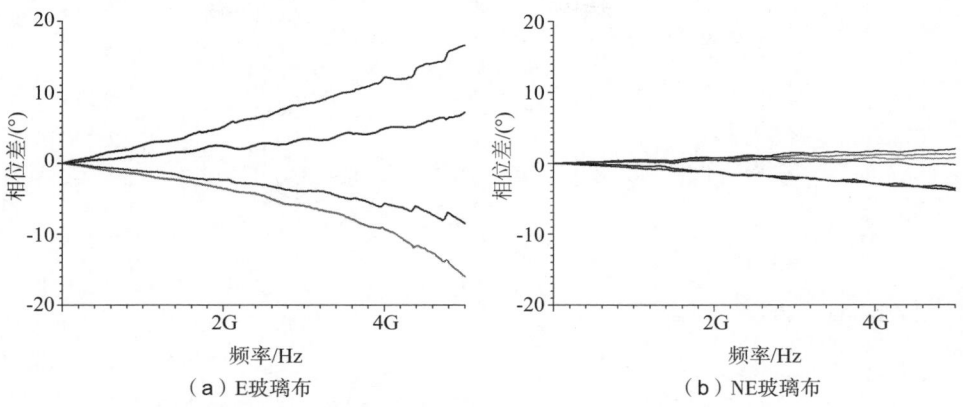

图 34.18 E 玻璃布和 NE 玻璃布的外层差分线相位差

传输线与玻纤成 2.3° 以上角度时可解决差分线的偏斜失真问题。

$$\sin \theta = \frac{H}{L} \qquad (34.5)$$

其中，θ 为旋转角度；L 为差分线长度；H 为玻纤节距，要求 $H \geqslant 2$ 倍线路节距。

图 34.20 为采用常规玻璃布 2116 平行走线和将图形旋转后的差分相位差曲线。

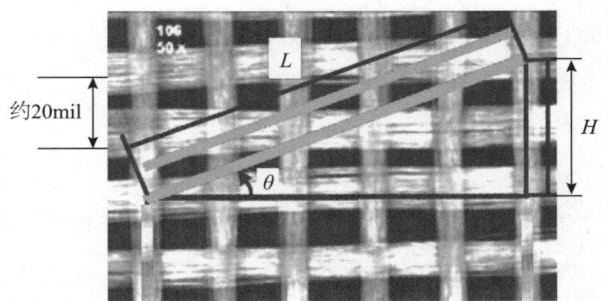

图 34.19 传输线的旋转角度

从结果来看，将图形旋转 5° ~ 15° 后，玻纤效应引起的偏斜失真大大降低。

除了在设计时进行图形旋转，还可以让覆铜板及粘结片供应商提供旋转后的原始材料，或者 PCB 制造商在开料时旋转板材，但同样会降低材料利用率。

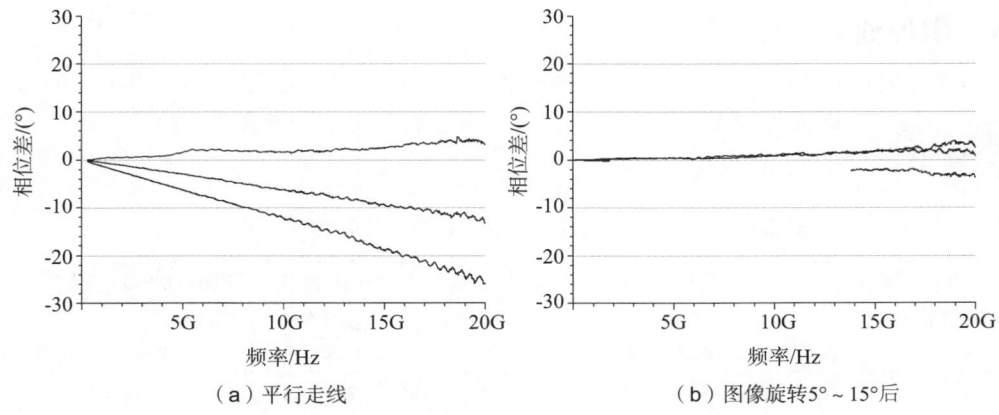

图 34.20 图形旋转对偏斜失真的改善

S 走线 进行布线设计时，使传输线不平行于玻璃布经纬向，如采用 S 走线或 Z 走线，如图 34.21 所示。图 34.22 是采用不同走线方式（平行走线、S 走线）和图形旋转时差分线的相位差，可见，S 走线（弧度为 45°）可在一定程度上改善偏斜失真，但效果不如图形旋转。

叠层设计时选用多张配本结构 进行高速 PCB 叠层设计时，当芯板和粘结片的厚度一定，优先选用两张及以上配本结构的芯板或粘结片组合，可在一定程度上改善玻璃布不均匀性对信号

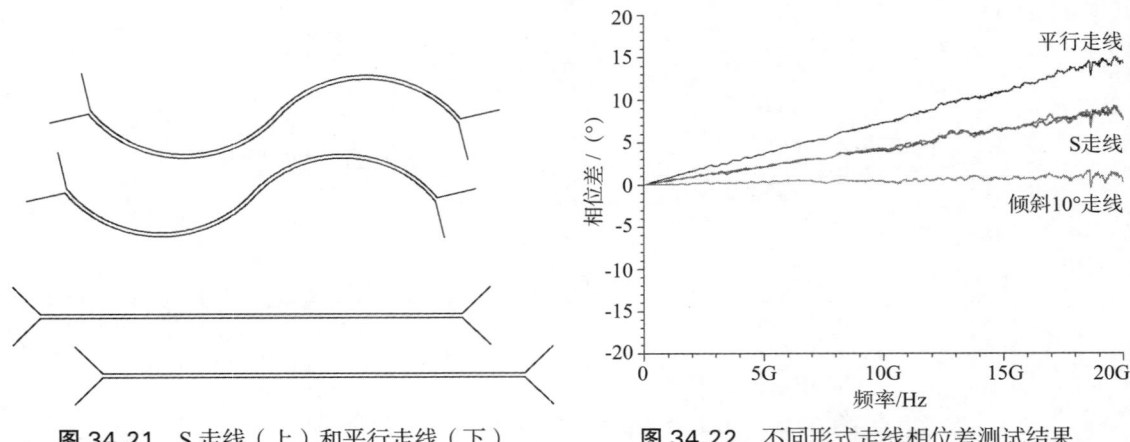

图 34.21 S 走线（上）和平行走线（下）　　　　图 34.22 不同形式走线相位差测试结果

传输质量的影响。如叠层设计时需要用到 0.10mm 厚的芯板，可供选择的配本结构有 3313×1 和 1035×2，为减小阻抗波动性和偏斜失真，优先选择 1035×2 配本结构。表 34.8 是某型号材料的芯板配本结构。

表 34.8 某型号材料的芯板配本结构

芯板类型	实际厚度		玻璃布类型	玻璃布张数	典型树脂含量/%	典型 D_k									
	mil	mm				1GHz	6GHz	12GHz	18GHz	23GHz	29GHz	34GHz	40GHz	45GHz	50GHz
4	3.9	0.100	3313	1	54	3.71	3.64	3.63	3.62	3.62	3.62	3.62	3.62	3.62	3.62
4	3.9	0.100	1035	2	65	3.46	3.39	3.38	3.37	3.37	3.37	3.37	3.37	3.37	3.62
5	5.0	0.127	1078	2	57	3.65	3.58	3.56	3.55	3.55	3.55	3.55	3.55	3.55	3.55
5	4.9	0.125	2116	1	54	3.71	3.64	3.63	3.62	3.62	3.62	3.62	3.62	3.62	3.62
5	5.1	0.130	1080	2	57	3.65	3.58	3.56	3.55	3.55	3.55	3.55	3.55	3.55	3.55

34.2.4 阻焊油墨

空气的介电常数为 1.0005，而常规阻焊油墨的介电常数和损耗因子分别为 3.9 和 0.03 左右（见表 34.9）。因此，与裸露的外层线路相比，覆盖阻焊层后，线路的传输环境发生了较大变化，从而导致外层线路的电气性能发生改变。

表 34.9 不同等级板材与常规油墨的介电常数和损耗因子

	常规 FR-4 板材	中损耗板材	低损耗板材	甚低损耗板材	超低损耗板材	常规阻焊油墨
介电常数 /D_k	3.9 ~ 4.5	3.6 ~ 4.4	3.2 ~ 3.8	3.1 ~ 3.6	2.5 ~ 3.2	3.9 左右
损耗因子 /D_f	0.02 左右	0.01 ~ 0.02	0.01 ~ 0.006	0.003 ~ 0.006	≤ 0.003	0.02 ~ 0.04

注：不同板材等级划分主要依据其损耗因子的大小，表中介电常数值仅代表一般情况。

阻焊层对外层线路电气性能的影响主要表现在以下几方面。

（1）减小外层线路的阻抗值：信号线的特性阻抗 $Z_0=\sqrt{L/C}$，当线路上覆盖阻焊油墨后，电容 C 值增大，从而导致线路的阻抗值减小。

（2）增大外层线路的传输损耗：信号在传输过程中的损耗主要包括介质损耗、导体损耗和辐射损耗，其中介质损耗与介质层损耗因子成正比（介质损耗 $\alpha_d=\tan\delta_c\times k$，$\tan\delta_c$ 为损耗因子，

k 为常数)。阻焊油墨的损耗因子较大,会增大线路的传输损耗。

(3)降低外层线路的信号传输速度:信号线的传输速度取决于光速和介质层的介电常数(传输速度 $v = k_1 \times c / \sqrt{\varepsilon}$,$k_1$ 为常数,c 为光速, ε 为介电常数 D_k),而阻焊层的介电常数远大于空气的介电常数,因此覆盖阻焊油墨后降低信号线的传输速度。

1.覆盖阻焊油墨前后的特性阻抗变化

采用阻抗计算软件的无阻焊模式进行阻抗设计,生产时将阻抗精度控制在 ±5%,制作测试板时在覆盖阻焊油墨前测试单端线阻抗值 Z_1,而后分别印制常规阻焊油墨和低 D_k/D_f 阻焊油墨,固化后再次测试阻抗 Z_2,并计算覆盖油墨后阻抗降低值 Z($Z = Z_1 - Z_2$),结果见表 34.10。印制阻焊油墨前后单端微带线的阻抗变化如图 34.23 所示。

表 34.10 覆盖阻焊油墨前后单端微带线阻抗的测试结果

阻抗设计值 /Ω		常规阻焊油墨				低 D_k/D_f 阻焊油墨			
		60	50	40	30	60	50	40	30
实测平均值	阻焊前 Z_1/Ω	59.8	50.0	40.6	30.6	60.8	50.7	41.1	31.0
	阻焊后 Z_2/Ω	55.5	47.2	38.6	29.4	56.8	48.1	39.2	29.8
	阻抗差值 Z/Ω	4.3	2.8	2.0	1.2	4.0	2.6	1.9	1.2

注:阻焊前和阻焊后的阻抗值为 26 组阻抗线的平均值;60Ω、50Ω、40Ω、30Ω 单端微带线线宽分别为 12mil、16.7mil、23.8mil、36mil。

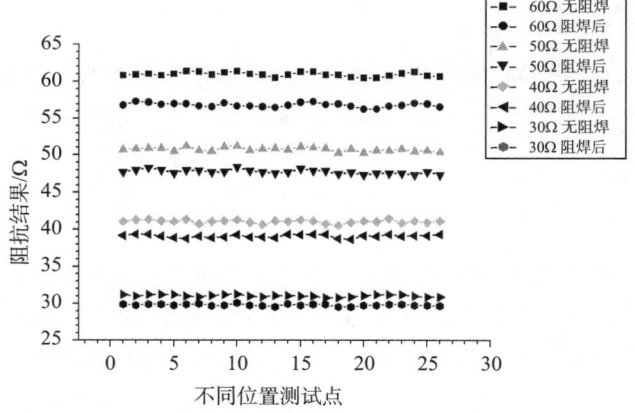

图 34.23 印制阻焊油墨前后单端微带线的阻抗变化

可见,对于单端线,设计阻抗值越大,印制阻焊层后的阻抗降低值越大:设计阻抗值为 60Ω 的阻抗线,覆盖阻焊(常规阻焊油墨)后阻抗下降 4.3Ω;而设计阻抗值为 30Ω 的阻抗线,阻抗仅下降 1.2Ω。对比覆盖常规阻焊油墨和低 D_k/D_f 阻焊油墨的阻抗降低值发现,采用低介电常数的低 D_k/D_f 阻焊油墨的单端线阻抗降低值仅比覆盖常规阻焊油墨的小 0~0.3Ω,影响较小。

差分线的测试结果见表 34.11:设计值为 100Ω 的信号线,印制阻焊后(常规阻焊油墨)阻抗值下降 8.5Ω;而设计值为 80Ω 的信号线,阻抗值仅下降 5.0Ω。对比印制常规阻焊油墨和低 D_k/D_f 阻焊油墨的阻抗降低值发现,采用低介电常数的低 D_k/D_f 阻焊油墨的差分线阻抗降低值比采用常规阻焊油墨的小 1.2~1.4Ω,与单端微带线相比,两种油墨的介电常数差异对差分线的阻抗影响更明显。印制阻焊油墨前后差分微带线的阻抗变化如图 34.24 所示。

表 34.11 差分线阻抗的测试结果

阻抗设计值 /Ω		常规阻焊油墨				低 D_k/D_f 阻焊油墨			
		110	100	90	80	110	100	90	80
实测平均值	阻焊前 Z_1/Ω	112.0	102.3	92.1	81.7	113.0	103.1	92.9	82.1
	阻焊后 Z_2/Ω	101.9	93.8	85.8	76.7	104.3	96.0	87.8	78.3
	阻抗差值 Z/Ω	10.1	8.5	6.3	5.0	8.7	7.1	5.1	3.8

注：阻焊前和阻焊后的阻抗值为 26 组阻抗线的平均值；110Ω、100Ω、90Ω、80Ω 差分微带线线宽 / 线距分别为 10.8/10mil、13/10mil、16.6/12mil、20.5/12mil。

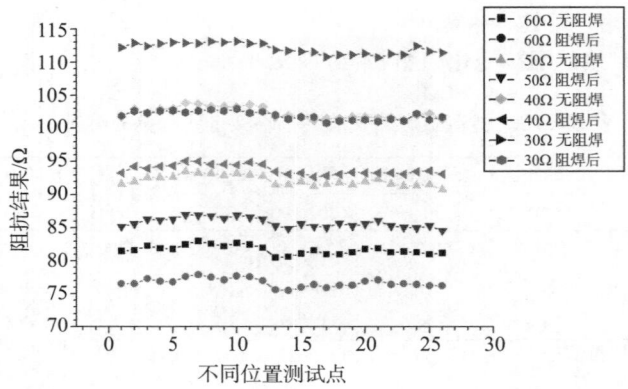

图 34.24 印制阻焊油墨前后差分微带线的阻抗变化

2. 覆盖阻焊油墨前后的损耗分析

对于高速 PCB，设计时总是希望尽可能地减小信号的传输损耗。根据电磁场和微波理论，微带线的损耗主要由介质损耗、导体损耗和辐射损耗组成[1]。其中，高速信号在传输过程中的介质损耗可表示为

$$\alpha_d = k \times f \times \sqrt{\varepsilon_r} \times \tan\delta$$

式中，α_d 为信号的介质损耗；k 为常数；f 为传输频率；$\tan\delta$ 为介质损耗因子；ε_r 为材料的相对介电常数。在高速 PCB 中，阻焊油墨的 D_k 和 D_f 一般比板材大很多，对外层传输线的介质损耗有较大的影响。图 34.25、图 34.26 和表 34.12 所示为覆盖常规阻焊油墨和低 D_k/D_f 阻焊油墨后的

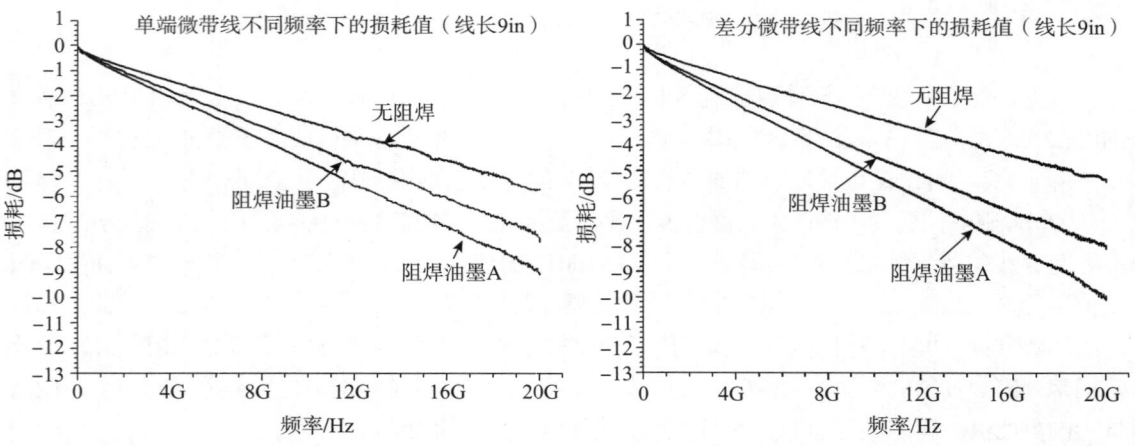

图 34.25 单端微带线的损耗测试结果　　图 34.26 差分微带线的损耗测试结果

表 34.12 外层传输线的损耗测试结果

线路类型	处理方式		不同频率下插入损耗平均值 / (dB/in)			
			4GHz	8GHz	10GHz	20GHz
单端微带线	无阻焊	CS	−0.1537	−0.2668	−0.3253	−0.6344
		SS	−0.1568	−0.2732	−0.3321	−0.6356
	常规阻焊油墨	CS	−0.2155	−0.4006	−0.4932	−1.0011
		SS	−0.2146	−0.4008	−0.4918	−1.0056
	低 D_k/D_f 阻焊油墨	CS	−0.2004	−0.3582	−0.4421	−0.8477
		SS	−0.2047	−0.3653	−0.4495	−0.8633
差分微带线	无阻焊	CS	−0.1383	−0.2696	−0.3175	−0.6033
		SS	−0.1389	−0.2670	−0.3193	−0.5956
	常规阻焊油墨	CS	−0.2594	−0.4662	−0.5670	−1.1222
		SS	−0.2590	−0.4692	−0.5717	−1.1033
	低 D_k/D_f 阻焊油墨	CS	−0.2225	−0.3988	−0.4841	−0.8822
		SS	−0.2254	−0.4049	−0.4883	−0.8978

注：单端微带线和差分微带线成品阻抗分别设计为 50 Ω 和 100 Ω，线长均为 5 in 和 9 in（各 3 条）。

传输线插入损耗测试结果。可见，外层传输线覆盖阻焊油墨后的损耗显著增大，且信号传输频率越高，阻焊油墨对损耗的影响越大。同时，对比同一传输频率下常规阻焊油墨和低 D_k/D_f 阻焊油墨的损耗值发现，采用低损耗因子的低 D_k/D_f 阻焊油墨可以改善阻焊油墨对外层线路损耗的影响。

34.3 关键加工工艺

传统 PCB 基材（FR-4）多采用酚醛树脂和环氧树脂，高速 PCB 基材一般需采用 D_k/D_f 更小的树脂体系，如聚苯醚（PPO）、氰酸酯（CE）等改性环氧树脂，甚至主体树脂直接采用聚苯醚（PPO）、双马来酰胺三嗪（BT）、碳氢树脂（Hydrocarbon）、聚四氟乙烯（PTFE）等。这类树脂具有结构规整、极性低、游离的极性电子少等特点，但其活性低，树脂反应和除钻污难度很大，给高频高速板加工带来了很大困扰。同时，为了减小热膨胀系数或介电常数等，基材中通常会加入固体小颗粒填料，如滑石粉、二氧化硅、高岭土粉末、微型空心玻璃球等，它们对压合流胶特性、钻孔性能等有极大影响。

34.3.1 层压加工

一般而言，高速 PCB 基材的主体树脂均为改性环氧树脂或 PPE/PPO 树脂，且基材中含有较多的填料，层压加工过程中的树脂流动性较差，导致树脂不易流动到 PCB 内部需要填胶的区域，容易出现板内气泡、分层等问题。与传统的 FR-4 材料相比，高速 PCB 在压合工序一般都需要快速升温（2.0 ~ 5.0℃ /min），并采用较大的高压压力，以保证压合过程中填胶充分，避免填胶不足、空洞等问题。同时，由于主体树脂成分的改变，压合时需要采用较高的压合温度（190 ~ 200℃或更高），且高温持续时间较长（一般 ≥ 90min），以保证树脂的固化度（见表 34.13），避免在后续加工或应用中出现分层、爆板等问题。某 FR-4 材料和某高速材料的动黏度对比如图 34.27 所示。

此外，针对主体树脂是氰酸酯改性环氧树脂、聚苯醚或改性聚苯醚等的情况，由于这类材料的吸水率较大，且 T_g 较高，因此在芯板棕化后（压合前）需进行 100 ~ 120℃、30 ~ 60min 的烘板处理，以避免层压板发生吸湿性爆板等可靠性问题。但需注意的是，棕化膜在较高的温度作

表 34.13　一些 PCB 材料的压合加工关键指标

材　料	升温速率 / (℃ •min⁻¹)	转高压温度 /℃	高压压力 /psi	固化温度 & 时间
FR-4 材料	1.5 ~ 3	70 ~ 100	300 ~ 400	＞ 180℃，＞ 60min
M4/M4S	3 ~ 4	90 ~ 110	420 ~ 500	＞ 200℃，＞ 80min
M6/M6N	3 ~ 4	90 ~ 110	＞ 450	＞ 190℃，＞ 120min
M7/M7N	4 ~ 5	90 ~ 110	435 ~ 600	＞ 195℃，＞ 75 min
IT-968/IT-968SE	2 ~ 3.5	80 ~ 100	380 ~ 450	＞ 190℃，＞ 100min
TU-862 HF	1.5 ~ 3	70 ~ 95	300 ~ 350	＞ 180℃，＞ 90min
TU-872 SLK	2.5 ~ 3.5	75 ~ 95	400 ~ 500	＞ 190℃，＞ 90min
TU-883	2.3 ~ 3.3	100 ~ 120	375 ~ 450	200℃，120min
TU-933+	2.3 ~ 3.3	110 ~ 130	375 ~ 450	200℃，120min
Meteorwave 系列	1.5 ~ 3	82 ~ 140	390 ~ 450	30min@177℃ +60min@216℃
EM-888 系列	2.2 ~ 4.0	90 ~ 120	380 ~ 460	＞ 190℃，120min
EM-891 系列	2.5 ~ 4.0	100 ~ 120	400 ~ 480	＞ 200℃，120min

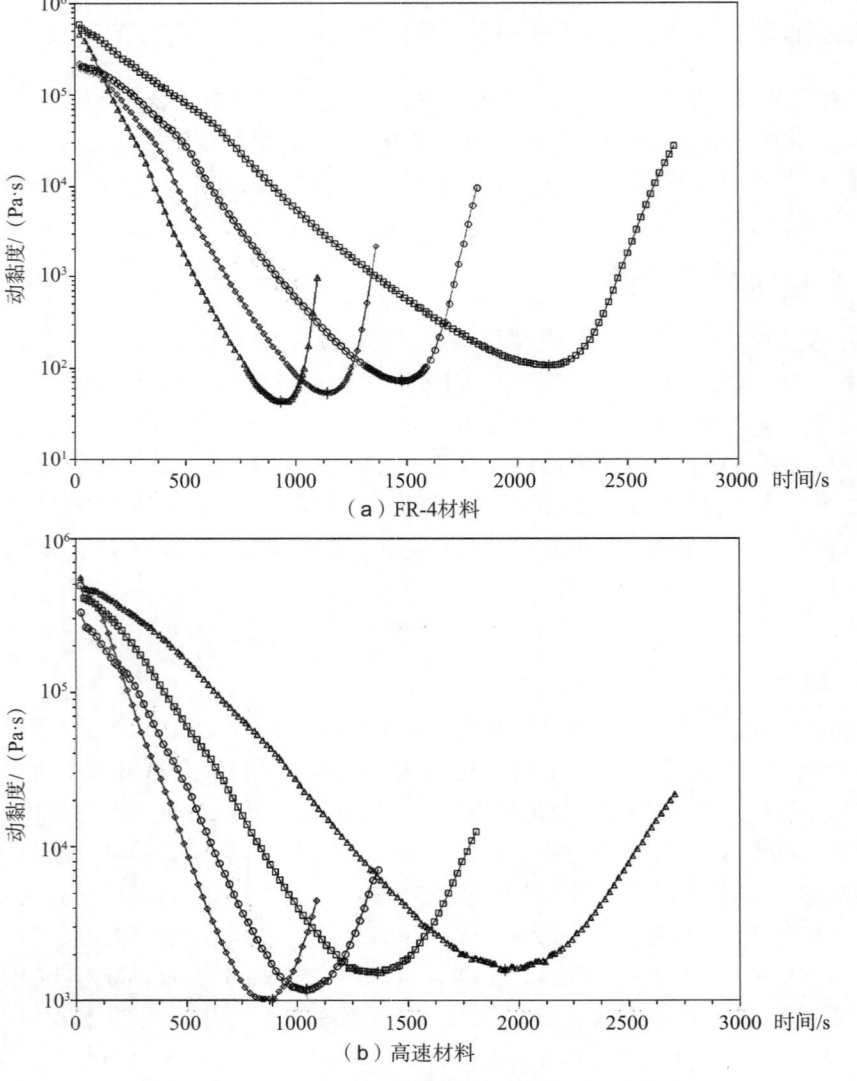

图 34.27　某 FR-4 材料和某高速材料的动黏度曲线

用下会发生聚合和氧化裂解，引起棕化膜失效，从而出现分层，因此棕化后烘板须注意控制温度和时间。另外，高速 PCB 通常为高层数、大尺寸，设置压合加工参数时，应当充分考量如何释放 PCB 中的残余应力，以改善层压板的胀缩、翘曲等问题，即在压合时保证合适的升温速率、高压点、高温温度及保温时间，在降温过程中适当降低降温速率，以减小残余应力对 PCB 品质的影响，或者在压合后对层压板进行烘板处理。

34.3.2　钻孔加工

高速 PCB 材料中填料的含量较大，材料硬度较大，且树脂与玻纤之间的结合力比 FR-4 更弱（受树脂特性的影响，玻纤浸润性较差），导致机械钻孔时的可加工性差。高速 PCB 机械钻孔加工常见问题有钻刀磨损大、孔位精度低、晕圈严重、钻孔效率低、钻屑去除难等，其中常见的突出问题主要有以下两个。

（1）钻头磨损较大（见表 34.14），需要降低钻孔的钻头寿命设定，且尽量使用新钻头，否则

表 34.14　某 FR-4 材料和某高速材料的钻头磨损情况对比

材 料	钻孔数量	钻头 SEM 图	磨损量化数据	磨损比例
某 FR-4 材料（无填料）	500			23.76%
	1000			27.72%
	2000			38.61%
某高速材料（填料含量 40% 左右）	500			56.44%
	1000			77.23%
	2000			95.05%

孔壁质量会受到极大影响。

（2）采用常规的 FR-4 钻孔参数进行钻孔加工时，容易出现玻纤发白（晕圈）、灯芯超标等问题（见表 34.15），影响 PCB 的可靠性和 CAF 性能等。

表 34.15 某 FR-4 材料和某高速 PCB 材料的晕圈和灯芯测试结果对比

材 料	晕 圈	灯 芯
某 FR-4 材料	典型值 30 ~ 60 μm	典型值 5 ~ 15 μm
某高速材料	典型值 80 ~ 120 μm	典型值 10 ~ 30 μm

高速基板的软化点偏低，加工中的钻削高温（可高达 200℃左右）易使切屑软化，黏附成大团聚体，造成入钻排屑不畅而形成间歇性挤出排屑，切屑易被挤压黏附在孔壁上，形成大量的孔内残屑。同时，钻屑黏附在钻刀上，会影响后续的钻孔加工。因此，在进行高速材料钻孔加工时，应当调整钻孔参数，使钻孔条件与材料性能相匹配，并适当降低钻孔的叠层厚度（减少叠板数），甚至采用一块一叠的方式。

另外，进行高速 PCB 钻孔加工时，可采用跳转或分段钻的方式。跳转是指设计钻孔文件时给定一个限制条件，使钻下一个孔时钻头必须移动一定的距离方可下钻（如 50mil、100mil 等），以增加钻头在空气中的停留时间，使钻头上积聚的热量散失。分段钻是指分数次（取决于分段数）上下动作来钻一个孔，减小钻头的单次行程，减少热量的产生；同时，单次行程后钻头会退出孔外，可加速积聚热量的散失，减缓钻头磨损。但值得注意的是，跳转和分段钻会导致钻孔效率下降。

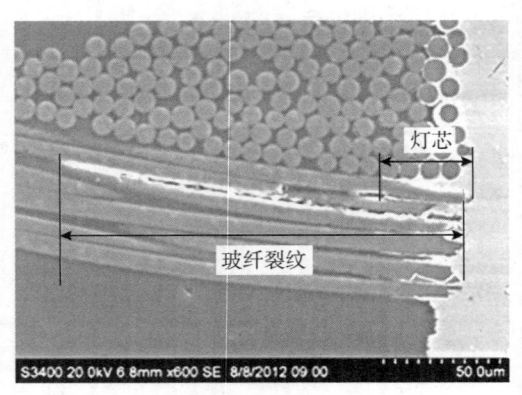

图 34.28 钻孔玻纤裂纹

机械钻孔过程中钻头对玻纤的拉扯作用，会导致玻纤与树脂结合处产生微裂纹（见图 34.28）。此裂纹在显微镜暗场下表现为玻纤发白，亦称为晕圈。有资料显示，晕圈对 PCB 的耐 CAF 能力有较大影响。高速材料的树脂与玻纤之间的浸润性比 FR-4 差，在钻孔过程中更易产生微裂纹。在钻孔后进行一定温度的烘板处理，有助于修复部分微裂纹（见表 34.16），其可能的机理是烘板温度高于材料 T_g 时，树脂中的分子活动能力增加，大分子的链段发生运动，对微裂纹有一定的修复作用。同时，钻孔后增加烘板流程，可进一步消除 PCB 的内应力。

表 34.16　不同烘板条件下的晕圈对比

烘板条件	无处理	150℃ / 120min	180℃ / 120min
晕圈 -1# / μm	107.49	97.45	83.55
晕圈 -2# / μm	102.56	93.59	78.59
晕圈 -3# / μm	98.49	106.72	75.96
平均值 / μm	102.85	99.25	79.37

34.3.3　除钻污

对于采用 FR-4 材料制作的 PCB，通常采用化学除胶的方式去除孔内钻污。由于高速 PCB 基材树脂的特殊性，当采用化学除胶方式去除高速 PCB 钻孔后的钻污时，除胶速率较低，效果不明显（见表 34.17），尤其是对于大部分的甚低损耗和超低损耗高速材料（主体树脂成分为 PPE/PPO）。

表 34.17　某 FR-4 材料和某高速 PCB 材料化学除胶前后的基材表面 SEM 图

材料组成	化学除胶前	化学除胶后
某 FR-4 材料（主体树脂：PN 固化环氧树脂）		
某甚低损耗等级材料（主体树脂：PPE/PPO）		

高速材料需要采用其他方式去除孔内钻污，当前业内用得较多的方式是采用等离子体去钻污。等离子体去除 PCB 孔内钻污主要存在以下两种反应方式。

化学反应　利用等离子体的活性基团与要处理的物质进行一系列的化学反应，生成挥发物，进而达到去钻污的效果。以最常用的 O_2/CF_4 体系为例：首先，O_2 和 CF_4 在高频电场中分解出加速的原子与分子，在加速的同时发生碰撞，激发出电子，进而生成活性自由基，形成等离子体。

$$O_2 + CF_4 \xrightarrow{\text{自由基反应}} O^\bullet + OF^\bullet + CO^\bullet + COF^\bullet + F + e \tag{34.6}$$

而后，生成的等离子体与 PCB 的基材进行反应，生成各种易挥发气态物质。

$$聚合物 + O^\bullet + OF^\bullet + CO^\bullet + COF^\bullet + F + e \rightarrow CO_2\uparrow + H_2O\uparrow + NO_2\uparrow + HF\uparrow \tag{34.7}$$

其中，还有一个非常重要的副反应：

$$SiO_2 + HF \rightarrow SiF_4\uparrow + H_2O\uparrow \tag{34.8}$$

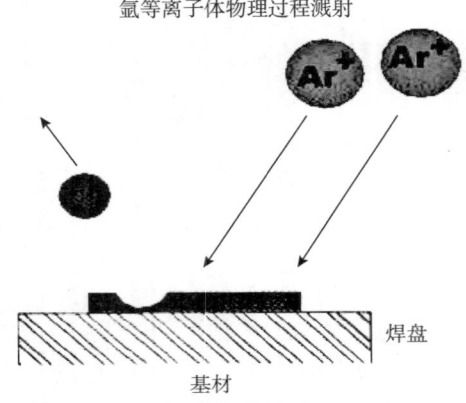

氩等离子体物理过程溅射

焊盘

基材

图 34.29 氩离子轰击基材表面，除掉多余物质

式（34.7）生成的 HF 气体，在设备舱体内会进一步与 PCB 基材内的玻纤进行反应，等离子体咬蚀基材的反应进行到一定程度后，会相应咬蚀掉部分突出的玻纤。

物理反应 利用正离子撞击分子表面的方式，使需要处理的物质脱离 PCB，其原理如图 34.29 所示（Ar 可以更换为其他惰性气体，如 N_2 等）。

与化学除胶方式不同，等离子体是一种具有很高能力和极高活性的物质，它对于任何有机材料都具有很好的蚀刻作用，采用等离子体方式去除高速 PCB 的孔内钻污可获得较好的孔壁表面粗糙度（见表 34.18），并具有"三维"连接特性（凹蚀）。

表 34.18 某高速材料等离子体前后的基材表面 SEM 图

材料组成	等离子体前	等离子体后
某甚低损耗等级材料（主体树脂：PPE/PPO）	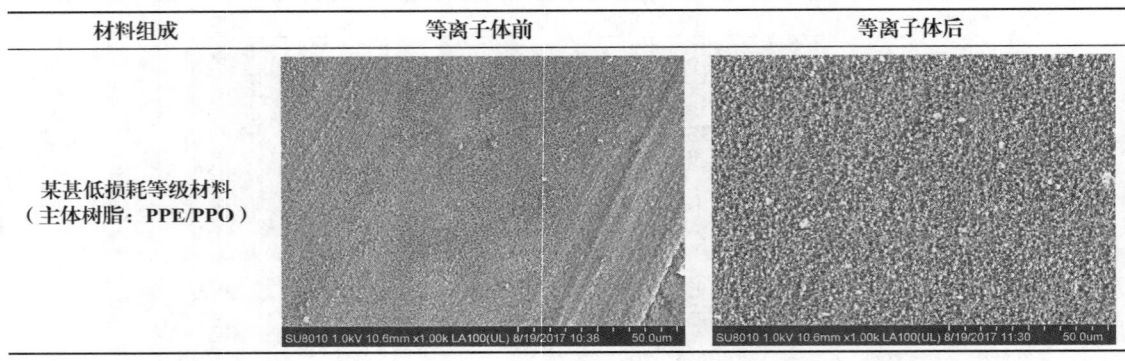	

34.3.4 背钻加工

1. 背钻工艺

在高速 PCB 中，当信号从顶层或底层传输到内部某层时，采用通孔（PTH）连接会产生多余的导通孔短柱，这将极大地影响信号传输质量。当信号通过导通孔传输到阻抗匹配的另一层线路时，会有一部分能量被传递到导通孔短柱上，而这一部分由于没有任何的阻抗终结，所以可以看作是全开路状态，可造成剩余能量的全反射：低频时信号反射能量较少，高频时信号反射能量较大。因此，导通孔短柱对高速 PCB 的信号完整性有极大影响（见图 34.30）。

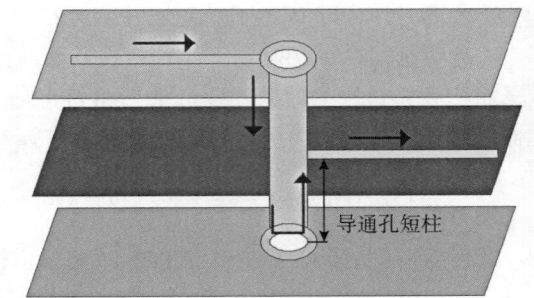

导通孔短柱

图 34.30 导通孔短柱对信号的影响

采用盲孔和埋孔，可有效避免短柱对信号完整性的影响，但其工艺流程复杂且成本高，因此应用受限。采用背钻技术将信号孔中多余的短柱钻掉，可获得更好的导通孔信号传输质量。所谓背钻，是指对已经完成电镀的通孔进行二次钻孔，减小通孔中多余的孔壁铜柱，以减小短柱

长度和电容效应。

　　背钻工艺的实现需要具有控制深度钻孔模块（CBD 系统）的机械钻机，下钻时，钻机根据钻尖接触基板板面铜箔时产生的微电流来感应板面高度，再依据设定的下钻深度钻孔，当达到设定深度时停止钻孔（见图 34.31），即可将不需要的通孔铜柱去除。

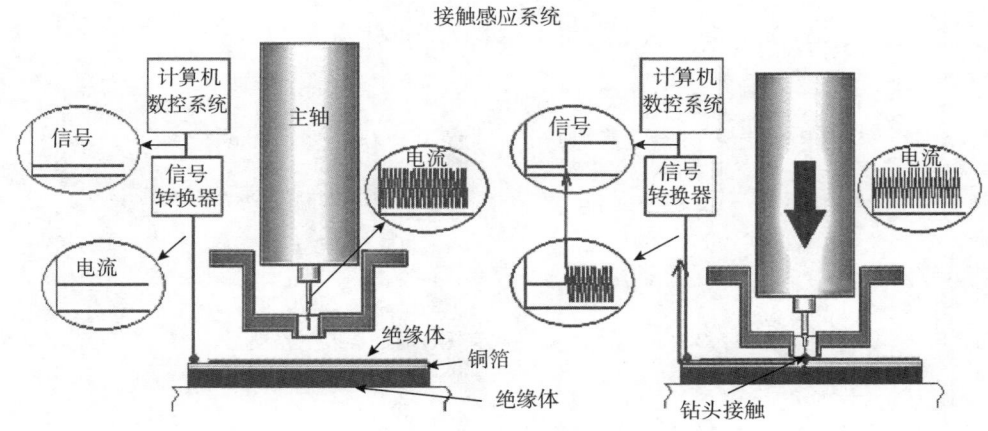

图 34.31　控制深度钻孔模块的工作原理

　　进行背钻深度设计（见图 34.32）时，需要根据设计文件的要求获得背钻目标层（内层走线层），而后确定合适的叠层结构（添加或减少粘结片、更换合适厚度的芯板等），从而满足背钻工艺深度能力（保证安全距离），避免出现背钻钻穿信号层而导致开路的情况，并尽量减少背钻短柱的长度，提升高速 PCB 的信号传输质量。

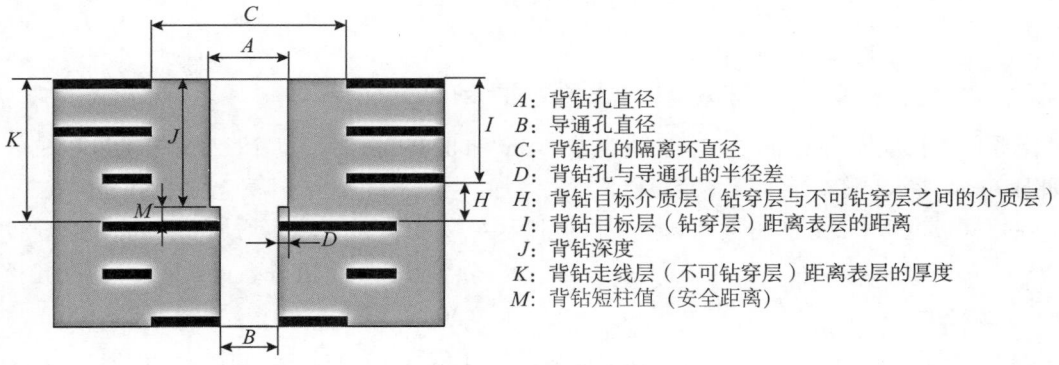

A：背钻孔直径
B：导通孔直径
C：背钻孔的隔离环直径
D：背钻孔与导通孔的半径差
H：背钻目标介质层（钻穿层与不可钻穿层之间的介质层）
I：背钻目标层（钻穿层）距离表层的距离
J：背钻深度
K：背钻走线层（不可钻穿层）距离表层的厚度
M：背钻短柱值（安全距离）

图 34.32　背钻深度设计示意图

2. 背钻对高速 PCB 信号传输的影响

　　含有多余短柱的导通孔，相当于在信号传播的等效电路中并联了一段开路的短截线，由此引起的附加电抗会降低特性阻抗，从而导致阻抗匹配不良。图 34.33 为导通孔无短柱和有短柱时的等效电路模型。其中，L_{neck} 为和导通孔相连的微带线的等效电感，C_{via} 为导通孔与参考平面间的耦合电容，L_{via} 为垂直导通孔自身的电感，L_{stub} 为残余段的等效电感，C_{stub} 为残余段的等效电容。由图 34.34 可以看出，当一个导通孔有了残余短柱后，多余短柱（C 端）与微带线（B 端）二者并联，导致整个导通孔的阻抗值下降。

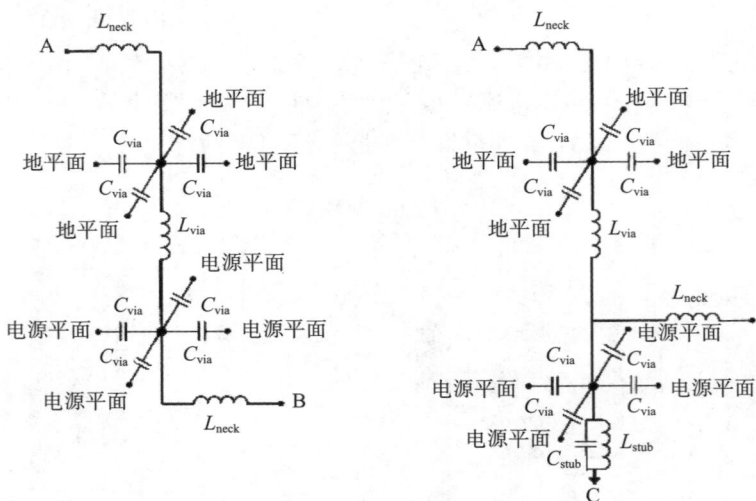

图 34.33 导通孔无短柱和有短柱时的等效电路模型

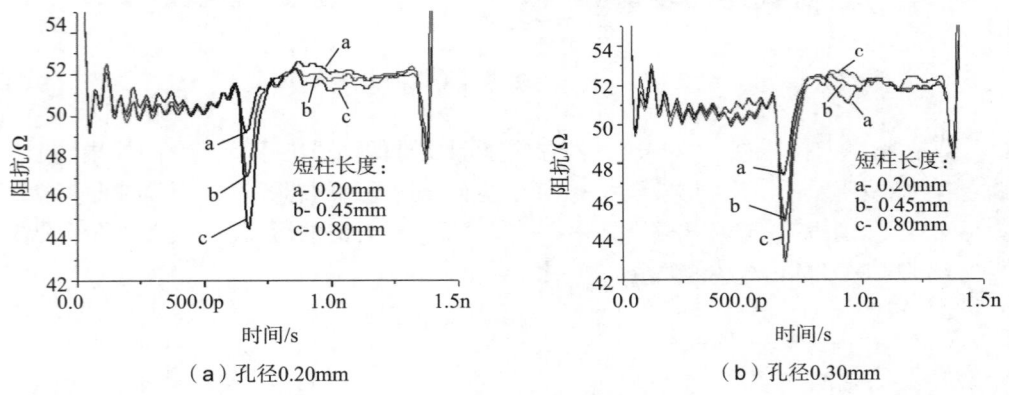

（a）孔径0.20mm   （b）孔径0.30mm

图 34.34 短柱长度对导通孔阻抗的影响

当导通孔长度为 0.60mm，直径分别为 0.20mm 和 0.30 mm 时，短柱长度对导通孔阻抗的影响如图 34.34 所示。随着导通孔多余短柱长度的增加，导通孔阻抗值下降；导通孔孔径为 0.20mm 时，在短柱长度由 0.20mm 增加至 0.80mm 的过程中，多余短柱长度每增加 0.10mm，会导致差分导通孔阻抗值减小 0.82Ω；导通孔孔径为 0.30mm 时，短柱长度每增加 0.10mm，会导致差分导通孔阻抗值减小 0.75Ω。

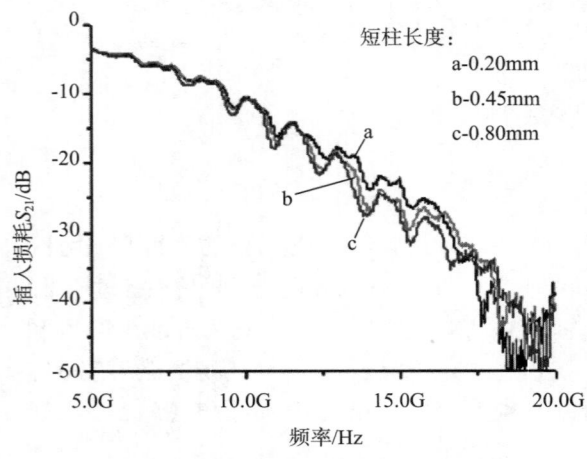

图 34.35 短柱长度对导通孔 S_{21} 的影响

孔径为 0.30mm 时，不同短柱长度情况下的 S_{21} 参数曲线如图 34.35 所示。随多余短柱长度的增加，插入损耗（S_{21}）明显增大；且随导通孔孔径的增大，短柱长度增加对传输损耗的影响逐渐增大。该结果与阻抗连续性一致，即孔径越大，短柱对导通孔阻抗连续性和传输损耗影响越大。不同短柱长度对导通孔阻抗和 S_{21} 的影响见表 34.19。

表 34.19 不同短柱长度对导通孔阻抗和 S_{21} 的影响

类型	孔径 0.20mm			孔径 0.25mm			孔径 0.30mm		
	短柱长度		差异值	短柱长度		差异值	短柱长度		差异值
	5mil	20mil		5mil	20mil		5mil	20mil	
导通孔阻抗 /Ω	48	47.7	−0.3	47	45.7	−1.3	46.8	43.9	−2.9
S_{21}/dB（12.5GHz）	−4.390	−4.550	−0.165	−4.451	−4.681	−0.230	−4.654	−5.123	−0.469

短柱的长度极大地影响信号的传输质量，短柱越长，产生的电容就越大，从而会产生一个更低的谐振频率。这些谐振的产生，增大了谐振频率附近的插入损耗。多余短柱的谐振频率可以通过下式计算：

$$f_{res} = \frac{1}{2\pi\sqrt{L \times C}} \quad （34.9）$$

式中，f_{res} 为谐振频率；L 为多余短柱的寄生电感；C 为多余短柱的寄生电容。多余短柱越长，L 和 C 就越大，谐振频率就越小。如图 34.36 所示，多余短柱越长，谐振频率越靠前。

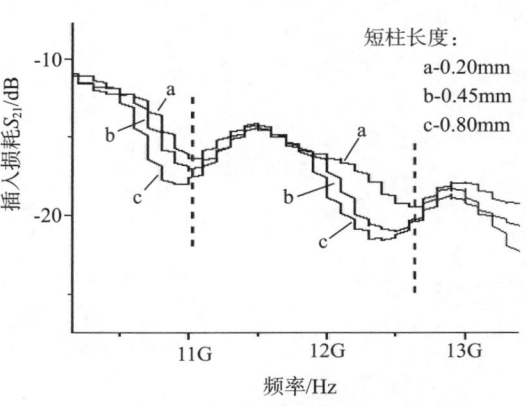

图 34.36 短柱长度对谐振频率的影响

34.3.5 铜箔粗化处理

高速基材所用铜箔一般为低表面粗糙度铜箔（VLP、HVLP 等），但传统粗化工艺会使铜箔表面粗糙度增大，从而引起导体损耗增大。目前市面上出现了专门用于改善 PCB 损耗性能的低粗糙度粗化药水，可用于降低铜箔粗化处理后的表面粗糙度。

图 34.37 和表 34.20 分别为采用传统药水与低粗糙度药水处理后的铜面形貌和表面粗糙度的测试结果，与传统药水相比，干膜前处理和层压前处理采用低粗糙度药水可以降低铜面表面粗糙度。图 34.38 为经过两种药水处理后的差分微带线损耗测试结果，采用低粗糙度药水处理后的线路损耗比传统粗化药水的略低。在频率为 12.5GHz 时，采用传统粗化药水后（HVLP 铜箔）的损耗值为 0.401dB/cm，而采用低粗糙度药水处理后的损耗值为 0.380dB/cm，损耗降低了 5.2%。另外，采用低粗糙度药水制得的 PCB 热应力及剥离强度等测试结果表明，PCB 的可靠性满足要求。

  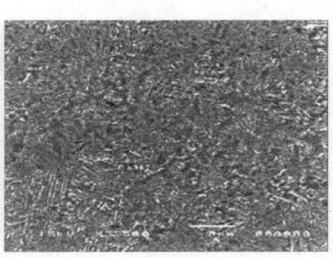

（a）来料（HVLP） （b）传统药水粗化后 （c）低粗糙度药水粗化后

图 34.37 处理后的铜箔形貌

表 34.20 传统药水与低粗糙度药水处理后的铜箔表面粗糙度测试结果

表面粗糙度	处理方式	来料 / μm	内层干膜后 / μm	层压前处理后 / μm
R_a	传统药水	0.299	0.294	0.331
	低粗糙度药水	0.274	0.279	0.271
R_z	传统药水	1.524	2.314	3.057
	低粗糙度药水	1.485	1.621	1.463

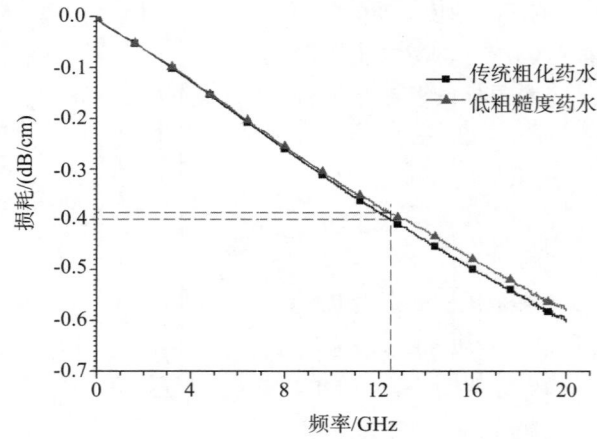

图 34.38 不同药水粗化处理后的差分微带线损耗测试结果

34.3.6 表面处理工艺的选择

进行表面处理后，阻焊开窗的微带线（线路已经过表面处理）的损耗会发生变化，影响信号的传输性能。对高速 PCB 而言，选择表面处理工艺除考虑可焊性外，还应考虑其对信号损耗的影响。

为对比不同表面处理对 PCB 损耗性能的影响，采用相同的材料和设计制作得到 PCB 半成品，而后分别采用不同的表面处理工艺，测试不同表面处理的微带线插入损耗值，其结果见表 34.21。可见，在 10GHz 和 20GHz 时，化学镀镍 / 浸金工艺的损耗值最大，化学沉银工艺的最小；与裸铜相比，化学镀镍 / 浸金处理后的损耗值分别增加了 19.32% 和 25.07%，而化学沉银处理后的损耗值分别增加了 2.12% 和 0.96%；且除化学沉银和 OSP 外，其他表面工艺处理后的单端微带线损耗值均比裸铜的高 10% ~ 25%，对线路损耗的影响较大。

表 34.21 不同表面处理工艺的单端微带线在各频率下的损耗情况

频 率	10GHz		20GHz	
	$S_{21}/$（dB/cm）	S_{21} 增加值	$S_{21}/$（dB/cm）	S_{21} 增加值
裸铜	0.185	/	0.410	/
化学镀镍 / 浸金	0.221	19.32%	0.513	25.07%
化学沉锡	0.206	10.83%	0.465	13.54%
无铅喷锡	0.206	11.04%	0.466	13.74%
化学沉银	0.189	2.12%	0.414	0.96%
OSP	0.190	2.55%	0.415	1.25%

34.4 性能检测

进行高速 PCB 的电气性能测试时，不仅要采用传统的飞针测试系统检测开、短路特性，还要检测传输线的信号传输性能，当前以阻抗测试和损耗测试为主。

34.4.1 阻抗测试

随着数字电路工作速度的提高，PCB 上信号的传输速率也越来越高，信号的上升速率越来越快。当快上升速率的信号在电路板上遇到阻抗不连续点时，就会产生更大的反射。这些反射会改变信号波形，导致信号失真。对于高速 PCB，需要测试信号传输路径上的阻抗变化并分析原因。

1. 阻抗测试原理

进行 PCB 阻抗测试的一个快捷、有效的方法就是时域反射计（TDR）法，如图 34.39 所示。当一个阶跃脉冲加到被测线路上，在阻抗不连续点产生反射时，可通过测试反射和入射的脉冲幅度计算出待测件的反射系数 ρ（见图 34.40）。而发射系数又与待测件的阻抗 Z_L 和传输线的特性阻抗 Z_0 相关，见式（34.10）。

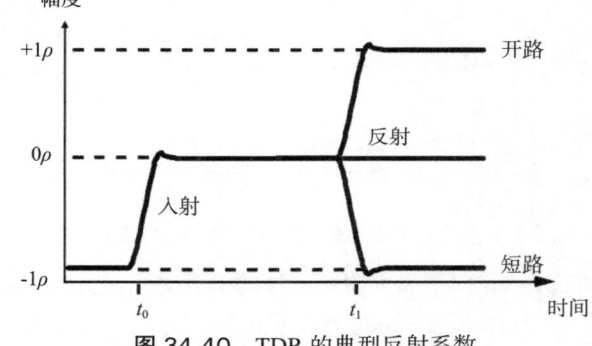

图 34.40 TDR 的典型反射系数

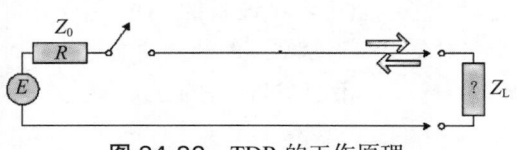

图 34.39 TDR 的工作原理

若已知源阻抗 Z_0，则根据反射系数 ρ 就可以计算出被测点阻抗 Z_L 的大小，见式（34.11）。由式（34.10）可知，当待测件分别处于短路、开路和阻抗匹配负载时，反射系数 ρ 的取值分别为 -1（无限接近）、$+1$（无限接近）和 0。

$$\rho = \frac{V_{\text{reflected}}}{V_{\text{incident}}} = \frac{Z_L - Z_0}{Z_L + Z_0} \qquad (34.10)$$

式中，$V_{\text{reflected}}$ 为反射电压值（V）；V_{incident} 为入射电压值（V）。

$$Z_L = Z_0 \frac{1 + \rho}{1 - \rho} \qquad (34.11)$$

一般而言，对于有不同阻抗控制要求的微带传输线和带状传输线，由于 PCB 制造过程中不同位置的线宽、介质层厚度、铜厚、阻焊厚度等因素存在一定的波动，不同部位的传输线的阻抗值也存在波动。采用 TDR 测试传输线的阻抗时，TDR 系统中的阶跃脉冲发生器发出一个快上升速率的阶跃脉冲，同时接收模块采集反射信号的时域波形，如果被测件的阻抗是连续的，则没有信号反射，如果有阻抗的变化，就会有信号反射。根据反射回波的时间可以判断阻抗不连续点距接收端的距离，根据反射回波的幅度可以判断相应点的阻抗变化（见图 34.41）。

图 34.42 是用 TDR 设备测量阻抗不连续点的示意图。由图可知，TDR 波形可显示整条传输

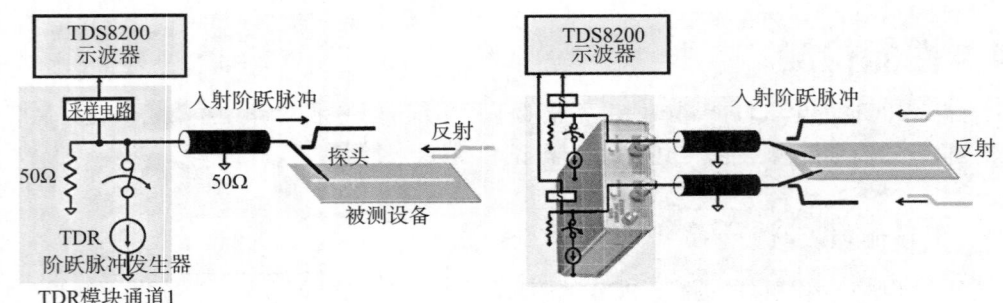

图 34.41 单端（左）与差分（右）测试原理

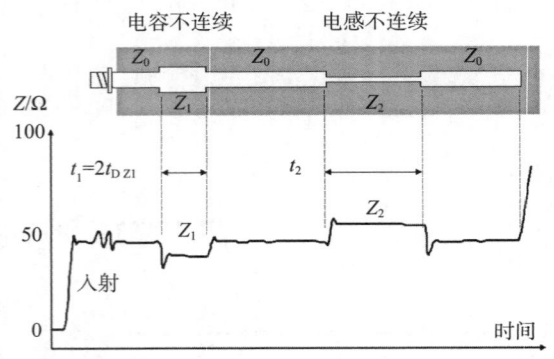

图 34.42 用 TDR 设备测量阻抗不连续点的示意图

线所有阻抗不连续点产生的反射效应，通过评估 TDR 波形，即可确定不同位置的阻抗值。同时，根据 TDR 曲线中横坐标的时间及信号的传播速度，可以计算传输线上阻抗不连续点的物理距离，从而进行定位分析。

2. 阻抗测试设备的关键指标

对于 PCB 阻抗测试设备，最关键的指标是设备识别阻抗不连续点的能力，但许多因素会影响阻抗测试设备的 TDR 模块分辨待测对象中间隔紧密不连续点的能力，此时 TDR 测量时所发射阶跃脉冲的上升时间最关键。上升时间越短，阻抗测试设备的分辨率越高。

具体而言，可分为以下几种情况。

（1）对于测试长度较长、结构较一致的传输线，TDR 的上升时间对测试结果的影响较小。虽然有些被测件的测试结果会因为测试上升时间的不同而不同，但差别非常小（小于 0.5 Ω），可忽略不计。

（2）对于测试距离较短或结构变化加大的传输线，如芯片封装、连接器，TDR 上升时间对测量结果的影响较大。

TDR 分辨率与 TDR 设备的上升时间关系较大。TDR 的上升时间决定了设备可测量的最小传输线长度：TDR 的上升时间太慢，会降低阻抗测量的精度。当 TDR 的分辨率不足时，极为接近的不连续点的波形，会被平滑成一个小小的畸变，这不但会隐藏某些不连续点，还会导致不精确的阻抗读数。如 IPC-TM-650 测试手册中的一个例子（见图 34.43），当 TDR 设备的分辨率足够高时，传输线上的阻抗不连续点在 TDR 曲线中能有效地检测出来；分辨率不足时，设备对阻抗不连续点的识别会大打折扣，使得不连续点被平滑，无法有效地进行测试和不连续点定位。

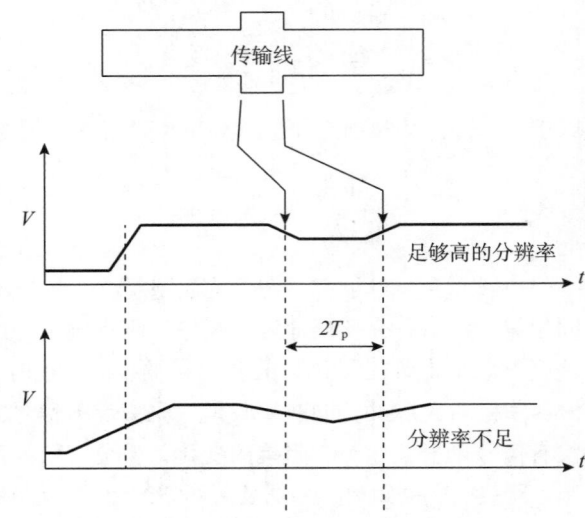

图 34.43 TDR 分辨率对测试曲线的影响

IPC-TM-650 手册中规定：TDR 设备可比较准确地进行测试的最短走线长度为分辨率的 4 倍，见表 34.22 所示。当 TDR 系统的上升时间为 10ps 时，能比较准确测试的走线长度为 4mm；当 TDR 系统的上升时间为 100ps 时，能比较准确测试的走线长度为 40mm。目前用于测试高速 PCB 阻抗的常用设备主要有 Tektronix 或 Polar 公司的阻抗测试仪、Agilent 等公司的矢量网络分析仪，这些设备均可提供多种上升时间，以满足不同的阻抗测试需求。

表 34.22 TDR 设备的分辨率

TDR 系统上升时间	分辨率	4 倍分辨率
10ps	5ps/1mm（0.04in）	4mm（0.16in）
20ps	10ps/2mm（0.08in）	8mm（0.31in）
30ps	15ps/3mm（0.12in）	12mm（0.47in）
100ps	50ps/10mm（0.39in）	40mm（1.57in）
200ps	100ps/20mm（0.79in）	80mm（3.15in）
500ps	250ps/50mm（1.97in）	200mm（7.87in）

34.4.2 损耗测试

PCB 传输线的信号损耗主要来源于材料的导体损耗和介质损耗，同时也受到铜箔电阻、铜箔表面粗糙度、辐射损耗、阻抗不匹配、串扰等因素影响。行业上下游对 PCB 信号完整性方面的关注指标略有差异，覆铜板（CCL）厂与 PCB 快件厂的技术 / 管控指标一般采用介电常数和介质损耗，而 PCB 厂与终端客户之间的技术 / 管控指标通常采用阻抗和插入损耗，如图 34.44 所示。

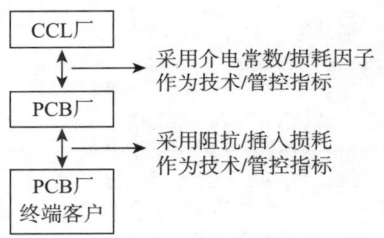

图 34.44 基材厂及 PCB 厂控制的部分电气技术指标

IPC-TM650 推荐了 5 种用于 PCB 信号损耗测试的方法：频域法、有效带宽法、根脉冲能量法、短脉冲传播法、单端 TDR 差分插入损耗法。

1. 频域法

频域法（Frequency Domain Method）主要使用矢量网络分析仪测量传输线的 S 参数，直接读取插入损耗值，然后在特定频率范围内（如 1～5GHz）用平均插入损耗的拟合斜率来衡量板材合格 / 不合格。

频域法测量准确度的差异主要来自校准方式。根据校准方式的不同，可细分为 SLOT（Short-Line-Open-Thru）、Multi-Line TRL（Thru-Reflect-Line）和 ECal（Electronic Calibration）电子校准。

SLOT 通常被认为是标准的校准方法，其校准模型共有 12 项误差参数。SLOT 方式的校准精度是由校准件所确定的，高精度的校准件由测量设备厂家提供，但校准件价格昂贵，而且一般只适用于同轴环境，且校准耗时随着测量端数的增加而呈几何级增长。

Multi-Line TRL 方式主要用于非同轴的校准测量，根据用户所用传输线的材料及测试频率来设计和制作 TRL 校准件，如图 34.45 所示。Multi-Line TRL 校准件的设计和制造更简易，但校准耗时同样随着测量端数的增加而呈几何

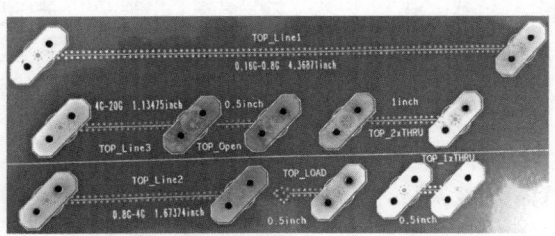

图 34.45 Multi-Line TRL 校准件

级增长。

　　ECal 是一种传递标准，校准精度主要由原始校准件确定，同时测试电缆的稳定性、测试夹具装置的重复性和测试频率的内插算法也对测试精度有影响。一般先用电子校准件将参考面校准至测试电缆末端，然后用嵌入的方式补偿夹具的电缆长度，如图 34.46 所示。

　　以获得差分传输线的插入损耗为例，3 种校准方式的比较见表 34.23。

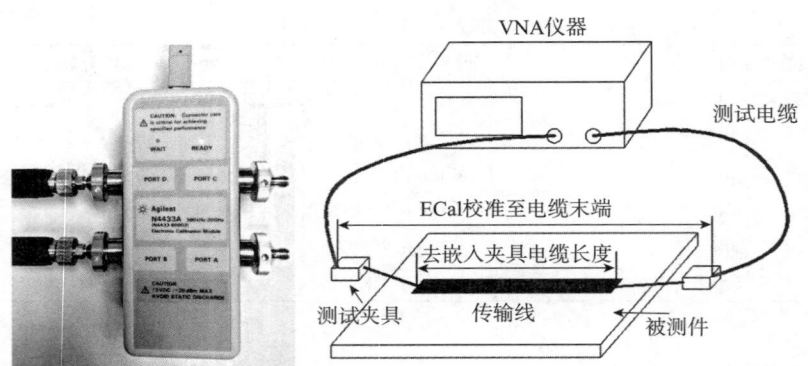

图 34.46 VNA ECal 校准件及其原理

表 34.23 不同校准方式的差异

	SOLT	**Multi-Line TRL**	**ECal**
校准精度	高	较高	较高
校准耗时	慢，> 30min	慢，> 30min	快，< 10min
校准件价格	高	较低	高

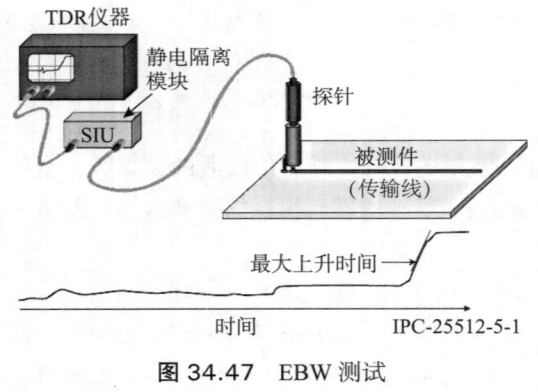

图 34.47 EBW 测试

2. 有效带宽法

　　有效带宽法（Effective Bandwidth，EBW）通过 TDR 将特定上升时间的阶跃信号发射到传输线上，测量 TDR 仪器和被测件连接后的上升时间的最大斜率，确定为损耗因子，单位为 MV/s。更确切地说，它确定的是一个相对的总损耗因子，可以用来识别损耗在面与面或层与层之间传输线的变化。由于最大斜率可以直接从仪器测得，有效带宽法常用于批量生产测试，如图 34.47 所示。

3. 根脉冲能量法

　　根脉冲能量法（Root Impulse Energy，RIE），通常使用 TDR 仪器分别获得参考损耗线与测试传输线的 TDR 波形，然后对 TDR 波形进行信号处理，测试流程如图 34.48 所示。

测试参考线和测试线的TDR响应
↓
对TDR滤波波形重复采样求平均值
↓
TDR波形重复采样求3次样条函数
↓
对TDR滤波波形进行求导
↓
确定参考线的RIE损耗
↓
确定测试线的RIE损耗
↓
确定RIE损耗斜率

图 34.48 RIE 法的测试流程

4. 短脉冲传播法

短脉冲传播法（Short Pulse Propagation，SPP）通过测量两条传输线（如 30mm 和 100mm）之间的线长差异来提取参数衰减系数和相位常数，如图 34.49 所示。使用这种方法可以将连接器、线缆、探针和示波器精度的影响降到最小。若使用高性能的 TDR 仪器和 IFN（Impulse Forming Network），测试频率可高达 40GHz。

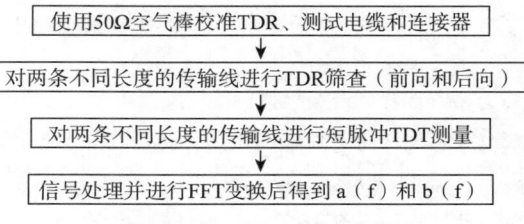

图 34.49　SPP 测试流程

5. 单端 TDR 差分插入损耗法

单端 TDR 差分插入损耗法（Single-Ended TDR to Differential Insertion Loss，SET2DIL）有别于采用 4 端口 VNA 的差分插损测试，而是使用 2 端口 TDR 仪器，将 TDR 阶跃响应发射到差分传输线上，差分传输线末端短接，如图 34.50 所示。SET2DIL 法的典型测量频率范围为 2～12GHz，测量准确度主要受测试电缆的时延不一致和被测件阻抗不匹配的影响。SET2DIL 法的优势在于无需使用昂贵的 4 端口 VNA 及其校准件，被测件的传输线长度仅为 VNA 法的一半，校准件的结构简单，校准耗时也大幅度降低，非常适合 PCB 制造的批量测试。SET2DIL 法最早是由 Intel 开发的损耗测试方法，目前是高速服务器产品进行批量损耗测试的常用方法。

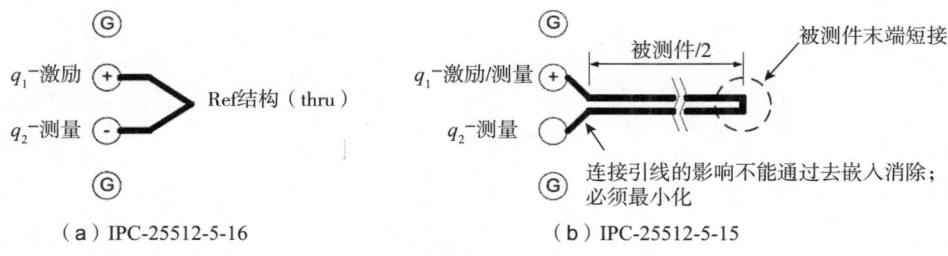

（a）IPC-25512-5-16　　　　　　（b）IPC-25512-5-15

图 34.50　SET2DIL 测试

采用介电常数为 3.85、介质损耗为 0.008 的覆铜板分别制作 SET2DIL 测试板、SPP 测试板和 Multi-Line TRL 测试板，采用 E5071C 矢量网络分析仪测试损耗，各方法的差分插入损耗测试结果见表 34.24 所示。

表 34.24　不同测试方法的损耗测试结果

测试方法	测试探针	差分插入损耗 /（dB/in）	
		4GHz	8GHz
SET2DIL 法	GGB 手持探头	−0.389	−0.769
SPP 法	SMA 连接器	−0.422	−0.817
FD 法（TRL 校准）	SMA 连接器	−0.400	−0.785
FD 法（ECal 校准）	SMA 连接器	−0.407	−0.794

参考文献

［1］林金堵, 曾曙. 信号传输高频化和高速数字化对 PCB 的挑战（2）——对覆铜箔板（CCL）的要求. 印制电路信息, 2009（3）: 11-14,25

［2］祝大同. 高速基板材料技术发展现况与分析. 覆铜板资讯, 2015（5）: 19-30

［3］林金堵. 信号传输高频化和高速数字化对 PCB 的挑战（1）——对导线表面微粗糙度的要求. 印制电路信息, 2008（10）: 15-18

［4］程柳军, 王红飞, 陈蓓. 玻纤效应对高速信号的影响. 印制电路信息, 2015（23）: 22-32

［5］张洪文. 新型低损耗高速性 PCB 基材综述. 覆铜板资讯, 2015（2）: 35-46

［6］程柳军, 王红飞, 陈蓓. 阻焊油墨对高速 PCB 阻抗和损耗影响研究. 印制电路信息, 2016（24）: 166-173

［7］张伦强, 刘飞, 王成勇, 等. 高频高速板钻孔技术研究// 中国印刷电路行业协会. 第十六届中国覆铜板技术•市场研讨会论文集, 2015: 241-252

［8］王红飞, 李志东, 乔书晓. 过孔阻抗控制及其对信号完整性的影响. 印制电路信息, 2012（4）: 74-78

［9］祝大同. 高速化覆铜板及其所用铜箔的发展探析（上）. 覆铜板资讯, 2014（4）: 30-35

［10］冯春皓. 等离子去钻污参数对 PCB 去钻污量的影响. 印制电路信息, 2015（12）: 43-47

［11］袁欢欣. 高频基材及其印制板加工技术研究. 印制电路信息, 2009（z1）: 453-461

［12］葛鹰, 朱泳名, 刘申兴. 浅谈印制电路板信号损耗测试技术. 印制电路信息, 2013（11）: 28-30

第35章

金属基 PCB 的制造

谢浩杰

35.1 引　言

随着电子信息产业的飞速发展，电子产品的体积尺寸越来越小，功率密度越来越大，印制电路板（PCB）上的元件组装密度和集成度越来越高，对 PCB 的散热性要求也越来越高。PCB 的散热性不良会导致元件的热量无法及时散失，可能会造成元件过热，最终导致元件老化或者失效，缩短产品的使用寿命，使整机的可靠性下降。图 35.1 展示了不同产品发布时间的功率密度的变化。

传统的散热方式可以解决部分散热问题，但也有很多弊端及局限性，见表 35.1。

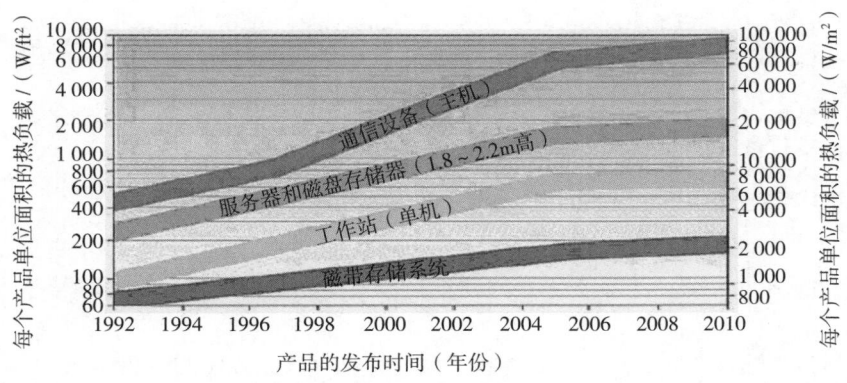

图 35.1　随着时间迁移，电子组装的热负载的变化趋势

表 35.1　传统散热方式的局限性

图　示		
散热方式		导热硅胶
缺　点	能耗高、体积大、噪声大	散热不良

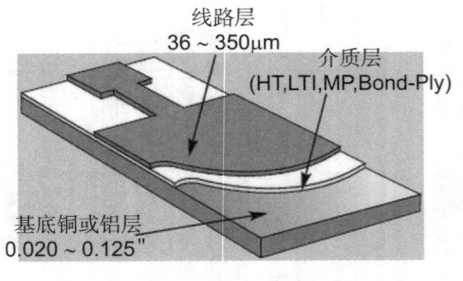

线路层
36 ~ 350μm

介质层
(HT,LTI,MP,Bond-Ply)

基底铜或铝层
0.020 ~ 0.125"

图 35.2 单面金属基 PCB

金属基 PCB 由金属基底层（铝、铁、铜或合金）、导热介质层（环氧树脂、陶瓷填充粉末、玻璃布等）和线路层（电解铜箔、压延铜箔等）组成。单面金属基 PCB 如图 35.2 所示。

因具备优异的散热性能、机械加工性能、电磁屏蔽性能、尺寸稳定性、电磁特性，金属基 PCB 在混合集成电路、汽车、大功率电器设备、电源设备等领域得到了越来越多的应用，见表 35.2。

表 35.2 金属基 PCB 的应用

基板种类	应用领域	主要产品
铁基 / 硅钢覆铜板	电机	无刷直流电机、录音机、收录一体机用主轴电机及智能型驱动器
铝基覆铜板	电源	转换开关、DC-DC 转换器、稳压器、调节器、DC-AC 转换器、大型电源、太阳能电源
	LED 产业	汽车、室外、景点、家用照明
	通讯	车载电话、移动电话高频增幅器、滤波电路、发报电路
	汽车	点火器、电压调节器、自动安全控制系统、灯光变换系统
铜基覆铜板	大功率电路	电力电子、汽车电子和大功率放大器等产品

35.2 散热原理

散热是一种传递能量的方式，也就是我们所说的热传递。热传递的方式主要有热传导、热对流和热辐射三种。

热传导 又称为导热，是指在物体内部或相互接触的物体表面之间，由于分子、原子和自由电子等微观粒子热运动而进行的热量传递现象。

对于一维均匀导热体的稳态热传导，可用傅里叶定律表示为

$$Q = -\lambda A \frac{\mathrm{d}t}{\mathrm{d}x}$$

式中，Q 为热传导速率（W 或 J/s）；A 为导热面积（垂直热流方向的传热面积）（m^2）；$\mathrm{d}t/\mathrm{d}x$ 为沿 x 方向的温度梯度（℃ /m 或 K/m）；λ 为导热系数［W/（m·℃）或 W/（m·K）］；负号表示传热方向与温度梯度方向相反。

其中，导热系数 λ 的物理意义表示温度梯度为 1K/m 或 1℃ /m 时，单位时间通过单位面积的热量。对于金属固体，纯金属的导数系数大于合金的导数系数，银的导热系数最高。对于非金属固体，在同样温度下，固体的致密度越大，它的导数系数越大。

各类物质的导热系数范围见表 35.3，其导热系数的近似关系如下：

$$\lambda_{金属固体} > \lambda_{非金属固体} > \lambda_{液体} > \lambda_{气体} > \lambda_{绝热材料}$$

表 35.3 各类物质的导热系数范围

物质种类	金 属	非金属固体	液 体	气 体	绝热材料
导热系数 λ /［W/（m·K）］	15 ~ 430	0.2 ~ 3.0	0.07 ~ 0.7	0.006 ~ 0.6	< 0.25

热对流 又称对流传热，是指流体中质点发生相对位移而引起的热量传递过程。热对流可分为自然对流和强制对流两种。强制对流的传热性能比自然对流要好。热对流是液体和气体热传递的主要方式。在工程上，常见的是流体流经固体表面时的热量传递过程。

热辐射 又称辐射传热，是物质由于本身温度的原因激发产生电磁波而被另一低温物体吸收后，又重新全部或部分地转变为热能的过程。热辐射不仅是能量的传递，还同时伴随有能量形式的转化。另外，热辐射不需要任何介质作为媒介，它可以在真空中传播。这是热辐射与热传导、热对流的根本区别。一般只有物体温度大于400℃时，才有明显的热辐射。

与常规PCB相比，金属基PCB的散热方式除了热辐射，还有热传导。如图35.3所示，金属基PCB上的元件产生的热量，除了向外产生热辐射，还会通过线路层的铜箔传递至中间的导热介质层，再传递到金属基底层，从而快速地将集中在元件上的热量散发至其他区域，极大地提高了元件的使用寿命。

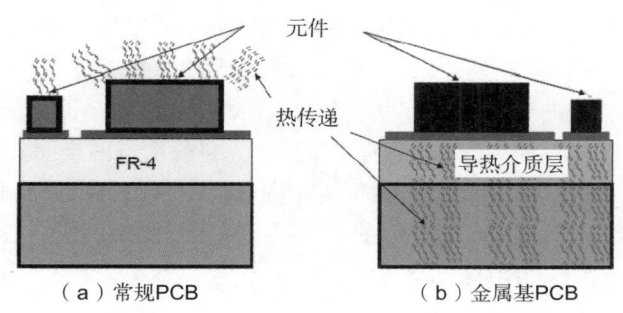

图35.3 常规PCB与金属基PCB的散热对比

35.3 结构与特性

35.3.1 结 构

以最常见的单面金属基PCB为例（见图35.2），主要结构包括线路层、介质层、基底层。

1. 线路层

线路层又称为导电层，一般为铜箔材料。铜箔粗化面一般经过了化学氧化处理，表面镀锌和镀黄铜是为了增加抗剥强度，通常厚度是1～4oz，以电解铜箔为主。用于普通照明、医疗等行业的金属基PCB，通常要考虑精细线路制作能力，铜箔越薄越好。而用于功率模块、汽车电子、电力、电子元件等的大电流和高功率金属基PCB，则铜箔厚一些更好，一般选用100～300μm厚的铜箔。

2. 导热介质层

导热介质层的配方及工艺是金属基PCB的核心技术。介质层一般由树脂（改性环氧树脂，改性PI、BT树脂）、增强材料（玻璃布）、填料（陶瓷粉末）、固化剂、促进剂等混合而成，具有优异的热传导性能［导热系数1.5～3W/（m·K）］、较高的绝缘强度和良好的黏结性能。由于各金属基板生产厂的工艺能力不同，所生产的基板的性能也会存在较大的差异。对于高导热系数的金属基板，其热传导性能是一般环氧树脂板（FR-4）的10～15倍。

但最终决定热传递效果的不仅仅是板材的导热系数，还有一个非常关键的影响因素——热阻。热阻指的是热量在物体上传输时，物体两端温度差与热源功率之间的比值，单位为开尔文每瓦特（K/W）或摄氏度每瓦特（℃/W）。

对于非均匀厚度的物体，热流密度均匀的热流通过物体后，物体两端任意两点的温度差可能是不同的，也就是说，任意两点间的热阻可能是不同的。对同一种导热材料来说，截面积相同、厚度不同，则其热阻也不同。介质层越薄，热阻越低，热传导性能就会越高，反之越低。但是，介质层越薄，基板的耐压性能就越低。因此，选择金属基覆铜板时需要综合考虑其导热性能与介质层耐压性能。

3. 基底层

金属基覆铜板的底基材是一块金属板，它的厚度通常在 0.5 ~ 3.0 mm。构成金属板的材料有多个品种，如铝、铜、铝合金、铁等。其中，铜的散热性最好，它的导热系数 [385 W/（m·K）] 较其他金属基印制电路板要高。但由于铜的密度大（8.9g/cm³）、价格高、易氧化且不符合 PCB 轻量化发展的趋势，因此未被广泛使用，一般只用于超大功率的模块上。铝的导热系数 [205W/（m·K）] 较铜小，但比铁的导热系数 [79.5W/（m·K）] 要高得多，且密度小（2.7g/cm³），可防氧化，价格较便宜，在金属基覆铜板中的用量最大。目前主流的金属基覆铜板生产厂常用的铜板一般为 C11000 系列（又称为紫铜、纯铜），铝板则为 1050、1060、5052（铝镁合金）、6061（铝镁硅合金）等系列，也有部分厂商在铝的表面进行阳极氧化处理，一来提高表面粗糙度，二来起到防氧化的作用，镀层一般为 20μm 左右。

35.3.2　特　性

1. 尺寸稳定性

FR-4 材料在 Z 轴方向的 CTE，T_g 前通常为 35 ~ 65ppm/℃，T_g 后通常为 200 ~ 320ppm/℃，而铜的 CTE 为 16.8ppm/℃，两者相差很大，易造成基板受热膨胀差异，致使铜线路和金属化孔断裂。铁、铝基板的热膨胀系数为 40 ~ 50ppm/℃，它比一般的树脂类基板小得多，更接近于铜的 CTE，有利于保证 PCB 质量和可靠性。

2. 机械加工性

金属基覆铜板具有高机械强度和韧性，大大优于刚性树脂类覆铜板和陶瓷基板。为此，可在金属基板上实现大面积的 PCB 制造。可在此类基板上安装质量较大的元件。另外，金属基覆铜板还具有良好的平整度，可在基板上进行敲锤、铆合等方式的组装加工，在非布线区域也可以进行折曲、扭曲等方式的机械加工。

3. 电磁屏蔽性

为了保证电子电路的性能，电子产品中的一些元件需防止电磁波的辐射、干扰，金属基 PCB 可充当屏蔽板，起到屏蔽电磁波的作用。

4. 电磁特性

铁基覆铜板的基材是具有磁性能的铁系元素合金（如矽钢板、低碳钢、镀锌冷轧钢板等），可应用于磁带录音机（VTR）、软盘驱动器（FDD）、伺服电机等小型精密电机上。

35.4 主要类别

35.4.1 按结构分类

1. 金属背板

金属背板，外观上一面是线路层，另一面是裸露的金属基底层（见图 35.4），也是目前最常见的一种金属基板。其中，用量最大的是单面板（制作工艺相对于多层板比较简单），也有少量的线路板厂掌握了 2 ~ 8 层金属背板的制作工艺。

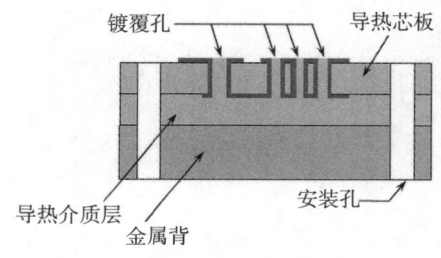

图 35.4　金属背板

2. 金属夹芯板

金属夹芯板，顾名思义就是金属部分位于叠层的中间区域，两边被导热介质层包裹着（见图 35.5），可用铝、铜或者铁（包括硅钢）作为芯材。其中，最常见的是用铝、铜作为芯材。

3. 冷　板

冷板，又名 Heat Sink，相当于常规 PCB 上压接或者焊接了一块不规则的散热片（材料可为铝或者铜），以实现局部散热和整体机械强度，见图 35.6。图中，不规则的黑色区域为金属层，浅色区域为常规 PCB 区域。冷板的焊接工艺也称为烧结。

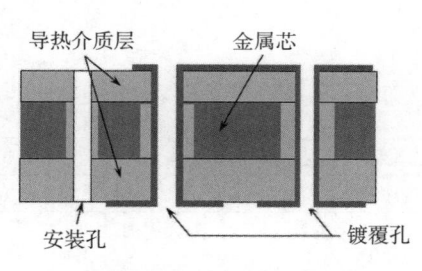

图 35.5　金属夹芯板

图 35.6　冷　板

35.4.2 按金属材料分类

1. 铁基板

铁基板因具有其他金属基板所不具备的电磁特性，而用于比较特殊的领域，但其存在质量大、耐腐蚀性差、热传导低的问题，相对用量不会太大。常见的铁基板有两种：一是不锈钢基板，其介质层是高温烧制的厚膜玻璃，线路层是经印刷导体材料（Au-Pd）后烧制而成的，机械强度高于陶瓷基板，但耐热冲击和机械冲击性较差；二是铁基板，为防止铁生锈，一般在铁的表面镀铝或者镀锌，其介质层由环氧树脂、环氧玻璃布等组成。

2. 铝基板

铝基板因散热性好、机械强度高、加工性好、质量小、价格便宜等而得到了市场的普遍认可，也是目前使用量最大的一种金属基板。但其在稳定性方面劣于其他种类的金属基板，主要是因为铝在强度方面不如其他金属，容易出现变形或翘曲。

3. 铜基板

铜基板因具备超高散热能力，接地性能良好而用于一些特殊的领域，但同时也因质量大、易氧化、价格高等缺点而难以实现大规模应用。

35.4.3　按介质层材料分类

1. 导热型材质

此类材质一般是在环氧树脂中加入大量的陶瓷粉末作为填料，主要表现为导热系数高和热阻低两个特点。

2. 高频微波型材质

此类材质一般由聚四氟乙烯（PTFE）或者聚苯醚树脂（PPE）构成，主要表现为 D_k（介电常数）低和 D_f（介质损耗）小等特点。

35.5　工艺流程与制作要点

35.5.1　工艺流程

1. 金属背板

金属背板的工艺流程见表 35.4。

表 35.4　金属背板的工艺流程

层　数	工艺流程
1	开料→钻孔→图形制作→ AOI →阻焊→字符→表面处理→电子测试→外形→ FQC
＞1	子板一（导热芯板）：按常规流程制作各层线路与压合，只保留顶层为大铜面 子板二：金属基→表面处理 母板：压合→钻孔→图形制作→ AOI →阻焊→字符→表面处理→电子测试→外形→ FQC

2. 金属夹芯板

金属夹芯板的工艺流程见表 35.5。

表 35.5　金属夹芯板的工艺流程

层　数	工艺流程
2	金属基→钻孔→树脂塞孔→陶瓷磨板→金属基表面处理→压合→钻孔（镀覆孔）→去毛刺→沉铜→电镀→图形制作→ AOI →阻焊→字符→表面处理→电子测试→外形→ FQC
＞2	子板一（导热芯板）：按常规流程制作各内层线路，保留顶层与底层为铜皮层，暂不制作线路 子板二：金属基→钻孔→树脂填孔→陶瓷磨板→表面处理 母板：压合→钻孔（镀覆孔）→沉铜→电镀→图形制作→ AOI →阻焊→字符→表面处理→电子测试→外形→ FQC

3. 冷　板

冷板的工艺流程见表 35.6。

表 35.6　冷板的工艺流程

层　数	工艺流程
≥ 2	子板一（FR-4）：按常规 FR-4 工艺流程制作至成品 子板二（金属基）：开料→钻孔→铣板→表面处理→FQC 母板：层压或者焊接→FQC

35.5.2　制作要点

钻　孔　将铜面朝上放置，每次一块一叠，建议使用新钻刀或者返磨一次的钻刀。钻孔时使用铝片作为垫板，孔内不允许有任何毛刺，否则会影响后流程的制作。

线　路　先将铜面保护膜撕掉，再磨板，但金属面保护膜不可撕掉。进行单面磨刷，只对铜面进行磨板，其他按正常流程进行贴膜前处理。蚀刻后不允许用刀子修理残铜，这样容易刮伤绝缘层，引起耐压测试不良。

阻　焊　对于金属背板，一般只制作单面阻焊（线路面印刷阻焊，金属面无须印刷）。铝基板在阻焊返工时，须用保护膜保护铝面，严禁直接放入返工的碱性（氢氧化钠）液体槽内浸泡。同时因为金属基板的铜厚，可能需要 2 次或者更多次的印刷或喷涂（静电喷涂或者低压喷涂），需特别注意阻焊油墨的适用性和多次阻焊处理的对准度。必要时，可以考虑先使用树脂对蚀刻后的线路进行填充，再印刷阻焊。

压　合　金属基多层板需经压合流程，须对金属基的表面进行化学或者物理处理，增大表面粗糙度，提高结合力。对于铜金属，一般是采用棕化或者黑化的方式来处理；对于铝金属，一般采用阳极氧化或者机械磨刷的方式来处理，处理后不可用手触碰板内需压合的区域，必须佩戴手套操作。

外　形　外形可采用铣（使用排屑良好的双刃铣刀）或者冲切的方式，不允许有毛刺，不允许损伤板边的阻焊层、介质层。

表面处理　若表面处理为化学沉镍金、图镀铜镍金、电镀软金、电镀硬金、化学镍钯金，须用 PET 膜保护铝基板的铝面，防止污染金缸等药水缸；若表面处理为喷锡，喷锡前须将金属基板表面的保护膜撕掉，不允许带膜喷锡。

外　观　不允许划伤金属面，允许无感擦花，不允许金属面存在变色、色差、氧化等现象（可依据各公司的控制能力，与客户沟通确认相关品质标准）。

高压测试　电源板一般要求 100% 高压测试，测试条件一般依据客户的要求，电压为 DC（直流）或 AC（交流），漏电电流为 0.1 ~ 5mA，稳压时间为 10 ~ 60s。板内脏污、毛刺、层间杂物等，容易导致高压测试出现击穿失效问题。

第 6 部分

裸板测试

第36章
裸板测试的目标及定义

David J. Wilkie
美国加利福尼亚州波莫纳，艾福尔查理测试机械有限公司

叶宗顺　金二兵　审校
南京协辰电子科技有限公司

36.1　引　言

　　封装技术的进步催生了更小的电路板几何尺寸，包括不同形式的高密度互连（HDI），随着数据传输速率的提高，给电气测试领域带来了很大的压力。治具越来越昂贵，并且需要通过更好的工艺过程来控制。先进的测试方法更是经常需要用到，如射频（RF）阻抗测试。全球价格竞争需要降低成本。同时，原始设备制造商（OEM）需要印制电路板（PCB）制造商为不合格产品承担更多的责任——因此需要提高故障覆盖率。本章致力于说明电气测试是什么、为什么、何地、何时，以及怎样有效进行电气测量来满足这些要求。

36.2　HDI 的影响

　　产品本身的变化带来的测试需求，使得测试工程师当前面临着重大改变。在这些改变中，值得注意的是 HDI 技术发展而带来的改变。常见的 HDI 应用实例是直接芯片连接（DCA）、高密度球阵列（BGA），和这些通常被称为芯片级封装（CSP）的变体。此外，通常也使用高密度输入 / 输出（I/O）连接器。除了物理几何尺寸的变化，HDI 也意味着高数据传输速率及时钟频率的增长。正在应用的先进手段，不仅验证了产品电子元件互连的能力，而且还以保证信号保真度的方式进行验证。

　　HDI 对电路板技术的影响，就如同音障对空气动力学飞行的影响，同样适用于终端电气测试。大多数人认为音障是不可逾越的，或者只有巴克·罗杰斯的银色火箭能超过音速，而超过音速的飞机就不存在。正如结果所示，通过音障是很困难的，并且需要反复研究空气动力学原理。但是最终的交通工具仍然是飞机，它们有机翼，使用燃料。它们满足所有早期工艺的目标，并且用一种更优越的方式实现。HDI 对电气测试的影响，与之前所述的例子具有相似的发展轨迹，利用相似的基础技术，与附加功能进行新的组合，实际上是提高了测试覆盖范围，而不是缩小了测试覆盖范围。

　　一些用于电气测试的新方法，包括使用电子束、激光激发光电效应，以及与现有的飞针测试机配置相似的等离子体技术，不使用定制的测试治具就可以对板子进行扫描。迄今为止，所有

的这些方法，包括故障覆盖率的折中，与传统测试方法相比，增加很少或没有增加细节距的测试性能。降低测试标准对于大多数用户不是一种解脱。HDI 产品类型需要增加小间距的测试能力。这些更小的间距和导通孔尺寸增加了出现潜在缺陷的风险，也增加了对这种缺陷前期症状更敏感的测量方法的研究兴趣。结果是，这些方法中没有一个被广泛采纳。

市场上，软件和硬件工具的有效性在稳步提高，而不是激进突破。这些软件和硬件工具为传统测试系统的最佳特性提供了有效的组合，也增加了专业市场的专用测试系统的可用性，特别是对于小型叠层芯片载体产品类型。

36.3 为什么测试？

为什么要进行测试？为什么需要测试？答案由几部分组成。最主要的一点是，并不是所有生产的板子都是合格的。纵观使用相同技术的 PCB 行业的发展历史，我们会发现不合格产品的百分比呈指数下降，工艺改进及很多质量改进项目将继续对这个结果产生重大影响。尽管有这些改进，电气性能测试的需求仍然存在。

36.3.1 10 倍规则

如果将 PCB 看作完整组件的一个元件，进行测试的一个原因就是阻止对不合格产品增加更多的价值。在完整的电子组装过程中，一个被人们普遍接受的故障相对成本的方法是 10 倍规则（见图 36.1）。意思是，故障发现得越早，成本就越低。例如，裸板上有一个开路，但是在裸板测试阶段没有被发现。现在，这个有瑕疵的板子上组装了元件，进行了焊接、测试。如果在组装阶段发现了瑕疵，那么修复或报废这个组装的板子比在裸板阶段修复或报废的成本要高得多。还存在这样的情况，PCB 组装厂向裸板制造商索赔一部分报废元件、组装劳动力成本、产品损失。这在许多高成本、高性能的集成电路（IC）设计中越来越常见。产品通过系统级测试，并到达最终用户手中才发现产品有缺陷，制造商则需要承担更高

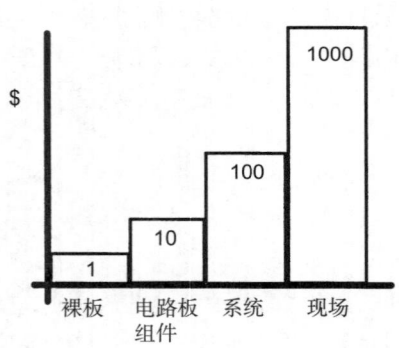

图 36.1 10 倍规则：发现故障的成本

的费用。有些损失是有形的、可计算的，如现场服务、故障停机时间、零件更换及劳动力。还有一些成本是无形的，会计入业务和声誉损失。

36.3.2 满足客户的要求

10 倍规则对于测试的必要性是一个符合逻辑大方向的方法，但来自客户的要求是相反的。PCB 用户认为电气测试应该是合适的、必需的，并将其作为一项服务的基本要求。裸板制造商有义务和责任满足合同上的要求。实际上，我们发现类似的客户要求会以很多种不同的方式进行表述。

1. 通用规范或 100% 印刷板测试

不幸的是，"100% 电气测试"这个要求可能仅仅是采购订单或较大的文档包内的一句话。

不但这个说明没有什么意义,就连要求的声明人也倾向于相信PCB已经经过电气测试并满足最严格的要求——即不可能交付一块有问题的PCB。事实远不是这样。这样的说明不能定义100%测试包含什么。当他收到一块有问题的PCB时,裸板购买者肯定不满意,即使裸板上被质疑的特定故障可能会有一个完全可行的解释(可能不能用电气测试手段检测出来,或者不能使用特定方法检测出来)。100%的测试规范意味着没有解释是可以接受的。在许多情况下,这种通用规范的应用是与客户强加的测试成本相结合的,反过来,就需要成本导向来限定PCB制造商实施彻底的电气测试。

2. 书面的测试规范

裸板制造商及裸板购买者都有责任就测试规范达成一致的意见,明确具体的测试阈值及测试方法,并和裸板的设计应用保持一致。测试阈值及测试方法的一些限制取决于制造商的设备及工艺能力。裸板制造商有责任就测试规范的含义、测试的彻底性及成本方面培训最终的测试者。测试选项、故障检测能力、风险规避及与之相关的成本,应该展现给终端用户。终端用户有责任和裸板制造商一起合作开发适用于裸板的规范说明,接受并规划由成本或规范限制导致的测试折中方法。规范中应该覆盖的内容如下。

- 数据驱动测试、数据源、格式、完整性
- 测试阈值:连续性验证允许的最大值
- 测试阈值:允许的最小阈值及绝缘测试所需施加的电压
- 测试治具方法:对所有测试点进行同时接触测试的单模治具、双模治具、飞针测试机
- 测试点优化
- 表明电气测试合格的PCB标记
- 过程中问题的解决(联系人及程序)
- 特殊测试方法的要求〔时域反射法(TDR),埋入式无源元件等〕
- 漏测的解决

上述内容有助于更好地与顾客进行良好沟通、互相理解,使客户满意,并保持良好声誉及相关的业务往来。

3. 使用有效的标准

工业标准或指导性文件,如IPC-9252《未组装印制板的电气测试要求和指南》(替代了IPC-ET-652),在为特定产品开发达成一致的书面规范方面是非常有用的。

使用标准文档时必须考虑目标应用。过度严格的规范会产生没有质量改进的不可接受的测试成本。

任意的高绝缘电压或连续性测试电流会导致产品损坏。相反,对包含敏感放大器的PCB,实行单独的、宽松的绝缘电阻测试规格也不合适。IPC-9252中有PCB应用等级的分类,建议使用特定的电气测试需求,尝试识别测试中不同的风险等级。

对一组给定要求的适用性的最终裁定,必须与裸板购买者的技术代表一起合作确定。

36.3.3 作为过程监控的电气测试

测试的第三个好处是对过程的改进,有助于降低成本。为了提高良率、降低废品率,或者常规的质量改进,必须有一个测量系统能够表示这些改变的结果。收集数据的最佳方法之一就是进

行电气测试。这通常需要整合测试和修理数据。当测试系统可以识别不合格 PCB 并进行缺陷定位时，修理工可以进一步对故障进行分类，将其与特定的工艺相联系（成像、电镀、蚀刻、阻焊等）。

这些数据可以量化，并利用各种方法进行分析，然后就可以对以下一个或多个级别的故障采取纠正措施。

1. 具体到操作的故障

非典型的行业或竞争的故障类型是可以被检测出来的。精确地评估这种类型的故障很困难，因为数据通常来自于客户、替代的供应商，或者竞争者，而他们有可能带有狭隘或偏见。最好依据成本或利润率，针对操作分析错误类型。某些类型的产品对于制造商是有利可图的吗？使他们有利可图的成本又会是什么？

2. 具体到过程的故障

对故障数据的分析结果，可能会聚焦到一个具体的过程。该过程经常会导致包括各种产品型号的故障，或各种产品型号共同的关键特征的故障，这可能会指向新的设置、规程、材料、培训、员工、设备等的要求。

3. 具体到产品型号的故障

特定产品型号的故障数据，对于改正及优化将来生产相同型号的产品是非常有用的。根据批量大小、工艺、测试类型及修理分析设备的使用，都可以使用软件系统实时反馈电气测试数据。在这种情况下，电气测试的结果可以促使工艺的一些参数调整及过程的快速改变，并能立即提高良率、降低报废率、减少返修、降低再测试成本。

36.3.4 质量体系改进

缺陷数据质量控制分析仅是从一个方面说明需要控制的内容，这就是所谓的质量控制体系或过程控制系统。用于过程监控的电气测试（或其他工序）数据的价值，与使用它的质量控制分析一样重要。电气测试结果可以成为 PCB 供应商质量体系改进的一个工具。

36.4 电路板故障

对于电气测试，故障可以被定义为测试系统的测量结果，而不是那些通过程序的就代表是好板。检测出的故障可能影响或不影响 PCB 功能，虽然大多数时候会影响 PCB 功能。当来自原始设计者的说明缺乏更多具体指南时，一些指南就会派上用场。很明显，线路中的短路和开路很可能会引起问题，电气测试会发现所有故障吗？不可能，"所有故障"的定义可能太过于主观。

电气测试系统不能检测出与美观、环宽、层间对位精度等相关的所有故障，除非它们会影响当前的测试系统。而且，电气测量方法、测试治具类型、测试程序的产生方法、最终使用要求等变化太过广泛，故电气测试不会发现所有故障。

对于下面的讨论，阐明缺陷和故障之间的区别很重要。故障是指一个项目的测试系统设计没有达成预期的标准。缺陷是针对具体 PCB 的，包括设计、制造、外观等方面的缺陷。不是所有的缺陷都可以通过测试系统检测到。

36.4.1　故障类型

表 36.1 展示了常见的故障类型。区分出通常可以检测出来的故障测试类型是很有价值的。它最好是绝缘测试或连续性测试，而不是短路或开路测试，因为后者的含义通常容易混淆。短路和开路是结果，而不是测试类型。

表 36.1　测试及故障类型

测试类型	测试确定的故障类型
连续性	开路
绝缘	短路和（或）漏电
TDR 或网络分析	RF 阻抗故障
高压测试	电压击穿

36.4.2　短　路

这里将微短路、完全短路或漏电定义为，在两个或更多网络或孤立点之间的不正确（不需要的或出乎意料的）的低电阻连接，通常表现出相当低的电阻值。作为产品绝缘测试的失效，短路会被报告出来。有很多种原因可以导致短路，包括曝光问题、蚀刻不足、成像底片污染、层间对位不良、原材料有缺陷及焊料整平不当等。

36.4.3　开　路

开路代表着预期电路连续性缺失，换句话说，是连接的缺失。开路就是将一个电路网络划分成了两块或更多块。开路是作为产品连续性测试的失效进行报告的。有很多种原因可以导致开路，包括蚀刻过度、电镀不足、成像底片污染、原材料污染、层间错位及机械损伤等。电气测试中的常见问题是"假开路"，比较典型的可能是与测试系统连接的产品或测试探针上的局部污染，阻止了测试系统的正常连接。在测试带微孔的基板时，需要特别注意某些潜在的缺陷（测试完之后，可能在基板组装过程中出现的缺陷）。相应的例子是，在应力点处形成的不当导体，在组装的热应力或机械应力下可能形成裂纹。HDI 板更不能容忍这样的缺陷。在测试时，这些可能完全检测不出来，或者通过特别敏感的电阻测量，能够检测出电路开路可能会发生在哪个地方。对这些缺陷的长期观察表明，如果想要避免现场失效，需要对工艺进行一些改变。

36.4.4　漏　电

漏电或"漏电网络"是一种基本类型的短路。漏电也被称为高电阻短路，与完全短路不同，它们表现出更高的电阻值。根据使用设备的类型，在这两种错误报告类型之间进行正确的划分会有些不同，一些设备在故障报告中不能区分它们。就完全短路来说，漏电是产品绝缘测试失效的例子。

常见的漏电原因有潮湿、化学或残留物污染。在内层生产、层压、电镀、阻焊或其他处理阶段，都可能会发生污染。化学污染通常是指金属盐的沉积物，可能在产品加工的化学过程中产生。对于比较敏感的测试方法，即使是指纹也可能导致网络间可检测出漏电。这样的污染通常分布在板子的一个区域，导致这个区域的几个网络之间出现互连。选择特殊的绝缘电阻测试算法或测试方法时，要考虑潜在的多网络参与，因为这些方法对这种条件下的敏感度不同。一些电路对被那些污染物即时增加的高阻负载并不是很敏感。但值得注意的是，在时间、电场及水分存在的情况下，高阻抗的阻值将会大大减小。污染点有助于金属枝晶的生长，在网络之间形成细金属丝伸出，形成完全短路。

因此，出现不寻常漏电的产品区域，在未来的某个时刻，将会发展成网络之间的完全短路，这放大了高可靠性产品有效的高阻抗测试需求，作为阻止现场潜在失效的手段。需要注意的是，如果板材容易吸收水分，并且会随时间推移不断吸收水分，那么，即使是一个提供非常弱的电气通路的相当"干燥"的污染，最终也可能导致产品工作期间有足够多的金属迁移，进而引起严重的现场失效。

36.4.5　RF 阻抗故障

当今生产的许多 PCB，需要在较宽的带宽范围内工作，如快速微处理器、快速通用数字电路、无线设备中的 RF 放大器等。正如我们必须使用合适类型的电缆将电视天线与 TV 接收机连接起来，在 PCB 中紧紧连接在电子线路上的元件之间的互连处，保持特定的 RF 特征也很重要。通常被指定测量的一个参数是 RF 传输信号线路的传输线阻抗，这个参数受生产板所用材料、线宽和线厚、与地平面和相邻信号线之间的距离的影响非常大。测量 RF 阻抗的常用方法是时域反射法（TDR）。

TDR 测试将 RF 阻抗作为沿着线路距离的函数（在这里，距离和时间是相关的，因为电信号以接近光速的速度沿着线路传输）来描述。TDR 测试通常在测试附连条上进行，附连条在制造过程中和 PCB 连接在一起，而在测试时分开。实际产品线路上的 TDR 测试也会在选定的线路上进行，但是由于需要几英寸的线路长度、不能有分支或被其他结构打断，因此很复杂。通常 PCB 的 RF 阻抗值的变化从较低的几十欧姆到几百欧姆。

RF 阻抗不应该与普通的直流（DC）电阻相混淆，不能用普通的电阻计进行测量，即使两者的计量单位都是欧姆。

互连的 RF 参数也具有频域特性，常用网络分析仪进行测量，但是这种方法在裸板测试中并不常见。当信号频率超过 100MHz 时，对 RF 阻抗测试的要求就更加适用。

36.4.6　高压测试故障

高压测试或高电压击穿测试通常会与绝缘测试相混淆。这两种测试非常相似，从某种程度上说，如果在一个绝缘测试中使用高压，两种测试方法可能会得到相似的结果。裸板的绝缘测试通常发生在 250V 下，并且在网络之间使用较少，但是高压测试通常在 500V 到几千伏的电压值范围内操作。高压测试尝试验证网络之间绝缘材料的耐压强度，如果其耐压强度足够高，那么就可以阻止灾难性或雪崩性的电压击穿问题发生。相反，裸板的绝缘测试尝试检测电压击穿发生之前流经污染物的小电流（说到底是一种完全短路）。当然，如果绝缘非常弱，在几乎所有的电压处都有可能发生雪崩性失效。高压测试实验装置往往是带有一对测试引线的台式设备，没有开关矩阵。高压测试通常需要指定持续一段时间所用的电压值。

在电路蚀刻之前，对于非常薄的绝缘芯板材料的检测，高压测试非常有用。在随后的加工过程中，高压测试在价值增加之前对检测 Z 轴故障或材料污染很有帮助。在小间距成品 PCB 上的所有导体之间进行高压测试是不切实际的，因为导体之间的大气环境（空气）会在高压到达之前发生击穿。高压测试中的低速度和合适治具的成本，都是目前存在的问题。在成品检验中，有争议的一点是，高阻抗绝缘测试是否提供的就是最优解决方案？

第**37**章
裸板测试方法

David J. Wilkie
美国加利福尼亚州波莫纳，艾福尔查理测试机械有限公司

叶宗顺　金二兵　编译
南京协辰电子科技有限公司

37.1　引　言

裸板测试的主要方法是进行电气测试，但非电气测试方法在裸印制电路板（PCB）的可接受性方面也是很重要的。

37.2　非电气测试方法

有两种非电气的接受/拒收方法，都基于检验流程：目检、自动光学检测。

37.2.1　目　检

目检是手工检验方式，它利用人、良好的照明，通过一些类型的培训定义什么是可以接受的，什么是不可以接受的，以及检验员的好的判断。

通常人们会将产品与已知的好产品或照相底图进行比较。检验员经常看板子，他（或她）寻找错误和在有可能出错的地方寻找错误就会更有经验。随着产品复杂性的增加，我们发现许多现在的产品并不适用于这种方法。内层的许多缺陷无法用目检检查，甚至外层比较复杂的缺陷也是超出视觉范围的。目检现在仍然适合检验表面的缺陷，如阻焊不良或物理损坏。由于它们不能被电子手段检测到，这样的缺陷一般不属于电子测试的范畴。

37.2.2　自动光学检测

基于计算机的视觉检验方法，称为自动光学检测（AOI）。设计规则首先预存到控制计算机中，然后 AOI 设备将板子或其内层与输入到计算机的预期数据和/或设计规则进行比较，如已是被普遍接受的参数或基于设计规则的基础参数，或者在板上对每个特定的要素设置可接受的尺寸窗口。目检发现的缺陷可能会使板子的功能性受影响，但板子的功能性和互连不能直接被测试。板子的美学特性和使用适当性很难区分，并可能导致错误发生。AOI 不用于最终的测试，而是用来检验内层之间的线路，目的是在增加更多的附加值之前，通过淘汰大部分缺陷层来进一步提高良率。这样，AOI 可以实现非常好的经济效益。AOI 可以检测一些电子手段不易检测到的缺陷类型，尤其是"鼠咬"。AOI 也可以用于层压后的外部线路检验，但不能作为最终电气测试的质量保证。

37.3 基本电气测试方法

电气测试是最终的测试方法，经常被用来确定板子是否可以出货。通过对导体通电和在绝缘层间施加电压，测试测试板的连通性和绝缘性。这种直接的电气测试要求板子和测试系统进行物理接触。最普遍的两个测试类型为连续性测试和绝缘测试。其他的一些测试可以根据产品和客户的需求选择性地应用。

通常是先执行连续性测试，以证明每个网络自身的完整性，而且在测试夹具和产品之间建立联系。然后进行每个网络只需要一个测试点的绝缘测试。

37.3.1 直流连续性测试

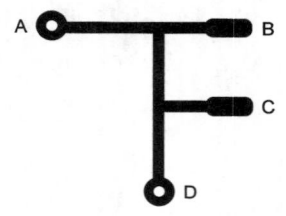

图 37.1　样品网络

连续性测试是对每个网络中的预期连续路径进行检查，在每个网络中做一系列的点对点测量。逐个测量电阻，与选定的连续性电阻阈值进行比较。如果测量值高于阈值，就会生成一个故障报告。对于复杂网络，复合测量手段是必需的，必须确保所有网络的互连。如图 37.1 所示，测试点的网络标记从 A 到 D，按图 37.2 所示的顺序测试。对于一个有 4 个测试点的网络，测试的最低点数是 3，以确定所有的点是否相连。如果一个板子包含 N 个隔离网络，总共包含 X 个测试点，我们可以计算连续性测量次数 $C = X - N$。在指定的测试点，软件系统往往会删除那些不必要的测试，这被称为测试点优化。在图 37.1 中，位于 D 和 C 分支路径上的测试点是没用的。有各种优化规则可以应用，但应进行相应的处理，以确保足够的测试覆盖率。

1. 双线和四线开关矩阵

开关矩阵结构要么是双线的，要么是四线的，如图 37.3 所示。

网格测试系统使用固态开关，将适当的测试点连接到内部测试系统（实际上是一个欧姆表）。电流 I 从高测试点流过产品网络，然后经过较低的测试点返回测试系统。同时，测量网络两端的电压 V。连续性电阻 R 使用 $R=V/I$ 确定。

2. 双线式开关矩阵结构

最简单、最实用、最常见的开关矩阵是，每个测试点一对开关，可以连接在欧姆表的高压侧或低压侧，如图 37.3 所示。然而，因为固态开关本身有一定的导通电阻，它们会带来测量误差，开关的阻值被加到了测量的电阻上，这增加了测试失败的可能性。误差可以用各种各样的方法消除。

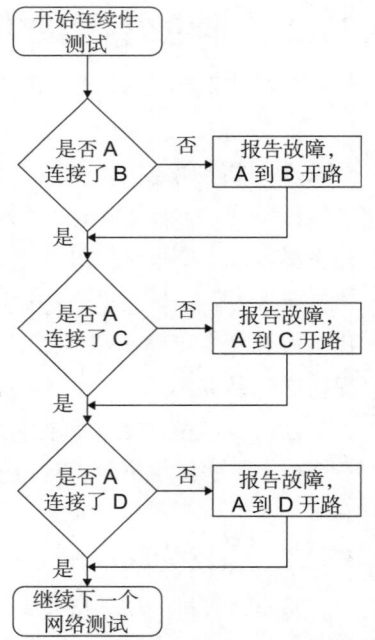

图 37.2　连续性测试算法

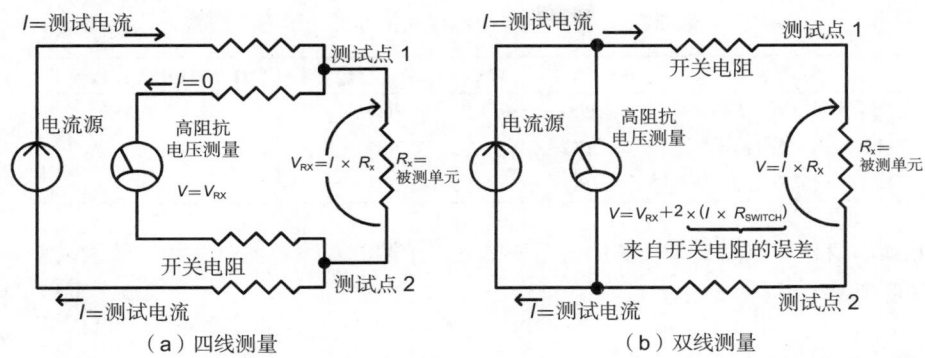

图 37.3 连续性测试电路

（1）使用低导通电阻开关（减小测量误差），这意味着不能使用物理尺寸更大的晶体管。这些设备虽然不贵，但是很难集成到集成电路中。因此，大多数双线开关采用独立的输出晶体管作为开关元件。

（2）使用软件通过算法去除导通电阻。设备不同，开关电阻的影响就不同，并随温度改变，所以仍会有一些误差。

（3）进行多次连续性测试，通过算法消除大部分开关电阻。然而，因为需要额外的测试，会使测试过程变得缓慢，并且需要高质量的夹具结构，以确保测试过程中接触电阻不改变。

（4）尝试研究每个开关的电阻。一些系统要求操作者在所有测试点上安装短路平板，然后系统计算开关电阻总和，包括平板的接触电阻。需要注意的是，如果针对测试点学习高接触电阻值，则实际上可能会增加误差，这可能是探针上的污垢引起的。从使用该探针得到的所有后续总测量值中减去学习的过大电阻值，会掩盖一些产品的高电阻。最终的结果是，让本有缺陷的板子通过的可能性略有增加。

3. 四线开关矩阵结构

图 37.3 的左边是一个开尔文或四线开关矩阵结构。注意，每个测试点需要 4 个开关，因此，任何测试点都可以连接到高电流驱动端、高电压传感器端、低电压传感器端，或通过单独路径返回的低电流端。测试系统的电压传感部分有非常高的输入电阻，因此连接这个电路测试点的、通过额外的两个开关的电流几乎是零。结果是，在开关处并没有电压降，被测单元可以准确得到通过未知负载的电压。测试系统可以准确地知道流经未知负载的电流和电压，因此可以准确地计算出负载电阻。这种情况下，主要的误差项来自夹具和夹具固定装置接口处的接触电阻。晶体管处在关闭状态时，漏电流很小，从而允许在误差更小的更高阈值的环境中进行绝缘测试。只有采用具有低接触电阻的高品质夹具，这一技术的连续性精度才可以实现其应有的价值。

4. 连续性阈值

连续性电阻阈值参数的指定范围通常从几欧到 1000Ω。表 37.1 是建议使用的几个连续性阈值标准。IPC-9252 是 IPC-ET-652 的替代标准。正如前面提到的，这些标准的应用需要一定的判断力。一般来说，较低的连续性阈值需要更严格的测试。在长度适中的线路中，电阻为 5Ω、10Ω、25Ω 的网络虽然罕见，但是会显著影响精密测量仪器和高速计算机产品的功能。同时应该注意，在决定如何降低应该设置的连续性测试阈值时，要考虑实用和经济因素。部分限制来自测试系统的测量和开关矩阵的能力，而更大程度上来自所用的测试夹具的类型。在本书修订时，10Ω 的产品连

表 37.1 连续性电阻测试阈值标准的示例

IPC 等级	IPC-9252	IPC-ET-652（已废弃）	MIL-55110D（已废弃）
1 级：普通电子产品	≤ 100Ω	< 50Ω	< 10Ω
2 级：专用服务电子产品	≤ 50Ω	< 20Ω	< 10Ω
3 级：高可靠性电子产品	≤ 10Ω	< 20Ω	< 10Ω

续性电阻测试阈值是拥有高质量夹具测试系统的常见下限，而飞针测试系统连续性电阻测试阈值已经可以降低到 5Ω，甚至是 2Ω。

5. 连续性测试的电流

连续性测试的电流没有在 IPC-9252 或大多数其他文献中出现过。高电流作为烧断微短线路或缺口的一种手段已经被认可，但是这种电流也会破坏好的线路。如果在测试系统中发生这种现象，结果就是一个曾经通过测试的好板现在变成坏的了。优选的连续性测试不会对 PCB 产生攻击或破坏。如今，测试电流的典型值是 5 ~ 50 mA。

6. 连续性测试的假开路

使用连续性测试的一个常见问题是，发生频率非常高的假开路，这种假开路主要是夹具和产品的污染、差的产品定位、夹具的损坏引起的。额外清洗产品和夹具的方法，对此有明显的改善。从含粉尘生产过程（如钻孔 / 铣板）中分隔出测试环境，对于增加产量是非常重要的。有时用高压脉冲来克服测试探针上的薄膜污染物或板表面的氧化物层引起的不良接触。由于最初没有电流流经氧化物，一些测试系统提供一个有严格电流和时间限制的高压脉冲，因此限制了总能量。虽然时间短暂，但能量水平还是高于正常的连续性测试，对于缺陷点还是有很小的损伤风险。为产品的自动或手动重新测试增加的测试时间，可以生产额外的产品，当大量的假开路发生时，这种常见的方法变得很昂贵。因此，从根源上解决问题是明智的。

37.3.2 直流绝缘测试

绝缘测试验证了网络之间存在足够的电气隔离，而不是被连接到另一个网络。通常，电阻测量由一个给定的网络到另一个网络（或一组网）进行。当施加要求的电压时，如果测得的电阻值超过指定的绝缘电阻阈值，则认为测量结果通过，否则认为产生了故障。在连续性测试中，只要网络接触已经确定，每个网络只有一个测试点需要执行绝缘测试。一个给定 PCB 的绝缘测量的实际数值，会随着使用的算法细节而显著变化，对缺陷覆盖有微妙的影响。

1. 绝缘电阻和电压

绝缘测试是一种评估产品承受电压和阻止电流的能力的手段。绝缘测试规范不仅包括一个最小电阻的说明，也包括外加电压的说明，这个电压是绝缘物显示最小绝缘电阻必须承受的电压值。根据 $R = E / I$，提高测试电压也是使测量电流水平高过测试系统内部本底噪声的一种方法。因此，高压裸板测试系统通常能以更高的阻值水平验证绝缘性，并以合理的速度进行测试。绝缘电阻的常见范围从最小 1 kΩ，到最大 1000MΩ；2 ~ 10MΩ 的电阻比较常见，但更高的值在检测少量污染时是有用的。在测试区，过大的湿度可能会影响非常高的阈值电阻的使用，也可能会影响较低阈值下电阻的精度。在 50% ~ 55% 的相对湿度下测量是比较理想的。常见的绝缘测试标准（见表 37.2），并不总是和不断更新的测试设备的能力和敏感的阈值相一致。在任何情况下，理想的具体测试阈值的设定应基于对被测试产品的具体电路应用的合理分析。以前对测试电压的强调相比现在的确少了些，也许是产品在几何结构上日益精细的结果。布设总图没有说明的时候，应当在每对测试网络间施加的最小电压是 40V；对于手动测试，每对测试网络间应当施加的最小电压是 200V，最小持续时间为 5s。现在，绝缘测试中大多数设备都能够应用 100 ~ 250V 的测试电压。

表 37.2　绝缘测试阈值标准的示例

IPC 等级	IPC-9252	IPC-ET-652（已废弃）	MIL-55110D（已废弃）
1 级：普通电子产品	> 500kΩ	> 500kΩ	> 2MΩ
2 级：专用服务电子产品	> 2MΩ	> 2MΩ	> 2MΩ
3 级：高可靠性电子产品	> 10MΩ	> 2MΩ	> 2MΩ

更高的电压增大了测试电流，提供了更好的信噪比，在更高的绝缘阈值下提高了测试速度。过度的电压对于细节距的基板是不合适的，并可能导致线路在正常环境下受到电弧损害（见表 37.3）。现代基板材料的典型绝缘特性显示，当使用低（宽松的）的阈值电阻时，指定高电压可能没什么价值。首先提高电阻阈值，然后使用足够的电压得到适当的速度和精度。目前部分高可靠性电子产品的绝缘测试阈值已经提高到了 50MΩ。

2. 真正的绝缘测试方法

在绝缘测试的可能影响测试覆盖率的选择中，将开关的状态排序有几种不同的方法。在最严格的方法中，对于产品上所有的其他网络，每个网络是单独测试的，以确定对所有其他网络的总平行泄漏电阻。这就需要对每个网络逐一测量，如图 37.4 所示的一个有 3 个网络的板子。反过来，每个网络得到一个机会充电到高电压。所有其他网络连接在一起，在这同一时刻都是 0V。注意，每个网络只需要一个测试点。

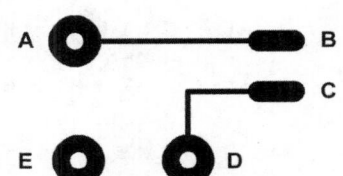

测试1　CD、E接地时，AB网络加电压测量
测试2　AB、E接地时，CD网络加电压测量
测试3　E接地时，AB、CD网络加电压测量

图 37.4　3 个网络的印制板的真正的绝缘测试

如果待测试网络短路了，或漏电给了任何其他网络，或者它们的任意组合方式，它将无法充分充电而导致测试失败。这种模式一直持续到每个网络被测试完。

图 37.5 说明了 3 次测试中测试系统的状态。注意，测试点 A 和 C 是用来访问它们各自的网络的，测试点 B 和 D 不需要绝缘测试。这些测试点开关在整个测量中保持打开。

该方法的一个关键特点是，能够回答这个严格的问题：这个网络和板上其他网络是如何很好地绝缘的？参见图 37.6 中的例子。

这里的绝缘阈值是 100MΩ。网络 A 有 4 个漏电路径，和 B、C、D、E 每个网络都有关联。分别测量每条路径，绝缘值远高于 100MΩ 的通过 / 失败阈值，我们只能保证网络 A 是被这 4 个平行绝缘电阻的组合孤立了，如下：

$$R_A = \frac{1}{(1/R_{AB}) + (1/R_{AC}) + (1/R_{AD}) + (1/R_{AE})} = 68M\Omega$$

因此，真正的绝缘测试方法可以纠正这个测试中的缺陷。一个不太可能的现实情况是，接触 A、B 和 C 点被污染。

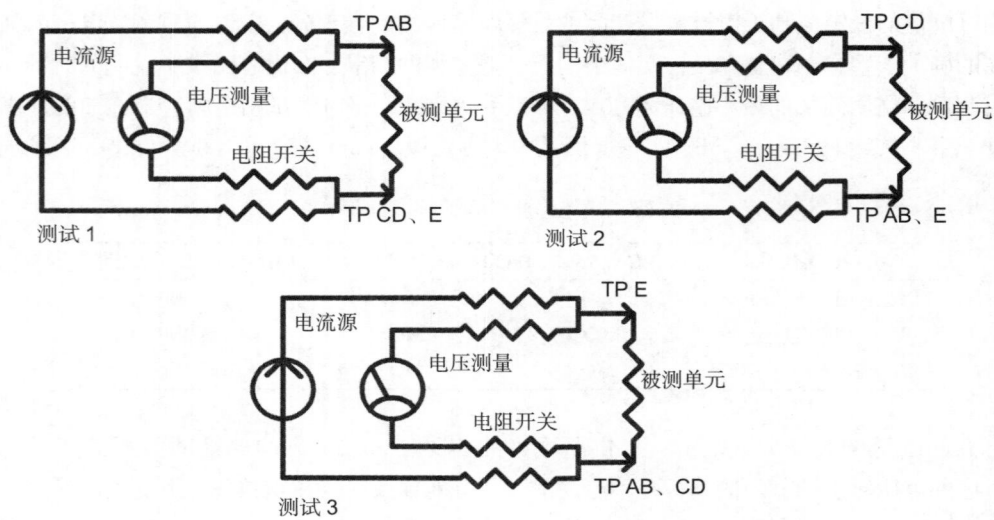

图 37.5   3 次绝缘测试的顺序

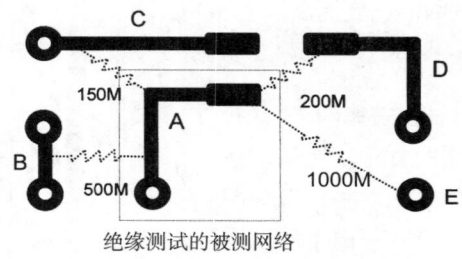

绝缘测试的被测网络

图 37.6   平行漏电检测

3. 对数法绝缘测试

表 37.3 显示了对数法绝缘测试，并将它与前面描述的真正的绝缘测试方法相比较。该方法提供了强大的优势，一个复杂的板只需少量的测试。这个量可以通过计算由上舍入到下一个整数的 $\log_2 N$ 得到，其中 N 是网络的数量。

表 37.3   绝缘测试方法的比较

测量数		网络名称							
		A	**B**	**C**	**D**	**E**	**F**	**G**	**H**
对数法	1	+	+	+	+	−	−	−	−
	2	+	+	−	−	+	+	−	−
	3	+	−	+	−	+	−	+	−
真正的绝缘 测试方法	1	+	−	−	−	−	−	−	−
	2	−	+	−	−	−	−	−	−
	3	−	−	+	−	−	−	−	−
	4	−	−	−	+	−	−	−	−
	5	−	−	−	−	+	−	−	−
	6	−	−	−	−	−	+	−	−
	7	−	−	−	−	−	−	+	−
	8	−	−	−	−	−	−	−	+

因此，对于一个有 8 个网络的板，我们只需要测量 3 次。这对于复杂的板更有优势。对于有 4000 个网络的板，只需要测量 12 次。

因此，这个方法是平行漏电检测和故障覆盖率的一个折中。参考示例见表 37.3。表的上半部分是一个有 8 个网络的非常简单的板，它演示了对数法所需的测量模式。

在给定测试中，用 "+" 标识的网络被连接到上面的测试系统。A 的网络连接到低的一边。请注意，在每次测量中，大约一半网络是正极性的，一半是负极性的。

在表 37.3 中，任何两个网络之间的完全短路用任何一种方法都可以检测出来。在至少一次测量中，"+" 接在短路的一端，"−" 接在短路的另一端。两个方法在完全短路的测试中都运行很好，且并联电阻效应不起作用。但必须考虑到从网络 A 到网络 B、从网络 A 到网络 C 这两个 15 MΩ 漏电的影响。如果阈值是 10MΩ，这个缺陷将不会通过对数法被检测到，但真正的绝缘测量方法在测量 1 中会失败。

同时连接到网络 B 或 C 时，对数法无效，因为在网络 A 的网络系统中没有一个测量结果是 "+"（AB 电阻移动到 AD，那么我们就会在对数法的测量 2 中发现错误）。

对数法可能无法检测到高并行漏电的某些组合。对于低阈值绝缘电阻的产品类型，这可能不是一个重要问题。值得注意的是，通过大幅度地提高测试阈值，这种风险可能会大幅降低，以使较大比例的单独漏电引发故障报告。

4. 绝缘故障：区分短路和漏电

前面的讨论对完全短路的和漏电故障做了区分，尽管这两份报告结果都是从绝缘测试得到的。真正的绝缘测试方法或对数法告诉我们，没有方法能立即发现短路或漏电的另一端（再次参考表 37.3）。在真正的绝缘测试方法中，我们知道，测试网络相对于其他一些网络是漏电或短路的，但是我们不知道是哪一个。最初的对数法告诉我们的很少，只知道短路在这些网络之间：正极性网络的一半，和负极性网络的一半（或地）。在故障检测上，有的方法必须调用子程序来搜索所有网络，系统地定位故障。搜索所有漏电的网络是缓慢和模棱两可的。因此，一些测试系统允许用户禁用漏电方法寻找。

在分散漏电的情况下，是不可能出现一个明确的答案的，因为在平行漏电路径中从来没有接触的网络中进行搜索是不切实际的。定位高电阻漏电的努力可能会报告全部问题、部分问题或没有问题。准确的结果取决于实际的漏电电阻、涉及网络的模式、绝缘电阻阈值。注意，一个致力于核实缺陷的飞针测试系统，可能无法检测出同样原因的部分或全部漏电。把这种板子返回到网格（或其他测试夹具），进行最后的通过 / 失败测试是比较可行的。

37.4　专业电气测试方法

某些特殊的测试方法可对更细微缺陷进行检测，而不仅仅是简单的短路、开路或漏电测试。其他方法已经发展成适合具体测试设备的特定类型，尤其是飞针测试机。

37.4.1　高压测试

高压测试与绝缘测试非常相似，一般通过外加电压的大小进行判断，在某种程度上，也通过检测到的失效的预期行为进行判断。裸板高压测试通常采用超过 250V 的电压，一般是 500 ~ 3000V。目标是在板子的介质（绝缘）层找到失效点，这些失效点可能会导致低电压下一系列区域的失效。

当介质层受到大大超过预期的工作电压时，某些类型的材料缺陷会导致灾难性的绝缘失效。介质或大气的电离导致电流突然增加到一个相对比较大的值，在失效点可能发生电弧或燃烧。使用比较低的电压可以检测到非常小的漏电流，这与绝缘测试有些差别。通常情况下，总能量越少，绝缘测试对板子的损坏也越少。然而，这取决于产品的条件，电弧可以发生在许多电压下，在这些情况下，普通的绝缘测试本质上和高压测试试验一样。

在成品上进行高压测试常常是不切实际的，除非测试点的数量有限。设备限制是一个因素，制造一个能按照指定要求对大量测试点进行高压测试的设备或夹具是非常昂贵的。当以成品评估时，对于这样的测试，产品本身往往不是一个合适的目标，现代化产品的导体间距通常都比较小。因此成品高压测试通常只是在测试点数比较少的特定产品上进行，如用于高压使用场景的单面铝基板等。

在板的表层，连接各点的元件通常太接近，而不能承受非常高的没有表面电弧的电压，这种电弧对于完好的产品是一种破坏。产生这种电弧的电压是产品的几何形状和大气条件的函数。

考虑到这一点，最常见的高压测试的应用是检测蚀刻前原材料的缺陷。例如，对于薄的 FR-4 覆铜板，可以通过在两面的铜层施加高电压来评估。绝缘材料中的任何裂纹或某些缺陷会导致电离，产生一个大电流。因此，在后续生产过程中，拒绝使用有缺陷的材料。

37.4.2　埋入式元件测试

把大量无源元件埋入 PCB 内部，可以缩短元件之间的线路长度，改善电气特性，提高有效封装面积，减少大量的板面焊点，从而提高互连的可靠性，并降低成本。

最常见的例子是埋入式电阻（成形），即平面（薄膜）电阻。通过有选择地去掉（或添加）材料来调整电阻值，可以实现百分之几到百分之几十的精度。典型的阻值范围从几欧到几千欧。最常见的是，在高速数字电路设计中使用这项技术，可取代 200Ω 和更低的电阻。

准确地测量这些值是具有挑战性的，需要良好的夹具结构和洁净度。另外，不能获取预期可用的电阻值数据。在 PCB 工厂，大多数电阻被指定了材料的形状和类型 / 厚度，而不是一个特定的阻值和公差。

埋入式电容同样存在，常见的是平面电容。大多数裸板测试系统并不完全适用于电容值测量时，尤其是小电容。在某些情况下，没有指定进行电容测量时，测试系统中能够允许电容的存在才是重要的。当指定需要进行测量时，通常很少涉及测试点，使用台式设备可能是方便的。

埋入式电感的应用也在日益增加。埋入式电感是通过蚀刻铜箔或镀铜形成的螺旋状、弯曲状结构，或者利用层间导通孔形成的螺旋多层结构。其特性取决于基材和图形等的结构。目前的电感值仅有几十纳亨左右。

37.4.3　时域反射计（TDR）法

时域反射计（TDR）法是一种常用于确认 PCB 上信号线射频（RF）阻抗的方法。射频阻抗对于高速数字功能或射频应用很重要。相应的例子包括通信产品、计算机产品、收音机等。进行连续性测试时，信号线的射频阻抗不应与直流电阻混淆，通常用一个有射频阻抗控制的线路来展示非常稳定的直流连接（即低直流电阻）。线路的阻抗值和线路宽度、厚度、Z 轴与地层之间的间距、邻近导体的位置、所用材料的相对介电常数相关。对于具体的产品，这些参数通常是相对固定的，可以通过在出货产品上增加类似于阻抗测试条的东西来进行阻抗验证。标准的裸板测试系统（飞针测试机除外）不包含 TDR 测试能力，因为通过夹具的信号路径不利于快速上升的 TDR 信号通过。TDR 测试一般在测试台上手动进行，也可以在自动阻抗测试设备上进行，如图 37.7 所示。

图 37.7　PCB 阻抗自动测试机
（来源：南京协辰电子科技有限公司）

　　TDR 测试系统将一个快速上升的阶跃电压信号注入导体的一端，当信号穿过线路上的不连续点，如导线宽度发生变化，或经过导通孔切换到另外一个信号层时，部分能量被反射，剩余能量继续传输。信号发生反射并返回发射电压处。在那里，反射信号被发射信号的探测器收集，结果通常显示为一个射频阻抗与线路距离之间的关系曲线。只要测量发射波的幅度及反射波的幅度，就可以计算出阻抗的变化。同时，只要测量由发射波到反射波再到发射点的时间差就可以计算阻抗变化的位置。在发射点，考虑到反射和干扰的问题，为了得到有价值的测量结果，需要有一个最短的线路长度。太短的线路不适合阻抗测量，至少需要 2in 或更长的线路才可以获得有意义的读数。有分支的线路在线路测量阻抗时会受到干扰，因此不受信号干扰的线路能够提供最好的测量结果。TDR 测量原理如图 37.8 所示。

　　一个典型的 TDR 测试结果曲线如图 37.9 所示，表面线路阻抗大约是 50Ω，图形线路右侧开

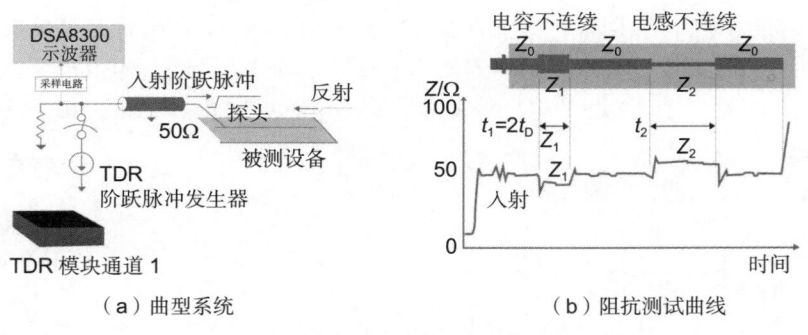

（a）曲型系统　　　　　　　　　　　（b）阻抗测试曲线

图 37.8　TDR 测试原理

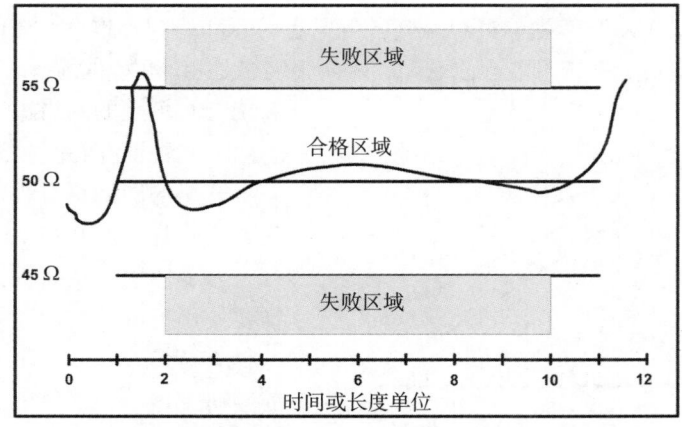

图 37.9　典型的 TDR 测试

路使得其阻抗线阻值趋向无穷大，但兴趣区域的测量曲线落在了通过 / 失败的上下限之间。

样品测试常使用手持探测器，测量过程中手和身体的接触对测试的影响比较大，降低了结果的可重复性。一些供应商提供了致力于 TDR 测试的飞针测试解决方案，这需要一些额外的设置，不过可以更快、更好地进行测试。

37.4.4 飞针测试系统

飞针测试系统在测量时始终保持一对（或其他有限的数字）点的接触，由于不能直接执行与通用网格（和其他夹具）系统完全相同的绝缘测量，直流电阻测试在一对网络之间进行，随着通过决定哪个网络与测试网络相邻而减少测试数量，可能会引起绝缘问题。否则，正如前面讨论的，飞针测试系统能够进行普通直流连续性测试和绝缘测试。此外，大多数飞针测试系统供应商已经开发出新的替代测量方法来减少测量数，以此减小机械运动的时间损失。

1. 绝缘或连续性间接测试

不同的供应商开发了各种实施间接测试的方法，但一般来说这些方法有一个共同假设，就是一个给定的产品网络，会显示一定的电容或其他相邻的层或线路的电磁耦合，耦合量受线路的几何形状的影响。如果一条线路有问题，其余的耦合数将显示有所减少。相似的，如果一条线路和另一条线路短路了，耦合数将会大幅增加。如果测试系统测量每条线路和地层（或其他电气环境）的耦合数，就能够确定所有的线路是否都完好无损，而不必直接测试绝缘或连续性。

反而，耦合信号可以用来反映配置的正确性。因为绝缘或连续性没有直接进行测试，我们称这些方法为间接测试方法。通常，这些方法在检测完全短路、开路方面是高度可靠的，但对于检测分布式污染或几兆欧及更高电阻的连接不太有效。具体方法包括恒流电容测量（充电或放电变化）、阻容（RC）时间常数的电压源测量、交流电（AC）电容测量、相邻网络交流信号的电磁耦合测量。

恒流电容测量技术通常近似基于：

$$C = i\frac{\mathrm{d}t}{\mathrm{d}v} \quad \text{或} \quad C = i\frac{\Delta t}{\Delta v}$$

其中，C 是网络电容；i 是充电或放电电流；v 是发生在测量时间 t 内的变化电压。更复杂的是，对 RC 时间常数和交流耦合的测量。

注意，两个网络短路时产生的电容是其各自电容的总和。电容越大，充电越慢，比预计单独任何一个网络都要慢。系统可能会注意到，这两个网络是相邻的，也显示了类似的充电行为。

系统会对可疑的网络进行标示，或使它们失效，或验证存在直接测试的短路。包含一个开路的网络将减小电容，还会过快地充电或放电，如图 37.10 所示。

为了使用这些间接方法，大多数系统需要使用标准的直接连续性和绝缘测试方法做首板测试。一旦板子被认为是好的，就会研究这个板上每个网络的信号耦合行为。如前面描述的，保存研究结果，并且

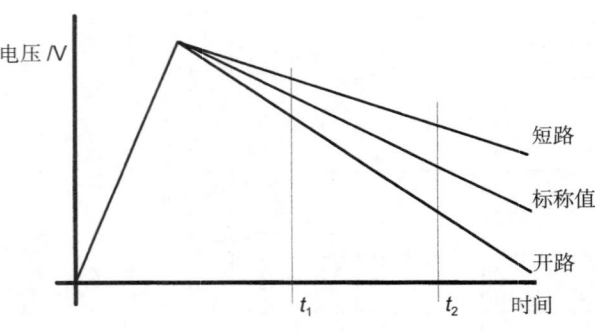

图 37.10　间接测试：恒流放电

和随后板子的测量结果相对比。特别是在绝缘测试中，通过在多个点的网络进行检测，速度得到了惊人的提高。一些用户将传统直流连续性测试与间接方法相结合，作为绝缘测试的可替代方法。

2. 相邻分析：飞针测试系统中的绝缘测试

相邻分析通过减少测试数量，简化了飞针测试系统中的绝缘测试，甚至直接测试方法中的绝缘测试。在相邻分析中，数据库列出每个网络和所有线路的清单，根据一组几何标准，立即发现与网络毗邻的所有线路。这样的位置被假定为短路和漏电的唯一代表。这样，绝缘测试就只在相邻的网络对间实施，更适合飞针测试系统。需要注意，这样的分析是不是三维的，这一点非常重要。网络可以跨越网络水平线，但在一个板子的不同层上，在内层介质层上的空洞或缺陷可能会导致短路或漏电的发生。

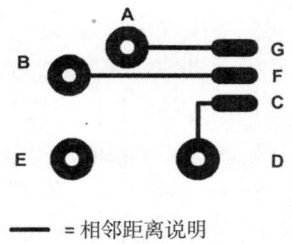

如图 37.11 所示，网络 A 可能会被判定与 B 相邻，但是不与 C 相邻。B 会被认为与 A 和 D 相邻。假设限制尺寸小于从 E 到 B 或 D 的距离，E 可能不会被判定与其他网络相邻。

图 37.11　相邻网络

37.5　数据和夹具的准备

在任何测试中，至关重要的因素是生成测试程序的操作方法和测试夹具。这里有几种得到程序和夹具信息的方法。

这些方法从简单到复杂，从容易遗漏到非常合理，各有不同。在测试程序的发展中，裸板测试中最常用的测试项目开发术语是自学习和网表测试。网表测试是误称，它混淆了计算机辅助设计（CAD）的输出与测试输入，也意味着两者之间没有太多不同。在这个讨论中，我们将使用术语数据驱动测试程序，说明在测试系统中加载的程序来自 PCB 设计数据（可能由任何不同的形式提供）。另一方面，通过在测试系统上放置一个假设的好板，并使计算机内部测试系统创建一个自动程序，将其他板与检测到的图形进行比较，从而导出自学习程序。值得注意的是，"已知的好板"经常被用来描述首板，而事实上它的质量往往是不完美的。

飞针测试系统一般不需要夹具，除了有时需要框架来夹持薄的板子或同时加载多个小板。飞针测试仍然需要测试程序的生成和优化。计划测试的产品程序中包含飞针的位置信息。数据准备过程与夹具测试相似，但只输出测试程序的数据。

注意，程序的提取和夹具信息是很自然地联系的。实际上，直到夹具被定义才能最终创建测试程序。夹具决定了连接到特定产品位置的测试系统的单个测试点。

对夹具是如何抓住产品的认知，决定了实施具体的测量时使用的系统测试点，这很重要。因此，相同的软件系统一般同时输出最后的测试程序和夹具钻孔 / 加载信息。

37.5.1　自学习

自学习应用越来越有限，且受制于一定的漏测风险，这源于假设最初的电路板是好的。自学习方法需要一个可用的夹具，以及一个已知的好板（最好）。短路平板放置在夹具上以代替产品，测试系统使用它来确定哪些测试点用于测试夹具（所有与平板短路的测试点都被认为是活跃的。在学习和测试操作中，这就消除了非兴趣测试点，缩短了测试程序，节省了执行时间。这组活跃点有时被称为掩膜）。然后，已知的好板会替换短路的平板，产品的互连图形被学习并被保存为一个测试程序。

对一些电路板进行测试，如果出现合理的结果，程序被认为是有效的。这个方法的缺陷是，自学习的测试程序决定了所有的板都是一样的，而不是说它们是好的。此外，为了使夹具制造更加经济，处理产品数据非常有必要；因此我们也可以输出一个数据驱动的测试程序。因为几乎100%的板是用 CAD 设计的，现在使用自学习的动机就很少了。

37.5.2 数据驱动测试

导出程序和（或）夹具数据的首选方法就是数据驱动测试编程（DDP），有时被称为网表测试。数据驱动测试编程的基本思想是，使用指定其用于制造的相同的数据库来测试。换言之，就是最初设计的数据库。夹具和 DDP 的发展可以分为两步：

- 输入 / 提取，准备和处理各种可能的输入源转化为可用于第二阶段的数据格式
- 夹具数据、测试程序、修理文件的输出和后续应用的数据

各种因素，如数据的质量和完整性、可用的数据格式及夹具设计等，可以显著减少或加长软件处理和工程时间。PCB 的技术、大小和复杂性可能会增加需要的时间。而在测试部门，软件工具并不总是最显而易见的工具，其完整性和自动化有助于快速、高效地设定和测试 PCB，而不是很快地构建夹具——即使测试很少的板子。

理想的夹具软件容易接收数据、分析数据，推荐和优化夹具的设计，包括所有的制造细节，为夹具制造、材料要求、特殊程序要求输出必需的计算机数值控制（CNC）文件，以及为测试系统提供适当格式的测试程序。

1. 选择夹具软件

多种类型的测试系统造成了设备的不兼容性，产生了复杂的问题。如果可用的设备包括很多不同类型的设备，测试管理者的任务将变得很困难。除了显而易见的要生产不同类型夹具的问题，管理者还要面对均衡任务负载的困难。在这种情况下，测试管理者可能会被迫选择通用的夹具软件包。软件提供许多配置选项，需要对人员进行额外的操作培训，会增加出错机会。如果测试设备使用通用的夹具类型，就可以规范软件流程（和原始数据）。优化配置可能会锁定到软件，从而最大限度地减少出错机会。

2. 用于夹具和程序的测试数据提取方法

初始阶段包括接收和检查输入的数据，确保它们是有效的格式。随后这些数据会被扫描，以确定测试点应该在板上的哪个位置，以及为确保产品适当的连续性和绝缘，在这些测试点中需要什么测试。

提取过程的目的通常是消除不必要的测试点。根据预定义规则，软件识别每个网络的结束点，在哪些点上测试针可以且应该被放置。例如，一个 T 形网络可能需要 3 个测试点，分别位于 T 形的端点。这对完整的连续性测试提供了足够的产品连接。每个网络最少有一个绝缘测试点，每个网络有两个绝缘测试点会更好，允许测试人员确保这些点与产品正确接触。

以下是一个软件流程的通用描述。在这个软件流程中，CAD 或光绘信息是可用的。

数据定位　在测试中，最难的面通常向下放置。在测试系统的底面管理质量更大、结构更复杂的夹具更容易。这可能需要负像数据。

测试点识别和优化　根据客户偏好，一些测试点可以从程序中删除。图 37.12 显示了一个拥

有中点 B 的网络,B 点就是不需要的测试点。而 A 和 C 都是必要的,
通过测试可以确定这个网络是不是绝缘的,有没有开路。测试点的
优化可以将夹具上的点数减少 10% ~ 50%,这可以减少夹具的成本
和测试所需的时间。

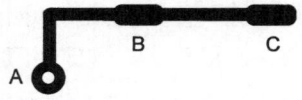

图 37.12　优化网络

虽然优化提供了一些经济的和增加产量的好处,但这有可能被
修理过程和故障覆盖率的影响所抵消。中点可以提供故障数据,帮助修理者查明实际故障点。当
算法中出现缺陷时,操作员删除必要的测试点,可能会增加漏测风险。有时,不实施优化会加
速数据准备和降低漏测的风险,但增加了夹具的成本。

测试针类型的分配　一旦确认了测试点,就可以为测试针分配相应的测试特性。不同类型的
测试针对应不同的图形。例如,通孔可能需要比 SMT 焊盘(在 0.025in 焊盘的中心)更大头的
或更大直径的测试针。软件通常包含测试针类型的相关表格。

测试系统类型的识别　夹具的机械细节必须适应目标测试系统。在通用网格系统中,夹具需
要均匀分配到网格中。显然,夹具必须建立在正确的尺寸和网格密度上,匹配特定的测试系统
使用。图 37.13 显示了 3 个最常见的网格配置。最常见的是单密度(100 点 /in² 或 0.100in 的网格
点),根据产品技术的需求,双密度、四密度系统也已投入使用。

当然,一些系统仍然使用有线夹具,其输出是一系列的钻孔文件、一个接线表和测试程序。
在这里,讨论的焦点放在装有倾斜针转换器的网格系统。

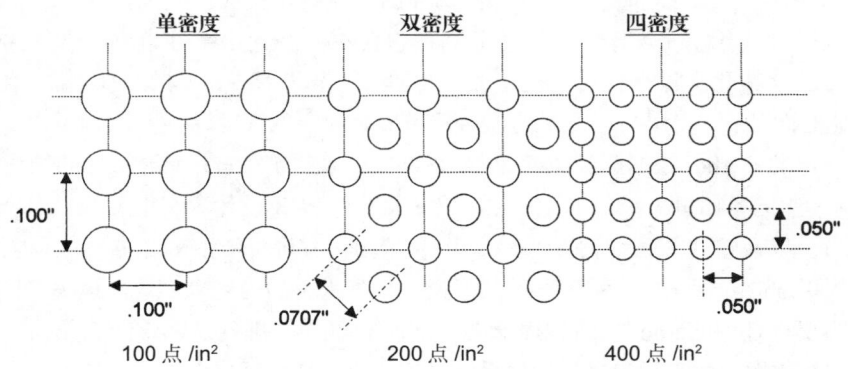

图 37.13　单 / 双 / 四密度通用网格图形

网格测试针映射　夹具软件决定系统网格的位置,这个位置将被映射到之前确定的产品测试
目标的每一个点上。需要考虑的因素如下。

(1)没有两个目标可以分配到相同的网格位置。

(2)由于测试针倾斜穿过夹具(交叉测试针),分配时,不允许测试针互相接触。

(3)夹具板上的钻孔不能破孔相连(在所有夹具板上要有足够的间距)。

(4)分配时,倾斜针不能超出预定的挠曲极限(由夹具和测试针的设计决定)。

(5)对于非常接近的测试点,可能要求错开产品上的目标,
以使测试针分得更开(见图 37.14)。

(6)必须优化测试针的直径,以及与测试针偏斜相关的
孔径和位置。测试针分配的孔径可能是一个近乎垂直的,稍
稍大于其轴直径。这个间隙避免了测试期间的摩擦。其他相

图 37.14　错开测试点

同直径，但高度倾斜的测试针需要略大的孔，以避免绑定。根据测试针的偏斜量，夹具会调整每个孔的大小。这保持了指向精度，也消除了测试针绑定。孔位置也要有轻微的偏移，以补偿测试针指向，并且保证接触点不在孔中心，这样会使得测试夹具更加可靠。

　　测试程序的输出　当所有的探针完全映射到网格位置时，就可以构造和保存测试程序文件。

　　工　具　数据准备的最后一步要求工具与正在处理的作业相结合，包括测试系统的工具和具体夹具设计使用的工具。

　　夹具文件的输出　完成用于夹具钻孔和加工的数控（CNC）文件的创建，并准备测试夹具。

37.5.3　数据格式

　　现代 PCB 设计使用的是 CAD 系统。这些系统输出数据文件，由工厂生成光绘文件、钻孔文件、铣板图形及其他用于制造的工具。几个用于数据输出的标准在这个过程中得以面市，可以提供有用的数据输入到最终的测试过程，但仍未被普遍接受。因此，测试工程师和软件供应商开发了一种新方法，"劫持"和转换光绘数据流，推进具有某些妥协和一定程度不便的测试过程。

1. Gerber 格式数据的提取

　　"劫持"光绘数据到 Gerber 光绘机数据格式是主要的例子。事实上这甚至还发展出了一个新的标准。RS-274X 标准提供一定程度一致性的光绘文件。这个数据流是一系列绘图命令，指挥光绘机绘制 PCB 各层的导电铜图形。图形由选择的"光圈"绘成，光圈定义了不同的笔尖形状和尺寸，细线通过选择小光圈绘制。这些数据都包含在一个大型文件集中，文件集包含每一层的线路图。再结合钻孔文件和孔径，就生成了夹具和测试程序文件需要的信息。但是处理大量数据的过程是必要的：开发层与层之间的连通性和最后确定测试目标。

　　虽然标准化的 Gerber 数据已经改善，如 RS-274X，它仍然是一个最初目的为光绘优化的数据格式，而不是用于测试的格式。CAD 系统开发人员和 PCB 设计者有很大的自由度，可以决定如何设计图形，以及这些图形如何在 Gerber 中表示。长方形可能由闪光方形图形创建，也可能由精心设计的更细的光圈螺旋、锯齿形的图形或一系列重叠的闪光来创建。这种多样性有时会导致错误，因为要求任何 Gerber 提取程序能够处理所有可能的排列是困难的。作为最终产品上完整的正方形铜导体图形的不同定义，软件系统必须能成功地解释这些例子（和许多其他的例子）。一些方法会导致文件巨大。

　　尽管存在这些问题，但这种方法比自学习、数字化、钻孔文件提取，以及仍在普遍使用的各种各样的软件包都要优越得多。从这种格式开始的数据需求包括：

- 每层、阻焊层等的光绘文件
- 丝印字符（计算机辅助修理所需的）的光绘文件
- 光圈文件
- 钻孔文件
- 板子轮廓

2. CAD/CAM 数据的提取

　　对于光绘文件提取中存在的固有问题，系统供应商同意增加提供以测试为目的的输出格式的支持，特别是 IPC-D-356 和 356A。这些格式提供更容易消化的数据格式，在处理数据时消除了大部分歧义。这些格式包括下列数据：

- 信号 ID、网络名称和（或）网络号
- 板上相关元件的参照指示符或引线数（如 U14、12、R11）
- 焊盘中心的 X-Y 坐标（如果是分组连接，需要最小数据集）
- 相对于中心的焊盘尺寸、孔的尺寸（如果有）
- 电阻或其他的元件值（如果合适且不是常见）
- 板面（顶面或底面）
- 网络中点标志，可能是不需要的测试点

通常，这个数据集要转换成标准格式，如 IPC-D-356 格式是通过一个中间转化器从 CAD/CAM 系统内部数据的格式转换而成的。软件转换器虽然简单，但通常是为每个单独的 CAD 系统定制的。由于 CAD 系统软件更新或新产品推出，CAD 供应商可能会做出任何形式的输出变化时，转换器必须跟随其更新或修改。独立 PCB 制造商需要的转换器的数量可能非常大，因为数据可能来自许多不同的 CAD 系统类型。幸运的是，许多 CAD 供应商都直接提供 IPC-D-356 数据格式的输出，或者可以随时提供转换器。目前这些标准是如此被接受，以致于许多情况下，甚至 Gerber 输入数据在最后处理之前都要转化为 IPC-D-356 格式。

37.5.4 提取数据的输出

一旦执行了所有的准备步骤和过程，就有几个通过夹具软件产生的输出。

测试文件 数据驱动测试程序被输出为兼容测试系统类型的格式。这个文件包含了测试系统预期的测量值，以及通过／失败的标准。一些测试系统格式允许数据驱动测试程序支持图形表示的夹具和（或）PCB 显示在测试系统监控器上，提供包括测试程序文件在内的足够的数据。

夹具制造文件 可能是最重要的输出——钻孔文件，夹具设计中每个夹具板需要的——开始构建夹具时需要的钻孔（对于有线夹具，还需要一个接线表）。

修理／验证文件 也可以输出支持修理或验证功能的文件。这些涉及板子的图形图像，用于在程序中指定测试点位置。准备工作经常依赖于软件系统中的输入数据流。扩展到 IPC 数据格式是期望更好地支持修理功能，而不是求助于光绘数据。在测试程序文件中，一些测试系统可能携带导体图像信息，这是为了支持测试系统的增强调试。

37.5.5 设置夹具

随着夹具组装和 CAD 数据程序的准备，下一个步骤是在测试系统上安装夹具，以及验证夹具和程序。细节随着使用的夹具和系统而变化，但一般采取下列步骤。

（1）程序数据从磁盘或网络被加载到测试机。

（2）为连续性和绝缘性测试设置所需的阈值。

（3）在测试系统上，根据夹具类型设置压缩以调整到合适的值。在某些情况下，这些值可能已经包含在测试程序文件中。

（4）新的（或义务召回的）夹具被压缩到与正在测试的板子厚度类似的非导体材料板上。

（5）执行测试程序的所有分解动作，验证夹具不包含任何内部短路。

（6）夹具再次用替代产品的导电板进行压缩，有意将所有夹具测试点短路到一起。通常，这个导电板是简单的 FR-4 覆铜板。铜的氧化可能不利于可靠接触，所以有时需要新的铝箔包装或使用闪镀金层。在这一步，测试程序的所有可能短路都验证了，所有预期的测试点是通过夹具连接到短路板的。目的是验证测试点的数量是正确的,而且在多次压缩或关闭下,所有的点都存在并与短路板保持接触。

（7）假设精确对准和清洁度良好,产品可以被最后的测试程序测试。如果某些错误在所有板上重复,那就应该怀疑夹具中的某个测试针安装错误或有其他夹具错误,需要进一步调查确认。

刚才描述的基本技术适用于所有夹具类型,无论是倾斜针夹具、接线的专用夹具或其他特殊的类型。

无论是在设置还是在操作期间,都不要低估从产品和夹具中去除灰尘和碎片的作用。现代产品对于碎片是不能容忍的,它会直接导致错误的开路报告。黏辊式清洁系统有助于从测试装置、系统网格和产品本身定期清除杂物。在测试系统附近,要按照设备制造商关于静电放电（ESD）安全的建议,使用清洁材料。

调整夹具的压缩也很重要,尤其是在压力类型系统中,这种系统的压缩量是可控的（在真空夹具中,各种夹具板子的尺寸和元件通常固定了压缩量）。低的压缩通常会导致接触不良和假开路的结果。过度压缩会导致探针在产品上产生过度的印记、探针损坏和夹具损坏。

不幸的是,过度压缩是一个非常常见的问题,产品因测试针过度压缩的印记而损伤。当遇到接触问题时,似乎只需要直观地用力压缩,这通常是采取的第一步措施。但在弹簧探针的夹具中,实际力的变化非常小,因为它传播得比较远;直到弹簧探针触底——而在那个点就几乎是立即开始破坏产品。在网格系统中,当压缩 0.167in 时,一个典型的弹簧探针力大约为 139gf（2/3 行程）。在零行程（不压缩）时,弹簧内已经加载大约 55gf。力以 503gf/in 的弹簧刚度增加。就在触底前,弹簧力的峰值约为 180gf。因此,在发生严重的探针触底危险之前,只能增加适当的力。具体细节要咨询弹簧探针制造商,大多数弹簧探针在大约全部行程的 2/3 时功能良好。如果接触问题仍然存在于这个压缩的级别,就要将进一步压缩调整作为最后的手段并查看其他地方。通常,你永远不应该使探针触底（一些旧的真空夹具探针是显著的例外）。

37.6 组合测试方法

随着产品密度和几何形状变得更具挑战性,夹具结构的成本增加了。在大多数情况下,最具挑战性的测试点只存在于产品的少数区域。可以结合测试技术来测试产品,用比较便宜的方法测试产品的主要图形,而更高级的和昂贵的技术应该留给最具挑战性的测试点。

37.6.1 分割网络测试

这也许是顺序测试或组合测试的最古老、最原始的例子。当产品复杂性超过测试夹具的设计能力时,可以将测试分在多个夹具中完成。前面描述过的双面访问的翻转测试方法就是其中的一例。更常见的情况是,测试部门有双面访问设备,但测试点密度超过了夹具或（和）测试系统的能力。

一个办法是分隔测试,使用分开的连续性和绝缘测试夹具。例如,一个夹具可以被限制在每个网络的两个测试点。这两个点用于检查互相之间的连续性（在夹具上验证有没有开路的测试针）,然后实施 100% 的绝缘测试。第二个夹具用于连续性测试。在非常困难的情况下,可以使用多个夹具。

在这个例子中,对 PCB 的操作是复杂的。通过第一夹具测试的 PCB 必须堆放起来,准备在第二个夹具上测试。但经第一个夹具测试不合格的 PCB 必须贴上不合格，在很多情况下必须修理和重新测试，和被送往第二个夹具的 PCB 一起测试。这样，避免与任何从第二个夹具中出来的不合格 PCB 混淆，因为后者已经完成了第一阶段的测试。

由于有两种不同的测试系统 / 设备设置，除非有连续的板的流动，否则这两个设备必须从测试系统装载 / 卸载好几次。

37.6.2 人工组合的方法

可以通过使用一个测试夹具对大多数普通测试点进行测试来减小测试负担，紧随其后的是用飞针测试系统对产品中严格限制的部分进行测试。没有特殊的软件，就像在分割网络案例中的情况一样。但是，在两个使用网络资源的测试系统间自动处理数据是可能的，这样能同时从两个测试中得到错误标志。所有板子流过两个测试系统，任何拒收都流去修理。这个流程类似于普通的测试，可以减少混乱。这种组合的一个额外优点是，飞针测试机不仅可以测试那些你希望避免夹具测试的点，也可以重新测试通用网格中提到的任何错误。这可以消除大部分因为卡针和污染引起的假开路的报告，提高总的一次通过率。

37.6.3 电刷式扫描测试机与飞针测试机的组合测试

电刷式扫描测试机与飞针测试机的原理一致，连续性测试电阻阈值、绝缘性测试电阻阈值以及测试电压等测试参数也一致，通过扫描探针接触到被测试板面后反馈信号到探针模组感应电容。扫描速度约为 1in/s，探针裸露长度约为 8mm，每根探针直径为 0.1mm，间隔为 0.12mm。探针的弯曲或者连接不会造成漏测，但会影响通过率。最后由飞针测试机检修站复测未通过部分。电刷式扫描测试机可以组合配套自身检修站的飞针测试设备，也可以连线配套其他品牌设备的飞针测试设备，但需要分析不同厂家的系统格式并做好数据转换。通常，测试点较多的小批量产品比较适合使用这种组合测试方法，综合测试速度可以提高 2~7 倍。电刷式扫描测试机如图 37.15 所示。

图 37.15 电刷式扫描测试机
（来源：深圳市维圳泰科技有限公司）

电刷式扫描测试机与飞针测试机的组合测试的基本流程如下：先通过测试软件生成飞针测试文件，同时传递给飞针测试机和电刷式扫描测试机；飞针测试机和电刷式扫描测试机学习好板；然后由电刷式扫描测试机对 PCB 进行双面扫描测试，将错误（复检）信息和产生的二维码输出给飞针测试机，由飞针测试机对错误（复检）信息进行判定。

第38章
裸板测试设备

David J.Wilkie
美国加利福尼亚州波莫纳，艾福尔查理测试机械有限公司

汪立森　李建伟　编译
南京协辰电子科技有限公司

38.1　引　言

　　大批量的 PCB 裸板是在针床夹具系统上进行测试的，对于小批量的或者特殊用途的 PCB 裸板，利用飞针测试系统可能是一个合适的选择。一般来说，使用者应基于测试目的和数量来做出最有效的选择。

38.2　针床夹具系统

　　每个专用的和硬连线的针床夹具测试系统均有标准化的测试接口，其中包括通用的连续网格点（针床）或某种类型的连接器。在最早的测试系统中，仅仅是一个简单的电缆连接器。每种类型的设备均采用一个或多个特制的测试夹具连接至标准化的测试接口，从而可以测量一些具有特殊接口的产品。

　　每个针床夹具系统均包含一个测量单元，它可经由一个固态开关矩阵连接到成千上万个测试点，通过中央计算机控制测量单元或开关矩阵。此外，中央控制系统还控制着针床压力机构（或真空机构），它可以通过定制的测试夹具上的弹簧将探针压接到测试点，对待测产品进行测试。

　　现在我们可以想象一下该系统的操作流程：首先把测量单元看作欧姆表，计算机命令开关矩阵连接欧姆表的红表笔到测试点，如测试点 17，然后连接欧姆表的黑表笔到测试点，如测试点 1027，该测量系统可以测得在测试点 17 和 1027 之间的电阻值。程序可以执行一系列上述类型的事先编排好的测试过程，以完成对整个产品的测试。该系统使用的是先进电子设备，可以高速切换和测量，从而可以在几秒钟内完成复杂的 PCB 裸板的电阻测试。

38.3　专用的（硬连线的）夹具系统

　　早先最为流行的专用测试系统逐渐被成本更低、更精确的夹具方法所代替。所谓"专用的"，是指很难从这些固定夹具中拆卸更多的材料重复用于其他夹具，导致夹具的成本高企，主要原因是原始结构中包含的劳动力和材料成本较高。

1. 专用夹具系统的优势

这类系统的主要优势是，夹具上布设的每个测试点都有软线连接，它可以把任何测试点安放在任何位置。如果 PCB 裸板需要测试 8000 个点，那么在测试系统中就不需要设计更多的测试点，因为测试点的利用率可以达到 100%。而通用网格上的测试点只能从原始位置移动很小的距离，在这种情况下，通用网格系统就必须备有足够的测试点且要以一定的密度覆盖整个产品的表面，因为任何给定的夹具通常只会使用到其中一部分测试点。因此，一个专用系统的设备成本可能会低一些，但持续的夹具成本可能会更高。专用夹具系统一般不会测试超过 10000 个的点，故通常设计的测试点数不会超过这个数字。专用夹具测试系统如图 38.1 所示。

图 38.1 专用夹具测试机
（来源：南京协辰电子科技有限公司）

2. 专用夹具的构建

此类系统的测试夹具通常为刚性盒结构，一面用于接触 PCB 裸板，另一面连接至测试系统接口。对着 PCB 裸板的面是探针面板，它由绝缘材料通过钻孔并安装一系列的弹簧探针构成，从而可与 PCB 裸板进行电气接触。这些针的背面通过导体连接到盒内，在其内部连接至测试夹具的另一面。

测试夹具的制造工艺包括以下几个步骤：通常的数据处理、弹簧探针类型的选择、探针面板钻孔、弹簧探针的安装、界面板钻孔、匹配连接或连接器系统的安装。弹簧探针尖端具有不同的类型，根据 PCB 裸板上的焊盘和导通孔的直径选择（见图 38.2）。

通常情况下，探针板实际上有一个可供更换弹簧探针插入的凹槽或插座。插座的下端能够伸进插座盒，且在尾部带有接线，每个插座尾部必须与夹具的底部通过独立系统接口相连接。

一般来说，要将产品压紧至夹具的弹簧探针上，可通过电动驱动器、空气气缸或真空压缩系统来完成（见图 38.3）。其中，真空压缩所需的系统成本最低，但这种

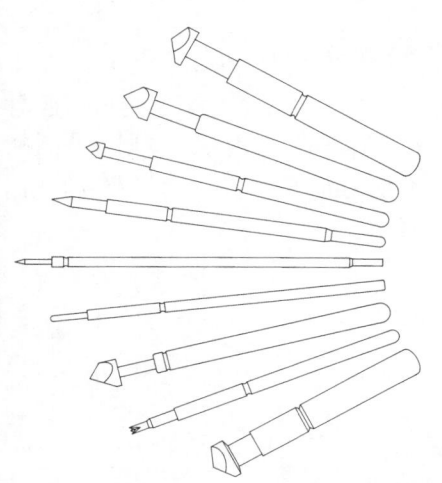

图 38.2 各种各样的弹簧探针和插座
（来源：艾福尔查理测试机械有限公司）

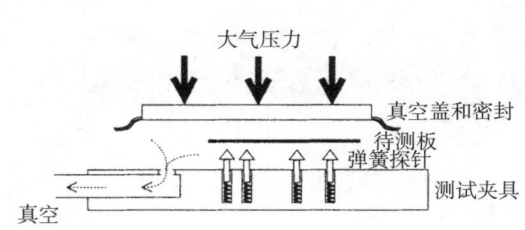

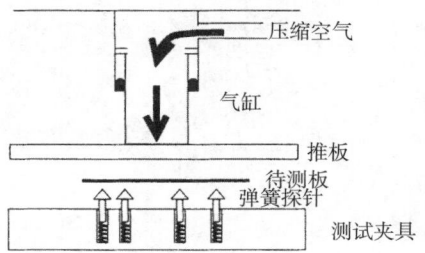

图 38.3 真空与气动压紧

方法所需夹具费用较高，且能使用的探针数量也有一定的限制。

目前，可用的夹具接口有很多不同的类型，其中一些是作为小规模使用的网格模式而产生的。一些非常简单的测试系统采用大量扁平状（或其他）电缆连接器连接至夹具，匹配有线夹具的连接可能会较为烦琐（因为有大量的电缆），连接至某个类型夹具所需的时间是几天还是几周取决于待测板的测试点数量。

图 38.4　飞针测试机
（来源：南京协辰电子科技有限公司）

38.4　飞针测试系统

小批量和特殊的板子一般在飞针测试系统上进行测试。飞针测试系统具有可以移动的探针，它在 PCB 裸板上不同的测试点位置上移动，从而完成一系列连续性测试。与其他测试系统相比，该系统具有的极大优势是不需要准备夹具（但需要准备测试程序对 PCB 裸板的数据进行处理）。此外，它的探针机械位置精度极高，一般超过针床夹具系统的精度。它的主要缺点是测试产能较低，因为在测量过程中需要不断地移动探针进行机械定位。飞针测试机如图 38.4 所示。

38.5　通用网格测试系统

最灵活和广泛使用的电气测试解决方案是使用通用网格测试系统（见图 38.5），目前大多数系统均含有上下网格，可同时对表面贴装类型的产品进行双面检测。网格系统具有非常快的测试速度，同时由于测试时所用的许多夹具元件可重复利用，因此其测试夹具的成本适中。

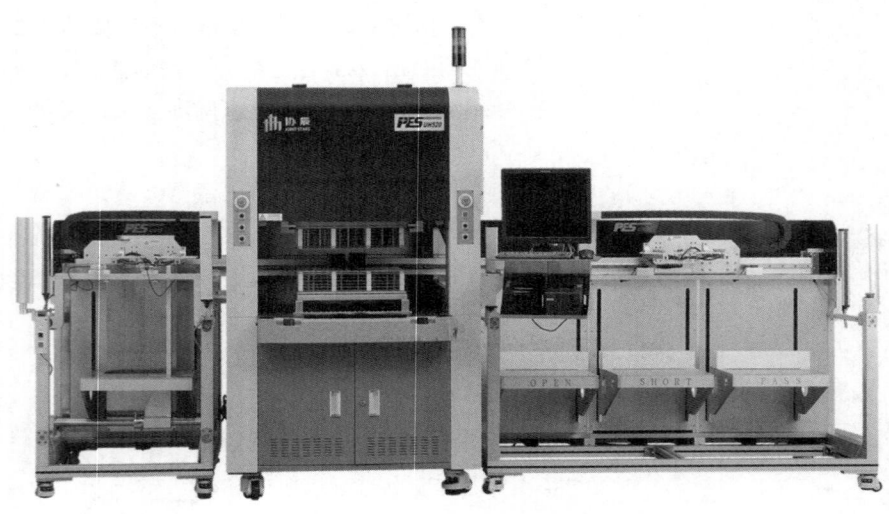

图 38.5　全自动通用网格测试机
（来源：南京协辰电子科技有限公司）

38.5.1 系统设计

通用网格测试系统提供了一种等间距测试点的矩形阵列，通常足以覆盖测试面积最大的待测 PCB 裸板（见图 38.6）。在此系统中，经常提及的是测试点的密度。

一般来说，单密度系统的测试点间距为 0.100in，即每平方英寸内有 100 个测试点。双密度系统测试点间距为 0.0707in，即每平方英寸内有 200 个测试点。四密度系统的间距为 0.050in，即每平方英寸有 400 个测试点。由于网格系统的成本很大程度上取决于测试点的数量，系统的尺寸越大和（或）测试点密度越高，则成本越高。按目前的网格设计水平，网格测试系统可以通过添加电子模块进行升级。而在网格和电子线路之间使用引线的旧设备，升级则可能不太实用。

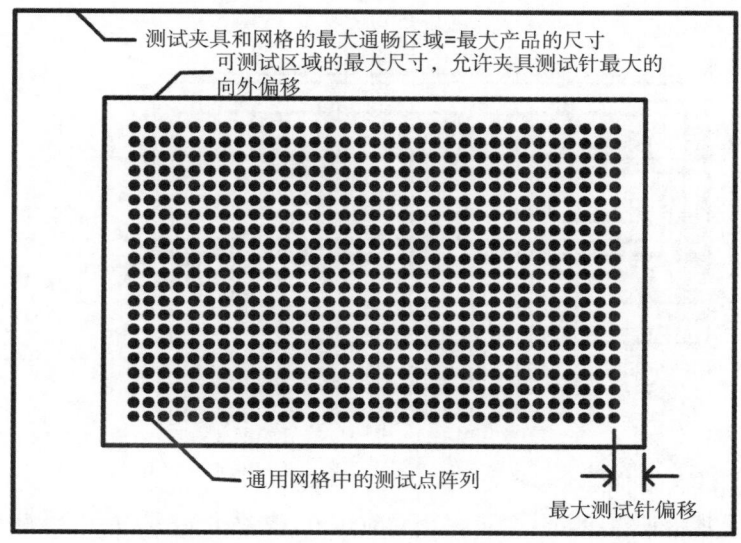

图 38.6 通用网格可测试的区域

38.5.2 绝缘隔膜夹具

有些应用的测试点间距与网格图案完全匹配。在这种情况下，可能只需采用一种非常简单的夹具——绝缘隔膜。它由很薄的玻璃环氧树脂板构成，厚度大约为 0.030in，在需要测试探针穿过网格接触产品的地方钻孔。绝缘隔膜（见图 38.7）可防止未使用的网格探针不必要地接触产品，因此可以防止不必要的接触在产品上留下针痕。当网格系统使用尖头或凿尖探针时，必须使用绝缘隔膜。不过，很少有待测品的测试是这么简单的。

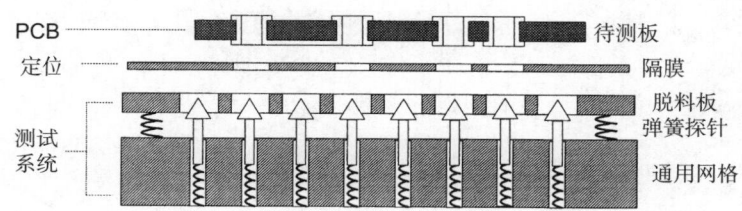

图 38.7 绝缘隔膜夹具

38.5.3 探针转换夹具

目前大多数成品 PCB 裸板均采用带有探针转换夹具的网格系统进行测试。通常，这种夹具采用实用的软件系统，可以快速设计和生产；夹具中最昂贵的元件（接触探针和板间隔件）可以多次使用，这些夹具也被称为倾斜探针夹具或网格夹具。网格夹具和相关的软件一直是电气测试中发展最快的。由于特定的制造工艺会不断地改进，故这里仅讨论有关测试密度等关键问题。

　　在一个倾斜探针夹具中，刚性探针具有双重作用，既在网格测试点和 PCB 裸板之间提供电气接触，同时又在水平方向（X 和 Y 轴）小距离移动网格测试点，使得探针能准确地接触目标产品的表面。由于目标产品不可能刚好位于网格测试点范围内，因此这些针通常有点偏斜，偏斜或位移的量随其需要的 X-Y 数值改变。这些探针通常固定在质量较小的塑料盘上，每个板上独立的孔洞位置可以维持探针所需的斜度和间距（见图 38.8）。这些探针有很多种类型，如倾斜探针、转换探针和夹具探针。

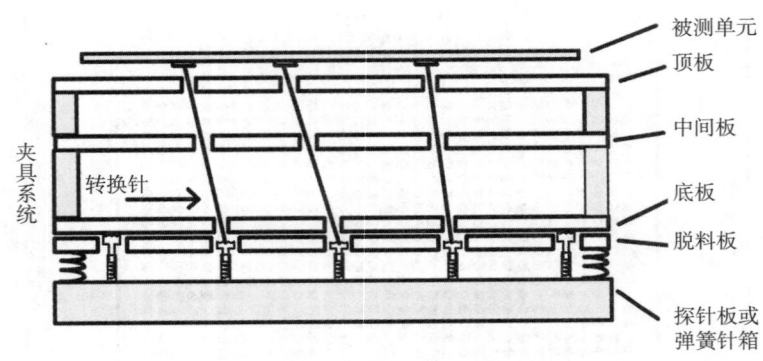

图 38.8　单面多平板倾斜针转换夹具

　　为了使网格测试点能准确地对产品上的目标位置进行测试，在放置产品时，如果使用了足够的中间导向板，就能够使每个转换针进入正确的孔洞。因为足够多的中间导向板可以为每根探针建立一个虚拟通道，来确定钻孔的几何形状，此时探针不可能落入不正确的孔内。当探针的倾斜度增大时，需要更多的导向板。数据提取和夹具软件的一个关键功能是计算板的数量和位置、钻孔位置。

1. 探　针

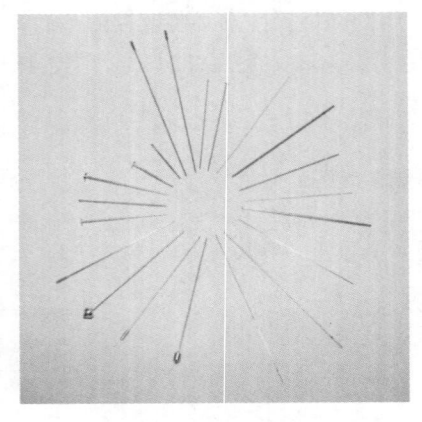

图 38.9　转换探针的示例
（来源：Giese International）

　　如图 38.9 所示，不同应用和不同系统类型中有各种类型的探针，它们在长度、尖端样式、材料、成本和厚度等方面各不相同。对于一个给定倾斜角的探针，更长的探针通常能够在更大的水平距离转换测试点（大针替换）。各种形状的大头探针对于探测大直径的孔十分有用。凿子形状的探针可以克服产品表面氧化，但在小间距的测试中可能不适用。目前，绝大多数探针是长度为 2.5 ~ 3.75in 的无头钢丝针。探测大直径的通孔时，通常的做法是探测该孔周围的边缘，而不是选用一个特殊的匹配针头，以免增加额外的费用。

2. 网格夹具的探针位移能力

　　探针位移能力是衡量夹具针组合设计的一个重要性能，具有更大位移能力的探针在分配测试点时提供了更大的自由度，有助于在给定密度的测试系统上提高装配复杂夹具的能力。根据经验数据，任意固定最大倾斜角为 10°，可以从图 38.10 中看到，探针越长，从网格位置到产品目标位置的探针位移越大。可以达到的最大探针位移，实际上不仅是探针的长度，而且是夹具的设计和可以容忍的最大合成倾斜角的函数。夹具软件通常试图最小化设计探针的最大倾斜角，这会减少要求的导向板的数量及最大限度地减少板中要求的不同尺寸的孔的数量，并有利于减少碰擦和别针。尽管如此，一个允许最大倾斜能力的设计，会最终在分配测试点上提供最大的灵活性，并且在给定密度的网格上允许测试更密集的产品。

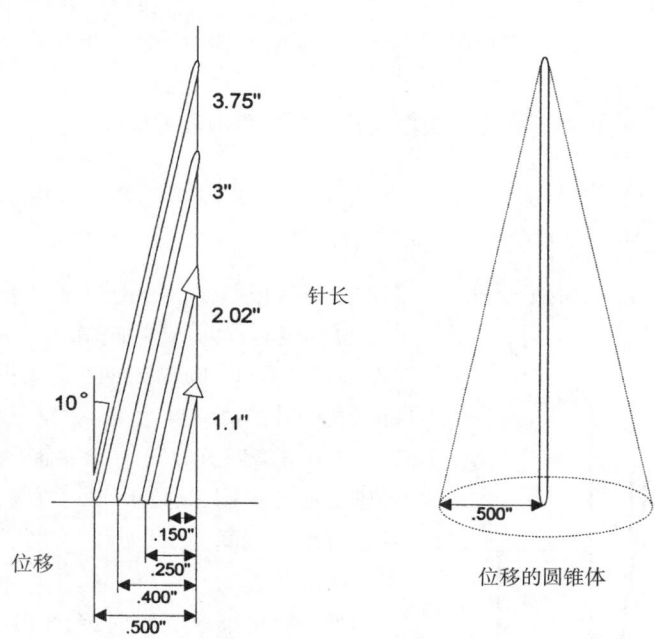

图 38.10　探针位移与针长近似的函数关系

3. 别针现象和碰擦

　　如上所述，网格夹具的探针必须倾斜一定的角度来连接网格，以对准产品的目标位置。因此，板厚、孔径和位移角之间的关系至关重要。如果板与针靠得太近，则会导致别针和碰擦。如果探针在网格夹具中被别住而被拉高，它将无法接触到 PCB 裸板的测试点（见图 38.11）。

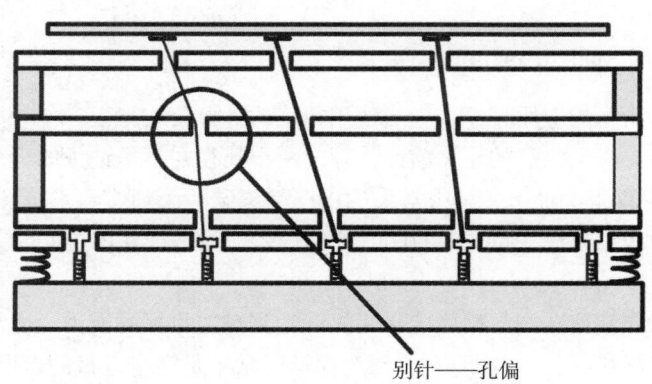

图 38.11　多平板倾斜针夹具中别针现象

在通用网格系统中，弹簧探针的弹力在向下按倾斜针时对测试点提供了一定的压力。压力在倾斜针运动过程中，每一点碰擦都会消耗掉一些，当碰擦很多时，不仅有可能导致针无法接触到测试点，而且当针在较高的地方（相对于产品表面）被卡住而失去弹性时，被测板可能会以不适当的力将其推回到夹具中，从而造成被测板表面额外的针痕。当孔径对于针的倾斜度太小时，可能在单个板中引起别针现象，如果板与板间连续偏移，会导致该现象在板间形成，探针蜿蜒穿过各种板时会弯曲。如果板间距离相比设计值不正确时，也会导致别针现象。

4. 倾斜针夹具的计算

虽然现代化的夹具结构设计软件能够自动执行所有必要的计算，但理解其基本的设计过程还是很有用的。

最小孔径的计算　孔位移、孔径、板厚、孔径是三角函数关系：

$$A = \sin^{-1}(PD / PL) \tag{38.1}$$

$$HS_{min} = (SD/\cos A) + (PT \times \tan A) + HT$$

其中：HS_{min} 是特定夹具板中的最小孔尺寸；PT 是夹具板厚度；SD 是针通过板时的轴直径；PL 是针总长度；PD 是相对于针头位置，针尾的水平位移距离；A 是针的倾斜角以垂直方式表示的度数（即垂直针有 0° 倾斜）；HT 是最小可接受的公差，以确保孔中针的滑动自由。

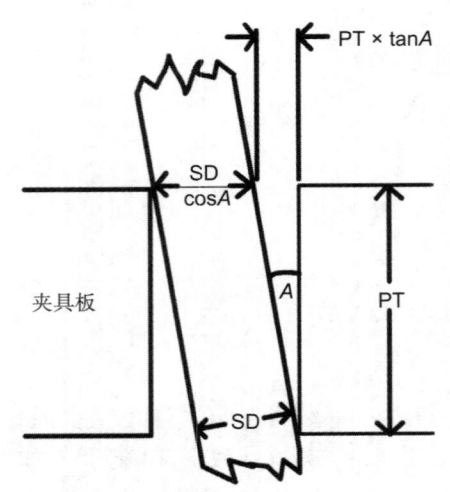

图 38.12　倾斜探针夹具的孔径计算示意图

式中的第 1 项源于在水平面的针斜度上有效增加的轴直径（见图 38.12），第 2 项源于探针穿过板时探针轨迹中心线间的水平距离，第 3 项提供一个最小间隙（如前所述）。

当倾斜角小于 15° 时，余弦值接近 1（超过 0.96），在近似计算时可以忽略（对于一个直径 20mil 的针，倾斜针有效轴直径小于 0.7mil）。同样，对于相同的小角，切线的计算可以简化为 $\tan A \approx PD/PL$。当板厚增大时，误差增大。对于 0.1in 厚的板，15° 倾斜角时的误差将小于 1mil 的孔径。

通过上述简化计算，对于低倾斜角度和薄板，公式可以简化为式（38.2），这将增加额外的 1~2mil 间隙。

$$HS_{min} \approx SD + [PT \times (PD/PL)] + HT \tag{38.2}$$

当然，对于最高精度的应用程序，应当使用精确的计算公式。

钻头尺寸的选择　应当注意的是，前面计算的最小孔径并不是钻头的理想直径，网格夹具中最常用的材料是聚碳酸酯。对于夹具中常用的板厚，聚碳酸酯通常会形成比钻头尺寸小 0.001in 左右的孔，因此，对于公差图中的 HT，0.001in 的偏差应当考虑在内，此时方能精确地进行钻头直径的选择。

探针的倾斜和指向精度　指向精度定义为探针达到预定目标的能力，通常可用径向尺寸进行描述（预定目标到实际接触位置的距离）。因为探针通常不是完全垂直的，根据使用探针的类型，有几种可能的误差来源。这主要取决于探针的类型。对于老式的针头类型，针头固定在夹具的顶板上面；而现代的针头经过了无头化处理，当针与产品接触时，针尖端通常与顶板的上表面齐平。当针尖端部分超过顶板表面很少（几乎为零）时，在 X-Y 坐标中，其顶端位置被顶板的孔很好地控制。出于这个原因，当产品和设备被压紧时，大多数现代化的夹具设计都可以使探针尖端与顶板相齐平。

当压缩释放时，针保持大约齐平也是可取的。如图 38.13 所示，如果针尖部分超过顶板表面，则尖端会超出 X-Y 的坐标位置。当产品被放在这样的针上时，尖端最初接触的是一个不正确的目标位置。在压紧过程中，当针缩进到齐平位置时，针必须拖过产品表面。这样的弹簧机构，在一系列使用网格弹簧探针上的夹具和探针中普遍采用。夹具可以停放在超过弹簧针的网格的弹簧脱料板上，或者夹具本身在下表面带有弹簧脚。在一些设计中，夹具本身就是可压缩的。

在一些夹具设计中，会使用弯曲的或弧形的测试针。在这种情况下，针由于使用另外的夹具板而弯曲，穿过顶板时针尖端垂直于测试焊盘。这使得顶板的孔保持在产品上并且镜像被测板，从而可以消除对针尖角度接触的担心。这种夹具最常见的例子为弹簧箱，在压紧过程中，设备整体的厚度减小了，可以省去弹簧脚或脱料板。但在每次压紧时，作为整个阵列的测试针，必须弯曲和变形，这会引起复杂的碰擦和别针现象。接触可靠性、产品标识、针装载的难易程度都是必须面对的问题。

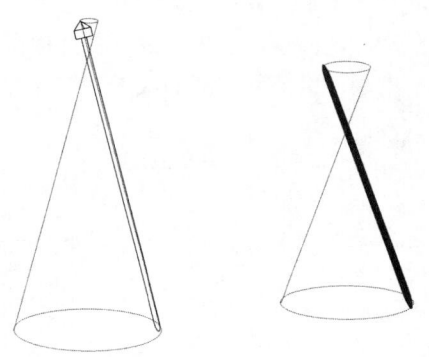

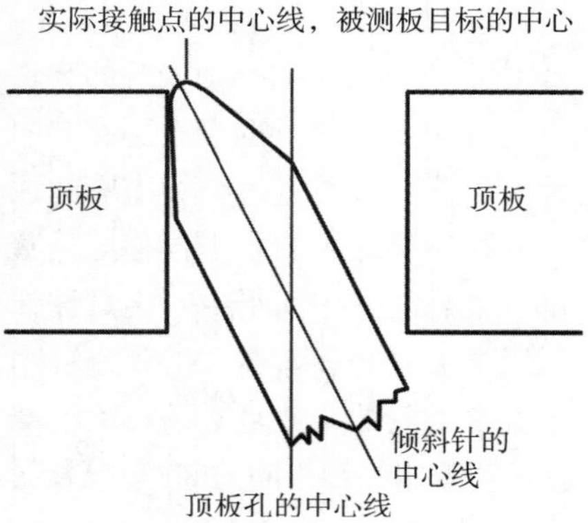

图 38.13　指向精度

偏移误差补偿　图 38.14 描述了探针停留在顶板的偏差和探针击中焊盘或目标中心的能力。正如前面所述，孔径必须足够大，从而使得针在没有约束力的情况下以其偏转角穿过孔。产品上部对探针的垂直作用力，会将针压向孔的一侧（奇特的效果是，弯曲针比垂直针更能显示出一致性的目标性能）。弯曲针的中心线从孔的中心大幅转向（注意图中的偏移）。最后，针尖不是无限锋利的，大多数针的锥形尖端都具有一定的半径。因此，图中产品不会与针的中心线相接触，而是与针尖端半径的最高点、稍微向右的中心线接触。因此，理论接触点既不会在针的中心线上，也不会在孔的中心线上。探测目标只有几密耳宽，而探针具有

实际接触点的中心线，被测板目标的中心

顶板　顶板

倾斜针的中心线

顶板孔的中心线

图 38.14　针尖偏移误差

一致的尖端几何结构，软件能仔细计算出其实际接触点位置。

关于顶板的埋头孔　前面讨论的计算和注意事项表明，板越厚、针倾斜度越大，但要预防别针，厚板上的高度倾斜针需要超大的孔。从相当于倾斜针角度的视角来观察孔，孔看起来是椭圆形的，其窄轴方向比钻头直径短很多，此时针沿椭圆的长轴方向可以更自由地运动，而这种运动会导致测试小间距产品时产生问题。一个更好的解决方案是在设备平台上部使用非常薄的板，用大号厚板来支撑。或者，板可以钻埋头孔，其效果是一样的，如图 38.15 所示。

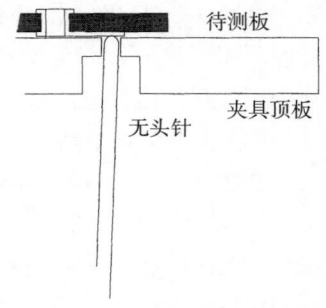

待测板

夹具顶板

无头针

图 38.15　顶板通过钻埋头孔来避免别针或超大孔

5. 固定夹具探针

使用时有必要将探针固定在转换夹具上，以避免探针在常规使用和操作中别针从夹具中脱落。老式的带头针常常在单面夹具中使用，而超大尺寸头部突出的针高于夹具顶板，因此使用时针不会从夹具底部脱落（如果一不小心翻倒设备，它们很容易掉落）。早期的顶边夹具通过在夹具上半部采用类似的方法，在夹具上使用一个超大的"尾巴"。但是，针的头部过大对于小节距产品的测试不适用，故这种针用得越来越少。

因此，要使用薄的或无头钢丝针，需要发明新的探针固定方法（见图38.16）。

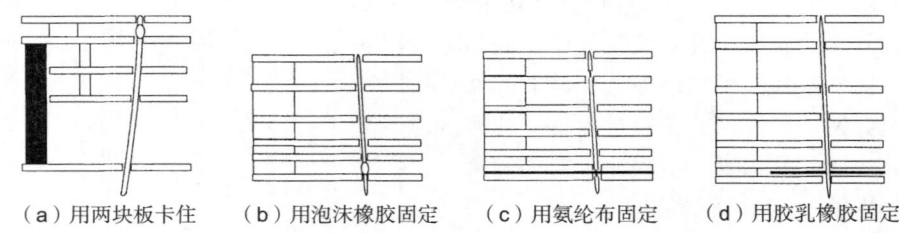

|（a）用两块板卡住|（b）用泡沫橡胶固定|（c）用氨纶布固定|（d）用胶乳橡胶固定|

图38.16 可选的固定针的方法

6. 夹具设计实例

虽然目前已有许多种夹具组合技术，但对几种常见的应用进行相应的比较还是很有意义的。这里不对老式有头的刚性针进行实质性讨论，因为它已经基本不使用了。目前的大多数夹具都采用无头针，在弹簧探针没有触底时，针可压缩到与夹具齐平，这样接触力完全由弹簧控制（避免碰擦或别针的影响）。

图38.16（a）为常见的使用3.75in钢丝弯曲针的示意图，其上、下夹具板被一个安装的弹簧分开，驱动时整个夹具压紧，探针垂直击中预定目标。因为它们在到达产品表面时会在垂直方向弯曲，这个增加的额外压力加深了焊盘针痕。考虑到所有的针有可能垂直通过一个相当厚的顶板，所以顶板的孔径可以收小，以提高指向精度。对于给定的针长度，最大的水平位移比垂直针设计更加有限，因为所有的位移必须发生在针长度的较低部分。悬挂的中间平台对夹具设计的扭转稳定性没有任何作用，只会在压紧中增加扭曲，针在压紧的夹具表面弯曲和滑动过程中会增加别针的机会。通常使用的针在上部两个板块之间有一个扁平的卷曲，并且必须移除上部平板来加载或检修，因此针的装载很困难，且增加卷曲区域的直径会限制探针之间的间距。最后，非常细的针不能卷曲，因为它们会过度削弱针的性能。

与图38.16（a）相比，图38.16（b）提出了一个重要的改进，即其中的针不弯曲。有时可使用短针（3in），它与图38.16（a）有着几乎相同的水平位移。消除针的弯曲可大大降低别针的可能性。如前所述，保持压力、重新定位夹具的底部可使针有更大的间隔，针从底部装入，同时下板被移除，这种设计仍然需要进行板的拆卸工作，但由于孔的尺寸较大，板的底部较容易重新安装。为了承载弹簧，夹具通常是刚性的，这样可以在压紧时减小摩擦效应。

图38.16（a）和图38.16（b）所示的夹具，使用泡沫橡胶来固定探针，这样可消除针的卷曲。泡沫橡胶夹在两个低的平板中，在加载过程中，针会穿过泡沫橡胶，此时摩擦力使其处于正确的位置。此法的优势是单个探针不用拆卸设备便可以更换。但是许多针放置在一起的高密度区域会压缩泡沫橡胶，当泡沫橡胶受到压缩时，它会紧紧卡住相邻的针，从而导致一组针变成一个整体，在移动时受阻，由此产生的针约束力会导致接触可靠性和针痕问题。同时泡沫橡胶往往随时间

和（或）频繁使用而老化，随着使用次数的增加，设备会逐渐变得难以操作。

图 38.16（c）采用一种很薄的开孔聚酯薄膜与特殊针头结合的技术，聚酯薄膜夹在标准的聚碳酸酯板之间，使用的针为 3in 长的直边钢丝线，磨削后针头部分区域（约 0.2in）的直径减小，而聚酯薄膜上钻有直径略小于原始针直径的孔，针插入时被迫穿过这个尺寸较小的孔，有大约 0.2in 的自由空间，针只在这个区域能够很自如地上下移动。夹具中聚酯薄膜的高度应与针减少直径的那部分匹配，这样针能够从它的标称位置自由地上下移动很短的距离，而避免从夹具中脱落。在针两端磨削作用区域进行特殊处理，可使针的两头匀称，安装时不用考虑方向。这种针一般具有低摩擦力和良好接触，但仍有以下问题：聚酯薄膜很薄且非常脆，当取出或重新插入一根针时，这个孔通常会产生裂缝，而受损的孔将无法再固定针，而换一块新的聚酯薄膜需要卸载所有针，并移动一个或多个板；此外，这种针十分昂贵，因为磨削操作对针的要求很高，要对针的下半部分进行打磨，以限制针的最小直径，以避免针在狭窄的部分变得极其脆弱。随着被测板测试点间距和密度的逐渐提高，这些问题变成了这种方法的限制性因素。

图 38.16（d）为最近开发的夹具中使用的技术，这些夹具包括非定向、无特征的探针设计，通常针长为 3.75in。一个重要的特征是，其仍然使用钻孔的橡胶或未钻孔的氨纶布，钻孔的橡胶不是被夹住，而是漂浮在两个板块之间，达到 0.1in 左右。钻孔逐渐趋向于在橡胶中切开或撕裂狭缝，而不是切割圆孔。安装好针后，针会被一对很小的橡胶挡板固定住，在针和橡胶没有发生摩擦的情况下可允许针短距离移动（针与挡板能够在 Z 轴短距离移动）。这从根本上解决了针在产品表面短距离移动时，产品表面不平整带来的摩擦问题，使用时需采用合适的尺寸，以匹配针的直径。孔或裂缝往往会缓解橡胶垫高密度区域的压力，此时可保证良好接触的可靠性。橡胶板与夹具间无相对运动也会延长夹具的使用寿命。模塑的单板垫片可提高装配和拆卸的速度，降低成本，并且可提供精确的板的 Z 轴位置。使用长一点的 3.75in 的针可提供最大的位移。

这种普通的钢丝针经济实用，顶板埋头孔或两层顶板通常用于高性能产品。值得注意的是，在对某个针进行检修时无需拆卸。

可利用可伸缩的织物网——俗称为氨纶代替胶乳。经过仔细检查，这种材料似乎非常好，且可伸缩，呈网状，不需要钻孔操作，针在安装过程中可以一定压力穿过，但在非常密集的区域，通常会有一定的应力累积。

7. 夹具中的中间导向板

早期的测试针转换夹具通常只由顶部和底部两块板构成，现代的测试针转换夹具通常会添加中间板，以提高夹具的可靠性，并使夹具固定。被选定的夹具在装载针时，可确保针在进入夹具孔时有且只有一个路径通过夹具（没有弯曲）。这在使用数据驱动测试程序时是必需的，因为测试程序通过假定一个特定映射网格测试点来指向目标产品。如果夹具被拆开或重新加载测试针，施加给针的负载必须保持不变，否则测试程序将无效。

中间板的出现简化和缩短了针的安装过程，因为每个针必须落入预定的轨道，汇编程序不需要选择几种可能的孔或花时间检查错误加载和（或）短路。恒定的针负载有利于夹具软件计算夹具上每个区域的斜向探针组合施加在夹具面板上的侧向负荷，可通过调整针的安装使得这些侧向负荷达到平衡，以防止夹具在压缩下侧向塌陷。中间板也可固定小直径针，确保它们不会在负载下发生弯曲。

随着密度的增加，各种板上的孔变得更加紧密。有时对于给定的板的叠层，由于在下一个板中的一些孔距离足够近，可能会有安装针落入错误孔的风险。在此密度下，夹具的软件必须在设计时添加一个额外的中间板。因此密集的夹具通常需要更多的板，设备的软件应该可以分析每个夹具的需求并删除不需要的板。

8. 夹具板的分隔技术

夹具板中垂直（Z轴）位置的错误会导致别针现象。当倾斜针穿过板的叠层时，可根据针的数量和倾斜方向在 X 和 Y 方向略微调整孔的位置。若板在叠层中被安装得过高或过低，钻孔将不再是在正确的 X-Y 位置，会迫使针穿过孔时发生弯曲。这样，针将很难或无法安装，从而会在操作期间发生别针和碰擦。

图 38.17 防止别针的模塑垫片

早期的多平板夹具采用称为柱和圆环的板分隔技术，它对 Z 轴板位置的控制能力一般。一个长螺丝穿过一叠夹具板和厚塑料垫圈，这个垫圈在中间钻有孔，同时板上有相应的孔，螺丝依次穿过所有板，垫圈的厚度取决于板之间的间隔。这里的问题是，垫圈和板厚的误差在叠层结构中累积，在针倾斜更大时会导致别针现象。

目前已有板分隔的替代方法，即采用一个简单的模塑（或机加工）零件来负责整个夹具叠层，以消除中间板厚度带来的误差。其中的一种方法如图 38.17 所示。

这个模塑垫片在每个独立的板上提供了一系列平整表面，从俯视角度看，每个表面的形状都被修正了，因此板在垫片上面很容易滑动，当垫片旋转 90° 后就会锁定位置。只要垫片是精确模塑的，就不会导致板间距误差的累积。对夹具中间板的支撑，可使用类似的较小直径的模塑零件。顶板和底板的短螺丝可提供适当的支撑，可替代的方法是在夹具的外围使用加工棒，这两种方法都可以使夹具更加准确、零件数减少、易于组装。

9. 有头的钢丝针

对于很大的通孔，首选的探测方法是探测通孔的边缘。如果孔边缘不够大，则可能需要带头的针。这种具有机加工尖头的针连接到标准钢丝针，可以制作各种头部形状。在夹具中使用时，这些有头的钢丝针与无头针的设计基本上是一样的，即与顶板齐平（见图 38.18），但有头针必须从顶部装载。

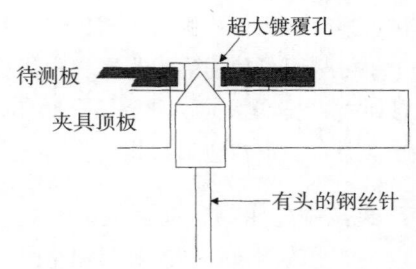

图 38.18 倾斜针夹具中有头的针

38.5.4 双面测试的注意事项

SMT 板经常有终止于 PCB 两面元件位置的网络，这些网络的导通测试要求同时对网络的顶部和底部端点进行检测。双面检测有 3 种方法：

- 翻转测试
- 上夹具翻盖
- 双面通用网格夹具

这些方法在覆盖率、设备成本、劳动力成本、漏测风险、所需的基础设施等方面有所不同。

1. 翻转测试

当没有采用最新的双面检测设备或测试覆盖率可以变化时，翻转测试是最后一种可以使用的测试手段。翻转测试需要两个夹具，一个有顶部图像，一个有底部图像，或者是既有顶部图像又有底部图像的夹具。先测试板的一面，然后测试另一面。虽然这确实提供了部分故障覆盖率，但它没有测试过线孔，即连接网络的顶面到底面的孔。因此，这种方法存在较大风险，有可能使问题板无法被检出。如果这些互连的导通孔是盖油孔（即覆盖有阻焊），问题会更严重。在这种情况下，从盖油孔接出的线连接至网络的第一个可被探测的焊盘时，板的两面都有可能没有进行测试。

翻转测试费用较高，不仅是因为要构建两个夹具，而且在设备中也有很多测试点是被复制的，且有过多的附加的板处理和潜在的混乱。

2. 上夹具翻盖

当双面夹具不可用时，上夹具翻盖测试是另一种可行的方法。这种方法使用有线的（专用的）顶面夹具进行顶面测试。该方法优于翻转测试，它可以提供完整的同步测试和测试覆盖率。然而，这种夹具的成本相当高，尤其是顶面测试点，需要在板的底面构建适合测试点的转换网格夹具。测试时应当注意板的方向，线路较多的板面朝下放置，以减少顶面夹具的费用（见图 38.19）。在夹具的上下面，待测产品的外面会增加额外的测试点（称为转移点），从下夹具和网格到上夹具进行装配测试。在使用上夹具移动目标测试点到理想位置时，应采用正常线路连接夹具的构建方法。

使用这种方法时，底面网格有必要大于待测产品，这样能为顶面夹具提供足够的转移测试点。此外，额外接触点的费用、弹簧探针、导线、其他特殊材料和劳动力很可能是决定设备升级的主要因素。

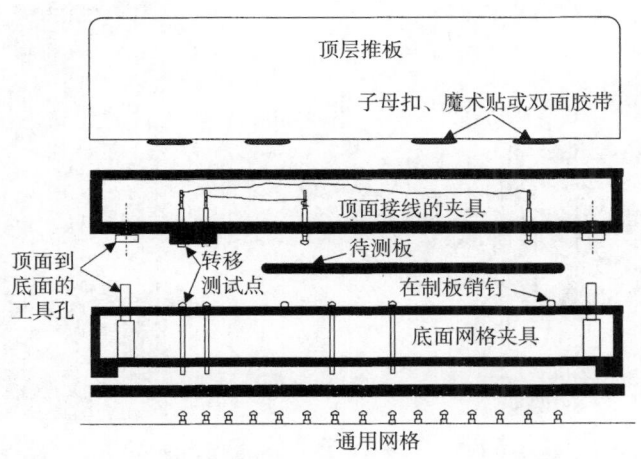

图 38.19 双面访问的转移测试点翻盖夹具

3. 双面通用网格夹具

双面通用网格夹具测试法是最广泛采用的双面产品批量测试方法。测试系统在顶面和底面提供电子和网格探测。通过采用前面所讨论的标准技术，可以构建检测双面产品的底面和顶面夹具，且具有经济实用、针和元件可以反复使用、完整的故障覆盖率、高效的产能、可靠的连接和准确的定位等特点。

38.5.5 加压部件

网格的主要机械零件是一个加压部件，常用来将产品固定在夹具上的 3 种方法是液压、气压和电动。总压力要求可能有所不同，用于网格中的弹簧探针通常需要 4 ~ 10ozf 压力，一个大型复杂板每边可能有 20 000 个主动测试点，根据所用的探针，这相当于 5000 ~ 12 500lbf。

液压驱动可能是使用最少的加压方法，虽然它可以提供极大的力，但这种力较难维持，流体的泄漏是个较大的问题。气动和电动压紧是应用较多的方法。电动驱动器容易控制，但当要求巨大的力时，其费用较高，且加压较慢（如大网格时）。气动系统是快速和功能强大的加压方法，但是需要供应清洁、干燥的压缩空气。无论使用哪种方法，精确的压紧控制对于可靠的夹具性能都是至关重要的。

如上所述，通用网格将测试点呈现为弹簧加载的接触点阵列，现已采用各种接触尖的形状，但大多数接触是华夫式尖端。华夫式尖端名义上是平的，但是具有切割成 H 形凹槽形状，能提供稍微有攻击性的接触表面，能够更好地穿过与其接触的任何表面的薄氧化层。

38.6 飞针/移动探针测试系统

移动探针、飞针、X-Y 探测器都是该测试系统的名称，这种测试系统使用了 2 个及以上的测试针，通过计算机控制运动系统（见图 38.20）可在板面的任何位置准确定位。探针尖端可以从板面 Z 方向收回，然后在 X 和 Y 方向移动至新的板面位置时下探。图 38.21 显示了接触板面的 2 个探针尖端，双面测试系统通常在每一面至少有 2 个独立的移动探针。

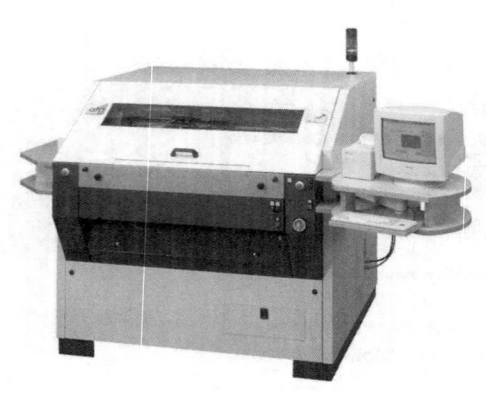

图 38.20 飞针测试系统
（来源：Atg Test Systems GmbH.）

图 38.21 接触板的 2 个探针尖端
（来源：Probe Inc.）

38.6.1 优 势

这个系统的主要优点是：可以不使用测试夹具，适合小到中等批量生产；可提供高度精确的探针位置和最小的板面接触力，因而不会在板面留下可分辨的痕迹；非常适合精细焊盘尺寸的测试。尽管它不会受测试点密度的限制，但添加额外的测试点时，速度会变低。

直流（DC）导通测试是把探针尖端放在网络的两端进行验证和执行测量，而后探针缩回，移动到下一个网络测量点进行接触，随后进行接下来的测试。同样的，通过在网络上放置的一个探针（探针 A）可以进行网络的直流绝缘测试，同时可以用另一个探针（探针 B）按顺序对其他网络进行开／短路测试。测试完后，A探针可以进入下一个要测试的网络，这一过程反复进行，直到每个网络都经过测试、验证。

这个过程需要很多次测量，对于带有 N 个网络的板，测量的总次数：

$$M = (N^2 - N) / 2$$

例如，一个有 1000 个网络的普通板，需要 499 500 次测试。幸运的是，目前有几种可以减少测量次数的方法。程序准备软件可以对 PCB 板面图形进行分析，规定只有导体物理相邻时才会发生短路，以减少测量次数，这称为相邻分析。

一些间接的方法对每个网络只进行一次探测，结合一些额外的导通和绝缘测试来验证可疑的结果。从理论上讲，有 1000 个网络的板子进行绝缘测试时可能仅需 1000 次探针移动。

38.6.2 经济性

飞针测试系统的主要限制是产量，它通常会使用多达 16 个测试头，在测试头的机械位置上损失很大一部分操作时间。但是，直接夹具费用的消除、夹具支撑基础设施和设备调试的减少等节约的成本是相当可观的。

与网格和探测方法相关的成本比较，需要包含所有与每个方法相关的花费。常见的遗漏包括：

- 劳动力成本
- 夹具存储、材料和组装的占地面积
- 测试部门以外的费用（如钻孔设备）
- 已完成的夹具、探针、其他夹具材料的占用资金
- 钻头和其他设备的占用资金
- 维护测试系统而失去的产能
- 设备安装、调试和夹具系统维护中失去的产能
- 峰值产能的需求

一般来说，测试费用取决于产品组合，当固定设备（飞针测试系统）的投资占大部分，而测试夹具的投资占小部分时，测试部门的效率会更高，这会使得测试流程更短，夹具拆卸／装载的频率更低。

38.6.3 产能增强系统

飞针测试系统的测试速度较慢，因此对于高端基板，它相对于传统通用网格测试方法的巨大优势会被抵消（如大板也能达到的最小测试目标，节省夹具费用，减少或消除测试痕迹，实现微电阻测量等）。随着 PCB 高密度图形数量的增加，测试人员发现飞针测试系统是可靠测试小间距产品并不给板面带来损伤的最佳解决方案，这为飞针测试机制造商提供了巨大的动力去设法增加其产能。

考虑到许多测试目标很容易进行测量（大多数 PCB 只有一小部分测试点很难测量），新方法是在将 PCB 放置在飞针测试机上之前，使用额外的设备进行预筛选，以减少飞针测试机的许多测试量。本节将介绍应用新方法的两个可用的商业模型。

第一个模型：一排具有成千上万个均匀间隔的滑动触点相对于板面移动，以一行扫描线的形式扫描表面。这种接触被设计得单独灵活，并施加最小的压力，以保证在绝大多数板面上不留下痕迹。

图 38.22 飞针测试产能增强系统
（来源：艾福尔查理测试机械有限公司）

邻近的接触行是随动导体表面的一个平面部分，在这个平面区域下，PCB 上所有暴露的导体都被电气接地。这个导电平面被固定在扫描区域所在行和扫描区域延伸 1in 的位置上，如图 38.22 所示。

由于板到扫描接触点/随动导体表面的相对移动，高速测量仪器会在扫描接触点和随动导体表面之间不断地测量。例如，当扫描接触点在某一时刻与网络中的一个末端发生电气接触时，同一网络中的另一端就会被随之而来的随动导体表面接地，无法通过扫描接触点增大网络的电压（即不能加电），此时这个随动导体表面则为接地面。同样，如果两个相邻网络同时被不同的扫描接触点连接，在那一刻，随动导体表面下至少有一个网络没有被接地，这时其中至少有一个网络可以载入高电压而不能被短路。预筛选系统的软件则通过测量结果实时地为被测板提供"图像"。因此，对于大的在被测板上出现的极小间距区域，系统的解决方案是有用的。

与前面的例子相似，大多数被测板的主要部分可能采用这种机器进行测试，而另一些部分留给飞针测试系统进行后续测试。飞针测试机重新测试和验证预筛选系统反馈的故障报告，有效地减小假故障率。上述组合系统可大大提高测试速度，从而提高实际测试产能。值得注意的是，飞针测试机不需要夹具，而且这两个系统可提供真正的直流导通测试和绝缘测试。

高密度互连（HDI）产品的图形对预筛选系统而言，扫描触点过于精细，所以它只是简单地传递给飞针测试机，这似乎适合非常先进的载板。

第二个模型与前面的很相似，但是每次扫描接触均使用电容测量法，它除了不能提供直流导通测试和绝缘测试，整个特性和刚才描述的非常类似。对不执行此类测试的客户来说，这可能不会对他们现有的飞针测试机有什么限制。相对高可靠性应用采用的直流电流测试法，电容法的实用性可能会差些。

38.7 验证和修复

测试系统可以指示板上的故障点，假设终端用户能够修理有故障的 PCB 裸板，那修理板就具有经济效益。修理过程通常应当遵循测试结果。由于夹具问题、表面氧化问题、产品定位问题和其他问题常常会导致错误报告，因此通常要在检测和修理中添加验证过程。验证过程中，技术人员通过读取故障数据和验证性测试来决定报告的错误是否属实。

如果验证发现故障报告是有效的，则对 PCB 执行修理；如果故障报告是无效的，则对 PCB 执行再次测试或直接出货，这取决于客户需求和内部规定等。

在确定验证发货规定时，要注意一个缺陷掩饰另一个缺陷的可能（如一个开路缺陷隐藏了另一个短路缺陷）或只在夹具的压力下才出现的缺陷，如有需要应执行再次测试。

在某些情况下，一般用简单的台式仪表进行验证，并可能由修理站的修理技师完成。

更为常见的是，使用计算机辅助搜索和显示工具进行验证。计算机上有产品的信息和可用的测试程序，并在可能存在故障的区域进行搜索，将可能的风险区域显示给操作员，或作为视觉投影叠加到怀疑板，简化了仪表验证的任务。

自动验证也可由飞针测试系统完成，飞针测试机通过执行类似的分析，重新测试并显示最终结果。摄像系统可以提供捕获到的疑似故障点的图像，供后续在修理站修理。先进的系统甚至可以根据用户定义的规则，判断特定故障点的可修复性。

图 38.23 显示了一个全自动检测系统和计算机辅助修理（CAR）站的示例。

图 38.23 全自动检测系统和计算机辅助修理站（来源：艾福尔查理测试机械有限公司）

38.8 测试部门的规划和管理

在大多数情况下，新的管理者会继承现有的设备、流程和人员。尽管如此，在一段时间内，管理者同样有机会从零开始塑造测试部门。在某种程度上，由过去可推测未来，新的管理者可能期望增加测试点密度，实现精细间距测试、更多的总测试点数、更小的测试公差、更短的产品交货时间、多品种小批量板的及时交付等。

38.8.1 设备的选择

通常，PCB 裸板测试所购买的设备大多是通用网格型设备和飞针型设备。飞针型设备增强的测试能力以及小批量和样板的测试需求，增加了选择该型测试机的数量。这一趋势很可能会持续下去，但每个车间必须独自确定适当的解决方案。选择设备时应优先考虑预期的业务类型：对于大批量生产，通用网格系统是较好的选择；对于中等批量生产，可以通过整合飞针测试系统和产能增强系统来减少夹具成本和缩短测试周期；对于样板或小批量板，由于飞针测试系统无夹具费用，所以它可能是最好的选择。由于专用的（有线的）夹具型设备所需的夹具费用较高，因此，除了用于极大批量的单一类型的产品，一般很少使用专用的（硬连线）夹具型设备。

一个更深层次的重要问题是对技术水平的预估，确认其不会超过计划使用的夹具的能力或测试系统的能力。同时要预估其折旧，因为所购买的设备必须使用好几年。此外，还要考虑从设备供应商处可以获得的技术支持等级，包括普通的修理服务、应急服务、员工培训的支持和应用程序支持。

对于大批量操作，可以为通用网格系统配置自动处理系统，以获得足够的产能和操作的一致性；对于样板和中等产量的板，飞针测试系统可一次性放置一叠板进行自动检测，在 1h 甚至更长的时间内都无需看管，不像网格系统一样每隔 3min 就需等待板出来，这可以节省巨大的人力成本。值得注意的是，一些非常大的、薄的或小的产品，若没有特定的载体或适配夹具，可能不适合自动处理。最好采用自动化设备处理大部分产品，并采用手动加载设备处理特殊的产品。

一个常被忽视但实用的想法是，使设备和夹具保持某种程度的共性，一些夹具的常见问题可导致测试工程师多次改变设备类型，使用五花八门的不兼容的（且昂贵的）测试系统，且不能从根本上解决潜在问题。通过使用主流的数据驱动测试工艺与自动化的故障数据处理，设备的数据共享能力、夹具、操作流程可降低使用成本，增加产能，简化培训过程，提高组合测试解决方案的可行性，这是采用一个随机的混合组合难以实现的。如果你认为这似乎是不言自明的，试试下面这个实验：参观一些车间，对比钻孔车间和电气测试区域，你会看出两者设备的差异吗？部门规划应该不仅包括新设备，还应包括那些应当淘汰的、陈旧的、效能低下设备的退出方案。

38.8.2 夹具：制作还是购买，是什么类型？

当你计划使用夹具时，选择夹具甚至比选择用于装载夹具的设备更为重要。当然，你必须保证有足够的设备来装载夹具，且有足够的测试点密度，这在产品技术的评估中至关重要。

如果产品中含有简单的 SMT 板，则要考虑双面检测能力。如果产品包括小间距 SMT、密集 BGA 或类似的图形，则必须考虑使用高密度通用网格和现代倾斜针夹具，这样才能满足产品需要的测试点密度。

如果自行制作夹具，你应当认识到这是一整套的生产操作。完整的材料、劳动力、库存、管理费用及运营效率的衡量，对于这个过程的有效管理至关重要。不要仅仅衡量制作一个夹具有多么快，还应当考虑要花多长时间能使夹具运行起来，或考虑使用夹具外包生产。

生产时应当尽量避免生产多种风格的夹具，同时确保有库存管理流程，保证有足够的探针供应生产操作，不会因为废弃针库存而占用资金。考虑将更高难度的夹具外发给专业人员进行生产，可以节省时间，并获得能够提供可替代技术和材料的合作伙伴。

38.8.3 夹具软件的选择

目前，倾斜针夹具其实主要是一个软件产品。应当从你的计算机辅助制造（CAM）部门到自动设计夹具和创建测试程序的前端夹具设计软件中建立一个信息流动渠道（飞针测试程序的处理也与此类似）。一个高价的工具可以在减少夹具废料、减少交付延迟、消除测试遗漏等方面实现自身几倍的价值。如果选择一个夹具外包供应商也在使用的工具，你将在设备问题、人员问题或工作负载问题等方面获得后备支持。夹具设计中有特殊的和专用的需求时，应确保使用的软件包能够很容易满足需求。同时，如同测试系统评估，应当评估软件供应商维持和支持你的业务的能力。

第39章
HDI 裸板的特殊测试方法

David J.Wilkie

美国加利福尼亚州波莫纳，艾福尔查理测试机械有限公司

汪立森　李建伟　审校

南京协辰电子科技有限公司

39.1　引　言

　　高密度互连（HDI）产品需要采用新的测试技术。典型的例子有近年来开发的许多类型的先进集成电路（IC）封装，如面阵列、球阵列（BGA）、叠层芯片载体（LCC）和采用直接芯片连接（DCA）或芯片级封装（CSP）的印制电路板（PCB）。对于 CSP 封装，半导体裸芯片被直接贴装到 PCB 表面，封装的尺寸与原始裸芯片几乎是一样大。倒装芯片的裸芯片（或 CSP）可以由锡球阵列连接到电路板的表面，其他元件可以通过裸芯片区域外的周边阵列引线键合焊盘来连接，当引线数量较多时，测试点间距就很小了，因为裸芯片有限的周边被大量的连接点占据了。倒装芯片或 CSP 凸点阵列的连接部分通常会产生单位面积内最高的测试密度，倒装芯片或 CSP 的方法允许设计者把锡球连接点铺满裸芯片或封装的整个表面区域。因此，对夹具测试系统来说，必须要考虑测试设备的测试点密度和夹具能满足的间距和精度等问题。

　　HDI 载板电气测试的常规要求依然是开路测试、短路测试和绝缘测试，有时也要额外考虑线路和导通孔等精细构造带来的潜在问题。电气测试一般都是类似的，除了特殊情况，这里不再进一步讨论。对于某些应用，时域反射计（TDR）或其他射频（RF）测试是十分必要的，此时，将 PCB 线路视为传输线传输宽带测试信号，用来测试其特性阻抗和插入损耗。

　　由于用来做测试的焊盘面积很小，所以测试设备需要增加检测小焊盘的灵敏度。金属化层上的针痕会影响焊点的化学特性，从而影响可靠性，因此用通用网格测试系统对测试夹具有很大的挑战性：需要最小化测试针痕，满足大量的导通测试的要求，接触最精细的几何图形。

　　当 HDI 板按照在制板形式进行测试时，较小的目标尺寸和在制板结构上存在的胀缩问题会对设备测试点的位置精度提出更高的要求。最新的带照相功能的飞针测试系统能够独立地定位目标，且不需要采用昂贵的夹具，使得这种测试方法具有很大的吸引力，尤其是采用新技术后可以提高产能。

　　由于与 HDI 有关的夹具成本较高，一些夹具的解决方案采用在测试覆盖率上妥协的办法，使得夹具能够简化到实用的程度。

39.2　精细节距倾斜针夹具

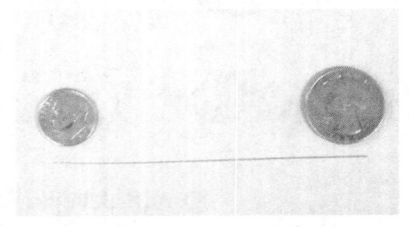

图 39.1　精细几何图形夹具的锥形针

许多 HDI 板能够采用倾斜针夹具测试，使用这种倾斜针时可以在探针的一端产生一个非常精细直径的锥尖（见图 39.1）。这种设备一般配备最小节距为 0.010in 的夹具，目前的研发能力是 0.008in。这些夹具通过额外的平板来支撑非常细的探针，使得它们在压力下不会弯曲或与相邻的针短路。接近产品的夹具板必须非常薄，否则间隔小的孔会出现破孔连接。这种夹具要求的网格密度更高，与标准夹具相比，这种夹具和探针的费用有一定的提高，但是使用的技术和工艺是类似的。在操作过程中，良好的过程控制能力、探针倾斜度的对称性是十分重要的。

大量探针作用在产品区域会使其受到相当大的力，如果没有大小相等且方向相反的力作用于产品的反面，产品将会折弯或翘曲，甚至使反面的测试夹具发生崩塌。这会影响精细节距夹具的测试精度，因为这时产品不再处于一个平面上了。为此，应通过夹具软件设计反面夹具以增加支撑力。这个额外的支撑力可通过在顶面和底面夹具上固定一个垫片获得，或者使用盲针。盲针其实是位于反面夹具（没有钻通探测夹具顶板的点）上的普通测试针，如果密集测试点区域的盲针与探针的数量相同，那么这个区域的力就能完全平衡。

处理精细节距夹具时，必须考虑产品和夹具的对位问题，即使夹具制造得很完美，夹具和产品也可能出现对不齐的现象。因为产品的工具图形（工艺边或工艺孔）是在工艺流程中加入底图中的，工具图形和底图通常无法完全对齐。对于 HDI 板，一般不必因为存在上述误差而将焊盘从指定的测试探针上完全移开。为了克服这个问题，可以采用各种各样的光学和（或）电学方法的测试系统进行对位精度测试。夹具中可移动的面板由伺服电机控制，控制工具销钉的移动来重新对产品进行定位。随着产品的尺寸增大，或制造工艺的恶化、产品区域的重合误差导致不能采用机械对齐时，一个焊盘一根探针的夹具可能是无效的。

39.3　弯梁夹具

弯梁夹具有点类似于倾斜针夹具，区别是它使用一种特殊合金制造的极细的测试针。就像在锥形针固定夹具中，产品周围需要相当数量的弱支撑，而且针必须保持垂直，以免与其他针发生碰撞。这些针不必是刚性的，但必须在力的作用下保持弯曲，使针侧面移位。弯曲部分可能定位在距产品平面一定的距离，从而使探针可以分布得更开。一旦探针发生弯曲，所施加的一系列移动力就是恒定的。这与弹簧探针的例子不同，弹簧探针的力由弹簧系数决定。弯梁夹具可以很好地降低测试针痕。多年来，这一基础技术一直在特殊情况下使用。

在接口侧，这些针可以与弹簧探针配对，而不是压向刚性接触表面。在一些商业应用中，探针作用渐渐地被淘汰，仅作为线段与夹具接口部分相接触而成为传统弹簧探针的接口。在夹具中，探针线与产品在一定距离内连接，故要限定探针和其长的接线部分之间的距离。这类设备价格昂贵，且更换受损探针的费用也很高，因此通常局限于小范围的和有限的测试点数量。

39.4　飞　针

更加精确的飞针测试系统非常适合 HDI 测试，采用头部光学模式对探针尖端进行识别引导，可使其接触极小的目标，甚至可用于具有严重对位问题的产品。它可以探测微小的图形，而不会在测试表面留下针痕。这种系统可装备真正的开尔文导电针，进行有效的微电阻测试。微电阻测试可以提前发现裂缝或其他结构方面的潜在缺陷。飞针测试系统的缺点是测试速度较慢。若是单独使用，这种系统非常适合测试夹具非常贵的样板或小批量板。配置产能增强系统后，这种系统也可以适应中等批量生产。

39.5　耦合板

在通常情况下，大多数目标产品都比较容易固定，但是 DCA 和 CSP 除外，此时可考虑使用耦合板测试。这种技术的前提是，假设每个信号网络可通过传统的探针在板面的其他点进入 DCA 或 CSP 点。这些探针点可用来执行大多数产品的绝缘测试和导通测试。

为了验证测试信号是否到达 DCA 或 CSP 的位置点，如一个小的金属盘或天线悬浮在该位置点的正上方，可能仅通过薄的绝缘片与位置点绝缘，标准的探针点在测试时依次向每个网络注入某种形式的交流（AC）信号或脉冲信号，如果网络在 DCA 或 CSP 点是连续的，则天线可以检测到一定振幅的信号；若与正常振幅有很大的偏差，则意味着该处有问题。不同方法的选择和使用取决于所施加的信号、天线特性等。

该方法消除了在 CSP 和 DCA 区域对超小节距探针的需求，也避免了在该位置对产品产生针痕。但该方法并没有实现真正意义上的直流导通测试，因而可能漏测高电阻连接的网络，而这可以通过低电流直流导通测试检测。测试时信号在 DCA 或 CSP 引线之间循环，由于没有可以注入测试信号的外置探针点，因此测试信号不会流入其他位置。

39.6　短路平板

使用情形与前面所描述的耦合板类似，但是平板必须在测试过程中可移动。通常情况下，通过安装在测试夹具内铅笔大小的气压传动装置来完成这个动作。这里采用的平板是一个小的扁平金属板，其大小与 DCA 或 CSP 区域一致，且表面覆盖有导电橡胶（见图 39.2）。当产品被压在其表面时，所有在 DCA 或 CSP 位置的焊盘一起短路，此时用板外测试点实现导通测试，从而确认所有这些网络（否则就是绝缘的）是否通过到 DCA 或 CSP 的路径一起短路，而其他网络则采用正常的方法进行导通测试。测试完后拆除短路平板，并进行正常的绝缘测试。这种方法的最大优势是，完成了真正的绝缘和导通测试，并使用标准的裸板测试系统。

在某些应用中，应注意导电橡胶是否会在产品表面留下少量的化学品，虽然这种污染的可能性很小。产品的清洁度非常重要，当导电橡胶或平板上有了很多污垢时，必须及时更换。对于耦合板，某些信号的拓扑结构无法测试或很难测试。DCA 或 CSP 引线之间的回路信号无法检测，因为那里没有可供外部探针探测的

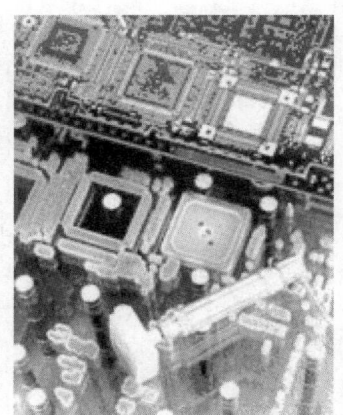

图 39.2　气动短路平板

位置，无法验证是连通的还是绝缘的。在同一封装内相连的两个 DCA 或 CSP 焊盘内的信号，即使信号连接到外部探针位置，还会存在部分不可检测。在这种情况下，有可能确认外部信号到达元件，同时也有可能确认这部分绝缘。但是，没有一种简单的方法可以判断两个元件的焊盘是否彼此相连（如果它们已经在 PCB 上短路，导电橡胶对此没有影响）。后面的这种情况有时可以通过分隔短路焊盘来解决，使得每个目标元件的焊盘均是独立的部分：这样如果 PCB 上的连接是好的，这两部分将通过 PCB 相连。

39.7　导电橡胶夹具

采用导电橡胶作为基本探测元件的设备系统，目前已经实现商业化应用。在某些情况下，橡胶在夹具板中是一种特殊的材料，并且只在 Z 轴导电（垂直通过薄板，而不会横着通过其表面）。夹具本身就是采用电路板制作的，通过略微抬高的焊盘将导电橡胶压在产品的目标位置，在其夹具面板的反面连接至网格电极。还有其他设计，包括各种类型的局部沉积橡胶点，此时导电橡胶一般对方向并不敏感，随后会形成一个橡胶探头。导电橡胶的成本、制造的复杂度、修复的复杂性、污垢的敏感性，以及是否适合非常小的焊盘区域（这限制了其与橡胶的接触质量）等问题，限制了其无法广泛使用。

39.8　光学检测

光学检测已在别处讨论过，它广泛应用于早期的制造工艺，并可作为数据收集工具，而不是作为最终产品质量检验的一种方法。然而，随着分辨率的提高，可能漏检的缺陷类型变得更少，且光学检测逐渐应用于产品的终检。

对于复杂的多层产品，在任何情况下，光学检测均不能确定组装或污染导致的产品内部缺陷，并可能无法检测外层的污染物或非常精细的几何图形之间的短路。这类设备比通用网格测试系统略慢，尤其是运行在非常高分辨率下时。出于这些原因，采用光学检测（本身）作为电气测试的替代方法仍然不普遍，这可能是一个未来可进一步发展的方法或在特殊情况下可接受的方法。

39.9　非接触式测试方法

目前，对目标区域进行检测总是围绕着构建测试设备的成本，客户仍然不愿意在这上面花费过多，构建夹具也是制造商在整个生产过程中最受困扰的问题，它似乎没有增加价值，并干扰了工厂的生产目标。不需要测试夹具且可商业化利用的只有飞针测试系统，以及相关的产能增强系统。此外，一些机构已经做了大量的工作，尝试开发可替代的不需要夹具的非接触式测试方法。到目前为止，尚未能成功开发出一种在正常范围内具有导通测试和绝缘测试功能的非接触式测试方法，但还是有必要对这种技术进行一些简短描述。

39.9.1　电子束方法

当测试系统通过机电接触连接产品时，采用这种连接注入或移除电子（也就是电流）。电视机内常见的显像管电子束可以不与产品发生物理接触而进行测试。目前已有几家公司建立了此种实验系统，并相互分享经验。首先，电子束提供的电流量是很小的，很难进行导通测试，而人们对微电阻和（或）大电流检测潜在的导通测试缺陷越来越关注。

实验室系统可测试的导通电阻值不小于 100 000Ω，但测试速度非常缓慢，大多数用户希望进行 10 ~ 100Ω 测试，这是一个非常大的让步（当开路点存在跨越其上的污染物时，该开路点表现为一个很好的导体）。测试速度受产品分布电容的影响，因为在大电容环境中，需更长的时间从有限电流获得有效测试电压的效果。此外，这样的系统必须在实验室级的极高真空中工作，这需要采用昂贵的泵系统和多级密封舱系统，以及机器人产品，这些可能要求材料在通过系统时合理地流动（当产品分期吞吐时，产品通过一系列的室流动，以避免主室内不断抽真空的时间延迟）。目前，飞针测试系统似乎可在更加合理的运行成本上达到良好的测试效果和较大的测试覆盖面。

39.9.2 光电法

当一束强光照到金属表面时，如一束激光，可引起电子从金属溢出。在出现电子束的情况下，可以产生一个很小的电流。此外，尽管真空度要求没有电子束技术那么严格，但还是需要一个真空系统，以便喷出的电子可以在其与空气分子碰撞前被检测到。与电子束方法类似，导通测试电阻值范围相当有限。同时，测试速度受产品分布电容的影响，目前这种研究工作还没有做成实际系统。

39.9.3 等离子体法

荧光灯管发光是因为气体受到电场影响，这可以为电子轨道提供能量直至部分电子冲破束缚。因为它们试图重新将自己附着在气体分子周围，把多余的能量以光子（光）的形式射出。等离子体包括气体分子的混合物、电离的气体分子（失去电子），以及自由电子。在这种状态下，气体可以传导电流。来自一个小喷嘴的一束等离子体喷射到电路板表面，就相当于建立了一个气态探针。从广义上来说，气态探针完全有可能用在其他任何探针或测试上。

通常采用惰性气体，如氩气。残留的气体是无毒的，只需消耗极少量的气体，即会有大量的电流流到产品中。目前已有几家公司采用飞针测试系统的形式开发出了实验系统。

虽然气态探针具有很少针痕或没有针痕，但它很难实现与最好的精细机械探针一样的探测效果。相邻的喷头很容易合并到一起，测试时会发生电路短路——与两个机械飞针造成的短路类似。因此，目前可用的商业化系统一般包括完整的传统机械探针，用来探测紧密相邻的位置（如 HDI）。因为仍然使用飞针机制，它目前没有什么速度优势。最大的好处可能是消除了探针的 Z 轴移动等待时间，但成本要比普通的飞针测试系统略高。

39.10 组合测试方法

这是对高密度产品难以测试的状况提供即时解决方案的一项技术，通常采用已有的设备，通称为组合测试或顺序测试。顾名思义，组合测试是一级或多级地使用测试技术的组合，组合技术必然会增加复杂性。最简单的例子就是使用通用网格测试系统测试大部分产品，采用飞针测试系统测试 HDI 特性，并再次检验网格系统报告的故障点。

第 7 部分

组　装

第40章

组装工艺

Paul T.Vianco

美国新墨西哥州阿尔伯克基，桑迪亚国家实验室

吕　峰　审校

中国航空工业集团公司西安飞行自动控制研究所

40.1　引　言

电子"革命"持续经过了产品小型化、功能增强、可靠性提高及生产成本降低的发展过程。事实上，在电子组装工艺中，也正是创新让新一代产品的制造成本持续降低。

40.1.1　功能密度

产品设计者通过开发新的封装、材料等，以使产品增加更多的功能，同时减小产品的尺寸和质量，以满足军事和航天电子产品对高可靠性的需要。这对工艺工程师来说是更大的挑战。例如，减小元件尺寸是一个持续的发展趋势。无引线陶瓷芯片电容器常见的封装尺寸有0804、0603及0402，然而更小尺寸的0201、01005元件也已逐渐引入生产线，尤其是对一些手持产品而言。细节距和面阵列封装，如球阵列（BGA）、芯片级封装（CSP）、倒装芯片（FC）或直接芯片连接（DCA）等，为显著增加元件的功能提供了方法。达到数千计输入/输出（引线端子）互连数的BGA封装，需要更严格的焊膏印刷、元件放置和回流工艺控制，以最大限度地减少组装缺陷。同时，更复杂的多层板的需求也对工艺窗口设置了诸多限制，以避免对承载高组装密度的印制电路板（PCB）微孔和精细线路造成可能的破坏。最后，无铅焊料的使用使得挑战更严峻，改变设备参数及选择表面处理方式不仅影响可焊性，也影响整个组装的制程良率。

40.1.2　PCB组装工艺

PCB组装有两个基本步骤，首先是在基板上放置电阻、电容等元件（一般通过手工或设备自动安装），其次是实现这些元件的焊接。尽管对于包含通孔、手工焊接在内的几乎所有的电子产品组装，这都已经是相当准确的描述，但实际过程却要复杂得多。多步骤的组装过程具有更多的可能性，包括不同的元件封装形式、相当广泛的基板和材料配置，以及随时可能调整的生产数量等，以便满足规定的缺陷水平和可靠性需求。组装过程包括以下步骤。

（1）待焊接元件和基板表面的准备。

（2）使用助焊剂和焊料。

（3）熔化焊料完成焊接。

（4）焊接后的清洗处理。

（5）检验和测试。

其中的一些步骤可以组合在一起或去掉，这取决于具体的产品线。

在 PCB 组装工艺中，制造工程师和操作员熟悉关键步骤是非常重要的，这样才能确保生产出具有成本竞争力的可靠产品。这种熟悉既包括设备的通用基本功能，也包括在设备内部的运行方式。本章接下来的部分将详细描述 PCB 组装工艺。

40.1.3 组装工艺分类

按元件类型的不同，组装工艺可以分为以下 3 类：

- 通孔焊接技术
- 表面贴装技术
- 混合技术，即在同一 PCB 上进行通孔插装和表面贴装

由于设备资源不同，每种组装技术具有不同的自动化级别。自动化程度要根据不同的产品设计、使用的原材料、固定设备支出和实际生产成本进行优化。

不过，需要谨记的是，虽然在表面贴装技术（SMT）出现之前尚未达到同等生产规模，但通孔 PCB 及其组装工艺一直是电子行业中的关键技术。通孔技术之所以被广泛使用，是因为它是一些元件连接的唯一形式，尤其是变压器、滤波器、大功率元件等大型元件，因为这些元件需要额外的通孔连接形成机械支撑。另一个应用通孔技术的原因则是经济性方面的考量，在电子组装技术中，通过通孔焊接加上手工组装（也就是非自动化操作）可能会更具成本效益。当然，通孔技术并不局限于手工组装，有不同程度的自动化设备可用于组装通孔电路板。

40.1.4 无铅焊接技术

本质上，无铅焊接技术的引入并没有改变可用的电子组装工艺（回流焊、波峰焊、手工焊等）。然而，无铅焊接的更高温度要求及较差的可焊性（铅元素的缺失会导致可焊性变差），使得制造工程师必须重新评估相关工艺参数。就前文提到的 5 个通用工艺步骤而言，使用无铅焊料的焊接主要影响步骤（3）~（5）。

更高的工艺温度限制了无铅焊料组装的"工艺窗口"。为了适应不同元件的温度变化，确保 PCB 上每个焊接位置焊料的熔化、足够的润湿及漫流，需要更高的温度。另一方面，又必须确保最高温度不会对热敏元件和 PCB 本身造成热损伤。

基于无铅焊料的较差可焊性，也存在几个挑战。尽管对无铅焊料而言，长时间的元件引线加热和散热是必需的，但无铅条件下锡基合金具有的较高表面张力，限制了焊料在焊盘上的润湿和漫流，因此 PCB 本身也是导致无铅焊接工艺中可焊性变差的一个潜在因素。延长加热时间与追求更快的组装过程是一个相互矛盾的问题，如波峰焊和手工焊接。然而，本质上，可焊性变差会影响所有的组装过程，不论是短期的还是相对较长（如回流焊）的组装过程，都会降低通孔焊料填充和焊料爬升的饱满度。

有两种方法可以从本质上提升无铅焊料的可焊性。首先是使用可以更有效降低焊料表面张力的新型助焊剂。其次，通过指定更合适的 PCB 和引线端子元件的表面工艺，也可以改善无铅焊料合金的润湿和漫流。

从严格意义上讲，单纯从组装过程的角度出发，无铅焊接和传统锡铅焊接的混合工艺是有好处的，因为锡铅焊料可以改善无铅焊料的润湿和漫流。首先，铅（污染物）降低了焊点焊料熔化时的表面张力。其次，铅（污染物）降低了无铅合金的熔化温度。然而，锡铅和无铅焊料混合的提出又备受关注和争议，因为它对热力学疲劳环境下互连的长期可靠性存在影响。

最后，无铅焊接也影响组装后的清洗步骤［步骤（4）］和检验步骤［步骤（5）］。因为更高的工艺温度会产生更顽固的助焊剂残留物，需要更有效的清洗方式以确保去除残留物。同时，更顽固的残留物也影响了测试探针接触 PCB 上测试位置焊盘的能力，而接触不良是导致组装时检测到假开路的主要原因。

40.2　通孔焊接技术

通孔焊接是将元件引线插入 PCB 通孔并进行焊接的技术。这种技术在早期电子时代（19 世纪 20 年代）便开始使用，19 世纪 60 年代初随着波峰焊的引入而在自动化操作方面出现飞跃。低的组装密度是通孔 PCB 的特有缺点，这促生了表面贴装技术。一些相对较大的元件和 PCB 本身需要通孔设计，这在限制元件密度的同时也进一步限制了产品功能化和小型化。图 40.1 展示的是通孔焊接 PCB，以及用光学显微镜拍摄的通孔内元件引线的焊接情形。

通孔技术的优势是降低了某些应用的成本。对于一些具有大型元件和较低布线密度的相对简单的产品，这种成本优势通过世界上一些低人力成本地区的手工焊接予以实现。即使通过波峰焊、选择性波峰焊或通孔浸焊膏回流焊实现的自动化通孔焊接，其对设备投入的要求和生产成本也仍然低于表面贴装工艺。

 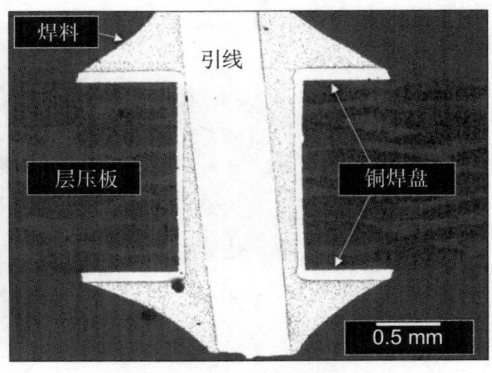

图 40.1　通孔焊接 PCB（左）和光学显微镜拍摄的通孔内元件引线的焊接情形（右）
（来源：桑迪亚国家实验室）

40.2.1　无铅化对通孔焊接技术的影响

无铅焊料的引入会对通孔组装技术造成一定的影响。首先，设备选择方面，手工组装可能需要购买更高温度的焊接烙铁。其次，从成本上讲，需要花费代替数百磅锡铅焊料的无铅焊料以重新填充波峰焊设备的焊炉。或者，为避免原设备内锡铅残留物的交叉污染，购买一套全新的具有降低无铅焊料对设备零件腐蚀的技术优势的焊接设备，可能是一个更佳的选择。

如前所述，使用无铅焊料还需重新审视相关工艺参数，主要涉及无铅焊接所需的更高温度及可焊性的下降。然而，手工（电烙铁）或波峰焊焊接无铅焊料时，烙铁头或波峰焊的温度设置并非像无铅技术早期开发阶段预料的那样有显著的提高。手工焊接过程也很少关注这部分额外的热量，因为局部加热并不会对元件或基板产生较大的热损伤。事实上，由于波峰焊过程中基板暴露在熔融焊料槽中，波峰焊过程倒是更容易引起大家的关注。另一方面，当通孔浸焊膏技术使用无铅回流工艺时，由于通孔元件和基板的温度高于其通常承受的温度，因此可能会导致其损坏。

通孔互连焊接也容易受到无铅合金固有的可焊性差的影响。无铅焊料更高的表面张力导致熔融焊料在引线上与通孔中的润湿及漫流速度变慢，因此可能会需要更长的焊接时间。并且，较低的可焊性也降低了焊盘的润湿，限制了焊盘与元件引线之间焊料连接的形成，尤其是焊点在电路板反面时（更难达到要求的透锡率）。其中一些可焊性问题可以通过改变助焊剂和（或）使用替代的表面工艺（如金保护的可焊性镀层）予以解决。这两种方式都可以降低焊料表面张力和增强基材的冶金反应，进而提高可焊性。

40.2.2　设计方面

设计通孔 PCB 时必须考虑到目前的可用设备及组装工艺，以及将来可能的设备和工艺提升。同时，使 PCB 设计尽可能遵从行业标准提供的建议也至关重要，如 IPC 和 JEDEC。这些建议包括通孔直径、布线尺寸，以及特征间距。其中，具体的产品图纸是最重要的文件。任何偏离行业标准的设计都必须充分考虑这些变化对后续组装工艺的影响程度。

如下列举部分通孔 PCB 设计基于组装工艺所需考虑的重要因素：

- 工具需求（如孔、板边缘间隙等）
- 定位孔（手动对位或视觉系统）
- 插件孔尺寸
- PCB 尺寸（长度、宽度和厚度）
- 元件的大小和密度
- 无铅焊接

下面将着重讨论一般在所有组装过程中均适用的 3 种因素。

1. 元件引线与通孔尺寸

设计正确的插件孔直径，首先要参考适用的行业标准（如 IPC、EIA 等）。孔径公差必须考虑到钻孔精度、蚀刻、孔壁镀层厚度，以及引线和通孔之间为保证熔融焊料毛细流动所需的 0.07 ~ 0.15mm 标称间隙。此外，还需要考虑由元件引线直径偏差及设备定位精度所造成的额外公差。

2. 板　厚

板厚通常由产品设计和满足信号传输的层数决定，其对自动化设备的性能几乎没有直接影响（手工焊接也是如此）。然而，板厚对焊接工艺有影响。随着厚度的增大，向焊接区域提供足够的确保焊料在孔内充分填充的热量会变得非常困难。多层板中用于信号传输的铜层、地层、射频屏蔽层、电源层及其他热设计层，都会扮演散热器的角色，焊接时起到阻碍熔融焊料填充通孔的作用。

3. 无铅焊接

设计规则和行业标准一直是基于锡铅共晶焊料的经验建立的，近来关于无铅焊料的通孔焊接研究也已展开。插装元件、设备工具的考虑，甚至通孔内印刷焊膏技术等大多数并未受到焊料改变的影响。如前所述，尽管无铅焊料具有更高的熔点，手工焊接电烙铁和波峰焊焊料槽仍将使用相近的温度。设计工程师需重点考虑无铅焊料的更高表面张力产生的可焊性差的问题。助焊剂和特定的表面工艺在一定程度上可以改善此问题。其他一些方法或许也是必要的，如设计者可能需要增加元件间距，以避免波峰焊或选择性波峰焊时由于间距小而形成焊料桥连短路。另外，由于无铅焊料含锡量高，焊接时会对 PCB 上的铜形成更大程度的咬蚀，尤其是在需要剧烈搅拌熔融焊料的波峰焊或选择性波峰焊设备中，这种咬蚀现象更严重。因此，对无铅焊接来说，减少焊接时间或选择相对不易咬蚀铜的无铅合金（如锡银镍或锡银镍锗）是很有必要的。

40.2.3　组装工艺

通孔 PCB 作为一项低成本、高收益技术，可以应用于多个领域。其中一个决定因素是产品制造的自动化水平，其从手工组装到完全自动化不等（联机生产或分批生产）。特定的组装步骤包括元件插入（也称为板填充）、引线修整、焊接及组装后清洗。劳动力成本、资本支出、PCB设计、产品产量是决定这些步骤细节的影响因素。

有两种通用的组装工艺：单元（分批）处理工艺和流水线工艺。下面将分别讨论这两种方法。

1. 单元（分批）处理工艺

单元工艺将 PCB 的批处理过程分为不同的步骤，单元或工作站之间隔有一定距离，可以完全手动、半自动或完全自动化地实现相关操作步骤。例如，元件取放可以完全自动化，但是需要几台插件机插入不同类型的元件。表 40.1 列出了单元处理工艺的优缺点。单元（分批）处理工艺最适合组装多品种、小批量的产品（如样板开发或高可靠性 PCB），而且也有一定的灵活性。

表 40.1　单元处理工艺的优势与劣势

优 势	劣 势
单台机器的停止不会导致生产线停止	零件在单元间的传送、流动时间过长，不利于多品种、小批量订单的快速交货
工作流程可以选择，灵活性强	产品在单元间频繁转移增大了装运损坏的风险
灵活的设备改变与重置更利于多品种、小批量产品的生产	很难通过单元组装过程而预测生产线的产量

2. 流水线工艺

第二种方法是流水线工艺，不同的插装机器，以及某些情况下的焊接过程，通过自动传送/转运设备联系在一起。表 40.2 列出了流水线工艺的优缺点。流水线工艺最适合品种数少的产品（如消费类电子产品）的大批量生产。组装工艺功能相对单一，节约了成本与设备费用。

表 40.2　流水线工艺的优势与劣势

优 势	劣 势
提高了库存原料、产品流及操作者资源的可管理性，对多品种、小批量订单更有吸引力	单一机器故障或维修导致的停机可能会导致整个生产线停产
零件与机器间传递时间减少，缩短整个生产周期	设备灵活性降低，对多品种组装没有吸引力
减少了手工组装造成损害的可能性	设备成本和厂房空间需求，是重要的考量因素

大多数通孔元件的结构都可以分为 3 种几何形状：轴向引线、径向引线及双列直插封装（DIP），这些传统的配置广泛应用于电阻、电容、晶体管、晶振及有源元件、DIP 封装元件。也有不规则形式的元件封装，如变压器、开关、继电器。新型封装形式的开发，如引脚阵列封装

（PGA），有助于适应增加的功能，进一步缩小有源元件的体积。除了元件的实际尺寸、形状及引线外形，引线的表面处理也会影响通孔组装工艺。首先，表面处理可能会显著增加引线的直径，设计时必须考虑插件孔的孔径公差。其次，对于热焊料浸渍引线工艺，焊料可能会累积在引线末端部分而干扰元件的插装。

无铅合金会影响手工焊接的组装过程。首先，熔化这些合金所需的较高温度需要稍长的焊接时间。对于手工焊接，按锡铅焊接工艺设计的尖端温度控制同样适用于无铅焊接。然而，那些有较大元件引线或更厚的电路板，可能需要具有更高额定功率的更热尖端温度的电烙铁，必须设计相关"临界点"，以防止损坏元件或 PCB。其次，无铅焊料的高表面张力会减缓表面或孔内的润湿及扩展。例如，无铅焊料可能不会完全覆盖 PCB 底面的焊盘。最后，无铅焊料中高含量的锡会提高焊料对电烙铁头、波峰焊设备及 PCB 上铜镀层的咬蚀能力。

40.2.4 手工焊接工艺

在不同的应用中，用于通孔 PCB 的手工焊接步骤是不同的。首先是元件的插装。如果插装是完全手工操作，元件将按特定的组进行组装：第 1 组元件插装，然后焊接；第 2 组元件插装和焊接；如此类推。确定元件分组焊接顺序，既实现了产量的最大化，又考虑到了操作过程中的人为因素，将由于操作者疲劳或注意力不集中而导致的错件、引线损伤等风险降至最低。在半自动过程中，操作员可能只需要接收由机器部分完成或全部完成的 PCB。

接下来，就是焊接步骤。将要焊接的位置取决于 PCB 的结构。对于无镀覆孔设计的单面板，必须在有焊盘设计的一面进行焊接。另一方面，对于有镀覆孔的双面和多层板，焊接通常在底面进行，以避免烙铁对元件的热损伤，特别是在高密度板上。

手工焊接过程如下所述。

（1）操作员在焊点处涂敷助焊剂。

（2）烙铁尖端紧靠元件引线的一侧放置（见图 40.2），应尽可能保证烙铁头部与待焊接表面最大程度的接触，以达到最大的热量传递。

（3）将焊线放置在烙铁头部附近，一旦焊料开始融化，立即将焊线移到烙铁头的对面位置，先前融化的焊料作为一个热桥会使焊线继续融化，这样焊料就会向烙铁头的方向漫流，最终润湿焊盘表面及镀覆孔内。使用有芯焊线时，可以省略涂敷助焊剂的步骤。理想的焊接过程是，有足够功率的电烙铁及适当尖端温度和形状的烙铁头，一般在 3 ~ 7s 内完成焊接。

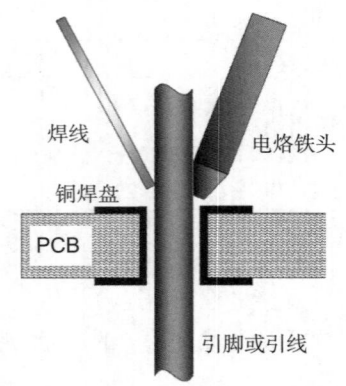

焊线

电烙铁头

铜焊盘

PCB

引脚或引线

图 40.2 烙铁头加热引线，以及
放置焊线的焊接示意图

（4）焊接过程完成后，要根据所用的助焊剂类型或产品的长期可靠性要求，及时清洗掉 PCB 上残留的助焊剂。

手工焊接也可以应用在大批量组装生产线上，每个焊接操作员只焊接 PCB 上的部分元件。对于单人工作单元，操作者可焊接 PCB 上的所有元件。或者，在接近完工的 PCB 上添加非规则元件，完成最终的组装步骤。

40.2.5 自动焊接和插装技术

在自动组装过程中，通常的顺序是插入元件后进行焊接（通孔浸焊膏焊接工艺略有不同，焊膏的应用可以在元件插入之前，也可以在插入之后）。

1.元 件

通孔元件的插装通常按照如下顺序进行：

- 双列直插封装（DIP）
- 轴向引线元件
- 径向引线元件
- 不规则元件

组装厂必须根据产量需求及产品类型（元件密度、板子尺寸等）选择合适的插装设备。这些因素决定了设备的物理尺寸、插件速度及元件的操作（分段）特性要求。

双列直插封装　自动插入工艺的第一步是放置 DIP 封装。典型的双列直插封装（见图 40.3）一般设计为两种宽度：7.6mm 和 15.2mm。封装长度随引线数量而变化，如 6 引线 DIP 封装可以有相同的 7.6mm 的宽度和长度。另一方面，42 引线 DIP 封装宽 15.2mm，长 54.6mm。通常情况下，双列直插封装放在 61cm 长的塑料管中。插件机把这些管竖直放到设备中，选择合适的封装并运送至设备中心后插入电路板。插入过程中，工具通过引线抓取元件，这些工具是根据不同的双列直插封装尺寸而设计的。

图 40.3　双列直插封装（来源：桑迪亚国家实验室）

双列直插封装主要是塑料（PDIP）或陶瓷（CerDIP 或 CDIP）外壳封装。通常，PDIP 封装铜制引线框架的表面镀层是电镀镍层（焊接层）和锡铅（保护层）。从环保角度考虑，纯锡镀层代替了先前的锡铅镀层。CDIP 封装采用低膨胀率的铁基合金引线，引线表面或者是电镀保护性铜层，或者是覆盖金层（保护层）的电镀镍层（可焊层）。虽然很少会有厂家采用热焊料浸涂，但在售后市场可以应用这种方式，如防止 100% 纯锡镀层（PDIP）的锡晶须，或避免金表面处理层（CDIP）的金脆。此外，热浸锡涂层除了可能影响通孔外，还需要解封和重新封装元件，既可能损坏引线，也增加了总的组装成本。

轴向引线元件　DIP 开封后即是插入轴向引线元件。为防止损坏，供应商一般都将其引线捆扎在一起。引线的捆扎，遵循编号 296-E 的 EIA 规范。轴向引线元件如图 40.4 所示。操作过程中，机器将轴向引线元件从封装条带上切割下来，并顺序放入传送系统。轴向引线元件的引线通常是铜或铜合金、铁基合金材料，用电镀锡铅或纯锡涂层来保持可焊性。热浸焊涂层（锡铅或无铅）可能会逐渐代替纯锡涂层，尤其是对高可靠性应用而言。确定通孔和引线间的尺寸公差时，应当考虑涂层厚度。此外，热焊料浸涂均匀性通常较差，尤其是熔融焊料凝固前易聚集在引线末端，更容易导致引线末端厚度的增加。

轴向引线元件要在径向引线元件前插入，因为通常情况下，轴向元件整体比径向元件小。因为相关的工具也很小，所以在径向引线元件前插入轴向元件有利于高密度板的组装。

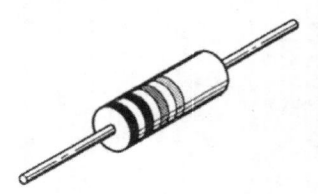
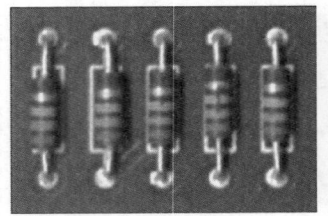
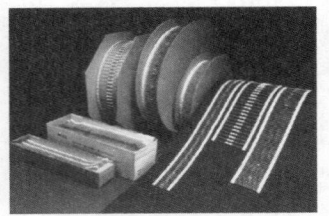

（a）轴向引线元件　　　　　　　　　　（b）条带卷与盒子中的轴向引线元件

图 40.4　不同形式的轴向引线元件（来源：桑迪亚国家实验室）

径向引线元件　径向元件在 DIP 和轴向引线元件之后插入。径向元件在大小、形状、高度、质量上差别很大（见图 40.5）。引线处理、类型和厚度等要求，均与轴向元件相同，可能的例外是密封型元件，如 TO-5 外壳中的有源硅芯片、光电封装和继电器。这种元件通常具有低膨胀率，铁基合金引线允许其使用玻璃 - 金属连接封头。尽管一些元件制造商在电镀镍层上使用锡铅或纯锡层，其他供应商仍旧喜欢在电镀镍层上镀金（保护层）以提供足够的可焊性。在这种情况下，应通过热焊料浸渍去掉金层，以避免金脆影响互连。

径向引线元件通过引线黏附在一起。与其他元件插入方式类似，径向元件插装设备将元件从黏附带上移除，并通过自动传送系统将它们按顺序插在 PCB 上。用于径向元件插入的设备，设计时会避免也适用于 DIP 和轴向元件。

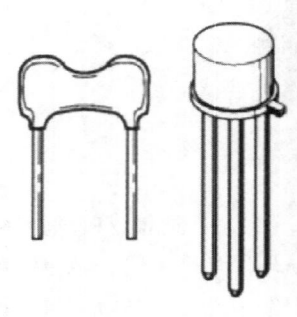

（a）独立元件　　　　　　　　　　　（b）条带卷

图 40.5　径向引线元件（来源：桑迪亚国家实验室和通用仪器）

不规则元件　不规则元件是最后安装的元件。所谓不规则元件，顾名思义，这些元件不容易实现自动化组装。原因有二：（1）它们很难使机器有足够的"空间"容纳它们；（2）其几何结构（形状或尺寸）非客户通用需求，因此制造商很少制造特定的机器来为它们提供现成的工具。

大功率应用通常需要各种不规则元件，包括大体积的简单 DIP、轴向引线封装或径向引线封装。同时，不规则元件也包括变压器、开关、继电器、连接器等。这些元件的几何形状如图 40.6 所示。非常规的封装尺寸和形状往往伴随着非常规的引线配置和材料，通常是铜和镍基合金引线，或者由钼和镍等耐火材料组成的引线。引线可以是圆的、方的或带状。不论引线的材料或非典型的几何形状（PCB 上必须有对应形状的孔），总是要求引线有足够的可焊性。引线通常镀有可焊层（铜或镍）和防护层（金、锡、锡铅等），与传统焊接工艺的元件非常类似。

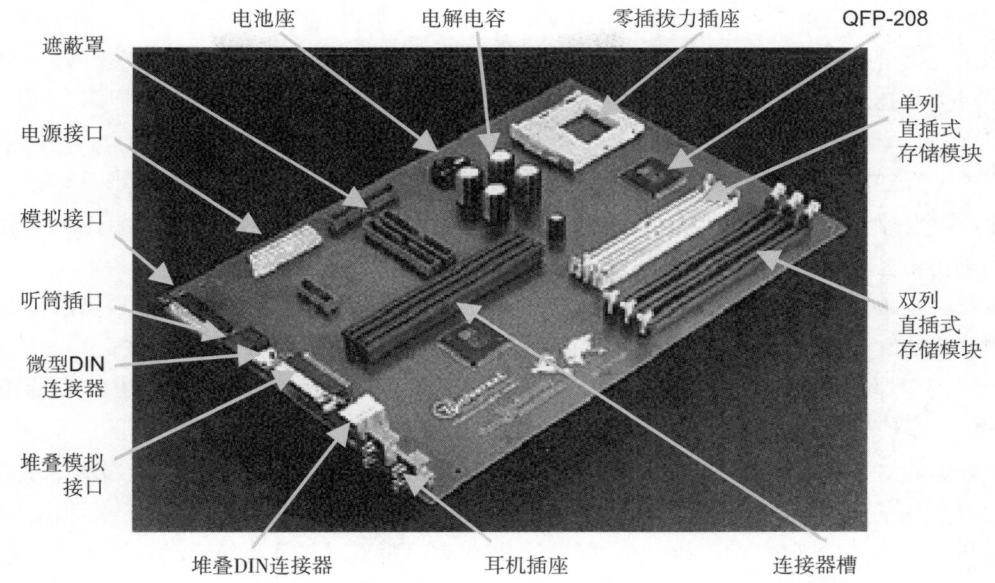

图 40.6　不规则元件、通孔元件与 PCB 组件（来源：通用仪器）

2. 插装设备

　　由于对通孔电路板焊接牢固性需求的增强，插装设备的能力也在稳步提高。无刷伺服电机和最先进的运动控制器及传感器，已经分别取代了大多数的气动驱动组件和体积大（和慢）的机械开关和继电器。一些设备甚至可以在插装之前检测元件的电气性能。插装速度达到 40 000 个元件 /h 时（CPH），对常见的轴向和径向引线封装，缺陷率仅是万分之几。可互换式工具允许自动插装许多不规则形状的元件。无铅焊料的引入对自动插装设备不会产生直接影响。

40.2.6　自动焊接与波峰焊

　　最常用的通孔和混合表面组装 PCB 的焊接工艺是波峰焊。波峰焊工艺如图 40.7 所示。组装（或"装载"）的电路板固定在传送机的皮带上，而传送带携带电路板通过助焊剂涂敷器，然后是预热阶段，最后通过熔融焊料进行波峰焊。

　　有趣的是，波峰焊工艺中最关键的步骤是助焊剂的使用。手工涂敷助焊剂是更精确的方法，

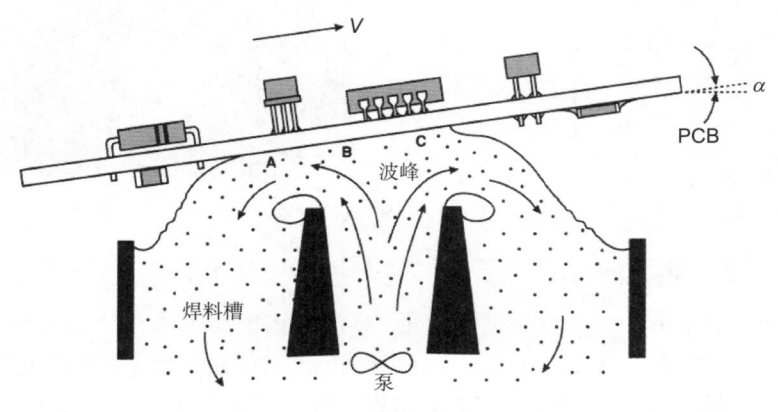

图 40.7　波峰焊

而使用自动化助焊剂涂敷器可以提高效率，其优势是进入波峰焊时可以更好地控制助焊剂用量。因为在进、出熔融焊料时都可以控制助焊剂用量，进而可以帮助减少漏焊、桥连或锡尖等缺陷。可以通过喷涂技术或将 PCB 通过助焊剂泡沫进行助焊剂涂敷，后一种技术通过泡沫式助焊剂涂敷器实现。

涂敷助焊剂后，PCB 通过由一套热辐射设备组成的预热区。随着 PCB 被加热，挥发物从助焊剂涂层挥发掉（不充分去除会导致焊点空洞和气泡），并激活元件引线或 PCB 导体末端上的助焊剂和氧化物之间的化学反应。

泵吸取熔融合金后，利用向上的喷嘴形成一定高度的焊料波，然后落回到焊料槽内。焊料槽内是温度为 260℃ 的共晶锡铅焊料。PCB 通过传送带装载并经过焊料波表面，底面接触焊料波，熔融焊料润湿焊盘，并利用毛细作用向上流过通孔。传送速度和出射角，也就是 PCB 接触焊料波的角度，是使得波峰焊缺陷最小化的关键参数。

波峰焊的另一个关键参数是焊料波的几何形状。图 40.8 是常用的双波示意图。第一波是湍流，抵消熔融焊料的表面张力，迫使熔融焊料形成局部的几何形状，以启动润湿过程。第二波是平流或层流，层流波位于出口处，在熔融焊料从 PCB 表面脱离时，其几何形状可以降低桥连和锡尖的风险。图 40.9 显示的是进入双波焊料系统湍流波的 PCB 图。

对波峰焊设备进行改良，可实现所谓的选择性波峰焊。选择性波峰焊不再使用容纳整个 PCB 尺寸的长波，而是利用喷嘴形成熔融焊料喷泉。几何形状减小后的焊料有利于焊接 PCB 上的单个元件或局部特定区域的几个元件。使用手动操作应用助焊剂和预热 PCB 的焊接过程如之前所介绍。

无铅焊接的引入也影响波峰焊工艺。幸运的是，对于 99.3Sn-0.7Cu（质量比）和锡银铜合金的大部分应用，共晶锡铅焊料采用的 260℃ 焊接温度被证明是合适的。一些用户喜欢将焊料槽温度由 260℃ 提高到 270℃。为了获得光滑的焊接表面并便于检验员目检，通常添加元素镍和锗到无铅焊料中。由于锡基合金较高的表面张力，对无铅焊料而言，PCB 退出焊料波时增加了开路、桥连和锡尖的形成概率。可以通过改变助焊剂化学成分、调整喷射角及传送速度来减少这些缺陷。最后，无铅波峰焊的一个特定问题是高锡合金对机器零件的侵蚀，通常在叶轮、喷嘴、挡板、焊料槽侧壁添加特殊涂层来减轻侵蚀。

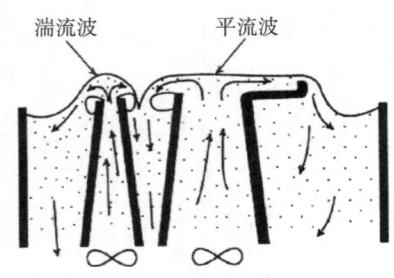

图 40.8　双焊料波配置的原理图

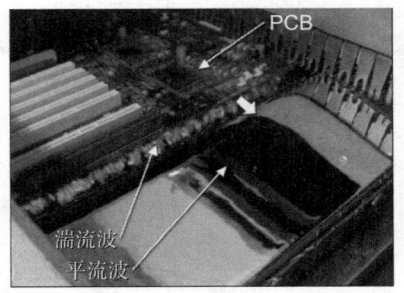

图 40.9　双焊料波配置的照片（来源：Vitronics-Soltec）

40.2.7　通孔回流（通孔浸焊膏）焊接

表面贴装流水线工艺可以大幅提高组装产量。通常情况下，表面贴装工艺包括 3 个基本步骤：（1）丝印焊膏；（2）取、放元件（贴片）；（3）焊膏回流。为了获得与通孔焊接类似的组装产量，业内正在研发通孔回流工艺以代替波峰焊接。借助于丝网或钢网印刷，以及点涂技术，然后将元件插入通孔。在某些应用中，元件先插入 PCB，随后用专用的针和泵将焊料灌入通孔，最后将 PCB 通过回流炉。该工艺的主要问题是，必须提供足够的焊膏，不仅在焊点处形成较好的焊料圆角，也要填充至通孔内，并且，最好能够在双面和多层板的底面形成较好的焊料圆角。

另一个需要考虑的因素是通孔元件的温度敏感性。上文提到波峰焊、选择性波峰焊，甚至手工焊接中，温度主要受制于元件引线和 PCB。最坏的情况是，通孔元件的封装材料只能经受预热温度。然而，通孔浸焊膏工艺要求元件必须可以承受焊接温度。因此，在转换为该工艺之前，必须对所有元件的容许温度范围进行彻底确认。

40.2.8 清 洗

焊接工艺的最后一步是从组装完成的 PCB 上去除助焊剂残留物。免清洗助焊剂，顾名思义，不需要从 PCB 上清除焊接后产生的残留物，强腐蚀性活化剂被包裹在聚合固化后的残留物中。然而，免清洗助焊剂可能会干扰在线测试（探针）和检验，降低焊点美观性，抑制返工和减弱敷形涂层的附着力。当上述任何一个因素变得重要时，相比于开发免清洗助焊剂，转换到可清洗助焊剂无疑是一个更好的选择。

低固体含量助焊剂（不要与免清洗剂混淆）只是减少了固体含量，以便进一步减少残留物。低固体含量助焊剂可以成功地用于波峰焊和通孔浸焊膏工艺，从而避免清洗。然而，由于焊接烙铁头的温度较高，难以在手工焊接工艺中使用，可能会引起活化剂的过早缺失，进而导致较差的可焊性。

在单元或流水线工艺中都可以进行清洗，最佳的设备是由产量、场地空间及资本支出成本决定的。更小的单元清洗机（或称洗碗机）对分批生产工艺（如手工焊接），以及低产量的 PCB 组装都具有很好的成本效益。在线清洗设备则被放置在焊接组装线的末端，以适应高产量的要求。是否使用单元或在线清洗设备，一个同样重要的考虑就是选择清洗的类型。基于溶剂的、水溶性的和半水溶性的清洗材料都是商用的，其满足环境方面的法规并可以有效去除助焊剂残留物。

无铅焊接对清洗工艺的影响取决于特定的组装工艺。得益于无铅波峰焊采用和锡铅焊接相同的温度，因此并不会对助焊剂残留物增加额外的热降解，也不会使其从 PCB 表面的去除变得更加困难。虽然在一定程度上，手工焊接时的焊接时间略长，可以观察到这种差异。对通孔浸焊膏工艺而言，热影响仍然是最重要的，因为无铅焊接需要的回流温度会更高。

40.3 表面贴装技术

表面贴装技术（SMT）是指将元件焊接到 PCB 表面的焊盘上，元件可以焊接在 PCB 的一面（单面）或两面（双面）。表面贴装技术可以追溯到 1960 年在混合微电路上的应用（由于很难在陶瓷基板上钻孔），直到 1980 年才被应用在层压基板上。表面贴装技术有利于实现更小的元件和更大的布局密度：小孔取代大孔用于 PCB 表层和内层之间的信号传输，布线的精密化和元件高度的减小有助于 PCB 的小型化和多功能化。SMT 板如图 40.10 所示。

SMT 的趋势是使用更小的无源元件，如电容、电阻和电感；以及使用埋入式无源元件，即将电阻和电容埋入板内。埋入式无源元件可以为表面积较大的有源元件腾出更多的空间。

有源元件有两个相对的趋势。一方面，越来越多的晶体管被集成到硅芯片上，存储元件（RAM、SDRAM 等）的尺寸变得越来越小。另一方面，微处理器和专用集成电路（ASIC）由于增加功

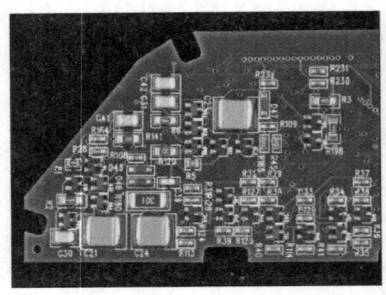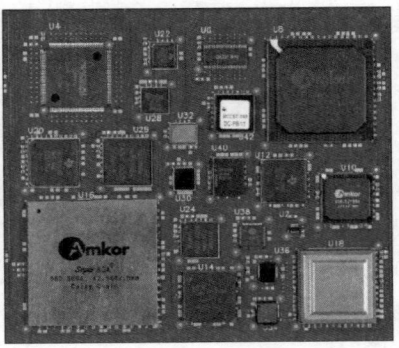

图 40.10　显示无源和有源元件尺寸和图形的 SMT 板
（来源：桑迪亚国家实验室和美国竞争力协会）

能而变得越来越大。从周边引线封装到面阵列封装的改变可以说明这两种趋势，面阵列封装包括
BGA 及用 CSP 和 DCA／FC 技术焊接的同类型元件。周边引线封装和面阵列封装如图 40.11 所示。
面阵列技术的优势在于，可以通过减少从封装延伸出来的引线来减小元件尺寸；同时，使得封装、
运输和贴片过程中 PCB 上易碎引线的损失大大减少。

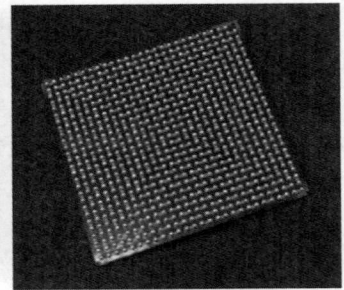

图 40.11　周边引线封装（左）和面阵列封装（右）（来源：桑迪亚国家实验室）

　　面阵列技术发展初期，与 0.4mm 和 0.5mm 的细节距相比，周边引线封装的引线尺寸和节距
比较大。然而，引线端子数随面阵列封装功能的增加而增加，特别是采用 DCA 技术时，锡球的
大小和节距有明显下降。

　　元件功能的增加和进一步的小型化，催生了更高的板密度，对 PCB 技术的要求也更加严格。
增加内部导电层数会形成更厚的 PCB，相比于 1.58mm 厚的标准板，现在更常见的厚度是 2.29mm，
甚至许多产品的厚度大于 2.54mm。内部导电层的设计不仅有助于电信号传输，而且有助于消除
有源元件产生的过多热量。同样，层压板内用于内层和表层之间传递信号的导通孔，也可以消
除大型有源元件的多余热量（如微处理器、ASIC 等）。导通孔的厚径比（长度／直径）可以达到
8：1～12：1，已经接近制造及结构可靠性要求的极限。

　　表面贴装技术的主要优点是可以实现自动化组装，大大降低制造成本。焊膏是焊料金属粉、
助焊剂和触变剂混合而成的，通过丝网、钢网印刷或点涂技术对焊膏量进行精确控制（厚度和面
积）。贴片机能够将特别小的元件准确放置在印刷的焊膏（或"砖块"）上。焊膏中助焊剂的黏
性使元件保持位置不变，然后组装（或插入）PCB，通过对流、辐射或气相（或冷凝）回流熔化
焊料。使用机器组装的步骤包括焊膏印刷、元件放置、回流，这些都通过传送带实现流水线生产。
事实上，最后一步的清洗 PCB，也可以认作组装工艺流程的一部分。

　　当然，根据产量和投资要求，可以考虑不同程度的自动化。然而，随着贴装产品的持续小型化，

对特定焊膏量的可重复放置和元件放置精度的严格要求，都要求表面贴装技术逐步实现全自动化组装。

混合技术指的是，在同一 PCB 上进行表面贴装和通孔元件焊接。表面贴装元件的缺乏是使用通孔元件的主要原因。通常，先使用对流 / 辐射或气相回流工艺将表面贴装元件焊接到 PCB 的顶面（先进行表面贴装的原因在于，通孔元件会妨碍焊膏印刷和贴片），然后将通孔元件焊接到 PCB 上。实际的焊接过程是在 PCB 底面进行的。通孔元件较多时，一般采用波峰焊。如果有表面贴装元件位于底面，同样可以采用波峰焊。然而，这些元件必须首先通过黏合剂固定到指定位置。如果通孔元件相对较少或底面贴装元件不能采用波峰焊，手工焊接可能是更好的选择。

40.3.1　无铅焊接

表面贴装技术也受无铅焊接技术的影响。幸运的是，这种影响并没有包括对新的自动化设备的需求。无铅焊膏的作用在本质上与锡铅焊膏在印刷过程中的作用相同。无铅回流焊时，通常会微调丝网和钢网开孔，以适应无铅焊料合金可焊性差的特点。无铅焊接工艺中，贴装设备可以保持不变，回流焊必须能够适应无铅焊料较高的工艺温度要求，气相回流设备用液体来提供无铅焊接工艺所需的更高温度（如前所述，对于混合技术 PCB，改造用于无铅组装的波峰焊机会产生较高的成本，包括替换焊料和部分容易遭受高锡合金腐蚀的零件）。

无铅技术带来的最重要的影响在回流焊工艺参数方面，特别是时间 - 温度曲线。长时间较高的回流温度增加了元件和基材受热损坏的可能性。此外，为了达到更高的回流温度，也必须考虑焊膏敏感性与温升速率之间的相互关系。焊膏和时间 - 温度曲线之间的不兼容会增大缺陷率，如产生空洞、锡珠，以及由于焊膏塌落导致的短路等。同样，从较高的回流温度过快地冷却也可能导致 PCB 弯曲和无源元件开裂。无铅焊接工艺中，时间 - 温度曲线控制得越好，回流焊的效果也会越好。

相比锡铅焊料，无铅焊料本质上的可焊性更差。相对于快速的波峰焊和手工焊接工艺，润湿和漫流速度慢对于表面贴装回流工艺并不是一个关键因素。然而，无铅合金焊料较高的表面张力会限制其焊盘上的漫流，尤其是在纯铜的情况下，会遗留未被焊接的角。选择适当的助焊剂和使用替代的表面处理工艺可以减小某些情况下板面上的表面张力。较大的表面张力也会增大无源元件，尤其是小封装尺寸电阻和电容发生立碑效应的可能性。立碑效应程度不一，可以只是元件一端从焊盘上抬起，也可以是元件完全被拉到一端并垂直竖立。

40.3.2　设计考量

表面贴装 PCB 的设计需要考虑 3 个有关组装工艺的因素。第一，不同的封装对应有不同的焊盘配置。第二，更高的板密度使得超过上万个焊点同时焊接。第三，元件的小型化，以及位于底面的面阵列封装焊点，都进一步削弱了修理、返工以纠正焊点缺陷的能力。IPC SM-782 和 D-330 等文件提供了大量的设计规则，以规范焊盘的尺寸和位置。表面贴装 PCB 通常是双面或多层的，因此设计还必须考虑层压板内部，通过放置通孔实现的内层和表层之间信号的连接。

组装还要考虑元件的布局。较高的元件密度需要在钢网上设计大量的开孔，这可能会导致钢网局部变得脆弱而不能有效控制焊膏沉积。具有较多元件尺寸和封装配置的表面贴装 PCB，可能需要多个厚度的钢网来适当控制焊膏沉积。焊膏印刷质量是决定回流焊工艺中所检查到的焊点缺陷的决定性因素。

表面贴装 PCB 的布局设计是优化回流焊工艺的时间 - 温度曲线的一个重要因素。第二个重要因素是 PCB 的整体热容，主要由 PCB 的厚度和层数，以及各种封装尺寸和材料决定，这些会导致 PCB 表层的最小无源元件和较大球阵列封装之间产生 20℃的温度差异。此外，双面组装需要两个回流过程，因此，较大的元件应放置在最后焊接的面。如果放在第一次焊接的面，当 PCB 颠倒进行第二次焊接时，大封装元件可能会从 PCB 上脱落，除非用黏合剂或固定化合物把元件保护好。

无铅组装的 PCB 设计必须考虑同锡铅技术相同的因素，但重点是考虑更高焊接温度的影响。例如，PCB 上元件之间的温度差异。最重要的是，高密度混合工艺 PCB 上不同尺寸和形状的元件之间被愈加放大的温度差异。对于混合技术产品，由于无铅合金的可焊性较差，最大的基板厚度受到限制。限制导通孔厚径比（通常不大于 10∶1）是必要的，可以防止回流工艺或长期可靠性的损失造成的直接损害（缺陷）。

40.3.3　组装工艺

表面贴装技术的基本组装步骤是（1）印刷焊膏，（2）拾取和放置元件，（3）焊料回流。当 PCB 上同时存在表面贴装元件和通孔元件时，组装过程十分复杂，也就是前面提到过的混合技术。一般情况下，小体积的无源元件和隐藏焊点的面阵列封装，手动组装较为困难，手动修复和返工时也会受以上因素限制。

本节列出了不同类型 PCB 工艺的组装顺序和步骤。顶面，这个专业术语通常指元件密度最大的那面和（或）存在密集、较大有源元件封装的那面。随着 PCB 产品功能的增加，两面之间的物理差异变得越来越不明显。因此，PCB 两面可以简单地给定一个名称：A 面或 B 面。

（1）单面（顶面），仅表面贴装：
- 印刷焊膏
- 放置元件
- 焊膏回流

（2）双面，仅表面贴装：
- 底面，印刷焊膏
- 底面，必要时用黏合剂点涂较大元件
- 底面，放置元件
- 底面，回流焊膏和固化黏合剂

将 PCB 翻转至顶面：
- 顶面，印刷焊膏
- 顶面，放置元件
- 顶面，焊膏回流

（3）双面，混合技术（底面波峰焊）：
- 底面，对表面贴装元件进行黏合剂点涂
- 底面，放置表面贴装元件
- 底面，固化黏合剂

将 PCB 翻转至顶面：
- 顶面，印刷焊膏

- 顶面，放置元件
- 顶面，焊膏回流
- 顶面，插入通孔元件

保持顶面朝上：

- 对通孔元件和底面表面贴装元件进行波峰焊

在生产双面混合技术产品的第（3）种方式中，相对于顶面焊接的步骤，底面元件放置（点涂）的顺序安排具有一定的灵活性，主要取决于贴片机的设备能力。

对于具有锡球的面阵列封装技术（BGA、CSP 和 DCA），可以选择不向焊盘涂敷焊膏，只将助焊剂沉积在焊盘上，也足以保证 PCB 在回流过程中完成焊接，因为锡球可以提供焊点形成所需的焊料。然而，这样做的代价是减小了间隙高度，从而影响焊接过程中的自对准（以及之后焊点的可靠性）。对于 DCA / FC 组装过程，常常考虑省去焊膏。由于锡球及相应的焊盘尺寸太小，不可能印刷与焊盘尺寸一致且数量合适的焊膏。

对于双面仅表面贴装的第（2）种方式，也采用了分步焊接工艺。高温焊料，通常是 96.5Sn-3.5Ag 合金（共晶温度为 221℃），用于焊接底面元件。当顶面的焊点采用锡铅焊料（共晶温度为 183℃）时，这些底面的焊点不会再次熔化。当然，这需要严格的工艺控制，因为锡银共晶温度是 221℃，而这与锡铅工艺的最佳峰值工艺温度（210~220℃）很接近。该方法不需要在 PCB 上进行点涂和固化操作，所以为体积较大的无源和有源元件在 PCB 两面的放置提供了选择。但是，使用较高熔融温度的无铅锡银铜焊料几乎不能使用这种分步焊接工艺，因为无法为第一步找到更高焊点的焊料。

下面从不同元件类型开始，讨论表面贴装工艺中的每个步骤。评估不同的点涂工艺，包括焊膏和黏合剂；元件放置机，以及使用的各种热源，如对流／辐射回流炉、波峰焊设备、冷凝回流装置、手工焊接和传导焊接。最后，介绍清洗工艺。

1.元　件

各种各样的元件都可用于表面贴装 PCB。供应商为满足小型化、功能化和可靠性需求，不断地制造新产品，元件的形状、尺寸和材料也不断变化。最常见的表面贴装元件是无源元件或片式元件，如电阻、电容和电感。片式电容和电阻常常和一组 4 位数字联系起来，如 1825、1210 或 0804。前两位数字指的是元件长度，也即元件两端的距离，其单位通常是 10^{-2}（0.xx）in；后两位数字指的是元件宽度，其单位也是 10^{-2}（0.xx）in ［对于无源元件，采用类似的基于公制的数字表示（mm），其实际值与英制非常接近，可能会产生混淆，特别是与海外公司合作时］。所以，一个 1825 电容有 0.18in 长和 0.25in 宽。无源元件的立体照片如图 40.12 所示。片式电阻具有很好的鲁棒性，因此在组装过程中极少损坏。多层片式电容则由于对温度敏感，在组装过程中容易开裂，特别是在温度斜率较大的情况下。

片式电阻是通过在氧化铝陶瓷上沉积一层薄膜制作的。连接电阻元件的顶部、两端及部分底部形成焊点连接。末端结构由烧结的银基厚膜、镍或铜的阻隔层，以及锡、锡铅或金电镀层组成。

片式电容是由特殊的基于氧化物的陶瓷和薄膜层交替构成的，其中薄膜层结构提供元件的电容值，这种电容器被称为多层薄膜型（MLTF）。第 2 种电容器的类型是，电极在一个均匀陶瓷块的顶面和底面。用陶瓷制作的片式电容往往比铝基片式电阻更脆弱。层结构组成的 MLTF 电容特别易受机械和热冲击的影响。

片式电感也有两种类型。线圈电感是由细铜导体缠绕氧化铝瓷体构成的，铜导体缠绕氧化铝

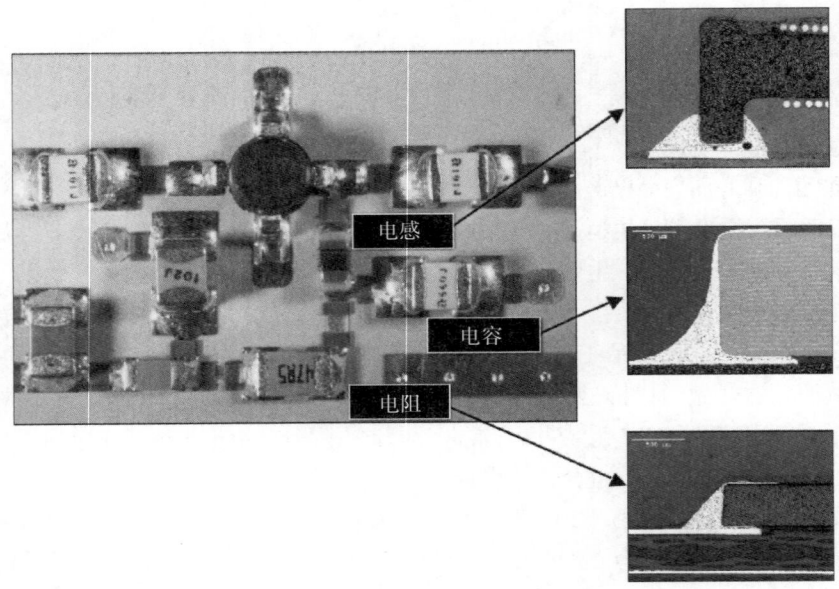

图 40.12 表面贴装无源（片式）元件的焊点截面图：电感、电容和电阻
（来源：桑迪亚国家实验室）

的尺寸和数量决定了电感的大小。第 2 种是薄膜电感，线圈是按图形制作的薄膜，然后沉积在一块氧化铝上（虽然薄膜电感相比线圈电感更容易制作，但其电感值范围有限）。

表面贴装产品中多达 40% 的无源元件都是片式电容，这些元件的小型化是减小电子产品尺寸和质量的关键因素。手持电子设备产品（如手机、掌上电脑等）中常见的电容尺寸已从 0603 下降到 0402，甚至 0201、01005。

部分二极管和全部有源元件有各种各样的周边引线和面阵列封装。二极管和晶体管通常采用小外形封装（SO），也就是小外形二极管（SOD）和小外形晶体管（SOT）封装，其封装体是塑封化合物。SOD 有 2 条引线，SOT 有 3 条引线。引线极具鲁棒性，呈鸥翼状，并且多数由铜或铁基合金构成。较大的有源元件需要更多的引线端子，使用小外形集成电路（SOIC），其鸥翼形引线从长边的两侧伸出。鸥翼引线极具鲁棒性，其节距通常为 1.27mm（50mil）或 0.635mm（20mil）。节距是指相邻两引线中心线之间的距离。

需要进一步增加引线数量时，可以将引线放置在封装的 4 个侧面。引线的几何形状一般有鸥翼形和 J 形。J 形结构中，引线在封装下面向内弯曲，以减小焊盘面积。与鸥翼形引线相同，J 形结构也具有鲁棒性，引线节距通常也为 1.27mm（50mil）或 0.635mm（20mil）。

引线节距小于 0.635mm 的，从 0.5mm 或 0.4mm 开始，被称为细节距（封装）。越小的引线越脆弱，它在处理及拾取和放置环节更容易受到损坏。同时，细节距封装对引线的共面性要求更加严格。共面性是指封装外围的引线底面处在同一水平面的程度。非共面引线，如果引线距离焊盘较高，而且用于这些较小引线的焊料较少，就有可能产生开路；引线过低，则可能会在放置过程中受到损坏，也可能影响焊膏沉积，进而导致组装后在相邻引线间出现有缺陷的连接或短路。

外围引线封装的第 2 种类型是无引线陶瓷芯片载体（LCCC）。这种封装采用陶瓷材料，引线封装在元件的 4 个侧面。通过在镍层上沉积金层来获得城堡形状部分的可焊性，镍和金层向下延伸到城堡和框架之下，形成焊盘。该封装仅适用于低膨胀系数的基板，如陶瓷基板。否则，焊点即使暴露在适中的热循环环境下，也会因热机械疲劳（TMF）而迅速退化。

面阵列封装包括 BGA、CSP、触点阵列（LGA）、DCA /FC 及陶瓷柱栅阵列（CCGA）。这些产品的共同特点是，焊点连接通过位于封装底面的可焊接焊盘阵列形成，而不是周边引线或城堡形状引线。BGA 和 CSP 之间的区别是，后者规定了塑封尺寸，要小于裸片尺寸的 1.2 倍，而 BGA 封装尺寸没有限制。

BGA 和 CSP 的典型节距为 1mm、0.8mm、0.65mm。这里的节距是指任何两个相邻锡球或触点中心点之间的距离。因此，面阵列封装的对位要求不是很严格。此外，当封装和 PCB 之间有足够的焊料时，可以通过熔融焊料的表面张力实现自对准。然而，当锡球的数量达到数千个时，就需要减小锡球的尺寸和节距，这反过来要求元件放置有更严格的控制。DCA 的情形同样如此，锡球的尺寸和节距要分别小至 0.10mm 和 0.25mm。

CCGA 是 BGA 的一种变体，只是封装过程中的锡球被焊料柱取代。焊料柱可以吸收两种材料间因为热膨胀失衡而产生的较大应变，因此允许将陶瓷封装组装到热膨胀系数相当大的有机层压 PCB 上。焊料柱的形成需要较高的熔化温度，铅基合金（如 95Pb-5Sn 或 90Pb-10Sn）不会在共晶锡铅焊料回流过程中熔化。铜螺旋缠绕在焊料柱周围能够提高产品的耐用性，减少操作或贴装过程中可能产生的损坏。

表面贴装元件的快速发展产生的封装和引线配置目前仍没有标准化，导致了异型元件的出现，包括表面贴装开关和连接器，以及各种各样的电感（见图 40.13）、发光二极管和变压器。

大量与组装有关的问题都与异型元件有关。首先，在 PCB 上设计尺寸正确的焊盘是必要的。其次，钢网必须有正确的开孔尺寸来印刷足够量的焊膏，在贴装过程中，有可能需要用定制工具来处理异型元件。最后，异型元件通常较大且较重，因此在回流焊过程中，当焊料熔融时，它们可能不会自对准焊料。

无铅焊料的转换对表面贴装元件具有显著的影响。对于无引线无源元件和周边引线封装，传统锡铅镀层已逐渐被纯锡镀层所取代。纯锡镀层有可能产生锡须，因为其有可能在导体周围造

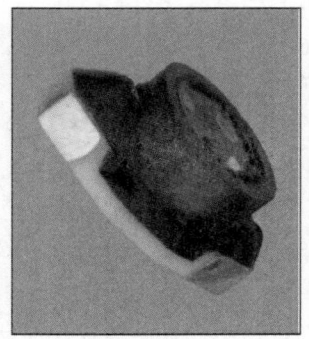
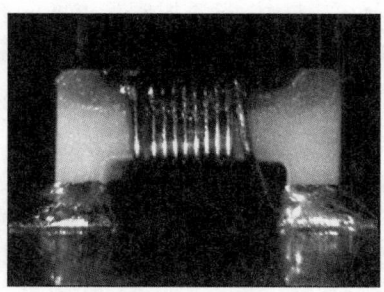

图 40.13　异型表面贴装电感图例（来源：桑迪亚国家实验室）

成短路。对于 BGA、CSP 和 DCA 技术，183℃熔点的锡铅锡球，正逐步被 217℃熔点的锡银铜合金所取代。对于 DCA/FC 和 CCGA，用于锡球和焊料柱的高铅合金，在用来产生第 2 级互连的锡银铜焊料工艺中都不会熔化。

2. 点　涂

在表面贴装技术中，三类材料需要在 PCB 上进行点涂：黏合剂、助焊剂和焊膏。实际上，三类材料都使用相似的设备。

黏合剂　黏合剂用于将表面贴装元件固定在 PCB 上。例如，当暴露的表面贴装元件使用波峰焊工艺混合技术组装时，可能会需要黏合剂。此外，双面焊接时，为防止较大的元件在另一面回流时脱落，也可能需要黏合剂予以固定。在这种情况下，封装质量已经超过熔融焊料的表面张力（焊料表面张力能维持较小的元件黏附在 PCB 表面）。黏合剂要能够承受波峰焊或回流焊过程中的温度条件，以及助焊剂的化学活性；还要将较大的表面贴装元件固定在 PCB 上，提供必要的附着力，尤其是在机械冲击和振动环境下。

黏合剂通常不用于通孔元件，因为引线的铆合效应足以在焊接前后给元件提供足够的支撑力，而且，焊接后的通孔焊点也有足够强度来承受很大的冲击力和振动。不过，在非常恶劣的环境下，也可以使用黏合剂将通孔元件固定在基板上。

控制点涂的黏合剂的量非常重要，必须有足够的黏合剂以保证黏合功能。但另一方面，太多的黏合剂又可能会溢出到焊盘或元件引线中，导致较差的可焊性。一些黏合剂很容易出现溢出或渗出（从黏合剂沉积物处渗出）现象，这是构成黏合剂的材料分离成单一液体成分所导致的，可能会污染附近的可焊性表面。对于高密度板，整个黏合剂的迁移或其成分的渗出，都可能会污染其他元件的焊盘，进而影响其位置和可焊性。

黏合剂的作用是保持元件在焊接过程中的位置不变，附着的黏合剂是元件焊接后的一部分，但是黏合剂不能影响组装的下一个步骤或对 PCB 长期可靠性产生影响。例如，一些环氧树脂容易吸收水分或其他有机化合物。在产品使用过程中，这些吸收的物质可能因为后续的温度剧增而逸出，从而污染关键元件（如传感器）。因此，在特定的应用中，根据不同的元件和 PCB 选择不同的黏合剂材料很重要。

用于电子组装工艺的黏合剂材料通常基于环氧树脂或硅树脂。黏合剂可以按功能 / 材料类别分为 4 种：热固性黏合剂、热塑性黏合剂、弹性黏合剂、增韧混合黏合剂，其区别在于成分、固化周期类型，以及固化前后材料的属性。固化周期通常要求具有一条升高的时间 - 温度曲线，必须保持 PCB 自身或其组装元件温度不降低。不言而喻，增加的固化步骤放慢了整个组装过程。

热固性黏合剂通过加热或催化反应产生交联聚合物链进行固化，一旦固化，就不易因温度升高而软化。环氧树脂就是一种热固性黏合剂，由于其在波峰焊、回流焊等高温环境下不会被弱化，所以被广泛应用于电子元件。同时，环氧树脂可以抵抗溶剂和水基清洗液的侵蚀。环氧树脂可以是单组分，其中固化剂与树脂已经混合在一起；也可以是双组分，在应用前将两种化学物质进行混合。从组装角度来看，虽然单组分环氧树脂会比较方便，但其存储和处理必须严格控制，防止在使用前固化。两种环氧树脂都是通过升高温度予以固化，固化温度范围从低于 100℃到高达 125 ~ 150℃，时间为 1 ~ 4h，这取决于具体的产品要求。热固性黏合剂固化时很少释放气体。温度升高时这些材料会产生较高的残余应力，导致封装、环氧树脂和基板产生极大的热膨胀失配。热固性黏合剂的持久性使得修理或返工复杂化，去除这些黏合剂通常需要机械刮除和磨刷，但这样做会对元件和 PCB 造成损坏。

热塑性黏合剂在温度升高时会软化，其黏合效果弱于热固性环氧树脂。然而，当限定公差较小时，特别是需要重点关注焊接过程中热循环的残余应力时，组装应用应首选热塑性材料。热塑型黏合剂对溶剂和水基材料的抵抗性较差，并且更容易吸收溶剂，导致尺寸发生变化（膨胀），比热固性黏合剂更容易观察到排气现象。

热塑性材料固化温度较低，所需时间也短于热固性材料，一些成分在室温下就可以固化。其更适合对温度敏感的元件，或者是当热膨胀失配、残余应力更受关注时。热塑性黏合剂的另一个优点是，温度升高时很容易软化，故可以很容易地去除，允许元件返工。

弹性黏合剂属于热塑性黏合剂的一个分支——很容易固化，但具有更高程度的弹性，如硅（橡胶）黏合剂。这些黏合剂在焊接组装中的应用没有硬性限制，固化温度相对较低，一些成分在室温下就可以固化。然而，一些有机硅黏合剂固化时会产生大量的气体和蒸气，而蒸气会对金属表面产生腐蚀（如乙酸）。

增韧混合黏合剂是由弹性体材料和环氧树脂组成的混合物（或掺杂物）。这类特殊的热固性黏合剂，用于提供高强度和足够的韧性（延性）来抵抗由于热或机械冲击带来的损伤，如环氧树脂-尼龙黏合剂。

所有这些材料都被设计为可以适应一种或多种PCB组装的点涂技术。然而，这些特性不能无限制地保持在最佳状态，一般有两个退化阶段。第一阶段是材料的保质期，即未开封时黏合剂保持其特性的时间限制。生产日期代码所指定的保质期，基于其机械属性（强度、延展性等）和物理属性（玻璃化转变、密度、黏度等）的变化，密度和黏度将直接影响其分散性。

第二阶段的退化发生在黏合剂从容器中取出，进行混合（如果需要）并装入点涂设备时。该过程会直接暴露在空气中，甚至是室温条件下，使黏合剂在组装车间就开始固化。固化会改变黏合剂的密度和黏度，并因此改变其分散特性。黏合剂明显固化的迹象包括点涂机堵塞、沉淀物溢出或渗出，由点涂工具产生的拖尾从一个位置移动到另一个位置等。

助焊剂　助焊剂点涂在表面贴装技术（除了包含波峰焊步骤的混合技术）中有更多的限制。助焊剂点涂在均匀印刷焊膏之前，如混合技术PCB的波峰焊，或者面阵列封装的黏合，后者本身的锡球已经为焊点形成提供了足够数量的合金。事实上，对DCA和FC元件进行助焊剂点涂是最广泛的应用。DCA连接往往只需要很少的焊料，一般印刷设备和钢网难以进行精确控制或放置。因此，通常以锡球的形式提供焊料并形成连接，组装过程必须添加助焊剂。

对于电子应用，助焊剂一般都是液体形式。助焊剂的低黏度使其在钢网印刷时很难被精确定位于PCB上。因此，助焊剂通常通过喷涂技术点涂。然而，一旦助焊剂被喷涂在PCB表面，在助焊剂涂层开始蒸发挥发物和其他成分之前，必须迅速完成焊接。

对于DCA应用，助焊剂直接作用于元件，其工艺如图40.14所示。将DCA放入含有一层非常薄的助焊剂的溶液槽中，然后将其从溶液槽中取出，通过控制助焊剂层厚度可以控制助焊剂量。助焊剂必须有足够的黏性来保持裸片附着在基板上，并输送到回流炉中。由于溶液槽表面积较大，且直接暴露于空气中，助焊剂极易挥发，所以必须定期补充溶液。

焊　膏　焊膏点涂是为回流焊焊点提供助焊剂和焊料金属而采用的最广泛方法。焊膏的主要成分是焊料金属和助焊剂，焊料金属一般占焊膏质量的80%～90%。除含铟和含锌焊料外，锡基合金成分的焊料敏感性均较差。相对于分配特性，焊膏的重要特性是焊料粉末的粒度和质量百分比，或者焊膏的金属负载。

助焊剂可以是各种化合物之一，如松香基、免清洗、低固相及水溶性化合物。助焊剂也提供

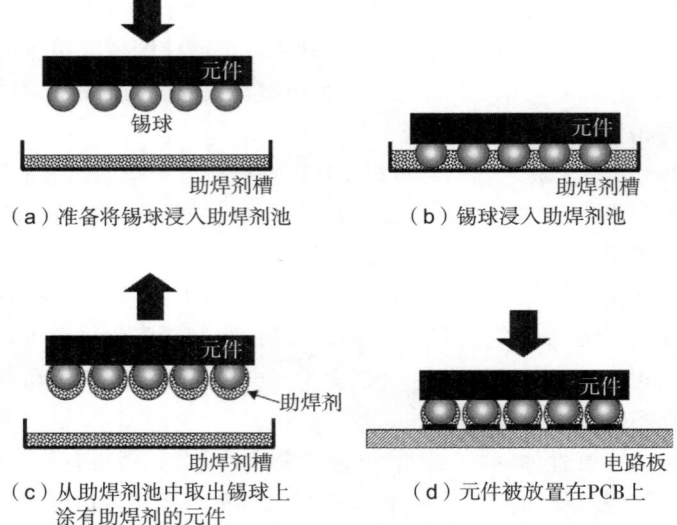

图 40.14 倒装芯片元件锡球上的助焊剂点涂

了在回流焊步骤之前使元件附着在 PCB 上的黏性。焊料中的其他成分是触变剂。触变剂与金属成分和助焊剂一起，决定了焊膏的黏度。

不论哪种工艺（点涂、丝印等），黏度控制都决定着焊膏的性质。焊膏黏度和浆料的分散性会随时间的变化而变化，无论是闲置在未开封的罐子中的缓慢变化，或是等待点涂过程中暴露在空气中的更快速变化。应该严格按照制造商建议监测组装中的焊膏的保质期和寿命。在表面贴装技术中，焊膏点涂不良是产生焊点缺陷的主要原因。

点涂方法 对黏合剂、助焊剂和焊膏而言，一般有 5 种主要的点涂方法：

- 引线转移
- 丝网或钢网印刷
- 时间 - 压力泵点涂
- 阿基米德螺旋泵点涂
- 正排量泵点涂

后 3 种方法一般每个分配步骤产生一处沉积物，前 2 种方法则可以在单一步骤中实现多个位置的沉积。当然，同样使用 3 种材料，5 种方法的性能表现并不完全相同。本节讨论每种技术的优缺点。

（1）引线转移是分配黏合剂和助焊剂的最简单的技术。尽管单个引线一次只能在一个位置分配材料，但引线矩阵可以实现多点同时分配，图 40.15 显示了引线转移过程。该技术适用于黏合剂和助焊剂，不适用于焊膏。引线被浸入盛有黏合剂或助焊剂的溶液槽中，引线的长度和直径决定了其从溶液槽中取出时所带物质的数量。然后，引线降落到 PCB 表面上的指定位置，使助焊剂或黏合剂接触 PCB。黏合剂或助焊剂的表面张力，会使其一部分沉积在 PCB 上。引线不得接触 PCB，否则会产生大小和形状不一致的圆点。该系统同时要求基板相对水平且不能弯曲。引线排列的特性也使得黏合剂可以用于已经插入通孔元件的 PCB。

对于 DCA 上 FC 元件的锡球，同样可以运用引线转移技术（见图 40.14）。裸片浸入覆盖薄层助焊剂的槽中，助焊剂刚好浸没锡球。实际上，锡球成为转移助焊剂的引线，锡球上的助焊剂随着锡球一起转移到 PCB 上，在回流步骤中为锡球提供助熔作用。

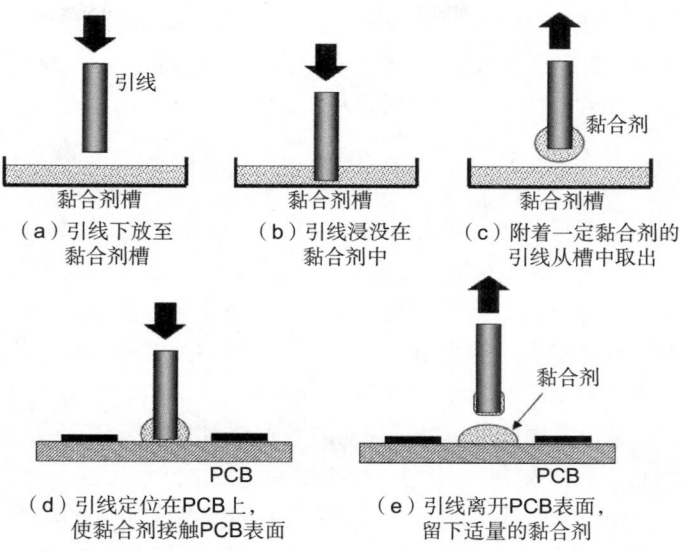

图 40.15　引线转移技术

引线转移技术需要敞开的黏合剂槽或助焊剂槽。黏合剂容易吸收空气中的水分，助焊剂会通过蒸发失去媒介物（水或乙醇），或者其他可能的成分。鉴于此，材料性能会发生变化，从而影响附着在引线上的液体量，以及在点位上的沉积量。黏合剂必须有足够的湿态强度，并且助焊剂必须有足够的黏度，使得在后续元件放置、固化或回流操作中，都可以将 PCB 上的元件保持在原位置。

（2）丝网或钢网印刷可用于黏合剂和焊膏。由于大多数助焊剂的黏度较低，因此很难通过该技术进行沉积。通过在钢网或丝网上的开孔沉积黏合剂或焊膏，开孔位于 PCB 上需要黏合或焊接的位置，由钢网或丝网上的刮刀将黏合剂或焊膏刮到开孔位置，如图 40.16（a）所示。

丝网和钢网之间的差异在于各自的结构，如图 40.16（b）和（c）所示。丝网由两层组成：乳胶层和支撑乳胶层的实际丝网。黏合剂或焊膏通过由光学成像技术形成的乳胶层上的开孔沉积到焊盘上，并简单地流过丝网的格子状网线。

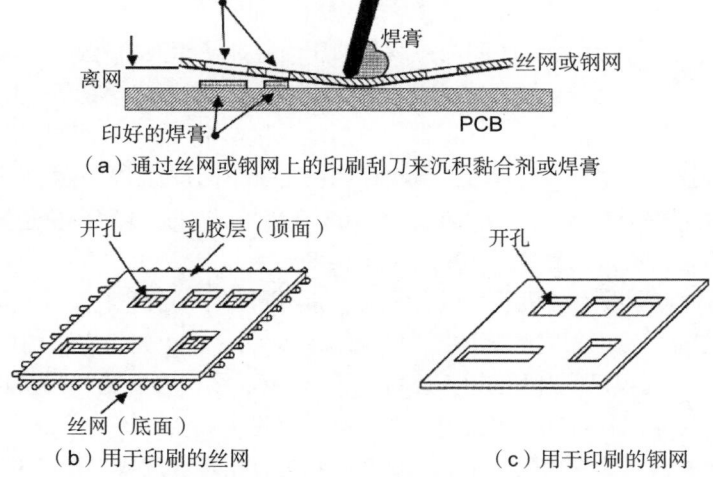

（a）通过丝网或钢网上的印刷刮刀来沉积黏合剂或焊膏

（b）用于印刷的丝网　　　　　　　　　　（c）用于印刷的钢网

图 40.16　丝网和钢网印刷

钢网只是一层可以形成开孔的金属或合金（一般是镍、钼、黄铜、钢或不锈钢）。开孔可以由下列技术中的一种或几种组合形成：

- 光学成像（形成光致抗蚀层），结合湿法化学蚀刻
- 激光切割
- 电镀工艺实现的加成

生产技术的选择取决于所要求的开孔尺寸和密度。大部分的表面贴装印刷应用中已经用钢网取代了丝网，不仅仅是因为钢网结构简单，而是其更适合更精细、更高密度的 PCB。

不论是丝网还是钢网印刷，厚度与开孔尺寸都是首要参数，其直接决定了 PCB 上黏合剂或焊膏的沉积量。次要因素是开孔孔壁质量、材料黏度、刮刀硬度和刮刀的行进速度。对于焊膏，沉积量通常小于实际开孔体积，这取决于其长度、宽度和钢网厚度。这种差异的程度被称为转移因子或转移系数，其数值范围从用于极小开孔的 60% 到用于较大开孔的 100% 不等。

丝网或钢网印刷是表面贴装 PCB 中用于焊膏沉积的最广泛的方法。用于丝网印刷的焊膏首选黏度为 80 目 250 ~ 550KCPS（千厘泊），钢网印刷所需的黏度为 400 ~ 800KCPS。印刷技术之所以持续成为热点，原因是每块 PCB 上的成千上万个焊膏沉积是大批量电子产品生产的关键。对于通孔 PCB，正在开发的工艺是所谓的通孔浸焊膏技术或引线浸焊膏技术。

焊膏印刷工艺所用的阶梯式钢网有两种不同厚度。当 PCB 有许多种不同节距的元件和焊接配置时，单一钢网无法满足所有元件的最佳焊膏沉积，这时通常使用阶梯钢网。较薄的部分用于极细节距封装，较厚的部分则用于较大节距元件的焊膏沉积，其价格比单层厚度的产品更昂贵。

黏合剂、焊膏的丝网印刷和钢网印刷有几个限制。首先，它们的使用是一次性的：如果有误，在修改之前需要去除 PCB 上的元件并进行清洗。其次，PCB 表面必须是水平和没有障碍的，否则在用刮刀把黏合剂或焊膏压入钢网或丝网开孔的过程中会产生干扰。同样，丝网印刷或钢网印刷之前必须对焊膏残渣进行彻底清洁，否则就容易导致后续的焊点缺陷。最后，随着使用时间的增长，钢网和丝网的磨损会增加，从而导致缺陷增加。硬的金属或合金的寿命会长一些。例如，黄铜钢网，价格相对便宜，但寿命短。不锈钢具有更长的寿命，但价格也相当昂贵。

对于节距大于 0.5mm 的引线和面阵列元件，钢网印刷无铅焊膏与锡铅焊膏的工艺基本相同。根据经验，较小节距对应较小开孔的情况下，无铅焊料的传递系数略微偏低。可能的原因是无铅焊料的颗粒密度低，当通过开孔的颗粒很少时，这就成了一个重要因素。因此，可能有必要稍微加大开孔，以确保在焊点处有足够量的无铅焊料。

（3）时间 - 压力泵是通过特定时间内持续施加压力脉冲使储液槽内的黏合剂或焊膏沉积出来的方法（见图 40.17）。根据选定的开孔大小来精确控制黏合剂量或焊膏量，使其沉积在 PCB 上需要的地方。通常，材料需预先装入注射器，然后插入机器中。

不论哪种点涂技术，黏合剂或焊膏的流动性都决定了不同位置之间沉积物的一致性。在工厂环境下，应严格遵守保质期要求，尤其是那些放置在点涂器中打开后会快速降解的材料。通过泵和喷嘴进行点涂时，所需的黏度是 100 ~ 400KCPS。

利用时间 - 压力点涂技术的机器可以在单板点涂不同尺寸的沉积物。一种方法是在单头上组装多个喷嘴或注射器，使用相同的脉冲压力。第二种方法是，预先设定不同的时间 - 压力脉冲，改变单孔或注射器的沉积量。利用泵的点涂技术（以及后续内容中描述的）慢于丝网印刷或钢网印刷。然而，从控制沉积量和位置的角度看，它无疑更为灵活。

（4）阿基米德螺旋点涂采用阿基米德螺旋从喷嘴处推出黏合剂或焊膏（见图 40.18），其旋转速度和持续时间、开口大小决定了黏合剂或焊膏的沉积量。在时间 - 压力技术下，可以通过多轴

（头）或计算机程序改变螺杆转速或转动时间来实现不同的点涂量。其他所有关于黏合剂或焊膏黏度和保质期原则的考虑，在这项技术中也同样适用。

（5）正排量泵使用活塞而不是空气压力脉冲进行点涂，并控制沉积物的量。该技术主要用于黏合剂的点涂（见图 40.19）。首先，喷嘴被放置在黏合剂液槽里，它缩回时带回一定量的黏合剂填充顶部的空腔和气缸。显而易见，该技术吸入低黏度的流体效果最好，因为很难把相对高黏度的材料吸回来，如焊膏和一些高黏度的黏合剂。随即，活塞向下移动进入气缸，迫使一定数量的黏合剂从管口挤出至 PCB 上。该方法会连续产生相同数量的沉积物。除了气缸尺寸及活塞移动速度，黏合剂的黏度也影响点涂的量，需要严格遵守相关的保质期规定。

5 种点涂技术的主要目的，是在每个指定位置始终放置特定量的黏合剂或焊膏。黏合剂太少，特别是点高时，可能不会将元件粘接在 PCB 上；太多的黏合剂会流到焊盘上，降低可焊性。对于焊膏，其量不足会导致不完全的连接，甚至开路；焊膏过量则焊点锡量过多，很难检查可焊性，且在相邻连接点之间有短路的风险。

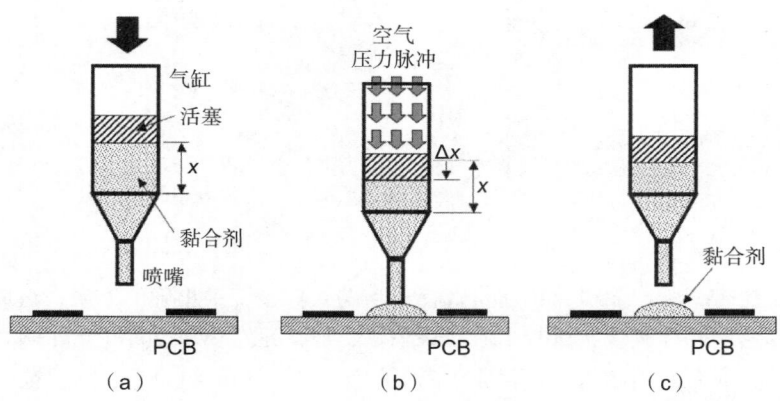

图 40.17　时间 - 压力泵点涂技术：（a）点涂器与电路板位置对准；（b）降低点涂器以接近 PCB 表面，同时空气脉冲推进 Δx 距离，沉积一定量的黏合剂；（c）点涂器从该位置抬起，留下沉积的黏合剂

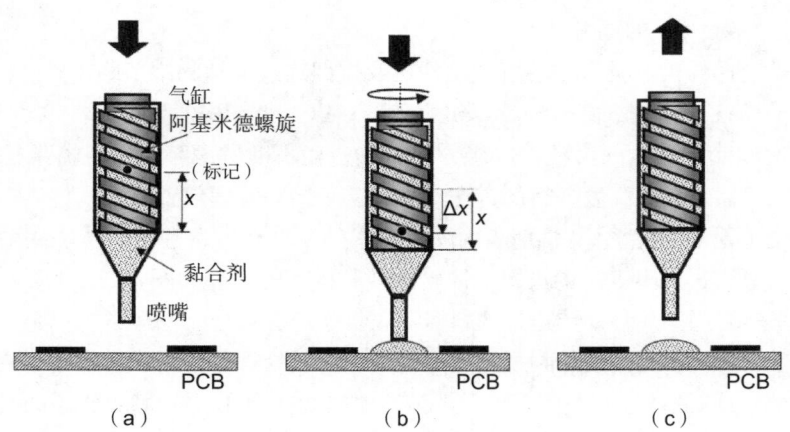

图 40.18　阿基米德螺旋点涂技术：（a）点涂器降低至 PCB 表面；（b）阿基米德螺旋转动一段距离（Δx），将黏合剂压出喷嘴；（c）点涂器上升，离开 PCB

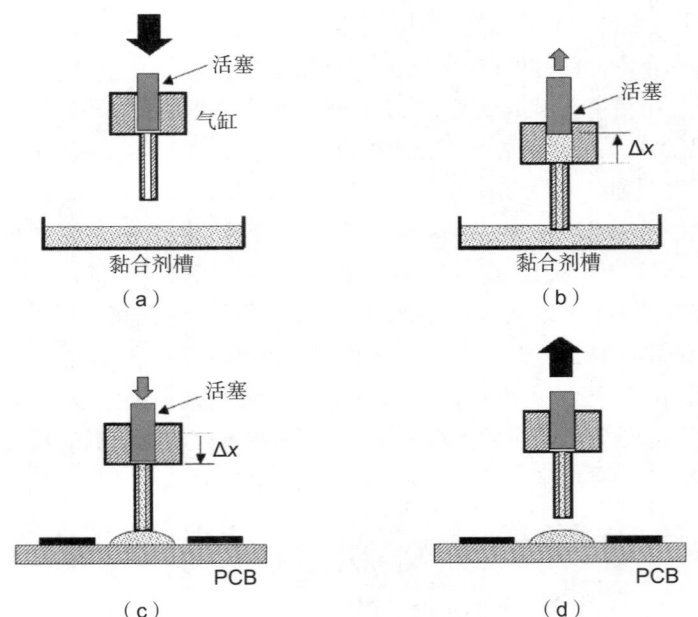

图 40.19 正排量泵点涂技术：（a）点涂器放入黏合剂液槽；（b）喷嘴浸入黏合剂，将活塞提起 Δx 距离，将一定量的材料吸入气缸；（c）点涂器放置到板面的上方，活塞反向移动推出一定量的黏合剂；（d）点涂器向上离开电路板

3. 元件放置

元件贴片机也被称为取放机，用途是选择适当的元件，转到正确的方向，然后放在 PCB 上，并保证一定的精密度和准确度，以减少成品缺陷。此外，元件必须放置在已印刷好的焊膏、已点涂好的黏合剂上，或者是控制压力或释放距离下的两种沉积物的组合上，以保证既不过分分散又不会损害元件封装。此外，为了最大限度地提高产量，要求贴片机必须尽快执行这些任务。最后，设备必须有足够的通用性来适应不断变化的电子封装，特别是尺寸和引线配置。

无铅工艺的转变并没有对元件贴片技术产生太大的影响。然而，间接上，由于元件和 PCB 基准点表面工艺的改变，具有不同的反射特性，可能会影响用来准确定位 PCB 的视觉系统的性能，以及工具运送元件到 PCB 的能力。

有几种可供选择的机器类型。转塔式贴片机及拱架式或灵活的细节距（FFP）机器都被广泛地用在消费电子设备、通信、主机和计算机服务器，以及小体积、高可靠性电子产品中。然而，更高产量及快速改变产品线的灵活性要求，使得制造商不断考虑替代的机器架构，包括高速步进电机与光学传感器，以及高度并行的方法，可以实现同一时间放置多个元件。

转塔式系统（无源元件） 从早期表面贴装技术的发展开始，基本的转塔式系统或贴片机用于无源元件（如电容、电阻等）的放置。回转头及其操作的原理如图 40.20 所示。多个回转头定位在固定的水平转塔周围，移动传送带送料器从送料带位置处把元件运送到每个回转头。当元件放置在回转头上后，转塔将其旋转到视觉处理器处。视觉处理器是用来采集图像的电荷耦合器件（CCD）相机。经过图像对位处理后，将元件精确地放置在 PCB 上。随着转塔的继续旋转，移动台定位 PCB 的位置，以便目标位置处于转塔回转头的下面，从而接收元件。将元件放低至 PCB 上并释放，回转头旋转来获取另一个元件，重复上述过程。

表 40.3 中是转塔式芯片放置技术的通用性能指标。该技术通常用于安放较小的无源元件（0101、01005），以及由于 PCB 元件密度不断增加而需要的裸片（倒装）元件。设备制造商和用

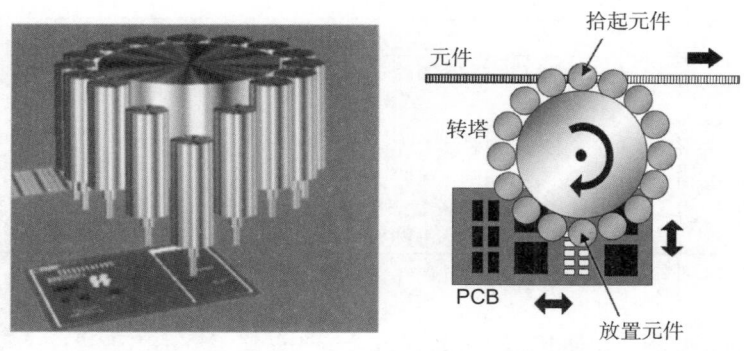

图 40.20　转塔回转头从元件条带上取出芯片元件（来源：通用仪器）

表 40.3　转塔式贴片技术的能力

性　能	范　围
元件适用范围	0201（英制）无源片式元件到 10mm 的面阵列封装
元件容量	几百个
放置速度	25 000 ~ 40 000CPH
能力	可以处理片式无源元件和小的面阵列封装 可以同时移动转塔和 PCB，以提高贴片速度 可以灵活使用编带式或散装零件供应

注：CPH 指每小时放置元件的数量。

户必须不断解决不同引线和几何形状的新封装配置。

拱架式系统（有源元件）　拱架式结构不同于转塔式，元件传送线是静止的，PCB 固定在适当位置，而移动式拱架则定位在元件正确位置的上方（见图 40.21）。拱架方法通常用于较大元件（如 SOIC、PLCC 等）的取放。拱架技术的主要属性列于表 40.4。

一些设备的变化可以认为是增加了放置在 PCB 上的元件种类。当设备配备多轴放置头时，每个拱架可以用于不同的元件。放置头先定位在每条传送线位置来获取元件，然后，将元件移动到上视相机检查站检查，最后将元件放置在 PCB 上。第 2 个选择是双拱架贴片机，各放置一个元件类型或有可选轴头的多种元件。

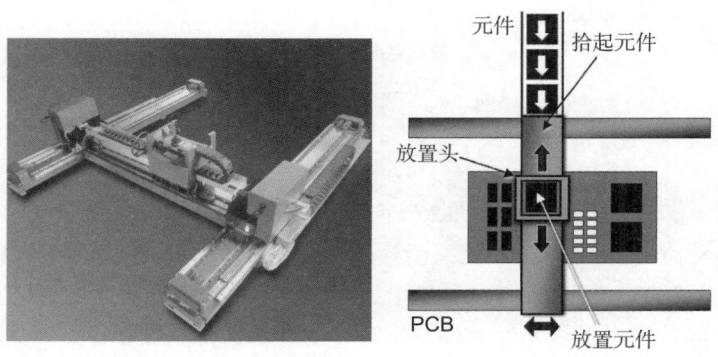

图 40.21　拱架式贴片机适合 SOIC、PLCC 及面阵列封装等较大元件的拾取（来源：通用仪器）

表 40.4　拱架式贴片技术的能力

性　能	范　围
元件范围	全部 SMT（SOD、SOT、SOIC、PLCC、CCGA、BGA）；DCA 及异型元件
元件容量	几百个
放置速度	5000～15 000CPH
能力	对超大尺寸和异型元件放置具有很高的精度 移动式拱架，固定 PCB 和送料机 可以使用编带、管式包装、散料及托盘供应

注：CPH 指每小时放置元件的数量。

　　拱架式设备的几个特征，使其元件放置速度接近于转塔系统的高速模式，见表 40.5 中的一些双轴（拱架）设备的性能。设备配置了提高取放速度选项，包括利用条带拼接保持机器的不间断运行，以及简单地改变数量来实现对不同产品线的元件之间的快速转换。同时，在拱架运动时也可以利用头盔式相机，避免采用固定上视相机进行元件检查所需的时间间隔。

表 40.5　高速拱架技术的能力

性　能	范　围
元件范围	全部 SMT（无源，SOD、SOT、SOIC、PLCC、CCGA、BGA）、DCA 及异型元件
元件容量	几百个
放置速度	15 000～21 000CPH
能力	对超大尺寸和异型元件放置具有很高的精度 可以应用于超大尺寸 PCB 可以使用编带、管式包装、散料及托盘供应

注：CPH 指每小时放置元件的数量。

　　可以通过大规模并行架构实现元件贴装设备能力的进一步增强，见表 40.6。多个放置模块能够同时拾取、检查，并将元件放置在 PCB 上的适当位置。通过指示传送带，可以将元件分步精确放置在 PCB 的所需位置。

表 40.6　大规模并行拱架技术的能力

性　能	范　围
元件范围	0201（英制）无源片式元件到 25mm 的面阵封装
元件容量	几百个
放置速度	60 000～100 000CPH
能力	片式元件和小的面阵列封装 大尺寸 PCB 并联式料带元件供应

注：CPH 指每小时放置元件的数量。

　　机器视觉技术　首先介绍元件放置机器视觉技术中关键技术的进展情况。早期的取放功能依赖于机械制动（制动器），通过开关和精密工具来确保元件放置在正确位置，以及引线与焊盘合适的对位精度。随着 PCB 密度和元件品种的增加，该技术由于太慢而无法满足更高的产量要求，也不能减少放置缺陷。较小引线元件由机械排布转变为基于视觉放置，是产生技术进步的关键性诱因。使用裸片的 DCA / FC 凸点节距小至 0.1mm，无源元件尺寸通常是 0402 和 0201，精细节距的四面扁平封装（QFP）元件引线节距小至 0.3mm，它们都对放置精度有着极高要求，只有采取机器视觉技术才可以实现。

此外，异形元件的种类也越来越多，包括电感及发光二极管、表面贴装连接器等，导致 PCB 具有更多的混合封装类型和尺寸。因此，采用基于计算机编程控制的机器视觉系统来识别这些元件，相比基于机械、电机、制动器进行元件放置，无疑要更便宜，更节省时间。

机器视觉技术利用电子相机和光学系统，以及专门的计算机软件，来控制步进电机，实现元件和 PCB（位置）彼此需要的准确度和精确定位。贴片机首先必须识别转塔或拱架中的元件，并确定转塔或拱架的位置；同时，它也必须明确 PCB 的位置。为了满足这两个要求，计算机软件通过底片（图形）来识别每个元件在 PCB 上的位置。

接下来讨论元件识别和 PCB 识别，其次是对视觉系统局限的评述。

元件通常是通过引线结构进行识别的。引线结构包括两个属性：一是形状，如梁式引线、鸥翼式引线或焊料凸点；二是布局，如将周边引线指定为两边而不是四边，或者将锡球设计为面阵列封装而不是周边阵列封装。图 40.22（a）显示的是一个周边阵列焊料凸点的倒装芯片的机器视觉图像。视觉系统决定了基于引线端子位置坐标的封装位置，如两角引线或四角引线，或焊料凸点。引线端子布局上额外的基准和（或）非对称点（如缺角的引线或凸点）用于确认元件的转动方向。

除了确定元件的类型和方向，视觉系统也可以用来识别损坏的元件。例如，由于磨损或操作不当，四方扁平封装中的细节距引线容易弯曲，特别是在封装边角位置。面阵列封装（BGA、CSP 及 DCA 裸片），有可能缺少锡球或焊料凸点。确认损坏的元件会直接放入废弃桶，重新取、放新的单元。需要指出的是，识别视觉系统设计主要是为了元件的放置。虽然能够将缺陷识别编入软件，提高检验水平，但同时也减缓了元件的放置速度。因此，最佳的做法是允许视觉识别系统仅识别总体元件缺陷，并在进料检验和元件放置步骤中对可能发生的缺陷进行提前定位。否则，应该在贴片机上料之前就对元件进行全面、彻底的检查。

PCB 识别要求机器（计算机）能够精确定位 PCB 上的元件位置。首先，PCB 通过机械夹具、真空吸盘，或其他技术固定在传送带上。然后，它被放置在相机下面，通过相机识别板面上的对准标记或基准点［见图 40.22（b）］。

（a）倒装芯片元件　　　（b）PCB的基准点

图 40.22　视觉系统图像（来源：通用仪器）

这个过程需要重复其他两三个基准点的对准动作，然后，机器会"知道"的位置和方向。下一步，通过存储在软件里的设计原图，来校准每个元件位置的基准位置。随后，软件将 PCB 的坐标匹配到元件在转塔或拱架的对应位置。最后，软件指示并控制步进电机定位元件，并降落到 PCB 上。

由于陶瓷基板在制造过程中容易产生不一致的收缩度（如低温共烧陶瓷 LTCC），有可能导致软件设计与实际 PCB 元件之间的位置（焊盘）存在差异。在这种情况下，目标元件的放置位置可以通过邻近元件的基准点进行确认。尽管局部基准点在一定程度上可以提高元件的位置精度，特别是当产品的累积公差使其与原始设计偏离较大时。但这种方法需要增加计算机程序的处理时间，会减缓放置速度，特别是大批量生产时，会明显增加处理的延迟时间。

视觉系统的局限性是由其计算机处理信息的速度所决定的（如 PCB 坐标、元件的几何形状、缺陷等）。处理的信息越多，元件放置速度越慢。对于需放置数千个元件的 PCB，哪怕每个元件额外增加零点几秒都可能极大地降低生产效率。

同样地，视觉系统本身也有操作限制（包括相机和光学系统），即如何在分辨率和可以加工的元件尺寸之间进行权衡、取舍。基本前提是像素数，视觉系统对图形进行识别（引线、焊点、基准等）的最小像素数目有要求。一个极小的图形（如倒装芯片焊点）需要高放大倍率、高分辨率（即像素 / 长度或像素 / 面积）的相机为系统提供特征识别。然而，使用相同的系统来识别大型 BGA 封装所要的放大倍数可能会超出光学能力的范围。此外，即使封装可以放到视觉场内，使用相同的高分辨率也没必要，因为这会超出计算机内存负荷，使软件处理步骤不流畅，导致过程缓慢。相反，可以有效处理单个图像中的大型 32mm QFP（208 个引线）的相机，也通常没有足够的分辨率来处理 0.1mm 直径的倒装芯片焊点。因此，对于特定产品取放功能的效率最大化，光学系统的选择极为关键。为了达到最佳生产效率，可能需要在单个机器上同时放置两个元件。或者，在单台设备中采用多个相机和光学系统，但是成本会成为关键因素。

放置元件后，即可使用下面简要介绍的技术来进行 PCB 焊接。元件放置步骤与焊接步骤相互协作，特别是回流焊。协同作用来自于位置误差可以通过熔融焊料产生的表面张力（更准确地说，是焊料界面张力）进行自对准补偿。这种自对准现象对尺寸大于 0603 的无源元件、较小的 LCCC、1.27mm 节距高达几百个锡球的面阵列封装等均有较好的实际效果。可惜的是，对较小无源元件和较大面阵列封装的位置误差，该自对准效应缺乏相应的补偿能力。对于较小的无源元件，由于表面张力的不平衡，元件非对称移动的可能性增大，会产生立碑等缺陷；对于较大的面阵列元件，由于自身质量较大，放置的偏差（对于细节距小焊点元件的焊接非常关键）也很难通过自对准校正。

4. 回流焊

回流焊，是先将元件放置在 PCB 的焊料沉积物上（焊膏或预成型），再使 PCB 通过焊炉（烘箱），通过熔化的焊料形成连接。焊炉可以是分批生产型，PCB 每次一组，分别装入和取出。操作者输入分批式焊炉的时间 - 温度曲线到控制器中，控制器改变单组加热线圈的功率 - 时间函数，可以很好地控制炉内气体，包括使用真空。分批式焊炉相对小批量或研发试板更具优势，具体应用时必须仔细控制工作时的时间 - 温度曲线和环境。

另一种是在线式焊炉。未焊接的 PCB 依次从一端进入，焊接后再从另一端输出。因此，在线式焊炉可以是整体组装线的一部分，完成贴片后的 PCB 直接通过传送带进入焊炉，不需要操作员介入。焊炉的长度方向上分布着不同温度的区域（温区），传送带的速度决定了时间 - 温度曲线。多个温区（通常是 5 ~ 10 个）可以提供更好的焊接曲线控制。惰性气体中，典型的氮气（N_2）的成本最低，效果也比 20ppm 的氧气（O_2）更好。对于批量式焊炉，是无法实现时间 - 温度曲线及焊接气氛的匹配的。同时，真空条件不可能适合大多数的在线式焊炉。然而，在线式焊炉仍是电子组装中应用最广泛的高产量炉型。

无论是分批式还是在线式，焊炉的选择不仅基于生产效率，还取决于所组装的产品类型。越复杂的 PCB，越需要严格的时间 - 温度曲线控制，以确保形成的所有焊点缺陷率最低。一些应用会使用额外的焊炉温区控制焊接后 PCB 的冷却速率，以避免热冲击损坏敏感元件或基板。

　　以前介绍过，无铅焊料会影响回流焊，相比开发更合适的时间 - 温度曲线，很少关注实际设备的温度能力。热源技术（红外、对流或两者混合）可以为锡银铜合金提供更高的回流温度（熔化温度为 217℃，传统锡铅焊料为 183℃）。当然，可能会产生更高的能源和维护成本。图 40.23 对用于无铅焊接的两个广义回流曲线进行了说明。图 40.23（a）是从传统锡铅共晶焊料曲线推导出的保温式回流曲线，相应提高了其回流峰值温度，以满足更高熔点的锡银铜合金。保温过程可以激活助焊剂，并为 PCB 和元件提供加热。图 40.23（b）中，连续斜坡或"帽子"曲线允许更快的加热速率，可以降低热敏感元件和材料在升温上的持续时间。另一方面，相对较快的升温速率增大了一些元件受热冲击而损坏的风险，如较大的塑料和陶瓷元件，或 PCB 的结构，如导通孔。

　　为了优化时间 - 温度曲线，必须对温度的选择进行权衡：该温度既可以满足每个元件（大小和形状）的焊料回流，也不会对其他元件或基板造成热损坏。因此，无铅焊料更高的熔融温度，使得时间 - 温度曲线更具挑战性，保证既可以成功熔化较大元件的焊膏，也不会对较小元件或 PCB 造成热损伤。因此，对于一些非常高混合度的产品，可能需要在单独操作中焊接较大的封装元件（如手工或选择性焊接）。在这种情况下，此类封装应该被认为是异型封装。

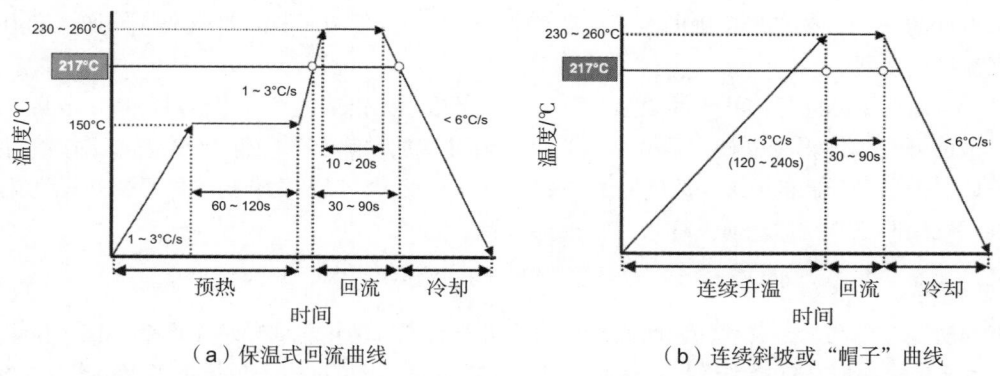

（a）保温式回流曲线　　　　　　　　　　（b）连续斜坡或"帽子"曲线

图 40.23　广义的无铅回流焊的时间 - 温度曲线峰值温度会变化，这依赖于特定的电路产品

5. 波峰焊

　　波峰焊是 PCB 上混合表面贴装与通孔元件时采用的工艺（见图 40.7 ~图 40.9）。表面贴装元件与波峰焊出现在同一面，通过黏合剂固定。表面贴装元件必须耐热冲击，因为进入和离开熔融焊料波时会经历较高的峰值温度。通常，PCB 顶面的表面温度要远低于焊料固相线温度，因为要防止顶面出现任何焊点的回流。

　　由于设备具有大致相同的结构，波峰焊设备可以用在分批或在线生产工艺中。在线工艺支持高产量要求，分批工艺可以选择较小的选择性焊接设备。这些设备包括仅用于 PCB 局部区域焊接的小型波峰或焊料喷泉，如通孔连接器、变压器或开关的焊接。选择性（波峰）焊接的优势在于，整个 PCB 不需要暴露于高温下。

　　波峰焊中不得不考虑的一个重要因素是，将 PCB 保持在传送带上的支撑装置。回流焊中，传送带可以支撑 PCB 的整个底面。然而，波峰焊中的传送带并没有提供这样的支撑装置，因为其必须允许焊料波接触 PCB 的底面。因此，有必要提供额外的装置来防止较大尺寸 PCB 翘曲和下垂。

　　波峰焊中无铅技术的影响主要体现在设备性能方面。用于锡铅工艺（250 ~ 270℃）焊料槽的温度同样适合于 Sn-Ag-xCu 无铅合金。因此，过多浮渣的形成和助焊剂残留物的去除在设备操作过程中并未成为严重问题。Sn-Ag-xCu 合金焊点缺乏光泽的问题,已经通过添加镍和锗的改性合金得到了解决,通过改变凝固过程进而形成光亮的焊料圆角。

无铅合金成分更容易腐蚀波峰焊设备本身,如叶轮、隔板和槽壁。新的波峰焊设备通过使用不锈钢合金和陶瓷涂料解决了这个问题。

6. 冷凝(气相)焊接

冷凝焊接也称为气相焊接,通过工作液体的冷凝放热来加热回流焊膏或焊料以形成连接点。冷凝回流工艺起源于表面贴装技术早期,产量有限,主要采用分批式生产设备。随后,发展到附加回流设备到贴片机后端的在线工艺,获得了更高的产量。冷凝焊接有两个特定的属性:(1)产品温度不能超过工作液体的气化(或冷凝)温度,以避免温度敏感材料的过热;(2)所有元件和基板的温度非常均匀,降低了温度梯度,从而减少了元件或层压基板发生开裂或翘曲的可能性。

该工艺于 20 世纪 90 年代初开始被淘汰,主要基于以下两个原因。首先,用于锡铅焊接的工作液体,即杜邦公司的氟利昂(TMF)被确定为是一种消耗臭氧层(ODS)的物质。其最初由《蒙特利尔议定书》限制使用,并在后来被禁止使用。其次,不断增加的越来越复杂的采用表面贴装技术设计的 PCB,要求更精确的时间 - 温度曲线控制,这促成了具有对流和红外加热能力的多温区回流炉的发展。

随后也出现了冷凝焊接技术的复苏。可以替代锡铅和无铅工艺,且不会对环境造成污染的新型工作液的开发,使得冷凝技术得到再次发展。通过增加预热器来降低 PCB 进入工作液时的热冲击,以提供更受控制的时间 - 温度曲线。更低的资本投入,以及先前提到的冷凝热源性能,使得冷凝或气相回流非常适合研发样板及小批量产品的生产。

7. 手工焊接

如前所述,相比配备自动焊膏印刷机和贴片机的高度自动化表面贴装生产线,在产量最大化方面,手工焊接并不具有特别优势。然而,在一些应用中,组装过程会包括手工焊接操作。例如,异型元件通常不能使用贴片机,温度敏感元件不能暴露在回流炉的环境下。遇到这种情况时,往往在批量焊接(回流焊、波峰焊等)后进行手工焊接。手工焊接通常意味着其对象是潜在价值非常高的 PCB。因此,一些因素,如操作损坏、静电放电(ESD)损坏和烙铁头附近元件的热损坏,以及助焊剂残留物的污染等,在手工焊接工艺发展阶段必须被彻底解决。

无铅焊料的使用并没有影响手工焊接工艺本身,但是焊接时间略有延长,从通常的 3 ~ 4s 调整为 5 ~ 7s,主要是由无铅焊料的较高熔融温度造成的。同样的烙铁设备能够提供必要的尖端温度。高锡焊料成分,加上较高的熔融温度,可以更迅速地降低烙铁尖端的温度。最后,操作者应该学会区分无铅焊点表面的无光泽性与冷焊,两者不能混淆。

8. 传导焊接

传导焊接是热量通过基板传导到焊膏的工艺(见图 40.24),也被称为 Sikama 焊接,由最初的设备制造商命名。该设备主要适用于在线工艺,尽管也可以用于分批工艺。

PCB 通过推带上的推杆被推到热板顶部。热板下的不同元件,沿着不同的元件长度局部加热到不同的温度,产生与回流炉方式相同的热区。焊接过程可以在空气中进行,也可以使用惰性气氛。事实上,基板完全支持整个过程(其需要最大的热输入),这消除了过度翘曲。

传导加热工艺几乎专用于陶瓷基板,因为这些材料暴露于高温热板时不会发生降解,有机层压板更可能会发生热降解。为了使效果最好,该工艺一般适用于相对薄的基板(板厚 < 1.0mm)。

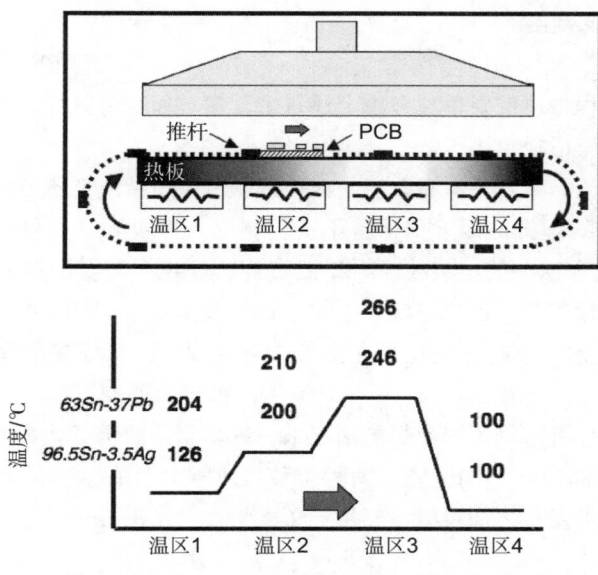

图 40.24 传导焊接原理图。推杆沿热板表面推动 PCB，
热板下的加热器决定焊接的时间 - 温度曲线

9. 清 洗

清洗通常是电路板组装过程的最后一步。清洗设备各式各样，从用于小批量生产的人工装载的分批式"洗碗机"，到用于大批量生产的放置于组装线末端的大型在线清洗设备。出于环保法规的考虑，清洗液已经从曾经流行的有机溶剂转为基于水的，或基于水和乙醇基成分的半水清洗剂。同样，这些废水的处理也很重要。根据废水处理管理法规，闭环系统是最好的清洗工艺。在需要多个焊接步骤的情况下，如果前面焊接步骤未进行清洗而在表面留下残留物，将会降低后续焊接步骤的可焊性。

无铅工艺的使用并没有对 PCB 的清洗工艺造成重大影响。曾经有人认为由于更高的焊接温度，无铅工艺的助焊剂残留物会更难以去除。但很快就得到证明，那些残留物的热降解并不严重，所以当前的清洗工艺足以实现彻底清洁。

10. 无铅焊接

前面描述的设备类型通常合并成一条电子组装线。术语"线"意味着设备物理位置是端到端的，从而允许 PCB 在不同的功能或位置之间运动。事实上，通常情况下 PCB 不需要总是这样进行生产。某些情况下，在车间中，设备间保持一定的距离可能是有利的，要求操作者在两个位置之间用轮式货架移动产品。通常的情况包括检验、返修 / 返工及一些清洗工艺，因为要考虑到健康或安全问题。产品组装工艺的设置和流程被称为（组装）线架构。

开发任何组装线架构时，需要考虑很多变量，最基本的考量是优化自动化水平。其中的一些变量如下：

- 可用的厂房空间和设施（电力、排气、计算机网络等）
- 设备布局和购置或租赁成本
- 人力成本
- 产量和产品转换的灵活性
- PCB 技术（通孔、表面贴装或混合）

- 焊接工艺：锡铅或无铅
- 检验和质量要求

重要的是，制造工程师不仅要单独考虑上述每个因素，而且将其综合在一起开发产品工艺流程时，也要根据重要性考虑权重因子。

无铅焊接技术的引入，本身并没有改变先前描述的有关组装线架构的原则。由于设备非常相似，所以决定最佳生产线配置的因素仍保持不变。相反，必须从成本和优势入手考虑，是否要为无铅产品建立一个完全独立的组装线。对于波峰焊，直观上需要配置无铅波峰焊炉。因为引入无铅波峰焊不是简单地置换焊槽内的焊料合金，而是要从工艺时间 - 管理的角度、混合两种合金的冶金学方面综合考虑。临时方法是只在设备中替换焊料，保证先前焊料的所有残留物已经从所有设备的表面去除。

然而，即使在采用焊膏印刷和回流焊的情况下，许多制造商仍然认为两个组装线相互独立是必需的，甚至放置在车间里的不同位置。两种组装技术混合具有太多的潜在风险，特别是在高产量生产中，因为错误被发现之前可能已经生产了大量产品。潜在风险包括：

- 焊膏使用错误
- 放置元件的表面工艺错误，锡铅（高可靠性电子产品）与纯锡（消费类电子）
- 不相容的塑封元件湿度敏感度等级（MSL）
- 用于不同表面工艺识别基准点的视觉系统设置
- 不同时间 - 温度曲线的回流焊炉设置

40.4 异型元件组装

异型元件的准确定义是，不能在现有的组装线设备上放置和（或）焊接的元件。组装过程中，碰到需要处理异型元件的概率实际上是相当高的。考虑到目前广泛使用的元件技术以及未来可能会出现的元件，无论是通孔组装还是表面贴装，总有可能出现封装生产线不能放置或焊接这类元件的情况。当然，如果有巨大的需求量保证，可以购买新设备或制作特殊工具，用于异型元件的放置或回流。然而，这种解决方法要付出高额的代价，尤其是当尺寸和配置不断发生变化时，每个封装的改变将要求单独的模具设计或设备改造。自动异型组装的优势在于更高的产量及更少的缺陷，所以，更多采用自动化而不是人工操作。因此，通常异型元件的组装是人工操作与自动化技术的混合。

一般来说，无铅焊接技术影响异型元件的方式，一定程度上与无铅焊接对其他表面贴装和通孔元件的影响并不相同。两个主要问题在于引线的表面工艺和各元件材料的温度灵敏度。高可靠性应用必须监控 100% 纯锡处理的元件。由于异型元件的尺寸较大，通过热锡铅焊料浸渍去除引线表面的纯锡是一种更可行的选择。否则，就需要跟踪来料和验证实际表面工艺。

元件的温度灵敏度要着眼于回流焊步骤中的无铅焊接是否可行。事实上，在锡铅组装线上处理过的元件需要和异型元件一样另行处理，因为其不能暴露于无铅焊接工艺温度下。无铅回流焊的较高温度的另一个风险是对湿度敏感元件的损坏。典型的无铅焊接时间 - 温度曲线会对元件增加一两个 MSL，为了避免损坏，MSL 水平为 5 或 6 的元件必须通过单独操作组装到 PCB 上，也相当于异型元件。

40.4.1 元　件

有 75% ~ 80% 的连接器都是异型元件，如图 40.6 所示。例如，通用串行总线（USB）接口连接器、双列直插内存模块（DIMM）连接器、电话线插孔和零插拔力（ZIF）连接器，以及一系列表面贴装连接器。其他的一些异型元件，包括插座、电解电容、变压器或大的电感、LED、继电器、开关，以及手持通信设备的扬声器和振动器。表面贴装技术中，异型元件常常是通孔封装，包括无源、有源元件及连接器。处理这类异型元件时，第一步是检查等效表面装贴版本的可用性，因为很多元件的表面装贴版本发生过变化。当然，用于替代的表面贴装材料必须适应回流焊环境，尤其是无铅回流焊的温度，特别是具有复杂内部结构的连接器。在某些情况下，可能会用各种不需要焊接的连接器来代替通孔连接器。

同时，识别为特定组装生产线"异型"元件的原因并不一定是元件的尺寸或质量。为防止温度或湿度敏感元件的损坏，通常将其排除在回流焊之外。从锡铅焊接转变到无铅焊接工艺时，后一种情况尤其令人担忧。

DCA 是指将一个未封装的有源半导体元件直接组装到 PCB 上，连接是通过引线键合或裸片前面的焊点完成的。后者称为 FC 连接，可在表面贴装工艺中实现，只要设备满足非常小的焊点和焊盘所要求的放置精度。否则，可能需要专用的传感器。

采用引线键合互连的 DCA 工艺，主要基于下列步骤。首先，将黏合剂点涂到 PCB 上，裸片放置在黏合剂上。黏合剂通常通过热传导方式予以固化。裸片上的引线焊盘通过引线键合到 PCB 对应的焊盘上，然后用环氧树脂对裸片和引线进行封装，以防止损坏。最后，用密封剂或顶部包封固化。顶部包封技术的关键是裸片和键合引线的完全覆盖，和键合引线在 PCB 焊盘外的最小跳动；裸片和 PCB 之间具有足够的附着力；超过裸片直径的密封剂和 PCB 之间良好的附着力。

40.4.2 手工组装

在最简单的形式中，手工组装只需要操作员将异型元件组装到 PCB 上。焊接过程是自动化的，操作员从储料箱中拿出元件，将其重复放置到位于传送带上的 PCB 上。对于通孔浸焊膏组装，焊膏和其他元件（表面贴装元件或通孔元件）可能已经在 PCB 上，仅通过焊膏的黏性将其固定在位置上。因此，操作者必须注意，不能因疏忽替换掉位置上已有的元件。

同时，操作者必须小心操作，且要防止 ESD 损伤。同时，具有嵌入特点的元件（如连接器）会要求操作者在 PCB 上使用更大的力量，必须注意不得损坏元件及 PCB。通常会通过特殊工具将压接式元件按压到 PCB 上，以防止元件损坏。

很多产品在其他元件焊接完成后，通常会要求操作员手工放置和焊接异型元件到指定位置。操作者必须注意处理过程中的 ESD 损伤、热损坏，以及相邻元件焊料的再次回流。在这种情况下，无铅焊料的影响非常重要，因为较长的手工焊接时间和较高的峰值温度是否会导致元件热损坏或造成相邻焊料的回流，需要验证。

应当指出的是，不论是对已经组装好的元件进行接下来的手工焊接，还是对已经焊接过的 PCB 进行手动组装，都已经是具有高附加值的焊接后产品。因此，任何损害（操作不当、静电放电、热损害等）都将导致重大损失，并且修复或报废相关损坏的 PCB 都将浪费较高的成本。因此，在产品设计和工艺开发活动中，必须给予手工组装充足的考虑。

40.4.3 自动化组装

图 40.25 具有灵活伺服驱动夹持工具的异型元件放置设备，可以放置各种不同配置的元件（来源：通用仪器）

异型元件的自动化组装和其他元件组装使用相同的放置设备，但需要与建立在工具和元件供料系统上的专用工具或专用机（模块）结合引入。后来发展出的放置设备基本上都可以放置多种异型元件。图 40.25 中显示的夹持工具，可以抓取不同类型的元件封装（当然，限制在设计范围之内）并进行放置。在满足放置精度和元件类型要求后，异型元件放置设备的运行速度成了关键的性能指标。由于通常异型元件放置的速度都比较慢，所以该环节往往是整个流水线生产过程中的瓶颈。因此，减少异型元件的放置时间会加快整个工艺流程的速度。

异型元件的自动化组装的优点如下：

- 自动组装节省地面空间，相比手工操作台，机器占用的面积一般较少
- 免除人工操作，具有整体一致性及较高的质量和产量
- 焊料点涂统一到放置、回流焊的过程中，最大限度地减少了相关缺陷的产生
- 自动组装元件是与其他步骤相结合的整体化的计算机集成制造化技术，反过来，也促进了工艺流程、质量控制和产品转换
- 自动化设备避免了与操作员相关的健康和安全问题（烟雾、重复任务等）

异型元件的自动化组装的缺点则包括以下几点：

- 机器设备、专用工具、厂房设计等固定成本高
- 自动供料器需要对元件进行预封装
- 不同产品线的设备转换较慢，原因在于需要特殊元件对应的包装和送料机
- 在工艺问题确认之前，更高的产量可能会产生更大数量的缺陷产品

1. 元件封装方式

异型元件有各种各样的尺寸、几何形状和引线配置，这决定了其是否能够轻易地自动进入组装工艺线。另一个重要的变量是元件放置机。用于放置机的典型元件封装方式，包括传送带和卷轴（包括径向和轴向引线）、挤压管、托盘、连续轨道和散装物料箱。行业规范已经将所有封装设计进行了标准化，如 EIA-468-B《径向元件》和 EIA-296-E《轴向元件》。

传送带和卷轴 传送带和卷轴可以以非常快的速率将零件传送给 PCB，如图 40.26 所示。传送带一般有 3 种形式：平板型传送带、深口型传送带和半深口型传送带。平板型传送带是传送径向或轴向异型元件（或常规元件）的传统方法，成本较低，能够对大量元件提供快速的放置速率。深口型和半深口型传送带更适合大体积的元件。通常半深口型传送带封装的元件都有一个类似的间距，其特殊优势在于可以节省送料器空间，特别是当 PCB 上配置的元件类型较少时。

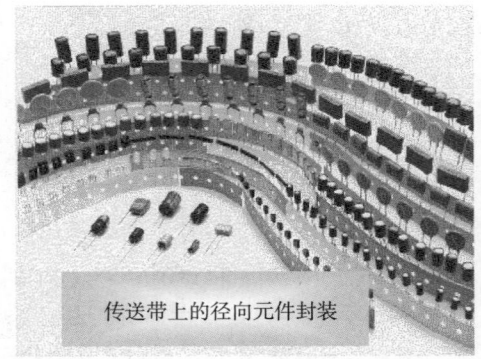

传送带上的径向元件封装

图 40.26 传送带上从卷轴过来的径向封装元件（来源：通用仪器）

传送带的缺点：较大体积或质量的元件可能会发生位置改变，或划破深口型传送带的封皮，传送带或元件将堵塞或损坏送料机，导致组装过程中断。

挤压管 挤压管也是异型元件常用的形式，如图 40.27 所示。如 D-SUB 连接器、耳机插座、变压器、继电器、转接头等元件，通常使用挤压管包装。近来，元件制造商已经开始提供长的连接器，如单列直插内存模块连接器（SIMM）、DIMM 和其他大纵横比设计的边缘堆叠管。

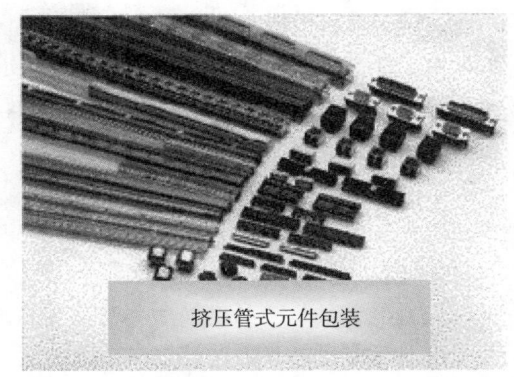

挤压管式元件包装

图 40.27 挤压管元件包装图（来源：通用仪器）

挤压管包装方式以合适的成本实现了对元件的较好保护。同时，相比传送带方式，挤压管把元件送到送料机的过程中发生阻塞的可能性也小了很多。当然，必须注意确保挤压管的几何外形和放置机器上的送料机兼容。挤压管的材质也应足够厚，才不易弯曲。挤压管的弯曲是送料过程中发生设备内部阻塞的主要原因。此外，当在薄的截面管中包装的元件较重时，自动送料过程中可能会对邻近元件造成影响。

矩阵托盘 对于那些又大又重、不适合挤压管或条带包装、需要各自独立包装的元件，矩阵托盘（或华夫格）是一种经济的方法，如图 40.28 所示。对自动放置过程而言，托盘本身可能不适合作为起始点，特别是非常小的元件。首先，元件在每个料仓中的多余空间太大，会相互移动，也就不能建立坐标系开始拾取和插入过程。此外，元件引线在插入平面方向上并不总是正确的方位。

在选择托盘时需要考虑几个潜在的问题。首先，托盘缺乏很多放置机器拾取部分所要求的硬度。其次，托盘对于放置机器也有限制，因此在组装期间需要很多的操作转换。没有标准的用于异型元件的真空型托盘。而且，托盘也会占据送料机较大的空间。

图 40.28 矩阵托盘包装的元件（来源：桑迪亚国家实验室）

连续轨道 连续轨道包装是专为大体积异型元件的自动化应用设计的。该技术不需要元件进行独立包装，因为各个独立的元件都按顺序装在一个单程的金属或塑料带上，作为组装过程的一部分。元件具有特定的间距，可以被放置机器容纳。以该方式包装的元件包括转接头、电池夹、变压器、电机电刷等。无论是金属元件（如电机电刷），还是引线元件，都可以用金属或热固型塑料材质的连续轨道包装。这种类型的包装提供了高水平的在线零件库存，然而，这些连续轨道是专用的，需要专门设计的送料机，自动化的成本可能更高。

散　装　散装包装通过将元件简单地放置在一个大容器中，消除了元件包装的费用。相当数量的异型元件都采用这种运输方式。当然，元件制造商可能已经确定了元件成本／效益指标，即散装包装处理和运输的损坏相对于之前提到的包装形式所增加的成本之间的平衡。另一方面，由于机器阻塞、元件替换增加了停工时间，散装未被广大 PCB 组装厂接受。

散装包装是异型元件自动组装工艺中最难的方式。通常，大部分元件都需要专门设计的振动料斗，使元件在一定程度上沿一致的方向进入机器，这增加了成本和工艺实施的生产前置时间。同时，振动料斗的特殊结构可能需要专用的放置机（模块），会产生极大的闲置时间。料斗通常占用相当大的空间，产品变换后不容易重新放置。放置机必须有多种功能，可以从一堆杂乱的元件中拾取目标元件并确保其方向正确，以便拾取的每个元件都正确地对接到 PCB 上。尽管有许多缺点，散装包装仍然是异型元件组装的众多产品方案中的一个经济适用的方法。

2. 设　备

异型元件组装设备的能力在持续提高。早期，单任务机器人系统给现代组装设备提供了所有的对位和相关功能，并且可以统一到目前现有的组装线。新机器提高了速度，以及处理不同结构异型元件和多种多样 PCB 设计的灵活性。

通常，异型元件自动放置机使用拱架式定位系统。重点是表面贴装 PCB 高组装密度的定位精度，在某些应用中，通孔焊接焊膏印刷方法用于 100% 回流焊工艺。元件必须第一次就准确地放置到焊膏上，以便不影响焊膏性能，且不会导致潜在的缺陷。可更换的夹持器和真空拾取器，以及改进的元件送料机，为不同类型的产品提供了更大的灵活性、更快的放置速率和更短的设备停机时间。

40.4.4　清　洗

包括异型元件在内的 PCB 清洗，类似于这些元件本身的放置，可以在组装过程中的几个点之一进行。如果在主焊接步骤之前放置元件，那么焊接之后元件同 PCB 同时清洗。无铅焊接工艺的高温会给清洗步骤增加难度，这取决于助焊剂残留物的黏度。

另一方面，在主焊接步骤后，当异型元件焊接到 PCB 上时，随后的清洗步骤必须考虑 PCB 上已经焊接的其他元件，特别是可能导致的损坏风险。这就容易让人想到使用不需要清洁或残留量少的助焊剂，以减少或消除异型元件放置后需要附加的清洗。

因为异型元件通常体积较大或结构（几何和材料）较复杂，助焊剂残留物残存在狭窄区域的概率增大。因此，清洗过程中必须注意把这些元件部位的残留物彻底清除。同样，作为清洗过程的一部分，清洗剂也被证明同样需要从这些部位清除掉。

40.5　过程控制

过程控制是指可以重复生产满足性能指标要求（包括长期可靠性）产品的能力，并满足一定的可修复和不可修复的缺陷频率指标。PCB 组装有两个过程控制的基本前提：（1）组装过程的主要功能是使 PCB 满足性能指标要求；（2）设备和材料不断重复制造那些性能可接受的 PCB。缺陷的类型及其发生的频率，是采用统计过程控制（SPC）衡量和监控的。可以通过目检或机器检验来检测缺陷，或通过 PCB 的电气性能来确认（称为在线测试）。

对 SPC 进行详细解释已超出了本章的范围。然而，下面会从电子焊点的缺陷类型开始，对影响 PCB 组装的过程控制做定性讨论，然后转向基本组装步骤（如点涂、拾取和放置等）的过程控制。

过程控制失控会使良率下降，同时显著增加成本。在缺陷被发现之前，高产能可能会产生大量有缺陷的 PCB。因此关键是，首先要建立过程控制，并使其在整个生产过程中加以保持；其次，要能够识别产品缺陷，确定可靠的过程参数，并迅速纠正出错的设备、材料或操作。

40.5.1　缺　陷

缺陷被定义为已完成的 PCB 组件的可接受属性窗口之外的特性。因此，特定而言，缺陷不局限于焊点，也包括 PCB 材料的损坏和元件组成结构的退化（如模塑材料、引线或端子等）。缺陷类型及其允许频率（通常表述为百万分率的焊点或产品单位，ppm）随不同的组装过程和应用而变化。因此，产品图纸，连同行业标准（如 IPC-610），常常用于建立 PCB 可说明的缺陷类型。

缺陷常常通过目检或自动光学检测（AOI）进行。其他无损探伤（NDE）的方式包括电气测试、X 射线检测、超声波检测。BGA 和 CSP 焊点的 NDE 检验技术首选是 X 射线检测。全自动 X 射线检测设备通常直接放置在具有大量面阵列元件的 PCB 产品组装线上。

破坏性检测技术也可用于发现缺陷。金相显微镜截面图提供了一种检查焊点、元件和 PCB 内部结构的方法，虽然这种方法一次只检查一个平面。机械测试（裸片剪切、拉力测试等）也可以用于缺陷识别。但是，这些方法具有破坏性，需要很长时间才能取得结果，一般不适用于实时过程控制，而更适合于过程开发或故障分析活动。

对工艺工程师而言，缺陷有两个功能。首先，通过采用 SPC 技术，缺陷为确定过程控制提供定量量化。其次，缺陷的微观结构细节可用于故障分析研究，以确认过程失控的根本原因。

对于无铅组装工艺，其缺陷类型和锡铅组装工艺中的差异非常小，表面粗糙的焊点外观和无铅通孔互连的焊点浮离是两个例外。使用某些无铅合金所导致的焊点粗糙，是其固化行为的内在属性，并不一定代表虚焊（只有部分熔化）。鉴于此，行业规范已做出适当修改。第二个现象——焊点浮离，发生于某些无铅镀覆孔上。焊点浮离不一定影响连接的短期性能或长期可靠性，但根据特定产品要求，这些互连通孔仍然可能被认为是缺陷。

最后，无铅产品缺陷的发生频率可能与相同的锡铅组装也不一样。当然，适当的过程优化，可以最大限度地减少缺陷发生的频率。然而，在细节距上略有不同的焊膏印刷特性，以及无铅焊料整体较差的润湿性和扩散行为，尽管优化过程控制，也不能简单地在现有设备能力下达到锡铅工艺的低缺陷率。设计者和工艺工程师可以采取额外的缓解步骤，包括改变钢网设计（如轻微加宽开孔）；采用替代的可增强无铅可焊性的 PCB 和元件引线的表面工艺（如金保护层工艺）；改变焊料合金成分（含铋焊料）；替换已有设备来提高较宽工艺窗口的能力；或者基于准确的成本 / 效益分析而不做任何调整，简单地接受降低的良率。

40.5.2　点　涂

点涂工艺包括黏合剂、焊膏或者两者都有（如表面贴装波峰焊或选择性焊接）。因为黏合剂在焊膏之前进行点涂，所以可在焊膏点涂前检查黏合剂的点涂缺陷，包括不合适的点涂剂量，附近焊盘区域点涂溢出等。

总的来说，绝大多数焊点缺陷都可以追溯到焊膏点涂过程，具体说就是钢网或丝网印刷步骤。因此，过程控制至关重要。对任何一个属性缺乏控制，都会显著影响制程良率，包括以下重要因素。

（1）为 PCB 产品提供相应的钢网或丝网的设计和材料（如厚度、开口形状、侧壁光洁度等）。设计上也必须考虑到无铅焊膏的印刷，主要是轻微加大细节距孔径开口。

（2）正确地设计 PCB，提供可识别的基准点。同时，无毛刺或其他可能干扰点涂机和（或）钢网性能的缺陷。

（3）确保钢网无颗粒和其他污染。

（4）在印刷焊膏、刮刀材料固定的情况下，建立最佳的点涂设备操作参数。

（5）选择正确的焊膏（粉末粒度、金属含量和助焊剂类型），并遵循保质期和车间使用寿命的建议。

（6）选择和适当维护点涂设备（如刮刀更换时间、视觉系统校准、清洁、润滑等）。

点涂缺陷可以通过目检或自动检测技术检测到，包括基于可见光图像和激光轮廓来确定黏合剂或焊膏残留物实际剂量的方式。然而，检验会减慢组装线运行速度。选择检验的连接点越多，要求从检验结果中获得的信息细节越详细（指收集高度、轮廓数据），则相应工艺流程上的延迟时间越长。

检测到点涂缺陷后，一般首选的处理方法是清洗 PCB 上所有的黏合剂或焊膏，并再次重复点涂过程。然而，在其他情况下，纠正孤立的点涂缺陷也是可能的，如异型元件的手工组装，或者因为重复点涂步骤而出现许多或更多的缺陷时。对非常密集的 PCB 而言，后者是很有可能的。

40.5.3　元件放置

不论是采取高度自动化的芯片"射手"，还是手动放置异型元件，要想成功控制元件的放置过程，必须满足以下目标：

- 根据指定的 PCB 位置选择正确的元件
- 以正确的方向，在 X、Y 和 Z 坐标（高度）公差及角位移的规范范围内放置元件
- 对放置元件、PCB 图形及附近元件造成的损害减至最小
- 在进行固化和回流焊前，对放置元件下已点涂黏合剂或焊膏的干扰减至最小

自动贴片设备的重要因素是支撑架的刚度、定位系统、贴装头的几何形状和大小（贴片机或拱架结构)，以及相机和视觉系统。设备支撑架必须具有足够的刚性，来承受贴装头的加减速运动，尤其是当元件类型较多、必须减少转换时间时，会加重贴装头的负担。贴装头的设计不得损害相邻元件或干扰已经点涂的黏合剂或焊膏。在信息收集和元件贴装速度之间,视觉系统的能力(分辨率和视野）及相关软件都要进行权衡。

线性电机可以实现 5 ~ 10μm 的放置精度，所要求的精度是引线尺寸（无论是引线、锡球、还是端子尺寸）和要焊接元件的 PCB 焊盘尺寸的函数。尽管首选是元件对准焊盘形状的中心，但由于存在公差累积，设定该目标并不实际。公差主要由 X 和 Y 线性坐标（偏移）、旋转偏移导致。一般情况下，行业标准允许引线到焊盘的偏移在 50% ~ 25%，这取决于电子产品的类别（如一般消费电子到高可靠性的军事和航天组件）。放置误差也可以用单一参数表示——引线与焊盘比（LTP），这是基于 X、Y 和旋转偏移的公式计算得到的。LTP 通常可以通过计算受机器误差影响最大的引线来得到，用于标示该类型元件的 LTP 值。行业标准（IPC-9850）提供了一种比较不同机器元件放置精度的方法，采用统计过程控制来建立特定机器及专用 PCB 产品元件的放置性能。

如前所述，贴装缺陷可以通过自动检测设备来识别，也可以通过单独的机器检测站或目检来

检测。一方面，在元件检查数量、检查细节和组装工艺流程之间必须做出权衡、取舍。检验步骤及需要处理的信息越多，元件放置就越缓慢。最后，在焊接之前，可以做每种测试来纠正放置误差。

40.5.4　焊　接

焊接中的过程控制必须解决两个前提。首先，焊接过程，包括回流焊、气相焊接或手工焊接，必须能够实现表面所需的每个焊点的连接，且不会损害元件或层压板。其次，焊接过程必须反复进行，以满足产品质量（缺陷）规范要求。

虽然第一个前提似乎是直观的，但必须认识到，不管对机器参数或操作员的操作进行了何种程度的优化，一些 PCB 产品都可能会超出了设备能力或人工处理能力。例如，手工焊接时，如果多层板的厚度超过 2.4 mm，则很难达到令人满意的焊接效果。在不造成元件或铜焊盘热损伤的情况下，电烙铁无法给焊接点提供足够的热量来满足熔融焊料的润湿和铺展。类似情况可以通过自动焊接工艺设备来解决。

通常，随着板厚或复杂度的增加，以及混合元件数量的增加，产品工艺要求与设备或操作者处理能力之间的差距也越来越大。有两种可能的解决方案：投资升级设备（如果可能）从而成功组装产品；或者仅对具有相似几何形状和热性能的元件进行组装，其余元件作为异型元件处理，通过二次焊接工艺焊接到 PCB（如选择性焊接或手工组装）。

可以采取辅助措施，以提高焊接过程中的焊接能力。例如，在厚板上手工焊接元件时，可以对 PCB 进行预热，以增加烙铁的热量输入。类似方法已用于选择性焊接，特别是当元件和 PCB 需要大量热能时。

但是，这些辅助措施在实施前必须进行彻底确认。首先，所有增加的步骤，不仅会影响生产量，还可能影响下一组装步骤的缺陷率。例如，PCB 过分预热会降低其他功能焊盘的可焊性，或者导致导通孔或内层压合材料的热损伤。其次，为了保证最小的组装缺陷率，这些辅助工艺步骤必须同主焊接工艺一样进行严格控制。

无铅组装工艺对 PCB 表面焊接有更多的要求。与处理 PCB 的温度梯度和对元件的温度敏感性相比，对实际设备的处理能力，以及适应高工艺温度的助焊剂关注较少。这一点在图 40.29 中进行了说明，主要涉及回流焊工艺和典型的时间 - 温度曲线。

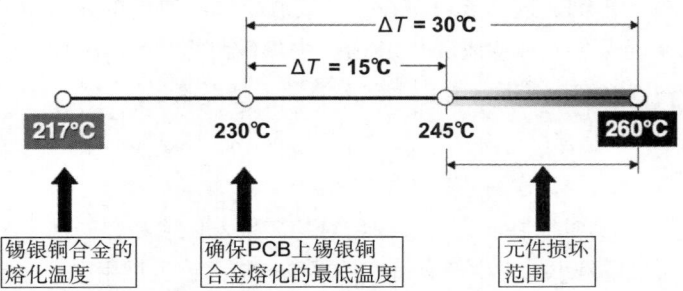

图 40.29　锡银铜无铅焊料可用的工艺窗口（熔化温度为 217℃），参照典型的回流工艺时间 - 温度曲线。230℃是最低处理温度，确保可焊性；温度超过 245℃，较大的塑封面阵元件和扁平封装元件产生热损坏的可能性增大；温度高于 260℃，则较小的无源元件（如片式电阻、电容、电感和滤波器）、PCB 结构（如导通孔）和层压板材料产生热损坏的可能性增大

要求最低温度为 230℃，以确保无铅焊料在 PCB 焊盘、元件引线和端子上有足够的润湿和铺展。温度超过 245℃，增加了较大的塑封器件（如 BGA 和 QFP）产生热损伤的可能性。当温

度超过 260℃时，无源元件（片式电容、电感或滤波器）、PCB 结构（如导通孔）和层压板材料有热降解的可能性。对于 183℃熔点的锡铅共晶焊料，215℃的最低处理温度可以确保可焊性，比无铅工艺低 15℃。可用的锡铅工艺窗口温度是 215~260℃，或 ΔT 等于 45℃，而不是锡银铜无铅焊料（熔化温度为 217℃）的 30℃的 ΔT。

更窄工艺窗口的重要影响是，随着 PCB 上混合元件数量的增加，当最大温度达到或低于 260℃时，一些较大元件的焊点将不会达到良好可焊性所需的 230℃的最低温度。可以用类似工艺窗口的方式对波峰焊和手工焊接进行评价。例如，手工焊接时，操作者无法使用同一烙铁头或烙铁来组装全部元件。另一方面，烙铁焊接对大型元件是有效的，而对较小的元件而言可能过热或过大，会对其分别造成热损坏或物理损坏。

除主要设备出现故障会改变时间 - 温度曲线外，在可接受方式下重复同样连接的焊接能力，是包括一致可焊性在内的材料性能。可焊性包括助焊剂功效、焊接金属属性（如表面氧化及焊膏的具体情况，焊料颗粒大小和金属含量），以及元件引线的可焊性和相关 PCB 特性。而且，元件引线的可焊性和 PCB 特性往往被认为是重复制作可接受互连的首要因素。

不幸的是，较差的可焊性往往是可接受焊点重复性差的首要原因，这并不利于无铅焊接。本质上，无铅焊料比共晶锡铅焊料表现出的可焊性更差，因此，要实现组装（可焊性）缺陷最小，工艺工程师必须特别注意，以确保元件引线及 PCB 焊盘表面有最佳的可焊性。

40.5.5 清 洁

免清洗和低固助焊剂的使用，已经大大减少了需要清洁的 PCB 的数量。然而，高可靠性的电子设备，以及在恶劣环境中使用的产品，可能仍然需要去除助焊剂残留物。用于控制清洗过程的主要指标是 PCB 或元件上残留物的数量。视觉检查（白光或紫外光）和离子测试是两个最常用的评价清洗工艺的方法。此外，在线测试（ICT）也为残留物提供了辅助确认手段。残留物会阻止导电探针到达导体，造成在数据采集程序中被误认为开路。不幸的是，大量的开路缺陷既可能表明 PCB 上有过多的助焊剂，也可能意味着实际的电气性能缺陷。另外，对于高频 PCB（射频和微波），进行电气性能检验时，ICT 可以通过信号泄漏和其他寄生指示来识别助焊剂残留物。

对于无铅焊接工艺，必须小心进行清洗。更高的工艺温度会提高残余物的黏度，特别是那些专为锡铅工艺设计的助焊剂。这一点可以在手动或波峰焊中使用单独的助焊剂予以解决。可能需要加强清洗步骤来确保令人满意地从 PCB 表面去除残留物。另一方面，专用于无铅焊接工艺的助焊剂配方产生的残留物，可能与锡铅工艺的清洗工艺不兼容。

40.5.6 网络通信

对 PCB 组装过程的实时控制而言，过程信息的产生、传输和存储都至关重要，无论是批量生产消费类电子产品，还是小批量生产高可靠性军工、航天或卫星用电子产品的组装过程。由操作员或车间自动化机器产生的信息，一般包括货物使用（PCB、元件等）、缺陷和机器故障。随后可将获得的货物存储信息用于工厂库房的库存管理，乃至通过遍及国内和全世界的物料清单（BOM）供应商确定需要的额外元件、助焊剂。

过程信息也可以由负责监视整个组装流程的生产工程师访问和存取，以及由工艺工程师或技术员直接负责设备的操作（炉区温度、助焊剂水平等）。此外，信息可以在组装线的不同机器之间共享，以防止由于设备停运导致的工艺流程减慢。这种减慢和停工会影响上游步骤，如印刷机上焊膏停留时间过长会产生保质期问题，同时导致接下来的元件放置机和回流炉的停工。

获得相关过程的信息通常是必要的。归档数据可以作为过程控制的依据，用于跟踪缺陷，并有助于快速确定过程失控的根本原因。此外，过程信息也可以用于监视设备长期使用的性能，确认是否需要进行定期的预防性维护或机器更换。易于访问的过程信息，还可以方便工艺开发尝试中以最小的投资再次引入特定产品线。

最后，在现场故障调查方面，已归档的过程缺陷非常有用。问题产品的可追溯性使得可以明确组装线上使用的准确的工艺参数、时间、材料批次、操作者等，这些数据对于后续的根本原因分析非常宝贵，特别是高价值、高重要性的电子系统（如军事设备、空间和卫星硬件，以及医疗和汽车电子）。在了解产品缺陷的情况下，也可以深入了解其对长期可靠性的影响，特别是保修成本与法律责任，以及是否需要实施产品召回。

快速访问信息的需要作为组装操作的一部分，已经延伸超过了过程和库存控制。周边信息，如设备软件和操作手册也必须快速访问。启动软件和指令应随时可用，将生产线重新开机或机器故障维修所需的停机时间降至最少。

最后，随着无铅焊料的快速出现，更加需要高效的网络通信。在 OEM 和合同制造业务（CMS）公司同时使用锡铅和无铅技术组装的情况下，精确控制组装过程的所有方面是必不可少的。事实上，过程控制远不止控制回流焊、波峰焊或烙铁等的准确焊接温度这么简单，也包括将正确的表面处理和（或）将 MSLS 元件和 PCB 交付给适当的工艺线。此外，过程控制也包括用于适当产品线的其他因素，如无铅工艺特殊要求的助焊剂类型和清洗工艺。

40.6　工艺设备的选择

组装工艺设备的选择是生产工程师的任务，其中要遵循 3 个方面的原则：设备利用率、成本、厂房要求。这 3 个方面按照顺序排序，而不是按照重要性排序。设备选择背后的原因可能非常复杂，要考虑到各种各样的产品设计、潜在的自动化选项及全球劳动力市场。未能彻底考虑其中任何一个因素，都可能导致严重的经济负担，失去上市时间，以及给 OEM 或 CMS 提供不良的产品质量 / 可靠性。

40.6.1　设备利用率

设备利用率涉及设备的两个方面：一是在运行时间内，操作设备实际上是在执行其预定功能；二是机器在运行过程中的产量（单位时间内的元件或组件）。运行时间的结果可通过如下内容体现：当机器执行其预定功能时，它正在生产产品并为公司创造盈利；另一方面，当机器闲置时，不仅不会生产产品，还可能为公司带来亏损。

接下来，将从产量的角度来讨论设备利用率。需要注意的是，对于锡铅和无铅技术，二者几乎是相同的，只有特定的成本因素可能略有不同。设备利用率的一个决定性因素是，定义一个适当的指标，能够准确反映机器的活动。例如，对于贴片机，设备利用率指标可能是单位时间内放置的元件，或者是单位时间内完成的组装 PCB 的数量。单位时间内完成的组装 PCB 的数量或最终组件的数量分别是焊膏印刷和回流炉的典型指标。例如，元件放置率可以表示为元件数每小时（CPH）。一些制造工程师喜欢根据时间 / 产品单位（生产率的倒数）来分析设备利用率，该方法通过测量单个 PCB 印刷焊膏或组装的时间进行说明。

选择最适合机器和产品加工的指标很关键。此外，指标应该有助于工艺开发工程师精确监测设备的各项性能，还可以用来比较所采购的设备品牌之间的技术指标。

可以使用不同的方法进行设备利用率分析，几个关键属性的描述性定义如下。

理论生产量 根据设备基本的设计输出确定。

实际生产量 设备为特定生产线或应用而生产的产量，这个值总是小于理论值。

利用率或利用效率 实际生产量与理论生产量之比。

运行时间 在此期间设备可能需要工作的总时间。例如，它可能是 8h 一班工作制或 24h 三班工作制。

设备正常运行时间 设备可用来执行任务的时间。这里要考虑到停机时间，如预防性设备维修、意想不到的设备故障、货物再补充等。

生产时间 设备实际执行任务的时间。

需求出现时，这些不同的属性可以被进一步分解。例如，几个因素可以说明设备正常运行的时间损失，包括定期维护与意想不到的设备故障、货物的再补充等。

这些属性可以简化为数学变量，然后借助公式来计算特定设备的性能。然而，PCB 的组装过程是由多台设备或单元串联组成的，因此，对给定的设备确定性能属性时，必须将其放于整个生产线中，以预测整个生产线的性能。

另外，组装工艺流程的瓶颈也与质量控制有关。例如，元件放置机的生产量为每小时生产 100 块 PCB，但回流焊每小时只能处理 90 块 PCB，印刷和已组装好的 PCB 只能待在开放的工厂环境中等待进入回流步骤。后果是焊膏性能下降，增加可焊性缺陷及降低产品良率。因此，考虑组装过程中的设备使用率时，还必须解决这样的技术分歧。

40.6.2　成　本

建立一条组装线时，必须要考虑几个成本因素：设备的最初投资；设备的折旧和使用寿命（报废）；运营成本，如人力、电力、水或使用的惰性气体；维护运行成本。许多这些成本因素都是在"每产品单位"的基础上确定的，以便结合预期的产量目标进行计算。许多 OEM 和 CMS 供应商不得不建立自己的成本模型，将人力成本、能源成本、运输成本和税收结构等纳入管控，不论组装厂的位置是在国内或海外。由于存在以上涉及的成本的变量，所以很难建立通用的模型用于成本核算。

引入无铅焊接技术时，必须考虑有关设备成本的两个方面。一是可以提供无铅组装能力的设备的采购和安装的直接成本，二是仅仅在工厂开发一条无铅组装线的通用成本。

关于第一点，设备能力对无铅焊接与主焊接步骤有决定性作用，包括回流炉、波峰焊机、烙铁等。印刷机和贴片机几乎不受无铅焊接技术的影响。大多数用于锡铅焊料的回流焊设备，名义上也能够支持中等复杂 PCB 的无铅焊接，改变的仅仅是回流炉的时间 - 温度曲线。对于更多高度复杂的产品，最好使用超过典型的 5 区或 7 区回流炉予以替代，温区越多，灵活性及对时间 - 温度曲线的控制能力也越高。对于波峰焊机，锡铅焊料转换为无铅合金焊料时，可能还需要更换物料罐、叶轮和挡板，以防止高锡成分焊料的过度腐蚀。

第二个成本，主要关乎工厂车间实现无铅的能力。具体来说，必须做出这样的决定，即是否建立单独的锡铅和无铅焊接生产线，或者使用相同的组装设备来混合这两种技术。关键因素包括资金投入、工厂建筑面积、基础设施要求（防止二者无意之间的混合），以及预计的产量要求。

对两种组装方式进行物理隔绝很有必要，不仅包括机器（设备），而且包括相应的配套方面，如焊接材料的存储和元件库存的控制，以防止使用错误的焊料或元件，以及不正确的表面工艺的电路板。这种分离程度的能力将决定是否需要对新机器进行投资，以及复制一些支持功能和人力成本，这需要足够的过程控制。

40.6.3　厂　房

拥有焊接组装生产线的成本远远超出了设备的投资成本，以及操作员和工艺工程师的劳动力成本，还有机器本身的运行成本。为了满足组装线布局及从组装线移动元件和最终组装的要求，工厂必须有足够的占地面积，也要有对设备进行安全功能维护和维修的空间。最后，还要包括公共设施中产生的成本，如电力、压缩空气（气动装置），以及水（清洗）。

如果回流或波峰焊机含有惰性气体，通常是氩气和相对便宜的氮气，那就有必要选择合适的气体源，如压缩气罐、液氮罐，或者现场制氮设备。压缩气罐通常只用于短期生产，对于大多数中等大小的电子组装厂，最具成本效益的选择是使用一个或多个装满氮气的液氮罐。而对于大规模生产，最好选择现场制氮设备。辅助成本包括安装管道——输送气体到车间指定机器站点，以及必备的通风设备（从机器到外部环境）。

无铅组装工艺和锡铅生产线的厂房成本基本类似。两者的用电量可能有差异，这可能是无铅焊接温度高导致的，尤其是回流焊工艺，需要有惰性气体能力的焊接机。

40.7　返修和返工

返　修　包括使用助焊剂、焊料的单独过程，以及为了加固先前形成焊点的加热操作。除了要满足验收标准，可能也需要改善焊点的几何形状，将互连纳入符合长期可靠性预测的几何形状窗口内。

关于返修的作用，长期以来人们一直争论不休。一方观点是，优化焊点的几何形状或通孔填充将提高焊点的一致性，以适应长期的可靠性预测要求。然而，相反的观点是，增加的回流焊热循环降低了焊点结构的可靠性，如阻焊层的附着力、铜层和基板之间的附着力以及对层压板材料本身的伤害。但有一点可以肯定，即 PCB 质量越差，任何修复引起的退化也越严重。因此，对于消费电子 PCB，返修应特别注意，其采用的是典型的低质量材料。幸运的是，返修最有可能应用于高可靠性电子产品（军事、航天和卫星应用），其通常使用高质量的 PCB 材料和结构。

返　工　通常是指更换 PCB 上有缺陷的元件。因此，返工工艺包括以下多个步骤。

（1）去除先前的焊点，取下 PCB 上有缺陷的元件。

（2）熔化状态下，去除 PCB 焊盘上多余的焊料。

（3）清洁 PCB 上的焊料金属（飞溅物或锡珠）及助焊剂残留物。

（4）将新元件安装在 PCB 对应位置处，然后通过预置焊膏、预成型或焊线（在手工焊接中）在连接区域填充焊料。在采用预成型或使用焊线的手工焊接方法时，连接区域必须加入助焊剂，除非使用带助焊剂芯的焊线。

（5）应用热源，以重新形成焊点连接。

（6）清洁 PCB 上的焊料金属（飞溅物或锡珠）及助焊剂残留物。

返修和返工的明显区别是 PCB 的加热次数。返修中只有 1 次熔化焊料的加热，而返工中至少有 3 次。层压板材料、阻焊、铜层对基板的附着力必须有足够的鲁棒性，以抵抗热循环引起的退化。热稳定性差会产生制造缺陷、降低良率，或者导致影响产品长期使用可靠性的老化缺陷。通常，对 PCB 预热可减少热冲击和热梯度可能对层压板材料、导通孔及焊盘的损坏。同时，更换的元件必须有足够的热稳定性，以适应相对简短的返工（相对于原组装工艺的时间和温度范围）的更快的加热和冷却速率。

返修和返工之间的第 2 个区别是加热方法。返修一次处理一个焊点，是局部加热一个相对小的区域。返工工艺采用的是更大区域的加热方式，原因在于一次需要焊接多个位置。同样，在多引线元件的重新焊接过程中，为了减少返工时间，最好同时处理所有的焊点。热源可采用放在一排鸥翼式引线上的热棒，或采用弥漫在整个元件四周的热气。例如，这样的热源可用于 BGA 封装的返工。

局部的热流可能会引起热损伤问题。例如，对于有问题的元件，可能会导致封装材料、内部元件（如硅裸片）和界面的潜在热损伤。同时，对铜键合焊盘及通孔、PCB 内的埋孔等结构，也可能产生热损伤。不仅如此，局部加热的焊点附近存在重熔的潜在风险，可能会导致临近元件的热损伤，尤其是在非常密集的 PCB 上。临近元件的热损伤可能源于以下 3 种传热方式中的一种或多种：辐射（热棒或烙铁）、对流（热风）或传导（通孔或其他导体）。工艺开发过程中，进行返修或返工之前，应该安装热电偶，以确定可修复元件及邻近结构的温升。

返修和返工之间的第 3 个区别是产品的时间范围。返修步骤是典型的对 PCB 的操作，基于发给客户之前对完成组装过程的产品的即时检验。然而，返工不仅限于每形成一个组件后立即检验（目检或在线测试），也可以在已经使用的电子产品上进行。可以通过返工更换损坏的元件或升级旧系统的功能。虽然名义上的工艺步骤在后一种情况下是相似的，但是必须说明这个过程中的复杂因素。电子产品必须被拆成可修复的一个个元件或子板，去除封装材料和敷形涂层时不得损害其他元件或焊点。同时，在第一次热循环前，必须把污垢、腐蚀物和其他污染物全部去除。返工完成后，也有必要重新涂敷敷形涂层和密封剂，以及重新组装所有硬件。所有的这些步骤都必须采取与原组装工艺不同的方法，却要达到同样的质量，对元件、PCB 或其他焊点没有附加的损害。

更复杂的返工工艺，是在后续的组装或返回的硬件上，通过黏合剂或锚固复合物在 PCB 上固定元件。用于此目的的许多黏合剂都是热固型的，所以加热时不容易软化。加热软化黏合剂时必须谨慎，不得导致底面基板或相邻元件的热损坏。含乙醇、丙酮、甲基氯等的有机溶剂（其中一些可能会因为环境健康和安全方面的原因而严格控制），可以成功溶解许多黏合剂化合物。然而，必须注意，这些溶剂不能影响元件的封装材料、阻焊、层压板或关键标记。

无铅焊接会产生以下两个有关返修和返工的问题：具有较高熔化温度的无铅焊料，锡铅和无铅混合焊料。显然，无铅焊料较高的熔化温度增加了热影响的可能性，包括重熔相邻焊点和对元件封装及 PCB 的热损伤。正如前面提到的，工艺开发过程中，通过使用安装在目标元件及相邻元件、焊点和板面上的热电偶，可以很容易地解决这个问题。

锡铅和无铅混合焊料不太可能出现在新制造的产品中，因为返修和返工是在组装检验后立即进行的，这两个工艺要使用相同的焊料。要重点关注的是返回的旧产品的返工。以前，返回的电子产品是最有可能用锡铅焊料组装的，当完全采用无铅返工工艺时，在连接处存在锡铅和无铅焊料混合的可能性。对于返工工艺本身，PCB 焊盘上的锡铅残留物会使无铅焊料原本较差的可焊性提高［替换元件的引线可能是无铅工艺的，除非该元件是作为系统寿命计划购买（LoPB）的］。

　　然而，因为涉及混合焊料互连的长期可靠性问题，有必要将 PCB 焊盘或通孔内的任何锡铅焊料残留物彻底清除。必须注意不要过度伤害铜层，以防止其对层压板失去附着力（如焊盘剥离）。其他的退化模式包括铜的过度熔解，特别是通孔孔口拐角位置，以及对阻焊或层压基板的损伤。

　　通孔焊接和表面贴装元件的返修和返工是不同的，这是由于连接处的尺寸和几何形状、封装引线数、元件热灵敏度和 PCB 组件整体密度不同。

40.7.1　通孔技术

　　总的来说，通孔焊点的修复和（或）返工仍需采用手工焊接工艺（见图 40.30）。在返修过程中，第一步是在连接处添加助焊剂和焊料，然后用烙铁接触引线，从而使焊料回流。烙铁头应尽快远离焊点，以防止过多的热量传导到引线和元件上，损坏有源（硅芯片）元件、玻璃 - 金属密封件等。

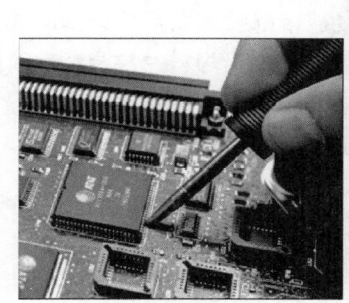
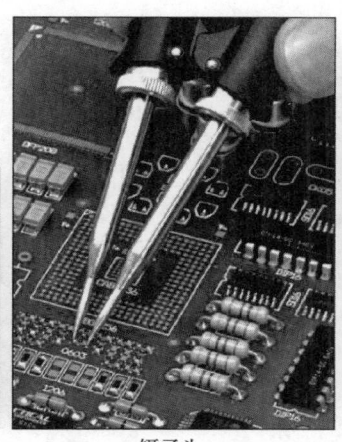
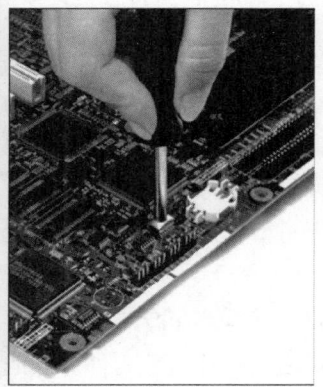

点状头　　　　　　　　　　镊子头　　　　　　　　　　热棒头

图 40.30　使用点状头、镊子头和热棒头进行返修或返工的手工焊接技术（来源：OK 国际）

　　对返工而言，最困难的步骤通常是从 PCB 上拆除损坏元件。对于轴向引线元件，可以切断损坏元件的引线。然后，就可以从 PCB 上拆下元件，从而扩大连接处的空间，以方便焊接。对于径向引线和高引线数元件，如 DIP、PGA 和连接器，引线切割变得非常困难，因为引线长度较短，而且封装和 PCB 表面之间的间隙有限。

　　通常情况下，操作者必须去除连接处的焊料，以拆下元件，一般一次一个焊点。在铜线编带上涂一层薄薄的助焊剂，然后把铜线编带放置在焊点和电烙铁之间。要优先考虑焊点顶部附近的尖端，而不是引线。该方法可以避免对铜焊盘、阻焊或层压基板的损害。每个焊点都必须清除足够的焊料，使得可以用最小的力将元件拔出来，防止对孔壁或铜焊盘的伤害。

　　下一步是对通孔和铜焊盘的修整。残留在孔内的过量焊料会阻碍新元件引线的插入。很难清除孔内形成的所有焊料残留物，即使有恰当的厚径比。随着 PCB 变厚，层数变多，这个问题将进一步复杂化，因为烙铁头无法补偿层压板的大热容和内部铜层的散热量。最后，往往需要把 PCB 上的铜焊盘，与铜焊盘和烙铁头之间的铜编带短暂地连接起来，以清除多余的焊料残留物。

　　与拆除元件相比，焊接更换的元件到 PCB 上的复杂性要小很多。对于已插入 PCB 的元件，使用手工焊接工艺，一次一个焊点。操作者对焊点的任何缺陷都可以进行实时检测。最后，如果有必要，可以使用适当的清洁方法去除 PCB 上的助焊剂残留物。

较厚的多层板更难焊接，原因在于其具有更大的热质量和内层散热效应。通常情况下，可以将 PCB 预热到 100～125℃。然而，由于预热面向全部元件，所以必须考虑到 PCB 上其他元件的热灵敏度。通过加热板进行预热可以应用于某些产品，而当附近有温度敏感元件时，其他加热方法，如热风（气）源可能需要限制温升，并远离其他零件或结构。

有几种技术可以用来协助手工焊接（脱焊或重新焊接），甚至完全替代它，如可以同时加热多个焊点的热棒。热棒是一种尖端是长杆的烙铁，在脱焊或重新焊接步骤中可以同时加热一排引线。热空气或热气枪可以提供更多的弥漫性热，同一时间熔化一个元件的所有焊点，便于拆卸和更换有较多引线的较大元件。

选择性焊接，或喷流焊接，就像小型波峰焊机，对通孔元件的焊接和重新焊接有效。事实上，这种技术特别适用于连接器。熔融喷流焊接提供的热能可以克服连接器结构和多层板的散热效应。然而，对于特别厚的层数较多的 PCB（大于 3mm），可能需要预热，以便顺利地熔掉有缺陷的焊点，以及实现足够的通孔填充率和焊料圆角。再次，必须注意防止对周边元件的热损伤或焊点的不良重熔。

前面已经提到，无铅焊料的引入产生了两个问题：新型合金需要更高的焊接温度，锡铅和无铅焊料的混合，特别是对传统硬件的返工。两者对于通孔焊接通常都没那么重要，轴向或径向引线的物理分离减小了对 PCB 或更换元件的热损伤风险。由锡铅和无铅焊料的混合物残留产生的潜在处理和对可靠性的影响并不显著，原因在于通孔互连处需要大量的焊料。此外，焊点内部的焊料组合物，保证了焊点的强度和使用寿命，受锡铅污染的影响最小。

40.7.2 表面贴装技术

对表面贴片封装元件焊点的返修和返工具有更大的挑战性，很大程度上是由于元件和相连引线的尺寸太小（事实上，表面贴装 PCB 返修或返工困难是电子行业前进的驱动力之一，因为要重新使用更严格的过程控制技术，包括旨在减少组装缺陷的 SPC 控制技术）。主要的难度包括 PCB 密度较高，元件尺寸小；元件材料对潜在热损伤的敏感性增加，包括倒装芯片连接和更薄的封装形式导致的硅芯片失效，以及操作者无法直观观察到焊点的情形，如面阵列封装。

另一个重要的考虑是，表面贴装 PCB 上的铜焊盘相对于通孔元件结构的整体脆弱性。后者由于具有更好的鲁棒性，损害铜焊盘和层压板之间的结合不太可能。即使出现这种剥离性损害，后果也较轻，原因在于孔壁对层压板提供了额外的机械附着力。另一方面，为了适应更小的封装引线节距和较高的整体 PCB 密度，使 PCB 上总的连接面积较小，表面贴装焊盘通常设计得较小。同时，焊盘并没有通过导通孔连接到 PCB，或者良好情况下通过盲孔连接，这增加了铜焊盘在热损伤过程中形成浮离的风险。

通常使用手工焊接技术对表面贴装的互连处进行返修。10～50 倍立体显微镜是返修工作站必不可少的一部分。烙铁头的小型化是为了适应更小的元件尺寸和较高的板密度。一般情况下，这种技术不一定会减少较小焊点的修复时间，因为烙铁头尖端变小同时也降低了对焊点的供热效果。一如往常，焊接时间应尽可能地短。同时，对于陶瓷片式电阻、电感和 MLTF 电容，应避免烙铁尖端和元件端子之间的直接接触，防止金属化分层。特别重要的是，要避免用烙铁接触多层片式电容，因为其对热冲击特别敏感，可能会导致元件开裂。

基于手工焊接技术的返工工艺仍然用于表面贴装技术。人工技术包括设备的创新，可以适应更小的元件尺寸、每个封装的多个引线及较高的 PCB 密度。然而，人们认识到，对细节距、周边引线封装和面阵列封装元件（BGA、CSP 和倒装芯片）的返工，要求更精确的工艺控制。通常，操作者根本没有体能执行必需的操作或执行必须同时进行的步骤。返工工作站可以以半自动或全自动的方式执行部分或全部操作，这取决于设备能力。使用预定的温控技术去除有缺陷的元件，然后安装新的元件。更换元件的定位，可以通过手工实现，也可以通过手动执行或软件命令控制的步进电机实现。

表面贴装技术的返工工艺包括以下 3 个步骤。首先，去除有缺陷的元件。元件去除步骤是 PCB 返工工艺中 3 次焊料回流循环的第 1 次。不同的加热方法适用于不同封装的引线配置（如无引线、鸥翼式引线等）。对于有缺陷的元件的去除，特别是高引线数的细节距引线和面阵列封装，最好的时机是在所有焊点同时熔化时，这可以防止损坏比较脆弱的铜焊盘。先用焊钳熔化片式电阻、电感、电容或二极管的两个焊点，然后用镊子迅速拉出元件。加热棒的尖端用于同时熔化成排的焊点，在周边引线封装中可能用到，如鸥翼式引线和 J 形引线封装。

回流也可以使用热空气或热气体（氮气），可以将所有的细节距焊点（高引线数）、周边引线封装（如 QFP）及面阵列封装（如 BGA、CSP 和 FC 等）的焊点同时全部熔化。应用于 BGA 封装返工的热气喷嘴如图 40.31 所示。通过对热气流的控制，使传递到焊点处的热量最大化，同时使元件本身的温升最小化。防护罩也限制了周边元件及其焊点受高温的影响程度。

不幸的是，与只有一两个焊点不同，操作者并不是总可以在细节距的周边引线或 BGA 封装

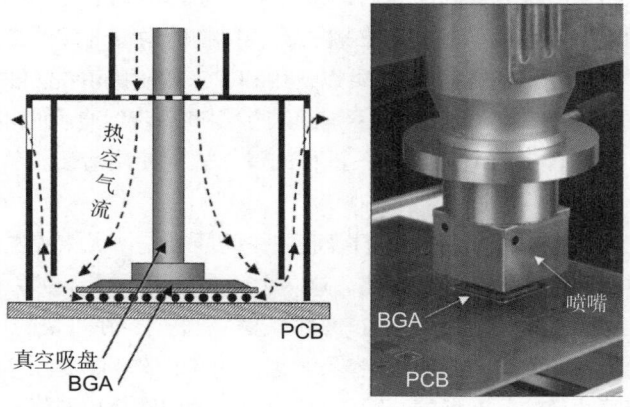

图 40.31 热风罩，用于同时回流 BGA 封装上的所有焊点（来源：OK 国际）

的数百或数千个小互连中察觉到一些未熔化的焊点。结果就是铜焊盘的损坏，如果可能，必须将其修复。在这些情况下，返工站是非常重要的。当所有的焊点都熔化时，真空吸盘或机械臂会运动至该元件处，然后用足够的力将其从 PCB 上拉下来，从而防止铜焊盘的损坏。

当从 PCB 上拆下有缺陷的元件后，第 2 步就是去除铜焊盘上的多余焊料。这一步也被称为修整铜焊盘。剩余焊料的隆起和尖峰会干扰新元件的放置。更重要的是，过量的残余焊料，由于无法控制焊料量，会导致更换元件焊点的变异，进而导致开路、短路或长期可靠性受损。因为清洗或修整步骤需要焊料回流热循环（3 次加热中的第 2 次），这个循环的时间 - 温度曲线必须最小化，以防止对比较脆弱的铜焊盘和邻近线路及层压板本身的损害。这个过程通常是手工进行的。

返工工艺的第 3 步是把新元件安装在 PCB 上。此时，PCB 将经受第 3 次焊料回流循环。在这一点上，与手动操作相比，使用半自动或自动返工特别有利。首先，要为连接焊盘提供焊料，而其他元件阻止了使用钢网或丝网印刷的点涂技术。虽然对较大引线数的元件而言，焊料预成型是一种可行的方法，但表面贴装元件最通用和可重复的方法是通过注射器滴涂助焊剂。当引

线数比较少时可以手动执行，然而，对于特别小的无源元件、细节距周边引线封装和面阵列元件，自动焊膏分配是控制位置和焊膏量的首选技术。

对于一些 BGA 和 DCA/FCf 元件，有时可能不需要附加焊料。只要在元件放置之前在铜焊盘上涂助焊剂即可，回流焊之前，助焊剂的黏性会把元件固定到位。

接下来，把新元件放置在 PCB 上，返工放置的自动化程度取决于元件的混合性。特定的变量，包括封装类型（无源芯片元件、QFP 引线、面阵列封装等）、封装尺寸及其脆弱性、互连的数目和节距等。一个极端情况是手工组装流程，其非常适合大的无引线片式电阻和电容（一般是英制 1206 以上封装），以及 LCCC 和具有 0.4mm 小节距的周边引线封装。更小的元件，特别是无源片式元件，尺寸小于或等于 0402（英制）的封装，最适合通过返工站的机械处理和定位能力来安装。另一个极端情况是 1mm、高引线数的面阵列封装的安装。在这些情况下，小的锡球节距，加上无法准确地定位 PCB 焊盘上阵列下的锡球，几乎总是需要一定程度的自动化，以保证元件放置在正确的位置。

完成元件放置后，即可以使用焊接工艺形成焊点。可以采用热气、电烙铁或总体自动化的方法，但不论是哪一种方法，时间 - 温度曲线都应尽可能类似于焊点初始形成时的过程，焊膏也要与初始组装工艺使用的相同。总之，从预热阶段到熔化焊料，还有随后的冷却操作，每一步都必须加以控制，以减少返工焊点的缺陷。

返工工艺如果使用免清洗或低固助焊剂，无论助焊剂是单独使用还是在焊膏中使用，都可以省略清洗步骤。然而，如果使用了按要求必须去除残留物的助焊剂，就必须采取一些防范措施。如果 PCB 产品紧随原组装工艺进行返工，可以使用和原来相同的清洗方法，即让 PCB 二次通过清洗循环。另一方面，有些硬件通常是由下一组装步骤进一步组合而成的，清洗必须考虑材料的兼容性问题。例如，可能需要只针对返工操作的具体位置使用清洁材料，避开 PCB 上的其他敏感材料。

正如前面提到的，两个必须解决的人们普遍关注的问题是，无铅焊料返工的较高焊接温度，锡铅和无铅混合焊料。与通孔焊接技术相比，这两个问题在表面贴装技术中需要重点关注。由于结构材料及较小的尺寸，表面贴装元件具有较高的温度灵敏度，在过快的加热和冷却速率引起的热冲击条件下，多层片式陶瓷电容器特别容易开裂。对于面阵列封装，温度过高会导致较大封装元件的翘曲或炸土豆片效应。在极端情况下，翘曲增加的间隙会引起锡球和铜焊盘之间的开路，或缩短间距、压缩锡球，进而导致相邻元件短路。

第 2 个问题是拆卸有缺陷的元件后有可能残留在 PCB 上的无铅和锡铅混合焊料的残渣。这一问题主要涉及退回的有遗留锡铅焊料的硬件。相对于通孔元件焊点，表面贴装的较小焊点的铅污染水平可能更高，因此受铅的熔点、可焊性和更重要的长期可靠性的影响也更明显。该问题在含铋的无铅焊料，尤其是铋的含量（质量分数）大于 5% 时表现得更明显，因为形成的低熔点（96℃）的锡铅铋三相合金可能会降低焊点的长期可靠性。然而，研究表明，当前一般的铜焊盘清洗技术能够将锡铅残渣去除，使这种影响降至最低。通过对铜焊盘进行不必要的额外热循环来清除锡铅焊料，可能会破坏铜和层压板的附着力，从而导致电气可靠性受损。

当无铅互连处有大量的铅污染（通常 > 5%（质量分数）铅）时，要确保对长期可靠性的影响最小，要求铅在焊点中完全混合。当焊点中铅的分布不均匀时，会形成两个截然不同的微观结构：一个富含铅，另一个缺乏铅。BGA 和 CSP 焊点要特别关注这种情况，两个隔离部分的边界会因热机械疲劳而失效，从而有可能降低焊点可靠性。

40.8　敷形涂层、封装和底部填充材料

需要时，组装 PCB 的最后步骤是应用敷形涂层、封装和底部填充材料。有敷形涂层的 PCB 如图 40.32（a）中照片的底部所示，同一个封装好的 PCB 显示在照片的顶部。底部填充的倒装芯片如图 40.32（b）所示。

（a）表面贴装电路板的敷形涂层（底部）和封装（顶部）

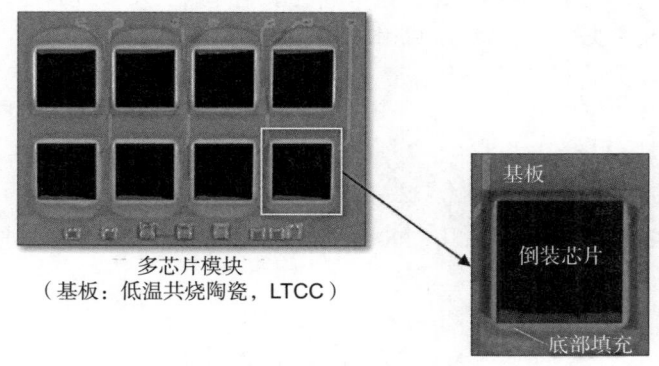

多芯片模块
（基板：低温共烧陶瓷，LTCC）

（b）底部填充的倒装芯片元件

图 40.32　有敷形涂层的 PCB（来源：桑迪亚国家实验室）

敷形涂层的作用是保护 PCB 和元件免受大范围的污染，包括灰尘、水、液体化学品，空气污染中的腐蚀性气体、霉菌和真菌。由于涂层很薄（0.25～0.50mm）且相对较软，故其对操作损坏或在冲击和振动环境中的机械负载不提供显著的保护。另外两种保护方式分别是封装，也叫灌封胶，以及底部填充材料的方法。底部填充材料用于将元件固定到 PCB 上，功能类似于黏合剂。不同的是，底部填充材料在焊接后使用，且必须填满封装和 PCB 之间的整个间隙。对于 DCA/FC，底部填充也提高了焊点的热机械疲劳可靠性。

了解这些材料在整体 PCB 组装过程中的作用很重要。首先，它们对所有表面都有很好的附着力。因此，必须清除 PCB 和元件上残留的助焊剂，以及清洗工艺留下的残留物。

其次，敷形涂层、封装和底部填充材料的应用必须严格控制，以确保其能正常工作。标称厚度及均匀性是敷形涂层的关键。涂层太薄的话，在恶劣环境下不是有效的屏障。由于许多设计者都依靠敷形涂层来减轻纯锡镀层上锡须生长的影响，所以其覆盖厚度和均匀性已变得更重要。另一方面，敷形涂层太厚会影响返工流程，以及妨碍 PCB 安装在背板柜和设备架上。一般来说，目检是控制应用过程的一种无损性检验方法。

在封装或灌封胶的情况下，必须有完整的填充模具，特别是在元件周围，以防止应力集中，破坏表面贴片焊点。当灌封胶的密度变化超过电路板时，也会产生潜在的破坏应力。泡沫密封剂的物理和机械性能（热膨胀系数、模量等）产生的变化，可能会导致电路板过度弯曲而破坏焊料互连，特别是体积大的元件（如 BGA）。因此，要防止这些缺陷，有必要控制封装材料本身及"铸造"过程。

不幸的是，大多数的无损评价技术均不能有效地发现封装缺陷。空洞和密度的变化很难由目检或 X 射线分析检测到。在 X 射线下，封装剂泡沫固有的低密度限制了填充和未填充（空洞）区域之间的对比度。扫描声学显微镜（SAM）在相对较薄密封层的应用上取得了一些有限的成功，但这种情况为数不多。在"铸造"过程中，通常使用取样见证的方法来确定泡沫密度。

已经进行的大量研究进一步强调了对倒装芯片底部填充工艺进行严格控制的重要性。即使是底部填充材料性能（如黏度、填料百分比等）或在芯片和基板之间材料填充方法的微小变化，都可能显著改变这些互连的长期可靠性。

公认的用于控制填充工艺的无损检测方法是 SAM。相对较薄的填充层使用该技术可以检测到底部填充材料中的空隙，当空隙位于焊料互连处附近时，会对热机械疲劳可靠性造成重大影响。X 射线技术可用于监测底部填充材料的密度，尤其是芯片底部的填料分布。密度变化可以反映底部填充材料的机械性能和物理性能变化，这可能会影响焊点的长期可靠性。定量图像分析结合SAM 和 X 射线的分析数据，可以为工厂提供有价值的过程控制参考。

40.9　致　谢

感谢 R. Boulanger 对本章的贡献，本章参考了 Assembly Processes，Printed Circuits Handbook，5th ed.，Clyde E. Coombs（ed.），2001，Chap. 40。作者也想感谢桑迪亚国家实验室的 M. Dvorack 对本章的认真审查。

第 *41* 章
敷形涂层

Jody Byram

美国宾夕法尼亚州纽敦，洛克希德•马丁空间系统公司

41.1 引 言

完成印制电路板组件（PCBA）的成品组装和测试之后，通常需要对其进行保护，以确保在最终使用环境中稳定运行。湿气、盐雾、灰尘、细菌和种种其他污染物，以及机械冲击和振动，都会导致未受保护的 PCBA 失效。PCBA 对于上述因素的最后一道防线是一层薄薄的涂层，该涂层贴合所有的元件引线形状、焊点及成品 PCBA 的其他复杂特征。这种敷形涂层（或称为流涂、三防漆）像液体一样涂敷在整个组装好的 PCBA 上，并进行固化，最终形成组件的绝缘保护层。

本章主要内容包括：

- 5 种基本敷形涂层概述
- 确保敷形涂层工艺成功的必要准备工作
- 应用敷形涂层的各种方法
- 返修和返工工艺
- 关于何时和何处需要敷形涂层处理的设计指导，以及需要重点考虑的物理特性和性能

41.1.1 敷形涂层的功能

敷形涂层除了保护 PCBA，还有以下功能：

- 在轻微的冲击和振动中对元件提供机械支撑
- 对高压元件有电气绝缘作用，尤其是在高海拔情况下
- 耐化学腐蚀
- 防止纯镀锡元件引线的锡须生长造成电气短路

由于清洁、涂敷、固化及修补操作等额外的成本费用，敷形涂层通常只用于军事和航空等领域需要高可靠性要求的电子设备，以及在恶劣环境下工作的设备。现在，随着自动化机器人的应用和紫外光固化剂的引入，敷形涂层的应用已经变得越来越普遍。

41.1.2 敷形涂层的种类

可用的敷形涂层材料有 5 种基本化学物质，每种都有多种应用方法和多种烘干 / 固化方式可供选择。因此，没有一种材料可以适合所有的应用要求，但其广泛性允许设计者选择一种材料满足大多数技术、预算和制造的需要。各种涂层及其特点总结在表 41.1。

表 41.1　各种敷形涂层材料及其特点

		聚氨酯树脂			硅氧树脂			环氧树脂				丙烯酸树脂			对二甲苯
		溶剂蒸发	热固化	光固化	室温固化	光固化	催化固化	溶剂蒸发	热固化	光固化	催化固化	溶剂蒸发	热固化	光固化	气相沉积法
涂敷方式	刷涂	×	×	×	×	×	×	×	×	×	×	×	×	×	
	浸渍	×			×			×				×			
	人工喷涂	×	×	×	×	×	×	×	×	×	×	×	×	×	
	自动喷涂	×	×	×	×	×	×	×	×	×	×	×	×	×	
	选择性涂敷	×	×	×	×	×	×	×		×	×	×	×	×	
	气相沉积														×
去　除	溶剂腐蚀法	×	×	×	×	×	×	×				×	×		
	热清除法	×	×	×	×	×	×	×	×	×	×	×	×	×	
	机械清除法	×	×	×	×	×	×	×	×	×	×	×	×	×	
	等离子体腐蚀法														×
优　点	容易返工											×	×		
	防潮	×	×	×								×	×	×	
	固化简单											×	×		
	生物相容性														×
	高温使用				×		×	×	×		×				
	耐磨性	×	×	×				×	×	×	×				×
	耐溶剂腐蚀性		×	×					×	×	×				×
	完全覆盖														×
	抗逆转性											×	×	×	×
	低温使用		×	×	×	×	×								×
风　险	有大量挥发性有机化合物（VOC）	×	×					×				×			
	需严格控制黏度											×			
	易燃											×			
	需要底漆				×	×	×	×	×	×	×				×
	厚度和质量影响固化		×						×				×		
	固化抑制或逆转	×				×	×	×				×	×		
	固化收缩率高								×				×		
	低温不适用	×						×	×				×		
	阴影部分不完全固化			×		×				×				×	
	有刺激性气味			×		×				×				×	
	高温易碎			×						×					
	返工困难			×						×				×	×
	紫外线波长影响固化			×						×				×	
	潜在的污染							×							
	工艺困难							×							×
	边缘固化差								×						
	工作寿命短				×						×				
	水分影响固化	×													
	完全固化时间长	×													
	健康和安全问题	×													
	与水猛烈反应		×												
	固化需要水分				×										
	耐磨性低				×	×	×								
	热膨胀系数（CTE）高				×										
	可能污染其他产品				×	×	×								
	间歇性的耐溶剂性				×	×	×								
	黏附困难								×						
	批量处理														×
	要求全屏蔽														×

免责声明：由于不同的配方性质有很大的差异，上面的信息只是一般性信息，并不能反映条目下所有可用材料的性质。

聚氨酯树脂 具有良好的防潮、耐化学腐蚀性及良好的电绝缘性，低温环境下性能稳定，但耐高温性能相对较差。

硅氧树脂 柔软，电气性能和化学稳定性好，具有良好的附着力和很宽的温度应用范围。

环氧树脂 涂层坚韧、耐用，而且很耐化学腐蚀。

丙烯酸树脂 容易涂敷和去除。

对二甲苯 非常薄，可以通过气相沉积的方式产生无针孔涂层。

其他不太常见类型的敷形涂层的信息，可以参考 IPC HDBK-830。

41.1.3 环境问题

关于涂层的主要环境问题是应用过程中使用的溶剂稀释剂。大多数涂层可以实现低溶剂或零溶剂配方，以减少或消除溶剂的使用。无铅焊料和电镀使敷形涂层的使用量有所增加，因为敷形涂层可以预防锡须造成的短路，所以，逐渐使用在了一些先前没有敷形涂层的产品上。高温无铅焊接工艺与敷形涂层步骤无关，因为涂层操作在焊接工艺之后。

41.2 敷形涂层的特性

41.2.1 聚氨酯树脂（UR）

聚氨酯涂层应用比较容易，可以通过浸渍、喷涂或刷涂方式实现。固化时间（除了 UV 固化）不等，从双组分热固化的几小时到单组分室温固化的几天。涂层典型厚度是 0.001～0.005in。由于其低释气特征，它们通常用于航天领域。

1. 化学特性

聚氨酯树脂是一种基于二异氰酸酯和多羟基化合物的聚合物，可以进行溶剂蒸发固化、热固化和光固化。

2. 属　性

由于聚氨酯树脂是聚合并交联的，因此具有良好的耐化学腐蚀性、防潮性和耐溶剂性，硬度范围广，品种丰富，从坚硬、耐磨的到适用于极端温度的低模量的品种都有（见图 41.1）。

3. 优缺点

聚氨酯树脂对于大多数材料都具有很好的附着力，包括环氧树脂、金属和陶瓷，因此，聚氨酯树脂的涂层工艺相当稳健。由于聚氨酯树脂是耐化学腐蚀的，故其也很难被去除，除非使用加热或机械手段。聚氨酯涂层可以通过焊接步骤，尽管这往往会产生后面必须去除的褐色变色。

41.2.2 硅氧树脂（SR）

硅氧树脂的弹性好、易弯曲，并且可以在很大的温度范围内保持这种特性。它们对各种不同的表面都具有良好的附着力，但会污染表面，一旦使用了硅氧树脂，就会阻止其他材料附着。硅氧树脂的典型涂层厚度是 0.002～0.008in，通常用于汽车行业，因为汽车需要耐高温和耐湿的涂层。

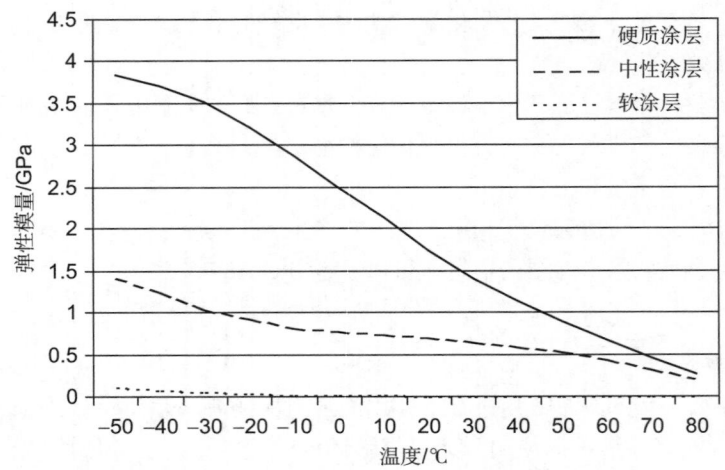

图 41.1 3 种不同类型聚氨酯树脂涂层的弹性模量与温度的关系

1. 化学特性

硅氧聚合物链是硅 - 氧主链交替组成的。SR 涂料有三种固化类型：室温硬化（RTV）、光固化和催化（添加剂）固化。

2. 属性

硅氧树脂在 –55 ~ 200℃的温度范围内都具有相对稳定的性能，其热膨胀系数（CTE）高于聚氨酯树脂，但大部分都被其较低的模量抵消，因此产生的应力水平整体仍然较低。硅氧树脂具有很高的耐湿性、耐潮性及耐极性溶剂性。

3. 优缺点

硅氧树脂在很宽的温度范围内都可以使用，同时可以通过机械或热处理相对容易地去除。如果处理不当，硅氧树脂可能会污染工作区域，并造成其他 PCBA 的黏附问题，通常需要仔细的过程排序和过程隔离。

41.2.3 环氧树脂（ER）

环氧树脂的化学性能稳定，并且非常耐化学腐蚀，典型涂层厚度是 0.001 ~ 0.005in。环氧树脂非常适用于化学蒸气或高温的极端环境。

1. 化学特性

环氧涂层基于环氧树脂体系，有 4 种固化类型：溶剂蒸发、热固化、光固化和催化固化。

2. 属性

环氧树脂具有较低的热膨胀系数（CTE），且与印制电路板（PCB）的环氧树脂匹配，因为二者有着非常相似的化学特性。相比大多数其他涂层材料，环氧树脂具有较高的 T_g 值，故其非常坚韧耐磨。当然，返工也非常困难。对应地，可以作为防篡改涂层的基本成分。

3. 优缺点

环氧树脂可在约 150℃的高温下使用，同时由于其刚性较好，也可以起到为元件提供机械支撑的作用。

环氧涂层的缺点是通常有刺鼻气味，有刺激皮肤的可能性，而且很难返工。一些环氧树脂的化学成分很微妙，并且在抑制化合物存在的情况下会不完全固化。对于脆弱的元件，其固化收缩率也是必须要考虑的：在环氧涂层之前最好先局部涂一层柔软的缓冲涂层，特别是需要承受大幅度温度波动的元件。

41.2.4 丙烯酸树脂（AR）

丙烯酸涂层的典型应用厚度是 0.001 ~ 0.005in，通常用于军事和电子消费产品。

1. 化学特性

丙烯酸涂层通常由溶解的聚合前的丙烯酸链构成。丙烯酸树脂不能像其他涂层材料一样通过聚合并交联的方式固化，而是随着溶剂的蒸发逐渐变硬。丙烯酸树脂也可以热固化和 UV 固化。

2. 属　性

丙烯酸树脂很容易涂敷，也是最容易去除的涂层，这是因为相对温和的溶剂即可软化和溶解丙烯酸涂层，留下完好无损的环氧树脂封装件和 PCB。丙烯酸树脂也可以快速固化。

3. 优缺点

丙烯酸涂层最大的优点是便于返工和快速室温固化。丙烯酸树脂具有良好的防潮性，并且容易产生荧光，便于在紫外灯下进行辅助检查。

由于丙烯酸很容易返工，因此在手工清洗组件上的其他焊点时，不经意的化学溶剂飞溅就很容易对它产生影响。溶剂所固有的高排放性使其相对没有其他材料环保。随着溶剂的蒸发，涂层收缩并在元件上施加应力，所以丙烯酸树脂可能并非适合所有的低温应用。

41.2.5 对二甲苯（XY）

对二甲苯涂层是独特的，因为其采用气相沉积工艺，而不是液体形式的涂敷。该涂层的典型应用厚度是 0.0005 ~ 0.002in。由于其惰性特性，对二甲苯涂层通常用于生物医学设备。

1. 化学特性

XY 涂层为二聚体，是只有两个单位长的聚合物链。在真空沉积过程中，二聚物粉末逐渐蒸发并重新凝结到 PCBA，并且与已经沉积的材料聚合。

2. 属　性

XY 涂层具有化学惰性和抗湿性，涂层非常薄，也很均匀，没有小孔或空隙，同时还具有很高的介电强度。由于沉积工艺的性质，XY 涂层无挥发物产生。

3. 优缺点

XY 涂层在许多方面都是性能最高的，具有最高的介电强度，最小的质量，最低的释气量和最好的化学惰性，还是最耐湿的。在元件的上方、下方和内部不能使用液体涂料的地方，XY 涂料都可以形成一层最均匀的涂层。

涂层工艺必须在批量生产方式下进行，并且要使用专门的设备。该涂层可能无法完全覆盖电位器之类的可调元件。因为不能剥离薄涂层，返工比较困难，通常使用微打磨的方法去除涂层。此外，因为薄涂层几乎不能提供机械支撑，部件还需要额外的立桩或黏合。

41.3　产品准备

大多数涂层的异常问题都可以追溯到准备工作不当。下面是 4 个准备步骤：

- 清洗去除助焊剂、油脂和污染物
- 屏蔽，以确保涂层只应用在有需要的地方
- 预处理表面或涂底漆，以提升涂层附着力
- 烘烤，以防止有水分残存在涂层中

41.3.1　清　洗

确保涂层附着力的最好方式，就是在涂敷之前彻底清洗 PCBA。除了助焊剂，在清洗过程中要去除所有的污染物，如塑料元件上的脱模剂、指纹等。

免洗助焊剂减少了废水和废溶剂的处理量。对于需要敷形涂层的 PCB，免洗系统的好处必须与其会产生较差涂层的风险相平衡。助焊剂或涂层化学特性的微小变化都会使涂层与所使用的免洗助焊剂不兼容，导致分层、抑制固化或其他缺陷。在一般情况下，使用免洗助焊剂的涂层，结果并不像使用标准助焊剂并清洗的涂层那么好，但在某些情况下，这样做仍然是可以的。

41.3.2　屏　蔽

为了控制涂层的应用区域，通常需要某些类型的屏蔽方法。可以使用屏蔽胶带或黏合剂圈保持平坦区域和孔内无涂层。由于涂层作业后需要将屏蔽完全清除，所以屏蔽胶带或黏合剂必须能够承受固化温度，而不会出现剥落或与表面永久性结合的现象。

为了掩盖不规则的表面，可以采用乳胶掩膜材料。这种材料采用自动或手动点胶设备，先在烘箱中进行固化，然后再进行敷形涂层涂敷。这样，涂敷后就很容易剥落。

对于大批量生产，可以在不需要涂层的区域用模塑屏蔽靴或封皮保护。这些都可以重复使用，且易于安装，并能达到很好的可重复效果。

除了用屏蔽的方法，也可以用触变性（非流动）黏合剂把不需要涂层的部分永久性密封。这就省略了屏蔽步骤，同时也适用于复杂的几何形状，如连接器后面和球阵列（BGA）的周边。

41.3.3　底漆和其他表面处理工作

一些涂层，尤其是环氧树脂、硅氧树脂和对二甲苯，如果在涂装 PCBA 表面前涂一层底漆，那么它们的附着力就会提高很多。底漆是一层很薄的涂层（一般越薄越好），可以用浸渍或喷涂的方法，同时烘干任何空隙和导通孔等处残留的溶剂。如果底漆把整板都弄湿，涂层虽然不会湿，但容易分层。这说明表面涂层与底漆不兼容，需要调整底漆的化学成分。对于不容易处理的表面，如大型含氟聚合物部件或基板，需要更有效的措施来提高附着力，如等离子体蚀刻或机械磨刷等方法。

机械磨刷（喷砂处理）可以使表面变粗糙，进而提高涂层的附着力。这些是部件制造（对于机械部件）或者组装前准备工作的一部分，可能会更容易做到。微磨刷可以用于组装后，只要磨刷设备的设计和使用可以控制静电放电，并且每日监测，能确保其工作正常。微磨刷也是一种可行的去除涂层的方法。

41.3.4 烘 烤

涂层的用途是防水，所以在应用涂层之前，至关重要的就是要把所有水分烘干，特别是吸水性基材，如 GI 聚酰亚胺。如果不烘干水分，它可能会导致线路和（或）元件的腐蚀，也会促进导体之间枝晶的生长，以及使导电阳极丝（CAF）沿 PCB 的玻璃纤维生长。在 93℃下烘烤 4h，就足以驱除 PCBA 中的水分。

41.4 涂敷方法

液体涂料有多种涂敷方法，包括：
- 用刷子手工刷涂
- 把 PCB 浸渍到涂料中
- 用气雾罐手工喷雾或用手持式喷枪喷涂
- 使用传送带自动喷涂
- 用自动机器人喷嘴选择性涂敷
- 通过专用设备用气相沉积法涂敷对二甲苯

41.4.1 手工刷涂

手工刷涂可以把涂料涂在任何需要的地方，而且不需要准备时间，设备成本也低。对部分较简单的批量生产和更换元件，手工刷涂仍然是首选方法。对于喷涂或自动喷嘴不能涂到的区域，也可以使用这种方法，而且对于很小的单个元件效果更好。手工刷涂是所有方法中可变性最大的。

41.4.2 浸 渍

对于在室温下有很长罐存期的涂料，如溶剂挥发固化类或单组分涂料，采用浸涂的效果最好。由于未使用的涂料仍然留在浸渍槽内，长（或无限）罐存期可以使浪费降到最低限度。

浸渍槽内涂料的黏度应当每日检查，可以使用流杯黏度计或其他方法，也要添加溶剂控制材料的黏度在可接受范围内。对于给定的浸渍速度，较低的黏度将会产生较薄的涂层。浸渍设备(见图 41.2)有悬挂杆，可以把要涂敷的 PCB 挂在上面。浸入的速度应足够慢，以防止形成气泡。由于涂料会流到表面贴装元件等的周围或下面，提拉速度应介于 1 ~ 6in/min，它将决定最终的涂层厚度：较慢的提拉速度会产生较薄的涂层。

不能通过多次浸渍的方法来形成较厚的丙烯酸涂层，这是因为缸内的溶剂会稀释或溶解之前已经涂过的丙烯酸涂层。

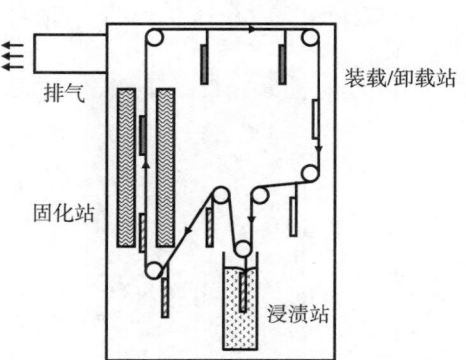

图 41.2　浸渍涂敷机

在浸渍之前，必须把不需涂敷的所有区域完全屏蔽。如果 PCB 设计较好，那么组件可以部分浸入，即需要涂敷的元件全部在液面以下，无需涂敷的则保持在液面以上。

41.4.3 手工喷涂

手工喷涂适用于所有类型的液体涂料，待涂敷 PCB 往往要喷涂几遍，每次旋转 90°，以实现完全覆盖。高的元件可能会遮蔽或阻挡其后面较低元件的喷涂，所以必须仔细操作，以确保 PCB 的所有区域都被完全覆盖。同时，要经常喷涂测试条，以测量涂层厚度。

与浸渍法一样，黏度控制是减少气泡、蜘蛛网和不适当的涂层厚度的关键因素。

双组分材料迅速混合后填充到喷枪容器内，如果使用连续填充混合枪，则直接在线混合。单一的材料（特别是丙烯酸树脂）也可以用气雾罐，不用混合在一起。

41.4.4 自动喷涂

批量涂敷生产时，可以用半自动喷涂机来消除对操作者的依赖，同时允许在线涂敷。PCB 通过覆盖着纸张的传送带进入机器，由旋转或往复喷头进行喷涂，以便从所有的角度完全覆盖给定宽度的传送带。阴影效应是半自动喷涂设备的主要问题，因为不可能对 PCB 的每个区域都进行特殊处理。

为了保证涂层不涂敷到不需要涂敷的区域范围内，有必要进行完全屏蔽。

待 PCB 的一面喷涂好，部分固化（或完全固化）后，翻转，再喷涂另一面。

41.4.5 选择性涂敷

选择性涂敷是利用一个类似于自动取放机的机器人，把涂料涂在需要涂敷的地方。一般用 4 个或 5 个轴的设备来涂敷高元件的侧面和拐角处。

选择性涂敷的最大好处是，它大大减少了屏蔽和去除掩模所需的劳动量；不需要涂层的区域只要不涂敷即可。涂料利用率是所有方法中最高的，因为在连续生产中几乎没有涂料损失。

喷涂模式可以是雾化的，喷雾液滴到 PCB 上，形成较薄的涂层（见图 41.3）；也可以是连续的，把液体流涂（见图 41.4）到 PCB 上，这样在涂层区和非涂层区域之间就有很明确的边界，无须屏蔽。

与半自动喷雾器的方式相同，先完全或部分固化 PCB 的一面，然后翻过来涂第二面。可以用自动取放机来实现整个涂敷过程的自动化。

图 41.3　使用雾化喷嘴的选择性涂敷
（来源：Asymtek）

图 41.4　使用连续流量喷嘴的选择性涂敷
（来源：Chipco. Inc.）

41.4.6 气相沉积

气相沉积只适用于 XY 涂料，并且需要专门的喷涂设备。在蒸发器中，把一定量的二聚体置于坩埚中。然后涂敷过程开始，同时抽真空直至几乎完全真空（见图 41.5）。

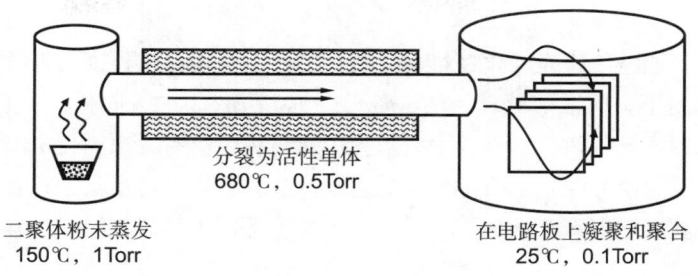

图 41.5 对二甲苯气相沉积过程

在沉积过程中，二聚体粉末先蒸发，再重新凝聚到 PCBA 上，形成均匀平坦的涂层，覆盖所有的角落和边缘。

气相沉积过程会驱动蒸气进入任何缝隙和开口。气相沉积有最严格的屏蔽要求，因为屏蔽层漏洞会使蒸气进入里面，污染屏蔽层后的表面。同时，屏蔽靴或屏蔽带中的气泡在真空中可能会被赶出，进而引起气体逸出泄露。

41.5 固化、检查和修整

在敷形涂层工艺中，最后的修整是所需劳动最多的步骤。3 个修整操作包括：

- 固化涂层
- 在紫外光下检查，确认覆盖完整和修补
- 去除掩模材料

41.5.1 固 化

4 种不同的化学液体材料，具有不同的固化机理，见表 41.1。

1. 溶剂蒸发

通过溶剂蒸发进行固化的系统可以在空气中干燥，或者稍微加热使溶剂蒸发得更快。必须注意的是，不要让刚涂敷的组件过热，否则涂层将剥落且会产生气泡。长期暴露于困在涂层内未蒸发的溶剂中，也可能对元件和 PCB 上的材料有害。溶剂固化必须在通风罩下或其他通风良好的地方干燥。

2. 室温固化

一些硅氧涂料采用室温硬化（RTV）的方法，这一工艺中水分的消耗源于周围的环境（周围环境也是固化工艺的一部分）。需要一些控制湿度的手段，否则，如果是在干燥炉中进行固化，有可能不会完全固化。

3. 热固化

烤箱固化系统使用延长式烘烤，时间从 15min 到几个小时或更长，以便使材料完全固化。热激活系统需要提高温度来开始固化程序，而热加速系统将最终在室温下固化，但烘烤能加快固化进程和提高材料的性能。一般来说，烤箱温度越高，固化得越快，成品的材质也越坚固。

4. 紫外光固化

对于批量生产，通常使用光固化材料。涂敷组件后，立即用高强度紫外线灯照射，几秒钟后便可固化到足以承受下一阶段的处理，如涂敷另一侧。元件下的光固化材料有时会固化不完全，原因在于紫外光照射不到那里。因此，大多数光固化材料还具有二次固化机制，如热固化，以便 PCBA 在生产线的尾端也可以完全固化，只要通过一个简单的烘烤步骤，或者在成品环境条件下自然固化。由于不同的涂料对不同波长紫外光的敏感度不同，所以光源和涂料的匹配性很重要。

5. 催化固化

催化过程涉及在应用前把两种组分混合在一起，以引发聚合和交联。这个过程在室温下进行缓慢，可以通过在烤箱中提高温度来加速。催化涂层可能受 PCB 或被涂敷元件上污染物的影响，导致一些区域未固化或涂层剥离。由于催化材料的寿命很短，所以在其变厚、变硬之前，必须将喷雾器、管道等区域的混合材料完全清洗掉。

41.5.2　紫外光检查

涂料中含有一种荧光染料，在紫外光照射下会发光，从而表明哪个位置有（或没有）涂料。此时，就可以修补无涂层的区域。

元件的转角位置是最容易出现涂料不足现象的区域，此处大部分涂料会流走。此外，还包括通孔元件引线的凸出端，较大元件下面或后面的遮蔽区域。如果有大面积的平坦区域未被涂敷，并可以看见明显的涂料粉末，则是潮湿的问题，这是表面预处理工作的操作不当或材料不兼容引起的。还应当检查涂层的厚度是否合适，是否存在气泡、困料或碎屑，以及固化不完全现象（见图 41.6）。

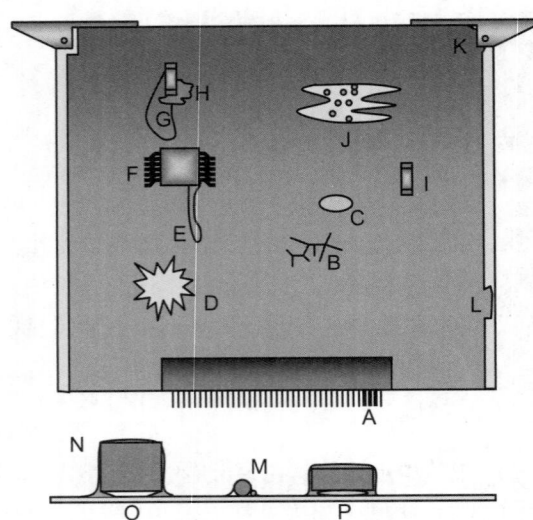

A 涂层上连接器引脚
B 破裂或有裂纹的涂层
C 分层或起泡
D 无涂层的区域
E 过多的涂料残留
F 过量的涂料桥连扁平封装的引线
G 返工过程的溶剂影响周围涂层
H 过热、返工烧毁的涂层
I 冷的环境下在玻璃元件上使用硬质涂层时没有缓冲涂层
J 反润湿，涂层凝结成水珠而不是润湿电路板
K 多余的涂层干扰活动元件
L 屏蔽区域多余的涂层
M 被困溶剂产生的多余气泡
N 边角覆盖不足
O 元件下无涂层
P 元件下未固化的涂层

图 41.6　敷形涂层的各种缺陷

41.5.3　掩膜去除

应小心翼翼地去除掩模材料。为了防止脱皮，提前刻痕或分割掩膜边界处涂层可能是一种可行的方法，这样裂缝就可以沿着正确的路线延伸而不会伤及涂层区域。要确保掩模完全去除，并且 PCB 上没有残留物。过热的乳胶掩膜和掩蔽带会变得很黏，从而难以完全去除。

41.6 返修方法

由于不同种类的可用涂料性能差别很大，所以在使用到需正式交付的 PCBA 上之前，必须首先在试板上进行评估和练习。涂层要尽可能容易地被除去，且对 PCBA 的影响最小。去除敷形涂层的几种方法：

- 用溶剂使涂层松动或溶解
- 用热烙铁或热风喷嘴，同时去除错误的电气元件
- 机械切割、研磨，或撬开涂层
- 采用稀薄气体等离子体蚀刻涂层（通常只有 XY 涂层使用）

41.6.1 溶 剂

最容易去除的涂层是丙烯酸树脂，因为其在应用时并没有发生反应。对于局部涂层的去除，可以用蘸有合适溶剂的棉球在待修理区域反复擦拭。必须注意的是，要保持溶剂只在需去除涂层的区域，用溶剂浸泡整个 PCB 可能会导致涂层剥离。这种方法最适合丙烯酸涂料，但对一些聚氨酯树脂和硅氧树脂也是可行的，它们被浸泡后会胀松。注意，该过程可能会损坏元件或 PCB 上的焊点，原因在于膨胀的涂料会使元件升高。溶剂可能会损坏元件和 PCB 本身。环氧树脂涂料不能用溶剂或化学试剂除去，这是因为许多元件和 PCB 也由环氧树脂组成。

41.6.2 加 热

用烙铁或热风回流加热方式，焊点处的薄涂层可能会变松，而故障元件会被解焊。然后，清理掉烧焦或损坏的涂层，返修工作就完成了。虽然这种方法简单，但它通常会产生有毒气体，所以必须保持通风良好。同时，分解的涂层也较难从 PCB 和烙铁上清除。

41.6.3 机械方法

机械方法，如刮除、撬开，对于去除任何涂层都是非常有用的，即使该涂层已经通过上述其他方式操作过。UR、SR 等软性涂层可以通过木质刮除工具予以去除，并且不会引起其他损害。当需要去除的涂层区域较大时，可以使用温和的旋转式工具，也可以轻微加热 PCB 使涂层去除变得更容易。对于硬质涂层，建议使用热风刀。

也可以使用微打磨工具，但必须注意保护好 PCB，以免受打磨介质的污染。

41.6.4 等离子体

等离子体可以去除大面积的 XY 涂层，因为其会均匀地蚀刻掉表面涂层。由于等离子体会改变表面的化学形态（留下氧化物、还原产物及灰烬），因此必须考虑新涂层与等离子体处理过的表面的兼容性。

41.7 敷形涂层设计

在产品上设计敷形涂层系统时，设计者需要考虑一系列问题：

- 产品需要涂层吗，或者可以因为节约成本或其他原因而省略涂层？
- 对于这种应用，什么样的材料性能是最重要的，哪种材料才能提供最好的综合性能？
- 哪些区域不应该被涂敷？

41.7.1 是否需要敷形涂层？

要考虑的基本问题之一就是是否要涂敷特定组件，这通常是可靠性和成本之间的权衡。

1. 使用涂层的原因

对于经常使用敷形涂层的行业，如军事或航天航空电子等，客户可能会习惯性的要求使用涂层。以下是一些考虑使用敷形涂层的原因。

最终成品应用于潮湿或冷凝的大气环境，如军事或船舶上应用的电气盒。应当指出的是，虽然敷形涂层耐潮湿，但它不防水，不适合长时间应用于过湿或持续潮湿的条件下。在这种情况下，可以使用防水外壳和敷形涂层对电路板进行密封。

（1）敷形涂层会防止冷凝结露，如产品从寒冷环境进入温暖潮湿环境的情况下。

（2）干净的敷形涂层上不会生长霉菌和真菌。

（3）最终成品存在被污垢和碎片污染的风险。敷形涂层在航天应用中特别有用，因为松散的碎片会在电气盒内随意飘浮。

（4）敷形涂层大大提高了 PCB 承受高电压的能力，尤其是在高海拔或低压的情况下。原因在于，使用敷形涂层时电弧必须通过两个介质层而不是直接从一处导体跳跃到另一处。

（5）敷形涂层可以防范锡须风险。电镀纯锡有再结晶的趋势，并且会长出（大于 1mm）纯锡晶须，进而导致邻近线路的电气短路。敷形涂层可以防止锡须引起的短路，即使锡须可以强行从涂层中伸出，也不可能在无弯曲和变形的情况下，强行通过相邻线路的涂层而达到元件引线处。

（6）在冲击和振动过程中，敷形涂层可以对元件提供机械支撑。单个引线质量超过 1/4oz 的元件应辅以其他手段，如用珠状黏合剂沿边界进行铆固。

（7）最后，敷形涂层可以制成不透明的，从而提供一定程度的保密安全。厚厚的不透明环氧涂层将阻止观察者确定涂层下是什么。

2. 不使用涂层的原因

在元件上不做涂层处理的大多数原因，是反复清洗、屏蔽、解蔽、修整等产生的成本。产品的目标成本可能不支持由涂层所产生的额外费用，如果无涂层带来的可靠性降低仍然是可以接受的，那合理的决策就是不要涂层。

涂层是一种介电材料，其会改变 PCB 表面高速线路的阻抗，这也是有微带线 PCB 通常不用涂层的原因。如果是埋入式微带线或带状线，那么在恶劣环境中使用的射频（RF）PCB 仍然能使用涂层，它不会受 PCB 表面附加涂层的影响。

41.7.2 理想的材料性能

选择一种涂料时，必须考虑材料的整体性能，以选择适用的最佳涂料。不幸的是，没有放之四海而皆准的解决方案，许多不同的涂料分别适合不同的应用，见表 41.1。以下是材料选择时需要考虑的一些性能。

易于应用和生产 预期的生产环境可能决定了最适合的固化方法和应用工艺，并将缩小替代品的范围。

兼容性　涂层不能被已完成组件上的任何材料所抑制固化。通常，解决这个问题的最好办法是咨询制造商，并对要使用的涂层样品进行试验。

耐　湿　前文已述，耐潮湿是使用涂层的主要原因之一。

介电常数　对于射频和高速电路，相比高介电常数材料，低介电常数材料更易改变电路的性能。

介电强度　在高压应用中，应该使用具有高介电强度的材料。可靠的比较测试表明，测试必须在具有相同厚度的样品上进行，原因在于：在较高介电强度（V/mil）下，比起同样材料的厚样品，薄样品会被损坏。

绝缘电阻　也被称为电阻率，在高电压或高阻抗电路中，需要重点关注绝缘电阻。这种电路中的电阻值很大（$>10M\Omega$），相比涂层和 PCB 本身的电阻，其作用更加明显。对于这些应用，应选择具有高电阻率（$>10^{15}\Omega\cdot cm$）和优良耐湿性的涂料。

硬　度　对于需要承受低于 $-10\,℃$ 低温的产品，建议使用软性涂料，这样在寒冷的条件下，涂层不会对脆弱的元件施加过大的力（见图 41.7）。对于需要良好的耐磨性和防止外部处理损坏的产品，则必须使用硬性涂料。

玻璃化转变温度（T_g）　对于需要经受寒冷环境的组件，选择涂层的 T_g 值，要么低于最低温度要求，要么大于或等于 25 ℃。在操作范围内，低 T_g 值的涂层在寒冷气温下会突然变硬，也会对周边元件施加巨大的应力。

延伸率　涂层材料的延伸率高，其抗开裂和抗磨损性能自然更好。

可返工性　AR 涂料最容易返工，而 XY 和 ER 则最难以返工。

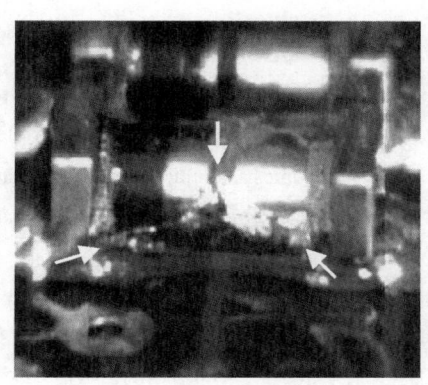

图 41.7　高模量涂层导致的玻璃二极管破裂

耐磨性　指涂层承受后期组装操作造成的损坏的能力，以及在使用环境中的抗磨损性能。

41.7.3　屏蔽区域

在设计过程中，设计者需要考虑 PCB 上所有不需要涂敷的区域和元件，确保其在装配图、商品说明书或其他涂覆技术人员需要参考的文书上面，有清晰的说明和标识。昂贵的红外（IR）传感器不需要涂层，虽然这对设计工程师来说很明显，但对于拿着图纸说"涂敷整板"的技术人员，就没有那么明显了。应在图纸上具体阐明涂敷什么及如何涂敷。

需要考虑以下几个方面。

（1）连接器引线处的涂层可能会导致开路，并可能会影响连接器的所有配对设备。有必要屏蔽后开口式连接器的后面和前面，防止涂料沿着引线的背部流到有效区域。同时，引线对齐取决于一定数量的引线松动，用涂料填充连接器外壳可以解决该问题。

（2）应保持涂层远离 PCBA 上插件的边缘，即插件导轨区域。涂层会干扰插件导轨的正确操作，也可能妨碍插件的正确接地。

（3）应屏蔽螺丝孔，防止涂料填充或减小孔的大小，以确保 PCB 的正确接地。

（4）应屏蔽测试点，以确保其在测试期间能够可靠地使用。

（5）可调节元件的调整螺钉。如果可调元件有开口，开口也应屏蔽。

（6）如果产品含有空气温度、压力、湿度等传感器，涂层不应阻塞空气进入传感器。

（7）对于光学元件，如发光二极管（LED）、红外传感器、光传感器等，涂层有可能影响其自身的工作，对紫外线和红外线设备尤其如此。由于涂层对紫外线和红外线波长的光而言是不透明的，随着使用时间的延长，涂层可能会变暗、不透亮或变成褐色，最终影响线路的工作。出于同样的原因，光纤电缆的连接器也应保持无涂层。

（8）对于安装在插座上的元件，涂敷前应该屏蔽插座，以便在涂敷之后再插入元件。

（9）BGA 封装下的区域不应该使用敷形涂层，而是用一种特别适合于这一目的的底部填充黏合剂。如果不使用底部填充黏合剂，应屏蔽 BGA 边缘，或筑起一个永久性黏合剂屏障，防止涂料进入 BGA 下面。由于敷形涂层在热循环过程中收缩，锡球会被压碎，进而会对 BGA 可靠性产生不利的影响。

参考文献

［1］Ritchie, B., Loctite Corporation, "Process Requirements for Solvent-Free UV Conformal Coatings," Adhesives in Electronics '96, Second International Conference on Adhesive Joining and Coating Technology in Electronics Manufacturing, Stockholm, Sweden, June 1996

［2］Dow Corning, "Conformal Coatings Tutorial." http://www.dowcorning.com/content/etronics/etronicscoat/etronics_cc_tutorial.asp

［3］Bennington, L., "Conformal Coating Overview," Loctite Corporation. 1995

［4］Wu, F., and Goudie, S., IPC-HDBK-830, IPC, 2002

［5］NASA-STD-8739.1, 1999

［6］MIL-I-46058C, 1972

［7］Woodrow, T., and Ledbury, E., "Evaluation of Conformal Coatings as a Tin Whisker Mitigation Strategy," IPC/JEDEC, 2005

第 8 部分

可焊性技术

## 第 42 章

可焊性：来料检验与润湿天平法

Gerard O'Brien
美国纽约州贝波特，S.T. and S. 公司

胡梦海 审校
广州兴森快捷电路科技有限公司

42.1 引 言

经常执行可焊性测试的人，如果缺少对测试方法的原理和测试过程的理解，也可能无法发挥出可焊性测试的作用。许多可焊性测试方法已被用于测试来料元件或印制电路板（PCB），其作用是找出缺陷，避免这些缺陷带来在线生产问题。若在生产线上才发现缺陷问题，那就太晚了。

42.1.1 浸锡观察法

最常用的可焊性测试方法是浸锡观察法——技术人员需要将 PCB 或元件的可润湿部分浸入锡槽中一段时间，然后取出，等样品冷却后对其进行目视评估。工作人员可以根据图片指南决定接收或拒收被测样品。一些来料检验部门将样品在蒸汽中放置 8h，然后进行可焊性测试。对锡铅镀层来说，蒸汽暴露法是一种已被验证的实用压力技术，但不适用于无铅表面处理。一般来说，测试结果基本上是主观的，而且无论对负责组装线的工艺工程师，还是负责可焊沉积层生产线的工艺工程师来说，测试数据可提供的信息很少。除了非常少见的被焊料润湿或不被焊料润湿的极端情况，其他结果在浸锡观察法中无法得到反映。

42.1.2 无铅组装的引入

无铅组装的引入是欧盟颁布《关于限制在电子电气设备中使用某些有害物质的指令》（RoHS）和《废弃电子电气设备指令》（WEEE）的直接结果。无铅组装技术在一夜之间成了主导，而曾经的锡铅工艺失去了主导地位。整个供应链的上上下下形成了新的游戏规则，供应商如果要维持质量和成本不变，则需要尽快学习。这意味着需要重新重视检测元件和 PCB 的来料检验部门，以前使用的镊子和锡炉这类工具已经过时了，需要用到更复杂的工具。根据本章提出的建议进行可焊性测试，会有助于工艺开发，再加上表面处理的选择，就可以帮助我们甄选出好的供应商。如果严格按这些方法来做，还可以迅速达到锡铅时代所能提供的工艺宽容度。

42.2 可焊性

可焊性的内容主要包括可焊性的准确定义、材料的物理性质，以及能够保证用户顺利完成焊接工艺的各种各样的标准。

42.2.1 行业标准

两个最常见的涉及元件和 PCB 可焊性的标准分别是 ANSIJ-STD-002 和 ANSIJ-STD-003。这两个标准都规定了详细的测试方法、接收和拒收标准。在很多不同的测试方法中，最普通的测试方法通常被称作浸锡观察法，检查员通过目测来决定手上的零件是接收还是拒收，即检验员通过观察被焊料润湿的比例来确定结果：润湿面积超过 95% 就可以接收；而如果这个数字只有94.999%，那就要拒收。需要说明的是，浸锡观察法测试通常不代表组装过程中实际发生的情况。两个标准都有工艺模拟测试，但是用镊子将元件或 PCB 夹到静态的锡炉中浸锡仍然是目前最常用的测试方法。表 42.1 详细列出了 ANSIJ-STD 文档中的测试方法。

表 42.1 可焊性测试方法及接收 / 拒收标准

测试文档	测试方法	备　注
ANSIJ-STD-002	测试 A，测试 B，测试 C，测试 S	所有浸锡观察法都很难符合 GR&R 标准
ANSIJ-STD-002	测试 D	无铅工艺中的一项至关重要的测试
ANSIJ-STD-003	测试 A，测试 B，测试 C，测试 D，测试 W	所有浸锡观察法都不能或很难符合 GR&R 标准

这两个标准里包含的都不是批准接收或拒收标准的测试方法，但可以通过产生的数据看出在组装过程中出现了哪些情况，测试是否能够达到现代计量分析中最严格的评估要求，这对于工艺开发都是有用的。测试方法 E、F、G 属于 ANSIJ-STD-002，F 属于 ANSIJ-STD-003。本章介绍测试方法的目的是改变润湿天平的测试状态，使之能够产生接收 / 拒收的数据，更重要的是，它能够为改善工艺提供准确的数据。

42.2.2 术语定义

焊接必须满足下面几个基本要求。

（1）需要进行焊接的元件——参考下面的定义。

（2）元件必须是可焊的——参考下面的定义。

（3）必须要有足够的热量保证润湿顺利——一般要求温度高出所用合金液相点 35 ~ 50℃。

焊　接　使用熔点在 842 ℉（450℃）以下的填充金属（焊料）实现冶金连接。焊接依靠润湿来生成连接。ANSIJ-STD-002 标准将可焊性定义为一种金属能够被熔融焊料润湿的能力。

润　湿　在焊料与基底金属之间形成一层相对均匀、光滑、完整和黏着的薄膜层（金属间化合物 IMC）。

42.2.3 可焊性测试中助焊剂的选择和影响

助焊剂是焊接和可焊性测试中不可或缺的一部分。可焊性测试中用到的助焊剂，绝对不能是不合格的。它应该反映出待评估样品的真实性能，比如：样品是否发生老化？是否由金属间化合物组成？是否被覆盖在氧化物层下面？是否被有机物污染？是否包裹着不易被润湿的基底金属，或者显露出清洁的容易焊接的表面？

1. 助焊剂的功能

助焊剂有 3 个主要的功能。

（1）利用化学反应减少可润湿表面的氧化物。

（2）在基板和助焊剂 / 焊料界面之间形成合适的界面能。

（3）防止焊接过程中发生氧化，液体助焊剂还可以在一定程度上保护 PCB 表面不受极端温度的破坏。另外，它还可以作为传热介质。

助焊剂是焊接过程中不可或缺的。虽然无助焊剂也可以实现焊接，但是需要在还原性气氛中进行，非常少见的。如果不用助焊剂进行可焊性测试，那么焊料最多只是粘在样品上，而不能润湿样品表面形成真正的冶金连接。另一个极端情况是助焊剂助焊效果过强，可焊性测试几乎不会不合格，但这些助焊剂并不能完全代表组装行业中的所有情形。例如，用使用在热风焊料整平（HASL）上的助焊剂进行可焊性测试。这种助焊剂使用 5% 的 HCl 或 5% 的 HBr 作为活性成分，用于表面处理时可以减少氧化层，同时重新激活可能钝化的镍层，所以测试结果总是通过。然而，这并不是我们想要的结果，如果所有的可焊性测试都通过，就不能在实际测试中提供样品的正确信息。

2. 助焊剂和可焊性的评估

可焊性的评估方法已经发生了根本变化，原本需要论证的一年保存期限已经被评估沉积层或镀层可靠度的测试所替代。沉积层越可靠，潜在的保存期限会越长，无铅组装时暴露在复杂高温下的存活时间也会越长。当根据可焊性测试进行选择时，选择的助焊剂必须有足够的活性来克服手指印和轻微的表面氧化，并且促进润湿。同时，助焊剂又不能减少太多的氧化物或润湿过度，导致金属间化合物暴露和氧化。多年来，R 型助焊剂在可焊性测试中最为通用，已被收录在标准 MIL STD 202 的方法 208 中。助焊剂中树脂占总质量的 25%，酒精占 75%，以氯化物含量来计算，其活性大约是 0.05%。这个数据不是十分精确，因为使用的都是自然物质，不同年份和不同产地的数据都不一样。

ANSIJ-STD-002/003 委员会和美国国家标准技术研究所（NIST）、美国国家电子制造协会（NEMI）和行业协会共同承担了一项关于助焊剂应用的调查。使用 R 型助焊剂进行可焊性测试会产生过多的数据噪声，而且全部来源于助焊剂。因为助焊剂不能处理一些简单的污染，如指纹，可能会产生一些误报。研究的成果是，建议增加已知数量的活性成分：活性成分不能太多，以免产生误报；也不能太少，至少要能够清除样品的污染。用 R 型助焊剂测试 OSP、ENIG 和钯沉积层会不可避免地产生以前生产中不会出现的失效情况。而这些沉积层，特别是 ENIG 和 OSP，是非常通用的，所以必须找到一种能够对它们进行测试的合适的助焊剂。增加的成分是二乙胺盐酸盐，专门用于可焊性测试的助焊剂被称为"标准活性松香型助焊剂（ROL1 型 /J-STD-004）"。这种助焊剂可以很好地区分可焊性不良是手指印造成的，还是样品本身造成的。对于无铅可焊性测试，ANSIJ-STD-003C 规定其所用助焊剂成分为：将质量比为 25% ± 0.5% 的松香和质量比为 0.39% ± 0.01% 的二乙胺盐酸盐溶解于质量比为 74.61% ± 0.5% 的异丙醇中。AIM Solder、GEN3 Systems Limited 和 Kester 等公司可以提供此助焊剂。

3. 无铅工艺中的可焊性测试和助焊剂

对于无铅工艺的可焊性测试，ANSIJ-STD-002/003 委员会建议使用活性更高的助焊剂。以氯化物含量来计算，这种助焊剂的活性增加到了 0.5%。这种新型助焊剂和测试温度的提高都在 J-STD-002C 和 J-STD-003B 中有详细说明。

4. 润湿和可焊性

物理定律决定着焊接的成功与否。在焊接中，会出现三相：
- 固相（需要被焊接的部分）
- 液相（熔融的合金）
- 气相，助焊剂蒸气（多数是空气，也可能是氮气）

三相两两之间的分子间相互作用就是表面张力，如图 42.1 和图 42.2 所示。

图 42.1 是将一个焊料合金小球放置到金属板表面，在此之前金属板已经用助焊剂处理过，并且至少加热到合金的液相点温度。其中：
- γ_{SL} 代表的是固 - 液相
- γ_{SV} 代表的是固 - 气相
- γ_{LV} 代表的是液 - 气相

图中描绘了固体、液体（焊料）和用助溶剂处理过的表面三者之间的接合点。

在可焊性测试中，将引线、元件或 PCB

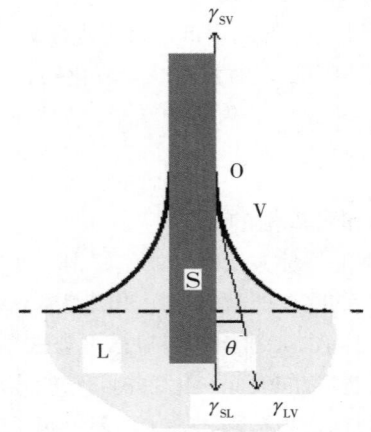

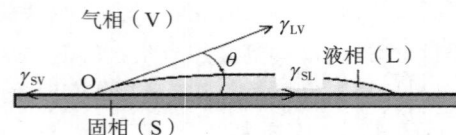

图 42.1 润湿理论

图 42.2 引线浸入熔融焊料并润湿

浸入焊料时，接下来的结果可以用元件焊接界面方程来描述：

$$\gamma_{SV} + \gamma_{SL} + \gamma_{LV} = 0$$
$$\gamma_{SV} = \gamma_{SL} +- \gamma_{LV} \cdot \cos\theta \text{（杨氏方程）}$$
$$F = \gamma_{LV} \cdot \cos\theta \cdot P - \rho v \text{（拉普拉斯定理）}$$

其中，F 为毛细作用力；ρ 为锡铅（锡炉中的熔融合金）的密度；v 为元件浸入熔融合金中的体积；ρv 为元件浸入熔融合金中所产生的浮力；γ_{LV} 为熔融合金 / 助焊剂表面张力；P 为元件的可润湿周长；θ 表示固体和液体接触点形成的夹角，也叫润湿角。

需要注意的事项如下。

（1）关系式成立的条件：样品是在熔融合金表面垂直方向浸入的，而且样品尺寸必须保持不变。

（2）θ 的大小和表面张力相关，因此从 θ 大小可以推断出润湿的质量。

（3）润湿角 θ 越小，可焊性就越好。

表 42.2 是基于 θ 大小的可焊性评级。

表 42.2 基于接触润湿角大小的可焊性等级

润湿角大小	质量等级
$\theta \leqslant 30°$	优秀
$\theta \leqslant 40°$	良好
$\theta \leqslant 55°$	可接受
$\theta > 55°$	拒收

42.3 可焊性测试——科学方法

生产管理上的缺陷，化学品管理的不足，错误的沉积层厚度（不管是真的不合适还是测试失误），不合格的化学制品供应商，对冶金和可焊性的理解不够深入，或者以上各方面因素综合作用，都会导致可焊性缺陷。要想解决这些问题并最终生产出终端用户可以接受的组件，就必须能够正确且精确地测试可焊性。如果可焊性测试不能发挥作用，使得所有的样品都能够通过，或者不同投入的生产线之间几乎没有差别，那么供应商就不能开发出稳定的工艺，也就不能生产出零缺陷的组件。然而，如果可焊性测试可以正确地进行，那么就可以得到正确的数据，可以确定两个甚至更多的变量之间的相互影响会不会对最终的产品质量产生正面或负面的作用。这是由戴明定义的分析研究法，用于增加影响过程的系统原因的认识。这是测量数据的最重要的应用之一，因为它可以增进对过程的了解。

使用基于数据的过程的好处，在很大程度上取决于测量数据的质量。如果数据质量低，过程中得到的收益就低，如使用浸锡观察法测试可焊性。同样的，如果数据质量高，收益就高。在稳定状态下的测量系统，进行多次测量才能获得高质量的测量数据。例如，会有人测试不同沉积层厚度的镀金引线框，并且使零件暴露在蒸汽中进行老化测试。如果可焊性降低了，而且降低量是沉积层厚度和蒸汽暴露时间的函数，那么得到的数据可以认为是高质量的。如果所有分组之间的测试结果没有区别，都通过了或都没有通过测试，那么得到的数据就可以认为是低质量的。

42.3.1 常用的统计特性

最常用来表述数据质量的统计方法是偏差法和方差法。偏差指的是数据和实际值的相对差距，方差指的是数据的分布。方差法容易产生低质量的数据。

多年来，评估测试设备准确测量能力的技术有了很大的进步。如果测试方法是科学的和统计可信赖的，那么得到的结果就是可信赖的，就能够根据测试结果进行正确判断。与用儿童玩具尺测量引线框的厚度一样，想用镊子和锡炉解决生产线的可焊性问题也是可笑的。

42.3.2 测量的可重复性和可再现性（GR&R），以及测量系统分析（MSA）背景

首先演变的步骤是测量的可重复性和可再现性的使用，测试中不仅要考虑测试设备的适配性，还要考虑测试人员 / 技术员 / 工程师的因素。例如，IBM 公司创建了详细的工作表，若计量标准 GR&R 为 10%，就可以说是非常可接受的，测试人员的负面影响会降低到最小。若计量标准 GR&R 在 10% ~ 30%，则被认为是可以接受的；一旦超过 30%，就要注意确定是仪器还是操作人员的问题，或者是两者都有问题。

用浸锡观察法进行可焊性测试并不能符合这一最低要求。

GR&R 后来发展成了测量系统分析（MSA），GR&R 只是系统的一部分，用于评估总的测量能力。MSA 结合了实验和数学方法，考虑到了在测量过程中的变化对总过程变化的影响。

偏　差　测量值和参考值之间的差异。

稳定性　长时间测量同一零件的单一特性时，测量系统获得的测量值的总变化。

重复性　同一测量人员运用同一台测量仪器多次测量时测量值的变化，而且是测量同一零件的单一特性。

再现性　不同测量人员运用同一台仪器测量同一零件单一特性时测量值的变化。

线　性　在计量允许的预期工作范围内偏差值的变化。

尽管以上内容第一眼看上去好像没什么关系，但是这些确实都是可焊性测试的要求。按照符合以前要求的方法进行测试，可以得到对过程开发和改善有用的数据，就有望尽可能地减少研制时间。

使用传统的浸锡观察法进行可焊性测试无法满足以上任何要求。

42.3.3　润湿天平和测量系统分析（MAS）

在可焊性测试中，只有一种方法有可能达到 MSA 的要求——使用润湿天平。当然，也不是所有的润湿天平都是一样的，其是否易于操作对最后的 MSA 分析和最终数据能否被接受都有很大的影响。在以前的润湿天平评估中，用于测试设备性能的样品有时会引起一些问题。通常情况下，许多测试人员会随机地运用 GR&R 或 MSA 重复测试样品。在运用润湿天平进行测试时，必须对某一部分进行焊接。这就意味着一块样品只能进行一次测试——对于元件测试并不是一个很好的选择，如电镀工艺的自然偏差（假设它是可控的）就有可能导致评估失败。为了解决只能进行一次测试的问题，可以将已知质量的物品放到润湿天平上（所测得的力是传感器位移的函数），然后将力的测量值记录为所采用质量的函数。校准的质量范围是 100mg ~ 5g，这个范围对 GR&R 测试来说足够了。从众多循环工业研究得到的结果一直很糟糕，实验场地之间、同一制造商的机器之间都没有相关性，就更不要提获得可接受的 MSA 值了。直到方法论和仪器运用被了解之后，这一问题才得到解决。

针对过去失败的 GR&R 测试，曾经进行过详细的研究，并找到了错误来源。研究结果表明，测量质量的微小误差会对结果产生很大的影响，特别是在测量小型元件时，因为这时使用的质量范围非常小。图 42.3 显示的是使用校准质量进行一轮测试得到的标准化数据。校准值应该是

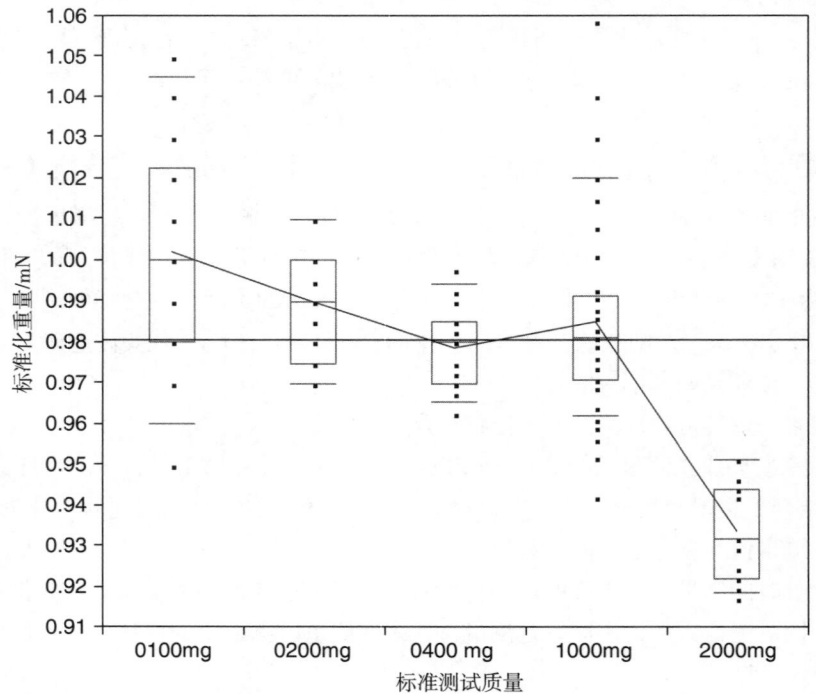

图 42.3　使用校准质量润湿天平测试得到的一组标准化数据，校准数值是 0.98mN

0.98mN。很明显，在这个单人测试中，测试的发散和多变是这种测试的代表性测试结果，将导致润湿天平的拒收（目前润湿天平是科学上可接受的可焊性力值测量装置）。

42.3.4　满足可接受 GR&R 要求的润湿天平法

我们需要一个允许采用润湿天平按其设计目的（可焊性测试）使用的测试方法。这就需要产生统一稳定的测试样品，且样品之间完全没有差别。条件达到了，相应的测试方法就出现了。在 ANSIJ-STD-002 和 ANSIJ-STD-003 的附录部分都可以找到详细的测试方法。

1. 润湿天平法的发展

这个方法包含 3 种类型的润湿天平。为了同时展示润湿天平和方法，需要 3 个人：一位润湿天平使用专家；一位了解润湿天平的技术人员；一位连润湿天平甚至是可焊性测试都不知道的人，通常是客户销售人员或秘书。图 42.4 显示的是每个人进行 10 次测试的润湿天平测试结果。对 3 个不同的润湿天平制造商和 10 位人员进行一系列全行业循环测试，结果显示，虽然在设备制造商之间存在一些差异，但是只要有满足 MSA 要求的润湿天平测试法，所有的问题都可以解决。基于产生的数据，这种测试方法被可焊性技术委员会采纳，而且写入接下来的新版本——ANSIJ-STD-002C 和 ANSIJ-STD-003B。

基于以上工作，这个行业就有了一份能经得起所有 GR&R 和 MSA 评估的测试方法。

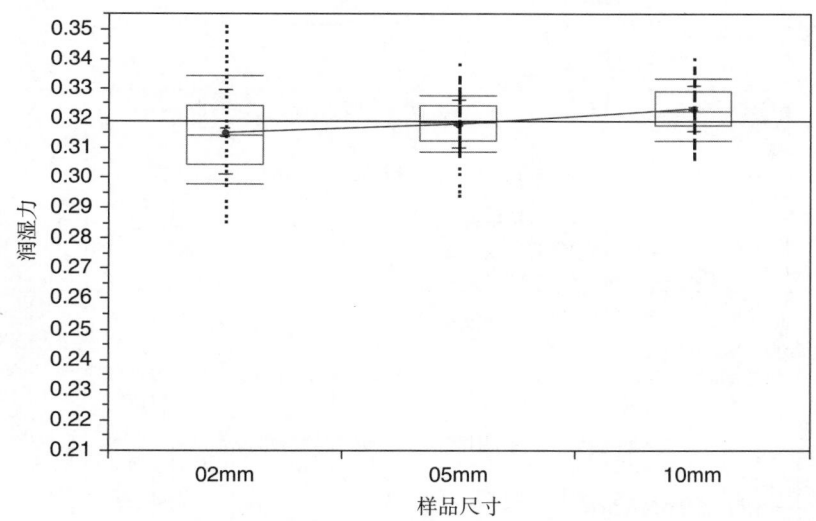

图 42.4　使用润湿天平测试方法得到结果一致性的例子：数据由 10 个人单独测试得出

2. 润湿天平的结果输出

润湿天平测试通过详细的图解或数字来输出结果。测试软件可以将多次测试的结果显示在同一幅图片上，从而可以看出测试组的结果是否一致。有些软件可以显示平均值，甚至是接触角，也可以很好地区分不润湿（不会发生焊接）和退润湿（开始时发生焊接，但由于基体金属的问题，焊料不会保持润湿基体金属）。图 42.5 描述了使用润湿天平进行焊接的过程，在使用锡球或有角度地浸入时，动作是一样的。图 42.6 是典型的润湿天平输出结果。

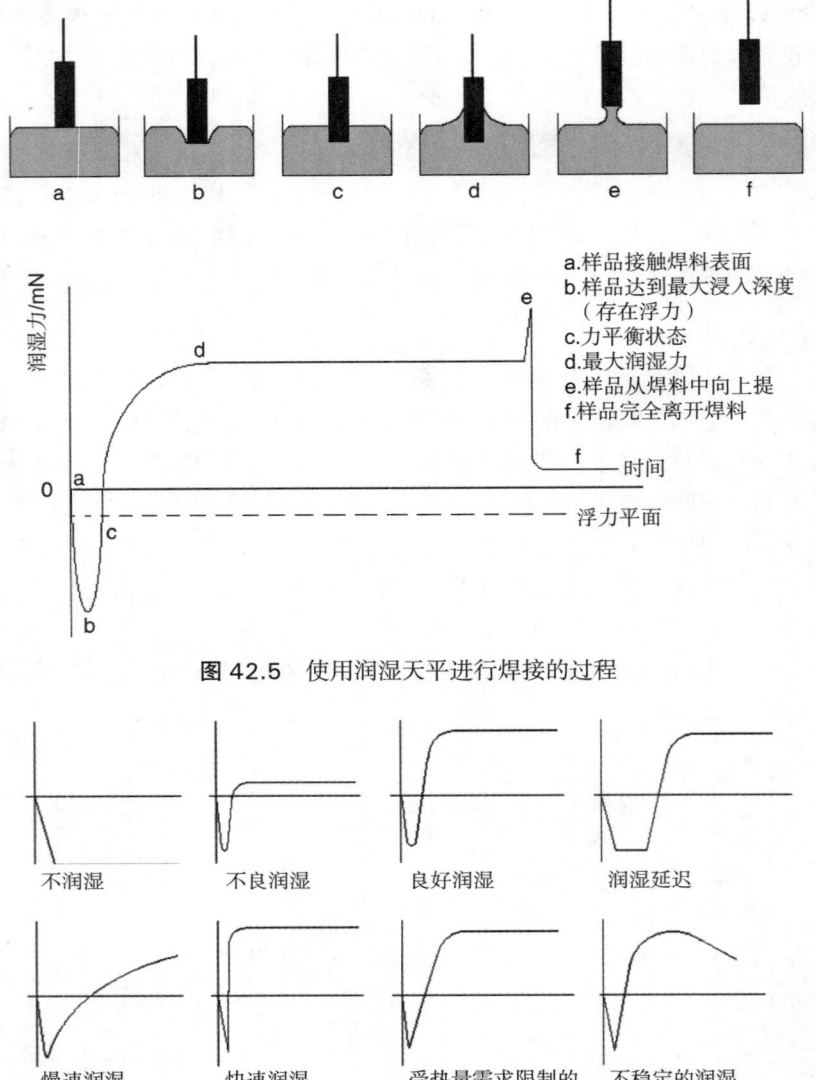

图 42.5 使用润湿天平进行焊接的过程

a.样品接触焊料表面
b.样品达到最大浸入深度（存在浮力）
c.力平衡状态
d.最大润湿力
e.样品从焊料中向上提
f.样品完全离开焊料

图 42.6 使用润湿天平测试的可能结果

3. 结果报告——mN 或 mN/mm

润湿天平的输出是一个典型的力值。力值的大小并不能完全说明样品的好坏，不过显然，力值越大越好。样品的大小和可润湿部分的长度是影响力值的关键因素，元件受到的浮力同样很关键。为了使对大量元件和不同厚度 PCB 进行可焊性测试的结果合理化，最好使用标准化数据。润湿力的单位是 mN/mm，不考虑元件的尺寸，使可接受的最小润湿力值标准化已经是可行的了。有些润湿天平软件可以自动进行标准化，不过对于其他的软件，需要将数据输入 Excel 等软件进行人工数据标准化。

42.4 温度对测试结果的影响

对 PCB 和元件来说，使用锡铅合金进行可焊性测试的指定温度分别是 235℃和 245℃，而使用 SAC305 进行可焊性测试的指定温度都是 255℃。如果测试温度达不到上述要求，那么就可能使润湿时间延长，导致本来应该通过的测试失败。如果温度过高，就可能使测试使用的助焊剂热降解，遗憾的是并非所有人都遵守可焊性技术规范的要求。如果确定没有在指定温度下测试，就可能得到错误的结果，所以要考虑助焊剂的稳定性。如果要在 260℃ 以上进行测试，需要提前咨询助焊剂供应商。

图 42.7 对化学镀镍 / 浸金的平均润湿时间进行了比较，测试温度是 235℃，3 条线分别代表不同的焊料合金。锡铅合金润湿测试附连板耗费了 0.75s，SAC305 耗费的时间则大于 4s，而锡铜合金在 10s 测试时间内没有完成润湿。

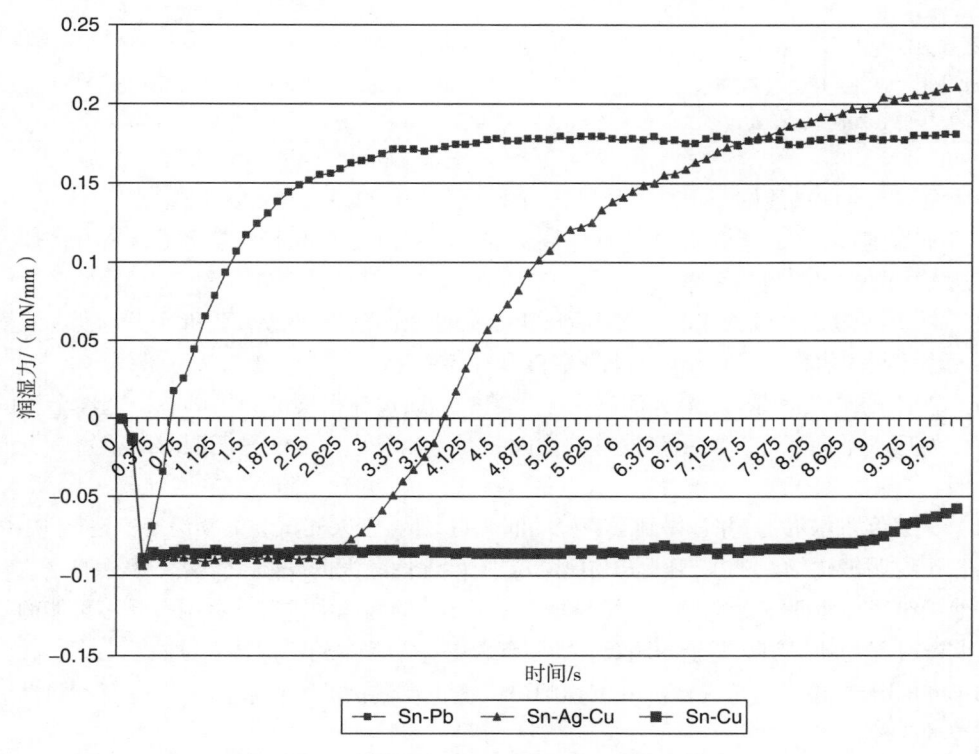

图 42.7 在 235℃ 下 3 种常用合金的润湿速度

42.5 润湿天平可焊性测试结果的解释

可焊性测试的结果对过程开发来说必须是可用的。传统的浸锡观察法能提供的数据仅仅是通过或不通过，对改善排错和生产线的帮助非常有限。这种方法很难确定经过化学预清洗的是否就比没清洗的好，也不能确定微蚀速率对基体金属咬蚀的影响，因为它没有得出有用的数据。使用浸锡观察法测试时，将测试部分浸入锡槽，这部分是否润湿很难区别。用润湿天平进行可焊性测试，可以探测到 PCB 或元件生产中许多工序的微小变化。

曲线的形状和上升速度可以给用户提供重要的信息，有利于故障排除或工艺改善。润湿曲线的缓慢上升表示存在氧化。换言之，是水洗过度，还是 pH 太低或温度过高导致的？如果初始时润湿很成功，但是接下来得到的润湿力却很低，就表明基体金属的表面处理的质量很差。到底是微蚀剂腐蚀了基体金属，还是预清洗时在其表面留下了一层残留物薄膜导致其无法正常工作？

表 42.3 详细地列出了一些有用的可焊性测试（与浸锡观察法相对比），适用于沉浸化学工艺，如化学沉锡或化学沉银工艺。假设工艺过程是可控的，并且流程中所有的步骤都被执行了。

表 42.3 用润湿天平和浸锡观察法进行工艺开发的能力比较

工艺步骤	浸锡观察法	润湿天平
酸性预清洗	化学变化，不可测	化学变化，可测
水洗		
微蚀	化学变化，不可测	化学变化，可测
水洗		
预浸	化学变化，不可测	化学变化，可测
沉锡或沉银	化学变化，不可测	化学变化，可测
水洗（过短、过长、过多氧气、错误的 pH）	化学变化，不可测	化学变化，可测
干燥（部分未烘干或干燥过度）	不可测	可测

运用润湿天平测试能够得到以下结果。

（1）润湿速度：可以看出元件的可焊性。也可以看出元件是不是老化了，是不是被妥善保存了，加工中的过程控制怎么样。

（2）最大润湿力的增长速度：可以看出镀金元件表面的氧化物水平和沉积厚度。同样也可以提供过程控制的信息，了解元件的老化程度和存储质量。

（3）产生的最大润湿力：最大润湿力越大越好。通过最大润湿力可以看出基体金属的可焊性，表面处理水平的高低。如果测试时的最大润湿力比较小，即使是润湿时间很短，也要重点关注一下。

（4）一旦元件被润湿，并且得到了良好的润湿力，那接下来测试会继续保持稳定（理想情况），继续增长（说明氧化物减少），还是开始退润湿（可焊性最大的缺陷）？需要注意的是，有些纯锡和其他无铅合金表面非常光滑，助焊剂要在 5 ~ 10s 的测试中进行充分附着是不可能的，其记录的退润湿过程是助焊剂消耗量的函数，而不仅仅是一个基本的可焊性测试。

（5）润湿天平输出的是硬数据，工程师可以把正在测试的元件和同一供应商不同批次的产品进行统计比较。

（6）助焊剂变化的影响：有助于无铅组装的发展，现在组装工程师面临的是要考虑到大量的表面处理方式。

（7）镀层处理（来自蒸气或烘干或温湿度）对镀层稳定性的影响，可以很容易地确定是润湿力减小或润湿时间增加的函数。

在组装产业向着无铅工艺方向发展时，历史数据的重要性不能被高估。以前的测试清单可以提供很多过去用于改善工艺的方法。历史数据可以用于提高供应商的水平或淘汰某些供应商，选择合适的助焊剂或表面处理工艺，或者结合以上因素来得到最少瑕疵的产品。

42.6 锡球测试法

前面的所有测试信息都是基于运用锡槽进行润湿天平测试时得到的。还有一种用于润湿天平的测试方法——锡球测试法。将已知质量或尺寸（如 25mg 或 4mm）的锡球放置到一个大小合适并包裹在不可润湿的铝块内的烙铁尖上。锡球被助焊剂处理过，在被加热的烙铁表面熔化为小球，用于零件的浸入测试。这种方法用于测试元件上横截面是圆形的引线或导线。测试时，样品要相对于小球水平放置，在显微镜下观察，用秒表记录润湿导线后锡球重新形成小球的时间。和图 42.1 中用数学解释焊接的物理现象一样，运用锡球测试法对横截面是圆形的元件进行测试也能进行符合逻辑的解释。

运用锡球测试法对其他元件进行测试也很常见。锡球测试法的输出是毫牛级润湿力，并且相对其浸入点，样品始终保持在固定位置。最常用的锡球尺寸有 3 个：4mm、2.5mm 和 1mm。要根据被测元件的大小选择锡球尺寸。如果选择的尺寸不合适，如锡球尺寸过小，那么锡球就不能为完全润湿元件提供足够的焊料，这会人为地降低数据的价值。如果元件的位置放偏了，浸入深度会和机器提前设置好的数据有偏差，同样会引起浸锡不足，降低润湿力。现在的锡球测试法机器运用相机和纵横移动平台，使样品与锡球的相对位置保持不变。为了使尺寸固定不变，每次测试结束后都要更换锡球，只有这样才能保持浸入深度和用于润湿的焊料量不变。锡球的氧化会影响可焊性测试结果，所以需要用无蒸发的松香助焊剂对其进行处理。使用助焊剂而不是松香助焊剂进行测试，会导致助焊剂种类的混乱。如果用 VOC 型或非 VOC 型助焊剂防止锡球氧化，由于这两种助焊剂挥发得很快，会导致测试结果错误。ANSIJ-STD-002 中提供了详细的元件图示，可帮助操作人员在运用锡球测试法测试时使锡球位置错误引起的变异最小化。

42.7　PCB 表面处理和可焊性测试

各种 PCB 表面处理都有其独特的润湿曲线和形状。辨别一条曲线对应的表面处理质量是非常重要的，尤其是运用润湿天平检测微小的变化时，因为这些小变化能够反映出潜在的问题。不能得到数值数据的测试不可能有这种效果。使用蒸汽对表面处理层进行处理，与不含铅的工艺不同，建议在 72℃和 85% 相对湿度下处理 8h。

42.7.1　不同表面处理的典型可焊性失效模式

最普通的 PCB 表面处理典型失效模式如下。需要注意的是，这些曲线是在没有被包装并且存储在很差的条件下的 PCB 上得到的。多数情况下，PCB 在正确的包装和存储条件下会持续更长的时间。

HASL（标准 63Sn-37Pb）　这是所有其他表面处理评估的标准。这就是所说的"没有什么焊料像铅锡焊料"。只要保持焊料合金的金属比例正确，而且铜的质量百分比在 0.3% 以下，那么沉积层就非常稳定。沉积层越薄，平均失效时间越短。而沉积层越厚，芯片贴装时出现的问题越多。对于 1206 芯片的焊盘，沉积层厚度不能低于 50μin，平均值能保持在 120μin 是最好的。长期放置后，铜会穿过沉积层并在表面被氧化，从而导致焊接失效，使得沉积层不可焊。在铜到达沉积层表面被氧化前，生长的锡铜合金是可焊的。表面氧化不是 HASL 的典型问题。新沉积层的润湿时间非常短，使用活性为 0.2% 的助焊剂可以使润湿力迅速增长到最大的 0.25mN/mm 或 0.27mN/mm。随着存储时间的增长，元件的润湿时间会增加，而润湿力会减小（见图 42.8）。

HASL（无铅）　大多数无铅 HASL 沉积层会用到铜（Cu），铜含量随着整平过程持续增加。而在锡铅领域，铜是污染源，需要进行严格控制。对无铅 HASL 来说，含铜量是控制无铅 HASL 沉积层质量的关键点。铜含量过高可能导致元件的存储寿命降低，也可能影响到沉积层的液相线。除非供应商能够对合金比例提供足够多的数据，否则就要谨慎使用这种表面处理技术。

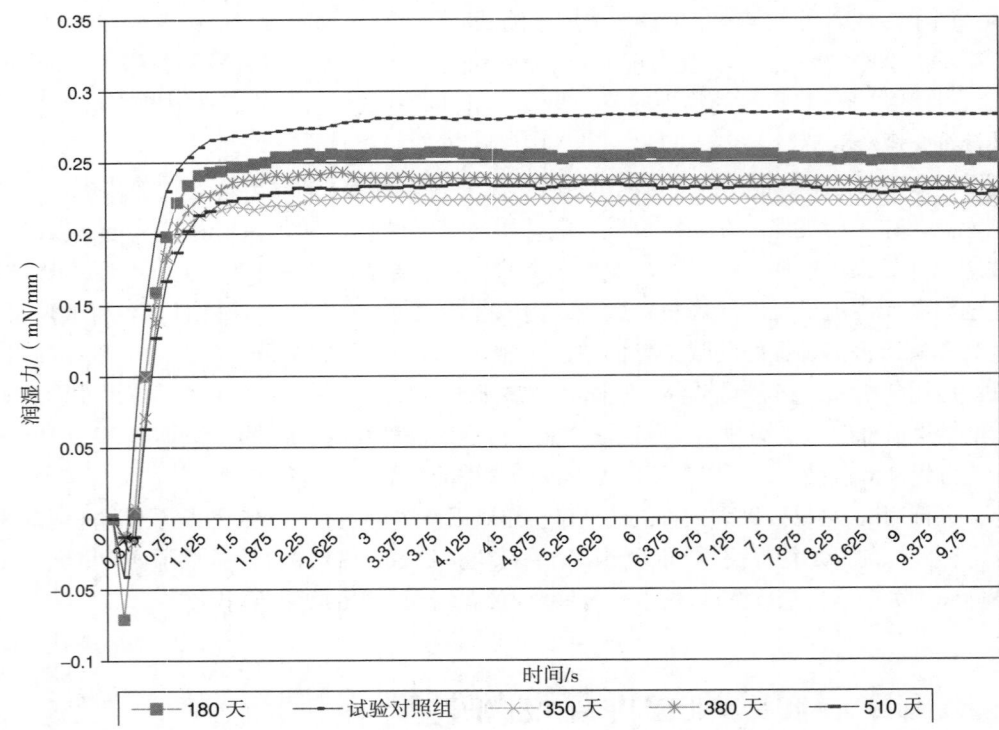

图42.8 63Sn-37Pb HASL 表面处理在无保护条件下储存510天后的正常衰减情况。润湿时间只轻微增长了0.05s

IAg（化学沉银） 这种表面处理最容易受包装和储存条件的影响。使用含硫的包装材料会在很短时间内破坏沉积层的可焊性。含硫的和非 pH 中性的干燥剂（尽管可以进行无硫化处理，但是大多数情况下所用的干燥剂仍然是含硫的）、橡皮圈、滑页纸都不能用来做包装材料。除非要进行组装，否则不要把 PCB 从最初的包装中取出来。如果 PCB 有剩余，存储时需要放在袋子中密封起来，防止其在空气中暴露而导致表面锈蚀（形成硫化物），对可焊性造成影响。如果 PCB 与空气接触，其表面在短短的 28 天之内就会锈蚀（见图42.9）。如果妥善保存 PCB，使其表面不与空气接触，那么润湿力的逐渐下降就是氧化铜生长所引起的。

图42.10 显示的是保存于同一个袋中的化学沉银沉积层润湿力的自然衰减。明显地，沉积层有气孔，润湿力的衰减量是银表面氧化铜生长的函数。对于润湿速度，存储时间却对其没有多大的影响，即使在存储了 629 天之后，银仍然会在 235℃下迅速溶解（大约 50μin/s）。

ENIG（化学镀镍/浸金） 明显地，浸金层有气孔。金层为下面的镍提供了非常好的保护，但是随着时间的增长，金层的气孔引起镍表面的钝化，而焊接在镍层进行，不是在金层，所以润湿力会衰减（见图42.11）。不过这个钝化过程需要几年的时间。正常存储对初始润湿时间没有多大影响，金的溶解速度也不受影响——在 235℃下，其溶解速度是 153μin/s。润湿天平的一个好处是，它能够检测到镍层沉积后受到的过度清洗，能使镍层钝化和润湿迟缓，就像元件发生老化一样。由于使用的助焊剂的活性不同，同样的镍钝化程度能从完全不润湿转变为优秀的润湿效果。在非保护情况下储存 842 天之后，镍层还是可以在 0.5s 以下完成润湿。但再一次强调，外部的浸金层有气孔。所以，即使防止底部的镍被钝化的预防措施做得很好，时间一久，钝化还是会发生。

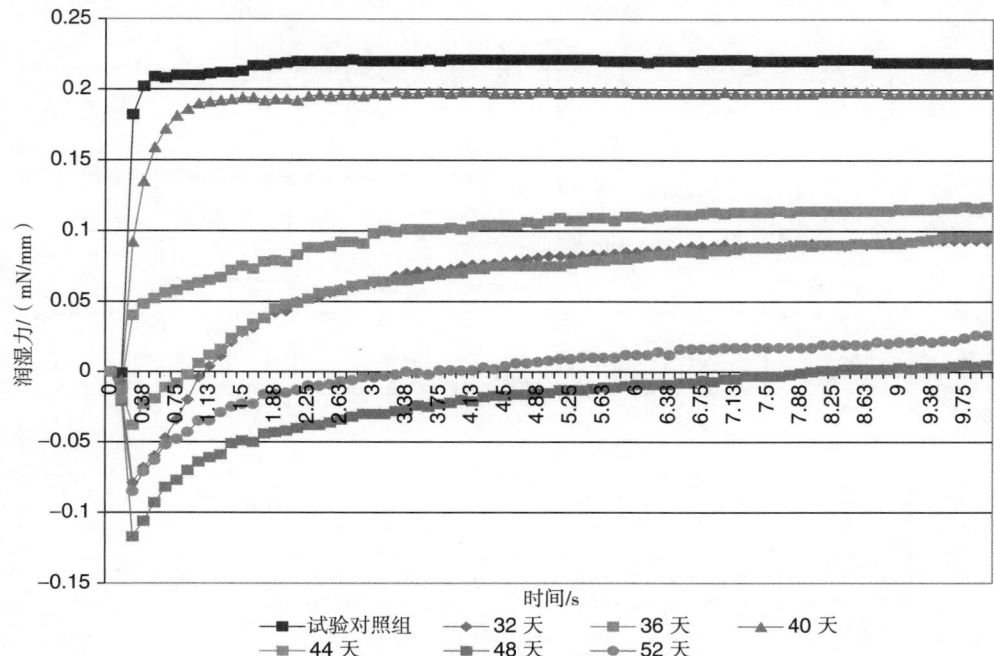

图 42.9　未妥善存储的化学沉银的润湿力迅速减小。这看上去是存在问题的，实际上却是其优点，沉银层暴露在空气中本来就应该被污染。如果没有被污染，沉积层中过多的有机污染物会引起其本身的一系列问题

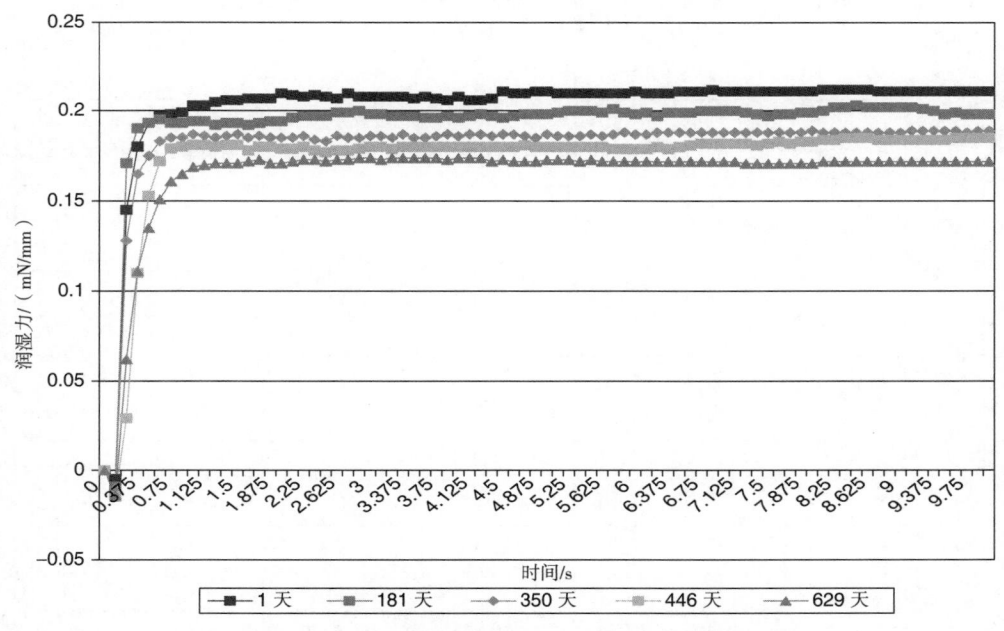

图 42.10　化学沉银正确存储 629 天后润湿力逐渐下降

　　OSP（有机可焊性保护层）　第一代有机涂覆层是单一层，厚度大约是 40Å，对操作和存储条件要求非常高，而最新一代 OSP 涂覆层非常稳定且保质期非常长（见图 42.12）。测试失效的根本原因是沉积层的逐步分解和后来氧化铜的形成。即使形成了氧化铜，可焊性的衰减也不会同其他表面处理被氧化后一样明显——自然生成的氧化铜没有那么难于清除。

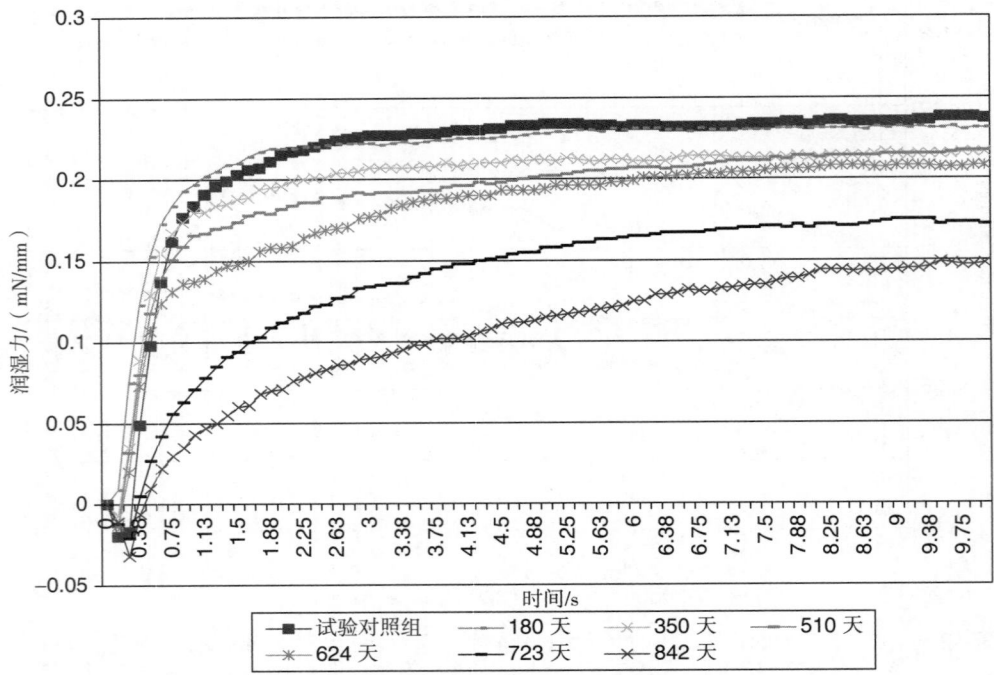

图 42.11 化学镀镍 / 浸金润湿力的逐渐下降可以看作是下面镍层钝化的函数。在无保护条件下存储 842 天之后，镍层仍然能够在 0.5s 内完成润湿，但外面金属（浸金）层的明显孔隙会使之最终恶化

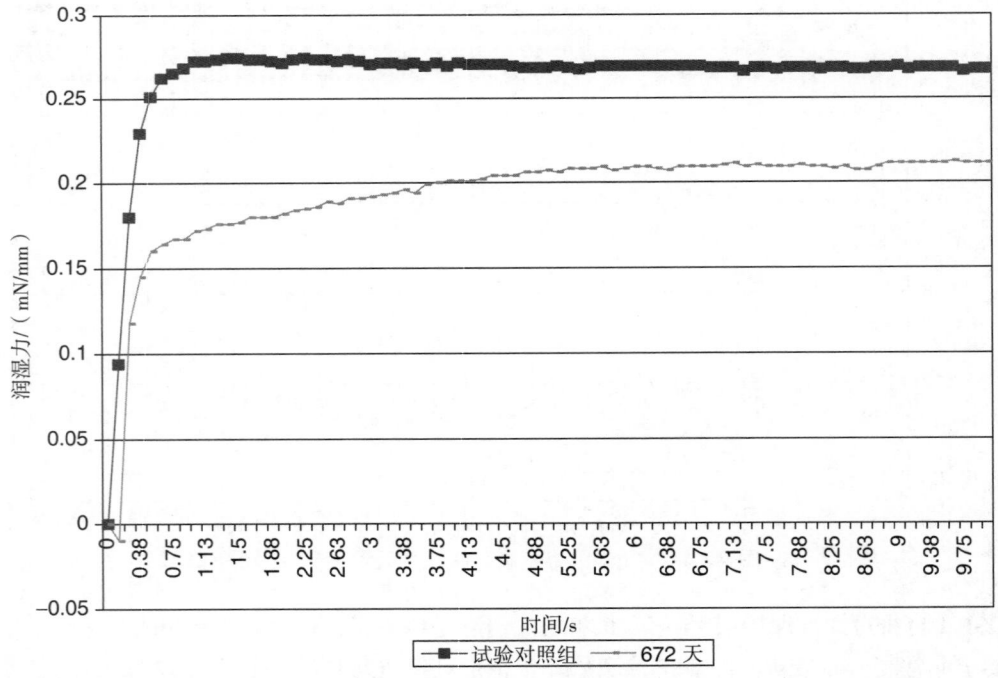

图 42.12 未保护下存储 22 个月后的 OSP 表面处理层的润湿力逐渐下降：生长了氧化铜的表面处理层的可焊性明显比没有氧化铜表面的可焊性差

化学沉锡（ISn） 从化学角度来看,这种表面处理是最难于正确应用和维持稳定的。同样的,可焊性缺陷出现的可能性也很大。基体金属（铜）和沉锡层之间有自然亲和力。铜在锡中的扩散是时间和温度的函数，温度越高，铜到达锡表面的时间越短。一旦铜到达锡表面，铜锡化合物就会被氧化，表面就变得不可焊。由于沉积作用，PCB 表面的铜被置换，并且污染了沉积缸,可能会减少了铜到达锡表面的平均时间。沉积层厚度同样在决定存储时间上起到了重要作用,沉积层越薄,能够存储的时间越短。除此之外,用于化学沉积的催化剂（硫脲）会发生分解,析出硫,硫会共沉积进入锡，破坏其可焊性。在标准的可焊性测试中共沉积可能不会出现,甚至在润湿天平中也见不到,因为在第一遍组装过程中需要进行的加热会将硫移至表面,这样就破坏了沉积层的可焊性。建议将沉积层的热应力和润湿天平测试共同使用,确认沉积层是稳定且无硫的。最后,沉锡有两种氧化物:SnO 和 SnO_2,前者易于清除且可焊,但后者不是。锡槽维护得不够好,或者清洗控制得不理想,都可能导致出现 SnO_2。可以采用应力技术，如建议在 72℃、85% 相对湿度下处理 8h，这样就可以检测到析出的表面氧化物（图 42.13 是一个沉锡逐渐衰变的例子）。

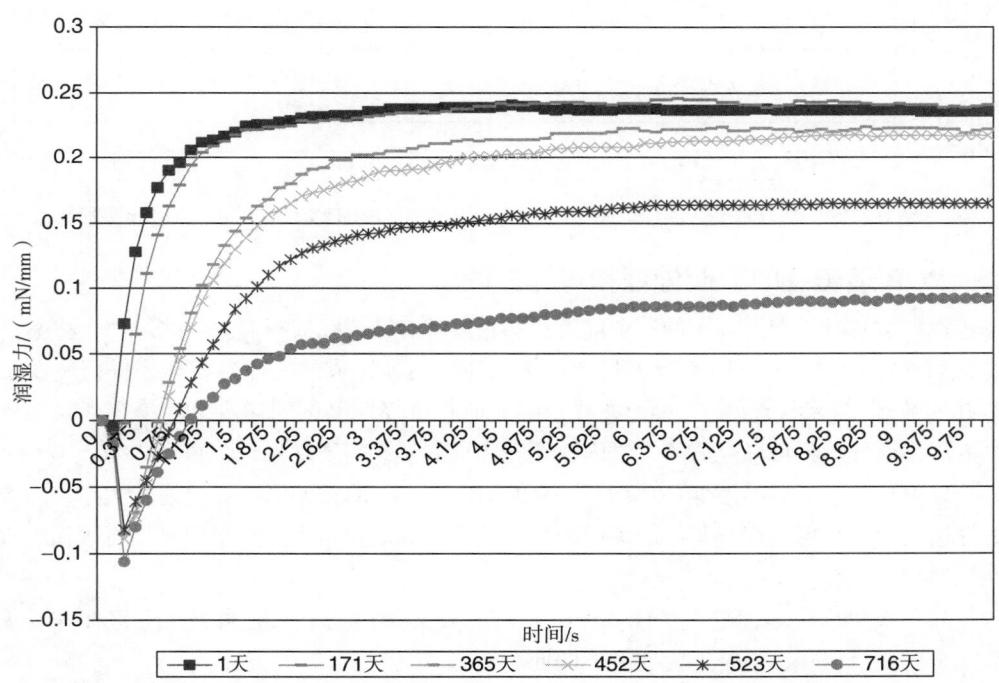

图 42.13 化学沉锡沉积层的可焊性在 716 天中随金属间化合物的生长而逐渐衰减。
润湿时间稍微有所增加，其同样是沉积层中 SnO 生长的函数

DIG（直接浸金） 这是一种相对不太常见但是比较有潜力的表面处理方法。使用这种特殊的浸金不会损伤下面的铜，而由于密度较高，实际上只有 3μin 厚的沉积层的性能更像 30μin 厚的金层性能一样。下面的铜最终仍然会穿过金层移动到其表面，但在正常存储条件下要耗费好多年，而且失效模式形成的是比钝化的镍层更易于去除的氧化铜（见图 42.14）。

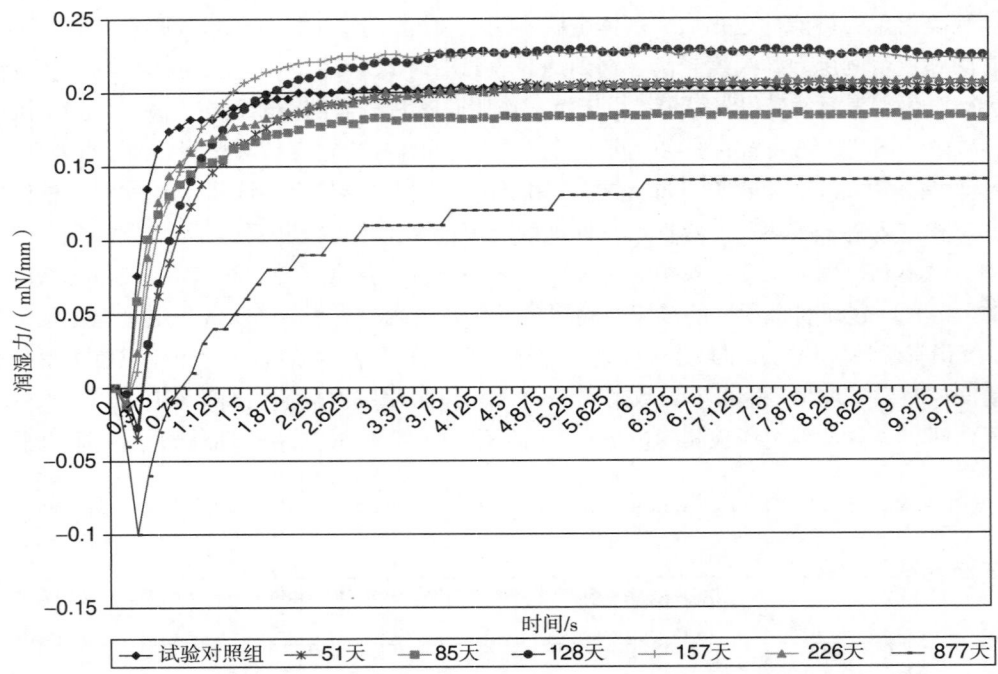

图 42.14　直接浸金（DIG）沉积层在 877 天中由于铜的迁移而导致润湿力逐渐下降

42.7.2　PCB 镀覆孔的表面处理和可焊性测试

浸锡观察法相对于润湿天平的一个优点是，它能够对镀覆孔进行可焊性测试。大多数的焊接组装是在表面进行的，但同时也有大量的连接是通过通孔完成的，像电容等元件仍然使用波峰焊和通孔回流焊进行组装。要想避免在线缺陷，通孔可焊性测试同样重要。浸锡观察法仍然是首选的方法，这样焊料可以克服重力进入镀覆孔完成润湿。需要注意以下重点内容。

（1）导通孔并不是必须被焊料填满——有时候需要，有时候不需要。导通孔大小和阻焊开窗限定的导通孔大小是影响润湿与否的关键因素。然而，如果规格书或订单要求进行表面处理，就需要在导通孔内电镀。

（2）除了锡铅合金表面处理（HASL），没有必要必须得到上凹面来满足三级标准要求。焊料必须完全润湿镀覆孔，但是不需要有上凹面。

（3）助焊剂必须润湿镀覆孔，看上去是很普通的要求，实际上却很重要。助焊剂必须调整到符合规范的质量比来保证润湿能够进行。如果孔的尺寸很小或厚径比很大，需要进行额外的搅动才能保证孔完全被润湿。另外，还需要轻拍样品，以保证助焊剂润湿后完全排出。如果这两项做得不好，就会导致润湿失败或出现孔的不完全填充的情况。这两种情形的失败都可能是测试的原因，而不一定是表面处理的问题。

（4）严格按照 2×2 大小的样品尺寸，如果样品有很多电源层或地层，或者是一块厚铜PCB，则要进行预热。

（5）通孔填充无铅合金的难度更大，其获得最终测试结果（希望完全的孔填充）需要的时间也更长。测试时间是板厚和铜质量的函数。所有这些测试得到的数据都必须执行 ANSIJ-STD-003 规范。

42.8 元件的可焊性

大多数元件和 PCB 一样，需要运用一些电镀方式来增强可焊性和延长存储寿命。有很多种电镀方式，选择时主要参考的是用到的冶金和使用方法。元件电镀的过程控制被认为比 PCB 的电镀更关键，因为元件电镀的速度不同，电镀技术和合金多种多样，而且元件种类也很丰富。在 RoHS 之前，元件主要通过锡铅技术进行表面处理。这种表面处理的电镀工艺非常容易控制，在齿状的、条状的、桶状的各种形状上都能应用，所以得到的镀层就是可焊的。电镀使用的化学工艺大多数是 20 世纪 60 年代出现的，为了提高电镀效率，曾经做过一些小的调整。除了常用的锡铅合金，还有其他的合金也可以使用，如镍钯合金、镍金合金、钯银合金等。虽然这些表面处理层也可以延长存储时间和增强可焊性，但是金的脆性导致了镀金元件在组装之前需预镀锡，以使得金从元件表面脱除。镀锡工艺提高了元件的可焊性。

42.8.1 元件基体金属的可焊性

在 PCB 领域里，采用的基体金属本来就是可焊的，如铜和镍。而元件制造使用的基体金属不一样，有些是不可焊的，如不锈钢和黄铜；还有些是半可焊的，如合金 42-镍铁合金；有些是可焊的，如 C194 铜合金。当为特定的元件设计或选择一种金属或合金时，需要认识到这个问题。还要考虑一个简单的问题：如果表面处理质量处于好与坏之间，那么元件能不能进行焊接？如果答案是否定的，如使用不锈钢做基体金属时，在过程控制和冶金选择中都需要格外注意。如果答案是肯定的，那么就可以实现更大的工艺窗口。需要注意的是，使用无铅合金进行测试和焊接会缩小工艺窗口。

下面是根据基体金属的选择来减少可焊性问题的一些重点内容。

（1）用 ANSIJ-STD-002 指定的助焊剂测试基体金属是否本来就是可焊的。一些常用的基体金属，如黄铜、不锈钢和铍铜合金是不可焊的；C194 或 C197、磷铜、合金 42、厚银薄膜，还有钯和银是可焊的。

（2）使不可焊的基体金属变得可焊的最理想的方法是用可焊的金属（如镍、铜）做媒介。还有一种常用的但稍微不太理想的方法，就是在金属表面镀一层厚的锡铅或纯锡，对镀层进行焊接。

（3）在不可焊的基体金属上使用薄的表面处理层，可能会在最初时是可以润湿的。但是，当表面处理层被焊料里的锡破坏之后，就会出现退润湿问题。

（4）如果对加工过的表面进行焊接，对不可焊的基体金属进行电镀，焊点的可靠性就是镀层与基体金属附着力的函数。即使在焊料合金和元件表面之间形成了可靠的焊点，如果镀层从元件表面脱落，焊接结合的可靠性仍然会很低。元件的可靠性最终是由电镀工艺和表面预处理决定的。

（5）解决基体金属不可焊的首选方法是，在其表面镀一层可焊的金属。这个镀层和基体金属的附着力非常关键。酸性镀铜液镀铜对合金 42 和合金 52 的附着质量都不高，所以在酸性镀铜液镀铜之前要使用氰化铜预镀，以保证之后的附着力，以得到一个优质的可焊的表面。

（6）无铅工艺的发展使得纯锡镀层成为元件可焊性表面处理中占主导地位的工艺。在不可焊的基体金属表面，要求镀 $1.5\mu m$ 的表面处理层。镀这么薄的锡可能是为了节省成本，不过如果和焊料的接触时间稍微过长或需要返工，这层非常薄的表面处理层就会被消耗掉，出现缺陷就不可避免了。

（7）RoHS 指令的一个积极方面是金属阻挡层的使用。为了减少锡须的出现，最常用的阻挡层金属是镍，不过厚度超过1.5μm的铜也行。使用阻挡层可以改进可焊性。阻挡层的质量同样非常重要，在减少锡须时其可焊性不应该受影响。

（8）从锡铅镀层元件到无铅工艺过渡并没有那么轻松。从锡铅合金镀层过渡到纯锡镀层，看上去这一变化相当简单和合理，但是纯锡更易受到一系列问题的影响，如清洗液pH的控制。同时，其对表面处理的影响比锡铅合金的要大。同样的，将基体金属变成将来的镍、钯、金等就需要购买一些以前用不到的、昂贵的、复杂的测量仪器。制作精确厚度的三元合金镀层并不简单，可能会使元件可焊性发生变化。

42.8.2 可焊性测试和J-STD-002标准

在标准中定义了一个非常有用的测试，称作金属化层的耐熔蚀测试。将元件浸入高温（260℃）焊料中一段时间，取出之后立即对金属化层进行测试。这个测试可以检测不可焊基体金属上比较薄的表面处理层，也可以检测出可焊基体金属上不良的表面处理。所有使用不可焊基体金属及厚镀膜金属化的元件都应该进行这项测试，而且要在可焊性测试之前进行。

按照J-STD规定，元件的标准测试时间是5s。在浸锡观察法中，元件完全浸入焊料槽之后取出，清洗，然后评估。元件瞬间被润湿或在4.999s时才就被润湿，这些在浸锡观察法中都是看不出来的。如果引线金属层之间的润湿时间不一样，那么这个时间就很关键了。如果一个芯片两个引线之间的润湿时间不一样，焊接的结合力就会使芯片从焊盘上翘起来，导致芯片出现典型的立碑现象：元件的一端与焊盘分离，另一端的表面张力使得元件直立起来（见图42.15）。

使用润湿天平对这些元件进行测试可以显现出一些问题，更重要的是，还可以向供应商提供关于这些问题的潜在原因。

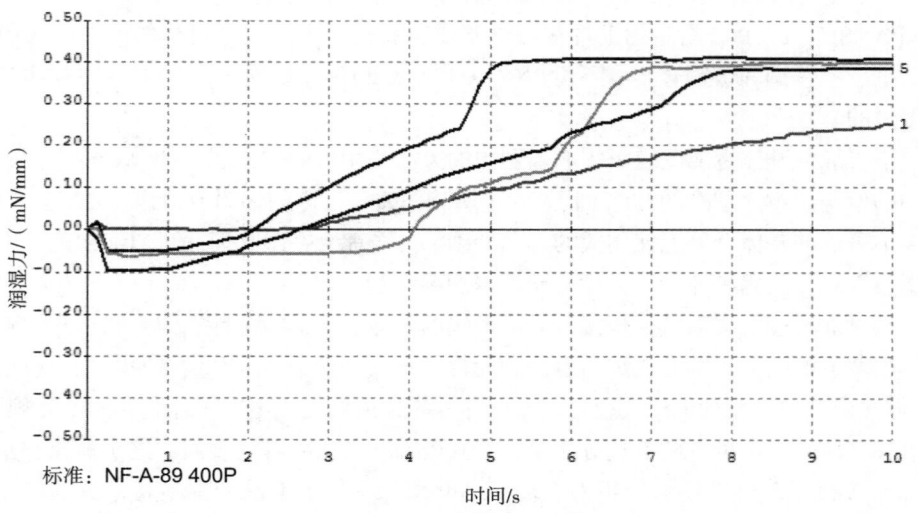

图42.15 一些表面贴装元件通过了5s浸锡观察法测试，但图中清晰地表明了在到达可接受的润湿力之前存在表面氧化问题。这些元件的供应商运用浸锡观察法测试得到的结果是满足可焊性要求的，但是终端客户会遇到生产线上的问题

第 *43* 章

助焊剂和清洗

Gregory C. Munie
美国伊利诺伊州，Kester Itasca 公司

Laura J. Turbini
加拿大安大略省，多伦多大学

王雪涛　审校
深圳市兴森快捷电路科技股份有限公司

43.1　引　言

　　移动电话、iPad、数码相机、笔记本和台式计算机、DVD 等所有的电子产品，实际上都有一个共同点：都是通过把集成电路和分立元件焊接到印制电路板（PCB）上，实现电气功能。

　　在过去的很多年中，印制电路板组件（PCBA）都是由通孔元件组装而成的。而今天的组装不仅包括通孔组装，也包括表面贴装（SMT），并且有些是将未封装的集成电路（IC）直接连到 PCB 上。除了用引线键合或导电黏合剂直接进行芯片安装外，使用助焊剂来保证良好的连接也变得非常普遍。因此，助焊剂的选择成了电子组装制造中一个重要的考虑因素。随着电子产品设计向着更密集的 PCB 方向发展，如更小的线宽和线距、双面表面贴装技术、细节距元件、球阵列（BGA）、芯片级封装（CSP）、堆叠封装等，助焊剂已成为一个成功制造过程的关键角色。

　　在过去，焊接工艺结束之后往往要进行清洗，去除助焊剂残余物，以保证组装的可靠性。在 20 世纪 90 年代早期，随着大量助焊剂残余物清洗材料被淘汰，这种做法就受到了挑战。淘汰的清洗材料包括氟氯化碳（CFC）及甲基氯仿（1，1，1 三氯乙烷），这两种材料被证明都会对臭氧层造成伤害[1]。代替它们的是水性清洁剂和皂化剂，在有些情况下则不用清洗，如使用低固或免清洗助焊剂时。

　　到 20 世纪 70 年代中期，主要使用的是化学成分为松香基助焊剂。今天，尽管松香型助焊剂仍在使用，但我们已经在助焊剂选型方面取得了很大的进步，各种不同配方的助焊剂都在使用中。

　　欧洲议会执行的关于限制在电子电器设备中使用部分有害物质的 2002/95/EC 协议，其中就包括了限制焊接中铅的使用，这对电子产业的发展产生了深远的影响。传统锡铅焊料的熔点是 183℃，而最常见的无铅焊料的熔点要高得多。其中锡铜是 227℃，锡银是 221℃，锡银铜是 217℃，都会对基材、助焊剂、清洗材料及工艺等方面产生影响。

　　本章将会回顾组装、焊接和清洗工艺，简短地介绍 PCB 和元件表面处理工艺的选择，讨论助焊剂在焊接中的作用，回顾各种化学焊料及其各自的利弊，无铅焊接温度对焊料成分及清洗方面的挑战进行评述。

43.2 组装工艺

电子组装的基本要素是 PCB、元件和金属化互连。大多数 PCB 由铜或覆盖焊料铜金属化的环氧树脂玻璃基材组成。大多数情况下，阻焊覆盖大部分电路，只留下组装时需要焊接的部分。使用通孔元件的 PCB 往往设计镀铜通孔，以便焊料填充；而使用表面贴装元件的 PCB 则设计金属化焊盘，以实现表贴元件的连接。

43.2.1 组装工艺的问题

电子产品的组装工艺包括波峰焊、回流焊、气相焊和选择性焊接。元件涵盖从通孔插装和表面贴装——BGA、μ-BGA、CSP 和堆叠封装——到芯片载板（COB）的各种类型。现代电子产品的高密度和小尺寸促进了系统级封装（SIP）的发展，其中，IC 封装包括数个有源元件和系统级芯片（SOC），电子系统的功能全部都集成到一块芯片上。这些封装的种类增加了电子组装工艺的复杂性，其中包括底部分立元件需要的黏合剂连接、CSP 底部填充、COB 的引线键合和封装、焊膏、助焊剂。

制造复杂 PCBA 时，回流焊温度的选择必须考虑组装的热量、元件密度、助焊剂、焊膏特性，以及元件所能承受的最高温度。在传统的锡铅焊接中，多数元件的最高焊接温度都是 240℃。一些电气元件，如电解电容器和塑料封装元件，并不能承受无铅焊接所需的高温，因为高温引起的热退化会导致早期失效。同时，无铅焊接所需的高温与许多光电子元件不兼容。过高的温度会导致元件出现一系列问题，包括电学性能的变化、银 - 环氧基树脂裸芯片连接性能的变化、塑料和引线之间的分层、塑料密封本体的变形、透镜镀膜的损坏和光传导特性的变化。

43.2.2 组装温度曲线

IPC/JEDEC[2] 开发了一条用于非密封封装半导体元件的建议回流焊温度曲线。这些建议是基于正面封装元件的温度测量提出的，同样也考虑到了封装体积，但不包括外部引线、BGA 锡球和非集成的散热片。表格 43.1 列出了锡铅和无铅组装工艺的建议回流焊温度范围。

表 43.1 锡铅和无铅组装工艺的建议回流焊温度范围（基于封装本体温度）

曲线要素	锡铅组装	无铅组装
预热平均温升速率	最大 3℃ /s	最大 3℃ /s
最低温度	100℃	150℃
最高温度	150℃	200℃
时间	60 ~ 120s	60 ~ 180s
熔点以上温度的保持时间	60 ~ 150s	60 ~ 150s
峰值温度 5℃ 以内的时间（T_p）	10 ~ 30s	20 ~ 40s
冷却速率	最大 6℃ /s	最大 6℃ /s
从 25℃ 到 T_p 的时间	最大 6min	最大 8min

封装的最高建议温度是基于封装厚度和体积确定的。表 43.2 列出了锡铅工艺的建议回流焊温度，表 43.3 列出了无铅工艺的建议回流焊温度。

表 43.2　锡铅工艺的建议回流焊温度

封装厚度	体积＜ 350mm³	体积≥ 350mm³
＜ 2.5mm	240+0/－5℃	225+0/－5℃
≥ 2.5mm	225+0/－5℃	225+0/－5℃

表 43.3　无铅工艺的建议回流焊温度

封装厚度	体积＜ 350mm³	体积 =350 ~ 2000mm³	体积＞ 2000mm³
＜ 1.6mm	260+0℃	260+0℃	260+0℃
1.6 ~ 2.5mm	260+0℃	250+0℃	245+0℃
≥ 2.5mm	250+0℃	245+0℃	245+0℃

43.3　表面处理

　　表面处理是指在需要焊接的基板或元件外层进行金属化。表面处理的类型和质量对元件表面的可焊性有很大影响。这里，可焊性的定义是元件表面能够被焊料润湿，以及在焊料和基底金属之间形成金属间化合物层的能力。焊接能力表现为对焊接工艺参数的控制，如产生润湿作用的温度曲线。对于所有的焊接工艺和其可能暴露在外的材料，良好的可焊性表面一直都是最重要的。可焊性好的意思就是容易润湿，能够产生高质量的焊接互连。焊接能力最好被描述为焊接工艺的质量，这样操作窗口比较宽，也就是说这个工艺并不过分敏感，不会受到一些参数（如时间和温度）的轻微变化的影响。因此，只要引入的材料有较高的可焊性，那么焊接工艺能力就很容易控制，并且能够产生质量的互连。

43.3.1　基　　板

　　基板表面处理方式通常包括化学镀镍 / 浸金（ENIG）、沉银（ImAg）和有机可焊性保护剂（OSP）。还有另外两种表面处理方法：热风焊料整平（HASL）和沉锡。但是，热风焊料整平的使用量已明显减少，而沉锡由于可靠性问题已较少使用。

　　ENIG　使用非常广泛，因为其可以为表面贴装元件的放置提供平整的表面，可焊性好且存储寿命长。但是，与其他处理方法相比，成本有点高。必须进行严格的控制，以防止黑盘缺陷。黑盘产生的原因是镍层的电化学腐蚀，腐蚀的产物会对表面焊料润湿能力产生影响。严重时，黑盘会对最终焊点的可靠性造成影响。

　　ImAg　可以得到良好可焊性和较长存储寿命的平整表面，成本也比 ENIG 低。然而，沉银表面在空气中容易失去光泽；如果遇到硫，还可能形成黑色的硫化物，从而使可焊性降低。

　　OSP　比较便宜，而且也能为表面贴装提供平整的表面。OSP 表面处理的存储寿命比金属表面处理的要短，而且多次回流也会使其退化。

　　HASL　这是最古老的表面处理方法，将 PCB 暴露在熔融焊料中，然后用热风刀去除多余的焊料。无铅工艺温度要比有铅工艺温度高。热风焊料整平比较廉价，如果焊料厚度足够，也能得到不错的可焊性表面，缺点是表面平整度差。

　　ImSn　这种表面处理的多数特性和沉银比较相似。但是锡容易形成金属晶须而引起短路，所以使用较少。

43.3.2 元 件

与基板表面处理类似,元件表面处理也是为了提供良好的可焊性。在过去,多数的元件引线都经过了锡铅焊料表面处理。这种工艺是在元件基材表面镀金属,或者把引线浸入液态金属中。随着无铅组装的发展,含铅的工艺逐渐被无铅的替代。仍保持较大竞争力的工艺都是基于贵金属(如钯或金)或某些形式的镀锡。钯表面处理工艺已经问世很多年了,是一种行业内众所周知的工艺。然而,锡镀层中的应力容易导致锡形成锡晶须,这是电子行业中严重关切的问题。

43.4 助焊剂

焊接是在不熔化基体金属的前提下实现金属表面和焊料结合的过程[3]。要使焊接顺利,金属表面就必须没有污染物,而且不能被氧化。而清洗动作是用助焊剂完成的。助焊剂是一种化学活性物质,被加热之后能够去除少量的表面氧化物,最大限度地减少基体金属的氧化,促进焊料和基体金属之间的金属间化合物层的形成。助焊剂有很多功能,它必须能够:

- 通过反应或直接将待焊金属表面的氧化物和其他污染物去除
- 将与金属氧化物反应过程中形成的金属盐溶解掉
- 防止金属表面在焊接之前再氧化
- 为焊接中热量的均匀扩散提供一个覆盖层
- 降低焊料和基板之间的表面张力以增强润湿

为了实现上述功能,助焊剂内包括一些成分:界面活性剂、溶剂、活化剂和其他添加剂。

43.4.1 界面活性剂

界面活性剂是一种覆盖在待焊表面的固体或非挥发性液体,溶解掉表面氧化物和活性剂反应形成的金属盐,同时,理论上还作为焊料和元件或基板之间的传热介质。主要用到的化学物质是松香、树脂、乙二醇、聚乙二醇、聚乙二醇表面活性剂、聚醚和丙三醇。需要温和的化学物质时,就选择松香和树脂,因为其残留物不会对可靠性产生影响。乙二醇、聚乙二醇、聚乙二醇表面活性剂、聚醚、丙三醇用于水溶性助焊剂的制造,因为它们能够为表面提供良好的润湿,并且溶解配料中用到的更有活性的材料。

43.4.2 溶 剂

溶剂用于溶解界面活性剂、活性剂和其他添加剂,在预热和焊接过程中会蒸发消失。溶剂的选择依据是其溶解助焊剂成分的能力。乙醇、乙二醇、乙二醇酯、乙二醇醚和水都是常用的溶剂。

43.4.3 活化剂

在助焊剂中使用活性剂,主要是为了增强其去除待焊表面金属氧化物的能力。助焊剂在室温下就能够起作用,但是其活性会随着预热过程中温度的升高而增强。传统助焊剂中常用的活化剂包括胺盐酸盐、二羟酸,还有柠檬酸、苹果酸、松香等有机酸。无铅焊接中要用到高分子量的活性剂。活化剂中的卤化物和胺类能提高焊接良率,但是这些物质如果没有在清洗中被处理干净,就可能引起可靠性问题。根据活性水平需求,卤化物可能以离子或非离子的形式出现。通常情况下,使用相同量的离子卤化物能得到更高的活性水平。

43.4.4　其他添加剂

助焊剂中通常还含有一些其他成分，用于提供一些特殊的功能。例如，用表面活性剂提高润湿质量。表面活性剂在泡沫助焊剂的应用中也能发挥其发泡性能。其他的一些添加剂，有的能够降低熔融焊料与 PCB 之间的表面张力，减小退出焊料波时形成焊桥的风险。焊膏配方要求添加剂提供良好的黏性或流变特性，在预热时损耗较少，能够让元件在回流焊之前固定在其位置。用于手工焊接的药芯焊丝中包含能够使其中心的助焊剂成分变硬的塑化剂。

43.4.5　温度对助焊剂的影响

在经过加热之后，助焊剂就会变得有活性。在传统的锡铅焊接助焊剂化学工艺中，组件要预热到 100 ~ 150℃来去除溶剂，激活用于去除金属氧化物的化学成分。在稳定之后，温度升高到焊料熔点（183℃）以上，达到 240℃，为回流焊的焊膏提供足够的时间。之后组件冷却，焊料固化并在 PCB 金属和元件之间形成金属连接。对于无铅焊接，预热的平台温度要高一些——150 ~ 200℃，并且峰值温度是 245 ~ 260℃。这就要求溶剂在更高的温度才蒸发，活性剂在更高的温度才被激活。另外，也需要新的活性剂来解决 PCB 表面的新冶金，还需要新的无铅焊料，包括银、铜及更高含量的锡。面阵列封装节距的减小，导致需要用到更细的焊料粉末。这就推动了助焊剂化学成分的变化，因为这些粉末的高表面积会导致氧化物的增加，和助焊剂稳定性的降低。

43.5　助焊剂的形式与焊接工艺

尽管人们经常认为助焊剂应该是液体，实际上助焊剂却能够以多种形式存在。液体助焊剂主要用于波峰焊和手工焊接。膏状助焊剂，一层较厚的具有黏性的助焊剂，用于在回流焊之前将元件固定在电路板上。膏状助焊剂的一个用途是，将有焊料凸起的芯片或 BGA 封装连接到 PCB 焊盘。膏状助焊剂又被称为黏性助焊剂，在修理面阵列元件时比较有用。焊膏中包含助焊剂，用于芯片载体元件、QFP、BGA、μ-BGA、CSP、引线封装元件、分立电阻和电容等元件的表面贴装。药芯焊丝用于手工焊接，涂敷助焊剂的或药芯预成型的焊料则在某些（如背板连接器引线回流焊）应用中作为焊料 / 助焊剂来源。

底部填充助焊剂是一种新型助焊剂。许多细节距、型面高度不大的封装阵列的焊接可靠性很低，原因是焊料连接区域较小，热膨胀系数与基材不匹配导致二者共面性差。在组装结束之后，经常会在焊点周围放置一些增强材料来增强连接的可靠性。底部填充助焊剂在焊接过程中起助溶作用，能够在焊接中形成硬支撑，这样就省去了焊接后的点涂步骤。

43.6　松香助焊剂

早期电子行业使用的助焊剂是松香———一种从松树的树液中提取的天然树脂。其准确的成分在不同的地区和不同的时间是不一样的。松香中包含一些松香酸酯混合物，其中最常见的两种是松香酸和海松酸（见图 43.1）。松香是焊接中最受欢迎的材料，因为在焊接中其能够液化、溶解金属盐，在温度降低之后又会凝固，这样就能够在很大程度上固定住污染物。此外，由于分子结构中含有弱有机酸，松香剂具有天然的助溶作用。最后，基于松香的助焊剂在手工焊接和

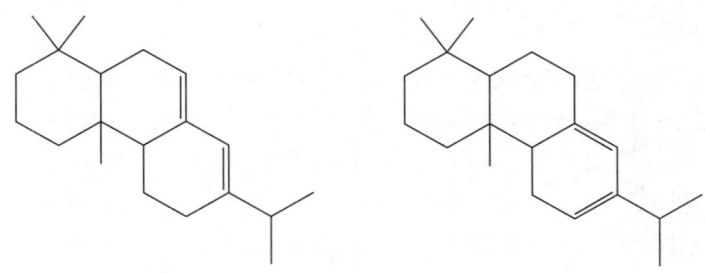

图 43.1 两种最常见的松香同分异构体：松香酸和海松酸

返工操作上也比较有优势，因为松香有良好的热传递特性。

松香助焊剂的活性是由其中的活化剂和表面活性剂决定的。有些活化剂，在去除金属氧化物的同时，也会留下基本无腐蚀性的残留物。但是，含过多卤化物活化剂的残留物，对 PCB 有腐蚀性。

过去的军用规范[4]要求使用松香助焊剂。根据卤化物活化剂含量的不同，松香助焊剂分为纯松香（R）、弱活性松香（RMA）、活性松香（RA）和高活性松香（RSA）。通常情况下，只有 R 或 RMA 能够被批准用于高可靠性要求的军事应用。

在 20 世纪 70 年代，美国和欧洲的电信公司主要使用松香助焊剂进行波峰焊。这些公司都有他们自己内部的选择无腐蚀性松香助焊剂的方法。他们认为，使用自己的选择标准得到的助焊剂就足够安全。他们只根据自己的需要清洗组件的底部，去除这里的松香助焊剂残留物，保证针床测试中有良好的电气接触。

在 20 世纪 80 年代早期，IPC 创立了一项基于助焊剂和助焊剂残渣活性的助焊剂特性分类标准。其中，助焊剂的分类如下。

- L：低活性或无活性助焊剂 / 助焊剂残留物
- M：中活性助焊剂 / 助焊剂残留物
- H：高活性助焊剂 / 助焊剂残留物

这些标识符都是经过一系列测试确定的，其中包括铜镜测试、对氯化物和溴化物的定性铬酸银试纸测试、氟化物的定性点滴测试、卤化物（氯化物、溴化物、氟化物）定量测试、助焊剂残留物腐蚀测试、在不同湿度和温度下的表面绝缘电阻测试。

行业标准《焊接助焊剂使用要求》（J-STD-004A）中包含一个电化学迁移测试，它更新了以前的 IPC-SF-818 助焊剂标准，在其中加入了一些国际标准化组织（ISO-9454）中的国际元素。除了规定助焊剂的种类 L、M 和 H，还在标识符之前添加 1 或 0 来表示有无卤化物。与国际标准并行，行业标准列出了基本化学成分，如 RO（松香）、RE（树脂）、OR（有机）、IN（无机），见表 43.4[5]。这些标准的测试方法包含在 IPC-TM-650 中[6]。

表 43.4 助焊剂成分及其活性水平

助焊剂成分	符 号	活性水平（卤化物 %）	助焊剂类型
松香	RO	低（0%）	L0
		低（< 0.5%）	L1
		中（0%）	M0
		中（0.5% ~ 2.0%）	M1
		高（0%）	H0
		高（> 2.0%）	H1

续表 43.4

助焊剂成分	符　号	活性水平（卤化物 %）	助焊剂类型
树脂	RE	低（0%）	L0
		低（< 0.5%）	L1
		中（0%）	M0
		中（0.5% ~ 2.0%）	M1
树脂	RE	高（0%）	H0
		高（> 2.0%）	H1
有机	OR	低（0%）	L0
		低（< 0.5%）	L1
		中（0%）	M0
		中（0.5% ~ 2.0%）	M1
		高（0%）	H0
		高（> 2.0%）	H1
无机	IN	低（0%）	L0
		低（< 0.5%）	L1
		中（0%）	M0
		中（0.5% ~ 2.0%）	M1
		高（0%）	H0
		高（> 2.0%）	H1

43.7　水溶性助焊剂

水溶性助焊剂也可以被称为有机酸助焊剂——这个名字有点容易引起误解，因为电子焊接所用到的所有助焊剂都包含有机材料，有些还包含有机酸活化剂。术语"有机酸助焊剂"可能源于将可溶于水的助焊剂称为"有机的"，使用有机酸活化剂激活的称为"有机酸"。这些助焊剂中，其他的活化剂包括含卤盐和有机胺类。尽管这类助焊剂的名称是"水溶性助焊剂"，其实有溶解能力的不是水，而是酒精或乙二醇。

顾名思义，水溶性助焊剂是可溶的，其焊接残余物也被希望是可溶的。这种助焊剂比松香助焊剂活性更高，工艺窗口更宽，缺陷减少使得焊接良率较高。这就意味着，最后组装需要进行的修补和修理更少。水溶性助焊剂的缺点是，其会产生腐蚀性残留物，如果不做适当清理，就会导致电路腐蚀和长期可靠性问题。

如前所述，水溶性助焊剂通常包含乙二醇、聚乙二醇、聚乙二醇表面活性剂、聚氧化乙烷、丙三醇，还有其他可溶于水的有机化合物。这就为活化剂提供了很好的溶解性，因为活化剂是更具腐蚀性的胺类和卤化物活性剂。随着高效清洗设备的出现，这类助焊剂在计算机和电信领域越来越受欢迎了。

在 20 世纪 70 年代末，F.M.Zado[7] 提出了水溶性助焊剂会降低绝缘电阻，从而影响环氧 - 玻璃布层压板电学特性的担忧。绝缘电阻的衰减是因为焊接时助焊剂中的聚乙二醇会溶解环氧基板。之后 J.Brous[8] 通过研究发现，一些聚乙二醇比其他的更有害。通常情况下，使用含聚乙二醇的助焊剂会导致环氧树脂 - 玻璃基板吸水率增大。

是否在给定的应用中使用水溶性助焊剂，取决于很多因素。其中一个重要因素就是操作环境。如果组装过程中经历了极端温度，就有可能造成局部冷凝，形成枝晶，导致电路元件短路。这时就需要敷形涂层。第 2 个关键因素是，设计适当的清洗工艺，才能确保腐蚀残渣被清除。第 3 个要考虑的因素是电子电路设计中的电压梯度。在线宽和线距减小的情况下，导电阳极丝（CAF）[9]形成物的失效机制就与高湿度、高电压梯度有关。

43.8 低固助焊剂

直到 20 世纪 80 年代中期，液体助焊剂仍然占固体或非挥发性液体配方的 25% ~ 35%（质量百分比）。之后助焊剂化学成分发生了变化，固体含量较低的新剂型出现了。这些新型助焊剂主要由弱有机酸组成，还有少量的松香和树脂。之前的配料中固体颗粒的比例是 5% ~ 8%，但是现在的低固助焊剂中固体颗粒的比例是 1% ~ 2%。无铅焊接中使用的是高分子弱有机酸。

这种助焊剂的名称已从"低固助焊剂"变到"低残留物助焊剂"，再到"免清洗助焊剂"。使用这种助焊剂进行焊接之后残留物非常少，因而不需要清洗。当然，只有在残留物没有腐蚀性的时候才可以不清洗。

低固助焊剂存在工艺窗口问题，不像水溶性助焊剂那样有很低的缺陷率和很宽的工艺窗口，低固助焊剂的焊接工艺必须精心设计。首先，建议的预热温度和松香助焊剂有所不同，其焊料峰值温度也比松香助焊剂要低。此外，必须确保待焊 PCB 和元件的可焊性。水溶性助焊剂能够去除金属表面的较厚氧化层，但是低固助焊剂中助溶材料的含量不足以完成这个工作。

如果清洗步骤可以省略掉，那么使用低固助焊剂就可以满足低成本的要求。前提是使用的元件和 PCB 非常干净，而且操作人员非常小心，没有引入污染物。这就需要使用没有腐蚀性残留物的助焊剂，以免阻碍或污染电气测试针床的探针。

为了满足某些地区关于挥发性有机污染物（VOC）限制管理的要求，在 20 世纪 90 年代早期引入了一个新类别的低固助焊剂。这些助焊剂被当成无挥发性有机污染物或低挥发性有机污染物助焊剂推向市场。溶剂是 100% 的水，或者是至少含 50% 的水。使用这种助焊剂必须在预热时格外小心，水分（溶剂）必须在达到组装焊峰之前挥发掉。否则，就会导致形成过多的锡珠。

从 80 年代早期开始，助焊剂和焊膏经历了重大的变化。2006 年，北美的军用助焊剂中 70% 是不经清洗的，25% 是水溶性的，5% 是松香型的[10]。然而，在无铅焊接领域，需要更多清洗步骤。

43.9 清洗问题

助焊剂的去除出于几个因素，这些因素的重要性随着产品的最终应用而变化。总之，清洗的目的就是（1）在焊接或操作过程中将腐蚀性残留物移除（有些助焊剂中含有很多卤化物活性剂，不移除就可能引起腐蚀）；（2）移除会影响电气性能测试针床的松香、树脂或其他绝缘残留物；（3）移除会吸附尘埃和其他大气污染物的松香、树脂和其他残留物；（4）在涂敷敷形涂层之前确保 PCB 上没有残留物和污染物。

在早期的焊接中，有时候也没有清洗，因为助焊剂大多数是松香且无腐蚀，而有时用溶剂来处理松香助焊剂。溶剂通常是卤化物材料，因为这种溶剂被认为是无毒且不易燃的。然而在 70 年代后期，美国环境保护局（EPA）列出了一些可能致癌的溶剂，如全氯乙烯和三氯乙烯，并且减少了其与操作员接触的生产线上的使用量。之后就开始使用含有甲醇、乙醇、二氯甲烷的氯氟化碳共沸混合物予以替代。

然而，氟氯化碳也不是对环境没有影响。1987 年 9 月，在蒙特利尔举行的联合国环境计划会议上，24 个国家签署了管制消耗臭氧层物质的《蒙特利尔议定书》。签署这项协议之后，各国就开始一致同意减少氯氟化碳的使用，因为氯氟化碳被证明会破坏臭氧层从而使我们暴露在紫外线之下。最初的协议目标是，1998 年的氯氟烃和卤代烃（溴氟氯化碳）的排放量减少到 1986 年的一半。1995 年末又对协议进行了修正，规定禁止使用氟氯化碳及其他消耗臭氧层的化学物质。

43.9.1　溶剂清洗

随着卤化溶剂的淘汰，制造商改变了他们对清洗和助焊剂的选择。新的清洗材料必须能够溶解给定助焊剂配方的特殊助焊剂化学残留物。有一些详细的关于清洗的参考文献可供查询[11~16]。

溶剂清洗[17]有赖于在半水清洗和脱脂蒸气，溶剂清洗助焊剂使用混合溶剂，脱脂蒸气使用单一溶剂或共溶剂混合物。半水清洗通常包括两个步骤，首先在有机溶剂中对组件进行清洗，然后通过另一个单独步骤进行漂洗。松烯和二价酸酯是被广泛应用的溶剂，其中添加了非离子型表面活性剂，以改善清洗效果。另一种半水清洗溶剂由高分子醇类构成，通常以纯溶剂的形式浸没式喷雾在组件上。这一步之后要进行清洗，使半水溶剂乳化，分解掉离子残留物。有一些业界创新[18]表明，像水一样乳化的溶剂也有不错的清洗效果。

溶剂清洗可能是在线的，或者是分批处理的。在线清洗通常包括浸没式喷雾。溶剂清洗箱的温度被设置在其燃点以下，在清洗箱之后还要有很多冲洗池，确保干燥之前清洗得足够彻底。在这个过程中，要用到诸如乙二醇 - 乙醚的混合溶剂。在专门应用的情况下，批处理脱脂剂可能使用溴丙烷。

传统的批清洗是在蒸气去污机中进行的，其中有一个沸腾不燃烧的共沸溶剂的洗涤池，还有一个漂洗池。在池子上部会形成蒸气覆盖层，在机器口有冷却盘管。首先将配件放置到洗涤池中，然后将其转移到漂洗池，漂洗池中包含从冷却盘管冷凝的清洁的溶剂。组件取出后，在蒸气覆盖层中放置一段时间，对残留的溶剂进行最后的冲洗和干燥。

共溶剂清洗会使用有挥发性的水洗溶剂和没有挥发性的溶剂。组件被放置到装有沸腾溶剂的冲洗箱中，冲洗箱中的溶剂混合物能够增强清洗作用。清洗箱上覆盖的蒸气层只包含清洗剂。将组件从洗涤箱转移到只含有浓缩清洗剂的漂洗箱中。最后，将组件从漂洗箱中取出，在蒸气覆盖层中放置一段时间，进行最后的清洗和干燥。

43.9.2　水性清洗

水溶液去除助焊剂是将高 pH 的皂化溶液稀释成 10% ~ 25% 的水溶液。皂化剂可能是有机的，也可能是无机的，里面还有改善润湿能力和清洗能力的表面活性剂和其他溶剂。有机的清洗剂通常包含胺类，如单乙醇胺。而无机的清洗剂用的是缓冲金属盐，如氢氧化钠 / 碳酸钠、碳酸氢钠。清洗过程通常在在线喷雾机中进行，之后用去离子水（DI）喷雾清洗，去除受污染的材料，最后进行再次冲洗，风干。皂化剂中的清洗剂和助焊剂中的松香或树脂反应形成"肥皂"，这和用清洁剂和油脂反应的原理来清洗油腻的餐具是一样的，污染物最后被乳化，被清洗液带走。一旦松香或树脂被去除，冲洗水溶液就会溶解 PCB 表面及固体松香中的离子残留物。

表 43.5 总结了各种可能用于助焊剂清洗的清洗剂。

表 43.5　助焊剂 / 焊膏的清洗剂

助焊剂 / 焊膏类型	可能的清洗剂	备　注
松香 / 树脂	1）洗涤剂清洗 2）半水清洗 3）溶剂清洗	1）如果助焊剂是 ANSI-J-Std-004 中的 L0 或 L1 型 2）如果助焊剂中不含松香和树脂 3）如果助焊剂中包含松香和树脂
低残留物助焊剂	1）无需清洗 2）水性清洗 3）清洁剂 4）溶剂	
水溶性	1）水洗 2）洗涤剂清洗	

43.9.3　无铅焊接的助焊剂及清洗问题

无铅焊接之后的助焊剂残留物更难清除[19, 20, 21]。传统锡铅工艺中使用的去除金属氧化物（锡铅、铜）的助焊剂对无铅焊接并不适用，因此必须修改助焊剂配方，以满足不同的焊料金属、PCB 表面处理和元件端子的需要。无铅焊接助焊剂使用高分子树脂和活化剂，通过更有攻击性的助焊剂化学反应来完成润湿。同样，使用的替代焊料（锡银铜、锡铜）中锡含量更高，这就需要更有攻击性的助焊剂化学反应来实现成功润湿。

无铅焊接的工艺窗口要求更高的回流峰值温度，并且在液态点之上要保持更长的时间。在氮气环境中进行焊接可以改善润湿质量，并且能够减少助焊剂残留物和焊料的氧化。由于回流温度较高，助焊剂成分更可能发生聚合，产生更难清除的残留物。

无铅焊接面临的清洗问题，必须通过修改清洗工艺加以解决，如增加清洗时间、提高清洗浓度、提高清洗温度。

无铅条件下细节距焊接元件的清洗需要更长的清洗时间，需要更强烈的溶液搅拌（如超声波），并对喷嘴和喷淋角度进行调整。助焊剂残留物一旦形成，就非常难以清除。所以，重要的是减少回流焊和清洗之间的时间间隔。水性清洗化学试剂中包含润湿剂、溶剂、活性剂。锡铅焊接中的水溶性助焊剂可以在焊接后用水清除，而无铅焊接中助焊剂分解产生的高分子有机酸和锡盐，需要在水中添加一些清洗剂才能清除。

参考文献

[1] Fisher, D. A., et al., "Relative Effects on Stratospheric Ozone of Halogenated Methanes and Ethanes of Social and Industrial Interest," Scientific Assessment of Ozone: 1989. Vol. II.　World Meteorological Organization Global Ozone Research and Monitoring Project, Report No. 20, 1989, pp. 301–377

[2] IPC/JEDEC J-STD-020C, "Moisture/Reflow Sensitivity Classification for Nonhermetic Solid State Surface Mount Devices." July 2004

[3] ANSI/IPC-T-50G, "Terms and Definitions for Interconnecting and Packaging Electronic Circuits." December 2003

[4]　MIL-F-14256, "Flux, Soldering, Liquid (Rosin Base)." June 15, 1995

[5] ANSI J-STD-004A, "Requirements for Soldering Fluxes," available from the IPC. January 2004

[6]　IPC-TM-650, "IPC Test Methods Manual." January 2003

[7] Zado, F. M., "Effects of Non-Ionic Water Soluble Flux Residues," The Engineer, Vol. 27, No. 1, p. 40. (1983)

[8] Brous, J., "Electrochemical Migration and Flux Residues Causes and Detection," Proceedings of NEPCON West, February 1992, pp. 386–393

[9] Mitchell, J. P., and. Welsher, T. L., "Conductive Anodic Filament Growth in Printed Circuit Materials," paper prepared for the Circuit World Convention II, Munich, published as IPC Technical Report WC-2A-5, June 1981

[10] Biocca, Peter, "Flux Chemistries and Thermal Profiling: Avoiding Soldering Defects in SMT Assembly," Proceedings of SMTA International, Chicago, September 30, 2001

[11] Cala, F.R., and Winston, A.E., Handbook of Aqueous Cleaning Technology for Electronic Assemblies, Electrochemical Publications, 1996

[12] "Post Solder Solvent Cleaning Guidelines," IPC-SC-60. August 1999

[13] "Post Solder Semiaqueous Cleaning Guidelines," IPC-SA-61A. June 2002

[14] "Post Solder Aqueous Cleaning Guidelines," IPC-AC-62A. January 1996

[15] "Guidelines for of Cleaning Printed Boards and Assemblies," IPC-CH-65A. September 1999

[16] Kanegsberg, B., and Kanegsberg, E., Handbook for Critical Cleaning, CRC Press, 2001

[17] Sanders, J. R., Chute, S., Soma, J., and Fouts, C., "A Comparison of Cleaning Technologies for New Lead-Free Solder Paste Formulatons," Proceedings of SMTAI International, 2005, pp. 871–875

[18] Breunsbach, R., "New Developments in Simplified, Low Cost, Semi-Aqueous Emulsion Cleaning Technology," Proceedings of NEPCON West, 1992, pp. 1217–1225

[19] M., Bixenman, Miller, E.,and Rued, F., "Lessons Learned and Best Practices Developed for Cleaning Pb-Free Flux Residues from Printed Circuit Assemblies and Advanced Packages," paper presented for the IPC/JEDEC International Conference on Lead-Free Electronic Components and Assembly, 2006, Singapore

[20] Tosun, Umut, Wack, Harald, Becht, Joachim, Schweigart, Helmut, Afshari, Sia, and Ellis, Drik, "Defluxing of Eutectic and Lead-Free Assemblies in a Single Cleaning Process," Proceedings of SMTAI International, Chicago, September 24–28, 2006, p. 160

[21] Davies, Matt, Chute, Susan, Sanders, John R., Soma, Jay, and Fouts, Christine, "A Comparison of Lead-Free Solder Assembly Defluxing Processes," Proceedings of PC EXPO/APEX 2006, Anaheim, February 5–10, 2006, S08-03-1

第 9 部分

焊接材料和工艺

第44章
焊接的基本原理

Gary M. Freedman
新加坡惠普公司关键业务系统

44.1 引 言

　　焊接，作为一种被广泛用于功能和装饰目的的技术，已经应用了数千年。在最近的 100 年里，焊接逐渐从艺术领域转向科学技术领域，如电子组装。在 20 世纪末期，以锡铅焊料及其相关成分为主的焊接技术已经被充分研究，并且建立了焊接可靠性预测模型。

　　传统意义上的印制电路板（PCB）焊接用的是共晶或近共晶锡铅（Sn-Pb）合金。共晶合金是印制电路板组件（PCBA）的支柱，其中锡的质量比大约是 63%，铅的质量比是 37%。二元合金（由两种金属混合而成）的熔化和凝固都比较容易控制和理解，其熔点是确定的 183℃。这个温度是比较低的，能够和 PCB 基板，集成电路封装密封剂，元件封装用的陶瓷、硅，模塑连接器等一系列材料要求相匹配，这些元件中的材料有的是和锡铅焊接技术共同开发的。现在，电子产业正面临着巨大的变化，因为欧盟环境法案规定在电子制造业中限制电子废弃物的产生和使用有毒物质。这项法案显现出的最大影响是列出了那些对环境有害的被限制或禁止使用的材料清单。其中，铅是最突出的一种原料，对其的限制使用对电子制造产业产生了巨大的影响。现在，电子产业不得不使用无铅焊料进行焊接。大多数可用无铅合金的熔点都比锡铅合金的高，而且多数无铅合金是由 3 种甚至更多金属组成的。

　　在 PCB 元件密度、线路层数及性能发展到空前高度的今天，这些变化来得有些突然。PCBA 中每一部分的复杂性都在持续增加。随着 PCB 元件的微型化，以及由于输入和输出（I/O）数目不断增加导致的元件本体的增大，IC 元件上的焊接点也在逐步增多。通孔焊接技术虽然正在衰退，但现在仍然是很普遍的应用。目前，个人计算机的主板比几年前机房的服务器还要强大，功能强大的消费类电子产品的内部结构也日益复杂。作为集照相机、摄像机、PDA、无线互联网及无线局域网接入为一体的多功能设备，手机的功能也越来越强大，其运算速度和功能已经达到了个人计算机的水平。

　　对产品性能要求的不断增加，使得元件密度、I/O 数目、线路层数都要不断增加才能满足要求，同时需要减小 PCB 线路间距，以保证电气布线要求。越来越高的集成度和线路层数导致需要使用更高热量的焊接组装，这使得表面安装更为困难，波峰焊更是难上加难。当一个工艺同时需要使用表面安装和波峰焊时，该工艺即称为混合组装技术。压接连接（将元件引线强制压入 PCB 上的金属化孔内）的推广解决了混合组装技术中的一些问题，同时大尺寸背板波峰焊技术中的一些难题也对压接技术的发展起到了推动作用。越来越多的产品上使用了具有可分压力互连的触点阵列封装（LGA）技术，特别是在计算机和电信行业使用的主板上，这会对布局和焊接产生影响。

虽然无铅焊接现在已成为目前电子产品制造的主要方法，但是读者们必须要明白，锡铅焊接仍然很重要，在 2010 年欧盟颁布《关于限制在电子电器设备中使用某些有害成分的指令》（RoHS）之前，很多电子组件使用的仍然是锡铅焊接。而且，在无铅焊接使用有铅封装或锡铅焊接使用无铅封装这两种混合工艺时，还会存在问题。最新的欧盟立法对电子产品制造业的每个方面都有深远的影响，所以在深入研究焊接技术之前有必要对这些影响进行了解。

44.2　焊点的组成要素

焊点有 3 个重要的组成部分：两种需要进行连接的表面或材料，以及焊料。每个组成部分的不同属性和变量都对焊接质量和难易程度有影响。材料状况和工艺参数之间的微妙平衡决定了焊接的外观、焊点的强度，以及焊接组装的可靠性。焊料的成分、引线的表面处理、焊盘或镀覆孔（PTH）、环境因素、化学因素、受热状况都会对焊接过程造成影响，下面对每个因素进行讨论。

44.3　常用的金属接合方法

锻接、钎焊、焊接是现在最常用的 3 种金属间接合技术。尽管在这一部分不会对锻接和钎焊进行详细介绍，但是将其与焊接进行粗略对比，有助于进一步深入了解 PCB 焊接技术。

锻接是将相邻的两种相似或不相似的金属进行加热，使其相互熔化在一起的技术。与钎焊和焊接不同，在锻接过程中连接的金属表面的冶金性质会发生较大程度的变化，有时会用填充金属的方式来降低焊件金属的熔解温度，或者达到最终连接所需的机械性能。在钎焊和焊接中，有时需要用化学处理方式熔解掉表面的氧化物，或者用保护气体来防止金属在高温结合过程中发生氧化反应。

锻接与其他两种方法的区别主要有 3 个：结合过程的温度、结合表面的材料熔解深度，以及焊料对表面润湿铺展的依赖程度。钎焊和焊接都要使用到焊料（钎焊化合物或焊料），焊料的熔点要比需要连接的两种金属的熔点低，而且焊料必须要把表面连接起来。焊料被加热到熔点之后，会在接触的表面产生冶金的熔解和混合（合金的形成）；随后持续加热，焊料会继续蔓延和扩展，进而在熔融金属的表面张力作用下形成合金。表面冷却之后，焊料会恢复固态，从而形成连接。

焊接和钎焊之间的差别很小，其中最大的区别在于不同的连接形成的温度。与焊接相比，钎焊需要在相对较高的温度（> 450℃）下进行（在不同的文献中，这个温度并不是统一的，但一般均认为是 400 ～ 500℃）。钎焊所要求的温度会对大多数电子元件和 PCB 造成一定的损害。由于 PCB 组装几乎全部是通过 260℃之下的焊接完成的，因此在这一章中我们主要讨论这种传统的连接方法。

44.4　焊料概述

焊料可以理解为是一种将引线连接到焊盘的黏合剂，它为焊接可靠性提供了所需的机械强度，以及电路所需的电气导通性能。焊料通常由金属合金材料组成，其熔点要与焊接组装所用的其他材料相匹配。熔化之后，焊料必须能够对元件引线和焊盘进行润湿。在凝固之后，由于组装的相关元件之间的热膨胀率会有差异，因此焊料形成的连接必须能够在这种条件下也保持稳定。

焊料合金和其他焊接材料之间必须是兼容的，以达到组装的要求，并且保证在较高的工作温度和存在机械冲击或振动的情况下仍然能保持焊点的强度。

在电子工业发展的初期，锡铅合金是最主要的焊料合金。其共熔合金的熔点相对比较合适，为183℃，工作温度为205 ~ 230℃。之所以工作温度要高出共熔合金的熔点20 ~ 25℃，是为了让所有元件都能够达到较好的焊料润湿。另外，板子上的一些较轻元件受热比较快，而另一些元件则受热比较慢，为了使所有的元件都能得到很好的润湿，必须使这些受热较慢的元件也达到要求的温度。在电子工业的所有领域都要将温度控制在这个范围，与焊接相关的芯片、无源元件、基板及工艺设备，都必须能够在这样的温度下工作。

现在，根据欧盟颁布的RoHS指令，以及世界上其他地区一些相似的法律法规，锡铅工艺正在逐渐淡出电子设备制造行业的主流。只有在RoHS指令的附属条款中特殊说明的和军事应用领域的一些PCB组装仍然可以使用含铅工艺。而随着时间的推移，购买RoHS指令豁免的有铅元件将日益变得困难。

实际上，没有能够直接替代锡铅合金的物质。尽管有很多可以考虑的材料，但是即使其中最合适的也需要更高的工艺温度，这样就迫使元件、PCB基板，甚至是加工设备都要做出相应的变化。

44.5　焊接基础

尽管这些章节中将会重点强调无铅焊接和焊料，但最好还是从锡铅焊接工艺入手来了解焊接过程，主要原因如下：第一，锡铅工艺是我们最了解的合金形成体系；第二，锡铅合金是一种可预测结合特性的二元合金。为了便于理解，建议读者首先了解这些相对简单的合金体系。文中提供的实例基于基材上可焊和不可焊镀层相关的共熔锡铅合金焊料（质量分数为63%的锡和质量分数为37%的铅）。

在这个话题中，还会涉及一些其他材料。第一个是焊膏，包括焊料颗粒、助焊剂，以及一些用于提供流变特性的金属表面处理用化学试剂。在表面贴装应用中，通常用模板将焊膏印刷到PCB焊盘上，然后将电子元件放置到已沉积的焊膏上，最后在回流焊过程中通过焊膏的再熔化实现元件与焊盘的连接。第二个是助焊剂，就像之前提到的，助焊剂是焊膏的重要组成部分，是一种能热激活的用于清洗焊接表面的化学试剂。

44.5.1　焊料和结合表面的紧密接触

焊料和结合表面形成紧密的接触，这是最基本的要求。焊料必须和需要焊接的材料接触，接触面积并不是最重要的，只要焊料在达到液态点的时能够恰当地与焊接材料表面接触。表面张力效应和合金润湿性会影响焊料接触面的进一步扩展。

44.5.2　PCB和待焊元件的缓慢加热

这个步骤非常重要，主要原因有三：第一，加热过快可能使得某些元件经历热冲击，导致开裂或电气性能退化；第二，如果加热过快，焊膏可能会溅出；最后，适当的加热速度对于通过助焊剂来实现好的表面处理很重要。在时间和温度之间达到平衡，使助焊剂有足够的时间完成清洗步骤，而且不会过早地变干或溅出。相反，持久的热循环会引起助焊剂清洗过的部分再度氧化。

44.5.3　从结合表面和焊料中除去氧化物

大多数材料存放在富氧环境中时均会生长出氧化物涂层。经过加热之后，助焊剂表面和结合表面在普通大气环境中将会发生更加严重的氧化。比如，含银的表面暴露在含硫的环境中（硫污染的空气），就会发生硫化反应产生对焊接有抑制作用的变色污迹。一般而言，存储温度越高，就会产生越多的氧化物，除非氧化物的生长是自抑制的。焊接时间越长，焊接温度越高，就会产生越多的氧化物和污迹，如果没有助焊剂或助焊剂因为温度过高失效了，这些就会成为焊接中的问题。

氧化物和污迹会妨碍焊料和焊接金属之间形成合金。对于焊接金属金，由于金本身的抗氧化能力，少量的氧化物一般不足以影响焊接。不过，除非氧化物从焊料本身中完全去除，否则与金形成焊料合金是不现实的，或者至少是不完整的。需要注意的是，在焊接过程中，可以通过改变环境氛围来减轻氧气或其他空气污染物的有害作用。

在焊接过程中去除氧化物和污迹的常用方法是，使用称为助焊剂的化学试剂，它是一种可以与特定合金反应去除污迹和氧化物的物质，并且还能在焊接过程中防止熔融的金属表面发生再氧化。助焊剂一词来自于拉丁语 "fluxus"，意思是流动或流动性。助焊剂能够保证焊料一旦熔化便会在将要进行焊接的金属表面流动，不受焊料或需连接的金属表面的氧化薄膜所约束。有些材料很容易形成氧化物,而且有些氧化物的化学性质非常稳定。镍就是其中的一种。铜也和镍一样，容易形成化学性质稳定的氧化物，必须使用强助焊剂才能得到良好的结合表面。即使是弱有机酸，也可以与锡和银的氧化物发生反应。金因为不容易发生氧化，因此可以用一层无孔隙的薄金层覆盖在去除氧化的金属，如镍金属的表面，阻止氧化的发生。在回流过程中，金会很快扩散到焊料中，焊料凝固到金下面未氧化的镍层上。图 44.1 中显示的是焊料可润湿的表面和不能使用助焊剂润湿的有氧化物覆盖的表面之间的区别。

（a）在铜表面润湿较好　　（b）镍表面的不润湿

图 44.1　使用含弱有机助焊剂焊料的铜表面和镍表面的比较（来源：惠普公司）

注意,在铜表面上,焊料已经润湿并铺展了,其特点是润湿角较小（润湿的范围由虚线标出）。在镍表面上,助焊剂不能有效地穿透氧化层,焊料不能对其完成润湿。相反,焊料在表面形成锡珠。

焊接可用的助焊剂有多种，不过其中只有两种应用得比较广泛。一种是需要水洗的，其成分是强有机酸，还有加强其化学活性用的卤素。需要水洗的助焊剂在焊接之后必须完全从 PCB 表面清除。如果有残留，就会形成腐蚀产物，进而发生腐蚀和电气故障。

水清洗化学过程对一些电气元件不那么有吸引力，其中包括双列直插封装（DIP）开关、密封开关（已知漏电流的）、高密度连接器、面阵列封装、微型球阵列封装，还有其他一些在封装下面和 PCB 表面之间有净空高度的元件。也正因为如此，再加上为了避免使用一些昂贵的和非常规的相关加工设备，大多数生产商都更愿意使用无需清洗的助焊剂。

第二种是松香基的助焊剂，其中含有提高化学活性的添加剂。尽管该类助焊剂需要溶剂才能去除，但可以按照相关配方使得留在板子上的残渣呈现惰性，如使用免洗助焊剂。

44.5.4　加热（焊料）到液态

焊料加热到熔化状态之后，随着在焊盘表面的润湿与熔解，焊料开始与接触的金属之间形成冶金结合。加工过程开始之后，起初进展很慢，焊料会润湿、铺展并熔解金属表面与其形成合金。熔融焊料通过表面张力拉伸以填充细的毛细管，并且表面张力使得焊料在一定程度上在可润湿的表面流动，形成网状的焊料圆角。焊料圆角作为机械撑板对焊点起到加强支撑的作用。

44.5.5　焊料圆角的形成

很明显，焊料圆角的形成是表面张力和润湿共同作用的结果。在图 44.2（a）中可以很明显地看出，在 PCB 焊盘到元件引线之间形成了网状的焊料圆角。

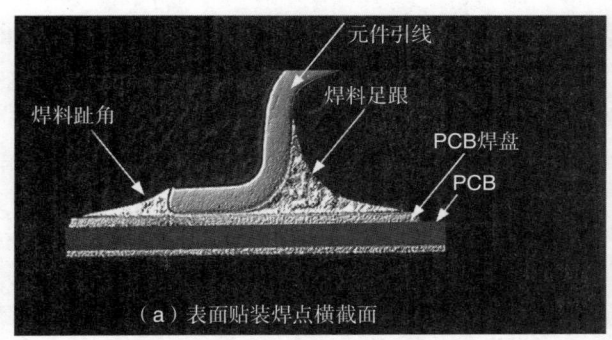
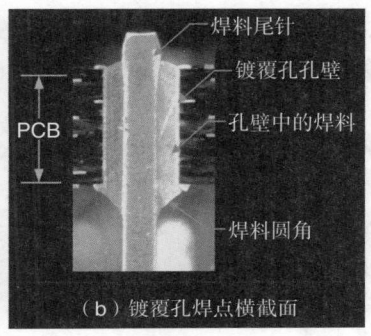

图 44.2　焊料圆角的形成（来源：惠普公司）

鸥翼形引线的焊接强度依赖于形成较好的足跟角连接。趾角的出现与否取决于在引线末端是否有暴露的铜或其他被氧化的难以去除的金属。趾角的重要性并不高，对焊接强度作用有限。大部分强度来源于足跟角。同样的，侧面角也可能会出现，不过元件引线宽度与焊盘宽度比较相近的话，可能就不会有足够的空间来形成侧面角。润湿角又称为二面角，角度越小，润湿完成得越好。

图 44.2（b）是一个镀覆孔焊料圆角的例子。

圆角可用来衡量润湿的质量。一般来说，圆角越大，焊接就越可靠，不过大的圆角也说明存在以下 3 个问题：导致焊点变脆的过度加热；焊料使用过多；过大的圆角会使元件引线丧失柔韧性。

从图中可以看出，表面贴装焊接时，焊料润湿焊盘和元件引线，小的润湿角和形成好的圆角都是良好焊接润湿的表现。镀覆孔焊点在 PCB 的第二面形成较好的圆角。在第一面，即元件面，不会形成圆角，原因可能是板子的上表面温度较低。

如果引线的爬锡量过多，就可能导致焊料短路，特别是在细引线间距的封装本体附近。因此，只靠圆角测试不能准确地判断焊接质量。但是，在众多的参数中，圆角可以作为判断可焊性和焊接质量的第一关。

44.5.6　金属间化合物的形成

金属间化合物（IMC）的形成是焊接中的关键步骤。金属间化合物是熔融焊料和与其接触的金属表面之间生成的合金，这是焊接的根本。关于金属间化合物有很多错误的信息，但有一点是确定的：如果不形成金属间化合物，就不能完成焊接。之所以要如此强调，是因为有种错误的观点认为，在进行某些焊接时，如激光焊接，就不需要形成金属间化合物。事实上，在激光焊接技术中，由于液态时间很短，焊接之后形成的金属间化合物可能会很薄，但是对于焊接过程，它是不可或缺的。高温、作业时间长、与液态焊料的紧密接触增加了金属间化合物形成的概率和数量。

金属间化合物是一种结晶态的中间体合金，由部分或全部接触的金属所组成。此高合金区域与焊料和金属之间会有较大性质上的差异。比如，金属间化合物是一种脆性材料，其可能是导体，也可能是半导体，而焊料则普遍被认为是一种具有低熔点和良好导电能力的软性材料。具有讽刺意味的是，焊接的精髓——连接键，或者更确切地说是结合物（IMC）——实际上通常是一种导电性差、易碎的高熔点合成物。

44.5.7 冷却和转变为固相

温度达到焊料固相线之后，金属间化合物的产生速率显著降低，焊点就形成了。在触碰PCB 之前焊料就要凝固是非常重要的要求，主要原因有两个。第一，PCB 的偶然变动可能会引起元件在没有凝固的焊料中移动，会导致出现缺陷，如焊点开路（脱焊）或短路（从一个焊盘到相邻焊盘的不需要的桥连）。第二，在焊接点由液态向固态变化的过程中出现的干扰，可能会导致形成的连接不稳定。这种在凝固过程中受到干扰的连接可能会产生颗粒状结晶，甚至是微小的断裂。

焊接最后过程中的冷却速度和在开始时的加热速度一样重要。由于不同材料收缩率的差异，过快的冷却速度可能会导致元件断裂或电气性能退化。

第45章
焊接材料与冶金学

Gary M. Freedman
新加坡惠普公司关键业务系统

45.1 引 言

　　许多因素对印制电路板（PCB）的成功组装和有效产品寿命都至关重要。组装过程和材料导致了焊点的形成，同时对焊点的长期可靠性，以及产品的使用环境和处理有重要影响。设计和组装工程师需要将温度极限和升温速率，以及产品可能还要承受的预期机械冲击和振动，使用寿命期间电源开关的次数，还有空气中存在的固体悬浮颗粒、气态污染物、水分、操作等所有可能的因素考虑在内。在工厂车间处理时，或者产品在终端用户手中，这些暴露于空气中的物质可能会影响焊接中的印制电路板组件（PCBA）。因为这些变量影响了产品的可靠性，所以在定义设计和组装时就应该考虑到所有相关影响因素。PCBA 的设计由电子设备可用性、电气性能要求、经济承受能力，以及最终产品的使用环境和操作条件所决定。

　　本章将会严格避免对所有的焊接工艺应用提供通用规则。举例来说，台式计算机和那些与汽车发动机相关的点火系统，二者所需的 PCB 对材料和焊接可靠性的要求就明显不同。同样，移动电子设备（移动电话、笔记本电脑、掌上电脑等）又增加了抗机械冲击力和批量生产（包括低成本、易于组装和高产量等）的要求。在某些情况下，修理一个 PCBA 或整个产品的费用也许会超过一次组装成功时材料和人力费用的总和。这也很容易理解，修理后的 PCBA 的可靠性不如正常的一次焊接成功的 PCBA，因为重新焊接会导致 PCB 本身可靠性下降和焊点的退化。再者，助焊剂及其使用和加热的方式也可能影响产品的可靠性。上述所有这些均强调说明了深入了解 PCBA 工艺和一次焊接成功的必要性。在讨论冶金学、助焊剂和工艺的时候，有些基本的规则将变得很明显。如果注意到这些规则，就会得到最佳的焊接质量和最佳的可靠性。然而，判定一个组件是否会达到预期的用途和环境适应性的唯一方法，是制定可以准确测试产品可靠性的相应的加速测试方法。

　　深入理解影响焊接过程和最终组装可靠性的相关材料性能和现象，是 PCBA 工艺工程师义不容辞的责任。一位优秀的 PCBA 工程师必须对工程力学、热力学、冶金学、化学，以及它们如何适用于焊点的形成有基本理解。工艺工程师应该参与产品的设计过程，以获得最好的可制造性、可靠性，并且还可以根据 PCB 设计、材料变量（如表面处理、焊膏、助焊剂等）、材料清单，获得组装件的最佳可制作性和可靠性。此外，也需要关注一些即将引入的关键规则，如 PCB 清洁度、焊料纯度等，这些在标准文档中都有最好的描述，如由 IPC 发布的那些文档。

　　焊接中也存在很多陷阱。例如，锡铅焊料中存在太多金会导致焊点脆化，太长的生产时间或太高的温度对焊点有着相同的不利影响，有铅锡铋焊点中的污染物会导致焊点失效，一些焊剂的残渣具有腐蚀性，等等。焊剂腐蚀产物引起的电化学迁移是电路故障的常见模式，很难被电气测试精确找出。电势差会使两个相邻图形之间形成枝晶。这些微观枝晶具有有限的载流能力，可以像微型保险丝那样断裂和熔断，使得电气故障很难被诊断和定位。因此，有许多变量和 PCB 组装相关，工艺工程师必须依靠科学工程基本原理，以得到最佳的 PCBA 设计和完美的组装。

45.2 焊 料

合金的属性取决于其组成的金属以及各组分原子数目的比例。这些原子比例的变化会导致合金在特定用途下呈现截然不同的属性。熔点、硬度、抗拉强度、耐冲击性等都是可以调整的。在试图获得一个合适熔点的过程中，总是会有所取舍，其他材料特性可能会变差，而最终导致的就是合金不适用于终端应用。寻找无铅合金替代品的情况就是这样。迄今为止，还没有可以完全替代共晶锡铅（63Sn）焊料的材料。大多数情况下，无铅焊料合金的液相温度（一种材料从固体变为液体时的温度）比共晶锡铅的要高，正如前面所提到的，这使得制造过程发生很多变化，如加工设备、PCB 基板及电子元件。

合金家族又称为合金体系，是由两种或两种以上金属以不同的比例组成。锡铅（Sn-Pb）就是这样一个体系，可以以任意配比组成，如 50Sn-50Pb、60Sn-40Pb、10Sn-90Pb 等。有些焊接合金由两种元素组成，称为二元合金，如锡铅（Sn-Pb）或锡铋（Sn-Bi）。其他的则是三元体系，如锡银铜（Sn-Ag-Cu）合金，其经常被称为 SAC（S 代表 Sn，A 代表 Ag，C 代表 Cu）。SAC305 是 Sn-3.0Ag-0.5Cu 的缩写，同理，SAC3807 是 Sn-3.8Ag-0.07Cu 的缩写。

同样的，四元合金由 4 种元素组成，如 Sn-Ag-Bi-Cu；五元合金由 5 种元素组成，如 Sn-Ag-Cu-In-Sb。二元体系最好理解也最容易获得，合金元数越多，理解就越困难。在三元、四元、五元体系中，由于焊料供应商在配置过程中也很难做到精确控制，因此合金中必然存在质量分数为 0.5% 左右的差异。此外，在波峰焊过程中，由于锡槽与金属元件引线及 PCB 表面的频繁接触，材料浸润在熔融状态的焊料中，长时间后必将影响焊料成分。焊料中的次要成分可能会在波峰焊中被更快地消耗殆尽。

锡铅焊料

《关于限制在电子电气设备中使用某些有害成分的指令》（RoHS）豁免某些合金应用直到 2010 年，之前锡铅焊料一直是 PCB 组装的主流，虽然 RoHS 指令禁止了该合金在某些特定应用领域的使用，但理解这个简单的合金体系仍是非常有用的。对锡铅合金的良好理解将有助于无铅焊接材料的选择，对制造稳定的可靠性焊点也有一定的帮助。直到现在，锡铅焊料仍然是电子制造业合金体系的首选，它具有悠久的历史，可以追溯到电路的起源。

1. 锡铅共晶合金

锡和铅可以形成许多合金，但是对电子产品组装最熟悉的是其共晶合金。锡铅共晶合金是一种韧性金属，熔点低于 200℃——已经被大多数与 PCB 有关的材料证明是良性温度范围，它的抗疲劳性能对大多数商业应用而言都是足够的。锡铅焊料通常采用弱有机酸作为助焊剂，其可焊性是持久的，一般也比较稳定。尽管可供选择的合金焊料有许多，但就 PCB 组装而言，很少有焊料可以具有锡铅共晶合金的兼容性。一些独特的冶金性能使得该合金成为极具吸引力的焊料，这也是它被广泛接受和使用的原因。这不是说其他金属合金不能替代，但这个组合确实经受住了时间和替代材料的考验。

共晶合金有一些有用并有趣的特性。与所有的合金一样，共晶合金熔点低于其构成金属（见表45.1）。

共晶合金与合金家族中的其他成员相比，具有最低的熔点。它有一个明确的熔点而不是一个熔化温度范围（熔距），通过组成成分合并成一个单一、特定的合金。在共晶温度，共晶金属以液化合金状态和平共处，而不是呈现一种金属是固态、其他金属是液态的状态。

表 45.1 锡铅各成分熔点及其与共晶熔点的比较

材　料	熔点（℃）
Sn	232
Pb	327.4
63Sn–37Pb[①]	183

① 表示共晶合金成分。

当非共晶锡铅合金开始熔化，一部分锡或铅会从液态溶液中析出，在较宽的熔化区间内呈现固液混合物状态。离共晶点越远，熔化区间就会越大，该熔化区间通常被称为"膏体"或"塑性"范围。一经凝固，非共晶成分会产生内应力，进而在不稳定的表面形成粗糙、不光滑的焊点。而对共晶合金而言，其凝固速度快于非共晶成分，因为共晶焊料在固相点的成核和结晶速度很快，细晶粒生长，固化后的焊点机械强度就会比较高。这些都是使用共晶或近共晶焊料组装 PCB 的优点。

2. 高含铅量焊料

因为元素铅的高延展性，含铅量较高的锡铅焊料通常被用于生产柔性焊点。由于具有较高的熔点温度，这些合金通常用于焊接无机类基板，如陶瓷基板。诸如玻璃 - 环氧树脂等有机材料层压板，在合金需要的温度极限下经历一次回流即有可能发生降解，如合金 5Sn-95Pb（熔距 301 ~ 314℃）和 10Sn-90Pb（熔距 268 ~ 302℃）。对这些焊料来说，焊接温度大体上选择比熔点高 20 ~ 40℃，或者回流时用熔距的上限，然后波峰焊用更高的温度。高温情况下，焊料是很难适用于部分特殊应用的，如陶瓷混合电路或陶瓷球阵列（CBGA）、陶瓷柱栅阵列（CCGA）封装的触点材料和手工焊接操作。在这些应用中，焊料球或柱的形成往往通过使用一个较低熔点的配方予以实现。

3. 锡铅添加剂

抗清除剂 有时，往锡铅焊料中添加少量的银（质量分数最多为 2%）可以改善焊点的外观，并能延缓银的清除。当一种金属出现快速并完全熔解到其他液态金属的趋势时，清除就发生了。一个很好的例子是，通过在锡铅焊料中添加微量银实现薄膜陶瓷元件的焊接。焊接过程中，银会迅速熔解进入锡铅，银熔解过度时，因为缺乏可润湿的焊接表面，薄膜陶瓷元件上焊盘的可焊性可能就会变差。锡铅焊料的添加物（银）会降低银在薄膜陶瓷焊盘中的熔解速率并会延缓清除。

光亮剂 有时，在焊料中添加银可以改善焊料的润湿程度，使得焊点更平滑和有光泽。不作为抗清除剂使用时，应该避免添加银，因为通常大多数锡铅焊接应用是不需要银的。

4. 锡铅金属间化合物

除了降低纯锡的熔点（232℃），铅元素可以通过在金属间化合物边界堆积来阻碍锡铜金属间化合物的形成。锡铜金属间化合物（IMC）对焊点的形成是至关重要的，但是如果金属间化合物层过厚，焊点将会变脆，最终在热循环过程或机械冲击时出现故障或失效。虽然，锡铅焊料在元件电镀引线和 PCB 各种表面处理工艺方面均有很强的润湿能力，但实际上铅的作用是抑制润湿以保持焊料在目标焊接区。事实上，过量的焊料铺展是有害的，表现在以下 3 个方面：第一，如果焊料远离目标焊接区，所得的焊点将会焊料不足，焊接强度弱于预期；第二，如果焊料太活跃，焊料就会沿连接器的引线爬升到连接器，降低内部连接的灵活度，减小连接间距，改变连接器之间的物理连接方式，进而导致互连的可靠性下降；最后，对鸥翼形元件而言，如果引线焊料爬升的太高，其引线灵活性就会受到抑制，更容易出现机械故障。

45.3 焊料合金与腐蚀

一些金属在抗腐蚀性方面会强于其他金属，焊料合金也是一样。当焊料腐蚀 PCB 时，问题不只是外观不美观。PCB 上相邻的和带相反电荷的导体之间的腐蚀物会产生腐蚀枝晶，这些微小的导电晶体——细丝网络，可以从一个导体延伸到其他导体。它们有足够的电流承载能力，可能导致电气短路，也可能升温到熔点后熔化，使得电流中断，进而组件又恢复正常运行状态。这是周期性事件，枝晶生长、熔化、再生，使得诊断变得很困难。尤其是细间距表面安装的元件，特别容易出现这种现象。

M.Abtew 等人公布了关于各种各样的金属组合在无铅焊料合金中的电磁力（EMF）[1]。一般来说，EMF 越小，合金越耐腐蚀。作为最基本对照，共晶锡铅合金是迄今为止列表中 EMF 最小的组合，其 EMF 值为 0.010V。即使最接近的 Sn-51In，其 EMF（0.201V）也是锡铅焊料的 20 倍。列表中的其他部分数据如下：Sn-57Bi 是 0.323V，Sn-9Zn 是 0.624V，Sn-3.5Ag 是 0.937V，Sn-80Au 是 1.636V。因此，与研究中提及的另外 7 种焊料相比，锡铅焊料更耐腐蚀和抑制枝晶的生长。

45.4 无铅焊料：寻找替代品

欧盟的 RoHS 法规在电子组装行业影响广泛，其中最大的变化是大多数电子产品向无铅焊接转变。实际上在电子行业，更具体地说是在焊接中使用的铅，仅占全世界工业用铅中很小的一部分。尽管准确和最新的数字统计很难得到，但据估计，焊接中使用的铅占全世界铅使用量的 1% ~ 10%。寻找可能的铅替代品，势在必行。铅有毒，全世界的政府花了很多钱用于减排计划、教育、医疗保健，救助那些因铅含量超标而中毒的人。这类铅主要来源于剥落的含铅油漆，这已经是普遍达成的共识。铅盐很甜，但是有毒，据说，罗马人曾在他们的甜葡萄酒中添加铅盐。一般而言，电子组装的毒性发作很少和口服有关，但可能由于对组件、原材料或副产品的不恰当处理而成为污染源。地下水的纯净度可能被下面几种情况影响：大量含铅的 PCB、焊渣、废弃的焊槽、水清洗过程中流失的一部分铅、水净化单元中铅离子交换过滤时流失的一部分铅、镀液等。

替代焊料，可能焊料本身没毒，但需要有毒的原料，或者在加工过程，以及在矿物提炼过程中产生有毒的副产品。不论从哪一方面看，慎重对待在电子工业中废除铅的相关问题无疑是明智的。许多用于 PCB 组装的无铅材料，每一类都需要一系列的组合材料和化学助剂，所有这些从公共安全的角度来看可能都是有问题的。产品、副产品、原材料及它们的衍生物，都必须从认真和环保的角度出发来处理。或许，像关注教育一样关注更好回收和处理工业与家庭废水的方法，能拥有更多的公共卫生意义，而不是仅仅为锡铅焊料简单定义一个快速替代品。然而，对于替代品的认知是设计和制造工程师必不可少的。

另一方面，就连目前广泛使用的锡铅材料的属性数据库都不完整，更不用说一个新的无铅焊料体系，描述一种新焊料的性能与质量需要几年的时间。由于许多新型焊料都在研究中，这必将会进一步减慢焊料的发展和特性研究，因为精力、资源等都分散了，而不是集中在一个共同的焊料合金上。在撰写本文时，几家公司召回了与无铅焊料有关的产品，因为对无铅焊料来说，与焊料体系的相互作用目前是不可知的，或者低于预期的生产可靠性。

45.5　无铅元素合金的候选者

自然存在的 90 种元素中，只有 13 种可以相互组合形成用于 PCB 组装的焊料合金（见图 45.1）。

尽管这些元素可以结合起来形成焊料，但也有几个有局限性，限制了其作为焊料使用的实际应用（见表 45.2）。元素镓、金、铟、铂及钯，均无法大量开采、冶炼，而且太过昂贵，这都阻碍了它们成为全球焊料的主要成分；铋（Bi）元素，作为铅精炼后的副产品，其供应相对比较充足；汞、锑的毒性太大，再说汞和铅已经在欧盟的 RoHS 限制材料清单中了；镓和汞的熔点又太低，本身不能使用。这样一来，实际上可以考虑作为焊料合金的就只剩下 5 种金属：铋（Bi）、铜（Cu）、

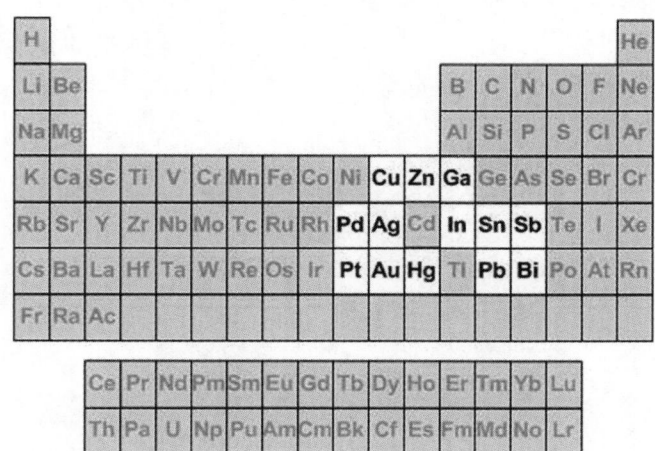

图 45.1　图中高亮元素可以结合形成用于 PCB 组装的焊料合金

表 45.2　焊料的候选元素

元　素	符　号	熔点 /℃	说　明
锑	Sb	630.5	有毒，作为一些焊料的次要成分
铋	Bi	217.5	已经使用
铜	Cu	1084.5	已经使用
镓	Ga	29.75	太昂贵
金	Au	1063	太昂贵
铟	In	156.3	太昂贵
铅	Pb	327.5	被欧盟禁止使用
汞	Hg	−38.83	毒性太强，被欧盟禁止使用
钯	Pd	1550	太昂贵
铂	Pt	1768.3	太昂贵
银	Ag	960.15	昂贵，但已在焊接中小批量使用
锡	Sn	231.89	已经在使用
锌	Zn	419.6	已经在使用

银（Ag）、锡（Sn）和锌（Zn）。银由于它自身的价格，只能用于一小部分焊接，如今也已经在该特定领域中广泛使用。剩下的 4 种金属（Bi、Cu、Sn 和 Zn），有多种可能的冶金排列可用于焊料合金，但仅有几个同时具备对 PCB 来说足够低的熔点、作为焊料本身的优良物理性能。无铅焊料已经使用很多年（如珠宝制作、水暖设施、硬钎焊等），然而缺乏用于电子组装方面的研究。大部分组合的熔点都太高，且没有一个像锡铅焊料那样已经建立的相对完善的数据库。

无铅焊料的候选者

尽管许多制造商在 2006 年 7 月 1 日欧洲颁布的 RoHS 指令实施后完成了向无铅焊接的转变，但那时整个行业并没有就锡铅焊料替代品达成一致的共识。最受关注的无铅合金体系见表 45.3。

表 45.3 无铅焊料列表及其温度范围

合金体系	常见成分	固相线温度 /℃	液相线温度 /℃
Sn-Cu	Sn-0.07Cu	227	227
Sn-Ag	Sn-3.5Ag	221	221
	Sn-5.0Ag	221	240
Sn-Ag-Cu	Sn-3.0Ag-0.05Cu	217	221
	Sn-3.5Ag-0.9Cu	217	217
	Sn-3.5Ag-0.7Cu	217	220
	Sn-3.8Ag-0.7Cu	217	220
	Sn-3.9Ag-0.6Cu	217	223
	Sn-4.0Ag-0.5Cu	217	225
Sn-Ag-Bi	Sn-1.0Ag-57Bi	137	139
	Sn-3.4Ag-4.8Bi	200	216
	Sn-3.5Ag-5.0Bi	208	215
	Sn-3.5Ag-1.0Bi	209	220
	Sn-2.0Ag-7.5Bi	191	216
Sn-Ag-Bi-Cu	Sn-2.5Ag-1.0Bi-0.5Cu	214	221
	Sn-2.0Ag-3.0Bi-0.75Cu	207	218
Sn-Bi	Sn-58Bi	138	138
Sn-Zn-Bi	Sn-8.0Zn-3.0Bi	191	198
Sn-Zn	Sn-9.0Zn	199	199

① 这里列举了很多由同种元素不同比例构成的非共晶组合。每一种成分的变化有它自己的熔距，表中列出的是近似成分和温度范围。
② 精确的熔点或熔距与表中列出的有差异，但是表中的数据可以作为近似参考。
③ 共晶合金有明确的熔点，其固相线温度和液相线温度是同一个值。非共晶合金熔化温度是一个范围，在此范围内，合金同时存在固态和液态；在熔距以上的温度，只有液态存在。

1. 无铅焊料的特性

与锡铅合金相比，无铅焊料展现出较差的润湿性和延展性，但在抗拉强度和抗蠕变方面具有一定的优势。焊接基础是对各种无铅合金的全新理解，包括焊接空洞的形成、焊膏保质期、焊膏使用寿命（已转移到钢网上使用而言）、可印刷性、对钢网和刮刀寿命的影响、疲劳特性、合金与 PCB 和元件表面处理的相互作用、抗腐蚀性、抗机械冲击等，以及许多其他特性，都需要去了解，尤其是一些密集的、在一个领域要用很多年的高端电子组件。对未来几年内将被淘汰的消费电子类产品来说，这或许是个小问题。然而，对于一些坚固耐用性产品，尤其是便携式消费电子产品，则是一个必须关注的问题。许多低熔点焊料有昂贵的元素，而一些廉价的替代品则润湿性较差，焊接过程中易被氧化，并且抗腐蚀性较差。下面将简要讨论一些最受欢迎的合金体系。

2. 铋合金

铋，作为铅冶炼的副产品，常用于低熔点焊料合金中。由于铋的来源很少，所以它的价格一般是锡铅合金的两倍。铋和铅在很多性质上一致，如都具有较高的比重和延展性[2-4]。纯铋的熔点是 271.3℃，比铅低 50℃。由于很容易被氧化，铋合金焊接需要高活性助焊剂的帮助，或者在氮气环境下焊接。

铋和锡形成二元共晶合金的比例是 58%Bi ：42%Sn（熔点为 138℃）。现在使用的铋合金含有很多种金属，除铋以外，多由两种或两种以上金属组成。如果被铅污染，锡铋共晶会形成熔点为 96℃的锡铋铅三元合金，进而对焊点疲劳特性产生不利的影响。在一些应用中，如果操作温度很高，而低熔点的锡铋铅合金又已形成，则焊点会坍塌，较小的锡铋焊点就会变得更加危险。铅可能来自于焊料在元件引线上的残留，或者 PCB 热风整平过程中焊盘上的残留，或者两者都有。

一旦开始凝固，铋扩展而锡缩小。有种现象叫作"焊点浮高"[5, 6]（见图 45.2），其主要与三元合金有关,如用于镀覆孔（PTH）波峰焊的锡铜铋和锡银铋,但是在二元锡铋体系中也有发现。

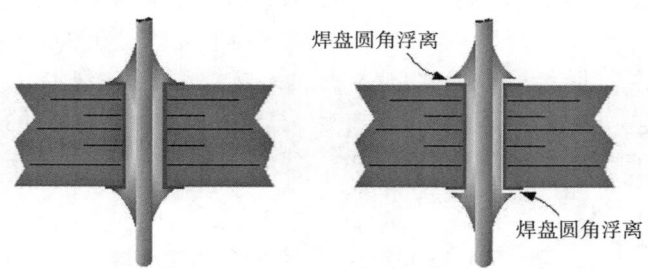

图 45.2　与传统锡铅焊点相比（左），含铋焊料一旦凝固形成合金，其体积就会变大，引起焊料圆角断裂

当 PCB 冷却时，由于其与焊料缩小比例不同（热膨胀系数不匹配），圆角可能会翘起来，特别是冷却较慢或被铅污染时。一般建议以 3℃ /s 的降温速率进行快速冷却，但也不能完全消除此现象。另外必须注意，不要超过供应商建议的加热和冷却速率。过快的冷却速率可能导致元件开裂，或者降低元件的可靠性。如果焊点强度高，而焊盘与 PCB 的结合强度低，圆角浮离也可能导致金属焊盘的抬升而脱落。

对许多应用来说，铋合金的熔点显得太低。尽管锡铋共晶合金（熔点为 138℃）有着很好的抗拉强度和耐冷热冲击能力（比锡铅好），但是对大多数汽车组装工艺及更高端的计算机组件来说都不适用，因为产品使用温度可能已经接近此合金的熔点。铋也很容易被氧化，正是很多氧化物的存在，使铋合金难以进行波峰焊工艺。

铋焊料合金以其脆性闻名[7, 8]。尽管如此，还是有一些铋焊料用于商业用途，应用最多的是在合金中将铋作为微量成分（2% ～ 14%）。除了不适用于高温应用和铅污染，铋合金的安全性也是一个问题。根据 C.White 和 G.Evans[9] 的研究，使用高浓度铋合金时，需要特别注意安全。镉（Cd）是一种有毒金属，也是一种常见的与铋有关的污染物。使用这种焊料时必须小心谨慎，而且要在特定的通风条件下。另一方面，欧盟在 RoHS 法规中也加强了对镉的限制，将其作为一种成分或污染物严格限制在 100ppm 以下。

铋和铟的合金多用于层次软钎焊。层次软钎焊指的是，用两种不同熔点的焊料合金作用于同一个 PCB。高温合金（如 Sn-3Ag-0.5Cu，熔点为 217℃）用于焊接表面贴装（SMT）元件，低温合金（如 58%Bi ∶ 42%Sn，熔点为 138℃）用于波峰焊元件，相对较低的波峰焊温度不会引起 SAC 回流，从而保持表面贴装焊点的完整性。

同样，在修理或更换元件时，低熔点焊料的使用也不会对相邻或反面焊点产生不利的热效应。事实上，低熔点焊料的使用可以降低焊盘分层或通孔破裂风险，降低与局部过热相关的失效机理，特别是在修理的时候。

3. 锡银铜合金

如前面所述，锡银铜（SAC）是目前全世界范围内最受关注的合金体系，其抗拉强度优于锡铅，但是其抗剪切强度较差。SAC 合金熔点约比共晶锡铅焊料高 35℃，高温要求使得此合金更难被助焊剂处理，因为助焊剂在焊接起始阶段就已经在高温作用下逐渐失去了催化活性。虽然没有醇类或其他低沸点有机物的存在帮助挥发，但这个问题可以通过高分子量的树脂型助焊剂和无挥发性有机化合物（VOC）配方的助焊剂予以解决。SAC 体系与大多数无铅 PCB 表面处理和无铅镀层元件均有很好的兼容性，其工艺窗口比锡铅窄。已经证实，SAC 可用于含铅元件组装，但是焊点可靠性比含铅焊料焊接锡铅元件和无铅 SAC 焊料焊接无铅元件组装都要低。通常，SAC 焊料的价格是锡铅焊料的 2.5 ~ 3 倍。表 45.4 给出了锡铅焊料和 SAC 焊料的比较。

图 45.3 描述了锡铅焊料和 SAC 焊料工艺温度的差异。据报道，偶尔发生的脆性断裂，可能与使用 SAC 合金焊接在电镀镍层之上的金层有关。最常发生的情况是与 BGA 锡球和 BGA 封装之间的连接，但是也可能发生在板级焊点，即 BGA 锡球与 PCB 的界面处。至于失效的根本原因，目前仍然是未知的。

表 45.4　锡铅焊料与无铅 SAC 焊料的比较

焊料合金	锡　铅 63Sn-Pb	锡银铜 Sn-（3.0 ~ 4.0）Ag-（0.5 ~ 0.7）Cu
熔点	183℃	~217℃→ ~221℃
SMT 峰值温度	~215±10℃	~240±10℃
波峰焊锡槽温度	250℃→260℃	260℃→270℃（更高的预热温度和更长的焊接时间）
焊点可靠性	足够	数据收集中
工艺兼容性	足够	数据收集中

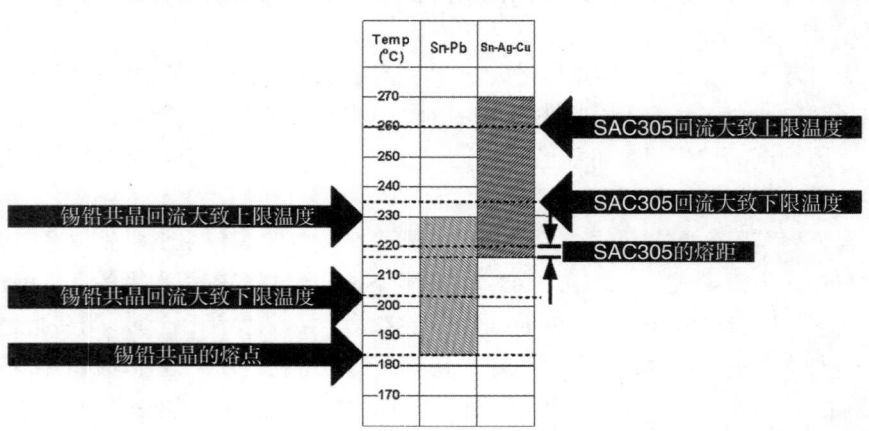

图 45.3　SAC 焊料比锡铅需要更高的工艺温度

4. Sn-0.7Cu 合金

共晶锡铜（熔点为 227℃）常被用作波峰焊炉料，适用于大多数 PCB 和元件引线框架的表面处理工艺。相对较低的成本（约是锡铅焊料的 50%）使得它成为极具吸引力的无铅焊料替代品，它也被证明是 PCB 表面无铅热风焊料整平技术（HASL）的有效合金。锡铜合金存在一个问题，特别是在波峰焊或喷焊中，少量的熔解铜将会导致合金的熔点急剧上升。这种合金的高熔点会引起 PCB 表面和元件引线电镀材料的快速熔解。添加焊料到波峰焊锡槽的时候，必须添加一定量的锡或锡铜来确保锡铜合金的比例。

5. 铟合金

铟金属及其对焊点的影响和铋非常相似。铟（In）金属是非常柔软和具有塑性的，其熔点是157℃。由于铟的缺乏，所以基于铟的合金更加昂贵（价格将近锡铅合金的 25 倍），也注定了其是不适合在焊料中作占主导地位的金属。价格高昂和供应稀缺使它没有多少吸引力可言，哪怕仅仅是作为焊料合金中的微量或次要成分[10]。B. Allenby 等人[11]认为，如果铟消耗的速度和铅一样，世界范围内的铟将在一年内耗尽。

质量分数为 58% 铟的铟锡共晶焊料对应的共晶温度是 120℃，它可以和 PCB 焊盘或元件引线上的铜形成金属间化合物。铜在铟中是易熔的[12]，同时铟已经被证明在降低金在焊料中的熔解速率方面具有重要价值。F.Yost[13]发现，与锡焊料相比，金在铟基焊料中的熔解速率更低。铟的使用允许金以薄膜的形式焊接而不是完全消耗掉金，得到的焊点也不易碎，就像锡基焊点接触很多的金一样。

铟及其合金在超声波焊接工具的帮助下可以润湿玻璃、石英及其他通常不可焊接的无机基板。

6. 锌焊料

锌（Zn）合金会迅速氧化，但受到了一些日本企业的垂青。即使这些合金的冷藏温度非常低，焊膏的保质期也一直是个问题。此外，锌合金在波峰焊过程中形成的焊渣也是个问题，其合金也有一定的腐蚀性。

45.6　PCB 表面处理

几乎所有的 PCB 都是由绝缘材料（如玻璃纤维）和铜导电层叠合组成的。铜氧化速度很快，其氧化物也有一定的耐化学性，故其很难被焊接。从长远来看，铜也会在加工过程中的残留物、指纹（身体的盐）或空气中污染物的侵蚀下发生腐蚀。正是因为这些原因，PCB 上的铜焊盘会通过阻焊、电镀层，或者其他表面处理层来保护。工艺工程师需要牢记的是，除了可焊性，其他与表面处理工艺相关的问题也会影响制造或成本，包括以下几个方面。

探针测试能力　用传统的 PCB 测试探针穿透表面的氧化物或焊剂残渣是很容易的。

摩擦性　材料的摩擦性能对压接元件来说是很重要的。

成　本　一些表面处理明显比其他方式贵。

保质期　表面处理层抗氧化、其他变化或腐蚀并保持可焊性的能力。

可靠性　与所得焊点强度相关的长时间使用，抗冲击、振动和其他环境因素的能力。

抗腐蚀性　一些表面处理工艺比其他的更容易造成腐蚀，化学沉银和沉锡就是两种这样的工艺。

其他与表面处理相关的缺点是，化学沉银有时在金属间化合物界面处出现线性阵列的微孔，这会降低焊点强度。如果药水化学成分维护不当，化学镀镍/浸金（ENIG）有时会出现脆性断裂。

45.6.1 热风焊料整平表面处理

热风焊料整平(HASL)曾经一直是行业的支柱,也是世界范围内最常用的 PCB 表面处理工艺。HASL 一般是在成品 PCB 表面裸露的焊盘上形成共晶或近共晶锡铅,成本低,有突出的可焊性和易用性,并具有优良的保质期及老化性能。行业中有句老话:"没有什么焊料能够像锡铅焊料",这也使得 HASL 多年来一直作为安全和优选的表面处理工艺。以前认为 HASL 不能对细节距的表面贴装提供足够平整的焊盘,现在已证明,对元件引线节距为 0.5mm 及以上的贴装而言,它是一个很好的表面处理工艺。一些著名的 PCB 协会不再认为 HASL 很难应用。

在极大程度上,RoHS 决定了锡铅 HASL 表面工艺即将消亡,现在需要努力寻找其他冶金技术来延长 HASL 设备的使用寿命。锡铜已被证明是一个这样的 HASL 材料。科学家正在研究 PCB 和焊点的材料变化对长期可靠性的影响。

45.6.2 有机可焊性保护层 - 铜

简写为 OSP-Cu[14,15]。有机可焊性保护层 - 铜是一种有机涂层,适用于保护 PCB 上的铜焊盘。首先通过微蚀来消除铜焊盘上的氧化物,然后在铜表面增加 OSP 涂层。保护涂层是一种有机金属化合物,如苯并三唑或咪唑,与 PCB 上新微蚀的铜焊盘或镀覆孔通过化学键结合起来。涂层可以保护铜层不受氧化,且经过多次回流过程后仍保持铜的可焊性。OSP-Cu 被广泛且极好地应用于"实时组装",因为其使用寿命取决于时间、温度和湿度。

焊接过程中,有机涂层在每个回流周期都会部分降解,导致铜的氧化程度加剧。耐化学处理的氧化铜阻止了焊料的润湿,因此需要更强的助焊剂,特别是 2.36mm(0.093in)及以上厚板,或者使用混合组装工艺时。对于第二面和第一面的回流焊,结果大体上是满意的,但经过波峰焊时,OSP 涂层已在很大程度上失去了阻止铜氧化的作用,因此对通孔焊接来说,可能会影响其孔内焊料填充率。

出现焊膏印刷异常时,需要清理 PCB 表面多余的焊膏。但是,大多数可以清除焊膏的有机溶剂会同时与 OSP 涂层发生反应,降低其阻碍铜氧化的能力。因此,需确保清洗溶剂与 OSP 涂层兼容,且保证清洗以后不会影响 OSP 涂层保护铜的能力。

OSP-Cu 的另一个缺陷表现在在线测试(ICT)时。随着 PCB 通过顶面和底面回流焊以及波峰焊,未印焊膏和未被助焊剂处理的测试点上会形成一层氧化铜。即便是锋利的针型或刀片型 ICT 探针,也很难刺穿这层氧化铜。如果达到探针刺穿和电气接触的目的,必然同时会导致开路和多处的夹具维修。有人采用给测试点涂焊料的办法,然而免洗型助焊剂的残留物也会导致 ICT 探针接触问题。最好的方法与现代 PCBA 的做法背道而驰,即重新回到使用水洗型焊膏和波峰焊剂,并且在测试点涂上焊料。焊接后,水循环清洗可以去除任何助焊剂残留物,从而增强 ICT 探针与 PCBA 上涂了焊料的测试点的接触。目前,多数大型电子制造商一直努力从工厂中去除水溶液清洗,这是一项可以提高经济效益并对环境产生重大影响的运动。因此,OSP-Cu 最初使用在无需 ICT 测试之处,如低端消费产品。但随着技术的进步,OSP-Cu 配方有了较大的改进,新配方形成的有机保护膜能够承受多次无铅焊接高温,从而保护铜面不被氧化,在 ICT 测试上也有了更好的表现,使 OSP-Cu 应用到了更广泛的领域。

45.6.3 电镀镍 / 金

该工艺已经使用了很多年,一直被认为是用于在可焊性和产品寿命方面要求高的高端产品的表面处理工艺。金（Au）的量很小，但电镀过程中使用了有毒而且很贵重的材料，进一步增加了该工艺的成本。需注意，该电镀体系不应与化学镀镍/浸金（ENIG）混淆。

电镀镍（Ni）层通常作为铜和金之间的阻挡层存在。就镍本身而言，并不是一个理想的焊盘涂层，因为其非常容易氧化，而且氧化层非常稳定，难以通过化学溶解和发生化学反应的方式除去。未氧化镍可以与锡形成合金，这意味着它可以用于焊接。如果金直接沉积在铜上面，即使在室温下，金和铜原子间也会互相扩散而形成金属间化合物，反应的速度取决于温度。与大多数金属间化合物一样，其很难被焊接，需要很高的处理温度或更有活性的助焊剂，或者两者都需要。金铜体系可焊性较差，金属间化合物也比较脆，所以焊点强度不足。

镍金镀层在世界范围内使用广泛。镍镀层厚度一般不小于 2.54μm（> 100μin）。金是很难电镀的金属，它常常呈块状排列，导致出现多孔涂层。金镀层中存在的任何气孔都会导致底下镍层的氧化，使其局部不可焊。为消除此现象，一般要求镀金厚度 ≥ 0.127μm（5μin），以保证镍被完全覆盖。

镍金金属间化合物体系存在很多问题。首先，金可以使焊点脆化，当金熔入锡铅焊料中后，可以与铅和锡形成合金。金铅合金有两个主要的金属间化合物：Au_2Pb 和 $AuPb_2$，最受关注的是后者。它最初形成金铅共晶（含质量分数为 85% 的铅），其熔点是 215℃——正常回流焊温度。$AuPb_2$ 在 254℃ 下呈现稳定、易碎的片状结构。不管成分、形状，以及焊点中金属间化合物浓度的大小如何，它们或者可以加强焊点的强度，或者可以使焊点变脆，降低焊料固有的延展性。

与元素周期表中的近邻铂和钯一样，贵金属金是很不容易氧化的。金很容易与最常见的焊料组成合金，特别是锡铅和 SAC。A.Korbelak 和 R.Duva 等人[16]认为金是最容易焊接的材料，但比较而言，金锡金属间化合物比金铅金属间化合物得到的关注更多，前者是一个经常导致焊接失效的典型脆性金属间化合物。锡铅焊料中如果含有太多的金，将使得焊点看起来呈阴暗粒状，这也是唯一从视觉方面可以看出来的，虽然其他情况也可以导致此相似的外观。当焊点含有金元素时，表现出来的脆性就会降低焊点的强度和疲劳寿命。虽然对金的含量多少才算合适仍有争议，不过都普遍认同这样一点：如果不对金的质量百分比进行严格控制，将不利于最终组装。争议主要存在于被焊接的产品类型、用途和生命周期等方面。举例来说，如果一个电子组装产品需要满足高工作温度和（或）频繁开关电源循环，那么显而易见，脆性焊点的疲劳问题就会非常重要。虽然一致认为是金使得焊点变脆，降低了焊点的使用寿命，但是对金的含量有很大的分歧。报道的值从 2% ~ 10%（质量分数）不等，大部分专家认为低于 2% 是比较安全的[17, 18]。

Ebneter[19]认为金作为一个薄的保护层（厚度 0.762 ~ 5.84μm）不会造成所谓的脆化问题，他还认为金的厚度是电镀晶粒大小和孔隙率的函数。进一步来说，晶粒的大小是由使用的电镀槽类型（氰化物或酸）决定的。Hedrig[20]还总结出，如果 Sn-40Pb 焊料中金含量超过 5%，则会存在问题。Foster[21]研究发现，同样的合金中添加 2.5% 的金可以很小程度地增加焊点强度，但是当其达 10% 时，焊点强度会明显下降。C.J.thwaitess[22]报道，金含量导致锡铅焊料产生明显变脆和抗疲劳性下降的上限是 4%。

重要的锡金金属间化合物通常有 3 种：$AuSn$、$AuSn_2$ 和 $AuSn_4$，共晶点是 215℃（锡的质量分数为 85%）~ 280℃（锡的质量分数为 20%）。金也可以和锡铅焊料结合形成三元化合物，表现出的共晶点是 175℃[23]，这可以在根本上改变回流特性和焊接性能。金像铅一样，在锡中的熔解性较差，这意味着它能熔于热的锡、铅或锡铅焊料，也会在液态向固态转变时沉淀析出。当它析出时，会形成脆的、片状的晶体，在横截面图上可以看到针状晶体[24]。

当金属间化合物形成明显的界面或局部高浓度的集中点时，它是一个刚性结构单元，在弯曲时容易脆性开裂和断裂。因此，即使焊点由柔软的锡铅组成，它的总强度和可靠性却是由焊点中易碎的金属间化合物的厚度和结构组成决定的。

随着元件引线间距的减小，每个焊点所用焊料的量也相应越来越少。金的浓度越来越难控制，因为电镀金的厚度很难调节，以适应减小的表面面积和更小的焊料体积。毕竟，金镀层厚度依赖于它的沉积晶粒尺寸和电镀的孔隙率。孔隙率必须予以解决，以便使金可以保护下面基板上的镍不被氧化。

另一个铜金或铜金锡体系的缺陷是柯肯达尔空洞的形成，焊点内或铜金界面处的小孔通过固态扩散产生。铜在金中有相对较高的溶解度和固态移动性，可以在金中扩散：温度低于 150℃，通过晶界扩散；高于 150℃，则通过体积扩散，扩散的结果是金锡区域产生原子空缺。当大量原子空缺出现时，就可以观察到空洞了，这种现象无疑会降低焊点的强度。有多篇文献均提及了此现象[25-28]。注意，柯氏空洞与残留气体、液体、表面贴装焊料剩余物、助焊剂残留及波峰焊时 PCB 材料残留等造成的空洞不同，必须予以区分。

虽然关于金的浓度对焊点的影响仍然有很大的争议，但是毫无疑问，该金属在电子产品制造中的应用是很成功的。然而，也一定要谨慎，以确保通过最小的代价和较好的过程控制方法得到最好的金层。注意，金是不易氧化的金属，所以不会耗尽助焊剂，更多的助焊剂会作用于焊接中的其他部分，如底层镍（必须防止被氧化）、焊料、元件引线。

需注意的是，镍锡金属间化合物比铜锡更脆，因此当产品有可能经历高机械应力（如振动）时，不推荐使用此表面工艺。

已经指出，对镍/金工艺而言，焊接实际发生在镍表面，金只是作为保护涂层。该体系的另一种金属间化合物 $NiSn_3$ 已作为一个长期可焊性退化的问题被关注。该 IMC[29] 在低温下迅速形成片晶结构，生长速率在 100 ~ 140℃ 时达到最大。当金属间片晶长得足够大时，会穿透表面覆盖的锡，使其被氧化，然后变得难以熔化和焊接。铅元素的存在可以推迟 $NiSn_3$ 的 IMC 形成。

镍/金表面工艺通常和无铅焊料一起使用，但是业内有时会发现一些零星的脆性破坏。这种断裂机制的真正机理还没有被理解，而且也不能确定与镍金表面工艺有关，也有可能是一些巧合的偶然性失败。

45.6.4 化学镀镍/浸金（ENIG）

顾名思义，ENIG 不是一个电镀的表面处理工艺，虽然仍是在镍外面包裹一层金。与电镀镍/金相比，ENIG 是一个低成本的替代品。当 ENIG 过程可控时，它将会产生一个优秀的、可焊性好的、可靠的焊接表面。但另一方面，它也是一个已经引起许多众所周知的可靠性问题的表面工艺。"黑盘"、"黑镍"及"裂纹"等，均是与 ENIG 相关的失效缺陷。虽然这些现象多发现在 ENIG 的 BGA 封装到焊球的连接上，但在 ENIG 板的焊点上也曾发现过类似的失效[30]。

ENIG 的主要缺陷是焊点的脆性失效，即与下方 PCB 焊盘上形成的金属间化合物层断裂。如果将封装完全从 PCB 上撬掉，就会发现高表面积的明显的焊盘发黑现象，即所谓的"黑盘"。通常情况下，焊盘表面上会有一些明显的裂缝，一旦出现故障的元件被去除，受"黑盘"影响的焊盘就会变得不可焊或失去可靠性，PCB 也必须做废弃处理。虽然 ENIG 失效的准确原因还不是很清楚，但它似乎与镍槽中磷的低浓度有关。

ENIG 的优势是成本适中，所有焊盘结构平整，具有卓越的可靠性、优良的可测试性和合理的使用寿命。当然，必须对此表面工艺处理的风险和优点进行权衡。总的来说，组装时使用 ENIG 有更好的结果，但遗憾的是，尚没有快速的方法筛选剔除故障的 ENIG 点。

45.6.5 化学沉银

沉银表面处理常用于含铅的组装，也可以与最常用的无铅焊料相匹配。虽然其可焊性高，也是电路测试中与探针接触性好的材料，但它的确也会带来一些负面问题。如果保存得当（气密袋），就会具有合理的保质期。但是众所周知，如果与空气中的含硫污染物接触，就会失去光泽。同时，硫化银用于免洗型焊接时，对弱有机溶剂有抵抗作用。

与沉银工艺相关的失效机理已有报道[31, 32]，称为"平面微孔"或"香槟气泡"，它们是非常微小的孔，在金属间化合物层上焊点键合线的上面排成一条直线（见图 45.4）。

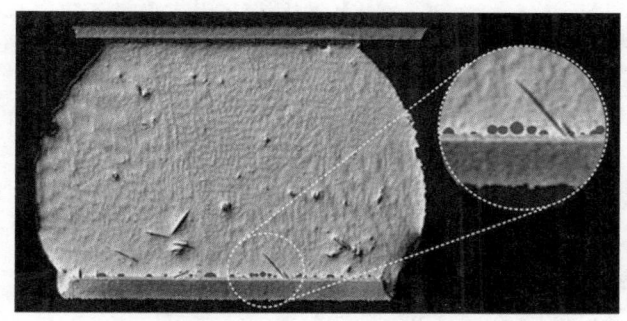

图 45.4 SAC BGA 锡球焊接到化学沉银表面处理工艺的 PCB 焊盘上的经典
横截面显微图。在放大的界面上可以发现明显的空洞。空洞紧邻金属间化合
物层，会显著降低 BGA 焊点的强度（来源：惠普公司）

平面微空洞使得连接强度降低，进而导致焊点断裂，这一缺陷是一些产品失效和召回的原因。形成微孔洞的原因，通常认为是在镀银时有机物挥发造成的，但好像也与焊盘上银的厚度和焊盘上铜的拓扑结构有关。

众所周知，银离子可以在电场作用下运动（见图 45.5）。化学沉银工艺 PCB 上的残留离子会吸附空气中的水分后导致电化学迁移，并在任意暴露的银层位置处产生枝晶腐蚀。这些枝晶经常会在 PCB 表面发现，也会在阻焊下发现。如果枝晶足够长，它们将可能和另一个枝晶间形成短路，或与邻近的导体形成短路。由于腐蚀的枝晶非常薄，导电性差，如果有足够的电流通过，枝晶可能会熔化，以前形成的短路将会开路。而如果水分和污染条件合适，枝晶将会再次形成并导致短路。这种周期性形成和熔化的现象，使得对短路的分析变得更加复杂。

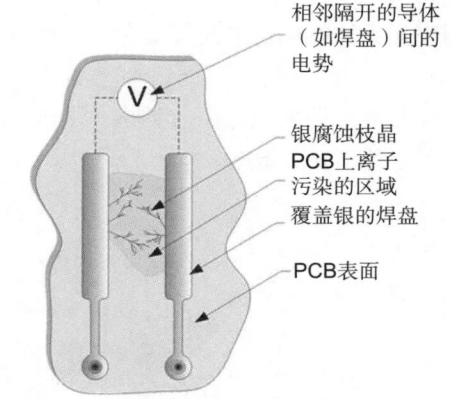

图 45.5 PCB 表面的离子污染会从空气中吸收水分，如果存在电荷，焊盘上的银就会被腐蚀和发生电化学移动，进而导致焊盘之间形成短路

银也是一种贵金属，随着焊料中对其需求的不断增长（如 SAC），它的价格必然会进一步增长，也会降低其经济角度的吸引力。

45.6.6 锡

可以用电镀或化学沉积的方式将锡直接沉积于铜层上。铜锡合金，即使在室温下，也会缓慢形成脆性金属间化合物。在室温下，其可焊寿命有限，铜锡金属间化合物会抑制焊接，也可能导致焊料无法完全润湿，或者形成强度很差的焊点。为了保障锡的效用，应该在铜和锡之间放置一个致密的阻隔层（如镍），化学沉锡可以只沉积很薄的一层。它的沉积是一个自我限制的置换反应，当置换反应发生时，如果没有更多的铜暴露在 PCB 表面，锡的沉积就会自行停止。因此，通过这种方式获得的锡厚是有限的。

起初，锡有较好的可焊性，但是会很快氧化。有两个与化学沉锡相关的现象：锡须和锡疫。

1. 锡　须

锡须与腐蚀枝晶不同，锡须是一些微晶（见图 45.6），从纯锡表面向自由空间生长。而腐蚀枝晶则是由于离子污染，生长在两个带电导体之间的水合表面。虽然锡须研究从 20 世纪 40 年代便已经开始，但其根本形成原因仍有待充分理解。

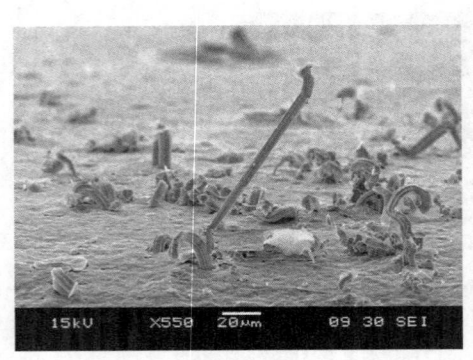

图 45.6　锡须在纯锡表面生长的 SEM 照片。锡须可能会给细节距导体带来短路的危险。锡须也有可能长得足够长而与附近导体桥连（来源：中国顺德神达公司，H. Hsu）

对锡须生长的关注与电路短路密切相关。如果锡须足够长，它可能会被机械冲击或振动打断，破碎的锡须可能连接两个距离很近但又相互隔开的导体，或者元件和 PCB 上的引线。当它们长得足够长而连接两个相邻、距离很近但又隔开的导体时，锡须不需要被打断就可引起短路。1998 年，Galaxy IV 通信卫星的故障就源自锡须，从那个卫星在地球上留下的 PCB 可以明显看出锡须的生长。锡须问题第一次出现发生在 1946 年的贝尔电话设备上，造成了另一个通信中断。

锡须形成的理论有很多，如晶格错位理论和晶界扩散理论，但通常认为与锡晶格内部的压力及锡表面天然氧化物中的瑕疵有关（见图 45.7）。当锡晶粒相互挤压，特别是当一股很大的压力施加在一个近表面的小晶粒上时，那个小晶粒就有可能再结晶或朝压力方向挤出，继而通过天然氧化物层的薄弱点进一步伸出。增长将持续到晶格达到平衡。锡须可以长到直径约 1μm，长度则可以达到几十微米。

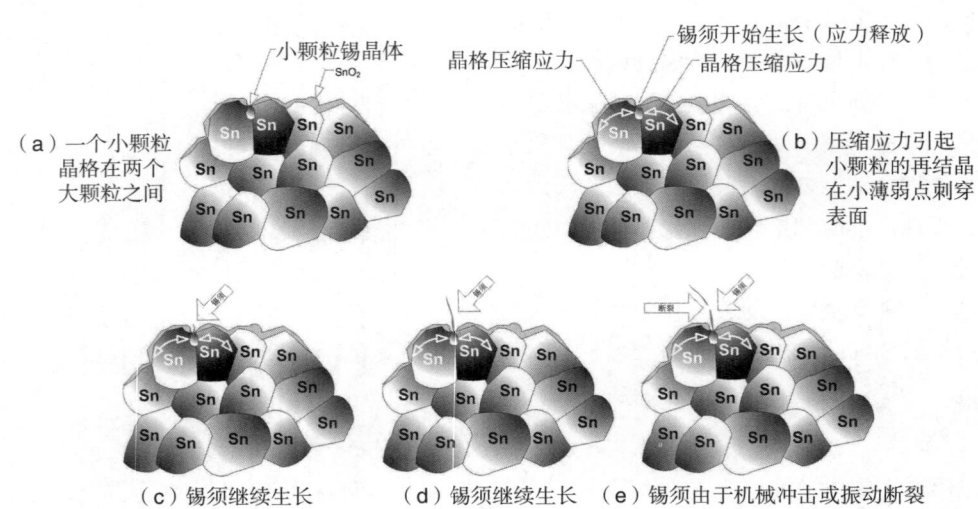

图 45.7　锡晶格中的压缩晶格应力可能导致锡须的形成

欧洲 RoHS 指令限制在电气和电子组件中铅的水平不高于 1000ppm，使得锡须得到了更多重视。传统上，许多电气元件采用锡铅表面工艺，这与 PCB（HASL）一致。元件上只要是采用纯锡工艺的地方，就会添加少量的铅，由此产生的铅掺杂锡晶格被赋予了适应此结构的特性，也减少了锡须形成的风险。对绝大多数电气和电子产品来说，这已不再是许多元件的选择。

锡和铜互相接触时，铜在锡中的扩散速度比锡在铜中的扩散速度快。锡晶格的破坏将会导致压缩变形，这就为锡须的产生做好了准备。解决方法是，在铜层上面加一个致密的镍阻挡层，然后在镍上面镀锡。厚镍层通常受到张力，锡扩散到镍的速度比镍扩散到锡的速度快。由于镍不对锡晶格施加压力，所以不太可能形成锡须。

注意，RoSH 补充指令豁免了添加铅到镀锡的元件引线中，前提是元件引线长度小于 0.65mm（0.025in）。除了金属掺杂，也有其他方法可以减慢锡须的生长。镀锡的电镀槽应避免光照，哑光锡是锡须生长最小化的首选。镀锡层的低温退火是已知可以通过最小化再结晶晶格应力来降低锡须生长的方法，确保回流温度在 PCBA 焊接时高于锡的熔点（232℃）也可以减少锡须形成的风险。此外，在铜和锡之间使用金属阻挡层的 PCB 或元件表面处理工艺都是适用的。

2. 锡 疫

除了锡须形成的风险，锡在一些应用中会引发另一个问题。在 13℃左右时，锡会经历晶体结构的转换，即由白色的四方晶体（β）转换成灰色的立方同素异形体（α）。因为灰色的锡相比白色的锡具有更小的密度，因此锡晶格在转换时就会扩张。此时，锡会破碎，向灰色颗粒转变。所以，在低温的时候，锡不适用于表面处理工艺。该转换在 -40℃，即低于同素异形体过渡阈值时也会发生，虽然很缓慢。与锡须类似，锡疫也会受到掺杂金属的影响，如铋、锑、铅等。然而，因为 RoHS 指令的存在，已经不用再考虑铅元素了。

参考文献

［1］Abtew, M., and Selvaduray, G., "Lead Free Solders for Surface Mount Applications," Chip Scale Review, September 1998, pp. 29–38

［2］Shuldt, G., and McKay, C., "Amalgams for Electronics Interconnect," Proceedings of the Seventh Electronic Materials and Processing Congress, 1992, pp. 141–145

［3］Strauss, R, and Smernos, S., "Low Temperature Soldering," Circuit World, Vol. 10, No. 3, 1984, pp. 23–28

［4］Marshall, J., Calderon, J., and Sees, J., "Microstructural and Mechanical Characterization of 43–43–14 Tin-Lead-Bismuth," Soldering and Surface Mount Technology, No. 9, October 1991, pp. 25–27

［5］NCMS Lead-Free Solder Project Final Report, August 1997

［6］Bath, J., Handwerker, C., and Bradley, E., Circuits Assembly, May 2000, p. 31

［7］Patanaik, S., and Raman, V., "Deformation and Fracture of Bismuth-Tin Eutectic Solder," Proceedings of ASM International-Materials Development in Microelectronics Packaging Conference August 1991, pp. 251–256

［8］Mei, Z., and Morris, J. W., "Characterization of Eutectic Sn-Bi Solder Joints," Journal of Electronic Materials, Vol 21, No. 6, 1992, pp. 599–607

［9］White, C., and Evans, G., "Choose the Right Alloy for Each Soldering Job," Research & Development, March 1986

［ 10 ］ Allenby, B., et al., "An Assessment of the Use of Lead in Electronic Assembly," Proceedings of Surface Mount International Conference, 1992, pp. 1–28.

［ 11 ］ Freer, J., and Morris, J., "Microstructure and Creep of Eutectic Indium-Tin on Copper and Nickel Substrates," Journal of Electronic Materials, Vol. 21, No. 6, 1992, pp.647–652

［ 12 ］ Yost, F., "Soldering to Gold Films," Gold Bulletin, No. 10, 1977, pp. 94–100

［ 13 ］ Boggs, D., "Anti-Tarnish: One Alternative to HASL," Electronic Packaging and Productions, August 1993, pp. 31–35

［ 14 ］ Murray, J., "Beyond Anti-Tarnish: An SMT Revolution," Printed Circuit Fabrication, February 1993, pp.32–34

［ 15 ］ Korbelak, A., and Duva, R., 48th Annual Technical Proceedings of the American Electroplater's Society, 1961, p. 142

［ 16 ］ Foster, F. G., "Embrittlement of Solder by Gold from Plated Surfaces," Papers on Solders, American Society for Testing Materials, STP No. 319, 1962

［ 17 ］ Foster, F. G., "Gold Plated Solder Joints," Product Engineering, August 19, 1963, pp. 50–61

［ 18 ］ Ebneter, S. D., "The Effect of Gold Plating on Soldered Connections," NASA Technical Report, Accession Number: 65N36777; Document ID: 19650027176; Report Number: NASA-TM-X-53335, 1965

［ 19 ］ Hedrig, G., "Soldering of Gold Thin Films," Finomechanika (Precision Mechanics), Vol. 9, No. 4, 1970, pp. 108–118

［ 20 ］ Foster, F. G., "Embrittlement of Solder by Gold from Plated Surfaces," Papers on Solders, American Society for Testing Materials, STP No. 319, 1962

［ 21 ］ Thwaites, C. J., "Soft Soldering," Gold Plating Technology, Electrochemical Publications, 1974, ch. 19, pp. 225–245

［ 22 ］ Karnowsky, M., Rosenweig, A., Trans. Met. Soc. Am. Inst. Min. Engrs, 242, 2257 1958

［ 23 ］ Fox, A., et al., "The Effect of Gold-Tin Intermetallic Compound on the Low Cycle Fatigue Behavior of Copper Alloy C72700 and C17200 Wires," IEEE Transactions on Components, Hybrids, and Manufacturing Technology, Vol. CHMT-9, No. 3, September 1986, pp. 272–278

［ 24 ］ Prince, A., "The Au-Pb-Sn Ternary System," Journal of Less-Common Metals, 12, pp. 107–116, 1967

［ 25 ］ Shewmon, P., Diffusion in Solids, McGraw-Hill, 1963, pp. 115–136

［ 26 ］ Seitz, F., "On the Porosity Observed by the Kirkendall Effect," Acta Metallurgica, Vol. 1, 1953, p. 355

［ 27 ］ Zakel, E., and Reichl, H., "Au-Sn Bonding Metallurgy TAB Contacts and Its Influence on the Kirkendall Effect in Ternary Cu-Au-Sn System," Proceedings of the 42nd Electronic Components & Technology Conference, May 1992, pp. 360–371

［ 28 ］ Haimovich, J., "Intermetallic Compound Growth in Tin and Tin-Lead Platings," NWC TP 6896, EMPF TP 0003

［ 29 ］ Moltz, E., "Use and Handling of Semiconductor Packages with ENIG Pad Finishes," Texas Instruments Application Report SPRAA55, August 2004

［ 30 ］ Bryant, K., "Investigating Voids," Circuits Assembly, June 2004, pp. 18–20

［ 31 ］ Yau, Y-H, et al., "The Properties of Immersion Silver Coating for Printed Wiring Boards," IPC/APEX, Anaheim, 2005

［ 32 ］ Aspandiar, R., "Voids in Solder Joints," IPC/CCA PCB Assembly and Test Symposium, May, 2005

第*46*章

助焊剂

Gary M. Freedman
新加坡惠普公司关键业务系统

46.1　引　言

　　助焊剂是在焊接过程中被使用的，其作用包含化学作用和物理作用两个方面。

　　简单意义上讲，焊接可以认为是固态和液态金属在气体（焊接气氛）作用下结合在一起的过程。然而，实际过程远没有这么简单。几乎所有的金属暴露在空气中时都会被氧化，不论是在焊料上还是在待焊金属上，氧化物都会阻碍焊接。为了保证焊料和金属表面的结合力，必须去除氧化物，而且在焊接完成之前，焊接表面必须保持没有氧化物的状态——这也是助焊剂的化学作用要达到的目的，是焊接过程必不可少的一环。助焊剂要与被焊接的金属和焊接温度相适应。一些金属氧化物，如铝、镍的氧化物难以通过化学试剂去除，这使焊接变得很困难，甚至铜的氧化物也很难溶解。用于印制电路板（PCB）组装的大多数助焊剂都是酸性的，至于如何选择助焊剂酸性的强弱，则取决于待焊金属体系、焊接后处理及对可靠性的需求。

　　在焊接过程中，焊料是在熔融状态下与待焊金属结合形成金属间化合物的，这需要焊料在金属表面有良好的流动性。助焊剂的物理作用是降低待焊基体金属的表面张力，使液态焊料能够更好的漫流并浸润基体金属。同时，助焊剂还是很好的传递热量的导体，使焊接过程中的热量能够快速均匀地传递到待焊金属表面。

　　助焊剂通常由酸和不易变干、蒸发和分解缓慢的高分子所组成。它们通常是酸性的，可以蚀刻、溶解或分解焊接表面的氧化物和污点。液态助焊剂对焊料的润湿有影响，焊接加热过程中，一些助焊剂逐渐变得黏稠，直到被烤干，最终在焊接过程中分解。

46.1.1　助焊剂涂敷系统

　　助焊剂有许多不同的涂敷方法。对于表面贴装，一般使用焊膏。焊膏是纯焊料、助焊剂和其他材料的混合体，控制一定的流动性，能有效地通过钢网印刷于 PCB 焊盘上。在进行波峰焊的预热和焊接步骤之前，液体助焊剂通过发泡或喷雾以及其他方式作用于组装件的辅面。如果是手工焊接，助焊剂是焊锡丝的一部分，装在焊锡丝中的空腔内（见图 46.1）。随着焊料熔化，助焊剂被释放并完成焊接。

　　它可以是固体——通过微型刷进行涂敷的助焊剂膏，或是液体通过细微的助焊剂笔使用，甚至以气体方式存在——但很少使用。

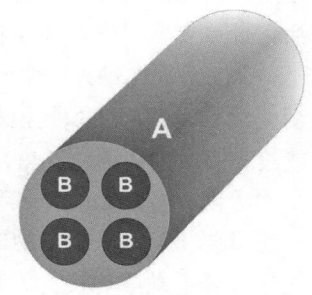

A.焊锡丝
B.助焊剂填充腔

图 46.1　用于手工焊接的焊锡丝中助焊剂填充腔

46.1.2　助焊剂的功能

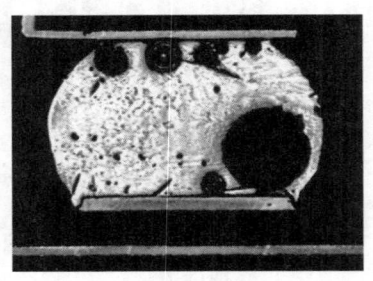

图 46.2　不当的焊接曲线和助焊剂的排出气体形成的一个充斥空洞的 BGA 焊点，空洞会降低焊点的可靠性。空洞的可接受标准可以查阅 IPC-A-610《电子组件的可接受性》（来源：惠普公司）

助焊剂类型的选择取决于焊料合金、PCB 表面工艺、元件、待焊点的表面状况、选择的焊接工艺类型、希望达到的焊点特性，以及组装的终端使用要求。一些助焊剂容易残留在板面上，一些助焊剂清理起来很困难，可能会妨碍在线测试（ICT），也可能会影响三防漆或底部填充的附着力。焊接后的助焊剂残留物可能会导致腐蚀，尤其是在 PCB 表面的邻近导体之间的电场。助焊剂在焊接过程中产生的气泡或空洞可能会被"冻结"在凝固的焊料中（见图 46.2），如果产生的空洞数量很多，又足够大，或者相互之间距离很近，贯穿焊接表面，就会降低焊点的机械强度。

在空气气氛中焊接时，一旦助焊剂与焊料和金属上的氧化层发生反应，金属表面将表现出化学不稳定性。由于要在富氧的空气中达到平衡，所以金属表面很容易被再次氧化。助焊剂残留物会在剥蚀的氧化物、焊接金属和焊料表面形成保护层，以阻止其氧化。如果在氧化物刚被去除前后，甚至在焊料回流之前，助焊剂就已经被耗尽、充分蒸发完，那么氧化物将再次形成，焊点形成也会受到阻碍。助焊剂通常由高沸点的有机材料组成，蒸发速度慢，可以在洁净金属表面形成保护层。此外，如果助焊剂的残留物进一步聚合，或者在到达焊接融化温度之前就烧焦了，也会抑制焊料的流动。尽管有一些工艺优化建议，但参考制造商关于焊膏或助焊剂时间和温度的建议仍然非常有必要。

在焊接过程中，液态助焊剂有助于板子热量的均匀分布，这在大规模回流焊中非常重要，对一些诸如热棒型激光的实时焊接工艺，助焊剂扮演的角色会更加重要。在一些激光焊接中，液态助焊剂有助于预先加热引线和焊盘，使其做好焊点形成的准备。对于热棒型激光焊接，液态助焊剂可以平衡加热棒长度带来的热量差异。

46.2　助焊剂的活性和属性

助焊剂的助焊能力取决于其化学强度或活性，就像化学实验室桌上的试剂，有很多有用的关注点。助焊剂或者本身就很强，或者依靠添加剂增强其反应能力，这些添加剂被称为活化剂[1]。活化剂或者通过直接化学作用，或者通过催化作用，起到助焊作用。活化剂可以是无机或有机材料，也可以与助焊剂中的其他材料结合，或者分解成酸，后者可以有效去除氧化物。卤素、氨基卤化物、有机酸和其他材料是常见的催化剂类型。随着助焊剂被加热，活化剂开始工作。焊接过程中对助焊剂的加热，必须根据助焊剂形成的特定类型和焊接系统进行调整。如果加热太快，一些活化剂会分解；如果时间过长，其催化活性也有可能降低。低活性助焊剂（助焊剂 + 活化剂）可能需要相对较长的预热时间和较高的温度，以便有足够的化学活性去除氧化物，消除焊料和连接部分不利于焊接的因素。助焊剂的选择必须和焊料合金熔化温度相吻合，同时也要与焊接工艺相适应。焊料成分的选择对焊接过程时间 - 温度曲线有很大的影响。

与大多数化学试剂相同，助焊剂的反应能力在某种程度上是时间和温度的函数，很多都展现出类似阿伦尼乌斯的行为：依赖时间的化学性能会随着温度升高而迅速增加。一些助焊剂在室温下活性较低，多数都需要一个显著的加热过程来激活。最终，对助焊剂性唯一有效的测试方法是，体系是否适用于 PCB 类型和条件，以及是否满足元件焊接工艺的条件。对低熔点焊料而言，可能更需要活性相对较高的助焊剂，特别是对产量要求较高的制造过程。在这种情况下，很长的暴露时间和很高的处理温度对助焊剂没有益处，助焊剂也不能有效地去除氧化物。高温合金需要在回流工艺中可以抵抗高工艺温度的助焊剂，在焊接过程中，它不能挥发和分解过快，也不能在焊接温度下聚合或烧焦。相比而言，一些材料更容易被氧化，如焊料中使用的铋和锌，以及 PCB 上使用的铜等，其均需要活性更高的助焊剂。氮气焊接气氛有助于增强助焊剂的性能。

46.3 助焊剂：理想与现实

理想的助焊剂应该强有力、需求量小、残留物少甚至没有残留物（即使存在残留物，也应是薄的、透明且无反射的），易于被在线测试探针刺入，具有电绝缘性和化学惰性（即使非惰性，也应该很容易通过廉价试剂予以去除）。然而，实际材料和工艺远非上述理想状态。

助焊剂的用量必须足够，以确保氧化物的完全消除，避免金属在焊料润湿之前被再次氧化，或自身被消耗完。一些助焊剂残留物或其副产物可能对印制电路板组件（PCBA）产生不利的影响，它们可能发生化学反应，生成腐蚀剂，进而导致长时间暴露在空气中的金属被腐蚀（见图 46.3）。该腐蚀剂可能是导电的，在大气中水分的作用下导致相邻但极性相反的导体之间漏电（软短路）。腐蚀可借助不同金属间的天然电磁场（EMF）的耦合或相邻导体之间的电荷进行电化学驱动。被电化学驱动的金属离子会在 PCB 表面析出金属枝晶，进而产生间歇甚至持续的硬短路。

助焊剂必须被加热到一定温度，以保证最好的反应活性，且不会产生干燥或变性。考虑到经济性和有些助焊剂需要清洗，必须减少助焊剂的使用量，但同时也必须保证焊接位置有足够的助焊剂。

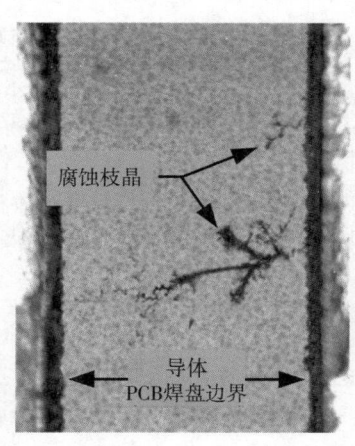

腐蚀枝晶

导体
PCB焊盘边界

图 46.3 吸湿性助焊剂残留物腐蚀引起的腐蚀枝晶（来源：惠普公司）

46.4 助焊剂类型

1989 年推行的《蒙特利尔公约》[2] 对电子制造业变革具有深远意义，该公约禁止使用含氯氟烃的物质，减少了挥发性有机物的使用，对保护地球臭氧层有重要意义。对 PCB 组装而言，许多使用酒精等挥发性有机物的助焊剂重新选择水作为其溶剂。实际上，需要无水化学溶剂［醇类、氯氟化碳（CFC）、氢氯氟碳化合物（HCFC）等］清洗的溶剂清洗型助焊剂，如今已经被市场淘汰了。

现在，只有两类助焊剂广泛应用于 PCBA，即水洗型和免洗型。前者存在的残留物必须从 PCBA 中去除，否则会导致腐蚀；后者，顾名思义，其残留物对 PCB 不会产生影响，不用去除。事实上，一些免洗型残留物充当了保护涂层的作用，可以保护板子不受水分和大气污染物的影响。选择水洗型或免洗型助焊剂，对焊接工艺有深远影响，也会影响后续工艺或长期可靠性。两者都可以有效地去除氧化物，但选择和使用合适的助焊剂还要考虑很多因素。

46.5   水洗（水性）助焊剂

也称为有机酸（OA）助焊剂（实际为误导术语，因为大部分助焊剂都是有机酸的），包括大部分用于大规模商业组装的助焊剂。其可以由强有机酸、无机酸、胺、氨基盐，或者弱有机酸与强活性材料，如卤素盐（Br^-、F^-、Cl^-）在助焊剂分解转换为酸时的反应物所组成。鉴于此，顾名思义，这种助焊剂需要一个水洗步骤，以消除任何活性残留物，避免 PCBA 出现腐蚀。

许多水溶性焊膏具有吸水性，会影响焊膏和助焊剂的保质期、焊膏的物理性质，以及在印刷和焊接时的可靠性。大多数焊膏具有触变性——随着刮刀在印刷过程中使用次数的增加，焊膏会越来越稀。通常，焊膏在制造时已经限制了触变性。除了触变变稀，一些焊膏暴露于潮湿的环境中会吸收水分，也会进一步被稀释。通过钢网印刷，焊膏变得很难控制，其脱模特性也会变差。相反的是，一些同样的有机酸类焊膏在低湿环境下会逐渐变干。根据焊膏制造商提供的资料，建议选择合适的温度和湿度进行存储和使用。对局部环境中温度和湿度的控制，有助于保持焊膏的流动性。

46.5.1   清洗工艺

清洗不仅仅是在水箱里面浸一下。一般商业应用会安装清洗用的水平传送轨道，以高效去除 PCBA 上的活性残留物。这种设备可长达数米，设计有很多区域，包括冷水喷水嘴、热水喷水嘴和热空气干燥。有些系统可能包含集水池，PCB 在水下传送一段时间，以提高残留物的溶解。建议使用高纯度（去离子）水，这可以消除腐蚀或使腐蚀最小化。有时也加入皂化剂，将有机残留物变成可溶于水的物质。皂化以后，再用纯水彻底冲洗，以去掉皂化剂。

46.5.2   元件兼容性

并不是所有的元件都兼容水洗工艺，如开关。即使一些开关外包装标明"环境密封"或"水洗兼容"，在高压喷射和浸水清洗时也会发生渗水、漏水现象，进而导致开关失效（水洗使开关处出现短路）。如果水洗剂和开关本身也含有足够的离子成分，从长远来看就有发生开关腐蚀的风险。

许多 PCBA 上的元件布局非常密集，而密集程度越高，水洗剂的水洗效果就越差。就像石头在流动的水中，水会在石头后面形成相对静止的涡流，此处水流交换效果差。PCB 上的元件正如溪流中的石头，它们阻挡了自由流动的水，哪怕是在最激烈的喷淋系统中也会妨碍冲洗效果。为了消除这种现象，水洗设备会在不同的方向和角度设置不同的喷水嘴，对表面进行清洗。许多元件由于底部空间有限，也会抑制清洗效果。如引脚阵列封装（PGA）、球阵列（BGA）、陶瓷柱栅阵列（CCGA）、陶瓷球阵列（CBGA）等，焊点排布在元件下方，阻碍了水的流通和清洗效果。增加 I/O 数目，增大封装尺寸，以及减少 PCB 和元件之间的空隙，都会使水洗变得更加困难。同样的问题也出现在芯片级封装（CSP）上，其净空高度不过比毛细血管略大，就更不可能进行良好的水流交换。高密度、多排连接器也难以冲洗。水在元件下方或在元件里面都可能影响在线测试或功能测试的结果。水可以进入集成电路（IC）的密封剂排气孔 / 填充孔，进而导致 IC 内部短路（见图 46.4）。

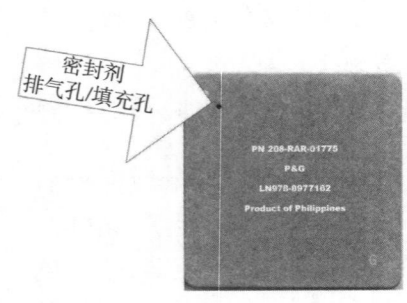

图 46.4   如果水进入 IC 上密封不当的密封剂排气孔 / 填充孔，就会发生短路或腐蚀   （来源：惠普公司）

46.5.3　水洗工艺对制造的影响

使用水洗型助焊剂时，要考虑一些关键问题，决策依赖于特定元件和最终产品。

成　本　水洗机器非常昂贵，而且需要占用生产车间大量的空间。一般来说，业内采用高纯度的去离子水替代自来水，以加强清洗效果，减少自来水中微粒或离子（如氯或氟，在公共供水系统中已发现）引起的腐蚀或短路。去离子水的成本无疑远高于自来水。

额外的工艺步骤　水洗有几个额外的操作步骤，每个操作步骤都会带来风险。由于水洗机器具有较大的喷流压力，部分小板子会放在篮子或其他工具中水洗。在装入或拿出篮子（或其他工具）时，板子有可能会被碰到。有时板子上较突出的部分（如表面贴装电容）会被水的冲击力冲掉，水洗后的板子就会被腐蚀。

额外的劳动　除了增加装载和卸载水平传送水洗设备的额外操作人员，增加对水洗设备、去离子水系统及废水处理系统的维护也是必然的。

环境影响　去离子水系统需要频繁的监视和过滤更换。从 PCBA 上洗掉的焊料颗粒必须先从废水中予以过滤，溶解的金属和其他对环境有害的物质要进行监视，而且在排出污水之前必须予以去除。对于缺水、限水或水质差、水费贵的地区，该工艺自然不适用。

46.5.4　水洗的优点

水洗型助焊剂有明显的优点，但同样必须基于特定的部件和产品的应用进行权衡。

完全彻底的检查　清洗过的 PCBA 可以很容易通过目检和自动光学检测设备进行检验，因为焊点接触表面没有助焊剂残留物。

为涂层提供最好的附着力　用在恶劣环境下的板子会依靠涂层来抵抗水分和空气污染物，涂层是硅树脂、环氧树脂或其他材料。水洗可以为这些涂层提供很好的附着力。

推荐使用底部填充化合物　为了增加焊点可靠性，有时会将环氧树脂或其他黏合剂填充在关键元件下面，以使其固定在 PCB 表面。大多数底部填充化合物都需要清洁的基底，所以元件下面和板子上必须没有助焊剂残留物。

对射频电路可能的电信号影响　助焊剂残留物会改变顶层绝缘性能和增加寄生电容，干扰一些高速电路传导，所以，射频（RF）PCB 的组装通常会指定水溶性助焊剂。

46.6　免洗型助焊剂

从成本、占地面积及环境因素等方面考虑，免洗型助焊剂现在主导了 PCB 的组装。其通常由松香（天然的酸性植物残留物，如松树树脂）和（或）树脂组成。尽管并非绝对，但通常意义上，术语"树脂"专用于指人造松香类似物。

从历史上看，较早期出版物中介绍的松树液——树脂，是最著名的自然助焊剂。从树上提取的松香是纯净和中性的，一旦从树上提取下来，松香会被萃取工艺提纯和中和，以去除多余的酸，并溶解在酒精中。水白松香是松香和海松酸的混合体，也是许多商业助焊剂的主要成分。

室温下，松香是固体，可以全部或部分溶解在酒精中。在焊接过程中，助焊剂中的酒精或其他挥发物开始挥发，松香中的固体则开始沉淀。低温（50～70℃）下，固体变软，并开始移动覆盖在涂敷助焊剂的表面。随着温度升高，其反应活性变大，开始去除氧化物和其他污迹，以便表面被焊料润湿。现在最广泛使用的树脂，通常都会添加一些弱有机酸类活化剂，如琥珀酸、丙二酸及己二酸等，以增加其活性。所有这些都会在回流循环中挥发或分解，只在板子上剩下聚合的、无腐蚀性的残留物。因为不需要清洗这些残留物，所以称为免洗型助焊剂。最好的添加物是在加热循环中既不蒸发也不分解，但在接近焊接工艺的最高温度时完全挥发和分解的物质。

注意，应该避免使用卤代活化剂。由于一些高温有机酸可能不会完全挥发或分解，所以最好进行助焊剂残留物测试，以保证腐蚀不会影响产品的可靠性。除了添加活化剂，还可以通过增加松香或树脂的含量来提高化学反应活性，但另一方面，松香/树脂含量越高，其残留物也会越多。纯松香残留物，特别是高松香含量配方的残留物，尽管是良性、疏水和电绝缘的，但往往也是黏性的。

46.6.1　免洗型助焊剂的优点

免洗型助焊剂的优点在于制造成本低、操作步骤少、维护费用低，和水溶性助焊剂相比占用的厂房面积更少；其对环境也有益处，除了焊接过程中从焊膏和助焊剂中蒸发的溶剂和用于清洗钢网、刮刀、印刷错误板的清洗溶剂，几乎没有废物排放。与水溶性焊膏和助焊剂相比，免洗型助焊剂是一个减少废物排放的较好选择。没有挥发性有机化合物（VOC）的免洗配方更环保、更具有吸引力，其通常是水和水溶性试剂的混合物，而不是酒精。

46.6.2　免洗型助焊剂的缺点

在讨论免洗型助焊剂的缺点之前首先应明白，免洗型助焊剂是PCB组装行业广泛使用的助焊剂，只是不适用于少数特定的应用。

检查困难　免洗型助焊剂的残留物，特别是表面贴装技术（SMT）焊接的残留物，通常是坚硬、透明的聚合沉淀物，在某种程度上会干涉焊点的检验。沉积物可能会破碎，有时操作者容易将其混淆为焊点破碎。透明的残留物也会反射，这会对目检或自动光学检测（AOI）造成干扰。

降低波峰焊通孔透锡率　相比水洗型助焊剂，免洗型助焊剂的性能要弱一些，加上波峰焊也是相对不太稳定的过程，较差的通孔透锡率通常会随着免洗型助焊剂的应用出现，虽然多数情况下，通过波峰焊设备配置和波峰焊时间-温度曲线的优化调整足以获得很好的可以接受的镀覆孔（PTH）透锡率。

不利于ICT探针接触　大部分免洗型助焊剂的残留物与板子辅面的波峰焊有关，理论上，波峰焊工艺中熔融的焊料会将该组装面的焊接残留物清洗掉。通常，ICT可通过探针台测试完成，探针接触点位于板子辅面的专用测试焊点，如图46.5（a）所示。尽管这些测试点在波峰焊时通过选择性波峰焊治具进行了屏蔽，但有时对辅面进行波峰焊接时，液体助焊剂会在治具和板子之间扩散，如图46.5（b）所示。而被助焊剂覆盖的测试焊盘可能很难或无法进行探测，这取决于助焊剂沉积物的厚度和使用的助焊剂类型。没有进行清洗，这些残留物会留存下来。调节探针尖端类型和弹簧弹力，可以解决探针接触不良的问题。

实际生产中，有不同类型的测试探针和不同的弹簧弹力可供选择。一般来说，单点探针比皇冠式探针更容易刺入硬化的助焊剂残留物，因为单点接触的力大过将其分配给很多点的力。需注意的是，使用高弹性探针可能导致板子弯曲，并损坏焊点或焊盘。

不利于敷形涂层和底部填充工艺　免洗型助焊剂残留物不利于底部填充工艺和敷形涂层的附着。事实上，助焊剂残留物可通过元件下很细的路径流出，完全阻止填充剂进入板子和IC之间。

修复可能会产生腐蚀　通常，即便是水洗PCB，也是采用免洗型助焊剂进行修复，以避免水洗步骤。有时，PCB 组装完成以后，部分元件不适合暴露在水中。尽管免洗型助焊剂的残留物焊接以后呈良性，在 PCB 修复时，也要特别注意控制助焊剂的使用量。助焊剂有可能未被完全加热和去除有机酸（活化剂）。如果发生这种情况，助焊剂将保持酸性并具有腐蚀性。因此，最重要的是确保以下几点：

- 使用最少量的助焊剂进行修复
- 将助焊剂限制在被修复的引线区域
- 避免使用易扩散的液体助焊剂
- 用最细的焊锡丝进行修复
- 超细、带有静电保护（ESD）的助焊剂笔或膏状助焊剂配合超细的刷子、大头针等一起使用
- 所有点涂的助焊剂都达到了接近焊接的温度

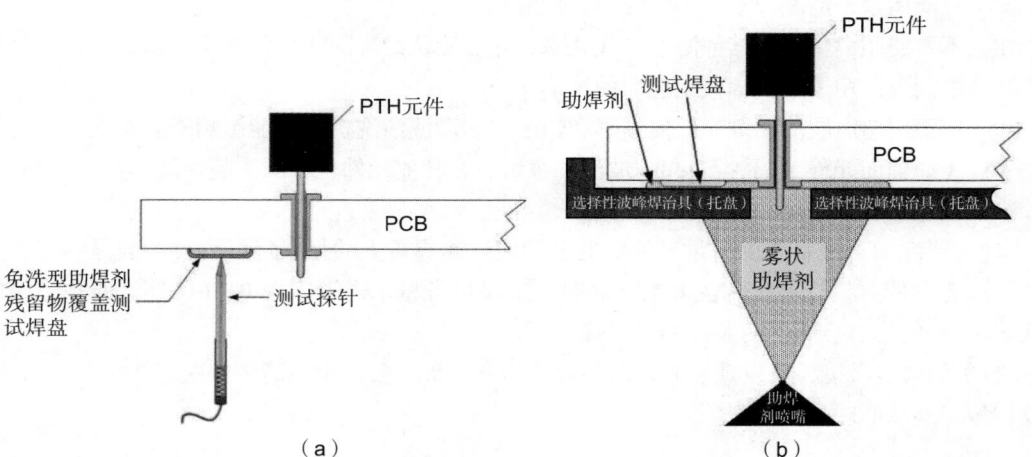

图 46.5 ICT 探针接触不良：（a）测试焊盘上留存的助焊剂会逐渐变硬，阻止探针接触测试焊盘，从而导致测试结果是开路；（b）在波峰焊过程中，液态助焊剂被波峰焊治具和 PCB 之间的毛细管作用吸引，在线测试焊盘（针床测试目标）被助焊剂污染，助焊剂残留物会阻碍探针接触焊盘

46.7 其他助焊剂警告

在选择助焊剂之前，通常都必须考虑以下问题。

46.7.1 焊膏印刷错误后的清洗

焊膏印刷工艺中，有时会因为印刷失误或其他异常情况，导致需要清洗掉焊膏后再重新印刷。虽然这不属于真正的助焊剂问题，但它确实影响焊接工艺和可靠性，是一个和助焊剂化学有关的重要问题。建议参考如下原则完成焊膏的清洗。

46.7.2 水洗型焊膏印刷错误后的清洗

标准的水洗型焊膏清洗剂或水洗型焊膏钢网清洗机均可用于去除焊膏，如下是一些简单的操作指引。

（1）确保板子上的所有元件均适用于水洗。一些表面贴装的开关可能不适用，需要提前从板

子上去除或采取某种方式遮蔽，以避免水或助焊剂残留物渗漏入内部。

（2）如果已经开始放置表面贴装器件（SMD），有必要去除任何印刷错误或有污染面的高价值元件。

（3）不要直接从板子上擦掉焊膏，否则焊膏会进入导通孔、镀覆孔（PTH）和阻焊覆盖区域。一旦回流，任何焊料残留物都会干扰 PTH 元件的插装或压接操作。

（4）如果印刷时采用胶带保护金手指或其他部位，则在清理焊膏之前必须去掉胶带，避免焊料颗粒和焊膏残留物粘在胶带下面。

（5）在水洗工艺中，允许通过标准水洗型焊膏清洗设备或基于水洗型焊膏的钢网清洗设备清洗焊膏。

（6）应避免直接浸泡板子来清洗焊膏。因为浸泡可能会导致水和稀释的助焊剂残留物进入已经安装好的开关，甚至进入那些密封且水洗兼容的开关。

（7）只能用水来清洗板子，不要使用其他溶剂。

（8）不要使用皂化剂或其他溶剂来代替水，除非确认助焊剂的化学性质可以兼容，以及皂化剂或其他溶剂可以用于常规焊接工艺后的清洁。

（9）不要用超声波清洗机。任何频率和幅度的超声波清洗机都可能影响安装在板子上的某些特定元件（如辅面元件）。晶振对超声波清洗很敏感，其他元件也会因为超声波作用而受到损伤，导致内部粘连或芯片连接的损坏。

（10）清洗后，最好使用尽量高倍数的显微镜观测焊膏上的每个焊料颗粒。确保不存在焊料颗粒，或者即使有，也满足相关要求。同时，确保焊膏粉末未聚集在 PTH 内部。通常建议使用不低于 30 倍的带有良好照明条件的显微镜。

（11）如果显微镜检查发现仍有较多的焊料粉末，板子应该重新清洗一次。在第二次清洗时，建议将板子旋转 90° 或 180°。

46.7.3　免洗型焊膏印刷错误后的清洗

尽管清洗免洗型焊膏的板子需要更加注意，但清洗水洗型焊膏的规则同样适用。

（1）如果已经开始放置贴片，有必要去除任何印刷错误或有污染的一侧高价值元件。

（2）如果印刷时采用胶带来保护金手指或其他部位，则在清理焊膏之前必须去掉胶带，避免焊料颗粒和焊膏残留物粘在胶带下面。

（3）不要从板子上直接擦掉焊膏。相反，通过电路板清洗机或钢网清洗机让焊膏在推荐的一连串的溶剂中溶解掉，焊膏供应商会提供推荐的清洗方案。

（4）通过 PCB 或钢网清洗机中的溶剂来洗掉印刷上的焊膏，而不是试图擦掉它。

（5）不要用水清洗免洗型焊膏，除非焊膏制造商推荐使用。因为这会导致助焊剂残留物形成黏性、白色的物质，会影响 PCB 表面的绝缘电阻和引起腐蚀。

（6）不要使用皂化水，除非已经做过材料兼容性和腐蚀性测试，即依次进行表面绝缘电阻（SIR）测试和电化学迁移（ECM）测试。

（7）应避免直接浸泡板子来清洗焊膏。浸泡可能会导致清洁溶剂和稀释的助焊剂残留物进入开关或其他元件，这可能会导致开关内部短路（来自清洗溶剂的导电性）、开路（来自助焊剂残留物的绝缘）或腐蚀（也是来自助焊剂残留物）。

（8）不要用超声波清洗机。任何频率和幅度的超声波清洗机都可能影响安装在板子上的某些特定元件（如辅面元件）。晶振对超声波清洗很敏感，其他元件也会因为超声波作用而受到损伤，导致内部粘连或芯片连接的损坏。

（9）清洗后，最好使用尽量高倍数的显微镜观测焊膏上的每一个焊料颗粒。确保不存在焊料颗粒，或者即使有，也满足相关使用标准要求。同时，确保焊膏粉末未聚集在镀覆孔内部，否则可能会影响 PTH 元件的插装或压接。通常建议使用不低于 30 倍的带有良好照明条件的显微镜。

（10）如果显微镜检查发现仍有较多的焊料粉末，板子应该重新清洗一次。在第二次清洗时，建议将板子旋转 90° 或 180° 。

46.7.4 不要用水清洗修复后的免洗 PCB

一般而言，采用水洗助焊剂焊接完成的 PCB，可以用免洗助焊剂进行修复，这时需要一个额外的水洗工艺。另一种情况下，当 PCB 上的某个模块或与某个元件关联部分［电磁干扰（EMI）罩、密封器件等］不能使用水洗时，免洗修复就非常必要。然而，一旦板子用免洗型助焊剂修复，就一定不能再用水进行清洗。相反，如果选择水洗型助焊剂进行修复，水洗工艺则是必需的。

46.7.5 助焊剂兼容性测试

部分免洗型助焊剂相互之间并不兼容，它们之间的化学作用可能会导致 PCBA 腐蚀。为了避免腐蚀问题，焊膏助焊剂、波峰焊助焊剂、修复助焊剂应该结合 SIR 和 ECM 及不同的表面工艺进行分别测试。

46.7.6 充分保证助焊剂的活性

正如前面提到的，焊接时需要充分加热来激活助焊剂（激发其化学活性），并在焊接过程结束时消耗完活化剂。这对免洗焊接同样适用。如果未激活的、加热不够的免洗助焊剂残留在板子上，则助焊剂残留物中的弱有机酸会引起长期腐蚀。通常 80 ~ 150℃ 的温度（取决于助焊剂成分）是足以完全激活助焊剂的。为了减少发生腐蚀的可能性，一般通过带 ESD 防护的细毛刷或毛笔来减少液体助焊剂的使用。当然，最好的方法是不使用液体助焊剂。要不然，就通过上述方法尽量减少液体助焊剂的使用。

46.7.7 局部溶剂清洗

为了去除板子上多余的助焊剂，可以采取局部使用清洗溶剂的方式。有时使用为助焊剂清洗制售的专门溶剂，有时则直接使用醇类化学试剂。经常使用溶剂和助焊剂清洗剂会在板子上留下残留物，它们也会溶解免洗型助焊剂的残留物并进行重新分配，但最终的组装效果看起来非常糟糕。那些溶解的残留物会通过毛细作用或直接进入安装在板子上的连接器，进而导致绝缘的助焊剂残留物留在连接器或板子边缘的金手指上，导致开路。

甲醇是一种比丙乙醇更好的清洁剂，因为它含水量低，干燥得更快也更充分。但必须注意的是，甲醇易燃，而且其烟雾有毒。其他助焊剂清洗剂通常也是如此。尽管有时助焊剂清洗是有必要的，也是有用的，但最好还是通过减少助焊剂的使用，或者只使用在导体和需要修复的导体上，避免清洗。

46.8 焊接气氛

焊接工艺中的高温加上空气中的氧，会产生氧化物，抑制助焊剂的功能，进而抑制焊接。为了避免这个问题，制造商通常采用在焊接过程中使用惰性或活性气体的方法。

46.8.1 氮气焊接

氮气作为焊接工艺的覆盖气体，已经使用了很多年，在电子组装行业中已经司空见惯[3-15]。氮气的作用是在焊接过程中减少氧气，以确保最好的焊料润湿效果。近几年来，随着免洗型助焊剂与焊膏使用的普及，和诸如 BGA、CCGA、CBGA、CSP 和 PGA 等面阵列元件的使用，加上在波峰焊中复杂、精细节距连接器的使用，在氮气中焊接已经变得越来越重要。

面阵列元件有一个共同点，即焊点隐藏在封装中，不可能去修复封装下的某个孤立的焊点。只要焊接条件和物料合适，氮气焊接会更加保险，产生最好的焊料润湿效果。

随着世界范围内无铅焊接的大规模应用，氮气辅助焊接也随之剧增。焊接过程中更高的处理温度会导致更高的氧化速率，同时，正如前面所提到的，某些焊料比传统的锡铅焊料更容易形成氧化物。

1. 使用氮气增加助焊效果

焊接气氛是焊接过程中的一个重要参数。显然，最常见和最便宜的气氛是空气，但是很多组装厂将氮气引进其回流炉、波峰炉或修理设备。与免洗焊膏或助焊剂一起工作时，氮气是特别有效的，随着无铅焊接的转变，它会得到更多的重视。大部分无铅焊料在电子工业中广泛使用，其润湿缓慢，比常规锡铅焊料需要更高的回流温度。引进氮气会进一步抑制待焊金属、焊料及助焊剂的氧化，这又反过来增加了助焊剂的有效性和焊料的润湿效果。同时，一些无铅焊料合金容易氧化，如铋、锌、铟。当使用氮气来限制波峰焊中的含氧量时，浮渣（液态金属表面的氧化物）产生率会明显减小。众多文献表示，使用惰性气氛可以增加焊接的有效性。

2. 使用氮气可以获得更轻、更透明的免洗残留物

于氮气中焊接时，黄色和棕色的免洗残留物不会出现。同时，更透明的免洗残留物也使得 PCBA 上的焊点更容易检查。还需指出的一点是，使用氮气甚至可以保持 PCB 层压板颜色在焊接前后的一致性。

3. 氮气的负面影响

使用氮气时必须考虑一些负面的影响。

成本 说到使用氮气的负面影响，首先也是最重要的，就是额外的成本。对于制造，在现场存储很多的气体钢瓶或液体杜瓦瓶是不切实际和非常危险的。出于这个原因，建立大容量存储器是必要的。这些设施成本包括：建造放置外部储罐和蒸发器的水泥地台，以便将存储的液氮转化成可用的室温下的气体；需要对传递氮气到焊接设备的管道进行压力调节；以及使用氮气本身增加的成本。

立碑现象 适度流动的氮气对焊接过程有利，但如果回流时氮气量太大，则会导致无源元件出现立碑现象（见图 46.6）。

回流焊时，通常一个焊盘比另一个焊盘先受热，焊料会先润湿受热的一端，接着继续润湿另一端。焊料在另一端熔化和润湿之前，先熔化焊料一端的表面张力导致芯片从 PCB 上浮离，进

而引起焊点的开路，这个缺陷被称为曼哈顿效应或吊桥现象，常见于小的无源元件。该缺陷因焊炉中过量的惰性气体而加剧。可以用氧气监视器感知焊炉中氮的含量，保持回流炉中氧气浓度水平在 1000 ~ 1500ppm 时对回流最为有利，也使元件立碑的概率最小化。这个程度的惰性气氛会更节约成本，因为低氧浓度时的氮气消耗更小。

图 46.6 无源元件的立碑效应。温度差异和表面张力的影响导致很轻的芯片在回流中远离 PCB 表面，一旦凝固，元件将被凝固在升起的位置，导致电路开路

46.8.2 无助焊剂焊接

关于无助焊剂焊接，已经进行了大量的讨论和探究，但是这个术语经常被误用。破坏焊料和焊接部分氧化物的完整性进而予以去除，对焊料润湿是必需的。如果只是单独使用热或热机械方法，如超声波，那么这确实属于无助焊剂焊接。利用化学试剂除去氧化物，无论它是固体、液体还是气体，始终是一个基于助焊剂的过程。单独使用覆盖气体对清除元件引线、焊盘或焊料的氧化物并无帮助，但其会限制后续进一步氧化。

46.8.3 气体助焊剂

前面讨论过，助焊剂可以以液态或固态存在，还可以以气态存在。气体助焊剂包括氢、一氧化碳、羧酸和其他气体。一些气体助焊剂虽然已经被证明是有效的，但不论其助焊效果还是经济效益，或两者兼而有之，均不能取代目前的液体助焊剂。关于这方面的研究还在继续。

46.8.4 氢 气

目前也出现了用氢气作为助焊剂的讨论，但是在焊接温度下，氢主要以双原子惰性气体形式存在。事实上，在大气压下，即使在 1730℃的温度下，也只有 0.33% 的氢是分离的[16]。因此，氢的化学性质相对稳定。作为昂贵的覆盖惰性气体，而不是助焊剂，氢很容易与氧结合，所以焊接过程中它会与氮气或其他惰性气体混合，这种混合物称为合成气体，很容易分离。因为氢气比空气轻，会在焊接设备和房间内部上方聚集，其在空气中的爆炸下限只有 4.65%[17]，所以必须采取措施保持低于这个值或排除可能的接触火源。其爆炸上限是 93.9%，超过这个值，氢也被认为是安全的，但是考虑到经济因素，这显然不切实际。

46.8.5 一氧化碳

一氧化碳也是一种有趣的选择。该气体稠密，在焊接气氛中很容易取代空气，但它是一种比空气重的有毒气体，且本身臭名昭著，所以它不可能被认为是一种具有吸引力的辅助助焊剂。另外，一氧化碳在焊接温度下的游离态不够，不能成为有用和高效的助焊剂。但是，与氢气一样，可以形成非常好的覆盖气体。

46.8.6　溴甲烷

这种材料已经被证明是一种高效的助焊剂，但它是有毒的。事实上，溴甲烷现在是一种被禁止使用的杀虫剂。

46.8.7　羧　酸

使用气体助焊剂有很多优点，如价格便宜，免除了焊接后的清洗，没有任何妨碍检验或测试的残留物，所以，腐蚀的风险会降到最低。

气态羧酸在这方面是很有用的，但其尚未经过实际批量生产的测试验证。相比羧酸，甲酸和乙酸作为助焊剂已经受到一些关注。它们都是简单的弱有机酸，在160℃以上时分解成水和二氧化碳[18]。乙酸，其稀释形式就是醋。甲酸和乙酸广泛应用于工业，是很便宜的试剂。

H.J.Hartmann[19, 20]表明，甲酸的分解产物，对助焊剂的氧化物来说是很好的还原剂。该过程生成稳定的中间产物甲酸锡，进一步分解产生元素锡、水和二氧化碳。乙酸同样遵循一个相似的反应和分解过程，形成稳定的中间产物乙酸锡，最终分解成元素锡。特别具有吸引力的一点是，气体羧酸焊接以后，没有任何助焊剂残留在PCB上。

R.Iman[21]等人已经证明，甲酸、乙酸与少量己二酸合在一起用于波峰焊时特别有效。己二酸是一种常用的食品防腐剂，也用于助焊剂。然而，需要用水洗去除油脂性残留物。

G.Disbon 和 S.M.Bobbio[22]、K.Pickering 等[23]已经证明，等离子体可以去除电路板和元件上的氧化物，如果它们保持在惰性环境中，焊接时可以不使用额外的液体助焊剂。在这些方案中，等离子体作为去除氧化物的助焊剂。

参考文献

［1］McKay, C. A., "The Role of Activators in Fluxes for Microelectronics Soldering," Microelectronics and Computer Technology Corporation Technical Report P-I I-405–91, 1991

［2］United Nations Environment Programme, "Montreal Protocol on Substances That Deplete the Ozone Layer," Final Act

［3］Hwang, J. S., "Controlled-Atmosphere Soldering: Principle and Practice," Printed Circuit Assembly, July, 1990, pp. 30–38

［4］Stratton, P. F., Chang, E., Takenaka, I., Onishi, H., Tsujimoto, Y., "The Effect of Adventitious Oxygen on Nitrogen Inerted IR Reflow Soldering with Low Residue Pastes," Soldering and Surface Mount Technology, No. 13, February 1993, pp. 12–15

［5］Aguayo, K., "Increasing Soldering Yields through the Use of a Nitrogen Atmosphere," Journal of SMT, November 1990, pp. 3–9

［6］Aguayo, K., and Boyer, K., "Case History-Utilization of Nitrogen in IR Reflow Soldering," paper presented at the Technical Proceedings of NEPCON West, Anaheim, 1990

［7］Mead, M. J., and Nowotarski, M., "The Effects of Nitrogen for IR Reflow Soldering," Technical

Proceedings of SMT IV-34, 1998, pp. 34–1 to 34–20

[8] Fenner, M., "Solder Paste for No Clean Reflow," Soldering and Surface Mount Technology, No. 13, February 1990

[9] Bandyopadhyay, N., Marczi, and Adams, S., "Manufacturing Considerations for a No Clean No-Residue Soldering Process," SMART VI, Orlando, 1990, pp. 398–415

[10] Ivankovits, J. C., and Jacobs, S. W., "Atmosphere Effects on the Solder Reflow Process," Proceedings of SMTCON, Atlantic City, 1990

[11] Arslancan, A. N., "IR Solder Reflow in Controlled Atmosphere of Air and Nitrogen," Proceedings of NEPCON West' 90, Anaheim, 1990

[12] Keegan, J., Lowell, N. C., and Saxeena, N., "Solder Joint Defect Analysis for Inert Gas Wave Soldering," Proceedings of NEPCON West, 1992, pp. 672–690

[13] de Klein, F. J., "Open vs. Closed Reflow Soldering," Circuits Assembly, April 1993, pp. 54–57

[14] Morris, J. R., and Bandyopadhyay, N., "No-Clean Solder Paste Reflow Process," Printed Circuits Assembly, February 1990, pp. 26–31

[15] Lea, C., "Inert IR Reflow: The Significance of Oxygen Concentration of the Atmosphere," Proceedings of Surface Mount International, San Jose, August 1991, pp. 27–29

[16] Van Nostrand' s Scientific Encyclopedia, 4th ed., D. Van Nostrand Co., Inc., 1966, p. 870

[17] Weast, R. C., Handbook of Chemistry and Physics, 49th ed., Chemical Rubber Co., p. D–58

[18] Arnow, L. E., and Reitz, H. C., Introduction to Organic and Biological Chemistry, C. V. Mosby Company, 1943, p. 182

[19] Hartmann, H. J., "Soft Soldering under Cover Gas: A Contribution to Environmental Protections," Elecktr. Prod. und Prftechnik, 1989, H. 4, s.37–39

[20] Idem, "Nitrogen Atmosphere Soldering," Circuits Assembly, January 1991

[21] Iman, R., et al., "Evaluation of a No-Clean Soldering Process Designed to Eliminate the Use of Ozone Depleting Chemicals," IWRP CRADA No. CR91–1026

[22] Disbon, G., and Bobbio, S. M., "Fluxless Soldering Process," U.S. Patent No. 4,921,157, May 1, 1990

[23] Pickering, K., Southworth, C., Wort, Parsons, A., and Pedder, D. J., "Hydrogen Plasmas for Flux Free Flip-Chip Solder Bonding," Journal of Vacuum Science and Technology, Vol. A, No. 8(3), May-June 1990, pp. 1503–1508

第*47*章
焊接技术

Gary M. Freedman
新加坡惠普公司关键业务系统

吕 峰 审校
中国航空工业集团公司西安飞行自动控制研究所

47.1 引 言

在过去的几千年里，出现了很多焊接方法，如最古老的焊炬和烙铁等，但都不适合组装如今的密集型印制电路板（PCB）。这些都属于定向能焊接法，即热量集中在 PCB 上固定的一小片区域，进而完成一个点或一系列点的焊接。回流焊或波峰焊是群焊技术的代表，能对整板同时进行焊接（或波峰焊顺序焊接）。

群焊技术是目前最常见的大批量 PCB 组装焊接技术。批量制造中也会用到一些定向能焊接方法。

47.2 群 焊

群焊技术适用于大批量制造，即加热整板，同时焊接很多个元件。最常见的群焊技术是回流焊和波峰焊。气相回流焊不常用，主要是出于环境方面的考虑，气相回流焊工艺中关键的含氯氟烃溶剂被认为是有毒的。然而，随着全氟烃取代该溶剂，这项技术现在仍在使用。

焊接方法的选择取决于所焊接元件和 PCB 的类型、所需的生产速度，以及必要的焊点性能，并没有一定之规。如果没有波峰焊，一些镀覆孔（PTH）元件会和表面贴装（SMT）元件一起在回流炉中组装。相反，一些 SMT 元件也可以通过波峰焊焊接。

47.3 回流焊

回流焊主要用于 SMT 元件焊接。焊膏通过金属或聚合橡胶材质的刮刀用力刮过金属网板（钢网），预涂敷到 PCB 上。焊膏包括作用于金属表面的助焊剂，以及形成焊点的足够焊料。元件放置在 PCB 预涂敷的焊膏上，PCB 则需要通过含传送带的回流炉。回流炉的温度按逐步提高 PCB 和元件的温度设置。随着温度升高，焊膏中的助焊剂被激活，去除阻碍焊点形成的元件上、PCB 上和焊料中的氧化物。最后，足够的热量使得焊料开始流动（即液化，也称为回流）。若设置和实施得当，在可控的加热和冷却循环下，回流焊工艺可以实现可复制的焊点形成过程。

焊膏的快速加热会导致锡珠的形成。锡珠（孤立的，不一定与焊点连在一起）对 PCB 组装过程有害，它们会导致短路，特别是细小节距的元件，锡珠直径可能和元件引线或 PCB 焊盘的间距接近。因此，必须控制焊膏加热速率，以避免锡珠的形成。同样，焊接时间 - 温度曲线也必须仔细调整，以防止温度过高导致助焊剂焦化和焊点退化。如果温度设置不合理或均匀性不足，PCB 本身很可能会成为回流过程的牺牲品。

47.3.1 回流焊系统

即使最简单的回流炉，也包括几个子系统：绝热炉腔、传送带、加热器、排气冷却（见图 47.1）。

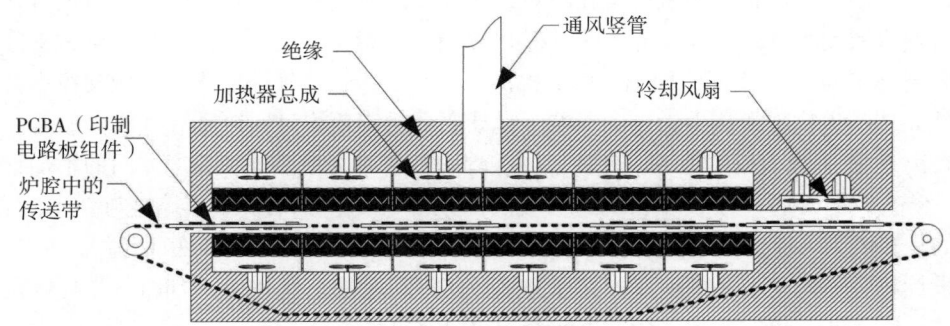

图 47.1 含顶部和底部加热器总成、冷却模块、通风竖管、绝热炉腔及传送带上有 PCBA 的回流炉剖面图

1. 炉　腔

炉腔是回流炉内的绝热通路，PCB 加热或冷却的地方。它用于加热器、PCB 与外界（房间）环境的隔离，以保证达到规定的加热条件。PCB 穿过炉腔，通过控制可调节式传送带的速度，经过多级加热器，逐步加热、回流及回流后冷却 PCB。

炉腔尺寸对回流应用很重要。举例来说，短炉腔的焊炉不能达到厚度较大 PCB 组装所需的回流温度 - 时间曲线；另外，炉腔高度也必须能容纳最高的元件或元件散热器，炉腔宽度则限制了 PCB 的大小。

2. 传送带

回流炉主要有两种传送带系统，分别是针链式和网带式。任何回流焊设备都必须使用其中一种方式，推荐两种方式一起使用。

针链式传送带　也称为边缘固定传送带，看起来就像自行车的铰链，如图 47.2 所示。

此铰链分布在回流炉两侧，PCB 嵌在铰链上的锯齿中，在焊接过程中穿过焊炉。两端的铰链由一个公共电机驱动，合适的齿轮传动确保 PCB 均匀穿过焊炉，避免发生偏移和阻塞现象。传送带的速度可以调节，其也是影响回流焊热力学（时间 - 温度）曲线的主要因素。

针链式传送带只是通过其边缘传送 PCB，所以，它最适于传送两面都含有元件的 PCB。这种边缘固定方法

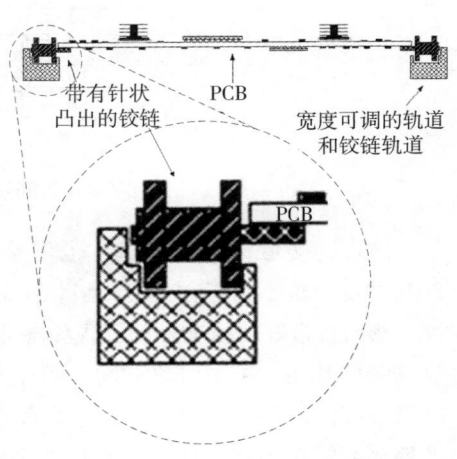

图 47.2　针链式传送带装载 PCB 的剖面图

避免了回流对元件组装的不利影响，同时也消除了传送过程中对先前回流过的 PCB 底面元件的机械干扰。当然，必须在 PCB 上设计边缘禁布区，以避免受到针链或元件的干扰。

对薄而大的 PCB 进行回流焊时，它们可能会因为边缘固定在针链式传送带上而发生凹陷。凹陷是因为回流过程中的热效应超出了 PCB 的玻璃化转变温度（T_g）。大多数层压板的 T_g 范围为 135～200℃，远低于大多数焊料回流过程的峰值温度。在针链式传送过程中，如果 PCB 的中间部位没有支撑，而且温度远超过了 T_g，则凹陷会变得很明显。PCB 内部地层和电源层铜箔提供的机械硬度尚不足以支撑此凹陷，不论是 PCB 的单独凹陷，还是连同轨道一起凹陷，都会导致 PCB 从传送带上掉落。市场上的大多数回流炉制造商在设计时已经考虑到了轨道扭曲问题，但是对设备的温度控制精度测试应该在设备最终验收之前进行。PCB 凹陷可以通过对其采用永久或临时性机械支撑方式加以改善，或者将 PCB 放在托盘上。应该指出的是，机械支撑和托盘均可能影响 PCB 受热，使回流面临更大的挑战。要小心谨慎，确保使用的机械支撑不会对靠近板边缘的元件产生物理或热力学上的影响。设计要尽量避免将对回流具有挑战性的元件或元件区放置在离 PCB 边缘太近的地方。此外，一些焊炉会带有一根沿焊炉长度方向的附加钢缆来拉紧铰链，防止铰链松垂。为了同样的目的，也有的用一个额外的可调节支撑链与 PCB 底部相连。要注意的是，因为可能会使元件移动，钢缆和支撑链均不能接触到 PCB 底面元件，对应 PCB 上就必须设计相应非焊接位置供钢缆或支撑链接触。但问题是，当 PCB 冷却时，支撑链及其导轨阻碍了底部鼓风机向 PCB 吹风，因此可能会干扰回流曲线。

在一个设计合理的焊炉里，针链对传送带几乎没有热影响。然而，一些边缘固定系统对电路板边缘的热传递有很大影响，取决于焊炉性能和轨道位置的不同，可能会导致过热或散热。虽然有些供应商提供轨道加热器来抵消这种影响，但应尽量避免，因为增加设计势必会进一步增加焊炉的复杂性，使过程控制变得更加困难。理论上，这应该不是常规针链式传送带问题，因为实际上，针链与 PCB 只是点式接触，热量通过接触点传送的效果很差。进一步来说，大多数新回流炉制造商已经用不锈钢链取代了传统的碳钢链，不锈钢具有很好的耐磨损特性，而与其他材料相比，导热性能很差。

网带式传送带 用于回流焊的网带通常由不锈钢链制造而成，有些是完全开放式，链结间隔大，其他的则更像锁子甲（见图 47.3）。相互隔开的链结允许更多的空气接触 PCB 底部。

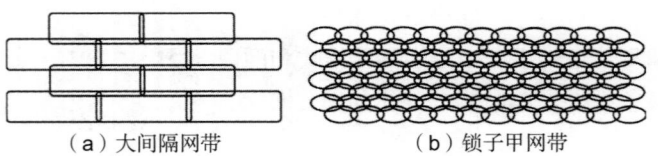

（a）大间隔网带 （b）锁子甲网带

图 47.3 大间隔网带比锁子甲网带更有利于空气流动

网带与炉腔的宽度接近，也贯穿其整个长度。网带的传送功能多样，没有必要调整各种 PCB 宽度，也不用担心其会凹陷和掉下。

然而，最好的情况是针链式和网带式结合，即针链在网带上面运行。在这种情况下，可以有效地保护 PCB，减少维修时间，确保人身安全。这里的网带可以作为单面 PCB 的传送带，也可以用于接住从针链式传送带上掉下来的 PCB。实际上，如果针链式传送带设置合理，而且设备、过程和材料控制都合理，PCB 掉下来的情况很少见。如果网带式传送带不和针链式传送带一起使用，掉下来的 PCB 会直接掉在加热板上，分解产生一些有毒和刺激气体，并影响加热板的加热性能。用于焊炉温度控制的敏感的热电偶，受到损害或被 PCB 的分解产物隔热，该部分区域就会过热，导致焊炉受损或因故障停工。

使用网带式传送带的最大问题是，PCB 的底部与传送带表面直接接触，导致任何安装在底面的元件可能会在回流焊之前或之后受到损坏或移位。当 PCB 在回流温度下，元件可能会在网带作用下被迫偏移或离开焊盘。通常，PCB 两面都有元件时，会用载体隔离 PCB 和网带的接触。该载体会增加热质量，所以它最好是结构简单或中间有孔，允许焊接过程中空气流通。时间 - 温度曲线设置时应该把这样的载体考虑在内。

3. 焊炉加热器

可用热电偶检测每个加热器的热量输出情况，并适时关闭加热器。在一些大规模高附加值的生产系统中，PCB 的上下两面均有加热器，并且至少和传送带一样宽。对于 60cm 的炉腔宽度，设计的热量均匀性比常规顶部加热焊炉好 ±2℃。热均匀性是炉腔绝缘、加热器性能、加热器控制，以及热空气或气体混合对流的函数。

经过多年的技术改进，有几种供热方案可用于回流炉。聚焦红外（IR）辐射灯已经被二次红外平板加热器所取代，强制热空气对流已经成为实际的焊炉加热标准方式。

红外加热器　可供选择的红外加热器如图 47.4 所示。

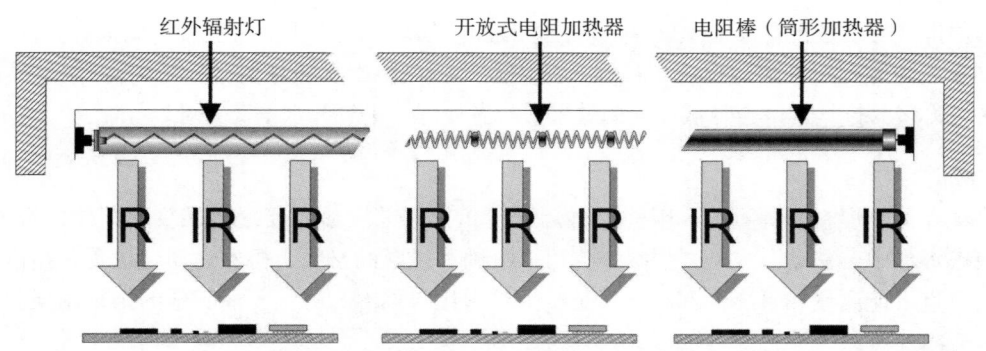

图 47.4　用于回流炉的 3 种红外加热器

早期的焊炉利用安装在回流炉腔里的聚焦式或非聚焦式红外灯进行加热，通过红外辐射电磁光谱产生的一系列光子能量作用于涂满焊料的 PCB 和相关元件上。

由于不同类型的材料，如塑料或陶瓷类元件、引线和焊盘合金、焊料、PCB 基板、助焊剂及黏合剂，吸收红外光的速率均不同，所以直接照射红外光会出现一些元件过热而另一些元件加热不足的情况，因此，直接红外光照射已经不再是回流的首选方法。

红外平板加热器　二次红外平板加热比直接红外加热好一些（见图 47.5），它由金属或陶瓷平板组成，或者通过附加的电阻加热器，或者直接用红外光照射平板的背面。

在回流过程中，由于 PCB 受到了屏蔽，不能直接接受来自红外辐射灯或加热丝等短波红外光谱的冲击。相反，它是通过加热的平板辐射进行受热的，后者可以形成更长波长的红外光谱发射，较慢的加热速度和更均匀的受热——这是对直接红外照射的重要改进。

该方法的另一种形式是红外对流焊炉，这种技术也依赖于辐射或平板红外加热，但是焊炉中的空气被风扇搅动，提高了加热的均匀性。然而，诸如红外光谱灯、红外发射器、组合对流等技术如今已经被更有利的强制对流方式所取代，即空气被迫以高速通过平板加热器，这会产生更均匀的焊炉温度和更灵敏的加热响应和控制。这也是目前焊炉回流的主要加热方式。

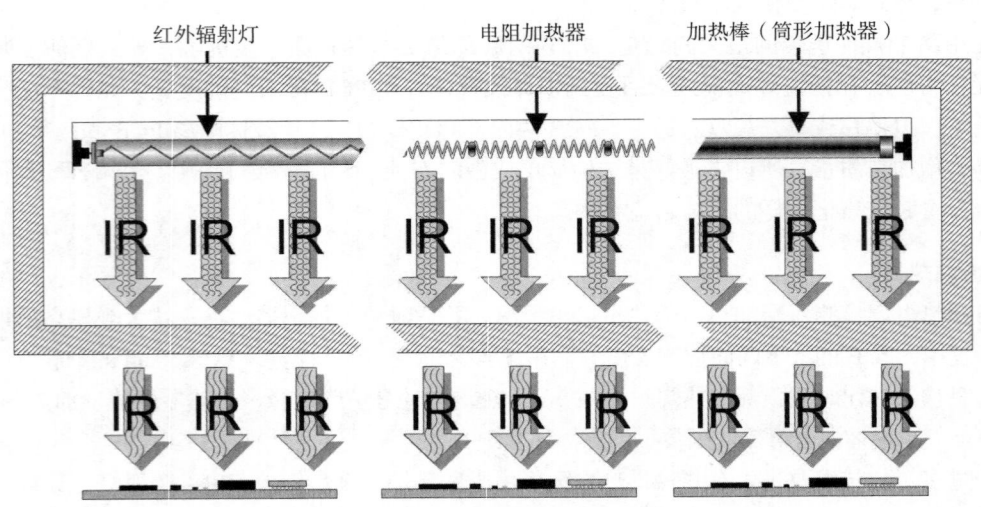

图 47.5   依靠红外源辐射的二次红外平板加热

4. 排　气

　　焊炉排气为了是将有毒气体从焊炉炉腔中移除。如果排气太少，废气将不能被有效移除。排气的同时，炉腔入口、出口也会大量吸入室内空气，这将干扰热性能。如果引入氮气来降低氧气水平，太多的排气无疑会降低氮气的效果，或者使焊炉中氧气水平变得难以控制。

5. 冷　却

　　冷却和加热焊料同等重要，因为焊料必须在 PCB 被进一步加工之前转变成固体，否则，元件在液态焊料中会移动。另外，焊料作为可以凝固和结晶的材料，机械运动会扰乱其晶格结构，所得的焊点可能质量和可靠性都较差。某些焊炉采用自然冷却方式，而其他的则采用强制冷却，如风扇或冷却器。

47.3.2　强制对流回流炉

　　强制对流回流炉通过热空气在炉腔中的高速循环进行回流焊，是可控和可靠回流焊的首选方式。PCB 接受的唯一直接辐射是炉腔热表面发射的最长波长的红外线。

1. 强制对流回流焊模块

　　加热主要通过 PCB 顶面和底面的热空气流来完成。相比其他加热方式，它可以为回流过程提供更好的热量均匀性和可控性，并且避免直接红外加热所导致的 PCB 或元件过热现象。

　　部分高级的强制空气对流焊炉在 PCB 传送带上方和下方都配有加热模块，利用电阻加热器多孔挡板出来的高速空气流来加热，挡板隔离的加热方式避免了红外光对 PCB 任何直接或间接的冲击。高速空气流经过阻挡和调节，会在炉腔宽度方向上产生一个恒定温度区域。每个高度可控的模块都可以快速加热，几个加热模块沿着炉腔长度方向排列。典型的应用是将一系列同样的对流模块排列在炉腔底部，以加强回流时间 - 温度曲线的可控性，并实现 PCB 两面的同时均匀加热，如图 47.6 所示。

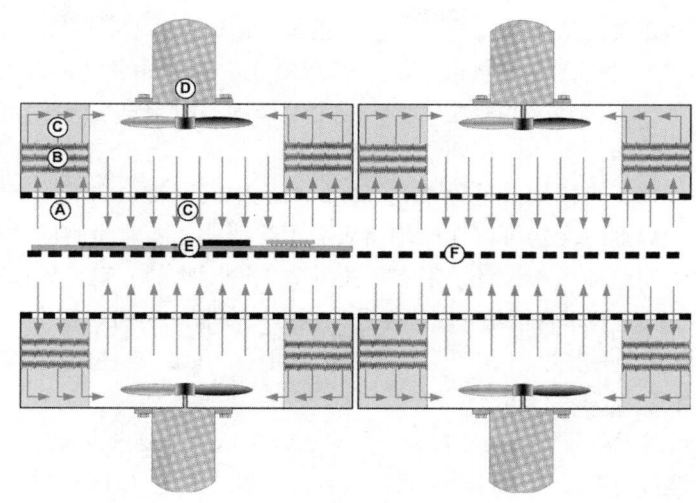

图 47.6　强制对流加热模块：冷空气（A）通过风扇（D）穿过电阻加热器（B），热空气（C）强制通过多孔板为 PCB（E）提供均匀的热分布，PCB 在传送带（F）上。第二组强制对流模块针对 PCB 底面，几个这样的模块在炉腔长度方向排列，精确地控制热量曲线

2. 冷　却

一些焊炉通过自然冷却方式把 PCBA 的温度降到焊料液相点以下，PCB 利用穿过无加热器区域的时间进行自然冷却。这对薄、低热容的 PCB 而言是足够的。但是，多层、密集的 PCB 需要一些强制性降温手段，以确保 PCB 离开焊炉之前，焊料已经凝固。为此，很多焊炉会包含一个强制冷却区（见图 47.7）。

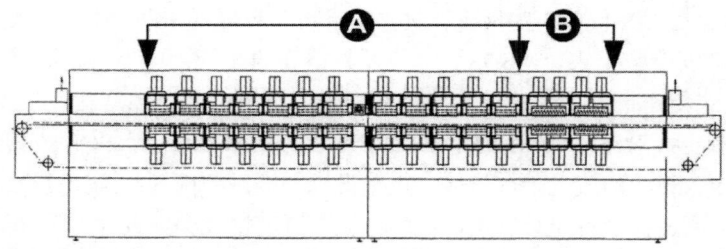

图 47.7　强制对流焊炉包含 12 个顶部和 12 个底部加热模块（A），每个模块独立加热和控制。右边（B）最后两个顶部和底部模块用于 PCB 的强制冷却，确保 PCB 出焊炉之前焊料已经凝固。这里通过水冷式风扇予以冷却（来源：Heller Industries）

强制冷却有多种形式，通过风扇强制空气对流是最常用的方式。风扇可以单独部署在焊炉顶部、底部或两面。其中一种独特但高效的方式是，在焊炉中设置水-气热交换器，焊炉出口处通过大量的温度可控冷空气冷却 PCB，在氮气回流系统中有更明显的优势。该方法可以利用炉内的任何气体，只要将其冷却后定向吹向 PCB 表面。因此，它不需要额外的氮气用于冷却，也不需要将冷却风扇放在焊炉外面，最大限度地减小了炉腔出口处的空气扰动，降低了将空气引入氮气气氛焊炉的概率。用水-气热交换器冷却是有效的，但是它也必须同时保证回流曲线温升速率的准确性。一些焊炉使用聚合状的"松糕"风扇，这类风扇必须始终运行，以避免塑料叶片及电机过热；另一些焊炉会利用空气筛甚至空气放大器来引导冷压缩空气或氮气形成朝向 PCB 面的气流。

焊炉内的冷却常常导致助焊剂挥发物和助焊剂分解物的冷凝，沉积物在最冷的物体表面堆

积，它们会改变冷却系统的热传递特性，进而在很长一段时间后会改变焊炉内的温度曲线。当 PCB 通过焊炉的时候，助焊剂冷凝物也可能滴到 PCB 上。对使用免洗助焊剂的氮气焊炉来说，其面临的最大挑战是如何控制这些冷凝物。一般为了精确地控制氮气焊接气氛，要求环境空气中的夹杂物很少，以便通过氮气体积的最小化来保持加工成本的合理性。但免洗助焊剂在回流时会释放大量的挥发物，直接结果是导致氮气焊炉炉腔中发生较少的气体交换，因此可凝结的蒸汽很难被稀释。助焊剂冷凝物可以在冷却器表面很快形成，随着时间的推移，逐渐被烘干后变得难以去除。焊炉制造商潜心设计了很多解决助焊剂冷凝物的方案，如在冷却区域内部或周边设计气流过滤器、冷阱和带自清洁 - 燃烧循环的指形冷凝管（厨房烤箱型）等，这些设计已经出现在了最新的焊炉中。一些焊炉带有可快速换装的翅片散热器，这些散热器可以很容易被取出、清洗，以备下次使用。

许多硅集成电路或无源元件对回流过程中的升、降温速率有要求，超过设定的加热或冷却速率可能会损坏管芯连接材料，导致封装裂开，或者改变封装的电气性能。对于一般的陶瓷元件，通常建议温度斜率控制在 1 ~ 4℃ /s。另外，锡银铜（SAC）等焊料的冷却速率同样需控制在这个范围内，以实现焊料的快速凝固和阻止焊料合金的偏析。冷却太慢会导致合金成分的再分配，形成片状或针状的银结晶，进而降低焊点强度。

3. 排 气

回流炉中一个经常被忽视的子系统是废气排出系统。从环境保护的角度看，这是最重要的，其对焊接过程也有深刻的影响。在焊接过程中，微量的金属氧化物会逐渐在炉内累积或覆盖在炉腔表面。长时间暴露在微量铅或铅化物的空气中已被证明是很危险的，随着转换成无铅材料的使用，其危险性可能会降低，但是仍需注意其他一些金属微粒的吸入。正如之前所讨论的，在回流过程中，焊膏会挥发并释放一些反应产物。由于大多数焊膏和助焊剂是高度保密的专利配方，供应商不会在材料安全数据表（MSDS）中公开其精确的成分，也不会指明其分解产物。此外，如果 PCB 从针链式传送带上掉落，或者元件从网带上掉落，都会掉落在一个高温的表面——加热器上，或者强制空气对流设计回流炉内的加热器上方的多孔板上。PCB 或塑料类元件会过热、分解，进而释放令人讨厌的或危险性气体。正确设计和应用的排气系统无疑会减少这些风险。

需注意的是，高速排气可能会影响焊炉的性能。过度排气会导致焊炉中气体的大量流失，进而导致焊炉内不必要的湍流，扰乱强制对流模式，使得温度控制变得更加困难，减小了区域间的相互影响（区域分离），影响时间 - 温度曲线的建立等，最后导致焊接过程变异。

一些焊炉会设计一个中心烟道，另一些则只在炉腔入口和出口处设置烟道。每个排气管道上都应该安装专用压力计或通风传感器，用来监视常规排气性能。排气管道上的阀门必须可以进行流量调整，通常在流动阻尼装置后安装通风传感器。遵循焊炉制造商对排气需求的建议非常必要，因为要排除的废气中充满了来源于焊膏的挥发性物质，排气系统应该定期检查性能。由于这些冷却的挥发物的存在，叶片可能会很脏，因此应该设计排气管监视器帮助查明这些问题。

利用引燃棉线的烟，可以检测和判断是否有气流流入或流出焊炉。若排气正常，就会有微弱的气流从出口和入口处流入焊炉。当然，焊炉应该是热的和完全可操作的，以便保证适当的排气。同样，在最热和最冷情况下执行这个测试很有必要，以确保加热模块的设置不会影响排气条件，至少在焊炉入口和出口处可以观察到微弱的气流。一旦设置了排气条件，就要用假板进行反复测试观察，确认这些条件对气流是否存在影响。微调排气流，必要时进行多次测试。适当的排气设置将帮助实现焊炉回流焊的一致性，保护车间人员不受有毒化学品或金属粒子的毒害。

47.3.3　回流炉的要求

1. 多重加热区域

沿炉腔走向，回流炉在顶部和底部设计了多个加热区。每个加热器或加热区都可以设置不同的温度，通过传感器电路实现稳定的温度控制。注意，每个加热区顶部和底部对应一个加热器，如图 47.6 所示。多个加热区可根据需要调整和设置时间 - 温度焊接曲线，这对成功加热、助焊剂激活、焊膏回流及冷却焊接组件都非常有必要。加热区的数目取决于要组装产品的热容；加热区域越多，回流过程控制越容易。

2. 独立加热器

区域隔离，即一个加热区不会对另一个区域产生影响，对可控和可重复的回流焊非常有必要。举例来说，一个设置为 250℃的加热区应该对 200℃的邻区影响甚微。对区域隔离并没有明确的规定，但区域隔离性越好，过程就越可控。在购买或配置回流炉之前，测试区域隔离性能参数，对合适的过程设置来说是有必要的。测试时可以采用极限情况，即将一个加热区温度设置得很高，邻区则设置得很低，如果发现低温区的温度高于其设置，则表明高温区引起了邻区温度的升高。实际设置焊炉的时候，应该避免区域之间有较大的温差，控制其在区域隔离的温度范围之内。

3. 温度分布

炉腔横截面的温度分布决定了加热的质量和均匀性。高品质焊炉，即使对较宽的 PCB，其轨到轨的温度均匀性约 ±2℃。这种均匀的热量分布对于焊接可控性和一致性很重要。

4. 加热器响应

当 PCB 经过焊炉时，势必要吸收焊炉的热量。对应的，焊炉必须对那些被 PCB、焊料和元件所吸收的热量做出响应和补偿。焊炉中的热电偶应该及时检测炉腔环境内的热效应，以及温度的减小值。重要的是，不要把 PCB 靠得太近，因为这样会彻底隔开顶部和底部的加热器，改变焊炉的性能。强制空气对流焊炉中 PCB 间的距离应该足以避免顶部和底部加热器的隔离。PCB 间距取决于生产线产量要求和产品的热容，该间距可以小至几英寸，但是 PCB 负载量和间距效果需要根据经验，以及通过观察其对时间 - 温度曲线的影响而定。任何新设备的评估应该包括负载测试，以确保焊炉的预期产能。在装载 PCB 之前、之中和之后都需要检查焊炉的时间 - 温度曲线，以比较相同的参数设置对单一 PCB 的性能影响。

5. 焊炉和 RoHS

随着限制在电子电气产品中使用有害物质指令（RoHS）的生效，回流设备已经逐渐向无铅回流转变。使用锡铅焊料的焊炉用于无铅回流时，工艺工程师必须注意以下 5 个方面。

加热器的适应性　与回流炉制造商确认，以确保加热器和风扇总成（加热器模块）可以兼容与无铅回流相关的更高焊炉温度。尽管焊炉可以达到更高的温度，但通常加热模块可能由于接近它们的最大额定输出功率而不能正常工作。

超温传感器　很多好的焊炉装备有铋合金开关或其他超温传感器，以阻止通常由已损坏或有缺陷的热电偶或失效的控制电路引发加热器模块过热。当焊炉用于锡铅焊接时，相比无铅焊接需要更低温度要求的铋合金开关。当低温铋合金开关用于无铅回流时，会使得焊炉加热电路无法正常工作，在最高温区尤其明显。因此，必须咨询回流设备制造商，确认旧焊炉中的铋合金开关是否可以与高温无铅焊接相匹配。

固 件 在一些旧的回流炉中，加热器计算机控制固件不允许加热模块设置到足以用于无铅回流的高温。如果焊炉可以与无铅焊接兼容，需进一步检查加热模块是否可设置更高的峰值温度用于无铅焊接。通常，固件升级可能是必要的。

密封性和其他 咨询回流炉制造商，旧回流装备中的密封性和其他焊炉元件是否可以与更高温度的无铅焊接相匹配。

排 气 由于大多数的无铅焊料排出的气体会更热一些（因为更高的熔点或熔距），因此，确保排气系统的所有组成部分均适应高温，尤其是最靠近焊炉本身，其排气是最热的。检查弯曲的通风管道、管道密封、弯曲的通风竖管接头及堆积监控器（压力计、流量计等），以确保它们兼容、不会发生过热现象。

47.3.4 回流焊原理

回流时间 - 温度曲线是回流焊工艺最重要的控制参数，它是温度和将 PCB 组装用焊料液化并在出焊炉之前返回固态的时间的关系。

1. 曲线依赖性

焊膏的组成，PCB（层数、原材料），元件类型、数目及组装密度等，都会影响回流时间 - 温度曲线。焊炉性能，如加热性能（加热区数目和每个模块的响应）将主导整个过程和曲线。虽然使用的要求决定了每条曲线，但曲线的好坏实际上取决于回流的材料、加热性能、设备的可重复性能力，以及工艺工程师对细节的关注。

2. 焊 料

焊料合金的选择决定了用于回流和润湿的峰值温度及时间，也可能影响回流后冷却速率的选择。正如一些焊料，特别是无铅焊料，对冷却降温斜率有特殊要求。

3. 助焊剂和其他焊膏成分

正如之前所讨论的，焊膏有 3 个主要成分：焊料合金、助焊剂及增加其流变性能的添加剂。如前所述，焊料合金决定了工艺的峰值温度，助焊剂和其他成分则决定了回流前的加热升温斜率。加热太快可能会导致早地烤干助焊剂，加热过快会导致焊膏飞溅；加热过慢则很难激活助焊剂。没有通用的曲线适用于给定焊料合金的回流，焊膏制造商一般会提供每种焊膏配方的时间 - 温度曲线。对于给定的焊膏配方，批次之间的回流性能应该是一致的。

47.3.5 回流曲线

理想的回流焊过程，其回流曲线中一般有 4 个不同的步骤。每一步都必须针对焊膏成分进行调整，且必须在适当、可控和可重现的回流设备中完成。回流曲线 4 个阶段中的任何一个出现失误都将导致焊接过程的失败，如图 47.8 所示。

1. 最初的预热

在回流时间 - 温度曲线的这一步，PCB、元件和焊膏将进行预热，焊料开始失去其挥发性成分，助焊剂开始化学激活。如果斜坡坡度太陡，挥发过快，会导致沸腾，焊膏会溅出，这可能会形成锡珠，减小焊料体积，从而影响连接的可靠性。孤立的锡珠会在相邻导体之间形成桥连，造成电气短路。

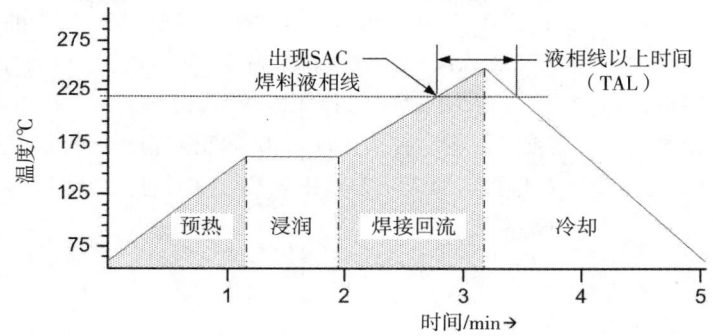

图 47.8 锡银铜焊膏的通用回流曲线示意图。时间 - 温度值并不精确，只是为了说明回流焊过程

过快的加热也可能引起元件开裂，尤其是陶瓷元件。安全起见，斜坡速率限制在 2 ~ 4℃/s，一般根据元件制造商的规定及焊膏供应商推荐的最大允许加热速率确定。

2. 浸　润

在这一步中，焊料、PCB 和元件进一步加热。助焊剂流到所接触的金属表面，进而去掉表面氧化物并阻止氧化物的再次形成。浸润旨在提供必要的时间和热能，延长助焊剂与氧化物反应的时间。如果焊接过程中助焊剂被激活得过早，它会被烤干，或者消耗太快；如果助焊剂失去效力，则金属表面会在焊料液化之前再次氧化，也会阻止焊料润湿。

3. 焊接回流

焊料液化的开始　在这一步中，焊料从固体变为液体。液体金属焊料在表面张力作用下浸湿被助焊剂处理过的金属表面，沿着元件引线到 PCB 焊盘界面流动，这是焊接和形成有效焊点的基础。

温度快速上升，峰值温度比焊料熔点高很多，确保了 PCB 上所有区域、所有元件及所有涂敷的焊膏均超过焊料的液化温度。对共晶锡铅焊料来说，回流峰值温度比焊料熔点高 25 ~ 40℃；对 SAC 焊料来说，峰值温度高于熔点 15 ~ 30℃。与锡铅焊料相比，SAC 焊料的超出温度较少是因为 SAC 合金家族具有更高的熔距，回流需要的更高温度对元件和 PCB 有潜在的损坏风险。此外，受热金属表面的氧化会更容易，对应焊膏分解或碳化的风险也更大。

表面张力的影响　当焊料是熔融状态时，如果元件质量轻至足以浮在焊料中，表面张力效应会吸引元件引线和 PCB 焊盘进行自对准。无源元件（电阻、电容、电感等），大部分有引线的元件及塑料类元件或 BGA 在这一步均可以进行自对准。焊料表面张力通常不会大到影响较重的陶瓷元件的自对准，如陶瓷球阵列（CBGA）和陶瓷柱栅阵列（CCGA）。

金属间化合物的形成　正如之前讨论的，金属间化合物（IMC）的形成发生在熔融焊料润湿元件引线和 PCB 焊盘金属表面时。IMC 厚度依赖于焊料在液化温度或更高温度的持续时间。焊料加热时间越长，IMC 越厚，厚的 IMC 会产生易碎的黏结层，并降低焊点的可靠性。因此，PCB 应该被避免被过度加热。虽然对液化以上的时间（TAL）没有明确的标准，但焊料 TAL 应该和焊膏制造商的建议保持一致，其典型值是 30 ~ 60s。热容大的 PCB 上的一些元件会对应较长的 TAL，因为其加热较慢且均匀性差。在这种情况下，一些元件可能已经过热，而其他的还没达到焊接温度。同样，一些元件或 PCB 合金由于润湿较慢，也会需要较长的 TAL。

热风焊料整平（HASL）或铜焊盘上回流锡工艺会在表面处理层和焊盘之间形成一个较薄的 IMC 层。SMT 回流过程中，将在之前已经存在的金属间化合物上继续添加熔融焊料，化合物会进一步增长。因此，TAL 应在保证焊料润湿的基础上以形成最薄的 IMC 层为准。

材料降解　回流焊过程中，PCB 基板、元件等都会降解，因此应该进行相关试验，以确保所有材料都符合设定的回流参数。如果用 SMT 回流工艺组装连接器，必须确保元件和焊料间的接触力没有受到连接器变形或变软的影响。在回流前后需分别检查连接器的接触间隙，并与连接器制造商规格作对比，确定连接器是否与回流工艺真正兼容。这对过渡到无铅焊接是非常重要的，主要是新材料和较高回流温度的兼容性问题。

47.3.6　冷　却

冷却是曲线中的第 4 个阶段，要求 PCB 退出焊炉以前，其温度必须降低到焊料熔点以下。再次说明，要重点注意元件的加热和冷却速率。大多数电子封装和 PCB 不会很快散热。如果 PCB 很厚，是一个相对较差的热导体，其仍将会保持很高的温度。在送出焊炉之前，PCB 的温度必须降到焊料熔点以下，以避免任何焊接元件的移动或扰乱焊点的凝固过程。另一方面，以后的趋势是更薄的 PCB、更小的元件和更热、更快速的焊接曲线（以跟得上大批量产品的需求），考虑如何确保负的温度斜率要求也是明确的。

如前所述，焊膏制造商会提供参考回流时间 - 温度曲线指引，但这只是一个起点。工艺工程师应该基于实际产品的运行分析，通过产品样板优化回流炉曲线。

旧教科书和工业参考文献将焊料圆角形成的完整性和焊点的反射率作为评价回流过程好坏的典型标准，但这些都是主观想法，可能无法作为真正的焊点质量标准。如前所述，过热的焊点会比较脆，虽然它们看起来被很好润湿。SAC 及其他无铅焊料合金与锡铅相比，有一个天然的粒状固体结构，所以发暗的焊点不一定是不好的焊点。抗拉强度、冲击和振动、热循环、X 射线焊料空洞率等测试方法，结合金相显微镜观察焊点横截面，是评价焊点质量的较好方法。对 SAC 焊料来说，还有另一种含义，如果淬火不快，合金中会有成分分离，银可能会以片状或针状结晶的形式析出，而快速冷却可以将该问题出现的概率降到最小。检查元件制造商的规格参数，以免危及元件的完整性。

47.3.7　成功的焊炉回流

成功的焊接取决于几个因素，包括合适、稳定、可控的回流设备，较高的可焊性，设计好热平衡的用于回流工艺的 PCB，测试良好的可靠焊膏，验证过的时间 - 温度曲线，以及良好的温度测量技术。

1. 充分维护和可控的回流设备

焊炉应该在任一炉腔横截面有较小的温差，并且有能力提供足够的加热和冷却速率，以及足够的区域隔离能力。焊炉对给定区域的温度控制应该是稳定的，而不是存在超过几摄氏度的温度差异。同样，传送带的速度应该稳定可控，而不是存在超过 1 ~ 2cm/min 的差异。

2. 可焊性优良的元件

即使是最好的回流设备、曲线和焊膏，也不能补偿元件本身质量或可焊性的不足。质量高、可焊性好的元件和 PCB 是成功回流的必需品。

3. 共面性

元件引线、BGA 球或 CCGA 柱的良好共面性也是焊接的重要保障。在规定误差内，所有元件的引线应该处于相同的底面。共面性的要求也取决于焊膏高度和焊膏涂层的均匀性，因为焊膏在熔化时呈现的圆顶特性可以容忍引线间共面性存在一定的差异。

4. 元件存储

避免延长存储时间，元件在使用之前应保持冷藏和干燥，同时必须建立充分的质量管控措施，以确保焊料和元件可焊性。塑料元件，如塑料四面扁平封装（PQFP）和塑料球阵列（PBGA）等，会吸收大气中的水分。含有水分的塑料封装进行回流焊时，内部水分受热变成蒸汽，蒸汽压力增大到一定程度将导致封装破裂，硅芯片和封装内部的连接线就经常受到此破坏，这种现象即行业中俗称的"爆米花"。确保塑料封装元件存储时的原装完整性，像供应商提供的那样，直到开始使用。一旦元件打开了原包装，就要遵循 IPC/JEDEC 的指导方针[1]，务必在保质期之内使用或焊接之前进行烘干。

元件必须适应回流工艺所需要的温度。最后，确保元件表面工艺与使用的焊料兼容，包括有铅与无铅工艺。

5. 基于回流焊的 PCB 设计要求

PCB 的热平衡设计对可靠和充分的回流是很重要的。确保 PCB 的可制造性设计（DFM）检查已经完成，高热容元件不应该归为 PCB 的一部分。同时，利用较小元件的合理分配，而不是单独创建元件区，以实现统一的热平衡。元件间应有合适的空间，以防止板上较小元件被临近的大元件所遮挡，尤其是在没有强制对流设计的红外加热回流炉中，这点非常重要。如果焊炉的炉腔宽度上的温度均匀性不好，如果可能的话，应该改变 PCB 取向，以利用不平衡性；即将具有最大热容的 PCB 边缘与温度最高的焊炉边缘对齐。元件应设计得离板边足够远，以避免针链式传送带的机械干扰。因为焊炉轨道对回流有影响或可能会损坏 PCB 底面元件，在 PCB 边缘的空隙足以适应针链式传送的基础上，最好额外多留出一些区域，以满足 PCB 从一个回流炉转移到另一个进行生产的需要。

6. 焊膏和回流时间 - 温度曲线

焊膏供应商提供的回流时间 - 温度曲线只是一个建议的出发点，重点在于借此优化回流条件和处理时间。焊膏中含有的细小焊料颗粒对助焊剂来说是很麻烦的，因为单位体积内其较大的比表面积会导致形成更多的表面氧化物。

限制暴露在高温，特别是熔点以上的时间对焊接非常重要，因为此时金属间化合物的形成速率最快。而金属间化合物层越厚，焊点就会越脆弱，可靠性越差。

47.3.8 无铅对回流焊的影响

虽然无铅焊接的引入代表了行业的一个重大转变，但其对回流工艺和设备的影响却较小。很多情况下，用于锡铅焊接的回流炉也可以用于无铅回流焊。尽管有些人认为炉腔内壁、风扇等会收集含铅灰尘，进而污染无铅焊料，但实际上少量含铅粒子导致的污染一般很难超出 RoHS 对铅 0.1%（质量分数）的限制。

正如前面提到的，要想兼容无铅回流，就要对回流设备做一些修改。该修改主要与材料有关，几乎不涉及回流焊工艺。因为许多无铅焊料润湿引线和焊盘的能力相对较弱，所以需要延长润湿时间；许多无铅焊料更倾向于形成焊料空洞，延长浸泡（预热）时间和稍微增加峰值温度可以减少空洞的形成。

47.3.9 良好的温度测量技术

　　了解焊炉和 PCB 相互之间的热效应，对可控和可重复性回流过程至关重要。对回流时间 - 温度曲线进行温度测量是验证这些影响的唯一实用方法。在焊接之前就要确认焊炉和 PCB 之间的相互作用，进而调整得出合适的 PCB 回流时间 - 温度曲线。PCB 回流时间 - 温度曲线的关键过程控制点，主要包括以下几个方面：

- 确保加热和冷却速率在表面贴装器件（SMD）和焊膏规格的推荐范围内
- 最高温度和持续时间
- 加热器类型、数量、PCB 冷却方法和元件材料
- 传送带速度
- 沿焊炉宽度方向的热量分布
- PCB 和 SMD 元件的受热特性
- 焊炉对 PCB 出现的反应时间

47.3.10 产品样板

　　前面讲到的很多变量都对焊接过程有显著影响，唯一的评价方法是准确测出 PCB 进入和离开时热量在焊炉中的分布。大多数工艺工程师都信任他们选择的样板，通过样板测试来判断回流炉运行品质及评估要购买的回流炉的性能。所谓样板，其实只是一个配置了测温热电偶的产品板或测试工具，它穿过焊炉，通过温度测试确认回流炉加热效果和传送带速度对 PCB 的影响。当 PCB 在焊炉中传送时，热电偶通过 PCB 上的元件引线或封装来追踪焊炉的温度曲线。

　　然而，依赖产品样板来决定焊炉性能可能会掩盖回流炉的一些固有问题。如果测试板上的元件或 PCB 内层之间本身温度不平衡，就很难检测出焊炉截面上（轨与轨之间）温度的差异。正是因为这个原因，应该制造一个平衡的焊炉诊断分析装置，并运行和评估焊炉性能，而不是只依赖于样板。这并不是说焊炉诊断板可以直接取代产品样板。后者可以用来验证 PCB 的关键部分，或者更好的是，元件引线是按照设定曲线加热的。样板的热电偶分布在前沿、后缘、中心及两侧，理想情况是将热电偶测试端植入不同类型元件的焊点中，也可以在较大元件和相邻较小元件中增加热电偶，以确定大元件是否对小"邻居"有热量影响。热电偶的数量取决于封装类型、回流炉特性、样板厚度、样板布局的复杂性等。接下来介绍一些好的温度测量方法及焊炉诊断板，还有热电偶测量的创新方法，这些方法已经是大规模回流制造作业的常用方法。

1. 焊炉诊断板

　　焊炉诊断板可以很简单，也可以很复杂，它的作用就是确认焊炉的工作状态是否正常，确认所有加热器和强制对流风扇等是否工作正常。它对评估炉腔轴向及径向上的焊炉时间 - 温度曲线都很有用。从这个板子上纪录的数据可能无法用来建立一个产品的时间 - 温度曲线，但是可以确定焊炉的性能。

　　诊断板，不管是产品板还是单独的测试板或其他装置，都应该是热对称的。它应该由低导热率材料制成，最好是热绝缘体，也应具有较低的热容。热电偶在顶部和底部以均匀间隔排列，

其安装应该距离传送带轨道足够近，以便测量轨道对温度曲线的影响。热电偶球端应该大小相同，且与绝热材料的间距相同。此外，它们应该稍微偏离绝缘材料，使得加热的焊炉气流可以在它们周围自由流动。用这样的装置进行测量可以提供焊炉热环境的真实情况，如图 47.9 所示。

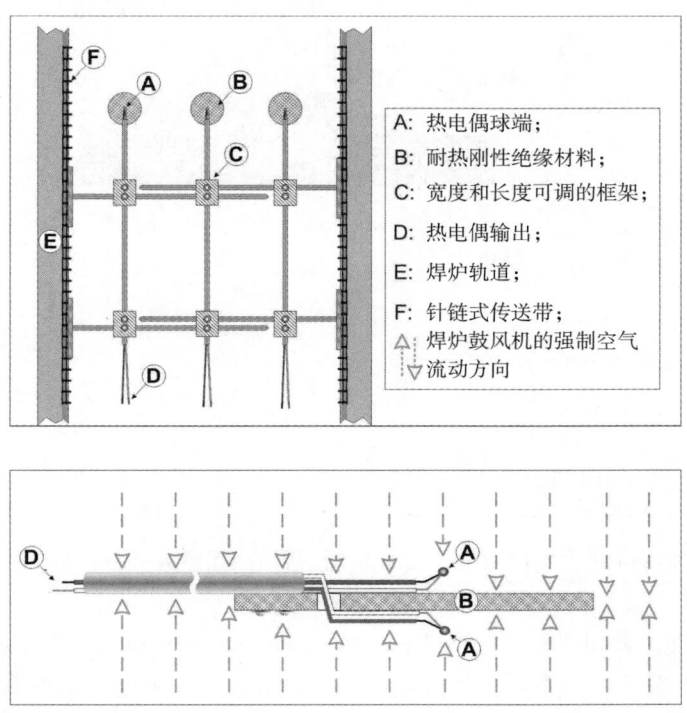

A: 热电偶球端；
B: 耐热刚性绝缘材料；
C: 宽度和长度可调的框架；
D: 热电偶输出；
E: 焊炉轨道；
F: 针链式传送带；
△ 焊炉鼓风机的强制空气
▽ 流动方向

图 47.9 可调的焊炉诊断工具，包括一对被耐热刚性绝缘材料相互隔开的热电偶。为了检测沿炉腔宽度方向的温度分布，热电偶在长度和宽度方向上均可调整

2.PCB 测温

良好的测温实践和热电偶的使用，对获得准确和有用的 PCB 时间-温度曲线，以及焊炉的热性能信息，都是非常重要的。

良好的热电偶实践　热电偶是由两种不同的金属或合金引线彼此接触组成的，引线可以通过绞合或最好利用焊接的方式连接在一起，如图 47.10（a）和（b）所示。当热电偶的两个脚插在不同温度的地方时，金属之间的电气差异会产生一个可测量的电压。这个电磁场（EMF）与温度有关，校准后可用于精确的温度测量。

　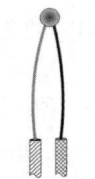　

（a）绞合成对　　（b）焊接成对　　（c）带有无意接触点的焊接热电偶

图 47.10　热电偶

热电偶制作起来很简单，两根不同的引线只需彼此接触成对即可。这种简单的结构可能会出现问题，如果两条线无意地被连接在了一起，则热电偶的输出将和无意接触点的温度有关，如图 47.10（c）所示。

对于热电偶夹在元件引线和 PCB 焊盘之间的情况（见图 47.11），如果附近形成了无意接触点，热电偶会记录焊炉中空气的温度，而不是记录元件引线、焊料和 PCB 的温度。因为焊炉空气温

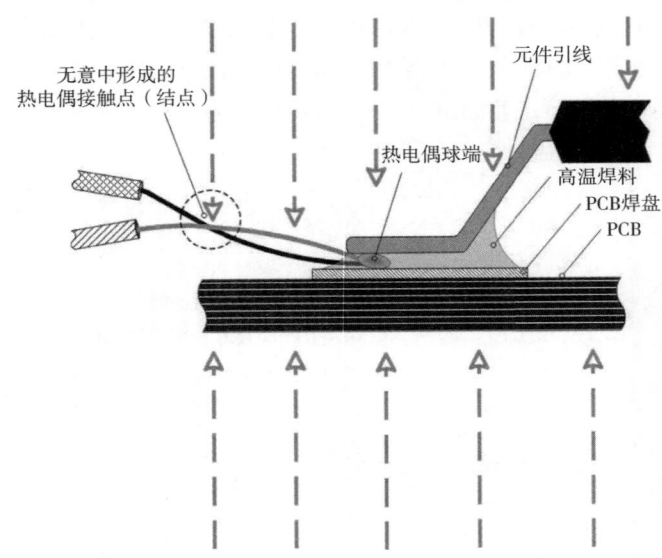

图 47.11 箭头表示来自焊炉鼓风机的强制对流冲击。无意的热电偶接触点（交叉连接）会记录焊炉内空气的温度，而不是测量目标——焊点区域的温度

度通常比 PCB 温度高，得到的焊接时间 - 温度曲线（基于错误热电偶得到的）可能比预期的更冷，进而可能形成冷焊。

焊接和绞合 热电偶引线对应该焊接在一起，以排除间歇接触导致的噪声诱发的测量误差。小型、廉价的台焊设备就可以实现热电偶的焊接。热电偶的两个引线应该只接触一个点——最接近需要测温的区域。焊接成对有一个显著的优势，其结点小且均匀，根据经验，结点的直径可以小至单个导体直径的 1.5 倍。温度将只在结点处感知得到，不管那对引线是做的还是买的，通过显微镜或放大镜检查一下，确保结点的完整性，以及引线除结点处的接触外，下方无任何接触。制作热电偶时，通常的做法是在焊接之前先将热电偶引线拧在一起，一经焊接，扭曲的材料就会熔化和回熔，而焊接后需要将结点后面拧在一起的部分解开。当然，该做法存在风险，因为热电偶材料本身就很脆，焊接之后更脆。

最常见的热电偶 用于 PCB 焊接的最常用热电偶是 K 型，Ni-Cr/Ni-Al（镍铬合金 - 镍铝合金）对，因为它拥有适合 PCB 焊接的最合适的温度测量范围，而不用考虑合金类型。有两个主要设备用于测量热电偶的输出：回流跟踪器和数字温度计。

测量仪器 其中一个最原始的测量设备是输出手工记录或与图表记录器关联的电子（数字）温度计，另一个复杂得多的设备是回流分析器或跟踪器。作为电子仪器，后者不仅可以输出多重热电偶测量的时间 - 温度曲线，还可以对数据进行评估、确认，如升温速率、预热时间、熔点以上时间、冷却速率及其他属性。跟踪系统是基于计算系统和采用电池供电的，可以生成关于回流循环的详细报告和图表。大多数跟踪器与热防护盖一起出售，使它们能够穿过焊炉，并消除过长热电偶引线导致的电阻损耗和热量散失。一些甚至通过无线发射器输出温度，以便可以实时测量和观察数据。

一旦达到设定的开始工作的温度值，如 30℃，追踪器便开始记录单位时间经历的温度。在通过焊炉炉腔的整个过程中，它在很短的、可编程的时间间隔内（每秒几次）进行采样和记录 PCB 的热电偶温度。当追踪器通过炉腔后，去除热防护盖，停止计算。存储在电子追踪器上的数据上传到计算机，经过处理后显示、报告、打印、分析。用户可以自定义报告的类型，包括数据类型、热电偶图及其他与运行有关的数据。一些系统可以预测和修正基于当前测量条件和焊炉设置的曲线，这使得调节复杂的回流炉以满足特定工作条件变得更加容易。一个简单或复杂的模型是否被选中，回流追踪器在设置焊炉和检查过程可重复性方面起到的作用是非常重要的。

使用电子追踪器的时候，其存在可能影响焊炉内的空气流，进而影响得到的曲线数据。追踪器也有热容，但是所有的追踪器出售时都有一个绝缘罩。在追踪器穿越焊炉炉腔时，最好确认追踪器所产生的影响。这时，可以使用长热电偶线，当焊炉处于稳定运行状态时，运行在样板后面固定距离的追踪器。需注意的是，回流过程中追踪器通常放置在样板之后。如果追踪器放置在热电偶样板之前，焊炉会试图补偿追踪器的热容，或者补偿受干扰或偏转的气流时，都可能会引起加热器升温。当一个温度较低的 PCB 进入焊炉内温度高的加热区时，焊炉会自动补偿 PCB 热容的影响。追踪器上增加的热容或分离的空气流在正常回流过程中不会成为问题。

如果保持追踪器与热电偶测试样板之间有一个 PCB 的长度，就可以消除追踪器对实测曲线可能存在的影响。

3. 温度曲线样板

温度曲线样板是任何焊接工艺的基石。这是一个装载适当元件的 PCB，热电偶连接到关键的地方，以确保在焊接过程中达到了适当的焊接温度。通常将热电偶嵌入 BGA（最内部焊点和最外部焊点）和细小的甚至是无源元件之下，其目的在于确保最难受热的焊接区域可以吸收足够的热量，同时最容易受热的元件也不会过热。有时，达到理想的热平衡不太可能，在这种情况下，通常根据面阵列元件确定热量，虽然部分小元件会轻微过热，但可以保证很好地形成底面焊点。

将热电偶依附于 PCB 前沿、后缘、两边及中间的元件被认为是最佳的做法，尽管可能需要进行多次测试以收集这些区域的数据。没有什么可以代替曲线测试板。有些人试图通过 PCB 称重来评估元件热容，也有的使用超过峰值温度的曲线，包括其他尝试过的所谓捷径等，这些方法都不能 100% 成功。没有什么可以代替测试样板所产生的热评估效果。

通常，一个样板为第二组装面回流曲线（只有第二组装面元件安装）准备，另一个为第一组装面回流曲线（第二组装面和第一组装面元件均被安装）准备，还有一个样板用于波峰焊（所有的 SMD 加上 PTH 部分）。这些样板同时也作为返工过程的测试板。

如果相关信息明确，将热电偶依附于电源和地层引线是非常明智的，这些连接点对 PCB 焊接而言最具有挑战性。特别是较厚主板内有多层连通、厚的地层或电源层时，是很难加热和冷却的。

在进行另一组测试之前，需要将测试样板和回流时间 - 温度曲线追踪设备冷却到室温。用风扇冷却可以极大地减少等待时间，提升测试效率。

热电偶部署　热电偶的大小和位置对准确和可靠的温度测量来说非常重要。有很多方法保护 PCB 上的热电偶结点，其应用也有一些简单的原则：

- 这个结点必须接触到被测对象
- 每个热电偶的引线必须保持在同一温度
- 热电偶两条引线之间应该只有一个结点（热电偶球端）
- 测量方法不能干扰测量结果

热电偶接触　热电偶结点必须和待测引线与焊盘的焊点紧密接触，因此热电偶结点必须插入元件引线和 PCB 焊盘之间。为了与被测结点大小相适应，修剪热电偶引线和结点是较好的做法。

压扁热电偶结点有助于把它紧密放置在引线和焊盘之间,扁平结点可以用光滑的尖嘴钳或锤子加工。注意,热电偶结点扁平化后要进行检查,以确保其既没有破裂也没有折断(见图 47.12)。

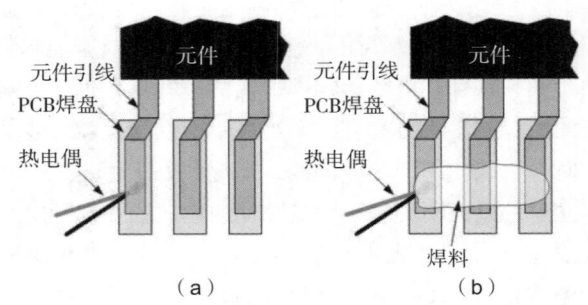

（a）　　　　　　　　　　（b）

图 47.12　检查热电偶的质量:(a)好的热电偶部署,结点被放置在单一引线以下,固定在高温焊料中;(b)结点固定在高温焊料中,但是焊料桥连了多个引线,温度代表的是引线和焊料整体的热容,而不是像(a)中那样的单一引线

对于 BGA 和其他面阵列元件,需要穿过 PCB,在 BGA 球或阵列中钻一个小孔,使用钻径略小于 BGA 球的非常小的钻头来加工完成。为了避免断裂,这个钻头不应过长(稍长于 PCB 加 BGA 球的厚度即可)。组装之前钻孔,确定孔位;回流之后再次钻孔,以清除焊料,方便热电偶插入。组装曲线测试板可以用过热的时间 - 温度曲线。BGA 球钻孔时也相当于准备好了热电偶的插入路径。只要孔径足够小,没有必要采用添加焊料的方式将热电偶固定在 BGA 中。如果孔径略大于热电偶结点,那么围绕着热电偶结点的空气应该与 BGA 球温度相同。热电偶引线应该用耐高温黏合剂或耐高温胶带固定,防止结点脱离预期测量目标(见图 47.13)。要注意的是,不必密封热电偶插入孔,因为这是一个基本上被热电偶引线填满的微型盲孔,其内部的气流传输可以忽略。

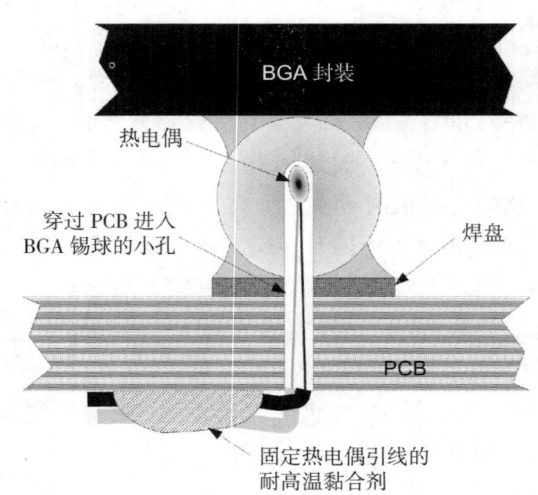

图 47.13　热电偶嵌入 BGA 球中,引线通过耐高温黏合剂或耐高温胶带固定在 PCB 上

热电偶大小　不管热电偶结点是否合适地部署在了引线和焊盘之间,许多因素都会影响焊点温度的测量过程,包括结点的大小和热电偶球端的热容大小等。一般来说,推荐使用细小的热电偶,如 30 或 36 美国线规(AWG)(见表 47.1),以方便热电偶结点插入引线和焊盘间很小的缝隙。理想情况下,热电偶结点是完全包裹在测量焊点中的。

表 47.1 AWG 与线径、期望的热电偶球端直径的对比

AWG	线径 /in	线径 /mm	球端直径 /in	球端直径 /mm
20	0.032	0.81	0.048	1.22
24	0.020	0.51	0.030	0.76
30	0.010	0.25	0.015	0.38
36	0.005	0.127	0.0075	0.19

争取用最短的热电偶线对，这是非常实用的，因为长、粗的引线会传导测焊点的热量，进而改变它真实的受热性质。

固定热电偶：导热黏合剂 如果黏合剂是用来固定热电偶结点的，就要必须考虑其热导率。大多数导热黏合剂的导热率不如金属或焊料，最好是填充了高导热率材料的，如铝、氮化硼或其他导热陶瓷类。如果导热率不够高，可能产生一个错误的热电偶读数。导热黏合剂通常使用薄薄的一层，其导热性取决于黏合层的厚度。挨着热电偶设置导热黏合剂的基准线是明智的，以确保它不是绝缘的，不会影响测量结果，也确保经历多个回流周期以后仍然保持其导热性能。如果测量过程中黏合剂与热电偶结点分离，那么测量数据无效。许多黏合剂不能承受焊接的高温环境或调整回流曲线时连续的热循环，尤其是无铅焊接中的高温环境。高导热性黏合剂也较昂贵。

固定热电偶：胶带 应该避免用胶带将热电偶结点固定在 PCB 上，众所周知，这是一个不可靠的技术。当胶带被加热、伸长、扩展，甚至从 PCB 上脱离的时候，问题就出现了，热电偶结点可能脱离测量目标。同时，胶带也将热电偶和目标结点与周围环境隔开，这与测量目标结点位置处的焊炉环境影响刚好是背道而驰的。

固定热电偶：高温焊料 最好的方法是使用高温焊料将热电偶结点固定在测试点。热电偶结点并不可焊，因为 K 型热电偶线不容易被润湿。相反，结点设置在元件引线下面，引线与高温合金焊接在一起，将结点包裹于焊料中。

选择的高温焊料的熔距或熔点应该高于预期的峰值回流温度。如在 220℃附近熔化 SAC 焊料（峰值温度通常低于 255℃）时，合金 Sn-10Pb（熔距在 300℃附近）是合适的。在使用高温焊料之前，建议先用软质铜刷清除常规 PCB 组装过程中的相关焊料，如 SAC 或锡铅，因为这些焊料可能会降低高温焊料的熔距。

曲线测试板元件 测试板可以由仿制的、电气性能失效或废弃的元件组成。测试板可以保存起来反复使用。一旦建立焊炉时间 - 温度曲线并记录了相关数据，使用焊料之前有必要通过测试板对焊炉进行一次快速检查，以确保焊炉工作正常，可重复生产。

4. 曲线测试板间距

对于针链式传送带焊炉，通常做法是将曲线记录设备（回流追踪器）放在假板上，由前方的曲线测试板牵引前行。测试板和假板之间的距离至少应该有一个 PCB 的长度。热电偶引线比测试板要长，其长度应该略大于一个 PCB 的长度（见图 47.14）。

如果两个 PCB 离得太近，焊炉加热器将它们作为一个更大的热容体进行加热，会产生过热现象。如此，加热器的性能将与稳定状态时区别很大，在时间 - 温度曲线上不会表现出好的性能。这个规则同样适用于波峰焊的温控技术。

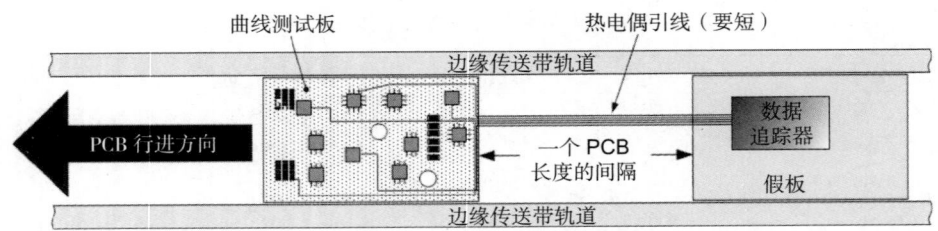

图 47.14 曲线测试板应该与假板或载体保持一个 PCB 的距离，这有利于焊炉加热器对给定热容的 PCB 进行合适的加热处理

47.3.11 引线浸焊膏工艺（侵入式回流工艺）

作为 SMT 工艺的附属，该方法也被称为侵入式回流工艺，即通过 SMT 焊炉回流工艺实现 PCB 通孔元件的焊接，以消除或降低容易产生缺陷的波峰焊的使用。

在 SMT 元件焊接之前或之后，通孔元件（轴向引线元件、排针、连接器等）插入对应的 PTH。一旦放置好所有的 SMT 元件和通孔元件，已涂敷焊膏的 PCB 就会通过 SMT 回流焊炉。回流过程中，熔化的焊料聚集在通孔引线周围，润湿引线和通孔之间的区域，表面张力和毛细作用使得焊料进入孔中，完成焊接过程。

1. 引线浸焊膏工艺中的焊膏印刷

引线浸焊膏工艺，首先应该在 PCB 预焊接 PTH 孔区域通过印刷模板（钢网）涂敷大量的焊膏，为 SMD 贴装和回流做准备（见图 47.15）。

当然，必须在 SMT 钢网上的对应位置开孔，以确保 PTH 处的焊膏涂敷。如果焊料量不是问题，最好尽量保证 PTH 处涂敷足够量的焊膏。

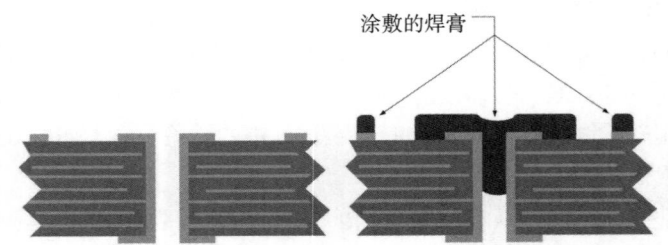

（a）焊膏涂敷之前的PCB横截面　　（b）焊膏涂敷之后的PCB横截面

图 47.15 为 SMD 元件放置准备钢网印刷焊膏。注意，SMD 焊盘和 PTH 内已经有焊膏。对于（b），焊膏在印刷时通过刮刀进入 PTH

2. 焊料用量

孔内焊料少，无法满足通孔焊点的检验标准，是引线浸焊膏工艺的最主要问题，也是其通常只适用于厚度 ≤ 1.6mm（0.063in）的 PCB 的原因。焊料量取决于被焊接元件引线节距及引线之间可用的印刷空间；钢网厚度通常由 PCB 上最小、最密集的元件决定；PTH 的容积则与相关元件的引线置换容积有关。

因为通孔回流焊需要的焊料量是通孔体积和元件引线置换量大小之比的函数，所以减小孔径是有利的，特别对于厚 PCB。但是，随着引线和通孔之间环形区域的减少，会形成过多的焊料空洞。用于 SMT 的焊膏是一种乳脂状无机化学混合物，由焊料、助焊剂及其他材料组成。焊料

空洞是回流时焊料中的有机成分蒸发引起的。另一种情况下，对于较厚的 PCB，增大通孔对通孔回流技术有利。印刷焊膏时，将焊膏灌入通孔中，可以有效增加用于焊点形成的焊料。二次印刷可以使得更多焊膏进入通孔。注意，一些通孔中的焊膏会受插入元件引线的影响而发生移位，如图 47.16（a）所示。

回流时，焊料一般沿着引线倒退进行润湿，如图 47.16（b）所示。有时，焊料会在引线尖端形成一个锡珠，如图 47.16（c）所示。虽然它不影响电气性能，也黏附得很好，但是它会干扰关键的间隙（如 PCB 和托盘之间），阻碍 PCB 放入在线测试设备或其他装置。

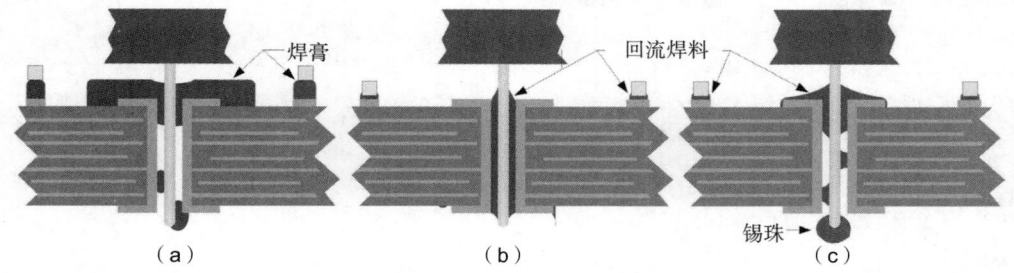

图 47.16 通孔回流焊工艺的 PCB 横截面：（a）一个 PTH 元件引线插入 PTH 内和周围的焊膏中；（b）回流中焊料熔化润湿引线和元件引线，如果焊料用量合适，表面张力效应将吸引引线和孔之间的焊膏，形成好的焊点；（c）焊膏因为引线的插入而移位，在引线尖端熔融成锡珠，如此多的焊料移位导致引线和 PTH 孔之间形成明显的空洞

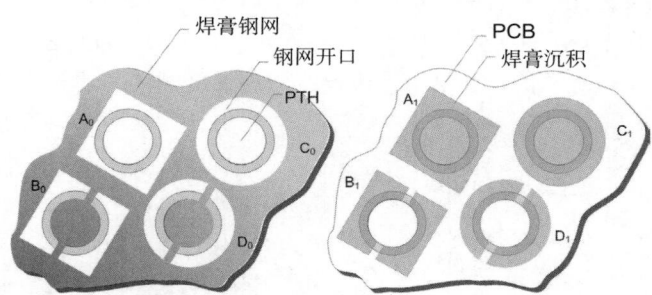

图 47.17 A_0、B_0、C_0、D_0 是传统不锈钢网上的焊膏开口。B_0、D_0 的设计防止焊膏被迫进入通孔。相应的焊膏沉积对应于 A_1、B_1、C_1、D_1。C_0/C_1 及 A_0/A_1 是常见的圆形和方形开口设计，并且允许焊膏进入对应的通孔

可以通过印刷钢网的设计防止在 PCB 通孔焊盘或内部沉积焊膏，如图 47.17 所示。

钢网在阻止焊膏进入 PCB 通孔的同时，也导致顶层焊盘表面及孔内焊膏量的显著减少，而这些减少可能使得一些 PCB 不能使用通孔回流焊技术。如果焊料量过少，可用的焊料不均匀地分布在通孔引线周围和孔内，会导致生成空洞和质量差的焊点（见图 47.18）。

正常入射的 X 射线将重点检测通孔中的空洞，如图 47.19 所示。

3. 厚板的引线浸焊膏焊接

因为焊料增加量与增加的板厚成比例，引线浸焊膏焊接通常适用于较薄的 PCB（≤ 1.6mm）。这项技术受制于可用焊料及所需的通孔焊料填充率，一般有两种方法可以处理和增加焊料量。

4. 通过预成型增加焊料

焊料层预成型会给通孔部分增加焊料（见图 47.20），但这种方法的成本高，预成型的应用也是冗长和耗时的。

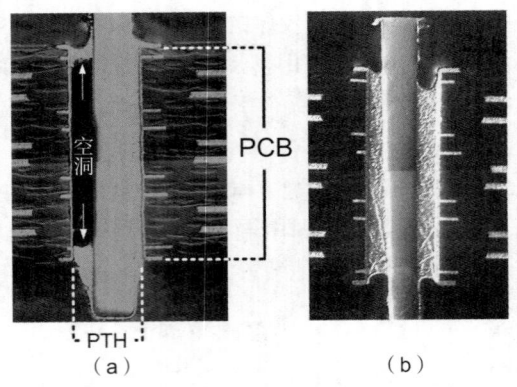

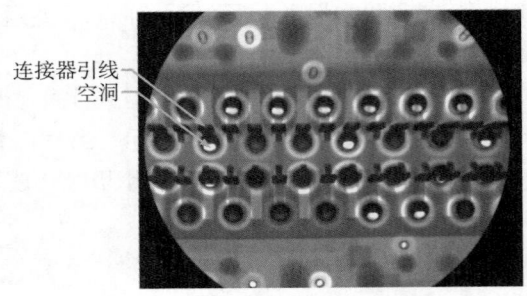

图 47.18　焊点缺陷源于不均匀的焊料分布：（a）一个缺乏焊料的通孔焊点存在大空洞；（b）一个好的通孔焊点接近 100% 的填充率且没有空洞（来源：惠普公司）

图 47.19　一个连接器的常规 X 射线照片，引线周围的亮点区域没有焊料或存在空洞（减小了焊料厚度）（来源：惠普公司）

5. 盲浸入法

　　有一个新方法可以在厚 PCB 上形成略微不标准的焊点[2]。缩短的引线，与用于 1.6mm 厚 PCB 的一样，可以用于厚板。同样，其焊料与 1.6mm 厚 PCB 的使用量也一样。当焊料熔化后，与通孔焊接过程一样，它将聚集和润湿到引线和孔。传统的观点认为熔融焊料将穿过孔从 PCB 底部流出，实际则相反，几乎所有的焊料由于表面张力的作用都会聚集在引线和孔周围。如果焊料量计算准确并涂敷合适，引线会被 100% 润湿（见图 47.21）。加速热循环后的抗拉测试都表明，所得的焊点可靠性是足够的，并且等同于引线润湿长度两倍的常规的引线浸焊膏焊接或波峰焊焊点。

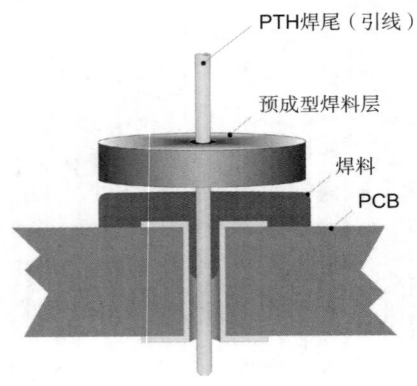

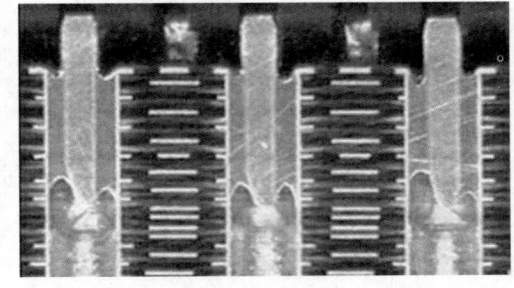

图 47.20　预成型焊料层可以增加引线浸焊膏工艺的焊料量。注意，焊膏中的助焊剂足以用于焊料预成型

图 47.21　侵入式焊接中的通孔回流焊横截面显微镜图。注意，只有很少的焊料被消耗

6. 温度兼容性

　　使用通孔回流焊工艺，需要检查元件与焊炉回流过程的温度是否兼容。高温及长时间暴露在回流焊过程中，都可能引起不适宜的模塑元件熔化或扭曲。如果模型连接器本体软化或变形，连接器接触面的法向力就会受到影响。焊点或一些元件内部的焊线也有可能解散，如电解电容器，在焊炉回流过程中可能会发生泄露或爆炸现象。因此，必须检查元件制造商对于温度极限和焊炉回流焊兼容性的规范。

47.4 波峰焊

PCB 大规模组装的主要方法是基于焊炉的回流焊，波峰焊已经退居次要地位。SMT 技术的推出，导致基于焊炉的技术快速发展，SMT 封装的增加减少了对波峰焊的依赖。尽管如此，对于通孔元件的存在及混合组装技术，波峰焊仍然是唯一的选择。波峰焊不可能短时间内从 PCB 制造领域消失。与回流焊相比，波峰焊缺陷较多，这使得设计和组装时都尽量将 PCB 上的通孔元件数目降到最低。

47.4.1 工艺基础

波峰焊是在一个熔融焊料槽内进行汲取和循环，进而形成驻波的设备。用波峰焊进行 PCB 焊接，其元件处理通常有以下 3 种方式。

（1）大节距 SMT 元件，特别是无源元件，通常在波峰焊之前用黏合剂贴在 PCB 底面。黏合剂直接接触元件，并与 PCB 上的焊盘对准。

（2）有引线的元件，如连接器、PGA 或其他通孔元件，从 PCB 顶面插入通孔。

（3）有引线的元件，如轴向引线元件，从 PCB 顶面插入并钳住 PCB 底面。

PCB 放置在机械化的边缘式传送带上，然后预加热并激活助焊剂，同时也预热 PCB。PCB 穿过熔融焊料波的顶部，只有 PCB 底面暴露在熔融焊料中（见图 47.22）。

暴露于焊料波时，PCB 底面附着黏合剂的 SMD 端子在各自对应的焊盘处接触并获得焊料。对于有焊尾的元件，熔融焊料被引线和通孔之间空隙的毛细作用吸入。如果孔和引线足够热，助焊剂处理效果好，焊料将在孔和引线之间填充并形成焊料圆角。随着 PCB 的继续传送，离开焊料并开始变冷，焊料凝固，焊点形成。

这个过程的一个特征是，焊点的形成速度比回流焊更快。波峰焊过程需要很少的时间进行预热、助焊剂处理和焊点形成，这也解释了这个过程的变异性。

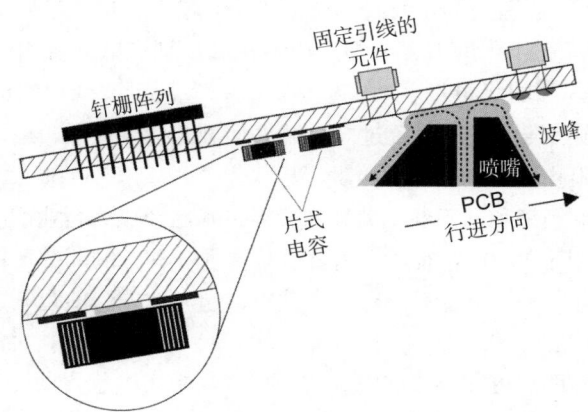

图 47.22 波峰焊：PCB 在熔融的焊料波上传送，只有底面暴露在焊料波中。
波峰高度设置为轻轻接触到 PCB 底面即可

47.4.2 子系统

波峰焊设备有 5 个基本子系统，包括传送带、助焊剂涂敷器、预热器、带有泵和加热器的焊料槽、通风设备。如果使用基于酒精的助焊剂，最好安装一个灭火系统。

1. 传送带

类似于回流炉，波峰焊设备通常配有一个机械化的、速度可控的传送带，运送 PCB 完成焊接过程。对于波峰焊，PCB 被一个宽度可调且边缘带有"手指"的传送带托着，它抓住 PCB 边缘，既不遮挡焊料接触，也不干扰焊料波动。不锈钢边缘"手指"需要经常清洗，以避免助焊剂堆积。

2. 助焊剂涂敷器

助焊剂涂敷器负责为焊点形成提供足够的助焊剂。就波峰焊而言，其简短的预热和焊接时间，决定了要使用比回流焊更强的助焊剂。尽管如此，绝大多数波峰焊使用免洗型助焊剂。助焊剂必须被加热到足够的温度，以实现最好的反应活性，同时又不被烤干或变性而失去作用。从经济角度考虑，使用的助焊剂量应该尽量少，但必须确保助焊剂量足以去除通孔内部、焊料和元件引线上的氧化物。另一方面，波峰焊之后助焊剂的残留物也会干扰在线测试探针的接触，因此推荐使用足够助焊剂情况下的最少应用量。

需要注意并控制助焊剂量的另一个原因是火灾隐患。涂敷助焊剂的 PCB 预热后进入波峰焊炉，如果助焊剂过多，助焊剂就可能滴到预热器部件上，进而导致助焊剂快速挥发并与空气中的氧结合，这为火灾提供了条件。即使预热器没有直接接触液体助焊剂，如果挥发物和易燃成分的量足够高以致成为着火源，就有可能达到爆炸的条件。随着更多环保的水溶性助焊剂的出现，火灾隐患不再像以前那么让人担心了。

泡沫和波浪助焊剂涂敷器已经被喷雾技术取代，下面分别讨论一下这 3 种技术。

泡沫助焊剂涂敷器　泡沫助焊剂是通过多孔金属喷嘴、多孔玻璃或多孔石对液体助焊剂进行汲取和充气完成的。喷嘴，也称为烟囱，形成充气的助焊剂流。要焊接的 PCB 经过泡沫助焊剂，然后在进入波峰炉前加热和激活助焊剂。经过波峰焊后，焊料润湿可焊的金属，然后凝固，完成焊接过程。泡沫助焊剂对通孔（PTH）元件焊接特别有效。表面张力使得泡沫进入 PTH，使引线和孔内涂敷的助焊剂很薄且均匀。

波浪助焊剂涂敷器　波浪助焊剂涂敷器的工作原理与波峰焊设备本身非常类似。PCB 在助焊剂波上移动，通过调节波峰高度和 PCB 渗透到波峰的深度，以控制合理的助焊剂应用厚度。作为所有通孔元件的助焊剂作用助力，毛细作用使得助焊剂进入元件引线和孔的空隙。至于泡沫助焊剂，很难控制助焊剂的涂敷量。大多数情况下，应用于波峰焊的助焊剂大部分被焊料紊流波移除；然而，如果预热器的温度设置过高，助焊剂可能会被烘干，进而影响助焊剂的助溶效果，并且其残留物也会阻止焊料和元件的接触。

喷雾技术　因为它的经济和准确性，助焊剂喷雾技术已经成为行业的主要技术。精确数量的低固助焊剂，通常可以用于 PCB 或 PCB 上需要进行选择性焊接的局部区域。有两种主要的喷雾助焊方法：空气喷射和超声波，两者都很有效。其中，超声波方法使得制造过程中消耗的助焊剂量最小。

如果设置不当，喷雾助焊可能导致在空气或焊接气氛中产生包含助焊剂的薄雾，板边金手指连接器的助焊剂污染就是最显著的例子。当被助焊剂污染的子卡插入连接器时，会破坏电气接触。建议在裸露的板边金手指连接器上覆盖一层丙烯酸黏合剂聚酰亚胺胶带[3]或采用其他方式防止接触污染。

3. 助焊剂涂敷器的维护

当助焊剂暴露于空气中时，它们很容易受到挥发性成分蒸发的影响，即便是水溶性助焊剂。

在波浪助焊剂涂敷器或泡沫助焊剂涂敷器系统中，由于助焊剂暴露于大气或加工环境中，挥发物的演变更加明显。因此，助焊剂涂敷器需要检测和维护，虽然可以用一些自动系统，但大多数需要定期通过比重计测量并调整助焊剂的比重。必须加入助焊剂稀释剂，以补偿蒸发损失，恢复比重。此外，系统中的助焊剂量必须调整到适当的水平。助焊剂涂敷器必须定期维护，以避免对制程良率产生影响。助焊剂制造商可以提供助焊剂比重的建议水平，也可以推荐合适的稀释剂配方。

助焊剂容器应该可以排空，进行彻底清洗，再定期装入新的助焊剂。有时，助焊剂的残留物会改变助焊剂的表面张力，堵塞喷嘴或改变泡沫系统的气孔。此外，助焊剂也可能被传送的 PCB 污染，影响组装质量。因为 PTH 依赖于微小的毛细管作用，首先被助焊剂填充，最后被焊料填充，任何助焊剂或焊料中的小颗粒都可能阻碍孔的填充。同时，当助焊剂容器排空时，最好检查其材质以确保可以适应严格的系统操作条件，以及长时间接触焊料不会对容器造成腐蚀。对整个系统结构材料的检查应该在购买波峰焊机器之前，不熟悉或未经检验的材料应该避免使用，除非有足够的文献、测试结果或客户实际经验可以证实助焊剂的兼容性。

47.4.3　预　热

在波峰焊中，PCB 和元件的预热有 3 个目的。

（1）帮助 PCB 和元件达到足以使助焊剂激活的温度，并清洁焊接表面。

（2）减小温度差异，以减小元件破裂的可能性，因为波峰焊时熔融焊料会使温度剧增。

（3）当 PCB 与焊料接触时，允许 PCB 快速升温至焊料熔融和润湿温度。

元件于焊料中的停留时间比在回流炉中形成焊点的时间短 10 ~ 30 倍，所以波峰焊中的一切都发生得很快。另一方面，加热时间 - 温度速率应该与元件制造商的要求保持一致。元件和 PCB 焊盘必须被助焊剂充分处理，但预热之后必须有足够的助焊剂留在 PCB 上，保护被助焊剂处理过的新表面，直到组件到达焊料波。

与回流炉类似，波峰焊也有多种类型的焊料预热器，但是实际广泛使用的只有两种：辐射预热器（直接和间接红外线）和强制对流预热器。两种方式都是有效的，且各有优势，事实上，最好的配置是两种结合。一些波峰焊设备配置了顶部和底部预热器，这有利于大热容 PCB（如厚板）的焊接。

47.4.4　波　峰

可用的焊料波峰配置有很多种，这里提供一个与波峰相关的基本概述，而不是针对每一种进行详细的讨论。正如前面提到的，熔融焊料被汲取而形成驻波，这可以通过焊料容器底部或侧面的旋转叶轮来完成。一旦焊料变成熔融状态，叶轮电机被激活，焊料从挡板和喷嘴之间涌出。叶轮速度和挡板 - 喷嘴配置决定了整体驻波的特征。挡板和喷嘴一般是可调的，像叶轮速度、熔融焊料温度、PCB 介入角度、PCB 传送速率等，这些连同预热器设置，都是相关参数或变量，必须确保其可以满足波峰焊的高良率要求。

因为焊料是熔融的紊流液体，理论上能与 PCB 底面紧密接触。因此，只要沿着 PCB 底面宽度方向的焊料波连接均匀，均匀性一般不难控制。因为焊料与涂满助焊剂的 PCB 底面接触，熔融焊料就有机会润湿 PCB 的表面焊盘和元件引线。焊接时，焊料依靠引线和孔之间空隙的毛细作用吸入。离开焊料波以后，PCB 迅速冷却，液态焊料凝固，焊点形成。

47.4.5 配件

波峰焊制造商已经设计了很多可能对焊接过程有帮助的选项，其中的一些扩展了波峰焊能力，如允许细节距元件或厚 PCB 进行波峰焊。

1. 气刀

气刀，通常也叫风刀，在 PCB 出现后，将高速热空气或氮气流以掠射角吹向 PCB 底面。风刀可以有效缓解密集引线或小节距无源元件区域的焊桥现象。如果风刀使用空气（而不是氮气），将增加焊渣形成速率。同样，如果角度是错误的，而且速度过高，排气将会破坏焊料波，导致焊接开路或短路。如果温度设置过低，风刀不仅作用有限，而且会使焊桥进一步恶化。自从风刀出现，设计上就很少依赖于使用减小焊桥拖尾的泪滴焊盘（偷锡焊盘）。

2. 音波辅助

虽然不常用，但高振幅音波脉冲可以帮助焊料进入通孔，增加润湿，特别是厚 PCB。设置时必须注意，因为过高的振幅可能会导致泵入孔内的焊料太多，进而导致 PCB 顶面形成焊桥或焊料飞溅。该特性对厚 PCB 孔内填充焊料很有帮助。但该方法价值有限，因为它对 PCB 的加热并无作用，而后者才是影响孔内焊料填充率的主要因素。

47.4.6 诊断

不论是大规模焊接，还是针对某一特定产品，都必须确保完全填充时间 - 温度曲线测试板，确保待焊区域，尤其是重要区域，在焊接过程每个阶段都保持合适的温度。顶面贴片元件焊点必须低于所用焊料的熔点，同时，通孔及元件必须高于焊料液相线温度，以保证足够的润湿和熔融焊料的填充。由于目前混合组装 PCB 的复杂性，这比以往有更大的挑战性。因此，应该像回流焊一样建立时间 - 温度曲线样板并组装相关元件，但是热电偶应该与 PCB 两面连接在一起，以便同时监控。应该监控顶面 SMT 焊点，确保它们在焊料合金回流温度以下。连接器也应该被监控，确保不过热。通常，对于 63Sn-Pb 焊料，选择大约 120℃作为最大预热温度，以避免 PCB 接触焊料波峰时顶面达到回流温度（183℃）。当然，这种温度限制因 PCB 尺寸、厚度、元件类型、PCB 层数、内层连接数、内部芯板厚度、元件布局密度等的不同而变化。对于无铅焊料，预热温度应该比用于 SMT 焊料合金的液相线温度低 50 ~ 70℃。

除了样板，也有其他许多有用的商业化诊断工具，可用于波峰高度和连接区域的动态测量，并用于评估在给定传送速度下的驻留时间。

47.4.7 焊渣

热焊料在气液表面容易迅速氧化。虽然波峰是不断运动的，焊料实际上是在一层很薄而稳定的氧化物下流动。在锡铅、锡铜或锡银铜体系中，表面氧化物主要为二氧化锡，但是也包括少量的其他合金成分氧化物或污染物。波峰表面和焊料上的氧化层被称为焊渣，有助于限制再循环焊料的氧化，但是也会干扰波峰焊效果。

如果调整适当，PCB 达到焊料波峰并破坏氧化层表面后，被助焊剂处理过的元件和 PCB 就会浸入流动、无氧化物的熔融焊料中。如果所有的步骤执行得当，焊料合金就会与去除了氧化物的元件引线和 PTH 孔融合在一起。一旦退出波峰焊设备，随即冷却至焊料液相温度以下，焊点形成。用于焊接的体系越多，污染物和焊渣形成得就越快。

1. 焊渣的影响

焊渣对制造的影响 焊渣源自制造过程中焊料的流失。

焊渣的经济效益 在大批量制造中，每台机器每周流失的焊料可导致数百美元的损失。当然，实际成本取决于机器使用、焊料合金及 PCB 数量。然而，焊渣也可以回收，进行循环使用。

锡漂移 焊料表面过多的焊渣会破坏正常的波动。对于锡铅焊料，锡氧化物比铅氧化物更容易形成，很长一段时间后，焊料中的锡就会耗尽，这就是所谓的锡漂移。这在基于锡的无铅焊料合金中同样存在，但是由于一些合金中锡几乎占了全部（如 SAC305 合金，锡的质量分数达 96.5%），其影响就不会那么大了。然而，其他对无铅合金的干扰，如铜的熔解，就变得更加重要。例如，共晶锡铜合金，铜的质量分数只有 0.7%。PCB 上铜焊盘的熔解会引起铜含量的微小变化，对焊料的熔化温度有很大的影响。

2. 与焊渣有关的工艺缺陷

焊渣一般会改变焊料波与引线接触表面的动态，破坏焊料的爬升填充，进而加速焊接缺陷的产生。由于紊流波将熔融焊料与氧化物混合在一起，滴下的熔融焊料可能就只能夹在焊渣中。一旦氧化，将无法再进行焊接。当焊渣通过 PTH 引线区时，包含液态焊料的焊渣会挂在引线上，引起短路（称为焊渣短路效应）。这种加厚的焊渣层也会阻止 PCB 和元件引线与波峰焊料的有效接触，进而产生开路或漏焊现象。

3. 焊渣的控制

有各种方案用于控制焊渣，如含矿物油的共混焊料，油浮在表面，覆盖焊料，隔离空气。液体还原剂也可以加入焊料和助焊剂中。从长远来看，这些都不是有效的方法。最流行的方法是通过勺子手动捞取焊料槽表面的焊渣，也可以使用利用真空清除焊渣的机器。

不论是免洗型还是其他弱活性助焊剂，惰化都是减少焊渣形成、确保最佳助熔效果的最有效方式。氮作为覆盖气体已成为最有效的方法。R.Iman 等人[4]研究在氮气焊接气氛中加入气体形式的甲酸。此过程的原理被 H.H.Hartmann[5, 6]证明：甲酸可以成为高效的助焊剂。当焊料暴露在空气中时，焊渣形成，所以限制空气接触就限制了焊渣形成。如前所述，氮气在这方面有帮助。另一个简单而有效的方法是当波峰焊停机时，关闭循环泵。

47.4.8　金属污染物

金属污染物也会影响波峰焊，其有两个来源：用于充满焊料槽的焊料和在焊接过程中加入的材料。当热的循环焊料波接触元件引线、PCB 孔壁和焊盘时，材料会熔解到焊料中。即使引线和焊盘提前电镀过或浸过焊料，仍然有机会对焊料槽中的焊料进行掺杂，这依赖于涂层成分、厚度、基底金属、表面处理中的杂质，以及在焊料波中停留的时间和温度。铜、金、银、锡或铅和金属间化合物是常见的污染物，来源于元件引线、焊盘或涂料的微量熔解。

焊料槽污染有明显的影响，最终会改变焊料的熔距，在焊点中注入微粒，改变润湿特性，这都可能导致短路和开路的增加或焊点脆化。焊料槽的成分可以通过测试来确定，通过获取少量焊料，检测其固相线和液相线（熔距），与纯净的标准焊料作比较，从而确定其杂质含量。这种方法没有化学分析准确，不适合检测金属间化合物沉淀类杂质的存在，因为这些杂质可能不会影响焊料合金成分。

焊料槽中应避免过高的温度和过低的传送速度，以限制元件引线、PCB 焊盘和 PTH 的熔解。

注意，波峰焊保持在相对较高的温度，通常为245～265℃（取决于焊料合金），但是PCB在焊料中的暴露时间短（2～10s）。回流焊工艺则要求在液相线以上温度的时间是30～90s。与焊炉中回流一样，波峰焊的热冲击会导致元件破裂或退化，所以预热速率应该适度，并匹配元件供应商的建议——有时小到2℃/s。

一些焊料杂质，如铝、金、镉、铜和锌等，可以增加焊料的表面张力，更容易产生桥连。D.Bernier[7]综述了这些污染物的影响，并描述了由经验得出的杂质含量限制。

47.4.9　环境卫生

空气会传播含锡铅氧化物烟雾和其他金属微粒，这对呼吸健康是有害的。尽管与铅氧化物摄入量相关的风险是被明确规定的，但是吸入任何微粒都应该被认为有潜在危险。与无铅合金相关的危险，不像锡铅焊料那样众所周知。不管是哪种合金，都应当采取防护措施，尤其是在波峰焊系统维护中，要防止吸入有害微粒。推荐戴面具并穿可水洗的或一次性外衣（污染套装）。当然，适当的卫生并通风的工作区域，在维护和正常焊接操作阶段都是必需的。

47.4.10　波峰焊的设计

对多数工厂而言，在波峰阶段产生的缺陷水平都要远高于回流焊阶段。缺陷和下面几种情况有关：较差的过程参数设置、欠佳的过程控制、不合理的PCB设计，或者三者都有。尽管波峰焊技术已经存在了很长时间，它仍然没有得到完全的理解，主要因为不同的机器配置和较多的过程控制参数。

各个波峰焊设备制造商都会提供不同配置的波峰焊设计。一些波峰焊机器会提供多重较小紊流波设计，这最适合无铅元件，如SMT无源元件（电阻、电容等）。平滑波推荐用于有引线元件、通孔及宽节距SMT元件的焊接。波动力是由过程值和与波接触的材料决定的。当焊料润湿PCB材料时，焊料润湿接触角和焊料本身的黏度给波强加了剥离的特性（见图47.23）。

热风刀，如前所述，当焊料处于熔融状态时，用于去除元件引线之间多余的焊料，防止桥连，这在连接器和PGA的间隔排列引线区域特别有效（见图47.24）。

当波穿过间隔排列引线区域时，流体流动区域将会发生阻塞，进而导致开路或焊料不足。此

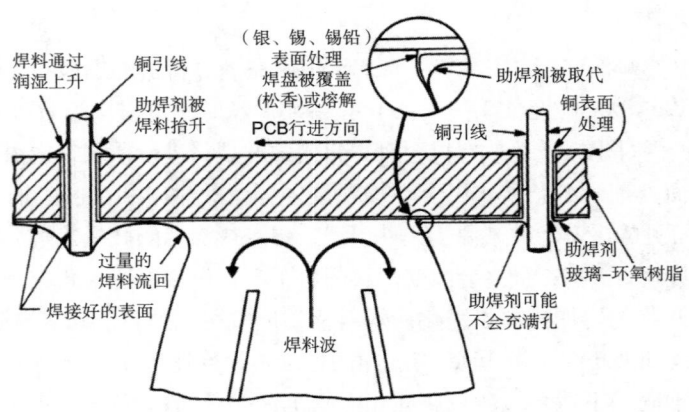

图47.23　PCB经过焊料波。注意，PCB通过时有拉动焊料的趋势。焊料润湿引线-焊盘的结合处成为一体。良好的焊接依赖助焊剂辅助润湿，和超过表面张力时网状焊料从波中顺利破裂的能力（来源：Alpha Metals，Inc）

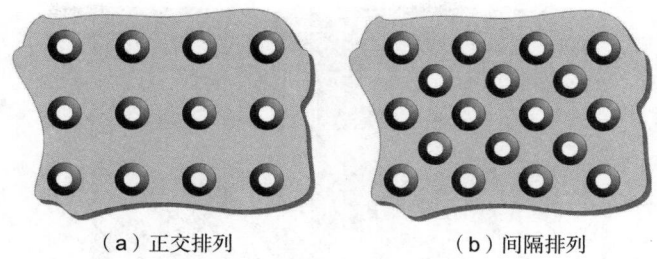

（a）正交排列　　　　　（b）间隔排列

图 47.24 连接器 PTH 图样

外，该间隔排列引线区域不像其他区域可以排走所有的焊料，也会形成桥连现象。很多种波峰设计旨在提高对这些大封装元件的焊接能力，但是对其相应的应用并没有给出明确的选择规则。

在设计用于波峰焊的 PCB 时，预测 PCB 底面的焊料流动是非常重要的。比如，尽量避免把高大的元件放在矮的元件前面，元件间距也应该最大化，否则焊料可能被阻止润湿和焊接目标区域。更高的元件可能挡住焊料波的流动，引起流动区域在矮元件附近旋转或停滞。同时，导通孔的布局也应该尽可能远离引线，以避免上述提及的再次回流问题[8]。

元件离 PCB 边缘的距离是由焊料波的流动及其周围的结构决定的。F.W.Kear[9]通过对通孔焊点形成的热效应方面的检测，大致描述了波峰焊过程的物理现象。

47.4.11　托　盘

托盘、选择性焊接托盘或遮蔽物都是屏蔽装置，用于保护某些第二组装面元件（底面元件），或者满足某些 PCB 本身的产品特点。托盘顶部是一个根据 PCB 特点设计的嵌入式卡槽，以保持 PCB 放置于卡槽内（见图 47.25 和图 47.26）。

典型的波峰焊托盘是由非润湿性、静电放电（ESD）保护、热绝缘的材料，如环氧树脂或其他高温环氧玻璃复合材料制作的。

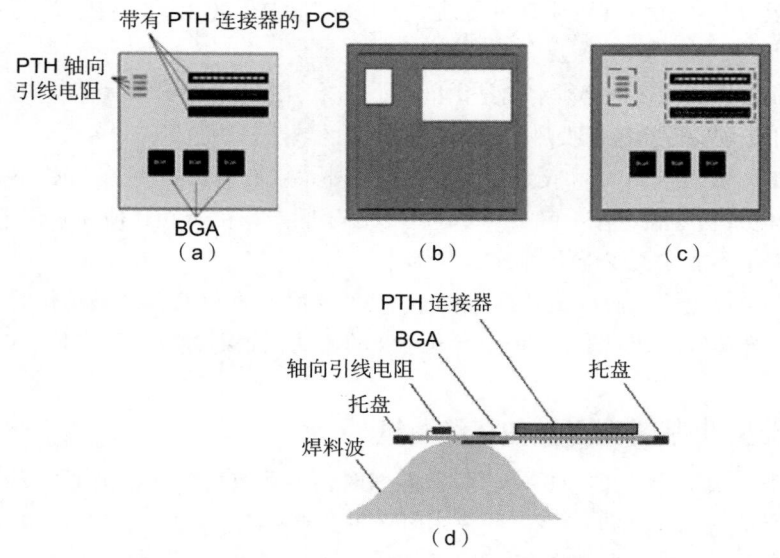

图 47.25　（a）波峰焊托盘；（b）用于 PTH 元件的带有图样的托盘，根据 PCB 特征保护 BGA 和其他元件；（c）一个 PCB 嵌套在托盘里，托盘上的虚线区域被去除，露出 PCB 底面；（d）一个被遮蔽的 PCB 通过波峰焊，显示暴露和遮蔽区域

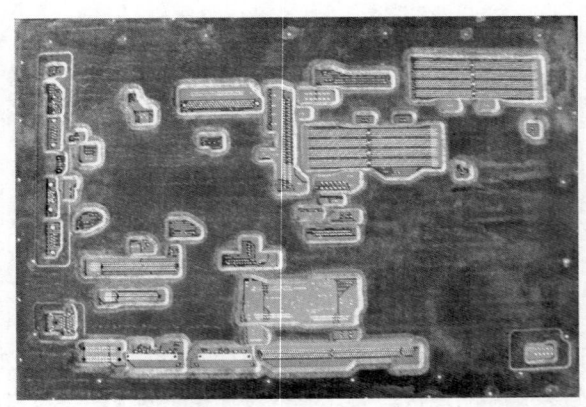

图 47.26 用于 PCB 的波峰焊托盘。光亮区域被挖空，允许元件引线接触焊料波；黑暗区域为遮蔽保护 PCB、元件导通孔和关键元件（来源：惠普公司）

1．托盘用途

- 保护底面 SMD 焊点
- 屏蔽导通孔和导通孔区域[10]
- 屏蔽 PCB 边缘的手指
- 屏蔽压接连接器位置
- 预防 PCB 变形
- 保护测试点
- 保护机箱电镀孔

2．托盘设计

托盘可以保护 PCB，如果设计不合理，便会干扰焊接。要注意以下规则。

限制托盘厚度　托盘不能太厚，不能设计得将 PCB 托得太高，干扰待焊区域的熔融焊料。

最大化托盘开口　托盘开口应该尽可能大，以达到好的 PCBA 预热效果，同时便于焊料在待焊区域自由出入。

开口区域和元件引线之间必须有合适的间隙　如果引线离托盘开口太近，焊料波就不能与引线连在一起；再进一步，托盘会吸热，进而抑制焊接区域热量的上升。

板锁和夹子　板锁将 PCB 和托盘固定在一起，如果没有板锁和夹子，PCB 就会浮动。夹子会把 PCB 和托盘紧紧地固定在一起，夹子也可以用于固定连接器和其他尚未固定的部分。必须注意，板锁和夹子不能太大或干扰到 PCB 的预热。

托盘支撑　设计应该包括足够大的支撑面积，使薄而大的 PCB 经过波峰焊时不发生弯曲。

开口倒角　托盘开口处应该有斜坡，有利于波的流动，确保焊料波顺利进入和退出每个开口。

47.4.12　免洗型助焊剂残留物和在线测试

在波峰焊中，当 PCB 底面与熔融焊料波接触时，大多数助焊剂会被消耗完或洗掉。然而，免洗型助焊剂残留物从托盘和 PCB 之间渗出时，不会被去除。任何残留物，如果覆盖到在线测试焊盘上，可能成为后续在线测试的障碍，因此应该注意减少波峰焊中助焊剂沉积物的产生。至于 PCB 设计，测试焊盘应该尽量远离托盘开口。

47.4.13 基于波峰焊的 PCB 设计

如果在电路布局设计时不详加考虑，带 BGA 和小节距 SMT 元件，且厚度超过 2.36mm（0.093in）的复杂 PCBA 很难进行波峰焊。

适当的散热设计 使用适当的散热设计，如轮辐式焊盘，既可以提供电传导，又可以限制从 PTH 到地层和电源层的热传递（见图 47.27）。该设计限制了热量传递到地层和电源层，保证 PTH 的温升。因此，如果参数设置正确，也可以增强 PTH 的焊料填充率。

限制到地层和电源层的连接数 在可能的情况下，限制地层和电源层到 PTH 的连接数。每个连接都会导致热耗散到铜层，使得预热和焊料润湿变得困难。

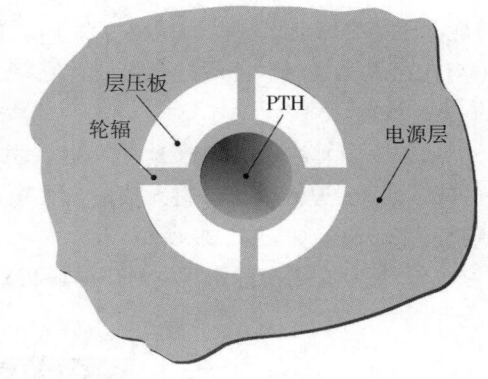

图 47.27　PCB 散热设计原理：轮辐连接 PTH 到导电平面，限制热传递。有限的热路径可加强对 PTH 的加热

按区域设计波峰焊元件并提供间隙 将进行波峰焊的 PTH 元件集合到一起，避免不需要波峰焊的 SMD 零星地分布在 PTH 区域。相对地，也要避免将孤立的 PTH 元件放在 SMD 区域。这样的布局需要一个小的托盘开口，会抑制焊料波流动、预热及接触。

正确放置与边缘有关的元件并使用辅助边

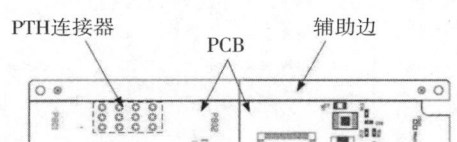

图 47.28　PCB 上可去除的一次性辅助边

如果可能，避免将 PTH 元件紧挨着 PCB 边缘放置。必须为 PCB 边缘留出间隙，允许 PCB 嵌在托盘上，PCB 可以设计一个辅助边（可去除和丢弃的 PCB 边缘是 PCB 的一部分）（见图 47.28）。波峰焊后，辅助边可以通过裁剪机或铣边机去除。请注意，焊接后铣边是不可取的，特别是免洗型焊接组件。铣边产生的粉末可能仍然留在连接器处，划伤连接器接触表面。铣边时的振动也可能影响某些元件的可靠性。

避免使用双面波峰焊 PTH 元件 双面波峰焊通常会充满缺陷，最好确定是否可用 SMT 或压接技术替代二次波峰焊作业。行业标准倾向于限制所有可用波峰焊的元件只能焊接在 PCB 的一面（元件通过第一组装面插入）。

避免元件靠近金手指放置 波峰焊元件应该与金手指之间保持一定间隔，以避免金手指接触焊料。金手指应该远离托盘开口，包裹一层丙烯酸基耐高温胶带有助于阻止焊料和助焊剂接触金手指。如果直接暴露在焊料波中，则胶带遮蔽效果有限。

47.4.14 波峰焊的缺陷

有许多类型的波峰焊系统，正如制造商宣称的那样，每个都有其独特的优势。焊接工程师必须对实际要焊接的组件进行评估，选择最适用的设备。尽管技术已经相当成熟，但是设备的复杂程度决定了过程的复杂程度，有许多与此操作相关的过程变量，如果不能得到很好的理解和控制，波峰焊就会出现漏焊（开路）和桥连（短路）等相关缺陷。另一个重要缺陷是，第二组装面的波峰焊对第一组装面 SMT 元件的影响。如果参数控制不当，有可能引起第一组装面 SMD 达到回流温度，导致开路、短路或焊点拉尖。这种现象通常与薄、分布密集、带有细节距 SMT 的双面 PCB 有关，如扁平封装和焊接到第一组装面的 BGA。焊料可以通过导通孔或表面贴装元件引线排走，从而导致开路或变弱的焊点，并从引线的底部到焊盘形成极端沙漏形的焊料附着。

常见的与免洗波峰焊有关的缺陷是托盘和 PCB 之间有助焊剂渗出，由此产生的助焊剂残渣可能会阻碍在线测试探针的接触。要小心谨慎，确保 PCB 与托盘卡槽很好地吻合，严格卡在槽内，不与托盘表面接触。随着托盘老化，它将会变形、扭曲或弯曲，甚至分层，这些都会干扰正确的 PCB 放置。

如果一个元件紧挨着 PCB，它可能会阻碍焊料流动到 PTH 内，在通孔的第一组装面形成气泡，气体压力可能迫使液态焊料无法进入孔中，阻止填充。这可以通过在元件下面使用一个小的环状垫片来解决，如图 47.29 所示。

这个垫片必须由硅树脂类耐热材料制成。

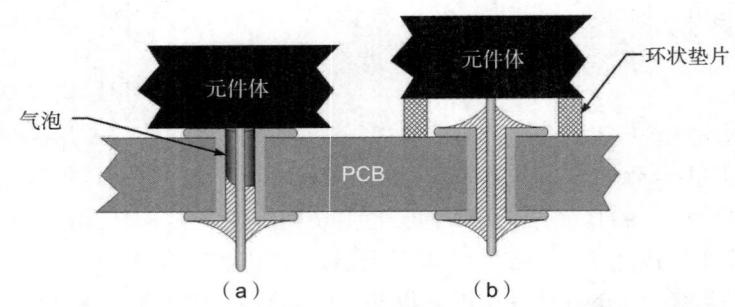

图 47.29　紧密贴合 PTH 的元件体会封住孔：（a）PTH 中产生的气泡可以排出液态焊料；
（b）通过在元件体下放置硅树脂或其他耐热垫片来解决

1. 无铅波峰焊

无铅焊料带来了一些问题。

锡炉温度　在共晶锡铅波峰焊中，锡炉的典型温度范围是 240 ~ 260℃。令人惊讶的是，转换到无铅焊接以后，锡炉温度不需要很大的变化。对 SAC305 焊料（Sn-3Ag-0.5Cu）而言，锡炉温度一般保持在 255 ~ 265℃。使用最低锡炉温度是明智的，可以减少焊料氧化物（焊渣形成）并限制 PCB 和元件材料的熔解。在许多情况下，大型组装企业对无铅焊料和含铅焊料使用相同的波峰焊锡炉温度，只是稍微降低 PCB 传送速度，以更好地预热，补偿很多无铅焊料的低润湿速率。

氧　化　一些无铅焊料成分，如铜、锌和铋，非常容易氧化。使用以这些材料为主要成分的合金时，必须使用氮气焊接气氛确保优良焊接，通过减慢氧化和减少焊渣达到节约焊料的目的。

助焊剂　基于酒精和水（不含挥发性有机化合物）的助焊剂与大多数无铅合金都是匹配的。相对较长的预热时间和稍高的波峰焊温度对基于酒精的助焊剂是更大的挑战，变干是个值得关注的问题。助焊剂中更多的固态成分对这方面有帮助。水基助焊剂是行业发展的方向，更高的沸点适用于无铅焊接。

看起来黯淡的无铅波峰焊焊点外观　正如回流焊一样，无铅波峰焊焊点看起来黯淡无光。这不是缺陷，却是事实。

焊点浮离　之前讨论过，但值得注意的是，无铅合金中的焊点浮离表现得比锡铅合金中更加明显。当焊料与 PCB 以不同的速率冷却时，就会发生焊点浮离。锡铋体系即因导致引线浮离而出名，一旦凝固，铋就开始扩展，把它本身从焊盘上撕裂或把焊盘从层压板上撕裂。焊点浮离一般可以通过优化冷却速率来控制。

当与 PCB 第一组装面有关时，焊点浮离并不被视为缺陷。如果在第二组装面（底面）出现焊点浮离，就被认为是工艺缺陷，会影响焊点的可靠性。

热裂痕和收缩孔 大部分焊料凝固时会收缩，SAC 焊料就是这样。这种焊料从液态转变到固态时，会在表面形成微裂痕（见图 47.30）。这些裂痕通常被称为热裂痕或收缩孔。它们通常是良性的，只要裂痕很浅（可以看到裂痕底部），既没有延伸到元件引线，也没延伸到 PTH 部分（焊盘或孔）。

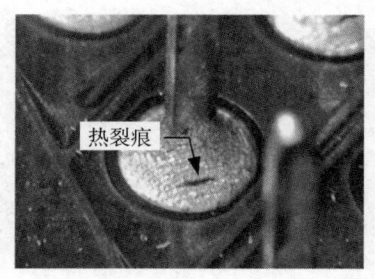

图 47.30　一个 SAC 焊料波峰焊的 PTH 焊点上的热裂痕（收缩孔）（来源：惠普公司）

2．设　备

对锡铅焊接和无铅焊接来说，设备几乎没有任何区别。在转换设备之前需要考虑两点。首先，锡铅设备中铅的污染水平很高，这可以通过锡铅焊料的排出系统和清除系统来改善。纯锌可以清除锡炉、传送带和喷嘴中的铅。清洁良好的波峰焊设备仅会产生微量的铅污染物，但是也要注意配备适当的防护装备（防毒面具和服装）。

众所周知，锡可以熔解很多金属。因为 SAC 焊料（SAC305 中锡含量（质量分数）为 96.5%）中锡的含量很高，因此必须检查确保机器可以与较高的锡含量兼容。锡炉、叶轮、传送带和喷嘴都会出现铁浸出，这可能改变焊料的成分进而干扰焊接过程。如果系统泄漏发展到熔融焊料从锡炉中泄露，就会很危险。一些涂层（如陶瓷和氮化物）钢和铸铁通常是兼容的。将以前的系统改变成兼容无铅合金，会花费很大一笔成本。

47.5　气相回流焊

因为安全和环境的考虑，以及遵守《蒙特利尔议定书》减少消耗臭氧层化学物质的使用，这种焊接技术曾一度不再被重视。但随着无铅焊接的出现，气相焊接在 SMT 应用方面又逐渐受到重视，尤其是高可靠性要求的军工、航天领域。这里对气相回流只做概括性介绍。

47.5.1　基本过程

与其他任何回流技术一样，必须提供足够的焊料用于焊点形成。最常见的是用钢网将焊膏印刷在 PCB 焊盘上，元件放置到焊膏上为回流做准备。PCB 在回流炉内传送，暴露在沸腾的气相液体中。这种液体对 PCB 和焊料来说是惰性的，是一种稠密的高沸点合成物（略高于焊料液相线，但是不足以破坏 PCB 或元件）。从历史上看，一般使用氯氟烃，但现在出于环境考虑只有氢氟烃可以接受。材料成本也很高，每磅数百美元。

如果条件优化，热蒸气在较冷的 PCB 上凝结聚集，并加热 PCB。当过程进行时，足够的热量用于持续的焊料回流。焊料润湿引线，当 PCB 从热蒸气中移开时，熔融的焊料凝固，焊接元件引线到电路板焊盘。

47.5.2　机器子系统

蒸汽回流焊机器有 3 个主要的子系统：传送带、蓄水池和加热器。蓄水池被冷凝管围绕，放置在远高于水池液面以上的位置。冷凝蒸汽，多数返回到蓄水池，见图 47.31。

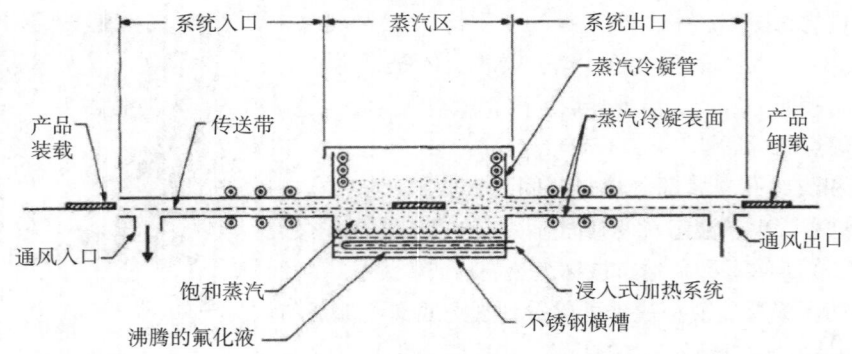

图 47.31 连线的单蒸汽加热系统示意图

（经授权转载自 Electronic Packaging and Production，November 1982，p. 63，Fig. 1）

47.5.3 优缺点

这个过程特别要求均匀加热，温度控制非常精确。气相回流焊的回流缺陷与不同的拓扑结构和高热量区有关，容易与其他焊接工艺相混淆。因为焊接在惰性气氛中，可以使用活性较低的助焊剂；没有空气，焊点质量非常优秀。

虽然气相回流是很快的过程，但仍然必须遵循常规焊膏回流工艺相关建议。如果焊膏加热过快，焊膏挥发物将会煮沸，导致锡珠形成。如同其他焊接方法，最大加热升温速率必须满足元件制造商的建议。为防止元件开裂，需要缓慢预热。尤其对于塑封元件，气相回流过程容易产生"爆米花"现象。

除了环境问题，气相回流焊对健康也有很大威胁。随着 HFC 的持续回收使用，就会形成有毒物质如氢氟酸。必须中和这些有毒物质，其副产品也必须得到妥善处理。

对大规模、分布密集的 PCB 使用气相回流技术时，会发生蒸汽坍塌现象，即冷凝速率超过蒸发速率，结果是导致焊炉内气体急速变薄，以至于不能维持正常的回流。依靠浸入式加热器的气相设备都有这种现象。最近出产的设备，由于配备了大功率加热系统，可以提供足够的热惯性来阻止这个问题的发生。

元件立碑概率、锡珠及元件移位，在这种回流方法中都会愈加明显。冷凝蒸汽直接将热量传递到最好的导体、元件引线和焊盘上。过多的焊料爬升也将出现，进而将焊料运送至引线和焊盘之间，形成焊桥。元件引线上多余的焊料也会降低引线的弯曲能力，使其变得不可靠。此外，如果焊料都在引线上，引线 - 焊盘结合处就会缺少焊料，导致劣质焊点的产生。其他相关信息可以从旧参考书和其他权威出版物，包括本书以前的版本中找到[11, 12]。

47.6 激光回流焊

激光已经被证明在许多行业中都是个万能工具。对于 PCB 组装，它可以用于标记、单点焊接或返工。激光可以适应最细或最粗 SMT 元件的周边引线，它的性能和适用性不依赖于元件的密集程度、板厚或散热片的有无。激光可以用于大多数元件引线和 PCB 焊盘表面工艺及任何焊料，包括无铅合金。

若激光焊接控制合适，是很可能实现高焊接良率和优良的键合效果的[13]。激光回流焊一般应用于小批量的焊接应用。成功的激光焊接，必须使用工具来固定元件。或者，更准确地说，是将元件引线固定到 PCB 焊盘上。

　　基于激光的回流可以用于返工，激光系统就专门为这个目的进行商业出售。将 PCB 预热到 100℃左右，漫反射激光束通过一个迅速移动的电流计扫描封装的周围。冲击的能量加热表面贴装的引线或整个 BGA，达到焊料回流的程度。该方法的优点是局部加热，只有封装目标达到回流温度，其周围的一切保持在接近系统预热温度。这比热气修复方法更有优势，在用热气流对封装加热时，有时会熔化邻近元件的焊点或背面元件的焊点。

　　激光焊不需要建立并保持热区温度曲线，不会引起基板弯曲，也不需要随着使用退化和用途调整的加热焊接头。元件之间可以非常接近，超过了其他技术允许的范围，尤其是考虑到返工时。

47.6.1　激　光

　　激光（*Laser*）是"light amplification via stimulated emission of radiation"（通过辐射受激发射的光放大）的首字母缩写。

1. 激光子系统

　　所有的激光都由 3 个主要部分组成：电源、谐振腔 / 振荡器和光学传递系统（见图 47.32 和表 47.2）。虽然许多配置和额外的设计可以增强激光器的输出，但这里只讨论基础部分。

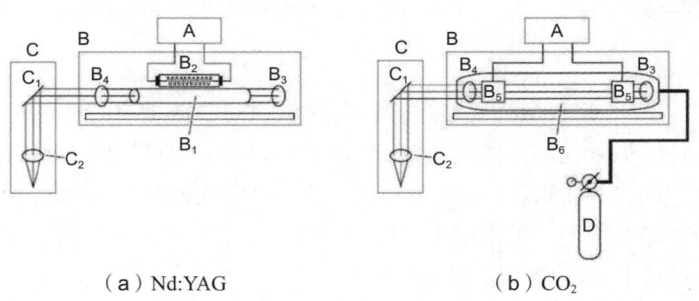

（a）Nd:YAG　　　　　　　（b）CO_2

图 47.32　两种用于焊接的最常见激光对比

　　谐振腔 / 振荡器　产生激光，也即激光光子生成和放大的过程，发生在谐振腔，也被称为振荡器。谐振腔中包含激光介质，一种既是光子起源又是激光束放大器的材料。

　　光学元件　放置在激光束的路径上并指向工件。对于激光焊接，工件指 PCB，或者更具体地说，是引线、焊盘或它们的组合。光束可以很容易地被波长匹配的镜子操纵，并聚焦成需要的光斑大小，通过最后一个物镜完成焊接。光学元件可以被固定住，PCB 在其下方移动；或者相反，光学元件可以按照需要移动。在任何方向移动光学元件是非常简单的，不会干扰任何 PCB 或 SMT 设备的固定要求。同时，移动 PCB 可能导致元件引线和焊盘之间发生偏离。固定的光学设备更稳定，调试也更少，只要设计得当，

表 47.2　激光系统及其子系统

系　统	子系统	名　　称
A		激发电源
B		谐振腔
	B_1	Nd:YAG 晶体（激光介质）
	B_2	闪光灯（Nd:YAG 的激发源）
	B_3	反光镜
	B_4	局部反光镜（激光束出口镜片）
	B_5	电极（CO_2 激发源）
	B_6	石英管
C		光学传递器件
	C_1	反射镜
	C_2	最终目标
D		激光气体 CO_2、N_2、He

移动光束传递系统会非常稳定和准确。

光导纤维用于激光束传递非常流行，但是应注意，处理高能量密度的激光束时，如果精度不足，光纤有可能会受到损害。光纤传递的优点是，在复杂机器中更容易控制光束的方向，而不必使用正交镜和透镜。

2. 光束特征

激光光束和其他光源之间有很多关键差异（通常讲的"光"是指那些波长属于可以通过人眼检测到的可见光谱，但这里为了讨论方便，光和光子可以互换使用）。激光光束有几个独有的特征，其通常设置为发射单色辐射（也就是相干辐射，此处的相干是指与光子同步传播），即所有发射的波与其他的都是同相的。

3. 用于焊接的激光标准

用于焊接的激光的选择基于发射波长、所需功率、要求光束直径、机器可靠性和价格。目标材料的光学特性对激光选择来说是最重要的，对于 SMT 焊接，PCB 的吸收、反射和透射特性，金属物质（引线、焊盘和焊料）的反射率和吸收率，都必须考虑。大多数 PCB 是由增强纤维环氧树脂组成的（虽然也有例外），每一层都有自己独特的光学性质和特征激光破坏阈值（LDT）。LDT 被定义为能够改变和破坏目标材料的能量值。对于基于有机物质的 PCB，激光能量可能导致 PCB 碳化，或者导致焊盘脱落。大多数 PCB 上的引线焊盘都可以焊接。

4. 激光器选择

对于 PCB 组装，只有几种激光器可供选择，因为只有少数拥有特征能量、生产测试可靠性和经济必要性等条件。最常见的是掺钕钇铝石榴石晶体（Nd:YAG）激光器（固体激光器的代表）和拥有气体激光介质的二氧化碳（CO_2）激光器。这两种激光器是最常见的工业激光器。

它们对应用而言是通用的，可以用于焊接、铜焊、切割和标记。尽管也有用于焊接的其他类型激光器，但 Nd:YAG 和 CO_2 类型是最常用的。

5. 二氧化碳激光器

对于二氧化碳（CO_2）激光器，腔室两端都有镜子，里面含有可以产生激光的气体——二氧化碳、氮和氦的混合气体。混合气体的每个成分对激光产生过程都有帮助。二氧化碳是激光介质，电流直接在 CO_2 中放电，导致其电离并形成亚稳定状态，然后衰减并产生光子和热量。这些光子被反射到谐振腔，激发产生更多的光子。随着这一过程的继续，光束加剧形成工作激光束。引入氮气有助于转移能量激发 CO_2 分子转化为亚稳定状态。氦，具有高导热率，有助于将热量转移到激光器冷却的腔壁上。如果腔内气体过热，CO_2 会游离，进而减弱其作为激光介质的效果。

CO_2 激光器以可靠性和稳定性闻名，其光谱在红外光谱范围，波长为 $10.6\mu m$（10600nm）。它在 PCB 焊接中被限制使用，因为其波长可以被多数有机材料（如环氧材料）很好地吸收，被多数金属很好地反射。这是不利的，为获得足够的能量进入引线 - 焊盘结合处，二氧化碳激光束必须保持在很小的尺寸范围内，以防止它涌向 PCB 层压板。如果 PCB 被辐射，不管是直接还是被镜子反射，都会被烧成碳，得到的含碳残留物的导电性足以引起电路短路。还有其他 3 点，使得 CO_2 激光器不能作为 PCB 焊接的很好的工具。

材料兼容性　CO_2 激光器的长波长很容易被有机材料吸收（如玻璃环氧层压板，聚酰亚胺及模塑密封剂）。

光纤传递　CO_2 激光器的输出与光纤传送不兼容，此波长可以很好地被最常见的光纤材料，如熔融石英吸收。

6.Nd:YAG 激光器

Nd:YAG 激光器通常被称为 YAG 激光器。它依赖于一个光滑的钇铝石榴石晶体激发，并掺杂钕以激发其产生激光的固态介质。通过固态激光介质释放的光子用来激发更多产生激光的光子，适用于 CO_2 激光器的原则同样适用于此激光器。非线性光学材料可以使 YAG 激光器的输出频率翻倍，波长减半。这在处理高度反光的材料时是有利的，如容易吸收波长较低的光的金和铜。然而，这会降低可用的运行功率，增加系统的复杂性，以及增加维护要求。

7. 光斑大小

首先，最小实际光斑尺寸相对较大。理论计算的受衍射限制的光斑大小与波长和透镜直径成比例：

$$S = f\lambda / D \tag{47.1}$$

式中，S 为受衍射限制的光斑大小；f 为透镜焦距；λ 为激光波长；D 为透镜直径。

因此，对于直径为 25mm，焦距为 100mm，结合 CO_2 或 YAG 激光器，表 47.3 中的光斑大小在理论上是可能的。

表 47.3　理论光斑大小与激光器类型

激光器类型	激光波长 /μm	理论光斑大小 /μm
CO_2	10.6	42
Nd:YAG	1.06	4.2
Nd:YAG（频率翻倍）	0.532	2.1

透镜的不完美或光束的实际形状及其他因素使得实际值比理论值大。通常，工厂能实现的聚焦束直径大约是理想情况下计算值的 2 ~ 3 倍。注意，对于 Nd:YAG 激光器，光斑至少比 CO_2 激光器的小 10 倍，以提供很小的高能量密度光斑。

8. 工作模式

YAG 和 CO_2 激光器可以在很多模式下操作，每一种模式都可以用于焊接。

连续波（CW）操作　连续波是一个恒定的发射，类似于灯泡的连续输出，采用的是直流源。

脉冲激光输出　该模式与灯泡类似，由交流或脉冲电源供电，但更像强烈的闪光灯。脉冲可以通过各种方法获得，包括切换电源、电容放电或机械快门，或者光学操纵快门，通过诸如声光、电光或磁光方法。

47.6.2　激光焊接的基本原理

在焊接应用中，与激光器有关的变量很少，这是激光工艺的优势。光束波长、辐射时间、光束功率及被焊材料的性能对工艺很重要。焊接开始之前必须知道反射率、热导率和激光损伤阈值。波长将随激光器的选择而定，波长越短，光斑直径越小。一般来说，金属的反射率在短波长时较低，因此相比 CO_2 激光器，金属在 Nd:YAG 激光器中更容易加热。反之亦然，许多聚合高分子材料，更容易吸收较长的波长，因此波长增加时也更容易受到破坏。许多聚合物材料也吸收紫外线末端的光谱。二氧化碳激光束比 Nd:YAG 激光束更容易对 PCB 造成破坏。但是如果能量密度过高，都会造成损害。事实上，如果参数调整没有好，两种激光都很容易穿过元件引线或 PCB。

金属的反射率因其成分和表面状况不同而变化很大。每种金属都可以用激光加热，只要光束的能量密度和保持时间足够，激光辐射元件引线、PCB 焊盘和焊料的情形同样如此。对锡铅焊料的反射率测量表明，其共晶合金在 10.6μm 波长时反射率高达 74%，1.06μm 时低至 21%。因此，10.6μm 波长的 CO_2 激光器作用于锡或锡铅工艺的引线和涂敷焊料的焊盘时，需要更多的能量用于引发金属的吸收，因为只有很少的激光能量被焊料吸收并转化成热能，其余的能量则损失于反射。反射或多重反射的光束可能撞击邻近的元件，破坏封装甚至 PCB 本身，造成碳化。因此，Nd:YAG 最适用于 PCB 焊接。

47.6.3　通过引线或焊盘焊接

一般来说，激光光束是直接作用于元件引线完成焊接的。但是，如果引线材料有很高的反射

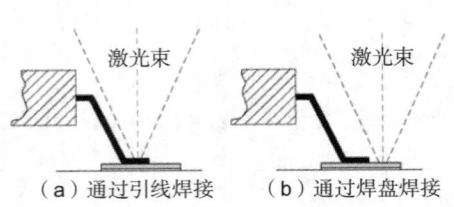

图 47.33　激光焊接

率，如镀金的表面，则加热缓慢，照射时间长得不切实际。一种被证明的替代做法是将光束对准涂敷焊料的焊盘。如果设计时有余地，可以延伸焊盘以帮助此方法实施，被称为通过焊盘焊接，如图 47.33（b）所示。不同于以往的光束冲击元件引线或通过引线焊接［见图 47.33（a）］，光束对准 PCB 上更容易吸收的焊料，增加制程效率，熔化光束冲击附近区域的焊料。因为熔融焊料与引线和焊盘紧密接触，焊接过程中的热量就被高效转移。如果过程正常进行，会沿着元件引线和焊盘的整个长度快速焊接。

47.6.4　单点激光焊接

这种方法需要直径小于元件引线或焊盘的长度或宽度的激光束。光束射到每个引线 - 焊盘结合点，传递足够的能量进行焊料回流。完成焊接的光束可以是连续波、脉冲或多样脉冲，只要有足够的辐射能量就可以实现焊料焊接和润湿所需的相变。因为是小直径光束，此项技术可以用于细节距元件，能量密度也可以很高。事实上，正是因为其能量很高，如果引线和焊盘没有很好地连接，激光束会破坏引线，或许是烧穿它而不是焊接。过于强烈的光照还会引起 PCB 焊盘的脱落。

在那些需要很小光斑的激光焊接技术中，光束直径必须精确控制。光束直径的一个小变化，或者改变激光器的参数或工作距离（焦距），都会显著影响传递的能量密度。例如，一个 10W 的 Nd:YAG 激光束，聚焦成一个 0.1mm 的光斑和聚焦成一个 0.2mm 的光斑，功率密度的差别变化，见式（47.2）。

$$P = p / d \tag{47.2}$$

式中，P 代表功率密度；p 代表平均功率；d 代表光斑直径。

此例中，功率密度值从对应 0.1mm 光束直径的 1273W/mm² 变化到对应 0.2mm 光束直径的 318W/mm²，4 倍的功率密度变化强调了在小光斑尺寸工作的情况下严格维护和过程控制的重要性。

在多数情况下，都认为光束能量沿直径方向的分布满足高斯分布，按照惯例在 $1/e^2$ 点测量光束（13.5% 的峰值高度）。所以，事实上，光束撞击了很大一块面积。然而，激光束最强烈的

部分限制在以 1/e² 点为界的区域，如图 47.34 所示。

单点激光焊接已经应用于焊接载带自动键合（TAB）引线框架到硅芯片、TAB 引线到 PCB 或多芯片模块、焊接鸥翼式引线元件到 PCB。这种技术并不适用于面阵列焊接，如 BGA 或 CBGA 到 PCB [14]。

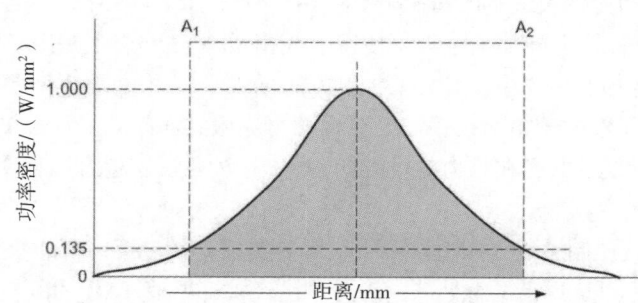

图 47.34 激光能量密度是通过分布曲线上的光束强度为峰值强度的 1/e²（13.5%），或 A₁、A₂ 之间的点测量的

47.6.5 连续波扫描

与单点激光焊接形成鲜明对比，这一技术依赖更大的连续移动光束完成加热。光束大小是引线节距或焊盘尺寸的很多倍。在这种技术中，激光光束一般溢出到基材，辐射引线、焊盘或引线 - 焊盘结合处及 PCB 表面的内部焊盘。因为使用更大的光束直径，对应也要使用长焦距透镜和大光斑。激光光斑以一定速度移动，照射 PCB 的光束低于激光破坏阈值界限，进而加热引线 - 焊盘结合处、助焊剂、PCB，以改变焊料状态。

这种技术的一个变形是，利用正交安装的电流计在 SMD 外围移动 Nd:YAG 激光光束。光束高速反复围绕 SMD 移动直到所有引线被加热到焊料液相线温度，光束关闭后焊料凝固，焊点形成。同样的电流计驱动技术作为 BGA 返修工具已被行业接受和认可：略微散焦激光光束瞄准 BGA 本身，以低于激光破坏封装材料阈值的速度迅速在其周围移动。每一次经过，元件都会被加热一点，最终熔化 BGA 焊点。当焊料仍然是熔融态时，元件就被自动真空收集工具去除。新 BGA 的焊接也可以使用同样的技术。这种方法适用于任何类型的返工，虽然目标是元件引线和焊盘，而不是元件本身，就像 BGA 这种情况。

47.6.6 多光束激光焊接

使用激光的一个好处是，可以针对同一目标分解成多个光束，或者多个目标共享同一光束。分解可以通过分叉光纤或光束分解镜实现。单个激光腔的光束可以双重化以同时焊接表面安装元件的两侧。完全可以同时或以分时方式在两个或更多激光焊接点之间共享公共光束。

47.7 工具和对共面性及紧密接触的要求

在所有模式下的激光焊接，元件引线必须接触附着在 PCB 上的焊盘表面以完成焊接。在多数情况下，有必要使用专门的压制工具确保引线接触焊盘。这有悖于理想的非接触式激光焊接要求。一种方法是使用透明的压制介质，如玻璃、石英或透明高温塑料。有几个与此方法相关的重要问题，会导致不一致的焊接过程。首先，这些材料都是刚性的，不能把引线固定到一个被正常高度焊盘包围的低焊盘上，或者相反，被低焊盘包围的高焊盘上（见图 47.35）。

在焊接周期中，玻璃上会累积一些溅射的助焊剂或助焊剂副产物，这可能会改变传递激光光束的强度，进而增加了制程变异。

梳齿型或插针型阵列用于匹配封装引线外形，这类夹具昂贵且容易损坏，特别是在助焊剂将梳齿黏合到焊接好的元件引线上的情况下。适用于刚性引线类 SMT 封装的常见方法是推体法（见图 47.36），即在元件体上施加一个力，使得引线稍微弹起。焊料在引线下熔化，引线下降到 PCB 层，"冻结"在冷却的焊料中。有必要控制推力的大小，以便焊点不受引线"冻结"压力的影响。尤其是大节距元件的较粗引线，需要更大的力克服共面问题。如果 PCB 焊盘和元件引线具有适当的共面性，只要不共面在推力的反方向，那么这种方法就适合高良率和高可靠性的焊接，如图 47.36（a）所示。

有一种合适的夹具压制方法，制造代价小且容易实现，其包括一个硅橡胶脚和一个孔，允许光束畅通无阻地进入引线 - 焊盘结合处。这种方法已经被证明对 TAB 和刚性引线 SMD 焊接是有效的，它避免了透明压制方法中助焊剂引起的问题。顺应脚支撑引线到焊盘，可以调节引线到焊盘的非共面差异。

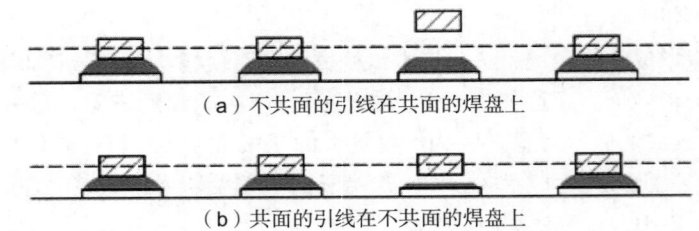

（a）不共面的引线在共面的焊盘上

（b）共面的引线在不共面的焊盘上

图 47.35　为了使激光焊接有效，必须使引线到引线、焊盘到焊盘、引线到焊盘共面

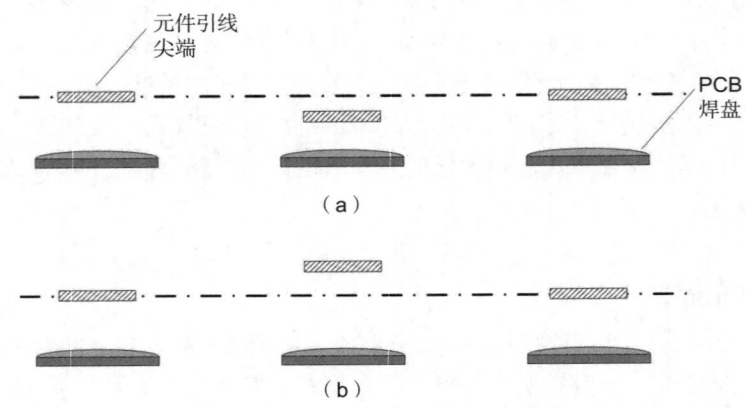

（a）

（b）

图 47.36　推体法在（a）中是有效的，引线低于相邻引线的水平。对于（b），需要更大的力将元件压低，使得高元件引线与相邻的引线共面，这也导致凝固的焊点中存在太多的应力

47.7.1　激光焊接助焊剂

与其他回流方法一样，激光焊接也需要足够多的助焊剂。助焊剂必须足以去除元件引线、焊盘和焊料的氧化物，其光学特性，如反射、吸收和透射，一定不能影响焊接。如果吸收性太好，助焊剂将被烧成碳，进而变得更有吸收力，然后过热并破坏下方的 PCB。同样，如果变性，它将失去其作为助焊剂的化学效果。在激光焊接，特别是扫描式焊接中，助焊剂增加了一条给

PCB 传递热量的路径，以预热待焊位置。缺乏液态助焊剂时，如果激光冲击控制稍不严格，PCB 将更容易烧成碳。在焊接中，激光的输出是快速和激烈的，高能量在很短的时间里产生异常高的温度，帮助焊剂活化，即使是最温和的免洗型助焊剂也会变得高效。

47.7.2 无助焊剂激光焊接

关于无助焊剂激光焊接，已经有许多报道。作为用于将内部引线焊接到硅芯片的技术，这些方法均使用高峰值能量短周期脉冲。在这种情况下，当大多数引线和焊盘足够小时，过程更类似于对焊接元件引线下的金属（如锡）进行熔化和合金化。为了通过激光或其他技术完成常规回流焊，有必要采用液体助焊剂或类似气体的预处理使得焊接更有效，等离子体清洗和惰性存储可能是这样的方法。超声波辅助激光焊接会很有效，但是很慢，需要精确放置一个超声波搅拌头，并通过超声波或邻近设备精确操作激光束。超声波搅拌打碎了熔融焊料和元件引线周围的氧化物，允许将液态焊料和元件引线连接在一起。气相羧酸也被证明有助于激光焊接[15]。这避免了使用传统的液体助焊剂，也不会在 PCB 上留下可见残留物，不需要清洗，组装可靠性也不会因为使用气体助焊方式而退化。

47.7.3 激光焊点特性

与其他方法相比，由激光产生的焊点相互之间差异性很小。激光焊接也会导致金属间化合物的形成，但是如果激光焊接循环加热持续很短，形成的合金层会非常薄，比很多传统方法产生的金属间化合物层薄得多。因为加热是高度区域化的，冷却又是迅速的，所以会出现特别细小的晶粒生长。细晶粒生长最初会导致更大的焊点强度。尽管强度优势非常明显，但会随着焊点的形成和金属晶粒的粗化而逐渐减小。粗化速度取决于环境温度和时间。

47.7.4 与激光回流有关的焊料来源和缺陷

焊料要求与其他工艺一样，没有针对激光焊接的特殊合金成分要求，因为此焊接方法对无铅和含铅焊料合金都适用。甚至耐高温合金也可以通过此技术焊接。应用单点激光回流时，如果参数确定并充分控制，并不会对 PCB 质量和完整性产生影响。

激光焊接不易产生焊桥，即使元件引线被压到 PCB 上涂了焊料的地方，焊接缺陷也很少出现。对激光焊接来说，也许最常见的缺陷特征是 PCB 碳化或燃烧，这是由于使用了过高的能量密度，超过了 PCB 的激光损坏阈值。如果 PCB 被油脂或其他有机污染物严重污染，也会发生碳化或燃烧。当然，这并不是说 PCB 对激光焊接有清洁方面的特殊要求，激光焊接对 PCB 的清洁要求与其他回流方式是相同的。

47.7.5 激光安全问题

激光是按照潜在危险进行分类的，Class1 是真正安全的激光，不会造成危险，而 Class4 危害最大。所有用于焊接的激光都是 Class4，因此，它们通常嵌入适当的带有激光安全观察口的联锁柜里，或者通过自带的相机避免眼部直接暴露于激光的强烈光束下。Class4 系统嵌入联锁柜后，就被认为是一个 Class1 系统，不会对邻近区域构成任何危害。也不用戴激光安全眼镜，除非联锁因为系统维护而打开。如前所述，激光，特别是 Nd:YAG，以高运行时间和不需要消耗品而闻名。

47.8 补充信息

有许多优秀的补充论文可以提供激光焊接技术的其他细节或指导说明，S.Charschan[16]、Hecht[17] 和 Ready[18] 写的特别有用。CO_2 激光器在焊接领域的补充信息，可以从参考文献[19-24]中找到。

47.9 热棒焊接

热棒焊接技术已经使用了多年，特别适合对带引线框架的 SMT 组件进行焊接。该技术依赖于电阻加热丝推动元件引线接触焊料和焊盘，同时进行焊料回流。当温度下降时，元件引线维持被压在 PCB 焊盘上的状态。开始冷却时，焊料凝固，加热丝离开新形成的焊点。加热丝通常被称为热棒，虽然热电极也被广泛使用。

热棒焊接最适合低热容的单点 SMT 组装。每个类型的元件都需要合适的热棒焊接工作头，成本很高，因为价格依赖于焊接头的复杂性、材质要求、精度要求和外形尺寸。

47.9.1 焊 料

热棒焊接技术中，焊料的使用很难控制，因为叶片加热快，快速挥发的焊膏成分容易形成爆炸式锡珠。同时，焊膏很可能在元件引线和 PCB 焊盘之间被挤出，与邻近导体形成焊桥。事实上，即便是将固体焊料涂敷在电路板上，热棒焊接中也会存在桥连问题，它通常是焊盘上焊料体积、助焊剂数量、活性程度和引线-焊盘节距的函数。焊料熔化，因热棒而移位，向旁边膨胀到一定程度，以至于两个甚至更多的相邻焊点之间相互接触，形成焊桥。一旦形成焊桥，与引线-焊盘润湿和毛细作用相关的力度可能不足以克服焊桥形成时建立的表面张力，桥连缺陷将持续下去（见图 47.37）。

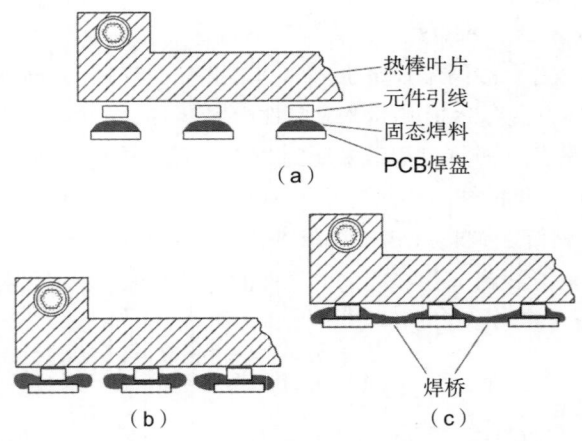

（a）

（b）　　　（c）

图 47.37 随着热棒接触元件引线和 PCB 焊盘（a），焊料可能向旁边膨胀（b），产生焊桥（c）。可通过精确控制焊料体积、作用压力和温度曲线来避免此缺陷

47.9.2 助焊剂

助焊剂用于元件放置和焊接之前。助焊剂的选择应该与热棒工艺相匹配，可以是液体，也可

以是焊膏。选择助焊剂时，应检测其抗碳化能力，以及其聚合分解产物或涂敷的情况，因为这些东西会黏附在 PCB 和热棒上。残渣积聚在热棒上，会减少热传递进而抑制热棒性能，残渣也会变得很厚且不均匀，使得热棒不能很好地接触元件引线。由于烘烤作用，基于水洗的助焊剂残渣使得助焊剂清洗变得很困难；至于免洗助焊剂，过热的残渣可能会影响 PCB 的视觉外观。

47.9.3 焊接操作

一般来说，PCB 要在回流焊之前预热到低于热棒的温度，通过一面加热或直接在烘箱中预热。有时用热空气预热，这一步通常在助焊剂应用后完成，所以热量曲线必须调整，以防止助焊剂变干。一旦元件引线与涂敷焊料的焊盘对准，热棒压在引线 - 焊盘结合处，就可加热回流。加热过程需要精确控制，防止助焊剂飞溅或焊料桥连。机械停止方式用于防止焊接头在引线 - 焊盘结合处施加过大的力，进而使得元件引线从预先涂满焊料的焊盘上滑落，增加桥连的概率，或导致的焊点焊料不足。

防止桥连或焊料不足的一个方法是，一旦焊料开始回流，就将热棒长度收回数百毫米。这会导致引线和焊盘之间焊料的表面张力耦合，减少桥连和增加冷却时形成焊点的强度。与任何其他焊接工艺一样，重要的是保持合适的回流时间 - 温度特性。在热棒焊接中，叶片底座面固定在垂直于 PCB 表面的位置，这非常重要。另一方面应该指出，PCB 焊盘上焊料的共面性不需要非常精确。热棒将回流焊料，它会自我平整，像任何液体一样，保持平整一直到固相。

47.9.4 热棒的结构

热棒焊接头可以由一个或几个叶片组成，它们设计成可以同时焊接一面、两面或鸥翼式引线元件的四面。一般来说，热棒按一组引线的最大跨度进行配置，以便可以同时焊接一面的所有引线。对于一些非常长的连接器或其他大型封装，单一叶片的热均匀性可能不适合。这时可以通过小热棒进行补救，以它为步长沿着引线组的长度，直到所有引线被焊接上。另一种方法是使用多个热棒，一个挨一个，每个都单独控制，实现跨度和需要的热均匀性。热棒的配置是专为要焊接的引线形式设计的，它应该平平地放在引线根部，不接触引线接受辐射的区域，也不明显悬挂在引线"脚"以上，如图 47.38 所示。

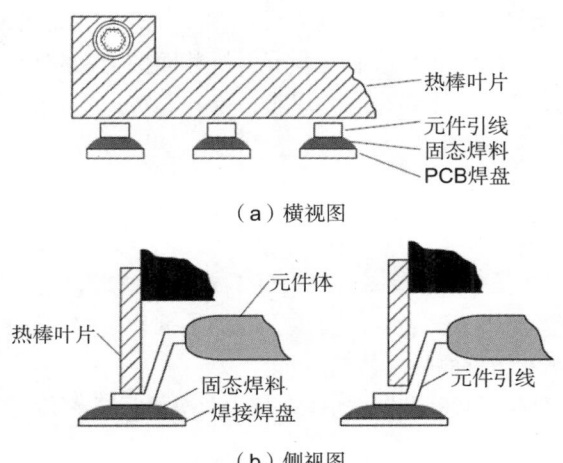

（a）横视图

（b）侧视图

图 47.38　与引线接触的热棒：热棒不应与元件引线的"腿"接触，应该正好在"脚"上

热棒本身可以制成各种尺寸，但是要限制其尺寸，因为叶片越长，其纵向热均匀性就越差。因为热膨胀和收缩的差异，叶片温度的变化可能引起自身的扭曲。热均匀性对引线到引线焊接和焊点质量至关重要，热棒允许的温度偏差受元件规格、PCB 的破坏阈值、焊料及产品可靠性需要等限制。任何其他焊接过程，必须明确和控制过程温度的变化，确保最高的 PCB 组装良率和高质量焊点。大多数热棒系统都配置了高规格的焊在热棒上的热电偶，这是温度可控的热棒加热器回路系统中不可分割的部分。一个热棒上可能有不止一个热电偶。

热棒通常选择钨、钛和钼制作，因为其电阻、耐用性、导热性、对助焊剂损坏的免疫，以及焊料不润湿特性。一些叶片也使用陶瓷做原材料。热棒必须设计成在长度上均匀加热，并且放热迅速，允许焊料在合理的时间内固化。叶片必须在焊接周期中均匀膨胀和收缩，一些叶片因为热膨胀的差异或金属中内应力的存在，加热过程中在其 Z 轴上形成了"皱眉"或"微笑"曲线，如图 47.39 所示。出于同样的原因，叶片的横向弯曲也是司空见惯的问题。

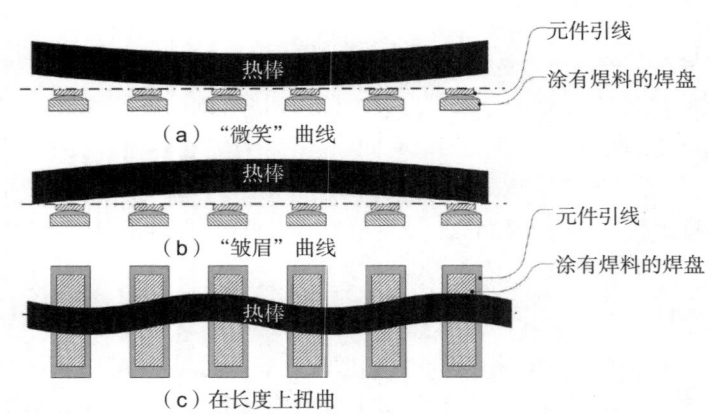

图 47.39 如果制作不当，热棒会形成"微笑"曲线、"皱眉"曲线，或者在其长度上扭曲

如果叶片弯曲太大，会导致焊料开路。如何在结构、材料、电气输入方面确保实现最好的均匀加热和焊盘接触，有很多解决方案。D.Waller 等人[25]已经获得刚性钼桁架叶片的专利，此叶片在尺寸和很长跨度（超过 76mm）上的热均匀分布是稳定的。

通常，热棒叶片会附带一个弹簧承载的具有自我调平功能的焊接头，允许叶片根据下面的元件引线和 PCB 表面进行自调平。尽管如此，PCB 轮廓的变化，如局部高或低的地方，会导致自调平无效，导致焊料开路。刚性热棒非常适合调节引线共面性上的差异，因为叶片压着引线到焊盘。然而，压一个严重翘起的引线到对应的焊盘，会同时将压力带入焊点，因为焊料在抵抗引线的弹力，这会减弱焊点的可靠性，导致焊点过早失效。

47.9.5 维护和诊断方法

与任何设备一样，重要的是维护热棒的性能。经常检查其变形，确保它仍是平整的、垂直于待焊 PCB。在陶瓷平面上清洁热棒，去除任何烘干的助焊剂残留物，这可能需要每几个焊接周期就做一次，取决于助焊剂和组件的临界情况。

有一些诊断工具可用于评估热棒的状态条件，其中两个最重要的必须掌握和监视的特征是热性能和叶片平面度。

47.9.6　热量监控

最常见的评估热棒性能的方法是，使用配置热电偶的测试板，类似于其他焊接方法。为热电极准备一块测试板，高精度热电偶连接到元件引线或测试板的焊盘。在引线组两端及中心区域均放置热电偶，以便在焊接过程中实现对整体热量均匀性的量化。对周围元件布置热电偶也很有效，可确保热棒焊接过程不会影响相邻的先前焊点的完整性。

为热棒焊接准备温度曲线测试板时，应避免将热电偶球端放在元件引线和焊盘之间。球端增加的高度会阻止热棒接触相邻的元件引线，导致出现并不代表热棒正常作业的点接触加热。建议在引线趾部或跟部的焊盘延伸区域放置热电偶球端，如图 47.40 所示。

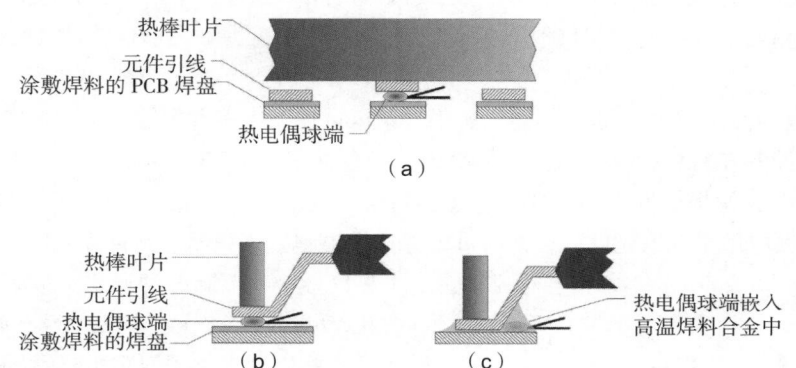

图 47.40　热电偶球端不能干扰引线到焊盘，或者热棒叶片到引线 - 焊盘结合处的接触，见（a）和（b）。热电偶可以附加在元件引线趾部或跟部的高温焊接合金中（c），以保证引线、焊盘和热棒底座平面的共面性

47.9.7　叶片共面性

热棒叶片或多重叶片与焊接表面之间的共面性，有很多种测量方法，可惜都是在室温而不是焊接温度下进行评估的。如前所述，叶片在加热过程中会暂时或永久扭曲，因此对热叶片进行共面性测量是不切实际的。

J.A.Wilkins[26]建议使用着色剂，如使用一个记号笔，对清洁过的冷的热电极的焊接表面进行着色。晾干后，在一个干净、扁平的陶瓷板上擦拭叶片，棒上的斑点即为残留的着色剂。单个、两个或 4 个叶片设备的共面性也可以使用一个地面水平刚性安装的压力传感器来评估。棒压差（叶片共面性的一个指标）可以调整，以便从一端到一端是均匀的；对含有两个或 4 个叶片的热棒，从叶片到叶片是均匀的。当然，一些热棒设备是自调平的，即使是这样也要检测共面性，力保每个叶片在焊接过程中达到最好的均匀性。使用压力传感器的空间分辨率不是很好。

47.9.8　过程缺陷

焊料桥连是最普遍的问题。焊料会被压出焊接点，进一步促成桥连。焊料开路是因为热棒和 PCB 平面之间缺少共面性。在焊接过程中，引线偏移是另一个缺陷。在焊料液化之前，通过热棒施加压力给元件引线，引线有时会被迫从欲回流的焊料沉积物上滑下。这会引起元件引线和焊盘对位错误，并可能在焊点中产生应力。如果应力足够大，会引起整个元件移动，与整个引线组发生偏移。

因为加热很快，热电极温度必须在焊料液化温度以上。如果时间 - 温度周期没有得到精确控制，将会形成过度的金属间化合物。尤其是在这个过程中，焊料可能主要从引线和焊盘移位，导致结合层过薄。在焊点内，金属间化合物（硬和脆）的含量与剩下的焊料（软和兼容）相比太大了，焊点不可靠，更容易受脆性破坏的影响。这些问题阻止了热棒焊接在制造业中的广泛应用，除了只能使用热棒焊接的场合。热棒焊接对小批量、细节距的 SMT 焊接和返工非常有用。

47.10 热气焊接

热气焊接依赖热气流加热至回流效果，这种非接触能量定向的方法最适合焊接 SMT 元件。虽然热气焊接已经存在了很多年，经历过无数机器产品，尽管其不断进化，但它终究不是一种流行的方法。相反，其在返工领域取得了成功，即从 PCB 上去除之前焊接的元件并用相同的新元件予以替换。

这种焊接方法的一个缺点是，热能没有很好地区域化。大多数机器发出的热气范围太大，以至于难以将其控制在目标元件区域。气体喷射，一旦冲击到 PCB 和元件引线，就会偏离，其反弹会引起之前形成的焊点发生不必要的回流，特别是间隔紧密的相邻元件。这个问题通常使用挡板克服，要么应用于邻近元件，要么通过单一挡板限制气体只喷射到目标元件。

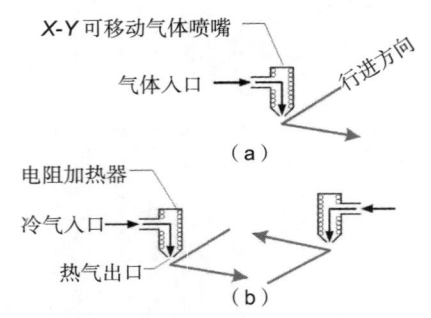

图 47.41 热气焊接喷嘴：（a）可编程移动喷嘴，可以在 X-Y 平面移动；（b）双喷嘴，每个都可编程，允许同时对元件四面进行焊接

热气焊接喷嘴有多种形式。最简单的喷嘴是单一的孔，可以在整个元件周围移动，如图 47.41（a）所示。有些机器提供了双重可移动的喷嘴，可以同时焊接元件相应的两面，如图 47.41（b）所示。

可以对 PCB 应用固态焊膏，或者在焊盘上涂满焊料。焊接过程中，元件必须压低，以确保元件引线和焊盘接触。合适的气压、温度、喷嘴移动速度和助焊剂，都是形成焊点的必要条件。其他技术需要考虑的因素对此技术同样重要，如加热升温速率、焊膏预热、峰值温度、液相持续时间等，都是形成良好焊点和焊点可靠性的考虑因素。

装有热电偶的温度曲线测试板对确定合适的焊接曲线是必需的。推荐在相邻的焊点也添加热电偶，确保焊接曲线不会不经意间引起相邻元件再次回流。

47.11 超声波焊接

这种方法依赖于加热的超声波烙铁头，同时熔化并搅动焊料（见图 47.42）。超声波能量通过烙铁头下面的熔融焊料滴转移，最后到达元件引线和焊盘。焊料滴的高能搅拌有助于清洁来自焊料和金属结合面（元件引线和焊盘）的抑制焊接的材料。如果焊接温度合适，任何暴露的可焊接金属表面均可通过此技术进行润湿。超声波焊接不需要化学助焊剂，铝或其他难以焊接的金属都可以用这种方法进行焊接。该技术的可行性已经在空调热交换器的商业化规模制造中得到了很好的证明[27, 28]。

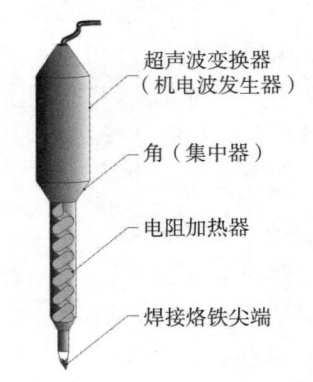

图 47.42 超声波烙铁有 4 个主要部分：超声波传感器、集中和指引超声波能量的角、电阻加热器、发出热量和超声波能量的烙铁头

　　超声波焊接也应用于批量或连续大规模回流工艺。在这些情况下，熔融焊料被超声波搅拌，待焊元件则浸于其中，这与超声波振动浸在熔融池或波峰焊料中的做法完全类似。这些工艺在非电子组装中更为普遍。

　　超声波焊接时必须注意调整烙铁头的振幅和（或）频率，以适应相应的焊接系统。过度搅拌会导致过多的空洞液态焊料的飞溅，产生锡珠，导致细节距的引线和焊盘间短路。此外，任何温度下的超声波搅拌都会增加可溶性金属熔解到焊料的速度，进而降低焊点强度。

　　这项技术可以用于在完成的组件上修复开路、安装新的或更换的元件。因为不需要助焊剂，之前清洁的 PCB 会在经历修复和其他改动操作以后仍然保持清洁。该技术适用于所有不容易被超声波能量损坏的周边引线类 SMT 元件的焊接，还可以用于通孔元件焊接。当然，可用的设备是有限的，全球只有几个制造商。几个过去和现在的出版物提供了对此技术适用性和特点的全面介绍[29-32]。

参考文献

［ 1 ］ IPC/JEDEC J-STD-033, "Standard for Handling, Packing, Shipping and Use of Moisture/Reflow Sensitive Surface Mount Devices

［ 2 ］ Freedman, G. M., Patel, K. B., Batchelder, R. G., "Method and Process for Soldering Reflow-Compatible Plated Through-Hole Components into Printed Wiring Board in Order to Circumvent the Wave Soldering Process (Buried Intrusive Reflow Soldering and Rework)," Research Disclosure, May 2006, pp. 543–545

［ 3 ］ Freedman, G. M., Baldwin, E. A., "Method and Material for Maintaining Cleanliness of High Density Circuits during Assembly," Proceedings of the SMTA Pan-Pacific Conference, February 2003

［ 4 ］ Iman, R., et al., "Evaluation of a No-Clean Soldering Process Designed to Eliminate the Use of Ozone Depleting Chemicals," IWRP CRADA No. CR91-1026, Sandia National Laboratories, 1991

［ 5 ］ Hartman, H. H., "Soft Soldering under Cover Gas: A Contribution to Environmental Protection," Elektr. Prod. Und Prftechnik, H.4, 1989, pp. 37–39

［ 6 ］ Idem, "Nitrogen Atmosphere Soldering," Circuits Assembly, January 1991

［ 7 ］ Bernier, D., "The Effects of Metallic Impurities on the Wetting Properties of Solder," Proceedings of the First Printed Circuit World Convention, Uxbridge, UK, Vol. 2, 1978, 2.5–1.5

［ 8 ］ Hallmark, C., Langston, K., and Tulkoff, C., "Double Reflow: Degrading Fine Pitch Joints in the Soldering Process," Technical Proceedings of NEPCON West, 1994, pp. 695–705

［ 9 ］ Kear, F. W., "The Dynamics of Joint Formation," Circuits Assembly, October 1992, pp. 38–41

［ 10 ］ Manko, H., Solders and Soldering, 2nd ed., McGraw-Hill, 1979

［ 11 ］ Wassink, R. J. K., Soldering in Electronics, Electrochemical Publications, Ltd., 1984

［ 12 ］ Hutchins, C. L., "Soldering Surface Mount Assemblies," Electronic Packaging and Production, Supplement, August 1992, pp. 47–53

［ 13 ］ Hartmann, M., et al., "Experimental Investigations of Laser Microsoldering," SPIE, Vol. 1598, Lasers in Microelectronics Manufacturing, 1991, pp. 175–185

［ 14 ］ Spletter, P. J., and Goruganthu, R. R., "Bonding Metal Electrical Members with a Frequency Doubled Pulsed Laser Beam," U.S. Patent No. 5,083,007, January 1992

［ 15 ］ Freedman, G., "Atmospheric Pressure Gaseous Flux-Assisted Laser Reflow Soldering," U.S. Patent No. 5,227,604, July 1993

［16］Charschan, S., Lasers in Industry, Laser Institute of America, 1972, p. 116

［17］Hecht, J., Understanding LASERs, Howard W. Sams, 1988

［18］Ready, J. F., Industrial Applications of LASERs, Academic Press, 1978

［19］Burns, F., and Zyetz, C., "Laser Microsoldering," Electronic Packaging and Production, May 1981, pp. 109–120

［20］Chang, D. U., "Analytical Investigation of Thick Film Ignition Module by Laser Soldering," Proceedings of ICALEO '85, 1985, pp. 27–38

［21］Hartmann, M., et al., "Experimental Investigations of Laser Microsoldering," SPIE, Vol. 1598, Lasers in Microelectronics Manufacturing, 1991, pp. 175–185

［22］Hernandez, S., "Wire Bonding with CO_2 Lasers," Surface Mount Technology, March 1990, pp. 23–26

［23］Wright, E., "Laser vs. Vapor Phase Soldering," Proceedings of the 30th Annual SAMPE Symposium, March 1985, pp. 194–201

［24］Lish, E. F., "Laser Attachment of Surface Mounted Components to Printed Wiring Boards," paper presented at the Sixth Annual Soldering Technology Seminar, Naval Weapons Center, China Lakes, CA, February 1982

［25］Waller, D., Colella, L., and Pacheco, R., et al., "Thermode Structure Having and Elongated, Thermally Stable Blade," U.S. Patent No. 5,229,575, July 20, 1993

［26］Wilkins, J. A., "Heat Transfer Control for Hot-Bar Soldering," Proceedings of Surface Mount International, 1993, pp. 186–192

［27］Gunkel, R., "Solder Aluminum Joints Ultrasonically," Welding Design and Fabrication, Vol. 52, No. 9, September 1979, pp. 90–92

［28］Shuster, J. L., and Chilko, R. J., "Ultrasonic Soldering of Aluminum Heat Exchangers (Air Conditioning Coils)," Welding Journal (U.S.), Vol. 54, No. 10, October 1975, pp. 711–717

［29］Hosking, F. M., Frear, D. R., Vianco, P. T., and Keicher, D. M., "Sandia National Labs Initiatives in Electronic Fluxless Soldering," Proceedings of the 1st International Congress on Environmentally Conscious Manufacturing, Santa Fe, September 18, 1991

［30］Vianco, P. T., Rejent, J. A., and Hosking, F. M., "Applications-Oriented Studies in Ultrasonic Soldering," Proceedings of the American Welding Society Convention and Annual Meeting, Cleveland, 1993

［31］Antonevich, J. N., "Fundamentals of Ultrasonic Soldering," American Welding Society, 4th International Soldering Conference, Welding Journal Research Supplement, Vol. 55, July 1976, pp. 200-s to 207-s

［32］Shoh, A., "Industrial Applications of Ultrasound," IEEE Transactions on Sonics and Ultrasonics, Vol. SU-22, March 1975, pp. 60 –71

第48章
焊接返修和返工

Gary M. Freedman
新加坡惠普公司关键业务系统

48.1 引 言

　　随着印制电路板组件（PCBA）密度变得越来越高，返工的概率越来越大，返工的复杂性也越来越高。返工应同时在 PCB 的设计和返修方面进行考虑。充分的预热、细致的温控技术、临近元件间的热隔离都很关键。PCBA 通常使用混合组装技术（表面贴装技术和通孔安装技术），可能还有压接元件和其他对过度加热比较敏感的元件。除了使用电烙铁进行手工返修之外，还有两种主要的方法：焊料喷流法和热气法，前者是波峰焊的变形，用来去除元件或通孔焊接之后再对通孔元件进行调整；热气法（也称作热风技术）则主要用于表面贴装元件的去除或替换。

　　一般来说，对密集组件进行返修比较困难，本章特别介绍了一些焊接返修的技巧。现在使用的无铅焊接技术增加了返修的难度，因为无铅焊接要求的熔解温度更高，润湿时间也更长。

48.2 热气法

　　这种方法引导加热的气体到需要去除的元件位置，热气可以是空气，也可以是其他气体，如氮气。现在的热气返修设备非常复杂，需要计算机控制、预测回流时间 - 温度曲线、视觉系统辅助元件和 PCB 焊盘的对齐、预热装置和元件去除装置。热气法主要应用于表面贴装元件，不过也能对通孔焊接元件进行返修。

48.2.1 返修设备

1. 热气喷嘴

　　热气通常是通过喷嘴进行传递的。热气被引导到元件的上面、下面或者两面，这取决于喷嘴的设计（见图 48.1）。

2. 预热器

　　预热是为了克服 PCB 的热容，因为喷嘴只能使 PCB 局部区域暴露在高温气体之下，通过喷嘴进行加

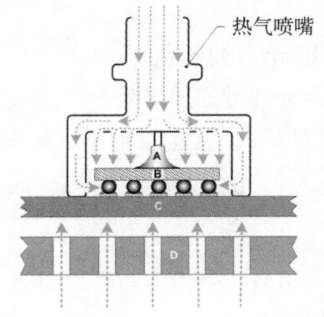

图 48.1 热气法返修 PCB（C）上的球阵列（BGA）元件（B）：热气（空气或氮气）通过带有挡板的喷嘴引入，加热过的气体被引导到 BGA 的上下面，在焊点到达液相线之后，使用耐热的吸盘（A）将 BGA 移走。从加热的滚筒（D）中注入的热气用于预热 PCB，减轻其热负荷，缩短返修周期

热的范围非常有限。预热使用热气或红外线进行加热，加热范围比较大。预热是为了获得一个远低于焊料熔点，在使用喷嘴加热之前达到一定的温度，在无需对元件进行过度加热的条件下实现回流。

大多数热气返修设备在底部都有一个固定的预热器。另一种预热方法是在烘箱中对 PCB 进行烘烤，该方法的不足在于，板子从烘箱中取出到放置到热气返修设备的期间，会快速冷却。

3. 真空拾取器

通常是指喷嘴与真空泵连接处的用硅胶制作的吸盘或固体金属管。硅胶具有耐热性，真空泵用来取起或放下元件。真空拾取器有两个用途，一是在焊料熔化之后从 PCB 上移走元件，二是在涂敷焊膏后用吸盘吸住更换的元件并准确放置在焊接区域。

4. 可调节的工作台

可调节的工作台保证了喷嘴对 PCB 在 X、Y 及 Z 方向的对齐。这对于元件的去除非常重要，对于元件更换和元件引线与 PCB 焊盘的对位更重要。

5. 视觉系统

手动将 PCB 焊盘和元件引线进行匹配。通常情况下，元件引线和焊盘有分离的影像。影像是叠加的，需要操作者手动将引线和焊盘调整到最好的对位位置。

6. 计算机控制

这是大多数热气返修设备的核心，用来显示和控制各个系统的工作，如预热和温度控制。

48.2.2 返修工艺

1. 时间 - 温度曲线

不管是第一次焊接还是返修焊接，对所有的回流工艺来说，都必须通过曲线测试板建立时间 - 温度曲线，就像之前提到的评估加热带来的影响并确保进行了足够的加热：与焊膏制造商提供的温升极限相一致，如元件规格允许的加热温度，最好的焊料润湿，并最小化金属间化合物（IMC）的形成。返修时，在要去除的元件及其相邻的重要元件上使用附带热电偶的温度测试板，以确保回流过程的准确性。

2. 待去除元件的预热

前面提到过，预热是为了克服 PCB 的热容并为回流做好准备。预热的温度控制在焊料合金回流温度以下，就能限制在需要去除和替换的元件处发生回流，消除在其周边元件处发生回流的风险。

3. 回流和去除

这一步的注意事项和所有回流焊需要注意的一样。升温速率、浸泡、峰值温度及液相线之上的持续时间，都是由使用的焊料合金决定的，这些参数都应该与第一次焊接时的参数保持一致。元件温度上升到回流温度之后，真空拾取器会将元件垂直取下。注意，温度保持在液相线以上的时间越短越好，以便最小化金属间化合物的厚度。

4. 位置修整

在目标元件已经去除且 PCB 还是热的的时候，需通过手工电烙铁及编织好的铜吸锡线或焊料真空设备对目标区域 PCB 焊盘进行处理,同时辅以热风,将焊盘上多余的焊料吹掉。在移动元件时,焊料的表面张力使得部分焊点的焊料移动至元件引线上,部分留在焊盘上。对于面阵列封装(BGA、CBGA 等),锡球可能会保留在封装或焊盘上,这就使得位置修整成为一项劳动密集型操作。要注意的是,这个步骤是保证重新焊接元件可靠性的关键,处理后的焊盘必须平整,以免妨碍新元件的放置。

5. 组件烘烤

和第一次焊接一样,回流加热时需要遵守元件烘烤的相关规范,去除元件中吸收的水分,以防止回流过程中可能的破裂。关于元件烘烤指南,参见 IPC/JEDEC J-STD-033[1]。

6. 焊膏或助焊剂涂敷

尽管这并不是热气工作站的一部分,但也属于热气法的工作单元。对于大多数表面贴装元件,焊膏放置到元件或 PCB 上都能够得到可靠的连接。通常使用和表面贴装工艺中焊膏涂敷一样的钢网,区别在于尺寸较小,可能只是比元件引线稍微大一点。焊膏被刀片或小型不锈钢刀刮过钢网,有时也使用可编程的焊料注射点涂设备。不过焊膏在受到压力的情况下会分离,也就是焊料合金从助焊剂中分离出来。采用最大的针孔、最慢的点涂速率、最低的压力可以改善焊膏分离问题,也可以使用直接驱动螺旋泵代替气压驱动点涂器来降低焊膏的分离率。

在 BGA 的焊接返修中有时不会使用焊膏,通过 BGA 锡球本身带有的焊料进行焊接,不过同时必须使用助焊剂。其缺点在于,与第一次焊接相比,由于焊料量减少,所以焊接的牢固程度没有那么好。事实上,所有返修过的焊接都没有第一次焊接牢固,因为每次回流焊都会增大金属间化合物的厚度。使用焊膏可以优化工艺,因为焊膏能够补偿 BGA 锡球间微小的差异,其回流圆顶可以更好地补偿非共面性的锡球。开路不太可能发生,尽管需要更多的工艺精度来分配焊膏并放置 BGA,以确保不会产生焊桥(焊料短路)。消除焊膏并不是不可折叠互连的面阵列的选择,如陶瓷柱栅阵列(CCGA)或陶瓷球阵列(CBGA)。必须增加焊料来再次粘接这类元件,因为引线(锡球或焊料柱)是高温焊料合金,不会回流。最常见的是,通过上述小钢网方法来增加必要的焊膏。

7. 焊接预热

在涂敷助焊剂之后,PCB 被加热到焊料熔点以下 50 ~ 70℃。通常情况下,热气返修设备都有自己的加热器,元件和 PCB 预热也是回流焊曲线的一部分。

8. 元件拾取

在预热 PCB 之后,对元件进行拾取来为放置做准备。元件放置到拾取工位后,将带有真空拾取器的喷嘴放置在元件上并降低其位置,并激活真空器,之后将元件抬起为对位做准备。

9. 元件到 PCB 的对位、放置和回流

通常情况下,应用的视觉系统有两个分离的影像,元件的半透明影像被叠加到要放置的 PCB 焊盘的影像上面。当两部分被手动调整对准时,元件被降低放置到焊膏或焊料涂敷的焊盘上,开始热循环。

一旦焊料回流并到达固相线,返修工作就结束了,就可以进行 PCB 的检验了。

10. 检 验

目检可以确定焊接处和返修工作点周围处的完整性。要确定阻焊没有被烧焦或剥落，检查焊盘有无脱落（对焊点在内部的面阵列元件来说，无法目检）。

对于 BGA 或其他面阵列元件，目检之后还需要用 X 射线检查焊桥现象，有时这种检查还能反映出是否缺少焊料。另外，如果第一次焊接时进行了在线测试或功能测试，返工后的产品也要进行同样的测试。

48.2.3 返修指南

通常情况下，采用表面贴装技术焊接的每块 PCB 上每个元件的返修次数要控制在两三次，否则 PCB 应该报废，因为超过限定的次数可能会导致可靠性问题。回流焊的关键是减少其在焊料熔点或熔点附近温度保持的时间，以减小金属间化合物的厚度。每次回流焊导致的金属间化合物厚度的增大与温度有关。金属间化合物非常易碎，是焊接时最脆弱的一种连接。在元件回流焊和替换过程中，减小热量偏移是最重要的。返修过程中过于频繁的高温，同普通的焊接相比，在焊料液相线上停留的时间过长。在元件去除和替换过程中，之前焊接产生的金属间化合物会留在焊盘上，因为其已经成为焊盘不可分割的一部分。

以表面安装元件为例，元件引线和焊盘都是铜，在 PCB 底面有含铅或不含铅的焊料合金。第一次组装时，首先组装 PCB 的底面。焊接时，会在铜引线和焊料及铜焊盘和焊料表面形成金属间化合物层。焊接顶面元件时，PCB 底面的元件会经历二次回流。假设底面组装的元件失效，需要重新焊接，那么失效元件的去除和重新焊接就进一步增加了回流次数，包括元件去除、焊盘修整及元件替换。每次焊接循环，都会形成金属间化合物层，随着金属间化合物的增厚，连接的可靠性会降低。因此，返修时要严格控制和缩短在焊料液相线以上的时间。图 48.2 显示了焊接和返修步骤及其对金属间化合物厚度的预测影响，这些影响对于所有的焊接和返修都是一样的。

元件返修工艺使用的温度曲线应该以下面的 4 点为参考基础：（1）焊膏制造商对回流焊的推荐要求；（2）元件制造商关于最高温度和升温速率的说明；（3）最优化的回流焊时间 - 温度曲线；（4）使用仪表化的曲线测试板实验得到的实际时间 - 温度曲线。

对于免洗型焊接，返修工艺使用的焊膏必须与第一次组装时使用的焊膏一致。对于水洗型焊接，返修工艺通常使用免洗型焊膏以避免进行二次清洗。如果返修时不使用焊膏，也应该使用与焊膏成分相同的助焊剂。这些都可以避免焊料间的相互化学作用，以降低长期使用过程中发生腐蚀的风险。

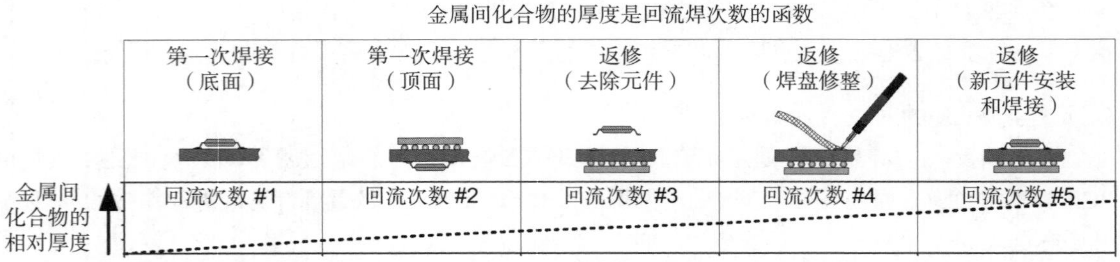

金属间化合物的厚度是回流焊次数的函数

图 48.2 PCB 底面元件焊接步骤，以及第一次焊接和返修中会用到的回流焊步骤。需要注意的是，金属间化合物的厚度并不完全与回流焊次数呈线性关系，其厚度取决于焊接体系的材料、在焊料合金熔点温度之上持续的时间、最高温度等。该图旨在说明每经过一次回流焊，金属间化合物的厚度都会增加

48.3 手工焊料喷流法

通孔元件通常使用焊料喷流进行返修，与波峰焊系统类似，都使用垂直的焊料喷射泵。但是其设备尺寸明显比波峰焊机器小，一般也没有传送带、助焊剂涂敷器和预热器，所以通常安装在工作台上，操作员可以手动对元件进行去除和替换。传统的焊料喷流是手控系统，通过选择喷嘴将合适的焊料喷射到待焊位置，需要使用屏蔽装置或托盘来防止焊料和之前焊接的元件接触。

需要进行返修的 PCB，更换元件的区域、焊料喷流指定的位置，都需要进行隔离。焊料喷流作用于返修位置，一旦连接元件的焊料熔化，就可以戴着手套或使用钳子将元件拔出。可以加入一些助焊剂，在热量流失之前将新元件放入，完成返修工作。必须确定 PCB 上要进行返修的元件的连接点都已经熔化，否则可能会损坏通孔。

使用焊料喷流工艺时，高密度组件也可以在热风烘箱中分批加热，这样返修工艺就更加有效，而且可以防止 PCB 暴露在液态焊料峰的紊流中。限制焊接组件在焊料液相线附近的停留时间，是实现焊点和产品可靠性的关键。就像之前提到的一样，在焊料液相线之上的停留时间决定了金属间化合物的厚度，而金属间化合物的厚度则在一定程度上决定了焊接的可靠性。焊料喷流的紊流能够促进某些金属在熔融焊料合金中的熔解，因此，通孔内铜层及焊盘都可能变薄或彻底熔解，对连接性能及长期稳定性造成影响。高温、剧烈紊流、长时间的停留都会加速熔解。因此，必须严格控制焊接时间及温度。该工艺最适合返修，应该尽量避免在第一次焊接时使用。

48.4 自动焊料喷流法

配置可编程喷嘴的自动焊料喷流法多用于第一次焊接，不过对去除通孔元件也非常有效。可编程喷嘴精确地将熔融焊料喷射到将要进行焊接的元件引线上，可以对极细的通孔进行点焊。

48.5 激光法

激光法是最近在返工和返修领域里出现的新方法。第 47 章中已经对使用激光进行正常回流焊或返修的原理进行了讨论。对于面阵列元件，如 BGA 和芯片级封装（CSP），激光束迅速在元件引线或封装表面进行扫描。这种方法最适用于塑料封装元件，而不是大热容的 CBGA、CCGA 等。在这项技术中，需要对元件本体进行加热。否则，就和普通的返工和返修技术没有区别了。

由于激光束的能量仅仅被局限在其照射到的区域，加热的范围很小，这对于在高密度元件且是双面的 PCBA 上进行元件的去除和替换非常有利。在完全回流之前，必须牢记关于金属间化合物的形成和拉动元件的注意事项。必须仔细评估组件的激光损伤阈值，以免在去除元件或元件再焊接期间，烧焦元件或 PCBA。

48.6 返修注意事项

48.6.1 水洗型和免洗型助焊剂的混合

在使用助焊剂进行返工和返修时必须注意，如果制造 PCBA 时使用的是水洗型助焊剂，返工和返修时均可以使用水洗或免洗型焊料。如果返修时使用了水洗型助焊剂，PCB 就必须进行另一次水洗，在这个阶段必须要确定所有元件都是能够进行水洗的。

即使 PCBA 制造时使用了水洗型助焊剂，在返工和返修时也可以使用免洗型助焊剂，但是反过来就不行了。有时，对免清洗 PCB 进行水洗之后，免洗型助焊剂的残渣就会呈现出黏性的白色物质形式，其可能会导致电气短路。可以使用皂化水洗，不过在使用之前要测试其清除聚合的助焊剂残留物的能力，也必须测试其与使用的免洗型助焊剂的兼容性，防止产生腐蚀性副产物。这些对于下表面和 PCB 表面之间距离很小的连接器、面阵列元件及其他元件尤为重要。

48.6.2　混合助焊剂

关于免洗型助焊剂化学成分的另一个需要考虑的问题，是混合的、未激活的助焊剂残渣。大多数免洗型助焊剂在经过与焊料回流相关的热循环之后是无害的，其在加热之后会被激活和变性。如果使用大量的助焊剂，并且助焊剂和焊点形成所需的高温不匹配，就会在未充分加热的助焊剂残渣中残留酸性物质，引起可靠性问题。这些酸性物质在焊接高温环境下大多数发生了变性、蒸发或升华。如果有酸性物质残留，从长远来看就会发生腐蚀。有专门的可以稀释和洗掉多余助焊剂的商业化溶剂。或者，将组件在 120℃下进行短暂烘烤以让助焊剂变性。要向助焊剂制造商咨询关于助焊剂残渣的处理建议。如果使用少量焊膏而不是液体助焊剂，那么这些问题可以避免。要选择直径最小的焊锡丝，减少助焊剂残留物。

48.6.3　元件烘干

放置到户外的元件可能会受到吸湿的影响，在返修过程中对元件加热时，由于其热循环是局部的，而且可能比在常规回流焊工艺中的预热更极端，因此而引起的"爆米花"问题可能更严重。

48.6.4　金手指保护

在返修过程中，有很多可能会损坏 PCB 边缘金手指连接器的机会。在返修时要注意使焊料和助焊剂远离金手指，可以使用机械保护或丙烯酸黏合剂聚酰亚胺胶带来保护金手指不被焊膏、焊料渣或助焊剂污染。如果焊料和金发生接触，金会迅速熔解到焊料中，而焊料会蔓延到金手指上。金手指上的焊料不经过刮擦和金属焊补是不能从表面移除的。焊料并不是一种可靠的连接接触材料，尤其是对今天的高密度、低法向力的电连接器而言。

不要让焊料接触到金手指，将金手指的温度控制得越低越好。金手指不能被触摸，即使戴着手套也不行，要远离线头和纤维物质。在回流焊后用合适的试剂清洗金手指。清洗时要使用软刷、无绒布或防磨损的软质材料，对 PCB 两面的金手指分别进行清理。

不要将无绒布折叠起来反复擦拭边缘处，布料会受到玻璃布和环氧树脂的磨损，在 PCB 上残留下线头。更好的方法是，使用带有溶剂的防静电刷子清理金手指，最后用过滤的空气进行吹干。避免使用任何可能对金表面造成划伤的粗糙物质，因为金下面的镍如果暴露在空气中受到氧化，就会对可分离接触点的可靠性造成影响。

参考文献

[1] IPC/JEDEC J-STD-033, "Standard for Handling, Packing, Shipping and Use of Moisture/Reflow Sensitive Surface Mount Devices"

第 10 部分

非焊接互连

第49章

压接互连

Gary M. Freedman
新加坡惠普公司关键业务系统

49.1 引　言

电子连接器通常使用4种方式连接到印制电路板（PCB），如图49.1所示。

- 回流焊表面贴装技术（SMT）
- 波峰焊技术（针对焊接引线元件）
- 压力互连，依靠机械力将互连元件导通的无焊料方法
- 压接，另一种机械的无焊料方法（这也是本章的主题）

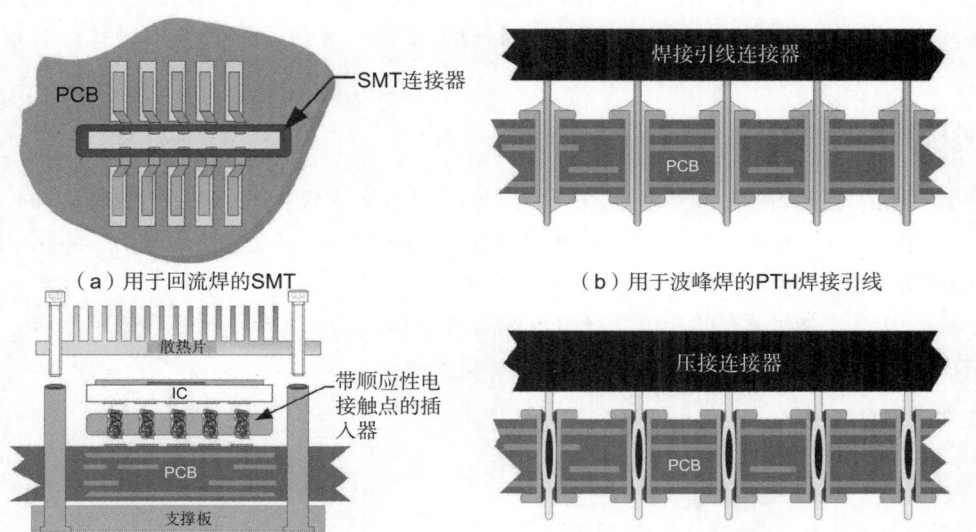

（a）用于回流焊的SMT　　　　　　　　（b）用于波峰焊的PTH焊接引线

（c）依靠机械应力的压力互连式电接触　　（d）压接，依靠连接器引线和PTH的机械变形形成紧密电接触

图49.1　连接器连接到PCB的4种方法

　　压接，也称为压针、顺应针，还有一些其他的行业名称，是一种使用多年的成熟和可靠的互连方法。一旦专门用于无源背板，压接连接器会越来越普及，并且通常包含复杂的主板和子卡。随着PCB变得越来越复杂（更厚的厚度、更高的层数、密集布线和更多的元件），压接连接器的使用也越来越多，每个连接器都具有高引线密度（引线节距小至1mm）和数千个引线，甚至设计有带状线屏蔽罩，以增强高速信号性能。压接连接器可以用于印制电路板组件（PCBA）的

一面或两面，并且是可修复的，而且其一次组装良率始终接近 100%。压接比焊接更容易、更可靠，并且不受 PCBA 额外热量或化学工艺的影响——可靠性优势，对目前的高密度线路特别有利。由于需要的能量很少（不需要焊接），最大限度地减少了原材料（不需要焊料），其应用也不需要任何化学物质，压接互连被认为是一种环保的电气连接方式。压接工艺，不论是在理论上，还是实际应用上，都较为简单，通过机械力将较大的连接器引线压入 PCB 的 PTH（镀覆孔）内。PCB 中 PTH 的大小专门为压接连接器设计，由于连接器引线被强制压入 PCB 中，压接插针和 PTH 会有轻微变形，其结果是形成机械稳定的电气连接。

49.2　压接技术的崛起

由于 PCB 复杂性、PCBA 元件密度的日益增加，以及带有源元件的背板的出现，压接连接器的使用再掀高潮。压接连接器通常应用于对波峰焊来说很困难，甚至难以焊接的厚板。不使用波峰焊，一方面提高了制造良率，另一方面则消除了对 PCB 底面元件密度的限制。使用压接连接器的另一个优势是，压接安装无需焊接，可减少铅（Pb）使用。考虑到气候环境责任日益增长的重要性和一些国家立法减排的潜在压力，压接元件的使用可能会增加。直到 2010 年，由于有害物质限制指令（RoHS）立法允许对某些产品使用铅，如双核处理器和电信设备，不需要焊接已经压接的连接器，从而显著限制了对铅的需求。

连接器本体可能会与回流焊或波峰焊的热工艺兼容，也可能不会，因此通常在所有的批量焊接完成之后再使用压接连接器。此外，压针连接器一般不会焊接到位，因此返工会有些不切实际。关于压接连接器的返工，将在本章的后面部分进行讨论。

49.3　顺应针结构

有许多不同的压接针配置，这里介绍 3 种常用的压接配置方式。第 1 种的引线是正方形或矩形截面，其设计大小满足插入时使 PCB 的 PTH 轻微变形的要求，这是众所周知的"圆孔中的方形线"。引线末端通常设计成锥形，以方便插入 PTH（见图 49.2）。

第 2 种的引线是方形引线的变体，有时也称为 H 结构，它由一个撑压结构的矩形和一个 H 横截面组成。其中，H 横截面的拐角处用于变形（见图 49.3）。

第 3 种是最普遍的配置方式，引线是具有针眼（EON）结构的可收缩的针（见图 49.4）。

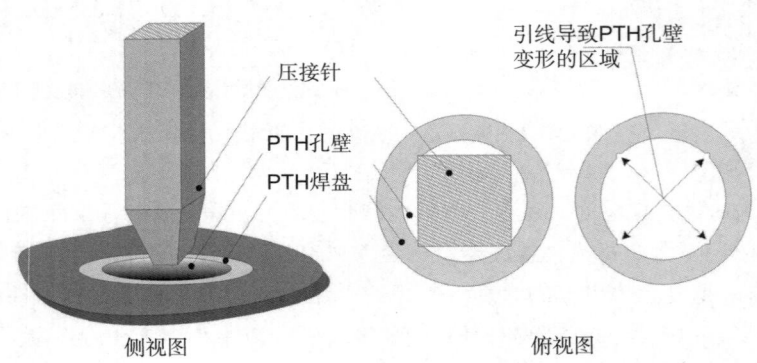

图 49.2　一个正方形或矩形引线强制插入圆孔，这是最原始的压接技术

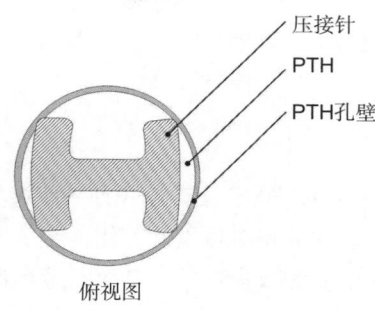

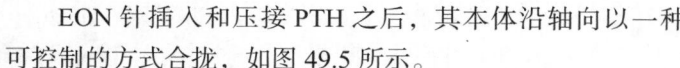

俯视图

图 49.3 H 结构压接引线。引线的撑压横截面允许引线有稍微变形，这种变形与一些 PTH 的插入物变形一样，保证了可靠的机械和电气连接

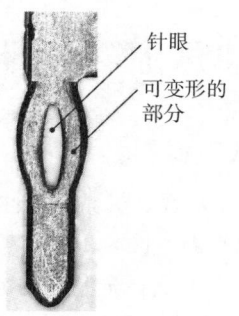

图 49.4 针眼结构压接针（压缩前）

EON 针插入和压接 PTH 之后，其本体沿轴向以一种可控的方式合拢，如图 49.5 所示。

压接针的机械应力导致 PTH 孔壁轻微变形，引线和 PTH 孔壁之间的合力确保了稳定、长期可靠的机械和电气连接。

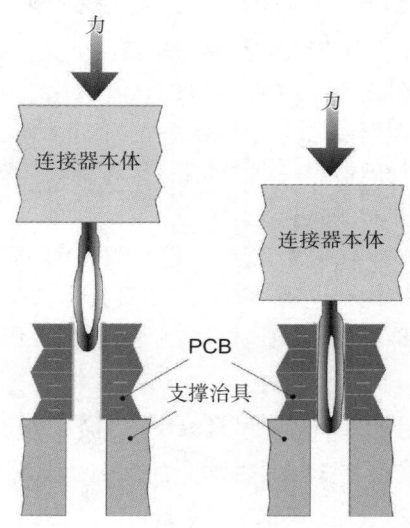

图 49.5 当 EON 针被推进 PTH 后，其可变形部分自身向内坍塌，引线和 PTH 孔壁之间的合力提供了稳定、紧密的机械和电气连接

49.4 压接注意事项

49.4.1 合适的负载

适用的压接连接器所需的负载依赖于多种因素，包括引线设计、引线材料、引线尺寸、引线表面工艺（电镀）、PTH 表面工艺、镀层厚度、引线和孔的尺寸，以及每个连接器的引线数量。连接器制造商应提供每个连接器对应引线的所需负载，以确保正确地插入连接器和基座。

49.4.2 正确的设计和尺寸

压接连接器引线的设计基于 PTH 直径的较小的公差范围，顺应针施加在 PCB 上 PTH 孔壁的轴向力必须最大化，以确保连接器到 PCB 的可靠性，尤其是机械与电气的稳定接触。连接器制造商会为其产品推荐合适的 PTH 参数和误差。压接耦合的合力作用和焊点相似，如果引线和孔的大小匹配，并且材料也有合适的表面处理，压接点的预期寿命会好过焊接点。并且，如果引线和孔的大小合适，引线到孔壁的轴向力将高到足以形成长期可靠的密封电气环境。引线必须在纵向上有足够大的强度，避免在按压操作过程中发生弯曲。引线的轴向力必须进行优化，以免损坏 PTH 孔壁——既要接触足够良好，又要引线相对容易插入而不会破坏孔壁或 PCB。

49.4.3 可重复使用的连接器治具

因为每个引线压力通常从几十克力到几十千克力不等，可重复使用的机械压接设备，对压接连接器的应用是非常有必要的。

49.5   压接引线材料

49.5.1   基础材料

出于可承受性、机械完整性、电气性能和材料保护的目的，无论使用何种组装方法，所有的电气接触都是通过廉价的基础金属和电镀一层最小厚度的相对贵重和实用的金属实现的。许多压接连接器由铍铜合金制成，但碍于引线制作过程中铍的灰尘毒性，整个行业已经转向使用更安全的磷青铜或其他铜合金。

49.5.2   表面工艺：引线和孔壁

由于大多数材料暴露在空气中容易氧化，金或其他贵金属也常常用来防止 SMT 或 PTH 元件引线及 PCB 焊盘和 PTH 孔氧化。然而，大多数 PCB 和元件引线使用很便宜的材料，如锡或锡铅，在焊接之前或焊接过程中依靠助焊剂消除自然产生的氧化物。在焊点处，元件引线和焊盘表面物质被焊料润湿和密封，焊料赋予焊点相应的机械刚性，并使接触面与空气隔离。压接技术则并非如此。

压接工艺与所有引线和 PTH 表面工艺相匹配。某些材料的摩擦性能更有利于压接工艺。众所周知，锡铅有利于压接技术，铅具有良好的摩擦性能，并且可以充当压接过程的润滑剂。如果 PCB 孔与压接插针尺寸匹配，那么铜虽不是最好的，但也不会产生问题。

49.5.3   鉴于 RoHS 的材料选择

欧盟 RoHS 指令的出台，也增加了压接工艺中需要额外考虑的因素。对于大多数 PCB 材料和组装，RoHS 指令禁止铅的使用，导致了两个问题。第一，使用锡代替锡铅作为压接连接器的接触面，有形成锡须的风险。与锡涂层的 SMT 元件引线不同，没有与压接技术相关的回流，而如果没有回流，锡须更加容易形成。第二，在缺少铅的情况下，摩擦力增大，对目前的产品压接设计造成了困难，并且在某些情况下可能导致 PCB 损伤。通过诉请，欧盟 RoHS 技术咨询委员会颁布了允许铅在顺应针连接器系统表面工艺中使用的 RoHS 豁免指令[1]。

49.5.4   气密密封

对于压接连接器引线，既没有物理润湿材料，也没有金属封装来保护互相连接的地方。此外，也没有使用化学助焊剂。相反，通过压接引线和 PCB 上 PTH 之间的机械作用，使压接引线保持固定状态。与压入式组装作业相关的高摩擦力可以不受压接引线和紧密配合的 PTH 表面氧化物的影响，所以优质的材料、逐渐形成的氧化物及材料的保质期等，与焊接相比并不是重要考虑因素。在大小和材料合适的条件下，压接可以形成连接器引线和 PTH 孔壁之间的气密式接触。

作为适当压接的产品，气密密封的概念对连接的可靠性至关重要。只有引线和孔壁之间的接触界面保持化学和机械稳定性，才能得到可靠的电气连接。在操作过程中，气密的、有涂层的、金属对金属的接触减少了任意触点（PTH 孔壁或压接引线）的氧化，并起到防止摩擦腐蚀的作用。对机械配合触点来说，摩擦腐蚀是一种常见的失效机制，特别是在振动的情况下。压接式互连至少可以看作是和焊接同等可靠的连接，并且接触点不会随着时间而降解或开裂。

49.6 表面处理及效果

PCB 上 PTH 的表面处理方式对容纳压接连接器所需的力有着显著的影响效果。表面工艺和 PTH 孔壁质量的变化，可以在压接力和可靠性上产生深远的影响。

49.6.1 摩擦学

每一种材料都有摩擦（摩擦学）性能。有些本身是光滑的，如锡铅合金；也有一些是非光滑的，如锡或铜。铜是表面最不光滑的几种金属之一，与锡铅或金表面工艺的同等大小孔径相比，通常需要更多的压接力。锡的晶体结构也不易滑动，在某些情况下，需要格外注意 PTH 完成孔径的大小（FHS）。PCB 供应商应该意识到这样的事实，当板上的孔用于压接元件时，孔径大小及其表面工艺必须与压接元件匹配。在某些情况下，如铜金属，连接器供应商可以指定孔径的上限尺寸。注意，FHS 应该是完成表面工艺之后的尺寸。

如果摩擦力很大，有可能将 PTH 从 PCB 中挤出或毁坏。在全面制造开始之前，应重点评估测试板及压接参数。只有非常小的变化或缺陷可能会妨碍到压接连接的典型高良率。

正如前面提到的，最近欧盟在 RoHS 指令中豁免了压接连接器，允许顺应针连接器引线使用锡铅镀层。铅可以增加轻微的润滑性能，进而可以更容易地压接难以处理的表面工艺，如有机可焊性保护层 - 铜（OSP-Cu）。

49.6.2 PTH 孔壁表面处理

孔壁表面工艺可以在压接操作上产生深远的影响。如果 PTH 与顺应针引线尺寸相差太大，引线可能会刺穿孔壁或破坏其内部连接。对于 OSP-Cu 表面工艺，由于其涂层较薄且微弱，几乎没有增加 PTH 孔壁或表面焊盘的厚度，因此在压接方面，高厚径比孔并不是一个问题。对于化学镀或沉积表面工艺，其镀层厚度都是自我限制的，一般都很薄，与 OSP-Cu 一样，PTH 直径的变化并不影响压接过程。

这方面的另一个极端是热风焊料整平（HASL）和电镀工艺，这可能会给 PTH 孔壁和焊环增加大量的材料。HASL 涂层太厚可能会导致 PTH 直径的减少，压接时，引线可能过度压缩，导致连接器下端变形和崩溃，不会压接到各自的通孔内。有时，焊接 HASL 表面时，涂层会在 SMT 回流过程中重新分配，导致 PTH 变成褶皱的半月板形，如图 49.6（a）所示。相比之下，图 49.6（b）展示的是均匀孔壁镀层的 PTH，相对均匀的孔径及涂层均匀的焊环。随着 RoHS 指令的颁布，有铅喷锡使用逐渐减少，但是高端服务器和电信设备的压接工艺中仍然使用锡铅焊料，因为 RoHS 指令豁免了连接器工艺中铅的应用。

过度电镀的 PTH 孔壁和焊环如图 49.6(c)和(d)所示，会导致压接元件的引线部分过早塌陷。这种情况下必须使用更大的压力，才能将引线压入孔中，导致坍塌引线和 PTH 孔壁之间的接触不完全，相互之间的机械作用力不正常。在图 49.6（e）所示条件下，电接触的可靠性存在风险，因为引线有部分实际是没有接触 PTH 孔壁的。

图 49.7（a）显示了过早变形的压接引线，鉴于图 49.7（b）所示 PCB 的情况，这个引线只是间断地与孔壁接触。

对于高厚径比孔，孔内镀层不均匀，靠近孔口部分镀层厚度相对较厚或达到可接受范围，但靠近孔中心区域的镀层则偏薄，其原因在于高厚径比孔内镀液交换不畅，消耗后得不到及时补充。

这种情况也可能导致压接引线对 PTH 孔壁的接触不良,并存在接触可靠性问题。与此相反的情况,也是有害的,PCB 供应商努力使 PTH 孔壁达到适当的镀层厚度,但同时会导致孔口及焊环部分镀层过厚。

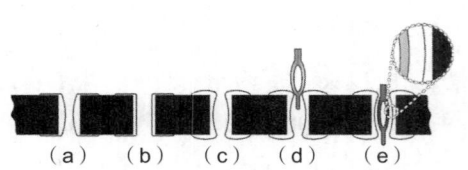

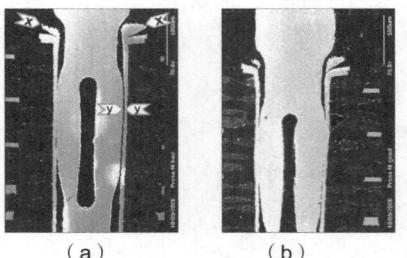

图 49.6 不同表面处理涂层的孔壁截面效果:(a) HASL 后有过多锡层的 PTH 孔壁,回流焊后形成了半月板形,其他镀层缺陷也可能导致形成这样的弯月形,但不常见;(b) 镀层均匀的 PTH 孔壁和焊环;(c) 过度电镀的 PTH 孔壁和焊环;(d) 过度电镀的焊环会干扰引线和引起 EON 针的过早崩溃;(e) 过度电镀的焊环导致过度压缩引线,这种情况带来了可靠性方面的风险

图 49.7 (a) PTH 焊环上过度电镀的镍层已造成两个问题:第一,它将修剪掉部分压接引线("x"处)。此外,引起了引线顺应部分的压缩。在 PTH 内完全就位时,该引线对可靠的接触来说过于宽松。"y"处表明了压接引线和孔壁之间存在的空隙。相比之下,(b) 中引线修剪是显而易见的,但引线与 PTH 孔壁的接触比较紧密(来源:马来西亚槟城捷普电路 A.Alexander,扫描电子显微镜显微图片)

图 49.8 焊料碎片(虚线框)从一个 HASL 涂层的 PTH 中推出

49.6.3 碎 片

为了减小压接所需的力,锡铅焊料涂层孔壁中的铅被当作压接连接器插入的润滑剂。尽管锡铅镀层是其中一个最佳的压接表面工艺。但是,如果镀层过厚,那么压接连接器引线可能会把焊料磨成薄的碎片,并且从孔中推出到 PCB 第二组装面(见图 49.8)。很多时候,这些薄片仍然保持连接到引线或 PCB,或者卡在引线和孔之间。碎片也有可能摆脱束缚而脱落,导致局部或系统中其他地方的电气短路。

49.7 压接设备

许多类型的机械压机都可以将压接连接器应用于 PCB。杠杆式手动扳压机是最原始的设备,但足以满足简单的、低引线数的大节距连接器。气动扳压机,虽然比杠杆式手动扳压机更易于操作,但并不能用于程序控制或可重复性组装。更先进的是气动 / 液压组合(所谓的气顶油按压),它可以提供较为可控的过程。最新的具有精妙设计、模塑封装、脆弱的电屏蔽及精细引线节距相结合的压接连接器要求高精度的压接重复性控制,所以最明智的选择是使用一台计算机控制的机器。如果配备了可编程的轴,除了保证过程力度和速度精度的重复性,压力周期数据、工艺参数、压缩速度和元件位置等都可以一起存储。数据记录对统计过程控制至关重要,并且对压接过程缺陷分析和设备故障排除非常有用。

最先进的连接器压机是机电驱动的,依靠一个带有测速机控制速度的电机驱动的粗螺距螺杆、Z 轴位置编码器和压力传感器来反馈精确的压接周期(见图 49.9)。

一些市售的机器已经达到了完全自动化的程度,能够自动将 PCB 放入压接设备,取、放连

接器，并选择适当的连接器压接工具和配套工具砧，旋转工具至正确的方向，将多个连接器依次放在一块或多块 PCB 上。有多种方法来控制压接过程。本章的剩余部分会对各种方法和各自的优点进行讨论，但首先较详细介绍的是压接过程中的力学现象。

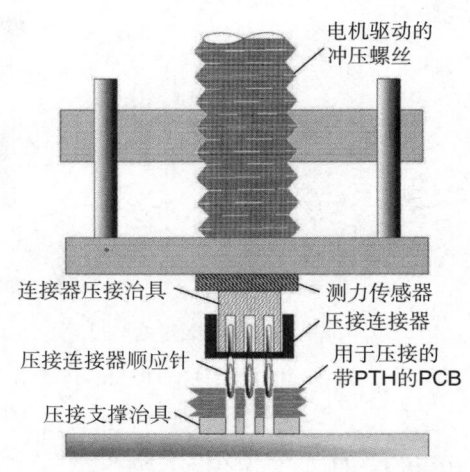

图 49.9　机电连接器压接设备

49.8　组装工艺

为了满足连接器及 PCBA 布局要求，需要制作压接模具（上模）和支撑治具（下模）。PCBA 被放置在支撑治具上，操作员手工把连接器放置到 PTH 上，冲压螺丝和压接模具与连接器对齐后被按下。在压接过程中，连接器引线被迫进入 PCB 的 PTH 时，每种类型的连接器和 PCB 都有一个受力与其垂直距离关系的特征图谱，包括各事件和拐点的图谱如图 49.10 所示。

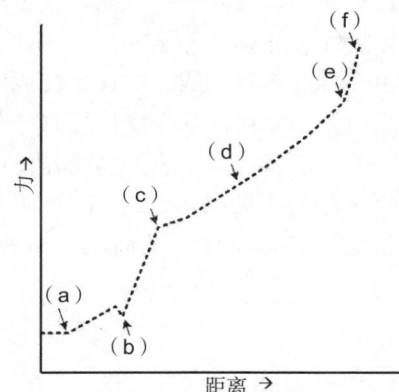

图 49.10　压接过程中力与压接距离的关系。拐点和区域：（a）对压接连接器施加初始压力；（b）引线顺应段部分坍塌；（c）引线顺应段完全坍塌；（d）引线沿 PTH 孔壁滑动，产生摩擦力；（e）连接器完全就位；（f）继续按压在距离上变化不大，按压周期完成

随着压接过程的继续，连接器引线被迫进入 PTH，其引线顺应部分弹性变形，然后就有了可塑性。变形后的引线沿 PTH 孔壁继续滑动，会遇到摩擦阻力，另一个拐点发生在连接器与 PCB 孔壁完全匹配之后。此外，力对滑动距离或压接次数影响很小，几乎没有变化。如果压接过程继续，将导致 PCB 损坏。

49.9　常用压接方式

为了达到最佳效果，推荐使用可以实时测量和控制压接过程的方法，这在如今的商业化压接设备中可以见到。有 4 种常用的压接方式，但只有 3 种利用了压力感应、距离感应、连接器压力实时反馈系统。连接器的复杂性和设备的实用性决定了压接组装的方式。

49.9.1　非受控压接

非受控压接是很长一段时间内最普遍使用的技术，但它很快输给了更复杂的压接方法（本节稍后介绍）。它通常借助手动扳压机通过人力将连接器强行插入 PCB 对应的 PTH 内，既没有压力传感，也没有速度控制。如此将连接器插入 PCB 的方式是最不可靠的，不建议用于复杂的连接器或脆弱的 PCB。如果对精密的连接器使用过高的冲压速度，可能会导致引线弯曲。此外，对一些高引线数连接器而言，该方法可能无法提供足够的力。

虽然不鼓励使用这种类型的压接方式，但是它足以胜任一些非关键组装中的低引线数和大节距连接器的压接。与任何压接方式一样，板下必须有合适的支撑治具，以防止组件断裂或弯曲，其应该足以支撑压接柱塞的力；同时，空隙应合适，允许板底连接器引线的凸出和容纳底面已组装好的元件，如图 49.11 所示。

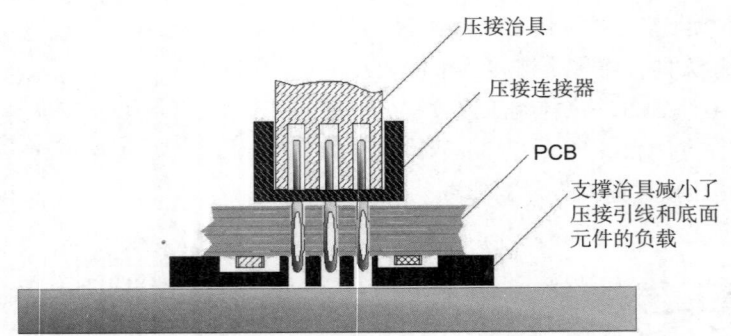

图 49.11 支撑治具对良好的压接过程具有关键作用，它必须有可以容纳凸出的压针和任何底面元件的空隙

49.9.2　限制高度的压接方式

　　如前所述，压接设备已经逐渐成熟到精密机械，压接质量大大超过了手动扳压机。有些压接设备能够精确确定基准面上的柱塞高度，如 PCB 顶面。如果板到板的厚度一致，那么可以将连接器压入至合适的满足其规范要求的高度。正如每个连接器引线尺寸并不完全一致，PCB 上 PTH 的大小也一样。不管引线、PTH 状况或安置连接器所需的合力如何，都需要按压到一个预定的高度（即按压高度）来确保连接器每次按压的方式完全相同（见图 49.12）。PCB 厚度的不一致，模塑连接器本体横截面的不一致，或模具的毛刺，都可能导致不精确，这也是该种方法的弊病。

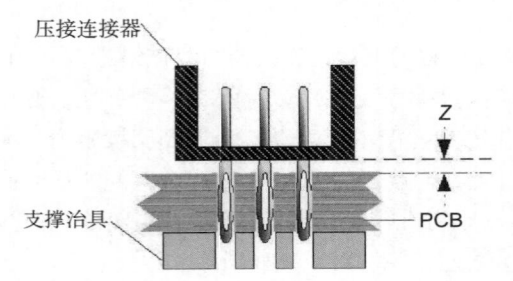

图 49.12 高度限定压接迫使连接器压接到一个预定的间距，即从 PCB 表面算起的 Z

49.9.3　限制压力的压接方式

　　限制压力的压接（或压力压接）依赖于智能压力传感器，当感应压力达到设定压力时，压接过程即告终止。压力大致可以根据连接器每个引线顺应部分变形所需压力（由压接连接器制造商提供）乘以引线数目进行设置，每个引线允许压力的上下限结合经验可以更好地确定材料连接器的压接压力。当然，该技术对连接器顺应针的材料状况及 PTH 的直径都非常敏感。

49.9.4　限制梯度的压接方式

　　压力与引线滑动距离关系图［见图 49.10 标记（e）的部分］中，最后部分的斜率或梯度可以用于触发压接过程结束和取消压接。其优点在于，无论引线大小、孔径大小、PCB 或连接器的变化，连接器都不会有过大的压力。选择非常陡峭的斜坡并结合实践经验进行压接，通常是最可靠的。一般而言，梯度 ≥ 75% 的范围最受青睐，该技术也被称为梯度式压接。

49.9.5　压接连接器返工

　　压接操作虽然本身的产量高，但也会遇到压接异常或压坏连接器的问题，可能需要拆卸和更换连接器。对压接而言，压接连接器的顺应针的可塑性不可逆，因此，一旦被使用，同一连接器不能被去除和重新插入 PCB。然而，大多数压接连接器都被设计成可以返工——修理或更换的。在某些情况下，个别引线或触点可以更换。其他情况下，整体引线或触点也可以更换。有些压接连接器需要彻底清除损坏的连接器，以便更换一个新的。市场上有许多不同的压接连接器，每个都有制造商推荐的修理方式。

压接组件的设计，一般至少允许更换连接器两次。两次更换的基础，一是连接器引线顺应部分和 PCB 上 PTH 孔壁之间正常的作用力，二是连接器去除和更换之后 PCB 上 PTH 孔壁表面质量。

如果连接器引线和 PTH 孔壁之间作用力过大，引线有可能刺穿孔壁，甚至损伤其周围的内层互连或线路。因此，该作用力一般被优化至不会导致过度变形或削弱 PTH 孔壁的气密密封。一旦一个连接器或连接器引线被替换，新的连接器、引线必须也能形成孔壁气密密封的可靠接触。每次一个新的压针被插入通孔内，都有可能造成孔壁变形，插入越深，孔壁变形就会越严重。正是出于这个考虑，顺应针连接器行业标准的设计目标是一般只允许两次更换。超过两次，会有减薄镀层和损坏孔壁的风险，进而有可能损害压针接触可靠性或线路到孔壁的互连。

压接连接器的返工工具差别很大。在某些情况下，其设计目的在于取出并更换一个引线。其他情况下，该工具可以被设计为从 PCB 中取出整个连接器。一些工具旨在仅仅去除模塑压接器的本体，然后单个引线被钳子一个个地拉出来，为更换做准备。有时，多个接地或电源的压接引线被冲压成分立的薄片，然后将薄片插入模塑连接器的主体，形成一个单一的压接连接器。在这种情况下，有时可以移除和更换单个薄片，而不是更换单个引线或整个连接器。返修工具和方法一般可以从连接器制造商处获得。

为了避免损坏 PCB、元件或焊点，PCB 必须通过针对性治具予以支撑，以避免其在压接元件的拆卸或更换过程中发生弯曲。推荐通过返修前后的电气性能测试来验证线路完整性，以确保返修后其性能不会降低。如果是由于初次安装时 PCB 表面存在的引线残桩导致的连接器更换，那么必须确保 PCB 表面和内层相关线路并没有受到异常引线的损伤（见图 49.13）。

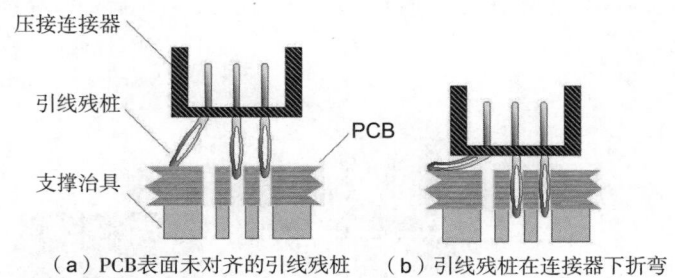

（a）PCB表面未对齐的引线残桩　　（b）引线残桩在连接器下折弯

图 49.13　引线残桩的处理：残桩可能会损坏 PCB 表面或内部线路

49.10　PCB 设计和采购建议

49.10.1　用于压接组装和返修工具的间隙

为了避免工艺问题及对相邻元件的损坏，PCBA 设计中应该有足够的间隙，为压接工具、支撑治具及任何相关返修工具提供足够的空间。

49.10.2 首选长引线

可能的情况下，使用比板厚略长的压针，以保证压接完成后连接器引线在 PCB 底面凸出。引线凸出有利于组装后的成品检验。缺少压针是存在引线残桩或引线折弯的证据。

49.10.3 PTH 大小和表面工艺

对于 PTH 完成尺寸、公差和可接受的表面工艺，建议按照压接连接器制造商的参考要求。使用具有高厚径比样品板的孔的横截面，确认 PCB 供应商是否具有资格，并确定典型的 PTH 孔壁轮廓。确保 PTH 的孔壁镀层均匀，满足连接器规格。确保 PTH 焊盘上的表面工艺不会干扰压接引线的插入。

49.11 压接工艺建议

有许多措施可以确保组装工艺中压接操作的合理性。

49.11.1 使用合适的压接设备

建议使用机电驱动压接设备，以获得最好的压接精度和过程反馈，最大限度地减少对 PCB 或连接器的影响。

49.11.2 检查引线平直度

插入 PCB 之前，建议检查压接连接器上的引线平直度和完整性。可以通过廉价的通止规（见图 49.14）来检查连接器的引线有无弯曲，其结构设计应该既不会压缩压接引线的顺应部分，也不会损害其表面涂层。这对细节距压接连接器（1mm 节距）特别有用，能够很好地依靠目测来确保引线的完整性。

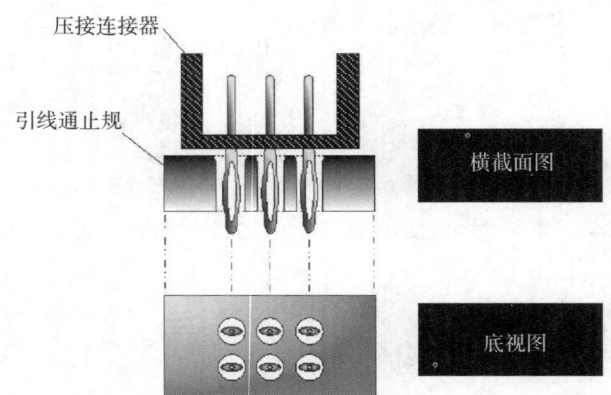

图 49.14 压接前检查连接器引线位置的通止规，尤其适合高引线数、细节距的压接连接器

49.11.3 保证 PTH 压接孔内无异物

尽量避免来自 SMT、波峰焊或手工焊接过程中多余的焊料、助焊剂、SMT 黏合剂、点胶或其他污染物进入压接 PTH 内。建议在加工过程中使用托盘或高温胶带（如聚酰亚胺胶带）屏蔽

压接孔区域。如果使用胶带，最好检查首件，以确保高温胶带的残留不会进入压接孔内。最好使用含有丙烯酸基黏合剂的聚酰亚胺胶带，其不存在残留物或仅有极少的残留物。

49.11.4 使用合适的压接工具

根据连接器制造商建议，使用硬化不锈钢压接工具，以避免连接器或 PCBA 损坏。

49.11.5 提供适当的 PCB 支撑

在压接操作中，PCBA 必须有充分的支撑，以确保连接器完全插入且 PCB 不会过度弯曲。板弯曲过大，可能会导致焊点开裂、线路断裂或板的分层。尤其是对于不可弯曲的基于球栅或柱栅的面阵列元件，如 BGA 和 CCGA 的焊点，这是特别重要的。

压接时对 PCB 最好的支撑方式是在连接器下方区域直接支撑，包括底面引线凸起的支撑，否则会产生引线残桩和弯曲。支撑治具的设计也应对底面元件进行适当保护。

49.12 检验和测试

49.12.1 连接器检验

压接连接完成后，检查 PCB 底面的引线凸出，顶面连接器本体高度，连接器主体是否有损伤，引线位置是否不准确（在连接器内而不是板内），电气屏蔽是否有损坏或移动等。

49.12.2 PCBA 检验

检查压接区域的 PCBA 表面是否存在损伤。错位、压接夹具或 PCB 支撑治具损坏都可能造成元件的损坏，或者过度压缩导致 PCB 内、外层线路的损伤。压接操作后，可以在 PCB 表面寻找错误的压接夹具印记。压力过大可能导致 PCB 内部压缩或线路断裂。压缩的线路可能会影响其导电能力，并导致局部过热或影响信号的完整性。

49.12.3 焊料碎片检查

检查 PCB 底面是否存在焊料碎片，尤其是采用 HASL 表面工艺的 PCB。需要的话，可用刷子清除。松散的焊料碎片可能会导致该 PCB 或系统机柜内邻近 PCB 的电气短路。与 PCB 供应商一起讨论，确保钻出和完成后的孔径与压接器尺寸适配，同时 HASL 工艺中过量的焊料不会改变已完成孔的尺寸或形状。

49.12.4 电气测试

一些具有高摩擦力的表面工艺，如 OSP-Cu，压接工艺中的用力如此之大，以至于可能会损害 PTH 孔壁或相邻内、外层线路。对于首件，建议目检和电气测试一并进行。

49.12.5 经常检查工具

检查工具是否存在过度磨损或损坏。损坏的工具可以毁掉连接器或 PCB，并连续在许多 PCB 上导致同样的损坏。

49.13 焊接和压接引线

在所有 SMT 和波峰焊操作完成之后再应用压接连接器，不要试图用焊料对连接器某处进行焊接。压接连接器本体可能无法兼容回流工艺，即使可以兼容，焊接压接连接器也将使其返工变得困难或无法返工。

参考文献

［1］ EU RoHS Commission Decision of 21 Oct 2005, Annex to Directive 2002/95/EC of the European Parliament and of the Council on the restriction of the use of certain hazardous substances in electrical and electronic equipment

［2］ Parenti, D., and Mitchell, J., "Validating Press-Fit Connector Installation," Circuits Assembly, April 2003, pp. 26–29

［3］ Ocket, T., and Verhelst, E., "Lead-Free Manufacturing: Effects on Press-Fit Connections," paper presented to the International Center for Electronic Commerce (ICEC) Proceedings, Zurich, September 2002

［4］ Hilty, R. D., "Effect of Lead Elimination on Press-Fit Interconnects," paper presented to the Institute of Electrical and Electronic Engineers (IEEE) HOLM Conference Lead Free Workshop, September 9, 2003

第**50**章
触点阵列互连

Gary M. Freedman
新加坡惠普公司关键业务系统

50.1 引 言

触点阵列（LGA）是一种非焊接式封装元件，依靠压力接触实现和印制电路板（PCB）的机械及电气互连。互连是通过 LGA 集成电路（IC）封装和 PCB 之间的插座和插入器实现的。插座有一致的导电触点，其与 LGA 和 PCB 接触焊盘的布局彼此相匹配，绝缘体、支撑件、紧固件组合成的系统保证了 LGA 与 PCB 在机械和电气上的紧密接触。对于焊盘与触点的有效接触及随后的组装可靠性，控制组装过程和清洁度至关重要。读者应该注意到，尽管无引线焊接封装也称为触点阵列，但是本章重点讲述各种无引线封装的压力互连。

大多数情况下，LGA 型互连用于将中央处理单元（CPU）芯片或其他有源元件安装到 PCB 上，有时也被用作连接器。该类型互连的一个优点是，它可以互换芯片，而无须拆焊和重新焊接，方便实现快速返工。进行工程更改或现场升级同样也无须焊接，可靠性也不会降低。LGA 的概念已经应用到了连接器中。虽然该技术已经使用了几年，目前也仍然只是一个小众化技术，但随着输入 / 输出（I/O）数量的持续增加及焊接对封装尺寸的限制，其重要性也在逐渐增加。

50.2 LGA 和环境

LGA 和 PCB 的连接无须焊接，无须通过加热钎料进行钎焊或返工，是一种环境友好的互连技术。正因为不用考虑焊料（至少在封装外部），所以很容易符合欧盟关于有害物质限制指令（RoHS）的要求。

50.3 LGA 的系统要素

图 50.1 所示的 5 个关键要素和几个子要素确保了 LGA 系统的实用可靠，要注意其中使用了较多的变量。本章将介绍一般意义上的关键要素。

50.3.1 PCB 和 LGA

1. 接触焊盘

PCB 上设计有实现 LGA 插座到 PCB 的电气互连的焊盘，焊盘对应插座要求的大小和形状。

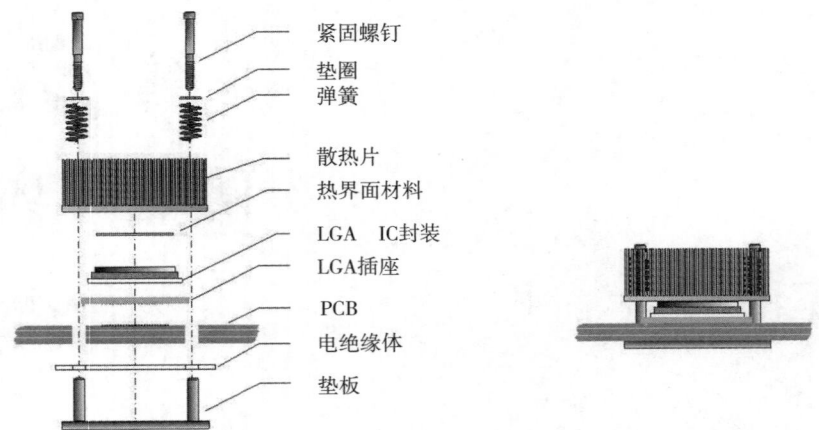

图 50.1   LGA 堆叠的要素

大多数情况下，PCB 上的 LGA 焊盘是电镀镍金层，电镀硬金通常用于增加接触的耐用性和可靠性。也可以使用其他表面工艺，但应进行满足可靠性及长期有效接触的测试。

2. 钻 孔

LGA 插座在 PCB 上有两组钻孔要求，一组用于固定通过 PCB 的垫板，第二组则用来定位和保持 PCB 上的插座。具有严格公差要求的定位孔对应 LGA 插座上模塑的定位引线，旨在确保插座与 PCB 上 LGA 焊盘的准确定位和接触。插座制造商会提供指南和钻孔图形建议。设计不同尺寸的定位引线，并根据对应插座的极性对 PCB 进行钻孔，无疑是很好的做法，可以确保在 PCB 上不会定向错误。

3. PCB 布局的考虑

PCB 布局时，要尽量避免在 LGA 插座、垫板及压板附近设计元件。此外，应该考虑 PCB 的平整度，以便一旦 LGA 互连系统组装完成后，可以实现对 PCB 的最佳接触效果。

50.3.2 垫 板

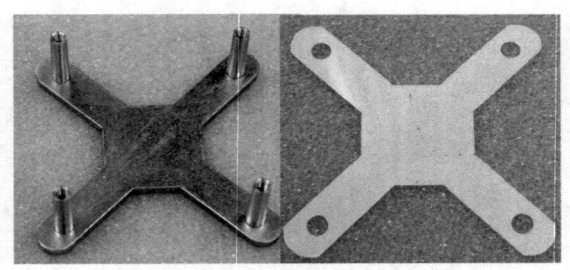

图 50.2   不锈钢垫板（左）和绝缘体（右）
（来源：惠普公司）

LGA 技术依赖于压力互连系统，垫板是刚性的背面组成元素，用于固定 LGA 系统到 PCB 上。它一般插入 PCB 上预先钻好的孔内，作为一种固定夹紧装置，以将 LGA 插座保持在一起。垫板通常由硬金属成型，如不锈钢或厚铝（见图 50.2）。

垫板可通过正交或雕刻的方式为垫板附近的元件提供空间，不得妨碍在线测试（ICT）或诊断测试点的使用。垫板必须设计成这样：紧固时是刚性的，可以压平 PCB 上 LGA 接触区域附近的局部弓曲或扭曲，以确保实现完全的电接触和机械稳定性。

通常在垫板表面上采用绝缘体，并且正对 PCB 底面放置，以避免金属垫板可能引起的 PCB 第二组装面元件的任何电气短路（通过 PTH 通孔、测试点等）。在垫板下方的 PCB 上，第二组装面最好不要设计元件。如果必须要设计元件，那么应与垫板保证足够的空间，以便在 LGA 组装过程中不会压碎元件。

50.3.3 有源元件（LGA IC）

LGA 是一种 IC 封装，通常由刚性基板（如陶瓷）制作。它看起来像底部没有互连焊点（锡球）的陶瓷球栅阵列（CBGA）（见图 50.3），外形与其他陶瓷封装一样。LGA 下面通常有金焊盘，作为 LGA 插座的触点。触点通常是电镀镍金。有时在镀金过程中会加入硬化剂钴来共沉积形成硬金，以改善长期可靠性和提高接触的耐用性。

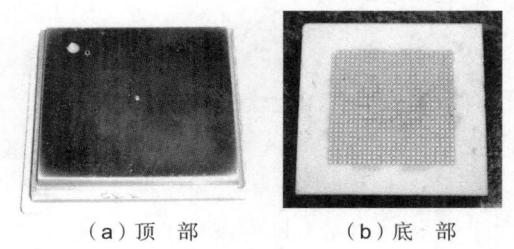

（a）顶　部　　　　　（b）底　部

图 50.3　LGA 封装的顶部和底部：与 CBGA 相似，却没有任何焊料互连（来源：惠普公司）

50.3.4　插　座

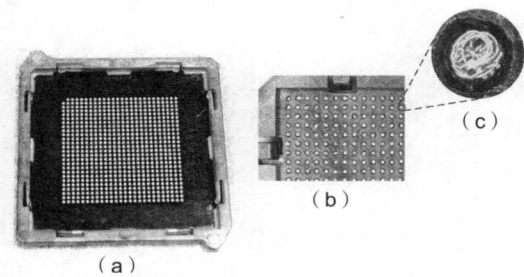

图 50.4　LGA 插座：（a）一个具有金属填充聚合物接触的插座；（b）具有法兹按钮接触的插座；（c）单线绕法的法兹按钮的放大图

有许多类型的 LGA 插座（也称为"内插器"）可供选择，如传统的凹槽簧片接触、法兹按钮接触，甚至是金属填充聚合物接触的内插器。这些触点固定在模塑的绝缘基板上，插座的结构和接触要适应 LGA 封装和相应的 PCB 布局（见图 50.4）。

每个接触都以某种方式通过模塑基片互连，并且插座可看作 LGA IC 和 PCB 的双面互连（见图 50.5）。

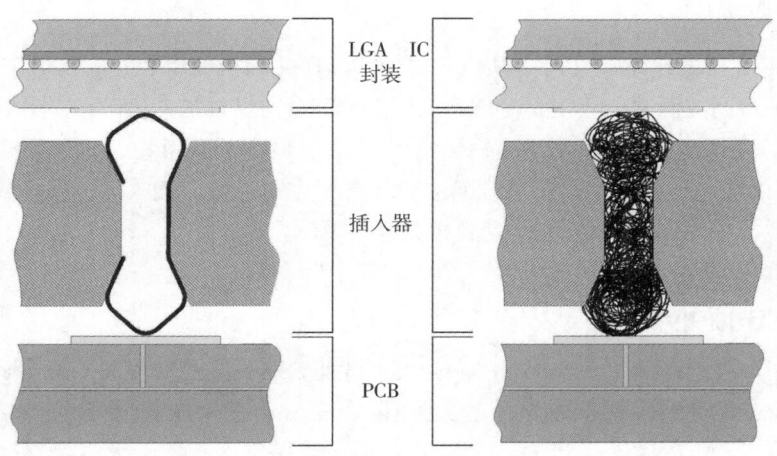

图 50.5　插入器插座实现 PCB 与 LGA IC 的电接触：弹簧接触（左）；法兹按钮接触（右）

其他子要素，如紧固件和弹簧等，是基于增强紧固、抗冲击和振动及热管理的需要。

虽然法兹按钮技术在 LGA 互连方案中最可靠，但它有些常见的缺陷。如果组装之前插座处于良好状态且 LGA 组装正确，尽管互连的可靠性相当高，但是已经看出存在拉线（见图 50.6）、

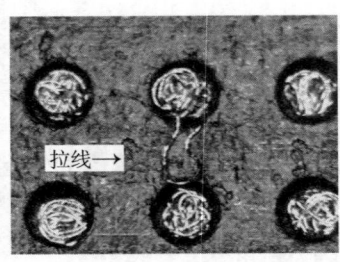

图 50.6 法兹按钮 LGA 插座和一根离散的导线，这可能会导致电气短路

倾斜和缺少接触的现象。

如果过多的压力施加到金属填充聚合物触点，随着时间的推移变形和移动，法兹按钮的接触压力会减小，导致开路或间歇性接触故障。

50.3.5 压 板

压板固定在 LGA 封装和一对垫板顶部，它迫使 LGA 封装与插座，以及插座与 PCB 上的焊盘接触实现电接触。除了实现插座与 LGA 封装和 PCB 的互连，它还与起支撑作用的垫板一起，赋予了 LGA 堆叠抗冲击和振动所需的机械刚性，以便保持可靠的运行。当然，抗冲击和振动依赖于垫板和压板的设计，也包括任何弹簧、紧固件等。注意，施加于 LGA 堆叠上的力不得损害 LGA IC 和 PCB，遵循来自 LGA 封装和 LGA 插座制造商的指南是必要的，以便明确 LGA 堆叠所能承受的力度极限，从而不会损坏 PCB、插座或 IC 封装。

50.3.6 热管理

热管理的解决方案通常建立在 LGA 的堆叠设计上。如果散热器构造得当，也可以用作压板。热界面材料，如石墨片或其他薄的导热材料，都可以用在散热片和 IC 封装之间，以加强散热效果。

50.4 组 装

除了良好的设计，合适的组装方案和精密组装对 LGA 互连的可靠性也至关重要。

下面的步骤应该有助于工程师实现良好的效果，如果设计有缺陷，那么互连的可靠性将会减弱。

50.4.1 组装顺序

LGA 贴装元件的组装应在所有其他元件焊接、压接和机械组装完成之后进行。大部分 LGA 插座并不允许过高的温度，其他元件的组装应力可能会对良好的 LGA 互连形成干扰。

PCB 上的金焊盘必须尽可能保持干净，无焊膏、助焊剂残留物、化学品和污染物。组装完成后，所有的化学物质必须远离 LGA 插座。返工热量也可能造成插入元件损坏或 LGA 元件失效，所以可能的话，最好在 LGA 组装前完成相关返工操作。

50.4.2 PCB 预处理

可以用耐高温遮蔽胶带覆盖 PCB 上的 LGA 焊座，避免其受助焊剂残留物、飞溅焊料等的污染。胶带应该能够承受多次回流焊，建议采用丙烯酸黏合剂聚酰亚胺胶带，以减少胶带的残胶。有机硅基类黏合剂的残留物会干扰电气互连，由于硅基本上不溶于大多数常见溶剂，所以清除其残留物的任何尝试都是徒劳的。

50.4.3 PCB 和 LGA 焊盘清洁

在使用插座之前，对 IC 和 PCB 上的 LGA 焊盘进行清洁，是一种很好的做法。即便采用遮蔽胶带，胶带下面也可能会凝结一些物质。用异丙醇、甲醇或基于 Vertrel 的清洁剂进行擦拭，可以清除常见的助焊剂凝结物和其他工艺残留物。不要使用大量溶剂进行浸泡式清洗，可以使用无绒布或海绵蘸饱和溶剂进行擦拭。需要注意的是，即使是无绒材料，也有可能被 PCB 焊盘、板边或孔勾住，留下纤维或碎片。应该通过测试找到最合适和最耐磨的清洁材料，同时确保清洁的焊盘完全干燥后再进行组装。基于 Vertrel 的清洁剂是理想的，因为其具有仅次于室温的较低沸点。但其沸腾过程中可能会引起一些局部的水汽凝结，从而在焊盘表面形成轻微的、局部的、无伤大雅的变色。

50.4.4 LGA 插座清洁

尽管插座保持干净很重要，但是千万不要对其进行擦拭、清洗，因为这可能会破坏纤弱的触点，即使使用压缩空气清除灰尘，也可能会移动或损坏触点。最好与插座供应商联系，以确保插入器达到清洁和可用标准。

50.4.5 检 验

组装前检查 LGA 封装及 PCB 上的 LGA 焊盘，检查插入器的两边，以确保触点处于良好的状态。

50.4.6 插座的使用

很重要的一点是，把插座定位到 PCB 上并与 PCB 保持平行。在非平行角度上的使用，可能会损坏插座的纤弱触点，降低接触可靠性。同样，在 PCB 上滑动插座，也可能导致插座触点损坏。

插座必须以正确的方向装在 PCB 上，以便插座的触点布局与 PCB 焊盘布局相匹配。插座上的成型导向引线有助于此，两个引线大小不等，以匹配 PCB 上同样的钻孔布局。插座通常有一个缺角，匹配 LGA IC 封装及 PCBA 上相应的 LGA 插座布局。此外，必须注意，不要跌落插座上的 LGA IC 封装，这可能会损坏纤弱的插座触点。

50.4.7 紧 固

由于可用的机械设计方法太多，要为 LGA 组装列出一些特定的方法不切实际。如先前所述，有些人倾向于弹簧夹，另一些人则信赖传统的螺丝紧固件。一般情况下，如果使用 4 个螺钉固定，那么应该采用轮胎扭矩模式来确保螺钉拧紧（见图 50.7）。

缓慢地拧紧很重要，可以避免损坏 LGA IC 元件或 LGA 插座，并确保对可靠电接触的适当压力。

每个紧固件的旋转次数取决于螺钉和插座的要求。理想情况下，四头扭矩驱动器应采用相同速度旋转每个头，并且每个驱动器上配备已校准的滑动离合器来防止堆叠过紧。

应该构建定位支撑用的治具板，在 LGA 堆叠组装期间支撑并保持 PCBA，以便最大限度地减少电路板弯曲，防止 PCBA 上焊接部分的损坏。

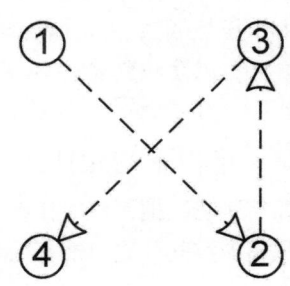

图 50.7 LGA 紧固的手动上紧模式，每个紧固件应获得相同的转数或部分转数，确保 LGA 堆叠的平坦就位

50.4.8 LGA 插座的返工和再使用

易于替换 IC 进行升级或返修，是使用压力互连技术的优势之一。大多数 LGA 插座都可以多次使用，检查、确认插座制造商允许的使用次数，有的高达 20 次。可靠性和使用次数取决于若干因素，包括插座的机械稳定性、热暴露能力、合适的组装，以及过程中污染的化学物质，如助焊剂、松香清洁剂、乙醇等。需要注意的是，系统中的其他部分（LGA IC、PCBA、垫板、散热片或压板）通常没有使用次数的限制，但也应该进行检查，以确保接触镀层状况良好，并且机械紧固件未显示出机械磨损的迹象。

取出 LGA IC 封装元件或插座本体时，需要确保插座触点没有卡到 IC 和 PCB 焊盘。如果触点卡住，那么触点可能会弯曲、折断或被拉出插座，都会危及互连的完整性。填充聚合物或法兹按钮接触的粘连是最普遍的，尽管 LGA IC 的电镀弹簧触点或 PCB 电镀焊盘有足够的附着力，也会导致易碎的插座触点的损坏。如果插座要重复使用，那么同样重要的是，要直接从插座中除去 LGA IC 封装以避免对 LGA 插座的损坏。

50.5 PCBA 的返工

如果需要在 LGA 堆叠附近进行 PCBA 上焊点的返工，那么首先应使用时间 - 温度曲线测试板进行模拟返修。需测量插座上的热效应，确保 LGA IC 和插座温度均保持在各自制造商的指导范围内。同样，也需要确认工艺中使用的化学品、助焊剂、清洁剂等不会破坏 LGA 插座。

50.6 设计指南

50.6.1 LGA 下的布线

避开 PCB 表面进行信号走线是可取的做法，因为信号走线通过垫板或插座时可能被挤压。由于垫板又大又平，所以力很容易传递出去。由于模塑插座框架的轮廓狭窄，其会在 PCB 表面施加一个更集中的力，挤压任何在下方的走线。

50.6.2 较高元件的空隙

由于压板或散热片通常悬挂在 LGA IC 封装上，因此较高的元件应保持在压板 / 散热器布局区域之外，以防止其对 LGA 堆叠的机械干扰。

50.6.3 垫板下的元件

如前所述，把元件放在垫板下是不明智的。如果这一区域需要元件，那么垫板应给这些元件留出足够的空间。这可能需要使用超厚的垫板来保证其刚性。

参考文献

［1］Freedman, G. M., and Baldwin, E. A., "Method and Material for Maintaining Cleanliness of High Density Circuits during Assembly," Proceedings of the SMTA Pan-Pacific Conference, February 2003

第 11 部分

质　量

第51章
PCB 的可接受性和质量

Robert（Bob）Neves
美国加利福尼亚州阿纳海姆，麦可罗泰克实验室

王 剑 审校

51.1 引 言

51.1.1 适当的验收标准

除了用户和供应商之间的利益关系，没有任何其他事情能够影响产品可接受性和质量之间的关系。要解决这些矛盾，需规范可接受性与质量的关系。印制电路板（PCB）几乎是所有电子产品的基础，用户无法容忍有缺陷的 PCB。同时，成本常常会是一个关键因素，而实施费用高且不必要的接收标准是行不通的。无法提供双方都认可的合格产品是导致用户和供应商之间关系恶化的最主要原因。电子产品中的所有元件均依赖 PCB 传输信号和功率。由于 PCB 缺陷引起故障，将造成一款产品彻底失败。换言之，价格低廉的低品质产品是一文不值的。

1. 客户满意度

原始设备制造商（OEM）拥有的最有价值的东西之一是品牌。一种产品的成功与否完全取决于品牌所代表的品质。OEM 需要将产品从设计阶段尽快地推向市场，而由于质量问题导致产品面向市场的推迟会极大地影响产品的推广，从而损害他们的品牌。现场发布产品失败消息引起的负面宣传效应也会极大地损害品牌。双方可以通过制订 PCB 可接受质量标准来降低不合格 PCB 的比例。

2. 降低成本

如果 PCB 用户向 OEM 清楚地规定了 PCB 质量标准，OEM 就能够了解制造用户产品所需的成本。降低成本是制造领域的一个永恒目标。企业要在竞争激烈的市场里生存，他们就不得不专注于成本。而那些不可接受或劣质的产品是最直接的重大损失。

3. 责任和诉讼

用户与 PCB 制造商就产品接收标准达成一致，以减少诉讼与经济索赔，仍然任重而道远。

51.1.2　PCB 的功能

在交付客户之前，PCB 应达到以下 3 点要求。

（1）PCB 实物符合布设总图要求。尺寸精度、位置精度以及涂层必须是合格的，并且能够有助于元件与 PCB 之间的连接。

（2）PCB 能提供元件间的适当互连，使得组件能够达到预期的功能。

（3）PCB 应当在不需要连接的互连点之间提供绝缘。

这 3 点不仅在购买时应该是可接收和高质量的，而且在产品预期使用寿命内仍是合格的和高质量的。

51.1.3　行业与客户标准

可实施的可接受性与质量标准会使供应商和用户清楚地了解什么才是预期的目标。对于供应商，如果没有关于 PCB 可接受性与质量标准的详细说明，用户不可能得到满足其需求的产品。清楚地知道客户需要什么样的产品，有益于供应商和用户之间的合作，尤其是当 PCB 的复杂性使得可接受性与质量标准实施起来更加棘手、更具挑战性时，这种规范特别关键。通常，PCB 制造商的规模会扩大并提升产能。这时，用户的个别 PCB 就成了整个生产的一小部分，其个性化要求容易被忽略。因此，有必要在正式制造前，由用户和供应商清楚地定义 PCB 的可接受性和质量标准。

51.1.4　可接受性和质量标准的目标

PCB 需要达到一定的质量水平，能够承受电路的组装过程。该过程牵涉一系列操作，安装、元件和连接器的返工。组装和返工过程已变得愈来愈复杂，并且会对 PCB 造成损伤，在引入无铅产品时更是如此。因此，验收标准应当考虑焊接过程中可能出现的情况，以保证 PCB 在经过组装和返工后仍能满足设计的功能。

51.2　不同类型 PCB 的特定质量和可接受性标准

对 PCB 进行的许多独特的性能检验取决于它们的制造类型。目前主要存在两种类型：刚性和挠性 PCB。

51.2.1　刚性 PCB

刚性 PCB 在全球 PCB 市场中占主要部分。它们应用于各种各样的产品中。不同种类的 PCB 对应不同的材料和检测方法。本书会对这些制造细节做详细阐述，但在此处仅提及一下。多层 PCB 的制造过程就是单面板和双面板制造过程的组合。另外，表面预处理、叠层和层压等步骤也是必要的。对于每一个额外层所需的额外工序，都有可能为 PCB 带来一些异常现象。

1. 单面 PCB

这种 PCB 不包含镀覆孔（PTH），也就没有必要检查镀覆孔的相关属性。它们的制造更加简单，并且只需要更少的工序。许多单面 PCB 的制造都是利用冲压技术形成部分安装孔和外形的。它们是成本最低廉的 PCB，通常用于一些简单和低端的应用中。

2. 双面 PCB

与单面 PCB 不同，双面 PCB 的两面都存在线路图形，并且上下两层线路通过 PTH 连接。从单面到双面 PCB 的进步要求制造商保证上下两层图形对准，也对钻孔和通孔金属化工艺提出了要求。这些额外的工艺需要增加检验，因为这些特性会显著影响 PCB 的可接受性和质量。

3. 多层 PCB

多层 PCB 的复杂程度远远超过双面 PCB，因为要在 PCB 中埋入电路。PTH 还必须连接中间各层，就像连接顶层和底层一样。多层 PCB 引入了层压工艺，制造商在高温高压的条件下，采用层压的方式将不同层压合在一起。

4. 背 板

背板上有很多阵列连接器，以承载其他 PCB 子板。阵列必须有足够的刚性，以确保不影响插入 PCB 子板后的性能及可靠性。背板具有尺寸大、层数高、较厚等结构特点。注意，背板制造工艺不同于传统多层 PCB，背板对连接器区域和镀覆孔区域有额外的质量要求。

5. 高频 PCB

高频 PCB 可以是前述的任何类型 PCB，其性能独特，能够传递高速电信号，同时没有明显衰减。使用的材料和图形精度对阻抗控制至关重要，正确的阻抗能确保信号完整性，而使用的材料和线路布局对阻抗的控制影响非常大。一般通过额外的测试来验证这些类 PCB 的特殊性能，如特性阻抗。

51.2.2 挠性 PCB

无论是安装还是在整个产品的寿命周期内，挠性 PCB 必须能够弯折和弯曲，并同时满足之前介绍的单面、双面、多层、高频刚性 PCB 所具备的性能。

51.2.3 刚挠结合 PCB

刚挠板结合了刚性板和挠性板的众多优点。这种类型的 PCB 需要考虑刚性部分与挠性部分的可接受标准。

51.3 验证可接受性的方法

51.3.1 PCB 产品

绝大多数 PCB 产品接受标准还停留在外观和尺寸上。目检通常由人工使用低倍率放大镜完成。虽然肉眼通常能够发现 PCB 表面的线路图形和材料的缺陷，但这并不能持续进行，而且容易漏检。正因为如此，许多公司已经转向使用自动光学检测（AOI）机器检查图形的完整性、一致性和尺寸。AOI 提供了比肉眼检查更能持续检测图形的方法，但成本较高。许多目检的可操作性与 PCB 尺寸有关。重要的是，只有当检测倍率足够大时，才能精确测量图形的尺寸，决定是否可接受。

51.3.2 测试附连板和图形

出于测试目的，使用的是代表 PCB 属性的测试附连板和图形，而不是 PCB 产品本身，原因有几点。使用附连板进行测试呈下降趋势，是因为它们占用了生产板面积，增加了 PCB 的总成本。测试附连板实际上并不是 PCB 的一部分，通常放置在生产板板边，在板边生产出来的图形属性可能不同于正常 PCB。这会导致测试附连板和图形所反映的属性不同于其试图代表的 PCB。这就使采取措施确保以某种方式生产出来的测试附连板和图形能代表所有生产出的 PCB 的属性显得非常重要。同时，一定要确保测试附连板中的任何孔都与它们代表的 PCB 是用相同的刀具及相同的参数加工出来的。通常，在测试附连板所在位置不能够代表 PCB 属性时，为了得到 PCB 真实信息，我们必须对 PCB 做破坏性测试。测试附连板和图形可用于微切片分析、电气性能测试、环境模拟测试和可靠性评估。图 51.1 为来自 IPC-2221 的测试附连板［除非特别注明，本章的图片均来源于 IPC，摘自 IPC-600《印制电路板的可接受性》，根据这些文档中具体的标题，都可以在 IPC-600 中找到对应的图片。作者的图片资料来自作者本人的报告，其他图片来源由标题给出。更详细的测试附连板的设计和布局参见 IPC-2221］。

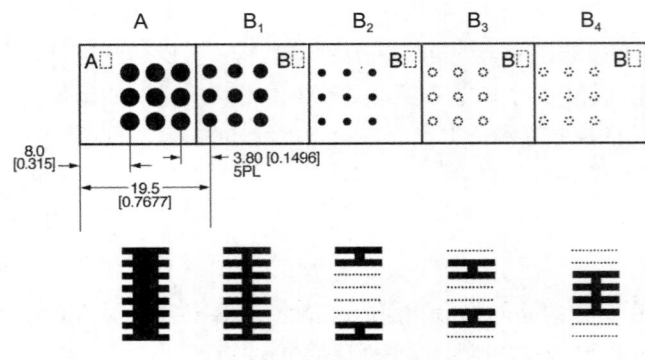

A：元件孔，可焊性和返工（需要时）

B₁：导通孔热应力（最复杂的通孔）

B₂：盲孔热应力，分开的顺序电镀循环

B₃：埋孔热应力，分开的顺序电镀循环

B₄：埋孔热应力，分开的顺序电镀循环

图 51.1 来自 IPC-2221 的质量一致性测试附连板（来源：IPC）

51.3.3 显微切片

对 PCB 的孔做显微切片，可以看到 PCB 结构的剖面。PCB 上去除非功能焊盘的孔的微切片不可能检查到孔内所有的连接层，所以显微切片通常需要优化相关的镀覆孔测试附连板，镀覆孔需与每层的焊盘连接。制作 PCB 显微切片需要很高的技巧，因为 PCB 中同时含有软的和硬的材料，而观察区域非常小。不当的显微切片技术会增加或隐藏异常现象，如会造成互连的分离或隐藏。

51.4 检验批的形成

检验批包含该批次所有的 PCB，而且 PCB 需具有相同的材料、工艺、结构，在相同的条件下生产。不同的 PCB 可以组合起来，形成一个检验批，但它们必须一起提交检验。PCB 制造商的责任是保持每个 PCB 的可追溯性，能追溯到任何测试附连板对应的生产板。检验的成功取决于检验批的构成。在一次检验批中，对某些特定的属性进行检查作为批检验目标是允许的；如果适用，可以在检验批中抽取更少的数量代表整个检验批。在形成的检验批和抽样组中，对于制造工艺或方法的有效性和连续性，必须考虑选用合适的方法表征。有些 PCB 工艺是一次加工完成的，而有些是一块接一块地制造。为了形成有代表性的检验批和抽样组，了解工艺技术至关重要。

51.4.1 抽样检验

对于 PCB 的某些属性，全检是没有必要的，可以从检验批中抽取一部分 PCB 代表整个检验批。大多数性能规范中规定了何种属性可以使用抽样检验，样品所代表的属性范围也可以确定。很多抽样方案可以选择，众所周知及历史上使用过的是 MIL-STD-105，它描述了检验批中样品的可接受质量水平（AQL）。它认为少量的缺陷是可接受的，但现在被另一个检验过程中发现有缺陷的零件就判定不合格的抽样方案替代了。这种检验方式定义有缺陷的零件数等于零（$C = 0$）。抽样检验时，如果检验批被认定"不合格"，供应商也许会全数筛选，剔出不合格的 PCB。

51.4.2 检验工具校准

重要的是，所有检验必须使用校准过的设备，且必须能追溯到国际公认的标准。两个检验设备和设施的标准管理文件分别是 ISO-17025 和 IPC-QL-651。

51.5 检验类别

51.5.1 材料检验

这种检验通常由材料供应商提供证明，由材料供应商提供自己检测的数据。PCB 制造商必须对材料进行检验，以确保符合客户的要求。

51.5.2 资格检查

PCB 供应商必须向用户提供生产指定产品的资格证明。随后用户必须审查该证明，以减少从制造商那里购买 PCB 带来的风险。这个过程通常包括 PCB 制造商能力的自我声明，如满足 IPC-1710 标准，还需提供一些实物样品或测试数据，支持制造商能力说明书中的自我声明。以便于 PCB 用户确定 PCB 制造商的资格等级和细节。

51.5.3 质量一致性检验

根据特定的可接受性标准进行的检验工作，需在发货给客户之前进行。检验标准可以是行业标准或客户标准，或是两者的结合。

51.5.4 可靠性测试

该测试包括查找 PCB 产品现场使用寿命期限内可能出现的缺陷，包括对互连和绝缘两个属性的加速寿命试验。

51.6 模拟回流焊后的可接受性和质量

用户希望 PCB 能够经受组装和返工过程。温度达到或超过基材的玻璃化转变温度（T_g）会显著影响 PCB 的一些属性。对于这些属性，在模拟不同焊接类型和焊接次数（包括返修）以后，对 PCB 进行检验是很重要的。需要注意的是，每个返工过程通常包括两次回流焊：第一次是解焊有问题的元件，第二次是重新焊接新的元件。

51.6.1 PCB 无铅组装对可接受性和质量的影响

焊接工艺对 PCB 的可靠性和质量具有显著的影响。无铅组装工艺提高了焊接温度，延长了 PCB 暴露在该温度下的时间。这会加速基材的降解，对 PCB 有显著影响。图 51.2 显示了当温度高于 T_g 时，对 PCB 的损害随着时间和温度变化的曲线。当它被运送到组装厂时，关键是要确保 PCB 能够被组装，并且是可接受的。同时，较差的组装技术也会严重损害 PCB 的完整性。在组装之后，很难确定问题责任方是 PCB 制造商还是组装厂。

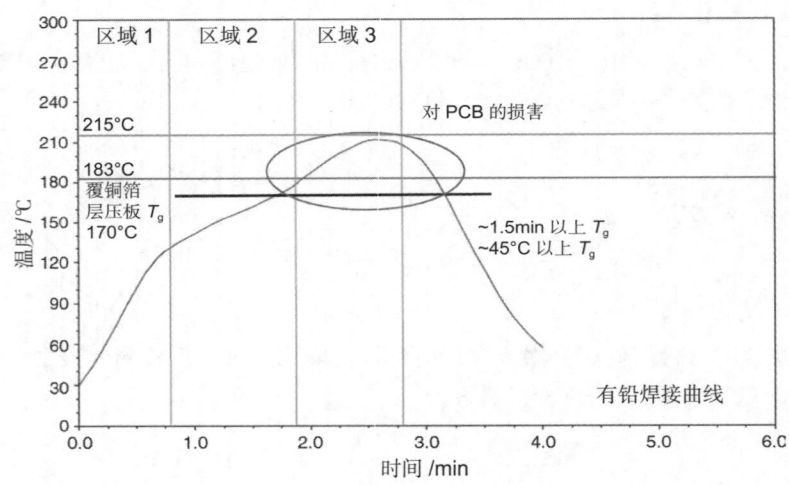

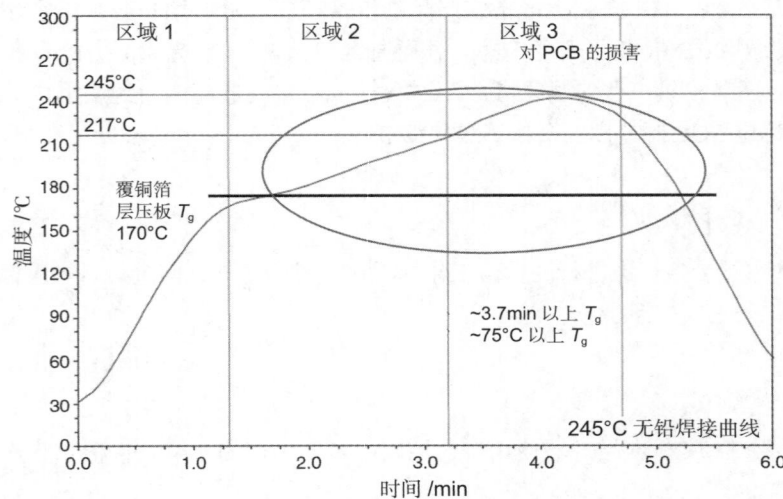

图 51.2 典型的有铅和无铅回流周期中对 PCB 造成的损害（来源：麦可罗泰克实验室）

51.6.2 无铅组装带来的 PCB 问题

铜的减薄 无铅焊接时，熔融的焊料会迅速把铜熔解。当铜表面没有某种类型的保护膜（如镍），使用无铅焊料时必须非常小心；否则，可能会使铜导体的厚度降低，甚至不满足设计要求。

基材降解 在焊接过程中，基料开始降解和分解，并降低基材中树脂的绝缘性能。

导电阳极丝（CAF） 伴随基材体系的降解，耐 CAF 形成的能力降低。

分　层 在极端情况下，树脂体系的内聚力或结合力的某些特性丧失，从而导致突变失效。

膨胀增大造成 PTH 过早失效 在焊接温度下，基材迅速膨胀，当温度高于树脂材料 T_g 时，膨胀变得极为显著。应用无铅焊接所需的高温，会使膨胀增大，进而可能导致 PTH 过早失效。图 51.3 为 PTH 膨胀特性随温度的变化。

可焊性 无铅焊接表面的润湿性与有铅焊接的情况不同，因此焊盘尺寸、焊料量、助焊剂的类型和量，也都必须考虑。

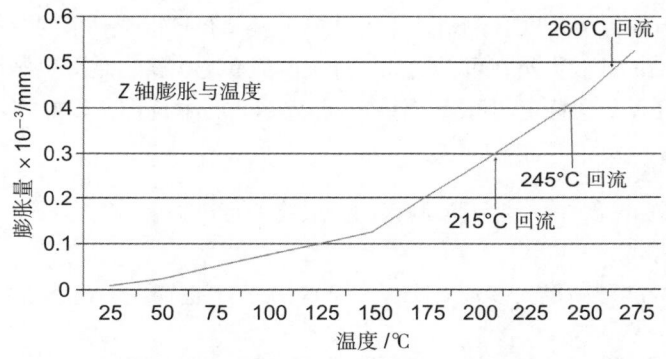

图 51.3 T_g 为 150℃时 PCB 的 Z 轴膨胀特性与温度的关系（来源：麦可罗泰克实验室）

51.7　不合格 PCB 和材料审查委员会的职责

标准和客户文件为检验的执行建立了最低的质量和可接受性标准。如果 PCB 不符合这些要求，它就是不合格的。尽管不合格的 PCB 经常会被报废掉，但这并不一定意味着 PCB 必须废弃。这个意思是指，对于通用的标准，该样品不符合规范，在要求之外则必须被处置。确定不合格的 PCB 是不是该报废，必须建立材料审查委员会（MRB）去评估。MRB 通常由一个或多个来自质量、生产和设计部门的代表组成。材料审查委员会的目的是，在短期内积极采取措施消除反复出现产品差异的原因，同时防止问题再发生。MRB 的职责包括：

- 审查有问题的 PCB 或材料问题，来确定是否满足可接受性、质量和设计要求
- 审查不合格的 PCB 是否影响设计功能
- 在适当的时候授权返修或返工不合格的 PCB
- 确定不合格的原因并确定责任方
- 授权报废多余的材料

当所有尝试都失败，PCB 仍未达到预期的最终产品使用要求时，就需要报废。

51.8　PCB 组装的成本

密度、复杂性、材料成本和元件成本的上升导致 PCB 组装的成本持续上涨，增加到 PCB 上

的价值为 PCB 成本的 10 ~ 20 倍。如果发现不合格的 PCB 是失败的主要原因，组装过程增加的总成本很可能会转移给 PCB 制造商。

51.9 如何开发可接受性标准和质量标准

51.9.1 使用行业标准

对于制订可接受性标准和质量标准，使用行业标准既有优点，也有缺点。

1. 优 点

（1）国际标准代表着大多数人的认可，能被人们普遍接受。

（2）增大 PCB 用户得到预期结果的可能性。

（3）如果不是行业标准，PCB 制造商不可能成为遵循客户特殊要求的专家。

（4）PCB 制造商的检验人员在可接受性标准上的经验越丰富，越能更好地发现缺陷。

（5）对于开始开发公司特定的可接受性和质量要求，行业标准是很好的基础。

2. 缺 点

（1）国际标准是由行业内专业人员制订的。最终的标准通常仅代表了行业内最基本的要求，以满足广泛参与的需要。

（2）虽然这些标准可满足大多数 PCB 客户的需求，但也存在不足，必要的额外要求被强加给了 PCB 供应商。

（3）从本质上讲，国际标准总是落后于行业的技术发展水平。

（4）对于行业细分需求，标准可以高于或低于标准规定的要求。

51.9.2 行业规范

以下是 PCB 最常用的规范。IPC 标准是行业中使用最广泛的，因此在本章被引用为例。

1. 美国哥伦布国防供应中心（DSCC）

- MIL-PRF-55110《刚性印制线路板通用规范》
- MIL-PRF-31032《印制电路板 / 印制线路板通用规范》
- MIL-P-50884《挠性或刚挠结合印制线路板通用规范》

2. 国际电工委员会（IEC）

- IEC-61188《印制电路板和印制电路板组件设计》
- IEC-62326《印制电路板性能的能力认证》
- IEC-61189《电气材料、互连结构和组件的试验方法》

3. 国际电子工业联接协会（IPC）

- ANSI/J-STD-003《印制电路板的可焊性测试》
- IPC-1710《印制电路板制造商资格认证的 OEM 标准（MQP）》
- IPC-4552《印制电路板化学镀镍 / 浸金规范》

- IPC-4553《印制电路板化学浸银规范》
- IPC-A-600《印制电路板的可接受性》
- IPC-6012《刚性印制板的鉴定和性能规范》
- IPC-6013《挠性印制电路板的鉴定和性能规范》
- IPC-6016《高密度互连（HDI）印制电路板的鉴定及性能规范》
- IPC-6202《IPC / JPCA，单、双面挠性印制电路板性能指南手册》
- IPC-TM-650《测试方法手册》

4. 日本电子封装和电路协会（JPCA）

- JPCA-PB01《印制线路板》
- JPCA-HD01《HDI 印制线路板》
- JPCA-DG01《多层印制线路板设计指南》
- JPCA-DG02《单、双面挠性印制线路板性能指南》

5. 美国保险商实验室（UL）

- UL-94《阻燃性测试》
- UL-796《印制线路板安全标准》
- UL-796F《挠性材料互连结构》

51.9.3　使用客户标准

客户标准应体现出公司产品独特的性能和需求。遗憾的是，公司历史往往会影响这些标准，以前的惨痛经验教训会导致过分强调标准。客户标准被用来加严，而不是取代行业标准。建立客户标准时应考虑以下因素。

（1）了解产品的使用场所和使用方式，有助于在特定要求方面加严或降低要求。

（2）了解 PCB 经受的各种应力是制订可接受性标准的基础。有铅或无铅、回流焊或波峰焊、双面回流、手工焊接和返修等方法显著地影响着 PCB 的要求。

51.10　服务级别

使用寿命内的功能性是最终的可接受标准。考虑到 PCB 会被使用到不同使用环境和条件，验收标准通常被分解成 3 个等级。每个公司都必须建立可接受标准的分级，这个标准依赖于 PCB 具体应用的功能。IPC 已建立推荐的验收指南，根据最终用途划分为 3 级。

51.10.1　第 1 级：一般电子产品

第 1 级包括消费产品、某些计算机及外围设备，适用于外观缺陷并不重要而主要要求是成品 PCB 功能的场合。

51.10.2　第 2 级：专用服务电子产品

本级包括通信设备、复杂的商业机器和仪器，这些设备要求高性能和长寿命，需要机器不间断运行，但非关键设备。PCB 的某些外观缺陷可以被接受。

51.10.3　第 3 级：高可靠性电子产品

对于第 3 级，设备和产品能够持续工作或一旦需要应立即发挥其功能。这些设备不允许有停机时间，有需要时设备必须工作（如生命保障系统、飞行控制系统）。本级 PCB 适用于需要满足高质量保证水平和服务至关重要的应用。

51.11　检验标准

检验 PCB 时，按要求可分成外部可观察特性（可以从 PCB 外观确定可接受性）和内部可观察特性（需要显微切片以确定可接受性）。实际要求视具体规定而定，但在本章中，一般以 IPC 文件为准。

51.11.1　外部缺陷

目检通常在 3 个屈光度（约 1.75× 放大倍率）下进行。如果在该放大倍率下不能确定，则逐步提高放大倍率，至确认是否合格。尺寸的要求，如导体间距或宽度，可能需要不同的放大设备和带刻度的检验工具，来精确地测量指定的尺寸。PCB 用户也可以指定其他的放大倍率和检验工具。注意，使用高倍率工具检验视觉类属性可能产生错误的结果，因为照明强度和轮廓效果会有所不同。目检标准很难用文字定义。定义目检标准的一个有效方式是，使用线条插图和（或）照片。IPC 在 IPC-A-600《印制电路板的可接受性》标准中使用了这种方法，使"印制电路板中许多个别的解释视觉规范化"。在不同类型的指定检验中，表面目检是成本最低的。目检将检查所有 PCB，或基于既定的抽样方案抽样。对于外观缺陷的检验，在制造过程中对 PCB 进行 100% 目检后，还需要进行简单的抽样检验。外部观察到的缺陷可以分为 10 种。

（1）绝缘材料的表面缺陷，如毛刺、缺口、划痕、凹坑、纤维断裂、露织物和空洞。

（2）表面下的缺陷，如外来夹杂物、白斑/微裂纹、分层、粉红圈及基材空洞。

（3）导电图形缺陷，如附着力差，由于缺口、针孔、划痕、表面镀层或涂层缺陷等引起的导体宽度和厚度的减少。

（4）孔的特性，如孔径、偏位、外来夹杂物及镀层或涂层缺陷。

（5）标记异常，包括位置、大小、辨识性与准确性。

（6）阻焊膜表面涂层、覆盖层和覆盖膜缺陷，如偏位、起泡、气泡、分层、剥落、物理损伤及厚度。

（7）尺寸特性缺陷，影响 PCB 的尺寸及厚度、孔径及图形精度、导体宽度及间距、环宽（尺寸检验通常采用抽样计划）。

（8）由于离子和有机污染物导致的 PCB 表面洁净度不达标。

（9）PCB 的可焊性差，包括润湿、退润湿、不润湿。

（10）开路、短路、阻抗不达标（如果需要）。

1. 绝缘材料中的表面缺陷

绝缘材料的表面缺陷，如毛刺、缺口、划痕、凹坑、纤维断裂、露织物和空洞。瑕疵很小的时候，通常被认为是外观缺陷，一般对功能的影响很小甚至没有影响。然而，如果这些缺陷在 PCB 边缘接触区域或是低于可接受标准的下限，降低材料的绝缘性能，对功能性而言是致命的。

2. 表面下的缺陷

表面下的缺陷是在 PCB 表面可见的但存在于 PCB 表面以下的缺陷（见图 51.4）。

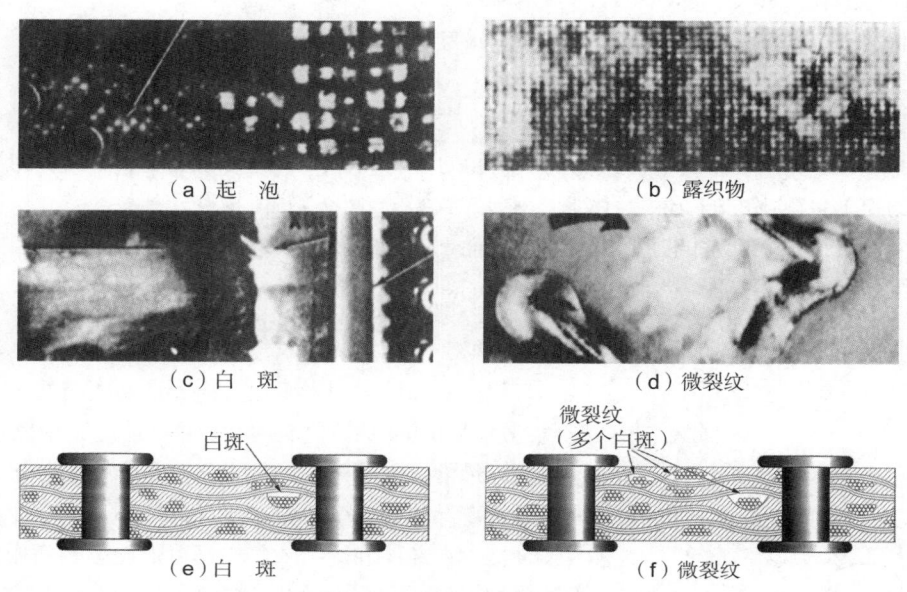

（a）起 泡   （b）露织物

（c）白 斑   （d）微裂纹

（e）白 斑   （f）微裂纹

图 51.4 基材缺陷（来源：桑迪亚实验室和 IPC）

夹杂物 夹杂物可能是导电层、镀层或基材层中夹杂的外来金属或非金属颗粒。导电图形的夹杂物，根据嵌入程度和材料，会影响镀层附着力或电路电阻。基材中的夹杂物分为半透明 / 非金属和不透明 / 金属两类。半透明微粒是可以接受的。不透明微粒也是可以接受的，但不能使导体间距到小于导体最小间距要求。

白斑 / 微裂纹、分层、起泡、显布纹 / 露织物 IPC 于 1971 年成立了一个特别委员会，以细分基材的缺陷，更好地利用插图和照片确定缺陷。下面我们定义并讨论该问题。

（1）白斑：发生于基板的经层压的玻璃织物上的一种状况，织物交织处的玻纤束与树脂分离。此现象表现为基材表面下出现离散分布的白色斑点或十字纹。1973 年 11 月，IPC 发布了报告《印制线路板中的白斑》。该报告指出，"白斑可能会影响美观，但是它们对最终产品的影响，在最坏的情况下也是很小的，而且在大多数情况下无足轻重"。1994 年，IPC 可接受性小组委员会重新定义了白斑和微裂纹，并验证了 1973 年的研究结果。IPC 标准允许白斑在 PCB 中出现，但这并不包括高压应用场合。随着孔间距的不断减小，白斑问题又得到新的关注。有人担心，在孔间距小的情况下，白斑可能有助于 CAF 形成，对白斑的限定要求可能要调整以适应这些设计。

（2）微裂纹：发生于基材内部玻璃织物上的一种状况，织物交织处或沿着纱线长方向的玻纤与树脂分离。此现象表现为在基材表面下出现白色斑点或十字纹，这通常与机械加工和（或）热应力有关。有限的微裂纹是可接受的，只要它不减小导体间距并使其低于最低标准，微裂纹宽度不能超过相邻导体间距的 50%，并在热应力测试（模拟制造过程）时不会扩展。微裂纹出现在 PCB 的边缘时，不能减小 PCB 的边缘和导电图形之间的最小距离。

（3）分层：发生在基材内部粘结片之间的分离，出现在材料和导电箔之间，或发生在 PCB 其他各层之间。起泡和剥离被认为是主要的缺陷。PCB 的任何一部分发生分离，绝缘性和黏附性都会降低。分层区域会进入湿气、溶液或污染物，在某些特定环境下，可能导致电化学迁移或其他致命性影响。分层或起泡区域也可能顺着 PCB 分层点蔓延,这种情况通常体现在组装过程中。最后,对镀覆孔可焊性也有一定影响。PCB 内的湿气,在达到焊接温度时,众所周知会产生蒸汽吹破镀覆孔的孔内镀层,露出 PTH 的树脂和玻纤,在焊料填充过程中产生大的空洞。

(4)起泡:层压板基材的任意层之间、基材与导电箔或敷形涂层之间的局部膨胀或分离形式的分层。起泡也是分层的一种形式。

(5)显布纹:基材表面的一种状况,尽管玻璃织物未断裂,完全被树脂覆盖,但布纹可见。

(6)露织物:基材表面的一种状况,未破坏的玻璃织物未被树脂完全覆盖。露织物被认为是一种主要的缺陷,露出的玻纤束的毛细作用会导致水分和化学残留物进入基材。

晕　圈　机械加工产生的基材表面上或表面下的破裂和分层,通常在孔或其他加工图形周围呈现泛白区域。晕圈不应超过与最近导体距离的 50%,并且不能小于给定的最小电气间距。

3. 导体图形的完整性

有几种方法可以用来确定导体图形的完整性。比对设备、覆盖图和 AOI 机,通过将实际图形与设计原始图形对比进行检测。最常见的导体图形检查方法是,使用小于 3 倍的放大镜目检。导体图形的缺失减小了导体图形的宽度,从而导致不合格。在导体和焊盘上的空洞可能会影响功能,这取决于缺陷的程度。空洞或针孔会减小导体的有效宽度,减少电流承载能力,可能影响其他的电气特性,如电感和阻抗。焊盘上的空洞也不利于可焊性。导体和焊盘中的针孔或空洞会破坏表面的涂层。若原始设计没有设计导体图形的区域中残留有导体,这些残留导体会使得导体间距减小,可能会影响其绝缘性。这些缺陷对 PCB 的影响程度取决于电路的设计目标。这类缺陷的定义如下(见图 51.5)。

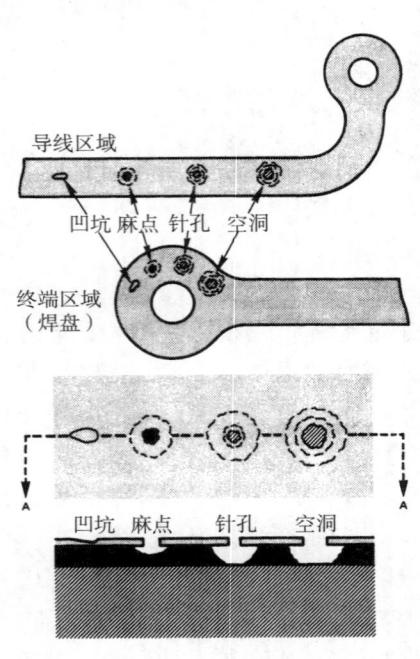

图 51.5　凹坑、麻点、针孔和空洞
(来源:桑迪亚实验室)

凹坑:导电箔上不会明显减小箔厚的平滑凹陷。

麻点或碟形凹陷:这是导电层中的凹坑,没有完全穿透导体至基材,但减小了导体的横截面积。这些缺陷几乎无法检测到,目检很难发现。

划痕:轻微的表面痕迹或割痕,可能会划伤至基材。

空洞或针孔:导电性材料局部缺失,会穿透至基材。

导体宽度　导体宽度是导体在 PCB 任意点可观察到的宽度,如无特殊规定,通常是从 PCB 的正上方观察。导体宽度会影响导体的电气性能。导体宽度的减小会降低载流量并使电阻增大。虽然导体宽度定义是非常基本的,但是测量方式有两种不同的解释。最小导体宽度(MCW)测量的是观察到的导体最小宽度,而整体导体宽度(OCW)测量的是观察到的宽度。图镀过程中,导体顶部因镀层凸沿遮盖了导体最小宽度的测量,这时最小宽度只有通过微切片才能观察到。OCW 是在对 PCB 无损的情况下测得的,相对容易获得。MCW 和 OCW 之间的差异见图 51.6,测量在 PCB 的正上方进行,导体宽度会影响电路载流量、电感、阻抗等特性。IPC-6012《刚性印制板的鉴定和性能规范》,规

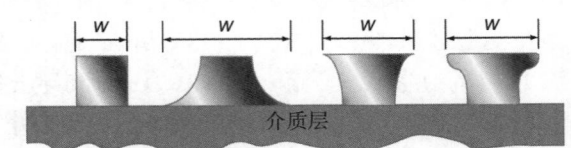

图 51.6　OCW 测量"W"(来源:IPC)

定了导体宽度，并允许增加由于边缘粗糙、缺口、针孔和划痕导致的宽度减小，第 1 级标准为 30%，第 2 级和第 3 级标准为最小线宽的 20%。该标准表明，这种减少也会影响采购文件中的 MCW，考虑到导体宽度设计需求，这种导体宽度允许的偏差必须谨慎处理。

　　导体间距　导线间距是独立导电图形的相邻边缘之间（不是中心到中心的距离）可观察到的距离。导体之间和（或）焊盘之间的间距设计用于使各电路之间充分绝缘。导体间距的减小会导致漏电，影响电路的电容。导体横截面的宽度往往不均匀。因此，间距测量应选取相邻导体最近点之间的距离和（或）外层孔环（完整地环绕一个孔的导电材料）。

　　外层孔环　如图 51.7 所示，环绕孔的导电材料叫作外层孔环。其主要作用是在孔的周围形成凸出边缘，使得导体可以在此引出，同时可以作为电路中电流的交汇点。根据孔的功能和是否金属化，最小环宽也不同。孔环尺寸小于其规格会影响元件的连接，而焊盘与电路连接区域的破盘（零孔环）减少了电路的载流量。验证 PCB 的尺寸之后，需要验证孔环的最小宽度是否符合要求，以此验证钻孔的对位精度。PCB 的正反面图形的对位精度也可以用这种方式检查。

　　镀层附着力　检查镀层附着力的常见方法是胶带测试，详情请参阅测试方法 IPC-TM-650 2.4.1。基本测试方法的具体操作是使用已知性能的胶带黏附在镀层上，然后迅速撕掉胶带，检查胶带上附着的镀层。

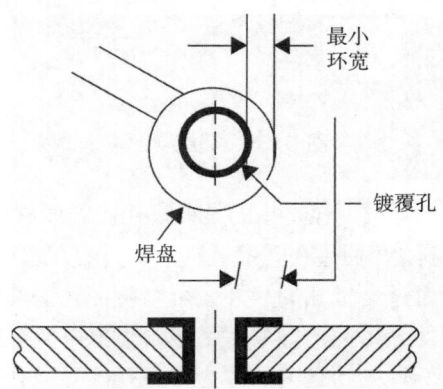

图 51.7　最小外层环宽（含电镀层）
（来源：IPC）

　　剥离强度　从层压板上剥离单位宽度的导体或铜箔所需的垂直于基板表面的力。它通常包含在覆铜基材的验收测试结果中，有时用来测试成品 PCB 导体层的附着力。导电层的剥离强度测试通常在样品已被浸锡或回流焊后进行。剥离强度测试是确保导电层与基板之间结合力的一个好方法，确保 PCB 足以承受贴装和返工作业。

4. 孔的特性

　　PTH 连接 PCB 表面与各个内层导体图形，形成各层导体互连的通道，也是早期元件在 PCB 上插装焊接的基地。近年来各种元件的表面贴装技术早已盛行，大多数 PTH 已不再用于元件引线的插装。为了节省板面空间，都尽量将其孔径缩小（0.3mm 以下），只作为电气性能互连的用途，因此又称为导通孔或过孔（Via Hole）。出于这个原因，金属化孔的可接受性和质量备受关注。PTH 不符合要求是非常严重的问题。

　　表面粗糙度和结瘤　表面粗糙度是孔壁的不规则性的表征；结瘤是镀层表面或内部的小的结或块状物。表面粗糙度大和结瘤多会导致出现一种或多种以下不合格情况：

- 孔径减小
- 阻碍引线插入
- 阻碍焊料流过镀覆孔
- 焊料润湿角空洞

　　镀层和表面涂层空洞　其中一种情况是该有材料的地方缺失材料。镀铜层空洞会在微切片分析后被再次评估，但采样非常小，因而需要对整批产品进行目检，以全面评估该缺陷。在目检结果中，有空洞的 PTH 不超过总孔数的 5% 被认为是可接受的。对于存在空洞（见图 51.8）的孔，仅允许存在一个不超过孔长度 5% 的空洞。表面涂层空洞（见图 51.9），如不延伸到镀铜层，它的数量可以超过镀铜层空洞的数量。有表面涂层空洞的孔同样不能超过 PCB 总孔数的 5%，这些孔中不能存在 3 个以上的空洞，而且每个空洞都必须小于孔长度的 5%。

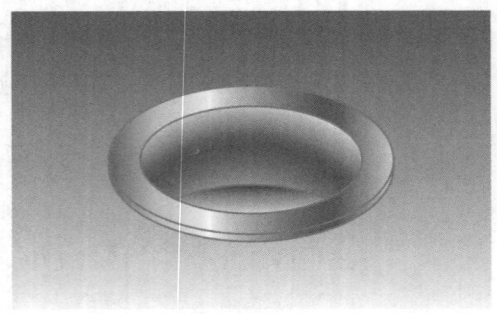
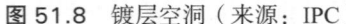
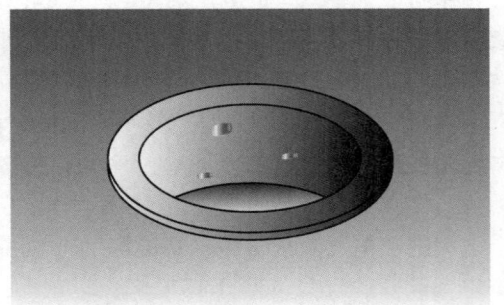

图 51.8　镀层空洞（来源：IPC）　　　　图 51.9　表面涂层空洞（来源：IPC）

　　孔　径　指的是镀覆孔或非镀覆孔的内径。镀覆孔是连接内层或外层导电图形，或两者兼而有之，通过在孔壁上沉积金属的方式实现。非镀覆孔又称为非支撑孔，指的是不含导电材料的孔。通过测量孔的尺寸，可以验证孔是否符合布设总图要求。孔径通常与匹配的元件引线、安装硬件等相关，再加上足够的间隙用于填充焊料实现互连。PTH 提供层与层之间的互连，而没有元件焊接到孔内的称为导通孔。导通孔没有孔径公差要求，只需考虑镀层完整性。可用针规和光学放大镜检验孔径。后一种方法的适用条件是，在铜表面使用软涂层。采用光学方法可防止孔内软涂层发生变形或脱落。采用针规测量时，检验员应采用软接触，以防止对孔造成损伤。针规在使用之前应进行清洁，以防止影响孔的可焊性。镀层结瘤有时会出现在孔内，阻止针规穿透。强行将针规塞入会使结瘤脱落，导致 PTH 孔壁出现空洞。

　　焊盘起翘　目检时，不应该存在焊盘从基材表面浮离的现象。在组装过程中，焊盘起翘会导致污染，并被认为是不可接受的。

5. 标记（字符或丝印）缺陷

　　PCB 上的元件号标记、版本字母、元件安装信息和方向等，都需要评估位置、大小、辨识性和精度。字符缺陷一般要求不严，但缺失、错误或部分被遮盖的标记可能影响功能。标记侵入焊接区域也是一个重要问题，焊接区域不应小于采购合同的规定。

6. 阻焊涂层缺陷

图 51.10　阻焊限定的 BGA 焊盘

　　阻焊是一种涂层材料，用于屏蔽或保护一部分图形，防止焊料粘到图形上。阻焊通常用于独立导体之间的绝缘，或者限定球阵列（BGA）焊接区域。需要检验的项目有对位精度、气泡、起泡、附着力、褶皱、掩蔽（导通孔）、吸管式空隙和分层。焊盘区域的对位不良会减少或阻止焊料润湿角的形成，或者会露出相邻的导体。焊盘的最小焊接区域需满足最低接受标准。褶皱、剥落、起皮和分层会导致 PCB 吸水、藏匿污染物，会降低相邻导体之间的绝缘性，增大电化学迁移（ECM）的电压。当阻焊用来限定 BGA 图形时，导体上或环绕焊盘的形状与位置对 BGA 的适当焊接非常重要（见图 51.10）。

导通孔的盖孔 用阻焊将不希望焊料进入的孔覆盖。这样做是为了防止组装过程中出现潜在的短路，并允许利用真空测试夹具将组件吸附到测试针上进行功能测试。这里的要求是，所有的导通孔都要被阻焊覆盖。

阻焊吸管式空隙 沿着导体图形边缘的长管状空隙。在这里，阻焊没有完全接触到基材表面或导体的边缘（见图 51.11）。如果这种空隙达到某个临界点，即阻焊层接触外部环境，助溶剂、液体和其他污染会残留在吸管式空隙内，从而带来 ECM 的潜在风险或腐蚀。

图 51.11　铜导体和阻焊之间的吸管式空隙

7. 覆盖层特性

挠性和刚挠结合 PCB 上都覆盖着一层类似阻焊膜的涂层或丙烯酸黏合剂覆盖膜。覆盖层的可接受性要求与阻焊层类似。

覆盖膜分离 当薄膜粘在挠性 PCB 表面时，薄膜和 PCB 表面可能会产生分离。轻度分离不能超过 3 个，而且不应减小 25% 的导体间距或小于合同规定的最低标准。沿 PCB 边缘的分离是不允许的，因为它们会夹杂污染物。

焊接表面的黏合剂 覆盖膜黏合剂导致的可焊表面的减小，不应低于规范文档要求。

8. 尺寸特性

外形尺寸检验验证外部边界尺寸、切割尺寸和重要的槽能够满足采购文件要求。考虑外形尺寸要求是否符合需求。过大或过小的 PCB 都会影响功能。关键元件的位置或槽的尺寸不符合要求，会导致 PCB 不能安装。测量方法多种多样，可以使用尺子或卡尺，甚至复杂的坐标测量机（CMM）。其方法的复杂程度取决于要求的尺寸及其公差。

外部尺寸 PCB 外部尺寸一般用卡尺和千分尺测量，也可以用坐标测量机或比较规和模板测量。这些尺寸的公差都必须在采购文档中规定。重要的是，确保所用的测量工具具有足够的精度。

定位、层到层、X 射线法 X 射线法提供了一种检查多层 PCB 内层中层与层之间对位精度的无损方法。利用 X 射线设备，用摄像头传感器来对内层成像。多层 PCB 是在水平位置进行 X 射线成像的。X 射线图像用来检测内层焊盘上的孔是否破盘。内层孔环缺失表示内层严重偏位（见图 51.12）。

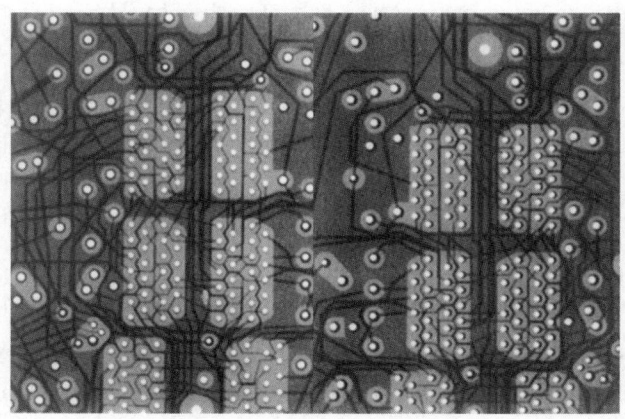

图 51.12　层与层之间的对位：X 射线法（来源：桑迪亚实验室）

平整度（弓曲和扭曲）　PCB 相对于平面的偏离，可粗略地用圆柱形或球面形的曲率来表示。如果 PCB 为矩形，则其四角应落在一个平面上（见图 51.13）。扭曲是指 PCB 的变形平行于其对角线，一个角与其他 3 个角不在同一平面（见图 51.14）。过度的弓曲和（或）扭曲对 PCB 组装过程有害，PCB 必须满足导轨或封装结构，因此平整度至关重要。它还会影响正常组装。测量弓曲和扭曲的方法可以在 IPC-TM-650 方法 2.4.22 中找到。弓曲和扭曲所允许的最大值是 1.5%，若 PCB 上有表面安装器件（SMD），翘曲度需降低到 0.75%。

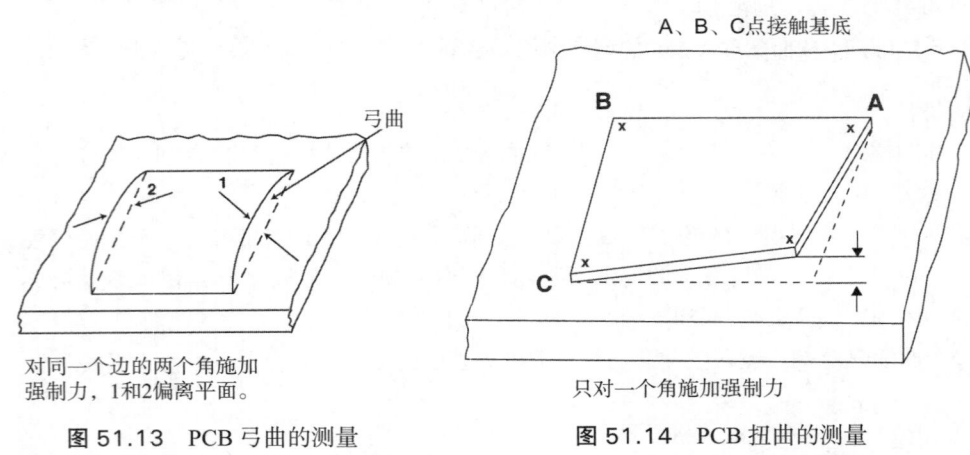

图 51.13　PCB 弓曲的测量　　　　图 51.14　PCB 扭曲的测量

清洁度（溶剂萃取法）　PCB 是通过湿化学法和机械技术制成的。一些化学药液含有金属盐和有机材料。如果这些化学物质留在表面，会减小电气绝缘电阻，导致腐蚀或导体图形的离子迁移（ECM），可能会影响 PCB 的功能性。这种情况通常与低电压（10V 或更低）相关，并需要 3 种要素：水分、金属污染物和电压。离子清洁度测试用来测量去离子水的电导率，并使用酒精清洁 PCB，且可以使用商用设备。有机清洁度测试使用有机溶剂（如乙腈）清洗 PCB 表面残留的有机物。这种清洗液收集在玻璃器皿中，溶剂是可蒸发的。有机污染物溶解在清洗液中，而残渣留在玻璃器皿上，可以分析其成分。这两种测试是相互排斥的，因为有机清洁度测试无法检测离子污染，反之亦然。注意，当 PCB 需要涂敷阻焊时，额外的清洁度测试要在 PCB 表面涂敷前进行。

9. 可焊性检验

可焊性检验测量焊点被焊料润湿的能力，检验区域是元件与 PCB 的连接处。有 3 个术语可用来描述可焊性的可接受性。

润　湿　焊料在金属基材上形成相对均匀、光滑、连续的附着膜，润湿是首选和可接受的条件。

退润湿　熔融焊料涂敷在金属表面后，焊料回缩，形成不规则的焊料堆积，其间覆盖有薄的焊料层，并未暴露基底金属的状况。出现退润湿连接点是不可接受的，但在 1 级和 2 级产品的地层或电源层允许这种情况。

不润湿　这是指熔融的焊料与金属基底局部连接，暴露一部分金属基底。

可焊性测试和涂层耐久性　目前用于检测 PCB 可焊性的定性和定量的方法有很多，其中，最有意义的方法是实际组装焊接作业（手工焊、波峰焊、拖焊、回流焊等）中使用的。ANSI/J-STD-003《印制电路板可焊性测试》，介绍了推荐的测试方法和对后续要焊接的 PCB 没有不利影响的存储条件。测试附连板或 PCB 容易经过一段时间的加速老化，这段时间被定义为反映在采购文件中的涂层耐久性要求，其次是可焊性测试。当需要焊接的表面已经完全润湿时，可焊性是可接受的。图 51.15 为 PTH 可接受的标准，而图 51.16 为不润湿的例子。

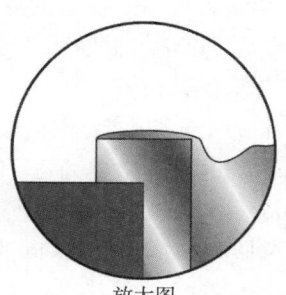

放大图

图 51.15 润湿的焊点（来源：IPC）

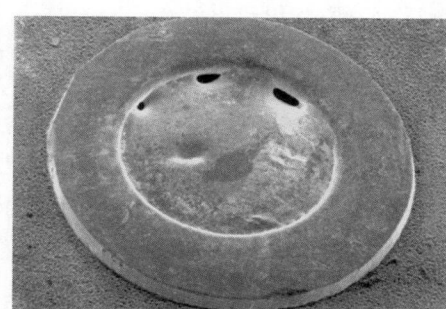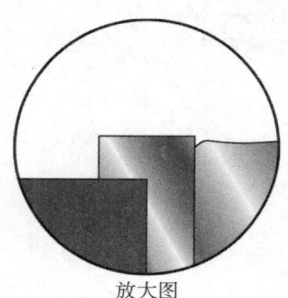

放大图

图 51.16 不润湿的焊点（来源：IPC）

涂层耐久性要求 涂层耐久性要求分为 3 级。

第 1 级：最低的涂层耐久性要求。适用于 PCB 从制造出来到焊接经历少于 30 天的时间，并可能经历最小的热暴露。

第 2 级：普通的涂层耐久性需求。适用于 PCB 从制造出来到焊接经历 6 个月的存储时间，并可能会经历中等的热暴露或焊接。

第 3 级：极限的涂层耐久性需求。适用于 PCB 从制造出来到焊接经历很长的存储时间（超过 6 个月），并可能经历严格的热暴露或焊接。PCB 要达到这种耐久性水平，可能会遇到很大的困难，如成本增加或交货延迟。

表面处理 锡铅焊料合金（如 63/67）是用于 PCB 表面处理的最受欢迎的合金。IPC-6012 列表有超过 20 种不同的表面处理层，这些已经应用在了 PCB 上。无铅合金也出现在了 PCB 上。重要的是，要理解表面镀层可焊性的影响成分和类型。采购文件必须对表面镀层制订标准。用于分析合金成分的方法包括润湿性分析、原子吸收、使用 X 射线荧光镀层测厚仪（光谱仪）。光谱仪法最受欢迎，用它可以在不破坏 PCB 的前提下易于获得合金的成分和厚度。

10. 电气检验

执行这些检验是为了验证经过处理的电路的完整性，从而证实电气连通性、信号完整性和绝缘特性仍满足 PCB 的设计规范。电气检验通常在成品 PCB 上进行，但信号完整性的评价则在一些特殊设计的测试附连板上进行。两种流行的无损电气测试分别为绝缘电阻和电路连续性测试。这些测试方法通常在复杂的 PCB 上进行 100% 测试，特别是多层的。具有固定或移动测试探针的电气自动化测试设备，探针接触电路图形的所有部分，从而能够验证 PCB 的连续性和绝缘性。

电路连续性 在 PCB 上进行完整性测试，是为了确认印制电路是按设计要求互连的。对于简单 PCB 的测试，可以用便宜的万用表；或者使用复杂的自动化设备，如针床、飞针测试机。自动化测试人员可以预先根据计算机设计文件提取测试电路互连文件信息，也可以利用已知"金板"（好板）作为测试模板学习互连信息。首选方法是在交付之前，对所有 PCB 进行连续性测试。这个方法尤其适用于多层板，其内层图形和互连经过加工后无法目检。

绝缘电阻（短路） 该测试的目的是测量 PCB 绝缘系统在外加电压时提供的电阻。低绝缘电阻通过漏电流方式阻碍电路的正常运行。这个测试也可以检测出工艺残留物中的污染物。通过在独立网络施加电压，测量网络间的电流。40 ~ 500V 的直流测试电压和 100 ~ 500MΩ 的最小绝缘电阻比较常见。与连续性测试一样，绝缘电阻测试一般采用具有固定或移动探针的自动化测试设备。

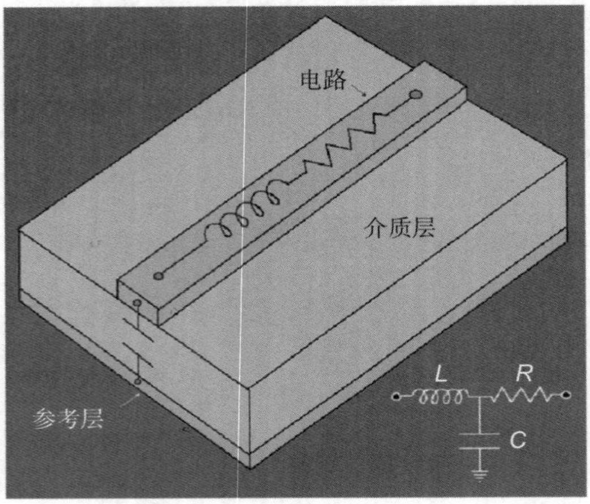

阻 抗 阻抗（见图 51.17）是电路提供交流信号时的电阻。高频交流电路要求 PCB 电路与元件的阻抗匹配，使组件上的元件之间能传输最大的信号。适当的阻抗匹配也会减少组件的无线电波发射（EMF）。阻抗使用时域反射计（TDR）测量，通常在测试附连板上特殊设计的测试电路上进行。阻抗及测试电路的设计必须提供给 PCB 制造商。标称值 10% 左右的变化在预期之内，在标准工艺流程中，电路的几何形状和绝缘形成的变化是正常的。可以严格控制阻抗，但我们必须特别关注工艺和材料，减小阻抗变化。

图 51.17 PCB 的阻抗图
（来源：麦可罗泰克实验室）

51.11.2 内部缺陷

从外部评估 PCB 的内部缺陷是不可能的。需要制备显微切片，以查看和评价 PCB 内部的一致性。制备 PCB 显微切片需要大量的技能。取样的方法、显微切片材料的使用和研磨 / 抛光技术，都极大地影响暴露缺陷的显微切片的制备能力。制备显微切片的基本方法可以在 IPC 测试方法 2.1.1 中找到，但是也有许多论文和文献论述了显微切片制备的技术。用测试附连板制备显微切片是最佳的选择，这是因为内层连接并不总是出现在 PCB 中孔的每一层，而总是出现在适当设计的显微切片样本中。图 51.18 为一个多层 PCB 的显微切片。

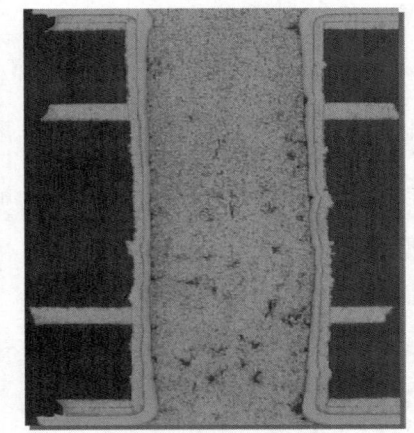

图 51.18 一个多层 PCB 的垂直 PTH 显微切片（来源：麦可罗泰克实验室）

1. 显微切片

显微切片取自 PCB 或测试附连板。所取的样本应包含至少 3 个在一条直线上的小孔。由于显微切片可能会表征出真正的 PCB 中并不存在的失效机理，因此实际中不推荐。铣或锯出显微切片是取样的首选方法。样品应该被安放在不会产生过多热量的树脂介质中，这种介质不会从待评估的孔内收缩。这些孔应该被树脂完全填充，部分填充或没有填充的孔会导致较差的固定情况，在复杂的打磨或抛光过程中有可能产生错误的厚度结果。在显微镜下观察内部可见特征时，需要使用 100 倍的放大率。假如不太确定这种情况是否可以接受，应该进一步使用更高倍率进行放大，直到达到可接受的精确度。抛光垂直 PTH 横截面到距离孔中心 ±10% 以内的误差至关重要。如果这个孔抛光后小于或超过孔中心，则导致测量镀层的厚度虚高。水平的 PTH 横截面可以作为内层互连质量的参考，并且这个平面可以通过从上到下研磨到检查区域。图 51.19 是一个水平显微切片的例子。

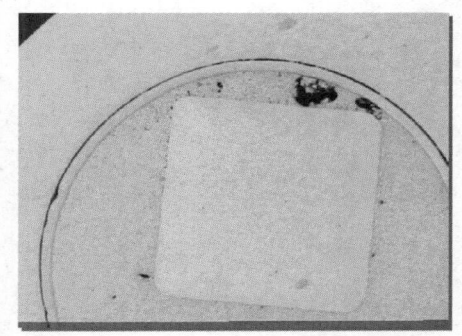

图 51.19 水平显微切片中互连分离的例子（来源：麦可罗泰克实验室）

虽然水平 PTH 剖切横截面对于镀层厚度、互连分离、焊盘测量更加准确，但是对于其他属性，如空洞、镀层均匀性、附着力、凹蚀和结瘤，不能进行充分的检验。表面镀层厚度的测量取导电区域的垂直横截面。显微切片通常用合适的微蚀液进行微蚀，以显示镀层和基铜之间的晶界，并去除抛光过程中出现的铜粒。

热应力漂锡测试　焊接温度使得 PCB 暴露在热和机械应力之下，可能会导致 PCB 变形，从而引起基材过早劣化。热应力检验是为了预测 PCB 经过组装和返工后的可接受性。通过热应力测试使 PTH 劣化、导体或镀层分离、基材分层等加剧。PCB 样品经过烘烤以减少水分，放置在干燥器内的陶瓷板上冷却，涂敷助焊剂，漂浮在焊料槽内，然后放置在绝缘体上冷却。先目检其缺陷，然后对 PTH 进行切片，在显微镜下检验其完整性。测试附连板通常用于热应力检验。

2. 显微切片评价

显微切片内部缺陷的评价包括以下检验项目：

- PCB 材料表面下属性，如分层、起泡、裂纹、地层和电源层隔离、层间距
- 内层导体属性，包括过蚀和欠蚀、导体裂缝和孔洞、铜箔厚度
- PTH 属性，包括孔径大小、孔环、镀层厚度、镀层空洞和结瘤、镀层裂缝、钻污、凹蚀、芯吸、内层分离、焊料厚度

3. PCB 材料中的缺陷

热应力基材空洞　来自焊接作业的热量会很快通过 PCB 的通孔和焊盘传导至靠近铜材质的基材。这种快速的热传导很容易导致基材缺陷，靠近通孔的区域可以免于评估。这个区域被定义为受热区，可参阅 IPC-A-600。在这个受热区域之外，刚性 PCB 基材空洞不应超过 0.08mm，挠性 PCB 或刚挠结合 PCB 的挠性部分的基材空洞不超过 0.5mm。位于挠性或刚挠结合 PCB 同一平面的基材空洞不应大于 0.5mm（见图 51.20）。

孔到电源层 / 地层的隔离　电源层 / 地层和非连接孔之间的电气隔离，对避免短路非常有必要。这对用于将 PCB 固定到结构件的非镀覆孔尤为重要。如果没有合适的隔离间隙，安装硬件会引起到框架或电源层和地层之间的短路。这种隔离间隙的最小距离应该反映规范文档要求的最小电气间距（见图 51.21）

分层和起泡　显微切片中观察到分层或起泡是不合格的，检验批应当依据外部可见的分层要求进行筛选，有关起泡的部分在本章前面已阐述。

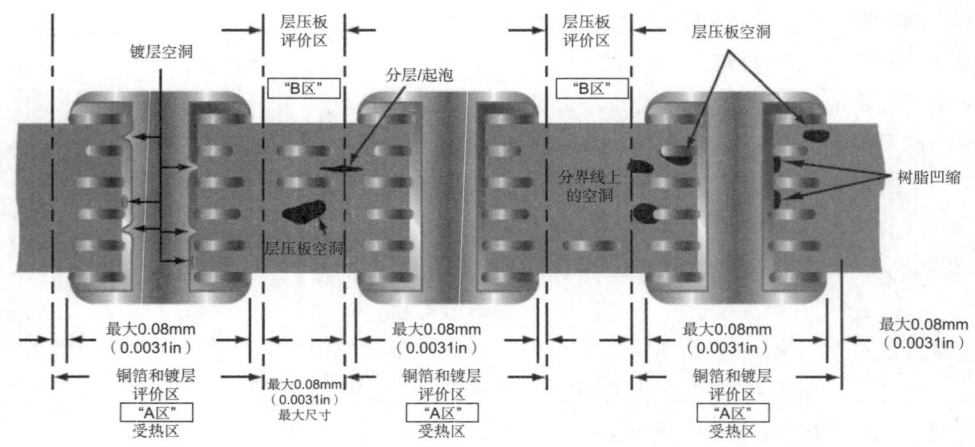

图 51.20 受热区（来源：IPC）

钻 污 钻污是在钻孔过程中产生的，基材树脂转移到内层导体表面或边缘。钻孔过程中产生的高温会软化通孔中的树脂，黏附在内部裸露的铜上。这在内部焊盘和后续通孔的镀层之间创建了一个绝缘层，会导致开路或形成连接性很差的电路。这个缺陷可以在化学处理或通孔金属化之前进行等离子体清洗来消除。钻污可以通过观察垂直和水平 PTH 的显微切片来检查，PCB 上有钻污是不合格的（见图 51.22，凹蚀前的钻污例子）。

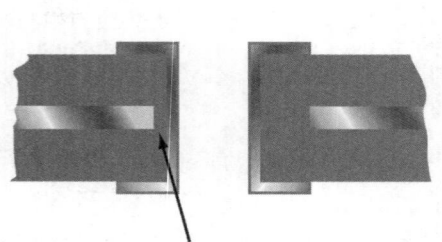

图 51.21 PTH 和电源层 / 地层的隔离
（来源：IPC）

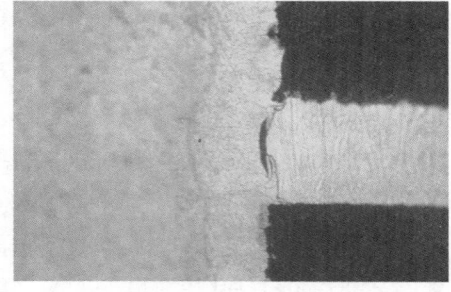

图 51.22 PTH 中的树脂钻污，垂直显微切片
（来源：IPC）

凹 蚀 使用化学方法可控地去除孔壁的非金属化材料至规定深度，达到去钻污并暴露更多内层导体表面的目的。凹蚀的程度对于性能至关重要。过多的凹蚀会导致孔粗糙，使 PTH 结构脆弱。凹蚀要求的范围是 0.005 ~ 0.08mm。凹蚀的程度通过评估多层 PCB 的 PTH 垂直横截面来衡量，并且确定是有效的，即至少内层导体顶部或底部表面的一面连接到铜镀层，并且内层每个导体层可以见到的两面都是如此（见图 51.23，对于所有级别的可接受的例子）。

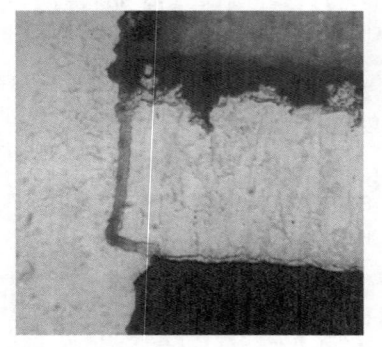

图 51.23 PTH 中的有效凹蚀，垂直显微切片（来源：IPC）

负凹蚀 这是孔内部铜导体去除量超过绝缘材料去除量的现象。当 PCB 设计要求正凹蚀时，不允许出现负凹蚀。除此以外，负凹蚀应该是很少或不存在。

层间距　PCB 相邻两层之间的最小间距，由所能观察到的视野中最邻近的两条平行线的距离决定，这两条线之间的距离即层间距（见图 51.24，两层之间最小介质层厚度的例子）。

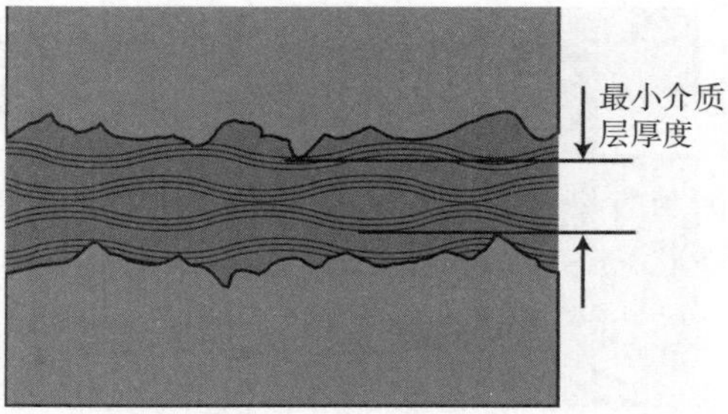

4. 显微切片中的内部导体缺陷

理论上，线路应该是矩形的。理想中的线路通常设计成矩形。而在实际中，线路是梯形的。取决于线路是如何形成的，形状可能接近矩形或是完全不同的形状。越是不同于矩形形状的电路，相对于相应的矩形电路，它的传导电流越小。镀层增宽、侧蚀、镀层凸沿、蚀刻因子用来定义这些形状的属性（见图 51.25 和图 51.26）。

导体宽度　测量显微切片中导体最宽的两个点。采购文件中应该标明最小容许宽度（见图 51.6）。

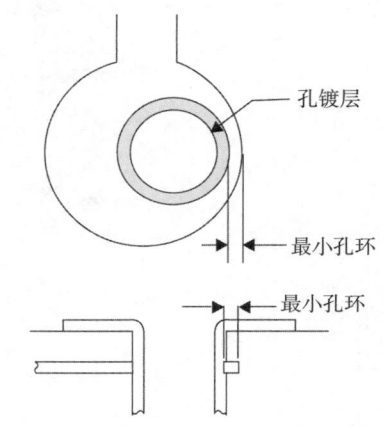

图 51.24　层间距，最小介质层厚度，垂直显微切片（来源：IPC）

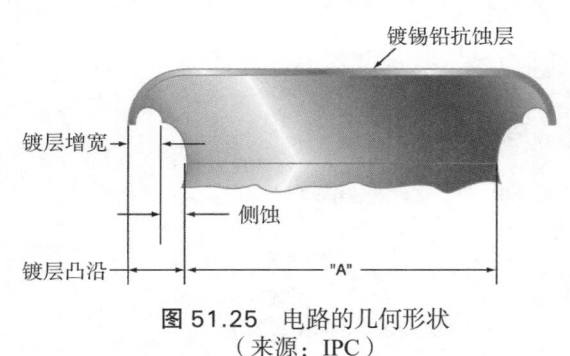

图 51.25　电路的几何形状（来源：IPC）

图 51.26　内层孔环测量，水平和垂直显微切片（不包括镀层）（来源：IPC）

导体厚度　取决于基铜的厚度和在镀覆过程中表面增加的铜厚。必须要考虑制造过程引起的铜箔和镀铜厚度的减小。这些制造过程中导体可接受的最小厚度容差的详细表格可以在 IPC-A-600 中找到。

5. PTH 缺陷

没有任何情况能够比 PTH 中的缺陷更能影响 PCB 的性能。这些缺陷通常来自表面且不可见，而显微切片中通孔的样本有限，这种统计毫无意义。尽管如此，使用显微切片是能够做到的评估 PCB 的重要手段之一。

孔　环　最小内层孔环其于内层焊盘进行评估，它指的是焊盘外部边缘和孔外壁之间的最小距离。应该指出的是，一个显微切片仅可以识别一个方向的层偏。另外，显微切片在 X 和 Y 方向上都应该准确地评价，以确定孔环实际偏移情况。从 PCB 顶层到问题层的部分水平切片，可以 360° 观察焊盘，准确识别最小环孔和层偏。采购文档应指定最小环宽要求（见图 51.26），在某些情况下，可容许孔环相切或破孔。当有电路通往焊盘时，破孔是不允许的，因为这将减小电路的载流量。

焊盘起翘　在热应力之前，PCB 表面焊盘起翘是不允许的。如果发现，根据本章前面所述的外观要求，应对整个检验批重新评估。热应力之后的焊盘起翘是允许的。

裂　缝　显微切片中的铜箔和镀层的裂缝可以分为以下 6 类（见图 51.27）。

（1）A 型裂缝发生在外层铜箔上。它们不会扩展到镀层，对于所有级别的 PCB 都是可以接受的。

（2）B 型裂缝发生在外层铜箔上。它们完全穿透箔并延伸到镀层，但没有完全穿透镀层，仅适用于第 1 级 PCB。

（3）C 型裂缝发生在内层铜箔上，对于所有级别的 PCB 都是不合格的。

（4）D 型裂缝完全穿透外层铜箔、镀层上，对于所有级别的 PCB 都是不合格的。

（5）E 型裂缝发生在孔壁的镀层，对于所有级别的 PCB 都是不合格的。

（6）F 型裂缝发生在孔壁拐角处，对于所有级别的 PCB 都是不合格的。

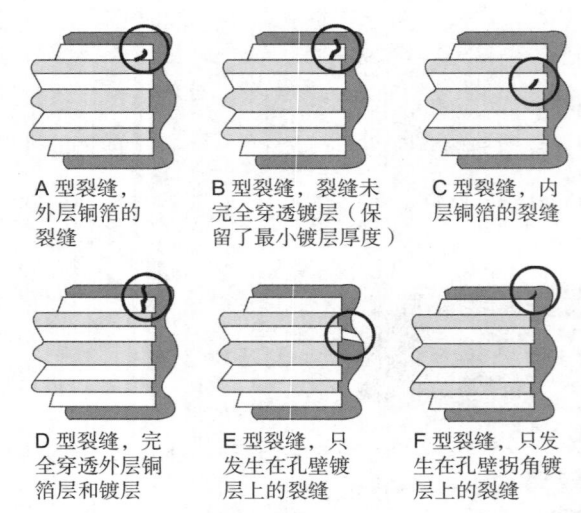

A 型裂缝，
外层铜箔的
裂缝

B 型裂缝，裂缝未
完全穿透镀层（保
留了最小镀层厚
度）

C 型裂缝，内
层铜箔的裂缝

D 型裂缝，完
全穿透外层铜
箔层和镀层

E 型裂缝，只
发生在孔壁镀
层上的裂缝

F 型裂缝，只发
生在孔壁拐角镀
层上的裂缝

图 51.27　PTH 中的裂缝类型，垂直显微切片（来源：IPC）

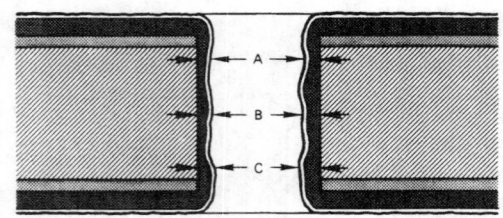

图 51.28　PTH 中镀层厚度的测量，垂直显微
切片（来源：桑迪亚实验室）

镀层结瘤　镀层结瘤不应使 PTH 的直径低于采购文档要求的标准。

镀层厚度　镀层厚度应该在电镀孔的 3 个不同位置进行测量，并取平均值。观察到的绝对最小镀层厚度也应该记录。最小镀层厚度要求在 IPC-6012 中有定义（见图 51.28）。

镀层空洞　镀层空洞应该限制在每个显微切片中只有一个。不允许空洞超过 PCB 厚度的 5%，或者出现空洞在内层铜箔与镀层界面处的情况。

阻焊厚度　若采购文件指定了这个厚度，应该在铜和阻焊的表面之间可观察到的最薄的区域进行测量。这个位置通常在铜导体的拐角处。

芯　吸　在钻孔和孔的清洁过程中，基材中的玻纤可以从孔表面向内去除。在镀铜过程中，铜会顺着孔壁玻纤渗入基材。这种芯吸作用会显著减小孔之间或孔和内层电路之间的导体间距。芯吸的最大允许长度可以在 IPC-A-600 中找到（见图 51.29）。

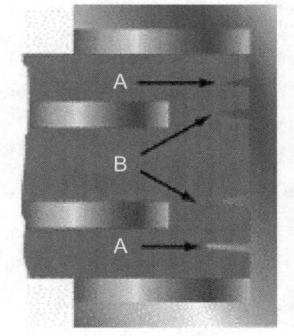

图 51.29　芯吸，垂直显微
切片（来源：IPC）

　　互连分离　在孔的内层铜箔和镀层之间的分离，有时也称为后分离。任何证据均可表明，显微切片中的这种缺陷会使相关的 PCB 不合格。这个缺陷很严重，可能会减少 PCB 的使用寿命（见图 51.30）。

　　盲孔和埋孔的材料填充　当 PCB 存在盲孔或埋孔时，除了评估通孔，对盲孔和埋孔进行显微切片评估也非常重要。埋孔通常由树脂填充，树脂应该至少填充每个埋孔的 60%。

　　填孔的盖覆电镀　填孔以后，在填孔材料上方电镀一层铜，但不能有电镀空洞，导致填孔材料暴露。过孔的包覆电镀铜位于盖覆电镀铜的下方，在孔环上应是连续的，从过孔钻孔孔壁边缘至少应延伸 25μm（见图 51.31），最小厚度值参见 IPC-A-600 文件。

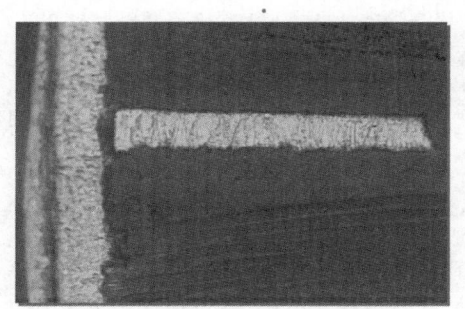

图 51.30　互连分离，垂直显微切片
（来源：麦可罗泰克实验室）

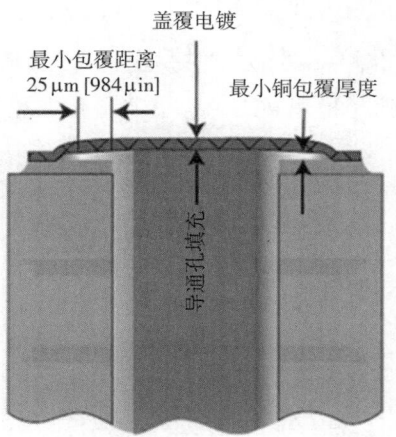

图 51.31　表面铜包覆测量
（适用于所有填充的镀覆孔）

51.12　加速环境暴露的可靠性检验

　　可靠性检验包括执行特定的测试，用来确保 PCB 在环境和（或）机械力的作用下能正常工作。环境测试在试产的 PCB 上或专门设计的测试附连板上进行，以验证设计的正确性和制造过程的可控性。具体测试有时指定为 PCB 验收过程的一部分，以发现潜在的失效情形。特定的环境测试作为验收程序的一部分，在高可靠性应用中是普遍的。注意，建议先对元件组装和返工所需的周期进行模拟，作为环境暴露前的预处理，测试结果就能和组装后的 PCB 的实际情况相关联。这些测试的具体方法可以在 IPC-TM-650 中找到。

51.12.1　热冲击

　　热冲击测试对识别（1）PCB 中具有高机械应力的区域设计和（2）PCB 暴露在极端高温和低温下的抵抗能力，特别有效。在 IPC-6012 中，产品可接受性测试需要定期进行，也用于 PCB 供应商的资格检验。热冲击包括 PCB 暴露在极端和快速的温度变化下。测试通常将 PCB 从一个极端温度（如 125℃）快速转换到另一个极端温度（-55℃）下，通常在 2min 之内完成转换。在第 1 个和第 100 个周期中，电阻变化超过 10% 被认为是不合格的。但对于高可靠性产品，需要成千上万次循环。

　　热冲击测试可能会导致孔内镀层产生裂缝和基材分层（参考 IPC-TM-650 方法 2.6.7.2）。注意：热冲击循环期间的连续电气性能监控会检测到断断续续的电路性能，这些电路性能可能无法通过定期测量技术发现。断断续续的电路性能通常发生在高温极限情况下。

51.12.2　表面绝缘电阻（SIR）

　　SIR 测试评估由绝缘材料隔开的电气导体的两个表面之间的电阻。这个测试检测电导率，以及当样品暴露于高湿环境时表面电解污染物的漏电量。测试条件是相对湿度为85% ~ 92%，温度为 35 ~ 45℃，且未施加电压（见图 51.32，SIR 测试图形的例子）。

51.12.3　湿热及绝缘电阻（MIR）

　　这是检测 PCB 在热带环境中典型的高温高湿条件下恶化的加速测试方法。测试条件是相对湿度为 90% ~ 98%，循环温度为 25 ~ 65℃，应用于测试电路的直流电压为10 ~ 100V。完成所需的测试周期后，对 PCB 进行绝缘电阻测试。测试后，样品不应出现起泡、白斑、翘曲或分层。

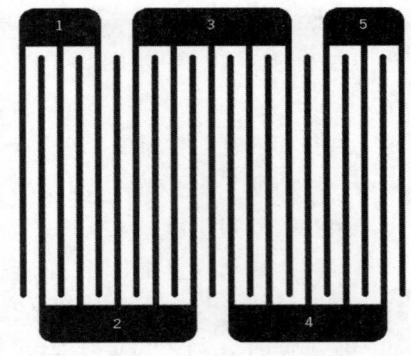

图 51.32　基板的表面绝缘电阻（SIR）测试图形（来源：麦可罗泰克实验室）

51.12.4　介质耐电压

　　这个测试用来验证元件在其额定电压和可承受的瞬时过冲电压条件下是否可以安全运行，该条件是开关、电涌和类似的现象导致的。它还可以用来确定 PCB 的绝缘材料和间距是否足够。这个测试在 PCB 或测试附连板上进行。电压施加在样品上相互绝缘的导体之间，或者绝缘的导体和电源层 / 地层之间。电压以一定的速率上升，直到达到指定值。在指定的电压下维持 30s，然后以一定的速率下降。在测试期间检查样品的外观，以发现飞弧或导体之间击穿的证据。测试可以是破坏性的，也可以是无损的，这取决于过电压的使用程度。

　　介质耐电压的测试方法可在美国军用标准 MIL-P-55110H 的 4.8.5.4 中找到，板材必须能耐得住 1000V_{DC}30s 的考验。而 IPC-6012D 中也规定了，Ⅱ级 PCB 应耐得住 500V_{DC}30s 的考验，Ⅲ级也必须耐得住 1000V_{DC}30s 的考验。

51.12.5　ECM 和 CAF 测试

　　ECM 和 CAF 测试的目的是检测 PCB 在施加直流电压的条件下，导电金属细丝的生长情况。该细丝的生长可能发生在任何一个外层或内层的界面。金属细丝的生长由溶液中的金属离子电沉积形成，这些离子在测试电路的阳极溶解，然后在电场作用下达到阴极。ECM 有两种形式。第一种是表面枝晶，在两个测试电极之间的内层或外层表面形成。第二种形式是 CAF，细丝在一个孔和另一个孔或其他导体之间沿着增强玻纤表面形成。ECM 和 CAF 测试在相对湿度85% ~ 92%、温度 35 ~ 85℃、直流电压 10 ~ 100V 下进行。

第52章
PCBA 的可接受性

Mel Parrish
美国亚拉巴马州麦迪逊，STI Electronics, Inc.

吕　峰　审校
中国航空工业集团公司西安飞行自动控制研究所

52.1　理解客户的需求

确定了用于制造或生产印制电路板组件（PCBA）的验收标准后，接下来首先要做的便是关注产品供应商和客户之间的合同，这是最重要的事情。如果合同不够详细或根本不存在，那么可以通过契约性沟通或非正式交谈，来确定客户的需求。

在某些情况下，合同并不规范，如消费类电子产品，其零售和内部专用产品的客户和制造商同属一个公司。在这种情况下，公司必须确定基于企业文化和商誉的质量水平、产品声誉，以及产品生命周期，避免出现意外故障及其导致的后果。相比玩具那样使用一小段时间就被丢弃的电子产品，确保用于生命维持的电子医疗设备持续正常工作更为重要。此外，产品的预期使用环境对其可接受性也有很大影响。用于军事方面，如太空旅行、严寒条件或热带环境的产品，比那些在预期使用寿命中温度变化不会超过10℃的可控温度环境下放在桌子上的办公产品，无疑将受到更严格的考验条件。这些预期的使用条件很重要，也是定义为可接受或不合格的一个重要考虑因素。

大多数可接受的标准可以追溯到发布于20世纪60~70年代美国国防部（DoD）的军用标准。复杂电子系统的问世，需要基于课题研究的可接受性的标准化测试，而这些课题研究必须在实验室或研究活动中进行测试和产品案例分析来完成。作为结果的可接受性的定义变得非常严格，虽然其最初仅用于恶劣环境中或失效后后果比较严重的产品中，但也被成功用于提高所有焊接电子组件的性能。这些标准中最重要的是IPC-A-610，其从医疗和军事到一次性电子产品，均形成了不同程度的可接受性的应用范围。

每个公司都应该决定是否要制订符合行业标准的产品，如IPC-A-610《电子组件的可接受性》，或开发自己的工艺手册，作为IPC-A-610质量标准的补充内容。采用通用标准的优势在于，支持客户和制造者之间形成预期的普遍理解，从而避免后续可能不得不进行的冗长的谈判。使用定制标准时，生产过程必须为客户或产品进行调整，解决相关问题。另一方面，通用标准可从一个过程转移到另一个过程，不必调整。通用标准的使用考虑了研发参与者达成共识的集体观点。定制标准的研发费用高，且完成任务的难度大，当产品没有批量生产时，它的回报非常有限，需背负巨大的成本。在任何情况下，工艺手册中的规定必须支持公司的目标，实现客户对产品质量的期望。

产品的详细规格可能会在图纸或合同中规定，或写在一般文档中。对于后者，建议使用通用的行业标准或企业内部的质量标准，如工艺手册。

52.1.1 无铅焊接

任何验收标准都应该定义无铅材料和工艺的可接受性程度。在 RoHS 指令生效前，所有基于焊接工艺的电子设计和生产控制使用的都是锡铅焊料。现在，锡铅焊料设计的组件经常通过无铅工艺焊接，因为有从电子产品中去除铅的要求。反映在目前的 IPC 可接受性标准中，这些设计并没有引起太大的变化，仍然需要焊料流过连接界面，形成焊料圆角，并润湿构成组件和形成连接。变化明显的是焊接后的产品表面外观。大多数无铅焊料的表面粗糙度大，会引起那些习惯了正常锡铅工艺表面外观的人们的关注。事实上，如果锡铅焊点具有相同的表面外观，他们会理所当然地认为是焊点受到了污染或过热。IPC-A-610 标准提供了关于锡铅和无铅焊料合金外观的明显对比。

除了焊点外观的可接受性，还要额外关注材料的兼容性和不良特性问题，如热裂纹、锡须、锡疫，以及加速和提高工艺温度带来的问题等。

52.1.2 军用、航天和商业规范

在应用市场中，关于这类规范的参考是常见的。虽然没有进行大量的细节讨论，但毕竟也有值得讨论的地方，因为其可以提供关于产品可接受性的基本原理和起源的相关信息。

1. 军用规范

军用规范已被人们广泛接受并应用于许多军工产品之外的市场。在组装水平方面，经常使用的可接受性标准是 MIL-STD-2000《焊接的电气和电子组件的标准要求》———一个根据个性化服务和产品标准创建的通用标准。它将各种要求组合成单独的标准，目的在于使军事承包商可以更容易地落实产品的单项性能要求。许多关于组件、设计、材料和印制电路板（PCB）的低端产品的封装要求，都作为可接受性要求文件的一部分。每个规范的设计内容需要与终端产品相匹配。现在，所有的军用焊接标准，包括 MIL-STD-2000 在内，随着美国国防部的改革，已经被废除了。但是，仍有一些产品要求使用该标准，因为一些国际标准采用了此标准的内容，或者其对产品的特定行业部门可以提供相对效益。

MIL-STD-2000 的内容丰富，它定义了产品不符合条件后的诸项处理要求，如返工、返修或让步使用。当然，这需要制造商事先评估给定的异常缺陷，并确认其是否会影响产品外观、组装或使用功能。MIL-STD-2000 对于焊料合金、助焊剂活性水平、洁净度、敷形涂层、阻焊层及其验收条件的相关要求，限制了制造商对相关材料的使用。任何标准化流程和指定材料的偏差，都需要在合理范围内或征得客户同意。"通用要求"的标准生产严格程度通常低于"具体要求"，后者主要应用于性能要求严格的产品，如导弹或航天应用。在合同生效前，需要详细说明"具体要求"，否则默认为"通用要求"。灵活要求的目的是允许一切产品,从复杂的武器系统到办公设备，都使用单独的标准。遗憾的是，该方式并没有得到普遍应用，而且将原本应用于关键系统中的过于严格的要求，也应用到了如办公或通信产品中，并没有从更严格和昂贵的生产中获益。

镀覆孔（PTH）和表面贴装元件的焊料连接特性，主要与焊接表面的处理工艺、裂缝、空洞、焊料覆盖率和数量、润湿及焊料圆角有关。组装后的 PCB 要求详细检查导体焊接情况、焊盘剥离、

洁净度、露织纹、分层、基材白点、晕圈、弓曲和扭曲。此外，即使在组装后，也要求组件标记部分仍然保持清晰可见。

如果个别合同中有明确规定，应该提供包括培训资源、可追溯的培训过程和资格认证的相关服务。除了建立产品验收标准，规范还详述了组装工艺中的过程控制和减少缺陷的方法。除非特定的条件得到满足，否则必须 100% 检验，使基于样品的检测可以放心使用。

除了各种军用标准的使用，大多数美国国防部的和被称为高可靠性的产品是通过商业 IPC 同等标准进行确认的，如 J-STD-001 和 IPC-A-610。

2. 航天应用产品的要求

与航天应用有关的标准，其目的和通常用于大批量生产的电子产品标准显著不同。对于航天应用，很少能有受益于工艺开发的足够大的产量，每个产品的可接受性必须基于航天应用环境。这与美国国防部早前讨论过的关于可接受性的初期发展过程颇为相似，那时也考虑了航天因素。当前航天应用标准已经从 NHB 5300 演变为 NASA-STD-8739.3。此外，航天领域的客户针对商业标准 J-STD-001 新增了一个附录，采纳了许多承包商的共识。附录的修改要求在一定程度上与航天领域的关注点达成一致，实际上使得产品的性能和验收要求类似于美国国家航空航天局（NASA）的验收标准。

3. J-STD-001 和 IPC-A-610 行业标准

这些行业协会的共识，在国内和国际上被广泛认为是最常用的关于 PCB 组装工艺和要求的标准。其允许基于 3 种不同级别产品要求灵活定义，并允许根据个别产品合同规定的可接受性和性能需求变化。

J-STD-001《焊接的电气和电子组件的要求》 作为 IPC-S-815 的修订版，首次发布于 1992年 4 月，其应用范围有限，可能是由于来自强加的军工合约和其他当时业界使用者、管理者可用的行业标准的竞争。IPC-S-815 标准与前面讨论的军用标准和"通用要求"非常相似。

基于预期的最终产品用途，J-STD-001 定义了 3 种级别的电子组件，以反映故障的后果差异、严酷的工作环境和预期的使用寿命。

级别 1：普通类电子产品。适用于以组件功能完整为主要要求的产品。

级别 2：专用服务类电子产品。包括那些要求持续运行和使用寿命较长的产品，最好能保持不间断工作，但该要求不严格。一般情况下，不会因为使用环境恶劣而导致故障发生。

级别 3：高性能电子产品，包括以持续性表现优良或严格按指令运行为关键性能的产品。这类产品的服务间断是不可接受的，且最终产品的使用环境异常苛刻。产品在有要求时必须能够正常运行，如救生设备。

同 MIL-STD-2000 一样，J-STD-001 规范了许多相同的问题，大多数是针对级别 1 和级别 2产品的，要求类似于之前提到的"通用要求"。级别 3 产品的主要要求类似于 MIL-STD-2000，即前面提到的"具体要求"。自从 MIL-STD-2000 失效和行业标准修订后，许多合同的性能要求被转移到 IPC 标准系列文件中。

J-STD-002《元件引线、端子、接线片、接线柱和导线的可焊性测试》 规定了推荐的测试方法、缺陷定义、验收标准，和电子元件引线、端子、实芯导线、多股导线、焊片及接触片评估可焊性的相关说明。

可焊性评估旨在确认元件引线和端子的可焊性符合 J-STD-002 中的相关要求，随后的存储对组件焊接互连的不利影响非常有限。可焊性可以在制造时、用户接收元件时，或者只是在组装和焊接前进行确认。

与 J-STD-001 类似，J-STD-002 也有自己的军用标准起源，对应 MIL-STD-202 中的方法 208。它定义了评估表面可接受焊接能力的标准方法，此外还包括 3 类产品可焊性表面的耐久性，以及焊接之前检测产品性能的相关条件。级别 1 产品性能要求最低，要求在测试后尽快使用，级别 3 产品则可以在焊接前长时间存储。这样做的目的是，在生产费用增加之前，或因等待替换元件焊接引起生产进度延迟之前，就确定可焊性问题。

J-STD-003《印制板的可焊性测试》 最早于 1992 年 4 月发布，它补充了 J-STD-001 的要求，规定了推荐的测试方法、缺陷定义，和 PCB 表面导体、焊盘和 PTH 可焊性评估的相关说明。

可焊性评估是为了验证 PCB 的制造工艺，以及随后的存储对 PCB 焊接部位的可焊性有无不利影响。它是通过评价 PCB 中的一部分可焊性样品或有代表性测试图形来实现的，样品作为 PCB 的一部分，经历了同样的工艺过程，随后被取下进行相关测试。

在 J-STD-003 中介绍的可焊性测试方法，其目的是确定 PCB 的表面导体、焊盘、PTH 被焊料润湿的能力，以确认其是否能经受严格的 PCB 组装工艺。

J-STD-004《焊接用助焊剂的要求》 规定了高品质互连对助焊剂测试和分类的一般要求，是助焊剂特性、质量控制、助焊剂和含助焊剂材料采购的标准性文件。

通过试验方法和检验标准的规范化，该标准详细说明了焊接材料的分类，包括液体助焊剂、膏状助焊剂、焊膏助焊剂、预成型焊膏助焊剂、药芯焊丝助焊剂。

J-STD-005《焊膏要求》 规定了用来制作高品质电气互连的焊膏的表征和测试的一般要求。

J-STD-006《电子焊接领域电子级焊料合金及含助焊剂与不含助焊剂的固体焊料的要求》 为应用于电子焊接的和专用的电子级焊料中的焊料合金，含助焊剂与不含助焊剂的棒状、带状、粉末状焊料，规定了命名原则、要求和测试方法。

其他标准 还有很多根据生产实践经验总结制定的标准，和因此产生的可接受性。每个标准代表一个支持产品完成和成功的基础要素，如湿度敏感性和确保组件在回流过程中不发生"爆米花"的规范。J-STD-020 和 J-STD-033 为湿度敏感元件提供了分类和控制要求。其他的，如 IPC-CC-830《印制板组件用电气绝缘复合材料的鉴定与性能》，涉及敷形涂层材料的可接受性。每个要素都很重要，都应被看作整体可接受性的一部分。

可接受性标准由 J-STD-001、J-STD-004 等参考标准提供。

4. IPC-A-610《电子组件的可接受性》

许多公司使用 IPC-A-610《电子组件的可接受性》，作为其产品的工艺标准。J-STD-001 确立了焊接工艺的要求，IPC-A-610 则对可接受标准进行了详细介绍，包括 J-STD-001 标准中的要求。其中，IPC-A-610 还包括对手工和机械制造工艺的要求。本章中有大量内容来自 IPC-A-610 标准。

IPC-A-610 十分普及，已被翻译成许多不同语言的版本，并作为全世界首选的电子产品验收参考。

IPC-A-610 标准描述了高质量电子组件的可接受性。尽管所采用的方法必须能够产生符合可接受性要求定义的焊点，但是它并没有定义工艺要求。与其他 IPC 标准一样，IPC-A-610 文档详细介绍了 3 类验收标准。

对于该标准规定的验收标准，3 类产品允许灵活应用于各种条件。在产品验收之前，客户应该给检验员提供其预期的产品可接受类别。这 3 类分别为 J-STD-001 所定义的级别 1、级别 2、级别 3。

此外,该标准讨论并详细说明了 3 类产品相关条件的达标程度要求,如目标条件、可接受条件、缺陷条件和制程警示条件。这些条件的重要性随着基于前类标准等级的预期性能不同而改变。

验收的定义概括如下。

目 标 是指近乎完美或首选的情形,是一种理想而非总能达到的情形,且对于保证组件在使用环境下的可靠性并非必要。它不基于标准在性能方面的要求,但向用户提供了应该努力去实现的方向。

可接受条件 是指组件不必完美,但要在使用环境下保持完整性和可靠性。

缺陷条件 是指组件在最终使用环境下不足以确保外形、组装或功能的情形。缺陷情况需由制造商根据设计、服务和客户要求进行处置。处置可以是返工、返修、报废或照样使用。其中,返修或照样使用可能需要客户的认可。1 级缺陷意味着对 2 级和 3 级也是缺陷,2 级缺陷意味着对 3 级也是缺陷。

制程警示条件 制程警示(非缺陷)是指没有影响产品的外形、组装和功能的情形。它是材料、设计和(或)操作人员 / 机器设备等相关因素引起的,既不能完全满足可接受条件,又非缺陷。

制程警示在原军用标准中意味着不打算返工,甚至不做处理。在不改正产品的前提下,它们可以涵盖在产品中交付。然而,这是不可取的,它表明制程和材料存在异常。如果制程或材料导致缺陷产生,那么后续的生产可能需要进行调整。应该将制程警示纳入过程控制系统,对其实行监控。当制程警示的数量表明制程发生变异或朝着不利的方向变化时,应该对制程进行分析。缺陷可能会导致产品返工或报废,甚至引发客户不满。制程分析有助于采取行动,以减少变异和提高良率。

52.1.3 工艺手册

许多公司都会使用某种工艺文件来描述产品制造过程中的生产操作。生产及质量人员经常使用 IPC-A-610 来确定产品可接受的质量水平。一些公司也开发了非常好的内部工艺手册,尤其是针对特殊的或非常规的产品设计要求。由于工艺、产品或材料的限制,如果对性能标准来说,细微的变化是必要的,那么可以对标准定义进行适当的增减,或通过另外的合约进行约束。

52.2 PCBA 的保护处理

无论在焊接前还是焊接后,通过对 PCB 进行处理来防止损害和污染是非常重要的,随后的操作也会受影响。对于 PCBA,有 3 个重点考虑的问题,而且在组装过程中需要很好地进行控制:静电放电(ESD)保护、污染预防、物理损害预防。

52.2.1 ESD 保护

ESD,即静电放电,是静电荷在两个由静电源产生的带有不同电位的物体之间快速传递的现象。对于部分敏感元件,即使没有实际接触,静电放电也会造成元件损害。组件上装有 ESD 敏感(ESDS)元件,它们是否立即发生故障大部分取决于放电产生的电流。所有类型的 ESD 损害可能都很难找到故障,但最糟糕的情形无疑是元件组装后,元件功能也测试通过,仅仅由于 ESD 问题导致潜在的失效。这可能会导致客户流失,甚至在某些情况下被迫召回产品。

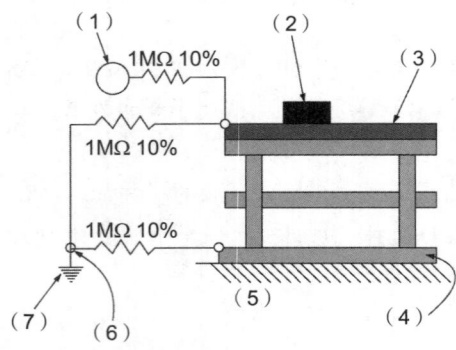

图 52.1 EOS/ESD 工作站的理想状况：
（1）操作员用防静电腕带；（2）EOS 保护托盘、分流器等；（3）EOS 防护桌面；（4）EOS 防护地垫；（5）建筑物地面；（6）公共接地点；（7）地（来源：IPC）

一些电子元件对电气过载（EOS）的伤害更敏感。特定元件对 ESD 的敏感程度与所采用的制造技术直接相关。电子元件的趋势是越来越小的尺寸，更宽的带通和更低的电压，这都会导致元件对 ESD 敏感程度增大。

处理敏感元件时，必须采取保护措施，以防止元件损坏。处理不当或疏忽大意会对组件或重要元件造成明显的 ESD 损害。在操作和处理 ESD 敏感元件前，需要仔细测试设备和工具，以保证其不会产生破坏性电能，包括峰值电压。用于电子组装工艺的首选工作站如图 52.1 所示。

在分离绝缘材料时，会形成静态电荷。破坏性的静电释放常常由邻近的导体引发，如人体皮肤，在导体之间像火花一样放电。当携带有静电荷的人体接触 PCBA 时，就会发生以上情况。静电通过导电图形到达 ESDS 元件放电时，电子组件会被破坏。远低于人体能够感觉到的静电释放（小于 3500V），仍会对 ESDS 元件造成损坏。

除非另有保护，否则敏感元件和闲置组件必须放置在导电的静电屏蔽盒，防护罩、袋或包装中。只有在静电安全工作区，才能将 ESDS 元件从其静电防护包装中取出。

为了保证 ESD 安全，必须为静态放电提供接地路径，否则静电会流入元件或 PCBA。规定操作者必须接地，最好使用腕带或脚跟带，也可以使用导电地板。

52.2.2 污染预防

预防污染的关键都是防止其发生。污染导致的对产品进行清洁或返工的后续操作成本，要远远高于防止污染发生所产生的相关费用。这些污染物会引发焊接、阻焊层或敷形涂层问题。在组装环境中，灰尘、机油和工艺残留物等，都可能会诱发污染。然而，很多情况下，污染都是由人体引起的，特别是皮肤上的盐分和油脂。

在密集组装区域，良好的现场管理会保护产品不受环境污染。应该常态化清洁工作台、扫地、除尘清理、清空垃圾桶等，这样不仅可以防止污染转移，也有助于保持较好的环境。

为了防止人体污染，每个人都必须意识到污染 PCBA 的可能性。在焊接操作之前，只允许接触远离边缘连接器的板边部位（见图 52.2）。因机械组装而需要牢牢抓住板件时，则需佩戴满足 EOS/ESD 要求的手套或指套。如果焊接之后 PCBA 存在敷形涂层，应避免进行组件的处理。在某些情况下，使用指套、手套或固定装置可以减少污染。许多制造商进行清洁度测试，以确保敷形工艺之前的污染水平保持在一个可接受的范围内，并去除局部的可能会影响电路工作和长期性能的污染物，从而确保附着力。J-STD-001 提供了可接受的清洁级别。

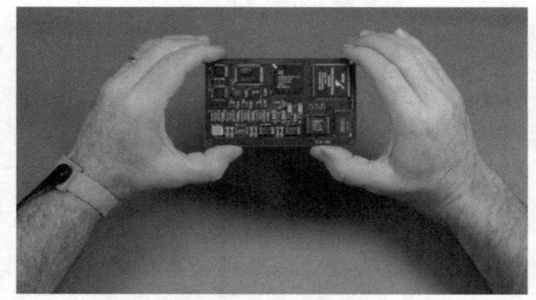

图 52.2 合适的、可避免污染和静电放电损坏的持板方法。注意手指的位置和接地腕带的使用

52.2.3　物理损害预防

不规范的操作很容易损坏元件和组件，如破裂、缺口或元件破损，端子弯曲或折断，PCB表面划伤，线路或焊盘的受损，焊点断裂及表面贴装元件缺失等，这些都是与操作不当有关的典型缺陷。

操作不当所造成的物理伤害会破坏元件，导致较高的元件或组件报废率。元件报废的成本高，必须予以避免，以实现高效率和高品质的操作。

维护良好的处理设备对于防止物理性损坏也非常重要。传送系统是一个很好的例子。PCBA可能困于传送系统中，受到超出返工或返修能力之外的损害，而且除非该区域有操作员，否则传送系统会在很短的时间内损坏许多组装产品。

在组装和维护过程中必须谨慎操作，以确保产品完整性。下列准则可提供一般性指引。

（1）保持工作台的干净、整洁。在工作区域内，不得有任何食品、饮料或烟草制品。

（2）尽量少用手操作电子组件，以防损坏。

（3）使用手套时，需要及时更换，防止因脏手套引起的污染。

（4）不可用裸露的手或手指接触 PCB 可焊表面。人体的油脂和盐分会降低可焊性，加速腐蚀及枝晶生长，还会导致后续的敷形涂层或密封剂的附着力变差。

（5）不可使用含硅成分的润手霜或洗手液，它们会引起可焊性和敷形涂层附着力问题。

（6）绝不可堆叠电子组件，否则会导致物理损伤。组装区域需要准备特定的搁架用于临时存放。

（7）即使没有粘贴标志，也始终假定操作的物品是 ESDS 元件。

（8）人员必须经过培训并遵循相应的 ESD 规范和流程。

（9）除非采用适当的防护包装，否则绝不能运送 ESDS 元件。

52.3　PCBA 硬件可接受性的注意事项

大部分电子组件设计都包含一小部分机械零件，这需要不同类型的硬件。下面讨论较常见的零件类型与每个类型零件的可接受标准。

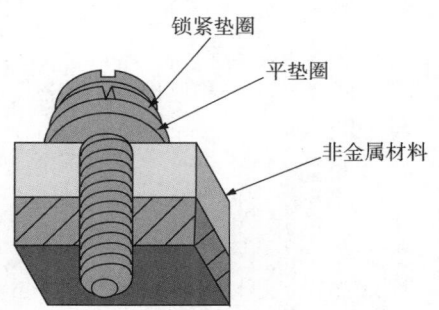

52.3.1　零件类型

1. 螺纹紧固件

所有螺纹紧固件的硬件堆叠必须在工程文件中予以注明。堆叠至关重要，取决于硬件和 PCB上所用材料的类型。任何缺失的硬件必须被找到或更换。阻止硬件实现其设计功能的任何损害，都是不可接受的。例如，螺纹被破坏，或受到其他损害的螺钉或螺母，会导致紧固工具失效（见图 52.3）。

除非紧固件可能干扰其他零件，否则至少需要在螺纹件（如螺母）上露出一个半螺纹。对于长度小于 25mm 的螺钉或螺栓，螺纹伸出部分应不小于 3mm 加一个半螺纹；当螺钉或螺栓长度大于

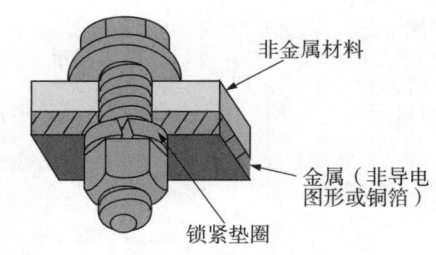

图 52.3　螺纹紧固件硬件的安装：锁紧垫圈、平垫圈、非金属材料、金属（非导电图形或铜箔）（来源：IPC）

25mm 时，螺纹伸出部分应不小于 6.3mm 加一个半螺纹。

螺纹紧固件应使用工程文件指定的扭矩紧固。如果工程文件中未指定扭矩，那么组装时应使用通用的扭矩表。有时，这样的表格会包含在工艺手册中。

2. 固定夹

采用合适的绝缘材料，将用于固定元件的未绝缘的金属固定夹和其他加固装置与电路隔离。焊盘与未绝缘的元件之间的距离，应大于最小电气间隙（见图 52.4）。

夹子或夹持装置必须与元件的两端接触，元件的安装重心必须控制在夹子或夹持装置范围之内。有时，为了将元件的安装重心放在规定的范围内，元件的端子可能会齐平或延伸至夹子或夹持装置之外（见图 52.5）。

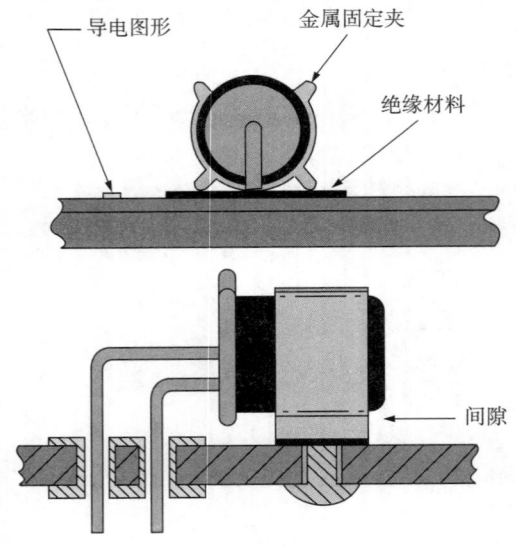

图 52.4 元件固定夹的绝缘要求：导电图形、金属固定夹、绝缘材料、间隙（来源：IPC）

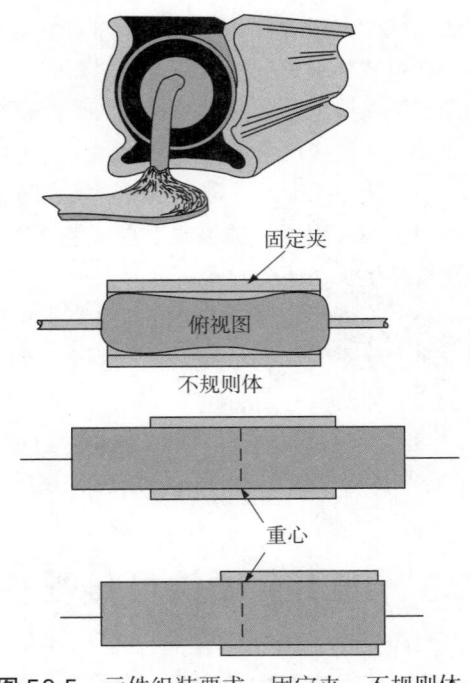

图 52.5 元件组装要求：固定夹、不规则体、重心（来源：IPC）

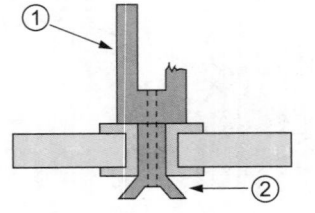

图 52.6 双叉形接线柱的顶部边缘（1）和底部（2），锻造型。如果一根柱体断裂，但剩余空间足够连接规定数目的导线 / 引线，即 1 级标准；如果两根柱体均断裂，则不可接受（来源：IPC）

3. 接线柱

安装孔内的接线柱，在焊接到焊盘之前允许用手转动，但在垂直方向（Z 轴）上要稳固。如果顶部边缘未弯出基座边缘，并且没有其他机械损伤，如接线柱出现断裂或裂口，或者焊点发生破裂，接线柱可以弯曲（见图 52.6）。常用接线柱的端子形状有塔形、双叉形、钩形或穿孔形端子。图 52.7 是可接受的塔形端子的例子和组件的横截面。

4. 铆接件、喇叭口翻边

元件的铆接端沿焊盘表面撑开，形成倒锥形喇叭口，且扩展均匀，与安装孔同轴。喇叭口不应出现破裂，或其他有损机械强度的情形，或者存在污染材料包埋在铆钉或漏斗中的潜在风险（见图 52.8）。

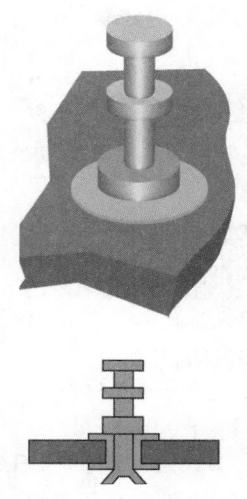

图52.7 可接受的安装后的塔形端子和组件截面。接线柱是完整和笔直的（来源：IPC）

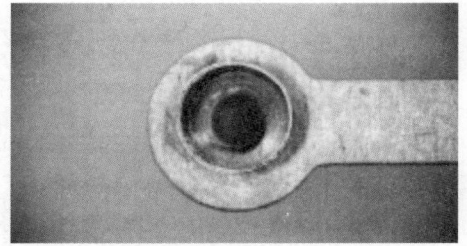

图 52.8 喇叭口翻边，各级别均可接受

铆接加工之后，该区域不应出现圆周裂口或裂缝。最多允许有 3 个径向裂口或裂缝，任何 2 个径向裂口至少间隔 90°，且裂口未延伸到孔壁（见图 52.9）。

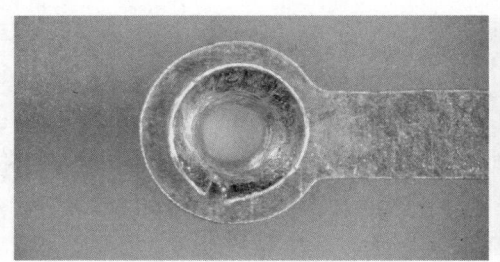

（a）可接受的铆接裂口

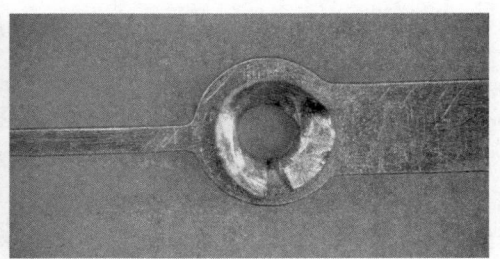

（b）不可接受的延伸至孔内的裂口

图 52.9 铆接加工的要求

5. 连接器、手柄、插拔件和闭锁器

安装元件到 PCBA 的插销或铆钉材料，其推出器、手柄和连接器不应出现任何裂纹。

插销凸出推出器、手柄或连接器的表面高度要小于 0.015in。插销的主要考虑因素应该是确保任何凸起不会对任何其他组件形成机械干扰。不允许元件、PCB 或固定硬件出现任何损坏。

连接器的损坏也会影响连接器引线的推进和弯曲。如果连接器是配对的，母连接器引线有可能被向后推并弯曲，应防止母连接器和公连接器引线之间留有充足的接触区域。

公连接器引线可能会弯曲。当公连接器引线弯曲明显时，公、母连接器的配合会由于迫使公连接器引线插入母连接器内而对连接器套管造成机械损伤。大多数情况下，这种损伤会导致连接器壳体材料的变形、开裂或断裂，所有这些都是不可接受的。

安装连接器引线（如顺应针、压接针）时，引线的弯曲偏离必须在其厚度 50% 的范围内。对于第 1 级和第 2 级设备，PCB 焊盘翘起不允许超过焊环宽度的 75%。任何超过焊环宽度 75% 或断裂的焊盘翘起都是不可接受的。对于第 3 级设备，要求焊盘无翘起或断裂现象。对于所有产品，明显的引线扭曲、损坏，或者插入的引线超出工程指定的公差标准，都是不可接受的。

6. 面 板

面板正面必须清洁，且表面无划痕或损坏。

对于表面划痕的控制，一些企业采取的较好的工艺标准包括如下几点内容。

（1）下列情况下可见的划痕被认为是缺陷：从 18in 距离外观察；没有借助放大工具；在组装区域使用正常室内照明。

（2）从多个角度均可以明显发现划痕时，则被认为是缺陷。

（3）金属或塑料材质的面板，划痕超过 0.125in 时就认为是缺陷。

经常查看表面，确保没有水泡、流挂、刻痕、磕伤、瑕疵或其他擦伤，这些都有损外观和光洁度。面板也必须紧紧地固定于 PCB 上，即形成足够牢固的连接，以防止移动。

7. 加固物

加固物常用于较大尺寸 PCBA 的设计，在组装之前、之中或之后防止 PCBA 翘曲。加固物使 PCBA 翘曲在可接受标准之内，那么说明它起到了作用。然而，加固物必须符合以下可接受标准。

（1）标记或颜色涂料必须是永久性的。模糊、褪色，或使用颜色标准以外的颜色的标记褪色，都是不可接受的。

（2）加固物必须正确就位和机械固定。如果通过焊接操作将加固物机械固定到 PCBA 上，加固物必须具有良好的润湿，以便得到所需机械强度。

（3）PCBA 上的加固物有松动是不可接受的。加固物必须牢牢地固定到 PCBA 上。

52.3.2 电气间隙

金属硬件和元件或电气线路之间的电气间隙，必须基于预期的使用电压和环境设计进行控制。作为默认设置，除非它是专门为特定 PCBA 定义的（见图 52.10），否则如 IPC-2221 类设计标准，都应建立相关的空间需求。最小电气间隙可参考可接受性要求，如导体的污染物或层压板缺陷。因为会直接影响产品的电气性能，所以产品中出现任何违反最小电气间隙的缺陷都应认真对待。关于电气间隙的任何让步，都应由组装者和检验者予以核实，以确保不会出现短路状况。

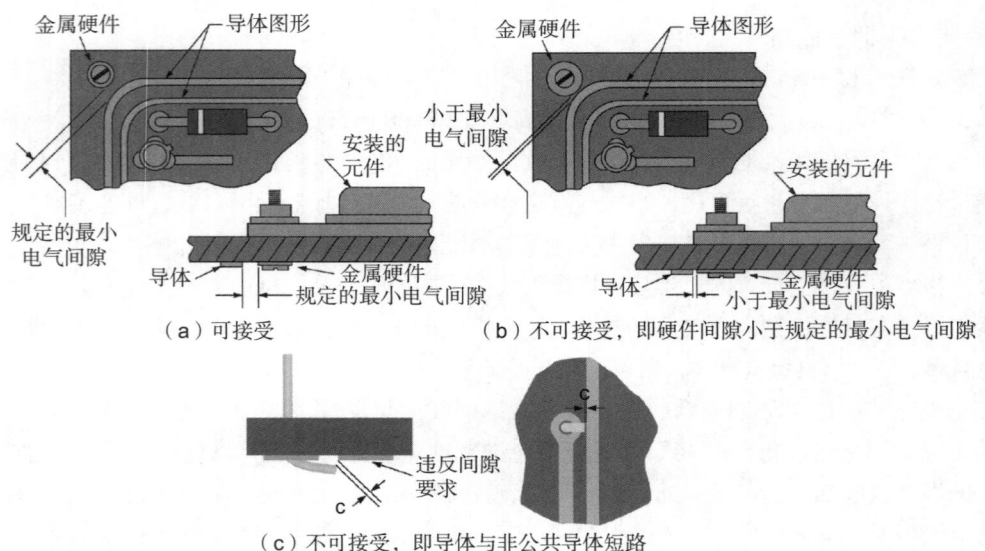

图 52.10　可接受的和不可接受的硬件电气间隙的例子

52.3.3 物理损坏

在大多数情况下，硬件零件的物理损坏是指一个零件损坏到无法正常使用，如机械紧固点的线程损坏、断裂或破裂，已经无法执行其预定的功能。

在给定的设计中，最终产品的使用环境、产品的生命周期都依赖于硬件设计，因此容易在这方面出现主观性判断。

52.4 元件安装或贴装要求

元件安装或贴装是 PCBA 组装的第一步。它可能会从准备一个给定封装的引线开始，以提供正确的引线凸起，形成与 PCB 镀覆孔或焊盘吻合的引线；或者对引线进行弯曲处理，确保元件到 PCB 的平衡。

52.4.1 PTH 的引线安装

许多要求适用于所有 PTH 元件。使用有极性元件时，必须确保其方向正确。无论何种情况，只要方向不正确，均不可接受（见图 52.11）。当引线需要成型时，要注意成型的引线必须提供安装间隙，并有利于应力释放（见图 52.12）。引线本身的物理伤害不应超过引线直径的 10%。引线变形会导致基体金属裸露，作为制程警示，板件仍然可以接受。

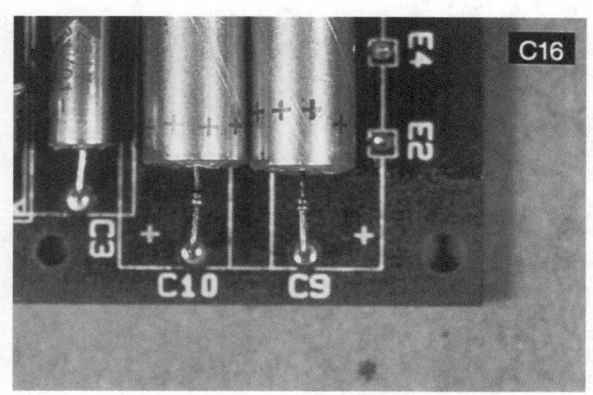

图 52.11 元件的极性
（来源：IPC）

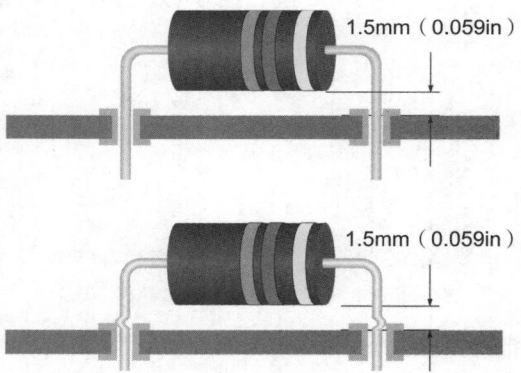

图 52.12 PTH 元件可接受的安装间隙和
应力释放示意图（来源：IPC）

1. 轴向引线元件

轴向元件的目标安装条件是，整个元件体的长方向平行并与 PCB 表面接触（公差见图 52.13）。如果板上元件需要隔开一定空间，以避免底部基材过热，那么其距离 PCB 表面的最小高度为 1.5mm。

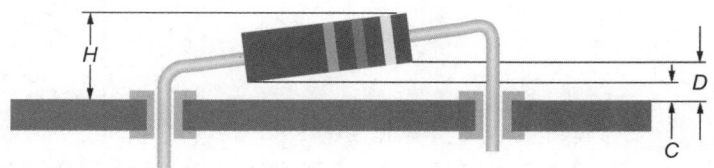

图 52.13 可以通过测量确认是否为可接受的非平行元件：H 是元件高度，C 是元件体和板面
之间的间隙，D 是元件体和板面之间的最远距离

元件和 PCB 表面之间的最大距离不应该违反引线伸出的要求，且不能比第 1 级和第 2 级的规定大 3.0mm，不能比第 3 级的规定大 0.7mm（见图 52.13）。

引线必须从元件体伸出至少一个引线直径（*L*）或厚度，但元件体或焊缝到引线弯曲处的距离至少要大于 0.8mm（见图 52.14）。

轴向引线元件要求没有物理损坏，如缺口或裂缝等，但是轻微损坏可接受。绝缘外壳损坏，导致金属元素露出或元件变形，自然是不可接受（见图 52.15）。

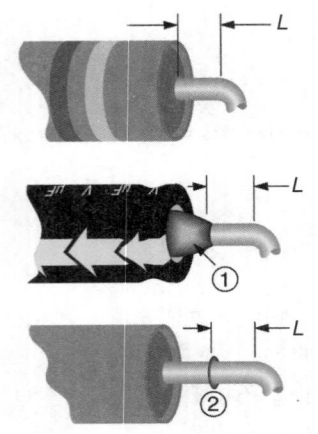

图 52.14　引线从元件体延伸，
L 是元件体到弯曲处的有效距离
（来源：IPC）

图 52.15　轴向引线元件插入后发生物理
损坏的例子，这是一个缺陷状况和拒收原因
（来源：IPC）

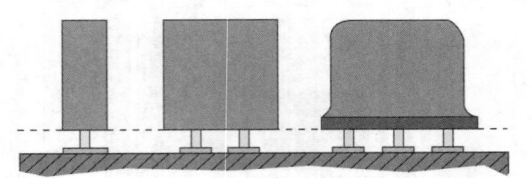

图 52.16　径向引线元件的间隙。元件垂直，
底部平行，不同级别产品的可接受间隙不同
（来源：IPC）

2. 径向引线元件

径向元件的目标安装条件是元件体与 PCB 垂直，而且元件的底部平行于 PCB。只要不违反电气间隙，即使元件在垂直方向有些倾斜，也可接受。元件底部和板面之间的间隙应该介于 0.3 ~ 2.0mm（见图 52.16），超过该范围时应作为一个制程警示条件。如发光二极管（LED）和开关类元件，由于配合要求，可能需要垂直于 PCB。

52.4.2　SMT 贴装

在 SMT 元件贴装方面，共面性非常重要。有时，为了达到手动或自动元件配置的合适的共面性要求，需要对 SMT 元件引线进行预加工。不过，大多数时候，人们购买的都是引线已经成型的封装和自动放置的贴片设备。对于所有表面贴装元件，另一个关键是 PCB 焊盘上元件贴装的准确性。

1. 片式元件

侧面偏移小于元件端帽宽度或 PCB 焊盘宽度的 50%（对于 3 级是 25%）是可接受的。如果元件端帽全部偏移，对于所有类别的产品都是不可接受的。端帽焊点宽度的接受标准为，元件端帽宽度或 PCB 焊盘的最小焊点长度的 50%（对于 3 级是 75%），以较低者为准。

端帽的焊点长度没有要求，但必须形成明显的、合适的润湿圆角。

最大焊料填充可能超出焊盘和（或）延伸至端帽金属镀层的顶部，但是，焊料不能进一步延伸至元件体顶部。对于3级元件，要求焊料圆角的最低点必须能够覆盖元件端子厚度或高度的25%，对于1级和2级元件，则只要明显可见即可。元件端子与PCB焊盘必须有重叠接触区域，没有指定的最小接触长度（见图52.17）。片式、矩形或方形端元件的安装尺寸要求见表52.1。

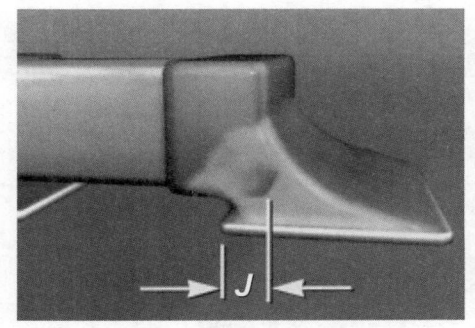

图52.17　表面贴装片式元件的放置和焊料圆角：元件端子和焊盘区域的重叠是有必要的（来源：IPC）

表52.1　片式、矩形或方形端元件的安装尺寸要求：1面、3面或5面端子

参　数	尺　寸	1级	2级	3级
最大侧面偏移	A	50%W 或 50%P，其中较小者[①]		25%W 或 25%P，其中较小者[①]
末端偏移	B	不允许		
最小末端连接宽度	C	50%W 或 50%P，其中较小者[②]		75%W 或 75%P，其中较小者[②]
最小侧面连接长度	D	润湿良好		
最大焊点高度	E	最大焊点可能超出焊盘和（或）延伸至端帽金属镀层的顶部，但是，焊料不能进一步延伸至元件体顶部		
最小焊点高度	F	元件端帽垂直于表面，明显润湿[③]		$G+25\%H$ 或 $G+0.5\mathrm{mm}$（0.02in），其中较小者[③]
焊料厚度	G	润湿良好		
端帽高度	H	未做规定的尺寸，由设计决定		
最小末端重叠	J	需要		
焊盘宽度	P	未做规定的尺寸，由设计决定		
端帽宽度	W	未做规定的尺寸，由设计决定		
侧面放置 / 公告板[④]				
宽高比		不超过 2:1		
端帽与焊盘的润湿		从焊盘到端帽金属化接触区有 100% 的润湿		
最小末端重叠	J	100%		
最大侧面偏移	A	不允许		
末端偏移	B	不允许		
最大元件尺寸		无限制		1206
端面		3 个或以上表面		

① 不违反最小电气间隙。
② C 是从焊料填充最窄处测量的。
③ 焊盘上有导通孔的设计可能不满足这些要求。焊接验收要求应该由用户与制造商协商决定。
④ 这些要求是为组装过程中可能会翻转成窄边放置的片式元件而定的，某些高频或高振动应用可能不接受这些要求。

2. 金属电极无引线面（MELF）或圆柱体端帽

侧面偏移小于元件端帽直径的25%可接受。由于元件具有圆柱特征，所以其尺寸与其他SMT元件不同。对于所有类，端帽偏移是不可接受的。对于2级、3级产品，最小端帽连接宽度是元件直径的50%，是可接受的。侧面连接长度最小为元件端帽长度的50%（3级

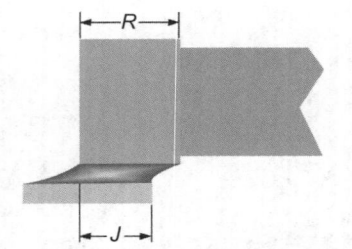

图 52.18　圆柱体端帽（MELF）：J 代表元件端帽和焊盘之间的重叠，R 是端帽长度（来源：IPC）

为 75%），但对于第 1 级，呈现润湿即可。最大焊料填充可能超出焊盘和（或）延伸至端帽金属镀层的顶部，但是焊料不能进一步延伸至元件体顶部。对于 3 级产品，要求最小填充高度为元件直径的 25%，对于 1 级、2 级产品，则元件端帽的垂直面表现出明显润湿即可。最小端帽重叠为端帽长度的 50%（2 级）和 75%（3 级），对于 1 级产品，无最小重叠区域要求，润湿即可（见图 52.18 和表 52.2）。

表 52.2　圆柱体端帽（MELF）的尺寸要求

参　数	尺　寸	1 级	2 级	3 级
最大侧面偏移	A	\multicolumn — 25%W 或 25%P，其中较小者①		
末端偏移	B	不允许		
最小末端连接宽度②	C	润湿良好	50%W 或 50%P，其中较小者	
最小侧面连接长度③	D	润湿良好	50%R 或 50%S，其中较小者	75%R 或 75%S，其中较小者
最大焊点高度	E	最大焊点可能超出焊盘和（或）延伸至端帽金属镀层的顶部，但是，焊料不能进一步延伸至元件体顶部		
最小焊点高度（末端与侧面）④	F	元件端帽垂直于表面，明显润湿		G+25%W 或 G+1.0mm（0.0394in），其中较小者
焊料厚度	G	润湿良好		
最小末端重叠③	J	润湿良好	50%R	75%R
焊盘宽度	P	未做规定的尺寸，由设计决定		
端帽/镀层长度	R	未做规定的尺寸，由设计决定		
焊盘长度	S	未做规定的尺寸，由设计决定		
端帽直径	W	未做规定的尺寸，由设计决定		

① 不违反最小电气间隙。
② C 是从焊料填充最窄处测量的。
③ 不适用于只有端面端帽的元件。
④ 焊盘上有导通孔的设计可能不满足这些要求。焊接验收要求应该由用户与制造商协商决定。

3. 城堡形端帽

城堡形端帽允许的最大侧面偏移是端帽宽度的 50%（1 级、2 级）和 25%（3 级）。对于所有级，末端偏移是不可接受的。最小末端连接宽度是端帽宽度的 50%（3 级为 75%），是可以接受的（见表 52.3）。对于所有级，要求最小侧面连接长度延伸至或超越元件的边缘。最大填充高度不是这类元件的指定参数。焊料最小填充高度要求是端帽高度的 25%（2 级）和 50%（3 级），对于 1 级只要润湿良好即可。

表 52.3　城堡形端帽的尺寸要求

参　数	尺　寸	1 级	2 级	3 级
最大侧面偏移①	A	50%W		25%W
末端偏移	B	不允许		
最小末端连接宽度	C	50%W		75%W
最小侧面连接长度	D	润湿良好	城堡深度	城堡深度
最大焊点高度	E	G+H		
最小焊点高度	F	润湿良好	G+25%W	G+50%W
焊料厚度	G	润湿良好		
城堡高度	H	未做规定的尺寸，由设计决定		
焊盘长度	S	未做规定的尺寸，由设计决定		
城堡宽度	W	未做规定的尺寸，由设计决定		

① 不违反最小电气间隙。

4. 扁平、L 形和鸥翼形引线

这类元件允许的最大侧面偏移是引线宽度的 50%（3 级是 25%）。只要不违反最小电气间隙，所有类型的趾部偏移都是可接受的。最小末端连接宽度是引线宽度的 50%（3 级为 75%），是可接受的。对于 1 级，最小侧面连接长度是引线宽度的一倍。对于 2 级、3 级，如果引线长度不小于 3 倍引线宽度，则要求最小侧面连接长度为引线宽度的 3 倍；如果引线长度小于 3 倍引线宽度，则其至少等于引线长度。对于 2 级和 3 级，最大填充高度，如小外形集成电路（SOIC）或小外形晶体管（SOT），可以接触封装体或封装，但不包括陶瓷或金属元件。最小跟部填充高度为引线厚度的 50%（2 级）或 100%（3 级），对于 1 级只要润湿良好即可（见表 52.4）。

表 52.4 扁平、L 形和鸥翼形引线的尺寸要求

参　数		尺　寸	1 级	2 级	3 级
最大侧面偏移①		A	50%W 或 0.5mm（0.02in），其中较小者		25%W 或 0.5mm（0.02in），其中较小者
最大趾部偏移		B	不违反最小电气间隙		
最小末端连接宽度		C	50%W		75%W
最小侧面连接长度②	L ≥ 3W	D	1W 或 0.5mm（0.02in），其中较小者	3W 或 75%L，其中较大者	
	L < 3W			100%L	
最大跟部焊点高度		E	见 52.4.2 节中片式元件		
最小跟部焊点高度		F	润湿良好	G+50%T	G+T
焊料厚度		G	润湿良好		
成型的脚长		L	未做规定的尺寸，由设计决定		
引线厚度		T	未做规定的尺寸，由设计决定		
引线宽度		W	未做规定的尺寸，由设计决定		

① 不违反最小电气间隙。
② 细节距要求最小侧面焊点长度为 0.5mm（0.02in）。
③ 对于趾尖下倾的引线，最小跟部焊点高度（F）至少延伸至引线弯曲外弧线的中点。

5. J 形引线

J 形引线允许的最大侧面偏移是引线宽度的 50%（1 级、2 级）和 25%（3 级）。对于任何类别，未指定特定的趾部偏移。可接受的最小末端连接宽度是引线宽度的 50%（3 级为 75%）。最小侧面连接长度方面，2 级、3 级要求为引线宽度的 1.5 倍，对于 1 级则只需要润湿良好即可。对最大填充高度未做特殊要求，只要焊料不接触元件体即可。最小跟部填充高度则要求为引线厚度的 50%（1 级、2 级）或 100%（3 级）（见表 52.5）。

表 52.5 J 形引线的尺寸要求

参　数	尺　寸	1 级	2 级	3 级
最大侧面偏移①	A	50%W		25%W
最大趾部偏移	B	未做规定的尺寸，由设计决定①		
最小末端连接宽度	C	50%W		75%W
最小侧面连接长度	D	润湿良好	150%W	
最大焊点高度	E	焊料不接触元件体		
最小跟部焊点高度	F	G+50%T		G+T
焊料厚度	G	润湿良好		
引线厚度	T	未做规定的尺寸，由设计决定		
引线宽度	W	未做规定的尺寸，由设计决定		

① 不违反最小电气间隙。

6. 球阵列（BGA）元件

由于具有显著的封装密度，BGA 封装元件非常受欢迎，设计人员能够在较小的空间内设计更多的功能。由于锡球在元件的下方，所以实际上不可能和其他传统元件一样进行目检。如果成

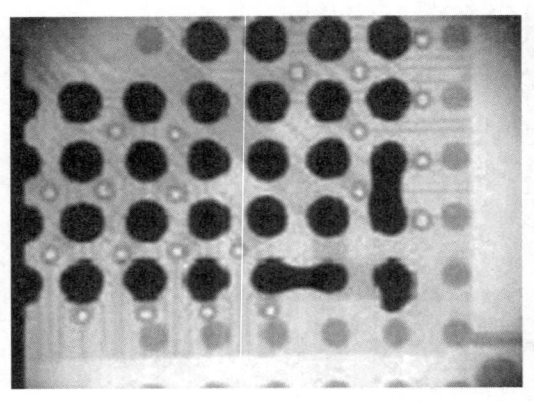

图 52.19 BGA 锡球连接的仰视图
（来源：IPC）

本评估合理，从量产或可靠性角度考虑（如 3 级可靠性要求），可以用 X 射线设备来验证焊点的质量和完整性。X 射线设备的前期投入的费用高昂，但是相对而言，在客户满意度或防止有缺陷产品方面可能要付出的成本更多。其他检测项也可以使用 X 射线来作为过程开发工具，一旦生产工艺稳定，则可减少取样或停止取样检验。

通过 X 射线可对焊料连接状况进行可视化检查，可检测出焊桥、不完全的回流、焊点断裂、违反最小电气间隙的错位，或存在缺失或损坏的锡球。超过 25% 的焊料空洞也被认为是有缺陷的（见图 52.19）。

52.4.3 使用黏合剂

在 SMT 和 PTH 的应用中，经常会用到黏合剂。

对于 SMT 元件，可以使用黏合剂将元件粘贴到 PCB 的底面，用于混合安装技术（同时含有通孔和 SMT 元件）。一些工艺流程中，在焊盘之间用黏合剂放置 SMT 元件，再对黏合剂进行固化处理。一些工艺中，黏合剂是一种元件焊接的临时（可溶）固定方式，完成焊接后会被移除。在一些极端运行条件下，如冲击或振动，通常会用黏合剂对通孔和 SMT 元件进行物理固定。一般会根据图纸或个别要求，确定是否需要使用该种物理支撑方式。只要黏合剂没有污染焊点，那么 SMT 元件是可接受的。如果黏合剂污染了元件的焊接表面、引线、电气端子或 PCB 焊盘等，导致形成的焊点不满足要求，那么该 PCBA 是不可接受的（见图 52.20）。

在 PTH 元件应用中，通常使用黏合剂对较大体积或质量的元件做进一步的机械固定。当黏合剂应用于该情形时，其验收标准如下。

（1）在水平安装的轴向的元件上，一侧的黏合剂对元件的黏着范围至少为其长度（L）的 50%，其直径（D）的 25%。黏合剂堆高不超过元件直径的 50%（见图 52.21）。

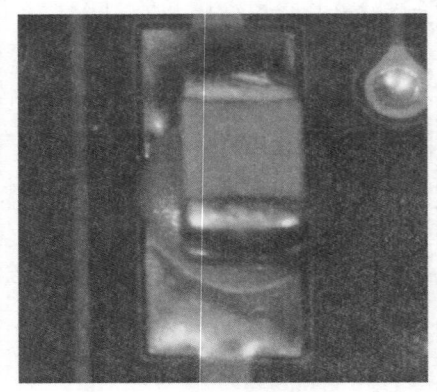

图 52.20 可以明显观察到黏合剂在元件底部和电气端子的延伸（来源：IPC）

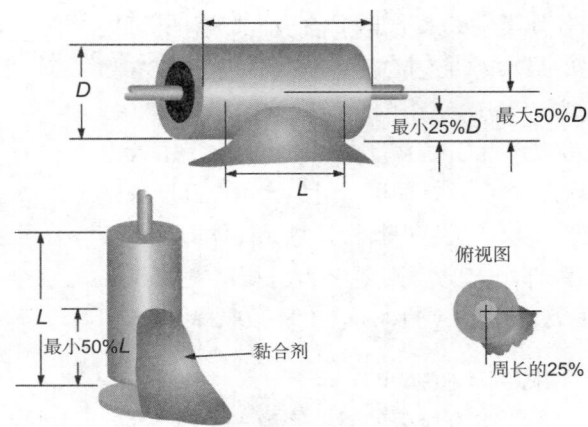

图 52.21 水平和垂直安装元件上的黏合剂

（2）在垂直安装的轴向元件上，黏合剂对元件的黏着范围至少为其长度（L）的50%，其直径（D）的25%。黏合剂在安装表面上有明显的附着力（见图52.22）。

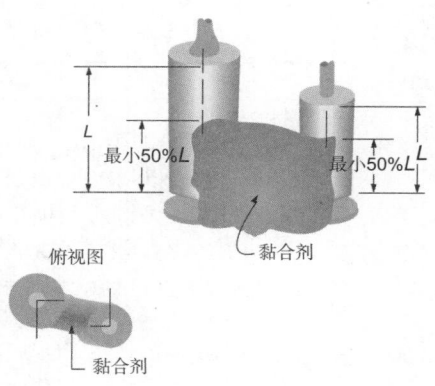

图 52.22　垂直安装元件上的黏合剂
（来源：IPC）

52.5　元件和 PCB 可焊性要求

元件的可焊性，也包括 PCB 的可焊性，可能是建立 PCBA 时需要考虑的最重要的特性。为了 PCBA 的焊接成功，必须实现良好的润湿。需要确保从供应商处购买的 PCB 和所有电气元件始终都保持良好的可焊性。

元件供应商和 PCBA 制造商之间建立良好的合作关系，是确保提供可焊性良好的元件的关键。

在确立良好的合作伙伴关系之前，双方应该对每批次元件都进行抽样，按照 J-STD-002 和 J-STD-003 标准进行可焊性测试，这些文件对满足电子组装的元件和 PCB 的可焊性有明确的要求。可焊性测试的目的是确认 PCB 表面满足最佳的焊接条件。此外，在元件焊接前，可以使用人造条件（老化）来模拟一个正常的元件使用状况，进而识别表现较差的元件，以减少可焊性问题或潜在的生产问题。如果确认元件引线的可焊性不足，在进行贴装之前，元件应该被拒绝并退还给供应商。

为保持良好的可焊性，对元件的包装和处理过程也很重要，因为受设备、人员或存储环境的影响，许多污染物可能会转移到 PCB 表面，进而影响可焊性。存储时的污染可能是空气中的污染物、水分、温度和时间引起的。如果锡铅或无铅元件引线的使用寿命超期了，它们有可能被氧化，会影响元件的可焊性。许多公司采用的经验法则是，2年或2年以上元件的可焊性需要确认。在某些情况下，对于标有日期代码的元件，这个时间可以很容易被跟踪。其他元件，如尺寸太小无法标记的，或者由于某些其他原因而没有标明日期代码的，则很难进行时间的追踪。通常情况下，企业会保存收据的日期记录，并将此日期作为元件使用期限的根据。虽然这些记录可能不完全准确，但仍然可以达到目的。如果元件的存储时间超过2年，可在使用之前通过抽样进行可焊性测试，以确认是否仍然可以使用。由于氧化、金属间化合物的生长，或其他污染物的存在，通常过期的元件是不可用的。

52.6　焊接的相关缺陷

所有焊点都应该通过在元件和被焊接 PCB 之间所形成的凹月形展现较好的焊料润湿效果，被焊元件的轮廓也应很容易确定。下面将讨论焊接过程中产生的最常见的焊接缺陷。

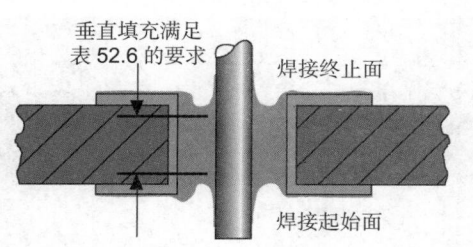

图 52.23　焊料填充的基本要素（来源：IPC）

52.6.1　镀覆孔焊点的最低可接受条件

表 52.6 列出了镀覆孔焊点的最低接受标准。图 52.23 表示的是所有级别焊料填充的基本要素。

表 52.6　有元件引线的镀覆孔：最低可接受焊接条件①

要　求	1 级	2 级	3 级
A．焊料的垂直填充②	无规定	75%	75%
注意：某些应用不接受 100% 以下的焊料填充，如热冲击。用户有责任向制造商说明这些情况			
B．主面（焊接终止面）的引线和孔壁的润湿	无规定	180°	270°
1、2、3 级的目标是焊盘和孔壁 360° 润湿			
C．主面（焊接终止面）的焊盘被润湿的焊料覆盖的百分比	0	0	0
主面的焊盘区不需要焊料润湿			
D．辅面（焊接起始面）的引线和孔壁的填充和润湿	270°	270°	330°
E．辅面（焊接起始面）的焊盘被润湿的焊料覆盖的百分比	75%	75%	75%

① 润湿的焊料指焊接过程中施加的焊料。
② 25% 未填充高度包括起始面和终止面的焊料下陷；2 级的垂直填充可小于 75%。

52.6.2　锡珠或锡溅

锡珠违反最小电气设计间隙，且锡珠未裹挟在免洗残留物内或包封在敷形涂层下，或未连接（焊接）于金属表面（见图 52.24）。

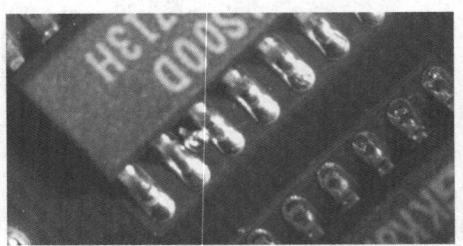

图 52.24　锡珠造成 SOIC 引线之间的短路

52.6.3　退润湿和不润湿

退润湿是指熔化的焊料先覆盖表面，然后退缩成一些形状不规则的焊料堆，其间的空当处有薄薄的焊料膜覆盖，未暴露基底金属或表面涂层（见图 52.25）。不润湿是指熔化的焊料不能与基底金属（母材）形成金属性结合，基底金属仍然保持暴露状态（见图 52.26）。

退润湿和不润湿的产生，通常是由于元件引线或 PCB 通孔或焊盘受到了污染。如果该焊点满足表 52.6 和 52.4.2 节定义的最低要求，退润湿现象很轻微，且明显可以发现润湿区域的焊点润湿性较好，这样的退润湿也是可接受的。不润湿表明元件或 PCB 没有达到足够的润湿性，存在严重的可焊性问题，是不可接受的。

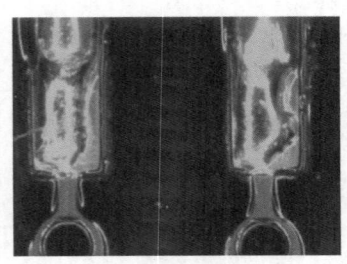

图 52.25　退润湿的例子（来源：IPC）

图 52.26　不润湿的例子（来源：IPC）

52.6.4 焊料缺失和不足

焊料缺失是明显不可接受的，因为是焊料提供了元件与 PCB 之间的电气和某种程度的机械连接。

对于 SMT 元件，当焊料不足导致没有达到 52.4.2 节对焊料圆角的最低要求时，是不可接受的。对于 PTH 元件，当焊料不足导致没有达到 52.6.1 节及表 52.6 中的要求时，也是不可接受的。

52.6.5 焊网 / 焊桥

焊桥是指焊料跨接到相邻的非共接导体或元件上，将不应相连的导体连接起来了（图 52.27），是不可接受的。焊网是指在非焊接区域形成连续的焊料膜，也是不可接受的（图 52.28）。

对于有引线元件，除了 52.4.2 节所述的标准，焊料不能与元件体或密封端相接触。焊料与元件体或密封端相接触一般是不可接受的。

图 52.27　焊料将本来不应该连通的导体连接在了一起（来源：IPC）

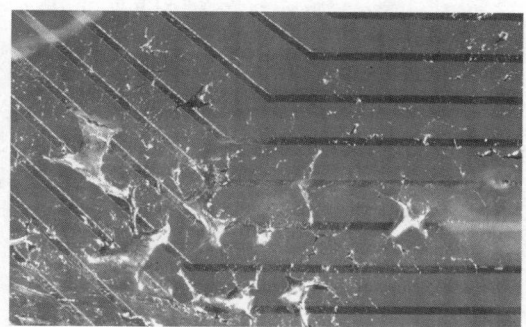

图 52.28　锡溅和焊网的例子（来源：IPC）

52.6.6 引线伸出

引线伸出的测量标准是从 PCB 焊盘到元件引线的最外部分的距离，可以包括任何的焊料凸起。

如果焊料凸起（锡尖）违反了元件引线凸出的最大高度要求或电气间隙要求，或造成了安全隐患，那么焊料凸起（锡尖）是不可接受的。否则，焊料凸起在 SMT 和 PTH 组件中是可接受的（见图 52.29）。

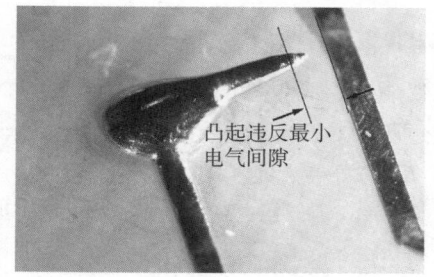

图 52.29　凸起违反最小电气间隙（来源：IPC）

对于单面 PCBA 的引线或导线最小伸出长度，1 级和 2 级要求引线或导线的末端可辨识，3 级则要求必须有足够的弯折。对于双面或混合 PCB 组装，所有级别的最小引线伸出长度要求引线或导线末端可辨识。1 级的最大引线伸出长度要求在组装中使用 PCBA 时没有短路的危险，2 级和 3 级的最大引线伸出长度分别是 2.5mm 和 1.5mm（见图 52.30）。

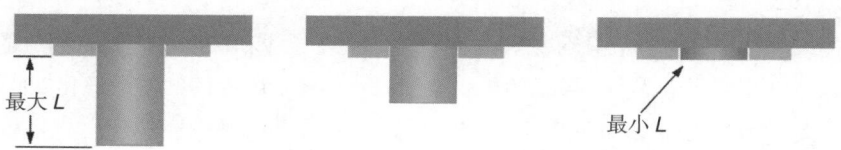

图 52.30　引线伸出违反最小电气间隙的要求，引线伸出超过最大设计高度要求（来源：IPC）

52.6.7 空洞、凹陷、吹孔、针孔

焊接异常（空洞、凹陷、吹孔、针孔）对于 1 级产品是可接受的，对于 2 级、3 级则属于制程警示。表 52.6 提供了润湿的引线和焊盘的焊料圆角的相关要求。

52.6.8 受扰或断裂的焊点

图 52.31 通孔元件焊点扰动示例，
注意引线和焊料圆角之间有断裂的迹象
（来源：IPC）

焊点在凝固过程中由于焊料的移动可能不会受到干扰。然而，即使外观粗糙、呈颗粒状，或不均匀的焊点，只要满足表 52.1 中提供的润湿覆盖标准，都是可接受的。许多使用无铅焊料合金及表面处理工艺完成的焊接连接，通常会显示出比共晶锡铅更粗糙的或颗粒状的外观。对于所有级别的设备，焊点断裂或破裂都是不可接受的。

由于引线会传导物理冲击，所以焊接后利用刀具对引线进行修整时不能对焊点造成损坏。如果焊接后需要修整引线，焊点必须进行回流或在 10 倍放大镜下目检，以确保切割操作没有损害焊点。引线和焊料之间应无裂缝或无裂纹（见图 52.31）。

52.6.9 多余焊料

对于孔内引线端子，过多的焊料导致焊料圆角产生轻微的球茎，进而使得引线不可见，是不可接受的缺陷。对于通孔元件，焊料不应流入 SMT 元件或接触 PTH 元件体。

52.6.10 导通孔焊接要求

仅用于层间连接的导通孔，是不需要进行焊料填充的。为了避免焊料填充，制造商通常在焊接过程中对该类导通孔进行临时性或永久性遮蔽。当无引线的 PTH 或导通孔暴露于焊料中时，其应满足以下可接受性要求。

（1）导通孔中完全填满焊料和顶部焊盘显示出良好的润湿。

（2）最低的可接受条件是焊料润湿 PTH 的内壁。

（3）焊料未润湿 PTH 内壁被认为是制程警示，产品不会被拒收（见图 52.32）。

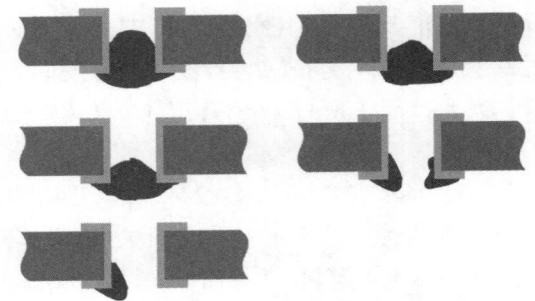

图 52.32 导通孔焊料填充要求（来源：IPC）

52.6.11 焊接接线柱

当在接线柱上焊接导线时，必须可见导线轮廓，并且在导线和接线柱之间有明显的润湿，是可接受的。绝缘体没有熔化进焊点，导线的绝缘间隙几乎为零，绝缘体的轻微熔化，是可接受的。绝缘间隙过大，导致导线与非公共导体产生潜在短路，或者导线绝缘体烧伤严重以致焊点含有熔融的副产物，是不可接受的。

对于塔形接线柱或直针接线柱，3 级要求导线与圆形柱干的接触至少为 180°，导线应该紧贴接线柱柱干，可以过缠绕，但是不允许与自身缠绕，1 级、2 级则要求接线柱上导线与圆形柱干的接触至少为 90°。大多数其他的接线柱类型，如穿孔接线柱，一般都需要 90° 的卷线缠绕（见图 52.33）。

对于焊杯类接线柱，导线应完全插入焊杯，并且焊料填充率必须大于 75%。

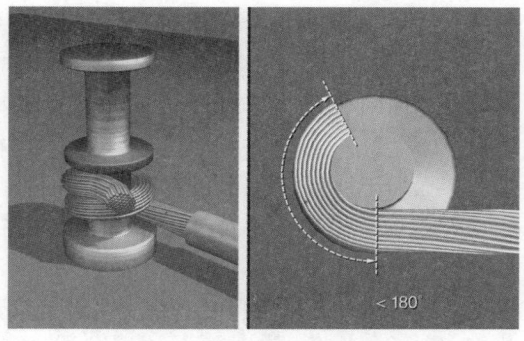

图 52.33 可接受的各类接线柱导线缠绕焊点的最低要求

52.7 PCBA 层压板状况、清洁度和标记要求

52.7.1 层压板状况

层压板缺陷通常可能是由层压、PCB 制造或组装过程引起的，主要包括白斑、微裂纹、起泡、分层、织纹显露及晕圈。

1. 白斑和微裂纹

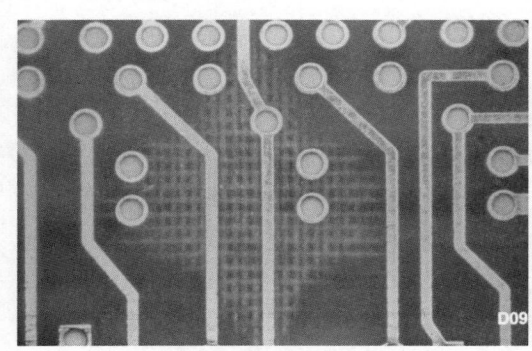

图 52.34 层压基材的裂纹。裂纹超过内层导体间距的 50%（来源：IPC）

白斑发生在层压基材内部，是一种玻纤在编织交叉处和树脂分离的情形，其表现形式为基材表面下分散的白色斑点或十字纹，通常和热应力有关。

微裂纹发生在层压基材内部，是一种玻纤在编织交叉处和树脂分离的情形，其表现形式为基材表面下分散的白色斑点或十字纹，通常和机械应力有关（见图 52.34）。

作为层压工艺的固有缺陷，白斑或微裂纹预示着可能会发生更严重的问题。如果白斑或微裂纹发生在组装过程中，通常不会进一步扩大。如果白斑在内部导体之间的跨度延伸到 50% 以上，那么对于 2 级和 3 级，白斑会被看作缺陷。需要关注的是，在暴露于高湿度和高活性的化学品和环境之后，层压基材保持介质完整性的能力。

PCB 进入组装过程的时候，发现白斑或微裂纹的操作者并不能确定问题的根源。为了从供应商处获得高品质的 PCB，需要加强收货检验、来料检验，与供应商建立良好的合作伙伴关系。供应商对 PCB 生产进行过程控制并提供相关参数予买方，以便买方进行质量确认。如果需要，这种信息也可以用来进行到货地至仓库的追踪检查。

2. 起泡和分层

起泡表现为层压基材的任何层与层之间，或基材与导电铜箔或敷形涂层之间的局部膨胀与分离的分层形式。分层则是指 PCB 内基材的层间、基材与导电铜箔或任何其他层之间的分离。与白斑不扩大相比，起泡和分层在使用中会进一步扩大。起泡和分层范围未超过镀覆孔间或内层导体

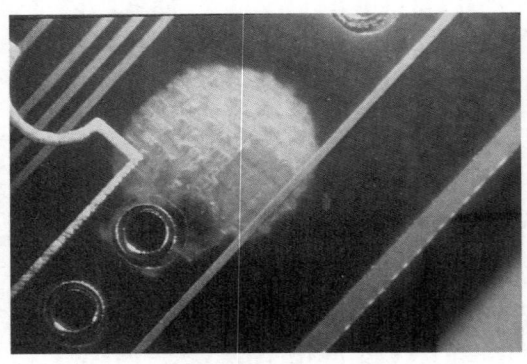

图 52.35　基材起泡的例子（来源：IPC）

间距的 25%，是可接受的（见图 52.35）。

3. 织纹显露

织纹显露一般出现在基材表面，虽然未断裂的玻纤完全被树脂覆盖，但显现出玻璃布的编织花纹。如果这种情况不使导体图形间距降低至最小电气间隙以下，织纹显露是可接受的。

4. 晕圈和边缘分层

晕圈是存在于基材中的一种状况，表现形式为孔周围或其他机械加工区附近的基材表面或表面下的亮白区域。这种情况是可以接受的，如果晕圈穿透范围未使边缘到最近导体图形的距离减小至设计图或其他文档规定距离的 50%，或最大不超过 2.5mm，是可接受的。

52.7.2　PCBA 的清洁度

板子必须保持一定的清洁度，以确保完全去除可能影响当前或以后功能的污染物。某些污染物实际上会促进 PCBA 上有害物质的生长，引起短路或腐蚀，以致一段时间后影响 PCBA 电气功能的完整性和介电性能。这些污染物可能表现为表面枝晶、内部导电阳极丝或其他形式。

免清洗型或任何活性助焊剂的明显残留是允许的。如果合格性测试证明无需对组装过程进行清洗，那么生产操作时不必清洗残留物。在焊接过程中，可能允许免清洗或低残留助焊剂化学成分。然而，很重要的一点是，必须确保明确对裸板或元件的清洗要求，进行相关控制和密切的监控；否则，污染物积聚会远远超过最终产品功能要求的容许限值。

工艺中如使用了具有潜在腐蚀性的松香基活性助焊剂，可以使用简单的清洁度测试方法进行检测，如溶剂萃取阻抗测量法（ROSE）。其他比较重要的显著性测试可能需要确定助焊剂有机残留物的残渣属性，这些通常在热风焊料整平（HASL）工艺中使用。其中最常见的是离子色谱法，它可以确认残留物的属性及其潜在危害。

如果清洁度测试失败，必须在组装其他任何附件产品之前完成对清洗工艺或消除残留物来源的即时整改。

灰尘、纤维丝、渣滓、金属颗粒等颗粒物质，不允许在 PCBA 上出现。PCBA 上的金属或硬件区域，可能不会展示出任何白色结晶沉淀物、有色残留物或生锈的外观。

52.7.3　PCBA 标记的可接受性

标记为产品提供了可识别性和可追溯性，有助于产品组装、过程控制及现场修理。制作标记的方法和使用的材料必须适用于所要达到的目的，必须可辨识、耐久性好，且与制造工艺相兼容，并应该在产品的使用寿命期内可辨识。

制造和组装的工程图纸，是确定 PCBA 上标记位置和类型的指示文件。元件和成品零件上的标志应能承受所有的测试、清洗、组装过程，且相关内容必须保持清晰。标记的可接受性在于其是否清晰可辨，不会出现字母或数字混淆的情况，那么就是可接受的。元件和成品零件不必安装，以便安装后可以看到参考标记。缺失、不完整或字迹模糊的标记是不可接受的。

52.8 PCBA 涂层

应该指出的是，并不是所有的 PCBA 设计都要使用敷形涂层。使用时敷形涂层必须满足以下可接受标准。如果使用波峰焊或静态焊料槽工艺在 PCB 上焊接元件，那么通过顶面或底面蚀刻（线路）工艺的所有 PCBA 都会有一个阻焊层。如果没有阻焊层，那么焊料将会在许多可润湿表面之间形成桥连，这样会造成短路。

52.8.1 敷形涂层

当用于成品 PCBA 时，敷形涂层是一种贴合对象结构涂敷的绝缘保护覆盖物。敷形涂层的作用是，临时性保护暴露于化学物质、高湿和低温冷凝环境的产品，同时也能保护 PCBA 不受处理过程中可能受到的表面污染，并对冲击和振动环境中的元件提供物理支持。然而，它并不是密封的，而是可渗透的，最有效的敷形涂层应该是均匀和透明的。大多数敷形涂层都含有紫外线（UV）示踪物，使得在黑光灯下的检验变得更容易。敷形涂层应该适当固化，并且不会表现出黏性。敷形涂层的相关缺陷如下。

- 应用于不需要的情况
- 需要使用时并未应用
- 以下原因导致的导体桥连：起泡（附着力）、空洞、不润湿、裂缝、微裂纹、橘皮状表面缺陷 / 鱼眼
- 夹杂物
- 变色
- 不完全覆盖
- 连接器或结合面芯吸

5 种涂料的敷形涂层的厚度要求见表 52.7。这些厚度常常是通过同样经历组装过程的样品测量获得。

表 52.7　涂层的厚度

类　型	材　料	厚　度
AR	丙烯酸树脂	0.03 ~ 0.13mm（0.00118 ~ 0.00512in）
ER	环氧树脂	0.03 ~ 0.13mm（0.00118 ~ 0.00512in）
UR	氨基甲酸基树脂	0.03 ~ 0.13mm（0.00118 ~ 0.00512in）
SR	硅树脂	0.05 ~ 0.21mm（0.00197 ~ 0.00827in）
XY	甲苯树脂	0.01 ~ 0.05mm（0.00039 ~ 0.00197in）

52.8.2 阻　焊

阻焊剂或阻焊层是具有耐热性的薄膜涂层，用于在焊接操作过程中提供机械屏蔽。阻焊剂材料可以是液态的，也可以是干膜。

当非公共线路桥连处出现气泡、刮伤或空洞，或者该暴露有可能导致焊桥时，阻焊剂是无效的，也会被认为是缺陷。气泡或空洞导致暴露裸铜时，会被认为是制程警示。

52.9 无焊绕接（导线绕接）

绕接的许多应用仍然在设备设计中使用，其验收标准应该是一致的。关于该方面的验收标准，在 IPC-A-610 和其他标准中有详细说明。

52.9.1 绕接接线柱

导线被包裹到接线柱之前或之后，接线柱都不能弯曲或扭曲。包裹直线度从其垂直位置不得超过大约一个接线柱的直径或厚度。

表 52.8 裸线的最少匝数

线 规	匝 数
30	7
28	7
26	6
24	5
22	5
20	4
18	4

52.9.2 绕接连接

表 52.8 显示了在接线柱上使用绝缘和非绝缘导线的绕接圈数。连接是通过使用自动或半自动绕线设备完成的。匝数要求中提及的可计数匝数，是指裸线与接线柱棱角紧密接触、从裸线与接线柱棱角第一个接触点到最后一个接触点之间缠绕的圈数（见图 52.36）。

裸线和绝缘线所能缠绕的最大匝数，取决于所用工具的结构和接线柱的可用空间。最低可数匝数，必须遵照表 52.8 所述。必须保持工程文档要求的末端之间的电气间隙，导线两端不能违反最小电气间隙要求，导线末端伸出缠绕外表面的长度不应超过 0.12in（对于 3 级为一个导线直径）。

绕接的导体之间应该没有间隙（即每匝线圈之间都应该互相接触），并且也不会重叠。允许第一个和最后一个半匝在匝与匝之间存在间隙，条件是其间隙不超过导线直径。除了第一个和最后一个半匝，如果开口不超过未绝缘导线公称直径的一半，那么，允许绕接的导体之间存在单一的间隙（见图 52.37）。

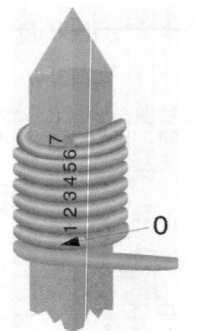

**图 52.36 无焊料绕接的可接受性
（来源：IPC）**

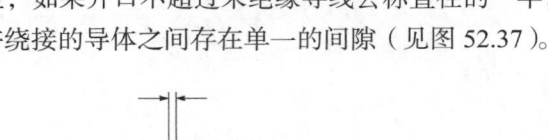

图 52.37 不止一个间隙的无焊绕接，可接受性取决于产品级别（来源：IPC）

52.9.3 多重绕接间隙

通常不超过 3 根导线缠绕到单一的接线柱上。当一个接线柱使用一个以上的绕接时，连续缠绕的导线之间应该有明显的间隙。接线柱的最后一根绕接线不得超出接线柱工作区的任何一端（见图 52.38）。对于 3 级，高一级绝缘绕线的第一匝与低一级未绝缘绕线的最后一匝的重叠最大不能超过 1 匝。

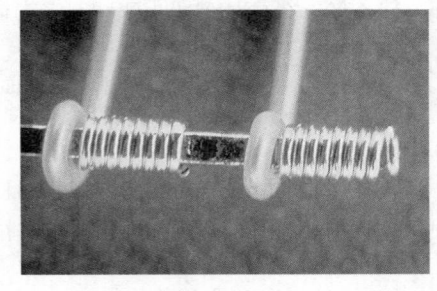

图 52.38 多重无焊绕接示例（来源：IPC）

52.10　PCBA 的改动

所有 PCBA 的改动应在批准的工程和（或）方法文件中予以规定和详细地说明。工程上把跳线作为元件考虑，其布线、收尾、黏合固定和导线类型应由工程指导文件说明。

52.10.1　切割导线

切割宽度要求至少为 0.030in，并且去除所有的松散材料。也应该使用认可的密封材料对导线进行密封，以防止吸收水分。

当需要从 PCB 上蚀刻去除时，应该谨慎操作，防止损坏层压基材。

52.10.2　引线抬起

抬起的引线应切割到足够短，以防止其折返时与原先位置的焊盘形成短路。如果引线被抬起的元件孔位置不包含跳线，则应该用焊料对其填充。

52.10.3　跳　线

跳线可用于所有类别的电子设备组件及厚膜混合技术。跳线可以终结于镀覆孔或接线柱柱干、导体盘及元件引线。应当指出的是，对于 3 级产品，跳线不能被放置到同一个有元件引线的 PTH 孔上。

推荐使用镀铜绝缘硬质线作为跳线，在满足电流负载的情形下，选用最小线径的导线，且其绝缘层能够经受住焊接温度。

跳线的布局原则是使 X-Y 方向上的路径最短（见图 52.39）。注意，必须记录布线的每一个元件的序号，以确保同一型号组件上的跳线布局相同。

当跳线被用于 PCBA 主面（元件面）时，对于 2 级、3 级产品，不允许导线从任何元件的上面跨过或下面通过。有时导线可以跨过焊盘，只要其可以和元件一样进行去除和更换。为了防止过多的热量损坏导线，必须小心避免其靠近产生高温的元件的散热器。

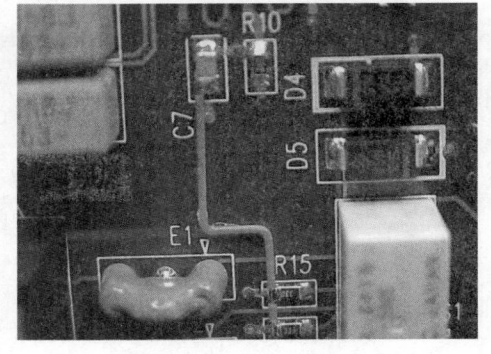

图 52.39　*X-Y* 方向布线的跳线例子（来源：IPC）

在辅面，跳线不能通过元件引线区，除非组件板面布局禁止在其他区域布线。如果出现这种情况，就应该被认为是制程警示。安装在板边的连接器是一个例外。同时，在辅面，不允许跳线跨越作为测试点的图形或导通孔。

跳线应该使用专用的黏合剂或胶带（点状或带状）固定在基材上。如果使用黏合剂，其必须完全固化成完成组装的 PCBA 的一部分。导线应该按照既定要求布局进行布线，不能应用在焊盘或元件上。导线应该按照工程文件指定的间隔进行固定，但必须在所有改变方向的位置进行固定，以限制导线的移动。跳线不要固定到任何可移动的元件上或与其接触，同时也要足够紧绷，防止其向上拉紧时延伸高度超出毗邻元件的高度。在给定的布局上，允许不超过两个跳线的重叠。

当一根跳线连接到 PCBA 主面引线或辅面的轴向元件时，它必须在元件引线周围形成一个完整的 180°～360° 回路循环。当一个跳线焊接到其他封装样式的元件时（非轴向元件），导线可以搭焊到元件引线上。

对于 1 级和 2 级设备，跳线可焊接在有元件引线的 PTH/ 导通孔内。但是，对于 3 级设备，这是不可接受的。跳线也可以安装到导通孔上（见图 52.40 ）。

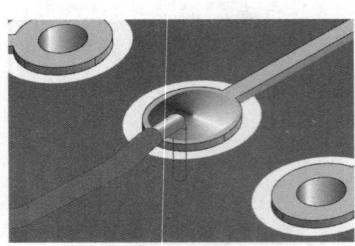

（a）跳线焊接到镀覆孔

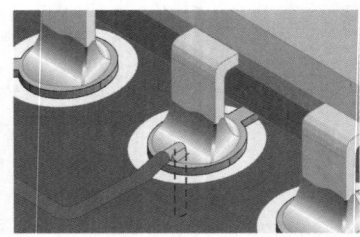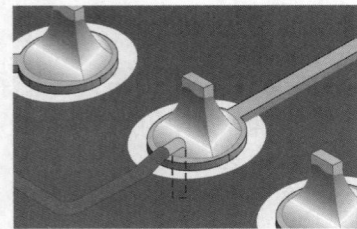

（b）跳线焊接到有元件引线的导通孔

图 52.40　跳线安装示例（来源：IPC ）

参考文献

［ 1 ］ANSI/J-STD-001, "Requirements for Soldered Electrical and Electronic Assemblies"

［ 2 ］MIL-STD-2000, "Standard Requirements for Soldered Electrical and Electronic Assemblies"

［ 3 ］ANSI/J-STD-002, "Solderability Tests for Component Leads, Terminations, Lugs, Terminals and Wires"

［ 4 ］ANSI/J-STD-003, "Solderability Tests for Printed Boards"

［ 5 ］IPC-A-610, "Acceptability of Electronic Assemblies"

第 *53* 章
组装检验

Stacy Kalisz Johnson
美国亚利桑那州吉尔伯特，安捷伦科技

Stig Oresjo
美国科罗拉多州拉夫兰，安捷伦科技

53.1 引 言

本章主要介绍制造商要检验印制电路板组件（PCBA）的目的，实现和增强目检的方法，使用的自动检测系统及其工作原理、优缺点和应用范围。本章涉及的内容只包括组装过程中 PCBA 的检验，通常如图 53.1 所示，包括焊膏印刷工序后的焊膏检查，元件贴装工序后的元件检查，以及焊料回流工序后的焊点检查。然而，并不包括元件的进料检验与印制电路板（PCB）裸板检验。本章的重点是生产中的检验，而不是在研发环境中收集那些工艺开发过程中的测量结果。

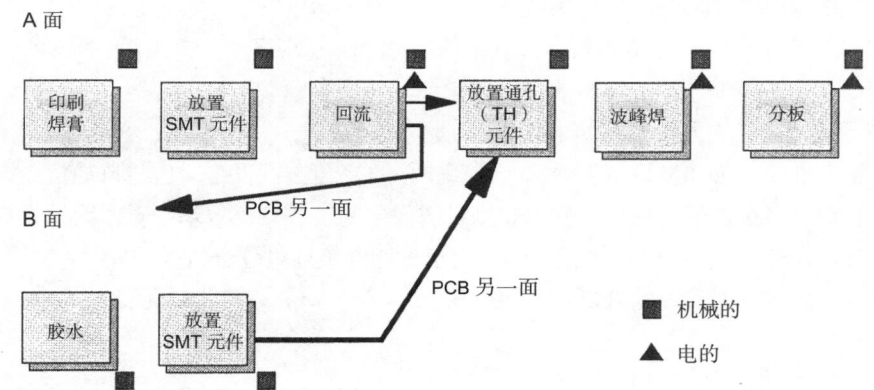

图 53.1 通用 SMT 技术 PCBA 的制造过程，包括组件的机械或结构属性，以及电气特性在检验或测试过程中可能出现的位置

53.1.1 目 检

PCBA 制造商一直在 PCB 组装过程中的各个环节进行目检。目检可以快速发现明显的工艺缺陷，检查产品是否符合标准。随着表面贴装技术（SMT）的产生和发展，目检 PCBA 也变得越来越重要和流行。SMT 焊点必须比镀覆孔（PTH）焊点负担大得多的机械和结构可靠性。通孔引线焊点承担着较大的机械负担，保持元件连接到 PCB。然而，对于 SMT 焊点，焊料往往只是将元件连接到 PCB，在某些情况下，只有目检才能判断 SMT 焊点的机械可靠性。

　　由于 SMT 元件的几何尺寸会不断减小，而且 PCB 上的焊点会变得越来越密集，因此目检变得越来越困难，其结果也变得不那么一致和可靠。此外，一些引脚阵列（PGA）或球阵列（BGA）元件会完全隐藏自己的焊点使之不可见，目检不可能看到所有焊点。当元件数增加时，焊点数就会增加，因此要达到一个高的组装制程良率将更为重要（见图 53.2）。

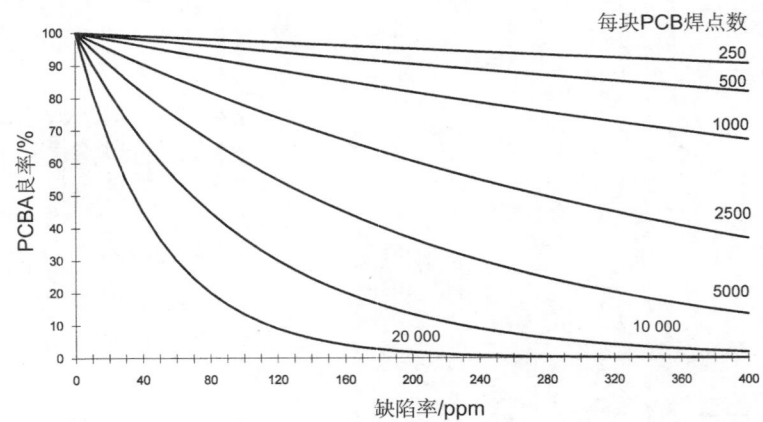

图 53.2　在每个焊点的缺陷率保持恒定的情况下，随着每个组件焊点数的增加，PCBA 良率会急剧下降。比如，每百万机会缺陷率（DPMO）为 40 时，良率从每个组件 1000 个焊点时的 96% 下降到每个组件 20000 个焊点时的 45%

53.1.2　自动检测

　　检测是获得过程信息的一个重要来源，没有检测就很难获得高良率。因此，无论是为了提高简单的目检，还是为了加强完全自动化检测，制造商们采用以下的一系列技术：

- 使用倍率为 4 ~ 10 的显微镜和立体显微镜
- 使用简单的可见光、X 射线、热成像或声学技术来创建实时视频图像
- 采用可见光、激光或 X 射线成像的全自动检测系统

　　类似于用于电气测量和发现电气缺陷（故障）的自动化测试设备，这些自动检测系统要实时获取图像，然后对图像进行处理，以发现和测量图像内的某些特征，基于对该图像处理做出接受或拒绝的决策。此外，它们提供的数据还可以用于长期的统计过程分析。因此，从检测工艺来说，这些自动化系统取代了人及人的判断。

53.2　缺陷、故障、过程指标及潜在缺陷的定义

　　故障、缺陷、过程指标及潜缺陷是讨论测试和检验时的一些重要术语，所以本节对它们进行定义和解释。

　　故障是一种缺陷的表现　例如，数字设备的输出引线不能正确切换。为了简单起见，可以想象一个双输入的或门，而其输出被置高的情况。这是一个故障，是缺陷的一种体现。导致缺陷发生的原因可以是一个或几个，如元件有缺陷、元件放置不正确、输入引线或输出引线开路等。故障是缺陷的一个子集。在电气测试中，如在线测试（ICT）、边界扫描、内建自测试（BIST）、功能测试（FT），以及系统测试，都是主要的故障检测。

　　缺陷是制造过程结束时产生的相对于规范不可接受的偏差　可能有些缺陷并不会像故障一

样显示出来，如焊料不足、元件错位、旁路电容遗漏和电源引线悬空。检测系统可以检测出许多缺陷，包括一些与电气测试时相同的故障，如自动光学检测（AOI）和自动 X 射线检测（AXI）。在该定义包含的短语"制造过程结束时"和"潜在的缺陷"相比，前者更加重要。

所有的缺陷，当然还有故障，要遵循高品质的标准，就要在产品出厂前进行纠正。

过程指标是制造过程结束时产生的相对于规范可接受的偏差 如焊料不足或元件错位。对于焊料不足，如情况不是很严重，那只需要返修。然而，这类情况多次发生时，就要对过程进行改进。

潜在缺陷是制造过程中产生的不符合规范的偏差，而这个偏差有可能会在制造过程结束时造成缺陷 如回流焊前错位的芯片元件，可能不会在回流炉中自对齐。又如焊料不足，在制造过程结束时可能会形成有缺陷的焊点。

测试工程师的主要工作是在流水线的尾端找到故障和缺陷。主要负责提高制造工艺的工程师们关注潜在缺陷、过程指标和系统性缺陷。系统性缺陷是发生在大多数 PCB 上的一类缺陷，而且会导致一些系统性问题，如取放机上的弯曲的喷嘴、某种类型的元件的焊接问题或可制造性设计（DFM）问题。

注意，电气测试只有在生产线尾端才会发现故障。因此，完善各步骤的测试方案，从而发现所有缺陷是很有必要的。如果优先考虑高质量发货和产品的可靠性，查找所有缺陷就显得至关重要。同时，识别潜在的缺陷和过程指标还可以帮助调整制造工艺，从而得到较低的缺陷水平、高良率和低成本。因此，对电气测试而言，检验是一个非常重要的步骤。

53.3 检验的原因

制造商在生产过程中检验 PCBA 的目的有多种，可分为以下几类：

- 改善工艺缺陷覆盖率
- 提高生产能力，以满足客户的要求
- 一旦缺陷发生，能尽快地检测出来
- 通过统计过程控制（SPC）降低工艺缺陷覆盖率

53.3.1 工艺缺陷覆盖率

高工艺缺陷覆盖率的目标就是，不管最后的组装是在同一现场，还是在单独的客户现场，都要防止任何有缺陷的 PCBA 被组装成最终的产品。图 53.3 显示了一个典型的 SMT 工艺缺陷谱。这些缺陷，如焊点错位和锡珠，仅仅通过检验就可以发现，而不需要通过电气、功能、在线测

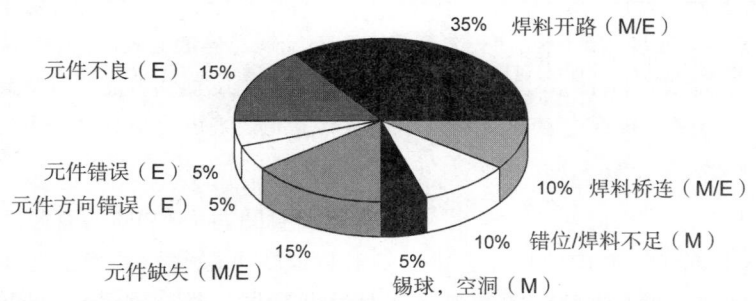

图 53.3 典型的 SMT 工艺缺陷谱：标记"E"的工艺缺陷可以通过电气测试检测出来；标记"M"的缺陷可通过机械或结构的检查或测试检测出来

试或边界扫描等方法进行测试。例如，边缘焊点是那些由于机械强度较低，在刚刚组装完成后，通过电气测试却最终不合格的焊点。焊料不足和部分元件与 PCB 焊盘产生错位是导致机械强度低的常见原因。

还有其他一些缺陷，如焊点空洞、锡球远离焊点，以及冷焊或焊点灰暗，它们只有通过特殊的检查才能被发现。

53.3.2　客户规格

许多 PCBA 工艺规范，包括 MIL-STD-2000A、IPC/ EIA J-STD-001C 及 IPC-A-610D，都要求检验焊点以确保符合这些规范。例如，MIL-STD-2000A 标准规定，所有国防和航天项目的承包商都要对焊点的属性进行检验，并说明焊点不合格情况产生的原因。大多数与制造商签约的商业客户都有非常具体的焊点规格，而且都需要对 PCBA 进行某种类型的检验。虽然过程控制在理论上优于 100% 检验，但是实际上，大多数的 PCBA 生产线都需要包含某种形式的检验，这是为了确保符合规范。由于近年来自动检测系统的检测速度在不断提高，这使得在生产线上进行检验更加普遍。而且鉴于细节距元件的陆续使用和不断采用新材料，如无铅焊料，使得这一趋势只会继续下去。

53.3.3　快速缺陷检测和纠正

快速缺陷检测可以降低返工成本。

1. 预防缺陷发生

在某个特定的工艺步骤中已经出现了超出工艺限制或规范限制的问题，尽快地发现它可以防止更多的缺陷发生。如果发现问题的速度够快，并且能立即纠正，可能并不会产生实际缺陷。

2. 降低返工成本

在一个工艺中，缺陷发现得越早，往往越容易修复。举例来说，如果像焊膏堆积这样的缺陷在元件粘贴之前就被发现，它很容易被擦拭掉，然后可以重新开始。如果相同的缺陷在回流焊后才被发现，焊点本身会被修改，这使得返工更加困难且费用更多。如果在焊料回流之前修复元件的缺陷，尤其是对于元件丢失或错位的情况，那么这个缺陷就会被纠正。此外，当有机可焊性保护层（OSP）板被用于无铅焊接时，它们的返工就没有那么容易了。使用过程控制和缺陷预防，可以防止在这种情况下产生大量的返工板。

3. 使缺陷诊断更容易

在组装过程中较早发现的缺陷往往更容易诊断，能缩短总体的修复时间，如焊点检验。焊点检验是指检测特定焊点的缺陷，并迅速判断每个缺陷的确切位置和特点。等到以后的电气测试阶段才检验焊点，会使诊断更加困难，因为一个焊点上的缺陷可能是好几个原因导致的，如有缺陷的元件或其他连接缺陷，或者是实际有缺陷的焊点。

53.3.4　统计过程控制

统计过程控制（SPC）需要可靠的数据（实时的或历史的）进行分析。目检收集缺陷数据，如焊料回流工艺后（回流焊或波峰焊）每个组件的焊料缺陷数目。一些手动和自动检测技术也对一些关键组装参数采取定量测量，如焊膏量或焊料圆角高度。从某种程度上说，这些数据是重复的，制造商使用缺陷数据或测量值表征制程变异（从组件到组件或从焊点到焊点）。当变异开始产生超出其正常范围或控制范围的趋势时，制造商可以评估组装过程，选择监视或采取行动，直到该过程被调整到消除了这种变异。对于缺陷或测量数据的历史分析，也有助于发现产生制程变异的原因。消除制程变异的来源可以降低工艺缺陷率，从而节省返工成本并提高产品可靠性。图 53.4 显示了自动检测的一些可用的数据，可以采取纠正措施和进行过程控制。

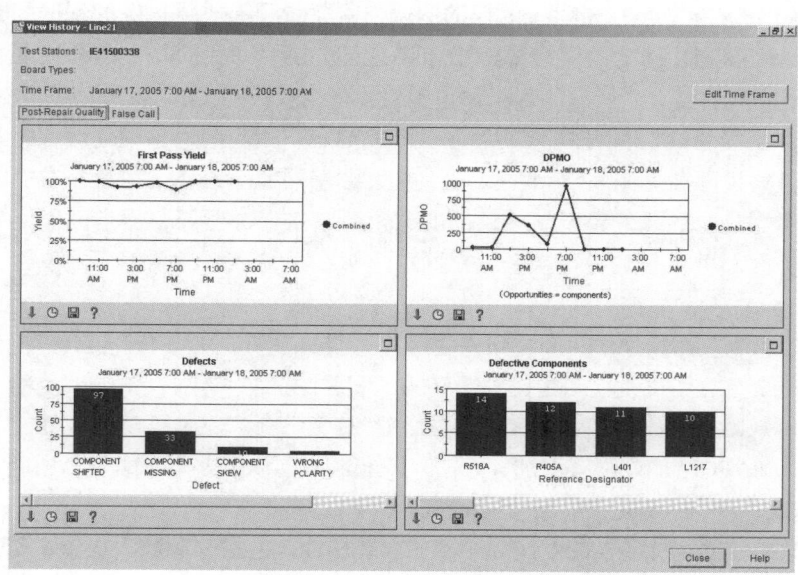

图 53.4 自动检测显示数据的示例图表

53.4 检验时无铅的影响

本书的其他章节已经涵盖了无铅工艺，本节从检验的角度来介绍无铅工艺。一般情况下，无铅工艺其实并不那么被接受，因为无铅合金的润湿力没有锡铅的润湿力强，这就意味着缺陷水平有可能增加，而且需要检验过程控制，并且缺陷的数量也会增加。这都说明了无铅工艺中的润湿问题。图 53.5 和图 53.6 展示了相同类型四面扁平封装（QFP）元件的两个鸥翼形焊点的 X 射

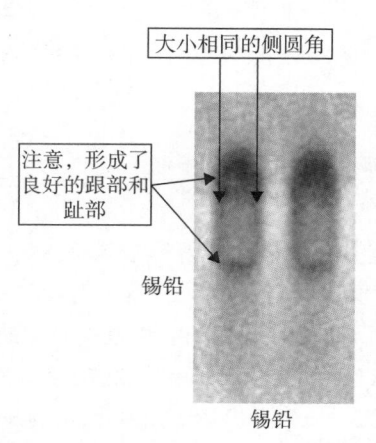

图 53.5 一个锡铅焊点的 X 射线图像的例子

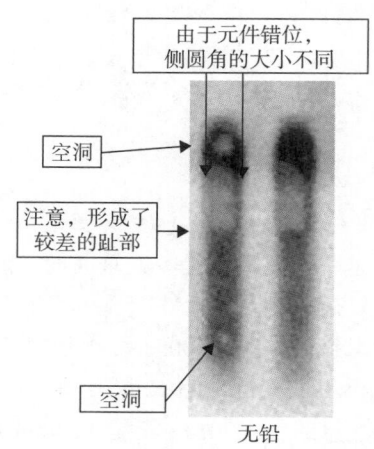

图 53.6 一个无铅焊点的 X 射线图像的例子

线的特写。

制造商的一个关键问题是，无铅合金的熔点为 217℃，高于锡铅合金的 183℃。较高的熔点，可能在制造过程和元件可靠性上有着显著的影响。

在无铅工艺的过渡期间，重要的是要了解所有材料的使用，因为从混合无铅元件和传统锡铅元件过渡到无铅工艺的过程中会产生很多问题。理想的情况是，所有使用的元件和材料都是无铅的，但这是不可能的。

图 53.5 是一个锡铅焊点的 X 射线图像的例子，可以看到形成了很好的跟部和趾部。侧圆角是大致相同的，表明该元件上的引线都集中在焊盘上。还要注意的是，在图片上有非常少的焊料出现在趾部下面的焊盘上，所有的焊料都包围着元件引线。

图 53.6 是一个无铅的 X 射线图像的例子。图中揭示出了一些润湿问题。在整个焊盘上都有焊料。两个焊盘的尺寸（见图 53.5 和图 53.6）是大致相同的。另外请注意，右侧的圆角强于左侧的圆角，表明焊盘上的元件错位了。趾部的圆角看起来无关紧要，但是已形成了正确的跟部圆角，在它们上面都可以看到一个空洞。在同一个引线上，在焊盘稍偏下的位置，可以看到还有一个空洞。

在过渡到无铅工艺的过程中，会看到许多这些类型的缺陷，缺陷水平也会有所升高。以下几种类型的缺陷通常在无铅过渡期间是比较明显的：开路、桥连、错位、立碑和空洞。由于较高的回流温度，元件缺陷也会增加，而缺陷水平发生大的变化应该也是可以预期的。对于某些类型的 PCB，只能看到小的增加或没有增加；而对于其他 PCB，则可以看到 DPMO 值的显著增加（10倍以上）。制造场所不同，这些缺陷水平也会有所不同。

检验，尤其是自动化检验，在解决无铅工艺较严格的工艺窗口问题上提供了很大的帮助。因为过程控制和回流焊前的检验能带来最大的好处。最明显的好处是，焊膏检测（SPI）和回流焊前的自动光学检测（AOI）系统提供了早期缺陷和潜在缺陷的检测和预防，特别是识别使用无铅焊料后预计会增加的缺陷（如开路、桥连等）。还有一个好处（也许是最有价值的）就是，工艺工程师能够通过评估由采用无铅材料的 SPI 和 AOI 系统得到的结果获得洞察力。由于制造商们想采用无铅材料，在制造过程中可以通过将 SPI 系统和 AOI 系统结合，然后使用流程优化的数据，他们便可以消除大部分无铅工艺创建过程带来的加工困难。同时，也给用户带来了更快速度、更高效的无铅生产线，从而节省劳动力、节约材料等。

回流焊后，主要的检验目的是找出缺陷，以便于采取返修操作。对于本手册中的目检，在回流焊后的自动光学检测（AOI）或自动 X 射线检测后便可以使用。即使具有良好的过程控制，缺陷水平也有可能会增加，尤其是对比较复杂的 PCB 而言。如果缺陷水平变得比较高，那么一个很好的检验策略就变得更有价值了。

53.5 小型化及更高复杂性

PCB 这一产业仍然是令人垂涎的。随着功能越来越多，PCB 却变得越来越小。为了顺应这一趋势，复杂的封装和元件以及小型化元件正在逐渐出现。很多人认为 0402 芯片元件很小，但是当你考虑到 0201 和 01005 时，这个"小"就变得很主观了。01005 元件的大小范围通常是 0.10mm（0.004in）×0.304mm（0.012in）~ 0.20mm（0.008in）×0.40mm（0.016in），这主要取决于供应商。需要注意的是，0201 一般是 0.60mm（0.0236in）×0.30mm（0.0118in），因此，它是一个跳跃。这种尺寸的元件，设计需要考虑的是大的和更多缺陷的倾向。检验必须能检出这些缺陷，但这些尺寸几乎接近针眼大小，用目检是不切实际的，这样自动化检测和检验就显得极为重要。自动化检测和检验不断促进摄像头和算法技术的发展，使其能跟上生产能力、覆盖范围和行业对尺寸的要求。在小型化与材料改变（如无铅材料）的趋势影响下，自动化检测和检验系统的性能会不断增强。自动光学检测（AOI）系统，包括三维（3D）和二维（2D）的焊膏检测，以及回流焊前后的元件检验，通常是为无铅体系准备的，就像 X 射线测试系统一样，只需少量的程序更新。

小型化的不断进步推动了其他技术的发展，如多芯片模块（MCM）、系统级封装（SIP）等。除了整个 MCM 和 SIP 等结构，还具有许多互连的关系需要连接到 PCB。隐藏节点的数量和类型的增加，以及 SMT 板连接复杂性的总体增加，都对缺陷控制和缺陷覆盖率增加的不断需求做出了贡献，缺陷控制和缺陷覆盖率的增加是自动化检验和检测带来的。

53.6 目 检

目检是由人们用特定的标准，在视觉上对 PCBA 的属性进行比较，然后描述该属性可接受的范围。检验员一般要取出 PCBA，或放置在显微镜下仔细观察特定的属性，如元件的状态、元件引线的弯曲半径或引线焊点的润湿性。目检是通过人来判断 PCBA 的属性状态是否符合标准。

53.6.1 一般检验问题

正如图 53.1 所示，目检在 PCB 组装工艺中的一些步骤之后发生。目检往往有不同的目的，这取决于它发生在组装工艺的哪个步骤中。这些目的可分为以下两大类：

- 对不在正常范围内的组装工艺步骤进行快速检测
- 根据客户、行业或内部标准检验工艺缺陷

53.6.2 焊点检验问题

在回流焊和波峰焊工艺步骤之后的目检，可以只快速扫描明显的缺陷，检测出控制限制之外的工艺条件。在这种情况下，操作者从视觉上检验焊接桥连、大的锡珠、焊料飞溅、引线浮离，以及其他的不恰当状态。然而，通常情况下，焊接工艺步骤后的目检旨在发现不符合规范的焊点。

焊点目检，对组装中的可视焊点可以达到 100% 的覆盖率，同时也可结合形成的过程控制系统对焊点进行抽样检验。此目的的检验是一个漫长的过程，需要花费长达 1.5h 才能检验完有 4000 个焊点的组件——当然，这是以军用标准来衡量的。根据经验，相比于自动检测技术（每秒超过 100 个焊点的产量），目检只能达到平均每秒约 5 个焊点的产量。因此，根据规范的焊点检验通常需要专门的不承担其他责任的目检员。相对于自动检测，目检或许为人们提供了一个低成本的选择，这也是继续使用目检的一个重要因素。

目检员必须非常熟悉每个焊点类型的规范属性。作为缺陷，每个焊点可有多达 8 个不同的标准，如焊料不足、错位等。由于不同的个性化需求，每个组件通常具有超过 6 种不同的焊点类型，如球阵列（BGA）和四面扁平封装（QFP），相应的也有不同的元件封装。举个例子，图 53.7 展示了一个元件类型的规范属性（矩形无源芯片），表 53.1 给出了这种元件类型相应的符合规范的每个属性。更重要的是，目检员必须训练有素地在好与坏的边界上做出准确判断。例如，他们开始需要大量的实践，来准确地确定元件面一个仅有 0.05mm 的圆角高度是不是元件高度的 1/4。目检员在做这些判断时，通常不使用任何辅助工具。因为用标尺或卡尺来

测量焊点的尺寸或厚度是非常困难的，或者说是不可能的。可以将显微镜与坐标测量机结合使用，但这通常太费时了，只能定期去做。

目检通常发生在组装工艺结束时，甚至在组件上的所有电气测试完成后。然而，对于不可见的或隐藏的焊点，这是不可行的。目检员会寻找划痕、局部分层、焊料飞溅、远离焊点的锡球等，它们不影响组件性能，但是会使组件看起来不像高质量的产品。

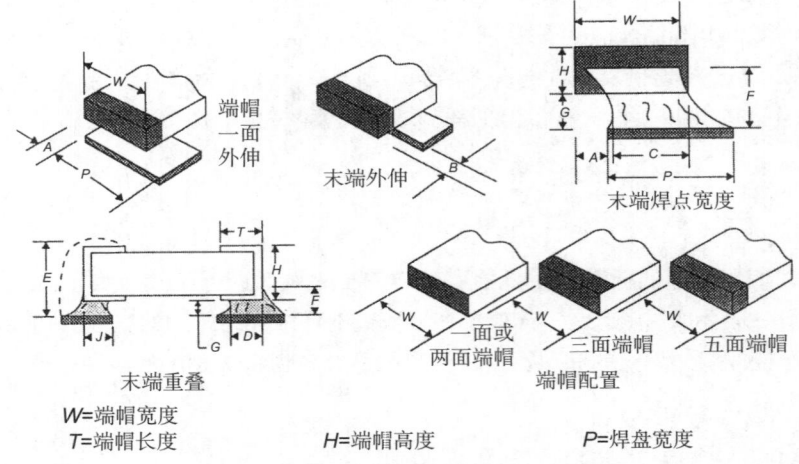

W=端帽宽度
T=端帽长度
H=端帽高度
P=焊盘宽度

图 53.7 检验 SMT 矩形无源芯片的焊点的属性

表 53.1 矩形或方形端部元件的尺寸标准（单位：mm）

特　征	尺　寸	1 级	2 级	3 级
最大侧面外伸	A	50%W 或 50%P 中的较小者①	50%W 或 50%P 中的较小者①	25%W 或 25%P 中的较小者①
最大末端外伸	B	不允许	不允许	不允许
最小末端焊点宽度	C	50%W 或 50%P 中的较小者	50%W 或 50%P 中的较小者	75%W 或 75%P 中的较小者
最小侧面焊点长度	D	注释②	注释②	注释②
最大圆角高度	E	注释③	注释③	注释③
最小圆角高度	F	注释②	注释②	G＋25％H 或 G+0.5mm 中的较小者
焊料圆角厚度	G	注释②	注释②	注释②
端子高度	H	注释④	注释④	注释④
最小末端重叠	J	需要	需要	需要
焊盘的宽度	P	注释④	注释④	注释④
端子的宽度	W	注释④	注释④	注释④

① 不得违反最小电气间隙。
② 适当的润湿圆角应明显。
③ 最大圆角可能伸出焊盘或延伸到金属端帽的顶部；但是，焊料不可进一步延伸到元件体上。
④ 未指定参数或变量的大小由设计确定。

53.6.3　目检的标准

PCBA 有许多标准。大多数主要的电子产品制造商都有自己内部开发的工艺标准。还有一些行业标准和军用标准。行业标准 IPC-A-610《电子组件的可接受性》，是界定焊接连接可靠性的常用标准。

该标准是对电子组件的视觉质量可接受性要求的一个汇总，它涵盖了两个标准：引线通孔焊接和 SMT 焊接。同时也反映了对 3 种不同类别终端产品的要求。

1 级，通用类电子产品 包括消费产品和一些计算机及计算机周边设备。

2 级，专用服务类电子产品 包括通信设备、关键业务设备，以及高性能要求和需要不间断服务的仪器。

3 级，高性能电子产品 包括持续性优良或严格按指令运行的商用和军用设备。

53.6.4 目检的能力

目检提供了许多重要的功能，但它也有许多局限性。

1. 优 点

目检是对非主观缺陷进行检测的一个准确率高且成本低的方法，如较大元件的缺失、较大的元件方向错误及焊接桥连。由于低容量或缺乏技术资源而不能利用自动化或更复杂的工具时，目检也可以用来发现许多主观性缺陷，如焊点的焊料不足、引线浮离或较差的润湿性。当工艺步骤中出现的问题远离工艺要求的控制范围时，目检仍可以进行快速检测。

2. 缺 点

目检也有很多局限性，主要包括以下内容。

（1）焊点缺陷重复性检测覆盖率低，特别是对于细节距零件，从而导致高的错误接受率或缺陷漏检率，以及高的错误次品率。

（2）重复性检测更小的元件的缺陷时元件覆盖率低，如 0402、0201 或 01005 无源元件。

（3）无法看到一些类型元件的隐藏焊点，如一些连接器、PGA、BGA、芯片级封装（CSP）、SIP，或多芯片模块（MCM）。

（4）无法收集缺陷数据以外的定量测量数据。

3. 重复性限制

一些研究证明了目检焊点的低重复率。其中一项研究是由 AT&T 的联邦系统部门提出的[1]。这项研究表明，即使是同一目检员检验同一组件两次，其缺陷重复率也只有 50% 左右。两位不同的目检员检验同一组件的缺陷重复率只有 28% 左右。这项研究没有包括任何极细节距的 SMT 焊点或 0603 无源元件，这些元件更加难以直观地检验。

为了在一定程度上突破这一严重的限制，制造商已经开始使用放大倍率为 10 的显微镜。通常，使用立体显微镜能为目检员提供更好的三维视图。另外，制造商已经实现了用光源和相机捕捉被检验组件实时放大的视频图像。虽然这些改进能提高目检的重复性，但是人类的主观要求和每小时数千次单调的重复仔细检查，仍然导致重复性远低于预期值。低重复性意味着对最终的组件或客户而言会错过许多缺陷，从而影响可靠性和造成损失，并有可能破坏性地返工好的连接。

4. 隐藏的焊点

PCBA 中使用的几种类型的元件并不提供焊点的可视化。这些元件包括带凸点阵列的封装，即整个元件下面的焊点形成一个矩阵，如球阵列和芯片级封装。对于这些元件，除了阵列的边缘，所有的焊点都完全隐藏了起来。其他的封装，如 J 形引线元件（连接在元件下面的边缘）、0.5mm 节距的鸥翼形元件（元件引线后面焊点跟部只有 0.08mm 高），同样使得目检更加困难。某些制造商已经尝试通过穿透成像技术来解决这个问题，如 X 射线、声学或热成像，以获得生动、放大的视频图像，使得目检可视并实现缺陷图像的调用。然而，这些技术产生的图像缺少一致性，或者相比目检结果不够明确，仍然要求目检员做出艰难的判断。因此，低重复性仍然存在。

5. 高复杂性 PCB

如今，许多 PCB 整体太复杂，无法进行精确的目检。像 0402、0201，甚至是 01005 这样的无源元件，它们的尺寸太小，从而无法准确地可视化检验缺少的元件，尤其是错位缺陷。加上许多 PCB 平均每块板都有数百种这样类型的元件，这就给了目检错误率变大的机会。更进一步阻碍准确检验的是 PCB 的系列化，即每个板型的基本布局是相同的，但特定的 PCB 类型不提供特定的元件。在这些情况下，元件的缺失是可接受的，即使是在可能提供元件贴装的 PCB 布线的地方。

6. 没有定量检测

对目检而言，0.05 ~ 0.5mm 的精确定量检测无法实现。定量检测为工艺步骤提供了更多的信息，有助于更严格的过程控制和寻找制程变异的原因。没有定量检测，过程改进便是一个不确定的命题。一些制造商们已经在使用半自动的检测工具，以便操作人员能够采取定量检测，如光学聚焦显微镜和半自动激光三角检测设备。这些工具收集有用的定量检测结果，但通常仅限于取样。基于这些工具的检测都比较缓慢，所以取样是必需的。由于焊膏堆积就像简单的矩形一样容易可视化，对焊膏的高度、体积，以及和焊盘的对位检测是可以实现的。

自动检测技术使用的是自动化检测设备，大大克服了目检的重复性和局限性。也正是出于这个原因，很多制造商都开始实现自动检测。

53.7 自动检测

检验的自动化已经形成了一个系统，类似用于进行电气测试和发现电气缺陷（故障）的自动化测试设备。

自动检测系统对生成项目的图像进行检查（通常为焊膏、元件或焊点），对图像进行数字化分析、定位并测量其关键特征，自动判断是否存在缺陷。

就像目检一样，自动检测系统不要求和 PCBA 进行物理接触，以产生所需要的图像。然而，不同于目检的是，自动检测消除了人们对缺陷检测的主观性判断，因而通常会提高一个数量级的重复性。许多自动检测系统还提供直接对应于工艺参数的精确的、可重复的、定量的检测，从而为过程控制和改进提供了方法[2]。

53.7.1 采用自动检测系统的检测

图 53.8 展示了自动检测系统的检测例子。

1. 焊膏检测

典型的焊膏检测包括覆盖焊盘的锡膏的面积、高度、体积及与焊盘错位，如图 53.8（a）所示。这些定量检测提供了各种有关的信息，如黏度、钢网对位、清洁度、离网、印刷速度和压力，这些都可促进焊膏印刷工艺的改善。

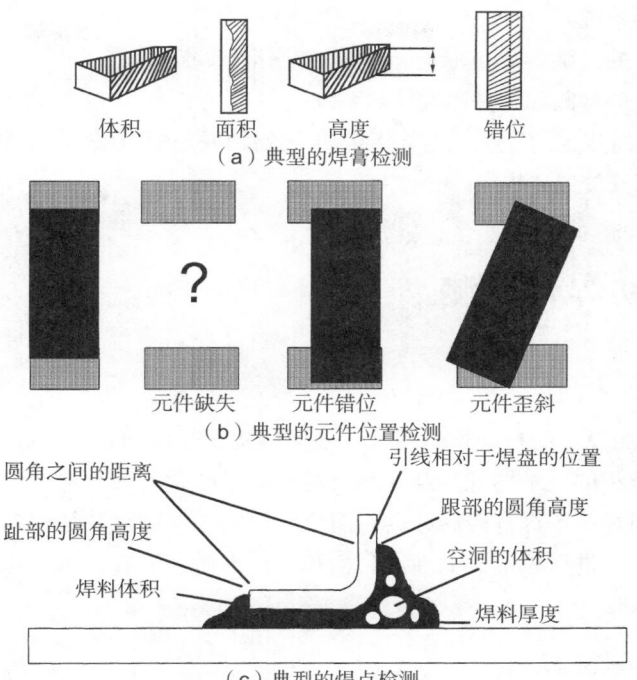

图 53.8　自动检测系统：（a）典型的焊膏检测，包括焊膏堆积的体积、焊膏覆盖焊盘的面积、焊膏堆积的高度、焊膏相对于焊盘的偏移；（b）典型的元件位置检测，包括缺失的元件、元件沿着或跨过焊盘时的错位、歪斜的元件；（c）典型的焊点检测，包括焊料体积、趾部和跟部的圆角高度、圆角之间的距离、空洞体积、整个焊点的平均焊料厚度、焊点和焊盘之间的偏移量大小

2. 回流焊前的检测

　　典型的回流焊前元件的位置检测如图 53.8（b）所示，包括元件是否缺失、错位或歪斜。这些检测通常是针对元件属性的，为了分辨出好与坏。但是，定量的偏差尺寸检测也可以在贴装工艺步骤结束后进行。元件贴装检测提供了贴装准确率的信息。光学字符辨识（OCR）和光学字符验证（OCV）技术允许额外的验证，包括正确的元件。

3. 回流焊后的焊点检测

　　焊点的检测，如圆角高度、焊盘焊料平均厚度、空洞体积及引线到焊盘的偏移，如图 53.8（c）所示。焊点的检测提供了焊膏印刷工艺、元件贴装工艺和回流焊工艺等的许多信息。对焊点属性的检测，最常见的如焊桥、开路或焊料不足。也可对焊点进行定量检测，更深入地了解工艺参数。例如，通过元件的跟部圆角高度和空洞体积的变化，可以深入了解回流焊设备的温度分布和空间分布。焊料平均厚度的变化反映了印刷的速度和压力，以及模具的清洁度。同时，引线到焊盘的偏移可以反映元件贴装的精度。

53.7.2　检测系统的类型

　　检测系统通常都致力于一种类型的检测功能：焊膏、回流焊前或回流焊后的检验。例如，焊膏检测系统通常不会进行元件贴装检测。结合不同的检测功能集中到一个系统，通常会使这个系统过于昂贵。更重要的是，为了降低制造成本，制造商要实现线性、连续的生产线，组件始终向一个方向流动且只会通过每台机器一次。因此，自动检测系统可分为三大类：

- 三维焊膏检测系统
- 回流焊前定量的二维焊膏和（或）元件贴装检测系统
- 回流焊后焊点的检测和元件属性检测系统

自动检测系统将所规定的测量范围与指定的一致性范围进行比较，以便在规定范围内自动接受或拒绝焊膏砖、部件放置或焊点。

53.8 3D 自动焊膏检测

53.8.1 工作原理

专为 3D 焊膏检测设计的自动检测系统，使用结构化光源和相机或数字发光二极管（LED）传感器来产生焊膏堆积的三维图像。结构化光源通常是变化的一片光、激光线或点。如图 53.9 所示，结构化光源扫过一个焊膏砖后，会在图像中得到不连续性特征和其他特征，然后将此图像尺寸按实际物理尺寸进行校准，如高度和面积。从本质上来说，偏差和高度之间的比例性质能变成可用的检测结果。

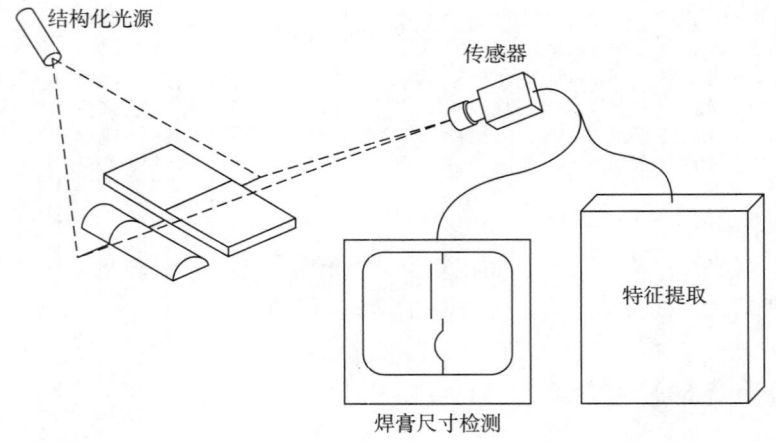

图 53.9 自动焊膏检测系统：摄像头或 LED 传感器在激光线的扫描下获得具有不连续性图像，通过图像处理软件进行测量，并校准到真实的物理尺寸

1. 视图放大

为了达到足够的精度，在单一的时间里只有组件的小部分会成像（称为视图）。随着视图的减小，放大倍率会增大，并且数字量化的误差会减小。视图直径范围通常在 10 ~ 25mm，因此，自动检测系统可以使用超过 100 个视图来涵盖一个典型的组件。该系统将组件或图像传感器移动到定位平台进行查看，其总的移动时间加上图像采集时间通常就是特定组件的总检测时间。

2. 系统产量

3D 自动焊膏检测系统的检测速度范围为 2 ~ 22cm²/s。这个速度范围内的高速部分足够跟上许多 PCB 自动化生产线的速度了。但对于速度较慢的系统，甚至是在很高产量生产线上的最快系统，制造商会检测随着生产线下来的每个组件上特定的焊膏沉积部分。

53.8.2   应   用

3D 自动焊膏检测系统通常位于系统生产量规模上最快的速度范围内，因此被用作除了缺陷检测器之外的工艺控制工具。制造商通常使用这些系统，通过跟踪关键的焊膏定量检测，通常是高度和体积，并与控制限对比。然后，系统对超出控制限或限定偏移量的情况产生警报，允许制造商去评估生产线、监控或选择采取行动，直到做出了适当的调整（由系统生成的警报通常是计算机显示器上的一个明显的闪烁消息）。焊膏印刷工艺步骤造成的缺陷在总的生产缺陷中占很大的比例，采用定量检测对该工艺步骤进行严格的生产控制，可以明显地降低工艺缺陷率。实际上，自动焊膏检测系统已通过软件连接到了焊膏印刷系统，不仅能进行过程控制，而且在焊膏检测的基础上还有对焊膏印刷参数半自动调整的闭环反馈。

53.8.3   优缺点

3D 自动焊膏检测系统具有以下几大优点：

- 对焊膏印制工艺实时控制，以降低缺陷率和返工成本
- 定量检测，包括体积，有助于永久消除造成焊膏缺陷的原因
- 在元件贴装和回流焊之前进行返工最简单的检验缺陷
- 以最少的程序调整来适应无铅转换中的工艺特性

3D 自动焊膏检测也有以下局限性：

- 有时会过于缓慢而无法涵盖组件上的所有焊膏沉积
- 不能检测元件贴装或回流焊后的缺陷

53.9   回流焊前自动光学检测

53.9.1   工作原理

专门用于 2D 元件贴装和焊膏定量检测的自动检测系统，通常使用由多角度光源和电荷耦合器件（CCD）相机组成的光学设备生成图像。如图 53.10 所示，这些系统会提取图像中特定的特征（如元件或焊膏的边缘），利用这些特征来确定对元件和放置错位、放置面积的定量检测。

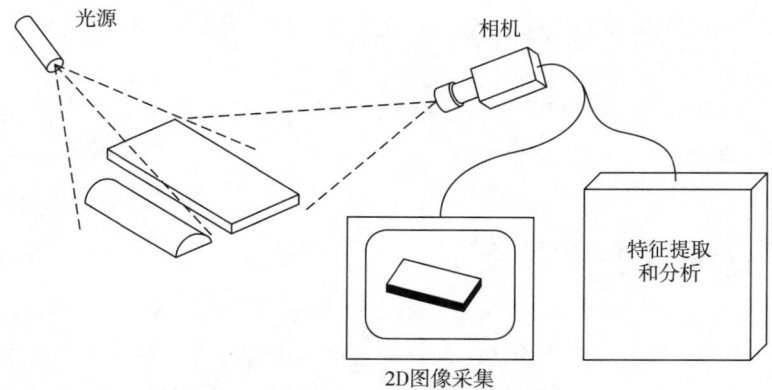

图 53.10   元件贴装缺陷自动检测系统：相机传感器先获取元件与 PCB 相对位置的图像，用图像处理软件从图像中提取特征，然后与它们当前位置的限制进行比较，并标记有缺陷的贴装

自动光学检测系统在同一个时间内只能对组件的小部分成像或显示视图。这些系统通常可以使用比 3D 自动焊膏检测系统更大一些的视图，因为被提取的特征往往不要求检测焊膏沉积那么大的放大倍率。然而，对元件的检测（如 0402、0201 和 01005 无源元件，或非常细节距的元件），可以要求同一级别的放大倍率，因此视图可以如 3D 自动焊膏检测系统的那么小。

一般情况下，回流焊前 AOI 系统的速度通常是 3D 自动焊膏检测系统的检测速度的两三倍，范围在 $10 \sim 40\text{cm}^2/\text{s}$。2D 元件贴装和自动焊膏检测系统的价格通常稍低于具有最快检测速度能力的 3D 自动焊膏检测系统。

53.9.2 应 用

大部分的回流焊前 AOI 系统，在生产线上直接放置在元件的拾取和放置工艺步骤的后面。因此，这些系统只能检测元件错位的数量，而且通常能快速检测 PCB 上的所有元件，并能保持与生产线的周期时间同步。因此，制造商们经常使用这些系统来检测所有错位缺陷及缺失的元件。但这些系统最重要的用途是过程控制，正如 3D 自动焊膏检测系统，是较早地发现制程变异，通过跟踪关键的定量错位检测，以防止缺陷超出控制限制。然后，系统就可以对超出限制或检测出的制程变异的情况报警，帮助制造商评估生产线、监控或选择采取行动，直到做出适当的调整。一些系统供应商可以与元件拾取和放置设备供应商一起合作，开发允许元件拾取和放置设备半自动调整的闭环反馈软件。

回流焊前 AOI 系统虽然也有能力检测 2D 焊膏，但这种能力只能用来结合元件错位检测，检测焊膏的小部分比例。元件错位检测用于无源元件，而焊膏检测是用于 BGA、CSP 或细节距 QFP 元件的。因此，这些系统在生产线上都放置在无源元件的拾取和放置系统之后，面积较大的面阵列和带引线元件的拾取和放置系统之前。这些系统的用途和仅用于元件贴装检测的系统是相同的，既可以检测缺陷，也可以在控制范围内监控，以尽早发现制程变异。

53.9.3 优缺点

回流焊前 AOI 有几大优点：

- 设备需要调整时，能对工艺缺陷进行系统性实时检测
- 在焊料回流前检测缺陷（如错位），使返工更容易
- 是合理测试覆盖率的低成本选择
- 以最少的程序调整来适应无铅转换中的工艺特性

元件贴装自动检测也有以下局限：

- 无法对回流焊的缺陷进行检测，一般不会检测焊膏印刷缺陷
- 无法检测 3D 焊膏

53.10 回流焊后自动检测

焊点比焊膏和元件拥有更复杂的形状，所以焊点检测通常要求用比焊膏检测和元件检测更复杂的成像技术。焊点自动检测系统中使用了各种各样的成像技术，包括光学和 X 射线成像、热成像、激光加热焊点的冷却成像及超声波成像。但有 3 种技术已经在这些系统中占据主导地位：

- 使用多光源和相机的光学成像技术

- 透射 X 射线成像技术
- 横截面 X 射线成像技术

53.10.1　回流焊后 AOI 系统

1. 工作原理

焊点回流焊后 AOI 系统与元件贴装后的系统类似，或者更加复杂（注意，这些系统也用于检测元件缺陷，如缺失、错位或方向错误，但其复杂的设计是为焊点检测准备的）。多色、多角度的光源通常用来提供图像中足够的信息，使复杂的图像处理算法能准确地检测出图像中必要的特征。如果光源不是多色的或多角度的，那么通常就用一些不同的相机来代替，每个相机相对于被检测的 PCB 安装在不同的角度。

多光源和相机从不同的角度得到检测阴影，检测 PCBA 上所有类型不同方向的焊点特征。这些光学系统经常使用更高的放大倍率，特别是对于小尺寸无源元件和微节距元件，因此，在任一时间都能捕获组件的较小部分。较小的视图允许每个焊点的特征拥有更多的图像像素点，以满足更精确的图像处理和相应的缺陷要求，但也有不足——使得系统产量比元件贴装检测系统低。一般说来，这些系统的速度比 3D 自动焊膏检测系统要快，它们的检测速度通常在 $10 \sim 40 cm^2/s$。

这些系统的图像处理软件使用了复杂的算法来提取焊点的特定特征，如在板边和其他区域的特定角度范围内的焊点。然后对这些提取的特征进行分析，以确定其是否有缺陷。检测的缺陷包括没有焊料、桥连、焊料严重不足或过量，但是这些系统通常不作定量检测。

2. 应　用

回流焊后 AOI 系统会生成唯一的属性数据。例如，这些系统检测两个焊点之间是否存在桥连，或者一个焊点上是否存在趾部圆角。但是，它们并不会检测焊点跟部的圆角或焊料量。这些系统通常不会检测元件与其正确位置偏离多远，而只是简单地确定该元件是否错位超过预定值。这些属性数据对于过程控制的实用性并不是那么高，因此，制造商使用这些系统严格地检测缺陷。然而，一般情况下，当相同的缺陷连续多次发生或在特定数量的组件中发生多次时，这些系统会发出警告，表示工艺的某些部分需要调整。

回流焊后 AOI 系统不能检测隐蔽的焊点，如球阵列、引脚阵列、某些情况下的 J 形引线元件，以及可以有很高错误接受率或拒绝率的一些元件类型，如 0.5 mm 节距或以下的细节距元件，或者是小外形晶体管（SOT）元件。如果一些高大的元件与一些较小的元件放得比较近，回流焊后 AOI 系统检测这些小元件就会变得困难。

3. 优缺点

回流焊后 AOI 系统具有以下优点：

- 消除了目检，实现了自动焊点缺陷检测。由于减少了错误的拒收要求，从而也减少了不必要的返工
- 针对确切焊点的确定缺陷，因而减少了返工分析的时间
- 提供所有 3 个工艺步骤的实时过程控制：焊膏印刷、元件贴装、焊料回流，以降低缺陷率和返工成本
- 它们可以在无铅转换过程中使用，只需最少的程序调整
- 是合理测试覆盖率的低成本选择

回流焊后 AOI 系统也有以下局限：

- 检测速度总是不够快，在 PCBA 制造周期时间内无法对所有焊点进行检测
- 在开发同时具有低错误接受率和低错误拒收率的焊点检测之前，系统需要一个显著的学习曲线
- 用回流焊后 AOI 系统检测隐藏的（或不可见的）焊点是不可能的

53.10.2 透射 X 射线系统

1. 工作原理

透射 X 射线系统是从点光源发出 X 射线，然后垂直地穿过被检验的 PCBA，如图 53.11 所示。X 射线检测器根据穿透的金属的厚度获得不同数量的 X 射线，然后将 X 射线转换成光子给到相机，用以创建一个灰度图像。X 射线源会被过滤，所以只有在一定密度范围内的金属（铅、锡、金、银）会吸收 X 射线。位于焊点顶部的元件的铜引线和框架不吸收 X 射线，因此它们对于 X 射线检测器几乎是隐形的。所以，X 射线系统可以很容易地看到整个焊点，不管焊点顶部是什么能阻断其光学或视觉访问的元件材料。换句话说，X 射线是用来检测隐藏焊点的唯一自动检测方法，如发现 BGA 或 CSP 下的隐藏焊点。无论是锡铅焊料，还是无铅焊料的焊点，如果焊料比较厚，产生的 X 射线图像会变暗。负责图像处理工作的系统，会根据焊点的 X 射线图像的灰度级来寻找其特征，如跟部和趾部的圆角、焊点的两侧，甚至焊点内部的空洞。然后，系统使用预先确定的决策规则去比较灰度级，根据验收标准来自动接受或拒绝一个焊点。例如，系统可能会将读取的一些相关的灰度级进行比较，如跟部圆角区域、焊点的中心和趾部圆角区域。验收标准可能会指出：跟部圆角的读数应为焊点中心值的 2 倍，趾部圆角的读数应高于中心值的 50%。如果实际读数不符合这些标准，那么该焊点就报告为缺陷。

图 53.11 的底部是鸥翼式焊点的 X 射线图像，从中可以看出，焊点的中心区域比跟部的圆角区域要暗得多。这种比良好的焊点薄的焊点显然是有缺陷的：作为跟部圆角区域，应该始终比中

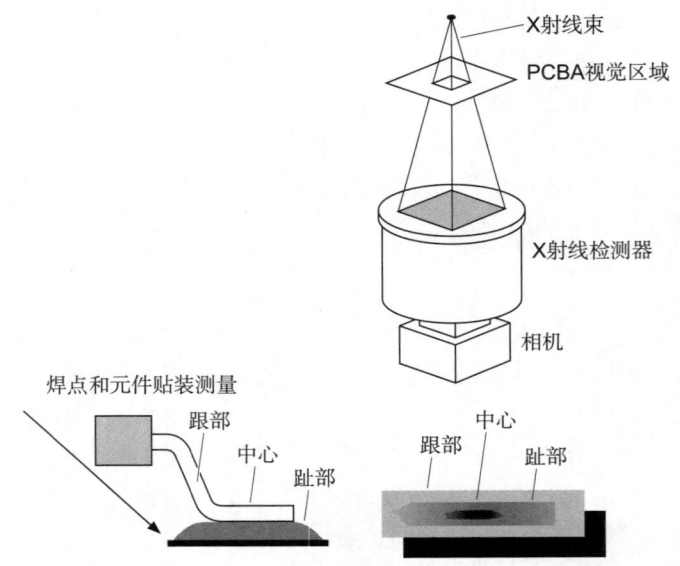

图 53.11 透射 X 射线自动检测系统：X 射线检测器根据焊点吸收 X 射线量的多少，将不同数量的 X 射线转换成光子；相机将光子转换成图像，经其处理找到焊点特征和标志性缺陷

心焊点要暗且应有较高的灰度级（系统的图像处理能力能够检测到人眼看不到的更微妙的灰度级变化，能得到从一个焊点到下一个焊点的非常精确的相对读数）。

2. 应　用

透射 X 射线技术非常适合检测单面 SMT 组件。这些自动检测系统能准确地检测大部分 SMT 焊点类型（包括 J 形引线、鸥翼形引线、无源芯片、小外形晶体管等隐藏和非隐藏的焊点）的缺陷，如开路、焊料不足、焊料过量、桥连、引线和焊盘间的错位、空洞。这些系统还能检测缺少的元件和反向的钽电容。基于灰度值的趋势，这些系统还可以通过实时过程控制图准确地检测制程变异。

然而，对于双面组件，顶部焊点的透射 X 射线图像可能会和底部焊点的图像重叠。从源头到检测器的 X 射线会被任何通过 PCBA 路径中的焊点吸收，使得不可能对这些重叠的图像进行准确的焊点测量。

透射 X 射线成像也不能轻易地区分 PTH 焊点的顶部、底部和孔内或 BGA 焊点的底部。因此，透射 X 射线检测系统不能用于双面组件、PTH 或 BGA 焊点的精确检测。

53.10.3　横截面 X 射线系统

1. 工作原理

横截面 X 射线系统以锐角方向发射 X 射线，使其垂直通过被检测的 PCBA。如图 53.12 所示，被检测的各个特定视图的图像相加或整合，从而创建一个空间 X 射线焦平面。这个焦平面创建了一个 0.2 ~ 0.4mm 厚的横截面图像。在焦平面上，将图像上方和下方的焦平面作为图像的背景

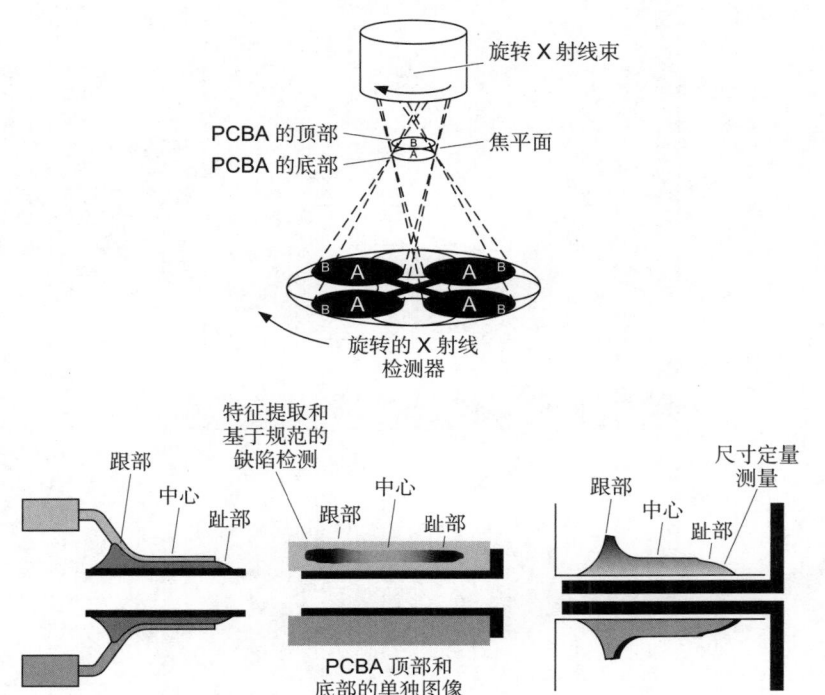

图 53.12　横截面 X 射线自动检测系统：从旋转的 X 射线束和检测器的圆周围添加图像并创建一个焦平面，捕捉下方或上方感兴趣的或没有的焊点

（或噪声）进行模糊化。通过移动组件的顶端到聚焦平面，就可以创建一个只有顶部焊点的横截面图像；而通过移动组件的底部到聚焦平面，则可以创建一个只有底部焊点的横截面图像。创建单独的顶部和底部图像，可以防止两侧的任何图像产生重叠。

2. 应　用

横截面 X 射线自动检测系统适用于所有类型的 PCBA，包括单面和双面组件、SMT 组件，以及通孔和混合技术组件。该系统不仅能准确地检测那些透射 X 射线系统检测的同样焊点和元件缺陷，还可以精确地检测 BGA 和引线通孔焊点的焊料不足情况。

一些横截面 X 射线自动检测系统会超出特定焊点特征的灰度值。通过仔细地校准灰度值（与实际的焊料厚度），才能产生现实世界中物理单位而不是灰度数字的测量，如整个焊点的圆角高度、焊料和空洞体积、焊料的平均厚度。如图 53.13 所示，这个图像包括了载带自动键合（TAB）焊点的实际横截面 X 射线图像。

通过解释和校准 X 射线图像中的引线 193 的灰度读数，以体积单位由系统生成 X 射线图像顶部的轮廓。

X 射线图像下面的表中包括了 193 和 194 这两个引线的示例性测量。

这些焊点的物理厚度测量分析提供了工艺特征和改进所需的信息。比如，单一组件或组件之

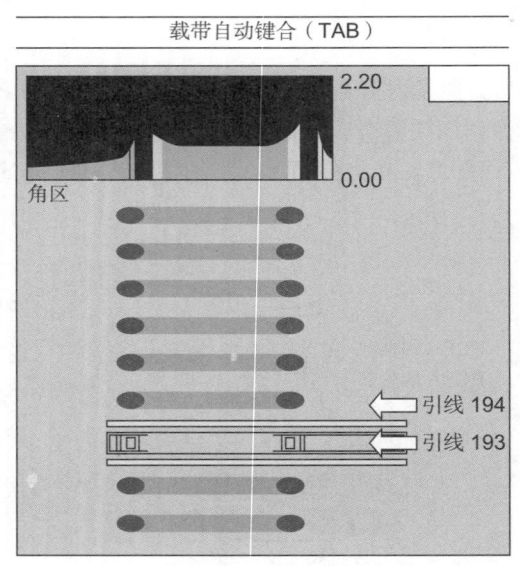

参考标志符	检测点	厚度/mil
U1 引线 193	焊盘	0.59
	跟部	1.18
	中心	0.69
	趾部	1.34
U1 引线 194	焊盘	0.58
	跟部	1.20
	中心	0.68
	趾部	1.30

图 53.13　TAB 焊点的横截面 X 射线图像。图像处理软件将引线 193 图像的灰度值转换成焊料厚度的侧面轮廓并显示。表中展示了对引线 193 和引线 194 图像的平均焊料厚度进行实际校准的测量结果，如焊盘、跟部圆角高度、中心厚度、趾部圆角高度。结果均表明这些焊点良好

间的焊点的平均焊料厚度或体积的变化，从而可深入了解焊膏印刷过程的质量水平和缺陷源。

然后，图像处理软件才能发现和测量相应的焊点特征和标志性缺陷。

53.10.4 X 射线检测的优缺点

X 射线检测的速度可以达到平均每秒 50 ~ 150 个焊点。由于有最快的检测速度，X 射线检测系统的价格也比较高，通常超出自动光学检测系统价格的 50% ~ 100%。

X 射线自动检测有几大优点：

- 缺陷检测能力非常高
- 消除了目检，实现了焊点缺陷检测的自动化。由于减少了错误的拒收要求，从而也减少了不必要的返工
- 针对确切焊点的确定缺陷，减少了返工分析的时间
- 提供所有 3 个工艺步骤的实时过程控制：焊膏印刷、元件贴装、焊料回流，以降低缺陷率和返工成本
- 提供了定量检测，有助于永久地消除所有 3 个工艺步骤中缺陷产生的原因
- 它可以减少由于缺陷隐藏的焊点而导致的最终组装和现场故障，以及由于焊料不足或未对准或过多空洞引起的勉强合格的焊点
- 在无铅转换过程中，可以在最小程序调整的情况下使用

X 射线自动检测也有以下局限：

- 检测速度总是不够快，在 PCBA 制造周期时间内无法检测所有焊点
- 在开发同时具有低错误接受率和低错误拒收率的焊点检测系统之前，系统需要一个显著的学习曲线

53.11 检测系统的实施

将自动检测系统成功实施到 PCBA 生产线上需要很大的投资，需要进行人员培训、工艺分析和系统集成。

实施是一个很长的过程，需要工程师或熟练技术人员的共同努力。这里列出了一些制造商将自动检测系统应用于生产的成功经验。

仔细评估需求 系统集成一开始要求对特定生产环境的自动检测进行仔细的评估。如确定对检测系统而言到底什么样的缺陷才是最重要的，哪种测量最有助于工艺改进，什么样的效益能最快产生投资回报[3]。这种评估必须考虑已经实施的检测能力，以及未来 PCBA 生产的新设计要求。

彻底评估一组选择的系统 选择少量的自动检测系统进行彻底评估，并比较它们对系统的要求。使用 PCBA，从生产到确定系统能够准确检测一些重要类型缺陷的过程中进行评估。评估应包括一些基准：规定的错误拒收率、反复进行所需的检测、不超过所需的测试时间等。对于跟成本有关的要素应该充分了解，包括检测系统开发时间、维护的技能和成本、预期的系统停工时间、供应商支持的基础设施，以及供应商的维修服务和价格。

工厂系统接口计划 仔细考虑和计划工厂其他系统的接口。这些系统包括 PCB 处理设备、条码阅读系统、处理自动下载 PCB 布局和元件封装信息的计算机辅助设计（CAD）系统、SPC 质量数据管理系统，以及历史质量跟踪系统。

重点放在 SPC 测量 首先应把重点放在 SPC 测量，而不是缺陷检测。在减少制程变异之前，大多数制造商将遇到高于预期的错误拒收率或错误接收率。为了避免耗时，在关注减少制程变异和非生产性调整验收阈值时，是允许其中一个过高的。为了减少制程变异，需要对引起变异和缺陷的工艺参数进行相关检测，然后对这些参数进行适当调整[4]。

仔细定义缺陷 随着对选定系统的能力的深入理解，仔细定义关于产品质量和可靠性的缺陷。许多过去使用的目检标准并不适用于现在的自动检测系统，因为现在系统采取的是客观的和不同的检测。

投入足够的资源 不要低估了那些为了从自动检测系统获得最佳利益所需的最初投资。实施计划应包括对操作和测试改进的首 6 个月的专门的技术支持。对检测结果和相关工艺参数数据开发的透彻理解是系统成功的关键。系统实施应该承认的事实是，在可以从系统中获得充分受益前，生产人员都必须确信该系统的检测结果的准确性。

53.12 检测系统的设计意义

在 PCB 组装设计上，自动检测系统通常不需要太多的更改或限制。因为这些系统使用非接触式检测技术，固定需求的设计限制很少。然而，在 PCB 设计中考虑一下组装，将有助于自动检测。

53.12.1 自动化的 PCB 处理要求

（1）组件平行边缘或拼版必须有足够的间隙（通常至少 3mm），使处理 PCB 的夹具或带子能够抓住组件。

（2）组件或拼版的 3 个角必须包含定位基准（或回流焊后配置的焊点）。

（3）装配号和序列号的条形码识别必须出现在每个 PCBA 的预定位置。

（4）在没有夹具的情况下，PCB 必须有足够的刚性，以防止在运动过程中过度振动。带预铣切分离边的拼版或厚度低于 30mil 的裸板是最大的挑战：裸板上方或下方的元件、散热片或子板的高度，都不得超过自动检测系统的净高。

带预铣切分离边的拼版或裸板的厚度低于 30mil 是目前最大的挑战：元件、散热片、裸板上方或下方的子板高度，都不得超过自动检测系统的净高。

53.12.2 检测系统开发的易用性要求

（1）每个元件类型的供应商越少越好（理想情况为一个）。从供应商到供应商，相同元件的引线和封装尺寸会有所变化，导致每个类型的 PCBA 的检测程序更长和更难以开发。

（2）焊盘的形状和大小必须是统一的，特别是针对每种封装类型元件。一个封装类型元件的焊盘大小和形状的变化，会导致每个类型的 PCBA 的检测程序更长和更难以开发。

（3）光学和结构化光学自动检测系统的焊点必须清晰可见。

（4）对于透射 X 射线自动检测系统，任何元件都不应与变压器、大电容或厚的不锈钢散热片等致密结构相对。

（5）元件周围应该没有丝印的轮廓。虽然这样的轮廓对目检来说可能有用，但是它们会混淆自动光学检测系统。

参考文献

［ 1 ］Donnel, A. J., et al., "Visual Soldering Inspection Inconsistencies—Interpretation of MIL-SPEC Visual Acceptance Criteria," AT&T Bell Laboratories, 1988

［ 2 ］Lancaster, Michael, "Six Sigma in Contract Manufacturing," Proceedings of Surface Mount International Conference, San Jose, CA, 1991

［ 3 ］Baird, Dennis L., "Using 3D X-Ray Inspection for Process Improvements," Proceedings of Nepcon West Conference, Hughes Aircraft Company, Cahners Publishing, 1993

［ 4 ］Sack, Thilo, "Implementation Strategy for an Automated X-Ray Inspection Machine," Proceedings of Nepcon West Conference, IBM Corporation, Cahners, 1991

第54章
可测性设计

Kenneth P. Parker
美国科罗拉多州拉夫兰，安捷伦科技

54.1 引 言

在 20 世纪 70 年代后期，技术力量很明显地促进了印制电路板（PCB）复杂性的演变，迅速超越了测试技术。从经济意义上来说，这很可能使设计的 PCB 无法进行测试，使项目和产品注定走向失败。

但是，今天的不同是什么？重视外包和合约生产？现在，设计可能外包给第 1 个承包商，PCB 布局给第 2 个承包商，测试开发给第 3 个，实际生产给第 4 个，所有的承包商都分散到全球各地。

即使 PCB 可以测试，也会有这样的问题："设计者怎么做，能使测试更容易、更便宜、更彻底……"解决这一问题的技术，被称为可测性设计（DFT）。

到了 80 年代中期，测试在产品开发中遇到了瓶颈。最终情况变得比较严重，便开始注重 DFT 设计的影响。Williams 和 Parker[1] 对 DFT 技术进行了一个具有里程碑意义的调查，这个调查使 DFT 成了电子行业的设计词汇。这篇论文在近 20 年后的今天仍然引人注目[1)]，它创造了专项可测性（Ad Hoc Testability）和结构化可测性（Structured Testability）两个术语。但是，在讨论 DFT 之前，一些定义是至关重要的。

54.2 定 义

这些定义会在第 55 章中充分讨论，在这里简单重复一下，以供参考。

（1）缺陷是相对规范而言不可接受的偏差。

（2）故障是一种缺陷的物理表现形式。

（3）故障综合征是一个偏离预期好结果的测量偏差的集合。

（4）故障检测是，当使用预期结果进行操作时，这一结果没有被观察到。

（5）故障隔离是，当使用预期的良好结果和一个或多个故障综合征进行操作时，结果属于该组故障综合征的集合。

（6）测试是一个或多个专门构建用于检测（和可能的隔离）失败的实验。

---

1) 这项调查不包括基于标准的测试主题（见 56.5 节），因为 20 世纪 80 年代末 IEEE 才开始可测性标准化工作。

- 一个检验测试有一个预期的良好结果
- 一个隔离测试有一个可能的故障综合征的枚举，是特定故障的索引

测试技术受被测试 PCB 设计的强烈影响。如果前面的定义不明确，那么实装板测试便无从谈起。

54.3 专项可测性设计

专项可测性设计,由一组形如"这样做,不那样做"的简单设计规则组成,而"这样"和"那样"往往没有动机与原因。例如，当设计一个带有预置/清零引线的集成电路（IC）的 PCB 时，规则可能会是"配合使用的预置/清零引线通过一个 100Ω 电阻与电源相连，不能将它们直接相连"。

第一层原因是，测试工程师在测试过程中可能需要访问预置/清零功能，即使设计者并未使用这些功能。如果这些引线是通过电阻连接的，测试工程师利用测试仪资源，即使有电阻的存在，也可以驱动一个信号，从而仍然能够操纵它们。如果这些引线直接与电源相连，测试工程师将永远不会有这样的选择。可能的区别是什么？例如，在一个时序电路中，控制预置/清零功能可能会产生毫秒和小时级的测试运行差异。很显然，以小时为单位的测试（每个 PCB）是不切实际的，所以本质上是一个彻底的测试和一个缺乏重大故障覆盖率测试的区别，从而影响质量。

各种专项 DFT 规则的真正用途是，有效和经济地测试电路，人必须能够控制和观察电路的行为。大多数规则与电路的可控性或可观察性相关。刚才提到的规则是可控性规则，可观察性规则建议的通常方法是能够监测那些深埋在组合电路中的信号，或被很少复杂的时序事件所激活的信号。

当产品由现成的商业部分构造而成时，专项 DFT 本质上是这些产品能够改进可测性的唯一方式。大型垂直整合的公司能够将可测试性制定为设计核心优势，包括 IC 本身。应用专用 IC（ASIC）时更是如此。

54.3.1 物理访问

一旦被测试的 PCB 通过某些适配机制连接到测试系统，测试就执行了。这可以通过 PCB 的边缘连接器来完成。测试设备访问 PCB 的方式与 PCB 最终应用相同。但在线测试中更为常见的是针床，即待测 PCB 被物理安装在压板上并压入一个有精确定位弹簧探针的地方，这些探针可能同时连接数百个或上千个 PCB 内部节点（见 55.4.2 节）。这可能是一个具有挑战性的机械命题，特别是把高产量和制造可靠性作为目标时。

PCB 设计者在设计过程的早期就必须考虑 PCB 的物理属性。他们有尺寸目标，却经常发现密度问题，这可能需要采用细线和双面元件安装来解决。事实上，早期也应当考虑到在线针床式访问测试。参考文献［2］很好地讨论了怎样测试目标焊盘，怎样进行 PCB 布局（特别是孔）才能满足这些需求。然而，随着密度革命和全节点访问，这个曾经的在线测试法宝现在变得不切实际。这就有了一个问题：在不可能进行完全访问的前提下，什么样的访问才是最重要的？这个问题的答案来自电路设计领域。

54.3.2 逻辑访问

有时候，物理访问电路的所有节点是不切实际的。例如，图 54.1（a）所示的 IC 含有大量复

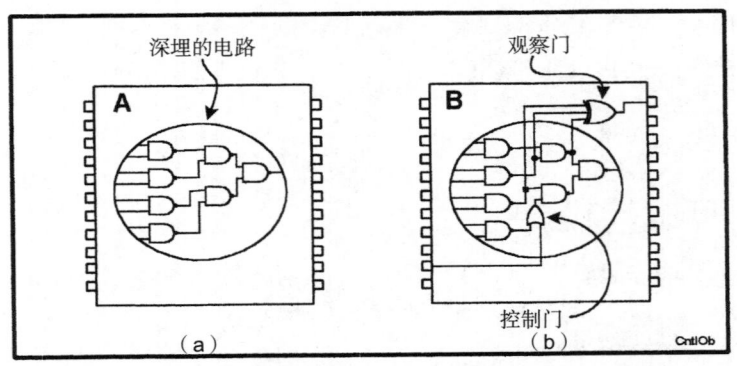

图 54.1 （a）深埋逻辑的 IC；（b）增加可控性和可观察性逻辑的相同 IC

杂的逻辑电路，其中大部分是深埋的且无法有效访问的 I / O 引线。图 54.1（b）显示的是添加了两个门的相同的 IC。第 1 个门是异或门，收集 3 个深埋的信号并将它们相加[1]，结果给一个备用的 I/O 引线。这样便于我们观察这 3 个信号的状态。第 2 个门是或门，允许我们从一个备用的输入引线[2]向深埋部分电路输入一个 1。这里假设修改后的信号正常运行时很少达到 1 状态，因此这种额外的可控性增强了我们操纵电路用于测试目的的能力。添加这些额外的门，使我们控制和观察 IC 的性能变得更加容易，而缺点是我们为这两个门消耗了少量的硅面积。更重要的是，我们们使用了两个额外的 I / O 引线。对许多 IC 而言，引线的额外开销可能是一个不利因素。

　　对插入可控性和可观察性的最佳位置的选择并不总是那么清楚，而是在创建测试时，对额外的电路和引线与可能遇到的困难之间的权衡。在电路性能方面，可能也会有更多关注点。例如，在图 54.1 中添加控制或门，会在受影响的路径中添加一些传播延迟的信号，对系统的性能造成了不利影响。为了利用可测性对专项电路进行的修改，很可能做出凭直觉的决定，而不是批判性分析。一个人的决定可能与另一个人明显不同，这就会对可测性的改善造成很大的差异。

54.4　可测性结构化设计

　　结构化 DFT 最初发生在有垂直控制设计的公司内部，从定制 IC 到整个系统。他们也清楚地了解其测试成本，并且认识到最初的设计决策对下游成本有很大的影响。

　　这些公司研究可控性和可观察性问题，并为他们的设计过程制订设计规则，以保证电路的可测性。在测试部门也有完全的控制，他们可以利用这些来定制测试开发过程中的附加功能，大大提高自动化水平。

　　最早和最突出的结构化 DFT 方案是 IBM 的电平触发扫描设计（LSSD），是在 20 世纪 70 年代开发的[1]。它是现在的完整内部扫描技术的前身。总的来说（大大简化），LSSD 设计规则要求每个存储元件（触发器或锁存器）都必须服从可测性协议。此协议允许两种操作模式：第一，设计中存储元件的正常操作；第二，用于测试目的的操作，即所有的存储元件可以连接到串行移

1）相加是模 2 产生的一个单一位。任何单一位错误传递到 3 个输入的异或门都将导致其预期输出状态改变。

2）当 IC 执行其正常功能时，此备用输入引线应保持 0 值。通过下拉电阻接地可以保证这一点，然而在测试过程中，测试信号有时需要保持 1 值。

位寄存器，可以由串行移位进行加载和卸载。这使得每个存储元件在电路中都有控制点和观察点。设计中不会有其他内存元件，如允许没有异步反馈。这就保证了任何控制 / 观察点之间的电路是组合的，不是时序的（图 54.2）。

　　设计者认为，这些规则限制了创造性。结构化可测性设计不容易实现，需要整个组织的努力，首先要从管理层开始。

　　IBM 的测试生成软件，能够为组合电路自动构建完整的测试（以 D 算法及其衍生品而著称）。这些测试可以被转移到电路和应用中，然后将结果移出。这样就需要记录大量的数据，计算机正好很擅长这些。

　　通过使用 LSSD 规则，IBM 可以验证设计的完全可测性，而且这些测试可以通过计算机程序建立。其他一些公司，如 Sperry Univac、Amdahl、Hitachi 等，也有类似的专项结构化方法。

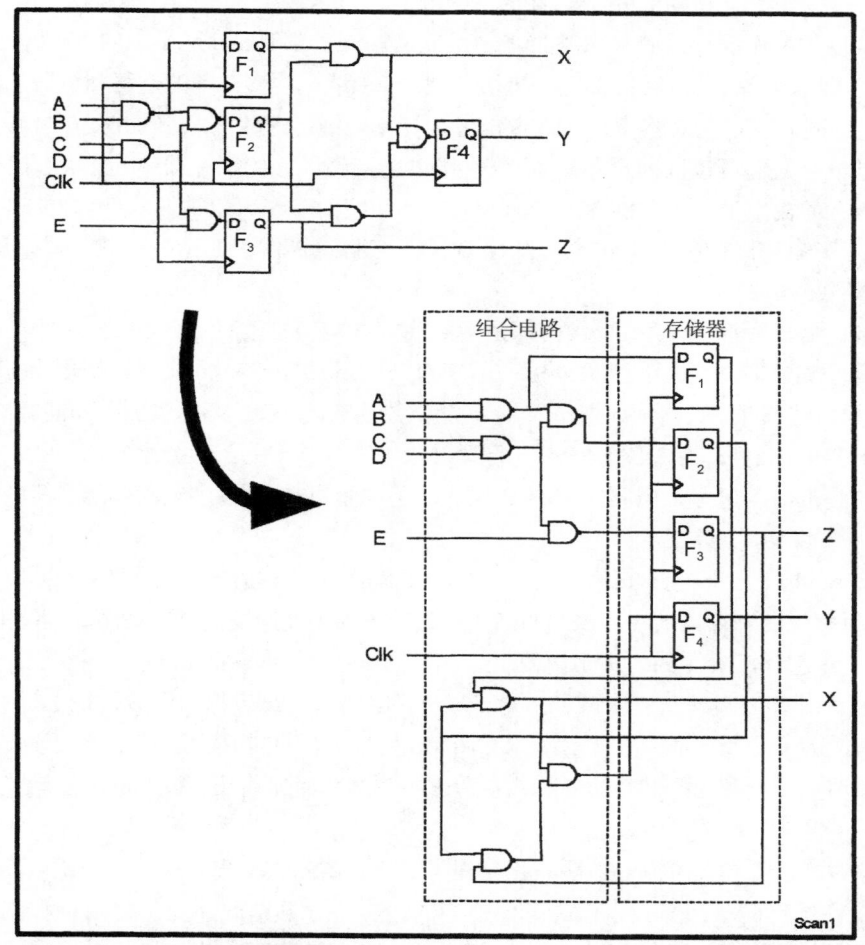

图 54.2　由门和触发器组成的电路，重绘电路表明它可以表示为一组存储元件和组合电路

54.5　基于标准的测试

　　在 20 世纪 80 年代的最后几年，在大型电子行业出现了结构化可测性技术。以飞利浦为首的

一些欧洲公司成立了欧洲联合测试行动组（JETAG），并开始着手制定可测性标准。这项工作很快便引起了一些北美公司的注意，最终形成了 JTAG 标准。由于这项标准已初具规模，便上交给 IEEE，形成了 IEEE 1149.1-1990《标准测试访问端口和边界扫描结构》[3]。之后不久，又形成了 IEEE 1149.4-1999《混合信号测试总线标准》[4]。目前的最新版本是 IEEE 1149.1-2013，延伸的标准还包含 IEEE 1149.5《模块测试与维护总线》及 IEEE 1149.6《可检测端口与故障判定》。这些标准超出了本章的范围（见参考文献 [5]），所以这里只给出概述性介绍。

54.5.1 IEEE 1149.1：数字电路的边界扫描

IEEE 1149.1 标准是为数字 IC 设计的。它是一组主要用于一个设备上的 I/O 输出结构的规则，有两种操作模式：正常模式和测试模式。在正常模式下，设备执行其预期的功能；在测试模式下，设备遵循一个协议，这个协议有强制性的、可选的、可定制的元素。在设计时，强制性元素必须存在，其他的则作为设计的可选项。强制性元素用于外部测试或 EXTEST 测试模式。当一个 IEEE 1149.1 标准设备处于 EXTEST 模式时，其 I/O 引线会脱离正常的运行和设备的所有内部功能。相反，此时输入成为观察资源，而输出成为控制资源。这些资源都在 IEEE 1149.1 串行扫描协议的控制下。人们可以认为设备的 I/O 引线被连接到了移位寄存器单元：状态出现转移并最后显示在所有的输出引线（控制）上，而所有输入引线的状态可以被捕获并移出（观察）。这给 IEEE 1149.1 认知软件控制和（或）观察 PCB 级节点状态提供了一个有力的工具。图 54.3 展示了简化的体系结构。

边界寄存器单元插入 IC 引线和内部逻辑之间，并围绕称为任务逻辑的 IC 的正常内容。称为测试访问端口（TAP）的小型状态机，用来控制测试功能。4 个强制性测试引线（测试时钟 TCK、测试模式选择 TMS、测试数据输入 TDI、测试数据输出 TDO）[1]提供测试功能标准化的访问。所有 IEEE 1149.1 元件都有 1 位 BYPASS 寄存器，用来绕过（更长的）边界寄存器，如果该寄存器在给定的测试活动里并不需要。图 54.3 也展示了一个可选 IDCODE 寄存器，其可移出唯一识别的 IC、制造商及其版本。

用 IEEE 1149.1 标准连接 TDO-TDI，目的在于集合 IC（称为链，见图 54.4），使它们可以形成长期的、可移位的寄存器结构。IEEE 1149.1 EXTEST 的主要用途是进行短路和开路的板级测试，这是 IC 设计中包含的资源如何用于帮助制造过程中其他级别测试问题的一个例子。

简单地说，IC 之间的互连测试见图 54.5，一些电路节点（也称为网或迹线）拥有探针访问，有些则没有（为了避免混乱，不显示 TCK 和 TMS 信号）。边界扫描可用于测试所有节点；那些有探针的电路节点则可利用探针与边界扫描资源进行测试，而那些没有探针的节点就只能进行边界扫描测试。

举例来说，边界扫描可以通过序列化过程为节点提供测试模式，这对人来说可能很费力，但对计算机来说却很简单。当一组模式已由适当的边界寄存器单元递交（控制）和监测（观察），我们可以通过特征码识别每个节点。诸如短路的缺陷将导致两个节点特征码的偏差，如图 54.6 所示。软件可以根据边界扫描结构关联来观察每个 IC 和 PCB 的网表偏差，从而产生一个诊断消息。

EXTEST 功能也可以用于系统测试过程，看是否有任何系统集成问题，如背板和电缆连接不

1）可选的引线 5 为测试复位（TRST）引线，对于 IEEE 1149.1 中电路，异步低电平复位有效。当 TMS 置高电平时，任何 TAP 都可以通过 TCK 的 5 个时钟脉冲复位。TRST 实际上并不需要复位 1149.1 设备，它往往作为一个板级下拉电阻的故障安全措施来为 TAP 不断提供复位。出于成本考虑许多符合 IEEE 1149.1 标准的 IC 并没有 TRST 引线。

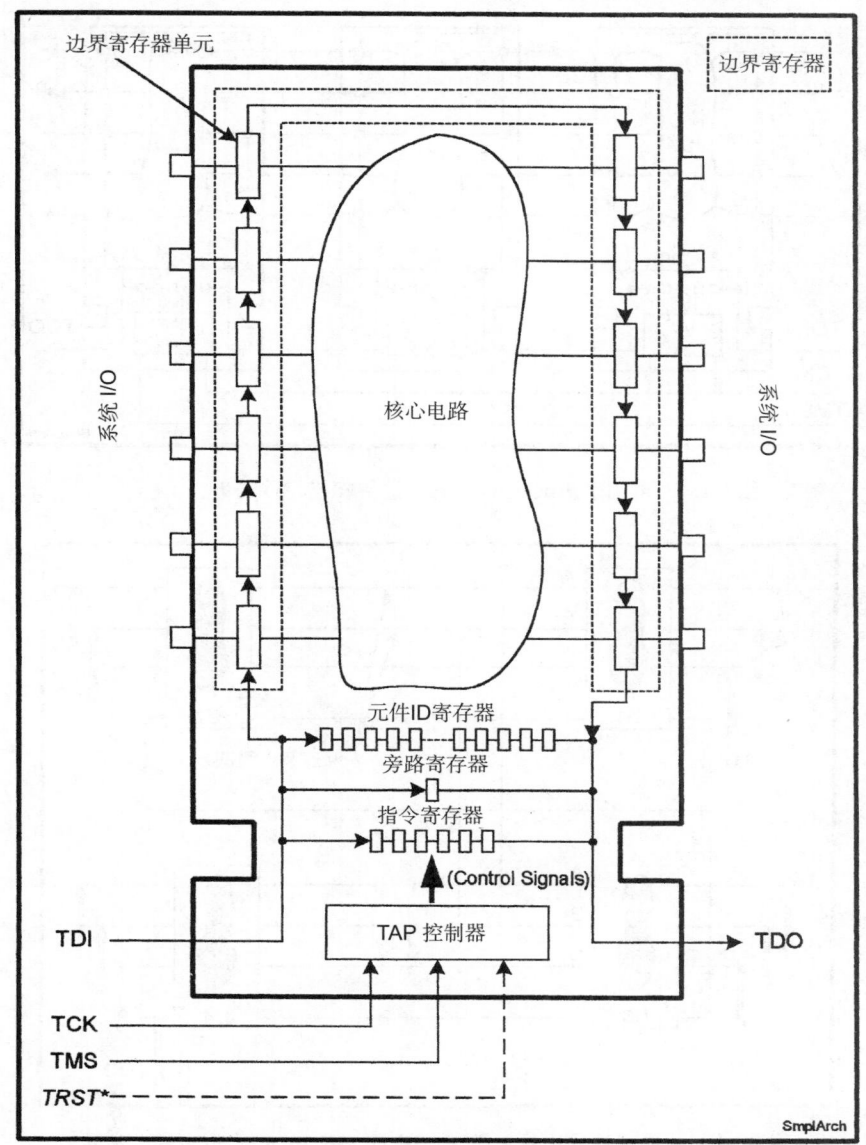

边界寄存器单元

边界寄存器

系统 I/O

核心电路

系统 I/O

元件ID寄存器

旁路寄存器

指令寄存器

(Control Signals)

TDI

TAP 控制器

TDO

TCK

TMS

*TRST**

SmplArch

图 54.3　符合 IEEE 1149.1 标准的 IC 的一般结构

良。IC 设计者可能看不到 EXTEST 有多大的吸引力，但 IEEE 1149.1 标准还提供了其他测试模式，允许设计者访问内部扫描路径或内置自检功能。IEEE 1149.1 标准的名称有两部分，第一部分也是很重要的一部分，即标准测试访问端口。这标志着该标准预计将被用作一个标准化协议，用于任何芯片、板级或系统级测试的访问。为了支持这一点，该标准有意扩展，从而帮助聪明的设计者实现额外的操作模式，以解决独特的测试问题。

　　IEEE 1149.1 标准已经证明它本身是非常有用的，有如下几个贡献。首先，它允许创建可以自动编写 PCB 测试程序的软件，这对以前同一级别的测试效果来说几乎是不可能实现的，而且需要熟练工人花费几周甚至几个月的时间。这种情况并不少见，如边界扫描 PCB 测试要用一天准备，而之前则可能花费几周的时间。其次，IEEE 1149.1 IC 可以"阅读"它们的输入引线和扫描出来的结果。这就使得诊断软件能找准开焊问题所在的位置，而这在过去，IC 很有可能被错

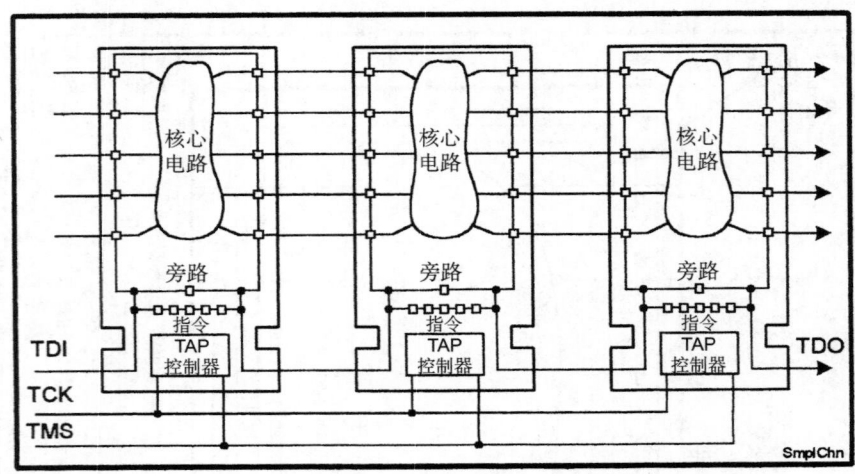

图 54.4　可用于测试 IC 间互连的边界扫描元件的集合（链）

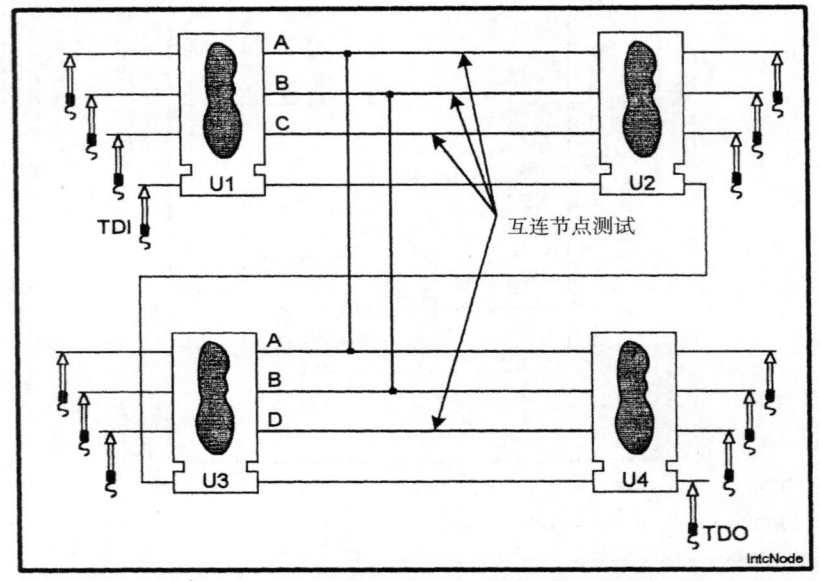

图 54.5　一组互连的边界扫描 IC。注意，有 4 个节点没有探针访问

误地判定为故障。然后，它允许对非 100% 可访问的 PCB 节点的数字电路进行测试。随着元件小型化趋势，使得难以提供完整的节点访问，而边界扫描可以消除多个接入点。当然，不是所有的点都会被消除，所以我们必须明白哪些是必要的。最后，因为测试问题影响了很多细分行业，标准则提供了每个人都受益的一种方式。人们可以找到大量应用程序和工具去解决测试问题，而这些问题没有一个标准是不可能解决的。

54.5.2　IEEE 1149.4：混合信号电路的边界扫描

边界扫描（IEEE 1149.1）是一个数字的可测性标准。但是，我们的设计有从超级 IC 朝着更高的数字 - 模拟混合信号内容发展的趋势。IEEE 已经开发出一种混合信号的可测性总线，采用标准 IEEE 1149.4[4-6]。这个标准被看成是 IEEE 1149.1 边界扫描标准的一个引申，添加了两个额

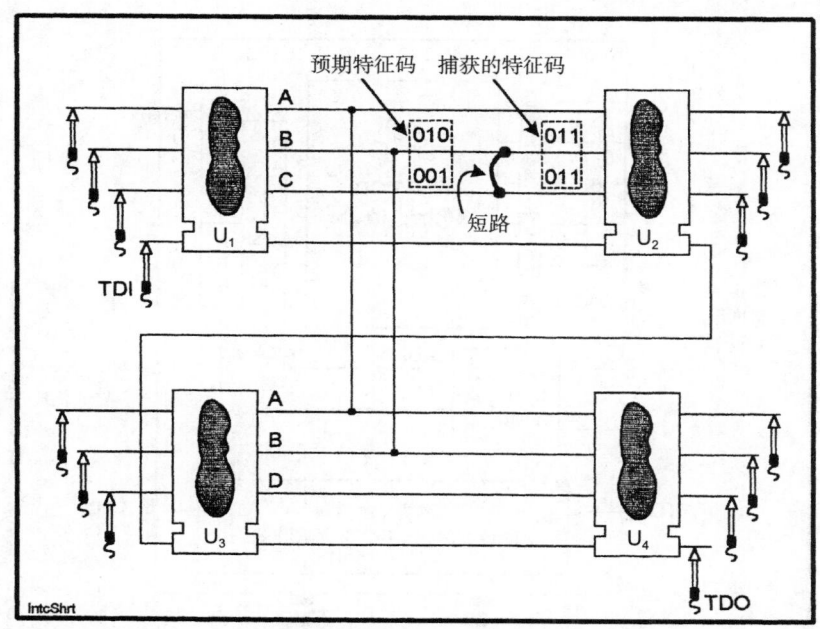

图 54.6　互连测试驱动从驱动程序到接收器分配给每个节点的独特模式。在这种情况下，
一个短路创建了一个线路的 OR 结果

外的模拟测试引线的定义。标准的目标是支持混合信号 PCB 的开路和短路测试，并提供分立模拟元件（如没有直接访问节点的电阻、电感和电容）的模拟值测量，这就是一个完整的针床（见图 54.7）。它已被比喻为没有针床的在线测试，这算是一个提醒（测试接入点的消除仍然需要周到的考虑）。

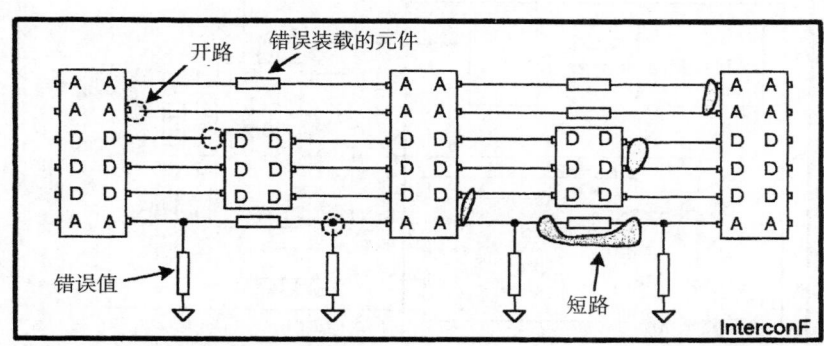

图 54.7　一些可能存在缺陷的混合信号电路。标记 A 和 D 的分别为 IC 模拟和数字引线

　　IEEE 1149.4 标准的混合信号元件的一般结构如图 54.8 所示。这在许多方面与 IEEE 1149.1 IC 一致，但它有一个额外的模拟测试访问端口（ATAP），便于对元件引线的模拟信号进行控制和观察。ATAP 将两个添加的模拟信号纳入 IC，便于测试时使用。

　　根据 IEEE 1149.4，数字元件的引线完全与 IEEE 1149.1 边界寄存器一样对待。模拟引线有一个增强结构，称为模拟边界模块（ABM），是边界寄存器的一部分。ABM 允许模拟引线进行简单的短路或开路测试（这被称为 IEEE 1149.1《互连测试仿真》），同时也允许通过 ATAP 注入和（或）观察模拟信号。

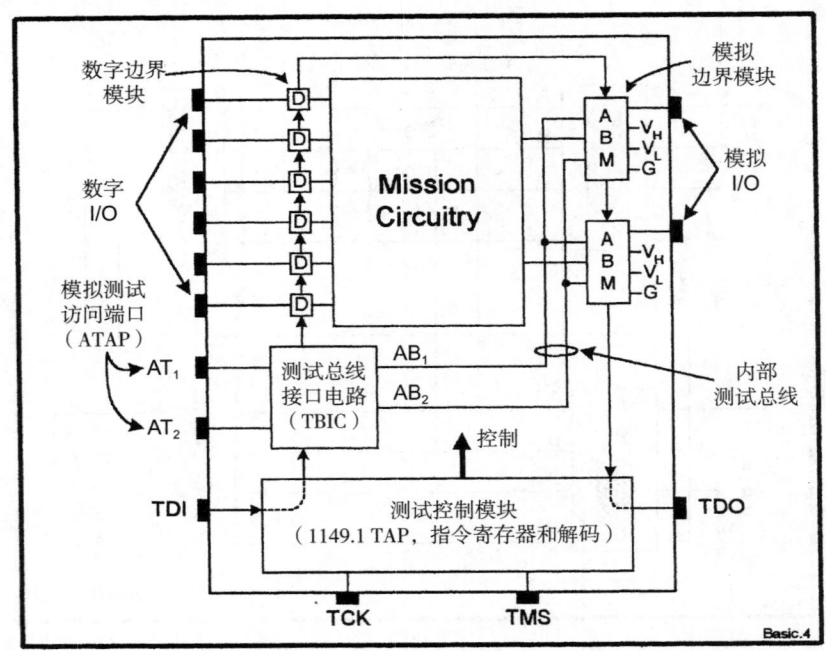

图 54.8 符合 IEEE 1149.4 标准的 IC 的一般结构

如图 54.9 所示，ATE 系统可以利用 IEEE 1149.4 IC 里的测试资源。这就需要模拟测试资源与数字测试定序器相协调，在这种情况下是电流源和电压表。使用这些资源并通过 IEEE 1149.4 IC，即使没有探针访问，也可以对 PCB 上的分立模拟元件进行测量。

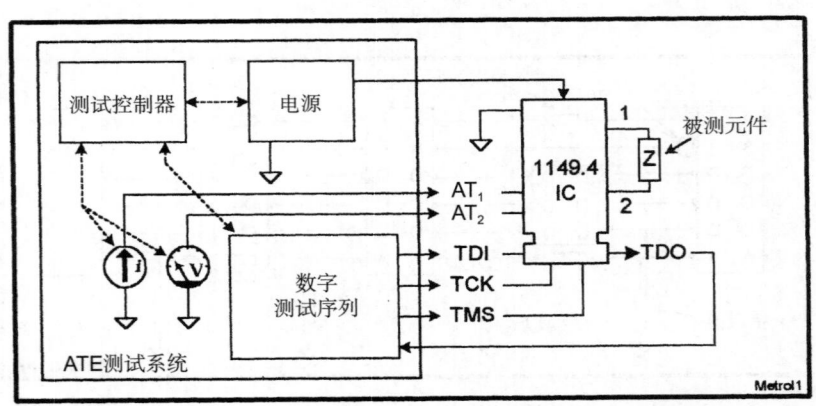

图 54.9 ATE 系统可以使用 1149.4 资源访问分立模拟元件

ABM 硅开关提供了测量所需的路径。因为这种方式实现开关具有显著的非线性和不可忽视的阻抗，在测量过程中必须加以考虑。图 54.10 显示了一个模拟元件如何用两种测量方式进行测试。首先，将电流源连接到测试仪，使得电流可以沿着 AT_1 流入 IC，然后沿着 AB_1 总线流入 ABM。ABM 连接着 IC 的引线 1，电流通过 Z 进入 IC 的引线 2。最后，引线 2 的 ABM 将电流引向地，完成整个电流路径。在图 54.10（a）中，ATE 系统的电压表通过 $AT_2 \rightarrow AB_2$ 的路径连接 ABM 的引线 1，可以观察 Z 顶端的电压。在图 54.10（b）中，电压表被切换到测量引线 2 处的电压，即 Z 的底部。两个电压测量值相减可以得到 Z 两端的压降，根据已知的电流和欧姆定律可以得

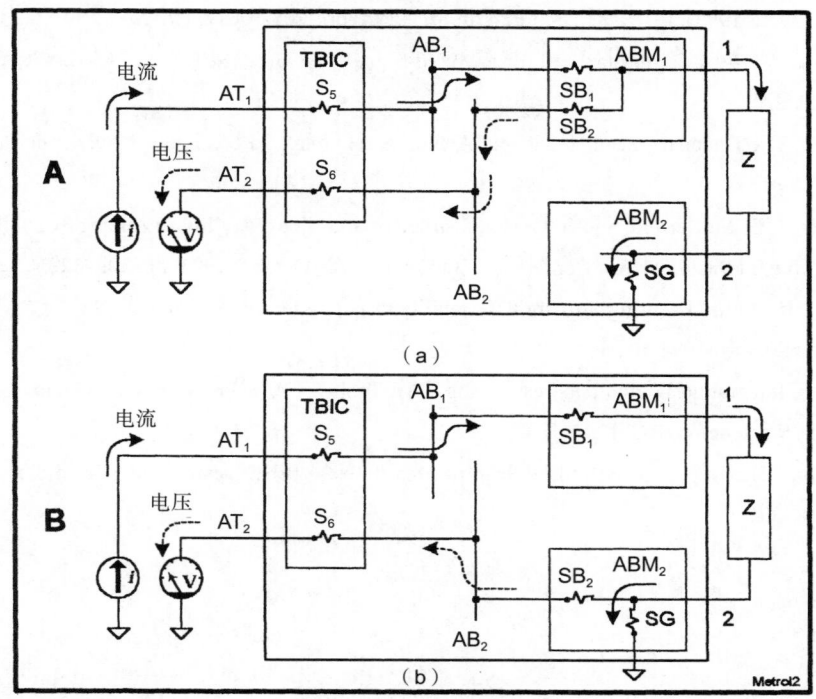

图 54.10　可用于测量电流已知时 Z 两端电压的两个测量

到 Z 的电阻值，我们可以检查其是不是正确值。在此过程中，即使有不理想的硅开关，因为我们使用电流源提供已知的电流，而电压表路径只消耗微小的电流，也不会影响测量的准确性。

　　未来，根据这些和其他标准，测试工程师可以对超高密度电路进行复杂的测试，而访问节点的数量远少于过去。这将是一个很有利的技术，因为没有它，除了非常高端的应用，超高密度设计对电子行业来说可能都是不合算的。

54.6　可测性设计的发展

　　集成电路的迅速发展使芯片的时钟频率越来越高，如今超大规模的 IC 设计往往具有部分或全部 SOC 或 SIP 设计的特征：既包括逻辑电路单元，也包括存储单元，甚至包括一些可重复利用的嵌入式处理器。正确选择测试技术就显得愈发重要。边界扫描方法具有特别的优越性，但是否采用，仍取决于设计和制造过程中增加的成本。边界扫描必须和要求发现故障的时间、测试时间、进入市场的时间、适配器的成本等进行权衡，并尽可能节约成本。在很多情况下，将传统的在线测试方法和边界扫描方法混合的方案，有时反而比单纯使用单一测试方法更有效率。

参考文献

[1] T. W. Williams and K. P. Parker, "Design for Testability—A Survey," Proceedings of the IEEE, vol. 71, no. 1, January 1983, pp. 98–112

[2] M. Bullock, "Designing SMT Boards for In-Circuit Testability," Proceedings of the International Test Conference, Washington DC, September 1987, pp. 606–613

[3] IEEE Standard 1149.1-1990, Standard Test Access Port and Boundary-Scan Architecture (includes IEEE

Standard 1149.1a-1993), IEEE Inc., 345 E. 47th St., New York, NY 10017, USA

[4] IEEE Standard 1149.4-1999, Standard for a Mixed-Signal Test Bus, IEEE Inc., 345 E. 47th St., New York, NY 10017, USA

[5] K. P. Parker, The Boundary-Scan Handbook: Analog and Digital, 2d ed., Kluwer Academic Publishers, Norwell, MA, 1998

[6] K. P. Parker, J. E. McDermid, and S. Oresjo, "Structure and Metrology for an Analog Testability Bus," Proceedings of the International Test Conference, Baltimore, MD, October 1993, pp. 309–322

[7] R. W. Allen Jr. et al., "Ensuring Structural Testability of High-Density SMT Circuit Packs," AT&T Technical Journal, March/April 1994, pp. 56–65

[8] K. P. Parker, Integrating Design and Test: Using CAE Tools for ATE Programming, Computer Society Press of the IEEE, Washington, DC, 1987

[9] K. P. Parker, "The Impact of Boundary-Scan on Board Test," IEEE Design and Test of Computers, August 1989, pp. 18–30

第 55 章
PCBA 的测试

Kenneth P.Parker
美国科罗拉多州拉夫兰，安捷伦科技

王雪涛 编译
深圳市兴森快捷电路科技股份有限公司

55.1 引 言

与电子行业的其他产品一样，印制电路板（PCB）技术也发生了日新月异的变化。这是必然的过程，因为从 PCB 本身到设计它们的 CAD 系统、元件以及组装方法，都在朝着具有更大的功能密度、更好的性能、更高的可靠性和更低的成本的方向变化。

在 20 世纪 90 年代初，表面贴装技术（SMT）的发展使得 SMT 设计成为一种常态。SMT在很大程度上取代了常用的 100mil 中心通孔封装技术，并逐步被一些需要提高 SMT 密度的前沿应用领域所接受。许多客户犹豫不决，只是因为 PCB 本身没有较高密度的需求，且不能承担使用 SMT 工艺制造带来的风险。日趋完善的 SMT 工艺，即一旦形成自动化生产，将会大大提高生产效率。越来越多 SMT 的投入应用并不是因为它能实现高密度，而是因为它有更高的效率。明显的证据是，许多新设备已经不再使用旧式通孔封装技术设计。

随着 SMT 的到来，引线节距的密度也在增大。一开始是 50mil 节距，很快就成了 25mil 节距，然后是 15mil 节距……其他的一些技术，如载带自动键合（TAB）、板上芯片（COB）、多芯片模块（MCM）和球阵列（BGA）也都获得了市场认可。一般来说，凭借着高密度互连（HDI）的优势，目前的 PCB 已拥有更高的层数、更细的线路和节距，更多的埋孔及两面安装的元件等。最终结果是，印制电路板组件（PCBA）拥有更密集的高精密度元件。事实上，我们正在经历一个密度革命。图 55.1 显示了一系列常见电子元件叠放在一美分硬币上的尺寸比例。

所有的这些变化都影响了测试。如果由完美的操作员将完美的元件送入完美的工艺流程，并使用完美的机器，那么测试就没有必要了！不幸的是，近乎完美的元件送入工艺流程会有上百种变量的偏移，使用的机器需要仔细校准和定期检修，操作员容易疲惫和犯错。鉴于此，测试仍然是组装制造的一个重要组成部分。然而，随着密度革命所带来小型化，我们能够用于测试的物理和电气访问也受到了诸多阻碍。对测试而言，电气访问是关键，而电气访问困难会使测试稳定性更加难以实现。此外，可以预期，电子行业将会在成本、可靠性和质量方面持续改善，我们也会看到测试在这些改进中起到的重要作用。

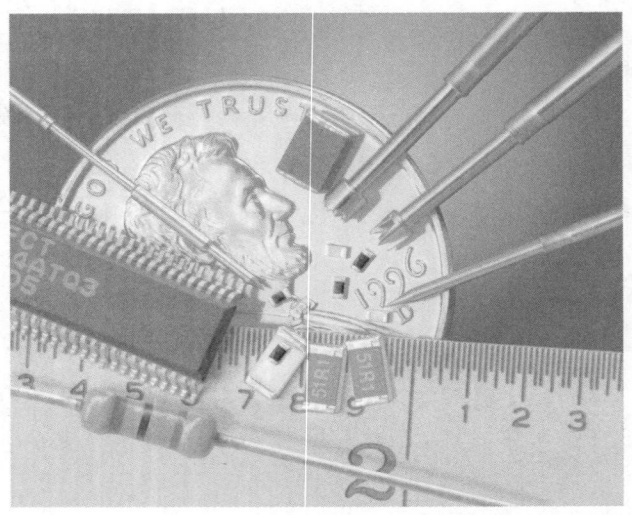

图 55.1　一些常见的、以前的和最近的元件：林肯头像领结附近的黑色小元件是 0402（40mil×20mil）SMT 电阻，以及一些 100mil、75mil、50mil 测试探针。注意，一美分硬币上刻字的线为 10mil，"9" 的圆形部分的宽度为 35mil，是常见的探测目标大小（来源：安捷伦科技）

55.2　测试过程

在电子行业的最初几年里，还没有测试的概念。产品被组装在一起后就直接发货，因为那时人们认为，只有组装在一起，才可能知道产品的外观和性能。后来迅速发展成较复杂产品的批量生产，但是生产工人并不是这方面的专家。当然，就今天而言，工人们也很少或没有彻底了解他们生产出来的令人难以置信的复杂产品是什么。如果他们必须知道加工过程的一切，这无疑会使产品变得更加昂贵。

同样重要的是，PCB 本身往往就是系统的组成部分。PCB 在测试中可能有 97% 的良率，也就是说，100 块 PCB 中仍然有 3 块存在缺陷。如果在一个系统中使用了 20 块这样的 PCB，系统运行正常的概率将只有 54%。调试一个系统通常比测试一块 PCB 的费用更高、操作更困难，因此人们希望良率达到 99% 或更高。

在这段时期，测试经过了 3 个阶段的演变。它首先作为分类筛选过程，然后作为修复过程，最后作为过程监控。

55.2.1　作为分类筛选的测试

测试可以用来将 PCB 分成两类：好板和坏板。从本质上讲，这样的测试能提供的 PCB 相关信息非常少，且不包含故障原因或如何修复的更多的线索。如果我们处理一块坏板的方式只是丢掉它，这点信息可能够了。在某些应用中，如制作上百万个价值 2 美元的数字手表，尝试修复坏的手表从经济上考虑是不可能的。然而，正如所预料的，丢弃坏板可能导致一些与制造工艺有关的重要信息一同丢失。

55.2.2　作为修复过程的测试

修复坏板通常是非常经济、合理的，前提是可以很快完成，并且无需过多的技术分析。这也是现代测试系统自身所要求的。每块坏板需要更多的信息和诊断测试，才能准确地将故障解决方法写入缺陷报告来指导修理。刚修好的 PCB 需要重新测试，确保其故障已被排除，并且也希望通过测试仪找到更多可见的故障，从而避免大量不必要的工作。

55.2.3　作为过程监控的测试

修复 PCB 时，关于制造工艺的有价值的信息唾手可得。事实上，修复过程可能会提供最终的缺陷解决方案，因为测试仪检测到的故障可能与实际缺陷并不完全相关。如果把测试看作过程监控，就能够洞察由很多子过程组成的 PCB 生产过程的上游究竟发生了什么。例如，人们可能将焊点开路看成一个大难题，进一步检查会发现它们集中发生在 PCB 上的某个区域。这样一来，就会检查锡膏印刷过程，发现丝网刮刀的焊膏量分布不均，然后寻找这种分布不均的根本原因并予以纠正。

对于测试人员，能较好的区分故障和缺陷是一项重要能力。以数字测试设备中的焊点开路为例，尽管焊点开路是真正原因，但单就数字在线测试仪而言，表现出来的是设备故障。维修技术人员可能会注意到这一点。然而，它很容易被忽略，因为更换机器会掩盖焊点开路问题。同时，也会误导我们只顾抱怨 IC 供应商，而不是去检查确认相关工艺过程是否异常。如果测试更多地关注缺陷而不是故障，那就可以更信任在线测试仪给出的信息。这需要测试工程师不断学习制造工艺和可用的测试技术，以便测试技术与缺陷可以保持同步和平衡。

55.3　定　义

测试是一个经常被大量使用的词。测试真正寻找的是什么？这个问题的答案对如何有效测试有着巨大的影响。精心测试一些低风险性问题没有多大意义，正如对高风险性问题进行不充分的测试一样。然而，令人惊讶的是，许多在测试行业中使用的术语与个人理解的定义明显不同。更糟糕的是，人们往往并没有意识到这种混乱，从而使得工艺人员、测试人员和设备供应商之间的沟通复杂化。

55.3.1　缺陷、故障和测试

1. 缺　陷

缺陷是相对正常而言不可接受的偏差，如 IC 上一根键合线的缺失。这种缺陷反过来可能是引线键合设备（根本原因）的问题，如提供错误的导线。其他偏差可能不会被认为是缺陷，而是可接受的变化。例如，封装元件所用的塑料即使有着明显的颜色变化，可能仍被认为是可接受的。

缺陷需要某种形式的补救措施。大多数情况下，需要修复来消除缺陷，从而使产品恢复到可接受状态。但是在某些情况下，修复缺陷可能是不经济的，会作报废处理。缺陷也有可能被忽略，从而作为产品交付到终端客户手上。在一些情况下，如在 2 美元手表的制造中，一定量缺陷的产品可能会被认为是可接受的。然而，对于大多数产品，如果终端客户认为该缺陷会产生严重的经济后果，则应极力避免。

2. 故　障

故障是缺陷的一种物理表现形式（故障这个词在使用时往往与失败同义）。因此，故障揭示了缺陷存在的本质。单一的缺陷可能会导致几种故障（即有几种不同的表现），且单一的故障可能是几种不同缺陷的集中表现。

缺陷以故障形式出现。例如，前面提到的丢失一个逻辑门输入键合线可能会导致它始终显示逻辑 1 信号，而不是一个随时间变化的信号。其他缺陷也会产生相同的错误行为。例如，输入引线和 PCB 之间漏焊，IC 内部遭静电损坏的输入缓冲区，或上游驱动器和输入之间有一根损坏的 PCB 导线，都会表现出相同的错误行为。同样，一个缺陷可能会导致几种故障。例如，输入引线上的一个开路焊点（特别是复位输入），可能会导致 IC 显示不正确的结果，而且这些不正确的结果是随时间变化的。

一个观察到的故障，对缺陷而言并不总是一个可靠的指示。例如，一个 IC 组装到一个输入引线有焊接缺陷的 PCB 上，会造成电路开路，这对 IC 而言可能会成为一个永久性、固定性输入故障。这种错误的行为可能不会很明显，因为错误的逻辑 1 的影响在被发现之前（输出行为不当），必须通过 IC 内部传输。当最终发现这个故障的输出行为时，要将观察到的这种行为与缺陷焊料导致的输入固定故障联系起来，这是极具挑战性的任务（见图 55.2）。

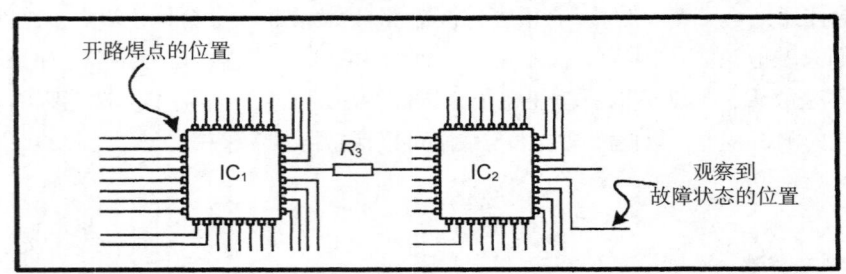

图 55.2 在 IC_1 的输入引线上有一个有缺陷的焊点，导致 IC_2 的输出故障。注意，IC_1、R_3 和 IC_2，以及 6 个焊点、2 个集成电路的输入缓冲器、2 个集成电路的输出缓冲器和 4 条 IC 键合线等都是值得怀疑的地方

3. 故障综合征

故障综合征是测量结果偏离预期良好结果的一个集合。例如，一个数字化设备的输入受到一系列刺激后，在输出端可能会产生一个不正确的响应。错误的引线、错误的状态、错误的时间，都是故障综合征中需要注意的。

4. 故障检测

故障检测是没有观察到预期输出结果时的操作。例如，当你打开 PC 电源时，你希望看到它启动。如果没有启动，那么你就需要检测某种故障了。造成这种结果的原因可能有很多，但能够用于指导和采取行动的信息却很少。换句话说，潜在的缺陷可能并不容易解决。

5. 故障隔离

故障隔离是预期良好的结果出现一个或多个失效综合征，即结果属于失效综合征中的一种时所采取的操作。比如，你的 PC 开机时，它可能会做一系列的自检操作。如果出现任何故障，诊断消息就可能会出现在屏幕上，并明确标识故障。再次重申，潜在的缺陷可能不容易解决，但是简单地检测出更多的故障信息有助于你采取行动。

6. 测　试

测试是专门用于检测（也可能是隔离）失效的一个或多个试验。检测测试会有一个预期的良好结果，而每个隔离测试都有一个指向特定失效的故障症状。因此，在测试失败时，它会给我们提供信息：指向故障的单一检测信息，或与故障综合征可能匹配的枚举结果。

一个构建良好的检测测试，可以检测大量的潜在故障。一个构建良好的隔离测试，可以从一大堆潜在的故障列表中准确地解决故障。需要注意的是，隔离测试可能会遇到不需要隔离的故障。即如果有故障（如果它检测到了故障），可能不会产生与清单列表匹配的一个综合征，也可能会产生错误的匹配。不管是哪种情况，它都已经降低成了一个检测测试。

请记住，隔离测试可能指向故障，但故障并不是表明实际存在缺陷的一个好的指标。鉴于此，构造以预期故障为目标并且能准确地解决潜在缺陷的测试显得尤为重要。当缺陷被正确解决时，发现和纠正这些因果关系问题就更容易了。

在一般情况下，被测试的故障有 3 类：性能故障、制造缺陷和规格故障。

55.3.2　性能故障

性能故障是指系统在性能上的故障，是系统元件之间重要参数的不匹配引发的。这种不匹配就是缺陷。例如，数字信号经过一些元件后，由于路径延迟超过了预定的设计值，造成故障。路径中单个的元件并没有缺陷，但几种元件的累积引发了性能故障。针对此缺陷的修复是，选择特定具有适当延迟功能的新元件来代替路径中的一个或多个元件。

性能故障的测试也存在着几个问题。第一，测试开发人员必须非常了解电路设计。第二，难以建立一个可以解决特定缺陷的故障测试（如一些元件参数的不匹配）。第三，区分开可以引起相同行为表现的可预知缺陷与不可预知缺陷比较困难。

解决这些问题意味着对 PCB 设计要有深入的认识和了解。事实上，某些情况下对于精心设计的 PCB，设计人员可能需要具备一些关键的、要精确管理和负责测试警示的参数的专业知识。然而，多数过去进行的性能故障测试不仅没有依据这些知识来做，相反还缺乏这方面的知识。在过去，可以帮助控制设计关键参数的工具难以获得，或者设计人员使用的是非指定元件，或者他们过于信任自己的经验和直觉。性能测试按预计可以用来解决任何可能出现的问题。实际上，性能测试只用于验证事实后的设计。

现在，性能测试能以某种方式保护产品不受不良设计影响的期望已经过时了，它相当于在黑暗中对隐秘和未知力量的敌人进行疯狂射击。鉴于日益增加的 PCB 复杂性，这也是不合理的，因为测试工程师们可能会在所有可能的设计问题的有效测试中绊倒，而且还肯定不是在设计周期内。随着设计工具有效性的增加，设计师们不再依赖于设计验证测试。性能故障的测试仍然非常重要，但前提是必须使用在适当的角色中，以验证设计过程中关键参数是否得到了适当的控制。

55.3.3　制造缺陷

制造缺陷是在制造过程中产生的缺陷。制造缺陷从种类上来说往往相当多。表 55.1 给出了潜在的制造缺陷。

制造缺陷是制造过程固有损坏的产物。虽然这些缺陷导致的故障更易于检测，且与根本原因相关，但这只是测试方法的一种功能。某些制造缺陷仍然是难以发现和解决的，如给出的例子中的元件输入引线上的焊接开路（见图 55.2）。

制造过程中缺陷导致的故障统称为装配故障，如错料、漏料、焊锡短路、开路等。与元件故障合称为结构故障，可以通过 AOI、X-Ray、飞针和夹具（针床）技术予以检测。

表 55.1　板级可见制造缺陷问题的原因及根源

缺　陷	根　源	原　因
焊接引线之间的短路	波峰焊 / 回流焊	过多焊料，焊料印刷缺陷，引线错位，引线弯曲
焊点开路	焊料涂敷，波峰焊 / 回流焊	焊料太少，焊料印刷缺陷，立碑，引线弯曲
元件缺失	贴装，焊接	振动，擦伤，黏合剂太少
元件错误	贴装设置，库存，处理	处理错误，错误标记的封装，操作错误，规格错误
元件方向错误	贴装设置	处理错误，操作错误
元件失效	贴装，焊接	来料失效，处理损坏，静电损坏

55.3.4　规格故障

规格故障类似于性能故障。性能规格的检查是针对预期操作条件下的全方位要求，如温度、湿度、振动、电子噪声等。规格测试往往出于管理或合同的要求。有人可能会说，这些规格在很大程度上是不必要的，因为如果电路设计是稳健的，使用优质元件、精密组装，并通过测试来避免制造缺陷，就无需执行它所有的功能来了解其工作原理。全规格故障测试也许在实践中不可能实现，因为在操作范围里有太多电路功能的组合。如果只对部分子设备进行检查，也会引出是哪一部分的问题。

尽管如此，如果仍然需要规格测试，那测试通常要有量身定制的测试设备，以便可以模拟各种各样的工作环境，可能是相当耗时的，而且测试设备的成本从一般到超高的都有。一个极端情况是，一个 I/O 卡的 PC 制造商可以简单地将 I/O 卡插入每个计算机，看它是否执行一个简单的回传测试。另一个极端情况是，导弹系统的制导计算机制造商，可能会在空军和海军的支持下，在测试范围内进行全遥测试导弹射击。无论如何，底线是，你应该认真质疑规格故障测试的动机和期望。

55.4　测试方法

55.4.1　性能故障测试

性能测试仪通常是具备板边连接器的功能测试仪。它们连接被测板的板边连接器，然后通过定制的适配器进行配对测试。在大多数情况下，测试夹具没有连接电路的任何内部节点。本质上，被测板的测试环境在一定程度上类似于它们的应用环境。

一些性能测试仪有引导探头[1, 2]。引导探头是一个手动定位的测试探针，具备测量能力（有时是激励）和相应的支持软件。它被用来临时访问一个电路的内部节点，一次一点地观察内部电路在测试过程中的行为，并且通过软件进行处理，以促进故障解决。

在测试过程中，软件是如何知道哪个电路节点是做什么的呢？如果人们很了解电路设计，可以手工输入所有的这些数据，但对于多个逻辑门组成的电路，这是不可能的。最常用的方法是通过逻辑仿真电路来获得这些数据[1][2]。设计者通常使用良好的电路仿真来验证该电路在他们感兴趣的各种输入条件（输入变量）下的期望值。故障模拟用来研究受到模拟故障困扰时，电路

1）逻辑仿真体现的是电路数字特性的处理，通常不具有与任何模拟电路部分的互作用。模拟仿真器也确实存在，但数字仿真器是完全不一样的应用。混合信号仿真并不能像数字仿真一样在任何方面都可执行，这也是测试工程师遇到的问题。

会采取怎样的行为。例如，将逻辑门的固定输出设为 0，这意味着不管输入是什么，输出均为 0。单固定模型是目前最常见的故障模式，它表明在任何时候电路中只有一个固定值存在（0 或 1）。对于给定的建模故障，故障模拟器可用于预测输入（测试）向量激励时电路的运行方式。如果模拟故障导致一个或多个观测点（如电路输出引线）偏离了其正常的行为，我们可以认为该向量检测到了故障。更准确地说，在常规的时序电路中，所有的向量可以检测故障，以及导致可观察到的偏差的故障。

一些性能测试仪使用的另一项技术是故障字典[2]。故障字典由故障模拟器准备。故障字典是一个布尔真/假位的三维数据结构（见图 55.3）。第 1 维是枚举的所有测试向量。第 2 维是要仿真的故障模型的列表。第 3 维是列举电路的输出引线。如果相应的输出引线对于给定故障对应的向量是失败的，则故障字典中的指定位设为真。

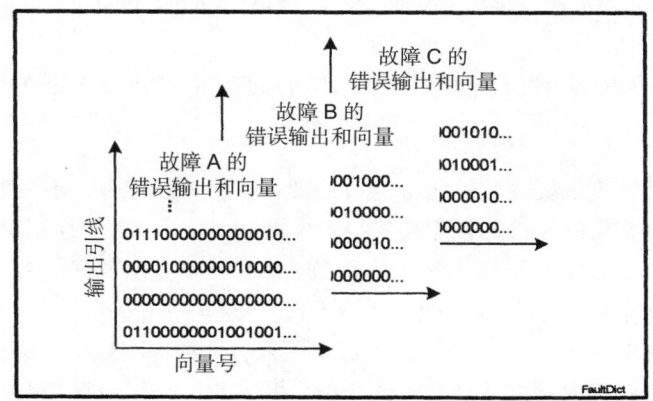

图 55.3　故障字典：为每个页面建立相应的故障模型，给定的向量号设为 "1" 代表一个给定的输出引线错误。进行测试时，错误输出和错误向量号都被指出，然后在每个页面的这些坐标中进行搜索，查找匹配的故障（注意，可能会产生不止一个故障匹配）

对于给定的向量和故障，可以在字典中查到预计的错误输出引线。在测试场景中，我们取一个错误的测试向量和错误输出引线的列表，并试图查找与其错误引线行为匹配的一个（或多个）故障。当导致电路失效的实际缺陷与故障模型非常匹配时，故障字典就能更好地工作。当发生的缺陷与故障模型不匹配时，故障字典可能会查找不到（即没有故障匹配），或者找到的匹配项是错误的故障；或者有很多匹配项，但无法全部进行检查，筛选哪个才是真正的问题（如果有）。字典时代是计算密集型的，可能会消耗大量的存储空间[1]，且故障字典可能无法正常工作。这项技术是随着小规模完善的双极型集成技术（如早期的 TTL 或 ECL）产生的，出现大规模的集成电路和 CMOS 技术[2]后，故障字典技术在 PCB 测试中变得几乎没什么作用了。

性能测试旨在模拟 PCB 实际应用的环境。这意味着，测试仪需要定制以满足这个环境，或者它必须是一个具有较高灵活性的通用测试仪。灵活性往往会使成本升高，所以商业的功能测试仪往往是最昂贵的。这类设备的编程很复杂，不仅因为功能测试仪的灵活性，还有测试自身

1）假设电路有 10 万个逻辑门。固定的故障仿真数目可能要达到 200 000 之多，而一组测试的向量可能很容易就超过 500 000。如果电路有 250 个正常输出，那么故障字典就会产生成倍的故障向量输出（2.5×10^{13}bit，或约 3.125TB）。故障仿真时间会持续几个月，即使在运行很快的计算机上也一样。当然，更复杂的电路需要更多的时间！

2）CMOS VLSI 电路的一些缺陷模型不适用于常用的故障仿真模型，所以故障模型很可能与缺陷不匹配。两个麻烦的缺陷模型是桥连故障（金属间短路）和金属化开路电路，可能会引入电容式内存，且很难用传统的故障建模技术表征。

的要求。我们很难获取最好的自动化功能测试编程。通常情况下，这样的编程需要极大的耐心和高水平的技能，以及更高的成本。更复杂的是，最后 PCB 的任何设计变更，都可能会导致测试更改的成本加大和耗时延长，或者使测试完全无效。

55.4.2 制造缺陷测试

制造缺陷可以通过功能测试仪检测到，但由于功能测试仪昂贵和难以编程，其他替代的测试设备业已面市。这些测试设备或多或少都有以下优点。

（1）更容易编程，通常需要不到 10% 的功能测试开发时间。

（2）分析电路设计数据库的自动测试程序生成器做了大部分工作，降低了对程序员所需技能的要求。

（3）由于采取了分治算法，程序对设计变更的敏感度较低。设计变更的影响是局部的，只有部分测试需要重新编程。

（4）因为分析的是局部电路，所以减少了诊断的复杂性，从而提供更好的缺陷解决办法。

1. AOI 测试技术

PCB 上元件组装密度的提高，给传统的目检带来了极大的难度，不仅耗时耗力，而且远不能保证检测质量，只有借助先进的视觉检测技术才能满足实际工作的需求。因此，将自动光学检查（AOI）技术引入 SMT 生产线也是大势所趋。AOI 几乎完全替代了人工操作，极大提高了检测质量和产量，同时也降低了生产成本。

就原理而言，AOI 基于采集 SMT 产品的数字图像，即根据图像特征进行模式识别。实际检测时，由于待识别目标种类繁多，且对光的反射率各不相同，因而目标图像的光照不均匀，形成很多特征值。一般某个特征值针对某种类型产品或缺陷有较好的检测识别效果，而对另外一个产品往往又会造成检测误差较大，所以很难找到一个可以检测所有类型产品和缺陷的特征值。不难理解，PCBA 图像预处理是实现 AOI 系统检测的基础和关键，一般有两种方法对光照不均匀的图像进行校正：背景去除法和同态滤波法。

目前的 AOI 采用高级的视觉系统和新型的给光方式，并采用了较大的放大倍数和复杂的算法，从而能够以高测试速度获得高缺陷捕捉率。除了能够检测缺件、偏移、歪斜、极性错误、元件错误、缺焊、桥连、立碑、锡珠、引线弯曲或者折起、焊料过量或者不足、虚焊、通孔等目检无法或很难检出的缺陷外（见图 55.4），AOI 还能收集、反馈生产过程中各工序的工作质量以及出现缺陷的类型等情况，供工艺控制人员分析和管理。

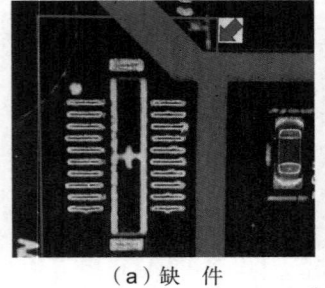

（a）缺 件 （b）桥 连

图 55.4 AOI 检测缺陷

2. X-Ray 测试技术

对于某些通过外观无法检查到的部位、焊点（如 BGA、QFN）和通孔内部，只能使用 X-Ray 测试技术（也称 AXI，Automatic X-Ray Inspection）。由 X 射线发生装置发出 X 射线，对 PCB 及 BGA 元件进行照射，X 射线不能穿透锡、铅等密度大且厚的物质，形成深色影像；而会轻易穿透 PCB 及塑料封装等密度小且薄的物质，不会形成影像。最后，借助图像增强器，X 射线被转化为可见光，被 CCD 采集，存储为 256 级灰度图像并呈现在显示器上。

对于 BGA，X-Ray 可以检测的焊点缺陷包括桥连、锡珠、空洞、错位、开路和焊球缺失、虚焊等。例如，空洞在 BGA 元件焊接后是最常见的，通过二维 X 射线成像很容易观察到焊球空洞，图 55.5 为焊球空洞的 X 射线形貌。X 射线成像系统在软件中集成了焊球空洞面积计算功能。一般要求空洞面积总和不超过焊球面积的 25%。图 55.6 为倾斜光源后的焊球 X 射线二维形貌，应能看到相互嵌套的 3 个圆。若仅能看到其中 2 个圆，同时焊球形状异常（周界模糊、大小异常、灰度较暗），那么这类焊球很有可能存在虚焊的缺陷，需要借助 3D 断层扫描进一步确认（见图 55.7）。枕头效应的确认过程与之类似（见图 55.8）。

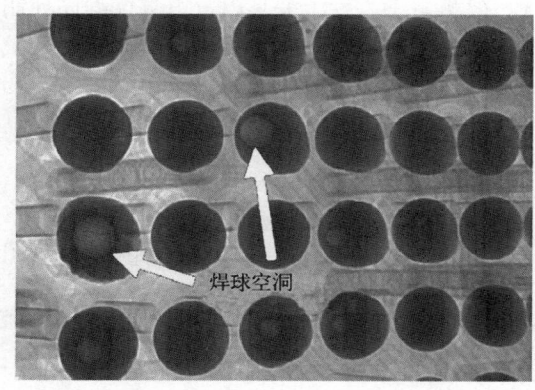

图 55.5　焊球空洞 X 射线形貌

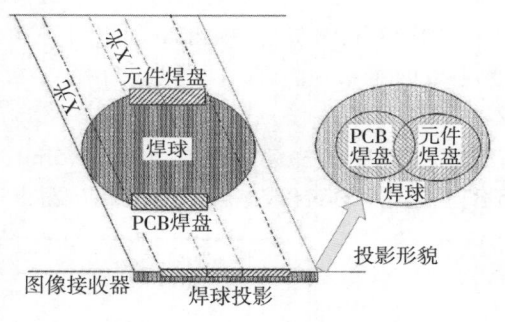

图 55.6　倾斜光源后的焊球 X 射线二维形貌

图 55.7　BGA 虚焊 3D 形貌及截面图

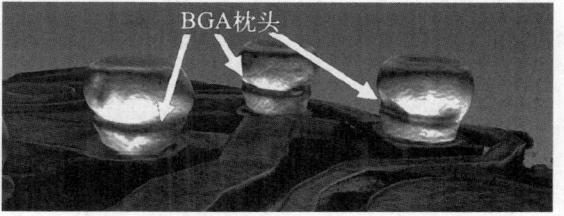

图 55.8　BGA 焊球枕头效应的 X 射线 3D 形貌

3. 在线测试技术（ICT）

ICT（In-Circuit Test）技术能够快速检测故障元件或组装缺陷，并准确定位和分类，便于维修和降低维修成本，是现代化品质保证的重要测试手段。

一方面，在产品设计阶段，可以通过 ICT 尽早排除设计缺陷，特别是在疑难故障（总线连接、元件贴装以及焊接工艺）检测方面，具有很大的优势。在生产阶段，能够对 PCBA 进行全面测试，具有极高的故障覆盖率，提高质量和可靠性。另一方面，可以缩短产品研制、试验的周期，提高可用性指标，减小维护成本，进而减小产品的全寿命周期成本。

ICT 测试时使用专门的测试探针与 PCBA 上预先设计的测试点接触，并用数百毫伏电压和

10mA 以内电流进行分立隔离测试，从而精确地测出电阻、电容、电感、二极管、三极管、MOS 管、LED、晶振、变压器、集成块等通用和特殊元件的漏装、错装、参数值偏差、桥连、开 / 短路等故障，并进行准确的故障定位。

目前，ICT 测试方式主要有飞针（Flying Probe，FP）测试和针床（Bed of Nails，BON）测试两种。

飞针测试 飞针式 ICT 测试无须成本高昂的 BON 夹具，代之以独立的飞针，由测试程序控制带集成编码的驱动装置，驱使飞针在气浮导轨上移动，借助编码控制技术实现最小运动摩擦和高精度受控定位。当前，飞针式 ICT 测试有 2 个、4 个、8 个测试飞针的形式，飞针的数量越多，测试效率越高，当然设备也越昂贵。

同时，由于飞针存在一定角度，故其测试覆盖率能达到 90% 以上，远高于传统的 ICT 测试仪（通常覆盖率只有 60%～70%），对一些高密度 PCBA 也能进行测量。此外，飞针式 ICT 测试省去了夹具费用，编程时间短，最初多用于制造过程的故障分析。如今大量用于 PCB 开发和生产过程测试，由于高效率、高准确率和开发快，尤其适合元件密度高、可测通道少、品种复杂、批量小，以及因时间和造价等因素不宜采用针床测试的场合。

针床测试 也称夹具测试，借助针床夹具进行。被测 PCBA 置于夹具内，由测试程序控制继电器矩阵的切换，利用真空吸附产生压力使夹具的弹簧顶针接触 PCBA 测试点，并通过测试台内部的模拟开关网络连接测试系统进行检测。BON 探针数可高达几千根，基本上所有节点均可通过 BON 连接。测试时间只取决于继电器闭合、断开时间，能适应大批量和定型产品的运转节奏。

针床式 ICT 的探针间距有 50mil、75mil、100mil 等，探针头型有尖、平、棱、冠、圆等，一般直径越小，BON 成本越高。针床（见图 55.9）由能够支撑 PCB 在其上面进行测试的压板组

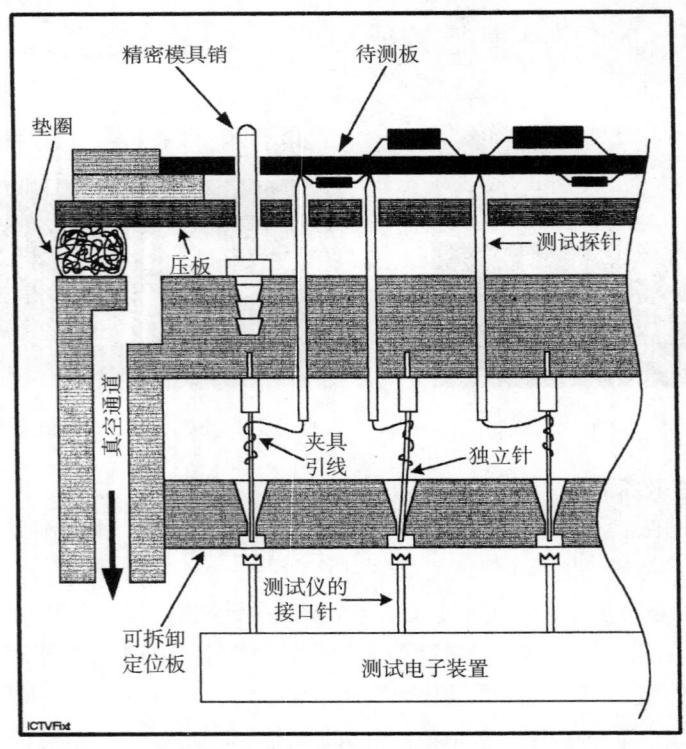

图 55.9 在线真空驱动夹具、针床上的 PCB 测试剖面图。接口针（ATE 电子针的机械接口）放置得非常近，以减小路径长度

成，压板上的每个目标点都钻有小孔，用于节点访问。孔内是弹簧式的探针，连接着 PCB 的目标节点（通过特殊的翻盖装置，可以使探针访问 PCB 的两面）。附带 PCB 的压板形成了一个可移动的顶层真空腔，当真空驱动后，PCB 和压板向下移动，按压探针弹簧，使 PCB 节点与探针充分接触（有时用机械驱动来代替或协助真空）。探针被连接到（典型的绕接技术）测试仪的激励/测量源，这些源也包含机械继电器，以方便测试仪的各种功能连接到给定的探针。

一旦测试仪访问 PCB 的节点，就可以执行在线测试（也称为原位测试）。我们希望测试的组件是独立的，但实际上它们是 PCB 的一部分。

下面对两种测试方法进行比较。

FP 测试和 BON 测试在实际应用中各有其优缺点，详见表 55.2，主要取决于产品的具体情况。

如前所述，飞针测试的最大优点是测试周期短、测试方案更改反应快（尤其是研发样板的更改，只需快速进行测试程序的更改即可，无需更改硬件），缺点是测试速度慢，适合样板和小批量订单。BON 测试的针床制作周期长达几天到几十天，成本投入大，但测试速度极高，一般在 1min 之内即可完成一块 PCBA 的测试。

表 55.2 飞针测试和针床测试对比

ICT 测试技术	飞针测试	针床测试
测试周期	快（取决于测试程序编程周期）	慢（取决于针床制作的周期）
检测速度	慢（所需时间是针床式 ICT 的 30 ~ 100 倍）	快（每块 PCBA 需要 30 ~ 60s）
故障覆盖	取决于可测试性设计（DFT）	取决于可测试性设计（DFT）
测试费用	低	高（针床制作成本 1000 ~ 20000 美元）
适用产品	组装密度高、多批次、中小批量	组装密度高、大批量

55.4.3 规格故障测试

这里没有太多要增加的内容，因为规格故障测试与性能故障测试非常类似。但是，如果出于合同原因，需要向客户展示 PCB 是符合规格的，你可能需要构建"实时"的情景，就好像它们正在执行一个实际的系统设置。此外，应该包含极端的诸如导弹射击的测试范围的情况。问题是，是否有一个更简单的方法呢？

55.5 在线测试技术

55.5.1 模拟在线测试

模拟在线测试是针对印制电路的短路测试：模拟元件、无源元件，如电阻、电感和电容等；以及简单的半导体元件，如二极管和晶体管[1]。模拟在线测试不需要对 PCB 通电，也就是说，它是一种非加电测试方法。

一般先进行短路（节点之间不需要的连接）测试，因为随后的测试基于没有短路的前提，且

1）复杂的模拟元件，如模拟或混合信号 IC，都不太适合模拟电路测试，因为其需要 PCB 通电。简单的二极管和单晶体管可以通过能够检查半导体结特性的在线刺激进行测试。

后续测试可能需要通电。未接通电源的短路测试,可通过施加小的直流电压[1]到一个节点上,而所有其他节点接地。如果电流变动在临界值以下,那么该节点未与任何接地节点短路。如果电流在设定的临界值之上,那么该节点与至少一个接地节点发生了短路。目标节点可以通过线性搜索接地节点的电流流动(缓慢),或使用半分割技术[2](快速),以确定其他节点的电流流向。当算法完成后,它可以依次激励所有节点,指出哪些节点短路,并使用 *X-Y* 位置数据显示出现问题的地方。通常情况下,短路修复后才能继续其他测试,因为它们可能会在分辨缺陷时发生混淆,而且当电源开启时可能导致物理性损害。

接下来要测试非加电测试的模拟元件,如电阻、电容、电感等。同样,低激励电压会保持半导体结关闭。应用交流电压并测量移相电流,以推断出无功部分(电容、电感)的值。对单个[3]阻抗 *R* 的简单测量是将电压施加到该元件的一端(通过针床),通过一个电流测量装置(在概念上是一个对地阻抗为零的电流表)连接到其他端。观察电流流动,再根据已知的激励电压,由欧姆定律(*R = V/I*)可知 *R* 的值,如图 55.10(b)所示。

然而,由于并联路径会转移部分电流,一些分立模拟元件会被连接成另一种方式,以阻止测量电流流经其他元件。如图 55.11 所示,当电压施加到 *R* 的一端时,电流同时也平行流过电阻 R_a 和电阻 R_b。电流表无法测量到流过 *R* 的实际电流,因为并联路径的电流也会通过电流表。

并联路径的问题可以通过一个称为保护的过程予以解决。如图 55.12 所示,保护通过第 3 个

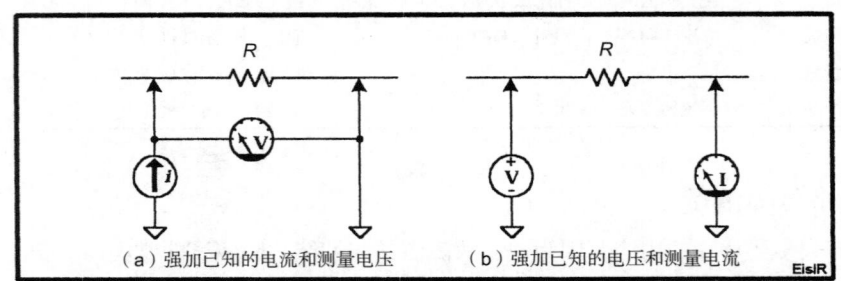

(a)强加已知的电流和测量电压 (b)强加已知的电压和测量电流

图 55.10　PCBA 上的模拟元件可以通过两个连接端子与测试仪的在线测试探针进行访问

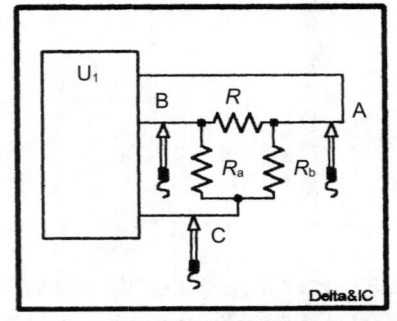
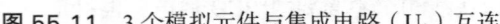

图 55.11　3 个模拟元件与集成电路（U_1）互连

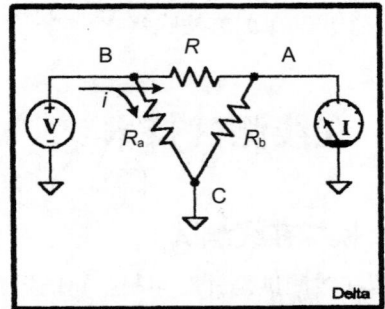

图 55.12　图 55.11 加入保护测量后的等效电路

---

[1]　使用小的刺激电压(通常小于 0.2 V)是为了防止电流流过节点之间的半导体结。此电压不会打开节点,这些节点可能会以寄生的形式存在于 IC 且不会被记录下来。

[2]　半分割技术(也称为二进制查找)是计算机科学的一个基本算法。它的工作原理是,依次考虑一组项目的一半(在这种情况下,接地节点接收的电流),同时除去另一半的考虑。反复递归划分,直到只需考虑最后一个项目。它与原始集合大小的对数(以 2 为基数)有一个复杂的关系,通过比较,线性过程与原始集的大小呈复杂的线性关系。

[3]　该元件在物理意义上可能无法独立存在,但因为低激励电压,且与其连接的可能是静态元件(如 IC),所以该元件可以电气独立。

探针接地并将节点标记为 C。当 C 接地后，所有的测量电流都会流向地，因为 R_b 两端没有压降使电流流经电流表。所有电流表显示的电流都是通过 R 的电流，再次使用欧姆定律可得到 R 值。这是一个典型的三线测量。事实证明，对于普通元件的拓扑结构，可能需要多个保护（即接地连接），但仍被视为三线测量。在一些需要提高精度或网络中元件值的极端比例情况下，可以利用附加的检测线来消除夹具探头、引线、继电器和导线产生的压降带来的误差（见图 55.13）。关于提高测量精度的讨论，参见参考文献 [3]。

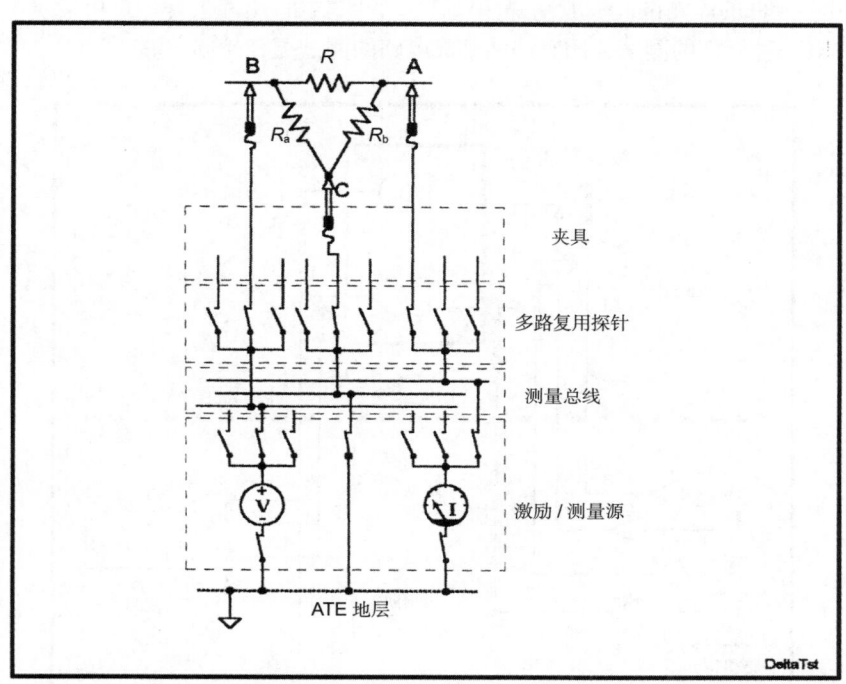

图 55.13 测试源到被测电路的布线

55.5.2 数字在线测试

数字在线测试集中于 PCB 上的数字元件，并要求通电以激活包含在 IC 内的数字逻辑。与模拟元件不需要从 PCB 上拆除就可以测试一样，数字元件也可以用同样的方式测试。关键技术是反向驱动，当给数字元件加以数字激励（通过探针）时，测试仪的驱动器必须克服连接上游元件产生的电压等级。这是通过安装含有电源的数字在线测试仪实现的，低阻抗的驱动器不管在什么状态下，只要用足够的电流创建所需的信号电压，就可以反向驱动上游的驱动器。测试接收器通过探针连接元件的输出，测试仪可以监控这些输出，以获得预期的响应激励（见图 55.14）。

反向驱动的问题是，在测试感兴趣的元件时，测试仪驱动器会滥用上游其他元件的驱动器[1]。研究[4]表明，这可能会损害上游元件。例如，过载硅结或元件键合线可能会加热到足以被损坏。有时，这种损坏发生得很快（毫秒级）。这个问题可以通过细致的应用试验，仔细观察它们的持续时间来解决。如果反向驱动测试可以很快完成，或有适当的冷却间隔，那么损害就可

1）滥用可以通过调节上游驱动器来避免。禁用上游驱动器的一个方法是，使用额外的测试驱动器禁用输入（当它们存在时）的驱动状态，使引线输出。当然，问题可能简单地被移到了上游，因为禁用的输入可能也连接到了上游的驱动器，而这个驱动器会被过载而代替了原来的驱动器。如果需要，这种调节过程可以实施几个层次。

以成功避免了。这使得数字在线测试在检测技术中占据主导地位。

数字在线测试的一大优点是，它直接在目标元件的输入和输出端执行。如果该元件测试失败，可以直接看到，而不再需要与其他元件相互作用。这是其与功能测试的主要区别。故障通常可以分解为两类缺陷：IC 故障或输入 / 输出 / 电源引线的焊点开路。

另一个主要区别是，数字在线测试的自动化测试编程的难易程度。集成电路的测试准备可以视集成电路为独立的存在[1]，存储在库中，并在需要时可以从库中调出。现代数字在线测试仪可实现成千上万个元件的库测试。一般来说，只有一种类型集成电路的库测试可能是不存在的（如 ASIC），仅针对一种元件的测试，比有许多集成电路的测试更容易创建。

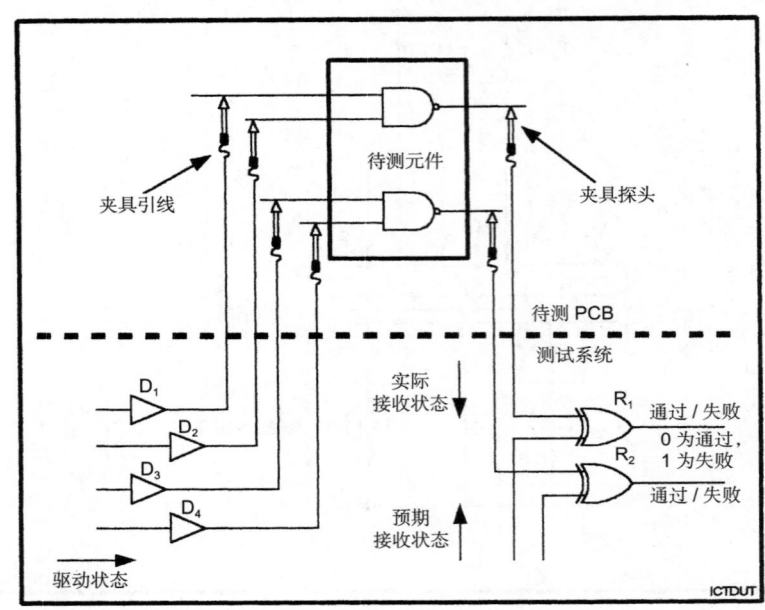

图 55.14 在线数字测试设置完整的节点访问，待测元件经常被连接到其他元件

55.5.3 制造缺陷分析仪

制造缺陷分析仪（MDA）本质上是一个比较低端的模拟在线测试仪。由于其只包含基本的编程和操作软件，又无需给 PCB 供电，所以设备维护成本较低。当然，这是以牺牲一定的测试精度和效率为代价的。

55.5.4 通用在线测试仪

电子行业的主力是通用在线测试仪，支持模拟和数字在线测试。图 55.15 是一种广泛使用的系统。它包含供电板，往往还包含复杂的模拟在线测试编程工具和数字测试的广泛数据库。该测试仪的典型测试和修复流程如图 55.16 所示。需注意，如果测试到短路，会提前退出 PCB 的修复流程，以避免短路时继续对 PCB 通电，因为这对于 PCB 和操作人员都可能存在危险，而且还会混淆后期测试的故障诊断结果。

---

[1] 这是假定 IC 的 I / O 引线不具有任何拓扑结构，如一个输入引线直接接地或一个输出引线反馈到输入引线。在这种情况下，已经准备好的测试可能与这些约束条件不兼容，并且可能只能在不兼容部分被删除后使用，以降低故障覆盖率。

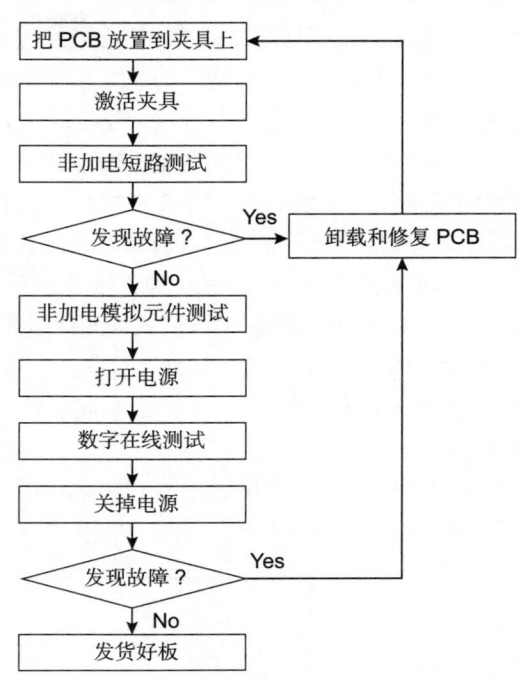

图 55.16 在线测试仪的典型测试和修复流程

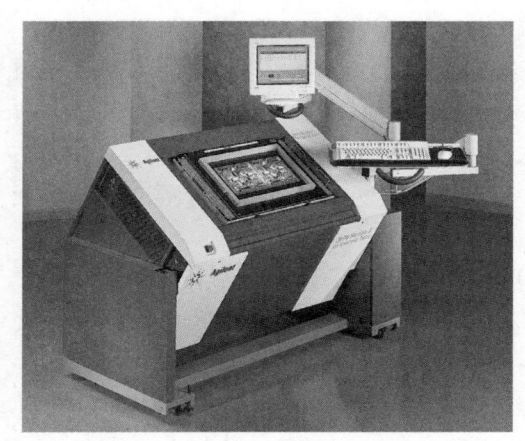

图 55.15 商业应用的在线测试探针和操作终端，
PCB 需安装在针床夹具顶部的测试位置

55.5.5 组合测试仪

在生产线有各种各样的生产技术的情况下，就需要功能测试和在线测试同时存在了。因此，就有了混合功能/在线测试仪（俗称组合测试仪）。这些机器给测试工程师提供全套的工具去解决测试问题。它们还允许一站式测试，即制造缺陷和功能性能故障可以在生产流程中的同一个站点检测。

组合测试仪使用针床进行在线模拟和数字测试。它可以利用板边连接器进行功能测试。在某些情况下，通过构建一个两级针床夹具将这些方法混合起来，针床上使用的探针有两种长度，且一个压板在操作时有两种压力。第一阶段是完全施压，使所有的探针与 PCB 接触，进行标准的在线测试访问。第二阶段是局部施压，其中只有较长的探针能与 PCB 接触，也可能在板边进行功能测试。短探针的去除，消除了它们施加给内部电路节点的电气负载，并使 PCB 在更自然的环境中工作。

55.6 传统电气测试的替代方案

替代测试使用完全不同的方法来解决缺陷问题，以致力于传统电气测试方法无法解决的盲区。这里给出两个传统测试难以解决的缺陷的具体案例。

首先，考虑一块有大量旁路电容的 PCB。所有这些电容都连接在电源和地之间，因此它们并联后的总电容可相加得到。使用模拟在线测试，可以测试总电容。然而，如果某个电容缺失或立碑，测试仪很有可能无法检测到，因为产生衰减的电容与总电容下降的公差是一致的。由于噪声抗扰能力的衰减，PCB 在高频率工作情况下可能会有不利影响。这可以通过性能测试检测到（可能）。然而，性能测试一旦失败，解决电容缺失问题就变得非常困难了。对于这个问题的一个非传统测试方式是，利用目检去寻找丢失的电容。但是，这可能找不到焊点开路。另一种方法是，使用自动 X 射线图形测试仪检查电容的缺失情况和焊料完整性，乃至是极性电容的方向。

其次，考虑数字元件输入的焊点开路问题。这种缺陷可能会表现为元件本身行为异常，但是更换元件（同时也修复焊料开路）是不对的，因为并非该元件出现了故障。数字在线测试解决坏元件输入引线的焊料开路问题是有困难的 [1]。无论是通过目检，还是使用手动探针去观察 PCB 信号是否到达 IC 引线都会获得最终结果，由于封装尺寸不断减小（如 TAB），以及部分新连接技术（如球阵列）并不能通过目检或探针技术进行检测，这变得越来越困难。

检测焊点开路问题的另一种方法是，采用电容耦合技术寻找开路。该技术基于这样一个事实，许多 IC 都有引线框架，形成从元件引线到管芯键合线焊盘的导电通道。使用的针床，只有一个连接到 IC 的节点可以接地（这是一个非加电技术）和一个小的 AC 信号可以用于剩下的节点。被绝缘的金属板压在 IC 顶部形成电容的顶板，受激励的 IC 引线和引线框架导体构成底板（图 55.17）。

图 55.18 是一个正确焊接的 IC 引线和一个焊点开路的电容开路测试的等效电路图。电容 C_1 可能为 100fF（100×10^{-15}F）级，如此小的精度足以保证需要检测环境噪声的精密电子检测设备。

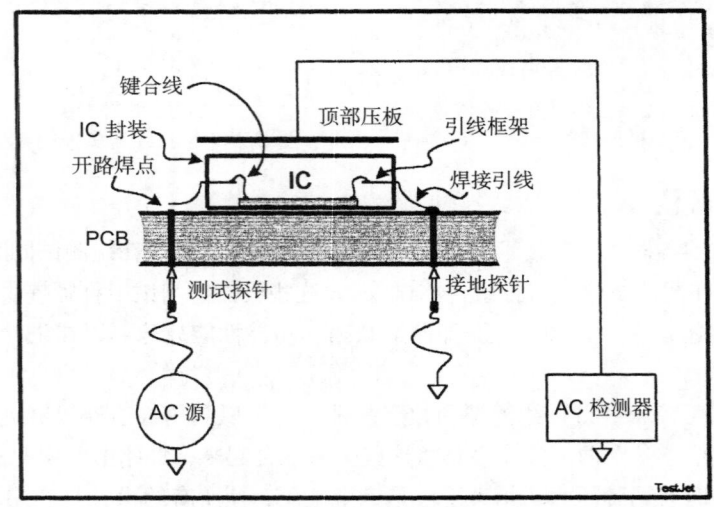

图 55.17 用于发现开路焊点的电容引线框架测试

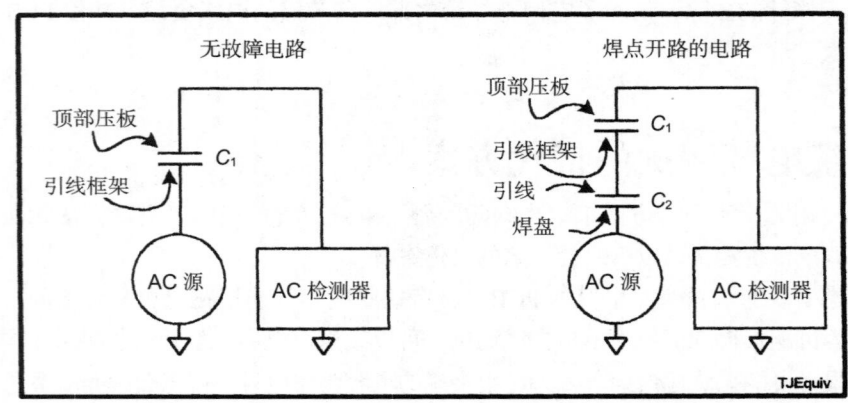

图 55.18 无故障和开路焊点的等效电路图

1）暂时忽略利用边界扫描解决这个问题。

现在，只要将 IC 引线焊接到激励 PCB 的节点，就能正确测量电容值。

如果焊点开路，那么第二个较小的电容 C_2 就会如 C_1 一样。这使所测电容减小了 2 ~ 10 倍。电容引线框架测试允许复杂 IC 的焊点开路测试，不需要通电，也不需要知道集成电路实际的工作。该技术无需复杂的编程，并给出了准确的焊接缺陷分析。该技术已扩展到连接器和交换器的焊料完整性测试。电容引线框架的测试夹具如图 55.19 所示。

图 55.19 针床上带 PCB 的测试夹具，翻盖式顶部的夹具含有电容式传感器压板。注意，8 个紧密排列的用于测试开路的传感器板（右）在板上的 8 个（白色）连接器内

55.7 测试仪比较

表 55.3 总结并比较了各种类型测试仪的成本和能力。大部分制造商都注重良好的诊断分辨率和故障覆盖率，所以在线测试仪和组合测试仪的广泛使用就不足为奇了。广泛应用的 MDA 测试仪编程简单、快速，但是，它以牺牲覆盖率和诊断分辨率为基础，通常用于低成本、大批量产品。现在，功能和规格测试仪越来越少了，往往只是以合同或管理要求的方式存在。

表 55.3 各种测试仪的成本和能力

测试仪类型	典型成本 / 美元	编程时间	诊断分辨率	故障覆盖率	备 注
MDA	$10^4 \sim 10^5$	1 ~ 2 天	一般	差	不涵盖数字测试；需要已知好板用于编程
在线测试	$10^5 \sim 10^6$	5 ~ 10 天	最好	好	夹具是准备时间的主要部分
组合测试	$10^5 \sim 10^6$	10 ~ 30 天	最好	最好	功能测试编程是准备时间的主要部分
功能测试	$10^5 \sim 10^6$	1 ~ 4 个月	一般	一般	测试准备和结果解释要求非常高的技能
规格测试	$10^3 \sim 10^8$	数星期 ~ 数年	差	？	测试准备和结果解释要求非常高的技能

参考文献

[1] W. A. Groves, "Rapid Digital Fault Isolation with FASTRACE," Hewlett Packard Journal, vol. 30, no. 3, March 1979

[2] K. P. Parker, Integrating Design and Test: Using CAE Tools for ATE Programming, Computer Society Press of the IEEE, Washington, DC, 1987

[3] D. T. Crook, "Analog In-Circuit Component Measurements: Problems and Solutions," Hewlett Packard Journal, vol. 30, no. 3, March 1979

[4] G. S. Bushanam et al., "Measuring Thermal Rises Due to Digital Device Overdriving," Proceedings of the International Test Conference, Philadelphia, PA, October 1984, pp. 400–407

[5] V. R. Harwood, "Safeguarding Devices Against Stress Caused by In-Circuit Testing," Hewlett Packard Journal, vol. 35, no. 10, October 1984

第 12 部分

可靠性

第56章
导电阳极丝的形成

Dr. Laura J. Turbini
加拿大安大略省，多伦多大学

胡梦海　审校
广州兴森快捷电路科技有限公司

56.1　引　言

导电阳极丝（CAF）这种故障模式在20世纪70年代中叶由两个不同的研究团队：贝尔实验室和雷神公司首先观测到。从此以后，为了了解CAF形成的影响因素，人们进行了更深入的研究，包括基材选择、导体结构、电压和间距、工艺流程、湿度和存储、使用环境。现在，CAF已被认定为碱式氯化铜盐，它具有半导体特性，因此在桥连时会导致灾难性故障。太阳微系统公司开发了一种多层板的CAF测试方法，并被引进成为一种IPC标准测试方法。本章将详细地探讨这些话题，然后识别出印制电路板（PCB）的制造公差限制，并对CAF测试附连板的设计给出建议。

56.2　了解 CAF 的形成

在20世纪70年代中叶，贝尔实验室的研究人员开始关注应用于高压转换器上的PCB的潜在故障。他们报道了[1, 2]涂有紫外线（UV）固化树脂的挠性PCB的加速寿命试验，并确定了两种新的失效模式：表面导体间的导电桥连和穿过基板的导电短路。

贝尔实验室的测试工具（见图56.1）是一个挠性环氧树脂玻璃布PCB，板厚为0.005~0.007in，其梳形线路的线宽为0.008in，线距为0.009in。有些梳形线路在表面施加偏置电压，有些则在基板内部施加偏置电压。处理好的PCB涂有敷形涂层，在35~95℃的温度、25%~95%的相对湿度（RH），以及高达400 V的直流（DC）电压下进行实验。在85℃、80%RH和78 V偏压的加速实验下，故障发生在2~5天之内。

贝尔实验室的技术人员确定了两种主要的失效模式，他们将其描述为"由于导体之间形成导电桥连而导致的绝缘电阻的灾难性损失"。第一种失效模式——穿过基板的短路——只发生在温度75℃和相对湿度85%以上，因此在使用环境下不被认为是问题（见图56.2）。第二种失效模式为PCB同一面导体之间的短路，此时导电物质在玻纤束和环氧树脂之间不断堆积（见图56.3）。R. H. Delaney和J.N. Lahti[2]指出，表面树脂层越厚，观察到的故障就越少。同时他们也发现了另一种被称为阳极爆发的失效模式，在此失效模式下阳极和表面涂层之间会产生腐蚀产物，使表面烧焦，然后穿过表面涂层生长到阴极，形成短路（见图56.4）。

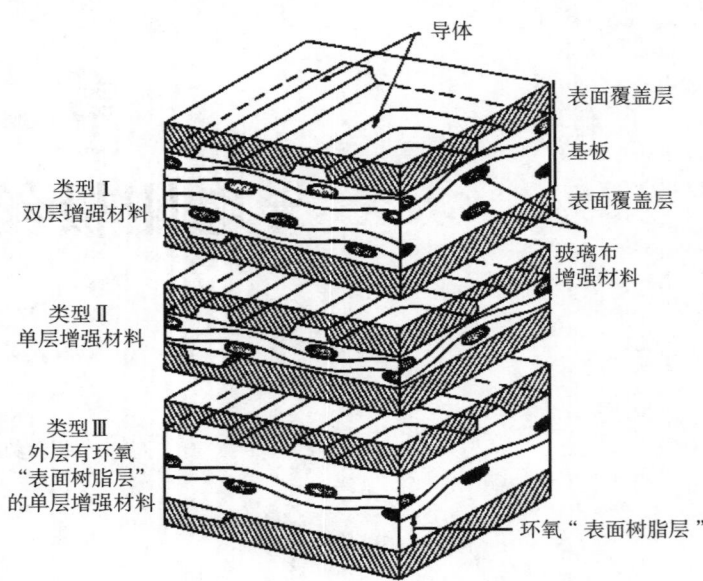

图 56.1 贝尔实验室的测试方法比较：双层玻璃布增强材料（类型 Ⅰ），单层玻璃布增强材料（类型 Ⅱ），带有额外表面树脂层的单层玻璃布增强材料（类型Ⅲ）（©1976 IEEE）

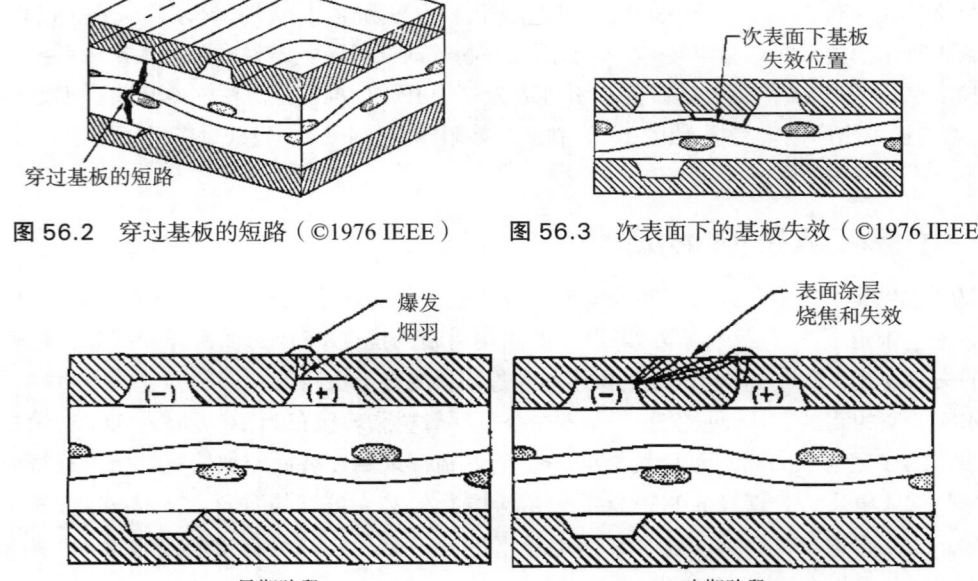

图 56.2 穿过基板的短路（©1976 IEEE）　　**图 56.3** 次表面下的基板失效（©1976 IEEE）

图 56.4 阳极爆发失效模式（©1976 年 IEEE）

　　1976 年，雷神公司的 Aaron Der Marderosian 在研究白斑、裂纹和分层时，通过在多层 PCB 的地层和导体之间加载直流电压来检查其可靠性（见图 56.5）[3]。测试样品加载 100V 直流偏压并经历了 10 天的老化，老化条件为 65℃、95%RH。基于研究结果，Der Marderosian 报道了一个被他称为"穿通"现象的失效，这与 Delaney[2] 报道的"穿过基板的短路"是类似的。为了进一步研究这种故障，Der Marderosian 将从 3 个不同的供应商处获取的测试附连板，分为 3 组，

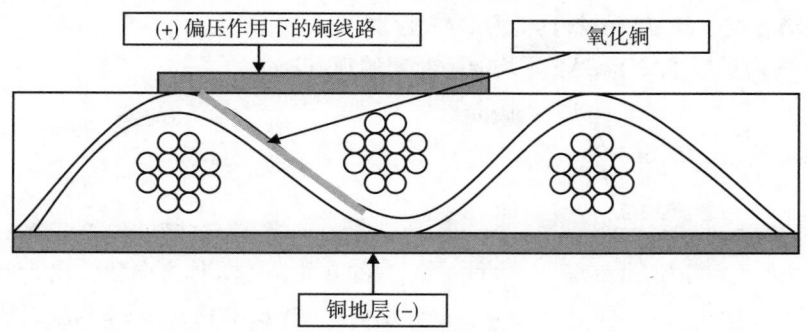

图 56.5 雷神实验室测试附连板中从阳极导体到铜地层的"穿通"现象

其中 2 组分别加载 100V 直流偏压和 100V 交流偏压，第 3 组则没有加载偏压。因为"穿通"现象只在加载直流偏压时才能被观测到，Der Marderosian 推断这种故障是电化学反应引起的金属离子迁移。他报道称，"穿通"故障数目会随着老化电压的降低而减少，问题是聚氨酯敷形涂层的增厚促进了这种问题的发生，而非抑制。

"穿通"是一种电气故障，其最终会在两个铜金属层之间形成绝缘性能的破坏。在研究初期，Der Marderosian 观察了导电沉积物中铜的含量，并假定其为沿着玻璃纤维生长的氧化铜。最终，这些沉积物生长到阴极，形成短路，进而环氧树脂发生碳化并具备更强的导电性，然后环氧树脂爆裂并使玻璃纤维之间破裂。在晚期阶段，Der Marderosian 观察到了金属丝熔化现象。

式（56.1）描述了 Der Marderosian 的观点，即在阳极上生成了 CuO 和 Cu（OH）$_2$，而在阴极上产生了少量的铜和氢气。他同时注意到，氢氧化铜在 60℃ 以上会分解成氧化铜。

$$3Cu + 3H_2O = CuO + Cu(OH_2) + 2H_2 + Cu \tag{56.1}$$
$$\text{阳极}\text{阴极}$$

1979 年，D. J. Lando 等人[4]首次使用术语导电阳极丝（CAF）来描述这种故障。他们将 CAF 的形成机理定义为两个步骤：先是环氧树脂／玻璃布界面物质的降解，然后是电化学反应。

阳极 $\quad Cu = Cu^{n+} + ne^-$

$\qquad\quad H_2O = \dfrac{1}{2} O_2 + 2H^+ + 2e^-$

阴极 $\quad 2H_2O + 2e^- = H_2 + 2OH^- \tag{56.2}$

$\qquad\quad H_2O + \dfrac{1}{2} O_2 + 2e^- = 2OH^-$

$\qquad\quad Cu^{n+} + ne^- = Cu$

1980 年，T.L.Welsher 等人[5]报道称，当导体间距接近时 CAF 是潜在的严重可靠性问题，并在式（56.3）的基础上提出了 CAF 平均故障时间（MTTF）的计算方法。

$$MTTF = a(H)^b \exp\left(\frac{E_a}{RT}\right) + d\frac{L^2}{V} \tag{56.3}$$

其中，H 为湿度；E_a 为活化能；R 为气体常数；T 为开尔文温度；L 为导体间距；V 为电压；a、b、E_a、d 由材料决定。

Welsher 等人指出，要准确地确定导体间距和湿度对 CAF 的影响，还需要更多的研究。他们还报道称，玻璃布增强的三嗪材料具备耐 CAF 性能。

1981 年，他们扩展了关于 CAF 平均故障时间的观点：

$$\alpha\left(1 + \beta\frac{L^{n}}{V}\right)\cdot H^{\gamma}\exp\frac{E_{a}}{kT} \qquad (56.4)$$

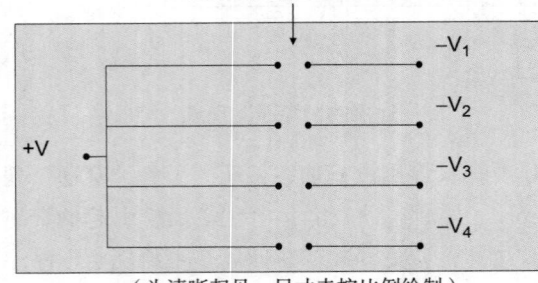

孔到孔间距
（0.5 mm 或 0.75 mm）

$-V_1$
$-V_2$
$+V$
$-V_3$
$-V_4$

（为清晰起见，尺寸未按比例绘制）

图 56.6 Ready 和 Turbini[6] 采用的孔到孔测试方法

其中，α、β 是与材料相关的常数；γ 是与湿度相关的常数；n 与导体方向相关；L 为间距；V 为电压；H 为湿度；E_a 为活化能；k 为玻尔兹曼常数；T 为开尔文温度。

W. J. Ready 和 L. J.Turbini[6] 通过一种孔到孔的测试图形研究电压和间距对 CAF 故障的影响（见图 56.6）。他们采用两种不同的间距（0.50mm 和 0.75mm）和偏置电压（150 V 和 200 V），最终显示其关系为 L^4/V^2，见式（56.5）。

$$MTTF = c\cdot\exp\left(\frac{E_{a}}{kT}\right) + d\left(\frac{L^{4}}{V^{2}}\right) \qquad (56.5)$$

此外，他们提供了使用不同助焊剂成分时 CAF 形态亦不同的证据。当测试附连板无助焊剂涂敷时，仅在玻璃布和环氧树脂界面形成了铜盐，而经过水溶性助焊剂处理的样品显示出其聚合物基体中有含铜物质存在。Ready 和 Turbini 还确定了 CAF 的化学性质与氯铜矿类似，为 $Cu_2Cl(OH)_3$ 的正斜方晶结构。铜 - 氯 - 水体系的电位 -pH 图（见图 56.7）显示，当 pH 小于 4 时，碱式氯化铜不溶于水，因此铜盐会从酸性阳极开始生长。他们还说明了这种盐具有很高的导电性，当其桥连到阴极时就会产生灾难性故障，通过电子和空穴导电，即具备半导体性质。

典型的 CAF 细丝直径不大于 50μm，长度不大于 0.2mm。

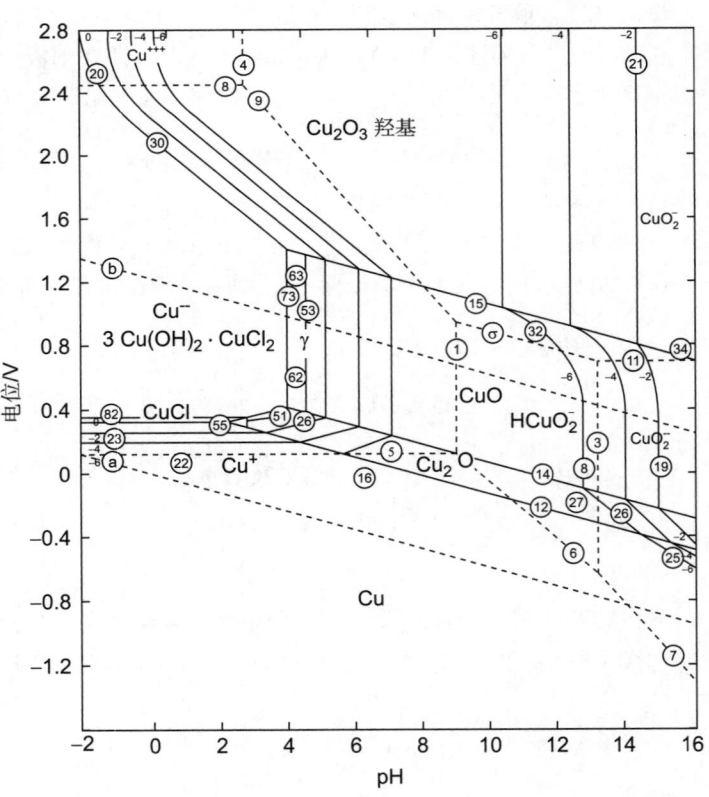

图 56.7 铜 - 氯 - 水体系的电位 -pH 图

56.3 电化学迁移和 CAF 的形成

CAF 是由电化学迁移产生的含铜导电盐。因此，详细回顾电化学迁移的过程显得尤为重要。CAF 从基材内部开始生长，而材料本身是绝缘体，能够防止相邻线路之间的电流流动，这种对电流流动的阻力称为绝缘电阻。

欧姆定律描述了电压、电流和电阻之间的线性关系：

$$V = IR \tag{56.6}$$

其中，V 为电压降，单位为伏特（V）；I 为电流，单位为安培（A）；R 为电阻，单位为欧姆（Ω）。

电阻并不是材料的一个固有特性。更准确地说，它取决于基板的一些几何因素，如本征电阻率。对于表面电阻：

$$R = \rho \left(\frac{d}{A} \right) \tag{56.7}$$

其中，ρ 为材料电阻率；d 为导体间距；A 为横截面积。

电导率（σ）是电阻率的倒数：

$$\sigma = \frac{1}{\rho}$$

无论是电阻率，还是电导率，都会受工艺流程中化学品的影响。

电化学迁移（见图 56.8）是在直流电压影响下的离子运动。电化学腐蚀随着电路间距的减小而增加，这是由于电场强度的增大与导体间距成反比。

$$E = \frac{V}{d} \tag{56.8}$$

其中，E 为电场强度；V 为电压；d 为导体间距。

在电化学迁移中，水分是必不可少的。当水分存在时，金属离子在阳极生成并向阴极迁移，然后在阴极析出形成枝晶。当枝晶在导体间桥连时短路就发生了，而这些脆弱枝晶加载的高电流使得其很快便会被烧断。

在 CAF 的形成过程中，阳极在电化学反应作用下不断生成铜离子。而环氧丙烷和双酚 A 反应产生的剩余氯离子以极低的水平存在于 FR-4 基材中。这些有铜离子和水参与的反应生成了 CAF——$Cu_2Cl(OH)_3$，由于其不溶于酸，因此从阳极开始生长，而为其生长提供通道的是环氧树脂和玻璃布的界面。

表面的湿气溶入离子污染物后，增大了阳极和阴极间绝缘层的电导率（电阻减小），并

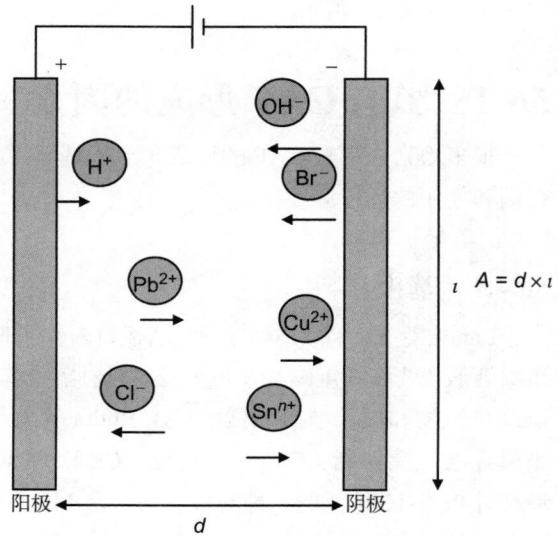

图 56.8 正离子向阴极移动和负离子向阳极移动的电化学迁移

加速了电化学迁移。电化学迁移的速率取决于很多因素：离子溶解度、离子迁移率、pH 对溶解度的影响、离子反应活性、温度和相对湿度。

离子的溶解度和它在水中的迁移率是很重要的，因为电导率同时取决于这些因素：

$$\sigma = \sum N_i q_i \mu_i \tag{56.9}$$

其中，N_i 为某一特定类型的电荷载体数量（如 Na^+ 正离子、Cl^- 负离子）；q_i 为载体的电荷；μ_i 为电荷载体的迁移率。

特定离子的迁移率取决于温度和扩散常数：

$$\mu_{ion} = \left(\frac{q}{kT} \right) D_{ion} \tag{56.10}$$

其中，k 为波尔兹曼常数；T 为开尔文温度；D_{ion} 为特定离子的扩散常数。

水溶液中的离子电导率和扩散常数可以在化学和物理手册中查表得到[7]。

工艺流程中的大多数污染物并不是彼此孤立存在的。更准确地说，可能存在一些离子核，并且其中的一些会互相反应形成新的离子核。

污染物的溶解度也取决于 pH。水在偏压作用下发生电离，并在阳极生成酸性媒介，在阴极生成碱性媒介，反应如下：

阳极　　$H_2O = \frac{1}{2} O_2 + 2H^+ + 2e^-$

阴极　　$2H_2O + 2e^- = 2OH^- + H_2$　　或　　$O_2 + 2H_2O + 4e^- = 4(OH)^-$

温度是需要考虑的另一个重要因素，温度上升会增大离子的溶解度、迁移率和活性。

总而言之，很多因素都会影响电化学迁移，如基板和镀覆金属的特性、污染物、电压梯度和存在充足的水分。最后一个要素非常重要，因为如果表层没有充足的水，离子迁移是不可能发生的。

56.4　影响 CAF 形成的因素

很多因素会影响 CAF 的形成，包括基板材料、导体结构、工艺流程、电压和间距、助焊剂、存储和使用的环境湿度。

56.4.1　基板材料

Lando 等人[4]将 FR-4 与一些基板材料作了比较：G-10（非阻燃环氧树脂 / 玻璃纤维织物材料）、聚酰亚胺 / 玻璃纤维织物（PI）、三嗪树脂 / 玻璃纤维织物、环氧树脂 / 芳纶纤维织物、聚酯 / 玻璃纤维织物和玻璃毡。同样的，B. Rudra 等人[8]对如下基板材料进行了广泛的比较实验：双马来酰亚胺三嗪树脂（BT）、氰酸酯（CE）、FR-4。此外，Ready[9]比较了 FR-4 和 CEM-3（除玻璃毡外与 G-10 相似的一种基板材料）及 MC-2（一种聚酯 / 环氧树脂与玻璃纤维织物和一张玻璃毡芯板的混合基板材料）的 CAF 敏感性。在这些研究者测试的所有材料中，BT 材料被证明是耐 CAF 性能最好的材料（归于其较低的吸水率）。相反，MC-2 基板材料被证明其耐 CAF 性能最差。材料的 CAF 敏感性趋势如下：

MC-2＞环氧树脂／芳纶纤维＞ FR-4～PI ＞ G-10 ＞ CEM-3 ＞ CE ＞ BT

　　为确保耐 CAF 性能，应优先选择 BT 材料。近年来，覆铜板供应商已经开发出了其他耐 CAF 的基板材料，但因此产生的成本增加是不得不考虑的。

导体结构

　　Lando 等人[4]评估了几种不同的导体结构：

- 线到线（L-L）
- 孔到线（H-L）
- 孔到孔（H-H）

　　评估结果表明，CAF 敏感性的关系为 H-H ＞ H-L ＞ L-L。Lahti 等人[10]证实，导体间距越小，玻璃纤维与铜导体越接近，CAF 形成就越快。他们注意到，对于多层板，故障一般开始发生在最内层。

56.4.2　工艺流程

　　在 PCB 制造过程中，环氧树脂 - 玻璃布之间的结合力会在钻孔或铣板过程中减弱。而在焊接过程中，由于环氧树脂和玻璃布之间的热膨胀系数（CTE）不同，两者之间的结合力也将被削弱。Turbini 等人[11]的数据表明，无铅组装温度的升高会使 CAF 形成概率明显增加。

　　另一因素是水溶性助焊剂中的聚乙二醇在焊接过程中扩散进入 PCB 基材。由于扩散率取决于温度，因此 PCB 处于其玻璃化转变温度以上的时间长短将影响环氧树脂中聚乙二醇的吸收量，继而影响其电气性能。J.A. jachim 等人[15]报道了经水溶性助焊剂处理过的测试附连板经历两种不同温度曲线后，经历较高温度曲线的测试附连板，其表面绝缘等级要比经历较低温度曲线的测试附连板低一个数量级。

56.4.3　电压和间距

　　决定 CAF 敏感性的其他两个关键因素是电压和间距，电场（V/d）驱动了 CAF 的生长，而在越小的导体间距下故障发生得越快。

56.4.4　助焊剂的影响

　　相关研究表明，聚乙二醇[12]（在水溶性助焊剂中发现的）会在焊接过程[13]中扩散到环氧树脂内部。随着基材吸收的水分增多[14]，聚乙二醇的吸收会降低电气性能。Jachim 等人[15]第一个将助焊剂中聚乙二醇的使用和熔融流体对 CAF 形成的敏感性联系起来。

　　Ready 等人[16]表明，某些水溶性助焊剂或熔融［热风焊料整平（HASL）］流体的使用会增加 CAF 的形成。在检查一个灾难性的现场故障（见图 56.9）时，Ready 等人[16]证明了在内层电源层和接地引线之间存在含有溴化铜的

图 56.9　军用设备的灾难性现场故障：导电丝从 +20 V 的地层生长到 −20 V 的接地引线，助焊剂残留物提高了故障发生率

盐，间距为 0.005in。使用与故障产品同一批次生产的测试附连板，他们从多层板的内层提取出了助焊剂残留物，并采用离子色谱法将 PCB 内层的残留物与助焊剂成分进行匹配。

当使用某些助焊剂时，CAF 的形态是不同的[6]。图 56.10（a）中，没有使用助焊剂时，环氧树脂 / 玻璃布界面 CAF 的形态只是晶体状细丝；图 56.10（b）中的助焊剂含有聚乙烯丙二醇（1800），并且除了环氧树脂 / 玻璃布界面的细丝，分层位置还有含铜的化合物；而图 56.10（c）中，助焊剂含有线性脂肪族聚醚，如同在界面发现的细丝一样，人们可以看到条纹形态的含铜化合物。

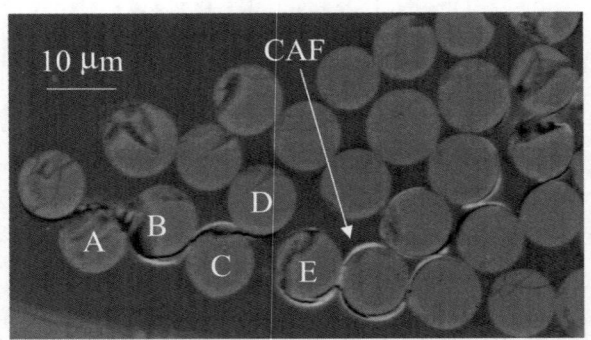

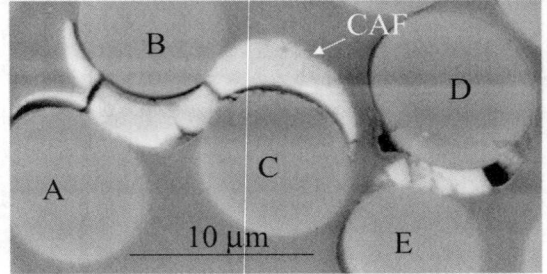

（a）CAF只存在于玻璃布/环氧树脂界面

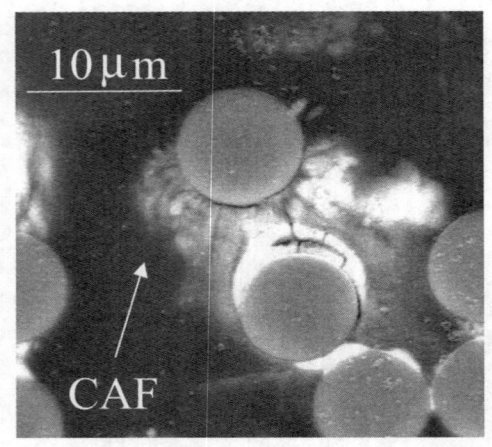

（b）显示聚合物基体中含有额外的含铜化合物

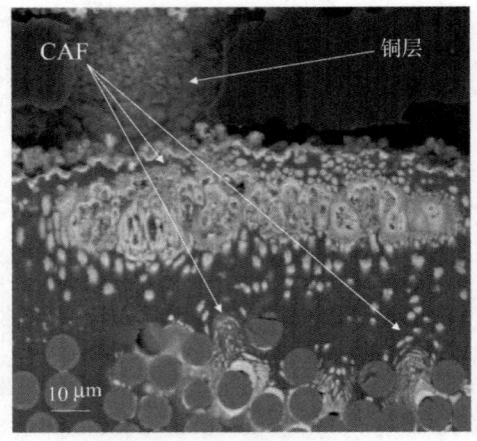

（c）显示聚合物基体中含有额外的含铜化合物

图 56.10 使用不同助焊剂成分的不同 CAF 形态

56.4.5 PCB 存储和使用的环境湿度

J.A.Augis 等人[17]断定 CAF 是否形成有一个最低的湿度门槛，他们发现这个相对湿度门槛取决于工作电压和温度。重要的是，相对湿度不只存在于工作环境中，吸水在组件寿命的任何时刻都会发生。

特别关键的是在运输或存储过程中，组件可能会经历严酷的环境条件。

56.5 耐 CAF 材料的测试方法

在 20 世纪 90 年代后期，材料供应商开始开发新的材料，并以其具备耐 CAF 性能推向市场。为了评估这些材料，K. Sauter[18] 开发了一种测试 CAF 的工具，即一种多层板，其由孔到孔间距为 0.25mm、0.375mm、0.50mm 和 0.625mm 的菊花链设计组成，这些孔要么平行、要么交错于玻璃纤维方向（见图 56.11）。多层板在 65℃和 85%RH 下加速老化 500h。Sauter 的结果表明，变化基于层压板材料、制造商和对角线分布的孔，而前者对耐 CAF 性能的影响更大。他同时定义了镀覆孔周围的易导电区域，这个区域在加速老化试验中会快速失效，甚至短于 1min，这是由于钻孔生产过程中产生了机械损伤并形成了通道，这在建立设计规则时是必须考虑在内的。这个测试方法和程序已被开发为 IPC 试验方法（IPC-TM-2.6.25），即《耐导电阳极丝（CAF）性能》[19]。

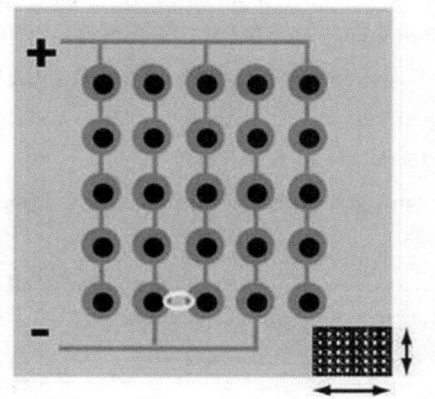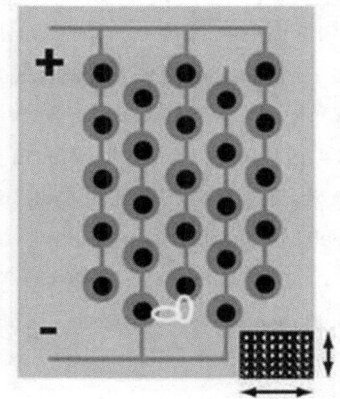

图 56.11 与玻璃纤维方向平行和交错的测试图形

56.6 制造公差的注意事项

对耐 CAF 材料进行统计研究的测试附连板设计，必须考虑 PCB 制造过程中的局限性[20]。当孔到孔的间距变得越来越小时，必须考虑钻孔工艺的局限性。当钻头以某个角度入板时，可能会由于斜孔而导致钻孔偏移。钻头直径越小，这两个因素就会越恶化。钻孔设备的典型制造公差一般为 ±0.075mm。基于此，用于 CAF 统计研究的测试附连板设计应具有 0.375mm 的孔壁间距，因为制造公差应该不超过孔到孔间距的 20%。

耐 CAF 材料往往比传统 FR-4 要贵得多，因此它们被留给有高可靠性要求的产品，同时优化成本和性能，设计为多层板而非双面刚性板。多层板和双面刚性板的最重要区别是玻璃布和树脂的比例。在钻孔时，具有较高玻璃布含量的 PCB，其环氧树脂/玻璃布界面会受到更多的损伤。

典型的双面 PCB 采用 8 张 7628 玻璃布（厚度为 0.175mm）制成一块 1.5mm（0.062in）厚的 PCB，其树脂含量为 30% ~ 40%。而对于多层板，每层的玻璃布厚度可以在 0.035 ~ 0.10mm（0.001 ~ 0.004in），一般由 1 张 1080 玻璃布或者 2 张 106 玻璃布组成。在这种情况下，当玻璃布的厚度为 0.10mm 时，树脂含量为 45% ~ 50%；当玻璃布的厚度为 0.035mm 时，树脂含量为

55% ~ 65%。在钻孔过程中，高树脂含量 PCB 的孔壁损伤会小很多，以 7628 玻璃布为例，其单边孔壁损伤会达到 0.075 ~ 0.1mm，而对于 106 或 1080 玻璃布，其单边孔壁损伤一般只有不到 0.03mm。

激光钻孔形成的微孔可以用在更小间距的 CAF 研究中，因为激光烧蚀形成的孔不会有钻孔损伤，并且不会产生机械钻孔时的钻孔偏移。因此，激光钻孔的公差一般小于 0.025mm（0.001in）。

本章提到的灾难性故障（见图 56.9）是电源层（阳极）导致的，并由于 CAF 生长产生了到孔（阴极）的短路。在设计测试附连板时，电源层必须始终是阳极，以减小腐蚀的电流密度。一个大的阴极与一个小的阳极接触时，在阳极上会形成高电流密度并增大腐蚀速率。目前设计有 1mm（0.040in）甚至 0.8mm（0.032in）BGA 的微孔板，当平面层到孔的间距小于 0.2mm（0.008in）时就会成为问题。

参考文献

［1］ Boddy, P. J., et al., "Accelerated Life Testing of Flexible Printed Circuits: Part I: Test Program and Typical Results," IEEE Reliability Physics Symposium Proceedings, Vol. 14, 1976, pp. 108–113

［2］ Delaney, R. H., and Lahti, J. N., "Accelerated Life Testing of Flexible Printed Circuits: Part II Failure Modes in Flexible Printed Circuits Coated with UV-Cured Resins," IEEE Reliability Physics Symposium Proceedings, Vol. 14, 1976, pp. 114–117. © 1976 IEEE. Reprinted with permission

［3］ Der Marderosian, A., "Raw Material Evaluation through Moisture Resistance Testing," paper presented at in IPC 1976 Fall Meeting, San Francisco, IPC-TP-125

［4］ Lando, D. J., Mitchell, J. P., and Welsher, T. L., "Conductive Anodic Filaments in Reinforced Polymeric Dielectrics: Formation and Prevention," IEEE Reliability Physics Symposium Proceedings, Vol. 17, 1979, p. 51–63

［5］ Welsher, T. L., Mitchell, J. P., and Lando, D. J., "CAF in Composite Printed Circuit Substrates: Characterization, Modeling and a Resistant Material," IEEE Reliability Physics Symposium Proceedings, Vol. 18, 1980, pp. 235–237

［6］ Ready, W. J., and Turbini, L. J., "The Effect of Flux Chemistry, Applied Voltage, Conductor Spacing, and Temperature on Conductive Anodic Filament Formation," Journal of Electronic Materials, Vol. 31, No. 11, 2002, pp. 1208–1224

［7］ Linde, D. R.（ed.）, Handbook of Chemistry and Physics, 80th ed., CRC Press, 1999

［8］ Rudra, B., Pecht, M., and Jennings, D., "Assessing Time-to-Failure Due to Conductive Filament Formation in Multi-Layer Organic Laminates," IEEE Transactions on Components, Packaging and Manufacturing Techniques—Part B, Vol. 17, No. 3, 1994, pp. 269–276

［9］ Ready, W. J., Factors Which Enhance Conductive Anodic Filament（CAF）Formation, Master Thesis in Materials Science and Engineering, Georgia Institute of Technology, 1997

［10］ Lahti, J. N., Delaney, R. N., and Hines, J. N., "The Characteristic Wearout Process in Epoxy-Glass Printed Circuits for High Density Electronic Packaging," IEEE Reliability Physics Symposium, Proceedings, Vol. 17, 1979, p. 39

［11］ Turbini, L. J., Bent, W. R., and Ready, W. J., "Impact of Higher Melting Lead-Free Solders on Reliability of Printed Wiring Assemblies," Journal of Surface Mount Technology, Vol. 13, No. 4, 2000, pp. 10–14

［12］Zado, F. M., "Effects of Non-Ionic Water Soluble Flux Residues," Western Electric Engineer, No. 1, 1983, pp. 41–48

［13］Brous, J., "Electrochemical Migration and Flux Residues: Causes and Detection," Proceedings of NEPCON West 1992, pp. 386–393

［14］Brous, J., "Water Soluble Flux and Its Effect on PC Board Insulation Resistance," Electronic Packaging and Production, Vol. 21, No. 7, 1981, p. 80

［15］Jachim, J. A., Freeman, G. B., Turbini, L. J., "Use of Surface Insulation Resistance and Contact Angle Measurements to Characterize the Interactions of Three Water Soluble Fluxes with FR-4 Substrates," IEEE Transactions on Components, Packaging, and Manufacturing Technology, Part B, Vol. 20, No. 4, 1997, pp. 443–451

［16］Ready, W. J., Turbini, L. J., Stock, S. R., and Smith, B. A., "Conductive Anodic Filament Enhancement in the Presence of a Polyglycol-Containing Flux," IEEE International Reliability Physics Symposium Proceedings, Dallas, 1996, pp. 267–272

［17］Augis, J. A., DeNure, D. G., LuValle, M. J., Mitchell, J. P., Pinnel, M. R., and Welsher, T. L., "A Humidity Threshold for Conductive Anodic Filaments in Epoxy Glass Printed Wiring Board," Proceedings of 3rd International SAMPE Electronics Conference, 1989, pp. 1023–1030

［18］Sauter, K., "Electrochemical Migration Testing Results: Evaluating PWB Design, Manufacturing Process, and Laminate Material Impacts on CAF Resistance," Proceedings IPC Printed Circuits Expo 2002, Long Beach, CA, 2002, EX02-S08-4

［19］IPC-TM-2.6.25（IPC Test Method）, "Conductive Anodic Filament（CAF）Resistance."

［20］Parry, G., Cooke, P., Caputo, A., and Turbini, L. J. "The Effect of Manufacturing Parameters on Board Design on CAF Evaluation," Proceedings of the International Conference on Lead-free Soldering, Toronto, 2005

第 *57* 章
PCBA 的可靠性[1]

Judith Glazer

美国加利福尼亚州帕洛阿尔托，惠普公司电子组件开发中心

本章描述了功能性印制电路板组件（PCBA）对环境应力的响应，即 PCBA 在工作中的可靠性，以及设计、材料、制造工艺在环境应力方面对 PCBA 的影响。组件的工作环境会存在各种应力。热应力来自于组件工作环境的温度波动或印制电路板（PCB）上高功率元件的能量损耗。此外，组装及返工过程中也会存在热应力。机械应力也许来源于组件在后续组装步骤或工作过程中的弯折或扭曲、运输或使用过程中的机械冲击或振动，如冷却风扇的振动。环境应力中的化学来源包括大气湿度、腐蚀性气体（如烟雾或工业废气）和组装过程中残留的化学活性污染物（如助焊剂残留物）。这些环境应力可能是单独作用，或几个连同存在的电位差一起共同作用，在 PCBA 运行时引发电气故障。这一章将着重说明 PCB 及其互连的可靠性。电子元件本身的可靠性已超出了本章的范围（见图 57.1）。

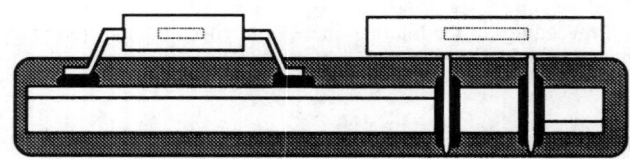

图 57.1 PCBA 示意图。本章侧重于 PCB、PCB 与元件之间的互连（图中阴影区域）可靠性

通过将可靠性定义为正在运行的组件对环境应力的响应，我们排除了大量的产品缺陷。这些缺陷有的是制造后在测试过程中立即发现的，有的是从一开始就导致组件功能异常的。

这一章将着重说明制造缺陷的延迟效应和正常制成品的损耗机理。

本章分为六大部分：

- 可靠性的基本原理
- PCB 及其互连的失效机理
- 设计对可靠性的影响
- PCB 的制造和组装对可靠性的影响
- 材料选择对可靠性的影响
- 老化、验收测试和加速可靠性试验

在合适的情况下，每个部分依次包含 PCB、PCBA、元件及其封装。57.2 节是本章的核心，它涵盖了基本的失效机理，是后续章节假设成立的根本基础。本章的广度、有关失效机制的复杂

1）本章的重要部分来自 T. A. Yager, "Reliability", chap. 30, Printed Circuits Handbook, 3d ed.（Coombs, ed.）, 1988.

性和本领域的快速发展表明，本章只能提供一个 PCB 和 PCBA 可靠性方面重要主题的简要概述，其中许多主题都是其他相关书籍的主要内容。建议读者在尝试定量进行可靠性预测之前，延伸阅读本章结尾列出的参考文献和资料。

57.1　可靠性的基本原理

57.1.1　定　义

元件或系统的可靠性可以定义为，具备一定功能的产品从零时刻起在指定的工作环境里运行特定时长的概率。如果没有这 3 个参数，"x 可靠吗"这个问题就不能用是或否来回答。由于可靠性描述的是产品仍然在工作的概率，因此，可靠性和累积失效次数有关。在数学上，对象的可靠性在时间上可以用下式来表示：

$$R(t) = 1 - F(t)$$

其中，$R(t)$ 是在 t 时刻的可靠性（即仍然在工作的组件的比例）；$F(t)$ 是组件或系统在 t 时刻已经失效的比例。时间可以以历法单位或其他关于服务时间的测度来测量，如开关循环或热循环、机械振动循环，有意义的时间单位取决于其失效机理。当存在多种失效模式时，考虑采用多个时间单位往往有助于分析。

典型的产品失效率与时间的函数曲线呈"浴盆"状（见图 57.2）。从可靠性角度来看，这条曲线阐明了产品生命周期中出现的 3 个阶段。首先是早期失效阶段，由早期失效引起的失效率在刚开始时很高，但迅速下降。早期失效通常由制造缺陷引起，这个缺陷在检验、测试期间未被发现，导致了使用中的快速失效。出货前的老化可以将这些缺陷单元剔除。第 2 阶段是产品的正常使用寿命，这段时间内失效率稳定且相对较低。

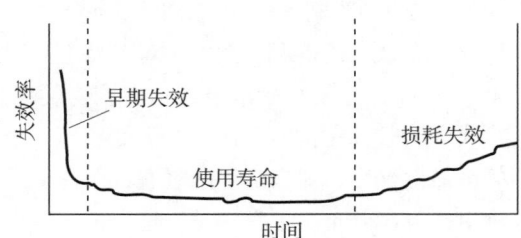

图 57.2　典型的可靠性"浴盆"曲线，体现了产品生命周期的 3 个阶段：
早期失效阶段、稳定阶段、损耗阶段

在使用寿命期内，失效随机出现，失效率 r 随着时间的推移基本保持恒定。通常用假定的指数寿命分布来描述这个区域的表现。在这种情况下：

$$r = \left(\frac{N_t}{N_o}\right)\left(\frac{1}{\Delta t}\right)$$

$$R(t) = e^{-rt} = e^{\frac{-t}{\text{MTBF}}}$$

其中，N_t 为时间间隔 Δt 中的失效数；N_o 为间隔开始时的样品数；MTBF 为平均故障间隔时间。

第 3 阶段是损耗阶段，损耗失效率逐渐增加，直到所有单元 100% 失效。对于一些系统，第 2 阶段稳定态区域可能不存在；对于焊点，损耗区可能会扩大到覆盖组件的大部分生命周期。理解正常制造的零件经过一段时间运行后所表现出来的损耗失效现象，预测何时此种现象将会对失效率产生显著影响，是本章的最主要内容。

大部分损耗现象可以用服从威布尔或对数正态分布的累积失效分布来描述。威布尔分布已经成功用于描述焊点和镀覆孔（PTH）的疲劳分布，而对数正态分布通常与电化学失效机理有关。虽然在一些情况下这些分布的运用会非常有限，但它们的使用应该作为一个提醒：即使是表面相同的样品，失效情况也会服从依照时间的统计分布而表现出差异。

对可靠性数据进行拟合分布的一个实际应用是，对更小的失效率或其他环境条件的推测。为了简化这个公式，文中的公式适用于组件相关部分的平均寿命。如果定义失效分布的常数已知，达到更小失效率的时间可以很容易地计算出来。例如，对于用威布尔分布描述的失效模型，时间 t 与达到 $x\%$ 的失效用以下公式给出：

$$t(x\%) = t(50\%) \left[\frac{\ln (1-0.01x)}{\ln (0.5)} \right]^{1/\beta}$$

其中，β 是威布尔模型参数，对于焊点失效情况，通常为 2 ~ 4。

57.1.2 可靠性测试

几乎每个可靠性测试程序都必须解决在比预期的使用周期短得多的时间周期内，确定一个物体是否可靠的问题。很明显，我们不能花费 3 ~ 5 年（这是一个比其销售期更长的时间跨度）来测试一台个人计算机或 20 年来测试一个军用系统。根据不同的失效机制，有两种可以结合的处理方法：（1）加快引起失效事件的发生频率，测试样品能够承受预期事件发生次数的能力；（2）增加条件严苛程度，以减少所需的事件发生次数。用来模拟运输过程中的冲击的跌落测试正是方法（1）的例子。由于每次跌落之间的时间不影响造成的损害总量，可以在短时间内以连续不断的跌落来模拟整个生命周期内所有跌落的情况。然而，对产品生命周期内受温度和湿度影响的腐蚀作用，只能通过增加温度、湿度、污染物的浓度或这些因素的组合来测试。困难在于，确保所用的试验方法能够重现，或者关联其在实际工作中的失效机理。

使用这些数据来做准确的可靠性预测，即在给定的时间、条件下的故障率。测试必须持续到足够的样品失效，才可以预测出其寿命分布。不幸的是，这个过程非常费时，往往取代了合格性测试。合格性测试协议明确了在指定期间、指定大小的样品中观察到的最大失效数。如果没有或很少出现失效，合格性测试几乎不能提供失效分布的相关信息。例如，在下一个时间间隔内的失效率是未知的。当正常生产样品的寿命分布是已知或可以依照样品类似设计情况下的经验进行估算时，合格性测试的局限性将被最小化。许多在 57.6 节描述的可靠性测试实际上就是合格性测试。

许多可靠性或合格性测试计划并不遵循上述的两种方法。相反，它们是测试产品在一系列极端严酷条件下进行较短时间或较小程度暴露的承受能力。此外，当对产品类型及其使用环境都有长期经验的支持时，这种测试可能是合适的；然而，这是有风险的，因为这不是以确保可能的失效模式不会在产品生命周期中出现为基础的。当引入新技术或几何形状时，旧的测试不可能总是一成不变。同样，在严苛的实验条件下所引入的不相关的失效模式并不会出现在其使用过程中。

57.2 PCB 及其互连的失效机理

本节将讨论 PCB、PCB 与元件互连的最重要的失效机理。由于互连失效在其他地方被非常广泛地阐述,因而此处 PCB 失效机理的讨论也会更详细。无论怎样的环境应力或材料响应,这些失效最终将在组件的功能性方面得到体现:首先是两点之间电阻的变化,然后是电路的短路或开路。

57.2.1 PCB 失效机理

PCB 失效机理分为 3 类:热致失效,其中 PTH 是最重要的例子;机械致失效;化学致失效,其中枝晶生长是最重要的例子。

1. 热致失效

PCB 面临着各种各样的热应力,可以是长期的高温暴露,或者是单独或重复的热循环。这些热循环可以引起各种各样的 PCB 失效。热应力的主要来源如下。

PCB 制造过程中的热冲击和热循环 热冲击通常定义为变温速率快于 30℃/s 的情况,但是在任何变温速率足够快的情形下,都是温度差起重要作用,如阻焊固化和热风焊料整平过程。

PCB 组装过程中的热冲击和热循环 包括黏合剂固化、回流焊、波峰焊,以及使用烙铁、热气或熔融焊料槽的返工过程。

使用中周围环境的热循环 由内而外的温度或从地面到上层大气的温度,以及功能电子元件散热引起的机箱内温度升高。

由这些热应力加速引发的 PCB 失效机理主要是 PTH 断裂和层压板的分层。

热冲击或热循环导致的 PTH 失效 PTH 是 PCB 上最容易受热循环作用而损坏的部分,也是导致使用中 PCB 失效的最常见的原因。PTH 包括用于插装的元件孔(TH)及实现层间电气连接的导通孔。图 57.3 展示了常见的失效位置。大部分有机树脂基板材料是高度各向异性的,在玻璃化转变温度 T_g 之上,整个厚度(Z)方向比织布平面(板的 X-Y 平面)具备更高的热膨胀系数(CTE)。由于在 T_g 上的 CTE 极速上升,具备一定强度的热循环条件会导致 Z 轴上的较大应变,最终作用到了 PTH(见图 57.4[1])。PTH 就如同一个铆钉,抵抗这种膨胀,但是孔铜会被拉伸而开裂,最终导致电气失效。图 57.4 还说明随着温度剧增,孔内产生的应变增大。失效可能发生于单一循环或一定循环数内疲劳裂纹的萌生与扩展

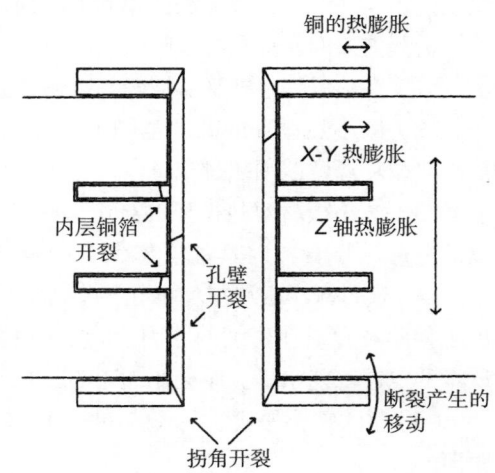

图 57.3 在热应力下,4 层 PCB 的 PTH 常见失效位置横截面示意图

过程。具备高厚径比的通孔,在 PCB 制造(如热风焊料整平)和组装(回流焊、波峰焊、返工)过程中,通常会受到从室温到焊料回流温度(220~250℃)的反复冲击,经过 10 次甚至更少次数这样的热循环后失效的情况也并非闻所未闻。

在物理层面上,引起失效的热循环数受每个热循环施加在铜上的变形和对铜的耐疲劳性的影响。这些因素反过来受周围环境、材料和制造参数的约束。低循环金属疲劳,其中的大部分变

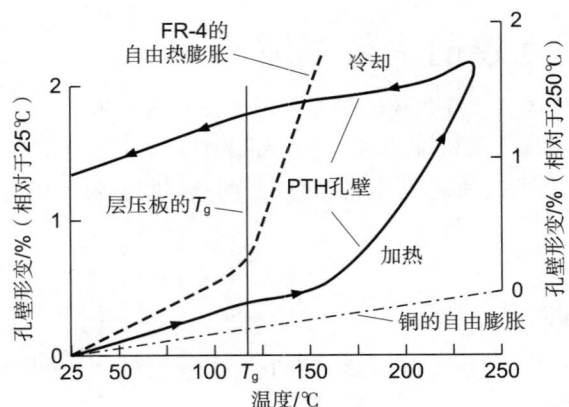

图 57.4　FR-4、铜和 FR-4 PCB 上的 PTH 孔壁，在一次热循环周期从 25℃到 250℃再到 25℃ 的形变与温度关系图。虽然个别材料的热膨胀是完全可逆的，但大部分 PTH 孔壁是塑性变形， 所以大部分形变在冷却过程中是不可逆的。需要注意的是，FR-4 的热膨胀比例在达到 T_g 后迅 速增加。结果来自参考文献 [1]

形是塑性变形，可以近似地用 Coffin-Manson 关系式描述：

$$N_f \propto \frac{1}{2}\left(\frac{\varepsilon_f}{\Delta\varepsilon}\right)^m$$

其中，N_f 为失效循环数；$\Delta\varepsilon$ 为形变；ε_f 为形变延展性系数，与拉伸延展性密切相关；m 为接近 2 的经验常数。

这个关系将大大低估重复工作热循环后可能出现高周疲劳的时间。形变 $\Delta\varepsilon$ 可以用有限元建 模或分析来估计。如果无法获得其他数据，电镀铜的 ε_f 可近似取 0.3。

引起失效的循环数可以随着 $\varepsilon_f/\Delta\varepsilon$ 的增大而增加，主要办法是使 $\Delta\varepsilon$ 减小，相应的方法如下。

（1）在热风焊料整平、波峰焊、锡槽返工等之前，通过预热 PCB 减小或消除热冲击。

（2）减小热循环的温度范围（见图 57.5[2]）。这是延长 PTH 使用寿命的最有效方法，尤其 是当热循环温度范围超过 T_g 时。

（3）减小板材对热循环的自由热膨胀。自由热膨胀可以通过选择高 T_g 的板材来减小，也可 以通过选择低于 T_g 时具备较低 CTE 的板材（如含聚酰亚胺纤维的）来减小（见图 57.6）。

（4）通过减小板厚或增加孔径（见图 57.7），减小 PTH 的厚径比（通常为板厚除以成品孔径）。 由于板厚和导通孔密度的原因，8 层或更多层 PCB 的厚径比往往很高；厚径比大于 6∶1 需要高 质量的电镀工艺水平，厚径比大于 10∶1 是不推荐的，部分原因是孔中心的铜厚难以达到要求。

（5）增大镀铜厚度（见图 57.8[2]）。增大镀层厚度，也增大了引起电气失效的疲劳裂纹生长 距离。

（6）在铜上镀镍（更多讨论见 57.5.1 节）。

$\varepsilon_f/\Delta\varepsilon$ 的比值可以通过以下方法来增大：增加铜的延展性（增加 ε_f）和屈服强度（减小 ε）。 铜的强度和延展性通常呈负相关，所以这两个因素必须彼此平衡。然而，强度和延展性的关系 可以通过选择电镀槽和电镀条件来改变。

作为应力集中点（增大局部应力和形变），和（或）促使裂纹萌生的孔壁、孔内镀铜层或 PTH 拐角的缺陷，将显著减少导致失效的循环数。这种失效模式很普遍，它已经被广泛研究和 实验，借助于分析建模技术，将有更多可用的量化模型[3-5]。

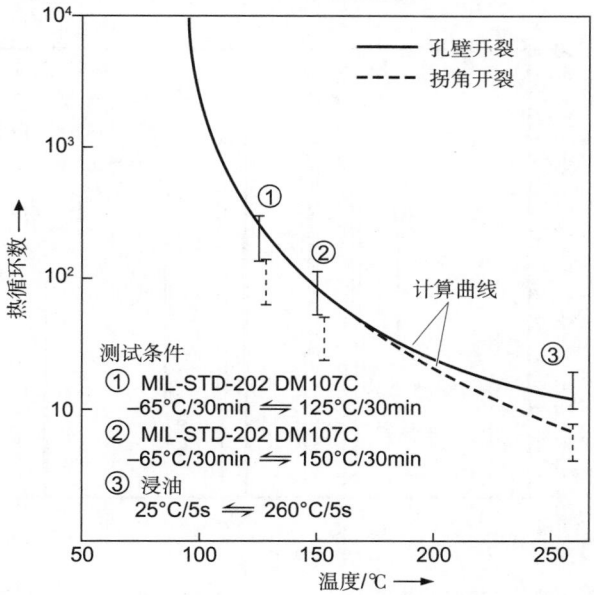

图 57.5 3 个不同的测试中 PTH 孔壁（实线）或拐角（虚线）断裂的峰值温度和失效循环数的关系图。计算出的线在图中标出，用来作比较。结果是针对焦磷酸铜和 FR-4 来说的。其他参数：引起断裂所需的总形变能量，50J/cm³；孔直径，0.45mm；孔中心到自由端的距离，0.8mm；镀层厚度，0.02mm；孔中心到焊盘边缘的距离，0.8mm；板厚，2mm。结果来自参考文献 [2]

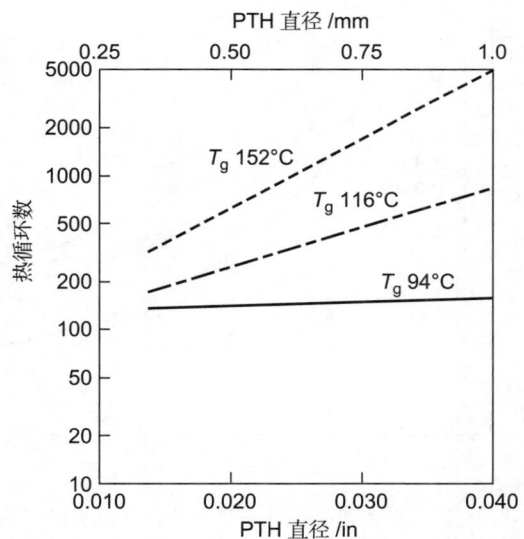

图 57.6 基板 T_g 和 PTH 直径对平均失效循环数的影响。热循环为 –62℃到 +125℃的 2h 循环。多层 PCB 厚度为 0.10in（2.5 mm）；未填充的 PTH 孔壁铜厚为 1.2mil（30μm）。结果来自参考文献 [3]

层压板和铜 / 层压板的附着力减小　当 PCB 长时间放在高温中时，铜和层压板的附着力和层压板本身的抗弯强度会逐渐减小。变色通常是早期呈现的特征。

一些标准测试用来比较不同板材的热阻。铜附着力用剥离测试来测量[6]。高温下或在高温下放置一段时间后的附着力，有助于深入了解材料经返工和其他高温工艺的能力。抗弯强度的

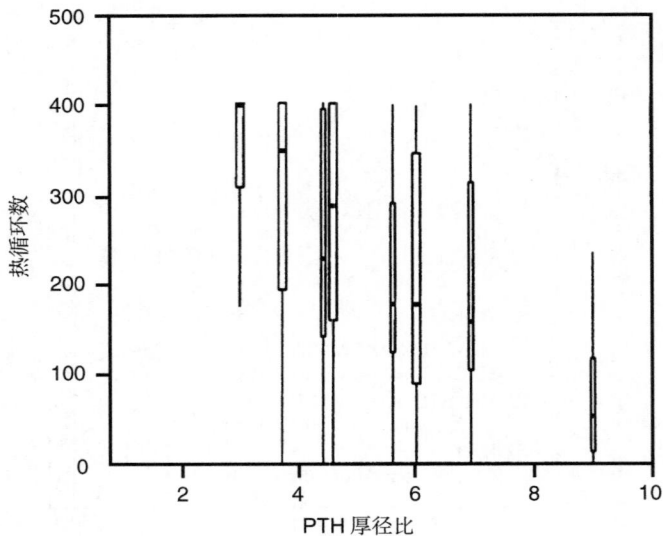

图 57.7 从 –65℃到 +125℃的热冲击循环下，失效循环数和 PTH 厚径比的关系图。
不同的孔径、板厚和叠层结构（来自参考文献［3］）

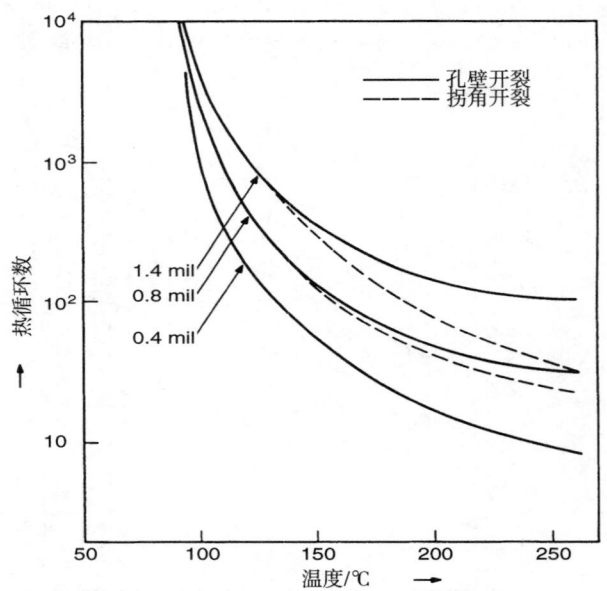

图 57.8 PTH 镀铜厚度与对应峰值温度热循环条件下失效循环数的影响。结果是针对硫酸铜
电镀和 FR-4 PCB 来说的，其他孔参数和图 57.5 相同（来自参考文献［2］）

稳定性，通过在 200℃下测量其抗弯强度从开始减小到初始值 50% 的时间来比较。树脂和增强
材料之间的结合质量，通过覆铜板在 290℃下漂锡测试其到起泡所花的时间来比较[7]。

2. 机械致失效

当 PCBA 装入卡槽或固定到支架位置，或在使用中遇到机械冲击或振动时，PCB 可能会
被测试夹具或工艺设备进行机械装载。通常，一旦 PCBA 已经被组装，元件的互连部分而不是
PCB 本身，在机械装载情况下就成了薄弱环节。

3. 化学致失效

PCB 的主要功能是提供期望的、稳定的、低阻抗和高绝缘阻抗的电气连接。高表面绝缘电阻值（SIR）通常由电路设计者设定。暴露在湿气中，尤其是存在离子污染物，通常是引起绝缘电阻失效的原因，这通常由高温和偏压加速。阻抗常常在很长一段时间内慢慢减小。如果 SIR 值低于设计标准，将会在本应绝缘的电路元件间产生串扰，电路将无法正常工作。绝缘电阻的减小对模拟测量电路有很大伤害。如果这些电路用来测量低电压、高阻抗的电源，电路阻抗的变化将导致仪器性能的恶化。使用传感器连接病人的医疗产品也提出了特殊的问题，因为绝缘电阻的减小有可能导致电击。在一般的应用中，表面电阻通常被规定为大于 $10^8 \Omega/\square$，但是一些特殊应用需要高一些的表面电阻。温度、湿度和外加偏压通常加速电化学失效。

高湿度是可靠性问题的重要起因，因为许多腐蚀机制需要水来起作用。潮湿的环境是很好的水源，即使水不是冷凝态。用在 PCB 上的聚合物通常是吸水的；也就是说，聚合物很容易从环境中吸收水分。吸收水分的量和与潮湿环境达到平衡的时间，取决于层压板材料、厚度、阻焊类型，或其他表面涂层和传导模式。

PCB 和 PCB 上或内部的离子污染物吸收的水分对很多失效模式都起作用。因为水的介电常数比大多数层压板材料高很多，增加水含量可以显著影响板材的介电常数，进而会通过增加线路间的电容耦合而影响 PCB 的电气功能。吸收和吸附的水分会降低 SIR 值，尤其是在电离污染物（通常来自助焊剂残留）和直流偏压存在的情况下。免清洗组装工艺的引进很大程度上增加了测量表面绝缘电阻值的重要性，因为组装后留在 PCB 上的污染物仍然存在。工业污染物也是加速腐蚀的离子来源。另外，典型的工业污染物，如 NO_2 和 SO_2 会给 PCBA 上使用的很多材料带来伤害，尤其是弹性体和聚合物。一些由于绝缘电阻减小而引起失效的重要的机制，包括枝晶生长和金属迁移、电化学腐蚀、导电阳极丝（CAF）生长。晶须也导致电路短路，但既不需要电偏压，也不需要水分。

导电污染物桥连 如果电镀、蚀刻、助焊剂残留物等仍留在 PCB 上，通过导电盐可能会发生电路桥连。这些离子残留物在潮湿环境下是电的良导体，它们往往在金属和绝缘体表面都发生迁移而形成短路。腐蚀的副产物，如在工业环境中形成的氯化物和硫化物，在化学上相似，也会引起短路。这种失效类型的例子如图 57.9[8] 所示。

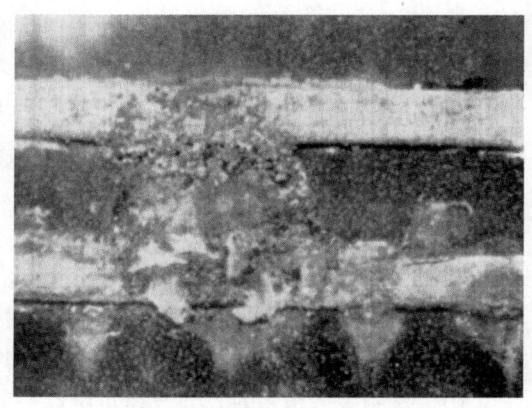

图 57.9 腐蚀产物的迁移穿过 FR-4 表面桥连了两个导体。来自参考文献 [11]（来源：IPC-TR-476，美国国防部）

枝晶生长 枝晶生长发生于两个导体间的金属电解迁移，因此也被称作电解金属迁移。虽然其也被称为电迁移，但不应该与集成电路铝线中存在的过程混淆，因为其中的机理并不相同。枝晶生长失效的例子如图 57.10 所示。当遇到以下条件时，枝晶在表面（包括空洞的内表面）形成：

- 连续的液体水膜，厚度为几个分子或更多
- 裸露金属，尤其是 Sn（锡）、Pb（铅）、Ag（银）或 Cu（铜），可在阳极被氧化
- 低电流的直流电偏压

可水解的离子污染物（如来自助焊剂残留物或聚合物分解的卤化物和酸）会显著加速枝晶生长。促进水分或污染物积累的分层或空洞会促进枝晶生长。导电阳极丝生长（稍后讨论）是特

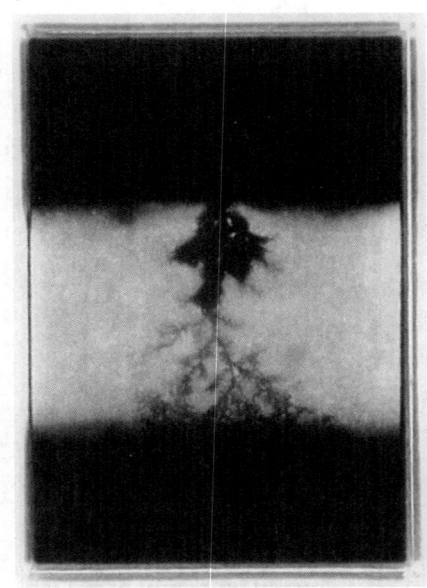

图 57.10 透射光显微镜下观察到的 PCB 失效区域。在紫外光（UV）固化的丝印阻焊面和 FR-4 表面的界面处形成枝晶

殊情况下的枝晶生长。失效时间与距离的平方和电压成反比。加速测试的失效机制已被验证[9]。

枝晶生长通常是从阴极到阳极。在阳极溶解而形成的金属离子沿着导电路径输送到阴极，还原并沉积在阴极上。枝晶的形状类似于树，由带枝的茎组成。当枝晶生长接触到其他导体时，电流将会突然上升，有时会破坏枝晶，但是也会引起电路暂时故障或损坏设备。

已有人提出，吸收水分会产生一个电化学电池。以下是铜电极反应的例子：

阳极 $\quad Cu \rightarrow Cu^{n+} + ne^-$

$$H_2O \rightarrow 1/2 O_2 + 2H^+ + 2e^-$$

阴极 $\quad H_2O + e^- \rightarrow 1/2 H_2 + OH^-$

其中，大部分的漏电都是由于水的电解。铜在阳极溶解，迁移到阴极，不再是可溶的。形成的枝晶遵循由此产生的 pH 梯度[10]。阴极和阳极之间的电压差也影响枝晶的生长速率。当阴极和阳极是同一种金属（如铜）时，电压差主要由外加偏压决定，尽管接触水分和空气也有影响。在缝隙中会加速腐蚀，因为阴极和阳极间产生了氧气浓度差。当金属不同时，没有偏压也会发生电化学腐蚀。

外加偏压时，如果阴极和阳极在水中，枝晶生长几乎在瞬间发生。通过简单的室内试验可以证明这一点。两个导体间施加 6V 偏压足以引起枝晶迅速生长（在低倍显微镜下容易观察到），即使用蒸馏水或去离子水来桥连导体，但是用自来水的生长发生得快一些[11]。

电化学腐蚀 电化学腐蚀在不同金属间发生，因为它们有不同的电子亲和力（也就是，它们都或多或少有负电性）。许多常见金属和合金的电位序已被汇编在一起（见表 57.1）：接近序列顶部的金属（贵金属）不腐蚀，那些接近底部的金属容易被腐蚀。当这些金属互相接近时，惰性强的金属成为阴极，活泼金属成为阳极。水分用来实现两种金属的电气连接。外加偏压通常不需要，但是如果极性正确也许会加速反应。当阳极与阴极相比非常小时，电化学腐蚀将非常迅速。相反，如果阳极比阴极大很多时，尤其是负电性差非常小时，电化学腐蚀不会很剧烈。

导电阳极丝的生长 当在阳极溶解的金属再沉积在玻璃（或其他）纤维和 PCB 树脂基体的界面时，导电阳极丝的生长将引起电路短路。在玻璃 - 聚合物界面的分层将促进导电阳极丝的生长；反过来，不同的环境应力，包括高温（对 FR-4 来说超过大约 260℃）和热循环，将促进玻璃 - 聚合物界面的分层。当单纤维束连接两个焊盘时，短路似乎将迅速发生。一旦分层发生，增加温度、相对湿度和外加偏压将促进引发短路的金属迁移。小导体间距时，失效循环数也显著地减少[12]。多层板中，外层的失效发生得比内层更快，因为外层更容易吸收水分。同样，阻焊和敷形涂层都会增加达到失效的时间，因为它们减少了 PCB 从空气中吸收的水分。

晶 须 晶须是在电镀金属表面自发生长的细丝状结构，会引起间隔较紧密的导体之间的短路（见图 57.11）。晶须与其他引起短路的原因，如枝晶生长可以区别开来，因为晶须形成既不需要电场，也不需要水分。晶须是纯锡中的特殊问题。晶须生长是对镀层内部应力或外部负载的响应。

表 57.1　电子组件中常见元素的标准电动势电位（还原电位）

反　应		标准电位 /V（与标准氢电极对比）
惰性的	$Au^{3+} + 3e^- = Au$	+1.498
	$Cl_2 + 2e^- = 2Cl^-$	+1.358
	$O_2 + 4H^+ + 4e^- = 2H_2O$（pH 0）	+1.229
	$Pt^{3+} + 3e^- = Pt$	+1.2
	$Ag^+ + e^- = Ag$	+0.799
	$Fe^{3+} + e^- = Fe^{2+}$	+0.771
	$O_2 + 2H_2O + 4e^- = 4OH^-$（pH 14）	+0.401
	$Cu^{2+} + 2e^- = Cu$	+0.337
	$Sn^{4+} + 2e^- = Sn^{2+}$	+0.15
	$2H^+ + 2e^- = H_2$	0.000
	$Pb^{2+} + 2e^- = Pb$	−0.126
	$Sn^{2+} + 2e^- = Sn$	−0.136
	$Ni^{2+} + 2e^- = Ni$	−0.250
	$Fe^{2+} + 2e^- = Fe$	−0.440
	$Cr^{3+} + 3e^- = Cr$	−0.744
	$2H_2O + 2e^- = H_2 + 2OH^-$	−0.828
	$Na^+ + e^- = Na$	−2.714
活跃的	$K^+ + e^- = K$	−2.925

晶须通常长约 50μm，直径为 1 ~ 2μm。一旦生长开始，晶须将以每月 1mm 的速度快速生长。晶须生长的趋势受各种各样的因素，包括沉积条件和基板特性的影响。生长会被锡镀层下的铜或镍阻挡层抑制。铅似乎可以抑制晶须生长：共熔锡铅焊料几乎被认为是不会有晶须生长的。晶须不会引起锡镀层的抗腐蚀性或可焊性的恶化，所以锡可用来作为临时表面处理。为了避免晶须，沉锡不应该用于可能在运行中短路的间距紧密的导体，如连接器端子或元件引线[13, 14]。

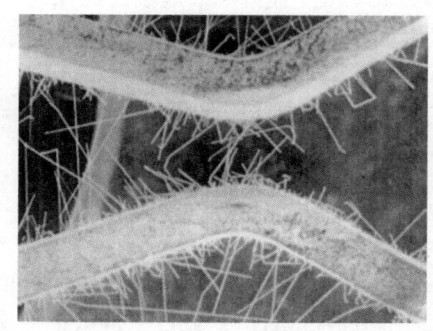

图 57.11　沉锡表面的晶须生长。来自参考文献 [11]
（来源：IPC-TR-476，Burndy Corporation）

57.2.2　互连失效机理

1. 热致失效

焊点的热疲劳　在过去的 10 年，焊点的热疲劳已得到了广泛研究。疲劳机制、加速测试方法、预测寿命方法都已被详细地描述，尽管仍然有许多细节存在争论[15-17]。这些参考文献也说明了如何使用现代有限元方法，模拟使用和加速测试条件下的焊料应力。本节简要回顾一些关于焊点热疲劳的重要定律。

讨论的焦点是已经被广泛研究的表面贴装焊点。然而，许多定律同样也适用于通孔焊点。只要通孔充满焊料，通孔焊点往往不容易发生焊点疲劳失效。理想情况下，在 PCB 两面都可观察到完整的润湿角。以上内容可以在参考文献 [18] 和 [19] 中找到。

焊点的热疲劳是 PCB 和焊点连接的元件的 CTE 不匹配引起的（见图 57.12）。施加热循环 ΔT 导致对焊点强加了循环应力 $\Delta \varepsilon$，通常来说焊点是系统最薄弱的部分。假设这是个简单的关系，元件和基板是刚性的，焊点相对较小，由整体 CTE 不匹配引起的均匀剪切变形占主导：

$$\Delta \varepsilon = \frac{(\Delta T)(\Delta \alpha)l}{h} \qquad (57.1)$$

其中，$\Delta \alpha$ 为元件和基板的 CTE 差；l 为元件中心和焊点的距离；h 为焊点高度。

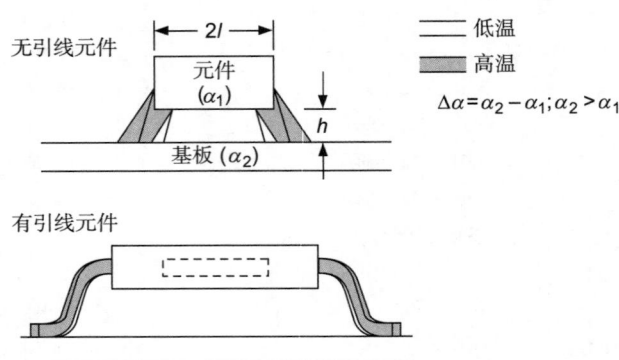

图 57.12 在热循环过程中，施加在有 / 无引线的表面贴装元件焊点上的应力示意图。尽管基板和元件体的相对位移是相同的，通过引线变形，焊点上的应力在有引线的情况下会减小

如果元件有引线或基板是挠性的，系统中会有一定的顺应性，能减小强加在焊点上的应力。焊料和元件引线、焊盘或基板上的金属化导通孔间的局部不匹配，也将促使强加在焊料上的应力产生。

像 PTH，焊点由低循环疲劳机制而失效的情况可以粗略地用 Coffin-Manson 关系式来近似。

$$N_f = \frac{1}{2} \left(\frac{\varepsilon_f}{\Delta \varepsilon} \right)^m \qquad (57.2)$$

其中，同前面一样，N_f 是失效循环数；ε_f 是形变延展性系数；m 是接近 2 的经验常数。然而，和 PTH 情况不同的是，失效循环数也取决于施加循环的频率和在每个温度极值处的持续时间。对焊料来说，这种依赖的原因是，引起热疲劳失效的主要变形机理是蠕变。

蠕变现象及其与疲劳的联系是对焊点热疲劳的基本理解。蠕变是取决于时间的变形，是对施加的固定应力或位移逐渐发生反应的过程（见图 57.13）。蠕变由各种热激发过程引起。这些过程只有在温度超过材料熔化温度（单位为开尔文）的一半时才起重要作用，即使如此，变形速率随着温度的升高而剧烈增加。对于电子焊料，甚至室温已远高于熔化温度的一半。因此，蠕变是焊料最重要的变形机理。当第一次施加位移时，应变是弹性和塑性的结合。弹性变形是可逆的，对微结构的损害相对很小；而塑性变形是永久的，更为显著地引发并恶化焊料的疲劳开裂（见图 57.14）。随着时间的推移，在进一步的永久变形中，蠕变过程减轻部分或全部的弹性应变。这个额外的变形对微结构有进一步的破坏，当热循环反转时，增大了强加的塑性应力总量。因为给发生蠕变过程的时间较少，迅速的热循环比慢的热循环或在温度极值时有长持续时间的热循环有更少的损害，这是一个在设计加速可靠性检验和使用中很重要的事实。蠕变的重要性，使得焊料的疲劳特性因其金属结构的不同而不同，如铜、铝、钢。

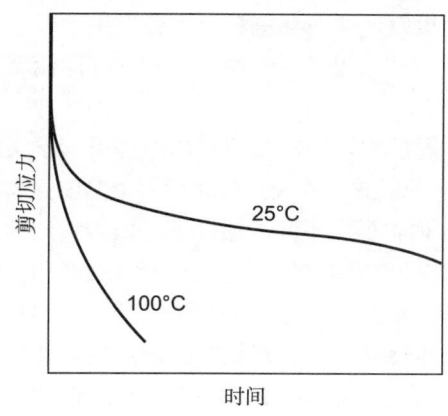

图 57.13 典型焊料对施加恒定位移
（如由于热膨胀）的反应。由于焊料拉
长，初始应力随着时间减缓

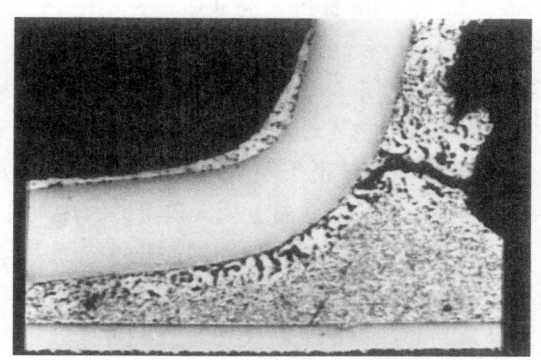

图 57.14 薄型小尺寸封装（TSOP）
元件中共熔锡铅焊料的热疲劳失效
（来源：K. Gratalo）

总之，热循环曲线对焊点热疲劳寿命的影响描述如下。

温度极值 减小热膨胀是增加焊点寿命的最有效方法。由于蠕变在高温下发生得很迅速，在高温持续时，减小热循环的温度峰值将进一步减小蠕变变形量。

频　率 每个周期的热疲劳伤害在低循环频率下更严重，因为有更多的时间使蠕变发生，增大永久变形量（回想一下，大部分损害是由发生在每个周期中的塑性变形引起的，而不是焊点的循环应力）。

持续时间 只要焊点上的应力非零，如果持续时间延长，每个周期的热疲劳损害将增加，同样是因为有更多的时间使蠕变发生。一旦应力缓和过程完成，将不会有进一步损害，增加持续时间也不会有进一步的影响。

热冲击 如果热循环非常迅速，PCBA 的元件将不会在同一温度。因此，施加的应力会比在慢速率下更大或更小。

尽管设计者可以通过冷却方案来影响温度峰值，但工作中的热循环分布和热循环频率大部分是固定的。

减小施加在焊点上的应力 $\Delta\varepsilon$ 可能会加速焊点疲劳。减小施加在焊点上的应力的方法如下。

（1）选择一个顺应连接方案的封装元件。在这种情况下，部分应变被引线变形所吸收，减少了焊料的应变量。对这些封装来说，减小引线的刚度和增大焊点面积可以进一步增加焊点寿命。

（2）仔细选择封装元件和基板的 CTE 来减小 $\Delta\alpha$。

（3）减小封装的尺寸，减小 Δl。

（4）增大焊点的高度 h。

焊点疲劳寿命也会因以下因素增加。

（1）减少发生在焊点和元件引线与基板金属化界面间的局部 CTE 不匹配的情况。由于通常用铜来对基板金属化，其与焊料匹配较好（17ppm/℃ 与 25ppm/℃）。用低膨胀金属，如合金 42（约 5ppm/℃）或可伐合金制成的引线，匹配程度和铜一样。

（2）减小加在焊点上的平均应力（如组装后的残余应力）。

（3）增加 ε_f 或通过控制焊点微结构，或者选择可替代焊料来减小焊料的蠕变率。良好的微结构，可以通过更快的回流冷却速率来实现，有更显著的较长疲劳寿命，因为它们对疲劳开裂的开始和发展有抵抗力。不幸的是，焊料微结构随着时间会变粗糙，即使在室温下也会发生。一些焊料如 Sn- 4Ag 和 50In-50Pb，与共熔锡铅相比有显著的疲劳寿命提升。然而，它们的高回流温度与 FR-4 不一定兼容（参见 57.5.2 节）。

热冲击　热冲击（＞ 30℃/s）会引起失效，因为不同的加热或冷却速率向组件引入了大的额外应力来应对热循环。在热循环条件下，可以假设组件的所有元件大约都在同一个温度（高功率元件例外）。在热冲击条件下，组件的不同部分短时间内将处在不同的温度下，因为它们的升温和冷却速率不同。这些温度瞬变是组件的热质量和热传导差异引起的：它们由元件选择和分布决定，以及由组件所用材料的物理性质不同而引起。温度改变时，由于组件温度差异及 CTE 差异而导致的变形均可增大施加的应力。热冲击会引起可靠性问题，如超载时的焊点失效和敷形涂层的开裂，导致腐蚀失效及一系列元件失效。由于引入热应力的差异，一定条件的热冲击可以引起的失效，在相同的温度极值间较慢一些的热循环中并不发生。另一方面，事实上，快速热冲击循环比慢速热循环引起的焊点疲劳更少：因为基本没有蠕变发生，引起焊料疲劳失效需要更多的循环周期。

2. 机械致失效

PCBA 也会由于响应外部施加的机械应力而失效，如运输或使用中的机械冲击或振动。这些失效可以分为两类：过载失效和机械疲劳失效，分别由机械冲击和振动引起。机械疲劳失效的敏感性与 PCBA 和安装的外壳的设计有紧密联系。设计决定了 PCB 的共振频率，共振频率反过来决定了它对外部机械应力的响应。固有频率低的悬臂，如中心质量集中且不固定，则边缘安装的 PCB 更易发生失效。根据连接器的设计和安装方案，焊点到表面贴装连接器也是非常脆弱的，尤其是有很多连接器插入的情况。更详细的机械耐用性设计方法讨论见参考文献［20］。

焊点的过载和冲击失效　在 PCBA 存在被弯曲、晃动或存在其他应力的情况下，会发生焊点失效。通常来说，焊料是组装中最容易受损的材料；然而，当它连接至挠性结构，如 PCB 上的有引线元件时，引线变形，焊点就不会承受很大应力。由于 PCB 可以弯曲，元件自身通常是刚性的，无引线元件的焊点将承受很大应力。这些应力在组件受到机械冲击时会出现，如组件掉落或 PCB 在进一步组装过程中弯曲了很大的半径。消除这种失效模式的主要方法是选择封装。然而，其他因素也有影响，包括 PCB 设计、制造和组装中的工艺控制和焊料的剪切力、拉力、延展性。焊点在有张力时特别容易发生失效，因为焊料和基板界面的脆弱金属间化合物层承受了应力。有厚金属间化合物层的焊点更易受到影响。

机械（振动）疲劳　振动（一般源于错误地安装风扇）会通过重复给互连施加应力而引起焊点疲劳。即使这些应力都远低于能引起永久变形（即屈服应力）的标准，金属疲劳也会出现。对于焊点的热疲劳，在机械振动疲劳中引起失效的循环周期数可以用 Coffin-Manson 关系式来描述。但是，与热疲劳相比，失效通常会出现在非常大量的小而高频率的循环后，焊料的大部分张力是弹性的（$\varepsilon = \sigma / E$，其中 σ 是应力，E 是焊料的弹性系数）。因此，蠕变在振动疲劳中不起重要作用。尽管在每个循环周期中的损害很小，但循环周期数可以非常高：经常设定在 50Hz 或 60Hz。随着时间的推移，裂缝可以成核，随后的循环周期会使裂缝扩大。大部分无引线元件的风险高很多，因为没有匹配的结构来承担部分应力。对焊点的损害量取决于在每个周期施加的应力，其大部分取决于激发频率是否与 PCB 的固有频率接近。元件质量（包括任何散热器）也是一个重要的影响因素。

3. 电化学致失效

温度、湿度和电偏压会加速电化学失效，这些都在 57.2.1 节针对 PCB 描述过，同样也适用于 PCBA。用于互连的焊料成分和金属元件端子及引线框架的表面处理也会参加反应。大量不同类金属，增加了在潮湿环境下的复杂性和电化学腐蚀的可能性。另外，在 PCB 组装时引入的污染物，如残留的助焊剂，也会导致失效。

57.2.3 元 件

电子元件的失效机制已在其他地方详细描述[21-24]，而且也超出了本章的范围，但还有一些特殊的与电子组装相关的失效机制。此外，如果该组件要放置在严酷的工作环境中，应该评估在高温工作中易损的元件。由于热冲击超过元件允许的最大温度，塑形封装会在回流焊或波峰焊时发生开裂，最终使元件失效。这些组装相关的失效机制简要叙述如下。

热冲击 如果暴露在温度瞬变超过 4℃/s 的环境中，多层陶瓷电容器会开裂。这些开裂通常看不到，但是当组件加偏压暴露在潮湿环境中时，会是使用中枝晶生长的地方。高电容值和较大厚度的电容器是最敏感的。这些失效可以依照最大温度偏移和温度变化速率等元件组装要求来避免。

超 温 很多元件，包括连接器、电感器、电解电容器、晶体，不能使用 SMT 回流焊工艺，尽管大部分可以使用波峰焊工艺。问题包括内部焊接连接器的熔化、聚合物电容器的介质熔化或软化、弹性材料的膨胀。这些失效可以通过严格遵守最大工艺温度的制造规范来避免[25]。

塑封 SMT 元件的模塑分层 塑料封装的集成电路通常用填充环氧基的化合物转塑成型。塑料会吸收水分，容易积聚在封装内部的界面处，如芯片连接盘。之后的加热会引起水分蒸发，引起界面处分层，最终导致封装失效。这种分层现象也称为封装开裂或"爆米花"现象。新的薄SMT 元件，如 TSOP（薄型小尺寸封装）和 TQFP（薄型塑封四面扁平封装）更易受影响，因为水分从塑料到达内部界面的扩散距离太短。可使元件存储在干燥的环境中和（或）采用烘烤的方法来保持元件干燥，从而避免它们暴露在高温中时产生分层[23]。

57.3 设计对可靠性的影响

设计对任何产品的可靠性都有很重要的影响。产品设计和期望应用的环境要求的影响，应尽可能早考虑，因为它们对决策有着广泛的影响，包括集成电路布局、封装和基板的选择（这将施加特定的设计规则和电气性能特征）、元件布局和箱体设计、散热和冷却。建议参考 IPC D-279 标准《关于表面贴装 PCB 的可靠性设计指南》。57.2 节已经描述了设计如何促进或阻碍某些失效机制。57.4 节讨论了设计过程中 PCB 和互连失效的材料影响。本节主要阐述良好的热设计和机械设计的重要性。

在电源开关周期中，施加在 PCBA 上的热循环周期的大小对集成电路、焊点、PTH 的可靠性有非常大的影响，尤其是外部工作环境不是特别严酷时。因此，良好的热设计对可靠性是至关重要的。施加在组件上的热循环，可以来自大功率元件散发的热量和周围环境产生的热量。集成电路的可靠性取决于保持足够低的结温，一般应低于 85℃，高的时候也不应高于 110℃。在连续操作过程中，焊点温度应该保持低于 90℃，避免大量金属间化合物的生长和长时间暴露在高温环境中引起的晶粒粗化。如在 57.2.1 和 57.2.2 节描述的，热偏移的大小和数量直接影响焊点和 PTH 的疲劳寿命。元件间隔、方向、空气流速和增强（如热增强型封装、散热器和风扇）都对组装中经历的热循环有很大影响。为了提升散热效果，PCB 也可以用金属基增强。

如前所述的特定失效模型，封装的选择和导通孔与 PTH 的规格在可靠性上有很大影响。虽然从设计密度角度来看，小孔是可取的，但是最小孔应该最大化，以将 PTH 失效的风险降到最低。当设计包括可能发生返工（如由于漏测）的大的通孔部分时，尤其如此。同样的，与焊点疲劳相比，封装类型对于失效更加敏感。在可靠性上，集成的影响取决于不同的可考虑的封装类型的选择。集成可以减少可能失效的互连数，这是集成有利的一面。另一方面，如果集成需要大型封装而与基板 CTE 很不匹配，集成会降低组件的可靠性。

虽然基板和封装选择是影响因素，但是外部施加的机械冲击和振动在 PCBA 可靠性方面的影响，很大程度上取决于设计因素。元件布局和安装在箱体中的 PCBA 决定了 PCB 的固有频率，并因此决定了 PCB 变形的程度。质量大的封装元件，多为大的散热器，特别容易受影响，尤其是有一个很大的杠杆臂时。

57.4 制造和组装对 PCB 可靠性的影响

57.4.1 制造工艺对 PCB 的影响

1. 层压和层压板

PCB 分层发生在层压板材料间或层压板材料与铜箔间。分层的一个原因是层压板材料有缺陷。树脂/纤维界面结合不完全的缺陷，会导致界面空洞，引起分层。分层的其他常见原因有，过高的层压压力和（或）温度、界面污染、铜箔表面过度氧化、缺少增强内层铜箔和粘结片间附着力的氧化处理。剥离增加了导电阳极丝生长的风险，因为它为水分积累提供了地方。同时，剥离也会导致热循环期间 PTH 上应力的增大。

层压板空洞和树脂老化使层压板材料与铜导体分离，这可能会在多层 PCB 层压时发生。大部分规范在可接受范围内禁止空洞大于 0.076mm（0.003in），而一般不认为小空洞对可靠性有害。

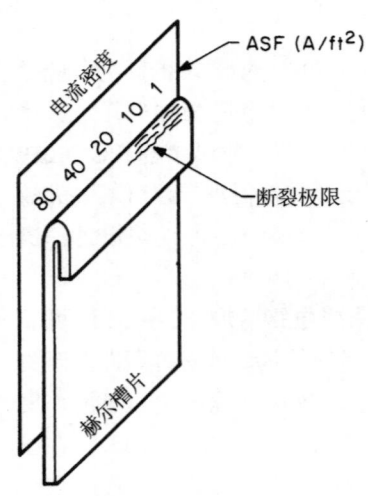

板材空洞的一些起因，包括层压时存在空气、树脂的不当流动和不当的环氧固化，也可能是不当的层压压力和（或）温度、不当的加热速率、粘结片太少。

图 57.15 Ladwig 板延展性测试（来自参考文献［26］）

2. 铜 箔

内层铜箔开裂的主要原因是铜的延展性差。铜镀层的延展性差对 PTH 可靠性的影响，比其他大家都知道的原因，如电镀厚度不足和过度凹蚀有更重要的影响。对于 1oz 的铜箔，需要至少 8% 的伸长率来消除这个问题。通过赫尔槽电镀得到的铜镀层，用 180° 弯曲试验就可以很容易地评估室温下镀铜层的延展性。这项技术用图 57.15 来说明，其中样品镀铜层被弯曲到与电流变化的轴线平行［26］。铜镀层在产生低延展性的电流密度处发生断裂。这个测试也可以用来评估槽液化学品对延展性的影响或监控槽液。铜的延展性差，与在金相截面观察到的微结构有关［27］。

3. 钻孔和去钻污

差的钻孔和去钻污（凹蚀）会使应力集中而引起 PTH 失效，从而引发疲劳开裂。它们也会引起电镀铜界面处的空洞和开裂，在电镀中将污染物困住，然后导致导电阳极丝的生长。下面介绍一些去钻污差和钻孔缺陷导致电镀质量差的影响，如树脂钻污、孔壁粗糙、纤维疏松和毛刺。

钻污会引起 PTH 和内层铜之间的连接薄弱，在环境应力下会失效。钻孔时总是会留有一些钻污，可以用去钻污（凹蚀）工艺去除。去钻污工艺效果不好，或者钻污过多，会导致与内层的互连变差。过多钻污的可能起因是钻头较钝，或者使用错误的进给率或钻孔速率，所有这些都会引起钻孔热量的增加，导致产生更多的钻污。

类似的，钻孔工序错误会导致孔壁粗糙、纤维疏松或毛刺。这些缺陷对它们自身没有很严重的影响，但是会引起电镀层粗糙或铜瘤，而这将导致应力集中。孔壁粗糙基本上与不正确的进给率、钻孔速率或未充分固化的板材有关。纤维疏松是由错误的钻孔参数或不当的清理引起的。毛刺通常与钻孔进给过快或钻头太钝有关。

钻孔对位差也会减小内层导通孔连接或通孔元件的焊接可靠性。差的对位会引起内层的破盘，即钻孔会超出内层本打算连接到外部的焊盘。破盘增大了 PTH 孔壁失效的风险。在外层破盘意味着通孔元件的焊料圆角会部分缺失，导致一些关键元件的可靠性下降。

不管是不是由过量的钻污引起，不良的凹蚀会导致孔的电镀层和内层铜间的连接薄弱。凹蚀（见图 57.16）去除了孔中的层压板树脂和玻璃纤维织物，以便稍微有一些内层铜处于孔中，使电镀层与内层铜箔在三面上得到接触。这对热冲击情况下阻止界面处的开裂很重要。在内层铜箔和电镀孔铜结合位置的化学镀铜（沉铜）层中或周围的开裂现象表明，电镀铜处于层压板的负凹蚀中可能也会带来好的结果。当内层铜箔与孔壁齐平时，零凹蚀是最危险的情况，因为此时内层铜箔和电镀铜的结合层位于最大应力点处[28]。引起凹蚀不足的原因，包括不当的层压和固化、钻污硬化、除胶药液老化，或其他工艺控制问题，包括不当的槽内温度、搅拌、停留时间。

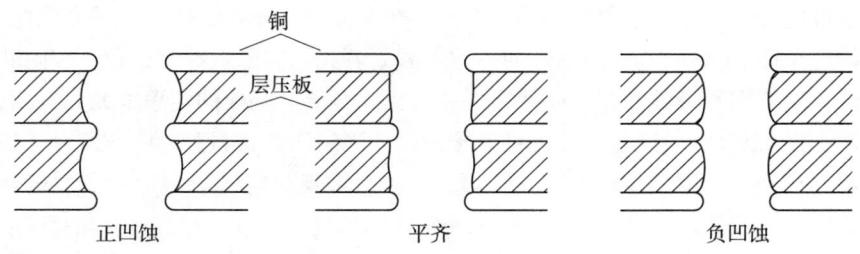

图 57.16　正凹蚀、平齐、负凹蚀（来源：M.W.Gray[28]）

4. 电　镀

电镀工艺的缺陷会引起各种各样的 PTH 可靠性问题。另外，前面描述过，早期工艺步骤中的问题，如钻孔和去钻污也经常会带来电镀缺陷。

用化学镀铜均匀地覆盖孔，是提高通孔强度和与层压板金属化连接强度的关键。内层铜的氧化是镀层附着力差的一个来源。对镀液成分的不当控制，也会有同样的影响。

电镀铜与化学镀铜的附着力和电镀铜的延展性对 PTH 可靠性有很大的影响。如果层间的附着力较差，这个界面就是脆弱的地方，当 PTH 承受热应力时，失效从这里开始。原因包括污染的化学镀铜层无法进行有效微蚀、电镀电流太大而烧坏化学镀铜层、电镀铜时的干膜污染[28]。在漂锡测试后的切片上寻找开裂，可以鉴定内层开裂的敏感性。铜的疲劳寿命与其延展性直接相关。电镀工艺参数和电镀添加剂在很大程度上会影响镀层延展性。例如，Mayer 和 Barbieri[29]发现，良好的酸性电镀铜的耐热冲击性取决于适当浓度的 3 种添加剂。

（1）整平剂：平滑表面，去除表面缺陷（如果没有整平剂，缺陷会在沉积中被复制）。

（2）延展性促进剂：产生等轴晶粒结构。

（3）承载剂：引导其他两种成分形成等轴结构（承载剂不足时会产生条纹）。

添加剂含量低于某一特定阈值时，镀液更容易受杂质的影响。例如，在没有推荐的延展性促进剂浓度的情况下，浓度为 100mg/L 时的铁污染会在孔的拐角处产生柱状晶粒结构。同样的，有机污染物（如光致抗蚀剂）会导致产生层状的镀层。

不足的电镀孔铜厚度会直接降低 PTH 的可靠性，这主要是因为铜内的应力和因此而产生的应变增大了。除此之外，老化的电镀液或不足的电镀时间会引起整体电镀厚度不足。在单个孔中，电镀厚度不足是电镀电流不均匀导致的，而电流不均匀是铜图形密度不均匀引起的。在高厚径比 PTH 的中心，获得足够的电镀厚度比较困难，良好的工艺控制对大于 6 ∶ 1 的厚径比非常重要。当厚径比大于 10 ∶ 1 时，通过电镀较难得到良好的覆盖。

在 PTH 中，"足够"的电镀厚度是有争议的话题。对于孔铜的厚度规格，范围是 0.5 ~ 1mil（12 ~ 25μm）。为什么没有一个直接的规格？至少有两个原因。第一，不同的应用决定了不同等级的热应力，并且需要不同等级的可靠性。第二，设计因素（如电镀孔的厚径比）决定了 PTH 对热疲劳的敏感性。对于消费产品，IPC 建议电镀铜平均厚度的最小值为 0.5mil（第 1 级），对一般工业级和高可靠性应用级来说为 1.0mil（第 2 级和第 3 级）。

PTH 拐角处的不良覆盖会显著加速 PTH 失效，因为这意味着电镀薄铜层在高应力点。它可能是将过浓的有机整平剂加入电镀槽中引起的。

5. 阻焊的应用

如果阻焊能得到正确应用，将在减小 PCB 绝缘电阻失效的可能性上起到很重要的作用。阻焊用来保护基板免受水分和污染物的影响，否则会在电偏压下导致短路。阻焊完成这种作用的能力取决于阻焊与干净、干燥的基板间良好的一致性和附着力。如果阻焊的一致性和附着力不够好，水分和其他污染物会在裂缝处积累，或使阻焊和基板间分层。基板的洁净度尤其重要，因为除了引起阻焊附着不良，也会给快速电迁移提供离子种类。当层压板材料容易吸收水分（如聚酰亚胺、芳纶）时，需要在回流焊之前烘烤，阻止阻焊分层（对增强材料 / 树脂的分层同样有改善作用）。其他导致附着力或一致性差的原因，包括涂敷阻焊时 PCB 上有水分、不当的阻焊套印或涂敷参数、不当的阻焊固化参数。阻焊固化不充分会形成局部软凹陷，这是分层或污染物聚集的常见部位。阻焊上焊料也应避免，因为焊料回流引起的分层会导致污染物被困在里面。

57.4.2　PCB 组装工艺的影响

1. 钢网印刷和元件贴装

钢网印刷和元件贴装通常不会引起可靠性问题。然而，钢网设计不当、钢网印刷或元件贴装工艺不良，会引起焊料量错误和元件开裂的问题。焊料过少会导致焊点的不牢靠，在热疲劳或过载时迅速失效。在一些情况下，焊料过多也会加速焊点疲劳失效，因为元件的引线柔度被降低了。如果模具的设计和制造是正确的，那么焊料过少通常归因于阻塞的钢网孔所引起的焊膏减少或漏印、需要清洗的钢网、不合适的钢网印刷参数。焊膏桥连会引起一些焊点上的焊料过少和其他焊点上的焊料过多，因为一个焊点会从其他焊点处"抢夺"焊料。焊膏桥连可能是不当的钢网设计或钢网印刷参数、放置芯片载体（如 PLCC，带引线的塑料芯片载体）和四面扁平封装（如 PQFP，塑料四面扁平封装）时用力过大引起的。放置力过大也会引起元件开裂，尤其是小的无铅陶瓷元件。

2. 回　流

回流工艺使 SMT 和一些通孔元件，通过回流炉在设定好的温度曲线下熔化焊膏形成焊点而连接到 PCB（见图 57.17），而在某些情况下会用到可控的气氛，通常是氮气（N_2）。回流参数不当引起的可靠性问题可以分为 3 类：元件损坏、焊点不良、免清洗组件的清洁问题。

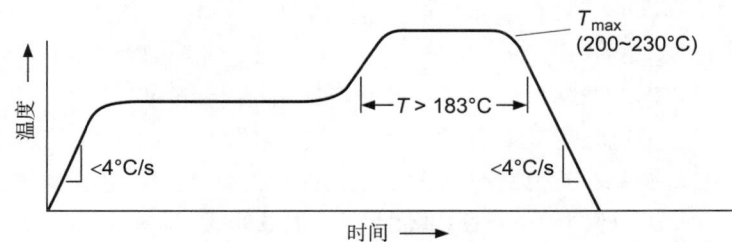

**图 57.17　共熔锡铅焊膏、FR-4 基板和典型 SMT 元件的回流曲线示意图：
从可靠性角度说明关键特性**

元件损坏　回流工艺导致了大部分与组装工艺有关的元件失效，这已在 57.2.3 节描述过。这些失效包括成型元件吸收水分在塑料封装时分层（开裂），以及由于过热、过快加热或冷却速率所引起的过热，或者热冲击所引发的元件失效。所有这些问题都可以由良好的程序设置和工艺控制来预防。

封装开裂可以通过以下方式避免：运输中将元件放在封闭的干燥包装中存储，烘烤在一般环境中放置太久的元件，将元件中的水分赶出。关于回流前烘烤条件和最大放置时间，应该遵循制造商的建议，但是一般都应遵守一个通用的准则——放置在空气中超过 8h 的封装应该在使用前立刻称重，将水分含量烘烤至低于 0.1%。在 125℃下烘烤 24h 通常是安全的，虽然更短的时间也可接受。注意，同样的问题也适用于返工和双面组装 PCB 第二面的回流：如果 PCB 在回流步骤间放置了几天，则要在第二次回流前进行烘烤。

加热过度或热冲击带来的元件失效，可以通过监测 PCB 上几个局部区域的回流时间 - 温度曲线，确保满足温度敏感性元件的规格来避免。测量 PCB 的时间 - 温度曲线非常重要，因为在每个加热区域，PCB 上的温度与回流炉仪表盘的温度和周围温度都显著不同。如果元件的热聚集或元件密度有很大差异，PCB 上的温度也会显著变化。没有元件的组装区域对加热过度尤其敏感，会损害层压板和区域中的小元件。组装过程中，由对流加热的回流炉温度变化比由红外加热的回流炉小得多。不良的回流温度分布也会引起各种各样的问题，这里也会提到一些其他同样影响可靠性的原因。

焊点不良　良好的焊点会使元件端子和基板同样润湿良好，没有大的或多的空洞，界面也没有过厚的金属间化合物层。使用焊膏时，回流时间 - 温度曲线是实现这些目标的主导因素。良好的润湿性需要可焊接的来料，但同样需要回流时间 - 温度曲线在合适的温度区间给助焊剂足够的时间进行反应。另外，时间 - 温度曲线应该保证 PCB 的所有部分在焊料的熔点以上至少 15℃，并保持至少几秒的时间。如果焊料没有完全熔化或氧化阻止了焊膏中的焊料熔化在一起，就会形成不良焊点——冷焊。后一个问题会由不当的回流温度分布或错误的回流气体引起。空洞一般是焊料熔化前焊膏中的溶剂没有足够时间汽化的回流时间 - 温度曲线引起的。所有这些问题都可以通过保证 PCB 的回流温度分布和回流气体（如 O_2 标准）与制造商对焊膏的建议保持一致来避免。

过长的回流时间（焊料液相线以上的时间）会引起焊料和元件端子或基板间界面处的厚金属间化合物层的形成。焊料界面处金属间化合物层的形成表明有良好的金属间结合，但是金属间化合物层过厚是有问题的，因为金属间化合物较脆且易断裂，尤其是当焊点受到应力中的张力而不是剪切力的时候。因为焊点疲劳发生在焊料上而不是金属间化合物或焊料 - 金属界面上，所以基本机制是不受影响的。然而，长回流时间和随之产生的厚金属间化合物层应该避免。横截面可用于判断金属间化合物的生长程度，只要金属间化合物层的厚度与焊点的厚度相比相对较小，可靠性就不会受到不利影响[30]（但是要注意，将回流时间减到最小仍然是一件好事。所有 PCB 上组件的可靠性，无论是在加工过程中还是使用过程中，都受到高温时间的不利影响。不幸的是，在开发一个回流时间 - 温度曲线时，通常还是要权衡回流时间和温度峰值）。

清洁问题　不当的回流时间 - 温度曲线也会引起焊料成团，以及在回流后增加留在 PCB 上的助焊剂残渣量。本节第 4 部分会讨论与这些工艺问题相关的可靠性。锡珠可能是由焊膏存储或操作不当、助焊剂和回流气体间的不兼容、回流时间 - 温度曲线与制造商的规范不一致而引起的。

3. 波峰焊工艺

波峰焊操作不当会导致可靠性问题。最根本的原因通常是热冲击、PCB 正面的过度加热、焊料槽的污染。

元件开裂　陶瓷元件，如电阻和电容，在热冲击的情况下会开裂。当它们处于 PCB 底部时，会被焊接波峰迅速加热。预防这种现象发生也很简单：在被波峰焊的波峰加热前，对组件进行预热。推荐元件和焊接波峰间的温度差小于 100℃，典型的预热温度为 150℃。

热裂化　热裂化也被称为部分熔化，会使先前良好的焊点在波峰焊工艺中失效。典型的混合通孔插装 / 表面贴装技术（TH/SMT）组装，将 STM 元件组装到板面，插入通孔元件并在底部用波峰焊焊接到 PCB。波峰焊工艺的第一步一般是预热整个 PCB。在波峰焊工艺中，板面的 SMT 焊点会由于 PCB 的热传导被进一步加热，尤其是 PCB 上有很多导通孔时。如果这些焊点达到了焊料熔化温度，焊料就会开始熔化。如果焊料完全熔化，在回流后组件可能未受损害；然而，如果焊料只是开始熔化，焊料的表面张力不足以阻止仍是固态部分的开裂。这种失效经常在现场被断断续续地检测到，因为在线测试装置会使焊点的两端机械接触，使焊点显示良好的电气连接。

焊料槽污染　焊料槽的污染程度应该定期监测，并且限制在 IPC-S-815 中规定的等级之内。元件端子使用的许多金属会熔解在熔化的共熔锡铅焊料中。较高的铜浓度是一种相对比较常见的与焊料表面粗糙和引起不良焊接可靠性有关的情况。较高的金浓度会使焊点变脆（对这种情况的讨论见 57.5.1 节）。

4. 清洗与清洁度

不当的处理程序、焊膏、波峰焊助焊剂，和与之相关的清洗工艺的不当选择和使用，会引起离子残渣留在 PCB 上并因此导致较低的表面绝缘电阻（SIR）。较低的 SIR 值会在一些自身敏感电路中引起失效，并且在其他情况下会为进一步腐蚀创造条件，最终导致电路短路。通常认为钠、钾离子及卤化物离子是引起这些失效的罪魁祸首。钠、钾离子主要来自于处理过程，如手指接触。卤化物离子的主要来源是助焊剂。

《蒙特利尔议定书》规定的氯氟烃（CFC）的淘汰，使得大部分 SMT 制造商改用水洗或直接使用免清洗工艺。大多数 PCB 制造商使用水洗已经有一段时间了，但是因为 PCB 是在组装后再清洗，所以外部清洁不会被仔细地监测。免清洗和水洗组装处理都必须满足一定的标准，以提供可靠的组装。

在免清洗组装工艺中，SMT 或 TH 工艺组装后没有清洗步骤。成品组件可能会有来自于 PCB 和元件的污染物，还会有组装过程中引入的污染物。这些污染物通常是助焊剂残留物，来自波峰焊的焊膏和助焊剂，黏合剂和指纹是其他污染物潜在的来源。免清洗助焊剂应该具有低固态含量，以便几乎不留下残渣，而且应该几乎不含离子污染物，如促进腐蚀的卤化物。包含卤化物的助焊剂的使用，会导致低的 SIR，并且可能由于腐蚀导致短路，尤其是当贴装元件暴露在湿润条件下时。同时，来料元件和 PCB 也应该是洁净的，用于组装的来料不含卤化物是非常重要的。尽管 SIR 测试提供了最好的可靠性的关联，离子污染物测试可以用于统计过程控制中。测试方法可在 MIL-P-28809 中找到。

锡珠也是免清洗组装中的一个问题。当焊料熔化、呈珠状和在波峰焊中焊料飞溅时，一些留下的焊膏在回流后就形成了锡珠。这些锡珠一般可通过溶剂或水洗冲掉。然而，在免清洗工艺中，它们会仍然留在 PCB 上。锡珠会通过桥连小电容、电阻或精细节距四方扁平封装引线的焊盘而引起短路。

水洗组装工艺中，在 SMT 和 TH 工艺组装后，用喷射去离子水或皂化水来清洗组件。这取决于助焊剂残留物和其他污染物在水或皂化水中有良好的溶解性，也取决于与残留物有良好的接触。因此，如果助焊剂在组装过程中可能接触到元件体的下面，则需要一个能清洗元件的最小离板间隙。PCB 被彻底干燥几乎是同样重要的，因为水是电化学腐蚀的极好媒介。适当的干燥是非常难的，即使有大量的空气流动，因为水比 CFC 有低得多的蒸气压力。如果元件与基板间距较小，毛细现象会将水保留在小空隙中。如果水洗在中间工序（如回流焊和波峰焊之前）进行，塑形元件也会吸收水分。在这种情况下，PCB 必须进行烘烤，阻止在后来的高温工艺中的封装开裂（见 57.2.3 节和 57.4.2 节）。

在策划助焊剂和清洗策略时，不应该小看返工工艺。与自动化工艺相比，使用活性更高的和更大量的助焊剂返工是典型方法。返工中，使用不含卤化物的助焊剂或适当清洗，对阻止发生清洁度相关的可靠性问题是必要的。

最后，清洁工艺本身会损害 PCBA。超声波清洗会损伤元件的内部键合引线或芯片连接。清洁工艺也应注意，当能量密度太大时，由于有端子元件的固有频率与发生器的频率相近时会产生机械共振，会引起发光二极管（LED）和小外形晶体管（SOT-23）焊点的疲劳开裂。溶剂清洗会腐蚀阻焊、PCB、敷形涂层和元件中的聚合物。使用右旋柠檬烯（萜烯）基的溶剂时，应该对暴露的塑料和金属的兼容性做仔细测试。

5. 电气测试和分板

电气测试和分板工艺会加大 PCB 和元件的机械应力。在线测试利用一个针床或可以翻盖的两个针床，接触 PCB 上的每个电气节点。探针必须用足够的力来接触 PCB，从而得到良好的电气连接。如果 PCB 没有正确固定或翻盖夹具的装载不平衡，由此产生的变形会引起焊点或元件开裂。这些开裂会立即或在使用一段时间后引起电气失效。分板是把单个图形从大的生产板中分离的工艺，可以通过各种各样的方法完成。相关的机械变形或振动会引起元件开裂或焊点疲劳。

6. 返 工

返工，无论是焊点开短路，还是更换缺陷元件，都会对元件的可靠性有重大的负面影响。如果没有其他足够的激励措施来降低工艺缺陷率，返工对产品可靠性的影响已经足够了。返工的质量不能让 PCB 达到一次制造完成时的质量等级。这里介绍一些对可靠性有不利影响的返工工艺。

返工中的热冲击 对元件的热冲击，在返工中与其在回流中一样，都是一个问题。最大的加热或冷却速率是由陶瓷电容的要求确定的，不应该超过 4℃/s[31]。

大型 TH 元件，如引脚阵列封装（PGA）和大型连接器的返工存在着一些特殊问题。如果完成不当，就会导致 PTH 失效。因为这些大的热循环损害是累积的，在指定点的返工操作次数应该被监控并限制在安全次数内。返工会引起孔铜疲劳开裂的萌生和扩展，以致失效。返工循环的次数取决于 PTH 的厚径比、孔中电镀的类型和厚度、基板材料等。

由于必须立刻熔化的焊点数很大，并且元件的热质量很大，大型 TH 元件的返工一般需要用锡炉来完成。当熔化的焊料遇到 PCB 时，引起的热冲击会使 Z 轴膨胀，引起 PTH 的开裂。预热（对 FR-4 来说大概是 100℃）步骤可以减少损伤。由于在这段时间内 PTH 内部的电镀铜会发生熔解，PCB 与焊料源接触的时间也应该被减到最小。减小 PTH 中的电镀铜层的厚度，会在热循环中更容易增加张力，进一步加速失效。如果元件移除和替换的总时间保持在 25s 以内，几乎测量不到熔解[32]。在 PGA 返工期间，通过铜熔解而弱化 PTH 的问题，可以通过电镀镍/金从根本上消除。在焊接中，尽管用来包覆保护镍的薄金层几乎立刻就熔解了，但镍熔解得非常慢，并且非常有效地阻止了 PTH 金属镀层的减薄。

相邻元件的损坏 返工也会对被修复或替换元件的相邻元件造成损坏。波峰焊中的热裂化现象会在返工的周围焊点处出现，如果它们能达到焊料的熔化温度。在稍微低一点的温度下，金属间化合物会迅速地生长。对温度敏感的元件也会被损坏。要避免这一问题，必须采用局部加热和防护措施，并且应该监测相邻元件的温度。一般建议的最大温度是 150℃。不同类型的返工设备和工艺，对相邻元件的加热量会有非常大的不同[33]。

其他返工问题 返工会引起许多与水分相关的问题，包括白斑和封装开裂。这些问题都可以通过事先烘烤 PCBA 驱走水分和减小返工中温度峰值与在高温中的时间来阻止。返工温度也会减弱 PCB 上铜导体和层压板材料间的附着力；当焊料没有完全熔化时，用力移动元件会使焊盘从 PCB 上剥离。后者是使用烙铁时的特殊问题[21, 31]。

57.5 材料选择对可靠性的影响

57.5.1 PCB

1. 基 材

双官能团的 FR-4 是高可靠性 PCB 的主要材料，因为在相对低的花费下，它有可利用的适度的 Z 轴膨胀和水分吸收特性。可供选择的基板材料（见表 57.2）通常被挑选出来，是由于在以下 3 个领域中有更多、更好的特性：热性能，包括最大操作温度和玻璃化转变温度；热膨胀系数；电气性能，如介电常数。热性能特征和热膨胀系数会显著影响 PCB 和焊点的可靠性。这些材料的其他特性，如吸水率也会影响可靠性。

表 57.2　一些 PCB 层压板材料的物理性能

材　料	X-Y CTE/（ppm/℃）	Z CTE/（ppm/℃）	T_g/℃
环氧玻璃布（FR-4，G-10）	14 ~ 18	180	125 ~ 135
改性环氧玻璃布（多官能团 FR-4）	14 ~ 16	170	140 ~ 150
环氧芳纶	6 ~ 8	66	125
聚酰亚胺石英	6 ~ 12	35	188 ~ 250

来源：IPC-D-279。

PTH 的可靠性可以通过选择 Z 轴 CTE 低一点的或 T_g 高一点的层压板来改进。在热循环中，对 PTH 的损害取决于温度改变期间 Z 轴膨胀的总量。由于 CTE 在 T_g 以下比 T_g 以上低很多，PTH 的张力可以通过增加 T_g，以便更多的或所有的循环温度都低于 T_g 来减小，如图 57.18（a）所示。图 57.18（b）表明寿命的增加是非常重要的。施加在 PTH 上的张力，也可以通过减小低于 T_g 温度下的 CTE 来减小，但是这对总的 Z 轴膨胀量的影响要小得多。

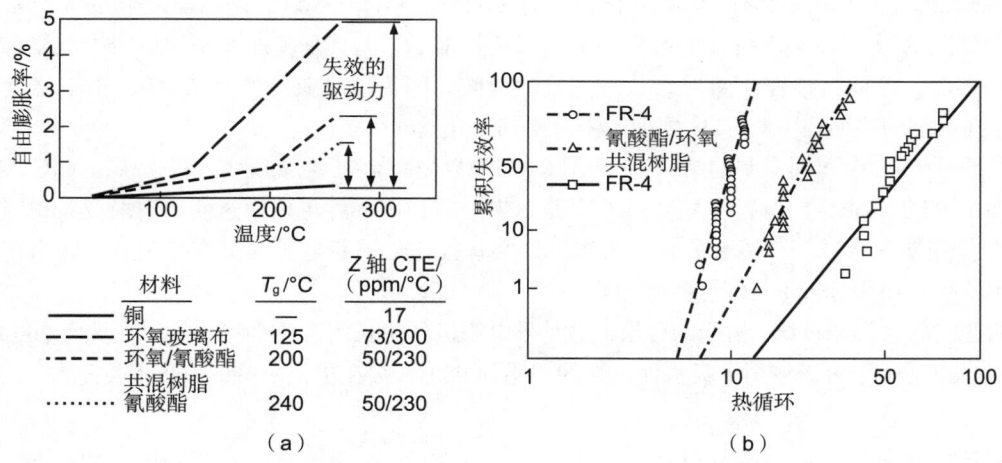

图 57.18　（a）T_g 以下温度的 CTE 和 T_g 对 FR-4（环氧 - 玻璃）、氰酸酯（氰酸酯 - 玻璃）和氰酸酯 / 环氧共混树脂在 Z 轴自由膨胀上的影响差别：展示了每种材料的 T_g 和 T_g 上下温度的 CTE。（b）在 25℃ 和 260℃ 间进行热冲击循环时，这些基材的 PTH 失效的威布尔分布图。PTH 直径为 0.029in，节距为 0.100in，板厚为 0.125in（来源：Fehrer 和 Haddick[4]）

各种各样增大 T_g 的特殊树脂都是可用的，尽管价格很高。有更高功能的改性 FR-4 材料，可以提供高的 T_g，而且价格合理。可以用双马来酰亚胺三嗪树脂（BT）、GETEK、氰酸酯和聚酰亚胺来得到 T_g 的进一步提高和其他特性，但是价格更高一些。

由于焊点的热疲劳造成的互连失效，可以通过使基板的 X-Y 平面的热膨胀特性与有风险的元件密切匹配来减小。因为气密性要求而使用的大型无引线陶瓷元件，会造成特别的风险。可能的处理方法，包括改变层压板的增强材料、增加用于约束的金属芯或面、转变为陶瓷基板。前两种方法会在这里讨论。这些选择的更多讨论可以在参考文献［33］中找到。

通过替换 FR-4 中最常用的连续 - 纤维的 E 玻璃，可以获得 X-Y 平面 CTE 较低的层压板。随着二氧化硅（SiO$_2$）部分的减少和石英含量的增加（也包括价格），按照 E 玻璃、S 玻璃、D 玻璃和最后石英的顺序，CTE 也随之下降，其中石英的 CTE 大约是 E 玻璃的 1/10。芳纶（Kevlar）纤维实际上有负的 CTE，但它只能在少数玻璃类型中可用。芳纶纤维的一些缺点是，它相对于玻璃纤维有较高的 Z 轴膨胀和较高的吸水率，会分别导致对 PTH 失效的敏感度下降和腐蚀相关的绝缘电阻失效。芳纶纤维也可以用来制造具有更低弹性模量的非织造纸织物；因为没有编织图案，所以有更光滑的表面。这种形式在热循环期间具有较好的尺寸稳定性和更小的微开裂。

低热膨胀的金属芯或面也可以降低整个基板的 CTE，因为它们限制了被层压的聚合物材料的膨胀（见图 57.19）。铜 - 因瓦合金 - 铜（CIC）是使用最广泛的约束金属芯材料（也称为金属上的聚合物或 POM 结构），其次是铜钼铜（CMC）材料。PCB 和金属芯用刚性黏合剂来黏合，通常用平衡的叠层将翘曲减到最小。其他特殊的工艺处理也是需要的。组合的 CTE 可以用一个复合结构的简单公式来判断：

$$\mathrm{CTE}_{整体} = \frac{\Sigma E \alpha t}{\Sigma E t}$$

其中，E、α 和 t 分别是不同层的弹性模量、CTE 和厚度。更多复杂的模型可以从参考文献 [34] 中找到。

图 57.20 是用 CIC 芯可以得到的低的整体 CTE 的例子。不幸的是，被限制的 X-Y 膨胀导致 Z 轴膨胀的增大，会把 PTH 的可靠性降低到危险水平，尤其是施加军用的从 −55℃ 到 +125℃ 的热循环时。因此，推荐使用带 CIC 芯的聚酰亚胺。因为聚酰亚胺的高 T_g 和 T_g 以下温度的低 CTE，在给定的热循环下对 PTH 施加的张力比其他介质低很多。

使用低 CTE 金属面限制的结构，通常用 CIC 层代替标准多层板的地层和电源层。CIC 芯电路板存在的 PTH 可靠性问题，同样适用于这类 PCB。PTH 可靠性可以通过使用聚酰亚胺树脂和在 PTH 中使用铜镍金或铜镍锡金属化来改善。这类基板比金属芯电路板更容易制造，因为在大部分情况下可以使用标准 PCB 制造技术。

树脂材料会影响纤维 / 树脂的分层，这是导电阳极丝生长的首要必备条件。在大概 260℃ 时，FR-4 会发生白斑；对于使用了吸水性更强的树脂的 PCB，会在更低一些的温度下发生。

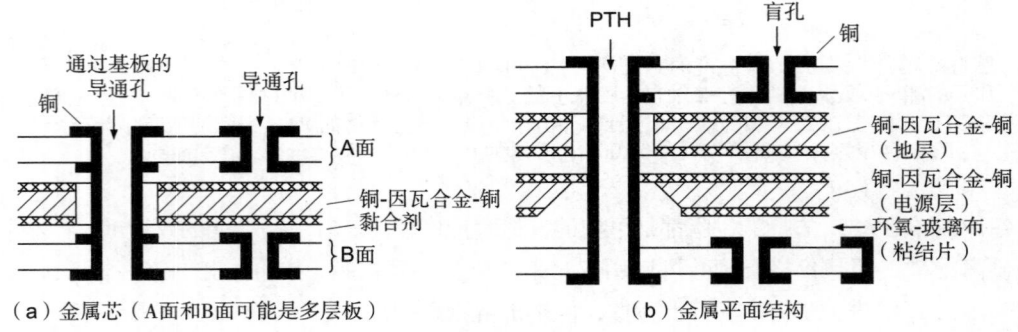

（a）金属芯（A 面和 B 面可能是多层板）　　　　（b）金属平面结构

图 57.19 使用铜 - 因瓦合金 - 铜替代结构得到的低 X-Y CTE 的例子（来源：F. Gray [34]）

2. 阻　焊

阻焊的 3 种主要类型——液态丝印、干膜、液态感光成像（LPI）——从可靠性角度来说，有不同的优点和问题。阻焊材料应该基于组装过程的热量和溶剂特性的兼容性、在 PCB 表面特征上提供良好一致性的能力、封住导通孔的能力（如果需要）这 3 方面来选择。由于这些特点中的很多是产品特有的，在这里可以提供的只是少数的一般指南。为了阻止焊料、水分或助焊剂在元件下的毛细上升而需要封住导通孔的地方，也会用到干膜阻焊。然而，过厚的阻

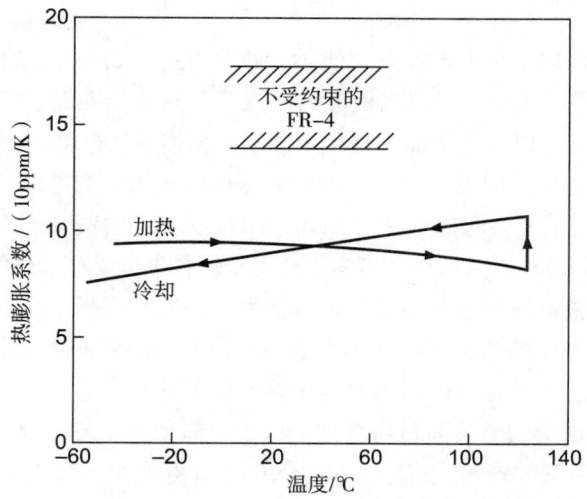

图 57.20　类似于图 57.19（a）的可以通过金属芯结构得到的低的整体 CTE 的例子。
两块 0.055in（1.4mm）厚的多层 FR-4 电路板和 0.085in（2.2mm）厚的铜 - 因瓦合金 - 铜芯结
合在一起。数据显示的是第 3 个热循环（来源：F. Gray）

焊，尤其是紧密间隔的线路上的干膜阻焊，会导致裂缝。如果阻焊没有充分的流动性来紧密地附着在 PCB 上，带来的裂缝会困住之后引起加速腐蚀的污染物，如助焊剂。LPI 阻焊提供了良好的覆盖范围、分辨率和与其他图形对位的能力等，但封住导通孔需要进行填孔处理。IPC-SM-840 规定了阻焊性能和限制的要求。

3. 金属表面处理

　　SMT 和 TH 工艺焊盘的金属表面处理对 PTH 可靠性和焊盘上焊点的可靠性有影响。通常对裸铜覆阻焊（SMOBC）板进行金属表面处理，包括热风焊料整平（HASL 或 HAL）、有机包覆铜（OCC）和化学镀镍浸金。用另一种工艺路线完成电镀铜镍金和铜镍锡也是可以的。这些表面处理为之后的 PCB 组装提供了可焊接的表面。下面将依次讨论不同表面处理的利弊。

　　在常见的金属表面处理中，HASL 是唯一会直接减小 PCB 可靠性的方法。在典型的 HASL 工艺中，当 PCB 浸入熔化的共熔锡铅焊料或无铅焊料槽时，会受到严重的热冲击。PTH 只能承受一定次数的焊料冲击而保持不会失效：在 PCB 出货之前，这个工艺用掉了一次热循环。

　　OCC 可以提供一致的、平坦的、可焊接的金属表面处理。PCB 组装后暴露的铜一直是持续的可靠性问题，因为它在 HASL 板上通常是不允许的。当 HASL 板上暴露的铜与不良的焊接可靠性联系在一起时，虽然这可能由于在 HASL 工艺之前没有把污染物去除，但很少有证据表明正确处理的 OCC 板上暴露的铜会引起可靠性问题。SIR 测试表明，OCC 板与 HASL 板相比，在高温度、高湿度存储测试中有差不多或更好的表现。

　　以镍金做铜抗蚀层时，或通过 SMOBC 工艺之后，化学镀镍浸金制造的铜镍金 PCB 可以带来改进的 PTH 可靠性。观察到的改进机制有两种：镍带来的增强铆接效应和焊接冲击中铜熔解的消除，如波峰焊或 PGA 返工。对于高厚径比的孔，化学镀镍带来了其他好处，因为孔壁上的沉积厚度比传统电镀更一致。

　　图 57.3 所示的 PTH 失效的简单图片中，较低 CTE 金属镀层的 PTH 可以作为抵抗 PCB Z 轴膨胀的铆钉。因为镍比铜有更高的弹性系数，它在 PCB 膨胀的强加应力下拉紧得更少。因此，加入镍镀层可以减小加在铜上的张力，并且减小疲劳损害量。在这个模型中，镍保护了铜，延

长了 PTH 的寿命。

　　铜抵抗 PCB 热膨胀强加在其上的力的能力，也取决于 PTH 中铜的厚度。不幸的是，在 SMOBC 工艺所有的后续步骤中，图镀或板镀的总铜厚会减小。镍镀层用做后续工艺步骤的抗蚀剂和耐显影剂，因此它可以保护下面的铜免于因熔解而造成的减薄。大型通孔连接器或 PGA 的 HASL 工艺和返工会有特殊的负面影响。铜会快速熔解于熔化的共熔锡铅或无铅焊料中。在 HASL 工艺或有焊料喷出的元件移除和更换期间，PTH 拐角处的铜会大量熔解。作为屏障的镀镍层可以把这个影响减到最小，因为在共熔锡铅或无铅焊料中，镍比铜熔解得慢得多。

　　镀金会使电子组装中最常用的共熔锡铅焊料变脆。使用时根据不同的原因而镀不同厚度的金，包括作为镍镀层上的可焊性保护层、作为连接器接触、提供引线键合的焊盘。可靠性问题的出现，是因为回流温度下金在共熔锡铅焊料中具有高可熔性，并且熔解极为迅速。在大部分情况下，PCB 上或元件端子的金表面材料会完全熔于焊料中。在波峰焊工艺中，金会在焊料槽中被清洗，因此需要同时对焊料槽进行监测，以保持金浓度处于不影响工艺的较低水平。然而，在回流工艺中，金仍然会在完成的焊点中存在。为了避免形成 $AuSn_4$ 和 $AuSn_2$ 金属间化合物而使焊料变脆，金浓度应该保持在临界水平之下，大部分作者按质量把其设定在 3% ~ 5%[35, 36]。

　　对于大部分现在使用的元件，薄至标称厚度为 5μin（0.127μm）的金对保护可焊性是无害的。然而，如果使用较厚的金镀层（如用于连接器接触或引线键合），元件引线节距小于 0.5mm，或者元件引线端子也是金镀层，应注意金浓度（质量分数）仍然要保持在 3% 或 5% 以下。对于一些不可避免要使用厚金层的应用，可以使用 50In-50Pb 焊料来解决这个问题，因为金在这种焊料中熔解得非常慢[37]。另一个选择是，使用选择性镀厚金工艺。

　　成品回流焊点中的金浓度，可以用下式估算：

$$金浓度（\%）= \frac{含金量}{含金量 + 焊料量 \times \rho_{焊料/金}}$$

其中，$\rho_{焊料/金}$ 是焊料密度和金密度的比值（63Sn-37Pb 焊料是 0.4552）。如果金层小于 1μm 厚，假设所有焊点表面的金都已熔于焊点通常是正确的。焊料量应该包括任何元件端子或 PCB 焊盘上镀的焊料，也应该包括丝印的焊料量。通常仅仅规定金镀层厚度的最小值，用一个典型值来计算焊点中预期的金浓度是很重要的。

57.5.2　互连材料

1. 共熔锡铅焊料

　　共熔锡铅焊料（63Sn-37Pb）和近共熔锡铅焊料（包括 60Sn-40Pb 和 62Sn-36Pb-2Ag），被用在绝大多数电子组装焊接中。从可靠性角度来看，这些焊料的最重要特性是它们对蠕变和疲劳的敏感性，因为环境温度与焊料熔化温度非常接近，它们有迅速且大量溶解端子金属的能力，和与端子金属形成厚金属间化合物层的趋势。

　　尽管焊点热疲劳是 PCBA 中失效的主要来源，但行业已经使用共熔锡铅焊料合金几十年了。到现在为止，还没有一致的可以替代它的焊料，能改善抗疲劳且具有共熔锡铅焊料的良好工艺特性。随着人们不断地对替代焊料进行深入研究，尤其是无铅焊料的引入，人们开始寄希望于改性合金。一些证据表明，包含 2% 银的焊料在高温热循环中的性能有一定提升。

　　许多常见的端子金属能迅速溶解于共熔锡铅焊料，包括银、金和铜[36]。溶解的金属会改变焊料的性质。如果端子金属完全溶解，也会影响可靠性，最明显的例子是陶瓷电阻和电容的银［或含少于 33% 铅的铅化银（AgPd）］端子。如果整个端子都溶解了，焊料在陶瓷部分反润湿，就会留下一个开路的焊点，或者在部分区域完全溶解而导致焊点强度的弱化。63Sn-36Pb-2Ag 焊料基本上解决了这个问题，焊料中银的存在减少了端子的银的溶解度。

最后，共熔和近共熔的锡铅焊料与端子金属焊接形成的金属间化合物，决定了最终焊点性质。在大部分常见的端子金属中，铜和镍，形成连续的金属间化合物层：在铜上形成 Cu_3Sn 和 Cu_6Sn_5，在镍上形成 Ni_3Sn_4、Ni_3Sn_2 和 Ni_3Sn。这些金属间化合物层与焊料和端子金属相比，都具有更硬且更脆的化合物。尽管基本没有做出系统比较，但当金属间化合物层非常厚时，焊点可靠性会降低，一般来说这是常识。虽然焊点热疲劳主要包含焊点的开裂，但金属间化合物会影响它们承受机械应力的能力，特别是张力。尤其是镍锡金属间化合物，特别脆。在任何情况下，一旦焊点形成，应该努力将工艺中焊点熔化的总时间和大于 150℃ 的时间减到最小。

2. 其他焊料

特殊应用条件下会用到一些其他焊料，包括用于引线的 80Sn-20Pb 表面处理焊料；厚金层焊接使用的 50In-50Pb 焊料；倒装芯片组装（通常在陶瓷基板上）中使用的高含铅量的焊料，如 95Pb-5Sn 和 97 Pb -3Sn；需要多级焊接时使用的低温焊料，如 58Bi-42Sn 和 52In-48Sn。更多信息可以在参考文献［23］、［24］和［38］中找到。

3. 导电黏合剂

在今天，导电黏合剂用在专门的应用中，如与 LCD 显示器、小电阻和小电容的连接。这些材料由导电粒子组成，通常是片状银粉或石墨，悬浮在聚合物基体中，最常用的是环氧基树脂。因为与 PCB 接触的电阻随着时间的推移趋向于不稳定，所以这些材料不适合需要长久的、低接触电阻的应用。首要的失效机制是水分从环氧基树脂到界面的迁移，导致接触金属的氧化。附着力也是一个可靠性问题。适用于更广泛应用的新材料正在研发中，更多信息可以从参考文献［39］中找到。

57.5.3　元　件

元件及其封装影响电子组件中许多区域的失效。封装首要设计和选择的是保护内部电子元件的能力，如为了有更好的气密性选择陶瓷封装，而不是塑料封装。本节将讨论封装的选择是如何影响焊点和清洁度，从而导致失效的。

1. 将焊点的热致失效和机械致失效降到最低的封装选择

将焊点的热致失效和机械致失效降到最低意味着，将系统的整体和局部的不匹配减到最小，以及通过引入具备一定柔度的材料，将转移到焊点上的应力和应变减到最小。图 57.21 展示出了这些系统的重要特征。接下来将描述元件参数是如何影响焊点失效的发生率的。

表面贴装技术与通孔插装元件　尽管在系统中几乎没有顺应性，在热疲劳中（假设在两种情况下都存在良好的焊料圆角），通孔焊点的可靠性通常比表面贴装焊点好，因为负载的几何结构，使开裂发展到足以引起电气失效是非常难的。但是，PTH 对这种情况也很敏感，易于失效，即使暴露在哪怕只有几次远高于 T_g 的热循环中。

塑料封装与陶瓷封装　如果是塑料封装而不是陶瓷封装，元件体和基板间的整体不匹配对大多数 PCB 来说会减到最小。大部分电子陶瓷的 CTE 接近于 4 ~ 10ppm/℃。在 T_g 之下，PCB 平面内的 CTE 是 14 ~ 18ppm/℃，比通常 CTE 在 20 ~ 25ppm/℃的塑料封装的匹配更好。如果芯片在整体封装中占比比较大，塑料封装的整体 CTE 会显著低于塑料。例如，薄型小尺寸封装（TSOP）元件的整体 CTE 会小到 5.5ppm/℃这么低。值得注意的是，必须考虑元件级可靠性：与陶瓷封装相比，塑料封装会承受其他不利的条件，如吸收水分。

有引线的表面贴装元件与无引线的表面贴装元件　有外围焊点的无引线表面贴装元件（如无引线陶瓷芯片载体，LCCC），在热应力和机械应力下比有引线元件对焊点失效更敏感，因为在系统中没有顺应性（见图 57.21）。在受到机械应力和热应力时，顺应性引线在元件体和基板间会有相对位移。这样做可以最大限度地减小加在焊点上的应力和应变，从而减小失效发生的可能性。只要有可能，就应该避免使用大型无引线元件。如果必须使用大型无引线元件，基板与元件的 CTE 必须尽可能地匹配，并且基板必须免受机械应力。应考虑使用敷形涂层。

球阵列（BGA）封装是一种新型的有面阵列焊点的无引线表面贴装元件。这些元件的可靠性已经有了深入的研究。塑料 BGA 对焊点的疲劳失效比陶瓷球阵列（CBGA）封装更不敏感，因为层压板和塑料体对 PCB 的 CTE 匹配较好。这时，为了保证焊点可靠性，对尺寸和功耗有限制。

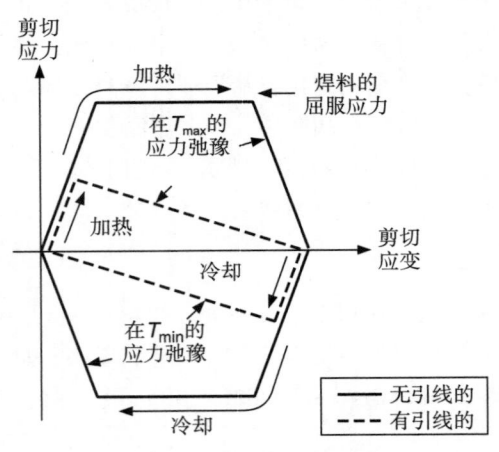

图 57.21　有引线和无引线的表面贴装元件在热循环中的焊料张力示意图（来源：W. Engelmaier）（IPC-TP-797《表面贴装焊点的长期可靠性：设计、测试和预测》）

引线顺应性　就像前面描述的那样，无引线元件会比有引线元件引起更多的可靠性问题，因为整个位移都将强加在焊点上。然而，在有引线表面贴装元件中，顺应性也有很大不同（见图 57.22）。元件体高度起了很大作用，因为它决定了顺应引线的长度。其他影响顺应性的重要引线特性是引线形状（如 J 形引线和鸥翼形引线）和引线厚度（刚度与厚度的立方成正比）。

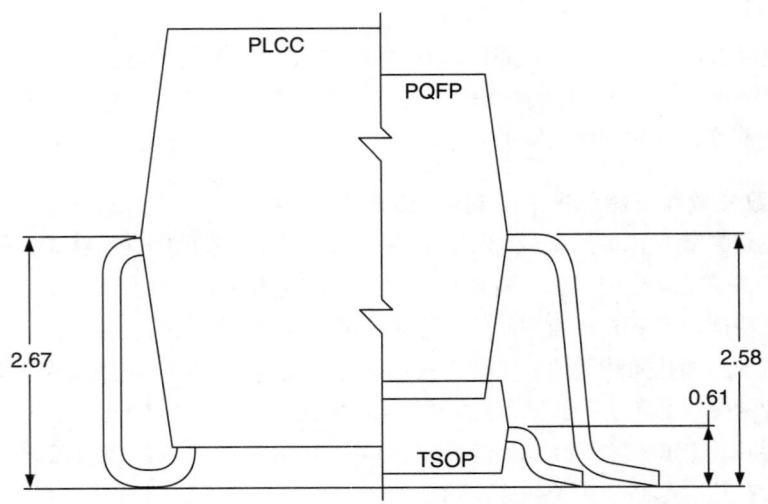

图 57.22　不同表面贴装元件的不同顺应性引线类型：J 形引线（左），鸥翼形引线（右）

引线框架材料在决定焊点寿命中也起到了作用，尽管没有引线结构的几何形状那么重要。常见的引线结构材料是铜和合金 42（Fe- 42Ni）；合金 42 与硅有更好的 CTE 匹配（但和焊料更不匹配），但它比铜硬得多（见表 57.3）。

表 57.3　室温下一些重要封装材料的 CTE 和弹性模量

	铜	合金 42（Fe-42Ni）	63Sn-37Pb 焊料	硅
CTE/（ppm/℃）	17	5	25	3.5
弹性模量 / GPa	130	145	< 35	113

薄型小尺寸封装（TSOP），成为越来越常见的内存封装，比其他现在常用的任意一种封装类型所带来的焊点可靠性风险更大。这类封装一般有合金 42 引线框架结构、与 PCB 极小的间隔距离，从而使引线十分僵硬，元件和基板到焊点间的大部分相对位移被转移至焊点。这类元件的情况有被夸大之嫌，因为封装的整体 CTE 是非常低的。尽管 TSOP 在许多情况下可以达到足够的焊点可靠性，一些供应商已经选择用带填料的环氧树脂来封装焊点，以便更好地分散应力[40]。

2. 从清洁度方面考虑的元件选择

如果用液体清洗来去除组装后的助焊剂残留物，那么最小的元件间隔（元件体和引线底座面间的距离）对保证适当的清洗和干燥至关重要，借此避免由于清洗不净导致的抗腐蚀和水分相关的失效。低间隔元件的行业标准允许元件在 PCB 上有 0 ~ 0.25mm 的间隔，这会导致腐蚀性残留物和清洗液残留在元件下面。不良的液体流入表明助焊剂残留物没有被移除。干燥几乎是同样重要的：对高挥发性的氯氟烃（CFC）来说这不是主要问题，但是当清洗液体为水时，容易出现残留水分导致的失效问题。符合高间隔标准的元件的最小间隔为 0.20mm 或 0.25mm，这个距离对用水和大部分其他现在使用的清洗液体来说，足以清洗和干燥。用免清洗工艺从本质上可以消除元件间隔导致的问题，但是增加了一些外部表面污染物仍然存在的问题。应该进行 SIR 测试，确保留在 PCB 上的助焊剂残留物和其他污染物是无害的。

3. 从焊点完整性方面考虑的元件端子选择

表面贴装元件端子的表面材料通常是锡铅或锡，尽管偶尔也会使用其他表面材料。良好的可焊性是形成牢固焊点的基础。来料的清洁是另一个要求，这应该是不言而喻的，而且随着免清洗工艺的出现显得更为重要。使用铜引线时，如果回流时间过长和温度过高，会形成过量的 Cu_3Sn 和 Cu_6Sn_5 金属间化合物。使用纯锡时，应该考虑到晶须生长。当金作为金属表面材料时，可以预测到金会快速熔于焊点中。为了避免焊料变脆，经过表面处理的焊点应该包含质量少于 3% ~ 5% 的金。

陶瓷元件和铁氧体元件，如多层陶瓷电容、片形电阻、片形电感，一般都通过烧结银或银钯浆料进行表面处理。因为银很容易熔于熔化的锡铅焊料，推荐用镍锡或镍金在银上电镀保护层。

57.5.4　敷形涂层

PCBA 中用到的敷形涂层需要对水分、溶剂或磨损有额外的抵抗力。各种各样的聚合物可以用来实现这种功能，包括酚醛树脂、硅酮和聚氨酯涂料，以及硅酮橡胶、聚苯乙烯、环氧基树脂和对二甲苯涂料。环氧基树脂和聚氨酯基涂料是最常用的。如果敷形涂层与阻焊一起使用，其在化学上必须是兼容的[21, 23]。

敷形涂层的作用是使污染物远离电路并阻止水分在组件表面累积。由于所有的敷形材料都能渗透水分，界面黏附是它们必不可少的功能。PCB 上能减小涂料的附着力或困住水分的污染物会引起敷形涂层失效，也会引起热应力。当污染物吸水时，敷形涂层会向上冒泡（起泡），从而提供会发生腐蚀的间隙。离子污染测试并不总是最适当的用来检测离子污染物有害水平的方法，应用曾推荐过的极性和非极性溶剂进行清洗。

没能与使用环境很好匹配的敷形涂层实际上会促进新的失效机制发生，这种失效机制不会在未涂敷的组件中发生。如果涂料填充了元件下的间隙，会因为减小或消除了引线的柔度，而在热循环中给焊点带来额外的应力。如果工作温度降低至低于涂料的 T_g，涂料也会在元件上形成过大的应力。一些涂料在炎热、潮湿的环境中不稳定。

57.6 老化、验收测试和加速可靠性测试

本节是对识别不可接受的组件或预测组件寿命的环境应力测试程序的综述。这些测试按预期目的可以分为：100% 筛选消除早期失效（老化）、抽样基础上的验收测试、寿命分布预测（加速可靠性预测）。老化，也被称为环境应力筛选（ESS），它本身是一个重要的主题，已经被广泛地写入书中，在这里只介绍它的目标。验收测试或合格性试验和加速可靠性测试在本节会一起讨论，包括 PCB 和 PCBA 在不同环境应力下的测试。

当早期失效率（将所有组件暴露在最坏但最现实的情况下的潜在缺陷）成为问题时，老化可用来消除早期失效。条件不应该过于严苛，因为老化会减少组件的使用寿命。另一方面，除了提高运输中组件的可靠性，老化对可能会导致现场失效的工艺缺陷提供了快速反馈。在电子行业中，老化最常见的用途是在集成电路中，尤其是在内存芯片中、设计前沿的集成电路制造工艺中。

加速可靠性测试是为了引起可能会出现的失效，从而得到组件工作寿命期间的耗尽时间，并为组件的寿命分布预测提供数据。寿命分布预测需要使测试一直持续，直到大部分的组件失效为止。合格性测试可能会在相同甚至更严苛的条件下进行，但它们实质上是在指定的时间后会终止的通过 / 失效测试。因为在成功的合格性测试中很少有失效，所以从这种测试中几乎不会获得新的可靠性信息。这些测试不应该像例行公事一样对所有组件使用，因为它们会大大缩减组件的寿命。

不幸的是，在行业中没有一整套可靠性测试的标准，在不久的将来似乎也不会有。这有几个原因。第一，工作环境有很多种。IPC 已经认定了电子元件的 7 种主要应用领域。第二，在这些类别中，组件所经历的环境会不同于外部工作环境，它取决于产品特殊的设计参数，如功率损耗和冷却速率，这些会影响组件附近的温度和湿度。第三，用户和制造商之间的产品设计寿命和验收失效率会有非常大的变化。最后，但是同等重要的，随着技术的发展，测试也必须同样发展。可靠性测试曾经非常有意义，而现在是要么过度保守，要么推出新设计的潜在失效模型，而上述在过度设计的组件中花费较高，其花费比必需的、可以被预测和阻止的现场失效更大、更多。本节介绍了一些在新技术或新应用的设计测试中常用的测试和方法。

正如在开始时所陈述的，只有在工作环境被识别，并且规定工作寿命的验收失效率被明确后，可靠性才可以被确定下来。如果当前环境条件下证明是不可接受的，设计可通过改善冷却工艺、封装气密性、清洁度等加以改进。如果不清楚 PCBA 是否会达到设计的可靠性目标，加速可靠性测试应该用来预测寿命分布。

57.6.1 加速可靠性测试的设计

加速可靠性测试设计有 7 个步骤。

1. 确定特定工作寿命的工作环境和验收失效率

2. 确定 PCBA 的实际环境（调整后的工作环境）

工作环境应该改变为 PCBA 实际经历的周围环境。例如，PCBA 经历的温度会受功耗和冷却的影响。机械环境会受减震材料、共振等影响。

3. 确定可能的失效模型（如焊点疲劳、导电阳极丝的生长）

加速可靠性测试基于这样的前提：通过一个已知的方法（一些数据可以用来预测 PCBA 在工作环境中的寿命分布），增加暴露环境的频率和（或）严苛性可增加工作时的失效率。这个假设只有当同样的失效模型在测试中和现实寿命中同样发生才有意义。不能过分强调加速测试必须围绕真实失效模型来设计。可能的失效模型可以从过去的工作经验，如文献或初步的测试或分析中确定。

4. 为每种失效模式构建一个加速模型

一个可以依据预期的使用环境解读测试数据的加速模型，在寿命分布预测中是至关重要的。设计良好的测试是非常有益的，因此理想的加速模型在加速可靠性测试实施前就应该制订出来。关于焊点可靠性的式（57.2），加上对于刚性元件的焊点应变的式（57.1），是加速模型的一个例子。可以预测到，增大的应变会以特定的方式减小引起失效的循环数。在一定的温度范围内，增加热循环范围是增大应变的一种方法。

一般情况下，加速模型在失效过程中，应该基于速率可控的步骤。在一些情况下，速率由 Arrhenius 方程决定，如扩散是速率可控的过程：

$$D = D_{\mathrm{o}}\exp\left(\frac{-E_{\mathrm{a}}}{kT}\right) \quad \text{和} \quad x \propto \sqrt{Dt} \quad t_2 = \left(\frac{D_1}{D_2}\right)t_1 = t_1\exp\left(\frac{-E_{\mathrm{a}}}{k}\left[\frac{1}{T_1} - \frac{1}{T_2}\right]\right) \quad (57.3)$$

其中，D 为扩散速率；D_{o} 为扩散常数；E_{a} 为过程中的活化能；k 为玻尔兹曼常数；T_1 和 T_2、t_1 和 t_2 是两种温度和相应的等效扩散时间。

注意，即使温度是一个重要因素，Arrhenius 关系也可能不存在。在前面的热循环例子中，失效率大致和（ΔT）^{2} 成正比。一些加速模型会在接下来的内容中讨论。

加速模型适用性的限制和模型本身是同样重要的。过多地增加或降低温度可能会促进新的失效模型，这种新失效模型在工作中不会发生或使定量加速度关系无效。例如，温度上升至 PCB 的 T_{g} 以上，Z 轴 CTE 急剧增加，并且弹性模量降低，这实际会减少加在焊点上的应变，但也会促进 PTH 失效。

有限元建模（FEM）在开发和（或）应用热测试、机械测试的加速模型上非常有用。为了获得有意义的结果，通常需要二维非线性建模的能力。建立的模型可以预估在运行条件及测试条件下的材料的应力和应变（如 PTH 中的铜或表面贴装、通孔焊点中的焊料）。这些预估会比综述中提供的简单模型准确得多，因为它们可以对复合结构中材料间的相互作用和弹性变形与塑性变形都做出解释。

5. 在加速模型和接受抽样程序的基础上设计测试

使用加速模型和工作环境与寿命来选择测试条件和测试时间,以便在非常短的时间中模拟产品的寿命。样品数必须足够大,以便决定可靠性目标(可接受的使用寿命期间的失效数)是否已经达成[41]。理想情况下,在加速测试中的寿命分布应该被确定下来,即使测试时间必须延长。

6. 分析失效来证实失效模式的预测

由于加速测试基于假设加速测试中特定的失效模型与工作中出现的失效模型是相同的,通过失效分析来证实这个假设有效非常重要。如果加速测试中的失效模型与预期的不同,应该考虑下面的几种可能性。

(1)加速测试引进了不同于工作中将出现的新的失效模式。通常情况下,这表明加速测试的某个参数(如频率、温度、湿度)过于严苛。

(2)最初确定的主要失效模型是不正确的。在这种情况下,为了获悉测试结果的意义,必须为这种失效模型研发一种新的加速模型。新的失效模型比之前认可的模型可能会或多或少地提升测试条件。

(3)也许会有几种失效模型。在这种情况下,两种失效分布应该分别考虑,以便寿命预测是有意义的。在决定是上述哪种情况时,困难是对真正的新技术或工作环境来说,工作中的失效模型可能会不知道。在这些情况下,需要用较缓慢的加速进行类似的测试以便对比。

7. 从加速寿命分布中决定寿命分布

加速寿命分布应该用适当的统计分布的拟合数据来决定,如威布尔分布或对数正态分布。工作中的寿命分布可以通过使用加速模型转化寿命分布的时间轴来决定。这种预估的工作中的寿命分布,可以用来预测特定工作寿命中的失效数。

以下对一些特定失效测试进行讨论,并提供这种方法的例子。

57.6.2 PCB 的可靠性测试

1. 热测试

PTH 失效是工作中 PCB 失效的主要来源,预测 PTH 失效是高温下 PCB 测试的首要目标。PTH 可靠性测试应该模拟 PTH 整个寿命期间的热偏移。一般来说,最严苛的热循环要经历组装和返工。

进行测试的两种基本类型:热应力或漂锡测试、热循环测试。这些测试都是 PTH 的加速试验,而不是层压板;特别是热应力测试,会使层压板严重退化。分层测试与漂锡测试相近,但是是在层压板制造商指定的较低温度下进行的;典型的不同是,需要不同的液体。

最普遍被接受的热应力测试是 MIL-P-55110(也可以从 IPC-TM- 650 中找到)。在 120 ~ 150℃(250 ~ 300 ℉)下烘烤后,样品被浸入 RMA 助焊剂中,漂浮在 288℃(550 ℉)的共熔(或近共熔)锡铅焊料槽中 10s。其他研究者使用 260℃的焊料槽。测试后,将样品做切片,并检查 PTH 是否开裂。这是个严苛的测试,以保证样品在一次波峰焊或焊炉返工循环后还可以继续工作。

大部分 PCB 的循环测试会使 PCB 在一个宽温度范围中反复循环,许多实际上是使用液 - 液循环的热冲击测试。通过不同温度极限、上升斜率和停留时间的 5 种加速测试的结果已经由 IPC 进行了比较,IPC 还提供了简化的分析模型来预估 PTH 的寿命[3]。所有测试结果说明了使 PTH 可靠性最大化的相同方法,但是它们并不是都与数量定量相关。最常用的两种测试:(1)从 –65

到 +125℃的试验箱循环；（2）从 +25 到 260℃的油浴或流动沙浴的热冲击循环。图 57.23 展示了一个合适的测试附连板，它包含 3000 个按顺序排列互连的 PTH，以及几种 PTH 尺寸和不同的环宽尺寸。在测试中，可以监测 PTH。图 57.18（b）是这种测试中收集到的数据类型。

2. 机械测试

PCB 很少进行机械测试，因为机械测试会引起电气失效。然而，铜和阻焊与层压板的附着都是很重要的，并且要经常进行测试。阻焊附着力的失去会为腐蚀和水分积累提供场所，当 PCB 暴露在不当的温度和湿度环境中时，这会成为电气失效的原因。

通常用 IPC-TM-650 方法 2.4.28 中描述的剥离测试来测试附着力。在这个测试中，最简单的方法是把附着物划分成小方块。如果铜或阻焊被一片黏附牢固的胶带拉脱，说明附着力不足。更多对实际剥离强度进行的定量测试，主要由层压板和阻焊供应商进行。

3. 温度、湿度、偏压测试

这些测试是为了促进 PCB 表面的腐蚀和导电阳极丝的生长，两者都会引起绝缘电阻失效。

表面绝缘测试在两行交错的梳状铜上加直流偏压进行。这些梳状铜会被设计成现有的 PCB 的样子，或如 IPC-B-25 的测试附连板（见图 57.24）的图样。从梳状线路中测得的电阻（Ω），可以通过将测得的电阻乘以图形的面积转化成表面电阻（Ω/□）。这个图形面积在几何上由测得的阳极和阴极间平行线的总长除以分隔距离决定。对绝缘电阻进行精确测试需要特别的预防措施[42]。高于 10^{12}Ω 的电阻测试是非常困难的，并且需要仔细地防护。如果已经采取特定的防护措施，低于 10^{12}Ω 的电阻测试可以在大部分实验室环境下进行。

实际的测试通常是在高温和高湿下加直流偏压进行的。裸 PCB 的水分和绝缘电阻的

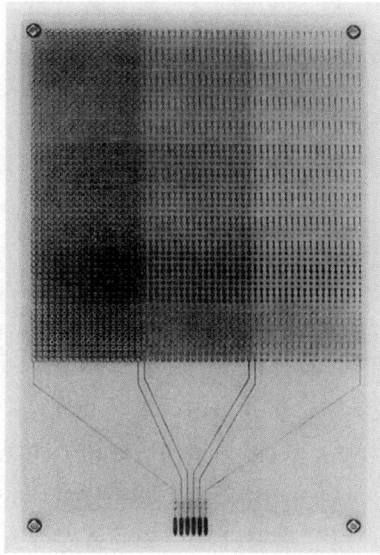

图 57.23 PTH 可靠性测试附连板。这个在 4 层板上的附连板包括 3 组各自按顺序排列互连的 1000 个 PTH。每组孔的尺寸不同，焊盘尺寸也不同。IPC 中类似的设计是可用的

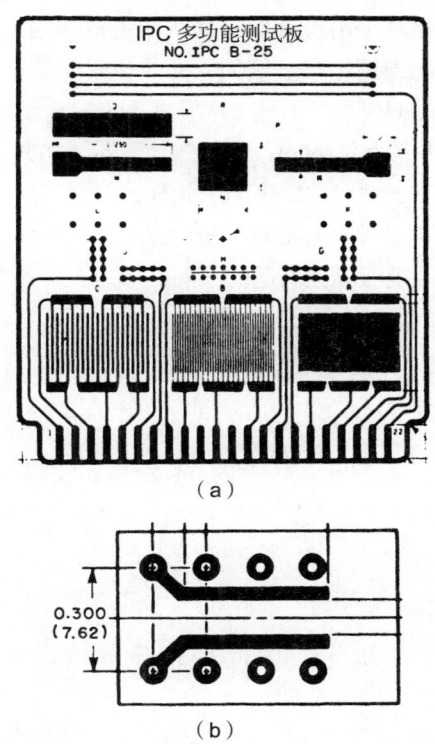

（a）

（b）

图 57.24 用于耐湿、耐绝缘和耐金属迁移测试的附连板：（a）IPC-B-25 测试板，用于工艺鉴定；（b）Y 形附连板，被设计成为成品板的一部分，用于统计过程控制（来源：IPC-SM-840）

测试也包括在 IPC-SM-840 中。测试的严苛程度取决于预期的使用环境。对于典型的商用产品(第 2 级)，会在 50℃、90% RH 且加 100V 直流偏压情况下测试 7 天。最小绝缘电阻要求为 $10^8\Omega$。关于军用测试方法，水分和绝缘电阻在 MIL-P-55110[43] 标准中已经有了明确规定。耐湿测试应该在与 MIL-STD-202 标准中方法 106 的外加极性电压（ $100V_{DC}$ ）和方法 402 的测试条件 A 一致的情况下进行[44]。IPC-SM-840 标准也包含电迁移电阻的测试。这个测试在 85℃、90% RH 且外加 10V 直流电压、最大电流限制为 1mA 的情况下进行 7 天。电流的显著变化会导致失效。样品用显微镜来检查电解的金属迁移现象。助焊剂残留物导致枝晶生长的一般测试条件：在 20V 直流电压下，85/85/1000h[1)]。这些测试以经验为主。但是，一些研究者已经试图开发这些测试和相似测试的加速因素[45, 46]。

57.6.3 PCBA 的可靠性测试

1. 热测试

大部分 PCBA 热循环的目的是加速焊点的热疲劳失效。尽管有 IPC 标准，但对所有元件和基板的结合及所有的工作环境来说，现在还没有合适的加速测试标准。文献中有几种加速模型，其中每一种似乎至少在某些情况下与数据拟合良好。所有情况都是在简化假设下，基于实验观察和基本参数的结合。这个主题仍然是非常活跃的研究内容，因为在一些情况下，预测有显著的不同。还有一个步骤是用机械循环测试替代热循环测试，以便可以在更短的时间内完成测试。但是，这些测试甚至更远离标准化。最后，对于一些功耗非常显著的元件（通常为 1W 或更多），与功率循环（出现从内部加热的现象）相比，采用环境温度进行循环（从外部加热）可能会带来非常不同的结果。例如，失效位置可能会从焊点拐角处（此处可以看到最大的位移）转移到接近芯片的焊点处（因为这里有更多的热量）。因此，虽然热循环对大部分专用集成电路（ASIC）、内存芯片等是够用的，但对微处理器等尤其是功耗超过几瓦的电路来说，应该考虑功率循环。

热冲击测试常用来测试元件，但它不一定是热循环的代替。因为温度上升非常迅速，并且在极值处停留时间非常短，所以几乎没有时间发生蠕变。因此，引起失效的循环数会增加。此外，快速的温度变化能引起的不同热应力，可能会比在热循环中来得更大。这些会引起早期失效，尤其是失效不是在焊料中的情况。

设计热循环测试来加速焊料疲劳有一些原则，这些原则是普遍约定好的。下面的指南适用于采用环境加热内部元件（如由于功耗）而产生的渐进的热循环。如果元件在工作中将暴露于极值温度或热冲击环境，这些一般化的理论就不再适用。图 57.25 是一个样品循环曲线。

（1）最大测试温度应该低于 PCB 的 T_g，对于普通 T_g FR-4 是低于 110℃。在 T_g 时，PCB 的 CTE 会迅速增加，其他性质也会改变，如 PCB 的

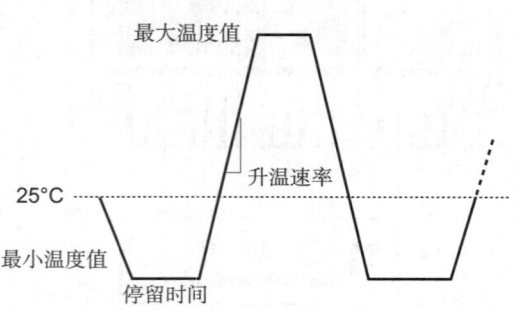

图 57.25 测试焊点热疲劳的热循环曲线示意图

弹性模量会减小。为了避免接近焊料的熔化温度和改变焊料的蠕变机制，最大温度应该保持在低于 $0.9T_m$。其中，T_m 是单位为开尔文的焊料熔化温度。对于共熔锡铅焊料，T_m 是 137℃，远高

---

1) 指在 85℃、85%RH 下测试 1000h。

于 T_g。但是对于具有高 T_g 值或低焊料熔化温度的 PCB 材料，这个限制会优先考虑。使用高于这些限制的峰值温度，会导致不可预知的加速。

（2）最小温度应该足够高，以便蠕变仍然是焊料的主要变形机制。也就是说，对于共熔锡铅焊料至少要在 $0.5T_m$，或 $-45℃$。许多研究者喜欢高一点的最低温度（$-20℃$ 或 $0℃$），用来保证蠕变在允许的停留时间内发生得足够快，以便减小施加的剪切应力。使用过低的最小温度看上去可能会增大加速因子（增加 ΔT），而实际上会使它减小（降低 $\Delta \varepsilon$），从而导致过于乐观的寿命预测。

（3）热循环速率不应该超过 20℃/min，并且在温度极值处的停留时间至少应该有 5min。控制循环速度的目的是，将热冲击和与温变速率相关的应力降到最小。在温度极值处的停留时间，是允许蠕变发生所需的绝对最小值。推荐更长的停留时间，尤其是在最小温度时的停留时间。

正如在这里描述的，文献中有几种适用于从加速测试中得到的数据做寿命预测的加速因子的方法，加速测试的数据可以从符合上述标准的热分布中得到。其中一个最简单的表达式来自 Norris 和 Landzberg：

$$\frac{N_{op}}{N_{test}} = \left(\frac{\nu_{op}}{\nu_{test}}\right)^{1/3} \left(\frac{\Delta T_{test}}{\Delta T_{op}}\right)^2 \left(\frac{\phi_{test}}{\phi_{op}}\right)$$

其中，N_{op} 和 N_{test} 分别是在工作和加速测试条件下的寿命；ν 为循环频率；ϕ 为平均温度[47]。

另一个常用的表达式可以从 IPC-SM-785 标准中找到。这个表达式设法对热条件中功率循环和停留时间的影响做出解释，它也使在一个相似元件数据的基础上预测另一个元件或焊点的几何形状成为可能。在其最简化的形式中，符合上述 FR-4 和共熔锡铅焊点的标准测试中的加速因子可以近似为

$$\frac{N_{op}}{N_{test}} = \frac{\Delta T_{op}^{2.4}}{\Delta T_{test}} \quad （适用于无引线表面贴装元件）$$

$$\frac{N_{op}}{N_{test}} = \frac{\Delta T_{op}^{4}}{\Delta T_{test}} \quad （适用于顺应性引线表面贴装元件）$$

这里，假设测试组件与将投入工作的组件是几乎相同的。

机械疲劳循环越来越多地用作引起焊点失效的快捷方法，目的是在更短时间的测试中模拟热疲劳失效过程。这种方法的正确性仍然还在研究中：尽管在每个循环中施加的应力本打算是相同的，但机械测试消除了形变效应（包括蠕变），因为循环大约快两个数量级。尽管如此，机械循环一定可以提供不同设计或封装类型间的有用的比较。测试通常在恒温下进行，当施加弯曲或可伸长的移位时，将焊点固定在夹具中，使之处于剪切力中。

2. 机械测试

机械振动和机械冲击会引起焊点疲劳，尤其是大且重的刚性元件，或具有大且重的散热器的刚性元件。机械冲击测试通常模拟运输或使用中可能发生的跌落情况。跌落测试一般非常严苛，但是测试数很少，因为预计工作中不会经历重复的跌落。常用的测试使用的最大加速度为大约 600G，最大速度大约为 300in/s，冲击脉冲大约持续 2.5ms。测试步骤如图 57.26 所示。

另一方面，PCBA 在它的寿命期间可能会接触成千上万的机械振动循环周期[48]。根据应用的不同，平面内和平面外的振动都会起到重要作用。这些循环周期引起的损害，主要取决于循环频率是否接近 PCB 的固有频率，接近会带来大的变形。对于平面内振动，宽激发频率范围的

随机振动是在恒定功率谱密度下进行的。大部分表面贴装元件具有很高的固有频率，因此很少能观察到焊点的失效。对于平面外振动，推荐以下步骤。

（1）设计并夹紧测试板，以便每一个样品可以在两端处夹紧，并且在中心包含一个元件（见图 57.26）。

（2）用正弦激发的振动台施加振动。

（3）通过低振幅下的扫频，找到样品的固有频率（在测试开始前预防意外损坏）。这个固有频率是接近的，而不是相同。在较大振幅处的固有频率，可以用来做测试。

（4）在先前确定的固有频率附近有限范围内进行扫频测试。振幅可以根据对应于特定功率谱密度或达到 PCB 需要的变形而设定。

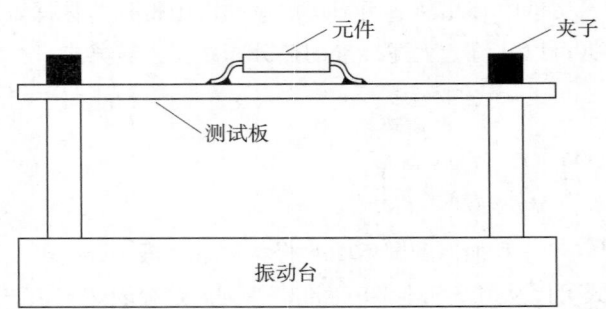

图 57.26　PCBA 耐平面外机械振动和冲击试验的装置示意图

3. 温度、湿度、偏压测试

这些测试的主要目的是，确定来自组装过程而留在 PCB 上的腐蚀性材料，或组装过程中形成的电偶导致的 SIR 降低。通常测试步骤使用 PCB 上的 SIR 梳形图形，并且组件在 85℃、85%RH、–20V 直流电压下测试 1000h。偏压取决于测试设备或测试方法。

一个实用的加速模型是改进的 Eyring 模型，开发这个模型是为了能应用于塑料封装中潮湿导致的腐蚀：

$$t_{50\%} = \left[A \, \exp\left(\frac{E_a}{kT} \right) \right]\left[\exp\left(\frac{C}{H_r} \right) \right]\left[D \exp\left(\frac{-V}{B} \right) \right] \qquad (57.4)$$

其中，$t_{50\%}$ 为 50% 组件失效的时间；A、B、C 和 D 为实验常数；E_a 为热活化能；k 为玻尔兹曼常数；T 为温度，单位是开尔文；H_r 为相对湿度；V 为反向偏置电压[41, 46]。

失效的时间也取决于离子污染物的浓度。默认的工业离子污染物限制来自 MIL-STD-28809A 标准，相当于 $3.1\mu g/cm^2$ 的氯化钠（NaCl）。对于小型塑料封装，已收集到的足够多的数据可以表明，温度和相对湿度的经验加速因子 $AF_{T,\,H_r}$ 适用于：

$$AF_{T,\,H_r} = 2^{(T+H_r)\,test\,-(T+H_r)\,service} \qquad (57.5)$$

其中，$AF_{T,\,H_r}$ 为加速因子；T 为温度，单位为℃；H_r 为相对湿度的百分数[46, 49]。

反向偏压影响的经验法则是设备指定的。以下关系式是在 SOT-23 封装中 20-V 肖特基二极管上建立的[46]：

$$AF_V = 7700 \exp\left(\frac{-V}{12.32} \right)$$

当两个加速因子都存在时，总加速因子：

$$AF_{total} = (AF_{T,H_r})(AF_V)$$

57.7 总 结

电子组件的可靠性是一个很复杂的课题。本章只触及到了问题的一个方面：理解 PCB 及其与贴装在其上电子元件间的互连的主要失效机制。这种方法为分析设计、材料选择对可靠性的影响，以及在 PCBA 可靠性上的制造工艺提供了基础。同时，也为研发决定可靠性的加速测试方案提供了基础。希望这种基础的方法，可以让读者将其应用到主流文献里尚未解决的新问题中。

参考文献

[1] M. A. Oien, "Methods for Evaluating Plated-Through-Hole Reliability," 14th Annual Proceedings of IEEE Reliability Physics, Las Vegas, Nev., April 20–22, 1976

[2] K. Kurosawa, Y. Takeda, K. Takagi, and H. Kawamata, "Investigation of Reliability Behavior of Plated-Through-Hole Multilayer Printed Wiring Boards," IPC-TP-385, IPC, Evanston, Ill., 1981

[3] IPC-TR-579, "Round Robin Reliability Evaluation of Small Diameter Plated Through Holes in Printed Wiring Boards," Institute of Interconnecting and Packaging Electronic Circuits, Lincolnwood, Ill. The IPC recently initiated a second round robin study, the results of which should be available in about 1996

[4] F. Fehrer and G. Haddick, "Thermo-mechanical Processing and Repairability Observations for FR-4, Cyanate Ester and Cyanate Ester/Epoxy Blend PCB Substrates," Circuit World, vol. 19, no. 2, 1993, pp. 39–44

[5] D. B. Barker and A. Dasgupta, "Thermal Stress Issues in Plated-Through-Hole Reliability," in Thermal Stress and Strain in Microelectronics Packaging, J. H. Lau(ed.), Van Nostrand Reinhold, 1993, pp. 648–683

[6] IPC-TM-650, Method 2.4.8

[7] L. D. Olson, "Resins and Reinforcements," in ASM Electronic Materials Handbook, Vol. 1: Packaging, ASM International, Materials Park, Ohio, 1989, pp. 534–537

[8] D. W. Rice, "Corrosion in the Electronics Industry," Corrosion/85, paper no. 323, National Association of Corrosion Engineers, Houston, 1985

[9] J. J. Steppan, J. A. Roth, L. C. Hall, D. A. Jeannotte, and S. P. Carbone, "A Review of Corrosion Failure Mechanisms during Accelerated Tests: Electrolytic Metal Migration," J. Electrochemical Soc., vol. 134, 1987, pp. 175–190

[10] D. J. Lando, J. P. Mitchell, and T. L. Welsher, "Conductive Anodic Filaments in Reinforced Polymeric Dieletrics: Formation and Prevention," 17th Annual Proceedings of IEEE Reliability Physics Symposium, San Francisco, April 24–26, 1979, pp. 51–63

[11] "How to Avoid Metallic Growth Problems on Electronic Hardware," IPC-TR-476, Sept. 1977

[12] B. Rudra, M. Pecht, and D. Jennings, "Assessing Time-of-Failure Due to Conductive Filament Formation in Multi-Layer Organic Laminates," IEEE Trans. CPMT-Part B., vol. 17, August 1994, pp. 269–276

[13] J. W. Price, Tin and Tin Alloy Plating, Electrochemical Publications, Ayr, Scotland, 1983

[14] D. R. Gabe, "Whisker Growth on Tin Electrodeposits," Trans. Institute of Metal Finishing, vol. 65, 1987, p. 115

［15］ C. Lea, A Scientific Guide to Surface Mount Technology, Electrochemical Publications, Ayr, Scotland, 1988

［16］ J. H. Lau（ed）, Solder Joint Reliability: Theory and Applications, Van Nostrand Reinhold, New York, 1991

［17］ D. R. Frear, S. N. Burchett, H. S. Morgan and J. H. Lau, eds., Mechanics of Solder Alloy Interconnects, Van Nostrand Reinhold, New York, 1994

［18］ J. H. Lau（ed.）, Thermal Stress and Strain in Microelectronics, Van Nostrand Reinhold, New York, 1993

［19］ S. Burchett, "Applications—Through-Hole," in The Mechanics of Solder Alloy Interconnects, op. cit., pp. 336–360

［20］ E. Suhir and Y.-C. Lee, "Thermal, Mechanical, and Environmental Durability Design Methodologies," in ASM Electronic Materials Handbook, Vol. 1: Packaging, op cit

［21］ IPC-D-279, "Design Guidelines for Reliable Surface Mount Technology Printed Board Assemblies," to be published

［22］ L. T. Manzione, Plastic Packaging of Microelectronic Devices, Van Nostrand Reinhold, New York, 1990

［23］ ASM Electronic Materials Handbook, Vol. 1: Packaging, op. cit

［24］ R. R. Tummala and E. J. Rymaszewski（eds.）, Microelectronic Packaging Handbook, Van Nostrand Reinhold, New York, 1989

［25］ For a more comprehensive list of components that may be at risk, see IPC-D-279, "Design Guidelines for Reliable Surface Mount Technology Printed Board Assemblies," App. C, to be issued

［26］ L. Zakraysek, R. Clark, and H. Ladwig, "Microcracking in Electrolytic Copper," Proceedings of Printed Circuit World Convention III, Washington, D.C., May 22–25, 1984

［27］ G. T. Paul, "Cracked Innerlayer Foil in High Density Multilayer Printed Wiring Boards," Proceedings of Printed Circuit Fabrication West Coast Technical Seminar, San Jose, Aug. 29–31, 1983

［28］ M. W. Gray, "Inner Layer or Post Cracking on Multilayer Printed Circuit Boards," Circuit World, vol. 15, no. 2, pp. 22–29, 1989

［29］ L. Mayer and S. Barbieri, "Characteristics of Acid Copper Sulfate Deposits for Printed Wiring Board Applications," Plating and Surface Finishing, March 1981, pp. 46–49

［30］ J. L. Marshall, L. A. Foster, and J. A. Sees, "Interfaces and Intermetallics," in The Mechanics of Solder Alloy Interconnects, D. R. Frear, H. Morgan, S. Burchett, and J. Lau（eds.）, op. cit., pp. 42–86

［31］ M. Economou, "Rework System Selection," SMT, February 1994, pp. 60–66

［32］ J. Lau, S. Leung, R. Subrahmanyan, D. Rice, S. Erasmus, and C. Y. Li, "Effects of Rework on the Reliability of Pin Grid Array Interconnects," Circuit World, vol. 17, no. 4, pp. 5–10, 1991

［33］ F. L. Gray, "Thermal Expansion Properties," in ASM Electronic Materials Handbook, Vol. 1: Packaging, op. cit

［34］ P. M. Hall, "Thermal Expansivity and Thermal Stress in Multilayered Structures," in Thermal Stress and Strain in Microelectronics Packaging, J. H. Lau（ed）, op. cit., pp. 78–94

［35］ J. Glazer, P. A. Kramer, and J. W. Morris, Jr., "The Effect of Gold on the Reliability of Fine Pitch Surface Mount Solder Joints," Circuit World, vol. 18, 1992, pp. 41–46

［36］ G. Humpston and D. M. Jacobson, Principles of Soldering and Brazing, ASM International, Materials Park, Ohio, 1993, Chap. 3

［37］ F. G. Yost, "Soldering to Gold Films," Gold Bulletin, vol. 10, 1977, pp. 94–100

［38］ J. Glazer, "Metallurgy of Low Temperature Lead-free Solders: A Literature Review," International Materials

Review, vol. 40, 1995, pp. 65–93

[39] H. L. Hvims, Adhesives as Solder Replacement for SMT, vols. I and II, Danish Electronics, Light and Acoutics, Hoersholm, Denmark, January 1994

[40] A. Emerick, J. Ellerson, J. McCreary, R. Noreika, C. Woychik, and P. Viswanadham, "Enhancement of TSOP Solder Joint Reliability Using Encapsulation," Proceedings of the 43d Electronic Components and Technology Conference, IEEE-CHMT, 1993, pp. 187–192

[41] P. Tobias and D. Trindade, Applied Reliability, Van Nostrand Reinhold, New York, 1986

[42] ASTM D 257-78, Standard Test Methods for DC Resistance or Conductance of Insulating Materials

[43] Military specification for Printed Wiring Boards

[44] Military standard test method for Electronic and Electrical Component Parts

[45] P. J. Boddy, R. H. Delaney, J. N. Lahti, E. F. Landry, and R. C. Restrick, "Accelerated Life Testing of Flexible Printed Circuits: Part I and II," 14th Annual Proceedings of the IEEE Reliability Physics Symposium, Las Vegas, Nev., April 20–22, 1976

[46] K.-L. B. Wun, M. Ostrander, and J. Baker, "How Clean is Clean in PCA," Proceedings of Surface Mount International, San Jose, Calif., 1991, pp. 408–418

[47] K. C. Norris and A. H. Landzberg, IBM Journal of Research and Development, vol. 13, 1969, p. 266

[48] For example, see J. H. Lau, "Surface Mount Solder Joints Under Thermal, Mechanical, and Vibration Conditions," in The Mechanics of Solder Alloy Interconnects, D. R. Frear, H. Morgan, S. Burchett, and J. Lau (eds.), op. cit., pp. 361–415

[49] E. B. Hakim, "Acceleration Factors for Plastic Encapsulated Semiconductors," Solid State Technology, Dec. 1991, pp. 108–109

延伸阅读

[1] ASM Electronic Materials Handbook, Vol. 1: "Packaging," ASM International, Materials Park, Ohio, 1989

[2] Frear, D. R., H. Morgan, S. Burchett, and J. Lau, The Mechanics of Solder Alloy Interconnects, Van Nostrand Reinhold, New York, 1994

[3] IPC-A-600D, Acceptability of Printed Boards, August 1989

[4] IPC-A-610A, Acceptability of Electronic Assemblies, Feb. 1990

[5] IPC-D-279, Design Guidelines for Reliable Surface Mount Technology Printed Board Assemblies, to be issued

[6] IPC-SM-785, Guidelines for Accelerated Reliability Testing of Surface Mount Solder Attachments, Nov. 1992

[7] de Kluizenaar, E. E., "Reliability of Soldered Joints: A Description of the State of the Art," Soldering and Surface Mount Technology, Part I: no. 4, pp. 27–38; Part II: no. 5, pp. 56–66; Part III: no. 6, pp. 18–27, 1990

[8] Lau, J. H. (ed.), Solder Joint Reliability, Van Nostrand Reinhold, New York, 1991

[9] Lau, J. H. (ed.), Thermal Stress and Strain in Microelectronics Packaging, Van Nostrand Reinhold, New York, 1993

[10] Lea, C., A Scientific Guide to Surface Mount Technology, Electrochemical Publications, Ayr, Scotland, 1988

[11] Tummala, R. and E. J. Rymaszewski (ed.), Microelectronic Packaging Handbook, Van Nostrand Reinhold, New York, 1989

第**58**章

元件到 **PCB** 的可靠性：
设计变量和无铅的影响

Mudasir Ahmad
美国加利福尼亚州圣何塞，思科系统公司

Mark Brillhart
美国加利福尼亚州帕洛阿尔托

58.1 引 言

强制转换为无铅组装已经导致了微电子行业中几个关键问题的融合。这个转换进一步加剧了其他一些推动元件到印制电路板（PCB）可靠性的因素，包括：

- 封装到电路板输入 / 输出（I/O）的激增
- 互连节距的迅速减小
- 表面贴装元件密度的总体上升
- 更高的速度和相应更高的热耗散

所有这些因素都对可靠性构成了巨大挑战，并且会导致复杂的设计权衡，必须考虑到这一点，同时将产品可靠性维持在所需的水平。上市时间和激进的产品寿命周期的压力，也需要 PCB 设计者在可靠性上考虑可能存在的替代设计和材料组合的影响，以快速适应。

PCB 设计者面临着无数的封装元件类型、现场使用环境、连接器、PCB 材料、成本考虑和 PCB 上空间的限制，这些都必须在不降低系统可靠性的基础上优化。设计者需要工具来评估实验的可靠性数据，将实验结果转变为实际的现场负载条件，并快速评估不同 PCB 布局、材料组合、封装类型的可靠性。工程师还必须具备解决复杂负载条件（如微型电源循环）的能力，以及这些是如何影响互连性能的知识。

本章着重讲述影响阵列元件 PCB 与封装互连（第 2 级和第 3 级互连）可靠性的设计变量，以及无铅转换对这些设计变量的影响。

一些将深入讨论的关键变量包括：

- 双面结构
- PCB 刚度的影响
- 小区域中多个封装
- 封装和 PCB 翘曲：组装和可靠性挑战
- 焊点几何尺寸：组装和可靠性挑战

- 封装和 PCB 焊盘尺寸
- 散热器设计和连接
- 封装和 PCB 表面处理：黑盘、脆性失效和柯肯达尔（Kirkendall）空洞
- PCB 电气测试结构
- 承载机箱设计
- 封装设计参数，如整体尺寸、硅工艺、球阵列、锡球尺寸 / 节距、散热器 / 补强、材料选择、芯片 / 封装宽高比、基板材料、低 k 值介电材料等

本章分成以下几个部分。

58.2 节"封装的挑战" 概述下一代封装面临的一些性能挑战及其背后的关键技术驱动。

58.3 节"影响可靠性的变量" 包括影响产品可靠性的常见设计变量的讨论，范围从 PCB 设计规则到封装设计参数。对不同封装设计参数选择相关的失效模型进行了概述，同时也包括了如何减小不同制造和测试对失效机制的影响的方法和建议。

58.2　封装的挑战

对于许多类型的引线框架元件（见图 58.1 和图 58.2）的可靠性，人们已经进行了很详细地评估[1]。图 58.3 展示了组件中互连层级的典型定义。尽管引线框架元件在第 1 级和第 2 级互连上绝不是完全可靠的，但从经验上来说，它们会比阵列封装元件形成的风险小。阵列封装元件有陶瓷球阵列（CBGA）、塑料球阵列（PBGA）、陶瓷圆柱焊料载体（CSCC）、倒装芯片球阵列

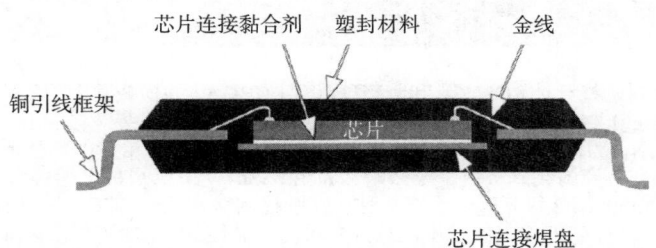

图 58.1　四方扁平封装图。注意，通过金线键合把铜引线与芯片连接在一起。这是芯片和封装间最主要的互连（或第 1 级互连）。当铜引线框架通过某种表面贴装连接工艺焊接在母板上时，得到第 2 级互连（来源：Amkor 公司）

（FCBGA）和芯片级封装（CSP）。这是因为在引线框架封装中，柔性的引线框架会吸收焊点诱发的应变差，这个应变差是硅芯片和 PCB 间热膨胀的不匹配引起的。另一方面，球阵列封装完全依靠独立的锡球来吸收应变差。根据封装结构，在临界的高应力位置处，焊点会很快失效，导致组件较低的长期可靠性。图 58.4 展示几种不同的阵列封装元件。

为了满足增加的 I/O 密度的需要，许多这类封装要么增加本体尺寸或减小节距，要么同时采取这两项措施。在一定程度上，可

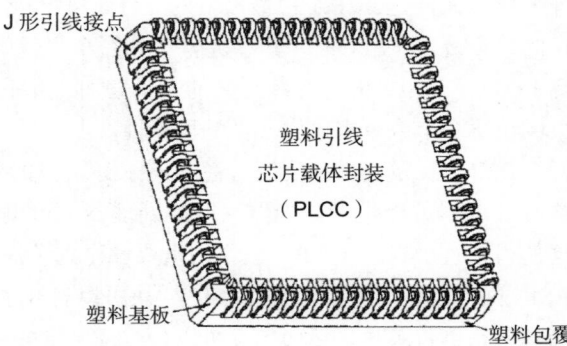

图 58.2　底面朝上的 J 形引线元件（经授权转载自 J. Lau，Ball Grid Array Technology，McGraw-Hill，New York，1995，p. 20）

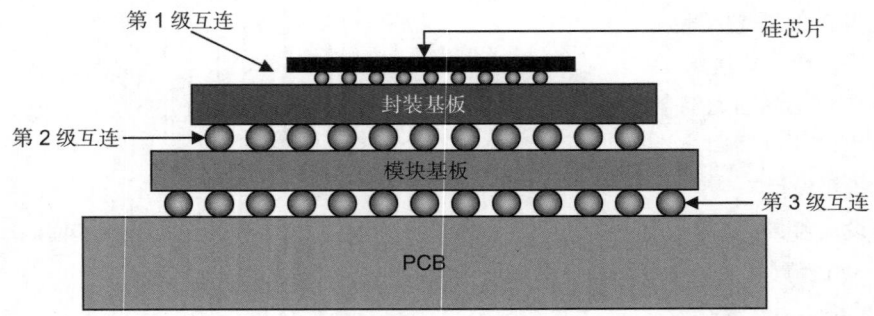

图 58.3 倒装芯片组装：第 1 级互连是硅芯片和封装基板间的连接，这里通过芯片和封装间的焊料凸点实现。第 2 级互连是下一级封装基板和模块基板间的互连。当模块基板底部的锡球通过 SMT（表面贴装技术）与 PCB 连接在一起时，第 3 级互连就形成了

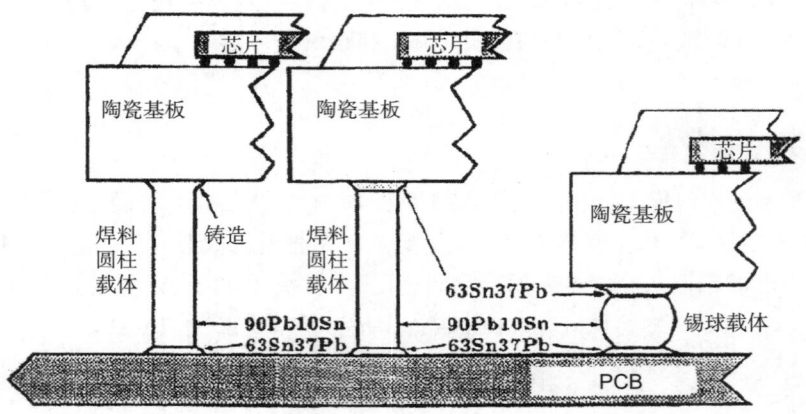

图 58.4 陶瓷焊料圆柱载体（CSCC）和陶瓷球阵列（CBGA）的横截面图。焊料圆柱载体（SCC）和锡球载体（SBC）如图所示。由于 SBC 是一种采用锡球实现封装载体和 PCB 间的第 2 级互连的陶瓷封装载体，因此通常被称为 CBGA 封装。SCC 采用高含铅量的圆柱形焊料（这个圆柱形焊料要么铸造在陶瓷封装基板上，要么附加在由 63Sn-37Pb 组成的共熔焊膏上）来形成陶瓷封装基板和 PCB 间的第 2 级互连。也有一种用铜圆柱制造的无铅 SCC [2]。当本体尺寸超过每边 32mm 时，典型的 CBGA 封装就不能达到要求的可靠性了。体积较大的陶瓷封装采用 SCC 型技术或连接器来建立二级互连

（经授权转载自 J. Lau，Ball Grid Array Technology，McGraw-Hill，New York，1995，p. 27）

靠性高的标准封装被推到了极致水平。此外，大多数栅阵列封装元件成本高（在许多情况下，栅阵列封装元件是 PCBA 中最昂贵的元件），因此不能部署在冗余设计中。缺乏冗余会产生关键电路的单点故障（SPOF）。这些元件中的一个失效就会导致灾难性的系统级失效。整个电子行业的高 I/O、小节距栅阵列封装元件的大量增加，几乎影响了所有的 PCB 工程，因为任何设计都有很大的包含一个或更多这类元件的可能性。

此外，在较高的速度时，总是有永远增长的对减少处理器与内存之间信号传输延迟的需要。这些处理器可以是微处理器、网络处理器、可编程逻辑器件（PLD）和专用集成电路（ASIC）。这使得系统级封装（SiP）模块的重要性得到了提升，系统级封装模块显著减小了 PCB 上内存和 ASIC 间的延迟（见图 58.5）。SiP 模块可以有 8 个以上的内存，与单个 ASIC 通讯。ASIC 封装中的典型是倒装芯片，然而内存可以是 CSP、堆叠封装或 PBGA。

堆叠芯片和堆叠封装内存在空间不足的应用中更普遍（见图 58.6）。在高度不是主要约束条件的应用中，在拥有相同引线的情况下，堆叠可以使更多的内存紧密结合在一起。在提供更好

的集成度和性能时，堆叠可以节省 PCB 上珍贵的面积。但是，堆叠技术也引出了它本身独特的可靠性挑战。这些挑战包括多层芯片的热耗散、可返工性和单个堆叠芯片间或堆叠封装间互连的可靠性。

图 58.5 SiP 模块，可以减小处理器和与之通信的内存元件间的信号延迟。SiP 中间有一个处理器，周围被 4 个分立的内存封装环绕着，所有的这些都在一个模块上。这个模块通过模块基板背面上的锡球焊接到 PCB

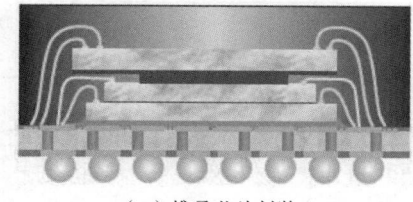
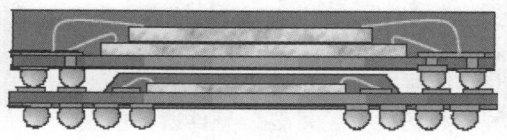

（a）堆叠芯片封装　　　　　　　　（b）堆叠封装

图 58.6 （a）堆叠芯片封装：几个芯片在单个封装内堆叠并与单个基板通过引线键合在一起；（b）堆叠封装：几个通过引线键合在一起的封装通过锡球互相堆叠在彼此的顶部（来源：Amkor 公司）

58.3　影响可靠性的变量

电子封装由复合材料组成，这些复合材料通过复杂工艺组装并能够应用于宽泛的工作环境中。需要注意的是，在最后封装的组装中，芯片封装工艺和表面贴装技术都会传递应力，并且会产生影响其互连可靠性的残余应力。评估封装元件的可靠性，需要考虑会阻碍或增强可靠性的所有变量。

58.3.1　实际产品使用环境

产品的实际使用环境是驱动组件可靠性的原因。PCBA 在很宽的环境范围内使用。封装会承受极端温度和湿度。如在汽车应用中，温度范围从 −55℃到超过 95℃[3]，同时湿度可以高达100%。温度和湿度发生变化的速率在机罩下可以非常剧烈，使元件从极冷到极热在几分钟内就完成转变。这一点造成了非常难以模拟的环境，如必须完全彻底地熟悉热循环和湿度循环的发生率。在这种工作环境中，也会给组件带来严重的冲击和振动，这增加了可靠性评估的复杂性。评估这些具有腐蚀性环境和它们对封装可靠性的影响时，必须采取非常谨慎的态度。应该使用热电偶（评估温度环境）和加速计（评估冲击和振动负载环境）进行周密的实验分析，从而确定实际最终使用的环境条件。这些压力大的环境是推动汽车应用采取极端保护方法，如全封装或将电子元件放置在引擎盖下的主要原因。

计算机机房的环境代表了另一个极端，温度和湿度的边界值控制得非常严格。虽然服务器、交换机、集线器、路由器和其他设备安置在一个可控环境中，并且有着非常大的封装，加上电源和微循环（将在下一章中讨论），形成了一套负载条件——和在汽车应用上建立的负载条件不同，但是同样具有挑战性。各种最终使用环境的最坏负载条件可以从表 58.1 中找到。注意温度极值下的显著变化、热循环的频率和预期工作寿命。

表 58.1 不同使用类别的最坏环境举例[3]

使用类别	$T_{最小}$	$T_{最大}$	在工作温度下的停留时间 t_D/h	每年循环数	典型工作年限	大约可接受失效风险 /%
消费类	0	+60	35	12	1 ~ 3	1
计算机	+60	+60	2	1460	5	0.1
电信	−40	+85	12	365	7 ~ 20	0.01
商用飞机	−55	+95	12	365	20	0.001
工业和汽车乘客舱	−55	+95	12	20 ~ 185	10	0.1
地面军事和船舶	−55	+95	12	100 ~ 265	10	0.1
太空	−55	+95	1 ~ 12	365 ~ 8760	5 ~ 30	0.001
军用航空电子设备	−55	+95	1 ~ 2	365	10	0.01
汽车发动机罩下	−55	+125	1 ~ 2	400 ~ 1000	5	0.1

在开始任何可靠性评估之前，了解封装元件在整个预期使用寿命内会暴露在其中的温度、湿度、机械负载条件至关重要。元件所处的温度最大值和最小值，以及极值间循环的频率和速度，都必须完全了解。复合温度循环（室外产品每天经历的温度变化，再加上附加的局部效应，如汽车引擎罩下的加热和冷却）也必须考虑到。湿度和振动负载条件必须作为整体封装鉴定过程的一部分来评估。

最终使用条件可以通过与之相关的最终产品中的热电偶、湿度和冲击 / 振动传感器来预测，因为产品是用于现场使用环境中的。这些数据及不同的预期现场使用条件需要随着时间的流逝来分析，得到最终对使用环境中有用的预测，见表 58.1。

一旦生成这些数据，就可以在典型加速因子模型中使用加速压力测试到现场的数据。例如，若确定在实验室测试中组装好的封装失效需要 x 小时或 x 循环，加速因子模型可以用于推断典型现场工作条件下元件的预期寿命。加速因子模型的细节和样品计算将在下一章提供。

尽管环境冲击对互连可靠性有很大的影响，但还是有一些会对焊料可靠性有正面或负面影响的基本设计变量。这些关键的设计变量和对可靠性的影响会在下一节讨论。

58.3.2 双面球阵列封装（对称的 BGA）

高密度变革使 PCB 设计者在越来越小的空间中布置越来越多的复合表面贴装元件。PCB 密度（PCB 中每单位面积的元件数）的增加，会使设计者考虑对称的球阵列封装（BGA）布局（见图 58.7 和图 58.8），或在 PCB 的一面布置多个元件。

当设计者开始实施双面技术，从而允许表面贴装元件布局在 PCB 两面时，密度的变革就开始了。元件密度的继续推进带来了 BGA 元件的对称和准对称结构的布局，如图 58.7 和图 58.8 所示。

双面结构确实减小了信号延迟，主要缺点是封装和 PCB 间焊点互连的热机械可靠性的显著降低。对称或准对称结构的 BGA 封装布局，往往会使组件硬化，以至于在热循环中不会弯曲太多。由于双面贴装，PCB 硬度的增加表明焊点不得不吸收更多封装和 PCB 间的应变差，导致焊点疲劳寿命减少差不多 50%（见图 58.9 和图 58.10）[4]。就焊点应力而言，较厚或较硬的 PCB 的效

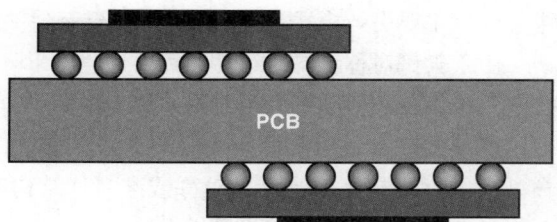

图 58.7 对称结构的双面 BGA。注意，电路板组件是基于 PCB 中心线精确对称的。在一些情况下，顶面和底面封装共用导通孔

图 58.8 准对称结构的双面 BGA。注意，尽管封装不是正对着，但从上往下或从下往上看时有一些重叠

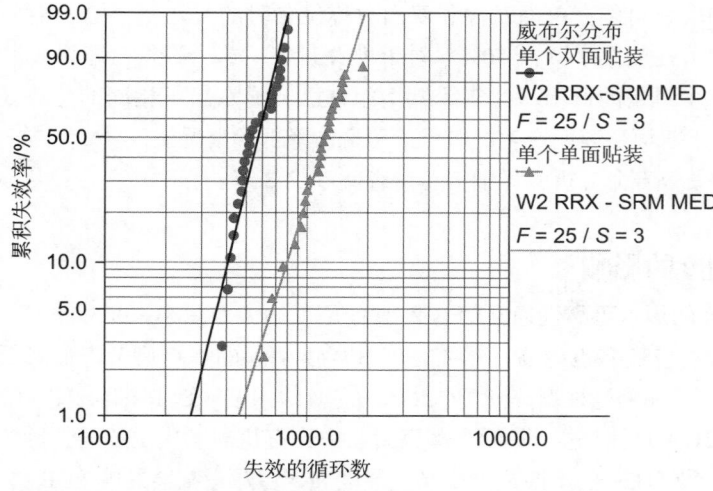

$\beta_1 = 5.5657,\ \eta_1 = 610.0411,\ \rho = 0.9484$

$\beta_2 = 4.2934,\ \eta_2 = 1347.6534,\ \rho = 0.9858$

图 58.9 单个无铅极薄芯片级封装（PS-etCSP®）的单面贴装和双面贴装的威布尔分布图（经授权转载自 Amkor 公司 /© [2004] IEEE ECTC[4]）

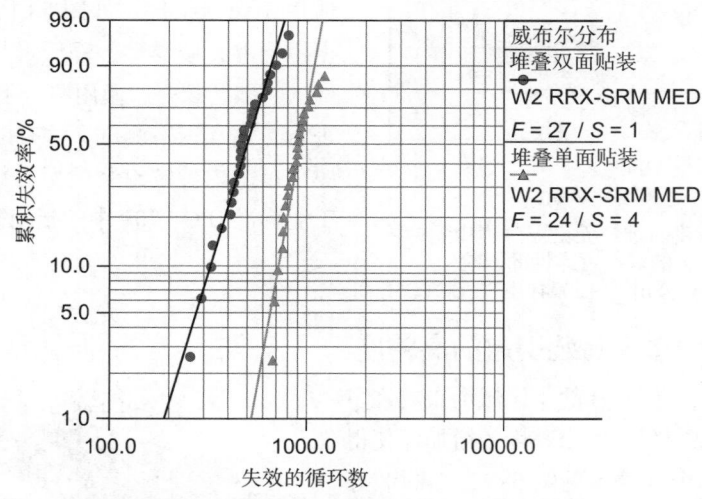

$\beta_1 = 4.3555,\ \eta_1 = 544.1006,\ \rho = 0.9837$

$\beta_2 = 7.4308,\ \eta_2 = 976.0282,\ \rho = 0.9395$

图 58.10 堆叠无铅极薄芯片级封装（PS-etCSP®）的单面贴装和双面贴装的威布尔分布图（经授权转载自 Amkor 公司 /© [2004] IEEE ECTC[4]）

果一样。主要失效模式是在封装/焊点界面附件的焊点发生开裂。

由于尝试对称结构时组件的可靠性急剧下降，应该尽可能避免这类结构。当不能避免对称结构时，推荐使用没有共用导通孔的准对称结构（见图 58.8）。在这个结构中，共用导通孔往往会使组件变硬，导致焊点疲劳寿命的进一步减小。当采用对称结构时，最有可能采取 50% 疲劳寿命减少的标准规则。当考虑对称或准对称结构时，应进行热循环测试，保证可靠性的降低会使工作寿命仍然保持在可接受等级上。

无铅转换的影响

采用对称的双面结构时，无铅封装可靠性的下降已经经过实验评估[4]。图 58.9 和图 58.10 所示为单个封装和堆叠封装在单面对称和双面对称位置时的失效率[4]。注意，当单个元件布局成对称结构时，疲劳性能几乎降低 50%。对于堆叠封装，这个降低会略微少些，但堆叠封装的基线可靠性要比单个封装的低 10%。锡铅共熔组件已经显示出了相同的趋势，所以转换为无铅焊接并不会减轻由于双面贴装而产生的焊点疲劳寿命降低的情况。

威布尔分布和失效寿命分析的详细信息请查阅 59.2.2 节。

58.3.3 PCB 刚度的影响

前文已述，双面的焊点可靠性通常随着 PCB 的厚度增大而减小。PCB 越厚，PCB 的刚度越高，同时焊点需要吸收的应变差也越高。然而，PCB 厚度引起的焊点疲劳寿命降低的百分比随着不同的封装结构而改变，如陶瓷柱栅阵列（CCGA）、芯片级封装（CSP）、倒装芯片球阵列（FCBGA）和塑料球阵列（PBGA）[5]。这个降低在陶瓷封装中比有机封装中更显著，因为陶瓷封装基板和 PCB 间的热膨胀系数（CTE）的不匹配度更高。厚度和铜层数量都会影响 PCB 的刚度。其结果是，用来做资格测试的 PCB 厚度和层数，必须能够代表最终使用的封装的情况。

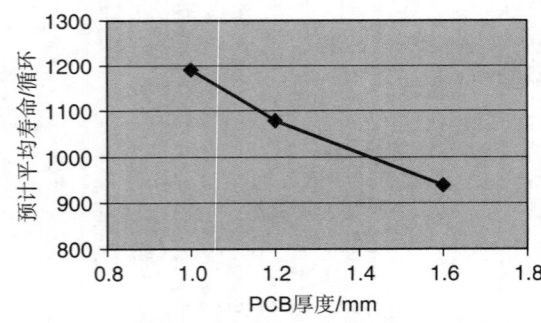

图 58.11 PCB 厚度对堆叠无铅极薄芯片级封装（PS-etCSP）的焊点可靠性的影响
（经授权转载自 Amkor 公司 /© [2004] IEEE ECTC[4]）

无铅转换的影响

在焊点可靠性上，PCB 刚度的负面影响也适用于无铅组件，如图 58.11 所示。然而，根据不同的封装类型，降低量是可以不同的。最好的实践建议是，使用两个不同的 PCB 厚度来进行热循环资格测试。这有助于得到一定 PCB 厚度范围内特定封装类型的数据。这个建议与工业标准 IPC-9701 中的指南是一致的[6]。

58.3.4 小区域中多个封装引起的高密度

当设计者尝试在薄 PCB 的小区域上布局许多 BGA 封装时，可以观察到由于密度的增加而使得可靠性降低的第 2 个来源（见图 58.12）。封装好的芯片或模块的有效 CTE 往往比实际 PCB 的低很多。在回流期间，PCB 和封装处于无压力的状态。但是，冷却时，相比下面的 PCB，封装好的

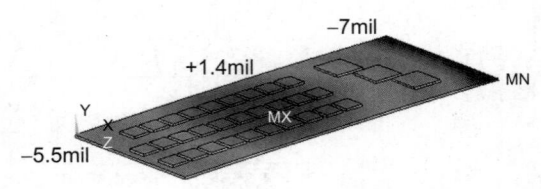

图 58.12 PCB 顶部 BGA 的高密度布局：当多个 BGA 元件都布局在 PCB 的一面时，PCB 组件的凸起形弯曲

芯片以更小的速率收缩（由于较低的有效 CTE），导致 PCB 凸起形弯曲。此外，如果顶部封装的热量高于底部封装的热量，将导致组件上温度分布不均，反过来会加剧组件的翘曲。因此，应该小心、尽可能均匀地在 PCB 两面分配封装，同时也要平衡 PCB 本身中的铜。

无铅转换的影响

典型的无铅回流温度（235 ~ 260℃）比有铅回流温度（220℃）高一些。其结果是，回流后对组件造成的残余应力会比无铅组件的高。这些较高的残余应力也是冷却速率的函数。因此，不仅控制回流曲线的加热部分是重要的，控制回流曲线的冷却部分也同样重要。使用多个区域来冷却更好，因为这样可以保证更好地控制。此外，为了能更好地进行控制，使用强制对流烘箱会比红外（IR）烘箱更好。由于典型 PCB 热质量的显著变化，很难在回流曲线上提供普遍适用的建议。

58.3.5 翘曲问题

PCB 组装过程中翘曲变形的影响是多方面的。首先，当 PCB 放置在卡笼中时，通常必须克服翘曲变形。翘曲 PCB 安装在卡笼中会导致焊点负载的迅速改变，这会导致微小裂缝的形成，在严重情况下会导致焊点断裂。严重的 PCB 翘曲会在物理上形成不能放在卡笼中的板卡，最终导致得到不合格的产品。应当以受控的方式夹紧翘曲的 PCB，以减小安置在卡笼中时施加给焊点的应力。

无铅转换的影响

随着转换为无铅，需要保证 PCB 中使用的基材能够与较高的回流温度相匹配。显然需要行业内更多的广泛的研究，如使用双氰胺（DICY）固化的 FR-4 材料最好限制在低于 240℃ 的峰值回流温度的应用中，而酚醛树脂固化的 PCB 首选用在高于 240℃ 的应用中。这是因为在多次回流后，可以观察到酚醛树脂对分层有更好的抵抗能力[7, 8]。在大型 PCB 中，元件的热质量和铜含量可能使维持温度低于 240℃ 变得困难。应在大型 PCB 上进行详细的温度测量和回流曲线分析，以保证整个 PCB 上的温升与 PCB 材料相兼容。

58.3.6 芯片和封装应力问题

与 PCB 翘曲相关的第 2 个问题是芯片和封装应力。封装承受了大量的应力，因为它在回流后的冷却期间限制了 PCB 的收缩。如果这种应力足够严重，芯片会开裂。另外，严重的应力可能会产生多种类型的封装变形和（或）开裂。在这里，极危险的是，元件通过了完整的第 1 级资格测试（由在封装元件上而不是 PCB 附件上进行的热循环、暴露在湿度和温度环境中、极端温度下的存储、冲击和振动测试组成），但还没有经历翘曲 PCB 上的应力导致的变形 / 芯片开裂。这是许多封装 IC 供应商和消费者需要在第 2 级互连资格测试方法中包括第 1 级互连中的菊花链的一个主要原因。考虑到第 2 级互连对第 1 级互连可靠性的影响，第 2 级互连资格测试中的评估需包含第 1 级互连焊点或引线键合的可靠性，以及第 2 级互连焊点可靠性[9]。

无铅转换的影响

无铅转换加剧了这些潜在的芯片级失效。由于无铅组装比锡铅组装需要承受更高的温度范围，冷却期间的残余压力使得有更高的早期失效倾向。另外，在第 2 级热循环中，对芯片中低介电常数（k）材料的影响存在潜在的担忧。58.3.13 节中将有更详细的讨论。塑封材料和底部填充材料的选择对第 1 级互连的影响，也将在 58.3.13 节中分别详细讨论。

58.3.7　背面元件问题

第 3 个与翘曲 PCB 相关的问题涉及双面设计中的背面元件。在回流后的冷却期间，PCB 顶面由于封装元件有较小的有效 CTE 而使收缩受到限制。这将导致 PCB 底面的冷却元件过度收缩。由于翘曲，底面焊点的受压状态可能会过于严重，从而导致焊点失效或底面元件中芯片的开裂。另外，背面元件可能会承受第二次回流后（当顶面元件通过 SMT 贴装在 PCB 上）加在元件上的残余应力，残余应力会影响两面元件的长期可靠性及其第 2 级互连。因此，通过热循环测试来表征贴装在背面的元件的热机械可靠性是很重要的。

58.3.8　焊点几何结构问题

严重翘曲导致的另一个结果是组装后焊点的形状问题。焊点会变得过度变形，以至于横截面太小而不能承受疲劳。焊点也可能被压缩或伸长，在一些情况下引起短路或开路。

而且，随着封装体尺寸的显著增大，导致回流期间更容易发生开路或桥连。例如，一个封装体（节距为 1mm）的尺寸为 20mm 时，会更容易装配到相对薄的 PCB 上；但当一个有机封装体的尺寸为 50mm 时，就很难控制不发生翘曲现象，并且当需要组装到厚（≥ 125 mil，超过 20 层）PCB 上时将是一个挑战。

大型板和厚 PCB 很难控制公差。高端 PCB 在整个封装位置的典型公差是 ±4mil。若要使误差范围更小，会导致成本非常高。目前 JEDEC 指南[10]要求，在整个封装上的共面性为 ±8 mil。然而，目前还没有关于封装在回流温度或以上的最大可接受翘曲的规格。典型的最大直径和翘曲间的关系如图 58.13 和图 58.14 所示。

用于分析的焊点的焊接参数：

焊膏量 /m³　　　　　　　　　4.909576e–011

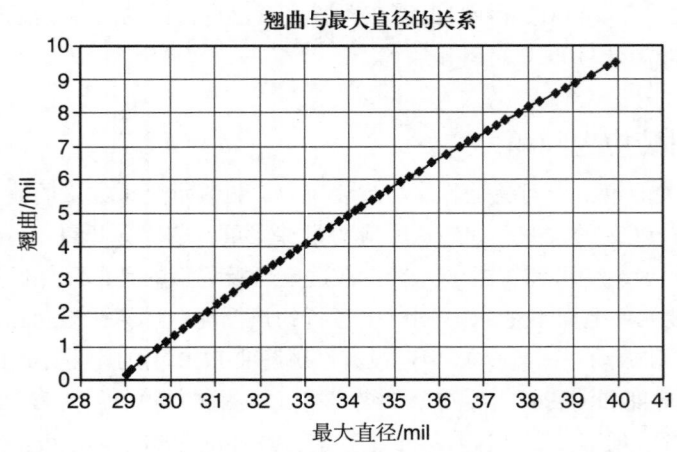

图 58.13　焊点桥连的翘曲与最大直径的关系 © ASME [2005][11]

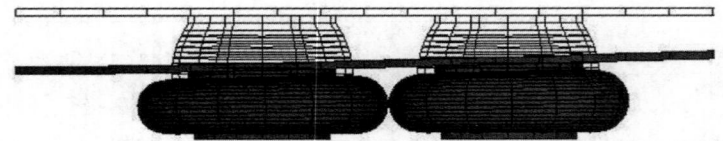

图 58.14　焊点桥连：线框（未翘曲）、轮廓线（翘曲）© ASME [2005]

锡球体积 /m³	1.130972e-010
上部盘的直径 /mm	0.60
下部盘的直径 /mm	0.55
焊料黏度 /（Pa·s）	2e-3
表面张力（锡铅）/Nm⁻¹	0.386

对于 1mm 节距的焊点阵列，如果最大直径超过 40mil，将会出现桥连。基于分析的结果，实际翘曲沿着 7mm 封装的距离上超过 9mil（0.23mm），焊点就会出现桥连（见图 58.13 和图 58.14）。由于对位不准，桥连会在较低的翘曲水平处出现。但是，为了清楚起见，假设焊点的底部没有翘曲。因此，预测值（9mil）是组件的有效翘曲。事实上，如果 PCB 出现 5mil 凹形翘曲，并且封装在 7mm（高于焊料熔化温度）中有 4mil 凸形翘曲，将会导致桥连[11]。

鉴于这些值，有一些关键点需要注意。

（1）仅仅保持 JEDEC 指南中 8mil 的共面性，在一些应用中是不够的（如在厚 PCB 上贴装尺寸较大的封装）。

（2）除了表征出独立封装的翘曲外，表征出封装与 PCB 间的有效翘曲也很重要。

（3）翘曲的表征应该在整个回流温度范围内进行，而不是在室温下。熔化温度处或之上的翘曲是很重要的数值。应根据 JEDEC 指南中高温封装翘曲测量的规范来记录数据[12]。

（4）在可能的情况下，表征应该在用于量产的有代表性的实际 PCB 上进行。

一种可以减轻焊料桥连的有效方法是，减小封装在最接近拐角处的锡球。在大尺寸的有机封装中，显著的翘曲量发生在封装拐角处，所以在每个拐角处减小 6 个最接近拐角处的锡球可以帮助吸收大约 2mil 的实际翘曲（见图 58.15）。这将焊料桥连 / 开路发生的可能性降到最低。许多封装供应商已经减小了 4 个拐角锡球来提高焊点的长期可靠性。

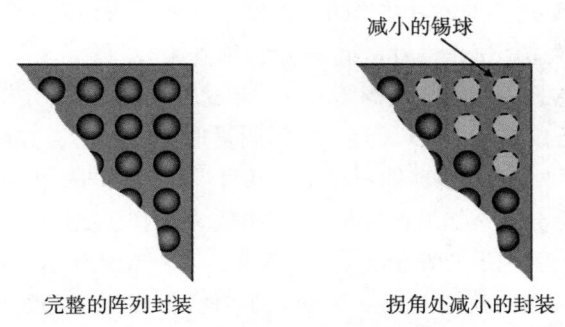

完整的阵列封装	拐角处减小的封装

图 58.15　减小拐角处锡球来提高与翘曲相关的组装良率

无铅转换的影响

需要特别注意，图 58.13 和图 58.14 中的数据是基于锡铅焊料的表面张力的。无铅焊料的表面张力[13]和接触角比锡铅焊料的高，但是对分析焊料参数来说，从图 58.13 和图 58.14 中的数据来看，翘曲与锡球直径曲线没有显著的不同。这是因为润湿区域在分析中假定是固定的。对于其他几何形状的焊料，如鸥翼形、J 形、四方扁平无引线封装（QFN）等类型，对无铅焊料的反应可能会有所不同。

58.3.9　PCB 焊盘设计

PCB 上焊盘的尺寸和形状，对 BGA 焊点可靠性有显著的影响。在一般情况下，当封装面

上的焊盘尺寸 / 开窗与 PCB 面上的尺寸一样时，可靠性是最佳的。偏离相同的焊盘尺寸，可能导致焊点的疲劳寿命减少高达 25%[14]。有较小焊盘尺寸的面更容易先失效，因为小焊盘附近的应力更大。非阻焊层限定（NSMD）的焊盘，通常用在焊点节距范围为 1.27 ~ 0.8mm 的封装的 PCB 上。与阻焊层限定（SMD）焊盘相反，NSMD 焊盘在焊点周围没有局部应力的集中，局部应力的集中往往会降低焊点的热机械疲劳寿命（见图 58.16）。

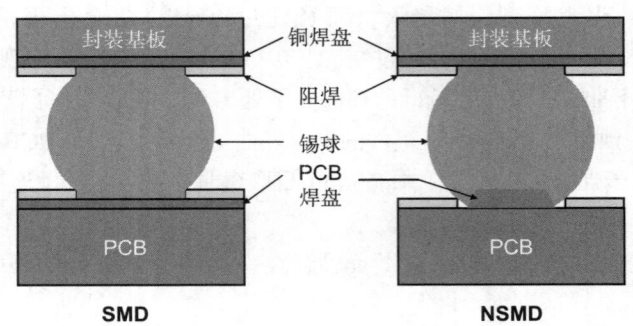

图 58.16 SMD 和 NSMD 的焊盘结构。为了获得最佳的可靠性，PCB 上的焊盘尺寸应为封装上焊盘润湿区域的 80% ~ 100%。这样就可以使应力在焊料的两端之间得到均匀的变形，并且如果 PCB 焊盘稍小时，使得锡球高度轻微增大，也有助于提高焊点的可靠性

对于焊点节距小于 0.8mm 的封装，NSMD 和 SMD 焊盘的混合使用有时是不可避免的。在小节距中，在焊盘上用典型的狗骨式布线是很困难的。因此，考虑到可布线性，共用的电源和地焊盘总是用总线的方式聚在一起，形成一个大焊盘。连接的焊盘为 SMD，而单个信号的焊盘保持为 NSMD。

一般来说，SMD 焊盘能够改善焊点对机械冲击负载条件下的抵抗性，同时它们也会减少焊点的热机械疲劳寿命。因此，当焊盘结构的选择确定下来时，热机械疲劳和冲击条件的影响都应该进行表征（典型的冲击测试条件将在第 59 章详细概述）。

需要注意的是，制造图纸中指定的焊盘尺寸并不总是会和所有制造的 PCB 上实际焊盘的尺寸保持一致。规定为 12mil 的 NSMD 焊盘，实际测量值可以是 9 ~ 15mil 范围中的任意值。这对于小节距封装特别重要，因为锡球体积较小，并且焊盘尺寸的变化可以显著地改变焊点的形状和可靠性。应进行容差分析，如最坏情况（WC）或统计平方公差法（RSS），并且规定焊盘尺寸应不会明显超过封装侧上规定的焊盘尺寸。参考 IPC-7351 中关于这些容差分析的详细规定[15]。

最后，很显然，在前面的建议中，一个共同的主题是 PCB 焊盘尺寸应该与封装面焊料润湿区域紧紧连接在一起。在整个行业中，这一建议的挑战是封装焊盘尺寸 / 开窗并不总是由封装供应商的相关数据表和机械图纸提供。针对这个问题，JEDEC 在 2004 年修订了 JEDEC 出版物 95[10]，将显示在封装机械图纸上的焊盘尺寸和结构的术语包含在内。封装供应商通过采用 JEDEC 术语，会大力确保最终用户使用的 PCB 设计不会对封装的可靠性产生有害的影响。

无铅转换的影响

未优化的焊盘尺寸的选择，会影响锡铅和无铅组装。不考虑锡球冶金学，细节距元件（节距 < 0.8 mm）更容易出现与焊盘尺寸相关的失效。

58.3.10 散热片设计问题

由于 PCB 的设计变得更复杂且元件的数量更密集，单个 PCBA 的功耗会达到 1000W 级别。

大量的热能需要从单个PCB板卡上,和作为一个整体从机箱上传递出去。因此,散热片变得更大、更重。像10in² 大的散热片,质量超过1lb 的并不是闻所未闻。如果设计不合理,大型散热片会将大量的压缩负载转移到需要冷却的封装上。这个压缩负载会导致封装/硅片的开裂,或引起焊点变形和桥连[16]。另一方面,固定在封装基板上的较小散热片会额外增加基板的弯矩,这个附加弯矩会对封装的可靠性产生负面影响[17]。

对于螺栓固定式散热片,大量的压缩负载并不是来自散热片质量,而是来自栓孔机制本身。封装高度、翘曲、散热片间距和其他误差变量只会使实际负载更重。相关连接机制应该能够调节这些多种多样的误差,使得转移的负载没有超过封装的载荷。

一些连接方法可以调节误差的变化,使封装的负载量降到最小,如图58.17 所示。表58.2 总结了使用每种方法的权衡。

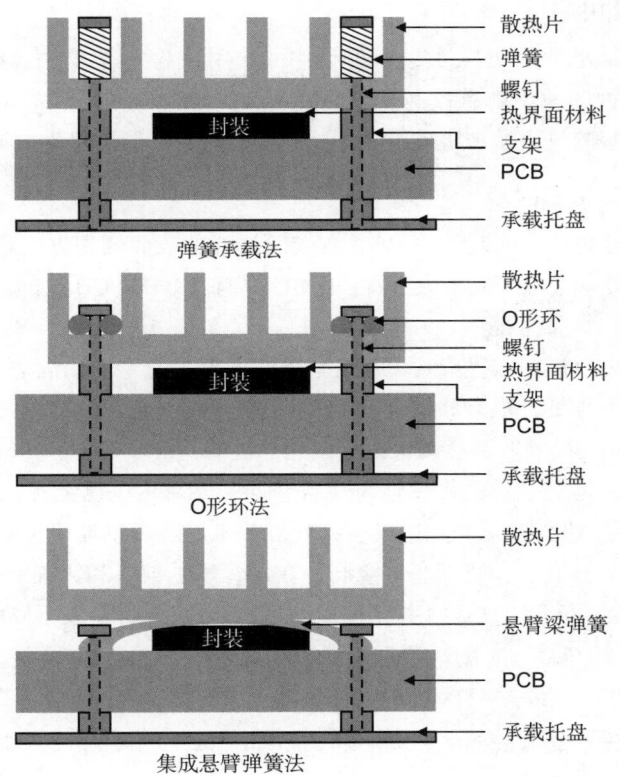

图 58.17 散热片连接方法

表 58.2 不同的散热片连接方法的比较

连接方法	优　点	缺　点
弹簧承载法	通过改变弹簧系数,可以显著吸收误差变量	相对较贵,体积庞大,笨重
O形环法	较便宜,体积较小	在叠层引起的压力误差上进行边界控制
集成悬臂弹簧法	更通用。可以设计成用来吸收大范围的预期负载	需要定制的散热片设计,很难安装

压力指示膜可以用来验证在封装上施加的负荷量。膜中含有微小的有色染料微胶囊。这些微胶囊的破裂取决于加在膜上的压力,并产生压力的分布痕迹。这个结果不是非常精确,但是可以用来估算实际负载量,作为第一次近似。

为了验证散热片的负载对封装焊点可靠性的影响，可以在有散热片的封装上进行热循环，并且与对照样品进行比较。然而，有以下两个注意事项。

（1）在热循环中，散热片会对封装进行冷却，因此会产生改善的可靠性数据。改善可能仅仅是因为焊点在较低的温度范围内进行循环。因此，重要的是热量避开散热片翅片或者校正快速温变箱，使得焊点与对照样品在同样温度范围内，忽略散热片。

（2）在压缩负载下进行热循环的封装会经历两种失效机制：循环的负载（由于疲劳诱导的开路）和静态压缩负载（由于锡球塌陷造成的桥连）。热循环会加速循环的负载部分，而不是静态负载部分。因此，简单地进行热循环和与对照样品进行对比可能并不够。静态负载元件也应该被加速，如放置在高静态温度下。

58.3.11　表面处理问题

近年来，封装表面处理在 BGA 封装稳健性中的作用日益突出。在行业中会用到几种不同的表面处理，而且每一种的使用都有权衡。表面处理会影响焊点中形成的金属间化合物（IMC），IMC 反过来会影响封装的热机械和机械可靠性。表面处理对封装可靠性的影响在本节中概述。

1. 化学镀镍 / 浸金（ENIG）

这已经成为大部分高端、倒装芯片 BGA 封装所选择的表面处理方法。它能增大高引线数封装中精细节距导体的可布线性。从历史上看，ENIG 具有良好的 PCB 端的焊点可靠性。

然而，ENIG 有两个主要问题。

脆性断裂　这种失效机制在高应变 / 应变率条件下容易发生，如运输、测试和操作过程中。这种失效模式的典型信号是，焊盘和焊点间 IMC 完全分离。通常，这种失效在产品中具有低缺陷率，但随之而来的停线、顾客退货和根本原因的分析的代价非常大。另外，失效的不可预测性和对机械处理、测试、运输条件的敏感性，使得它非常不可取。已经提出了几种解释脆性断裂失效机理的理论[18]，但业界并未就此达成一致的失效机制。占主导地位的理论是在回流后柯肯达尔空洞形成的基础上提出的。柯肯达尔空洞是在富含磷的镍层和锡镍 IMC 界面处形成的，是在两种不同材料的界面处形成的空洞。它们的形成是因为两种材料以不同的速率扩散到彼此中。其他因素，如 Ni-P+ 层中磷（P）的浓度和泥滩裂缝的密度，也被证明对脆性断裂的形成倾向有一定的影响。组装过程中，焊点中 IMC 的形成如图 58.18 所示。

柯肯达尔空洞的普遍存在会减小焊点的强度。如图 58.19 和图 58.20 所示，机械加载应变会导致焊点脆性失效。

（1）镍铜锡 IMC。另一种会引起类似失效的现象，基于焊点中镍铜锡三相 IMC 的形成[20]。镍锡 IMC 是锡球连接期间在元件侧形成的。当元件贴装在 PCB 上时，铜会从焊盘处迁移，穿过 BGA 锡球，在元件侧形成镍铜锡 IMC。这个三相 IMC 的厚度，通常在 3 ~ 5μm，会随着额外的回流而增大[20]。显然，造成这种现象的重要因素是 PCB 侧的表面处理。如果有一个阻挡层（如镍）来阻止铜向 BGA 锡球迁移，三相 IMC 就不太可能在元件侧形成。

（2）应变 / 应变率。人们也观察到，使焊点失效的应变是应变率的强函数。应变率越高，引起失效的应变就越小。一个解释这个应变率依赖性的理论是，块状焊料本身的刚度取决于应变速率：在低应变率下，焊料容易变形并吸收一些施加的应力。因此，小部分的应变实际上会转移到柯肯达尔空洞较多的区域。在高应变率等级之上（通常高于 5000μ**ε**/s）时，块体焊料更像线性弹性材料，并且向空洞转移更多的施加应力，引起脆性焊点断裂。焊点失效的应变和应变率间的关系在第 59

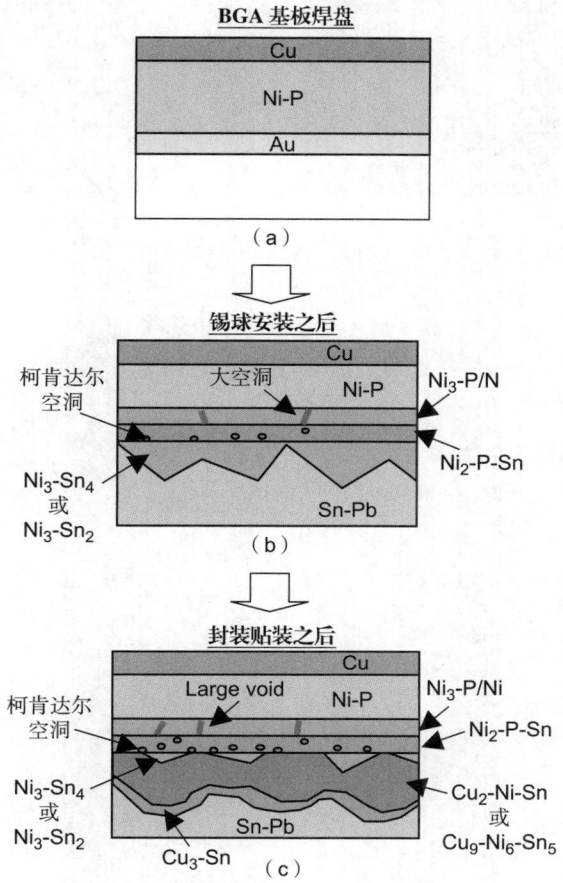

图 58.18 焊点 IMC 的形成：（a）BGA 基板焊盘内构成材料的堆叠；（b）在锡球安装之后，大量的 IMC 在铜焊盘和锡铅焊点间形成，已知的柯肯达尔空洞在富含磷的镍层和锡镍 IMC 界面处形成；（c）PCB 级回流后，界面区域加厚，并形成更多的 IMC[19]
（经授权转载自瑞萨科技 /© [2003] IEEE ECTC）

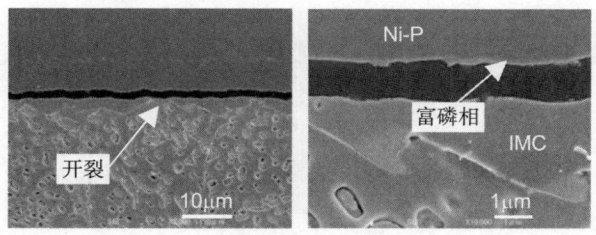

图 58.19 脆性焊点失效[19]：封装侧富磷相和 IMC 间清晰的分离
（经授权转载自瑞萨科技 /© [2003] IEEE ECTC）

章的插图中给出。

很重要的是，需要注意到脆性锡球断裂不总是单一地出现。通常情况下，它会随着焊盘浮离、基板开裂或其他与 IMC 相关的失效一起出现。

黑盘腐蚀现象[21] 这是镍的过度氧化引起的变色现象。这会导致接触电阻增大，在电气测试中引起间歇的开路现象。一般认为黑盘现象是 ENIG 工艺镀槽中的杂质引起的。杂质会造成金层中出现气孔，从而使镍暴露在水分和其他污染物中。因此，镍会氧化并且在极端情况下焊盘

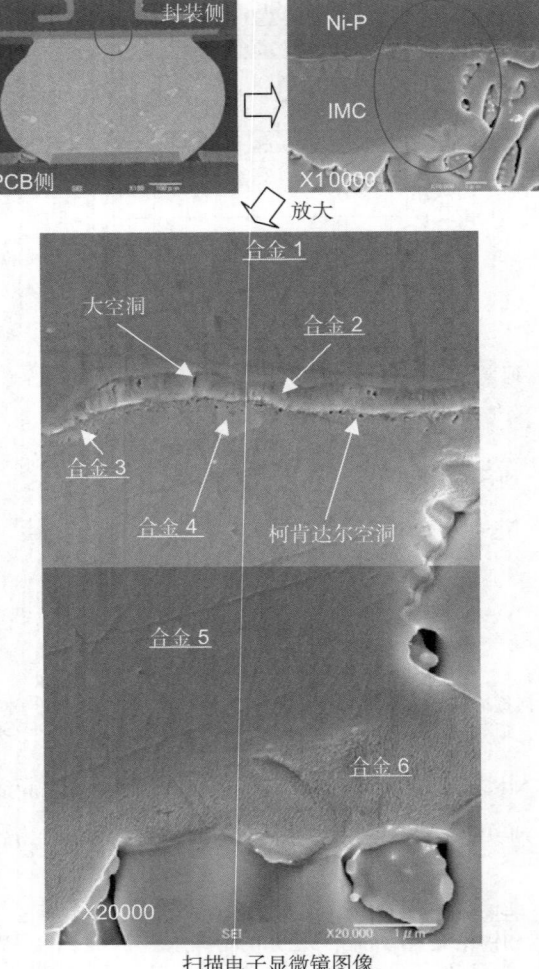

图 58.20 焊点中 IMC 的形成伴随着脆性断裂[19]
（经授权转载自瑞萨科技 /© [2003] IEEE ECTC）

表面上会出现变色。更严格的工艺控制和定期清洗镀槽，可以显著减轻这个腐蚀现象。黑盘导致的失效可以通过以下特征与脆性断裂区分开来：焊盘的可见变色和由于不纯的镀槽引起的批次间失效越来越多。

无铅转换的影响 鉴于这些已知的与 ENIG 相关的问题，许多封装供应商减少了 ENIG 在无铅焊接上的应用。然而，一些封装供应商仍然使用 ENIG 进行标准锡铅和无铅焊接。没有足够的数据显示 ENIG 对无铅焊料的影响，但是初步结果表明，在锡铅焊接中出现的失效模式也会在无铅焊接中出现。一般情况下，由于无铅焊料比锡铅焊料硬一些，所以无铅焊料比锡铅焊料有更高的应变 / 应变率。下一章提供了更多关于测试失效强度和失效模型的详细信息。

2. 焊盘上印刷焊膏（SOP）

这也被称为"预加焊料"，因为它包含了锡球连接工艺前在封装基板焊盘上预先印刷上的少量焊料。必须小心，以确保加在焊盘上的焊料高度不超过阻焊厚度（见图 58.21）。

超过阻焊层高度会导致在组装过程中出现对位 / 定位的问题。与 ENIG 一样，SOP 焊点的机械强度也令人担忧。ENIG 中的镍层能够阻挡铜的扩散形成 IMC。缺少镍，铜的扩散会更快，

并且两种已知的 IMC 会在 SOP 焊点中形成：Cu_6Sn_5 和
Cu_3Sn。在高温老化条件下，这些 IMC 会变厚。因此，
如果 SOP 的锡铅或无铅元件在高温（要么在实验室测试，
要么在现场条件下）下老化，它们会有较高的脆性断裂
倾向[22, 23]。推而广之，考虑到在老化过度的情况下焊点
会出现断裂，当产品在高于其标称工作温度的环境中工
作将会发生什么？它会经受得了冲击条件吗？它会很早失效吗？举例来说，如果这个产品是一

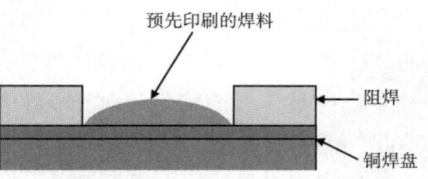

图 58.21　焊盘上印刷焊膏

款基于 SOP 的 BGA 的手机，在其使用时会发生什么？
如果用户在持续使用后使手机掉落，是否有脆性断裂
的倾向？根据一些文献对无铅组件的冲击测试的描述
（Cheng 等）[22]，老化的 SOP 焊点承受冲击情况时会
相对较早失效。然而，这并没有得到普遍的证明。此外，
测得手持式产品的冲击条件（最大 1500G）比服务器
环境的典型冲击条件（最大 500G）更剧烈。在锡铅
SOP 样品承受较低冲击条件下进行的测试中，零件没
有由于脆性断裂而失效，即使观察到有柯肯达尔空洞
存在的情况下也没有失效（Mei 等）[24]。然而，观察
到的柯肯达尔空洞的量不像 Cheng 等人报道的那么普
遍（见图 58.22）。

　　由 Mei 等报道的 Cheng 等的数据的拟合曲线：
空洞面积和在不同温度下的老化时间的函数，如
图 58.23 所示。

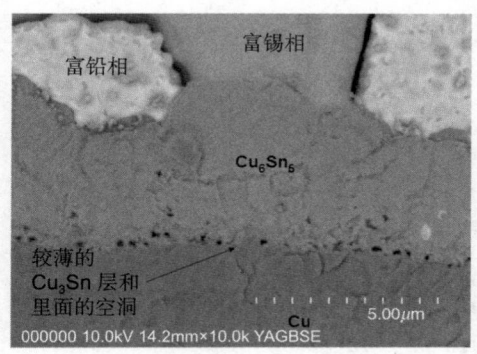

图 58.22　测试用 SOP 表面处理方式的样
品的封装 / 锡球界面处的背散射扫描电子
显微镜图像。这个图像显示出了在焊点 /
封装界面处形成的 IMC。这些 IMC 包含较
厚的 Cu_6Sn_5 层和较薄的 Cu_3Sn 层。可以在
Cu_6Sn_5 和 Cu_3Sn 界面处看到小的空洞[24]
（授权转载自 IEEE © [2005]）

Cheng 等的数据的拟合公式如下[24]：

$$A = Ct^{0.5} \exp\left(\frac{-Q}{RT}\right) \tag{58.1}$$

其中，A 为空洞面积和焊点界面面积的比值；t 为时间，单位为天；Q 为活化能，$Q = 45\,413\mathrm{J/mol}$
（0.47eV）；T 为绝对温度，单位为开尔文（K）；R 为气体常数 $C = 145\,590$（天数 $^{-0.5}$）。

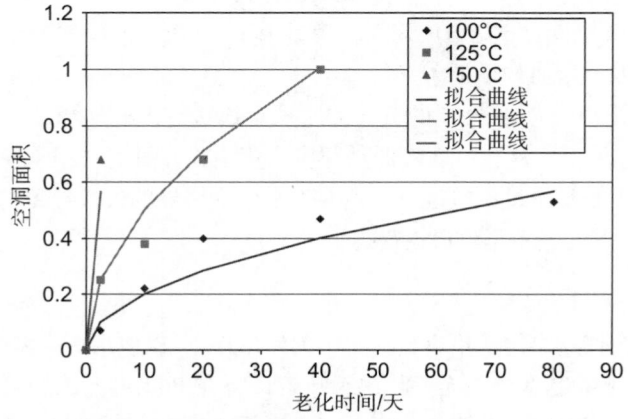

图 58.23　基于 Cheng 等人生成的数据，在 3 种不同的温度下的数据拟合曲线[24]。这些值
基于不同温度下空洞面积和时间关系的实验测量（经授权转载自 IEEE © [2005]）

通过这个近似的拟合曲线，可以推断出在终端使用条件下，空洞面积达到界面面积 50% 的时间。例如，在 50℃的标称工作温度下，达到界面面积 50% 的时间是 6000 天（16.5 年）。需要注意到的是，目前柯肯达尔空洞的控制倾向和普遍性的机制还不是很清楚。现在，业内中还没有足够的实验数据来最终验证上述关系。

柯肯达尔空洞的出现不仅限于封装 / 焊点界面。如果有机可焊性保护膜（OSP）用作 PCB 表面处理，会在 PCB 面上发现同样的现象[24]。

就应变 / 应变率而言，未老化的、基于 SOP 的焊点的强度是 ENIG 焊点的 2 倍之多。更多细节，关于两者的比较测试将在下一章概述。

行业中使用的表面处理有很多，如化学镍钯金（NiPdAu）、化学沉银、浸金、化学沉锡、OSP 和电镀镍 / 金。每种表面处理都有可靠性和工艺优缺点的权衡。这就是为什么要建议，在特定的终端使用条件下选择使用某一种表面处理前，要对该表面处理工艺进行应变 / 应变率表征和热循环测试。用来评估不同表面处理的工业测试方法将在下一章概述。

58.3.12　最终的电气测试架构

在线测试（ICT）中，由于大量的测试点分布在 BGA 的下面，组件承受了较高的应变。组件在 ICT 中也承受着较高的应变率，因为测试点接合的速度有助于减小电气测试探针和探针焊之盘间的电气接触电阻。因此，从电气测试角度来说，ICT 中需要高应变率。然而，可能存在应变 / 应变率超过范围，增大焊点失效的风险。

PCBA 诱导的实际应变不仅仅是测试点的数量和布局的函数，也是夹具设计、封装和 PCB 翘曲、封装和 PCB 使用的表面处理、夹具动作速度的函数。在最终测试期间，减少测试点的数量不是不可能，但非常难。因此，如果设计正确，在设计的早期阶段，就可以最大限度地减小最终测试中由应变引起的失效的风险。

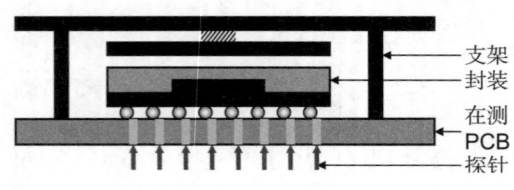

图 58.24　ICT 负载情况的示意图

支架
封装
在测
PCB
探针

ICT 夹具中施加在 BGA 封装紧邻处的力如图 58.24 所示。BGA 下的测试点的分布应该尽可能均匀。一些 ICT 夹具在顶面有推指，从而推到 PCB 上，来抵抗测试探针的力。在 PCB 顶面不推荐使用推针或推指。推指会导致局部应力集中，在紧邻处易产生大应变。如果要使用，推指不应放在封装的角部。有关 ICT 测试点分布的一些通用建议，请参考 IPC-7351[15]。推指的另一种方法是，在顶部使用铣切的金属板或零弯曲的顶板。

这基本上是一个铣切的整块 PCB 的负像的刚性金属板。因此，与几个推指截然不同，整个 PCBA 压在铣切的金属板上。这会显著降低局部应力集中，并可能被用来使 PCBA 能承受更多的测试点。铣切的金属板非常昂贵，但是考虑到 ICT 中应变诱导的失效导致的停线和顾客相关问题的费用，铣切金属板的临时花费是值得投资的。

无铅转换的影响

转变为无铅焊料会使这个问题更突显。使用无铅焊接，可以使用更高温度的 OSP。其结果是，可能需要更大的力与测试焊盘建立连接。这意味着，将在 PCBA 上施加更大的力。另外，机械弯曲对无铅焊料的影响还有待充分表征。因此，更需要表征加在无铅组件上的机械力。

对于相同的施加力，较薄 PCB 上的应变高于厚 PCB 上的应变。因此，这对相对较薄 PCB（厚

度 < 93mil）的组件来说更重要。然而，根据封装、翘曲、表面处理和测试点数，大的应变也会在厚 PCB 上出现。

应该在实际 PCB 上对夹具进行应变计量的表征，以验证在关键元件上不应用过多的应变。为了规范应变特性，2005 年 6 月发布了 JEDEC/IPC 970425 测试方法。这个测试方法概述了制造环境中与应变测量相关的步骤和推荐做法。

58.3.13　封装设计参数

影响第 2 级互连可靠性的一个关键因素是封装本身。虽然封装的主要功能是将信号、电源和接地从硅元件传送到 PCB，但封装也对硅芯片提供保护，这类结构比直接贴装芯片具有更可靠的互连。对焊点可靠性有显著影响的重要的封装设计参数将在本节讨论。

1. 总体尺寸和到中心点的距离（DNP）

随着 I/O 数的增加，封装尺寸也持续增加来满足日益增长的 IC 功能的需求。随着 IC 复杂性的增加，元件中嵌入存储器，尽管硅芯片特征尺寸下降，但是 I/O 数仍然持续地被迫上升。封装尺寸已经超过了 50mm。陶瓷和塑料材料系列的封装层数都持续快速地增加。

除了 58.3.8 节列出的焊点尺寸问题，整体尺寸的增大往往与封装中心到外部锡球距离的增加一致（见图 58.25）。这个尺寸被称为到中心点的距离（DNP）。随着 DNP 的增大，施加在焊点上的应力增大，随后的损坏增多，尤其是遇到现场环境中的热循环时。因此，有较大（所有其他材料和设计的参数都相同）DNP 的封装的互连可靠性较低。评估第 2 级可靠性数据时，这一点至关重要。

大部分封装的 IC 供应商通过热循环实验来证明他们的产品是合格的。整个行业中最常用的 PCB 级热循环方法在 IPC-9701 中已经做了概述[6]。每个焊点上的电阻通常通过合并一个菊花链状封装和一些数据采集系统进行实时监控。这些实验的最终结果是失效的分布呈现符合威布尔图（威布尔分布和疲劳寿命分析的详细信息请参阅 61.2.2 节），表明失效百分比是时间的函数[26]。注意，使用比资格认可封装的 DNP 还要大的封装时，就有可能出现可靠性的严重降低，而且应该进行一次完整的评估。但是，使用比资格认可封装的 DNP 小（小 10% ~ 20%）的封装（其他材料和设计参数都相同）时，那么 DNP 较小的封装至少应该和资格认可封装同样可靠。

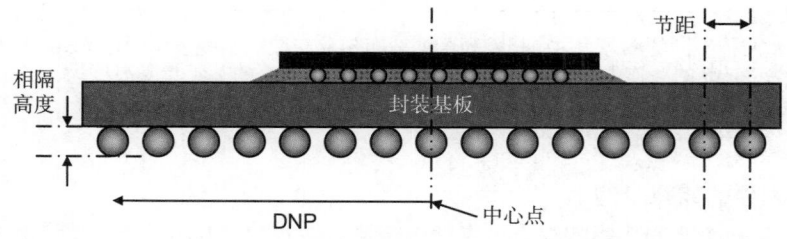

图 58.25　BGA 封装的 DNP。当远离封装的中心（中心线）时，DNP 会增大。图中也显示了节距。节距被定义为，两个相邻的互连间中心到中心的距离（这里是两个相邻的锡球间）

2. 锡球节距和锡球尺寸

锡球节距是两个相邻锡球间中心到中心的距离（见图 58.25）。理论上可以改变锡球节距，并且保持同样的锡球尺寸。虽然在实际应用中，锡球节距的减小也需要锡球直径的减小，和适应相邻锡球节距减小的焊盘尺寸的减小。随着节距的减小，锡球尺寸会减小，导致封装和 PCB 之间相隔高度的减小。较小的锡球和降低的相隔高度已证明会降低焊点的可靠性（见图 58.26）。

图 58.26 中的虚线代表一个 0.889mm（35mil）锡球的有限元分析（FEA）结果。实线代表一个 0.762 mm（30mil）锡球的 FEA 结果。注意，在可靠性上，0.889mm 锡球是 0.762mm 锡球的 1.3 倍。因此，由于需要容纳相邻锡球，节距的减小会导致锡球尺寸的减小，锡球尺寸的减小进而导致相隔高度的减小，从而导致可靠性降低。

因此，PCB 设计者在考虑锡球节距的减小时，也面临着一个两难的境地。不仅有组件可靠性降低的危险，而且设计上的挑战也是一个难题。减小节距的直接后果是，增加了从封装到 PCB 所有线路连接的复杂性。设计者有时也不得不向 PCB 添加额外层，以适应节距减小的元件。层的增加会导致价格的增加，并且在一些例子中导致能力的大幅下降，这是由于制造多层 PCB 会与复杂性的增加联系在一起。

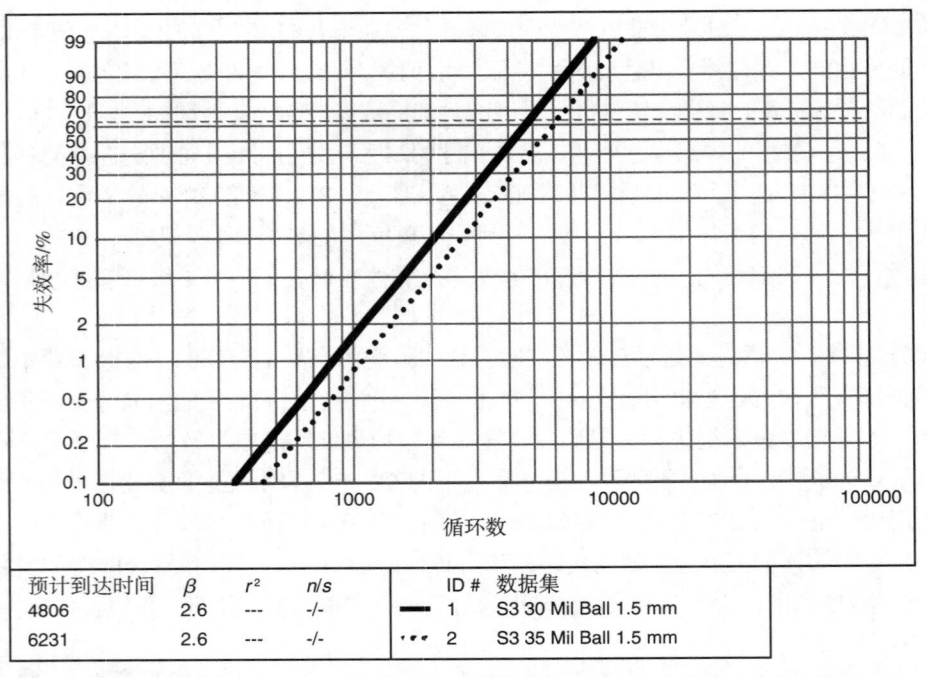

预计到达时间	β	r²	n/s		ID #	数据集
4806	2.6	---	-/-		1	S3 30 Mil Ball 1.5 mm
6231	2.6	---	-/-		2	S3 35 Mil Ball 1.5 mm

图 58.26   两种不同的锡球尺寸 / 相隔高度的威布尔分布图。实线表示通过 FEA 预测的基于相隔高度为 30mil 的互连失效分布。虚线表示通过 FEA 预测的基于相隔高度为 35mil 的互连失效分布。注意，相隔高度的减小与疲劳寿命的减少有对应关系

3. 锡球阵列（完整的或减少的）

锡球阵列是另一个会间接影响焊点可靠性的变量。在封装芯片的边缘位置，锡球阵列和焊点中的应力状态之间存在耦合效应。硅片的 CTE 比塑料基板的低得多。因此，芯片会形成过度约束的状态，在其边缘下或附近处的焊点上产生过量的应力。过度约束往往在芯片边缘的焊点处最严重。

图 58.27 包含一个采用完整阵列和芯片的边缘落在焊点上的配置示意图。图 58.28 展示了一个区域的替代设计，在芯片的周边除去了所有锡球的设计（减少的配置）。许多塑料（层压）封装供应商提供了一个减少的选项，在芯片周界情况最差区域下不放置焊点，以增强可靠性。此外，

许多封装设计者仅通过放置冗余的电源和接地或非功能性锡球来进一步降低 CTE 诱导的焊点失效的风险。如果冗余的锡球或热球开裂了，对元件性能的影响可以忽略不计。最后，在大型层压封装中，最角上的锡球也可能会早早失效。结果是，许多封装供应商减小了封装拐角处的锡球，以增加焊点的疲劳寿命。

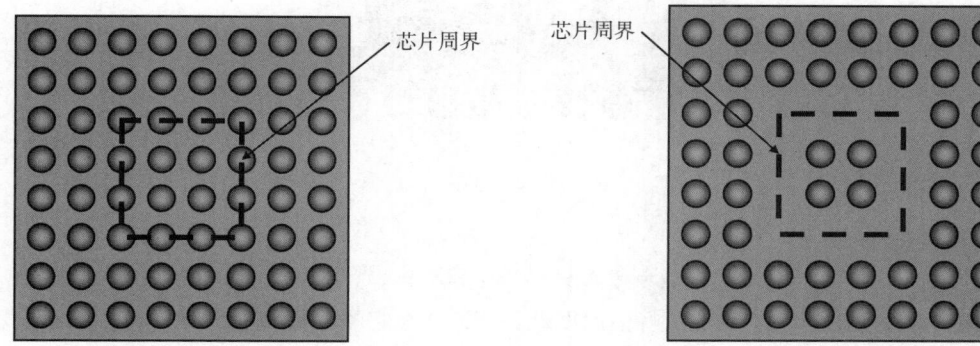

图 58.27　芯片周界下有焊点的完整阵列。锡球的位置由圆形阵列表示。芯片周界由黑色虚线矩形框表示。注意，芯片边缘直接落在焊点上

图 58.28　在芯片周界下没有焊点的减少阵列。锡球的位置由圆形阵列表示。芯片周界由虚线矩形框表示。注意，芯片边缘落在了减少锡球的地方

4. 散热器 / 补强板

具有散热基座和补强板的倒装芯片组件的横截面如图 58.29 所示。采用散热器的主要目的是对热量进行处理。第二个好处是，补强板和散热基座减小了发生在回流和热循环中的平面外翘曲的可能性。将散热基座和补强板结合到层压封装设计中的另一个好处是，由于增加了封装芯片的鲁棒性而提高了处理封装的能力。

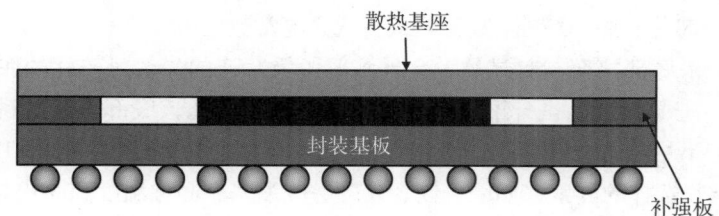

图 58.29　具有补强板和散热基座的倒装芯片 BGA。补强板对封装的硬度提供了额外支持，也为散热片提供了机械支持

已使用的各种散热材料有铜、铝、钢和铝碳化硅（AlSiC）。铜有最好的热传导性，但有较高的 CTE。铝碳化硅较铜有稍高的模量，但 CTE 较低。因此，在一些应用中，铝碳化硅的应用更普遍。它的导热系数比铜稍低，和铝［180 ~ 200 W/（m·K）］相同。

出于成本的原因，一些封装供应商也使用替代材料进行散热器 / 补强板设计，即单盖设计来作为刚性支持并同时提供热传递。这种设计更容易进行制造，也减少了组装步骤（更多详细信息见图 58.30）。

单盖的厚度通常比散热器 / 补强板结合的厚度小。改变封装的刚度会改变其平面外的翘曲，反过来会影响焊点可靠性。因此，对整体刚度的影响应该在使用单盖时进行表征。一种表征的方法是对独立的封装进行莫尔测量，作为温度的函数。

标准散热器 / 补强板设计的另一个变化是，仅使用一个补强板。这通常是裸芯片应用，其中

芯片的瓦数太高以至于芯片和散热器之间的热阻是不可接受的。在这种情况下，补强板仍然保持了硬度和强度，但去掉了散热器。

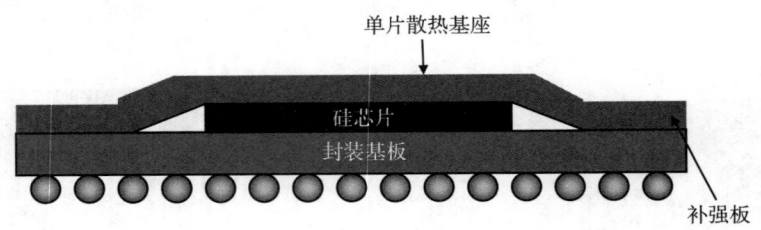

图 58.30 单盖设计

5. 塑封材料的选择

在 PBGA 封装中使用的包覆成型复合材料会显著影响焊点的组装良率和可靠性。如果塑封材料的玻璃化转变温度（T_g）比回流峰值温度低很多，并且它的模量和 CTE 在 T_g 上急剧改变，那么随着加热，封装可能会严重翘曲。因此，当封装达到液相线时，封装和 PCB 间的实际翘曲可能会使焊点发生开路/桥连。在大型 PBGA 封装（$> 40 \text{ mm}$）中，在模制封装中使用集成散热器会更有效，集成散热器能加固封装并将过度的翘曲降到最小。集成散热器主要用来提高热性能，但是它们也会使封装硬化来提高组装良率。

随着转换为无铅材料，选择的塑封材料需要能承受较高的无铅组装回流温度。如果塑封材料的机械性能（弹性模量、CTE 和 T_g）选择不当，在回流温度下封装会发生明显翘曲并导致焊点开路。

6. 底部填充材料的选择

在 FCBGA 封装中，底部填充材料的选择会显著影响 PCB 上封装的可靠性。如果填充材料太硬，会使组件硬化，因此会向硅片传递更多应变。这会导致在任何关键界面的分层：底部填充/钝化层、钝化层/芯片、底部填充/基板，或在低介电常数层内。

另一方面，如果底部填充材料过软，会导致第 1 级互连的失效。较软的底部填充也会减小 PCB 级组件翘曲，进而会帮助提升第 2 级互连的可靠性。因此，底部填充材料刚度的选择应该进行优化，以便它不会导致分层或第 1 级互连的失效[9]。除了刚度、CTE 和 T_g，也有一些其他会影响底部填充材料选择的因素，如触变性、黏度、收缩率、固化温度和固化时间。

底部填充材料的选择也会受无铅转换的影响。对于无铅封装，虽然欧盟会免除第 1 级互连的检测[27]，但是许多封装供应商正在瞻望使用无铅的第 1 级互连的检测。其结果是，选择的底部填充材料必须能承受较高回流温度，并且在增加的温度范围有较低的收缩率。

7. 芯片/封装长宽比

相对于封装体的尺寸，硅片的尺寸会显著影响封装的可靠性。这在 PBGA 封装上尤其适用。相对于封装的尺寸，芯片越大，其 CTE 越不匹配，导致加在第 2 级焊点上的应变越大[28]。影响的级别随着封装体尺寸和绝对芯片尺寸的变化而变化。

8. 封装基板材料

封装基板材料的选择对焊点可靠性有很大影响。一些基板需要采用锡球替代物（如陶瓷柱栅载体，见图 58.4），甚至考虑到互连可靠性而要求采用取消焊料的解决方案。在文献中可以找到关于陶瓷和塑料基板的丰富信息[26, 29, 30]。这里重点介绍这些材料对焊点可靠性的影响。

　　影响互连可靠性的基板材料的两种主要性能是弹性模量和 CTE。弹性模量定义为应力与应变的比率，并且可以用来描述当材料经受施加的负载时抵抗变形的能力。CTE 涉及材料长度的变化，当加热或冷却时，可以用来描述材料在温度变化时的变形。参考文献［31］包含了与弹性模量和 CTE 相关的详细讨论。在文献中可以找到大量的材料性能数据[26, 29, 30]。图 58.31 包含了一个简化的焊点互连草图。注意，在现场使用时，焊点疲劳的驱动力是组装的封装和 PCB 间 CTE 的不匹配。另外，基板的弹性模量可以通过增大（或减小）加在焊点互连上的驱动力来影响焊点的疲劳寿命。

　　陶瓷材料可以提供芯片和封装间优良的 CTE 匹配性，这个优良的特点会减小倒装芯片应用中第 1 级焊料凸点失效的风险。但是，陶瓷和硅片间极好的 CTE 匹配性会造成陶瓷封装和 PCB 间很大的 CTE 不匹配性。CTE 不匹配性会对第 2 级互连造成严重的应变（见图 58.31）。CTE 不匹配，加上 DNP 问题（之前讨论过的），CBGA 的本体尺寸被限制在 32mm×32mm。较大封装体尺寸的陶瓷通常采用焊料柱（见图 58.4），或对第 2 级互连采用压缩式插座。

　　塑料封装的 CTE 往往与 PCB 的 CTE 匹配得很好。当使用基于层压的 BGA 而不是陶瓷封装时，CTE 的匹配允许采用较大封装体尺寸。关键要注意，选择一个封装时，许多其他与第 2 级可靠性无关的变量也必须考虑。在为特定的应用选择封装时，电源要求、信号完整性、第 1 级可靠性（芯片和封装间的互连）和费用都必须进行平衡。

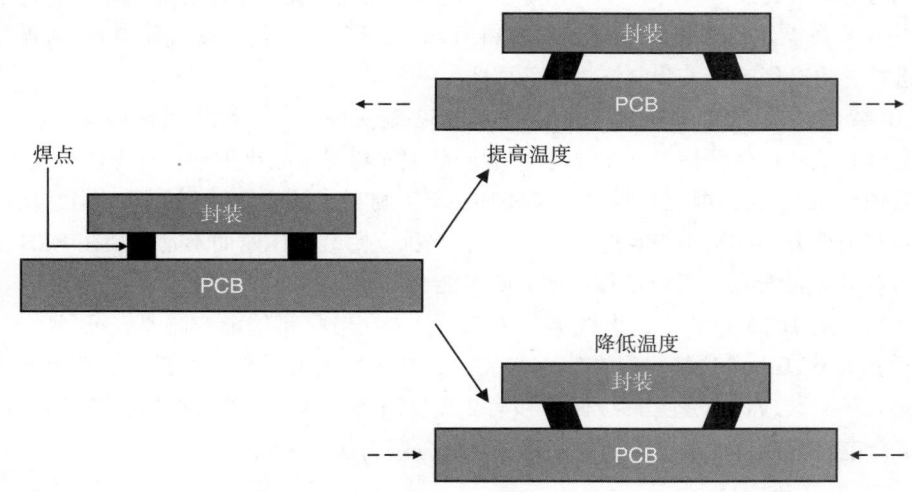

　　图 58.31　简化了的 CTE 不匹配的影响。随着温度的提高，PCB 比封装的膨胀更快，这是由于封装有较低的有效 CTE。随着温度的降低，可以观察到相反的效果

9. 低介电常数的影响

　　持续的小型化和集成化导致需要多级互连布局，以最小化寄生电阻（R）和电容（C）引起的时间延迟。门级元件速度的提高被材料互连的传输延迟带来了负面效应，这是 RC 时间常数增加的缘故[32]。例如，长互连 RC 延迟可以达到栅极长度为 250nm 或更小元件的时间延迟的 50%[33]。RC 时间常数的减小，需要使用低电阻率的互连材料和低电容的层间薄膜。电容是介电材料的电容率（ε_i）、面积（A）和厚度（d）的函数（$C = \varepsilon_i A/d$）。增大面积需要增加互连长度，这反过来会导致高电阻。厚度也可以不增大，因为厚度增大也会增大电阻，而且对连续的层间填充带来了制造上的挑战。因此，需要减小介电常数（k）。我们需要低 k 材料。除了有低介电常数，理想的低 k 材料需要有低残余应变、高整平能力、高空隙填充能力、低沉积温度和便于加工的整合能

力[32]。表 58.3 列出了可作为低 k 材料的候选材料清单[33]。

表 58.3 典型的低 k 材料[33]

决定因素	材 料	介电常数
气相沉积聚合物	氟硅酸盐玻璃	3.5 ~ 4.0
	聚对二甲苯 N	2.6
	聚对二甲苯 F	2.4 ~ 2.5
	黑金刚石（碳掺杂的氧化物）	2.7 ~ 3.0
	氟化烃	2.0 ~ 2.4
	聚四氟乙烯 -AF	1.93
旋涂聚合物	氢硅酸盐类 / 甲基硅酸盐类	2.8 ~ 3.0
	聚酰亚胺	2.7 ~ 2.9
	芳烃聚合物	2.7
	聚亚芳基醚	2.6
	氟化非晶碳	2.1
	干凝胶（多孔硅）	1.1 ~ 2.0

然而，一些新的低 k 材料是多孔且结构薄弱的。这给后面的组装过程带来了一些挑战：附着力差、在内层介质（ILD）薄膜中有残余应力等。除了优化和更好地监控晶圆锯开工艺之外，芯片到封装的互连影响也需要进行表征。对材料组合、底部填充材料、基板材料、顶盖材料和其他材料的选择，也会影响低 k 介电材料的可靠性。

在 FCBGA 封装中，底部填充材料的选择一直都备受关注[34-36]。除了新材料系列和设计规则，一些封装组件制造商已经评估了低 T_g 材料作为底部填充材料来减小加在硅片上的应变的可能性。然而，尽管使用低 T_g 底部填充材料可能会将加在低 k 材料上的应变减到最小，但它反过来会将应变转移到其他地方，如第 1 级互连[37]。此外，当独立封装被压紧而不是贴装在 PCB 上再被压紧时，材料对 ILD 的分层和焊点可靠性的影响可能会不同。

在引线键合的 BGA 封装中，引线键合工艺对低 k 介电材料的影响需要表征[38]。另外，塑封材料（模量和 CTE）的选择也会在完整组装的封装中影响低 k 介电材料的长期可靠性。已经选择材料组合的封装应该承受元件级循环和第 2 级热循环，然后，通过扫描声学显微镜（SAM）确保在低 k 介电材料或其他关键界面处不存在任何分层引起的失效。

参考文献

[1] J. H. Lau（ed.），Solder Joint Reliability: Theory and Applications, Van Nostrand Reinhold, New York, 1991

[2] S. B. Park, Rahul Joshi, and Lewis Goldmann, "Reliability of Lead-Free Copper Columns in Comparison with Tin-Lead Solder Column Interconnects," Electronic Components and Technology Conference, 2004, pp. 82–89

[3] IPC-SM-785, Guidelines for Accelerated Reliability Testing of Surface Mount Solder Attachments, 1992. www.ipc.org

[4] Jin-Young Kim, Won-Joon Kang, Yoon-Hyun Ka, Yong-Joon Kim, Eun-Sook Sohn, Sung-Su Park, Jae-Dong Kim, Choon-Heung Lee, Akito Yoshida, and Ahmer Syed, "Board Level Reliability Study on Three-Dimensional Thin Stacked Package," Electronic Components and Technology Conference, 2004, pp. 624–629

[5] Rocky Shih, Sam Dai, Francois Billaut, Sue Teng, Mason Hu, Ken Hubbard, "The Effect of Printed Circuit

Board Thickness and Dual-sided Configuration on the Solder Joint Reliability of Area Array Packages," International Microelectronics and Packaging Society（IMAPS）, 2004

［ 6 ］ IPC 9701, "Performance Test Methods and Qualification Requirements for Surface Mount Solder Attachments," IPC, January 2002. www.ipc.org

［ 7 ］ S. Ehrler, "Compatibility of Epoxy-based PCBs to Lead-Free Assembly," Circuitree, 1st June 2005

［ 8 ］ S. Ehrler, "Comparison of High-Tg-FR-4 Base Materials," IPC-Expo & Conference, Long Beach, CA, 24–26th March 2003

［ 9 ］ Mudasir Ahmad, Sue Teng, Jie Xue, "Effect of Underfill Material Properties on Low- k Dielectric, First and Second Level Interconnect Reliability," IMAPS Conference on Device Packaging, Scottsdale, AZ, 2006

［ 10 ］ JEDEC Design Standard, "Design Requirements For Outlines Of Solid State And Related Products," JEDEC Publication 95, Design Guide 4.14, Ball Grid Array Package（BGA）, Issue D, December 2002. www.jedec.org

［ 11 ］ Mudasir Ahmad, Ken Hubbard, Mason Hu, "Solder Joint Shape Prediction Using a Modified Perzyna Viscoplastic Model," ASME Journal of Electronic Packaging, 2005, 127（3）, pp. 290–298

［ 12 ］ JEDEC Standard, JESD22b112, High Temperature Package Warpage Measurement Methodology, May 2005. www.jedec.org

［ 13 ］ Benlih Huang, Ning-Cheng Lee, "Conquer Tombstoning in Lead-Free Soldering," IPC Printed Circuits Expo, SMEMA Council, APEX Designers Summit 2004, pp. S27-1–S27-7

［ 14 ］ Lei L. Mercado, Vijay Sarihan, Yifan Guo, and Andrew Mawer, "Impact of Solder Pad Size on Solder Joint Reliability in Flip Chip PBGA Packages," IEEE Transactions On Advanced Packaging, Vol. 23, No. 3, August 2000, pp. 415–420

［ 15 ］ IPC-7351, "Generic Requirements for Surface Mount Design and Land Pattern Standard," IPC, February 2005. www.ipc.org

［ 16 ］ Marie S. Cole, J. Jozwiak, E. Kastberg, G. Martin, "Compressive Load Effects On CCGA Reliability," SMTA International, September 2002

［ 17 ］ Michael L. Eyman, Gary B. Kromann, "Investigation of Heat Sink Attach Methodologies and the Effects on Package Structural Integrity and Interconnect Reliability of the 119-Lead Plastic Ball Grid Array," Electronic Components and Technology Conference, 1997, pp. 1068–1075

［ 18 ］ Deepak Goyal, Tim Lane, Patrick Kinzie, Chris Panichas, Kam Meng Chong, Oscar Villalobos, "Failure Mechanisms of Brittle Solder Joint Fracture in the Presence of Electroless Nickel Immersion Gold（ENIG）Interface," Electronic Components and Technology Conference, 2004, pp. 732–739

［ 19 ］ Kozo Harada, Shinji Baba, Qiang Wu, Hironori Matsushima, Toshihiro Matsunaga, Yasumi Uegai, Michitaka Kimura, "Analysis of Solder Joint Fracture under Mechanical Bending Test," Electronic Components and Technology Conference, 2003 pp. 1731–1737

［ 20 ］ Shelgon Yee, Lodgers Chen, Justin Zeng, Roger Jay, "Ternary Intermetallic Compound - A Real Threat To BGA Solder Joint Reliability," Journal of SMT, 2004, Vol. 17, Issue 2, pp. 29–36

［ 21 ］ Chong Kam Meng, Tamil Selvy Selvamuniandy, and Charan Gurumurthy, "Discoloration related failure mechanism and its root cause in Electroless Nickel Immersion Gold（ENIG）Pad metallurgical surface finish," Proceedings of 11th IPFA, Taiwan, 2004, pp. 229–233

［22］ Tz-Cheng Chiu, Kejun Zeng, Roger Stierman, Darvin Edwards, Kazuaki Ano, "Effect of Thermal Aging on Board Level Drop Reliability for Pb-free BGA Packages", Electronic Components and Technology Conference, 2004 pp. 1256–1262

［23］ Kejun Zeng, Roger Stierman, Tz-Cheng Chiu, Darvin Edwards, "Kirkendall void formation in eutectic SnPb solder joints on bare Cu and its effect on joint reliability," Journal of Applied Physics, 2005, 97, 024508

［24］ Zequn Mei, Mudasir Ahmad, Mason Hu, Gnyaneshwar Ramakrishna, "Kirkendall Voids at Cu/Solder Interface and Their Effects on Solder Joint Reliability," Electronic Components and Technology Conference, 2005, pp. 415–420

［25］ IPC/JEDEC-9704, "Printed Wiring Board Strain Gage Test Guideline," June 2005. www.jedec.org

［26］ J. H. Lau（ed.）, Ball Grid Array Technology, McGraw-Hill, New York, 1995

［27］ Commission Decision of 21 October 2005, "Amending for the Purposes of Adapting to Technical Progress the Annex to Directive 2002/95/EC of the European Parliament and of the Council on the Restriction of the Use of Certain Hazardous Substances in Electrical and Electronic Equipment（Notified Under Document Number C（2005）4054）2005/747/EC, Official Journal of the European Union, EN, 25.10.2005, L280/18–19. http://eur-lex.europa.eu/LexUriServ/site/en/oj/2005/l_280/l_28020051025en00180019.pdf

［28］ Yuan Li, Anil Pannikkat, Larry Anderson, Tarun Verma, Bruce Euzent, "Building Reliability into Full-Array BGAs," 26th IEMT Symposium PackCon, 2000, pp. A-1-A-7

［29］ R. R. Tummala, E. J. Rymaszewski, and A. G. Klopfenstein（eds.）, Microelectronics Packaging Handbook, Chapman & Hall, New York, 1997

［30］ J. H. Lau（ed.）, Thermal Stress and Strain in Microelectronics Packaging, Van Nostrand Reinhold, New York, 1993

［31］ J. M. Gere and S. P. Timoshenko, Mechanics of Materials, 2d ed., PWS Publishers, California, 1984

［32］ Gary S. May, Simon M. Sze, Fundamentals of Semiconductor Fabrication, John Wiley & Sons（Asia）Pte Ltd., 2004, pp. 162–163

［33］ T. Homma, "Low Dielectric Constant Materials and Methods for Interlayer Dielectric Films in Ultralarge-Scale Integrated Circuit Multilevel Interconnects" Mater. Sci. Eng., 1998, 23, 243

［34］ M. Jimarez, et al, "Technical Evaluation of a Near Chip Scale Size Flip Chip/Plastic Ball Grid Array Package," Electronic Components and Technology Conference, 1998, pp. 219–225

［35］ K. Chen, et al, "Effects of underfill materials on the reliability of low-k flip-chip packaging," Microelectronics Reliability, 2006, Vol. 46, No. 1, pp. 155–163

［36］ Pei-Haw Tsao, et al, "Underfill Characterization for low-k Dielectric/Cu Interconnect IC," Electronic Components and Technology Conf, 2004, pp. 767–769

［37］ E. Hayashi, S. Baba, S. Idaka, A. Maeda, M. Satoh, M. Kimura, "Realization of Pb-free FC-BGA Technology on Low-k Device," Electronic Components and Technology Conference, 2005, pp. 9–13

［38］ F. Keller, J. W. Brunner, T. Pan, "Optimization of Wire Bonding over Cu-Low K Pad Stack," 36th International Symposium on Microelectronics, IMAPS, 2003

## 第59章

元件到 PCB 的可靠性：焊点
可靠性的评估和无铅焊料的影响

Mudasir Ahmad
美国加利福尼亚州圣何塞，思科系统公司

Mark Brillhart
美国加利福尼亚州帕洛阿尔托

59.1　引　言

第 58 章中已经概括了关键设计变量会影响印制电路板组件（PCBA）的可靠性和可制造性。量化 PCBA 预期寿命的各种评估工具是可靠性设计的一个重要方面，使用标准方法采集的数据可以和加速转换公式、有限元分析一起用于评估任何互连结构的预期使用寿命，其中实验数据在可靠性评估中起关键性作用。残缺的数据或在错误实验环境下取得的数据都会导致错误的可靠性结论。"无用输入等于无用输出"，在互连可靠性评估里表现得十分恰当。之所以多年来获得的有关锡铅焊料使用的历史经验不再适用于无铅组件，是因为在相同使用条件下无铅焊料的表现会不同，以及获得无铅焊料特点的数据相对较少。对于预测焊点互连的现场寿命公式，需要大量实验数据来重新审查和验证。此外，无铅焊料的引进伴随着新的失效机制，这种失效机制还没有被充分了解及映射到现场预测模型中。

59.1.1　实验测试

图 59.1 描述了一个典型 PCBA 中焊点互连的不同等级。

大量用于快速预测焊点互连可靠性的实验工具包括以下几种：

- 热循环
- 热冲击
- 气相高低温循环
- 液相高低温循环
- 机械弯曲
- 机械变形
- 超赛贝克（Hyper-Peltier）冷热循环

PCB 设计人员在评估将要放置在 PCB 上的任何封装的可靠性时，理解所使用的技术、结果的适用性及数据的质量都至关重要。尽管快速评估是我们所期望的，但如果故障模式是虚构的

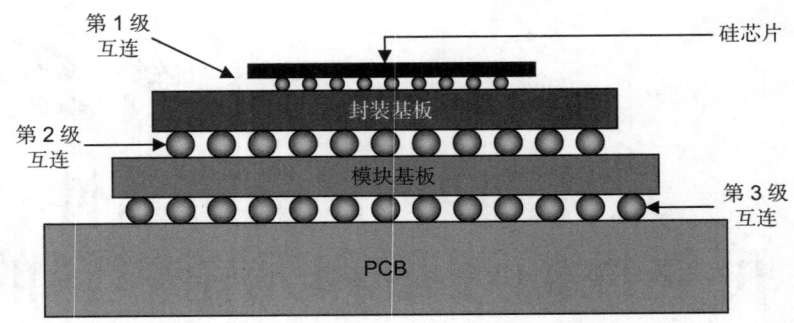

图 59.1 以倒装芯片组件为例，第 1 级互连是硅芯片和封装基板之间的主要连接，是由芯片和封装之间的焊料凸点形成的。第 2 级互连在封装基板和模块基板之间。第 3 级互连是通过 SMT 把模块基板底部的锡球焊接在 PCB 上形成的

或无法表现出期待的现场故障，那么快速评估的优势就会减小。

59.1.2 无铅材料对可靠性的影响

转换为无铅材料需要重新评估实验工具和现场寿命。新材料的特性和失效模式需要在数据和实验测试方法中充分获取，以正确模拟互连暴露在现场工作条件下的热和机械条件。

本章将详细讨论可靠性定量评估的以下几个方面。

1. 热机械可靠性

- 热循环常常用于确定锡铅和无铅组件的热机械可靠性
- 威布尔图在热循环数据估算焊点故障分布和特征寿命中的作用
- 加速转换可用于评估基于热循环测试结果的锡铅和无铅焊点的现场使用寿命
- 电源和微循环在预测焊点现场寿命中的作用
- 举例说明利用加速转换来对比封装在不同热循环测试和终端使用条件下的疲劳寿命

2. 机械可靠性

- 弯曲测试方法，可用于执行不同封装类型和表面处理间的相对比较
- 样品实验数据显示不同表面处理和焊料冶金间的比较差异
- 可以用于不同封装和终端使用条件相对比较的振动测试方法
- 锡球附着力测试方法：高速剪切测试、拉力测试、冲击测试

此外，本章概括了数值分析技术在分析和改善焊点互连可靠性上的作用，还讨论了使用有限元分析（FEA）[1] 评估焊点互连的热机械疲劳寿命和单调弯曲测试的详细程序。

59.2 热机械可靠性

在现场使用环境中，球阵列（BGA）封装焊点互连不断受到应力作用，这是封装与 PCB 之间的热膨胀系数（CTE）不匹配造成的。这些应力是由小而频繁的温度波动引起的，随着设备的启动或关闭而积累。因此，裂缝最初发生在焊点互连中，最终延伸致使焊点开裂。通常将焊接点互连在现场操作条件期间承受这些不同应变的能力称为热机械可靠性。实验室加速这种故障的方法是，根据极端温度设置热循环条件来测试组件，并记录实验期间任何可能发生的电气故障。

59.2.1 热循环

目前，热循环测试已成为评估第 2 级互连可靠性的行业标准。这类测试偏向于产生现场故障中看到的焊点和焊盘界面的断裂。热循环测试产生相同的物理故障，因此可以使用热循环数据作为输入，进行详细的加速度转换和基于有限元的寿命评估。

行业普遍使用的测试方法是 IPC-9701[2]，它提供了详细评估表面贴装焊点可靠性的热循环测试方法。此外，IPC-9701 还提供了从推荐的加速热循环测试中估算不同现场使用条件下焊点性能的指导原则。

采用 IPC-9701 推荐的行业标准化测试的一个重要好处是，供应商可以对元件进行例行测试，而不考虑元件在哪里使用。测试结果还可以用于确定元件在各种各样的终端使用条件下是否完好。当使用相同的基准对不同供应商的元件进行对比时，能节省大量的测试费用及设计时间。

由于元件使用的条件存在少许差别，有限元分析可以用于弥合测试元件和实际环境中使用相似元件之间的差别。据此，可以评估一个元件的可靠性，其完整过程如图 59.2 所示。

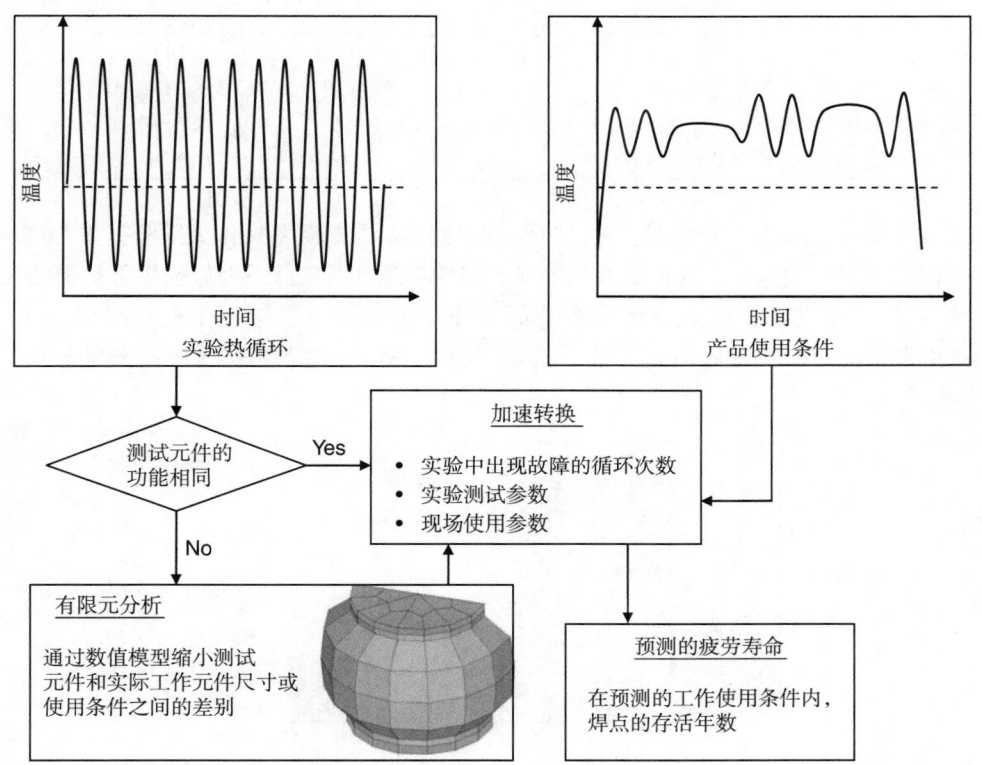

图 59.2 焊点热机械可靠性实验过程流程图。在实验环境中获得的实验数据用于与产品终端条件相比较。如果测试封装与产品中使用的相同，那么可以通过应用加速转换公式将实验室中的疲劳寿命映射为产品终端条件下的疲劳寿命。若测试封装只是相似但不等于在产品中使用的封装，那么在使用加速转换之前，可以通过有限元分析方法，用数值解释测试封装与实际封装之间的差别

热循环测试通常在单室烘箱内进行，有时也采用双室系统，但是单室设备占主导地位。双室烘箱的主要缺点是，当从一个室（或热区域）转移到另一个时，缺乏对热负荷分布的控制。不管采用的是单室还是双室烘箱，温度都是从最大值（T_{max}）循环到最小值（T_{min}）。温度以受控的速率从一个温度极限变化到另一个温度极限，称为温变速率。温度在预定的时间内保持在最大或

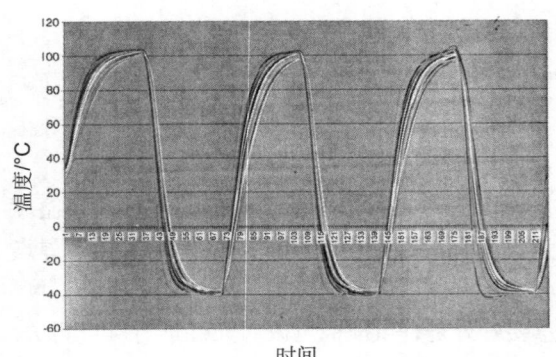

图 59.3 典型热循环曲线：$T_{max} = 100℃$，$T_{min} = -40℃$，循环周期为 60min

最小值，称为停留时间。表 59.1 列出了关于二级封装可靠性鉴定的典型试验参数。图 59.3 包含了温度与时间的关系曲线，以及关键实验参数的解释。

数据采集系统和（或）事件检测器（通常称为故障检测器）用于实时监测电阻和（或）间歇性开路。早期用于热循环预测焊点完整性的技术是定期取出测试箱中的样品，然后在室温条件下手动测量元件的电阻值。

由于 CTE 不匹配，导致焊点在温度极限时的变形最大，这种热循环测试的主要风险在于

表 59.1 二级封装可靠性鉴定的典型热循环测试参数

参 数	数 值
最大温度（T_{max}）	100℃
最小温度（T_{min}）	0℃
从最大温度到最小温度及从最小温度到最大温度的温变速率	10℃/min
最大温度及最小温度的停留时间	10min

裂缝只有在极限温度之下才能看到。一旦封装冷却到室温，观测不到绝大部分基于 CTE 产生的变形导致的焊点表面裂缝，潜在的表面裂缝在足够的物理接触条件下能够提供可接受的连续性。而在某些情况下，极限温度下观测到裂缝的循环数远低于室温下观测到同样裂缝的循环数。

典型的热循环箱原理如图 59.4 所示，箱体中安装有测试板并与数据采集系统相连接。

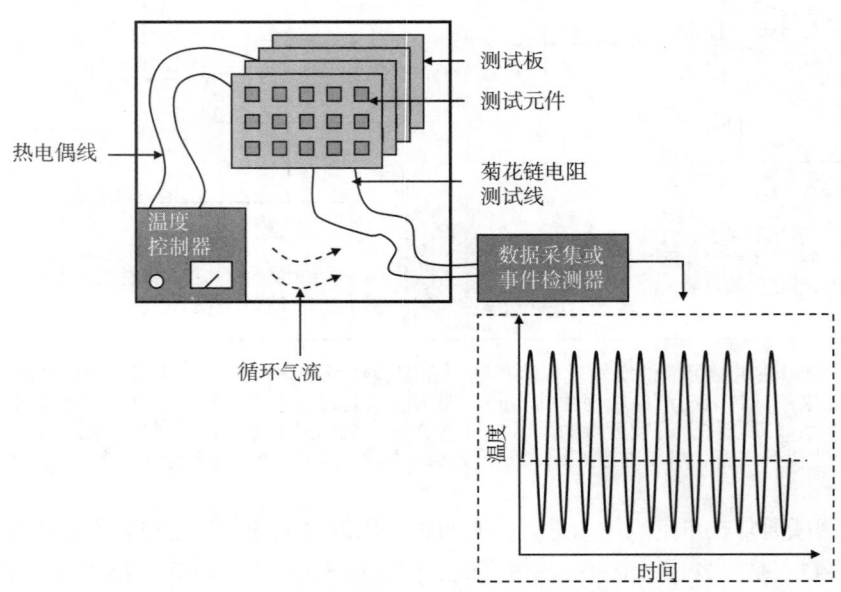

图 59.4 典型的热循环箱和数据采集系统原理图

1. 无铅转换的影响

表 59.1 中的热循环曲线也可以用于无铅焊料。大部分失效累积都是在高温停留阶段发生的，如果高温停留时间缩短，每个循环的失效累积会减少，期望是维持足够长的高温停留时间以允许蠕变饱和。然而，由于实际应用的限制，IPC-9701-A[3]（附录 B）中推荐停留 10min。如果停留时间有可能延长，那么可以使用 30min 或更长时间。有限元分析可以用于校准实验数据，以及确定停留时间对长期可靠性的影响。

2. 热冲击

热冲击测试是连续快速地从高温到低温进行循环测试。这些测试类型通常作为筛选工具，或者对已知好的零件和推荐的新零件进行平行试验，来评估每一个零件的相对性能。热冲击测试非常快速，持续时间大约是几天，而不是像热循环测试那样的几个月。

热冲击测试主要的不足在于，其倾向于诱导出在实际工作中没有观察到的失效模型。另外，尽管可以观察到焊点疲劳状况，但是把热冲击加载条件的较高温度变化速率映射到在实际工作中更加平缓的热加载条件是很困难的。因此，这项测试技术受限于在封装之间相对比较，在相同的热冲击测试条件下，失效模式已被证明是可比的。

59.2.2　威布尔分布

通过使用 59.2.3 节具体概括的加速转换公式，59.2.1 节介绍的热循环测试结果可以用于评估焊点互连的现场工作寿命。

然而，为了确定现场工作寿命，需要知道实验室测试元件的寿命数据，将实验室得到的原始数据与失效分布拟合，可以确定元件的平均寿命。典型的失效分布包括威布尔分布、正态分布、对数正态分布、指数分布。对损耗失效来说，通常使用威布尔分布和对数正态分布，威布尔分布是最常见的。威布尔分布是从薄弱环节理论中推导出来的最低值分布[4, 5]。焊点可以看作是串联在一起的。通常，一个焊点在关键位置的失效可能导致整个元件的失效，早期失效的焊点通常位于封装的最高应力位置处。具有弹性焊点的元件不会在早期失效。威布尔分布捕捉最小的焊点寿命，并且形状参数捕捉焊点的质量作为其结构和施加应力的函数[4]。威布尔分布有不同的类型：单参数模型、双参数模型和三参数模型。三参数模型的威布尔概率分布函数（PDF）[6]见式（59.1）。

$$f(t) = \frac{\beta}{\eta} \left(\frac{t-\gamma}{\eta} \right)^{\beta-1} e^{-\left(\frac{t-\gamma}{\eta} \right)^{\beta}} \tag{59.1}$$

其中，$f(t)$ 为概率分布函数；β 为形状参数（用来定义分布的形状）；η 为尺度参数（用来定义分布的特征寿命，表示 63.2% 测试样品失效的时间）；γ 为位置参数（用来定义分布的时间位置）；t 为时间。

双参数模型和三参数模型的分布通常用来拟合热循环数据。双参数模型的分布适合直线数据，而三参数模型的分布适合非线性曲线数据。总之，双参数模型的分布比三参数模型的分布更保守一些。最好的做法是进行回归分析，确定哪一种分布能最好地拟合数据。

测试数据的统计评估中，另一个重要的因素是置信区间。置信区间（或置信界限）考虑了基于测试样品数的数据质量[7]。对两个单独的实验数据集进行比较时，双侧置信区间在基于每个数据集中测试的样品数对数据进行归一化时非常有用。图 59.5 为将置信区间的上限和下限设为 90% 的一个例子。

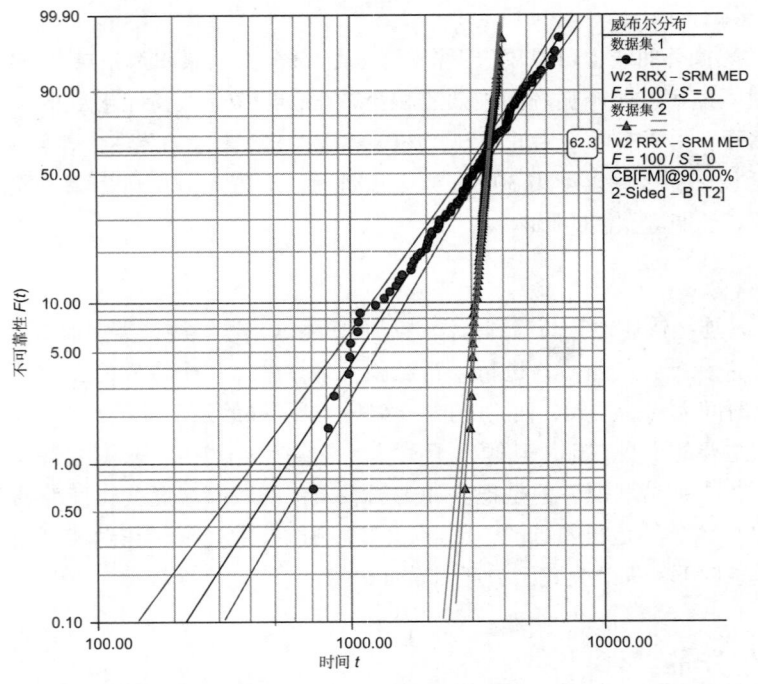

β_1=2.4926, η_1=3543.4549, ρ=0.9927
β_2=18.0349, η_2=3552.6721, ρ=0.9866

图 59.5 典型的双参数威尔分布：两个具有不同形状参数（β）但有可比特征寿命（η）的数据集。即使特征寿命可比，外推至 1% 无失效寿命显示数据集 1 的 90% 置信区间的下限比数据集 2 的更低

59.2.3 材料性能

大量研究人员已经探索出了锡铅焊料合金的可靠性[8]。文献中有丰富的数据、材料性能和推荐的结构关系[8, 9, 10]。然而，文献在无铅焊料的材料性能上的信息相对很少。此外，所提供的材料属性信息与无铅焊料的组成稍有不同，测试以不同的方式进行。

锡铅焊料和无铅焊料都存在的一个难题是，它们都要经历粘塑性变形（蠕变），而这个粘塑性变形是时间、温度、应变率和施加的应力的函数。各种各样的蠕变变形模型已经用来模拟无铅焊料的粘塑性行为。安纳德模型已经成功地用来模拟锡铅焊料的粘塑性行为，这个模型允许将与时间无关的塑性变形和与时间有关的蠕变变形同时包括进来。

安纳德模型的函数形式见式（59.2）~ 式（59.5）[11, 12]。

$$\dot{\varepsilon}_p = A \left[\sin h \left(\xi \frac{\sigma}{s} \right) \right]^{\frac{1}{m}} \exp \left(\frac{-Q}{kT} \right) \tag{59.2}$$

其中，$\dot{\varepsilon}_p$ 为无弹性的应变率；A 为实验得出的经验常数；Q 为活化能；h 为气体常数；ξ 为压力倍增数；σ 为等效应力；s 为内部状态变量；m 为应变率敏感参数。

$$\dot{s} = \left\{ h_o \left(|B| \right)^a \frac{B}{|B|} \right\} \frac{\mathrm{d}\varepsilon_p}{\mathrm{d}t} \tag{59.3}$$

$$B = 1 - \frac{s}{s^*} \tag{59.4}$$

$$s^* = \hat{s} \left\{ \frac{\dfrac{d\varepsilon_p}{dt}}{A} \exp\left(\frac{Q}{kT}\right) \right\}^n \tag{59.5}$$

其中，h_o 为硬化 / 软化常数；a 为硬化 / 软化应变率敏感常数；s^* 为给定温度和应变率数值系列 s 的饱和值；$\hat{s}$ 为饱和系数；n 为抗形变能力饱和值的应变率敏感系数。

表 59.2 列出了与 iNEMI[13] 推荐的焊料成分（Sn-3.9Ag-0.6Cu）接近的相关材料的特性信息。

表 59.2 材料属性：无铅焊料的安纳德常数

参考文献	Pei & Qu[14]	Rodgers[15]	Reinikainen[16]
焊料	95.5Sn-3.8Ag-0.7Cu	95.5Sn-3.8Ag-0.7Cu	95.5Sn-3.8Ag-0.7Cu
应变率范围	25 ~ 180℃	20 ~ 125℃	-
样品形状	1mm 狗骨	4mm 直径狗骨	-
S_0/MPa	21.57	24.04	1.3
（Q/R）/ K	10041	11049	9000
A/s^{-1}	9450.6	8.75e+06	500
ξ	1.1452	4.12	7.1
m	0.1158	0.23	0.3
h_o	133.8025	9537	5900
$\check{S}$	13.3372	90.37	39.4
n	0.0402	2.26e–10	0.03
a	0.1082	1.2965	1.4

安纳德模型的一个缺点是，它主要捕获焊料的稳态蠕变，不能获得初级蠕变（见图 59.6）。由于在初级蠕变阶段中浪费了大部分焊点的现场工作寿命，因此预测最终使用条件下的疲劳寿命是很难的。换句话说，尽管安纳德模型可以成功地用来预测实验室条件中焊点测试的疲劳寿命，但它在预测现场使用条件下焊点的疲劳寿命时不是非常准确。需要的可能是随时间硬化的蠕变模型，可以更好地得到第 1 阶段、第 2 阶段（稳定态）和第 3 阶段的蠕变。

另一个将第 1 阶段和第 3 阶段蠕变应变率结合在一起的模型是 A-Ω 模型[17]。这个模型提出，将第 1 阶段蠕变应变率表现为随着蠕变应变的增大呈指数衰退的函数，第 3 阶段蠕变应变率表现为随着蠕变应变的增大呈指数增长的函数。然而，这种模型相对较新，还没有得到整个行业的独立实验可靠性数据的证实。

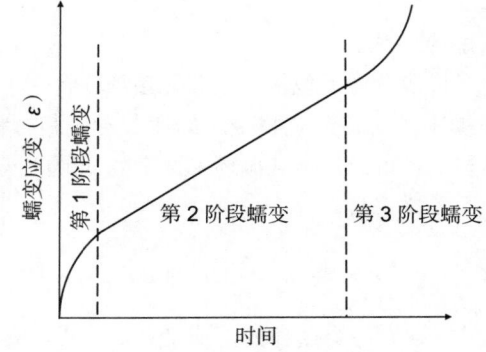

图 59.6 典型的粘塑性材料蠕变应变和时间曲线 蠕变应变开始时是非线性曲线，在相当长的一段时间内稳定，之后在第 3 阶段显著增加。焊料的大部分寿命用于曲线的第 1 和第 2 阶段的蠕变

文献中其他可用的不同无铅焊料冶金模型见表 59.3。

表 59.3 无铅焊料的材料性质[18]

蠕变模型	合 金	常 数	值	参考文献
$\dot{\varepsilon} = C_1 [(C_3\sigma)]^{-C_2} \exp\left(\dfrac{-C_4}{T}\right)$ （诺顿蠕变模型）	Sn-4.0Ag-0.5Cu	C_1（s^{-1}） C_2 C_3（MPa^{-1}） C_4（K）	8×10^{-11} 12 1 8996.57	Weise[19]
$\dot{\varepsilon} = A_1 \left(\dfrac{\sigma}{\sigma_n}\right)^{n_1} \exp\left(-\dfrac{Q_1}{RT}\right)$ $+ A_2 \left(\dfrac{\sigma}{\sigma_n}\right)^{n_2} \exp\left(-\dfrac{Q_2}{RT}\right)$ （双幂法则）	Sn-4.0Ag-0.5Cu	A_1（s^{-1}） n_1 Q_1/R（K） A_2（s^{-1}） N_2 Q_2/R（K）	10^{-6} 3 34.6 10^{-12} 12 59.1	Weise[20]
$\dfrac{\mathrm{d}\gamma}{\mathrm{d}t} = C_1 [\sin h\,(C_2\sigma)]^{C_3} \exp\left(-\dfrac{C_4}{T}\right)$ （加罗法洛蠕变）	Sn-3.8Ag-0.7Cu	C_1（s^{-1}） C_2 C_3（MPa^{-1}） C_4（K）	32000 37×10^{-9} 5.1 6524.7	Pang[21]

更全面的无铅焊料和其他电子封装材料的机械性能的信息列表可以从参考文献[22]中找到。

59.2.4 诺里斯 - 兰兹伯格加速转化公式

作为第 2 级封装鉴定报告的一部分，PCB 设计者通常会得到一个失效分布图（见图 59.5）。这个失效分布图通常是从具有温度控制的热循环箱中获得的。温度控制包括随着实验热循环的频率（f）变化而变化的热循环温度的最大值和最小值（分别为 T_{max} 和 T_{min}）。然后，设计者必须把这些在理想条件下获得的实验数据与产品最终使用环境中遇到的不同热循环条件联系起来。尽管在完全相同的情况下两种封装热循环的相关比较可以进行排序，但这种分析不能提供关于现场负载条件下焊点实际寿命的信息。本节着重讲述使用应变作为损坏度量标准，将实验室热循环映射到不同终端的温度曲线。

1. 疲劳特性

许多金属（包括锡铅和无铅焊料合金）的疲劳行为可以用 Coffin-Manson 关系——式（59.6）来描述[9]，该公式将金属的疲劳寿命和材料有负载时经历的塑性应力联系在一起。弹性应变是可逆的，可以从负载循环中发生的变形中恢复回来。塑性应变是发生在负载循环中的不可逆（或永久）变形量。

$$\varepsilon = \varepsilon_e + \varepsilon_p = A N_f^{-c} + B N_f^{-m} \tag{59.6}$$

其中，ε 为每个循环的总应变；ε_p 为循环应变的塑性部分；ε_e 为循环应变的弹性部分；N_f 为失效的循环数；A、B、c、m 为实验确定的经验常数。

大部分焊点在低循环疲劳区域（小于 10 000 次失效循环）失效[9]，这时的应变主要是塑性应变。因此，忽略元件的弹性应变，式（59.6）可以简化并重新整理，得到失效循环数和塑性应变的关系[9]：

$$N_f = (A / \varepsilon_p)^{1/m} \tag{59.7}$$

其中，ε_p 为循环应变的塑性部分；N_f 为失效的循环数；A、m 为实验确定的常数。

这个公式可以进一步简化为 Coffin-Manson 关系的最常见形式[9]：

$$N_f \propto \varepsilon_p^c \tag{59.8}$$

其中，ε_p 为循环应变的塑性部分；N_f 为失效的循环数；c 为实验确定的经验常数。

任何金属在高于其熔化温度（同系温度）50% 以上热循环时，应变率、停留时间和最大温度都将影响其疲劳寿命[9]。这是由于在这样的温度状况下，随着塑性和弹性形变而发生了蠕变[9]。诺里斯-兰兹伯格提出了一个 Coffin-Manson 关系的改进版本，考虑了焊点疲劳寿命上的频率（f）和最大温度（T_{max}）的效应，见式（59.9）[9, 10]。这个关系基于互连中采用锡铅焊料合金热疲劳行为的温度和频率间具体物理和实证分析的关系[10]。

$$N_f = (A/\varepsilon_p)^{1.9} f^{1/3} \exp\left(\frac{0.123}{kT_{max}}\right) \tag{59.9}$$

其中，ε_p 为循环应变的塑性部分；N_f 为失效的循环数；k 为玻尔兹曼常数（eV）；f 为循环频率；T_{max} 为热循环的最大温度（K）；A 为实验确定的经验常数。

2. 加速因子

尝试采用式（59.9）来直接评估疲劳寿命时，必须处理的一个难题是确定塑性应变和常数 A 的值。重要的是，要记住这个分析的目标是开发一种加速变换（或加速因子），采用这个加速因子可以在控制下的实验室条件中获得已知疲劳寿命，预测现场条件下失效的循环数。加速因子 AF 定义为在现场的失效循环数 N_{fF} 和在实验室下的失效循环数 N_{fL} 的比值：

$$AF = \frac{N_{fF}}{N_{fL}} \tag{59.10}$$

其中，AF 为加速因子；N_{fF} 为现场的失效循环数；N_{fL} 为实验室的失效循环数。

将实验室和现场条件下的式（59.9）代入式（59.10），可得：

$$AF = \frac{N_{fF}}{N_{fL}} = \frac{(A/\varepsilon_{pF})^{1.9} f_F^{1/3} \exp\left(\dfrac{0.123}{kT_{maxF}}\right)}{(A/\varepsilon_{pL})^{1.9} f_L^{1/3} \exp\left(\dfrac{0.123}{kT_{maxL}}\right)} \tag{59.11}$$

其中，AF 为加速因子；N_{fF} 为现场的失效循环数；N_{fL} 为实验室的失效循环数；ε_{pF} 为现场循环应变的塑性部分；ε_{pL} 为实验室循环应变的塑性部分；f_F 为现场的循环频率；f_L 为实验室的循环频率；T_{maxF} 为现场热循环的最大温度（K）；T_{maxL} 为实验室热循环的最大温度（K）；k 为玻尔兹曼常数（eV）；下角标 "L" 代表实验室条件下，下角标 "F" 代表现场条件下。

式（59.11）可以用代数方法重新整理，得到式（59.12）。注意，最大温度的下角标 "max"（最大）已被弃用，以简化记号。

$$AF = \frac{N_{fF}}{N_{fL}} = \left[\frac{\varepsilon_{pL}}{\varepsilon_{pF}}\right]^{1.9} \left[\frac{f_F}{f_L}\right]^{1/3} \exp\left[1414\left(\frac{1}{T_F} - \frac{1}{T_L}\right)\right] \tag{59.12}$$

其中，AF 为加速因子；ε_{pF} 为现场循环应变的塑性部分；ε_{pL} 为实验室循环应变的塑性部分；f_F 为现场的循环频率；f_L 为实验室的循环频率；T_F 为现场热循环的最大温度（K）；T_L 为实验室热循环的最大温度（K）。

考虑相同几何形状和材料系列封装的互连时，可以减小式（59.9）中的应变项 ε_p 来改变温度[10]，这是加速转换开发的关键点。这个分析的目标是开发允许在相同封装中实验室热循环负载条件到现场负载条件的映射的转化。因此，假设应变项 ε_p 可以减小温度改变，得到式（59.13）。

$$\varepsilon_p \propto \Delta T \tag{59.13}$$

其中，ε_p 为循环应变的塑性部分；ΔT 为热循环最大温度和最小温度之差。

将式（59.13）代入式（59.12）中，得到表达加速因子关系的最终形式[10]：

$$AF = \frac{N_{fF}}{N_{fL}} = \left[\frac{\Delta T_L}{\Delta T_F}\right]^{1.9}\left[\frac{f_F}{f_L}\right]^{1/3}\exp\left[1414\left(\frac{1}{T_F}-\frac{1}{T_L}\right)\right] \tag{59.14}$$

其中，AF 为加速因子；f_F 为现场的循环频率；f_L 为实验室的循环频率；T_F 为现场热循环的最大温度（K）；T_L 为实验室热循环的最大温度（K）；ΔT_F 为现场热循环的最大温度和最小温度之差；ΔT_L 为实验室热循环的最大温度和最小温度之差。

图 59.7 包含在相同的两个条件下循环的陶瓷球阵列（CBGA）的实验失效数据。预测的加速因子采用式（59.14）计算出来为 3.2。这个预测值与 CBGA 的数据（加速因子范围为 2.9～3.6）非常吻合。注意，这个方法在映射大型实验室 ΔT 到小型现场 ΔT（微循环下的情况将在下一节讨论）时往往过于保守。

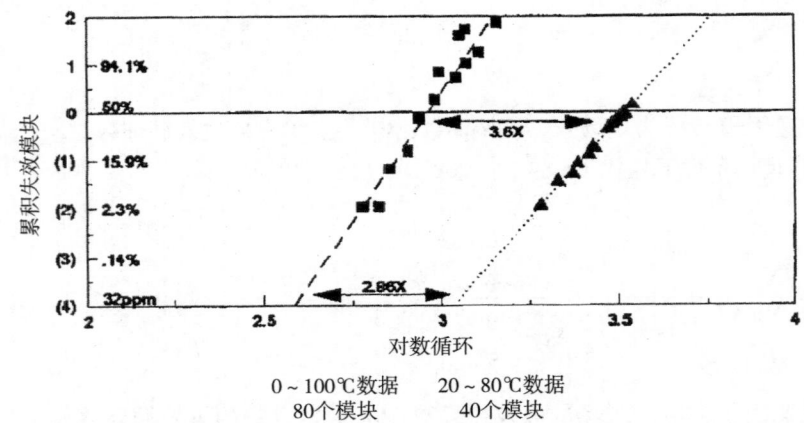

图 59.7 CBGA 封装在两种不同负载条件下循环的威布尔图：实心三角和点画线表示 CBGA 封装在 20～80℃下循环的失效和相关的失效分布（图中显示最不严重的情况）；实心方块和虚线表示相同的封装在 0～100℃下循环的失效和相关分布。注意，热循环负载（从 20～80℃到 0～100℃）的剧烈增大会导致相关疲劳寿命的减小
（经授权转载自 J. Lau，Ball Grid Array Technology，McGraw-Hill，1995，p.162）

3. 转换为无铅焊料的影响

加速因子公式——式（59.14）主要是从锡铅焊点的实验数据中得来的，对无铅焊点来说什么是同等的加速转换还有待最终证明。目前已经进行了一些研究，但是对无铅焊料来说还没有全行业可接受的加速转化。本节将讨论其中一个已提出的加速转化。其他现场寿命预测研究的更全面的清单可以从 IPC-9701-A[3] 的附录中找到。

4. 用于无铅焊料的改进的诺里斯 - 兰兹伯格加速转换

在选择各种封装产生的实验数据的基础上，Pan 等提出了一个诺里斯 - 兰兹伯格加速转换的改进式[23]：

$$AF = \frac{N_{fF}}{N_{fL}} = \left[\frac{\Delta T_L}{\Delta T_F}\right]^{2.65} \left[\frac{t_F}{t_L}\right]^{0.136} \exp\left[2185\left(\frac{1}{T_F} - \frac{1}{T_L}\right)\right] \tag{59.15}$$

其中，AF 为加速因子；t_F 为现场的高温停留时间；t_L 为实验室的高温停留时间；T_F 为现场热循环的最大温度（K）；T_L 为实验室热循环的最大温度（K）；ΔT_F 为现场热循环的最大温度和最小温度之差；ΔT_L 为实验室热循环的最大温度和最小温度之差。

式（59.14）和式（59.15）之间的主要差别是，频率项被替换为高温下的停留时间，并且重新修改了常数。这个被 Pan 等证明的公式，适用于预测的温度范围为 0 ~ 100℃。如果预测温度超出了适用的温度范围，预测值则不准确[23]。

尽管上面提出的加速转换是一阶预测，但是仍需更多的数据来验证或改进这个预测方法。这就必须对一些其他变量进行预测，研究它们对加速转换的影响，如以下影响加速变换的一些变量。

不同封装类型的影响　例如，在倒装陶瓷球阵列（FCBGA）中，施加在焊点上的应变差与加在薄型小尺寸封装（TSOP）上的非常不同。其结果是，来自于某一个封装的加速因子可能并不适合于其他封装。要鉴定的封装的结构和有效 CTE 不匹配必须尽可能接近被测试的封装[23]。

PCB 厚度的影响　与较薄的 PCB 相比，较厚的 PCB 容易将封装束缚得更僵硬。类似地，PCB 的层数也会显著改变其整体硬度。经常在较薄的 PCB 上做测试，是因为它们成本较低且易于制造。但是，当最终使用情况必须使用较厚的 PCB 时，IPC-9701 建议至少要在两个不同厚度的 PCB 上进行测试，以便数据可以推断至在一系列的 PCB 厚度中使用。在无铅封装上，PCB 硬度的影响与在锡铅封装上的大致相同，参见 58.3.3 节。

循环频率　Pan 等[23] 和 Clech[24] 在研究中证明，热循环频率对测试的封装可靠性有显著影响。温变速率和停留时间都会影响结果。大部分在热循环期间损坏的累积发生在循环的热停留时间处。停留时间的减少会减少每个循环中累积的损坏量，意味着更长的焊点疲劳寿命。长时间的热停留会导致焊点中几乎完整的蠕变应力松弛。因此，一些研究表明，较长的停留时间会导致最终的蠕变饱和[25-27]。在一些研究中，延长停留时间意味着疲劳寿命的减小，但其中的一些研究表明减小并不是非常显著[28]。除了热停留时间，加热和冷却的温变速率也影响无铅焊点的有效疲劳寿命。在无铅焊点疲劳寿命中，温变速率引起的减小量是封装类型的函数。具有较高有效 CTE 不匹配基板的封装（如 CBGA）与具有较小应变差（如 PBGA）的封装相比，对温变速率更敏感一些。

热循环范围　明显地，热循环范围越大，焊点的疲劳寿命就越低。一些研究表明，平均温度的增加也会导致无铅焊点的疲劳寿命的减小。换句话说，较高的最大温度和较高的平均温度这两个因素都会导致焊点疲劳寿命的减小[24]。

到中心焊点的距离（DNP）的影响　这是沿封装的对角线从封装的中心到最外面的角的有效距离。一些研究已经表明，DNP 在改变无铅封装的加速转换中起到了显著作用[24]。

锡晶粒的大小和方向[29]　根据不同的冷却速率，高锡含量的无铅焊料倾向于具有非常大的具有不同取向的锡晶粒。锡具有各向异性的材料性质，由此，无铅焊点的整体性能会因为锡晶粒在任何给定焊点中的大小和方向不同而显著改变。因此，在单一的 BGA 中，焊点的应力可以显著不同。换言之，在高应力区域处的焊点可能不会是最早失效的。在焊点内，锡晶粒的随机取向对确定无铅焊点的疲劳寿命和加速因子提出了极大的挑战[29]。

　　研究人员也注意到，当锡铅的柔软性随着老化增加时，无铅焊料的柔软性往往会随着老化而降低[30]。换句话说，无铅焊料的应变 / 应变率特征会随着老化而改变。进一步的研究也需要将老化的影响进行完全量化，并且纳入长期现场寿命预测模型中。

5. 向后兼容性

　　在具有相对较少元件的小型 PCB 上，可以一次把所有元件变为无铅元件。但在转变为无铅元件时，有例子可以证明，在复杂 PCB 上不是所有元件都可以转变为无铅焊料元件的。这将不可避免地形成锡铅元件和无铅元件组装在同一块 PCB 上的情况。

　　因此，使用锡铅焊膏来组装无铅元件（向后兼容性）将不得不进行研究。因为种种原因，元件供应商不建议使用混合的焊料冶金。

　　（1）无铅焊料的回流峰值温度比锡铅焊料的高。使用锡铅焊膏组装无铅元件会涉及将回流峰值温度限制在锡铅元件的回流峰值温度处（～220℃）的问题。因此，无铅焊料在回流时不会完全熔化，导致不可预测的长期焊点可靠性。

　　（2）元件和 PCB 上的热量梯度可能会有很大不同，其结果是，难以确保在焊点上形成的微观结构是一致的。

　　（3）没有已知的和有效的加速转换来预测通过锡铅焊膏组装的无铅元件的现场可靠性。因此，即使组装的元件通过了相对于它们的锡铅焊料和无铅焊料对应物的热循环，还是很难外推到现场条件并预测它们在实际最终使用条件下的表现。

　　（4）关于混合冶金焊点的抗弯 / 抗冲击的数据很少。在封装 - 焊点和 PCB- 焊点界面处形成的金属间化合物，会非常复杂且不同。这些金属间化合物抵抗机械负载的能力还没有得到表征。

　　文献中很少有关于向后兼容组件的过程一致性和随之而来的长期可靠性的信息。一些信息可以从参考文献［28］、［31］、［32］和［34］中找到。一些展示出来的可靠性数据表明，如果 SnAgCu（锡银铜）锡球完全熔化，并且能与锡铅焊膏的完好熔合，向后兼容组件的可靠性可以显著改善[31]。但是，影响熔解程度的因素，如温度峰值和高于液相线时间（TAL）一般很难控制到一致。而且，所获得的熔解量是焊球体积相对于所使用的焊膏体积的函数。因此，有较小锡球节距的封装也会对向后兼容组件的组装工艺变量更敏感。

　　鉴于已概述的所有未知性和工艺依赖性，一般不建议用锡铅焊膏来组装无铅元件。如果不得不进行，应该进行具体研究来测试组件长期可靠性（热机械的和机械的）的最终影响，同时建立组装工艺一致性的基准。

59.2.5　电源循环和微循环

　　想想服务器中的处理器。服务器每个月（保守估计）可能会断电并恢复一次。断电和恢复称为电源循环。可靠性评估可以假设从封装区域内的工作温度到环境温度，每个月发生一次热循环。这会得到非常高的寿命评估，但可能会被误导。重要的是要考虑封装元件在典型的服务器使用过程中会发生什么。设备温度可能会在使用时升高，并在不使用时降低。这些较小的温度上升可在一天中发生多次。这些类型的热力工况被称为微循环，并可能对互连的长期可靠性产生重大影响。59.2.6 节提出了一个在寿命评估中纳入微循环和电源循环的技术。

矿工规则

矿工规则[33]是在多重负载情况下尝试评估疲劳寿命而采用的，通常在处理之前描述的电源循环和微循环热负载的情况下使用。矿工规则基于疲劳损坏在每个周期累积的前提下，当一个系统受到临界数量的损害时，系统将会失效。

矿工规则规定，如果只是疲劳加载条件发生，那么实际故障循环次数与只有给定疲劳加载条件发生作用的循环故障发生次数的比例之和等于 1。矿工规则的一般表达式[9]：

$$\Sigma \frac{N_{ai}}{N_{oi}} = 1.0 \tag{59.16}$$

其中，N_{ai} 为发生疲劳循环的实际数量；N_{oi} 为只有特定疲劳循环发生的失效循环数。

矿工规则可以在电源循环和微循环条件下展开并重新整理为

$$N_{poweractual} / N_{poweronly} + N_{miniactual} / N_{minionly} = 1.0 \tag{59.17}$$

其中，$N_{poweractual}$ 为在失效前发生的实际电源循环的循环数；$N_{poweronly}$ 为只有电源循环发生的电源循环失效数；$N_{miniactual}$ 为在失效前发生的实际微循环的循环数；$N_{minionly}$ 为只有微循环发生的微循环失效数。

诺里斯 - 兰兹伯格加速转换可以与矿工规则结合起来，评估封装的疲劳寿命。注意，诺里斯 - 兰兹伯格方法在评估温度变化远小于实验温度变化的微循环时往往趋于保守。

59.2.6 实 例

1. 比较不同热负荷两种封装的可靠性

给 定 封装 A 和封装 B 的热循环资格数据和测试条件，见表 59.4。

表 59.4 封装 A 和封装 B 的资格数据

	封装 A	封装 B
最大温度 T_{max}	110℃	100℃
最小温度 T_{min}	–10℃	0℃
频率	1 个循环 /h	1 个循环 /h
达到 50% 失效的循环数	2291	3575

解决方案 决定哪一个热分布需要保持为常数，哪一个必须映射。这个问题可以用如下方式解决——每一个热循环条件可以映射到另一个热循环条件。任何一个方法都需要利用式（59.10）和式（59.14）转换为失效循环数。为清楚起见，用条件 A 表示封装 A 被认证的温度条件，用条件 B 表示封装 B 暴露的认证测试条件。

2. 将封装 A 的寿命映射到封装 B 的热负荷条件下

使用式（59.10），可以推导出：

$$AF = \frac{N_{fAA}}{N_{fAB}} \tag{59.18}$$

其中，AF 为加速因子；N_{fAA} 为封装 A 从 –10 到 125℃（条件 A）循环的失效循环数；N_{fAB} 为封装 A 从 0 到 100℃（条件 B）循环的失效循环数。

重新整理式（59.14），可得：

$$AF = \left[\frac{\Delta T_B}{\Delta T_A}\right]^{1.9} \left[\frac{f_A}{f_B}\right]^{1/3} \exp\left[1414\left(\frac{1}{T_A} - \frac{1}{T_B}\right)\right] \tag{59.19}$$

其中，AF 为加速因子；f_A 为条件 A 的循环频率（1 个循环 /h）；f_B 为条件 B 的循环频率（1 个循环 /h）；T_A 为条件 A 的最大温度（110℃，383 K）；T_B 为条件 B 的最大温度（100℃，373 K）；ΔT_A 为条件 A 的最大温度和最小温度差（120℃）；ΔT_B 为条件 B 的最大温度和最小温度差（100℃）。

将表 59.4 中的值代入式（59.19），得到加速因子为 0.641。如果承受条件 B 的热负荷条件，封装 A 有望承受 3574 个循环（$N_{fAB} = N_{fAA}/AF = 2291/0.641$）。两种封装似乎差不多。

3. 基于热循环数据预测新封装的现场寿命

给 定 对一个新的球阵列封装（使用表 59.4 中的封装 B）的热循环资格数据和现场负荷条件进行估计（见表 59.5）。

表 59.5 现场条件的例子

	电源循环	微循环
最大温度 T_{max}	65	80
最小温度 T_{min}	25	65
最大温度和最小温度之差 ΔT	40	15
频率	每 30 天 1 个循环，持续 30min	每天 4 个循环，持续 60min

解决方案 解决这个问题的方法如下。实验得到的资格认可数据（表 59.4 中呈现的）必须映射为引起失效的电源循环数和引起失效的微循环数。这些评估假定只有电源循环发生或只有微循环发生（即当将实验数据映射为最终使用的电源循环和微循环条件时的基本假设）。在将实验数据映射为现场条件之后，采用矿工规则评估在整个封装寿命中电源循环和微循环同时发生时的失效循环数。

当采用式（59.14）映射电源循环和微循环时，重要的是如何解释频率项的含义。诺里斯 - 兰兹伯格方法假设频率与循环的持续时间相一致，而不是与循环多久发生一次相关。

可以采用式（59.14）来确定加速因子。式（59.20）和式（59.21）是分别包含电源循环和微循环的表达式。

$$AF = \left[\frac{\Delta T_L}{\Delta T_P}\right]^{1.9} \left[\frac{f_P}{f_f}\right]^{1/3} \exp\left[1414\left(\frac{1}{T_P} - \frac{1}{T_L}\right)\right] \tag{59.20}$$

其中，AF 为加速因子；f_P 为电源循环的循环频率（2 个循环 /h）；f_L 为实验室中的循环频率（1 个循环 /h）；T_P 为电源循环的最高温度（65℃，338 K）；T_L 为实验室中热循环的最高温度（100℃，373 K）；ΔT_P 为电源循环的最大温度和最小温度差（40℃）；ΔT_L 为实验室中热循环的最大温度和最小温度差（100℃）。

$$AF = \left[\frac{\Delta T_{\mathrm{L}}}{\Delta T_{\mathrm{M}}}\right]^{1.9}\left[\frac{f_{\mathrm{M}}}{f_{\mathrm{L}}}\right]^{1/3}\exp\left[1414\left(\frac{1}{T_{\mathrm{M}}}-\frac{1}{T_{\mathrm{L}}}\right)\right] \tag{59.21}$$

其中，AF 为加速因子；f_{M} 为微循环的循环频率（1 个循环 /h）；f_{L} 为实验室中的循环频率（1 个循环 /h）；T_{M} 为微循环的最高温度（80℃，353 K）；T_{L} 为实验室中热循环的最高温度（100℃，373 K）；ΔT_{M} 为微循环的最大温度和最小温度差（15℃）；ΔT_{L} 为实验室中热循环的最大温度和最小温度差（100℃）。

将表 59.4 和表 59.5 中的数据代入得到电源循环加速因子为 10.6，微循环加速因子为 45.6。式（59.10）可以重新整理得到：

$$N_{\mathrm{fi}}=A_{\mathrm{Fi}}\times N_{\mathrm{fL}} \tag{59.22}$$

其中，N_{fi} 为微循环（i）或电源循环（i）下的失效循环数；N_{fL} 为实验室中的失效循环数；A_{Fi} 为微循环（i）或电源循环（i）的加速因子。

为得到微循环和电源循环，将表 59.4 中的实验室失效循环数代入式（59.22），得到 37 895 个失效的电源循环（假设只有电源循环存在）和 163 020 个失效的微循环（假设只有微循环存在）。

在这里，可以使用矿工规则——式（59.17）来确定实际的失效循环数。要注意，在这个阶段，假设只有微循环情况下发生的失效微循环数和假设只有电源循环情况下发生的实际电源循环失效数是已知的，实际的微循环数和失效电源循环数仍然是未知的。因此，式（59.17）只是一个公式，而两个未知仍然存在，即 $N_{\mathrm{poweractual}}$ 和 $N_{\mathrm{miniactual}}$。

因此，考虑在每个电源循环中发生的微循环数是很重要的。在这种情况下，每 30 天发生 1 次电源循环且每天发生 4 次微循环，就等于每个电源循环中发生 120 次微循环。现在，式（59.17）可以写为

$$N_{\mathrm{poweractual}}/N_{\mathrm{poweronly}}+KN_{\mathrm{miniactual}}/N_{\mathrm{minionly}}=1.0 \tag{59.23}$$

其中，$N_{\mathrm{poweractual}}$ 为在失效前发生的实际电源循环数；$N_{\mathrm{poweronly}}$ 为只有电源循环发生的失效电源循环数；$N_{\mathrm{miniactual}}$ 为在失效前发生的实际微循环数；N_{minionly} 为只有微循环发生的失效微循环数；K 为每个电源循环中发生的微循环数。

式（59.23）可以用失效电源循环数解出，得到 1311 次电源循环或 107.8 年。采用置信因子（安全系数）很重要。使用 2 作为标准安全因子，最终疲劳寿命预测为 53.9 年。

59.3 机械可靠性

如 58.3.11 节所述，封装使用的表面处理对 BGA 封装的机械鲁棒性有显著影响。随着输入 /输出密度的增加、节距的减小和基板技术（如挠性基板）的更新，BGA 封装往往更脆弱，并且对机械引起的失效更敏感。这些失效在性质上大多是灾难性的，而且产品的负载情况会随着产品在组装或运输过程中因意外掉落造成的弯曲度的不同而发生变化。无论是在制造中还是在现场工作条件下，单调和循环条件都可能导致灾难性失效。本节主要讲述用于 PCBA 资格认可和确定不同机械引起的负载条件的基准的测试方法。组件承受的机械负载条件通过应变和应变率等级来分类，如图 59.8 所示，每个弯曲测试和冲击测试满足不同范围的应变 / 应变率。

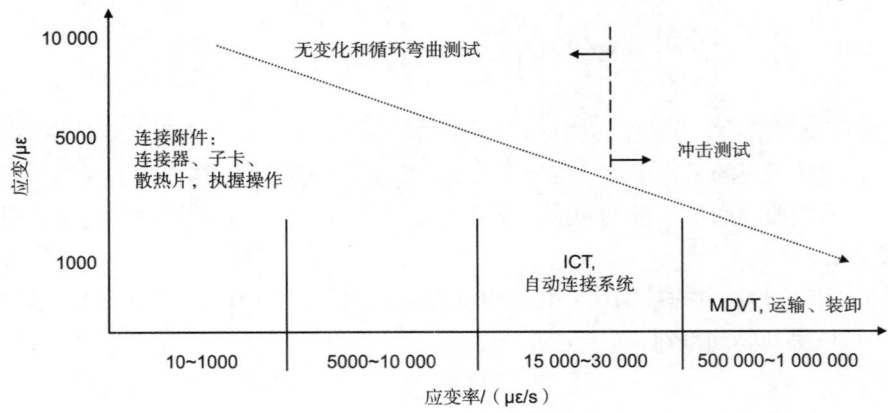

图 59.8 拟合组装工艺的机械测试应变 / 应变率图：单调的和循环的弯曲测试着重
于高应变、低应变率，而冲击测试着重于低应变、高应变率

59.3.1 单调弯曲测试

单调（弯曲至失效）测试用来模拟 PCBA 在制造过程中承受的组装条件。各种组装步骤赋予类似于单调弯曲测试的加载条件，如散热片连接、连接器连接、在线测试（ICT）、操作和卡槽安装。这些组装步骤会机械地诱导出一些不同的失效模型。在受控条件下的单调弯曲测试有两个关键目的。

（1）可以在不同封装类型和材料系列间进行对比评估。

（2）对不同应变等级诱导下的失效模型进行分类。之后的产品操作可以用应变计来表征并与单调弯曲测试数据进行比较，确定在任意一个给定的组装步骤中是否有过量的应变加在 PCBA 上。

为了确保结果的一致性，且为了便于比较，人们发明了一种行业标准测试方法并由 IPC 和 JEDEC 联合发布（IPC/JEDEC- 9702）[35]。这个测试方法详细描述了单调弯曲测试方法的要求，测试装置如图 59.9 所示。在焊点互连处观察到的典型失效模型如图 59.10 所示。

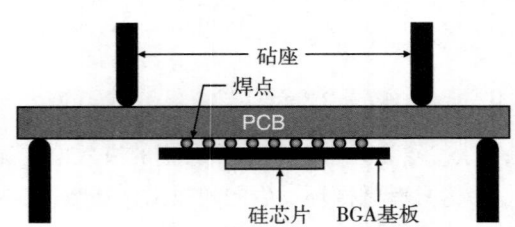

图 59.9 4 点弯曲测试装置：
确定 BGA 焊点的应变 - 失效率

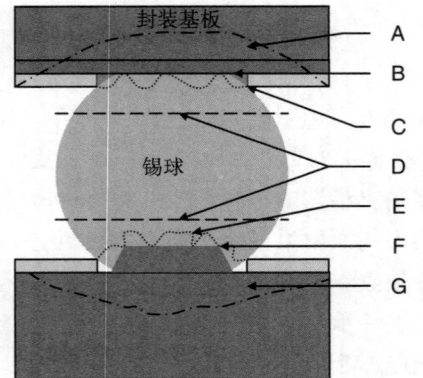

	图例说明
A	封装焊盘上升形成的坑
B	封装金属 / 金属间化合物界面处的断裂
C	封装金属间化合物 / 焊点界面处的断裂
D	大块焊料的断裂
E	PCB 金属间化合物 / 焊点界面处的断裂
F	PCB 金属 / 金属间化合物界面处的断裂
G	PCB 焊盘上升形成的坑

图 59.10 不同的互连失效模型

1. 生产中的应变测量

IPC/JEDEC 9704 中概述了在生产运行中的 PCBA 上进行应变测试的常见方法[36]。其中提供了一个进行应变测试和报告记录数据的方法的综合指南，它也包含了（测试）应力 / 应变率的样品量的指南，并考虑了应力 / 应变率作为 PCB 的厚度函数的可接受性。对高应变 / 应变率特别敏感的组装过程是 ICT。一旦使用了 ICT 夹具，将会有突然飙升的应变（高应变率），夹具脱离时也将重复这个过程，如图 59.11 所示。

根据前面介绍的在生产车间和受控 4 点弯曲测试中产生的实验数据，可以针对不同生产操作中封装可接受的给定应变率的最大应变范围来制定指南。图 59.12 给出了一个典型的例子，值得

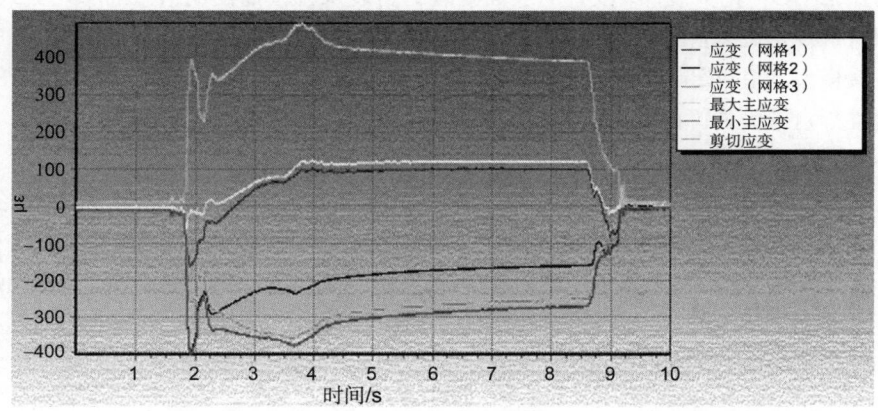

图 59.11 一个实际使用 ICT 夹具测试且随后脱离夹具的应变随时间变化的曲线图。在使用和脱离期间，应变的急剧飙升是高应变率的主要来源。夹具在高速下使用，以提升探针和 PCB 测试焊盘之间的电气接触

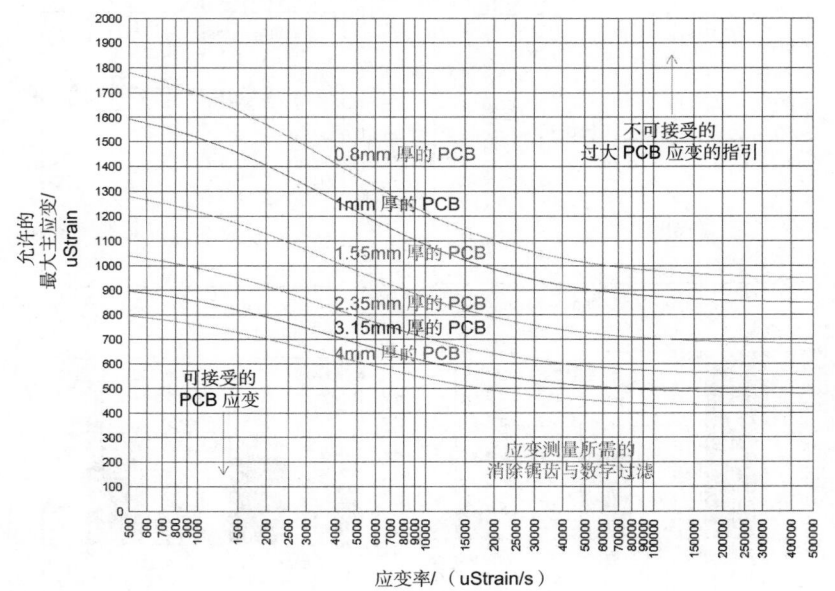

PCB 应变 = 直接测量的临近最角落焊点的最大主应变（绝对值）　　单位
应变率 = 连续读数之间的应变（绝对值）的变化　　　　　　　　　应变：uStrain
$$最大许可应变 = \sqrt{\frac{2.35}{PCB\ 厚度} \times \left(550 + \frac{2.2e^6}{应变率 + 4000}\right)}$$
应变率：uStrain/s
PCB 厚度：mm

图 59.12 作为 BGA 焊点互连失效 PCB 厚度函数的应变 / 应变率范围的典型例子。注意，可接受的应变范围会随着应变率增大而减小。同时还要注意到，对于给定的应变率，最大的可接受应变范围会随着 PCB 厚度的减小而减小（经授权转载自 Sun Microsystems 公司）

注意的是，这只是一个样品指南。

2. 无铅焊料转换的影响

由于转换为无铅焊料，在封装结合界面和 PCB 结合界面处形成的金属间化合物会和锡铅组件中的不同。因此，无铅组件的弯曲响应会和锡铅组件的显著不同。与锡铅组件相比，无铅焊料组件的机械可靠性在行业中的实验数据很少。两种不同表面处理的锡铅和锡银铜之间的数据比较如图 59.13[37] 所示。

图 59.13 所示的结果如下。

（1）对用 ENIG（化学镀镍 / 浸金）表面处理的封装来说，锡银铜组件的平均失效力的值几乎是锡铅组件的 3 倍之多。这是因为锡银铜焊点比锡铅焊点更硬。

（2）失效模型 A 在锡铅组件中十分普遍，但在锡银铜组件中不是很多。因此，含 ENIG 的锡铅组件的脆性焊点断裂的倾向较高。

（3）在锡铅组件中引入少量的铜会使锡铅组件的抗弯强度增加 2 倍以上。

（4）用焊料预涂敷封装（SOC 或 SOP）表面处理方法的平均失效力比用 ENIG 的高一些，尤其是对锡铅焊点来说。对锡银铜焊点来说，在相对强度上有一点轻微增加。

因此，机械抗弯强度是焊料冶金和使用的表面处理的函数。这些结果表明，锡银铜焊点更硬，且与用相同表面处理的锡铅焊点相比有较高的平均失效力值。在焊点的抗弯强度中，另一个重要因素是回流后的时间，如图 59.14[37] 所示。

图 59.14 所示的结果如下。

（1）对经过 ENIG 表面处理的封装来说，与锡银铜焊点相比，锡铅焊点对回流后的时间更敏感。用 ENIG 处理后，锡铅焊点的平均失效力值增加 50% 以上，而锡银铜的平均失效力值没有

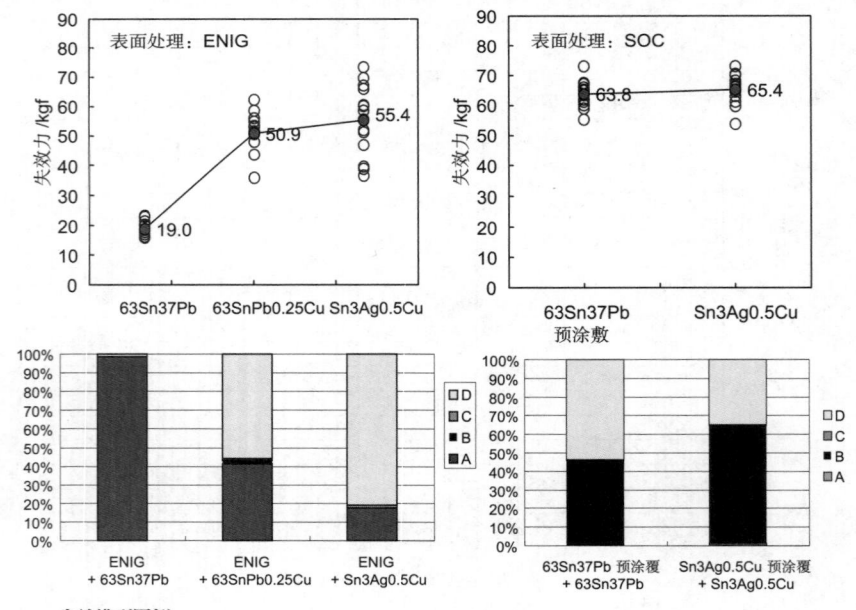

失效模型图例
模型 A：基板一侧的焊点内； 模型 B：基板一侧的焊盘上升
模型 C：PCB 一侧的焊点内； 模型 D：PCB 一侧的焊盘上升

图 59.13 用两种不同表面处理（ENIG 和 SOC）组装的锡铅、锡铅铜和锡银铜失效力比例数据系列的对比。直方图显示了在弯曲测试中得到的不同失效模型的比较[37]。所有图例都是对 PCBA 进行一天测试的结果（经授权转载自 Kyocera SLC Technologies /© [2005] IEEE）

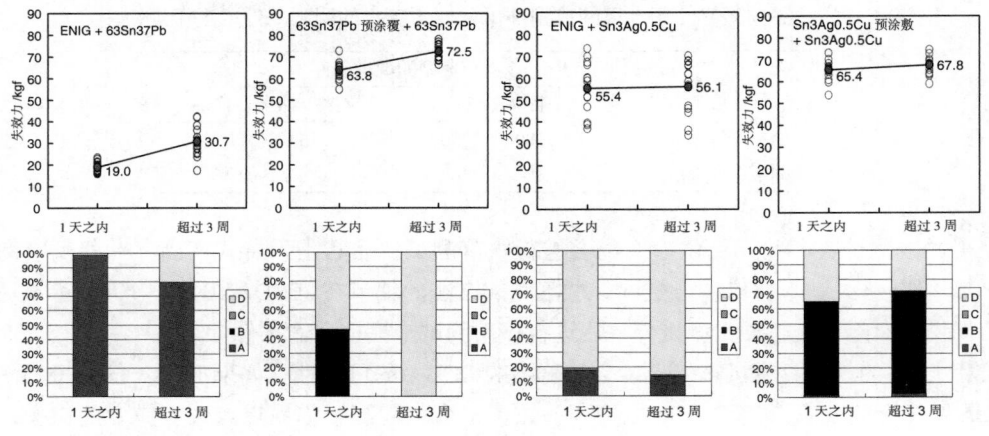

失效模型图例

模型 A：基板一侧的焊点内；　　模型 B：基板一侧的焊盘上升

模型 C：PCB 一侧的焊点内；　　模型 D：PCB 一侧的焊盘上升

图 59.14　两种不同表面处理（ENIG 和 SOC）组装的锡铅和锡银铜组件的失效力值数据对比，
这些数据是回流后时间的函数。直方图显示了在弯曲测试中得到的不同失效模型
（经授权转载自 Kyocera SLC Technologies /© [2005] IEEE）

随时间显著改变。

（2）对焊料预涂敷处理（SOP）的封装来说，3 周后锡铅焊点的失效力的增大略多于 10%，
而锡银铜焊点的失效力没有随时间显著变化。

因此，机械抗弯强度是回流后时间、焊料冶金和表面处理的函数。失效机理还没能从根本上
足够清楚地解释对回流后时间的依赖性。

59.3.2　循环弯曲测试

除了单调负载条件外，一些特定的操作也会引起机械失效。典型的例子是按键式手机应用
中的 PCB。在每次按下手机按键时，PCB 都会承受许多小的变形。这会在 PCB 的机械响应中引
起变形的增加，并且导致贴装在 PCB 上的 BGA 中的焊点互连失效。这种失效机制在手机应用
中使用相对较薄的 PCB 中更为普遍。然而，在很多其他情况下也可能发生类似的失效，如在高
端服务器/网络应用中的 PCBA 上进行多次 ICT。JEDEC 制订了行业标准测试方法来表征 PCBA
对循环负载条件的响应（JESD22-B113）[38]，其中规定的测试 PCB 的布局与单调 4 点弯曲测试
的非常相似。关于锡银铜焊点在循环弯曲响应中的一些数据，可以从参考文献 [39] 中找到。

59.3.3　冲击测试

同弯曲测试一样，冲击测试方法需要模拟 PCBA 在组装、运输和操作情况下可能经历的冲
击条件。冲击测试条件通常会引起 100 000με/s（每秒的微应变）级的应变率，而典型的单调弯
曲测试应变是 10 000με/s 级的。因此，在典型的冲击测试条件下引起失效的应变，比在典型的弯
曲测试条件下的应变更低。但是，失效模型是不同的。因此，弯曲测试和冲击测试都需要进行表
征。典型的冲击条件有不同的分类。如手持式产品（手机、PDA 等）和典型的网络/服务器产品，
前者需要更严格的抗冲击等级能力（～1500G）[40]，而后者只需要约 500G 数量级的抗冲击等级
能力。典型的适用于不同产品分类的冲击测试条件见表 59.6。

表 59.6 用于不同最终使用环境的典型冲击条件（特定的测试条件取决于最终用户）

测试参数	典型的现场条件	
	手持式产品	网络 / 服务器产品
加速度峰值 /G	1500 ~ 2900	100 ~ 400
脉冲持续时间 /ms	0.3 ~ 0.5	1.2 ~ 2

除了冲击测试，一些元件供应商也会进行跌落测试。尤其是手持式产品，一些供应商宁愿进行 PCB 级跌落测试来替代冲击测试。跌落测试方法的细节在 JESD22-B111 中进行了概述[41]。一些元件供应商除了进行冲击测试外，还进行振动测试来模拟运输条件。

安装 PCB 的承载盘或机箱的设计会显著影响 PCBA 的可靠性。如果 PCBA 的共振频率和机箱相匹配，并且与共振频率对应的振型相一致，将会引起高于临界焊点失效应变的应变，则可能发生脆性断裂。可以用加速度计和应变计来表征安装在承载盘或机箱上的 PCBA 的振型和应变。机箱设计应该进行优化，保证使 PCBA 的应变影响最小化，尤其是在关键位置上。做到这一点的方法包括在机箱关键的高应变位置增加补强、框架和支柱等。

最后，另一个减小运输失效的方法是在运输产品中使用冲击指示器。典型的冲击指示器在施加的 G 值超过预先设定的极值时会改变颜色。在产品中使用冲击指示器可以在引起部分失效的根源分析中起到帮助作用。

59.3.4 锡球剪切 / 拉拔测试

锡球剪切测试用于量化第 2 级连接之前锡球及其封装之间的界面强度，也可以定性地评估锡球 - 封装盘界面处的附着力。这是通过评估锡球剪切实验中观察到的失效模型来完成的。

然而，特定的失效模型与测试速度有关，在相对低的速度（0.0001 ~ 0.0006m/s）下观察到的失效模型和在高速（0.01 ~ 1.0m/s）下观察到的失效模型是不同的。焊料剪切强度往往会随着剪切速度增大而增大，在使用这项技术对失效模型进行检测之前确定好失效模型与速度的关系非常重要。为了解决这个问题，JEDEC 发布了锡球剪切测试标准的修订版（JESD22-B117A[42]），将高速剪切测试程序包括了进来。

除了速度，一些其他因素也会影响焊点的断裂力，包括表面处理、焊盘大小、锡球直径、锡球冶金和焊盘结构。在不同的封装中比较锡球剪切数据时，所有这些因素都需要考虑。另外一个影响失效力和失效模型的重要因素是回流后的时间，最好在回流后尽早进行测试[43]。

除了高速剪切 / 拉拔测试，其他表征焊点界面处强度的方法也正在开发中，夏氏冲击测试[44]便是其中之一。这涉及用单摆来撞击锡球。加在锡球上的能量是预先估计好的，并且对冲击韧性函数的失效模型进行了分类。这个测试是一种微型冲击测试，设计目的是产生可以和高速剪切测试相对比的效果。另一个方法是使用高温拔针测试，将加热的针插入锡球，冷却，之后以高速拉出。研究者正在努力测量引起失效的力，以便可以用拉拔力 / 剪切力或冲撞能量作为一个量化指标来评估焊点的强弱。

无铅转换的影响

根据不同的表面处理，在锡银铜焊料中形成的金属间化合物与在锡铅焊点中形成的不同，更多细节请参阅 60.3.11 节。锡银铜焊点的高速拉拔 / 剪切测试结果表明，其比锡铅焊点的界面断裂的比例更高。但是，锡银铜焊点表现出适当较高的断裂强度[43]。

59.4 有限元分析

有限元分析（FEA）是一种用来解决复杂边界值问题的数值技术。它将一个复杂的几何问题离散成可以用一组微分方程表示的较小、较简单的几何问题。之后，通过这些方程可以解出数值，进而确定整体结构受到的结构、热或其他负载条件的变形。FEA 是一种强大的数值工具，可以用来评估焊点的可靠性。FEA 可以用来：

- 评估一个新封装的疲劳寿命
- 比较不同封装选择的可靠性
- 评估封装材料和设计的改变带来的可靠性影响
- 评估 PCB 材料和设计的改变带来的可靠性影响
- 确定由于封装密度和位置引起的翘曲变化

FEA 已经很有效地用于模拟热机械、弯曲和冲击。本节重点介绍使用 FEA 确定受到热机械应变的封装的使用寿命，以及使用弯曲测试来确定影响封装抗弯强度的因素。

59.4.1 热机械寿命评估的 FEA

FEA 寿命评估通常分为 4 个阶段。图 59.15 展示了这 4 个阶段之间的相互关系。

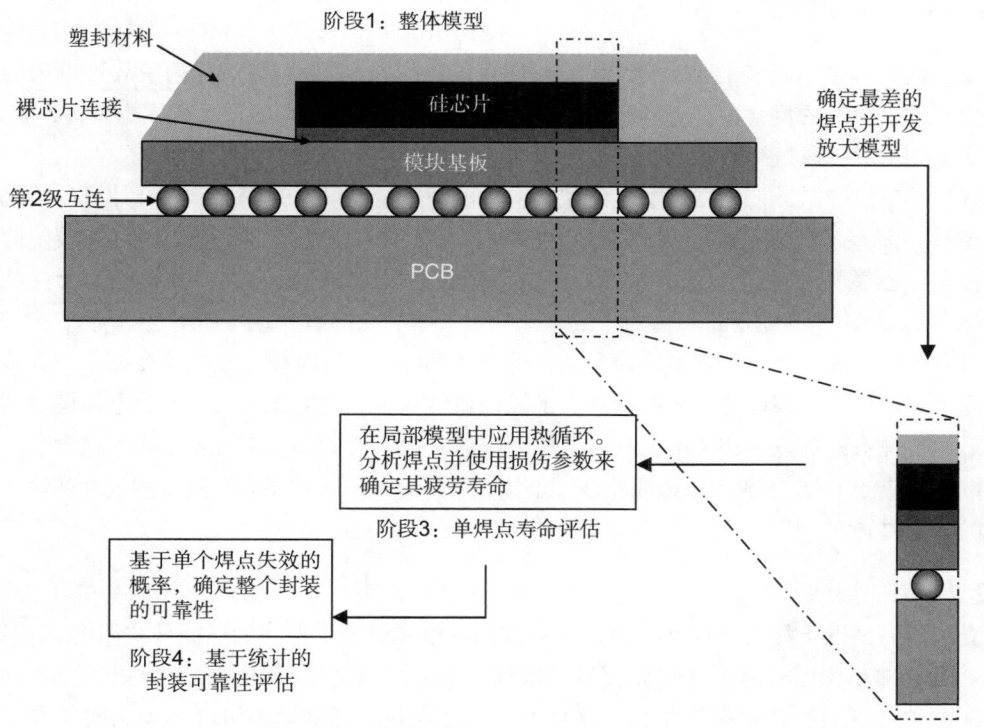

图 59.15 FEA 流程图。阶段 1，创建一个整体模型来确定整体应变和位移。整体模型也有助于确定最大应力的位置。阶段 2，将最大应变的位置进行放大，从整体模型中提取在局部模型周围所应用的边界条件。阶段 3，在局部模型上应用热循环负载，并确定在局部模型中最差情况下焊点的疲劳寿命。阶段 4，使用统计评估工具来确定其他焊点相对于最差情况的可靠性，并因此评估整体封装的焊点可靠性

- 阶段 1：整体模型
- 阶段 2：局部模型
- 阶段 3：单焊点寿命评估
- 阶段 4：基于统计的封装可靠性评估

1. 阶段 1：整体模型

阶段 1 包括建立一个封装的整体几何模型。FEA 中的模型可以是二维、2.5 维（条带）或三维的。因为只模拟了组件封装的一个二维横截面，二维模型（平面应变或平面应力）在计算上非常有效。但是，这基于假设平面外变形和组件中的应力可以忽略不计，这与分立焊点的情形并不相同。因此，尽管在提供定性的变形和应力的比较时是有用的，但它们不能定量地评估疲劳寿命。2.5 维或条带模型是有厚度的，但是非常小，仅足以捕捉到焊点的圆形。尽管它是二维模型的改进模型，但它不能捕捉到封装拐角处增大的应力集中。三维模型能更接近地表现出组件封装。尽管这在计算上具有挑战性，但它是用来评估组装后的封装的变形和应力的最好方法。从图 59.16 中可以看到一个 1/8 BGA 封装的整体模型。

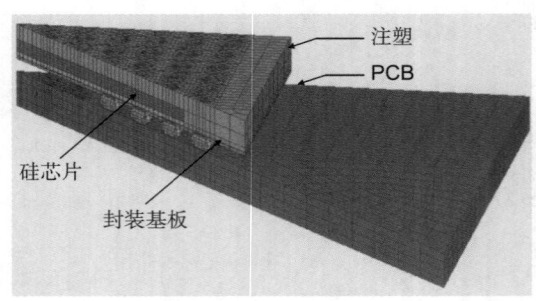

图 59.16 1/8 BGA 的整体 FEA 模型。注意，PCB、封装基板、裸芯片和注塑都通过一系列元素创建出来的

注意，这只模拟了封装的 1/8。因为有这样一个事实：封装是八分对称的，故可以采用对称边界条件来减小模型的尺寸，这有利于增加获得解决方案的速度[46]。只要有可能，整体 FEA 模型中的变形结果应该通过测量翘曲变形进行证实（使用类似影栅云纹的工具[45]）。

只有一个单位的温升被应用到整体模型上，可以确定情况最差的焊点，以及计算出情况最差焊点的位移。最差情况下的焊点的确定，通常基于焊点中的最大应力或应变。得到最差情况下焊点的位移是至关重要的，因为现在可以在局部模型中将这些位移合并，局部模型会在最差情况下的焊点上模拟多次热循环。

只有一个单位的温升施加到整体模型上，可以减小计算运行时间。在整体模型中，为减小运行时间而采用的另一个假设是，所有材料都是线性弹性的且与温度无关的。因为整体模型的目标是确定最坏情况下的焊点和相关的位移，这种方法通常是有效的。参考文献 [46] 包含了一系列实验案例和相应的 FEA 预测，该预测验证了整体 / 局部的方法，并研究了封装的线性弹性，与温度无关的单元温升。

2. 阶段 2：局部模型

建立了最差情况下焊点的局部模型，同时施加从整体模型中得到的热循环与温度 - 位移 - 加载条件。当施加单位温升时，在整体模型中得到的最差焊点的位移场，被缩放以匹配当局部模型承受实际热循环时符合预期的位移。这种方法的优点是，局部模型可以体现出时间和温度对材料的依赖性，因为与整体模型相比采用了减少的元素数量。

焊点的局部模型如图 59.17 所示。局部模型承受了多重热循环，并且提取了最终损伤参数。模型承受的典型热循环负载分布与图 59.3 相似。大约运行 2 ~ 4 个循环，即得到稳定的滞后回线。

塑料功和塑料应变在焊点寿命评估中是两个最常见的局部损伤参数。损伤参数的类型选择，

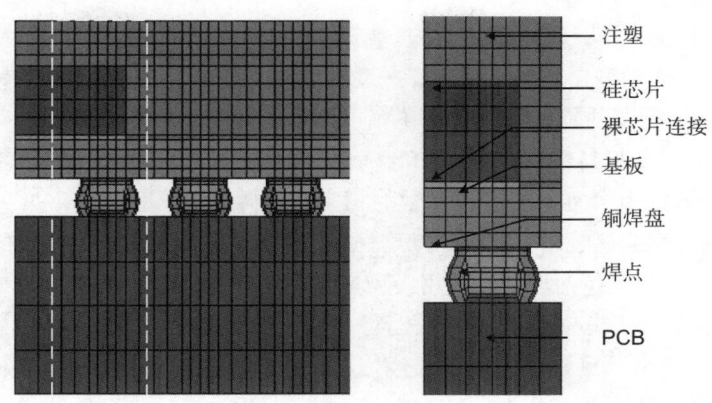

图 59.17　3 个焊点的局部特写。从焊点及其相关的 PCB、封装基板、芯片和注塑方面形成局部模型。最左边的锡球和相关材料的局部模型用虚线矩形框内的区域表示

通常是由与疲劳寿命相关的损伤特定焊点类型（BGA、CCGA）的可用实验数据决定的。可以从参考文献［10］和［46］中找到一种使用塑料功的方法，以及塑料功与开裂起始及扩散间的关联。

3. 阶段 3：焊点疲劳寿命评估

　　然后，采用局部模型损伤参数来确定给定焊点的疲劳寿命。基于损伤参数的评估寿命的技术，从采用塑形应变［Coffin-Manson 关系，式（59.8）］，到对与塑料功相关的开裂起始和开裂增长率的复杂考虑[10, 46]，不管是什么技术，这个阶段的输出是焊点可靠性评估：最差的焊点。

　　一些采用无铅焊点疲劳寿命的预测模型列于表 59.7。另外，其他有限元模型和相关对比分析

表 59.7　从有限元模型结果中预测疲劳寿命的不同疲劳寿命模型[18]

疲劳寿命模型	常　　数	测试条件	参考文献
$N_f = C_1 (\varepsilon_{cr})^{C_2}$	$C_1 = 4.5$	有或无底部填充的倒装芯片凸点	Schubert[48]
N_f = 失效的循环数	$C_2 = -1.295$	贴装在 PCB 上的引线键合 PBGA 封装	
ε_{cr} = 平均等效蠕变应变			
$N_f = C_1 (\Delta W_{cr})^{C_2}$	$C_1 = 345$	有或无底部填充的倒装芯片凸点。	Schubert[48]
W_{cr} = 平均粘塑性应变能量密度 / 周期	$C_2 = -1.02$	贴装在 PCB 上的引线键合 PBGA 封装	
$N_f = C_1 (\varepsilon_{cr})^{C_2}$	$C_1 = 0.0468$	几种不同的 BGA 封装：CABGA、CBGA、	Syed[49]
	$C_2 = -1$	FlexBGA、PBGA、TSCSP 等双幂律蠕变本构关系[20]	
$N_f = C_1 (\Delta W_{cr})^{C_2}$	$C_1 = 0.0015$	几种不同的 BGA 封装：CABGA、CBGA、	Syed[49]
	$C_2 = -1$	FlexBGA、PBGA、TSCSP 等双幂律蠕变本构关系[20]	
$1/N_f = 1/N_{fp} + 1/N_{fc}$	$W_{p0} = 106.45$	连接在铜试样上的焊点样品，施加循环负载	Zhang[50]
$N_{fp} = (W_p/W_{p0})^{1/c}$	$W_{c0} = 30.025$		
$N_{fc} = (W_c/W_{c0})^{1/d}$	$c = -0.51$	源自常数的一维分析模型	
N_{fp} = 由于塑形损坏的失效循环数	$d = -0.44$		
N_{fc} = 由于蠕变损坏的失效循环数			
W_p = 每个负载周期计算的塑性工作密度			
W_c = 每个负载周期计算的蠕变操作密度			

中预测疲劳寿命的模型可以从参考文献［16］和［47］中找到。

通过 Schubert[48] 的模型得到的结果与那些通过 Syed[49] 的模型得到的结果的比较，可以从参考文献［51］中找到。重要的是，要注意这些模型的作用是对焊点材料性质进行建模。换句话说，用来达到这些模型的焊点材料性质在模型的准确性上发挥了显著作用。如果选择特定的疲劳寿命模型，则应在分析中使用用于推导模型常数的相应的焊料本构模型。

另外，一些其他因素会显著改变模型的准确性，如时间步长、网眼密度、材料性质、参考温度、元素尺寸、元素类型、甚至包括软件。使用模型来预测疲劳寿命时，所有这些都需要加以考虑。最佳的实践性建议是，不只运行一个，而是运行一系列疲劳寿命模型，并且在没有可用实验数据的封装上进行疲劳寿命预测模型之前就已经用已有实验数据进行过校正。最后重要的是，要注意这些模型只提供趋势指导和相对比较。它们不应该用做给定待考察封装的热循环的替代实验数据。

4. 阶段 4：基于统计的封装可靠性评估

确定封装的可靠性时，这个最后的阶段会考虑所有焊点的可靠性。这里采用包括从简单假设所有焊点都有相同的可靠性，到进行一系列可靠性计算来同时解决考虑的每个焊点的假定失效分布（如威布尔分布，见 59.2.2 节）的技术。常见的是：衡量焊点的可靠性，而不是通过考虑与最差焊点位移相关的所有焊点的位移来衡量最差的焊点[46]。这可以将 DNP 的影响纳入到不同位置的焊点间潜在的失效分布中。

5. 温度相关的材料性质

正如前面曾提到，上述步骤基于假设：封装材料系列的机械性质不会随着温度显著改变。然而，对一些封装来说，这个技术是不适用的。典型的例子是 FCBGA 封装，底部填充材料具有 70 ~ 100℃ 的玻璃化转变温度（T_g），并且在 T_g 之上经历了几个数量级的模量变化。显然，这样的材料性质强烈依赖于温度。在这种情况下，接下来进行下面的步骤。

（1）整体模型从其无应力温度（通常是黏合剂的固化温度）到封装进行热循环的最低温度（采用 0 ~ 100℃ 热分布时为 0℃）进行冷却。

（2）在较小温度步长（如 5℃ 或 10℃）下进行切割边界插值，记录每个温度步长下节点的变形。该信息被存储在一组数据文件中。

（3）创建最差焊点的子模型（在整体模型中表示应力最集中或最大变形的地方）。步骤（2）中的存储文件，作为负载边界条件应用于形成每个温度步长的子模型边界的节点。两种模型都应使用与温度相关的材料特性。

（4）在完成分析后，可以使用塑料功或应力累积来确定基于最差焊点的封装预期疲劳寿命，如阶段 3 所概述的。

如果计算机资源允许，完整的整体模型可以用来确定每个焊点的塑料功或应变。然而，这会非常耗时，因为这取决于所考虑的封装的复杂性。

6. 第 1 级互连的影响

在 FCBGA 封装中使用与温度相关的材料时，由焊点疲劳导致的失效不仅会出现在 PCB 级互连中，也会出现在第 1 级互连（硅片和基板之间）中。倒装芯片的凸起由底部填充材料包裹起来，以通过在裸片和基板间均匀分布 CTE 不匹配导致的应变来提高它们的热机械可靠性。如果底部填充材料的性质使得其在 T_g 以上剧烈软化，那么在热循环中可能会出现倒装芯片凸点过早失效的情况[52]。为了模拟这种失效风险,可以用前面概述的整体 - 子模型的方法。在这个例子中,倒装芯片凸点也可以使用图 59.18 所示的子模型。

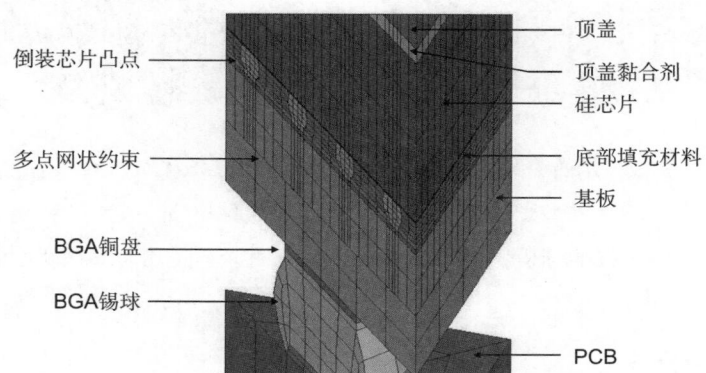

图 59.18 在模型中展示倒装芯片凸点和包含底部填充材料的三维子模型细节。该子模型可以用于同时确定倒装芯片凸点和 BGA 下面焊点的疲劳寿命

59.4.2 单调弯曲测试的 FEA

单调弯曲测试的 FEA 模型包括放置在砧座之间的组件的 1/4 对称模型,可用于监控封装、焊点互连和 PCB 受诱导产生应变时的变形。1/4 对称模型的细节如图 59.19 所示。

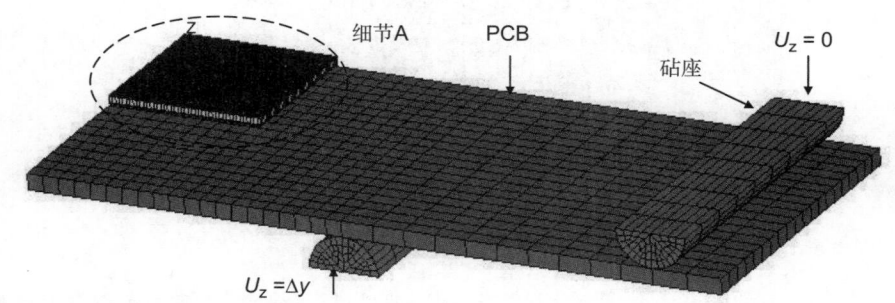

图 59.19 展示 FCBGA 封装贴装在支持砧座间的 PCB 上的 1/4 对称三维模型。砧座和 PCB 间接触单元模拟了 PCB 的弯曲部分,就像一个砧座组相对于另一个垂直地移动。模型的细节 A 见图 59.20

弯曲测试的 FEA 模拟要实现两个主要目标。

(1)确定 PCB 应变和关键焊点应变之间的关系。这个反过来有助于弥补进行弯曲测试的受控条件和在组件发生弯曲的条件之间的差异。

(2)进行不同封装的对比评估。FEA 可用于根据不同测试条件的实验 PCB 应变数据推导出焊点的应变。

FEA 模型如图 59.19 和 59.20 所示。实体结构元素被用来模拟 PCB、焊点和封装细节。基于高应变率的前提,焊料的材料变脆且更像线性弹性材料,焊点元素建模为线性弹性。在 PCB 和砧座间的界面处使用接触单元,以在组件变形时模拟 PCB 和砧座间的接触。焊点几何形状尽可能相近地模拟焊点在回流后的实际形状。

 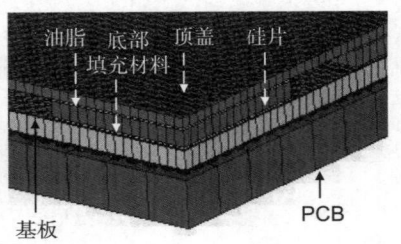

图 59.20 图 59.19 所示的图像模型的细节 A：左图为封装（1/4 对称）；右图为 FCBGA 封装结构的所有细节

可以进行各种不同参数的分析，确定在关键焊点应变上不同几何形状变量的影响。下面是一些分析实例。

1. 封装周围的应变分布

按照 IPC/JEDEC-9702 的规定，在 4 点弯曲测试中，建议在封装周围放置 3 个应变计（见图 59.21）。这些应变计用来表征贴装在特定厚度的 PCB 上的给定封装的应变响应。FEA 用来确定每种情况下的焊点到 PCB 的应变率，反过来可以用来确定应变计对 PCB 在哪个位置的弯曲最敏感或最不敏感。模拟的结果如图 59.22 所示。

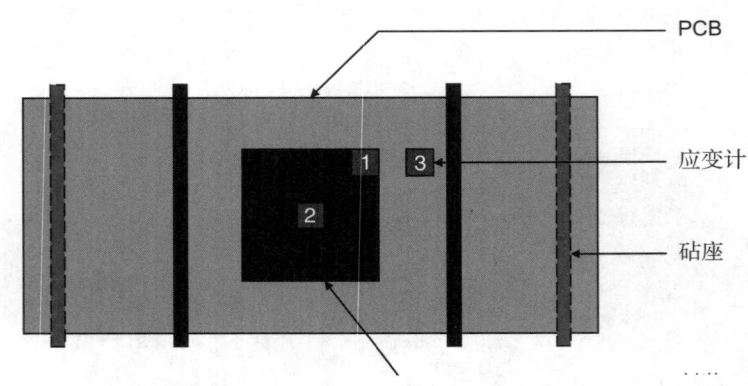

图 59.21 按 IPC/JEDEC- 9702 规定设置的 4 点弯曲测试。3 个应变计放置在 PCB 上，测量封装周围的应变分布。应变计 1 放置在封装下，正好在最拐角处的焊点下面。应变计 2 放置在封装中心的正下方。应变计 3 放置在 PCB 顶部的封装旁边，封装边缘和砧座的中间

结果表明，对焊点应变最敏感的位置是位置 1 和位置 3（见图 59.21）。位置 2 反映了整个组件的整体弯曲度。这些结果与测量的实验数据正好相符。在位置 2 处的绝对应变值和应变的改变，对关键焊点失效应变最不敏感。

2. 封装焊盘尺寸对焊点到 PCB 应变的影响

FEA 也可以用来预测焊点焊盘尺寸的改变对焊点到 PCB 应变的影响。其中使用两种不同的封装焊盘尺寸：0.53mm，阻焊限定（焊盘设计 1）；0.4mm，阻焊限定（焊盘设计 2），PCB 焊盘设计保持不变（0.5mm，非阻焊限定）。位置 3 处的焊点到 PCB 应变的结果如图 59.23 所示。

图 59.23 的结果表明，焊盘尺寸的改变会对关键焊点的应变有显著影响。其结果是，应谨慎使用一个焊盘尺寸生成的数据来限定或接受另一个焊盘尺寸的抗弯强度，除非绝对应变 - 失效值远高于所需强度。

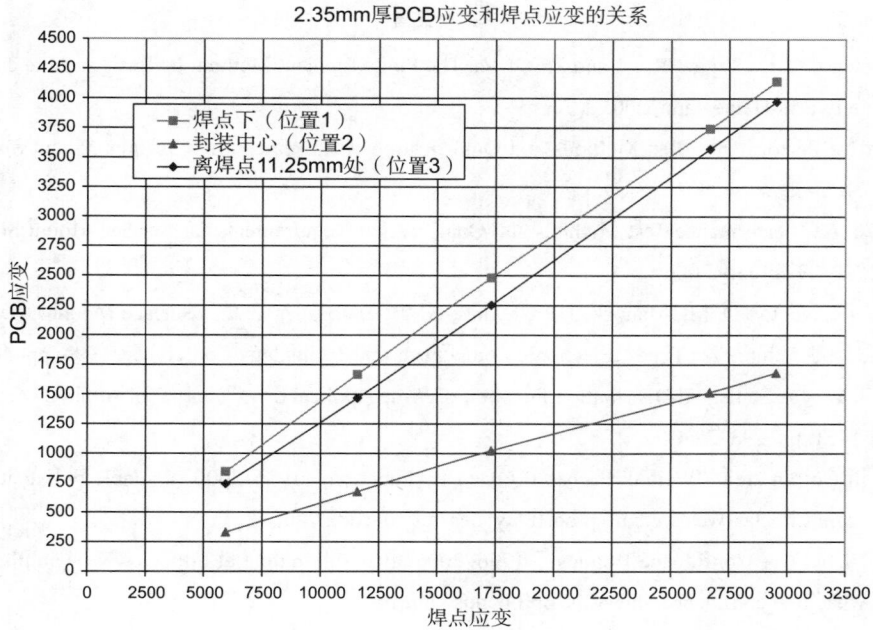

图 59.22 3 个应变计位置的焊点与 PCB 的应变关系。结果表明，位置 1 和位置 3 的斜率相对接近，位置 2 的斜率较小。这说明在位置 2 的 PCB 应变对关键焊点应变的变化最不敏感。应变计的放置方法已经在图 59.21 中给出

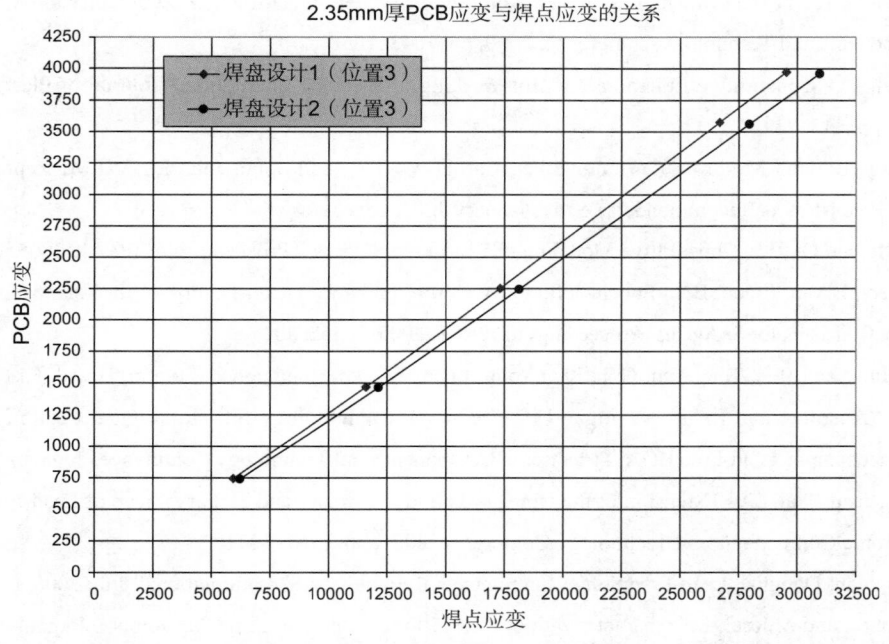

图 59.23 两种不同的焊点焊盘尺寸分析。结果表明，对相同的 PCB 应变来说，焊盘设计 2 的焊点应变与焊盘设计 1 相比高出 18%

参考文献

［ 1 ］ Zienkiewicz, O. C., Taylor, R. L., and Zhu, J. Z., The Finite Element Method: Its Basis and Fundamentals, 6th ed., Butterworth-Heinemann, 2005

［ 2 ］ PC-9701, "Performance Test Methods and Qualification Requirements for Surface Mount Solder Attachments," IPC, January 2002

［ 3 ］ IPC-9701A, "Performance Test Methods and Qualification Requirements for Surface Mount Solder Attachments," IPC, February 2006

［ 4 ］ Clech, J-P., Noctor, D. M., Manock, J. C., Lynott, G. W., and Bader, F. E., "Surface Mount Assembly Failure Statistics and Failure Free Time," Electronic Components and Technology Conference, 1994, pp. 487–497

［ 5 ］ Weibull, W., "A Statistical Distribution Function of Wide Applicability," Journal of Applied Mechanics, September 1951, pp. 293–297

［ 6 ］ Reliasoft Corporation, "Weibull Probability Density Function," 1996–2006, available online at http://www.weibull.com/LifeDataWeb/weibull_probability_density_function. htm

［ 7 ］ Idem, "What Are Confidence Bounds?" 1996–2006, available online at http://www. weibull.com/LifeDataWeb/what_are_confidence_intervals_or_bounds_.htm

［ 8 ］ Lau, J. H.（ ed.）, Thermal Stress and Strain in Microelectronics Packaging, Van Nostrand Reinhold, 1993

［ 9 ］ Tummala, R. R., Rymaszewski, E. J.,and Klopfenstein, A. G.（ eds.）, Microelectronics Packaging Handbook, Chapman and Hall, 1997

［ 10 ］ Lau, J. H.（ ed.）, Ball Grid Array Technology, McGraw-Hill, 1995

［ 11 ］ Darveaux, R., "Effect of Simulation Methodology on Solder Joint Crack Growth Correlation," Electronic Components and Technology Conference, 2000, pp. 1048–1058

［ 12 ］ Anand, L., "Constitutive Equations for Hot-Working of Metals," International Journal of Plasticity, Vol. 1, 1985, pp. 213–231

［ 13 ］ Bradley, Edwin（ Motorola）, Handwerker, Carol（ NIST）, and Sohn, John E., "NEMI Report: A Single Lead-Free Alloy is Recommended," SMT, January 2003, cover story

［ 14 ］ Pei, M., and Qu, J., "Constitutive Modeling of Lead-Free Solders," Proceedings of IPACK 2005, 73411, 2005

［ 15 ］ Rodgers, Bryan, Flood, Ben, Punch, Jeff, and Waldron, Finbarr, "Determination of the Anand Viscoplasticity Model Constants for SnAgCu," Proceedings of IPACK 2005, 73352, 2005

［ 16 ］ Ng, Hun Shen, Tee, Tong Yan, Goh, Kim Yong, Luan, Jing-en, Reinikainen, Tommi, Hussa, Esa, and Kujala, Arni, "Absolute and Relative Fatigue Life Prediction Methodology for Virtual Qualification and Design Enhancement of Lead-Free BGA," Electronic Components and Technology Conference, 2005, pp. 1282–1291

［ 17 ］ Clech, Jean-Paul, "An Extension of the Omega Method to Primary and Tertiary Creep of Lead-Free Solders," Electronic Components and Technology Conference, 2005, pp. 1261–1271

［ 18 ］ Shangguan, Dongkai, Lead-Free Solder Interconnect Reliability, ASM International, July 2006, pp. 185–198

［ 19 ］ Weise, S., and Muesel, E. "Characterization of Lead-Free Solders in Flip Chip Joints," Journal of Electronic Packaging, Vol. 125, December 2003, pp. 531–538

［ 20 ］ Weise, S., Muesel, E., and Wolter, K. J., "Microstructural Dependence of Constitutive Properties of SnAg and SnAgCu Solders," Electronic Components and Technology Conference, 2003, pp. 197–206

［ 21 ］ Pang, J. H. L., Xiong, B. S., and Low, T. H., "Creep and Fatigue Characterization of Lead-Free 95.5Sn-3.8Ag-

0.7Cu," Electronic Components and Technology Conference, 2004, pp. 1333–1337

[22] NIST, "Materials for Microelectronics," , March 2004, available online at http://www. metallurgy.nist.gov/ solder/

[23] Pan, N., Henshall, G. A., Billaut, F., Dai, S., Strum, M. J., Lewis, R., Benedetto, E., and Rayner, J., "An Acceleration Model for Sn-Ag-Cu Solder Joint Reliability under Various Thermal Cycle Conditions," SMTA International, 2005, pp. 876–883

[24] Clech, Jean-Paul, "Acceleration Factors and Thermal Cycling Test Efficiency for Lead-Free Sn-Ag-Cu Assemblies," SMTA International, 2005

[25] Bartelo, J., "Thermomechanical Fatigue Behavior of Selected Lead-Free Solders," IPC SMEMA Council, APEX, San Diego, January 14–18, 2001, LF2-2

[26] Sahasrabudhe, S., Monroe, E., Tandon, S., and Patel, M., "Understanding the Effect of Dwell Time on Fatigue Life of Packages Using Thermal Shock and Intrinsic Material Behavior," Electronic Components and Technology Conference, 2003, pp. 898–904

[27] Setty, Kaushik, Subbarayan, Ganesh, and Nguyen, Luu, "Powercycling Reliability, Failure Analysis and Acceleration Factors of Pb-Free Solder Joints," Electronic Components and Technology Conference, 2005, pp. 907–915

[28] Bath, Jasbir, Sethuraman, Sundar, Zhou, Xiang, Willie, Dennis, Hyland, Kim, Newman, Keith, Hu, Livia, Love, Dave, Reynolds, Heidi, Kochi, Ken, Chiang, Diana, Chin, Vicki, Teng, Sue, Ahmed, Mudasir, Henshall, Greg, Schroeder, Valeska, Nguyen, Quang, Maheswari, Abhay, Lee, M. J., Clech, Jean-Paul, Cannis, Jeff, Lau, John, and Gibson, Chris, "Reliability Evaluation of Lead-Free SnAgCu PBGA676 Components Using Tin-Lead and Lead-Free SnAgCu Solder Paste," SMTA International, 2005, pp. 891–901

[29] Bieler, T. R., Jiang, H., Lehman, L. P., Kirkpatrick, T., Cotts, E. J., "Influence of Sn Grain Size and Orientation on the Thermomechanical Response and Reliability of Pb-free Solder Joints," Electronic Components and Technology Conference, 2006, pp. 1462–1467

[30] Darveaux, Robert, "Shear Deformation of Lead Free Solder Joints," Electronic Components and Technology Conference, 2005, pp. 882–893

[31] Hua, Fay, Aspandiar, Raiyo, Rothman, Tim, Anderson, Cameron, Clemons, Greg, and Klier, Mimi, "Solder Joint Reliability of Sn-Ag-Cu Bga Components Attached with Eutectic Pb-Sn Solder Paste," Journal of SMT, Vol. 16, No. 1, 2003, pp. 34–42

[32] Nelson, Dave, Pallavicini, Hector, Zhang, Qian, Friesen, Paul, and Dasgupta, Abhijit, "Manufacturing and Reliability of Pb-Free and Mixed System Assemblies (SnPb/Pb-Free) in Avionics Environments," Journal of SMT, Vol. 17, No. 1, 2004, pp. 17–24

[33] Miner, M. A., "Cumulative Damage in Fatigue," Journal of Applied Mechanics, Vol. 12, Transactions of the ASME, Vol. 67, 1945, pp. A159–A164

[34] Hoffmeyer, M., Farooq, M., "Reliability and Microstructural Assessment of Hybrid CBGA Assemblies" , paper presented at the 39th International Symposium on Microelectronics, IMAPS 2006, San Diego, October 8–12, 2006

[35] IPC/JEDEC-9702, "IPC/JEDEC Monotonic Bend Characterization of Board-Level Interconnects," June 2004

[36] IPC/JEDEC-9704, "Printed Wiring Board Strain Gage Test Guideline," June 2005

[37] Nakamura, Tomoko, Miyamoto, Yoshimasa, Hosoi, Yoshihiro, and Newman, Keith, "Solder Joint Integrity

of Various Surface Finished Build-Up Flip Chip Packages by 4-Point Monotonic Bending Test," Electronics Packaging Technology Conference, 2005, pp. 465–470

[38] JEDEC Standard, JESD22-B113, "Board Level Cyclic Bend Test Method for Interconnect Reliability Characterization of Components for Handheld Electronic Products," March 2006

[39] Kim, I., and Lee, S-B, "Reliability Assessment of BGA Solder Joints under Cyclic Bending Loads," International Symposium on Electronics Materials and Packaging, EMAP2005, December 11–14, 2005, Tokyo Institute of Technology, Tokyo, Japan, pp. 27–32

[40] JEDEC Standard, JESD22-B110A, "Subassembly Mechanical Shock" November 2004

[41] JEDEC Standard, JESD22-B111, "Board Level Drop Test Method of Components for Handheld Electronic Products," July 2003

[42] JEDEC Standard, JESD22-B117A, "Solder Ball Shear," October 2006

[43] Newman, Keith, "BGA Brittle Fracture: Alternative Solder Joint Integrity Test Methods," Electronic Components and Technology Conference, 2005, pp. 1194–1201

[44] Ou, Shengquan, Xu, Yuhuan, Tu, K. N., Alam, M. O., and Chan, Y. C., "Micro-Impact Test on Lead-Free BGA Balls on Au/Electrolytic Ni/Cu Bond Pad," Electronic Components and Technology Conference, 2005, pp. 467–471

[45] Hassell, Patrick B., "Advanced Warpage Characterization: Location and Type of Displacement Can Be Equally as Important as Magnitude," The Proceedings of Pan Pacific Microelectronics Symposium Conference, February 2001

[46] Riebling, J. C., and Brillhart, M. V., "FEA Reliability Assessment Methodology Investigation to Improve Prediction Accuracy," SMTA International, 2000

[47] Lau, John H., Shangguan, Dongkai, Lau, Dennis C. Y., Kung, Terry T. W., and Lee, S. W. Ricky, "Thermal-Fatigue Life Prediction Equation for Wafer-Level Chip Scale Package (WLCSP) Lead-Free Solder Joints on Lead-Free Printed Circuit Board (PCB) ," Electronic Components and Technology Conference, 2004, pp. 1563–1569

[48] Schubert, A., Dudek, R., Auerswald, E., Gollhardt, A., Michel, B., and Reichl, H., "Fatigue Life Models for SnAgCu and SnPb Solder Joints Evaluated by Experiments and Simulation," Electronic Components and Technology Conference, 2003, pp. 603–610

[49] Syed, Ahmer, "Accumulated Creep Strain and Energy Density Based Thermal Fatigue Life Prediction Models for SnAgCu Solder Joints," Electronic Components and Technology Conference, 2004, pp. 737–746. Corrected version available online at http://www.amkor. com/products/notes_papers/asyed_ ectc2004_corrected.pdf

[50] Zhang, Qian, Dasgupta, Abhijit, and Haswell, Peter, "Viscoplastic Constitutive Properties and Energy-Partitioning Model of Lead-Free Sn3.9Ag0.6Cu Solder Alloy," Electronic Components and Technology Conference, 2003, pp. 1862–1868

[51] Stoeckl, Stephan, Yeo, Alfred, Lee, Charles, and Pape, Heinz, "Impact of Fatigue Modeling on 2d Level Joint Reliability of BGA Packages with SnAgCu Solder Bails," Electronics Packaging Technology Conference, 2005, pp. 857–862

[52] Ahmad, Mudasir, Teng, Sue, and Xue, Jie, "Effect of Underfill Material Properties on Low k Dielectric, First and Second Level Interconnect Reliability," paper presented at the IMAPS Conference on Device Packaging, Scottsdale, AZ, 2006

第 *60* 章
PCB 的失效分析

靳 婷 柳祖善 周 波 李加全
广州兴森快捷电路科技有限公司

60.1 引 言

印制电路板（PCB）作为一种支撑和互连电子元件的载板，具有结构和功能的双重特性，其性能会直接影响电子设备的可靠性及其失效行为[1]。当今的电子产品以"轻、薄、短、小"为特征，并进一步向小型、环保和多功能方向发展[2]。对应地，PCB 材料无卤化、无铅化和制造加成法化[3]，其互连线密度越来越高、层间距越来越小、线条越来越细及互连导通孔越来越小，如在设计、选材、制造、连接、贴装及检测等任何环节稍有疏漏，就会在产品上留下隐患，甚至引起失效[4-5]。近年来，高密度 PCB 及其表面贴装元件后的印制电路板组件（PCBA），因制造上的复杂性、材料上的多样性和生产上的经济性等多种因素，出现的失效现象呈上升趋势，尤其无铅回流焊温度的提高，更加剧了 PCB 和 PCBA 出现失效的概率。

产品丧失规定的功能称为失效。根据失效现象和模式，通过一定的分析手段和验证方法，挖掘失效机理并查找失效原因、提出预防再失效的对策的技术和管理活动，称为失效分析。失效分析在提高产品质量、技术开发和改进、及时修复问题和仲裁失效事故等方面具有很强的实际意义。

为了梳理失效分析的方法，从而快速、准确地进行失效分析，本章针对 PCB 常见的几类失效问题——分层起泡、可焊性不良、键合不良、导通不良和绝缘不良，分别从常用的失效分析手段、失效机理和案例分析、失效分析思路等方面进行了归纳总结，以期理清失效分析的思路，在实际生产中有效指导失效分析。

60.2 常用的失效分析手段

在进行失效分析时，通常先确定失效位置和判断失效模式，然后针对失效模式展开具体分析，寻找根因并验证。为了确定失效的原因，往往需要借助多种分析手段，如切片分析、超声波扫描分析、X 射线检测分析、光学轮廓分析、扫描电子显微分析、X 射线能谱分析、红外光谱分析、短路定位探测分析、红外热成像分析和热分析技术等。

60.2.1 切片分析

通用的切片制作方法一般参考 IPC-TM-650 2.1.1 节的要求。通过切片分析可以得到反映 PCB（通孔、镀层等）质量和 PCBA 焊点（IMC、空洞等）质量的丰富信息，为下一步的产品质量改进提供数据支持。

切片按研磨方向分为垂直切片和水平切片两种。垂直切片即沿垂直于板面的方向切开，观察剖面状况，通常用来观察孔镀铜后的品质、叠层结构及内部结合面的状况。垂直切片是切片分析的常用方式。水平切片是顺着板子的叠合方向一层层向下研磨，以观察每一层面的状况，通常用来辅助垂直切片进行品质异常的分析判定，如内短或内开异常等。

制作好的切片可通过金相显微镜和扫描电子显微镜等进行微观细节分析。金相显微镜作为最主要的切片分析设备，其放大倍率从 50 到 1000 不等。它可借助明场和暗场在不同的光场形式下进行观察，适用于孔壁质量、芯吸、晕圈等各项 PCB 可接受性标准指标的分析，操作方便，使用范围较广。

只有对切片做出正确的判读，才能做出正确的分析，给出有效的解决措施。因此切片质量尤为重要，质量差的切片会给失效分析带来严重的误导和误判。切片制作是破坏性的，一旦进行了切片，样品必然遭到破坏。

60.2.2 超声波扫描分析

超声波是指频率超过 20kHz 的声波。任何频率的超声波都不能穿透真空，且频率大于 10MHz 的超声波无法穿透空气。超声波显微镜正是利用此特性实现缺陷识别的，如使用透射模式（Through-Scan，T-Scan）时，材料内部的分层、裂纹、空洞和气泡缺陷位置充斥着空气，超声波无法穿透，那么在最终的扫描图像中，无法接收到超声波信号的位置就是缺陷位置。

超声波扫描显微镜（Scanning Acoustic Microscope，SAM）的主要工作模式是层扫描工作模式（C 模式），因此也简称 C-SAM。

超声波扫描显微镜的工作原理：将电压施加到超声波探头上，由探头产生高频超声波，通过耦合介质到达样品，并穿透样品界面，最终根据接收到的信号（透射或反射）形成超声波扫描图像。超声波是由物体机械振动产生的一种机械波。在两种不同材料的结合面，当声阻抗差大于 0.1% 且界面明显大于波长时发生反射，若碰到空气（分层或离层）则 100% 反射[6]。

超声波扫描显微镜的工作模式如下。

单点扫描工作模式（A-SCAN） 主要用于确认某一点的检测结果。

截面扫描工作模式（B-SCAN） 该模式能够显示某个界面垂直 X 或 Y 方向的截面图，是 A-SCAN 中的某一点沿 X 轴或 Y 轴方向的线扫描，可用于检测裂缝、空洞以及芯片的倾斜等缺陷。

层扫描工作模式（C-SCAN） 能够实现样品的平面扫描，并显示对应的二维图像。C-SCAN 可以有选择地使超声波聚焦在希望检测的界面，超声波探头以逐点扫描的方式对该平面的各点进行扫描，对反射波进行收集并且通过软件自动识别分类。

C-SCAN 能得到样品水平截面的有效信息，但一次只能针对某一层界面进行检测。当对一些内部界面层数和结构不清楚的元件进行检测时，该模式无法发挥作用。而超声波断层显微成像（TAMI）扫描可以解决上述问题。TAMI 可以进行多层均匀的层扫描，对元件的表面、内部的黏接层以及空洞等缺陷进行扫描，有助于分析元件内部的缺陷。

穿透式扫描工作模式（T-SCAN） 从探头处发出的超声波信号穿透元件后，被位于元件下方的接收器接收，之后系统根据接收到的信号得到 T-SCAN 图像。超声波遇到空气时会 100% 反射而不会透射，接收器接收不到信号，在此位置呈现黑色，据此可以判断元件内部有无分层等缺陷（见图 60.1）。

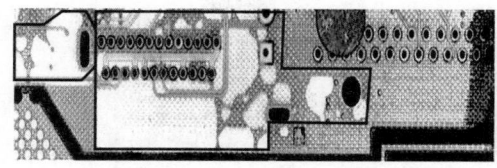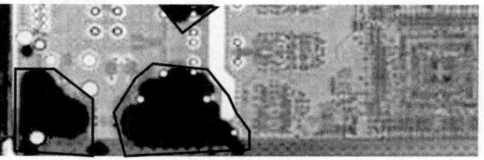

（a）反射模式，发白区域有分层缺陷　　　　　（b）透射模式，发黑区域有分层缺陷

图 60.1　典型的超声波扫描图片

　　需要注意的是，超声波扫描的分辨率是有限的。理论上来说，提高超声波频率可以实现高分辨率的检测，甚至可以检测到焊点内部的空洞；但是其穿透能力同时会明显下降，测量深度受限。因此，需选择适当的超声波频率来实现不同的检测目的。并且在辨别是否有缺陷时，需对照样品的相应位置图形设计和元件分布等综合情况做出判断。

60.2.3　X 射线检测分析

　　X 射线（X-Ray）检测在 PCB 制造及 SMT 行业是一种常用的检测方法，可对细小的特征进行不同角度多方向的观察。其基本原理是，X 射线发射管产生高能 X 射线，照射到待测样品表面，根据样品材料本身密度与原子量，不同组分的 X 射线吸收量不同，图像接收器上产生深浅不一的投影，密度越高的物质阴影越深，据此可对样品的不同材料进行分辨。

　　在 PCB/PCBA 失效分析应用方面，X-Ray 作为一种无损分析手段，主要应用于 SMT 过程中产生的焊点空洞的分析，以及对 PCB 线路的裂纹、短路、孔铜进行分析，且可通过调整观察角度对缺陷的水平位置及高度进行分析，同时能够进行精确定位。

　　图 60.2 为使用 X-Ray 检测仪观察 BGA 焊点、电容焊点、孔铜和线路的图像，图（a）中孔铜内颜色均匀，无孔铜缺失或裂纹的现象，图（b）中有线路裂纹。

（a）倾斜角度下的孔铜观察　　　　　（b）线路裂纹观察

图 60.2　X-Ray 检测实例

60.2.4　光学轮廓分析

　　在 PCB 制程和失效分析过程中，往往需要对比板面的表面粗糙度。干膜和铜面的结合，以及阻焊和铜面、金面的结合，都需要一定的表面粗糙度。

　　材料表面轮廓（也称表面粗糙度）的测量方法有很多，主要分为接触式和非接触式两种。接触式测量方法往往不适合精度要求很高的表面测量。非接触方法测量 PCB 和 PCBA 的表面轮廓，基于白光干涉原理，具有测量范围大、精度高、非接触等优点[7-8]，为当今高精度表面测量的主要方法。

在 PCB/PCBA 失效分析方面，光学轮廓仪主要应用于金面和铜面的表面粗糙度分析，通过分析结果来判别问题点和失效机理，如键合不良。

光学轮廓仪基于任何两束单色光在频率、振动方向相同且相位差恒定时会产生干涉现象这一原理，借助白光干涉来记录材料表面的粗糙度[9-10]。此外，结合相移干涉显微技术完成对微观表面形貌的测量，最终还能呈现出 3D 粗糙度模型图。

60.2.5　扫描电子显微分析

对于材料研发方面和电子元件失效问题的分析，很多情况下需要对相关材料和元件进行微观观察，甚至需要分辨率达到纳米级水平，这已经大大超出光学显微镜的能力。扫描电子显微镜（Scanning Electron Microscope，SEM）拥有超高的分辨率，能够完成纳米级的微观形貌观察[8]。

SEM 使用电子波，配合电磁透镜，且采用高真空的观察环境，分辨率能够达到 1nm。电子显微镜有很高的放大倍数，有的甚至能达到数百万倍，而光学显微镜的极限放大倍数为 2000 倍。

SEM 在拥有超高分辨率的同时，还能进行大景深观察。显微设备的景深主要由电子束的孔径角决定。一般对于 SEM 来说，其电磁透镜的孔径角都很小，故其景深很大，能够获取画质非常高的图片。

SEM 因其发射枪的不同，可分为钨灯丝、热场和冷场电镜，根据不同电镜发射的电子波的性能差异，其放大倍率和分辨率也会有所区别。一般来说，场发射电镜的性能更佳，往往放大数十万倍也毫不费力，分辨率接近 1nm。

SEM 主要通过聚焦高能电子束轰击扫描样品表面，使被激发区域产生各种信号，如二次电子（SE）、背散射电子（BSE）和特征 X 射线等，不同的信号被不同的探头接收，从而得到样品的各类信息。

背散射电子（BSE）相对二次电子（SE）的采集深度要深，主要用来反映元素特征。对于很光滑的平整表面，如平滑的图镀镍金、电镀硬金表面，微区形貌干扰很少，电子束扫描不同部位时，样品的出射信号除了电噪声的起伏，观察不到任何明暗不同的图像。但是，当平滑表面由不同元素构成时，背散射电子对于不同元素受电子轰击的产率随着原子序数增大而上升，即原子序数大的背散射电子产率高，受同样能量的电子束轰击，原子序数大的元素产生的背散射电子更高，成像时会更亮，从而形成具有明暗衬度的背散射成分像。

图 60.3 为铜箔毛面与粘结片树脂剥离后的微观形貌图，由二次电子像可以清晰观察到铜箔

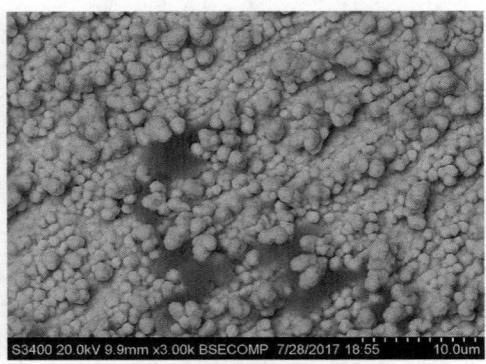

（a）二次电子像　　　　　　　　　　　　　　（b）背散射电子像

图 60.3　铜箔毛面与粘结片树脂剥离后的微观形貌

毛面的形貌——由无数的小颗粒组成；而通过背散射电子像的衬度不同，可知分析区域存在两种不同的成分，其中颜色更亮（或者更白）的原子序数更大，为 Cu。由于背散射电子的出射电子产率也与样品倾角有一定的关系，故对于有所起伏的表面，用背散射电子成像时也能在一定程度上反映样品表面的形貌，但是其微观形貌的分辨率没有二次电子的高。

为了得到稳定、清晰的高质量图像，除了选择合适的成像模式外，还需调节不同的测试参数，如加速电压、探针电流等，同时要求样品表面可导电以防止表面荷电的干扰，可在不导电样品上喷镀碳膜、铂膜等。

在 PCB/PCBA 失效分析应用方面，SEM 主要应用于 PCB/PCBA 表面形貌的观察，通过形貌特征判断问题点和失效机理[12]。图 60.4 展示出了正常的化学镍钯金微观形貌、化学镀镍/浸金（ENIG）的镍腐蚀、焊点失效时需要确认的焊点合金层（IMC）的形貌和键合不良时焊点的微观形貌。

在分析 SEM 测试结果时，需注意：SEM 输出的是电子图像，只有黑白两色，在有些情况下光学显微镜可以轻易观察到的问题，在 SEM 图像上却"隐藏"了起来，如表面氧化、异色等；这些样品在进样前需对缺陷位置做特殊标识，必要时用光学显微镜拍图像做位置比对。

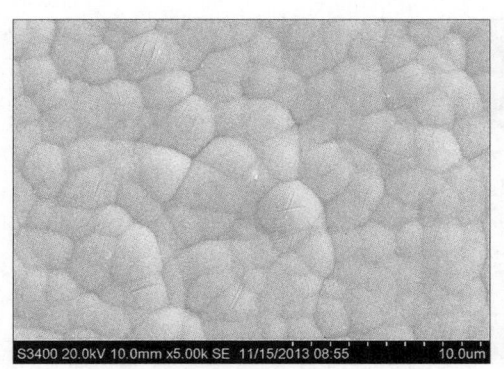

（a）正常的化学镍钯金表面形貌

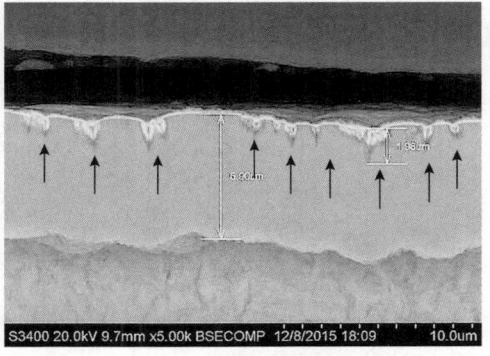

（b）ENIG的镍腐蚀

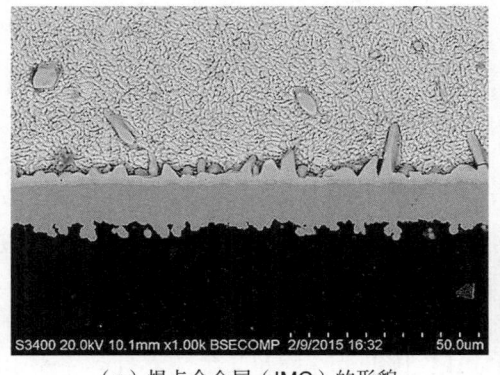

（c）焊点合金层（IMC）的形貌

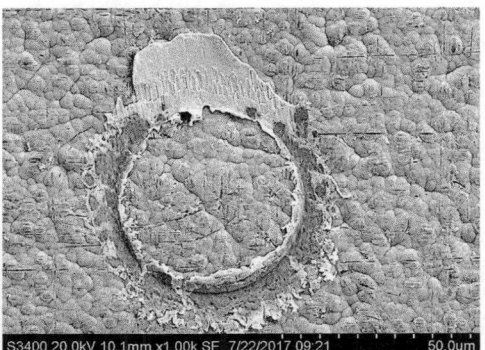

（d）键合不良的微观形貌

图 60.4 SEM 分析的图像示例

60.2.6 X 射线能谱分析

不同元素的原子核核外电子受电子束的轰击，会产生激发、跃迁，从而发射出一定能量的X 射线（特征 X 射线）。X 射线能谱分析仪（Energy Dispersive Spectrometer，EDS）通过探测器检测出射的特征 X 射线的能量，来区分不同元素及含量。在现代材料科学研究中，SEM 往往和

EDS 联合使用，来综合分析材料微区的形貌和元素。

在 PCB/PCBA 失效分析应用方面，EDS 主要应用于材料的元素鉴定，通过对 SEM 观察到的异常位置进行元素分析，来判别问题点和失效机理，如对分层起泡位置观察到的异常物质进行判别和图镀镍金表面元素进行分析等。图 60.5（a）和（b）分别为分层起泡位置异常物质的微观形貌和局部区域元素分析谱图，从元素分析谱图可以发现，异常位置含有 C、O、Cu、Mn、Na、Si、Br 和 S 元素。

在分析 EDS 测试结果时，需注意以下几个问题：

（1）对于 Na 元素以下的轻元素不能准确测试，只能进行定性判断。

（2）EDS 反映的是一定深度内的元素分析结果，且随着电子束入射深度的不同（加速电压），各成分所占据的含量是不同的，因此在分析元素时，一定要指明所使用的测试条件（主要是加速电压），在相同加速电压条件下对比测试结果。

（3）EDS 作为表面元素分析手段，其分析能力是有极限的。一般来说，质量分数在 0.1% 以下的元素很难被 EDS 检测到；另外，由于 EDS 属于半定量测试手段，其测试结果受加速电压和过压比（加速电压 / 元素出峰点）影响较大，因此需要准确定量的场合，还要采用标样对比检测。

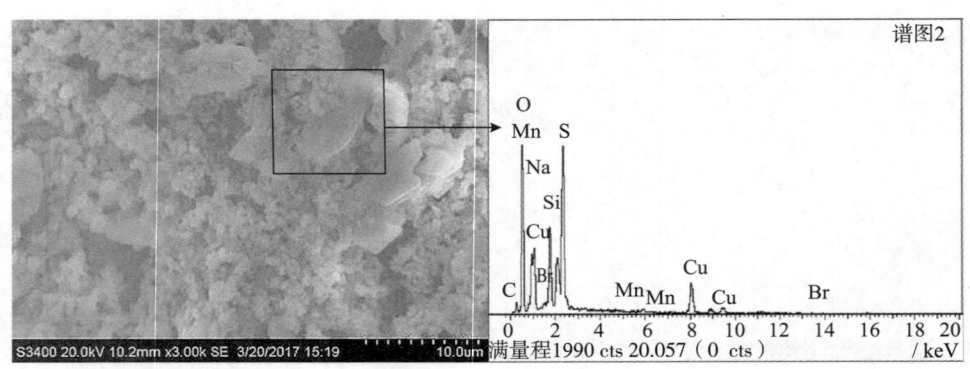

（a）分层起泡位置异常物质的微观形貌　　　　　　（b）元素分析谱图

图 60.5　SEM 和 EDS 分析的图像示例

60.2.7　红外光谱分析

目前所有的红外光谱仪都是傅里叶变换型的。光谱仪主要由光源（硅碳棒、高压汞灯）、迈克尔逊干涉仪、探测器和变换器组成。

傅里叶变换红外光谱仪（FTIR）利用迈克尔逊干涉仪将两束相干的红外光照射到样品上，样品会吸收某些频率的红外光，根据探测器接收到的干涉光强度变化，获得含有样品信息的红外干涉图数据，对数据进行傅里叶变换后得到样品的红外光谱图。

FTIR 广泛应用于有机物的检测。有机物分子中的某些基团或化学键在不同化合物中对应的谱带波数基本上是固定的，或只在小波段范围内变化，因此许多有机官能团在红外光谱中都有特征吸收。表 60.1 列出了常见有机官能团的特征吸收峰位。通过红外光谱检测，人们就可以判定未知样品中存在哪些有机官能团，这为最终确定未知物的化学结构奠定了基础。

一般情况下，分析物质的红外光谱时，使用常规透射法（要求样品的红外线通透性好）进行检测，而对某些特殊的（如难溶、难熔、难粉碎等）样品，可采用衰减全反射（ATR）技术进行分析。20 世纪 80 年代初，ATR 技术开始应用在傅里叶变换红外光谱仪上。

表 60.1　常见有机官能团的特征吸收峰位

官能团	峰位 /cm^{-1}
– CH$_3$ 的反对称伸缩振动	2962 ± 10
– CH$_3$ 的对称伸缩振动	2872 ± 10
– CH$_2$ 的反对称伸缩振动	2926 ± 10
– CH$_2$ 的对称伸缩振动	2853 ± 10
= CH$_2$ 的反对称伸缩振动	2080
= CH$_2$ 的对称伸缩振动	2997
– C≡C 的伸缩振动（端炔烃）	2220 ± 10
– C≡C 的伸缩振动（分子链内）	2225 ± 10
– C＝O 的伸缩振动	1727
– CN 的伸缩振动	2250 ± 10
– COOH 的弯曲 / 伸缩振动	1425 ± 25
– OH 的伸缩振动	3350 ± 10

　　ATR 操作简便，对制备样品要求低，无需特殊处理即可检测固态和液态有机物，适用于 PCB/PCBA 中大量有机物的分析。例如，ATR 用于检测阻焊固化度。图 60.6（a）和图 60.6（b）分别为固化前后丙烯基和环氧基峰强变化曲线，固化后两个官能团峰强均减弱甚至消失，说明它们在固化时发生了化学反应。

　　傅里叶变换红外光谱仪加一个显微镜就可进行显微红外光谱分析（AIM），其灵敏度高，检测极限可低至 10ng；能进行微区分析，可根据需要选择样品不同部分进行分析。对不均相样品可在显微镜下直接测量各个相的红外光谱；样品制备简单，分析过程中可保持样品原有形态和晶型，对不透光样品可直接测量反射光谱。

　　在 PCB/PCBA 失效分析中，通常使用 EDS 对微量的物质进行组分分析，但是 EDS 无法对有机物进行分析；AIM 作为微量有机物的检测手段，解决了分析焊盘表面微量有机物这一问题。在实际的失效分析中，联用 AIM 与 EDS 可对物质组分进行更全面的分析。如图 60.7（a）和（b）所示，采用 EDS 对可焊性不良的焊盘元素进行分析，由于焊盘含有 C、O、Ni、Au、P、Sn 元素，无法确认是否有异常元素；采用 AIM 对焊盘元素进行分析，如图 60.7（c）和（d）所示，与正常焊盘的红外谱图对比，异常焊盘存在有机物的特征吸收峰，进一步与红外谱图库进行对比，便能知道该有机物的成分。

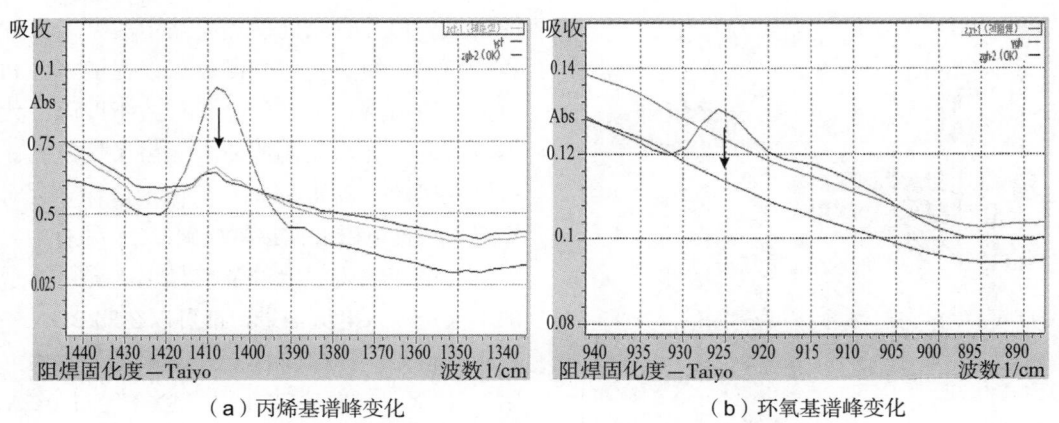

（a）丙烯基谱峰变化　　　　　　　　　　　（b）环氧基谱峰变化

图 60.6　ATR 分析固化前后阻焊官能团的变化

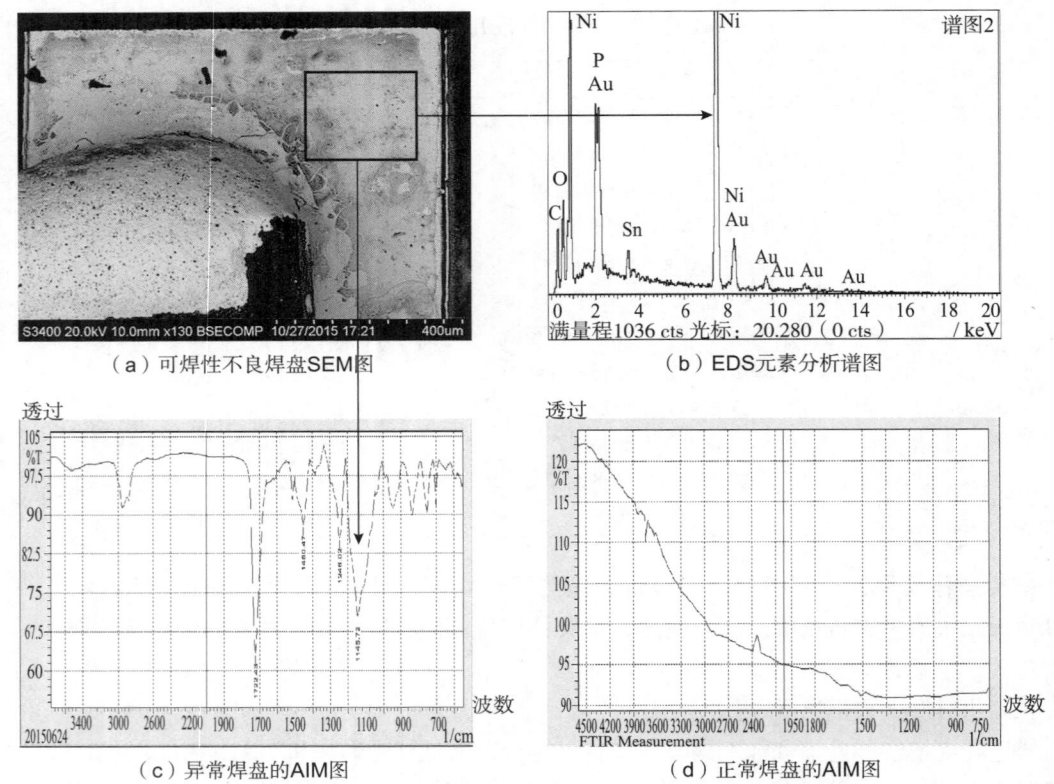

（a）可焊性不良焊盘SEM图　　　　　　（b）EDS元素分析谱图

（c）异常焊盘的AIM图　　　　　　（d）正常焊盘的AIM图

图 60.7　AIM 和 EDS 联用分析可焊性不良污染来源

60.2.8　短路定位探测分析

短路定位探测仪通过红、黑两支表笔，在被判定短路失效的 2 个测试点上施加特定的电磁波，由电磁波捕捉笔跟踪"扫雷"——远离短路回路的位置雷达信号弱，靠近短路回路的位置雷达信号强，从而快速而准确地找到异常点。

在使用短路定位探测仪的过程中，正确地解读电磁波捕捉笔的信号对于准确分析问题尤为重要。需要根据电磁波捕捉笔的指示灯的显示情况进行信号判读。

据统计，在所有 PCBA 制程失效中，仅短路造成的失效已占 25% 左右。而在所有短路失效中，对地短路占了近 90%。在复杂的电路中，尽管可采用万用表或自动检测设备（ATE）检测出短路的两点，但究竟是此两点电路中的哪个元件造成的短路？短路定位探测仪可以提供单一和高效的解决方案，无需区分各种故障原因，无需拆除元件，无需切割线路，无需昂贵设备，没有潜在风险。例如，BGA 大面积击穿导致对地短路，根据电磁波捕捉笔找到 BGA 处有中等信号，与电流输入线上的强信号不一样，板子上的不同点加入电流信号，都可以在此 BGA 中发现中等信号。拆掉此 BGA，短路信号消失。如图 60.8 所示，电磁波捕捉笔会在经过 BGA 时出现电流信号。

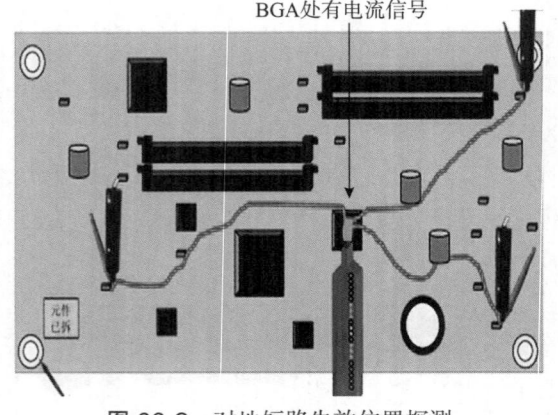

BGA处有电流信号

图 60.8　对地短路失效位置探测

60.2.9　红外热成像分析

红外热成像仪通过红外镜头将物体所散发的红外辐射聚焦于红外探测器焦平面上，经过红外探测器的光电转换，转化为电信号，然后通过后续电路的电子处理，最终转化为人眼可见的红外图像。它是依靠接收目标自身的红外辐射工作，对其他精密电子仪器设备没有任何干扰。

红外热成像仪一般由红外镜头、红外探测器、处理电路、显示电路等部分组成。其中，红外探测器是红外热成像仪的关键元件，是感受红外辐射，将红外辐射能量转化为电信号的电子元件。

红外热成像仪可检测物体在不同条件下的表面温度分布情况。温度监测范围可达到 $0 \sim 250℃$；同时，测温灵敏度可优于 100mK，能够清晰反映物体表面不同区域的温度分布。

在 PCB/PCBA 失效分析应用方面，红外热成像仪作为一种无损分析手段，能够快速定位失效点。例如，通过对 PCB/PCBA 的失效网络进行外加电流，呈现 PCB/PCBA 表面的红外热像图，来寻找开路失效点。这种方法大大提高了失效分析的效率及准确性。

60.2.10　热分析技术

热分析技术是 PCB 业内一种较常用的分析方法，主要用到的有热重分析（TGA）、热机械分析（TMA）、差式扫描量热（DSC）和动态力学分析（DMA）。

1. 热重分析（TGA）

热重分析（TGA）是一种按照一定程序控制样品的温度变化，将该样品的质量作为温度的函数进行测量，并绘制出热重曲线的分析技术[13]。热重分析仪的核心是一架高准确度、高可靠性的垂直天平，装配在具有温度补偿功能的天平室内。测试时，被测样品置于天平内，当被测物质在加热过程中发生升华、汽化、分解出气体或失去结晶水等现象时，样品质量就会发生变化，便可得到相应的热重曲线，通过分析热重曲线即可得到被测样品的质量变化量和对应的温度及时间点数据。

在 PCB/PCBA 的分层失效分析中，基材受潮吸水[14]是导致基材分层的主要原因之一。水分在基材中的存在形式主要有两种，一种是以分子簇的形式存在于树脂高分子间的自由体积空隙中，称为物理吸附；另一种是水分子与高分子链段上的极性分子形成化学键和，结合在分子链上，称为化学吸附。其中，物理吸附的水分较容易去除，而化学吸附的水分较难去除。

使用 TGA 可准确地分析出 PCB/PCBA 样品的吸水率，为产品的分层原因提供分析依据。从失效 PCB/PCBA 上取适量纯基材的样品，放入托盘中，在一定的程序控温条件下，使基材中吸收的水分受热蒸发汽化，从而得到样品的质量损失量随时间和温度的变化曲线，如图 60.9 所示，纵坐标为温度（℃），横坐标为时间（min），曲线的测试终点的失重率即样品的吸水率。

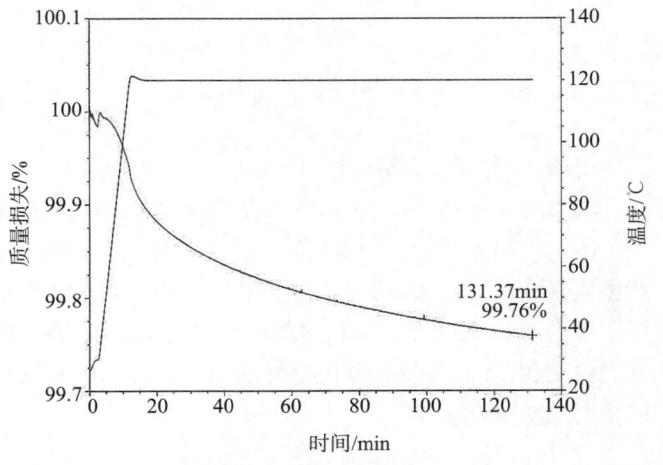

图 60.9　吸水率测试曲线

2. 热机械分析（TMA）

热机械分析（TMA）是在程序控温下，测量固体、液体和凝胶在热或机械力作用下的形变性能，当差动变压器检测到样品发生形变时，连同温度、应力和应变等数据进行处理后，得到物质在可忽略负荷下形变与温度（或时间）关系的一种技术。

众所周知，PCB 的制程工序中涉及较多的高温处理过程，如无铅热风整平、回流焊等，在这些高温处理过程中，基材受热会发生膨胀，出现一定的尺寸变化。若基材的线性膨胀系数过大，会影响 PCB 产品的品质及可靠性，甚至发生孔铜断裂、分层爆板等风险。因此，对 PCB 基材的热膨胀性能进行检测评估必不可少。

TMA 可以准确地测量出基材的热膨胀百分比 PTE（IPC-TM-650 2.4.24）和基材玻璃化转变前后阶段的热膨胀系数 CTE（Alpha 1 及 Alpha 2，IPC-TM-650 2.4.24），为 PCB 基材的热膨胀性能分析提供依据。同时，TMA 可根据 IPC-TM-650 测试方法 2.4.24.1，评估基材在 260℃、288℃和 300℃条件下出现分层爆板时间，即 T260、T288 和 T300[15-17]。

此外，TMA 还可以检测基材的玻璃化转变温度 T_g 值和基材的固化度 ΔT_g 值（IPC-TM-650 2.4.25）。在玻璃化转变前后，基材的热膨胀系数会发生明显的变化，TMA 可以根据基材膨胀尺寸的变化速率，分析出基材的 T_g 值。TMA 在测试 PCB 基材 T_g 时，是通过形变 - 温度曲线上两条切线的交点所对应的温度来表示的，如图 60.10 所示。

对于固化度 ΔT_g 测试，从起始温度升温至超过转变区域 20℃以上，再进行 15 ± 0.5min 的固化，计算固化前后 T_g 的差值。图 60.11 中，固化度 $\Delta T_g = T_{g2} - T_{g1} = 177.20℃ - 173.93℃ = 3.27℃$。

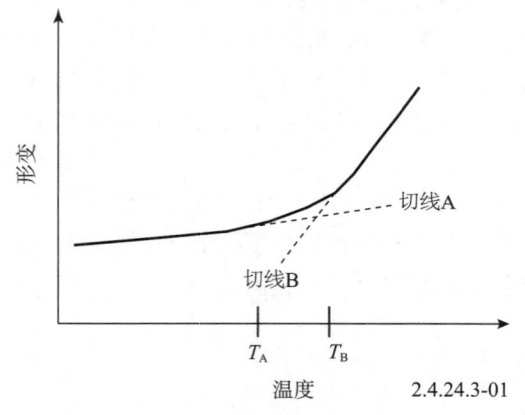

图 60.10 TMA 测试 T_g 曲线图

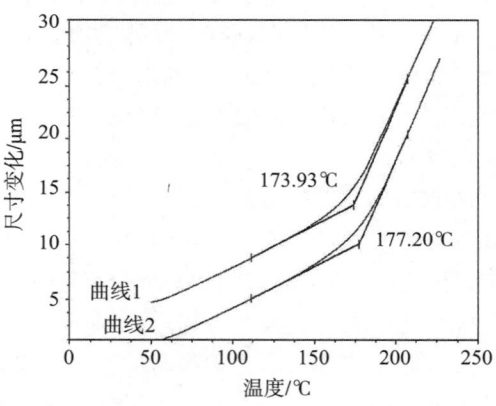

图 60.11 TMA 测试 ΔT_g 曲线图

3. 动态力学分析（DMA）

动态力学分析（DMA）是在程控温度下，测量材料在受到振荡负荷时，弹性模量和损耗模量与温度之间关系的一种分析技术。待测样品受周期性（正弦函数）变化的机械应力的作用，并产生模量变化。DMA 可以通过检测弹性模量和损耗模量准确测试出 PCB 材料的 T_g 和 ΔT_g。基材固化度 ΔT_g 是反应 PCB 材料的固化情况的物理指标，DMA 可准确测试出超高 T_g 基材的固化度，并通过测得的 ΔT_g 值来分析基材的固化情况。图 60.12 为 DMA 测试基材玻璃化转变温度 T_g 和固化度 ΔT_g 曲线。

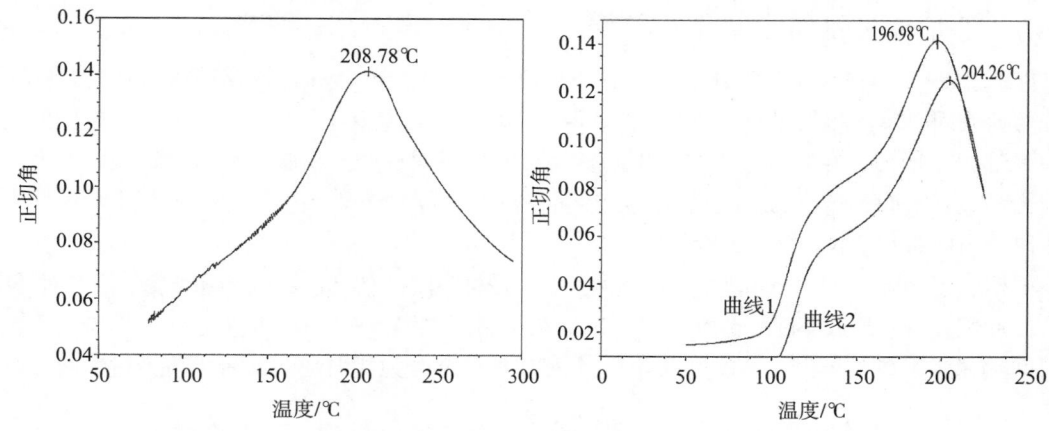

图 60.12　DMA 测试玻璃化转变温度 T_g（左）和固化度 ΔT_g 曲线（右）

4. 差式扫描量热（DSC）

差示扫描量热（DSC）法，是在程控温度下，测量输给物质和参比物的功率差与温度关系的一种技术，主要有热流型和功率补偿型两种。

DSC 是业内最早用于测量 PCB 基材 T_g 值的热分析技术，与 TMA 测量基材热膨胀尺寸变化的测试原理不同，DSC 测量材料的热容随温度的变化关系，能准确测量中、低 T_g 基材的玻璃化转变前后的热容变化，从而分析出基材的 T_g 值及固化因素 ΔT_g 值。但某些超高 T_g 基材的比热容在玻璃化转变前后变化不明显，DSC 设备较难准确地分析其 T_g 值。因此，DSC 一般与 TMA 和 DMA 两种热分析方法配合使用。

在 PCB/PCBA 的失效分析应用中，DSC 主要用于检测基材的玻璃化转变温度 T_g 和固化度 ΔT_g，如图 60.13 所示。尤其是对微量样品及形状不规则的样品，甚至是对多层成品 PCB 中单层的粘结片或基材，DSC 设备都有较好的检测优势。

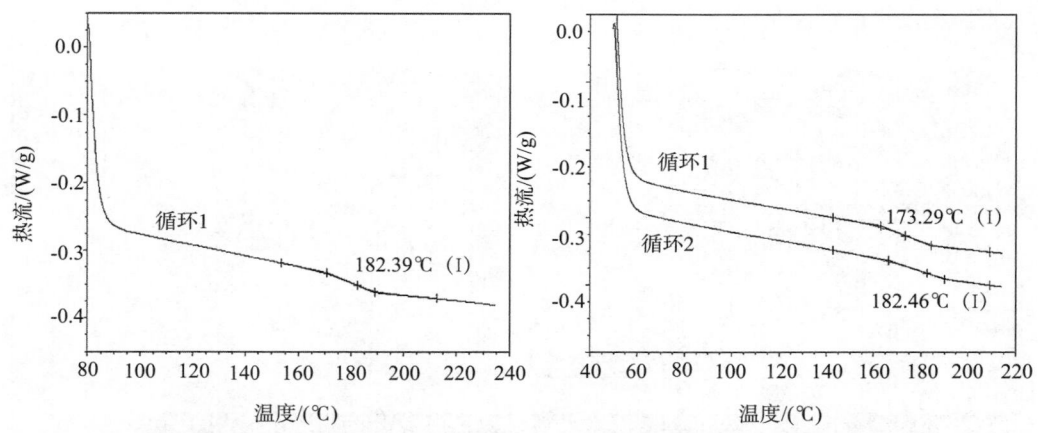

图 60.13　DSC 测试玻璃化转变温度 T_g（左）和固化度 ΔT_g 曲线图（右）

60.3　分层失效分析

按照 IPC 标准的定义，分层是指出现在基材内的层与层之间、基材与导电箔之间，或 PCB 任何其他层内的分离现象[18]。分层现象从表观上看，通常在无铜皮遮挡的位置表现为泛白，在有铜皮遮挡的位置表现为鼓包或者起泡。PCB 分层爆板会使得内部的电气绝缘性能降低，发生漏电击穿，或者导致导线或通孔断裂，最终引起电子产品的功能失效。

60.3.1 分层失效机理

PCB 由铜箔和粘结片高温压合而成，不同材料相互结合，包括铜箔与树脂间的物理结合、玻纤与树脂间以及树脂之间的化学键合。同时，不同材料也具有不同的热膨胀系数，树脂的热膨胀系数远大于铜箔，在制造过程中，不同材料会发生不同程度的膨胀，形成一定的内应力。当内应力超过材料间的结合力，就会导致原本黏合在一起的结合面分离，出现分层[19]。因此，分层取决于内应力和结合力之间的较量。

根据以上分析，分层的机理可归纳为两点，一是材料间的结合力弱，影响因素包括界面污染、结合面形貌异常、填胶不足、界面裂纹、玻纤与树脂间水解等；二是内应力过大，影响因素包括材料间热膨胀系数差异大、温度过高等。当 PCB 某处结合力相对薄弱或者内应力过大时，就容易发生分层。

PCB 分层的原因多种多样，按照分层界面，可将失效模式分为如下 5 类。

1. 外层铜箔与粘结片树脂之间分层

铜箔毛面的表面粗糙度大，或者瘤化程度高，铜箔与树脂接触的比表面积就大，在相同的树脂体系之间，铜箔和树脂的黏合力（抗剥离强度）就大，出现铜皮分层的情形将大大减少[20]。

取一覆铜板，将其表面铜蚀刻掉，进行沉铜板镀。然后对覆铜板和沉铜板镀样品进行焊盘拉脱强度测试，比较铜箔毛面、沉铜层的树脂结合力差异。从测试结果看，铜箔毛面与树脂间的结合力约为沉铜层与树脂间的结合力的 5 倍。说明铜箔毛面与树脂间的结合力要远远大于沉铜层与树脂间的结合力，后者的结合，更容易出现分层。

对比铜箔毛面和沉铜层的微观形貌可以发现，铜箔毛面的颗粒细小密集，瘤化程度更高，压合后与树脂的接触比表面积更大，如图 60.14 所示。

此外，钻孔过程对 PCB 分层也会有一定的影响。在高温条件下，孔壁粗糙位置容易形成应力集中，导致孔壁断裂，进而引起分层。因此，为了减少因孔壁粗糙度引起的微裂纹和应力集中，应对孔壁粗糙度进行控制[21]。

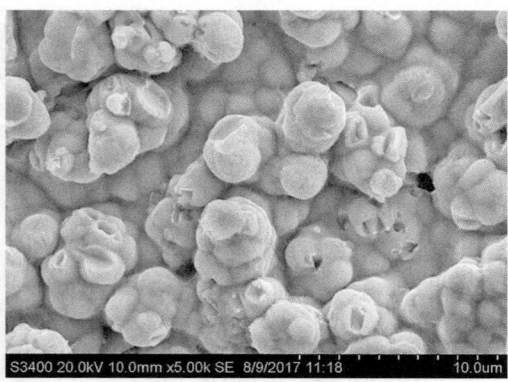

图 60.14　铜箔毛面微观形貌图（左）和沉铜层的微观形貌图（右）

2. 粘结片树脂之间分层

多层 PCB 的压合过程分为预压和全压两步。预压在较低的接触压力下，使粘结片处于熔融温度时完成层压排气、树脂填充层间空隙和实现初期粘结等功能。全压在较高的接触压力和粘结片交联温度条件下，完成树脂由熔融到交联固化的转化。预压周期太短，即过早地施加全压，会造成树脂流失过多，严重时会造成缺胶分层；而预压周期太长，即加全压太晚，层间空气和挥发物排除得不彻底，间隙未被树脂充满，便会在板内产生树脂空洞，在后工序再次经高温冲击时，由于气体膨胀，可能导致分层[22, 23]。

另外，当粘结片之间存在杂物时，也会阻碍树脂之间的聚合，削弱粘结片之间的结合力，在受热膨胀时出现分层。

3. 粘结片树脂与棕化面之间分层

内层芯板经过棕化处理后，在铜面形成一层均匀的棕色有机金属膜，可增强铜面与粘结片的结合力。同时，在高温压合过程中，阻止铜与粘结片的氨基发生反应。棕化面的环状凸起状微观结构能够增强内层板铜面与粘结片树脂间的物理结合，并且在压合过程中还能与树脂分子发生交联反应形成化学键和，增强树脂与铜面的结合力。当棕化面的这种微观结构被破坏，如刮伤或者微观结构异常，均会削弱棕化面与粘结片树脂的结合力，使 PCB 受热膨胀后易出现分层现象。图 60.15 为正常棕化面的微观形貌，呈现均匀的环状凸起状。

粘结片由玻纤和树脂组成，树脂在高温下具有流动性，冷却后与铜面形成物理结合。当铜层过厚时，压合时树脂会大量地向无铜区流动，导致与铜面结合的树脂层偏薄甚至没有"奶油层"，使玻纤和铜面直接接触。受热后，就在这个部位产生分离；而如果无铜区树脂填充不足会留下空洞，在受热后也会引起粘结片树脂与内层基材的分离。

此外，棕化面的污染也会削弱粘结片树脂与棕化面的结合力，导致出现分层现象。

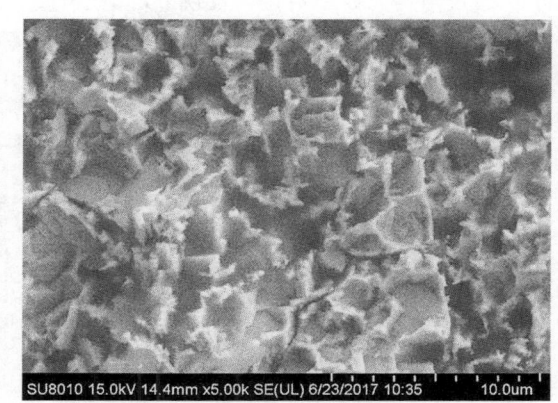

图 60.15　正常棕化的微观形貌

4. 玻纤与树脂之间分层

在高于玻璃化转变温度 T_g 的温度条件下，树脂的 CTE 一般在 220 ~ 350ppm/℃，而玻璃布为 6 ~ 10ppm/℃。当 PCB 经受的温度过高，使得应力达到玻璃布和树脂结合极限时，玻纤与树脂的界面会产生分离，出现分层现象[20]。

此外，当 PCB 暴露于缺乏有效监控的环境中或长时间存储时，环境中的水分会慢慢向板材内部渗透，在回流焊的高温下，当水分蒸发形成的蒸汽压力大于板件内部的结合力时即出现分层爆板。蒸汽压力主要受回流温度和吸水程度的影响，回流温度越高，含水越多，蒸汽压力越大。同时，当存在大铜箔面时，其挡住了受热后向外逸出的水汽，使微裂纹中水汽的压力更高，导致爆板概率进一步增加[24, 25]。结合力主要受材料固化体系和水分子作用的影响。目前常见的固化体系主要为双氰胺（DICY）固化体系和酚醛树脂（PN）固化体系。DICY 体系树脂固化后，其高分子链含有较多的极性 N 原子，易与水分子形成化学键，发生水解，削弱树脂间的结合力，导致树脂与玻纤发生分离[26]。研究表明，DICY 固化体系在残铜率为 80% 时，吸水率达到 0.41%（质量分数），回流一次即可能出现玻纤与树脂之间分层[24]。

5. 芯板铜箔与树脂之间分层

芯板铜箔与树脂间的结合力，与外层铜箔与粘结片树脂的结合力一致，主要为物理结合力。

因此，发生分层的原因也类似，也包括铜箔毛面的表面粗糙度小或者瘤化程度低、树脂形貌异常和钻孔质量差等。

60.3.2 外层铜箔与粘结片树脂之间分层案例

此类分层常见的失效形式为孔口分层或大铜皮分层。前者可能是孔口树脂被咬噬、孔壁质量差、基铜缺失和层压异物所致，后者多是基铜缺失和层压异物所致。下面以基铜缺失导致的孔口分层为例进行分析。

案例背景 失效 6 层板在一面组装完后，多处位置发生分层起泡现象。

案例分析 采用超声波扫描对不良 PCBA 进行分析，确认分层多发生在大的 PTH 孔口附近，如图 60.16 所示。

对分层位置进行垂直切片分析，确认分层仅位于外层铜箔与粘结片树脂之间，如图 60.17 所示。通过与孔内铜层对比，发现外层铜层有缺失的现象。

通过调查生产流程，了解到此板在沉铜电镀前有对基铜进行过磨板，即采用毛刷研磨的方式进行过减薄铜处理。由此说明，在磨板过程中出现了孔口基铜被移除的问题。

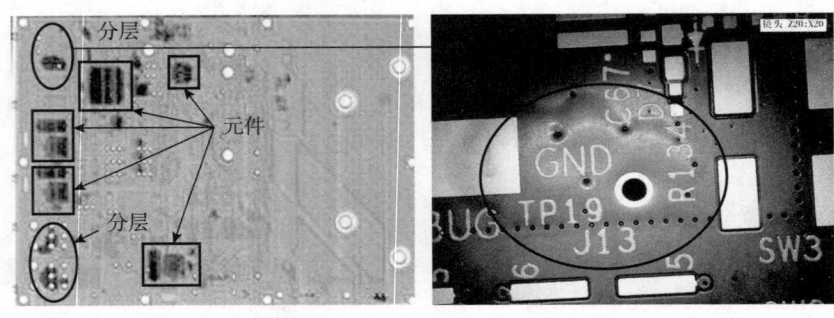

图 60.16 分层分布图

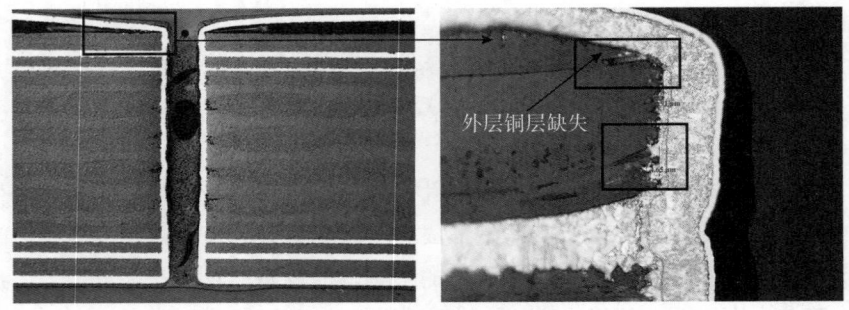

图 60.17 分层的垂直切片

60.3.3 粘结片树脂之间分层案例

此类分层一般是层压异物、树脂空洞所致。下面分别进行案例分析。

1. 层压异物

案例背景 失效 PCB 经过 3 次无铅回流后，有一处位置出现分层起泡的现象。

案例分析 对分层位置进行垂直切片分析，发现分层位于粘结片树脂之间。结合其叠层信息，该位置为两张固化片之间，如图 60.18 所示。

采用物理剥离的方法将 PCB 起泡的位置揭开，并采用扫描电子显微镜观察分层界面的微观形貌（见图 60.19），使用 X 射线能谱分析仪进行元素分析（见图 60.20）。

起泡位置呈现棕黑色，通过扫描电子显微镜进一步观察起泡点，起泡位置存在类似泥块形状物质，其主要含有 C、O、Mg、Al、S、Cl、Cu 元素，其中 Mg 和 S 元素含量较高，为非基材元素。说明在层压的粘结片预叠过程中有含 Mg 和 S 元素的杂物落入。

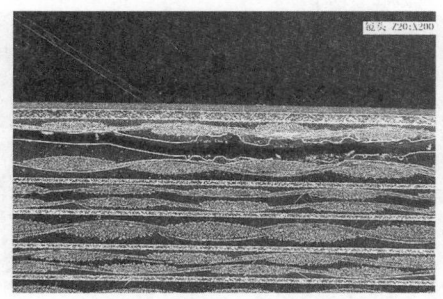

图 60.18 分层位置的放大图

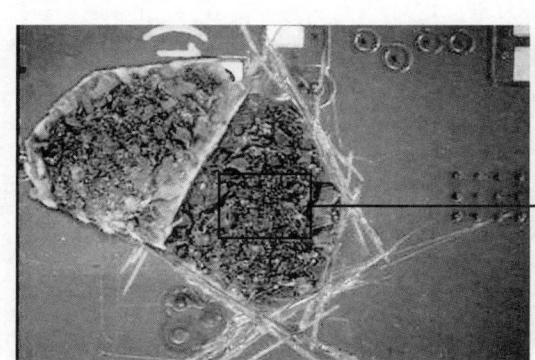

图 60.19 分层界面外观图（左）和微观形貌图（右）

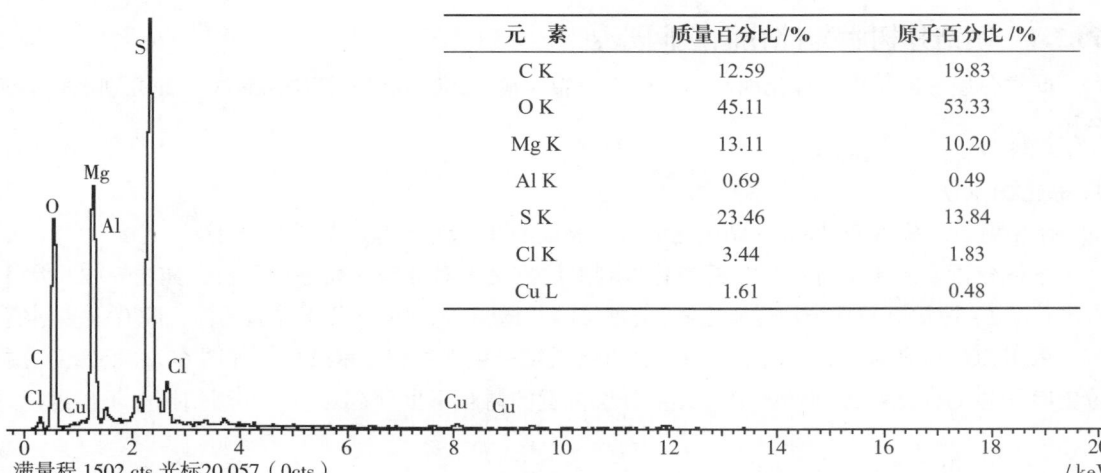

元　素	质量百分比 /%	原子百分比 /%
C K	12.59	19.83
O K	45.11	53.33
Mg K	13.11	10.20
Al K	0.69	0.49
S K	23.46	13.84
Cl K	3.44	1.83
Cu L	1.61	0.48

满量程 1502 cts 光标20.057（0cts）　　/ keV

图 60.20 分层界面异常位置的元素分析结果

2. 树脂空洞

案例背景　失效 4 层板在 1 次回流后，出现大批量多处位置分层。

案例分析　通过垂直切片分析，并结合该板叠层设计和介质层厚度可知，分层位于粘结片树脂与芯板树脂间，分层区域呈现长椭圆形，如图 60.21 所示。

采用扫描电子显微镜对分层界面进行微观形貌观察，如图 60.22 所示。芯板树脂因蚀刻掉铜，留下铜牙咬合后的蜂窝状形貌，而粘结片树脂表面光滑，并没有形成与蜂窝状相吻合的形貌。由

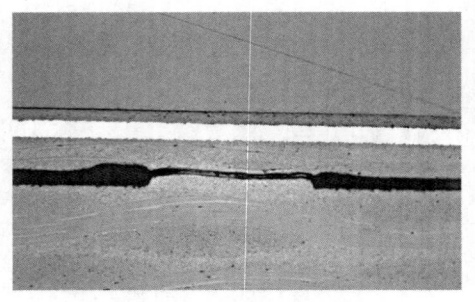

此说明，粘结片树脂在分层之前并没有与芯板树脂压合融为一体。结合垂直切片中分层区域的长椭圆形状，判断为压合过程中存在树脂空洞，经受热应力后扩大而引起了分层。

通过确认层压曲线，发现该板生产过程中参数设定错误，预压周期太长，导致整批板存在树脂空洞的现象，最终导致了分层。

图 60.21　树脂空洞垂直切片图

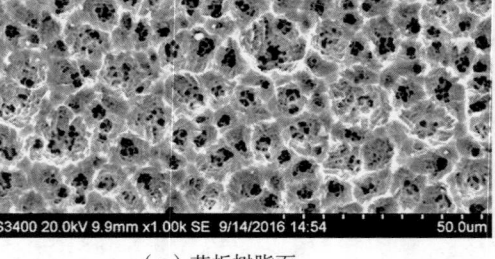

（a）芯板树脂面

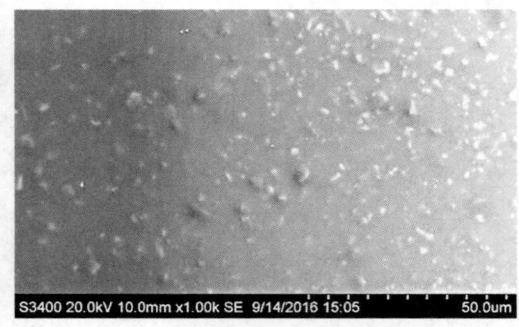

（b）粘结片树脂面

图 60.22　分层界面微观形貌

60.3.4　粘结片树脂与棕化面之间分层

此类分层一般是由于棕化面刮伤、棕化形貌异常、缺胶或界面污染所致。下面分别进行案例分析。

1. 棕化面刮伤

案例背景　失效 20 层板在贴装完成后，靠近 PCB 板边出现 1 处位置分层。

案例分析　采用垂直切片分析和物理剥离的方法，对分层界面进行分析，如图 60.23 所示。分层位于 L9 棕化面与粘结片树脂之间，透过粘结片树脂，隐约可见分层界面的棕化膜有很多划痕。

采用物理剥离的方法将粘结片剥开，进行微观形貌观察和元素分析，如图 60.24 所示。分层位置有明显的棕化膜被划伤的痕迹，未分层位置的树脂下也存在划痕。使用扫描电子显微镜进

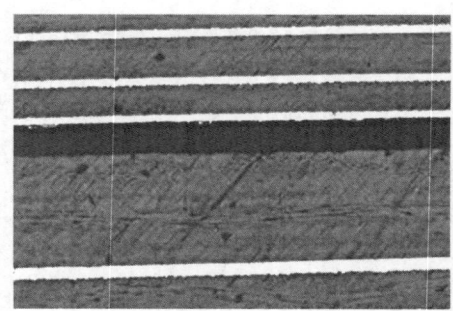

分层位置A

棕化膜划痕

图 60.23　垂直切片图（左）和水平剥离图（右）

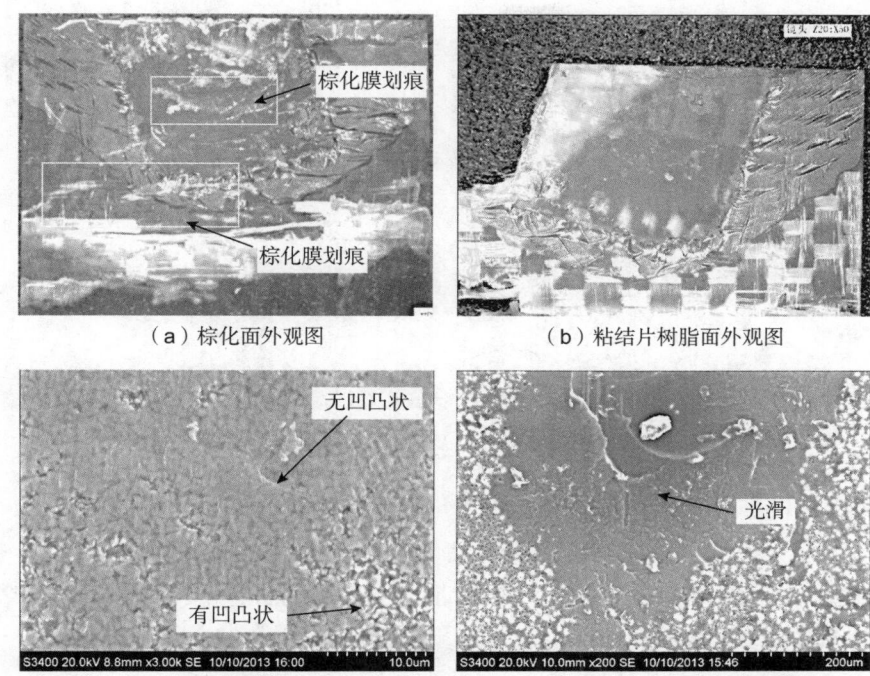

（a）棕化面外观图　　　　　　　　（b）粘结片树脂面外观图

（c）棕化面微观形貌图　　　　　　（d）粘结片树脂面微观形貌图

图 60.24　棕化面刮伤案例分析外观图

行形貌观察，划伤的位置棕化层形貌平整，无明显的凹凸状形貌。分层位置对应的粘结片树脂的表面平滑，未形成与凹凸状的棕化膜相吻合的蜂窝状形貌，从而削弱了棕化面与粘结片树脂之间的结合力。

2. 棕化形貌异常

案例背景　失效 PCBA 在组装后发生分层起泡现象。

案例分析　对分层区域做垂直切片分析，见图 60.25 所示。分层位于棕化面与粘结片树脂之间，粘结片树脂完全与铜面剥离开，且孔铜拉裂。

采用金相显微镜和扫描电子显微镜，对分层位置的棕化面进行观察，如图 60.26 所示。分层位置的棕化面的颜色不均一，且接近铜面颜色，而非棕色。从以上微观形貌可以看出，分层位置的棕化面大部分区域均无树脂残留，棕化面呈现块状台阶状，而非正常棕化面的环状凸起状形貌。因此，粘结片树脂和棕化面的结合力差，受热膨胀后发生分层。

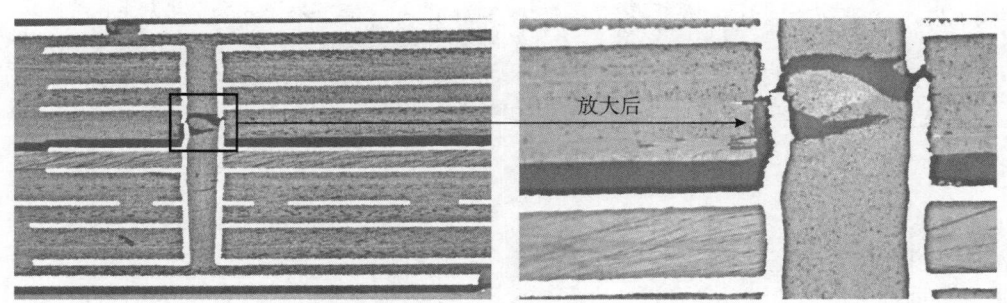

放大后

图 60.25　分层区域垂直切片

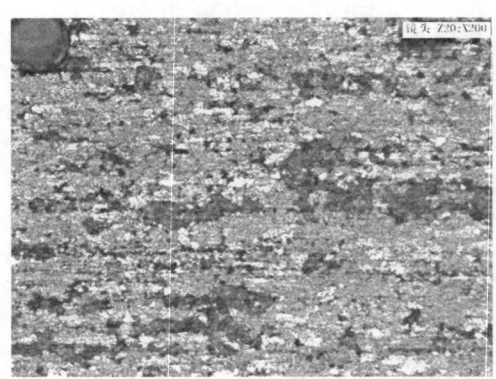

图 60.26 分层位置的棕化面形貌图

60.3.5 玻纤与树脂之间分层案例

此类分层可能发生在手工焊接孔、插件孔或大孔附近，以及其他区域。手工焊接孔或插件孔附近的分层通常是由于焊接高温所致，大孔附近的分层常见为孔壁质量差，而其他区域的玻纤与树脂之间分层多是由于吸潮所致。

案例背景 失效 PCBA 在两面组装后，多处位置发生分层起泡。

案例分析 采用超声波扫描显微镜进行分析，发现分层主要集中在无铜皮覆盖的区域。对分层区域进行垂直切片分析，确认分层位于玻纤与树脂之间，如图 60.27 所示。

取组装后的 PCBA 样品，采用热重分析仪测试吸水率，测得吸水率为 0.35%（质量分数），如图 60.28 所示。由于经过组装高温，部分水汽会被蒸发掉，由此可以说明该板在回流焊接之前吸水率大于 0.35%（质量分数）。此材料为 DICY 固化体系，相关研究表明，吸水率为 0.41%（质量分数）时，就有分层爆板的风险[24]。

调查此板生产记录，该板材为超期使用。板材长期存储会导致其吸水，经受回流焊接的高温后出现分层。

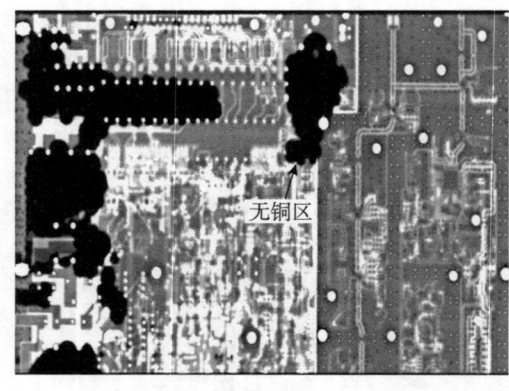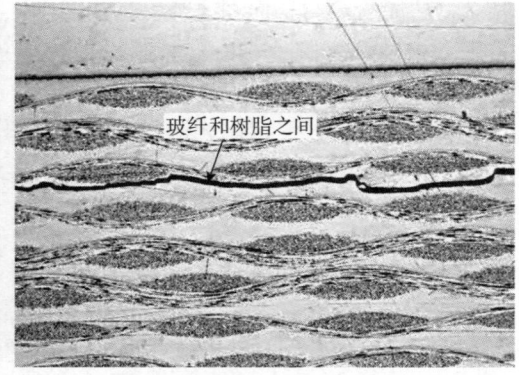

图 60.27 超声波扫描图（左）和分层位置垂直切片图（右）

60.3.6 芯板铜层与树脂之间分层案例

此类界面的分层可能出现在孔口或大铜皮区域。前者通常是孔口树脂被咬噬或孔壁质量差所致；后者通常是芯板来料异常所致。下面以孔壁质量差引起的分层为例进行案例分析。

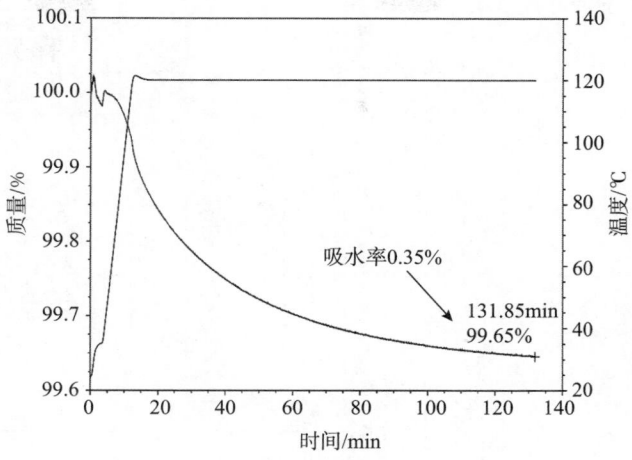

图 60.28　吸水率测试曲线

案例背景　失效 10 层板在贴装回流焊后，多处位置发生分层起泡现象。

案例分析　对不良板进行外观确认，发现分层均发生在直径为 5.2mm 的大孔附近。通过垂直切片分析，确认分层主要发生在孔口的芯板铜面与其树脂之间。

采用水平研磨的方式对分层位置进行观察，如图 60.29 所示。确认分层沿着孔周围向其他区域延伸。这个很可能是钻孔质量差引起的分层现象。

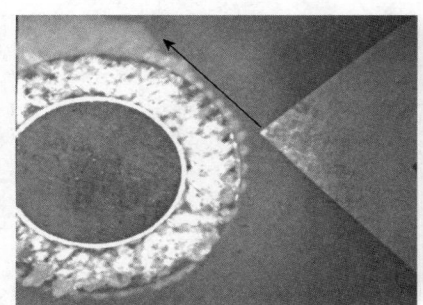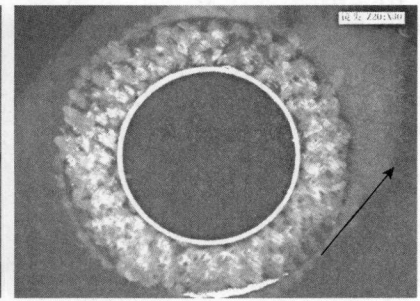

图 60.29　分层位置水平切片图

取同周期库存板的大孔进行水平切片和垂直切片分析。确认孔环周围有白色的裂纹，裂纹处有树脂缺损的现象。在回流焊过程中，孔环周围的裂纹沿着孔环向外扩展，从而出现分层。取同周期库存板大孔区域进行 1 次热应力测试，结果发现大孔附近沿着孔壁出现明显的细长裂纹，见图 60.30。

由此说明，该分层是由于大孔钻孔质量差，钻刀的机械作用引起了树脂的微裂纹，经受热应力后裂纹扩展，形成分层。

图 60.30　库存板热应力测试后垂直切片图

60.3.7　分层失效分析思路

常见的分层失效分析思路如图 60.31 所示。

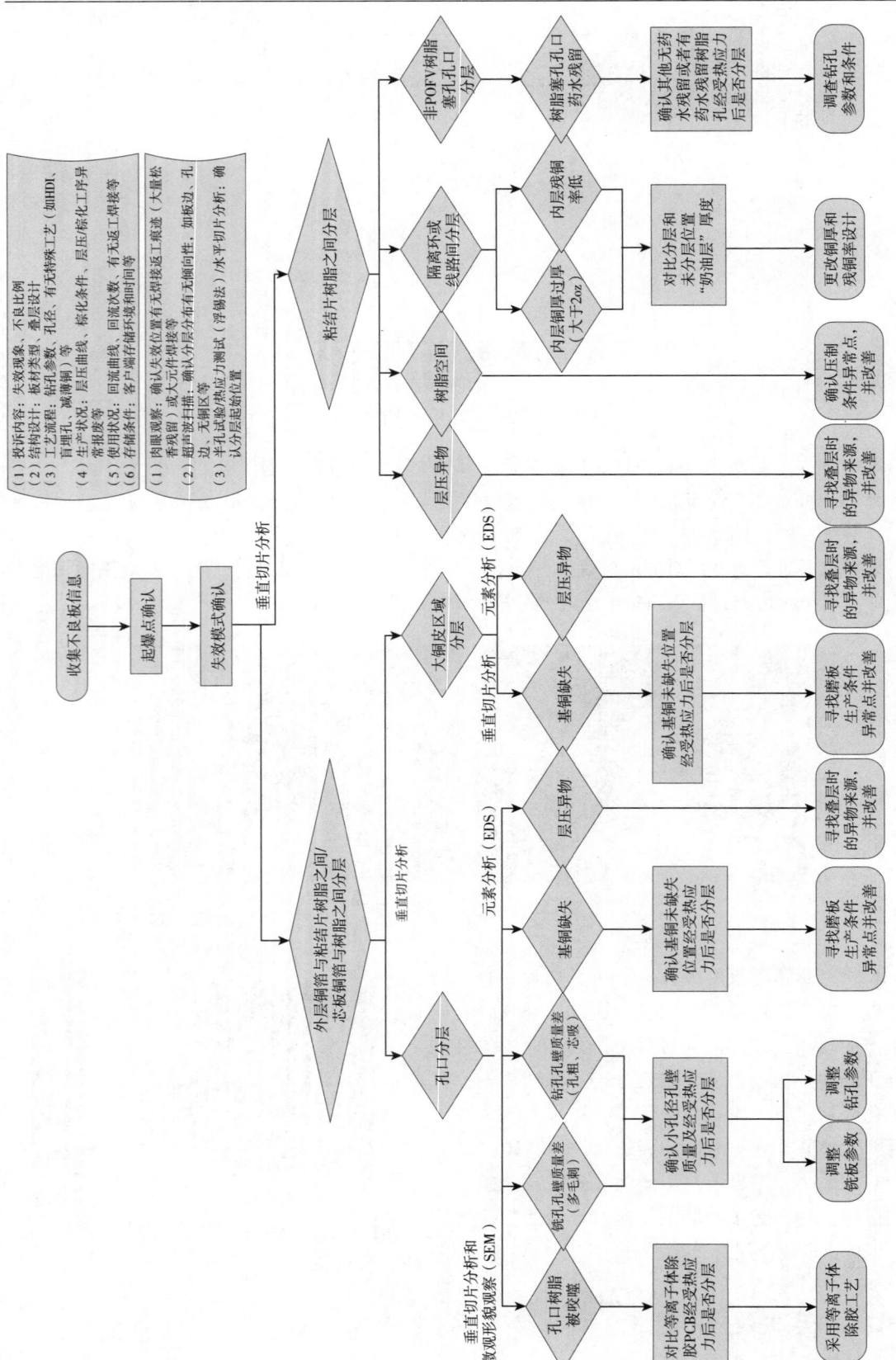

图 60.31 常见的分层失效分析思路

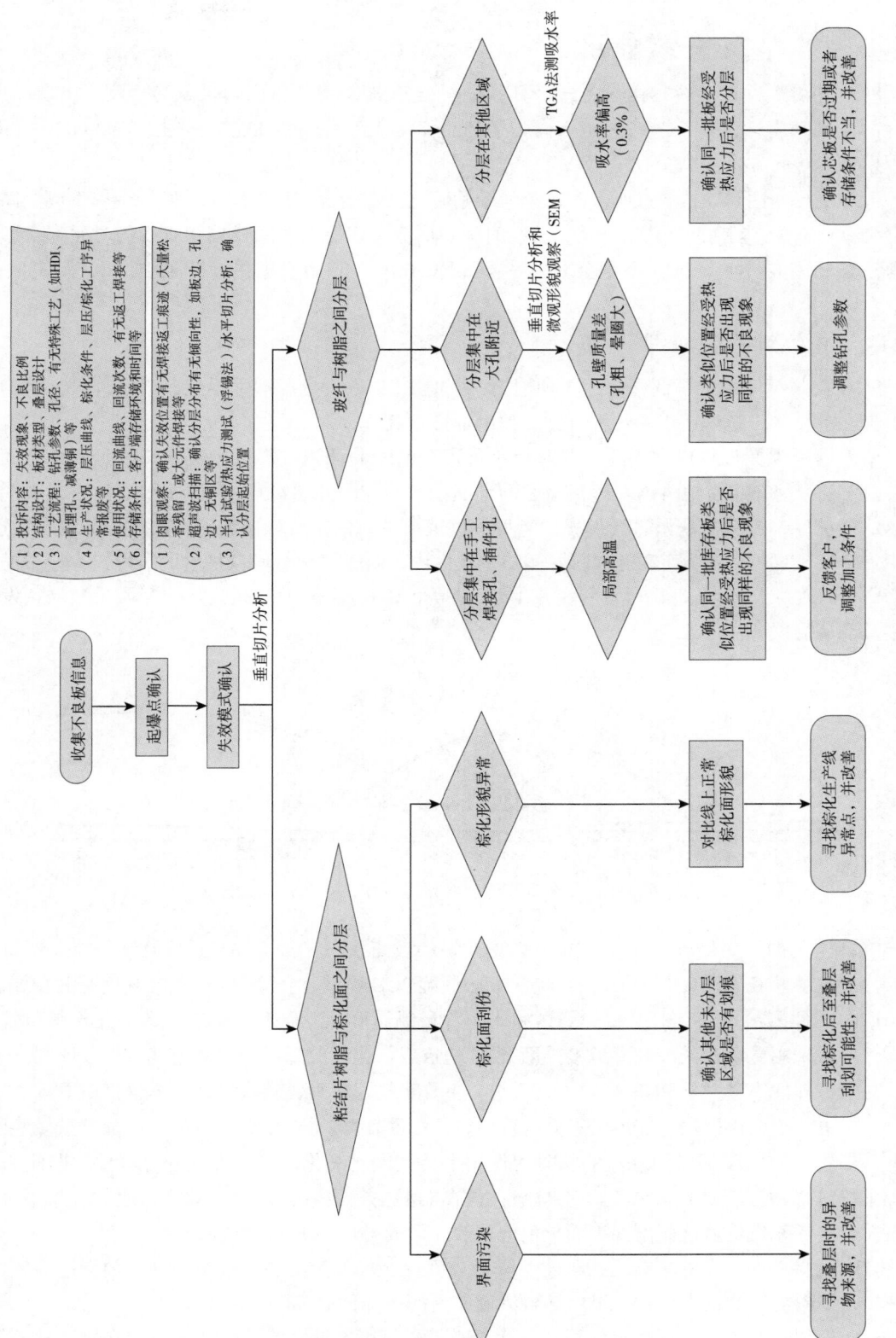

续图 60.31

60.4 可焊性失效分析

PCB 的可焊性，有两种衡量方式，其一是根据 PCB 在组装中的焊接难易程度，出现虚焊、假焊的概率来衡量；其二是 PCB 生产商为了判断和保证产品焊接性能，根据 J-STD-003C 标准，采用模拟焊接的方式，以润湿程度来衡量[27-29]。

当焊接温度达到焊料熔点以上时，焊料开始熔化。在结合部位，锡与基底层金属生成金属间化合物（IMC）。焊接的峰值温度及其持续时间、回流（熔锡）时间或接触波峰的时间都会影响可焊性和 IMC 的生长，IMC 不足会影响焊接强度，IMC 过厚也会削弱焊接强度。

60.4.1 可焊性失效机理

PCB 及其组件焊接不良可分为 3 种情况，一是 PCB 的焊盘可焊性不良，二是焊接元件的引线可焊性不良，三是焊接组装过程异常导致的焊接不良。

要弄清可焊性失效机理，首先要对焊接过程有清晰的认识。焊接过程的核心是两个界面的反应过程：保护性镀层的溶出和焊接基底的界面扩散，如图 60.32 所示。其主要发生在焊料润湿焊盘的最前端，也就是润湿过渡层。靠近保护性镀层一侧的带状区域为保护层金属元素扩散层，发生保护性镀层的溶出；而靠近焊料一侧的带状区域，由于前端金属保护层的溶出，焊接金属基底与焊料接触，IMC 由此处开始形成并生长，因而形貌粒度较大，此为焊接金属扩散层，发生焊接基底界面反应[30, 31]。

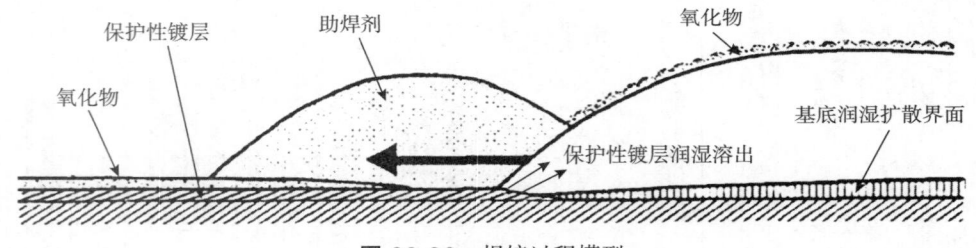

图 60.32　焊接过程模型

PCB 本身的可焊性不良主要表现为焊盘或焊环表面状态异常、焊接过程环境异常，锡钎焊料与焊接金属基底无法良好接触，使得焊料无法润湿 PCB 焊盘。对于未组装的 PCB 表面贴装焊盘，常用的可焊性测试方法有边缘浸焊测试和润湿称量测试两种。而对于组装后的 PCBA 的可焊性分析，一般采用微切片法去观察焊接界面 IMC 的形成情况以及焊料润湿的角度，加以评判[32]。

对于可焊性不良，从 PCB 端的角度考虑，主要影响因素为镀层质量，具体分析如下[33-40]。

（1）镀层表面被氧化。在焊盘表面处理后，如表面未清除干净，会有氯离子和酸性杂质残留。这些残留物在空气中的氧和水汽的长时间作用下会使镀层氧化，降低焊盘的可焊性。即使 PCB 清洗干净，而由于存储环境不良，长时间存放在潮湿空气或者含有酸、碱等物质的气氛中，焊盘表面也会逐渐发生氧化而出现表面异色等现象，形成可焊性不良的失效现象。

（2）镀层表面存在外来杂质污染物。焊盘表面存在外来污染物，会抑制助焊剂活性的发挥，致使焊盘润湿前的清洁度不佳，最后导致润湿能力的下降，造成可焊性不良。

（3）金属镀层不良。保护性镀层厚度太薄、不连续、有针孔或划痕、镀层存在腐蚀现象等，这些均会影响板子的存储性能，造成可焊性失效。

60.4.2　镍金表面处理 PCB 可焊性失效

化学镀镍 / 浸金板、电镀镍金板的焊盘镀层分为铜层、镍层、金层，镍层是主焊接层。

镍金表面处理 PCB 的镍层厚度一般为 $3 \sim 8 \, \mu m$，化学镀镍 / 浸金板的金层厚度为 $0.05 \sim 0.15 \, \mu m$，电镀镍金板的金层厚度通常为 $0.05 \sim 0.1 \, \mu m$。进行焊接时，较薄的金层作为镍层的保护层会迁移到焊料中，而真正与焊料进行焊接的是露出的镍基底层，焊接过程中镍层与焊料之间形成一层过渡的镍锡合金层（IMC），如图 60.33 所示。

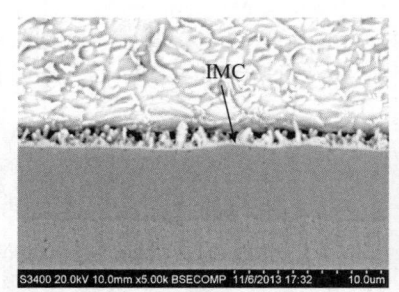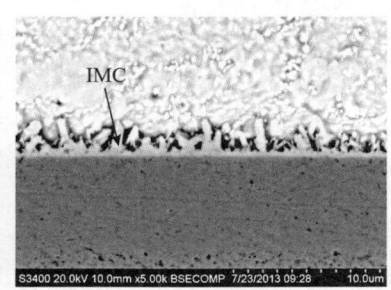

图 60.33　化学镀镍 / 浸金板（左）、电镀镍金板（右）的焊接界面微观形貌

常见的镍金表面处理 PCB 的可焊性失效原因有：镀层厚度不足、表面划伤、生产返工异常、金面污染（如有机物、尘土等）以及表面附着氧化物（镍氧化物、铜氧化物）和镍层腐蚀等。

金层作为最外层的保护层，起到抗腐蚀、防氧化的作用。金层的厚度不足或者表面有划伤，会造成镍层的保护不足，从而引起镍的氧化腐蚀。另一方面，金层与镍层的相互扩散，也会导致镍层过早暴露而出现氧化，镍氧化物的熔点较高，润湿性能差。

镍层作为金层和铜层之间的过渡层，起到阻挡铜和金相互扩散的作用，同时还是焊接的基底层。镍层过薄会削弱其阻挡铜金原子扩散的作用，同时导致有效焊接厚度变小，无法形成良好的焊点。对化学镀镍 / 浸金工艺来说，如果过程控制不当，可能会造成所谓的黑盘（镍腐蚀）问题。镍氧化物的浸润能力很差，因而黑盘对镍金镀层的可焊性会产生致命影响。图 60.34 为镍腐蚀截面和水平切片形貌图。镍腐蚀会削弱焊盘的润湿性能，最后导致焊点强度变差。

以金层作为表面处理层的 PCB，在可焊性方面有如下几类问题较为常见：金面划伤、焊盘表面污染、贴装异常、化学镀镍 / 镀金镍腐蚀等。

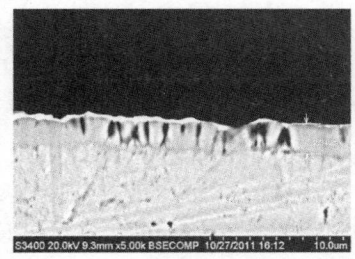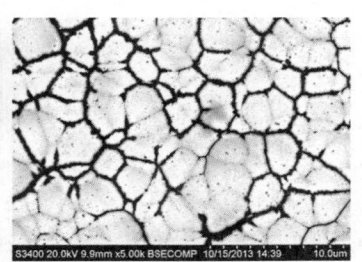

图 60.34　镍腐蚀截面和水平切片形貌图

1. 贴装异常

案例背景　失效样品为一块润湿不良的电镀镍金板。该板组装前的存放时间已超过 1 年。组装时，第一面的润湿不良情况轻微，而第二面的润湿不良比例为 100%。样品的外观如图 60.35 所示。

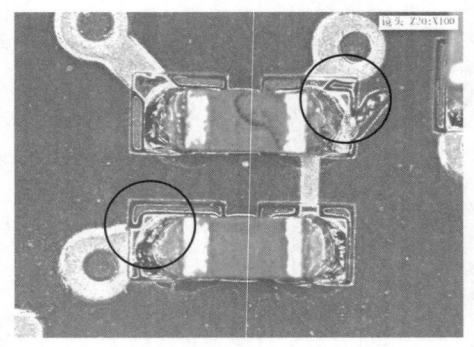

图 60.35 样品的外观

案例分析 对不良板的金厚进行测试，发现平均金厚为 0.044 μm，略偏薄。

对客户退回的 PCBA 润湿不良焊盘的 IMC 进行观察，发现镍层与焊料之间形成的 IMC 层偏薄（< 500nm），且局部位置存在不连续的现象，如图 60.36 所示。由此说明，该板在润湿方面的效果欠佳，存在可焊性不良问题。

清洗 PCBA 润湿不良焊盘上的助焊剂后，进行微观形貌观察及元素分析，结果如图 60.37 所示。未润湿

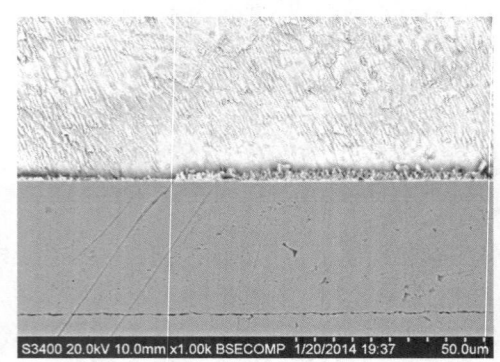
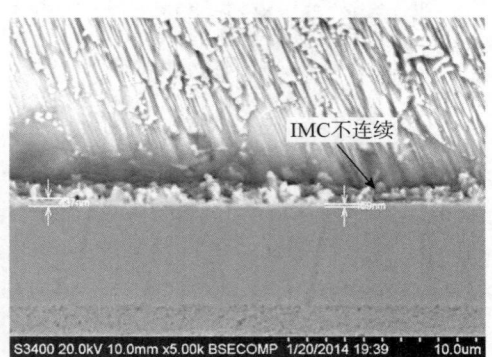

图 60.36 PCBA 焊接 IMC 层的微观形貌图

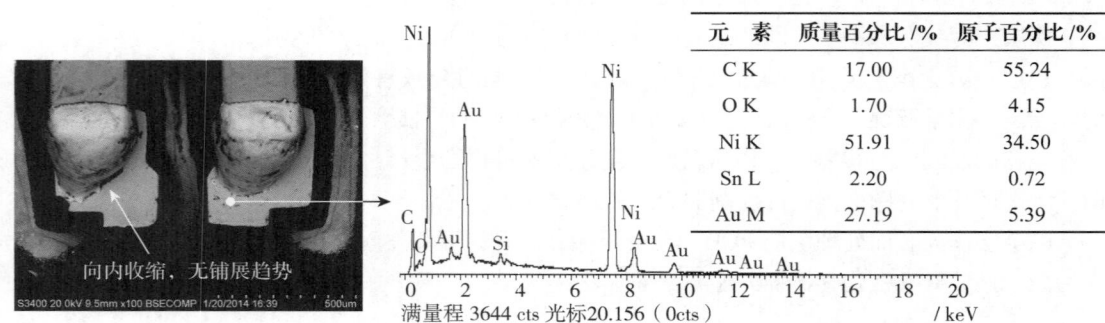

元素	质量百分比 /%	原子百分比 /%
C K	17.00	55.24
O K	1.70	4.15
Ni K	51.91	34.50
Sn L	2.20	0.72
Au M	27.19	5.39

满量程 3644 cts 光标20.156（0cts）　　　/ keV

图 60.37 焊盘表面形貌观察及元素分析图

焊盘的金面形貌正常，焊料边缘润湿焊盘的程度不均，未形成明显的润湿过渡层，局部位置甚至呈现焊料内缩现象，表现出较差的可润湿性；对未润湿金面进行元素分析，未发现特征异常元素。

对 PCBA 润湿不良焊盘进行异丙醇清洗后浸锡，结果发现仍然存在缩锡或反润湿的现象。

对 PCBA 润湿不良焊盘进行异丙醇清洗加酸洗后浸锡：先用异丙醇对客户退回的 PCBA 上残留的助焊剂进行清洗，再使用 0.1mol/L 盐酸清洗，然后进行同上条件的浸锡试验，试验结果如图 60.38 所示。发现原本润湿不良的焊盘均能上锡饱满。由此说明，焊盘表面在酸洗之前存在一定程度的氧化，润湿性能差，导致可焊性不良。

电镀镍金板存在镍层向金层扩散的情况。在正常存储条件下，扩散作用并不强烈，但经过较长时间存储的累积作用后，镍层扩散至表面会形成镍氧化物，从而影响可焊性[33]。客户退回的 PCB 存储时间过长以致镍层扩散氧化，是本次可焊性失效的原因。

图 60.38 上锡不良焊盘经酸洗后的浸锡效果

2. 化学镀镍 / 浸金镍腐蚀

　　案例背景　某 PCB 样品在组装时出现掉元件现象，不良率为 100%，样品外观如图 60.39 所示。

　　案例分析　对脱落元件后的焊盘进行表面形貌观察，如图 60.40 所示，可见明显的镍层被过度氧化腐蚀后的泥裂状形貌。

　　造成该板元件脱落的原因为化学镀镍 / 镀金过程发生了严重的镍腐蚀（黑盘），造成元件焊接不良，焊点可靠性不佳，引起贴装后元件脱落。

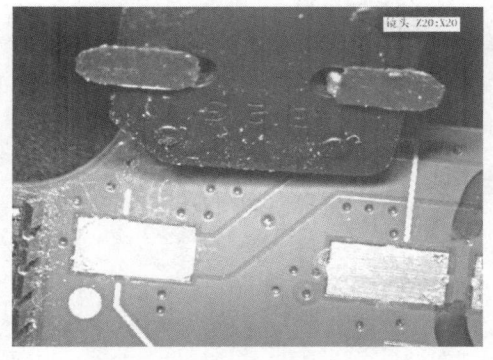

图 60.39 掉元件样品的外观

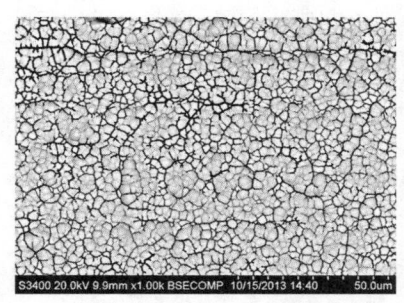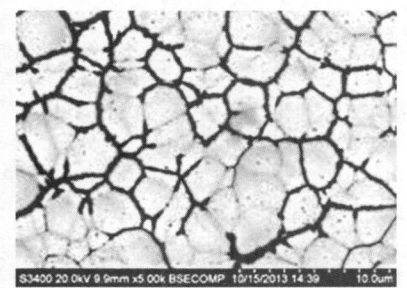

图 60.40 元件脱落后的焊盘表面形貌图

60.4.3　锡板可焊性失效

　　锡板可分为热风焊料整平（HASL）板和化学沉锡板，焊盘分为铜层、锡层（或锡铅层）。对于有铅 HASL 板，通常要求大焊盘区域锡厚 ≥ 0.4 μm，而无铅 HASL 板通常要求锡厚 ≥ 1.5 μm，化学沉锡板则要求锡厚 ≥ 1.0 μm。进行焊接时，铜与锡之间形成一层过渡的铜锡合金层（IMC），如图 60.41 所示。

　　锡板完成表面处理后，铜与锡之间会形成一定厚度的铜锡合金层（IMC）。沉锡过程中的温度较低，因此化学沉锡板的 IMC 层较薄。而 HASL 板因为加工时的温度较高，IMC 层较厚。HASL 表面处理常见的可焊性失效模式为表面合金化。受 HASL 工艺的影响，HASL 板表面处理完成后，存在锡厚不均匀的情况，当焊盘局部位置锡层过薄时，可能产生 IMC 层裸露在焊盘表面的情况，即表面合金化，如图 60.41 右图所示。IMC 层是铜与锡之间的过渡层，它的出现表明未出现虚焊的情况，但其润湿性较差，一旦裸露在焊盘表面，容易引起可焊性不良。

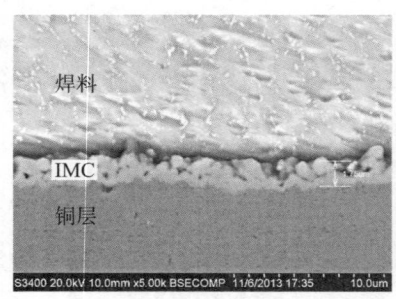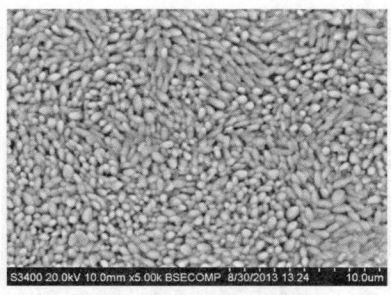

焊料

IMC

铜层

图 60.41 铜锡焊接 IMC 图（左）和锡板裸露在焊盘表面的 IMC 图（右）

1. 焊盘表面合金化

案例背景 某无铅 HASL 板可焊性不良，且裸板直接浸锡后，局部焊盘出现缩锡现象，如图 60.42 所示。

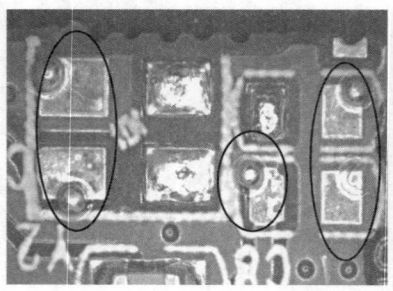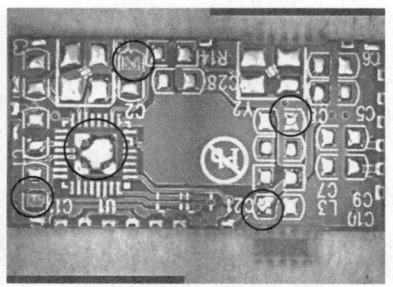

图 60.42 不良 PCBA 的外观（左）和裸板直接浸锡图（右）

案例分析 采用 X 射线镀层测厚仪，对裸板 PCB 的锡厚进行测试，结果如表 60.2 所示，未拆封板存在明显的锡厚不均现象，锡薄位置低于工艺要求。

表 60.2 锡厚数据（/μm）

测量位置	1	2	3	4	平　均
锡薄位置	1.568	1.482	1.406	1.764	1.555
锡厚位置	25.166	16.111	12.792	19.091	18.290

对 PCB 焊盘的截面进行 SEM 观察，发现未焊接 PCB 焊盘锡层存在中间厚、边缘薄的情况（见图 60.43）。对其 IMC 进行观察后发现，中间锡厚位置的 IMC 为 2.70 μm，边缘锡薄位置的 IMC 为 2.34 μm，且已生长至焊盘表面，没有可焊接的锡层（见图 60.44）。

图 60.43 未焊接 PCB 焊盘的截面图

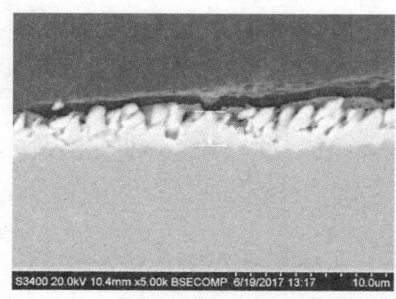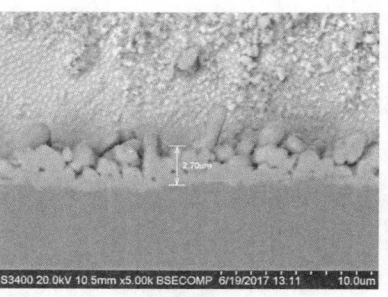

图 60.44   不同锡厚位置处的 IMC 的 SEM 图

由此说明，裸露的铜锡 IMC 层的润湿性较差，引起了本案例中焊盘上锡不良的情况。

2. 有铅 HASL 焊环波峰焊后出现针孔

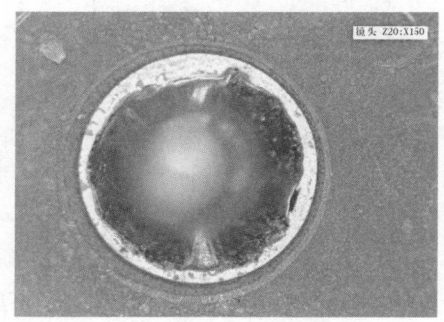

图 60.45   波峰焊后局部上锡不良的失效板

案例背景   波峰焊后发现插件孔孔口处局部上锡不良而出现针孔，经过切片分析发现针孔位置的焊环表面锡非常薄，观察表面形貌后发现存在明显的表面合金化情况。图 60.45 是波峰焊后局部上锡不良的失效板。

案例分析   对针孔位置的焊环进行表面形貌观察及元素分析，结果如图 60.46 所示。焊环表面形貌呈颗粒状，类似合金形貌。经元素分析后发现，此处 Cu 含量已高达 51.75%（原子百分比），与 Sn 的比例约为 2.2:1，可确认为合金化情况。

对失效位置进行了切片分析，发现针孔上锡不良处的锡层较薄（见图 60.47），锡薄易发生表面合金化情况，影响后续焊料润湿上锡的效果。

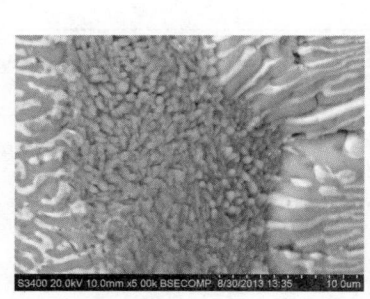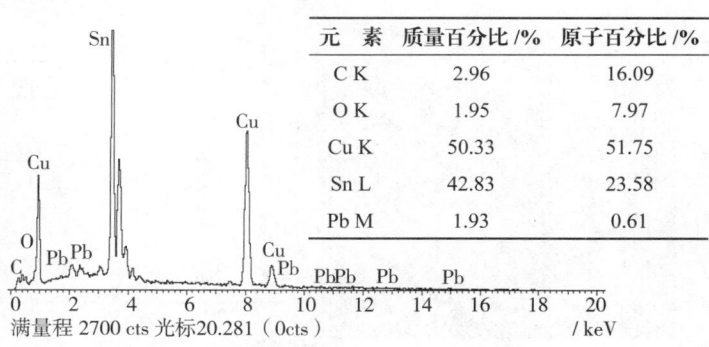

元 素	质量百分比 /%	原子百分比 /%
C K	2.96	16.09
O K	1.95	7.97
Cu K	50.33	51.75
Sn L	42.83	23.58
Pb M	1.93	0.61

满量程 2700 cts 光标20.281（0cts）   / keV

图 60.46   上锡不良位置的表面形貌和元素分析

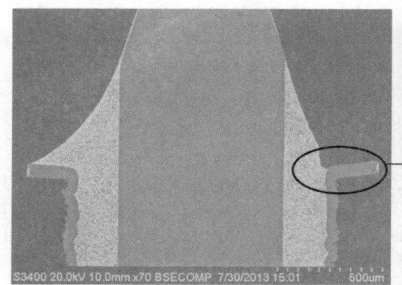

图 60.47   针孔上锡不良处的截面图

图 60.48　样品失效部位外观

3. 表面氧化

案例背景　失效样品为化学沉锡板，该板部分焊盘出现润湿不良的现象，样品失效部位外观如图 60.48 所示。

案例分析　对不良板的锡厚进行测试，结果显示平均锡厚为 0.929 μm，最薄处的锡厚为 0.899 μm。

对焊盘表面进行形貌与元素分析，如图 60.49 所示，其焊盘缩锡处主要元素为 C、O、Cu、Sn，未发现其他特征杂质元素。

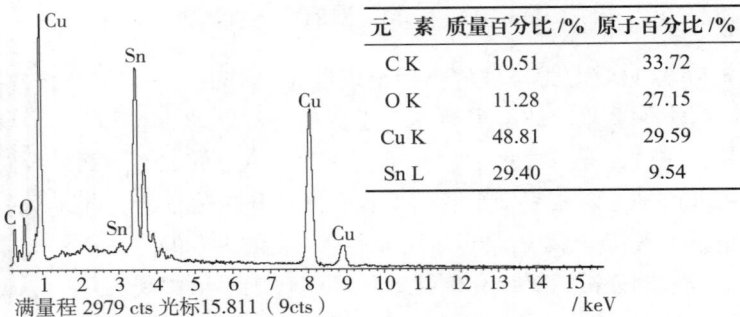

元　素	质量百分比 /%	原子百分比 /%
C K	10.51	33.72
O K	11.28	27.15
Cu K	48.81	29.59
Sn L	29.40	9.54

满量程 2979 cts 光标15.811（9cts）　/ keV

图 60.49　不良 PCBA 缩锡焊盘的表面形貌与元素分析

对于未焊接的 PCB 进行 SEM 及 EDS 的对比分析，如图 60.50 所示，焊盘表面存在许多缝隙与孔洞，类似经过了喷砂或磨板处理。从元素分析的结果来看，其表面主要元素为 Sn、Cu、O，无其他杂质元素。

参考 IPC-TM-650 2.4.12，分别采用酸性助焊剂和中性助焊剂对同一生产周期的裸板进行浸

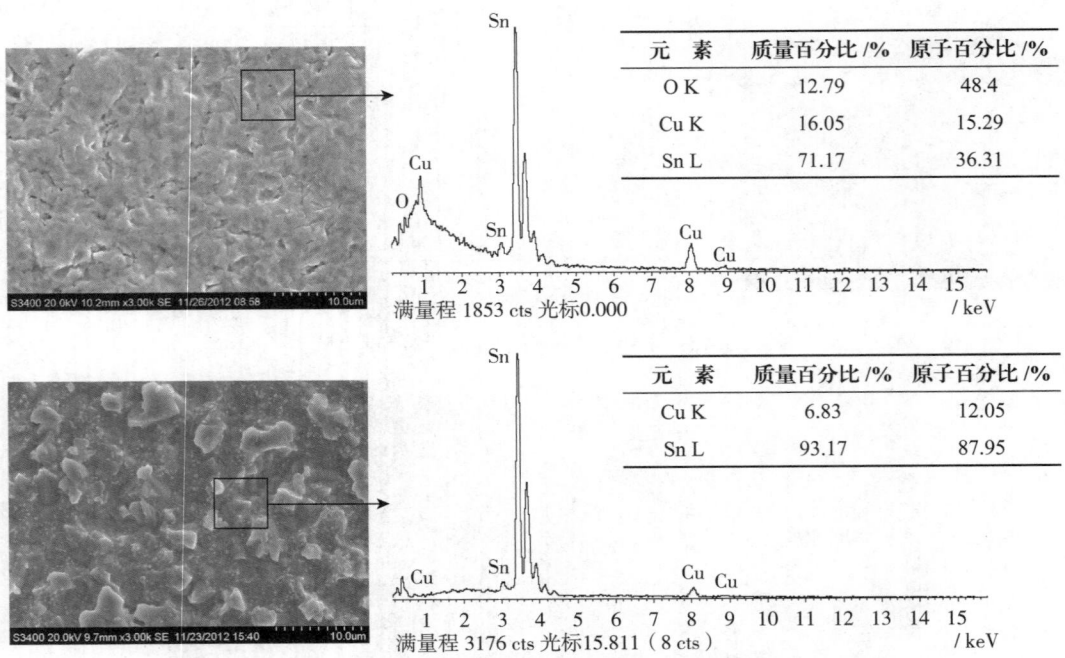

元　素	质量百分比 /%	原子百分比 /%
O K	12.79	48.4
Cu K	16.05	15.29
Sn L	71.17	36.31

满量程 1853 cts 光标0.000　/ keV

元　素	质量百分比 /%	原子百分比 /%
Cu K	6.83	12.05
Sn L	93.17	87.95

满量程 3176 cts 光标15.811（8 cts）　/ keV

图 60.50　裸板失效样品（上）和正常沉锡样品（下）的表面形貌与元素分析

锡试验,结果如图 60.51 所示。使用中性助焊剂时,样品焊盘存在大面积的反润湿和不润湿现象。而使用酸性助焊剂后,上锡情况较好,只有少部分区域存在润湿不良的现象。因为酸性助焊剂去除氧化的能力更强,从而进一步证实裸板焊盘浸锡前已经受到了一定程度的氧化。

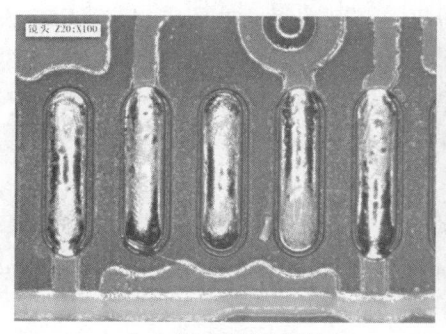 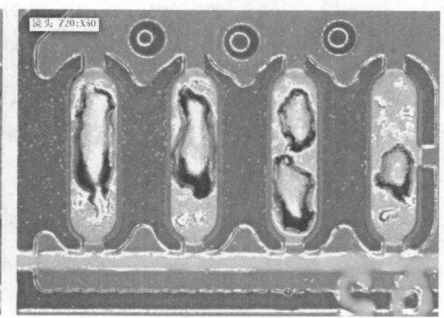

（a）使用酸性助焊剂　　　　　　　　　（b）使用中性助焊剂

图 60.51　浸锡试验效果

60.4.4　化学沉银板可焊性失效

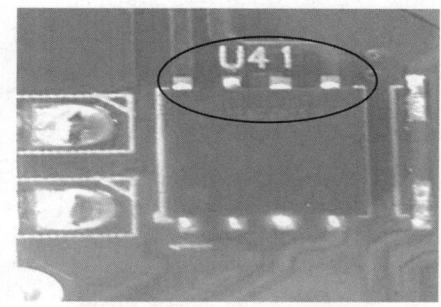

化学沉银板的焊盘分为铜层、银层。与铜相比,银具有更好的抗氧化性。然而,银容易与硫、硫化氢等反应生成硫化银而变黄,这不但影响焊盘外观,同时也会降低焊盘的可焊性。另外,制程控制异常导致的银厚不足、焊盘表面污染以及组装异常等也会影响上锡效果。

案例背景　失效样品为化学沉银板,组装过程中局部焊盘上锡,不良率达 100%。失效样品的外观如图 60.52 所示。

图 60.52　样品外观图

案例分析　对不良板的银厚进行测试,结果显示平均银厚为 0.124 μm,小于控制要求的银厚下限值 0.2 μm。

对不上锡的焊盘进行表面形貌观察和元素分析（见图 60.53）,结果显示银面存在孔洞,且孔洞位置的银含量几乎为零,这样会导致对铜层的保护不足而影响可焊性。

该失效板直接浸锡后上锡不良,是由于银厚不足存在表面空洞情况,导致铜层氧化而影响可焊性。对失效板进行酸洗,然后进行浸锡试验,结果上锡良好。酸洗能够清洗掉表面氧化层,说明客户退板的银厚不足且存在空洞,导致铜层氧化而影响了可焊性。

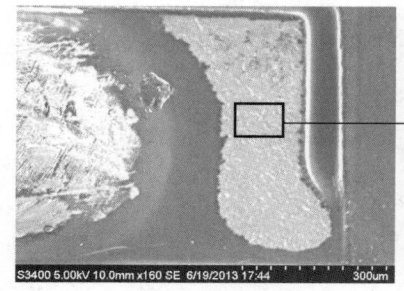 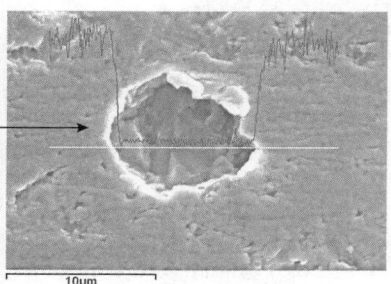

图 60.53　焊盘上锡不良处的 SEM 图和元素分析图

60.4.5 OSP 板可焊性失效

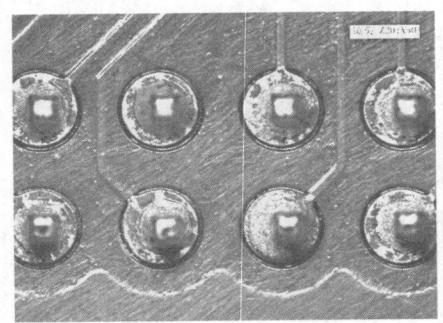

图 60.54 失效样品的外观

OSP 板的焊盘分为铜层、OSP 膜层,其焊接基底为铜层。OSP 膜是一层覆盖在铜面上防止焊盘铜面氧化的有机保焊膜,与其他表面处理层相比,OSP 膜的耐高温能力相对较差。一旦 OSP 膜遭到破坏,铜面就容易氧化而影响上锡效果。另外,制程控制异常导致 OSP 膜厚不足、焊盘表面污染以及组装异常等均会引起 OSP 板的可焊性不良。

案例背景 失效样品为 OSP 板,表面贴装后进行波峰焊时插件孔孔环上锡不良,失效样品外观如图 60.54 所示。

案例分析 对上锡不良位置进行表面形貌观察和元素分析,结果如图 60.55 所示。由表面形貌可知,上锡不良位置大部分被残留助焊剂覆盖,局部位置露出基体金属。对裸露基体金属的位置进行元素分析,主要是 C、O、Cu、Cl、Sn 等元素。其中,Cu 来自孔环的基体金属铜,Sn 来自焊料残留物,Cl、C、O 可能来自外来有机污染物,即上锡不良位置受到了有机物的污染。

采用异丙醇对上锡不良位置进行清洗,然后进行漂锡测试。经异丙醇清洗后,原先上锡不良的位置均上锡良好。失效板是先进行单面贴装,再进行波峰焊接的。从漂锡测试结果来看,上锡不良板是受到了污染,从而影响了上锡效果。

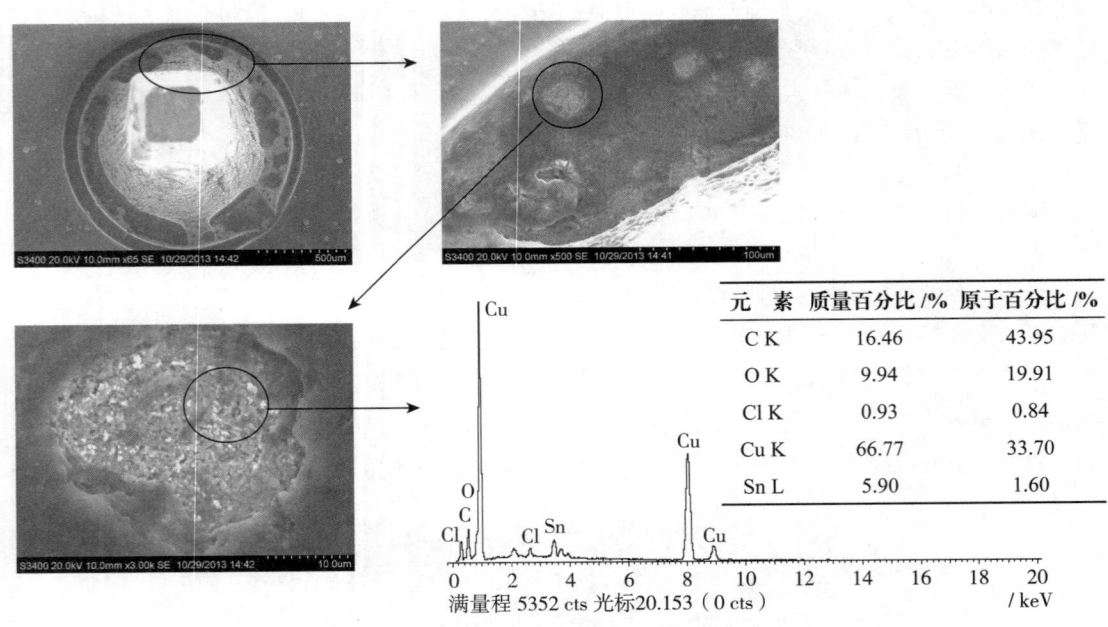

元 素	质量百分比 /%	原子百分比 /%
C K	16.46	43.95
O K	9.94	19.91
Cl K	0.93	0.84
Cu K	66.77	33.70
Sn L	5.90	1.60

图 60.55 上锡不良位置的表面形貌观察及元素分析

60.4.6 可焊性失效分析思路

常见的可焊性失效分析思路如图 60.56 所示。

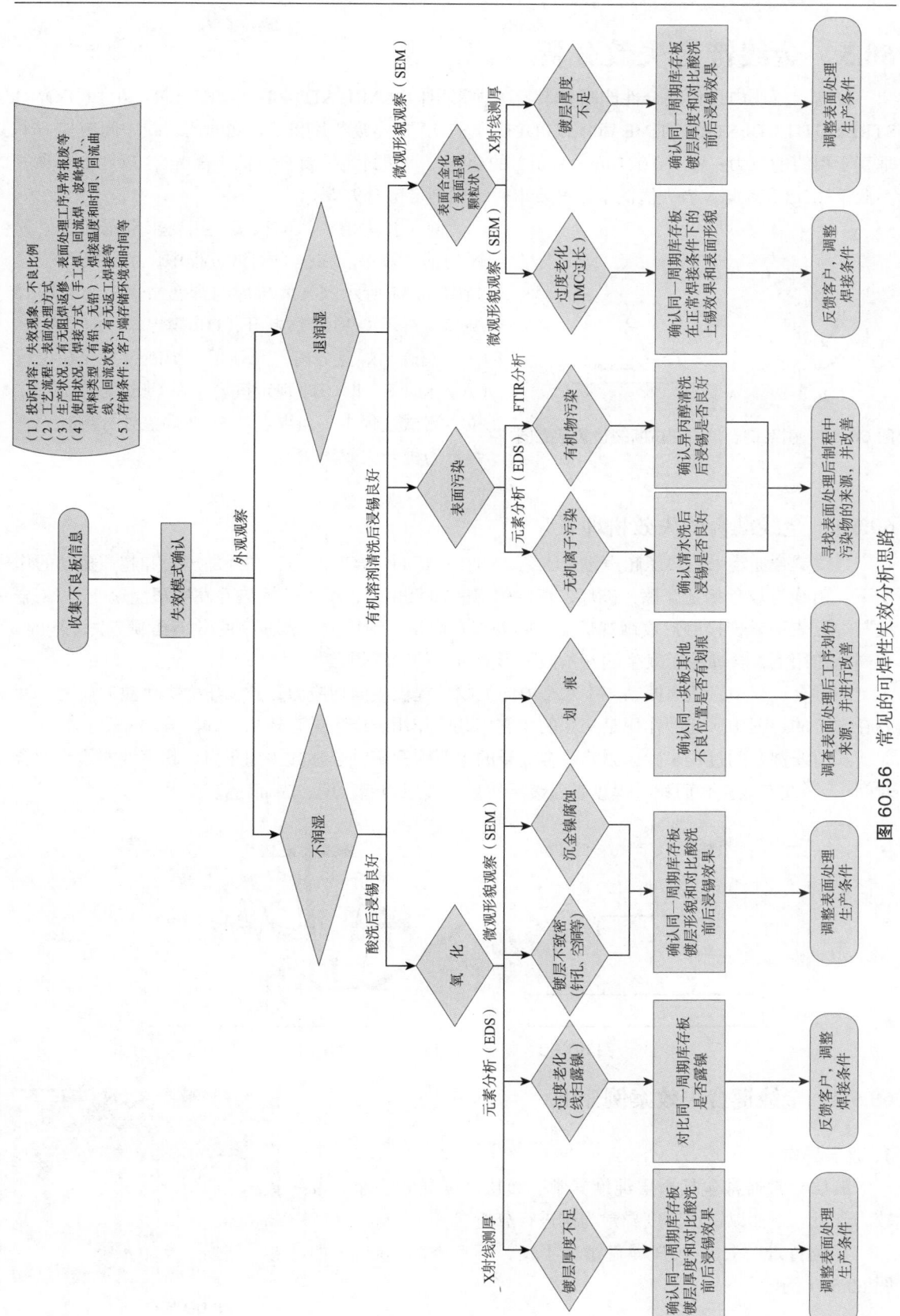

图 60.56 常见的可焊性失效分析思路

60.5 金线键合失效分析

目前，行业内评估键合性能时多参考美国军用标准 MIL-STD-883H METHOD 2011.8 BOND STRENGTH（DESTRUCTIVE BOND PULL TEST），在连接芯片和基板之间的引线中间施加一个垂直于引线的拉力：对于 0.0010in（1mil）的金线，非塑封元件要求不低于 3.0gf，塑封元件要求不低于 2.5gf。因此，当力值低于标准要求时，即判定键合失效。

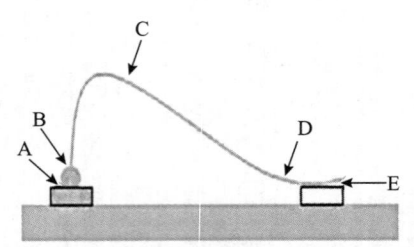

图 60.57 引线键合拉力测试断裂位置示意图

除了拉力值，目前很多应用要求根据断裂位置评判键合效果。在拉力测试过程中，引线断裂位置如图 60.57 所示：（A）球焊与焊盘分离；（B）球焊端脖颈断开；（C）金线断开；（D）楔焊端颈缩点断开；（E）楔焊与焊盘分离，无残留。当断裂发生在位置（A）和（E）时，即判定键合失效。也就是说，在拉力测试过程中，当焊点从 PCB 焊盘处分离时，则判定为键合失效。

60.5.1 金线键合的失效机理

金线键合通常采用热压超声键合工艺，即在一定的键合时间内，在外加压力和超声振动的作用下，引线与焊盘相互摩擦，破坏、清除焊盘表面氧化膜，产生摩擦热并发生塑性形变[41]。金线与焊盘表面紧密接触形成微观焊点，随着焊点面积逐渐增大，界面间的微小孔洞消失。同时，在高温作用下，金属原子发生相互扩散，形成可靠的宏观焊点[42]。

在键合过程中，超声振动产生水平方向振幅，提供横向切应力，外加压力提供法向应力，两者在键合的过程中所起的作用是交互的，它们共同作用，产生键合效果，如图 60.58 所示。

从引线键合的过程来看，影响键合效果的主要因素有键合参数（如压力、超声波能量和键合时间）、金线有效接触面积、焊盘表面镀层质量、镀层粗糙程度、表面污染等[43]。

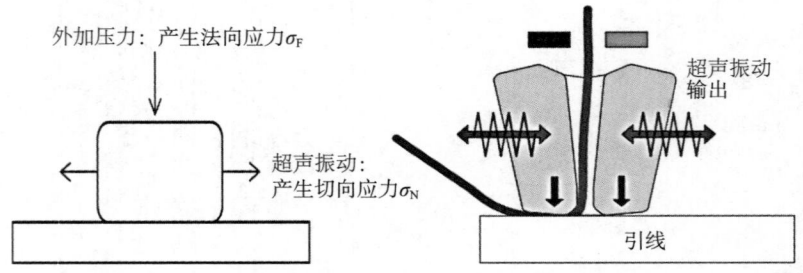

图 60.58 超声振动和外加压力的作用

60.5.2 金线键合失效案例分析

1. 镀层异常

镀层异常通常包括金层纯度异常、镀层厚度异常，而后者较为常见。下面以镀层厚度异常为例进行分析。

案例背景 失效 PCB 焊盘键合不良，不良率为 100%，如图 60.59 所示。

图 60.59 键合不良

　　案例分析　使用 X 射线镀层测厚仪测试焊盘镀层厚度，测试结果显示平均金厚为 $0.072\,\mu m$，在 $0.035\sim0.1\,\mu m$ 范围内，无异常；平均钯厚为 $0.003\,\mu m$，远低于 $0.075\,\mu m$，几乎无钯层存在。

　　对键合不良焊盘进行表面微观形貌和元素分析（见图 60.60），焊盘表面主要含有 C、O、Ni、Au 等元素，没有钯元素。由此证实焊盘未镀上钯。

　　对清洗后的键合金线进行拉力测试，金线的最大拉力值为 4.3gf，最小拉力值为 1.2gf，平均值为 2.4g。参照拉力评判标准，平均值小于 3.0gf，拉力值不合格。这说明钯的缺失会造成无法补救的键合不良现象，即使可以键合上，键合结合力还是很弱。

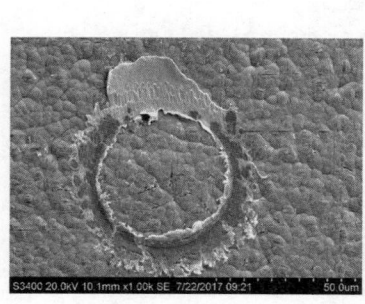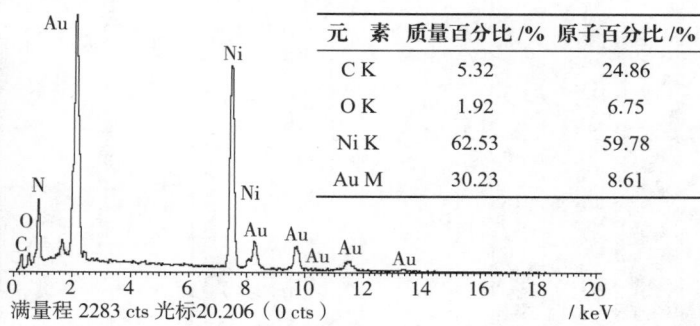

元　素	质量百分比 /%	原子百分比 /%
C K	5.32	24.86
O K	1.92	6.75
Ni K	62.53	59.78
Au M	30.23	8.61

满量程 2283 cts　光标20.206（0 cts）

图 60.60　键合不良焊盘的表面微观形貌（左）和元素分析（右）

2. 表面污染

　　案例背景　某失效 PCB 焊盘的键合拉力值低于 3.0gf，不良率为 5%。

　　案例分析　对不良板的键合位置进行观察，确认金线 100% 键合在焊盘上。对其拉力进行测试，发现个别焊盘金线的拉力值低于 3.0gf，最小值为 1.7 gf。

　　对键合拉力值不合格的焊盘进行微观形貌观察和元素分析（见图 60.61），发现焊盘上存在轻微划伤和杂物。同时发现，除了正常焊盘元素 Ni、Pd、Au，还存在 O、Na、K 异常元素。

　　为了确认是否为表面污染引起的键合拉力不合格，将不良板进行成品清洗和等离子体清洗后进行键合测试。测试结果显示，平均拉力值 4.13gf，最小拉力值为 3.3gf，拉力测试合格率为 100%。由此说明，本次键合拉力不合格为表面污染所致。

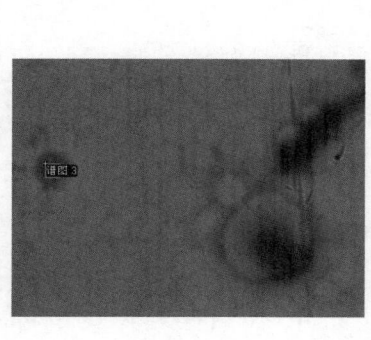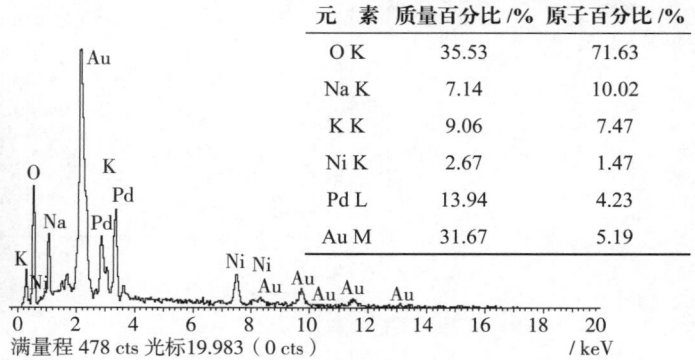

元　素	质量百分比 /%	原子百分比 /%
O K	35.53	71.63
Na K	7.14	10.02
K K	9.06	7.47
Ni K	2.67	1.47
Pd L	13.94	4.23
Au M	31.67	5.19

满量程 478 cts　光标19.983（0 cts）

图 60.61　键合拉力不合格焊盘的微观形貌观察（左）和元素分析（右）

60.5.3　键合失效分析思路

　　常见的键合失效分析思路如图 60.62 所示。

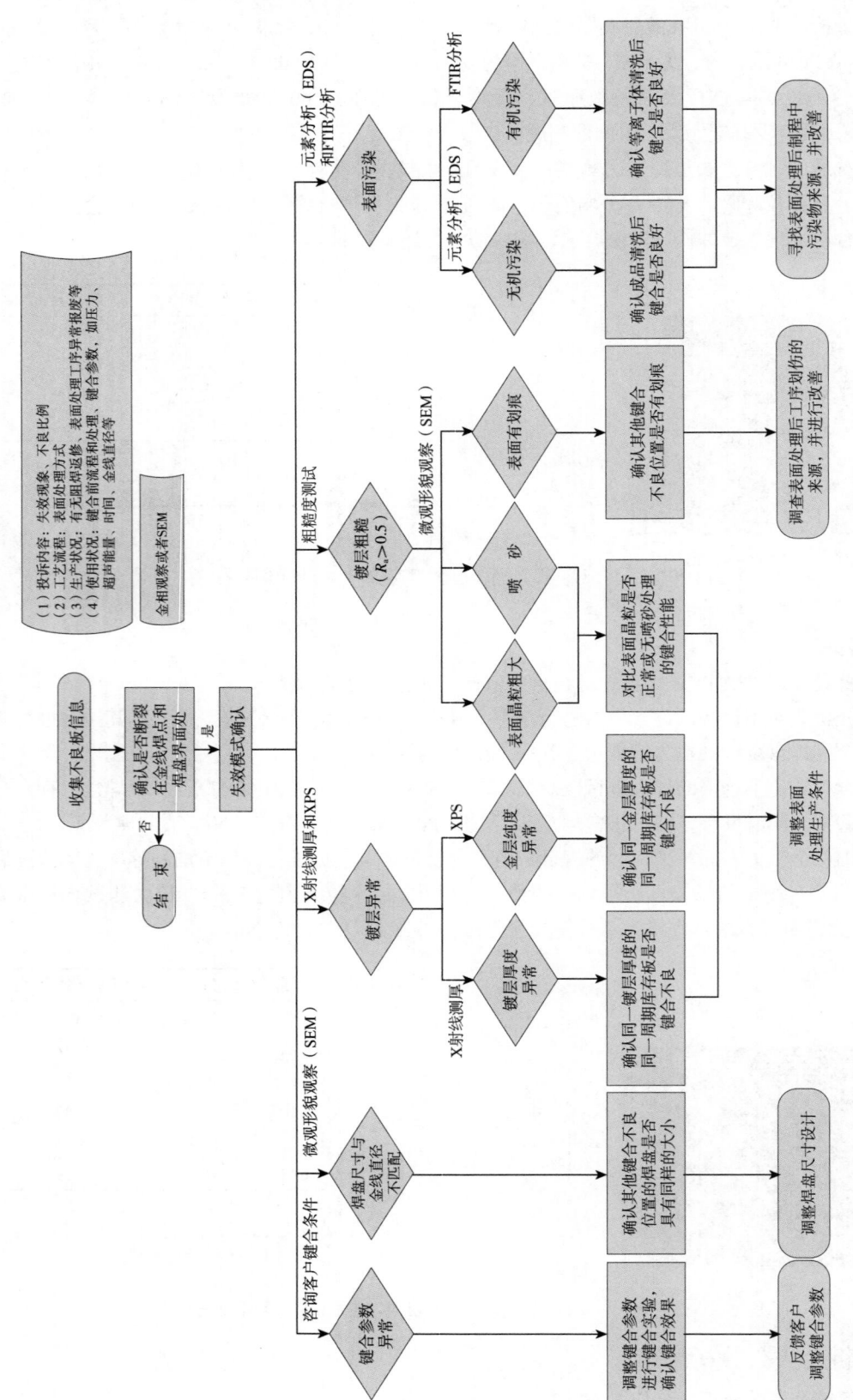

图 60.62 常见的键合失效分析思路

60.6 导通失效分析

通常，每一块 PCB 在出货前均会进行电气互连导通测试，因而一般的线路断开的 PCB 很少会流入后续工序。然而，在电子产品使用一段时间后，仍会发现很多因为 PCB 的互连导通性能丧失而导致的电子组件功能性失效[44]。

60.6.1 导通失效机理

铜作为目前实现 PCB 导通功能的主要材质，按照制作工艺主要有 3 种来源：一是原材料覆铜板蚀刻后的线路图形，二是药水的自催化沉积，三是电解沉积。PCB 导通性能的优劣很大程度上取决于以上 3 方面的制作工艺控制。

覆铜板蚀刻图形的缺口、毛刺，自催化沉积铜的背光不良，电解沉积铜层的质量差以及在加工过程中对制程的控制不当，都会使最终产品产生导通性方面的失效。

对于 PCB，线路导通介质附着于绝缘介质之上。在使用环境下，绝缘介质经受各种环境应力（如热应力、不同温湿度等），应力过大或作用时间过长会引起 PCB 中的导通介质出现开裂的情况，从而引起 PCB 或 PCBA 的导通失效。

形成 PCB 各层互连导通的主要有孔和线路，其中孔又分为通孔、盲孔和埋孔。根据互连导通的位置，导通失效分为线路开路、孔开路和内层互连失效 3 种类型。

线路开路 通常包含两种情况，一是线路缺损导致的开路，二是线路开裂。前者多为线路制作过程所致；后者通常是过大的应力或者导线结晶结构差所致。

孔开路 根据孔的类型和发生位置，孔开路通常包括通孔开裂、盲孔裂纹、孔口裂纹 3 种，常常是孔铜结晶形态异常、孔铜偏薄、板材热膨胀系数 CTE 偏大所致。

内层互连失效 孔壁与内层接合部失效，包括盲孔底部与内层焊盘接合部连接不良、通孔孔壁与内层线路接合部连接不良，通常是去钻污或者除胶渣问题、杂物残留、钻孔参数问题、电镀槽液问题引起的[45]。

60.6.2 线路开路案例分析

案例背景 失效样品为 PCBA，在试运行时一个网络出现开路。

案例分析 对于此类信息量较少的失效分析，要先确认失效点。先通过客户提供的设计文件找到开路网络的连接方式，如图 60.63 所示，由 A、B、C 和 D 四处的孔将各层线路相连起来。

首先，使用万用表测试整条网络阻值，即 A、D 两点间的电阻值，测试结果 > 200MΩ。确认客户反馈的网络存在开路问题。然后，测试 AB 段阻值，测试结果 > 200MΩ，开路；再测试 BD 段阻值为 1.1Ω，导通。故开路发生在 AB 段。

接着测得 A 点和 B 点通孔阻值分别为 0.6Ω、1.0Ω，均为导通。因此，开路发生在 A 和 B 点间的线路，即 L3 层线路上。将 AB 段线路切割为两段，见图 60.63 中 E 点，分别测试 AE 段和 BE 段阻值，发现 AE 段开路，BE 段导通。

对 AE 段制作水平切片，观察到线路存在缺

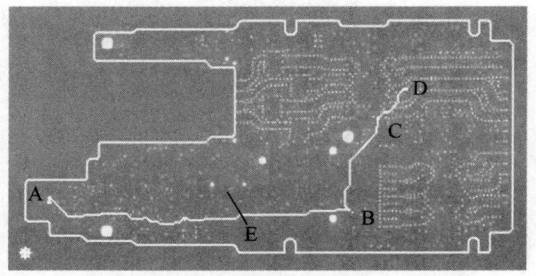

图 60.63 开路网络的连接方式

损，结果如图 60.64 所示。从线路缺损的形状来看，线路两侧呈现对称的缺口，显然为内层线路制作过程中形成的，是 AOI 漏检导致的结果。

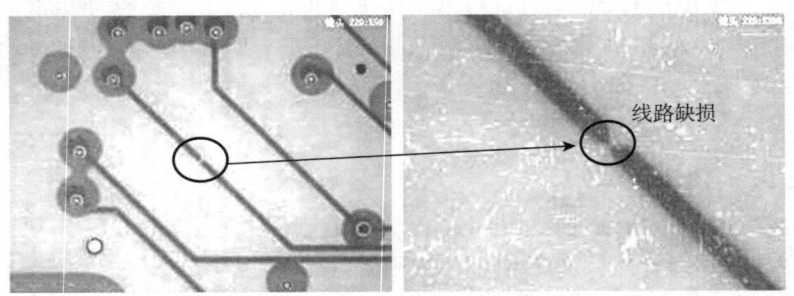

图 60.64 AE 段线路的水平切片

60.6.3 孔开路案例分析

1. 通孔开裂

案例背景 失效样品为一块经过多次回流的 PCBA，客户反馈此板经过 2 次无铅回流后，出现个别点开路的现象；而经过 3 次回流后，出现多达十几处的开路现象。

案例分析 对失效 PCBA 开路和未开路区域的 PTH 孔进行金相切片分析，发现开路区域的树脂填孔的孔铜完全断裂，由此在电气性能上导致了开路的现象，如图 60.65 所示。

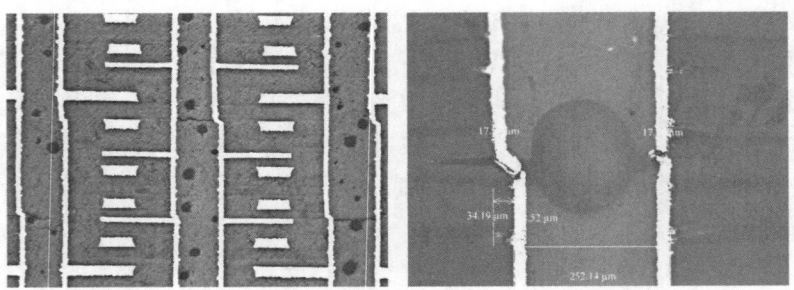

图 60.65 开路区域的树脂填孔的孔切片

对未开路区域的树脂孔进行切片分析，发现孔铜存在轻微裂纹，裂纹沿着钻孔交刀处由孔壁向着孔中间延伸，如图 60.66 所示。因孔还未完全断裂，因此在电气性能上表现为导通。对比开路区域和未开路区域的孔铜厚度，发现前者孔铜厚度只有 17.5 μm，而后者孔铜厚度为 41.2 μm。开路区域的孔铜厚度偏薄。

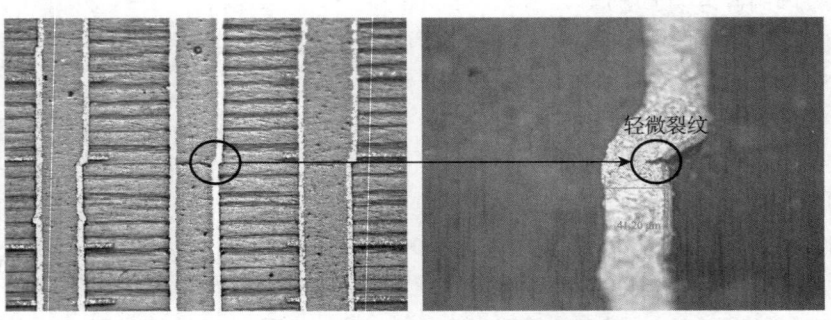

图 60.66 未开路区域的树脂填孔的孔切片

对于这类孔铜在中间被撕裂的情况，通常考虑为基材受热时的膨胀过大，使得孔铜在抗拉强度稍弱的位置被拉断。采用 TMA 法对基材的热膨胀系数进行分析，得到基材的 CTE 值 α_2=381.3ppm/℃，远大于供应商提供的 260 ppm/℃，如图 60.67 所示。该基材的热膨胀系数较高，经受高温时膨胀量大，对孔施加了较大应力，因此出现了孔开路的现象。

为了验证是否为基材受热引起的孔开路现象，对失效板未发生孔

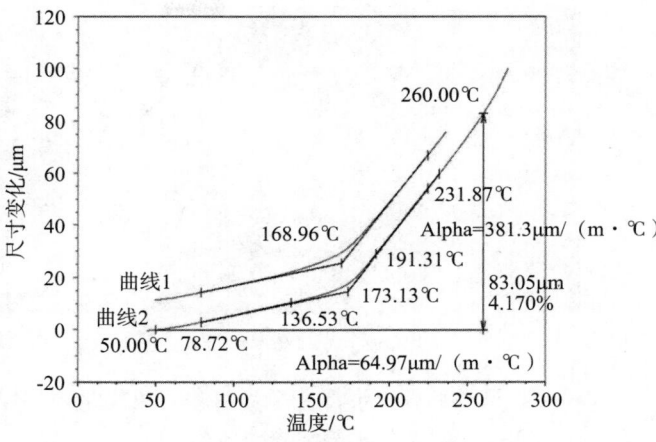

图 60.67 TMA 测试结果

铜断裂位置进行模拟热应力实验，热应力前后的切片如图 60.68 所示。发现原先只有微裂纹的位置，经过热应力作用后，孔完全断开。一般来说，PCB 基材 CTE 过大，其受热膨胀对孔铜产生的拉伸应力作用也更强，会导致孔铜偏薄的位置（尤其是孔中间）处应力集中，使孔铜出现拉裂现象。

在本案例中，由于板厚限制，钻通孔时钻刀不能一次钻穿，需要采用两面对钻的方式，故会在孔中间区域留下一个交刀口。交刀口位置更容易出现应力集中而发生孔铜断裂。因此对钻的交刀口控制、铜厚的控制和选材的膨胀系数都是导致孔铜断裂的重要因素。

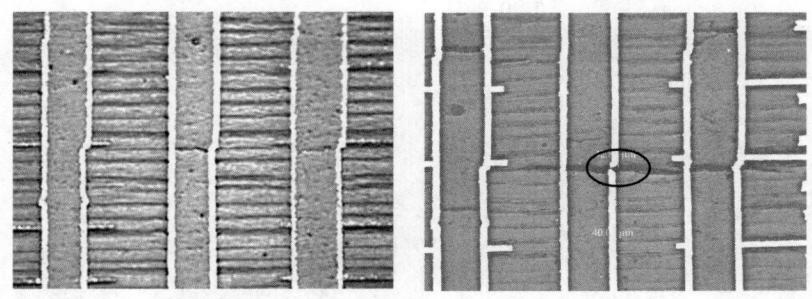

图 60.68 热应力测试前（左）后（右）对比

2. 孔口裂纹

案例背景 失效样品是成品 PCBA，在回流焊后出现导通不良的现象。

案例分析 对回流焊后的样品进行切片分析，发现孔环拐角处开裂，开裂处孔铜并未明显变薄，上下断裂面吻合，呈现脆性断裂的形貌，如图 60.69 所示。正常情况下，铜层具有一定的延展性，受拉伸应力时应该先变薄再被拉断。由开裂的形貌来看，说明该 PCB 孔铜抗拉强度和延伸能力都严重不足。

对切片样品进行微蚀，然后采用扫描电子显微镜观察孔铜结晶的状态，如图 60.70 所示。发现其孔铜结晶沿着孔的径向呈柱状。正常情况下，铜层的晶体应呈现多面体的形貌，晶格的排列无明显的方向性，这样铜层的韧性较好。而柱状结晶形态的孔铜在受到应力拉伸时，由于晶格与晶格间较为薄弱，孔铜容易沿着晶界被撕裂，呈现脆性断裂的形貌。

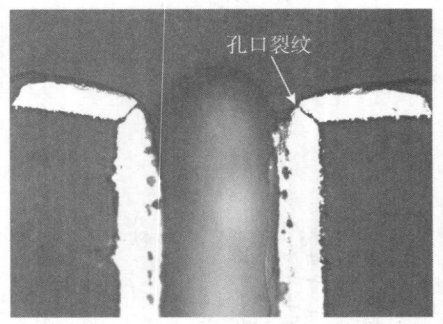

图 60.69 回流焊样品的显微剖切图

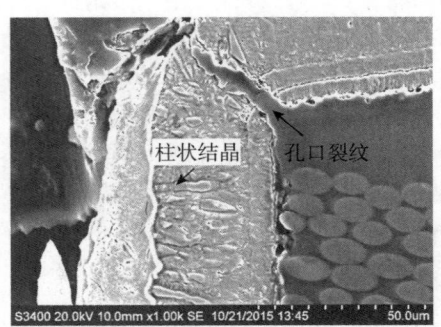

图 60.70 切片样品微观形貌观察图

这种柱状结晶的孔铜形成于电镀过程，可能是板件厚径比大、温度偏高（30℃以上）、光亮剂浓度偏高和电流密度偏小等因素造成的[46]。

60.6.4 内层互连失效

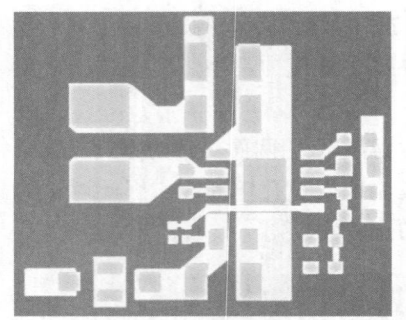

图 60.71 开路网络示意图

1. 盲孔底部与内层焊盘接合部连接不良

案例背景 失效 PCBA 在调试过程中有局部信号不导通的情况，失效率为 11.43%。

案例分析 使用万用表测量客户指定网络的阻值，发现存在开路的情况。如图 60.71 所示，此板的网络经过 L1-2 的激光盲孔。一般地，存在盲孔的线路出现导通不良，多为盲孔开路。

对激光盲孔位置进行切片分析，分析结果如图 60.72 所示，可见盲孔底部存在裂缝。

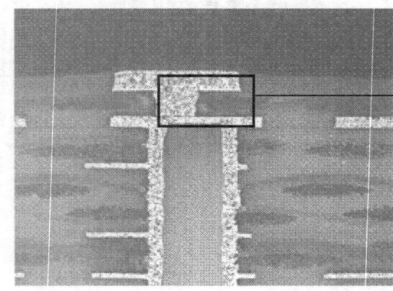

图 60.72 激光盲孔切片

将盲孔拉拔出来，对底部进一步分析，发现存在黑色物质，类似树脂胶渣，如图 60.73 所示。对黑色物质进行元素分析（见图 60.74），发现其含有 C、O、Si、Ca 和 Br 元素，为树脂成分。由此说明，盲孔底部存在树脂胶渣，导致盲孔与基铜的结合力较弱，在后期的热处理过程中，基材受热发生膨胀，盲孔被拉扯从而出现底部裂纹的现象。

从该板的生产流程看，盲孔采用的是激光加工方式，但未进行等离子体除胶处理。在盲孔的制作过程中，经过激光钻孔后，往往需要再经过一次等离子体除胶工序，以彻底清除盲孔底部可能残留的树脂胶渣，提高产品线路之间互连的可靠性。

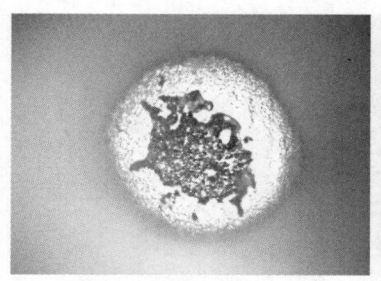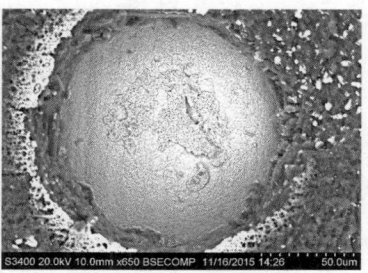

图 60.73　拔孔后的盲孔底部金相图（左）和 SEM 图（右）

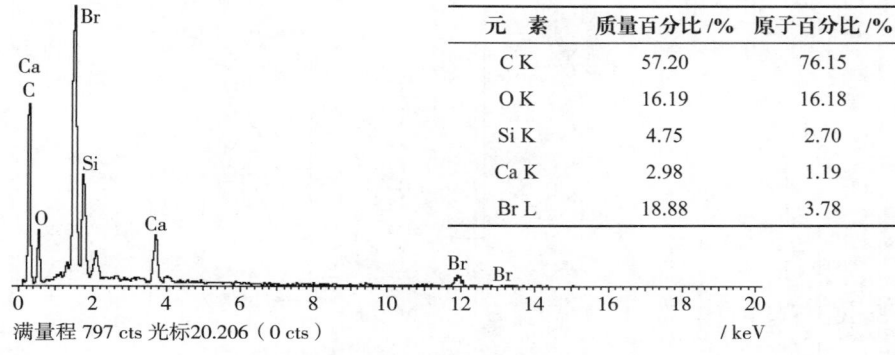

元　素	质量百分比 /%	原子百分比 /%
C K	57.20	76.15
O K	16.19	16.18
Si K	4.75	2.70
Ca K	2.98	1.19
Br L	18.88	3.78

图 60.74　盲孔底部物质的元素分析结果

2. 通孔孔壁与内层线路接合部连接不良

　　案例背景　PCB 经过回流焊后发现有多处位置的网络不通，怀疑为通孔开路。

　　案例分析　对客户指定区域的通孔进行切片分析，观察到孔壁与内层线路接合部分离的现象，如图 60.75 所示。该板在客户端经过回流焊后，内层线路与通孔孔壁之间出现了裂纹，从而引起了导通不良。

　　同时，从通孔切片图中也观察到该 PCB 的通孔钻孔质量不佳，孔壁的表面粗糙度很大，如图 60.75 所示。经了解，该 PCB 采用的是填料较多的高频介质材料，其对钻孔参数要求较高。钻孔参数不当会导致孔壁的表面粗糙度过大以及钻刀摩擦凝胶过多，加之后续除胶不净，就会导致孔壁与内层线路分离的现象。

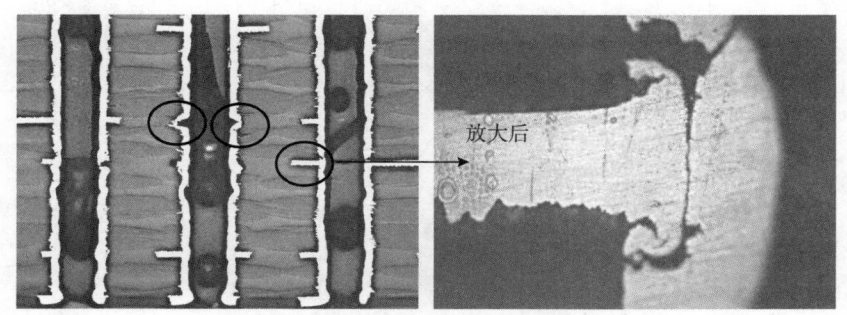

图 60.75　通孔切片

60.6.5　导通失效分析思路

　　常见的导通失效分析思路如图 60.76 所示。

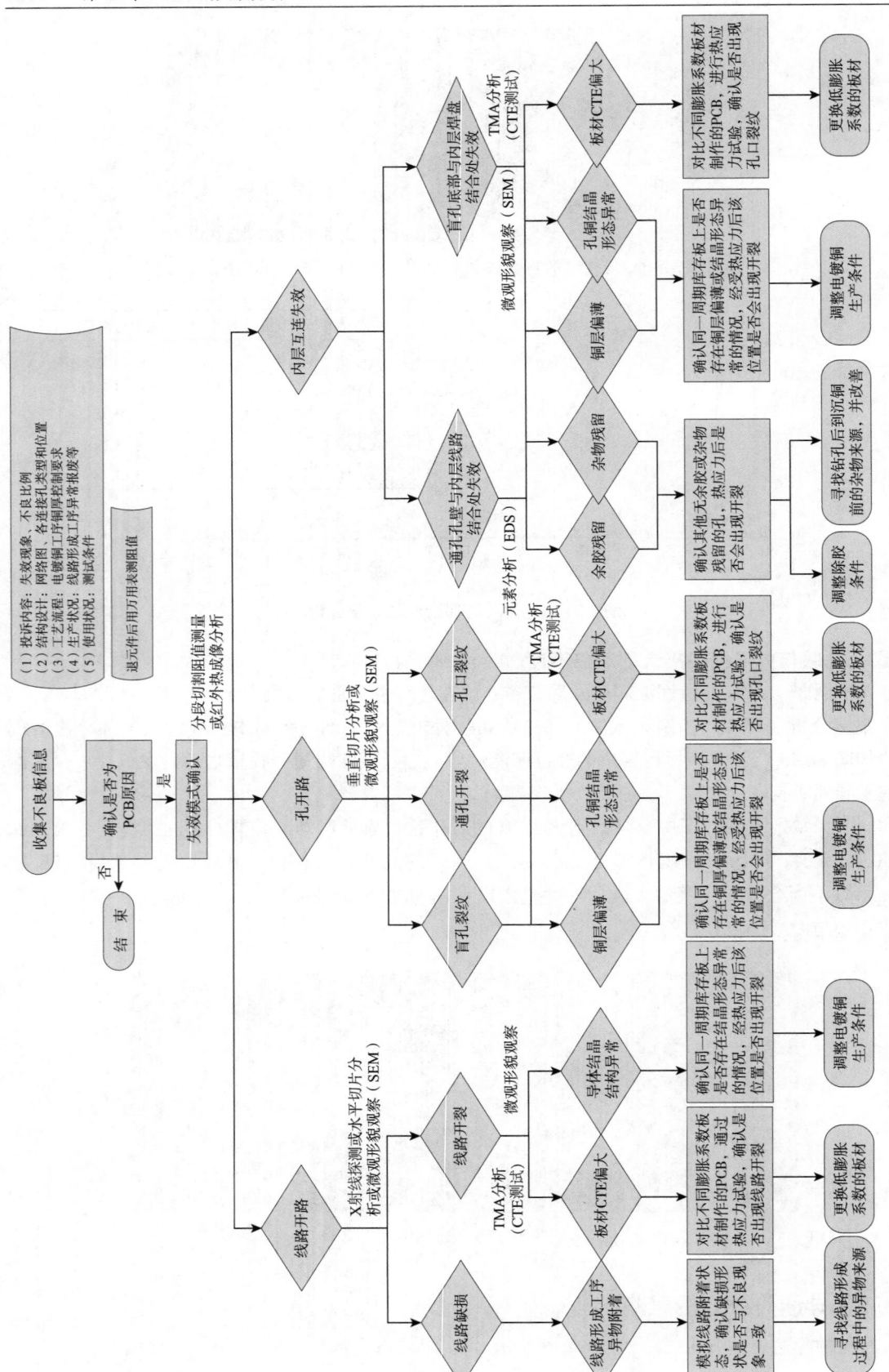

图 60.76 常见的导通失效分析思路

60.7 绝缘失效分析

60.7.1 绝缘失效机理

绝缘失效指的是绝缘电阻减小[47, 48]。而影响绝缘电阻的因素有温度、湿度、电场强度以及样品处理等。绝缘失效通常可能发生在 PCB 的表面或者内部，在表面表现为电化学迁移（ECM）或离子污染，在内部则主要表现为导电阳极丝（CAF）。

1. 电化学迁移（ECM）

电化学迁移是在直流电压的影响下，发生的离子运动。在潮湿条件下，金属离子会在阳极形成，并向阴极迁移，形成枝晶，当枝晶连接两种导体时便造成短路，而枝晶会因电流骤增而熔断[49-51]。

电化学迁移可能是助焊剂的残留物或其他残留物的污染所致[52, 53]。影响电化学迁移的因素主要有离子的溶解度、离子的迁移率（温度和扩散系数）、pH 对溶解度的影响、离子的反应性、温度、湿度等。常见金属的电化学迁移能力依次为 Ag > Pb > Cu。

2. 导电阳极丝（CAF）

目前公认的成因是铜离子的电化学迁移伴随着铜盐的沉积。在高温高湿的条件下，PCB 内部的树脂和玻纤之间的附着力劣化，促成玻纤表面的硅烷偶联剂产生水解，树脂和玻纤分离并形成可供铜离子迁移的通道。此时，若在两个绝缘孔之间存在电势差，那么在电势较高的阳极上的铜会氧化成为铜离子，铜离子在电场的作用下向电势较低的阴极迁移，在迁移过程中与板材中的杂质离子或 OH⁻ 结合，生成不溶于水的导电盐并沉积下来，使两个绝缘孔之间的电气间距急剧下降，甚至直接导通形成短路[52]。

影响 CAF 形成的因素包括基材的选择、导体结构、电压梯度、助焊剂和潮气等[53]。

3. 化学腐蚀

近年来，越来越多的制造商在 PCBA 焊接过程中采用免清洗或简单清洗工艺。如不能有效清除板面离子残留物，那么在存储或客户端使用一段时间后更易产生板面腐蚀，进而影响电气性能。若 PCBA 表面存在某些含有如卤素离子（如含卤素的活性松香助焊剂、空气中存在含有氯的盐雾成分及汗渍等）的残留物，那么在卤素离子的作用下将发生一系列的化学反应，生成腐蚀产物[54]。

为了预防这类失效问题，应采取以下积极的预防措施：
- 确保 PCBA 的离子清洁度符合相关规定
- 尽量使用不含卤素或卤素含量低的助焊剂
- 使用含有极性溶剂和非极性溶剂或极性低的清洗剂，以有效清除离子型和非离子型残留物

60.7.2 导电阳极丝（CAF）失效案例分析

1. 基材耐 CAF 能力差

案例背景 失效 PCBA 经过 4 h、125℃烘烤后，LOS 与 GND 孔间的阻值短暂恢复至 20MΩ以上；在恒定湿热 85℃和 90%RH 条件下放置 12 h 后，短路现象再次出现，如图 60.77 所示。

案例分析 该板所用材料为低 T_g 材料，按早期试验结果，此类材料的耐 CAF 性能远远弱于高 T_g 材料。而 LOS 与 GND 孔之间的孔壁间距设计为 0.35mm，较小，在经过上述的老化、存储环境后可能会产生 CAF 失效。

对失效样品孔壁间距的最小位置进行切片分析，发现在 LOS 与 GND 孔之间确实出现了 CAF 现象，如图 60.78 所示。根据客户提供的叠层介质厚度和玻纤粗细状况判断，失效位置在 L3 和 L4 层之间的树脂内部，而其他树脂内部未见 CAF 现象。

该 PCB 采用了两种类型的粘结片，其中发生 CAF 现象的粘结片的玻纤较另一种粘结片的粗、缝隙大，在相同的环境条件下，玻纤较粗的粘结片更容易出现 CAF 现象[55]。

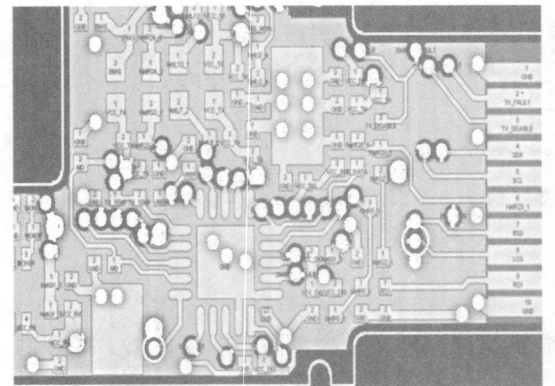

图 60.77　失效 PCB 的设计图

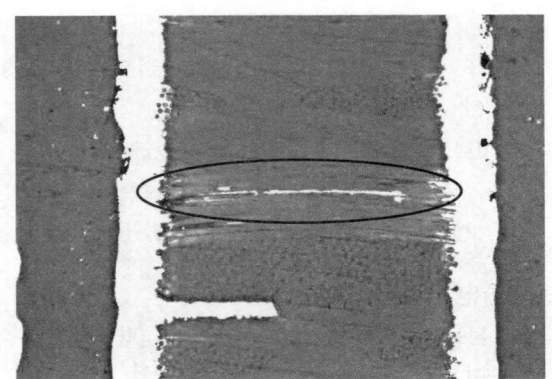

图 60.78　样品失效切片

2. 钻孔质量差

案例背景 失效 PCBA 试运行时，R13 与 GND 之间出现微短，如图 60.79 所示。

案例分析 使用万用表测得 GND 与 R13 间的阻值为 1.446MΩ，确认该网络间发生微短。

查询 PCB 的设计文件，确认发生微短的 R13 与 GND 的网络如图 60.80 所示。其中，R13 网络走向为 L1 层焊盘→通孔 1 → L3 层线路→通孔 2 → L4 层焊盘。对比图 60.80 左右两个网络图，可知 GND 网络上仅有孔分布在 R13 网络附近，且孔壁间距为 0.38mm。

对发生微短的 R13 与 GND 网络之间的邻近两个通孔进行垂直切片分析（见图 60.81），可以观察到孔周围的晕圈已达到 200μm，而实测的孔壁间距大约为 370μm，两边的晕圈在孔中间有重叠，贯穿整个孔壁间距。

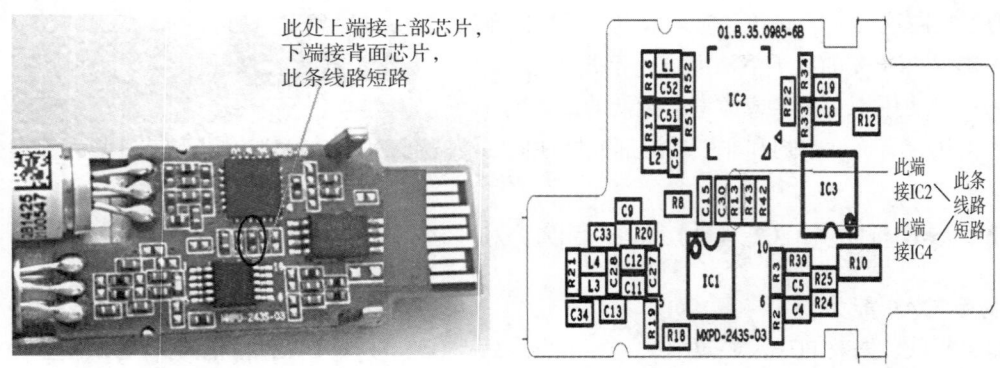

图 60.79　样品的外观及贴片

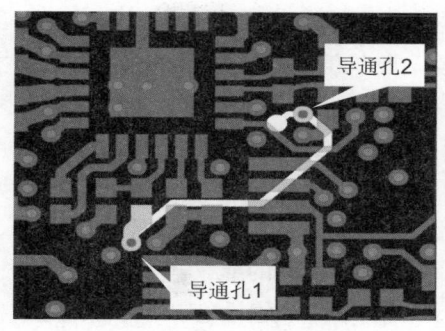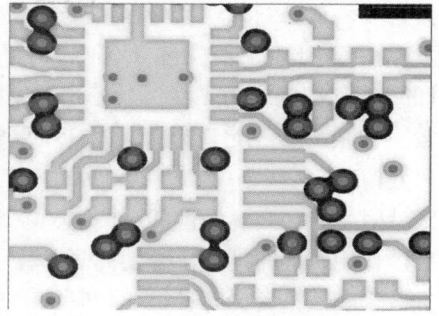

图 60.80　R13（左）和 GND（右）网络

　　从图 60.81 中也可以清晰地观察到两个通孔间存在明显的金属丝，该金属丝已导通两个通孔，即发生了 CAF 现象，从而导致两个网络间出现微短。

　　本案例中产生的 CAF 问题，是由于钻孔质量差导致晕圈过大，基本贯穿两孔之间，给铜离子的迁移提供了通道[56]。

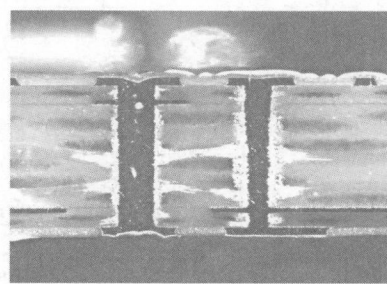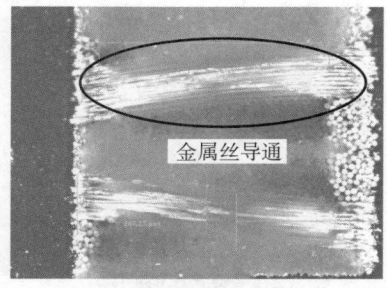

图 60.81　R13 与 GND 网络之间的邻近通孔的垂直切片

60.7.3　化学腐蚀失效案例分析

　　案例背景　失效样品外观如图 60.82 所示，左边（A）、中间（B）和右边（C）经安装后连接机壳接地，在使用过程中出现与数字地（GND）阻值不一致的情况，数字地（GND）和左边（A）机壳地之间的阻值在 40 ~ 60MΩ，而与右边（C）和中间（B）机壳地之间的阻值为无穷大。即 A 点机壳地网络和数字地网络存在绝缘电阻下降的现象。

　　案例分析　查询 PCB 设计图纸，分析 A、B、C 的网络和数字地网络的相对位置。从绝缘间距来看，A 网络与数字地网络的间距最小为 0.254mm，B 网络的为 0.460mm，C 网络的为 0.500mm。因此 A 网络与数字地网络之间发生绝缘劣化的可能性高于其他两个网络。

　　对位于表层的 A 网络与数字地网络最小间距点进行外观观察，未见明显异常。

　　对失效板 A 网络与数字地网络间进行绝缘加速劣化测试，测试条件为 85℃ /85%RH，偏压 $100V_{DC}$。经过 20h 试验后，测试网络间绝缘阻抗有所下降，最终约 7.07MΩ。

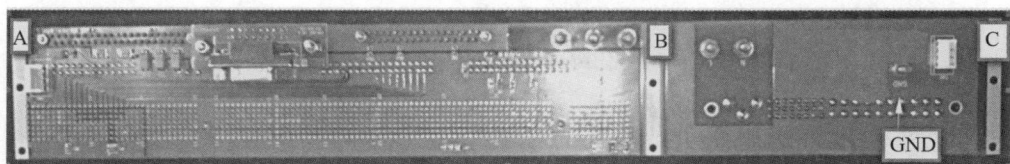

图 60.82　失效样品外观

　　绝缘劣化后，观察到孔环金面存在被腐蚀的现象（见图 60.83）：金面存在明显多层结构，较亮的 A 区域经元素分析，发现包含 Au、Ni 等元素；而灰色 B 区域经元素分析，发现主要包含 Cu 和少量的 Ni 和 Cl，应为被腐蚀后露出的铜面。同时，孔环和机壳地 A 网络金面间隙 C 位置处分布着较多的杂物，经元素分析，发现主要包含 Cu、Ni、Cl、Br 等元素，为腐蚀后产生的金属离子迁移残留物。

　　孔环区域附着有一定腐蚀性的污染物，在绝缘劣化试验中，高温高湿和导体两端的偏压加速了电化学腐蚀作用，同时产生了金属离子迁移，降低了两导体间的绝缘电阻。

　　为了进一步确认是否为孔环被化学腐蚀引起离子迁移，造成绝缘电阻下降的问题，使用铣床将孔环位置切除，再次进行绝缘加速劣化试验，试验条件为 85℃ /85%RH，偏压 $100V_{DC}$。同时监控 B、C 点对数字地网络的阻值。经过约 20h 的测试后未见阻值明显下降，A 点对数字地网络的最终阻值约 3238MΩ。同时进行的 B、C 点对数字地网络的阻值也未见下降。

　　因此，A 点对数字地网络的阻值下降现象是两个网络间，即孔环区域残留含有卤素的腐蚀性污染物所致，这通常来源于助焊剂。

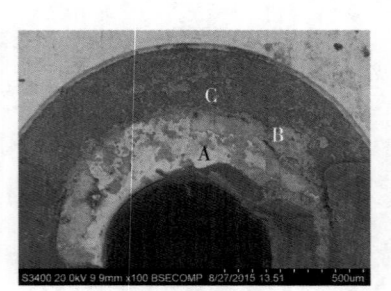

元　素	质量 百分比 /%	原子 百分比 /%
C K	10.29	35.45
O K	12.04	31.13
P K	1.83	2.45
Ni K	23.14	16.30
Cu K	8.20	5.34
Au M	44.49	9.34

满量程 3160 cts 光标20.280（0 cts）　　/ keV

元　素	质量 百分比 /%	原子 百分比 /%
C K	8.98	26.34
O K	13.92	30.67
Cl K	0.49	0.49
Ni K	0.29	0.18
Cu K	76.31	42.32

满量程 15354 cts 光标10.083（0 cts）　　/ keV

元　素	质量 百分比 /%	原子 百分比 /%
C K	34.48	56.75
O K	24.30	30.03
Si K	1.82	1.28
Cl K	0.55	0.31
Ca K	0.42	0.21
Ni K	0.96	0.32
Cu K	28.76	8.95
Br L	8.71	2.15

满量程 3160 cts 光标20.280（0 cts）　　/ keV

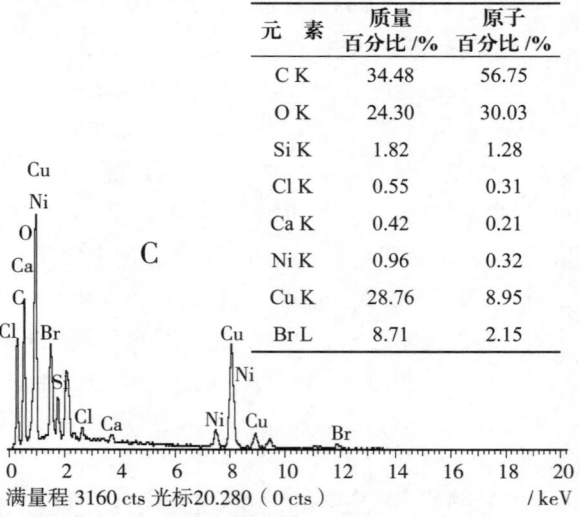

图 60.83 绝缘劣化测试后孔环区域微观形貌和元素分析

60.7.4 绝缘失效分析思路

　　常见的绝缘失效分析思路如图 60.84 所示。

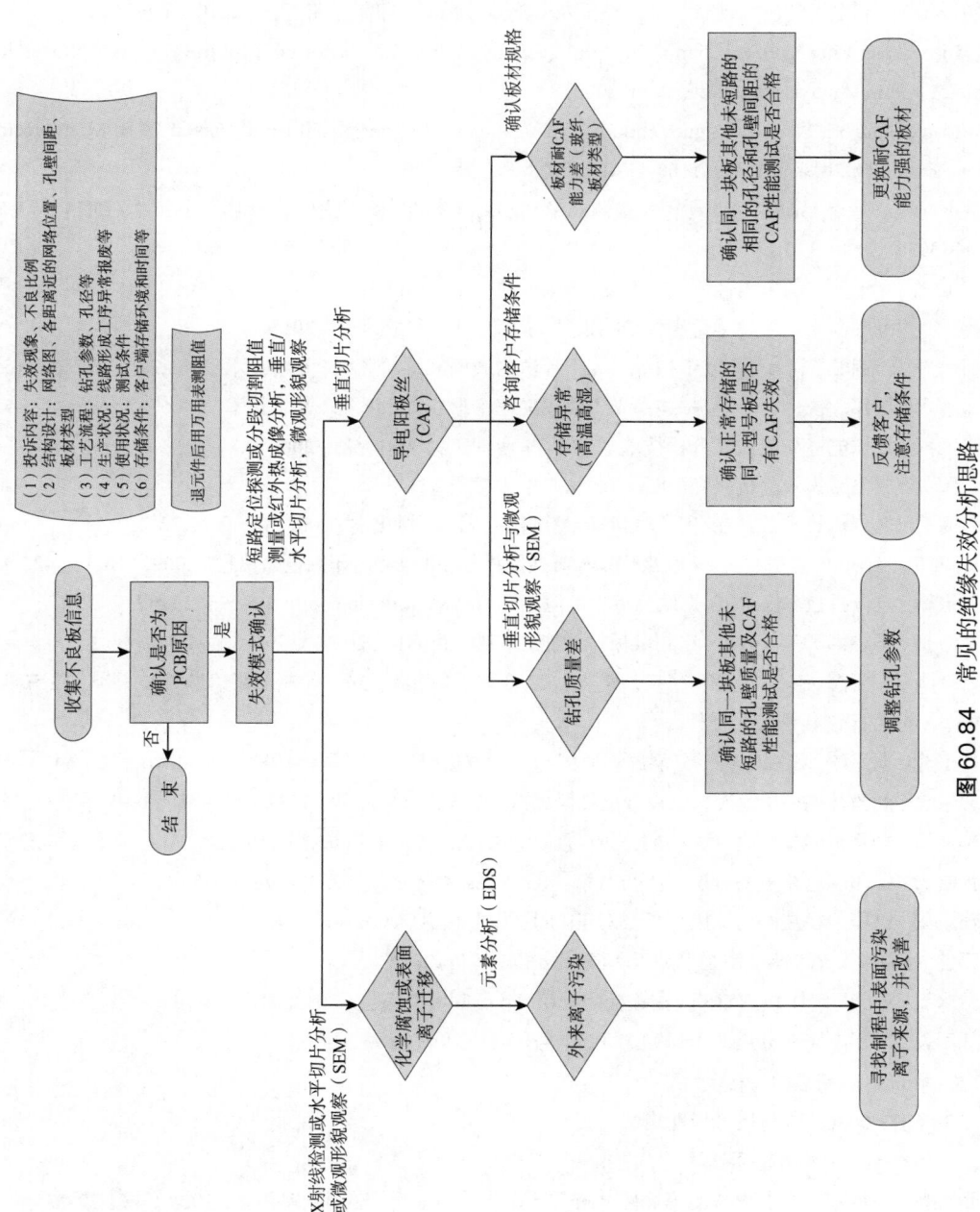

图 60.84 常见的绝缘失效分析思路

参考文献

［1］杨振国.印制电路板的失效分析.金属热处理,2011,(9):36

［2］杨振国.一种面向 PCB 的全印制电子技术.印制电路信息,2008,(9):9-12

［3］杨振国.印制电子的研究现状、技术特征及其产业化前景.印制电路信息,2010,(1):8-12

［4］Ji Li-na,Yang Zhen-guo, Liu Jian-sheng. Failure analysis on blind vias of PCB for novel mobile phones.Journal of Failure Analysis and Prevention, 2008, 8（6）: 524-532

［5］Ji Li-na,Gong Yi, Yang Zhen-guo. Failure Investigation on Copper-plated Blind Vias in PCB. Microelectronics Reliability, 2010, 50(8): 1163-1170

［6］曹德峰,王昆黍,张辉,等.超声波检测技术在塑封元器件中的应用.半导体制造技术,2014,39(5):383-393

［7］袁丽.白光干涉仪的可用性研究.武汉:华中科技大学,2013

［8］李千.大范围白光干涉光学轮廓仪结构设计.武汉:华中科技大学,2015

［9］何永辉,蒋剑峰,赵万生.基于扫描白光干涉法的表面三维轮廓仪.光学技术,2001,27（2）:150-155

［10］戴蓉,谢铁邦,常素萍.垂直扫描白光干涉表面三维形貌测量系统.光学技术,2006, 32（4）:545-552

［11］张大同.扫描电镜与能谱仪分析技术.广州:华南理工大学出版社,2009

［12］张阳.集成电路失效分析研究.北京:北京邮电大学,2011

［13］翁秀兰.热分析技术及其在高分子材料研究中的应用.广州化学,2008, 33（3）:72-75

［14］肖正伟,陈蓓,李志东,等.聚酰亚胺吸水对挠性板分层的影响.印制电路信息,2009,(S1):,426-431

［15］罗道军.热分析技术在 PCB 失效分析中的应用.http://www.docin.com/p-19429362.html

［16］文海舟,马志彬.应用 TMA 法测试板材性能.印制电路信息,2009,(S1):,404-410

［17］吕红刚,王燕梅,韦雄文.浅谈 PCB 耐热性 T260 评估标准的建立.印制电路信息,2009,(S1):508-513

［18］IPC-A-600,印制板的可接受性

［19］杜玉芳,琚海涛.印制电路板分层起泡原因和分析方法概述.印制电路信息,2014,(6):59-64

［20］彭永忠,刘圣林.PCB 甩线、铜皮分层缺陷的成因分析.铜业工程,2011,(6):51-58

［21］李性珂.电路板的分层改善方法的分析.通信电源技术,2014,31(5):119-120

［22］张宏.多层印制电路板的分层原因与对策.电子元器件应用,2002,4(7):47-48

［23］曾正华.层压内在缺陷的原因分析及对策.印制电路信息,2002,(8):42-45

［24］田佳,张智畅,胡梦海.印制电路板受潮分层机理解析.2016

［25］吕永,王春艳,邸桂娟.PCB 吸潮爆板问题研究.印制电路信息,2013,(11):34-41

［26］陈闰发.印制电路板分层改善研究.印制电路信息,2008,(8):31-55

［27］IPC-A-600,印制板的可接受性

［28］IPC J-STD-003C,印制板可焊性测试

［29］IPC-TM-650,试验方法手册

［30］张智畅.一种基于焊点形态的可焊性分析方法印制电路信息,印制电路信息,2014,(4):72-77

［31］张智畅,胡梦海,陈蓓.不同表面处理润湿机理研究,印制电路信息,2013:225-230

［32］董丽玲,贾燕.印制电路板的可焊性测试与评价,印制电路信息,2010,(11):44-50

［33］罗道军,周斌.非典型的焊盘原因导致的焊接不良案例分析.2008 年中国电子制造技术论坛论文集,2008

［34］辛军让.镀金板可焊性不良成因分析及改善措施.印制电路信息，2005，(5)：30-32

［35］王豫明，崔增伟，王蓓蓓.电镀闪金表面处理可焊性探讨.2009中国高端SMT学术会议论文集，2009

［36］史筱超，崔艳娜，贺岩峰，等.化学镀镍金层可焊性的影响因素.印制电路信息，2006，(4)：40-43

［37］徐瑞东，郭忠诚，朱晓云，等.化学镀锡层可焊性研究.电子工艺技术，2002，23（3）：98-100

［38］陈黎阳，乔书晓.影响沉银表面变色问题关键因素的分析.印制电路信息，2010，(z1)：34-38

［39］张智畅，胡梦海.不同表面处理耐老化性能分析.印制电路信息，2015，(11)：51-54

［40］陈黎阳，乔书晓，尤志敏，等.IMC生长对焊盘润湿性能的影响.印制电路信息，2011：178-182

［41］晁宇晴，杨兆建，乔海灵.引线键合技术进展.电子工艺技术，2007，28（4）：205-210

［42］宗飞，黄美权，德洪，等.电子封装中的固相焊接：引线键合.电子工业专用设备，2011，40(7)：(34-39)

［43］唐云杰，胡梦海，陈蓓.镍钯金金线键合机理简析.表面处理与涂覆，2014：228-232

［44］罗道军，贺光辉，邹雅冰.电子组装工艺可靠性技术与案例研究.北京：电子工业出版社，2015

［45］王建华，王建荣，杨盟辉，等.无卤素多层电路板孔壁与内层接合部连接质量影响因素探讨.全国青年印制电路学术年会，2010

［46］罗斌.印制电路板孔内电镀铜层柱状结晶的研究.哈尔滨：哈尔滨工业大学，2009

［47］王毅，张慧，刘立国.印制线路板绝缘性能试验与评价.印制电路信息，2011，(3)：60-70

［48］彭丹.绝缘击穿测试台的设计与工艺研究.廊坊：坊北华航天工业学院，2017

［49］陈选龙，石高明，蔡伟，等.应力诱发的电迁移失效分析.电子产品可靠性与环境试验，2015，2(33)：39-43

［50］方军良.PCB制作工艺和材料对耐离子迁移性能的影响.第七届全国印制电路学术年会论文集，2004：191-204

［51］刘仁志.印刷线路板可靠性研究的新课题——离子迁移对绝缘性能的影响.全国SMT/SMD学术研讨会论文集，2001：463-466

［52］胡梦海，陈蓓.印制线路板CAF失效研究.印制电路信息，2012，(4)：79-83

［53］汪洋，莫芸绮，聂昕，等.印制线路板CAF失效分析.全国印制电路学术年会，2008

［54］罗道军，贺光辉，邹雅冰.电子组装工艺可靠性技术与案例研究.北京：电子工业出版社，2015

［55］胡梦海，陈蓓.内层半固化片选择对PCB耐CAF性能的影响.印制电路信息，2013，(5)：31-35

［56］胡梦海，陈蓓.玻纤裂纹分析及其对PCB耐CAF性能的影响.印制电路信息，2012，(S1)：457-463

第 13 部分

环 境 问 题

第 61 章
过程废物最少化和处理

Joyce M. Avery
美国加利福尼亚州萨拉托加，*Avery Environmental Services*

Peter G. Moleux, P.E
美国马萨诸塞州牛顿中心，*Peter Moleux and Associates*

乔书晓　审校
深圳市兴森快捷电路科技股份有限公司

61.1　引　言

　　过去，印制电路板（PCB）制造商将制造过程中产生的有害废物在末端进行处理。而现在这种工艺方法已经不是废物处理的最好办法了，原因有二：第一，与处理废物相关的潜在责任正在增加，而且可以预见会持续增加；第二，越来越严格的土地环保限制，极大地增加了处置废物的成本。所以，寻找处理有害废物的可替代方法，是行业面临的挑战。本章简要概述了应对这些挑战的一些选择，并总结了涉及问题的解决方案。

61.2　合规性

　　PCB 制造商现在面临一系列复杂的环保要求。在美国，PCB 生产和组装的基本环保法规要求为以下 3 个：

- 《净水法》
- 《清洁空气法》
- 《资源保护和回收法》（RCRA）

61.2.1　《净水法》

　　《净水法》的目标是"恢复和保持国家水体在化学、物理和生物上的完整性"。为了实现这些目标，PCB 制造商工业废水的排放受到美国联邦、州、市的法规约束。通常，工业废水直接交由污水处理厂处理。绝大多数污水处理厂用细菌来生物降解存在于废水中的有机物。然而，工业废水中有毒的物质，如铜、镍、铅等，将对这一过程造成两大影响。

　　首先，这些污染物会在污水处理厂形成沉淀，从而造成污染物排放的问题。第二，高浓度的有毒物质将造成污水处理厂的微生物死亡，从而造成严重的水污染。因此，PCB 制造商被要求在废水排放之前进行污染物预处理，以达到污水处理厂能够处理的水体标准。对污水预处理的严格要求体现在污水处理厂可以接受的污水标准上，因为即使是微量的有毒物质超标，也会对水体造成严重污染。美国联邦政府发布的《净水法》给 PCB 制造商规定了最低污水预处理标准，

表 61.1 典型预处理应达到的指标

参 数	上限 /（mg/L）
pH	6.5 ~ 9.0
铜	1.0
镍	0.5
铬	1.0
银	0.05
镉	0.07
锌	0.5
铅	0.2
汞	0.05
铝	1.0
硒	0.2
铁	2.0
锰	2.0
锡	5.0
氰化物	0.01
苯酚	0.05

而各州、市的标准，可能比联邦政府的规定更严格。表 61.1 是预处理要求的一个例子。

61.2.2 《清洁空气法》

依据《清洁空气法》，美国已经建立了国家环境空气质量标准，以实现以下两个目标：

- 对于空气质量不达标的区域，改善、提高其空气质量
- 防止空气质量已达标的区域空气质量显著恶化

各州为了达到这些标准又设定了排放限制，并且从源头建立了减排时刻表。PCB 制造和组装厂的多个工艺流程受空气质量排放标准的限制。钻孔、外形加工、切割、打磨都会产生粉尘和颗粒物污染；电镀工艺产生酸雾污染；蚀刻工艺如果用到了氨水，则可能产生氨气污染；在 PCB 组装过程中，挥发性有机化合物和铅颗粒也可能对空气产生潜在的污染。

可以用来控制空气污染的技术包括如下几个方面。

（1）电子除尘器、大气污染颗粒收集器（一种安装在框架上由织物袋构成的大气灰尘收集器）、气旋分离器可以用来控制空气中的悬浮颗粒物。

（2）湿式除尘器，它以填充床来增大表面积，使用水雾除去酸雾。如果在水雾中添加酸，则可以除去氨气；如果添加碱，则可以增强除尘器去除其他一些污染物的能力。湿式除尘器常用在入口处，防止烟雾从入口扩散到建筑物中。

（3）活性炭过滤系统，用于去除气体中的氯化物溶剂和挥发性有机化合物。这些气体可以重复使用，也可以收集后集中处理。

61.2.3 《资源保护和回收法》

《资源保护和回收法》（RCRA），旨在通过减少和消除有害废物的产生，达到保护人类健康和环境的目标。为了实现这一目标，法规对处理有害废弃物系统从始至终的每一个环节都做了强制要求。不管是谁，只要涉及生产、存储、处理、运输、排放有害废物，都受该法规的约束。关于污染物具体的规定，在联邦法律（40CFR Parts 260-280）里有明确阐述。值得注意的是，各州有更严格的规定，有贯彻执行 RCRA 的责任。在 PCB 生产中，法规规定收集的废物应包括含金属的水溶液、含酸或碱的废液、包含金属的污泥，等等。总之，制造者必须服从以下要求。

（1）从美国环保署申请一个 EPA 执照，获得恰当的产生、处理、存储、排放有害废物的许可。

（2）使用合理的容器保存和排放，并使用经过审核的载货单和标签用于运输。

（3）服从有害废物的现场处理技术标准，包括容器密闭标准、标签、二级保护等。

（4）保存好记录，以便申报给监管机构。

法规最严格的部分是要求尽可能减少或不产生有害废物。1984 年美国联邦政府制定的有关 RCRA 固体废物的修正案中，对废物的最少化给出了强制规定。这给 PCB 制造者处理废物带来了很大的压力。减少排放污染物成为设计循环或重复利用技术设备的首要目标，只有在技术能力或经济因素达不到时才考虑排放污染物。在排放前使用化学方法处理废物，是最不得已的选择。

61.3 PCB 制造中废物的主要来源和数量

61.3.1 废物的主要来源

表 61.2 说明了 PCB 制造过程中产生废物的主要工序和废物的类别。

表 61.2 PCB 生产过程中产生废物的主要工序和产生废物的类别

来 源	废物流	废物成分
1. 清洁与表面处理	用过的酸/碱液、清洗水	金属、酸、碱
2. 化学镀和沉积	用过的化学沉铜液和清洗水	酸、钯、多种金属、络合剂、甲醛
3. 图形制作、阻焊	用过的退膜液、显影液、清洗水	乙烯基聚合物、氯化溶剂、碱
4. 电镀	用过的电镀液、清洗水	金属、氰化物、硫酸盐
5. 蚀刻	用过的蚀刻液	氨水、铬、铜、铁、酸液
6. 组装	含水和半含水废液	铅、有机物

61.3.2 废物的典型数量

评价铜废物在 PCB 各生产工序中产生的数量，从而可以确定减少废物排放主攻方向的优先顺序。PCB 制造者应核查各种废物产生的种类和数量。图 61.1 和 61.2 给出了金属铜废物的对照表，这两张图的数据分别来自两个不同的 PCB 制造工厂。

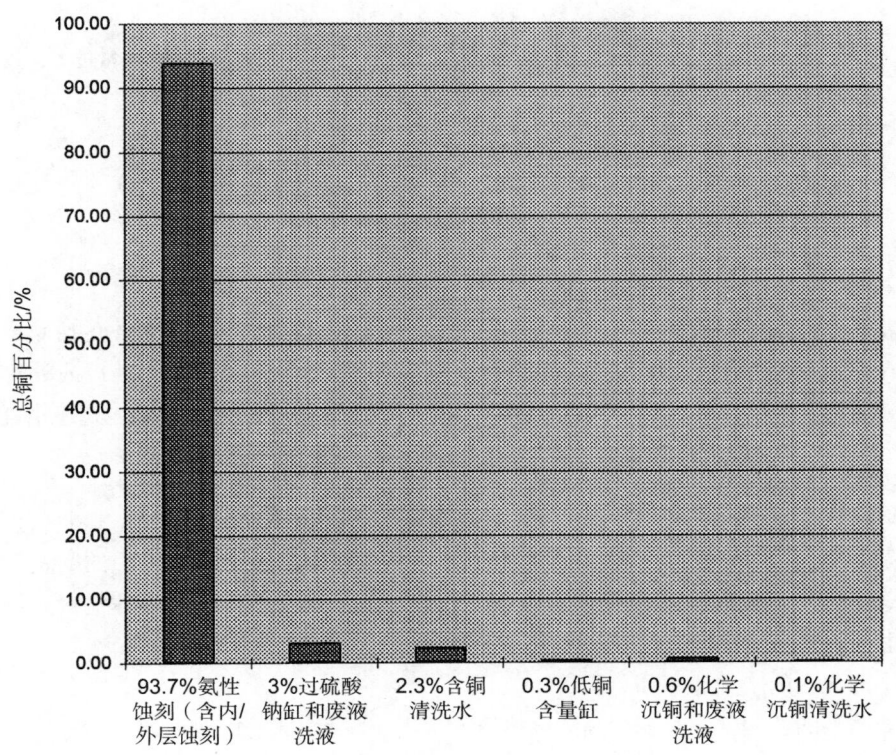

图 61.1 各工序产生铜废物的百分比

图 61.1 中，大约 93% 的铜废物来自内层蚀刻和外层蚀刻环节。微蚀液（使用过硫酸钠）中的含铜量和在酸铜、微蚀缸后清洗水中的含铜量几乎相等。不过，并不是所有 PCB 工厂都是这样大致相等的关系。

图 61.2 给出了另一家工厂每小时产生多少克铜废物的统计数据，数据中不包括大量产生铜废物的内层蚀刻和外层蚀刻环节。这些数据更接近普通 PCB 工厂的数据。

图 61.2 的数据来源工厂，每天生产 20h，生产大约 1500 块（18in×24in）完整的多层板。

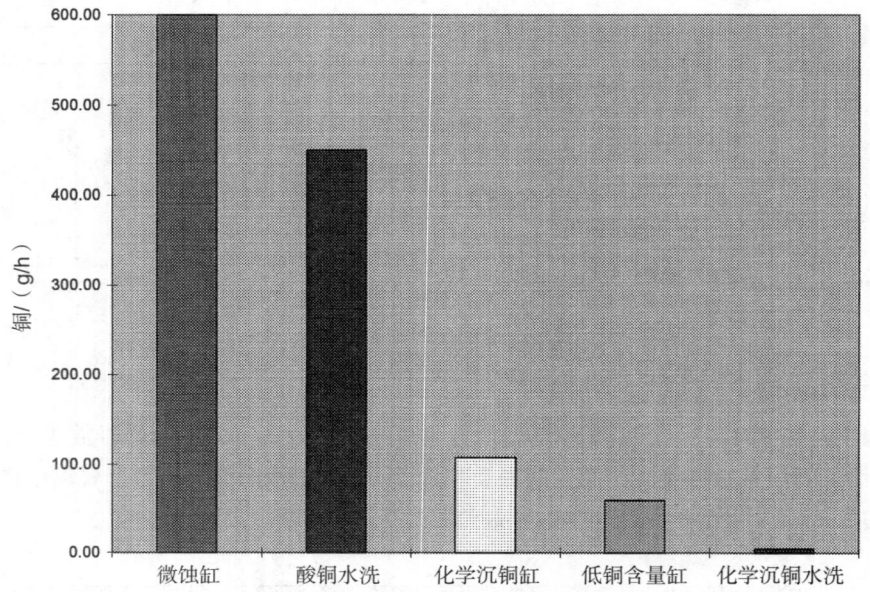

图 61.2 主要工序每小时铜废物的产生量。内层蚀刻和外层蚀刻工序的铜废物产生量过大，故不在图中

61.4 废物最少化

61.4.1 定 义

废物最少化是指从包括生产工艺、操作方法和必要的设备优化来达到最少的废物产生量。它包括所有在生产过程中能够减少有毒、有害废物产生的数量，以减少废物处理或处置负荷的工艺方法。废物最少化可以分几个层次来实现，首先应考虑的是污染预防或减少资源消耗。

1. 污染预防

污染预防是在原材料、工艺流程、工艺操作等环节，减少或限制污染物、废物的产生。污染预防通常是划算的，因为减少了原材料的使用数量，也就减少了污染物产生的数量，减少了污染物依赖于昂贵末端处理技术和操作的成本，节约了能源、水、化学品等其他投入，还降低了与废物产生相关的潜在责任。污染预防的主要方法：

- 减小清洗水的水洗速率和总用量
- 延长槽液的使用寿命，减少高浓度槽液的带出（含有污染物，如铜）
- 使用可能消除或减少特定有害废物产生的替代物料

2. 循环使用

废物最少化的下一个层次是循环利用不能从源头消除或减少的废物。循环利用设法利用从上一个步骤收集的废物。这个环节包括在工艺中废物再利用或在处理前把金属回收出来。废物的循环使用，可以发生在生产流程中，也可以发生在生产流程之外。

3. 有选择地处理

废物最少化的最后一个层次是有选择地处理废物。有选择地处理废物被用于减少特定废物的数量或危害。

实施废物最少化的好处在于，可以降低设备和操作成本，恢复自然资源，并且能够显著降低处理有害废物的责任。衡量废物最少化项目成果的一个方法是，看其对公司现金流的影响。这些项目带来的废物管理和原材料消耗的减少成本能支持其自身的运作。

61.5　污染预防技术

下面列出了一些常见的，可以减少 PCB 制造工厂产生污染的技术。

1. 减少清洗水

- 在去毛刺和磨板工序使用微粒过滤器，可以实现全部或部分清洗水循环使用
- 修改蚀刻和传送设备的设计
- 浸入式逆流水洗
- 交替侧喷水洗
- 可调式限流孔
- 去离子水和软化水清洗

2. 延长槽液寿命

- 过滤
- 酸净化系统
- 高锰酸钾缸内电解再生
- 合理的挂架设计与维护
- 废液洗液收集缸
- 监控溶液活性

3. 减少带出

- 蚀刻设计
- 自动操作
- 挂架设计
- 去离子水和软化水清洗

4. 可替代材料

- 酸性镀锡抗蚀刻
- 从退铅／锡缸除去硫脲
- 高锰酸盐去钻污

- 使用直接金属化代替使用甲醛的化学镀铜
- 不使用非水溶解的抗蚀剂
- 使用非专用化学品避免络合剂

5. 使用新技术

- 使用 LDI 曝光技术制作内外层线路
- 使用 LDI 曝光技术制作阻焊
- 使用打印技术制作字符
- 使用打印技术制作阻焊
- 使用打印技术制作内层抗蚀层
- 使用其他打印技术

61.5.1　减少清洗水

绝大多数 PCB 生产过程中的废物来自于清洗、电镀、退膜、蚀刻。本节介绍一些减少清洗水用量的技术。

1. 在去毛刺和磨板工序使用微粒过滤器

去毛刺机用于在孔内沉铜之前去除双面板或多层板钻孔形成的残留铜屑。磨板是为了去除层压板表面的氧化物；预先清洁表面，获得更好的表面涂层附着力；去掉蚀刻和退膜后的残留物。在去毛刺和磨板过程中，可以根据进入水中的铜颗粒的大小和质量用各种方法将其去除掉，从而使清洗水能够 100% 循环使用。可用的过滤方法包括过滤布、过滤砂、离心分离和重力沉降过滤等。

2. 修改蚀刻和传送设备的设计

与不可循环的水洗模块相比，在蚀刻和其他传送设备上使用可循环的水洗模块，可以减少大约 50% 的清洗水用量。同时，这种循环水洗模块不会显著占用厂房的空间。在这项设计中，新鲜的水只用于最后一个水洗模块的上下喷嘴，这次水洗产生的废水被收集在模块下的水缸中，再用一个水泵将水缸中的水抽到前面模块的上下喷嘴（不使用新鲜水）。随着更多的新鲜水加入水缸，多余的水溢流出来并通过排水管排出，如图 61.3 所示。相似的循环用水技术装置，至少可以应用在内层和外层的显影和退膜环节，同时也可以应用在去毛刺和磨板等工艺环节。

3. 浸入式逆流水洗

逆流水洗是指将几个单一水洗缸串联起来使用。这种方法是减少内层加工工序和化学镀铜工序中清洗用水的最有效的方法。在逆流水洗环节，镀件在从镀缸出来后，顺序通过数个水洗缸，而各个水洗缸中水的流动方向和 PCB 的传送方向相反。随着时间推移，第一个水洗缸中废液的浓度随着带出逐渐达到稳定，但这个浓度比生产溶液的浓度低。第二个水洗缸（远离工作液）中达到稳定的废液浓度比第一个水洗缸中的浓度更低。这样达到相同的清洗效果时，逐次清洗产生清洗废液的数量比只用单站清洗水洗缸要少很多。而且串联的水洗缸数量越多，清洗水更新的速率就会越低。对一个给定的工序，要达到同样的清洗效果，使用这项技术比只用单站水洗缸节约大约 90% 的清洗用水。

多个水洗缸逆流水洗技术可以使 PCB 接触清洗水的时间延长，使得 PCB 上残留化学物质更

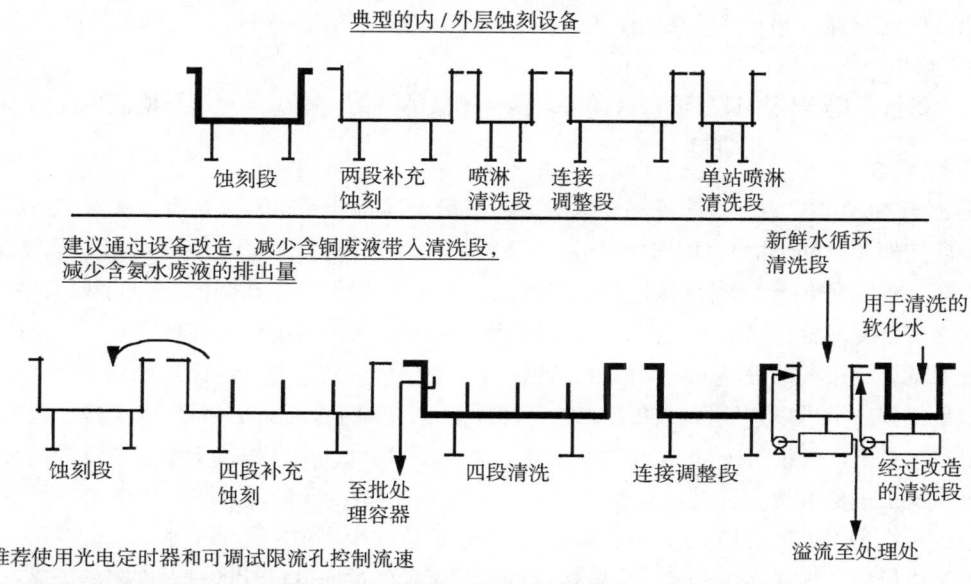

图 61.3 内/外层蚀刻设备的改造建议

好地被水稀释，也使更多的清洗水接触到每块 PCB。这项技术的缺点是需要更多的工艺流程和额外的设备，并占用了更多的生产空间。

4. 交替侧喷水洗

交替侧喷水洗可以用来代替浸泡水洗，用于酸性镀铜和镀锡。在这一技术中，清洗水从两边的面板中有规律地交替脉冲式喷出，这样便能贯穿板上的孔，达到清洗孔的目的。对于给定的工序，与单级浸入式清洗相比，使用交流侧喷水洗可以减少 85% ~ 90% 的用水。这项技术的另一个优点是，它省去了浸入式水洗在清洗周期内用到的储水缸。

5. 可调式限流孔

这项技术使用一个灵活的隔板实现限流，限制的流量与流速和水管的粗细有关。典型的两级逆流水洗，推荐的流量限制是每分钟 2 ~ 3gal。水的压力也许会发生变化，但只要入水管中存在最低水压（一般最小水压是 20lb/in²），流入水缸的水流就不会变化。限流器在安装后就不能调整了。如果要用限流器同时连接控制上、下喷淋的流量，也可以进行必要的调整。

61.5.2 延长槽液寿命

虽然槽液不用频繁更换，但是到了寿命或被污染了，就必须更换。由此产生的废水含有高浓度的有害成分。延长槽液寿命是 PCB 工厂废物最少化的重要手段。

1. 过 滤

槽液应持续过滤，以除去杂质。大多数制造商使用的是有标准孔隙的螺旋状缠绕的柱状聚丙烯过滤器。一些制造商已经开始使用比较昂贵的绝对式机械过滤器，从而减少或实际上消除了部分流程中槽液的直接排放，如棕化液。

棕化过滤器可以去除黑色的铜金属颗粒和其他固体。适当的过滤可以消除在槽液中不时产生的混浊。棕化过滤的另一个好处是，在过滤时增加了槽液的机械搅拌，这可以提高棕化层的均匀性。

每个槽液都应当使用过滤器，这样可以保持槽液的清洁，减少甚至消除槽液更换的频率。

2. 酸净化系统

在 PCB 加工工艺中，盐溶液和半水的酸溶液用于活化金属和塑料表面，从而实现蚀刻、清洗、剥离挂架和有缺陷的零件。这些溶液使用时持续发生反应，使其中污染物和金属含量增加，强度下降（酸浓度下降）。对低活性酸性溶液的处理方法，通常是定期倒掉，或者回收其中一部分。

从工艺角度来看，如果污染物的浓度可以维持低水平和酸浓度保持在理想水平，这样酸液清洗的效果就会有很大的提高（换句话说，使酸液持续净化会获得更好的质量控制）。

如果找到一个可以连续回收使用 90%～95% 酸液的经济方法，那么将（1）减少购买化学药品的成本（对工厂来说），（2）减少过程成本（更少的次品），（3）提供更好的质量控制，（4）减少用于在排放前中和废弃酸液的化学品（如氢氧化钠）。减少废酸液还将减少员工接触有害物质的风险，减小污水处理负担。这种酸液净化系统还可以减少集中废液的成本。

扩散渗析是一种酸净化技术。扩散渗析单元利用膜的单向透过性，只允许阴离子通过（如盐酸中的氯离子），金属阳离子留在膜的另一边。同时，水分子可以通过扩散作用通过渗析膜。

这样，每个渗析再生单元产生两种液体：含有高浓度酸和低金属浓度的再生酸液、含有高浓度金属和低浓度酸的废物溶液。在这一过程中，唯一需要的辅助资源是软水和单相电源。

在 PCB 生产过程中，可以采用这种方法再回收利用的酸液如下：

盐酸	氟硼酸
氢氟酸	甲基磺酸
硝酸	氯化铁和盐酸混合物
硝酸和氢氟酸混合物	硫酸

甲基磺酸（MSA）是一种用于剥离锡铅和铜的相对昂贵的酸液。这种酸也用于多层板用锡做最终抗蚀层的工艺，在氟硼酸盐无铅电镀之前清洁 PCB 的金属表面。通过不断地循环渗析酸液（使用本节第一段描述的工艺步骤），可以比不使用渗析酸液的方法减少 95% 的酸液消耗。这样的节约效果，用不了 6 个月就可以回收初始投资。通常情况下，对等同数量的稀酸采用这种方法，80%～90% 的酸液可以得到回收，70%～90% 的金属杂质能够被分离。

另一种系统在流程中只使用水。这种方法的核心是采用特殊的吸附树脂浅床。该树脂具有独特的吸附能力，可以强力吸附无机酸，而不吸附金属盐。这种方法因为只用到水，所以不是离子交换，通过对树脂加反向电压，就可以让酸脱离树脂。

3. 高锰酸钾缸内电解再生

通常条件下，高锰酸钾是一种强氧化剂。去钻污溶液中通常含有 5%～10% 的氢氧化钠。然而，在碱性和高温条件下，高锰酸离子（MnO_4^{-1}）分解为锰酸盐。锰酸盐与水反应生成二氧化锰（MnO_2），最终形成黑色二氧化锰沉淀在缸底。这时，缸液就需要更换了。

氧化电解再生系统可以抑制上述反应。一个典型的电解再生系统采用放置在缸内的一个铜杆作为阴极，并向其通电。加上电流，就会产生氧气，并和锰酸盐反应生成高锰酸钾。系统的效率取决于锰酸盐的生成速率、产生多大电流和加载在再生器上的电压。这些电极需要保持一直通电（因为即使在溶液不工作的情况下，高锰酸钾也会分解）。在大多数情况下，采用这种装置后，高锰酸钾溶液就基本不用更换了。

4. 合理的挂架设计与维护

使用仅与 PCB 接触部位（即电气和物理上的连接处，同时用来支撑 PCB 到挂架上）有裸露导电金属，而其他部分都被塑料包裹的电镀挂架，这样就只有接触部位需要退镀。如果其中之一是可移动的，那么以化学或通电的方法从挂架上去除的金属量也会减少。这能够延长退镀液的寿命，进一步降低运输或在线处理因为退镀而消耗的退镀液的成本（如果使用硝酸）。使用带有一次性接触点的挂架，既不用对挂架进行剥离，也无需使用硝酸。

5. 废液洗液收集缸

废液洗液收集缸的主要目的是收集在 PCB 进入水洗过程之前板子上附着的溶液。这种废液洗液收集缸是不用连续供给水的水洗缸，位于工作溶液缸和其水洗缸之间。这种废液洗液收集缸可以用于浸入式的方法和板子接触（用于化学镀铜和内层板加工），也可以用喷淋式的方法（用于水平传送设备或图镀或板镀工艺）。在在制板从工作液中离开到进入其他水洗缸之前，它们被浸入废液洗液收集缸中，或在废液洗液收集缸中喷淋清洗。

最终，废液洗液收集缸中的溶液浓度达到某一固定值，从而可以：

- 回收金属
- 因为收集液和工作液化学成分相同，所以可以回收用作工作液

这种方法的缺点在于，它会额外占用厂房空间。

滴水盘（也叫滴水板）是一种最简单的回收带出液的方法。在传送带下增加一个收集器，是节约、收集废液的方法之一。滴水盘位于挂架的下方或缸与缸之间，用于收集传送过程中从板子和挂架上滴下来的废液。这种收集器不仅能节省化学品的消耗，减少水洗用水，还能改善厂房环境，保持地板干燥。

6. 监控溶液活性

实时监控溶液的浓度活性，及时补充稳定剂和试剂，可以延长槽液的使用时间，减少槽液的更换频率，从而减少废液产生。

61.5.3　减少带出

减少带出是废物最少化的合适方法，因为这项措施不仅可以减少化学品的使用，而且可以减少污泥的产生。

1. 蚀刻设计

在 PCB 生产过程中，蚀刻过程是产生铜废物的最大来源。排放的废铜量和清洗水的流量是由蚀刻机的设计功能决定的。早期的蚀刻机通常包含一个单级蚀刻补偿段，位置则在蚀刻段和单级或多级水洗段之间。新的蚀刻剂不断补充到蚀刻段，蚀刻液不断蚀刻清洗 PCB，然后蚀刻液（包含了从新的 PCB 上蚀刻下的铜）流回蚀刻室（沿生产板传送的相反方向）。接下来 PCB 进入连续清洗工序，清洗水中包含 100 ~ 500mg/L 铜。一些公司使用这种单级蚀刻设备并使用单级水洗模块，通常是因为生产空间有限，如图 61.3 所示。

相比之下，增加一个补充蚀刻段将减小清洗阶段清洗水中铜的浓度，通常可以减小 50 ~ 300mg/L。如果使用 4 级补充蚀刻段串联，一个单级水洗模块，那么清洗模块中清洗水中铜浓度将小于 1.0 ~ 2.0mg/L。

2. 自动操作

计算机过程控制系统可用于操作 PCB、监控工作液防止意外分解、控制清洗水流量和把 PCB 从工作液中匀速地拿出等过程。由于这套系统需要较高的安装成本，初始投入很大，所以通常只有大型 PCB 制造商会选择使用。

3. 挂架设计

一些电镀挂架可以让 PCB 向一边倾斜一定角度（相对于水平面），这可以使溶液更好地从板子上流下，从而减少溶液的带出。

4. 去离子水和软化水水洗

自来水中含有很多天然污染物，如果直接使用这种水作为清洗水，就会产生一定量的碳酸盐和磷酸盐沉淀。使用经过预处理的软化水还有一个好处：在软水中，污染物扩散更迅速。因为水洗效率得到提高，所以每个工序的水洗用水量也会减少。

61.5.4 可替代材料

使用可替代材料是一种废物最少化技术，是减少某种特定有害废物或废物处理的简单方法。使用可替代材料之前，必须彻底弄明白材料的变化对所参与过程的影响。

1. 酸性镀锡抗蚀层

酸性镀锡铅通常是制作多层 PCB 蚀刻前的最后一道电镀工序。镀液含有铅和氟，所以废液里也含有铅和氟。酸性镀锡可以在一定条件下代替锡铅镀层用作抗蚀层。酸性镀锡溶液的好处是不含铅离子或氟化物，从而消除了废液中铅和氟的废物排放。

2. 消除硫脲

硫脲是一种致癌物质，在退铅锡溶液中用作络合剂。如果抗蚀层是酸性镀锡，可以用过氧化物溶液代替硫脲，从而消除这种担心。

3. 高锰酸盐去钻污

为了降低 PCB 生产过程中废液的数量和毒性，目前美国大多数工厂使用碱性高锰酸钾代替铬酸，用于去钻污工艺。这项技术减少了污水处理过程中需要的铬酸处理环节和控制问题（尤其是在潮湿的环境中），并减少了 96% 的硫酸排放。等离子体去钻污技术可以消除去钻污工序中绝大部分有害废物，但是该技术主要用于小批量生产，而不是大批量连续生产。

4. 直接金属化

化学镀铜的替代工艺已经出现，新工艺避免了使用有毒和致癌的甲醛。此外还有其他的规定：使用甲醛的工厂，需要广泛地监测厂内空气，并要求雇主义务承担员工定期体检的费用。这对资方来说，也是不小的开支。

一个代替化学镀铜的方法是，采用高分子导电聚合物材料。高分子厚膜（PTF）技术用丝网在基材或 PCB 上印刷出聚合物导体、电阻、介质层和保护层，从而构成基本的电路或互连结构。还有使用丝印导电膜替代使用甲醛的化学镀铜技术，在亚洲获得了认可（比在美国获得的认可更多）。

还有一些其他的已经被市场化的技术，如使用钯或石墨作为多层板中孔的互连导体。

5. 非水溶抗蚀剂

另一种可喜的废物最少化方法是，消除显影和退膜工艺中清洗水的使用，这项技术正在测试中。这项新工艺将消除显影液废物，而且也能消除退膜缸的换缸。

新型的光敏抗蚀剂，已经在 Circuit Center（俄亥俄州代顿）和 E.G&G.Mound 得到验证。生产时在 PCB 上涂上这种新的溶液，然后把 PCB 放在空气中烘干形成薄膜。当暴露于高强度的紫外线下时，这种薄膜就会分解，并作为惰性气体蒸发，因此不需要清洗等操作。用这种技术，可以降低甚至消除废物处理的成本。

使用这种新工艺可以减少传统工艺方法中排出的有害气体，以及含有丁氧基乙醇或丁基卡必醇的水合物和半水合物。

6. 使用非专用化学品代替络合剂

络合剂分子是包含着金属离子（如铜）的带电的复杂分子。它们被用来提高溶液中的金属离子的溶解度和浓度。用于 PCB 生产的典型络合剂通常有氰亚铁酸盐、乙二胺四乙酸（EDTA）、磷酸盐和氨水。使用络合剂的目的是使蚀刻、清洗、化学镀铜更有效。但是混有络合剂的废水处理更加困难，因为金属离子被紧紧地束缚在复杂分子团中，所以阻止了金属离子形成沉淀。通常，向带有络合剂的废水中添加硫酸亚铁，才能打破络合剂中分子团对金属离子的包围，使金属离子形成氢氧化物沉淀。而在这个过程中，添加的硫酸亚铁和其他金属一样，增加了沉淀的数量。使用非络合化学品可以消除这个问题。如果一些过程中必须使用络合剂，采用隔离不同工艺流程废液的方法，也能减少络合物废水的处理量。

61.5.5 使用新技术

1. 使用 LDI 曝光技术制作内外层线路

使用激光直接成像（LDI）曝光技术制作内外层线路已经有了近 20 年的历史，HDI 技术的普及使得 LDI 的使用更趋普遍。它可以简化内外层线路制作的工艺，因为不使用底片，直接消除了底片（银盐片、重氮片）和制作底片需要的显影、定影药水等，从而消除了被定为危险废物的底片的产生，以及需要处理的显影和定影药水废液与清洗液等，达到了减少过程废物和处理的目的。

2. 使用 LDI 曝光技术制作阻焊

适用于更小节距元件的 HDI 产品，不仅促使内外层线路制作使用了 LDI 技术，也对阻焊层的对位和曝光提出了更高的要求：更小的阻焊开窗。在阻焊层的曝光中使用 LDI 技术，一方面可以对接 LDI 制作外层时的图形的胀缩，另一方面可达到精确阻焊对位的要求。同样因为不使用底片，达到了和 LDI 制作内外层线路类似的减少过程废物和处理的目的。

3. 使用打印技术制作字符

字符打印技术的推出也有近 20 年的历史，最近 10 年来已经逐步成熟并得到广泛应用。字符打印技术代替字符印刷技术，消除了底片（银盐片、重氮片）和制作底片需要的显影、定影药水；消除了制作字符网板使用的感光浆、封网胶、洗网水等；也因为没有了网板上油墨的残留，大大降低了字符油墨的使用量（一台字符打印机每月使用大约 2kg 左右的油墨）；从而达到了减少过程废物和处理的目的。

4. 使用打印技术制作阻焊

因为有了比较成熟的字符打印技术，阻焊的打印技术顺理成章地成了设备制造商和 PCB 制造商颇为关注的一个技术发展方向。显然，阻焊打印技术远比字符打印技术复杂得多，因此到目前为止，阻焊打印技术还没有得到广泛的应用，但毫无疑问，会在未来得到很大的发展。阻焊打印技术和字符打印技术类似，消除了底片和网板相关的材料的使用；也因为不需要显影，从而消除了阻焊剂的废物和含阻焊剂的有机废水的处理；达到了减少过程废物和处理的目的。

5. 使用打印技术制作内层抗蚀层

使用 LDI 曝光技术制作内外层线路仍然需要整个板面涂敷干膜，而使用打印技术制作内层抗蚀层可以减少干膜的使用，直接用打印技术在内层芯板的铜面上打印出来需要的抗蚀层线路，UV 固化后可以直接蚀刻、退膜，形成内层线路。除了 LDI 带来的优点，打印出来的抗蚀层不需要显影，消除了这部分抗蚀刻剂废物和有机废水的处理。同时，因为打印的抗蚀层只有不到 $20\mu m$，因此退膜时产生的蚀刻剂废物和有机废水的量也大幅度减少，达到了减少过程废物和处理的目的。

6. 使用其他打印技术

其他打印技术包括直接打印基材和导电线路等技术，已经在一些简单的消费品电子产品上取得了一定的应用。商用的 PCB 打印设备也已经出现，材料和长期可靠性等一系列问题都还需要进行更多的研究，但毋庸置疑，这种设备将是解决 PCB 制作过程中废物最少化的最佳方案。

61.6 回收和再利用技术

61.6.1 硫酸铜结晶

1. 工作原理

用形成硫酸铜的方法蚀刻的反应式：

$$Cu + H_2O_2 + H_2SO_4 \longrightarrow CuSO_4 + 2H_2O \qquad (61.1)$$

系统可以采用这样的结晶方法：
- 降低溶液温度，从而降低硫酸铜的溶解性
- 去除以五水硫酸铜晶体形式存在的铜（$CuSO_4 \cdot 5H_2O$）
- 重新加热溶液（防止温度过低、硫酸铜结晶堵塞回流管道），将溶液重新送回工作缸

从废物处理的角度来说，这种方法的优势是溶液的再生，而不是溶液的定期更换。而其他微蚀刻工艺方法，当铜离子浓度上升时，溶液就必须更换。从工艺的角度看，这一方法最重要的优势是，低浓度铜离子的保持使 PCB 工厂减少了购买微蚀刻剂的成本。

以上得到的是目前没有用处的硫酸铜晶体，制造商只有把结晶的硫酸铜晶体用稀硫酸（10%）溶解，用泵把溶解后的溶液抽到废液洗液收集缸中，通过电解的方法回收得到铜。

61.6.2 清洗水的再利用

可以通过以下两个方法实现清洗水的处理和再利用。

清洗水循环再利用可以通过一个"源点"系统完成。在这个系统中，水流循环流过阳离子和阴离子交换柱，然后直接回到"源点"。在这一过程中，可能需要添加碳过滤器用来吸附清洗水中含有的有机物。

另一种方法涉及中央水处理系统。清洗水可以通过一个离子交换系统去除铜离子。在这之后，这些清洗水通过一个普通阳离子、阴离子树脂去除器，系统还将通过活性炭、臭氧、紫外线、过氧化氢和最后的过滤器去除有机物杂质。在某些情况下，还可以通过反渗透作用来代替一般的离子交换步骤。鉴于这种方法处理过程很复杂，一般适用于用水量很大的大型 PCB 工厂。

61.6.3　通过电解回收铜

1. 工作原理

电解沉积法是通过在阴极上还原形成金属铜来去除溶液中的铜离子。以下是在酸性溶液中铜回收时发生在阴极的化学反应式：

$$Cu^{+2} + 2e^- \longrightarrow Cu \, (金属) \tag{61.2}$$

$$2H^+ + 2e^- \longrightarrow H_2 \, (气体) \tag{61.3}$$

发生在阳极的化学反应式：

$$H_2O \longrightarrow 1/2 \, (O_2) + 2H^+ + 2e^- \tag{61.4}$$

第一个方程达成了电解的基本目标（在阴极上形成固体铜）。而随着电解过程的进行，废液的酸性变得更强，见式（61.4），H_2O 分解出更多的 H^+。

如果氧化剂存在于溶液中，反应速率将受到抑制。典型的氧化剂包括过氧化物和过硫酸盐，通常微蚀刻废液中都含有这些杂质。如果这些氧化剂不经化学处理就进入上述工艺流程，就必须增加额外的时间去除氧化剂，而且会减少阴极上铜的产生。所以，在电解反应之前，溶液中应加入还原剂，如亚硫酸钠（$NaHSO_3$）或焦亚硫酸钠（NaS_2O_5）。

2. 中央电解沉积系统

中央电解沉积系统中，铜可以从以下的来源进行回收利用：

- 选择性阳离子交换柱再生硫酸
- 废微蚀刻液
- 废液洗液收集缸
- 硫酸铜溶液电解
- 结晶器中溶解的硫酸铜晶体

这几种混合液中，典型的铜的浓度为 5 ~ 30g/L。中央电解沉积系统如图 61.4 所示。

3. 平行板电解沉积系统

在中央电解沉积系统中使用平行板的目的是，回收再利用纯度为 99.9% 的金属铜（或者转售），并将含铜废液中铜离子的浓度降到 1g/L 或更低。标准定为"1g/L"的原因是，如果以反应过程中产生的热量和铜的生成量来考察，当溶液中铜离子浓度降至 1g/L 以下时，反应效率会显著下降。

许多因素影响电解池回收铜的能力。如果设计得好，能极大地提高效率，包括溶液搅拌和阴极搅拌。在电解池中对废物进行空气搅拌可以提高电解的效率。控制空气进入的速率、气泡的

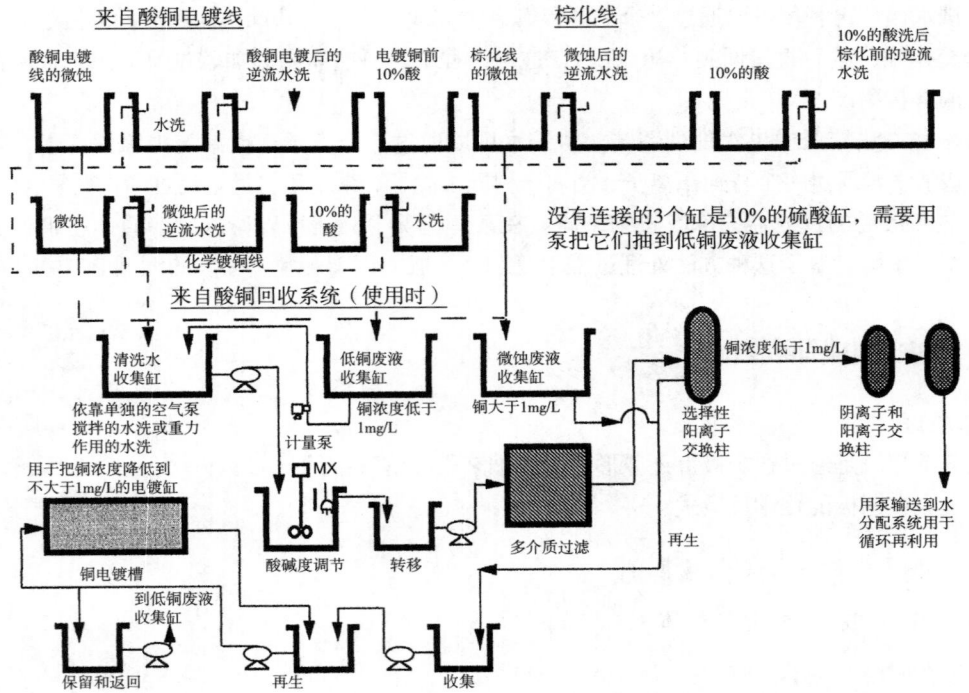

图 61.4 使用离子交换去除铜和电解沉积回收铜的中央电解沉积系统

大小、电流密度和分布对提高电解的效率都很重要。需要注意的是，在平行板电解池中，电解槽上附着的颗粒（所谓的枝晶）或金属粉末脱落后，会在电解槽的死角积累。如果任由这些金属粉末积累，阴极和阳极间有可能形成短路，严重时甚至有可能把电解池烧毁。

4. 高表面积电解沉积系统（HSA）

HSA 系统可以用来从各种溶液中回收铜，这些溶液包括含化学镀铜浓缩溶液和清洗水。和平板阴极相比，高表面积的阴极改善了传质过程中的参数特性。HSA 系统降低了阴极极化电位，并且提高了离子扩散的能力，从而使高浓度和低浓度铜离子都能从溶液中迅速向阴极沉积。HSA 阴极给铜创造了大量的沉积点，从而促进了溶液的搅拌。典型的 HSA 阴极由延展的网状碳纤维或催化泡沫材料制成。一些 HSA 系统在使用一段时间后需要更换新的阴极；而另一些在使用一段时间后可以再生，剥离沉积在电极上的金属铜后可以重新使用。

可以使用另一个电解池剥离阴极上附着的金属。人工取出第一个电解池中的阴极，然后放到第二个电解池的阳极位置。在焦磷酸铜电解液中，阳极上的铜以离子的形式迁移到该电解池的阴极不锈钢板或覆铜箔层压板上。然后，这个阳极又可以拿回到第一个电解池中做阴极，重复使用。

HSA 系统可以降低流入废液中铜离子的水平，但值得注意的是，直到第二个电解池之前，铜并没有完全被剥离和再利用。

5. "源点"系统

废酸洗液收集缸可以位于电镀工作缸（如图镀线的镀铜缸）和水洗缸之间。通常情况下，缸的位置应毗邻产生最难处理的废液的缸。这些工艺流程包括蚀刻缸（如果不是水平传送的）、微蚀刻缸（产生最多的铜）和电镀缸（通常是硫酸法电镀）。

每一个废酸洗液收集缸都可以通过自身的循环电解来回收铜，然后这些酸洗液重新回到废酸洗液收集缸中。在这个过程中，铜离子的浓度被保持在较低水平。在回收过程中，电镀缸的电极可以是一个平行板电极，也可以是 HSA 电极。

如果专用电镀缸不能用来从废液洗液收集缸中直接回收铜，那么废酸洗液可以定期排放到稀释（或浓缩）的铜废液收集缸中，然后通过离子交换系统（或者一个独立的中央电镀系统）集中再生处理。

61.7　可以替代的方法

61.7.1　选择性离子交换

在离子交换时，溶液中相同电荷的离子被交换到浸入的树脂表面。不过离子交换应归类为吸附过程，因为交换发生在固体表面（树脂珠），并且参与离子交换的离子必须经过一个相的转移：从液相到树脂表面转化为固相。一个选择性阳离子交换柱可以把铜离子的浓度降低到小于1mg/L，如果采用两个阳离子交换柱串联，如图 61.4 所示，废液中铜离子的浓度将小于 0.5mg/L。废液中的有机物会淤塞树脂，甚至使其无法使用。因此，在溶液进入离子交换过程之前，需要经过活性炭过滤。需要注意的是，如果废液中含有大量有机物质，则不适用于离子交换法。

1. 工作原理

废液中的铜离子通常呈 +2 价态，在离子交换法中，除去废液中 +2 价铜离子的过程：

$$Cu^{+2} + 2R-H \longrightarrow 2H^+ + R_2-Cu \tag{61.5}$$

这里，R 指交换树脂上的阳离子，交换过程在铜离子附着的树脂珠表面发生。

离子交换设备供应商通常会提供一个水表，用来指示通过离子交换柱的废液总量。当通过这个水表的废液达到一定的量时，水表会发出报警声，这标志着树脂离子交换柱需要手动再生了。如果系统可以提供自动再生，这时水表将触发一系列的再生过程。当这一系统中包含着多级交换柱时，必须控制各阀门以适应再生过程，这可以通过手动或自动（气动、电动或液动）方式实现。

2. 再　生

为了回收铜，要首先用水，然后用 5% ~ 15% 体积比的硫酸，清洗离子树脂交换柱。这一过程用下式表示：

$$R_2-Cu + 2H^+ \longrightarrow Cu^{+2} + 2R-H \tag{61.6}$$

这里，R 代表阳离子交换树脂。

这样，树脂上吸附的铜元素被氢离子取代，反应后的含有硫酸铜的溶液可以直接送到电解回收系统去回收铜。而反应后的树脂再经过清洗，去除附着在上面的酸性溶液，可以重新使用。

3. 用过的缸液

某些用过的缸液可以通过离子交换系统，这些典型的缸液包括电镀铜的废液洗液、酸洗液、预浸液、微蚀刻液、氯化铜和氨水蚀刻后的清洗水，经过处理后，铜离子浓度可以降至 1 mg/L 以下。

61.7.2　除去化学镀铜溶液中的铜离子

众所周知，铜可以在 PCB 上的金属化（通常是铜或钯）孔中沉淀。当把 PCB 浸泡在化学镀铜溶液中时,随着溶液中铜在孔中钯位点的沉积,溶液中的铜离子会自动减少(以甲醛为还原剂)。
化学铜沉积的反应式:

$$Cu(EDTA)^{-2} + 2HCHO + 4OH^{-1} \longrightarrow$$

$$Cu^0 + H_2 + 2H_2O + 2CHOO^{-1} + EDTA^{-4} \qquad (61.7)$$

这一反应可以用来去除化学镀铜废液中的铜离子。市面上的相关产品通常是罐状或模块,包含一个由铜和钯制成的专用的海绵状的材料。化学镀铜溶液通过这个自催化还原铜的模块,铜就会在海绵状的介质材料上沉淀,铜离子被去除,如图 61.5 所示。

通常情况下,最少是两级过滤罐串联使用。随着流过第 1 罐的废液中铜浓度逐渐上升到 1mg/L,用第 2 个海绵材料罐顶替第 1 个,再把另一个新的海绵材料罐放到原先第 2 个罐的位置。

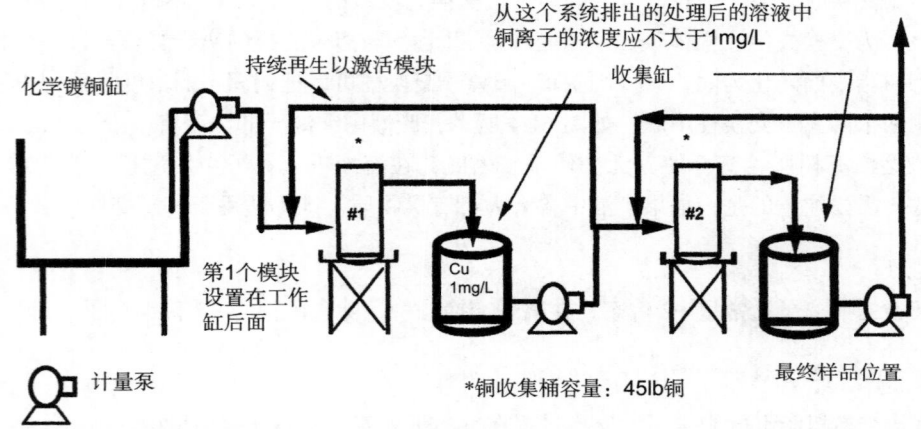

注意:这项技术会将铜沉积在塑料海绵中,海绵本身可以作为固体有害废物定期处理,然后更换新的海绵。
这项技术需要定期分析从蚀刻后排出的废液中的铜浓度。

Shipley 可以提供商品名为 531 的罐子用于上述工艺,Enthone-OMI & Macdermid 也都能提供类似的产品。

铜罐子可以作为表面积比较大的铜阳极,通过手动两步电解法再生,或者通过离子交换和电镀法再生。

图 61.5　从废化学镀铜溶液中去除铜的方法

61.7.3　硼氢化钠还原

这种方法不是常见的、廉价的自催化方法,却是处理化学镀铜废液中铜离子的最简单的方法,即使用强还原剂——硼氢化钠(NaBH$_4$)。这种化学物质通常以含有质量比 40% 氢氧化钠和 12% 硼氢化钠的混合溶液出售。化学反应可以表示为

$$8MX + NaBH_4 + 2H_2O => 8M + NaBO_2 + 8HX \qquad (61.8)$$

这里,M 表示 +1 价阳离子;X 表示阴离子。

要让这个反应发生,废化学镀铜溶液需要活化。向溶液中加入氢氧化钠(NaOH)和(或)甲醛(HCHO)会使反应平衡向上述反应移动。当到达这个阶段后,再加入一些硼氢化钠会加速反应,铜将会以粉末状析出。

使用这一反应,需要用到顶部开放的反应缸,并且位于通风良好的地方。因为硼氢化钠在反应过程中释会放出氢气,所以反应现场不能有任何火焰和火花。在反应中,应缓慢地将体积比 0.5% ~ 1% 的硼氢化钠溶液加入盛有废化学镀铜溶液的反应缸中。几分钟后,溶液将迅速反应,粉

红色的铜粒子开始形成并以肉眼可见的粉末状沉淀。氢气小气泡也在溶液中生成。注意，这些气体必须尽快排走。通常在 1h 左右，溶液变清，铜在溶液的底部形成沉淀。在反应结束后，这些铜的沉淀需要尽快清理走，否则这些铜粉末可能重新氧化并与溶液反应，再进入溶液中。铜粉末沉淀清除后，可以向溶液中添加过氧化氢，将溶液中的甲醛转变为毒性较小的甲酸。

这一反应也可用于去除化学镀铜废液之外的其他含金属废液。不过，对于非络合废液处理，这种方法通常不是一种经济的方法。

61.7.4　水状和半水状光致抗蚀剂剥离溶液的处理方法

PCB 生产过程中一个重要的污染源是被剥离的光致抗蚀剂。半固态的光致抗蚀剂被在线或离线的设备用剥离溶液从（半成品的）PCB 上去除。如果能去除剥离溶液中的光致抗蚀剂（悬浮固体），则可以使剥离溶液的使用时间更长，效率更高。

但是无论如何，光致抗蚀剂剥离溶液中的有效成分总有用尽的时候，这时溶液就成了废液。这个过程的废物必须被隔离处理，以便将产生的污泥分类为无害的。此外，一些优秀的工程实践表明，含有光致抗蚀剂的剥离废液，不能用连续沉降废水处理系统处理。这是因为，废液中含有的有机光敏聚合物，不能在澄清池中形成沉淀。在某些情况下（在一定的温度，或者与某些有机物混合后），含有有机物的废液也会在澄清池里分层。结果是，有机固体能悬浮在澄清池中，而金属氧化物会附着在这些悬浮的有机物上。

处理这种废液的手段是，使用化学沉淀（通过降低 pH）和过滤（除去光致抗蚀剂和残余金属）。处理后的废液慢慢排入到最终 pH 调节池。具体处理过程如下。

未经处理的废液 pH 约为 12。向废液中缓慢加入硫酸，使 pH 降低到约 9。待 pH 稳定后，向溶液中添加一种酸性专用化学品，将使 pH 降低到 6。在这个 pH，溶解的光致抗蚀剂成分将沉淀出来，用废液过滤设备可以去除这些沉淀。

61.7.5　含阻焊剂废水的处理方法

PCB 厂含阻焊剂废水的传统处理工艺步骤是：酸化，捞渣，芬顿氧化或者和其他废水混合。传统的芬顿氧化工艺的双氧水和硫酸亚铁用量大，药剂多，污泥处理成本高。在中国专利 ZL201620891773.8 中使用的多级芬顿反应系统（I 型），可以用于优化传统的基于芬顿氧化反应的废水处理。该系统使药剂与废水高度分散、强制循环，通过多级反应，能显著降低药剂的使用量，减少反应时间，提高反应效率。高浓度阻焊剂废水在经过该系统处理后，COD 可降低 80% 以上，并可以根据废水处理量制作 1 ~ 5 m³/h 的处理设备。

61.8　化学处理系统

废物化学处理涉及添加化学品，从废液中沉淀金属。化学处理形成的污泥最终作为污染物排放。这些污泥通常会被送到回收装置，进而回收金属，或者送往许可的填埋场地。后者现在变得越来越困难，成本也越来越高。注意，废弃物应避免与未知风险的其他废弃物一起填埋。采用填埋处理化学废弃物仅适用于污染物回收在技术上不可行，或者回收成本显著高于填埋成本时。

61.8.1　处理过程

非络合金属的清洗水和废工作液处理通常分两个阶段进行。第 1 阶段处理通过加入氢氧化钠和硫酸，大致控制溶液的 pH。在第 2 阶段，当加入氢氧化钠时，溶液 pH 升高，溶液中的金属离子以氢氧化物沉淀析出。石灰在以往这一过程中常被用到，但是由于它使沉淀量显著增大，现在已经不怎么常用了。氢氧化钠虽然成本要高一些，但现在得到了广泛应用。

另外，溶液中的金属离子可以以硫化物的形式沉淀出来，在 pH 为 9 的时候，如果加入 FeS，将会形成沉淀。这个过程更难控制，因为这一反应可能产生有害的硫化氢。然而，金属硫化物的溶解度比金属氢氧化物低，所以这一方法的优势在排放标准越来越严格的时候，逐渐显现。

含有金属络合物的清洗水和废工作液，给化学处理方法带来了很大的困难。这些废液来自化学镀铜工艺，在络合物里，金属离子被其他分子团包围，让它们保持溶解状态。通常的解决方案是，向络合物废液中加入硫酸亚铁，破坏金属络合物的分子结构，使金属离子形成氢氧化物并沉淀。这一过程通常需要添加大量硫酸亚铁试剂，一般来说，铁和铜的比例是 8 : 1。这种方法的缺点是，铁也会以沉淀方式析出，从而大大增加了化学沉淀污泥的产生量。

不管使用哪种具体的化学处理方法，这些化学处理系统一般都有着共同的组成部分。

61.8.2　收集系统

收集系统是在处理之前集中放置废液的一个或多个废液收集缸。缸的容量应至少可以保证生产过程中产生的废液不间断流入 20min 或更长的时间。隔离收集不同的废液可以提高废液处理系统的效率。例如，工作液废液可以收集到单独的收集缸中，并以低流量计量加入水洗废液中。此外，络合物废液和非络合物废液要分别存放处理，从而尽量减少硫酸亚铁的使用。

61.8.3　pH 调整

这是一个典型的双缸系统，如前所述，每个缸都可以调高 pH，使金属离子形成氢氧化物或硫化物并沉淀。每个缸都要足够大，使生产过程中产生的废液保留足够的时间（通常是 30 min），以确保另一个缸中反应完成。每个缸都配备有搅拌器、pH 计探头和控制器。此外，pH 应该被实时记录，以监控系统性能。

61.8.4　化学沉降法

经过两步 pH 调整后，废液流经澄清系统的絮凝室，加入聚合高分子电解质和循环污泥后快速搅拌。然后，废液进入第二阶段，慢速地搅拌废液，使金属氢氧化物沉淀更充分。最后，絮状沉淀开始向絮凝室底部沉降。固体沉淀在絮凝室底部，澄清的液体则进入最终 pH 调整室；有时为了满足更严格的排放标准，溶液在进入最终 pH 调整室之前要经过一个砂滤池过滤（见图 61.6）。

61.8.5　交叉微流过滤

交叉微流过滤系统用于要求最大铜排放低于 1mg/L 的情况下，可以代替澄清和砂滤系统。已经经过常规处理的废液收集到循环池中，液体经过泵以 $10 \sim 35\text{lb/in}^2$ 的压强涡流通过一系列包含胶囊状结构的管式过滤器。这样，液体中的悬浮物会返回循环收集缸中。消除掉悬浮物的液体会溢流通过管式过滤器，悬浮物会在排放泵附近富集。当污泥含量达到 3%（总固体悬浮物）时，再把这些含有悬浮物的废液通过泵收集到污泥接收池，然后通过泵进入压滤机（见图 61.7）。

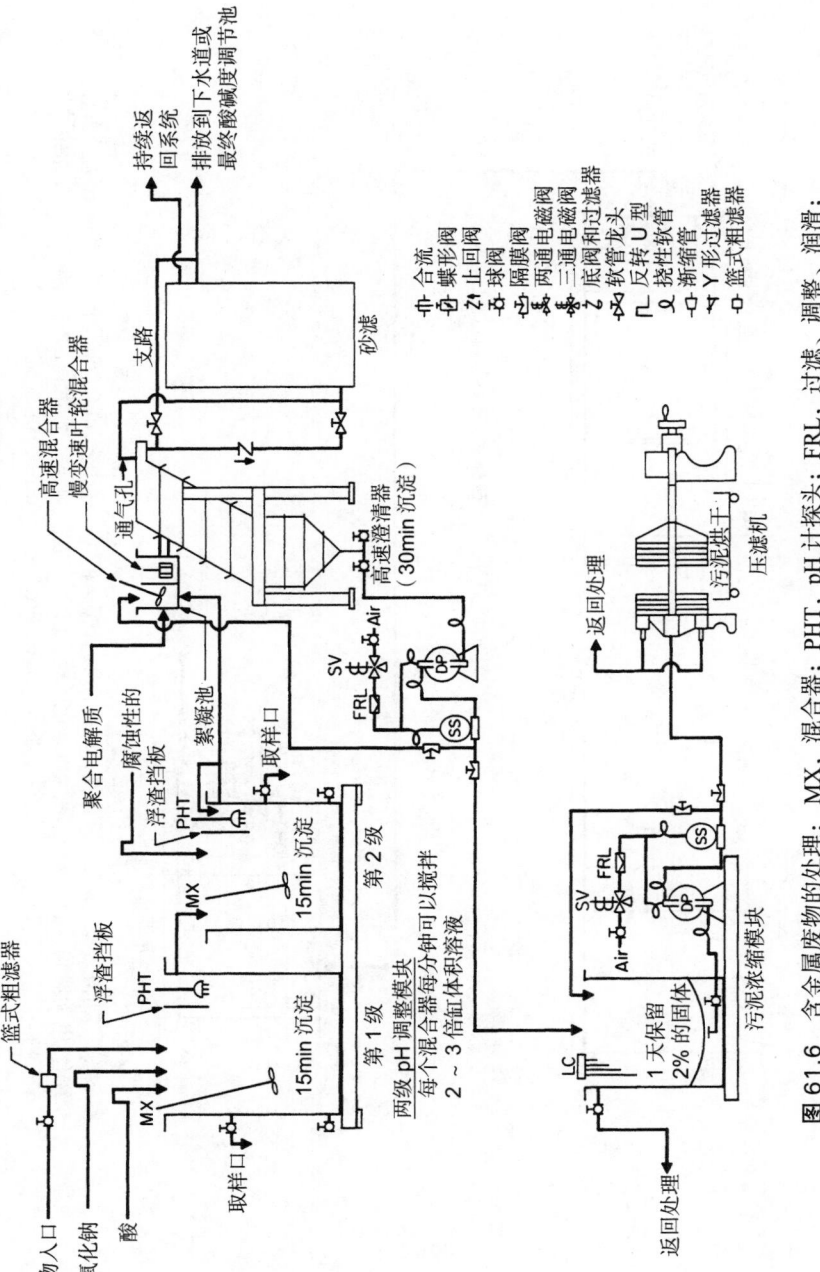

图 61.6 含金属废物的处理：MX，混合器；PHT，pH 计探头；FRL，过滤、调整、润滑；SV，电磁阀；SS，浪涌抑制器；DP，隔膜泵；LC，液位控制（来源：Baker Brothers/Systems 公司）

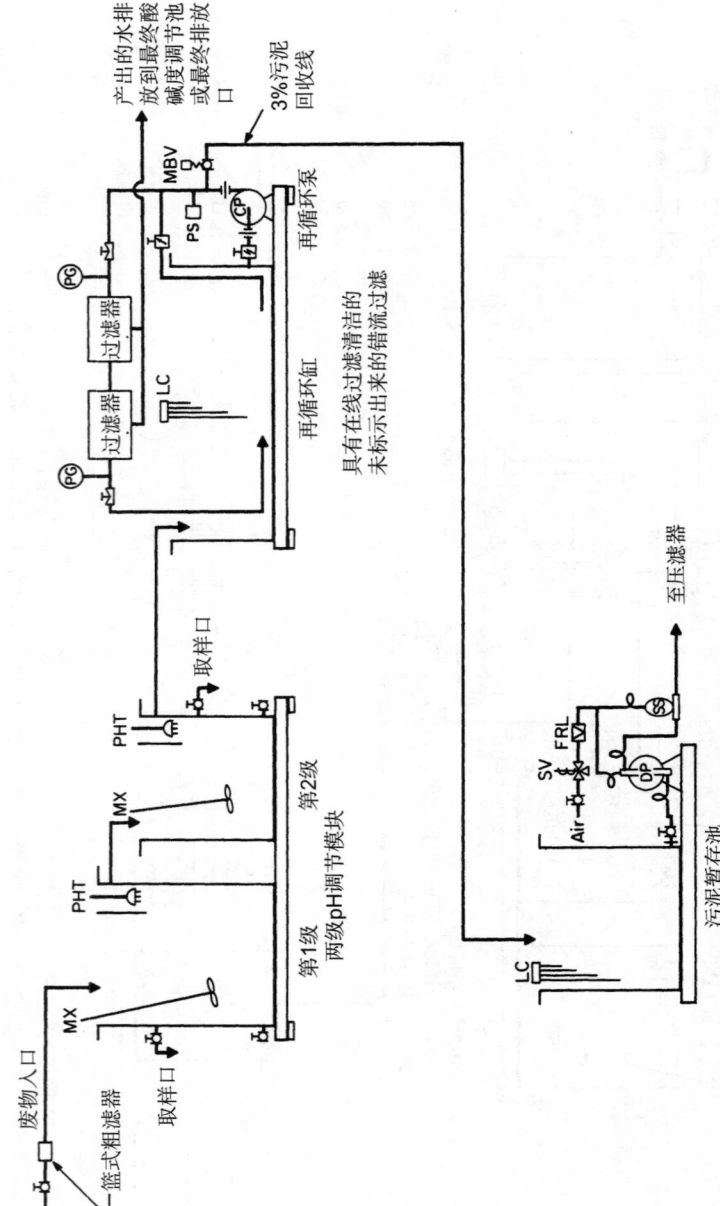

图 61.7 错流过滤器: MX, 混合器; PHT, pH 计探头; LC, 液位控制; PS, 压力开关; PG, 压力表; MBV, 电动球阀; CP, 离心泵; SV, 电磁阀; FRL, 过滤、调整、润滑; DP, 隔膜泵; SS, 浪涌抑制器 (来源: Baker Brothers/Systems 公司)

61.8.6　污泥浓缩和脱水

污泥浓缩池的作用是将悬浮物浓度为 1%～2% 的液体，经过不断的沉降分离，把悬浮物浓度提高到大约 3%。分离出来的水将流回清洗水收集池。把污泥浓缩池或收集池中的固体通过泵送到压滤机中，进行脱水，以减小污泥的体积。

最终，污泥状固体废物通过压滤机后，浓度将上升到约 35%。此外，如果再对这些污泥进行加热，固体污泥的含量将提升到 70%，这将大大减小这些污泥的体积。

61.9　各种处理方法的优缺点

本章叙述的所有处理方法都有各自的优缺点，它们当中没有一个方法可以适用于所有情况。每种潜在的应用在实施前都需要预先分析和透彻理解相关的技术问题和经济问题。表 61.3 总结了本章中讨论的一些技术的优缺点。

表 61.3　各种 PCB 废水处理方案的优缺点

主要废水分类	废水最少化或处理方法	优　点	缺　点
1. 含有铜的酸性清洗水	选择性地回收清洗水中的铜	回收的铜可以出售；可以减少废水的排放量，减少废水的排放费用	最贵。需要控制水流，需要定期彻底的缸液分析。必须处理用过的工作液
	用选择性离子交换法除去预先选择的清洗水中的铜，用电解沉积法回收铜	回收的铜可以出售，可以把排放铜的量最少化	比化学处理法需要的设备更贵，需要昂贵的阳离子交换树脂，必须处理用过的工作液
	化学沉降法	成本最低，需要用过滤和合适的化学预处理来澄清处理液	产生污泥，增加处理污泥的责任。需要较多劳动力。必须处理用过的工作液
2. 用过的含铜酸性工作液	用结晶、离子交换、过滤和（或）扩散渗析净化废液，使其全部或部分重利用	减少甚至消除更换工作液。回收的铜可以出售	需要定期彻底的缸液分析。最佳选择是从清洗水中去除铜
	把用过的工作液和清洗水按比例混合，回收其中的铜	回收的铜可以出售。可以把排放铜的量最少化	比化学处理法需要的设备更贵
	允许工作液在排放前有较高的污染物浓度	排放废液的频率降低	需要定期进行彻底的缸液分析
	从微蚀刻液中回收铜	大多数铜被回收，占用最小的厂房空间	废液需要单独收集和处理
	化学沉降法除去铜	铜都沉淀为污泥	产生污泥，增加责任。需要较多的劳动力
3. 氯化铵蚀刻液及其清洗水	回收 95% 的蚀刻液和清洗水	减少购买新的蚀刻液，减少了废弃物排放量，回收的铜可以出售	只有内层蚀刻和外层蚀刻能采用这种方法，硫酸铵需要用别的方法再生
	把废液排入铜处理系统以去除铜	回收的铜可以出售	比化学处理法需要的设备更贵。需要持续拖运用过的蚀刻液
4. 废化学镀铜液	使用钯基系统和（或）石墨系统的化学替代品	消除使用甲醛	可能产生额外的有机污染。不能在所有的应用中取代甲醛
	铜回收	减少铜的排放	比其他方法的成本高
	用海绵状材料自催化吸附去除铜	可以去除和乙二胺四乙酸（EDTA）结合的铜，合适的铜回收方法	产生的海绵状材料废物需要搬运。需要持续地活化、加热和监控
	化学处理法	最便宜	产生污泥，络合剂仍然留在处理后的污泥中

主要废水分类	废水最少化 或处理方法	优 点	缺 点
5. 显影／退膜去掉光致抗蚀剂	采用不产生废物的光致抗蚀剂	消除了固态污染	并不适用于所有工艺
	用化学处理法处理，与拖运到厂外处理和排放相比，能减小废物的体积	减少运送到厂外处理的废物量	固体废物的处理很成问题。需要昂贵的专用化学品。几乎没有处理掉废物中的有机物。需要分类处理
6. 其他含有锡、锡／铅、镍、金的废物	从废液洗液收集缸中回收金属和化学品	可以回收再利用金属和工作液	需要安装废液洗液收集缸的空间。需要更多的废物分类，更多的回收和再利用费用
	化学方法处理并使用膜过滤	成本最低	产生污泥，增加责任。需要较多的劳动力
7. PCB 组装时用过的清洁剂废物	使用水溶性焊料和助焊剂	消除了有毒的化学品。清洗水可以循环使用	不能广泛使用
	对 RMA 助焊剂使用半水或皂化清洁剂	消除使用氯氟烃（CFC）	半水合溶液缸可能释放出挥发性有机物

第 14 部分

挠性板

第 *62* 章
挠性板的应用和材料

Dominique K. Numakura
美国马萨诸塞州黑弗里尔，DKN 研究中心

莫欣满　编译
广州兴森快捷电路科技有限公司

62.1　引　言

挠性板是一种建立在能够弯折的超薄基板材料上的印制电路互连结构，它们能够弯折成为立体三维（3D）结构，而这是刚性板无法实现的。由于具有这种灵活性，挠性板比其他连接方式具备更多优点，更适用于在狭小空间内实现高密度互连的电子设备。如图 62.1 所示，电子设备中应用的大部分挠性板多用于连接而非组装布线。

图 62.1　各种各样的挠性板

表 62.1　挠性板的优缺点

优　点	缺　点
薄	易裂
轻	尺寸不稳定，易变形
可弯折	可靠性低，易疲劳
柔软有韧性	设计困难
持久的韧性	制作复杂
3D 布线	不易操作
小空间内高密度布线	需要特殊的组装工具
避免了连接器和焊接	组装良率低
避免了连线遗漏	返工较难
整体上降低了成本	制造成本高

62.1.1　挠性板的优缺点

挠性板的基本优势在于薄及可弯折性，可以产生其他电路互连结构不具备的附加优势（见表 62.1）。如在狭小空间内实现三维布线、组装及保持小半径的长期动态弯折，是其他电路互连结构无法替代的典型场景。不过，这种不稳定的薄型结构也给挠性板带来很多缺点。所以在实际封装系统中应用时，应权衡利弊，避开缺点。不当地使用挠性板，可能会使产品的制程良率和生产效率降低，成本飙升。

62.1.2　挠性板的经济性

与同等尺寸的刚性板或扁平电缆相比，挠性板的最大缺点在于它的价格要高得多。通常，为了实现三维互连结构，挠性板的尺寸要比刚性板的尺寸更大。尽管印制电路板（PCB）的成本上升了，但是通常情况下，使用挠性板比使用多层刚性板加相应连接器的方式更省钱，因此我们在比较两者的成本时，要考虑实际应用情况，即要把 PCB 应用过程中所有的成本都涵盖进来作对比，包括连接器、连接线缆和附加的组装成本。

由于挠性板的制造成本要比实现同样电气功能的单独的刚性板高，所以使用挠性板时要注意，除非必须要实现三维布线的特性，否则在设计上应充分评估是否采用挠性板，特别是在布线成本需要控制的消费类电子产品中。挠性板多用于那些非它不可的场合（如在狭小空间内实现弯曲布线，轻量化产品，或者需要实现长期弯折的场合）。所以最关键的考量是，在产品中使用挠性板带来的产品性能提升的价值能否超过它的成本上升值。

电子产品的小型化要求在一个狭小的空间内进行极其灵活的布线，因此，挠性板有很多应用场合。图 62.2 显示了挠性板在数码相机中的应用——挠性板是这类产品的最佳技术解决方案，并使成本控制在低水平。在这个例子中，整个电路结构由一块多层刚性板和十几块挠性板组成，整体布局达到最优，并且控制了总体电路结构的成本。

图 62.2 挠性板在数码照相机中的应用（来源：佳能）

62.2 挠性板的应用

如前所述，挠性板应用于其他电路互连结构不能胜任的场合。表 62.2 给出了挠性板的特点及其应用领域。表中给出了挠性板应用在电子产品中的典型例子，便携式电子产品，如手机、数码相机、汽车仪表盘、手持计算设备等需要在狭小空间内实现可靠的三维布线的产品。在某些相机中，十几块挠性板压缩后只占据很小的空间。挠性板还可在许多具有机械移动部件的电子产品中实现铰链式连接，如笔记本电脑、掌上电脑、PDA 等。很多电子产品，如硬盘、小型打印机、翻盖手机等，都需要寿命较长的动态翻转结构。此外，在航空电子设备和小型便携式电子产品（如手机）中，还使用多层刚挠结合板，有效减少布线空间和增加布线可靠性，刚挠结合板正好能够满足所有的这些布线要求。同时，制造商也在努力降低这些用于消费类电子产品中的挠性板的生产成本。

表 62.2 挠性板的特点和应用

特　点	应　用
小空间高密度布线	数码相机、手机、平面显示器、数码摄像机、传真机、超声波探头
轻薄	计算器
3D 布线	汽车仪表盘、手机、相机、笔记本电脑
连接可靠	航空航天、工业
有韧性，可持久地弯折	打印机、硬盘驱动器、软盘驱动器、CD 机、VCR

62.3 高密度互连挠性板

在 20 世纪 90 年代中期，高密度互连（HDI）挠性板的研制取得了一系列进展，这应当归功于电子元件的小型化发展。这些小型化元件，促成了新的电子电路设计理念。HDI 挠性板，在线宽 / 线距、导通孔直径方面和 HDI 刚性板差不多，具有比普通挠性板更高的电气互连密度。当前的 HDI 挠性板，还有更高密度的潜力。

62.3.1 技术规格

表 62.3 显示了终端产品在互连时的典型需求，同时也给出了 HDI 挠性板的推荐规格参数。

目前，便携式电子产品需要面对的环境比以往更加苛刻。因此，PCB 需要更高的可靠性，见表 62.3。如手机，它通常放在口袋里，会接触多种不同环境条件，包括连续振动、机械冲击、高温、高湿、口袋里的棉絮纤维，甚至是汗水等。其他便携式电子产品，如数码相机、掌上电脑、笔记本电脑，也会面临着这些类似的环境条件。

表 62.3 对高密度挠性板提出的要求

终端使用需求	推荐的挠性板参数
高密度布线	节距小于 150 μm，导通孔直径小于 150 μm
轻和薄	基材厚 ≤ 25 μm，铜厚 ≤ 12 μm
高密度 SMT	覆盖膜开窗小，镀锡或无铅焊料
高密度互连	高尺寸精度（焊盘直径小于 0.3 mm）
直接键合（邦定）	高密度跨线，节距 < 100 μm
挠性板上组装芯片、倒装芯片	高密度微凸阵列，节距小于 100 μm
振动可靠性	导体结合强度高
机械冲击可靠性	层间结合力强
大范围热循环可靠性	耐热性高
盐雾可靠性	绝缘电阻高

62.3.2 应用

由于应用领域和组装技术的发展，许多电子产品都需要用到高性能 HDI 挠性板。为了适应这些新的要求，需要提升 PCB 制造工艺的技术水平。表 62.4 列出了 HDI 挠性板的主要应用及相关优势。

没有 HDI 挠性板，这些应用就达不到小型化，无法支持各种新功能。如具有垂直记录系统

表 62.4 HDI 挠性板的主要应用

应 用	使用 HDI 挠性板的优势
无线悬浮式磁盘驱动器	小空间高密度布线，柔软、薄、轻、3D 布线，直接连接磁头
互连的磁盘驱动制动器	小空间高密度布线，柔软、薄、轻、3D 布线，可重复返修性
CSP 插入器	小空间高密度布线，柔软、薄、轻、3D 布线，高密度连接
平板显示器	小空间高密度布线，柔软、薄、轻、3D 布线，COF 能力，高密度互连
超声波探头	小空间高密度布线，柔软、薄、轻、3D 布线，直接连接超声探头
手机	小空间高密度布线，柔软、薄、轻、3D 布线，能够使用 SMT 和 COF
喷墨打印机	小空间高密度布线，柔软、薄、轻、3D 布线，直接连接打印头

的硬盘驱动器的新型微小磁头，可通过专门开发的 HDI 挠性板以低成本来实现高度可靠的互连功能；同时，HDI 挠性板也能应用在芯片级封装（CSP）技术中，个人计算机的平板显示器和大屏电视机的集成电路（IC）驱动都是在挠性板上直接安装芯片（COF）后组装。由于空间有限，相机、监控摄像机和数码摄像机的小型液晶显示器（LCD）也都使用长条形 HDI 挠性板。同样的，下一代便携式电子设备的发展也依赖于 HDI 挠性板。

62.4 挠性板材料

挠性板和刚性板最大的不同，就在于前者的基材中采用了薄型可弯折挠性材料。此外，由于挠性板结构比较复杂，除了覆铜箔基板，还需其他辅助材料才能完成整个 PCB 的制作。

62.4.1 传统挠性板材料

表 62.5 展示了典型挠性板中主要使用的各种材料。这些材料多种多样，如基板中的薄膜材料，包括聚酰亚胺（PI）薄膜和聚酯（PET）薄膜等；而为了达到更好的耐弯折效果，压延（RA）铜箔更合适作为主要的导体材料。

为了达到终端应用的设计要求，需要使用许多常规的物料和某些特别的辅助物料，典型的如覆盖膜和补强板等，这些材料已广泛用于制作挠性板。

表 62.5 传统制作挠性板的主要材料

应用领域	典型材料
基材	聚酰亚胺膜（PI）、聚酯膜（PET）、聚酯玻纤 - 环氧树脂薄基板、氟化乙丙烯（FEP）、覆树脂纤维纸
导体材料	电解（ED）铜箔、压延（RA）铜箔、不锈钢片、铝片等
覆铜板	环氧型、丙烯酸型、苯酚型（有胶挠性覆铜板）
覆盖膜	PI 薄膜、PET 薄膜、可挠性油墨
黏合剂层	丙烯酸树脂、环氧树脂、苯酚树脂、压敏胶（PSA）
补强板	PI 膜、PET 膜、玻璃 - 环氧树脂板、金属板等

62.4.2 HDI 挠性板主要材料

20 世纪 90 年代之后，制造商开发了多种新材料、新设计、新工艺，以满足 HDI 挠性板的需要，如高性能薄膜、无胶板材、浇铸型液态聚酰亚胺树脂、感光型覆盖膜等。

表 62.6 展示了适用于制造 HDI 挠性板的一系列新材料。HDI 挠性板和传统挠性板在所用材料上是有显著差异的。例如，很多传统挠性板使用的是普通有胶挠性板材，其中的薄膜材料大多是聚酰亚胺薄膜，如 KaptonH™ 或 ApicalAV™ 等，而大多数大批量应用的 HDI 挠性板使用的则是新型材料。

高密度应用需要更精细的线路和更微小的孔，这对工艺水平提出了很高的要求，为了制作方便，制造商更倾向采用更薄的铜和基体，但薄基板的物理性能可能并不是最优的。同时，使用更薄的基板材料还会对产品性能和制造良率产生影响。

材料的尺寸稳定性是 HDI 挠性板制造过程中的一个关键因素。为了制造可靠的 HDI 挠性板，对于材料、结构和制造工艺之间的矛盾必须平衡兼顾。为了解决这个问题，可采用新的设计结构和制造技术，以及新的材料等。

表 62.6 HDI 挠性板材料

应用领域	用于 HDI 挠性板的新材料
介质材料	聚酰亚胺薄膜（型号有 Kapton K，E，EN，KJ；Apical NP，FP；Upilex S）、液态聚酰亚胺树脂、PEN 膜、LCP 膜
导电材料	超薄铜箔、溅射铜箔、铜合金、不锈钢片
覆铜板	无黏合剂层层压板（浇铸型、溅射/镀覆型、压合型）
覆盖膜	感光覆盖膜（PIC）（干膜型、液体油墨型）
粘结片	热塑型聚酰亚胺膜

62.5　基材的特性

虽然已有多种新材料应用在挠性基材中，但是在传统挠性板中，聚酰亚胺薄膜和聚酯薄膜仍是基板薄膜和覆盖层薄膜的主要材料。聚酰亚胺薄膜一直是焊接和其他高温操作工艺流程（如引线键合和倒装芯片）中的适用材料，这是因为它具有良好的耐高温性质，而且各种物理性能较为均衡。聚酯薄膜不适用于焊接，但是使用它可以有效降低材料成本，所以经常应用在大型电路中，如汽车仪表盘和打印机的长线缆连接。

62.5.1　基材的比较

表 62.7 给出了一些材料的性能指标对比，如玻璃-环氧树脂型薄基板（并没有广泛使用）。为了满足 HDI 挠性板的需要，多种材料都被引入挠性板制造这一领域，如聚酯（PEN）膜、液晶聚合物（LCP）膜、聚醚醚酮（PEEK）膜。

表 62.7　各种基材的对比

	聚酰亚胺	聚　酯	玻璃-环氧树脂薄基板	LCP	PEEK
最高工作温度	> 200℃	< 70℃	约 105℃	约 90℃	> 200℃
标准介质厚度 /μm	12.5，25，50，75，125	25，50，75，100，125，188	100，150，200	50	50
焊接性能	可以	困难	可以	可以	可以
引线键合	可以	不可以	困难	困难	可以
颜色	褐色	透明	透明	透明	乳白
吸水率	高	低	低	高	高
尺寸稳定性	高	高	中	低	高
耐弯折性能	高	低	中	低	高
价格	高	低	中	低	高

62.5.2　聚酰亚胺薄膜

由于能在高温条件下进行焊接和引线键合，目前聚酰亚胺薄膜仍然是挠性板的主要基材。美国杜邦公司的 Kapton H 和日本钟渊化学的 Apical AV 系列薄膜，在很长时间里一直是挠性板材的主要薄膜材料。同时，这两种薄膜材料的各种物理性能都较为均衡，它们目前仍然是传统挠性板材的主要基材。

1. 聚酰亚胺薄膜的物理性能

表 62.8 给出了目前市场主流聚酰亚胺薄膜的基本物理性能，主要包括 Kapton H 和 Apical AV

系列。它们作为基材和覆盖膜的薄膜材料具有良好的机械性能,广泛用于动态弯折应用中。同时,它们具有良好的阻燃效果,可以轻易达到阻燃标准 94-V-0 和 94-VTM-0 等级。聚酰亚胺膜最大的劣势在于,相比其他材料(如 PET 等),价格比较高。

使用传统聚酰亚胺薄膜作为 HDI 挠性板的主要基材存在几个障碍。首先,尺寸稳定性是最大的问题,Kapton H 和 Apical AV 系列薄膜材料,热膨胀率均大于 30ppm。这使得其不太适用于大尺寸 HDI 挠性板。其次,较高的吸水率是另一个问题,它会对板造成一系列破坏的问题,最主要发生在升温过程和工作环境中。因此,需要使用高性能聚酰亚胺薄膜作为 HDI 挠性板的基材。

工业领域和航空电子领域一般使用介质厚度为 50 μm 的聚酰亚胺膜;而在消费电子领域,一般用介质厚度为 25μm 的薄膜。不过,20 世纪 90 年代以后新研制的介质厚度为 12.5 μm 的新型聚酰亚胺薄膜,不但减小了厚度,而且提高了整体耐弯折性能。

2. 高性能聚酰亚胺薄膜

为了将高性能聚酰亚胺薄膜商业化,不少制造商做了很多研发和测试。日本宇部兴产公司生产的 Upilex S 薄膜有良好的化学稳定性,不过在与其他材料黏合或进行化学蚀刻时存在困难,要完成化学刻蚀需要肼之类更强烈的化学物质。Upilex S 有高的尺寸稳定性和耐热性,可以用作 TAB 基板材料。新开发的聚酰亚胺薄膜,如 Kapton E、EN,还有 Apical NP 和 FP 系列,都具有高的尺寸稳定性和低的吸水率,且可以使用轻度碱性化学物质来蚀刻它们。这些膜材料的基本特性见表 62.8。

热塑型聚酰亚胺膜也已开发出来,用作耐热的黏合材料。典型产品有三井化学的 TPI,杜邦的 Kapton KJ,宇部兴产的 Upicel,还有钟渊化学的 Pixeo。它们可以涂敷在高尺寸稳定性聚酰亚胺膜上,具有优异的物理性能。

表 62.8 传统聚酰亚胺膜和新型聚酰亚胺膜的对比

		Kapton H™	Apical AV™	Kapton E™	Apical NP™	Apical HP™	Upilex S™
制造商		DuPont	Kaneka	DuPont	Kaneka	Kaneka	Ube
介质厚度 /μm		12.5, 25, 50, 75, 125	12.5, 25, 50, 75, 125	12.5, 25, 50, 75, 125	12.5, 25, 50, 75, 125	12.5, 25, 50, 75, 125	12.5, 25, 50, 75, 125
抗拉强度 / (kg/mm²)	MD	25.2	25.0	28.3	30.0	28.6	39.4
	TD	22.3	27.0	25.4	32.0	29.0	40.2
延伸率 /%	MD	85	119	16	82	40	22
	TD	83	114	32	73	38	21
拉伸模量 / (kg/mm²)	MD	336.1	305.9	785.5	407.9	654.0	897.3
	TD	321.4	312.2	622.4	428.3	661.0	912.1
热膨胀率 (100 ~ 200℃) /ppm	MD	27	35	3	17	12	14
	TD	31	31	12	13	11	15
热膨胀率(50℃, 35% ~ 75%RH)/ppm	MD	15	16	5	13	8	9
	TD	16	15	8	12	6	10
热收缩率 (200℃,2h) /%	MD	0.18	0.08	0.03	0.06	0.06	0.07
	TD	0.20	0.03	0.02	0.02	0.02	0.10
吸水率(23℃, 24h)/%		2.8	2.9	2.2	2.5	1.1	1.9
耐碱性能		17.4	25.9	5.5	22.9	4.2	约 0
化学蚀刻性能		可以	可以	可以	可以	可以	难

3. 液态聚酰亚胺树脂（感光型）

由于市面上常用的聚酰亚胺薄膜无法达到 HDI 挠性板对基材的特殊功能和属性的要求。在这种情况下，PCB 制造商开始自己生产聚酰亚胺基板，甚至一些制造商已经开始合成聚酰亚胺树脂。

目前已经有好几种液态聚酰亚胺树脂逐步发展为 HDI 挠性板的主要基材，其中的一部分可以感光成像，并且已经大规模用于硬盘驱动器无引线悬浮部位的绝缘层和覆盖层。这些液态聚酰亚胺树脂可以用作某些超高密度互连挠性板的主要基材，它们的孔径仅为 10μm，节距仅为 5μm，成本高于普通聚酰亚胺薄膜。当然，它们具备了更宽泛的性能，可以满足诸如需要微孔的超薄基板等非常规能力需求。这些基材的能力属性，高度依赖于材料制造商。

62.5.3　聚酯薄膜

PET 膜（聚酯膜）已经被广泛用于挠性板中，因为它们有如下特点：低成本、常温下具有良好的机械性能、低吸水率和高尺寸稳定性。

然而，聚酯薄膜在 70℃ 以上就很难保持其特性了，所以只能用于没有焊接的场合（现在已经有一些低温焊接方法，专门为了适应聚酯薄膜特性的特殊方法）。并且，PET 膜不阻燃，很难通过 UL 阻燃标准的认证。绝大多数 PET 膜都不能满足 UL-94 标准。具体参数见表 62.9。

表 62.9　PET 膜的基本特性（阻燃等级）

测试指标	属　性	
	MD	**TD**
抗拉强度 /（kgf/mm^2）	16	16
延伸率	110%	100%
边缘撕裂强度 /（kgf/mm）	51	58
耐弯折性能	37000 次	39000 次
热收缩率	1.4%	-0.2%
热膨胀率	30ppm	
热膨胀率	10ppm	
吸水率	0.7%	
体积电阻率	$4 \times \exp15 \Omega \cdot cm$	
介电常数	3.0，在 1MHz 下测试	
介质损耗	0.03，在 1MHz 下测试	
击穿电压	13.6kV	
透光率	46%	
耐化学腐蚀性	在弱酸弱碱下稳定，在有机溶剂里稳定	
阻燃性	UL-94-VTM-0	

数据来源：日本三菱塑料公司。

62.5.4　液晶聚合物（LCP）薄膜

LCP 是一种芳香族热塑型树脂，由其制备的膜已经被较多地用于挠性板基材中，得益于其较低的介电常数和介质损耗因子（见表 62.10），主要用于高频、高速挠性板中。同时其相比 PI 材料还具有优良的拒水性和良好的热膨胀系数，使其尺寸稳定性能达到 0.05% 以下。

当前,主要由于其价格相比 PI 较为昂贵,同时可加工性不如 PI,故其应用的广泛性还比较受限。

表 62.10 LCP 膜的基本特性(阻燃等级)

测试指标	属 性	
	MD	**TD**
尺寸稳定性	$< \pm 0.05\%$	
剥离强度 /(kg/cm)	1.1	1.4
拉伸强度(MPa)	10	12
拉伸模量 /(GPa)	2.4	2.7
厚度变化公差	$< \pm 10\%$	
热膨胀系数(30 ~ 150℃)	17ppm(X/Y),105ppm(Z)	
吸湿膨胀系数	4ppm	
吸水率	0.04%	
体积电阻率	$5.3 \times exp15 \Omega \cdot cm$	
介电常数	2.9(1 ~ 10GHz)	
介质损耗	0.002(1 ~ 10GHz)	
击穿电压	1600kV/cm	
焊接率	260℃,合格	
阻燃性	UL-94-VTM-0	

62.5.5 其他挠性板基材

玻璃 - 环氧树脂薄基板的厚度小于 200μm 时具有耐弯折能力,可以作为低成本要求的挠性板的基材。它的物理性质和刚性板基本相同,标准制造工艺及组装过程也非常相似,标准焊接工艺也可以通用,但是这种材料的耐弯折性能有限,它们不能做多次反复弯折。其性能参数见表 62.11。

表 62.11 玻璃 - 环氧树脂薄基板的性能参数

测试项目	**Risho Industrial**		**Matsushita Electric**
	MD	**TD**	**R-5766 系列**
抗拉强度 /(kgf/mm²)	24.5	17	-
延伸率 /%	3.2	1.6	-
介质厚度 /μm	120		50,70,100,130,150,180,200
尺寸温度变化率 /%	−0.05		-
尺寸湿度变化率 /%	0.03		-
表面电阻 /Ω	$1 \times exp(12 ~ 13)$		$5.2 \times exp14$
体积电阻率 /(Ω·cm)	$1 \times exp(12 ~ 13)$		
介电常数	-		4.7
介质损耗(1MHz)	-		0.015
吸水率 /%	1.0		0.18
击穿电压 /(kV/0.1mm)	3.6		-
结合强度 /(kgf/cm)	-		1.39
耐焊性	-		260℃,120s
阻燃性	-		UL-94-V-0

注:测试样品为上述材料制成的覆铜层压板。

碳氟聚合物薄膜是一种低损耗的挠性板基材。然而，它们的尺寸稳定性和黏合性能较差，制作成本昂贵是阻碍它们成为挠性板主要基材的另一原因。在过去的 20 年里，人们曾尝试以几种耐高温薄膜（如聚砜膜等）作为替代基材，取代聚酰亚胺薄膜，但是目前都没有成功实现商业化生产。LCP 膜和 PEEK 膜被认为是最新型的高速挠性板基材，它们都具有较低的介电常数和损耗角正切。

62.6　导体材料

挠性板由于内部存在不同的机械应力，所以它们的导体层也要求比传统刚性板所用电解（ED）铜箔有更大的耐弯折性能和韧性，而压延（RA）铜箔可以很好地解决高耐弯折性能的需求。相比普通 ED 铜箔，RA 铜箔价格贵很多，厚度低于 18μm 的更贵。有一种专门针对挠性板的高延展性电解铜箔（HD-ED），它比普通 ED 铜箔具有更好的耐弯折性能，同时相对 RA 铜箔更加便宜。这几种铜箔的性能对比见表 62.12。

表 62.12　铜导体的基本特性

	ED 铜箔	HD-ED 铜箔	RA 铜箔
生产商	日本古河电工	日本古河电工	日本能源
类别	标准铜箔	高延展性电解铜箔	压延铜箔
厚度 /μm	9，12，18，35，70	18，35	12，18，35，70
抗拉强度 /（kgf/mm²）	TD 34	TD 32	MD 21.5
			TD 18.9
延伸率 /%	TD 9	TD 23	MD 12.8
			TD 9.5
表面粗糙度	8	9	< 3.5
费用	低	中等	高

注：数据来源样品统一为 35μm 铜箔。

精细线路蚀刻要求很严格，需要更薄的低粗糙度铜箔。目前，12μm RA 铜箔已成为标准规格的产品，低粗糙度的 12μm ED 铜箔已商用于精细线路的蚀刻。同时，新开发的特殊处理工艺可确保铜箔与各种黏合剂的结合强度达到标准。当前，这些材料都已经商业化为标准规格产品，并可用于批量生产。目前，RA 铜箔可以加工到 10μm 以下，不过居高的加工和材料成本限制了它的大规模应用。

2000 年之后，小于 5μm 的超薄型铜箔需求量越来越大，用于半加成法制作 10μm 甚至更细的线路。目前有两种工艺技术可以生产超薄型铜箔：一是通过蚀刻标准厚度的 RA 铜箔来获得更薄的铜箔，如可以采用 12μm RA 铜箔，通过化学蚀刻的方法得到 3 ~ 5μm 厚的铜箔；二是使用超薄铜箔，带载铜的 1 ~ 5μm 厚的 ED 超薄铜箔已经获得商业化。超薄铜箔以标准厚度铜箔光面为基础载体，层压后载体铜箔通过机械剥离。超薄铜箔目前通过浇铸或层压的方式应用在无胶挠性板材中。

此外，使用溅射和电镀技术通过半加成工艺可以获得厚度小于 5μm 的导体材料。当然，这些工艺技术同样可以用于铜、镍、金等导体材料。它们都可以在挠性板上制作线宽和线距在 10μm 以内的精细线路。相应配套的电镀液和化学试剂已开发出来了。

此外，铜之外的其他金属或金属合金也可用于制作挠性板的导体层，它们有着各种特殊的性能和应用。

新开发的铝箔导体材料可降低成本，它们已应用于批量生产计算器键盘、无线设备的天线等产品。但是，它们不能成为挠性板通用的导体材料，因为其焊接性能较差，而且需要特殊的化学试剂来蚀刻。无线悬挂的磁盘驱动器里面，使用了大量的不锈钢和铜合金箔片作为导体材料，因为这种产品有着特殊的机械性能。高分辨率的打印机同样可以利用钨箔作为热打印机头的导体材料，挠性加热器则利用已开发出的镍铬合金箔作为导体材料。

62.7 挠性覆铜板

大多数挠性板的制造过程是从挠性覆铜板开始的，覆铜板的性能取决于制造商的能力水平，即使采用同样的基材薄膜和铜箔，性能也不尽相同。为了选择合适的材料，PCB 制造商需要仔细考量每种挠性覆铜板的性能差异。

62.7.1 有胶挠性覆铜板

过去很长时间里，挠性覆铜板主要通过环氧树脂或丙烯酸黏合剂与铜箔及介质薄膜层压而成。各制造商也开发了特殊的树脂黏合剂或特殊添加剂，以确保柔韧性和结合强度。其他黏合剂，如酚醛树脂、硅树脂，还没有成为挠性板的主流黏合材料。

在传统挠性板市场中，根据 Prismark 机构的分析，有胶挠性覆铜板的市场份额到 2016 年已降到 25% 左右。这种材料的主要性能见表 62.13。

表 62.13 有胶挠性覆铜板的性能（聚酰亚胺基板）

项　目	性　能		
生产商	DuPont（美国）	Nikkan（日本）	Taiflex（台湾）
型号	Pyralux LF	Nikaflex	THK JY
黏合剂层	丙烯酸	环氧树脂	环氧树脂
剥离强度（kgf/cm）	1.4	1.3	0.9
尺寸稳定性 MD/%	−0.08	−0.09	−0.1
TD/%	−0.07	+0.03	−0.1
耐弯折性能 MD	N/A	3200	>30000
（MIT，2.0R）TD		2950	2850
绝缘电阻 /Ω	$1.0 \times exp11$	$2.5 \times exp13$	$1.0 \times exp12$
表面电阻 /Ω	$1.0 \times exp13$	$2.7 \times exp14$	$1.0 \times exp13$
体积电阻率 /（Ω•cm）	$1.0 \times exp14$	$2.0 \times exp16$	$1.0 \times exp14$
耐焊性	288℃，5min	280℃，10s	280℃，10s
阻燃效果	无	UL-94-VTM-0	UL-94-VTM-0

制造工艺如图 62.3 所示。这些芯板薄膜是以卷状形式加工和销售的。聚酯薄膜和聚酰亚胺薄膜的表面要经过特殊处理，如喷砂或等离子体处理，以实现可靠的结合强度。制作时，一种特殊的黏合剂树脂涂敷在膜的表面，然后干燥；接着，在适当的温度和压力下，将铜箔层高温压合在上面。铜箔的表面处理，根据需求由制造商自行确定。

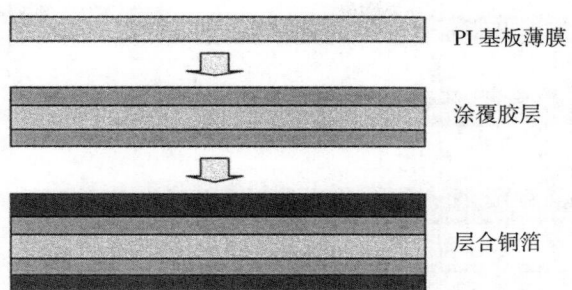

图 62.3　有胶挠性覆铜板的制造工艺

如果要制作双面铜箔的覆铜板，重复和单面板一样的流程即可（完全一样的制造方法，不过现在已经开发出双面涂敷黏合剂、双面层压的工艺方法，可以简化流程，降低制造成本）。在层压后，还需要适宜条件的老化过程，达到可靠的结合强度和韧性才适合作为挠性板的原材料。大多数黏合剂相比聚酰亚胺薄膜的耐热性较低，这成了这种板材制造的挠性板在高温条件下应用的瓶颈（如无法使用无铅焊接和引线键合）。

覆铜板的阻燃性能取决于制造商使用的黏合材料的成分。通常，黏合剂树脂中的阻燃成分对其黏合作用有负面影响。不少黏合剂树脂中包含有机溴分子（作为阻燃成分），但是这种包含有机溴的材料在废物回收中又面临着环保的压力。随着无铅焊接温度的提高，更加耐高温的有胶或无胶挠性覆铜板的需求更加迫切。

62.7.2　无胶挠性覆铜板

作为最新的挠性板制造的新技术，现在已经有许多款无胶挠性覆铜板开发成功。虽然高性能的聚酰亚胺膜已经研发出来了，但是在 HDI 挠性板的制造中，采用黏合剂层压技术制造的有胶挠性覆铜板基本已被淘汰。目前，无胶挠性覆铜板的制造技术主要有 3 种（见图 62.4）。

- 浇铸法
- 溅射 / 电镀法
- 直接层压法

作为 HDI 挠性板的主要材料，各种无胶挠性板材都有不同的制造工艺和优点。表 62.14 展示了一些常规的无胶挠性板材的基本性能。

目前，还没有一种完美的工艺方案可以满足挠性板所有的需求，包括成本控制等。所以，选择无胶挠性板材时应根据实际用途和制造工艺确定。

1. 浇铸型无胶板材

浇铸法制造无胶挠性板材具有非常高的性比价，可以实现介质层和导体层之间较强的结合强度；可以选用多种金属导体材料，如合金、镍、不锈钢等；可以加工薄至 12μm 的基板；还可以用于加工不同厚度的导体材料，70 ~ 105μm 的导体材料都可适用。这种制造方法比其他无胶板材制造方法的应用范围更广，可以制造单面或双面覆铜箔层压板。

在这种层压技术中，液态聚酰亚胺树脂涂敷在金属箔上，会直接对材料产生机械应力。这里采用气浮式输送机来减少应力。之后的热处理工艺是确保层压板良好物理性能的关键。一般将两层或更多层的聚酰亚胺涂敷在金属箔上，以保证结合强度和尺寸稳定性。通常，不能用普通的化学碱性蚀刻剂来处理聚酰亚胺树脂材料。

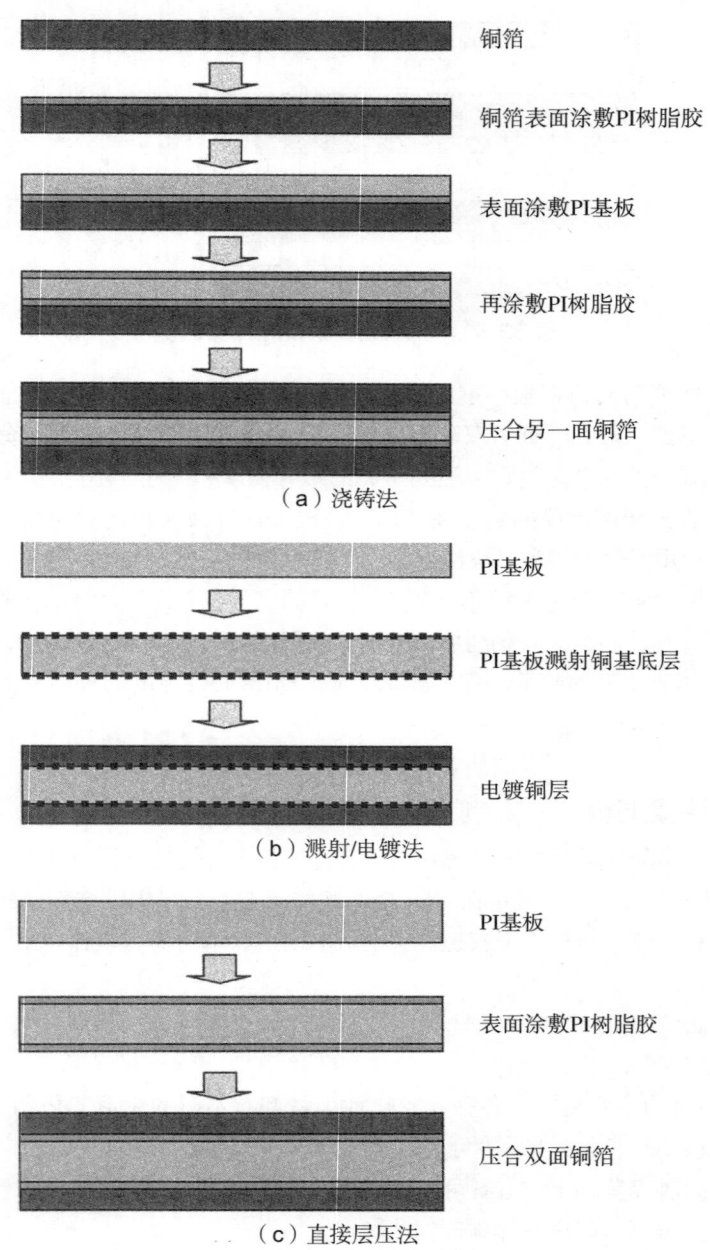

图 62.4 无胶挠性覆铜板的制造技术

由于一般的层压过程中树脂进行化学酰胺化反应时会产生大量水分并导致分层，通过浇铸法生产双面挠性覆铜板需要经过一个特殊的工艺：在基板的上层涂敷热熔型聚酰亚胺树脂，然后在高温高压条件下将铜箔与树脂压合成型。因此，这种方法生产出来的产品，物理性能取决于金属箔和聚酰亚胺树脂结合强度及压合时的工艺条件，通常生产时要求温度保持在 300℃ 以上。

2. 溅射 / 电镀型无胶板材

采用溅射 / 电镀法制造无胶挠性覆铜板需要经过两个步骤，第一步是在基板薄膜表面溅射基底层。基底层有两个功能：一是在绝缘塑料薄膜上形成导体层，二是增强导体层和基板薄膜的结

表 62.14　无胶板材制造技术对比

项　　目	溅射/电镀法	浇铸法	直接层压法
制造商	Gould Electronics	Nippon Steel Chemical	DuPont
型号	GouldFlex	Espanex	Pyralux AP
介质选择范围	范围广	范围小	范围小
基板蚀刻能力	可以	困难	困难
介质厚度/μm	12.5 ~ 125	12.5 ~ 50	12.5 ~ 150
导体选择范围	范围小	范围广	范围广
导体层厚度/μm	约 35	12 ~ 70	12 ~ 70
结合强度	1.2	1.5	1.4
双面层压	可以	可以	可以
弯折性能	N/A	180（MIT0.8R）	N/A
蚀刻后尺寸变化	MD：−0.05%	MD：−0.02%	MD：−0.05%
	TD：0.03%	TD：−0.02%	TD：−0.05%
绝缘电阻/Ω	> 1 × exp10	> 1 × exp13	> 1 × exp14
体积电阻/（$\Omega \cdot$cm）	> 1 × exp14	> 1 × exp15	> 1 × exp17
阻燃性	UL-94-VTM-0	UL-94-VTM-0	UL-94-VTM-0
卷状覆铜	标准	标准	不可以

合强度。一般来说，溅射的基底层厚度小于 100 nm，下一步是在其上电镀厚的导体层。如果生产双面覆铜板，要重复两次这个过程。

溅射/电镀法可以制作出生产 HDI 挠性板所需的薄铜基材。理论上，这种方法可以较低成本生产厚度小于 10μm 的导体层。技术上这种方法可以加工的导体层厚度一般为 0.1 ~ 1.0μm。虽然溅射/电镀法可以制造出有多种选择的基板，但实际上加工出来的板材的物理性能很大程度上取决于基材。大多数制造商都会介绍溅射过程中产生的基底层的结合强度，两步或三步溅射电镀法工艺中也会使用镍、铬及其合金以获取化学、物理、电气性能之间的平衡，故有些情况下溅射的基底层是不能通过蚀刻去除的。

基于这种工艺导体材料选择范围，制作厚的导体层是比较困难的，因为需要经过长时间电镀才能实现。使用溅射/电镀法的最大问题在于，在导体层会出现大量的微米级针孔孔隙，很多制造商都会在工艺流程中引入一些额外的化学方法来消除这些针孔。一般来说，溅射/电镀法生产的板材，材料结合强度要小于其他方法制作的板材。

3. 直接层压型无胶板材

具有高温熔点的热塑性聚酰亚胺树脂，可用于铜箔与尺寸稳定的基板薄膜之间黏合。层压型无胶板材以聚酰亚胺膜作为基板，在其上涂上薄薄的热熔型聚酰亚胺树脂，然后直接层压铜箔而成，作为基板的覆有热熔树脂层的聚酰亚胺膜可以通过几家主要的膜材料供应商获得。层压过程需要高于 330℃ 的温度，以达到良好的结合强度。也有一些工作温度在 200℃ 以下的热熔树脂，不过性能要比通常的热熔树脂差一些。

要生产双面覆铜板也不算特别困难。工作温度达到 350℃ 的传统真空热压机即可用于小批量生产。高温卷式轧辊机或带式碾压机则用于大批量生产。

直接层压法生产无胶板材，在小批量生产时是有优势的。制造商使用已经商业化的在表面涂敷有热熔性聚酰亚胺树脂的稳定膜材料，再用高温热压设备就很容易加工了。现在，集成型轧辊式热压设备也开发出来了。

层压型无胶板材可选的导体种类很多。由于可以采用不锈钢箔和铜合金箔等多种特殊导体材

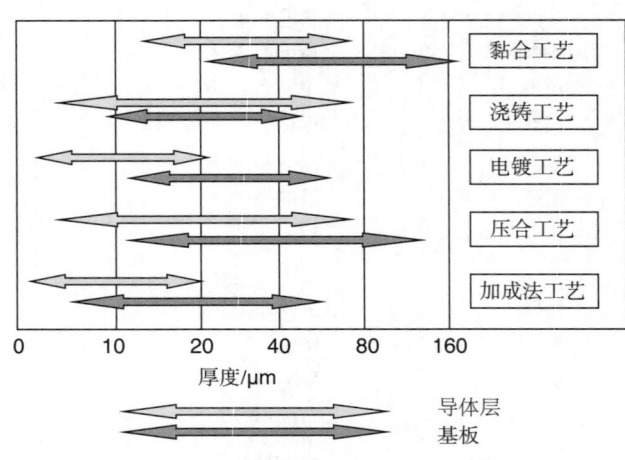

图 62.5 覆铜板的厚度范围对比

料，因而这种材料被广泛应用于刚挠结合板，包括航天产品和无线硬盘驱动器等。一般来说，黏合剂聚酰亚胺是难以用常规碱性蚀刻溶液蚀刻的，所以，在这种材料的工艺流程中常用到具有更强蚀刻作用的化学试剂，或者采用物理方法（如等离子体）蚀刻。

图 62.5 显示的是各种基板和导体层的可选厚度。各种材料选择范围很宽，且有些厚度是重叠的，所以制造商要根据生产条件和产品性能，还有生产成本，选择合适的方案。

62.8 覆盖层材料

覆盖层是挠性板和刚性板的主要区别之一。除了作为焊接组装时的阻焊层，覆盖层对脆弱的挠性板导体层起到保护作用。覆盖膜和挠性阻焊油墨已经成为加工传统挠性板的标准材料。为了满足 HDI 挠性板精细分辨率的需要，也有几种新型感光型覆盖膜被开发出来了：

- 薄膜型覆盖膜
- 可丝印型覆盖膜（挠性阻焊层）
- 可感光成像型覆盖膜（干膜型和液态型）

其中，每种覆盖膜可以由不同的材料制作。

62.8.1 薄膜型覆盖膜

通常，覆盖膜所选的膜材料和基板选用的膜相同。覆盖膜的一面涂敷有半固化丙烯酸或环氧树脂黏合剂，用作黏合剂层。这层黏合剂表面覆盖着离型膜，用于运输过程的保护，直到 PCB 制造商使用时，再把离型膜去掉。这种半固化黏合剂在室温下很不稳定，因此运输和保存都需要放在冷库里。尽管保存在低温环境中，半固化黏合剂的存储寿命一般也只有几周。在制造过程中，也需要注意额外的保护。

覆盖膜的工艺非常复杂，很难自动化生产，从而增加了人工成本。人工覆盖对位也很困难，需要很高的精度，而加工小孔的能力及尺寸精度不高，是其用于 HDI 挠性板生产所面临的主要问题。典型材料的性能见表 62.15。

表 62.15 薄膜型覆盖膜的基本性能（聚酰亚胺薄膜型）

制造商	DuPont	Nikkan Industry
型号	Pyralux LF	CISV
黏合剂种类	丙烯酸	环氧树脂
层压温度	180℃	160℃
存储条件	室温	冷藏
结合强度 / (kgf/cm)	1.3	1.0
表面电阻 /Ω	$1.0 \times exp13$	$3.0 \times exp14$
体积电阻率 / (Ω•cm)	$1.0 \times exp14$	$1.2 \times exp16$
耐焊性	288℃，5min	280℃，10s
阻燃性	不阻燃	UL-94-V-0

62.8.2 可丝印型覆盖油墨（挠性阻焊）

丝印覆盖层和刚性板制造中的丝印类似，可作为低成本的覆盖工艺用于挠性板。不过，要达到柔韧可弯折的特性，需要用到特殊的液态阻焊材料，这和刚性板加工中用的材料成分不同。刚性板的阻焊层，在弯折时会和表面分离并容易形成微裂缝。

一般来说，丝印油墨因为分辨率较低，并不能满足高密度 SMT 焊接工艺，也不能实现很好的动态耐弯折性能。一些常用产品的性能见表 62.16。

表 62.16　可丝印覆盖膜的基本性能

制造商	Taiyo Ink	Nippon Polytech
型号	S-222	NPR-5
基体树脂	环氧树脂	环氧树脂
颜色	绿	绿
硬度	5H	H
剥离强度	100/100（十字线）	100/100（十字线）
柔韧性	不适用	0.5mm 直径
耐焊性	260℃，20s	260℃，20s
绝缘电阻 / Ω	$> 1 \times exp13$	$> 1 \times exp12$
阻燃性	UL-94-V-0	UL-94-V-0

62.8.3 可感光成像干膜型覆盖膜

感光型覆盖膜既具有较高的开窗精度，又具有柔韧性。同时，它制造工艺简单，有利于降低成本。

感光型覆盖膜大致可以分为两种：干膜型和液态型。干膜型感光覆盖膜采用真空压机生产，可以对导体层形成良好的绝缘保护，适用于小批量的加工，不过平均到每件 PCB，成本会比液态覆盖膜高一些。

为适应不同 HDI 挠性板的技术需要，干膜型和液态型感光覆盖膜的材料分成很多种。材料的种类见表 62.17，各种材料性能的对比见表 62.18 和表 62.19。

表 62.17　可感光成像型覆盖膜材料对比

	干膜型		液态油墨型	
	丙烯酸基 / 环氧基	聚酰亚胺基	环氧基	聚酰亚胺基
应用	真空压合	辊压压合	丝印 喷涂 帘式涂敷	丝印 喷涂 滚涂
厚度范围 /μm	25 ~ 50	25 ~ 50	10 ~ 25	10 ~ 25
最小开窗	70	70	70	70
柔韧性	*	好	*	好
耐热性	可以	非常好	可以	好
电气性能	*	好	*	*
化学性能	可以	好	好	非常好
操作性	简单	困难	一般	困难
技术难度	低	高	高	非常高
存储条件	冷藏	室温	冷藏	冷冻
快速转换 （生产型号）	快	快	慢	慢
材料成本	中	高	低	高
加工成本	中	高	低	低

* 取决于制造商。

表 62.18 液态 / 环氧型感光成像覆盖膜性能

生产商	PolyTech	Coates	Asahi	Elpemer
型号	NPR-80	ImageFlex	FocusCoat	Elpemer
铅笔硬度	5H	H，HB	4H	6H
与铜结合强度	100/100	100/100	100/100	100/100
柔韧性（MIT 测试）	R=0.5mm：大于 500 次	R=1mm 弯折：通过	180° 弯折：通过	R=3mm 弯折：通过
绝缘电阻 /Ω	2×exp12（IPC）	5×exp11（IPC）	6×exp13（JIS）	2×exp14（VDE）
体积电阻率 /（Ω•cm）	-	-	5×exp14	1×exp15
介电强度	28kV/mm	91kV/mm	2.1kV/0.16mm	88kV/mm
耐焊性	260℃，10s	260℃，10s	260℃，1min	288℃，20s
阻燃性	UL-94-V-0	UL-94-VTM-0	N/A	UL-94-V-0
镍 / 金镀层电阻	通过	通过	通过	通过
曝光能量 /（mJ/cm²）	150	400	300	150
显影剂	碳酸钠	碳酸钠	碳酸钠	碳酸钠

表 62.19 各种可感光成像型覆盖膜性能对比

	DuPont Puralux PC	NSCC Espanex SFP	Nitto Denko JR-3000	Toray Photoneece
材　料	丙烯酸 / 干膜型	聚酰亚胺 / 干膜型	聚酰亚胺 / 液态膜	聚酰亚胺 / 液态膜
铅笔硬度	3H	-	-	-
抗拉强度 /MPa	N/A	226	120	148
延伸率	＞55%	-	11%	36%
CTE（ppm/K）	130	23	35	16.1
与铜结合强度	100/100	0.8kg/cm	100/100	100/100
柔韧性（MIT 测试）	R=0.38mm：100 次	R=0.38mm：1200 次	N/A	N/A
表面电阻 /Ω	＞1.0×exp12	＞1.0×exp13	-	＞1.0×exp16
体积电阻率 /（Ω•cm）	3.4×exp16	1.0×exp16	5×exp15	＞1.0×exp16
介电强度 /（kV/mm）	＞80	-	240	＞300
介电常数	3.5~3.6	3.5	3.3	3.2
损耗角正切	0.03	0.007	0.6	0.002
耐焊性	260℃×10s	350℃（JIS）	＞300℃	＞300℃
阻燃性	UL-94	UL-94-VTM-0	可自熄	可自熄
镍 / 金镀层电阻	通过	通过	通过	通过
曝光能量 /（mJ/cm²）	200	400	500	150
显影剂	碳酸钠	乳酸溶剂	碱溶液	特殊化学品

注：测试该表中各项目时，各材料所处的状态不尽相同，因此数据并不完全等同，仅供参考。

1. 丙烯酸或者环氧树脂 / 干膜型

丙烯酸或环氧树脂材料是最早开发出来作为感光型覆盖膜用于 HDI 挠性板的材料。它们的制造工艺和刚性板的感光阻焊膜基本一样，可以使用同样的真空压膜机和成像设备进行生产。

因为工艺条件不复杂，制造流程灵活，所以这种膜较适用于小规模生产。如果要用在 HDI 挠性板上，还需要在电气性能和耐化学性上进一步改善。现有的产品，已经在高密度焊接性能和柔韧性能这两方面实现了比较好的平衡。

2. 聚酰亚胺 / 干膜型

聚酰亚胺干膜有着极好的物理性能。当它和聚酰亚胺膜基板一起使用时，可以耐高温，尺寸稳定性也很好。同时，这种材料还有良好的电气性能。聚酰亚胺型覆盖膜已经应用于具有高密度互连的磁盘驱动器磁头悬挂产品中。这种覆盖膜的主要问题在于，图形制作工艺复杂，材料成本高。整个制造过程需要用到很多种特殊的化学试剂，而且需要 250℃ 的高温烘烤。要使用这种覆盖膜，需要建立起一套标准的生产线。

62.8.4 液态感光成像型覆盖膜

实际上，要想大规模生产 HDI 挠性板，感光成像覆盖膜是不可缺少的。这种覆盖膜原理上很像刚性板的阻焊层，对这种材料的要求是具有高柔韧性，而目前已有的刚性板所用的阻焊材料均达不到挠性板所需要的挠性，即使是非动态弯折也不行。如果使用液态感光覆盖膜，需要特殊的丝印或喷涂设备，尽管如此，液态膜在大规模生产时，成本仍然是较低的。

1. 环氧 / 液态油墨

这一组合应用在大规模的挠性板生产中，性价比是最优的。很多制造商都在这一组合的框架下开发了不少的新产品。表 62.18 就给出了不少成功的产品，这些产品在机械性能、电气性能、化学性能上取得了很好的平衡。特别是，这些材料在热加工过程不会卷曲，比其他材料具有更好的柔韧性。

加工时可以采用丝印，也可以用喷涂方式，或其他涂敷方法附着到 PCB 表面。经过 UL 认证的产品是已经商业化的产品。它们的柔韧性很强，可以实现多次卷曲，但是，这些材料不适用于长时间弯折，如硬盘驱动器或打印机等就不适合采用。

2. 聚酰亚胺 / 液态油墨

这一组合是为了生产出薄型可靠的挠性基板介质层和覆盖膜的基体薄膜而产生的，聚酰亚胺 / 液态油墨组合的厚度可调节，可靠性高，10μm 厚的覆盖膜就足够确保 HDI 挠性板的绝缘性能。并且，这种组合与无胶覆铜板材结合，可以实现长时间的动态弯折。这一组合的问题在于，油墨的保质时间短，材料成本高。很多种油墨必须存储在低于 0℃ 的环境中；工艺条件苛刻，尤其是终固化环节，温度必须超过 300℃。同时，这一组合的成本是环氧基材料组合成本的 5 ~ 10 倍。

62.9 补强材料

很多种薄片材料或板型材料都可以作为挠性板的补强材料。典型的几种常用补强材料见表 62.20。酚醛纸板和玻璃 - 环氧树脂板时常用于较厚的需求，而聚酰亚胺膜和聚酯膜则用于较薄的补强需求。铝板或不锈钢板也是常用的补强材料。金属补强材料的特殊性在于，它们和挠性板结合后有较好的定型能力，且具有散热功能。酚醛纸板和聚酯板不耐高温，所以加工时要注意。

表 62.20　补强材料的对比

	酚醛纸板	玻璃 - 环氧树脂板	聚酰亚胺	聚 酯	金 属
厚度范围 /μm	500 ~ 2500	100 ~ 2000	25 ~ 125	25 ~ 250	很广
耐焊性	可以	可以	可以	不可以	可以
黏附热固性树脂	不可以	可以	可以	不可以	可以
成本	低	高	中	低	中

62.10 黏合材料

挠性板中的黏合材料，根据用途不同有不同的类型。除了覆铜板黏合剂层和覆盖膜已存在黏合剂层不用，其他均有用到。在这之中，最主要的应用是黏合补强材料和黏合多层结构。

表 62.21 比较了几种压敏型黏合材料（PSA）。PSA 提供了一种低成本的解决方案，加工应用简单。不过，PSA 在应用中的问题是，它们在机械应力下发生蠕变。在压力下，PSA 黏合材料不能保持固定的位置。热固性黏合剂可以提供可靠的附着力，不过这种材料在使用时，需要经过长时间的加热、加压，这显然提高了成本。

通常，这种黏合材料会分成卷状运输，在冷库中存储，使用时需要对保护层进行机械分离。

表 62.21 挠性板黏合材料对比

	热固性环氧树脂和丙烯酸树脂	热固性聚酰亚胺树脂	压敏型黏合材料
可靠性	高	高	可以接受
结合强度	高	高	可以接受
蠕变	小	小	大
可焊性	能	能	能
应用工艺	复杂	复杂	简单
工艺温度	160 ~ 180℃	> 330℃	室温
材料成本	低	高	低
总成本	高	很高	低

62.11 屏蔽材料

随着近年来电子产品信号传输速率的增加，电磁波在传输后的耦合或辐射干扰等对信号完整性产生的影响日渐引起人们的重视，电磁膜的应用越来越广泛。电磁屏蔽膜也叫 EMI 保护膜，或吸波材料。主要是冲切加工后，通过层压压合于无胶覆铜板上或覆盖膜上，对内部线路起到减弱或消除电磁干扰的作用。该材料在挠性板中已得到广泛的应用，特别是在笔记本电脑、GPS、ADSL 和移动电话等 3C 产品中，由于高频电磁波干扰产生杂讯号而影响通讯品质，所用的挠性板中常用到电磁波屏蔽膜材料。

屏蔽膜材料通常为多层结构，如图 62.6 所示，一般有 PET 保护膜层、黑色绝缘层、金属膜屏蔽层（常见为银蒸镀层）、导电胶层、离型膜层。其中离型膜层在压合前撕掉，PET 层在压合

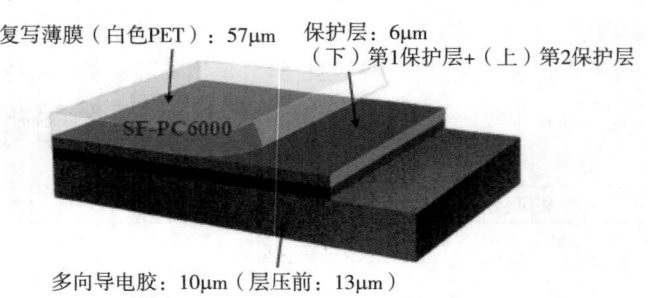

复写薄膜（白色PET）：57μm   保护层：6μm
（下）第1保护层+（上）第2保护层

SF-PC6000

多向导电胶：10μm（层压前：13μm）

图 62.6 常见屏蔽膜的结构

后去掉，最终压合后的厚度仅有十几微米，充分保障了挠性板的柔韧性和弯折性。

表 62.22 比较了几种电磁波屏蔽膜材料。目前的电磁波屏蔽膜，日本产的占主流，如拓自达、东洋等，但价格较高；中国产的有方邦、中晨、城邦达力等，性价比相对较高。

表 62.22　挠性板用电磁波屏蔽膜材料的对比

制造商	TATSUTA	TOYO
典型型号	SF-PC6000	TSS-100
基体树脂	环氧树脂	聚氨酯
颜色	黑	黑
厚度（层压后）	16μm	18μm
热压温度	170 ± 10℃	150 ± 10℃
屏蔽性（@1GHz）	> 50db	> 40db
剥离强度（N/cm）	5	3
耐腐蚀性	耐 OSP/ 酸碱	耐酸碱
阻燃性	VTM-0	VTM-0

62.12　限制使用有毒害物质（RoHS）的问题

在挠性板制造过程中，存在两个涉及欧盟颁布的关于环境保护和限制使用有毒害物质指令（RoHS）的相关问题：一是黏合树脂中用到的阻燃成分溴，二是 PCB 的耐热性是否能满足无铅焊接要求。虽然溴的问题目前实际上不是 RoHS 相关要求，但它确实是 PCB 材料和工艺中存在的环保问题。

使用无胶板材可以同时解决上述两个问题，因为这种工艺既不需要用到含溴的黏合剂，也比有胶板材更耐高温。但是，还是有不少产品需要用有胶板材制造 PCB，所以制造商也正在研究不含溴同时也可以阻燃的黏合材料。

在研究不含溴的可平衡各种性能的新型覆盖层材料时，遇到了不小的困难。覆盖膜的黏合剂中总要有些阻燃的物质。很少有新的环氧树脂材料在不添加溴的情况下，能够保持好的性能，并且还能阻燃。

新型不含溴的光敏覆盖层材料已开发出来了。但是，能够保持好的性能的，尤其是可以长时间保持柔韧性的材料也没几种。以聚酰亚胺为基板的新型光敏覆盖材料能够满足需要，不过这些材料更加昂贵。

第 *63* 章
挠性板设计

Dominique K. Numakura
美国马萨诸塞州黑弗里尔，DKN 研究中心

莫欣满 编译
广州兴森快捷电路科技有限公司

63.1 引 言

采用挠性板大大增强布线能力，一张挠性板，或者一组多层刚挠结合板，可以实现电子产品在 3D 空间布线，而不需要焊接额外的电缆、连接器。不过，要实现这样的理想情况，挠性板的形状可能十分复杂，同时尺寸可能很大，结果是最终成本会非常高，对大批量而言就不是一个好方案了。一个更好的方法是，把布线分解为几个或多个部分，使得每个电路尽量简化。再把这些简化的电路用连接器、电缆等连接起来，这样的设计可以使成本降低。同时，印制电路板（PCB）设计者还应考虑挠性板的可制造性问题。有时，一个小小的设计改进就能够显著降低生产成本。

63.2 设计流程

要设计出一个高性价比的挠性板，设计者需遵循合理的设计流程，如图 63.1 所示。步骤如下。

（1）根据最终产品的基本性能要求制订设计思路。

（2）设计逻辑电路及电子电路。

（3）根据最终产品性能，设计产品外观造型（对消费类产品而言，这个步骤需要独立开展，尤其是在便携式电子产品领域）。

（4）制订电路设计规划。根据整体条件，如允许空间、元件大小、工作温度、可能的组装工艺、可靠性要求等选择合适的线路设计。

（5）使用挠性板或刚挠结合板，以解决小空间布线问题。

（6）如果设计草案不能满足最初的设计目标，重复上述步骤以解决设计冲突。

（7）进行 PCB 的成本分析，以降低总布线成本。

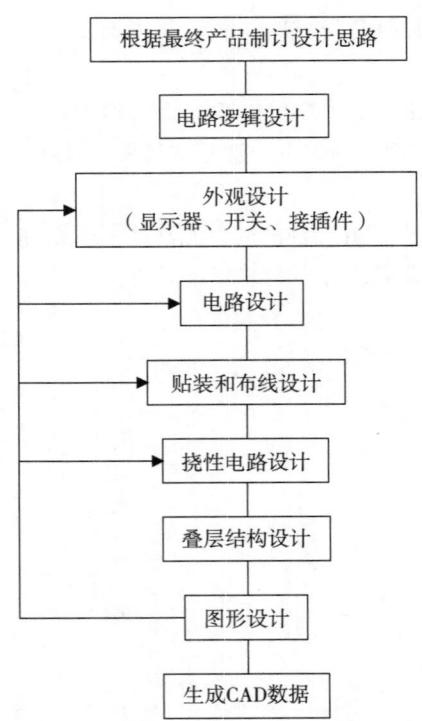

图 63.1 挠性板设计流程

（8）优化线路图形和覆盖膜图形设计，以降低机械应力。

（9）生成光绘、数控钻孔、模冲等加工数据文件。

63.3　挠性板的类型

相对于刚性板，挠性板在基本结构和辅助结构上有更多可变性，见表63.1。单面或双面挠性板和刚性板相似，可以有或无贯穿基板的通孔。然而，多层挠性板和多层刚性板有着显著的不同。这是因为，如果挠性板有两个以上导体层，其柔韧性会显著下降。因此，线路中的挠性部分需要设计特殊的结构以保证其柔韧性。这种设计被称为刚挠结合结构，其中刚性部分所用的材料是玻璃 - 环氧树脂基板等。一个简单的单面或双面挠性板，在机械性能上是很脆弱的，因此其挠性部分通常增加覆盖膜层和补强材料作为挠性板的辅助结构。更特殊的结构，如飞线型和盲槽型，在一些特殊应用中也会用到。

表 63.1　挠性板的结构类型

类　别	结构类型
基本结构	单面挠性板
	双面挠性板，有或无通孔
	多层挠性板，有通孔
	多层刚挠结合板，有通孔
	有盲孔、埋孔的板
	飞线式结构板
辅助结构	覆盖膜结构
	补强结构
	盲槽结构
	微凸点结构

设计时应根据产品的需要，选取合适的基本结构和辅助结构。同时，电路结构和终端处理技术在设计时也应一并考虑。

63.3.1　高密度互连挠性板

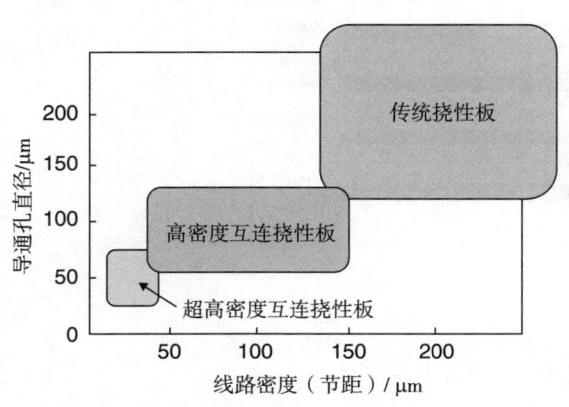

图 63.2　高密度互连挠性板的定义

高密度互连（HDI）挠性板在设计、材料、制造工艺上都与普通挠性板有着很大的不同。图 63.2 从线路密集度和导通孔大小两方面的技术特征对 HDI 挠性电路做了界定。要保证 HDI 挠性板中精细线路的制作，需要运用新的蚀刻技术。同时还需要新的微孔成型技术，如激光、等离子体，以及新型化学蚀刻技术等。

超高密度挠性板已经应用在一些特殊的领域。此类板线路很精细，线路节距小于 $20\mu m$，微孔尺寸小于 $25\mu m$。超高密度挠性板在设计结构和制造技术上与传统挠性板有着很大的不同。制造这种 PCB 需要全新的工艺，如需要采用加成法及相关的新材料和新设备。

为完成高密度互连应用，新的高密度挠性板还设计有飞线型和微凸点阵列等辅助结构。但它们的产量低，故在设计这种结构时，必须考虑制造商的工艺能力。

63.3.2　单面板

除了在厚度和介质层上有区别，单面挠性板在结构上和普通单面刚性板类似。不过，另一方面，挠性板表面的导体保护层和刚性板是有明显区别的。为挠性板提供表面保护的是覆盖膜，

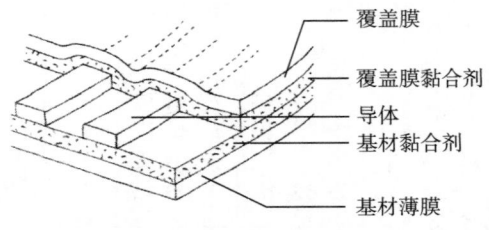

图 63.3 单面挠性板基本结构

而非刚性板用的阻焊层(见图 63.3)。第 62 章中提到,基材可以有很多种选择,见表 63.2。25μm 的聚酰亚胺膜基材在消费电子产品领域应用得最多,因为产销量大,所以单价也便宜。如果要求更高的可靠性,应当选择厚一些的膜,反之则选择薄一些的膜。

不同厚度铜箔的线路制作能力如图 63.4 所示。目前来说,18μm 及 35μm 是铜箔通用标准厚度。为达到更好的图形蚀刻效果,12μm 和 9μm 的铜箔使用正在增多,已逐渐成为通用的标准厚度。通过溅射或电镀工艺能够生产具有更薄铜箔的无胶板材。精细线路制作能力的高低很大程度上取决于 PCB 制造商,尤其是曝光和蚀刻的工艺精度。

表 63.2 基材厚度

	基材薄膜厚度 /μm	黏合材料厚度 /μm
聚酯 / 有胶	25,38,50,75,100,125,188	25 ~ 50
聚酰亚胺 / 有胶	12.5,25,38,50,75,125	25 ~ 50
聚酰亚胺基板 / 无胶	12.5,25,30,35,40,50	0
LCP 基板 / 无胶	25,50,75,100	0
玻璃 - 环氧树脂型	100,200	0

注:如果是双面板,黏合材料的厚度会加倍。

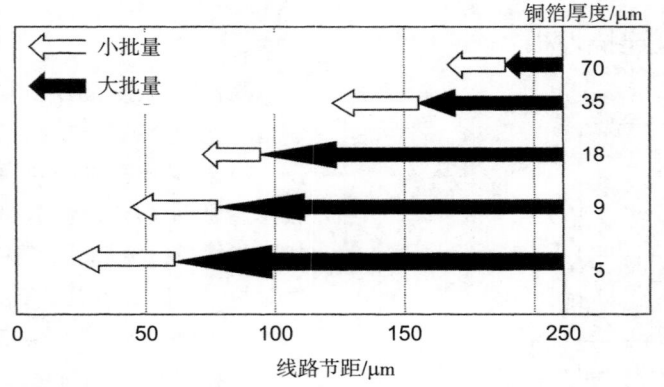

图 63.4 精细线路能力。根据是大批量生产还是高水平的小批量生产,不同的铜厚对应相应的线路节距范围

63.3.3 挠性板的覆盖膜

如图 63.3 所示,挠性板中的覆盖膜是与刚性板的显著区别之一。覆盖膜的功能比刚性板的阻焊层还要多。覆盖膜不仅要有阻焊桥的制作能力,还要对挠性板中的脆弱导体进行保护,并且要有长效的弯曲柔韧性,以最大限度地发挥挠性板的优势。

为了实现最佳的组合性能,覆盖膜层应选用合适的材料和厚度。通常会选用涂有合适的黏合剂且与基板介质相同的膜材料作为覆盖膜材料。如果在组装过程中需高温处理,如焊接,则应优先选用聚酰亚胺覆盖膜。

与刚性板的阻焊层相比,覆盖膜的制造工艺非常复杂,所以最终成本也高很多。使用丝印液态挠性油墨是一种低成本的解决方案，不过，很多液态油墨保护膜是环氧树脂体系，机械性能较差，不能应用于动态弯曲场合。如果将液态聚酰亚胺树脂印刷型覆盖膜应用在无胶板材中，可以大大减小 PCB 总厚度，而且能够长时间反复弯曲。它们的切片如图 63.5 所示。

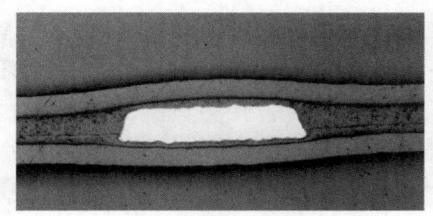　　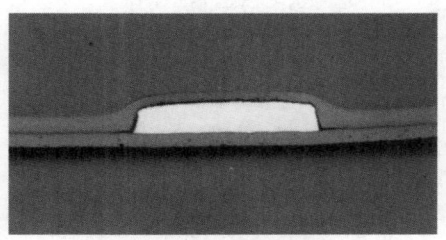

（a）有胶板材+普通覆盖膜　　　　　　　　　　　（b）无胶板材+液态覆盖膜

图 63.5　单面挠性板的切片

　　1990 年之后发展起来的 HDI 挠性板需要在覆盖膜上进行高精度、小节距的开窗制作，传统覆盖膜技术无法达到这样的高精度，所以需要开发新的技术。很多新技术、新材料都被开发出来，以适应 HDI 挠性板的需求。目前主流的技术能力见表 63.3。例如，激光钻孔可以在传统覆盖膜上制作小于 100μm 的开窗，这样就能满足机械性能及高密度 SMT 的组装要求。但是，这种工艺要比其他覆盖膜工艺的成本高很多，并且很难用于消费电子产品这样的大批量生产。丝印工艺要比传统覆盖膜模冲工艺分辨率高一点，但是不能满足高密度 SMT 的组装要求。比较实用的方法是，在挠性部分用覆盖膜，在 SMT 区域用阻焊层，但是这需要额外的工艺来完成，相应的制程良率较低，而总成本较高。

表 63.3　不同覆盖膜的对比

	材　料	厚度 /μm	尺寸精度 （最小开窗）	可靠性 （弯曲耐久性）
传统覆盖膜	PI，PET	30 ~ 100	± 0.3mm（800μm）	高（长时间）
覆盖膜 + 激光钻孔	PI，PET	30 ~ 100	± 50μm（50μm）	高（长时间）
丝印液态油墨保护膜	环氧树脂，PI	10 ~ 20	± 0.3mm（800μm）	可以接受（较短）
光敏保护膜（干膜型）	环氧树脂，PI， 丙烯酸树脂	25 ~ 50	± 50μm（80μm）	可以接受（较短）
光敏保护膜（液态油墨型）	环氧树脂，PI	10 ~ 20	± 50μm（80μm）	可以接受（较短）

　　实用的光敏覆盖膜材料可能是这一问题最终的解决方案，而且这种工艺成本也不高。为刚性板开发的光敏阻焊材料太脆了，轻微的弯曲就会导致阻焊层开裂，产生大量裂纹，因此不适合挠性板。不过，几类专门为挠性板开发的不同树脂体系的光敏覆盖材料则已经不存在这一问题。绝大部分此类光敏树脂可以实现小于 200μm 的线路节距，不过，这种材料做的 PCB 的物理性能很大程度取决于所用的树脂体系，因此在使用时，需要根据应用条件选择合适的材料。

　　在导体表面贴好覆盖保护膜后，应根据产品的用途做适当的表面处理。表 63.4 给出了几种常用的技术。

表 63.4　表面处理和终端技术

表面处理	终端技术
沉金	SMT 焊接，FFC 连接器
无铅热风整平	无铅焊接
有机可焊性保护剂（OSP）	无铅焊接
镀硬镍金	连接器，压接、拔插
镀软镍金 / 镍钯金	引线键合，直接键合
沉锡	无铅焊接，IC 贴片、压焊

63.3.4 表面选择性补强结构

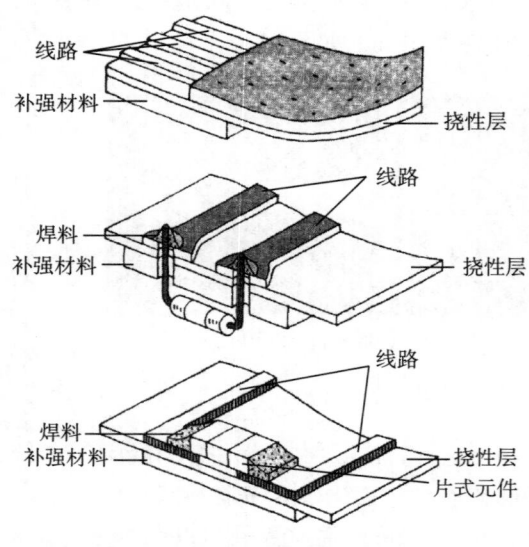

图 63.6 挠性电路的不同补强方法

挠性板较薄，而且具有柔韧性，这是它的优点。但是，在挠性板上装配元件时，挠性板缺少了必要的机械强度。这时就需要使用补强材料，以达到组装元件时必需的机械强度。在选择合适的补强材料和黏合剂时，需考虑 PCB 的用途。

图 63.6 说明了几种典型的补强结构。第 1 幅图是补强材料作为插件部分插到连接器上的例子。补强材料增大了插入部分的强度和厚度。对于这种用途，不需要类似聚酰亚胺的可耐高温的材料了。成本低廉的 PET 膜组合 PSA（压力敏感黏合剂）就是不错的选择。第 2 幅图是传统的有铅元件组装的例子。厚度合适的补强板，如 FR-4 光板，贴在元件的一侧，用来支撑较重的元件。有铅焊料从反面进行引线焊接，此种类型补强需要高温焊接，因此需要选择耐热性好的补强材料和黏合剂；为达到高可靠性，要使用热固性黏合剂，而不能用 PSA 这种不耐热的材料。第 3 幅图是 SMT 贴装的例子。采用一块较薄的、耐热的补强材料（如聚酰亚膜）贴合在 SMT 背面，即可增强硬度，完成支撑贴装的目的。

63.3.5 有导通孔的双面挠性板

双面挠性板和通常的刚性板一样，可以有导通孔结构。但是，挠性板上的微孔结构还具有其他一些独特的特点。这些特点源于 PCB 所采用的挠性基材薄膜，如聚酰亚胺膜。镀铜层要比压延铜箔脆得多。所以，镀铜层一般要镀得很薄才能保持 PCB 的柔韧性。通常，要保证导通孔可靠性，镀铜层的厚度应在 12μm 左右（最小 10μm）。同时，镀铜时应使用合适的掩膜方法，让镀铜层避开 PCB 上需要动态弯曲的部分。

因为可以使用相对简单和均一的基材，并且可以加工出平整的铜层，无胶覆铜板材在生产高密度挠性板中的应用越来越广。由于挠性板基材的厚度较薄，所以在加工微孔和镀铜的工艺上，可选择的工艺方法很多。双面挠性板可以同时具有通孔和盲孔，如图 63.7 所示。微盲孔的设计，可以提高电路板上 SMT 的组装密度。

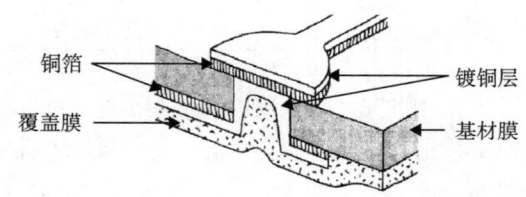

图 63.7 双面挠性板的盲孔结构

微孔的加工能力，依赖于各制造商的工艺水平。当然，更薄的板子易于加工更小的微孔。采用新的技术，如准分子激光钻孔技术，已经可以在 25μm 厚的无胶聚酰亚胺基板上加工出直径小于 40μm 的微孔。

不同厚度聚酰亚胺基材上微孔的加工能力如图 63.8 所示。

一般来说，有导通孔的双面挠性板的其他工艺，如覆盖层、补强结构、表面处理等和单面挠性板类似。

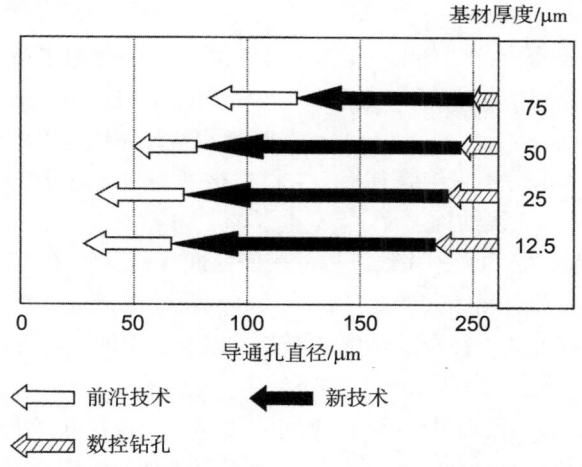

图 63.8 微孔加工能力和基材厚度的关系，从 HDI 到机械钻孔技术的孔径范围

63.3.6 多层刚挠结合板（多个挠性层）

简单地将几个挠性芯板层压起来的多层板，除了厚度比刚性多层板薄，基本没有其他意义，因为它失去了应有的柔韧性。鉴于此，同时包含刚性及挠性部分的刚挠结合结构被开发出来。典型的刚挠结合板的结构如图 63.9 所示。它不仅仅是简单地把挠性板和刚性板连在一起。一般刚挠结合板中的挠性部分具有分开的挠性层。挠性板中通常只含有一两层导体层，这样就能够保持很好的柔韧性。在刚性部分，挠性部分像三明治一样嵌入外层刚性层之中，刚性的板材通常由环氧系 FR-4 或 PI 树脂构成。刚性部分的结构很像通常的刚性多层板，区别是它们的中间层有聚酰亚胺介质层。

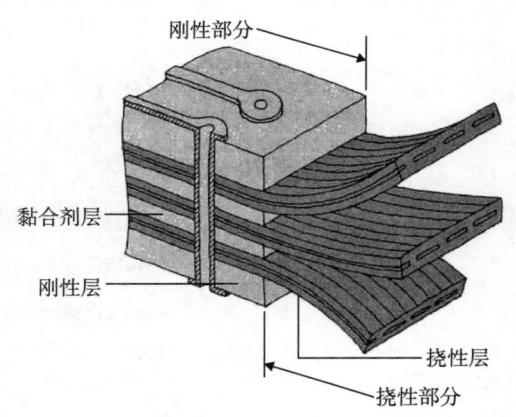

图 63.9 多层刚挠结合板的结构

通孔和盲孔，在多层刚挠结合或多层挠性板上的形式和刚性多层板差不多，常采用铜箔 + 薄型粘结片的形式加工。不过，加工刚挠结合板实际上有更多的材料和工艺选择空间。在元件组装流程中，加工刚挠结合板的刚性部分和加工普通刚性板没有区别。在最新的手持电子设备，如掌上电脑等产品中，组装刚性部分的元件，也需要用到高密度 SMT 组装工艺。

刚挠结合板中挠性层的层数没有严格限制。在航空领域，有超过 30 个挠性层的刚挠结合板。不过，这样的 PCB 需要非常复杂的制造工艺——复杂性远非通常的刚性多层板可以比拟——所以成本非常高。设计这样的 PCB 之前，必须咨询制造商，确定工艺能力和制造费用。提高布线密度，也可以减少 PCB 的层数，从而能够控制 PCB 的制造成本。

63.3.7 飞线结构（双面接触结构）

有一类采用单面导体层实现双面电气连接的挠性板，其通过去除基材的介质层，只留下单一导体层来形成这种结构，结构如图 63.10 所示。它可以代替带有通孔的双面挠性板，成为一种低成本的 3D 布线结构。当介质层从导体层的两面去除后，这部分就不再有有机物成分了。这种不

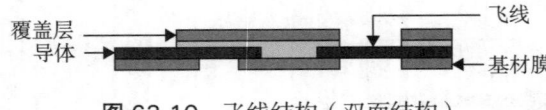

图 63.10 飞线结构（双面结构）

带基材支撑的导体，也被称为飞线或飞手指，但它的设计思路原来就有，并不是为设计挠性板独创的结构。与使用介电材料作为介质层的 PCB 相比，飞线技术的最大优点是有极高的耐热性和导热性。因为飞线部分不带绝缘基板，它可以被视为与裸露导线相似的裸导体材料。有许多高密度挠性板需要用到飞线结构。

对于不同应用的产品，必须考虑飞线结构的表面处理方式。从操作便利性和量产良率考虑，沉金技术是最适宜此类板的表面工艺。此外，镀软金或化学镍钯金是引线键合和直接键合在其他元件上的典型表面处理方法。镀金的纯度和厚度，以及镀层的结合强度，是影响键合效果的重要因素。

在开发新的电路时，如果用到飞线结构，铜的厚度是一个重要的考虑因素。虽然薄的铜层用来设计高密度电路更有利，但是会使飞线结构非常脆弱，远不如厚的铜层所能达到的机械强度（见图 63.11 ）。此时，制造良率在设计中起着重要的作用，良率会影响电路的成本，更薄的铜箔通常导致加工过程中的废品率上升。设计者应了解这个设计和制造之间的关系。

因为飞线结构基本上是裸露的导体，所以设计时应根据不同的产品应用，使用不同的表面处理方法。

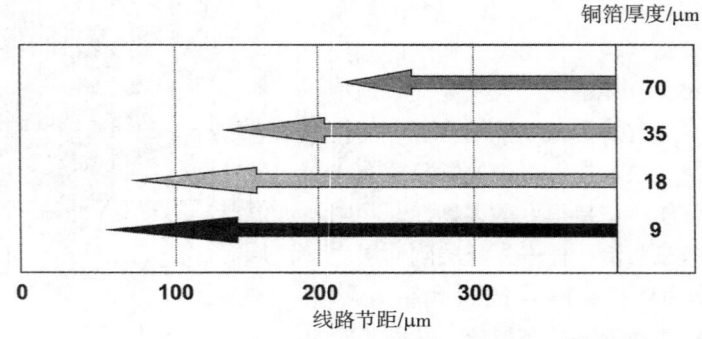

图 63.11 不同厚度的铜箔、不同线宽的飞线结构的加工能力

63.3.8 微凸点和凹点

除了使用焊料球阵列，现在已经开发了许多种微凸点阵列和凹点阵列，均可用于 HDI 挠性板的高密度连接。新的工艺技术，可以制造出各种形状、材料、尺寸的产品，且线路节距可小到 50μm。微凸点阵列的制作方法与刚性板中制作 BGA 的方法类似。结合电镀和非电镀工艺，可以加工出不同形状和尺寸的微凸点阵列。挠性板的双面接触结构给微凸点结构的位置提供了更多的选择，如图 63.12 所示。除了穿过覆盖膜，微凸点结构还可以穿过基材设计在导体的底面，它们也可以放置在飞线的两面。实际中应根据产品应用的要求，选择适当的设计。微凸点采用永久或非永久连接，是设计线路时需要考虑的关键点之一。凸点密度和可靠性在设计时也需要考虑。

凹点结构的挠性板，是一种低成本的用于非永久性的末端解决方案。通过简单的加压过程，可以在聚酰亚胺或 PET 基材上加工出大量的凹点阵列，如图 63.13 所示。凹点结构的一个典型例子是喷墨打印机的一次性连接盒。在挠性板的末端，加工出超过 60 个电镀硬金处理后的微凹点，与墨盒相连。微凹点阵列一般具有可以重复连接上千次的可靠性。

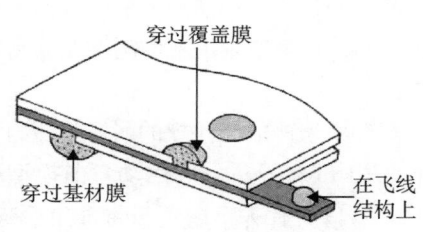

图 63.12 微凸点结构的位置

图 63.13 微凹点结构（喷墨打印机）

63.4　线路弯曲设计

　　挠性板的一个重要指标是长期耐弯折能力。一个好的电路结构，可以经受住 10 亿次以上的小半径弯曲。图 63.14（a）说明了挠性板在弯曲时各部分承受的机械应力的基本原理。要使 PCB 具有长期耐弯折能力，导体层应设在 PCB 结构的中心，导体两面应对称分布相同的叠层结构。如果导体层不在弯曲结构的中心，弯曲寿命会显著缩短，如图 63.14（b）所示。压延铜箔要比电解铜箔具有更长的弯曲寿命。但压延方向和耐弯折寿命之间目前还没有明确关系。通常，应评

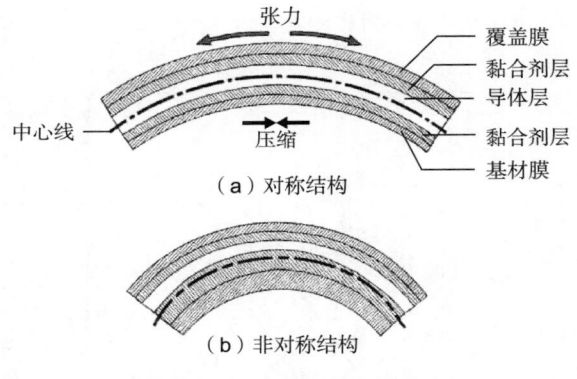

图 63.14 弯曲下的机械应力

估每种材料的确切性能。一般情况下，35μm 厚压延铜箔的价格比相同厚度的电解铜箔贵。在更薄的厚度上，压延铜箔会比电解铜箔贵更多。高延展性电解铜箔是中等强度弯曲应用中的一种选择，它比压延铜箔弯曲寿命短，但便宜，如果设计良好，在合适的弯曲半径下，它也可以耐受上百万次弯曲。

　　动态弯曲应用的另一个设计原则是：越薄越好。18μm 厚的铜箔的耐弯折性能要优于 35μm 的铜箔。12.5μm 的聚酰亚胺膜的耐弯折性能要优于 25μm 的，如图 63.15 所示。动态弯曲的部分，

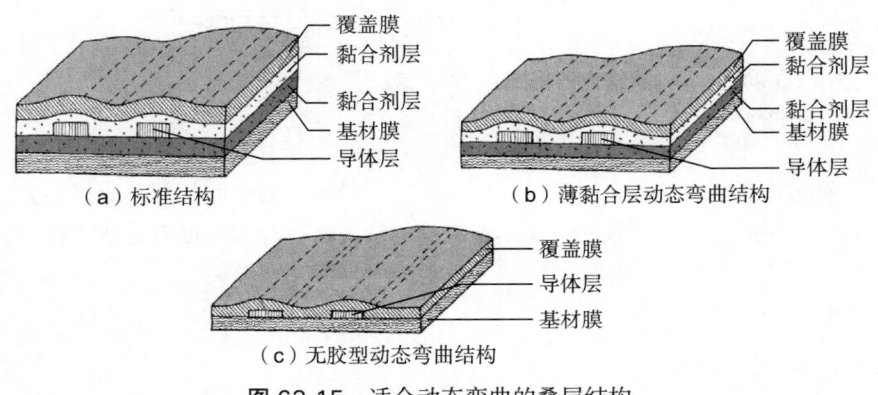

图 63.15 适合动态弯曲的叠层结构

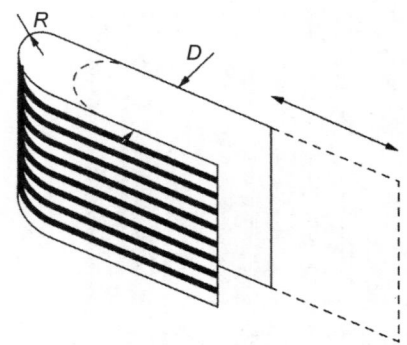

图 63.16 IPC-TM-650 确定的
典型动态弯曲评估模式

黏合剂层也应尽可能地薄。但是，过薄的黏合剂层没有足够的结合强度，也不能对导体提供有效的填充保护，所以，设计时厚度的选择需要根据以往试验的数据。通常，聚酰亚胺膜的耐弯折寿命比聚酯膜的长，一般使用薄的无胶型聚酰亚胺基材及薄的覆盖膜，而使用液态聚酰亚胺树脂是获得持久耐弯折寿命的最优选择。

很多种弯曲模型都能用来评估挠性板的耐弯折能力，不过 IPC-TM-650 推荐使用图 63.16 所示的运动弯曲模型来评估耐弯折能力。显然，弯曲半径大，耐弯折寿命也会提升，如图 63.17 所示。

实际用于电子产品时，有很多降低弯曲失效风险的方法，图 63.18 给出了几种方法。通常，带通孔的双面挠性板不适合动态弯曲。挠性板的挠性取决于基材两侧的导体层分布情况，如图 63.19 所示。弯曲外层有较薄导体层的挠性板可能会造成导体断裂，因为机械应力集中在细小线路上。

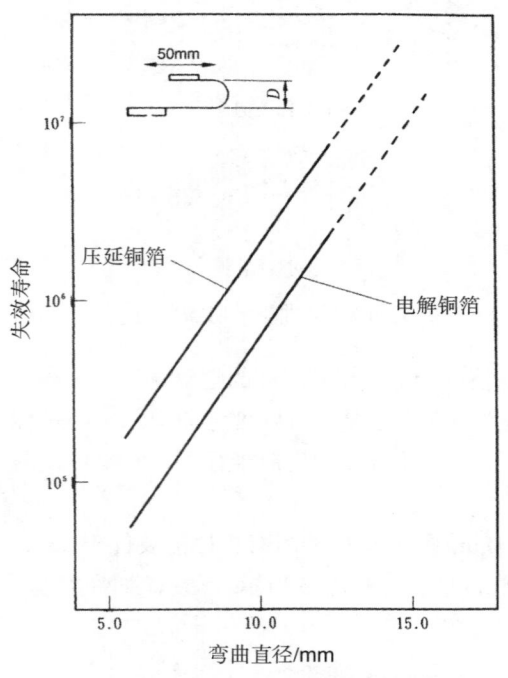

图 63.17 IPC-TM-650 确定的弯曲直径和
弯曲次数之间关系

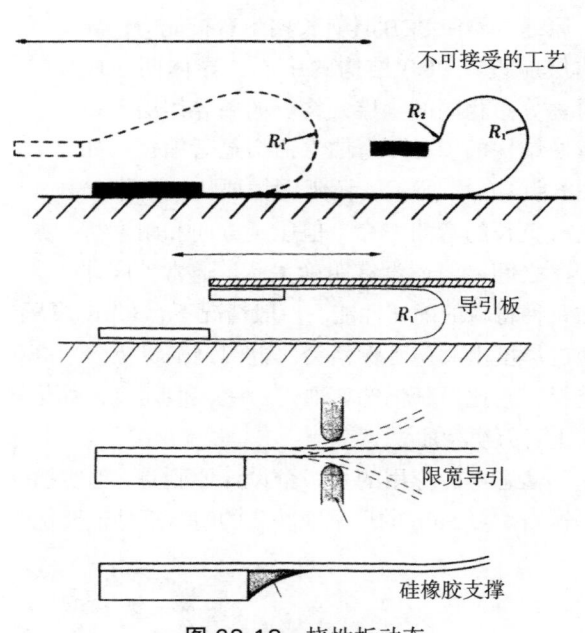

图 63.18 挠性板动态
弯曲部分的设计

双面挠性板的动态弯曲部分，应只设一层导体层。导体层另一面的覆盖层应移去，以保证对称结构。双面挠性板的通孔，镀铜时也应用掩膜的方法，将其动态弯曲部分遮盖住不镀。

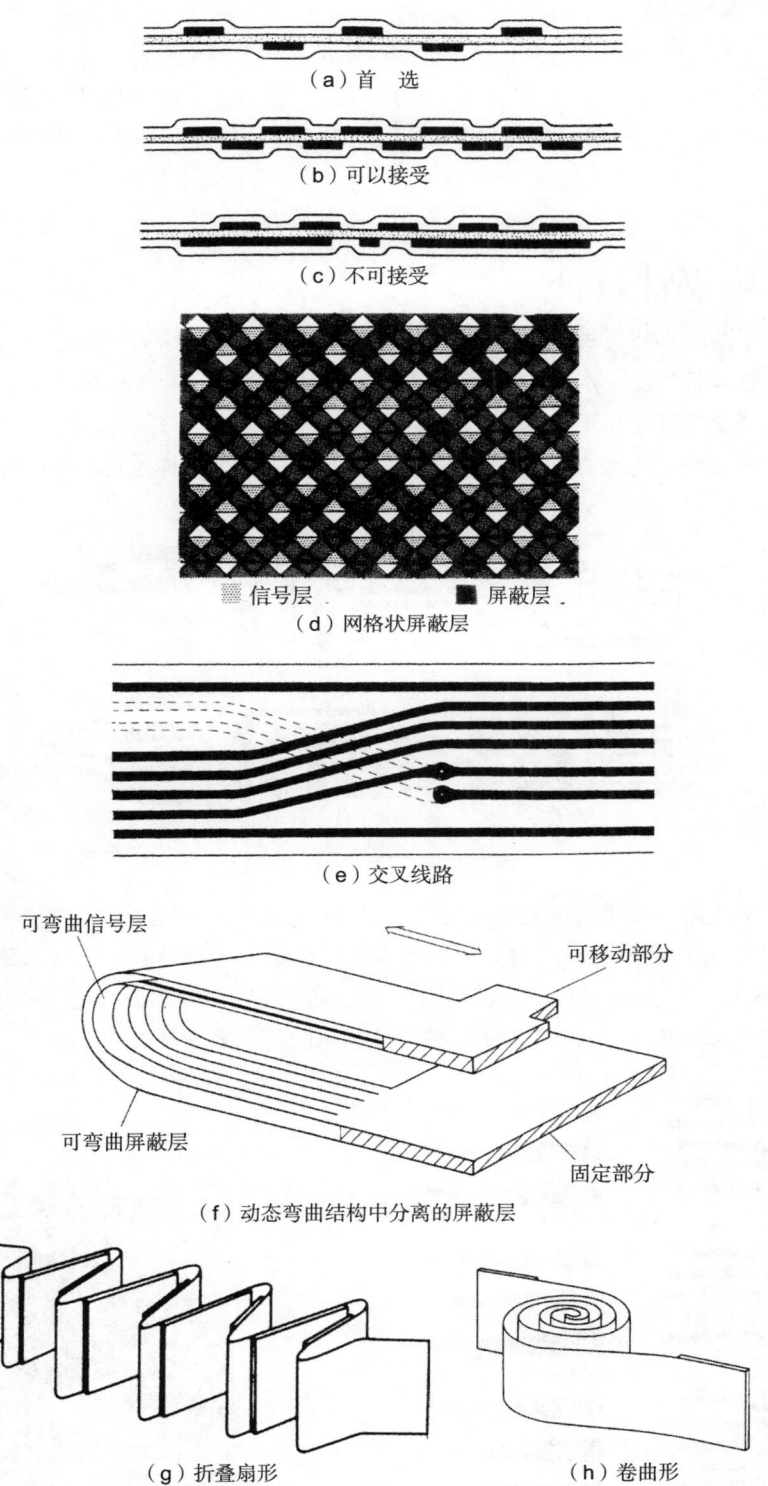

（a）首　选

（b）可以接受

（c）不可接受

信号层　　　　　屏蔽层

（d）网格状屏蔽层

（e）交叉线路

可弯曲信号层

可移动部分

可弯曲屏蔽层

固定部分

（f）动态弯曲结构中分离的屏蔽层

（g）折叠扇形　　　　　　　（h）卷曲形

图 63.19　双面挠性板动态弯曲部分的布线方式

63.5 电气设计

挠性板的电气性能和刚性板没有显著区别，不过在导电性能及绝缘电阻等由材料本身决定的参数方面还是略有区别，在介电常数和介质损耗角正切上有区别。所以，可以用和设计刚性板时同样的计算方法，来计算挠性板的电气性能。需要注意的是，由于挠性板相对具有更长的平行布线能力，因此其阻抗匹配需要计算准确，尤其是在高频高速电路中。

63.6 高可靠性设计

因为使用了薄的易碎裂材料，挠性板与刚性板相比，机械可靠性更低。它们的导体结合强度及基材抗撕裂强度都很低。然而，在实际使用中因为需要运动，挠性板需要承受更多的机械应力，这意味着，设计挠性板时需要特别注意提高线路可靠性。

提高线路可靠性有几种方法。图 63.20 和图 63.21 展示了几种通过改变导体图形提高可靠性的常用方法。

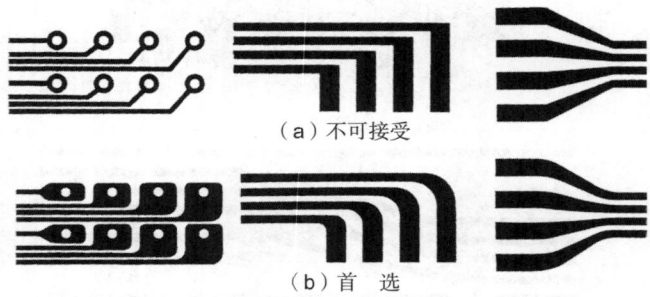

（a）不可接受

（b）首　选

图 63.20 挠性板可靠性设计

不同线宽的线路在过渡区需要平滑处理，焊盘应设计得尽可能大。以图 63.22 所示的汽车仪表盘 PCB 为例，导体应尽可能地宽，导体间需保持合适的距离。合适的覆盖层开窗可以提高可靠性，如图 63.23 所示。覆盖膜中黏合剂层压后的溢胶量应尽可能小。补强材料的边缘区域是机械应力集中的危险区域。图 63.24 展示了减少这些风险的一般处理方法。

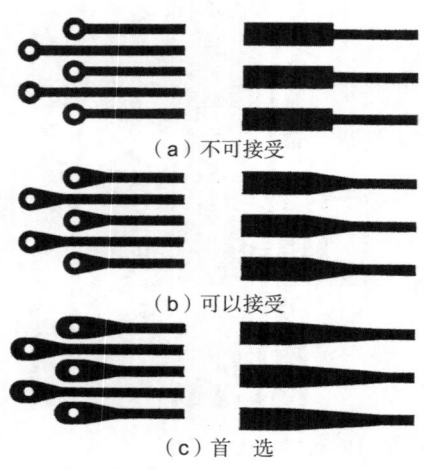

（a）不可接受

（b）可以接受

（c）首　选

图 63.21 挠性板图形可靠性设计

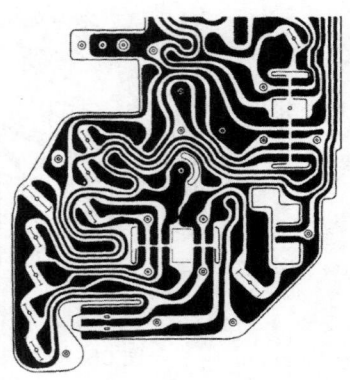

图 63.22 汽车仪表盘挠性板的图形设计

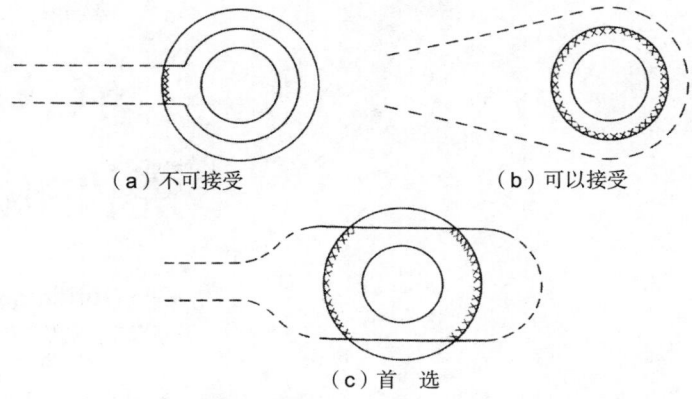

（a）不可接受　　　　（b）可以接受

（c）首　选

图 63.23　高可靠性焊盘的覆盖膜开窗方式

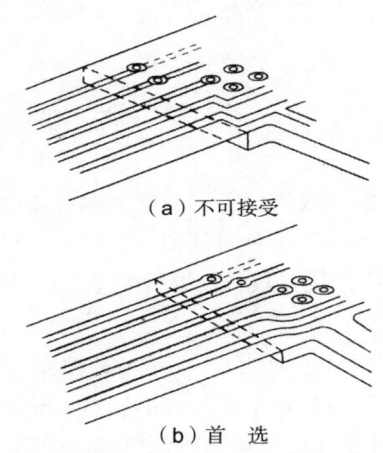

（a）不可接受

（b）首　选

图 63.24　补强材料边缘电路的设计

63.7　PCB 设计中的环保要求

　　前面讨论过，在满足 RoHS 协议及无卤素要求上有两方面的问题需要考虑，即限制溴元素的使用和无铅化。好的 PCB 材料的选择应当是能够经受无铅回流焊工艺的。基于此，无胶覆铜板是最好的选择。OSP（有机可焊性保护）处理或沉金是共晶焊料和热风焊料整平表面处理工艺的替代方案。

第 *64* 章
挠性板的制造

Dominique K. Numakura
美国马萨诸塞州黑弗里尔，DKN 研究中心

莫欣满　审校
广州兴森快捷电路科技有限公司

64.1　引　言

如果制造商有一套生产多层刚性板的设备，基本上就可以进行小规模的标准单面或双面挠性板的生产。不过，因为这些设备并不是专为薄型挠性材料而设计的，所以不适用于规模化生产挠性板。因此，要想大规模地生产挠性板，需要特制生产设备来满足挠性板制造的特殊需求。本章将详细讨论这些特殊的设备及工艺。

表 64.1 给出了挠性板加工独具特色的地方。这些特色大部分是其结构复杂和材质易损造成的。与刚性板相比，覆盖材料和补强材料需要特殊的制造工艺，同时挠性板外形特殊，使得生产效率低下；板材薄且脆弱，使得加工时稍微操作不慎就会受损；挠性材料在加工时容易发生尺寸变形。这些因素，让挠性板加工模式有了变化，并且制程良率低。材料的特殊性决定了很难进行高度自动化加工，很多工艺需要工人手工完成，显然，这注定是劳动力密集型的生产过程。

表 64.1　加工挠性板的特别要求

方　面	加工挠性材料的问题
特殊结构	覆盖膜，补强，复杂的外形等
材料	薄，低强度，低尺寸稳定性，机械外力下易损坏
生产自动化	难于自动化加工，RTR 只适用于制造流程的前段步骤

生产挠性板的关键要素是提高制造良率。高良率的高生产效率也需要合理的 PCB 设计。

卷对卷（Roll To Roll，RTR）制造系统是一种高生产效率的解决方案，不过，RTR 生产线并不能灵活地调整，不适合加工非标准结构的挠性板，并且只能用于长的制造流程中的前段步骤。此外，RTR 的应用还有很多其他限制。

64.2　加工 HDI 挠性板的特殊问题

产生和发展于 20 世纪 90 年代中期的 HDI 挠性板，有着特殊的结构，因此在加工时需要特别的工艺。另外，加工更精细的线路需要更高档的制造设备。正因如此，它们才有别于普通挠性板，而被称为 HDI 挠性板。表 64.2 列出了制造 HDI 挠性板的新技术。

除此之外，超高密度挠性板被视为下一代电子封装的基本组成部分，其具有小于 20μm 的节距和小于 20μm 的孔径。加工这种 PCB，需要全新的制造技术，如在加工思路上，加成法将取代目前的减成法工艺。

表 64.2　制造 HDI 挠性板的新技术

工　艺	新技术
原材料	稳定的聚酰亚胺膜（热膨胀率约为 20ppm）
	薄的铜箔（9 或 12μm）
	无胶板材
钻微孔	激光（准分子激光，UV:YAG，二氧化碳）
	微孔冲压
	X-Y 方向高精度
	等离子体蚀刻，化学蚀刻
电镀铜	直接金属化
	溅射
表面清洁	新的清洁试剂
抗蚀剂	薄的干膜（约 15μm）
	湿膜
曝光	垂直光源，自动对准
	激光直接成像
蚀刻	高分辨率蚀刻剂
覆盖膜	激光开窗
	感光覆盖（干膜型和湿膜型）
表面处理	化学镀镍 / 浸金
	快速电镀
飞线结构	激光 / 化学蚀刻
导向孔	自动高精度冲压
检查	通用 AOI
	非接触电测
卷对卷系统（RTR）	低张力 EPC 系统
	CCD 相机自动对准

64.3　基本流程要素

图 64.1 展示了标准双面挠性板制造的基本流程，包括通孔和补强结构。大多数单面挠性板的制造流程基本上也包括在图中了，前半段制造流程（到图形蚀刻）基本一致，而后半段的流程和工艺可根据生产情况有很多种选择。由于自动化生产困难，后半段需要更多的人工操作，所以单位制造成本比上半段高很多，故应选择合适的流程设计，以提高效率和降低总成本。尤其是对于结构复杂的 PCB，良好的流程设计可以显著地降低成本。

64.3.1　材料准备

大多数挠性板的原材料，都是成卷供应的，如铜箔和覆盖膜等。所以制造流程的第一步是，把一卷一卷的材料切割成需要的合适大小。当然可以人工用剪刀等工具切开，但自动切割机可以快速、准确地切割，并且减少人工切割时对材料可能的损坏。

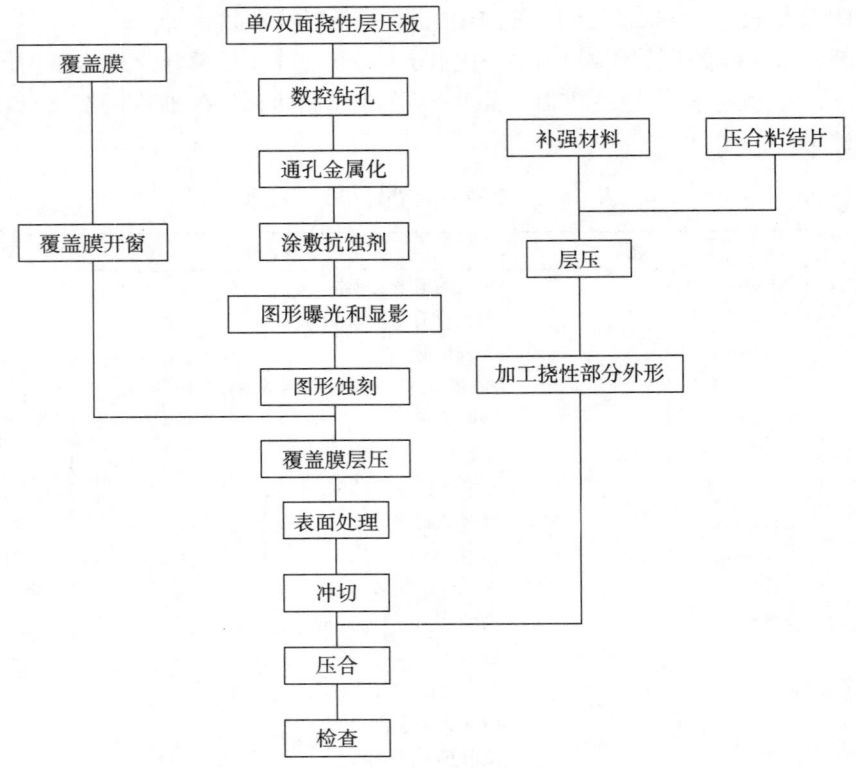

图 64.1 双面挠性板的标准制造流程

如果采用 RTR 工艺，铜箔的表面清洗工作应在切割之前进行。前处理采用化学微蚀或软性磨刷系统可以减少铜箔表面的划痕，并减小薄基材的机械应力，这将降低后续操作对铜箔造成损害的风险，从而提高制造良率。

64.3.2　直接涂敷工艺

对于特殊的基板结构，如超薄基板或超高密度挠性板，有一种直接涂敷聚酰亚胺树脂膜的工艺，可替代聚酰亚胺膜。这种工艺的思路是，将一种液体感光聚酰亚胺涂层涂敷在不锈钢箔上，然后通过化学镀铜和电镀铜形成薄的导体层。也可以用这种液体感光聚酰亚胺涂层，作为 HDI 挠性板的覆盖膜。这种直接涂敷法属于半加成材料成型工艺，可以加工出多层结构（详见 64.4.2 节）。在聚酰亚胺表面进行特殊的表面处理，可以提高结合强度。通过蚀刻薄的金属层，能够加工出精细的线路。最后将承载的不锈钢箔去掉，以满足 PCB 的挠性，有时也可以保留局部不锈钢箔作为补强材料。

64.3.3　机械加工导通孔

挠性板的导通孔有不同的加工方法，应根据应用情况选择合适的工艺和材料组合，如构造、电路密度、可靠性、生产数量、可用的仪器设备、生产的紧迫性等。

图 64.2 展示了双面挠性板导通孔的标准工艺流程。用数控钻机加工挠性板和加工刚性板很类似。因为材料比较薄，可以多块板堆叠钻孔。不过合适的垫板和钻孔参数才能保证加工出的孔良好。合适的钻机和钻头可以加工出直径小于 $100\mu m$ 的微孔。

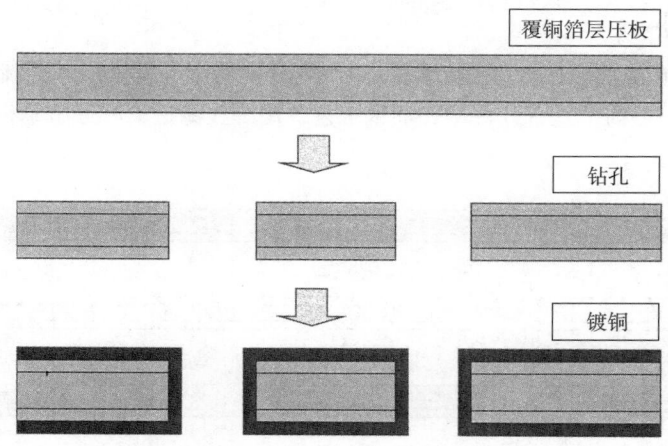

图 64.2　双面挠性板微孔的标准工艺流程

使用合适的模具，可以用冲压工艺加工薄的挠性覆铜板。这是一种低成本的解决方案，不过需要较大的加工数量，才能抵消昂贵的模具费用。在加工薄的覆铜板时，可以用模具冲压工艺代替数控钻孔。尖锐的冲压模具可以在薄的挠性覆铜板上加工出小于 100μm 的孔。冲压工艺的优点是容易适应 RTR 工艺，但是冲压工艺不适合加工盲孔。

64.3.4　通孔金属化

刚性板生产中用到的通孔金属化类似工艺也可以用于薄的挠性板。通常，在化学镀铜工艺之前，需要温和的药水清洗，这是因为基板上可能沾有小的脏污。标准的化学镀铜、电镀铜工艺和使用导电碳粉的直接金属化铜工艺，都需要先在孔中形成种晶层，然后将整块板子沉积上合适厚度的铜。一般来说，厚度小于 20μm 的镀层可以保持板子的挠性，大于 25μm 的镀层则被认为具有良好的可靠性。选择合适电镀掩膜层的选择性电镀铜工艺，可以保护动态挠性的部分。精确的镀层控制是非常有必要的。如果板子和电极不能很好地固定，镀层就不会均匀地沉积覆盖原来的铜箔表面，因此设计好板子和电极的固定结构很重要。因为薄板很容易在镀液中晃动，使镀层不能均匀地附着，从而可能降低蚀刻生产效率和孔的可靠性，尤其是需要加工精细线路的时候。

无胶板材中不含低耐热的环氧树脂或聚丙烯酸树脂，所以孔的形状很好，孔壁上没有基材形成的钻污，不需要除胶渣工艺。

图 64.3 给出了有胶板材和无胶板材中钻孔的对比，无胶板材的孔形比有胶板材的更漂亮。

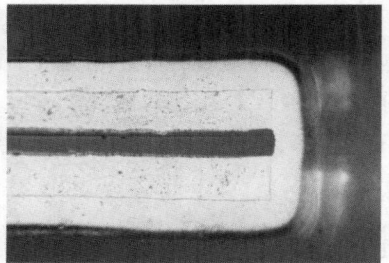

（a）有胶板材上加工出的通孔　　　　（b）无胶板材上加工出的通孔

图 64.3　有胶板材与无胶板材上的孔形

64.3.5 微孔加工

微孔加工是 HDI 挠性板生产中的重要一环。图 64.4 给出了标准的工艺流程，包括在双面挠性板上加工出盲孔。目前常见有几种微孔加工工艺，用于在薄型聚酰亚胺基板上加工出盲孔，见表 64.3。

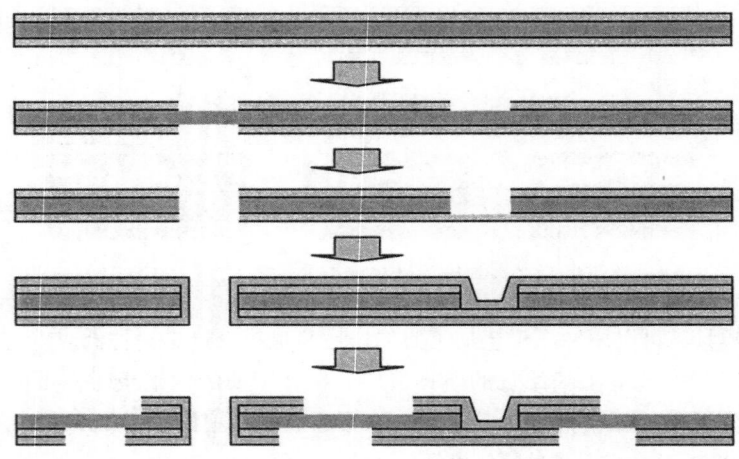

图 64.4 减成法加工 HDI 挠性板的基本流程

表 64.3 在介质层加工盲孔的方法对比

	机械钻孔	冲 压	激光钻孔	等离子体蚀刻	化学蚀刻	光聚合物工艺
孔直径 /μm	约 50	约 70	约 10	约 70	约 70	约 70
D/S 通孔	可以	可以	可以	可以	可以	可以
多层通孔	可以	可以	可能	不可以	不可以	不可以
盲孔	不可以	可以	可以	可以	可以	可以
材料选择范围	广	广	广	一般	小	小
技术的灵活性	小	小	大	一般	小	小
化学废弃物	无	无	小	小	严重	一般
RTR 工艺可用性	不可以	可能	可能	困难	可能	可能

1. 机械加工微孔

现在的新型数控钻机也可以加工出直径小于 100μm 的小孔了。理论上，这种新型钻机可以在 50μm 厚的覆铜板上加工出直径 50μm 的小孔。不过，钻孔效率随着孔径的减小而显著地降低，同时也受限于微钻刀技术的发展，目前行业中只有少数几家刀具制造商能制造 50μm 以下直径的钻刀，且成本较高。一种新型的数控冲孔设备也可以在 25μm 厚的聚酰亚胺覆铜板上加工出直径小于 70μm 的孔，冲孔比数控钻的效率要高些。同时，多模冲孔系统的效率可以显著地提高，且能够和 RTR 工艺兼容，这也是数控冲孔工艺的一个优点。

2. 激光钻孔

很多种激光设备可以用来加工挠性板的微孔。准分子激光可以在大多数有机物基板上加工微孔。它可以在 25μm 厚的聚酰亚胺膜上加工出直径 10μm 的孔，如图 64.5 所示。准分子激光的最大问题在于它的加工速度太慢了。合适的工艺设计可以实现好的生产效率。

（a）准分子激光 （b）紫外钇铝石榴石激光

（c）CO_2激光

图 64.5 不同激光钻出的微孔：（a）准分子激光，金属化后孔径为 25μm；（b）紫外钇铝石榴石激光，
金属化后孔径为 20μm；（c）CO_2 激光，金属化后孔径为 100μm（未电镀）
（来源：Photo Machining）

钻直径小于 50μm 的孔，紫外钇铝石榴石激光也是一种选择。它比准分子激光的效率高，可以钻透铜箔和基板。它的缺点是，钻直径大的孔需要很长时间。

在加工直径大于 60μm 的孔时，CO_2 激光比准分子激光和紫外钇铝石榴石激光的生产效率更高。不过，这种激光不能直接钻透未处理的铜箔。所以，需要增加一道在铜箔上黑化或棕化的工艺，且一般只能打穿 12μm 厚度以下铜箔，如图 64.6 所示。表 64.4 对比了这几种激光钻孔技术的能力。

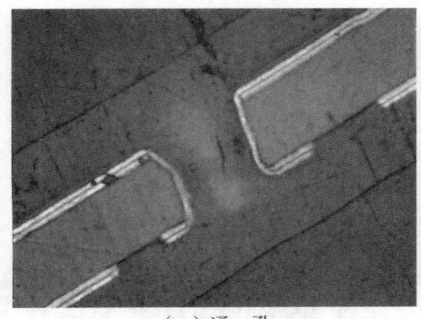（a）通 孔 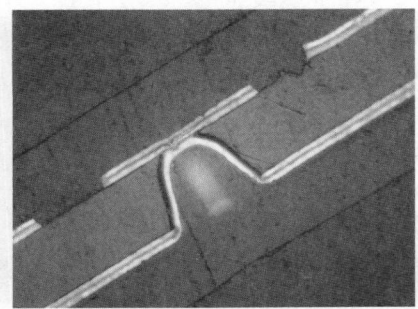（b）盲 孔

图 64.6 用 CO_2 激光加工的直径 50μm 的微孔
（来源：Photo Machining）

与传统机械钻孔工艺相比，激光钻孔的另一个优点在于大批量生产双面挠性板时和 RTR 工艺的兼容性。要达到兼容性，需要在标准的激光设备上增加一些装载和卸载部件。很多激光系统都能实现 RTR 兼容。

表 64.4　双面挠性板微孔加工技术能力对比

技术能力		准分子激光	紫外钇铝石榴石激光	CO_2 激光	等离子体蚀刻	化学蚀刻
孔大小 /μm	小批量	约 10	约 15	约 50	约 70	约 50
	大批量	25 ~ 150	25 ~ 75	75 ~ 250	约 100	约 75
孔质量		极好	好	一般	一般	一般
额外的清洗		需要	需要	需要	不需要	不需要
技术难度		低	低	一般	高	高
成本		高	高	一般	低	低

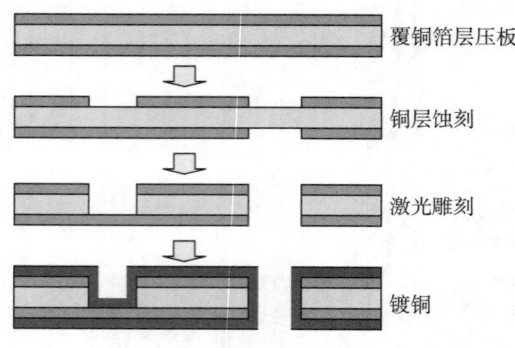

图 64.7　激光钻孔中的铜箔开窗

（图中标注）覆铜箔层压板；铜层蚀刻；激光雕刻；镀铜

3. 铜箔开窗法加工微孔

通常，激光系统既可以在铜箔上钻孔，也可以在基板上钻孔，这样就可以通过使用相同的机器在同一工序加工出同时钻穿铜箔和基材的微孔。不过两者在钻孔速度上区别较大：在铜箔上钻孔要比在基板上钻孔慢很多。所以，如果用铜箔开窗的方法，优点是可以提高钻孔效率，但是由于需要贴膜、曝光、显影、蚀刻等流程，总体流程耗时并不能减少，同时成本也会增加，故目前主流仍为直接钻孔工艺。基本流程如图 64.7 所示。首先，微孔位置的铜箔先通过感光成像和蚀刻方式去除，成为激光钻孔的开窗，再用直径比铜窗大 50 ~ 100μm 的激光束照在基板上即可快速加工出微孔。要提高用激光在挠性板上钻孔的效率，推荐设计时使用盲孔。

铜箔开窗的方法，在接下来介绍的等离子体和化学蚀刻方法中也会用到。

4. 等离子体和化学法加工微孔

等离子体蚀刻和化学蚀刻，是用于挠性板加工微孔的特殊工艺，如图 64.8 和图 64.9 所示。这两种方法都能在厚 50μm 的聚酰亚胺基板上加工出直径小于 100μm 的孔。等离子体蚀刻可以在所有有机材料上成孔，但是常规的碱性化学蚀刻只能用在特殊的聚酰亚胺材料上，如 Kapton 或 Apical 上成孔。具有高度尺寸稳定性的聚酰亚胺材料，如 Upilex 系列材料，需要用特殊的化学试剂才能成孔。等离子体蚀刻和化学蚀刻的成本不依赖于单位面积上孔的数目，所以相比激

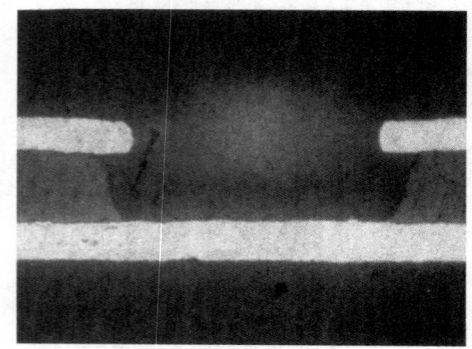

图 64.8　用等离子体蚀刻法加工的微孔，孔径为 200μm

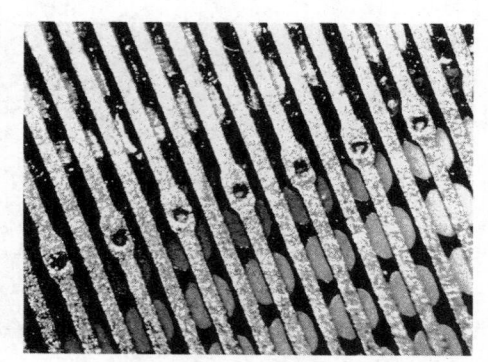

图 64.9　用化学蚀刻法加工的微孔，孔径为 40μm
（来源：Asahi Fine Technology）

光钻孔显著降低了成本。另一方面，等离子体和化学蚀刻工艺也有不少缺点，如等离子体蚀刻无法加工铜箔，需要先开窗处理；两种蚀刻工艺的孔型和孔径精度均不够理想；很多参数都能影响工艺能力，需要精确的过程控制。

化学蚀刻可以很方便地适应 RTR 制造系统，而等离子体蚀刻系统却还需要很大的投资。对于这两种方法，废弃化学物的处理是个问题，特别是湿法化学蚀刻。蚀刻用过的废液，必须和生产线其他湿流程中的废液分开存放和处理。各种技术的材料加工能力，见图 64.10 和表 64.5。

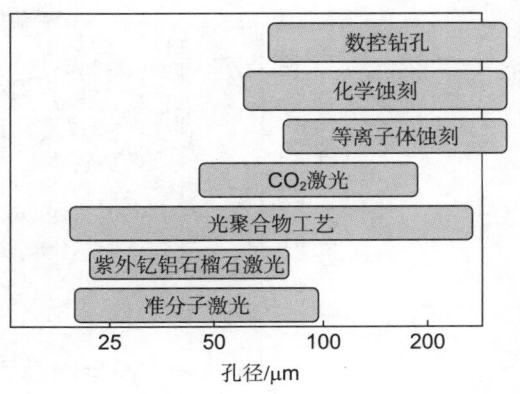

图 64.10　各种技术的微孔加工能力

表 64.5　可以加工的材料

	冲压和钻孔	准分子激光	紫外钇铝石榴石激光	CO_2 激光	等离子体蚀刻	化学蚀刻
铜箔	可以	慢	慢	不可以	不可以	可以
环氧树脂	可以	可以	可以	可以	可以	困难
FR-4	可以	慢	慢	可以	不可以	不可以
Kapton/Apical	可以	可以	可以	可以	可以	困难
Upilex	可以	可以	可以	可以	可以	困难
Espanex	可以	可以	可以	可以	可以	困难
NeoFlex	可以	可以	可以	可以	可以	困难

图 64.11 是各种方法在 50μm 厚聚酰亚胺基板上加工微孔的成本对比。图 64.11（a）对比的是数控钻孔、准分子激光、紫外钇铝石榴石激光。数控钻孔的成本反比于孔径，在加工 200μm 以上的孔时，数控钻机比激光更具有成本优势。图 64.11（b）对比的是不同激光系统，紫外钇铝石榴石激光在加工 25～75μm 的孔时有优势，但是，当孔径增大时，成本上升很快，特别是当孔径大于 75μm 时。准分子激光的加工成本比较稳定，在直径 20～200μm 范围内，成本增长正比于孔径。当加工的孔径在 75μm 以上时，CO_2 激光的加工成本比准分子和紫外钇铝石榴石激光的都要低，它特别适合加工直径 100μm 以上、10 000 孔以上的 PCB。金刚石 CO_2 激光的效率要比普通 TEA 的 CO_2 激光系统的效率高。

图 64.11（c）对比了等离子体蚀刻、化学蚀刻、激光蚀刻和数控钻孔。蚀刻的特点在于，它的成本不依赖于孔的数量和形状，但是依赖于板子的大小，所以这种方法特别适合在小的面积上有着大量孔的类型。

64.3.6　适用于挠性板的湿流程

为刚性板设计的湿流程传送系统并不适用于挠性板。即使把挠性板固定在传送带或载体架上，也会在挠性板上留下划痕和皱纹。为满足大批量挠性板生产线的需要，要使用合适的传送系统。

例如，可以用表面光滑、大直径的滚轮传送挠性板，以减少表面划痕。在传送方向和垂直方向上，滚轮的间距设定很小，从而避免挠性板在滚轮与滚轮之间产生下垂。在滚轮和滚轮之间，

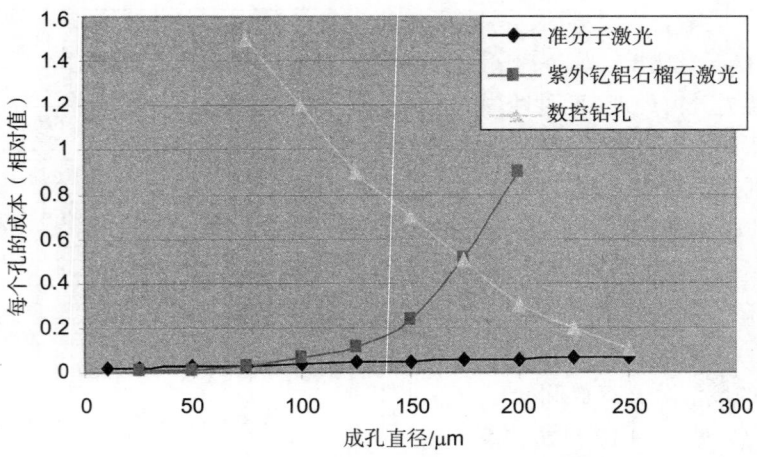

（a）数控钻孔、准分子激光、紫外钇铝石榴石激光的对比

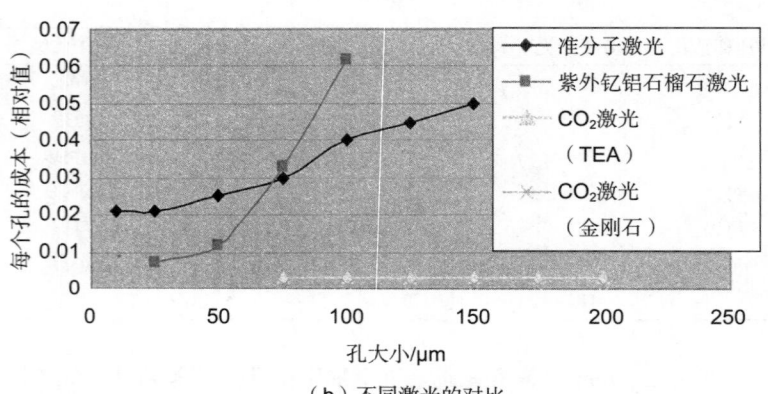

（b）不同激光的对比

（直径 4mm 的孔）

（c）数控钻、激光、等离子体蚀刻、化学蚀刻的对比

图 64.11 不同工艺成孔的成本对比

不推荐使用带状和薄条支撑结构，这会在 PCB 表面造成划痕，如图 64.12 所示。

这种传送系统在稳定传送和有效喷淋液体之间是一个矛盾，所以同时需要优化喷嘴排列来改善喷淋效果。过高的喷淋压力会对薄的材料造成抖动和局部变形，尤其是在蚀刻之后的传送过程中。

标准湿流程传送设备可以用来传送单面和双面挠性板。RTR 湿流程中，还需要使用状态良好的软橡胶滚轴来保护 PCB 表面不受损伤。

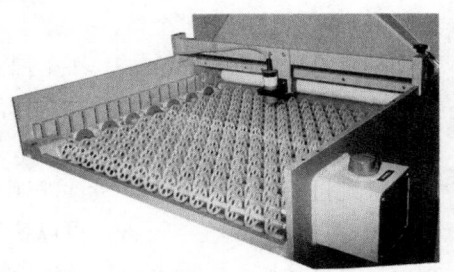

图 64.12 适用于薄挠性材料的特殊轮传送系统，具有高密度的和光滑的滚轮（来源：Camellia）

64.3.7 贴膜前处理

在贴敷抗蚀层之前，一般需要对覆铜板进行清洁预处理，清除铜箔表面的污点和氧化点。不少无胶板材的表面非常光滑，需要用化学清洗的方法，增加铜表面粗糙度，使得铜表面和抗蚀层的结合力更强些，尤其是需要精细蚀刻的时候。

如果铜表面有严重的机械损伤，则需要用温和的化学试剂清洗，如有机酸。当铜表面有严重污染物和氧化物时，也必须用柔软的磨刷刷洗。硬的刷子会对薄的基板上造成损伤，会影响覆铜板的尺寸稳定性。现在开发出来的柔性磨板线，在柔软的传送带上，用软刷子刷洗挠性覆铜板的设备，这种设备可以减少挠性覆铜板受到的损伤。该工艺只清洗层压板的一面，如果层压板的两面都需要清洗，则需要将该工艺重复一遍，清洗另一面。另外，常见的处理方式还有喷砂，利用高压喷嘴将金刚砂喷射至板面上，由于金刚砂颗粒细致，硬度较高，这些细小颗粒溅射至铜面上，可以将表面污物和杂质去除，同时在表面形成凸凹不平的粗糙结构以增强结合力。基于挠性板的柔软，选择合适目数的金刚砂（如 320 目），以及金刚砂浓度、喷嘴压力，对喷砂效果很重要。

64.3.8 贴膜（抗蚀层）

常用抗蚀层有湿膜和干膜两种，生产挠性板用到的抗蚀剂和生产刚性板用到的湿膜是一样的。这些湿膜可以用来加工大批量的较粗的图形。同样，常规干膜抗蚀剂和压膜机也能用于挠性板。要兼容 RTR 工艺，只需在这些设备上增加装载和卸载机构。不过，当加工量比较大时，应该选用挠性板专用干膜，加工双面板时可以使用干膜盖孔工艺，在适合的干膜厚度下可加工常规尺寸的通孔（例如，40μm 厚干膜常规可封孔直径在 4.5mm 以内）。

如果加工单面板，可以用薄一些的干膜，尤其是加工比较精细的图形时。15～20μm 厚的干膜可以在 12μm 厚的铜箔上加工出线宽 / 线距为 30～40μm 的图形，并且生产效率比较高。在加工线距小于 40μm 的图形时，应当使用液态光致抗蚀剂。

64.3.9 曝　光

挠性板也可以使用和刚性板相似的曝光设备。加工线距小于 50μm 的图形时，建议使用垂直光源，这可以提高良率。

为了提高生产效率，需要用合适的工具对挠性板上的图形阵列进行定位。带有 CCD 相机的图形定位设备可以用来准确定位，以减小电路图形和孔之间出现偏差。因为挠性板在机械和湿流程中会出现尺寸变形，所以光绘底片需要进行校正。当线距小于 50μm 时，需要用玻璃底片，而不推荐聚酯光绘底片。同时需要一系列的底片夹具，把玻璃底片固定在设备上。加工双面挠性板时，正反两面的底片需要精确地对位。

有时，需要部分调整图形尺寸，以适应挠性多层板的尺寸变形。如果线距小于 50μm，则图形阵列的精度必须优于 ±10μm。控制图形阵列精度的最简单办法，就是减小板子的尺寸。但是这降低了加工效率。一个替代办法是，在一块大板子上分区域多次曝光成像。

可以通过校正的光绘底片来减小图形的变形，困难的是，挠性多层板的变形是不稳定的。对于不同批次的多层板，有时需要制作不同批次的光绘底片。这种情况下，只能牺牲效率，直到新的光绘底片制作完成以后，才能继续曝光生产。

激光直接成像（LDI）设备可以用来加工尺寸变形不稳定的挠性板，这种设备可以矫正严重的尺寸变形。使用这种设备，可以快速地加工小批量或中等批量的挠性板。不过另一方面，这种设备不适合加工线距小于 25μm 的产品。和传统设备相比，这种设备产量偏低，尤其是制作双面板时，在大批量生产时需要很大的设备投资。

64.3.10 显 影

常用显影液为碱性碳酸钠溶液，显影就是感光膜中未曝光部分的活性基团与碳酸钠溶液反应生成可溶性物质而溶解。已曝光部分由于发生光聚反应生成大分子聚合物，它不溶于碳酸钠溶液而保留在铜面上作为图形的抗蚀层。

显影效果一般用显影点来表征：是指板从进入显影缸，到刚好冲影干净位置的距离与总显影缸的长度的百分比。一般挠性板显影点的选择以 50%~60% 为宜。

显影参数的选择视抗蚀层类型、厚度以及各制造商的药水参数而通过试验设定。对于挠性板，由于板子的柔软和弯曲，显影后需特别检查显影的程度和显影效果，因为轻微的折痕和弯曲可能导致干膜贴附不良被显影冲掉而在蚀刻时导线局部被蚀刻开路。

64.3.11 蚀 刻

氯化铁或氯化铜溶液是用于蚀刻的推荐药液，尤其是制作 HDI 挠性板时。碱性溶液蚀刻的速率更高，但是蚀刻速率不稳定，所以不推荐。另外，碱性溶液会和聚酰亚胺表面发生反应，所以不适合加工精细线路。蚀刻时，对于不同的材料和组合，有不同的蚀刻因子（蚀刻因子 = 蚀刻线厚 ÷（抗蚀层宽度 − 最窄线宽）/2），蚀刻因子反映了蚀刻工艺的蚀刻质量和蚀刻能力，蚀刻因子越大，则蚀刻线形越好，制作精细线路的能力越强。针对不同的导体、图形、金属层厚度、蚀刻剂等因素，应当根据实际测试采用不同参数，尤其是加工 HDI 挠性板上非常细的平行走线时。通常来说，对于板边缘的蚀刻速率和板中间的蚀刻速率，有着显著的差异，如图 64.13 所示。因此，需要使用图形补偿的方法，减小蚀刻速率差异造成的实际加工出来的图形失真。

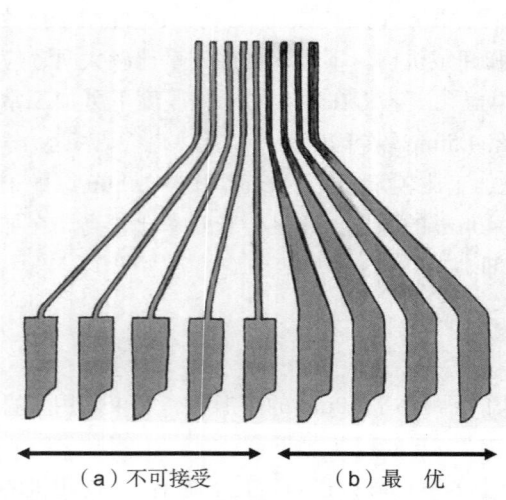

（a）不可接受　　　（b）最 优

图 64.13　为蚀刻而做的图形补偿

64.4　加工精细线路的新工艺

加工精细线路是生产 HDI 挠性板的重要步骤，有 3 种基本制造方法：

- 先进的减成法
- 半加成法
- 全加成法

这 3 种方法对应不同的工艺流程，可以用来加工图形各异的挠性板。每种工艺都有相应的新设备来满足生产需要，如垂直光源曝光机和激光直接成像系统。

64.4.1 先进的减成法工艺

减成（蚀刻）法，是在铜箔上制作电路图形的最常用的方法。这种方法和加工刚性板的原理相同，只有几处具体的工艺不太一样。用减成法加工挠性板，可以兼容 RTR 工艺。

用于传统减成法加工的设备和试剂，只能加工线距在 100μm 以上的图形。不过，为了使这种方法能够加工出更精细的图形，一些新的技术已经被引入，见表 64.6。最先进的减成法，可以在 RTR 工艺上应用，在 9μm 厚的铜箔上加工出 30μm 节距的细线。50μm 节距的电路图形如图 64.14 所示。

表 64.6　用于加工出精细线路的新技术

工　艺	新技术
表面预处理	新的化学微蚀液（有机的）
	溅射籽晶层
涂敷抗蚀剂	高分辨率的液体抗蚀剂和抗镀剂（喷涂、浸涂等）
	薄的干膜（约 15μm）
	高感光度、高分辨率干膜（10mJ/cm^2）
	湿法抗蚀剂压膜机
曝光	玻璃底片平行光光源（约 15μm 线宽 / 线距）
	双面板自动对位图形系统（带有尺寸补偿功能，约 5μm）
	低张力 RTR 传送系统
	激光直接成像系统（30~40μm 线宽 / 线距）
蚀刻	高分辨率蚀刻剂（氯化铜、氯化铁）

采用减成法可以加工出图 64.15 所示的 20μm 节距的线路。但是，这种工艺的良率很低。采用先进减成法，可以在 20μm 厚铜箔的双面板上加工出 60μm 节距的图形。

新工艺技术包括新的表面微蚀处理技术、溅射籽晶层、涂敷高分辨率的抗蚀剂和抗镀剂（喷涂、浸涂等）。

此外，还有薄的干膜（约 15μm）、高感光度 / 高分辨率的干膜（10mJ/cm^2）、湿法抗蚀剂压膜机、校正的玻璃底片（约 15μm 线宽 / 线距）、双面板自动对位图形

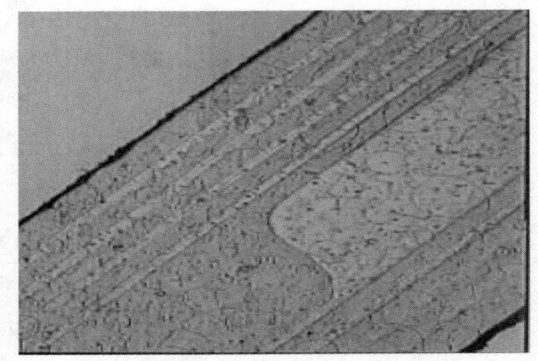

图 64.14　由先进的减成法工艺加工的 50μm 节距线路
（来源：DKN 研究中心）

系统（带有尺寸补偿功能，约 5μm）、低张力 RTR 传送系统、激光直接成像系统（30~40μm 线宽 / 线距）、高分辨率蚀刻剂（氯化铜、氯化铁）。

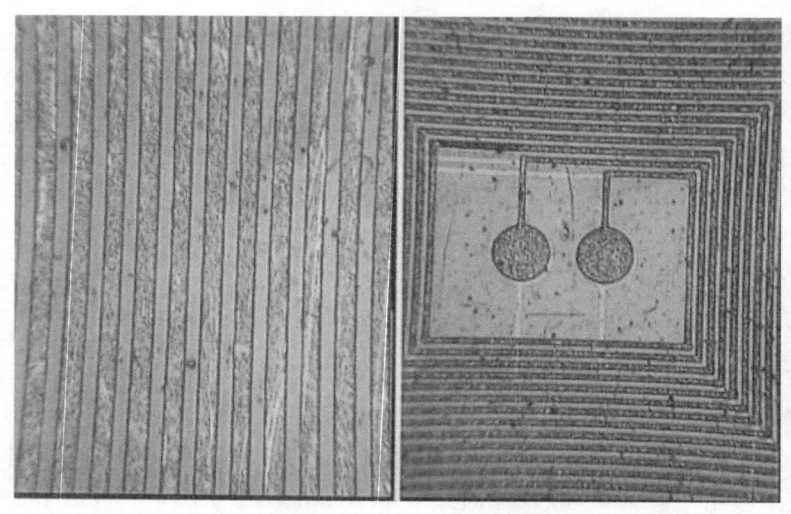

图 64.15 由先进的减成法工艺加工的 20μm 节距的线路（来源：DKN 研究中心）

64.4.2 半加成法

半加成法是一种能够取代减成法加工出良好线路的方法。半加成工艺有很多种，如采用薄铜箔层压、溅射铜层等，从而在特殊的聚酰亚胺基材上加工出良好的线路。这一工艺的优点在于，用它加工的产品，铜箔厚度范围可以很宽。不管是用层压薄铜箔还是溅射的方法，都能满足与基材结合和足够强度。

第一种半加成工艺：在基材上钻孔之后，经过化学沉积或电沉积铜层形成覆铜板，然后对铜层进行传统的贴膜、曝光和蚀刻，流程如图 64.16 所示。

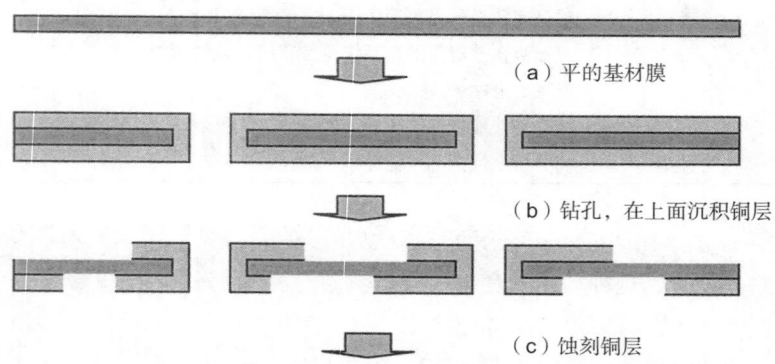

（a）平的基材膜

（b）钻孔，在上面沉积铜层

（c）蚀刻铜层

图 64.16 半加成法加工高密度挠性板的基本流程

层压薄铜箔不需要溅射之类的特殊技术，所以工艺相对容易。图 64.17 说明了典型的双面板制造工艺。

（1）从具有非常薄铜箔的双面覆铜板开始加工。

（2）第一步是钻导通孔。很多种钻孔工艺都可以用来钻小孔，如冲压可以加工出直径大于 60μm 的孔；化学蚀刻或等离子体蚀刻可以以较低成本加工出数量多的孔，但是如果选用此种工艺，则需要增加光刻等；准分子激光和紫外钇铝石榴石激光（UV YAG）可以用来加工小于 50μm 的通孔或盲孔。

（3）金属化板面和导通孔，可以采用化学和电解工艺，标准的沉积铜工艺即可。此步要注意控制铜层厚度的一致性。

（4）在板面涂敷高分辨率的光致抗镀剂，在铜表面形成用于电镀的负片导体图形。

（5）进一步电镀到合适的铜厚。电镀条件要严格控制，以实现铜厚一致性。板子越小，越容易控制铜厚。

（6）通过标准退膜工艺去除抗镀剂。

（7）最后，用合适的蚀刻方法，去除抗镀层下的基铜层。如有需要可在退膜步骤之前，再在板面镀一层保护金属，以保护本步骤操作过程中有用的图形不受损伤。

图 64.18 和图 64.19 给出了用半加成工艺加工挠性板的例子。

采用溅射的方法产生薄的籽晶层，可以用半加成法加工出更高的线路密度，如图 64.20 所示。

（1）材料准备：一张平的基材膜，通常是

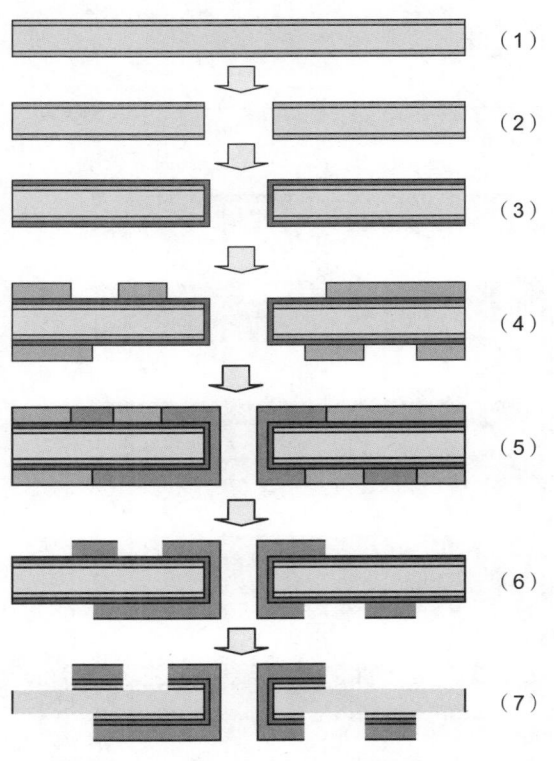

图 64.17 半加成工艺加工薄铜层压板

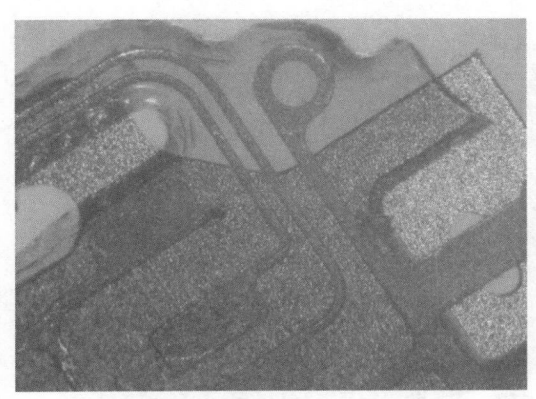

图 64.18 用半加成工艺加工的线宽 20μm 的双面挠性板

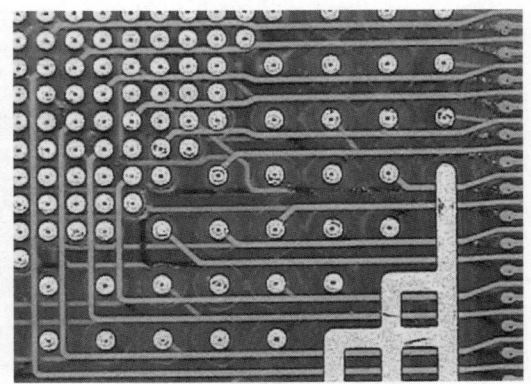

图 64.19 50μm 线宽、20μm 孔径的 10 层板（来源：MicroComnex）

聚酰亚胺膜。

（2）成孔。可以选用机械的方法，也可以用激光的方法。如果采用化学蚀刻或等离子体蚀刻，则需用到额外的光刻等工艺。

（3）在基材上溅射籽晶层。这一层很薄，一般小于 1μm，要实现好的结合强度，基材表面一般需要预先进行表面处理。

（4）形成抗镀层。

（5）电镀形成铜导体。

（6）去除抗镀层。

（7）蚀刻掉籽晶层。

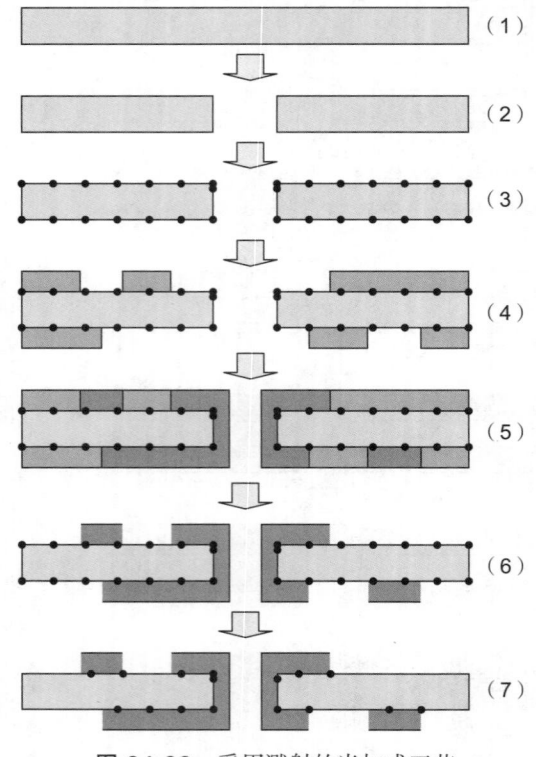

图 64.20 采用溅射的半加成工艺

这种溅射工艺和第一种半加成工艺相似，不过能够加工出更小的线距、更好的宽高比，因为溅射出来的籽晶层更薄。在最佳的情况下，用这种方法可以加工出小于 5μm 的节距，并且宽高比大于 1 ∶ 5。

图 64.21 给出了两个用溅射／电镀成型工艺加工的精细线路的实例。

将涂敷技术和半加成工艺结合，可以制造出具有超细线条和微孔结构的多层挠性板。但是加工这种 PCB 的流程和普通挠性板有很大区别。加工流程开始于原材料的准备，目前已经有商用的聚酰亚胺膜可以用作这种工艺的原材料。

使用液态聚酰亚胺在合适的载体板上涂敷成型，也是加工小于 12μm 超薄基材的一种方法，为了保持尺寸稳定性，推荐使用玻璃或不锈钢载体板。

（1）通过一系列溅射的工艺，将籽晶层建立在基材上。

（2）在板面涂上高分辨率的抗镀剂，制作出

（a）10μm 节距、1μm 厚的线路

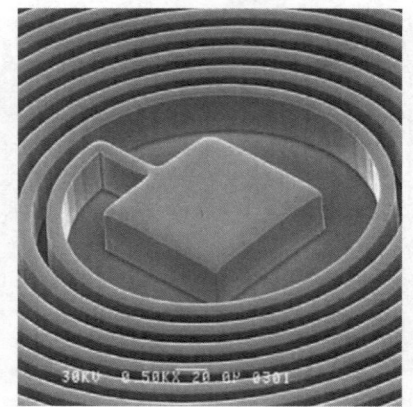

（b）10μm 线宽、25μm 厚的线路

图 64.21 用溅射半加成工艺加工出的超薄图形（来源：Dynamic Research）

负片电路图形。选择合适的光致抗镀剂是这一步的关键，为达到高分辨率，推荐旋转涂敷液态光致抗镀剂。

（3）电镀上铜或其他合适的金属导体材料，形成合适宽高比的精细导体线路。

（4）去除抗镀剂，蚀刻掉籽晶层。去除抗镀剂前可以在表面镀金，从而在蚀刻籽晶层时保护图形。

（5）聚酰亚胺树脂涂敷在板面，作为层间介质层。推荐使用光敏聚酰亚胺树脂，以便通过曝光的方法加工孔。也可以使用非感光的聚酰亚胺材料，配合准分子激光加工孔。这种工艺可以

灵活地加工可靠的介质层，但是生产效率很低，而且单位面积的成本很高。

（6）再一次溅射籽晶层。这一步骤和步骤（2）基本相同。不同之处在于，这次的籽晶层需要包含导通孔内的不同表面。

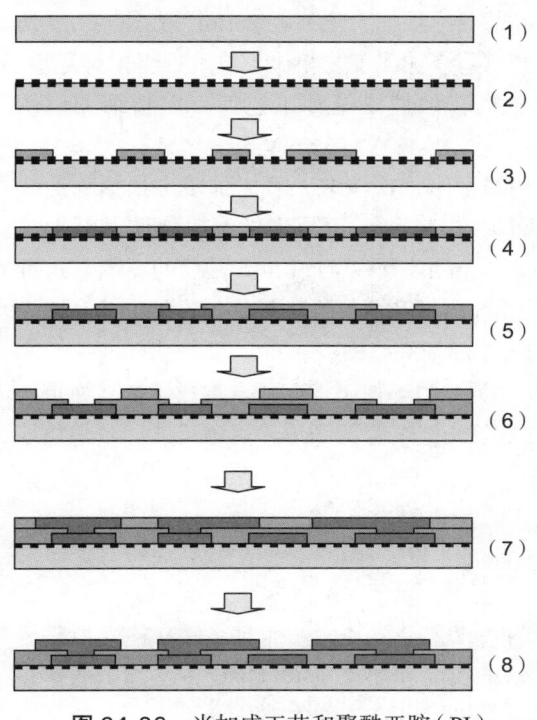

图 64.22 半加成工艺和聚酰亚胺（PI）涂敷成型工艺结合

（7）同样重复前面的步骤，涂敷光致抗镀剂，电镀金属层，溅射保护金属层，剥离抗镀剂，蚀刻掉籽晶层，从而建立第二层金属层。

制造流程如图 64.22 所示。

重复上述流程，可以加工更多层数的 PCB。图 64.23 是超高密度多层挠性板的例子，具有 10μm 线宽和 20μm 孔径。

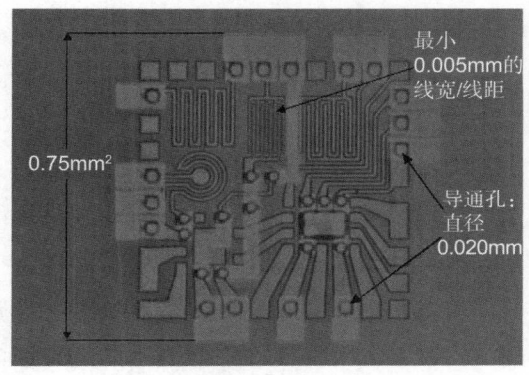

图 64.23 半加成工艺和涂敷成型工艺结合，加工出的 10μm 节距线路、20μm 孔径的 3 层挠性板

64.4.3 全加成法

有几种全加成法工艺，可以在挠性板上加工出非常精细的线路。

相关实验曾尝试使用化学沉积导体材料和光致抗镀剂结合的技术，遗憾的是，没能很好地形成同时满足高分辨率和高物理性能的工艺。因而这种工艺还需要进一步改进。

类似于丝印的工艺取得了显著的进展，可以用来加工很精细的线路。结合丝印和丝网掩膜等手段，可以加工出节距小于 20μm 的线路，如图 64.24 所示。这将是大批量生产挠性板的一种低成本解决方案。绝缘材料和导体材料都能使用这种工艺，进一步研究出可以进行丝印的导体材料是这种工艺的关键。

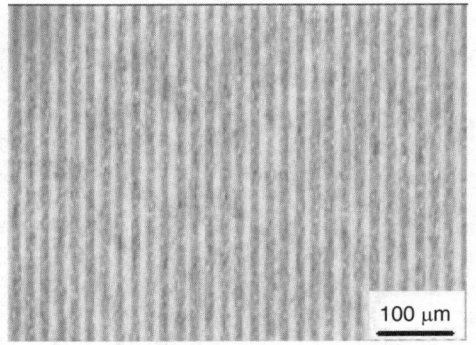

图 64.24 采用先进丝印工艺加工的 20μm 节距的线路（来源：Micro Tech）

64.4.4 工艺对比

各种工艺加工的线路精细程度的对比如图 64.25 所示。当单面板节距大于 30μm，或者双面板节距大于 50μm 时，先进的减成法最具成本优势。先进的减成法大多采用传统的蚀刻工艺，实

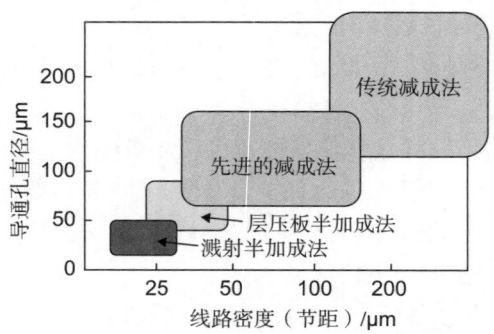

图 64.25 各种工艺的高密度线路加工能力

现起来没有特别的工艺难度。这种工艺的技术障碍最小，生产前需要的投资也最少。

层压铜箔的半加成工艺可以在单面板、双面板上以较高的可靠性加工出节距 20μm、孔径 40μm 的图形。与溅射半加成工艺相比，技术难度相对低些。铜箔厚度的一致性是这种工艺加工出精细图形的关键。

采用溅射半加成工艺，可以加工出最精细的线路，它可以在小于 10μm 厚度的聚酰亚胺基材上加工出小于 5μm 节距、小于 10μm 孔径的图形。这种工艺的关键是溅射籽晶层的工艺条件，籽晶层会影响结合强度和可靠性。另外，这种工艺和感光聚酰亚胺树脂材料相结合，可以加工出带有导通孔的多层超精细挠性板。

全加成工艺还需要对化学沉积进一步研究和优化。另一种类似于丝印的全加成工艺，如果选用的导体材料合适，可以以较低成本在单面板上加工出 20μm 节距的图形，这种工艺和其他技术结合，能够加工出双面或多层板。

64.5 覆盖膜加工技术

加工挠性板覆盖膜的工艺有些特殊，与刚性板阻焊工艺差异较大。而且，HDI 挠性板需要新的覆盖膜加工技术。表 64.7 总结对比了传统的和新的覆盖膜加工技术。传统方法加工的覆盖膜已经能够达到良好的物理性能和保护强度，尤其是在长时间动态弯曲的情况下。

表 64.7 覆盖膜加工技术

	精度 （最小开窗）	可靠性 （耐弯折）	可选材料类型	设备／工具	操作难度	成 本
传统方法加工覆盖膜	低（800μm）	高 （耐受时间长）	PI，PET	数控钻机，热压	需要熟练工	高
传统＋激光钻孔	高（50μm）	高 （耐受时间长）	PI，PET	热压，激光	低	高
丝印液体油墨	低（600μm）	可接受 （耐受时间短）	环氧树脂，PI	丝印	中	低
感光干膜	高（80μm）	可接受 （耐受时间短）	环氧树脂，PI， 丙烯酸树脂	贴膜，曝光，显影	中	中
感光湿膜	高（80μm）	可接受 （耐受时间短）	环氧树脂，PI	涂敷，曝光，显影	较高	低

然而，传统方法加工起来非常复杂，是个劳动力密集的过程，很难用自动化设备实现。另一个重要的问题是，由于需要人工加工薄膜材料，所以常规的工艺很难加工高尺寸精度小开窗。

HDI 挠性板需要直径小于 200μm 的高尺寸精度的覆盖膜开窗，且位置精度优于 100μm，如表面贴装元件或贴片式无源元件，都需要达到这种安装尺寸和精度。丝印油墨能够提供低成本的解决方案，但是不能很好地解决高尺寸精度小开窗的问题。使用感光覆盖膜可以很好地解决此问题，而且加工过程能够使用自动化设备，从而降低成本。因此，能满足所有要求的合适的感光膜材料一直是业内急需的。

64.5.1　覆盖膜加工工艺

典型的覆盖膜加工工艺如图 64.26 所示，通常选用和基板相同的材料作为覆盖膜。处于 B 阶段的丙烯酸树脂或环氧树脂黏合剂，一面黏合在基膜上，一面覆盖着离型纸。环氧树脂的覆盖膜在室温下的存放时间很短，所以一般要在冷库里保存。加工开窗时，将带有离型纸的覆盖膜钻孔或冲孔，在层压之前必须将覆盖膜表面清洁干净。接下来的层压工艺很难用自动化设备实现，因为当覆盖膜材料开窗之后，尺寸就变得很不稳定了。人工进行覆盖膜对位的精度能够达到 ± 0.5mm，如果需要更精确的对位精度，就要选用其他方式。当覆盖膜假接在 PCB 上之后，要对其进行热压处理，以确保两者稳定地结合。热处理工艺可以使用加工刚性板时的热压机或高压釜。但是，必须根据电路设计和材料特性精确控制热压参数，因为即使在较低温度下，环氧树脂的流动性在热压时的变化也很快，因此需要设定与黏合剂流动性相吻合的详细热压参数，整个传压过程约需要 2h。为了提高效率也可以采用快压机压合，高温、高压下快压只需几分钟时间，压合完成后置于烘箱烘烤 1 ~ 2h 进行后固化即可。

高流动性黏合树脂可以对金属形成很好的包裹和黏合。但是，流动性过高会导致树脂从开窗的边缘溢出，严重污染开窗部分的线路；而流动性过低，则有可能在线路附近形成空洞，并且降低结合强度。选择合适的衬垫材料和离型膜，也是提高包裹性、减少溢出的关键因素，例如业内常用的 TPX 离型膜，既可提高包裹能力，也可以阻止窗口边缘的胶溢出。当铜箔比较厚的时候，采用真空压机可以提高包裹性，减少空洞和气泡的产生。

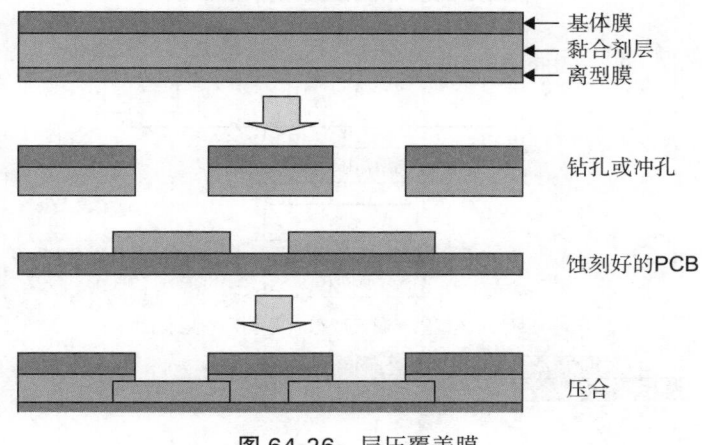

基体膜
黏合剂层
离型膜

钻孔或冲孔

蚀刻好的PCB

压合

图 64.26　层压覆盖膜

64.5.2　丝印覆盖膜

总体而言，挠性板丝印覆盖膜的工艺与设备，和刚性板制作阻焊的工艺与设备相似。不同之处在于，挠性板的覆盖膜必须具有韧性，在弯曲时不折裂。工艺上的不同之处在于，丝印挠性板的覆盖膜，由于尺寸的不稳定性，故需要做好定位工作。真空固定挠性板的定位设备，真空压力应适当，保证挠性板不变形，不损坏。真空压力过大，会在覆盖膜上形成许多小印痕。在丝印之后，PCB 应放置在载体上完成后烘烤。合适的载体可以保持 PCB 表面平整，避免卷曲和变形。应根据丝印的油墨材料选择合适的烘烤条件，这样可以减少材料收缩造成的表面不平整（见图 64.27）。

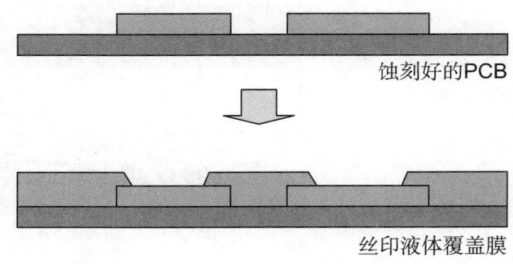

蚀刻好的PCB

丝印液体覆盖膜

图 64.27　丝印液体覆盖膜

64.5.3 感光覆盖膜

用于刚性板的感光阻焊层在 20 世纪 80 年代进入批量应用了，同样的思路在挠性板的覆盖膜上也有过尝试。理论上，阻焊工艺可以加工出精细的开窗和尺寸精度。不过，用于刚性板的阻焊材料，用在挠性板上容易碎裂，所以要使这项技术用于挠性板，需要研发新的材料。在 90 年代初期，杜邦（Du Pont）公司开发了一种干膜型感光覆盖膜（Pyralux PC™），日本日保丽（Nippon Poly-tech）公司开发了一种液态油墨型感光膜（NPR-80™）。这些几乎是用于挠性板的第一种感光膜材料，已经在汽车、硬盘、相机等领域大规模应用。这种膜材料早期有很多问题，但是经过多次改善之后，不断地扩大了应用领域。之后，很多化工材料制造商开发了很多种产品，所以现在感光膜可以选择的范围很大。感光膜的可靠性很大程度上依赖于感光材料和制造商，因此选择材料时需要慎重。

干膜型感光膜和液态油墨型感光膜的工艺流程有很大不同，如图 64.28 所示。干膜型感光膜材料需要使用真空压机层压到 PCB 上，以保证膜对 PCB 上导体的包裹。层压时可以使用和加工刚性板干膜型阻焊时一样的压机。目前也有适用于 RTR 工艺的压机，但是没有被广泛推广。有

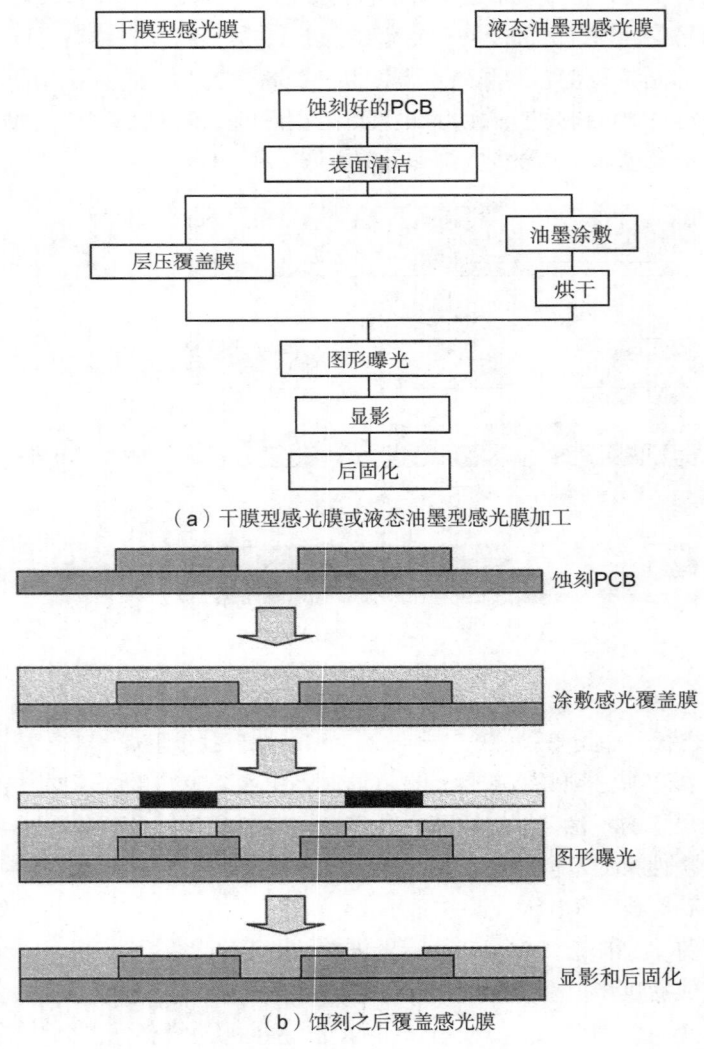

（a）干膜型感光膜或液态油墨型感光膜加工

（b）蚀刻之后覆盖感光膜

图 64.28 感光覆盖膜的工艺流程

一些膜可以使用简单的热压机加工，但是要保证膜对金属导体形成良好的包裹性和结合性，后续工艺比较复杂。这些设备均可以加工单面板和双面板。在加工时，感光树脂膜要保持压合15～30min，以确保膜的稳定性。

加工液态油墨型感光膜的工艺有很多种选择。丝印液态膜是大多数 PCB 制造商首选方案，因为这种工艺和设备应用时间比较长，工艺比较成熟了。大批量生产的话，最好采用喷涂和帘式涂敷，这种工艺能很好地和 RTR 工艺兼容。要显影图形，必须把液态膜烘干，所以双面板要分正反两面进行两次加工。现在也有一些双面加工的自动化喷涂设备，但是设备体积很大，缺乏灵活性，不适合小批量生产。

使用传统的紫外线曝光设备可以使图形曝光出来，从而加工出覆盖膜的开窗。加工过程中也可以使用同样的显影液，通常是 1% 的碳酸钠溶液。

显影后一般要进行 0.5h 烘烤，这对于增强物理性能很重要。通常要达到 100% 固化，温度要高于 150℃。烘烤时，可以使用常规空气烘箱或带有合适传送机构的红外隧道炉。

图 64.29 展示了用感光材料加工出的直径 100μm 的小孔。

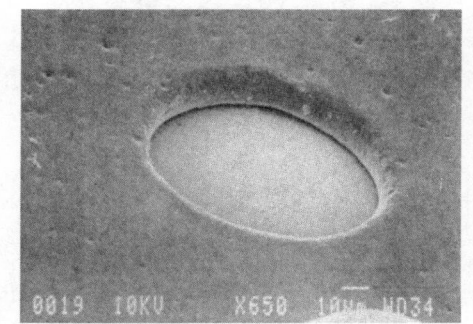

图 64.29　用感光覆盖膜加工出来的小孔，孔径为 100μm

64.5.4　激光钻孔开窗工艺

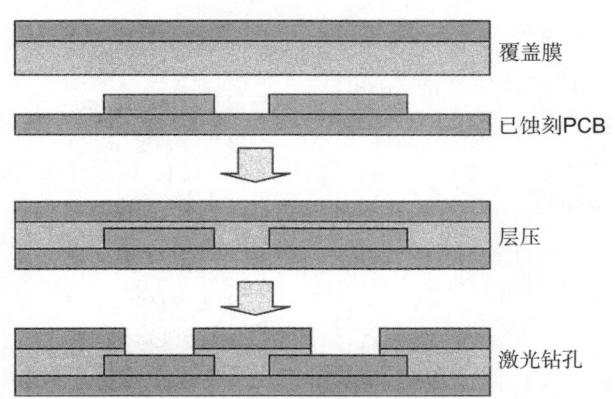

覆盖膜

已蚀刻PCB

层压

激光钻孔

图 64.30　覆盖膜激光钻孔流程

在常规的覆盖膜表面用准分子激光钻孔，可以很好地解决传统方法加工开窗的物理性能和尺寸精度问题（即先压合后开窗的工艺）。工艺流程是，将一张没有经过钻孔的常规覆盖膜整板层压在板面（见图 64.30），然后采用激光（如准分子）烧蚀形成开窗，以覆盖膜下的铜层为阻挡层，这种方法可以在覆盖膜上加工 50μm 的开窗，并且不影响覆盖膜的性能，同时可以保持覆盖膜的机械、电气和化学特性，并且加工出来的 PCB 可以实现动态弯曲（见图 64.31）。这种加工方法最大的缺点是生产效率太低，加工成本太高。加工时间和加工成本，正比于开窗部分的总尺寸。因此，在加工高密度表面贴装时，使用这种方法的成本很高。YAG 激光和 CO_2 激光的加工效率比准分子激光要高，但是开窗侧壁的质量要比准分子激光差（见图 64.32），它不能完全消除铜箔表面的有机物残留，所以在激光钻孔后，需要额外的清洁工艺，如用等离子体清洗或化学微蚀。

激光钻孔不需要其他的设备，如冲压机或曝光机。同时，激光钻孔开窗的方法，工艺条件控制比其他工艺要简单。所以，使用激光在覆盖膜表面钻孔开窗的工艺，非常适合样件、小批量件的快速生产。

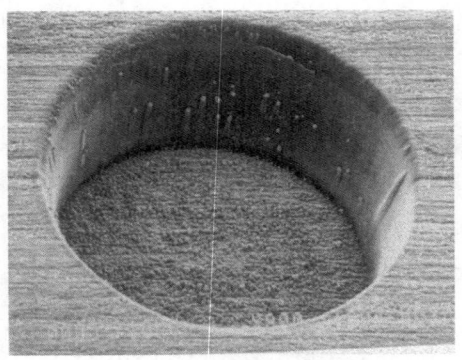

图 64.31　准分子激光钻孔的覆盖膜开窗小孔，
孔径为 100μm（来源：Shinozaki）

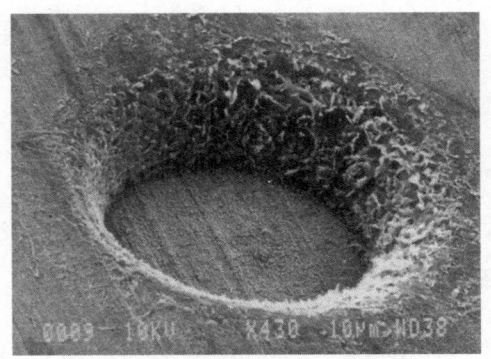

图 64.32　CO_2 激光钻孔的覆盖膜开窗小孔，
孔径为 200μm（来源：Shinozaki）

64.6　表面处理

表面处理是指，在挠性板表面裸露的焊盘上电镀或化学镀锡、镍、金及其他焊料金属。热风焊料整平的工艺成本很低，但需要很高的温度，而且表面均匀性很差，使其不能广泛应用。

现在有许多适合挠性板的表面处理工艺。当 PCB 采用引线键合或倒装芯片键合工艺时，大多数选用镀软镍 / 金或化学镍钯金的方案。镀锡工艺也可以用于倒装芯片的键合。镀硬镍 / 金可以用于小节距焊盘的 ACF（Anisotropic Conductive Film，各向异性导电薄膜）终端和 FFC 连接器的插装。传统的表面处理也可以用无铅镀锡来取代。采用 OSP（有机可焊性保护）层是低成本的取代有铅表面处理的另一种方法。

为获得好的表面处理效果，要在表面处理之前清洁板面。在前工序中粘在金属表面的杂质和氧化层，有时需要用化学性能较强的溶液和硬刷子才能清洁掉。但是应避免使用强碱溶液，多种黏合树脂和感光膜会被碱溶液腐蚀，严重时可能会脱落。

电镀工艺可以很好地控制表面处理金属的厚度和一致性，光洁程度也容易控制。但是电镀存在一个问题，即 PCB 上所有的焊盘必须都接触电镀的电极。这一点对于简单的、主要是平行线的挠性板并不困难，但是当遇到需要 SMT 等组装工艺的 PCB 时，板上的很多焊盘是孤立的，因此在加工时需要增加电镀引线，而且在加工完成后还要去掉工艺引线，这使得此方法的应用受到了限制。

表 64.8　挠性板的表面处理

	材　　料	工艺条件
电镀	锡、镍、金、焊料等	湿流程
化学沉积	锡、镍、金、焊料等	湿流程
热风焊料整平	焊料	> 260℃
焊料滚涂	焊料	> 260℃
OSP	有机分子	湿流程

而使用化学沉积就没这么多限制条件了。化学沉积时，金属会沉积在各个裸露的焊盘表面，不需要工艺引线。不过化学沉积需要控制好沉积层厚度和质量。沉积层厚的时候，需要大量的溶液和很长的加工时间，这会使加工成本飙升。总体上说，化学沉积是溶液中的化学反应，有些时候需要用到高 pH 的强碱溶液，这会给 PCB 的黏合剂层带来损害。各种表面处理方式的对比见表 64.8。

64.7　外形冲切

加工挠性板外形所使用的冲切工艺和加工刚性板的相似。因为 PCB 比较薄，所以需要的压力较小。对于挠性板，可以使用钢模、刀模等（见图 64.33）。

钢模常分为快走丝、中走丝、慢走丝 3 种。其中，慢走丝钢模的精度最高。钢模相比刀模、蚀刻模等的精度更高，价格也更贵。典型的钢模类型如图 64.33 所示。钢模有一定的寿命限制，冲切多次后易磨损，需要勤保养。

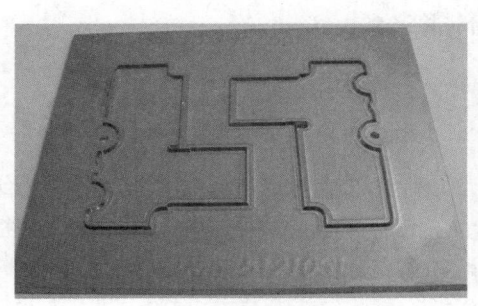

（a）蚀刻刀模　　　　　　　　　　　　　（b）钢　模

图 64.33　用于挠性板冲切的模具

钢模适用于快速交货周期和小、中批量的生产，表 64.9 对比了各种模具的优缺点。

现在，结合不同材质的模具组合是降低成本、提高生产效率和提高加工精度的新趋势。使用快速可变的模具系统，是小批量加工的新趋势。数控铣床也被用来加工挠性板。不过，要加工不稳定的挠性板材料，这种工艺需要特殊的垫板和工艺条件。同时，边缘毛刺的问题不可避免。

冲切加工时，定位导向孔的精度很关键：导向孔的精度高，冲切的边缘精度才能高。但是，由于之前

表 64.9　冲压模具的对比

项　目	钢模（硬模）	刀模（软模）
精度	0.05mm	0.1mm
最小孔的大小	直径 0.4mm	直径 3mm
最小间隙	0.5	0
最小倒角	0.1mm	0.5mm
加工时间	超过3周	2～4 天
质量	大	小
寿命	低	高
模具成本	高	低

各工艺误差的积累，标准的数控钻孔一般精度不高，需要对导向孔做适当的补偿。有些冲孔或钻机带有 CCD 相机，可以自动对准，从而提高冲切的位置精度。最先进的机器精度可达 ±50μm，并且基于 X-Y 方向自动对准，因此生产效率很高。最新的一些产品对挠性板的形状精度要求越来越高，如 FFC 连接器，自动定位冲孔机也需要提升性能。

如果对冲切的尺寸精度要求更高（小于 50μm），就需要完全不同的冲切方法了。带有自动对准功能的激光切割机可以实现 ±0.05mm 或 ±0.03mm 的精度，但是整个加工过程非常慢，而且成本很高，适合于样品、快件的制作。如果采用化学蚀刻基材的方案，成本相对低，但是需要非常特殊的工艺，而且适用尺寸和基材受限，相应的设计也需要更改。

64.8　补强工艺

除了电气布线结构，挠性板还有很多补强结构，用于提升板子的物理性能。补强工艺的问题在于，补强材料多种多样，过去多采用人工对位方式，是劳动力密集过程。近几年设备的研发

已获得突破，无论是片料式还是卷料式，很多自动贴补强机已经获得规模应用，使得生产效率大大提升。

补强加工工艺一般是将带有离型膜的黏合剂先黏合在补强板上，接着，用冲压或数控的方法，把补强板加工成需要的形状，再黏合到板面。如果黏合材料是压敏型黏合剂（PSA），就直接把加工好的补强材料黏合在挠性板上，很多情况下是直接用手按压黏合。如果要达到稳定的黏合，则需要热压胶工艺，流程更复杂，一般需要超过 30min、20kg/cm² 的压力和超过 160℃ /2h 的烘烤。这种热处理工艺和加工多层板或覆盖膜的一样。为保证压力统一，在此之前需要制备辅助板材。采用真空热压机或可以使形状各异的补强材料结合强度一致。

64.9　包　装

挠性板的包装经历了多种方法的变更。比较合适的包装设计应该易于后续操作，包括组装过程。从 TAB 技术改用的卷式包装适用于大批量产品，带有架子装载的包装适用于中、大批量的产品。对于大批量产品，可以为每种 PCB 产品设计重复使用的包装架。

良好的包装设计可以使 PCB 制造商和客户都受益。因此包装设计需要 PCB 制造商和组装厂协同整体设计，以优化生产效率。

64.10　RTR 制造

卷对卷（Roll to Roll，RTR）制造是专门为挠性电路卷材开发的。

RTR 制造可以减少手工操作带来的人工错误，如果流程合理并行之有效，可以极大地提高生产效率，降低生产成本。另一方面，RTR 制造也存在严重的缺点和应用限制：它需要大量的前期投资，并且需要先进的制造工艺和设备；它不适合小批量生产，而且如果工艺流程设计不当，可能会造成很高的废品率。

RTR 制造的优缺点见表 64.10。表 64.11 给出了可用的工艺流程和典型例子。大多数 RTR 生产线是为单面挠性板设计的。

表 64.11　RTR 工艺的能力

工　艺	技术难度
表面清洁	可以使用标准的机器
加工导通孔	可能，但是很难
导通孔金属化	需要大的投资
涂敷抗蚀剂	可以使用标准的机器
产生图形	可以使用标准的机器
显影	可以使用标准的机器
蚀刻 / 剥离抗蚀剂	可以使用标准的机器
覆盖膜	可能，但是很难
表面处理	可以使用标准的机器
冲切	可能，但是很难
检查	可能，但是很难
补强材料	可能，但是很难

表 64.10　RTR 制造的优缺点

优　点	缺　点
● 高生产效率 ● 高制程良率 ● 低成本	● 对于小批量产品缺乏灵活性 ● 小的失误可能造成大的废品率 ● 高投资 ● 快速周转时限制条件多 ● 设计变更时缺乏灵活性

64.10.1　RTR 钻孔

RTR 系统中，双面板钻通孔一直是个难题，尤其数控钻孔工艺是 RTR 系统的技术瓶颈，现在技术的发展已经能够用在 RTR 系统中加工双面板了。冲孔是钻孔的最基本的工艺，不过，冲孔设备需要用到昂贵的冲孔模具，并且如果 PCB 设计有了改动，冲孔模具改动起来会非常复杂。

用于 RTR 的数控钻机已经陆续开发出来，如图 64.34 所示。这种设备可以用生产线的方式在多卷材料表面加工出来小于 100μm 的孔。

诸如激光钻孔和化学蚀刻成孔技术成为在卷状材料中加工小孔的新的解决方案。盲孔设计有助于这些 RTR 制造工艺。

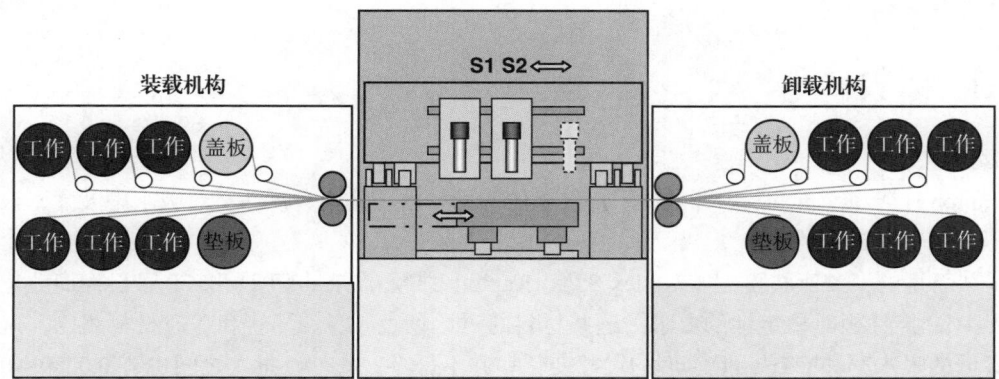

图 64.34　RTR 数控钻机（来源：Hitachi Via Mechanics）

64.10.2　RTR 镀铜

技术上来说，RTR 镀铜是可行的，但是生产线会非常长，并且对于很宽的卷状材料，很难控制质量的一致性。在这个工艺中，使用垂直系统，还是使用水平系统，是一个艰难的选择。

64.10.3　图形制作

图形制作过程包括涂敷抗蚀剂、曝光、显影、蚀刻和退膜，对于单面挠性板，这些工艺可以用于 RTR 制造。其中有几项关键点，如整条生产线需要保持直线型、EPC（卷的边缘位置控制）等。卷装材料需要用适当的工具固定，稳定的装载 / 卸载机构是个很好的例子，尤其是当卷装材料比较宽的时候。

这些工艺用于双面挠性板并没有太大的技术难度，如显影和蚀刻。另一方面，要想控制好顶 / 底层图形位置精度、控制好线 / 孔的位置精度，则需要特殊的对位系统。

64.10.4　RTR 覆盖膜工艺

在蚀刻之后的流程中，应用 RTR 的技术障碍变得比之前还要多，主要因为图形间的对位很困难。覆盖膜工艺就是典型的例子。RTR 层压覆盖膜是可以实现的，丝印覆盖膜也已经用于 RTR 工艺，但它只能够加工出误差较大的图形。感光覆盖膜系统可能是 RTR 工艺最优的解决方案，但是进入实用阶段还有很多条件限制。

64.11　尺寸控制

由于 HDI 板的尺寸精度要求越来越高，而挠性板的基材本来就有不稳定的属性，因此尺寸精度控制是 PCB 制造商和客户共同面临的问题。

为了实现高密度布线，而且能够保持高生产良率，PCB 设计者和制造者都必须形成尺寸精度控制意识。生产 HDI 挠性板时，尺寸精度控制意识必须在每个流程得到体现。影响挠性板的尺寸稳定性主要有以下几个方面：

- 材料
- 电路设计
- 关键工艺

64.11.1 材 料

1. 聚酰亚胺

Kapton H™ 和 Apical AV™ 是传统挠性板的常用材料。然而，这些材料吸水率太高，很不稳定，不适用于 HDI 挠性板。

一些新型的聚酰亚胺膜，如 Upilex S™、Kapton E™、Apical NP™ 和 FP™ 已经商业化，能够满足 HDI 挠性板对稳定性的要求。这些材料的对比见表 62.8。尽管和普通材料相比，这些材料有着低的吸水率和 CTE，但它们的尺寸变化率并不是零。此外，批次之间也有 0.02% ~ 0.05% 的差异。

通常，聚酰亚胺膜的制造商在生产时，会生产一张张大尺寸的膜，通过特殊的工艺控制整张膜的一致性。然后，一张大尺寸的膜再切割成几份，成为一卷。一般 PCB 制造商拿到的一卷卷的膜，可能是经过两三次切割的。这一卷卷的膜具有不同的尺寸变形特性，依赖于它们在最初生产的大膜上的位置。如果最初的膜切分为 3 份，中间那卷的特性会稍好；如果切分为 2 份，那么 2 份边缘部位的尺寸变形就会相对大些。

2. 覆铜箔层压板

大多数挠性板制造商都会从层压铜箔开始加工。在层压过程中，需要用到机械压力（还有可能是热压），所以层压时，机械应力就引入到了材料中。这些应力可能在蚀刻等改变材料形状的加工中释放，从而造成尺寸精度下降。实际上，机械应力与机加工方向（MD）、PCB 传送方向（TD）都有关。因此有必要考虑层压中材料内部积累应力的情况，并在加工之前，做好释放应力的预处理。

IPC-TM-650 推荐用 9in × 10in 的矩形面积测试尺寸稳定性，对 MD 和 TD 方向都适用。注意，仅测试一张膜不足以评估材料生产时一张大膜的特性。

需要用几张随机的样品来评估整张大膜的特性。材料方向的偏移和局部的尺寸变形，没法用 IPC 的方法测试，但有时候对 HDI 挠性板又至关重要，所以制造商还需要进一步研究有效的测试方法。

3. 覆盖膜的选择

覆盖膜通常需要用热和机械压力压合到 PCB 上，因此可能会造成尺寸变形。要实现高的尺寸精度，必须选择合适的覆盖膜和覆盖膜加工工艺参数。

64.11.2 电路设计

几乎所有的层压板都会在材料内部积累应力，这些应力会在蚀刻过程中产生不均匀的尺寸变化。蚀刻后，只剩基膜的无铜部分和没有蚀刻、带有铜箔的部分具有不同的物理性能。这样在加工过程中，层压板材料就产生了不同的尺寸变化。因此，电路设计要尽量对称，才能保证整块板的形变一致。所以，有时需要在电路图形空白部位设计特殊的补充图形（如增加网格铜填充等），以保证稳定性。

64.11.3 关键工艺

PCB尺寸精度控制的关键工艺见表64.12和表64.13。总的来说，高温烘烤和湿式化学处理都会改变挠性板的尺寸。持续的机械张力也会影响尺寸精度。

下面列出了加工标准的带通孔的双面挠性板的流程，每一步都应仔细考量，看给PCB材料引入了多大的应力。

（1）数控钻孔。尽管数控钻孔对PCB整体尺寸影响不大，但是如果考虑钻孔时钻头和下面的PCB相对运动，钻孔过程产生的应力也应考虑。

（2）电镀通孔。在电镀溶液中，电场的分布是不均匀的，所以镀铜的厚度也变得不均匀，一个极厚镀铜的导体会产生机械应力。在蚀刻过程中应力会释放，产生尺寸变化，尺寸变形最极端的情况下，镀过铜的基板甚至不能放平整。故应合理设计固定工装夹具和电镀的电极，保证铜层平整、厚度均匀。

（3）层压干膜、图形成像。层压干膜工艺需要的温度不高，也没有溶液参与，引起的尺寸形变很小。而且，图形成像也是补偿后面工艺引起尺寸形变的一个机会。

（4）蚀刻和退膜。蚀刻是挠性板加工中最关键的工艺。尺寸变形是蚀刻中各种材料应力的复合结果。关键是要知道如何补偿各种因素引发的尺寸形变，并作为附加的参数，整合到工艺中。

（5）覆盖膜压合。覆盖膜的工艺根据覆盖膜种类不同而多种多样。压合覆盖膜需要以160℃以上温度烘烤，20kg/cm² 的压力，对板子的尺寸会产生一定的影响，需通过参数的研究来补偿。

涂敷液态覆盖膜类似于丝印工艺，需要用130℃的温度烘干液态膜。还有些新型感光覆盖膜需要大于150℃的烘烤。影响尺寸精度的主要因素是压力和热量，所以这些工艺会使尺寸形变更加明显。具体的变形要根据PCB结构具体分析。

（6）制作多层板的层压。该工艺类似于层压覆盖膜，需要压力和温度热处理，也会对尺寸产生影响。需要注意的是，因为层数多，所以尺寸形变更加复杂，需要一层一层地分析。

表 64.13 精度控制的关键工艺

工 艺	类 别	影响重要性
数控钻孔	机械	中
电镀通孔	湿流程，热烘烤	高
清洁	湿流程，热烘烤	中
层压干膜，图形成像	机械	高
显影	湿流程，热烘烤	高
蚀刻，退膜	湿流程	高
覆盖膜，压膜	热烘烤，压力	高
覆盖膜，丝印	热烘烤	高
覆盖膜，感光膜	热烘烤	高
多层板压合	热烘烤，压力	高
等离子体蚀刻	热烘烤	中
热风焊料整平	高温	高
电镀，化学沉积	湿流程，热烘烤	中
烘烤	热烘烤	高
RTR加工	机械	中

表 64.12 挠性板尺寸精度控制的关键项目

类 别	尺寸精度控制的重要项目
材料	基板膜，铜箔，覆盖膜，结合材料
设计	设计层数，电路密度，电路图形平衡性
制造工艺	湿流程，热处理，机械应力

第65章

多层挠性板和刚挠结合板

Dominique K. Numakura

美国马萨诸塞州黑弗里尔，DKN 研究中心

65.1 引　言

　　最初，多层刚挠结合板的基本设计理念和制造工艺是从航天设备发展而来的，因为要在有限的空间里进行可靠的布线。在一些复杂产品上，甚至用到了超过 30 层导体层的刚挠结合板。另一方面，消费电子产品，如手机和数码相机，一直都需要高密度、低成本的布线技术，因而新的设计理念和制造工艺应运而生。

　　挠性板和刚性板结合，可以称作刚挠结合板、软硬结合板，或者刚挠性板，而当它们的多层挠性介质都使用挠性材料而非玻璃 - 环氧树脂时，也被称为多层挠性板。本章中，将统一使用刚挠结合板这一名称。

65.2 多层刚挠结合板

　　多层刚挠结合板基本上是刚性板和挠性板的组合。不过，印制电路板（PCB）制造者要成功地将两者结合起来，需要在刚性和挠性板制造工艺上都有良好的水平。因此，在设计这种 PCB 前，要清楚地了解 PCB 制造商的能力和局限。

65.2.1 基本结构

　　刚挠结合板在设计时有很多种不同的结构类型。图 65.1 展示了多层刚挠结合板的基本结构，包括平视图和截面图。如图 65.2 所示，多层挠性层之间采用不黏合挠性分层结构，这种结构可以提供更好的弯曲性能。在极限的情况下，用这种结构可以制作超过 30 层的 PCB，用在航空航天产品中。因为需要高可靠性，所以不能采用精细线路图形和微孔技术。而且，采用有铅元件代替 SMT 元件，这种结构通常需要设计较大的线宽 / 线距，以及孔壁铜很厚的大直径通孔。此类刚挠结合板根据需要可以设计成多种形式，如折叠型（见图 65.3）、飞尾型（见图 65.4），还有书页型，等等。

65.2.2 材　料

　　表 65.1 列出了几种制作刚挠结合板必需的材料。需要指出的是，随着技术的进步，这些材料的性能都得到了显著提高。

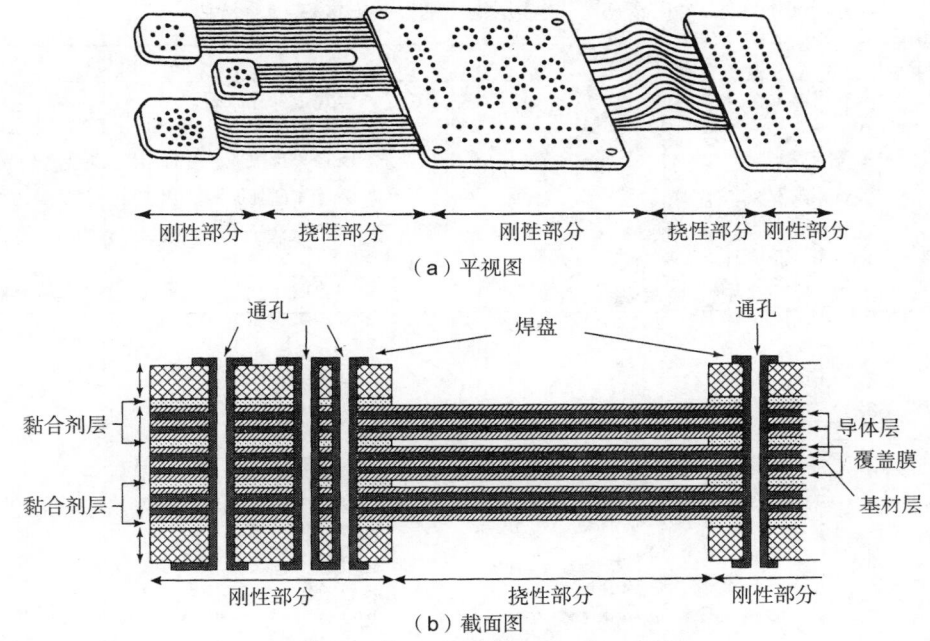

（a）平视图

刚性部分　　挠性部分　　　刚性部分　　　挠性部分　刚性部分

（b）截面图

图 65.1 多层刚挠结合板的基本结构

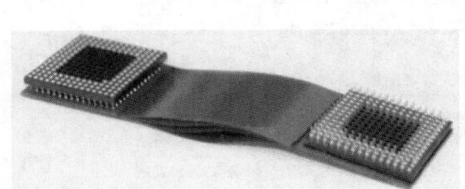

图 65.2 挠性分层结构的多层刚挠结合板

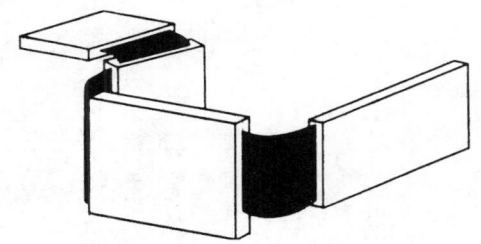

图 65.3 折叠型刚挠结合板

材料在受热过程中必须要有高耐热性和良好的尺寸稳定性。高可靠性领域（如军工、航空航天等）推荐使用厚的聚酰亚胺膜（大于 50μm），因为基材在加工中需要具有良好的稳定性和耐久型；而消费电子领域基于轻薄短小的发展趋势，一般采用较薄介质（小于 50μm）的材料。在有胶覆铜板、覆盖膜及粘结片中，使用丙烯酸类黏合剂的结合力更好，但耐热性略差，收缩率较高；采用环氧类黏合材料具有更好的耐热性，但固化时间更长，结合力略差。使用浇铸或压合工艺制造的无胶覆铜板材，通常具有更高的耐热性和更低的热膨胀系数，而且能够减少最终成品板的厚度，因

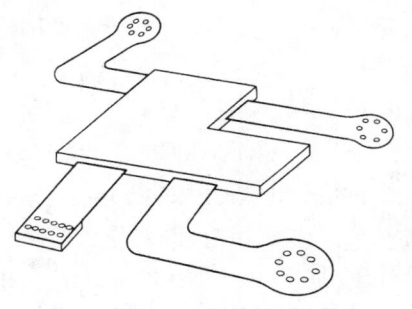

图 65.4 飞尾型刚挠结合板

此在制作刚挠结合板中很有优势。热熔型聚酰亚胺型覆盖膜和粘结片，现在已经改进成了更薄的、且具有更高可靠性的产品，还可以显著减少钻孔胶渣。不过，这种材料必须在超过 300℃的条件下加工处理，所以需要特殊的设备和工艺条件。

表 65.1　多层刚挠结合板的材料

需要的材料	传统材料	高性能材料
挠性基板	传统聚酰亚胺膜 Kapton H ™，Apical AV ™	新型聚酰亚胺膜 （Kapton E ™，Apical HP ™，Upilex S ™）
覆铜板（双面）	聚酰亚胺基材，丙烯酸黏合剂（环氧黏合剂）	无胶型聚酰亚胺基材层压板（浇铸型或层压型）
覆盖膜	传统聚酰亚胺涂敷丙烯酸或环氧黏合剂	新型聚酰亚胺膜涂敷热熔型聚酰亚胺黏合剂
粘结片	丙烯酸树脂胶膜、环氧树脂胶膜、双面涂敷丙烯酸胶的聚酰亚胺膜	双面涂敷热熔型聚酰亚胺树脂的新聚酰亚胺膜
刚性基板	玻璃 - 环氧树脂板	玻璃 -BT 树脂板，玻璃 - 聚酰亚胺树脂板

65.2.3　制造流程

　　由于刚挠结合板具有多种复杂的结构形式，所以制造流程也不尽相同。图 65.5 展示了一种根据图 65.6 所示的标准流程制造出来的典型板件叠层结构。在图 65.6 中，流程从双面挠性覆铜板的制作开始。

图 65.5　多层刚挠结合板的标准制造流程

　　除了通孔，其他导体图形是采用传统蚀刻工艺形成的。所有挠性区导体盖上无开窗覆盖膜，多层挠性板之间用已预先在挠性区开窗的粘结片黏合，这样不会影响挠性弯曲区域。刚性外盖层（指最外面的刚性部分），使用的是双面刚性覆铜板。

　　第一步是加工刚性外盖层，需层压在内层的电路图形，然后通过数控铣床、冲切或激光方式，将此刚性层位于挠性区的部分锣空或锣去一半的深度，挠性板和此加工后的刚性外盖层通过粘结片黏合。粘结片在挠性部分已经预先开好窗。

　　在层压过程中，如果刚性外层采用的是锣空结构，应为挠性部分准备合适的配压填充板。采用真空压机可以获得更好的压合质量，同时配合一些辅助敷形的材料（如 PE 膜等），这样压合过程可以提供给整板均匀的压力，使得低流动粘结片充分流动填充空隙，尤其是对复杂的结构。在黏合或层压之前，应根据需要进行适当烘烤以去除水汽。

　　层压后的刚挠结合板可以采用与多层刚性板相似的通孔处理工艺，不同之处在于去钻污。去钻污的方法取决于所用的材料（见后面的讨论）。和刚性板一样，在充分烘烤之后进行钻孔，然后采用等离子体蚀刻工艺来去除孔壁中的树脂类残渣，等离子体处理前同样需要烘烤，去除水

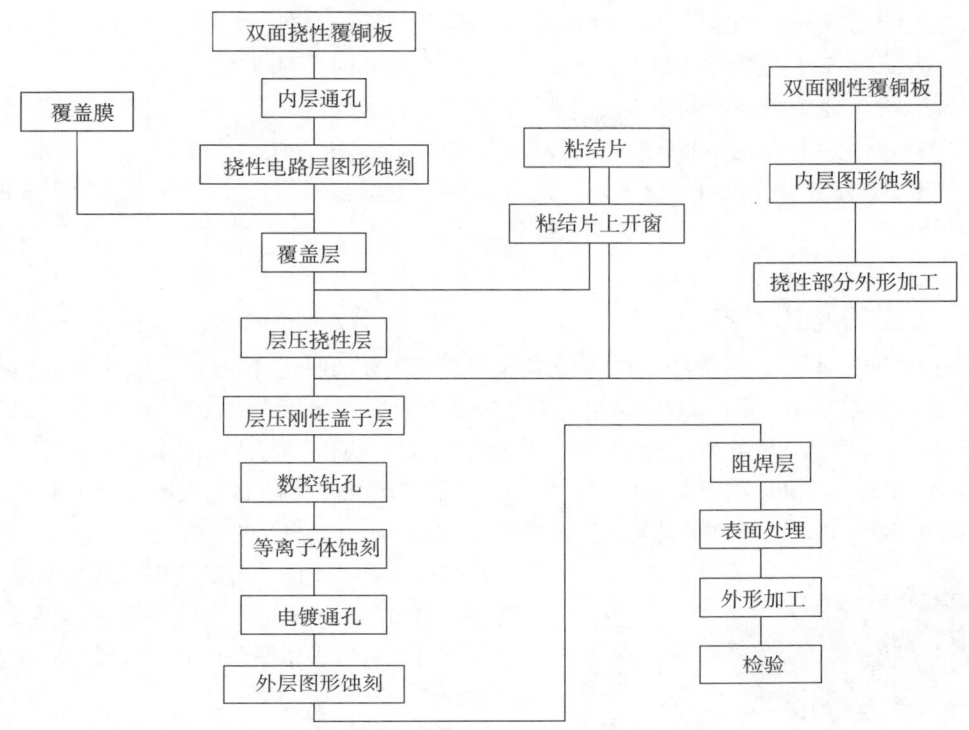

图 65.6 多层刚挠结合板制造流程

汽。凹蚀深度一般建议不超过 13μm。之后，可以采用常规刚性板的通孔电镀工艺，不过电镀的具体工艺参数应根据通孔可靠性试验数据来确定。

接下来的流程和多层刚性板类似，外层蚀刻、覆盖膜（阻焊膜）、表面处理等，都可以采用类似的工艺，在外形制作时，把挠性区的配压填充板或控深刚性外盖层在挠性区对应的部分去除后，即可成型为刚挠结合板。

65.2.4 通孔工艺

当挠性层设计有通孔时，和刚性板的内层处理流程一样，在内层蚀刻之前就做好金属化通孔。图 65.7 展示的是内层挠性层有通孔的多层刚挠结合板。图 65.8 展示的是多层刚挠结合板通孔的

图 65.7 典型带通孔的多层刚挠结合板（来源：Toshiba）

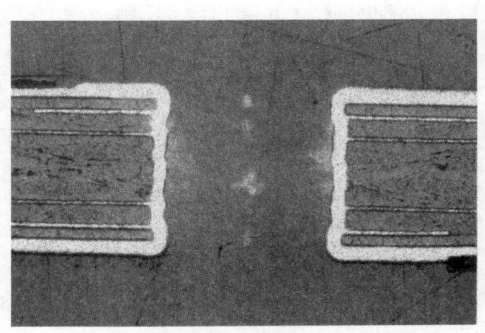

图 65.8 多层刚挠结合板通孔的切片

切片。钻孔可以使用和加工刚性板一样的设备，不过，钻孔参数应根据使用材料和结构的不同进行仔细考虑。在钻孔之前进行烘烤，是形成高可靠性通孔的关键因素。

刚挠结合板的去钻污方法与通常的刚性板工艺不同。如果使用常用的高锰酸钾去钻污，丙烯酸类黏合材料会发生严重的溶胀，这将显著降低孔的可靠性。推荐使用等离子体蚀刻方法去钻污。而使用聚酰亚胺黏合材料也可以显著减少钻污，不过使用这种材料，层压工艺需要很高的温度及特殊的设备。

65.2.5 可靠的通孔工艺

航天产品和工业级设备要求具有比消费类电子产品更高的通孔可靠性，因此一般建议孔壁铜厚大于 25μm（IPC 6013C 标准规定厚度大于 1.5mm 并且采用 T_g 低于 110℃ 的材料时，铜厚要大于 35μm）。高锰酸钾溶液在刚性板加工中很常用，不过，挠性板上使用的多种黏合树脂，特别是丙烯酸黏合剂，在高锰酸钾溶液中不太稳定。这意味着如果使用高锰酸钾溶液去钻污，浸泡的时间窗口很窄；如果浸泡时间太久，黏合剂层会溶解，从而影响孔的可靠性。

图 65.9 多层挠性板通孔凹蚀工艺
（来源：深圳市兴森快捷电路科技股份有限公司）

当前，等离子体蚀刻工艺作为高锰酸钾溶液的替代工艺方法，已经广泛用于刚挠结合板去钻污。该工艺可以有效去钻污，但对黏合树脂层没有明显的咬蚀作用。

使用该工艺增加额外蚀刻量的方法，称为正凹蚀工艺，行业常推荐的凹蚀深度为 13μm 左右，该值在加工高可靠性通孔时也很值得推荐。该工艺在去钻污的同时，会对黏合剂层和聚酰亚胺层进一步蚀刻，但不会蚀刻金属层，还会对金属层有清洁作用，进而在电镀铜后会对内层铜环形成"三面包夹"的结构，这有助于通孔电镀后的孔铜与内层铜连接的可靠性的提高。凹蚀效果如图 65.9 所示。

65.2.6 书页装订式结构

如果多层刚挠结合板具有多层挠性层且各层（由两侧刚性层限定长度的挠性区）设计为相同的长度，则在弯曲时效果不太好。当然，如果弯曲的挠性部分足够长，使用的膜和铜箔都很薄，那就不需要特殊的处理，此时也称此种多层挠性层不黏合的类型为挠性分层结构。

书页装订式结构是挠性区长度较短的刚挠结合板提升互连可靠性的推荐结构。位于弯曲区的挠性层应由里到外逐层增加长度，弯曲时各层之间的间隙就能保证均匀一致、无褶皱。结构如图 65.10 所示。

加工书页装订式结构时需要使用特殊的工具和设备，而且生产效率相对较低。所以，这种结构不适合在需要控制成本的消费电子产品中使用。

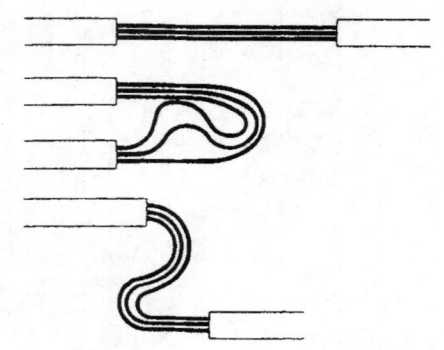

图 65.10 多层刚挠结合板中的书页装订式结构

65.2.7 工业级高密度多层刚挠结合板

具有精细线路和微孔结构的高密度布线设计的刚挠结合板一直没有在航天产品中使用，因为它们被认为在苛刻的环境条件下的可靠性不够高，在这种 PCB 上只能用传统焊接手段安装终端元件。

不过，目前已经开始在工业和医疗产品上使用既有高密度设计，又具备高可靠性的刚挠结合板了。因而新的设计理念和终端产品的安装方法也应运而生。

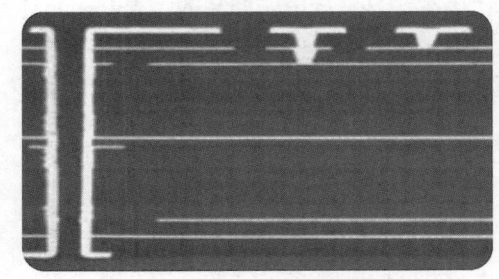

在这种高密度刚挠结合板上，一般线路节距小于 100μm，孔径小于 100μm，使用 25μm 厚甚至更薄的无胶薄铜聚酰亚胺覆铜板，铜厚大多为 18μm 甚至更小。采用激光钻孔技术加工微孔，特别是采用积层法工艺中经常使用的激光盲孔技术（见图 65.11）。

图 65.11 用积层法加工的多层刚挠结合板上的微盲孔，孔直径为 100μm（来源：深圳市兴森快捷电路科技股份有限公司）

相应地，一些高密度、高可靠性的终端装配方法，也用在了这种 HDI 刚挠结合板上，如 BGA 封装焊接、倒装芯片键合等。

65.2.8 积层法工艺流程和盲孔加工

制作高密度刚挠结合板，采用积层法工艺加工盲孔，已成为一种标准工艺流程，与普通多层刚性和刚挠结合板的积层压合方法有些类似。图 65.12 展示的是用积层法以无胶板材加粘结片层压出的刚挠结合板上的一个盲孔的截面图，其孔径小于 100μm，采用 CO_2 激光钻孔，并在盲孔壁上镀一层薄铜。图 65.13 展示了一个以无胶板材加粘结片积层的刚挠结合板上的微盲孔，孔径为 150μm。

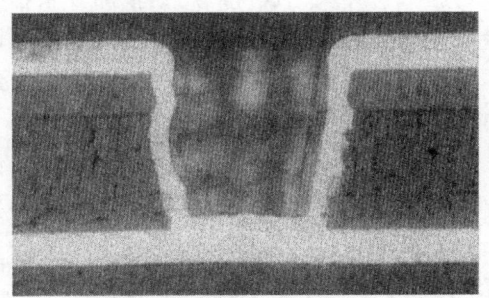

图 65.12 用积层法加工的多层刚挠结合板上的微盲孔，采用不黏合层压粘结片加工（来源：Photo Machining）

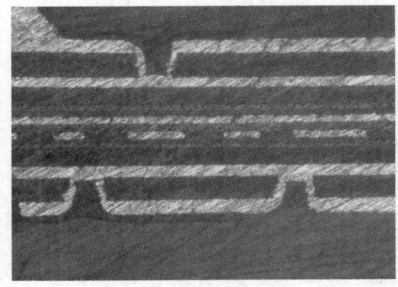

图 65.13 多层刚挠结合板上下两面的微盲孔

65.2.9 消费级高密度多层刚挠结合板

消费电子等级的产品，如数码相机或手机，通常需要高密度的刚挠结合板，实现在小空间内复杂布线。这些产品通常设计线宽小于 75μm，盲孔直径小于 150μm，采用高密度 SMT 技术，很多体积很小的芯片被安装在刚性部分，通过焊接连接到其他元件和电路，连接线的电流通常比较大（见图 65.14）。

图 65.15 展示的是刚挠结合板在手机 LCD 显示模块中的应用。IC 控制电路，包括高密度 SMT 元件、倒装芯片，以及小型 CMOS 摄像头，全都安装在刚挠结合板的刚性区，其中一块挠性板通过 150μm 节距的 ACF（各向异性导电膜）连接片连接到 LCD 的玻璃面板，另一块挠性板插入 0.5mm 节距的 FFC 连接器中。

为了满足消费电子产品的需求，还有许多其他刚挠结合板技术可用，积层技术只是其中的一种方案。不过，消费电子产品的特点是产品批量很大，要求成本极低，所以还有待新的设计理念和制造工艺进一步开发出来。

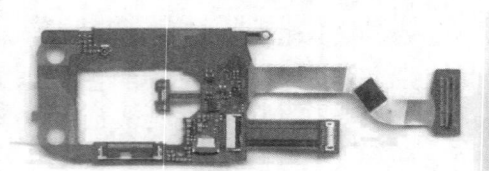

图 65.14　手机中使用的多层挠性板

图 65.15　LCD 驱动用的刚挠结合板

65.2.10　消费级刚挠结合板的设计思路

为了降低高密度和低成本之间的冲突，商用消费电子产品中的刚挠结合板的一些新设计思路见表 65.2。通常，选用比航天或工业级产品更薄的 PCB 材料，可以降低产品的总厚度，导通孔镀铜的厚度可以小于 15μm，但应保证其具有相对较高的可靠性。

可以用聚酰亚胺膜或无胶覆铜板来代替玻璃-环氧树脂材料外层，也可以用铜箔加单张粘结片压合挠性芯板的形式，这样可以降低刚性区域的厚度。对于这样的一块 6 层板，其用于 SMT 封装的刚性区厚度可以做到小于 400μm。

一般消费电子产品所用的整块 PCB 的导体层应在 10 层或以下，才能保证整体不至于太厚，从而降低加工成本。如果线路节距大于 100μm，则应将线路改小，而不是增加 PCB 的层数。

图 65.14 是一个手机中显示控制模块的例子，通过铰链型多层挠性板连接按键盘模块。这块 PCB 外层没有使用玻璃-环氧树脂作为刚性材料，

表 65.2　消费级刚挠结合板的设计思路

基材膜	聚酰亚胺，≤ 25μm
覆铜板	浇铸型或层压型无胶覆铜板
导体	铜箔，≤ 18μm，导体层小于 10 层
导通孔形式	通孔，内层埋孔，盲孔
最小孔径	50μm
线路密度	内层：最小线宽/线距 25μm
	外层：最小线宽/线距 50μm
镀铜厚度	≤ 15μm
覆盖膜	聚酰亚胺，25μm 或 12.5μm
黏合材料	环氧树脂或丙烯酸树脂，≤ 50μm
刚性外层材料	玻璃-环氧树脂，≤ 250μm 聚酰亚胺基材，≤ 50μm
阻焊层	感光阻焊膜
表面处理	化学镀镍/浸金，无铅喷锡或 OSP
外形尺寸	尽可能小

可以最大限度地减小 SMT 组装部分的厚度。

刚挠结合板的形状也是降低成本的另一个关键要素。整个刚挠结合板应该在一个小的方形或矩形区域内，这样可以最大限度地提高材料的利用率和加工效率。同时，电路结构尺寸应最小化，这样可以最大限度地降低制造成本。

65.2.11 高密度多层刚挠结合板的制造

为了满足消费级刚挠结合板低成本、高密度的需求，目前已发展有几种新的加工技术。如图65.16所示，这种新工艺采用埋孔或者内层的微孔结构来优化内部导体层的空间。加工内层的导通孔工艺和加工双面挠性板的导通孔工艺是一样的。材料方面推荐使用浇铸型或层压型无胶板材，这样可以减少钻污，并保证PCB在多种高温工艺下的良好热性能。

采用积层法制作盲孔的技术也可以用来加工精细的外层，以便腾出空间为导通孔所用，如图65.16所示。使用积层工艺加工时，推荐选用耐热好的环氧树脂粘结片与无胶板材组合。

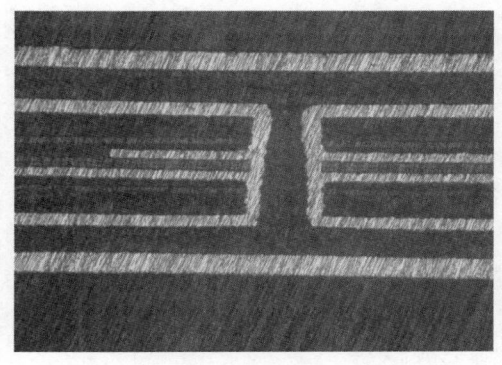

图 65.16 多层刚挠结合板结构中的内层微孔（埋孔）

用CO_2激光机在积层外层上制作微盲孔时，采用开铜窗的方法，可以有效提高CO_2激光器的加工速率。在最好的情况下，使用CO_2激光器，可以在1min内加工出10 000个盲孔。在盲孔电镀之前，可以采用等离子体蚀刻的方法去钻污，以提高孔的可靠性。

如果内层没有孔，可以使用RTR工艺，这将极大地提高生产效率。不过，如果内层有孔，仍选用RTR工艺流程，则需要非常高的尺寸精度控制技术。

在PCB外形加工中，应该使用类似的定位孔冲孔机或冲压机之类的半自动设备。不锈钢制冲压模具也很有效，它们比数控铣成型具有更高的生产效率，特别是在局部或整体切割方面。不过，模具的形状应仔细设计，以免冲压出的挠性板边缘有裂缝或缺口。

尺寸精度控制也是实现高制程良率的关键因素。尽管选用了高尺寸稳定性的无胶基板，薄的挠性材料也会在刚挠结合板的多次热处理工艺中发生明显变形，因此需要仔细考虑每个工艺流程中板子的尺寸变形量，并在不同的工步适当加以补偿，另外选择合适的拼板尺寸，对提高制程良率也很有帮助。

第**66**章
挠性板的特殊结构

Dominique K. Numakura
美国马萨诸塞州黑弗里尔，DKN 研究中心

莫欣满　审校
广州兴森快捷电路科技有限公司

66.1　引　言

　　由于基材层很薄，所以挠性板可以做成很多传统刚性板制造工艺没法实现的结构。这些特殊的挠性板结构能够适应不同场合下的应用功能。本章主要介绍挠性板特殊结构的应用及制造工艺。

66.2　飞线结构

　　飞线结构是一种特殊的双面导通挠性板。这种结构的导体上下面的基材层会被去除，这样导体层完全不含有机材料，形成了可双面接触的导体。新型的高密度互连（HDI）挠性板经常使用飞线结构，依赖于这种高密度互连的可靠性，已有较多应用，如无线悬挂硬盘驱动器、芯片级封装内插器、超声探头等。载带自动键合（TAB）是飞线结构的重要应用之一。在激烈的市场竞争中，飞线结构要想扩大应用范围还必须降低成本、提升产量。

　　传统的飞线结构制作工艺，如预冲切、预钻孔等技术，不利于实现低成本所需的质量水平和制造产量要求，因此需要采用新的制造工艺，如稍后所述。

66.2.1　基本设计

　　飞线结构由单层高密节距的铜箔导体组成，可双面接触导通。通常，单面板的基材一面是不能导通的，因为铜箔是以片状形式压合在绝缘基材上的。但是由于挠性板的特点，可以通过一些办法将部分基材去除，然后把对应部分的覆盖膜去掉，让同一个位置的导体形成双面导通。

　　图 66.1 展示了飞线结构的两种基本结构，一种是单面挠性板，另一种是双面挠性板。图 66.2 展示的是单面板和双面板上具有飞线结构的实例。一般来说，铜箔面是基材层，另一面是覆盖膜，去除覆盖膜后就能实现顶层线路的裸露，再将同一位置另一面的基材层去除后就能形成飞线结构。

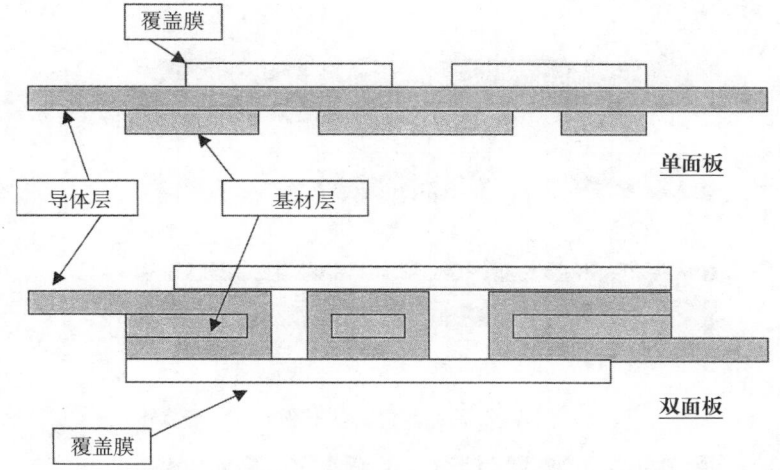

图 66.1　挠性板上的基本飞线结构

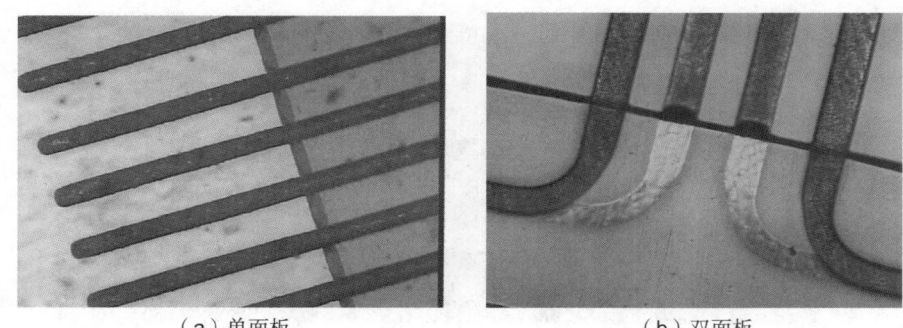

（a）单面板　　　　　　　　　　　（b）双面板

图 66.2　典型的飞线结构

66.2.2　飞线结构的制造工艺

　　由于缺少介质层支撑，飞线结构的易折易断裂特性是制造过程中的最大问题。合适的电路设计和布线是制程良率、后续成本及物理性能控制的关键。常见的飞线结构，采用覆盖膜预冲切工艺双面压合铜箔而成。图 66.3 展示的是这一工艺的流程。首先可通过激光、模冲或钻孔等方法在覆盖膜上预冲切窗口，将覆盖膜压合在冲有定位孔的铜箔毛面后进行贴膜（干膜或湿膜），然后蚀刻线路，再在线路顶面压合另一张预冲切好的覆盖膜。不过，这种制造工艺需要消耗大量的人力、物力，灵活性低，并且生产效率不高。

　　在预冲切之后，因为覆盖膜的不稳定性和薄铜箔易损性，使得提高 HDI 挠性板的制程良率并降低其生产成本变得非常困难。同时，另一个重要的问题是，预冲切之后的覆盖膜，连接部位和窗口位置的尺寸稳定性变得更差。当预冲切出的尺寸很小时，窗口边缘的溢胶控制也是一个非常关键的问题。所以，当开窗尺寸小于 1.0mm 时，很难保证尺寸精度和制程良率。

　　一些新技术可达到 HDI 挠性板飞线结构的高精度要求，如激光烧蚀、等离子体蚀刻及化学蚀刻等，它们的工艺如图 66.4 所示。在开窗比较小的情况下，各种工艺的开窗能力对比如图 66.5 所示。同时，各种技术的工艺能力对比见表 66.1。

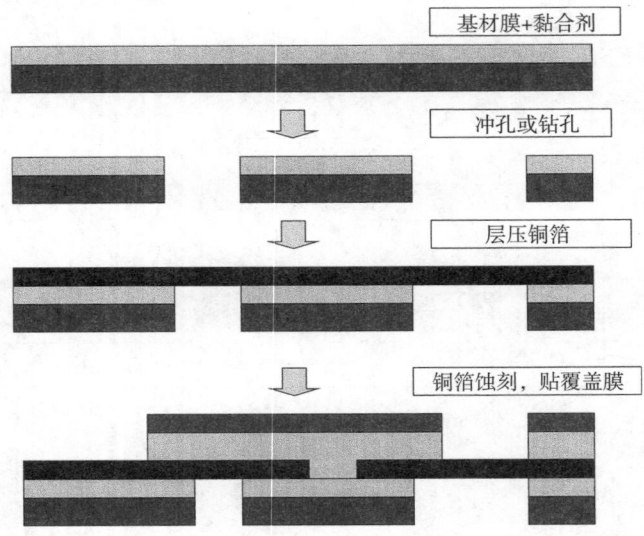

图 66.3 使用预冲切方法的飞线结构挠性板制造工艺

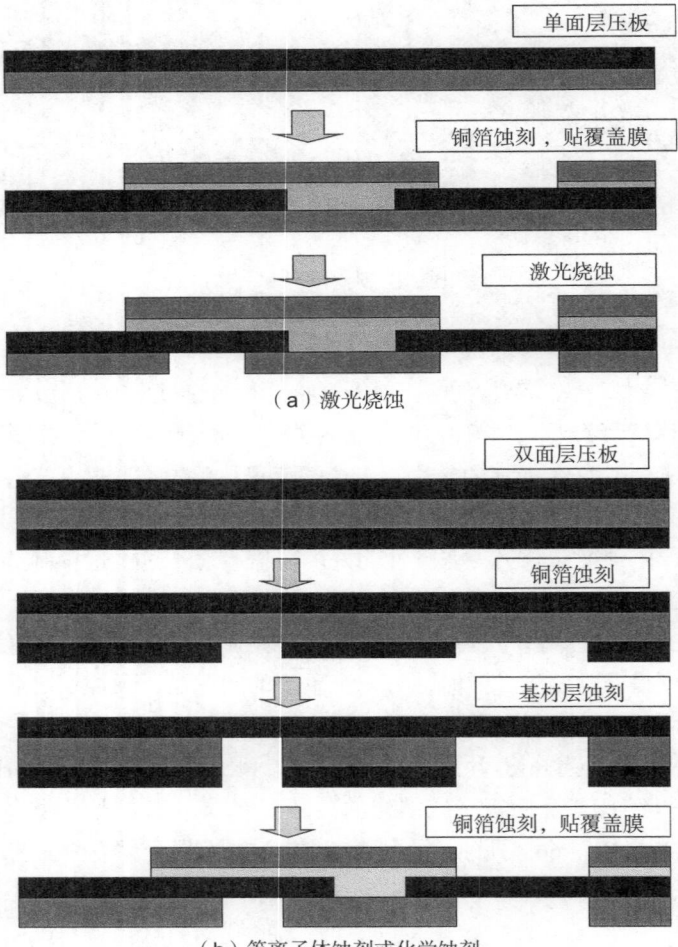

（a）激光烧蚀

（b）等离子体蚀刻或化学蚀刻

图 66.4 飞线结构挠性板的制造工艺

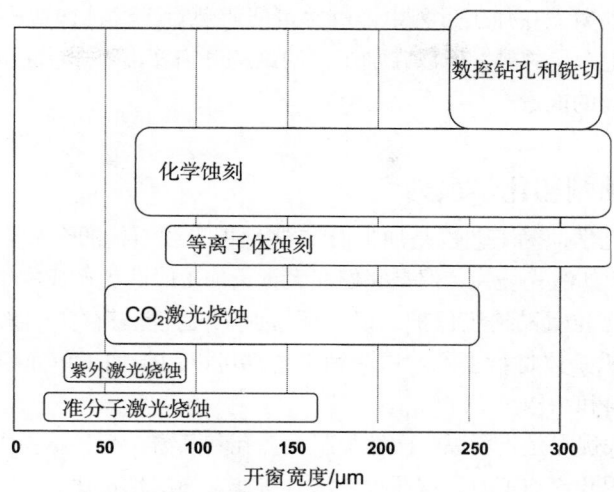

图 66.5 不同飞线结构挠性板制造工艺开窗能力对比

表 66.1 飞线加工技术的对比

	预冲切（数控铣切）	激光烧蚀	等离子体蚀刻	化学蚀刻
最小切缝宽度 /μm	800	50	100	70
可加工材料范围	中等	广泛	广泛	有限
设计应用范围	有限	广泛	有限	有限
加工高密度飞线能力	有限	广泛	中等	中等
技术难度	低	中等	高	高
定位难度	困难	中等	中等	中等
对飞线的破坏	严重	小	中等	中等
加工成本	高	高	低	低
大规模生产投资花费	小	高	高	中等

66.2.3 激光烧蚀

准分子激光烧蚀对 HDI 挠性板加工小尺寸开窗具有很好的效果。最小的加工宽度可达到 50μm 以下。准分子激光可以加工所有类型的挠性板材，并具有很高的精度。开窗附近的碳渣可通过湿法清洗工艺去除。但是，准分子激光烧蚀的最大缺陷在于速度太慢，需要制作大量的开窗时，加工成本很高。

相比准分子激光工艺，YAG 型紫外激光烧蚀工艺的生产效率要高很多，它可以高质量地切割基体材料和导体铜箔，这使得它很适合在 HDI 挠性板上进行大范围的开窗加工。不过，当开窗尺寸变大后，紫外激光烧蚀工艺的效率就会明显下降。实际上，如果开窗面积在 10 000μm^2 以上，紫外激光烧蚀工艺的实用性会明显下降。

TEA 型 CO_2 激光和钻石 CO_2 激光一样，在开窗宽度大于 70μm 的情况下生产效率会较高，不过开窗边缘加工质量和尺寸精度比其他种类的激光工艺要差。而要使板面保持整洁，则需要用等离子体蚀刻将铜箔表面的残留物清除干净。采用铜箔表面局部掩膜保护的方法，可以提高 CO_2 激光烧蚀的加工质量和速度。

准分子激光及紫外激光在加工过程中能够尽可能避免对飞线结构造成损伤。而 CO_2 激光由于在加工过程中会产生大量的热，所以在加工飞线结构开窗宽度小于 100μm、铜箔厚度为 18μm 时应注意控制 CO_2 激光的能量。

66.2.4　等离子体蚀刻和化学蚀刻

等离子体蚀刻和化学蚀刻工艺也是加工 HDI 挠性板飞线结构的合适方法。尽管这些方法的工艺能力在某些方面不如激光烧蚀，但是它们在大批量加工时的生产成本很低。在加工时，首先需要在铜箔表面非加工位置贴掩膜保护，以保证需加工位置能够裸露出来进行处理，之后通过特殊的工艺快速将有机基体材料去除。这两种工艺都可以用于加工单面板，而对于双面板，只能加工一些特定的材料和结构。

这两种工艺的最大优点是，可以一次性加工大量孔和开窗，而且不受数量的限制。因此，需要进行大批量或大面积开窗加工时，这两种方法具有非常高的性价比。

等离子体蚀刻工艺可以加工几乎所有的挠性板材，不过需要在真空条件下进行。采用等离子体蚀刻进行大规模飞线结构生产时，需要大量的资金投入。另一个问题在于，在真空条件下进行批量等离子体蚀刻时，产品的蚀刻精度不能很好地保持一致。

根据工艺条件，采用等离子体刻蚀工艺，在开窗边缘会形成 30°～60° 的倾斜角，并且，在 50μm 厚的聚酰亚胺基材上直径小于 100μm 的孔（厚径比大于 0.5∶1 时）很难用等离子体蚀刻处理。

化学蚀刻也是一种低成本、大批量加工聚酰亚胺基材的解决方案。这种工艺可以在 25μm 厚的基材上加工直径小于 100μm 的开窗。采用化学蚀刻的关键问题在于，要找到合适的化学试剂，并合理控制加工条件。

图 66.6　挠性板上的带状飞线结构示例
（来源：Asahi Fine Technology）

氢氧化钠和氢氧化钾是常用的蚀刻聚酰亚胺的化学药水，并常用来蚀刻 Kapton 系列聚酰亚胺材料。如果要处理更稳定的如 Upilex ™系列的材料，则需要碱性更强的药水，并严格控制工艺条件。同时要根据电路设计、基材、制造流程来严格地控制工艺条件。另一方面，在大批量生产时，采用化学蚀刻工艺不需要特别大的设备投资，因此很适合水平的 RTR 制造工艺。采用以上新工艺生产的典型的 HDI 飞线结构如图 66.6 所示。

66.2.5　成本比较

根据实际生产情况，每种蚀刻工艺都有各自的成本结构。图 66.7 给出了对各种工艺的成本比较结果，图中对比采用的参数：聚酰亚胺基材厚度为 25μm，板材面积为 300mm²，开窗尺寸为 0.1 mm×3mm，开窗节距和铜箔厚度分别为 150μm 和 18μm。

等离子体蚀刻和化学蚀刻工艺的成本几乎不受加工开窗的大小和数量的影响，因为它们主要对基材进行分批式处理。而相比之下，准分子激光和 CO_2 激光烧蚀工艺的成本会随着加工数量和开窗尺寸的增加而线性上升。这主要是因为，和开窗的大小相比，激光束小得多，烧蚀工艺是用光束去除基材的。在开窗面积较小或数量较少时，CO_2 激光的成本要高于准分子激光，这是

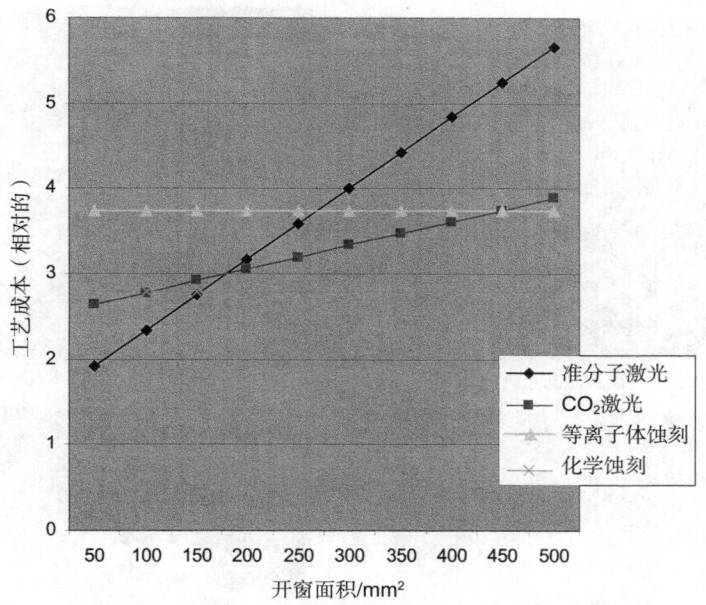

图 66.7 挠性板飞线结构不同制造工艺的成本对比

由于采用 CO_2 激光烧蚀后，还需要采用化学方法清洁开窗边缘的残留物；但是，如果开窗数量增多，CO_2 激光的成本就相对降低了，这是由于它具有更快的烧蚀速度。

66.3　微凸点阵列

为了满足某些特殊用途的需要，现在已开发出多种不同形状和材料的挠性板微凸点阵列结构。

66.3.1　微凸点阵列的各种形状和应用

在挠性板上，可以有选择地形成微凸点阵列结构，类似在刚性板上制作 BGA 的方法，同样可以用于具有挠性感光阻焊层的挠性板。采用电镀掩膜的方法，也可以在裸露的导体层上制作微凸点阵列结构。还有很多微凸点阵列制作在没有阻焊层的飞线结构上，可以透过介质层在挠性板的另一面制作稳定的微凸点阵列结构。因为有稳定的结构，可以提供一个可靠的微凸点阵列。

微凸点阵列的形状有很多种，采用熔锡工艺可以很容易地加工出球形微凸点。采用电镀铜、镍、金及组合工艺，可以加工出形状各异的微凸点。如果改变金属电镀组合工艺中的金属比例，就能加工出平顶、穹顶、直方等形状的微凸点，如图 66.8 所示。通过最佳的组合工艺，可以在 $50\mu m$ 厚的介质层上加工出 $100 \sim 150\mu m$ 节距的微凸点阵列。

大多数微凸点阵列结构是为满足 HDI 挠性板终端组装需要而制作的（如倒装芯片、CSP、测试探针等）。因此要根据终端组装的需要，选择设计微凸点阵列的形状和材料。图 66.9 给出了几个例子。

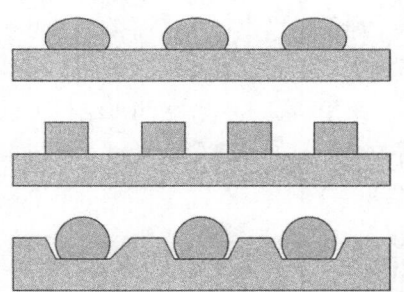

图 66.8 挠性板上不同微凸点阵列
形状的例子

（a）裸线上圆柱形铜微凸点阵列

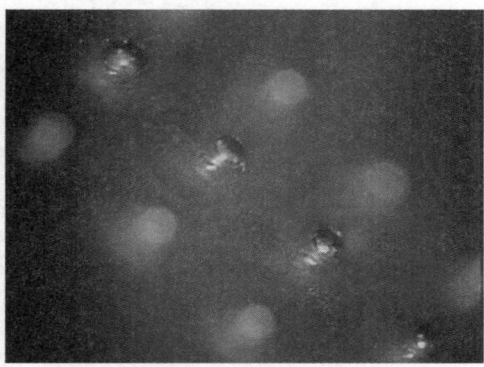

（b）穿过覆盖膜的圆柱形镍/金微凸点阵列

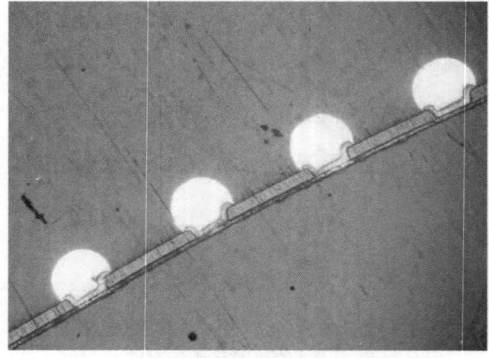

（c）穿过基材的锡球阵列

（d）飞线结构和锡球阵列的组合

图 66.9 挠性板上各种形状的微凸点阵列

66.3.2 制造工艺

在挠性板上的微凸点阵列大致有两种制造工艺。

（1）与刚性电路上 BGA 所用的方法类似，在焊盘上采用液态点涂机点涂或丝印的方法涂上焊膏，而后熔融形成球形结构。这种工艺适合加工尺寸相对较大的锡球。

（2）采用电镀工艺，制作小尺寸锡球和非球形微凸点结构。

使用不同金属的电镀工艺相互组合，可以制作种类繁多的微凸点结构。

影响微凸点结构形状和尺寸的因素很多，介质层厚度和开窗尺寸大小是主要因素。如果开窗的纵横比很大，则加工出的微凸点结构更接近球形。

如果纵横比很小，那么加工出来的微凸点结构近似扁平的圆盘。采用合适的电镀掩膜，有助于加工出平直、有高度的微凸点结构。

采用钻孔工艺，微凸点结构可以实现贯穿整个介质层。通过多种激光钻孔工艺，能制作高精度的开窗。如果需要大批量、低成本地制作开窗，则可以使用等离子体蚀刻和化学蚀刻的方法。

66.4 厚膜导体挠性板

厚膜导体挠性板采用的是加成法制造工艺。如果采用有机树脂做基材材料，而且导体层也是挠性的，那么加工出来的 PCB 也是一种挠性板。

66.4.1　材　料

在基材（聚丙烯酸树脂基材或聚酰亚胺基材）上印银浆导体是厚膜导体挠性板的常用工艺。银浆与油墨类似，通过丝印的方式在基材上涂敷，在适当的温度下烘烤固化后压上覆盖膜即形成挠性板。导体也可以采用铜浆或碳浆，其成本很低，但是导电性很差且不稳定，所以应用范围不广。

如果采用价格便宜的有机树脂基材，如 PET 膜，那么在大规模生产时，这种采用丝印银浆制成的挠性板的成本会大幅度下降。但应该注意，材料的耐热性会有一定的局限性，不能经受常规焊接温度。

66.4.2　应　用

采用丝印银浆制作的聚酯材料挠性板成本很低，很适合进行大批量生产。但是这种工艺制作的导体的导电性要比铜箔导体差很多，不适用于电源电路或高速电路的信号层。如果基材膜是聚丙烯酸树脂，则制成的 PCB 无法采用标准焊接工艺。

厚膜导体挠性板的最大用途是制作薄膜按键或薄膜开关，它需要大的电路空间，但负载电流一般很小。应用最广的薄膜按键，如键盘，采用的就是厚膜导体挠性板，大部分键盘下都覆盖着银浆薄膜按键。而大多数薄膜开关，如微波炉、办公设备及医疗设备上的按键，一般也采用 PET 材料的薄膜开关，如图 66.10 所示。

PET 材料做成的厚膜挠性板是透明的，现已用作电子产品的触摸屏开关，如 PDA 等。

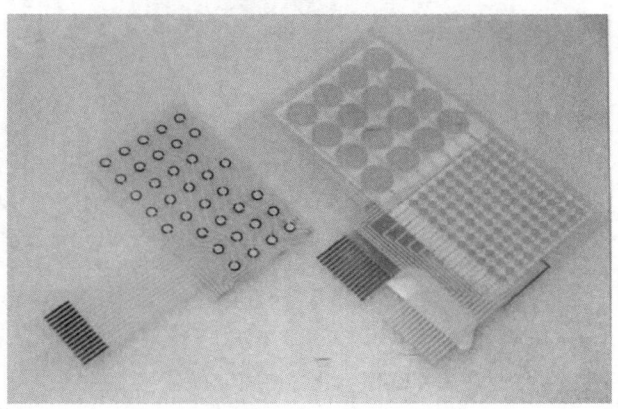

图 66.10　采用厚膜工艺制作的薄膜按键或薄膜开关

66.4.3　制造工艺

厚膜挠性板的制造工艺很简单，分为两步。

（1）在基材薄膜上用丝印的方法涂上导体浆，然后烘烤。

（2）切割成型。

虽然加工步骤简单，但仍需仔细控制工艺条件，这种基材的性能随着工艺条件变化会发生显著变化。如果采用聚酯膜做基材，需要进行预烘烤，以减小烘烤过程中导体浆的收缩。由于制造工艺简单，这种产品很容易用于 RTR 制造系统。

最新的制造工艺，可以在低成本条件下加工出 10 ~ 15μm 节距的线路。PCB 的电气性能和线路密度很大程度上依赖于导体浆，如采用纳米导体浆的话，线路精度会大大提高。

66.5　挠性电缆屏蔽层

当挠性板被用作高速通信技术中的连接器时，对相应系统的屏蔽需求就产生了。一般来说，这种挠性电缆需要经常弯折，因此屏蔽层也要具有很高的耐弯折性能。

如图 66.11 所示，现在已有多种材料和结构被用于挠性电缆的屏蔽层。丝印银浆工艺具有很好的屏蔽效果，且耐弯折性能不错。丝印碳浆成本很低，不过屏蔽效果有限。在挠性板上热压铝箔，屏蔽效果好，挠性高，是高可靠性的解决方案。

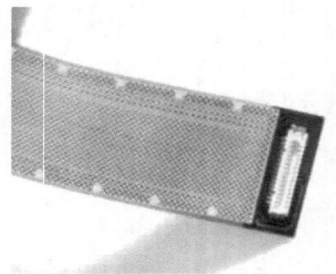

（a）采用丝印银浆　　　　　　　　　　　　　（b）采用丝印碳浆

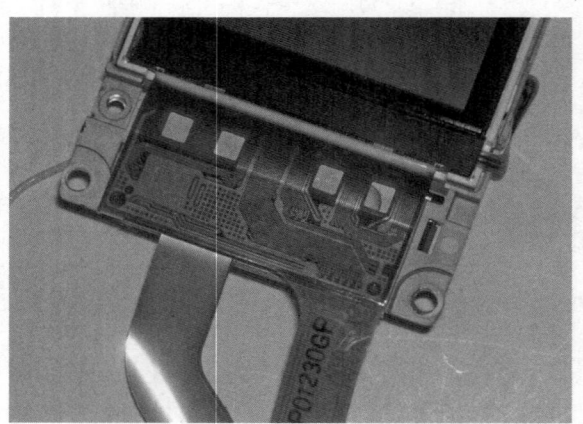

（c）采用层压铝箔

图 66.11　挠性电缆屏蔽层

表 66.2　功能性挠性板的应用材料

材　料	应用功能
镍铬，钨	埋入式电阻
	加热器
	机械传感器
钛酸钡	埋入式电容
氧化锡	透明电极
多晶硅	埋入式有源元件
	晶体管和二极管
	传感器件
有机电致发光元件	挠性显示器

66.6　功能性挠性板

有很多在挠性基板上制作功能性元件的工艺。这样，挠性板就不仅仅是用来连线和作为组装分立元件的载体了。这种思路和多层刚性板中埋入无源元件很相似，但它们使挠性板产生了更多的价值。表 66.2 给出了几个实例和应用。

图 66.12 给出了真空镀镍/铬合金的例子，第一个是埋入式电阻，第二个是埋入式应变计，它们都是埋入挠性板的。

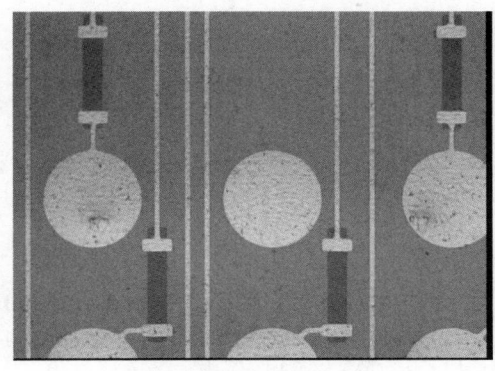 

（a）埋入式电阻　　　　　　　　（b）在挠性电路板上制作的小型应变计

图 66.12 功能性挠性板的例子（来源：MicroConnex）

第 *67* 章

挠性板的质量保证

Dominique K. Numakura

美国马萨诸塞州黑弗里尔，DKN 研究中心

67.1 引 言

挠性板的设计理念和材料与典型的刚性板不同，因此在质量保证方面也有一些显著差异。此外，为保证高密度挠性板的成品质量，需要采用特殊的检验方法。目前已有新的检验技术被开发出来。

67.2 挠性板质量保证的基本理念

同刚性板一样，挠性板质量保证的基本理念是必须保证在印制电路板（PCB）交付给客户前，把任何重大的缺陷都剔除。这些缺陷包括开 / 短路，焊盘阵列的尺寸不合格，导体、基材、覆盖层等位置出现的严重缺陷，等等。无论是挠性板，还是刚性板，都需要对 PCB 里的每个位置进行这些缺陷的检测。然而，从技术上讲，由于挠性板具有额外的功能，如动态弯曲能力，因而在质量保证上与刚性板相比还有不同之处。

生产挠性板的一个共性问题是，由于材料比较薄弱，在制造过程中易出现破损。尽管在制造过程中会采用高分辨率自动光学检测（AOI）系统进行精细线路的检测，但后续的工艺还是有可能会对已检测过的电路造成新的损坏。对于没有机械支撑的飞线结构 PCB，这更是一个要特别关注的问题。因此，在所有制造过程结束后有必要进行全面终检。

高密度挠性板质量保证和常规 PCB 一样。但有一个区别——高密度挠性板可接受的缺陷尺寸比传统挠性板要小一个数量级，故需要更高分辨率的检测仪器。另外，新型高密度挠性板包含飞线、微凸点阵列等附加结构，因而需要额外的检测手段来保证成品的可靠性。此外，精确的 3D 精度和均匀一致的表面特性也是必要的，尺寸公差要小于 0.3%，有时精度需要达到 2μm。不管是对布线节距，还是对线宽和线距，都是如此要求。为保证微凸点阵列的质量，需要测量 3 个方向的尺寸。通常，每块 PCB 都要花时间测量精确的 3D 尺寸。在规格参数与加工能力相比更严格的情况下，尺寸精度测量也成了成本的一个主要部分。

表 67.1 列出了与高密度挠性板质量保证有关的几个

表 67.1　高密度挠性板检验的关键问题

项　目	问　题
更加精细的导体	AOI 的分辨率
微盲孔	AOI 的低对比度
	AOI 的分辨率
不稳定的材料	尺寸的精确性
光致成像覆盖膜	AOI 的低对比度
脆弱的导体	加工过程中的损伤
	测试探针导致的损伤
	AOI 后的损伤
微凸点阵列	3D 结构
外观缺陷	小缺陷引起的严重失效

基本的技术性问题。由于电路比较精细，缺陷可接受标准较为苛刻，低倍率放大镜和低分辨率 AOI 不能有效检出。要求目检设备放大倍率为 20～50，AOI 系统的分辨率要求也较高。铜和聚酰亚胺基材的对比度较低，因此使用传统的 AOI 系统检测也是比较困难的。由于基材很透明，普通 AOI 系统一般很难区分检测面的铜线路及双面板另一面的铜线路，传感器会把两面线路当成同一面来检测，因此需要更高级的检测设备。

67.3　自动光学检测设备

自动光学检测设备是检查 PCB 线路和线距尺寸缺陷的最重要设备，对高密度挠性板而言更是如此。同时，它对检测 PCB 表面缺陷同样很有效果。检测覆盖层、飞线结构、微凸点阵列、小间距边界等精细结构的缺陷时，则需要分辨率更高的 AOI 设备。相对于正常缺陷，这些小的缺陷要么对比度偏低，要么有不同的亮度，或者缺陷形状不规则。在这种情况下，传统 AOI 设备通常无法检测出这些微小的缺陷。

传统 AOI 系统一般是为检验刚性板而设计的，所以它们最初只能用来检验铜导体的质量。它可以检验 50μm 线宽 / 线距的精细线路，但要达到这个精度，检测速度会非常慢。因此，新的 AOI 设备进行了改进，同时提高了分辨率和检测速度。

现在的 AOI 系统，可以检测出 15μm 线路上 1.5μm 的缺陷。同时，新的 AOI 系统可以检测到聚酰亚胺膜基材和覆盖膜上的各种缺陷。不过，在引入一台新的 AOI 设备之前，需要认真考察对比 AOI 设备的能力与特殊设计的需求。

67.4　尺寸测量

在不稳定的薄型挠性板上做出精确的尺寸看起来难度很大，但是，现在的高密度互连挠性板对终端区域的尺寸精度要求很高，甚至超过了挠性板基材本身的尺寸稳定性公差范围。所以，需要高精度的 2D 和 3D 尺寸测量手段进行检测。

尺寸测量设备的测量能力一直都在提高。新型 3D 测量设备的分辨率优于 0.2μm，精度优于 1μm，可以给出 200mm² 面积、100mm 高度范围内各点尺寸的统计数据。这种设备可以自动检测各点的尺寸，输出统计数据，并能给出每个点标准误差的 CPK 值。

通常，挠性板中有几个关键部分需要非常精确的尺寸，如指示标记、终端贴片和插接区域，客户一般会要求保证这些部分的尺寸及尺寸公差精确。对于稳定的尺寸，如模冲槽的边缘周长，只要检测首板即可。而对不稳定的尺寸，如线宽或焊盘间距，则应在每个线路上都进行检测。采用统计学的方法检测这些尺寸是可行的，当 CPK 大于 1.3 时，可以抽样检测；如果 CPK 小于 1.0，则需 100% 检测。测试时，可参照 MIL-STD-414 的标准减少检测样品的数量。

67.5　电气性能测试

高密度挠性板的电气性能测试（简称电测）是一个关键问题。确保电路正常的开路 / 短路特性是对挠性板的最基本要求。用传统接触式飞针测试法检测挠性板存在两大不足：一是探针的几何尺寸限制，150μm 节距的探针阵列是探针的物理极限了，而且探针阵列密度越高，测试夹具的成本也越高；二是接触式探针在检测过程中对挠性板精细线路的物理损伤，特别是对脆弱的飞线结构而言。而且，采用传统接触式测试法检测电路，测试用于电镀工艺的汇流线路时，误报短路也是个问题，需要采用新的电气测试手段。

一种无需探针接触的新型非接触电气测试系统可以检测出 50μm 节距精细线路上的开路/短路，而且不会在线路上留下凹痕或损伤。这对于检查易断的飞线结构很重要。其基本原理如图 67.1 所示。

非接触测试系统采用电场传感器或磁场传感器，检测每个电路网络中各支路的开路、短路情况。采用非接触测试系统的另一个优点是，它可以直接测试带有用于电镀的公共母线的电路，而采用传统接触式电气测试法，要将该线路隔离才行。

这种非接触式测试系统可以在几秒钟内检测 5000 条以上的线路，且避免了对 PCB 的物理损伤。它也有可能应用于 RTR 工艺，不过在测试时，这种测试系统仍需要通过探头或导电橡胶和测试板的另一面进行接触。

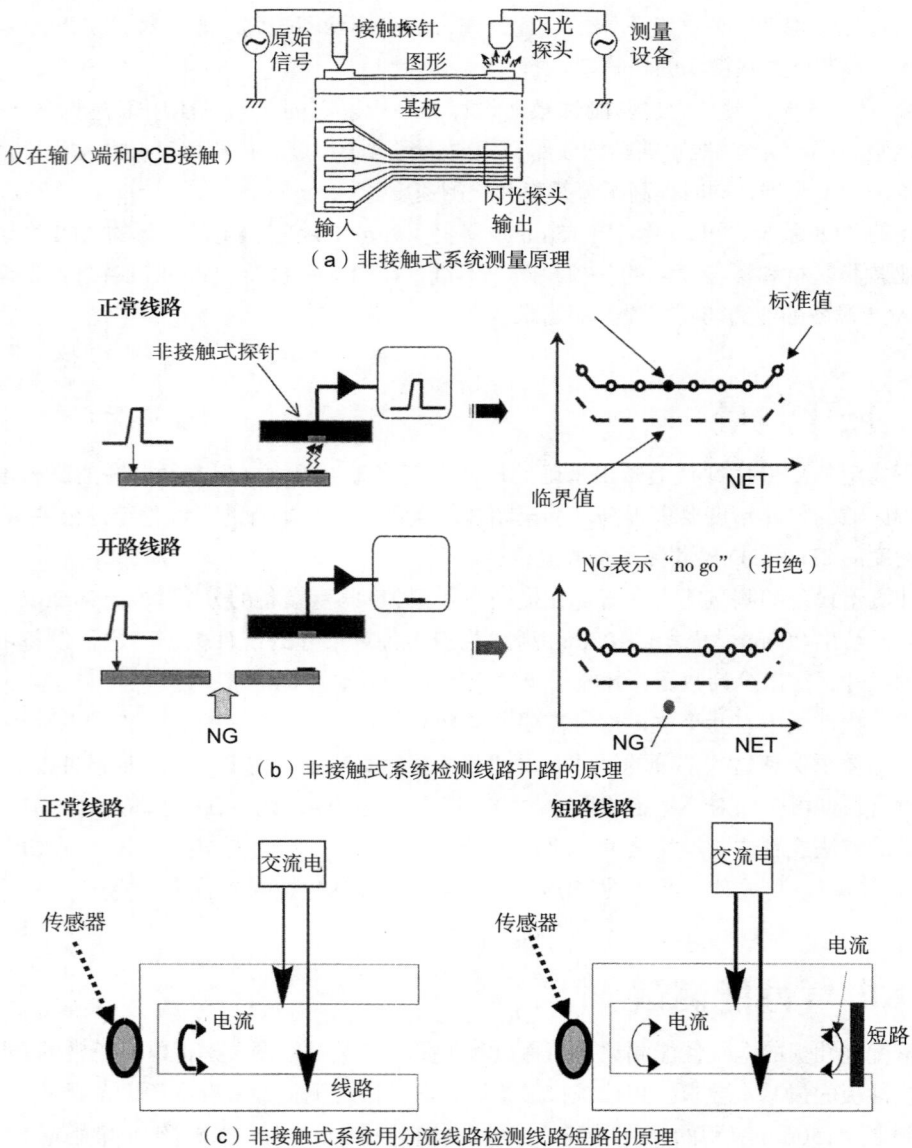

（a）非接触式系统测量原理

（b）非接触式系统检测线路开路的原理

（c）非接触式系统用分流线路检测线路短路的原理

图 67.1 挠性板的非接触式检测（来源：OHT）

67.6 检验顺序

表 67.2 给出了高密度挠性板成品的主要质量保证的检验项目。

在每道工序之后都进行检测是很困难的，所以，应在整个制造流程中设计合理的检验项目。

另一方面，从质量控制的角度来说，尤其是工艺环节比较多的时候，缺陷产品应尽早被剔除，这样才能确保制程良率良好。图 67.2 给出了高密度挠性板通用的生产流程，以及对应的质量检验内容。

表 67.2 高密度挠性板的质量保证检验项目

项　目	所需的检验项目
物理性能	原材料抽样检测
	附连板抽样检测
开路 / 短路	100% 电测
微孔可靠性检查	抽样切片检测
	附连板菊花链测试
尺寸精度	MIL-414 抽样或 100% 检测
线路质量	100% 检测
覆盖膜开口	目检，100% 检测或抽样检测
飞线	抽样检测尺寸
	100% 检测平直度
表面缺陷	按照 MIL-105 规定 100% 目检

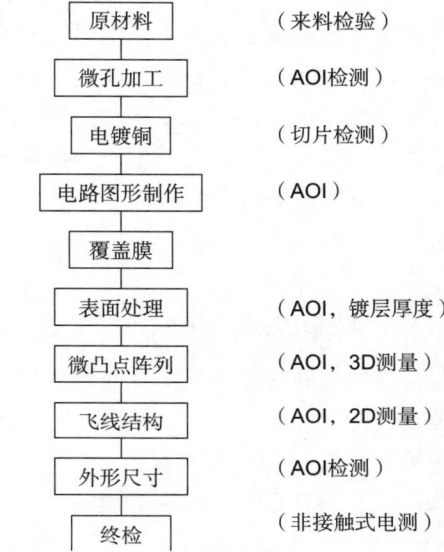

图 67.2 高密度挠性板的生产流程及关键检验步骤

67.7 原材料

原材料的基本性能应该由原材料供应商来保证。但是，PCB 制造商进行来料检验也是很有必要的。对于为高密度挠性板开发的新材料，相比传统物料，其检验方法较为有限。原材料的物理性能和表面缺陷应使用抽样法进行检测。常采用 IPC-4202、IPC-4203、IPC-4204 等系列的标准来衡量原材料的质量。

67.8 挠性板的功能检测

挠性板的功能检测需要特别考虑以下项目：

- 微孔
- 线路质量
- 覆盖膜和表面处理

67.8.1 微孔检测

现在已经有很多方法可以加工小于 100μm 的盲孔，包括激光、等离子体蚀刻、化学蚀刻等方法。但是，微孔加工的可靠性没有标准，因此需要合适的检测系统进行质量检验。传统的微孔检测系统对盲孔并不适用。AOI 系统易受铜箔表面低对比度区域的影响。

目前还没有合适的非破坏性测试方法来检查微孔的可靠性。由于很难在这么小的孔上创造合适的条件均匀镀铜，因此，应定期做切片来检测铜厚和电镀质量。另外，应在线路旁制作菊花状孔链线路并定期进行测试。

67.8.2　线路质量

由于目前还没有完美的加工精细线路的方法，所以需要高分辨率的 AOI 系统进行检测。所有超过导体尺寸 1/4 的缺陷都应被 AOI 系统检测出来。这意味着，对于 25μm 的线路，AOI 系统的分辨率要达到 5μm 才行。AOI 系统在使用时应设置合适的分辨率，需要能够从聚酰亚胺基膜上及对面线路显示的痕迹之间分辨出所检测面的线路。在蚀刻之前使用 AOI 系统检测也是很有必要的，这样能够避免材料的浪费。采用 PC-Micro II 运算法则可以使 AOI 系统只用高分辨率扫描特定区域，从而可以提高效率，有效地减少检验时间。

67.8.3　覆盖膜和表面处理

由于覆盖膜材料与导体或基材的光学对比度很低，使用现有的 AOI 系统很难检测。如果在表面处理之后再进行 AOI 检测，情况会好一些，因为表面处理可以增加对比度。

镀金或镀锡能够增加对比度，很微小的缺陷就能被 AOI 检测出来，对镀层厚度和质量的 AOI 检测，应在表面处理后马上进行。

67.8.4　微凸点阵列

对于微凸点阵列，需要进行表面缺陷和尺寸精度的检测。

同样，对 3D 结构的检测需要新的方法。微凸点的均匀性和表面缺陷可以通过合适的 AOI 设备检测出来，微凸点的 3D 形态和阵列的节距则可以用高精度的 3D 检测系统进行检测。

67.8.5　飞线结构

飞线结构的检测应根据线路的加工流程选择在合适的工序进行检测，一般应在蚀刻铜箔或除去基材膜之后。不仅要用 AOI 系统检测线路，也要进行精准尺寸的测量。

通常，为保证可靠的终端应用，飞线结构的线宽和线距的尺寸公差要求很严格。

67.8.6　电气测试（开路 / 短路）

电气性能是 PCB 最基本和最重要的性能。但是，目前还没有非常好的测试方法来检测高密度挠性板的可靠性。蚀刻及 AOI 之后的工艺都很有可能对线路造成损伤。因此，在加工完之后，需要对 PCB 进行整批电气测试。

当然，最终电气测试不能损伤 PCB 的线路，特别是易断裂的精细线路。

最好的解决办法是非接触式电气测试。设计合适的非接触式传感器，结合闪光探头、闪光冲击、普通闪光及 OHT 表面探针，可以降低总的电气测试成本。制造 PCB 之初就应合理布局电路图形，如果最终的 PCB 成品很小，为便于操作，非接触式电气测试最好在铣外形之前进行。

67.8.7 物理性能（最终性能）

　　原材料的物理性能并不能代表成品的物理性能，原材料的性能在制造过程中会发生变化。因此 PCB 的物理性能测试应放在制造过程的最后进行。通常，成品的电气性能、机械性能、化学稳定性都会与原材料不同。一些重要的性能，如耐弯折寿命、绝缘电阻、耐热性，也应仔细测试。

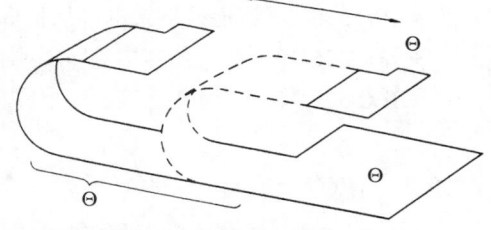

图 67.3　IPC 耐弯折寿命测试方法

　　IPC-TM-650 给出了基于挠曲模型的挠性板耐弯折寿命的测试方法，如图 67.3 所示。不过，该测试方法在测试导体直到失效时所需的时间太长了（有时需要一个多月）。JIS-C5016 给出了替代方法——MIT 测试，如图 67.4 所示。每个测试只需不到 1h 的时间，但这种方法并不是通用的工业标准。而图 67.5 中采用螺旋弯曲测试耐弯折寿命的方法，已经被笔记本电脑或手机等移动设备制造商采用。

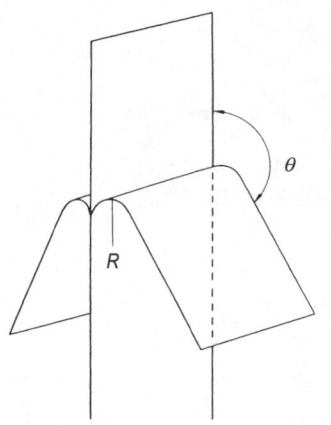

图 67.4　JIS-C5016 MIT 测试方法。R 表示弯曲的曲率半径，θ 表示垂直方向的弯曲角度

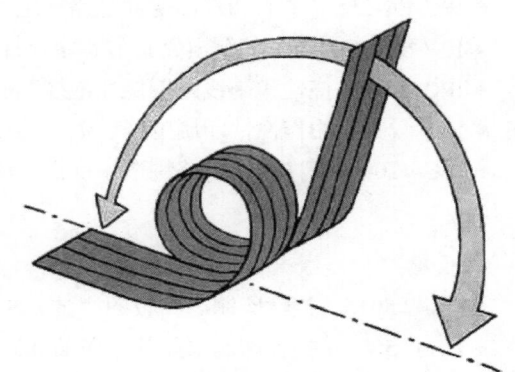

图 67.5　螺旋弯曲方法测试耐弯折寿命

67.8.8 表面质量

　　目前还没有自动检测设备能够检验所有的表面缺陷。高倍率显微镜下目检是筛除高密度挠性板表面缺陷的最可靠的检验方法，但效率太低。高倍率立体显微镜有助于提高检测速度，但是检验员需要使用严格的标准教材进行培训。推荐采用最终审核的方法确定检测的等级。MIL-STD-105 可以帮助减少抽样数量。

67.9　挠性板的质量标准和规范

　　大部分标准协会都会更新或升级现有的挠性板质量标准，下面列出了主要的挠性板质量标准和规范。

67.9.1　IEC

- IEC 249-2-15《挠性覆铜箔聚酰亚胺膜可燃性等级》
- IEC 326-7《无通孔连接的单面和双面挠性电路板质量规范》

- IEC 326-8《有通孔连接的单面和双面挠性电路板质量规范》
- IEC 326-9《有通孔连接的多层挠性电路板质量规范》
- IEC 326-10《有通孔连接的双面刚挠结合电路板质量规范》
- IEC 326-11《有通孔连接的多层刚挠结合电路板质量规范》

67.9.2 IPC

- IPC-FC-231C《用于挠性印制电路板的挠性介质材料》
- IPC-FC-232C《用于挠性印制电路板覆盖层的涂胶介质薄膜质量规范》
- IPC-FC-234《用于单面和双面印制电路板的压敏型黏合剂使用指南》
- IPC-FC-241C《制作挠性印制电路板用挠性覆金属箔材料规范》
- IPC-RF-245《刚挠结合印制电路板的性能规范》
- IPC-D-249《单面和双面挠性印制电路板设计标准》
- IPC-FC-250A《单面和双面挠性电路板布线规范》
- IPC-FA-251《单面和双面挠性电路板组装指南》
- IPC-6013C《挠性印制电路板的鉴定及性能规范》
- IPC-4202《挠性印制线路用挠性绝缘基底材料》
- IPC-4203《用作挠性印制电路覆盖层的涂胶黏合剂绝缘薄膜和挠性黏合剂薄膜》
- IPC-4204《挠性印制线路制造用挠性金属箔电介质》

67.9.3 JIS

- JIS-C 5016《挠性印制电路板的测试方法》
- JIS-C 5017《挠性印制电路板，单面和双面挠性电路板》
- JIS-C 6471《挠性印制电路板用覆铜箔层压板的测试方法》
- JIS-C 6472《挠性印制电路板用覆铜箔层压板（聚酯膜、聚酰亚胺膜）》

67.9.4 JPCA

- JPCA-BM 01《用于挠性印制电路板的聚酯膜、聚酰亚胺膜覆铜箔层压板》
- JPCA-FC 01《单面挠性印制电路板》
- JPCA-FC 02《双面挠性印制电路板》
- JPCA-FC 03《挠性印制电路板目检缺陷标准》

67.9.5 MIL

- MIL-STD-2118《电子设备用挠性和刚挠结合印制电路板》
- MIL-C-28809《电路板组装，刚性、挠性和刚挠结合电路板》
- MIL-P-50884C《印制电路板，挠性和刚挠结合电路板》

67.9.6 UL

- UL796F《挠性材料互连结构》